W0264131

HANDBUCH DER NEUROLOGIE

HERAUSGEGEBEN

VON

O. BUMKE UND O. FOERSTER

MÜNCHEN   BRESLAU

ZWÖLFTER BAND

SPEZIELLE NEUROLOGIE IV

ERKRANKUNGEN DES RÜCKENMARKS UND GEHIRNS II

INFEKTIONEN UND INTOXIKATIONEN I

Springer-Verlag Berlin Heidelberg GmbH

1935

INFEKTIONEN

UND

INTOXIKATIONEN

ERSTER TEIL

BEARBEITET VON

E. GAMPER · F. JAHNEL · M. KROLL · L. MANN
H. RICHTER · A. v. SARBÓ · O. SITTIG · G. STERTZ

MIT 133 ABBILDUNGEN

Springer-Verlag Berlin Heidelberg GmbH

1935

ISBN 978-3-662-35446-9   ISBN 978-3-662-36274-7 (eBook)
DOI 10.1007/978-3-662-36274-7

Inhaltsverzeichnis.

Infektiöse Erkrankungen des Zentralnervensystems. I.

Infektiöse Erkrankungen des Gehirns und Rückenmarks.

Von **G. Stertz**-Kiel.

Auf die infektiösen Erkrankungen des Zentralnervensystems wird naturgemäß in mehreren Kapiteln dieses Handbuches Bezug genommen werden müssen. Überschneidungen werden sich nicht ganz vermeiden lassen. An dieser Stelle kommen in der Hauptsache nur die Folgezustände jener infektiösen Allgemeinerkrankungen in Betracht, die unter anderem auch eine Beteiligung des Nervensystems mit sich bringen können. Selbst dann nötigt die stoffliche Einteilung des Handbuches hier insofern zu Beschränkungen der Betrachtung, als z. B. meningeale Begleiterscheinungen, Sinusthrombose, Abscesse nicht eingehend behandelt zu werden brauchen. Das gleiche gilt für die organisch eigentlich eng dazugehörigen peripheren Neuritiden. Der verbleibende Rest stellt entgegen vielleicht einer ursprünglichen Erwartung kein befriedigendes Gebiet der Neurologie dar. Unerfüllt bleibt im allgemeinen die Erwartung, daß jeder Krankheitserreger oder sein Gift auch ein eigenes Vorzugsgebiet im Nervensystem habe. Das ist nur in beschränktem Umfang der Fall. An sich ist die Zahl der möglichen Angriffsweisen solcher Schäden keine sehr große, aber jede von ihnen kann bei jeder Infektionskrankheit auftreten, und es muß notwendig ermüdend sein, sie immer wieder nennen zu müssen.

Am besten werden die klinischen Komplikationen der Infektionskrankheiten aus ihrer pathologisch-anatomischen Bedingtheit verstanden, obgleich es im einzelnen Fall oft sehr schwierig ist, die Zuordnung eines bestimmten Syndroms zu seiner speziellen Verursachung zu erkennen. Die Möglichkeit einer anatomischen Bestätigung der klinischen Diagnose ist verhältnismäßig selten gegeben, weil diese cerebrospinalen Erkrankungen meist nicht zum Tode führen. Die große Zahl kasuistischer Mitteilungen, besonders auch aus älterer Zeit, ändert daran nichts und manchen wohnt eine nur geringe Beweiskraft inne. Im Verhältnis zu den bedeutenden Ergebnissen, welche die primär neurotropen Virusarten bzw. ihre Manifestationen am Nervensystem unter dem Einfluß der Encephalitis epidemica für die Forschung gezeitigt haben, überrascht die Dürftigkeit und Einförmigkeit der Erscheinungen auf dem hier zu bearbeitenden Gebiet. Nützlich scheint es mir zu sein, sich zusammenfassend Rechenschaft zu geben von den verschiedenen Formen, in welchen bei den uns geläufigen Infektionskrankheiten das Nervensystem beteiligt ist.

1. Hinsichtlich der Allgemeinschädigung, welche der fieberhafte Infekt dem Organismus zufügt, dürfte das Nervensystem kaum eine Ausnahmestellung beanspruchen. Es beteiligt sich an den diffusen parenchymatösen Veränderungen, die pathologisch-anatomisch als trübe Schwellung bezeichnet werden, vor allem mit Ganglienzellerkrankungen, deren Formen und Grade uns seit den bahnbrechenden Untersuchungen Nissls bekannt sind. Es ist wohl nichts dagegen einzuwenden, diese obligaten Parenchymveränderungen mit den ebenfalls obligaten klinischen Syndromen exogener Hirnschädigung in Beziehung zu

bringen. Es handelt sich dabei vor allem um den neurasthenischen Symptomenkomplex. Schon unter den Vorboten des eigentlichen Infektes, jedoch auch im Verlauf und besonders unter den Nachwirkungen desselben hat das entsprechende Zustandsbild eine weite Verbreitung. Die Patienten klagen über Kopfschmerzen, Gefühl von Eingenommenheit, über allgemeines Unbehagen, wechselnde Sensationen in verschiedenen Organgebieten, Schwächegefühle, Schlafstörungen, teils in Gestalt von Schlaflosigkeit, teils von Schlafsucht, ferner über vegetative Symptome: Herzklopfen, Neigung zum Schwitzen und dergleichen. Auf psychischem Gebiet wird die „reizbare Schwäche" von Überempfindlichkeit, Erregbarkeit, erhöhter Ermüdbarkeit und Verstimmungen begleitet. Der ins Auge fallende vegetative Kern des Syndroms, der einer Erschütterung der vitalen Person (Braun) entspricht, mag mit einer besonderen Hirnstammlokalisation zusammenhängen. Art und Grad des Ansprechens dieses Gebietes hängt natürlich in hohem Maße von der Konstitution des Betroffenen ab. Nirgends findet sich häufiger die gegenseitige Durchflechtung des exogenen mit dem konstitutionellen Moment. Es kann hier gleich hinzugefügt werden, daß die Schwächung der vitalen Person, die Herabsetzung der allgemeinen Widerstandsfähigkeit unter Umständen auch hysterischen Überlagerungen den Boden bereitet. Die letzteren betreffen dann jeweilig organisch geschädigte Funktionsgebiete. Die Erfahrungen des Weltkrieges sind in dieser Beziehung lehrreich gewesen.

2. Die gradweise Steigerung der toxisch-infektiösen Gehirnschädigung drückt sich weiterhin in Benommenheit des Sensoriums, den Bildern der sog. symptomatischen Psychosen (Bonhoeffer) unter Umständen in epileptischen Anfällen aus. Auch diese gestalten sich verschieden, je nach den individuellen Bausteinen, welche die Konstitution dafür liefert und selbst die Auslösung endogener, bis dahin latenter Dispositionen epileptischer, schizophrener, manisch-depressiver Art durch die Infektionskrankheit liegt im Bereich der klinischen Erfahrungen. Auf Einzelheiten kann hier nicht eingegangen werden. Die unter solchen Umständen gefundenen Veränderungen am Zentralnervensystem brauchen über die erwähnten diffusen Zellerkrankungen und sonstige unspezifische Befunde nicht hinauszugehen, doch sind mitunter mikroskopische Herdbildungen vor allem degenerativer Art erkennbar.

3. Verhältnismäßig oft sind die Hirnhäute an der allgemeinen Gewebsschädigung klinisch erkennbar beteiligt. Meningismus und Meningitis bilden häufige Komplikationen der Infektionskrankheiten. Hier muß unterschieden werden zwischen den rein toxischen Reizzuständen, den durch die spezifischen Erreger hervorgerufenen nichteitrigen oder eitrigen Entzündungen und endlich den Folgen von Mischinfektionen mit gewöhnlichen Eitererregern, jedoch klinisch gehen alle diese Bilder fließend ineinander über. Einerseits fallen manchmal die Symptome ausgesprochener Meningitis wenig in die Augen und umgekehrt kann der Meningismus die Erscheinungsformen der ausgesprochenen Meningitis annehmen. Nur die Lumbalpunktion kann hier Klarheit bringen. Der anatomische Befund zeigt ebenfalls fließende Übergänge zwischen einfacher Hyperämie und Ödem, dann mikroskopischen entzündlichen Herden besonders lymphocytärer Art und endlich den diffusen eitrigen Entzündungen.

4. Die Meningitiden können in mehr oder minder großem Umfange die Neigung zeigen, auf das Gehirn und das Rückenmarksparenchym überzugreifen, sei es in Form einer diffusen toxischen Schädigung, sei es durch die Fortsetzung der entzündlichen Vorgänge längs den Gefäßscheiden, welche zur Bildung parenchymatöser Entzündungsherde und entsprechender Reaktionen der Umgebung Veranlassung geben. In diesem Falle treten uns klinisch Herdsymptome entgegen. Ein Übergreifen der Meningitis in breiter Front auf das Gehirn und

Rückenmark führt zur Verwischung der Grenzen der Entzündungsvorgänge und gibt gewöhnlich zur Bildung multipler encephalo-myelitischer Herde, zu Abscessen, Blutungen und Erweichungen Veranlassung: das klinische Bild der Meningo-encephalo-myelitis. Soweit derartige Prozesse sich zurückbilden, hinterlassen sie eine chronische Leptomeningitis und Narben, deren klinische Folgen in nervösen Symptomen wie Kopfschmerzen, Überempfindlichkeit, psychischer Labilität, Intoleranz für Alkohol und dergleichen sich ausdrücken. Auch psyciscehe Defekte, Hirnnervenlähmungen und dergleichen können zurückbleiben.

5. Sind schon bei den genannten Krankheitsbildern Gefäßschädigungen stets beteiligt, so sind von großer Bedeutung die unmittelbaren und primären Schädigungen der Blutgefäße. Hier lassen sich verschiedene Grade und Formen auseinanderhalten. Störungen der Gefäßinnervation können zu angiospastischen Zuständen einerseits, zur Stase andererseits führen. Besonders die ersteren können ihren Ausdruck in vorübergehenden Lähmungs- und Reizzuständen lokaler Art finden, die wir nicht selten in der Symptomatologie der Infektionskrankheiten antreffen. In anderer Richtung wirkt die toxische Gefäßwandschädigung. Sie führt zur Durchlässigkeit für die flüssigen, dann auch die geformten Blutbestandteile, vor allem zum Übertritt der im Blute kreisenden Toxine in das Parenchym, zu Degenerationsherden, zum Auftreten kleiner Blutungen, welche als Purpura cerebri das ganze Zentralnervensystem, vor allem die weiße Substanz, durchsetzen können. Die Capillaren, die kleinen Arterien und Venen sind vor allem daran beteiligt. Mehr oder minder flüchtige Herdsymptome können wiederum klinisch die Folge sein. Ein Schritt weiter führt zur eigentlichen Entzündung, zu perivasculären Infiltraten, zum Durchbruch der Entzündungsprodukte durch die Grenzmembran und dadurch wiederum zu multiplen Entzündungsherden und degenerativen Veränderungen. Die klinischen Folgen sind ohne weiteres vorstellbar. Endlich sind jene Folgen der Gefäßwandschädigung zu berücksichtigen, die zur Brüchigkeit derselben und damit zu Blutungen oder andererseits zur Thrombose und damit zur Erweichung der betreffenden Versorgungsgebiete führen. Hier treten uns klinisch apoplektische Insulte mit verschiedenartigen neurologischen Herdsymptomen entgegen. Das Fortbestehen der Gefäßerkrankung kann zu sog. Spätblutungen in das Gehirn oder Rückenmark führen.

Eine Übersicht über all diese Möglichkeiten ergibt, daß wir nur in verhältnismäßig seltenen Fällen uns intra vitam eine Vorstellung davon machen können, auf welche spezielle Weise irgendwelche von uns beobachteten klinischen Symptome entstanden sein mögen.

Typhöse und posttyphöse Erkrankungen.

Die volkstümliche Bezeichnung des Typhus als „Nervenfieber" deutet auf seine starke Affinität zum Nervensystem hin, wobei allerdings vorwiegend die Toxine wirksam werden, während die Bacillen selbst verhältnismäßig selten im Zentralnervensystem und in seinen Krankheitsherden angetroffen werden. Der konstanteste Ausdruck der Beteiligung des Nervensystems ist die Benommenheit, die während der akuteren Phasen des Verlaufes kaum je vermißt wird und aus welcher heraus teils durch die Schwere der Infektion, teils auch durch die individuelle Empfindlichkeit sich Delirien oder andere Formen des exogenen Reaktionstypus entwickeln (BONHOEFFER). Kopfschmerzen und Eingenommenheit des Sensoriums gehen den Darmerscheinungen oft voran und das toxische Bild beherrscht gelegentlich die Symptomatologie während des ganzen Verlaufes. Fälle dieser Art, bei denen die Bacillen im Blut nachgewiesen wurden, haben sogar während ihres ganzen Verlaufes Darmerscheinungen vermissen lassen. Der eingangs geschilderte neurasthenische Symptomenkomplex ist vor allem in der Rekonvalescenz außerordentlich häufig. Bei meinen Untersuchungen in einem Typhusgenesungsheim während des Krieges fand ich ihn in 60—70% aller Fälle und der Prozentsatz wäre vielleicht noch höher ausgefallen, wenn die Fälle zum Teil frischer in die Beobachtung gekommen wären und wenn man die abortiven Fälle ausgeschaltet hätte. Der Symptomatologie, wie sie oben dargestellt wurde, wäre kaum etwas hinzuzufügen, auch die oft geklagten Störungen des Gedächtnisses entpuppten sich bei näherem Zusehen als neurasthenische Zerstreutheit, obgleich in manchen schwereren Fällen Übergänge zu echt amnestischen Störungen nachgewiesen werden konnten. Gerade am Typhus habe ich meine Erfahrungen über hysterische Überlagerungen organischer Krankheitsreste gemacht. Motorische und sensible Paresen, Ataxie, Tremor, Schwerhörigkeit, choreiforme Zuckungen und echte Anfälle konnten in ihrem Grade und in ihrer Art als psychogen mit Sicherheit erkannt werden, während es klar war, daß sie sich der durch den Typhus entstandenen Organminderwertigkeit bedienten. Die Häufigkeit solcher Überlagerungen durfte wohl auf die psychologische Situation im Kriege zurückgeführt werden.

Gegenüber der großen Häufigkeit der auf psychisch-nervösem Gebiet sich abspielenden Krankheitssymptome betragen die schwereren organischen Komplikationen des Typhus nur einen kleinen Prozentsatz, der schon deshalb schwer genauer zu bestimmen ist, weil sich die verschiedenen Epidemien in dieser Beziehung verschieden verhalten und die günstige Entwicklung der vorangegangenen Schutzimpfung entschieden in Rechnung gestellt werden muß. Wenn in der Überschrift des Kapitels eine Trennung von typhösen und posttyphösen Komplikationen angedeutet wird, so muß hier einschränkend bemerkt werden, daß meines Erachtens für die große Mehrzahl der Fälle angenommen werden darf, daß mindestens die Grundlage zu den Komplikationen während des akuten Stadiums der Krankheit gelegt wird, selbst dann, wenn die manifesten Symptome erst in der Rekonvaleszenz entstehen. Ich möchte das Verhalten selbst für die Neuritiden als wahrscheinlich bezeichnen.

Verhältnismäßig oft begegnet man beim Typhus einer Beteiligung der Meningen, meist wohl in der Form des Meningismus bzw. der Meningitis serosa, während ausgesprochene Meningitiden nicht gerade häufig vorkommen. In der Mehrzahl der letzteren Fälle handelt es sich um Mischinfektionen mit Eitererregern, die teils metastatisch die Meningen infizieren, teils durch Fortleitung von Ohrerkrankungen her entstehen. In seltenen Fällen sind aber auch Typhusbacillen im Liquor nachgewiesen worden, und zwar sowohl bei eitriger Beschaffenheit des Punktats wie auch bei im übrigen normaler Beschaffenheit desselben. Eitrige Meningitis fanden Stäubli, Schultze, Balp, Stühmer, Kühnau u. a. Curschmann fand sie in einem großen Material 5mal, Lenhartz und Schottmüller fanden eitrige Lumbalflüssigkeit mit Typhusbacillen ohne Ileotypus. In 9 Fällen Stühmers trat 6mal Heilung ein. In ihnen war nur Lymphocytose sowie Drucksteigerung des Liquors beobachtet worden. Hier liegen offenbar bereits Übergänge zur Meningitis serosa vor. Die Symptomatologie weist keine Besonderheiten auf. Die an sich vorhandene typhöse Benommenheit kann die Erkennung erschweren. Die Frage, ob Meningitis oder Meningismus vorliegt, kann selbstverständlich nur durch die Lumbalpunktion geklärt werden. Zu beachten ist, daß Rückenschmerzen, Steifigkeit der Wirbelsäule, Kernig, auch als Ausdruck einer Spondylitis typhosa vorkommen (s. u.). Zuweilen ist auch die harte Hirnhaut erkrankt gefunden worden in Form der Pachymeningitis haemorrhagica (Finkelnburg).

Unter gleichen Bedingungen wie zur eitrigen Meningitis kommt es auch zu Absceßbildungen. Auch dabei ist vereinzelt der Ebertsche Bacillus im Eiter gefunden worden. Sinusthrombose wird ebenfalls als Folge des Typhus erwähnt, auch hier besteht die Möglichkeit fortgeleiteter Entzündung aus der Nachbarschaft (Otitis) wie auch einer primären Schädigung der Sinuswand als Teilerscheinung einer nicht selten vorhandenen Neigung des Typhusgiftes, die Venenwandungen anzugreifen.

Die Mehrzahl der neurologischen Komplikationen verläuft unter dem Bilde encephalo-myelitischer Herde, die einzeln oder in der Vielheit auftreten können. Eine strenge Trennung cerebraler und myelitischer Lokalisation ist oft nicht durchzuführen. Gerade multiple Herde sind oft in beiden Anteilen des Zentralnervensystems festzustellen. In vielen Fällen ist gleichzeitig auch das periphere Nervensystem beteiligt. Der Befund einer Meningomyelitis typhosa ist wohl erstmalig von VIRCHOW erhoben worden; weitere Fälle wurden von LEYDEN, CURSCHMANN, SCHIFF, VOISIN und MILLET beschrieben. Es sei mir gestattet, eine Reihe einschlägiger Fälle meiner eigenen Beobachtung kurz zu skizzieren.

1. Während des fieberhaften Stadiums entstand bei dem Patienten eine hochgradige Schwerhörigkeit, Schwäche und Zittern der Beine. Patient kam sehr langsam wieder auf die Beine. Bei der Untersuchung in der Rekonvaleszenz fand sich eine starke Abmagerung derselben, Druckempfindlichkeit der Nervenstämme, Paresen im Peroneusgebiet bei Steigerung der Patellarreflexe und rechtsseitigem Babinski. Gang paretisch und leicht ataktisch. Hier handelte es sich offenbar um ein Gemisch peripher-neuritischer und spinaler Symptome. Die Schwerhörigkeit war auf eine Degeneration des Nervus cochlearis zu beziehen (WITTMAACK).

2. Während eines Typhusrezidives entwickelte sich eine Reflexsteigerung der Beine, anhaltender Fußklonus, ataktischer Gang, ROMBERGsches Zeichen — also ein der multiplen Sklerose ähnliches Syndrom. Dazu trat eine Serratuslähmung. Es sei hier erwähnt, daß C. WESTPHAL bereits 1870 einen Fall disseminierter Myelitis nach Typhus beschrieben hat, der mit skandierender Sprache, Paresen, leichten psychischen Störungen einherging.

Übrigens kann nicht in Abrede gestellt werden, daß gelegentlich auch eine echte multiple Sklerose sich erstmalig nach Typhus wie auch nach anderen Infektionskrankheiten manifestiert. Die Differentialdiagnose kann dann schwierig sein, das gleichzeitige Bestehen peripher-neuritischer Symptome spricht für Typhusfolge, das Vorhandensein partieller Opticusatrophie für echte multiple Sklerose. Beides konnte ich in meinem Material beobachten.

3. Befund einer unvollständigen Querschnittsmyelitis in der Höhe des Brustmarkes, jedoch kombiniert mit neuritischen und wohl auch myositischen Symptomen.

4. Befund einer cerebellaren Ataxie neben diffuser Schwäche der Beine ohne Hinweise auf Polyneuritis. Cerebellar-ataktische Syndrome sind auch bei anderen Infektionskrankheiten nicht ganz selten und beweisen die besondere Verletzlichkeit gewisser Kleinhirnsysteme (s. u.).

5. Ein Krankheitsbild, das sich im Anschluß an eine Typhusmeningitis entwickelt hatte, ließ Tremor und Cyanose der Hände, Zittern der Zunge, Abschwächung der Sehnenphänomene und Silbenstolpern erkennen, eine apathische Demenz vervollständigte das pseudoparalytische Bild, das übrigens stationär blieb.

6. Bei einem 18jährigen Mann entstand während des fieberhaften Stadiums eine Schwäche der linken Körperhälfte mit Beteiligung des Mundfacialis. Die spätere Untersuchung ergibt eine typische cerebrale Hemiplegie und Störung der Tiefensensibilität, leichte Ataxie und Babinski. Es ließ sich — wie so oft — auch in diesem Falle nicht unterscheiden, ob eine Blutung, ein embolischer Vorgang oder ein encephalitischer Herd vorlag. Die verhältnismäßig rasche

Rückbildung konnte am ehesten für einen entzündlich-degenerativen Herd sprechen. In der Literatur sind eine ganze Anzahl akut aufgetretener Mono- und Hemiplegien mit und ohne Aphasie, Artikulationsstörungen, Ataxie, pseudo-bulbäre Krankheitsbilder beschrieben.

7. Bei einem 18jährigen Mann entstand während eines schweren Typhus Parese des rechten Recurrens, der rechten Schulter und proximalen Arm-muskulatur mit nachfolgender Abmagerung und teilweiser EaR. sowie einer dissoziierten Sensibilitätsstörung für Schmerz und Temperatur der rechten Gesichts- und Kopfhälfte sowie des rechten Armes und der rechten Thorax-hälfte, Cornealreflex rechts aufgehoben: das Bild einer Syringomyelie, nach der Entstehungsweise aber mutmaßlich als eine Hämatomyelie aufzufassen. Übrigens hat bereits Curschmann Fälle von Hämatomyelie nach Typhus beschrieben. Funktionsstörungen im Bereich des Rückenmarkes wurden auch in Gestalt leichter spastischer Paraparesen, als Blasenstörung u. a. beschrieben. Aber auch schwerere, das Rückenmark ausschließlich betreffende Syndrome, so eine Landrysche Paralyse (Curschmann), Myelitis acuta (Schiff) finden sich im Schrifttum.

Die Affinität des Typhusvirus zum Hirnstamm bzw. zum extrapyramidalen System ist offenbar gering. Einmal wurde eine Chorea beobachtet (Peiper), einmal bei einem 25jährigen Manne ein progressiver Parkinsonismus, der sich von der 2.—7. Woche entwickelte und in ein allgemeines Siechtum überging (Mille).

Ganz kurz sei hier der Vollständigkeit halber auf die sehr häufige Beteiligung des peripheren Nervensystems hingewiesen, die schon von Cubler, von Leyden gewürdigt wurde. In meinem neurologischen Material nahm sie einen großen Raum ein. Am häufigsten zeigte sich der Ulnaris betroffen, dann folgt Pero-neus, Cutaneus femoris externus (Bernhardsches Syndrom). Oft handelt es sich um multiple Neuritiden im Gebiet des Arm- und Beckenplexus. Radialis und Medianus wurden von mir nicht isoliert erkrankt gefunden. Von den Hirn-nerven erkrankt am häufigsten der cochleare Anteil des Acusticus, ferner der Abducens, Facialis, Trigeminus, Vagus und Hypoglossus, Verlust des Geruches und Geschmackes kommt gelegentlich vor.

Interessant sind die nicht seltenen vegetativen Störungen vasomotorischer, sekretorischer, trophischer Art. Man beobachtet Gefäßparesen im Bereich der distalen Extremitätenenden, die dauernd blau und kalt erscheinen. Imperiale berichtet über einen Fall von symmetrischem Gangrän beider Füße bei einem 20jährigen Soldaten. Nach doppelseitiger Amputation trat Heilung ein. Sekre-torische Störungen finden sich in Gestalt von profuser Hyperdrosis, und Poly-urie in der Rekonvaleszenz. Häufig ist der Ausfall der Haare sowie trophische Störungen an den Nägeln. Basedowoide und tetanoide Symptomenkomplexe kommen gelegentlich vor, jedoch wohl kaum die ausgebildeten Krankheits-bilder dieser Art.

Indirekt wird das Nervensystem durch die nicht seltene Spondylitis typhosa in Mitleidenschaft gezogen. Es handelt sich dabei um durch den Typhusbacillus hervorgerufene osteomyelitische Herde, die kaum zur Einschmelzung und zur Gibbusbildung führen. Die Krankheit ist mit schmerzhafter Lordose der Wirbel-säule, ausstrahlenden Wurzelschmerzen und starkem Druckschmerz der be-fallenen Wirbel verbunden. In meinem Material habe ich Querschnittsläsionen des Rückenmarks dabei nicht beobachtet, Schottmüller erwähnt jedoch solche Fälle mit günstigem Ausgang und Raymond und Sicard haben eine typhöse Spondylitis beschrieben, welche zur Bildung eines epiduralen Abscesses führte mit entsprechenden spinalen Symptomen. Der Fall wurde operativ geheilt.

Prognose. Im allgemeinen zeigen die typhösen Komplikationen des Nerven-systems eine gute Rückbildungstendenz. Der Eberthsche Bacillus hat geringe

Neigung, Gewebseinschmelzungen hervorzurufen. Selbstverständlich aber hinter-lassen die schweren und tiefergreifenden Erkrankungen dauernde Funktions-störungen, wenn nicht der Tod eintritt.

Die **Therapie** richtet sich nach den allgemeinen Grundsätzen. Zweifellos wirkt die Typhusschutzimpfung bis zu einem gewissen Grade auch prophy-laktisch auf die Beteiligung des Nervensystems.

Pathologische Anatomie. Hier ist dem eingangs Gesagten wenig hinzuzu-fügen. In einzelnen Fällen wurden große Blutungen, Abscesse (MacCLIMTOCK), Sinusthrombose gefunden. Im übrigen sind die Befunde oft nur unscheinbar: Ödem des Gehirns und seiner Häute, Hyperämie, kleine Gewebsblutungen, hier und da nichteitrige Infiltrationen in den Meningen und um die Rindengefäße (FR. SCHULTZE). Die Veränderungen an den Ganglienzellen und der Glia sind unspezifisch. Besonders empfänglich zeigt sich auch hier die Molekularschicht des Kleinhirns, die PURKINJEschen Zellen, deren abschmelzende Dendriten durch entsprechend angeordnete Gliazellen ersetzt werden: „Gliastrauchwerk" SPIELMEYERs. Häufig ist der Nucleus dentatus, seltener die Olive befallen (v. BRAUNMÜHL). Einen klinischen Ausdruck finden diese Veränderungen nicht immer.

Septische Erkrankungen.

Am häufigsten handelt es sich um den Streptococcus pyogenes, den Staphylo-coccus aureus und den Pneumococcus lanceolatus, aber auch andere Infekte können zu Sepsis führen, z. B. Gonorrhöe. SCHOTTMÜLLER und BINGOLD weisen darauf hin, daß die septischen Prozesse im Beginn und Verlauf fast immer von allgemein nervösen Symptomen begleitet sind, sie entsprechen dem von uns erwähnten neurasthenischen Symptomenkomplex. Aber auch alle andern exo-genen Reaktionstypen kommen je nach der Schwere des Krankheitszustandes vor, auf der Höhe der Krankheit kommt es gewöhnlich zu Benommenheit, einer Art von „Status typhosus". Auch das KORSAKOWsche Syndrom wird beobachtet. Teils durch toxische Einflüsse, teils durch metastatische Ver-schleppung der Eitererreger, die manchmal die Form sog. Kokkenembolie annimmt, kommt es zu den verschiedensten Herderkrankungen im Zentral-nervensystem, wie auch in den peripheren Nerven. Embolische Vorgänge kommen desto leichter zustande, wenn gleichzeitig eine Endokarditis vorhanden ist. Manchmal tritt ein meningitisches Krankheitsbild ganz in den Vorder-grund, und es kann eine differentialdiagnostische Abgrenzung gegenüber tuber-kulöser Meningitis oder auch Encephalitis epidemica notwendig werden. Eine circumscripte eitrige Meningitis mit Übergreifen auf das Rückenmark hat SCHOTT-MÜLLER erwähnt. Teils durch das Übergreifen der Meningitis auf das Par-enchym, teils durch die erwähnte metastatische Verschleppung der Eiter-erreger sind Encephalitiden und Myelitiden verschiedener Lokalisation nicht selten, die entweder auf kleinen Raum beschränkt bleiben, oder sich auch zu größeren Abscessen auswachsen können. Bekannt ist das apoplektiforme Ein-setzen von Herdsymptomen bei der Endocarditis lenta, und es kommt gelegent-lich vor, daß von diesen Syndromen her die Diagnose der letzteren angebahnt wird. SCHOTTMÜLLER erwähnt, daß der Gasbrandbacillus nicht zu cerebralen Komplikationen neigt. Selbstverständlich können eitrige Entzündungen auch aus der Nachbarschaft zum Zentralnervensystem fortgeleitet werden (z. B. Otitis und Spondylitis). Das ist differentialdiagnostisch im Auge zu behalten. Die Über-schwemmung des Körpers mit Toxinen führt häufig zu polyneuritischen Schä-digungen (ROSS, GOWERS, DANA, KRAUS u. a.). Der Peroneus kann vorwiegend betroffen sein (SEVERIN).

Anatomisch finden sich wieder einerseits die unspezifischen Erscheinungen der allgemeinen Vergiftung: Hyperämie, auch Anämie, Ödem, Hirnschwellung, kleinere und größere Hämorrhagien in den weichen und harten Hirnhäuten sowie im Zentralnervensystem selbst, diffuse Zellveränderungen, kleine degenerative Herde u. dgl. Dazu treten die gröberen Entzündungs- und Erweichungsherde. Der Entzündungsprozeß durchbricht die Grenzmembran und es kommt zur entsprechenden Ausbreitung desselben im Parenchym. Auch Gefäße können circumscript entzündlich erkranken und die entsprechenden Folgen zeitigen.

Erysipel. Das Erysipel kann einerseits durch die Entsendung von Toxinen in den Kreislauf neurologische Komplikationen hervorrufen, andererseits — besonders die Gesichtsrose — durch Infizierung der Lymphwege per continuitatem das Gehirn in Mitleidenschaft ziehen. So soll z. B. Meningitis als Folge einer Fortleitung des Virus in den Sehnervenscheiden entstanden sein (Jochmann). Hegler erwähnt das Zustandekommen meningitischer, encephalitischer, myelitischer, neuritischer und polyneuritischer Komplikationen bei dem Erysipel. Die gleichen Komplikationen beschreiben Dereux und Galiègue. Die gelegentlich beobachtete Neuritis optica darf wohl als lokal bedingt aufgefaßt werden. Es sind auch Erblindungen dabei beobachtet worden (Goldgerg). Auch eine Fortpflanzung des Erysipels auf das Labyrinth soll vorkommen (Neumann). Unter den Ursachen der Encephalitis wird von Oppenheim, Hasse und Kölliker auch das Erysipel erwähnt. Das Vorkommen von Neuritiden und Polyneuritiden ist schon seit v. Leyden, Strümpell, Leu, Pal, Grasset, Charcot u. a. bekannt. Die Polyneuritis kann sich mit der Korsakowschen Psychose verbinden. Trigeminus und Facialis können beteiligt sein (Andres, Dopter). Daß Sinusthrombose und Abscesse im Geleit des Erysipels auftreten können, sei hier nur kurz der Vollständigkeit halber erwähnt.

Die bei Erysipel auftretenden symptomatischen Psychosen weisen keine Besonderheiten auf.

Pathologische Anatomie. Soweit Veränderungen gefunden werden, entsprechen sie durchaus den immer wieder erwähnten hauptsächlich toxischen Schädigungen des Parenchyms.

Akuter Gelenkrheumatismus.

Das unbekannte Virus des Gelenkrheumatismus führt, wenn auch selten, zu Schädigungen des Nervensystems. Meningitis ist einige Male von französischen Autoren beschrieben worden; Gerhardt und Schultze haben an einem großen Material keine ausgesprochene Meningitis gesehen, Meningismus allerdings kommt vor, und es gibt eine Form des Gelenkrheumatismus, bei dem dieses Syndrom dominiert („cerebraler Rheumatismus"). Die häufige Ansiedlung des rheumatischen Virus an den Herzklappen in Form der Endokarditis hat sekundär nicht selten embolische Herderscheinungen zur Folge. Mager und Rheim haben Myelitis nach Gelenkrheumatismus beschrieben. Eine Sonderstellung nimmt die Chorea minor ein, die früher von manchen Autoren als Folge von Hirnembolien angesehen wurde (Kirkes, Makenzie, Money, Frerichs u. a.), wogegen sich schon Litten ausgesprochen hat.

Die pathologische Anatomie hat dabei nämlich nicht das Vorhandensein embolischer Herde bestätigt. Offenbar handelt es sich in der Mehrzahl der Choreafälle um toxische Veränderungen im Bereiche des extrapyramidalen Systems. Es ist ja bekannt, daß einerseits auch bei anderen Infektionskrankheiten Chorea, wenn auch selten, beobachtet wird und daß andererseits das Auftreten der Chorea minor durchaus nicht unbedingt an das Vorhandensein

rheumatischer Endokarditis geknüpft ist. HILLIER, JONES, MACLAGAN sprechen
von einer metarheumatischen Erkrankung bei der Chorea, welche durch eine
besondere Affinität des Virus zum Gehirn bedingt sei.

Keuchhusten.

Für die neurologischen Folgeerscheinungen des Keuchhustens hat man
früher das mechanische Moment in den Vordergrund gestellt, die Cyanose bzw.
Stauung im Gefäßsystem, welche unter dem Einfluß der schweren Husten-
anfälle zustande kommt. Es ist aber zweifellos für sich allein nicht ausschlaggebend. Das krampfhafte Element, das den Zuständen und überhaupt den
Erkrankungsfällen des Keuchhustens vielfach eigen ist, ist ebenfalls nicht ein
einheitliches. Manche Autoren stellen die Spasmophilie stark in den Vordergrund, und es ist richtig, daß die Krankheit am häufigsten zur Zeit der größten
Krampfbereitschaft im 1.—2. Lebensjahr entsteht (BÖNHEIM und BLÜHDORN).
REICHE ist jedoch der Meinung, daß die Spasmophilie nur eine Nebenrolle
spielt. HUSLER und SPATZ fanden in 10% der Krankheitsfälle tetanoide Symptome. In BÖNHEIMs 2690 Fällen waren diese verhältnismäßig oft vertreten.
KLOTZ betont, daß spasmophile Kinder der Gefahr des Keuchhustens besonders ausgesetzt sind. Die krampfhaften Inspirationen führen dann zum
Verschluß der Stimmritze, zur Atemsperre, zu Cyanose, Kollaps, partiellen und
generalisierten Anfällen, zuweilen auch mit Bewußtseinsverlust. Die Häufung
solcher Zustände kann eine Lebensbedrohung darstellen. Die großen Anfälle
unterscheiden sich nicht von den epileptischen, und es kann kein Zweifel sein,
daß auch echt epileptische Anfälle unter den Verhältnissen des Keuchhusten-
paroxysmus ausgelöst werden. Freilich bleibt zu berücksichtigen, daß es schwer
sein kann, die endogenen epileptischen Dispositionen von solchen epileptischen
Leiden auseinanderzuhalten, welche exogen als Komplikationen des Keuchhustens, etwa durch encephalitische Prozesse, entstehen.

Jedenfalls spielt die nervöse Veranlagung im Bereich des Keuchhustens eine
recht erhebliche Rolle, wenn auch CZERNY wohl zu weit geht, wenn er die
nervöse Konstitution ganz in den Mittelpunkt stellt, die Symptome der Luftwege nur als Folge von Gelegenheitsinfektionen betrachtet. Wenn der Keuchhusten auf andere Kinder ansteckend wirkt, so kann das natürlich nicht
nur auf das suggestive Moment bezogen werden, wenngleich solche Fälle vorkommen mögen, sondern es handelt sich in der Mehrzahl der Fälle um Über-
tragungen des Krankheitserregers, wie schon die Fälle erkennen lassen, in
denen die Krankheit von Kindern auf Erwachsene übertragen wird, die keineswegs nervös disponiert sind. Übrigens drückt die alte Bezeichnung „*Tussis
nervosa*" auch die engen Beziehungen zum Nervensystem aus. Dem infektiösen
Charakter entsprechend findet man beim Keuchhusten ähnliche Beteiligungen
des Nervensystems wie bei den anderen Infektionskrankheiten. Sicherlich sind
nicht selten die Meningen — wenn auch nicht in schwerer Form — beteiligt,
und den meningitischen Reizzuständen wird von manchen Autoren eine wichtige
Rolle in dem Krankheitsbild zugeschrieben. Immerhin sind die wirklich deutlich erkennbaren Fälle nicht häufig. REICHE fand in 324 Fällen von Keuchhusten 17mal eine Beteiligung der Meningen, C. LANGE beschrieb Fälle von
Meningitis serosa mit Drucksteigerung, Eiweißvermehrung und Lymphocytose.
Zu beachten ist bei dem Auftreten ausgesprochener meningitischer Symptome,
daß unter Umständen anderweitige Komplikationen, wie Tuberkulose, die
Fortleitung von einer Otitis, eine Sinusthrombose dafür in Anspruch genommen
werden müssen. Eine ganze Anzahl der Komplikationen sind sicherlich durch
infektiös-degenerative Herde im Zentralnervensystem zu erklären, wobei die

Unterscheidung cerebraler oder myelitischer Lokalisation nicht immer durchführbar ist. Zweifellos kommen auch hier multiple Herde, die über das Zentralnervensystem verstreut sind, vor. Es werden motorische und sensible Paresen einzelner Gliedmaßen, wie Hemiplegien und Paraplegien beobachtet. Oft sind es die gleichen Fälle, bei denen sich im Krankheitsbild epileptische Anfälle und meningitische Reizerscheinungen finden. Neben dem Pyramidensystem kann das extrapyramidale erkranken, und Bönheim erwähnt Fälle, welche der Encephalitis epidemica ähnlich sehen, indem sie von Bewußtseinsstörungen, lethargischen Zuständen, Starre und Unbeweglichkeit begleitet sind, andererseits zeigen manche Fälle einen mehr cerebellaren Einschlag. Abschwächung des Muskeltonus, Nystagmus, Sprachverlust und Taubheit kommen dabei vor, vor allem findet sich Erblindung öfter erwähnt, welche teils auf Neuritis, teils auf Netzhautischämie oder Embolie zurückgeführt wird. Mager beschreibt das Bild einer Myelitis acuta, Borra das einer schlaffen Lähmung der Beine, wobei er es dahingestellt sein läßt, ob das Keuchhustenvirus oder eine Mischinfektion mit Poliomyelitis dafür verantwortlich sei. Koch erwähnt Fälle, welche in der Form der ascendierenden Paralyse verlaufen sind. Es wurde von der entzündlich-degenerativen Pathogenese derartiger Herderkrankungen gesprochen, indessen können die gleichen Zustandsbilder auch unmittelbar gefäßbedingt sein, ohne daß sich klinisch eine Differentialdiagnose stellen ließe. Singer fand in 4 Fällen Massenblutungen des Gehirns und der Häute, und er meint überhaupt, daß die funktionellen Kreislaufstörungen eine größere Bedeutung hätten als die toxisch-infektiösen Schädigungen der nervösen Substanz. Eineiige Zwillinge bekamen beide große Blutungen in die Häute und kleinere in die Hemisphären. Auch Corrado erwähnt 2 Fälle von Keuchhustenapoplexie. Es muß im einzelnen Falle dahingestellt bleiben, inwieweit es sich um Gefäßrupturen oder um konfluierende Diapedesisblutungen handelt.

Die **Prognose** derartiger Komplikationen ist im allgemeinen wohl ganz günstig, wenigstens wird die regressive Tendenz hervorgehoben. Sie hängt von dem klinisch oft nicht erkennbaren Umstand ab, ob funktionelle, vor allem gefäßspastisch bedingte Funktionsstörungen oder grobe Gewebsläsionen eingetreten sind. Jedenfalls können auch Zustände zurückbleiben, die man unter dem Sammelbegriff der cerebralen Kinderlähmung erfassen kann. Eley fand in solchen Fällen Veränderungen im Encephalogramm, und zwar einmal einen Kalkherd, der auf eine frühere Blutung hinwies, ein anderes Mal eine asymmetrische Erweiterung der Seitenventrikel. Selbstverständlich kann die psychische Entwicklung Hand in Hand mit den neurologischen Rückständen unter solchen Bedingungen gehemmt werden. Die Beteiligung des peripheren Nervensystems ist verhältnismäßig selten erwähnt worden (Bernhard, Möbius, Mackey).

Pathologische Anatomie. Auf den Befund purpuraartiger kleiner und massiverer Blutungen wurde bereits hingewiesen. Auch in den weichen Hirnhäuten und in der Dura werden häufig Blutungen gefunden. Sie sind der Ausdruck einer toxischen Gefäßschädigung (Neurath). Kleine Infiltrationsherde kommen vor. Husler und Spatz fanden im Gehirn weitverbreitete homogene Zellerkrankungen, daneben aber auch laminäre bzw. pseudolaminäre Verödungsbezirke in der Rinde, besonders in der 2. und 3. Schicht, ähnliche Veränderungen im Ammonshorn im Nucleus dentatus und in den Purkinjeschen Zellen, begleitet von lebhafter Gliaproliferation. Auch Neubürger erhob ähnliche Befunde. Es ist offenbar, daß diese Veränderungen zum Teil nicht direkt durch das Keuchhustenvirus verursacht werden, sondern eine indirekte Wirkung der gefäßspastischen Zustände sind, welche die epileptiformen Anfälle begleiten (ischämische Nekrosen Spielmeyers).

Parotitis epidemica (Mumps).

Das toxische Bild kann unter Umständen dabei — wenn auch selten — ein schweres werden. Es kommt zu meningismusartigen Erscheinungen, aber auch zu ausgesprochener Meningitis serosa und nicht selten weisen dann die klinischen Symptome auf encephalitische bzw. degenerative Herde im Zentralnervensystem hin. Pupillenstarre, Augenmuskellähmung und andere Paresen der Hirnnerven [VII, XII, einseitige und doppelseitige Schwerhörigkeit (Voss)]; statische und lokomotorische Ataxie, auch Extremitätenparesen kommen vor (SCHOTTMÜLLER). Dieser Autor läßt die Möglichkeit infektiöser Embolien offen. Jedoch müssen solche Fälle äußerst selten sein, SEYLER beispielsweise fand unter 6000 Fällen von Parotitis keinen einzigen Fall mit encephalitischer Komplikation. Hinsichtlich der meningitischen Komplikationen ist von SCHRÖDER ein negativer Lumbalbefund, von ACKER und URBANTSCHITSCH jedoch das Vorliegen entzündlicher Veränderungen im Liquor beschrieben worden.

Pest.

Die Erfahrungen sind spärlich. Nach RODENHUIS kommt es dabei zu schweren Toxinwirkungen auf das Nervensystem, welche sich in Kopfschmerzen, Schwindel, Taumeln, Benommenheit bis zur Bewußtlosigkeit, schleppender Sprache, Unruhe und Delirien äußern. Meningismus und Meningitis, gelegentlich vergesellschaftet mit meningo-encephalitischen Symptomen kommen vor. Noch in der Rekonvaleszenz soll es infolge einer Nachwirkung der Toxine zu Vasomotorenlähmungen kommen.

Akute Exantheme.
Scharlach.

Beim Scharlach ist zu beachten, daß Mischinfektionen, vor allem mit Streptokokken, sehr häufig sind, daß Ohrerkrankungen leicht durch Fortleitung von Entzündungsvorgängen das Nervensystem beteiligen, daß endlich auf dem Umwege über die Urämie nervöse Störungen auftreten können. Eine genaue Scheidung dieser Möglichkeiten von den eigentlichen Scharlachkomplikationen ist nicht immer durchgeführt und durchführbar. An sich dürfte das Scharlachvirus kaum andere Wirkungen entfalten als die anderen Infektionskrankheiten. Dem entspricht auch die pathologische Anatomie dieser Krankheit (WEIMANN). Blutungen, embolische Vorgänge, Thrombosen kommen vor.

Die Erkrankungen des Nervensystems schließen sich (HOTTINGER und SCHLOSSMANN) meist schon an die schweren Anfangserscheinungen der Krankheit an, bei jüngeren Kindern kommt es oft zu initialen Krämpfen, das „vitale Syndrom" tritt deutlich hervor, Verstimmungen, auch delirante Erscheinungen, Schlafsucht kommen im Geleit von Kopf- und Gliederschmerzen vor. Meningismus ist häufig. ZISCHINSKI hat Fälle von primärer eitriger Meningitis beobachtet. Die meisten herdförmigen Syndrome treten wohl im zweiten Stadium der Krankheit hervor unter erneuter Fiebersteigerung („zweites Kranksein"). ROLLY erwähnt Meningoencephalitiden mit entsprechenden Lähmungen. CHAVAGNY beobachtete Hemiplegien nach Scharlach bis zum 15. Lebensjahr, die einige Wochen nach der akuten Erkrankung auftraten. Einmal war jedoch schon 3 Tage nach der Infektion eine Parese mit Chorea und Athetose vorhanden. Als Ursache vermutet der Autor Gefäßspasmen. Auch das Kleinhirn wird von den Toxinen angegriffen, nicht selten in der unspezifischen Art von Degenerationen im Gebiet der Molekularschicht und der PURKINJE-Zellen mit sekundärem Gliastrauchwerk, ohne daß diese Veränderungen klinisch zum

Ausdruck kommen müssen. Schilder beobachtete jedoch eine ausgesprochene Encephalitis cerebelli, die mit schwerer Ataxie, Mutismus, Adiadochokinese und Intentionstremor sowie choreiformer Unruhe einherging. Rechts bestanden Pyramidensymptome. Seltenheiten bilden auch hier Erkrankungen des striären Systems, so beschrieb Obarrio bei einem 18jährigen Patienten einen Parkinsonismus, der sich einige Wochen nach dem Scharlach in charakteristischer Weise entwickelte. Mannini hat eine Chorea minor nach Scharlach gesehen.

Das periphere Nervensystem ist vielleicht etwas weniger häufig beteiligt als etwa beim Typhus, es kommen aber im großen und ganzen die gleichen Lokalisationen vor. Ich erwähne eine Neuritis des Ischiadicus (Remak), doppelseitige Armneuritis (Sano), Mononeuritis im rechten Bein (Chavigny), Neuritis ulnaris (Bizzari). Von den Hirnnerven wurde von Wittmaack die isolierte Degeneration des Cochlearis ohne Otitis media beobachtet. Polyneuritiden werden von Baseth und Seiffert erwähnt. Die neurologischen Folgeerscheinungen, welche die verschiedenartigen Komplikationen des Scharlach: Otitis, Sinusthrombose, Embolie usw. hervorrufen, bedürfen hier keiner näheren Erwähnung. Die Versuche einer prozentualen Berechnung der neurologischen Komplikationen (Bönheim, Langer, Wolfe) ergeben kein einheitliches Resultat.

Die **Prognose** bietet keinen Anlaß zu besonderen Betrachtungen, sie hängt auch hier selbstverständlich von der Schwere der Einzelerkrankungen ab.

Masern.

Masernkomplikationen des Zentralnervensystems fanden früher wenig Beachtung. Rolly sagt im „Handbuch der inneren Medizin", daß das Maserngift im allgemeinen keine erheblichen Komplikationen des Zentralnervensystems hervorrufe und daß schwerere Symptome meist auf Komplikationen: Otitis media, Bronchopneumonien, Nephritis und Miliartuberkulose usw. beruhen. Bönheim fand unter 5940 Masernfällen der Jahre 1905—25 25mal neurologische Erscheinungen: 11mal Konvulsionen, 8mal Meningitis serosa, 6mal Encephalitis. Würde man die oft sehr leichten Masernfälle aussondern, so wäre das prozentuale Ergebnis vermutlich ein anderes, und in den letzten 10 Jahren hat gerade die Masernencephalitis ein gesteigertes Interesse gefunden, das sich sowohl in eingehenderen histologischen Untersuchungen wie in vielen kasuistischen Mitteilungen zu erkennen gibt. Das neurasthenische Prodromalstadium, das oft dem Fieber vorangeht und sich bei den Kindern in Unruhe, Stimmungswechsel, schlechter Laune ausdrückt, unterscheidet sich nicht von den anderen Krankheiten dieser Gruppe (v. Groer). In schwereren Fällen treten Benommenheit und Delirium auf, Konvulsionen sind selten. Häufiger vielleicht wird Meningismus beobachtet, Reiche beschrieb eine prämorbillöse Meningitis serosa. Der Liquor ist dabei kaum verändert (Bönheim, Zalloko). Eitrige Meningitis beruht wohl stets auf Mischinfektionen (Jessen, Edens). Mit der Meningitis, auch der serösen, kann sich die Lähmung einzelner Hirnnerven verbinden, so z. B. des 6. (Focci) oder des 3. (Finkelnstein). Die gelegentlich nach Masern beobachteten Lähmungen wurden früher vorwiegend als peripher bedingt angesehen (Monro, Morton, Buzzard, Bergeron), hingegen rechneten Bury und Ross fast alle Fälle zu den cerebralen und medullären (s. Handbuch von Lewandowski). Mit den Veröffentlichungen von Lust, Schick, Redlich, Mosse, Stern u. a. kam die Diskussion über die Natur der Lähmungen in Fluß. Bönheim unterschied vier Gruppen je nach der Lokalisation:

a) Pyramidale bzw. cerebrale Lähmungen (Freud, Weinberg und Vogt, Bayle). Beginn meist am Ende der Exanthemperiode. Plötzliche Entwicklung von Hemiplegie mit und ohne Aphasie, gelegentlich diplegische Symptome, auch in Kombination mit Aphasie. In 2 Fällen NEURATHs entstand im Beginn der Krankheit Hemiplegie mit Aphasie. Sie wurden gebessert entlassen. Hierher gehört auch ein Fall BARANs, bei welchem sich ebenfalls unmittelbar nach Masern unter Koma ein Krampfanfall der rechten Körperhälfte herausstellte, welcher eine allmählich sich zurückbildende Hemiplegie hinterließ.

b) Extrapyramidale Lähmungen. 1 Monat nach dem Beginn der Masern Tremor im Gesicht und den Extremitäten, halbseitige Chorea oder Athetose (MARIE, CALMAIL, STHEEMANN). Neuerdings haben MAKENZIE und SCATTO DES CASAS MELLO Fälle von Chorea nach Masern beschrieben. 1 Fall SCHNEPPERs erkrankte am 4. Tage nach dem Exanthem mit Koma, Atonie, Ataxie, Stummheit, Versagen der Beine. Er muß wohl als eine cerebellare Lokalisation gedeutet werden; ebenfalls eine cerebellare Ataxie beschreibt KRAMER, welche nach 7 Monaten zur Abheilung kam. Auch Bilder, welche der Encephalitis epidemica ähnlich sind, werden gelegentlich erwähnt: Lethargie mit Hypertonie, Starre u. dgl. Ihre Deutung ist nicht ohne weiteres möglich.

c) Erblindung kommt vor mit dem Befunde einer Neuritis optica, einer Embolie der Arteria centralis retinae, Anämie der Netzhaut.

d) Myelitiden traten während oder kurz nach dem Exanthem plötzlich auf: schlaffe Lähmung der Beine, Blasen- und Mastdarm-, evtl. auch Sensibilitätsstörungen (BAYLE, DENARIÉ, LOP, LUKAS u. a.). Auch aufsteigende Paralyse (NEGRIÉ, BARLOW u. a.) kommt vor. MENSI beschrieb neuerdings die Erkrankung eines 14jährigen Knaben, bei welchem während des Abblassens des Exanthems ein meningitisches Bild, schlaffe Lähmung der Beine, Sphincterenstörung bei positivem Lumbalbefund mit Ausgang in Heilung auftrat. Die Autoren können hier nicht vollzählig genannt werden, es sei auf BÖNHEIM verwiesen.

Einige Beispiele von derartigen Erkrankungen möchte ich noch aus neuerer Zeit hinzufügen. BREGMANN und PONCZ beobachteten ein 11jähriges Kind, das 1 Monat nach Masern von totaler Amaurose mit allmählicher Besserung befallen wurde, 2 Wochen später von seiner spastischen Parese der linken oberen und totaler Lähmung der linken unteren Extremität. Rechts bestand Ataxie und Sensibilitätsstörung. Die Erscheinungen bildeten sich sämtlich zurück, so daß $^1/_2$ Jahr nach Beginn der Erkrankung die Patientin wieder gehen konnte. Ein $8^1/_2$ Monate altes Kind bekam 7 Wochen nach den Masern Krampfanfälle, wurde steif am ganzen Körper und zeigte mäßige Nackensteifigkeit und starken Liquordruck. Ein drittes erkrankte 2 Monate nachher mit Fieber, Benommenheit, choreiformen Bewegungen der linken Seite, Dysarthrie, Ataxie, Unfähigkeit, zu stehen und zu gehen, skandierender Sprache, und doppelseitigem Babinski: also wieder ein der multiplen Sklerose ähnliches Krankheitsbild, welches auf eine disseminierte Encephalomyelitis zu beziehen war.

Überblickt man dieses heterogene Material, so findet man die eingangs gemachten Ausführungen über die großen Schwierigkeiten bestätigt, welche der anatomischen Deutung der klinischen Befunde entgegenstehen. Zumeist mögen sie wohl toxisch-degenerativer Herkunft sein (s. u.). Es ist des öfteren die Frage erörtert worden, ob sie mit dem Masernvirus als solchem etwas zu tun haben oder nicht vielmehr der Ausdruck einer anaphylaktischen Reaktion (Parallergie — MORO, WALTHARD) sein könnten. Man hat auch an die Aktivierung an sich harmloser Keime durch die Masern gedacht. WOHLWILL hat allerdings auf Grund seiner Untersuchungen keine Stütze für die sog. Aktivierungshypothese gefunden und BESSAU und LUCKSCH sind für die Annahme einer echten Masernencephalitis eingetreten.

Des Vorkommens peripherer Neuritiden wird wenig Erwähnung getan, jedoch kommen sie auch hier vor, desgleichen Neuralgien (ROLLY).

Die **Prognose** ergibt sich aus den oben kurz skizzierten Fällen. Sie richtet sich nach der Schwere der Erkrankung. Die Tendenz zu weitgehender Rückbildung ist vorhanden. Wir begegnen gelegentlich alten Lähmungszuständen von der Art der cerebralen Kinderlähmung, welche auf Masern zurückgeführt werden.

Pathologische Anatomie. Weimann findet, daß die Masernencephalitis nicht gerade häufig sei, wenn man von Sekundärinfektionen absieht. Die Veränderungen sind nicht spezifisch für Masern; besonders in der weißen Substanz des Gehirns, der Brücke, des Rückenmarks werden kleine entzündlich-degenerative Herde mit entsprechenden Gliareaktionen gefunden, welche an den Gefäßverlauf gebunden sind. Achsenzylinder und Markscheiden erweisen sich in solchen Herden oft zerstört. Die exsudativen Vorgänge sind geringer. Sulzer, ebenso Waldhard sprechen von Encephalomyelose. Wohlwill hat einen Fall beschrieben, in welchem die nichtentzündlichen Zerfallsprozesse sich als schmaler Saum an die Venen der weißen Substanz des Gehirns und Rückenmarks anschloßen sowie auch das Ependym begleiteten.

Röteln.

Dieses im allgemeinen leicht verlaufende Exanthem scheint wenig Begleiterscheinungen am Zentralnervensystem zu verursachen. Hier und da finden wir in der Literatur verstreut einige kasuistische Mitteilungen. Ein meningeales Syndrom wird beispielsweise von Bernhard beschrieben. Im allgemeinen sind die cerebrospinalen Meningitiden, welche dabei vorkommen, durch irgendwelche Komplikationen bedingt. Debré, Turquetye, Broka beschreiben zwei Kinder, welche in der 2. Nacht der Röteln mit schweren meningitischen Bildern erkrankten, wobei auch der Liquor entzündliche Veränderungen aufwies. Das schwere Krankheitsbild ging plötzlich in Besserung über. Einmal finde ich eine Polyneuritis erwähnt (Revilliod et Long).

Pocken.

Die Krankheit hat in unseren Breiten fast nur noch ein geschichtliches Interesse, und es werden seit langem kaum mehr Fälle mitgeteilt. Rolly erwähnt jedoch im Handbuch der inneren Medizin als Komplikation seitens des Nervensystems ähnliche Erkrankungen, wie sie uns auch sonst begegnen: Meningismus und Meningitis, Encephalitiden mit hemiplegischen und aphasischen Störungen, Ataxie (Westphal), myelitische Herde, aufsteigende Paralyse. Psychische Störungen vom exogenen Typus werden in allen Stadien des Krankseins beobachtet (Ewald, Meiringer). Neuerdings haben Troup und Hurst den Fall eines 61jährigen Mannes beschrieben, welcher während der Pocken eine Schwäche der Beine mit Reflexverlust bekam ohne Liquorveränderungen und der im Koma starb. Histologisch fanden sich encephalo-myelitische Herde in der grauen und weißen Substanz, vorwiegend degenerativer Art, ähnlich wie bei Vaccine und Masern. Der Verfasser schließt sich für die Entstehung der Herde der Aktivierungshypothese an.

Varicellen (Windpocken).

Die neurologischen Symptome dabei beanspruchten früher wenig Interesse. Bönheim bezeichnet sie als selten, erwähnt beispielsweise einen Fall von Meningitis serosa (Toni), der 21 Tage nach der Eruption entstand und zur Heilung kam, ferner Fälle, welche vielleicht auf eine Mittelhirnlokalisation schließen lassen, mit Tremor des Kopfes, Grimassen und choreiformen Bewegungen (Merko und Makenzie). Apathie, Nystagmus, Pupillendifferenz,

Tremor und Reflexstörungen zeichneten einen Fall von KRAMER aus, der 1 Woche nach den Windpocken entstand. Auch hemiplegische Fälle mit und ohne Aphasie (GORDON) wurden schon früher mitgeteilt. Neuerdings hat sich dann das Interesse an den Varicellen wesentlich gesteigert, besonders auch im Zusammenhang mit den Beziehungen zum Herpes zoster, auf die noch zurückzukommen sein wird und mit pathologisch-anatomischen Forschungen. L. VAN BOGAERT beobachtete folgenden Fall: ein 12jähriges Mädchen erkrankte akut mit hohem Fieber, starken Kopfschmerzen, meningealen Reizerscheinungen und Delirien. Nach 3 Tagen brach das Exanthem aus, und es entwickelte sich dann das Bild einer cerebellaren Ataxie mit Schwindel, Nystagmus, choreiformen Bewegungen, Schlaflosigkeit. Die Lumbalpunktion ergab Drucksteigerung und Eiweißvermehrung. Nach 14 Tagen war auch Babinski und Inkontinenz der Blase nachweisbar; unter Zunahme der Bewußtseinsstörung trat nach 26 Tagen der Tod ein. Anatomisch fanden sich diffuse Infiltrationen im Bereich der grauen Masse, degenerative Veränderungen im Klein- und Großhirn, insbesondere multiple-skleroseartige Herde mit Markzerfall an der Grenze der grauen und weißen Substanz besonders im Parietal- und Frontalhirn, im Cerebellum, auch im Pallidum, gliöse Plaques, ähnlich wie bei multipler Sklerose. Rückenmark ohne Befund. Kleinhirnlokalisationen sind auch sonst mehrfach aufgefallen, CORNIL und KISSEL z. B. beschreiben ein 4jähriges Kind, das 5 Tage nach dem bis dahin gutartigen Verlauf der Windpocken ein cerebellares Syndrom mit allen typischen Erscheinungen bekam, ähnlich wie RUNGE, der in seinem Falle statische und lokomotorische Ataxie, Asynergie, Hypermetrie, Adiadochokinese, Hypotonie der Muskeln, Bradyphasie feststellte. Die Prognose war in beiden Fällen günstig. FUSHIKI erwähnt 2 Fälle, den einen eines 5jährigen Kindes, das eine Paraparese der Beine mit Reflexschwund bei normalem Liquor bekam; bei einem zweiten entwickelte sich eine Schwäche der rechten Seite 3 Tage nach dem Exanthem. Beide Fälle gingen in Heilung aus. RAKE beobachtete den Fall eines $2^1/_2$jährigen Kindes, das etwa $2^1/_2$ Wochen nach Krankheitsbeginn den Symptomenkomplex einer multiplen Encephalomyelitis darbot. Ein Fall von KRABBE bot Lähmung der unteren Extremitäten, Areflexie, Hypästhesie, Sphincterenlähmung, ein anderer von WALDMANN das Bild einer LANDRYschen Paralyse bei einer 32jährigen Frau. Hier war der Liquor entzündlich verändert. Zum Schluß kam ein HORNERscher Symptomenkomplex und eine rechtsseitige Facialisparese hinzu. Die Patientin starb unter psychischen Symptomen. GLANZMANN weist auf die große Ähnlichkeit der neurologischen Komplikationen bei Varicellen, Variola und Vaccine hin. Auch bei dieser Krankheit ist die Aktivierungs- und die allergische Hypothese mehrfach erörtert worden. Viel hat man sich seit den Veröffentlichungen von BOKAY mit der Frage beschäftigt, welche Beziehungen zwischen den Varicellen und dem Herpes zoster bestehen. Schon früh (1909) hat BOKAY die Vermutung ausgesprochen, daß das Varicellenvirus in seinen Eigenschaften veränderlich sei, und er hat den epidemiologischen Zusammenhang zwischen Zoster und Varicellen betont. Impfung mit Zosterbläschen ergab bei den empfänglichen Kindern zum Teil Erkrankung an Windpocken. Die Meinung der Autoren von diesem Problem blieb uneinheitlich. Für eine Identität der beiden Virusformen traten WALLGREN, E. HOFFMANN, DAINVILLE et RAYNAUD, GELY und SOLBERG, ROXBOURGH und MARTIN ein, gegen eine solche ALTERTHUM, KOZZOLINO, PERUTZ und SCHEER. Die erstgenannten Autoren schlossen die Identität aus den verschiedenartigsten Zusammenhängen. WALLGREN z. B. beobachtete 8 Fälle von Gürtelrose bei Kindern ohne vorangegangene Windpocken, aber alternierende gleichzeitige Fälle der letzteren. Die Gürtelrosekinder zeigten sich immer immun gegen Windpocken. DAINVILLE und REYNAUD geben an, daß eine an Zoster leidende Amme mehrere Säuglinge mit Varicellen infiziert habe, auch Solberg will wechselseitige Ansteckung beobachtet haben. Die anderen Autoren halten aber — wie gesagt — diese Fälle nicht für beweiskräftig.

Die **Prognose** der Varicellenkomplikationen ist offenbar im allgemeinen günstig.

Es darf nachgetragen werden, daß auch peripherneuritische Krankheitsfolgen in einzelnen Fällen vorgekommen zu sein scheinen. Allaire beschreibt einen Fall von Polyneuritis mit Lähmung der Rachenmuskeln und des linken Armes, EaR., dabei Doppeltsehen. Besserung nach einigen Monaten.

Pathologische Anatomie. Hier kann vor allem auf den Fall v. Bogaert verwiesen werden (s. o.). Im übrigen wurden auch die üblichen unspezifischen Befunde erhoben.

Wolhynisches Fieber.

Die Krankheit ist gekennzeichnet durch rheumatoide und neuralgische Schmerzen, welche an verschiedenen Orten auftreten können. Sie wird darum auch Febris neuralgica genannt (Schlecht und Schittenhelm). Charakteristisch sind die Schienbeinschmerzen, seltener auch Schmerzen in Oberschenkel- und Oberarmknochen. Die ganze Muskulatur kann schmerzhaft sein, so daß die Patienten sich wie „zerschlagen" fühlen (Jungmann). Die Nerven werden auch häufig druckempfindlich gefunden, besonders Tibialis, Ischiadicus, Trigeminus, Intercostales. Gelegentlich werden objektive Sensibilitätsstörungen, auch segmentale Zonen (Richter), besonders Hyperästhesien in segmentaler und radikulärer Anordnung, jedoch auch in peripherer Verbreitung am Rumpf, Oberschenkel, Waden, Stirn festgestellt (Mosler). Eine Neuritis der Cauda equina wird von Cassirer beschrieben, leichte Reflexstörungen von Schittenhelm, vasomotorische Symptome von Munk.

Tetanus.

Ätiologie. Der Tetanus wird von dem 1884 von Nicolaier gefundenen Tetanusbacillus verursacht. Kitasato hat zuerst Reinkulturen des Bacillus erzielt. Er bildet Sporen und wächst anaerob. Allerdings können bei Mischinfektionen andere Bacillen und Keime den Sauerstoff soweit an sich reißen, daß trotz mangelnden Luftabschlusses der Tetanusbacillus zu gedeihen vermag. Er bildet ein lösliches Toxin, das ähnlich dem Diphtherietoxin als Sekretionsprodukt aufgefaßt werden kann. Dieses Toxin hat eine große Affinität zum Nervensystem und entfaltet seine Wirksamkeit auch nachdem die Bacillen an der Eingangspforte nicht mehr nachweisbar sind. Die Verbreitung des Bacillus ist eine außerordentlich große. Er kommt hauptsächlich in der Gartenerde vor, in welche er durch den Kot der Tiere *(Düngung)* gelangt. Von dort kann er auf alle möglichen Medien übergehen, welche ihrerseits geeignet sind, beim Menschen Wunden zu erzeugen. Grob verunreinigte und taschenartige Wunden haben die größte Aussicht, in sich das Wachstum des Tetanusbacillus zu begünstigen. Aber auch kleine Wunden, ganz belanglose Verletzungen können dem Bacillus gelegentlich einmal Eingang verschaffen. Rohardt erwähnt, daß sogar der Sandflohstich als Eingangspforte dienen kann. Von erkrankten Schleimhäuten (z. B. Diphtherie), von einer Otitis media kann die Infektion ihren Ausgang nehmen. Besonders bemerkenswert ist der Tetanus neonatorum und der Tetanus puerperalis, wobei im ersteren Falle die Eingangspforte die Nabelschnurwunde, im anderen Falle die Placentarfläche bildet. Unter diesen Bedingungen kann sich gelegentlich eine epidemische Häufung in Anstalten bemerkbar machen. Auch unter den Bedingungen des Krieges kommt eine Häufung der Fälle vor. LEWANDOWSKI erwähnt, daß nach der Schlacht von Mukden 500 Mann an Tetanus gestorben seien. Im Weltkriege scheint nach SCHITTENHELM die Tetanusgefahr in Frankreich erheblich größer als in Rußland gewesen zu sein. Nicht alle Säuger sind gleich empfänglich für die Infektion: Pferd, Ziege, Meerschweinchen und vor allem der Mensch erweisen sich als sehr empfänglich, Kaninchen, Hunde und Vögel wenig. Jede Stelle des Körpers kann die Eingangspforte liefern, die manchmal zur Zeit des Ausbruchs der Symptome nicht einmal mehr erkennbar ist. Während bei den Tieren experimentell nachgewiesen ist, daß das Gift zunächst lokal seine Wirksamkeit entfaltet, gerät es beim Menschen offenbar in die Blutbahn, erzeugt unabhängig von der Infektionsstelle im allgemeinen zunächst Trismus und zeigt dann eine absteigende Ausbreitung. Doch macht sich in manchen Fällen die lokale Wirksamkeit des Giftes auch beim Menschen geltend (KÜMMELL, GOLDSCHEIDER, E. MÜLLER u. a.). Das Gift ist übrigens erstmalig von KNUT FABER (1890) durch Filtration von Bouillonkulturen gewonnen worden. Es wird durch einstündiges Erhitzen vernichtet (VAILLARD und ROUGER). Man kann vielleicht zwei Komponenten unterscheiden, von denen die eine eine allgemein toxische Wirkung entfaltet, während der anderen die lokalen und später generalisierten Krampfsymptome zuzuschreiben sind. Die Inkubation kann sich verschieden gestalten, was übrigens für die Prognose von großer Bedeutung ist (s. u.). Im Minimum beträgt sie 8 Stunden, im Maximum mehrere Wochen, im Durchschnitt vielleicht 6—14 Tage. Es gibt jedoch auch Fälle, bei denen das Virus in der Wunde oder in der Narbe lange Zeit latent bleibt, um dann später bei einer besonderen Gelegenheit doch noch seine Wirkung zu entfalten. Der Tetanus der Neugeborenen bricht im allgemeinen bis zum 11. Lebenstage aus. Die Inkubationsdauer wird in der Hauptsache dadurch bestimmt, daß das Toxin mit verschiedener Geschwindigkeit im peripheren Nerven, und zwar besonders im motorischen spinalwärts aufwärts steigt, um dann beim Erreichen des Rückenmarks die Krampfsymptome auszulösen. Denn auch wo das Toxin ins Blut gelangt, wird man annehmen dürfen, daß letztlich durch sein Aufsteigen in die peripheren Nerven die Wirkung eintritt. Es scheint erwiesen, daß es gerade die leitende Substanz des Nerven ist, zu welcher das Gift eine besondere Affinität hat, so daß es beim Tierversuch gelingt, durch Antitoxineinspritzung an proximalen Stellen die Giftwirkung zu sperren.

Symptomatologie. Die obenerwähnte allgemeine Giftwirkung äußert sich in gewissen Prodromen, welche im Grunde wieder dem ,,vitalen Syndrom'' bzw. dem neurasthenischen Symptomenkomplex entsprechen: Kopfschmerzen, Mattigkeit, Frösteln, Schlaflosigkeit, Schwitzen, Überempfindlichkeit und Schreckhaftigkeit. Es kommt dann wohl auch zu lokalen Empfindungen in dem der Infektionsstelle benachbarten Gebiet, welche nach SCHITTENHELM bei genauer Beobachtung sogar sehr häufig sind. Das zweite Stadium ist das der krampfhaften Starre, welche sich, wie bereits erwähnt, beim Menschen zuerst als Kiefersperre bemerkbar macht, um dann auf die Gesichtsmuskeln überzugehen. Die tetanische Anspannung im Gebiet der mimischen Muskulatur verleiht dem Gesicht den Ausdruck des sog. ,,Risus sardonicus''. Von dort dehnt sich die Starre über den Nacken, den Rücken und den Bauch aus, und es kommt zum ausgesprochenen Opisthotonus. Auch Arme und Beine werden mitergriffen, und es befinden sich diejenigen Muskeln in stärkerer Starre, welche an sich die kräftigsten sind. Verhältnismäßig wenig sind im allgemeinen die Arme beteiligt. Die physiologische Grundlage dieser Muskelstarre ist besonders von H. MEYER und FRÖHLICH studiert worden. Nach diesen Autoren handelt es sich nicht um einen Tetanus im physiologischen Sinne, denn es fehlen der entsprechende Glykogenverbrauch und die Aktionsströme, sondern die Hypertonie ist zentralen Ursprungs und geht mit einer Dauerverkürzung der Muskelfasern einher. Zu dieser Dauerstarre kommt in den meisten Fällen noch das Auftreten paroxysmaler schmerzhafter Krampfanfälle, deren reflektorische Auslösbarkeit durch sensible Reize, Erschütterungen u. dgl. nicht selten recht deutlich ist. Allerdings können diese Paroxysmen auch spontan auftreten. Die Beteiligung gewisser Muskelgebiete gibt der Dauerstarre und den Anfällen unter Umständen ein besonderes Gepräge, so die der Atemmuskulatur und der Schlundmuskulatur. Im ersteren Falle kann es zur Erstickungsgefahr mit entsprechenden Angstaffekten kommen, im letzteren kann sich ähnlich wie bei der Lyssa ein hydrophobischer Zustand entwickeln. Von sonstigen Begleiterscheinungen ist das oft enorme Schwitzen zu erwähnen; die Temperatur ist meist gering, jedoch kann sich gegen das Ende des Lebens und auch postmortal eine starke Hyperpyrexie entwickeln (Wunderlich, Leyden und Blumenthal). Die gewaltige Überanstrengung, welcher Herz- und Kreislauf durch die ständige Muskelleistung ausgesetzt ist, kann schließlich zum Erlahmen der Herztätigkeit und damit zum Tode führen. Die Psyche ist nur reaktiv beteiligt, das Bewußtsein meist ungetrübt, Delirien sind sehr selten. Die Lumbalflüssigkeit ist im allgemeinen normal, nur Steyer hat ein meningitisches Bild beschrieben.

Eine besondere Lokalisation bildet der sog. Kopftetanus, bei welchem die Verletzungsstelle in diesem Bereich irgendwo liegt. Frühzeitig tritt dann der Trismus und der Krampf in den mimischen Muskeln sowie das lyssaähnliche Bild in Erscheinung, und es können sich auch toxische Gehirnnervenlähmungen herausstellen. Beschrieben ist vor allem die Lähmung des Facialis, seltener des Hypoglossus, sowie totale Ophthalmoplegie. Lewandowski beobachtete einmal als Anfangssymptom einen Stimmritzenkrampf. Rose und Jolly haben die Lehre vom Kopftetanus begründet.

Periphere Nervenlähmungen kommen aber auch im Bereich des gewöhnlichen Tetanus vor. Kuklova beschrieb z. B. eine Peroneuslähmung, auch Lewandowski erwähnt Lähmungszustände im Bereich der Extremitäten. Frühzeitig werden oft Reflexsteigerungen und Übererregbarkeit ähnlich der Tetanie beobachtet (Goldscheider).

Es gibt auch Fälle von chronischem Tetanus und oft handelt es sich dabei um verlängerte Inkubation, ein Überwiegen der lokalen Symptome und um eine langsame Entwicklung. So sah Lewandowski das Zurückbleiben einer Bauchmuskelstarre, in einem anderen Fall (Leube) traten Rezidive über $1^1/_4$ Jahr ein und die ständigen Krampferscheinungen führten zu einer Verunstaltung der Wirbelsäule (zitiert nach Schittenhelm). Einen interessanten Fall dieser Art hat Hürter veröffentlicht: 1918 Infektion durch Granatsplitter, 1920 Zustand heftiger Rückenschmerzen, 1923 schwere tonische Krämpfe beider Beine mit erhöhten Sehnenreflexen und Unmöglichkeit zu gehen. 1924 Krampf des rechten Beines, der dann zu stärksten totalen Krampfzuständen führt mit tötlichem Ausgang. Da diese Fälle wenig bekannt sind, wird leicht die Fehldiagnose „Hysterie" in gewissen Verlaufsphasen des Leidens gestellt. Wir selbst beobachteten kürzlich einen Fall, bei welchem seit dem Kriege ein zunehmend schweres Leiden sich entwickelte, welches schließlich seit Jahren zur vollen Gehunfähigkeit führte und zu tetanusartigen Krampfanfällen, welche besonders das Gesicht betreffen. Hier konnte eine primäre Verletzung und Infektionsmöglichkeit mit Tetanus nicht festgestellt werden. aber es wurde oben bereits erwähnt, daß die Verletzungen manchmal äußerst geringfügig sind und daß die Keime lange Zeit latent bleiben können. Zu einer sicheren Differentialdiagnose zwischen einem chronischen Tetanus, der allerdings dann sich über

15 Jahre erstrecken würde und einem ungewöhnlich schweren Fall von Hysterie konnten wir nicht kommen.

Prognose. Es wurde bereits hervorgehoben, daß der Tod sowohl durch Erstickung als auch durch Herzschwäche, zuweilen auch durch andere Komplikationen eintreten kann. Die Prognose ist desto schlechter, je kürzer die Inkubationszeit ist. Tritt der Tetanus innerhalb einer Woche auf, so ist die Prognose ungünstig. Nach ROSE beträgt die Sterblichkeit 88% (91% bei den in der ersten Woche Erkrankten). LEWANDOWSKI erwähnt eine Statistik von CURLING. Es starben von 53 Fällen 11 am 1. Tage, 15 am 2., 8 am 3., 7 am 4., 3 am 5., 4 am 6., 3 am 7,. 2 am 8. Tage der Krankheit. Mit der Dauer der Krankheit wird also die Prognose günstiger. Der Tetanus neonatorum und puerperalis ist prognostisch besonders ungünstig. Übrigens muß man mit Rezidiven nach eingetretener Beruhigung rechnen, welche nachträglich doch noch den Tod herbeiführen können. Die Erholung nimmt bei schweren Fällen oft längere Zeit in Anspruch und es ist dann zuweilen schwer zu unterscheiden, inwieweit psychogene Überlagerungen sich einstellen. Ein solcher Fall machte uns kürzlich bei der Begutachtung Schwierigkeiten. Unter den Nachkrankheiten wurden bereits die neuritischen Lähmungen erwähnt, sowie die Verunstaltungen der Wirbelsäule im Anschluß an chronische Fälle.

Die Diagnose macht im allgemeinen keine Schwierigkeiten. Meningitis und hydrocephale Ergüsse können gelegentlich Starrezustände mit Opisthotonus herbeiführen. Wenn man nicht an die Krankheit denkt, können die ersten Erscheinungen vielleicht für hysterisch gehalten werden. Auf die Beziehung zu lyssaähnlichen Bildern wurde bereits hingewiesen.

Therapie. Kausal nimmt das von v. BEHRING entdeckte Tetanusantitoxin die entscheidende Stellung ein. Rechtzeitig mit dem Toxin zusammengebracht, ist es geeignet, das letztere seiner Wirksamkeit zu entkleiden. Sobald jedoch das Gift eine feste Bindung mit dem Nervensystem eingegangen ist, ist die Aussicht auf Heilung durch das Antitoxin gering, selbst wenn große Dosen des letzteren gegeben werden, oder wenn man den Versuch macht, es intralumbal dem Kranken einzuverleiben. Die letztere Anwendung des Mittels wäre eigentlich sinnvoll, wenn man sich vorstellt, daß das Gift von der Verletzungsstelle auf dem Wege des peripheren Nerven allmählich in das zentrale Nervensystem wandert. Das ließe bei intralumbaler Anwendung die Möglichkeit offen, daß das Toxin im Bereich der Rückenmarkswurzeln gewissermaßen abgefangen wird. Manche Autoren treten für die intralumbale Anwendung ein, bei hohem Sitz auch für die intrazisternale (BOECKER, LEHNBECHER, DUFOUR u. a.). Die von v. BEHRING angegebene Dosis beträgt 100 AE subcutan einverleibt, nicht später als 30 Stunden nach Eintritt der ersten Symptome und nach Möglichkeit in der Gegend der Verletzungsstelle. Der Erfolg ist aber, wie gesagt, desto geringer, je mehr Zeit seit der Verletzung verfließt. Das Heil beruht daher auf der Prophylaxe, d. h. auf der Serumbehandlung aller verdächtiger Verletzter, möglichst unmittelbar nach der Verletzung. Die Serumprophylaxe ist auch den Kriegserfahrungen zufolge von hohem Wert. Man gibt innerhalb der ersten 12 Stunden 20 AE subcutan und wiederholt die Injektion evtl. nach 14 Tagen intravenös oder intramuskulär. Selbstverständlich ist die Wunde nach Möglichkeit gut zu versorgen.

Daneben ist zu allen Zeiten die symptomatische Behandlung der Krampferscheinungen angewendet worden. Sie wurde auf verschiedenem Wege angestrebt. Einmal mit narkotischen Mitteln im engeren Sinne, es sind Narkosen mit Chloroform versucht worden, wobei man annahm, daß die Lipoide des Nervensystems, von diesem Mittel ergriffen, für die Toxine weniger empfänglich seien. In neuerer Zeit ist von LAEVEN, dem sich DROST und WOLF anschlossen, die Avertinnarkose empfohlen worden. Man hat es mit Morphium, Pantopon, Luminal, Cloralhydratklysmen, Somnifen versucht. Die epidurale Novocaininjektion (Mandel) dürfte kaum aussichtsreich sein. Alle narkotischen Mittel haben den Zweck, die Erholung des Patienten von den schweren Krampferscheinungen, die Störung der Herztätigkeit, die Ermöglichung der Ernährung zu gewährleisten. So wird auch Zeit gewonnen für den vollen Eintritt der Wirksamkeit des Serums, auf das nicht verzichtet werden kann. Die Herabsetzung der Krampfbereitschaft ist vor allem durch Magnesiumsulfat versucht worden, und dieses Mittel subcutan, intravenös, intramuskulär, selbst in schweren Fällen intralumbal angewendet, wird ziemlich allgemein empfohlen. Hines berichtet über 27 geheilte Fälle, die allerdings dem außerordentlich großen Material von 5767 Kindern unter 1 Monat entstammen, die 1906 bis 1929 in den Vereinigten Staaten an Tetanus erkrankten. Er gab den Kindern 13 Tage lang je 2 ccm einer 25%igen Magnesiumsulfatlösung intramuskulär neben dem Tetanusantitoxin. Heim empfahl mit Rücksicht auf die Übersäuerung, welche durch die Dauerverkürzung der Muskeln entsteht, Natriumbicarbonat. Die Wirkung sei überraschend, allerdings jeweilig nur vorübergehend gewesen.

Pathologische Anatomie. Weimann hebt hervor, daß trotz der großen Literatur spezifische Befunde nicht erhoben seien. Die vielfach beschriebenen Zellerkrankungen können diffus, aber auch lokal verschieden ausgesprochen sein, ohne daß die Schwere der Zellveränderungen und der Ort ihrer Akzentuierung mit den klinischen Verhältnissen übereinstimmt. Es ist nicht einmal sicher zu sagen, ob die gefundenen Zellveränderungen nicht agonal entstehen und mit der eigentlichen Erkrankung nichts zu tun haben. Ein elektives Befallensein der Vorderhornzellen konnte er nicht feststellen, hingegen fand Nierlich beim Kopftetanus die Hirnnervenkerne schwer erkrankt; Mayeda fand lediglich unspezifische Veränderungen: allenthalben Hyperämie, kleine Blutungen sowie verbreitete Zellveränderungen. Es läßt sich nicht behaupten, daß das klinisch so schwere Krankheitsbild anatomisch befriedigend geklärt sei.

Diphtherie.

Das Virus der Diphtherie kommt ähnlich wie das der Ruhr und das des Tetanus fast ausschließlich in seinen Toxinen zur Wirkung. Bei experimentellen Vergiftungen findet man bei perakuter Dosierung ähnlich wie bei der Dysenterie Ganglienzellnekrosen, vergesellschaftet mit einer so erheblichen Schädigung der Glia, daß diese reaktiv gelähmt erscheint. Bei den chronischen Vergiftungen erhält man Zellnekrosen mit Gliaproliferation (Weimann). Ähnlich wie beim Tetanus besteht die Möglichkeit, das Gift durch Antitoxin (von Behring) zu paralysieren, wenn jedoch erst einmal eine Verankerung des Toxins in den Nervenzellen erfolgt ist, läßt es sich durch das Antitoxin kaum mehr unwirksam machen. Das Gift wirkt fort und der Schaden entspricht im allgemeinen der Schwere der Gesamterkrankung. Der Hauptangriffspunkt des Giftes sind die peripheren Nerven oder auch ihre Kerne, und es ist wieder das motorische System, das vorwiegend der Giftwirkung ausgesetzt ist. Man kann Früh- und Spätlähmungen unterscheiden, von denen die ersteren im Laufe der ersten beiden Wochen, die letzteren zwischen der 3. und 8. Woche zur Entwicklung kommen (Goeppert). Die Frühlähmungen dokumentieren sich in schweren Fällen der Diphtherie in der Nachbarschaft des primären Infektionsherdes. Hier handelt es sich um die unmittelbare, d. h. kontinuierliche Bindung des Toxins an die betreffenden Nerven; die Spätlähmungen, welche in der Rekonvaleszenz auftraten, betreffen auch die anderen Nervengebiete. Hier spielt nicht die Kontinuität eine Rolle, sondern das Toxin wirkt über die Blutbahn.

Im einzelnen werden folgende Symptome beobachtet: Die Allgemeinerscheinungen der Vergiftung sind nicht selten recht erheblich und bewegen sich in den gewohnten Bahnen. Bei Kindern und besonders bei spasmophil veranlagten sieht man gelegentlich initiale Krämpfe. Es kann auch zu Bewußtseinsstörungen, Erregungszuständen und zu Delirien kommen, obgleich im allgemeinen, und besonders bei Erwachsenen, Psychosen bei der Diphtherie selten sind (EWALD). Es ist zu bedenken, daß den häufigen Mischinfektionen unter Umständen eine wesentliche Bedeutung dafür zufällt.

Meningitische Erkrankungen spielen bei der reinen Diphtherie so gut wie keine Rolle, höchstens werden leichtere Reizzustände beschrieben, welche nur geringe oder gar keine Liquorveränderungen aufweisen. Wo die Beteiligung der Meningen darüber hinausgeht, handelt es sich wohl meist um Mischinfektionen. Hinsichtlich des Rückenmarkes liegen kaum Befunde vor, welche auf Diphtherie zu beziehen wären, hingegen sind Halbseitenlähmungen hier und da beschrieben worden. Sie sind wohl gewöhnlich auf Komplikationen der Diphtherie zurückzuführen, so sahen WORSTER, DROUGHT und ALLEN die allmähliche Entstehung einer Hemiplegie 6 Wochen nach dem Beginn der Diphtherie. SAXL sah am 19. Krankheitstage der Diphtherie einen apoplektischen Insult, der sich mit klonischen Krämpfen einleitete und eine schlaffe Lähmung der rechten Körperhälfte mit Aphasie hinterließ, welche in Besserung überging. In diesem Falle bestand eine Myokarditis, und die Möglichkeit einer embolischen Entstehung liegt nahe. In anderen Fällen ähnlicher Art, besonders dort, wo die Lähmungszustände sich allmählich entwickeln, ist an eine Thrombose zu denken. Vereinzelt sind jedoch auch Fälle beschrieben, welche auf eine toxisch-diphtherische Encephalitis bezogen werden können. Ein 20jähriger Patient QUERIDOS erkrankte 4 Tage nach der Diphtherie mit Kopfschmerzen, Brechreiz und Krampfsymptomen, wobei sich objektiv eine Steigerung der Reflexe, Patellarklonus, Babinski neben einer Neuritis optica vorfand. Unter den Ursachen der disseminierten Encephalomyelitis wird auch die Diphtherie genannt (LEWANDOWSKIs Handbuch). Nach meinem Überblick über das Schrifttum müssen diese Fälle recht selten sein.

Der Schwerpunkt liegt bei der Diphtherie auf der Beteiligung des peripheren Nervensystems und hier wieder sind es die bulbären Nerven, deren Erkrankung uns in so charakteristischer Weise entgegentritt, daß diesen Zustandsbildern eine differentialdiagnostische Bedeutung in der Richtung der Diphtherie innewohnt. Gaumensegel und Schlundmuskulatur sind häufig betroffen, verursachen Verschlucken und die Gefahr der Bronchopneumonie. Die Lähmung kann sich fortsetzen auf die Zungen- und Lippenmuskulatur. Im Bereich des optischen Apparates werden die Accomodation sowie einzelne Augenmuskeln gelähmt, die Beteiligung des Zwerchfelles und der Intercostalmuskulatur führt zu schweren Atemstörungen und die Vagusbeteiligung verrät sich durch eine Herzschwäche, welche sich mit einer starken Beschleunigung der Aktion einleitet. Die Atemschwäche kann durch Beteiligung der Bauchmuskulatur vervollständigt werden. Auch eine Lähmung der Kehlkopfschließer wird erwähnt (GOEPPERT). Die wesentlichen Bestandteile dieses Symptomenkomplexes können als „epidiphtherische" Bulbärlähmungen bezeichnet werden (TRÖMNER-JACOB). Im Falle dieser Autoren war die Medulla oblongata in Form von entzündlichen Veränderungen, lymphocytären und Plasmazellinfiltraten auch unmittelbar beteiligt. In anderen Fällen aber dürfte es sich mehr um eine Polyneuritis der betreffenden Nervengebiete handeln oder um eine Erkrankung des gesamten peripheren Neurons. Als Polyneuritis der Hirnnerven wurde der Fall eines 6jährigen Mädchens aufgefaßt, bei welchem 5 Wochen nach der Diphtherie eine doppelseitige Taubheit, Gleichgewichtsstörungen sowie doppelseitige

Lähmung des VII. Hirnnerven auftrat. Schwere Veränderungen des Acusticus sind bei Kindern auch sonst nicht selten. Es wurde bereits gesagt, daß bei den Spätlähmungen sich die verschiedensten peripheren Nervengebiete selten isoliert, häufiger gruppenweise als erkrankt erweisen. Oft sind symmetrische Muskelgruppen betroffen (Goeppert) und zuweilen liegt das ausgeprägte Bild der Polyneuritis vor. Laureati sah eine Polyneuritis, welche die oberen Extremitäten, Hals, Rumpf und Vagus ergriffen hatte. Neben den Extremitäten sind Rumpf- und Nackenmuskeln mitbetroffen und auch die Sphincteren sind — insbesondere bei Kindern — daran beteiligt. Selbstverständlich sind diese Lähmungskombinationen unter Umständen mit bulbären Ausfällen vergesellschaftet. Goeppert sah in seinem großen Material das Gaumensegel 195mal, die Accomodation 30mal, Abducens 30mal, die Schlundmuskulatur 38mal, Darm und Blase 14mal, die Extremitäten 56mal an den Lähmungszuständen beteiligt. Isolierte Facialislähmung läßt gewöhnlich auf eine otogene Komplikation schließen.

Prognose. Es wurde bereits gesagt, daß die schweren Fälle eher zu nervösen Komplikationen disponieren als die leichteren, doch gibt es davon Ausnahmen. Dorner sah bei 790 leichten Fällen 2,2%, bei 310 mittelschweren 10,7%, bei 305 schweren Fällen 14,3% nervöse Komplikationen. Mehrfache schwere Lähmungen sah er nur, wenn die Beläge 6 Tage, tödliche, wenn sie 10—12 Tage bestanden. Wenn seit dem Eintritt der Lähmung 5—8 Tage verflossen sind, ist ein Fortschritt kaum mehr zu befürchten. Der frühe Eintritt der Lähmungen ist zugleich ein bedenkliches Zeichen hinsichtlich ihres Fortschrittes. Die Fälle mit isolierter Lähmung verliefen in 8—10% letal, die mit multipler in 50% (Goeppert). Die *Behandlung* mit dem Beringschen Heilserum kann hinsichtlich der neurologischen Komplikationen in der Hauptsache nur eine prophylaktische sein. Immerhin wird man versuchen, bei beginnenden Lähmungszuständen durch Wiederholung der Einspritzung dem Fortschreiten Einhalt zu tun. Es müssen dann nach Morra bis zu 40 und selbst 50 000 Einheiten verabfolgt werden. Die Nachbehandlung der Lähmungszustände richtet sich nach den üblichen Grundsätzen.

Pathologische Anatomie. Die Hauptveränderungen liegen im peripheren Nervensystem, sie sind vorwiegend degenerativ, wenn auch entzündliche Vorgänge nicht ganz fehlen. Man findet Degeneration der Markscheiden, Zerfall der Achsenzylinder, Wucherungen des Interstitiums (Meyer). Sabolottnoff, Meyer, Barros fanden schwere Zellveränderungen an den Vorderhörnern. Am Gehirn sind die Veränderungen im allgemeinen geringfügig und unspezifisch: Hyperämie der Meningen, capilläre Hämorrhagien, diffuse Zellveränderungen. Im Rückenmark hat Baginsky Trübung, Kernverlust und Nekrose im Bereich der Vorderhörner gesehen sowie Blutungen in der Marksubstanz.

Ruhr.

In unseren Breiten dürfte nur die Bacillenruhr in Betracht kommen (Shiga-Kruse), während die Amöbenruhr auf tropische Gegenden beschränkt ist. Bei letzterer kommen infolge der Mischinfektion vor allem metastatische Prozesse im Zentralnervensystem vor. Schittenhelm schreibt dem Ruhrbacillus bzw. seinen Toxinen eine innige Beziehung zum Nervensystem zu. Experimentelle Untersuchungen Lotmars haben ergeben, daß das gelöste Toxin der Dysenterie schwere Veränderungen an der Hirnrinde der Tiere anrichtet. Bei der perakuten Vergiftung kommt es zur Verflüssigung der Ganglienzellen, während die Glia gelähmt ist und Zeichen amöboiden Zerfalls darbietet. Bei den weniger stürmischen Vergiftungen kommt es zu Veränderungen, die einer disseminierten Encephalomyelitis entsprechen bei entsprechender Reaktion der Glia. Das exsudative Moment spielt freilich in beiden Fällen keine große Rolle. Beim Menschen (WEIMANN) liegen nur wenig Befunde vor. Sie sind bei weitem nicht so schwer wie in den Tierversuchen. Die Zellveränderungen erscheinen rückbildungsfähig, wenn auch Lichtungen in den oberen Rindenschichten entstehen können (ÖSTERLIN). Die übrigen Veränderungen sind nach WEIMANN unspezifisch und stimmen mit denen der anderen Infektionskrankheiten überein.

Das Toxin hat offenkundig eine erhebliche Affinität zum vegetativen Nervensystem, vor allem werden die Kreislauforgane in ihrer Funktion gestört. Die spastischen Kontraktionen des Dickdarmes beruhen nach SCHITTENHELM auf toxischer Vaguserregung. Andererseits werden Erscheinungen angetroffen, welche auf ein Überwiegen des Sympaticotonus schließen lassen. PEISER fand in 10% der Fälle eine Hyperfunktion der Schilddrüsen-Nebennierengruppe: Glanzauge, Zurückbleiben des oberen Lides, Internusschwäche, seltener Lidschlag, daneben Dermographie, Schweißausbrüche, Speichelfluß und Tachykardie, die allerdings auch von Bradykardie abgelöst werden kann. Bemerkenswert ist, daß die Dysenterie einschließlich der Pseudodysenterie (FLEXNER) nur geringe Neigung zur Hervorbringung psychischer Störungen hat. Wo sie vorliegen, muß daher an Mischinfektion mindestens gedacht werden. Im Kindesalter freilich wirken sich die Gifte schwerer aus. Die Kinder werden benommen und bekommen häufig Krämpfe, Erscheinungen, die rasch wieder vorübergehen (GOEPPERT). Bei Erwachsenen treten gelegentlich gegen das Ende des Lebens unter dem Einfluß der Erschöpfung amentielle und korsakowartige Krankheitsbilder auf. Charakteristisch ist zuweilen ein starkes Angstgefühl, das mit den somatischen Störungen zusammenhängt und sie um so qualvoller gestaltet sowie ein Darniederliegen der gesamten Vitalität. Herdförmige Erkrankungen des Zentralnervensystems werden verhältnismäßig selten erwähnt. Meningitis soll vorkommen, aber es ist unsicher, ob sie nicht einer Mischinfektion ihre Entstehung verdankt. LENHARTZ und HAPPEL beschreiben myelitische Affektionen und sie führen darauf akute Koordinationsstörungen zurück. KARRZAK will des öfteren Striatumsyndrome bei Dysenterie beobachtet haben und auch anatomisch bestätigt haben. Auch HOFSTEDE beschrieb einen Fall von Parkinsonismus bei Dysenterie: unmittelbar im Anschluß an die Bacillenruhr trat der typische Symptomenkomplex auf, der nach 8 Tagen wieder abklang. Offenbar hat es sich auch dabei nur um eine toxische Wirkung gehandelt. Der Schwerpunkt der dysenterischen Nacherkrankungen liegt auf dem peripheren Nervensystem. Eine eigentliche Prädilektion ist dabei nicht zu bemerken. Der Facialis, thoracicus longus, Ulnaris, Peroneus, anscheinend auch der Radialis, der Cutaneus femoris lateralis wurden von Lähmungen betroffen gefunden. Gelegentlich sind auch polyneuritische Bilder selbst in Form LANDRYscher Paralyse beschrieben worden (SCHITTENHELM, BITTORF, ROTHMANN, MÜLLER-DEHAM, LIEBER und SINGER). Die Neuritiden haben zumeist eine gute Prognose.

Cholera.

H. ELIAS und A. DOERR behandeln im Handbuch der inneren Medizin die Komplikationen der Cholera. Sie sind nicht absolut spezifisch, treten vielmehr auch sonst bei profusen Durchfällen auf und betreffen vor allem die Nerven und Muskeln. Im Verlauf der Cholera kommt es zu schwerster Adynamie, zu völligem Darniederliegen der Vitalität, selbst zu Decubitus nach kurzer Zeit, was auf eine schwere Störung der allgemeinen Gewebstrophik hinweist. Die Ursache ist nicht sichergestellt, es ist aber meines Erachtens anzunehmen, daß es sich hier um eine akute Funktionsstörung der Zwischenhirnzentren handelt.

Eine zweite Gruppe von Symptomen besteht in den heftigen Muskelkrämpfen, welche allenthalben auftreten können. Die Muskeln werden steinhart, es kommt zu venösen Stauungen und die Anfälle dauern einige Minuten. Man darf sie wohl auf die Eindickung des Blutes infolge des ungeheueren Wasserverlustes zurückführen. Das Bewußtsein bleibt lange Zeit frei, jedoch gegen Ende des Lebens können sich komatöse Zustände unter dem Einfluß einer Acetonvergiftung einstellen. Verfinsterungen des Gesichtsfeldes, Sausen und Klingen in den Ohren leiten derartige Störungen ein. Obreggia und Pitulescu haben auch Psychosen beobachtet, depressive, asthenische, delirante Zustände, in der Rekonvaleszenz treten euphorische Stimmungslagen auf. Gelegentlich sollen Neuritiden beobachtet worden sein. Die Komplikationen sollen nach Ewald in der Hauptsache toxämisch bedingt sein, ähnlich wie bei Dysenterie, Diphtherie und Tetanus. Im Geleit der Psychosen, die sich auf dem Boden des Stadium comatosum bzw. des sog. Choleratyphoids entwickeln, sind in seltenen Fällen neurologische Symptome: epileptische Anfälle, cerebrales Erbrechen, Sprachstörung, Tremor, Tetanie (Giese) sowie Neuritiden und Polyneuritiden (Anders) beschrieben worden.

Pathologische Anatomie. Weimann erwähnt, daß die Befunde gering und unspezifisch sind. Michailow hat Untersuchungen während einer russischen Choleraepidemie angestellt. Er fand lediglich Hyperämie, Anämie, Ödem, degenerative Zellveränderungen und eine mäßige Tätigkeit der Glia, kaum entzündliche Erscheinungen.

Malaria.

Die verschiedenen Formen dieser Krankheit können hier zusammen betrachtet werden, weil sie hinsichtlich der neurologischen Komplikationen wohl keine wesentlichen Unterschiede aufweisen. Es gibt Fälle, die das Nervensystem besonders schwer beteiligen (Malaria nervosa oder auch comatosa). Das Gesamtbild hat dann mancherlei Ähnlichkeit mit dem Typhus, auch das Fieber zeigt einen mehr kontinuierlichen Charakter, es können Delirien und andere symptomatische Psychosen auftreten. In den durchschnittlichen Fällen beobachtet man wieder das neurasthenische Syndrom, oft mit starkem Daniederliegen der gesamten Vitalität und dann intermittierend mit den Fieberanstiegen. Man kann das sehr charakteristisch auch bei der Impfmalaria beobachten. Die neurologischen Syndrome sind vielseitig, ohne wesentliche Unterschiede gegenüber den anderen Infektionskrankheiten. Meningeale Reizungen kommen auch hier vor; Dürck hat sogar echte Meningitiden lymphocytären Charakters im komatösen Stadium der Krankheit festgestellt. Von cerebralen Herden sind Hemiplegien mit und ohne Facialis- und Hypoglossusbeteiligung und Aphasie beschrieben worden (Mine, Marchiafava und Bignami). Zum Teil mögen sie die Folgezustände von Blutungen sein, wie z. B. im Falle von Schmidth, bei welchem sich in einem Anfall eine Apoplexie mit rechtsseitiger Lähmung und Aphasie herausstellte. Mankowski und Bereschansky tun eines Falles Erwähnung, in welchem bei einem 26jährigen Manne $1^{1}/_{2}$ Jahre nach dem ersten Malariaanfall erneut Fieberanfälle auftraten, wobei unter Kollaps und Sopor eine linksseitige Hemiplegie entstand. Nach 3 Jahren trat eine Wiederholung des Insultes auf mit Rigidität der befallenen Extremitäten. Hier wurde eine Blutung in die weiße Substanz der linken Hemisphäre mit Durchbruch nach den Ventrikeln und den Meningen festgestellt und als Ursache eine toxische Schädigung kleinerer Gefäße angenommen. In anderen Fällen trat eine Beteiligung des Kleinhirns hervor, die man sich wohl als toxisch bedingt vorzustellen hat. So beschreiben Pansini und ebenso Ardin und Levi-Valensi cerebellare Symptomenkomplexe ohne Mitbetroffensein der Meningen einerseits und der

Pyramidenbahn andererseits. Solche Syndrome traten auch intermittierend auf, ohne daß sie sich in der Zwischenzeit ganz zurückbildeten.

Anatomisch fanden die Autoren Plasmodien im Zentralnervensystem, kleine Blutungen und degenerative Zellveränderungen.

Wie bei den anderen Infektionskrankheiten treten uns auch hier als Seltenheiten Schädigungen des extrapyramidalen Systems entgegen, so erwähnt KINNICUT (1876) eine Chorea nach Malaria, WILSON beschrieb einen progressiven Parkinsonismus, ferner finde ich von REITANO eine symmetrische hämorrhagische Erweichung im Streifenhügel, in der inneren Kapsel und im Putamen des Linsenkerns erwähnt. Hier schienen die Gefäße unverändert und eine mechanisch-toxische Wirkung (Plasmodienembolie?) verantwortlich. Rückenmarkslokalisationen werden in jeder Form beobachtet, sie sind aber oft nicht scharf von anderen Lokalisationen im Zentralnervensystem bzw. multiplen Encephalomyelitiden zu trennen. D'ANTONA beschrieb eine spastische Paraplegie der Beine. SITMALIDI bringt 3 Fälle von Malariaerkrankungen des Nervensystems, die einen 9jährigen Knaben mit Meningitis, einen 44jährigen Mann mit Myelitis bei chronischer Malaria, einem 24jährigen Mann mit Zittern des Kopfes, Nystagmus, Steigerung der Sehnenreflexe, spastisch-ataktischen Gang betrafen. Hier tritt uns wieder eine multiple Encephalomyelitis unter dem äußeren Bild der multiplen Sklerose entgegen, dessen auch sonst im Schrifttum Erwähnung getan wird (HENNEBERG).

Ähnlich wie beim Typhus kommen auch hier vasomotorische und vegetative Komplikationen vor. Wiederholt sind z. B. anatomische Veränderungen im Bereich der vegetativen Nerven bzw. Ganglien beschrieben worden (MOGIL-NITZKY). Der RAYNAUDsche Symptomenkomplex ist schon vor längerer Zeit von RAYNAUD selbst, MARCHAND, FISCHER, CALMETTE und anderen bei Infektionskrankheiten einschließlich der Malaria beobachtet worden. Bei einem 15jährigen Seemann trat eine symmetrische Gangrän beider Füße auf, die zur Amputation aller Zehen nötigte. Die vasomotorischen Erscheinungen können mit den Fieberattacken zusammenfallen, aber sie auch ersetzen oder selbständig auftreten. Gelegentlich ist auch Tetanie bei Malaria gefunden worden, jedoch so selten, daß man dem konstitutionellen Moment wohl die ausschlaggebende Bedeutung beimessen darf. Malaria tropica und Zoster sind in Vergesellschaftung angetroffen worden (PETER). Dieser Autor glaubte in 9 Fällen eine Beziehung zwischen den beiden Erkrankungen zu finden und hat 3mal Plasmonien in diesen Zosterfällen im Blute nachgewiesen.

Das periphere Nervensystem trägt auch wieder seinen Teil zu den Komplikationen bei. Man findet Neuritiden, multiple Neuritiden auch im Bereich der Hirnnerven, Polyneuritiden und Neuralgien. Besonders bei den Fällen tropischer Malaria kommen Neuritiden nicht selten vor, der Opticus, Abducens, Facialis, Ulnaris ist dabei vertreten und Polyneuritis ist in zahlreichen Fällen beobachtet worden (RAYMOND, GOWERS u. a.). BLATT hat sich mit den Augenveränderungen bei Malaria beschäftigt, er fand besonders den VI., doch auch den III. Hirnnerven erkrankt, zuweilen gemeinsam mit dem Facialis. Es muß dahingestellt bleiben, inwieweit der motorische Nerv oder der Kern dabei geschädigt ist. Dem Verlauf nach handelt es sich gewöhnlich um gutartige toxische Affektionen mit Ausgang in Heilung. Es wurde bereits erwähnt, daß diese Affektionen abwechselnd mit Malariaanfällen auftreten können, man spricht von „larvierter" Malaria. Unter solchen Bedingungen wurden auch Trigeminusneuralgien (WERTHEIM, SALOMONSON) sowie auch das QUINKEsche Ödem (MATAS, KEEFE), beobachtet. Eine gewisse Vorsicht ist bei der Herstellung solcher Zusammenhänge am Platz.

Indirekt kann die Malaria in schweren Fällen durch die entstehende Anämie bzw. Kachexie das Nervensystem in Mitleidenschaft ziehen. Es treten dann unter Umständen die gleichen kombinierten Systemerkrankungen bzw. Pseudosystemerkrankungen der Rückenmarksstränge auf, welche wir bei der perniziösen Anämie zu sehen gewohnt sind.

Über die **Prognose** läßt sich auch hier nicht Allgemeingültiges sagen, sie hängt einerseits von dem Grundleiden und andererseits von der Schwere der gesetzten anatomischen Veränderungen ab.

Pathologische Anatomie. Die meisten Veränderungen sind unspezifisch, d. h. sie stimmen mit den bei anderen Infektionskrankheiten zu findenden überein. Zu beobachten ist die Verstopfung kleiner Gefäße mit Plasmonien. Wohlwill fand Herde, welche an der Grenze zwischen Entzündung und Degeneration stehen; Lymphocyteninfiltrate weisen die Meningen auf. Im Parenchym finden sich kleine perivasculäre Herde und Gliaproliferation, diffuse Endothelschädigung der Gefäße, Ringblutungen und sog. Malariagranulome (Dürk). Dürk selbst beschreibt Gehirnpurpura als das Ergebnis entzündlicher Vorgänge, daneben Entzündungsherde ohne Blutung, Anhäufung von Körnchenzellen und kleine Erweichungen sowie gliöse Knötchen im Gewebe, die gelegentlich um nekrotische Zentren angeordnet sind, eben die Malariagranulome. Weimann erwähnt Hyperämie, Ödem, Blutungen im Gehirn und den Hirnhäuten, diffuse Ganglienzellveränderungen in der Rinde, progressive und regressive Gliaveränderungen um die Gefäße, Rasen- und Sternbildung sowie das Gliastrauchwerk, und es sind wieder die pathoklitischen Gebiete Ammonshorn, Gebiet der Purkinjezellen usw. betroffen. Selten sind größere Apoplexien beschrieben, welche auf arteriosklerotischen und thrombotischen Vorgängen beruhen und in einzelnen Fällen auch zum Durchbruch in den Ventrikel — wie oben erwähnt — geführt haben (Mankowski, Ziemann, Rössle).

(Recurrens Rückfallfieber.)

In schweren Fällen treten Bewußtseinstrübungen, Delirium und Koma, auch meningitische Reizzustände, auf, am deutlichsten jeweilig auf der Fieberhöhe oder auch kurz vor den Krisen. Pachymeningitis haemorrhagica, apoplektische Insulte, pseudoparalytische Krankheitsbilder sind in seltenen Fällen beobachtet worden (Schilling). In der Rekonvaleszenz treten neuritische und neuralgische Symptome zuweilen auf.

Anatomisch werden Hämorrhagien, Gefäßverstopfungen durch die Spirillen, Blutungen in die Hirnhäute (Lachmann) gefunden.

Über das Gelbfieber, das *Denge-* und *Maltafieber* findet sich wenig veröffentlicht, doch kommen auch hier nervös-psychische Begleiterscheinungen, Neuritiden, Neuralgien, z. B. Ischias, vor. Dasselbe gilt, wie ich einer persönlichen Mitteilung von Schittenhelm verdanke, für die bei uns nicht selten vorkommende Bangsche *Krankheit*. Endlich ist der Weilschen *Krankheit* hier Erwähnung zu tun, deren schwere Fälle einen typhösen Einschlag bekommen und zu Bewußtseinsstörungen, Krämpfen, meningitischen Reizzuständen führen.

Literatur.

Allgemeines.
Bönheim: Erg. inn. Med. **28.**
Fraenkel, E.: Erkrankungen des Zentralnervensystems bei akuten Infektionskrankheiten. Z. Hyg. **27.** — Verhalten des Gehirns bei Infektionskrankheiten. Virchows Arch. **194.**
Henneberg: Über disseminierte Encephalitis. Neur. Zbl. **1916.**
Kramer-Henneberg: Über disseminierte Encephalitis. Neur. Zbl. **1916.**

LEYDEN: 2 Fälle von akuter Bulbärparalyse. Arch. f. Psychiatr. 7.

OPPENHEIM: Die Encephalitis, 1897. — OPPENHEIM u. CASSIERER: Die Encephalitis, 2. Aufl., 1907.

PFEIFER: Akute nichteitrige Encephalitis. OPPENHEIM (CASSIERER) 7. Aufl. — PETTE: Die nichteitrige Encephalitis im Kindesalter, anatomische Tatsachen und Probleme. Zbl. Kinderheilk. 23. — Mschr. Kinderheilk. 44.

SCHUSTER: Encephalitis acuta. Spezielle Pathologie und Therapie von KRAUS-BRUGSCH, Bd. 10. — SPATZ: Encephalitis und Encephalitiden. Nervenarzt 4. — SPIELMEYER: Vergleichend-anatomische Betrachtungen über einige Encephalitiden, insbesondere über den Typus der Impfencephalitis. Z. Hyg. 113. — Die nichteitrige Encephalitis im Kindesalter. Anatomische Tatsachen und Probleme. Zbl. Kinderheilk. 23. — Mschr. Kinderheilk. 44. — STRAUS, E.: Nicht-eitrige Entzündungen des Zentralnervensystems. Spezielle Pathologie und Therapie von KRAUS-BRUGSCH, Bd. 10 II. — STRÜMPELL: Primäre infektiöse Encephalitis bei Erwachsenen. Dtsch. Arch. klin. Med. **1891**.

VOGT: Encephalitis con purulante. Handbuch von LEWANDOWSKI, Bd. 3.

WOHLWILL: Nicht-eitrige Entzündungen des Zentralnervensystems. Spezielle Pathologie und Therapie von KRAUS-BRUGSCH, Bd. 10.

Typhus.

ARZT, L. u. J. BOESE: Über Paratyphusmeningitis im Säuglingsalter. Wien. klin. Wschr. **1908 I.**

BALP: Meningitis typhosa. Riv. gen. Ital. **1890**. — BODEN: Fall von Meningitis serosa bei Abdominaltyphus. Z. prakt. Ärzte 8. — BRAUMÜHL, V.: Befunde bei Typhus abdominalis.

CURSCHMANN: Unterleibstyphus, NOTHNAGELs Handbuch, 1902.

DELATEV: Un cas de tétanie au cours d'un fièvre typhoide. Paris méd. 11. Ref. Zbl. Neur. 28.

EMDIN: Beobachtungen bei der Typhusepidemie Rostow/Don. Z. Neur. **109**. — EWALD: Psychosen bei akuten Infektionen. Handbuch von BUMKE, Bd. 7.

FINKELNBURG: Cerebrospinalmeningitis. LEWANDOWSKIs Handbuch, Bd. 3.

IMPERIALE: Über einen Fall symmetrischer Gangrän nach Typhus (ital.). Zbl. Neur. **50**, 77.

JAKOB: Organische Hirnerkrankung bei Paratyphus. Virchows Arch **254**. — JEMMA: Meningite da Cacillo di Eberth. Ref. Zbl. inn. Med. **19**. — JÜRGENS: Typhus und Paratyphus. Spezielle Pathologie und Therapie von KRAUS-BRUGSCH, Bd. 2, 1.

LAVERGNE et KISSEL: Das Rückenmark beim Typhus (franz.). Zbl. Neur. **36**. — LENHARTZ-SCHOTTMÜLLER: Septische Erkrankungen. NOTHNAGEL: Handbuch, Bd. 3. — LÉPINE: Contributions à l'étude de la myelite typh. Rev. Méd. **23**.

McCLINTOCK: Brain abscess in typhoid fever. J. med. Sci. **123**. — MELCHIOR: Über Hirnabscesse und sonstige umschriebene intrakranielle Eiterungen im Verlauf und Gefolge des Typhus abdominalis. Zbl. Grenzgeb. Med. u. Chir. 14, Nr 1/2. — MEYERHOF: Meningitis typhosa oder Meningotyphus. Sammelber. Mschr. Psychiatr. **5**. — MILLS: Parkinsonismus als Folge von Typhus (engl.). Zbl. Neur. Nr 51. — MORETTI: Hemiplegisches Syndrom nach Typhus (ital.) Zbl. Neur. **47**. — MÜLLER, H. A.: Über einen Fall von Encephalitis typhosa. Dtsch. Z. Nervenheilk. **1920**. — Encephalo-myelo-meningitis typhos. Dtsch. Z. Nervenheilk. **66**. — MÜLLER, E.: Über eine praktisch wichtige Störung nach typhösen Erkrankungen. Zbl. inn. Med. **39**.

PEIPER: Chorea bei Typhus abdominalis. Dtsch. med. Wschr. **1885**. — POPOFF: Veränderungen im Gehirn bei Abdominaltyphus. Virchows Arch. **63**.

RHESE: Typhus-Schwerhörigkeit. Med. Klin. **1915**.

SCHIFF: Myelitis haemorrhagica acutissima bei Typhus. Arch. klin. Med. **47**. — SCHOTTMÜLLER: Handbuch BERGMANN-STAEHELIN. — SCHÜTZE: Über den Nachweis des EBERTHschen Bacillus in der Cerebrospinalflüssigkeit bei Typhus abdominalis. Berl. klin. Wschr. **1905**. — SCHULTZE, FR.: Meningitis. Pathologie und Therapie von NOTHNAGEL, Bd. 9, S. 3. — Krankheiten der Hirnhäute. Pathologie und Therapie von NOTHNAGEL, Bd. 9. — SIMONS: Encephalomyelitis nach Typhus. Dtsch. med. Wschr. **1915**. — SPIELMEYER: Kleinhirnveränderungen bei Typhus abdominalis. Münch. med. Wschr. **1918**. — STÄUBLI: Meningitis typhosa und Meningotyphus. Dtsch. Arch. klin. Med. **82**. — STERTZ: Typhus und Nervensystem. Berlin: S. Karger 1917. (Literatur.) — STÜHLEN: Über typhöse Meningitis. Berl. klin. Wschr. **1894**.

WEIMANN: Handbuch von BUMKE, Bd. 11. — WESTPHAL, C.: Affektionen des Zentralnervensystems nach Pocken und Typhus. Arch. f. Psychiatr. **3**. — WITTMAACK: Z. Ohrenheilk. **46**, — WOHLWILL: Spezielle Pathologie und Therapie von KRAUS-BRUGSCH, Bd. 11. — Zentralnervensystem beim Typhus abdominalis. Virchows Arch. **237**.

Sepsis.

Alexander: Polyneuritis nach Sepsis (Lähr). Kraus-Brugschs Spezielle Pathologie und Therapie innerer Krankheiten, 1919.
Babes u. Varnali: Die infektiösen Myelitiden. Arch. Sci. med. 1896, No 1. — Benedek: Neuroretinitis septica. Z. Augenheilk. 17. — Bielschowsky: Myelitis und Sehnervenentzündung. Berlin 1901. — Böhm: Hämorrhagisch disseminierte Myelitis nach paranephritischem Absceß. Inaug.-Diss. München 1909. — Bonhoeffer: Die septischen Psychosen im Gefolge akuter Infektionen. Leipzig 1910. — Brush: Med. News New York 73, 390, 414.
Edis: Lancet 1880 II, 700.
Faye: Norsk. Mag. 1872.
Gomén: Wirkung einiger Bakterien auf periphere Nerven. Arb. path. Inst. Helsingfors 1902. — Govers: Diseases of the nervous system, I.
Henneberg: Myelitis. Handbuch der Neurologie von Lewandowsky, Bd. 2, S. 694. (Lit.)
Schäffer: Myelitis transversus acuta infectiosa postpuerperalis. Münch. med. Wschr. 1904 I, 875. — Schottmüller: Pachymeningitis interna infectiosa acuta und Meningismus. Münch. med. Wschr. 1910 II, 1984. — Schottmüller u. Bingold: Sepsis. Mohr-Staehelins Handbuch der inneren Medizin 1925.

Erysipel.

Bruns: Gehirnkrankheiten. Real-Enzyklopädie, 3. Aufl., Bd. 8, S. 588. — Rückenmark. Real-Enzyklopädie, 3. Aufl., Bd. 10, S. 578. — Brieger: Ein Fall von Parese beider oberer und unterer Extremitäten nach Erysipel. Charité-Ann. 1885, 147.
Crochet: Accidents nerveux de l'érysipèle. Thèse de Paris 1895.
Dereux et Galiègue: Les complicat. nerv. de l'érysipèle. Gaz. Hôp. 1929.
Goldgerg: Erblindung bei Erysipel durch beiderseitigen Sehnervenschwund. Ref. Zbl. Neur. 51.
Hegler, C.: Handbuch der inneren Medizin von Mohr-Staehelin, 2. Aufl.
Jochmann-Hegler: Lehrbuch der Infektionskrankheiten, 2. Aufl. Berlin: Julius Springer 1924.
Landouzy: Des paraplegies dans les maladies aigues. Thèse de Paris 1880. — Leyden: Poliomyelitis und Neuritis. Z. klin. Med. 1880, 387. — Fall von multipler Neuritis. Charité-Ann. 5.
Pick: Ataxie. Real-Enzyklopädie, 3. Aufl., Bd. 2, S. 417.
Roger: Etude clinique de l'érysipèle. Rev. Méd. 1895.
Weimann: Bumkes Handbuch, Bd. 11.

Gelenkrheumatismus.

Bauer: Polyneuritis und Gelenkrheumatismus. K. K. Ges. Ärzte Wien, 20. Jan. 1911. Ref. Münch. med. Wschr. 1911, 331. — Bonhoeffer: Die exogenen Reaktionstypen. Arch. f. Psychiatr. 58, 58 (1917).
Debutrand: Rheumatisme cérébral. Gaz. Hôp. 85, 55 (1912). Ref. Zbl. Neur. 6, 1282.
Fülscher: Über Amentia bei Polyarthritis und Polyneuritis. Inaug.-Diss. Kiel 1916.
Hegler: Akuter Gelenkrheumatismus. Mohr-Staehelins Handbuch der inneren Medizin 1925.
Legrand du Saulle: Le rheumatisme cérébrale etc. Gaz. Hôp. 1886.

Keuchhusten.

Askin and Zimmermann: Encephalitis bei Keuchhusten. Ref. Z. Neur. 54, 576.
Bernhardt, M.: Über Rückenmarkserkrankungen nach Keuchhusten. Dtsch. med. Wschr. 1896 I, 800. — Bönheim: Keuchhusten. Spezielle Pathologie und Therapie von Kraus-Brugsch, 1914. — Borra: Di un caso di paralisi flaccida insorta durante l'ipertosse. Ref. Zbl. Neur. 57.
Czerna, A.: Zur Lehre vom Keuchhusten. Jb. Kinderheilk. 81, 473 (1915). — Currado: Zwei Fälle von Keuchhustenapoplexie. Ref. Zbl. Neur. 48.
Eley: Neurolog. complications of whooping cough. New England J. med. 203. — Zbl. Neur. 57. — Ewald: Psychosen bei akuten Infektionen. Handbuch von Bumke, Bd. 7.
Höckenjos: Cerebrale Affektion bei Keuchhusten. Jb. Kinderheilk. 51. — Hoffmann: Schweiz. med. Wschr. 1922 I. — Husler u. Spatz: Die Keuchhusteneklampsie. Z. Kinderheilk. 38, 428 (1924).
Ibrahim: Über Krampfanfälle im Verlaufe des Keuchhustens. Med. Klin. 1910, 23. — Neur. Zbl. 1911, Nr 13.
Jochmann: Pfaundler u. Schlossmanns Handbuch der Kinderheilkunde, Bd. 2.
Klotz, M.: Handbuch der inneren Medizin von Mohr-Stahelin, 2. Aufl. — Knoepfelmacher, W.: Pfaundler u. Schlossmanns Handbuch der Kinderheilkunde, 4. Aufl., 1931.

MAY: Nervöse Störungen im Verlauf des Keuchhustens. Arch. Kinderheilk. **38**. — MEYNIER: Die nervösen Komplikationen des Keuchhustens (ital.). Ref. Zbl. Neur. **46**. — MIKULOWSKI: Über encephalitische Erkrankungen bei Keuchhusten. Acta paedriat. (Stockh.). Ref. Zbl. Neur. **57**.

NEURATH, R.: Über die nervösen Krankheiten und Komplikationen des Keuchhustens. Leipzig u. Wien: Franz Deuticke 1904. — Die nervösen Komplikationen und Nachkrankheiten des Keuchhustens. Wien. 1904. Med. Klin. **1914**.

REICHE: Keuchhustenkrämpfe. Zbl. Kinderheilk. **25**, 28 (1920). — Med. Klin. 1921. — Z. Kinderheilk. **25**. — Med. Klin. **1921**.

SCHELTEMA: Meningitis serosa and diffuse corticale Encephalitis bei Masern. Nederl. Mschr. Geneesk. **1913**. — SCHREIBER: Cerebrale Störungen bei Keuchhusten. Arch. Kinderheilk. **26**. — SINGER: Zur Pathogenese der Keuchhustenapoplexie und -eklampsie. Virchows Arch. **274**. — SPIELMEYER: Pathogenese örtlich elektiver Hirnveränderungen. Z. Neur. **99**. — STICKER, G.: Der Keuchhusten. NOTHNAGELS Spezielle Pathologie und Therapie, 2. Aufl. Wien 1911. — Der Keuchhusten. Wien u. Leipzig: Alfred Hölder 1911.

WEIMANN: Handbuch von BUMKE, Bd. 11. — WERNSTEDT, W.: Über Pertussis und spasmophile Diathese. Mschr. Kinderheilk. **9**, 344 (1910).

Scharlach.

CHAVANY: Hemiplegie nach Scharlach. Ref. Zbl. Neur. **54**.

ESCHERICH-SCHICK: Scharlach. Wien 1912. NOTHNAGELS Handbuch, 1912. (Literatur.) EWALD: BUMKES Handbuch, Bd. 7.

JACOBUWITZ: Eigenartige Befunde im Zentralnervensystem bei Scharlach und Diphtherie. Klin. Wschr. **1932**.

MANNINI: Corea. Riforma med. **1902**. — MOGILNITZKU: Pathologische Anatomie des vegetativen Nervensystems bei Scharlach und Diphtherie. Zbl. Neur. **91**.

OBARRIO: PARKINSONscher Symptomenkomplex und Scharlach. Rev. Especial. méd. **5** (1930) Ref. Zbl. Neur. **57**.

ROLLY: Handbuch der inneren Medizin von MOHR-STAEHELIN, 2. Aufl.

SALGE: Spezielle Pathologie und Therapie von KRAUS-BRUGSCH, Bd. 2,2. — SCHILDER: Encephalitis cerebelli bei Scharlach. Dtsch. Z. Nervenheilk. **64**. — SCHLOSSMANN u. O. MEYER: Scharlach. Handbuch, 2. Aufl. (Lit. bis 1924). — STADELMANN: Encephalitis unter dem Bild einer Apoplexie. Dtsch. Z. Nervenheilk. **78**.

WEIMANN: Handbuch von BUMKE, Bd. 11. — WITTMAACK: Neuritis cochlearis. Z. Ohrenheilk. **53**.

ZISCHINSKI: 2 weitere Fälle prominenter eitriger Meningitis bei Scharlach. Zbl. Kinderheilk. **127**. Ref. Zbl. Neur. **57**.

Masern.

BAGINSKY: Lehrbuch der Kinderkrankheiten. — BAZAN: Ref. Zbl. Neur. **52**. — BERGENFELDT: Myelitis als Komplikation der Masern (schwed.). Ref. Zbl. Neur. **41**. — BÖNHEIM: Spezielle Pathologie und Therapie von KRAUS-BRUGSCH, Bd. 2,1. — Erg. inn. Med. **28**. — BOGAERT, BORREMANNS u. COUVREUR: 3 Fälle von Masern-Encephalitis. Ref. Zbl. Neur. **63**, 488. — BREGMANN u. PONCZ: Encephalitis nach Masern. Wien. med. Wschr. **1929**.

EWALD: BUMKES Handbuch, Bd. 7.

GREENFIELD: The pathology of measler encephalomyelitis. Brain **52**. — GRÖER, FR. v.: PFAUNDLER u. SCHLOSSMANNS Handbuch der Kinderkrankheiten, 4. Aufl., 1931. — GRÖER, v.-PIRQUET: Masern. Handbuch der Kinderkrankheiten, 4. Aufl., 1931.

HEUBNER: Lehrbuch der Kinderkrankheiten, 1906. — HÜRTHLE: Remission von Encephalomyelitis nach Masern. Dtsch. med. Wschr. **1929**.

JOCHMANN-HEGLER: Lehrbuch der Infektionskrankheiten. Berlin: Julius Springer 1924. — JÜRGENSEN: Masern. NOTHNAGELS Handbuch der speziellen Pathologie und Therapie, 1895.

LECHELLE, BERTRAND u. FAUVART: Masernencephalitis. Ref. Zbl. Neur. **61**, 191. — LUST: Über postmorbillöse Encephalitis. Münch. med. Wschr. **1927**.

MAKANZIE: Chorea. Brit. med. J. 1878. — MENSIE: Meningomyelitis. Ref. Zbl. Neur. **57**.— MOSER: Masern. Handbuch der Kinderkrankheiten von PFAUNDLER u. SCHLOSSMANN, 1906. MOSSE: Akute Hirndegeneration nach Masern. Jb. Kinderheilk. **1912**.

RAVAMA: Akute Polioencephalitis nach Masern. Ref. Zbl. Neur. **47**. — REDLICH: Ein Fall von Masernencephalitis. Z. Kinderheilk. **43**. — ROLLY, F.: Handbuch der inneren Medizin von MOHR-STAEHELIN, 2. Aufl.

SALGE: Masern. Spezielle Pathologie und Therapie, Bd. 2,2. — SCATTO: DES CASAS MELLO, Chorea und Masern. Arch. Pedriat. Uruguay 2.— SULZER: Zur Frage der sog. Masernencephalitis. Jb. Kinderheilk. **128**. Ref. Zbl. Neur. **57**.

WALTHARD: Über Masernencephalitis. Schweiz. Arch. Neur. **25**. — WEIMANN: Handbuch von BUMKE, Bd. 11. — WOHLWILL: Masernencephalomyelitis. Zbl. Neur. **41**. — Encephalomyelitis nach Masern. Z. Neur. **112**.
ZALLOKO: Liquoruntersuchungen bei Morbiden. Ref. Zbl. Neur. **54**.

Röteln.

DEBRÉ: Turquety Broka l'encephalite de la rubeole. Presse méd. **1930**.
RIETSCHEL, H.: PFAUNDLER u. SCHLOSSMANNS Handbuch der Kinderheilkunde, 4. Aufl., 1931. — REVILLIOD u. LONG: Polyneuritis nach Rubeolen. Arch. Méd. Enf. **1906**, 160. — ROLLY: Handbuch der inneren Medizin von MOHR-STAEHELIN, 2. Aufl.
SALGE: Spezielle Pathologie und Therapie von KRAUS-BRUGSCH, Bd. 2, 2.

Variola.

GROTH, A.: PFAUNDLER u. SCHLOSSMANN: Handbuch der Kinderheilkunde, 4. Aufl., 1931.
JOCHMANN: Lehrbuch der Infektionskrankheiten. Berlin: Julius Springer 1914.
MAIRINGER, E.: Spezielle Pathologie und Therapie von KRAUS-BRUGSCH, Bd. 2,2.
ROLLY: Handbuch der inneren Medizin von MOHR-STAEHELIN, 2. Aufl.
WESTPHAL: Über die Affektion des nervösen Systems bei Pocken. Arch. f. Psychiatr. **3**.

Varicellen.

ALTERTHUM: Beitrag zur Frage des Herpes zoster varicellosus. Mschr. Kinderheilk. **40**.
BINSWANGER u. BOGER: Arch. f. Psychiatr. **24**. — BOKAY, V.: Gürtelrose und Windpocken. Jb. Kinderheilk. **119**. — BRUNS: Myelitis nach Varicellen. Neur. Zbl. **1896**.
CACCIA: Encephalitis nach Varicellen. Riv. Clin. pediatr. **1904**, 11. — CORNIL et KISSEL: Sur l'ataxie aigue post-varicelleuse. Revue neur. **37**. — COZZOLINO: Herpes und Varicellen. Ref. Zbl. Neur. **47**.
FRANÇOIS-DAINVILLE et REYNAUD: Zona et varicelle. Ref. Zbl. Neur. **50**.
GLANZMANN: Schweiz. med. Wschr. **1927 I**, 145.
HOFFMANN, E.: Herpes und Varicellen. Ref. Zbl. Neur. **47**. — HOTTINGER, A.: PFAUNDLER u. SCHLOSSMANNS Handbuch der Kinderheilk., 4. Aufl., 1931.
JOCHMANN-HEGLER: Lehrbuch der Infektionskrankheiten. Berlin: Julius Springer 1924.
KRABBE: Varicellenmyelitis. Ref. Zbl. Neur. **44**.
LANDA: Zoster und Varicellen. Mschr. Kinderheilk. **34**.
MAIZINGER: Varicellen. Spezielle Pathologie und Therapie von KRAUS-BRUGSCH, Bd. 2. 1913. — MENKO: Choreiforme Bewegungen nach Varicellen. Dtsch. med. Wschr. **1899**. — METTENHEIM, v.: Varicellen. PFAUNDLER u. SCHLOSSMANN: Handbuch der Kinderheilkunde, Bd. 2. 1923. — MOMMSEN: Mschr. Kinderheilk. **50**.
PERUTZ: Dermat. Wschr. Bd. 84.
RABONNAIX: Encéphalo-myélite postvaricelleuse. Ref. Zbl. Neur. **56**. — RAKE: Varicellen-Encephalomyelitis. Ref. Zbl. Neur. **53**. — ROLLY: Handbuch der inneren Medizin von MOHR-STAEHELIN, 2. Aufl. — ROXBURGH u. MARTIN: Zoster und Varicellen (engl.). Ref. Zbl. Neur. **46**. — RUNGE, W.: Akute Ataxie bei Windpocken. Ref. Zbl. Neur. **46**.
SCHEER: Herpes zoster. Ref. Zbl. Neur. **50**. — SIEGE: Zoster und Varicellen. Münch. med. Wschr. **1927**. — STERLING: Encephalitis nach Varicellen. Neur. polska **2/3**.
TROUP and HURST: Disseminated encephalomyelitis folowing small-pox. Lancet **1930**. Ref. Zbl. Neur. **56**.
WALDMAN: Aufsteigende Myelitis bei Varicellen. Ref. Zbl. Neur. **44**. — WALLGREEN: Herpes zoster. Ref. Zbl. Neur. **53**.
ZIMMERMANN and YANNET: Arch. of Neur. **26**.

Wolhynisches Fieber.

CASSIRER: Wolhynisches Fieber und Neuritis der Cauda equina. Vortrag. Zbl. Neur. 15, 318.
GOLDSTEIN: Kriegserfahrungen aus dem Operationsgebiet. Über episodischen Bewußtseinsverlust. Arch. f. Psychiatr. **59**, 713 (1918).
JUNGMANN: Das wolhynische Fieber. Berlin: Julius Springer 1919.
SCHITTENHELM: MOHR-STAEHELINS Handbuch der inneren Medizin, Bd. 1. Berlin: Julius Springer 1925. — SCHITTENHELM u. SCHLECHT: Affektion peripherer sensibler Nerven. Erg. inn. Med. **16**, 484—539.

Tetanus.

ASCHOFF: Handbuch der ärztlichen Erfahrungen im Weltkrieg 1914/18, Bd. 8. 1921. — ASCHOFF u. ROBERTSON: Med. Klin. **1915 I/II**. — AXHAUSEN: Dtsch. Z. Chir. 78, 265 (1905).

BARROS: Sog. spezifische Wirkung des Krampfgiftes usw. auf die Vorderhornzellen. Zbl. Neur. 93. — BOUMAN: Hirnveränderungen bei Tetanus. Zbl. Neur. 58. — BUMKE: Tetanus. LEWANDOWSKIS Handbuch, 1912. (Lit.).

COUCHET: Behandlung des Tetanus usw. mit der Methode der Phylaxis. Brit. med. J. 1932. Ref. Zbl. Neur. 64.

DROST: Über symptomatische Behandlung des Tetanus mit Avertin. Bruns' Beitr. 155. — DUTTON-MORE: Tetanus bei Ulcera crur. Lancet 1932. Ref. Zbl. Neur. 63.

FRÖHLICH u. MEYER: Arch. f. exper. Pathol. 79, 55 (1915). — Münch. med. Wschr. 1917 I, 289.

HEBOLD: Tetanus puerperalis. Zbl. Gynäk. 1829. — HEIM: Behandlung des Tetanus im Kindesalter. Mschr. Kinderheilk. 42. — HURTER: Rezidivierender chronischer Tetanus. Med. Klin. 1925.

JAQUET et BOMSARD: Tétanos céphalique à forme prolongée. Bull. Sci. méd. Paris III 1930. Ref. Zbl. Neur. 57. — JETZOWA: Rückenmark bei menschlichem Tetanus. Frankf. Z. Path. 21 (Lit.)

KLIENEBERGER: Klinische Erfahrungen über den Tetanus auf dem westlichen Kriegsschauplatz. Berl. klin. Wschr. 1915. — KREUTER: Beitr. Klin. Inf.krkh. 5, H. 1 (1916). — Münch. med. Wschr. 1914 II. — KUKLOWA: Peroneuslähmung nach Tetanus. Ref. Zbl. Neur. 54.

LAEWEN: Curarebehandlung. Mitt. Grenzgeb. Med. u. Chir. 16, 802 (1906). — Avertin zur Behandlung des Tetanus. Ref. Zbl. Neur. 54. — LANDOW: Intramusculäre Magnesiumsulfat-Therapie. Dtsch. Z. Chir. 190. — LEANZA: Serum- und Somnifen-Behandlung des Tetanus. Ref. Zbl. Neur. 64. — LEWANDOWSKI: Handbuch der Neurologie, Bd. 3. 1912. — LEYDEN, v. u. BLUMENTHAL: NOTHNAGELS Spezielle Pathologie und Therapie, Bd. 5,2. Wien 1901. — LILJESTRAND u. MAGNUS: Pflügers Arch. 1919.

MANDL: Epidermale Novocaininjektionen. Ref. Zbl. Neur. 46. — MAYEDA: Histopathologie des Rückenmarks beim Menschen-Tetanus. Ref. Zbl. Neur. 57. — MEYER u. GOTTLIEB: Experimentelle Pharmakologie, 4. Aufl., S. 1029. — MEYER u. RANSOM: Arch. f. exper. Path. 49 (1903). — MEYER u. L. WEILER: Münch. med. Wschr. 1916 II (Feldärztl. Beil.); 1917 II. — MEYER, H. H. u. FRÖHLICH: Arch. f. exper. Path. 1915. — MONDOLFS u. MORETTI: Ref. Zbl. Neur. 64. — MUIR: Endolumbade antitox. Behandlung. Brit. med. J. Ref. Zbl. Neur. 46.

NASSO: Tetanus neonatorum (ital.). Ref. Zbl. Neur. 43. — NATSCHAN: Tetanus nach Fußverbrennung. Ref. Zbl. Neur. 54.

PETZEL: Chronisch otogener Kopftetanus. Ref. Zbl. Neur. 57.

REINHOLD-ASCHOFF: Veränderungen der motorischen Ganglienzellen bei Wundstarrkrampf. Veröff. Kriegs- u. Konstit.path. 3. — ROMANINI: Intralumbale Injektion des Antitoxin. Ref. Zbl. Neur. 56. — ROSE: Der Starrkrampf beim Menschen. Stuttgart: Ferdinand Enke 1897.

SAEGERSEN: Magnesiumsulfat in der Behandlung des Wundstarrkrampfes. Schweiz. med. Wschr. 1932. — SCHMIDT, H.: Zur Serumprophylaxe des Tetanus. Dtsch. med. Wschr. 1930. — SCHITTENHELM: Handbuch der inneren Medizin von MOHR-STAEHELIN, 2. Aufl. — SEMERAU u. WEILER: Zbl. Physiol. 33, 69 (1918). — SJOVALL: Nervenzellveränderungen bei Tetanus. Jb. Psychol. 23. — STEYER: Eigenartiger Liquorbefund bei Tetanus. Dtsch. med. Wschr. 1928.

WEIMANN: Handbuch von BUMKE, Bd. 11. — WOLF, A.: Avertin bei Wundstarrkrampf. Zbl. Chir. 1929.

Diphtherie.

BARABAS: Jb. Kinderheilk. 82, 476. — BAGINSKY: Arch. Kinderheilk. 16. — NOTHNAGELS Handbuch Realenzyklopädie, 3. Aufl. (Lit.) Wien: Alfred Hölder.

DYNKIN: Jb. Kinderheilk. 78, 267.

EWALD: BUMKES Handbuch, Bd. 7.

GOEPPERT: Handbuch der inneren Medizin von MOHR-STAEHELIN, 1925.

JACOB u. TRÖMNER: Epidiphtherische, bulbäre Lähmung. Z. Neur. Orig. 15. — JOCHMANN: Lehrbuch der Infektionskrankheiten. Berlin: Julius Springer 1914.

LEEDE: Z. Kinderheilk. 8, 88 (1913).

MAYER: Anatomie diphtherischer Lähmungen. Virchows Arch. 85. — MEYER, FRITZ: Diphtherie. Spezielle Pathologie und Therapie von KRAUS-BRUGSCH, 1913. — MOGILNITZKY: Pathologische Anatomie des vegetativen Systems bei Scharlach und Diphtherie. Zbl. Neur. 91. — MISCH: Neur. Zbl. 22 (1916). — MITA: Über postdiphtherische Lähmungen (jap.). Ref. Zbl. Neur. 51, 85. — MORRA: Über postdiphtherische Lähmungen. Ref. Zbl. Neur. 53.

QUERIDO: Encephalitis nach Diphtherie (holl.). Ref. Zbl. Neur. 49.

REICHE: Über Herpes facialis bei Diphtherie. Med. Klin. 1913 II. — Meningitis bei Diphtherie. Z. Kinderheilk. Orig. 11.

Saxl: Fall von Hemiplegie nach Diphtherie. Med. Klin. 1930. — Schick: Pfaundler u. Schlossmanns Handbuch der Kinderheilkunde, 4. Aufl., 1931. — Serog: Med. Klin. 1916 II, 1255.

Worster, Drought u. Allen: Hemiplegie nach Diphtherie. Ref. Zbl. Neur. 59.

Ruhr (Dysenterie).

Bittorf: Beitr. Klin. Infkrkh. 7. — Ruhrneuritis. Dtsch. med. Wschr. 1918. — Buttenwieser: Ein Fall von Encephalitis haemorrhagica bei Dysenterie. Münch. med. Wschr. 1920.

Ewald: Bumkes Handbuch, Bd. 7.

Happel: Beitrag zur Lehre von der akuten Entzündung des Rückenmarks. Inaug.-Diss. Marburg 1881. — Hofstede: Fall von Parkinsonismus bei Bacillen-Dysenterie (holl.). Ref. Zbl. Neur. 51.

Jacob: Kombination aus corticalem, pyramidalem, extrapyramidalem Syndrom. Ref. Zbl. Neur. 41. — Jürgens: Spezielle Pathologie und Therapie, Bd. 2. 1913.

Lenhartz: Beitrag zur Kenntnis der akuten Koordinationsstörungen. Berl. klin. Wschr. 1885. — Löwy: Tetaniesymptome nach und bei Dysenterie. Mschr. Psychiatr. 36.

Schittenhelm: Handbuch der inneren Medizin von Mohr-Staehelin, 2. Aufl. — Steiner: Neurologie-Psychiatrie im Kriegslazarett. Z. Neur. 30.

Weimann: Bumke: Handbuch, Bd. 11.

Cholera.

Elias, H. u. R. Doerr: Handbuch der inneren Medizin von Mohr-Staehelin, 3. Aufl.

Giese: Zwei Fälle von Tetanus bei Cholera. Neur. Zbl. 29.

Jochmann: Lehrbuch der Infektionskrankheiten. Berlin 1914.

Michailow: Pathologisch-anatomische Veränderungen der Hirnrinde bei asiatischer Cholera. Arch. f. Psychiatr. 51. — Degenerationen im Bereich des Nervensystems bei Cholera asiatrica. Zbl. Bakter II, 62.

Pines: Pathologisch-anatomische Veränderungen der Hirnrinde bei asiatischer Cholera. Arch. f. Psychiatr. 66.

Strachowitsch: Klinische Beobachtungen usw. bei Cholerakranken. Ref. Zbl. Neur. 2.

Malaria.

D'Antona: Ref. Zbl. Neur. 54. — Amossov u. Lindtrop: Akute Ataxie bei Malaria Ref. Zbl. Neur. 43. — Ardin u. Levi Valensi: Cerebellare Symptome bei Malaria. Ref. Zbl. Neur. 44.

Blatt: Augenveränderungen bei Malaria. Klin. Mbl. Augenheilk. 1928. — Buchert: Das Zustandsbild der multiplen Sklerose bei Malaria trop. Beitr. Klin. Inf.krkh. 1918.

Cerletti: Veränderungen der Hirnrinde bei Malaria perniciosa. Histol. Arb. Großhirnrinde 4. — Chartres: Un cas de paraplégie palastre. Bull. Soc. méd.-chir. Indochine 1916.

Dentmann: Een zeldzame Complicatie bij malaria tropica. Geneesk. Tijdschr. Nederl.-Indië 44. — Driel, van: Einige Fälle und Leiden des Zentralnervensystems infolge Malaria tertiana. Ref. Zbl. Neur. 16. — Dürck: Pathologische Anatomie der Malaria. Dtsch. med. Wschr. 1921. — Handbuch der ärztlichen Kriegserfahrungen, Bd. 8.

Fraenkel, M.: Cerebrale Affektion bei Malaria. Ref. Zbl. Neur. 16. — Friedländer: Beitrag zur Ätiologie der Myelitis. Inaug.-Diss. Berlin 1891. — Fusco: Osservacioni cliniche, Nevrosi epilettie da malaria. Policlinico, sez. prat. 1910.

Henneberg: Lewandowskys Handbuch, Bd. 3.

Kuruskewic: Neuromalaria. Ref. Zbl. Neur. 46, 450.

Lafora: On the changes of the nervous system in pernicious malaria. J. of Neur. 19. Ref. Zbl. Neur. 6. — Lenders: Landrysche Paralyse nach Malaria. Malaria-Bd. 1910. — Luzzato: Perniciosa con sindroma cerebellare. Ref. Med. Napoli 1904.

Mankowsky u. Berenschansky: Hirnapoplexie bei Malaria. Z. Neur. 106. — Marqulies: Veränderungen des Gehirns bei bösartiger Malaria trop. Arch. Schiffs- u. Tropenhyg. 1911. — Mayer, E.: Kombinierte systematische Erkrankung der Rückenmarksstränge. Beitr. klin. Med. u. Chir. 1894.

Nine: 6 Fälle von isolierter motorischer Aphasie nach einem Malariaanfall. Arch. Schiffs- u. Tropenhyg. 1905. — Nocht-Mayer: Malaria. Berlin: Julius Springer 1918.

Pansini: Cerebellares Symptom bei Malaria. Ref. Zbl. Neur. 44. — Papastratigakis: Contribution à l'étude des paludisme nerveux. Revue neur. 29. — Passeau et Hutinel: Méningite palustre . Bull. Soc. méd. Hôp. Paris 1918. — Peter: Malaria-Zoster. Ref. Zbl. Neur. 51. — Porzillé: Sindrome di Brown-Séquard in Sogettomalarico. Policlinico, sez. prat. 1908.

REIHANO: Symmetrisch-hämorrhagische Erweichung. Zbl. Neur. 46. — RODENWALDT: Motorische Aphasie bei Malaria tropica. Arch. Schiffs- u. Tropenhyg. 1911. — RÖSSLE: Großhirnveränderungen bei Malaria. Z. Neur. 24. — Kleinhirnapoplexie bei Malaria. Zbl. Neur. 24.

SCHAFER: Über nervös-psychische Störungen im Verlauf der Malaria. Arch. f. Psychiatr. 61. — SCHMIDTH: Hirnapoplexie bei akuter Malaria. Ref. Zbl. Neur. 51. — SITMALIDI: Malariaerkrankungen des Nervensystems. Russk. Klin. 12. Ref. Zbl. Neur. 56. — SLAUGHTER: Symmetrische Gangrän nach Malaria. Ref. Zbl. Neur. 44.

URCHS: Malaria und Nervensystem. Ref. Zbl. Neur. 48.

WEIMANN: Handbuch von BUMKE, Bd. 11.

ZALLOCO: Le convulsioni nella malaria dei bambini. Pedriatr. riv. 37. Ref. Zbl. Neur. 55.

Recurrens.

BABES: L'hemorrhagie meningienne ... d. l. fièvre recurrente. Accad. Ro. 5.

FORSCHBACH: Handbuch der Tropenkrankheiten von MENSE, 1918.

SCHILLING: Handbuch der inneren Medizin, MOHR-STAEHELIN. 1925.

Flecktyphus des Zentralnervensystems.

Von M. KROLL-Moskau.

Die hervorragende Beteiligung des Zentralnervensystems an dem klinischen und pathologisch-anatomischen Bild des Flecktyphus (Fleckfieber, Typhus exanthematicus) macht eine Besprechung in diesem Handbuche notwendig. Doch würde es dessen Plan weit überschreiten, wenn wir hier das gesamte Gebiet der Pathologie und Klinik des Flecktyphus aufrollen wollten. Wir beschränken uns deshalb ausschließlich auf die Besprechung des Anteils, den das Nervensystem an dieser Erkrankung nimmt. Für alle anderen Fragen, speziell der Pathologie, Epidemiologie, Beteiligung der inneren Organe, Komplikationen und Behandlung sind die entsprechenden speziellen Arbeiten, bzw. die Kapitel eines Handbuches für Infektionskrankheiten einzusehen.

Der Flecktyphus ist eine akute Infektionskrankheit, die durch Läuse (Pediculi vestimenti) verbreitet wird, indem durch die letzteren der Erreger ins Blut des menschlichen Organismus gebracht wird. Über die Natur des Erregers scheinen die Akten noch nicht abgeschlossen zu sein. Von vielen Untersuchern *(Bericht der Rote-Kreuz-Kommission in Polen 1920)* wird die *Rickettsia Prowazeki* als Erreger des Flecktyphus betrachtet. Sie wurde im Gefäßendothelium derjenigen Gebiete gefunden, wo sich die hauptsächlichsten Veränderungen beim Fleckfieber lokalisieren, und zwar in Haut, Zentralnervensystem, Skeletmuskulatur und weniger in einigen inneren Organen, wie Herz, Nieren und Hoden.

Klinik des Flecktyphus. Die *Inkubationsdauer* des Exanthematicus schwankt zwischen 4 und 14 Tagen. Am häufigsten währt sie 8—12 Tage. Doch kommen besonders bei Epidemien auch viel kürzere Inkubationszeiten vor — bis zu einem Tage und sogar bis wenige Stunden. Nach einem *Schüttelfrost* steigt die Temperatur. Es stellen sich ziehende Schmerzen ein im Kreuz, in den Beinen, im Kopf, Übelkeit, manchmal Erbrechen. Das Gesicht ist gerötet, die Konjunktiven injiziert. Die Temperatur erreicht bereits am ersten Tag 39—40°, trägt den Charakter einer *Continua* und fällt in typischen Fällen am Schluß der zweiten oder Anfang der dritten Woche staffelförmig zur Norm ab. Seltener ist der Abfall kritisch. In schweren Fällen fiebert der Kranke bis in die vierte Woche, in leichten nur 1—1$^1/_2$ Wochen, in abortiven Fällen nur 1—2 Tage. Bei letal verlaufenden Fällen tritt vor dem Tode noch eine Hyperthermie auf, die auch nach dem Tode anhält und sich dann auch noch steigern kann. Der Puls ist in der ersten Woche meist voll, wenig gespannt und regelmäßig, beträgt 100 und mehr in 1 Minute, später wird er oft weicher. In der zweiten Woche wird der *Puls* kleiner und schwächer. Die Frequenz bleibt hoch, was differentialdiagnostisch gegenüber dem Abdominalis wichtig ist, da bei letzterem der Puls gewöhnlich langsamer wird. In schweren Fällen wird der Puls unregelmäßig. Während des Temperaturabfalls sinkt entsprechend auch die Pulszahl. Prognostisch günstig ist die Bradykardie während der Rekonvaleszenz zu beurteilen. Der *Herzmuskel* wird oft mitgenommen. Katarrhe der *oberen Luftwege* sind nicht selten, auch Bronchitis. Im Blut meist leichte *Leukocytose.* Die *Milz* ist in den ersten Tagen meist vergrößert. Das *Hautexanthem* ist das auffallendste Symptom der Krankheit. Es kommen auch andere Hautveränderungen vor, wie Miliaria, Abschuppungen, Furunkel, Gangrän u. dgl. Der *Verdauungstractus* nimmt regen Anteil. Die Zunge ist meist weißlich belegt, Gaumen und Tonsillen regelmäßig katarrhalisch. Der Appetit fehlt vollkommen. Meist besteht Obstipation, seltener Durchfall. Typischer Fieberharn. Positive Weil-Felixsche Reaktion mit dem Blutserum des Kranken.

Die *Erscheinungen von seiten des Nervensystems* sind die weitaus wesentlichsten, die dem gesamten klinischen Bild des Flecktyphus sein besonderes Gepräge verleihen. Besonders schwer sind die *psychischen Störungen.*

Dieselben treten früh auf. Der Kranke ist noch auf den Beinen und doch fühlt er sich schon matt und niedergeschlagen. Es fällt die geistige Ermüdbarkeit auf, der Kranke kann sich nicht konzentrieren. Kopf- und Augenschmerzen beherrschen den Zustand. Während der ersten Tage nimmt die Teilnahmslosigkeit zu. Zeitweise kommt es zu leichten *Bewußtseinstrübungen*, die anfänglich nicht dauernd sind. Erst gegen Ende der ersten Woche wird die Bewußtseinstrübung tiefer. Durch eindringliches Befragen gelingt es, den Kranken oft zu richtigen Antworten zu bringen, wenigstens auf primitivste Fragen nach Namen und Beschäftigung. Die Orientierung in der Umgebung ist schon mehr gestört. Nicht selten kommen *deliriöse Zustände* vor. Die Kranken glauben sich „im Jenseits, auf einem Dampfer, in einen Sack gesteckt, unter Haft usw." (Giljarowsky). In den meisten Fällen besteht ein gewisses Krankheitsbewußtsein. Es kommen *Gesichts-* und *Gehörstäuschungen* vor, die Giljarowsky teils durch Erkrankung der peripheren Apparate, zum größten Teil durch Unfähigkeit zur Konzentrierung, durch Aufmerksamkeitsstörung erklärt. Nicht selten sind Halluzinationen und Wahnvorstellungen. Neben Gesichts- und Gehörshalluzinationen sind besonders häufig Wahnerlebnisse, die nach Bonhoeffer mit Störungen im Labyrinth und den semizirkulären Kanälen zusammenhängen. Die Kranken vermeinen zu reisen, im Luftschiff zu fahren, zu fliegen. Manchmal glauben sie eine Eisenbahnkatastrophe, ein Erdbeben zu erleben. Sie fallen in eine tiefe Grube. Einer Kranken schien es, daß sie mit den Beinen nach oben auf dem Kopfe stehe, andere glaubten auf einem „wacklichen Automobil" zu fahren (Giljarowsky). In der Bildung der Wahnideen nehmen auch die verschiedenen Sensationen des Kranken regen Anteil: im Kopfe des Kranken tickt eine Uhr, es ist ihm in die Seite geschossen worden (Pleuritis), seine Füße sind amputiert oder sie werden von Katzen gebissen, sie werden gesägt, in Stücke gehackt usw. Störungen des Körperschemas führen oft zum Wahnerlebnis des Doppelgängers (Giljarowsky): dem Kranken scheint es, daß neben ihm im Bette noch jemand liegt, oft ist es sein Bruder oder Verwandter, oft sind es mehrere, bis sieben. Manchmal erscheint ihm dieser Bettnachbar als Teil seines eigenen Körpers. Auch können einzelne Körperteile verdoppelt erscheinen, der Kranke hat vier Arme, zwei Köpfe. Die Schmerzen bezieht er dann nicht selten auf den Körperteil, der neben seinem wirklichen liegt. Auch in der Rekonvaleszenz kommen Störungen des Körperschema vor: der Kranke empfindet noch lange seine Extremitäten wie fremd.

Alle diese soeben beschriebenen *Wahnerlebnisse* sind nun für den Flecktyphus natürlich nicht spezifisch. Vielmehr kommen sie bei Fieberdelirien auch anderer Infektionskrankheiten vor. Mit Recht bemerkt aber hierzu Giljarowsky, daß durch die für den Flecktyphus so charakteristischen Entzündungen sowohl der Hirnnerven — namentlich des Octavus — als auch der Extremitäten- und Rumpfnerven besonders günstiges Material beschaffen wird,

das im Zusammenhang mit den tiefen Veränderungen der neuropsychischen
Sphäre zum Wahnerlebnis verarbeitet wird.

Die Wahnideen sind nicht aufdringlich. Sie haben vielmehr die Tendenz
zu Variationen, zum Wechseln. Doch sind sie stets dem Kranken peinlich.
Ihr Zusammenhang mit den Schmerzsensationen kann immer nachgewiesen
werden. Das *Benehmen* der Kranken wird in gewissem Maße durch ihre Wahnerlebnisse determiniert. Sie schauen sich ängstlich um, nehmen Verteidigungs-
posen ein, wehren sich bei der Untersuchung, reißen sich die Bekleidung, die
Verbände vom Leibe.

In seltenen Fällen treten *katatonische* Zustände auf: stereotypes Wiederholen
von Worten oder Sätzen, Verharren in derselben Pose. Manchmal kommt es
zu *manischen Erregungszuständen* mit Reizbarkeit, Rededrang, paranoider
Färbung der Wahnerlebnisse. Auch *epileptiforme* Erregungen, *Dämmer-* und
Stuporzustände kommen vor. Nach WENCKEBACH wird der Kranke beim Flecktyphus „sehr häufig wild" und aggressiv, so daß es zu *Flucht-* und *Selbstmord·
versuchen* kommt. Es besteht die Neigung, sich aus dem Fenster zu stürzen.
Auch KORSAKOW-*Syndrome* kommen vor. In der Struktur der infektiösen
Psychose bei Flecktyphus spielt natürlich auch die prämorbide Persönlichkeit,
die Veranlagung (BONHOEFFER, EWALD, KLEIST, KRISCH, GILJAROWSKY) eine
wesentliche Rolle. OSSIPOW und TRIUMPHOW haben feststellen können, daß
das Fleckfieber die pathologischen Charaktereigentümlichkeiten der Persönlichkeit hervortreten läßt. Es muß unter diesem Gesichtspunkt auch berücksichtigt
werden, daß das Fleckfieber, wie jede Infektion, endogene psychotische Erscheinungen auslösen kann.

Die psychischen Erscheinungen kommen in größerer oder kleinerer Intensität
in fast allen Fällen des Fleckfiebers vor. Nicht immer kommt es zu schweren
Bewußtseinsstörungen. Wahnerlebnisse, Delirien sind häufiger. Fast nie fehlen
Zeichen geistiger Schwäche, mit erhöhter Reizbarkeit verbunden. Diese Spuren
ziehen sich oft recht lange hin. In der Rekonvaleszenz, ja noch lange nach der
Genesung klagt der Kranke neben Störungen der Auffassung, des Gedankenablaufs, über Gedächtnisschwäche, Zerstreutheit, leichte Erschöpfbarkeit der
geistigen Fähigkeiten. Doch auch nach monatelangen geistigen Schwäche-
zuständen kommt es meist zur Genesung.

Sehr bedeutungsvoll für das klinische Bild des Fleckfiebers sind die Erscheinungen von seiten des *vegetativen Nervensystems*. In erster Linie sind hier
vasomotorische Störungen zu nennen. Gesicht, Conjunctiva, nicht selten auch
der Augenhintergrund, sind hyperämisch, gerötet. Am Anfange der Krankheit,
meist im Vorstadium, sind die Hände und Füße cyanotisch. Die Kranken
klagen über Kältegefühl, Schmerzen und Stechen, Schwitzen in denselben.
Doch sind auch Röte und Hitzegefühl besonders über Brust und Hals nicht
ungewöhnlich. Untersuchungen von MUNK, ROSENBERG u. a. haben bei Flecktyphus stets *Senkung des Blutdrucks* gefunden. Schon seit VIRCHOW ist
dieses Symptom für typisch anerkannt und wird von manchen Verfassern
in den Mittelpunkt des klinischen Bildes gerückt. Der *Puls* ist weich und
labil. Die Pulsfrequenz steigert sich bei jeder Erregung, sowohl körperlichen
als auch seelischen. Meist besteht ein Parallelismus zwischen Temperatur
und Puls. Doch haben WILLHEIM und FRISCH, BERGER, ZLATOGOROFF,
MÜLLER und MILETICI, PLETNEW, DORENDORF u. a. auch *Bradykardie*, namentlich in den Anfangsstadien gefunden. Häufiger ist dieselbe im Rekonvales-
zenzstadium.

Dermographismus ist eine häufige Erscheinung. Mitunter treten — meist nach
Abfall des Fiebers oder schon im Stadium der Rekonvaleszenz — anfallsweise

Schwellungen der Augenlider, der Lippen oder Zunge auf, die als QUINCKEsches Ödem aufzufassen sind.

In den ersten Tagen der Krankheit ist die *Haut* meist *trocken*. Doch schwitzt der Kranke mitunter schon vom Beginn der Erkrankung. Die *Schweißausbrüche* sind auch bei Anstieg der Fieberkurve zu beobachten. In der Rekonvaleszenz sind sie recht häufig. Von *trophischen* Störungen kommen *Ausfallen der Haare*, Wachstumsstörungen der Nägel, auch Ausfallen der letzteren vor. Querfurchen an der Grenze zwischen dem distalen Teil des Nagels und dem proximalen, die während der Krankheit entstanden, Längs- und Querstreifen werden bei der Krankheit nicht selten beobachtet (BOTKIN, PLETNJEW). Von anderen *Onychodystrophien* bei Fleckfieber seien noch die von GROSSFELD beschriebenen Streifen erwähnt, die den MEESschen sehr ähneln, doch breiter sind. Mit dem Wachsen des Nagels rücken sie von der Lunula immer mehr distalwärts, um nach mehreren Monaten den distalen Nagelrand zu erreichen. Der Querstreifen entspricht dem Stück der Nagelplatte, welches sich während der Dauer des Fiebers aus der Matrix entwickelt hat.

Im Verlaufe des Flecktyphus kommt es mitunter zur *symmetrischen Gangrän* nach RAYNAUDschem Typus (PATRY, MUNK, JÜRGENS, DAWIDOWSKY). Nicht selten liegen diesen Erscheinungen symmetrische *Gefäßkrämpfe* zugrunde. Doch kommt es auch an manchen Stellen zur *Gangrän*, wo andere vasomotorische Störungen, wie Cyanose, Blässe vorausgehen. Es treten dabei heftige Schmerzen und Parästhesien auf. Nicht selten wird dabei auch Herabsetzung der Sensibilität beobachtet, besonders gegenüber Schmerz- und Temperaturreizen. Neben Erhöhung der Reizschwelle bestehen dabei auch Hyperpathien. Es sind Gangränerscheinungen außer an den Fingern und Zehen auch an der Nasenspitze, an der Haut des Penis und Scrotum, der Ohren und Wangen, auch an der Zunge, am Hinterkopf (MARTINI), in der Kreuzgegend.

An den Augen kommt es nicht selten zu pathologischen Erscheinungen. Selten kommt es zu *Enophthalamus* und zu einem HORNERschen Syndrom. Häufiger ist ein *Exophthalamus* mit Glanzauge zu beobachten. ZLOCISTI hat flüchtigen rezidivierenden Exophthalamus beschrieben. Es besteht auch manchmal das GRAEFEsche Symptom, seltener kommen MÖBIUS, STELLWAG vor. LARIONOW, DIMITRIEFF, KOLLERT und FINGER, HEGLER, ROSENBERG, SMIRNOW u. a. haben über pathologische Veränderungen an den *Pupillen* berichtet. In der Tat vermißt man dieselben wohl selten. Es kommt zur Miosis oder Mydriasis, Anisokorie, träger Lichtreaktion, zur reflektorischen und auch absoluten Pupillenstarre, Hippus. Es treten auch Störungen der *Akkomodation* auf. Nicht selten sind die Pupillenstörungen, besonders hochgradige Verengung oder Erweiterung derselben, als Signum mali ominis aufzufassen.

Die Störungen des vegetativen Nervensystems offenbaren sich nicht nur in den oben beschriebenen Erscheinungen, denen Affektionen der peripheren Sympathici und der zentralen Regulierungsapparate, namentlich des Vasomotorenzentrums, zugrunde liegen. Eine große Rolle spielen im klinischen Bild des Flecktyphus die *bulbären Symptome*. Funktionsstörungen namentlich der letzten Hirnnervenpaare sind für Flecktyphus sehr charakteristisch. Erschwerung der Zungenbewegung — „signe de la langue" von GODELIER — ist oft als Frühsymptom des Flecktyphus beschrieben worden und soll auch differentialdiagnostisch gegen andere Typhuserkrankungen benutzt werden können. Auch Schluck-, Phonations- und Artikulationsstörungen werden von manchen Verfassern (GEIMANOWITSCH) als spezifisch für den Exanthematicus beschrieben. Erschwert sind oft auch die Kaubewegungen. Das Kauen geschieht mit Unterbrechungen, der Speisebissen bleibt lange im Munde liegen, um schließlich doch noch ausgespuckt zu werden. Die Sprachstörungen tragen dysarthrischen Charakter. Es kommt seltener zur Anarthrie. Manchmal hängen diese Erscheinungen mit ausgesprochenen Lähmungen der Bulbärnerven zusammen. Dies kann man dann durch die Untersuchung der aktiven Beweglichkeit beweisen. In anderen Fällen handelt es sich dagegen um diencephale Bewegungsstörungen, die von Erkrankung des extrapyramidalen Nervensystems abhängen. Auch an pseudobulbäre Störungen ist in manchen Fällen zu denken. Bei Affektion der Bulbärkerne können auch Atrophien der Zungenmuskulatur mit Entartungsreaktionen festgestellt werden.

Affektion der Gefäßzentren führt zu vasomotorischen Störungen, die bereits oben beschrieben sind. Auch *Atmungsstörungen* werden beobachtet: die Respiration ist beschleunigt oder verlangsamt, vertieft oder oberflächlich, es kommen Atempausen vor bis zum CHEYNE-STOKESschen Atmungstypus, Seufzer, auch Singultus.

Die Bulbärerscheinungen treten meist während der zweiten Krankheitswoche auf und dauern während der fieberfreien Zeit, mitunter ziehen sie sich noch lange nach Abklingen der anderen Symptome hin.

In manchen Fällen von Flecktyphus ist das Bild einer *akuten Ataxie* beschrieben worden, die sich nicht nur im Gebrauch der mimischen und Sprachmuskulatur, im Kau- und Schluckakt offenbart, sondern auch in Koordinationsstörungen der Extremitäten mit Adiadochokinese, Asynergien und anderen Kleinhirnsymptomen.

Von *cerebralen Herderscheinungen* muß vor allen Dingen die halbseitige Lähmung erwähnt werden. Über die Häufigkeit der *Hemiplegie* bei Flecktyphus gehen die Meinungen weit auseinander. Während REDER, CHIARI, SCHATILOFF, PFEIFFER u. a. dieselbe sehr selten oder auch nie fanden, wurden sie von GEIMANOWITSCH, HIRSCHBERG verhältnismäßig häufig beobachtet. Auch ich konnte nicht selten beim Flecktyphus Hemiplegien, mit Aphasie vergesellschaftet, beobachten. Allerdings handelte es sich in den meisten Fällen um Lähmungen, die nicht während der ersten Wochen auftraten, wo die encephalitischen Erscheinungen im Vordergrund standen, sondern nach Ablauf der Fiebererscheinungen. Es wird deshalb wohl wichtiger sein, sie mit *Zirkulationsstörungen* in Zusammenhang zu bringen. Die Erkrankung der vasomotorischen zentralen Apparate, die Unregelmäßigkeit der Herzaktion, die unmittelbare Beteiligung des Herzmuskels, schließlich Veränderungen der Blutgefäße können zu Thrombenbildung, Blutungen in das Hirn und seine Häute führen. Daß in manchen Fällen der Flecktyphus den Verlauf arteriosklerotischer, atheromatöser Erkrankungen ungünstig beeinflussen kann und auf diese Weise zu Herderkrankungen infolge von Zirkulationsstörungen führen kann, ist natürlich ohne weiteres klar. Unserm Eindruck nach spielen auch dynamische, funktionelle, motorische Momente, wie sie von RICKER beschrieben, eine überaus große Rolle im Entstehen der Herde im Großhirn, die zu schweren Ausfallserscheinungen führen können. Außer hemiplegischen Erscheinungen kommen auch *Störungen der Sprache*, der *Praxie*, des *Erkennens*, der *Sensibilität* u. dgl. vor. Nicht selten treten *pseudobulbäre* Symptome mit Zwangslachen oder -weinen auf, mit typischen Störungen der Funktion bulbärer Apparate mit Störungen des Ganges, der Haltung. Daß in diesen Fällen pathologische Reflexe auch nicht vermißt werden, bedarf wohl kaum einer Erwähnung.

Manche Verfasser, wie GEIMANOWITSCH, betonen den verhältnismäßig günstigen Ausgang der Hemiplegien bei Flecktyphus. Auf Grund meiner Erfahrung kann ich mich dieser Meinung anschließen, wenn es sich um Hemiplegien handelt, die während der ersten Woche auftreten und die infolge der Fleckfieberencephalitis entstehen. Doch sind im Gegensatz dazu diejenigen Lähmungen, die infolge von schweren Zirkulationsstörungen auftreten, sehr schwer reparabel.

Striäre und *extrapyramidale Störungen* in Form von Hypo- und Akinesien, wie auch als Hyperkinesien, Zuckungen, automatische Iterativbewegungen, Palilalie, Zittern, auch athetoide oder choeiforme Bewegungen kommen ebenfalls vor, wenn auch nicht allzu häufig. *Tonusveränderungen* im Sinne einer Steigerung, seltener Erniedrigung der Muskelspannung werden ebenfalls beobachtet.

Rückenmarkssymptome kommen beim Flecktyphus selten vor. Doch konnte ich solche bei einigen Patienten feststellen. Namentlich *Störungen der Beckenorgane*, die nicht auf Bewußtseinsverlust bezogen werden können, müssen als Folge von *Konusaffektion* aufgefaßt werden. Chiari hat bei Sphincterstörungen auch Herabsetzung der Sensibilität beschrieben, deren Ausbreitung derjenigen bei Conusläsion entspricht. Häufiger ist Harninkontinenz, in selteneren Fällen kommt es auch zur Verhaltung des Harns. Geimanowitsch hat frühes Auftreten einer *Ischuria paradoxa* besonders charakteristisch für Flecktyphus betrachtet. Nach Ceelen ist für spinale Störungen bei Flecktyphus ihre disseminierte Verteilung typisch. Neben myelitischen Krankheitsbildern sind besonders auch poliomyelitische beobachtet worden. Der Verlauf der spinalen Störungen scheint verhältnismäßig günstig zu sein.

Die Erscheinungen von seiten des *peripheren Nervensystems* verleihen dem klinischen Bild des Flecktyphus ein ganz besonderes Gepräge. *Schmerzen* und vorangehende *Parästhesien* stehen häufig im Vordergund des Bildes. Die Schmerzen werden als reißend, nagend oder ziehend bezeichnet. Jede Bewegung, jede Berührung der Haut und der tieferen Gewebe steigert den Schmerz. Besonders druckempfindlich ist die Muskulatur, namentlich der Gastrocnemius. Die unteren Extremitäten sind durch den polyneuritischen Prozeß besonders stark betroffen. Auch schmerzhafte Krämpfe, besonders in den Wadenmuskeln, sind nicht selten. Bei der objektiven Untersuchung erweist sich die epikritische *Sensibilität* meist herabgesetzt. Die protopathischen Formen — Schmerzgefühl und Empfindung recht hoher oder niedriger Temperaturen — sind gesteigert. Die Empfindung trägt oft einen irradiierenden Charakter. Die Reize werden falsch lokalisiert. Doch ist nicht selten die Schwelle der Schmerzempfindung gesteigert. Mit anderen Worten, die Sensibilität trägt einen hyperpathischen Charakter. *Lähmungen* vom peripheren Typus der von einzelnen Nerven versorgten Muskeln sind keine so seltene Erscheinung, wie die älteren Verfasser und sogar auch noch auf Grund der Erfahrungen des Weltkriegs angenommen hatten. Bei der Analyse der Verteilung der Lähmungen und der Sensibilitätsausfälle bekommt man oft den Eindruck, daß es sich nicht weniger häufig um eine Mitbeteiligung der Plexus und der Wurzeln handelt, als um Affektion der peripheren Nerven selbst.

Am meisten werden die Nerven der oberen Extremitäten befallen, von ihnen an erster Stelle der Ulnaris. Dann kommen die Nerven des Schultergürtels und der proximalen Abschnitte der Extremität, und zwar die Nn. thoracicus longus, suprascapularis, axillaris, musculocutaneus. Der Medianus ist seltener betroffen. Besonders selten tritt Radialislähmung auf.

An den unteren Extremitäten sind die Lähmungen seltener als an den oberen. Am häufigsten kommt es zur Affektion des Peroneus.

Es unterliegt keinem Zweifel, daß die Verteilung der Affektionen über den einzelnen Nervengebieten nichts Spezifisches für das Fleckfieber darstellt. Auch beim Typhus abdominalis (Stertz) und bei anderen infektiösen Erkrankungen nehmen die Nerven in der oben erwähnten Reihenfolge Anteil. Allerdings ist die Beteiligung der Nerven beim Exanthematicus besonders stark, was auch durch die weiter unten zu besprechenden pathologisch - anatomischen Veränderungen in den peripheren Nerven vollkommen seine Erklärung findet. Ob die EDINGERsche Aufbrauchtheorie für diese Fälle mobilisiert werden muß, scheint uns doch recht fraglich. Es seien hier nur die Befunde von PALL erwähnt, der bewiesen hat, daß das intraneurale Fett bei allgemeiner Abmagerung ebenfalls schwindet und auf diese Weise die Nervenfaser stärker einer Traumatisierung unterworfen ist. In manchen Fällen von Flecktyphus traten Lähmungen besonders an den oberen Extremitäten auf, nachdem man die Kranken wegen ihrer manischen Erregung gefesselt hatte. In diesen Fällen kann manchmal sogar leichtes Binden des Kranken zu schweren Lähmungen führen. Es kombinieren sich dabei mehrere ätiologische Momente. Neben dem infektiösen Faktor, den Zirkulationsstörungen, den trophischen Defekten, spielt doch eine gewisse Rolle die kolossale Muskelanstrengung, die der erregte Kranke macht, um sich von seinen „Fesseln" zu befreien.

Von den Hirnnerven bestreiten der Seh- und der Hörnerv eine der ersten Stellen. Während UHTHOFF und GROENOUW die Neuritis optica bei Fleckfieber als sehr selten bezeichneten, haben doch die späteren Untersuchungen, namentlich von ARNOLD, die verhältnismäßige Häufigkeit der Neuritis optica hervorgehoben. KOLLERT und FINGER haben nicht selten venöse Stase beobachtet und dieselbe als besonders typisch für Flecktyphus bezeichnet. Die Veränderungen am Sehnerven treten gegen Ende der zweiten oder in der dritten Woche auf. In den meisten Fällen bilden sich die Erscheinungen der Sehnervenaffektion zurück, wenn sich dieselben manchmal auch über mehrere Monate hinziehen (ARNOLD, SOROCHOWITSCH). BRAUNSTEIN, der Affektionen des Opticus bereits während der Fieberperiode gesehen hat, beschreibt keinen günstigen Ausgang der Erkrankung. Auch GOWERS, TEALE (1867) haben Opticusatrophie mit völliger Erblindung bei Fleckfieber beschrieben. Ungünstiger Ausgang ist auch von FEIGENBAUM und TICHO u. a. beschrieben worden. ARNOLD betont mit gutem Recht, daß ein ungünstiger Ausgang meist von Augenärzten beschrieben wird, die als Spezialisten nur die schweren Fälle zur Untersuchung bekommen.

Affektionen des *Acusticus* kommen beim Fleckfieber besonders häufig vor (MORGENSTERN). Ohrensausen, Schwerhörigkeit gehören zu den ersten Krankheitserscheinungen. Ihre Bedeutung für manche Wahnerlebnisse der Kranken ist bereits oben gewürdigt worden. Denselben Wert haben auch die Erscheinungen von seiten des Vestibularis. Die Hörstörungen, die infolge der Affektion des N. acusticus auftreten, haben, nach CURSCHMANN, STEINMANN u. a. eine bessere Prognose als diejenigen, die von einer Erkrankung des Mittelohres abhängen. Auch meine Erfahrungen sprechen durchaus für diese Schlußfolgerung.

Von anderen Hirnnerven ist besonders häufig der *Facialis* betroffen. Über die Beteiligung der *caudalen Nervengruppe* ist bereits oben gesprochen worden. Doch soll hier betont werden, daß sich dieselben an der Fleckfieberneuritis auch unabhängig von der bulbären Affektion beteiligen. Die histologischen Untersuchungen haben in denselben ebenfalls typische Fleckfieberveränderungen aufgedeckt.

Sehr selten besteht Affektion des Oculomotorius, Abducens und Trigeminus.

In bezug auf die Pathogenese der Erkrankung der einzelnen Hirnnerven muß noch berücksichtigt werden, daß ein Teil von ihnen nicht nur von den spezifischen Veränderungen im Nerven abhängt, sondern durch meningitische Veränderungen, seröse Meningitis hervorgerufen werden kann. Der Gesichtsnerv kann, wie auch der Gehörnerv, als Folge der eitrigen Mittelohrentzündung erkranken. Dies bezieht sich auch auf den Abducens.

Von *meningitischen* Erscheinungen im klinischen Bild des Fleckfiebers seien hier erwähnt: Kopfschmerz, Erbrechen, Genickstarre mit Opisthotonus, Kernigsches Symptom, allgemeine klonische Zuckungen, die manchmal an Tetanus erinnern können, da sie sich bei Hautreizen oft enorm steigern. Daß manche Lähmungen besonders im Bereich der Hirnnerven auch auf meningitische Prozesse beruhen, wurde schon oben erwähnt. Daß Stauungspapille wie auch andere soeben erwähnte Erscheinungen Folge eines Hydrocephalus sind, ist durch die Sektion erwiesen, wie auch namentlich durch den Umstand, daß Lumbalpunktionen einen äußerst günstigen Einfluß auf eine Reihe von Krankheitserscheinungen ausüben, so auf den Kopfschmerz, die Stauungspapille, die Genickstarre, neuralgische Schmerzen, sogar auf die Temperatur (Emdin) und die Bewußtseinstrübung. Davon habe ich mich bei zahlreichen Fällen überzeugen können.

Der Druck des *Liquor cerebrospinalis* ist bereits gegen Beginn der Erkrankung erhöht. Doch bleibt er noch lange nach Abfall des Fiebers — wenigstens für eine Anzahl der Fälle — erhöht, was sich durch chronische Kopfschmerzen offenbart. Ich konnte auch bei solchen Kopfschmerzen mit Erfolg punktieren. Nach Dimitrieff und Puschinsky tritt ungefähr vom 12. Krankheitstag allmähliches Sinken des Liquordrucks ein, nach Emdin nimmt der Druck bis Ende der zweiten Woche zu. Erhöhung des Liquordrucks bzw. Vermehrung der Cerebrospinalflüssigkeit haben auch Brauer, Jarisch, Smirnow, Müller und Miletici, Zielinsky u. a. festgestellt. Doch haben wieder andere Verfasser (Hegler, Rotbacker, Starkenstein und Zitterbart) dies nicht bestätigen können. Ja Slatineano und Galesesco haben sogar erniedrigten Liquordruck gesehen. Die Flüssigkeit ist wasserklar. Der Eiweißgehalt ist vermehrt bei positiven Globulinreaktionen. Die Nonne-Apeltsche Reaktion ist nach meinen Erfahrungen und den Angaben von Kritschewsky und Awtonomow, von Emdin u. a. positiv. Auch Willheim und Frisch konnten dies bestätigen, während Hegler, wie auch Müller und Miletici negative Eiweißreaktionen fanden. Die *Zellelemente* sind vermehrt bei gesteigerter Polynucleose. In tödlichen Fällen haben Slatineano und Galesesco Mononucleose im Liquor gefunden, die der Vermehrung der Mononuclearen im Blut parallel verlief. Heilig hat bei den Liquorzellen außer einer Vermehrung auch qualitative Veränderungen vorgefunden, die er für Fleckfieber typisch erklärte. So fand er das Protoplasma in der nächsten Nähe des Kernes feingranuliert, während ein Teil des Protoplasmaleibs hyalinös verändert und blasig ausgestülpt war. Andere Verfasser (Rothacker, Schtefko) betonen den Polymorphismus der Liquorzellen beim Flecktyphus, Dimitrieff und Tuschinsky, Smirnow, Müller und Miletici haben häufiger einkernige Zellen gefunden, und zwar sowohl große als auch kleine.

Eine ganze Reihe von Verfassern (Delta, Papamarku, Schürmann und Bloch, Wenckebach, Landsteiner, Michaud, Müller, Bauer u. a.) haben bei Fleckfieber im Blut positive, im Liquor negative bzw. schwach positive (Tuschinsky, Dimitrieff und Tuschinsky) Wassermannsche Reaktion gefunden. Die Weil-Felixsche Reaktion ist im Liquor stark positiv. Starkenstein und Zitterbart fanden den Übertritt von Agglutininen in die Cerebrospinalflüssigkeit stark gesteigert. Die Hämolysinreaktion von Weil und Kafka ist im Liquor beim Fleckfieber fast immer positiv. Daraus schließen die Verfasser auf eine erhöhte Permeabilität der Blut-Liquorschranke.

Wenn man so die große Rolle erwägt, die die nervösen Erscheinungen im klinischen Bilde des Flecktyphus spielen, sollte es eigentlich befremden, daß

bis ungefähr vor 15 Jahren die Bedeutung derselben den Forschern gänzlich
oder zum größten Teil unbekannt war. Ja, das gesamte Wesen des Flecktyphus
war in tiefstes Dunkel gehüllt. Unser jetziges Wissen von demselben und das
Verständnis des klinischen Bildes verdanken wir in erster Linie der pathologisch-
histologischen Forschung. Dieselbe setzte ganz besonders ein, als mit dem
Weltkrieg der Flecktyphus seine verheerende Runde durch Europa machte.
Das Studium der pathologischen Histologie hat unserem Verständnis die einzelnen
Tatsachen des klinischen Bildes wie auch den Verlauf der Krankheit näher-
gebracht.

Pathologische Anatomie und Pathologie. Eugen Fränkel hat das anatomische Substrat der *Hautroseolen* beim Flecktyphus aufgefunden und dann (1914,
1915, 1917) ähnliche Veränderungen im Gehirn, im Herzmuskel, in der Leber
und dem Gastrointestinaltractus feststellen können. Die Hautroseolen bestehen
nach Fränkel aus partiellen sektorenförmigen Wandnekrosen an kleinsten
Arterien mit knötchenförmiger perivaskulärer Wucherung von adventitiellen
und periadventitiellen Bindegewebszellen, die nach Mogilnitzky mit der
Mesoglia weitgehende Ähnlichkeit haben, wenn sie mit derselben nicht identisch
sind. Die Fränkelschen Knötchen im Gehirn wurden dann von vielen Verfassern bestätigt. Allerdings hatte bereits Popoff 1875 die Knötchen beim
Flecktyphus gesehen ohne ihre Bedeutung erkannt zu haben. Unabhängig von
Fränkel hatte sie dann 1915 Benda beschrieben, vor ihm Rowazek — Entzündungsherde —, Alfejewsky — „miliare Gummen" —, Albrecht — perivasculäre Zellinfiltrate —, Aschoff — Herdbildungen. Die eingehendsten Untersuchungen verdanken wir Ceelen, Spielmeyer, Abrikossoff, Dawidowsky,
Wohlwill. Aschoff hatte in den Frühstadien in den Knötchen auch Leuko-
cyten gefunden. Ceelen schlug vor, das Fleckfieber nicht Fleck-, sondern
Knötchenkrankheit zu benennen. Das Virus derselben ist nach Ceelen ein
spezielles Endothelgift, das Knötchen eine Mischung von produktiver und
exsudativer Entzündung. Wenn so Fränkel und eine Reihe von Autoren
(Ceelen, Bauer, Bykoff) das Primäre in den umschriebenen Nekrosen der
Intima und der Gefäßwand erblicken, spricht Spielmeyer in seiner klassischen
Flecktyphusarbeit das Vorkommen von Wandnekrosen der Gefäße ab. Nach
Spielmeyer sind für das histologische Übersichtsbild der Flecktyphusence-
phalitis folgende drei Kennzeichen typisch:

1. Im gesamten Zentralnervensystem sind die *knötchenförmigen Herde* verbreitet. Sie finden sich im Hirn, Hirnstamm, Kleinhirn und Rückenmark vor.
Am reichlichsten durchsetzen sie die tiefen Abschnitte der Brücke und Oblongata,
dann die oberste Kleinhirnrinde, das Höhlengrau, die Großhirnrinde und endlich
das Rückenmark. Im Markweiß sind die Herde seltener. In der Großhirnrinde
scheint der Hauptsitz der Herde in der zweiten bis fünften Brodmannschen
Schicht zu sein. Im Kleinhirn ist die Molekularschicht die eigentliche Prädilektionsstelle. Im Hirnstamm wird ebenfalls das Grau bevorzugt, indem sich die
Herde in den Ganglienzellnestern lokalisieren. Im Rückenmark konnte Spielmeyer keinen Unterschied in der Affektion der großen und weißen Substanz
feststellen. Zahl und Ausdehnung der Herde variiert je nach dem Falle.

2. Sowohl die größeren, als auch die präcapillaren zentralen *Gefäße sind
infiltriert* in wechselndem Maße, je nach dem Gebiet und dem einzelnen Fall.
Wesentlich ist die weitgehende Unabhängigkeit der infiltrativen Vorgänge an
den Gefäßen von jeder Herdbildung. Die Infiltration ist oft stärker um das
größere Gefäß, welches den Zweig zum Herd abgibt, oder sogar um eine andere
nahe gelegene Arterie. So weisen einzelne Gefäße in der Umgebung der Herde
ein besonders kräftiges Infiltrat auf.

3. In die *weichen Häute* des Gehirns und Rückenmarks sind Zellen eingelagert. Die Infiltrate der Piamaschen bestehen aus Makrophagen im Gegensatz zu den Infiltraten an den Gefäßen, die ganz überwiegend aus Plasmazellen und anderen lymphocytären Elementen zusammengesetzt sind. Die Piainfiltrate setzen sich nicht auf die Rindengefäße fort, wie das für Lues charakteristisch ist. Derart sind die adventitiellen Infiltrate in der Rinde in bezug auf Ausbreitung und Intensität des pathologischen Prozesses von dem Prozesse in den weichen Hirnhäuten weitgehend unabhängig.

Es werden so von Spielmeyer neben die Fränkelschen Knötchen auch die pialen Zelleinlagerungen und die Infiltrationen der zentralen Gefäße gesetzt. Ferner hat Spielmeyer an Serienschnitten die *Form der Knötchenherde* studiert und dabei einige Modifikationen der Knötchenform gefunden. So beschrieb er in der obersten Schicht der Großhirnrinde Herde von „Rosettenform", in der Molekularschicht des Kleinhirns — „Gliastrauchwerk" —, in der Brücke und im Rückenmark — „Gliasterne". Die Knötchen hatten eine Ausdehnung von 0,1—0,12 mm im Durchmesser. Noch häufiger erreichten sie nur die Hälfte dieses Durchmessers. In allen Fällen von Flecktyphus kommen die von Spielmeyer beschriebenen „atypischen" Formen der Herde vor, wenn auch in wechselnder Ausbreitung und Intensität. Jedoch sind sie keineswegs für Fleckfieber spezifisch.

Die Herdchen werden in erster Linie durch Wucherung der Gliaelemente gebildet. Für manche kommen aber auch mesenchymale Elemente in Betracht. Manchmal sind Leukocyten und ihre Entwicklungsformen ziemlich zahlreich. Zu beachten ist, daß die *Ganglienzellen* wenigstens an der Peripherie der Herdchen und um so mehr in der Entfernung von diesen gar keine oder nur geringe Strukturanomalien aufweisen. An den *Blutgefäßen* hat Spielmeyer außer den Infiltrationen außerhalb der Herde keine regressiven Wandveränderungen gefunden. Nur an den Intimazellen bestanden Zeichen einer geringfügigen progressiven Metamorphose. Im Gegensatz zu den Gefäßen der inneren Organe fand Spielmeyer in den Gefäßen des Zentralnervensystems „hyaline Thromben" sehr selten.

Abrikosoff hat die Veränderungen an der Intima der Capillaren und Venen beim Fleckfieber als Thrombovasculitis destructiva nodosa bezeichnet. Den hervorragenden Anteil der Gliaelemente an der Herdbildung unterstreicht besonders Dawidowsky in seiner wertvollen Monographie. Auch er bezeichnet die Gefäßveränderung als Thrombovasculitis destructiva sive necrotica. Die Hirnherde faßt Dawidowsky als Granulome sui generis auf. Ceelen betont einen gewissen Parallelismus zwischen den Haut- und Hirnknötchen, was jedoch Jarisch verneint. Es ist noch darauf hinzuweisen, daß im Gebiet des erkrankten Gefäßes in der Haut Blutaustritte bestehen im Gegensatz zum Gehirn.

Wolbach, Todd und Palfrey haben im Rahmen einer Studienkommission des amerikanischen Roten Kreuzes in Polen (1920) umfangreiche *Experimente unternommen mit Infizierung von Tauben durch Läuse, die die Rickettsia Prowazeki* enthielten. Indem sie nun die Tauben an einem beliebigen Tag nach der Erkrankung töten konnten, hatten sie die Möglichkeit, die Entwicklung der Herdchen und ihren Zusammenhang mit den Gefäßveränderungen Schritt für Schritt zu verfolgen. Auf Grund ihrer Untersuchungen von früh verstorbenen Typhuskranken und der Tauben mit experimentellem Typhus kamen sie zum Schluß, daß die ersten Erscheinungen der Erkrankung sich in Veränderungen im Endothel der Capillare und Präcapillare äußern. Am ersten oder zweiten Fiebertag fanden sich im Hirn der Tauben geschwollene Endothelzellen mit degenerativen Veränderungen im Kern und dem Cytoplasma. Oft fanden sich auch fibrinöse Thromben. Ähnliche Befunde wurden auch oft bei Menschen konstatiert, die vor dem 10. Tage an Typhus starben. Die Capillaren, welche durch die Endothelwucherung obliteriert sind, erscheinen blutlos und können oft mit Mühe identifiziert werden. Die nächste Stufe der Entwicklung ist das Erscheinen von Mononuclearen um die affizierten Capillaren und Präcapillaren. Wenn die Gefäßwand, wie oft, als hyaline Struktur sichtbar bleibt, dann scheinen die Mononuclearen von extravasculärer Herkunft zu sein. Die perivasculäre Neuroglia nimmt in der Tat den allerregsten Anteil an der Herdchenbildung, und zwar gleichzeitig mit der Reaktion des Endothels. Die kleinen Herdchen bestehen nach den amerikanischen Verfassern aus Glia- und ausgewucherten Endothelzellen. In dem anliegenden Hirngewebe findet man Stäbchenzellen. Die Zahl der Polynuclearen ist wechselnd. Die amerikanischen Verfasser kommen folglich zu dem Schluß, daß die Reaktion im Hirn mit der Wucherung des Endothels der Capillare und Präcapillaren beginnt. Dieselbe wird hervorgerufen durch Eindringen der Rickettsia in das Endothel der Blutgefäße. Die Reaktion der Neuroglia wird durch denselben Parasit hervorgerufen, der durch die wandernden Endothelzellen in das Nervengewebe verschleppt wird. Es ist den Verfassern in der Tat gelungen, die Rickettsia sowohl bei Menschen als auch bei den Versuchstieren in den Blutgefäßen des Hirns *in situ* zu entdecken. Allerdings geben die Verfasser zu, daß die Unterscheidung der von ihnen vorgefundenen Rickettsia von Körnchen in den Gliazellen nicht leicht ist. Die interessanten Befunde der amerikanischen Verfasser sind gewiß einer Nachprüfung wert.

Nach neueren Untersuchungen von MOGILNITZKY beginnen die Veränderungen bereits am 4.—5. Tage in Form einer *perivasculären Proliferation der Mesoglia.* Am 6.—8. Tage erhält diese Proliferation diffusen Charakter. Die Glia nimmt dabei verschiedene Formen an und tritt besonders in Form von *Stäbchenzellen* auf. An den nächsten Tagen wird die affizierte HORTEGAsche Glia durch plasmatische Astrocyten abgelöst. Am 8.—10. Tage treten die Gefäßknötchen auf unter ausgeprägter mesogliöser und astrocytärer Reaktion. Allmählich werden diese Reaktionen durch Proliferation fibröser Astrocyten abgelöst, die noch 5—6 Monate nach der Genesung vorgefunden werden können. Knötchen und Blutungen fand MOGILNITZKY auch in der Gegend des 3. Ventrikels.

Die *Lokalisation der Herde* hat DAWIDOWSKY noch mehr spezifiziert. Der „Zentralpunkt" der Knötchen ist unterhalb der Striae acusticae. Den Höhepunkt erreicht die Intensität in der Gegend des Calamus scriptorius und der Alae cinereae. Es leiden also beim Fleckfieber am meisten die letzten sechs Hirnnervenpaare. KRINITZKY, wie auch JARISCH fanden die meisten Veränderungen in den Oliven und den Kernen der letzten drei Hirnnervenpaare.

Zu den Veränderungen in den *Meningen,* die oben nach SPIELMEYER beschrieben sind, ist noch nachzutragen, daß hier Stauungen und Erweiterungen der Ventrikel, Hyperämie und Blutungen, manchmal Sinusthrombosen und subdurale Blutergüsse, Desquamation der Gefäßendothelien vorkommen.

Auch im *peripheren Nervensystem* kommen Knötchen und Rundzelleninfiltrationen vor, die aus Lymphocyten und Plasmazellen bestehen. Im peri- und epineuralen Bindegewebe sind in großer Zahl auch Makrophagen zu treffen. Stauungen, Hyperämie, Thrombosen, Blutungen werden in den peripheren Nerven nicht selten beobachtet. Im Vergleich zu den Hirnherdchen nimmt das Mesoderm an der Bildung der Knötchen in den peripheren Nerven lebhafteren Anteil. Nach DAWIDOWSKY scheinen auch die SCHWANNschen Zellen sich daran zu beteiligen. MORGENSTERN mißt der Lagerung der Knötchen in bezug auf die Nervenfasern eine gewisse Bedeutung bei. Sie können dem Längsverlauf der Fasern parallel gelagert sein. Dann werden nur einzelne Fasern der Nachbarschaft vernichtet. Quergelagerte Herdchen können ganze Bündel zerstören. Was die Lokalisation der Herdchen im peripheren Nervensystem anbetrifft, so hat MORGENSTERN sie in allen seinen Fällen im Arm- und Sakralplexus vorgefunden. Am meisten sind Ischiadicus und Ulnaris betroffen, dann Medianus, Vagus, die Herznerven, der Acusticus. Am seltensten ist der Radialis mitgenommen. HERZOG hat Knötchen im Opticus und Acusticus, GUTMANN in der Arteria centralis retinae vorgefunden.

Sehr bedeutungsvoll sind die Veränderungen, die im *sympathischen Nervengebiet* beim Fleckfieber vorgefunden werden. Man sieht in den sympathischen Ganglien dieselben Veränderungen, wie in den übrigen Abschnitten des Nervensystems. Nicht selten sind sie besonders stark ausgeprägt. Blutungen kommen hier häufiger vor als im Großhirn und im verlängerten Mark. Die Ganglienzellen und Nervenfasern sind hier gewöhnlich stärker mitgenommen als an den anderen Stellen. DAWIDOWSKY hat darauf aufmerksam gemacht, daß die Knötchen im Sympathicus denen der Haut näherstehen, als den Knötchen im Zentralnervensystem. An ihrer Bildung nimmt das Mesoderm den größten Anteil. Doch spielen auch die Satelliten eine große Rolle sowohl in der Bildung der Knötchen, als auch in der diffusen Reaktion. Bemerkenswert ist, daß von mehreren Verfassern (ABRIKOSSOFF, MOGILNIZKY, MORGENSTERN) die Beobachtung gemacht wurde, daß das rechte Halsganglion häufiger und stärker erkrankt als das linke. Daß das *parasympathische* Gebiet ebenfalls von dem Prozeß betroffen ist, ist klar. Mitunter ist dabei der periphere Abschnitt desselben mehr beteiligt als z. B. die Kerne. Mancher unerwartete Kollaps während der Rekonvaleszenz mit tödlichem Ausgang kann durch solche Veränderungen im peripheren Vagus hervorgerufen werden.

Das *chromaffine System,* namentlich die Nebennieren und der nervöse Teil der Hypophyse, ist auch fast stets mitgenommen. Man findet hier sowohl die charakteristischen Gefäßprozesse, wie auch Hyperämie, Stauungen, Blutungen.

Es wurde bereits oben erwähnt, daß Ganglienzellen und Nervenfasern bei dem pathologischen Prozeß nicht allzu wesentlich geschädigt sind. So konnte DAWIDOWSKY auch innerhalb des Knötchens gut erhaltene Ganglienzellen finden. Ähnliches haben auch BENDA, JARISCH, WOHLWILL u. a. gezeigt. Dadurch erklärt sich der Umstand, daß die Reizerscheinungen im klinischen Bild vorherrschen. JARISCH hat in den Lymphräumen unabhängig von den Gefäßherden lipochromes Pigment und Fettkörnchenzellen beschrieben. Jedenfalls ist anzunehmen, daß in den Nervenelementen Veränderungen unabhängig von den Knötchen vorkommen können. Den Lähmungen, Aphasien und anderen schweren Dauerausfallserscheinungen entsprechen im pathologisch-anatomischen Bild meist schwere Störungen des Blutkreislaufs, die zur Thrombenbildung, Blutaustritt usw. führen.

Über die *Dynamik* des pathologischen Prozesses im Gehirn wissen wir folgendes: Nach DAWIDOWSKY kommt es schon während der 1. Krankheitswoche, und zwar gegen Ende derselben, zur Knötchenbildung, doch erreicht dieser Prozeß erst in der 3. Woche, zwischen dem 16. und 18. Tage, seine höchste Entwicklung. Mit der 4. Woche und während der beiden nächsten sind noch Knötchen anzutreffen, doch nimmt der Prozeß allmählich ab. In der Oblongata treten die Veränderungen etwas früher, etwa am 5.—6. Krankheitstage, auf und erreichen hier ihren Höhepunkt noch später als im Großhirn. In der 5. bis 6. Woche ist der Prozeß noch immer nicht beendigt. Auch SPIELMEYER konnte im Hirnstamme vollentwickelte Knötchen noch zu einer Zeit sehen, wann die Herde der Hirnrinde bereits Zerfallserscheinungen aufwiesen. Noch früher, oft schon in den allerersten Tagen, entwickeln sich die Knötchen im Sympathicusgebiet. In den sympathischen Ganglien erreichen sie bereits in der 2. Woche ihren Höhepunkt, um dann mit Beginn der 3. schnell abzunehmen. In den peripheren Ästen des Sympathicus konnte dagegen MORGENSTERN noch gegen Ende der 4. Woche ausgeprägte Veränderungen feststellen. Der Prozeß im Sympathicusgebiet scheint folglich demjenigen im übrigen Nervensystem vorauszugehen. Die einzelnen Verfasser geben für den Anfang, die Entwicklung und das Abklingen der anatomischen Erscheinungen wenig voneinander abweichende Zahlen an. Wesentlich ist, daß sich die Rückbildung des Knötchenprozesses mitunter verhältnismäßig lange hinzieht, sogar bis in die 2. Hälfte des 2. Monats (DAWIDOWSKY). E. FRÄNKEL fand spezifische Veränderungen in der Haut noch am 53. Krankheitstage. Negativ verlief die Untersuchung erst am 73. Tage. JAFFÉ konnte noch am 77. Krankheitstage in den inneren Organen Knötchen vorfinden. Es können folglich die klinischen Erscheinungen bereits abgeklungen sein, während die anatomischen Veränderungen sich noch in vollem Umfang vorfinden. Das endgültige Schicksal der Knötchen wird von den Verfassern verschieden beurteilt. Während FRÄNKEL eine bindegewebige Metamorphose annimmt, BENDA, CEELEN, teilweise auch JARISCH gliöse Narben als Ausgangsstadium der Herdchen vermuten, sind DAWIDOWSKY, JAFFÉ u. a. der Meinung, daß die Herdchen keine Spuren hinterlassen.

Der **klinische Verlauf** entspricht der Dynamik der anatomischen Verhältnisse. Während der Inkubationsdauer fehlt meist jede klinische Erscheinung. Sie währt 2—3 Wochen, kann aber auch kürzer, sogar bis 4 Tage (CURSCHMANN) sein. Mit Beginn der Erkrankung und der Temperatursteigerung und bis zum Auftreten des Hautausschlages ist der Kranke meist matt und abgeschlagen. Vegetative Erscheinungen werden um diese Zeit bereits beobachtet. Erst gegen den 10. Tag der Krankheit kommt es zu schweren Bewußtseinstrübungen, noch früher können die bulbären Erscheinungen auftreten. Die bedrohlichsten Tage sind vom 10. bis zum 16. Dann hellt sich das Bewußtsein meist schon auf. Doch können die bedrohlichen bulbären Erscheinungen noch viel länger bestehen, um in schweren Fällen zum Exitus zu führen. Andererseits findet der günstige Ausgang seine Erklärung in der regressiven Entwicklung der Knötchen, die die funktionstragenden Elemente meist wenig mitnehmen. Die Durchschnittsdauer der Krankheit beträgt 13—15 Tage.

Was die **Prognose** anbetrifft, so ist sie je nach der Schwere des Falles verschieden. Im allgemeinen wird mit einer verhältnismäßig großen Sterblichkeitsziffer gerechnet. CURSCHMANN nahm einen durchschnittlichen Sterblichkeitssatz mit 21,8% an. Einer Statistik für Moskau aus den Jahren 1910 bis 1916 entnehme ich die Sterblichkeitszahl 13,8%. 1919 betrug sie für Moskau 7%. Die amerikanische Kommission gibt für ihre Fälle 13,26% an (Polen 1920).

Im Verlauf der Krankheit trüben folgende Zeichen die Prognose: sehr hohe Temperaturen (41° und höher), die auch in der 2. Woche keine Tendenz haben, zu fallen, Steigen der Temperatur mit Beginn der 2. Woche, hohe Pulsfrequenz, ungenügende Füllung, Irregularität des Pulses, Herzschwäche, schwere Bewußtseinstrübung, Schlafsucht, frühes Auftreten komatöser Zustände, Zuckungen und Krämpfe in den Muskeln des Gesichts, der Extremitäten, Kontrakturen, starke Miosis, früh auftretende Prostration, hämorrhagische Hautausschläge, Azetonie, Larynxödem. In den ersten Tagen tritt der Tod nur in den allerschwersten Fällen ein. Am häufigsten exitiert der Kranke am 10.—13. Tage. Die unmittelbaren Ursachen sind Bulbärerscheinungen oder Herzschwäche.

In dem größten Teil der Fälle kommt es zur Genesung. Oft verbleiben noch für lange Zeit Schwäche und Wadenschmerzen. Das Nervensystem bleibt noch lange labil. Giljarowsky und Winokurow haben besondere postinfektiöse Asthenien beschrieben, die in einzelnen Fällen in die Heilanstalt übergeführt werden müssen. Meist handelt es sich um asthenisch-depressive Zustände emotioneller Schwäche. In manchen Fällen aktiviert der Flecktyphus endogene psychische Erkrankungen. Oft bleibt Herzschwäche nach. Nicht allzu selten sind auch die Residuen von seiten des Nervensystems (zentrale und periphere Lähmungen, Acusticusaffektion, Kopfschwindel).

Was die **Behandlung** anbetrifft, so sei auf spezielle Lehrbücher verwiesen. Hier seien nur einige Maßregeln erwähnt, die zur Bekämpfung der schweren nervösen Erscheinungen dienen. Da das chromaffine System beim Flecktyphus besonders stark leidet, wird manchmal Adrenalin verordnet. Doch ist darin Vorsicht geboten, da dasselbe in einigen Fällen zum Kollaps führt. Röntgenbehandlung der Wirbelsäule ist empfohlen worden, um die Blut-Liquorschranke zu zerstören, ein Argument, das nicht allzu plausibel klingt, wenn man berücksichtigt, daß Symptome von seiten des Liquors eben für eine gesteigerte Durchlässigkeit sprechen. Doch sollen die Resultate der Röntgenbehandlung ermutigend sein. Auch Magnesiuminjektionen werden gelobt. Physiologische Salzlösungen sind bei schwachem Puls, trockener Zunge, Erbrechen, schweren Hirnerscheinungen, ungenügender Diurese indiziert. Gute Resultate sahen wir auch von Lumbalpunktionen. Lauwarme Bäder, Packungen, Übergießungen sind ebenfalls wohltuend. Gegen Erregungszustände, Schlaflosigkeit, Delirien kommt man ohne Sedativa oft nicht aus. Auch Blutentziehungen sind oft nötig, besonders mit nachfolgender subcutaner Injektion physiologischer Lösung. Gegen Schmerzen lindernde Salben, Kompressen. Von manchen wird eine Jodkur empfohlen. Auch kombinierte Jod-Quecksilberkur ist empfohlen worden.

Die residuären Lähmungen unterliegen der üblichen Behandlung.

Literatur.

Abrikossoff: 1. Fleckfieberkonferenz, Moskau 1919 (russ.).

Bonhöffer: Handbuch von Schjerning, Bd. 4. 1922. — Arch. f. Psychiatr. 58 (1917). — Brauer: Berl. klin. Wschr. 1916 I.

Ceelen: Erg. Path. 1919, 306. — Chiari: Wien. klin. Wschr. 1919 I.

Dawidowsky: Pathologische Anatomie und Pathologie des Flecktyphus. Moskau 1921 (russ.). (Literatur.) — Dimitrieff: Sborn. po syp. typh. Petrograd 1920. — Dimitrieff u. Tuschinsky: Sborn. po syp. typh. Petrograd 1920 (russ.).

Ewald: Handbuch von Bumke, Bd. 7. 1928.

Fränkel: Münch. med. Wschr. 1915 I.

Geimanowitsch: Vrač. Delo (russ.) 1918, Nr 3; 1919, Nr 14/15; 1920, Nr 12—20. — Giljarowsky: Ž. Psichol. i pr. (russ.) 1922 I, 135. — Grünfeld: Wien. klin. Wschr. 1919 II.

Hirschberg: Fleckfieber und Nervensystem. Berlin 1932. (Literatur.)

Koller u. Finger: Wien. klin. Wschr. 1913 I. — Krinitzky: Vrač. Delo (russ.) 1919. — Krisch: Mschr. Psychiatr. 57 (1925).

Mogilnitzky: Ž. Psichol. i pr. (russ.) 1923, 2. — Virchows Arch. 241 (1923). — Morgenstern: Münch. med. Wschr. 1921 II. — Munk: Z. klin. Med. 82 (1916).

Pletneff: Z. klin. Med. 93 (1922).

Rothacker: Münch. med. Wschr. 1919 II. — Spielmeyer: Z. Neur. 47 (1919). — Smirnow: Flecktyphus und Nervensystem. Kursk 1923 (russ.). — Stertz: Typhus und Nervensystem. Berlin 1917. (Literatur.) — Handbuch von Bumke, Bd. 7. 1928.

Wenkebach: Wien. klin. Wschr. 1915 I. — Wohlwill: Dtsch. med. Wschr. 1920 II. — Wollbach, Todd and Palfrey: The etiology and pathology of Typhus. Report of the Typhus research comm. of the League of Red Cross Societies in Poland. Cambridge, Mass. 1922. (Literatur.)

Zlocisti: Dtsch. med. Wschr. 1918 II.

Chorea infectiosa.
(Chorea minor SYDENHAM und Chorea gravidarum.)

Von E. GAMPER-Prag.

I. Historisches.

So bedeutungslos für die medizinische Auffassung der Erkrankung, die wir heute mit dem Begriff *Chorea infectiosa* oder *Chorea minor* SYDENHAM kennzeichnen, ihr ursprünglicher Beiname „*Chorea St. Viti* — Veitstanz" geworden ist, so wird doch letztere Bezeichnung in medizinischen wie in Laienkreisen noch so häufig verwendet, daß die Frage nach der Herkunft des alten Namens berechtigt ist. Diese Frage hat besonders ältere Autoren lebhaft interessiert, ohne daß es ihnen gelungen wäre, eine einheitliche, allgemein anerkannte Ableitung zu finden. Wer sich über die verschiedenen Auffassungen und Erklärungen orientieren will, findet eingehende Auseinandersetzungen darüber insbesondere bei HECKER, WICKE, WITKOWSKY und WOLLENBERG. Nach der Meinung von WITKOWSKY, der sich mit den Auffassungen der verschiedenen Autoren kritisch auseinandersetzt, hat die plausibelste Erklärung JAKOB GRIMM gegeben, der vermutet, daß die christliche Kirche in der Gestalt des heiligen Veit eine slavische Gottheit, Svantevit, adoptiert hat, zu deren Kultus schwindelerregende Rundtänze zur Feier des Sommeranfangs gehörten, die mit dem Vordringen des christlichen Glaubens mancherorts ebenfalls in die Gebräuche der Kirche übernommen wurden.

WEDEL kennzeichnet diese St. Veit-Tänze als eine „insana et insatiabilis saltandi libido". In epidemischer Erscheinungsform trat die Tanzwut wohl zuerst im Rheinland im 14. und 15. Jahrhundert auf. Die erste derartige Epidemie nahm von Aachen im Jahre 1374 ihren Ausgangspunkt. Im Jahre 1518 (andere Autoren nennen im Anschluß an HECKER die Zahl 1418) trat eine Tanzplage in Straßburg auf, und wenn auch im Laufe des 16. Jahrhunderts ähnliche Epidemien immer seltener wurden, so wird doch noch im Anfang des 17. von paroxystischen Tänzen berichtet, denen sich besonders Frauen bei der St. Veits-Kapelle in Trefelhausen hingaben, um sich für das ganze Jahr gesund zu tanzen.

Mit dem Abklingen und allmählichen Verschwinden der Tanzepidemien erfuhr der Begriff des Veitstanzes eine Erweiterung in dem Sinne, daß nun auch andere verschiedenartige hyperkinetische Erscheinungen einschließlich der „Chorea minor" unter der Bezeichnung Tanzwut, Tanzkrankheit, Veitstanz usw. zusammengefaßt wurden.

Ganz unbekümmert um die historisch überkommene Bedeutung des Begriffs der Chorea St. Viti beschrieb dann SYDENHAM[1] im Jahre 1686, gestützt auf fünf eigene Beobachtungen in scharfer Prägung das Krankheitsbild, das sich mit unserem heutigen Begriffe der Chorea minor deckt, und diese selbstständige Krankheit bildet für ihn die „Chorea St. Viti". Begreiflicherweise entstand nun zunächst eine arge Begriffsverwirrung und eine Reihe von Mißverständnissen. Man unterschied eine Chorea Germanorum als großen Veitstanz und eine Chorea Anglorum. Doch noch zu Anfang des 19. Jahrhunderts

---

Anmerkung: Bei der Zusammenstellung und Auswertung der Literatur über die Chorea infectiosa wurde ich von meinem Assistenten, Herrn Dozenten Dr. A. KRAL, in dankenswerter Weise unterstützt.

[1] Über Leben und Wirken SYDENHAMS siehe "The source of modern medicine" von ANDEREW MACPHAIL, Annals of internal medicine 1933.

hielt Wichmann die Chorea minor für eine Unterform des „deutschen Veitstanzes" und erst durch Gittermann 1826, Wicke 1844 und von Ziemssen 1875 wurde zunehmende Klarheit in die Choreafrage gebracht.

v. Ziemssen legte in eindringlicher Weise dar, daß die sog. Chorea magna nicht als Krankheitseinheit anerkannt werden könne, sondern einen Sammelnamen für die verschiedenartigsten Bewegungsstörungen mit dem Charakter unmotivierter Bewegungen und Krämpfe bilde, so daß die Streichung des Begriffs „Chorea magna" am Platze sei. Trotz des großen Fortschritts, der durch die Einsicht v. Ziemssens angebahnt wurde, bestanden doch in der Choreafrage auch weiterhin noch Meinungsverschiedenheiten, die vor allem darin begründet waren, daß zwischen der Chorea minor Sydenham einerseits, der Chorea Huntington und den symptomatischen Bildern choreatischer Unruhe andererseits nicht hinreichend unterschieden wurde.

Um die Jahrhundertwende erfolgte endlich durch Wollenberg in neuerlicher Durcharbeitung des ganzen Problemgebietes die Unterscheidung, die seither maßgebend geblieben ist. Wollenberg trennte drei Gruppen von Erkrankungen mit choreatischer Bewegungsunruhe: 1. die infektiöse Chorea (Sydenhamsche Chorea, Chorea minor), 2. die degenerative Chorea Huntington und 3. die choreiformen Zustände. Dabei betont er den durchaus selbständigen Charakter der Sydenhamschen Chorea als einer Krankheit sui generis, die mit der Huntingtonschen Erkrankung wohl die eigenartigen Bewegungen gemeinsam hat, sich aber sonst sowohl in klinischer wie in ätiologischer Beziehung wesentlich von ihr unterscheidet.

Noch bevor Wollenberg vom Krankenbette ausgehend die klinisch-symptomatologische Scheidung durchgeführt hatte, waren bereits die ersten Schritte getan worden, um zu einem Verständnis der hirnpathologischen Fundierung der choreatischen Bewegungen im allgemeinen zu gelangen. Diese zweite Phase im Entwicklungsgang unserer Kenntnisse über die choreatische Bewegungsunruhe und damit auch der Chorea minor hat heute bereits ihre eigene umfangreiche Geschichte, über die ein historischer Rückblick in der Arbeit Niessl von Mayendorfs aus dem Jahre 1928 unterrichtet. Wie Niessl von Mayendorf hervorhebt, war es der geniale Meynert, der in einer heute verschollenen Arbeit Grundlegendes aussprach. Meynert hebt den Bewegungszuwachs bei der Chorea minor als wesentliches Moment hervor und macht die Erscheinung von einer pathologischen Querleitung, von Nebenschließungen abhängig, die sich dem Innervationsstrom, der in bestimmten, von der Hirnrinde aus koordinatorisch zusammengefaßten motorischen Bündeln hinabzieht, in den benachbarten Fasern eröffnen. Ein solches Überspringen der innervatorischen Impulse auf nicht gerade der betreffenden Willkürbewegung dienende Leitungen sei durch hyperämische und reizende pathologische Vorgänge in der grauen Substanz bedingt. Der Hirnteil, in welchem sich die Vorgänge abspielen, sei der Linsenkern.

Meynerts Gedankengänge wirkten in seinem Schüler Anton weiter, dem wir die Arbeit verdanken, durch die die Bedeutung der Stammganglien für die Pathophysiologie der choreatischen Bewegungsstörungen entscheidend in den Vordergrund gerückt wurden. Antons Arbeit folgte die berühmte Mitteilung Bonhoeffers über die Bindearmchorea, die bis heute in der Diskussion des Choreaproblems ihr Gewicht bewahrt hat.

Der Rahmen, innerhalb dessen heute die Pathophysiologie der choreatischen Bewegungsstörung erörtert wird, ist inzwischen allerdings viel weiter geworden. In dieser Hinsicht wurde das Choreaproblem zu einem Teilstück der vielen Probleme, die sich bei der rasch fortschreitenden Aufhellung der extrapyramidalen Bewegungsstörungen und ihrer Beziehungen zum Hirnstamm ergeben haben. Die Geschichte der Chorea minor trifft hier mit dem Entwicklungsgang der Erforschung des extrapyramidal-motorischen Systems zusammen, und es müßte hier unter Wiederholung der Namen der führenden Forscher noch einmal alles das gesagt werden, was über diese Fortschritte bereits im einleitenden Abschnitt zur Paralysis agitans ausgeführt wurde.

II. Vorkommen. Alters- und Geschlechtsverteilung. Ätiologie.

Die Chorea infectiosa, die zwar nach übereinstimmender Erfahrung aller maßgebenden Autoren in jedem Lebensalter auftreten kann — ihr Vorkommen im Senium erwähnt u. a. F. H. Lewy —, bevorzugt zweifellos das mittlere und spätere Kindesalter. Wollenberg fand bei Auswertung eines statistischen Materials von 2580 Fällen eine Bevorzugung der Altersperiode zwischen dem 6. und 15. Lebensjahre. Bei Verwertung lediglich der jüngeren Statistiken mit 913 Fällen ergab sich ein Prozentsatz von 3,6% für die Erkrankungsfälle zwischen dem 1. und 5. Lebensjahre, 75% der Fälle erkrankten zwischen dem 6. und 15., 13,5% zwischen dem 10. und 20. Lebensjahr. Die größte Zahl der Erkrankungsfälle fiel auf die Zeit zwischen dem 7. und 13., mit dem Maximum zwischen dem 9. und 10. Lebensjahr. Im Säuglingsalter wird nach Heubner die Chorea überhaupt nicht beobachtet, vor dem 6. Lebensjahr ist sie überaus selten, und ihr Auftreten nach dem 25. und 30. Jahre, speziell bei Männern, soll nach Curschmann auf eine andere Hyperkinese verdächtig sein.

Die Angaben dieser Autoren finden in den Erfahrungen anderer Kliniker ihre volle Bestätigung. So gibt Nordgren die größte Choreafrequenz zwischen dem 6. und 12. Lebensjahr an, nur 5 Kinder seines großen Materials waren zur Zeit der Erkrankung 3—4 Jahre alt, kein Kind jünger als 3 Jahre.

Salomon fand die größte Erkrankungshäufigkeit zwischen dem 9. und 12. Lebensjahr (65% seiner Fälle), wobei das 12. Jahr am meisten bevorzugt erschien.

Nach F. H. Lewy liegt der Choreagipfel zwischen dem 9. und 10., nach Foti zwischen dem 6. und 15., nach Burr unter 515 Fällen zwischen dem 5. und 15. Lebensjahre.

Brasch traf unter 82 Fällen der Hallenser Nervenklinik 22 im Alter von 5—10, 38 zwischen 11 und 16, 20 zwischen 17 und 24 Jahren; 1 Patient erkrankte im 39. und 1 im 44. Lebensjahre.

Strauss gibt an, daß die Mehrzahl seiner Fälle (65 von 123) im Alter zwischen 7 und 10 Jahren erkrankten.

Ivankiewicz fand bei 83% von 54 Fällen ein Erkrankungsalter zwischen dem 9. und 15. Lebensjahr, Grisin und Larin sahen unter 50 Fällen 84% zwischen dem 6. und 13., Bogdanovicz die Hauptmasse der Fälle zwischen dem 5. und 10. Lebensjahr erkranken.

Eine Zusammenstellung Zambranos aus dem Jahre 1933 ergibt im wesentlichen eine Bestätigung der bisherigen Beobachtungen. Im Beobachtungsmaterial dieses Autors lag das Erkrankungsalter in 7,7% der Fälle zwischen dem 1. und 5., in 35,2% zwischen dem 6. und 8., in 41,3% zwischen dem 8. und 11. und in 15,8% zwischen dem 11. und 14. Jahre.

Als frühestes Alter für das Auftreten einer Chorea infectiosa konnten Haessler und Moeller das Alter von 2 Jahren und 10 Monaten, bzw. 3 Jahren und 11 Monaten registrieren. Noch früher, mit 2 Jahren und 5 Monaten erkrankte ein Fall unserer eigenen Beobachtung.

Als bevorzugtes Erkrankungsalter der Chorea infectiosa ergibt sich also die Zeit zwischen dem 6. und 13. Lebensjahre.

Bemerkenswerterweise besteht jedoch ein *Unterschied zwischen den beiden Geschlechtern* insofern, als die Knaben anscheinend früher erkranken als die Mädchen. So gibt z. B. Osipova als häufigstes Erkrankungsalter bei Mädchen das 13., bei Knaben das 9.—13. Lebensjahr an, und auch Wallace fand das durchschnittliche Erkrankungsalter der Mädchen höher als das der Knaben.

Noch deutlicher wird jedoch das unterschiedliche Verhalten der beiden Geschlechter der Chorea minor gegenüber, wenn man die *Erkrankungshäufigkeit* der Mädchen und Knaben einander gegenüberstellt. Wollenberg berechnete bei Auswertung von 3595 Fällen das Verteilungsverhältnis der männlichen und weiblichen Kranken auf 1 ♂:2,2—2,5 ♀. Oppenheim gibt an, daß Mädchen ungefähr 3mal so häufig erkranken wie Knaben und daß besonders zwischen dem 15. und 25. Lebensjahr fast nur Frauen betroffen werden. Nach Vogt, F. H. Lewy, Osipova und Salomon verhält sich die Erkrankungshäufigkeit der Mädchen zu der der Knaben wie 2:1, nach Bogdanowicz wie 2,3:1, nach Wallace unter 200 Fällen wie 2,7:1. Nordgren fand in seinem Choreamaterial 218 weibliche und 125 männliche, Brasch unter 82 Fällen 49 weibliche und 33 männliche Kranke, und neuestens gibt Zambrano an, unter 96 Kranken das weibliche Geschlecht in 59,7% vertreten gefunden zu haben.

Weniger Übereinstimmung als hinsichtlich des Altersaufbaus und der Geschlechtsverteilung der Chorea minor-Kranken herrscht in der Frage, ob sich eine Beziehung von *Erkrankungshäufigkeit und Jahreszeit,* bzw. klimatischen Verhältnissen nachweisen lasse, ein Problem, das im Hinblick auf die seit langem vertretene Anschauung von der rheumatogenen Genese der Chorea minor vielfach untersucht wurde.

Nach Wollenberg ist den verschiedenen einschlägigen Zusammenstellungen nicht viel mehr zu entnehmen, als daß die Chorea im ganzen häufiger in der kalten und nassen als in der warmen und trockenen Jahreszeit aufzutreten scheint. Vogt hat den Eindruck, daß die Erkrankung in unseren Breiten am häufigsten in der Zeit vom Februar bis Mai auftrete, ebenso glaubt F. H. Lewy, der Vorfrühling und Frühling begünstige das Auftreten der Erkrankung, dieselbe Jahreszeit also, in welcher die rheumatischen Infektionen die größte Frequenz aufweisen.

Nach Nordgren liegt das Maximum der Choreafrequenz etwas früher, in den ersten 3 Monaten des Jahres, das Minimum in den 3 Sommermonaten, während die rheumatischen Erkrankungen ihr Maximum vom Oktober bis April haben.

Salomon fand die Chorea am häufigsten in der kalten Jahreszeit, Brasch besonders häufig im Oktober, Dezember, Januar und Februar, während sich die Zahlen auf die anderen Monate ziemlich gleichmäßig verteilen.

Ivankiewicz sah die Erkrankung besonders im Herbst und frühen Winter, Czerno-Schwarz und Lunz 50,5% ihrer Fälle in den 4 Wintermonaten. Zambrano endlich fand die höchste Erkrankungsziffer im ersten und letzten Viertel des Jahres.

Im allgemeinen gilt also, wie aus den angeführten Angaben der Autoren hervorgeht, die kalte Jahreszeit vom Herbst bis Frühling als Haupterkrankungstermin der Chorea minor. Damit steht die von Czerno-Schwarz und Lunz geäußerte Ansicht in guter Übereinstimmung, die Choreafrequenz sei in den kälteren und gemäßigteren Zonen höher als in den südlichen, während andererseits F. H. Lewy das relativ seltenere Vorkommen der Chorea bei Negern und Indern im Vergleich zu den nördlichen Völkern vor allem im Sinne einer verschieden starken Disposition der einzelnen Rassen der Chorea minor gegenüber auffaßt. Es sei jedoch erwähnt, daß Lueth und Sutton die Chorea bei Negern in gleicher Häufigkeit und Verlaufsweise sahen wie bei Weißen.

Aus den angeführten Ergebnissen der statistischen Choreaforschung lassen sich für das Problem der Ätiologie bereits gewichtige Rückschlüsse in doppelter Richtung ableiten. Zunächst einmal weist die übereinstimmende Feststellung der besonderen Anfälligkeit des mittleren und späteren Kindesalters wie das Überwiegen des weiblichen Geschlechts auf die Bedeutung endogener prädisponierender Faktoren in der Choreapathogenese hin, zum anderen begünstigt die Feststellung einer erhöhten Choreafrequenz in der kalten und nassen Jahreszeit die Annahme, daß exogene, in Abhängigkeit von klimatischen Einflüssen stehende Faktoren, vor allem also rheumatische und grippale Affektionen dabei im Spiele sind.

Was die *endogenen Momente* anlangt, so betont z. B. schon OPPENHEIM, daß besonders jenes Lebensalter von der Chorea bedroht ist, in welchem seelische Erregungen sich noch ungehemmt in motorische Akte umsetzen. Unter dem Einfluß der Verlegenheit und verwandter Gemütsbewegungen sehe man oft eine motorische Unruhe in Erscheinung treten, die dem Bilde der Chorea ganz ähnlich ist. CURSCHMANN wiederum sieht in dem Überwiegen der Erkrankungshäufigkeit beim weiblichen Geschlecht einen Hinweis auf die vermehrte Disposition des nervösen, früher und feiner reagierenden Mädchens, die sich auch in dem gleichen Verhalten bei anderen Neurosen und vor allem bei der Hysterie zeige.

Mit der Heraushebung der Bedeutung der Altersstufe und des Geschlechtsunterschieds ist aber die Frage, inwieweit in der Pathogenese der Chorea minor endogene Faktoren von Einfluß sind, keineswegs erledigt, da neben diesen allgemeinen Bedingungen ja noch individuelle Besonderheiten wesentliche Voraussetzungen für die Entstehung des Leidens sein können. Schon ältere Autoren suchten sich darüber klar zu werden, ob sich in der Disposition zur Chorea minor hereditär oder konstitutionell bedingte Faktoren fassen ließen, wobei insbesondere auf die gleichsinnige hereditäre Belastung, auf psycho- und neuropathische Belastungsverhältnisse, andererseits aber auch auf die Disposition zu den sog. rheumatischen Erkrankungen geachtet wurde. Wenn auch diese älteren Untersuchungen den exakten Forderungen moderner Erbforschung und Statistik nicht genügen können, so ergaben sich doch zum wenigsten Hinweise dafür, daß die Chorea minor Beziehungen zu *erblichen Belastungsverhältnissen* aufweist.

WOLLENBERG, der die ältere Literatur kritisch sichtete, kam seinerzeit zu dem Ergebnis, daß die gleichartige Heredität bei der infektiösen Chorea, insbesondere soweit die nächsten Aszendenten in Frage kommen, sehr selten ist. Er selbst fand bei einer Zusammenstellung von 539 Fällen Chorea der Eltern in 2% der Fälle angegeben, wovon 1,5% auf die Mütter entfielen. Häufiger, in 8,9% seiner eigenen und 5,3% der Beobachtungen bei Einschluß des fremden Materials traf WOLLENBERG die Chorea minor bei Geschwistern. Hinsichtlich der psycho- und neuropathischen Belastung stellt WOLLENBERG fest, daß man bei Einbeziehung aller Angaben über nervöse Störungen bis zu 36,6% Belastung finde, wobei diese Zahl eher hinter der Wirklichkeit zurückbleibe. Er meint aber, daß trotz dieser hohen Belastungsziffer, d. h., wenn man auch in mehr als dem dritten Teil der Fälle eine neuropathische Belastung sollte annehmen dürfen, dies doch nicht genügen würde, diesem Moment eine solche Bedeutung beizumessen, wie das von verschiedenen Autoren geschieht.

Was endlich die Anlage zu rheumatischen Erkrankungen betrifft, so fand WOLLENBERG unter 426 Fällen 68mal (16%) Gelenkrheumatismus, doch fügt er bei, daß sich bei lockerer Fassung des Begriffs weit höhere Zahlen ergeben, in seinem Material 38,8%.

HORMUTH kam bei der genauen Erforschung von 34 Fällen zu der Annahme, daß allgemeine neuropathische Belastung und Chorea, die er beide in 50% seiner Fälle fand, das entscheidende Dispositionsmoment für die Erkrankung bilden. BABONNEIX traf im Jahre 1924 bei der katamnestischen Erforschung von 14 Müttern und 9 Vätern von 66 Kranken auf dieselbe Belastungsziffer mit Neuropathie wie WOLLENBERG. Im gleichen Jahre kam RUNGE bei gründlicher Durcharbeitung des 116 Fälle umfassenden Materials der Kieler Klinik zu dem Ergebnis, daß allgemeine Nervosität und Nervenleiden der Eltern und Geschwister bei Choreakranken erheblich öfter angetroffen werden als bei Geistesgesunden. Dabei fand er in 7% Erkrankungen an Chorea oder anderweitigen extrapyramidalen Störungen, wovon wiederum 6% auf Eltern und

Geschwister entfallen. Mit diesen Angaben trifft Runge fast genau mit den Zahlen von Wollenberg zusammen.

1925 berichtet Burr, daß er unter den Angehörigen seiner 515 Choreafälle 92mal, d. h. in 17,86% Chorea, 116mal Gelenkrheumatismus und 6mal Epilepsie nachweisen konnte.

Kehrer hält das bisher vorliegende Material noch für zu unzureichend, um einen richtigen Einblick in die Disposition der Chorea minor zu vermitteln. Er setzt u. a. an den Mitteilungen Runges aus, daß er die nicht nervösen Belastungsmomente unberücksichtigt ließ und unter den nervösen Abweichungen gewisse Erkrankungen wie die Apoplexie der Eltern bewußt ausschaltete, weil sie ihm für die Chorea minor bedeutungslos schienen, und endlich, daß er andere Anomalien, wie z. B. die Migräne, die kindliche und jugendliche Neuro- und Psychopathie, verschiedene Formen der Entwicklungshemmung usw. nicht in Betracht zog.

Kehrer verlangt daher weitere Nachforschungen, zu denen er selbst erste Beiträge liefert. Er bringt die Stammbäume von 15 Fällen von Chorea minor und von 5 Fällen, die er als „Chorea chronica" ohne Nachweis gleichförmiger Vererbung registriert. Bei der Auswertung dieser Stammbäume fand auch er die Chorea minor bei Eltern und Kindern als verhältnismäßig große Seltenheit, häufiger sind die Geschwistererkrankungen. Soweit das bis heute übersehbare Material eine Stellungnahme zu der Frage erlaubt, nach welchen Vererbungsregeln die Disposition zur Chorea übertragen wird, so glaubt Kehrer, daß der Annahme einer Dominanz die Tatsache gegenüberstehe, daß noch nie über ein Auftreten der Erkrankung in drei oder mehr Generationen berichtet worden sei. Allerdings läßt sich ein solches Vorkommnis nicht ausschließen, da mit der Möglichkeit gerechnet werden muß, daß die Erkrankung bei den Eltern und noch viel mehr bei Groß- und Urgroßeltern übersehen wurde oder anamnestisch nicht mehr erhoben werden kann. Wenn aber, wie es die Statistiken Wollenbergs und Kehrers wahrscheinlich machen, mehr Geschwister als Eltern oder andere Aszendenten erkranken, so würde das eher für einen rezessiven Erbgang sprechen.

Außer der gleichsinnigen Belastung hat nun Kehrer in seiner Statistik besonderes Augenmerk auf andere Momente gelegt, die erbbiologisch in Betracht kommen könnten, und die Häufigkeit ihres Vorkommens ermittelt. Dabei ergab sich ihm in erster Linie eine besondere Häufigkeit der klassischen Anfallsmigräne, an zweiter Stelle folgte der Kreis des Epileptoids in Form von Kinderkrämpfen, Ohnmachtsanfällen und Gelegenheitskrämpfen, reaktiven Krämpfen, während große epileptische Anfälle nie berichtet wurden. Weiterhin fanden sich somatische Konstitutionsanomalien einschließlich abnormer Fettsucht, eunuchoidem Hoch- und Fettwuchs und allgemeine Nervosität. An der 6. Stelle seiner Häufigkeitsskala führt Kehrer Infektionen, Herzstörungen, vorzeitige Schlaganfälle und Oligophrenie an, an 7. Stelle Gelenkkrankheiten und ausgesprochene Psychosen. Schließlich folgen dann noch andere Anomalien wie langes Bettnässen, Stottern, Menstruationsstörungen, angeborene Fehler an den Sinnesorganen, Lähmungszustände nicht hemiplegischer Art und schließlich Neigung zu Erkältungskrankheiten bei Blutsverwandten.

In der Auswertung seiner Statistik legt Kehrer das Hauptgewicht auf die Häufigkeit des Vorkommens von *Migräne* in den Familien von Choreakranken und weist dabei auf die Übereinstimmung hin, die die Migräne in der Bevorzugung des weiblichen Geschlechts und des mittleren Kindesalters mit der Chorea minor aufweist. Kehrer ist sich allerdings selbst darüber klar, daß mit seiner Feststellung über die Häufigkeit der Migräne die Disposition zu Chorea minor noch nicht erfaßt ist, und er vermag nur hypothetische Erwägungen anzuführen, die den Zusammenhang verständlich machen könnten.

Recht bemerkenswert sind die Feststellungen, zu denen GUTTMANN bei der Durchforschung der Familien von 18 Chorea minor-Kranken gelangte. Nur 3 von diesen Fällen ergaben hinsichtlich ihrer Erbbeziehungen keine positiven Feststellungen. Bei den anderen fanden sich in unmittelbarer Nachbarschaft der Probanden epileptische und hysterische anfallsartige Erkrankungen, sowie Kranke mit andersartigen Bewegungsstörungen. GUTTMANN glaubt aus diesen Befunden folgern zu dürfen, daß den genannten Erkrankungen eine Anlageschwäche gewisser motorischer Systeme, und zwar solcher, die in der unwillkürlichen Motorik eine Rolle spielen, gemeinsam sei. Man müsse annehmen, daß diese allgemeinste konstitutionelle Anlageschwäche unter der Wirkung der verschiedensten Noxen und im Zusammenwirken mit jeweils wechselnden anderen Erscheinungen in den verschiedenen Störungen der motorischen Abläufe, u.a. auch im Krankheitsbilde der Chorea minor zum Ausdruck gelangen können.

Nicht weniger beachtenswert als die Mitteilungen GUTTMANNs ist die Studie von SCHULZ, der die genealogischen Verhältnisse in der Verwandtschaft von 50 Chorea minor-Fällen untersuchte. Ihm fiel dabei auf, daß acht seiner Kranken unehelich geboren waren, und er sieht darin eine Bestätigung der von anderer Seite gemachten Bemerkung, daß die Chorea minor besonders in sozial tieferstehendem Niveau aufzutreten pflegt. In die gleiche Richtung weist die Tatsache, daß von 173 Geschwistern der Kranken über 31% vor dem 5. Lebensjahre starben, also im Vergleich zur Durchschnittsbevölkerung eine erhöhte Kindersterblichkeit aufwiesen.

Unter den überlebenden Geschwistern der Probanden fand sich Chorea minor 5mal, d. i. in 4,6%, eine Ziffer, die der Angabe WOLLENBERGs sehr nahe kommt und die von KAISER berechnete Choreafrequenz der Durchschnittsbevölkerung um das Zehnfache überragt.

Weiterhin fand sich unter den untersuchten Geschwistern je ein Fall von Dementia praecox und Epilepsie, in 2,75% verschlossen-empfindliche, 23,85% aufgeregt-reizbare Persönlichkeiten, Trinker zu 1,9%, hysterische Symptome in 41%, Kinderkrämpfe zu 17,1%, Bettnässen mit 8,25%. Über Kopfschmerzen klagten 10% der Geschwister, zweimal handelte es sich dabei um ausgesprochene Migräne. Angaben über Gelenkrheumatismus und Muskelrheumatismus wurden zu je 2,8% gemacht, Neigung zu Angina und Katarrh fand sich in 14,9% und Zuckungen in 1,73%.

Bei den Eltern der Probanden ließ sich Chorea in 2,06% der Fälle nachweisen, somit in einem Prozentsatz, der dem von WOLLENBERG angegebenen vollkommen entspricht.

Dementia praecox in 2,28%, Epilepsie in 1%. 5 Probandeneltern waren Psychopathen, 3 hysterisch, 7,2% Trinker, aufgeregt-reizbare 22%, Sonderlinge 3%, 7% waren debil, psychisch auffällig im ganzen 58,8%. Kopfschmerzen hatten 15,48%, $^1/_3$ davon typische Migräne, Gelenkrheumatismus fand sich 16mal, Muskelrheumatismus 7mal, Neigung zu Anginen und Katarrhen 5mal, Zuckungen 6mal. Die Geschwister der Probandeneltern, soweit sie jenseits des Kindesalters ausgeschieden waren, hatten Chorea in 1,7% der Fälle, Dementia praecox in 2,06%, 2 waren epileptisch, und außerdem fand sich wiederum eine größere Anzahl psychisch Abnormer. 16 klagten über Gelenkrheumatismus, 10 über Muskelrheumatismus.

Aus den von SCHULZ mitgeteilten Zahlen geht somit hervor, daß die Blutsverwandtschaft der Chorea minor-Kranken in weit stärkerem Maße psycho- und neuropathisch belastet erscheint als die Durchschnittsbevölkerung, wie sie sich nach den Untersuchungen von LUXEMBURGER darstellt.

Die bisher angeführten Übersichtsuntersuchungen zeigen im wesentlichen recht gute Übereinstimmung, die Zahlenangaben über gleichsinnige Erkrankungen bei Eltern und Geschwistern stehen einander sehr nahe, und ebenso wird von den verschiedenen Autoren die Häufigkeit neuropathischer Belastung betont mit Hervorhebung gewisser Formenkreise wie der Migräne von KEHRER, der Anomalien im Bereiche der Motorik durch GUTTMANN.

Eine Reihe von Einzelbeobachtungen fügen sich diesen Ergebnissen aus großem, statistischem Material recht gut ein. GUTTMANN bringt eine übersichtliche Zusammenstellung der in der älteren Literatur mitgeteilten, das gehäufte Vorkommen der Chorea minor beweisenden Stammbäume. Hier seien weiter die Beobachtungen MIKUTOWSKIs und BAUERs erwähnt, die Chorea minor bei Mutter und Kind feststellen konnten, sowie die Mitteilungen von LANGE, PATERSON und HORN, FRENKEL, ELIAS und DIAMANT, MIKUTOWSKI und LEPEHNE, die Geschwister beobachteten, die gleichzeitig oder kurz nacheinander an Chorea minor erkrankten. In einer ganzen Reihe dieser Beobachtungen finden sich übrigens neben dem gehäuften Auftreten der Chorea minor auch rheumatische Erkrankungen.

Verschiedene Autoren versuchten die bei der Chorea minor vermutete Disposition in *morphologischen, bzw. konstitutionellen Anzeichen* des Erkrankten näher zu fassen. So glaubt AIELLO, daß bei der Chorea fast immer morphologische und konstitutionelle Anomalien vorliegen, die beinahe durchwegs präformiert, manchmal auch in früher Jugend erworben sind. Besonders häufig kommen nach ihm Infantilismen vor, ferner seit der Kindheit bestehende partielle Anomalien und Ektopien, die als prädisponierende Faktoren wirken. Auch MACALISTER hebt die vielfachen hereditären und konstitutionellen Momente bei der Chorea minor hervor und macht darauf aufmerksam, daß viele choreatische Kinder entweder selbst Linkshänder sind oder linkshändige Verwandte haben, zudem kämen Stotterer in diesen Familien häufiger vor als im Durchschnitt. OSIPOVA fand unter 43 Fällen, abgesehen von einer sehr hohen psychopathischen und tuberkulösen Belastung, ein starkes Überwiegen der asthenischen oder vorwiegend asthenischen Typen, 65% der Kranken waren schizothym und nur 12% cyclothym.

Von mancher Seite wird die Ursache der Chorea minor in Anomalien der inneren Sekretion gesucht. MORRINI sieht eine mangelhafte Funktion der Epithelkörperchen für die Ursache des Leidens an, LENART und LEDERER teilen diese Anschauung, indem sie die bei Chorea minor paradoxe Parathormoneosinophilie als Hinweis auf eine Hypofunktion der Parathyreoidea, bzw. als Ausdruck einer Verschiebung des normalen Gleichgewichts ansehen. SIMONINI nimmt ebenfalls eine Hypo- oder Dysfunktion der Nebenschilddrüsen als pathogenen Faktor der Chorea minor an und stützt sich dabei auf Abweichungen im Purinstoffwechsel bei Choreatikern und auf die Möglichkeit, einen choreatischen Symptomenkomplex durch Guanidinintoxikation zu erzeugen. In diesem Zusammenhang ist zu erwähnen, daß KEHRER, angeregt durch eine Mitteilung von FRANKL-HOCHWART, auf Parallelen zwischen Chorea und Tetanie hinweist und bemerkt, daß beide Erkrankungen sehr zu Rezidiven neigen u. a. m.

So viele Fragen auch noch offen bleiben, so berechtigen die Ergebnisse der genealogischen und Konstitutionsforschung, wie sie im vorstehenden dargelegt wurden, doch bereits zu der Annahme, daß neben den im Kindesalter und der weiblichen Konstitution gelegenen Momenten noch andere endogene Faktoren für die Disposition zur Chorea minor von wesentlicher Bedeutung sind. Die näheren Zusammenhänge sind allerdings noch recht undurchsichtig. Am überzeugendsten scheint uns bisher die zuerst von OPPENHEIM ausgesprochene und dann von GUTTMANN genealogisch belegte Annahme zu sein, daß eine Minderwertigkeit der zentralen motorischen Apparatur in der Pathogenese der Chorea eine wichtige Vorbedingung darstellt. Vielleicht ließe sich der in der motorischen Apparatur vermutete Anlagedefekt noch schärfer definieren, wenn man bei choreakranken Kindern ihre prämorbide Motorik aus den Schilderungen der Eltern zu erfassen trachtete und insbesondere nach Ablauf der Erkrankung die habituelle Motorik näher analysierte. Bei Befragen der Eltern wurde uns wiederholt angegeben, daß die Kinder schon vor der Erkrankung lebhafter, unruhiger, fahriger, zappeliger waren, als ihre Geschwister und Altersgenossen, und besonders eindrucksvoll war uns die Angabe einer Großmutter, die ihrem Sohne in den Jugendjahren angesichts seines fahrigen Wesens immer wieder prophezeite, er werde noch den Veitstanz bekommen, eine Prophezeiung, die nun aber nicht bei ihm, sondern bei seinem Kinde eintraf. (Vgl. dazu S. 84 ff.)

Zweifellos reichen nun aber diese Anlagemomente allein noch nicht aus, um eine Chorea minor zu bedingen. Wurden doch lange Zeit hindurch und von maßgebenden Autoren diese endogenen Faktoren, wenn nicht übersehen, so doch gering eingeschätzt im Vergleich zur Bedeutsamkeit exogener Momente, die sich in der Ätiologie der Chorea minor vordrängten.

Bereits im Anfang des vorigen Jahrhunderts wurden von französischer und englischer Seite die Beziehungen der Chorea minor zum „*Rheumatismus*" betont.

HUGHES stellt bereits im Jahre 1846 unter 108 einschlägigen Fällen 14mal (13%) „Rheumatismus" fest. SEE, der der Frage systematisch nachging, teilte 1850 mit, daß bei 92% der Kranken rheumatische Affektionen nachweisbar waren, und eine annähernd gleich hohe Zahl, nämlich 85,5% gaben 1855 HUGHES und BROWN an. Spätere Autoren fanden das Zusammentreffen von Chorea minor und Rheumatismus weniger häufig: OSLER nur in 20% seiner Fälle, HEUBNER in 40%, STARR, der ein Material von 2476 Fällen bearbeitete, in 26%. WOLLENBERG gelangte auf Grund von 50 eigenen Fällen allerdings zu der Feststellung, daß die Annahme eines Prozentsatzes von 33% der Fälle, in welchen der Chorea ein akuter Rheumatismus vorangehe, nur einen unteren Grenzwert darstelle. Andere Autoren melden noch niedrigere Werte, so fand STEINER rheumatische Infektionen nur in 1% der Fälle, PRIOR in 5%, P. MEYER in 9% und DURLACHER in 12%.

Zwischen den Angaben der einzelnen Autoren bestehen somit so große Spannweiten, daß der Wert dieser Zahlen von vornherein äußerst problematisch erscheint. Die Gründe für diese Differenzen sind wohl in erster Linie darin zu suchen, daß der Begriff der rheumatischen Infektion und des Rheumatismus sehr verschieden weit gefaßt wird. Wie verschwommen und uneinheitlich der Begriff des Rheumatismus gebraucht wird, zeigt sich am besten aus der Nebeneinanderstellung der von den maßgebenden Rheumatismusforschern auf dem zweiten Kursus des Rheumaforschungsinstituts im Jahre 1930 geäußerten Ansichten, die F. H. LEWY in seinem einschlägigen Referat bringt. Angesichts einer derartigen Verworrenheit findet man es verständlich, wenn R. SCHMIDT die Bezeichnung „Rheumatismus" überhaupt ausmerzen möchte und mit Recht darauf hinweist, daß der Ausdruck überflüssig wird, wenn man sich in jedem einzelnen Falle, wo über rheumatische Schmerzen geklagt wird, Rechenschaft gibt, welcher Art diese Schmerzen sind, ob arthritisch oder myositisch oder neuralgisch oder tabisch, und dann das Leiden nach der gefundenen Schmerzgrundlage als Arthritis, Myositis usw. bezeichnet. R. SCHMIDT weist weiterhin darauf hin, daß die Gelenke das feinste Reagens auf Infektionen irgendwelcher Art darstellen. Ist man sich dieser Tatsache bewußt, dann wird einerseits die Bedeutung von Gelenkschmerzen in der Anamnese der Chorea minor klarer, andererseits wird man sich aber ebenso vor Augen halten müssen, daß es keineswegs eine bestimmte spezifische Infektion sein muß, die den sog. rheumatischen Gelenkschmerzen zugrunde liegt.

Man wird daher CURSCHMANN, der mit BABONNEIX und F. H. LEWY entschieden für die infektiöse Theorie der Chorea minor eintritt, folgen, wenn er in der ätiologischen Erforschung der Chorea minor an Stelle des unklaren Rheumatismusbegriffs den Nachweis einer Infektion in den Vordergrund schiebt. Dabei

vertritt Curschmann den Standpunkt, daß der Begriff der Infektion möglichst
weit gefaßt werden müsse, und daß außer Gelenks-, Muskelrheumatismus und
rheumatischen Herzaffektionen auch die infektiösen Erkrankungen der Luftwege, Anginen usw. berücksichtigt werden müßten.

Bei derartig weiterer Fassung des Begriffs der rheumatischen Infektion gelangen Colins und Abrahamson zu 54%, Froehlich zu 81%, Koester zu
86% infektiöser Antezedenzien bei ihren Choreafällen, während Bruening
unter seinen Fällen zwar nur 52% mit sicherer infektiöser Ätiologie, dagegen
aber 76,5% mit endokarditischen Herzaffektionen feststellen konnte. In dieser
Feststellung Bruenings sieht Curschmann einen Beleg für seine eigene, auch
von anderen Autoren gemachte Erfahrung, daß rheumatische Herzaffektionen
bei Chorea häufiger seien als schwere Gelenkerkrankungen und sich daher die
infektiöse Ätiologie der Chorea minor anamnestisch und klinisch weit häufiger
nachweisen läßt, wenn man den Veränderungen am Herzen die ihnen gebührende
Beachtung schenkt. Diese klinischen Erfahrungen finden eine weitere Stütze
in der Tatsache, daß die große Mehrzahl der Choreatiker, soweit sie zur Sektion
gelangen, Aschoffsche Knötchen am Herzmuskel aufweisen, wie sie für rheumatische Affektionen typisch sind.

Daß bei der Auswertung der anamnestischen Angaben über vorausgegangene
Infektionen sorgfältige Kritik geübt werden muß, wie dies Kehrer verlangt,
ist nicht unnötig zu betonen. Kehrer macht insbesondere darauf aufmerksam,
daß Muskelschmerzen und andere schmerzhafte Sensationen, die dem Ausbruch der Chorea nicht selten vorausgehen, auch der Ausdruck von Veränderungen sein können, die durch den Hirnprozeß selbst im Thalamus gesetzt
werden.

Wenn wir nun noch die Angaben der neueren Literatur über die Frequenz „rheumatischer"
Erkrankungen in der Vorgeschichte der Chorea minor verfolgen, so sei zunächst Finaguerra
genannt, der 114 Fälle von Chorea minor genauer untersuchte und rheumatische Antezedenzien in 25%, Veränderungen am Herz-Gefäßapparat in 50% fand und in diesen Zahlen
einen Beweis für die Krankheitseinheit von Rheumatismus, Endocarditis und Chorea sieht.
Burr fand unter 515 Choreafällen in der Anamnese 163mal Tonsillitis, die der choreatischen Erkrankung längere oder kürzere Zeit vorangegangen war, während der akute Gelenkrheumatismus in 84 Fällen anamnestisch nachweisbar war. Ivankiewicz traf in der Hälfte
seiner Fälle ein Vitium cordis, in $^1/_5$ Rheumatismus oder Angina. Auch Bogdanowicz fand
in der Mehrzahl seiner Fälle rheumatische Erkrankungen. Grisin und Larin geben an, daß
unter 50 Fällen von Chorea minor 96% Herzstörungen aufwiesen, Nordgren, der 343 Fälle
von Chorea minor genauer untersuchte, kam zu dem Ergebnis, daß 26 rheumatische Erkrankungen mit oder ohne Herzklappenaffektionen überstanden hatten. Bei 161 von den
übrigen fanden sich Herzklappenfehler, für welche nur die Chorea ätiologisch in Betracht
kam, bei 6 Fällen trat eine Endocarditis während des Krankheitsverlaufes ein, bei 150 Fällen
jedoch fehlten rheumatische Erkrankungen in der Anamnese. Wallace fand rheumatische
Affektionen in 45,6%, Herzstörungen in 41,5%. Haessler und Moeller fanden unter
256 Kindern mit rheumatischen Affektionen der Leipziger Klinik aus den Jahren 1923—1930
81, die an Chorea minor litten, und von 65 Kindern mit Endocarditis hatten 37 Rheumatismus
oder Chorea in der Anamnese.

Die Zusammengehörigkeit der Erkrankungsreihe: Akuter Gelenkrheumatismus, Herzaffektionen und Chorea minor, welche Roger bereits mit seiner Bezeichnung „Chorée rheumato-cardiaque" erfaßt hatte, wird in diesen modernen
Untersuchungen also recht deutlich. Damit wird das bestätigt, was Pfaundler
und v. Seth bereits im Jahre 1921 in ihrem Erfahrungsmaterial statistisch
erfaßt und als Syntropie klar präzisiert haben. Die beiden Autoren verstehen
unter dieser Bezeichnung den mathematischen Ausdruck für das überzufalls-
mäßige Zusammentreffen zweier oder mehrerer Erkrankungen und fanden unter
ihren 28090 Fällen der verschiedenartigsten (27), an einer pädiatrischen Klinik
zur Beobachtung gelangenden Erkrankungen den Syntropieindex „akuter Gelenkrheumatismus — Vitium cordis" mit 58,55 an erster, „Vitium cordis —

Chorea" mit 34,73 an zweiter, „Chorea — Gelenkrheumatismus" mit 12,94 an vierter Stelle ihrer Reihe, während die Syntropie der Trias „Gelenkrheumatismus — Vitium cordis — Chorea minor" mit 1125,4 im Vergleich mit allen anderen Dreiergruppen ihres Materials weitaus an erster Stelle stand.

Was nun die zeitlichen Beziehungen zwischen Chorea und „rheumatischen Prozessen" anbelangt, so ergibt sich aus den in der Literatur niedergelegten Angaben, daß die Chorea der rheumatischen Erkrankung im allgemeinen in einem Intervall von 2 bis zu mehreren Wochen nachfolgt. So berichtet POLAKOW über einen Fall, wo 10 Tage nach einer Angina ein Gelenkrheumatismus auftrat, dem nach weiteren 14 Tagen eine Endokarditis mit Chorea folgte. OBARIO und PESTANA beobachtete das gleiche Intervall bei einer 72jährigen Frau, die ebenfalls 2 Wochen nach einer rheumatischen Affektion an Chorea erkrankte, übrigens zu einer Zeit, wo in der gleichen Gegend Choreafälle gehäuft auftraten. Auch von anderen Autoren wird über gehäuftes Auftreten von Chorea minor berichtet, so z. B. von WALLER, der drei Kinder beobachtete, die im gleichen Raume schliefen, und von welchen zwei gleichzeitig an Chorea erkrankten. Es ist anzunehmen, daß auch unter den von mehreren Autoren beobachteten gleichzeitigen Erkrankungen von Geschwistern manche in der hier erwähnten Weise ihre Erklärung finden.

Gleichzeitiges Auftreten von Chorea und Polyarthritis wird, wie insbesondere PFAUNDLER eindringlich hervorhebt, nicht beobachtet. Nur ein Nacheinander oder ein Alternieren beider Erkrankungen ist bekannt. Auf die Seltenheit des Simultangeschehens bei beiden Erkrankungen hatten bereits SEE und ROGER hingewiesen. Auch MARSHALL fand unter 180 Fällen von rheumatischen Erkrankungen im Kindesalter gleichzeitiges Auftreten von Chorea und Gelenkrheumatismus sehr selten. Demgegenüber berichtet LEPEHNE über einen einschlägigen Fall, wo bei einem 11jährigen Knaben beim zweiten Schube eines mit Intermissionen verlaufenden akuten Gelenkrheumatismus eine linksseitige Chorea auftrat, die übrigens in Bestätigung der Erfahrungen ROGERs auf die freien Gelenke der Extremitäten beschränkt blieb. LEPEHNE erwähnt weiterhin je einen einschlägigen Fall von SIEBER und DURLACHER, in welchen akuter Gelenkrheumatismus und Chorea gleichzeitig bestanden. PFAUNDLER erkennt jedoch diesen Beobachtungen keine Beweiskraft zu und hält daran fest, daß die Gleichzeitigkeit von Chorea und akutem Gelenkrheumatismus zum mindesten eine Seltenheit darstellt. Für die Erklärung dieser Tatsachen bieten sich nach PFAUNDLER zwei Möglichkeiten. Es könnte sein, daß der Angriff des Giftes auf bestimmte Körperstellen konzentriert wird und diese Bindung die Offensive nach anderen Richtungen verhindere oder aber, daß die Chorea nicht zur Auswirkung kommen könnte, weil zur Vermeidung von Schmerzen durch eine Schmerz-Scheinlähmung oder eine Dämpfung der Hyperkinese die choreatische Bewegungsunruhe abgebremst wird. Man erinnert sich dabei an den Satz von ROGER, daß die Chorea die Gelenke in dem Maße ergreift, als der Rheumatismus sie verläßt. Diese zweiterwähnte Möglichkeit hat jedoch die Erfahrung gegen sich, daß durch äußere Reize wie Furunkel, Pyodermien usw. die choreatische Hyperkinese im allgemeinen gesteigert wird und daher auch von einer Gelenksaffektion eher ein derartiger Einfluß erwartet werden müßte.

Wenn neuerdings ZAMBRANO berichtet, daß er in 14,7% seines Gesamtmaterials von 196 Fällen gleichzeitiges Bestehen von Chorea minor und Rheumatismus feststellen konnte, so ist diese Angabe in so auffallendem Gegensatz zu der reichen Erfahrung PFAUNDLERs, daß sie dringend weiterer Bestätigung bedarf.

Wenn nun auch die Beziehungen der Chorea minor zu der Polyarthritis bzw. Endocarditis rheumatica anamnestisch und klinisch im Vordergrunde stehen, so wurde die Erkrankung doch auch im Verlaufe und im Gefolge anderer Infektionskrankheiten beobachtet. Wollenberg fand unter 113 Fällen 3mal Scharlach, 1mal Masern, 1mal Keuchhusten in der Vorgeschichte. Forster wie auch Stefanescu beobachteten Chorea nach Fleckfieber, Globus, Critchley und neuestens auch Scaffo de Casas Mello und A. J. Casas Mello nach Diphtherie, Bayermann bei Malaria, übrigens in einem Falle, in dessen Familie Chorea auch sonst vorkam.

Von französischer Seite wird die Bedeutung der Lues congenita für die kindliche Chorea hervorgehoben (Babonneix). Zambrano fand bei 46 darauf untersuchten Fällen die Wa.R. 19mal positiv, und in 9 Fällen ergab sich die berechtigte Vermutung auf eine Lues congenita. Der Autor gelangt auf Grund dieses Befundes zu der Auffassung, daß die Lues einen begünstigenden Faktor für das Auftreten der Chorea minor bilde.

Selbstverständlich hat es an Versuchen nicht gefehlt, den bzw. die für die Chorea minor maßgebenden Erreger bakteriologisch nachzuweisen und zu definieren und durch experimentelle Untersuchungen die Zusammenhänge zu klären. Die am Leichenmaterial erhobenen Befunde waren aber keineswegs einheitlich.

Nachdem schon im Jahre 1872 Pianese berichtet hatte, daß er in der Gehirnflüssigkeit eines Choreakranken einen Diplococcus nachweisen konnte, stellte dann Meyer u. a. den Streptococcus, Reichardt u. a. den Staphylococcus aureus, Steinkopf abgerundete Stäbchen, Beri und Sulivan den Meningococcus Weichselbaum im Herzblut fest. Naunyn fand pilzförmige Fäden auf den Herzklappen.

Größere Bedeutung als diesen am Leichenmaterial erhobenen Befunden kommt den Untersuchungen von Cramer und Toebben zu, die bei 2 Fällen je einmal Staphylokokken und Streptokokken aus dem strömenden Blut gewinnen konnten. Auch Moser, Bogodorinskij und Schuster gelang der gleiche Nachweis, und Moser konnte überdies den gleichen Erreger auch im Handgelenk seines Falles vorfinden. Globus wiederum traf Diphtheriebacillen im Liquor seines Kranken. Neuestens berichtet Loewenstein im Gegensatz zu den negativen, bei Loewenstein selbst durchgeführten Blutuntersuchungen von Haessler und Moeller über positive Tuberkelbacillenfunde, die er 4mal im Liquor und 1mal im Blute von Chorea minor-Fällen nachgewiesen haben will.

Heubner gelang es in experimentellen Untersuchungen durch Verimpfung von Choreatikerblut auf Kaninchen ziemliche Gelenkschwellungen zu erzeugen. Rosenow, der Kaninchen intravenös mit Eiter und Schleim aus dem Nasenrachenraum von 4 Choreatikerkindern impfte, sah bei 22 von 32 Tieren verschiedene Grade von Ataxie, 8mal ausgesprochene choreiforme Bewegungen. Bei 10 Tieren fanden sich entzündliche Erkrankungen der Sehnen und Gelenke, Affektionen der Herzklappen und des Papillarmuskels, sowie entzündliche Veränderungen im Gehirn im Gebiet oder in der Umgebung der motorischen Zentren und Bahnen im Groß-, Mittel- und Kleinhirn. Herman verimpfte den Liquor von Choreakranken subdural, subarachnoidal und corneal an Kaninchen und sah darnach klinische und anatomische Erscheinungen auftreten, die eine gewisse Analogie aufwiesen mit den durch Überimpfung des Encephalitis- und Herpesvirus beim Tiere erzeugten. Er kommt daher zu dem Schlusse, daß der Liquor der Choreatiker ein filtrierbares Virus enthalte, das eine besondere Affinität für das Ektoderm und seine Abkömmlinge aufweise, aber weniger virulent sei als der Erreger der vorgenannten Erkrankung.

Einen positiven Impferfolg beobachteten auch Harvier und Levaditi, die eine Emulsion von Hirnsubstanz eines Falles von akuter Chorea auf Kaninchen überimpften und eine übertragbare Meningoencephalitis erzielen konnten. Die Tiere zeigten klinisch choreiforme Bewegungen der Extremitäten, anatomisch encephalitische Veränderungen.

Recht bedeutungsvoll erscheinen die experimentellen Befunde F. H. Lewys. Er injizierte weißen Mäusen subcutan Diphtheriebacillen und sah darnach choreiforme Bewegungen auftreten. Bei der anatomischen Untersuchung ergaben sich Veränderungen in den kleinzelligen Elementen des Neostriatum. Lewy führt diese Striatumschädigung und die ihr koordinierten Bewegungsstörungen der Tiere auf eine toxische Schädigung der Versuchstiere zurück, die u. a. auch darin zum Ausdruck kommt, daß die so behandelten Tiere anderen Infektionen nun besonders leicht zum Opfer fallen.

Für die Annahme, daß rein toxische Schädigungen choreatische Bewegungsstörungen hervorrufen können, führt Lewy Beobachtungen bei Alkohol- und Jodoformvergiftung an und beruft sich weiterhin auf die experimentellen Feststellungen von Fuchs, der durch Guanidinintoxikation ein choreatisches Syndrom zu erzeugen vermochte. Endlich kann

LEWY darauf hinweisen, daß auch die Chorea gravidarum von einer großen Anzahl von Forschern als toxisch bedingt angesehen wird.

Sucht man nun aus den heute vorliegenden Angaben das herauszuheben, was als gesichert gelten kann, so ist die Tatsache der Syntropie (PFAUNDLER) zwischen Polyarthritis, Endokarditis und Chorea minor wohl unbestreitbar. Daneben muß man wohl auch anerkennen, daß die Chorea minor gelegentlich im Gefolge anderer Infektionskrankheiten in Erscheinung treten kann. Wie nun aber die näheren Beziehungen zwischen der jeweils vorausgehenden Infektionskrankheit und der Chorea minor sind, darüber gehen die Meinungen der einzelnen Forscher noch recht beträchtlich auseinander.

BOTREL und ROGER sahen in der Chorea eine unmittelbare rheumatische Manifestation des Nervensystems analog der Arthritis und der Herzaffektion, und letzterer prägte daher den Begriff von der „Chorée rheumato-cardiaque". Dagegen vermutete SEE in der Chorea minor eine Folgeerkrankung des rheumatischen Prozesses, der seiner Meinung nach eine Veränderung der Blutbeschaffenheit im Sinne einer rheumatischen Diathese bedingt. Die bekannte embolische Theorie wiederum führt die Chorea minor auf die Embolie kleinster Faserstoffgerinnsel zurück, die von den erkrankten Herzklappen in die kleinsten Gefäße des Zentralorgans gelangen. Diese zuerst von KIRKES ausgesprochene Meinung fand eine mächtige Unterstützung durch die histopathologischen Befunde, die ALZHEIMER bei Chorea minor im Gehirn erheben konnte. Trotzdem hat sich diese Anschauung keineswegs allgemeine Anerkennung verschaffen können und wurde schon von älteren Autoren wie HENOCH und LITTEN abgelehnt, vor allem mit der Begründung, daß sich die Embolien nur in einem Teil der Fälle vorfinden und daß, wie u. a. OPPENHEIM hervorhob, das Bindeglied der Endokarditis in einer Reihe von Fällen fehlt. Wenn man sich überdies überlegt, daß die Chorea minor doch ein im großen und ganzen in ihrem Verlauf zeitlich einheitliches Krankheitsbild darstellt, das in typischen Fällen allmählich zu einer gewissen Höhe ansteigt und sich langsam wieder verliert, so tut man sich mit der Vorstellung schwer, daß ein so unberechenbarer Vorgang wie Embolien zu einem zeitlich so gut abgegrenzten Krankheitsbild führen sollte. Und ebenso schwer wäre es, sich das symmetrische Betroffensein und die Beschränkung auf gewisse subcorticale Apparate verständlich zu machen. Schließlich dürfte man auch erwarten, daß neben den kleineren auch einmal größere Embolien eintreten und die entsprechenden Dauerschädigungen hervorrufen müßten.

Von besonderem Interesse ist die Meinung KOCHS, der eigentlich als erster die infektiöse Theorie der Chorea minor näher formulierte. Er glaubt einen spezifischen Choreaerreger annehmen zu müssen, dessen Aufnahme und Einwirkung auf den Organismus durch die unspezifischen Erreger des Rheumatismus und anderer Infektionskrankheiten vorbereitet werde. Diese Ansicht KOCHS, die sich, wie nebenbei bemerkt sein mag, mit den Anschauungen berührt, wie sie heute über das Zustandekommen der postvaccinalen Encephalitis ausgesprochen werden, hat in dieser engeren Fassung keine Zustimmung erfahren. Wohl aber zählt seit KOCH die Infektionstheorie in ihrer allgemeinen Form eine große Zahl bedeutender Forscher zu ihren Anhängern.

WOLLENBERG, der sich eingehend mit der Frage auseinandersetzte, lehnt die Infektion als unmittelbare Ursache der Chorea minor ab. Er hält es aber für wahrscheinlich, daß ein Zusammenhang zwischen Chorea und rheumatischer Affektion in der Form bestehe, daß im Blut kreisende Stoffwechselprodukte die für das Auftreten der Chorea notwendige Einwirkung auf das Zentralorgan entfalten. In dieser Anschauung WOLLENBERGs kehrt offensichtlich die SEEsche Ansicht wieder, eingekleidet in die inzwischen durch die bakteriologische Ära gewonnenen Erkenntnisse. Wollenberg bezeichnet die Chorea geradezu als „metarheumatische Erkrankung", die sich etwa den postdiphtherischen Lähmungen in Parallele setzen läßt. Dabei macht er allerdings die Einschränkung, daß die Erkrankung nicht immer metarheumatischer Natur sei, daß sie auch, wenngleich viel seltener, im Gefolge anderer Infektionskrankheiten zur Beobachtung komme. Offenbar müsse aber das rheumatische Blut die choreogenen Eigenschaften in ganz besonders hervorragendem Maße besitzen.

F. H. Lewy endlich gelangt auf Grund der in der Literatur niedergelegten und seiner eigenen klinischen, pathologisch-anatomischen und experimentellen Erfahrungen zu der Ansicht, daß für die Pathogenese der Chorea minor nur besondere Erreger in Frage kommen, welche die gemeinschaftliche Eigenschaft aufweisen, durch die Entwicklung von Toxinen mit spezifischer Affinität zu bestimmten Zellarten — vor allem im Neostriatum, daneben aber auch im Groß- und Kleinhirn, im Hypothalamus und in anderen Teilen des Gehirns und Rückenmarks — diese Zellen soweit zu schädigen, daß choreatische Hyperkinesen entstehen können. Solche choreoplastische Eigenschaften kommen nach F. H. Lewy besonders häufig Streptokokken, gelegentlich aber auch anderen Keimen zu.

So sehr nun aber Wollenberg und F. H. Lewy den infektiösen bzw. toxischen Faktor in der Pathogenese der Chorea minor in den Vordergrund stellen, so übersehen sie doch nicht, daß neben der Besonderheit des Erregers auch eine anlagemäßige Besonderheit des Kranken von Bedeutung ist. Diese im Individuum selbst gelegene Disposition verlangt, um auf bereits früher Gesagtes zurückzugreifen, fraglos die gebührende Beachtung als wesentliche Teilbedingung für das Auftreten der Chorea minor. Nur wenn man beide Faktorenreihen berücksichtigt, wird es verständlich, warum nicht viel mehr Kinder im Gefolge einer Infektionskrankheit, die zur Mitbeteiligung der Gelenke und des Endokards führt, an Chorea erkranken, und warum wiederum unter den Erkrankten gewisse Altersstufen und das weibliche Geschlecht bevorzugt sind. In diesem Zusammenhang mag noch eine Arbeit Erwähnung finden, die durch ihr großes Material repräsentativ wirkt. Kayser, der 48 000 Kinder auf die Frage hin untersuchte, inwieweit eine vorhergehende Tonsillektomie von Einfluß auf rheumatische Erkrankungen und die Chorea ist, stellte bei 28 000 nicht tonsillektomierten Kindern Rheumatismus in 3%, Chorea in 0,5%, Karditis in 2,9% und Scharlach in 16% der Fälle fest. Rheumatismus und Chorea stellen also im Kindesalter relativ seltene Erkrankungen dar, wobei die Chorea wiederum nur in rund $^1/_6$ der Fälle von „Rheumatismus" gefunden wird.

Das Ineinanderspielen heterogener Faktoren, endogener und exogener Momente macht allerdings die endgültige Klärung der Ätiologie der Chorea minor recht schwierig. Insbesondere wird auch der Genealoge daran denken müssen, daß das Fehlen gleichsinniger Erkrankung in einer Sippe dadurch bedingt sein kann, daß zufällig der exogene Faktor ausblieb und daher trotz vorhandener Disposition die Erkrankung nicht zur Entwicklung kam.

Der Vollständigkeit halber muß noch angeführt werden, daß besonders in den älteren Arbeiten psychischen Faktoren eine bedeutsame Rolle für das Auftreten der Chorea minor eingeräumt wurde. Insbesondere ein plötzlicher Schrecken soll derartige Wirkungen entfalten können, und zwar, wie Oppenheim hervorhebt, besonders bei älteren Individuen weiblichen Geschlechts. So verständlich es ist, daß affektiven Erregungen eine wesentliche Bedeutung zugeschrieben wurde, solange die Chorea minor als Neurose galt, so zurückhaltend wird man angesichts der heute sichergestellten organischen Bedingtheit des Leidens derartigen Angaben gegenüber sein. Es gelten hier die gleichen Überlegungen, wie sie bei der Frage nach dem Zusammenhang zwischen emotionellen Erregungen und der Paralysis agitans angestellt wurden. Der Zusammenhang ist wohl in den meisten Fällen der, daß die Kranken affektive Erlebnisse deswegen als besonders unangenehm und schreckhaft empfinden, weil sie eben schon krank sind, oder aber es handelt sich um eine von jeher bestehende affektive Labilität, und es wird eine gemütliche Erregung, die zufällig kürzere oder längere Zeit dem Einsetzen der Chorea vorausgegangen ist, zu einem Kausalnexus mit der Erkrankung verknüpft.

III. Symptomatologie.
1. Motorik.

Die Erkrankung setzt nur selten plötzlich ein. In derartigen Fällen begegnet man meist der Angabe, daß sich die Krankheitserscheinungen unter der Nachwirkung einer seelischen Erschütterung entwickelt hätten: das Kind sei plötzlich erschrocken, habe sich in der Schule aufgeregt u. a. Was von solchen Angaben zu halten ist, bzw. wie sie zu bewerten sind, wurde eben vorhin erörtert. Man kann sich angesichts jener Faktoren, die nach dem gegenwärtigen Wissensstand als ätiologisch maßgebend erscheinen, nicht vorstellen, daß eine Emotion für sich allein geeignet wäre, eine Chorea minor in Gang zu setzen. Soweit die emotive Überempfindlichkeit nicht überhaupt schon eine Habitualeigenschaft des betreffenden Kindes darstellt, ist sie bei der Chorea minor selbst Krankheitssymptom und man wird F. H. LEWY beistimmen, daß bei einer bereits in Entwicklung begriffenen Chorea vasomotorische Schwankungen, wie sie bei gemütlichen Erregungszuständen zustande kommen, die Unruhe zu verstärken vermögen, so daß sie für eine weniger achtsame Umgebung nun erst auffällig wird.

In den meisten Fällen entwickelt sich das Leiden aus unmerklichen Anfängen, aus völliger Gesundheit heraus. Die Angaben über das *Prodromalstadium* gehen auseinander. WOLLENBERG fand uncharakteristische Prodromalerscheinungen selten, während sie nach anderen Autoren recht regelmäßig in Form einer Wesensveränderung, einer stumpfen Gleichgültigkeit, Zerstreutheit, Reizbarkeit, nach EULENBURG verbunden mit Klagen über Mattigkeit, Kopfschmerzen, Schlafstörungen, Frösteln und Kältegefühl, ziehende Schmerzen, Flimmern und Ohrensausen vorhanden sind. Je besser und sorgfältiger die Umgebung beobachtet und je genauer die anamnestischen Fragen gestellt werden, desto häufiger wird man Angaben finden, daß die Kranken irgendwie verändert, anders als sonst erschienen. Den Lehrpersonen erscheinen die Kinder zunächst vielfach unaufmerksam, fahrig, zerstreut und gleichgültig, empfindlich, weinerlich und zornmütig. Sehr bald zieht aber dann das Hauptsymptom die Beachtung der Umgebung auf sich, die zappelige Unruhe, die das Kind keinen Augenblick stillsitzen läßt, die Ungeschicklichkeit in den Bewegungen, die allerdings vielfach als Nachlässigkeit ausgelegt wird. Das kranke Kind läßt Gegenstände aus den Händen fallen, hantiert ungeschickt mit Messer und Gabel, macht damit Lärm, die Schrift wird ungleichmäßig und unsauber, ein Symptom, in dem LOMER und neuerdings wieder LEGRUN oft das erste Zeichen der Erkrankung sehen; das Klavierspiel wird flüchtig und falsch (F. H. LEWY). Manchmal sind die kleinen Patienten unter dem Einfluß mahnenden Tadels imstande, durch starke Willensanspannung die Hyperkinese wenigstens für kurze Zeit zu unterdrücken. Meist aber gelingt dies nicht, ja der Kranke und die Umgebung machen bald die Beobachtung, daß der Versuch zur Unterdrückung der Muskelzuckungen, aber auch andersartige psychische Einwirkungen eine Steigerung der Unruhe hervorrufen.

Die Bewegungsstörung begrenzt sich im Anfang auf die distalen Anteile einer oder beider oberen Extremitäten. Mit dem Fortschreiten der Erkrankung ergreift sie jedoch auch die Gesichtsmuskeln, die Hals- und Rumpfmuskulatur und schließlich auch die unteren Gliedmaßen, wenngleich diese meist schwächer befallen sind als die oberen Extremitäten.

Auf der Höhe der Erkrankung bietet sich dem Untersucher ein ganz charakteristisches Bild dar. Die Kinder bleiben nicht einen Augenblick ruhig: bald wird der Arm vorgestreckt, dann wieder gebeugt, ein Finger gestreckt, dann wiederum alle Finger einer Hand gebeugt und der Arm rotiert. Das Gesicht wird zu verschiedenen Grimassen verzogen, der Kopf zur Seite gedreht, plötzlich nach hinten geworfen, der Körper vorgebeugt, bald wieder zur Seite verkrümmt. Das Kind steht plötzlich auf, um sich nach kürzester Zeit ebenso plötzlich wieder niederzusetzen, ein Bein wird über das andere geschlagen oder unvermittelt vorgestreckt, der Fuß gebeugt, die Zehen plötzlich gestreckt. Ein ruhiges Stehen ist unmöglich, der Gang ist unregelmäßig, die Schrittlänge ungleich.

Alle diese Bewegungen erfolgen im buntesten Wechsel neben- und nacheinander, unregelmäßig, schnell und ausfahrend ohne sichtbaren Anlaß und Zweck. Gerade durch diese Zwecklosigkeit und durch den stetigen Wechsel von Bewegungsform und Bewegungsrichtung unterscheiden sie sich aber von den willkürlichen Bewegungen, welchen sie im ersten Augenblick ähneln. Dagegen besteht wenigstens in leichten Fällen, wie insbesondere Oppenheim hervorhebt, eine auffallende Ähnlichkeit mit der Bewegungsunruhe, wie sie bei jungen Frauen und Mädchen unter dem Einfluß der Verlegenheit oder ähnlicher Gemütsbewegungen beobachtet werden.

In schweren Fällen schwindet allerdings jegliche Ähnlichkeit mit Verlegenheits- und Ausdrucksbewegungen, als deren Bruchstücke Kleist, Jakob, Lotmar u. a. die choreatischen Spontanbewegungen auffassen. Die Bewegungsunruhe erreicht hier die höchsten Grade, eine Bewegung jagt gleichsam die andere, Körper und Gliedmaßen werden in stürmischer Unruhe hin- und hergeworfen, und an diesen wilden Jaktationen scheitern alle Versuche zu einem auch nur beiläufigen Aufbau einer komponierten Willkürbewegung. Das Stehen und Gehen wird ganz unmöglich, die Kranken sind ans Bett gefesselt, wo sie in quälender, ermüdender Unruhe herumgeworfen werden und des ständigen Schutzes brauchen, um nicht aus dem Bett geschleudert zu werden oder sich sonstwie zu verletzen (Folie musculaire).

Gelegentlich beschränkt sich die Hyperkinese auf eine Körperhälfte (Hemichorea) oder ist an dieser stärker ausgesprochen als an der anderen. Ein Überwiegen der linken Seite, wie das früher mehrfach behauptet wurde, konnte aber in der Folge nicht bestätigt werden.

In mittelschweren und schweren Fällen ist die gesamte dem Willküreinfluß unterworfene Muskulatur von der Hyperkinese ergriffen. Am stärksten befällt sie die oberen Extremitäten und die Gesichtsmuskulatur, die in besonders schweren Fällen durch das starke Grimassieren so verzerrt sein kann, daß ein ganz charakteristischer Gesichtsausdruck, die Facies choreatica, entsteht. Auch die Augenmuskeln sind an der choreatischen Bewegungsunruhe beteiligt. Die Kinder können nicht fixieren, die Bulbi sind in dauernder unregelmäßiger Unruhe. Die Zunge wird im Munde hin- und hergewälzt, plötzlich vorgestreckt, ebenso schnell wieder zurückgezogen und zeigt ebenso wie die Lippen nicht selten Bißverletzungen. Die Nahrungsaufnahme ist durch die Unruhe der Lippen-, der Zungen- und Kaumuskulatur, aber gelegentlich auch durch Mitbeteiligung der Schlundmuskeln nicht unbeträchtlich behindert, so daß manchmal zur Sondenfütterung gegriffen werden muß. Die Sprache wird durch die die Artikulation behindernde Unruhe der Lippen- und Zungenmuskulatur und durch die analoge, laryngoskopisch nachweisbare, zu Phonationsstörungen führende Bewegungsstörung der Kehlkopfmuskeln ebenso beeinträchtigt wie durch die choreatische Atemstörung. Die Worte werden explosiv hervorgestoßen, Buchstaben und ganze Silben verschluckt, dazwischen ertönen die verschiedensten unartikulierten Schnalz- und Schmatzbewegungen. Die Laute sind heiser, die Tonhöhe wechselnd, manchmal besteht vollkommener Mutismus, dessen wahre Natur sich nach OPPENHEIM beim Versuche zu sprechen durch die choreatische Unruhe der beteiligten Muskeln verrät.

Die Atmung erweist sich häufig ebenfalls gestört, ohne daß, wie HOEPFNER hervorhebt, immer eine Verknüpfung von Atem- und Sprachstörung bestehen müßte. Von CZERNY wurde ein eigenartiges, der Chorea minor zugehöriges Atemphänomen beschrieben, das in einer Einziehung der Bauchdecken und Ansaugung des Zwerchfells gegen die Lungen bei tiefer Inspiration besteht, so daß ein Atemtypus wie bei einer Phrenicuslähmung resultiert. Diese Beobachtung CZERNYs wurde von GOETTSCHE auf Grund röntgenologischer Untersuchungen noch erweitert. GOETTSCHE konnte feststellen, daß neben dem CZERNYschen Phänomen mit Einziehung des Zwerchfellansatzes auch ein Zwerchfellstillstand bei der Inspiration oder aber eine verspätete Senkung auftreten kann. STOELZNER weist darauf hin, daß manche choreatische Kinder bei der Aufforderung, Luft zu holen, nur den Mund öffnen, statt tief einzuatmen.

Gegenüber diesen umfassenden Störungen im Bereich der Willkürmuskulatur bleibt die Funktion der Sphincteren behindert. Nur bei ganz schweren Fällen mit hochgradiger Prostration und Akinese kommt es, wie OPPENHEIM meint, mehr aus psychischen Gründen zur Incontinentia alvi und urinae. Auch die früher mehrfach hervorgehobene Chorea des Herzmuskels, welche für manche Rhythmusstörung verantwortlich gemacht wurde, konnte nicht bestätigt werden.

Die choreatische Bewegungsstörung sistiert im Schlafe völlig, um mit dem Erwachen wieder einzusetzen. Es wurde jedoch, so insbesondere von OPPENHEIM und von FAERBER auf Fälle hingewiesen, bei welchen die choreatische Unruhe gerade in der Nacht auftrat bzw. eine Erhöhung erfuhr (Chorea nocturna).

Es war schon den alten Klinikern bekannt, daß die Kranken relativ am ruhigsten sind, wenn möglichst alle Reize abgehalten werden; daher die alte Weisung, die Kinder zu isolieren, im ruhigen, halb abgedunkelten Zimmer zu halten, keine Besuche zuzulassen, die Temperatur zu regulieren, für die Stuhlentleerung zu sorgen usw. Diese Abhängigkeit der choreatischen Hyperkinese von den verschiedensten Reizen haben KRAUSE und DE JONG neuerdings eingehend studiert und myographisch festgehalten. Sie fanden unter der Einwirkung psychischer, motorischer, sensibler (Tastschmerz und Temperatur), akustischer, visueller, olfactorischer und gustatorischer Reize eine Steigerung bzw. ein sofortiges Einsetzen der Hyperkinese beim schlafenden Kinde. Unter diesen bewegungssteigernden Einflüssen sind nun, wie die gewöhnliche klinische Erfahrung lehrt, die psychischen Einflüsse in erster Linie zu erwähnen. Schon das Bewußtsein, beobachtet oder untersucht zu werden, läßt die Unruhe stärker hervortreten. Ermahnungen und Strafen, die von ununterrichteten Erziehern im Beginne der Erkrankung immer wieder angewandt werden, können eine beträchtliche Steigerung hervorrufen. Aber auch jede Willkürbewegung des Kranken führt außer zu einer großen Zahl von Mitbewegung in homologen, aber auch in ganz abgelegenen Muskelgruppen zu einer Steigerung der choreatischen Spontanbewegungen, wobei nun die Bewegungen selbst wieder als neuerlicher Bewegungsreiz wirken, so daß die Kranken es schließlich vermeiden, mehr als die unumgänglichst nötigen Bewegungen auszuführen.

Zur Analyse der choreatischen Bewegungsstörung.

So charakteristisch der Gesamteindruck der choreatischen Bewegungsunruhe auch ist, und so weitgehend sich seit SYDENHAM die Schilderungen der klinischen Beschreiber vielfach miteinander decken, so ist doch die Eigenart der choreatischen Hyperkinese durch die optische Beobachtung allein nicht zu erfassen. Vergleicht man die Darstellungen, die seit der Jahrhundertwende von den verschiedenen klinischen Beschreibern gegeben wurden, miteinander, so erkennt man, daß zwar gewisse Eigentümlichkeiten der choreatischen Unruhe übereinstimmend geschildert werden, die einzelnen Autoren über die wesentlichen charakteristischen Merkmale der Hyperkinese aber doch nicht einheitlicher Meinung sind. Da es nicht viel Wert hat, die verschiedenen Beschreibungen neuerdings aufzufrischen, sei auf die Übersicht verwiesen, in der HERZ die von verschiedenen maßgebenden Autoren, von WOLLENBERG, KLEIST, LEWANDOWSKY, ENTRES, WILSON, F. H. LEWY und besonders von FOERSTER gegebenen allgemeinen Kennzeichen zusammengestellt hat.

Gibt man sich unbefangen der Betrachtung einer choreatischen Bewegungsunruhe hin, so kann man sich kaum dem Eindruck entziehen, daß in dem Bewegungsspiel zwar verzerrt, karikiert, übertrieben, aber doch erkennbar Bewegungsformen und Bewegungsgestaltungen zum Ausdruck kommen, mit denen wir eine Bedeutung, einen Inhalt, ein Ziel zu verknüpfen gewohnt sind. Wenn WILSON die Ähnlichkeit mit Willkürbewegungen hervorhebt, KLEIST in den choreatischen Bewegungen Bausteine zerfallener Mit- und Ausdrucksbewegungen zu erkennen glaubt und STERN von Bewegungsbruchstücken spricht, die der vorzeitig zum Abschluß gebrachten Karrikatur einer Ausdrucks- oder Zweckbewegung ähneln, so liegt in diesen Beschreibungen die Anknüpfung an physiologische Bewegungsgestalten klar zutage.

Demgegenüber hat LEWANDOWSKY die choreatische Bewegung als den Effekt ungeordneter Einzelkontraktionen von Muskeln und Muskelgruppen gekennzeichnet, und ENTRES betonte, daß die Muskelzuckungen nur einzelne Muskeln betreffen, wobei wohl gleichzeitig verschiedene Muskeln in verschiedenen Körperabschnitten sich kontrahieren können, dagegen fast nie eine funktionell zusammengehörige Gruppe synchron in Erregung gerät. FOERSTER schildert in seinen sorgsamen Darstellungen die choreatischen Unruheerscheinungen als schnelle, ausfahrende, antagonistisch nicht gebremste, in der Örtlichkeit rasch und regellos wechselnde Bewegungen, denen eine Zusammenfassung in synergische Bewegungskombinationen abgeht.

Die Unterschiede in der Beschreibung sind, wie uns scheinen möchte, zum Teil darin begründet, daß bei den Analysen der choreatischen Bewegungsunruhe nicht immer hinreichend scharf darauf geachtet wurde, die elementare choreatische Unruhe bzw. die dadurch bedingten Bewegungsgestalten von den Entstellungen zu trennen, die physiologische, willkürliche und unwillkürliche Bewegungskombinationen durch den der Chorea zugrunde liegenden Störungsmechanismus erfahren. Die Entscheidung, ob eine sich gerade abspielende Bewegung Karikatur, d. h. Entstellung zweckgemäßer Bewegungsgestaltung ist oder sich aus elementaren, ungeordneten Kontraktionsvorgängen aufbaut, die durch zufällige Kombination Karikaturnähe gewinnen, in die wir das Fehlende hineinzudeuten verleitet werden, ist oft ganz unmöglich. Dazu kommt noch der Umstand, daß der einfachen Beobachtung und Beschreibung von Bewegungsfolgen bestimmte, enge Grenzen gezogen sind. Wie eng diese Grenzen sind, weiß jeder, dem das Studium von gefilmten Bewegungsstörungen zeigte, wieviel er bei der unmittelbaren Betrachtung übersah, ja übersehen mußte. Eine zuverlässige Analyse der choreatischen Bewegungsstörungen muß sich daher auf Filmaufnahmen stützen. Diese Forderung fand ihre Verwirklichung an der KLEISTschen Klinik, der wir unter anderem eine von HERZ durchgeführte, klinisch-kinematographische Studie der choreatischen Unruheerscheinungen verdanken. Von dieser Studie soll auch die nachfolgende Beschreibung ihren Ausgang nehmen.

Die Grundtatsache der Ergebnisse von HERZ liegt in der Feststellung, daß sich die choreatische Bewegungsunruhe in primitive Einzelbewegungen auflösen läßt, die isoliert oder in synchronen Kombinationen und Komplexen auftreten können, aber keine koordinierten Zusammenhänge erkennen lassen.

HERZ unterscheidet dabei primitive Einzelbewegungen, durch welche ein Gliedabschnitt in der Wirkungsrichtung eines bestimmten Muskels bewegt wird, und andererseits Kombinationsbewegungen, bei welchen an dem Bewegungseffekt eines Gliedabschnitts mehrere Muskeln beteiligt sind. Spielen sich nun in mehr oder weniger benachbarten Körperabschnitten gleichzeitig oder nacheinander derartige isolierte oder kombinierte Bewegungen an den einzelnen Gliedteilen ab, so kommen die verschiedenartigsten Bewegungskomplexe zustande. Im Gegensatz zu den geordneten Aufbau- und Ablaufsverhältnissen von Ausdrucks- und Zweckbewegungen sind aber diese choreatischen Komplexe reine Zufallsergebnisse und gewinnen ihr kompliziertes Aussehen lediglich durch das wechselvolle Neben- und Nacheinander der die Gliedteile verschiebenden Einzelbewegungen. Es fehlt ihnen jedoch die innere Verbundenheit, die Zuordnung und Einordnung in eine gegliederte, abgestufte Ganzheit.

In weiterer Analyse der Filmbilder stellte HERZ fest, daß die choreatische Einzelbewegung gleichmäßig in kontinuierlichem Fluß abläuft, daß der einzelne Gliedteil ohne Unterbrechung von einer Lage in die andere übergeführt wird, und daß sich an diese Bewegung nun eine rückläufige anschließen kann, so daß der Gliedteil wieder in seine Ausgangsstellung kommt. Es kann aber auch, und dies ist viel häufiger der Fall, die Bewegung des betreffenden Gliedteils nach Erreichung eines Endpunktes in anderer Richtung weitergehen. Weiter kommt es auch vor, daß ein Glied in der Stellung, in die es durch eine choreatische Einzelbewegung gebracht wurde, einige Zeit verharrt — ,,Verharren in der Endstellung‘‘ — um dann erst wieder in eine andere Richtung geführt zu werden. Dabei wechseln die Bewegungsrichtungen an den Gelenken, die mehrere Richtungen zulassen, in mannigfaltiger Weise ab. Zwei gleichgerichtete Einzelbewegungen kommen kaum jemals zur Beobachtung. Primitive und kombinierte Einzelbewegungen folgen einander vielmehr in regellosem Spiel, der Aufbau der Bewegungskomplexe ändert sich von Augenblick zu Augenblick, so daß bald der eine, dann wieder ein anderer Körperabschnitt von der Unruhe ergriffen ist, während andere in Ruhe sind.

Eine Regelmäßigkeit im Abfolgerhythmus ist niemals erkennbar. Die Intervalle zwischen den Einzelbewegungen eines Gliedteils sind durchaus verschieden, auch bei stärkerer Unruhe findet sich nie eine einigermaßen regelmäßige Abfolge von Bewegung und Bewegungspause.

Das Tempo der Einzelbewegungen bewegt sich in kurzen Zeiten. HERZ berechnete für Einzelbewegungen von Finger und Hand nur einige Sekunden. Die Rückkehr eines Gliedabschnitts in die Ausgangsstellung verläuft manchmal etwas schneller als die vorausgegangene Bewegung — Zurücksinken in die Ausgangsstellung — andere Male aber erfolgt die Rückbewegung durch eine choreatische Einzelzuckung mit dem gleichen Tempo wie die Ausgangsbewegung.

Die Verteilung der Unruhe auf die einzelnen Körperabschnitte ist nicht gleichmäßig. Der Rumpf ist regelmäßig am wenigsten betroffen, die distalen Gliedabschnitte meistens am stärksten. Es kommen aber auch Fälle zur Beobachtung, in welchen die proximalen Extremitätenabschnitte mindestens ebenso betroffen sind wie die distalen. Die Gesichtsmuskulatur ist regelmäßig mitbeteiligt, wobei bestimmte Muskeln, und zwar die, die bei affektiven Ausdrucksbewegungen häufiger in Tätigkeit treten, besonders bevorzugt werden.

Bei seinen klinisch-kinematographischen Untersuchungen gelangt somit HERZ zu Feststellungen, die im wesentlichen mit den bereits früher von LEWANDOWSKY, FOERSTER, ENTRES u. a., die die Einzelbewegung als Grundlage des choreatischen Bewegungsspiels erklärt haben, in guter Übereinstimmung steht.

Als wesentliche Ergänzung ist beizufügen, daß der choreatischen Bewegung die antagonistische Bremsung fehlt (FOERSTER). WILSON, der das Verhalten der Antagonisten in Bewegungskurven studierte, kam zum Ergebnis, daß bei der Chorea minor alle möglichen Kombinationen im Agonisten-Antagonistenspiel zur Beobachtung kommen, und folgert ganz allgemein, daß bei der Chorea das Antagonistengesetz durchbrochen erscheint.

Neben der eigenartigen Hyperkinese, die das aufdringlichste Merkmal des choreatischen Syndroms darstellt, hat die klinische Analyse aber noch weitere Komponenten im Störungsbild der Chorea aufgedeckt und herausgehoben.

Was zunächst das *Verhalten der Muskeln in der Ruhe und bei passiven Bewegungen* betrifft, so legt FOERSTER dar, daß der plastische Muskeltonus herabgesetzt ist, die Muskeln passiver Dehnung einen verminderten Widerstand entgegensetzen und überdehnbar sind, Phänomene, die früher von ROSENBACH und HITZIG, besonders aber von BONHOEFFER ohne nähere Auflösung in die Einzelheiten unter dem allgemeinen Begriff der Hypotonie gemeint wurden und vielfach auch heute noch unter diesem Begriff zusammengefaßt werden.

Es ist nun bemerkenswert, daß die Urteile erfahrener Neurologen über die *Hypotonie* bei der Chorea minor durchaus nicht einheitlich ist. OPPENHEIM gab an, daß er eine Herabsetzung der Muskelspannung bei passiven Bewegungen nur bei der sog. Chorea mollis feststellen konnte, während sie bei der Mehrzahl seiner Choreafälle fehlte, und neuerdings stellt HERZ fest, daß der Tonus der Muskulatur bei seinen Beobachtungen nicht einheitlich war; es gebe Fälle, in denen die Hypotonie nicht sehr ausgesprochen oder gar nicht vorhanden sei, so daß sie nicht als ein obligates Symptom des choreatischen Syndroms bezeichnet werden kann. WILSON wiederum behauptet in Übereinstimmung mit FOERSTER, daß die Muskulatur sowohl bei den gewöhnlichen Formen der Chorea minor wie bei der Chorea mollis ausgesprochen hypoton sei und ausgedehntere passive Bewegungen gestatte, als sie in der Norm möglich sind.

Einstimmigkeit herrscht jedenfalls hinsichtlich jener Fälle, die als Chorea mollis (SAMUEL WEST), limp chorea, Chorea paralytica (GOWERS) bezeichnet werden, ein Syndromtyp, der in prägnanter Art sowohl die Herabsetzung des plastischen Tonus im Sinne FOERSTERs wie die Herabsetzung des Widerstandes bei passiven Bewegungen und Überdehnbarkeit der Muskulatur aufweist.

Was dagegen die Spannungsverhältnisse bei den gewöhnlichen Choreafällen anlangt, so fällt die Beurteilung jedenfalls nicht immer leicht. Die gewöhnliche klinische Prüfung durch Abschätzung des Widerstandes bei passiven Bewegungen ist ein Verfahren von sehr relativer Zuverlässigkeit. Man muß mit dem Umstand rechnen, daß — insbesondere bei Kindern — die physiologischen Spannungs- und Dehnbarkeitsverhältnisse der Muskulatur eine gewisse Spielweite aufweisen, und dazu kommt noch ein subjektiver Faktor von seiten des Untersuchers, so daß es begreiflich wird, daß bei ein und demselben Kranken zwei verschiedene Beobachter über Vorhandensein und Grad der Hypotonie verschiedener Meinung sein können. Vor allem aber ist zu beachten, daß bei manchen Fällen von Chorea minor *abnorme Spannungserscheinungen* zur Beobachtung kommen können, die die Beurteilung des Tonus bzw. die Feststellung einer Hypotonie bei Ausführung passiver Bewegungen erschweren.

KLEIST hob seinerzeit hervor, daß er bei der Chorea minor mehr oder minder rasch ansteigende, sekundenlang anhaltende tonische Innervationen beobachten konnte, die besonders die Hüft- und Unterschenkelstrecker betrafen. Die Feststellungen von KLEIST wurden bestätigt durch KÖPPEN und SCHILDER, die tonische Innervationen in den Streckern der unteren Extremitäten feststellen konnten, und ebenso sah HERZ in zwei Fällen von infektiöser Chorea tonische Kontraktionen in einzelnen Muskelgebieten, die zu länger andauernden Haltungen führten.

Über die Phänomenologie und pathologischen Grundlagen derartiger abnormer Spannungszustände bei der Chorea minor haben uns aber besonders Studien aus der Innsbrucker Klinik wesentlichen Erkenntniszuwachs gebracht. Im Jahre 1926 berichteten C. MAYER und REISCH über abnorme Muskelspannungen, die bei Kranken mit Chorea minor durch passive Bewegungen ausgelöst werden konnten. Dazu gehören auch kataleptoide Phänomene an der nach passiver Erhebung sich selbst überlassenen oberen Extremität. Die Autoren führten diese Erscheinung wie auch das bekannte GORDONsche Phänomen (s. S. 68) auf eine erhöhte Dehnungserregbarkeit der Muskulatur zurück. Analoge Befunde ergaben sich bei der Chorea HUNTINGTON. In weiterer Verfolgung dieser abnormen Spannungszustände konnten die beiden Autoren ihre Befunde bei Chorea minor wiederholt bestätigt finden, wenn auch nicht immer in gleich deutlicher Ausbildung. Eine günstige Beobachtung ermöglichte dann REISCH, den Bedingungen für das Zustandekommen erhöhter Spannungszustände noch genauer nachzugehen.

REISCH konnte bei seiner Kranken feststellen, daß *unabhängig von der Hypotonie* bei Durchführung einzelner passiver Bewegungen, gleichgültig ob die Haftpunkte des Muskels einander genähert oder voneinander entfernt wurden, also bei jeder passiven Längenänderung reflektorische Kontraktionen auslösbar waren. Die Bereitschaft zu derartigen reflektorischen Kontraktionen war um so größer, je mehr zu Beginn der passiven Bewegung die Haftpunkte des reagierenden Muskels einander angenähert waren. Dabei waren im allgemeinen rasche und ausgiebige Bewegungen wirksamer als langsame und wenig exkursive. Diese durch passive Bewegungen hervorgerufenen Muskelkontraktionen blieben auch dann, wenn jeder weitere Reiz vermieden wurde, durch 10—15 Sekunden, oft auch länger aufrecht. Während dieser Zeit hielt sich die Kontraktion in gleicher Höhe, gelegentlich nahm sie aber auch mehrmals etwas ab und dann wieder zu, um schließlich plötzlich oder ruckweise abzusinken. Die Kranke selbst konnte diese bei passiven Bewegungen einsetzenden, reflektorischen Spannungen willkürlich nicht lösen, wohl aber war sie imstande, die Spannungen, wenn sie nicht gleich von vorneherein auf voller Höhe waren, willkürlich bis zu maximaler Kontraktion des Muskels zu steigern, worauf die Muskeln durch mehrere Sekunden in der erreichten Spannung blieben, ohne daß die Kranke daran etwas ändern konnte.

Wurden anstatt der Einzelbewegungen Serienbewegungen (z. B. alternierende Streck- und Beugebewegungen im Kniegelenk) durchgeführt, so zeigten die dabei aufgetretenen Muskelspannungen grundsätzlich die gleiche Abhängigkeit von den Versuchsbedingungen, die bei der Einzelbewegung den Reflexerfolg beeinflußten. Ein auffallender Unterschied hob sich aber doch heraus: bei Serienbewegungen konnte *reihenweise eine freie passive Beweglichkeit*, ja sogar ein *verminderter Widerstand* bestehen, während bei Einzelbewegungen fast immer erhöhte Widerstände zur Beobachtung kamen. Allerdings schien es sehr darauf anzukommen, daß die Reihenbewegung gleichmäßig ausgeführt wurde. Änderte man Tempo und Ausmaß der Bewegung unvermittelt, so traten in der Regel sofort erhöhte Widerstände auf.

Bei der Patientin zeigten sich weiter kataleptoide Phänomene, wie sie zuerst von KLEIST 1907 bei Chorea minor beschrieben, von MAYER und REISCH 1926 geschildert und von MARINESCO, KREINDLER und COHEN 1930 als kataleptisches Syndrom mit Flexibilitas cerea in einem Fall von Chorea minor beobachtet wurden. Die Gliedmaßen der neuerdings von REISCH untersuchten Patientin zeigten — nach passivem Erheben der Einwirkung der Schwerkraft überlassen — ein kataleptoides Verhalten. Die jeweils in Tätigkeit tretenden Haltemuskeln gerieten entweder schon während der Annäherung ihrer Haftpunkte beim Erheben des betreffenden Gliedabschnittes oder erst nach Loslassen desselben in einen erhöhten Spannungszustand. Die Muskeln konnten dabei je nach der gewählten Lage in ganz verschiedenen Kombinationen in Reaktion treten, und wiederholt fanden sich bei Aufrechterhaltung einer Stellung antagonistische Muskelgruppen gleichzeitig in Kontraktion.

Das kataleptoide Verhalten konnte bis zu einigen Minuten dauern, eine willkürliche Lösung der Kontraktion war nicht möglich, wohl aber eine willkürliche Steigerung. REISCH gewann den Eindruck, daß die Einwirkung der Schwerkraft einen besonders wirksamen (natürlichen) Reiz für die Auslösung der reflektorischen Spannungen mit sich brachte, auf den anscheinend eine um so ausgiebigere und nachhaltigere Reaktion erfolgte, je mehr Muskeln zu gleicher Zeit beansprucht wurden.

Führte die Patientin Willkürbewegungen aus, so konnte sie dieselben glatt zu Ende führen, vermochte aber die Kontraktion nicht mehr zu lösen. Die Muskeln blieben 5 bis 10 Sekunden und auch länger kontrahiert, ohne daß dabei ein Müdigkeitsgefühl zustande kam. Die Nachdauer willkürlich eingeleiteter Kontraktionen trat sowohl auf, wenn die Kranke eine Bewegung ausführte wie bei Innervation unter isometrischen Verhältnissen, wenn man z. B. von der Kranken den Quadriceps in Streckstellung des Knies oder den Triceps in Streckstellung des Ellbogens anspannen ließ.

In ganz analoger Weise stellte sich eine Nachdauer der Kontraktion ein, wenn ein Muskel durch elektrische Reizung in Kontraktion versetzt wurde.

Endlich zeigte die Kranke ein typisches GORDONsches Phänomen (Sekundärphänomen) im Anschluß an die Zuckung des Kniesehnenreflexes, und analoge Sekundärphänomene ließen sich im Anschluß an die Zuckung des Achillessehnenreflexes und Tricepssehnenreflexes nachweisen.

Bei der Deutung dieser Spannungsphänomene vertritt REISCH die Anschauung, daß die Spannungsvermehrung bei passiver Entfernung der Muskelhaftpunkte einer Erhöhung des Dehnungsreflexes (FOERSTER) bzw. des stretch reflex (myotatic reflex) von LIDDEL und SHERRINGTON entspricht, während andererseits die Spannungsvermehrung bei passiver Annäherung der Muskelhaftpunkte einer Erhöhung des Adaptationsreflexes (FOERSTER) bzw. der shortening reaction SHERRINGTONs zuzuschreiben ist. Die kataleptoiden Phänomene betrachtet der Autor als pathologisch erhöhte Fixationsspannung im Sinne FOERSTERs, sofern die betreffenden Haltemuskeln schon vor dem Freilassen der Extremität in vermehrter Adaptationsspannung waren. Da aber der Spannungszustand öfter erst bei Freilassen der passiv erhobenen Extremität auftrat und die reagierenden Muskeln auch bei nur leichtem Absinken sofort der Wirkung eines Dehnungsreizes ausgesetzt waren, läßt sich wohl kaum auseinanderhalten, wieweit beim Zustandekommen einer Haltungsspannung eine Erhöhung der verschiedenen Reflexe des Adaptations-, Fixations- und Dehnungsreflexes eine Rolle spielt.

Aus der Erhöhung des Adaptations- und Fixationsreflexes ließ sich nach REISCH auch die Überdauer von Willkürkontraktionen erklären, soweit dieselben mit einem Bewegungseffekt, also mit einer Annäherung der Haftpunkte eines Muskels einhergingen.

Dagegen glaubt der Autor mit dieser Erklärung nicht das Auslangen zu finden, um die Überdauer von isometrischen Kontraktionen verständlich zu machen. Um zu einer befriedigenden Deutung zu kommen, geht er in eine Analyse des GORDONschen Phänomens ein.

GORDON beschrieb bei der Chorea minor als erster die Erscheinung, daß nach Beklopfen der Quadricepssehne der Unterschenkel nicht absinkt, sondern durch eine tonische Kontraktion des Quadriceps femoris einige Sekunden lang in Streckstellung gehalten wird. Diese tonische Nachdauer des Kniesehnenreflexes, die, wie zuerst KLEIST hervorhob, im Verhalten des Triceps- und Achillessehnenreflexes ihr Analogon haben kann, ist Gegenstand zahlreicher Untersuchungen geworden. Aus der Aktionsstromkurve stellten GREGOR und SCHILDER fest, daß zunächst eine dem Kniesehnenreflex zugehörige diphasische Schwankung auftritt, auf die nach kurzer Pause von etwa 0,1 Sekunden (FAHRENKAMP, REISCH) Saitenschwankungen folgen, die einer tetanischen Erregung entsprechen. GREGOR und SCHILDER deuten die tetanische Phase als choreatische Zuckung, die reflektorisch durch den Patellarreflex ausgelöst wird. FAHRENKAMP hinwiederum vertrat die Ansicht, daß der Tetanus eine choreatische Mitbewegung darstelle, die auch ganz unabhängig vom Beklopfen der Patellarsehne beim Aufheben des Oberschenkels sich einstellen könne. — MAYER und REISCH stellten dagegen zwischen der Reflexzuckung und der dem Kniesehnenreflex folgenden tonischen Nachkontraktion (dem „Sekundärphänomen") eine viel engere Verbindung in dem Sinne her, daß sie das Zustandekommen der tonischen Nachkontraktion auf die Dehnung zurückführen, die der Quadriceps beim Absinken des Unterschenkels nach erfolgter Reflexzuckung erleidet.

REISCH ist nun neuerdings dem Problem weiter nachgegangen. Er hält daran fest, daß beim Sekundärphänomen ein Dehnungsreflex mit im Spiel ist, hebt aber hervor, daß das Phänomen daraus allein nicht restlos zu erklären ist. Man sieht nämlich die Erscheinung auch dann auftreten, wenn eine Dehnung des Quadriceps gar nicht in Frage kommt, sei es, daß sich die tetanische Kontraktion unmittelbar an die Reflexzuckung anschließt, ohne daß dazwischen ein Absinken des Unterschenkels erfolgt, sei es, daß ein Absinken des Unterschenkels durch die Prüfung des Kniesehnenreflexes in Seitenlage vermieden wird. Für die Erklärung der Verhältnisse bot sich als nächstliegende Deutung, daß das Sekundärphänomen eine Adaptations- und Fixationsspannung darstellt, die durch die während der reflektorischen Zuckung erfolgende Annäherung der Quadricepshaftpunkte hervorgerufen wird.

Durch eine geeignete Versuchsanordnung konnte REISCH aber zeigen, daß beim Sekundärphänomen noch ein anderer Reflexmechanismus wirksam sein muß, der sogar für sich allein ausreichen kann, um die sekundäre tonische Spannung zu bedingen. „Wenn man der auf harter Unterlage auf dem Rücken liegenden Kranken eine keilförmige Holzstütze unter die Kniee schob, mit einer Hand den Oberschenkel, mit der anderen Hand den Unterschenkel fest auf die Stütze niederdrückte und nun von einem Gehilfen einen ausreichend kräftigen Schlag gegen die Patellarsehne ausführen ließ, dann antwortete der Quadriceps nicht mit einer einfachen Reflexzuckung, sondern mit einer mehrere Sekunden anhaltenden tetanischen Kontraktion". Bei der geschilderten Versuchsanordnung war jede noch so geringe Bewegung des Unterschenkels ausgeschlossen, die Kniesehnenreflexzuckung erfolgte streng *isometrisch*, kinetische Reflexe (Dehnungsreflex, Adaptationsreflex und postkinetischer Fixationsreflex) konnten dabei nicht wirksam werden. Das Elektrogramm zeigte bei dieser Versuchsanordnung eine diphasische Stromschwankung, die der Kniesehnenreflexzuckung vorausging, dann folgte eine Pause von $^1/_{10}$ Sekunde (Mittelwert), und schließlich zeigt die Saite lang anhaltende Oszillationen, also im ganzen eine für das GORDON-Phänomen charakteristische Kurve.

Bei der Erörterung dieser Versuche kommt REISCH zur Annahme, daß der maßgebende Reiz, dem das Sekundärphänomen bei isometrischen Kontraktionsverhältnissen seine Entstehung verdankt, in der Spannungsveränderung zu suchen ist, die im Quadriceps während der isometrischen Kniesehnenreflexzuckung eintritt. In Übertragung einer experimentellen Feststellung von MATTHEWS vermutet er, daß beim Erschlaffen des im Kniesehnenreflex kontrahierten Quadriceps Muskel- oder Sehnenspindeln, erregt werden und die davon ausgehenden zentripetalen Impulse reflektorisch die tetanische Kontraktion des Sekundärphänomens bedingen.

In der Zusammenfassung der gesamten Tatsachen, die sich ihm bei der klinisch experimentellen Analyse des GORDON-Phänomens ergaben, kommt der Autor zum Schluß, daß die tonische Nachkontraktion auf keinen Fall unmittelbar auf den Reiz zurückgeführt werden kann, der durch den Hammerschlag gegen die Patellarsehne gesetzt wird und die einfache Reflexzuckung auslöst. Für das Sekundärphänomen kommen nur sekundäre reflektorische Mechanismen in Betracht, und zwar 1. die Spannungsänderung im Quadriceps, insoweit die phasische Reflexzuckung isometrisch vor sich geht; 2. die bei Verkürzung des Quadriceps einsetzende Adaptations- bzw. Fixationsspannung; 3. der Dehnungsreflex, der sich einstellt, wenn der Unterschenkel nach der ersten Erfolgsbewegung absinkt und damit den Quadriceps dehnt. — Durch die primäre Kniesehnenreflexzuckung können diese verschiedenen Mechanismen in Gang gesetzt werden, die einzeln oder miteinander vereint das Sekundärphänomen in Erscheinung treten lassen.

Der Reflexmechanismus, der dem Sekundärphänomen bei isometrischen Kontraktionsverhältnissen zugrunde liegt, stellt nun nach REISCH keineswegs einen ausschließlich an den Kniesehnenreflex gebundenen Vorgang dar, sondern ist eine *viel umfassendere Erscheinung*. REISCH ist der Ansicht, daß der gleiche Reflex die Grundlage aller tonischen Nachkontraktionen ist, die sich an reflektorisch, aktiv oder durch elektrische Reizung hervorgerufene isometrische Kontraktionen anschließen, und schlägt den Ausdruck *„epitatischer Reflex"* vor, ein Ausdruck, der besagen soll, daß die Nachdauer eine Kontraktion ihre Entstehung einem Reflex verdankt, der durch die auf irgendeine Art zustande gekommene primäre Muskelspannung ausgelöst wurde.

Der Autor legt sich selbst die Frage vor, ob der epitatische Reflex nicht mit dem Fixationsreflex FOERSTERs identisch ist. Der Unterschied liegt darin, daß der Fixationsreflex (ebenso wie der Dehnungsreflex) durch Reize ausgelöst wird, die an Bewegungen gebunden sind, während der epitatische Reflex auch ohne jede vorhergehende Bewegung im Gefolge rein isometrischer Muskelspannungen auftritt, z. B. bei aktiver Quadricepskontraktion in voller Streckstellung des Kniegelenks, bei der von Reisch angegebenen Methode der Kniesehnenreflex-Prüfung, die jede Bewegung des Unterschenkels ausschließt, oder bei isometrischer Kontraktion nach elektrischer Reizung. Reisch selbst hebt aber hervor, daß der Unterschied von epitatischem Reflex und Fixationsreflex kein prinzipieller sein dürfte, der Foerstersche Fixationsreflex vielmehr als „unter bestimmten Bedingungen auftretender epitatischer Reflex aufgefaßt werden kann".

Der epitatische Reflex, der vermutlich auch unter normalen Verhältnissen zur Geltung kommt, bei der Chorea minor aber eine pathologische Steigerung zeigt, dient nach der Meinung Reischs offenbar der Aufrechterhaltung des mit einer isometrischen Muskelkontraktion verbundenen Spannungszuwachses. Er führt also zu einer Spannungsbeharrung, mit der der kontrahierte Muskel entgegengesetzt gerichteten Kräften die Wage hält. Überwiegen diese Kräfte, kommt es zu einer Dehnung, so tritt der Dehnungsreflex in Aktion und bewirkt damit einen neuerlichen Spannungszuwachs. Der Dehnungsreflex und epitatische Reflex arbeiten also synergisch.

Wie schon erwähnt, ist es gleichgültig, welcher Genese die primäre Muskelspannung ist, die den Anstoß für die sekundäre Spannung gibt. Die primäre Kontraktion kann durch elektrische (also rein periphere) Reizung zustande kommen oder durch spinale Erregungsvorgänge (Sehnenreflexe) oder durch willkürliche Innervationen: jedwede dieser verschiedenartig bedingten Kontraktionen erwies sich als geeignet, den epitatischen Reflexmechanismus in Gang zu bringen.

Durch den epitatischen Reflex können aber die durch irgendwelche vorhergegangene Erregung erreichten Kontraktionszustände in der Regel nicht weiter gesteigert, sondern nur auf der jeweils erreichten Höhe festgehalten werden (5—10 Sekunden und auch länger). Eine willkürliche Lösung der epitatischen Spannung ist nicht möglich. Die Kranken vermögen während der Dauer der Spannung die Antagonisten nicht zur Kontraktion zu bringen, es besteht also während dieser Phase eine Blockierung der Antagonisteninnervation, die aber anscheinend nur dann vollkommen ist, wenn die epitatische Spannung eine gewisse Höhe erreicht.

Die angeführten Beobachtungen, die Reisch auch in einer Reihe anderer Choreakranker, wenn auch nicht immer im gleichen Ausmaß bestätigt fand, führten ihn zur Feststellung, daß in gewissen Fällen von Chorea minor, wenngleich bei entsprechend ausgeführten passiven Bewegungen eine hypotonische Grundspannung nachweisbar ist, nebenbei in sehr ausgesprochener Weise Phänomene in Erscheinung treten können, die dem hypertonischen Syndrom eigen sind. Reisch schlägt für derartige Vorkommnisse den Ausdruck *poikilotones Choreasyndrom* vor. Der Autor läßt es offen, ob die Poikilotonie bei der Chorea minor nicht häufiger vorkommt, als man bei nicht eigens darauf gerichteter Untersuchung annehmen möchte. Nach seiner Erfahrung findet man bei der infektiösen Chorea während der Durchführung passiver Bewegungen neben herabgesetztem Widerstand durchaus nicht selten erhöhte Spannungszustände, ferner kataleptoide Symptome und andere tonische Erscheinungen. Dabei können solche hypertone Phänomene auch während der Rückbildung, ja selbst nach völligem Verschwinden der choreatischen Unruhe noch nachweisbar sein.

Das Nebeneinander von hypotonischen und hypertonischen Erscheinungen veranlaßten Reisch, zur Frage Stellung zu nehmen, ob die *Hypotonie* bei der Chorea minor durch die Herabsetzung des Dehnungsreflexes allein erklärt werden kann. Gamper hatte seinerzeit bei der Erörterung des Rigor die Auffassung vertreten, daß der Widerstand, der bei passiver Dehnung des Muskels fühlbar wird, durch drei Komponenten bestimmt wird: durch die Substanzelastizität des Muskels, durch den Ruhetonus (das ist der Kontraktionszustand, den der mit dem zentralen Nervensystem in Verbindung stehende Muskel schon in Ruhe aufweist) und schließlich durch die reflektorische Kontraktion, die dem während der passiven

Dehnung auftretenden Dehnungsreflex zuzuschreiben ist. REISCH sieht in seinen Beobachtungen eine indirekte Bestätigung der Ansicht von GAMPER: Wäre der beim Rigor während passiver Bewegungen nachweisbare Widerstand, soweit er innervatorischer Genese ist, ausschließlich auf einen erhöhten Dehnungsreflex zurückzuführen, dann könnte in jenen Fällen von Chorea minor, die eine ausgesprochene Erhöhung des Dehnungsreflexes aufweisen, kaum eine Hypotonie bestehen. Und der Autor kommt zu dem allgemeinen Schluß, daß der klinisch gemeiniglich als Tonus bezeichnete Spannungszustand der Muskulatur, der sich als Widerstand bei passiven Bewegungen kundgibt, nicht durch den Dehnungsreflex allein bestimmt wird, sondern auch noch durch andere innervatorische Impulse, die — unabhängig vom zentralen Apparat für den Dehnungsreflex — durch den Erregungszustand besonderer Zentren bedingt ist. Freilich liegen die pathologischen Verschiebungen der Grundspannung (Ruhetonus) und der Dehnungserregbarkeit in der Regel in der gleichen Richtung (Erhöhung oder Verminderung), so daß man bei Ausführung einer passiven Bewegung nicht zu entscheiden vermag, wieweit der Widerstand des gedehnten Muskels auf die Steigerung seiner Grundspannung und wieweit er auf die inzwischen durch die Dehnung selbst ausgelöste reflektorische Dehnungskontraktion zurückzuführen ist. Bei der Poikilotonie läßt sich aber nach REISCH auf zweifelsfreie Weise aufzeigen, daß hier eine *Vergesellschaftung einer hypotonen Grundspannung mit hypertonischen Phänomenen* (Steigerung des Dehnungsreflexes, erhöhte Bereitschaft zu Adaptationsspannungen und tonischer Velängerung reflektorischer Spannungen) vorliegt.

Verhalten der Reflexe. Die Reflexe sind, soweit Haut- und Schleimhautreflexe in Frage kommen, bei der Chorea minor im allgemeinen ungestört. Aber auch die Sehnen- und Periostreflexe zeigen in den meisten Fällen keine Abweichung. Bei ausgesprochener Hypotonie kann man gelegentlich eine Herabsetzung der Patellar- und Achillessehnenreflexe feststellen. Bisweilen trifft man eine Verzögerung des Reflexes im Sinne von TRIBOULET, bei der erst auf wiederholtes Beklopfen der Kniesehne ein Reflexerfolg bemerkbar wird. Völliges Fehlen gilt als seltenes Vorkommnis in Fällen von sog. Chorea mollis. Ebenso selten ist eine Steigerung der genannten Reflexe (WOLLENBERG) nachweisbar. Dagegen finden sich bei der Chorea minor andersartige Abweichungen im Ablauf der Sehnenreflexe, die am deutlichsten bei Auslösung des Patellarsehnenreflexes in Erscheinung treten und an diesem Reflex am eingehendsten studiert wurden. Man hat dabei zwei Typen zu unterscheiden. Die eine Form ist gekennzeichnet durch einen pendelnden Ablauf der Unterschenkelbewegungen, d. h. im Anschluß an die Reflexzuckung pendelt der Unterschenkel echoartig weiter unter allmählichem Absinken der Amplitude bis zur völligen Beruhigung (MORQUIO, GAREISO und OBARRIO, K. WILSON). Der zweite Typ bekommt seine Besonderheit durch das Hinzutreten tonischer Kontraktionsvorgänge und wird repräsentiert durch das an früherer Stelle schon ausführlich besprochene GORDONsche *Phänomen.*

Die mechanische und elektrische Erregbarkeit der Muskeln und Nerven wird bei der Chorea minor im allgemeinen normal befunden. Die Erhöhung der elektrischen Erregbarkeit der motorischen Nervenstämme, über die BENEDIKT berichtet, wird von CURSCHMANN als Zufallsbefund gedeutet.

Ausdrucks- und Reaktivbewegungen. Bei der Schilderung des klinischen Gesamtbildes wurde bereits hervorgehoben, daß die verschiedensten Reize, insbesondere aber emotive Vorgänge, die choreatische Unruhe steigern. Wie FOERSTER hervorhebt, fehlen aber in den reaktiv und emotiv bedingten Bewegungsphänomenen der Chorea minor die für die Athetose charakteristischen Massenbewegungen, die Verknüpfung der Einzelbewegungen zu — wenn auch primitiven — Zusammenfassungen bleibt aus: Zerfall der Massenbewegungen in ihre Bausteine (FOERSTER).

WILSON behauptet, daß die mimischen Ausdrucksformen der Chorea richtige mimische Bewegungen darstellen, man sehe in der Regel nicht Zuckungen eines Einzelmuskels. Die Bewegungen, die normalerweise bilateral erfolgen, laufen nach den Feststellungen von WILSON auch bei der Chorea bilateral ab, und eine Dissoziierung komme nur im unteren, aber nicht im oberen Facialisgebiet zur Beobachtung. Dagegen stellt HERZ in Übereinstimmung mit NEIDING und PLANK fest, man könne nicht immer mit Sicherheit auseinanderhalten, ob im Gesichtsbereich ein oder mehrere Muskel am choreatischen Bewegungsspiel beteiligt sind, und inwieweit den zwecklosen Einzelbewegungen affektiv vermittelte Ausdrucksbewegungen beigemengt sind. Er konnte sich aber in seinen Beobachtungen einwandfrei von der Tatsache überzeugen, daß im Gesichtsbereich sowohl primitive Einzelbewegungen wie Kombinationen von solchen vorkommen, die nicht dem Aufbau einer Ausdrucksbewegung entsprechen. Der Zerfall physiologischer Bewegungskombinationen erstreckt sich also auch auf die mimischen Ausdrucksbewegungen.

Verhalten der Willkürbewegungen. Geht man an die Analyse der Störungen, die bei der Chorea minor im Ablauf der sog. Willkürbewegungen zutage treten, so muß man sich zunächst darüber klar werden, daß der Choreatiker für seine Bewegungsabsichten von vornherein ein zur Durchführung zweckgemäß geordneter Bewegungen ungünstiges System zur Verfügung hat. Ungünstig einmal insofern, als die Hypotonie bzw. Poikilotonie und die Abschwächung der Reflexmechanismen, die normalerweise die Adaptierung der Spannungsverhältnisse gewährleisten (Verkürzungsreflexe, Dehnungsreflexe, Fixationsreflexe), allenfalls vermengt mit hypertonischen Reflexphänomenen eine Unsicherheit des statischen Untergrundes bedingt, dessen Stabilität bzw. elastische Anpassungsfähigkeit unerläßliche Voraussetzung für die Entwicklung einer unbehinderten Willkürmotorik ist. Und zum zweitenmal ungünstig, weil sich in diesem System ganz unberechenbar elementare Bewegungsvorgänge in Gestalt der choreatischen Einzelzuckungen und ihrer Kombinationen abspielen und weiterhin Mitbewegungen die saubere Entwicklung einer Bewegungsgestalt beeinträchtigen. Es ist — wenn der Vergleich erlaubt ist — gleichsam ein System mit entspannten Federn und gelockerten Schrauben, wackelig bei jedem Anstoß, unstabil und ungeeignet für präzise Leistung.

Diese ungünstige Gestaltung der Ausgangssituation für willkürliche Bewegungen läßt sich recht deutlich an der sog. *choreatischen Hand* aufzeigen, die zuerst von WERNER (1885) beschrieben und weiterhin von W. R. BRAIN und K. WILSON studiert wurde. Während normalerweise in den Ruhehaltungen der oberen Extremität z. B. bei seitlichem Herabhängen der Arme die Hand in „Greifstellung" steht, findet man bei einem auffallend hohen Prozentsatz der Choreatiker das Handgelenk flektiert, die Metacarpophalangealgelenke überstreckt, die Phalangen leicht gestreckt oder überstreckt (allenfalls ganz leicht gebeugt), die Finger eher etwas gespreizt, den Daumen überstreckt und abduziert, also das klare Gegenstück zur normalen Stellung. — Diese abnorme Handstellung läßt sich am besten zur Anschauung bringen, wenn man den Kranken die Arme vor sich hin strecken läßt.

In diesem Zusammenhang ist auch das *Pronatorzeichen* zu erwähnen, auf dessen Vorkommen bei der Chorea minor WILSON aufmerksam gemacht hat: läßt man den Kranken die Arme in der Sagittalen vorstrecken, so macht sich eine Pronationsneigung bemerkbar, kenntlich am „Tauchen" des Daumens. Noch deutlicher tritt das Phänomen in Erscheinung, wenn die Kranken die Arme parallel zur Seitenfläche des Rumpfes über den Kopf strecken. Die Handflächen drehen sich dabei infolge der Pronationstendenz aus der Sagittalen in die Frontalebene.

Es machen sich also bei der Chorea minor Haltungsanomalien geltend, die wir als Ausdruck einer Verschiebung der die physiologische Ruhehaltung sichernden Spannungsverhältnisse bzw. als Ausdruck einer Spannungsverminderung in bestimmten Muskelgruppen (Extensoren und Supinatoren der Hand) deuten dürften. Vermutlich dürfte eine systematische Analyse an Choreakranken ähnliche Verschiebungen der physiologischen Ruhehaltungen auch noch an anderen Körperabschnitten ergeben. Auf jeden Fall hat man bei der Betrachtung Choreakranker auch dann, wenn keine grobe choreatische Unruhe vorhanden ist oder die choreatischen Zuckungen schon wieder im Abklingen sind, immer wieder den Eindruck, daß irgend etwas an der Gesamtstatik nicht in Ordnung ist, daß das Gesamtgefüge locker ist und jene fein abgestufte Spannungsverteilung fehlt, die einerseits eine gerade gegebene Gesamthaltung des Körpers ruhig sichert und andererseits die elastisch prompte Entwicklung einer Bewegungsfigur ermöglicht.

Studiert man nun am Choreatiker die Durchführung der sog. Willkürbewegungen, so erweist sich die grobe Kraft der Einzelmuskeln bzw. der einzelnen Muskelgruppen im wesentlichen ungestört. Eine gewisse *Muskelschwäche* kann allerdings auch bei den gewöhnlichen Fällen regelmäßig aufgedeckt werden (WILSON). Ganz offenkundig ist die Schwäche bei jenen Krankheitsbildern, die als Chorea mollis bzw. paralytica gekennzeichnet werden. In derartigen Zuständen klagen die Kranken, daß sie ihre Glieder nicht gebrauchen können, Arm und Hand hängen bewegungslos herunter. Auf Geheiß sind die Kranken allerdings doch noch imstande, die Gliedmaßen zu bewegen, doch sind die Leistungen ohne Ausdauer und energielos. Solche Schwächeerscheinungen können der choreatischen Unruhe vorangehen, sie können gleichzeitig mit der Bewegungsunruhe bestehen oder erst im Verlauf der Rekonvaleszenz einsetzen. Die Bewegungsstörung kann beide Arme, Arm und Bein einer Seite oder selbst den ganzen Körper befallen, letzteres besonders dann, wenn die Schwächeerscheinungen erst in der Wiederherstellungsphase in Erscheinung treten.

Die Diskussion, ob es sich bei dieser Schwäche um eine echte Parese oder um eine Pseudoparese handelt, wird unseres Erachtens müßig, wenn man den Begriff der Parese zur Kennzeichnung der klinischen Feststellung verwendet, daß eine muskuläre Leistung an Kraft, Tempo und Ausmaß hinter dem zu erwartenden Niveau zurückbleibt. Daß die paretischen Erscheinungen bei der Chorea minor nicht auf eine Schädigung des peripheren Neurons zurückzuführen sind, ergibt sich aus dem Fehlen degenerativer Vorgänge an der Muskulatur und der Intaktheit der elektrischen Erregbarkeitsverhältnisse.

Aber auch ohne wesentliche Parese zeigen sich schon bei der Ausführung primitiver Einzelbewegungen gewisse Störungen. FOERSTER, KLEIST und STERTZ wiesen darauf hin, daß sich bei der Chorea minor eine *Erschwerung der Willkürinnervation* bemerkbar macht, daß eine Erschwerung der Innervationsfindung, ein erschwertes Ingangkommen der Innervation zu beobachten ist, daß die Bewegungen die Promptheit vermissen lassen, verspätet einsetzen und unstetig ablaufen und im Bewegungsbeginn wie im Bewegungsablauf Innervationsentgleisungen vorkommen.

HERZ konnte die Verzögerung des Bewegungsbeginns in Filmbildern aufzeigen. Diese Verzögerungen erscheinen ihm bedingt durch das Auftreten von Gegenimpulsen und weiterhin dadurch, daß anstatt der verlangten Willkürbewegungen sich andere Bewegungen in den verschiedensten Richtungen einstellen. Im Verlauf der Einzelbewegung können sich dann antagonistische Bremsungen geltend machen, durch die die intendierte Bewegung gestoppt wird und das Glied stecken bleibt, bevor es das beabsichtigte Ziel erreicht hat. Ist diese Stockung überwunden, so kann die Bewegung in der beabsichtigten Richtung weitergeführt werden, es kann aber auch eine rückläufige Bewegung einsetzen, oder es schiebt sich eine Bewegung ein, die aus der geplanten Richtung völlig herausführt.

Verlangt nun eine Willkürbewegung die Zusammenarbeit mehrerer Gliedabschnitte, so bedeuten die Verzögerungen und Unstetigkeiten der Teilbewe-
gungen an sich schon eine beträchtliche Störung des Zusammenspiels. Darüber
hinaus fehlt es aber noch an der richtigen Abstufung und dem Ausmaß der
Einzelbewegungen und insbesondere an der geregelten zeitlichen Abfolge. Als
weiteres Störungselement können sich choreatische Mitbewegungen und Zwischenbewegungen in die intendierten Bewegungsfiguren einschieben und zur Entstellung der angestrebten Bewegungsleistung beitragen.

Mit besonderem Nachdruck hebt WILSON hervor, daß die intendierten
Bewegungen vielfach den gleichen abrupten, explosiven, flüchtig instabilen
Charakter wie die choreatischen Zuckungen aufweisen und diese Eigenart noch
zu einer Zeit behalten, wenn die Zuckungen schon lange geschwunden sind.
Wird z. B. die Zunge auf Geheiß vorgestreckt, „flieht" sie in den Mund zurück
(choreatische Zunge). Bei Aufforderung, die Arme vorzustrecken, werden die
beiden Arme vorgeworfen. Beim Erheben von einem Sessel erfolgt die Bewegung
nicht bequem ruhig, sondern jäh aufspringend. Soll das Kind während des
Gehens umkehren, so geschieht dies so rasch, daß fast das Gleichgewicht verloren geht (Beispiele von WILSON).

Auch RUNGE erwähnt, daß manchmal die Innervationen abnorm schnell,
blitzartig zu erfolgen schienen, wobei er es offen läßt, ob diese Beschleunigung
durch unwillkürliche Zuckungen bedingt wird, die in die Willkürinnervation
störend hineinfahren, oder ob eine abnorme Erleichterung der Innervation
vorliegt.

Besondere Behinderung erfährt die Willkürinnervation bei Kranken mit
poikilotonem Verhalten. Neben der Verzögerung und Instabilität der Innervation bestand bei der von REISCH studierten Kranken auf dem Höhestadium
der Erkrankung eine Unfähigkeit, willkürlich herbeigeführte Kontraktionen
zu lösen. Die willkürlichen Muskelspannungen fielen, ohne daß dies in der Absicht der Kranken lag, fast immer kräftig aus und hielten, ohne bei der Kranken
eine Ermüdung auszulösen, durch mehrere Sekunden an, um sich dann spontan
in jähem Abfall oder in ruckartigen Absätzen zu entspannen. Dabei war die
Kranke zunächst außerstande, aktiv herbeigeführte Spannungen zur Erschlaffung
zu bringen und die Antagonisten zu innervieren. Erst in der Rekonvaleszenz
drangen dann allmählich Innervationsimpulse zu den Antagonisten durch, und
schließlich brachte es die Kranke fertig, unter Überwindung der Agonisten-
spannung Gegenbewegungen auszuführen. Aber noch zur Zeit, als die Kranke
bereits willkürliche Bewegungen ohne äußerlich bemerkbares Stocken durchzuführen imstande war, klagte sie noch lange über ein behinderndes Gefühl
von Spannung und Steifigkeit wie über rasche Ermüdbarkeit.

Derartige Störungen der Willkürbewegungen durch Spannungsverharrung
beobachtete auch HERZ in einzelnen Fällen, und er fand ebenso wie REISCH,
daß besonders entgegengesetzt gerichtete, antagonistische Bewegungen dadurch
beeinträchtigt waren.

Wie neuerdings wieder HERZ hervorhebt, machen sich die Störungen der
Willkürbewegungen nicht gleichmäßig bei allen Handlungen bemerkbar. Ein
und dieselbe Leistung kann bei dem gleichen Kranken bald besser, bald schlechter
gelingen, genau so wie der Grad der choreatischen Unruhe an den einzelnen
Körperteilen in verschiedenen Abstufungen wechseln kann. Andererseits besteht aber kein strenger Parallelismus zwischen der Ausprägung der choreatischen
Unruhe und der Störung der Willkürmotorik. Wohl läßt sich im allgemeinen
sagen, daß in allen schweren Fällen von Chorea die willkürlichen Bewegungsleistungen Störungen aufweisen, doch kommen Fälle zur Beobachtung, in
welchen trotz lebhafter choreatischer Unruhe die willkürlichen Bewegungen

auffallend gut durchgeführt werden. Umgekehrt kann man aber auch gar nicht selten die Beobachtung machen, daß die Willkürmotorik noch zu einer Zeit erheblich behindert ist, wo die choreatische Unruhe sich kaum mehr bemerkbar macht.

FOERSTER, KLEIST, F. H. LEWY u. a. haben als ein Hauptmerkmal der choreatischen Bewegungsformen *den Mangel an Koordination* herausgehoben. FOERSTER führte diese Koordinationsstörungen auf eine mangelhafte antagonistische Dämpfung und auf mangelhafte Innervationen bei statischen Muskelleistungen zurück. F. H. LEWY studierte die Verhältnisse an Aktionsstromkurven von Agonisten und Antagonisten und kam zum Ergebnis, daß die Koordinationsstörungen auf eine zeitliche und quantitativ unrichtige Innervation des Agonistenapparates zurückzuführen sind, und in Übereinstimmung damit zeigte WILSON an Myogrammen, daß bei der Chorea minor das Antagonistengesetz durchbrochen wird und alle möglichen Formen pathologischer Kombinationen von Agonisten- und Antagonistenkontraktion in Erscheinung treten können.

Die Gestaltung einfacher und komplizierter Bewegungsleistungen offenbart deutlich, daß Protagonisten, Synergisten und Antagonisten vielfach nicht zusammenarbeiten, daß insbesondere bei feinen Bewegungsleistungen der Finger und Hände, aber auch bei vielen anderen Handlungsfolgen das präzise Zusammenspiel verloren geht, daß Haltungsanomalien zustande kommen, weil die koordinierte Zusammenfassung bestimmter Muskelgruppen zur Sicherung der Statik Schaden leidet. Erst kürlich hat AMYOT wieder darauf aufmerksam gemacht, daß sich im Verlauf einer Chorea schwere ataktische Symptome vordrängen können, ähnlich wie KLEIST seinerzeit hervorgehoben hat, daß in einzelnen Fällen die Koordinationsstörungen das klinische Bild beherrschen können. Bemerkenswert sind besonders jene Fälle, bei welchen sich die Störungen vorwiegend an den unteren Gliedmaßen bemerkbar machen und einen durchaus ataktisch anmutenden Gang bedingen. In schweren Choreafällen sind die Kranken überhaupt außerstande, sich aufzusetzen, zu stehen, zu gehen, ja nur den Kopf aufzurichten.

Der Begriff der Koordinationsstörung ist also in der klinischen Analyse der choreatischen Bewegungsstörung voll berechtigt. Es muß aber doch beachtet werden, daß es sich dabei um eine Koordinationsstörung eigener Art handelt. In Übereinstimmung mit KLEIST möchten wir dabei vornehmlich das mangelhafte Zusammenspiel, die *Asynergie,* betonen und den Umstand hervorheben, daß wenigstens bei leichteren Fällen der Grad der Koordinationsstörung nicht konstant ist, da ein und dieselbe Leistung bald erheblich gestört erscheint und dann wieder recht gut ablaufen kann.

Neben dem Versagen der koordinatorischen Leistungen sind aber zweifellos noch verschiedene andere elementare Störungen (Mängel der Agonisteninnervation, Mitbewegungen, choreatische Zwischenbewegungen, hypertonische Phänomene) für die Unvollkommenheiten, Entgleisungen und Entstellungen der intendierten Bewegungen verantwortlich zu machen.

Eine völlig durchsichtige Analyse der choreatischen Bewegungsformen zu geben, erscheint uns derzeit noch kaum möglich. Die richtige Deutung des klinischen Bildes setzt entsprechende pathophysiologische Einsichten voraus; wieweit wir aber noch davon entfernt sind, zeigen die Meinungsverschiedenheiten, die in den verschiedenen Choreatheorien noch zutage treten.

In einem mehr intuitiven Erfassen des Gesamtbildes der Chorea minor möchten wir noch einmal auf den früher angeführten Vergleich zurückkommen: die motorische Apparatur eines Choreatikers ähnelt einem System mit entspannten Federn und gelockerten Schrauben. Dieses System spricht auf die verschiedensten Reize bzw. Innervationsstöße leicht an, doch versagen die Führungen, die Kupplungen und Dämpfungen, die unter physiologischen Verhältnissen die Schaltung der Erregung in der Richtung koordinierter Statik und Kinetik gewährleisten. Es kommt damit zu einem Zerfall der physiologischen Zusammenhänge, des abgestuften Zusammenspiels zwischen den Teilen im Aufbau des statischen und kinetischen Ganzen, an Stelle zweckgemäßer Bewegungsgestaltung auf dem Hintergrunde elastisch schmiegsamer Statik treten explosive, abrupte, asynergische Bewegungsfiguren und wackelig unsichere Haltungen.

Akinetische Erscheinungen. Kleist hatte bereits im Jahre 1907 aufmerksam gemacht, daß die Unruhe der Chorea minor von einer Bewegungsverminderung begleitet sein kann, die um so deutlicher hervortritt, je mehr die choreatische Unruhe abklingt. Spatz und Lotmar erwähnen gleichfalls diese Besonderheit, und neuerdings hebt Reisch wiederum hervor, daß die von ihm genau studierte Kranke bereits in der ersten Krankheitsphase zur Zeit der lebhaften choreatischen Unruhe hypokinetische Züge in Form von Sprechfaulheit, Antriebsmangel, Armut an Ausdrucksbewegungen aufwies, die mit dem Zurücktreten der stürmischen Bewegungsunruhe recht prägnant zum Vorschein kamen. Wilson spricht geradezu von einer *hyperkinetischen* und *hypokinetischen Chorea,* wobei ihm die Chorea mollis als Paradigma der hypokinetischen Form erscheint, ähnlich wie seinerzeit Rindfleisch zwischen Formen unterschied, in denen die Lähmung verschiedener Ausbreitung dominiert, und solchen, bei denen die choreatische Unruhe vor den geringfügigen Paresen in den Vordergrund tritt. Wilson sieht in diesem grundsätzlichen Verhalten nur zwei verschiedene Seiten der Leistungsänderung des gleichen Mechanismus, der im einen Fall eine Erhöhung und im anderen Fall eine Verminderung seiner motorischen Tätigkeit aufweist. Das Neben- bzw. Hintereinander von hyper- und hypokinetischen Erscheinungen ist ein bemerkenswertes Gegenstück zu dem Nebeneinander von Hypotonie und tonischen Phänomenen im Symptomenbild der Chorea minor.

Vgl. weiterhin Abschnitt „Psyche".

2. Sensibilität und Auge.

Sensibilitätsstörungen treten im Krankheitsbilde der Chorea minor, wenigstens soweit es sich um objektiv nachweisbare Befunde handelt, ganz zurück.

Eine Reihe von Autoren wie Triboulet, Marie, Rousse, Kleist u. a. berichten über Druckempfindlichkeit der Nervenstämme und Nervenaustrittspunkte bei der Chorea minor. Die Annahme, daß es sich dabei um eine den infektiösen Prozeß begleitende Polyneuritis handelt, hat Ellischer durch den Befund pathologischer Veränderungen an den peripheren Nerven zu erhärten versucht. Osler konnte sich allerdings von der Konstanz dieser Druckempfindlichkeit nicht überzeugen. Häufiger werden rein subjektive Beschwerden, Parästhesien, Hitze- und Kältegefühl angegeben, regelmäßig werden von den Kranken Kopfschmerzen gemeldet. Über ziehende Schmerzen in den Extremitäten, besonders in der Umgebung der Gelenke wird öfters geklagt, ohne daß immer ein manifester rheumatischer Gelenkprozeß vorliegen müßte (painful chorea von Mitchell). Kleist und Kehrer weisen darauf hin, daß für die Erklärung dieser Schmerzphänomene Thalamusherde in Frage kommen könnten.

Veränderungen am Augenhintergrund. Gowers und neuerdings wieder Lopez beobachteten bei Chorea minor eine Neuritis nervi optici. E. Herman traf eine doppelseitige Stauungspapille mit Exsudat und Blutungen am Augenhintergrund, die an beiden Augen verschieden lang, links 2 Wochen, rechts einige Monate anhielten. Der Autor glaubt eine Meningitis serosa als Ursache dieser Erscheinungen ansprechen zu dürfen. Über eine Embolie der Arteria centralis retinae bei rheumatischer Chorea minor berichteten MARCIO sowie LANGDON.

3. Psyche.

Psychische Veränderungen treten in der Regel als eines der ersten Symptome der Chorea minor in die Erscheinung. Wir erwähnten bereits die Gleichgültigkeit und Zerstreutheit, die choreatische Kinder häufig aufweisen, ihre Affektlabilität und Neigung, auf unbedeutende Anlässe hin mit heftigen Affektausbrüchen zu reagieren. Neben diesen leichten, fast bei allen Kranken nachweisbaren Veränderungen werden nun aber in einem Teile der Fälle auch schwerere psychotische Bilder beobachtet (ZINN, MOEBIUS, KRAFFT-EBING u. a.). WOLLENBERG beschreibt halluzinatorische Verwirrtheitszustände mit motorischer Erregung von kurzer Dauer, daneben aber auch Stuporzustände, die etwas länger bestanden. KRAEPELIN betont die Ähnlichkeit der Choreapsychosen mit den Infektionsdelirien, die sich in der Zusammenhangslosigkeit des Denkens, in einzelnen Sinnestäuschungen und Wahnbildungen und in gemütlicher Reizbarkeit manifestieren.

Die grundlegende Studie zur Frage der psychischen Störungen bei der Chorea minor verdanken wir KLEIST. KLEIST untersuchte 154 Fälle von Chorea minor der ANTONschen Klinik in Halle auf das Vorhandensein psychischer Anomalien und stellte dabei fest, daß nur in 21 Fällen psychische Veränderungen fehlten, während alle übrigen solche aufwiesen. Die hauptsächlichste Störung, die KLEIST feststellen konnte, war eine gemütliche Verstimmung, die sich am häufigsten als ängstlich-schreckhafte, seltener als heiter-zornmütige Affektlage äußerte. Daneben fand sich nicht selten ein Ausfall von Spontaneität, zum Teil verbunden mit Ablehnung von außen kommender Anregungen, sowie nicht selten auch Denkstörungen im Sinne von Unaufmerksamkeit, Vergeßlichkeit, Versagen bei komplizierten assoziativen Leistungen, zuweilen aber auch Denkträgheit, besonders bei Kranken mit Verminderung der Spontanbeweglichkeit.

Neben diesen Fällen mit leichten psychischen Veränderungen fanden sich mittelschwere und schwere Fälle, deren Symptome sich aber aus denselben Störungen ableiten ließen, wie sie sich bei den leichten Fällen vorfanden. So zeigten sich bei dieser Gruppe von Kranken Angstvorstellungen von Bedrohung, Versündigung, drohendem Tod usw., die ihrerseits Veranlassung zu Selbstmordversuchen und Bedrohung der Umgebung bildeten und gelegentlich mit Phänomen einhergingen, deren Inhalt der ängstlichen Affektlage entsprach. Andere Kranke boten demgegenüber Vorstellungen der Selbstgefälligkeit, Anmaßung u. ä., und in weiteren Beobachtungen fanden sich neben den choreatischen auch psychomotorische Bewegungsstörungen sowohl der hyperkinetischen wie der akinetischen Form, die diese Fälle den Motilitätspsychosen WERNICKEs annäherten.

Der Denkstörung der leichten Fälle entsprach in schweren Fällen die Denkträgheit, die einerseits nahe Beziehungen zur psychomotorischen Akinese aufwies, während sie andererseits auch mit Assoziationslockerung einherging, die diese Fälle den deliranten Syndromen besonders dann annäherte, wenn sich entsprechend Halluzinationen hinzugesellten. Dazu kamen nun noch jene deliranten Bilder, die aus interkurrenten Ursachen wie Infektion, Gravidität usw. erwuchsen.

Im ganzen betrachtet boten somit die Choreapsychosen weitgehende Ähnlichkeit mit den Angstpsychosen, den halluzinatorischen Delirien und Motilitätspsychosen, ohne mit ihnen jedoch ganz identisch zu sein. Es ergaben sich vielmehr Unterschiede gegenüber diesen psychotischen Veränderungen, die sich, wie Kleist annimmt, letztlich durch die Lokalisation und die Art des Prozesses erklären lassen.

Von großer Bedeutung erscheinen weiterhin die Feststellungen, zu denen Kleist hinsichtlich der Beziehungen der psychischen Veränderungen bei der Chorea zur choreatischen Hyperkinese selbst gelangte. Kleist gruppierte sein umfangreiches Beobachtungsmaterial einerseits nach der Schwere der choreatischen Bewegungsunruhe in leichte, mittelschwere und schwere Fälle, andererseits in Kranke ohne und mit psychischen Störungen. Bei Vergleich dieser beiden Gruppen zeigte sich, daß die 21 Fälle ohne psychische Störungen unter die leichten (6) bzw. mittelschweren (15) Choreafälle einzureihen waren. Andererseits bestand schwere choreatische Unruhe nur bei Kranken, die gleichzeitig psychische Veränderungen darboten. Umgekehrt fanden sich unter 133 Kranken mit psychischen Veränderungen 30 mit leichten, 69 mit mittelschweren und 34 mit schweren motorischen Erscheinungen. Unter jenen Fällen, bei denen die psychischen Veränderungen nur leichte Grade aufwiesen, hatte die mittelschwere Chorea die Majorität (54 Fälle), 28 Kranke gehörten der leichten, 10 der schweren Gruppe zu. Dagegen rechneten von den Fällen mit schweren psychischen Veränderungen 24 Kranke zur Gruppe mit schweren Unruheerscheinungen, 15 zu den mittelschweren und nur 2 zu den leichten Formen.

Es ergab sich somit ein gewisser Parallelismus zwischen der Schwere der choreatischen Erscheinungen einerseits und der Schwere der psychischen Veränderungen andererseits.

In guter Übereinstimmung mit diesen Ergebnissen standen die Befunde, die sich bei Gruppierung der Fälle je nach dem Ausgang der Chorea ergaben. Von den psychisch freien Fällen starb kein einziger, 57,6% wurde geheilt, 38,4% gebessert und nur 4,8% ungeheilt entlassen. Von den psychisch veränderten Kranken starben 12 (9,1%), und hier wieder waren unter den psychisch schwer veränderten 20%, unter den leicht alterierten nur 4,4% Todesfälle zu verzeichnen.

Hinsichtlich der Geschlechtsverteilung ergab sich bei der Gruppe der psychisch freien Fälle ein Verteilungsverhältnis von Männern zu Frauen von 1 : 2,5, bei den psychisch veränderten von 1 : 2,3. Dieser geringen Differenz stand nun aber ein sehr deutlicher Unterschied dann gegenüber, wenn man die Fälle nach der Schwere der Psychosen gruppierte. Das Verteilungsverhältnis betrug nämlich bei den schweren Psychosen 1 ♂ : 5,9 ♀, bei den leichten aber nur 1 ♂ : 1,7 ♀. Aus diesen Zahlen geht zweifellos hervor, daß weibliche Choreatiker eine weitaus größere Neigung zu schweren psychotischen Veränderungen aufweisen als männliche.

Bedeutungsvoll erscheint weiterhin die Feststellung, daß sich die ausgesprochenen Psychosen hauptsächlich bei älteren Kranken, zwischen dem 16. und 17. Lebensjahre, fanden, und daß ihre Häufigkeitskurve auch noch im 24. Lebensjahr nur wenig unter dem Maximum lag. Demgegenüber zeigten die Fälle ohne psychischer Veränderung ihr Maximum zwischen dem 10. und 11., die mit leichten psychischen Veränderungen zwischen dem 11. und 12. Lebensjahr.

Schließlich hebt Kleist noch hervor, daß sich bei den psychisch negativen Fällen immer, bei den psychisch veränderten aber nur in 80% der Fälle eine infektiöse Ätiologie nachweisen ließ, während gerade bei diesen Fällen Gravidität und Menstruation in je 10,2%, die Lactation in 2,4% ätiologisch in Frage kam. Was den Verlauf der psychischen Störungen betrifft, so konnte Kleist ihre gute Prognose bestätigen, indem auch die schweren Fälle im allgemeinen im Verlaufe einiger Monate abheilten.

Runge, der das Material der Kieler Klinik durchforschte, fand unter 34 einschlägigen Fällen nur 3, bei welchen psychische Veränderungen in der Krankengeschichte nicht notiert waren, ohne aber behaupten zu können, daß solche nun tatsächlich gefehlt hatten. Die leichteren psychischen Veränderungen gleichen bei der Chorea minor nach Ansicht Runges den vor und während Infektionskrankheiten bei einzelnen nervösen Personen und besonders bei Kindern beobachteten. Der Unterschied besteht seiner Meinung nach nur darin, daß sie bei der größeren Mehrzahl der Choreafälle vorhanden sind, während sie bei sonstigen Infektionskrankheiten nicht so häufig vorkämen.

Bei 9 Fällen Runges ließ sich nur eine weinerliche Stimmungslage feststellen, bei 5 weiteren kam ein mürrisches, reizbares Wesen hinzu, während bei 4 anderen lediglich die mürrisch-reizbare Wesensveränderung feststellbar war. Fälle mit Bewegungsausfall, auf welche Kleist hingewiesen hatte, fanden sich überhaupt nicht, ängstliche Stimmung war nur in jenen 9 Fällen vorhanden, bei welchen sich später eine schwere psychische Veränderung entwickelte. Zwei Kranke mit übertriebenen Affektausbrüchen will Runge als Übergangsfälle zu den schweren Psychosen auffassen. Von 9 Fällen mit schweren psychischen Veränderungen zeigte einer vorwiegend hysterische, ein anderer epilepsieartige Erscheinungen. In den restlichen 7 Fällen bestand Stimmungslabilität, Angst, erhöhte Reizbarkeit, im weiteren Verlauf kam es dann zu meist sehr flüchtigen, vorwiegend akustischen und Gefühlshalluzinationen, doch fehlten halluzinatorische Erlebnisse auch auf anderen Sinnesgebieten nicht. Es bestand weiterhin flüchtige Neigung zu wahnhafter Umdeutung des Wahrgenommenen und in einem Teile der Fälle eine mehr minder weitgehende Bewußtseinstrübung von wechselnder Dauer, zuweilen auch ängstliche Erregung. In 3 Fällen fand sich vorübergehend, bei einem Kranken dauernd ein gehemmtes Wesen, zuweilen verbunden mit negativistischen Symptomen. Die Höhe der psychischen Veränderungen entsprach nicht immer dem Höhepunkt der Bewegungsstörung und auch ein strenger Parallelismus von Bewußtseinstrübung und Fieber ließ sich nicht nachweisen.

Runge gelangt auf Grund seines Materials zu der Auffassung, daß ein Teil der Fälle auffallende Ähnlichkeit mit der Amentia aufweise und rechnet zu dieser Gruppe auch die Fälle mit negativistischen und anderen psychomotorischen Erscheinungen, während sich die übrigen Fälle mit kurzdauernder oder fehlender Bewußtseinstrübung, mit Infektions- oder Erschöpfungsdelirien vergleichen ließen, eine Auffassung, zu welcher annähernd gleichzeitig auch Viedenz gelangte. Von diesen Fällen nur graduell verschieden erscheinen jene, in welchen Angstzustände mit lebhaften Halluzinationen ohne Bewußtseinstrübung das Bild beherrschen.

Bonhoeffer, der auf Grund eigener Erfahrungen zu den Ausführungen Kleists und Runges Stellung nimmt, stimmt mit beiden Autoren darin überein, daß schwere Fälle akuter Chorea nie ohne psychische Störungen einhergehen, und daß auch die leichtesten Choreafälle gewisse psychische Anomalien aufweisen. Er warnt jedoch vor der naheliegenden Verwechslung von Choreapsychosen mit Hebephrenien, da sich bei dieser Psychose, abgesehen von der Bevorzugung der gleichen Altersstufe, choreiforme Bewegungen nicht selten finden. Am häufigsten sind nach Bonhoeffer die Fälle, in welchen die psychische Störung nicht über Affektanomalien und psychische Hyperästhesie hinausgehe. Die Affektstörung besteht vor allem in einer Affektlabilität, in der Neigung zu Ängstlichkeit, Zorn und Ärger, zu Weinausbrüchen bei geringen Anlässen und mitunter auch in einer Neigung zum Überspringen in heiter ausgelassene Stimmung. Im ganzen überwiegt die Neigung zu depressiver Affektlage, mitunter besteht deutliche Schreckhaftigkeit. Bei einer nicht geringen

Anzahl von Fällen fand sich Abnahme der Spontaneität, geringe Regsamkeit, Einsilbigkeit bis zu Mutismus, Indifferenz und Wunschlosigkeit, die die Bettbehandlung der Kranken sehr erleichtern. Es handelt sich dabei weniger um einen Stupor, sondern eher um eine elementare, durch den choreatischen Prozeß selbst bedingte, primäre Abnahme der initiativen Bewegungsanregungen.

Auffallend war in einigen schweren Fällen auch der Mangel an Krankheitsgefühl, der gelegentlich eine Steigerung bis zur Euphorie erfuhr. In einigen Fällen kam es direkt zu einer manisch gehobenen Stimmung mit Ideenflucht, die sich schließlich zu inkohärenter Verwirrtheit steigerte. Weiter gibt es Fälle, die im wesentlichen nur Delirien und Symptome der Verwirrtheit aufweisen und mit Temperatursteigerung einhergehen. Mit KLEIST konnte BONHOEFFER auch apraktische Symptome als Ausdruck einer Störung der Aufeinanderfolge zweckmäßiger Bewegungen feststellen. Ein KORSAKOW-Bild konnte er jedoch ebensowenig wie andere Autoren beobachten.

EWALD, der das in der Literatur niedergelegte Erfahrungsmaterial kritisch sichtete, hebt als besonders interessant hervor, daß die Affektstörungen bei den Choreapsychosen so sehr in den Vordergrund treten, und sieht darin nicht nur ein allgemeines Symptom wie bei sonstigen Infektionspsychosen, sondern mindestens zum Teil den Ausdruck einer elektiven, ortsgebundenen Läsion bestimmter Substrate, die nicht nur mit den Expressivbewegungen, sondern mit den Affekten selbst in engerer Beziehung stehen, wobei insbesondere an eine Thalamusläsion zu denken wäre. Auf zentrale Bedingtheit mit ähnlicher Lokalisation (subcortical-thalamisch) weisen vielleicht auch die von WOLLENBERG beschriebenen wahnhaft hypochondrisch gedeuteten Hautsensationen hin, die sich auch, wie KNAUER hervorhob, bei den choreafreien Rheumatismuspsychosen in auffallender Häufigkeit finden. Es ist jedoch mit der Möglichkeit zu rechnen, daß es sich hierbei um wahnhafte Umdeutung peripherer Reize (Schrunden usw.) handelt.

Eine weitere Gemeinsamkeit mit den Psychosen bei Polyarthritis rheumatica besteht nun nach EWALD in der anderen Infektionspsychosen gegenüber auffallend hohen Frequenz hyperkinetisch-akinetischer Verlaufsformen, von welchen erstere besonders früher zu Verwechslungen mit manischen Zustandsbildern führten. Ihr Auftreten im Rahmen der Chorea und Rheumatismuspsychosen scheint wohl eher mit der bei beiden Erkrankungen anzunehmenden gleichen Lokalisation der Schädigung im Hirnstamm zusammenzuhängen, eine Auffassung, die sich mit der CLAUDEs berührt, der die Vermutung ausspricht, daß den manischen Zustandsbildern bei der Chorea dynamische Störungen ähnlicher Lokalisation zugrunde liegen, wie sie sich auch in der choreatischen Bewegungsunruhe äußern.

Weitere auffallende Ähnlichkeitsbeziehungen zwischen Chorea- und Rheumatismuspsychosen fand nun EWALD einmal darin, daß bei beiden Erkrankungsformen der amnestische Symptomenkomplex, der im Verlaufe anderer symptomatischer Psychosen so häufig angetroffen wird, im allgemeinen nicht beobachtet wird — einen einschlägigen Fall hatte allerdings ARSIMOLES mitgeteilt — weiter aber auch in der gleichen, im Durchschnitt 4 Wochen bis 4 Monate betragenden Dauer der Psychosen bei beiden Erkrankungen. Schließlich hatten bereits die Untersuchungen KNAUERs gezeigt, daß sich der mit Psychosen einhergehende akute Gelenkrheumatismus in mindestens der Hälfte der Fälle mit Chorea kombiniere, während BONHOEFFER kaum einen Fall von Rheumatismuspsychose kennt, der nicht mit choreatischen Erscheinungen kompliziert wäre. Ein Unterschied zwischen beiden Erkrankungen besteht jedoch nach KNAUER darin, daß das Durchschnittsalter der mit Chorea kombinierten Rheumatismuspsychosen 18, das der choreafreien Psychosen bei Rheumatismus

29 Jahre beträgt, was im Einklang mit den Beobachtungen über die Bevorzugung des jugendlichen Alters durch die Chorea einerseits und die Motilitätspsychosen und die postencephalitischen Zustände andererseits steht.

GUTTMANN hat sich die Frage vorgelegt, wie die choreatische Bewegungsstörung selbst auf das Erleben der Kranken wirke. Er konnte dabei einerseits eine Gruppe von Kranken feststellen, die sich wegen ihrer Erkrankung als Mittelpunkt des Mitleids und Interesses fühlen. Ein Teil dieser Kranken, natürlich nur leichtere Fälle, steigert sich noch etwas in ihre Unsicherheit hinein und vermag aber andererseits auch ihre Pseudospontanbewegungen für die willkürliche Motorik geschickt zu verwerten. GUTTMANN gibt hiervon eindrucksvolle Beispiele. Bei einer anderen Gruppe von Kranken aber wird die Krankheit von vornherein als Leiden erlebt. Dies gilt besonders für psychopathische Naturen im Sinne SCHNEIDERs, die ja überhaupt unter ihrem Anderssein leiden. Bei diesen Kranken ist mit der Unstetheit des motorischen Verhaltens eine Unfähigkeit zu Leistungen verbunden, die eine Daueranspannung der Aufmerksamkeit beansprucht. Es kommt durch den Bewegungsüberschuß zu einer Hyperprosexie, die sich auf Kosten der Tenacität der Aufmerksamkeit geltend macht.

Erwähnt sei endlich die Beobachtung von DAVIS und RICHARD, die bei fünf Kindern noch lange nach Aufhören der choreatischen Bewegungsstörung mehr weniger starke Ruhelosigkeit, Empfindlichkeit, Affektlabilität und Konzentrationserschwerung feststellen konnten.

4. Interne Befunde.

a) Körpertemperatur. Leichte Temperatursteigerung findet sich nach VOGT nicht selten im Beginn der Erkrankung. Später ist die Temperatur bei den meisten leichten und mittelschweren Fällen normal. Hohe Temperaturen stellen sich nur bei schweren Formen ein und sind zum Teil auf Komplikationen zurückzuführen.

b) Herz und Kreislauf. Pathologische Herzbefunde liegen in sehr vielen Fällen vor. Es handelt sich dabei zum Teil um funktionelle anämische Störungen mit vorübergehendem systolischem Geräusch über der Basis, Unregelmäßigkeit der Herzaktion, Verbreiterung des Spitzenstoßes und des rechten Herzens (F. H. LEWY). In einer großen Zahl, durchschnittlich 50% der Fälle, sind aber organische Herzaffektionen nachweisbar, hauptsächlich im Sinne rheumatischer Endokarditis der Mitralklappe, die sich nach CURSCHMANN in einem systolischen Geräusch über der Herzspitze und Akzentuation des zweiten Pulmonaltons zu erkennen gibt. Daneben sind aber auch Myo- und Perikarditiden beobachtet worden. Nach den Angaben OSLERs sind Symptome einer organischen Veränderung des Herzens besonders in den Fällen rezidivierender Chorea und Schwangerschaftschorea sowie bei jugendlichen Choreatikern feststellbar, während die kindliche Chorea Herzkomplikationen in geringerer Häufigkeit aufweist. Es verdient jedoch hervorgehoben zu werden, daß die Endokarditis bei Choreatikern am Sektionstisch weit häufiger festgestellt werden kann, als dem klinischen Befunde nach erwartet werden sollte.

Der Puls ist meist beschleunigt, zeigt geringe Füllung und Spannung, Arhythmien sind nach CURSCHMANN sowohl während der akuten Endokarditis wie auch in der Rekonvaleszenz nicht selten, doch gibt andererseits ROMBERG an, vergeblich danach gesucht zu haben. Der Blutdruck ist nach CURSCHMANN erniedrigt, während ihn WINKLER vor der Behandlung fast ausnahmslos erhöht fand, doch kehre die Blutdruckerhöhung mit Besserung der choreatischen Erscheinungen wieder zur Norm zurück. Das auffallendste Symptom bildet aber die Labilität des Blutdrucks, die erst mit dem Schwinden der Unruheerscheinungen normalen Verhältnissen Platz mache.

Die Hautvasomotoren befinden sich nach Curschmann häufig in einem Zustand erhöhter Erregbarkeit: vasodilatatorische Erscheinungen, Dermographismus, Emotionserythema, Urticaria factitia sind oft nachweisbar.

c) Das **Blutbild** zeigt bei infektiöser Chorea eine Vermehrung der Leukocytenwerte mit besonderem Hervortreten der Lymphocyten. Auch Eosinophilie wurde mehrfach beschrieben. Berger fand ohne erkennbaren Parallelismus zur Bewegungsstörung schwankende Eosinophilenwerte bis zu 20%, im Durchschnitt 7,6%, Fanto sah solche von 6—14% und bringt diesen Befund in Zusammenhang mit der Anhäufung toxischer Substanzen, hauptsächlich von Purinbasen durch ungenügende Funktion der Nebenschilddrüsen. Der Hämoglobingehalt schwankt nach Bernstein und Bialaszewisz zwischen 60—80%, der Färbeindex zwischen 0,7 und 0,9. Nach Angabe der gleichen Autoren ist in schweren Fällen auch die Senkungsgeschwindigkeit der Erythrocyten vermehrt. Auf die Erhöhung der Senkungsgeschwindigkeit bei der Chorea minor wie bei rheumatischen Erkrankungen überhaupt weisen Haessler und Möller eindringlich hin und betonen, daß das Symptom noch lange nach Abklingen der klinischen Erscheinungen positiv bleiben kann. Simmel konnte bei einem Falle von schwerer rezidivierender Chorea das striäre Blutsyndrom von Soto und Jotsimatsu feststellen, d. h. die Peroxydasereaktion der Leukocyten war auf der Höhe der Erkrankung negativ, während die Oxydasereaktion unverändert blieb. Suranyi fand im Serum von 9 Choreafällen einen Anstieg der anorganischen Phopshorwerte, der sich abhängig erwies von der Schwere der choreatischen Bewegungsstörung.

d) Der **Liquor** cerebrospinalis zeigt keine Veränderung, auch keine Lymphocytose, was neuerlich wieder von Taillens bestätigt wurde.

e) Im **Harn** der Kranken ist nach Angabe einer Reihe von Autoren der Urinharnstoff vermehrt, in schweren Fällen tritt Albuminurie auf. Auch Porphyrinurie und Glykosurie wurden beobachtet.

f) Den **Grundumsatz** fand Parhon, Cernautzeanu - Ornstein meist normal, er kann jedoch manchmal (in 28,5% der Fälle) auch erhöht sein. Eine deutliche Verminderung desselben konnten die Autoren jedoch nicht finden. Kundratitz nimmt an, daß ein Teil der Symptome der Chorea: die Vasolabilität, die Atemstörung, gewisse nicht durch die Endokarditis hervorgerufene Herzstörungen, Temperatursteigerung usw. thyreotoxisch bedingt sei. Die thyreotoxischen Symptome seien jedoch nicht auf eine Komplikation einer Hyperthyreose mit der Chorea zurückzuführen, sondern selbst zur Symptomatologie der Chorea zu rechnen. Störungen von seiten der innersekretorischen Drüsen fand auch Rabinowich, die an einer Reihe von subcorticalen Symptomenbildern, darunter auch Choreafällen, Störungen des vagosympathischen Gleichgewichts feststellen konnten.

g) Die **Nahrungsaufnahme** ist besonders bei den schweren Choreafällen durch die Bewegungsunruhe behindert, daneben kommen auch Komplikationen von seiten des *Verdauungstraktes* gelegentlich vor. So erwähnt Kleist einen paralytischen Ileus bei einem seiner Fälle.

IV. Verlauf und Prognose.

Die Chorea minor verläuft in weitaus der überwiegenden Mehrzahl der Fälle günstig. Nach einer Dauer von durchschnittlich 10—11, in besonders günstigen Fällen bereits in 6—8 Wochen klingt die Bewegungsstörung ab, allerdings häufig nicht in kontinuierlichem Abfall, sondern unter wiederholtem Aufflackern der Erscheinungen, das durch die gleichen Faktoren bedingt sein kann, die auch auf der Höhe der Erkrankung eine Verstärkung der Symptome hervorrufen, also in erster Linie durch emotive Reize, aber auch durch zu frühes Aufstehen der Kranken. Die Rückbildung der Bewegungsstörung erfolgt weiterhin nicht gleichmäßig, sondern bleibt an den Fingern und in der Gesichtsmuskulatur regelmäßig am längsten nachweisbar. Die Labilität der Stimmungslage kann die motorischen Symptome um ein Beträchtliches überdauern.

Bei schwereren Formen kann sich die Erkrankung allerdings durch längere Zeiträume, 6 Monate bis zu einem Jahr, hinziehen. Nach OPPENHEIM soll besonders bei älteren Frauen, kachektischen Individuen und geistesschwachen Kindern der klinische Verlauf ein schleppender sein; die Erkrankung, die sowohl im Beginn wie im weiteren Verlauf nur wenige ausgesprochene Symptome zu machen braucht, kann bis zu einem Jahr andauern. Chronisch perennierende Choreaformen entwickeln sich aus der typischen Chorea minor des Kindesalters nur äußerst selten. Häufiger soll sich dies bei Erwachsenen ereignen.

Die Gefährdung des Lebens ist nicht groß. Immerhin sind aber Todesfälle nicht so selten, daß man die Möglichkeit prognostisch außer acht lassen dürfte. WOLLENBERG fand im Kindesalter eine Mortalität von 3%. OPPENHEIM gab 3—5% an, andere Autoren melden noch höhere Werte. Ein derartiger ungünstiger Ausgang findet sich häufiger bei älteren Individuen in oder nach der Pubertät und erreicht bei der Chorea gravidarum mit 25% ihre Höhe. Die letalen Fälle verlaufen oft stürmisch und rasch. Die Bewegungsunruhe hat dabei häufig einen jaktationsartigen Charakter, so daß sich die Kranken bald erschöpfen, die begleitende Endocarditis ist zumeist von schwerer Form, und F. H. LEWY hebt hervor, daß die zur Sektion gekommenen Choreafälle ausnahmslos endokarditische Veränderungen aufwiesen. Scharlachartige Exantheme sollen nach F. H. LEWY ein prognostisch ungünstiges Zeichen sein, während sie CURSCHMANN im wesentlichen als Folgen der verschiedenartigen, mit der Bewegungsstörung verbundenen mechanischen Einwirkungen auf die Haut ansieht.

So günstig im allgemeinen der Ablauf des akuten Stadiums beurteilt werden darf, so ist für die weitere Voraussage ein vorbehaltloser Optimismus nicht berechtigt. Zunächst einmal ist mit der Möglichkeit von *Rezidiven* zu rechnen, die recht häufig, nach den Berechnungen der einzelnen Untersucher in 30—50% der Fälle eintreten. Bisweilen stellt sich bereits während des Rückbildungsstadiums ein Rückfall ein, die Unruhe, die bereits weitgehend gemildert erschien, nimmt neuerdings zu. Die eigentlichen, von der Ersterkrankung durch ein längeres oder kürzeres Intervall geschiedenen Rezidive knüpfen meist wiederum an akute Infektionen rheumatischen Charakters, Anginen oder andere Infektionskrankheiten an, oder aber das Chorearezidiv tritt im Verlauf einer Schwangerschaft in Erscheinung. Die Rezidive wiederholen sich im allgemeinen ein- bis zweimal, gelegentlich aber auch öfter, ja OPPENHEIM und OSLER beobachteten Kranke, bei welchen die Chorea 6—9mal rezidivierte. Es sind das meist Kranke mit ausgesprochener neuropathischer Disposition und einer erhöhten Anfälligkeit für infektiöse Erkrankungen. Die Intervalle, in welchen Rezidive auftreten, sind im Einzelfall recht verschieden und schwanken zwischen einem und mehreren Jahren; es sind sogar Fälle bekannt geworden, bei welchen erst im Senium wieder eine Chorea einsetzte, nachdem in der Jugend eine typische Chorea minor durchgemacht worden war. Andererseits können aber einmal die Rezidive schnell hintereinander folgen, so daß man mit OPPENHEIM von einer intermittierenden Chorea sprechen könnte.

Verlauf und Prognose der Rezidive sind im allgemeinen, wie jüngst wieder HAESSLER und MÜLLER zeigten, nicht ungünstiger als die der Ersterkrankungen.

und auch die bleibenden Vitien finden sich nach ihren Angaben bei rezidivierenden Fällen nicht häufiger als bei einmaliger Erkrankung.

Bedeuten also die Rezidive an sich keine besonders schwer zu wertende Belastung der Prognose, so hat andererseits die recht festsitzende Meinung, daß die Chorea minor bzw. ihre Rückfälle in der Regel mit einer vollständigen Heilung abschließen und, abgesehen von der Endocarditis, keine Dauerschäden hinterlassen, durch neuere Untersuchungen eine erhebliche Einschränkung erfahren.

Zunächst einmal stellte Forssner bei 28 Fällen, die im Kindesalter eine Chorea minor durchgemacht hatten, 15—20 Jahre nach Ablauf der Erkrankung fest, daß sich die Betroffenen im weiteren Leben als recht wenig widerstandsfähig erwiesen. Mehrere der Kranken waren an Tuberkulose oder Herzaffektionen gestorben, viele litten an Herzerkrankungen und Gelenkprozessen, andere an Tuberkulose, und wieder andere zeigten auffallenderweise Albuminurie bzw. Symptome einer echten Nephritis.

Weitere Aufklärungen über die Folgezustände der Erkrankung brachten die Untersuchungen von E. Strauss, E. Guttmann und St. Kraus.

Strauss legte sich auf Grund der allgemeinen Erfahrungen über den Verlauf infektiöser Erkrankungen des Zentralnervensystems die Frage vor, ob nicht auch von den diffusen Störungen des akuten Stadiums der Chorea minor bei der Rückbildung fokale Schädigungen zurückbleiben, aus denen ticartige Hyperkinesen hervorgehen können. Von dieser Fragestellung ausgehend unterzog er 25 Chorea-minor-Kranke, bei denen der Krankheitsbeginn in die Kinderjahre fiel, nach einer Zeitspanne von durchschnittlich 15 Jahren einer Nachuntersuchung. Bei dieser Überprüfung erwiesen sich nur 4 Fälle als völlig frei von psychischen und motorischen Besonderheiten. Bei 11 Fällen bestanden nur geringfügige oder unsichere Erscheinungen, die keine verläßliche Deutung zuließen. Dagegen ergab sich in 10 Fällen der Nachweis, daß als Folgeerscheinungen der Chorea leichte dyskinetische Störungen von choreiformem, myoklonem, ticartigem Charakter vorkommen können. Solche Reste fanden sich sowohl bei Kranken mit gehäuften Rezidiven wie auch bei solchen, die von akuten Rückfällen verschont geblieben waren. Die verschiedenartigen Formen der Bewegungsstörung können bei den gleichen Kranken nebeneinander auftreten. Die ticartigen Hyperkinesen betrafen sowohl die Extremitätenmuskulatur wie die Gesichts- und Atemmuskulatur. In einem Falle wurden Angaben gemacht, die an postencephalitische Blickkrämpfe denken ließen. Die Intensität des Tics unterlag erheblichen, oft psychisch bedingten Schwankungen. In einem der schwersten Fälle mit mannigfaltigen, dauernden Motilitätsstörungen trat eine Form des Tic, ein Singultus, nur in ganz speziellen Situationen auf.

Zur Gegenprobe zog E. Strauss 17 Tic-Kranke heran und konnte katamnestisch in 3 Fällen einen ursächlichen Zusammenhang mit Chorea, in weiteren 3 Beobachtungen mit schweren Fällen von Angina, einmal mit Scharlach und einmal mit Diphtherie wahrscheinlich machen.

In Übereinstimmung mit Strauss fand Guttmann, der eine Reihe von Kranken 2—20 Jahre nach durchgemachter akuter Chorea nachkontrollieren konnte, in vielen Fällen Motilitätsstörungen von charakteristischem Gepräge, die den Hyperkinesen des akuten Stadiums nur an Intensität nachgaben. Guttmann entwickelte auf Grund dieser Befunde die Auffassung, daß ein durch die Chorea geschädigtes motorisches System die Eignung behält, unter dem Einfluß verschiedener Noxen zu erkranken bzw. Symptome zu machen.

Die Untersuchungen der beiden Autoren fanden ihre Ergänzung in der Studie von St. Kraus, der 24 Fälle von Chorea minor nach 1—23 Jahren nach der Erkrankung erfassen und einer sorgfältigen katamnestischen Durchforschung unterziehen konnte. Aus der eingehenden Analyse des postchoreatischen Persönlichkeitsbildes ergab sich ihm die Feststellung, daß die Chorea minor regelmäßig zu einer Veränderung der Persönlichkeit führt, die durch einen typischen Symptomenkomplex charakterisiert ist. In die Gestaltung dieses Symptomenkomplexes gehen nach der Darstellung des Autors folgende Elemente ein:

1. Der Postchoreatiker neigt zu Hyperkinesen (Tic, zappelige Unruhe, Zittern und Zusammenfahren bei Erregung und Schreck, Ausfahren bei gewissen Tätigkeiten wie Schreiben, Nähen, Einschenken, lebhaften Gesten und Mitbewegungen). Derartige hyperkinetische Symptome bestanden in 17 von 24 Fällen.

2. Bei 12 Fällen fanden sich neurasthenische Symptome in Form von Kopfschmerzen, Schwindel und Erbrechen.

3. An psychasthenischen Symptomen stehen Vergeßlichkeit und eine gewisse Ängstlichkeit im Vordergrunde. Die Postchoreatiker sind vorwiegend stille, etwas matte und lahme Persönlichkeiten, wenig vital, wenig agil und im Denken nicht sehr beweglich. Sie weisen eine „psychische Persönlichkeitsschwäche" auf (12 Fälle).

4. Die Postchoreatiker zeigen eine Reihe von charakterologischen Eigentümlichkeiten. Sie sind trotz der vorherrschenden Mattigkeit nicht apathisch, sondern oft reizbar und empfindlich bis zum Jähzorn, ferner abgeschlossen, schwernehmend, rechthaberisch, ängstlich und schreckhaft, manchmal sprunghaft, mißtrauisch. Sie sind aber gutmütig und nicht gemütsarm.

5. Sie sind in ihrer Erlebnisfähigkeit eingeengt und in ihrer labilen Affektivität wenig anpassungsfähig an die Umwelt. Sie neigen zur Dysphorie und in sich verbissenem Trotz und Eigenwillen.

Beim Vergleiche mit den Folgezuständen anderer Hirnerkrankungen ergibt sich nach KRAUSS eine Ähnlichkeit mit der epidemischen Encephalitis und der Epilepsie, doch treten die Folgezustände nach Chorea minor leichter, unauffälliger, weniger vehement und durchgreifend in die Erscheinung als die der beiden anderen Erkrankungen. Die Postchoreatiker haben mit einem Teil der jugendlichen Encephalitiker die hyperkinetische Bereitschaft, mit den Epileptikern die Reizbarkeit und psychische Verlangsamung gemeinsam. Es fehlt ihnen aber die triebhafte Impulsivität und Entgleisungstendenz der Encephalitiker ebenso wie die Umständlichkeit der Epileptiker.

Auch die spätere Entwicklung der HUNTINGTON-Fälle und anderer subcortical lokalisierter Erkrankungen zeigt im Mangel an Spontaneität, in der Willensschwäche, Verschlossenheit und Affektinsuffizienz manche Ähnlichkeit mit den Postchoreatikern. KRAUSS gelangt im allgemeinen zu der Auffassung, daß alle subcorticalen Bilder etwas Gemeinsames haben und sich im einzelnen jeweils durch die charakteristische Verteilung der einzelnen Symptome bzw. ihren typischen Zusammenschluß kennzeichnen.

Man könnte nun die Frage aufwerfen, ob die von KRAUSS herausgehobenen Merkmale — wenigstens zum Teil — nicht bereits der prämorbiden Persönlichkeit angehören und Ausdruck der bei den Choreatikern anzunehmenden konstitutionellen Anomalien sind. E. STRAUSS war es nicht entgangen, daß sich bei den Postchoreatikern auffallend häufig psychopathische Erscheinungen zeigen. Bei der Durchsicht der Krankengeschichten mußte er jedoch feststellen, daß psychopathische Eigenarten vielfach schon vor der Erkrankung bemerkbar gewesen waren. Ob sie durch die überstandene Chorea verstärkt wurden, läßt sich nicht mit Sicherheit entscheiden. STRAUSS meint, daß es in Übereinstimmung mit den Erfahrungen bei der Encephalitis epidemica denkbar wäre, daß eine in der Kindheit überstandene Chorea auf die weitere Charakterentwicklung nicht ohne Einfluß bleibt, vorhandene konstitutionelle Merkmale verstärkt oder überhaupt erst bemerkbar macht. Die Reizbarkeit, Empfindlichkeit, Ängstlichkeit, Schreckhaftigkeit, emotionelle Schwäche stimmt ja mit der Stimmungslage des akuten Stadiums überein. Doch ist es nach seiner Meinung wahrscheinlicher, daß die gleiche konstitutionelle Schwäche striärer und wohl auch hypothalamischer Hirnterritorien sich in den psychischen Varianten und in der Disposition für die choreatische Erkrankung äußert und daß während des akuten Stadiums die von jenen abhängigen somatischen und psychischen Funktionen am augenfälligsten leiden.

Auch über die prämorbide motorische Eigenart, die Eigentümlichkeit der Zwecks- und Ausdrucksbewegungen, Geschicklichkeit oder Ungeschicklichkeit, Vorhandensein oder Mangel extrapyramidaler Begabung konnte Strauss an seinem Material keinen zusammenfassenden Überblick gewinnen.

St. Krauss betont unter Hinweis auf die Erwägungen von Strauss, daß über das Vorhandensein einer konstitutionellen Disposition kein Zweifel sein könne, er fand aber, daß nur wenige seiner Patienten vor der Erkrankung ausgesprochene psychopathische Mängel aufwiesen oder als Kinder derart auffällig gewesen wären, wie es etwa das schizoide Kind schon ist. Eine prämorbide Besonderheit der psychischen Konstitution und Struktur lag also nicht deutlich zutage. Krauss bestreitet aber nicht die Möglichkeit, daß eine eigenartige Entwicklungstendenz bereits angelegt sein kann. Da ihm aber um die psychologische Erfassung des phänotypisch gegebenen Persönlichkeitszusammenhanges zu tun war, konnte er auf eine cerebrale Disposition, sofern sie sich nicht prämorbid äußert, keine Rücksicht nehmen und erachtete sich darum für berechtigt, von einer „Persönlichkeitsveränderung" zu sprechen.

Unter dem Eindruck eigener Erfahrungen möchten wir glauben, daß eine sichere Trennung der prämorbiden Merkmale von postchoreatischen Persönlichkeitsveränderungen vorerst noch nicht möglich ist. Es fehlen uns dazu noch hinreichend umfassende Kenntnisse über die Motorik und die psychische Eigenart im prämorbiden Lebensabschnitt, ein Lücke, die sich nur durch exakte, von bestimmten Gesichtspunkten geleitete Anamnesen bei Familien frisch erkrankter Kinder unter Berücksichtigung des konstitutionellen Sippenmilieus schließen läßt.

V. Diagnose.

Die Diagnose der Chorea minor macht im allgemeinen jenem, der mit dem charakteristischen Bewegungsbilde vertraut ist, keine Schwierigkeiten. Die eigenartige Unruhe des Kranken, allenfalls verbunden mit einer Hypotonie, legt die Diagnose gleich nahe, und sie wird dann in einer Reihe von Fällen weiterhin gesichert durch das jugendliche Alter, durch vorausgegangene Gelenksschwellungen oder angiöse Beschwerden, in einer großen Reihe von Fällen durch Herzsymptome wie weiterhin durch die anamnestische Angabe über die Art des Krankheitsbeginnes, das allmähliche Einsetzen der Unruhe und die allmähliche Zunahme der Erscheinungen und ihre Beeinflußbarkeit durch äußere Reize, besonders durch affektive Erregungen. Ein Chorearezidiv wird meist von den Angehörigen der Kranken selbst schon in Erinnerung an die erste Erkrankung richtig gedeutet. Verschleierter sind jene Verlaufsformen, bei denen das Leiden mit einer lähmungsartigen Schwäche in einem Arm beginnt. Wer aber diesen Einleitungstypus kennt und gegenüber monoparetischen Erscheinungen die Möglichkeit einer Chorea minor erwägt, dem werden vereinzelte choreatische Zuckungen, die die Klärung bringen, nicht entgehen.

Differentialdiagnostisch kann allenfalls ein choreiformes Bild psychogener Herkunft Schwierigkeiten machen. Mit dieser Möglichkeit ist besonders dann zu rechnen, wenn in der Umgebung des Kranken ein echter Choreafall vorkam, der nun in einer mehr oder minder guten Weise imitiert wird. Die Häufung von Unruheerscheinungen in einer Schule im Anschluß an einen echten Choreafall legt eine psychogene Genese von vorneherein nahe, und die genauere Untersuchung solcher psychisch infizierter Kinder, das Fehlen von Krankheitssymptomen seitens des Herzens und der Gelenke wie weiterhin gewisse Unterschiede in der Form der Unruhe — diese hysterischen Imitationen sind zumeist primitiv eintönig und zeigen nicht den bunten unregelmäßigen Wechsel und die ganz regellose Verteilung über die Körpermuskulatur — als endlich das rasche Zurücktreten der Störungen bei Isolierung der Kinder hellen den Tatbestand meist bald auf.

Gegenüber der HUNTINGTON-Chorea sind die Heredität der letzteren, ihr ausgesprochen chronischer Verlauf, die allmählich sich entwickelnden Demenzsymptome wie das Fehlen infektiöser Antezedentien differentialdiagnostisch in Betracht zu ziehen.

Bei hyperkinetischen Erscheinungen von choreiformem Charakter, die nur Teilerscheinungen eines komplizierten Störungsbildes sind, wie es auf dem Boden einer Geburtsschädigung, einer Encephalitis bzw. überhaupt einer unter anderem auch das Striatum in Mitleidenschaft ziehenden Erkrankung zur Beobachtung kommen kann, muß das Gesamtbild entscheidend sein. Der Nachweis gröberer organischer Symptome von seiten anderer Systeme wird neben der Anamnese und dem Verlauf die Abgrenzung gegenüber einer echten Chorea minor gestatten.

Ernstliche Schwierigkeiten können entstehen, wenn es sich um die Abgrenzung der Chorea minor gegen die choreatische Form der akuten epidemischen Encephalitis ECONOMOS handelt. Das Symptomenbild der epidemischen Encephalitis hat aber doch im allgemeinen einen weiteren Rahmen, und man sieht neben einer choreatischen Unruhe entweder gleichzeitig oder in ihrem Gefolge noch andersartige, der Encephalitis epidemica eigene, der Chorea minor fremde Phänomene wie Augenmuskelstörungen, Schlaf-Wach-Störungen, längerdauernde Temperatursteigerungen zum Vorschein kommen. Das gleichzeitige Bestehen einer Encephalitisepidemie wird die Diagnose erleichtern, oder die Folgeerscheinungen klären ein anfänglich vielleicht zweifelhaftes Bild. Endlich kommt als wichtiger Umstand in Betracht, daß die Encephalitis epidemica wenigstens in der Form, wie sie uns die großen Epidemien kennen lehrten, das Kindesalter doch relativ verschonte, wenn auch nicht vollständig frei ließ. Fast unüberwindlich können zunächst die Schwierigkeiten der Differentialdiagnose sein, wenn zur Zeit einer Encephalitisepidemie eine Schwangere unter choreatischen Erscheinungen erkrankt. Allerdings ist das therapeutische Vorgehen in einem solchen Falle von vornherein gegeben, da man auch bei der Encephalitis epidemica keine Bedenken haben wird, eine Gravidität zu unterbrechen. Hat es sich dabei um eine Schwangerschaftschorea gehandelt, so entscheidet bald der Erfolg über die Art der zugrunde liegenden Erkrankung.

Schließlich ist der differentialdiagnostischen Abgrenzung gegenüber dem Tic, insbesondere dem generalisierten Tic, zu gedenken, der durch das Rhythmische und intermittierende der Dyskinese, die Dauer der Erkrankung sowie durch das Fehlen der charakteristischen Chorea-Anamnese gekennzeichnet ist. Es muß jedoch andererseits darauf hingewiesen werden, daß, wie sich aus den Untersuchungen von E. STRAUSS ergibt, gelegentlich Bewegungsstörungen vom Typus der Tics als Rest einer abgelaufenen Chorea noch nach Jahren beobachtet werden können.

Bei Kindern, die mit einem Tic behaftet sind, kann es nun aber sehr schwierig werden, eine beginnende Chorea minor zu erkennen, und gerade bei diesen Kindern muß man im Hinblick auf die bei ihnen anzunehmende Minderwertigkeit des extrapyramidal motorischen Systems mit der Möglichkeit rechnen, daß sie die Disposition für eine Chorea minor in sich tragen. Verstärkt sich bei einem Kinde, das mit ticartigen Erscheinungen von jeher behaftet ist, die Bewegungsunruhe, so muß auf jeden Fall auch an die Möglichkeit einer einsetzenden Chorea minor gedacht und das Kind einer entsprechenden Überwachung unterzogen werden. Eine vorausgegangene Angina oder ein Gelenkprozeß wird den Verdacht noch verschärfen, und die weitere Beobachtung eines Anstiegs der Bewegungsunruhe wird dann keinen Zweifel mehr lassen, daß zum Tic eine infektiöse Chorea hinzugetreten ist und ihre Sonderbehandlung beansprucht.

VI. Therapie.

Bei der Behandlung der Chorea minor ist die Abdämpfung bzw. Ausschaltung der verschiedenen aus der Umwelt erfließenden Reizwirkungen nicht nur die wichtigste, sondern auch die erfolgreichste therapeutische Maßnahme. Leider wird häufig im Beginn der Erkrankung, wo die leichten Unruheerscheinungen nur zu oft von den Eltern und in der Schule als Unarten gedeutet und gerügt werden, gegen diese Forderung verstoßen und das kranke Kind in einer schädlichen Erregung und ängstlichen Spannung erhalten. Sobald die Diagnose gestellt ist, soll das kranke Kind zu Hause bzw. in schweren Fällen im Krankenhaus möglichst isoliert gehalten und von der Mutter oder einer geschulten Schwester überwacht werden, die in sachlicher Ruhe die Pflege durchführt und alles fernhält, was das Kind erregen, beunruhigen oder belästigen könnte. Die Unterbringung in einem ruhig gelegenen Raum mit abgedämpftem Lichte unter gleichzeitiger Regelung der Zimmertemperatur wäre die ideale Versorgung, die sich freilich nur in den seltensten Fällen durchführen läßt. Je schwerer die motorische Unruhe, desto größer sind die Anforderungen an die Pflege, die das kranke Kind vor allem auch vor Abschürfungen und Verletzungen der Haut und der tiefer gelegenen Weichteile zu schützen hat. Geeignete, mit Gitterwerk versorgte Betten, häufiges Umlegen des Kranken, vorsichtige Abreibungen der Haut mit Adstringentien und Versorgungen etwaiger Verletzungsstellen zur Vermeidung sekundärer Infektionen sind erforderlich. Besonders vorteilhaft erweisen sich schon bei leichten, vielmehr aber noch bei schweren Fällen warme Dauerbäder, die nicht nur die Bewegungsunruhe des Kranken beträchtlich mildern und die Gefahr von Verletzungen herabsetzen, sondern auch appetitanregend wirken. Auf hinreichende Ernährung ist sorgsames Gewicht zu legen. Wenn sich dabei Schwierigkeiten ergeben, kann wenigstens vorübergehend eine Sondenfütterung notwendig werden. Man wird aber mit Rücksicht auf die Unannehmlichkeiten einer solchen Maßnahme, die das kranke Kind wieder sehr erregt, zunächst mit anderen Hilfsmitteln durchzukommen trachten, mit Nähr- bzw. Kochsalzklystieren, Einläufen von Glucose. Allenfalls kann auch zu Kochsalzinfusionen gegriffen werden, um eine leidliche Entwässerung und damit auch eine entgiftende Wirkung zu erzielen.

Wenn die Krankheitserscheinungen abklingen, ist es fehlerhaft, die Isolierung des Kranken plötzlich aufzuheben und das Kind wieder den vollen Eindrücken des Alltags auszusetzen. Plötzliche affektive Beeinflussungen können zu einer Verstärkung der bereits abflauenden Symptome führen und damit den Krankheitszustand unnötig protrahieren. Daher sollen die kranken Kinder nur ganz allmählich in den gewohnten Lebenskreis zurückgeführt werden, und Karger empfiehlt mit Recht, während dieser Übergangszeit mit dem Kinde eine vorsichtige und geduldige Übungsbehandlung zu beginnen, damit es allmählich die choreatische Bewegungsunruhe zu beherrschen lernt und die frühere Fertigkeit und Sicherheit erlangt. Man darf dabei auch den psychischen Vorteil nicht übersehen, der dem Kinde zukommt, wenn es wieder in sicherer Haltung vor seine Altersgenossen tritt und nicht in ängstlicher Verlegenheit noch bestehende Unruheerscheinungen zu verbergen trachten muß.

Die Ruhigstellung des Kranken kann durch geeignete Medikation erfolgen. Hier ist in erster Linie das *Brom* zu erwähnen, das seit langem in Form von Bromkalium oder der ERLENMAYERschen Mischung von manchen Autoren sogar in recht hohen Dosen gegeben wird. Auch andere Hypnotica sind in letzter Zeit mehrfach angewandt worden. So empfehlen LUCE und FEIGL, KAUPE sowie FLESCH das *Luminal* in Form von Luminaletten, MARINESCO, SAGER und DINI-SCHIOTTU sahen bei 5 Fällen nach Injektion von Luminalnatrium ausgezeichnete Erfolge, und auch CASAZZA berichtet über gute Erfahrungen mit der Luminalbehandlung. Dagegen sah BERNUTH von Luminal keine Besserung oder Abkürzung des Verlaufes und berichtet ebenso wie FLESCH über Luminalexantheme, die bei einer Dosierung von 4mal 0,05 pro die auftraten.

Andere Autoren empfahlen wiederum die Hypnotica *Adalin* und *Veronal*. In neuester Zeit hat WESTPHAL bei einer schweren Chorea Avertin in einer Menge von 0,07 pro Kilogramm Körpergewicht verwendet und dabei schnelle Besserung gesehen, die allerdings nicht allein dem Avertin zugeschoben werden darf, da WESTPHAL daneben auch noch Dilaudid, Luminal und Paraldehyd in Anwendung brachte. SLOT und MACDADE verwendeten in einem Falle Evipannatrium und berichteten über Heilung nach 7 Injektionen und vierwöchentlicher Krankheitsdauer. OPPENHEIM griff bei Erwachsenen mit schwerer Chorea zu Morphium, BABINSKI injizierte 0,2—0,5 mg Scopolamin und VIEDENZ verwendet die Kombination Scopolamin-Morphium.

Über sehr gute Behandlungserfolge mit dem von MARINESCO empfohlenen *Magnesiumsulfat* berichteten PAULIAN und DRAGESCO, die es in einer Menge von 1—2 ccm der 25%igen Lösung intralumbal injizierten. MARTINEC behandelte nach der gleichen Methode 9 Kinder, indem er zunächst 5—10 ccm Liquor entleerte und sodann 1—2 ccm der 25%igen Lösung injizierte. Die Injektion wurde nach 4—5 Tagen wiederholt. Mehr als 6 Injektionen waren nicht erforderlich. Magnesiumsulfat wird auch von LÓPEZ empfohlen, der es subkutan oder intravenös und nur im Notfall auch intralumbal jeden 2. Tag in einer Menge von 0,2—0,5 ccm einer 25%igen Lösung injizierte und dabei gute Erfolge beobachtete.

KUTTNER verwendete mit Erfolg und ohne schädliche Nebenwirkungen in 7 Fällen *Bulbokapnin* steigend bis zu 3 Tabletten täglich oder 1—3 Ampullen subcutan.

Nach unseren eigenen Erfahrungen scheint es uns, daß man bei der Anwendung von Beruhigungsmitteln der angeführten Art sich möglichst individuell dem Einzelfall anzupassen hat. Man wird sich im allgemeinen vor der Anwendung stärkerer Hypnotica oder Narkotica zurückhalten, eine Meinung, die auch F. H. LEWY vertritt, andererseits aber einmal bei einer sehr stürmischen Unruhe, die durch ihre Jaktationen den Kranken erschöpft, oder wenn irgendein den Kranken sehr beunruhigender Eingriff erforderlich ist (Sondenfütterung, gynäkologische Untersuchung), zu einer einmaligen Anwendung eines Mittels entschließen, das den Kranken für eine oder mehrere Stunden völlig ruhigstellt (Avertin, Evipan). Die sorgfältige Überwachung des Kreislaufes und die rechtzeitige Anwendung von Cardiacis ist dabei selbstverständlich.

Vielfach wurde nun versucht, Mittel zu finden, die über eine bloße symptomatische Beruhigung hinausgreifend, eine eigentliche Heilwirkung ausüben und dadurch den Krankheitsverlauf kürzer und milder gestalten. In dieser

Hinsicht kommt seit alters dem *Arsen* der Ruf zu, daß es eine derartige günstige Wirkung zu entfalten imstande sei. Ein endgiltiges Urteil über den Wert und die Wirkungsweise des Arsen ist aber bis heute nicht möglich. Während zahlreiche Autoren dem Arsen eine beträchtliche Krankheitsverkürzung zuschreiben, die teils auf spezifische, die zentrale Erregbarkeit herabsetzende Wirkung, teilts auf eine Erhöhung des Stoffwechsels der Ganglienzellen bezogen wird, lehnen andere, so neuestens wieder Burnet und Graham eine spezifische Wirkung ab, da sich der gleiche therapeutische Effekt auch durch Bettruhe allein erzielen lasse. Auch Schnurmann, der das große Material des städtischen Kinderkrankenhauses in Berlin aus den Jahren 1910—1923 übersieht, findet keinen merklichen Einfluß der medikamentösen Therapie im allgemeinen und der Arsenbehandlung im besonderen, weder auf die Krankheitsdauer überhaupt, noch auf die Dauer der schweren choreatischen Unruheerscheinungen. Trotzdem möchte man das Arsen aus der Choreatherapie nicht streichen, auch wenn ihm nur eine roborierende, den Stoffwechsel und damit den Appetit anregende Wirkung zukäme. Das Arsen wird im allgemeinen in Form der Solutio arsenicalis Fowleri verabfolgt, wobei in dem üblichen Anstieg eine Höchstdosis erreicht wird, die nach F. H. Lewy bei 6—10jährigen Kindern 12 Tropfen nicht übersteigen soll, worauf dann wiederum der allmähliche Abbau des Mittels einzutreten habe. Es wird jedoch von manchen Autoren auch eine weitaus stärkere Dosierung empfohlen. Wernstadt empfiehlt die modifizierte Arsenkur nach Comby; unter Innehaltung strenger Milchdiät bekommen die Kranken Arsen in Form der Boudinschen Flüssigkeit, Liqueur de Boudin Acid. arsen. 1 : 1000, aufsteigend täglich von 5 auf 10, 15, 20, 25 g und fallend auf 20, 15, 10 und 5 g. Die Kur ist in 9 Tagen beendet. Kinder unter 7 Jahren beginnen mit 3 und steigen auf 15 g, Kinder unter 5 Jahren beginnen mit 2 und steigen auf 10 g. Bei Erbrechen Aussetzen für kurze Zeit, bei Wiederholung des Erbrechens Abbrechen der Kur. Auch Injektionen von Natrium cacodylicum werden empfohlen, so von Chait, der es in 100%iger Lösung intravenös darreicht und von 0,5 bis 3 ccm ansteigt.

Eine Reihe von Autoren glaubt besonders günstige Resultate gesehen zu haben, wenn sie das Arsen in Form des *Salvarsans* dem Körper zuführen. So gibt Bokay in Abständen von 5—7 Tagen 0,1—0,3 Neosalvarsan intravenös, bis er eine Gesamtdosis von 2 g erreicht hat. Auch Marie und Chatelain sowie Demetre sind Anhänger der Salvarsantherapie, wobei letzterer das Neosalvarsan in Einzeldosen von 0,15—0,3 jeden 2. Tag verabfolgt; angeblich soll schon nach der ersten Injektion eine günstige Wirkung beobachtet worden sein. Alduraldo empfiehlt das Sulfarsenbenzol und Otonello verwendet intramuskuläre Injektionen von Arsenobenzol in Dosen von 0,1—0,4 bei 4tägigen Intervallen, wobei schon nach der zweiten Injektion eine günstige Wirkung feststellbar sein soll. Die Durchschnittsmenge zur Erzielung eines vollen Heilerfolges beträgt nach diesem Autor 2 g.

Zu den seit langem in der Choreabehandlung üblichen Verfahren gehört weiters die *Salicyltherapie,* die sich in Fällen rheumatischer Chorea als Spezificum gegen die Grundkrankheit richtet. Neben dem Natrium salicylicum per os erfreuen sich heute besonders die milderen Formen der Salicyldarreichung, insbesondere die Aspirinbehandlung in der mittleren Dosierung von 3mal 0,5 bis 1,0 g pro die (je nach dem Alter des Kindes) besonderer Beliebtheit. Die mit diesen Mitteln erzielten Erfolge sollen, wie neuerdings wieder Baszkiewicz hervorhob, sehr gute sein. López verabfolgt, einer Empfehlung Laforas folgend, Natr. salicylicum mit Traubenzucker in intravenöser Injektion.

Sehr zweifelnd möchten wir auf Grund eigener Erfahrungen den Beobachtungen über günstige Wirkung des *Hexamethylentetramins* gegenüberstehen, wie sie von DE CARDENAS Y PASTOR und DE CAPUA berichtet wird. Ebensowenig glauben wir trotz der Empfehlung durch BRASCH der PREGLschen Jodlösung eine nennenswerte Wirkung zuschreiben zu dürfen, ganz abgesehen von der im Anschluß an die intravenöse Darreichung häufig auftretenden Verödungen der Venen.

ROSENOW empfiehlt, anknüpfend an seine ätiologischen Untersuchungen, *Streptokokkenserum*, das auch von DWYER angewendet wurde. GERSTLEY und WILHELMI sprechen jedoch dem Serum jeden Einfluß auf den klinischen Verlauf ab.

Die wie bei anderen infektiösen Prozessen so auch bei der Chorea minor empfohlene Behandlung mit *Eigenserum* fand ROHR auch bei intralumbaler Anwendung erfolglos. BLOCH berichtet über ausgezeichnete Erfolge bei Injektion des dem Kranken selbst entnommenen Liquors, doch bleibt dabei die Frage offen, ob diese Erfolge nicht in erster Linie der Lumbalpunktion zuzuschreiben sind, die PASSINI und neuerdings CLERICI als therapeutische Maßnahme empfehlen. TAILLENS hat sich allerdings von dem Erfolge der Lumbalpunktion nicht überzeugen können.

Die günstigen Erfahrungen, die durch Anwendung der *Reizkörpertherapie* bei den verschiedensten Infektionsprozessen erreicht wurden, führten zu entsprechenden therapeutischen Versuchen auch bei der Chorea minor. KERN sah in 3 Fällen nach 3—4 intravenösen Milchinjektionen zu 5 ccm in 4 Wochen Heilung der Chorea. Über günstige Erfolge in 30 Fällen berichtet SOMOGYI, ebenso ORAVECZ und HYMANSON. BENEDEK verabreicht intramuskulär Phlogetan mit günstigem Erfolge, CAPPER und BAUER, BATEMAN, FISH sowie CHEETHAM injizieren Typhusvaccine intravenös. Erstere beobachteten in 19 von 23 Fällen vollständige Heilung, in 3 Fällen teilweisen Erfolg, während 1 Fall unbeeinflußt blieb. Schließlich sei auch die von ERLANGER sowie von REVASZ empfohlene Schwefeltherapie erwähnt. Dieser Autor sah in 15 Fällen bei 3mal in 5tägigen Intervallen applizierten intramuskulären Injektionen von 1% Lac. sulfur. in Dosen von 3—4 ccm Heilung nach 3wöchentlicher Krankheitsdauer.

Besondere Wirksamkeit wird von zahlreichen Autoren dem von F. ROEDER in die Therapie der Chorea minor eingeführten *Nirvanol* (Phenyläthylhydantoin) zugeschrieben. Seit den ersten Beobachtungen von ROEDER, RIETSCHEL, HEFFTER und HUSLER hat sich eine große Zahl von Autoren mit dieser Therapie beschäftigt und übereinstimmend festgestellt, daß die günstige therapeutische Wirkung des Nirvanols im allgemeinen an das Auftreten jenes Symptomenkomplexes geknüpft ist, dem PFAUNDLER den Namen der *Nirvanolkrankheit* gegeben hat. Bei der heute üblichen Dosierung des Mittels, die im Gegensatz zu den ersten Empfehlungen im allgemeinen über eine auf 3 gleich hohe Einzeldosen verteilte Tagesmenge von 0,3 nicht hinausgeht, tritt die Nirvanolkrankheit nach durchschnittlich 7—12 Tagen ein. Die charakteristischen Symptome sind dabei Temperaturanstieg auf 38—39°, manchmal sogar bis auf 40° (LESIGANG, PILCHER und GERSTENBERGER), ein meist morbiliformes, seltener skarlatiniformes, gelegentlich auch urtikarielles, juckendes, aber nicht schuppendes Exanthem sowie eine Verschiebung im Blutbild, dessen genauere Kenntnis wir vor allem STETTNER verdanken.

STETTNER fand bei im wesentlichen normaler Leukocytenzahl eine Linksverschiebung, weiters im Beginn und am Ende der Nirvanolreaktion in einem 9—11tägigen Zwischenraum eine lymphatische bzw. monocytische Krise, d. h. ein starkes Überwiegen der reifen, schwach gefärbten, azurgranulierten und großleibigen Zellen, sowie mitunter recht starke Eosinophilie, die jedoch in keiner zwingenden Beziehung zum Aufkommen der klinischen Erscheinungen stand. Andere Autoren wie z. B. GOTTLIEB, LENGSFELD, LEICHTENTRITT, LENGSFELD und SILBERBERG, LESIGANG u. a. bestätigen die von STETTNER gefundene

Eosinophilie. Lesigang, Lengsfeld sowie Leichtentritt, Lengsfeld und Silberberg heben jedoch hervor, daß die Gesamtleukocytenzahl häufig herabgesetzt erscheint, wobei allerdings in Übereinstimmung mit Stettner auf das Bestehen einer Linksverschiebung und einer relativen Lymphocytose hingewiesen wird. Leichtentritt, Lengsfeld und Silberberg konnten weiter eine Thrombopenie feststellen, während Lesigang Thrombocytenzahl und Gerinnungszeit normal fand. Progulski sah Leukocytensturz unter 2000 und Knichowiecki und Wolfowna machen die Angabe, daß auf der Höhe der Erkrankung Eosinophilie und neutrophile Linksverschiebung, beim Rückgang der Erscheinungen Lymphocytose und Leukopenie festzustellen seien.

Neben den vollentwickelten Formen der Nirvanolreaktion, deren Symptomatologie bisweilen durch ein vor allem Gaumen und Conjunctiven betreffendes Exanthem, sowie durch Albuminurie ergänzt wird, werden jedoch nicht selten nur Teilreaktionen beobachtet, bei welchen nur ein oder das andere der 3 Hauptsymptome voll ausgeprägt erscheint, während die anderen unterschwellig bleiben. Und schließlich gibt es, wie alle Autoren übereinstimmend feststellen, Fälle kindlicher Chorea, wo selbst lang dauernde Nirvanolmedikation überhaupt keine Nirvanolkrankheit hervorzurufen imstande ist.

Die Dauer der Nirvanolkrankheit wurde von Lesigang im allgemeinen mit 2—3 Tagen, von Stertz mit $3^1/_2$, von Paasen mit 6 Tagen angegeben, wobei dieser Autor hervorhebt, daß die Temperatursteigerung kürzer anhält als das Exanthem.

Trotz der zahlreichen Arbeiten, die sich mit der Nirvanoltherapie beschäftigen, ist das *Wesen der Nirvanolkrankheit* und ihre Einwirkung auf den Verlauf der Chorea minor keineswegs befriedigend geklärt. Während noch Husler und später Walgren eine direkte chemische Wirkung des Nirvanols auf das Zentralnervensystem bzw. das Striatum als wesentliche Wirkungskomponente annehmen, vertritt de Rudder die Meinung, es handle sich bei der Nirvanolkrankheit ebenso wie bei der Serumkrankheit um eine anaphylaktische Reaktion. Stützen für diese Auffassung sieht de Rudder einmal in der Tatsache, daß die Nirvanolkrankheit ebenso wie die Serumkrankheit am Ende einer typischen Inkubationszeit von 9—12 Tagen eintritt, daß weiterhin mit Ausbruch des Exanthems eine starke Eosinophilie einsetzt, und daß endlich die präexanthematische Alkalose des Organismus, die mit Entionisierung des Serumkalks und einer pränaphylaktoiden Tetanie einhergeht, mit Ausbruch der Hauterscheinungen in eine Acidose umschlägt. Eine direkte Antigenwirkung kommt jedoch dem Nirvanol nach Ansicht de Rudders nicht zu, man müsse vielmehr an eine indirekte Antigenwirkung denken, etwa in dem Sinne, daß das Phenyläthylhydantoin mit bestimmten Eiweißkörpern eine Bindung eingehe, so daß diese aus ihrem normalen Verband gerissen und als artfremde Gebilde mit der anaphylaktischen Reaktion zerschlagen werden. Lesigang vertritt die Ansicht, es handle sich bei der Nirvanolkrankheit um eine Erscheinung der Allergie, die sowohl die Anaphylaxie wie auch die Idiosynkrasie umfasse. Demgegenüber betont aber Progulski, daß die günstige Wirkung des Nirvanols gelegentlich trotz Ausbleiben der allergischen Erscheinungen eintritt. Paasen denkt ganz allgemein an eine nicht anaphylaktische Umstimmung des Organismus durch das Nirvanol und Lenz vertritt die Anschauung, daß bei der Nirvanolwirkung toxische Eiweißabbauprodukte eine Rolle spielen, die zu einer Hemmung der striären Zentren führen und in ihrer Wirksamkeit durch Eröffnung der Blut-Liquorschranke unterstützt werden, Gottstein endlich erblickt das wirksame Moment in der alkalotischen Umstimmung des Organismus, die durch das Herabsetzen der Erregbarkeit zum Sistieren der choreatischen Erscheinungen führe.

Aber auch das Urteil über die klinischen Erfolge der Nirvanoltherapie ist keineswegs ganz einstimmig.

Die ersten Beobachter hoben hervor, daß kurz vor Einsetzen der Nirvanolkrankheit die choreatische Hyperkinese eine Steigerung erfährt, um mit Ausbruch derselben allmählich schwächer zu werden und schließlich in einem Teile der Fälle völlig zu verschwinden. So berichtet Heffter, der 9 Fälle überblickt, über 4 völlige Heilungen und 5 weitgehendste Besserungen, Gottlieb sah 14 Heilungen und 3 Besserungen bei 17 Fällen, Lengsfeld bei 38 Fällen 19mal Heilung, während 18 Fälle so weitgehend gebessert waren, daß die Kinder bis zur Heilung nur noch kurze Zeit mit Roborantien behandelt werden mußten, 1 Fall blieb ungeheilt; Whitaker beobachtete in 9 von 11 Fällen Besserung, Tisdall bei 29 Fällen 15 Heilungen und 9 Besserungen, während in 5 Fällen der Erfolg ausblieb und von den geheilten 6 Kranke nach 5 Monaten wieder rückfällig wurden. KNICHOWIECKI und WOLFOWNA beobachteten 20 Heilungen bei 30 Fällen.

Bei Beurteilung dieser Zahlen ist nun natürlich die Frage entscheidend, in welchem Zeitraum nach Beginn der Behandlung die Heilung bzw. Besserung eintritt, STERTZ sah in seinen Fällen Heilung 40 Tage nach Beginn, einen Monat nach Beendigung der Behandlung, RAY HARTZELL und CUNNINGHAM fanden die Krankheitsdauer von 115 auf 31, BLAŽEK von 24—92 auf 12—32 Tage verkürzt.

Den Verfechtern der Therapie stehen andere Kliniker gegenüber, deren Erfahrungen weniger günstig lauten. Zunächst wird bereits von den ersten Beobachtern darauf hingewiesen, daß auch bei länger dauernder Medikation nicht bei allen Kranken eine Nirvanolreaktion erzielt werden kann, und daß es weiterhin auch Fälle gibt, bei welchen trotz Exanthemausbruch keine günstige Wirkung auf die Chorea feststellbar zu sein braucht. Andererseits steht es fest, daß das Nirvanol nicht vor Rezidiven zu schützen vermag, die z. B. LENGS-FELD in 40% der Fälle auftreten sah. Entscheidend können hier begreiflicher-weise nur große Statistiken sein, da bei einer Erkrankung, die auch ohne jede Therapie abheilt, und die in der Intensität der Erscheinungen in weiten Grenzen variiert, kleine Zahlen nur zu leicht zu Täuschungen Anlaß geben können. Hält man sich aber vor Augen, daß die Nirvanolbehandlung in einem Teile der Fälle versagt, nach Ansicht mancher Autoren (PILCHER und GERSTENBERGER) die Krankheitsdauer nicht wesentlich verkürzt und nach übereinstimmender Ansicht der meisten Untersucher vor Rezidiven nicht zu schützen vermag, so daß GOTTLIEB nicht von einer Heilung, sondern nur von mehr oder minder lange dauernder Sedation spricht, so möchte man doch eher glauben, daß die Nirvanoltherapie in ihrer Leistungsfähigkeit überschätzt wurde.

Dazu kommt noch der weitere Umstand, daß die Nirvanolbehandlung gelegentlich zu sehr ernsten *Nebenerscheinungen* führt, die unter Umständen sogar das Leben der Kranken gefährden können.

So wird mehrfach über schwere skarlatiniforme *Rezidivexantheme* berichtet, die nach LEICHTENTRITT, LENGSFELD und SILBERBERG noch 17—39 Tage nach Aussetzen der Medikation auftreten können. FISCHHOF sah ein solches in Form eines schweren nekrotisierenden Pemphigus der Haut und der Schleimhäute. GOEBEL berichtet über Rezidivexantheme, die mit sehr schweren Exanthemen der Schleimhaut des Mundes, der Konjunktiven und der Harnröhre, der Eichel und des Rectums einhergingen. In einem seiner Fälle, der mit einem Exanthem begann, auf welches sehr schnell unter Fieberanstieg ein Exanthem mit Blasen-bildung an den Lippen, der Zunge, den Wangen und an der Haut folgte, vereiterten die Blasen, und es kam schließlich nach fast vollständigem Verlust der Epidermis und Abstoßung des Schleimhautepithels zum Tode des Kindes.

Eine weitere Gruppe von Nirvanolschädigungen betrifft den *blutbildenden Apparat.* Mehrfach wurde hochgradige Leukopenie, von PEER über einen Fall von Aleukie berichtet. GOEBEL sah einen Morbus WERLHOF mit Thrombocytensturz unter 30 000, Verlängerung der Blutungszeit auf über 15 und der Gerinnungszeit auf $6^{1}/_{2}$ Minuten, FISCHHOF berichtet über eine hämorrhagische Diathese mit walnußgroßen, nekrotisierenden Blutblasen auf der Haut. Diese klinischen Beobachtungen finden ihre Ergänzung in den Versuchen von LEICHTENTRITT, LENGSFELD und SILBERBERG, denen es durch Nirvanolverfütterung an Kaninchen gelang, sehr beträchtliche Leukocytensenkung, in einem Falle bis zu 1200, hervorzurufen, und in einem sehr markanten Falle fand sich sogar im Knochenmark des Versuchstieres das typische Bild der FRANKschen Aleukie.

Nicht selten wird weiterhin über Schädigung des *Harnapparates* berichtet. Albuminurie sah LENGSFELD, über Nephritiden berichtet GOEBEL, über hämorrhagische Cystitis GOTT-LIEB, über Reizerscheinungen von seiten der Harnwege PILCHER und GERSTENBERGER. Daneben kommen, wenn auch seltener, Symptome von seiten anderer Organe zur Be-obachtung. So nimmt PILZ eine schwere Schleimhautschwellung des Bronchialbaumes in einem Falle an, der mit Cyanose, Dyspnoe und röntgenologisch nachweisbarer Verschattung beider Lungenfelder einherging, die sich nach einigen Tagen zurückbildeten. LENGSFELD fand zweimal leichte Dekompensation von seiten des Herzens und GOEBEL Milz- und Leber-schwellung.

Gerade im Hinblick auf diese oft schweren, wie Goebel hervorhebt, nicht sicher vermeidbaren Nebenerscheinungen der Nirvanoldarreichung erscheint die von seiten nahezu aller Autoren vertretene Anschauung berechtigt, die Nirvanolbehandlung niemals im Privathause, sondern nur in einer Krankenanstalt durchzuführen. Die gleiche Erwägung hat weiterhin zur Forderung geführt, die Nirvanoltherapie nur auf die schwersten Fälle zu beschränken und sie nur unter regelmäßiger ausführlicher Blutkontrolle durchzuführen, wobei wohl der von seiten der Langerschen Klinik in Prag vertretene Standpunkt, die Behandlung nur bei normalem Blutbild, insbesondere aber normaler Thrombocytenzahl in Angriff zu nehmen, volle Berücksichtigung verdient.

Ähnliche Wirkungskomponenten wie bei Nirvanol dürften vielleicht auch bei den Behandlungserfolgen vorliegen, die Haessler und Moeller mit *Spirozid* erzielten, da hier die Besserung gleichfalls nach dem Auftreten eines Exanthems beobachtet wird. Doch soll das Mittel cerebrale Komplikationen hervorrufen können.

In völlig anderer Richtung bewegen sich die Versuche einer therapeutischen Beeinflussung der Chorea minor mit *Organpräparaten.* Haneborg verabfolgt Thymusextrakt, Remond und Sauvage das Thyreoidin, beide Mittel angeblich mit gutem Erfolg. Simonini gibt entsprechend seinen ätiologischen Auffassungen Parathyreoidin, durch das er teils antitoxische Wirkungen, teils Calciumfixierung erreichen will, diese überdies durch ultraviolette Strahlen sichert.

Duzar führte die Adrenalinbehandlung in die Choreatherapie ein. Die Therapie wird in der Form durchgeführt, daß den Kindern 3 Tage hindurch morgens nüchtern und am Nachmittag je 0,1 mg Adrenalin in 1 ccm physiologischer Kochsalzlösung verdünnt intravenös verabreicht wird, wobei täglich 5—6 Kaffeelöffel Speisesoda der Nahrung beigemischt wurden. Vom 4. Tage ab erhielten die Kinder statt der intravenösen eine subcutane Injektion von 1 mg Adrenalin bis zum Einsetzen einer merklichen Besserung, worauf dann bis zur Heilung bei täglicher, gerade noch erträglicher Sodazufuhr 2mal täglich 1 mg Adrenalin subcutan gespritzt wurde. Unangenehme Nebenwirkungen will Duzar, abgesehen von den üblichen Folgen intravenöser Adrenalinzufuhr in Form von Erblassen, Kopfschmerzen, Apnoe, die von tiefer Atmung, evtl. Husten gefolgt ist, und Erbrechen, nicht beobachtet haben. Dagegen sah er ganz eklatante Heilerfolge bei 8 behandelten Kindern, zum Teil sehr schweren Fällen, die in 9—17 Tagen geheilt die Klinik verlassen konnten und in 8 bis 10monatlicher weiterer Beobachtung kein Rezidiv bekamen. Die günstige Wirkung erklärt Duzar aus einer durch die alkalotische Phase der Adrenalinwirkung bedingten und durch die Sodadarreichung unterstützten Umstimmung der zentralen grauen Kerne und in einer kolloidchemischen Beeinflussung der peripheren Bedingungen des Muskeltonus (Sarkoplasma). Der gute Erfolg wird von Stark bestätigt, der bei 2 schweren Choreafällen in 17 bzw. 20 Tagen Heilung sah, während Saviljanskij auf die unangenehmen Nebenwirkungen hinweist und Karelitz nur in einem Falle Besserung feststellen konnte.

Umfangreichere Erfahrungen über die Wirksamkeit dieser Therapie liegen bisher nicht vor. Das gleiche gilt von der *Stauungsbehandlung* des Kopfes, für die Esau energisch eintritt, der bei 6 Fällen ausgezeichnete Erfolge sah. Glaser, der die Stauungsbinde mehrere Tage hindurch intermittierend durch 10 Stunden mit zweistündiger Pause anlegt, berichtet ebenfalls über günstige Erfolge.

Schließlich muß noch auf die Frage der *Tonsillektomie* eingegangen werden, die sowohl als prophylaktische Maßnahme wie als therapeutisches Vorgehen bei bereits aufgetretener Chorea minor empfohlen wird. Was den prophylaktischen Erfolg der Tonsillektomie anbelangt, so gibt darüber am besten Bescheid die enorme Statistik von Kaiser, der feststellen konnte, daß bei 28 000 nicht tonsillektomierten Kindern in 0,5% und bei 20 000 Kindern nach Tonsillektomie in 0,4% der Fälle eine Chorea minor auftrat. Der Unterschied zwischen den beiden Gruppen ist so minimal, daß von einer prophylaktischen Sicherung durch die Tonsillektomie nicht die Rede sein kann. Damit ist natürlich noch gar nichts über den therapeutischen Effekt einer Tonsillektomie bei einer bereits ausgebrochenen Chorea minor gesagt. LETELIER will von diesem Eingriff völlige Heilung der Chorea minor nach 2—4 Tagen gesehen haben. Von anderer Seite wird allerdings die Wirksamkeit des Eingriffes bestritten. Ein schematisches Vorgehen ist sicher nicht am Platze, man wird sich vielmehr zum Grundsatz machen müssen, im Einzelfall die Inspektion der Tonsillen unbedingt vorzunehmen, aber nur dann den Eingriff befürworten, wenn sich Veränderungen finden, die in den Tonsillen einen infektiösen Herd erkennen lassen. Neben den Tonsillen soll aber, wie DWYER hervorhob, auch der Zustand der Zähne Beachtung finden, die ebenso wie die Tonsillen einmal Sitz eines fokalen Infektionsherdes sein können.

VII. Pathologische Anatomie.

Über die Hirnveränderungen bei Chorea minor liegen heute eine Reihe mit Hilfe moderner Methodik gewonnener Befunde vor. Ein einheitliches, für die Erkrankung charakteristisches Störungsbild ergibt sich aber daraus nicht. Zur Orientierung über die gegenwärtige Sachlage diene nachfolgender Überblick.

Von älteren pathologisch-anatomischen Befunden sei hier zunächst der besonders gründlich untersuchte Fall von REICHARDT erwähnt, bei welchem neben erheblicher Hyperämie der Hirnrinde perivasculäre Infiltrationen lymphocytären Charakters, die sich auf das umgebende Gewebe erstreckten, besonders im Mark nachweisbar waren. Daneben waren die Trabantzellen um die Ganglienzellen vermehrt. Gleichartige Veränderungen fanden sich im Mittelhirn, im Grau um den Aquädukt, in den hinteren Teilen des Thalamus und in der Oblongata. In den tieferen Teilen hatten die Herde vielfach hämorrhagischen Charakter, Nervenfasern und Zellen waren in ihrem Bereiche zugrunde gegangen.

Die Arbeit, auf die heute bei der Erörterung der Histopathologie der Chorea immer wieder zurückgegriffen wird, sind die Untersuchungen von ALZHEIMER. In der allerdings nur kurzen Mitteilung berichtet ALZHEIMER, daß er bei rheumatischer und septischer Chorea Veränderungen im Corpus striatum und in der Regio subthalamica vorfand, und zwar kleine, zumeist perivasculär gelagerte Herde von gewucherter Glia, bisweilen untermischt mit stäbchenzellenartigen Elementen. In den Sepsisfällen ließen sich in den Gefäßen Kokkenembolien nachweisen, die bei den rheumatischen Fällen nicht vorlagen. Auf Grund seiner Befunde kam ALZHEIMER zu der Annahme, daß die Chorea septica und rheumatica mit embolischen Herden in Zusammenhang zu bringen sei, die in der Gegend des Corpus striatum und der Regio subthalamica ihren Sitz hat. Nach JAKOB konnte ALZHEIMER hochgradige Veränderungen auch im cerebellaren System (Dentatum und Nucleus ruber) nachweisen. Die Einwände gegen die von ALZHEIMER vertretene embolische Theorie, die in KIRKES und anderen schon ihre Vorläufer hatte, wurden bereits an anderer Stelle formuliert.

Von neueren Befunden sei zunächst der Fall von MOSER angeführt, der ein 12$^1/_2$jähriges Mädchen betraf, das nach 6monatlichem Bestehen einer Chorea unter dem Bilde einer Sepsis zugrunde ging und neben einer Endocarditis ulcerosa miliare Staphylokokkenabscesse und kleine Erweichungsherde in der Rinde und im subcorticalen Marklager, in geringerem Grade auch in den Zentralganglien und im Kleinhirn aufwies.

Der FORSTERsche Fall von Fleckfieberchorea zeigte die typischen Fleckfieberherdchen hauptsächlich im Zwischenhirn, in der Bindearmgegend und im Linsenkern. Dort fanden sich unabhängig von diesen Herden stärkste Gefäßinfiltrationen. Aber auch in der Rinde waren die Herde nicht spärlich. Die gleiche Lokalisation allerdings septischer Herde fand FORSTER in einem Falle septischer Chorea.

Ein weiterer sehr bedeutungsvoller Befund wurde von P. MARIE und TRETJAKOFF bei einem 10jährigen Kinde erhoben, das nach 10tägiger Dauer der Chorea zugrunde ging. Bei dieser Beobachtung fanden sich in der Rinde und im Corpus striatum entzündliche Veränderungen, gekennzeichnet durch eine starke Hyperämie und Infiltration mit leukocytären Elementen, denen Gliazellen und Bindegewebselemente beigemengt waren. Die degenerativen Veränderungen traten dabei zurück, doch meinen die Autoren, daß sie vielleicht nur im Vergleich zu den entzündlichen Veränderungen schwerer nachweisbar gewesen sein mögen.

Schuster hatte Gelegenheit, die Gehirne von 4 Frauen im Alter von 16—22 Jahren zu untersuchen, von denen eine an Schwangerschaftschorea, die anderen aber an typischer Chorea minor gelitten hatten. Der Autopsiebefund ergab in allen Fällen eine Endokarditis sowie Hinweise auf Kokkenembolien mit Gefäßwandnekrosen in den Zentralwindungen, im Thalamus, in den Bindearmen und roten Kernen. Daneben fanden sich Gliaveränderungen an der motorischen Bahn. Schusters Beschreibungen sind aber, wie auch Creutzfeld vermerkt, keineswegs so klar, daß die Befunde als eindeutig gelten könnten.

Fiori beobachtete bei 2 Fällen von kindlicher Chorea minor starke Hyperämie des Gehirns, maximale Blutfüllung der Capillaren und kleinen Gefäße, Erweiterung der perivasculären Lymphräume mit Rarefikation des Gewebes in der Umgebung. Diese Veränderungen waren vor allem im Centrum semiovale, und zwar besonders in dem der motorischen Region entsprechenden Anteil, sowie in den Zentralganglien und im Thalamus nachweisbar. Die kleinen Rarefikationszonen waren durch Verdichtung des umgebenden Gewebes mit mäßiger Rundzellenvermehrung abgegrenzt. Mit Sudanfärbung ließ sich Fetteinlagerung in den Endothelien und Adventitialzellen, in den Gewebsmaschen um die Gefäße sowie Fettkörnchenzellen und Fettinfiltration von Gliazellen nachweisen. Die Veränderungen der Ganglienzellen in der Rinde und in den Zentralganglien zeigten alle Abstufungen von der Tigrolyse bis zur völligen Auflösung, und zwar am stärksten im Thalamus und in den Scheitellappen, hierauf folgte dem Grade der Veränderung nach der Nucleus caudatus und das Putamen, dann das Pallidum, die Stirn- und Schläfelappen.

Greenfield und Wolfsohn, die die Organe eines $7^1/_2$jährigen, an Chorea verstorbenen Kindes untersuchten, fanden neben einer Endocarditis verrucosa Thrombosen in vielen Hirngefäßen, kleinzellige Infiltrationen in der Nachbarschaft, Endothelproliferation der Capillaren, in deren Umgebung ausgewanderte Rundzellen nachweisbar waren. Das Hirngewebe war zwar an verschiedensten Stellen infiltriert, die Veränderungen aber betrafen in besonderer Ausprägung die Basalganglien und hier vor allem den Kopf des Schwanzkernes, weiterhin die hinteren Abschnitte des Sehhügels und das Dach des Mittelhirns.

Slauk legt in dem Befunde seines Falles das Hauptgewicht auf syncytiale knötchenartige Gliaherde, die er im caudalen Thalamusgebiet, in der Umgebung des Nucleus ruber, im Corpus Luysi, um den Aquädukt und in den Bindearmen antraf.

Eine besondere Bedeutung kommt der Mitteilung über den Hirnbefund bei einer postdiphtherischen Chorea zu, den Globus aus dem Jakobschen Laboratorium veröffentlichte. In dieser Beobachtung erwies sich, abgesehen von infiltrativen und hämorrhagischen Veränderungen in der Pia, in elektiver Weise das Striatum betroffen, das eine diffuse Parenchymverfettung und eine ausgedehnte Erkrankung der großen und kleinen Striatumzellen erkennen ließ. Dieser Befund gewinnt an Bedeutung im Zusammenhalt mit den experimentellen Untersuchungen von F. H. Lewy, die bereits bei Besprechung der Ätiologie Erwähnung fanden.

In sehr eingehender Weise beschäftigte sich F. H. Lewy mit den pathologischen Veränderungen bei der Chorea minor. Er fand nur relativ selten, in $^1/_{10}$ der Fälle entzündliche Veränderungen, in der Mehrzahl der Fälle lagen nur solche degenerativer Art vor. Die Chorea erscheint daher dem Autor als eine parenchymatöse Erkrankung, die sich im wesentlichen an den Ganglienzellen, und zwar an ganz bestimmten Typen derselben abspielt. In der Mehrzahl der Fälle sind die Rindenzellen beteiligt und zeigen alle Übergänge von der akuten Zellveränderung über die Lipoidinfiltration bis zur völligen Verödung. Auffallend stark ist die Körnerschicht betroffen, dagegen ist eine Bevorzugung einzelner Lappen und Windungen nicht sicher feststellbar. Eine reaktive Gliavermehrung findet sich nicht, es scheint vielmehr, daß die Gliazellen in gleicher Weise regressiv verändert sind wie die Ganglienzellen. Am schwersten erscheinen die Veränderungen im Neostriatum, und zwar besonders an den kleinen Ganglienzellen, während die großen Striatumzellen sich als widerstandsfähig erweisen und nur in perakuten Fällen eine nicht allzu schwere Zellveränderung zeigen. Dagegen finden sich an den kleinen Zellen die schwersten Veränderungen bis zu völligem Zelluntergang. In leichten Fällen sind die Zellfortsätze darstellbar, aber fragmentiert, der Kern anfangs gebläht, später geschrumpft und gefaltet, das Kernkörperchen groß und chromatinarm, das Zellplasma wabig aufgelöst, die Tigroidsubstanz schwindet. In weiter fortgeschrittenen Stadien findet sich Abschmelzung der Fortsätze, Kernkörperchen, Kern und perinucleäres Plasma sind zu unauflösbarer Masse verschmolzen, der Zelleib wabig degeneriert, die Trabantzellen amöboid umgewandelt. In anderen Zellen läßt sich Chromatinschwund feststellen, nur das Kernkörperchen hebt sich aus dem schattenhaft veränderten Kern hervor. In den akutesten Fällen finden sich Verflüssigungsprozesse in Form umschriebener Nekroseherde im Putamen. Eine Beziehung zu den Gefäßen ist nicht feststellbar. In chronischen Fällen finden sich reichlich Stäbchenzellen, die Gefäßwände sind verdickt, in den Adventitialräumen und um die Gefäße finden sich massenhaft Konkremente, teils siderophiler Natur, teils mit Kalk imprägniert. Man kann diese Stäbchenzellenencephalitis als Ausdruck einer milden Entzündung auffassen. Der Globus pallidus ist im ganzen frei von primären Veränderungen. In schweren Fällen allerdings sind die Zellen schlecht färbbar. Im Kleinhirn finden sich Erkrankungszeichen nur spärlich, und zwar gelegentlich an den Purkinjezellen und selbst bei frischeren Fällen Gliawucherungen. Die Kerne des Hypothalamus weisen Veränderungen von wechselnder Stärke und Ausdehnung auf. Gelegentlich findet sich Zerfall der Ganglienzellen und Melaninversprengungen in der Substantia nigra. Akute Veränderungen sind im Corpus Luysi und im Nucleus periventricularis, einzelne veränderte Zellen im ganzen Hirnstamm nachweisbar. In einer Reihe von Fällen findet sich mäßige Piainfiltration, im Rückenmark und in den peripheren Nerven gelegentlich Veränderungen.

Diese seine Ausführungen hat F. H. LEWY später dahin ergänzt, daß die choreatische Erkrankung wesentlich mehr vom Sitz als von der Natur des krankhaften Prozesses abhängig ist. Trotzdem stelle die eigentliche Chorea ein einheitliches, in sich geschlossenes Krankheitsbild dar, bei welchem es zu miliaren Nekrosen mit Untergang der kleinen Ganglienzellen im Striatum komme, während bei den chronisch rezidivierenden Fällen unregelmäßige Zellausfälle als Restzustände eines solchen akuten Prozesses nachweisbar sind. Nur selten finden sich Bakterienembolien in der Rinde und im Streifenhügel, die evtl. als sekundäre Autoinfektionen aufgefaßt werden können.

BABONNEIX betont in seiner Monographie aus dem Jahre 1924, daß der Hauptsitz der Veränderungen bei der Chorea minor im Striatum und hier wiederum besonders im Putamen zu suchen ist, und zwar handelt es sich dabei einerseits um schwere entzündliche und degenerative Gefäßveränderungen, andererseits um degenerative Untergangserscheinungen in den Ganglienzellen, die in den einzelnen Fällen wechselnd stark ausgeprägt sind. BABONNEIX gelangt zu der Schlußfolgerung, daß die anatomischen Befunde bei der Chorea minor keine Einheitlichkeit aufweisen, die Läsionen keineswegs spezifisch, aber wenigstens in einem Teil der Fälle mit denen der Encephalitis lethargica identisch seien.

CASTRÉN betont die diffuse Ausbreitung der Veränderungen im Zentralnervensystem bei der Chorea minor, doch gibt er Intensitätsunterschiede an, insoferne die Veränderungen im Cervicalmark und in der Oblongata am schwächsten ausgesprochen seien, in den höheren Partien des Hirnstammes an Stärke zunehmen, um ihre stärkste Betonung in den Basalganglien, besonders im Sehhügel und Putamen zu finden, während die Rinde wiederum nur schwach beteiligt sei. Ihrer Art nach handle es sich bei diesen Veränderungen um Gefäßhyperämie, Blutungen, Thrombosen und Nekrosen, daneben aber auch um regressive Veränderungen an den Ganglienzellen, Zunahme der Gliaelemente um die Gefäße und Ganglienzellen, während exsudative Erscheinungen fehlten.

AYALA und ALTSCHUL wiederum trafen im Gegensatz zu dem erwähnten Autor das Bild einer Polioencephalitis mit perivasculären, kleinzelligen Infiltrationen und Blutungen vornehmlich in der Rinde, während das Pallidum und Striatum weniger beteiligt war.

Eine sehr eingehende Mitteilung über den Autopsiebefund von akuter rheumatischer Chorea stammt von URECHIA und MIHALESCU. Sie fanden Myocarditis und Endocarditis, rheumatische Knötchen, Gehirnhyperämie mit einigen hämorrhagischen Suffusionen, an den Gefäßen Schwellung der Endothelzellen und Zerfallprodukte in den Adventitialräumen. Im Putamen und Nucleus caudatus trafen sie eine schwere Schädigung der kleinen Zellen mit Chromatolyse, Vacuolisation, fettiger Degeneration, Kernschädigung bis zum Zelluntergang. An den großen Zellen waren nur spärliche und geringgradige degenerative Veränderungen, sehr selten Gliarosetten nachweisbar. Die Neuro- und Mikrogliazellen zeigten regressive Veränderungen. Die Stärke der pathologischen Veränderungen war an verschiedenen Stellen im Striatum verschieden. Sehr häufig fand sich Eisenpigment. Im Globus pallidus waren die Zellen zwar im allgemeinen in gutem Zustand, jedoch auch hier einzelne Zellen in Chromatolyse befindlich. Im Mandelkern waren die Veränderungen ebenso stark ausgesprochen wie im Striatum, im Claustrum dagegen weniger deutlich und sonst allenthalben recht gering.

Einen weiteren Bericht über den anatomischen Befund bei einer Chorea minor eines 19jährigen Mädchens, das nach kurzer Krankheitsdauer verstarb, geben LHERMITTE und PAGNIEZ. Histopathologisch fanden die Autoren Gefäß- und Zellveränderungen. Die ersteren bestanden in Erweiterung der Gefäße, Rupturen und capillären Hämorrhagien, Erweiterung der perivasculären Räume durch Blutung und ein eiweißreiches Exsudat. Die letzteren bestanden in Veränderung der Zellstrukturen, Tigro- und Kariolyse bis zu völliger Destruktion der Zellen. Sie ließen keine Tigroidschollen mehr erkennen. Im ganzen waren die Läsionen diffus im Gehirn verbreitet, prädominierten aber in den Zahnkernen und Purkinjezellen des Kleinhirns sowie im Putamen und Caudatum. Die Zellen der Substantia nigra waren nicht frei und zeigten Pigmentverlust. Die Autoren unterscheiden auf Grund ihrer eigenen und der in der Literatur niedergelegten Beobachtungen eine entzündliche und eine degenerative Form der akuten Chorea, von welchen sich die erstere der choreiformen Encephalitis stark annähere.

BOGODORINSKY berichtet über einen Fall infektiöser, durch Staphylokokken hervorgerufener Chorea. Er traf eine Meningitis und an verschiedenen Stellen des Gehirns und

Rückenmarks verschieden stark ausgeprägten état criblé mit Degenerationen der Nervenzellen und Gliaproliferation, wobei wiederum die basalen Ganglien am stärksten betroffen waren. Im Putamen fand sich Schwund der kleinen Ganglienzellen, reichlich Gliazellen und Fasern, Stäbchenzellen und Astrocyten. Besonders stark betroffen war auch der Mandelkern, aber auch der Hirnstamm, das Kleinhirn und das Ganglion cervicale inferius waren nicht frei von Veränderungen.

Eine sehr interessante Beobachtung veröffentlichte 1931 Gehuchten. Dieser Autor fand allgemeine Hyperämie, Erweiterung der Arterien und Venen, und zwar besonders in der Oblongata, in der Brücke, im Hypothalamus, in bestimmten Teilen des Thalamus und im Nucleus caudatus. Geringer waren die Veränderungen im Putamen und Globus pallidus. Stellenweise bestanden Hämorrhagien. Eine plasmolymphocytäre Reaktion wurde unter dem Ependym an der Grenze des Nucleus caudatus und des Seitenventrikels gefunden. In der Oblongata, in der Brücke und im Hirnschenkelfuß fanden sich ausgeprägte entzündliche Veränderungen, die besonders die Substantia reticularis der Brücke und der Oblongata, den Nucleus ruber und die Vierhügelgegend betrafen. Gleichzeitig war hier besonders im roten Kern und in den Vierhügeln eine lebhafte Gliaproliferation nachweisbar. Nach vornehin klangen die entzündlichen Erscheinungen ab. Dagegen traten hier degenerative Zellveränderungen in den Vordergrund, und zwar vor allem im Sehhügel, im Putamen und im Nucleus caudatus, aber auch im Nucleus dentatus. Zahlreiche Zellen waren zugrunde gegangen, andere auf dem Wege zur Destruktion. Auf Grund dieses Befundes gelangt Gehuchten zu der Anschauung, daß der primäre Angriffspunkt des Prozesses im Thalamus und im Striatum zu suchen sei, wo zur Zeit der Autopsie bereits regressive Veränderungen nachweisbar waren, während der akute Prozeß in die tieferen Teile des Hirnstamms fortschritt. Er glaubt daher, daß bei den akuten Fällen die entzündlichen, bei den längerdauernden die degenerativen Veränderungen im Vordergrund stehen.

Vergleicht man die angeführten Angaben der verschiedenen Autoren miteinander, so kann man sicher nicht von einem einheitlichen, bei der Chorea minor immer wiederkehrenden Befund sprechen, weder was die Art der Veränderungen noch was ihren Sitz anlangt. Am eindeutigsten und besten umschrieben und auch entsprechend experimentell gestützt erscheinen bisher die Befunde bei der postdiphtherischen Chorea. Bei den übrigen Mitteilungen kehren die Angaben über diffus ausgebreitete Veränderungen und das Nebeneinander von entzündlichen und degenerativen Erscheinungen immer wieder. Allerdings tritt dabei eine deutliche Tendenz zutage, die *Läsion des Striatums* in den Vordergrund zu stellen. Namentlich die an Zahl der Fälle weitaus reichhaltigsten Untersuchungen F. H. Lewys weisen auf eine ausgesprochene Bevorzugung des Neostriatums hin, in dem wiederum die kleinen Schaltzellen von der Schädigung betroffen sind. Abweichend vom Gros der Fälle ist die Beobachtung von Slauk, in welcher, wie auch Lotmar annimmt, die Bewegungsstörung wohl im Sinne der Bindearm-Ruber Chorea erklärt werden muß. Was die Art der Veränderungen anlangt, so scheinen die Beobachtungen mit rein degenerativen Veränderungen über jene zu überwiegen, bei denen neben degenerativen Erscheinungen auch infiltrative Prozesse das Bild beherrschen, und am seltensten scheint das Vorkommnis eines rein entzündlichen Charakters der Veränderungen wie in dem Falle von Ayala und Altschul. Der Hinweis Gehuchtens, daß der Charakter der jeweils vorgefundenen Veränderungen vom Stadium bzw. der Dauer der Erkrankung abhängig sein könnte, ist auf jeden Fall beachtenswert und könnte die Differenzen in den Angaben der einzelnen Autoren wenigstens zum Teil erklären.

In der Auswertung der vorliegenden anatomischen Befunde ist große Zurückhaltung geboten. Man muß sich vergegenwärtigen, daß bei der Gestaltung des histopathologischen Bildes Tempo und Intensität des vorliegenden Prozesses eine bedeutsame Rolle spielen. Überdies betreffen die anatomischen Untersuchungen so gut wie ausschließlich nur Fälle, die im stürmischen Verlauf zugrunde gehen oder an Komplikationen sterben. Welche anatomische Verhältnisse bei den zur Ausheilung gelangenden Erkrankungen vorliegen, darüber läßt sich nichts aussagen (Kihn). Wir wissen auch vorerst gar nichts darüber, ob bei den klinischen ausheilenden Fällen vielleicht nicht doch anatomische

Residuen des Hirnprozesses zurückbleiben. Die Ergebnisse der katamnestischen Untersuchungen von KRAUSS machen eine solche Vermutung nicht unwahrscheinlich, und es wäre sehr wünschenswert, wenn die Frage an einem geeigneten Material studiert würde. Für Erwägungen über die Pathophysiologie der choreatischen Bewegungsstörungen bzw. für eine kritische Stellungnahme zu den heute geltenden Choreatheorien sind die histopathologischen Bilder bei der Chorea SYDENHAM begreiflicherweise völlig unzureichend.

Was nun die *übrigen Organveränderungen* bei der Chorea minor anlangt, so wird, abgesehen von den Befunden, wie sie ganz allgemein bei Infektionskrankheiten an den verschiedenen Organen gefunden werden, das Hauptgewicht auf pathologische Veränderungen am Herzen gelegt. Weitaus am häufigsten werden endokarditische Veränderungen auf den Herzklappen gefunden, die sich, wie mehrfach angegeben wurde, von den gewöhnlichen rheumatischen Auflagerungen durch ihre besondere Zartheit und leichte Abstreifbarkeit unterscheiden sollen. CURSCHMANN stellt allerdings die Richtigkeit dieser Angaben in Zweifel. ASCHOFFsche Knötchen wurden im Herzmuskel vielfach festgestellt, sie haben jedoch, wie SCHROEDER hervorhebt, nicht immer die typische Rosettenanordnung. Endlich sind am Herzen wiederholt myo- und perikarditische Veränderungen nachgewiesen worden.

VIII. Chorea gravidarum.

Die Schwangerschaftschorea wird von einer Reihe von maßgebenden Autoren als kein allzu seltenes Vorkommnis bezeichnet. Leider wird diese Angabe durch keine konkreten Häufigkeitsziffern belegt. Nimmt man aber die Statistik MEUMANNs, der unter 31 351 in der Leipziger Frauenklinik in der Zeit von 1886—1911 Entbundenen nur 15 Fälle von Graviditätschorea antraf, also weniger als $^1/_2$ Promille, so wird doch die Schwangerschaftschorea unter die selteneren Vorkommnisse gerechnet werden müssen.

Schon GOWERS machte die Feststellung, daß mehr als die Hälfte bis zu $^2/_3$ aller Fälle von Graviditätschorea Erstgeschwängerte, und zwar vorzugsweise zwischen dem 17.—23. Lebensjahre betrafen. Die Bevorzugung dieser Gruppe wurde von späteren Autoren wie KRONER, WOLLENBERG, OPPENHEIM, MEUMANN, LEQUEUX und neuerdings wieder von NOVAK bestätigt. Oft tritt in späteren Schwangerschaften ein Rezidiv einer bereits während der ersten Schwangerschaft vorhandenen Chorea auf (OPPENHEIM). So fand PINELES unter 426 Fällen von Schwangerschaftschorea, die er aus der Literatur sammeln konnte, 65 Fälle von rezidivierender Chorea. In manchen Fällen sieht man aber doch die Erkrankung erst während einer späteren Schwangerschaft auftreten.

Ob der im Gefolge von OPPENHEIM und MEUMANN immer wiederholten Angabe, daß die Schwangerschaftschorea besonders häufig außerehelich Geschwängerte betrifft, eine nosologische Bedeutung zukommt, ist wohl recht fraglich. Jedenfalls könnte diese Tatsache vorerst nicht entsprechend gedeutet werden.

Begreiflicherweise wurde besonders darauf geachtet, ob die von der Graviditätschorea Befallenen bereits in der Jugend eine Chorea minor mitgemacht hatten. KRONER fand unter 126 Fällen von Graviditätschorea 48mal einen Veitstanz in der Vorgeschichte verzeichnet, PINELES in etwa 29% der Fälle, MEUMANN unter 15 Fällen 8mal und anscheinend noch öfter ALLARD, dem eine erstmalig in der Gravidität auftretende Chorea (Chorée gravidique primitive) als eine Seltenheit erscheint. Dazu kommt noch die andere Seite der Feststellungen von ALLARD, daß von 112 Frauen, die in der Jugend eine Chorea gehabt hatten, 31, also über ein Viertel, einen Rückfall in der Schwangerschaft bekamen.

Der Erkrankungsbeginn fällt im allgemeinen in die erste Schwangerschafts-
hälfte und innerhalb dieser wiederum meist auf den 3. Monat. Nur selten entwickeln sich die choreatischen Unruheerscheinungen in späteren Schwanger-
schaftsmonaten. Das Einsetzen einer Chorea im Wochenbett ist nach OPPEN-
HEIM und WOLLENBERG ein höchst seltenes Ereignis. KEHRER weist darauf hin,
daß die einzige in der Literatur niedergelegte Beobachtung, in der eine Chorea
bei oder unmittelbar nach der Geburt oder im Wochenbett zum Ausbruch kam,
von LHERMITTE und CORNILLE mitgeteilt wurde. KEHRER spricht aber die
Vermutung aus, daß es sich in diesem Falle um eine atypische HUNTINGTON-
Chorea gehandelt habe, und legt Gewicht auf die Feststellung, daß bisher ein
einwandfreier Beweis für das Auftreten einer Chorea im Wochenbett bzw.
während der Laktation nicht vorliegt. Demgegenüber sei hier jedoch auf Feststellungen von PINELES verwiesen, der unter 426 Fällen von Schwangerschaftschorea 20 Fälle, also 3,8% Wochenbettchorea fand.

Mit der Geburt bzw. mit der vorzeitigen Unterbrechung der Gravidität
schwindet nach den Angaben von WOLLENBERG und OPPENHEIM im allgemeinen
die Bewegungsunruhe; dagegen behauptet JOLLY, daß in den meisten Fällen
die Chorea bereits vor Abschluß der Gravidität ihr Ende findet. SCHROCK
hinwieder kam zu der Feststellung, daß in 41 Fällen die Chorea vor der Geburt,
in 22 kurz nach der Geburt und in 24 Fällen erst später aufhörte. Und KRONER
macht die Angabe, daß unter 171 Fällen die Chorea 47mal vor der Geburt, bei
30 Fällen unmittelbar nach derselben und bei den übrigen Kranken in noch
späterer Zeit endete. Wenn sich auch diese Angaben keineswegs decken, so
steht das eine jedenfalls fest, daß eine Graviditätschorea eine Verlängerung
über den Entbindungstermin hinaus erfahren kann, was auch NOVAK in seiner
eingehenden Darstellung hervorhebt. KEHRER unterschied bei diesen protrahierten Fällen 2 Gruppen: eine, in der die Erkrankung nach Wochen oder wenigstens Monaten heilte, und eine andere, in der sie eine mehr oder weniger weitgehende Verschlimmerung erfuhr und unter Umständen tödlich endete (QUENSEL,
SIEMERLING, CREUTZFELDT, JAKOBY, URECHIA und ELEKES). Endlich sind
einzelne Fälle bekannt geworden, in denen eine Graviditätschorea nach der
Entbindung zunächst an Stärke abnahm, um nach Wochen einen heftigen
Anstieg zu erfahren (RUNGE, VIEDENZ). Schließlich macht KEHRER noch darauf
aufmerksam, daß von dieser verlängerten Graviditätschorea Mehrgebärende
bevorzugt zu werden scheinen.

Im klinischen Bild besteht kein grundsätzlicher Unterschied der Schwangerschaftschorea gegenüber der Chorea minor. Auch die Komplikationen von
seiten des Herzens werden bei der Schwangerschaftschorea beobachtet. PINELES
stellte unter 50 Obduktionsfällen 33mal, also in 66,6%, eine Erkrankung der
Herzklappen fest, ein Fall wies eine Myokarditis, ein anderer eine Perikarditis
und Pleuritis serofibrinosa auf. 17% seiner Fälle hatten einen akuten Gelenkrheumatismus durchgemacht. Die Schwangerschaftschorea ist jedoch der kindlichen Chorea gegenüber häufig viel schwerer, die Bewegungsunruhe viel ausgesprochener, und auch die psychotischen Komplikationen treten häufiger und
schwerer in die Erscheinung. Ein ungünstiger, letaler Ausgang erfolgt weit
öfter, in 20—25% der Erkrankungsfälle. Auch die Mortalität der Früchte ist
bei der Schwangerschaftschorea eine sehr große, führt doch die Erkrankung an
sich nicht selten zu frühzeitigem Abort oder zur Frühgeburt.

Autopsiebefunde liegen in beschränkter Zahl vor. Wir erwähnen hier den bekannten
Fall von P. MARIE, BOUTTIER und TRETJAKOFF, bei welchen sich eine Meningoencephalitis
acutissima mit mehr degenerativen als infiltrativen Veränderungen fand, die vorwiegend
die Rinde, das Marklager und die Stammganglien betrafen.

JAKOB traf bei einem Fall von Schwangerschaftschorea Gefäßprozesse mit Nekrosen
außerhalb der Rinde nur im Putamen und Caudatum. In der Großhirnrinde fanden sich

diffus zerstreut embolische Herde, zumeist jüngeren Datums, die sich mit den am Ende der Schwangerschaft nach mehrwöchentlichem Bestehen der Chorea auftretenden cerebralen Reiz- und Lähmungserscheinungen in Beziehung bringen ließen, denen die Kranke 4 Tage nach dem Partus erlag.

CREUTZFELDT berichtet über eine 23jährige Zweitgebärende, die 3 Tage nach erfolgter Sturzgeburt unter einem überaus schweren Bilde ad exitum kam. Der histologische Befund im Zentralnervensystem ergab herdförmige. entzündliche Veränderungen, die vorwiegend die weiße Substanz betrafen, und einen herdförmigen degenerativen Prozeß, der vornehmlich die graue Substanz befallen hatte. Dabei standen die degenerativen Veränderungen gegenüber den entzündlichen im Vordergrund. Die Herde waren abhängig vom Gefäßverlauf, die schwerste Degeneration betraf das Striatum, und zwar vorzugsweise dessen kleine Elemente. Als histopathologische Besonderheit fanden sich im Bereiche der Brückenkerne, in denen eine sehr akute Ganglienzellerkrankung vorlag, eigenartige Körnchenzellen, die mit einem protagonartigen, nicht lipoiden Stoff erfüllt waren.

URECHIA und ELEKES beschreiben einen Fall von im 3. Monat auftretender Schwangerschaftschorea bei einer Frau, die bereits $\frac{1}{2}$ Jahr vorher, 6 Monate nach einer Entbindung, eine Chorea mitgemacht hatte. Bei der Sektion fand sich ein kleiner, roter Erweichungsherd im linken Putamen und kleine Nekrosen und Erweichungsherde beiderseits im Caudatum. Mikroskopisch lag eine akute und schwere Zellveränderung vor, von welcher besonders die kleinen Ganglienzellen im Striatum betroffen waren.

In einem Falle WINKELMANNs, der eine 30jährige Erstgebärende betraf, die einen Tag nach künstlich eingeleiteter Frühgeburt starb, fanden sich im ganzen Gehirn proliferative Veränderungen der Gefäßwandelemente an den kleinen Gefäßen, während in den großen die Endothelzellen gequollen waren. Die schwersten Veränderungen fanden sich im Caudatum in der Form von Degeneration der kleinen Ganglienzellen, diffuser Gliaproliferation und perivasculärer Ödeme um manche Gefäße. Infiltrate waren im ganzen selten, etwas häufiger nur in der subthalamischen Region. Dort wie auch im Thalamus fanden sich kleine frische Blutungen, während im Caudatum subependymal ein kleiner, gliös gedeckter Verödungsherd nachweisbar war.

Perivasculäre Infiltration neben herdförmigen Zellausfällen und Gliakernvermehrung im Striatum, Thalamus und Substantia nigra fand LEHOCZKY-SEMMELWEIS bei einer im 5. Schwangerschaftsmonat einsetzenden Chorea, der seit dem 4. Monat der Gravidität Infektionssymptome vorangegangen waren.

HALLERVORDEN untersuchte das Gehirn einer Frau, die als 12jähriges Kind eine Chorea minor mitgemacht hatte und im 3.—4. Monat der 3. Gravidität an einer Chorea erkrankte, der sie nach 5 Tagen erlag. Histopathologisch zeigte das Gehirn degenerative Veränderungen an den Ganglienzellen mit diffus verteilten fleckweisen Ausfällen in der Rinde und im Striatum. In diesen war eine deutliche Vermehrung der Glia nachweisbar, jedoch ohne Bildung von Stäbchenzellen. Die Eisenreaktion war stärker als normal und zeigte auch eine fein granulierte Speicherung in den Nervenzellen. Fettstoffe waren nicht vorhanden, und ebenso fehlten völlig entzündliche Infiltrate.

Die pathologisch-anatomischen Befunde bei der Schwangerschaftschorea sind also nach den vorliegenden Mitteilungen ebensowenig einheitlich wie bei der Chorea minor. Aber es wiederholt sich wiederum die Feststellung, daß einerseits entzündliche, andererseits rein degenerative Veränderungen zur Beobachtung kommen, wobei die degenerativen Umwandlungen das Übergewicht zu haben scheinen, sei es daß sie nur allein vorliegen oder vordringlicher sind als die infiltrativen Veränderungen. Gemeinsam ist weiterhin, daß die jeweils erhobenen histopathologischen Befunde im allgemeinen keine scharfe Begrenzung auf unbestimmte zentrale Gebiete erkennen lassen, daß aber innerhalb der mehr oder weniger diffusen Ausbreitung doch vorzugsweise das Striatum betroffen erscheint und innerhalb desselben wiederum die kleinzelligen Elemente mehr oder weniger isoliert erkrankt sein können. Wie die Befunde bei der Chorea minor weisen also auch die bei der Schwangerschaftschorea im Zusammenhalt mit unseren allgemeinen Kenntnissen über das Zustandekommen von choreatischen Bewegungsstörungen auf das Striatum, insbesondere auf dessen kleinzellige Elemente, als das maßgebende Schädigungsgebiet.

Die *pathogenetische Auffassung* der Schwangerschaftschorea ist keineswegs einheitlich. Wenn wir von der wohl etwas abwegigen Anschauung von WHITMORE absehen, der die Schwangerschaftschorea als Auswirkung eines psychischen Traumas deutet, das die Schwangerschaft nach seiner Ansicht für jugendliche

Erstgebärende darstellt und auf dem Boden einer nervösen Veranlagung das Zustandekommen einer Schwangerschaftschorea vermitteln soll, so stehen sich im wesentlichen zwei Anschauungen gegenüber. Ein Teil der Autoren wie Struempell, Meurer, Royston, Runge u. a. vertreten im Hinblick auf den Verlauf der Erkrankung, ihre häufig mit der Geburt erfolgende Beendigung und unter Hinweis auf das Vorherrschen der Veränderungen im autoptischen Hirnbefund die Annahme, daß die Chorea gravidarum als Folge einer Graviditätstoxämie aufzufassen ist. Andere Autoren, so besonders die englischen, glauben unter Bewertung der Tatsache, daß die Schwangerschaftschorea in einer erheblichen Anzahl von Fällen als Rezidiv einer früher durchgemachten Chorea minor erscheint, die Schwangerschaftschorea auf infektiöse Ursachen zurückführen zu dürfen wie die Chorea minor und schieben der Schwangerschaft nur eine disponierende bzw. auslösende Rolle zu. Immerhin werden aber auch von diesen Autoren, die eine toxämische Ätiologie der Erkrankung ablehnen, die engen Beziehungen zwischen der Chorea und der Schwangerschaft nicht geleugnet und dementsprechend in erster Linie die Unterbrechung der Schwangerschaft als Methode der Wahl bei der Einleitung der Therapie empfohlen.

Eine gewisse Sonderstellung in der Betrachtung der gegenseitigen Beziehungen zwischen Schwangerschaft und Chorea nimmt Kehrer ein, der hauptsächlich unter dem Eindrucke einer eigenen Beobachtung die Möglichkeit zur Diskussion stellt, daß die Schwangerschaft selbst bei einer bestehenden Neigung zu autochthonen Chorearezidiven einen gewissen Schutz gegen deren Auftreten schafft. Wenn er im Sinne einer derartigen Anschauung aber aus den statistischen Daten von Allard ableitet, „daß die Schwangerschaft nicht einmal eine bevorzugte Gelegenheitsursache für Chorearezidive darstellt", so kann man ihm darin kaum folgen; denn wenn einerseits $^1/_4$ der Kranken Allards in der Schwangerschaft einen Rückfall bekam und nach dem gleichen Autor die primäre Graviditätschorea eine Seltenheit bedeutet, so möchte man aus diesen Angaben doch viel eher folgern, daß ein Chorearezidiv in erster Linie dann zu befürchten ist, wenn die betreffende Frau in ihrer Jugendanamnese eine Chorea minor aufzuweisen hat. Es entspricht auch nicht dem gewöhnlichen Wortsinn, wenn man der Schwangerschaft in der Ätiologie nur die Bedeutung einer Gelegenheitsursache zuschiebt, da einem Faktor, durch dessen Beseitigung ein Leiden im allgemeinen behoben werden kann, doch eine bedeutsamere Stellung in der ätiologischen Determinierung zukommen muß als einer sog. Gelegenheitsursache. Sicher ist die Schwangerschaft nicht an und für sich allein eine genügende Erklärung für das Auftreten der Chorea oder anders ausgedrückt: im ätiologischen Bedingungskreis der Schwangerschaftschorea sind neben der Gravidität noch andere Momente, die uns bisher nicht erfaßbar sind, maßgebend. Man geht aber wohl nicht fehl, wenn man diese Faktoren in der gleichen Richtung sucht, wo wir sie bei der Chorea minor als endogene bzw. konstitutionelle Bestimmungsstücke vermuten. Weitere systematische Durchforschung der Schwangerschaftschorea, insbesondere in ihren Verwandtschaftsbeziehungen, werden uns die noch fehlenden Aufschlüsse vermitteln müssen.

Hinsichtlich der *Therapie* ist auf die Indikationsstellung zur Schwangerschaftsunterbrechung bereits hingewiesen worden. Allerdings muß dabei, wie F. H. Lewy aufmerksam macht, im gegebenen Falle berücksichtigt werden, daß bei sehr schweren Erkrankungsfällen der Eingriff selbst eine wesentliche Verschlimmerung, ja den Tod zur Folge haben kann. Gerade diese Tatsache verbietet es, in leichteren Fällen zunächst zuzuwarten, ob nicht vielleicht doch eine Spontanheilung eintritt bzw. das normale Ende der Gravidität erreicht werden kann. Man weiß ja von vorneherein nie, bis zu welcher Intensität sich im Einzelfall anfänglich leichte Erscheinungen steigern können, und man ist daher beim exspektativen Verhalten in Gefahr, den Zeitpunkt zu versäumen, in dem die Unterbrechung der Gravidität keine nennenswerte weitere Schädigung bedeutet. Von sonstigen therapeutischen Maßnahmen kommen die bei der Chorea minor bereits angeführten Hilfsmittel in Frage. ROUSISVALLE sah günstige Erfolge von Magnesiumsulfat, MANZI bei Darreichung von gluconsaurem Calcium neben Brom und Corpus luteum. NOTA empfiehlt Eigenplasmainjektionen, nach deren Anwendung er vollkommene Heilung beobachtete. Bei Anwendung des Nirvanols bei der Graviditätschorea, wie es bei der Behandlung der Chorea minor heute gebräuchlich ist, mahnt HORN zu besonderer Vorsicht, da sie bei Anwendung des Mittels in einem Falle den Tod der Frucht und der Mutter beobachten konnte.

Literatur.

D'ABUNDO, E.: Sopra alcuni casi di corea del Sydenham determinanti in epilettici una sospensiva degli accessi convulsivi. Nota clin. Neur. 42, 113 (1925). Zit. nach Zbl. Neur. 43, 72 (1926). — AIELLO, G.: Indagini constituzionali in alcuni sindromi di corea e tetania. Fol. med. (Napoli) 15, 1083 (1929). Zit. nach Zbl. Neur. 55, 279 (1930). — ALDURALDO, M.: Über einen Fall von SYDENHAMscher Chorea. Rev. franç. Dermat. 11, 155 (1926). Zit. nach Zbl. Neur. 48, 807 (1928). — ALLARD: Zit. nach KEHRER: Erblichkeit und Nervenleiden, S. 39. — ALZHEIMER: Über die anatomische Grundlage der HUNTINGTONschen Chorea und choreatischen Bewegungen überhaupt. Neur. Zbl. 30, 891 (1911). — AMYOT, R.: Ataxie aiguë au cours d'un syndrome choréique. Un. méd. Canada 60, 724 (1931). Zit. Zbl. Neur. 62, 793 (1932). — ANTON, G.: Über die Beteiligung der großen basalen Gehirnganglien bei Bewegungsstörungen und insbesondere bei Chorea. Jb. Psychiatr. 14, 141 (1896). — ARSIMOLES, L.: Confusion mentale et syndrome de Korsakow à forme amnésique pure dans un cas de chorée rhumatismale. Ann. méd.-psychol. 72 I, 563 (1914). Zit. nach Zbl. Neur. 10, 325. — AYALA, G. e R. ALTSCHUL: Sulla istopatologia della chorea minor. Bull. e Atti Accad. med. Roma 53, 127 (1927). Zit. nach Zbl. Neur. 48, 807 (1928).

BABINSKI: Behandlung der Chorea mit Scopolamin. Soc. Neur. Paris, 10. Jan. 1907. Zit. nach Jber. Neur. 11, 795 (1908). — BABONNEIX, L.: Chorée et syphilis. Gaz. Hôp. 96, 1457 (1923). Zit. nach Zbl. Neur. 36, 76 (1924). — Les chorées. Paris: Flammarion 1924. — BASCKIEWICZ, J.: Zur Behandlung der Chorea bei Kindern. Pedjatr. polska 10, 246 (1930). Zit. nach Zbl. Neur. 58, 809 (1931). — BATEMAN, D.: A treatment of Sydenhams chorea. Brit. med. J. 1933, Nr 3779, 1003. Zit. nach Zbl. Neur. 69, 77 (1934). — BAUER, I.: Zur Frage der konstitutionellen Minderwertigkeit umschriebener Hirnbezirke. Disposition zur Chorea und Narkolepsie. Wien. med. Wschr. 1929 I, 237. — BENEDEK, L.: Phlogetantherapie bei Chorea minor. Orv. Hetil. (ung.) 69, 597 (1925). Zit. nach Zbl. Neur. 42, 399 (1926). — BENEDIKT: Zit. nach CURSCHMANN, l. c. S. 1405. — BERGER, H.: Eosinophilia occuring in chorea. Amer. J. Dis. Childr. 21, 477 (1921). Zit. nach Zbl. Neur. 28, 204 (1922). — BERNSTEIN u. BIALASZEWICZ: Blutuntersuchung und Funktionsuntersuchung bei Chorea. Pedjatr. polska 8, 316 (1928). Zit. nach Zbl. Neur. 52, 608 (1929). — BERNUTH, F. v.: Beitrag zur Luminalbehandlung der Chorea minor nebst Bemerkungen über Luminalexantheme. Klin. Wschr. 2, 1158 (1923). — BERRY: Chorea. Amer. J. Insan. 2, 57. Zit. nach VOGT. — BEYERMANN, W.: Chorea, hervorgerufen durch Malariaintoxikation. Nederlandsch. Tijdschr. Geneesk. 68, 1987 (1924). Zit. nach Zbl. Neur. 40, 201 (1925). — BIKELES, G.: Bemerkungen zum tonischen Patellarreflex bei Chorea minor. Neur. Zbl. 37, 72 (1918). — BLAŽEK, F.: Behandlung der kindlichen Chorea mit Nirvanol. Čas. lék. česk. 69 II, 1743 (1930). — BLOCH, S.: Spinal subcutaneous injections in the treatment of nervous diseases. Amer. Med. 29, 228 (1923). Zit. nach Zbl. Neur. 34, 108 (1924). — BOGDANOWICZ, J.: Die Häufigkeit des Auftretens des akuten Rheumatismus und der Chorea und die physiologischen Variationen im kindlichen Organismus. Verh. 1. poln. Kongr. Bekämpfg Rheum. 1931, 161. Zit. nach Zbl. Neur. 62, 793 (1932). — BOGODORINSKIJ, D.: Über die Pathologie der infektiösen Chorea. Sovrem. Psichonevr. (russ.) 8, 85 (1929). Zit. nach Zbl. Neur. 54, 482 (1930). — BOKAY, J.: Der gegenwärtige Stand der Therapie der Chorea minor. Erg. inn. Med. 24, 1 (1923). — Intravenöses Neosalvarsan in der Behandlung der Chorea minor. Orv. Hetil. (ung.) 1929 I, 465. Zit. nach Zbl. Neur. 54, 484 (1930). — BONHOEFFER, K.: Ein Beitrag zur Lokalisation der choreatischen Bewegungen. Mschr. Psychiatr. 1, 6 (1897). — Über Abnahme des Muskeltonus bei der Chorea. Mschr. Psychiatr. 3, 239 (1898). — Die Psychosen im Gefolge von akuten Infektionen, Allgemeinerkrankungen und inneren Erkrankungen. ASCHAFFENBURGs Handbuch der Psychiatrie, spezieller Teil, Bd. 3 I. Leipzig u. Wien: Franz Deuticke 1912. — BOTREL: De la chorée considerée comme affection rhumatismale. Thèse de Paris 1860. Zit. nach H. MEYER. — BRAIN, W. R.:

Posture of the hand in chorea and other states of muscular hypotonica. Lancet 214, 439 (1928). Zit. nach Zbl. Neur. 50, 402 (1928). — Brasch, H.: Über Wesen der choreatischen Erkrankungen und ihre Behandlung, besonders mit der Preglschen Jodlösung. Arch. f. Psychiatr. 81, 2 (1927). — Brüning, H.: Über 65 Fälle von Chorea minor aus dem Leipziger Kinderkrankenhaus. Dtsch.Ärzte-Ztg 11, 241 (1902). Zit. nach Jber. Neur. 6, 780 (1903). — Burnet, J.: Chorea: With special reference to its diagnosis and treatments. Internat. Clin. 2, 175 (1923). Zit. nach Zbl. Neur. 35, 334 (1924). — Burr, Ch.: A study of the last 515 cases of Saint Vituss dance treated at the clinics of the orthopedie hospital and infarmary for nervous diseases. Atlantic med. J. 28, 568 (1925). Zit. nach Zbl. Neur. 43, 584 (1926).

Candela, M.: I segni organici nella corea del Sydenham. Gazz. internaz. med.-chir. 27, 109 (1922). Zit. nach Zbl. Neur. 31, 191 (1923). — Capper, A. and E. L. Bauer: Thyphoid vaccine in the treatment of chorea. Amer. J. med. Sci. 186, 390 (1933). Zit. nach Zbl. Neur. 70, 518 (1934). — Capua, F. de: L'esametilentetramina per via endovenosa nella therapia della corea del Sydenham. Pediatr. riv. 37, 623 (1929). Zit. nach Zbl. Neur. 55, 279 (1930). — Cardenas, de y J. Pastor: Über eine neue Behandlung der Chorea. Pediat. españ. 14, 161 (1925). Zit. nach Zbl. Neur. 42, 399 (1926). — Casazza, A. G.: Contributo alla terapia sintomatica della chorea minor. Gazz. Osp. 47, 1039 (1926). Zit. nach Zbl. Neur. 46, 201 (1927). — Castrén, H.: Zur Kenntnis der pathologischen Anatomie der akuten Chorea. Finska Läk.sällsk. Hdl. 66, 699 (1924). Zit. nach Zbl. Neur. 42, 68 (1926). — Chait, E.: Hohe Dosen Kakodylate in der Behandlung der Chorea. Semana méd. 33, 737 (1926). Zit. nach Zbl. Neur. 46, 201 (1927). — Charcot, J. M.: Zit. nach Oppenheim. — Cheetham, J. W.: Treatment of chorea by induced pyrexia. Brit. med. J. 1933, Nr 3800, 815. Ref. Zbl. Neur. 71, 528 (1934). — Claude, H.: Manie et chorée. Progrès méd. 1929 I, 501. Zit. nach Zbl. Neur. 53, 414 (1929). — Clerici, A.: Sulla corea infettiva. Gazz. Osp. 47, 625 (1926). Zit. nach Zbl. Neur. 46, 200 (1927). — Collins, J. and J. Abrahamson: The etiology of Sydenhams chorea. An analysis of 100 consecutive cases. Philad. med. J. 5 (1900). Zit. nach Jb. Neur. 4, 672 (1901). — Cramer u. Többen: Beitrag zur Pathogenese der Chorea und der akuten infektiösen Prozesse des Zentralnervensystems. Mschr. Psychiatr. 18, 509 (1905). — Creutzfeldt: Referat zur Arbeit von P. Schuster: Zbl. Neur. 24, 13 (1921). — Creutzfeldt: H. G.: Ein Beitrag zur Klinik und Histopathologie der Chorea gravidarum. Arch. f. Psychiatr. 71, 357 (1924). — Critchley, Macd.: Postdiphtheric. „Chorea". Brit. J. Childr. Dis. 21, 188 (1924). Zit. Zbl. Neur. 40, 201 (1925). — Curschmann, H.: Dyskinetische Erkrankungen ohne sicher bekannte organische Grundlage. Bergmann-Staehelins Handbuch der inneren Medizin, Bd. 5, Teil 2, S. 1397—1458. Berlin: Julius Springer 1926. — Czerno-Schwarz u. Lunz: Pathogenese der Chorea usw. Jb. Kinderheilk. 60 (1905). — Czerny, A.: Zur Symptomatologie der Chorea. Mschr. Kinderheilk. 14, 1 (1918).

Davies, E. and T. W. Richard: The psychological manifestations of postchoreic conditions as shown in five cases studies. Psychol. Clin. 20, 129 (1931). Zit. nach Zbl. Neur. 63, 90 (1932). — Demètre, P. E.: Sur le traitement de la chorée aiguë. Bull. Soc. Hôp. Paris 37, 1309 (1921). Zit. nach Zbl. Neur. 27, 444 (1922). — Durlacher: Inaug.-Diss. Freiburg 1891. Zit. nach Lepehne. — Duzár, J.: Die hormonale Behandlung der Chorea minor. Mschr. Kinderheilk. 31, 520 (1926). — Über Hormonbehandlung der Chorea minor. Klin. Wschr. 1926 I, 144. — Dwyer, H. L.: The treatment of chorea. South. med. J. 19, 101 (1926). Zit. nach Zbl. Neur. 44, 340 (1926).

Ellischer: Über die Veränderungen in den peripheren Nerven und im Rückenmark bei Chorea minor. Arch. f. path. Anat. 61, 485 (1874). Zit. nach Vogt. — Entres, J. L.: Zur Klinik und Vererbung der Huntingtonschen Chorea. Berlin: Julius Springer 1921. — Erlanger, A.: Behandlung der Chorea minor mit Schwefel. Klin. Wschr. 1922 II, 1630. — Esau: Die Behandlung der Chorea minor mit Stauungshyperämie (Blutdruckmessung bei Kopfstauung). Münch. med. Wschr. 1923 I, 810. — Chorea minor und Nirvanolbehandlung. Dtsch. med. Wschr. 1931 II, 1426. — Eulenburg, A.: Chorea in Realenzyklopädie der gesamten Heilkunde, 4. Aufl. Zit. nach F. H. Lewy. — Ewald, G.: Psychosen bei Allgemeinleiden und bei Erkrankungen innerer Organe. Bumkes Handbuch der Geisteskrankheiten, Bd. 7, S. 14. Berlin: Julius Springer 1928.

Färber: Inaug.-Diss. Berlin 1885. Zit. nach Oppenheim. — Fahrenkamp, R.: Über einen atypischen Fall von Chorea minor mit Lähmungserscheinungen, nebst einem Beitrag zur Kenntnis des Gordonschen Reflexes. Dtsch. Z. Nervenheilk. 54, 324 (1916). — Fanto, E.: Sul probabile significato della eosinofilia nella corea infantile. Clin. pediatr. 10, 137 (1928). Zit. nach Zbl. Neur. 50, 402 (1928). — Feer, E.: Zur lymphatischen Reaktion beim Kinde. Mschr. Kinderheilk. 42, 157 (1929). — Finaguerra, de Sanctis F.: Rapporti fra corea ed infezione reumatica. Note Psichiatr. 17, 373 (1929). Zit. nach Zbl. Neur. 54, 823 (1930). — Fiore, G.: Contributo allo studio dell anatomia patologica e della patogenesi della corea del Sydenham. Riv. Clin. pediatr. 20, 193 (1922). Zit. nach Zbl. Neur. 30, 477 (1922). — Fischhof, P.: Weitere Erfahrungen mit Nirvanolbehandlung. Med. Klin. (Prager Ausgabe) 29, 896 (1933). — Fish, H.: Treatment of chorea by induced pyrexia. Brit. med.

J. 1983, Nr 3800, 816. Ref. Zbl. Neur. 71, 816 (1934). — FLESCH, H.: Die Behandlung der Chorea minor mit Nirvanol und Luminal. Kinderärztl. Prax. 2, 533 (1931). Zit. nach Zbl. Neur. 63, 640 (1932). — FÖRSTER, O.: Das Wesen der choreatischen Bewegungsstörung. Slg klin. Vortr. 1904, Nr 382. — Zur Analyse und Pathophysiologie der striären Bewegungsstörungen. Z. Neur. 73, 1 (1921). — FORSSNER, G.: Eine Nachuntersuchung nach 15 bis 20 Jahren in 28 Fällen von Chorea minor. Jb. Kinderheilk. 71, 81 (1910). — FORSTER, E.: Choreatischer Symptomenkomplex bei Fleckfieber. Berl. Ges. Psychiatr. u. Nervenkrkh., Sitzg 10. Mai 1920. Zbl. Neur. 21, 298 (1920). — FOTI, P.: La corea del Sydenham con speciale rigardo all etiopatogenesi et alla terapia. Reggio Calabria: Tip. Moscato 1924. Zit. Zbl. Neur. 43, 541 (1926). — v. FRANKL-HOCHWART: Die Tetanie, 2. Aufl. Wien u. Leipzig 1907. Zit. nach KEHRER. — FRENKEL, B., K. ELIAS et S. DIAMANT: Deux observations de chorée de Sydenham familiale. Bull. Soc. Pédiatr. Paris 29, 128 (1931). Zit. Zbl. Neur. 61, 204 (1932). — FRÖHLICH, TH.: Zur Ätiologie der Chorea minor. Jb. Kinderheilk. 54, 337 (1901). Zit. nach Jber. Neur. 5, 616 (1902). — FUCHS: Über einen experimentell-toxischen choreiformen Symptomenkomplex bei Tieren. Jb. Psychiatr. 36, 165 (1914). Zit. nach Zbl. Neur. 11, 761 (1915).

GAREISO, A. u. J. M. OBARRIO: Zum Studium der Reflexe bei SYDENHAMscher Chorea. Semana méd. 33, 391 (1926). Zit. nach Zbl. Neur. 46, 200 (1927). — GEHUCHTEN, P. v.: Un cas de chorée de Sydenham. Étude anatomique. Revue neur. 38 I, 490 (1931). — GERSTLEY, J. R. and L. J. WILHELMI: Chorea. A brief clinical study with special reference to the use of an immune serum. Amer. J. Dis. Childr. 33, 602 (1927). Zit. nach Zbl. Neur. 47, 736 (1927). — GITTERMANN: J. prakt. Heilk. 62, 1, 61 (1826). Zit. nach WICKE. — GLASER, W.: Behandlung der Chorea minor mit Stauungshyperämie. Münch. med. Wschr. 75, 1288 (1928). — GLOBUS, J. H.: Über symptomatische Chorea bei Diphtherie. Z. Neur. 85, 414 (1923). — GOEBEL, F.: Für und Wider der Nirvanolbehandlung der Chorea minor. Dtsch. med. Wschr. 1931 II, 1313. — GÖTTSCHE, O.: Die Untersuchung des CZERNYschen Phänomens mit Hilfe der Röntgenstrahlen. Jb. Kinderheilk. 113, 90 (1926). — GORDON: A note on the knee-jerk in Chorea. Brit. med. J. 1901, 765. — GOTTLIEB, A.: Über Nirvanolbehandlung der kindlichen Chorea minor. Mschr. Kinderheilk. 43, 433 (1929). — GOTTSTEIN, W.: Chorea minor. Klin. Wschr. 1927 I, 2121. — GOWERS: Handbuch der Nervenkrankheiten, Bd. 3, 1892. Zit. nach WOLLENBERG. — GRAHAM, ST.: Arsenic in the treatment of chorea. Arch. Dis. Childh. 3, 206 (1928). Zit. nach Zbl. Neur. 51, 568 (1929). — GREENFIELD, J. G. and J. M. WOLFSOHN: The pathology of Sydenhams chorea. Lancet 1922, 603. Zit. nach Zbl. Neur. 31, 256 (1923). — GREGOR, A. u. P. SCHILDER: Beiträge zur Kenntnis der Physiologie und Pathologie der Muskelinnervation. Z. Neur. 14, 359 (1913). — GRIMM, J.: Deutsche Mythologie, 3. Aufl., 1854. Zit. nach WITKOWSKY. — GRISIN, E. u. Z. LARIN: Chorea minor. Pediatr. (russ.) 14, 293 (1930). Zit. nach Zbl. Neur. 59, 803 (1931). — GUTTMANN, E.: Beobachtungen bei Chorea minor. Z. Neur. 107, 584 (1927).

HÄSSLER, E. u. L. MÖLLER: Klinik und Prognose des kindlichen Gelenksrheumatismus, der Chorea minor und der Endokarditis. (Bericht über 256 Erkrankungsfälle der Leipziger Kinderklinik aus den Jahren 1923—30). Jb. Kinderheilk. 135, 257 (1932). — HALLERVORDEN, J.: Die extrapyramidalen Erkrankungen. BUMKES Handbuch der Geisteskrankheiten, Bd. 11, S. 996—1062. Berlin: Julius Springer 1930. — HANEBORG, A. O.: Chorea minor. Aetiologi og patogenesi. Norsk. Mag. Laegevidensk. 77, 1040 (1916). Zit. nach F. H. LEWY. — HARVIER et LEVADITI: Preuve anatomique et experimentale de l'identité de nature entre certains chorées graves aiguës fébriles et l'encephalite lethargique. Soc. Méd. Hôp., 5. März 1920. Zit. nach LHERMITTE et PAGNIEZ. — HECKER: Die Tanzwuth. Berlin 1832. — HEFTER, E.: Nirvanolbehandlung bei Chorea minor. Z. Kinderheilk. 38, 403 (1924). — HENOCH: Über Chorea. Berl. klin. Wschr. 1883 II. Zit. nach VOGT. — HERMAN, E.: De la symptomatologie de la chorée de Sydenham. Revue neur. 1, 424 (1924). Zit. nach Zbl. Neur. 39, 236 (1925). — Études experimentelles sur la chorée de Sydenham. C. r. Soc. Biol. Paris 91, 966 (1924). Zit. nach Zbl. Neur. 42, 68 (1926). — HERZ, E.: Die amyostatischen Unruheerscheinungen. Leipzig: Johann Ambrosius Barth 1931. — HEUBNER, O.: Über Chorea. v. LEYDENS Festschrift, 1902, I. Zit. nach Jber. Neur. 6, 781 (1903). — HITZIG: Zit. nach VOGT, l. c. S. 905. — HÖPFNER, TH.: Ein Fall von gestörter Koordination der Atmung. Wien. med. Wschr. 1924 II, 1462. Zit. nach Zbl. Neur. 39, 40 (1925). — HORMUTH: SYDENHAMsche Chorea. Diss. Rostock 1908. — HORN, A.: Nirvanolbehandlung bei einem Fall von Chorea gravidarum. Dtsch. med. Wschr. 1931 I, 541. — HUGHES, H. M.: Digest of one hundred cases of chorea. Guy's Hosp. Rep., IV. s. 2, 360—395 (1846). Zit. nach WOLLENBERG. — HUGHES, H. M. and E. B. BROWN: Digest of two hundred and nine additional cases of chorea. Guy's Hosp. Rep., I. s. 3, 217—268 (1855). Zit. nach WOLLENBERG. — HUSLER, J.: Nirvanol bei Chorea minor. Z. Kinderheilk. 38, 408 (1924). — HYMANSON, A.: Chorea treated with injections of milk. Report of seven cases. Archiv of pediatr. 43, 681 (1926). Zit. Zbl. Neur. 46, 200 (1927).

IWASZKIEWICZ, L.: Der Verlauf und die Behandlung der Chorea. Pedjatr. polska 8, 308 (1928). Zit. nach Zbl. Neur. 52, 608 (1929).

Jakob, A.: Die extrapyramidalen Erkrankungen. Berlin: Julius Springer 1923. —
Jakoby, C.: Über vier in Palästina beobachtete Fälle von Chorea gravidarum. Zbl. Gynäk.
49, 2897 (1925). Zit. nach Kehrer. — Jolly, F.: Chorea minor. Ebstein-Schwalbes
Handbuch der praktischen Medizin, Bd. 4 (Krankheiten des Nervensystems), S. 839. Stuttgart: Ferdinand Enke 1900.
    Kaiser, A. D.: Incidence of rheumatism chorea and heart disease in tonsillektomized
children. A control study. J. amer. med. Assoc. 89, 2239 (1927). Zit. nach Zbl. Neur. 49,
771 (1928). — Karelitz, S.: The treatment of chorea minor with epinephrine. J. amer.
med. Assoc. 89, 1602 (1927). Zit. nach Zbl. Neur. 49, 261 (1928). — Karger, E.: Die Behandlung choreatischer Kinder mit Bewegungsübungen. Jb. Kinderheilk. 45, 261 (1921).
Zit. nach Zbl. Neur. 27, 371 (1922). — Kaupe, W.: Grippe, Veitstanz und Luminal. Münch.
med. Wschr. 1927 II, 1022. — Kehrer, F.: Erblichkeit und Nervenleiden. I. Ursachen und
Erblichkeitskreis von Chorea, Myoklonie und Athetose. Berlin: Julius Springer 1928. —
Kern, T.: Die Behandlung der Chorea minor mit Milchinjektionen. Wien. klin. Wschr.
36, 164 (1923). — Kihn, B.: Probleme der Choreaforschung. Nervenarzt 6, 505 (1933). —
Kirkes: On chorea, its relation to valvulae diseases of the heart and its treatment. Med.
Tim. 1863 I, 636, 28. II. Zit. nach Wollenberg. — Kleist, K.: Über die psychischen
Störungen bei der Chorea minor, nebst Bemerkungen zur Symptomatologie der Chorea.
Allg. Z. Psychiatr. 64, 769 (1907). — Zur Auffassung der subcorticalen Bewegungsstörungen.
Arch. f. Psychiatr. 59, 790 (1918). — Knauer, A.: Die im Gefolge des akuten Gelenksrheumatismus auftretenden psychischen Störungen. Z. Neur. 21, 491 (1914). — Knichowiecki, B. u. M. Wolfowna: Behandlung der Chorea minor mit Nirvanol. Pedjatr. polska
10, 375 (1930). Zit. nach Zbl. Neur. 59, 804 (1931). — Koch: Zur Lehre von der Chorea
minor. Dtsch. Arch. klin. Med. 40 (1887). Zit. nach Vogt. — Köppen: Über Chorea und
andere Bewegungsstörungen bei Geisteskrankheiten. Arch. f. Psychiatr. 19 (1896). Zit.
nach Schilder. — Köster, G.: Über die ätiologischen Beziehungen der Chorea minor zu
den Infektionskrankheiten, insbesondere zur rheumatischen Infektion. Münch. med. Wschr.
1902 II, 1338. — Kraepelin, E.: Psychiatrie, 8. Aufl., Bd. 2, S. 250. Leipzig: Johann
Ambrosius Barth 1910. — Krafft-Ebing, R. v.: Zur Ätiologie der Chorea Sydenhami.
Wien. klin. Wschr. 1899 II. Zit. nach Neur. Zbl. 19, 1070 (1900). — Krause, F. u. H. de
Jong: Über den Einfluß der „Aktion" bei Hemiballismus, Chorea, Athetose nach Versuchen
während des Wachens und Schlafens. Z. Neur. 133, 412 (1931). — Krauss, St.: Persönlich-
keitsveränderungen nach Chorea minor. Schweiz. Arch. Neur. 34, 94 (1934). — Kroner: Über
Chorea gravidarum. Inaug.-Diss. Berlin 1896. Zit. nach Runge. — Kundratitz, K.: Der thyreo-
toxische Symptomenkomplex bei Chorea minor. Z. Kinderheilk. 43, 658 (1927). — Kuttner, H.:
Bulbocapnin bei der Behandlung der Chorea minor. Dtsch. med. Wschr. 1929 I, 616.
    Langdon, H. M.: Ocular complications of corea. Amer. J. Ophthalm. 8, 625 (1925).
Zit. nach Zbl. Neur. 42, 400 (1925). — Lange, J.: Klinische Demonstrationen. Zbl. Neur.
47, 700 (1927). — Legrün, A.: Die Schrift des Schulkindes als Symptom für eine entstehende Krankheit (Veitstanz). Z. pädag. Psychol. 26, 148 (1925). Zit. nach Zbl. Neur.
41, 199 (1925). — Lehoczky-Semmelweis, K.: Interessanter Fall von Chorea gravidarum.
Orv. Hetil. (ung.) 70, 110 (1926). Zit. nach Zbl. Neur. 43, 542 (1926). — Leichtentritt, B.,
W. Lengsfeld u. Silberberg: Klinisches und Experimentelles zur Nirvanoltherapie bei
der Chorea minor im Kindesalter. Jb. Kinderheilk. 122, 12 (1928). — Lenart u. Lederer:
Beitrag zum Chorea minor-Problem, Teil I. Zur Ätiologie und Differentialdiagnose. Arch.
Kinderheilk. 94, 256 (1931). Zbl. Neur. 63, 201 (1932). — Lengsfeld, W.: Die Erfolge der
Nirvanoltherapie. Mschr. Kinderheilk. 43, 469 (1929). — Lenz, R.: Zur Frage der rheumati-
schen Chorea. Wien. Arch. inn. Med. 21, 125 (1931). — Lepehne, K.: Gleichzeitiges Zu-
sammentreffen von akutem Gelenksrheumatismus und Chorea minor. Z. Kinderheilk. 41,
394 (1926). — Lequeux: Zit. nach Kehrer: Erblichkeit und Nervenleiden, S. 38. —
Lesigang, W.: Die Nirvanolkrankheit. Mschr. Kinderheilk. 40, 289 (1928). — Letelier,
L. J.: De l'amygdalectomie et de l'adenotomie dans le traitement de la chorée de Sydenham.
Rev. de Laryng. etc. 51, 41 (1930). Zit. nach Zbl. Neur. 56, 672 (1930). — Lewandowsky, M.:
Die Funktionen des Nervensystems. Jena: Gustav Fischer 1907. — Lewy, F. H.: Die
histologischen Grundlagen experimenteller Hyperkinesen bei diphtherieinfizierten Mäusen
Virchows Arch. 238, 252 (1922). — Die Histopathologie der choreatischen Erkrankungen.
Z. Neur. 85, 622 (1923). — Die infektiös-toxische Chorea (Chorea minor und gravidarum).
Kraus-Brugsch: Spezielle Pathologie und Therapie innerer Krankheiten, Bd. 10, Teil 3,
S. 751—788. Berlin: Urban & Schwarzenberg 1924. — Ref. über Rheumaprobleme. Zbl.
Neur. 61, 385 (1932). — Lhermitte, J. et L. Cornil: Zit. nach Babonneix: Les chorées,
p. 276. — Lhermitte, J. et Ph. Pagniez: Anatomie et physiologie pathologiques de la
chorée de Sydenham. Encéphale 25, 24 (1930). — Litten: Beiträge zur Ätiologie der Chorea.
Charité-Ann. 11 (1886). Zit. nach Jolly. — Loewenstein, E.: Tuberkelbacillen im Blut
und Liquor bei Chorea. Wien. klin. Wschr. 1933 II, 1286. Ref. Zbl. Neur. 71, 527 (1934). —
Lomer: Zur Kenntnis der Schriftstörung bei Chorea. Med. Klin. 10, 1012 (1914). Zit.
nach Zbl. Neur. 10, 647 (1914). — López, A.: Behandlung der Chorea minor durch Natrium-
salicylat intravenös. Siglo méd. 83, 549 (1929). Zit. nach Zbl. Neur. 54, 483 (1930). —

López, A. W.: Behandlung der schweren Chorea mit Bittersalz. Archivos Neurobiol. 13, 307 (1933). Zit. nach Zbl. Neur. 70, 519 (1934). — Lotmar, F.: Die Stammganglien und die extrapyramidal-motorischen Syndrome. Berlin: Julius Springer 1926. — Luce u. Feigel: Über Luminalexantheme, zugleich ein Beitrag zur Behandlung der Chorea infantum. Ther. Mh. 1918. Zit. nach F. H. Lewy. — Lueth, H. C. and D. C. Sutton: Chorea in the Negro race. J. of Pediatr. 3, 775 (1933). Ref. Zbl. Neur. 71, 526 (1934). — Luxenburger, H.: Demographische und psychiatrische Untersuchungen in der engeren biologischen Familie von Paralytikerehegatten (Versuch einer Belastungsstatistik der Durchschnittsbevölkerung). Z. Neur. 112, 331 (1928).

Macalister, Ch.: Classification of chorea in relation to its causes. Brit. med. J. 1924, Nr 3322, 849. Zit. nach Zbl. Neur. 40, 678 (1925). — Manzi, L.: Corea gravidica. Arch. Ostetr. 38, 172 (1931). Zit. nach Zbl. Neur. 60, 582 (1931). — Marcio, A. de: Embolia dell arteria centrale delle retina e corea embolica. Riv. otol. ecc. 1, 500 (1924). Zit. nach Zbl. Neur. 41, 67 (1925). — Marie et Chatelin: Presse méd. 12. Zit. nach Oppenheim, l. c. S. 1720. — Marie, P.: Zit. nach F. H. Lewy, l. c. S. 773. — Marie, P., H. Bouttier et C. Trétiakoff: Étude anatomo-clinique sur un cas de chorée aigue gravidiquë. Bull. Soc. méd. Hôp. Paris 39, 1127 (1923). Zit. nach Zbl. Neur. 35, 334 (1924). — Marie, P. et C. Trétiakoff: Examen histologique des centres nerveux dans un cas de chorée. Revue neur. 27, 428 (1920). — Marinesco, G., A. Kreindler ed E. Cohen: Corea acuta et catalessia. Riforma med. 1930 II, 1191. Zit. nach Zbl. Neur. 58, 209 (1931). — Marinesco, G., O. Sager et C. T. Dinischiotu: Sur le traitement de la chorée par le luminal et le sulfate de magnesium avec considérations sur la physiopathologie de la chorée. Ann. Méd. 27, 237 (1930). Zit. nach Zbl. Neur. 56, 799 (1930). — Marshall, R.: A review of 180 children, suffering from rheumatism, chorea and carditis. Arch. Dis. Childh. 3, 28 (1928). Zbl. Neur. 51, 788 (1929). — Martinez, G.: Die Behandlung der Sydenhamschen Chorea durch intrarhachideale Magnesiumsulfatinjektionen. Rev. méd. Barcelona 2, 117 (1924). Zit. nach Zbl. Neur. 41, 483 (1925). — Mayer, C. u. O. Reisch: Zur Symptomatologie der Huntingtonschen Chorea. Arch. f. Psychiatr. 74, 795 (1925). — Meumann, E.: Chorea gravidarum. Inaug.-Diss. Leipzig 1912. Zit. nach Kehrer. — Meurer: Ein Fall von Chorea gravidarum. Nederland. Tijdschr. Verloskde 28, 304 (1922). Zit. nach Zbl. Neur. 30, 477 (1922). — Meyer, H.: Rheumatisch infektiöser Ursprung der Chorea. Jb. Kinderheilk. 40, 1, 144 (1895). — Meyer, P.: Chorea minor in ihren Beziehungen zum Rheumatismus und zu Herzklappenfehlern. Berl. kl. Wschr. 27, 628 (1890). — Meynert: Differentialdiagnostische Bedeutung der Bewegungsstörungen bei Erkrankungen des Vorderhirns. Wien. med. Bl. 1879, Nr 26—29. Zit. nach Niessl v. Mayendorf. — Mikutowski, W.: Familiäre Chorea. Med. doświadcz. i społ. (poln.) 1933, 331. Zit. nach Zbl. Neur. 69, 76 (1934). — Möbius: Über Seelenstörungen bei Chorea. Neur. Beitr. 1894, 123. Zit. nach Runge. — Morini, L.: Corea volgare ed infezione sifilitica. Clin. pediatr. 3, 153 (1921). Zit. nach Zbl. Neur. 27, 32 (1922). — Morquio, L.: Der Echoreflex bei der Chorea. Arch. lat.-amer. Pediatr. 16, 18 (1922). Zit. nach Zbl. Neur. 29, 356 (1922). — Moser, P.: Zur pathologischen Anatomie und Bakteriologie der Chorea minor. Jb. Kinderheilk. 87, 209 (1918).

Naunyn, B.: Ein Fall von Chorea St. Viti mit Pilzbildungen in der Pia mater. Mitt. med. Klin. Königsberg 1888. Zit. nach Vogt. — Neiding, M. u. L. Blank: Über Hyperkinesen und Hypertonien der Gesichtsmuskulatur. Arch. f. Psych. 88, 31 (1929). — Niessl v. Mayendorf, E.: Über die Bedeutung der Linsenkernschleife für das choreatische Phänomen. Mschr. Psychiatr. 68, 802 (1928). — Nordgren, R.: Sur le mode d'apparition de la chorée. Acta paediatr. (Stockh.) 2, 159 (1922). Zit. nach Zbl. Neur. 32, 157 (1923). — Nota, F.: Un caso di corea in gravidanza trattato con l'autoplasma alla Costa. Riv. Ostetr. 8, 413 (1926). Zit. nach Zbl. Neur. 45, 582 (1927). — Novak, J.: Beziehungen zwischen Nervensystem und Genitale. Halban-Seitz' Biologie und Pathologie des Weibes, Bd. 5, Teil 4, S. 1369—1530. Berlin u. Wien: Urban & Schwarzenberg 1928.

Obario, J. M. u. M. G. Pestana: Akute Hemichorea bei einer 72jährigen. Urotropin-Heilung. Rev. argent. Neur. etc. 7, 147 (1930). Zit. Zbl. Neur. 57, 308 (1930). — Oppenheim, H.: Lehrbuch der Nervenkrankheiten, 6. Aufl. Berlin: S. Karger 1913. — Oravecz, G.: Die Proteintherapie der Chorea minor. Gyógyászat (ung.) 66, 212 (1926). Zit. nach Zbl. Neur. 44, 88 (1926). — Osipova, E.: Über die konstitutionellen Eigenschaften bei Chorea minor. Z. Neur. 125, 69 (1930). — Zur Frage der Bedeutung der konstitutionellen Prädisposition bei Chorea minor. Ž. Nevropat. (russ.) 1, 120 (1931). Zbl. Neur. 64, 77 (1932). — Osler: On chorea and choreiform affections. London: Lewis 1894. Zit. nach F. H. Lewy. — O'Sullivan: Akute Chorea etc. Med. Presse a. Circ. 1906, 280. Zit. nach Vogt. — Otonello, P.: Terapia arseno-benzolica della corea. Policlinico, sez. pat. 1929 I, 445. Zit. nach Zbl. Neur. 54, 483 (1930).

Paasen, P. van: Die Behandlung der Chorea minor mit Nirvanol. Nederl. Tijdschr. Geneesk. 1930 II, 3628. Zit. nach Zbl. Neur. 58, 208 (1931). — Parhon, C. S. et E. Cernautzeanu-Ornstein: Sur le métabolisme basal dans la chorée. Bull. Soc. méd. Hôp. Paris 45, 803 (1929). Zit. nach Zbl. Neur. 54, 483 (1930). — Passini, F.: Über Lumbalpunktion bei Chorea infectiosa. Wien. klin. Wschr. 27, 1363 (1914). — Paterson, D.

and L. Horn: An epidemia of chorea in a family. Brit. med. J. **1931**, Nr 3697, 893. Zit. nach Zbl. Neur. **62**, 794 (1932). — Paulian, D. et R. Dragesco: Le traitement de la chorée par les injections intrarachidiennes de sulfate de magnésium. Presse méd. **30**, 680 (1922). Zit. nach Zbl. Neur. **30**, 478 (1922). — Pfaundler, M.: Akuter Gelenkrheumatismus und Chorea minor. Z. Kinderheilk. **30**, 274 (1921). — Zum simultanen Veitstanz und Rheumatismus. Z. Kinderheilk. **41**, 397 (1926). — Pfaundler, M. und L. v. Seth: Über Syntropie von Krankheitszuständen. Z. Kinderheilk. **30**, 100 (1921). — Pianese: La nature infettiva della corea del Sydenham. Ricerche anatomiche esperimentali et cliniche. Neapoli 1892. Zit. nach Zinn. — Pilcher, J. D. and H. J. Gerstenberger: Treatment of chorea with phenylethylhydantoin. Amer. J. Dis. Childr. **40**, 1239 (1930). Zit. nach Zbl. Neur. **60**, 453 (1931). — Pilz: Auffallende Lungenerscheinungen bei Nirvanolintoxikation. Arch. Kinderheilk. **82**, 210 (1927). — Pineles: Weiblicher Geschlechtsapparat und Nervensystem. Die Erkrankungen des weiblichen Genitales in Beziehung zur inneren Medizin. Wien-Leipzig: Alfred Hölder 1913, II. Zit. nach Novak. — Polakow, J.: Ein Fall von Chorea nach Angina, Arthritis und Endokarditis. Pedjatr. polska 8, 320 (1928). Zit. nach Zbl. Neur. **52**, 608 (1929). — Prior, J.: Über den Zusammenhang zwischen Chorea minor, Gelenksrheumatismus und Endocarditis. Berl. klin. Wschr. **1886** I. Zit. nach Vogt. — Progulski, St.: Über die Anwendung von Nirvanol bei Chorea und über Nirvanolkrankheit. Polska Gaz. lek. **1929** II, 508. Zit. nach Zbl. Neur. **54**, 823 (1930).

Quensel, J.: Psychosen und Generationsvorgänge beim Weibe. Med. Klin. **1907** II, 1509. Zit. nach Jber. Neur. **11**, 1108 (1908).

Rabinowich, P.: Die Störung des vagosympathischen Gleichgewichts bei subcorticalen Symptomenbildern. Semana méd. **1930** I, 1575. Zit. nach Zbl. Neur. **58**, 205 (1931). — Ray Hartzell, H. and J. S. Cunningham: Phenylethylhydantoin in the treatment of Sydenhams chorea. Amer. J. Dis. Childr. **39**, 1205 (1930). Zit. nach Zbl. Neur. **57**, 308 (1930). — Reichardt, M.: Pathologische Anatomie der Chorea minor. Dtsch. Arch. klin. Med. **72**, 54 (1902). Zit. nach Vogt. — Reisch, O.: Über die Phänomenologie und die pathologischen Grundlagen reflektorisch erhöhter Spannungszustände der Muskulatur bei Chorea minor. Dtsch. Z. Nervenheilk. **132**, 227 (1933). — Rémond et Sauvage: Instabilité choreiforme et insuffisance thyreoidienne. Ann. méd.-psychol. **72** I, 385 (1914). Zit. nach Zbl. Neur. **10**, 186 (1914). — Révász, J.: Schwefel in der Therapie der Chorea minor im Kindesalter. Orv. Hetil. (ung.) **71**, 461 (1927). Zit. nach Zbl. Neur. **47**, 547 (1927). — Rietschel: Diffuses masernähnliches Exanthem bei einem 12jährigen Knaben mit Chorea nach Nirvanol-Darreichung. Münch. med. Wschr. **1921** I, 160. — Rindfleisch: Chorea mollis. Dtsch. Z. Nervenheilk. **35**. — Roeder, F.: Über die Anwendung von Schlafmitteln in der Kinderheilkunde mit besonderer Berücksichtigung des Nirvanols. Ther. Mh. **32**, 54 (1919). Zit. Jber. Neur. **23**, 364 (1921). — Roger: Recherches cliniques sur la chorée, sur le rhumatisme et sur les maladies du cœur chez les enfants. Arch. gén. Méd. **1866, 1867, 1868**. Zit. nach Jolly. — Rohr, F.: Endolumbale Behandlung der Chorea minor mit Eigenserum. Dtsch. med. Wschr. **50**, 581 (1924). — Romberg: Zit. nach F. H. Lewy, siehe S. 776. Ronsisvalle, A.: Il solfato di magnesio nella cura della „corea gravidarum". Rinasc. med. 1, 472 (1924). Zit. nach Zbl. Neur. **41**, 67 (1925). — Rosenbach: Zur Pathologie und Therapie der Chorea. Arch. f. Psychiatr. **6**, 830, 1676. Zit. nach Vogt. — Rosenow, E.: Experimental observations on the etiology of chorea. Amer. J. Dis. Childr. **26**, 323 (1923). Zit. Zbl. Neur. **36**, 76 (1924). — Royston, G.: Chorea gravidarum. Amer. J. Obstetr. 1, 941 (1921). Zit. nach Zbl. Neur. **26**, 344 (1921). — Rudder, H. de: Die Nirvanolanaphylaxie. Z. Kinderheilk. **42**, 360 (1926). — Runge, W.: Chorea minor mit Psychose. Arch. f. Psychiatr. **46**, 667 (1910).

Salomon, A.: Neuere Gesichtspunkte zur Ätiologie und Therapie der Chorea minor. Dtsch. med. Wschr. **1924** I, 166. — Saviljanskij, J.: Über Hormontherapie der Chorea. Sovrem. Psichonevr. (russ.) 4, 281 (1927). Zit. nach Zbl. Neur. **47**, 547 (1927). — Scaffo de Casas Mello G. u. Casas Mello A. J.: Chorea mollis nach Diphtherie. Arch. Pediatr. Uruguay 4, 342 (1933). Ref. Zbl. Neur. **71**, 527 (1934). — Schiff, E.: Über die Chorea mollis. Jb. Kinderheilk. **134**, 143 (1932). — Schilder, P.: Über Chorea und Athetose II. und III. Z. Neur. **11**, 25, 47 (1912). — Schmidt, R.: Verh. Ver. dtsch. Ärzte Prag **1933/34**. — Schneider, K.: Die psychopathischen Persönlichkeiten. Aschaffenburgs Handbuch der Psychiatrie, Spezieller Teil, Bd. 7,1. Leipzig u. Wien: Franz Deuticke 1923. — Schnurmann, F.: Erfolge der üblichen Choreatherapie. Ther. Gegenw. **65**, 109 (1924). Zit. nach Zbl. Neur. **40**, 202 (1925). — Schrock: Zit. nach Kehrer: Erblichkeit und Nervenleiden, S. 38. — Schröder, L. C.: Observations on the etiology and pathology of chorea minor. J. amer. med. Assoc. **79**, 181 (1922). Zit. nach Zbl. Neur. **32**, 19 (1923). — Schulz, B.: Beitrag zur Genealogie der Chorea. Z. Neur. **117**, 288 (1928). — Schuster, J.: Beitrag zur Histopathologie und Bakteriologie der Chorea infectiosa. Z. Neur. **59**, 323 (1920). — Sée, G.: De la chorée. Mém. Acad. Méd. **15**, 374 (1850). Zit. nach Babonneix. — Sieber: Inaug.-Diss. Berlin 1882. Zit. nach Lepehne. — Siemerling: Psychosen und Neurosen in der Gravidität und ihre Anzeichen zur künstlichen Unterbrechung der Schwangerschaft. Mschr. Geburtsh.

46, 222, 314 (1917). Zit. nach KEHRER. — SIMMEL, H.: Über das striäre Blutsyndrom bei einem Falle von schwerer Chorea minor. Münch. med. Wschr. 1931 I, 660. Zit. Zbl. Neur. 61, 204 (1932). — SIMONINI, A.: Contributo allo studio della patogenesi nelle corea idiopatiche. Pediatr. prat. 5, 307 (1928). Zit. Zbl. Neur. 52, 471 (1929). — I raggi U. V. nella corea idiopatica. Pediatr. prat. 6, 392 (1929). Zit. nach Zbl. Neur. 56, 80 (1930). — SLAUK: Beitrag zur Histopathologie der Chorea infectiosa. Dtsch. Arch. klin. Med. 142, 279 (1923). Zit. nach Zbl. Neur. 37, 353 (1924). — SLOTE, G. and R. S. McDADE: A case of chorea treated with evipan sodium. Lancet 1933 II, 1035. Ref. Zbl. Neur. 71, 728 (1934). — SOMOGYI, ST.: Die Behandlung der Chorea mit Milchinjektionen. Psychiatr.-neur. Wschr. 1927 I, 51. Zit. nach Zbl. Neur. 46, 857 (1927). — SPATZ, H.: Physiologie und Pathologie der Stammganglien. Handbuch der normalen und pathologischen Physiologie, Bd. 10, S. 318—417. Berlin: Julius Springer 1927. — STARK, E.: Die Adrenalin-Sodabehandlung von Chorea minor. Orv. Hetil. (ung.) 1929 I, 236. Zit. nach Zbl. Neur. 54, 483 (1930). — STARR: Zit. nach CURSCHMANN, siehe S. 1399. — STEINER: Klinische Erfahrungen bei Chorea. Prag. Vjschr. 1868 III, 45. Zit. nach VOGT. — STEINKOPF: Ätiologie der Chorea. Halle 1890. Zit. nach VOGT. — STEPHANESCU, M.: Sur un cas de chorée postexanthématique. Bull. Soc. roum. Neur. etc. 2, 24 (1925). Zit. Zbl. Neur. 42, 291 (1926). — STERN: Beiträge zur Pathologie und Pathogenese der Chorea chronica progressiva. Arch. f. Psychiatr. 63, 37 (1921). Zit. nach HERZ. — STERTZ, G.: Der extrapyramidale Symptomenkomplex. Berlin: Karger, 1921. — STERTZ, H.: Über die Nirvanoltherapie im kindlichen Alter. Med. Klin. 29, 649 (1933). — STETTNER, E.: Über die Nirvanolkrankheit. Beiträge zur pharmakologischen Wirkung des Nirvanols, hämatologische Studie. Z. Kinderheilk. 45, 445 (1928). — STOELTZNER, W.: Ein Symptom der Chorea. Z. Kinderheilk. 48, 124 (1929). — STRAUSS, E.: Untersuchungen über die postchoreatischen Motilitätsstörungen, insbesondere die Beziehungen der Chorea minor zum Tic. Mschr. f. Psychiatr. 66, 261 (1927). — SURANYI, J.: Über das Verhalten des säurelöslichen (anorganischen) Phosphors im Serum bei Chorea minor. Acta paediatr. (Stockh.) 11, 567 (1930). Zit. nach Zbl. Neur. 62, 63 (1932).

TAILLENS: La ponction lombaire dans la chorée de Sydenham. Bull. Soc. Pédiatr. Paris 1922, 256. Zit. nach Zbl. Neur. 31, 256 (1922). — TISDALL, O. R.: The nirvanol treatment of chorea. Arch. Dis. Cildh. 5, 397 (1930). Zit. nach Zbl. Neur. 59, 361 (1931).

URECHIA, C. J. et N. ELEKES: Etude anatomo-clinique sur un cas de chorée aigue graviditique. Arch. internat. Neur. 44, 41 (1925). Zit. nach Zbl. Neur. 42, 399 (1926). — URECHIA C. J. et S. MIHALESCU: Examen anatomique d'un cas de chorée aigue rhumatismale. Revue neur. 35, 522 (1928).

VIEDENZ, F.: Über Geistesstörungen bei Chorea. Arch. f. Psychiatr. 46, 171 (1910). — VOGT, H.: Chorea minor. LEWANDOWSKYs Handbuch der Neurologie, Bd. 3, Spez. Teil II, S. 901. Berlin: Julius Springer 1911.

WALLACE, H. L.: Chorea, a short study of 200 cases. Edinburgh med. J., N. S. 40, 417 (1933). Zit. nach Zbl. Neur. 70, 518 (1934). — WALLER, R. G.: Chorea in three children occupying same bedroom. Brit. med. J. 1932, Nr 3710, 282. Zit. nach Zbl. Neur. 63, 639 (1932). — WARNER, F.: Physical expression. 1885, 163. Zit. nach S. A. K. WILSON. — WEDEL: Zit. nach WOLLENBERG. — WERNSTADT, W.: Über die medikamentöse Behandlung schwerer Choreafälle. Med. rev. 40, 74 (1923). Zit. nach Zbl. Neur. 33, 140 (1923). — WESTPHAL, K.: Avertinbehandlung einer schweren Chorea. Münch. med. Wschr. 1930 I, 1104. Zit. nach Zbl. Neur. 58, 209 (1931). — WHITAKER, W. M.: The nirvanol treatment of chorea. Arch. Dis. Childh. 5, 44 (1930). Zit. nach Zbl. Neur. 50, 209 (1931). — WHITMORE, F.: The neurological aspects of chorea gravidarum. Minnesota med. 9, 673 (1926). Zit. nach Zbl. Neur. 46, 199 (1927). — WICHMANN: Ideen zur Diagnose von SACHSE, 3. Aufl., Bd. 1. Hannover 1827. Zit. nach WICKE. — WICKE: Versuch einer Monographie des großen Veitstanzes und der unwillkürlichen Muskelbewegung, nebst Bemerkungen über den Taranteltanz und die Beriberi. Leipzig: Brockhaus 1844. — WILSON, S. A. K.: On decerebrate rigidity in man and the occurrence of tonic fits. Brain 43, 220 (1922). — Crovinan Lectures on some disorders of motility and of muscle tone, with special reference to the corpus striatum. Lancet 1925 II, Nr 1—6. — Die Pathogénese der unwillkürlichen Bewegungen mit besonderer Berücksichtigung der Pathologie und Pathogenese der Chorea. Dtsch. Z. Nervenheilk. 108, 4 (1929). — WINKELMANN, N. W.: Über einen Fall von 5 Monate bestehender Schwangerschaftschorea. Z. Neur. 102, 56 (1926). — WINKLER, P.: Die Blutdruckkurve bei Chorea. Z. Kinderheilk. 51, 809 (1931). — WITKOWSKY, L.: Einige Bemerkungen über den Veitstanz des Mittelalters und über psychische Infektion. Allg. Z. Psychiatr. 35, 591 (1879). — WOLLENBERG: Chorea. NOTHNAGELS Handbuch, Bd. 12, Teil 2, Abt. 3. Wien 1899.

ZAMBANO, E.: Rilievi clinico-statistici sulla corea del Sydenham. Pediatr. riv. 41, 1495 (1933). Ref. Zbl. Neur. 71, 526 (1934). — ZIEMSSEN, v.: Die Chorea. Handbuch der speziellen Pathologie und Therapie, Bd. 12, S. 391—448. Leipzig 1875. — ZINN, K.: Beziehungen der Chorea zur Geistesstörung. Arch. f. Psychiatr. 28, 411 (1896).

Tuberkulöse Erkrankungen des Zentralnervensystems.

Von OTTO SITTIG-Prag.

Mit 9 Abbildungen.

Tuberkulöse Meningitis.

Geschichtliches.

Schon in den ältesten medizinischen Schriften (z. B. HIPPOKRATES) finden sich vereinzelte Andeutungen richtiger Beschreibungen der tuberkulösen Meningitis. MORGAGNI schildert in seinem Hauptwerke „De sedibus et causis morborum" den Fall eines 13jährigen, sehr begabten Knaben, dessen Schwester und Bruder an Phthise gestorben waren, der selbst vorher an einer Entzündung der linken Lunge gelitten hatte und mit heftigen Kopfschmerzen über den Augen erkrankte. Er begann zu delirieren, erbrach, wurde von Konvulsionen befallen, wurde schließlich soporös und starb. Bei der Leichenöffnung fand sich im oberen Teile der rechten Lunge ein Knoten mit einer Höhle, die von einer Masse erfüllt war, die an Farbe und Weichheit der Marksubstanz des Gehirns glich. Die linke Lunge war mit der Pleura verwachsen. Die Dura mater war an der Basis grau verfärbt, und in der Gegend der Sehnerven fand sich Flüssigkeit.

Trotz dieser älteren Beobachtungen gebührt doch dem englischen Arzte ROBERT WHYTT das Verdienst, die erste richtige Beschreibung der Meningitis im Jahre 1768 geliefert zu haben. Von ihm stammt die Einteilung in 3 Stadien nach der Beschaffenheit des Pulses. Im 1. Stadium verlieren die kranken Kinder den Appetit und die gute Laune, sie werden blaß und magern ab, haben immer einen schnellen Puls und Fieber. Manchmal erreicht das Fieber beträchtliche Grade, zeigt häufig Remissionen, aber ohne jede Regel. Die Kinder sind durstig und erbrechen. Sie klagen über Kopfschmerzen am Scheitel oder in der Stirn über den Augen. Meist besteht Obstipation, die durch Abführmittel schwer zu beeinflussen ist. Manchmal haben sie Schmerzen im Bauch. Sie sind empfindlich gegen Licht, knirschen im Schlaf mit den Zähnen.

Das 2. Stadium rechnet WHYTT von dem Zeitpunkte, da der bis dahin schnelle, regelmäßige Puls langsam und unregelmäßig wird. Die Kranken stöhnen, verdrehen die Augen gegen die Nase, oder sie schielen nach außen und beklagen sich manchmal über Doppeltsehen. Manche Kranke delirieren. Gegen Ende dieses Stadiums werden sie schlafsüchtig. In diesem wie im 1. Stadium kann eine vorübergehende Besserung eintreten, die einige Tage oder aber auch nur einige Stunden anhält.

Das 3. Stadium beginnt, wenn der Puls wieder schnell und regelmäßig wird. Dies tritt 5, 6 oder 7 Tage vor dem Tode ein. Der Kranke wird schlafsüchtig und komatös. Häufig verliert ein Augenlid seine Beweglichkeit, und bald darauf wird das andere auch gelähmt. Die Pupille eines oder beider Augen hört auf sich zu kontrahieren und bleibt im stärksten Lichte erweitert. Die Kranken werden blind. Sie greifen nach dem Kopf, es treten Konvulsionen der Muskeln in den Armen, Beinen oder im Gesicht auf. Die eine Wange wird 2—3mal im Tage heiß und rot, während die andere Wange und die Lippen blaß und kalt bleiben. 1 oder 2 Tage vor dem Tode treten Schluckbeschwerden auf, die Atmung wird schnell und mühsam, es kommt zu beträchtlichen Pausen nach jeder Exspiration.

WHYTT faßte diese Erkrankung im Gegensatz zum chronischen Hydrocephalus als eine akute Wassersucht des Gehirns auf. Diese Lehre herrschte viele Jahre und fand nicht nur in England, sondern auch in Deutschland und Frankreich Anhänger, obwohl vereinzelte Forscher schon damals den entzündlichen Charakter der Krankheit und den Zusammenhang mit der Tuberkulose erkannt hatten. So lehrte QUIN 1780, daß der seröse Erguß nicht das Wesentliche sei, sondern die Hyperämie der Gehirngefäße, die sich bisweilen bis zu einem gewißen Grade von Entzündung steigere. SAUVAGES hatte schon 1763 auf das Zusammentreffen mit Skropheln und Gekrösschwindsucht aufmerksam gemacht und FORD behauptete, daß die Krankheit entweder von einer Entzündung der Pia oder von der scirrhösen (tuberkulösen) Induration des großen oder kleinen Gehirns abhänge.

Man kann die ältere Entwicklung der Lehre von der Meningitis tuberculosa in 3 Epochen einteilen, die 3 Schulen entsprechen: die englische Schule 1768 bis 1815, die deutsche 1815—1835 und die französische von 1835 ab.

Unter den Ärzten der deutschen Schule ragt der Wiener Kinderarzt L. A. GÖLIS besonders hervor. Auch er erklärte ganz entschieden, daß die Entzündung der Arachnoidea die Ursache des serösen Ergusses in die Hirnventrikel sei und das Wesen der Krankheit ausmache. GÖLIS unterscheidet 4 Stadien, das der Turgescenz, das der örtlichen Entzündung der Häute, das der Transsudation in die Gehirnhöhlen und das Stadium der Lähmung. Ausgezeichnet ist in der Arbeit GÖLIS' die Schilderung der Symptome. So schildert er die psychischen Veränderungen im Beginne der Krankheit, die Obstipation und Harnverhaltung, rheumatische Schmerzen in den Gliedern, besonders im Nacken und in den Waden, den oft schwankenden Gang, den raschen Wechsel der Gesichtsfarbe, Ziehen im Nacken, Lichtscheu, „den durchdringenden, Schmerz ausdrückenden Schrei". Ja, er hat den eingezogenen Bauch beobachtet und sagt hierüber: „Ich halte das Verschwinden des Bauches für ein pathognomisches Zeichen der hitzigen Gehirnhöhlenwassersucht."

Das Verdienst der französischen Schule ist es, die tuberkulöse Natur dieser Krankheit nachgewiesen zu haben. SENN gab 1825 dem Hydrocephalus acutus den Namen „Meningitis" und wies nach, daß es sich um eine Entzündung der Pia mater von granulöser Form handle. QUERSANT nannte das Leiden seit 1827 Meningitis granulosa und bemerkte das gleichzeitige Vorkommen von Tuberkeln in anderen Organen. 1830 gab PAPAVOINE dieser Krankheit den Namen Arachnitis tuberculosa. 1835 wiesen RUFZ, FABRE und CONSTANT sowie GERHARDT gleichzeitig nach, daß die Meningealgranulationen tuberkulöser Natur sind, daß sie mit den Granulationen seröser Häute identisch sind, daß sie nur bei solchen Kindern vorkommen, deren übrige Organe ebenfalls Tuberkel enthalten, daß die unter dem Namen Hydrocephalus acutus beschriebene Krankheit eine Affektion tuberkulöser Natur ist.

Aber auch in rein klinischer Beziehung wurden wesentliche Fortschritte gemacht. So wies C. SMYTH schon 1814 auf die Schwankungen der Symptome hin, und FABRE und CONSTANT ebenso wie PIET erkannten, daß die Meningealgranulationen sich nicht immer durch Symptome zu erkennen geben. Sehr verdient machte sich auch RILLIET um die Lehre von der Meningitis. Er wies nach, daß die tuberkulöse Meningitis in der Mehrzahl der Fälle keine akute Erkrankung sei, sondern daß ihr Vorboten vorausgehen.

In Deutschland war wohl SCHWENINGER (1839) der erste, der die tuberkulöse Natur der Meningitis an einem Sektionsmaterial nachwies. Ihm folgten H. COHEN (1841) und HEINRICH HAHN (1857). In England haben GREEN und BENNET (1844) den tuberkulösen Charakter der Meningitis anerkannt.

Einen Markstein in der Entwicklung der Kenntnis der tuberkulösen Meningitis bildet die Einführung der Lumbalpunktion durch QUINCKE im Jahre 1890. War dieser Eingriff zunächst zu therapeutischen Zwecken gedacht, so stellte sich doch bald heraus, daß ihm in diagnostischer Hinsicht eine viel größere Bedeutung zukomme. Durch die cytologische Untersuchung des Liquor cerebrospinalis (Widal, Sicard und Ravaut), besonders aber durch den Nachweis des Tuberkelbacillus im Liquor wurde die klinische Diagnose der Meningitis tuberculosa auf eine sichere Grundlage gestellt. Lichtheim war der erste, der am Lebenden Tuberkelbazillen im Liquor bei tuberkulöser Meningitis nachgewiesen hat. In der Sitzung vom 30. Oktober 1893 des Vereins für wissenschaftliche Heilkunde in Königsberg i. Pr. berichtete Lichtheim, daß es ihm gelungen war, unter 6 Fällen von Meningitis tuberculosa 4mal Tuberkelbacillen im Liquor nachzuweisen.

Bedeutet auch diese Entdeckung einen gewißen Abschluß der Meningitisforschung, so waren damit noch keineswegs alle Fragen gelöst, die sich auf die Meningitis tuberculosa bezogen. Insbesondere ist es die Frage der Pathogenese, die in der Gegenwart das Hauptinteresse in Anspruch nimmt.

Es ist das unbestreitbare Verdienst A. Ghons, ein neues Stadium der Tuberkuloseforschung durch seine pathologisch-anatomischen Arbeiten über den Primärkomplex bei der Säuglingstuberkulose begründet zu haben. Dazu kam die Stadieneinteilung K. E. Rankes. Die Idee Ghons war die, daß beim Säugling die Verhältnisse nicht so kompliziert sind wie beim Erwachsenen, und daß man daher beim Säugling den Primärinfekt isoliert, ohne Superinfektion studieren kann.

Im Klinischen liegt der Vorteil darin, daß man die Infektionsquelle beim Säugling wegen der relativen Einfachheit und besseren Übersichtlichkeit der Verhältnisse leichter entdecken kann als beim Erwachsenen.

So steht denn gegenwärtig das Studium der Kinder- und besonders der Säuglingstuberkulose im Mittelpunkt des Interesses in der Frage der Pathogenese der tuberkulösen Meningitis.

Pathologische Anatomie.

Die makroskopischen Veränderungen können bei der tuberkulösen Meningitis sehr deutlich und leicht erkennbar sein, sie können aber auch in manchen Fällen so geringfügig sein, daß man erst bei mikroskopischer Untersuchung die entsprechenden Veränderungen findet, die dann oft gar nicht so gering sind.

In den typischen Fällen finden sich die charakteristischen Veränderungen an der Hirnbasis, nämlich zwischen Chiasma nervorum opticorum und Medulla oblongata ein Exsudat von grauer, grauweißer, graugelblicher oder gelblicher, häufig auch grünlicher Farbe, das gewöhnlich von einzelnen umschriebenen Knötchen durchsetzt ist. Die hier austretenden Hirnnerven sind oft von diesen neugebildeten, sulzigen Massen eingehüllt. Das Exsudat kann sulzig-serös, fibrinös oder eitrig sein. Eitriges Exsudat kann vom Tuberkelbacillus allein, aber auch durch Mischinfektion mit anderen Eitererregern hervorgerufen werden. Die gleichen Veränderungen sind gewöhnlich auch in den Fossae Sylvii, wo die Tuberkelknötchen reihenweise längs der Gefäße sitzen.

Die Meningen des übrigen Gehirns können in verschiedener Stärke ergriffen sein, oft sind sie nur gleichmäßig getrübt und serös infiltriert, manchmal zeigt sich auch an ihnen Knötchenbildung. Bisweilen sind die Meningen an der Konvexität ebenso stark ergriffen wie die an der Basis, bisweilen ist die eine Seite stärker beteiligt als die andere.

Es gibt Formen, bei denen die Knötchenbildung überwiegt, bei anderen fehlen Knötchen ganz oder fast ganz, und die Entzündung ist exsudativ. Natürlich läßt sich wohl nie mit absoluter Sicherheit sagen, daß jegliche Knötchenbildung fehlt, da man das ganze Gehirn nicht lückenlos mikroskopisch daraufhin untersuchen kann. Debove, Higgs, Martinez beschreiben je einen Fall von tuberkulöser Meningitis, in dem weder makroskopisch noch mikroskopisch miliare Tuberkel nachgewiesen werden konnten. Auch BERTRAND und MÉDAKOVITCH behaupten, oft in den Meningen keine Tuberkel gefunden zu haben, auch bei Fällen, die Gehirntuberkel aufwiesen. Die Form mit vorherrschender Knötchenbildung bezeichnet man als Tuberkulose der Meningen, die exsudative als tuberkulöse Meningitis. Daß die Knötchenbildung bei Kindern, die exsudative Form bei Erwachsenen vorherrscht, wie KAUFMANN behauptet, wird von anderen (z. B. KMENT) geleugnet.

Manchmal finden sich mehr umschriebene, dicke, im Inneren verkäste Platten in der Hirnhaut, die meistens zugleich in die Hirnsubstanz eindringen; nach COMBY kommt diese Bildung von Plaques besonders in der Gegend der motorischen Zentren vor.

Die weichen Hirnhäute sind meist stark injiziert, matt und trocken. KMENT hat die Leptomeninx bei Meningitis tuberculosa niemals, wie allgemein angegeben wird, trocken gefunden, sondern ödematös, hyperämisch und feucht.

Am Rückenmark sind ebenfalls die weichen Häute getrübt (SCHULTZE, DREHER), so daß die Wurzelbündel nicht mehr hindurchschimmern. Das Exsudat kann auch hier sehr dick werden. Die vorderen Teile der Rückenmarkshäute und das Halsmark sind weniger betroffen. Miliare Tuberkel sind an den Rückenmarkshäuten seltener zu erkennen als am Gehirn.

An den Hirnnerven findet sich oft eine Neuritis. Nach DREHER ist der Olfactorius am wenigsten verändert, während der Opticus, Trigeminus, die Augenmuskelnerven und der Facialis am stärksten betroffen sind. Auch der Acusticus und Vagus sind oft beteiligt.

Daß bei der tuberkulösen Meningitis auch die Pachymeninx mit ergriffen ist, wird von ZIEGLER, KAUFMANN, STROEBE und insbesondere von RIBBERT festgestellt. Für die Pachymeninx spinalis wurde die Mitbeteiligung an dem tuberkulösen Prozesse von CHIARI nachgewiesen. Unter 13 Fällen von tuberkulöser Meningitis, die von diesem Forscher daraufhin untersucht wurden, war der Befund in allen Fällen positiv. CHIARI unterscheidet 3 Gruppen von Veränderungen an der Pachymeninx. In der 1. Gruppe fanden sich makroskopisch submiliare graue Knötchen an der Innenfläche der Pachymeninx. Mikroskopisch zeigten diese Fälle typische Miliartuberkel mit Riesenzellen und Tuberkelbacillen. In einer 2. Gruppe war die Innenfläche der Pachymeninx mit einer zarten, blaßgrauen, rauhen Auflagerung bedeckt. Diese Auflagerung erwies sich auch als tuberkulöser Natur; es fand sich diffuse tuberkulöse Entzündung der innersten Lagen der Pachymeninx spinalis mit stellenweise stärkerem Vorspringen des tuberkulösen Gewebes. Einmal wurden Riesenzellen gefunden, Tuberkelbacillen waren stets reichlich vorhanden. In einer 3. Gruppe von Fällen schließlich traten an der Innenfläche der Pachymeninx spinalis nur kleinste, aber noch für das freie Auge wahrnehmbare, erhabene Pünktchen hervor, die der Innenfläche ein zart chagriniertes Aussehen verliehen. Mikroskopisch fanden sich hier kleinste, ganz superficielle Entzündungsherde in den innersten Lagen der Pachymeninx, welche Lymphocyten, größere epitheloide Zellen und sehr spärliche polymorphkernige Leukocyten, aber keine Riesenzellen aufwiesen. Des öfteren konnten hier, wenn auch spärlich, Tuberkelbacillen nachgewiesen werden.

Die Cerebrospinalflüssigkeit ist bei der tuberkulösen Meningitis gewöhnlich vermehrt, oft klar, oft mehr oder weniger getrübt.

Die Gehirnventrikel sind gewöhnlich erweitert und mit trüber Flüssigkeit gefüllt. Durch Ansammlung des Exsudats in den Ventrikeln kommt es zu einer Steigerung des Hirndrucks, wodurch die Hirnwindungen dann abgeplattet erscheinen.

Am Ventrikelependym fand Dreher die sog. Ependymitis granulosa, kleine Knötchen, die Hervorragungen des Gliafilzes in den Ventrikelhohlraum sind. Eine Beteiligung der Plexus chorioidei hat Loeper nachgewiesen und äußert die Meinung, die tuberkulöse Erkrankung könne vom Plexus auf die Ventrikelwand übergreifen. Loeper konnte unter 17 Fällen von tuberkulöser Meningitis 13mal eine Beteiligung der Adergeflechte nachweisen. Kment hat in 12 Fällen 11mal Tuberkel im Plexus oder in der Tela gefunden; in 2 Fällen waren sie allein erkrankt.

Die Substanz des Gehirns ist gewöhnlich weicher, succulenter, serös durchtränkt; bei stärkerem Druck der Ventrikelflüssigkeit sind die Windungen flach, abgeplattet, das Gewebe blutarm und blaß; in der Nähe der Ventrikel geht die Weichheit der Hirnsubstanz bis zu vollständigem Zerfließen. Auch die Rückenmarkssubstanz ist weicher, auf Querschnitten mit dem Rasiermesser quillt sie vor.

Nach Kment finden sich die Knötchen hauptsächlich in der Marksubstanz des Gehirns, seltener in der Rinde. In der Hirnsubstanz findet man öfter ödematöse Quellung, Zerfall, Erweichungen, Blutungen und Tuberkelherde.

Der tuberkulöse Prozeß greift immer von den Hirnhäuten auf die Gehirnsubstanz über (Meningoencephalitis tuberculosa).

Die Rückenmarkssubstanz beteiligt sich auch öfter an dem Prozesse in Form einer peripheren Randmyelitis (Perimyelitis, Dreher) und geht auch auf die Nervenwurzeln über. Hoche hat eigentümliche riesenzellenhaltige Plaques in ihnen beschrieben.

Einen Fall von tuberkulöser Meningomyelitis hat Haškovec beschrieben. In der Pia, in den Rückenmarkswurzeln und im Rückenmark selbst waren neben diffusen entzündlichen Veränderungen Tuberkelknötchen, die längs der Gefäße und der Bindegewebssepten sich einschoben und auf die weiße und graue Substanz übergriffen. Am stärksten war der Prozeß im oberen Dorsalmark.

Einen weiteren Fall von Meningomyelitis tuberculosa hat Hensen veröffentlicht. Die Rückenmarksmeningen waren stark infiltriert, die Gefäßwände waren von dichten kleinzelligen Infiltraten durchsetzt. Die Rückenmarkssubstanz selbst zeigte neben hochgradigen Entzündungserscheinungen auch ausgebreiteten Zerfall. Tuberkelknötchen fanden sich nirgends. Der Autor nimmt an, daß die Gefäßveränderungen das Primäre waren und sekundär den Zerfall der Rückenmarkssubstanz bedingten.

Auf eine Veränderung an den Schädelknochen junger Kinder bei tuberkulöser Meningitis haben Eugen Fränkel und sein Assistent Pielsticker aufmerksam gemacht. Es handelt sich um eine blutrote Beschaffenheit der Nahtränder, am stärksten an der Kranz- und Pfeilnaht, weniger an der Lambdanaht. Dabei sind die Knochen an den Nähten bequem beweglich. Es ist dies nach Fränkel ein regelmäßiger Befund bei jungen Kindern. Er kommt zwar auch bei Meningitiden anderer Ätiologie vor, aber nicht so intensiv wie bei der tuberkulösen. Die rote Färbung der Nahtränder beruht auf einer extremen Blutfülle der die Nahtränder versorgenden Gefäße und Spongiosaräume. Fränkel erklärt diese Erscheinung durch Druck auf die Schädelknochen, der zu einem Auseinanderweichen der Knochen und damit zusammenhängender gewaltiger Hyperämie der Nahtränder führt.

Histologie.

Die tuberkulöse Meningitis als eine Entzündung der weichen Hirnhaut ist im mikroskopischen Bilde charakterisiert durch eine zellige Infiltration der Leptomeninx. Die Ätiologie dieser Entzündung kann im mikroskopischen Bilde nur auf zweierlei Weise mit Sicherheit nachgewiesen werden. Einmal durch den färberischen Nachweis von Tuberkelbacillen im Schnitt und zweitens durch

das Vorhandensein typischer Tuberkel. Die Tuberkel in den Meningen zeigen
wie in anderen Organen einen verschiedenen Bau. Es gibt histologisch typische

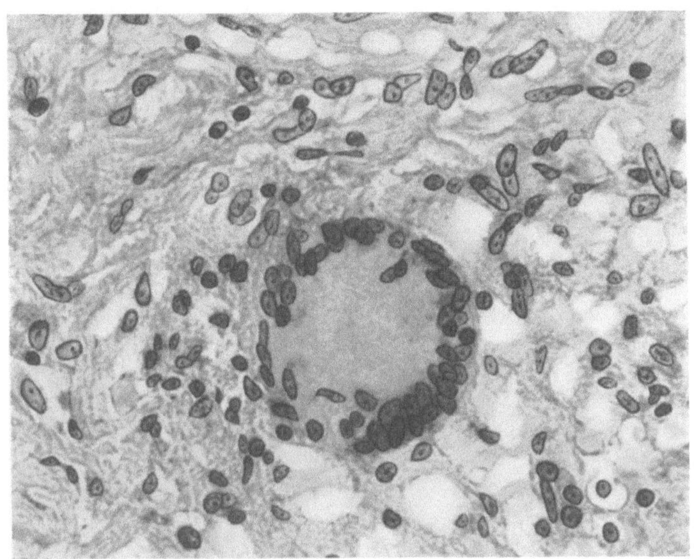

Abb. 1. Entstehung der Kerne einer Riesenzelle aus Kernen von Endothelzellen eines Gefäßes.
(Eigene Beobachtung.)

Tuberkel mit Riesenzellen oder Tuberkel ohne Riesenzellen, die fast ausschließlich aus Lymphoidzellen bestehen. In selteneren Fällen finden sich zahlreiche

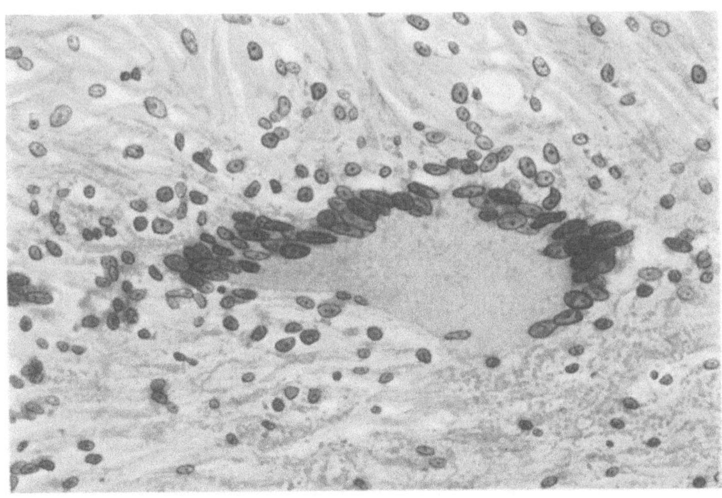

Abb. 2. Entstehung einer Riesenzelle aus Gefäßendothelzellen. (Eigene Beobachtung.)

Plasmazellen in den Tuberkeln. Manchmal sind die inneren Partien der Tuberkel
verkäst. Sehr schön kann man an Tuberkeln im Zentralnervensystem bisweilen
die Entstehung der Riesenzellen aus gewucherten Gefäßzellen sehen (Abb. 1
u. 2). Eine Genese der Riesenzellen aus der Neuroglia glauben BERTRAND und

8*

MÉDAKOVITCH nachgewiesen zu haben. DIAMOND behauptet, daß sich aus der unter dem Gefäßendothel gelegenen Intimaschicht Riesenzellen bilden. In der

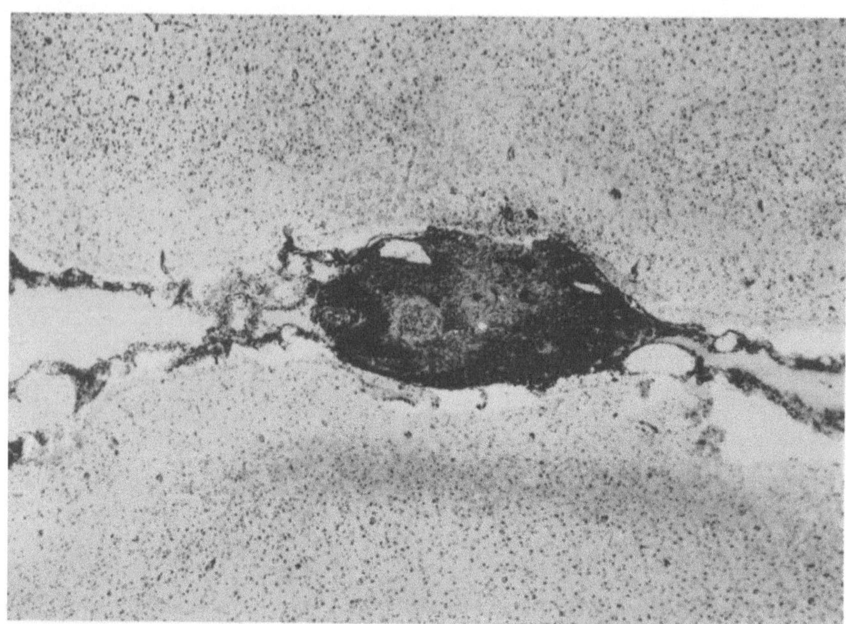

Abb. 3. Knötchenbildung in der Pia. (Eigene Beobachtung.)

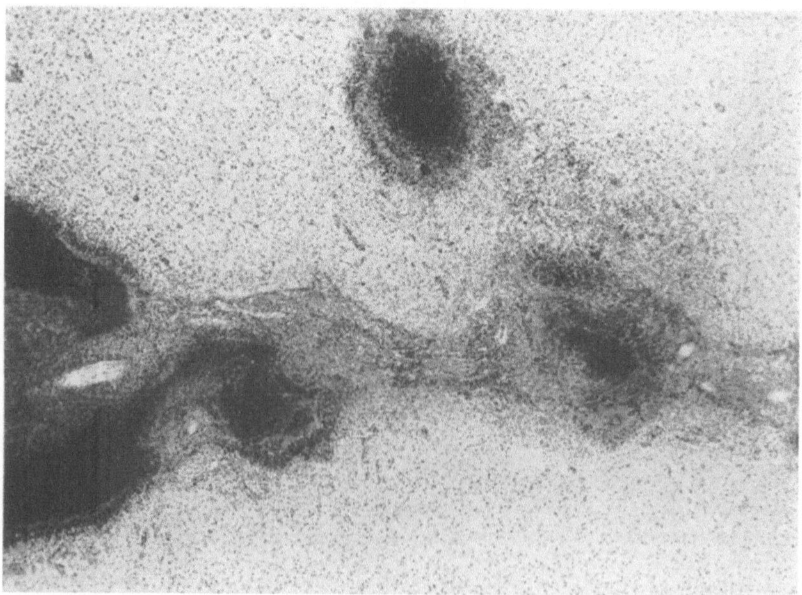

Abb. 4. Übergreifen des Prozesses auf die Rinde unter einem Knötchen. (Eigene Beobachtung.)

Umgebung der Tuberkel zeigt die Pia manchmal Wucherungserscheinungen am Bindegewebe (GEHRY).

Man kann bei den Piaveränderungen eine mehr diffuse Infiltration von der Knötchenbildung (Abb. 3) unterscheiden. Nach KIRSCHBAUM greift die erste Form leicht auf das Gehirn über (Abb. 4) und neigt zur Nekrotisierung, während die zweite Form auf die Gefäße beschränkt bleibt und zu stärkerer Gliareaktion führt.

Außer in den Meningen finden sich öfter Tuberkel in der Hirnsubstanz (Abb. 5) in den Plexus chorioidei (TSIMINAKIS, LOEPER, KMENT), im Ventrikelependym (WALBAUM, OPHÜLS).

Außer den typischen Knötchenbildungen besteht ein zelliges Infiltrat der Leptomeninx. Dieses Infiltrat besteht aus Lymphocyten und aus einer besonderen Zellart, die man meist nach RANKEs Vorschlag als Makrophagen bezeichnet (Abb. 6). DIAMOND nennt sie endotheliale, epitheloide Zellen. Diese Zellen sind etwas größer als Lymphocyten, haben ein deutliches, sich blaß färbendes Protoplasma, enthalten einen blassen, großen oder aber pyknotisch dunklen (offenbar in Degeneration begriffenen) Kern, der eine rundliche, ovale oder nierenförmige Gestalt hat. Charakteristisch ist nach RANKE für diese Zellart, daß fast stets die den Kern umgebende Protoplasmazone heller ist als die Randpartie. Die Zellen enthalten oft Va-

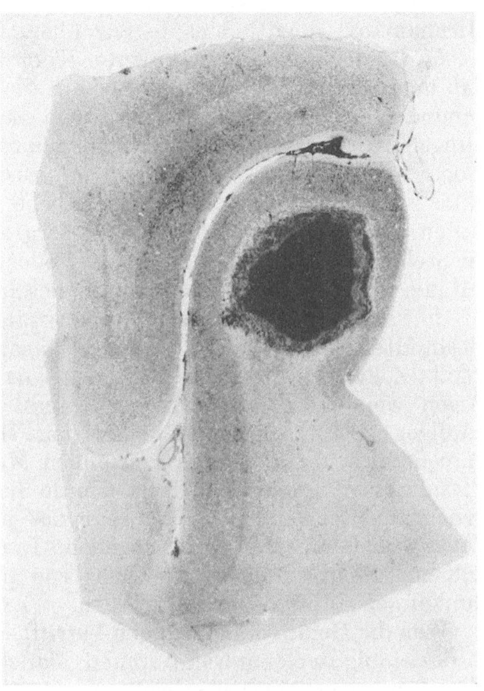

Abb. 5. Tuberkel in der Hirnsubstanz.
(Eigene Beobachtung.)

kuolen. Neben dieser Urform der Makrophagen finden sich größere mehrkernige Zellindividuen, die bisweilen Phagocytose zeigen. Die Makrophagen sind rundliche, isolierte Zellen, die in manchen Fällen stellenweise sozusagen in Reinkultur die Leptomeninx dicht infiltrieren. Die Makrophagen finden sich auch in den adventitiellen Lymphräumen (RANKE). Was die Herkunft dieser Zellen betrifft, so neigt RANKE zu der Ansicht, sie seien progressiv veränderte, mononukleäre Leukocyten; doch läßt er die Frage offen. DIAMOND läßt sie aus der unter dem Endothel gelegenen Intimaschicht entstehen. SPIELMEYER, der sie ASCHOFF folgend am liebsten Histiocyten nennen möchte, nimmt an, daß sie

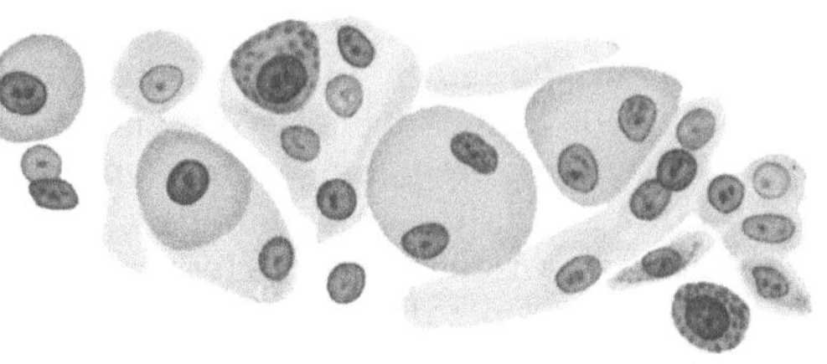

Abb. 6. Makrophagen im Pia-Infiltrat.
(Eigene Beobachtung.)

aus Reticuloendothelien, den Deckzellen der serösen Höhlen, dem Blutgefäßendothel, Alveolarendothelien, Neurogliazellen und auch (nach METSCHNIKOFF) aus Lymphocyten und mononukleären Leukocyten entstehen; in den Meningen im besonderen aus den Deckzellen der meningealen und adventitiellen Räume, aber auch aus gewöhnlichen Meningealzellen. WIETHOLD vergleicht die großen Exsudatzellen der tuberkulösen Meningitis mit den sehr ähnlichen Zellen, die das Alveolarlumen bei gelatinöser und käsiger Pneumonie ausfüllen. Er faßt sie als Histiocyten auf.

Außer Lymphocyten und Makrophagen findet man polynukleäre Leukocyten und Plasmazellen im Infiltrat der Meningen. Nach Wolff kommen Plasmazellen regelmäßig bei tuberkulöser Meningitis vor.

Wohl in allen Fällen greift der Entzündungsprozeß stellenweise von der Hirnhaut auf die Rindensubstanz über (Ranke, Biber). Meistens finden sich solche Rindenherde unter größeren Knötchenbildungen der Pia. Gehry betont, daß das Übergreifen des Prozesses auf die Rinde an das Auftreten der Tuberkel gebunden sei; mit der Entfernung von diesen nehme die Intensität der Erscheinungen ab. Dieses Verhalten sei für die tuberkulöse Meningitis charakteristisch. Doch trifft diese Behauptung nicht ausnahmslos zu, indem manchmal auch ohne Knötchenbildung in der Pia solche Veränderungen in der Hirnrinde auftreten. Ranke sagt, daß dieses Übergreifen des Prozesses auf die Hirnrinde an Stellen besonders starker diffuser oder knötchenförmiger Infiltration der Pia auf die äußersten Rindenschichten beschränkt bleibt.

Je nach dem Alter dieser Herde ist ihr Aussehen und die Art ihrer zelligen Bestandteile verschieden. In den jüngsten Herden sieht man zunächst eine lokale Zellwucherung, besonders der Glia, evtl. auch der Gefäßwandzellen. In einem weiteren Stadium bemerkt man Einwanderung von Leukocyten und häufiger noch Lymphocyten, seltener sind Makrophagen und Plasmazellen. Manchmal sind die Gefäße von einem Mantel von Lymphocyten, seltener von Plasmazellen umgeben. Ältere Herde bestehen dann aus einem Haufen der genannten Zellelemente. Oft begegnet man in den Herden in allen Stadien Zellen vom Typus der Stäbchenzellen. In noch älteren Herden kommt es schließlich zur Nekrose, wobei die Zellkerne pyknotisch werden und schließlich in dunkel gefärbte Körnchen zerfallen.

Was die Gefäßveränderungen betrifft, so sehen wir fast immer die Knötchen in Beziehung zu einem Gefäß stehen. Manchmal ist das Knötchen um ein zentrales Gefäß gruppiert, bisweilen sieht man an einer Stelle der Gefäßwand ein Knötchen. In jüngeren Knötchenbildungen findet man zellige Infiltration der adventitiellen Lymphscheide und Wucherung der Gefäßwandzellen, in älteren Herden mit Nekrose sieht man auch die Gefäßwand der Nekrose verfallen. Oft ist auch an erkrankten Gefäßen die Intima beteiligt. Das Endothel ist abgehoben und zwischen diesem und der übrigen Gefäßwand sind isolierte Zellen vom Typus der Lymphocyten oder Makrophagen (Ranke), seltener Plasmazellen eingelagert (Ranke, Hektoen, Diamond). Manchmal sieht man Wucherung der Gefäßwand in der Hirnsubstanz an Stellen, die weder nahe unter der infiltrierten Pia, noch in der Nähe von Knötchen liegen.

Diamond sah als früheste Veränderung an den Gefäßen eine Anhäufung von Plasma- und lymphoiden Zellen unterhalb der Endothelschicht der Intima. Er nimmt an, daß sie aus den Blut- und Lymphräumen auswandern, wobei sie die Elastica durchdringen. Später findet man die endothelialen epitheloiden Zellen, die sich aus der unter dem Endothel gelegenen Intimaschicht entwickeln und phagocytäre Eigenschaften haben; sie bilden auch Riesenzellen. Dann schwellen die Elemente des Endothels und profilieren, wenigstens in den Capillaren und Lymphräumen der Pia, und zeigen phagocytäre Eigenschaften. In der Adventitia der Arterien finden sich Plasma- und Lymphzellen; an einzelnen Stellen bilden sich circumscripte Ansammlungen. Man findet hier phagocytäre endotheliale Zellen und vereinzelte Leukocyten. Einzelne Arterien zeigen Verkäsung der Adventitia. Plasma- und Lymphoidzellen bilden den größten Teil der perivasculären Infiltration. Ähnliche Vorgänge finden sich auch an den Venen. In den phagocytären Elementen konnten Tuberkelbacillen nachgewiesen werden.

BIBER beschreibt erstens an der Adventitia diffuse kleinzellige Infiltration, die sich mit Tuberkelbildung kombinieren kann. Zweitens finden sich oft an der Media fleckenweise Nekrosen. Gewöhnlich entspricht einer Medianekrose eine adventitielle Knötchenbildung. Drittens kommt es an der Intima stellenweise zur Bildung subendothelialer Zellschichten, deren Zellen nach BIBER aus der intimalen streifigen Bindesubstanz stammen, und über die das Endothel intakt hinwegzieht. Schließlich kann es durch Beteiligung aller Gefäßwandschichten zu einer Panarteriitis kommen, die zu Elasticarupturen und Blutaustritt aus dem Gefäße führen kann.

ASKANAZY unterscheidet 3 verschiedene, aber oft kombinierte Bilder der Gefäßveränderungen bei der tuberkulösen Meningitis: den umschriebenen Intimatuberkel, der oft eine uncharakteristische Struktur aufweist; die mehr diffuse tuberkulöse Endarteriitis und die häufige hyaline oder fibrinoide Umwandlung der Media, der Intima oder beider. Sie kann zur Verengerung des Arterienlumens und selbst zu obturierender Thrombose führen oder auch zu aneurysmatischer Wandausbuchtung (ASKANAZY). Durch Venenthrombose infolge tuberkulöser Endophlebitis kann es zu roter Erweichung im Gehirn kommen. Doch kann nach ASKANAZY auch arterielle Ischämie bei der tuberkulösen Meningitis hämorrhagische Erweichung, besonders in der grauen Substanz, verursachen.

KIRSCHBAUM fand in einem Falle hyalin-nekrotischen Zerfall der Media und Untergang der Elastica. Weiter sah er in vereinzelten Fällen in der Intima Riesenzellen. Neben Intimanekrose beschreibt er Bindegewebsneubildung, die zur Obliteration der Gefäße führen kann. KIRSCHBAUM konnte stets in den adventitiellen und pialen Lymphbahnen Tuberkelbacillen nachweisen, je einmal in Media und Intima. Größere Bacillenhaufen fanden sich im Detritus einer Medianekrose.

Einen Fall, in dem die Gefäßveränderungen im Vordergrund standen, und in dem die nur ganz geringfügige Meningitis eher von ihnen abhängig war, hat KAUP beschrieben. Bemerkenswert war auch, daß die Venen mehr befallen waren als die Arterien, und daß stets alle Wandschichten betroffen waren. Es bestand keine Knötchenbildung, sondern die Gefäße waren auf weite Strecken diffus infiltriert. Es war zu Stenosierung und Thrombosierung und als Folge zu Kugel- und Ringblutungen gekommen.

Durch Thrombose erkrankter Venen kann es zu Erweichungen kommen (ASKANAZY). Auch Blutungen, oft in Form von Ring- und Kugelblutungen (BIBER), findet man bei der tuberkulösen Meningitis. KIRSCHBAUM hält diese Kugelblutungen für agonal.

HASSIN sieht das Charakteristische der meningealen Veränderungen bei der tuberkulösen Hirnhautentzündung darin, daß sie vorwiegend vasculär sind, und in der Bildung von Tuberkeln. Die Intima ist durch eine Kette von Endothelzellen bezeichnet, ist oft von der Media abgehoben und von ihr durch Massen von Lymphocyten, Makrophagen, Gitterzellen und Polyblasten getrennt. Auch in der Elastica und Media finden sich schwere Veränderungen. Die Muskelfasern färben sich schlecht und sind homogen oder hyalinartig, die Elastica ist aufgesplittert und in dünne Fibrillen zerfallen. Die Adventitia ist hyperplastisch, mit Lymphocyten, Plasmazellen und Fibroblasten infiltriert. In vorgeschrittenen Stadien werden die Infiltrate nekrotisch und verkäst.

EUGEN POLLAK beobachtete eine auffallend starke Erkrankung der Arachnoidea, während die Pia oft vollständig frei war. Es komme bei der Tuberkulose zwar isolierte Erkrankung der Dura bzw. eine Kombination von Dura- und Arachnoideaerkrankung, aber keine isolierte Piaaffektion vor. Die meningeale Affektion kann entweder in miliarer Tuberkelbildung bestehen oder in einer mehr oder weniger schweren, unspezifischen Entzündung. Auch das

Übergreifen des tuberkulösen Prozesses auf die Hirnrinde kann diffus oder in Form miliarer Tuberkelknötchen erfolgen. Pollak unterscheidet 3 verschiedene Formen der pathologischen Folgezustände der meningealen Erkrankung. Erstens kann es infolge der extracerebralen Gefäßerkrankung zu einer Störung der Blutzufuhr kommen; die Folge ist die typische Erweichung. Zweitens kann der Blutabfluß gehindert sein, und dann entstehen unter Entwicklung eines starken Ödems Blutungen. Schließlich kann es zur Metastasierung des spezifischen Prozesses in der Hirnsubstanz kommen.

Am Ventrikelependym findet man die Ependymitis granularis (Dreher). Die Knötchen bestehen aus Hervorragungen des Gliafalzes in den Ventrikelhohlraum. Dieser Befund wurde auch von Anglade gemacht, der annimmt, daß möglicherweise diese Veränderungen durch das Tuberkeltoxin ausgelöst sind. Dreher fand auch das Ventrikelepithel entzündlich infiltriert, ebenso die darunter liegenden Gefäße. Loeper beschreibt die Erkrankung der Plexus chorioidei als Rundzelleninfiltrationen, die zuweilen konfluieren und die Zotten in eine gleichmäßige Masse mit thrombosierten und infiltrierten Gefäßen umwandeln. Die Infiltrate enthalten vorwiegend Lymphocyten, zeigen auch käsige Degeneration. Häufiger finden sich kleinere Lymphknötchen, die stellenweise das Zylinderepithel durchbrechen. Sie enthalten vorwiegend große einkernige Zellen, Lymphocyten, daneben auch polymorphkernige Leukocyten und Erythrocyten. Nach Ansicht Loepers entstehen die lymphocytären Elemente nicht durch Auswanderung aus dem Blute, sondern an Ort und Stelle aus dem Bindegewebe und den lymphatischen Elementen. Dafür scheinen die Befunde von Kernteilungsfiguren zu sprechen. Die Erkrankung der Plexus kann auch auf die Ventrikelwandung übergreifen.

Auch an den austretenden Hirnnerven hat Dreher entzündliche Veränderungen beobachtet, die sich im wesentlichen auf das interstitielle Gewebe beschränkten; das eigentliche nervöse Gewebe war nicht zugrunde gegangen.

Auch Hassin schreibt, daß die Veränderungen an den Meningen sich auf die Nerven fortsetzen können. Die Zellarten des Infiltrats sind die gleichen wie in den Meningen.

Charakteristische Veränderungen an den Ganglienzellen finden sich bei der tuberkulösen Meningitis nicht (Ranke), außer in der Nähe von Tuberkeln oder beim Übergreifen des Prozesses von der Pia auf die Gehirnsubstanz. Gehry fand in seinem Falle von tuberkulöser Meningitis Auflösung von Ganglienzellen, vielfach partielle oder totale Chromatolyse.

Lehoszky sah in der Nähe von Tuberkeln in der Hirnsubstanz die Ganglienzellkörper vorwiegend in ihrer basalen und lateralen Randpartie mit körnigen Elementen erfüllt, die sich mit Scharlach R in einem hellgelben und nach der Spielmeyerschen Methode in einem blauschwarzen Ton färbten. Er faßt sie als lecithinoide Körnchen auf.

Auch die Glia beteiligt sich an dem Krankheitsprozesse. Allerdings betont Kirschbaum die oft auffallende Reaktionslosigkeit der Glia, doch erwähnt er selbst diffuse, progressive Gliaveränderungen sowie Gliazerfall und das Auftreten amöboider Glia. Gehry sah die Gliazellen meist vergrößert, mit protoplasmareichem, gut färbbarem Zelleib (Spinnenzellen), auch vermehrt. Auch nach Wohlwill und Bertrand und Médakovitch reagiert die Glia bei der tuberkulösen Meningitis oft in der Form der amöboiden Zellen. Nach Ansicht dieser Autoren ist bei manchen Formen der Tuberkel die Glia das allein reagierende Gewebe. Bei den zentral verkästen Tuberkeln glauben diese beiden Autoren die Entstehung der Riesenzellen aus der Neuroglia nachgewiesen zu haben. Ramirez Corria fand in der tiefen Rinde normale Verhältnisse an der Neuroglia, dagegen näher nach der Pia — auch außerhalb tuberkulöser Veränderungen — Schwellung und Stäbchenzellbildung.

Sittig hat in einigen Fällen von tuberkulöser Meningitis kleine, etwa hirsekorngroße Lichtungsherde in der Hirnrinde gefunden, die durch regressive Veränderungen der Ganglienzellen (Schrumpfung und Ausfall) und regressive Veränderungen der Glia (Zellarmut, Kernpyknose) charakterisiert waren (Abb. 7). Im Kleinhirn hat er stellenweise schwere Veränderungen der Purkinje-Zellen beobachtet, hauptsächlich Schrumpfung und Pyknose, die zu vollständigem Zellausfall und Gliawucherung in der Purkinje-Schicht sowie Auflockerung und Lückenbildung in und unterhalb dieser führten. Er hat diese Erscheinungen als toxisch gedeutet, doch ist diese Deutung fraglich.

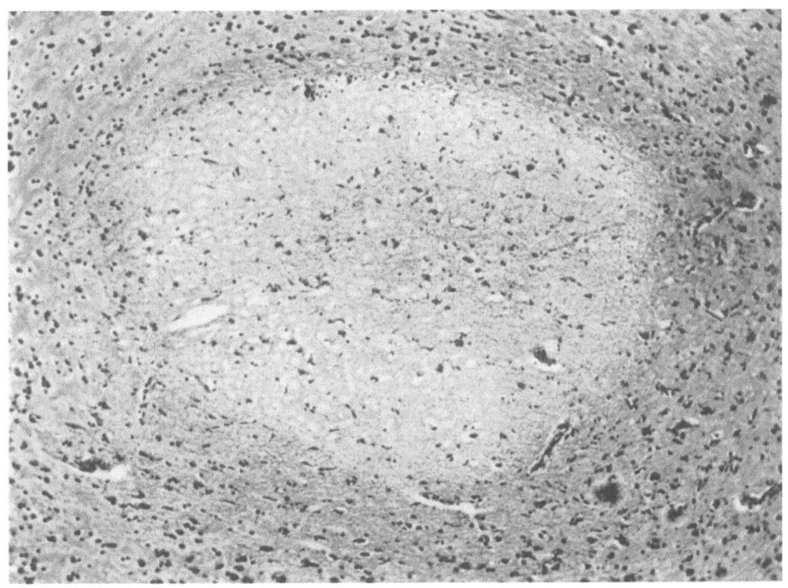

Abb. 7. Erbleichungsherd in der Großhirnrinde. (Eigene Beobachtung.)

In einem Falle Sittigs von Konglomerattuberkel, dessen operativer Entfernung eine Meningitis gefolgt war, fand sich ein flächenhafter Destruktionsprozeß im Occipitallappen, besonders in der Sehrinde. Alle Ganglienzellen waren ausgefallen, ebenso war die Rinde frei von Markscheiden, während das Mark fast normalen Markscheidengehalt hatte. Die stark verschmälerte Rinde war von Abraumzellen ganz erfüllt und färbte sich nach Marchi schwarz. Sittig nahm auch für diesen Prozeß eine toxische Genese an.

Mit diesen Destruktionsprozessen bei tuberkulöser Meningitis haben sich in jüngster Zeit Bodechtel und Opalski befaßt. Sie kommen zu dem Schlusse, daß es sich um gefäßbedingte Prozesse handelt. Tuberkulöse Endarteriitis und Panarteriitis, Endophlebitis und Panphlebitis führen zu Zirkulationsstörungen und Thrombenbildung, und als deren Folge treten im histologischen Bilde Erbleichungen beziehungsweise Nekrosen auf. Die Erbleichungen sind nicht nur charakterisiert durch Ausfall der Ganglien- und Gliazellen, sondern auch das Grundgewebe verliert seine Färbbarkeit. Die Erbleichungsherde liegen in der Großhirnrinde, im Kleinhirn und in den Stammganglien. Eine Prädilektionsstelle ist das Ammonshorn und die Hinterhautslappen. Die Rindenherde sind keilförmig, bald mehr rundlich, bald mehr eckig gezackt, bald in dieser, bald in jener Schicht, oder sie nehmen die ganze Breite der Rinde ein. Im Kleinhirn beobachteten Bodechtel und Oplaski 3 Arten von Prozessen: das Gliastrauch-

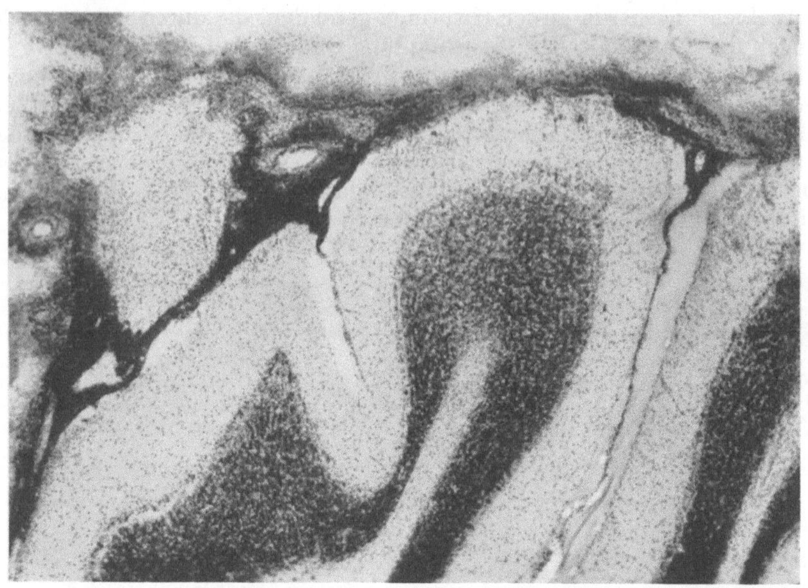

Abb. 8. Erbleichungsherd in der Kleinhirnrinde. (Eigene Beobachtung.)

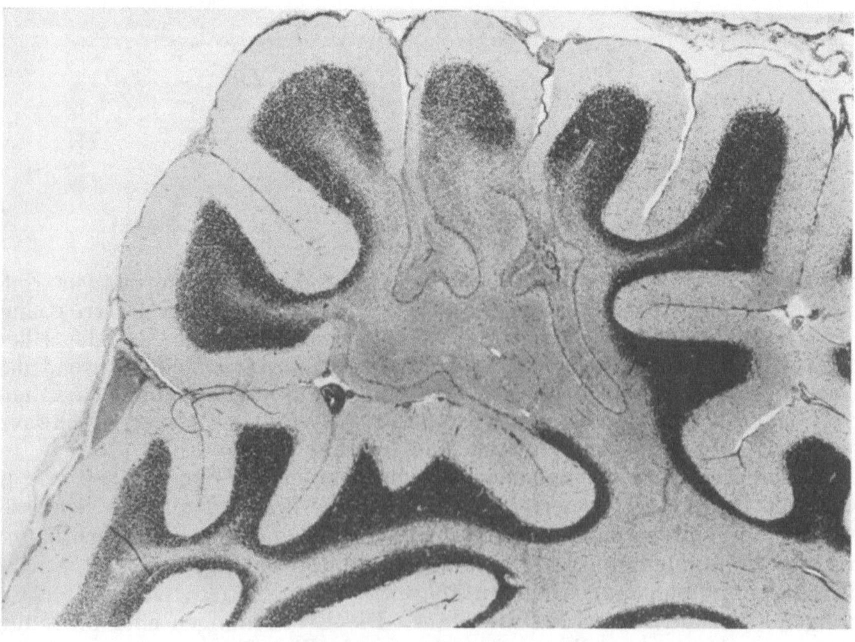

Abb. 9. Läppchenatrophie im Kleinhirn. (Eigene Beobachtung.)

werk, eine lokal umschriebene Gliawucherung in der Molekularschicht, verbunden mit einem Ausfall von Purkinje-Zellen; die Lichtung der Körnerschicht und die partielle Läppchenatrophie oder Läppchensklerose (Abb. 8 u. 9). Alle diese Prozesse sind nach Ansicht dieser Autoren gefäßbedingt. Besonders weisen sie darauf hin, daß es ihnen nie gelungen sei, in den Erbleichungsherden Tuberkelbacillen nachzuweisen, was nach Ansicht der Autoren gegen eine toxische Genese und für eine gefäßbedingte spreche.

Die Erbleichungsherde bei der tuberkulösen Meningitis erklärt neuestens Hassin durch Lymphstauung im Gehirngewebe. Durch Lymphstauung entstehe auch Vacuolisation.

In jüngster Zeit haben Bodechtel und Gagel bei tuberkulöser Meningitis Erbleichungsherde im Zwischenhirn festgestellt und die Art der Zellerkrankung genau studiert. Sie fanden vornehmlich die ischämisch-homogenisierende Form, bei welcher der dunkle, entrundete, dreieckige Kern ein wesentliches Merkmal ist. Am häufigsten sahen Bodechtel und Gagel solche Veränderungen bei der tuberkulösen Meningitis im oralen Abschnitt des Zwischenhirns, und zwar im Nucleus supraopticus, in den Tuberkernen, im Nucleus mammillo-infundibularis und im Meynertschen Ganglion, während sie in den caudalen Abschnitten, besonders im Corpus mammillare viel seltener waren.

Mehrfach wurden atypische histologische Bilder bei tuberkulöser Meningitis beschrieben. So ein Fall von Busse, in dem an der Pia der Konvexität außer typischen Tuberkelknötchen graurote flache Erhebungen gefunden wurden, die sich mit scharfer, vielfach gezackter Grenze gegen die benachbarte Pia abgrenzten. Auch gegen die darunter liegende Rinde setzten sie sich mit scharfer Grenze ab. Mikroskopisch zeigten sich diese Herde aus Bindegewebszügen bestehend, zwischen denen Kernhaufen mit Riesenzellen lagen. In den Riesenzellen und Kernhaufen wurden Tuberkelbacillen nachgewiesen.

Einen weiteren atypischen Fall beschreiben Simons und Merkel. Es war ein Fall von chronischer tuberkulöser Cerebrospinalmeningitis. Sie fanden einen tumorartig entwickelten tuberkulösen Entzündungsprozeß im 3. Ventrikel. Es bestand eine ganz geringe lymphoide Zellinfiltration, dagegen eine granulomartige Form der Meningitis, charakterisiert durch mehr oder weniger typische Tuberkelknötchen mit Langhansschen Riesenzellen. Die Knötchen zeigten so gut wie keine Neigung zur Verkäsung, sie ließen vielmehr oft peripher eine fibröse oder fibrös-hyaline Umwandlung erkennen. Eine Besonderheit des Falles war auch eine sichelförmige Randaufhellung des Rückenmarkes. Sie bestand in einer Auflockerung und totalem Schwund der Nervenelemente. Da hier keine stärkeren Tuberkeleruptionen waren, nehmen die Autoren eine toxische Genese dafür an, verbunden mit chronischer Störung der Lymph- und Blutzirkulation.

Pathogenese.

Eine tuberkulöse Meningitis kann ihrer Pathogenese nach theoretisch primär oder sekundär sein. Als primär müßte sie dann bezeichnet werden, wenn in einem jungfräulichen Organismus, d. h. in einem bis dahin von Tuberkulose absolut freien Organismus die erste tuberkulöse Infektion dieses Organismus an der weichen Hirnhaut stattfände. Dieser Fall ist denkbar, z. B. wenn durch ein Schädeltrauma die Leptomeninx mit der Außenwelt in Kommunikation tritt und durch die Wunde die tuberkulöse Infektion an der Hirnhaut gesetzt würde. Ein solcher Fall ist aber kaum beobachtet worden. Sekundär heißt eine tuberkulöse Meningitis, wenn die tuberkulöse Infektion der Meningen von einem anderen früher gesetzten tuberkulösen Herde an irgendeiner anderen Stelle im Körper aus erfolgt.

Die sekundäre Infektion der Leptomeninx kann entweder per contiguitatem geschehen, also vom Gehirn, Rückenmark, Dura mater oder den Knochen des Schädels oder der Wirbelsäule aus. Einen Fall von tuberkulöser Meningitis, in dem die Infektion der Pia von einer tuberkulösen Knochenerkrankung an der Wirbelsäule ausging, beschreibt z. B. Wernicke in seinem Lehrbuch der Gehirnkrankheiten.

Zweitens kann aber die sekundäre Infektion der weichen Hirnhaut auf dem Wege der Blutbahn erfolgen, indem ein tuberkulöser Herd in ein Blutgefäß einbricht und auf dem Wege der Blutbahn zu hämatogenen Metastasen Anlaß gibt. Dabei muß man zwischen dem Primärherd, d. h. der zuerst gesetzten Infektion des Organismus, und dem Ausgangspunkt der Meningitis unterscheiden, d. h. jener Stelle des Organismus, an der der Einbruch eines tuberkulösen Herdes in die Blutbahn erfolgt und dadurch zur Metastasierung in den Meningen Anlaß gibt. Der primäre Herd liegt in der überwiegenden Mehrzahl der Fälle in der Lunge, seltener im Darm. Der Ausgangspunkt der tuberkulösen Meningitis, d. h. der in die Blutbahn einbrechende tuberkulöse Herd kann in den verschiedensten Organen gelegen sein, z. B. Knochen, Gelenken, Haut, Urogenitalorgane, Pleura, Perikard, Peritoneum u. s. w.

Die Infektion per contiguitatem ist im ganzen selten. Außer der erwähnten Erkrankung der Wirbel kommt dafür die tuberkulöse Caries des Felsenbeines noch in Betracht. Der gewöhnliche Weg der Infektion der Leptomeninx ist der hämatogene.

Außerdem hat man angenommen, daß die Infektion der Meningen von tuberkulösen Erkrankungen im Ohr, in der Nase, in den Augenhöhlen, seltener des Rachens auf dem Wege der Lymphbahnen längs der Nerven- und Gefäßscheiden erfolgen kann (F. Schultze). So beschreibt neuestens Krepuska einen Fall von primärer tuberkulöser Infektion der Paukenhöhle, und von da aus kam es auf dem Wege des Nervus facialis zur Infektion der Meningen.

Bei der oben erwähnten Entstehung der tuberkulösen Meningitis als einer hämatogenen Metastase ist es leicht verständlich, daß sich häufig neben der Meningitis eine Miliartuberkulose findet bzw. richtiger ausgedrückt, daß die tuberkulöse Meningitis häufig Teilerscheinung einer Miliartuberkulose ist. Denn es kann natürlich beim Einbruche eines tuberkulösen Herdes in die Blutbahn außer der meningealen zu anderen Lokalisationen der Metastasen (in anderen Organen) kommen.

Äußerst selten sind Fälle von tuberkulöser Meningitis, in denen ältere Herde im Körper nicht nachgewiesen werden können. Es bleibt für diese Fälle immer die Möglichkeit, daß der sehr kleine primäre Herd verborgen blieb.

Cauntley nimmt 3 Möglichkeiten der Pathogenese an: 1. Eine primäre tuberkulöse Meningitis, die sich auf das Gehirn bzw. seine Häute beschränkt, 2. als sekundäre Erscheinung nach tuberkulöser Erkrankung anderer Organe, ohne daß eine stärkere Dissemination stattgefunden hat, 3. als Teilerscheinung einer allgemeinen Miliartuberkulose. Der Respirationstraktus sei in der Mehrzahl der Fälle die Infektionspforte, sehr selten der Digestionstraktus.

Was die Frage einer primären tuberkulösen Meningitis betrifft, so nehmen manche Autoren ihr Vorkommen an (Honl, Cauntley, Olmi). Heinrich Levy hat einen Fall eines 5jährigen Mädchens beschrieben, das eine allgemeine Miliartuberkulose zusammen mit tuberkulöser Meningitis hatte. Es war mit gastrischen Erscheinungen und leichtem Fieber erkrankt. Im Blut wurden Tuberkelbacillen in geringer Zahl gefunden. Da bei dem Kinde vorher keine Zeichen irgendeiner tuberkulösen Affektion bestanden, hält der Autor diesen Fall für beweiskräftig für die Ansicht, daß die Miliartuberkulose zuweilen primär ohne vorherige lokale Tuberkulose anderer Organe auftreten kann. Da aber in diesem Falle die Autopsie fehlt, kann er keineswegs als beweisend angesehen werden. Wilson und Miller nehmen in ihrem 1. Falle ein primäres Befallensein der Meningen an, da eine Eingangspforte der Infektion nicht gefunden werden konnte.

Von den meisten Autoren wird jetzt das Vorkommen einer primären tuberkulösen Meningitis geleugnet, vielmehr wird sie stets als eine sekundäre Erkrankung angesehen (GHON, KOCH, ARTAMANOW, STEINMEIER, PATERSON, SALVAT ESPASA, REYES). Und wenn in vereinzelten Fällen ein primärer Herd nicht gefunden werden konnte, so wird das auf Unzulänglichkeiten der Untersuchungstechnik zurückgeführt. So sagen GHON und ROMAN (1913): „Immer hatte es sich um einen sekundären Prozeß gehandelt. In allen positiven Fällen, die diesem Berichte zugrunde liegen, und auch in den zahlreichen anderen, hier nicht berücksichtigten Fällen bildete die tuberkulöse Veränderung im Gehirn nie den anatomisch ältesten tuberkulösen Herd." O. FISCHER fand unter 227 Fällen von tuberkulöser Meningitis nur 2, in denen es nicht möglich war, einen primären Herd zu entdecken. Auch HÜBSCHMANN zählt die Meningitis tuberculosa zu den hämatogenen Lokalisationen der Tuberkulose.

Was die Frage der Lokalisation des primären Herdes in den verschiedenen Organen anlangt, so herrscht jetzt unter den Autoren so weit Übereinstimmung, daß in der überwiegenden Mehrzahl der primäre Herd in den Lungen sitzt. Lokalisation des primären Herdes in anderen Organen ist seltener. So fand ihn O. FISCHER in seinem großen Material meist in den Lungen und Bronchialdrüsen, 4mal im Knochen (Os petrosum, temporale, Wirbelsäule). In dem großen statistischen Material KOCHS wurde in fast allen genau sezierten Fällen ein primärer tuberkulöser Herd in der Lunge mit den entsprechenden Lymphdrüsenveränderungen gefunden, in zahlreichen Fällen daneben noch andere chronische, aber aktive Prozesse. Auch ARTAMANOW fand in seinem großen Material nur 8 Fälle, in denen an Pleura, Lungen und Bronchialdrüsen keine tuberkulösen Veränderungen nachzuweisen waren. Doch sprechen nach seiner Ansicht diese negativen Befunde nicht gegen die Annahme, daß als ausschließliche Eintrittspforte der Tuberkulose die Atmungsorgane zu betrachten sind, da die Tuberkelbacillen ein Gewebe passieren können, ohne irgendwelche Spuren darin zu hinterlassen. In vielen Fällen waren auch die Mesenterialdrüsen affiziert. Doch da fast in allen diesen Fällen auch die Bronchialdrüsen verändert waren, möchte der Autor den Mesenterialdrüsen jede pathogenetische Bedeutung absprechen.

FREHSE hat 136 Fälle von tuberkulöser Meningitis zusammengestellt, unter denen 123mal (= 90%) die Bronchialdrüsen, 13mal (= 10%) andere Organe als Ausgangspunkt der Meningitis angesehen werden mußten, und zwar 6mal die Mesenterialdrüsen, 1mal die Mediastinaldrüsen, 2mal das Gehirn (Solitärtuberkel), 1mal das Mittelohr, 1mal der Ösophagus.

Auch SECKER meint, daß die tuberkulöse Meningitis im Kindesalter ihren Ursprung meist von einer Bronchialdrüsentuberkulose nimmt. DE VILLA und GENOESE fanden in allen ihren obduzierten Fällen Verkäsung der peribronchialen oder trachealen Lymphknoten; in 30% fand sich Tuberkulose der Lungen und Pleura, in 42% Tuberkulose aller Organe. ONOSSOWSKIJ gibt für sein großes Material 86% an, in denen die Bronchialdrüsen die Ausgangsstelle des meningealen Prozesses waren.

Nach SALVAT ESPASA kann der primäre Herd 1. im Gehirn, 2. in den Knochen oder Höhlen des Schädels oder der Wirbelsäule, 3. an einer entfernten Stelle liegen. Die beiden erstgenannten Entstehungsarten sind aber sehr selten. In der großen Mehrzahl der Fälle liegt der primäre Herd im Lungengebiet. V. WANGENHEIM fand primäre Lungenherde in 95% der Fälle. Ihre Lokalisation in den verschiedenen Lungenlappen ist für das Entstehen der Meningitis ohne Bedeutung. Subpleuraler Sitz der Lungenherde ist am häufigsten, doch wurden Herde in der Lungenspitze in 15% gefunden. In 12% haben Solitärtuberkel im Gehirn den Ausbruch der Meningitis begünstigt.

In 2 Fällen soll eine tuberkulös erkrankte Lymphdrüse im Bereiche der Lungen der einzige auffindbare tuberkulöse Herd gewesen sein, auf den der Ursprung der tuberkulösen Meningitis zurückgeführt werden konnte (Wilson und Miller, Higgs).

Von anderen Lokalisationen des Primärherdes oder anderen mit erkrankten Organen wären noch folgende anzugeben. Simmonds nimmt auf Grund seiner Beobachtungen an, daß die tuberkulöse Meningitis häufig mit Genitaltuberkulose zusammen vorkomme. Er fand diese Häufigkeit nur bei geschlechtsreifen Individuen. In 3 Fällen will er beobachtet haben, daß Männer mit Genitaltuberkulose kurz nach der Heirat an tuberkulöser Meningitis erkrankten. Er erklärt dies so, daß durch die beim Geschlechtsverkehr gesteigerte Kongestion der erkrankten Genitalien eine Verschleppung der Bacillen begünstigt wurde.

Rautberd stellte unter 100 Fällen von Urogenitaltuberkulose 33mal Meningitis tuberculosa fest.

Steinmeier fand in 7,57% Meningitis tuberculosa mit Urogenitaltuberkulose kombiniert.

Litten hat einen Fall eines 16jährigen Mädchens beschrieben, das an tuberkulöser Meningitis starb, und bei der in den Lungen und in der Pleura keine tuberkulösen Herde nachgewiesen werden konnten; dagegen bestand eine tuberkulöse Salpingitis und Endometritis. Im Liquor waren spärliche Tuberkelbacillen gefunden worden. Die Salpingitis wird als primärer Herd, die Meningitis als sekundär von der Genitaltuberkulose ausgehend angenommen.

Den Magen-Darmkanal als primären Ausgangspunkt für die tuberkulöse Meningitis nimmt Lamb in seinem Fall an. Es fanden sich Miliartuberkel in den Lungen, der Leber, Milz und den Nieren; der Darm selbst war frei! Ghon konnte unter 184 Fällen nur 3 sichere Fälle von primärer Darminfektion feststellen. v. Wangenheim konnte Primärherde im Darm in 3,6% nachweisen. Hans Langer berichtet über einen solchen klinisch und anatomisch untersuchten Fall.

Tuberkulöse Meningitis, ausgehend von einem Lupus des Gesichts, wurde von Steffen, Doutrelepont, Harlander beschrieben.

Demme hat einen Fall veröffentlicht, in dem die primäre Infektion eine Tuberkulose der Nasenschleimhaut war, von der aus sich die Meningitis entwickelte. In einem Falle Merkels von primärer ausgedehnter käsiger Tuberkulose der Nasen-Rachenschleimhaut fanden sich akut-entzündliche Veränderungen in den Hirnhäuten, und zwar vorwiegend an der Basis. Allerdings hatten diese Veränderungen nicht typisch tuberkulösen Charakter, vielleicht weil sie noch zu frisch waren.

v. Wangenheim erwähnt einen Fall, in dem sich infolge eines starken Stoßes auf den Kopf eine Osteomyelitis des Os frontale entwickelte; 5 Wochen später trat Tod an tuberkulöser Meningitis ein.

Auf Beziehungen von Mittelohrentzündung zu tuberkulöser Meningitis hat Alt aufmerksam gemacht. Zahlreiche Fälle tuberkulöser Meningitis sind die Folge tuberkulöser Ohren- und Naseneiterungen. Solche wurden von Quix, Aloin, Ebaugh und Patten beschrieben. Oft schließt sich die Meningitis an einen chirurgischen Eingriff am Ohr oder an der Nase erst an. Dazu gehört auch die Mandelentfernung im Kindesalter. Auch nicht-tuberkulöse Ohr- oder Sinuseiterungen kommen mit tuberkulöser Meningitis vergesellschaftet vor (Portman und Despons).

Bezüglich des genaueren Weges, auf dem die Infektion der Leptomeninx erfolgt, und insbesondere zur Erklärung der überwiegend häufigen Lokalisation an der Basis des Gehirns, wurden folgende Ansichten geäußert.

Péron nimmt auf Grund histologischer und experimenteller Untersuchungen 2 Wege an, wie die anatomischen Veränderungen im Gehirn entstehen: auf dem Wege einer diffusen bacillären Infiltration der Piamaschen und einer dieser vorhergehenden bacillären Embolie der Arterien. Nach Wilke kann die Meningitis tuberculosa auf 3 Wegen entstehen: 1. durch Fortleitung von einem älteren verkästen Herde im Gehirn selbst (Solitärtuberkel), 2. auf dem hämatogenen Wege. Hier komme es entweder zur Aussaat zahlreicher kleiner Tuberkelknötchen in den Meningen, wenn die Zahl der Bacillen in der Blutbahn groß ist; oder es kommt zu umschriebenen tuberkulösen Plaques in den Meningen und an der Oberfläche des Gehirns, wenn die Zahl der Bacillen in der Blutbahn gering ist. Dieses Verhalten bei der hämatogenen Entstehung der tuberkulösen Meningitis entspreche den embolischen Metastasen bei der Pyämie. 3. Bei der gewöhnlichen Basilarmeningitis liegt der primäre Herd nach Wilke in der Rachentonsille. Damit will er die Lokalisation an der Gehirnbasis erklären. Er stützt seine Ansicht auf 3 Fälle, in denen neben tuberkulösen Veränderungen in der Rachenmandel kein anderer primärer Herd im Körper nachgewiesen werden konnte.

Sehr eingehend und gründlich hat sich Kment (1924) in einer Arbeit aus dem Institute Ghons mit der Pathogenese der tuberkulösen Meningitis befaßt. Nach Kment liegt der tuberkulösen Meningitis primär eine hämatogene Aussaat von Tuberkelbacillen zugrunde. Durch diesen können Tuberkel in den Plexus chorioidei, der Tela chorioidea und der Pia entstehen. Von den Plexus und der Tela chorioidea schreitet der Prozeß auf dem Lymphwege entlang der Arteria chorioidea und dem Querspalt des Groß- und Kleinhirns zu den großen Zisternen der Hirnbasis und durch die Ventrikel in den Subarachnoidealraum, wobei es zur Sekundärinfektion der Arachnoidealflüssigkeit und der Meningen kommt. Auf diese Weise entstehe die typische tuberkulöse Basilarmeningitis, und so erkläre sich eben die basale Lokalisation. Ebenso könne es von primär hämatogenen Piatuberkeln zur Infektion des Liquors und der Meningen kommen. Die Meningitis tuberculosa sei also nicht der Miliartuberkulose anderer Organe gleichzusetzen, sondern sie sei von der hämatogenen Infektion der Pia und der Plexus abhängig, also sekundär. Kment unterscheidet eine plexogene, eine meningeale und eine plexo-meningeale Form der tuberkulösen Meningitis, je nachdem die primäre hämatogene Infektion nur die Plexus oder nur die Meningen oder beide betrifft. Außerdem nimmt Kment eine seltenere Fortleitung der tuberkulösen Entzündung von Tuberkeln des Gehirns auf die Leptomeninx oder auf das Ventrikelependym oder die Plexus an (encephalitische Form). Weiter kann auch der tuberkulöse Prozeß von der primär erkrankten Dura (Pachymeningitis tuberculosa) mit oder ohne Beteiligung des Knochens auf die weiche Hirnhaut übergreifen (durale Form). In allen jenen Fällen, in denen die Plexus und die Tela nicht miterkrankt sind, fehlt die typische basale Lokalisation. Kment hat in 59% seiner Fälle histologisch Tuberkel im Plexus nachgewiesen, in 66,7% in der Leptomeninx. Dieser Auffassung Kments haben sich Salvat Espasa und Tapia angeschlossen. Auch sie nehmen eine hämatogene Entstehung der Meningitis tuberculosa mit zumeist primärer Lokalisation im Plexus chorioideus an.

Takahashi hat 105 Fälle von tuberkulöser Meningitis untersucht und gefunden, daß in 98% die Plexus spezifische Veränderungen zeigten, das Kammerependym in 82%. Nur in 19 Fällen bestand keine hämatogene Aussaat im Körper. In 14 Fällen fanden sich Konglomerattuberkel, besonders an der Hirnoberfläche. Auf Grund seiner Untersuchungen kommt Takahashi zu dem Schlusse, daß von der Hirnbasis aus der Ventrikelliquor infiziert werden könne. Bemerkenswert sei, daß die Wände des allseitig geschlossenen Septum pellucidum niemals tuberkulöse Veränderungen aufweisen. Dies deute auf die Bedeutung der Liquorinfektion für die Tuberkulose der Ventrikel hin. Denn bei ausschließlich hämatogenem Infektionsweg wäre nicht einzusehen, warum nicht auch in dieses Gebiet einmal Tuberkelbacillen eingeschwemmt werden sollten. Es komme aber auch eine hämatogen entstandene Plexus- und Ependymtuberkulose vor, sie sei dann aber der ebenfalls hämatogenen Infektion der Hirnhäute koordiniert. Von den hämatogen infizierten Plexus aus könne wiederum eine Liquorinfektion und von dieser eine erneute Infektion des Ependyms und Plexus abhängen.

STRÜMPELL hat die Ansicht geäußert, daß in manchen Fällen der Infektionsstoff auf dem Wege der Lymphscheiden der Nerven in den Arachnoidalsack des Rückenmarks gelangt. Dafür scheinen Fälle wie der von ACHELIS und NUNOKAWA zu sprechen, in dem bei käsigem Schwunde der rechten Niere und ihres Ureters und älteren käsigen Herden in der linken Niere und beiden Nebennieren eine in der pars lumbosacralis des Rückenmarks lokalisierte Meningitis tuberculosa bestand. Auch LEUBE meint, daß in manchen Fällen die Infektion von der Lunge und Pleura auf die Meninx des Brustmarks und von da nach oben gegen die Hirnbasis wandere.

Häufig ist die tuberkulöse Meningitis Teilerscheinung einer Miliartuberkulose (CAUNTLEY). In STEINMEIERs Material war die Meningitis in 44,69% Teilerscheinung einer generalisierten Tuberkulose. HÜBSCHMANN fand bei allgemeiner Miliartuberkulose in 75% Meningitis; doch kommt ebensowohl Miliartuberkulose ohne Meningitis als Meningitis ohne allgemeine Miliartuberculose vor.

Nach ENGEL ist eine strenge Trennung zwischen Meningitis tuberculosa und Miliartuberkulose nicht immer durchführbar. Fast immer findet man in Fällen von Meningitis tuberculosa bei Kindern Miliartuberkel auch in anderen Organen.

HANS LANGER betont auch, daß die Meningitis tuberculosa kein selbständiges Krankheitsbild ist, sondern nur einen Bezirk im Bilde der Miliartuberkulose darstellt; aber sie kann im frühen Stadium der Generalisierung auftreten und dann den Eindruck einer selbständigen Erkrankung machen. Bei der Sektion kann die tuberkulöse Meningitis neben einigen Milztuberkeln der einzige Ausdruck der Dissemination sein. Oder sie kann erst in einem späteren Stadium der Disseminierung auftreten und kommt dann nur verschwommen und terminal zum Ausdruck.

Im Gegensatz zu der Annahme einer hämatogenen Entstehung der Meningitis tuberculosa kommen RICH und McCORDOCK auf Grund eingehender experimenteller und pathologisch-anatomischer Untersuchungen zu der Ansicht, daß die tuberkulöse Meningitis nicht durch Ansiedlung hämatogen eingeschwemmter Tuberkelbacillen entsteht, sondern durch Fortleitung des tuberkulösen Prozesses von der Nachbarschaft auf die Meningen. Die Gründe sind folgende: Die Meningitis tuberculosa kann selbst bei schwerster allgemeiner Miliartuberkulose fehlen. Ferner finden sich in Fällen von Miliartuberkulose mit Meningitis Altersunterschiede zwischen den Herden in den Meningen und denen in den übrigen Organen. Weiter kann die Meningitis tuberculosa auftreten, ohne daß sich in den anderen Organen irgendwelche Veränderungen finden, die auf eine hämatogene Einschwemmung von Tuberkelbacillen deuten würden. Auch die experimentellen Untersuchungen sprechen nicht für eine hämatogene Entstehung der tuberkulösen Meningitis. Bei Einspritzung von Bacillenaufschwemmungen (intravenös oder in die Carotis) kam es weder bei vorher allergisch gemachten noch bei normalen Tieren zu Veränderungen im Sinne einer tuberkulösen Meningitis. Wohl aber gelang dies durch direkte Einspritzung in den Subarachnoidealraum (durch das Foramen opticum), wobei die Entzündung bei allergisch gemachten Tieren schwerer war als bei normalen. Bei der histologischen Untersuchung fand sich, daß die befallenen kleinen meningealen Gefäße in der

Adventitia und Media die stärksten Veränderungen aufwiesen, was dafür spricht, daß der Prozeß an den Gefäßen sich von außen nach innen und nicht umgekehrt entwickelt. In 82 Fällen von Meningitis tuberculosa, die genau anatomisch untersucht wurden, fanden sich 56mal ältere tuberkulöse Herde im Bereiche der Hirnsubstanz, 17mal solche der Meningen, je 1mal ein Herd in der Wirbelsäule bzw. im Plexus chorioideus als Ausgangsstelle der Ausschwemmung der Tuberkelbacillen in den Liquor oder die Meningen. Die Verfasser glauben daher schließen zu können, daß die Meningitis tuberculosa nicht hämatogen bedingt ist, sondern durch Ausschwemmung von Bacillen in den Liquor von einem dem Subarachnoidealraum unmittelbar benachbarten Herde hervorgerufen wird.

Auch JUARROS meint, daß die Infektion bei der tuberkulösen Meningitis nicht auf dem Blutwege zu erfolgen pflegt, sondern von benachbarten Herden aus, wobei vielfach der Liquor eine verbindende Rolle spielt.

Wichtige Aufschlüsse über die Pathogenese der tuberkulösen Meningitis hat das Studium der Kindertuberkulose ergeben. Seit langem ist es aufgefallen, daß die Meningitis tuberculosa das frühe Kindesalter besonders häufig befällt. So sagt HERBERT KOCH, das Lebensalter zeige einen enorm disponierenden Einfluß der ersten Kindheit, 68% aller im Alter bis zu 14 Jahren auftretenden Fälle betreffen die ersten 4 Jahre; dann erfolgt ein rascher Abfall, und in den letzten 4 Kindheitsjahren beträgt der Prozentsatz 3,7% aller Fälle. Bei Mitberücksichtigung der Häufigkeit der tuberkulösen Infektion in den betreffenden Lebensperioden ergibt sich, daß die Meningitis unter den mit Tuberkulose Infizierten im ersten Quadriennium 116mal so häufig auftritt als im letzten Quadriennium. Nicht das 1., sondern das 2. Lebensjahr weist aber die größte absolute Zahl der Erkrankungsfälle an Meningitis tuberculosa auf. Nach STEINMEIER erkranken Kinder unter 15 Jahren in 37,09% an Meningitis tuberculosa, Erwachsene über 15 Jahre in 5,63% der Fälle. Es nimmt beim Erwachsenen die Häufigkeit der Tuberkulose zu, die der Meningitis ab. Nach PATERSON ist diese Erkrankung am häufigsten im 2. Lebensjahr, vom 3. sinkt die Häufigkeit rasch ab und ist nach dem 10. verhältnismäßig selten. ONOSSOWSKIJ gibt an, daß die Erkrankung am häufigsten bei Kindern im Alter von 3—6 Jahren vorkomme. IWASZKIEWICZ berechnete, daß 22% der Meningitisfälle auf das 1. Lebensjahr kommen, 27% auf das 2.; die Hälfte aller Fälle betrifft die ersten zwei Lebensjahre.

ENGEL weist darauf hin, daß die Neigung zur Miliartuberkulose und zur Meningitis tuberculosa im frühen Kindesalter häufiger sei als später. Es besteht eine deutliche Altersdisposition für die Meningitis tuberculosa, und zwar zeigt die Häufigkeitskurve nach ENGEL ein schnelles Ansteigen gegen Ende des 1. Lebensjahres, erreicht den Gipfel im 2. Lebensjahr, fällt dann verhältnismäßig langsam im 3. und 4. Lebensjahr ab, hierauf wesentlich schneller. In den ersten Lebensjahren also, in denen nur wenig Infektionen mit Tuberkulose vorkommen, ist die Zahl der Meningitisfälle sehr hoch, d. h. daß in den ersten Lebensjahren ein unverhältnismäßig hoher Prozentsatz tuberkulöser Primärinfektionen von Meningitis gefolgt ist. HERBERT KOCH berechnet die Todesfälle an Meningitis tuberculosa im 1. Lebensjahr auf 40% der Tuberkulosetodesfälle, im 2. auf 58%, im 3. auf 65%, im 4. auf 70% und im 5. auf 78%. HANS LANGER hält diese Zahlen für zu niedrig.

Auf Grund eines großen Materials von 851 Fällen konnte auch OROSZ die Altersdisposition, die besonders die Säuglings- und Kleinkindesjahre betrifft, bestätigen. Seine Häufigkeitskurve weist zwischen den Jahren 1 und 2 eine scharfe, hohe Kulmination auf; der absteigende Ast der Kurve ist bis zu den Jahren 5 und 6 recht steil, um von da an allmählich einen horizontalen Verlauf anzunehmen. Nach OROSZ' Berechnungen kommt $^1/_5$ der Gesamtzahl der tuberkulösen Meningitiden im Kindesalter im 2. Lebensjahr vor, ungefähr $^4/_5$ kommen innerhalb der ersten 6 Lebensjahre vor.

Die Meningitis tuberculosa schließt sich nach Engel am häufigsten an den isolierten Primärkomplex an, nur in einer Minderzahl der Fälle an ältere tuberkulöse Prozesse. Hübschmann macht auf eine schon länger bekannte Regel aufmerksam (Josef Engel, Prag, 1855 und Bühl 1872), nach der sich Miliartuberkulose und Phthise ausschließen. Engel weist darauf hin, daß man bei der tuberkulösen Meningitis im Kindesalter selten manifeste Tuberkulose anderer Organe finde. Die Meningitis tuberculosa stelle den typischen Tod der okkulten Tuberkulose im Kindesalter dar. Dieser Ansicht schließt sich v. Wangenheim auf Grund ihrer Erfahrungen an.

Neben der Frische der Infektion kommt nach Engel die Ausbildung von tuberkulösen Drüsentumoren in Betracht. Engel fiel es auf, daß in den Fällen von Meningitis tuberculosa bei Kindern großknotige Lymphdrüsentuberkulosen überwiegen. Engel stellt sich diesen Zusammenhang so vor, daß durch große tuberkulöse Bronchialdrüsen die Miterkrankung der großen Gefäße und damit der Einbruch in die Blutbahn und die Generalisierung der Tuberkulose begünstigt wird. Nach Engel nehmen die Plexus chorioidei keine bevorzugte Stellung bei der Bildung von Miliartuberkeln ein. Das wesentliche sei vielmehr die Infektion des Liquors und damit der Meningen vom Plexus aus. Die Meningen zeichnen sich wie die Lunge durch eine große Widerstandslosigkeit gegenüber der Tuberkulose aus.

Auch v. Wangenheim fand, daß die Meningitis tuberculosa im Kindesalter im Anschluß an kleine, frische, käsige Primäraffekte auftritt. Ebenso konnte sie die Befunde Engels bezüglich der Größe der verkästen Lymphknoten bestätigen. v. Wangenheim schließt sich der Implantationstheorie von Liebermeister-Hübschmann an, nach welcher die Seltenheit, Lokalisation und Beschaffenheit der Lungenvenentuberkel gegen die klassische Weigertsche Lehre vom Einbruch dieser Tuberkel in die Blutbahn sprechen. Die ausgedehnte bronchiale Lymphknotentuberkulose beim Kinde bilde den Ausgangspunkt einer ständigen Bacillämie; vom Blute aus erfolge die Implantation der Bacillen in der Gefäßwand bei Umstimmung des Organismus.

Hans Langer meint auch wie Engel, daß das Stadium der tuberkulösen Erkrankung, in dem die Meningitis im frühen Kindesalter als Ausdruck einer generalisierten Tuberkulose auftritt, durch das Vorhandensein umfangreicher Verkäsungen im Lymphdrüsengebiet der Primärerkrankung gekennzeichnet sei. Er hält aber für das Wesentliche, daß es sich fast immer um nicht ausgeheilte verkäsende Bronchialdrüsentuberkulosen handelt. Er beruft sich auf anatomische Befunde von Ghon, der in der Mehrzahl der Fälle von Meningitis tuberculosa den Primärkomplex ohne Zeichen der anatomischen Heilung fand, und der nur in einigen Fällen Heilungstendenzen aufwies. Diese Heilungstendenz äußert sich im Röntgenbild durch Verkalkung. Auf Grund von ausgedehnten Röntgenuntersuchungen kommt Langer zu dem Schlusse, daß das Besondere in der Reaktionsform des frühen Kindesalters die allgemeine Widerstandslosigkeit des jugendlichen Organismus sei, als deren Zeichen die ausgedehnten Lymphdrüsenerkrankungen mit schweren Verkäsungen im Abflußgebiet des primären Lungenherdes entstehen.

Liebermeister und Sieper sind der Ansicht, daß die Meningitis kein bestimmtes Stadium der Tuberkulose darstellt, sondern einen akuten Schub, der sich auf jedes Stadium aufpfropfen kann. Verhältnismäßig selten komme es direkt im Primärstadium zur Metastasierung in den Meningen. In der überwiegenden Mehrzahl der Fälle bilde sie einen akuten Schub im Sekundärstadium, oft schon ganz früh, nicht selten aber, nachdem das Sekundärstadium jahrelang bestanden hat. In einer Zahl von Fällen pfropft sich die Meningitis auf eine tertiäre Organphthise auf, die meist in den Lungen lokalisiert ist. Außer der Meningitis seien entweder gar keine Metastasen vorhanden oder mit ihr gleichaltrige. Bei einer Anzahl von Fällen finden sich Anzeichen dafür, daß schon früher andere Metastasen vorhanden waren, die weder ausgeheilt waren, noch zu einer genügenden relativen Immunisierung geführt hatten.

Nach DEBRÉ und SENOZE schafft keine einzige primäre Lokalisation eine besondere Neigung zu nachfolgender Aussaat in den Hirnhäuten. Frische Herde machen besonders leicht Aussaaten, daraus erkläre sich die Häufigkeit der Meningitis im Kindesalter. Hier sei die sekundäre Meningitis, d. h. als Metastasierung bei sekundären Organtuberkulosen selten (7%). KLARE fand aus seinem Material keinen eindeutigen Zusammenhang zwischen bestimmten Tuberkuloseformen und der Meningitis tuberculosa.

Was die Beziehung der tuberkulösen Meningitis zu den verschiedenen Stadien der Tuberkulose betrifft, so hat in neuer Zeit OROSZ sich dahin geäußert, sie könne sich zwar jedem Stadium anschließen, doch sei bekannt, daß sie besonders häufig bald nach dem Primärstadium auftritt, in der tertiären Periode hingegen sehr selten vorkomme.

OROSZ unterscheidet zwei große Gruppen der tuberkulösen Meningitiden: 1. solche, die zeitlich mit der Primärtuberkulose eng zusammenhängen; 2. solche, welche auf Grund einer schon mehr oder weniger inaktiv gewordenen bzw. einer progredienten Sekundärtuberkulose entstehen.

Was die Inkubationszeit der tuberkulösen Meningitis betrifft, so konnte sie in einigen wenigen Fällen direkt festgestellt werden, nämlich dann, wenn der Termin der Infektion bekannt war. Klassisch ist in dieser Beziehung eine Beobachtung von REICH (1878), indem 10 Neugeborene, die von gesunden Eltern stammten und sich auch späterhin in einem tuberkulosefreien Milieu befanden, gleich nach der Geburt durch eine schwer phthisische Hebamme durch direkte Lufteinblasung infiziert wurden. Von diesen Kindern starben an Meningitis tuberculosa nach $2^1/_2$ Monaten 1, nach 3 Monaten 1, nach $3^1/_2$ Monaten 3, nach 4 Monaten 2, nach 6 Monaten 1, nach $8^1/_2$ Monaten 1, nach $15^1/_2$ Monaten das letzte. Eine weitere Beobachtung stammt von R. POLLAK, der bei einem 11 Monate alten Säugling nach einer einzigen Infektionsgelegenheit von ein paar Stunden 6 Wochen später eine Meningitis auftreten sah. R. BLAU fand in 2 Fällen, daß die ersten Zeichen der Meningitis frühestens 4 Monate nach dem Anfang der Exposition auftraten. TAILLENS sah bei einem Neugeborenen, das am 7. Lebenstage mit BCG geimpft wurde, nach 6 Monaten Meningitis tuberculosa auftreten. OROSZ bringt 2 eigene Fälle, in denen die Inkubation der Meningitis $4^1/_2$ bzw. 3 Monate betrug.

Daraus geht hervor, daß die tuberkulöse Meningitis sich meistens sehr bald an das Primärstadium anschließen muß. Da sie in den ersten 2 Lebensmonaten überhaupt nicht vorkommt, scheint es sehr wahrscheinlich zu sein, daß die untere Grenze der Meningitisinkubation ungefähr 2 Monate beträgt.

Neuerdings hat Mme. JOUSSET die Inkubationszeit der tuberkulösen Meningitis in 5 Fällen feststellen können. Es handelte sich um operative Eingriffe, denen eine tuberkulöse Meningitis folgte. Besonders bemerkenswert ist ein Fall, in dem bei der Punktion eines Pharyngealabscesses der Troikart in den Subarachnoidealraum gelangte, so daß Liquor austrat. In den 5 Fällen folgte die Meningitis auf den Eingriff in einem Zeitraum von 18—25 Tagen.

Indirekt läßt sich der Infektionstermin durch das Auftreten der Allergie bestimmen. Die Inkubation der Tuberkulose beträgt im Durchschnitt 4 bis

6 Wochen. Orosz konnte in einem Falle feststellen, daß die ersten meningitischen Symptome 4 Wochen nach der ersten positiven Tuberkulinreaktion auftraten.

In gleicher Weise läßt sich der zeitliche Zusammenhang des Erythema
nodosum und der Conjunctivitis phlyctaenulosa verwerten. Das Erythema
nodosum wurde zuerst von Uffelmann mit der Tuberkulose in Zusammenhang gebracht, dem sich bald andere Autoren anschlossen (Bäumler, Poncet,
Leriche). Den exakten Beweis dafür erbrachte R. Pollak, der nachwies,
daß Kinder mit Erythema nodosum auf Tuberkulin durchwegs hochpositiv
reagieren. Das Erythema nodosum ist ein Indicator der einsetzenden Allergie.
Nach den Beobachtungen Orosz' tritt die Meningitis im Durchschnitt 5 bis
6 Wochen nach dem Einsetzen der Allergie bzw. deren klinischen Symptomen
(Erythema nodosum, frische Conjunctivitis phlyctaenulosa) auf. Die klinische
Inkubation der tuberkulösen Meningitis beträgt ungefähr 2—3 Monate. Das
kürzeste Intervall zwischen Erythema nodosum und Meningitis beträgt 10 bis
12 Tage, daher die untere Grenze der klinischen Meningitisinkubation 6 bis
8 Wochen.

Diese Gruppe der tuberkulösen Meningitiden, die im Zeitraum von 1 bis
4 Monaten nach der Entstehung der Allergie auftreten, bezeichnet Orosz als
frühsekundär. Die Inkubation dieser frühsekundären Meningitiden zeigt eine
gewisse, von interkurrenten Momenten unabhängige Konstanz, woraus der
Schluß zu ziehen sei, daß sie in unmittelbarem Zusammenhang mit der Primärtuberkulose entstehen.

Dieser Gruppe gegenüber grenzt Orosz eine zweite scharf ab, die er als
spätsekundär bezeichnet. Die Meningitis tuberculosa kann nämlich in den
späteren Tuberkulosestadien dadurch entstehen, daß der Grundprozeß fortschreitet und früher oder später in ganz unberechenbaren Abständen die Blutbahn, den ganzen Organismus und damit auch die Meningen massenhaft mit
Tuberkelbacillen überschwemmt. Diese spätsekundäre Meningitis sei nicht so
häufig wie die erste Gruppe, unter den 200 Fällen von Orosz kam sie bloß
17mal vor.

Während bei der frühsekundären Meningitis, wie schon gesagt, äußere Momente eine unbedeutende Rolle spielen, wird die spätsekundäre Meningitis durch
äußere Faktoren ausgelöst, unter denen den Masern der erste Platz zukommt.
Dabei ist die Inkubationszeit dieser spätsekundären Meningitis die gleiche wie
bei der frühsekundären. Die unmittelbare Wirkung der Morbillen kommt
innerhalb von 3—4 Monaten, meistens in 6—8 Wochen zur Geltung. Eine
mittelbare Wirkung muß dort angenommen werden, wo Brückensymptome
auftreten. Weitere auslösende Momente sind andere Infektionskrankheiten
wie Pertussis, Varicellen, Pneumonie, Grippe, Darmkatarrh und Traumen. Die
Rolle des Traumas scheint Orosz viel geringer, als allgemein angenommen wird.

Interessant sind auch die Beziehungen, die Orosz zwischen frühsekundärer
Meningitis und Pleuritis festgestellt hat. Er konnte zeigen, daß die frühsekundäre
Pleuritis später auftritt als die frühsekundäre Meningitis; die Meningitis weist
im 2. Monat nach dem frischen Erythema nodosum ihren Höhepunkt auf, die
Pleuritis zeigt zwischen 3. und 6. Monat ein Plateau ihrer Kurve. Daher kommt
es, daß im Frühsekundärstadium nur selten eine Pleuritis der Meningitis vorausgeht; ferner daß Kinder, die eine Pleuritis haben oder hatten, kaum mehr menin-
gitisgefährdet sind; daß frühsekundäre Meningitis und Pleuritis selten gleichzeitig auftreten.

Orosz faßt seine Ansichten über die Pathogenese der tuberkulösen Meningitis
folgendermaßen zusammen: Die Bacillen, welche während der biologischen
Inkubationszeit im Blute kreisen, werden wahrscheinlich schon während dieses

Zeitraums in den verschiedenen Organen abfiltriert (LIEBERMEISTER, HÜBSCH-
MANN), verbleiben einstweilen noch latent, können aber unter Umständen
schon bei der ersten positiven Welle der Allergie als Erythema nodosum und
Conjunctivitis phlyctaenulosa manifest werden. Dieser hyperergischen Periode
folgt nach einem kurzen Intervall das Sinken der Allergie und damit der Antikörperbildung (negative Phase, F. HAMBURGER). Dadurch wird die Resistenz
herabgesetzt, und es besteht die Möglichkeit einer Generalisation. Bei der frühsekundären Meningitis kommt es also zuerst zum Haften der Bacillen, dann
zum Sturze der Allergie und damit zur wirklichen Ansiedlung der Keime. Weniger
klar sind die Verhältnisse bei den spätsekundären Meningitiden. Hier dürfte
ein exogener Faktor dadurch seine Wirkung entfalten, daß er die allgemeine
Widerstandskraft des Organismus herabsetzt bzw. die Disposition erhöht und
sekundär zu einer (wohl meist endogenen) Reinfektion und Aussaat führt.

Man hat auch der Infektionsquelle und der Art der Ansteckung Aufmerksamkeit geschenkt, und ELIASBERG und KLEINSCHMIDT sowie BRINKMANN vertreten die Anschauung, daß bei der akuten bösartigen Verlaufsform der Tuberkulose die extrafamiliäre Gefährdung eine entscheidende Rolle spielt.

DEBRÉ hat gemeinsam mit CORDEY und CRÉMIEU-ALCAN auf Grund sorgfältiger statistischer Untersuchungen wichtige pathogenetische Momente festgestellt. Bei der chronischen Tuberkulose der Gelenke, Knochen, Lunge des
älteren Kindes ließ sich fast immer die Quelle der Ansteckung mit Sicherheit
oder Wahrscheinlichkeit auffinden. Bei der tuberkulösen Meningitis dagegen
konnten DEBRÉ und CRÉMIEU-ALCAN in einem Viertel ihrer Fälle eine tuberkulöse Ansteckung überhaupt nicht feststellen. 64% der an tuberkulöser Meningitis erkrankten Kinder stammten aus gesunden Familien und waren erst kurze
Zeit der tuberkulösen Ansteckung ausgesetzt. Im Gegensatz dazu waren $^3/_4$
der Kinder mit Knochen-, Gelenk-, Lungentuberkulose in einem tuberkulös
infizierten Milieu aufgewachsen. In den Fällen tuberkulöser Meningitis war
der Kontakt zwischen Infiziertem und Infizierendem meist kurz, unter 1 Jahr
oder 1 Jahr; in den Fällen von Knochen-, Gelenk- und chronischer Lungentuberkulose dagegen war dieser Kontakt langdauernd, 1, 2, 3 und 4 Jahre.
Im ersten Fall war die Erkrankung des Infizierenden sehr schwer und der Kontakt zwischen dem angesteckten Kinde und der Ansteckungsquelle sehr innig,
obwohl kurz. Die tuberkulöse Meningitis bricht bald nach der Ansteckung aus,
während die Gelenks-Knochentuberkulose und chronische Lungentuberkulose
meist erst einige Jahre nach erfolgter Ansteckung ausbricht. Diese Tatsachen
bestätigen die Ansicht CALMETTES, wonach die tuberkulöse Meningitis sich nur
bei Individuen entwickelt, die erst kurz und intensiv infiziert sind, und die noch
keine antituberkulöse Immunität erworben haben. DEBRÉ und seine Mitarbeiter nehmen an, daß bei den chronischen Formen der Tuberkulose beim
Kinde eine Widerstandskraft, Allergie erworben werde, die es ihm ermöglicht,
Superinfektionen bis zu einem gewissen Grade zu vertragen. Für die Lokali-
sation des tuberkulösen Prozesses beim älteren Kinde sei also die Dauer der
Allergie von Wichtigkeit. Im wesentlichen gleiche Ergebnisse hatten ELIAS-
BERG und HERBEN und ASSERSON in ihren statistischen Zusammenstellungen.
Auch KLARE sieht als wichtigstes Moment für den Ausbruch einer tuberkulösen
Meningitis den jeweiligen Durchseuchungsgrad an.

Zu ähnlichen Ergebnissen wie DEBRÉ kommt auch v. WANGENHEIM. Im
1. Lebensjahr sei die Zahl der intra- und extrafamiliären Infektionen gleich, mit
zunehmendem Alter werden die Fälle extrafamiliärer Infektion bei der Meningitis tuberculosa häufiger. Daraus sei zu schließen, daß junge Kinder bei jeder
tuberkulösen Infektion, sei sie intra- oder extrafamiliär, Gefahr laufen, an
Meningitis zugrunde zu gehen. Ältere Kinder aus tuberkulösen Familien, die

der Frühinfektion entweder Herr geworden sind oder an chronischen Tuberkulosen leiden, scheinen die nötigen Abwehrstoffe zu besitzen, die sie vor allgemeiner oder lokalisierter Miliartuberkulose bewahren. So bilden in älteren Jahren Kinder aus tuberkulosefreien Familien, die einer Infektion ausgesetzt sind, das Hauptkontingent für die Meningitis tuberculosa. Auch Löwenstamm und Prochin fanden, daß in den meisten Fällen von tuberkulöser Meningitis die tuberkulöse Infektion der Kinder außerhalb der Familie erfolgte. Unter 110 Fällen Blaus von tuberkulöser Meningitis waren 22 einer bekannten intrafamiliären Infektion ausgesetzt. Es hatte ein ganz intimer Kontakt mit der Infektionsquelle bestanden. In einigen Fällen war die Dauer des Kontaktes sehr kurz, einmal 2 Tage, einmal 11 Tage. Die ersten Zeichen der Meningitis erscheinen frühestens 4 Monate nach Beginn der Exposition.

Was die besonderen Bedingungen der Ansteckung bei der tuberkulösen Meningitis der Kinder betrifft, so zieht Langer aus seinen eingehenden und kritischen Untersuchungen den Schluß, daß es sich bei den Fällen von Meningitis tuberculosa immer um schwere Gefährdungen handelt, bei denen die häusliche Infektion vorherrscht. In den Fällen von extrafamiliärer Ansteckung war die Berührung so langdauernd und ständig, daß sie einer häuslichen Infektion gleichzusetzen ist. Hingegen wird selbst bei schweren parentellen Infektionen eine Heilungstendenz beobachtet, die es ermöglicht, daß schwere, verkäsende Prozesse durch Abkapselung und Verkalkung ausheilen. Es komme darin eine relative ererbte Immunität zum Ausdruck. Es handelt sich aber nicht um eine Vererbung im Sinne einer schon im Keim vorhandenen Anlage, sondern um eine Übertragung von Abwehrkräften (Much).

Manche Autoren wollen bei tuberkulöser Meningitis eine herabgesetzte Tuberkulinempfindlichkeit festgestellt haben (z. B. Ossoinig, Suner). Kaneko dagegen fand die Pirquetsche Reaktion im Initialstadium der tuberkulösen Meningitis stets positiv, in der zweiten Periode in 61%, im Endstadium in 20%. Ebenso sah Hans Langer im Beginne der Generalisierung und beim Ausbruch der meningitischen Symptome in der Regel eine starke Tuberkulinempfindlichkeit, und erst unter dem Einflusse der fortschreitenden Miliartuberkulose komme es zu dem Stadium der terminalen Anergie.

Stefko vermutet, daß die hypoplastische Konstitution Bartels für die Entwicklung der tuberkulösen Meningitis günstig sei, und zwar führt er dies auf konstitutionell hypoplastische Änderungen der Morphologie und Physiologie der Gefäße und auf die Besonderheiten der Lage der Arteria basilaris und anderer Gefäße der Hirnbasis zurück. Robles meint, daß die Capillaren der Hirnhäute und der Rinde von Kindern ein deutlich engeres Volumen haben als die Erwachsener, und dies sei mit ein Grund, warum im Kindesalter bei der hämatogenen Aussaat die Tuberkelbacillen sich mit Vorliebe in den Hirnhäuten festsetzen. Die sehr formveränderlichen Paraendothelzellen (die Pförtnerzellen nach Tannenberg), die durch ihre Spornbildung ins Lumen der Capillaren diese engen Gefäße leicht verschließen können, sollen das Haften der Bakterien begünstigen.

Unter den weiteren Entstehungsbedingungen der tuberkulösen Meningitis werden vorausgegangene Infektionskrankheiten angegeben. Besonders wird von vielen Autoren Masern und Keuchhusten eine Bedeutung als auslösendes Moment der Meningitis tuberculosa beigelegt (Matte, Herbert Koch, Secker, de Villa und Genoese, Klare, Tapia, Engel, Vaičiunas). Dabei wird darauf hingewiesen, daß nach Feststellungen unter dem Einflusse von Masern der Organismus die Fähigkeit verliert, Antikörper in genügender Menge oder Stärke zu bilden (z. B. Suner). Andere Autoren leugnen hingegen einen solchen Zusammenhang (Albinger, Olmi, Debré und Crémieu-Alcan, v. Wangenheim).

HANS LANGER macht einen Unterschied zwischen Früh- und Spätformen, von denen die letzteren vorwiegend unter der Einwirkung aktivierender Momente auftreten. Wenn NÖGGERATH und ECKSTEIN auf Grund statistischer Untersuchungen den schädigenden Einfluß der Masern auf die kindliche Tuberkulose leugnen, so macht HANS LANGER auf eine Fehlerquelle aufmerksam; man dürfe sich nicht mit den kleinen Zahlen einzelner Städte begnügen, sondern müsse die Länderstatistik heranziehen, und diese beweise den Einfluß der Masern auf die Tuberkulose. Auch ENGEL meint, daß man an einem ursächlichen Zusammenhange zwischen Masern und Ausbruch der tuberkulösen Meningitis kaum zweifeln könne, um so mehr als man weiß, daß mit den Masern eine Anergie dem Tuberkulin gegenüber einhergeht. ENGEL ist auch geneigt, dem Keuchhusten eine ähnliche Wirkung zuzuschreiben. Allerdings komme hier neben immunbiologischen Veränderungen die rein mechanische Wirkung der Hustenstöße in Betracht, wodurch ein Eindringen der Tuberkelbacillen in die Blutbahn begünstigt werden könne.

MORQUIO hat 4 Fälle von tuberkulöser Meningitis im Anschluß an Mumps beschrieben, von denen 2 tödlich ausgingen.

Von anderen prädisponierenden Infektionskrankheiten erwähnen HUTINEL und MERKLEN die Syphilis. Sie haben bei einem relativ großen Prozentsatz von Kindern mit tuberkulöser Meningitis hereditäre Syphilis gefunden. Andere Autoren, z. B. DEBRÉ, bestreiten aber einen solchen Zusammenhang.

Bisweilen kann eine eitrige Meningitis zur Auslösung einer tuberkulösen führen. So hat STRANSKY über einen Fall berichtet, bei dem eine epidemische Meningitis bei einem 17 Monate alten Kinde zur Heilung gekommen war und 2 Monate später sich im Anschluß an eine offenbar frische Tuberkuloseinfektion eine tödliche Meningitis tuberculosa entwickelte. HANS LANGER hat einen Fall mit Zusammentreffen beider Infektionen beobachtet. Wenige Tage nach Beginn der eitrigen Meningitis wurden neben Meningokokken Tuberkelbacillen im Liquor gefunden. Allmählich gewannen die Tuberkelbacillen an Boden und drängten die Meningokokken zurück. LANGER nimmt an, daß die Meningokokken die Wegebereiter für die Meningitis tuberculosa geworden sind.

Auch die Pockenimpfung kann nach Ansicht einiger Autoren aktivierend auf die tuberkulöse Meningitis wirken. So glauben CZERNY und OPITZ in 6 Fällen eigener Beobachtung einen solchen Zusammenhang nicht ablehnen zu dürfen. VOIGT sah 4 solcher Fälle, v. WANGENHEIM 1 und HANS LANGER 3.

GINS konnte in 3 Fällen von tuberkulöser Meningitis, die kurz vorher geimpft waren, im Liquor Vaccinevirus nachweisen. Er nimmt an, daß unter dem Einflusse der Meningitis die ganze Abwehrkraft des Organismus in Anspruch genommen ist, so daß das letzte Stadium des Immunisierungsvorgangs, die endgültige Überwindung und Vernichtung des Antigens, nicht eintrat.

v. WANGENHEIM und HANS LANGER nehmen in je einem Falle Höhensonnenbestrahlung als aktivierendes Moment einer Meningitis tuberculosa an, neuerdings auch HERZ.

Als weiterer Faktor unter den Entstehungsbedingungen der tuberkulösen Meningitis wird die Jahreszeit angegeben. Von den meisten Autoren wurde in der Häufigkeitskurve der Erkrankungen an tuberkulöser Meningitis ein Frühjahrsgipfel festgestellt (HEUBNER, REDLICH, HÜBSCHMANN, HOLT, BERTILLON, RUSZNYAK, HERBEN und ASSERSON, HALLIDAY, DEBRÉ und CRÉMIEUALCAN, HERBERT KOCH, STELLING, KINEAR, FABRIS und DEVILLA, v. WANGENHEIM, ENGEL, OROSZ). Manche Autoren finden außerdem einen niedrigeren Herbstgipfel. HOLT erklärt die Erscheinung des Frühjahrsgipfels damit, daß die Häufung der akuten Erkrankungen der Luftwege im Winter und Frühjahr zur Mobilisierung latenter tuberkulöser Herde beitrage. Er fand nämlich, daß die Kurve der Pneumonietodesfälle in New York eine unverkennbare Ähnlichkeit mit der Meningitiskurve habe.

Albinger, der sich sehr eingehend mit der Erscheinung des Frühjahrsgipfels beschäftigt hat, weist darauf hin, daß auch die Häufigkeitskurve der Miliartuberkulose einen Frühjahrsgipfel zeigt. Im Frühjahr hat die Tuberkulose schlechtere Heilungstendenzen (Ország) und hat eine Neigung zum Fortschreiten. So fällt die größte Sterblichkeit an Tuberkulose nach Gottstein und Sanders in den März, nach Johok und Ország in den April. Ein weiteres Moment ist das, daß im Frühjahr Erkältungskatarrhe häufig sind, die einen ungünstigen Einfluß auf eine bestehende Tuberkulose ausüben. Ferner ist anzunehmen, daß im Frühjahr die Meningen überhaupt eine erhöhte Disposition zu Erkrankungen haben, was man daraus schließen kann, daß auch die Häufigkeitskurve der epidemischen Meningitis einen Frühjahrsgipfel zu verzeichnen hat. Nach Ansicht Albingers spielt aber auch die Witterung selbst eine Rolle. Er zerlegt die Witterung in ihre verschiedenen Faktoren. Im Frühjahr kommt es zu einer starken, plötzlichen Wärmezunahme und Zunahme der Sonnenscheindauer. Sonnenstrahlen und Wärme können aber entzündliche Prozesse an den Meningen verursachen (Ribbert, Hellpach). Ferner ist im Frühjahr der Luftdruck niedrig, es herrschen stärkere und häufigere Winde, relative Trockenheit und etwas geringere Bewölkung. Es besteht im Frühjahr also ein sprunghaftes, launiges Verhalten der einzelnen Witterungsfaktoren. Dadurch werden einmal Erkältungserkrankungen verursacht, welche auf eine bestehende Tuberkulose ungünstig einwirken, andererseits werden die tuberkulösen Erkrankungen direkt durch die Frühjahrswitterung ungünstig beeinflußt, und zwar so, daß erstens eine vermehrte Bacillenaussaat, zweitens eine erleichterte Ansiedlung der Bacillen in den Meningen stattfindet. Engel denkt zur Erklärung des Frühjahrsgipfels an drei Möglichkeiten: 1. Häufigkeit katarrhalischer Erkrankungen in dieser Jahreszeit, 2. ungünstiger Einfluß der Domestikation, 3. Vitaminarmut der Winternahrung. Ossoinig und Iwaszkiewicz verweisen auf die jahreszeitliche Schwankung der Tuberkulinempfindlichkeit.

Nach Orosz fällt auf die drei Monate März, April, Mai eine starke Häufung der tuberkulösen Meningitis, rund $^1/_3$ der Fälle. Der Herbstgipfel ist demgegenüber unbedeutend. Der Tiefpunkt wird im Oktober und November erreicht. Für den Frühjahrsgipfel gebe es, meint Orosz, bisher noch keine befriedigende Erklärung; es seien hier wahrscheinlich mehrere Faktoren im Spiele.

Unter den Entstehungsbedingungen der tuberkulösen Meningitis wird oft ein Trauma angegeben. Die Ansichten der Autoren über dieses ursächliche Moment gehen sehr auseinander. Waibel beschreibt den Fall eines kleinen, bis dahin gesunden Mädchens, das heftige Schläge auf den Kopf bekam. Gleich darauf zeigte das Kind ein verändertes Wesen und ging 14 Tage nach dem Unfall unter den Erscheinungen der Meningitis zugrunde. Bei der Autopsie wurde eine tuberkulöse Meningitis und einige verkäste Bronchialdrüsen gefunden. Der Autor sagt, daß zwar kein zwingender Beweis für einen Zusammenhang zwischen dem Trauma und der Meningitis zu erbringen sei, daß aber ein hoher Grad von Wahrscheinlichkeit für einen solchen Zusammenhang bestehe. Elben und Schäffer kommen zu entgegengesetzten Ansichten, trotzdem ihre Fälle ganz ähnlich waren. Beidemal waren bei einem Kinde nach einem Schlage auf den Kopf die Erscheinungen einer tuberkulösen Meningitis aufgetreten. Beidemal wurde die Diagnose durch die Autopsie bestätigt und verkäste Bronchialdrüsen wurden gefunden. Elben hält es für sicher, daß die Verletzung als Krankheitsursache wirksam war; durch den Schlag können Tuberkelbacillen aus den Bronchialdrüsen mobil gemacht worden und in die Zirkulation geraten sein und sich im Gehirn angesiedelt haben. Schäffer hält dagegen in seinem

Falle das Zusammentreffen von Trauma und Meningitis tuberculosa für zufällig. Im Falle Cohns wurde bei der Sektion ein von der Vitrea des Stirnbeins abgesprengtes und mit den Hirnhäuten verwachsenes Knochenstück als Folge des Traumas gefunden. Pollag nimmt in seinem Falle an, daß durch eine Verletzung des Bauches und Kopfes Keime von einer bestehenden Mesenterialdrüsentuberkulose in die Blutbahn gelangten und an den von der Verletzung gleichfalls betroffenen Meningen Metastasen gebildet hatten. Der an tuberkulöser Meningitis erfolgte Tod sei als Unfallsfolge anzusehen. Auch Lindberg hält die Entstehung einer tuberkulösen Meningitis durch Trauma für erwiesen. Schultze betont, daß das Trauma von entsprechender Stärke sein muß. Es muß entweder den Kopf betreffen, so daß durch starke Stöße die Hirnhäute geschädigt werden. Ist aber nach dem Sektionsbefund anzunehmen, daß die Meningitis von verkästen Bronchialdrüsen ausgegangen ist, dann muß eine hinreichende Erschütterung des Brustkorbs evtl. neben einer Gewalteinwirkung auf den Kopf angenommen werden können. Zollinger meint, daß ein Trauma allein nie eine tuberkulöse Meningitis zur Folge haben könne. Nach einem Trauma könne eine tuberkulöse Meningitis auf folgenden drei Wegen entstehen: 1. durch das Trauma wurde der primäre Herd, nicht aber der Kopf verletzt, und es kommt zu einer Mobilisierung der Bacillen und Ansiedlung in den Meningen; 2. das Trauma bedingte eine Verletzung des primären Herdes und lädierte außerdem die Meningen und lokalisierte dadurch die Bakterien; 3. das Trauma bestand nur in einer Verletzung der Meningen und übte nur einen lokalisierenden Einfluß aus. Zollinger verlangt für die Annahme eines Zusammenhangs nachweisbare Zeichen von Läsionen des Gewebes. Ferner seien örtliche Beziehungen zu fordern, d. h. die Erkrankung müsse am Orte der Gewalteinwirkung oder der Contrecoupwirkung am weitesten vorgeschritten sein. Weiter müssen zeitliche Beziehungen vorhanden sein. Die charakteristischen Zeichen der Meningitis sollen spätestens in den letzten Tagen der 2. Woche nach dem Unfall eintreten; ist es erst später der Fall, so müssen deutliche Brückensymptome vorhanden sein. Der Tod trete gewöhnlich frühestens 14 Tage nach dem Trauma ein. Ibrahim hält das Trauma für eine wichtige Hilfsursache der tuberkulösen Meningitis, aber weniger Traumen, die den Schädel, als solche, die direkt einen tuberkulösen Herd treffen und dadurch zur Mobilisierung der Bacillen Anlaß geben. Herbert Koch fand unter seinem großen Material nur 2 Fälle, in denen ein Zusammenhang zwischen Trauma und tuberkulöser Meningitis durch die Obduktion mit größter Wahrscheinlichkeit bewiesen wurde. Jedenfalls, meint er, sei der Prozentsatz sehr gering, und es müsse ein strenger Maßstab bei der Beurteilung angelegt werden. v. Wangenheim erwähnt einen Fall, in dem sich infolge eines starken Stoßes in den Kopf eine Osteomyelitis des Os frontale entwickelte; 5 Wochen später trat der Tod an tuberkulöser Meningitis ein. Hans Langer meint, daß das Trauma nur eine geringe Rolle spiele; es könne entweder als Schädeltrauma eine lokale Resistenzverminderung im Gebiete der Meningen setzen oder als allgemeines Trauma aktivierend auf einen bestehenden primären tuberkulösen Herd einwirken.

Munck faßt neuerlich folgende Möglichkeiten einer traumatischen Entstehung der tuberkulösen Meningitis zusammen: 1. durch das Trauma wird ein vorhandener tuberkulöser Herd so geschädigt, daß Tuberkelbacillen in die Blutbahn gelangen und sich in den Meningen ansiedeln. 2. Durch traumatische Schädigung der Meningen wird ein locus minoris resistentiae geschaffen. 3. Beschädigung eines tuberkulösen Herdes und der Hirnhäute erfolgt gleichzeitig. Der Beweis des ursächlichen Zusammenhangs ist sehr schwierig. Es muß mindestens ein Zeitraum von 14 Tagen seit dem Unfalle vergangen sein. Bei längerem Zwischenraum müssen Brückensymptome nachgewiesen werden.

Dem Trauma analog können operative Eingriffe an einem tuberkulösen Organ wirken, an die sich nicht so selten eine Miliartuberkulose anschließt (Ibrahim, Engel). Herben und Asserson fanden, daß in 9% ihrer Fälle von tuberkulöser Meningitis eine Tonsillektomie vorausgegangen war.

Auftreten einer tuberkulösen Meningitis im Anschluß an Anlegung eines künstlichen Pneumothorax bei einem Falle von chronischer Lungentuberkulose beobachteten Culotta und Cinquemani.

In einem Falle von Lebeuf und Mollard kam es im Anschluß an Gold-behandlung einer tuberkulösen Synovitis zu einer tödlichen Meningitis. Auch Vaičiunas gibt an, daß intensiven Kuren mit Neosalvarsan, Silbersalvarsan, Gold, Höhensonne Meningitis tuberculosa folgt.

Eine größere Beteiligung der Knaben geben Bertillon und de Villa und Genoese an; bei Erwachsenen hat O. Fischer ein Überwiegen des männlichen Geschlechts (67% Männer, 33% Weiber) gefunden. Secker und Kaneko fanden ein Vorherrschen des weiblichen Geschlechts. Herbert Koch, Engel, Sayago, Orosz dagegen geben an, daß beide Geschlechter gleichmäßig beteiligt seien.

Bezüglich der Art der Ernährung der Kinder, Brustnahrung oder künstliche Ernährung, kommt Zappert zu dem Ergebnis, daß die Art der Ernährung keine Rolle spiele. Auch Koch meint, daß die Brusternährung nicht vor der Meningitis schütze.

Hereditäre Belastung beweist an und für sich nach Morse nicht viel. Es komme vielmehr auf die tatsächliche Infektion an. Auch Herbert Koch konnte eine deutliche familiäre Disposition nicht nachweisen. De Villa und Genoese behaupten, daß durch Alkoholismus, Syphilis und Nervenkrankheiten der Eltern eine Prädisposition zur Entwicklung der Meningitis geschaffen werde. Debré und Crémieu-Alcan leugnen dagegen einen nachweisbaren Einfluß nervöser Belastung und hereditärer Syphilis.

Was das Milieu betrifft, behauptet Bertillon, daß die Meningitis bei den armen Leuten viel häufiger sei, ebenso de Villa und Genoese, wohingegen Halliday auf Grund seiner Statistik in Glasgow zu dem Resultate kommt, daß Kinder, die in engen Wohnungen zusammengepfercht leben, keinen höheren Prozentsatz ergeben als Kinder aus großen Wohnungen. Nach Herben und Asserson kommt es ganz besonders in den ungesündesten, überfüllten Distrikten zur Infektion.

Aus der Statistik von Bertillon ist hervorzuheben, daß Norwegen durch eine große Zahl an tuberkulöser Meningitis hervorragt. Japan weist eine große Zahl von Meningitiden überhaupt auf, wobei aber die tuberkulöse nur wenig beteiligt ist. Die Häufigkeit der Meningitiden überhaupt ist nach Angabe dieses Autors in den Städten größer als auf dem Lande. Die Meningitis soll an Häufigkeit abnehmen.

Stelling hat eine geringe Zunahme der tuberkulösen Meningitis während des Krieges festgestellt, besonders unter den unehelichen Kindern.

Herben und Asserson fanden fast ausschließlich bei der tuberkulösen Meningitis den humanen Typus des Tuberkelbacillus, nur dreimal den bovinen. Der Typus bovinus ist offenbar selten die Ursache tuberkulöser Meningitis. Die Milchinfektion fällt nicht ins Gewicht.

Griffith hat in England unter 110 Fällen von tuberkulöser Meningitis 24 Fälle, das sind 21,8% mit dem Typus bovinus des Tuberkelbacillus gefunden. Er gibt an, daß in Amerika in 9,2%, in Deutschland in 6,9% Typus bovinus vorhanden war. In England sei zwischen den Jahren 1920 und 1930 ein Ansteigen der Fälle mit Typus bovinus beobachtet worden, im Jahre 1920 19,5%, im Jahre 1930 30,2%.

Experimentelle Arbeiten über Tuberkulose des Zentralnervensystems und tuberkulöse Meningitis.

Im Anhang seien kurz einige wichtigere Arbeiten über Tierversuche erwähnt, die zu verschiedenen Zwecken und mit verschiedenen Methoden unternommen wurden. Fragen der Histogenese der Zellarten im Tuberkel behandelt die groß angelegte Arbeit von FIEANDT (1911). Dieser Forscher spritzte Tuberkelbacillenemulsionen Hunden in die Carotis interna. Er erhielt dann im Gehirn Bacillenembolien, um welche sich tuberkulöse Herde entwickelten. Die wichtigsten Ergebnisse dieser Arbeit sind folgende: Die verschiedenen Zellformen des tuberkulösen Gewebes im Gehirn und in den Meningen sind sowohl hämatogenen wie histogenen Ursprungs. Die Zellelemente, die beim Hunde an der Bildung des meningealen Tuberkelgewebes teilnehmen, sind: feingekörnte Leukocyten, Lymphoidzellen, unter denen die Polyblasten die unvergleichlich größte Rolle spielen, und Fibroblasten. Die Zellelemente des cerebralen Tuberkels sind feingekörnte Leukocyten, Lymphoidzellen, Gliazellen und Fibroblasten. In der Umgebung des Tuberkels bildet sich in den späteren Stadien des Prozesses eine Schicht faserreichen Gliagewebes (reparatorische Gliasklerose). Eine neuere experimentelle Arbeit über die Histogenese der tuberkulösen Meningitis ist die von COSTA (1930). Er injizierte Tuberkelbacillen in den Spinalkanal von Kaninchen. Er fand, daß die Meningealzellen sich nicht an der Reaktion beteiligen. Die wesentlichste Reaktion zeigten dagegen die Bindegewebszellen, die stark proliferierten. Außerdem fand sich eine reichliche Exsudation von fibrinhaltigem Serum und Granulocyten. Mittels der Methylgrün-Pyronin-Färbung gelang es, nachzuweisen, daß vom 10. Tage an aus den bindegewebigen Elementen sich Zellen absonderten, die den Plasmazellen ähnliche Eigenschaften hatten und Mutterzellen der Plasma- und Epitheloidzellen waren.

Tierversuche über die verschiedenen Gifte des Tuberkelbacillus unternahm ARMAND-DELILLE (1903). Er unterscheidet lokal wirkende Gifte von den diffusiblen. Die ersteren können durch Äther, Chloroform und Xylol aus den Bakterienleibern isoliert werden. Ihre Wirkung ist Verkäsung und Fibrose. Die diffusiblen Gifte, die eigentlichen Toxine, bewirken eine Vergiftung der nervösen Zellen ohne nachweisbare histologische Veränderungen.

Weiter wurden Tierversuche unternommen, um durch Injektion von Tuberkelbacillen in das Gehirngewebe selbst oder in den Subarachnoidealraum eine tuberkulöse Meningitis zu erzeugen. Solche Versuche wurden von MARTIN, PÉRON, RICHET und ROUX, MANWARING, AUSTRIAN, SOPER und DWORSKI, KASAHARA, JOUSSET gemacht. SIMPSON und GLOYNE fanden, daß es nicht möglich ist, durch Injektion von Tuberkelbacillen in den Blutkreislauf eine tuberkulöse Meningitis zu erzeugen. FELDMANN konnte zeigen, daß Vogeltuberkulose auf Säugetiere sehr schwer übertragbar ist. Intracerebrale Injektion führt aber nicht nur zu einer Affektion des Gehirns und seiner Häute, sondern auch zu einer Ausbreitung der Tuberkulose auf die inneren Organe. BURN und FINLEY injizierten Tieren, die gegen Tuberkulose überempfindlich waren, lebende oder abgetötete Tuberkelbacillen in die Meningen. Die Meningen zeigten ein ausgedehntes eitrig-sulziges Exsudat. Nichttuberkulöse Tiere zeigten bei gleicher Versuchsanordnung diese Reaktionen nicht. OE. FISCHER sagt, daß beim Kaninchen mittels suboccipitaler Infektion eine vorwiegend basale Meningitis erzielt werden kann. Neuerdings berichtet Mme. JOUSSET über ausgedehnte Versuche an Meerschweinchen, bei denen die Tuberkelbacillen intracerebral einverleibt wurden. In jedem Falle gelang es nicht nur, eine lokale Reaktion zu erzeugen, sondern auch eine Allgemeininfektion. Mme. JOUSSET hat auch die histologischen Veränderungen im Gehirn bei diesen Versuchen studiert. Es fanden sich zunächst Gefäßinfiltrate in den Meningen. Von Veränderungen in der Gehirnsubstanz selbst werden vor allem ausgedehnte Veränderungen an der Mikroglia beschrieben, die vor allem in der Randzone der Rinde auftreten, besonders ausgesprochen unter Infiltraten in den Meningen. Aus dieser Reaktion der Mikroglia schließt Mme. Jousset, daß auch die nervösen Zellen geschädigt sein müssen, auch wenn dies histologisch nicht nachweisbar ist, da enge Beziehungen zwischen Nervenzellen und Mikroglia bestehen. So könne man einen indirekten Schluß ziehen, daß die Nervenzellen auch erkrankt sind. Da Tuberkelbacillen nur in den Meningen, den Ventrikeln und Gefäßinfiltraten gefunden wurden, nie aber in der Gehirnsubstanz selbst, müsse eine Fernwirkung des Tuberkelbacillus angenommen werden. Die Schwere und der tödliche Ausgang der tuberkulösen Meningitis sei bedingt durch die Erkrankung der Ganglienzellen im Bulbus durch die Toxine des Tuberkelbacillus.

Symptomatologie.

Die tuberkulöse Meningitis ist eine meist fieberhaft verlaufende Erkrankung, die rascher oder langsamer, manchmal auch plötzlich einsetzt, gewöhnlich zuerst mit Reizerscheinungen einhergeht, denen sich später Lähmungserscheinungen in den gleichen Gebieten hinzugesellen. Die Symptomatologie der tuberkulösen Meningitis ist sehr manigfaltig. Man hat versucht, die einzelnen Symptome auf verschiedene pathologische Faktoren zurückzuführen. Als solche Faktoren wurden angenommen: der gesteigerte Liquordruck, toxische und örtliche Einflüsse. Die örtlichen Einflüsse sind Hyperämie, Entzündung, Blutung und Zerstörung der nervösen Substanz. Doch ist die Zuordnung der einzelnen Symptome zu diesen pathologischen Faktoren oft recht unsicher und hypothetisch. Denn es besteht nicht immer eine vollkommene Übereinstimmung zwischen dem klinischen Bilde und dem pathologisch-anatomischen Befunde (Reinhold, Secker).

Das *Fieber* zeigt bei der tuberkulösen Meningitis kein regelmäßiges Verhalten (Herz), fehlt aber nach Herbert Koch nie. Nach O. Fischer liegen die Temperaturen meist zwischen 36,5 und 38,8°, oft über 39°, selten über 40°. Die höchste von diesem Autor verzeichnete Temperatur war 41,8°. Manchmal kommen auch Untertemperaturen von 35° und 34° vor. Romberg hat in einem Falle eine Temperatur von 30° beobachtet, die durch 2 Tage anhielt. Von fast allen Autoren wird angegeben, daß gegen Ende der Erkrankung die Temperatur meist fällt, während die Pulskurve ansteigt, so daß Puls- und Temperaturkurve sich kreuzen. Dieses Verhalten wird als charakteristisch für die tuberkulöse Meningitis angesehen. Doch kommt auch ein steiler Anstieg der Temperatur kurz vor dem Tode vor. So verzeichnet Matte terminale Temperaturen von 41,4° und 42,2°. Es gibt Fälle mit dauernd sehr geringem oder ganz fehlendem Fieber (Reinhold, Roger und Vaissade). Charakteristisch sind die oft sehr beträchtlichen Schwankungen und Unregelmäßigkeiten des Fiebers mit ganz ungleichmäßiger Verteilung über die Tageseinheit (Reinhold). Agonal kommt ein rapides Ansteigen bis zu sehr hohen Werten (43,7), häufiger ein Sinken zu subnormalen Werten vor (Reinhold).

Reinhold erklärt diese Temperatursprünge durch eine direkte Beeinflussung der vasomotorischen und wärmeregulierenden Apparate. Bei bestehender febriler Lungenphthise äußert sich das Einsetzen der Meningitis entweder durch ein mäßiges Ansteigen der Temperatur, besonders durch eine etwas höhere Lage der Morgentemperaturen. Oft folgt dann eine mehrtägige leichte Temperaturdepression. In anderen Fällen wirkt die Meningitis nur erniedrigend auf das bestehende Fieber. Das Sinken kann entweder bis zum Tode andauern oder kann kurz zuvor durch einen Anstieg unterbrochen werden.

SECKER fiel die Regellosigkeit der Temperaturkurven auf; fieberlose Zeiten wechseln mit hohem Fieber ab. Morgens kann hohe Temperatur bestehen, abends niedrige und umgekehrt. Im Beginne der Meningealerkrankung kann es zu subfebrilen und afebrilen Werten kommen. Präagonal steigt die Temperatur entweder hoch an (42,1°) oder sinkt sehr tief (32,2°).

LÉVY-FRANCKEL hat bei Kindern von 4—15 Jahren beobachtet, daß bei tuberkulöser Meningitis die Achseltemperaturen um mehrere Zehntel bis zu $1^1/_2^0$ höher waren als die Rectaltemperaturen. VOISIN fand in einem Teil seiner Fälle (15 von 27) einen fast oder ganz vollständigen Parallelismus zwischen der Achselhöhlen- und Rectaltemperatur, in einem anderen Teile Unregelmäßigkeiten im Abstand beider Kurven. Nur in 5 Fällen erreichte die Achseltemperatur die rectale oder überstieg sie sogar. SIMMONDS führt die Untertemperaturen, die bei tuberkulöser Meningitis vorkommen, auf das Eindringen des tuberkulösen Exsudats, das den Hypophysenstiel umscheidet, in die Hypophysensubstanz zurück.

Gewöhnlich wird angegeben, daß der *Puls* im Beginne der Erkrankung etwas beschleunigt ist, dann folgt ein Stadium der Verlangsamung infolge Vagusreizung, welches einige Tage oder kürzer anhält; schließlich tritt allmählich oder schroff eine Pulsbeschleunigung als Ausdruck der Vaguslähmung ein. Kurz vor dem Tode schnellt der Puls rapid in die Höhe, so daß er nicht mehr zu zählen ist. Pulsverlangsamung kann nach SCHULTZE, MATTES während des ganzen Verlaufes fehlen. Nach SCHULTZE kommt Beschleunigung gegen Ende der Erkrankung ausnahmslos vor. Einigermaßen charakteristisch ist eine große Labilität des Pulses. O. FISCHER beobachtete Pulszahlen von 60—120, gegen Ende kann der Puls bis auf 200 ansteigen.

Im Stadium des Hirndrucks ist in der Mehrzahl der Fälle der Puls verlangsamt.

HENOCH betont das Vorkommen leichter Unregelmäßigkeiten bei Kindern im Initialstadium.

Vor dem Eintritt höherer Pulsfrequenzen im Endstadium der Krankheit wird oft und bisweilen tagelang anhaltend eine ganz excessive Labilität mit mehrmaligem Hin- und Herschwanken innerhalb kurzer Zeiträume beobachtet (z. B. zwischen 80 und 120, REINHOLD). HEUBNER hält es für möglich, daß diese Pulsschwankungen von Schwankungen in der Spannung des Schädelinhalts abhängig sind.

Nach SECKER zeichnet sich die Pulskurve ebenso wie die Temperaturkurve durch Regellosigkeit aus. Die Pulsfrequenz geht nicht immer mit der Temperatur parallel; präagonal steigt oder sinkt die Pulszahl mit der Temperatur, oder die Kurven kreuzen sich. Die höchste von SECKER beobachtete Pulszahl betrug 252, die niedrigste 45.

Nach HERBERT Koch ist Pulsverlangsamung und Arrhythmie ein ziemlich konstantes Symptom (71%). Sie tritt meist am 10.—6. Tage vor dem Tode auf, nur einmal fand er sie schon am 12. Tage. Sie hält nach demselben Autor 2—7 Tage an, in einem seiner Fälle dauerte sie 9 Tage.

Die Herztätigkeit ist äußerst labil, beim Aufrichten des Kranken oder bei Krämpfen steigt die Pulszahl vorübergehend rapid an. MIDDEL beobachtete in einem Falle während eines 2 Minuten andauernden Krampfanfalles ein Emporschnellen des Pulses von 84 auf 156.

Nach HEUBNER hat in der Mehrzahl der Fälle die Entwicklung des akuten Hydrocephalus einen deprimierenden Einfluß sowohl auf den Puls wie auf die Körpertemperatur, wenn auch eine strenge Kongruenz beider nicht immer besteht, vielmehr bald das eine, bald das andere Symptom früher einsetzt oder länger anhält.

Miura fand, daß der minimale Blutdruck mit dem Fortschreiten der Krankheit allmählich ansteigt.

Starke Füllung und Pulsation der Carotiden wird von Reinhold als Ausdruck der intrakraniellen Drucksteigerung aufgefaßt ebenso wie die starke Pulsation der vorgetriebenen und gespannten Fontanellen bei jungen Kindern.

*Respirations*störungen werden oft beobachtet. Schon Seitz erwähnt Vermehrung und Verstärkung der Atembewegungen als häufig. Nach Reinhold treten oft schon frühzeitig leichte Unregelmäßigkeiten und Ungleichmäßigkeiten der Atmung ein. Cheyne-Stokessches Atmen kommt meist erst in der letzten Krankheitsperiode vor, manchmal nur stundenweise. Auch Matte fand meist eine Beschleunigung der Respiration. Manchmal geht Verlangsamung der Atmung und des Pulses parallel ebenso wie die Beschleunigung beider. Kurz vor dem Tode wurde sowohl außerordentliche Steigerung der Atemfrequenz wie Verlangsamung beobachtet (Matte). In fast allen Fällen fiel Matte die große Unregelmäßigkeit der Respiration auf.

Nach Daniel zeigt die Atemfrequenz häufig große Schwankungen, oft erfolgt nach einer bestimmten Anzahl gleichmäßiger Atemzüge eine Pause, welche mit dem Fortschreiten der Krankheit länger und häufiger wird. Häufig ist der Cheyne-Stokessche Atemtypus (Seitz, Matte). Reinhold beobachtete ihn in $^1/_5$ seiner Fälle. Matte gibt ein dem Cheyne-Stokesschen Typus sehr nahekommendes Atmen an.

Fosse unterscheidet bei der tuberkulösen Meningitis der Kinder 2 Hauptformen der Respirationsstörungen: 1. eine beschleunigte Form, bei der Vermehrung der Atemzüge mit Verminderung der Respirationstiefe parallel geht; 2. eine verlangsamte Form, die im wesentlichen dem Cheyne-Stokesschen Typus entspricht. Fosse hält die Atmungsbeschleunigung für den Ausdruck einer corticalen, nicht bulbären Reizung; die Atmungsverlangsamung hält er für den Ausdruck der durch die Kompression bedingten cerebralen Erschöpfung.

Hunter beobachtete bei einem Kinde mit tuberkulöser Meningitis den Cheyne-Stokesschen Atemtypus. Dabei sah er folgendes interessante Phänomen: während der Atempause waren die Pupillen stark verengt, mit Beginn der Atmung begannen sie sich zu erweitern und erreichten ihre größte Weite gleichzeitig mit der größten Respirationstiefe. Mit Beginn der Atmung trat ein Tremor in den Armen, vornehmlich im rechten auf, während in der Atempause die Extremitäten ruhig waren. Der Tremor nahm mit zunehmender Atemtiefe in seiner Amplitude zu, um mit der größten Atemtiefe seine größte Exkursion zu erreichen. Korrespondierend wurde er mit Abnahme der Atemtiefe wieder schwächer. Die Medulla oblongata wurde mit der Nisslschen Methode untersucht; ein greifbarer anatomischer Befund zur Erklärung der klinischen Erscheinungen wurde aber nicht gefunden.

Eskridge sah an einem 29jährigen Manne starke Schwankungen in der Respirationsfrequenz. Er will Atempausen von 20 Sekunden bis 2 Minuten beobachtet haben.

Conner und Stillmann haben genaue Studien über die Atemstörungen bei Meningitis gemacht. Oft fanden sie Cheyne-Stokessches Atmen, das Biotsche Atmen — dieses bei tuberkulöser Meningitis selten — und einen von ihnen sogenannten „Wellentypus", d. h. eine Störung in Rhythmus, Stärke und Muskeltonus, aber ohne Atempausen dazwischen. Dieser letztere Atemtypus wurde auch bei allen möglichen anderen Krankheiten gefunden.

Nach Topuse kommt der Biotsche Atemtypus bei der tuberkulösen Meningitis verhältnismäßig selten vor (unter 150 Fällen 9mal), viel häufiger ist der Cheyne-Stokessche Typus.

HIRSCHSOHN erwähnt in seinem Falle CHEYNE-STOKESsches Atmen 2 Tage vor dem Tode, MARTINEZ Dyspnoe und Cyanose.

Plötzlich eintretende Atemlähmung mit intensiver Cyanose, manchmal mit Glottiskrampf, führt bisweilen zu unerwartet raschem Exitus bei der Meningitis.

MENSI berichtet über ein 2 Jahre altes Kind, das im Verlaufe der Krankheit einen inspiratorischen Stridor zeigte. Der Autor nimmt bulbäre meningitische Veränderungen als Ursache an, ein Glottisödem mag die Symptome noch verstärkt haben. In einer zweiten Publikation spricht Verfasser die Ansicht aus, daß der Laryngospasmus auf die bei der Obduktion festgestellten lokalen Veränderungen des Kehlkopfes (Katarrh, Glottisödem) und nicht auf eine hypothetische bulbäre Läsion zurückzuführen sei. Doch wird Glottiskrampf schon von SCHULTZE erwähnt.

Über das *Blutbild* bei tuberkulöser Meningitis liegen nur wenige Arbeiten aus den letzten Jahren vor, und auch die haben nichts Charakteristisches ergeben. SECKER beobachtete oft anfänglich eine Polynucleose. Meist bestand während des Verlaufes eine starke Leukocytose (bis 40 200). In fast allen Fällen wurden große Schwankungen der Leukocytenzahl gefunden. MESECK fand in einem Falle einer stürmisch verlaufenden tuberkulosen Meningitis eine Leukocytose im Blute. Nach HEISSEN sind bei der tuberkulösen Meningitis von Anfang an im Blute Zellen von normalem Bau (keine toxischen Formen, keine Verschiebung), dagegen meist beträchtliche Monocytenwerte. RANDOLPH meint auf Grund seiner Untersuchungen von 9 Fällen, daß bei akuter cerebraler Tuberkulose immer eine mäßige Leukocytose mit Vorwiegen der Polymorphkernigen bestehe, bei chronischen Formen Lymphocytose.

Nach HERZ kann den absoluten Leukocytenwerten keinerlei Bedeutung beigemessen werden. Man kann sowohl Leukopenien wie Leukocytosen beobachten. Auch können anfänglich leukopenische Werte gleichmäßig ansteigend in Leukocytosen übergehen. Charakteristisch sei die geringe toxische Granulierung bei mäßiger Linksverschiebung und hochgradiger Granulocytose. Die Granulocyten zeigen meist sehr zahlreiche Segmente. Monocytosen stärkeren Grades können vorkommen, sind aber selten.

Nach ACHARD, BARIÉTY und CODOUNIS ist das Eiweiß des Blutes bei tuberkulöser Meningitis vermehrt, der Eiweißquotient verschoben.

Im *Harn* hat MONTANARIO bei 5 von 7 Kindern Zucker nachgewiesen. Er erklärt dies durch einen Reiz des Vagus durch das basale Exsudat. Außerdem fand er regelmäßig Kreatinin, Aceton, Acidum diaceticum und Vermehrung der Harnsäure.

Nach SEITZ besteht fast regelmäßig eine Verminderung der Harnmenge, die sich aber wegen der unwillkürlichen Entleerungen nur schwer feststellen läßt. TOUSSAINT beschreibt einen Fall mit Polyurie und Polydipsie, die er auf eine Hypophysenaffektion zurückführt, da sie auf Hypophysenmedikation zurückgingen. Diabetes insipidus berichtet auch HEYBROEK in seinem Falle, in dem offenbar eine tuberkulöse Hypophysenaffektion bestand, die schließlich zu tuberkulöser Meningitis führte. Über einen Fall mit Glykosurie berichtet PERONNE.

Störungen der Harnentleerung sind häufig, sowohl unwillkürlicher Harnabgang als auch Harnverhaltung. Die unwillkürliche Harnentleerung ins Bett ist mehr auf psychische Störungen (Benommenheit) als auf Blasenlähmung zurückzuführen (SEITZ). Nach der Stastik von O. FISCHER ist Urinretention eine häufige Erscheinung bei der tuberkulösen Meningitis. Schon WILKS berichtet über Fälle von Meningitis tuberculosa, die mit Harnbeschwerden begannen. CYHLARZ und PICK erwähnen Harnverhaltung in 3 Fällen als erstes klinisches Zeichen einer tuberkulösen Meningitis. Johannsen beschreibt einen Fall, in dem Harnverhaltung als auffälligste Erscheinung vorhanden war, und in dem die tuberkulöse Meningitis fast ausschließlich aufs Rückenmark beschränkt war, und in dem sich außerdem eine Caries im 7. und 9. Brustwirbel fand. Ein Zusammenhang der Meningitis mit der Caries ließ sich nicht sicher nachweisen. Derselbe Autor beschreibt noch einen zweiten Fall von tuberkulöser Meningitis, bei dem Harnretention im Vordergrund der Erscheinungen stand.

Im Falle Hensens, in dem es sich freilich um eine Meningomyelitis tuberculosa handelte, war Detrusorlähmung und Incontinentia alvi das Hauptsymptom.

Häufig besteht *Appetitlosigkeit,* oft als Initialsymptom, doch erwähnt Seitz 2 Fälle, in denen der Appetit als auffallend gut bezeichnet wurde, ja in einem Falle soll der Kranke noch in soporösem Zustand mit großem Appetit seine Nahrung zu sich genommen haben.

Auffälliger *Durst* wird öfter erwähnt (z. B. Holzmann).

Singultus kommt öfter in den letzten Tagen vor. Wilks beschreibt einen Fall, in dem durch fast 2 Monate Singultus bestand.

Ein weiteres sehr häufiges Symptom ist *Erbrechen,* das oft grundlos ist, mit Leichtigkeit im Guß oder Strahl erfolgt. Sehr oft ist es Initialsymptom (nach Herbert Koch in 50% seiner Fälle; vgl. ferner Marinelli, Snyderman). Doch kann es in jedem Stadium der Erkrankung auftreten oder ganz fehlen.

Ein anderes Symptom, das auch sehr häufig ist, ist die *Obstipation.* Auch sie ist oft Initialsymptom (Daniel, Herbert Koch). Sie findet sich bereits in den ältesten Beschreibungen (Whytt).

Bei Säuglingen kann sich das Erbrechen mit *Diarrhoen* verbinden. Bei Erwachsenen sind Diarrhoen bei der tuberkulösen Meningitis selten (Seitz, Cruchet).

Seltener wird *Schwindel* erwähnt. Umso häufiger ist aber der *Kopfschmerz,* der auch zu den Frühsymptomen gehört. Nach Herbert Koch tritt der Kopfschmerz spontan oder auf Beklopfen auf. Der Kopfschmerz kann verschieden intensiv sein, oft ist er so hochgradig, daß die Kranken jammern und schreien. Er wird entweder im ganzen Kopf gleichmäßig empfunden oder in die Stirn lokalisiert, bisweilen nach dem Hinterkopfe und in den Nacken ausstrahlend. Auch in der Somnolenz und Benommenheit hält der Kopfschmerz an, was man aus dem schmerzhaften Verziehen des Gesichtes, Stöhnen, schmerzlichem Aufschreien und Greifen nach dem Kopfe schließen kann. Nach Schultze fehlt er, wenn von vornherein Delirien auftreten, besonders bei Potatoren oder wenn psychische Störungen bestehen. Der Kopfschmerz wird einerseits auf den gesteigerten Hirndruck, andererseits auf die Entzündung der sensiblen Nerven in der Leptomeninx zurückgeführt (Schultze).

Sehr oft sind die *Hirnnerven* bei der tuberkulösen Meningitis betroffen; sehr häufig sind Augenmuskellähmungen (nach Plischke in 77%). Abducensparese kommt nach Uhthoff in 12% vor, Oculomotoriusbeteiligung in 18%, Ptosis allein in 10%. Die Augenmuskellähmungen sind nach Uhthoff basal bedingt; sie sind meist unvollständig. Nach demselben Autor kommt von Oculomotoriusstörungen am häufigsten die Ptosis vor (Beeinträchtigung durch Kompression). Doppelseitige Oculomotoriuslähmung fehlt nach Uhthoff bei der Meningitis tuberculosa fast vollständig, totale Ophthalmoplegie ist sehr selten, auch die Abducensparese sei nicht besonders häufig, selten doppelseitig. Oculomotoriuslähmung mit alternierender Körperlähmung bestand im Falle Léon d'Astros, bei dem es zu einer Blutung in den Pedunculus cerebri gekommen war. Eine Blutung in die Kernregion des Oculomotorius wurde in den Fällen von

SAENGER und KINICHI NAKA gefunden, Blutung in den Oculomotoriusstamm von SAENGER, eine tuberkulöse Meningoencephalitis des fascikulären und nukleären Teiles des Oculomotorius von WILBRAND und SAENGER, Neuritis und Erweichung des Oculomotoriusstammes von TAKACS und KAHLER. Bemerkenswert ist der Fall von ROMANELLI, bei welchem im Beginne der Erkrankung eine totale Lähmung des linken Oculomotorius als einziges klinisches Symptom bestand. Bei der Sektion wurde eine hämorrhagische Infiltration des linken Oculomotorius gefunden, die sich von der Austrittsstelle des Nerven bis in die Augenhöhle erstreckte. Abducenslähmung wird u. a. angegeben in den Fällen von PAGNIEZ, CORBY und ESCALIER, TESCHLER. Beiderseitige Abducenslähmung bestand in den Fällen von KRÄMER, VOTRUBA, LAIGNEL-LAVASTINE und POLACO. Isolierte Trochlearislähmung ist sehr selten (v. PFUNGEN). Ebenfalls selten ist Internuslähmung (SEITZ). MATTE beobachtete in einem Falle eine beiderseitige Internusparese, in einem anderen Falle einen rechtsseitigen Exophthalmus paralyticus, bei dem das Auge völlig still stand. Bei den Augenmuskellähmungen ist oft der Wechsel der Symptome auffallend. Häufig ist nach SCHULTZE eine vorübergehende einfache Ermüdungs- und Schläfrigkeitslähmung der Interni. Manchmal besteht eine deutliche Divergenz der Augenachsen während des somnolenten Zustandes, die bei zurückgerufener Besinnung verschwindet (REINHOLD). Oft besteht nur Strabismus, spastischer und paralytischer (MATTE, CRUCHET). Im Falle BIRKEDAHLs bestand ausgesprochener Strabismus divergens, die Bulbi waren nach unten gewendet, der rechte außerdem nach außen. Kontrakturen in den äußeren Augenmuskeln erwähnt MATTE, und zwar 2mal in den Recti superiores. 2mal beobachtete MATTE Stellung der Bulbi nach rechts. Konjugierte Deviation der Augen nach rechts oben erwähnt MORSE und CLEVELAND, Augenablenkung nach rechts HIRSCHSOHN, Deviation der Augen und des Kopfes nach links ACUNA und BAZÁN. Gleichsinnige Ablenkung beider Augen und des Kopfes wird von SCHULTZE angegeben. Nach UHTHOFF kommt konjugierte Abweichung der Augen in 8% vor; sie ist als corticale Reizerscheinung aufzufassen. Lähmung des Blicks nach oben beschreiben ROGER und VAISSADE in einem Falle von tuberkulöser Meningitis.

Ein besonderes Symptom hat PIERACCINI beschrieben, das er Chamäleonsblick nennt. Es besteht in unwillkürlichen, sehr langsamen Bewegungen der Bulbi, meist lateral, manchmal auch schräg oder rotatorisch, entweder nur des einen Bulbus oder beider gleichzeitig oder zu verschiedener Zeit, stets aber dissoziiert.

Nystagmus oder nystagmusartige Zuckungen wurden von UHTHOFF in 10% verzeichnet. MATTE sah Nystagmus rotatorius und oscillatorius in horizontaler oder vertikaler Richtung. In einem seiner Fälle bestand nur auf dem einen Auge Nystagmus, während das andere völlig ruhig stand. Manchmal machen die Bulbi hinter den geschlossenen Augenlidern langsam hin- und herpendelnde Bewegungen (SCHULTZE). Diese Bewegungen können stunden- und tagelang anhalten.

Die *Pupillen* zeigen häufig Störungen. Nach HERBERT KOCH sind sie häufiger weit als eng. Im Falle BIRKEDAHLs bestand anfänglich einseitige, dann doppelseitige Mydriasis. Auffällig ist nach SCHULTZE der starke und häufige Wechsel in der Weite der Pupillen. Manchmal können sie innerhalb mehrerer Tage wiederholt in ihrem Durchmesser beträchtlich wechseln. Mit zunehmendem Koma werden die Pupillen meist weiter. MATTE beschreibt allerdings bei 2 Patienten im letzten Stadium eine Verengerung der Pupillen. Im allgemeinen gilt als Regel, daß für die Konvexitätsmeningitis, wie überhaupt für starke corticale Reizung, Verengerung der Pupillen, für die Basilarmeningitis Erweiterung und Ungleichheit der Pupillen charakteristisch ist. Außerdem soll aber auch der Grad des intrakraniellen Druckes maßgebend sein: bei mäßigem Hirndruck sollen im allgemeinen die Pupillen eng sein, bei sehr starkem weit und starr (Reinhold). Nach Reinhold ist vielleicht auch die Beteiligung des Halsmarks am Entzündungsprozesse (Centrum cilio-spinale) auf die Pupillen von Einfluß; besonders lasse sich dieser Einfluß in jenen Fällen vermuten, in denen ein leichter Grad von Exophthalmus sich im Verlaufe der Krankheit entwickelt. Sehr oft sind die Pupillen ungleich weit (Seitz, Daniel, Cruchet, Acuna und Bazán, Rosenblum und Makler). Ausgesprochene Anisokorie kommt nach Uhthoff in 10% vor. Nach Herbert Koch sind die Pupillen in der letzten Woche ungleich weit und reagieren träge oder gar nicht. Auch Matte gibt an, daß sich im Verlaufe der Krankheit zumeist eine träge Pupillenreaktion entwickelt, die sich vor dem Tode bis zur reflektorischen Starre steigert. Nach Uhthoff kommt reflektorische Pupillenstarre in 15% und hochgradige Beeinträchtigung der Pupillenreaktion in 15% vor. Uhthoff weist auch darauf hin, daß oft bei schwerer Bewußtseinsstörung die Pupillenreaktion aufgehoben ist.

Paradoxe Pupillenreaktion wird von Leitz und Gesualdo in je einem Falle angegeben. Uhthoff macht aber darauf aufmerksam, daß bei der tuberkulösen Meningitis oft hippusartige Schwankungen der Pupillen vorkommen, die irrtümlich als paradoxe Pupillenreaktion aufgefaßt werden.

Ein eigenartiges Pupillenphänomen beschreibt Squires. Es besteht darin, daß die Pupillen sich erweitern, wenn man den Kopf des Patienten kräftig nach hinten streckt, und enger werden, wenn man den Kopf nach vorn auf die Brust beugt. Dieses Phänomen soll schon frühzeitig — oft schon am 4.—5. Krankheitstage — auftreten. Reinhold beobachtete in mehreren Fällen bei jeder passiven Beugung des Kopfes Erweiterung der Pupillen und Verengung beim Zurücklegen des Kopfes. Das Phänomen tritt besonders deutlich bei Erschlaffung der Nackenmuskulatur, also im Koma, auf. Reinhold deutet diese Erscheinung als eine im tiefen Koma fortbestehende Schmerzreaktion. Parrot sah auf stärkere sensible Reize eine sehr deutliche Erweiterung der Pupillen eintreten als Ausdruck einer Steigerung eines an sich physiologischen Reflexes. Werden soporöse Kranke etwas zu sich gebracht, so können sich die Pupillen erweitern, bei erneuter Somnolenz verengern sie sich wieder (Reinhold).

Beim Cheyne-Stokesschen Atmen kommt Verengerung der Pupillen und Einschlafen in den Atmungspausen vor, Erweiterung der Pupillen und psychische Unruhe während des Stadiums der anschwellenden Respiration. Auch Uhthoff macht auf dieses Verhalten aufmerksam, doch bemerkt er, daß es nicht der Meningitis, sondern dem Atemphänomen angehört.

Nach Brower kommt bei tuberkulöser Meningitis, zuweilen sehr früh, das Skeersche Symptom vor. Es besteht in einem Kranz weißer Wölkchen um den Pupillarrand der Iris, an Stelle dessen nach 3—4 Tagen ein gelblich-brauner Kreis erscheint.

Akkommodationslähmung neben einer Abducenslähmung erwähnen Pagniez, Corby und Escalier in ihrem Falle.

Von Veränderungen am *Augenhintergrund* kommen am häufigsten vor Neuritis optica (nach Uhthoff in 25%), Stauungspapille (nach Uhthoff 5%, Erweiterung der Retinalvenen bei normalem Papillenbefund 5%) und Chorioidealtuberkel (nach Uhthoff 10%). Nach Uhthoff ist der Prozentsatz der Chorioidealtuberkel bei allgemeiner Miliartuberkulose noch viel höher als bei der Meningitis tuberculosa. Die Häufigkeit der Chorioidealtuberkel bei tuberkulöser Meningitis ist nach Uhthoff von dem Vorhandensein einer allgemeinen Miliartuberkulose abhängig. Herbert Koch fand unter 64 ophthalmoskopierten Fällen 42mal Stauungspapille, 8mal Chorioidealtuberkel. Stauungspapille bzw. beginnende Papillitis wird auch von Matte erwähnt (unter 20 Fällen je 5).

Einmal ging die Stauungspapille in Opticusatrophie über. Postneuritische Atrophie ist nach Uhthoff bei der Meningitis tuberculosa wegen des akuten tödlichen Verlaufs ebenso wie Erblindung selten. Chorioidealtuberkel wurden von Matte unter seinem Material nur 2mal gesehen, außerdem einmal bei der Sektion, wo sie bei der klinischen Untersuchung nicht gefunden worden waren. Topuse fand unter 150 Fällen 16mal Aderhauttuberkel; sie sind häufiger bei jüngeren Individuen als bei älteren, am häufigsten zwischen 14 und 20 Jahren. Meist findet man sie erst gegen Ende der Erkrankung. Der Aderhauttuberkel findet sich, wie erwähnt, gewöhnlich bei Miliartuberkulose. Topuse fand ihn nur einmal in einem Falle von tuberkulöser Meningitis ohne Miliartuberkulose.

Von selteneren Opticusaffektionen sind noch zu erwähnen: Neuritis retrobulbaris, die Heybroek in einem Falle neben Diabetes insipidus und Adipositas fand. Es bestand eine Tuberkulose der Hypophyse, die nach $1^1/_2$ Jahren unter den Erscheinungen der Meningitis tuberculosa zum Tode führte. Toussaint beschreibt einen Fall von Lungentuberkulose mit Polyurie und Polydipsie, die auf Hypophysenmedikation prompt zurückgingen. Außerdem bestand eine linksseitige Opticusatrophie. Der Verfasser führt diese Symptome auf eine tuberkulöse Hypophysenaffektion zurück. Strasman beobachtete einen Fall mit Adipositas, Abnahme der sexuellen Fähigkeiten, bitemporaler Abblassung der Papillen und bitemporaler Hemianopsie. Bei der Sektion fand sich eine fibröse tuberkulöse Meningitis, wobei das Chiasma ganz von tuberkulösem Granulationsgewebe umwachsen war. Sittig veröffentlichte einen Fall von tuberkulöser Meningitis, indem der Ophthalmolog eine bitemporal-hemianopische Pupillenreaktion diagnostizierte. Die mikroskopische Untersuchung des Gehirns ergab eine tuberkulöse Meningitis, wobei sich besonders starke tuberkulöse Infiltration am Chiasma fand.

Hier reiht sich eine Beobachtung Bostroems an. Ein junges Mädchen litt 2 Monate an Stauungspapille, Abducenslähmung und beginnender bitemporaler Hemianopsie. Sie fieberte leicht und hielt beim Gehen den Hals etwas steif. Die Lumbalpunktion ergab starke Lymphocytose, erhöhten Druck, Phase I +; im Liquor setzte sich ein Gerinnsel ab, in dem Tuberkelbacillen nachgewiesen werden konnten.

Von anderen Augenerscheinungen wird Conjunctivitis (Seitz, Herbert Koch), Keratitis (Koch), Phlyktäne (Seitz), Lichtscheu erwähnt.

Über Störungen des *Gehörs* wird nur selten berichtet. Dagegen ist Empfindlichkeit gegen Geräusche eine häufig und in den ältesten Beschreibungen erwähnte Erscheinung. Van der Vloet beschreibt einen Fall mit plötzlich auftretender linksseitiger Facialislähmung, wozu sich sensible und motorische Trigeminusparese, Acusticusaffektion und Kleinhirnsymptome auf der gleichen Seite hinzugesellten. Der Autor nimmt eine Meningitis tuberculosa en plaques an. Im Falle Whitakers bestand Stauungspapille, Ausschaltung des linken VIII, Dysmetrie und Ataxie. Ein aus der Brückenwinkelgegend bei der Operation excidiertes Kleinhirnstückchen enthielt frische Miliartuberkel. Bei der Sektion fand sich eine ausgebreitete Miliartuberkulose.

Im Falle von Czarnowski findet sich vermerkt, daß im Beginne der Erkrankung der Patientin alles sauer schmeckte.

Cruchet beschrieb einen auch sonst sehr bemerkenswerten Fall von tuberkulöser Meningitis mit Sektionsbefund, in dem eine Lähmung der rechten Zungenhälfte mit schwerer Atrophie bestand.

Im Gebiete der *Motilität* sehen wir häufig Störungen bei der tuberkulösen Meningitis, einmal Lähmungen, dann Spontanbewegungen, besonders Krämpfe und Kontrakturen. Die zentralen Lähmungen treten in Form von Hemiplegien oder Monoplegien auf, selten sind Paraplegien (z. B. ein Fall von Wilks). Nach Rendu treten die Lähmungen bei der tuberkulösen Meningitis fast immer als Späterscheinungen der zweiten Periode oder im letzten Stadium auf. Er teilt sie in passagere und dauernde Lähmungen ein. Den passageren sollen starke Krämpfe vorausgehen, den dauernden dagegen entweder nur leichte Zuckungen, oder sie setzen allmählich im Koma ein. Die dauernden sind meist halbseitig, komplett oder inkomplett, sie betreffen die Glieder oder die Hirnnerven. Gewöhnlich ist die Sensibilität mit gestört, selten in Form einer Hyperästhesie, meist als Anästhesie. Nur bei den dauernden Lähmungen soll man konstante pathologisch-anatomische Veränderungen finden, und zwar soll eine Beziehung zur Stärke des basalen Exsudats bestehen. Rendu sah in den Fällen mit dauernden Lähmungen Erweichungsherde oder capillare Blutungen. Die Erweichungsherde sitzen nach Rendu meist im Corpus striatum, Thalamus opticus oder Pedunculus cerebri. Die Erweichungsherde sollen die Folge von Obliteration der Arterien, im besonderen der Äste der Arteria cerebri media, durch die Exsudatmassen an der Basis sein. Bei den passageren und terminalen Lähmungen findet man nach Rendu keine charakteristischen pathologisch-anatomischen Veränderungen.

Nach Herbert Koch ist unter den Lähmungen die häufigste die Facialislähmung; meist ist sie einseitig und betrifft nur den Mundast. Reinhold führt als Charakteristika der Monoplegia facialis das Freibleiben des Stirnastes, die Beteiligung der Zunge, Sensibilitätsstörung und Déviation conjuguée an. Selten kommt eine doppelseitige Facialislähmung vor. Manchmal wird Lagophthalmus beobachtet.

Die zweithäufigste Lähmung ist nach Koch die Oculomotoriuslähmung. Doch wurden die Augenmuskellähmungen bereits besprochen. Es sei hier nur erwähnt, daß Landouzy eine Ptosis corticalen Ursprungs annimmt.

Konvulsionen sind besonders bei Kindern im Verlaufe der tuberkulösen Meningitis häufig. Meist haben sie den Charakter der Jackson-Epilepsie, sind tonisch-klonisch und befallen entweder einzelne Muskelgruppen oder eine Körperhälfte oder den ganzen Körper. Landouzy betont die corticale Natur der Lähmungen und Krämpfe bei der Meningitis tuberculosa. Als Charakteristika führt er an, daß sie 1. partiell, 2. inkomplett, 3. vorübergehend und 4. wechselnd sind. Er hat unter 43 Fällen von tuberkulöser Meningitis 11mal Déviation conjuguée der Augen und des Kopfes beobachtet. Auch im Gebiete der Augen sieht man Reiz- und Lähmungserscheinungen: krampfhafte Zuckungen der Augen, Kontraktion der Pupillen, Lidkrampf, Strabismus, Ptosis, Erweiterung der Pupillen.

Was die anatomische Ursache der Herderscheinungen bei der tuberkulösen Meningitis betrifft — der Lähmungen und Krämpfe, aber auch der Aphasie — so wurden verschiedene Ansichten darüber geäußert. Wernicke führt 3 Arten von Herdsymptomen an: 1. solche von seiten der Gehirnnerven an der Basis, 2. solche von seiten der Hirnrinde, 3. solche von seiten der Stammganglien. Sie nehmen hinsichtlich ihrer Häufigkeit die hier angegebene Reihenfolge ein. Die Lähmungen der Hirnnerven können nach Wernicke nicht einfach durch ihre Einbettung in Exsudat erklärt werden, denn sie finden sich auch ohne besonders starkes Exsudat und können bei starker Exsudatbildung fehlen. Wernicke nimmt vielmehr eine häufige entzündliche Veränderung der Nerven als Ursache der Lähmungserscheinungen in ihrem Bereiche an. Als Ursache der Lähmungen von seiten der Hirnrinde nimmt Wernicke mit Rendu ein Übergreifen des tuberkulösen Prozesses auf die Rinde an. In den Stammganglien kommt es zu Erweichungsherden durch Gefäßverschluß, entweder indem die Gefäße durch sie umgebende mächtige tuberkulöse Exsudatmassen komprimiert werden oder durch Erkrankung der Gefäße selbst, Arteriitis obliterans. WERNICKE betont aber, daß neben Fällen, in denen als Ursache der Herderscheinungen entsprechende Läsionen gefunden werden, solche vorkommen, in denen der Sektionsbefund die Herderscheinungen nicht erklärt.

Auch REINHOLD macht darauf aufmerksam, daß dauernde Lähmungen bei der tuberkulösen Meningitis ohne anatomischen Befund vorkommen. Sonst führt er als ihre Ursache an: halbseitig überwiegenden Hydrocephalus internus, entzündliches Ödem, Encephalitis, Gefäßveränderungen, Erweichungsherde und tuberkulöse Plaques.

Nach ZAPPERT liegen den Herderscheinungen bei der tuberkulösen Meningitis meist grob nachweisbare Herderkrankungen zugrunde, und zwar umschriebene Exsudatansammlung, Entzündungsherde, Erweichungsherde durch Arterienverschluß. BORCK fügt noch als weitere Ursache die rote Erweichung hinzu, die allerding sehr selten ist. Er führt 2 Fälle aus der Literatur an (RAUTENBERG, VOTRUBA) und beschreibt einen eigenen Fall. Bemerkenswert ist übrigens, daß nur in einem dieser 3 Fälle eine Hemiplegie bestand, während in den beiden anderen Fällen die Herderkrankung zu keinen Symptomen geführt hatte.

Bisweilen kann die tuberkulöse Meningitis mit Reizerscheinungen beginnen. So berichtet SCHLESINGER über einen Fall eines $2^1/_2$jährigen Kindes, bei dem die Erkrankung mit stundenlang anhaltenden halbseitigen Krämpfen begann. Im Falle von MORSE und CLEVELAND traten bei einer 40jährigen Frau JACKSON-Anfälle rechterseits auf. Bei der Kranken STIEFLERs, bei der es sich um eine lokalisierte tuberkulöse Meningitis handelte, setzten plötzlich Zuckungen in der rechten Wange und im rechten Arm ein. Von schmerzhaften Muskelkrämpfen berichtenLÉON-KINDBERG und LERMOYEZ in ihrem Falle. Zuckungen in der linken Gesichtshälfte traten im Falle HARMS anfallsweise auf. Dabei bestand eine linksseitige Facialisparese, die den Stirnast frei ließ.

Von selteneren Lähmungen sind Schlucklähmung, Gaumensegellähmung und Lähmung der Nackenmuskulatur zu erwähnen.

Larynxstenose-Erscheinungen sind von MYA und MENSI beschrieben worden. Im Falle WACHSNERs kam es zu Erscheinungen von Larynxstenose, stridorösem Atmen, inspiratorischer Dyspnoe und Aphonie. Der Autor nimmt eine beiderseitige Recurrenslähmung an, bedingt entweder durch Schädigung beider Vagi durch das Exsudat an der Hirnbasis oder durch Druck von Drüsenpacketen auf die Nerven in ihrem peripheren Verlauf. Übrigens wird beiderseitige Recurrenslähmung bei der Basilarmeningitis auch schon von GERHARDT erwähnt.

Als Reizerscheinungen im motorischen Trigeminus sind Trismus und Zähneknirschen aufzufassen. HERBERT KOCH erwähnt Trismus in 2 Fällen. SEITZ sah einigemal den Unterkiefer etwas starr dem Oberkiefer angepreßt, so daß er sich mit der Hand nicht öffnen ließ, er wurde aber zuweilen knirschend hin- und herbewegt, so daß man nicht von Trismus reden konnte.

Über tetanische Krämpfe berichten STANLEY HODGSON und KOCH in je einem Falle. Bei der Kranken von ACUNA und BAZÁN bestanden Kontrakturen der gesamten Körpermuskulatur, die sich anfallsweise alle paar Minuten steigerten; die Autoren bezeichnen den Fall als tetanische Form der tuberkulösen Meningitis.

Einen pseudo-tetanischen Symptomenkomplex in einem Falle von tuberkulöser Meningitis beschreiben auch GLEICHGEWICHT und MICHALOWICZ. Auch ESCHERICH hat Pseudotetanie bei tuberkulöser Meningitis beobachtet.

Im Falle BOINETs traten nach konvulsivischen Zuckungen in der rechten oberen und unteren Extremität vom Charakter der JACKSON-Anfälle choreiforme Bewegungen im rechten Arm und Bein und athetotische Bewegungen in den Fingern der rechten Hand sowie grimassierende Bewegungen in der rechten Gesichtshälfte auf. Babonneix und Paisseau berichten über einen Fall von Hemichorea sinistra bei tuberkulöser Meningitis. Es fanden sich zahlreiche tuberkulöse Granulationen in der rechten motorischen Region. Resch beobachtete Chorea bei einem Falle von Tuberkulose des Ventrikelependyms und der Plexus.

Urechia beschreibt den Fall eines 50jährigen Mannes, bei dem autoptisch eine tuberkulöse Meningitis nachgewiesen wurde, und der unter dem Bilde einer Chorea erkrankt war. Es fanden sich wenige Tuberkel im Gehirn, darunter im Nucleus caudatus und amygdalae. Hirschsohn beschreibt in seinem Falle zum Teil klonische, zum Teil choreatische Krämpfe. Daniel spricht von plötzlich auftretenden Spasmen in den Extremitäten mit automatischen Bewegungen. Ribierre und Renault sahen myoklonische Zuckungen in einem Falle von tuberkulöser Meningitis mit Bacillennachweis im Liquor. Kreindler und Diamant sahen in einem Falle von tuberkulöser Meningitis Enthirnungsstarre und Parkinson-Zittern und nehmen vasculäre Läsionen im Mesencephalon (Pallidum und Nucleus ruber) als wahrscheinlich an.

Häufig findet man Jaktationen, langsame rhythmisch-automatische, koordinierte Bewegungen: Spielen auf der Bettdecke, Drehen und Zupfen des Bartes, Zupfen der Nase. Seltener sind athetoseartige Bewegungen. Auch kataleptische Erscheinungen können halbseitig vorkommen. Dagegen ist Zittern, Tremor und Zuckungen häufig. Zittern wird schon von den alten Autoren (z. B. Gölis) erwähnt. Der Tremor kann kleinwellig oder grobschlägig sein.

Saggese erwähnt als diagnostisches Frühsymptom ein feines, kleinwelliges, rhythmisches, nicht konstantes Zittern, das bei Erregung und Greifen eines Gegenstandes deutlicher wird und in den peripherischen Abschnitten der oberen, bisweilen auch der unteren Gliedmaßen und dem Kopfe auftritt. Der Verfasser führt es auf eine Reizung der corticalen motorischen Zentren zurück.

Die Veränderungen des *Muskeltonus* spielen bei der tuberkulösen Meningitis eine große Rolle. Die Lähmungen, von denen eben die Rede war, können schlaff oder spastisch sein. Nach Herbert Koch haben die Lähmungen stets schlaffen Charakter. Toussaint beschreibt einen Fall, in welchem plötzlich eine Hemiplegie mit Frühkontraktur auftrat, die der Autor auf einen meningitischen Herd in der Rolandoschen Gegend bezieht.

Zu den wichtigsten Kontrakturen bei der Meningitis tuberculosa gehört in erster Linie die Nackenstarre, die auf einer Kontraktion der Musculi splenii beruht (Matte), Steifheit des Rückens (Kontraktur der Rückenmuskeln) und die allgemeine Muskelsteifigkeit, die ein Zeichen der Hypertonie der Muskeln ist. Opisthotonus, ausgedehntere Schmerzhaftigkeit und Steifheit der Wirbelsäule deuten auf eine spinale Beteiligung hin.

Die Nackenstarre gilt als ein Kardinalsymptom der Meningitis. Herbert Koch fand es in 90% seines Materials. Doch wurde bei einigen Fällen von tuberkulöser Meningitis Nackensteifigkeit vermißt (Seitz, Oppenheim). Schultze vermißte sie etwa unter 60 Fällen einmal. Die Nackensteifigkeit kann in den verschiedensten Intensitätsgraden auftreten. Bei leichten Graden zeigt sie sich nur bei Vorwärtsbeugen des Kopfes, während die seitlichen Kopfbewegungen frei sind; bei größerer Intensität begegnet man auch bei seitlichen Bewegungen des Kopfes einem Widerstand. Schließlich in den stärksten Graden wird der Kopf ganz steif nach hinten gebogen gehalten. Die passiven Bewegungen sind dann schmerzhaft. Die Nackenstarre kommt nach Schultze auch bei aufgehobenem Bewußtsein vor. Sie kann aber im terminalen Koma verschwinden, sie kann aber auch bis zum Ende bei sonst allgemeiner Erschlaffung bestehen bleiben (Reinhold).

Hierher kann man auch ein zweites Kardinalsymptom der Meningitis rechnen, das KERNIGsche Zeichen. KERNIG hat dieses Phänomen in seiner Originalmitteilung (1884) so beschrieben: „Richtet man die Kranken auf, setzt man sie namentlich auf den Bettrand, so daß die Beine hinaushängen, so wird erstens die Nacken- und Rückenkontraktur gewöhnlich sehr viel intensiver, und zweitens tritt nun erst eine Beugekontraktur in den Kniegelenken, zuweilen auch in den Ellbogengelenken auf. Versucht man an den sitzenden Kranken die Beine im Knie zu strecken, so gelingt das nur etwa bis zu einem stumpfen Winkel von etwa 135°. Dort, wo das Phänomen hochgradig ausgeprägt ist, bleibt der Winkel selbst ein rechter. Das Phänomen ist so eklatant, der Unterschied zwischen Null und Etwas, zwischen dem gänzlichen Fehlen der Kontraktur im Liegen und dem Vorhandensein derselben im Sitzen fällt so sehr in die Augen, daß es sich wohl lohnt, auf dieses Symptom besondere Aufmerksamkeit zu lenken und in jedem Falle darnach zu suchen." „Die nähere Beobachtung hat uns aber noch weiter gelehrt, daß, sobald man die Kranken aus der sitzenden in die stehende Stellung bringt, die Kontraktur in den Knien schwindet. Frappant trat mir dieses, und zwar zum erstenmal vor die Augen, als ich eine in voller Rekonvalescens befindliche Meningitiskranke, an welcher neben geringer Nackenkontraktur noch die Kontraktur an den Knien im Sitzen eintrat, frei über das Zimmer gehen sah; sobald sie vom Sitzen zum Stehen überging, schwand die Kontraktur. Ich habe darauf noch an einigen anderen Kranken dieselbe Beobachtung gemacht und habe mich außerdem überzeugt, daß in der Rückenlage der Kranken, wenn man den Versuch macht, das gestreckte Bein in einen rechten Winkel zum Oberkörper zu bringen, ebenfalls die Kontraktur eintritt bei einem Grade von Flexion des Oberschenkels zum Rumpf, bei welchem an beliebigen anderen Kranken keine Spur von Neigung, den Unterschenkel in Flexion zum Oberschenkel zu bringen, vorhanden ist." „Es tritt die in Rede stehende Kontraktur in den Kniegelenken dann ein, wenn bei Meningitiskranken die Oberschenkel in einem gewissen Grade von Beugung (etwa in einem rechten Winkel) zum Rumpf sich befinden."

Eine Modifikation der Technik dieses Zeichens stammt von NETTER. Er läßt den Kranken im Bett aufsetzen und versucht, die Beine im Knie durch Druck auf dieses zu strecken. Eine andere Modifikation hat OSLER angegeben. Er läßt den Kranken im Bett am Rücken liegen, beugt dann den Oberschenkel in der Hüfte gegen den Bauch in einem rechten Winkel und versucht dabei den Unterschenkel gegen den Oberschenkel im Knie zu strecken. Diese letzte Modifikation wird jetzt am meisten geübt, doch zieht z. B. ROGLET die Originalmethode vor.

Was die Pathogenese des KERNIGschen Symptoms betrifft, so wird von einer Reihe von Autoren (BULL u. a.) der erhöhte Hirndruck als Ursache angenommen. NETTER hat in einem Falle von Cerebrospinalmeningitis wiederholt nach der Lumbalpunktion das KERNIGsche Zeichen verschwinden sehen. Andere Autoren nehmen als Ursache des KERNIGschen Symptoms eine Reizung der Meningen und besonders der Wurzeln an, besonders an der Cauda equina. Für beide Ansichten lassen sich Beobachtungen anführen, die sie zu beweisen scheinen, aber ebenso andere, die gegen sie zu sprechen scheinen. Meist wird es jetzt als ein Wurzelreizungssymptom aufgefaßt; durch die Überstreckung werden die Wurzeln gespannt, und durch den dadurch verursachten Schmerz wird der aktive Widerstand der Muskulatur ausgelöst. SAHLI hingegen faßt es als eine aktive Kontraktion der Kniegelenksmuskeln infolge eines erhöhten Muskeltonus auf. HERBERT KOCH fand das KERNIGsche Zeichen in 83% seiner Fälle. CLARK hat es dagegen in 2 Fällen tuberkulöser Meningitis vermißt und weist auch auf die Ansicht anderer Autoren hin, die das KERNIGsche Zeichen, speziell bei tuberkulöser Meningitis, nicht für konstant halten. Auch Bernstein hat in seinem Falle Nackensteifigkeit und Kernig vermißt.

Brudzinski hat zwei Phänomene bei Meningitis beschrieben; das eine nennt er den kontralateralen Reflex, das andere ist das Nackenzeichen. Wenn man eine passive Beugung mit der einen unteren Extremität macht, kommt es zu einer Beugung der anderen unteren Extremität (identischer kontralateraler Reflex). Wenn man vorher das andere Bein in Beugestellung bringt, kommt es bei passiver Beugung des ersten Beins manchmal zu einer Streckung des vorher gebeugten Beins (reziproker kontralateraler Reflex).

Das Nackenphänomen Brudzinskis wird so ausgeführt, daß man am horizontal liegenden Kranken mit der linken Hand den Kopf stark nach vorn beugt, dabei die rechte Hand auf die Brust stützt, um zu verhindern, daß sich der Kranke erhebt. Das Phänomen besteht darin, daß bei der Beugung des Kopfes nach vorn eine Flexion beider Beine eintritt. Segagni fand das Brudzinskische Nackenphänomen in 81 Fällen tuberkulöser Meningitis immer positiv, während Kernig nur 45mal positiv war.

Almansi fand bei Nackenbeugung eine Beugung des Armes im Ellbogen besonders häufig bei tuberkulöser Meningitis.

Nonne hat das Symptomenbild der akuten Ataxie bei einem 41jährigen Kranken mit tuberkulöser Meningitis beobachtet. Es bestand eine statische und lokomotorische Koordinationsstörung der Extremitäten, des Rumpfes, der Sprachmuskeln und der Mimik, eine Schwäche der äußeren Augenmuskeln, ataktisch-paretischer Nystagmus, Erhöhung der Sehnenreflexe, leichte Hypertonie der Muskeln, leichte Störung der Stereognose an den Händen. Nonne faßt die Störung als eine bulbo-cerebellare auf. Bei der Sektion zeigte sich die Oberfläche des Kleinhirns und des Wurms mit besonders dickem, sulzig-eitrigem Exsudat überzogen. An vielen Stellen war die Kleinhirnrinde und die benachbarte Markschicht ergriffen, zum Teil auch die Medulla oblongata. Einen zweiten derartigen Fall hat Hauptmann beschrieben. In seinem Falle zeigte sich aber die Substanz des Kleinhirns an dem tuberkulösen Prozesse nicht deutlich beteiligt. d'Espine erwähnt statische Ataxie als Frühsymptom in einem Falle von tuberkulöser Meningitis bei einem 4jährigen Kinde, das sehr ausgeprägtes Schwanken beim Stehen hatte. Verfasser bezieht das Symptom auf Störungen von seiten des Wurms und des Kleinhirns. Hypotonie, Dysmetrie und Ataxie neben Stauungspapille und Ausschaltung des linken Nervus VIII sah Whitaker in einem Falle von tuberkulöser Meningitis. Ribón spricht in seinem Falle von cerebellarem Gang. In späteren Stadien wird öfter der Gang schwankend, unsicher und taumelnd (z. B. Rosner). Roger und Vaissade beobachteten in ihrem Falle linksseitige Inkoordination.

Unter den *Sensibilitäts*störungen ist am häufigsten die Hyperästhesie (nach Herbert Koch in 76%). Manchmal folgt auf die Hyperästhesie eine Hypästhesie. Bisweilen sind die austretenden Hirnnerven druckempfindlich. Von einer latenten Hypertonie und Hyperästhesie als Frühsymptom bei Meningitis spricht Preioni. Er prüft dies so, daß bei dem in Rückenlage befindlichen Kranken wiederholt rasch hintereinander der Kopf gegen die Brust und der Rumpf im Becken gebeugt und gestreckt wird. Dann tritt eine Rigidität fast der gesamten Muskulatur ein. Auch Kernig, Brudzinski und Babinski können dadurch häufig ausgelöst werden. Ferner tritt eine Hyperästhesie in gewissen Körperbezirken auf. Bei höheren Graden der Hyperästhesie kann man schon durch leichtes Bestreichen der Haut, besonders des Unterleibs (Schultze), Schmerzäußerungen bei den Kranken hervorrufen. Sonst tritt sie bei mäßigem Druck auf die Haut und noch mehr auf die Muskeln, besonders der Beine, auf. Die Hauthyperästhesie wird von Emminghaus auf eine Reizung der Hinterstränge zurückgeführt. Doch soll auch der Prozeß an der Hirnhaut selbst eine Hyper-ästhesie (zentrale Hyperästhesie) hervorrufen können.

Häufig bestehen Rückenschmerzen oder ausstrahlende Schmerzen in verschiedenen Teilen des Rumpfes und der Extremitäten, Leib-, Brust-, Halsschmerzen. Doppelseitige Ischias wurde von REINHOLD in einem Falle beobachtet. Die Leibschmerzen werden durch krampfhafte Kontraktur der Bauchmuskeln und des Darmes, durch Tuberkulose des Bauchfells, des Milz- und Leberüberzuges erklärt.

Die Hyperästhesie, besonders der tiefen Teile, kommt bei cerebraler Meningitis vor, Hauthyperästhesie soll eher für spinale Meningitis sprechen, doch kann sie auch bei cerebraler Affektion vorkommen (REINHOLD).

Auch Sensibilitätsausfälle kommen bei Meningitis tuberculosa nicht selten vor. So sind meist die Hemiplegien bei tuberkulöser Meningitis mit Sensibilitätsstörungen vergesellschaftet. Oft leiten sie sich mit einer Hyperästhesie und Druckschmerzhaftigkeit der Nervenstämme ein (RENDU, REINHOLD). WEINTRAUD hat in einem Falle als erstes Symptom eine plötzlich einsetzende Empfindungslähmung der linken Extremitäten und Gesichtshälfte beobachtet, die sich an mehreren Tagen häufig wiederholte, bis zu 10 Minuten dauerte und sich später mit motorischer Schwäche der gleichen Körperteile verband.

Die *Reflexe* verhalten sich bei der Meningitis tuberculosa verschieden. Steigerung der Sehnenreflexe ist häufiger als Herabsetzung oder Fehlen (O. FISCHER, LEIBER, v. CZARNOWSKI), letzteres kommt besonders gegen Ende der Krankheit vor. Im Falle HODGSONS war der linke Patellarreflex abgeschwächt. Auch Differenz in der Intensität der Reflexe beider Seiten wird beobachtet. Die Bauchdeckenreflexe sind häufig träge oder fehlen. Manchmal besteht positiver Babinski und Fußklonus. Das CHVOSTEKsche Phänomen wurde von HERBERT KOCH in 3 Fällen gefunden.

Mit dem Studium der MAGNUS-DE KLEYNschen tonischen Halsreflexe bei tuberkulöser Meningitis hat sich J. S. WECHSLER beschäftigt. Er fand sie positiv in 11 von 24 Fällen. Besonders häufig scheinen sie bei Kindern unter 3 Jahren vorzukommen. Der Autor erklärt ihr Auftreten damit, daß die tuberkulöse Meningitis häufig interpedunkulär lokalisiert ist, also jene Gegend ergriffen ist, deren Durchschneidung beim Tier Dezerebrationserscheinungen macht.

Eine sehr häufige Erscheinung bei der tuberkulösen Meningitis ist die Dermographie. HERBERT KOCH fand sie in 94% seiner Fälle positiv. Es ist also nach seiner Statistik das zahlenmäßig konstanteste Symptom. Auch MOGILNICKI erwähnt den Dermographismus als pathognomonisches Frühsymptom. Er gibt an, daß dieses Symptom bei der tuberkulösen Meningitis eine besondere Eigenart zeigt, daß nämlich die reaktive Hautschwellung sehr langsam auftritt, viel intensiver ist als gewöhnlich und ziemlich lange anhält. PLISCHKE fand Dermographismus in 86%. Auch ENGEL hält den Dermographismus für eines der häufigsten und wichtigsten Frühsymptome.

Die von TROUSSEAU als tache cérébrale bezeichnete Erscheinung besteht nach seiner eigenen Beschreibung darin, daß bei Berührung des Gesichts des Kranken lebhafte Rötung auftritt; oder wenn man mit dem Fingernagel leicht über die Bauchhaut fährt, treten ziemlich schnell lebhaft rote Striche auf, die längere Zeit bestehen bleiben.

Oft tritt flüchtige Röte auf, rote Flecken, rasch sich folgendes Erröten und Erblassen der Gesichtshaut (bereits von WHYTT beschrieben), schneller Wechsel der Hautfarbe.

BRUDZINSKI hat bei Meningitis, besonders tuberkulöser, zwei weitere Phänomene beschrieben. Das eine nennt er das Wangenphänomen. Es besteht darin, daß durch Druck auf beide Wangen dicht unterhalb der Jochbeine eine rasche reflektorische Hebung der beiden oberen Extremitäten mit gleichzeitiger Beugung der Ellbogen ausgelöst wird. Der Autor fand es 41mal unter 42 Fällen von tuberkulöser Meningitis positiv. Es soll oft in einem Stadium bereits auftreten, in dem alle anderen Symptome noch fehlen. Bei Meningitiden anderer Ätiologie komme es viel seltener vor. Umgekehrt fand es aber Brudzinski manchmal bei Fällen von Tuberkulose ohne Meningealreizung. In einigen dieser Fälle wurde erhöhter Liquordruck und Verschwinden des Phänomens nach Lumbalpunktion von diesem Autor festgestellt.

Das zweite von Brudzinski beschriebene Zeichen ist das Symphysisphänomen. Bei Druck auf die Schoßfuge kommt es zu einer Kontraktur der beiden unteren Extremitäten im Knie- und Hüftgelenk mit Abduktion. 21 Fälle von tuberkulöser Meningitis reagierten alle positiv.

Edward Flatau hat bei Knaben mit tuberkulöser Meningitis beim Vorwärtsbeugen des Rumpfes eine Erektion des Penis beobachtet. Er nennt es das Erektionsphänomen. Zuweilen tritt es schon beim Vorwärtsbeugen des Kopfes auf, zumeist muß man den Rumpf stark nach vorwärts beugen, bis der Kopf den Knien genähert ist, und diese Beugung 3—5mal wiederholen. Die Erektion dauert mehrere Sekunden, um dann langsam zu schwinden, zuweilen hält sie noch länger an. Es findet sich nach Flatau nur bei Kindern, nicht aber bei Erwachsenen und nur in fortgeschrittenen Stadien, nicht im Beginne der Erkrankung. Flatau fand es nur ausnahmsweise bei anderen Leiden als der tuberkulösen Meningitis. Er erklärt es als ein Enthemmungsphänomen des Erektionszentrums im Sacralmark durch Wegfall der vom Großhirn ausgehenden Hemmungen.

Bruno Mendel hat ein Phänomen beschrieben, das er das Auricularissymptom nennt, und das in folgendem besteht: „Ein mäßiger Druck mit dem Finger oder einer Knopfsonde auf die hintere Wand des äußeren Gehörgangs ruft selbst bei soporösen Kranken schmerzhafte Verzerrung der Gesichtsmuskeln und nicht selten sogar laute Schmerzäußerungen (Aufschreien) mit Abwehrbewegungen hervor." Es soll für Meningitis charakteristisch und ein Frühsymptom sein. Allerdings hat Mendel es nur in 5 Fällen beobachtet. Rosenfeld hat es nachuntersucht und bestreitet die Spezifität des Phänomens. Er vermißte es in einem Falle von Meningitis und fand es in Fällen, die keine Meningitis hatten.

Binder hat bei tuberkulöser Meningitis ein „Schulterblattphänomen" beschrieben. Es besteht in einem plötzlichen Auf- und Nachvorngehobenwerden des Schulterblattes im Gefolge einer raschen passiven Rotation des Kopfes nach der Gegenseite. In dieser Stellung verharrt das Schulterblatt, bis der Kopf in die Medianlinie zurückgebracht wird. Trouconi fand dieses Phänomen in 7 Fällen von tuberkulöser Meningitis mit Autopsiekontrolle immer positiv. Es scheint recht frühzeitig aufzutreten. Es scheint nach Trouconi sogar für tuberkulöse Meningitis charakteristisch zu sein; denn er fand es nicht bei anderen Meningitiden, Hydrocephalus, Hirntumor.

Der Bauch zeigt meist bei der tuberkulösen Meningitis ein typisches Verhalten. Er sinkt langsam ein, so daß er ins Niveau des Thorax, dann auch unter dieses zu liegen kommt. Sehr häufig geht dies so weit, daß eine Mulde entsteht (Kahnbauch). Die meisten Autoren führen diese Erscheinung auf eine Kontraktion der Bauchmuskeln zurück. Matte sagt ausdrücklich, daß er Kahnbauch bei weichem Bauche sah, daß er also nicht durch Kontraktion der Bauchmuskeln erklärt werden kann. Kassowitz meint, daß der Kahnbauch durch Kontraktion der Darmmuskulatur, Leere des Darmes und Schlaffheit der abgemagerten Bauchdecken bedingt sei. In wenigen Fällen kann der Bauch aufgetrieben sein. Nach Thiemich neigen besonders Säuglinge dazu. Nach Middel kommt dies bei Affektionen des Peritoneums, Darmgeschwüren oder auch ohne solche ante exitum vor durch Lähmung der betreffenden Muskelgebiete. CLOT führt es auf ein Fehlen der Hemmungswirkung des Splanchnicus bei jungen Säuglingen zurück. HENOCH meint, daß die Auftreibung des Bauches in den meisten Fällen durch eine komplizierende chronische tuberkulöse Peritonitis hervorgerufen sei. Im Falle HARMS' bestand neben der tuberkulösen Meningitis eine frische eitrig-fibrinöse Peritonitis nach einem perforierten Duodenalgeschwür. Es trat am letzten Tage starker Meteorismus auf. ESCHERICH führt die Auftreibung auf Blähung des Magens und Darms infolge Luftschluckens zurück. HERBERT KOCH fand einigemal, aber verhältnismäßig selten, eine Auftreibung des Bauches bei seinen Fällen von Meningitis tuberculosa. 4mal bestand eine beträchtliche Schwellung der Leber und Milz, die dieses Verhalten erklärte. In 2 Fällen wurden tuberkulöse Veränderungen am Darm gefunden. Doch kann dies nicht ohne weiteres als Erklärung für die Auftreibung angenommen werden, da in anderen Fällen mit schweren tuberkulösen Veränderungen im Darmtrakt keine Auftreibung des Abdomens bestand. MOGILNICKI fand kahnförmige Einziehung des Bauches fast konstant, doch wurde sie gelegentlich in den letzten Tagen durch Meteorismus mit sichtbarer peristaltischer Unruhe und antiperistaltischer Darmsteifung abgelöst.

Leber und Milz zeigen im allgemeinen keine besonderen Veränderungen. HERBERT KOCH fand einigemal Vergrößerung der Leber, weniger oft der Milz, beide bedingt durch tuberkulöse Prozesse, manchmal auch durch schwere Degeneration.

In vielen Fällen von tuberkulöser Meningitis findet man bei Kindern eine charakteristische Lage. Die Kinder liegen auf der Seite und haben die Beine gegen den Leib angezogen. Die Franzosen nennen dies „position en chien de fusil“, Flintenhahnlage, fälschlich im Deutschen mit Jagdhundstellung übersetzt. HERBERT KOCH fand diese Erscheinung in 81% seiner Fälle. Er erklärt es durch die Schmerzen, die infolge der Nackenstarre bei Rückenlage ausgelöst werden. Doch wird manchmal, besonders bei jungen Kindern, auch Rückenlage beobachtet, wobei dann der Kopf sich in die Kissen bohrt. MOGILNICKI gibt an, daß im Anfang der Erkrankung die Seitenlage vorgezogen wird, und erklärt es damit, daß die Kranken dadurch vermeiden wollen, sich der Einwirkung des Tageslichtes auszusetzen. Am Schlusse der Erkrankung werde die Horizontallage, besonders von Kindern in den ersten 2 Lebensjahren, eingenommen. Der Ernährungszustand ist bei Beginn der Erkrankung nach HERBERT KOCH gewöhnlich schlecht. Die Haut ist meist blaß, trocken, welk. Manchmal tritt auf den Wangen eine flüchtige Röte auf, die ein blühendes Aussehen vortäuschen kann. Öfter findet man Skrophuloderm, Tuberkulide, Lichen scrophulosorum an der Haut. Eine besondere Stellung nimmt das Erythema nodosum bei der tuberkulösen Meningitis ein, dessen tuberkulöse Natur jetzt anerkannt ist. OEHME beschreibt den Fall eines 15jährigen Mädchens, bei dem nach Abklingen eines Erythema nodosum eine tuberkulöse Meningitis aufgetreten war. Einen weiteren Fall von Erythema nodosum bei tuberkulöser Meningitis hat SCHMITZ veröffentlicht. Im Falle APPERTS war das Erythema nodosum ein prämonitorisches Zeichen der tuberkulösen Meningitis, ebenso wird es von BUICINE erwähnt. Nach diesem Autor kann es der Meningitis um einige Tage oder einige Monate vorausgehen. Im Falle ROCHONS trat das Erythema nodosum im Verlaufe einer tuberkulösen Meningitis auf, ebenso in einem Falle PONS'. Im Falle SORELS stand das Erythem im Beginne der Meningitis. LAFITTE hat in einer These die Beobachtungen zusammengestellt. Auch Mme. JOUSSET bespricht die Beziehungen des Erythema nodosum zur Tuberkulose.

BARKER beschreibt ein schmerzhaftes Erythem, nach dessen Verschwinden eine tuberkulöse Meningitis auftrat. STOKES sah bei einem 19jährigen Mädchen mit rheumatischen Beschwerden ein Erythema nodosum am Schienbein und den Knien. Salicylate besserten in kurzer Zeit die Erscheinungen. 29 Tage später traten Symptome einer Meningitis tuberculosa auf, die in 7 Tagen zum Exitus führte. Nach Ansicht des Verfassers scheint dieser Fall für die rein tuberkulöse Natur des Erythema nodosum zu sprechen. Nedeljković beschreibt einen Fall eines 22jährigen Mannes, bei dem sich nach einer exsudativen Pleuritis kleine Tumoren am Vorderarm und an den Beinen entwickelten, die erweichten und im Punktat säurefeste Stäbchen enthielten. Der Autor faßt sie als tuberkulöse subcutane Gummen auf. Nach kurzer Zeit entwickelte sich eine tuberkulöse Meningitis.

Ein allgemein verbreitetes Hautemphysem bei einem Kinde mit tuberkulöser Meningitis hat Klose beschrieben. Er nimmt an, daß es durch das Schreien während der Krämpfe zur Ruptur von Lungenalveolen kam und zum Austritt der Luft ins interstitielle Gewebe, die sich dann über das Mediastinum in die allgemeine Hautdecke verbreitete.

Halbseitiges Schwitzen im Gesicht beobachteten Schultze und Reinhold; im Falle Reinholds war die gleichseitige Pupille erweitert.

Bei kleinen Kindern ist die Fontanelle meist vorgewölbt und infolge des durch den Hydrocephalus ausgeübten Druckes gespannt. Selten wird die Fontanelle grübchenförmig oder sogar eingesunken gefunden. Oft sinkt die Fontanelle nach einer Lumbalpunktion ein, doch wird sie nach einigen Stunden wieder gespannt (Holzmann).

Von Störungen höherer Funktionen ist die Sprache zu erwähnen. Reinhold erwähnt bei der tuberkulösen Meningitis verwaschene, lallende Sprache, Silbenstolpern, Aphasie. Erschwerte Wortfindung berichtet Valdes Lambea. Im Falle Teschlers bestand zunächst Dysarthrie, die von einer totalen motorischen Aphasie gefolgt war. Cordes beobachtete bei seinem Kranken eine vorübergehende Totalaphasie, nach deren Rückgang Silberstolpern zurückblieb. Bei dem Kranken Ramonds trat eine vorübergehende Lähmung der rechten Hand und Aphasie auf.

Fast in jedem Falle von tuberkulöser Meningitis finden sich psychische Störungen. Nach Seitz stirbt kaum ein einziger Kranker mit völlig klarem Bewußtsein, doch tritt manchmal die Bewußtseinstrübung erst agonal auf, während die Kranken im ganzen Verlaufe der Erkrankung bei klarem Verstande sind. Bei Kindern sehen wir oft Veränderungen im psychischen Verhalten der eigentlichen Erkrankung mehr oder weniger lange Zeit vorausgehen. Die Kinder werden müde, schlafsüchtig, apathisch, appetitlos, hören auf zu spielen, es tritt eine Charakterveränderung oder ein Umschlag der Stimmung auf, die Kinder werden moros, traurig, teilnahmslos, still, niedergeschlagen, scheu, sind nicht mehr so lebhaft wie früher, sitzen gedrückt in einer Ecke, verlangen ins Bett. Middel erwähnt einen 12jährigen Knaben, der eine Zeitlang vor Ausbruch der Meningitis darüber klagte, daß er in der Schule nichts behalte. Diesem Stadium folgt oft ein zweites der Erregung. Die Kinder sind verstimmt, weinerlich, raunzig, mürrisch, mißmutig, verdrießlich, launenhaft, reizbar, leicht erregt, jammern vor sich hin. Die Kinder werden oft unruhig, wälzen sich im Bett herum, zupfen an der Decke, wie um etwas zu suchen (Flockenlesen), es kann zu Delirien, Aufregungszuständen, Jaktationen kommen, zu Phantasieren und wirren Reden. Ochsenius beschreibt Irrereden als Frühsymptom der tuberkulösen Meningitis bei Kindern. Auch komme es vor, daß die Kinder sprechen wollen und nicht können. Charakteristisch sei die Flüchtigkeit der Erscheinung.

Oft beobachtet man ein Aufschreien der Kinder. Dieses Symptom wurde von Coindet, der es zuerst beschrieb, cri hydrencéphalique benannt. O. Fischer fand den cri in seinem großen Material, das sich allerdings auf Erwachsene (vom 14. Lebensjahr aufwärts) beschränkt, selten vermerkt. Häufig ist bei Kindern ein Aufseufzen.

Später kommt es zu einer Trübung des Sensoriums, Schwerbesinnlichkeit, Benommenheit, stark erschwerter Auffassung, Schlafsucht. Die Bewußtseinstrübung durchläuft dann alle Grade, von bloßer Apathie zu Somnolenz und schließlich zu völliger Bewußtlosigkeit. Diese Abnahme des Bewußtseins kann aber auch durch mehr oder weniger lange Remissionen unterbrochen werden. Diese Remissionen sind schon den alten Autoren (CHEYNE, LÖBENSTEIN-LÖBEL, GÖLIS) bekannt gewesen. HEUBNER macht auf die Koinzidenz derartiger Remissionen mit dem ersten Ansteigen der Pulsfrequenz aufmerksam und möchte sie deshalb auch mit den intrakraniellen Druckschwankungen in Beziehung bringen. Diese Beobachtung HEUBNERs wird auch von REINHOLD bestätigt. In den meisten Fällen tritt der Bewußtseinsverlust allmählich auf, doch kann das Bewußtsein, wenn auch selten, ziemlich plötzlich erlöschen.

Eine Umkehr des Schlafrhythmus, d. h. Schlaf bei Tag und Schlaflosigkeit bei Nacht (wie bei epidemischer Encephalitis), beobachteten ROGER und VAISSADE in ihrem Falle von tuberkulöser Meningitis.

Seltener finden sich bei Kindern eigentliche Psychosen. WEIL und PÉHU teilen 3 Fälle mit. Die Kinder hatten Delirien mit Halluzinationen des Gehörs und Gesichts. In einem Falle hatte die Wahnvorstellung ein bestimmtes System angenommen als religiöser Wahn, in einem anderen bestand das Bild einer zirkulären Psychose. LEIBER beschreibt den Fall eines 14jährigen Kindes, das psychische Störungen katatoner Färbung (Negativismus) aufwies.

Bei Erwachsenen spielen die psychischen Störungen, insbesondere die Benommenheit in der Symptomatologie, eine große Rolle (JAQUET, HOLTEN, TERRIS). v. WIEG berichtet über Fälle mit Delirien und Verwirrtheit. Der Kranke ROSNERs war gleichgültig, stumpf, vergeßlich, schlafsüchtig. KING sah eine hysteriform-depressive Affektion; doch fehlt in diesem Falle die Autopsie. HESNARD beschreibt als Katatonismus in einem Falle von tuberkulöser Meningitis einen Anfall psychischer Erregung und Verwirrung mit Desorientiertheit, halluzinatorischer Verwirrtheit, psychischer und vorwiegend motorischer Erregung, stereotypem Bewegungsdrang und anderen Automatismen, kataleptischer Muskelspannung. Nach einigen Tagen wich diese Erregung einem depressiven Zustand, einem katatonischen Stupor, der schließlich in Koma überging. Auch WARRINGTON meint, daß bei der tuberkulösen Meningitis der Erwachsenen die psychischen Veränderungen im Vordergrund stehen. Er nennt Depressionen, Charakterveränderungen, auffällige Handlungsweise und hysteriforme Anfälle. Auch der Fall FELDGENs zeigte vorwiegend schwere psychische Störungen, Benommenheit, leichte Delirien, Apathie. DAMAYE beschreibt einen Fall von depressiver Verstimmung mit Verwirrtheit bei einer Frau, die einige Monate später an tuberkulöser Meningitis starb. In GUTMANNs Falle fehlten die typischen Erscheinungen einer Meningitis, es standen psychische Störungen von der Färbung des Korsakoff im Vordergrund. Nach SAYAGO können Charakterveränderungen und Intelligenzstörungen wochenlang dem Ausbruch der akuten Erkrankung vorausgehen. WICHERT weist darauf hin, daß die tuberkulöse Meningitis sich durch mehrere Monate als eine Psychose äußern kann, und beschreibt schizophren-paranoide und katatone Symptomenkomplexe. TAUSSIG und HAŠKOVEC sahen auch Fälle, in denen delirante Symptome im Vordergrund des klinischen Bildes standen, die in eine somnolente Apathie übergingen. Bei einer epileptischen Kranken kam es zu einem schweren Erregungszustand, bei einem chronischen Alkoholiker zeigten die Delirien große Ähnlichkeit mit dem Delirium tremens. Die Verfasser sehen einen wichtigen pathogenetischen Faktor der die tuberkulöse Meningitis begleitenden psychischen Störungen in der Veranlagung des Kranken. Doch können psychische Störungen im Vordergrunde des Krankheitsbildes stehen, die auch bei Nichtpotatoren mit dem Delirium tremens eine täuschende Ähnlichkeit haben (Wilks, Wernicke). Bei Frauen kann die psychische Alteration an hysterische Zustände erinnern.

Liquor. Über die Liquorverhältnisse bei der tuberkulösen Meningitis vgl. das Kapitel von Georgi, Die Liquorverhältnisse bei Nervenkrankheiten.

Verlauf.

Der Beginn der Erkrankung kann plötzlich oder allmählich sein. Nach Herbert Koch ist plötzlicher Beginn bei Kindern im 1. und 2. Lebensjahre häufiger, im 3. und 4. Jahre ist allmählicher Beginn ebenso häufig, später und bei Erwachsenen die Regel. Auch nach Engel ist bei Kindern im 1. und 2. Lebensjahre fast in der Hälfte der Fälle ein plötzlicher Beginn, während bei älteren Kindern schleichender Beginn überwiegt.

Auch Herz meint, daß der Beginn der tuberkulösen Meningitis häufig plötzlich ist.

Mme. Jousset betont, daß ein plötzlicher Beginn bei der tuberkulösen Meningitis nicht selten ist; sie nennt dies syphiliformen Beginn und unterscheidet einen paralytischen Beginn, Einsetzen mit Lähmung; apoplektischen Beginn mit plötzlicher Bewußtlosigkeit; konvulsiven Beginn mit Krämpfen; vertiginösen Beginn mit Schwindel; cephalalgischen Beginn mit Kopfschmerzen; Beginn mit psychischer Verwirrung.

Es werden meist drei Stadien des Verlaufs der tuberkulösen Meningitis unterschieden, doch ist meist eine scharfe Trennung dieser Stadien nicht möglich. Die übliche Einteilung ist: ein Prodromalstadium, ein Stadium der Reizung und ein Stadium der Lähmung. Engel teilt den Verlauf in fünf Stadien ein: 1. das Stadium der uncharakteristischen Prodrome, 2. das Stadium der verdächtigen Prodrome, 3. das Stadium der cerebromeningealen Symptome, 4. der Höhepunkt der Krankheit, 5. das Endstadium. Als uncharakteristische Prodrome zählt Engel Stimmungsänderung, Erbrechen, Überempfindlichkeit, Augenverdrehen, Zähneknirschen, Aufschreien, Appetitlosigkeit, Kopfschmerz, Leibschmerzen, Durchfall, Verstopfung, Fieber, pulmonale Störungen (Husten), Hals- und Ohrenschmerzen auf. Das wichtigste Symptom aus der Reihe der verdächtigen Prodrome ist nach Engel die Trübung des Bewußtseins. Auch von anderen Autoren werden psychische Veränderungen, Charakterveränderungen, Apathie, Appetitlosigkit, Depressionen als häufigste Prodromalerscheinungen angegeben. Ochsenius erwähnt Irrereden als ein Frühsymptom bei Kindern. Es komme auch vor, daß die Kinder sprechen wollen und nicht können. Charakteristisch sei die Flüchtigkeit der Erscheinung. Sayago weist auf Intelligenzstörungen und reizbares Wesen als Prodromalerscheinung hin. Oft ist grundloses Erbrechen ein Initialsymptom (in 50% der Fälle nach Herbert Koch), ebenso Kopfschmerz. Auch Snyderman macht auf den Beginn mit Kopfschmerzen und grundlosem Erbrechen aufmerksam. Marinelli hat Erbrechen mit erhöhter Reflexerregbarkeit als Frühsymptom der tuberkulösen Meningitis beobachtet. Martinez sah ein 5 Monate altes Kind vorbotenlos mit Dyspnoe, Cyanose, Erbrechen und hohem Fieber erkranken. Oft setzt auch die Krankheit bei Kindern mit Krämpfen ein. Cruchet berichtet über ein 6 Monate altes Kind, das unter Erbrechen, Diarrhöen und Krämpfen erkrankte. Die Kranke Schlesingers, ein 2$^{1}/_{2}$jähriges Mädchen, wurde aus voller Gesundheit von stundenlang anhaltenden, halbseitigen Krämpfen befallen, denen eine vollkommene Lähmung der Extremitäten dieser (der rechten) Seite und Aphasie folgte. Ein Fall von EHRLICH und FESTENSZTAT begann mit lokalisierten Krämpfen vom JACKSON-Typus. Manchmal setzt die Krankheit mit einer Hemiplegie in akuter, apoplektischer Weise ein, die von vornherein total oder zunächst unvollständig sein, dann aber progressiv werden kann (PANITSCH). Solche Fälle von tuberkulöser Meningitis, deren Initialsymptom eine Hemiplegie war, wurden von COMBY, HOLSTI und SAUER beschrieben. SOUQUES und QUISERNE haben einen Fall veröffentlicht, dessen erstes Symptom in Attacken von transitorischer rechtsseitiger Hemiplegie bestand; nach 4 Tagen trat eine permanente halbseitige Lähmung und motorische Aphasie auf. Statische Ataxie als Frühsymptom bei tuberkulöser Meningitis wurde von D'ESPINE angegeben; sein Fall betraf einen 4jährigen Knaben, der ein sehr ausgesprochenes Schwanken beim Stehen zeigte. In einem Falle MATTES sahen die Eltern als Frühsymptom, daß das Kind ungeschickt zu gehen anfing. ZAPPERT hat zusammenfassend über atypische Initialsymptome bei der tuberkulösen Meningitis berichtet. Es sind dies motorische und sensible Reiz- und Lähmungserscheinungen. Sie treten dann auf, wenn die weiche Hirnhaut an der Konvexität frühzeitig ergriffen wird. Breitet sich der Prozeß rasch über die ganze Hirnoberfläche aus, dann komme es zu allgemeinen Konvulsionen. Nimmt der Prozeß von bestimmten Stellen der Konvexität seinen Ausgang, dann sieht man mehr lokalisierte Symptome. Besonders oft betrifft die lokalisierte Erkrankung die motorische Region. Als klinischen Ausdruck dafür findet man in solchen Fällen als Initialsymptom Hemiplegie, Monoparesen des Armes oder Beins, eine Facialisparese, eine motorische Aphasie. Zuweilen erscheinen auch Parästhesien, Schmerzen oder Anästhesien an den Extremitäten zusammen mit motorischen Reizerscheinungen. Diese sind auf Ergriffensein der sensiblen Sphäre der Großhirnrinde zurückzuführen.

Auch apoplektiform mit rasch einsetzendem Koma beginnende Fälle kommen vor, oder auch spinale Symptome, ausstrahlende Schmerzen oder Harnverhaltung können Initialsymptom sein.

Zum Stadium der Hirnreizung wird schon der Kopfschmerz gezählt, ebenso das Erbrechen. Der Puls ist oft in diesem Stadium verlangsamt. Beim Kinde wird die Fontanelle gespannt und wölbt sich vor. Unruhe, Aufschreien, Jaktationen, unkoordinierte Bewegungen und Bewußtseinstrübung treten auf. Es kommt zu Stuhlverstopfung, Fieber stellt sich ein. Dieses Stadium ist in seinem Symptomenbilde vom zunehmenden Hirndruck beherrscht. Kopfschmerz, Erbrechen, Pulsverlangsamung, Spannung der Fontanellen werden auf den gesteigerten Hirndruck zurückgeführt, Unruhe, Jaktationen, Konvulsionen auf Hirnreizung.

Manchmal kommt es vor Eintritt des dritten Stadiums, des Lähmungsstadiums, zu einer kurzdauernden, vorübergehenden Besserung, die oft nur 24—48 Stunden anhält.

Im Lähmungsstadium steigt der Puls an. Dabei kann die Temperatur auf der gleichen Höhe bleiben wie im vorausgehenden Stadium, so daß sich oft Temperatur- und Pulskurve durchkreuzen. Die Temperatur kann sub finem vitae hoch ansteigen oder subnormal werden. HENOCH hat beobachtet, daß bei der tuberkulösen Meningitis der Kinder die Temperatur in der Mehrzahl der Fälle ein charakteristisches Verhalten zeigt. Zunächst ist die Fieberkurve ganz uncharakteristisch, wobei im allgemeinen die Abendtemperaturen höher als die Morgentemperaturen sind. Am Vortage oder Tage des Todes kommt es zu einem plötzlichen hohen Fieberanstieg, wobei der Puls sehr frequent wird. Diese plötzliche enorme Temperatursteigerung in der Agonie findet sich bei Kranken, die Symptome einer Lähmung der Gehirnfunktionen darbieten. HENOCH erklärt diese Erscheinung mit der Annahme eines die Körperwärme moderierenden Systems, welches an der Grenze des Gehirns und des Rückenmarks seinen Sitz hat, und nach dessen Lähmung die Körpertemperatur eine über das gewohnte Maß hinausgehende Höhe erreicht.

Die Atmung wird unregelmäßig und nimmt oft den Cheyne-Stokesschen Typus an. Die Apathie nimmt zu und geht schließlich in Bewußtlosigkeit und Koma über, und in tiefem Koma erfolgt der Tod. Doch gibt es, wenn auch selten, Fälle, in denen der Patient bis zum Ende bei klarem Bewußtsein ist.

Das Endstadium dauert gewöhnlich 2—3 Tage. Die Dauer der ganzen Erkrankung beträgt meist $2^1/_2$—3 Wochen, doch läßt sich dies schwer bestimmen, da der Beginn des Prodromalstadiums meist ganz allmählich ist und daher oft nicht mit Sicherheit festgestellt werden kann.

Engel wendet sich gegen die bisherige lehrbuchmäßige Darstellung der tuberkulösen Meningitis. Er hat sein Kindermaterial nach dem Alter gruppiert und kommt zu dem Schlusse, daß die als typisch bezeichnete Form am häufigsten bei den älteren Kindern vorkommt. Er weist nach, daß bei älteren Kindern eine deutliche Neigung zu längerer Dauer der Krankheit besteht.

Ausnahmsweise kommt ein stürmischer Verlauf bei der tuberkulösen Meningitis vor. Meseck berichtet über einen solchen Fall eines mongoloiden Idioten, bei dem die Erkrankung in 12 Tagen zum Tode führte. Das Lumbalpunktat zeigte ein starkes Überwiegen der polynukleären Zellen, und es bestand eine Leukocytose des Blutes.

Über Remissionen in der Dauer einiger Tage im Verlaufe der tuberkulösen Meningitis wurde bereits gsprochen. Doch sind auch Remissionen von längerer Dauer beobachtet worden. Alfred E. Martin hat diese Fälle ebenso wie die geheilten bis zum Jahre 1909 kritisch zusammengestellt. Er teilt sie in zwei Gruppen ein: solche, bei denen die Diagnose zweifelhaft war, und solche mit sicherer Diagnose. In die erste Gruppe — Remissionen bei zweifelhaften Fällen — rechnet er den Fall von Don (Remission von $2^1/_2$ Monaten), Hahn (3jährige Remission), Dudon, Coulon, Sepet (über 1 Jahr). In allen diesen Fällen wurde die Diagnose nur aus dem klinischen Befunde gestellt, es fehlte der Bacillennachweis oder die Autopsie. Als sichere Fälle führt er an: 4 Fälle von Carrière und L'Hôte. In allen diesen 4 Fällen war der Tierversuch positiv. Bei dem letzten Falle, der zur Sektion kam, wurde eine dichte Sklerose der Meningen über der Rolandischen Furche links mit disseminierter Tuberkulose in der Umgebung gefunden. Ein Sektionsbefund liegt auch im Falle Rilliets vor, bei dem eine Remission von $5^1/_2$ Jahren bestanden hatte; es fanden sich Reste einer alten Meningitis neben einer frischen. Rocaz hat einen Fall eines 8jährigen Kindes als geheilte tuberkulöse Meningitis veröffentlicht, dessen weiterer Verlauf von Cruchet später publiziert wurde. 22 Monate nach der ersten Attacke kam es zu einer zweiten, in deren Verlauf das Kind starb. Bei der Sektion fanden sich Verdickungen an der Brücke als Reste einer alten tuberkulösen Meningitis, während die Meningen der Hirnbasis mit frischen Tuberkeln übersät waren. Mermann hat einen Fall mit einer Remission von 4 Monaten beobachtet. In der zweiten Attacke starb der Patient. Bei der Sektion fanden sich Verklebungen der Hirnhäute an der Basis infolge eines Exsudates, in dem bei mikroskopischer Untersuchung typische perivasculäre Miliartuberkel zu erkennen waren. Peronne berichtet über ein 5jähriges Kind, das eine Remission von 1 Monat hatte; allerdings fehlt in diesem Falle der Sektionsbefund. L'Hôte erklärt die länger dauernden Remissionen damit, daß es sich beim ersten Schube um einen lokalisierten tuberkulösen Prozeß im Gehirn handelt, der sich fibrös umwandelt. Durch Wiederaufflammen des Prozesses kann es zum tödlichen Rezidiv kommen.

Eine Remission, die bisher $2^1/_2$ Jahre anhielt, sah KELLY in einem Falle, in dem die Diagnose tuberkulöse Meningitis durch Bakterienbefund im Liquor und durch den Tierversuch sichergestellt wurde. Es blieb nur Hyperreflexie und geringer Strabismus übrig.

Wenn auch der Ausgang der tuberkulösen Meningitis im allgemeinen fast immer letal ist, so gibt es doch sichere Fälle von Heilung. So sicher gilt der tödliche Ausgang der tuberkulösen Meningitis als zu ihrem Bilde gehörig, daß viele geneigt sind, geheilte Fälle nicht als tuberkulöse Meningitis gelten zu lassen und eine falsche Diagnose anzunehmen. Es wird daher für die Annahme einer Heilung der tuberkulösen Meningitis unbedingt der Tuberkelbacillennachweis im Liquor verlangt, färberisch oder durch Kultur oder durch den Tierversuch.

Über geheilte Fälle von Meningitis, bei denen die Diagnose nur aus dem klinischen Bilde gestellt wurde, ist schon in den ältesten Zeiten berichtet worden, so von CHEYNE (1813), GÖLIS (1821), ABERCROMBIE (1835), JAHN, ROESER, HAHN, RILLIET, HEDDAEUS, FLEMING, RINTELEN, WEST, WOILLEZ, LOREY und MILLIARD, CADET DE GASSICOURT, MÉNÉTRIER, PETITFOUR, AUBERT, ROGER, CHAILLOU, SÉPET, MERMANN, TRIPIER, MOUTARD-MARTIN, VALLIN, CUFFER, ROUSSEAU, SARDA, MARCHAND, HEIM, WENDT, HENKE, MEYNES, FORMEY, GUERSANT, BLASI, VOGELSANG, BLACHE, HOHN, BAUER, WARFWINGE, CARTER, ALFARO, CHRISTOPHER, THÉVENOT. Diese Fälle finden sich in der These von PARRENIN zusammengestellt. MARTIN erwähnt außerdem Fälle von BUCHANAN, JIRASEK, OVAZZA, PORROT, TROISSIER und BROULÉ, FIRMIN CARLES, SAENGER, RAW. Wenn auch in diesen Fällen die Diagnose nicht sicher ist, so läßt sich andererseits nicht ausschließen, daß doch darunter wirklich Fälle echter tuberkulöser Meningitis waren.

Geheilte Fälle von tuberkulöser Meningitis, bei denen Tuberkelbacillen im Liquor mikroskopisch nachgewiesen wurden, sind von FREYHAN, HENKEL, BARTH, GROSS, SICARD, RUMPEL, STARK, 2 Fälle von STILES, WARRINGTON, WANIETSCHEK, BROOKS und GIBSON, PITFIELD, FONZO, 2 von BACIGALUPO, TILLI, 2 von GROTE, DE MASSARY und LÉCHELLE, BARBER, OBREGIA und CONSTANTINESCU, TAMARIN, NEIDHARDT, VAN HASSELT, ROGER und VAISSADE beschrieben worden.

Positiver Bacillenbefund im Liquor bei negativem Ausfall des Tierversuchs wird von ARCHANGELSKY, HOCHSTETTER, REICHMANN und RAUCH, KONRAD KOCH angegeben.

Nur der Tierversuch wurde in den Fällen von HUTINEL und TIXIER, AVIRAGNET und TIXIER, McMAHON, BORUSSO, DE LUCA gemacht und war positiv.

Negativen Bacillenbefund im Liquor bei positivem Tierversuch geben an: AVANZINO, 3 Fälle von CARRIÈRE und L'HÔTE, VAQUEZ und DIGNE, TEDESCHI, JEMMA, GAREISO, BARBIER und GOUGELET, BEZANÇON und GASTINEL, BÓKAY, VAN DER BOGERT.

Bacillenbefund und Tierversuch waren positiv in den Fällen von CARRIÈRE und L'HÔTE, CLAISSE und ABRAMI, RIEBOLD, CASTAIGNE und GOURAUD, COTTIN, BÓKAY, TILLI, CRAMER und BICKEL, PISSAVY und TERRIS, VIALARD und DARLEGUY, VEDEL, GIRAUD und PUECH, JOUSSET und PÉRISSON, CAIN, JOUSSET.

Bloß positive Agglutinationsreaktion nach ARLOING und COURMONT wird in einem Falle SÉPETS und in einem Falle PAGÈS erwähnt; dagegen wurde der KOCHsche Bacillus in diesen Fällen weder färberisch noch durch den Tierversuch im Liquor nachgewiesen.

Als ebenso beweisend muß natürlich der Sektionsbefund in Fällen langdauernder Remissionen oder in Fällen gelten, die später an einer interkurrenten Krankheit oder an der Tuberkulose gestorben sind. Solche Fälle wurden veröffentlicht von RILLIET, BARTH, BÓKAY sen., LEUBE und FUTTERER, POLITZER,

Schwalbe, Carrington, Janssen, Rumpel, Cadet de Gassicourt, Rocaz und Cruchet, Carrière und L'Hôte und Dufour.

Schließlich ist noch eine Reihe von Fällen zu erwähnen, in denen klinisch die Symptome einer Meningitis bestanden, und die in Heilung ausgingen, und in denen die tuberkulöse Natur der Meningealerkrankung dadurch von den Autoren bewiesen scheint, daß Chorioidealtuberkel gefunden wurden; so in den Fällen von Dujardin-Beaumetz, Barth, Thomalla, Moutard-Martin, Uhthoff. Doch ist zu bedenken, daß das Vorhandensein von Chorioidealtuberkeln nur auf eine Tuberkulose überhaupt hinweist, evtl. auf eine Miliartuberkulose, daß es aber nicht mit Sicherheit beweist, daß die Meningealerkrankung eine echte tuberkulöse Meningitis war.

Gute Zusammenstellungen über die geheilten Fälle von tuberkulöser Meningitis finden sich in den Arbeiten von Martin, in der These von Pagès, bei Bókay, Cramer und Bickel.

Als Erklärung für die Heilung einzelner Fälle von Meningitis tuberculosa nimmt Martin an, daß in diesen Fällen entweder die Widerstandskraft des Organismus größer ist als gewöhnlich, oder daß die Virulenz der Tuberkelbacillen so gering ist, daß es zu einer Lokalisation des Prozesses in den Meningen und zu einer fibrösen Umwandlung kommt. Allerdings sei zu berücksichtigen, daß auch in solchen Fällen der Herd in den Meningen immer noch zum Ausgangspunkt einer neuen Infektion werden kann. Cramer und Bickel stellen folgende 5 Momente auf, die die Heilung tuberkulöser Meningitiden erklären sollen. 1. Der primäre tuberkulöse Herd muß unbedeutend sein; 2. am günstigsten ist die umschriebene Meningitis, die zu fibröser Narbenbildung neigt; 3. Fehlen von Hirndruck; 4. geringe Virulenz der Bacillen; 5. erhöhte Widerstandskraft des Individuums (Immunität).

Cramer und Bickel sprechen auch über die Prognose der Heilungen. Ein Teil ist dauernd und ohne alle Folgeerscheinungen. In manchen Fällen sieht man vorübergehende oder bleibende Folgen: Taubheit, Blindheit, Monoplegie. Öfter ist es auch zu tödlichen Rezidiven gekommen. Nach Cramer und Bickel beträgt die Mortalität dieser geheilten Fälle ungefähr 25%.

Fiori meint auch, daß in den Fällen, die in Heilung übergehen, meist doch nach verschieden langer Zeit (in einem Falle nach 28 Jahren) der Tod, meist infolge einer frischen Miliartuberkulose, erfolge. Bei der Obduktion fanden sich Reste der früheren Erkrankungen (Hirntuberkel, meningitische Plaques an der Basis oder Konvexität). Überall fanden sich bindegewebige Prozesse, teils Einkapselungen tuberkulöser, verkalkter Granulationen, teils Narben. Der Autor meint, daß diese gutartige, ausheilende Form der tuberkulösen Meningitis nicht durch eine besondere Widerstandsfähigkeit des Organismus oder Lokalisation des Prozesses zu erklären sei, sondern durch eine Eigenart der Virulenz der betreffenden Tuberkelbacillen. Unter Berufung auf Versuche von Auclair und Armand-Delille nimmt er an, daß diffusible, tuberkulinartige Gifte von den Bakterien produziert werden, die durch ihre Wirkung auf die Nervenzellen den malignen Prozeß der klassischen tuberkulösen Meningitis erzeugen, während in den gutartigen, ausheilenden Fällen aus dem Bacillenleib stammende, fettwachsartige Substanzen zu lokalisierten, sklerosierenden Prozessen führen. Fiori unterscheidet drei Gruppen von Tuberkelbacillen: 1. solche, die tuberkulinartige, diffusible Gifte in solcher Menge produzieren, daß nicht einmal Zeit zu anatomischen Veränderungen ist; in diesen Fällen gehen die Kranken foudroyant zugrunde. 2. Die diffusiblen und die lokal Granulationsgewebe erzeugenden Gifte halten sich die Waage; dies ist bei der gewöhnlichen, deletären tuberkulösen Meningitis der Fall. 3. Die fettwachsartigen Gifte sind im Überschuß; dies führt zu den ausheilenden Formen.

SIEPER macht darauf aufmerksam, daß es bisweilen nicht gelingt, Tuberkel-bacillen im Liquor nachzuweisen, trotzdem die Autopsie die Diagnose tuber-kulöse Meningitis bestätigt. Es sei daher möglich, daß geheilte Fälle mit nega-tivem Bacillenbefund doch tuberkulöse Meningitiden waren. Es liege auch die Annahme nahe, daß, je weniger Bacillen im Liquor, um so eher eine Heilung eintreten könne. Dadurch würde sich die Zahl der Heilungen bei tuberkulöser Meningitis höher stellen, als man annimmt. SIEPER erwähnt 2 Fälle mit Nach-weis säurefester Bacillen im Liquorausstrich, die in Heilung übergingen. Er weist auf die Wichtigkeit des Tierversuchs hin, sowohl bei negativem wie posi-tivem färberischen Nachweis im Liquor. Negativer Ausfall des Tierversuchs lasse die Diagnose Tuberkulose nicht mit Sicherheit ausschließen.

F. H. LEWY meint, daß günstig ausgehende Fälle von tuberkulöser Meningitis häufiger sind, als bisher angenommen wurde. Die Diagnose könne auch ohne Bacillennachweis mit genügender Sicherheit gestellt werden, und zwar aus Eiweißvermehrung, typischer Goldsolzacke, Zuckerschwund und Sinken der Chlorwerte im Liquor; in fortgeschritteneren Fällen komme Gelbfärbung des Liquors, Zellvermehrung und Fibringerinnsel hinzu.

PAISSEAU und LAQUERRIÈRE sahen 3 geheilte Fälle von tuberkulöser Menin-gitis und werfen die Frage auf, ob man nicht besser solche Fälle als heilbare tuberkulöse meningeale Episoden bezeichnen sollte. Sie möchten sie mit einem weniger virulenten Krankheitserreger erklären.

Formen.

Es wurde bisher hauptsächlich die klassische Form der tuberkulösen Menin-gitis besprochen. Es gibt aber auch viele atypische Fälle. Für das Kindesalter hat SQUARDI eine Einteilung versucht. Bei der Meningitis tuberculosa der Säuglinge unterscheidet er: eine konvulsive und eklamptische Form; eine somnolente Form; hypertoxisch (foudroyante) somnolente Form; toxische somnolente Form; choleriforme; hydrocephale; apyretische bulbäre; para-lytische Form. Für das spätere Kindesalter stellt er folgende Formen auf: cephalalgische, delirante, statisch-ataktische, cerebrospinale, gastrische, pseudo-typhöse, enterocolitische, mit Verstopfung, mit initialer Acetonämie, mit sekun-därer oder symptomatischer Acetonämie, mit thermischen Anomalien. FLATAU und ZILBERLAST-ZAND unterscheiden 1. eine schwache und vorübergehende Reizung der Meningen mit dem Symptomenbild der Pseudomeningitis (Meningis-mus) und die seröse Entzündung der Hirnhäute tuberkulöser Natur; 2. die Meningitis tuberculosa in Plaques, und zwar a) eine Pachymeningitis tuberculosa in Plaques, b) eine Leptomeningitis tuberculosa in Plaques; 3. die Meningitis tuberculosa diffusa chronica. Diese Einteilung ist recht gut; wenn man noch dazu die typische Form der tuberkulösen Meningitis nimmt, so erhält man damit eine brauchbare Einteilung.

Die Form 1, 2a und 2b sollen in besonderen Abschnitten besprochen werden. Dann kann man die gewöhnliche Form der tuberkulösen Meningitis (akute) und die chronische Form unterscheiden, welche letztere ziemlich selten ist. Die akute Form der tuberkulösen Meningitis kann man weiter nach dem Alter in eine solche der Kinder, der Säuglinge und der Erwachsenen einteilen. Schließ-lich könnte man eine atypische Form noch abgrenzen.

Nach der anatomischen Lokalisation kann die tuberkulöse Meningitis in die typische basale und die seltenere Konvexitätsmeningitis eingeteilt werden (nach O. FISCHERS Statistik beträgt die letztere Form $^1/_8$ seiner Fälle).

Der lehrbuchmäßigen Darstellung der typischen tuberkulösen Meningitis liegt die Form zugrunde, wie sie bei Kindern vorkommt. Diese Form hat ENGEL nach der Symptomatologie in weitere Untergruppen eingeteilt, und zwar unterscheidet er: einen Schlaftypus, der durch die Schlafsucht charakterisiert ist; einen abdominellen Typus, bei dem Erbrechen oder Brechdurchfall im Vordergrund der Erscheinungen steht; einen eklamptischen Typus mit Krämpfen; den Lehrbuchtypus; einen selteneren Bewußtseinstypus, bei dem das Sensorium frei bleibt; schließlich Mischformen.

Die tuberkulöse Meningitis der Säuglinge bietet Besonderheiten. Während man sie anfangs für sehr selten hielt, zeigte sich, besonders nach Einführung der Lumbalpunktion, daß sie häufiger vorkommt, als man dachte. Doch zeigt sie oft eine besondere, von der Norm abweichende Form. Als klassische Formen der kindlichen tuberkulösen Meningitis bezeichnen die Franzosen die eklamptische und hemiplegische (Hutinel, Marfan). Lesage und Abrami, Lafarcinade, Willerval haben eine andere Form beschrieben, die sie die somnolente nennen. Die Symptomatologie dieser Form, wie sie besonders bei Säuglingen vorkommt, ist nach den genannten Autoren folgende: zunehmende Somnolenz, Katalepsie der Augen, zunehmende Abmagerung, Wechsel in der Pulsfrequenz mit Dissoziation von Puls und Temperatur. Unter Katalepsie der Augen wird eine gewisse Starre und Leere des Blicks verstanden, weiter Fehlen des Blinzelns, Amblyopie, Verschwinden des Konjunctivalreflexes. Nach Lafarcinade wurden diese Symptome bei der tuberkulösen Meningitis der Säuglinge bereits von Nil Filatow sehr gut beschrieben. Clot macht neben den drei genannten Formen, der eklamptischen, hemiplegischen und somnolenten auf Fälle aufmerksam, bei denen Erbrechen das einzige Symptom ist oder eine leichte allgemeine Starre oder Unregelmäßigkeit des Atemrhythmus mit etwas Somnolenz. Perrier betont, daß häufig Störungen des Magendarmtraktes im Beginne der Krankheit im Vordergrunde stehen, selten fehlen solche Störungen im ganzen Verlaufe der Erkrankung. Als charakteristische Symptome sind Erbrechen und Obstipation bekannt, doch kann bisweilen auch Diarrhöe vorkommen.

Die Meningitis tuberculosa der Erwachsenen zeichnet sich nach Jaquet durch große Einförmigkeit und Eintönigkeit aus. Die bei jugendlichen Individuen für die tuberkulöse Meningitis typischen Symptome (Erbrechen, Kopfschmerz, Kahnbauch, Nackenstarre, Pulsverlangsamung) werden fast ganz vermißt. Es kommt ohne Reizstadium sehr schnell zu Bewußtseinsstörungen und Lähmungserscheinungen. Warrington betont den häufigen Beginn mit psychischen Störungen wie Depressionen, Charakterveränderungen, auffälliger Handlungsweise. Holten sagt, die tuberkulöse Meningitis der Erwachsenen zeige einen atypischen Verlauf. Die drei Stadien seien oft nicht zu unterscheiden, insbesondere fehle oft das Stadium der Prodrome. Die Kardinalsymptome fehlen oft ganz oder teilweise. Benommenheit sei das wichtigste Symptom. Cado behandelt in einer These eine komatöse Form der tuberkulösen Meningitis bei Erwachsenen. Er charakterisiert sie durch das Vorwiegen der Bewußtseinsstörung, Stumpfheit, geistige Schwäche bis Koma und das Fehlen somatischer Symptome. Solche Fälle wurden beschrieben von Andral, Sergiu, Chantemesse, Maubrac, Laudel, Vigouroux, Le Gras, Loeper, Gouget, Monnier, Thibault und Collet. Nach Terris ist bei Erwachsenen der Prozeß häufiger an der Konvexität lokalisiert als an der Basis. Meist handle es sich um kleinere, begrenzte Herde, die entweder die Hirnhäute allein oder zugleich die Rinde ergreifen. Den lokalisierten Herden entspreche ein monosymptomatischer Verlauf. Zu den frühesten Erscheinungen gehört mäßiger, ausgebreiteter Kopfschmerz mit abendlichen Verschlimmerungen sowie leichte psychische Veränderungen und geringe Benommenheit. Banuelos Garcia betont auch, daß bei der Meningitis tuberculosa der Erwachsenen häufig atypische Formen vorkommen. Es gebe kaum ein neurologisches Symptom, mit dem sie nicht beginnen könnte. Das konstanteste Initialsymptom sei der Kopfschmerz. Dann folgen psychische Störungen und Hyperästhesie. Außerdem beobachtete der Autor Aphasie, Krämpfe, Paresen und Monoplegien, apoplektische Attacken, Angstzustände, Synkopen und Rückenschmerzen. Was bei der kindlichen Meningitis tuberculosa als atypischer Beginn gelte, sei bei der der Erwachsenen die Regel. Der Verlauf sei stets der gleiche. Die einzelnen Formen pflegen ihre Besonderheiten beizubehalten, bis sich plötzlich das Bild der diffusen tuberkulösen Meningitis einstelle, das in wenigen Tagen zu Koma und Tod führe. Ein kleiner Teil der Fälle verlaufe wie die tuberkulöse Meningitis der Kinder. Die Dauer der Erkrankung sei länger, als angenommen werde, weil im allgemeinen die Diagnose spät gestellt werde. Die Zahl geheilter Fälle sei sehr gering. Jedenfalls müsse man für solche Fälle den Tuberkelbacillennachweis im Liquor verlangen. Die Heilung sei sehr langsam, und oft komme es zu Rückfällen. SIEBERT berichtet über drei Fälle von Meningitis tuberculosa bei Erwachsenen, bei denen die psychischen Symptome die neurologischen beträchtlich überwogen. CAUSSADE berichtet über einen 52jährigen Mann, bei dem nach Abklingen eines akuten Gelenkrheumatismus zunächst heftige Kopfschmerzen, dann Angstdelirien und optische Halluzinationen auftraten. Der Bacillenbefund war positiv. Den Rheumatismus hält der Autor für tuberkulös. Die Dauer der Meningitis betrug 23 Tage.

Die atypischen Formen der Meningitis tuberculosa sind diejenigen, in denen gewisse seltene Erscheinungen, meist Herdsymptome im Vordergrunde des Krankheitsbildes stehen. Diese atypischen Herderscheinungen können anatomisch verschieden bedingt sein. Manchmal handelt es sich dabei um tuberkulöse Plaques. Diese Form soll aber in einem besonderen Abschnitte besprochen werden. Von anderen anatomischen Grundlagen der Herderscheinungen führt z. B. ZAPPERT, besonders für die Hemiplegie, folgende vier an: 1. einseitig stark ausgeprägte Konvexitätsmeningitis, 2. einseitig stark ausgeprägte Basalmeningitis, 3. Erweichungsherde in den Stammganglien durch makroskopisch sichtbare Arterienthrombose, 4. Erweichungsherde in den Stammganglien ohne makroskopische Arterienveränderung. Solche Herderscheinungen sind: Hemiplegie (ZAPPERT, SAENGER, MICHEL und GAULTIER, RAMOND, FORNARA), Monoplegien, Aphasie (MASBRENIER, LIPPMANN, SAENGER, MICHEL und GAULTIER, RAMOND, TESCHLER, ZAPPERT). SINISCALCHI hat einen Fall bei einem 45jährigen Manne beobachtet, in dem ausgesprochene Erscheinungen von sensorischer Aphasie vorhanden waren. JACKSON-epileptische Anfälle wurden beschrieben von MORSE und CLEVELAND, STIEFLER, WERTHEIM SALOMONSON. Manchmal gehen Krämpfe einer Lähmung voraus (MONTI und FRÜHAUF). Parästhesien erwähnen ZAPPERT, MICHEL und GAULTIER, VAN HASSELT. Oft gehen die Parästhesien Lähmungen oder Krämpfen voraus. VIVANT beschreibt eine apoplektiforme Abart der tuberkulösen Meningitis, die plötzlich mit Koma einsetzt.

Von anderen atypischen Formen sei die erwähnt, bei der Harnverhaltung das erste und durch einige Zeit einzige Symptom bildete (3 Fälle von CYHLARZ); erst nach 2—4 Tagen stellten sich sonstige meningitische Zeichen ein. Im Falle von ESPILDORA LUQUE und in dem von LAIGNEL-LAVASTINE und POLACO bildete eine beiderseitige Abducenslähmung das erste Krankheitszeichen.

Hypophysäre Syndrome bestanden in den beiden Fällen von STRASMANN und TOUSSAINT, im ersteren eine auffallend rasch zunehmende Adipositas, Abnahme der Sexualfunktion, Müdigkeit und Schlafbedürfnis, bitemporale Abblassung der Papillen und bitemporale Hemianopsie. TOUSSAINT fand in seinem Falle Polyurie und Polydipsie und linksseitige Opticusatrophie.

Einen Fall von tuberkulöser Meningitis der Hypophysengegend veröffentlichten DIDE und DENJEAN. Der Verlauf war sehr protrahiert mit Remissionen.

Die Erscheinungen bestanden in einem katatonen Erregungszustand, Kachexie, Diabetes insipidus, Beugekontraktur der Beine, der Liquor zeigte normale Verhältnisse.

Ein Kleinhirnbrückenwinkelsyndrom wird von van der Vloet und Whitaker in je einem Falle beschrieben. Der Kranke van der Vloets hatte eine linksseitige Facialislähmung, motorische und sensible Trigeminusparese und Acusticusaffektion links und Kleinhirnsymptome. Whitaker fand Ausschaltung des linken VIII. Hirnnerven, Hypotonie, Dysmetrie, Ataxie und Stauungspapille.

Hemichorea beobachtete Babonneix und Paisseau, und sie fanden zahlreiche tuberkulöse Granulationen in der motorischen Region der gekreuzten Hemisphäre. Ein zweiter derartiger Fall ist von Nobécourt und Rivet beschrieben worden, doch ist er ohne Sektionsbefund.

Eine tetanische Form der tuberkulösen Meningitis wurde von Escherich, Acuna und Bazán, Gleichgewicht und Michalowicz beschrieben.

Altermann stellt in seiner These eine hämorrhagische Form der tuberkulösen Meningitis auf. Er unterscheidet zwischen Hämorrhagien bei tuberkulöser Meningitis, die er als meningeale Hämoptyse auffaßt, und hämorrhagischer tuberkulöser Meningitis. Die erstere Form entsteht durch Ruptur eines tuberkulös erkrankten Meningealgefäßes. Die klinischen Erscheinungen setzen plötzlich, ja selbst foudroyant ein; die Erscheinungen der Hirnkompression durch das Blutextravasat überlagern die meningitischen Erscheinungen. Der Beginn ist plötzlich, mit intensivem Kopfschmerz, Schwindel, Erbrechen oder mit einem epileptischen Anfall oder einem apoplektischen Insult. In diese Gruppe gehören die Fälle von Altermann, Tinel, Lortat-Jacob und Sabareanu, Paupe, Perrin.

Im zweiten Falle entwickeln sich zunächst die Erscheinungen der Meningitis, aber der Verlauf ist besonders schwer und kurz, oder es kommt im Verlauf zu einer akuten Verschlimmerung. Solche Fälle haben Tinel, Guinon, Villaret und Tixier beschrieben. Diesen beiden Arten der hämorrhagischen Meningitis entspricht nach Altermann auch ein verschiedener anatomischer Befund. Im ersten Falle mit plötzlichem, akutem Beginn und Kompressionserscheinungen soll es sich um Gefäßruptur handeln, im zweiten Falle um capilläre Blutungen. Für die Diagnose der hämorrhagischen tuberkulösen Meningitis ist der Befund blutig tingierten Liquors wichtig.

Weiter kann noch eine spinale Form der tuberkulösen Meningitis abgegrenzt werden. Bereits Chantemesse hat ihr ein eigenes Kapitel seiner These gewidmet. Im Falle von Achelis und Nunokawa beschränkten sich die tuberkulösen Veränderungen im wesentlichen auf das Lumbosakralmark. Biancone veröffentlichte einen Fall, in dem zunächst Ameisenlaufen in den Beinen auftrat, dem eine schlaffe Paraplegie mit fehlenden Patellarreflexen, positivem Babinski, Anästhesie vom Nabel abwärts und Blasen-Mastdarmparese folgte. Bei der Sektion fand sich das Dorsalmark am stärksten betroffen. Eine Patientin Stieflers erkrankte mit Kopfschmerzen und allgemeiner Schwäche; dann traten reißende, ausstrahlende Schmerzen im Kreuz auf, retentio urinae et alvi. Schließlich kam es zu einer Paralyse der Beine und Bauchmuskulatur mit Fehlen aller Haut- und Sehnenreflexe und schwerster Empfindungsstörung bis zur Höhe des Nabels. Erst kurz vor dem Tode traten Symptome von seiten der Hirnnerven auf. Bei der Sektion fand sich das Rückenmark, am stärksten das Dorsalmark, in ein plastisches Exsudat eingebettet. Im Falle Johannsens waren anfangs allgemeine nervöse Erscheinungen (Kopfschmerz, Schmerzen im Rücken, Bauch und in den Gliedmaßen, Erbrechen). Als auffälligstes Symptom stellte sich Harnverhaltung ein, dann Benommenheit, schließlich Bewußtlosigkeit. Es hatte sich ein Decubitus am Kreuzbein entwickelt. Es fand sich eine tuberkulöse Meningitis fast ausschließlich des Rückenmarks und eine Caries des 7. und 9. Brustwirbels. Ein Zusammenhang dieser mit der Meningitis ließ sich nicht mit Sicherheit nachweisen, so daß der Autor an eine primäre Metastasierung in den Meningen denkt. HARBITZ und HATLEHOL beobachteten eine 25jährige Frau, bei der eine schlaffe Lähmung der unteren Extremitäten, Nackensteifigkeit, Ischuria paradoxa und schließlich cerebrale Symptome auftraten. Außer einer Basalmeningitis fand sich eine diffuse Meningitis des Rückenmarks mit Tuberkelentwicklung. Aber auch die Rückenmarkssubstanz war ergriffen, und zwar sowohl im Sinne einer Leuko- wie einer Poliomyelitis. Einen interessanten Fall von spinaler tuberkulöser Meningitis hat KAUDERS veröffentlicht. Die Krankheit verlief im Beginne durch 2 Monate hindurch unter dem Bilde einer beiderseitigen Ischias. Nach einer Vaccineurinbehandlung, die mit sehr starken Allgemeinerscheinungen einherging, entwickelte sich eine akute tuberkulöse Meningitis mit Lähmungserscheinungen und Sensibilitätsstörungen von spinalem Typus. Es wurde ein gut abgekapselter, kirschkerngroßer Absceß im 5. Lendenwirbel gefunden, weiter streng segmental angeordnete Degenerationsprozesse, vornehmlich der Vorderhornzellen. Der Prozeß hatte im Lendenmark begonnen und zeigte eine deutliche Tendenz zum Ascendieren. Verfasser nimmt einen ursächlichen Zusammenhang zwischen Ausbruch der akuten Meningitis und Vaccineurinbehandlung an. LANGERON, DECHAUME und PETOURAUD haben bei einem Falle von tuberkulöser Meningitis mit Singultus und Myoklonien besonders schwere Veränderungen an der Pia und an den Vorderhornzellen des 4. Cervicalsegments gefunden. Sie schließen daraus, daß der Singultus durch eine Reizung des Phrenicuskerns oder seiner Wurzeln zustande komme. Auch die Myoklonien seien vielleicht spinaler Natur. Nach GIUGNI gibt es Fälle von tuberkulöser Meningitis, die mit intermittierendem Fieber beginnen. Das Auftreten von Neuralgien im Ischiadicusgebiet sei dann ein Hinweis auf das Bestehen einer spinalen Meningitis. Nach wochen- bis monatelangem symptomfreiem Intervall setzen die typischen cerebralmeningitischen Erscheinungen plötzlich ein.

Sehr selten ist die chronische Form der tuberkulösen Meningitis. Einen Fall von 9monatlicher Dauer hat FLATAU beschrieben. Ein 18jähriger Mann erkrankte mit Kopfschmerzen, Erbrechen, Obstipation, Abgeschlagenheit, epileptiformen Anfällen. Nach 6 Monaten stellte sich Stauungspapille ein und leichte Nackensteifigkeit. Die Temperatur war normal. Dieser Zustand blieb bis zum Tode bestehen. Sub finem vitae trat eine rechtsseitige Parese auf. Wa.R. im Blut war +, Pirquet +, im Liquor leichte Xanthochromie, Pleocytose, Nonne-Apelt ++. Die Sektion ergab einen Hydrocephalus internus, die weichen Hirnhäute über Pons und Medulla oblongata verdickt und getrübt. Histologisch bestand überwiegend Bindegewebswucherung, stellenweise frischere Entzündung, vereinzelt typische Tuberkel mit Tuberkelbacillen. Der gleiche Befund war am Rückenmark. Dagegen war die Hirnkonvexität im wesentlichen frei. Einen bemerkenswerten Fall von chronischer tuberkulöser Meningitis hatte schon früher TOUCHE beschrieben. Es handelte sich um ein 13jähriges Kind, das wie ein Kind von 5—6 Jahren aussah. Das Gesicht war ausdruckslos, der Mund stand offen, es bestand Speichelfluß. Das Kind hatte niemals gesprochen, sondern stieß nur Schreie aus. An den Armen und Beinen bestanden Beugekontrakturen. Alle Sphincteren waren völlig inkontinent. Es bestand Fieber. Bei der Sektion fand sich der Frontallappen von einer speckigen Haut überzogen, die von der Pia gebildet wurde. In den Furchen war ein gelbliches Exsudat und längs der Gefäße einige Tuberkel. Über den hinteren Hirnteilen war kein Exsudat, aber eine alte Piaverdickung und Atrophie der Windungen. Der Autor faßt den Prozeß als eine chronische Meningitis, wahrscheinlich tuberkulösen Ursprungs, auf. Durch die Atrophie der Windungen sei die Diplegie und Idiotie bedingt.

Zwei Fälle von chronischer hyperplastischer Meningitis der Basis mit Hydrocephalus internus beobachtete Ugurgieri. Im zweiten Falle war die Wa.R. im Liquor positiv.

Eine rezidivierende Form der tuberkulösen Meningitis beschreibt Lotti. Seine Kranke hatte mit 10 Jahren ein akutes meningitisches Krankheitsbild mit Kopfschmerzen, Delirien, Augenmuskellähmungen und Amaurose. Die Erscheinungen bildeten sich allmählich zurück, und es blieben nur atrophische Veränderungen an der Retina und Chorioidea. Nach einer Periode von 15 Jahren völliger Gesundheit traten in den letzten 3 Jahren anfallsweise meningitische Erscheinungen auf, hauptsächlich Symptome endokranieller Drucksteigerung. Herdsymptome fehlten, abgesehen von einer vorübergehenden Hemiparese mit Hemiparästhesien und Aphasie. Es wurde röntgenologisch eine Caries des 4. Brustwirbels festgestellt. Der Liquor zeigte während der meningitischen Attacken Xanthochromie, erhöhten Eiweißgehalt, starke Zellvermehrung und Spinnwebengerinnsel, während der Bacillenbefund negativ war. Mit dem Abklingen des letzten meningitischen Anfalls näherte sich der Liquor der Norm.

Es können auch Komplikationen zu der tuberkulösen Meningitis hinzutreten, die dann die Diagnose sehr erschweren. Hier soll nur eine Komplikation erwähnt werden, die mit dem Prozesse der tuberkulösen Meningitis selbst in ursächlichem Zusammenhang steht. Es ist dies die Thrombose von Hirngefäßen. Reuter hat einen Fall von disseminierter Meningoencephalitis tuberculosa mit Thrombose des Stammes einer Vena fossae Sylvii und nachfolgender Blutung beschrieben. Im Falle von Leopold und Rothstein bestand eine tuberkulöse Meningitis mit miliaren Knötchen und Thrombose einer Arteria cerebri posterior. Im Leben hatten Konvulsionen bestanden, und es trat später Erblindung bei normalem Augenhintergrundsbefunde auf. Im Liquor wurden Tuberkelbacillen durch den Tierversuch nachgewiesen.

Einen Fall von Rheumatismus mit einem leichten Befund an der linken Lungenspitze beschreiben Viton, Cruciani und Charosky. Unter Tuberkulinbehandlung trat zunächst eine Besserung ein, dann kam es aber zur Meningitis mit positivem Bacillenbefund. Die Autoren nehmen an, daß es sich hier um einen Poncetschen Rheumatismus gehandelt habe.

Zufälliges Zusammentreffen von tuberkulöser Meningitis mit Nebenhöhlenentzündung beschreibt Seiferth in 2 Fällen.

Tuberkulöse Meningitis in der Schwangerschaft ist verhältnismäßig selten. Je ein Fall wurde von Wong und von Gaujoux und Boissier beschrieben. In einem Falle Sittigs, der wegen bitemporal-hemianopischer Pupillenreaktion veröffentlicht wurde, war die tuberkulöse Meningitis auch in der Schwangerschaft aufgetreten. Gaujoux und Boissier geben in ihrer Arbeit an, daß im ganzen 25 Fälle von tuberkulöser Meningitis in der Schwangerschaft in der Literatur verzeichnet sind.

In letzter Zeit wurde ein Fall von tuberkulöser Meningitis am Ende der Schwangerschaft von Juan Leon und Niceto Loizaga mitgeteilt. Die Spontangeburt war schmerzlos. Die Autoren betonen die Notwendigkeit einer operativen Beendigung der Schwangerschaft, wenn das Kind lebensfähig ist. 4 Fälle von tuberkulöser Meningitis nach Geburt oder Abortus beschreibt Fruhinsholz. Er hebt die Gefahren der Zeit nach der Geburt bzw. nach einem Abortus für die Ausbreitung der Tuberkulose hervor. Dabei spielen die örtlichen Schädigungen durch den Geburtsvorgang und die allgemeine biologische Schwäche wahrscheinlich eine Rolle.

Diagnose und Differentialdiagnose.

Vor der Einführung der Lumbalpunktion war die Erkennung der tuberkulösen Meningitis sehr schwierig und unsicher, wenn es sich nicht um typische Fälle handelte. Von den rein klinischen Symptomen ist nicht ein einziges allein für sich charakteristisch für die tuberkulöse Meningitis, sondern nur das gesamte Krankheitsbild. Aber einzelne Symptome sind von besonderem diagnostischem Werte: Erbrechen, Obstipation, Benommenheit, Flockenlesen, Nacken-, Rücken- und allgemeine Muskelsteifigkeit, das KERNIGsche Zeichen, die Hyperästhesie, der Kahnbauch, Dermographismus, das BRUDZINSKYsche Nacken-, Wangen- und Symphysisphänomen. Doch weisen diese Symptome nicht auf die Ätiologie hin. Diese kann vielmehr nur dadurch erschlossen werden, daß man in anderen Organen, besonders den Lungen (Röntgenuntersuchung) tuberkulöse Herde feststellt.

Das sicherste diagnostische Mittel für die Erkennung sowohl der Lokalisation des Krankheitsprozesses an den Meningen als auch seiner tuberkulösen Natur besitzen wir jetzt in der Lumbalpunktion und der damit verbundenen Liquoruntersuchung. Als einwandfrei bewiesen kann die Diagnose der tuberkulösen Meningitis nur dann gelten, wenn es gelingt, Tuberkelbacillen im Liquor nachzuweisen (TACCONE). Als sicher gilt der Nachweis durch den Tierversuch, durch die Kultur und der färberische Nachweis. Allerdings ist dabei zu berücksichtigen, daß nur der positive Bacillennachweis beweisend ist. Im Anfange der Erkrankung kann nämlich der Bacillenbefund negativ sein, bei einer späteren Punktion positiv. Nach VOLLMOND ist der Bacillennachweis in dem durch Zisternenpunktion gewonnenen Liquor häufiger als in dem durch Lumbalpunktion gewonnenen.

Mme. JOUSSET macht darauf aufmerksam, daß öfter schon im Liquor bakterioskopisch Tuberkelbacillen gefunden wurden, daß aber der Tierversuch negativ ausfiel. Dies könne nicht so erklärt werden, daß es sich nicht um echte Tuberkelbacillen in diesen Fällen gehandelt habe, sondern es sei die Virulenz der Bacillen verschieden. In diesen Fällen sei eben der Tuberkelbacillus für die Versuchstiere nicht virulent. Daraus schließt JOUSSET, daß vom diagnostischen Standpunkte der bakterioskopische Bacillenbefund im Liquor vor dem Tierversuche den Vorzug verdiene und entscheidend sei.

Die übrigen Veränderungen der Rückenmarksflüssigkeit sind zwar jede für sich nicht absolut charakteristisch für tuberkulöse Meningitis, der ganze Komplex der pathologisch veränderten Liquorreaktionen und das übrige Bild werden aber in der Mehrzahl der Fälle die richtige Diagnose ermöglichen. In früherer Zeit glaubte man, die Lymphocytose des Liquors sei charakteristisch für die tuberkulöse Meningitis, während Leukocytose bei der eitrigen vorkomme. Die Erfahrung hat aber gelehrt, daß auch bei der tuberkulösen Meningitis fast ausschließlich Leukocyten vorkommen können. Gewiß aber spricht das Überwiegen der Lymphocyten im Liquor im allgemeinen für die tuberkulöse Natur der Meningitis (VOLLMOND). Das für die tuberkulöse Meningitis charakteristische Liquorsyndrom ist eine mittelgradige Pleocytose (meist vorwiegend Lymphocyten), Eiweißvermehrung, Spinngewebgerinnsel, positive Hämolysinreaktion (WEIL und KAFKA), verminderter Chlor- und Zuckergehalt des Liquors, eine Zacke links in der Goldsolkurve. Bisweilen kommt bei tuberkulöser Meningitis Xanthochromie des Liquors vor.

Von den anderen rein klinischen Symptomen ist keines, wie schon gesagt wurde, absolut charakteristisch. Es sei in tabellarischer Übersicht aus zwei

Arbeiten die Häufigkeit der einzelnen Symptome zusammengestellt. Die eine
Arbeit ist die von Herbert Koch, die andere von Kinnear; beide Arbeiten
beziehen sich auf die tuberkulöse Meningitis bei Kindern.

	Koch	Kinnear
Erbrechen	50%	89%
Kopfschmerz	—	80%
Obstipation	43%	81%
Nackenstarre	90%	65%
Kernig	83%	51%
Dermographie	94%	—
Hyperästhesie	76%	—
Pulsverlangsamung und Arrhythmie	71%	—
Seitenlage	81%	—
Schlechter Ernährungszustand	90%	—
Pirquet negativ in der vorletzten Woche	14%	—
Pirquet negativ in der letzten Woche	26%	—
Strabismus	—	31%
Kopfbeuge	—	35%
Babinski	—	31%
Cri hydrencéphalique	—	29%
Krämpfe	—	29%
Fehlende Kniereflexe	—	27%
Fehlende Bauchreflexe	—	20%

Man sieht aus dieser Zusammenstellung, wie sehr die Angaben der Autoren
auseinandergehen.

Als charakteristischer klinischer Symptomenkomplex kann gelten, wenn
Hirndruckerscheinungen (Kopfschmerz, Erbrechen, Pulsverlangsamung) mit
meningitischen Erscheinungen (Nackenstarre, Kernig, Kahnbauch, Hyperästhesie), psychischen Störungen (Benommenheit, Apathie, Charakterveränderung, Delirien, Flockenlesen) und basalen Symptomen (Augenmuskellähmungen,
Pupillenstörungen) zusammentreffen.

Doch beschreibt Thiange einen Fall von tuberkulöser Meningitis, bei dem
alle wesentlichen meningitischen Erscheinungen und alle Zeichen von Hirndruck
fehlten. Vorhanden waren starke Reflexsteigerung, Fußklonus, schwere Benommenheit, Krämpfe, träge Pupillenreaktion, Steifheit der Gliedmaßen und
Zittern der Arme.

Für ein wichtiges Kriterium hält Henoch den Puls. Eine absolut normale
oder durchweg regelmäßige Beschaffenheit des Pulses während des ganzen
Verlaufes einer Meningitis hat Henoch niemals beobachtet. Charakteristisch
ist die enorm wechselnde Beschaffenheit des Pulses. Die Pulszahl ändert sich
im Laufe eines Tages häufig und erheblich. Fast in jedem Falle kommt es früher
oder später zu Verlangsamung und Unregelmäßigkeit. Auf die Unregelmäßigkeit
und Ungleichheit der Schläge legt Henoch einen besonderen diagnostischen Wert.

Die Obstipation ist kein zuverlässiges Symptom. Bei Kindern kommen
Fälle vor, welche mit Erbrechen und Diarrhöen beginnen, meist aber machen
dann die Durchfälle bei Eintritt der meningitischen Symptome der Verstopfung
Platz.

Unter den Respirationsphänomenen hält Henoch das von Zeit zu Zeit eintretende tief seufzende Inspirium für eines der sichersten Symptome der tuberkulösen Meningitis.

Da man die Diagnose der tuberkulösen Meningitis möglichst frühzeitig
— schon wegen der Prognose — stellen will, das Stadium der unbestimmten
Prodrome aber recht lange dauern kann, empfiehlt Engel von vornherein
objektive Methoden anzuwenden (Tuberkulin, Röntgen, Liquor). Engel
empfiehlt beim Verdacht auf tuberkulöse Meningitis die Pirquetsche Tuber-
kulinprobe anzustellen; denn bei einem tuberkulinpositiven Kinde seien

verdächtige Krankheitserscheinungen von vornherein ganz anders zu bewerten als bei einem tuberkulinnegativen. Ferner ist die Thoraxröntgenaufnahme wichtig, die bei dem charakteristischen Befunde einer Miliartuberkulose der Lunge rasch zur Lösung der diagnostischen Frage führt. ENGEL hält ebenso wie HERBERT KOCH den Dermographismus für eines der häufigsten charakteristischen Frühzeichen. Das wichtigste Symptom der voll entwickelten Krankheit ist nach ENGEL die Bewußtseinstrübung.

Herdsymptome wie Krämpfe vom JACKSON-Typus, Lähmungen in Form von Hemiplegien, Monoplegien, Aphasie sprechen für die lokalisierte Form der tuberkulösen Meningitis der Konvexität; doch können solche Herdsymptome auch bei diffuser tuberkulöser Meningitis vorkommen, ohne daß der pathologisch-anatomische Befund eine befriedigende Aufklärung für diese Herdsymptome gibt.

Von den Erkrankungen, die differentialdiagnostisch gegenüber der tuberkulösen Meningitis in Betracht kommen, sind in erster Linie die Hirnhautentzündungen anderer Ätiologie zu nennen. Bei den eitrigen Meningitiden und der epidemischen Genickstarre ist vor allem das Verhalten der Rückenmarksflüssigkeit ausschlaggebend. In der Regel überwiegen hier die polynucleären Leukocyten. Doch gibt es, wie schon erwähnt, Ausnahmen, indem manchmal auch bei der tuberkulösen Meningitis fast ausschließlich polynucleäre Leukocyten im Liquor vorkommen können (O. FISCHER u. a.). Ganz einwandfrei ist die Ätiologie einer Meningitis nur durch den bakteriologischen Nachweis der Erreger im Liquor gesichert.

BARBERA beobachtete einen Fall, in dem sowohl der klinische Verlauf als auch Lymphocytose und Hyperalbuminose des Liquors für eine tuberkulöse Genese der Meningitis sprachen. Die bakteriologische Untersuchung des Liquors dagegen ergab den WEICHSELBAUMschen Meningococcus und nach Serumbehandlung erfolgte Heilung. In einem zweiten Falle dieses Autors zeigte der Liquor Polynukleose und Hypoalbuminose. Aus dem Blute wuchs der Enterococcus von THIERCELIN. Die Sektion ergab eine tuberkulöse Meningitis. Man muß annehmen, daß der Enterococcus sekundär gewuchert war.

Bei der Meningokokken-Meningitis ist zu bedenken, daß auch Kombination beider Arten der Hirnhautentzündung nebeneinander vorkommen kann. Ein solcher Fall wurde von GUINON und GRENET beschrieben; im Lumbalpunktat fand sich eine fast reine Lymphocytose und zahlreiche intra- und extracelluläre Meningokokken. Bei einer nachträglichen Färbung der Ausstriche aus dem Lumbalpunktat wurden zahlreiche Tuberkelbacillen nachgewiesen. SABRAZÈS hat 7 solcher Fälle zusammengestellt, ACHARD einen veröffentlicht. STRANSKY hat den Fall eines 17 Monate alten Kindes beschrieben, das 3 Monate nach Überstehen einer epidemischen Meningitis an tuberkulöser Hirnhautentzündung erkrankte. Die Sektion ergab neben einer ausgebreiteten frischen Miliartuberkulose mit Beteiligung der basalen Meningen deutliche Zeichen der überstandenen ersten Meningitis am Gehirn. Der Autor meint, daß durch die Schädigung der Meningen durch die epidemische Meningitis ein locus minoris resistentiae für die Tuberkulose geschaffen wurde.

Als differentialdiagnostisches Merkmal zwischen epidemischer und tuberkulöser Meningitis gilt der Herpes labialis bei der ersteren. Doch ist in seltenen Fällen auch bei tuberkulöser Meningitis Herpes labialis beobachtet worden (TOPUSE).

Auch Kombination von tuberkulöser Meningitis mit Hirnhautentzündungen anderer Ätiologie ist beschrieben worden (SABRAZÈS, ACHARD). TODESCO berichtet über ein 2jähriges Kind, das nach Masern an tuberkulöser Meningitis erkrankte, und bei dem im Liquor Tuberkelbacillen und Diplokokken gefunden wurden. Im Falle von Colombe und Foulkes bestand eine Infektion mit Micrococcus tetragenes, der aber nicht in den Liquor eingedrungen war, in welchem nur Tuberkelbacillen gefunden wurden. In einem zweiten Falle dieser Autoren wurden Tuberkelbacillen und ein Pseudomeningococcus (Diplococcus crassus) zugleich im Liquor gefunden.

Einen zweiten derartigen Fall haben Halbron, Lévy-Brühl und Didier Hesse beobachtet. Es handelte sich um einen 38jährigen Mann, der an einer tuberkulösen Epididymitis litt und unter Kopfschmerzen erkrankte. Es bestand Nackensteifigkeit und Kernig. Im Liquor wurde der Diplococcus crassus gefunden, und erst 2 Tage vor dem Tode wurde im Liquor der Tuberkelbacillus färberisch und im Tierversuch nachgewiesen.

Am häufigsten wurde Mischinfektion der Meningen durch den Meningococcus und Tuberkelbacillus beobachtet (Holdheim, Heubner, Lenhartz, Pfaundler, Lewkowitz, Schottmüller, Stransky, Netter, Armand-Delille und Babonneix, Bernard, Bruneau und Hawthorn, Lutier, Sabrazès u. a.). Neuerlich hat Pipirs eine Arbeit über die Mischinfektion der Meningen durch Tuberkelbacillen und andere pathogene Keime veröffentlicht. Nach seiner Zusammenstellung wurde neben Tuberkelbacillen 35mal der Meningococcus gefunden, 2mal Pseudomeningokokken, 5mal nicht näher differenzierte Diplokokken, 3mal Micrococcus tetragenes, 3mal Pneumococcus, 1mal Enterokokken, 1mal Bacterium coli, 1mal Influenzabacillen, und 2mal bestand eine Mischinfektion mit 3 Arten von Mikroorganismen, nämlich neben Tuberkelbacillen 1mal Meningokokken und Pneumokokken und 1mal Meningokokken und Diplococcus catarrhalis.

Cibilo Aguirre und Bettinotti beschreiben den Fall eines 11 Monate alten Kindes, das an einer eitrigen Mittelohrentzündung mit meningitischen Symptomen erkrankte. Im Liquor wurden Meningokokken gefunden und bei der Sektion miliare Knötchen in der Pia. Mikulowski sah einen $^3/_4$jährigen Säugling, der foudroyant an einer Meningitis erkrankte. Im Liquor waren Meningokokken, die Sektion ergab eine basale Meningitis tuberculosa.

Nach Pipirs findet sich in den Fällen von Mischinfektion im Liquor eine Lymphocytose, charakteristisch sei auch das lange Klarbleiben des Liquors. Meist sei die tuberkulöse Meningitis das Primäre.

Fälle von Mischinfektion durch Tuberkelbacillen und Pneumokokken sind seltener als die mit Meningokokken. Solche Fälle wurden von Loubet, Auban und Riser, Devic, Dufourt und Dechaume, Achard, Bloch und Marchal, Achard und Horowitz veröffentlicht.

Czöke berichtet über einen 5 Monate alten Säugling, der an den Erscheinungen einer Meningitis erkrankte. Es wurden aus dem Liquor Pneumokokken gezüchtet. Bei der Sektion fand sich an der Basis ein eitrig-fibrinöses Exsudat, histologisch an der Pia des Rückenmarks typische Tuberkel, an der Pia des Großhirns nur entzündliches Infiltrat ohne Tuberkel, aber unregelmäßige, inselförmige Nekrosen wie bei Tuberkulose. Der Verfasser nimmt eine Mischinfektion an, wobei die eitrige Meningitis zur Aktivierung und Miliarisation des tuberkulösen Prozesses geführt hat.

Besonders schwierig kann sich bisweilen die Differentialdiagnose gegenüber der eitrigen otogenen Meningitis gestalten. Es darf nicht vergessen werden, daß Tuberkulose des Ohres nicht so selten ist, die zur Entstehung einer tuberkulösen Meningitis Anlaß geben kann (Konietzko, Quix, Aloin, Ebaugh und Patten, Grünberg). Einen Fall von fötider chronischer Otitis media mit Kleinhirntuberkeln und tuberkulöser Meningitis hat Warnecke beschrieben. Haike hat 2 Fälle veröffentlicht, in denen sich an eine Mittelohreiterung eine tuberkulöse Meningitis anschloß. In dem einen Falle wurden im Liquor keine

Tuberkelbacillen, dagegen Streptokokken gefunden. Die Sektion ergab eine tuberkulöse Meningitis. ERSNER berichtet über 2 Fälle von chronischer Mittelohreiterung mit tuberkulöser Meningitis. Über einen differentialdiagnostisch sehr interessanten Fall schreibt RIECKE. Bei einem 28jährigen Manne, der seit 14 Jahren an Ohrlaufen litt, traten Kopfschmerzen, Ohrensausen, Erbrechen, Schwindel, Fieber auf. Wa.R. im Blut und Liquor war stark positiv. Das Ergebnis des Tierversuches auf Tuberkulose war positiv (nach dem Tode des Patienten). Die Obduktion hatte Mittelohrtuberkulose und Meningitis der Hirnbasis ergeben.

Gegenüber der luischen Meningitis entscheidet die positive Wa.R. im Liquor. Doch ist nicht zu vergessen, daß bei tuberkulöser Meningitis eines luischen Individuums die Wa.R. im Liquor positiv sein kann (PERRONNE, SITTIG, JAHNEL, MOURIZ, PAGLIARI).

KRAMER und STEIN beschreiben den Fall eines 29jährigen Negers mit meningitischen Symptomen, trübem Liquor, 1200 Zellen (56% polynucleäre Leukocyten) und positiver WaR. im Blut und Liquor. Im 2. Liquor fanden sich Tuberkelbacillen. Der Fall ging in Heilung aus. Die Autoren nehmen an, daß es sich um eine Kombination von luischer und tuberkulöser Meningitis gehandelt habe.

Hier kann auch der serologische Befund, wenn die Wa.R. im Blute und Liquor positiv ist, zur Diagnose einer progressiven Paralyse verleiten. Dieser Irrtum kann um so leichter unterlaufen, als oft das psychische Bild bei der tuberkulösen Meningitis dem bei der Paralyse sehr ähnlich sein kann (v. WIEG). Im Falle ROSNERs begann das Leiden mit einer Ischias, dann trat plötzlich eine psychische Veränderung ein, der Kranke wurde apathisch, schlafsüchtig, vergeßlich, die Sprache hesitierend, der Mund zitterte beim Sprechen, der Gang wurde langsam und schwankend, es bestand Singultus und im Liquor Lymphocytose. Es wurde auch Paralyse diagnostiziert, die Sektion ergab aber eine tuberkulöse Meningitis. In dem bereits erwähnten Falle SITTIGs wurde fälschlich die Diagnose progressive Paralyse gestellt, da Wa.R. im Blut und Liquor positiv war und der Kranke ein an den KORSAKOFFschen Symptomenkomplex erinnerndes psychisches Bild bot. Im Falle CORDES' kam auch die Differentialdiagnose mit Paralyse in Frage; zunächst bestand eine Totalaphasie, nach deren Rückbildung Silbenstolpern auftrat.

Schwierig ist auch die Differentialdiagnose gegenüber der serösen Meningitis. Einen Fall hat SCHØNFELDER veröffentlicht. Eine 28jährige Frau erkrankte unter zunehmenden Schmerzen im Rücken und Kopf, Fieber, Erbrechen, Stauungspapille, geringer Nackensteifigkeit. Im Liquor setzte sich ein Fibringerinnsel ab; er enthielt 131 Zellen im Kubikmillimeter, erhöhte Albuminmenge, Zuckergehalt herabgesetzt, Wa.R. negativ, keine Tuberkelbacillen, der Meerschweinchenversuch war negativ. Nach 3 Lumbalpunktionen trat Heilung ein. Die Stauungspapille war zurückgegangen. KOBRAK bespricht auch die Differentialdiagnose gegenüber der serösen Meningitis. Nach ihm sprechen folgende Zeichen für seröse Meningitis: Mehrere Tage anhaltende Besserungen nach Entleerung eines Liquors, der unter erhöhtem Druck steht und makroskopisch klar ist, und Neuritis optica.

Manchmal kann Hirnblutung differentialdiagnostisch in Betracht kommen, besonders dann, wenn die tuberkulöse Meningitis ganz plötzlich und insultartig zu tiefer Bewußtseinsstörung führt. Ausgesprochene Nackenstarre kann bei Blutungen in die hintere Schädelgrube auch vorkommen (WERNICKE).

Eine andere Hirnerkrankung, die oft gegenüber der tuberkulösen Meningitis in differentialdiagnostische Erwägung kommt, ist der Hirntumor. Im allgemeinen sind die Herderscheinungen beim Hirntumor ausgesprochener, ebenso die

Hirndruckerscheinungen (Stauungspapille). Vor allem ist aber der Verlauf ein verschiedener; bei der tuberkulösen Meningitis entsprechend ihrem entzündlichen Charakter viel akuter und schneller, für den Tumor ist der langsam progressive Verlauf charakteristisch. Meist wird auch der Liquorbefund entscheiden. Doch zeigen Fälle der Literatur, wie schwierig manchmal die Unterscheidung sein kann. So bot ein Fall von Whitaker einen ausgesprochen pontocerebellaren Symptomenkomplex. In den Fällen von Külbs und Watts und Viets kam ebenfalls Tumor differentialdiagnostisch in Betracht.

Die Schwierigkeit gegenüber dem Hirnabsceß beweisen die Fälle von Retrouvey und Dervillé. Von besonderer Wichtigkeit ist, wie diese beiden Autoren ausführen, die Ohranamnese. Doch gibt es, wie schon gesagt wurde, tuberkulöse Erkrankungen des Ohres, die zu einer tuberkulösen Meningitis führen können. Pulsverlangsamung spreche besonders für Kleinhirnabsceß. Stauungspapille finde sich in ungefähr der Hälfte der Fälle von Hirnabsceß, kommt allerdings, wenn auch weniger oft, bei tuberkulöser Meningitis vor. Pelnář berichtet über 4 Fehldiagnosen, die einen interessanten Beitrag zur Differentialdiagnose der tuberkulösen Meningitis liefern. Im 1. Falle wurde, offenbar hauptsächlich wegen der Xanthochromie des Liquors, eine Blutung angenommen, wo es sich um eine tuberkulöse Meningitis handelte. In einem 2. Falle wurde die Diagnose tuberkulöse Meningitis gestellt; es handelte sich um eine Carcinommetastase, ausgehend von einem Lungenkrebs. Im 3. Falle fand sich statt der diagnostizierten tuberkulösen Meningitis ein cystisches Gliom des linken Stirnlappens. Im 4. Falle handelte es sich um einen chronischen Absceß im linken Stirnlappen mit eitriger Meningitis.

In den letzten Jahren sind ziemlich viele Fälle veröffentlicht worden, in denen die Unterscheidung zwischen tuberkulöser Meningitis und epidemischer Encephalitis Schwierigkeiten machte (Jouin, Léon-Kindberg und Lermoyez, Smith, Pagniez, Corby und Escalier, Ribierre und Renault, Paradiso, Langeron, Dechaume und Petouraud, Laignel-Lavastine, Valence und Polaco, Bonnin). Besonders bemerkenswert ist die Akkommodationslähmung im Falle von Pagniez, Corby und Escalier, myoklonische Zuckungen im Falle von Ribierre und Renault, Singultus und Myoklonien im Falle von Langeron, Dechaume und Petouraud. Langstein weist gelegentlich der Beschreibung eines Falles von postskarlatinöser Encephalitis darauf hin, daß postinfektiöse Meningoencephalitiden täuschende Ähnlichkeit mit tuberkulöser Meningitis haben können.

Im Falle Bodes handelte es sich um einen 21jährigen Mann, der mit Fieber, Kopfschmerzen und Schwindelgefühl erkrankte. Es bestand ein schlafartiger Zustand, geringe Nackensteifigkeit und angedeuteter Kernig. Es waren keine Augenbewegungen möglich, die Bulbi standen in Divergenzstellung. Der Liquor war unter normalem Druck, enthielt 53 Zellen, Eiweiß schwach positiv, es bildete sich ein Gerinnsel. Die Pirquetsche Reaktion war stark positiv. Der Kranke genas. Der Autor nimmt an, daß es sich um eine Encephalitis gehandelt haben dürfte.

Umgekehrt lag in den beiden folgenden Fällen eine tuberkulöse Meningitis vor, die durch die Symptome oder andere Umstände an eine Encephalitis epidemica denken ließ. So traten die Krankheitserscheinungen: Fieber, Apathie, Obstipation, Bewußtseinstrübung, Kahnbauch, Nackensteifigkeit, Kernig, Brudzinski, Dermographismus, Zähneknirschen und linksseitige Abducenslähmung bei einem $2^{1}/_{4}$ Jahre alten Kinde nach der Impfung auf, so daß man an eine Impfencephalitis denken konnte. Der positive Bacillennachweis durch den Tierversuch ließ aber keinen Zweifel darüber, daß es sich um eine tuberkulöse Meningitis handelte, wenn auch eine Sektion nicht ausgeführt wurde (Ottow).

In dem Falle von JOUSSET, BERTRAND und VESLOT waren die Symptome Kopf- und Rückenschmerz, Somnolenz, Singultus, schwache Licht- und Naheeinstellungsreaktion. Anfangs war die Untersuchung auf Tuberkelbacillen färberisch und im Tierversuch negativ, so daß an eine Encephalitis gedacht wurde. Die Cutireaktion war stark positiv (wie bei Erythema nodosum). Bei der 3. Lumbalpunktion war der Tuberkelbacillenbefund im Liquor färberisch und im Tierversuch positiv, und auch die Sektion ergab den anatomischen Befund der tuberkulösen Meningitis.

Einen interessanten Fall veröffentlichten RAUSCH und KAROLINY. Sie nehmen an, daß es sich um eine tuberkulöse Meningitis bei einem Luetiker im Beginne einer Salvarsankur handelte. Es wurde eine Salvarsanencephalitis diagnostiziert. Doch scheint die pathologisch-anatomische Diagnose der tuberkulösen Meningitis nicht genügend begründet; es könnte sich auch um einen luischen Prozeß und eine HERXHEIMER-Reaktion am Gehirn nach dem Salvarsan gehandelt haben.

Einen Fall von Acetonurie nach übermäßigem Schokoladegenuß, der unter dem Bilde einer tuberkulösen Meningitis verlief und in Heilung ausging, beschreibt SARBÓ.

Von anderen, nicht cerebralen Erkrankungen, die zur Verwechslung mit tuberkulöser Meningitis Anlaß geben können, ist in erster Linie der Typhus abdominalis zu nennen. Hier wird meist die Roseola, die WIDALsche Agglutinationsprobe, die Fieberkurve entscheiden. Eine Kombination von Typhus und tuberkulöser Meningitis beschreibt CHAVIGNY. Im Falle PALESAS war einer tuberkulösen Meningitis ein Paratyphus vorausgegangen, was der Autor aus dem hohen Agglutinationstiter des Serums gegen Paratyphus A erschließt.

Bei kleinen Kindern ist im Beginn jener Fälle von tuberkulöser Meningitis, die mit Erbrechen oder Durchfall einhergehen, die Unterscheidung von Ernährungsstörungen besonders schwierig. Besonders groß ist diese Schwierigkeit nach HENOCH dann, wenn das Erbrechen, wie es manchmal vorkommt, mit großer Heftigkeit während der ganzen Krankheit ohne andere Hirnerscheinungen besteht.

Eine Kombination von Bleivergiftung und Meningitis tuberculosa sahen TRÉMOLIÈRES und TARDIEU in einem Falle, bei dem die Hirnsubstanz Blei enthielt.

HARMS hat einen Fall von tuberkulöser Meningitis und einer frischen eitrigfibrösen Peritonitis publiziert. Es bestand eine Auftreibung des Bauches.

Es wurden auch bei Tuberkulösen Hirnhautentzündungen anderer seltener Ätiologie als der tuberkulösen beobachtet. So sahen DELAMARE und CAIN einen 8 Monate alten Säugling mit typischer Lungentuberkulose, bei dem sich eine atypische Bacillose der cerebrospinalen Meningen, der Plexus chorioidei und des Ependyms fand. Den Fall eines schwer tuberkulösen Mannes mit Kavernen veröffentlichten VIALARD und DARLEGUY, bei dem bei der Sektion eine Meningitis nachgewiesen wurde, aber nicht tuberkulöser Natur. Es fand sich vielmehr in den Meningen ein Mycel von feinen Pilzfäden mit kokkenartigen Körnchen. Der Pilz wird der Gattung Nocardia asteroides von den Autoren zugerechnet. Sie nehmen eine Infektion auf dem Blutwege von sekundär infizierten Kavernen als wahrscheinlich an.

Ein Zusammentreffen von tuberkulöser Meningitis mit Ascariden im Darm beschreibt JONA in 4 Fällen. Er meint, daß die Toxine der Ascariden eine Disposition für die Ansiedlung der Tuberkelbacillen in den Meningen schaffen.

Auch mit Urämie kann die tuberkulöse Meningitis bisweilen verwechselt werden, wie zwei ältere Fälle von WILKS zeigen.

Da oft, besonders bei Erwachsenen, psychische Störungen das Krankheitsbild der tuberkulösen Meningitis beherrschen, kann es zu Schwierigkeiten der Differentialdiagnose gegenüber Psychosen kommen. Die progressive Paralyse ist bereits erwähnt worden. Eine andere Psychose, die zu Verwechslungen Anlaß geben kann, ist das Delirium tremens (WILKS, WERNICKE, URECHIA und ELEKES). Ebenso ist auch bisweilen die Hysterie differentialdiagnostisch in Betracht gekommen.

Prognose und Therapie.

Wie sich aus der vorausgehenden Darstellung ergibt, ist die Prognose der tuberkulösen Meningitis durchaus ungünstig. Wenn auch, wie früher ausgeführt wurde, sichere Fälle von Heilung vorkommen, so sind dies doch nur ganz vereinzelte Fälle. Abgesehen von diesen seltenen Ausnahmen geht so gut wie jeder Fall von tuberkulöser Meningitis letal aus, so daß immer noch diese Diagnose ein Todesurteil bedeutet.

MEDOWIKOW und SCHENKMANN glauben gefunden zu haben, daß bei tuberkulösen Kindern mit vagotroper Einstellung die Prognose der Tuberkulose günstig ist, bei solchen mit sympathicotroper Einstellung dagegen ungünstig. Bei der tuberkulösen Meningitis sei aber das Verhalten paradox, indem bei tuberkulöser Meningitis kurz vor dem Tode immer vagotonische Symptome auftreten. Die Autoren erklären diese vagotonischen Erscheinungen bei der tuberkulösen Meningitis damit, daß der erhöhte intrakranielle Druck zuerst zu Reizung, dann zu Lähmung des Vagus bzw. der vegetativen Zentren führe.

Wenn sich in den letzten Jahren die Mitteilungen über geheilte Fälle von tuberkulöser Meningitis mehren, so muß das nicht auf eine wirksamere Therapie hinweisen, sondern es kann durch die Verfeinerung der Diagnostik bedingt sein (REICHMANN). REICHMANN meint, es könne einmal daran liegen, daß manche Fälle in einem Frühstadium heilen, dessen Diagnose jetzt schon möglich ist, während sie es früher nicht war. Ferner wurden früher geheilte Fälle von tuberkulöser Meningitis vielleicht deswegen nicht diagnostiziert, weil man bei Heilung diese Diagnose ausschloß.

Mit dieser trostlosen Prognose ist eigentlich auch schon gesagt, daß es eine wirklich erfolgreiche Therapie dieser Krankheit nicht gibt.

Von therapeutischen Maßnahmen gibt es gewisse äußere Applikationen, die schon seit den ältesten Zeiten bei der tuberkulösen Meningitis in Gebrauch waren, so Eisumschläge auf den Kopf oder Auflegen eines Eisbeutels auf den Kopf. E. MÜNZER hat heiße feuchte Einpackungen des Kopfes empfohlen. Ebenso waren seit den ältesten Zeiten Einreibungen des rasierten Kopfes mit grauer Salbe, mit Unguentum stibiotartaricum oder mit der CREDÉSCHEN Silbersalbe üblich.

Von Mitteln, die bei der tuberkulösen Meningitis innerlich verabreicht wurden, ist in erster Linie das Calomel zu nennen, das sich seit jeher großer Beliebtheit erfreute, und das auch heute noch, vor allem zur Bekämpfung der hartnäckigen Obstipation, gegeben wird. Weiter wird von manchen (z. B. MARFAN) Jodkali in großen Dosen empfohlen. Thomalla verschrieb in seinem geheilten Falle große Dosen von Kreosot. Auch Urotropin wird innerlich, intravenös oder intralumbal gegeben.

Am meisten empfohlen wird jetzt die wiederholte Lumbalpunktion, die zum mindesten eine Erleichterung der subjektiven Beschwerden bringt. Die Besserung besteht in Linderung der Kopfschmerzen und in einer Aufhellung des Bewußtseins, wodurch auch die Nahrungsaufnahme gebessert wird (RANKE, HOLZMANN). V. CZARNOWSKI beschrieb einen Fall, in dem bereits hochgradige Cyanose bestand, der Puls 120 betrug und die Atmung aussetzend war, ein

Atemzug alle 30—40 Sekunden. Noch während der sofort vorgenommenen Lumbalpunktion besserte sich die Atmung, der Puls und die Cyanose. Allerdings trat doch einige Stunden später der Tod ein. Es soll Liquor nur bis zu einem Drucke von 40 mm Wasser abgelassen werden (HOLZMANN). In einem Falle PFAUNDLERS trat nach zu starker Liquorentnahme ein schwerer Kollaps ein.

MIDDEL studierte den Einfluß der Lumbalpunktion auf die Pulsfrequenz. Bei Bradykardie beobachtete er ein Frequenterwerden des Pulses um 10—15 Schläge, während bei Tachykardie die umgekehrte Wirkung eintrat. Auch gibt er an, daß die Lumbalpunktion auf die Lethargie günstig einwirkt, und daß vorher vorhandener Kernig nach der Punktion verschwindet.

Geheilte Fälle von tuberkulöser Meningitis, in denen ausgiebig Liquor durch wiederholte Lumbalpunktionen entleert wurde, sind die von RIEBOLD, HENKEL, RUMPEL, ARCHANGELSKY, HOCHSTETTER, KOCH; in den beiden geheilten Fällen von REICHMANN und RAUCH kam Lumbalpunktion und BIERsche Stauung zur Anwendung.

Von chirurgischen Verfahren wurde Trepanation mit Drainage des Subarachnoidealraums (WYNTER) versucht. Dauerdrainage wurde von CASTEX angegeben. Doch haben sich diese Verfahren nicht bewährt. MARFAN hat einige Tropfen einer Sublimatlösung 1: 10 000 in den Subarachnoidealraum injiziert, aber ohne Erfolg.

Von neueren Behandlungsmethoden ist die intralumbale Tuberkulinbehandlung zu erwähnen. Diese Methode wurde zuerst von STARCK in einem Falle angewendet, der in Heilung ausging. BACIGALUPO hat 2 Fälle von tuberkulöser Meningitis mit positivem Bacillenbefund mit dieser Methode ausgeheilt. NEUMANN hat über 10 Fälle von tuberkulöser Meningitis mit Bacillennachweis im Liquor berichtet, die er mit intralumbalen Tuberkulininjektionen — bis zu einer Gesamtdosis von 41 mg in 7 Reinjektionen — behandelt hat. In keinem dieser Fälle wurde der letale Ausgang verhindert. Symptomatische Besserungen wurden — wie auch nach einfacher Lumbalpunktion — erzielt. SANTI hat 4 Fälle mit der gleichen Methode mit negativem Resultat behandelt. SELTER hat über einen Fall von Meningitis tuberculosa mit positivem Bacillenbefund im Liquor berichtet, der nach intralumbaler Tuberkulinbehandlung genas. Bei 8 weiteren Fällen war jedoch die gleiche Therapie erfolglos. Die Tuberkulininjektionen führen fast regelmäßig zu starken Reaktionen, Temperatursteigerung, Steigerung der Hirndruckerscheinungen. Der Verfasser empfiehlt in jedem Falle von tuberkulöser Meningitis einen Versuch mit der intralumbalen Tuberkulinbehandlung. Auch ein mit Alttuberkulin intralumbal behandelter Fall NEIDHARDTS (positiver Bacillennachweis) ging in Heilung über. PROCHÁZKA hat in 4 Fällen von tuberkulöser Meningitis bei Kindern auch die intralumbale Injektion von Alttuberkulin angewendet, kommt aber zu dem Schlusse, daß dadurch in allen seinen 4 Fällen der Tod nur beschleunigt wurde. HOCHWALD und SAXL haben in 8 Fällen von tuberkulöser Meningitis die intralumbale Tuberkulintherapie versucht. In allen 8 Fällen konnte der Exitus letalis nicht verhindert werden. 2 Fälle starben akut innerhalb 24 Stunden nach der Injektion. Es wird dies als hyperergische Reaktion aufgefaßt, deren pathologisch-anatomisches Substrat in Hyperämie und Ödem der Meningen vermutet wird. 2 Fälle wiesen eine länger dauernde Remission auf. 2 Fälle zeigten ein Wiederaufflackern der PIRQUET-Reaktion, das durch Übertritt von Immunstoffen aus dem Liquor ins Blut erklärt wird.

JOUSSET empfiehlt die Behandlung mit einer von ihm hergestellten Allergine, die ein phosphatider Extrakt der Tuberkelbacillen ist, löslich, kolloidal, toxisch für das gesunde Tier und thermolabil; sie unterscheidet sich wesentlich vom Tuberkulin. Das Allergin wird subcutan verabreicht, nicht intralumbal.

Es wird am Anfang jeden 2. Tag eine Injektion gegeben, und zwar $^1/_4$—$^1/_2$ mg für die ersten 2 Dosen, nachher $^1/_2$ mg jeden 4., 5. oder 6. Tag. Unter 225 Fällen von tuberkulöser Meningitis wurden 15, d. i. 7%, geheilt. Schreiber gibt an, daß die Allergine von Jousset oft starke Reaktionen erzeugt. Über einen mit der Allerginbehandlung nach Jousset geheilten Fall von tuberkulöser Meningitis (bakteriologischer Nachweis Kochscher Bacillen im Liquor) berichten neuerdings Roger und Vaissade.

López Lomba teilt 2 geheilte Fälle von tuberkulöser Meningitis mit. Sie wurden mit subcutanen Einspritzungen von Heilvaccine und Serovaccine nach Bruschettini behandelt. Das Serum von Jacobson und die Vaccine von Davila werden von diesem Autor als wertlos, ja schädlich bezeichnet. Er erklärt auch die wiederholte Lumbalpunktion für schädlich.

Natürlich wurde auch die subcutane Tuberkulinbehandlung bei der tuberkulösen Meningitis versucht (Finkler, Henoch, Lichtheim, Lenhartz, Eichhorst, Löwenstein), führte aber nicht nur zu keinem Erfolge, sondern zu Verschlimmerung.

Valdés-Lambea hat bei 4 sicheren Fällen von tuberkulöser Meningitis einen Versuch mit intravenöser und gleichzeitig intralumbaler Sanocrysininjektion gemacht. In jedem Falle sah er eine Verschlimmerung der Erscheinungen und rät von Fortsetzung der Versuche ab. Gelbenegger berichtet über einen Fall von tuberkulöser Meningitis, bei dem einmal im Spinnwebgerinnsel Tuberkelbacillen nachgewiesen wurden, und der mit intralumbalen Injektionen von Solganal 0,01—0,05 behandelt wurde. Es trat vollständiger Rückgang der klinischen Symptome und Abnahme der Lymphocyten im Liquor ein.

Sauerstoff- oder Lufteinblasung in den Subarachnoidealraum mit Liquorausblasung haben Lasage, Sharp, Reiche, Klinke versucht. Reiche sah keinen Erfolg von dieser Methode, ebenso hatte Klinke bei 6 Fällen mit diesem Verfahren nur negative Resultate. Sharp dagegen behauptet, unter 12 Fällen von tuberkulöser Meningitis 3 durch intralumbale Sauerstoffinjektion geheilt zu haben.

Scorcu gibt folgendes Verfahren an: 30 ccm der Mutter des kranken Kindes entnommenen Blutes werden alle 3 Tage in die Glutäen injiziert, an den Zwischentagen bekommt der Patient 4 ccm Muttermilch in den Rücken. Der Autor gibt an, 5 von 6 Kindern mit dieser Methode geheilt zu haben.

In letzter Zeit hat Z. v. Bókay die Röntgenbestrahlung bei tuberkulöser Meningitis empfohlen. Er berichtet über 5 Heilungen und 12 Mißerfolge. Wiener hat 12 Fälle von tuberkulöser Meningitis nach der Methode von Z. v. Bókay bestrahlt, aber alle ohne Erfolg. Im Gegenteil trat nach der Bestrahlung meist eine Verschlimmerung ein, und der Tod schien rascher zu erfolgen. Manicatide berichtet über 8 Fälle von tuberkulöser Meningitis, die nach der Methode von Bókay mit Röntgenstrahlen behandelt wurden, 4 davon bereits am 1. Tage der Erkrankung. Alle starben, und der Tod schien durch die Behandlung noch beschleunigt worden zu sein. Auch Liège (2 Fälle), Herderschee, Moggi (3 Fälle), Bentivoglio (3 Fälle), Delisi, Macciotta und Mogilnicki (15 Fälle) hatten mit dem Verfahren von Bókay keinen Erfolg. Alle bestrahlten Patienten starben. Mogilnicki sah nach der Bestrahlung einigemal enorme Vermehrung der Bacillen im Liquor, Absinken des Liquorzuckerspiegels und Auftreten von Krämpfen. Er warnt vor der Anwendung des Verfahrens, das auch Ghimus aus theoretischen Erwägungen ablehnt.

Sieper hält es in therapeutischer Beziehung für wichtig, das Stadium der Tuberkulose festzustellen, auf das sich die Meningitis aufpfropft. Davon hänge die Prognose ab. Unter günstigen Bedingungen bestehe die theoretische Möglichkeit, die Meningitis zur Heilung zu bringen, und zwar dadurch, daß man sie intensiv örtlich behandelt und versucht, weitere metastatische Schübe zu verhindern. Das letztere könnte durch Anlegen eines künstlichen Pneumothorax auf der Seite der Lungenerkrankung geschehen.

Die wirksamste Bekämpfung der tuberkulösen Meningitis ist die Prophylaxe der Tuberkulose. HERZ hat folgende prophylaktische Regeln aufgestellt:

1. Alle Personen, die im Berufsleben in nähere Berührung mit Kindern kommen, sind in regelmäßigen Abständen auf Tuberkulose zu untersuchen.

2. Wohnungshygiene, Fürsorgenachforschung hat sich auf das ganze Haus zu erstrecken. Tuberkulöse Wohnungsinhaber dürfen keine Familien mit Kindern in Untermiete nehmen.

3. Alle tuberkulös infizierten Säuglinge und Kinder bis zum 2. Lebensjahr müssen in entsprechenden Heimen untergebracht werden.

4. Die Meningitis tuberculosa muß meldepflichtig sein.

5. Der tuberkulös Erkrankte ist über sein Leiden voll aufzuklären, insbesondere muß er auf die Gefährdung seiner evtl. Kinder hingewiesen werden.

Hier sind noch 2 interessante Beobachtungen zu erwähnen. BÉRAUD berichtet über ein Kind, das am 3. Lebenstage mit BCG geimpft wurde und 4 Wochen später an tuberkulöser Meningitis erkrankte (positiver Bacillenbefund im Liquor). Ebenso sah LÉON TIXIER ein Kind, das bei der Geburt mit BCG geimpft und am Lande in einwandfreier Umgebung aufgezogen wurde und im 11. Monat an tuberkulöser Meningitis erkrankte. Auch GRACOSKI und MIHAIL CAMNER beobachteten tuberkulöse Meningitis bei einem mit BCG geimpften Kinde.

Die circumscripte tuberkulöse Meningitis.
(Méningite en plaques.)

Diese Form der tuberkulösen Meningitis unterscheidet sich sowohl anatomisch wie klinisch so sehr von der gewöhnlichen diffusen tuberkulösen Meningitis, daß sie schon ziemlich frühzeitig als eigenes Krankheitsbild abgegrenzt wurde. Einzelne Fälle (von BIERMER, COLBERG, TRAUBE) werden von SEITZ in seiner Monographie angeführt. CHANTEMESSE behandelt in einer These diese Form fast monographisch. Von deutscher Seite liegt die Arbeit HIRSCHBERGs aus der ERBschen Klinik vor, in der außer eigenen Beobachtungen die ganze damalige Kasuistik ausführlich wiedergegeben ist. Eine gute Darstellung der Méningite en plaques gibt auch die These von MADELAINE. In neuerer Zeit hat O. FOERSTER die circumscripte tuberkulöse Meningitis genau studiert.

Pathologisch-anatomisch ist diese Form dadurch charakterisiert, daß der tuberkulöse Prozeß an der Pia auf einzelne Herde beschränkt ist. An diesen Stellen sind meist die Meningen adhärent. Die Dura ist immer intakt (MADELAINE), und nur die Pia ist ergriffen. Das makroskopische Aussehen der Herde ist verschieden. Manchmal ist der Plaque eine Verdickung der Pia, knorpelartig, perlmutter-glänzend weiß (SAPELIER). Manchmal ist es eine gelbliche Pseudomembran. FOERSTER schildert die Herde als circumscripte, sulzige, teils bläuliche, teils grünlich-gelbliche Durchtränkung und Trübung der Pia. In diese sulzig verdickte Pia sind miliare Knötchen eingelagert. Einzelne Partien sind verkäst und reichen bis in die Hirnrinde. Nach HIRSCHBERG sind die Herde meist keilförmig, mit der Spitze nach innen, mit der Basis der Oberfläche des Gehirns zugewendet. Die Tiefe des Herdes ist nach HIRSCHBERG verschieden, manchmal geht er nur durch die Dicke der Hirnrinde, manchmal durchsetzt er auch die weiße Substanz und kann selbst bis zum Ventrikel reichen. Ebenso wie in die Tiefe kann auch die Ausdehnung der Herde an der Oberfläche des Gehirns verschieden groß sein.

Was die Lokalisation betrifft, so stimmen die Autoren darin überein, daß die Herde meist an der Konvexität sitzen, besonders bevorzugt ist die Gegend der Zentralwindungen (Chantemesse, Combe, Monnier, Madelaine). Eine besondere Prädilektionsstelle scheint der Lobus paracentralis zu sein. Doch wurden auch Plaques in den Stirnwindungen, Schläfenwindungen, im Gyrus calloso-marginalis (Balzer) beobachtet.

Mikroskopisch findet man nach Hirschberg die charakteristischen tuberkulösen Veränderungen an den Gefäßen, Granulations- und Riesenzellen (Endarteriitis und Endophlebitis tuberculosa). Ist die Rinde von dem Prozesse mitergriffen, so findet man auch da die typischen tuberkulösen Veränderungen. Ältere Plaques bestehen zumeist aus neugebildetem, faserigem Bindegewebe. Hirschberg konnte in allen 3 Fällen eigener Beobachtung in den Plaques den Kochschen Bacillus nachweisen.

Symptomatologie. Da, wie bereits gesagt wurde, die Plaques am häufigsten in den Zentralwindungen lokalisiert sind, stehen gewöhnlich motorische Erscheinungen im Vordergrund des klinischen Bildes: Konvulsionen, Kontrakturen, Lähmungen. Die Lokalisation dieser motorischen Störungen hängt vom Sitze der Plaques innerhalb der Zentralwindungen ab. Sitzt der Herd im Lobus paracentralis und im oberen Teile der Zentralwindungen, so sind die Störungen vorwiegend in der unteren Extremität, bei Sitz im mittleren Teile der Zentralwindungen betrifft die Störung hauptsächlich die obere Extremität und bei Sitz im untersten Teil das Gesicht.

Eine Prädilektionsstelle der tuberkulösen Plaques ist nach Charcot der Lobus paracentralis. Nach J. B. Charcot und Souqes ist diese Lokalisation 2—3mal so häufig wie die brachiale und faciale. Sitzen die Herde in beiden Lobi paracentrales, so kommt es zum Bilde einer Paraplegie wie in einem Falle Rendus, die dann zur irrtümlichen Annahme einer Myelitis führen kann. Die Ursache dieser Prädilektion sieht Charcot in der besonderen Gefäßversorgung des Lobus paracentralis. Da dies der höchste Punkt der Hemispähre ist, hat der Blutstrom hier der Schwerkraft am meisten entgegenzuwirken, und dadurch komme es zu einer Verlangsamung der Zirkulation und zu einer leichteren Ansiedlung der Bacillen.

Die Konvulsionen können allgemein oder lokalisiert sein, also in Form allgemein-epileptischer Anfälle auftreten oder häufiger unter dem Bilde der Jackson-Epilepsie. Nach Chantemesse und Madelaine treten allgemeine epileptische Anfälle dann auf, wenn die Herde nicht direkt in den Zentralwindungen sitzen, sondern in ihrer Nachbarschaft. Die Jackson-Anfälle können sich auf die untere Extremität beschränken wie in den Fällen von Sapelier und Bouygues oder auf die obere wie im Falle von Dreyfuss oder das Gesicht wie im Falle von Gombault, oder sie breiten sich auf eine ganze Körperseite aus wie im Falle Ballets.

Die Lähmungen treten unter dem Bilde der Hemiplegie oder der Monoplegie auf. Eine crurale Monoplegie wird in den Fällen von Sapelier, Barié und du Castel, Gouguenheim und Ménard beschrieben. Im Falle Bouygues trat die Monoplegie des Beines nach Jackson-epileptischen Anfällen auf. Eine Monoplegia brachialis wird in den Fällen von Letulle und Josias erwähnt. Hemiplegie fand sich in den Fällen von Comby, Gombault, Balzer, Quinquaud, Dreyfuss u. a. Oft beginnt die Lähmung monoplegisch, breitet sich aber allmählich weiter aus, bis sie zur Hemiplegie wird, mit oder ohne Beteiligung des Facialis. Die Lähmungen treten entweder ganz plötzlich aus voller Gesundheit auf (Comby, Gombault) ohne Bewußtseinsverlust, oder sie entwickeln sich allmählich. Manchmal gehen ihnen Jackson-epileptische Anfälle voraus, manchmal Parästhesien oder Schmerzen. Bisweilen kommt es vor, daß die Lähmungen verschwinden, um bald wieder zu erscheinen, in anderen Fällen bleiben sie dauernd bestehen.

Von sensiblen Störungen wurden bereits Parästhesien und Schmerzen erwähnt. Hyperästhesie fand JOSIAS. Die Sensibilität ist entweder intakt, oder sie ist auf der gelähmten Seite für alle Qualitäten herabgesetzt (QUINQUAUD, COMBY).

COMBY fand eine einseitige Herabsetzung des Gesichts und Gehörs, CARRIÈRE Ageusie und Anosmie bei Sitz der Läsion in der Fossa Sylvii und im Gyrus temporalis transversus.

Stauungspapille ist nach COMBE selten, während FOERSTER die Neuritis optica unter den charakteristischen Symptomen anführt.

Aphasie wurde von TRAUBE, CHANTEMESSE, LEDIBERDER, QUINQUAUD, JOSIAS, GOMBAULT, BALZER, MASBRENIER beobachtet. Sie war das erste Symptom im Falle BALZERs. In einem Falle FOERSTERs traten Anfälle von Aphasie auf. Meist handelte es sich um motorische Aphasie, im Falle CARRIÈREs bestand eine sensorische Aphasie, im Falle BALZERs motorische Aphasie, kombiniert mit Worttaubheit.

Von CHANTEMESSE und anderen werden psychische Störungen beschrieben. Manchmal geht dem Ausbruche der übrigen Symptome längere Zeit ein Zustand von Melancholie, Reizbarkeit, Sorglosigkeit, Apathie, überhaupt eine Veränderung des Charakters voraus. Es kommt zu ungereimten, unsinnigen, selbst kriminellen Handlungen (CHANTEMESSE). Später treten Delirien und Sprachverwirrtheit ein, schließlich Somnolenz, die sich bis zu tiefem Koma steigert. Doch können Delirien auch fehlen (CHANTEMESSE, COMBE).

Da sich, wenn sich die Fälle selbst überlassen werden, später eine allgemeine tuberkulöse Meningitis anschließt, treten im weiteren Verlaufe die Zeichen der Meningitis auf: Nackenstarre, Steifigkeit der Wirbelsäule, die meningitischen Flecke, Wechsel von Röte und Blässe der Haut, Decubitus.

Erbrechen wird von den älteren Autoren (z. B. MADELAINE) als selten angegeben, während es von FOERSTER als charakteristisch bezeichnet wird. Oft besteht Obstipation, doch wurden in einigen Fällen Diarrhöen beobachtet.

Atmung und Puls bieten meist keine Besonderheiten ebenso wie die Temperatur. In einigen Fällen ist ein successives, staffelförmiges Ansteigen der Temperatur wie beim Typhus aufgefallen (HUGUENIN, HIRSCHBERG).

Der Beginn der Erkrankung ist entweder plötzlich oder schleichend; meist setzt er mit motorischen Symptomen, Konvulsionen oder Lähmungen ein. Beginn mit schleichend sich entwickelnder Parese war in den Fällen von HIRSCHBERG, CHANTEMESSE, BALLET. Plötzliche Lähmung trat auf in den Fällen von TRAUBE, BOUYGUES, HUGUENIN, BARIÉ und DU CASTEL, BIERMER, CHANTEMESSE. Mit Krampfanfällen begannen Fälle von HIRSCHBERG, SOREL, CHANTEMESSE, STEPHAN, COLBERG, PETŘINA, CASPARI; mit Aphasie begannen die Fälle von CHANTEMESSE, TRAUBE, LEDIBERDER. Über Beginn mit psychischen Störungen berichtet CHANTEMESSE.

Es können zuerst Krampfanfälle auftreten, an die sich Lähmungen anschließen, oder es kann eine Lähmung zuerst bestehen, und im weiteren Verlauf der Erkrankung können Krampfanfälle einsetzen. Später können sich psychische Störungen, besonders Delirien hinzugesellen, und meist endet die Erkrankung mit Koma. Charakteristisch ist die Zunahme und das allmähliche Fortschreiten der Krankheitserscheinungen (MADELAINE). FOERSTER hält den langen, schwankenden Verlauf und den Wechsel der Symptome für charakteristisch.

Nach FOERSTER setzt sich die Symptomatologie einmal aus den Erscheinungen des langsam zunehmenden Hirndrucks (Kopfschmerz, Erbrechen, Neuritis optica) und zweitens aus den Herdsymptomen zusammen. FOERSTER unterscheidet 3 Formen der circumscripten Meningitis: 1. Fälle unter dem Bilde des Hirntumors, 2. Fälle unter dem Bilde der Jackson-Epilepsie ohne starke allgemeine Hirndrucksymptome, 3. Fälle, bei denen die Erscheinungen der chronischen allgemeinen Meningitis im Vordergrunde stehen. In den letzteren Fällen bestehen hochgradige Kopfschmerzen in der Stirn, apathisches Wesen, somnolenzartige Zustände, Druckempfindlichkeit der Weichteile und besonders der austretenden Nervenstämme am Kopf, Übelkeit und gelegentlich Erbrechen. Nach Foerster ist der Liquorbefund bei der circumscripten Meningitis normal; keine Tuberkelbacillen, keine Lymphocyten, keine Eiweißvermehrung werden gefunden.

Lewkowicz hat behauptet, bei der Meningitis en plaques sei eine Polynucleose im Liquor charakteristisch, während bei der diffusen tuberkulösen Meningitis Lymphocytose vorkomme. Doch wurde diese Behauptung schon durch Madelaine widerlegt, der aus der Literatur 4 Fälle von diffuser tuberkulöser Meningitis mit Polynucleose und einen Fall von Meningitis en plaques mit Lymphocytose anführen konnte.

Was die Diagnose betrifft, so wird sie sich vor allem auf den Nachweis einer Tuberkulose in anderen Organen, besonders in der Lunge, stützen. Weiter sind nach Foerster charakteristisch die langsam zunehmenden Hirndruckerscheinungen (Kopfschmerz, Erbrechen, Schwindel, Neuritis optica oder Stauungspapille). Auch die Herdsymptome zeigen einen schwankenden Verlauf. Im ganzen macht sich aber eine Progredienz der Symptome geltend.

Am schwierigsten ist die Differentialdiagnose gegenüber dem Tumor, dem Tuberkel und der tuberkulösen Meningitis mit Herdsymptomen. Im letzteren Falle kann die Liquoruntersuchung die Entscheidung bringen.

Was die Therapie betrifft, so empfiehlt Foerster warm die Trepanation. Auch wenn der Plaque nicht entfernt wird, hat die Operation oft eine gute Wirkung. Unter 9 Fällen, die Foerster operierte, starben 2 im Anschluß an die Operation an allgemeiner tuberkulöser Meningitis, 2 starben nach einigen Monaten an tuberkulöser Meningitis, in 5 Fällen kam es zu Heilung oder Besserung. Daß es sich in diesen Fällen wirklich um Tuberkulose gehandelt hatte, bewies in 2 Fällen die Sektion, in 2 weiteren Fällen die histologische Untersuchung der excidierten Partien.

Übrigens ist zu bemerken, daß Raymond einen Fall von circumscripter Meningitis mit gutem Erfolg hatte trepanieren lassen; allerdings erlag der Kranke seiner Lungentuberkulose. Und 1887 hatte schon Charcot der chirurgischen Behandlung bei der Meningitis en plaques das Wort geredet.

Artwinski, Chlopicki und Bertrand trepanierten auch in ihrem Falle mit gutem Erfolge. Der Kranke, ein 40jähriger Mann, hatte vor 10 Jahren einen Schädelbruch erlitten. 3 Jahre später trat ein schwerer epileptischer Anfall mit Bewußtseinsverlust auf, 2 Jahre später ein weiterer Anfall. Darauf entwickelte sich eine Monoparese der linken unteren Extremität; dann traten Gesichtshalluzinationen, phantastische Konfabulationen, Desorientierung auf. Am linken Auge waren die Papillengrenzen verwaschen. Bei der Trepanation am Scheitel fanden sich Verwachsungen der Hirnhäute, eine Meningitis circumscripta, die sich bei der histologischen Untersuchung als tuberkulös erwies.

Pachymeningitis tuberculosa.

Unter Pachymeningitis tuberculosa versteht man die tuberkulöse Erkrankung der Dura mater. Sie ist viel seltener als die Leptomeningitis tuberculosa und kann auf drei Arten entstehen: entweder durch Fortleitung des tuberkulösen Prozesses von der Leptomeninx her oder durch Übergreifen von tuberkulös erkrankten Knochen, schließlich auf hämatogenem Wege. Die relativ häufigste Entstehungsart ist die zweite der hier genannten, das Übergreifen des Prozesses von tuberkulös erkrankten Knochen aus. Am häufigsten ist es die Caries der Wirbel und des Felsenbeins, dann der Siebbeinzellen und des Keilbeins.

Greift der tuberkulöse Prozeß nur auf die äußere Seite der Dura über, so spricht man von Pachymeningitis externa. Meist greift der Prozeß von den primär erkrankten Knochen auf die Dura über. Selten schließt sich an eine fungöse Pachymeningitis externa eine fungöse Pachymeningitis interna an. Einen solchen Fall erwähnt SCHLESINGER. Bei der Eröffnung des Wirbelkanals von vorne fanden sich die linksseitigen Bogen des 6.—8., der rechte Bogen des 7. Brustwirbels käsig infiltriert, verkäste Granulationsmassen lagen außerhalb der Dura. In der Höhe des 8. und 9. Brustwirbels war auch die Innenfläche der Dura mit verkäsenden Granulationsmassen bedeckt, wodurch das Rückenmark komprimiert wurde.

Seltener als das Übergreifen des tuberkulösen Prozesses vom Knochen auf die Dura ist die primäre Erkrankung der Dura. BOSOLLO hat 3 Fälle von solitären Tuberkeln der Dura mater cerebri beschrieben, einen weiteren Fall primärer Pachymeningitis externa cerebri GUSSENBAUER, idiopathische Pachymeningitis externa spinalis haben WEISS, MADER, SCHAMSCHIN beobachtet. Im Falle LEYDENS bestand ein langgestreckter extraduraler käsiger Tumor, der das Rückenmark zylindrisch umgab und durch die Zwischenwirbellöcher Fortsätze ausschickte. Auch je ein Fall von BOISVERT und GENDRIN-OLLIVIER scheint hierher zu gehören. In dem Falle von BEWLEY hatte sich eine mächtige Schicht von Granulationsgewebe zwischen Dura und Meningen entwickelt neben tuberkulöser Caries der Lendenwirbel bei intakter Außenfläche der Dura mater. Einen Fall von tumorartiger tuberkulöser Erkrankung der Rückenmarkshäute ohne Wirbelerkrankung erwähnt auch SCHLESINGER. Die verdickte Dura war im Bereiche der hinteren Peripherie des Halsmarkes mit den zarten Häuten durch eine mehr als 2 mm dicke Schicht von zahllosen Knötchen verwachsen. Weiter führt SCHLESINGER 2 Fälle an, in denen fungöse Massen durch die Intervertebrallöcher eindrangen und zu einer fungösen Pachymeningitis externa bei glatter Innenfläche der Dura führten.

Anatomisch besteht die Pachymeningitis tuberculosa entweder in disseminierten grauen Tuberkeln an der Innenfläche der Dura, oder es bilden sich pachymeningitische, Tuberkel enthaltende Membranen oder auch größere tuberkulöse Granulationswucherungen.

Die klinische Symptomatologie richtet sich natürlich nach dem Sitze der Erkrankung. Man kann eine cerebrale und eine spinale Form unterscheiden.

Die cerebrale Form bietet wenig Charakteristisches. STEIGER hat 2 Fälle beschrieben. Im 2. Falle handelte es sich um eine von einer Caries des Clivus Blumenbachi fortgeleitete Pachymeningitis. Nach Operation einer Osteomyelitis der Fibula und des Femur stellten sich Kopfschmerzen und Erbrechen ein. Unter hohem Fieber und Schüttelfrost trat plötzlich eine linksseitige Facialisparese, Hypästhesie des rechten Armes und schlaffe Lähmung des rechtes Beines auf. Doch verschwanden alle diese Erscheinungen im Verlaufe einiger Minuten. Der Tod erfolgte nach einigen Tagen, nachdem Bewußtlosigkeit eingetreten war.

Im 1. Falle STEIGERS handelte es sich nicht um eine fortgeleitete, sondern offenbar um eine metastatische Pachymeningitis tuberculosa bei Lungentuberkulose. Die Erkrankung begann mit Kopfschmerzen und Erbrechen. Es bestand Nackensteifigkeit, und das KERNIGsche Zeichen war positiv. Der Kranke delirierte und phantasierte, war somnolent, und in zunehmendem Sopor trat der Exitus ein. Bei der Obduktion fand sich über dem Pol des rechten Stirnlappens eine hühnereigroße Verdickung von gelblich-käsigem Aussehen, die den rechten Stirnpol stark imprimierte. Die Verdickung enthielt in ihrer Mitte eine pflaumengroße Kaverne, die von käsigen Wänden ausgekleidet und mit grünlich-gelblichem, dünnflüssigem Eiter erfüllt war. An der Basis des rechten Stirnlappens griff der Prozeß auf die Leptomeninx und die Rinde über. Histologisch erwies sich die Erkrankung als tuberkulös.

Häufiger ist die spinale Lokalisation, schon wegen des häufigeren Vorkommens der Wirbelcaries. In diesen Fällen handelt es sich, wie schon gesagt wurde, um ein Übergreifen des Prozesses vom Knochen auf die Dura mater.

Hier sollen bloß die Fälle von hämatogen entstandener Pachymeningitis besprochen werden. Öfter wurde eine Lokalisation im Halsmark beobachtet, und es besteht dann das Bild der Pachymeningitis cervicalis hypertrophica. Doch kommen auch andere Lokalisationen im Rückenmark vor.

Im Falle von Dupré und Delamare handelte es sich um einen 20jährigen Mann, der seit Kindheit eine Skoliose der Brustwirbelsäule hatte und seit 10 Jahren an einer Tuberkulose des linken Oberkiefers litt. 2 Monate nach einer Auskratzung des Knochenherdes entwickelte sich eine apoplektisch einsetzende schlaffe Paraplegie der Beine mit Störung der Berührungs- und Temperaturempfindung. Die Muskeln der unteren Extremitäten wurden atrophisch, es kam zu Decubitus am Kreuzbein und Blasenstörungen. Der Kranke ging unter Delirien zugrunde. Bei der Autopsie fand sich die Wirbelsäule intakt. Es bestand eine ausgedehnte hämorrhagische Pachymeningitis im unteren Dorsalteil des Rückenmarks. Außerdem waren unabhängig davon myelitische Veränderungen in einzelnen Segmenten des Dorsal- und Lumbalmarks. Die histologische Untersuchung stellte die tuberkulöse Natur des Prozesses (Riesenzellen und Tuberkelbacillen) fest.

2 Fälle von Pachymeningitis cervicalis tuberculosa beschreibt Papadato in seiner These (Beobachtung VI und IX). Die ganze Krankheitsdauer betrug 6 Jahre. Anfangs kam es zu „Krisen" (der Autor gebraucht nur dieses Wort, ohne die Symptome näher zu schildern; offenbar handelte es sich um Schmerzanfälle), denen jedesmal eine Lähmung des rechten Armes folgte, die in 15 bis 20 Tagen wieder verschwand. Gleichzeitig litt die Kranke an heftigen Kopfschmerzen in der Stirn und im Hinterhaupt mit Erbrechen. Es trat eine Charakterveränderung auf: Die Kranke äußerte Selbstmordideen und war sehr reizbar. 2 Jahre hielten die erwähnten Anfälle an, dann entwickelte sich nach einer besonders schweren Krise mit Delirium eine rechtsseitige Hemiplegie. Auch die linken Extremitäten waren etwas schwach. Außerdem bestand eine linksseitige Gesichtslähmung von peripherischem Typus, Parese des linken Hypoglossus und des linken Stimmbandes, Lähmung des Rectus internus des rechten Auges, Abblassung der Papillen, Gesichtsfeldeinengung, Nystagmus bei seitlichen Bewegungen der Augen. Kauen und Schlucken waren gestört. Die Beine waren spastisch, besonders das rechte. Die Sensibilität war auf der ganzen rechten Körperhälfte für Berührung, besonders aber für Schmerz und Temperatur, herabgesetzt, auch die Tiefensensibilität war gestört, der stereognostische Sinn auf beiden Seiten aufgehoben. Der Zustand schwankte, es traten wieder Besserungen ein, doch im ganzen nahm die Krankheit einen langsam progressiven Verlauf. Es entwickelte sich eine spastische Paraplegie der Beine mit beiderseitigem Babinski. Der rechte Arm war vollkommen gelähmt mit Kontraktur der Beuger der Hand und des Vorderarms; dagegen waren die Schulter- und Oberarmmuskeln leicht atrophisch. Es bestand eine Hypästhesie der Beine, des Rumpfes und der Arme ohne scharfe Grenze. Ein käsiger Tuberkel komprimierte die 7. Halswurzel.

Im 2. Falle Papadatos begann die Erkrankung mit heftigen Schmerzen in der rechten Schulter und im rechten Arm. Der rechte Arm wurde immer schwächer. Später traten gleiche Symptome in der linken oberen Extremität auf, und der Gang wurde beschwerlich. Es bestand eine leichte Atrophie, besonders der Deltamuskeln und der Beuger des Unterarms, spastische Parese der Beine, Harninkontinenz, leichte Nackenstarre, Hypästhesie für alle Qualitäten in C 5, C 6, C 7 und an den Beinen. Die Krankheit nahm einen langsam progressiven Verlauf, doch wurde der Tod durch eine interkurrente Pneumonie herbeigeführt. Es fand sich ein großes Tuberkulom hauptsächlich in C 4—C 6.

Einen Fall von Pachymeningitis cervicalis beschreibt auch TOUCHE DE BRÉVANES. Die Krankheit begann mit Schmerzen im Nacken, Aufhebung der Bewegungen im Nacken und Kontraktur der Nackenmuskulatur. Im Nacken fand sich ein Tumor. Dann trat Verlust der Fingerbewegungen ein, und die Lähmung dehnte sich auf die ganze rechte Körperseite aus mit Ausnahme des Gesichts. Die Muskeln des Thenar und Antithenar wurden atrophisch, die Beine, zuerst das rechte, dann auch das linke, spastisch paretisch. Es bestand ein schmerzhaftes Vertaubungsgefühl in der rechten Hand und im rechten Unterarm, die Sensibilität war rechts von den Fingern bis zum Ellbogen für alle Qualitäten herabgesetzt. Schließlich stellte sich Inkontinenz und Obstipation, vollkommene Lähmung der rechten oberen und unteren Extremität und auch Schwäche der linken oberen und unteren Extremität ein mit gesteigerten Sehnenreflexen und Babinski beiderseits. Bei der Sektion fand sich eine Verdickung der Dura cervicalis mit Kompression der Wurzeln, besonders der vorderen, und eine zentrale Myelitis.

Im Falle von BERNARD, HERMANGE und DELCOUR begann die Erkrankung mit zwei epileptiformen Anfällen, dann trat plötzlich eine spastische Paraplegie auf, die völlig schlaff wurde, während die Pyramidenzeichen bestehen blieben. Es fand sich eine Pachymeningitis interna tuberculosa mit syringomyelischen Höhlen infolge Erweichung unterhalb der Rückenmarkskompression.

Ein weiterer Fall von Pachymeningitis cervicalis tuberculosa ohne Erkrankung der Wirbel mit Sektionsbefund wurde von GRENIER und DUVIC beschrieben.

Das klinische Bild der Pachymeningitis cervicalis hypertrophica setzt sich aus zwei Syndromen zusammen, aus einem radikulären und einem medullären. Zunächst kommt es zu einer Reizung der Wurzeln, die sich in heftigen Schmerzen entweder im Gebiet des Medianus und Ulnaris (C 8, D 1) oder in der Schulter und im Nacken (C 5, C 6) äußert. Die Schmerzen zeigen den Charakter der Wurzelschmerzen. Manchmal gesellt sich Hinterhauptskopfschmerz hinzu (C 2). Dabei kommt es meist zu Kontraktur der Nackenmuskeln. Oft besteht eine Klopfempfindlichkeit der Dornfortsätze der Halswirbel, ohne daß dieses Zeichen auf eine Wirbelcaries hinweisen muß. Später kommt es zu Ausfallserscheinungen im Bereiche der erkrankten Wurzeln: Sensibilitätsstörungen von radikulärer Anordnung, auf motorischem Gebiete zuerst vorübergehende Kontrakturen, Ungeschicklichkeit, später Lähmungen mit Atrophien und Entartungsreaktion. Die Atrophien betreffen meist symmetrische Muskelgruppen, doch ist oft die eine Seite stärker betroffen als die andere. Am häufigsten lokalisiert sie sich in den kleinen Handmuskeln. Seltener ist Deltoideus, Biceps, Brachialis internus, Brachioradialis Sitz der Atrophie oder die Nackenmuskeln, Trapezius und Sternocleidomastoideus. In den letzteren Fällen, wenn der Sitz der Pachymeningitis sehr hoch im Halsmark ist, kommt es zu Kontrakturen in den unterhalb der Läsionsstelle gelegenen Muskeln der oberen Extremitäten.

Das medulläre Syndrom besteht vor allem in einer fortschreitenden spastischen Paraplegie der Beine mit Pyramidenzeichen. Die Sensibilitätsstörung unterhalb der Läsion besteht in einer Anästhesie oder Hyperästhesie, die manchmal distal ausgesprochener ist. Manchmal kommt eine Dissoziation wie bei Syringomyelie vor.

Der Verlauf der Krankheit zeigt oft Schübe, Besserungen wechseln mit Verschlechterungen ab. Doch wird der gesamte Verlauf von einer allmählichen Progredienz beherrscht.

Von anderen Lokalisationen seien erwähnt der Fall von Baumann mit einem tuberkulösen, primär von der Dura ausgehenden Granulationstumor in der Höhe des 3. und 4. Brustwirbels; ein Fall von tuberkulöser Mediastinitis mit Paraplegie (auch ohne Erkrankung der Wirbelsäule). Im Falle von Bériel und Gardère bestand eine schlaffe Paraplegie mit sensiblen und Sphincterstörungen. Die käsige Pachymeningitis saß im Lumbalmark. Malerba beschreibt einen Fall mit Gürtelgefühl, Parästhesien im Knie und in der Wirbelsäule, Stuhlverhaltung und Blasenlähmung. Es entwickelte sich eine schlaffe Lähmung des rechten Beines mit Atrophie, Entartungsreaktion, fehlenden Reflexen. Es fanden sich am 2. und 3. Lendenwirbel harte fibröse Massen, die sich bis zum Kreuzbein hinzogen und manschettenartig das Rückenmark umgaben. Im histologischen Bilde waren epitheloide und Riesenzellen, woraus auf die tuberkulöse Natur des Prozesses geschlossen wird.

Steblov und Lovckaja beschreiben den Fall einer 52jährigen Frau, bei der sich im Laufe einiger Tage Sensibilitäts- und Sphincterstörungen und eine Paraplegie mit erhöhten Sehnenreflexen und Beugekontrakturen entwickelten. Eine Probelaminektomie ergab eine Peripachymeningitis, die sich bei der mikroskopischen Untersuchung als tuberkulös erwies.

Die seröse Meningitis bei Tuberkulose.
(Meningitis tuberculosa discreta, tuberkulotoxische Meningitis, tuberkulöse Encephalopathie, meningeale Reaktionen bei Tuberkulose.)

Schon seit langem hat man meningitische Zustände bei Tuberkulösen beobachtet, die sich klinisch mehr oder weniger von der echten tuberkulösen Meningitis unterscheiden, und die entweder in Heilung übergehen, oder wenn sie letal ausgehen, findet man nicht den typischen Befund der tuberkulösen Meningitis. Schon Oppenheim sagt in der 1. Auflage seines Lehrbuchs der Nervenkrankheiten (1894, S. 488): „Es kommen jedoch im Verlauf der Tuberkulose leichte meningeale Reizerscheinungen vor, die wieder zurückgehen. Es ist schwer zu sagen, ob es sich da um eine in der Entwicklung begriffene und im Keim erstickte tuberkulöse Meningitis gehandelt hat, oder ob das tuberkulöse Gift auch direkt cerebrale Symptome von passagerem Bestande hervorrufen kann.“

Quincke hat in seiner Monographie über die Meningitis serosa 2 Fälle beschrieben (Fall 7 und 8), in denen bei Tuberkulösen klinisch meningitische Erscheinungen auftraten, bei der Sektion aber keine tuberkulöse Meningitis, wohl aber starker Hydrocephalus internus und im Falle 8 Trübung der Meningen sich vorfand. Quincke nimmt keinen Zusammenhang mit der Tuberkulose an, doch wird man immerhin die Möglichkeit zugeben, daß es sich um eine seröse Meningitis auf tuberkulöser Grundlage gehandelt haben könnte. So ist auch E. Münzer in seiner Arbeit über die seröse Meningitis der Ansicht, daß die beiden erwähnten Fälle Quinckes tuberkulöser Ätiologie seien. Er selbst bringt einen eigenen analogen Fall bei. Weiter hat Langer einen Fall beschrieben, in dem die klinische Diagnose Meningitis gestellt wurde, und bei dem sich im postmortal entnommenen Liquor Tuberkelbacillen fanden, während bei der Sektion keine entzündlichen Veränderungen an den Hirnhäuten nachweisbar waren. Patel hat auch einen solchen Fall beschrieben. Bei einem 20jährigen Manne, der an tuberkulösen Gelenkaffektionen und beiderseitigem Lungenspitzenkatarrh litt, entwickelten sich akut die Erscheinungen einer Meningitis:

Kopfschmerz, Erbrechen, Nackensteifigkeit, Delirien. Der Kranke ging nach 4wöchentlicher Dauer der Erkrankung im Koma zugrunde. Am Gehirn wurden aber bei der Sektion keine tuberkulösen Veränderungen gefunden. Der Autor nimmt an, daß es sich hier um eine ungewöhnlich schwache Wirkung der Tuberkelbacillen bzw. ihrer Toxine handelt. Er fügt noch hinzu, er halte es für wahrscheinlich, daß manche Fälle, die als geheilte tuberkulöse Meningitis publiziert wurden, diesem Falle analog seien. VILLARET und TIXIER haben auf die auffallend verschiedenen und sich widersprechenden cytologischen, bakteriologischen, pathologisch-anatomischen und klinischen Befunde bei der tuberkulösen Meningitis hingewiesen. Sie sind der Ansicht, daß es Fälle gibt, bei denen entweder der Bakterienbefund oder die Polynucleose im Liquor negativ ist, die aber sonst das Bild der tuberkulösen Meningitis bieten. Dies sei vielleicht darauf zurückzuführen, daß in gewissen Fällen die tuberkulöse Meningitis nicht durch die Bacillen selbst, sondern durch ihre Toxine bedingt sei. POROT hat dann über einen Fall mit dem typischen klinischen Verlauf der tuberkulösen Meningitis berichtet. Bei der Sektion wurde in mehreren Organen Tuberkulose nachgewiesen; an den Meningen fand sich nur Hyperämie, aber keinerlei Exsudat und keine Tuberkel.

In die andere Gruppe — Fälle von Tuberkulose mit meningitischen Erscheinungen, die in Heilung übergingen — gehören zunächst die drei Beobachtungen LÉPINES. Allerdings faßt sie der Autor als Encephalitis, und nicht Meningitis auf. In allen 3 Fällen handelte es sich um Psychosen von depressivem oder katatonem Charakter. LÉPINE nennt das Krankheitsbild subakute heilbare Encephalitis der Tuberkulösen. LYONNET weist auf Fälle hin, wo bei Tuberkulösen die typischen Erscheinungen der Meningitis auftreten und trotzdem Heilung erfolgt, oder auf epileptiforme Anfälle im Verlauf der Tuberkulose und auf Fälle, die unter den Erscheinungen einer tuberkulösen Meningitis sterben, bei der Autopsie aber keine Läsionen der Meningen oder des Gehirns gefunden werden. Er nimmt für diese Fälle eine Intoxikation an und nennt die Erkrankung Encéphalopathie tuberculineuse.

TINEL und GASTINEL schreiben, daß nicht selten bei Tuberkulösen Symptomenbilder meningitischer Reizung vorkommen, die sich vor allem durch den günstigen Ausgang von der echten tuberkulösen Meningitis unterscheiden. Die beiden Autoren bezeichnen sie als meningeale Zustände bei Tuberkulösen. Zwischen diesen Fällen, ob nun Tuberkelbacillen gefunden werden oder nicht, und den Fällen echter tuberkulöser Meningitis besteht nach Ansicht dieser Autoren nur ein Unterschied des Grades der Virulenz und der Abschwächung. Die Autoren stellen gewisse Typen auf, wenn sie auch zugeben, daß zahlreiche Übergänge zwischen ihnen bestehen. In die erste Gruppe rechnen sie Zustandsbilder der Phthisiker, die an abends exacerbierenden Kopfschmerzen leiden, oft auch eine leichte Nackenstarre, angedeuteten Kernig, Erbrechen, vorübergehend Puls- und Temperatursymptome haben. Die Lumbalpunktion, die fast sofort Besserung herbeiführt, ergibt einen normalen Liquor, zuweilen wenig gesteigerten Eiweißgehalt und leichte Lymphocytose und negativen Bacillenbefund. Eine zweite Gruppe enthält Fälle von Tuberkulose, bei denen auch Kopfschmerzen und meningitische Symptome vorübergehend auftreten, wozu aber noch die Zeichen einer Wurzelischias hinzukommen, für die bei der Sektion eine tuberkulöse Affektion als Ursache gefunden wurde. Zur dritten Gruppe gehören Fälle mit schweren meningitischen Symptomen, die durch ihre Intensität an die echte tuberkulöse Meningitis erinnern. Die Krankheit bessert sich aber bald und verschwindet ganz, oft gefolgt von 2—3 meningitischen Krisen, die in ihrer Intensität immer schwächer werden. Der Liquor zeigt eine mittlere Lymphocytose, kann aber auch negativ sein. Die Obduktion ergibt nur eine diffuse

Sklerose der Meningen ohne Zeichen frischer Entzündung. Besonders bemerkenswert sind 2 Fälle, die von Tinel und Gastinel erwähnt werden, in denen bei
Tuberkulösen eine Ischias auftrat, und bei der Sektion wurde ein alter, cystisch
veränderter, sklerosierter Tuberkel an der 3. Lumbal- bzw. 2. Sakralwurzel
gefunden (siehe Tinel und Goldenfan).

Gougelet behandelt in einer These die heilbaren tuberkulös-meningitischen
Episoden bei Kindern. Es werden mehrere Fälle tuberkulöser Kinder beschrieben,
die vorübergehend meningitische Symptome zeigten: Charakterveränderung,
Abmagerung, Kopfschmerzen, Erbrechen, Konvulsionen, Kontrakturen, beson-
ders Nackensteifigkeit und Kernig. Die meningitischen Episoden können einige
Stunden bis zu einigen Tagen anhalten. Der Ausgang kann vollständige Heilung
sein, oder es können Folgeerscheinungen zurückbleiben: Blindheit mit links-
seitiger Hemiplegie im Falle von Moutard-Martin, Opticusatrophie und
Sprachstörung in einem Falle von Hutinel und Chaillou, Facialisparese und
Parese des rechten Armes mit leichter motorischer Aphasie in einem Falle
Oppenheims, Anisokorie und Schwindel mit schwankendem Gang bei Henkel.
Auch psychische, insbesondere intellektuelle Störungen können nach solchen
meningitischen Episoden zurückbleiben. Diese Intelligenzstörungen können
ganz leicht sein, können aber auch hohe Grade (Idiotie) erreichen. Weiter
bringt Gougelet pathologisch-anatomische Tatsachen für das Vorkommen
heilbarer meningitischer Zustände bei. In einer Reihe von Fällen, in denen einer
tödlichen tuberkulösen Meningitis Konvulsionen oder meningitische Symptome,
die wieder geschwunden waren, längere Zeit vorausgingen, fanden sich bei der
Autopsie neben den frischen Veränderungen einer tuberkulösen Meningitis
fibröse Verdickungen, besonders an der Hirnbasis, die als die anatomische
Grundlage einer abgelaufenen geheilten Meningitis anzusehen sind.

Besonders interessant sind die Fälle von Herpes zoster bei Tuberkulösen.
Im Falle von Barbier und Lian trat bei einem Kinde, das eine Lungentuberkulose hatte, ein cervico-subclavicularer Herpes zoster auf, gefolgt von meningitischen Erscheinungen: Kopfschmerzen, Erbrechen, Jackson-epileptische
Anfälle. Der Tierversuch mit Liquor war positiv. Das Kind genas. Loeper
hat ebenfalls über Fälle von Herpes zoster bei Tuberkulösen mit positivem Tierversuch berichtet. Im Falle Lemonniers erkrankte ein Kind an einem Herpes
im 1. Trigeminusast. 8 Monate darauf folgte eine tödliche tuberkulöse Meningitis. Gougelet berichtet über ein 5 Jahre altes Kind, das tuberkuloseverdächtig
war, mit Herpes zoster am Thorax, positiver Intracutanreaktion, Lymphocytose
im Liquor. 2 Tage später traten meningitische Erscheinungen auf: Stirnkopfschmerz, Nackenstarre, Erbrechen, Unregelmäßigkeit und Ungleichheit des
Pulses. Diese Erscheinungen verschwanden nach einigen Tagen.

Der Herpes zoster ist in diesen Fällen als Folge einer tuberkulösen Entzündung der entsprechenden Rückenmarkswurzeln und Spinalganglien aufzufassen, was besonders durch den Bacillennachweis im Liquor, durch den Tierversuch (Barbier und Lian, Loeper) einwandfrei bewiesen wird.

Querner veröffentlichte einen Fall schwerer Lungentuberkulose, bei dem
fast 3 Wochen schwere cerebrale und meningitische Symptome bestanden
(Verwirrtheit, Desorientiertheit, Kernig, Hyperästhesie, Steifheit der Wirbelsäule). Die Lumbalpunktion ergab 120 Druck, keine Lymphocytose, Phase I
negativ, kein Fibringerinnsel, negativen Bacillenbefund. Die Gehirnsektion
ergab eine geringe Vermehrung der Cerebrospinalflüssigkeit und eine leichte
Erweiterung der Ventrikel. Der Autor denkt an eine Tuberkulinwirkung.

Finkelstein beobachtete ein 8 Monate altes Kind mit Spina ventosa. Im
Verlaufe einer akuten Pneumonie kam es zu meningitischen Erscheinungen,
reichlicher Lymphocytose im Liquor, keine Leukocyten, keine Bacillen. Die

Meningitis ging zurück, es kam aber infolge von Miliartuberkulose der Lunge zum Exitus. Am Gehirn fand sich keine Miliartuberkulose, die Pia war sulzig ödematös, der linke Ventrikel in geringem Maße hydrocephalisch erweitert. Das Ependym war im ganzen unverändert, doch fand sich unter dem Ependym am Boden des Ventrikels dem Nucleus caudatus entsprechend ein erbsengroßer, verkäster Tuberkel. Der Autor faßt den Prozeß als eine seröse Meningitis ventricularis auf.

BROCKMANN beschreibt zwei Fälle von Pseudomeningitis bei Tuberkulose. In dem einen Falle bestand ein Konglomerattuberkel im Bereiche der Hirnganglien. Der Liquor war unter hohem Drucke gestanden, eiweißreich, enthielt Lymphocyten, aber keine Tuberkelbacillen bei zweimaligem Tierversuch. Der zweite Fall betraf ein 9 Wochen altes Kind mit Tuberkulose und meningitischem Symptomenkomplex. Der Liquor zeigte normalen Eiweißgehalt, nur gelegentlich Lymphocytose; doch war die Fontanelle gespannt und der Liquordruck konstant erhöht. Bei der Sektion wurde das Gehirn und die Hirnhäute frei von Tuberkulose gefunden. Der Autor nimmt eine tuberkulotoxische Reizung der Hirnhäute ohne anatomisches Substrat an. KAFKA hat eine Patientin demonstriert, bei der sich unter starken Kopfschmerzen eine Papillitis, Nystagmus und rechtsseitige cerebellare Ataxie herausgebildet hatte. Bei der Trepanation wurde kein pathologischer Befund am Gehirn erhoben. Es trat eine weitgehende Besserung ein. Der Liquor hatte eine starke Lymphocytose und eine Goldsolkurve aufgewiesen, wie man sie beim Zurückgehen akuter Meningitiden sieht. KAFKA meint, daß es sich um einen chronischen tuberkulösen Prozeß an den Meningen gehandelt hat, der zu einer Meningitis serosa geführt hätte. In 2 Fällen, in denen der Sektionsbefund an den Meningen für Tuberkulose negativ war, hat MANDELBAUM Tuberkelbacillen im Liquor nachgewiesen. Wahrscheinlich kommt es in diesen Fällen tatsächlich zur Infektion der weichen Hirnhäute, welche aber infolge Schwächung der Vitalität nicht imstande sind, mit Abwehrgebilden, als welche die Tuberkel aufgefaßt werden, zu reagieren.

HERSCHMANN beobachtete zwei Fälle, die er als tuberkulotoxische Meningitis bezeichnet. In beiden Fällen bestand neben einer Lungentuberkulose Lymphocytose des Liquors und sonstige klinische meningitische Erscheinungen. Bei dem einen Falle trat nach Tuberkulinbehandlung parallel mit den Lungenerscheinungen eine Besserung der meningealen Symptome auf. Im anderen Falle ergab die Sektion eine Exacerbation einer alten chronischen Meningitis. GILBERT macht auf ganz leicht verlaufende Meningitiden bei tuberkulöser Chorioiditis aufmerksam. Er bezieht die häufigen hartnäckigen Kopfschmerzen bei der tuberkulösen Aderhautentzündung auf die Beteiligung der Meningen. Manchmal kann auch leichte Nackensteifigkeit dabei sein. Die Kopfschmerzen klingen nach 2—3 Monaten völlig ab. Einmal wurde geringe Zellvermehrung im Liquor bei negativem Nonne-Apelt gefunden. Verfasser ist der Ansicht, daß es sich hier um eine echte Meningitis tuberculosa leichtesten abortiven Verlaufs handelt.

FRISCH faßt den häufigen Kopfschmerz der Tuberkulösen als Ausdruck einer Meningitis serosa auf tuberkulöser Grundlage auf. Der Kopfschmerz tritt entweder in Form der Migräne oder in Form des neurasthenischen Kopfschmerzes auf. Es handelt sich dabei fast immer um blühend aussehende, jüngere Kranke, die an benignen tuberkulösen Prozessen leiden. Es besteht kein positiver Bacillenbefund. Die Prognose ist stets günstig. Der Röntgenbefund ergibt manchmal eine geringe endokranielle Drucksteigerung. In diesen Fällen war auch der Liquordruck erhöht. Der Autor kommt zu dem Schlusse, der tuberkulöse Kopfschmerz sei als eine forme fruste einer Meningitis serosa tuberculosa aufzufassen. In einer zweiten Arbeit hat derselbe Autor diese Erkrankung als Meningitis tuberculosa discreta bezeichnet. Er hat, um Tuberkulin im Liquor nachzuweisen, 0,1 ccm Liquor von solchen Kranken Tuberkulösen oder diesen Kranken selbst intracutan injiziert und hat deutliche Impfpapeln auftreten gesehen. Er faßt nochmals die Symptomatologie dieser Erkrankung zusammen: leichte diffuse Klopfempfindlichkeit des Schädels, ungleiche Steigerung der Sehnenphänomene an den Beinen, Kernig und Nackensteifigkeit nur manchmal und dann bloß angedeutet, Stauungspapille fehlte stets. Das führende subjektive Symptom ist der Kopfschmerz, der manchmal migräneartig ist, meist aber neurasthenischen Charakter hat. Die Lumbalpunktion ergibt gesteigerten endokraniellen Druck, der bei längerem Bestehen der Erkrankung auch im Röntgenbild nachweisbar ist (Schüller), sowie als Zeichen der Entzündung Lymphocytose und vermehrten Eiweißgehalt.

Blatt hat einen einschlägigen Fall veröffentlicht. Eine 30jährige Frau mit einer Ekzematosa und Lungenspitzenkatarrh bekam im Anschluß an die Behandlung einen Migräneanfall mit transitorischer Aphasie, Hemianästhesie, Flimmern und Erbrechen. Die Anfälle wiederholten sich. Bei einer Alttuberkulinbehandlung löste die erste Injektion wieder einen schweren Migräneanfall aus, ebenso jede folgende Injektion. Doch nahm die Intensität der Anfälle bei den weiteren Injektionen ab, bis schließlich Heilung eintrat.

Herschmann tritt in einer zweiten Arbeit wieder für die Existenz der tuberkulotoxischen Meningitis ein, als deren Kennzeichen er anführt: Gutartiger Lungenprozeß, hartnäckige Kopfschmerzen von ausgesprochen migräneartigem Charakter mit Flimmerskotom, deutliche Zeichen endokranieller Drucksteigerung im Röntgenbilde, Lymphocytose im Liquor und Rechtszacke in der Goldsolkurve. Die Meningitis tuberculosa discreta von Frisch und Schüller hält er für identisch mit seiner tuberkulotoxischen Meningitis. In einem Falle fand er pathologisch-histologisch eine chronische produktive Entzündung der Pia neben akutem entzündlichem Ödem, alte schwielige, bindegewebige Verdickungen.

Henri Claude hat einen Fall von seröser Meningitis bei Tuberkulose mit Hirndrucksteigerung, Amaurose durch Stauungspapille beschrieben. Durch Operation erfolgte Heilung. Er faßt diese seröse Meningitis als Ausdruck einer larvierten Tuberkulose auf.

Sievers berichtet über 6 Fälle meningitischer Zustände, die in Heilung übergingen. Einige zeigten den für tuberkulöse Meningitis charakteristischen Liquorbefund ohne Tuberkelbacillen, andere einen der Meningitis serosa entsprechenden. In allen Fällen bestand eine subakute Otitis media, doch konnte diese nicht als Ursache der Meningitis angesehen werden. Verfasser empfiehlt den Ausdruck Meningitis serosa zu vermeiden, da der Liquor in diesen Fällen nicht immer serös sei, und lieber von meningealen Reaktionen zu reden. Diese Krankheitsform könne nur auf Grund des gutartigen Ausgangs diagnostiziert werden.

Barbier macht aufmerksam, daß es Meningitiden gäbe, die bei der Autopsie als tuberkulös erkannt werden, bei denen aber keine Bacillen gefunden werden und auch die Überimpfung negativ ausfällt. In diesen Fällen sollte man nach dem Ultravirus suchen.

Zusammenfassend läßt sich sagen, daß es bei Tuberkulösen meningitische Zustände gibt, die entweder ausheilen können, oder wenn sie tödlich verlaufen, findet man anatomisch nicht den Befund der tuberkulösen Meningitis. Ob es sich hier um leichtere Formen echter tuberkulöser Meningitis handelt oder um meningeale Reaktionen, die durch Toxine hervorgerufen werden, ist schwer zu sagen. Bemerkenswert sind die Fälle von Herpes zoster und Radiculitis bei Tuberkulösen mit positivem Bacillenbefund im Liquor (Tierversuch). Auch die Fälle von geheilter tuberkulöser Meningitis mit positivem Bacillenbefund wären hierher zu rechnen. Offenbar gibt es einen fließenden Übergang von leichten meningealen Erscheinungen ohne Bacillenbefund über die geheilten Fälle mit positivem Bacillenbefund bis zur letalen tuberkulösen Meningitis.

Im Anschluß an die seröse Meningitis bei Tuberkulösen sei das eigenartige, von O. FOERSTER beschriebene und von ihm meningocerebellarer Symptomenkomplex genannte Krankheitsbild erwähnt. O. FOERSTER sah bei Tuberkulösen im Anschluß an fieberhafte Erkrankungen, besonders Pneumonien, zunächst ein ausgesprochen meningitisches Bild auftreten. Die Symptome waren Somnolenz bis zu tiefer Benommenheit, Nackensteifigkeit, Opisthotonus, Kernig, kahnförmig eingezogener Bauch, Beugekontrakturen der Beine, selten Streckkontraktur, meist Steigerung der Patellar- und Achillesreflexe, selten Fehlen, positiver Babinski. In 2 Fällen war die Pupillenreaktion fast erloschen. Der Liquor war vollkommen normal. Dieses Zustandsbild dauerte meist nur einige Tage, und daran schloß sich eine cerebellare Ataxie, die mehrere Wochen bis Monate anhielt. Pirquet und Impfung mit Alttuberkulin gaben ein positives Resultat. FOERSTER hält es für wahrscheinlich, daß es sich dabei um eine toxisch bedingte Meningealreizung, verbunden mit einem Hydrocephalus internus, handelt, möglicherweise spielt aber auch ein encephalitischer Prozeß eine Rolle. Die Prognose ist durchaus günstig. Sowohl die meningitischen Erscheinungen wie die cerebellare Ataxie schwanden in allen Fällen FOERSTERs.

Tuberkel.

Tuberkel kommen im Gehirn und im Rückenmark nicht so selten vor. Sie entstehen meist auf dem Blutwege von anderen tuberkulös erkrankten Organen aus. Wie die tuberkulöse Meningitis so kommt auch der Tuberkel kaum je primär im Gehirn oder Rückenmark vor. Sie bestehen aus typischem, tuberkulösem Granulationsgewebe (Riesenzellen, Epitheloidzellen, Lymphoidzellen). Bisweilen findet man auch Plasmazellen in Hirntuberkeln. Oft entstehen große Tuberkel durch Konfluieren kleinerer. Ist der Tuberkel älter, so verkäst er im Zentrum, und nur an der Peripherie bleibt frisches Granulationsgewebe, in welchem sich Tuberkelbacillen finden, während sie im verkästen, nekrotischen Gewebe nicht zu finden sind. Große, aus kleineren konfluierte Tuberkel bezeichnet man als Konglomerattuberkel. In $^1/_4$ der Fälle treten die Tuberkel im Gehirn multipel auf, weshalb der Name Solitärtuberkel nicht zu empfehlen ist. Die Größe der Konglomerattuberkel im Gehirn kann von Erbsen- oder Linsen- bis zu Hühnereigröße und darüber sein. BRUNS sah einen Fall, in dem sich ein Tuberkel kontinuierlich vom Marke des Stirnhirns bis in den Pons und das verlängerte Mark ausdehnte. Die Gestalt kann kugelig, eiförmig, zylindrisch oder unregelmäßig höckerig und knollig sein. Auf dem Durchschnitt ist der Tuberkel von gelblicher bis gelbgrüner Farbe. Das verkäste Zentrum hat eine trockene, krümelige Beschaffenheit.

Mikroskopisch zeigt sich dementsprechend im Zentrum eine kernlose, homogene oder schollig zerfallende Masse. Bei weiter wachsenden Tuberkeln ist diese verkäste Masse von einer grauen bis graurötlichen Zone umgeben, die aus tuberkulösem Granulationsgewebe besteht. Bei alten Konglomerattuberkeln findet sich statt der Zone von Granulationsgewebe eine solche von faserigem Bindegewebe. Dadurch ist der Konglomerattuberkel oft vom Hirngewebe scharf abgesetzt und läßt sich leicht ausschälen oder fällt von selbst heraus. Das dem Tuberkel angrenzende Gewebe ist oft erweicht. Man sieht in der Hirnsubstanz in nächster Nähe des Tuberkels Reaktionserscheinungen, besonders gut im Kleinhirn, und zwar Ausfall von Ganglienzellen und Nervenfasern und Wucherung der Glia.

In nicht sehr häufigen Fällen kann es zu Verkalkung eines Tuberkels kommen (2 Fälle von HENOCH) oder zu einer Verflüssigung, wodurch dann ein tuberkulöser Absceß entsteht.

SCHIDLOWSKY gibt die Häufigkeit der Tuberkulome des Zentralnervensystems im Vergleich zu den echten Geschwülsten mit 1 : 6 an.

STARR fand unter 142 Solitärtuberkeln bei Kindern 47 im Kleinhirn, 38 im Gehirnstamm, und zwar 19 im Pons, 16 in der Vierhügelgegend, 2 in der Medulla oblongata, 1 im 4. Ventrikel und bloß 33 im Großhirn. Bei Erwachsenen fand er unter 41 Fällen 20 im Kleinhirn und Gehirnstamm, davon 11 im Pons und nur 14 im Großhirn. Daraus ist zu sehen, daß der Lieblingssitz der Tuberkel im Gehirn die hintere Schädelgrube ist, und zwar Kleinhirn, Brücke, Hirnschenkel, Vierhügelgegend, verlängertes Mark. Dann folgt Großhirn und Stammganglien. Im Rückenmark ist es besonders der Lumbalteil, der mit Vorliebe Sitz der Tuberkel ist.

Der Tuberkel bevorzugt das Kindesalter. Nach einer Statistik ALLEN STARRS fanden sich unter 300 Geschwülsten des Gehirns bei Kindern 142 Tuberkel, bei Erwachsenen dagegen unter der gleichen Zahl nur 41. BRUNS fand unter 63 Autopsien mit Hirngeschwülsten 10 Tuberkel, davon 9 im Kindesalter. Unter 37 Sektionsfällen von Hirngeschwülsten sah REDLICH 7 Tuberkulome im Kindes- und Jünglingsalter. Keiner dieser Fälle war älter als 40 Jahre. Was das Alter betrifft, so fand DEMME einen Kleinhirntuberkel bei einem 23 Tage alten Kinde; HENOCH fand sie im 1. und 2. Lebensjahre schon recht häufig. Vom 20. Lebensjahre nimmt die Häufigkeit des Hirntuberkels ab, und im höheren Alter ist er recht selten.

Die Todesursache bei Hirntuberkeln ist oft eine tuberkulöse Meningitis, indem der wachsende Tuberkel die Meningen erreicht und sie infiziert.

Klinisch verhalten sich die Tuberkel ganz wie die Tumoren. Beim Hirntuberkel finden wir Allgemein- und Lokalsymptome wie beim Hirntumor. Die Allgemeinsymptome sind Erscheinungen des Hirndrucks, Stauungspapille, Erbrechen, Kopfschmerzen. Die Lokalsymptome richten sich nach dem Sitze des Tuberkels. Wie bei den Hirntumoren können auch bei den Hirntuberkeln manche der Allgemeinerscheinungen fehlen, z. B. die Stauungspapille, oder sie treten erst verhältnismäßig spät auf. Auch Lokalsymptome können bisweilen fehlen. Der Hirntuberkel bleibt dann ganz symptomlos, wie ZAPPERT bei Kindern solche Fälle beschrieben hat. HENOCH fand unter 9 Fällen von Hirntuberkeln bei Kindern 3mal Latenz, d. h. keine cerebralen Erscheinungen. Die Tuberkel saßen in einem Falle im Vermis cerebelli und in beiden Hinterhauptslappen, im zweiten Falle im Pons Varoli, im dritten im linken Hinterhauptslappen. BAEZA GONI hat bei einem Kinde 13 Tuberkel im Gehirn gesehen, und der Verlauf war symptomlos geblieben.

BARTHEZ und RILLIET, die in ihrem Handbuch der Kinderkrankheiten dem Hirntuberkel ein eigenes Kapitel widmen, unterscheiden eine chronische Form der Hirntuberkulisation, den chronischen Hydrocephalus, und die Hirntuberkulisation mit akuten Symptomen. Der Beginn der chronischen Form ist meist aus voller Gesundheit entweder mit allgemeinen oder partiellen Konvulsionen oder mit heftigen Kopfschmerzen, die kontinuierlich oder anfallsweise sein können. Die Kopfschmerzen sind entweder isoliert oder von Traurigkeit, Apathie, Strabismus, Erschwerung des Ganges begleitet. Seltener ist der Beginn mit Schwäche oder Lähmung einer Körperseite, Erblindung, Erbrechen. Noch seltener ist der Beginn mit Kontraktur der Nackenmuskeln oder Hyperästhesie. Schließlich kann die Erkrankung akut wie eine tuberkulöse Meningitis beginnen mit Kopfschmerzen, Erbrechen, Obstipation. Zu diesen Erscheinungen können sich die Symptome des Hydrocephalus gesellen, Wachsen des Schädels. Der

Hydrocephalus kann eintreten, nachdem andere nervöse Symptome mehrere Monate bestanden haben. Die akute Form beginnt mit Konvulsionen, die sich in kurzen Zwischenräumen wiederholen.

Die Krämpfe sind beim Hirntuberkel des Kindes nach RILLIET und BARTHEZ sehr heftig, meist allgemein oder auf eine Körperseite beschränkt, seltener auf einen Teil der Extremitäten oder des Gesichts. Die Anfälle dauern von einigen Minuten bis zu einigen Stunden. Den Konvulsionen folgen oft Lähmungen, seltener Kontrakturen.

Von Augenstörungen erwähnen RILLIET und BARTHEZ Erweiterung der Pupillen, Verlust des Sehvermögens, Strabismus, unregelmäßige Bewegungen der Augen.

ZAPPERT hat dem Hirntuberkel im Kindesalter eine eingehende Arbeit gewidmet und die Frage untersucht, wie weit der Hirntuberkel sich an die für Hirntumoren als gültig angenommenen klinischen Regeln hält. ZAPPERT stützt sich auf ein Material von 62 Hirntuberkeln. Er fand ein Überwiegen der Knaben. In 27 Fällen fand sich ein einziger Tuberkel im Zentralnervensystem, in 35 Fällen 2 oder mehrere. Der Sitz der Tuberkel war 37mal das Kleinhirn, 29mal die Großhirnhemisphären, 13mal die Stammganglien, 5mal die Brücke, je 1mal Hirnschenkel, Vierhügel, Aquaeductus Sylvii, Hirnbasis, Dura mater. Die Größe der Tuberkel wechselt von Faustgröße bis Kirschkerngröße. Unter den 62 Fällen findet sich 43mal die Angabe einer tuberkulösen Hirnhautentzündung.

In neuester Zeit geben SCOTT und GRAVES eine Zusammenstellung der Literatur neben 4 eigenen Fällen. Sie kommen zu dem Schlusse, daß die Häufigkeit der Solitärtuberkel im letzten Jahrzehnt zugenommen zu haben scheint. Etwa die Hälfte aller Fälle betrifft Patienten im 1. Lebensjahrzehnt. Das männliche Geschlecht ist etwa doppelt so häufig betroffen wie das weibliche. Die Solitärtuberkel überwiegen gegenüber multiplen Tuberkeln. Die weitaus häufigste Lokalisation ist das Kleinhirn. Verkalkte Hirntuberkel sollen zu den größten Seltenheiten gehören (11 unter 815). Die Solitärtuberkel sind hämatogenen Ursprungs. Den Solitärtuberkeln kommt unter Umständen eine große Bedeutung für die Entstehung der tuberkulösen Meningitis zu.

Was die Symptomatologie betrifft, so beschreibt ZAPPERT einen Fall, der bis zum Tode symptomlos verlief, trotzdem sich mehrere Tuberkel von Walnuß- bis Kirschkerngröße im Gehirn fanden, und zwar in der hinteren Zentralwindung im Linsenkern, in beiden Hinterhauptslappen und im Kleinhirn. Bei 18 Kindern war der Verlauf symptomlos bis zum Auftreten der terminalen Meningitis. Diese nahm einen typischen Verlauf. In 12 Fällen blieben die Tuberkel auch latent bis zum Auftreten der Meningitis, die aber atypisch verlief. Es traten lokale Lähmungen oder lokale Reizsymptome im Verlauf der Meningitis auf. Unter den weiteren Fällen ZAPPERTs finden sich solche, deren Krankheitsbild an eine tuberkulöse Meningitis erinnerte, solche, die nur unter dem Bilde des chronischen Hydrocephalus verliefen, und schließlich solche, die allgemeine Tumorsymptome ohne Herderscheinungen aufwiesen. Die letzte Gruppe des ZAPPERTschen Materials umfaßt 24 Fälle, in denen Herdsymptome vorhanden waren.

Von einzelnen Symptomen erwähnt ZAPPERT, daß starkes Wachstum des Schädels mit Diastase der Nähte als alleiniges Symptom des Hirntuberkels beim Kinde vorkommen kann. Es kann aber auch mit Tumor- und Herdsymptomen vergesellschaftet sein. Ein wesentliches Merkmal des Hirntuberkels, oft Initialsymptom, ist die spastische Lähmung einer Körperhälfte, seltener einer Hand, die sich entweder allmählich oder plötzlich unter halbseitigen Krämpfen entwickelt und dann bestehen bleibt. Außerdem kommen einseitige Spasmen und wenig ausgesprochene Paresen mit Reflexsteigerung als Symptome des Hirntuberkels vor. Nicht minder häufig als die Hemiplegie, oft auch mit ihr vereint, sind halb- oder beiderseitige motorische Reizsymptome mit Zittern, Ataxie, choreatischer Unruhe. In einem Falle Zapperts war allgemeiner Tremor das erste Symptom. Lähmungen der Hirnnerven (Augenmuskelnerven, Facialis) sind manchmal schon im Beginne der Erkrankung vorhanden, besonders bei Tuberkeln im Pons oder der Vierhügelgegend. In vorgeschrittenen Fällen von Gehirntuberkeln werden Hirnnervenlähmungen selten vermißt. In einem Falle Zapperts wurde über Schiefhaltung des Kopfes als Initialsymptom berichtet. Häufiger findet sich eine spastische Neigung des Kopfes, insbesondere kombiniert mit Déviation conjuguée der Augen im weiteren Verlauf und gegen Schluß der Krankheit. Kleinhirnsymptome wie Ataxie, Gehstörung finden sich selten als Initialsymptom, häufig aber im späteren Verlauf. Allgemeine Hirndrucksymptome wie Erbrechen, Kopfschmerzen, Schlaflosigkeit, Sehverschlechterung können sich mit lokalen Symptomen verbinden oder allein das Krankheitsbild ausmachen. Allgemeine Konvulsionen können die Krankheit einleiten oder im Verlauf der Erkrankung eintreten, oder sie bilden das erste Anzeichen der hinzutretenden Meningitis.

Bezüglich der terminalen Meningitis bei Hirntuberkeln im Kindesalter macht Henoch auf ihren besonders stürmischen und rasch tödlichen Verlauf aufmerksam.

Bemerkenswert ist ein Fall Henochs, in dem eine linksseitige Hemiplegie bestand, der ein Jahr vorher ein Anfall von Konvulsionen vorausgegangen war. Bei der Sektion fanden sich multiple Tuberkel in beiden Großhirnhemisphären und einer in der linken Kleinhirnhemisphäre.

Es sei jetzt die Symptomatologie einiger typischer Lokalisationen des Tuberkels besprochen.

Kleinhirntuberkel. Eine der ältesten Beschreibungen von Hirntuberkel stammt von dem Engländer Ford (1790, nach Rilliet und Barthez). In seinem Falle handelte es sich um ein 9jähriges Kind, das unter Kopfschmerzen, Schwierigkeit des Gehens, Verlust des Sehvermögens und der Sprache erkrankte. $9^1/_2$ Monate später erweiterten sich die Nähte, und es trat ein Hydrocephalus auf. Bei der Autopsie wurden Tuberkel im Kleinhirn gefunden. Hughlings Jackson beschrieb (1862) 5 Fälle von Kleinhirntuberkel. Ein Fall ist durch Ohnmachtsund Schwächeanfälle in den Gliedern bemerkenswert, in denen der Kranke umfiel. Es fanden sich bei der Autopsie Tuberkel in beiden Kleinhirnhemisphären. In einem anderen Falle, in dem allerdings außer beiden Kleinhirnhemisphären auch die Brücke und das verlängerte Mark von Tuberkeln affiziert waren, bestand Tremor. Weiter hat Jackson über 2 Fälle von Tuberkel im Kleinhirnwurm berichtet (1871 und 1872). In beiden Fällen bestand Hydrocephalus, Stauungspapille, schwankender Gang, zunehmende Apathie. In dem einen Falle traten tetanusartige Anfälle auf, in dem anderen bestand eine ständige Rigidität (Kleinhirnhaltung).

Ganz symptomlos verliefen Kleinhirntuberkel in einem Falle Cordiers und in 2 Fällen Nothnagels. Auch in einem Falle Balzers (Tuberkel im rechten Kleinhirnlappen, in den 4. Ventrikel eindringend) wurde weder Lähmung noch Sensibilitäts- noch Gangstörung beobachtet. Es bestand nur Kopf- und Nackenschmerz und Erbrechen.

Häufig findet sich bei Kleinhirntuberkeln Hinterhauptsschmerz, Schwindel, besonders bei Aufrichten aus der horizontalen Lage, Ataxie der Beine, schwankender, taumelnder Gang, Neigung zum Fallen nach einer Richtung (Foot, Bitot, Capozzi, Simpson, Cubasch, Billot). Weitere häufige Symptome sind Stauungspapille, Lähmungen, Konvulsionen, Nystagmus. Hesitierende Sprache ist im Falle Coutys angegeben, Doppeltsehen und abgebrochene Sprache im Falle Bitots, beständiges Sichherumwerfen bei Mollière, erschwerte Sprache und Parese der Recti interni beiderseits bei SIMPSON, Wälzung um die Längsachse von links nach rechts bei einem Tuberkel an der Basis der linken Kleinhirnhemisphäre bei MINCHIN. In einem Falle HENOCHs bestand bei einem kirschgroßen Tuberkel im oberen Teile des Wurms eine Parese und Kontraktur des rechten Armes, rechtsseitige Facialisparese, der linke Abducens war gelähmt, die linke Pupille erweitert. In einem Falle OPPENHEIM-KRAUSEs bestand Erbrechen, Ohnmachtsanfälle, starke Kopfschmerzen, besonders beim Bücken, Neuritis optica, Nystagmus, rechts Abducenslähmung, cerebellare Ataxie mit Neigung nach rechts zu fallen, Gehörstörungen beiderseits, mäßige Nackensteifigkeit und Erhöhung aller Sehnenphänomene. Die Operation ergab je ein Tuberkelkonglomerat in der rechten und linken Kleinhirnhemisphäre.

In dem großen Materiale ZAPPERTs finden sich 19 Fälle von Kleinhirntuberkeln. Am häufigsten ist der Beginn mit Erbrechen, Fieber, Kopfschmerzen, manchmal findet sich Somnolenz, Apathie, manchmal Schlaflosigkeit, Unruhe. Erscheinungen des Hydrocephalus können im Beginne oder erst später auftreten. Von anderen Symptomen werden ataktischer Gang, Schwanken beim Stehen, Unmöglichkeit zu gehen, Sprachverschlechterung, Muskelstarre erwähnt.

FOERSTER berichtet über den Fall eines verkalkten Kleinhirntuberkels, der von der Dura ausgehend, in die rechte Kleinhirnhemisphäre vordrängte. Es bestand cerebellare Ataxie. Weiter beschreibt FOERSTER einen Fall von Wurmtuberkel, der an Kopfschmerzen, cerebellarer Ataxie mit Fallen nach rechts hinten und Blicklähmung nach oben litt. Bei der Autopsie fand sich ein Solitärtuberkel im Wurm, der stark gegen die Vierhügelgegend vordrängte.

Im Falle von HANNS begann die Erkrankung mit Kopfschmerzen und Erbrechen. Nach einem Ohnmachtsanfall trat eine schwere Gangstörung auf mit Fallen nach rechts. Es entwickelte sich ein Exophthalmus des rechten Auges. Bei der Autopsie fanden sich zwei Tuberkelherde in der linken Kleinhirnhemisphäre.

Im Falle JUMENTIÉs, der Hirndrucksymptome, Gleichgewichtsstörung, unsicheren Gang und Abweichen nach rechts beschreibt, saßen multiple Tuberkel in der Rinde der rechten Kleinhirnhemisphäre.

Einen typischen Fall von Kleinhirntuberkel veröffentlichte VALABREGA: Kopfschmerzen, Erbrechen, taumelnder Gang, beiderseitige Stauungspapille bei einem 6jährigen Knaben aus tuberkulöser Familie.

A. PICK beobachtete bei einem Patienten mit einem Konglomerattuberkel der rechten Kleinhirnhemisphäre eine Störung im Erfassen der Beziehung der Teile eines Bildes zu einander.

Eine bemerkenswerte Symptomatologie wies der Fall von HIRSCH und KLEIN auf. Zunächst trat unter Hirndruckerscheinungen vollständige Taubheit auf, nach Rückbildung der Taubheit eine Hemianopsie, Anfälle von Schwindel mit Bewußtlosigkeit, plötzlich rechtsseitige Hemiplegie, schließlich plötzliches Auftreten von Taumeln und Schwanken nach links mit Zwangshaltung des Kopfes. Es fand sich ein Tuberkel der linken Kleinhirntonsille.

Bei einem Falle von Wurmtuberkel sah VELLUDA Gleichgewichtsstörungen mit Pulsionserscheinungen nach vorn oder hinten, später nach hinten. Außerdem bestanden Anfälle von erhöhten tonischen Kontraktionen der Nackenmuskeln mit Rückwärtsneigung des Kopfes und Kontraktionen der Extensoren der unteren Extremitäten. Es bestanden weiter cardio-respiratorische und saliväre Störungen und Exophthalmus.

Im Falle SEPICHs stellten sich bei einem Tuberkulösen 3 Monate vor dem Tode Zeichen einer Kleinhirnerkrankung ein: Linksseitige Störung der Koordination, Dysmetrie, Adiadochokinesis, Hypotonie, Erhöhung der Sehnenreflexe, spastische Reflexe, schwere Störung des Stehens und Gehens mit Neigung nach hinten und links zu fallen. Bei der Autopsie fanden sich 2 Tuberkel im Wurm und in der linken Kleinhirnhemisphäre. Es hatten alle Hirndrucksymptome gefehlt.

Jacarellis Patient hatte Stauungspapille, Nystagmus, Gleichgewichtsstörungen, eine linksseitige Hemiparese. Dabei bestanden psychische Störungen, nämlich delirante Verwirrtheit und räumlich-zeitliche Desorientiertheit. Es fand sich ein Tuberkel der linken Kleinhirnhemisphäre.

Christophe und Baumberger berichten über einen 34jährigen Patienten mit Gleichgewichtsstörungen, Inkontinenz, Schmerzen beim Urinieren, Schwäche der Extremitäten, besonders links, beiderseits Pyramidenerscheinungen, cerebellaren Symptomen (Dysmetrie, Adiadochokinese links), Nystagmus, geringer Sprachstörung. Es fanden sich 2 Tuberkel im Kleinhirn, rechts und links und ein haselnußgroßer Tuberkel in der Brücke. Die Autoren heben hervor, daß keine Hemiplegia alternans und keine Stauungspapille bestand.

In einem Falle von Waldstein handelte es sich um einen Solitärtuberkel auf der Unterseite der rechten Kleinhirnhemisphäre. Nach Lumbalpunktion war plötzlicher Tod eingetreten.

Estapé beschreibt 9 Fälle von Kleinhirntuberkeln und unterscheidet 4 Formen je nach der Symptomatologie: 1. eine latente Form, 2. eine tuberkulös-meningitische, 3. eine hirndrucksteigernde, 4. eine cerebellare. Er betont, daß in vielen Fällen von Kleinhirntuberkel keine Ventrikelerweiterung, keine Stauungspapille und keine albumino-cytologische Dissoziation vorhanden sei.

Ponstuberkel. Das charakteristische Lokalsymptom der Brücke ist die Hemiplegia alternans. Facialis, Abducens, Trigeminus, Vestibularis oder einer dieser Hirnnerven ist auf der einen, die Extremitäten auf der anderen Seite gelähmt. Es kann auch assoziierte Augenmuskellähmung auf der Seite des Herdes bestehen. Doch kommen Abweichungen vor.

Jackson beschreibt einen Fall von Ponstuberkel, bei dem sich allmählich eine rechtsseitige Hemiplegie entwickelt hatte; es bestand außerdem motorische Schwäche der unteren Teile der *rechten* Gesichtshälfte, Schwäche des linken Masseter, Blicklähmung nach links, Sensibilitätsstörung der rechten Körperhälfte.

In einem Falle Petřinas bestand Scheitelkopfschmerz, Ameisenlaufen in der rechten oberen Extremität, Schwindel, Ohrensausen, später Ameisenlaufen in der linken oberen Extremität, die Sensibilität der rechtsseitigen Extremitäten war herabgesetzt. Weiter kam es zu Lähmung der unteren Extremitäten, zu Schwäche der linken oberen Extremität, linksseitiger Gesichtslähmung, Parese der rechten Extremitäten, Ohrensausen links, linksseitiger Ptosis, Atrophia nerv. opt., vorübergehend beiderseits zu Blepharospasmus und Strabismus convergens links.

In einem Falle Ducheks war die Sensibilität der linken Gesichtshälfte herabgesetzt, es war eine allmähliche Lähmung des rechten Beins, später des rechten Arms und linken Facialis aufgetreten. Es bestand eine Parese des linken Masseter, Schmerzen und Parästhesien in den gelähmten Extremitäten.

Der Kranke Cantanis hatte linksseitige Kopfschmerzen, rechtsseitige Gesichts- und Extremitätenlähmung, Blepharospasmus und Lichtscheu des linken Auges, krampfhafte Abduktionsstellung des linken Auges, die Sensibilität der rechten Gesichtshälfte war herabgesetzt.

Steffen beschreibt bei einem $3^1/_4$jährigen Knaben einen fast die ganze Brücke einnehmenden Tuberkel. Es bestanden Schmerzen im linken Knie, Parese der linken Extremitäten, zeitweise Zuckungen im linken Arm. Plötzlich setzte eine vollkommene linksseitige Facialislähmung ein. Es traten Konvulsionen der linken Körperhälfte und eine Parese des rechten Unterschenkels auf. Es war Strabismus des linken Auges vorhanden und Ptosis des rechten Oberlides.

Im Falle Féréols war eine rechtsseitige Hemiplegie ohne apoplektischen Insult entstanden, Lähmung des linken Abducens und Blicklähmung nach links.

Möbius beschreibt den Fall eines 9 Monate alten Kindes, bei dem nach einem Krampfanfall eine linksseitige Gesichtslähmung auftrat, keine sicheren Lähmungen der Extremitäten vorhanden waren, aber stundenlang andauernde Konvulsionen. Es bestand intermittierender Strabismus des linken Auges.

Im Falle Lavérans war das Gesicht frei von Lähmung und Anästhesie, es war der linke Abducens gelähmt, und es bestand eine rechtsseitige Parese.

Im Falle Sannes waren Krämpfe, Schwäche der Beine, rechtsseitige Gesichts- und Extremitätenparese, später linksseitige Facialisparese, linksseitige Ptosis vorhanden. Die Sensibilität war in beiden Gesichtshälften, mehr noch in den Armen, herabgesetzt.

Duchek beschrieb einen Fall mit Parese des rechten Beins, später des rechten Arms, Lähmung des linken Facialis, Abnahme der Sensibilität der linken Gesichtshälfte und Gefühl von Steifigkeit in den rechten Zehen.

In einem Falle Henochs bestand bloß eine linksseitige Facialislähmung ohne sonstige Lähmungen oder Konvulsionen.

Im Falle von Foville-Graux bestand nur Lähmung des rechten Abducens und Blicklähmung nach rechts, keinerlei Lähmungen des Gesichts oder der Extremitäten.

Sehr bemerkenswert ist der Fall von Pentzold; es bestand Enge und geringe Reaktion der Pupillen, Parese des linken Facialis. Besonders merkwürdig war aber folgende Erscheinung: Auf die Beine gestellt, konnte der Kranke etwas stehen, schwankte aber und drohte nach hinten zu fallen; auf die Aufforderung vorwärts zu gehen, machte Patient Schritte nach rückwärts. Bei der Sektion fand sich ein erbsengroßer Ponstuberkel im Anfange des hinteren Drittels, ziemlich genau in der Mittellinie, etwa 2 mm unter der Oberfläche.

Im Falle Gebhards war der linke Abducens gelähmt, der rechte Rectus internus paretisch, es bestand Schwäche der Kau- und Nackenmuskeln und Kontraktur der rechten Extremitäten ohne Sensibilitätsstörungen. Anatomisch wurde ein Solitärtuberkel im Kleinhirn gefunden und ein zweiter kastaniengroßer im Boden des IV. Ventrikels. Der ganze Querschnitt beider Ponshälften war in dieser Höhe in eine krümelige Käsemasse verwandelt.

Wernicke beschrieb einen Ponstuberkel im Boden des IV. Ventrikels links von der Mittellinie. Das klinische Bild war: linksseitige Facialislähmung, beiderseitige Ptosis, die beiden Bulbi standen nach rechts; beim Blick nach links folgte das linke Auge gar nicht, das rechte nur bis zur Mittellinie; die Sensibilität und Kälteempfindung war in der rechten Gesichtshälfte herabgesetzt, der linke Masseter fühlte sich hart an und war schmerzhaft, der Mund konnte nur auf 3 cm geöffnet werden.

In einem Falle von Bruns war das Bemerkenswerte, daß der Facialis beiderseits frei war; es bestand koordinierte Augenmuskellähmung nach links, Anästhesie der Cornea und Conjunctiva, besonders links, bei erhaltener Schmerzempfindung im übrigen Trigeminus, Schwäche der Kau-, Hals- und Nackenmuskeln, Parese mit Kontraktur der rechten Extremitäten ohne Sensibilitätsstörung, Kopfschmerz, Sopor, allgemeine Schwäche, Stauungspapille, beiderseits alte tuberkulöse Mittelohrentzündung.

Schamschin berichtet über 3 Fälle von Ponstuberkel. Im ersten Falle traten Schwindelanfälle auf mit Erbrechen, Hinterhauptskopfschmerz, Lähmung des rechten Facialis, rechten Abducens und linken Oculomotorius mit Ausnahme des Levator palpebrae superioris. Im 2. Falle bestand eine Herabsetzung der Hörfähigkeit am linken Ohre, Parese des rechten Abducens, linken Facialis, linken Oculomotorius, sowie Herabsetzung der Motilität der linken Extremitäten, besonders der oberen, und Herabsetzung der Sensibilität im Bereiche des linken Trigeminus. Der 3. Kranke wies eine leichte Ptosis rechts auf, Deviation der Bulbi nach rechts oben, Pupillendifferenz (rechte weiter), rechtsseitige Facialisparese, leichten Rigor der Nackenmuskeln und Rigidität in den Gelenken der linksseitigen Extremitäten. Mit der rechten unteren Extremität vollführte Patient beinahe unaufhörlich zwecklose, schleudernde Bewegungen. Später hörten diese Bewegungen auf, und es traten dafür solche in der rechten oberen Extremität auf. Es fand sich ein Tuberkel im rechten Thalamus opticus, der einerseits auf den rechten Hirnschenkel übergriff, andererseits auf die Pars lenticulo-optica der inneren Kapsel und auf den rechten Linsenkern. Ein 2. Tuberkel fand sich in der linken Hälfte des mittleren Drittels des Pons.

Aus neuerer Zeit sind folgende Fälle von Ponstuberkel veröffentlicht worden. Im Falle Neumanns bestand eine Parese des linken unteren Facialis, des motorischen Trigeminus, beiderseitige Vestibularisstörung, assoziierte Blicklähmung nach links, rechtsseitige Pyramidenbahnaffektion; es war keine Stauungspapille vorhanden, aber der Liquordruck war erhöht. Die ganze Brücke mit Ausnahme einer schmalen Randzone rechts war in käsige Massen verwandelt.

Brunner und Bleier beschreiben in ihrem Falle Déviation conjuguée nach links, Blicklähmung nach rechts, vermehrte Tränensekretion am rechten Auge bei vestibulärer Reizung und Pupillendifferenz. Es fand sich ein Solitär-tuberkel in der rechten Ponshaube.

Im Falle Stenvers' waren die ersten Symptome Ejaculationsstörungen bei erhaltener Erektion. Diesen folgte ein anfallsweise auftretender Singultus, der etwa 9 Wochen anhielt. Dann traten Parästhesien um den Mund, Geschmacksstörungen, Parästhesien in den Armen, Schwindel, Lähmung des Hypoglossus, Erbrechen, Doppeltsehen auf. Vor dem Tode setzten Delirien ein. Bei der Sektion fand sich ein tuberkulöser Herd im Dach der Brücke, der auf den medialen und dorsalen Teil des verlängerten Marks übergriff. Die Pyramiden und die Schleife waren intakt.

Ardin-Delteil und Lévy-Valensi sahen in ihrem Falle Beginn mit Schmerzen und Parästhesien im linken Bein, später im Arm, dann folgte Parese, Gefühllosigkeit der rechten Wange, Parese des Kauens und Kontraktur im rechten Orbicularis oculi. Es trat dann Atrophie des rechten Masseter und rechtsseitige Abducensparese auf, Hypästhesie der rechten Zungenhälfte und Ageusie der vorderen zwei Drittel der Zunge und cerebellare Störungen links. Später kam eine rechtsseitige Hemiparese dazu, beiderseitige cerebellare Erscheinungen und rechtsseitige Oculomotoriuslähmung. Der Tuberkel nahm den rechten Pedunculus und die ganze Brücke mit Ausnahme der peripheren Partien ein.

Im Falle von Babonneix und Hutinel bestanden klinisch nur Zeichen von Lungentuberkulose und tuberkulöser Meningitis, während sich bei der Autopsie außerdem ein linsengroßer Tuberkel in der medialen Schleife links fand.

Tereneckij, Zimmermann und Černysov beschreiben in ihrem Falle Schwäche der Extremitäten links, Schlafsucht, Kopfschmerzen, später näselnde Sprache, Zwangslachen und Schwindel. Die rechte Pupille war weiter als die linke, es bestand eine Blickparese nach rechts, leichte Parese des rechten Facialis, Parese des weichen Gaumens, aphonische, heisere Sprache, Fehlen des Geschmacks auf der rechten Zungenhälfte, taumelnder Gang, Fallen nach links. Beim Drehen und bei calorischer Reizung kam es zu Augenablenkung. Später trat Blicklähmung nach rechts und Blickparese nach links, dann rotatorischer Nystagmus auf, der rechte Pupillenreflex schwand, es kam zu Schluckstörung und Glossoplegie. Das Zwangslachen schwand, es trat Hemiplegia dextra und

Fallen nach rechts auf. Die Sektion ergab einen Solitärtuberkel, der vom distalen Ende des Aquaeductus Sylvii die Haubengegend einnahm.

Der Fall von LIST betraf eine 64jährige Frau, die mit einem rechtsseitigen Schlaganfall mit Sprachstörung erkrankte, nachdem bereits wochenlang Schwindelanfälle vorausgegangen waren. Es fand sich eine beiderseitige horizontale Blickparese, nach rechts mehr als nach links, doppelseitige Mundfacialisparese, rechts mehr als links, hochgradig bulbär-dysarthrische Sprache, Schluckstörung, Innenohrschwerhörigkeit mäßigen Grades beiderseits, links mehr als rechts, Untererregbarkeit beider Vestibularapparate, am rechten Arm spastische Parese, am rechten Bein keine Parese, jedoch gesteigerte Reflexe und Babinski, links Babinski verdächtig, geringe Ataxie im rechten Arm und Bein, Gang torkelnd, Romberg positiv. Es fand sich bei der Autopsie ein Konglomerattuberkel der oberen und mittleren Ponshälfte, mehr nach links gelegen.

MANNA beschreibt den Fall eines 9 Monate alten Säuglings mit folgenden Symptomen: Unruhe, Erregbarkeit, intermittierendes Fieber, dann Benommenheit und Durchfall, BIOTsches Atmen, Fontanellen gespannt, Mydriasis (rechte Pupille weiter als linke), träge Pupillenreaktion, Ptosis links, Strabismus convergens, Nackenstarre, Kernig, Brudzinski positiv. Es fand sich ein Tuberkel an der Dorsalfläche der Brücke, ein anderer im linken Hinterhauptslappen, weiter einer im linken Thalamus und einer in der unteren Schläfenwindung.

In einem Falle VAN GEHUCHTENs fanden sich drei Tuberkel, und zwar einer im rechten roten Kern, der die beiden FORELschen Bündel und die Fasern des rechten Oculomotorius zerstört hatte, ein zweiter in der rechten Brückenhälfte, der die untere Partie des rechten hinteren Längsbündels und das REILsche Band zerstört hatte, auf die Vestibulariskerne und die rechte Pyramidenbahn drückte, und ein dritter in der Brückengegend links, der die Pyramidenbahn komprimierte. Auf den ersten Tuberkel bezieht der Autor ein halbseitiges Kleinhirnsyndrom (Tendenz, nach links zu fallen, Dysmetrie, Intentionstremor, Adiadochokinese links) und die rechtsseitige Oculomotoriuslähmung. Auf den zweiten Tuberkel wird die Blicklähmung nach rechts bezogen (Läsion des hinteren Längsbündels), eine Sensibilitätsstörung, rechtsseitige Facialislähmung und vestibulare Symptome. Die Hypotonie, die bestand, wird auf die Läsion des roten Kerns und der FORELschen Bündel bezogen.

VAN GEHUCHTEN führt eine Reihe von Fällen der Literatur an, in denen Läsionen des roten Kerns vorhanden waren, und zwar zuerst solche, in denen Hypertonie bestand. Darunter sind folgende Fälle von Tuberkeln:

KOLISCH: 8jähriges Kind mit Hemichorea und linker Hemiparese, sehr lebhafte Sehnenreflexe beiderseits, kein Babinski; im Stehen eine Kontraktur im linken Fuße. Tuberkel des rechten roten Kerns, der sich zum Aquädukt und zur Substantia nigra ausdehnt.

HALBAN und INFELD: 15jähriges Mädchen, seit dem 10. Lebensjahr rechtsseitige spastische Hemiplegie mit Steigerung der Sehnenreflexe und Klonus, kein Babinski, unwillkürliche Bewegungen. Verkalkter Tuberkel, der den linken roten Kern, Lemniscus medialis, MEYNERTsche Commissur und einen Teil des hinteren Längsbündels zerstört hatte.

ASTRO und HAWTHORN: 22 Monate altes Kind. Zunehmende Steifigkeit des rechten Arms mit Zittern und rhythmischen Bewegungen, dann des rechten Beins. Hypertonie des linken Beins. Tuberkel in der Gegend des rechten roten Kerns, der an die Mittellinie reicht und auch die Substantia nigra und den Fuß des Hirnschenkels zerstört hatte.

MENDEL: 5jähriges Kind. Zittern des rechten Arms und Beins, leichte Kontraktur der Finger und des Knies, rechtsseitige Facialisparese. Tuberkel des roten Kerns und der Kleinhirnschenkel.

Greiwe: Fortschreitende Entwicklung einer linksseitigen spastischen Parese mit Steigerung der Sehnenreflexe und linksseitiger Facialisparese. Deutliche Hypertonie. Tuberkel des lateralen Teils des roten Kerns, eines Teils der Substantia reticularis und Vierhügels.

Ein Fall ohne Kontraktur ist der von Krafft-Ebing: 44jährige Frau. Oculomotoriuslähmung, linksseitige Ataxie ohne Hemiplegie. Tuberkel der Gegend des rechten Hirnschenkels.

Hirnschenkel. Charakteristisch für diese Lokalisation ist die Webersche Lähmung: Hemiplegie mit gekreuzter Oculomotoriuslähmung und das Benediktsche Syndrom: Hemiparese mit unwillkürlichen Bewegungen und gekreuzter Oculomotoriuslähmung. Solche Fälle wurden beschrieben von Mohr, Pilz, Benedikt, Archambault, Henoch, Henoch und Grawitz, Ramey, Mendel, Gowers, Bouveret und Chapotot, Kolisch, Raviard, Bonafonte, d'Astros und Hawthorn, Sorgo.

·Im Falle Henochs bestand beiderseits Ptosis, maximal weite, reaktionslose Pupillen, Strabismus divergens, Unmöglichkeit, das Auge nach innen zu bewegen; Gehen, Stehen und Aufrechtsitzen war unmöglich; es bestand Parese des linken Mundfacialis, Parese und leichte Rigidität der rechten Extremitäten und Hemichorea rechts.

Im Falle Rameys war der linke Oculomotorius total gelähmt mit Ausnahme des Oberlids, der rechte Oculomotorius war partiell gelähmt (Rectus superior und inferior), die Pupillenreaktion war erhalten, der rechte Abducens war gelähmt.

Im Falle Mendels bestand links Ptosis, Lähmung des Rectus internus, Pupillenerweiterung, rechtsseitige Hemiparese mit Einschluß des Mundfacialis, der Zunge und der Nackenmuskulatur, in der rechten oberen Extremität Intentionstremor und Ataxie. Später trat auch rechts Ptosis, Pupillenerweiterung und Parese der vom Oculomotorius versorgten geraden Augenmuskel auf.

Beiderseitige Oculomotoriuslähmung, erst einseitig, im Verlaufe auch auf der anderen Seite, fand sich weiter in den Fällen von Gowers, Benedikt, Sorgo, Halban und Infeld.

Gierlich und Hirsch berichten über ein Kind, bei dem sich eine linksseitige Hemiplegie allmählich unter Hirndruckerscheinungen entwickelte. Später trat eine rechtsseitige Oculomotoriuslähmung hinzu. Am linken Auge waren die inneren Oculomotoriusäste gelähmt. Schließlich traten Trismus, Schluckbeschwerden, Unregelmäßigkeit der Atmung und Benommenheit auf. Bei der Sektion fand sich ein Tuberkel im rechten Hirnschenkel, in den basalen Partien des Hirnstammes, der von den frontalen Partien des Pons bis zur Regio subthalamica reichte.

André Thomas sah ein Kind mit rechtsseitiger Schwäche und Zittern und linksseitiger Oculomotoriuslähmung. Es war beginnende Stauungspapille vorhanden, besonders links. Da eine tuberkulöse Hauteruption bestand, nahm der Autor einen Tuberkel im Hirnschenkel an.

Der Fall von Wynne ist bemerkenswert, da epileptiforme Krampfanfälle vorhanden waren. Die linke Pupille war weiter und starr. Es entwickelte sich eine komplette Oculomotoriuslähmung und Lähmung der rechten Extremität mit Tremor. Es fand sich ein Tuberkel im Hirnschenkel, einer im Kleinhirn und fünf im Großhirn.

Im Falle von Papastratigakis bedingte ein haselnußgroßer Tuberkel des linken Hirnschenkels folgende Symptome: Hemiparkinson rechts mit Steifigkeit und Tremor, Kleinhirnsymptome, und zwar Asynergie, Adiadochokinese, Sprachstörung, Pyramidensyndrom mit doppelseitigem Babinski und linksseitiger Hemiplegie; Schlafsucht, Augenmuskellähmungen, Hyperglykorrhachie und Schwellung beider Parotiden.

Poplavskijs Fall zeigte eine Lähmung des Oculomotorius, Abducens, Facialis, athetoseartige Bewegungen der linken oberen und unteren Extremität, Steigerung der Reflexe und Babinski links, Stauungspapille rechts.

Castex, Mollard und Arnaudo beschreiben einen Fall, der mit Kopfschmerzen, Schwindel, leichter Schwerhörigkeit begann. Dann kam es zu einer beiderseitigen Oculomotoriuslähmung, die Pupillen waren weit und entrundet, Licht- und Konvergenzreaktion aufgehoben. Der Augenhintergrund war normal. Es bestand Schlafsucht und Verlangsamung des Gedankenablaufs. Es fand sich ein von der linken Hirnschenkelhaube ausgehender, die rechte Hirnschenkelhaube, die Vierhügel, die Wand des Aquädukts, den Aquädukt selbst, den roten Kern, die Oculomotoriuskerne und den Ursprung der Oculomotoriuswurzeln ergreifender Tuberkel.

Bemerkenswert ist der Fall von Steffen, der ein 1jähriges Kind betraf. Es fand sich nach unten und vorn vom rechten Corpus striatum ein auf dem rechten Pedunculus cerebri aufliegender Tuberkel. Klinisch hatte eine linksseitige Hemiparese, Hemihypästhesie, Krämpfe in den unteren Extremitäten, besonders links, Kontrakturen bestanden, aber keine Oculomotoriusaffektion.

Im Falle von Roubier und Allard bestand eine Halbseitenlähmung mit Störung der Temperaturempfindung, Augenmuskellähmungen, zuletzt Starre der Extremitäten und des Nackens. Der Tod erfolgte im Koma. Es fanden sich drei Tuberkel im Gehirn, einer an der Basis der Schläfen-Hinterhauptsgegend, ein zweiter in der Wand des vierten Ventrikels und der dritte im linken Hirnschenkel.

Vierhügel. Kennzeichnend für diese Gegend sind Augenmuskellähmungen, besonders die doppelseitige Lähmung gleichnamiger Muskeln, insbesondere die Blicklähmung nach oben und unten, Lähmungserscheinungen an der Pupille, insbesondere die reflektorische Pupillenstarre, Inkoordination beim Stehen und Gehen, Schwerhörigkeit.

Pilz beschreibt einen Fall eines 3jährigen Kindes mit einem Tuberkel an der Stelle der Vierhügel, in den dritten Ventrikel vorspringend, den linken Hirnschenkel komprimierend. Die klinischen Erscheinungen bestanden in einer Parese der rechten Körperhälfte und des linken Mundwinkels, Tremor rechts, Kontraktur des rechten Ellbogens, Ptosis links, Erweiterung der linken Pupille, linker Augapfel vorgedrängt und nach außen stehend, eigentümliche Bewegungen beim Sitzen von rechts hinten nach links vorn, Stupidität.

Henoch beobachtete ein 4jähriges Kind, bei dem ein großer Tuberkel unterhalb des linken Corpus quadrigeminum saß und nach abwärts in die Substanz des Pons eingriff. Außerdem fanden sich mehrere Tuberkel in der Peripherie der rechten Kleinhirnhemisphäre. Es bestanden zeitweilig Schmerzen im rechten Bein, eine linksseitige Facialis-, rechtsseitige Extremitätenparese, choreaartige Bewegungen der paretischen Extremitäten und leichte Rigidität derselben, Schielen, Neuritis optica beiderseits, später Atrophie, doppelseitige Ptosis, weite, starre Pupillen, doppelseitige Rectus internus-Lähmung.

Einen Tuberkel der Vierhügelgegend hat Bruns beschrieben. Die Erkrankung begann bei dem Kinde mit linksseitiger Ptosis und Lähmung des linken Rectus internus; bald war die Ptosis beiderseits und beide Recti interni gelähmt. Später konnten die Augen weder nach innen, noch nach oben, noch nach unten bewegt werden. Die Pupillen reagierten auf Licht. Die Sprache war skandierend. Es bestand eine Störung der Koordination, von der man schwer sagen konnte, ob sie als Ataxie oder als Intentionstremor zu bezeichnen sei. Es bestand Schwanken beim Stehen und Gehen. Bei der Sektion fand sich ein Solitärtuberkel von der Größe einer welschen Nuß, dessen Längsachse der Längsachse des Hirnstamms parallel verlief, und der sich vom vorderen Rand, besonders des linken Vierhügels bis ungefähr in die Höhe des Trigeminusaustritts zog. Betroffen waren die Vierhügel, die Oculomotoriuskernregion und die angrenzenden Haubenpartien bis zur Schleife bzw. bis zur Substantia nigra. Der Fuß des Hirnschenkels war ganz frei. Der linke Vierhügel war stärker betroffen als der rechte.

Einen ähnlichen Fall beschrieb van Oordt. Ein $8^1/_2$jähriges Mädchen erkrankte mit linksseitiger Facialisparese und beiderseitiger Ptosis, Bradyphasie, Störung des Gleichgewichts. Außer der Ptosis waren folgende Augenmuskeln betroffen: rechts Rectus superior, internus, inferior und externus, vielleicht auch Obliquus superior und inferior, links Rectus internus. An den oberen Extremitäten bestand Ataxie, Intentionstremor, athetoide Bewegungen, links stärker als rechts; rechts choreiforme Zuckungen; auch Ataxie der unteren Extremitäten. Ferner bestand linksseitige Hemihypalgesie, besonders im Trigeminusgebiet. Es fand sich ein nußgroßer Tuberkel in der rechten Haube der Brücke und der Hirnstiele, etwa von der Mitte der vorderen Vierhügel bis zur Höhe des Facialiskerns reichend. Rechts war zerstört die zentrale Haubenbahn, das ganze Haubenfeld, das hintere Längsbündel, der laterale Schleifenkern, der hintere Vierhügel, zu einem großen Teil der vordere Vierhügel, die mediale und laterale Schleife, der Oculomotoriuskern, von den Oculomotoriusfasern besonders die untere Hälfte, zu einem kleinen Teil die Trochleariskreuzung, der Trigeminuskern, die Substantia gelatinosa, der Deiterssche Kern. Links war die Haube komprimiert, der hintere Vierhügel teilweise zerstört.

Von Fällen anderer seltenerer Lokalisation wären zu erwähnen ein Fall Lamas, in dem sich ein kleinhaselnußgroßer Tuberkel in der Gegend der Substantia nigra fand, der den Aquädukt völlig verschloß, die Regio subthalamica, besonders links, weitgehend zerstörte und den Hirnschenkel stark komprimierte. Die Symptome im letzten Stadium waren leichte Opticusaffektion, Funktionsstörungen im Oculomotorius beiderseits, leichte Facialisparese, besonders des unteren Astes, Tonusstörungen der gesamten Muskulatur mit sperrradförmigem Nachlassen, ein eigenartiger Schlafzustand.

Einen Tuberkel der Hirnbasis mit linksseitiger Lähmung des Oculomotorius und Trochlearis sah Cerise.

Im Falle von Harbitz und Monrad-Krohn war die ganze Umgebung der Hypophyse, Infundibulum, Tuber cinereum und alle anliegenden Teile der Basis um die Hypophyse durch einen Solitärtuberkel affiziert. Es bestand eine ausgeprägte Lethargie, es fehlten aber alle hypophysären Erscheinungen.

Bei dem Kranken Sisarics trat innerhalb von 4 Tagen völlige Erblindung ein, die Pupillen waren weit und starr, die Papillen wurden zunehmend blaß, es entwickelte sich Opticusatrophie. Später kamen Blasenstörungen hinzu und ein Brown-Séquard, schließlich die Zeichen einer totalen Querschnittsläsion. Die Sektion ergab einen Solitärtuberkel im Chiasma und eine entzündliche Myelitis.

Miura beobachtete bei einem jungen Manne eine zunehmende Sehschwäche des linken Auges, an die sich nach etwa 3 Monaten meningitische Erscheinungen anschlossen. Autoptisch wurde ein kleinkastaniengroßer Solitärtuberkel am linken Nervus opticus nahe dem Türkensattel gefunden.

Janku sah einen Konglomerattuberkel der Papilla nervi optici.

Einen bemerkenswerten Fall beschreibt List. Eine 58jährige weibliche Person erkrankte mit Stirnkopfschmerz und heftigem Drehschwindel, der von Erbrechen begleitet war. Der Gang wurde unsicher und taumelig. Dann traten Parästhesien an der linken Nasenhälfte auf. Autoptisch fand sich ein kirschgroßer Tuberkel, der vom Unterwurm ausging und den vierten Ventrikel fast völlig ausfüllte.

Einen kastaniengroßen freiliegenden Tuberkel im dritten Ventrikel sah VAN HASSELT bei einem 2¹/₂jährigen Kinde. Klinisch bestand Strabismus divergens, Anisokorie, Parese des rechten Arms und Beins, leichte Nackensteifigkeit, wochenlang andauernde starke Schläfrigkeit.

Stammganglien. Über Tuberkel in den Stammganglien (Linsenkern, Schweifkern, Thalamus opticus) liegen Mitteilungen von SEELIGMÜLLER, PILZ, NEUSSER, HERZ, SIMONETTI, DE MASSARY und BOQUIEN, POMEROY, CARNOT, BARIÉTY und GUÉDON vor.

SEELIGMÜLLER beobachtete ein 5jähriges Kind, bei dem sich ein nußgroßer Tuberkel des rechten Thalamus opticus fand. Es hatte sich eine linksseitige Hemiplegie nach Krämpfen entwickelt.

Ein Fall von PILZ betraf ein 4jähriges Kind, das eine Parese des linken Facialis, Strabismus convergens, Nystagmus, Schlafneigung und Stupidität zeigte. Es fand sich in der Mitte des linken Thalamus opticus ein erbsengroßer Tuberkel.

In einem zweiten Falle PILZ' saß ein Tuberkel im vorderen Teil des linken Corpus striatum. Die klinischen Symptome waren eine Gaumensegellähmung (vorangegangene Diphtherie!), Tremor der Extremitäten, Beugekontraktur der Extremitäten, Krämpfe, die Sensibilität der rechten Extremitäten war vermindert, zeitweise waren Sprachlosigkeit und Störungen des Gedächtnisses vorhanden.

Im Falle NEUSSERs handelte es sich um einen Solitärtuberkel im linken Linsenkern. Die Erkrankung begann mit Kopfschmerzen, Apathie und schlaffer Lähmung der ganzen rechten Körperhälfte, später stellten sich spastische Kontrakturen in der linken oberen Extremität ein und Déviation conjugée des Kopfes und der Augen nach links. Es wechselte Hypertonie der linken oberen Extremität mit solcher der rechten.

HERZ beobachtete ein 5¹/₄ Jahre altes Kind, das apoplektiform an einer rechtsseitigen Hemiplegie erkrankte. Später stellten sich rechtsseitige Konvulsionen ein, und es wurden Chorioidealtuberkel gefunden. Die Sektion ergab Miliartuberkulose und einen Solitärtuberkel in den Stammganglien.

Der von SIMONETTI beschriebene Fall, Solitärtuberkel im linken Corpus striatum, hatte eine rechtsseitige Hemiplegie, Tremor und Athetose, Stauungspapille, Erbrechen, Kopfschmerzen, Somnolenz.

Einen Solitärtuberkel im Kopf des linken Schwanzkerns fanden DE MASSARY und BOQUIEN. Als Prodrom bestanden 6 Monate heftige Kopfschmerzen und vorher Schmerzen in der Wirbelsäule. Die Symptome waren eine rechtsseitige Hemiparese und Deviation des Kopfes und der Augen nach links.

POMEROY beschreibt den Fall eines Solitärtuberkels im linken Thalamus opticus. Die charakteristischen Symptome waren Mangel an Mimik, eine gewisse Facialisdifferenz, Zittern der Hände, ungeschickte Bewegungen, Gedächtnisschwäche und leichte amnestisch-aphasische Störungen.

CARNOT, BARIÉTY und GUÉDON haben 2 Fälle von Tuberkel des Thalamus opticus veröffentlicht. Der erste begann mit einer JACKSON-Epilepsie, nach 2 Monaten entwickelte sich langsam eine rechtsseitige Hemiparese. Im linken Thalamus saß ein großer Konglomerattuberkel, der auf die innere Kapsel übergriff und sich gegen den dritten Ventrikel vorstülpte. Im zweiten Falle setzten die nervösen Erscheinungen mit einer linksseitigen Hemiathetose ein, der eine Hemiparese links mit Parästhesien der linken Extremitäten und Sensibilitätsstörungen im linken Arm folgten. Hirndruck- und Augensymptome waren nicht vorhanden. Bei der Sektion wurde ein großer Konglomerattuberkel im rechten Thalamus gefunden, der bis zum hinteren Schenkel der inneren Kapsel reichte. Auch der Nucleus ruber war zur Hälfte zerstört.

Medulla oblongata. Tuberkel der Medulla oblongata wurden öfters beobachtet. In einem Falle F. SCHULTZEs hatten mehrere Tuberkel im Pons und in der Oblongata ganz symptomlos bestanden.

HEUBNER teilt 2 Fälle von Tuberkeln der Medulla oblongata bei Kindern in den ersten Lebensjahren mit, bei denen hauptsächlich Augenmuskelnerven und Facialis betroffen waren. In dem einen Falle wurden sonderbare zwangsartige hin- und herdrehende Bewegungen des Kopfes beobachtet, die wie willkürlich, aber zwecklos aussahen, es traten Krampfanfälle auf, die in tonischen Kontrakturen der Streckmuskulatur der Extremitäten und Hin- und Herrollen der Augen bestanden.

HOCHE fand in einem Falle einen Tuberkel in der Oblongata in der Höhe des unteren Olivendrittels im linken hinteren Sektor. Klinisch bestand seit 3 Jahren Brennen im Halse, Gaumen und Mund. In den letzten Monaten litt die Patientin häufig unter dumpfen Kopfschmerzen. Der akute Ausbruch der Krankheit begann mit Schwindel, Obstipation, gesteigertem Durstgefühl und Erbrechen. Dann trat plötzlich Retentio urinae mit unbestimmten Kreuz- und Leibschmerzen ein, Paraparese beider Beine mit Erlöschen der Sehnenreflexe, Analgesie bis zum Nabel, Hyperästhesie an der Brust, später Augenmuskellähmungen und Paresen im Facialis, Schluckstörung, doppelseitige Neuroretinitis.

Im Falle VINCENTIIs war ein bohnengroßer Tuberkel in der rechten Hälfte des Bodens des vierten Ventrikels und ein erbsengroßer in der linken Kleinhirnhemisphäre. Es hatte eine dauernde Ablenkung der Blickrichtung nach links bestanden.

SCHAFFER hat einen Fall von Solitärtuberkel der rechten Oblongatahälfte mit aufsteigender sekundärer Schleifendegeneration veröffentlicht.

SCHAMSCHIN fand in einem Falle eine tuberkulöse Kaverne in der untersten Partie der Oblongata und im oberen Ende des ersten Cervicalsegments. Es hatten bei dem Kinde Fisteln am Halse bestanden. Es war zu einer vollständigen Lähmung der linken oberen, zu einer teilweisen der linken unteren Extremität, zu einer Parese des linken Nervus facialis gekommen. Die linke Pupille war etwas weiter als die rechte, die Zunge nach links gezogen, die Sensibilität links etwas geringer als rechts, der linke Radialpuls stärker als der rechte. Daneben bestand Dyspnoe und Cyanose.

Einen mandelgroßen Tuberkel längs der Medulla oblongata, der in den vierten Ventrikel hineinragte, fand ERICHSEN bei einem 18jährigen Manne. Klinisch bestand Kopfschmerz, Schwindel, Anästhesie des rechten Arms und der rechten Gesichtshälfte, Kontraktur des rechten Arms, Heiserkeit, Aphonie, Lähmung beider, besonders des rechten Stimmbandes, Parese der rechten Gaumensegelhälfte, mäßige Pupillenerweiterung; Gehör, Geruch, Geschmack waren normal. Der Stuhl war träge, die Blase paretisch, der Puls langsam; es bestand Übelkeit, Erbrechen, Singultus.

JONGE publizierte einen Fall eines bohnengroßen Tuberkels unterhalb der Oliven; die klinischen Erscheinungen waren Kopfschmerz in Stirn und Hinterkopf, Schwindel, rechtsseitige Lähmung der Extremitäten und des Facialis unter Bewußtseinsverlust und Rotation des Kopfes nach links, außerdem Diabetes.

Einen Tuberkel der Oblongata beschreibt FREY. Er begann in der linken Area vagi, vergrößerte sich frontalwärts, um in der Höhe des Tuberculum acusticum seine größte Ausdehnung zu erreichen und im Niveau der Trigeminuswurzel zu enden. Die Krankheit hatte mit Schwäche des linken Abducens und Facialis begonnen, dann traten Kopfschmerzen und Schwindel auf, so daß das Gehen unmöglich wurde. Später stellte sich auch eine Schwäche im rechten

Abducens ein und Lähmung des linken Facialis in allen drei Ästen mit Entartungsreaktion und Trismus beiderseits, Schluckbeschwerden, Stauungspapille.

Einen zweiten bemerkenswerten Fall von Oblongatatuberkel veröffentlichten GRAFE und GROSS. Die Erkrankung begann mit einem lähmungsartigen Zustand im rechten Arm mit Schmerzen. Es entwickelte sich eine rechtsseitige Hemiparese und Hemihypästhesie, Zuckungen im rechten Facialis. Anfallsweise trat Cyanose auf. Es entwickelten sich Schluckbeschwerden, Ataxie in den rechten Extremitäten, Knochenschmerzen, Nystagmus, Doppeltsehen. Später traten auch Paresen und Ataxie auf der linken Körperseite auf, die Cyanoseanfälle und Kollapse häuften sich, es kam zu Schlucklähmung, Blasen-Mastdarmlähmung, es entwickelte sich deutliche Stauungspapille. Im Zustande stärkster Dyspnoe und Benommenheit trat unter den Zeichen der Atemlähmung der Tod ein. Es fand sich ein Konglomerattuberkel im caudalen Ende der Medulla oblongata und dem vorderen Schenkel der linken inneren Kapsel. Der Oblongatatuberkel begann am caudalen Ende der Pyramidenkreuzung und reichte bis zu den Oliven.

Großhirn. So wie bei den Tumoren im allgemeinen ist auch bei den Tuberkeln die Symptomatologie der Zentralwindungen besonders kennzeichnend und am längsten bekannt. In erster Linie sind für diese Gegend JACKSON-epileptische Anfälle charakteristisch, dann allmählich fortschreitende Lähmungen.

HUGHLINGS JACKSON selbst hat den Fall eines 22jährigen Mannes beschrieben, der an Anfällen litt, die stets mit unwillkürlichen Bewegungen im linken Daumen begannen. Es fand sich bei der Sektion ein Tuberkel von der Größe einer Haselnuß, der unter der grauen Substanz im hinteren Teil der rechten dritten Stirnwindung lag.

M. ROSENTHAL hat über einen Fall eines Tuberkels in der Mitte der linken vorderen Zentralwindung berichtet, der die mittlere Stirnwindung noch mitbeteiligte. Die klinischen Symptome des Falles waren Erbrechen, Kopfschmerzen, Schwindel, Schmerzen in der rechten Hand, Zuckungen in der rechten Hand, die sich auf die rechte Gesichtshälfte erstreckten; beide Muskelgebiete wurden später paretisch.

In einem Falle von JASTROWITZ litt der Kranke an Krampfanfällen, die in der rechten Hand begannen. Es fanden sich multiple Tuberkel im Gehirn, darunter einer in der linken vorderen Zentralwindung.

Sehr interessant sind zwei Beobachtungen von KIRNBERGER aus der BÄUMLERschen Klinik. Bei einem Kranken kam es infolge Durchbruchs einer tuberkulösen Kaverne zu einem Pneumothorax, der ausheilte. Später traten bei ihm JACKSON-epileptische Anfälle auf, die mit Zuckungen in der linken Hand begannen und von Ameisenlaufen in der Haut der linken oberen Extremität, der linken Hals- und Kopfseite begleitet waren. Die Anfälle bestanden nicht ganz 2 Jahre, der Kranke war dann 6 Jahre anfallsfrei. Er starb an einer diffusen Bronchitis, und bei der Sektion fand sich am hinteren Rande der rechten hinteren Zentralwindung, auf den angrenzenden Teil des oberen Scheitelläppchens übergreifend, eine Verhärtung innerhalb der grauen Substanz, in welcher man einen kleinen Kalkherd sah.

KIRNBERGER beschreibt einen zweiten Kranken, der an häufigen Zuckungen im linken Arm litt. Vor dem Anfalle spürte er ein Brennen im linken Arm. Dann trat eine lähmungsartige Schwäche in diesem Arme auf, verbunden mit unwillkürlichen Beugebewegungen. Nach einem schweren Anfalle blieb der linke Arm völlig gelähmt und schlaff, wozu später auch Lähmung des linken Beines hinzukam. Bei der Sektion fand sich ein Tuberkel im mittleren Teile der rechten Hemisphäre zwischen vorderer und hinterer Zentralwindung.

Aber nicht nur was die Reizerscheinungen der vorderen Zentralwindung betrifft, haben gerade Fälle von Tuberkeln klinische Bestätigung der physiologischen Lehren gebracht, sondern auch was die Ausfallserscheinungen von seiten der vorderen Zentralwindung anbelangt. Als Beispiel sei hier auf zwei besonders lehrreiche Fälle O. Foersters hingewiesen. In dem einen Falle saß ein Tuberkel in der Rinde des linken Parazentralläppchens. Es bestanden Jackson-epileptische Anfälle, die im Musculus tibialis anticus begannen und dann auf den Musculus extensor hallucis longus übergingen. Es entwickelte sich zuerst eine Lähmung des Musculus tibialis anticus, dann auch des Musculus extensor digitorum communis longus, schließlich vollkommene Lähmung der willkürlichen Plantar- und Dorsalflexion des rechten Fußes. Es war nicht die geringste Parese der Beuger und Strecker des Knies und der Hüfte vorhanden. Bei der Sektion fand sich ein kirschgroßer verkäster Konglomerattuberkel im linken Lobulus paracentralis. Im zweiten Falle Foersters, einem 11 Jahre alten Mädchen, entwickelten sich Krämpfe im rechten Arm. Es bestanden keine anderen Lähmungen, außer daß der rechte Kleinfinger in der Ruhe ganz abduziert stand und nur unvollkommen und schwach adduziert werden konnte. Es handelte sich also um eine isolierte Parese des Interosseus adductorius des rechten Kleinfingers. Bei der Operation fanden sich da, wo der untere Fuß der 2. Stirnwindung in die vordere Zentralwindung übergeht, auf der Pia sitzend drei kleine Tuberkel, die entfernt wurden. Es trat Heilung ein.

Diese beiden Fälle waren von großer Bedeutung für die Lehre der sogenannten fokalen Lähmungen nach Erkrankung bzw. Ausschaltung kleiner umschriebener Partien der vorderen Zentralwindung.

Daß auch bei der Lokalisation in den Zentralwindungen rindenepileptische Anfälle fehlen können, beweist z. B. ein Fall von Landouzy, in dem ein Tuberkel im unteren Teile der Rolandischen Furche, die Seitenwände beider Zentralwindungen bedeckend, saß. Klinisch bestand in diesem Falle ein subjektives Taubheitsgefühl im rechten Arm, allmählich trat eine Lähmung der rechten Gesichtshälfte und Parese des rechten Armes auf.

In einem Falle Nothnagels fand sich ein Tuberkel am medialen Ende des Gyrus centralis anterior rechts, der auf die erste Stirnwindung übergriff. Es bestanden keine Lähmungserscheinungen an den Gliedern.

Einen großen Konglomerattuberkel in der linken vorderen Zentralwindung sah Sittig bei einem Kranken, der an meist rechtsseitigen epileptischen Anfällen litt und eine dysarthritische Sprachstörung hatte. Bemerkenswert war, daß sich später eine rechtsseitige Hemianopsie hinzugesellte, die, wie der Sektionsbefund zeigte, auf einen eigenartigen Destruktionsprozeß der Hirnrinde in der linken Sehsphäre bezogen werden mußte.

Für die anderen Lokalisationen im Großhirn gelten die gleichen Regeln wie für die Hirntumoren im allgemeinen. Es ist ganz unmöglich, alle Fälle von Großhirntuberkel hier anzuführen, da sie sich ganz verstreut in der Literatur finden. Es seien also nur noch einige bemerkenswerte Fälle hier erwähnt.

Einen Tuberkel im oberen Teile der linken hinteren Zentralwindung und einen im mittleren Teile beschrieb Bernhardt. Die Erkrankung begann mit einem apoplektischen Insult und rechtsseitiger Lähmung. Es traten Konvulsionen im rechten Arm, in der rechten Hand und Gesichtshälfte auf. Die Haut der unteren Extremitäten zeigte eine abnorme Empfindlichkeit gegen Berührung.

Im Falle Morellis — Tuberkel in der Mitte der linken hinteren Zentralwindung — waren die klinischen Symptome Schmerzen in der rechten oberen Extremität und Krämpfe in ihr, seltener in der unteren, und choreaartige Bewegungen der rechten Hand nach den Krämpfen.

Im Falle von ACHMATOWICZ und BORYSOWICZ entwickelten sich die Erscheinungen (motorisch-sensible Hemiparese, Aphasie, Kopfschmerzen, epileptische Anfälle, Stauungspapille, Salivation) im Verlaufe von 4 Jahren mit Remissionen. Es wurde bei der Operation ein Tuberkulom im Gyrus prae- und postcentralis gefunden und enucleiert. Die postoperative Beobachtungsdauer zur Zeit der Publikation betrug 4 Monate.

Einen Konglomerattuberkel der hinteren Zentralwindung veröffentlichten BENEDEK und HÜTTL. Es bestanden typische JACKSON-epileptische Anfälle der Gegenseite, dann entwickelte sich eine langsam zunehmende Parese in Arm und Bein der Gegenseite. Es wurde durch Operation der Tuberkel mit gutem Erfolge entfernt. Nach dem Eingriff bestand eine umschriebene Sensibilitätsstörung in C 6 und C 7.

Tuberkel im Stirnhirn fanden sich z. B. in den Fällen von ARCHER, HENOCH, JASTROWITZ.

Im Falle ARCHERS waren allgemeine epileptische Anfälle vorhanden, nie hatten Lähmungen oder lokale Krämpfe bestanden.

In einem Falle HENOCHS bestand eine linksseitige Hemiplegie, Kontrakturen und Konvulsionen. In einem zweiten Falle HENOCHS, in dem ein Tuberkel in der Mitte der linken Hirnrinde dicht vor der ROLANDOschen Furche saß, fand sich Tremor der rechten Oberextremität, Zuckungen am rechten Mundwinkel, Nystagmus des rechten Auges. Später kam es zu Zittern des Kopfes und der rechten unteren Extremität, Zuckungen der rechten Brust- und Bauchmuskeln, auch des rechten Cremaster, Parese der rechten oberen Extremität.

Es sei noch der Fall von JASTROWITZ erwähnt, in dem Epilepsie, eine Geistesstörung und Moria bestand, und in dem ein Tuberkel im rechten Stirnpol gefunden wurde.

In dem von DEIST veröffentlichten Falle war ein Solitärtuberkel in der linken Insula Reilii. Der Kranke hatte einen Tremor des Kopfes, halbseitige Zuckungen im rechten Arm und in der rechten Gesichtshälfte, eine spastische, später schlaffe Lähmung der rechten Körperhälfte gezeigt.

Bei einem Tuberkel des linken Scheitellappens, den PETŘINA beschrieben hat, war es nach einem Anfalle zu einer rechtsseitigen Hemiplegie gekommen; die Sensibilität war nicht gestört.

Im linken Hinterhauptslappen saß ein taubeneigroßer, tuberkulöser Rindenherd in einem Falle HENOCHS. Klinisch bestanden Krämpfe und Sensibilitätsabnahme. Auch in einem Falle MARCHANTS mit der gleichen Lokalisation waren epileptische Konvulsionen und Kontrakturen vorhanden.

MARINO, MALET und FABINI beschreiben einen Fall, in dem ein Tuberkel in der linken hinteren Zentralwindung, und zwar in ihrem obersten Abschnitte, und ein zweiter in der linken dritten Frontalwindung saß. Die klinischen Erscheinungen waren lokalisierte Zuckungen des linken Beins, Stauungspapille, die in postneuritische Atrophie überging.

Häufig sind die Tuberkel im Gehirn multipel. Solche Fälle wurden u. a. beschrieben von DUCHEK, HARBINSON, PETŘINA, HALLOPEAU, LASÈGUE, BANZE, BUZZARD, HANOT, HUTINEL, CHENET, MARTIN, BAHRDT, PILZ, FOERSTER, HIRSCHBERG, LÜDERITZ, BRAMWELL, HENOCH, POULIN, PEIPERS, CUBASCH, VIRCHOW, EWALD.

Heilung von Hirntuberkeln. Über Spontanheilungen von Gehirntuberkeln wurde vereinzelt berichtet. Ein nur klinisch beobachteter Fall, bei dem die Diagnose aber nicht als sicher angenommen werden kann, ist z. B. der Fall GORTERS. Es handelte sich um einen 12jährigen Knaben, der mit Kopfschmerzen, Erbrechen, Benommenheit und Appetitlosigkeit erkrankte. Der Puls betrug

47—58. In der Familie war Tuberkulose. Die Lymphdrüsen in den Kiefer-winkeln waren vergrößert. Kernig und Brudzinski war deutlich ausgeprägt. Es bestand Anisokorie, subjektiv bestanden Doppelbilder. Die Lumbalpunktion ergab erhöhten Druck, schwachen Nonne-Apelt, Zellzahl nicht vermehrt, keine Tuberkelbacillen. Pirquet war positiv. Es trat Besserung ein. Die Röntgen-aufnahme des Schädels zeigte Kalkeinlagerungen im Corpus callosum rechts.

Über einen Fall mit verkalkten, wahrscheinlich ausgeheilten Hirntuberkeln berichten neuerdings Brouwer und Burdet. Es handelte sich um einen 33jährigen Kranken, der in der Kindheit eine tuberkulöse Pleuritis durchgemacht und eine tuberkulöse Knochenerkrankung an einem Finger hatte. Seit Jugend bestand eine Schwäche des linken Armes und linksseitige Jackson-Anfälle. Es bestand eine leichte linksseitige Hemiparese mit leichten Störungen der Oberflächensensibilität und stärker ausgesprochenen der Tiefensensibilität und einer homonymen unteren Quadrantenhemianopsie nach links. Im Röntgen-bilde sah man 4 große, runde, sehr dichte Kalkschatten, von denen 3 im rechten Parietooccipitallappen und einer im linken Occipitallappen lagen. 2 wurden operativ entfernt, und die histologische Untersuchung ergab ein nekrotisches und verkalktes Granulationsgewebe. Es trat Besserung der epileptischen Anfälle nach der Operation ein.

Borchardt fand bei einem $6^3/_4$ Jahre alten Knaben, der seit dem 1. Lebens-jahre an Ohrenlaufen litt, und bei dem im 2. Lebensjahre plötzlich Schielen (Strabismus convergens) aufgetreten war, neben einer tuberkulösen Meningitis im Röntgenbilde des Schädels 4 maulbeerartige Schatten, die von kleinen ver-kalkten Tuberkeln herrührten, wie durch den Leichenbefund bestätigt wurde. Es wird angenommen, daß das Kind vielleicht im 2. Lebensjahre einen Primär-affekt durchmachte, und daß damals voraussichtlich die sekundäre Streuung ins Gehirn stattfand. Die Meningitis sei wohl von einem Solitärtuberkel aus-gegangen, da keine Zeichen einer Miliartuberkulose nachgewiesen wurden.

Anatomisch nachgewiesene Heilung von Hirntuberkeln fand sich in den Fällen von Williamson, Ashbey, Bristowe, Kahlmeyer und Trevelyan.

Therapie. Die einzige etwas aussichtsreiche Behandlung des Tuberkels des Zentralnervensystems ist die Operation. Voraussetzung ist, daß der Tuberkel in der Einzahl im Gehirn vorhanden und lokalisierbar ist, daß er an einer der Operation zugänglichen Stelle sitzt, und daß die Tuberkulose im übrigen Körper nicht zu weit vorgeschritten ist.

Über günstige Ergebnisse der operativen Behandlung der Hirntuberkel berichten Krönlein, Sick, Lunz. Bostroem erwähnt ein von Sick operiertes Kind mit einem Kleinhirntuberkel, das aber doch 2 Jahre nach der Operation an tuberkulöser Meningitis starb.

Einen ausführlichen Bericht über die Ergebnisse der operativen Behandlung der Hirntuberkel veröffentlichte van Wagenen aus der Cushingschen Klinik. van Wagenen gibt an, daß unter 30 operierten Fällen, die in der Literatur erwähnt werden, nur 5 länger als 1 Jahr die Operation überlebten. Unter 12 sub-tentoriellen Tuberkulomen aus dem eigenen Material van Wagenens starben 8 bald nach der Operation und nur 1 Kranker lebte länger als 1 Jahr. Ein Kranker Fraziers lebte 22 Monate nach der Entfernung eines Solitärtuberkels des Gehirns, ein Kind lebte noch 8 Jahre nach der Operation eines Kleinhirn-tuberkels. Elsberg entfernte unvollständig ein Tuberkulom des Kleinhirns bei einem Kinde, das $2^1/_2$ Jahre die Operation überlebte. Ein Patient Naffzigers lebte über 1 Jahr nach der operativen Entfernung eines tiefsitzenden, sub-corticalen Hirntuberkels.

van Wagenen faßt seine Erfahrungen dahin zusammen, daß nach Ex-stirpation von Hirntuberkeln meist lokale Rezidive auftreten und der Tod meist an tuberkulöser Meningitis erfolgt. Er könne daher die radikale Exstirpation der Hirntuberkel nicht empfehlen, sondern spricht sich für bloß dekompressive Maßnahmen aus. Unter 11 Fällen VAN WAGENENs, in denen nur Palliativoperationen vorgenommen wurden, lebt nur 1 Kind noch nach 6 Jahren.

Auch SCOTT und GRAVES stellen die operative Prognose der Hirntuberkel ziemlich schlecht. Es gebe nur vereinzelte mit Erfolg operierte Fälle.

Rückenmarkstuberkel. Der Rückenmarkstuberkel entsteht entweder auf dem Wege der Blutbahn metastatisch von einem tuberkulösen Herde in einem anderen Organ des Körpers aus oder durch direkte Fortleitung von den Meningen des Rückenmarks aus. Die Möglichkeit der primären Entstehung eines Tuberkels im Rückenmarke wird heute wohl allgemein abgelehnt. In einigen Fällen der älteren Literatur wurde ein Rückenmarkstuberkel als primäre Lokalisation der Tuberkulose im Körper angenommen; so behauptet OLLIVIER, daß in seinem Falle ein Rückenmarkstuberkel die einzige Lokalisation der Tuberkulose im Körper gewesen sei. Auch ANIEL und RABOT nehmen für ihren Fall von Rückenmarkstuberkel eine selbständige primäre Entstehung an. Dagegen sagt SCHLESINGER, daß eine primäre Erkrankung des Rückenmarks an Tuberkulose nicht beobachtet wurde. DOERR hat einen Rückenmarkstuberkel bei einem 11jährigen Kinde beobachtet, bei dem ein primärer älterer Herd als Ausgangspunkt der Metastase zwar nicht gefunden wurde, er meint aber, daß eine ältere verkäste Drüse bei der Sektion der Aufmerksamkeit entgangen sein könnte, und läßt die Frage, ob es sich in seinem Falle um eine primäre Rückenmarkstuberkulose gehandelt habe, offen.

Meist nimmt die Tuberkelbildung ihren Ausgang in der grauen Substanz (VIRCHOW, SCHLESINGER), was durch den Reichtum der grauen Rückenmarkssubstanz an Blutgefäßen seine Erklärung findet. OBOLONSKY beschreibt den seltenen Fall von Verbreitung der Tuberkel dem erweiterten Zentralkanal entlang (Hydromyelie).

Der Rückenmarkstuberkel kann von Hanfkorn- bis Taubeneigröße sein (DOERR). Er verändert zuweilen die Kontur des Rückenmarks nicht, selbst wenn er den größten Teil des Querschnitts einnimmt. Dies kommt daher, daß selbst große Konglomerattuberkel von einem, wenn auch nur schmalen Saume von Rückenmarkssubstanz umgeben sind. In manchen Fällen bewirkt dagegen der Tuberkel eine spindelförmige Auftreibung des Rückenmarks. Er fühlt sich ziemlich derb an. Er ist meist rundlich, im Zentrum von weißer oder weißgelber Farbe, am Rand grau durchscheinend; er grenzt sich gegenüber der Rückenmarkssubstanz scharf ab. Das Gewebe in seiner nächsten Umgebung ist stark hyperämisch und hat daher einen auffallend roten Farbenton. Bei älteren Tuberkeln finden sich im Zentrum fast stets Verkäsungen in Form von gelbweißen, bröckligen Herden. Die Grenze der Verkäsung verläuft oft in einer ganz unregelmäßigen, aber scharfen Linie. Zur Kavernenbildung in Rückenmarkstuberkeln kommt es höchst selten (z. B. in einem Falle CHVOSTEKs). Mitunter weist der Tuberkel eine konzentrische Schichtung auf, die dadurch erklärt wird, daß sich in der Peripherie des Tuberkels schubweise neue kleine Tuberkelknoten entwickeln. Der Rückenmarksquerschnitt wird in verschiedener Weise durch den Tuberkel deformiert.

Der mikroskopische Bau ist der typische des Tuberkels mit zentraler Nekrose und völligem Gefäßmangel im Zentrum, mit Riesenzellen und den typischen Gefäßveränderungen. L. R. MÜLLER, SCHLESINGER und DOERR haben inmitten der tuberkulösen Neubildung nackte Achsenzylinder nachgewiesen. SCHAMSCHIN beschreibt in einem Falle neben Tuberkeln im Rückenmark an einer Stelle im Hinterstrang einen myelomalacischen Herd, über dem die Pia verdickt und ihre Gefäße thrombosiert waren.

Der Konglomerattuberkel kommt nicht in allen Abschnitten des Rückenmarks gleich häufig vor, am häufigsten wurde er in der Lendenanschwellung
gefunden, dann im Lumbalmark, dann Cervicalanschwellung; am seltensten
erkrankt das Dorsalmark mit Ausnahme der tiefsten Abschnitte.

Wiederholt wurden mehrere Tuberkel im Rückenmark eines und desselben
Falles gefunden, so von ROKITANSKY, VIRCHOW, KOHTS, JANEWAY, SCHAMSCHIN,
HERTER. Tuberkel im Rückenmark und gleichzeitig im Gehirn wurden von
SCHAMSCHIN, GERHARDT, SCHLESINGER, LUCE, HARBITZ beschrieben. Das
Zusammentreffen von tuberkulöser Wirbelerkrankung und Rückenmarks-
tuberkel wurde bisweilen beobachtet.

Auffallend ist das Überwiegen des männlichen Geschlechts (SCHLESINGER
und DOERR).

Die klinische Symptomatologie des Rückenmarkstuberkels hängt natürlich
von seiner Lokalisation ab. Sehr oft beginnt nach SCHLESINGER die Erkrankung
mit sensiblen Reizerscheinungen, besonders auf dem Gebiete des Temperatursinnes. So erkrankte ein Patient CHVOSTEKs unter sehr heftigen Kälteparästhe-
sien und Schwäche in der linken Hand, oder die Krankheit beginnt mit (oft
ausstrahlenden) Schmerzen, Schwäche und Parästhesien in einer Extremität.
Im Falle LUCEs trat zuerst Lähmung des linken Fußes auf, dann des rechten,
auch im Falle BROWNINGs war zuerst das linke, dann auch das rechte Bein
gelähmt. Der Fall von RIVET und JUMENTIÉ begann mit Intercostalschmerzen,
motorischer Schwäche der linken unteren Extremität. ŠEFFER beschreibt
einen Fall von Tuberkel des Epiconus, der mit Ischias begann, dann stellten sich
Parästhesien, Kältegefühl und Vertaubung im linken Bein ein. Wurzelschmerzen
bestanden auch im Falle von JUMENTIÉ und ACKERMANN. Dann treten motorische Lähmungserscheinungen und rasch einsetzende Muskelatrophien auf, die
keine bestimmten Muskelgruppen bevorzugen, sondern die Muskeln en masse
befallen (SCHLESINGER). Beginnt die Tuberkelbildung in den Vorderhörnern,
so gehen die motorischen Erscheinungen den sensiblen voraus. Eine im Beginne
einseitige Parese geht rasch in eine motorische und sensible Paraplegie über.
Parästhesien im Gebiete des Temperatursinnes deuten auf eine Affektion der
Hinterhörner hin. Die Sensibilitätsdefekte treten oft unter dem Bilde der
partiellen Empfindungslähmung auf, Verlust des Temperatur- oder Schmerzsinnes oder beider, oft bestehen aber daneben ataktische Erscheinungen und
Störungen des Muskelsinns. Es kann vorübergehend der BROWN-SÉQUARDsche
Symptomenkomplex vorhanden sein (RIVET und JUMENTIÉ, VERAGUTH und
BRUN) oder eine spinale Hemiplegie, die dann rasch in das Bild der Querschnitts-
läsion übergehen. Vasomotorische Störungen wurden von SACHS, SCHLESINGER,
DOERR beschrieben. Die Sehnenreflexe sind bei Sitz des Tuberkels im Halsmark gesteigert, bei Sitz in der Lendenanschwellung fehlen die Patellarreflexe.
Spasmen werden manchmal beobachtet. Druckempfindlichkeit der Wirbelsäule
fand sich in den Fällen von OBERNDÖRFER und DOERR, öfter findet sich Steifigkeit der Wirbelsäule erwähnt, eine Deformität der Wirbelsäule bei LE BOEUF.
Störungen der Blasen- und Mastdarmfunktion können schon frühzeitig auftreten,
fehlen bei entwickelter Paraplegie fast niemals. Anfangs stellt sich vermehrter quälender Harndrang ein, später Incontinentia urinae und Ischuria
paradoxa. Meist ist die Blasenstörung deutlicher als die Mastdarmstörung.

Bulbäre Störungen ohne schwere Erkrankung des Bulbus fanden sich in
den Fällen CHVOSTEKs, GERHARDTs und SCHLESINGERs. Im Falle SCHLESINGERs
begann die Erkrankung mit einem plötzlichen, äußerst intensiven Schwindelgefühl mit Schluck- und Schlingbeschwerden.

Bisweilen wurden Rückenmarkstuberkel bei der Obduktion zufällig aufgefunden (SCHIFF, CHIARI). Doch wenden REDLICH und SCHLESINGER ein, daß

dies noch kein Beweis für einen symptomlosen Verlauf sei. Auch Luce betont, daß Tuberkel im Rückenmark, wenn sie nicht zu klein sind, immer Erscheinungen machen.

Der Liquorbefund kann negativ sein wie z. B. im Falle Brownings, oder es kann das Froinsche Zeichen der spontanen Liquorgerinnung bestehen wie im Falle von Thalhimer und Hassin.

In einigen Fällen von Rückenmarkstuberkeln wurden Operationen zu ihrer Entfernung unternommen. Besonders bemerkenswert ist der Fall von Veraguth und Brun, in dem zunächst ein Tuberkel in der Höhe von C 7—C 8 diagnostiziert und glücklich entfernt worden war. Es entwickelten sich aber dann Symptome an symmetrischer Stelle des nächst höheren Segments (C 6—C 7). Auch dieser Tumor wurde entfernt. Doch stellten sich dann Symptome eines Ponstuberkels ein (Trigeminusneuralgie, Paraplegie, Bulbärlähmung), an dem der Kranke zugrunde ging. Bei der Auffindung des intramedullären Tumors bei der Operation bewährte sich den Autoren das sog. Schwellengefühl, d. h. ein erhöhtes Resistenzgefühl, das sich dem tastenden Finger beim Darüberhinstreichen an der Stelle des Tumors verrät.

Auch im Falle Warings wurde ein intramedullärer Tuberkel operativ entfernt, doch starb der Kranke nach $4^{1}/_{2}$ Monaten.

Im Falle von Talhimer und Hassin wurde der operativ entfernte Tumor erst nachträglich als Tuberkel erkannt.

Tuberkulöse Myelitis. Von manchen Autoren wird das Vorkommen einer tuberkulösen Myelitis angenommen. Meist handelt es sich um eine disseminierte Tuberkulose des Rückenmarks, d. h. um Knötcheneruptionen, also zahlreiche kleine Tuberkel. Lanceraux schildert in seiner pathologischen Anatomie die tuberkulöse Myelitis folgendermaßen: Diese relativ seltene Affektion ist charakterisiert durch die Anwesenheit von tuberkulösen Granulationen oder Knötchen im Bereiche des medullären Parenchyms. Diese Knötchen entstehen in der Scheide der Gefäße; sie sind häufiger im Zentrum als in der Rindensubstanz des Markes. Sie sind bald in Einzahl vorhanden, bald treten sie multipel auf. Nach Ziegler treten neben der Knötcheneruption meist diffus ausgebreitete entzündliche Exsudationen auf, die einen teils eitrig serösen, teils eitrig fibrinösen Charakter tragen und sich sowohl in den Maschen des meningealen Gewebes als auch in der nervösen Substanz selbst ansammeln. Bei Meningitis tuberculosa spinalis wurden Miliartuberkel in der Rückenmarkssubstanz von Liouville und F. Schultze gefunden.

Das klinische Bild dieser tuberkulösen Myelitis ist meist das der Querschnittsläsion des Rückenmarks, also progressive Lähmungen, denen oft schmerzhafte Empfindungen vorausgehen.

Einen interessanten Fall beschrieb Gunsser. Die Erkrankung begann mit Müdigkeit und Schmerzen im Kreuz und Erschwerung des Ganges. An den Beinen und in der Unterbauchgegend bestand eine Hyperalgesie, dabei eine Hypästhesie, besonders an den Fußsohlen. Die Patellarreflexe waren erhöht, und es bestand beiderseits Fußklonus. Die grobe Kraft war, besonders links, herabgesetzt. Es bestanden Blasen- und Mastdarmstörungen. Es entwickelte sich ein Decubitus. Die Schwäche der Beine nahm zu, das linke Bein konnte bald gar nicht bewegt werden, dabei waren die Reflexe gesteigert, und es zeigte sich eine Neigung zu Beugekontraktur in Hüfte und Knie. Die Sektion ergab zahlreiche kleine Tuberkel in der Rückenmarkssubstanz mit einer höchst unregelmäßigen Verteilung; die Pia mater des Rückenmarks war frei von Tuberkeln.

In dem Falle von Haškovec begann die Erkrankung mit Ameisenlaufen in den Beinen und Schwäche der unteren Extremitäten. Plötzlich trat eines Morgens Taubheits- und Kältegefühl in den Beinen und im unteren Teile des

Rumpfes und Lähmung der Beine ein. Es bestand retentio urinae et alvi, Analgesie und Thermanästhesie von der Höhe des 6. und 7. Brustwirbels nach abwärts und Gürtelgefühl. Der linke Patellarreflex fehlte, der rechte war schwach. Später entwickelte sich auch eine Anästhesie, beide Patellarreflexe waren nicht auslösbar, es trat Ameisenlaufen in den Fingern der rechten Hand ein, schließlich auch Schwäche der oberen Extremitäten, und unter Fieber und Erbrechen trat der Tod ein.

Es fanden sich in der Rückenmarkssubstanz zum Teil kleine Knötchen vom typischen Baue der Tuberkel, zum Teil entzündliche Infiltrate in den Gefäßscheiden. Tuberkelbacillen konnten färberisch in den Schnitten nicht nachgewiesen werden.

Der Fall Hensens ist dadurch bemerkenswert, daß sich hier keine Tuberkelknötchen im Rückenmark fanden, sondern nur hochgradige Entzündungserscheinungen und ausgebreiteter Zerfall in der Rückenmarkssubstanz.

In neuester Zeit ist ein Fall von zentraler tuberkulöser Myelitis von M. B. Schmidt veröffentlicht worden. Das klinische Bild des Falles war folgendes gewesen: Seit Jahren hatten rheumatische Schmerzen bestanden, besonders starke Schmerzen im linken Arm und in der linken Schulter, Schwäche des linken Arms, Klopf- und Druckempfindlichkeit der oberen Brustwirbelsäule. Da röntgenologisch in der rechten Spitze ein Herd nachgewiesen wurde, wurde die Diagnose auf Wirbelcaries gestellt und eine Laminektomie vorgenommen. Die Sektion ergab einen grauroten Herd im obersten Halsmarke. Die graue Substanz war in der Gegend des Zentralkanals zu einem Querspalt erweicht. Im unteren Teile der Halsanschwellung fand sich in der linken Hälfte der grauen Substanz eine Blutung. Um den Zentralkanal fanden sich Miliartuberkel, ein Tuberkel war in den Zentralkanal eingebrochen. Das Gewebe um den Zentralkanal war reich an großen, protoplasmareichen Zellen (Vergrößerung und Vermehrung der Gliazellen). Es fand sich in diesem Falle tuberkulöses Granulationsgewebe in der Rückenmarkssubstanz, daneben myelomalacische Erweichungen. Schmidt teilt die Veränderungen in 3 Gruppen ein: 1. Lymphocytenansammlungen, die sich auf die Gefäßscheiden beschränkten; 2. ringförmige Ansammlungen von epitheloiden Zellen, umgeben von einer Lymphocytenschale; 3. Tuberkel in der Gefäßwand. Der Prozeß war fast ohne Verkäsung verlaufen. Oft fand sich aber Gefäßverschluß in den Herden. Es hatte sich eine stiftförmige Erkrankung des Rückenmarks in der Ausdehnung von C 1—D 7 gefunden, die Höhe der Entwicklung fiel in das Gebiet von C 4—C 8.

Literatur.

Geschichtliches.

Gute historische Darstellungen finden sich in den Arbeiten von:
Barthez u. Rilliet: Handbuch der Kinderkrankheiten. — Bierbaum: Geschichtlicher Rückblick auf die Meningitis tuberculosa. Dtsch. Klin. 1871, Nr 25.
Koch, H.: Über Meningitis tuberculosa. Z. Kinderheilk. 6 (1913).

Pathologische Anatomie.

Bertrand et Medakowitsch: Études anatomiques sur la tuberculose des centres nerveux. Ann. Méd. 15, 419—458 (1924).
Comby: Méningite tuberculeuse en plaques. Gaz. Hôp. 1898, No 114.
Debove: Phtisie galopante, bacillémie, méningite. Gaz. Hôp. 1906, No 1. — Dreher: Untersuchung einiger Fälle von tuberkulöser und eines Falles von eitriger Meningitis. Dtsch. Z. Nervenheilk. 15 (1899).
Fraenkel, E.: Demonstration eines kindlichen Schädeldaches eines Falles von tuberkulöser Meningitis. Münch. med. Wschr. 1913 II, 1407.

HAŠKOVEC: Contribution à l'étude de la tuberculose de la moelle epinière. Arch. de Neur. **30**, 177 (1895). — HENSEN, H.: Über Meningomyelitis tuberculosa. Dtsch. Z. Nervenheilk. **20**, 240 (1902). — HIGGS, F. W.: A case of tuberculous meningitis without tubercles. Brit. med. J. **1909** I, 1170. — HOCHE, A.: Zur Lehre von der Tuberkulose des Zentralnervensystems. Arch. f. Psychiatr. **19**, 200—228 (1888).

KMENT, H.: Zur Meningitis tuberculosa mit besonderer Berücksichtigung ihrer Genese. Z. Tbk. **1924**, Beih., Nr 14.

LOEPER: Tuberculose des plexus chorioides et forme comateuse de la méningite tuberculeuse. Conf. mercredi clin. Hotel-Dieu. Paris 1906.

MARTÍNEZ, VARGA: Tuberkulöse Meningitis ohne Tuberkel. Med. Niñ. **30**, 209—210 (1929).

SCHULTZE, F.: Die Krankheiten der Hirnhäute und die Hydrocephalien. Spezielle Pathologie und Therapie, herausgeg. von NOTHNAGEL, Bd. 9, Teil 3, 1. Hälfte. Wien 1901. — Beiträge zur Pathologie und pathologischen Anatomie des Zentralnervensystems, insbesondere des Rückenmarks. Virchows Arch. **68** (1876).

Histologie.

ANGLADE: Épendymite ventriculaire tuberculeuse. Gaz. Sci. méd. Bordeaux **1902**, No 9, 103. — ASKANAZY: Die Gefäßveränderungen bei der akuten tuberkulösen Meningitis und ihre Beziehungen zu den Gehirnläsionen. Dtsch. Arch. klin. Med. **99**, 333 (1910).

BETRAND u. MÉDAKOWITSCH: Siehe Pathologische Anatomie. — BIBER: Über Hämorrhagien und Gefäßveränderungen bei tuberkulöser Meningitis. Zürich 1910/11. Frankf. Z. Path. **6**, 262. — BODECHTEL u. GAGEL: Die Histopathologie der „vegetativen" Kerne des menschlichen Zwischenhirns am Beispiel der tuberkulösen Meningitis und Polioencephalitis. Z. Neur. **132**, 755—791 (1931). — BODECHTEL u. OPALSKI: Gefäßbedingte Herde bei der tuberkulösen Meningitis. Z. Neur. **125**, 401—422 (1930). — BUSSE, O.: Über eine ungewöhnliche Form der Meningitis tuberculosa. Virchows Arch. **145**, 107—112 (1896).

DIAMOND, J. B.: The cellular changes in tuberculous leptomeningitis. Amer. J. med. Sci. **126**, 147 (1903). — DREHER: Siehe Pathologische Anatomie.

GEHRY, K.: Zur Histopathologie der tuberkulösen Meningitis. Arch. f. Psychiatr. **45**, 59 (1908).

HASSIN, GEORGE B.: Histologic studies in meningitis. Arch. of Neur. **28**, 789—809 (1932). — HEKTOEN, L.: The vascular changes of tuberculous meningitis, especially the tuberculous endarteritis. J. of exper. Med. **1**, 1—52 (1896).

KAUP, M.: Über Gefäßtuberkulose der weichen Hirnhäute mit tödlicher intracerebraler Blutung. Frankf. Z. Path. **34**, 117—135 (1926). — KIRSCHBAUM, W.: Über die Tuberkulose des Zentralnervensystems. Z. Neur. **66**, 283—326 (1921). — KMENT: Siehe Pathologische Anatomie.

LEHOSZKY, T.: Beiträge zur Histopathologie der „lecithinoiden" Degeneration. Virchows Arch. **261**, 516—527 (1926). — LOEPER: Siehe Pathologische Anatomie.

OPHÜLS: Über Ependymveränderungen bei tuberkulöser Meningitis. Virchows Arch. **150**, 305 (1897).

POLLAK, EUGEN: Zur Pathologie der tuberkulösen Meningealerkrankungen. Arb. neur. Inst. Wien **35**, 161—168 (1933).

RANKE, O.: Beiträge zur Lehre von der Meningitis tuberculosa. Diss. Heidelberg 1908. Histol. Arb. Großhirnrinde **2**.

SIMONS u. MERKEL: Zur Kenntnis der chronischen tuberkulösen Cerebrospinalmeningitis. Neur. Zbl. **36**, 258 (1917). — SITTIG, O.: Über herdförmige Destruktionsprozesse im Großhirn und Veränderungen im Kleinhirn bei tuberkulöser Meningitis. Z. Neur. **23**, 511—538 (1914). — Über einen eigenartigen, flächenhaft lokalisierten Destruktionsprozeß bei einem Fall von Hirntuberkel. Z. Neur. **33**, 301—313 (1916). — SPIELMEYER, W.: Histopathologie des Nervensystems, Bd. 1. Berlin: Julius Springer 1922.

TSIMINAKIS, C.: Zur pathologischen Histologie der Plexus chorioidei. Wien. klin. Wschr. **1903**.

WALBAUM: Das Ependym der Hirnventrikel bei tuberkulöser Meningitis. Virchows Arch. **160**, 85 (1900). — WIETHOLD, F.: Die großen Exsudatzellen bei Meningitis tuberculosa und käsiger Pneumonie. Frankf. Z. Path. **26**, 341—355 (1921). — WOHLWILL: Über amöboide Glia. Virchows Arch. **216**, 468 (1914). — WOLFF, A.: Über Plasmazellen bei Meningitis tuberculosa. Frankf. Z. Path. **5**, 265 (1910).

Pathogenese.

ACHELIS u. NUNOKAWA: Über eine wesentlich in der Pars lumbosacralis des Rückenmarks lokalisierte Meningitis tuberculosa mit klinischen Erscheinungen von cerebrospinaler

Meningitis. Münch. med. Wschr. **1910** I, 187. — Albinger, Eduard: Zur Frage des Frühjahrsgipfels der tuberkulösen Meningitis im Kindesalter unter besonderer Berücksichtigung des Einflusses der Witterung. Beitr. Klin. Tbk. **51**, 223—236 (1922). — Aloin, H.: Les complications méningées dans la tuberculose de l'oreille. J. Méd. Lyon **1923**, 587—592. — Alt, F.: Die Beziehungen der eitrigen Mittelohrentzündung zur epidemischen und tuberkulösen Meningitis. Mschr. Ohrenheilk. **1904**, Nr 9, 406. — Artamanow, A.: Zur Frage der Verbreitung des tuberkulösen Prozesses auf die Hirnhäute auf Grund von pathologisch-anatomischen Sektionen von Kindern, die an tuberkulöser Meningitis starben. Med. Revue (russ.) **79**, 297 (1913).

Bertillon: Statistique de la méningite. Presse méd. **46**, 615 (1912). — Blau, A.: Exposure and tuberculous meningitis. Arch. of Pediatr. **46**, 249—251 (1929). — Buhl: Lungenentzündung, Tuberkulose und Schwindsucht. München 1872.

Cauntley, E.: Observations on the etiology and morbid anatomy of tuberculous meningitis. Lancet **1901** II, 1724. — Cohn, S.: Meningitis tuberculosa traumatica. Ärztl. Sachverst.ztg **1907**, Nr 13, 269. — Culotta, A. ed A. Cinquemani: Meningite tubercolare all' inizio del pneumotorace terapeutico. Riv. Pat. e Clin. Tbc. **6**, 503—514 (1932). — Czerny u. Opitz: Handbuch der Pockenbekämpfung, 1927.

Debré et Cordey: Sur l'étiologie et la pathogénie des tuberculoses de la seconde enfance. Paris méd. **1926**. — Rev. franç. Pédiatr. **1925**. — Debré et Crémieu-Alcan: Sur l'étiologie de la méningite tuberculeuse cliniquement primitive chez le grand enfant. Bull. méd. **1926**, 480—485. — Rev. franç. Pédiatr. **2**, 604—630 (1926). — Debré et Senoze: Sur l'étiologie da la méningite tuberculeuse secondaire. Rev. franç. Pédiatr. **3**, 830—844 (1927). — de Villa et Genoese: Contributo statistico-clinico alla meningite tubercolare. Pediatria **32**, 824—831 (1924).

Ebaugh and Patten: Tuberculous meningitis. Arch. of Neur. **11**, 707—710 (1924). — Elben, E.: Traumatische, tuberkulöse Basilarmeningitis. Korresp.bl. Württemberg **1899**, Nr 50. — Engel, Stefan: Handbuch der Kindertuberkulose, herausgeg. von Engel u. Pirquet, Bd. 1, S. 522—604. Leipzig 1930. — Die okkulte Tuberkulose im Kindesalter. Z. Tbk. **1930**, Beih., Nr 12.

Fischer, O.: Über tuberkulöse Meningitis. Münch. med. Wschr. **1910** I, 1061—1063. — Frehse, K.: Über die Entstehung der tuberkulösen Meningitis ohne tuberkulöse Veränderungen der bronchialen Lymphdrüsen. Inaug.-Diss. Berlin 1913.

Ghon, A.: Der primäre Lungenherd bei der Tuberkulose der Kinder. Berlin u. Wien 1912. — Ghon u. Roman: Pathologisch-anatomische Studien über die Tuberkulose bei Säuglingen und Kindern. Sitzgsber. Akad. Wiss. Wien, Math.-naturwiss. Kl. III, **112** (1913). — Gins, H. A.: Meningitis tuberculosa und Pockenschutzimpfung. Zbl. Bakter. I Orig. **127**, Beih., 77—79, 82—96 (1932). — Griffith, A. S.: The relative incidence of human and bovine tubercle bacilli in tuberculous meningitis in England. J. of Path. **35**, 97—102 (1932). —

Halliday, J. L.: Some statistical aspects of tuberculous meningitis. Edinburgh med. J. **33**, 160—168 (1926). — Harlander, E.: Über tuberkulöse Basilarmeningitis. Inaug.-Diss. München 1898. — Herben and Asserson: Tuberculous meningitis in children. Amer. Rev. Tbc. **11**, 184—199 (1925). — Herz, O.: Klinisches und Hämatologisches über die Meningitis tuberculosa und ihre Bekämpfung. Mschr. Kinderheilk. **50**, 237—254 (1931). — Higgs: Siehe Pathologische Anatomie. — Holt, E.: Observations on three hundred cases of acute meningitis in infants and young children. Amer. J. Dis. Childr. **1**, 26 (1911). — Honl, J.: Meningitis. Erg. Path. **1**, 3 (1896). — Huebschmann, P.: Über primäre Herde, Miliartuberkulose und Tuberkuloseimmunität. Münch. med. Wschr. **1922** II, 1654—1659. — Hutinel et Merklen: Méningite tuberculeuse et syphilis héréditaire. Arch. Méd. Enf. **24**, 521—536 (1921).

Iwaszkiewicz, L.: Die Intracutanreaktion von Mantoux im Verlaufe der tuberkulösen Meningitis. Pedjatr. polska **8**, 120—125 (1928).

Jousset, Thérèse A.: Étude et traitement de la méningite tuberculeuse. Paris: Masson & Cie. 1933.

Kaneko, J.: Statistical studies of tubercular meningitis among children in Dairen. J. of orient Med. **1**, 169—170 (1923). — Kinnear, W. L.: The diagnosis of tuberculous meningitis in children. Lancet **1925** I, 19. — Klare, K.: Die Meningitis tuberculosa in ihrer Beziehung zu den Verlaufsformen der Tuberkulose. Z. Tbk. **52**, 25—30 (1928). — Kment, H.: Zur Meningitis tuberculosa mit besonderer Berücksichtigung ihrer Genese. Z. Tbk. **1924**, Beih., Nr 14. — Koch, H.: Entstehungsbedingungen der Meningitis tuberculosa. Z. Kinderheilk. **5**, 355 (1912). — Wien. klin. Wschr. **1913** I, 247. — Über Meningitis tuberculosa. Z. Kinderheilk. **6**, 263—373 (1913). — Krepuska, Stephan: Primäre Otitis tuberculosa mit Meningitis. Acta oto-laryng. (Stockh.) **19**, 415—426 (1924).

Lamb, D. S.: Case of tubercular meningitis in an adult. Washington med. Ann. **4**, 351 (1906). — Langer, H.: Untersuchungen über die Meningitis tuberculosa und die Grundlagen zu ihrer Verhütung. Z. Kinderheilk. **49**, 493—550 (1930). — LEBEUF, F. et H. MOL-LARD: Nouveau cas de méningite tuberculeuse à la suite d'injections de sels d'or. Bull. Soc. franç. Dermat. **39**, No 9, 1594—1595 (1932). — LÉVY, H.: Zur Ätiologie der allgemeinen Miliartuberkulose. Dtsch. Praxis 1898, Nr 11. — LINDBERG, W.: Die Bedeutung des Traumas bei der Entstehung der tuberkulösen Meningitis. Eesti arst 1, 444—446 (1921). — LITTEN, M.: Tuberkulöse Meningitis im Anschluß an primäre Genitaltuberkulose. Fortschr. Med. **1904**, Nr 1, 3. — LÖVENSTAMM u. PROCHIN: Zur Frage der tuberkulösen Meningitis. Ž. Izuč. rann. det. Vozr. (russ.) **9**, 409—412 (1929).

MATTE: Über Meningitis im Kindesalter. Inaug.-Diss. Göttingen 1897. — MORQUIO, L.: Acute meningitis and tuberculous meningitis. J. nerv. Dis. **53**, 1—7 (1929). — Méningite tuberculeuse consécutive aux oreillons. Rev. sud-amér. Méd. **2**, 269—279 (1931). — MORSE, J. L.: Meningitis in infancy. Boston med. J. **164**, 701 (1911). — MUNCK, WILLY: Gerichtsärztliche Kasuistik. I. Pachymeningitis haemorrhagica int. traumatica. Meningitis tuberculosa traumatica. Ugeskr. Laeg. (dän.) **1934**, 7—10.

OLMI, E.: Considerazioni cliniche e patogenetiche sulla meningite tubercolare nel bambino. Riv. Clin. pediatr. **24**, 591—622 (1926). — ONOSSOWSKIJ, W.: Tuberkulöse Meningitis bei Kindern. Vopr. Tbk. (russ.) **3**, 81—89 (1925). — OROSZ, D.: Beiträge zu den zeitlichen und pathogenetischen Beziehungen der Hirnhautentzündung zu den einzelnen Tuberkulosestadien. Arch. Kinderheilk. **97**, 216—230 (1932). — Studien über die Meningitis tuberculosa. I. Mitt. Die Disposition für tuberkulöse Meningitis. Beitr. Klin. Tbk. **79**, 163—172 (1932). — Studien über die Meningitis tuberculosa. II. Mitt. Primärtuberkulose und Meningitis tuberculosa. Echte subprimäre und frühsekundäre Meningitiden. Beitr. Klin. Tbk. **79**, 173—186 (1932). — Studien über die Meningitis tuberculosa. III. Mitt. Sekundärtuberkulose und Meningitis tuberculosa. Spätsekundäre Meningitiden. Beitr. Klin. Tbk. **79**, 401—407 (1932). — Studien über die Meningitis tuberculosa. IV. Mitt. Beziehungen zwischen frühsekundärer Meningitis und Pleuritis. Beitr. Klin. Tbk. **79**, 408—413 (1932). — Studien über die Meningitis tuberculosa. V. Mitt. Zur Entstehung der Meningitis tuberculosa. Beitr. Klin. Tbk. **81**, 665—667 (1932). — OSSOINIG, K.: Über Schwankungen der Tuberkulinempfindlichkeit nebst einigen Bemerkungen über das Auftreten der Meningitis tuberculosa. Beitr. Klin. Tbk. **63**, 895—899 (1926).

PATERSON, D.: Tuberculous meningitis. — Is it a preventable disease? — Based on 70 post mortems. Practitioner **110**, 431—441 (1923). — PÉRON, A.: Recherches sur la tuberculose des méninges. Arch. gén. Méd., Okt./Nov. **1898**. — POLLAG, S.: Meningitis tuberculosa als Unfallsfolge. Med. Klin. **1917** I, 815. — PORTMANN et DESPONS: Méningite tuberculeuse et suppurations auriculaires ou sinusiennes. Rev. d'Oto-Neuro-Ocul. **5**, 551—556 (1927). — Rev. de Laryngol. etc. **48**, 377—385 (1927).

QUIX, F. H.: Präparate des Gehörgangs eines Kindes, das an einer tuberkulösen Entzündung des Ohres und der Meningen erkrankt war. Nederl. Tijdschr. Geneesk. **54**, 1340 (1910).

REDLICH, E.: Zur Kenntnis der psychischen Störungen bei den verschiedenen Meningitisformen. Wien. med. Wschr. **1908** II. — REYES, FRANCISCO NICOLA: Tuberkulöse Meningitis der 2. Kindheit. Conf. Inst. Clin. pediatr. Montevideo **3**, 575—599 (1932). — RICH, ARNOLD, R. and HOWARD A. McCORDOCK: The pathogenesis of tuberculous meningitis. Bull. Hopkins Hosp. **52**, 5—37 (1933). — ROBLES, A.: Ricerche anatomiche sulle probabili cause della particolare tendenza alla localizzazione meningea della tubercolosi nella infanzia. Riv. Pat. e Clin. Tbc. **3**, 1005—1018 (1929). — RUSZNYÁK, ST.: Krankheiten und Jahreszeiten. Wien. Arch. inn. Med. **3**, 379—396 (1922).

SALVAT ESPASA, M.: Über tuberkulöse Meningitis bei Kindern. Rev. méd. Barcelona **5**, 124—138 (1926). — SAYAGO, G.: Die tuberkulöse Meningitis im Verlauf der chronischen Lungentuberkulose. Semana méd. **32**, 682—685 (1925). — SCHULTZE, F.: Siehe Pathologische Anatomie. — Tuberkulöse Meningitis nach Einwirkung stumpfer Gewalt und Körpererschütterung. Münch. med. Wschr. **1926** II, 2009—2011. — SECKER, G.: Zur Frage der Meningitis tuberculosa. Beitr. Klin. Tbk. **50**, 408—440 (1922). — SIEPER, H.: Die Meningitis in den verschiedenen Stadien der Tuberkulose. Beitr. Klin. Tbk. **64**, 311—314 (1926). — SIMMONDS, M.: Über Meningitis tuberculosa bei Tuberkulose des männlichen Genitalapparates. Münch. med. Wschr. **1901** I, 743. — STEFKO, W.: Über die Bedeutung der Konstitution in der Pathogenese der tuberkulösen basilaren Meningitis. Z. Konst.lehre **10**, 540—558 (1925). — STEINMEIER, D.: Statistische Erhebungen über das Vorkommen von Meningitis tuberculosa bei anderweitiger Organtuberkulose am Sektionsmaterial des allgemeinen Krankenhauses Hamburg-Eppendorf in den Jahren 1911, 1912 und 1913. Virchows Arch. **216**, 452 (1914). — STELLING, E.: Untersuchungen über Meningitis tuberculosa in der Kinderklinik und in der Stadt Kiel bezüglich Veränderung ihrer Zahlenwerte vor und nach Beginn des Krieges. Arch. Kinderheilk. **70**, 188—198 (1921). — STRANSKY, E.: Zur Frage des Zusammenhanges von Meningitis tuberculosa und Meningitis cerebrospinalis epidemica.

Wien. klin. Wschr. **1924 I**, 36—37. — Suner, E.: Klinische Bemerkungen über tuberkulöse Meningitis. Arch. españ. Pediatr. **13**, 129—138 (1929).

Taillens, J.: Mort par méningite tuberculeuse d'un enfant vacciné au BCG. Rev. méd. Suisse rom. **1927**, 1033—1043. — Takahashi, S.: Studien über Meningitis tuberculosa beim Menschen. Mitt. Path. (Sendai) **7**, 253—284 (1932). — Tapia, M.: Beitrag zum Studium der tuberkulösen Meningitis, insbesondere ihrer Beziehungen zu den anatomisch-klinischen Formen der Lungentuberkulose. Progr. Clínica **38**, 441—460 (1930).

Vaičiunas, V.: Zur Meningitis tuberculosa. Acta med. Fac. Vytauti Magni Univ. Kaunas **1**, 201—216 (1933).

Waibel: Meningitis tuberculosa. Münch. med. Wschr. **1899 I**, 146. — Wangenheim, D. v.: Zur Pathogenese der Meningitis tuberculosa im Kindesalter. Beitr. Klin. Tbk. **70**, 670—684 (1928). — Wilke: Zur Pathogenese der tuberkulösen Meningitis. Kiel 1910. — Wilson and Miller: Two cases of acute tubercolous cerebrospinal meningitis. Lancet **1907 II**, 763.

Zappert, J.: Brusternährung und tuberkulöse Meningitis. Wien. med. Wschr. **1910 I**, 270. — Zollinger, F.: Tuberkulöse Meningitis und Trauma. Schweiz. med. Wschr. **1926 II**, 1209—1216.

Experimentelle tuberkulöse Meningitis.

Armand-Delille: Rôle des poisons du bacille de Koch dans la méningite tuberculeuse et la tuberculose des centres nerveux. Paris 1903. — Austrian: Experimental tuberculous meningitis. Bull. Hopkins Hosp. **1916**, 237.

Burn, Caspar G. and Knox H. Finley: The role of hypersensitivity in the production of experimental meningitis. I. Experimental meningitis in tuberculous animals. J. of exper. Med. **56**, 203—221 (1932).

Constantini, G. e P. Carlini: Sulla tubercolosi sperimentale del cervello. Ann. Ist. Maragliano **6**, 362 (1912). — Costa, Antonio: Ricerche sperimentali sulla istiogenesi della meningite tubercolare. Riv. Pat. e Clin. Tbc. **4**, 829—841 (1930).

Feldmann, William H.: Experimental tuberculosis by intracerebral inoculation. Studies of the subsequent morphological reactions. Amer. Rev. Tbc. **21**, 400—422 (1930). — Fieandt, H. v.: Beiträge zur Kenntnis der Pathogenese und Histologie der experimentellen Meningeal- und Gehirntuberkulose. Berlin: S. Karger 1911. — Fischer, Oe.: Beitrag zur Frage der experimentellen Meningitis tuberculosa. Z. Tbk. **68**, 158—161 (1933).

Jousset, Thérèse A.: Étude et traitement de la méningite tuberculeuse. Paris: Masson & Cie. 1933.

Kasahara: The production of tuberculous meningitis in the rabbit, and the changes in its cerebrospinal fluid. Amer. J. Dis. Childr. **1924**, 428—435.

Loygue, M.: Infection expérimentale du cobaye type Fontes-Valtis, obtenue avec le liquide céphalo-rachidien d'un malade atteint d'une forme particulière de méningo-encéphalite tuberculeuse. C. r. Soc. Biol. Paris **100**, 1186—1187 (1929).

Manwaring, Wilfred H.: The effects of subdural injections of leucocytes on the development and course of experimental tuberculous meningitis. J. of exper. Med. **15**, 1—13 (1912). — The effects of subdural injections of leucocytes on the development and course of experimental tuberculous meningitis. Pap. 2. J. of exper. Med. **17**, 1 (1913). — Martin: Méningite tuberculeuse expérimentale. Soc. de Biol., 11. März 1898.

Richet et Roux: Méningite tuberculeuse expérimentale et son traitement par la zomothérapie. Soc. de Biol., 22. Juni 1901.

Simpson, Joyce R. and S. Roodhouse Gloyne: Experimental tuberculous meningitis in rabbits. Tubercle **9**, 305—310 (1928). — Sobelmann, I. u. Th. Lučinskaja: Autoimmunisation des zentralen Nervensystems bei Tuberkulose. Moskov. med. Ž. **8**, Nr 10/11, 98—107 (1928). — Soper, Willard B. and Morris Dworski: Experimental tuberculous meningitis. Superinfection of the meninges in rabbits. Amer. Rev. Tbc. **11**, 200—216 (1925). — Experimental tuberculous meningitis in rabbits. II. The protective action of heat-killed and living tubercle bacilli. Amer. Rev. Tbc. **21**, 209—222 (1930).

Symptomatologie.

Achard, Barjéty et Codounis: L'équilibre protéique du sérum sanguin dans la méningite tuberculeuse. C. r. Soc. Biol. Paris **104**, 51—53, 257—259 (1930). — Acuna u. Bazán: Tetanische Form der tuberkulösen Meningitis beim Kind. Arch. lat.-amer. Pediatr. **16**, 161—167 (1922). — Almansi, Renato: La contrattura di flessione del gomito come segno di inflammazione meningea. Policlinico, sez. prat. **1933**, 2003—2005.

Babonneix et Paisseau: Méningite tuberculeuse et mouvements choréiformes. Gaz. Hôp. **1911**, No 148, 2039. — Barker, J.: Tubercular meningitis preceded by acrodynic erythema. Med. News, 16. Juli 1898. — Birkedal, H.: Kasuistischer Beitrag zur Lehre von der Meningitis tuberculosa. Inaug.-Diss. Kiel 1909. — BOINET: Méningite tuberculeuse de l'adulte à forme choreo-athétotique. Gaz. Hôp. **1899**, No 43. — BOSTROEM, A.: Die Tuberkulose der nervösen Zentralorgane. Handbuch der Tuberkulose, herausgeg. von BRAUER, SCHRÖDER, BLUMENFELD, Bd. 4, S. 181—244. 1922. — BROWER, R.: Acute meningitis. J. amer. med. Assoc. **31** (1898). — BRUDZINSKI: Un signe nouveau sur les membres inférieurs dans les méningites chez les enfants (signe de la nuque). Arch. Méd. Enf. **1909**, 745—752. — Über neue Symptome von Gehirnhautentzündung und -reizung bei Kindern, insbesondere bei tuberkulösen; a) Über das Wangenphänomen; b) Über das Symphysisphänomen. Berl. klin. Wschr. **1916 I**, 686. — BULL: Über die KERNIGsche Flexionskontraktur der Kniegelenke bei Gehirnkrankheiten. Berl. klin. Wschr. **1885 I**, 772.

CLARK, F. C.: Three cases of meningitis, in which Kernig's sign was persistently absent. Amer. J. med. Sci. **123**, 783 (1902). — CLOT, R.: Méningite tuberculeuse du nourrisson. Thèse de Lyon **1906**. — CONNER and STILLMAN: A pneumographic study of respiratory irregularities in meningitis. Arch. internat. Med. **9**, 203 (1912). — CORDES, H.: Zur Differentialdiagnose der progressiven Paralyse: Meningitis tuberculosa und Paralysis progressiva. Kiel 1908. — CRUCHET, R.: Méningite tuberculeuse du bulbe avec remission de deux ans simulant la guérison; glossoplégie droite d'origine périphérique; mort subite par asphyxie bulbaire. Revue neur. **1902**, No 22, 1077. — Evolution clinique et diagnostic de la méningite tuberculeuse du nourrisson. Gaz. Hôp. **1904**, No 145, 1425. — CZARNOWSKI, S. v.: Beitrag zur Symptomatologie und Pathologie der tuberkulösen Meningitis. Inaug.-Diss. Kiel 1912. — CZYHLARZ u. PICK: Über initiale Blasenstörungen bei Meningitis tuberculosa. Med. Klin. **1924 I**, 176.

DAMAYE, H.: Étude anatomo-clinique d'un cas de psychose toxi-tuberculeuse à la période confusionelle. Rev. de Psychiatr. **15**, 24 (1911). — DANIEL, A. L.: Some cases of tubercular meningitis. J. amer. med. Assoc. **29**, Nr 9 (1897). — D'ESPINE, A.: Les troubles de l'équilibration dans la méningite tuberculeuse. Arch. Méd. Enf. **16**, 613 (1913).

ENGEL, ST.: Handbuch der Kindertuberkulose. Leipzig 1930. — ESKRIDGE, D. J. T.: Report of a case of exceedingly rapid and very slow respiration with pauses in respiration varying from twenty seconds to two minutes in duration in a patient suffering from tuberculous meningitis, syphilitic periarteritis of the pons and medulla and from hysteria. J. nerv. Dis. **1902**, Nr 2, 73.

FELDGEN, H.: Zur Symptomatologie der Meningitis tuberculosa. Inaug.-Diss. Kiel 1910. — FISCHER, O.: Über tuberkulöse Meningitis. Münch. med. Wschr. **1910 I**, 1061 bis 1063. — FLATAU, E.: Le signe de l'érection. Revue neur. **1923 II**, 116—120. — Bedeutung des Erektionssymptoms bei Meningitis tuberculosa. Pedjatr. polska **5**, 10—12 (1925). — FOSSE, H.: Les troubles respiratoires et sécretoires dans la méningite tuberculeuse de l'enfant. Revue neur. **1897**, 544.

GESUALDO, G.: Su d'un caso di riflesso pupillare paradosso. Riv. Neuropat. ecc. **15**, 60—67 (1922). — GLEICHGEWICHT, ST. u. J. MICHALOWICZ: Beitrag zum pseudo-tetanischen Symptomenkomplex im Verlaufe von Meningitiden. Pedjatr. polska **12**, 169—173 (1932). — GUTMANN, L.: Fall von tuberkulöser Meningitis unter dem Bilde der KORSAKOFFschen Psychose. Neur. Bote (russ.) **20**, 626 (1913).

HARMS, C.: Ein Beitrag zur Lehre von der Meningitis tuberculosa. Inaug.-Diss. Kiel 1904. — HAUPTMANN, A.: Akute Ataxie bei tuberkulöser Meningitis. Mitt. Hamb. Staatskrk.häuser **11**, 191—198 (1910). — HEISSEN, F.: Zur Bedeutung des Blutbildes für die Differentialdiagnose der Meningitisformen im Säuglings- und Kleinkindesalter. Med. Klin. **1925 II**, 1301—1302. — HENOCH: Beiträge zur Kasuistik der Gehirntuberkulose. Charité-Ann. **4**, 489—526 (1879). — HENSEN, H.: Über Meningomyelitis tuberculosa. Dtsch. Z. Nervenheilk. **20**, 240 (1902). — HESNARD, A.: Catatonisme au cours d'une méningite tuberculeuse à évolution suraigue et à forme délirante. Encéphale **6**, 341 (1911). — HEYBROEK, N. J.: Ein Fall von Tuberkulose der Hypophyse. Nederl. Tijdschr. Geneesk. **1914 II**, 94. — HIRSCHSOHN, J.: Zur Kenntnis der Tuberkulose der Hirnrinde sowie des atypischen Verlaufs der entsprechenden Hirnhautentzündung. Beitr. Klin. Tbk. **51**, 38—56 (1922). — HOLTEN, C.: The symptoms and course of tuberculous meningitis in adults consumptives. Tubercle **2**, 150—155 (1921). — HOLZMANN, M.: Ergebnisse der Lumbalpunktion an Kindern bei Meningitis tuberculosa. Inaug.-Diss. Berlin 1900. — HUNTER, W. K.: A case of Cheyne-Stokes respiration with other rythmical phenomena. Lancet **1899 I**, 828.

JAQUET, J.: Über die Meningitis tuberculosa bei älteren Individuen. Dtsch. med. Wschr. **1910 I**, 449. — JOHANNSEN, N.: Fall von tuberkulöser Meningitis mit atypischem Symptomenbild. Acta med scand. (Stockh.) **55**, 518—524 (1921).

KERNIG: Über ein wenig bemerktes Meningitis-Symptom. Berl. klin. Wschr. **1884 II**, 829—832. — KING, H. D.: Note on a case of tuberculous meningitis. With a remarkable ante-mortem rise of temperature. Med. Rec. **80**, 427 (1910). — KLOSE, F.: Ein Fall von allgemein verbreitetem Emphysem im Verlauf von Meningitis tuberculosa. Inaug.-Diss.

Berlin 1912. — Koch, H.: Über Meningitis tuberculosa. Z. Kinderheilk. **6**, 263—373 (1913). — Kreindler et Diamant: Syndrome de rigidité décérébrée accompagnée de tremblement à type parkinsonien des membres supérieurs au cours d'une méningite tuberculeuse. Revue neur. **1929 I**, 806—808.

Lafitte, J.: De l'erythème noueux dans ses rapports avec la tuberculose viscérale (et en particulier la méningite tuberculeuse). Thèse de Toulouse **1909**. — Laignel-Lavastine, Valence et Polaco: Méningite tuberculeuse de très longue durée. Bull. Soc. méd. Hôp. Paris **43**, 1093—1096 (1927). — Landouzy, L.: Contribution à l'étude des convulsions et paralysies liées aux méningo-encéphalites fronto-pariétales. Paris 1876. — Leiber, H.: Ein Fall von psychischer Störung katatonischer Färbung im Verlaufe einer tuberkulösen Meningitis. Inaug.-Diss. Kiel 1911. — Leitz, A.: Anomalous pupillary reaction in meningitis. Med. Rec. **56**, Nr 23 (1899). — Léon-Kindberg et Lermoyez: Méningite tuberculeuse simulant uns encéphalite épidemique. Bull. Soc. méd. Hôp. Paris **39**, 838—841 (1923). Lévy-Franckel, A.: Sur quelques particularités des températures axillaire et rectale dans la méningite tuberculeuse de l'enfant. C. r. Soc. Biol. Paris **44**, 1142 (1908).

Marinelli, G.: Il vomito post-alimentare come segno premonitorio della meningite tubercolare. Fol. med. (Napoli) **10**, 906—908 (1924). — Martínez, Vargas: 66 Tage dauernde tuberkulöse Meningitis. Med. Niñ. **30**, 257—258 (1929). — Matte, W.: Über Meningitis im Kindesalter. Inaug.-Diss. Göttingen 1897. — Mendel, B.: Über das Auricularsymptom der Meningitis. Klin. Wschr. **1924 I**, 230. — Mensi, E.: Importanza e significazione della forma laringea della meningite tubercolare nell'infanzia. Pediatria **32**, 1312—1319 (1924). — Sindrome laringea e realta anatomica nella meningite tubercolare nell'infanzia. Clin. ed Igiene infant. **3**, 720—728 (1928). — Meseck, H.: Tuberkulöse eitrige Meningitis bei einem mongoloiden Idioten. Mschr. Kinderheilk. **28**, 343—347 (1924). — Middel, J.: Meningitis tuberculosa. Ein Beitrag zur Kenntnis derselben. Inaug.-Diss. Freiburg i. Br. 1913. — Miura, G.: Über das Verhalten des minimalen Blutdrucks bei der Meningitis tuberculosa. Acta Scholae med. Kioto **12**, 329—340 (1929). — Mogilnicki, T.: Beitrag zur Semiotik der tuberkulösen Meningitis bei Kindern. Pedjatr. polska 8, 132—135 (1928). — Montanario, U.: Della sintomatologia disintegravita nella meningite tubercolare. Riv. Clin. pediatr. **20**, 40—44 (1922). — Morse and Cleveland: Case of tuberculous meningitis in an adult with unusual symptoms. Brit. med. J. **1903 I**, 1430.

Nedeljković, Jevrem: Ein Fall von tuberkulösen subcutanen Gummen, welcher mit einer basilaren Meningitis geendet hat. Srpski Arh. Lekarst. **35**, 1—5 (1933). — Nonne, M.: Über einen Fall von Meningitis tuberculosa vom Symptomenkomplex der bulbo-cerebellaren Form der akuten Ataxie. Mitt. Hamb. Staatskrk.anst. **1905**, 140.

Ochsenius, K.: Ein Frühsymptom der Meningitis tuberculosa. Dtsch. med. Wschr. **1929 I**, 224—225.

Pagniez, Corby et Escalier: Méningite tuberculeuse ayant simulé une encéphalite avec amélioration temporaire considérable par la médication salicylée intraveineuse. Bull. Soc. méd. Hôp. Paris **41**, 865—867 (1925). — Perronne, R.: Quelques observations cliniques de méningites cérébrospinales et tuberculeuses ayant présenté des particularités au cours de leur début, de leur durée ou de leur évolution. Thèse de Paris **1913**. — Pieracini, P.: Il „camaleontismo oculare" come segno della meningite della base. Riv. crit. Clin. med. **23**, No 16/17 (1922). — Plischke, W.: Zur Klinik der Meningitis tuberculosa im Kindesalter. Arch. Kinderheilk. **89**, 103—118 (1929). — Preioni, C.: Die Übererregbarkeit des Zentralnervensystems in der Diagnostik der Meningitis. Rev. Assoc. méd. argent. **37**, 653—662 (1924).

Ramond, L.: La méningite tuberculeuse de l'adulte. Progrès méd. **48**, No 24, 280—283 (1921). — Randolph and Cajigas: Cerebral tuberculosis in adults. Amer. Rev. Tbc. **16**, 57—65 (1927). — Reinhold: Beiträge zur Kenntnis der akuten Miliartuberkulose und der tuberkulösen Meningitis. Dtsch. Arch. klin. Med. **47**, 423—494 (1891). — Rendu, H.: Recherches cliniques et anatomiques sur les paralysies liées à la méningite tuberculeuse. Paris 1873. — Resch: Isolierte Ventrikeltuberkulose — Chorea minor. Psychiatr.-neur. Wschr. **1920/21 I**, 154. — Ribièrre et Renault: Tuberculose méningée à forme myoclonique; diagnostic avec encéphalite épidémique. Paris méd. **16**, No 48, 430—432 (1926). — Ribón, V.: Durch Augenuntersuchung diagnostizierte tuberkulöse Meningitis. Siglo méd. **68**, 434—435 (1921). — Roger, Henri et Vaissade: Méningite tuberculeuse apyrétique de l'adolescence avec inversion du rythme du sommeil et paralysie verticale du regard. Traitement par l'allergine. Guérison. Bull. Soc. méd. Hôp. Paris, III. s. **49**, 1309—1314 (1933). — Roglet, P.: Contribution à l'étude du signe de Kernig dans les méningites. Paris 1900. — Romanelli, G.: Paralisi totale dell'oculomotore comune sinistro per infiltrazione emorragica del nervo in un caso di meningite tubercolare. Riv. Neuropat. ecc. **4**, 356 (1911). — Rosenblum, Philip and M. J. Makler: Tuberculous meningitis in children. Arch. of Pediatr. **49**, 667—680 (1932). — Rosner, K.: Zur Symptomatologie und Diagnose bei Meningitis tuberculosa. Inaug.-Diss. Kiel 1907.

SAGGESE, VITO: Importanza del tremore nella diagnosi precoce di meningite. Boll. Soc. ital. Pediatr. 2, 37—38 (1933). — SAENGER, A.: Über circumscripte tuberkulöse Meningitis. Münch. med. Wschr. 1903 I, 993. — SAYAGO, G.: Die tuberkulöse Meningitis im Verlauf der chronischen Lungentuberkulose. Semana méd. 32, 682—685 (1925). — SCHLESINGER, A.: Eigentümlicher Beginn einer tuberkulösen Meningitis. Arch. Kinderheilk. 34, 355 (1902). — SCHULTZE, F.: Siehe Pathologische Anatomie. — SECKER, G.: Zur Frage der Meningitis tuberculosa. Beitr. Klin. Tbk. 50, 408—440 (1922). — SEGAGNI, S.: Il segno della nuca negli arti inferiori: suo comportamento nel decorso delle inflammazioni meningee. Riv. Clin. pediatr. 19, 409—421 (1921). — SEITZ, J.: Die Meningitis tuberculosa der Erwachsenen. Berlin 1874. — SIMMONDS: Tuberkulöse Erkrankung der Hypophysis. Biol. Abt. ärztl. Ver. Hamburg, 5. Mai 1914. — SITTIG, O.: Ein Fall von tuberkulöser Meningitis mit bitemporal-hemianopischer Pupillenreaktion. Mschr. Psychiatr. 36, 180—185 (1914). — SNYDERMAN, H. S.: Tuberculous meningitis in children. Med. J. a. Rec. 131, 508—510 (1930). — SQUIRES, G. W.: A new sign of basilar meningitis Med. Rec. 65, 496 (1904). — STANLEY HODGSON: Note on a case of tuberculous cerebro-spinal meningitis. Lancet 1907 II, 295. — STIEFLER, G.: Meningitis tuberculosa unter dem klinischen Bilde eines Tumors der motorischen Region. Wien. klin. Wschr. 1913 II, 1230. — STOKES, J. H.: Erythema nodosum and tuberculosis. Report of a case terminating in tuberculous meningitis, with necropsy. Arch. of Dermat. 3, 29—31 (1921). — STRASMANN: Über seltene, sehr chronische Verlaufsform tuberkulöser Meningitis. Mitt. Grenzgeb. Med. u. Chir. 23, 351 (1911).

TAUSSIG u. HAŠKOVEC: Psychische Störungen bei Basilarmeningitis. Rev. Neur. (tschech.) 27, 193—207 (1930). — TERRIS, E.: Symptomes d'alarmes de la méningite tuberculeuse de l'adulte. Gaz. Hóp. 96, 429—434 (1923). — TESCHLER, L.: Fall von motorischer Aphasie als Anfangssymptom der tuberkulösen Meningitis. Orv. Hetil. (ung.) 1929 II, 657—658. — TOPUSE, F.: Meningitis tuberculosa adultorum. Zürich 1910. — TOUSSAINT: Syndrome hypophysochiasmatique et tuberculose méningée. Le Scalpel 74, 317—320 (1921). — TRONCONI, S.: Del fenomeno della spalla nella meningite tubercolare. Pediatria 29, 802—815 (1921).

UHTHOFF: GRAEFE-SÄMISCH, 2. Aufl., Bd. 11, Abt. 2 A, S. 736—770. 1911. — URECHIA, C. J.: Le tableau de la chorée aigue masquant une méningite tuberculeuse. Bull. Soc. méd. Hôp. Paris, III. s. 48, 53—55 (1932).

VALDES LAMBEA, J.: Migräne und tuberkulöse Meningitis. Med. ibera 22, 528—529 (1928). — VLOET, A. VAN: Lésions de la base. J. de Neur. 23, 133—136 (1923).

WACHSNER, F.: Über einen seltenen Fall von doppelseitiger Kehlkopflähmung bei tuberkulöser Meningitis. Inaug.-Diss. München 1910. — WARRINGTON, W. B.: Note on tuberculous meningitis, with especial reference to the invasion symptoms when the disease occurs in adults. Lancet 1910 II, 1754—1755. — WECHSLER, I. S.: Tonic neck reflexes in tuberculous meningitis in children. J. amer. med. Assoc. 85, 510—511 (1925). — The tonic neck reflexes and their clinical significance in tuberculous meningitis in children. Med. Clin. N. Amer. 10, 989—1000 (1927). — WECHSLER, I. S. and BROCK: Clinical application of tonic neck reflexes. With special reference to tuberculous meningitis. Arch. of Neur. 14, 758—768 (1925). — WEIL et PÉHU: De la méningite tuberculeuse à forme délirante chez l'enfant. Lyon méd. 105, No 45, 673 (1905). — WEINTRAUD: Über die Pathogenese der Herdsymptome bei tuberkulöser Meningitis. Z. klin. Med. 26, 258. — WHITAKER, L. R.: A case of chronic tuberculous meningitis simulating brain tumor. Amer. Rev. Tbc. 11, 175—183 (1925). — WICHERT, F.: Über symptomatische, durch chronische, wahrscheinlich tuberkulöse Meningitiden hervorgerufene Psychosen. Roczn. psychjatr. (poln.) 1929, H. 11, 127—192. — WIEG, K. v.: Zur Klinik der Meningitis tuberculosa. Neur. Zbl. 1904, Nr 8, 343. — WILKS, S.: Cases of tubercular meningitis in adults. Med. Tim. a. Gaz. 1863 II, 274—278.

ZAPPERT, J.: Über die Bedeutung atypischer Initialsymptome bei der tuberkulösen Meningitis. Wien. med. Presse 1901, Nr 9, 10.

Verlauf.

ANDERSSEN, G.: Zwei Fälle von tuberkulöser Meningitis mit Tendenz zur Heilung. Norsk. Mag. Laegevidensk. 82, 364—366 (1921). — ARCHANGELSKY, W.: Zur Frage der Heilungschancen bei tuberkulöser Meningitis. Med. Rev. (russ.) 73, 140 (1910). — Zur Frage über die Möglichkeit einer Heilung der Meningitis tuberculosa. Jb. Kinderheilk. 74, 155 (1911).

BACIGALUPO: Eine neue Behandlungsmethode der tuberkulösen Meningitis. Münch. med. Wschr. 1915 I, 222. — BARBIER et GOUGELET: Des épisodes méningés tuberculeux curables. Arch. Méd. Enf. 1912, 241—265. — BARTH, K.: Ein Fall von Meningitis tuberculosa bei einem Kinde mit Ausgang in Heilung. Münch. med. Wschr. 1902 I, 877. — BATES, W. R.: Note on a case of tuberculous meningitis. Lancet 1904 I, 576. — BEZANÇON et WEIL: Tuberculose méningée guérie depuis deux ans. Bull. Soc. Étud. Sci. Tbc. 2, 169

(1912). — Bókay, J. v.: Über die Heilungsmöglichkeit der Meningitis tuberculosa. Jb. Kinderheilk. **80**, 133 (1914). — Borrusso, G.: Sulla guaribilita della meningite tubercolare. Policlinico, sez. med. **36**, 493—501 (1929). — Brooks, W. Tyrrell and Gibson: A case of retrogressive tuberculous meningitis. Lancet **1912 II**, 815—817. — Browning, Ch. C.: Report of four cases of what appeared to be tuberculous meningitis with apparent permanent arrestment. Med. Rec. **86**, 325 (1914).

Cain, A.: Un cas de méningite tuberculeuse guérie. Bull. Soc. méd. Hôp. Paris **45**, 731—736 (1929). — Carrière et L'Hôte: Les rémissions prolongées de la méningite tuberculeuse chez l'enfant. Arch. Méd. Enf. **8**, 321—339 (1905). — Cottin, E.: Méningite tuberculeuse guérie. Rev. Méd. **32**, 848 (1912). — Covone, R.: Guarigione di un caso di meningite tubercolare. Fol. med. (Napoli) **11**, 872—877 (1925). — Cramer et Bickel: La méningite tuberculeuse est-elle curable? Ann. Méd. **12**, 226—244 (1922). — Cruchet, R.: Méningite tuberculeuse du bulbe avec rémission de deux ans simulant la guérison; glossoplégie droite d'origine periphérique; mort subite par asphyxie bulbaire. Revue neur. **1902**, No 22, 1077.

De Luca, B.: Sulla guaribilita della meningite tubercolare. Riv. Clin. pediatr. **28**, 664—669 (1930). — Don, A.: Case of tuberculous meningitis in boyatreated with tuberculir; recovery; recurrence and death. Brit. med. J. **1907 I**, 1360.

Erlichówna u. Festensztat: Über besondere Formen der tuberkulösen Cerebrospinalmeningitis. Warszaw. Czas. lek. **5**, 801—803 (1928). — Contribution à l'étude de la méningite tuberculeuse. Rev. franç. Pédiatr. **5**, 97—102 (1929). — Etienne, Verrain et Reny: A propos de plusieur cas de réactions méningées à lymphocytose. Rev. méd. Est **52**, 160—163 (1924).

Fiori, G.: La tubercolosi dei centri nervosi anatomicamente dimostrata guaribile. Riv. Clin. pediatr. **11**, 321 (1913). — Freyhan: Ein Fall von Meningitis tuberculosa mit Ausgang in Heilung. Dtsch. med. Wschr. **1894 II**, 707—709.

Gougelet, J.: Épisodes méningés tuberculeux curables chez l'enfant. Thèse de Paris **1911**. — Gross, A.: Zur Prognose der Meningitis tuberculosa. Berl. klin. Wschr. **1902 II**, 776.

Harbitz, F.: The curability of tuberculous meningitis. Amer. J. med. Sci. **161**, 213—223 (1921). — Hasselt, P. v.: Ein Fall von Meningitis tuberculosa. Nederl. Tijdschr. Geneesk. **1931 II**, 4559—4560. — Henkel: Klinische Beiträge zur Tuberkulose; ein Fall von geheilter Meningitis cerebro-spinalis tuberculosa. Münch. med. Wschr. **1900 I**. — Hochstetter: Über die Heilbarkeit der tuberkulösen Hirnhautentzündung. Dtsch. med. Wschr. **1912 I**, 554.

Janssen: Über einen Fall von Meningitis tuberculosa mit Ausgang in Heilung. Dtsch. med. Wschr. **1896 I**, 169—171. — Jousset: L'avenir des tuberculoses méningées. Bull. Soc. méd. Hôp. Paris, III. s. **48**, 1110—1119 (1932). — Jousset et Périsson: Guérison ou rémission exceptionelle dans trois cas de méningite tuberculeuse traitées par l'allergine. Bull. Soc. méd. Hôp. Paris **45**, 654—663 (1929).

Kelly, George F.: Remission in tuberculous meningitis. Amer. J. Dis. Childr. **47**, 591—592 (1934). — Koch, K.: Zur Frage der Heilbarkeit der tuberkulösen Meningitis. Münch. med. Wschr. **1925 I**, 793—794. — Kramer and Stein: Tuberculous meningitis with syphilitic meningitis terminating in recovery. A review of the literature. Arch. int. Med. **48**, 576—591 (1931).

Leube: Ein Fall von geheilter Meningitis spinalis tuberculosa. Sitzgsber. physik.-med. Ges. Würzburg **1889**. — Lewy, F. H.: Über Häufigkeit und Heilbarkeit der tuberkulösen Meningitis. Mschr. Psychiatr. **68**, 402—412 (1928). — L'Hôte, F. L.: Des rémissions prolongées dans la méningite tuberculeuse. Thèse de Lille **1904**.

McMahon, B. T.: Recovery from tuberculous meningitis. Report of a case. Amer. Rev. Tbc. **13**, 216—219 (1926). — Martin, A. E.: The occurrence of remissions and recovery in tuberculous meningitis. A critical review. Brain **32**, 209—232 (1909). — Mermann, F.: Zur Frage der Heilbarkeit der tuberkulösen Meningitis. Beitr. klin. Chir. **34**, 268 (1902). — Montaud, Mouriz u. Díaz y Gómez: Falsche Meningealreaktionen vom tuberkulösen Typus. An. Acad. méd.-quir. españ. **13**, 692—703 (1926).

Neidhardt, K.: Heilung eines Falles von tuberkulöser Meningitis nach intralumbaler Tuberkulinbehandlung. Münch. med. Wschr. **1926 I**, 823—824.

Obregia u. Constantinescu: Ist die tuberkulöse Meningitis heilbar? Spital. (rum.) **24**, 82—88 (1924). — Oppenheim, E.: Friedmannsche Heilimpfung einer Meningitis tuberculosa. Z. Tbk. **45**, 316—317 (1926).

Pagès, P.: Sur la curabilité des processus méningés tuberculeux. Thèse de Montpellier **1903**. — Paisseau, G. et Laquerrière: Episodes méningés tuberculeux curables. Bull. Soc. méd. Hôp. Paris, III. s. **50**, 215—221 (1934). — Panitch, T.: Contribution à l'étude de l'hémiplégie précoce de la méningite tuberculeuse. Thèse de Paris **1902**. — Parrenin, E.: Contribution à l'étude des cas de méningite tuberculeuse considérés comme guéris. Thèse de Bordeaux **1903**. — Peola, F.: Su di un caso di meningite tubercolare guarito. Rinnov. med. gaz. internaz. med.-chir. e di interessi profess. **29**, 139—141 (1926). — Pissavy et Terris: Méningite tuberculeuse apparement guérie depuis cinq mois. Bull. Soc. méd.

Hôp. Paris **39**, 304—306 (1923). — PITFIELD, R. L.: Recovery from tubercular meningitis, with report of cases. Amer. J. med. Sci. **146**, 37 (1913).

REICHMANN u. RAUCH: Zwei geheilte Fälle von Meningitis tuberculosa. Münch. med. Wschr. **1913** II, 1430. — RIEBOLD, G.: Zur Frage der Heilbarkeit und der Therapie der tuberkulösen Meningitis. Münch. med. Wschr. **1906** II, 1709—1712. — RILLIET: De la guérison de la méningite tuberculeuse. Soc. méd. Hôp. **1853**. — ROCAZ: Méningite tuberculeuse probable; guérison apparente; variation de la formule cytologique du liquide céphalorachidien. Gaz. Sci. méd. Bordeaux **1901** II, 995. — RUMPEL, TH.: Tuberkulöse Meningitis. Ärztl. Ver. Hamburg. Dtsch. med. Wschr. **1907** II, 2021.

SAENGER, A.: Über circumscripte tuberkulöse Meningitis. Münch. med. Wschr. **1903** I, 991—992. — SALMON: Remission bei der tuberkulösen Meningitis. Čas. lék. česk. **59**, 217 (1920). — SALMON, J.: Meningitis tuberculosa. (Kasuistische Mitteilung). Jb. Kinderheilk. **54**, 755 (1901). — SAUER, L. W.: Hemiparesis and hemiplegia as early symptoms of tuberculous meningitis. Arch. of Pediatr. **31**, 902 (1914). — SCHÄFFER, S.: Tuberculous meningitis. N. Y. med. J. **1913**, 77. — SEPET, P.: Über die Heilbarkeit der Meningitis tuberculosa. Allg. Wien. med. Ztg **1902**. — Cyto- et sérodiagnostic d'une méningite guérie. Marseille méd. **39**, 402—407 (1902). — SIEPER, H.: Die Meningitis in den verschiedenen Stadien der Tuberkulose. Beitr. Klin. Tbk. **64**, 311—314 (1926). — SOUQUES et QUISERNE: Méningite tuberculeuse à forme hémiplégique. Cytodiagnostic du liquide céphalo-rachidien. Gaz. Sci. méd. Bordeaux **1901**, No 51, 607. — SPANIO, A.: Latenza e guaribilita della tuberculosi delle meningi e dell'encefalo. Contributo di osservazioni clin. ed anatomo-istologiche. Gaz. Osp. **48**, 604—612 (1927).

TAMARIN, L.: Ein Fall der Genesung von tuberkulöser Meningitis. Vopr. Tbk. (russ.) **6**, 65—66 (1928). — THOMALLA: Heilung einer Meningitis tuberculosa. Berl. klin. Wschr. **1902** I, 565.

VEDEL, GIRAUD et PUECH: Méningite tuberculeuse aigue bactériologiquement confirmée. Guérison rapide se maintenant 32 mois après. Bull. Soc. Sci. méd. et biol. Montpellier **7**, 266—272 (1926). — VIALARD et DARLEGUY: Un cas de méningite tuberculeuse dont la guérison se maintient depuis onze mois. Bull. Soc. méd. Hôp. Paris **41**, 522—524 (1925).

WIESE, O.: Heilung eines Falles von tuberkulöser Meningitis. Münch. med. Wschr. **1926** II, 1937.

ZAPPERT, J.: Die Hemiplegie bei der tuberkulösen Meningitis. Jb. Kinderheilk. **40**, 170—197 (1895). — Über die Bedeutung atypischer Initialsymptome bei der tuberkulösen Meningitis. Wien. med. Presse **1901**, Nr 9/10.

Formen.

ALTERMANN, D.: Les hémorragies méningées au cours des méningites tuberculeuses. Thèse de Paris **1912**.

BANUELOS, GARCIA: Klinische und evolutive Formen der tuberkulösen Meningitis Progr. Clinica **31**, 185—204 (1925). — BIANCONE, G.: Osservazione cliniche ed anatomopatologiche sopra un caso di meningomielite tubercolare. Riv. sper. Freniatr. **36**, 575 (1910).

CADO, L.: La forme comateuse de la méningite tuberculeuse de l'adulte. Thèse de Paris **1912**. — CAUSSADE, G.: Méningite tuberculeuse chez un adulte au décours d'une attaque de rhumatisme articulaire aigue (maladie de Bouillaud). De la forme délirante de la méningite tuberculeuse de l'adulte. Le salicylate de soude agit-il exclusivement dans la maladie de Bouillaud? Bull. Soc. méd. Hôp. Paris, III. s. **47**, 955—960 (1931). — CLOT, R.: Méningite tuberculeuse du nourrisson. Thèse de Lyon **1906**.

DIDE et DENJEAN: Plaque de méningite tuberculeuse de la région tubérienne. Agitation catatonique syndrome infundibulo-tubérien pseudo-paraplégie en flexion. Encéphale **26**, 181—197 (1931).

ESPÍLDORA LUQUE, C.: Tuberkulöse Meningitis beim Erwachsenen. Rev. méd. Chile **56**, 758—761 (1928).

FLATAU, E.: Über die chronische diffuse tuberkulöse Hirnhautentzündung. Neur. polska **11**, 167—178 (1928). — La méningite tuberculeuse chronique diffuse. Encéphale **23**, 578—592 (1928). — FLATAU et ZILBERLAST-ZAND: Sur la réaction des méninges contre la tuberculose. Encéphale **16**, 283—288, 344—360 (1921). — FORNARA, P.: Su di alcune forme atipiche o meno note della meningite tubercolare. Clin. ed Igiene infant. **4**, 81—94 (1929). — FRUHINSHOLZ, A.: Méningites tuberculeuses du post-partum. Gynéc. et Obstétr. **29**, 193—205 (1934).

GAUJOUX et BOISSIER: A propos d'un cas de méningite tuberculeuse durant la grossesse. Rev. franç. Gynéc. **26**, 591—604 (1931). — GIUGNI, F.: Meningiti tubercolari ad inizio e decorso prevalentemente spinale. Ischalgie sintomatiche di meningite tubercolare. Giorn. Clin. med. **11**, 531—543 (1930).

Harbitz u. Hatlehol: Tuberkulöse Spinalmeningitis mit eigentümlichem klinischen Krankheitsbild und anatomischer Ausbreitung. Norsk. Mag. Laegevidensk. 83, 47—52 (1922). — Hasselt, J. A. v.: Über Meningoencephalitis tuberculosa circumscripta. Mschr. Psychiatr. 41, 169 (1917). — Holten: Siehe Symptomatologie.

Jaquet: Siehe Symptomatologie. — Johannsen: Siehe Symptomatologie.

Kauders, O.: Tuberkulöse Spinalmeningomyelitis mit schweren Ganglienzellveränderungen, zugleich ein Beitrag zur Vaccineurinwirkung. Jb. Neur. 44, 171—183 (1925).

Lafarcinade, D. T.: Étude sur la méningite tuberculeuse du nourrisson. Thèse de Paris 1906. — Langeron, Dechaume et Petouraud: Hoquet persistant au cours d'une méningite tuberculeuse, contribution à l'étude de la localisation des lésions du hoquet. Presse méd. 34, 455—456 (1926). — Leon, Juan u. Niceto Loizaga: Ein Fall von tuberkulöser Meningitis am Ende der Schwangerschaft. Schmerzlose Spontangeburt. Arch. Conf. Méd. Hosp. Ramos Mejia 15, 177—183 (1933). — Semana méd. 1933 II, 167—170. — Lotti, C.: La meningite tubercolare a ripetizione. Policlinico, sez. med. 31, 593—608 (1924).

Monti u. Frühauf: Meningitis tuberculosa. Jahresbericht der allgemeinen Kinderpoliklinik Wien 1898. — Morse and Cleveland: Siehe Symptomatologie.

Perrier, A.: Méningite tuberculeuse chez l'enfant. Thèse de Paris 1911.

Seiferth, L. B.: Zur Klinik der endokraniellen Komplikationen bei Nebenhöhlenerkrankungen. (Stirnhöhlenentzündung und tuberkulöse Meningitis.) Passow-Schaefers Beitr. 28, 288—294 (1930). — Siebert, H.: Zur Frage der wechselnden Verlaufsart der Meningentuberkulose. Psychiatr.-neur. Wschr. 1930 II, 334—336. — Siniscalchi, R.: Su un caso di afasia sensoriale da meningo-encefalite tubercolare. Contributo clin. et anat.-patol. Note Psichiatr. 14, 255—261 (1926). — Squardi, G.: Contributo clinico alle sindromi iniziali della meningite tubercolare. Tubercolosi 13, 263—283 (1921). — Stiefler, G.: Tuberkulöse Meningitis mit den Erscheinungen einer schweren aufsteigenden spinalen Querschnittsläsion; nebst Bemerkungen über die Degeneration der hinteren Wurzeln. Jb. Neur. 33, 185 (1912).

Terris: Siehe Symptomatologie. — Teschler: Siehe Symptomatologie.

Ugurgiere, C.: Meningite tubercolare subacuta e cronica dell'adulto con idrocefalo interno acquisito. Studio clinico e anatomo-patologico. Riv. Pat. nerv. 38, 734—796 (1931).

Viton, Cruciani u. Charosky: Über einen Fall von Poncetschem Rheumatismus und tuberkulöser Meningitis. Semana méd. 1930 II, 1191—1193. — Vivant, J.: Some cases of the apoplectic form of tuberculous meningitis in adults. Internat. Clin. 4, 112—131 (1921).

Wertheim Salamonson, J. K. A.: Meningitis tuberculosa und Trepanation. Psychiatr. Bl. (holl.) 19, 570 (1915). — Willerval, J.: La méningite tuberculeuse du nourrisson. Thèse de Paris 1908. — Wong, A. J. H.: Tuberculous meningitis complicating pregnancy. Report of two cases. Nat. med. J. China 16, 764—767 (1930).

Diagnose und Differentialdiagnose.

Achard, Ch.: Akute Mischmeningitis durch Meningokokken und Tuberkulose. Warszaw. Czas. lek. 1, 221—224 (1924). — Achard et Horowitz: Un cas de méningite associée tuberculo-pneumococcique. Bull. Soc. méd. Hôp. Paris, III. s. 47, 24—28 (1931).

Barbèra, G.: Sulla difficolta di un'estata diagnosi eziologica in alcuni meningitici. Policlinico, sez. prat. 1928 II, 2261—2263. — Bode, O. B.: Differentialdiagnose der Meningitis tuberculosa. Dtsch. med. Wschr. 1931 I, 54. — Bonnin, J.: Sur un cas de méningite tuberculeuse ayant simulé une encéphalite épidémique. Gaz. Hôp. 100, 1236—1237 (1927).

Chavigny, M.: Maladies associées; fièvre typhoide et méningite tuberculeuse. Rev. Méd. 1903, No 1, 57. — Cibils Aguirre u. Bettinotti: Tuberkulöse und Meningokokken-Meningitis gemischt. Arch. argent. Pediatr. 1, 611—613 (1930). — Colombe et Foulkes: Deux observations de méningite tuberculeuse avec inféction associée. Arch. Méd. Enf. 27, 447—486 (1924). — Czöke, L. v.: Über einen interessanten Fall von Säuglingstuberkulose. Z. Kinderheilk. 54, 140—143 (1932).

Delamare et Cain: Un cas de méningo-encéphalite séreuse tuberculeuse du nourrisson. Revue neur. 1911, Nr 23, 560.

Fischer, Oskar: Über das cytologische Verhalten der Cerebrospinalflüssigkeit bei der tuberkulösen Meningitis. Prag. med. Wschr. 1913 I, 79.

Guinon et Grenet: Méningite à méningococces et à bacilles de Koch associés. Rev. internat. Tbc. 21, 33—37 (1912).

Haike: Ausbruch tuberkulöser Meningitis im Anschluß an akute eitrige Mittelohrentzündung, in dem einen Falle kompliziert mit chronischem Hydrocephalus internus.

Jb. Kinderheilk. **58**, 633 (1903). — HALBRON, LÉVY-BRÜHL et DIDIER HESSE: Méningite tuberculeuse avec présence de „Diplococcus crassus" dans le liquide céphalorachidien. Bull. Soc. méd. Hôp. Paris, III. s. **48**, 990—993 (1932).

JAHNEL, F.: Über das Vorkommen und die Bewertung positiver WASSERMANNScher Reaktion im Liquor bei Meningitis. Arch. f. Psychiatr. **56**, 235 (1915). — JONA, A.: Meningite tubercolare ed ascaridiosi. Riforma med. **42**, 172—174 (1926). — JOUIN, A.: Similitude entre l'encéphalite léthargique (forme motrice) et la méningite tuberculeuse chez l'enfant. Bull. Acad. Méd. **85**, 594—596 (1921). — JOUSSET, BERTRAND et VESLOT: Méningite tuberculeuse larvée simulant l'encéphalite épidémique avec cuti-réaction exceptionelle. Bull. Soc. méd. Hôp. Paris, III. s. **48**, 846—852 (1932).

KÖHLER, F.: Die Differentialdiagnose der Meningitis. Zbl. Tbk.forsch. **29**, 401—412 (1928). — KONIETZKO, P.: Ein anatomischer Befund von Mittelohrtuberkulose, beginnender Cholesteatombildung und Meningitis tuberculosa. Arch. Ohrenheilk. **59**, 206 (1903). — KRAEMER: Über positiven Wassermann im Liquor bei nicht luischer Meningitis. Münch. med. Wschr. **1918 II**, 1131—1132. — KRAMER, DAVIS W. and B. B. STEIN: Tuberculous meningitis with syphilitic meningitis terminating in recovery. A review of the literature. Arch. int. Med. **48**, 576—591 (1931). — KÜLBS, F.: Tuberkulose oder Tumor cerebri. Dtsch. Arch. klin. Med. **161**, 362—371 (1928).

LANGSTEIN, L.: Differentialdiagnose der Meningitis tuberculosa. Dtsch. med. Wschr. **1929 II**, 2138—2139.

MOURIZ, J.: Atypischer Liquorbefund bei tuberkulöser Meningitis. Med. ibera **1928 II**, 251—253.

OTTOW, M.: Impfencephalitis oder Meningitis tuberculosa? Dtsch. med. Wschr. **1930 II**, 2175—2176.

PAGLIARI, M.: Reazione di Wassermann positiva nel liquido cefalorachidiano in un caso di meningite tubercolare. Policlinico, sez. prat. **1929 II**, 1136—1138. — PALESA, O.: Intorno ad un caso di meningite tubercolare con siero reazione positiva verso il paratifo A. Pediatr. riv. **37**, 210—220 (1929). — PELNÁŘ, J.: Schwierigkeiten der Erkennung der Meningitis tuberculosa. Čas. lék. česk. **66**, 20—24 (1927). — PERRONNE, R.: Quelques observations cliniques de méningites cérébrospinales et tuberculeuses ayant présenté des particularités au cours de leur début, de leur durée ou de leur évolution. Thèse de Paris **1913**. — PIPIRS, J. S.: Mischinfektion der Meningen durch Tuberkelbacillen und andere pathogene Keime. Z. Kinderheilk. **50**, 161—176 (1930).

RAUSCH u. KAROLINY: Meningitis tuberculosa, das klinische Bild einer Salvarsanencephalitis nachahmend. Orv. Hetil. (ung.) **68**, 908—909 (1924). — RETROUVEY et DERVILLÉ: Méningite tuberculeuse et abscès encéphaliques. Rev. de Laryng. etc. **49**, 251—260 (1928). — RIECKE, H. G.: Ein differentialdiagnostisch interessanter Fall von Meningitis bei Cholesteatom des Mittelohres. Lues und Miliartuberkulose. Arch. Ohr- usw. Heilk. **126**, 284—288 (1930).

SARBÓ, A.: Geheilter Fall von Acetonurie, nachahmend die Meningitis tuberculosa. Gyógyászat (ung.) **64**, 849—850 (1924). — Ein geheilter Fall von tuberkulöse Meningitis nachahmender Acetonurie. Dtsch. Z. Nervenheilk. **87**, 113—116 (1925). — SCHÖNFELDER, T.: Ein Fall von seröser Meningitis. Differentialdiagnose gegenüber der tuberkulösen Meningitis. Med. Rev. (norw.) **40**, 161—166 (1923). — SMITH, A. D.: Some points in differential diagnosis of epidemic (lethargic) encephalitis, bulbar poliomyelitis and tuberculous meningitis. Arch. of Pediatr. **40**, 336—338 (1923).

TACCONE, G.: Contributo allo studio del liquido cefalo-rachidiano delle meningiti tubercolari nell'infanzia. Clin. pediatr. **8**, 321—360 (1926). — THIANGE, L. J. C.: Tuberkulöse Meningitis mit abweichendem Bild. Mschr. Kindergeneesk. **2**, 424—426 (1933). — TODESCO, J.: A case of meningitis due to the tubercle bacillus and a diplococcus closely allied to micrococcus tetragenes. Lancet **1927 I**, 338. — TRÉMOLIÈRES et TARDIEU: Saturnisme et méningite tuberculeuse. Bull. Soc. méd. Hôp. Paris **44**, 1661—1671 (1928).

VIALARD et DARLEGUY: Sur un cas de méningo-encéphalite oosporique survenue chez un tuberculeux pulmonaire cavitaire. Bull. Soc. méd. Hôp. Paris **40**, 1284—1289 (1924). — VOLLMOND, E.: Zur Diagnose der tuberkulösen Meningitis. Acta path. scand. (København) **3**, Suppl., 467—476 (1930).

WARNECKE: Ein Fall von Otitis media chronica foet. mit Cholesteatom, kompliziert durch Tuberkulose des Kleinhirns und Meningitis tuberculosa. Arch. Ohrenheilk. **1900**, 48. — WATTS and VIETS: Tuberculous meningitis with an unusual cerebrospinal fluid. A case report. New England J. Med. **200**, 757—759 (1929). — WEIL, E. u. V. KAFKA: Weitere Untersuchungen über den Hämolysingehalt der Cerebrospinalflüssigkeit bei akuten Meningitiden und progressiver Paralyse. Med. Klin. **1911 II**, 1314.

ZADEK: Über positiven Wassermann im Liquor bei nicht luischer Meningitis. Münch. med. Wschr. **1918 II**, 1435—1436.

Prognose und Therapie.

Bentivoglio, Gian Carlo: Tentativi di Röntgenterapia nella meningite tubercolare secondo il metodo di Z. von Bókay. Boll. Soc. ital. Pediatr. **2**, 495—496 (1933). — Béraud, A.: Méningite tuberculeuse chez une enfant de 23 mois vaccinée par le BCG. Bull. Soc. Pédiatr. Paris **28**, 536—540 (1930). — Bókay, Z. v.: Über die Möglichkeit der Heilung der Meningitis tuberculosa mit Hilfe von Röntgentiefenbestrahlungen. Jb. Kinderheilk. **135**, 69—81 (1932).

Gelbenegger, Franz: Intralumbale Solganalbehandlung bei Meningitiden und cerebrospinalen Erkrankungen. Wien. klin. Wschr. **1933** I, 238—241. — Ghimus: Quelques considérations sur le traitement radiothérapique de la méningite tuberculeuse. Bull. Soc. Pédiatr. Paris **30**, 598—600 (1932). — Gracoski et Camner: Un cas de méningite tuberculeuse chez un enfant vacciné par le BCG. Bull. Soc. Pédiatr. Iasi **1**, 40—44 (1930).

Herderschee, D.: Ein und das andere über die tuberkulöse Meningitis. Mschr. Kindergeneesk. **1**, 491—497 (1932). — Hochwald u. Saxl: Beobachtungen bei intralumbaler Tuberkulintherapie der Meningitis basilaris. Z. Kinderheilk. **51**, 656—661 (1931).

Jousset, André et Mme. André Jousset: A propos de la méningite tuberculeuse. Bull. Soc. Pédiatr. Paris **30**, 658—661 (1932).

Klinke, K.: Behandlung der tuberkulösen Meningitis mittels Sauerstoffinsufflation. Mschr. Kinderheilk. **31**, 539—541 (1926).

Liebermeister, G.: Die Behandlung der Meningitis und verwandter Zustände. Klin. Wschr. **4**, 73—76 (1926). — Liège, R.: La méningite tuberculeuse serait-elle curable? Bull. méd. **1932**, 924—930. — López Lomba, Julio: Behandlungsversuche bei tuberkulöser Meningitis. Zwei geheilte Fälle. Rev. méd. lat.-amer. **18**, 785—797 (1933).

Manicatide: Sur le traitement de la méningite tuberculeuse par les rayons Roentgen. Bull. Soc. Pédiatr. Paris **30**, 595—597 (1932). — Moggi, Dino: Sulla roentgenterapia della meningite tubercolare. Riv. Clin. pediatr. **31**, 129—134 (1933). — Mogilnicki, T.: La roentgenothérapie de la méningite tuberculeuse. Rev. franç. Pédiatr. **9**, 652—655 (1933).

Neumann: Intralumbale Tuberkulinbehandlung der tuberkulösen Meningitis. Ärztl. Ver. Hamburg, 28. Nov. 1916. — Neumann, J.: Die intralumbale Tuberkulinbehandlung der Meningitis tuberculosa. Med. Klin. **1917** I, 301.

Procházka, J.: Behandlung der Meningitis tuberculosa. Čas. lék. česk. **1931** II, 1045—1049.

Reiche, A.: Über Lufteinblasung bei tuberkulöser Meningitis. Med. Klin. **1923** I, 244. — Über Liquor-Ausblasungen in der Behandlung der Meningitis im Säuglings- und Kindesalter. Mschr. Kinderheilk. **31**, 295—299 (1926). — Reichmann: Über die Prognose und Therapie der Meningitis. Münch. med. Wschr. **1913** II, 1374—1376.

Santi, M.: Terapia tubercolinica e meningite tubercolare. Osservazione cliniche. Clin. pediatr. **9**, 898—905 (1927). — Saxl u. Hochwald: Intralumbale Tuberkulintherapie der Meningitis basilaris. Čas. lék. česk. **1931** II, 955—958. — Schlesinger, E.: Der therapeutische und symptomatische Wert der Lumbalpunktion bei der tuberkulösen Meningitis der Kinder. Berl. klin. Wschr. **1906** I, 838—840. — Schreiber, Georges: Le traitement de la méningite tuberculeuse par l'allergine de Jousset. Bull. méd. **1933**, 174—175. — Scorcu, A.: La emo-lactoterapia materna della tubercolosa meningea dell'infanzia. Prat. pediatr. **9**, 333—342 (1931). — Selter, G. E.: Zur intralumbalen Tuberkulinbehandlung der tuberkulösen Meningitis; ein geheilter Fall. Z. Kinderheilk. **49**, 437—445 (1930).

Valdés Lambea: Über die intrarhachideale Sanocrisinbehandlung der tuberkulösen Meningitis. Rev. españ. Med. **10**, 582—584 (1927).

Wiener, C.: Zur Röntgenbestrahlungstherapie der Meningitis tuberculosa. Jb. Kinderheilk. **138**, 249—258 (1933).

Die circumscripte tuberkulöse Meningitis.

Artwinski, E., W. Chlopicki u. I. Bertrand: Erfolgreich operierte und geheilte circumscripte Meningitis tuberculosa. Neur. polska **15**, 89—102 (1933).

Chantemesse, A.: Étude sur la méningite tuberculeuse de l'adulte. Thèse de Paris **1884**. — Combe: Contribution à l'étude de la méningite en plaques chez l'adulte et chez l'enfant. Rev. méd. Suisse rom., April, Mai **1898**.

Foerster, O.: Circumscripte tuberkulöse Meningitis. Berl. klin. Wschr. **1911** I, 404; **1912** I, 184—186.

Hirschberg: Über eine abnorme Form der Meningitis tuberculosa. Dtsch. Arch. klin. Med. **41**, 527 (1887).

Madelaine, G.: Contribution à l'étude de la méningite tuberculeuse en plaques. Thèse de Paris **1902**.

Weintraud: Über die Pathogenese der Herdsymptome bei tuberkulöser Meningitis. Z. klin. Med. **26**, 258.

Pachymeningitis tuberculosa.

BAUMANN, E.: Isolierte Tuberkulose der Dura mater spinalis mit totaler Querschnitts-lähmung. Dtsch. Z. Chir. **143**, 246 (1918). — BÉRIEL et GARDÈRE: Sur la méningo-myélite tuberculeuse primitive. Encéphale **7**, 316 (1912). — BERNARD, HERMANGE et DELCOUR: Un cas de compression médullaire par pachyméningite cervicale tuberculeuse primitive. Bull. Soc. méd. Hôp. Paris **43**, 1277—1284 (1927).

DUPRÉ et DELAMARE: Pachyméningite hémorrhagique et myélite nécrotique et lacu-naires tuberculeuses sans mal de Pott. Revue neur. **1901**, 669.

GRENIER et DUVIC: Sur n cas de pachyméningite cervicale tuberculeuse primitive. Bull. Soc. méd. Hôp. Paris **44**, 92—97 (1928).

MALERBA, A.: Tuberculosi pseudoneoplastica della dura meninge spinale. Arch. ital. Chir. **11**, 191—199 (1925).

PAPADATO, L.: Contribution à l'étude de la pachyméningite cervicale hypertrophique. Thèse de Paris **1912**.

STEBLOV, M. u. A. LOVCKAJA: Das Syndrom eines diffusen Betroffenseins der pyramidalen Wege im Falle einer tuberkulösen Peripachymeningitis. Sovet. Psichonevr. **9**, 70—74 (1933). — STEIGER, R.: Über die Pachymeningitis tuberculosa. Inaug.-Diss. München 1911.

TINEL: Pachyméningite tuberculeuse avec tubercule sur le trajet de la VII racine cer-vicale et inversion du réflexe olécranien. Revue neur. **1913** I, 350—351. — TINEL et PAPA-DATO: Pachyméningite cervicale tuberculeuse. Revue neur. **20** II, 71 (1912). — TOUCHE DE BRÉVANES: Pachyméningite cervicale hypertrophique. Revue neur. **1901**.

VIALARD: Sur un cas de méningo-myélite tuberculeuse sans lésion du rachis. Arch. Méd. nav. **113**, 241—247 (1923).

Seröse Meningitis bei Tuberkulose.

BARBIER, H.: La méningite aigue lymphocytaire bénigne de nature indéterminée simulant la méningite tuberculeuse. Bull. Soc. méd. Hôp. Paris **46**, 466—468 (1930). — BLATT, N.: Bemerkungen zum Symptomenkomplex der Meningitis tuberculosa discreta. Wien. klin. Wschr. **1922** I, 342—343. — BROCKMANN, H.: Zwei Fälle von Pseudomeningitis bei tuber-kulösen Kindern. Jb. Kinderheilk. **81**, 433 (1915).

CLAUDE, H.: La méningite séreuse tuberculeuse. Ksiega Jubileuszowa Edwarda Flataua, 1929, p. 30—34.

FINKELSTEIN, H.: Zur Entstehungsweise seröser Meningitiden bei tuberkulösen Kindern. Berl. klin. Wschr. **1914** I, 1164—1165. — FOERSTER, O.: Meningo-cerebellarer Symptomen-komplex nach Pneumonie. Berl. klin. Wschr. **1912** I. — Meningocerebellarer Symptomen-komplex bei fieberhaften Erkrankungen. Dtsch. Z. Nervenheilk. **50** (1913). — Der meningo-cerebellare Symptomenkomplex bei fieberhaften Erkrankungen tuberkulöser Individuen. Neur. Zbl. **1913**, Nr 22. — FRISCH, A. V.: Über tuberkulösen Kopfschmerz. Beitr. Klin. Tbk. **49**, 205—232 (1921). — Zur Symptomatologie der Meningitis tuberculosa discreta. Wien. klin. Wschr. **1923** I, 162—163. — FRISCH u. SCHÜLLER: Über tuberkulösen Kopf-schmerz (Meningitis tuberculosa discreta). Wien. klin. Wschr. **1921** I, 611—612.

GOUGELET, J.: Des épisodes méningés tuberculeuses curables chez l'enfant. Thèse de Paris **1911**.

HERSCHMANN, H.: Über tuberkulotoxische Meningitis. Arch. f. Psychiatr. **62**, 879—888 (1921). — Zur Frage der tuberkulotoxischen Meningitis. Wien. klin. Wschr. **1922** I, 478—479.

KAFKA: Demonstration. Ärztl. Ver. Hamburg, 2. Nov. 1915.

LÉPINE, J.: Étude sur l'encéphalite subaigue curable des tuberculeux. Rev. Méd. **28**, 820—839 (1908). — LYONNET, B.: De l'encéphalopathie tuberculineuse (Méningite tuber-culeuse sans lésions). Rev. Méd., Okt. **1911**, 502—507.

MÜNZER, E.: Kasuistische Beiträge zur Lehre von der akuten und chronischen Hirnhaut-entzündung. Prag. med. Wschr. **1899** I, 583—585, 597—599, 609—610.

PATEL: Epanchement séreux méningé chez un sujet tuberculeux (lésions articulaires multiples) présentant le syndrome clinique de la méningite tuberculeuse. Gaz. Sci. méd. Bordeaux **1902**, No 102, 1207. — POROT, A.: Documents anatomiques et cliniques sur la pathologie des méninges. Rev. Méd. **1908**, No 1, 38.

QUERNER, E.: Über schwere cerebrale Symptome bei Phthisikern ohne anatomischen Befund. Berl. klin. Wschr. **1912** II, 2169—2171. — QUINCKE, H.: Über Meningitis serosa. Slg. klin. Vortr., N. F. **1893**, Nr 67.

SIEVERS, H.: Zur Kenntnis der meningealen Reaktion im Kindesalter. Gleichzeitig ein Beitrag zur Differentialdiagnose der Meningitis tuberculosa. Jb. Kinderheilk. **125**, 228—243 (1930).

Tinel et Gastinel: Les états méningés des tuberculeux. Rev. Méd. **32**, 241—256 (1912). — Tinel et Goldenfan: Les lésions radiculaires chez les tuberculeux. Revue neur. **1911**, 402.

Hirntuberkel.

Achmatowicz, C. u. J. Borysowicz: Beitrag zur Diagnostik und chirurgischen Intervention beim Hirntuberculum. Polska Gaz. lek. **1933**, 361—363. — Anderson, F. N.: Tuberculoma of the central nervous system. Arch. of Neur. **20**, 354—365 (1928). — André-Thomas: Syndrome de Benedikt chez un enfant. Tubercule probable. Revue neur. **1913 I**, 430—431. — Ardin-Delteil et Levi-Valensi: Tubercule de la protubérance. Syndrome de Raymond et Cestan avec spasme facial, paralysie du trijumeau et troubles du goût. Revue neur. **1925 II**, 464—473.

Babonneix et Hutinel: Tuberculome protubérantiel. Bull. Soc. méd. Hôp. Paris **41**, 1275—1277 (1925). — Baeza Goni u. Oyazzun: Gehirntuberkulome. Rev. chil. Pediatr. **2**, 300—303 (1931). — Benedek, Ladislaus u. Theodor Hüttl: Beitrag zur Klinik und radikalen Behandlung der Konglomerattuberkel des Gehirnes. Dtsch. Z. Chir. **240**, 554—556 (1933). — Bernhardt, M.: Beiträge zur Symptomatologie und Diagnostik der Hirngeschwülste. Berlin 1881. — Borchardt, Johanna: Verkalkte Solitärtuberkel im Gehirn bei tuberkulöser Meningitis. Arch. Kinderheilk. **99**, 181—184 (1933). — Bortagaray, M. H.: Periphere Facialislähmung durch ein Tuberkulom der Bulboprotuberantialgegend bei einem Säugling von 15 Monaten. Semana méd. **30**, 1225—1230 (1923). — Brouwer, B. u. R. Burdet: Über spontan geheilte Hirntuberkel bei eunuchoidem Hochwuchs. Psychiatr. Bl. (holl.) **36**, 445—463 (1932). — Brunner u. Bleier: Über einen Fall von Ponstuberkel. Arb. neur. Inst. Wien **22**, 133 (1919). — Bruns, L.: Ein Fall von Ponstuberkel. Neur. Zbl. **1886**, Nr 7/8.

Cantilena, A.: Encefalite e meningite tubercolare. Riforma med. **37**, 458—459 (1921). — Carnot, Bariéty et Guédon: Deux cas de tuberculome de la couche optique. Bull. Soc. méd. Hôp. Paris **44**, 837—846 (1928). — Castex, Mollard u. Arnaudo: Tuberkulom der Hirnschenkelhaube. Rev. Soc. Med. int. y Soc. Fisiol. **4**, 437—452 (1928). — Tuberkel der Hirnschenkelhaube. Rev. otol. etc. y Cir. neur. **4**, 51—62 (1929). — Cerise: Tuberculose de l'hypophyse secondaire à un tuberculome de la base du cerveau. Revue neur. **20**, 227 (1912). — Charlone, R.: Multiple Hirntuberkulome. Arch. lat.-amer. Pediatr. **23**, 539—546 (1929). — Christophe et Baumberger: Sur un cas anatomo-clinique de tubercules de la protubérance et du cervelet. Revue neur. **38 I**, 331—334 (1931).

D'Allocco, O.: Ulteriore contributo sui tumori cerebrali. Policlinico, sez. med. **30**, 207—218 (1923). — Deist, H.: Über Beziehungen zwischen Meningitis tuberculosa, Solitärtuberkel und Paralysis agitans. Dtsch. med. Wschr. **1925 II**, 2070—2072.

Erichsen: Zur Kasuistik der Tumoren des verlängerten Marks. Petersburg. med. Z. **1870**. — Estapé, J. M.: Tuberculose du cervelet chez l'enfant. Rev. sud-amer. Méd. **3**, 511—516 (1932).

Feiling, A.: Tuberculosis of the nervous system. Tubercle **6**, 313—323 (1925). — Foerster, O.: Über den Lähmungstypus bei corticalen Hirnherden. Dtsch. Z. Nervenheilk. **37**, 349—414 (1909). (Fall 3 und Fall 8.) — Wurmtuberkel. Berl. klin. Wschr. **1912 I**. — Kleinhirntuberkel. Berl. klin. Wschr. **1912 I**. — Foix et Thévenard: Symptomes pseudo-cérébelleux d'origine cérébrale. Tubercule de la région paracentrale postérieure. Revue neur. **1922 II**, 1592. — Frey, E.: Über einen Fall von Oblongatatuberkel unter dem Bilde eines Kleinhirnbrückenwinkeltumors. Z. Neur. **21**, 130 (1913).

Gehuchten, van: Tubercules de la protubérance et du noyau rouge. Discussion des symptomes oculaires et des troubles du tonus. Revue neur. **40 I**, 74—87 (1933). — Gierlich u. Hirsch: Tuberkel im Hirnstamm mit Sektionsbefund. Dtsch. med. Wschr. **1910 II**, 1610—1612. — Giorgi, E.: Emiparesi da tubercolosi cerebrale in un lattante. Gazz. Osp. **44**, 1183—1186 (1925). — Gonzales, Dowling u. Kuhn: Multiple Tuberkulome des Gehirns. Rev. Especial. méd. **5**, 860—868 (1930). — Gorter, E.: Über einen seltenen Fall von Gehirntuberkulose. Z. Tbk. **55**, 414—418 (1930). — Grafe u. Gross: Über einen ungewöhnlichen Fall von Konglomerattuberkulose des Gehirns (Sitz des Haupttuberkels am unteren Ende der Medulla oblongata). Z. Neur. **57**, 159—279.

Halban u. Infeld: Zur Pathologie der Hirnschenkelhaube. Arb. neur. Inst. Wien **1902**, H. 9. — Hanns: Tubercules du lobe gauche du cervelet. Province méd. **25**, 271 (1912). — Harbitz u. Monrad-Krohn: Tuberkulöse Gehirnaffektion. (Tuberkulose der Regio opto-peduncularis und alte tuberkulöse Meningitis). Norsk. Mag. Laegevidensk. **84**, 119—122 (1923). — Hasselt, J. A. v.: Tuberkel in cerebro. Nederl. Tijdschr. Geneesk. **64**, 2443 (1920). — Hérisson-Laparre et Pruvost: Démence précoce et tubercule du cerveau. Bull. Soc. clin. et Méd. ment. **9**, 393 (1913). — Herz: Akute Miliartuberkulose unter dem Bilde der Hemiplegia spastica infantilis. Ärztl. Ver. Hamburg, Biol. Abt., 28. Nov. 1922. — Heubner: Drei Fälle von Tuberkelgeschwülsten im Mittel- und Nachhirn. Arch. f. Psychiatr. **12**, 586 (1882). — Hirsch u. Klein: Tuberkulose der Kleinhirntonsille. Ver.

dtsch. Ärzte Prag, 26. Okt. 1923. — HIRSCHBERG, E.: Tuberculum crudum des Gehirns bei Kindern. Vopr. Tbk. 3, 89—93 (1925). — HOCHE, A.: Zur Lehre von der Tuberkulose des Zentralnervensystems. Arch. f. Psychiatr. 19 (1888).

JACARELLI, E.: Sopra un caso di tumore (tubercoloma) dell'emisfero cerebellare sinistro. Policlinico, sez. med. 37, 434—441 (1930). — JANKŮ, J.: Klinisches Bild des Tuberkels des Sehnervenkopfes der Aderhaut; unspezifische und spezifische Behandlung mit Tuberkulin und Chelonin. Čas. lék. česk. 62, 1—8, 38—42, 70—73, 93—96 (1923). — JASTROWITZ: Beiträge zur Lokalisation im Großhirn und über deren praktische Verwertung. Dtsch. med. Wschr. 1888 I, 81—83. — JONGE: Tumor der Medulla; Diabetes mellitus. Arch. f. Psychiatr. 13, 658. — JUMENTIÉ: Tubercules multiples du cervelet. Revue neur. 1914 I, 776—779.

KIRNBERGER, K.: Zur Kasuistik der JACKSONschen Epilepsie. Inaug.-Diss. Freiburg i. Br. 1898. — KLEIN, R.: Über die Zwangshaltung des Kopfes bei Kleinhirnerkrankungen. (Symptomatologie und klinischer Verlauf eines Tuberkels der Tonsille.) Z. Neur. 92, 496—505 (1924). — KLEYN, DE u. VERSTEEGH: Über zwei seltene endokranielle Komplikationen. Z. Hals- usw. Heilk. 21, 295—303 (1928). — KREPUSKA, S.: Ein Fall von Konglomerattuberkel im Gehirn im Anschluß an chronische Mittelohreiterung. Arch. Ohr- usw. Heilk. 117, 219—224 (1928). — KURZAK, H.: Die Tuberkulose des Keilbeins und ihre Beziehungen zur Hypophyse. Z. Tbk. 34, 433—442 (1921).

LAMA, A.: Tumor del mesencefalo con sintomatologia simile a quella dell' encefalite letargica. Studium 11, 304—310 (1921). — LETCHWORTH, T. W.: Tuberculoma of the pituitary body. Brit. med. J. 1924, 1127. — LIST, K.: Cerebrale Tuberkulose bei alten Leuten. Berl. Ges. Psychiatr. u. Nervenkr., 9. Dez. 1929. — LOCKE jr., C. E.: A review of a year's series of intracranial tumors. Arch. Surg. 3, 560—581 (1921). — LODGE, S.: Cases illustrating some intracranial conditions of general interest. Brit. med. J. 1912, 592.

MANNA, M.: Tuberculo del ponte di Varolio in un lattante di 9 mesi. Con reporto anatomopatologico. Pediatr. prat. 7, 353—362 (1930). — MANOLESCO et LAZARESCO: Tuberculose cérébrale. Hypertension intracranienne. Stase papillaire. Rev. d'Otol. etc. 8, 382—384 (1930). — MARINO, MALET u. FABINI: Klinische und pathologisch-anatomische Betrachtungen über einen Fall von allgemeiner käsiger Tuberkulose mit zwei Herden im Gehirn. An. Fac. Med. Montevideo 16, 179—200 (1931). — MASSARY, DE et BOQUIEN: Tubercule cérébral solitaire du noyau caudé à évolution lente. Terminaison par méningite tuberculeuse. Revue neur. 1929 I, 1258—1260. — MÖBIUS, P.: Beiträge zur Physiologie und Pathologie der Varolsbrücke. Diss. Berlin 1870. — MOORE, R. A.: Multiple tuberculoma and infarctions of the brain: report of a case. Arch. of Neur. 23, 795—797 (1930).

NEUMANN: Fall von Konglomerattuberkel der Brücke. Ärztl. Ver. Hamburg, 2. April 1918. — NEUSSER: Zur Klinik der Meningitis tuberculosa. Wien. med. Presse 1899, Nr 13, 16, 22, 23. — NINGER, F.: Tuberkulom des Gehirns. Čas. lék. česk. 53, 891 (1914).

OBOLONSKY: Über einen Fall von Rückenmarkstuberkulose mit Verbreitung des tuberkulösen Prozesses auf dem Wege des Zentralkanales. Z. Heilk. 9, 411—420 (1888).

PAPASTRATIGAKIS, C.: Sur un cas de tubercule du pédoncule cérébral gauche. Grèce méd. 25, 49—51 (1923). — PARDEE and KNOX: Tuberculoma en plaque. Arch. of Neur. 17, 231—238 (1927). — PATERSON and STEVENSON: Case of healed tuberculoma of the brain. Operative removal. With pathological report. Glasgow med. J. 113, 281—290 (1930). — PENTZOLD: Zwangsbewegung nach rückwärts bei einem median gelegenen Ponstuberkel. Berl. klin. Wschr. 1876 II. — PETTE, H.: Zur Symptomatologie und Differentialdiagnose der Kleinhirnbrückenwinkeltumoren. Arch. f. Psychiatr. 64, 98—132 (1921). — PICK, A.: Zur Zerlegung der „Demenz". Mschr. Psychiatr. 54, 3—10 (1923). — POMEROY: Tuberculosis of the brain. Report of a case of tubercle of the left optic thalamus. Med. Rec. 18, 795 (1912). — POPLAVSKIJ, V.: Ein Fall von solitärem Tuberkel des Hirnschenkelfußes. Ž. Izuč. rann. det. Vozr. (russ.) 4, 230—233 (1926).

RANZIER et BAUMEL: Tuberculomes multiples du cerveau et des méninges. Nouv. iconogr. Salpêtrière 26, 397 (1913). — REIK, H. O.: An unusual case of cerebral tuberculosis following tuberculous otitis media. Hopkins Hosp. Bull. 21, 223—225 (1911). — ROUBIER et ALARD: Volumineux tubercule du pédoncule cérébral chez un tuberculeux pulmonair. Progrès méd. 1931 I, 385—389.

SCHIDLOWSKY, P.: Zur Frage der Tuberkulome des zentralen Nervensystems. Arch. klin. Chir. 155, 703—713 (1929). — SCOTT, ERNEST and GRANT A. GRAVES: Tuberculoma of the brain. With a report of 4 cases. Amer. Rev. Tbc. 27, 171—192 (1933). — SEPICH, M. J.: Kleinhirntuberkulose. Rev. Asoc. méd. argent. 41, 515—560 (1928). — SIMONETTI, R.: Emiplegia da tubercolo cerebrale e meningite tubercolare. Clin. ed Igiene infant. 3, 547—554 (1928). — SISARIC, I.: Ein Fall von plötzlicher Erblindung durch Tuberkel im Chiasma nervi optici. Wien. med. Wschr. 1921 I, 445—448. — SLOOFF, J.: Hemichorea durch Gehirntuberkel. Nederl. Mschr. Geneesk. 17, 424—427 (1931). — SPILLER and FRAZIER: The successful removal of brain tumors. Arch. of Neur. 6, 476—508 (1921). — STENVERS, H. W.: Tuberkel im Tegmentum pontis. Beitrag zur Symptomatologie der Ponsherde. PICKsche

Visionen. Schweiz. Arch. Neur. **11**, 221—229 (1922). — STEWART, M. J.: Healed tuberculoma of the cerebellum. J. of Path. **30**, 577—581 (1927).

TERENECKIJ, ZIMMERMANN u. ČERNYSOV: Zur Frage der Diagnostik der Brückengeschwülste (Tuberculum solitare). Ž. ušn Bol. (russ.) **5**, 134—153 (1928). — TREVELYAN, E. F.: Some observations on tuberculosis of the nervous system. Lancet **1903** II, 1276.

VALABREGA, L.: Ein Fall von Kleinhirntuberkulom. Arch. lat.-amer. Pediatr. **15**, 235—239 (1921). — VAUGIRAUD: Un cas de tubercule du cervelet, craniectomie décompressive, granulie méningée. Arch. Méd. Enf. **1912**, 610. — VELLUDA, C. C.: Un cas de tubercule solitaire localisé dans le vermis. Arch. internat. Neur. **44**, 133—142 (1925). — VIALARD et DARLEGUY: Sur un cas de méningo-encéphalite tuberculeuse avec accès jacksoniens. Bull. Soc. méd. Hôp. Paris **41**, 517—522 (1925). — VOISIN, R.: Méningite tuberculeuse anormale chez une jeune épileptique. Revue de la Tbc. **7**, 195—198 (1909).

WAGENEN, W. P. v.: Tuberculoma of the brain. Its incidence among intracranial tumors and its surgical aspects. Arch. of Neur. **17**, 57—92 (1927). — WALDSTEIN, T.: Ein Fall von Solitärtuberkeln im Kleinhirn als Komplikation mit tödlichem Ausgang bei Lumbalpunktion. Acta orthop. scand. **2**, 83—86 (1931). — WERNICKE, C.: Ein Fall von Ponserkrankung. Arch. f. Psychiatr. **7** (1877). — WYNNE, F. E.: Tubercle of the crus cerebri simulating enteric fever. Lancet **1914** I, 1676—1677.

ZANETTI, G.: Sulla struttura ed istogenesi del tuberculo encefalico. Riv. Pat. e Clin. Tbc. **2**, 537—573 (1928). — ZAPPERT, J.: Der Hirntuberkel im Kindesalter. Arb. neur. Inst. Wien **15** (1907).

Rückenmarkstuberkel.

BROWNING, CH. C.: Report of a case of tuberculosis of the spinal cord. Med. Rec. **100**, 1021—1023 (1921).

CHVOSTEK: Zwei Fälle von Tuberkulose des Rückenmarks. Wien. med. Presse **1873**, Nr 35, 37—39.

DEMETRESCU u. NESTOR: POTTsche Paraplegie durch ein extradurales Tuberkulom. Rev. san. mil. (rum.) **23**, 174—176 (1924). — DOERR: Zur Kenntnis der Tuberkulose des Rückenmarks. Arch. f. Psychiatr. **49**, 406 (1912).

FIAMBERTI, A. M.: Tuberculoma solitario del midollo spinale. Contributo clinico e anatomo-patologico. Riv. Pat. nerv. **43**, 616—671 (1929).

HARBITZ, F.: Tuberculosis of the spinal cord with peculiar changes. J. amer. med. Assoc. **78**, 330—331 (1922). — Solitärtuberkel im Rückenmark. Norsk. Mag. Laegevidensk. **83**, 53—55 (1922). — HERTER: A contribution to the pathology of solitary tubercle of the spinal cord. J. nerv. Dis. **1890**.

JUMENTIÉ: Tubercule du renflement lombo-sacré. Paraplégie flasque. Revue neur. **1913** I, 353—354. — JUMENTIÉ et ACKERMANN: Discussion sur la valeur sémiologique des douleurs à type radiculaire pour le diagnostic des tumeurs intra- et extramédullaires; remarques à propos d'un cas de tubercule de la moelle. Revue neur. **1914** I, 284—287.

RIVET et JUMENTIÉ: Syndrome de BROWN-SÉQUARD par tubercule médullaire au cours d'une tuberculose surrénale latente. Revue neur. **1913** I, 351—353.

SCHAMSCHIN: Beiträge zur pathologischen Anatomie der Tuberkulose des Zentralnervensystems. Z. Heilk. **16**, 373—426 (1895). — SCHLESINGER, H.: Beiträge zur Klinik der Rückenmarks- und Wirbeltumoren. Jena 1898. — ŠEFFER, D.: Intramedullar-Tuberkel. Sovrem. Psichonevr. (russ.) **6**, 369—374 (1928).

THALHIMER and HASSIN: Clinico-pathologic notes on solitary tubercle of the spinal cord. J. nerv. Dis. **55**, 161—193 (1922). — TINEL, J.: Pachyméningite tuberculeuse avec tubercule sur le trajet de la VII. racine cervicale et inversion du réflexe olécranien. Revue neur. **1913** I, 350.

VERAGUTH u. BRUN: Weiterer Beitrag zur Klinik und Chirurgie des intramedullären Konglomerattuberkels. Korresp.bl. Schweiz. Ärzte **46**, 385, 424 (1916).

WARING, J. J.: A case of tuberculoma of the spinal cord. J. Labor. a. clin. Med. **7**, 96—99 (1921).

Tuberkulöse Myelitis.

GUNSSER, E.: Beitrag zur Kenntnis der Rückenmarks-Tuberkulose. Inaug.-Diss. Tübingen 1890.

HAŠKOVEC: Siehe Pathologische Anatomie. — HENSEN: Siehe Pathologische Anatomie.

RAYMOND: Les différentes formes de leptomyélites tuberculeuses. Rev. Méd. **1886** I, 230—259.

SCHMIDT, M. B.: Über zentrale tuberkulöse Myelitis. Beitr. path. Anat. **87**, 314—322 (1931).

Lepra.

Von M. KROLL-Moskau.

Mit 13 Abbildungen.

Geschichtliches. Die Lepra ist eine chronisch verlaufende übertragbare Krankheit, die durch Infektion mit einem speziellen, von HANSEN beschriebenen Bacillus hervorgerufen wird. Sie kommt als *Knotenlepra, Lepra tuberosa* oder als *Nervenlepra, Lepra maculo-anaesthetica* vor. Noch häufiger kombinieren sich beide Formen zur sog. *Mischform*.

Das griechische Wort Lepra stammt von $\lambda\varepsilon\pi\iota\varsigma$ = Schuppe. Die *Römer* nannten die Krankheit Lepra Arabum, Elephantiasis Graecorum, Morbus phoenicicus. Bei den *Griechen* hieß die Krankheit Satyriasis, Leontiasis oder auch Elephantiasis. Ob die altjüdische Bezeichnung Zoraath sich auf Lepra bezieht, wird von vielen Forschern bezweifelt. Das deutsche Synonym *Aussatz* bedeutet, daß der Kranke aus der Gemeinschaft ausgesetzt wird. Von derselben Wurzel der griechischen Bezeichnung stammen die englische Bezeichnung Leprosy, die französische Lèpre, die italienische Lebbra. Da die Errichtung von Spitälern teils mit der epidemischen Verbreitung der Lepra zusammenhing, findet sich auch in der Bezeichnung der Krankheit, besonders in den skandinavischen Sprachen die Wurzel des Wortes Spital wieder, z. B. norwegisch: Spedalskhed.

Im tiefen *Altertum* war die Lepra an den Ufern des Nils und des Ganges heimisch und nahm von hier aus mit den Feldzügen, den römischen Legionen, den Kreuzzügen, der Völkerwanderung ihren Siegeszug durch die Welt und speziell durch Europa, wo sie die hauptsächlichste chronische Volkskrankheit des Mittelalters war. Nicht nur in den Chroniken der Epoche, sondern auch in Kunst und Literatur spiegelte sich ihre Bedeutung wider. Die „Lazarette" (der heilige Lazarus war der Schutzpatron der Aussätzigen), „Spitaler" für Leprakranke (skandinavische Wurzel für Lepra: spedal) waren die Vorläufer der Krankenhäuser. Schon seit dem Anfang des 11. Jahrhunderts waren die Sensibilitätsstörungen bei Lepra bekannt. So wird von arabischen Schriftstellern in Spanien um diese Zeit berichtet, daß der Lepröse ein brennendes Glüheisen nicht spürt. Dank der intensiven Bekämpfung und den Isolierungsmaßregeln, die auf das allerstrengste gehandhabt wurden, *nahm die Seuche gegen Anfang des 16. Jahrhunderts ab*. Es werden allmählich einzelne Lepraasyle geschlossen, so in Frankreich, in Holland. Seit der Ausbreitung der Syphilis beschäftigen sich die Schriften viel mit der Unterscheidung derselben von der Lepra. Mit der Entwicklung der Kolonialpolitik im 18. und der ersten Hälfte des 19. Jahrhunderts werden neue Lepraherde in Afrika und anderen tropischen Ländern entdeckt und das Interesse für die Krankheit neu entfacht. 1848 erscheint das berühmte Werk von DANIELSEN und BOECK, in dem die Verfasser über Resultate von *Impfungen von leprösem Material* an sich und anderen berichteten. Die Erfolglosigkeit dieser Impfversuche führte die Verfasser zur Ansicht, daß Lepra nur durch *Vererbung* fortgepflanzt wird. Das Aufflackern der Lepra um diese Zeit namentlich in den Kolonien, zahlreiche neue Beschreibungen, die *Entdeckung der Leprabacillen* durch HANSEN (1873), die Untersuchungsergebnisse spezieller Kommissionen (Guyana-Leprakommission 1875), ARNINGs Vortrag auf dem 2. internationalen Dermatologenkongreß in Wien 1892 und eine Reihe neuer Forschungen haben gegen Ende des vorigen Jahrhunderts die *These von der Übertragbarkeit der Lepra* wieder gestärkt und das Interesse für die Krankheit und ihre Bekämpfung gehoben. An der *1. internationalen Leprakonferenz in Berlin 1897* haben sich Vertreter fast aller Länder beteiligt. Hier wurde die Ansteckungsfähigkeit der Lepra prinzipiell bestätigt. Seitdem sind eine Reihe wichtigster Arbeiten erschienen über Histologie, Klinik, Epidemiologie und Behandlung des Aussatzes. Von 1900—1914 erschien die *Bibliotheca internationalis „Lepra"*, die die Lepraliteratur der ganzen Welt brachte. Auf dem *2. internationalen Leprakongreß in Bergen 1909* unter dem Vorsitz von ARMAUER HANSEN wurde über Behandlung der Lepra mit „Antileprol" berichtet. 1924 beginnt in Rom die internationale „Pro Leprosis" zu erscheinen. In der letzten Zeit ist die Behandlung der Leprakranken und die Bekämpfung der Lepra bedeutend aktiviert worden.

Die *Verbreitung der Lepra* wird heute mit 2—3 Millionen Kranken berechnet. Es ist also mindestens jeder 800. Mensch leprös. ROGERS gibt folgende Zahlen an: Europa 7000, Asien 1 250 000, Afrika 500 000, Amerika 30 000. Für China nimmt ROGERS $^1/_2$—1 Million an. Außer diesem Hauptherd sind noch Indien und Zentralafrika zu nennen. Das sind dieselben Seuchenherde, von denen aus die Verbreitung der Lepra auch im Altertum stattgefunden hat. Die Eroberung Amerikas, die Sklaventransporte von Chinesen, Negern und Indern, die Entdeckung neuer Länder, die Anlegung von Plantagen und die wirtschaftliche Ausbeutung der Kolonien waren für die Verbreitung der Lepra in der Neuzeit maßgebend. In Europa wie auch in den außereuropäischen Ländern kommt Lepra am häufigsten an Meeresküsten und an Flußufern mit warmem, feuchtem Klima vor wie in Norwegen, Schweden, in der Türkei, in Südfrankreich, den Ostseestaaten, Sowjet-Rußland, Italien, Spanien usw.

Ätiologie. Die Ansteckbarkeit der Lepra und die Übertragung derselben durch den HANSEN*schen Bacillus* ist heutzutage fast allseitig anerkannt. Allerdings sind die *Bedingungen der Übertragung* bei weitem nicht vollkommen klar. Jedenfalls variiert die Ansteckungsgefahr in sehr weiten Grenzen hauptsächlich je nach den klinischen Erscheinungen und den Krankheitsperioden. So ist ein mit Nervenlepra behafteter Patient unvergleichlich ungefährlicher als ein Kranker mit Geschwüren und Coryza. Es gehört ferner nicht nur dazu, daß der lebende Bacillus auf die passende Stelle übertragen wird, sondern es handelt sich auch um eine entsprechende Disposition, um Bedingungen des Klimas, der physikalisch-geographischen Verhältnisse, der Ernährung, des sozialen Milieu, der öffentlichen und privaten Gesundheitspflege.

Der von HANSEN entdeckte und von A. NEISSER 1879 ausführlich beschriebene *Lepraerreger* ist ein Stäbchen von 2—6 μ Länge und 0,2—0,4 μ Breite. Er gehört zu den säurefesten Bakterien und steht morphologisch und tinktoriell dem Tuberkelbacillus sehr nahe. Die einzelnen Exemplare sind manchmal plumper und an den Enden mitunter zugespitzt. Sie färben sich nach ZIEHL oder nach Angabe von ARNING in einigen Fällen mit der verlängerten Gramfärbung nach MUCH. UNNA hat eine doppelte Färbung (Thymen-Viktoriablau-Safranin) angegeben, um in den Krankheitsprodukten lebende von totenBacillen zu unterscheiden. In den Geweben liegt der Lepraerreger in Bündeln dicht nebeneinander wie in „Zigarrenpaketform" oder in kleinen amorphen Klümpchen — „Globi", in welchen die einzelnen Bacillen nicht mehr zu unterscheiden sind. Nach HANSEN besitzt der Leprabacillus eigene Bewegungen. Doch wird dies von der Mehrzahl der Forscher verneint. Die Erreger befinden sich in den Knoten, der Schleimhaut der Nase, in der Haut, den Hoden, weniger zahlreich in Milz und Leber, Cornea und den Lymphdrüsen. In der Haut sind sie meist an die großen Rundzellen gebunden, die das Leprom bilden. Das Lymphgefäßsystem ist ganz besonders von den Bacillen erfüllt.

Es hat nicht an Versuchen gefehlt, *den Leprabacillus zu züchten*. Die Behauptung JADASSOHNs aus dem Jahre 1913, daß es vorläufig nicht gelungen ist, mit völliger Sicherheit und in praktisch brauchbarer Weise Leprabacillenkulturen zu erhalten, gilt in großem Maße auch noch für heute. KEDROWSKY hat im Zusammenhang damit behauptet, daß die Wuchsformen des Bacillus außerhalb des Organismus sich von denjenigen im Organismus unterscheiden. Demgegenüber stellen CORNIL, ÉMILE-WEIL, JADASSOHN die Forderung, daß in solchen Fällen von tinktorieller und morphologischer Veränderung des Erregers auf dem Nährboden seine „Spezifität", d. h. seine Beziehung zum Lepraprozeß, auf andere Weise festgestellt werden soll, so durch die Agglutination, Leprinreaktion oder Komplementbindung.

Die *Übertragung der Lepra auf Tiere* durch Impfungen ist bisher nicht gelungen. Eine Vermehrung der Leprabacillen in dem Impfstück konnte nicht festgestellt werden. Dieselben Veränderungen wurden auch durch abgetötete Bacillen hervorgerufen, was wohl durch Wirkung der in den Bacillenleibern befindlichen Giftstoffe zu erklären ist. Von positiven Impfungen mit Kulturen von Lepraerregern berichten KEDROWSKY, BARANNIKOW, ZENONI, DUVAL, WILLIAMS, HOLLMAN, BAYON, REENSTJERNA, JOHNSTON u. a. Bei wiederholten Impfungen soll eine Sensibilisierung eingetreten sein nach Versuchen von NICOLLE bei Affen, SUGAI bei Meerschweinchen, KITASATO bei jungen Katzen, SILBERSCHMIDT beim Pavian, DUVAL beim Makakus, VENOTTI beim Kaninchen. NICOLLE hat später diese Behauptung zurückgenommen, jedoch beim Schimpansen gesehen, daß sich die Veränderungen weiter in der Umgebung ausgebreitet hatten. Am Impfort werden jedenfalls entzündliche und lepraähnliche Veränderungen beobachtet. Dies bezieht sich wenigstens auf die vordere Augenkammer des Kaninchens mit nachfolgenden Veränderungen an der Iris wie auch auf Veränderungen in der Nähe des Impforts bei einigen Affen. Was die Impfungen mit Kulturmaterial anbetrifft, so ist die Auffassung eines der erfahrendsten Forscher, KEDROWSKYs, zu berücksichtigen, daß die Säurefestigkeit nicht ein unbedingtes Charakteristicum der Erreger auch innerhalb des Tierorganismus ist. Es wachsen somit die Schwierigkeiten, die Resultate der Impfversuche richtig zu werten.

Die *experimentelle Übertragung der Lepra auf den Menschen durch Überimpfung* ist bisher nicht mit absoluter Beweiskraft gelungen. DANIELSEN hatte mehrmals (1844, 1846, 1858) sich und auch seine Mitarbeiter mit Knotenmassen, Blut, pleuritischem Exsudat von Leprakranken ohne Erfolg geimpft. Doch ist es ARNING 1888 gelungen, auf Hawaii bei einem zum Tode verurteilten 48jährigen Verbrecher durch Verimpfung des Eiters von einem granulierenden Geschwür eines an schwerer tuberöser Lepra leidenden Mädchens Lepra hervorzurufen. Doch wird auch dieser Versuch von manchen Forschern skeptisch beurteilt. So hat SWIFT eingewendet, daß der Sohn der Versuchsperson schon seit 6 Jahren leprös war und außerdem in der Familie mehrere Leprafälle beobachtet waren. Auch über eine Reihe anderer Verimpfungen auf Menschen wird in der Literatur berichtet. Nach KLINGMÜLLER ist die Überimpfung auf den Menschen in manchen Fällen wahrscheinlich gelungen, doch sind „diese Versuche noch nicht nach allen Richtungen befriedigend".

Bei *Tieren* sind Krankheiten beschrieben worden, die an Lepra erinnern, so bei Ratten (DEAN, STEFANSKY), FISCHEN (STICKER), Vögeln (BARBEZIEUX, SIBLEY), Rindern und Schafen (BANG, K. F. MEYER u. a.). Alle diese Formen sind nach KLINGMÜLLER miteinander und mit der Menschenlepra nicht identisch.

Ist die *künstliche Übertragung* der Lepra durch einwandfreie Experimente auch *nicht erwiesen*, so darf doch der *kontagiöse Charakter* derselben nicht bezweifelt werden. Trotzdem die serologischen Untersuchungen bisher kaum noch

Beweise für *Immunitätserscheinungen* gebracht haben, so wird doch mit einer gewissen Immunität in den einzelnen Fällen zu rechnen sein. So sind bei Personen aus der Umgebung Leprakranker Leprabacillen vorgefunden worden ohne die geringsten klinischen Erscheinungen. Das Wartepersonal in Leproserien erkrankt außerordentlich selten. Laut einer Statistik erkrankt der Ehepartner eines Leprösen nur in etwa 11%. Jadassohn faßt den Übergang der tuberösen Form in die nervöse auch als Zeichen eines Immunisationsvorganges auf. Die Vererbung einer Immunität entscheidet Klingmüller in ablehnendem Sinne. Es sind auch Untersuchungen über das allergische Verhalten bei der Lepra vorgenommen worden (Jadassohn, Lewandowsky, Gerber u. a.), ohne daß man in dieser Beziehung so weit gekommen ist, um sichere Schlüsse zu ziehen.

Kinder erkranken in Lepragegenden häufiger als *Erwachsene.* Die Zahl der Erkrankungen steigt mit der Länge des Zusammenseins mit den Eltern. Die größere Ansteckungsgefahr für Kinder erklärt Klingmüller durch die größere Empfindlichkeit ihrer Haut und Schleimhäute für Infektionen, für Pyodermie, Impetigo, Krätze. Sie sind körperlich unsauberer und kommen öfter mit Bacillenausscheidungen zusammen. Fast $^3/_4$ der Erkrankungen beziehen sich auf das 2. und 3. Jahrzehnt. Männer erkranken häufiger als Frauen (2 : 1), doch sind im Jugendalter die Mädchen empfindlicher als Knaben.

Übertragung durch den Geschlechtsverkehr wird zugegeben.

Die Rolle der *Vererbung* für die Erkrankung scheint zweifelhaft. Doch können Leprabacillen von der leprösen Mutter auf den Fet oder das Kind übergehen (Rodriquez und Pinada, Reschetyllo, Sáinz de Aja, Rabinowitsch).

Muir hat die Bedeutung der *Nahrungsmittel* für die Erhöhung der Disposition zur Lepra hervorgehoben. Mangel an Kohlehydraten, an N-haltiger Nahrung, Vitaminen, verdorbene Speisen, ranzige Öle, Schnapssurrogate sollen dieselbe erhöhen. Ob diesem Faktor neben anderen hygienischen Mißständen irgendeine wesentliche Bedeutung beigemessen werden darf, ist mehr als zweifelhaft. Über den Einfluß des *Klimas* gehen die Ansichten auseinander. In den nördlichen kälteren Ländern sollen die tuberösen, in den tropischen die nervösen Formen überwiegen. Nach Muir kommen im kälteren Klima $^2/_3$ tuberöse, im heißen Klima $^2/_3$ nervöse Leprafälle vor. Die Sonnenstrahlen sollen die Bacillen schwächen.

Über die *Virulenz* der ausgeschiedenen Bacillen ist wenig Sicheres bekannt. Über die *Bacillenausscheidung* gibt Klingmüller folgende Übersicht. Bacillen wurden festgestellt in den Hautschuppen, in den Talgdrüsen, Haaren, im Schweiß, ungeheure Mengen in den Geschwüren und Pemphigusblasen, in den Tränen, im Nasenschleim, Speichel, Sputum, im Sperma, in der Vagina, im Blut, in der Muttermilch, in den Faeces, seltener im Urin. Bei der Lepra tuberosa werden — besonders in Schüben — große Mengen von Bacillen ausgeschieden, bei nervösen Formen gar nicht oder sehr wenig. Die Lepra kann durch Schmutz, der an Gegenständen haftet, durch Kleider, Wäsche usw. übertragen werden. Von lebendigen *Zwischenträgern*, die die Haut oder Schleimhaut Gesunder verletzen können, werden angeführt Insekten wie Scabiesmilben, Wanzen, Mücken, Fliegen, Flöhe, Läuse, Spinnen. Ein sicherer Beweis, daß durch Insekten Lepra übertragen werden kann, ist noch nicht erbracht, trotzdem bei den oben genannten Lebewesen Leprabacillen festgestellt werden konnten. Die hauptsächlichste Übertragung geschieht unmittelbar durch den Kranken und seine Ausscheidungen. Als *Eintrittspforten* gelten vor allen Dingen Haut, dann Nasenschleimhaut, Mund, Rachen, Tonsillen, zweifelhaft Lungen, Darmkanal, Geschlechtsorgane, Lymphdrüsen.

Klinik der Lepra. Es ist nicht leicht, die *Inkubationsdauer* der Lepra zu bestimmen. Klingmüller nimmt für jeden Fall von Lepra einen *Primäraffekt* an. Wenn sich dieser auf der Haut lokalisiert, dann entsteht eine kleinere oder größere rote Stelle mit ursprünglich vagen Gefühlsstörungen, die allmählich zur völligen Anästhesie sich entwickeln. Die Mitte des meist runden Herdes wird blasser und sinkt ein, während die Ränder deutlicher werden. Manchmal erinnert der Primärherd an einen Mückenstich. In der Nase kann der Primäraffekt als Geschwür auftreten oder sich als Rhinitis offenbaren. In bezug auf den Primäraffekt nehmen deshalb manche Verfasser zwei Abschnitte der Inkubation an: Die Zeit bis zum Auftreten des Primäraffekts („microbisme latent" von BESNIER) und die Zeit vom Auftreten des Primäraffekts bis zum Manifestwerden allgemeiner deutlicher klinischer Symptome. Da es aber bei weitem nicht immer gelingt, einen Primäraffekt zu konstatieren, so ist für die meisten Fälle die Inkubationszeit nicht viel mehr als Latenz. Wenn man die Inkubation von dem Zeitpunkt berechnet, wo eine Ansteckungsmöglichkeit gegeben war, bzw. unter Umständen auch lokale Herde auftraten bis zum Auftreten sicherer allgemeiner Erscheinungen, dann ergeben sich folgende Zeiträume: von einigen Wochen bis 40 Jahren (FORDYCE), 3 Wochen bis 40 Jahren (DE), 4 Monaten bis 10 Jahren (GOMEZ, BASA und NICOLAS), 6—10 Jahren (HANSEN) usw.

Die Lepra ist eine *Krankheit des gesamten Organismus*. Im klinischen Bild kann man deshalb Erscheinungen von seiten der verschiedensten Organe finden. Weitaus am stärksten sind *Haut* und *Nervengewebe* mitgenommen, so daß man *in gewissem Maße von einem Organotropismus* sprechen kann. Der *Polymorphismus* der Lepra, der demjenigen der Lues und der Tuberkulose nicht nachsteht, äußert sich dennoch hauptsächlich und in erster Linie in dem bunten Wechsel der Haut- und Nervenerscheinungen. *Die Einteilung in zwei Formen — die tuberöse und makulo-anästhetische — hat hauptsächlich didaktischen Wert.* In Wirklichkeit gibt es neben selteneren reinen Formen eine große Zahl von *Mischformen.*

Noch vor Auftreten der Haut- und nervösen Symptome können in vielen Fällen *Prodromalerscheinungen* bestehen, die sich manchmal Wochen, Monate und sogar Jahre hinziehen können. Sie bestehen aus subjektiven Klagen über Mattigkeit, Schwächegefühl, Schläfrigkeit, „rheumatischen" Schmerzen in den Gliedern, Kopfschmerzen. Manchmal besteht Fieber, das anfallsweise bis 40⁰ steigen kann. Verdächtig ist in Lepraländern ein hartnäckiger Schnupfen, Coryza mit Nasenbluten. Es kann mitunter gelingen, schon in diesem Stadium Leprabacillen im Nasensekret nachzuweisen. Auch Neuralgien, Parästhesien, Pruritus, lokale Asphyxien, Schweißstörungen können das Prodromalstadium beherrschen, um dann in die nervöse Form der Lepra überzugehen. Gelegentlich werden dann auch unbestimmte Flecken auf der Haut bemerkt.

Die *tuberöse Form* ist durch das Erscheinen der *Lepraknoten* oder *Leprome* ausgezeichnet. Dieselben entwickeln sich meistens aus einem *makulösen Exanthem*. Die Flecken können verschwinden. Doch können sich einzelne infiltrieren, so daß sie sich von der Unterlage abheben und sich allmählich zum leprösen Knoten entwickeln. Die Größe derselben schwankt von der Größe eines Hanfkorns bis zu der eines Hühnereies. Anfangs sind sie rot, werden später kupferbraun. Ihre Konsistenz ist derb-elastisch. Nebenbei bestehen auch flache Infiltrate (Abb. 1). In manchen Fällen bestehen neben den Knötchen Sensibilitätsstörungen.

Am meisten ist das Gesicht beteiligt. Dadurch entsteht das bekannte Löwenantlitz, *Facies leonina* (Abb. 2), in dem jede Individualität, Alter, Geschlecht und Rasse verwischt sind. Der Sitz der Knoten ist hier, wie meist überall streng symmetrisch. Außer Knoten bestehen auch *Infiltrate der Cutis*. Durch letztere wird das Gesicht sehr vergröbert. Die Schläfen bleiben meist frei. Besonders die innere Hälfte der Augenbrauen ist verdickt oder knotig verändert

und mit horizontalen und vertikalen Furchen durchsetzt. Die Nase, besonders
die Nasenflügel, werden verdickt. Auch die Wangen und Lippen sind verunstaltet. Die Ohren, besonders die Ohrläppchen, sind durch knotige Infiltrate
besetzt (Abb. 3). Die Haare im Gesicht verschwinden, während im Gegensatz
dazu das Kopfhaar meist erhalten bleibt und sehr üppig wächst.

Nach dem Gesicht sind die Vorderarme und Hände der nächste Lieblingssitz
der Leprome. Hier lokalisieren sie sich am meisten an den Streckseiten, am
Ellenbogen und Handrücken, an den
Streckseiten der Grund- und Mittel-
phalangen, während die Endglieder
oft frei bleiben. Dasselbe bezieht
sich auch auf die unteren Extremitäten, wo meist das SCARPASCHE

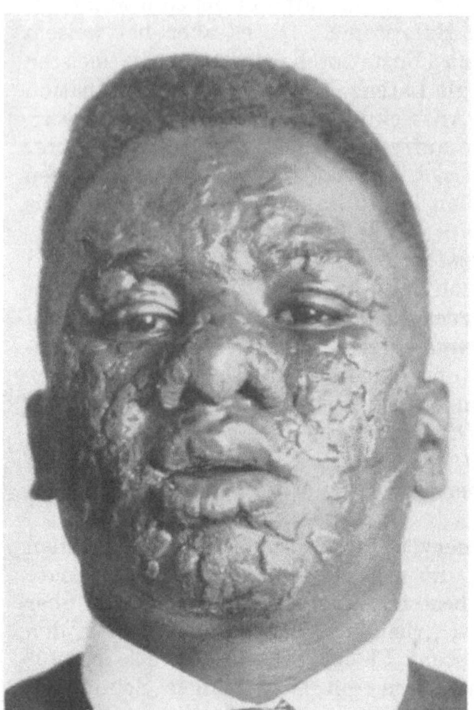

Abb. 1. Lepra tuberosa. Der Facies leonina ähnlich,
aber mehr plattenförmige Leprome. (Nach BINFORD
THRONE-New York.)
(Aus KLINGMÜLLER: „Die Lepra". 1930.)

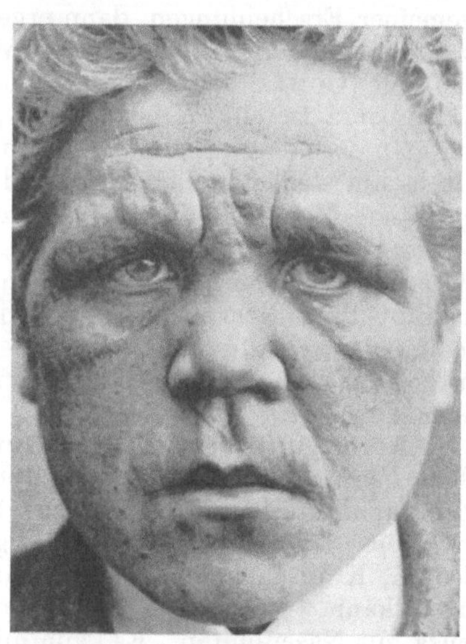

Abb. 2. Lepra tuberosa. Facies leonina in-
cipiens. Infiltratio glabellae et superciliorum.
Madarosis superciliorum. (Nach BORTHEN.)
(Aus KLINGMÜLLER: „Die Lepra" 1930.)

Dreieck frei bleibt. Auf Schultern, Brust, Bauch und Rücken sind die Knoten
und Infiltrationen weniger zahlreich.

Fast immer sind die *Lymphdrüsen* beteiligt, besonders in dem Leistenkanal,
am Hals, namentlich die Submaxillardrüsen. Doch sind auch die Axillar-,
Cubital- und Kniekehlendrüsen beteiligt. Die Beteiligung des Lymphsystems
führt oft zu elephantiasisförmigen Verunstaltungen, besonders an den Unterschenkeln.

Die *Schleimhäute* der Nase, des Mundes, des Rachens und Kehlkopfes werden
regelmäßig befallen *(Enantheme)*. Verhältnismäßig früh kommt es hier zum
Zerfall der pathologischen Gebilde. Dadurch verbreiten die Leprösen einen höchst
unangenehmen süßlichen Geruch. Die Beteiligung des *Kehlkopfs* führt zum
Verlust der Stimme bzw. zur Rauheit derselben. Die Lepra der *Augen* offenbart
sich nicht nur in einer Affektion der Augenlider, sondern auch in Erkrankung
der Hornhaut, in welcher sich Infiltrate und kleine weißliche Knötchen entwickeln und in verschiedener Tiefe sitzen, meist oberflächlich oder unmittelbar

vor der DESCEMETschen Membran. Auch an Bindehaut und Iris treten sowohl Infiltrate als auch Knötchen auf. Seltener sind die Veränderungen an der Chorioidea, der Netzhaut und am Opticus. Ausgang der Augenerkrankungen ist recht oft völlige Erblindung.

Selten fehlen Erkrankungen der *Knochen*, *Gelenke* und *Muskeln*, denen sich schließlich auch Erkrankung der *Nervenstämme* anschließt. Obwohl bei der Sektion oft ausgedehnte Veränderungen an den *inneren Organen* festgestellt werden können, fehlen oft klinische Erscheinungen von seiten der letzteren. Doch kommt es nicht selten auch zu erschöpfenden Magen- und Darmerkrankungen.

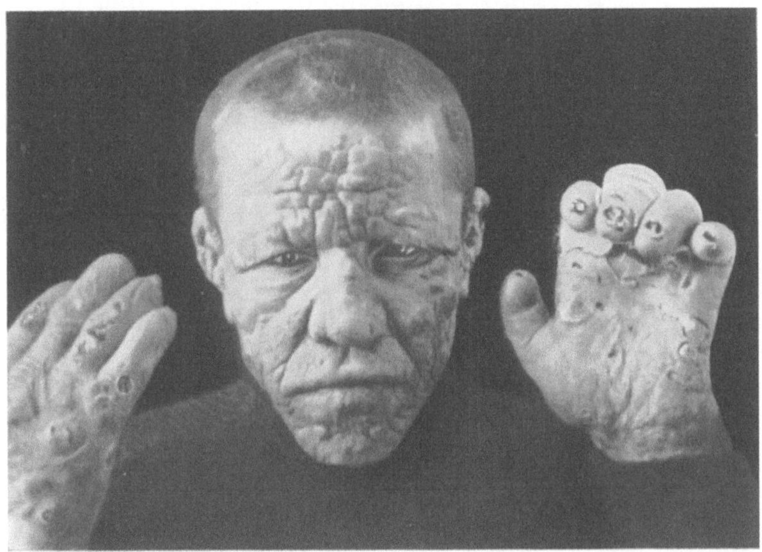

Abb. 3. Lepra tuberosa. Facies leonina. Geschwüre an Fingern und Händen, in Handtellern und an Nägeln. Haarausfall an Augenbrauen und Lidern. (Photogr. von Dr. M. HIRSCHBERG-Riga.) (Aus KLINGMÜLLER: „Die Lepra". 1930.)

Der *chronische Verlauf*, der sich über 10—20 und mehr Jahre erstreckt, wird in typischer Weise durch die *Leprareaktion* oder das *Leprafieber* durchbrochen. So kommt es zu periodischen Besserungen und Verschlimmerungen der Symptome. Es kann nach jedem Schub die Kachexie zunehmen. Durch Affektion des Kehlkopfs und des Rachens wird die Atmung und die Speiseaufnahme erschwert. Erstickungsanfälle können zum Tode führen. Auch Komplikationen von seiten der inneren Organe, Amyloid oder septische Erkrankungen können das Ende beschleunigen.

In manchen Fällen mit günstigerem Verlauf kann die tuberöse Form in die mildere der Nervenlepra übergehen.

Nervenlepra oder makulo-anästhetische Form. Nach den *Prodromalerscheinungen*, die sich durch nichts von denjenigen bei der tuberösen Lepra unterscheiden, debutiert die Nervenlepra recht häufig mit *pemphigusartigen Eruptionen*, die sich monatelang hinziehen können, oder mit *erythematösen Flecken*, die manchmal pigmentiert sind und von Atrophie der Haut begleitet sein können. Die Pigmentveränderungen sind manchmal sehr charakteristisch. Das Zentrum des Fleckens wird braun, die Peripherie mehr rot. Allmählich verliert das Zentrum seine Pigmentierung, die Ränder werden hellbraun bis schwarz. Durch Zusammenfließen der braunen und weißen Flecke mit ihren braunen und roten

Rändern entsteht ein buntes Bild, das an eine geographische Karte erinnert
(Abb. 4). Bestehen pemphigusartige Bläschen, dann trocknet nach 8—14 Tagen
ihr klarer seröser Inhalt ein. Es kommt zur Schuppung, bis eine glatte, oberflächliche Narbe mit schmalem braunem Rand zurückbleibt. An den Stellen,
wo sich die Blasen zeigen, besteht schon frühzeitig eine oberflächliche Anästhesie.

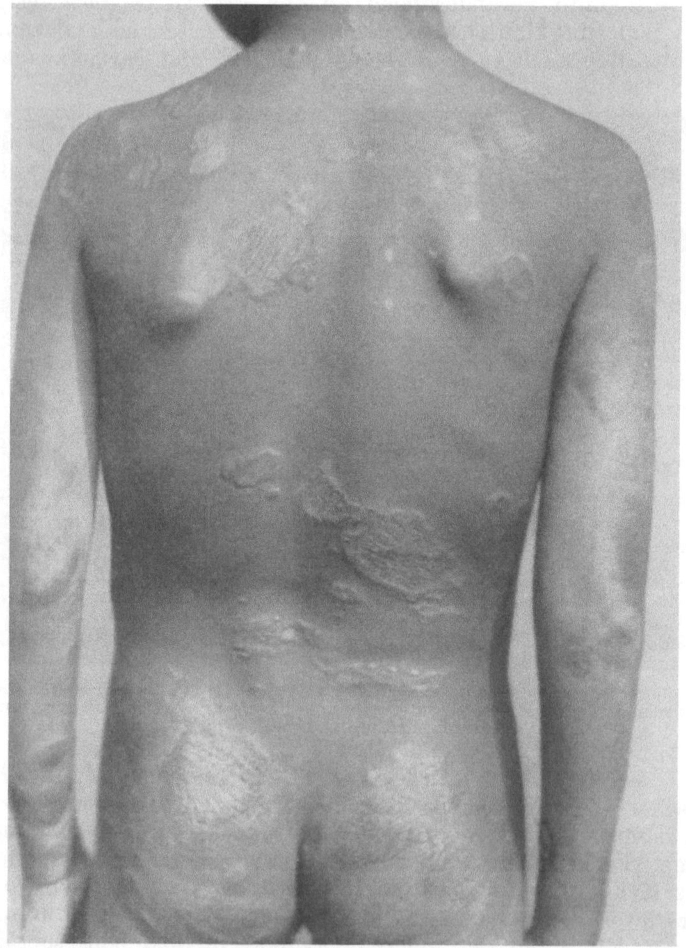

Abb. 4. Lepra maculo-anaesthetica. Chinese, 12 Jahre alt. (Fall von Dr. HEINEMANN-Sumatra.)
(Aus KLINGMÜLLER: „Die Lepra“, 1930.)

Dasselbe bezieht sich auch auf die erythematösen Flecke. Daher die Bezeichnung:
makulo-anästhetische Lepra.

Die *Sensibilitätsstörungen* sind sehr charakteristisch. Über den entfärbten
Stellen besteht meist eine Anästhesie. Über den stark pigmentierten Partien
ist die Sensibilität oft noch normal, manchmal ist sie vermindert, manchmal
sogar gesteigert. Es finden sich Sensibilitätsausfälle auch an Stellen mit
makroskopisch normaler Haut. Gleichzeitig besteht an vielen Körperstellen
ein Ameisenlaufen, Prickeln. Die leiseste Berührung verursacht die unangenehmsten Sensationen, Schmerzen, brennendes Gefühl. Manchmal vermeiden
es die Kranken zu gehen, da die Berührung der Fußsohlen die heftigsten

Schmerzen hervorruft. Diese Phase wird von manchen als die *hyperästhetische Phase* der leprösen Polyneuritis bezeichnet. Allmählich wird diese durch die Periode der *Hypästhesie* abgelöst. Erst an den Flecken, später auch unabhängig von denselben treten Hypästhesien auf, die sich allmählich zu völligen *Anästhesien* entwickeln. An den meisten Stellen ist dabei eine gut ausgesprochene *Dissoziation* zu konstatieren: Verlust des Schmerz- und Temperaturgefühls bei erhaltener taktiler Sensibilität. An manchen Stellen ist dabei noch die Hyperästhesie festzustellen. Die anästhetischen Stellen haben eine ausgesprochene Tendenz zur Symmetrie. Ursprünglich sind sie fleckenförmig verbreitet, beginnen oft an den unteren Extremitäten. Mit der Zeit erhält das anästhetische Gebiet die Konfiguration, die dem Versorgungsgebiet eines Nerven entspricht. Manchmal ist es bandförmig, wird oft segmentär. Die Grenzen der anästhetischen Partien sind nicht konstant. Es bestehen Übergangszonen zu den normalen Gebieten, wo die Sensibilität wechselt. Zuerst schwindet der Temperatursinn, dann die Schmerzempfindung. Tastgefühl und Drucksinn bleiben am längsten erhalten. Das Lagegefühl ist meist nur an denjenigen Stellen gestört, wo es zu stark ausgeprägten Mutilationen gekommen ist. PHILIPSOHN und WINKLER konnten bei Leprösen konstatieren, daß das *Jucken* sowohl auf analgetischen als auch analgetisch-anästhetischen Stellen fehlen kann. WINKLER konnte außerdem konstatieren, daß das Juckgefühl bei Leprösen mit noch erhaltener Tast- und Schmerzempfindung fehlen kann, daß also die Dissoziation der Hautempfindungen manchmal mit isoliertem Verlust des Juckgefühls beginnen kann. In einem meiner Fälle konnte *ich* feststellen, daß das Juckgefühl an den Oberarmen erhalten war, wo eine ausgesprochene Anästhesie für andere Qualitäten bestand. Wenigstens nötigte die Komplikation mit Skabies zu äußerst starkem Kratzen.

Zu den hauptsächlichsten Symptomen der Nervenlepra, die ja eine Polyneuritis par excellence ist, gehört schließlich die *Verdickung der Nervenstämme*, die palpatorisch festgestellt werden kann. Besonders sind der Ulnaris, Ischiadicus, Auricularis magnus verdickt. Am Anfang druckempfindlich, werden sie später ganz unempfindlich gegen Druck.

Fast immer treten *sekretorische Störungen* auf. Ursprünglich kommt es zu umschriebenen *Schweißausbrüchen*, die meist den anästhetischen Flecken entsprechen. Für spätere Stadien ist dagegen eine *Anhydrose* charakteristisch, die sich neben den Stellen der gestörten Sensibilität verbreitet. Nach Pilocarpininjektion ist dies besonders gut zu sehen. Die Funktion der *Talgdrüsen* ist im Gegenteil oft verstärkt, was der Haut besonders über den Lepraflecken ein fettiges Aussehen verleiht.

Neben den Sensibilitätsstörungen sind für Lepra ganz besonders charakteristisch die *trophischen Störungen*. Die Haut nimmt am ganzen Körper, besonders an den Extremitäten ein trockenes, runzeliges, rissiges Aussehen an. Teils infolge der Sensibilitätsstörungen und der pyogenen Invasionen kommt es zu Pyodermien, Veränderungen der Nagelplatten, zu Paronychien. Doch spielen auch *primäre trophische Störungen* in der Pathogenese dieser Erscheinungen eine große Rolle. Von dem *Ausfall der Gesichtshaare*, der Augenbrauen, des Bartes war schon die Rede. Meist kontrastiert damit das gut erhaltene Kopfhaar. Die trophischen Störungen ergreifen ferner die *Muskulatur*. Am frühesten werden die kleinen Handmuskeln befallen, zuerst die des Thenar und Hypothenar, dann die Interossei. Es entstehen die typischen Posen der Affenhand, der Main en griffe mit tief eingefallenen interphalangealen Zwischenräumen. Manchmal fällt dabei eine verhältnismäßig gut erhaltene Gebrauchsfähigkeit auf. Auch die Gesichtsmuskulatur wird ergriffen, was für Lepra besonders typisch ist. Das Gesicht wird amimisch. Infolge des Ergriffenseins des Orbicularis oculi

kommt es zum Lagophthalmus, Xerophthalmie, Ektropion, Hornhauttrübungen,
die oft zum Verlust der Augen führen. Hier spielt auch die Affektion des

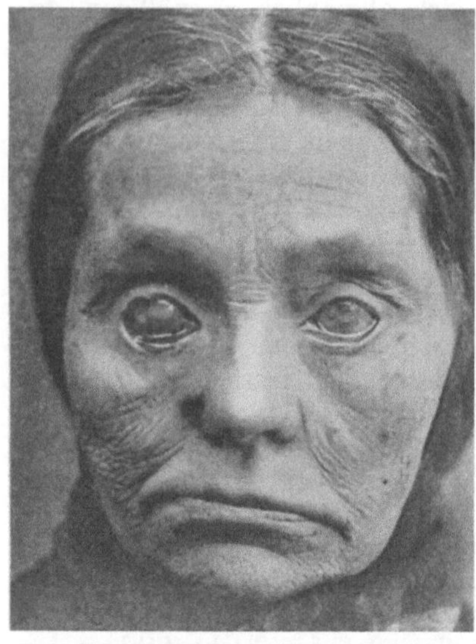

Abb. 5. Lepra nervosa. Facies antonina.
Facialislähmung. Ectropium paralyticum.
Madarosis ciliorum. Conjunctivitis, Keratitis
e lagophthalmo (exulcerans loculi dextri) et
   synechia posterior oculi utriusque.
   (Nach BORTHEN.) (Aus KLINGMÜLLER:
       „Die Lepra". 1930.)

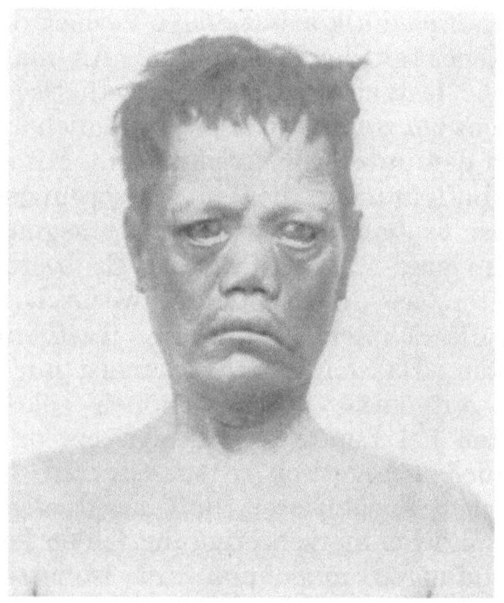

Abb. 6. Facies antonina. (Nach F. LEWANDOWSKY.)
   (Aus KLINGMÜLLER: „Die Lepra". 1930.)

Trigeminus und der trophischen Fasern mit.
Auch die Mundmuskulatur wird ergriffen.
Die Unterlippe hängt herab, der Speichel
fließt aus dem Munde. Das abgezehrte, pigmentierte, ausdruckslose, durch
die Augenaffektion noch mehr entstellte Gesicht wird als „*Facies antonina*"

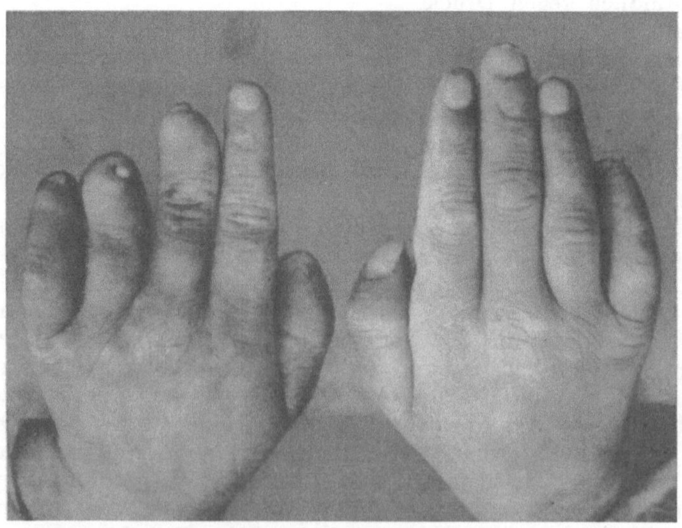

Abb. 7. Trophische Störungen und Mutilationen bei Nervenlepra. (Nach JORDAN u. KROLL.)

bezeichnet, ein furchtbares Pendant zu der „Facies leonina" der tuberösen Lepra
(Abb. 5 und 6).

Allmählich werden auch die größeren Muskeln, namentlich die Extensoren, in den Prozeß der Atrophie mit hineingezogen. Es entsteht eine Hängehand, eine „Pes equinus-Stellung". Die elektrische Erregbarkeit ist herabgesetzt. Es kommt auch zur Entartungsreaktion und zum Schwinden der Erregbarkeit. Die Patellarreflexe sind oft aufgehoben, in seltenen Fällen jedoch gesteigert.

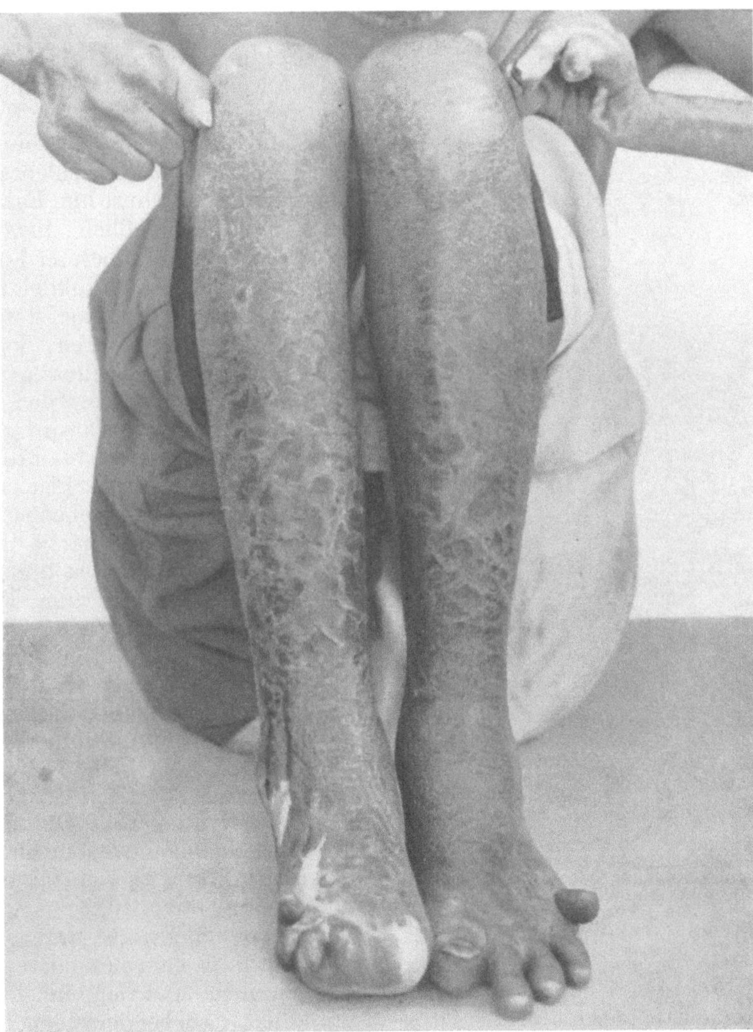

Abb. 8. **Lepra mixta.** Pachydermie der Unterschenkel, Mutilationen der Zehen und Finger. Aïnhumartige Abschnürung der kleinen Zehe. (Fall von Dr. HEINEMANN-Sumatra.) (Aus KLINGMÜLLER: „Die Lepra". 1930.)

Die trophischen Störungen dehnen sich ferner auf die *Gelenke* und die *Knochen* aus. Es entstehen — oft unter „rheumatischen" Schmerzen — die verschiedensten Arthropathien, Nekrosen und Geschwüre, die das Gelenk entstellen, oft zu Abstoßung ganzer Gliedteile führen. Der Schwund ganzer Phalangen wird auch durch Resorption der Knochensubstanz hervorgerufen. Die Finger werden durch kleine Stummel ersetzt, an denen meist noch ein Nagel zu sehen ist. Diese *Mutilationen* sind mit das typischste Zeichen der Lepra (Abb. 7, 8 und 9).

Von seiten des *zentralen Nervensystems* sind meist keine Erscheinungen zu konstatieren, die auf eine Beteiligung an dem spezifischen Prozeß schließen lassen. Wenn in einzelnen Fällen auch hin und wider Rückenmarkssymptome von seiten des Pyramidensystems oder des Hinterstrangsystems beobachtet werden, so muß dabei in Betracht gezogen werden, daß es sich meist um protrahierte Fälle handelt und um kachektische Personen, bei denen degenerative Prozesse sich im Zentralnervensystem entwickeln. Es wird übrigens weiter unten noch auf die Frage von der Anteilnahme des Zentralnervensystems an der Klinik der Nervenlepra näher einzugehen sein.

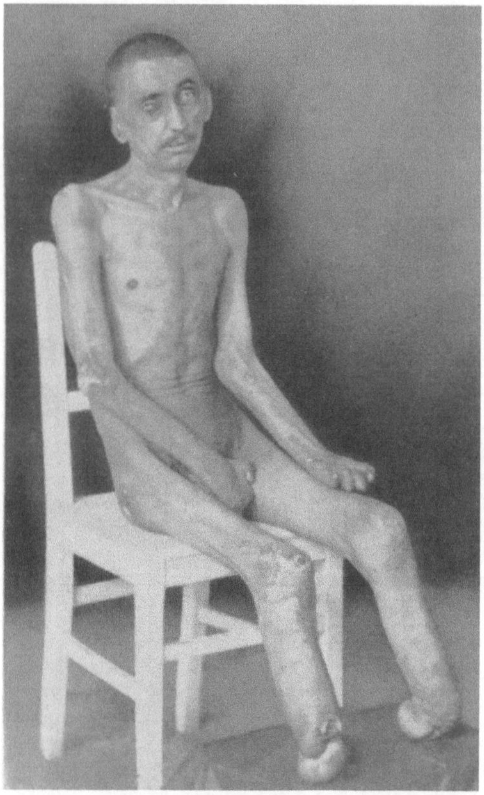

Die *Dauer* der Nervenlepra zieht sich über Jahrzehnte hin. Es kommt manchmal schließlich doch noch zum Ausbrechen tuberöser Formen. Häufiger wird die Krankheit stationär. Wenn die Funktionsstörungen nicht allzu stark waren, kann in diesen Fällen von einer gewissen Heilung gesprochen werden. Auch von „Formes frustes" wird gesprochen, wenn sich das gesamte klinische Bild auf einige Flecken beschränkt mit einer unbedeutenden anästhetischen Hautpartie. In anderen Fällen kommt es unter Kachexieerscheinungen zum Exitus.

Als *tuberkuloide Lepra* (Jadassohn 1898) wird eine Form beschrieben, bei der die Hautläsionen in flachen Krankheitsherden bestehen, die eine gewisse Ähnlichkeit mit Lupus haben. Daneben bestehen alle sonstigen Erscheinungen der Nervenlepra. Die meisten Verfasser lehnen die Berechtigung ab, diese Form als selbständige zu betrachten (Abb. 10).

Ebensowenig ist es wertvoll, als *Lepra mixta* eine besondere Form,

Abb. 9. Lepra mixta. Mutilationen der Hände und Füße. Abmagerung. Muskelschwund. Lähmung der Gesichtsmuskulatur. Beide Augen fast ganz zerstört. Geschwüre und Narben nach Pemphigus. (Fall von Dr. Radulaski-Serajewo.) (Aus Klingmüller: „Die Lepra". 1930.)

die „*Lepra tubero-anaesthetica*" (Glück) zu beschreiben. Bei der einheitlichen Ätiologie der beiden Grundformen ist es verständlich, daß bei derselben Person in wechselnder Mischung Erscheinungen beider Lepraformen vorkommen können (Abb. 11).

Von den klinisch wichtigsten *leprösen Affektionen der Organe* sind hier, abgesehen von den oben erwähnten Erkrankungen der oberen Luftwege, des Rachens und der Mundschleimhaut, zu erwähnen die Milz, Nebenniere und besonders die Geschlechtsorgane. In ihnen entwickeln sich Infiltrate und Knötchen. Auch sind Bacillen nachgewiesen sowohl in den Hoden als auch in den Ovarien.

Im *Blutbild* findet man keine speziell für Lepra typischen Veränderungen. Je nach dem Wechsel des Krankheitsverlaufes, dem chronischen oder dem akuten Stadium, ist auch das Blutbild ein anderes. Der Hämoglobingehalt ist oft herabgesetzt. BONNET hat sogar 18% feststellen können. Oft ist er stärker vermindert als die Zahl der Erythrocyten. Es wird sowohl Leukocytose als auch Leukopenie beobachtet. Häufig besteht eine Eosinophilie, in einem Falle von BONNET bis 29%. Die großen Monocyten sind vermehrt, jedoch nicht immer. Die *Senkungsgeschwindigkeit der roten Blutkörperchen* ist bei der tuberösen *Lepra* viel häufiger beschleunigt als bei der nervösen.

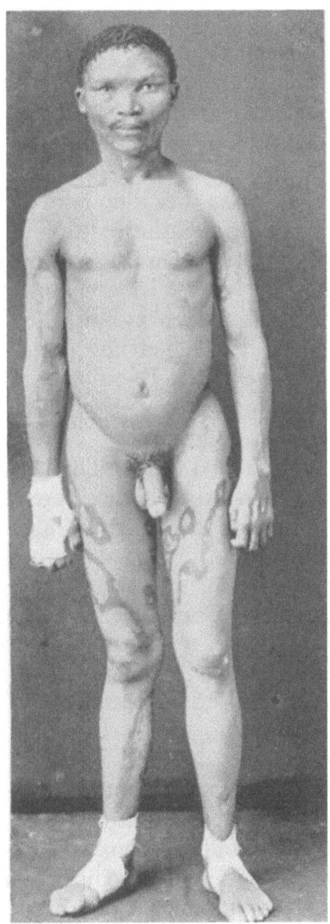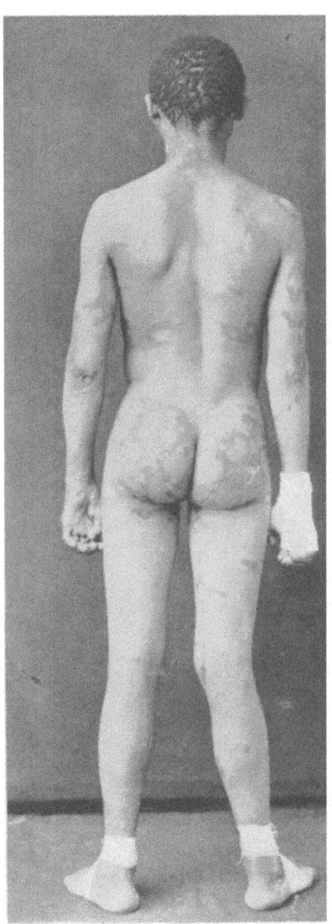

Abb. 10. Lepra serpiginosa sive lupoides mit Anästhesie. Kap-Neger. (Nach H. BAYON.) (Aus KLINGMÜLLER: ,,Die Lepra". 1930.)

Pathologische Anatomie und Pathologie. Der *lepröse Knoten*, das *lepröse Granulom* oder ,,*Leprom*" entwickelt sich an den kleinen Hautgefäßen. Die Bacillen finden sich frühzeitig in den Endothelzellen und in allernächster Umgebung der Gefäße (Abb. 12). Es kommt zur Wucherung der Endothelzellen und der Bindegewebselemente um die Gefäße. Das voll entwickelte Leprom besteht aus dichten Massen von verschiedenen Zellen, die sich um die Gefäße entwickelt haben. Sie sind meist spindelförmig, seltener rundlich. Jedes einzelne Knötchen hat die Tendenz zur Vergrößerung. Doch wachsen sie auch durch Verschmelzung mit den benachbarten, so daß die mächtigen typischen Geschwülste im Gesichte, an den Extremitäten entstehen, wie sie oben beschrieben sind. Histologisch besteht das Leprom aus Epitheloidzellen, Fibroblasten, Lymphocyten und Plasmazellen. Die Herkunft der beiden letzteren Elemente ist zweifelhaft. Sie stammen entweder aus dem Blute oder aus dem Gewebe. Aus den epitheloiden Elementen entstehen wahrscheinlich die „*Leprazellen*", große Zellen, die 4—5mal die Größe eines Leukocyten übertreffen, meist mehrere, nach NEISSER bis 12 Kerne enthalten mit großem, hellem Kern und kleinen dunklen Kernkörperchen. In den Zellen befinden sich zahlreiche Vakuolen von verschiedener Größe, so daß manchmal die Zelle wie eine Wabe aussieht. Nach HERXHEIMER stammen die Leprazellen aus den Histiocyten in weiterem Sinne. Man nimmt an, daß sie aus Zellen entstehen, die dem *retikuloendothelialen* Gewebe angehören (Abb. 13). Sie reagieren auf die Bacillen durch Vergrößerung, nehmen epitheloide Zellformen an, weisen sehr frühzeitig lipoide Entartung auf, nachdem sie eine größere Zahl von Bakterien aufgenommen haben. Die Vakuolenbildung ist der Ausdruck eines Verflüssigungsprozesses. Die Bacillen vermehren sich in den Zellen, werden weniger säurefest, zerfallen schließlich ganz. Nachdem also die Zelle zunächst die Bacillen phagocytiert, wird sie selbst durch die Bacillen zerstört. CASCOS und LLOMBART identifizieren die Leprazellen von VIRCHOW mit den Makrophagen. Auch FRIEDHEIM betrachtet auf Grund seiner Versuche mit Lebendkulturen vcn Rattenlepraorganen die Leprazelle als *Makrophagen*, der einem Monocyten entstammt. Die alten polynucleären Leprazellen gehen zugrunde, die bereits phagocytierten Bacillen werden frei und wieder von neuen Monocyten aufgenommen, die sich in Leprazellen umwandeln. Durch *Wanderzellen* werden die Bacillen weiter verschleppt und unterliegen einer Phagocytose an anderen Orten. HANSEN hatte behauptet, daß der Lepröse, wenn er nur genügend lange lebte, vor seinem Tode frei von Lepra sein könnte. HOPKINS hat dieses insofern bestätigen können, daß Knoten und tiefe Infiltrate bei dem Hauttypus der Lepra verschwin-

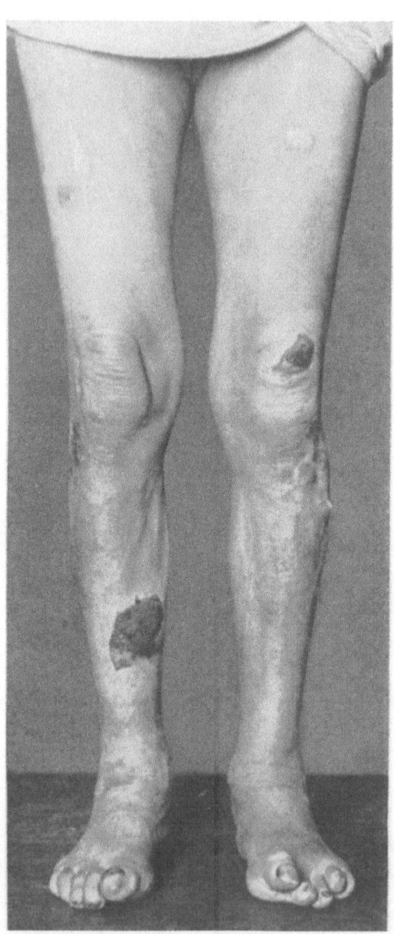

Abb. 11. Lepra mixta (s. KLINGMÜLLER: Lepra Bd. III, 102 [1903]). Barbe, K., Fall aus der Memeler Epidemie. Frau, 77 Jahre alt, Umwandlung von Lepromen in Geschwüre. (Univ.-Hautklinik Breslau [Geh.-Rat JADASSOHN].) (Aus KLINGMÜLLER: „Die Lepra". 1930.)

den können, und daß die Haut an diesen Stellen atrophische Veränderungen zeigt. Von ganz anderer Beschaffenheit als die für die tuberöse Lepra charakteristischen Leprome sind die *Lepride*, welche das histologische Äquivalent der Flecken bei der nervösen Lepra darstellen. Da es sich in vielen der untersuchten Fälle nicht um rein nervöse Fälle gehandelt haben mag, bestehen gewisse Differenzen in der Beschreibung der Lepride. Es wird sich in diesen Fällen um flache Frühinfiltrate der tuberösen Form gehandelt haben. Eine strenge Trennung beider Formen ist übrigens auch recht schwer, da dieselben ineinander übergehen können. Bei der nervösen Form handelt es sich fast nur um entzündliche Prozesse, die nicht zur Granulombildung führen, jedoch zweifellos ebenfalls durch die Anwesenheit von Bacillen hervorgerufen werden. Da die Hautausschläge auch nach längerem Bestehen verschwinden können, ist anzunehmen, daß das derbere Bindegewebe weniger angegriffen wird. Histologisch findet man nur schmale perivaskuläre Infiltrate, die hauptsächlich aus Lymphocyten

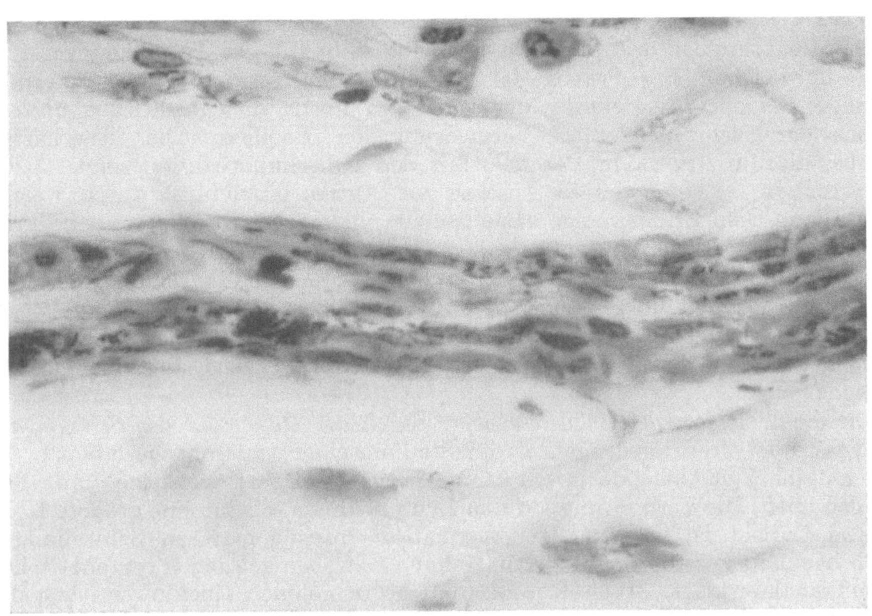

Abb. 12. Lepra der Hautvenen bei Lepra tuberosa. Längsschnitt einer subcutanen Vene, Leprabacillen in Endothelzellen und in Wand und Umgebung der Vene. (Aus KLINGMÜLLER: „Die Lepra". 1930.)

und nur zum kleinen Teil aus Fibroblasten bestehen. Bacillen findet man hier nur spärlich und nur in frischen Herden. Die Anschauung, daß die Lepride nur *nervös-vasomotorischen Ursprungs* ohne Bacillen sind, muß deshalb als *unbewiesen* fallen gelassen werden. Wesentlich ist die hochgradige Degeneration des spezifischen Nervengewebes bei dieser Form, die dem klinischen Bild der Nervenlepra durchaus entspricht.

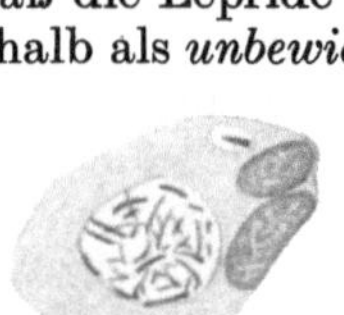

Bei der *tuberkuloiden Form* schließlich findet man ein histologisches Bild, das dem der Tuberkulose weitgehend entspricht. Bei spärlichem Bacillenfund bestehen hier Tuberkel und tuberkuloide Infiltrate, die sich aus Plasmazellen und Lymphocyten an der Peripherie und Epitheloidzellen und LANGHANSschen Riesenzellen hauptsächlich in der Mitte zusammensetzen. Diese Form ist äußerst selten. Die Infiltrate kommen in der Umgebung der Hautcapillaren (JADASSOHN und der Hautnerven (ARNING) vor.

Abb. 13. Ausstrich von Gewebssaft aus Leprom. Leprazelle aus Histiocyt entstanden. Im Protoplasma 1 Stäbchen, in großer Vakuole zahlreiche Stäbchen und Stäbchenstücke. (Aus KLINGMÜLLER: „Die Lepra". 1930.)

Die Verschiedenartigkeit im Ablauf der Krankheit hat JADASSOHN durch *allergische Erscheinungen* erklärt. Je nach der individuellen Reaktionsfähigkeit der Gewebe und den Besonderheiten der Krankheitserreger rufen die Wechselwirkungen zwischen Makro- und Mikroorganismus verschiedene Veränderungen der Gewebe hervor. F. LEWANDOWSKY hat dies so formuliert: „Wo Bakterien sich schrankenlos vermehren, finden wir im allgemeinen eine banale unspezifische Reaktion des Gewebes; so beim leprösen Granulom und gewissen Formen der sekundären Lues. Wo Bakterien unter Einwirkung von Antikörpern rasch zerstört werden, haben wir eine einfach entzündliche Reaktion: bei der *makulo-anästhetischen Lepra* sowie bei manchen Tuberkuliden. Wo dagegen Bakterien unter Antikörperwirkung langsam abgebaut werden, entstehen tuberkuloide Strukturen: tuberkuloide Lepra, die meisten Formen der Tuberkulose, tertiäre Lues."

Die Reaktionsart des Organismus bleibt während des Krankheitsverlaufs nicht die gleiche. Der Primäraffekt bedeutet ein Ansetzen zur Antikörperbildung. Bei der Entwicklung der tuberösen Form versagt dieselbe und es kommt zur „schrankenlosen" Vermehrung der Bacillen. Die fieberhaften Schübe, die Jadassohn in Parallele mit der Tuberkulinreaktion setzt — die *Leprareaktion* — sind weitere Ansätze zur Antikörperbildung, durch welche unter allergischen Erscheinungen Bacillen zugrunde gehen. So kann auch durch Änderung der Reaktionsart ein *tuberöser Herd in die makulo-anästhetische Form übergehen.* Die letztere kann wiederum tuberös werden. Die Blasen und Nekrosen im Verlauf der makulo-anästhetischen Form deutet Jadassohn ebenfalls als Allergieerscheinungen. Wir kommen dabei aber wohl kaum aus, ohne die Bedeutung der trophischen Funktion des vegetativen Nervensystems zu berücksichtigen.

Die Bacillen *gelangen in den Körper durch die Haut oder die Schleimhaut der Nase.* Sie verharren lange Zeit im Stadium einer „microbisme latent". Es vergeht eine Zeit, bis „der Organismus in nachweisbare Reaktion" mit den Bacillen tritt. Die Verbreitung auf den Lymphbahnen scheint eine größere Rolle für das Gesicht zu spielen. Deycke hat die myxödematösen Schwellungen durch bacilläre Verstopfungen der in tieferen Geweben gelegenen lymphatischen Abflußkanäle erklärt. Auch Rogers und Muir nehmen eine Verbreitung der Bacillen von den primären Herden durch die Lymphräume an. Im weiteren Verlauf spielt die Ausbreitung auf dem Blutweg die größte Rolle. Bei den akuten Anfällen können die Lepraerreger im strömenden Blut nachgewiesen werden. In den Endothelien, namentlich der kleinen Blutgefäße und Capillaren, sind sie ebenfalls vorgefunden worden.

Von Interesse ist die Frage von der *Pathogenese der Erkrankung der peripheren Nerven.* Da in erster Linie die *sensiblen* Nerven erkranken, liegt die Annahme auf der Hand, daß die sensiblen Endverzweigungen in der Haut vor allen Dingen vom leprösen Prozeß ergriffen werden. Virchow schon hatte die Meinung ausgesprochen, daß infolge der oberflächlichen Lage der sensorischen Nerven dieselben an dem Zustand der Haut näheren Anteil nehmen und den äußeren Schädlichkeiten mehr ausgesetzt sind. *Ich* habe seinerzeit in einer gemeinsamen Arbeit mit Jordan die Ansicht ausgesprochen, daß die in gewissen Stadien der Lepra ausgeprägte *Dissoziation der Sensibilität* davon abhängt, daß der Krankheitserreger allmählich die verschiedenen Nervenendungen in der Haut ergreift. Am oberflächlichsten liegen die Endapparate für den Schmerzsinn, dann für den Kälte- und dann den Wärmereiz. Die Entwicklung des klinischen Bildes entspricht dieser anatomischen Ausbreitung. Die verschiedenen Sinnesqualitäten erkranken bei Nervenlepra in derselben Reihenfolge. Je mehr proximal der kleine Nervenast in den pathologischen Prozeß hineinbezogen wird, desto umfangreicher werden die Sensibilitätsausfälle auf der Haut. Wird schließlich derjenige Anteil eines gemischten Nerven ergriffen, in dem zum Muskel ziehende motorische Fasern sich befinden, dann gesellen sich zu den sensiblen Störungen auch motorische, und zwar mit Atrophien. Für die Auffassung, daß die sensiblen Verzweigungen von der Haut aus

erkranken, haben sich DEHIO, GERLACH, NEISSER, BLASCHKO, LAEHR, KLING-
MÜLLER, HANSEN und LOOFT, SAMGIN, LIE u. a. ausgesprochen. Die Ursache
der sensiblen und motorischen Erscheinungen bei Lepra sind folglich in einer
Polyneuritis zu suchen, und zwar von der periphersten Art. Man geht wohl
nicht fehl, wenn man auch einen guten Teil der *trophischen* Störungen, wie
Ausfall der Haare, Geschwüre und Mutilationen der Affektion der vegetativen
Apparate an der Peripherie zuschreibt.

Die Nerven können aber auch *metastatisch* erkranken, über den Blutweg.
Dafür haben sich MONRAD-KROHN, MUIR, ROGERS und MUIR, SHELDON u. a.
ausgesprochen. Für diese Fälle ist der Beginn mit Schmerzen und Überempfindlichkeit typisch. Das Ausbreitungsgebiet der peripheren Störungen entspricht
der Höhe des Sitzes der leprösen Veränderungen.

Durch die Verschiedenheit der pathologischen Veränderungen in den Nerven
bei der tuberösen und der nervösen Lepra erklärt sich auch die Verschiedenheit
des Anteils der nervösen Erscheinungen im klinischen Bild beider Formen.
Bei der tuberösen Form bilden sich in den Nerven die mehr chronisch verlaufenden *Leprome*. Dieselben besitzen eine geringe Tendenz zur Vernarbung
und sind verhältnismäßig weich. Infolgedessen kann sich der Nerv allmählich
an diesen Zustand anpassen. NONNE nimmt auch die Möglichkeit einer Wiederherstellung vieler Fasern an. Die verdickten Nervenstämme sind dabei wenig
druckempfindlich, die Sensibilitätsausfälle nicht wesentlich. Anders bei der
nervösen Lepra. Hier treten die Rundzelleninfiltrate, die die *Lepriden* der Haut
charakterisieren, auch in den Nervenendigungen und Nervenfasern auf. Dank
ihrem entzündlichen Charakter und akuten Verlauf schädigen sie die Nervenfasern akuter und stärker. Infolge der Neigung zu bindegewebiger Umwandlung
kommt es zu Atrophien und schnellerer Zerstörung und Degeneration der Nervenfasern. Auf diese Weise findet nach JADASSOHN der Umstand seine Erklärung,
daß bei der tuberösen Lepra die überaus zahlreichen Erreger in den Nerven
keine oder unbedeutende Funktionsstörungen hervorrufen, während bei der
makulo-anästhetischen oder nervösen Form wesentliche Nervenerscheinungen
auftreten bei verhältnismäßig kleiner Bacillenmenge.

Wir müssen uns noch etwas bei den Befunden im *Rückenmark* aufhalten
und bei der Rolle des letzteren im klinischen Bild. Allerdings hat diese Frage
heutzutage ein mehr historisches Interesse. Doch müssen die Verhältnisse
etwas prägnanter im Rahmen einer neurologischen Darstellung definiert werden
als z. B. in dem hervorragenden Buch von KLINGMÜLLER, dem Lepraband des
JADASSOHNschen Handbuchs. Die Frage von der Bedeutung des Rückenmarks
für die Klinik der Nervenlepra ist eines der interessantesten Kapitel der Geschichte der Medizin. Die Kombination der charakteristischen Sensibilitätsstörungen mit trophischen Störungen hat die Lepra mit der Syringomyelie gemeinsam. Nun hat im Jahre 1883 der Bretagnesche Arzt MORVAN eine Krankheit beschrieben, die er als „*Parésie analgésique à panaris des extrémités supé-
rieures*" bezeichnete. Dieselbe hatte die größte *Ähnlichkeit sowohl mit der
Syringomyelie als auch der Lepra*. MORVAN behauptete ihre nosologische Selbständigkeit und differenzierte sie von der Syringomyelie dadurch, daß die für
letztere typische Gefühlsdissoziation bei der *MORVANschen Krankheit* fehlt,
während die trophischen Störungen viel ausgeprägter sind. Autopsien in Fällen
von GOMBAULT und MONOD und REBOUL schienen den MORVANschen Gesichtspunkt zu bestätigen, da im Rückenmarke keine Höhlen, wohl aber Sklerose
der Seitenhinterstränge oder hypertrophische Neuritis vorgefunden wurde.
Für die Selbstständigkeit der MORVANschen Krankheit traten auch GRASSET
und ursprünglich auch CHARCOT (s. die 21. Vorlesung seiner Leçons du Mardi
1889) ein. Dann haben die Arbeiten von HOFFMANN, SCHULTZE, W. ROTH,

Bernhardt u. a. mit der größten Augenscheinlichkeit bewiesen, daß alle Symptome, die Morvan als charakteristisch für seine Krankheit aufstellte, auch bei der Syringomyelie vorkommen. So haben auch Autopsien in den Fällen von Joffroy und Achard, Schlesinger, Redlich u. a. im Rückenmark von Morvanschen Kranken typische syringomyelitische Veränderungen bewiesen. Namentlich Hoffmann brachte den Beweis, daß die trophischen Störungen mit Mutilationen von der Rückenmarkserkrankung abhängen. Soweit schien also die Frage erledigt, und zwar im Sinne einer Identität der Morvanschen Krankheit und Syringomyelie. Doch schien diese Lösung nicht so einfach, als der bekannte Lepraforscher Zambacco Pascha gerade in der Heimat von Morvan, in der Bretagne neue Lepraherde entdeckte. In vielen Fällen, wo er die Diagnose Lepra stellen mußte, bestand ein typischer Morvanscher Symptomenkomplex. Andererseits mußte man in einigen Fällen, z. B. im Falle Pitres, von der ursprünglichen Diagnose Syringomyelie Abstand nehmen und Lepra diagnostizieren, da sich Leprabacillen vorfanden. Lepraforscher identifizierten von nun ab den Morvanschen Symptomenkomplex mit Lepra. Am lapidarsten löste die Frage Zambacco Pascha, der Syringomyelie, Lepra, Sklerodermie, Morvansche Krankheit identifizierte. Die Rückenmarkshöhlen betrachtete er als bloße Zufälligkeiten. Doch fand Zambaccos Ansicht wenig Anhänger, und sie wird hier bloß als Kuriosum zitiert.

Die Ähnlichkeit des klinischen Bildes von Lepra und Syringomyelie, namentlich der Morvanschen Form derselben, veranlaßte eine ganze Reihe von Forschern, nach Rückenmarksveränderungen bei Lepra zu suchen wie auch nach Veränderungen im peripheren Nervensystem bei Syringomyelie. Ich nenne nur die Arbeiten von Schultze, Marinesco, Jeanselme, Babès, Baelz, Blaschko, Bergmann, Looft, Oppenheim u. a. Man hat in keinem Falle von Syringomyelie für Lepra typische Veränderungen im peripheren Nervensystem, insbesondere keine Leprabacillen gefunden. In einem Falle allerdings von Pestana-Bettincourt sollen im Rückenmark bei Syringomyelie Leprabacillen vorgefunden worden sein. Doch wird dieser Fall mit Recht von Chantemesse und auch von Bergmann bestritten. Sonst wurden in keinem Fall von Syringomyelie im Rückenmark Leprabacillen vorgefunden, weder in den Höhlen, noch in ihren Wandungen. Bei Lepra werden freilich — besonders in protrahierten Fällen — hin und wieder Veränderungen nach dem Typus aufsteigender Degenerationen, besonders in den Hinterwurzeln und den Hintersträngen bestehen können. Es können auch in den seltensten Fällen bacilläre Metastasen vorkommen (Babès, Uhlenhuth-Westphal u. a.). In diesen Fällen bestanden keine für Syringomyelie typischen gliösen Veränderungen oder Höhlen im Rückenmark. In der überwiegend großen Mehrzahl der Fälle von Lepra wurden im Rückenmark überhaupt keine Veränderungen vorgefunden. Bisher sind nur 2 Fälle von Rückenmarkshöhlen bei typischer Lepra beschrieben. Das sind die Fälle von Gerber und Matzenauer und von Piatnitzky und Schakhnowitsch. Es handelt sich in beiden Fällen um eine Kombination beider Krankheiten. Man muß auch heute noch Schlesinger durchaus zustimmen, wenn er zu dem Schlusse kommt: „Nach den anatomischen Befunden ist es nicht bewiesen, ja nicht einmal wahrscheinlich, daß der Lepra eine Rolle in der Ätiologie der Syringomyelie zukommt". Es kann ja im einzelnen Leprafall im klinischen Bild das eine oder andere Symptom auch aus einer Affektion einiger Rückenmarkssysteme erklärt werden. Doch werden diese Erscheinungen wohl kaum das klinische Bild wesentlich bereichern, geschweige denn die hauptsächlichsten Symptome der Lepra erklären.

Nonne hat in seinem berühmten Referat über Lepra auf dem 5. Internationalen Dermatologenkongreß 1904 eine ganze Reihe nervöser Symptome bei Lepra durch *toxische Affektion des Rückenmarks und der Oblongata* erklärt. So schreibt er die Facialislähmung und namentlich die so häufige isolierte Affektion der Orbiculares oculi einer Erkrankung der bulbären Zentren zu. In einem kleinen Teil der Fälle glaubt NONNE auch die Muskelatrophien und Sensibilitätsstörungen auf „toxisch-funktionelle" Erkrankung zentraler Bahnen zurückzuführen. Besonders die trophischen Störungen, im speziellen der Knochen, möchte er durch spinale Ursache bedingt wissen. In einem von *mir* und JORDAN beschriebenen Fall bestanden sehr schwere Mutilationen der Finger lediglich der linken Hand. Hier war auch die Knochensensibilität aufs schwerste gestört, und in der linken Cubitalfalte fühlte sich der Nervenstamm sehr verdickt an. Wenn wir nun die Sensibilitätsstörungen in diesem Falle auf Erkrankung der peripheren Nerven zurückführen und auch die trophischen Störungen auf diese Weise erklären möchten, so ist dadurch nicht gesagt, daß *gelegentlich* auch toxische Erkrankung des Rückenmarks eine pathogenetische Rolle in dem einen oder andern Symptom spielen kann.

Der **Krankheitsverlauf** der Lepra ist überaus verschieden. Die Dauer wird im Durchschnitt mit 7—10 Jahren (DENNEY, WILKINSON) berechnet. Es sind Fälle mit 20-, 40jähriger und noch längerer Krankheitsdauer beschrieben worden. Die *Leprareaktion,* die, wie oben ausgeführt, als *allergische Reaktion* gedeutet werden muß, kann während eines akuten Schubes zum *Tode* führen, auch in noch frischen Fällen. Auch Toxämie, Amyloid, Erschöpfung sind ebenso wie hohe Fiebersteigerungen für den geschwächten Organismus des Leprösen nicht selten Ursache eines letalen Endes. Auch *Komplikationen,* die bei der Lepra nicht selten sind, bieten meist eine ganz außerordentliche Gefahr, so Influenza (MUIR, GOMES), Masern (TODD), Pneumonie (DOUGLAS), Tuberkulose (LIE, LEGENDRE, KERR, DENNEY u. a.). TODD hat übrigens darauf aufmerksam gemacht, daß manchmal die Tuberkulose einen günstigen Einfluß auf die leprösen Infiltrate ausübt. Sehr schwer ist die Komplikation mit Syphilis. Als *Todesursache* figuriert nicht so sehr die Lepra wie die komplizierenden Erkrankungen. Allerdings gehen die Zahlen der einzelnen Verfasser weit auseinander. So gibt HILLIS aus Britisch-Guyana für 38% der Todesfälle an: Erschöpfung bei leprösen Geschwüren, Stenosen der Atmungswege, viscerale Lepra, Marasmus und Atrophie. HANSEN bis 45% an Marasmus, OPPENHEIM für das Matunga-Asyl bei Bombay 35% an Lepramarasmus. Andererseits finden wir folgende Angaben: bei DENNEY bis 7%, MITSUDA bis 4,3%. Im Jahre 1923 starben in Culion an Lepra selbst 2,5% (KLINGMÜLLER). Daß die Lepra die Widerstandsfähigkeit des Organismus wesentlich beeinträchtigt, ist jedenfalls augenscheinlich. Es muß schließlich noch darauf hingewiesen werden, daß manche Verfasser auch eine *Heilung* der Lepra annehmen. HANSEN vertrat den Standpunkt, daß der Übergang der tuberösen Form in die anästhetische als Heilung zu betrachten ist. Doch werden auch in solchen Fällen in manchen Lymphdrüsen Bacillen vorgefunden. Wie bei Syphilis und Tuberkulose kann es deshalb immer wieder zum Aufflackern solcher Herde kommen. Auch DANIELSSEN hat sich für eine Heilungsmöglichkeit der tuberösen Lepra ausgesprochen, und zwar ohne Übergang in die nervöse Form, sondern durch Erweichung und Zerfall der Knoten. Bei der nervösen Form kommen lange Ruhepausen sehr häufig vor. Es ist aber um so schwerer zu bestimmen, ob es sich um Heilung oder um eine längere Ruhepause handelt. Jedenfalls haben über *Selbstheilungen* berichtet: v. BERGMANN, LIE, BESNIER, RAYNAUD, SMIRIAGIN, ZAMBACCO u. a. Es muß schließlich noch erwähnt werden, daß eine Besserung, bzw. Heilung der Lepra im Anschluß an komplizierende Krankheiten beschrieben wurde, so nach *Erysipel* (OLDEKOP, FEINDEL, HOPKINS, WITHOL), *Variola* (CORRÊA, FEINDEL, HANSEN, HOPKINS).

Ist also die **Prognose** der Lepra überaus vorsichtig zu stellen, so darf sie doch nicht als absolut ungünstig bezeichnet werden, um so mehr als wie bei vielen anderen, namentlich chronisch verlaufenden Infektionskrankheiten (epidemische Encephalitis, Lues, Tuberkulose) neben latenten Formen zweifellos auch abortive, „ambulante" Formen vorkommen. Verbesserung der diagnostischen Möglichkeiten, die Erfassung der Krankheit in frühen Krankheitsstadien, rechtzeitige Einleitung der Behandlung und Überführung der Erkrankten in hygienische Verhältnisse sind geeignet, die schwere Krankheit prognostisch nicht so hoffnungslos zu betrachten. Nach HARPER werden die meisten Leprakranken alt und sterben an Tuberkulose, Nierenkrankheiten, allgemeiner Sepsis. Je jünger der Patient in Behandlung kommt, desto günstiger kann die Prognose gestellt werden.

Obwohl in manchen Fällen einzelne lepröse Zeichen auch zum Schwinden kommen, so darf dies jedoch nicht genügend Grund sein, den Fall als geheilt zu betrachten, da immer neue Schübe vorkommen können. Die durch Lepra hervorgerufenen Zerstörungen, seien sie Depigmentierungen, Narben, Mutilationen, werden natürlich auch bei „Heilungen" nicht rückgängig. Daß eine Komplikation die Prognose verschlimmert, ist nach allem oben Gesagten ohne weiteres klar.

Praktisch betrachtet muß auch in scheinbar abgeheilten Fällen immer mit der Möglichkeit eines Aufflammens des Prozesses gerechnet werden, und deshalb ist in der Prognosestellung die größte Vorsicht geboten. Eng zusammenhängend damit ist die Frage von der Ungefährlichkeit der Kranken für die Umgebung im Sinne der Nichtanstecklichkeit. Wenn systematische Untersuchungen auf Bacillen in Haut, Schleimhäuten, besonders der Nase, keine Erreger entdecken, können die Kranken bei Überfüllung der Leproserien entlassen werden, jedoch gegen die Verpflichtung, sich regelmäßig zur Untersuchung wieder einzustellen (Parolierung). Auch hier ist also eine vorsichtige Prognose am Platze.

Diagnose und Differentialdiagnose. In ausgebildeten Fällen ist die Diagnose leicht, wenn man nur an Lepra denkt. Die Knoten bei der tuberösen Form, die Flecken und charakteristischen Anästhesien bei der Nervenlepra geben genügende Anhaltspunkte. Viel schwieriger gestaltet sich die Frage in „abortiven" oder in Frühformen. Der *Bacillennachweis* ist das wichtigste Diagnosenmittel. Bei der tuberösen Form werden Ausstrichpräparate vom Gewebssaft der Knoten gemacht und nach ZIEHL gefärbt. In manchen Fällen können die Bacillen durch Biopsie und Untersuchung der Gewebsschnitte entdeckt werden. In Fällen von Nervenlepra, wo Knoten fehlen, muß die Nasenschleimhaut auf Geschwüre untersucht werden und den letzteren Ausstrichpräparate entnommen werden. Manchmal gelingt der Nachweis der Bacillen im Nasenschleim. Schließlich kann man Bacillen auch an Hautstücken finden, die frischen Flecken entnommen sind.

Von *serologischen* diagnostischen Methoden haben eine gewisse Bedeutung erlangt die Agglutinationsreaktion (GAUCHER und ABRAMI) und die Komplementbindungsreaktion von BORDET-GENGOU oder die sog. WASSERMANNsche Reaktion. Doch kommt KLINGMÜLLER nach einer erschöpfenden Literaturübersicht zu dem Schlusse, daß es „eine *spezifische,* d. h. nur auf Lepra eingestellte *serologische Reaktion* bis heute *nicht gibt*". Auch diagnostische Impfungen haben keine praktische Bedeutung bisher erlangt. Auf Tuberkulin sollen alle Leprösen positiv reagieren. Doch werden auch negative Resultate beschrieben. Impfungen mit „Leprin", „Leprolin" oder „Lepromin" haben insoferne einen Wert, als sie bei Leprösen häufiger und ausgesprochener Reaktionen hervorrufen als bei Nichtleprösen.

Ein gutes Hilfsmittel für die Diagnose und besonders die Frühdiagnose stellt die Jodprobe dar. Nach einer Dosis von 0,2, häufiger von 2—3 g stellt sich eine örtliche und allgemeine Reaktion ein. Das Präparat kann per os, per rectum, subcutan oder als Jodsalbe einverleibt werden. An den Knoten entstehen Spannungen, langsam zunehmende Rötung, Schwellung und Druckempfindlichkeit. Am stärksten reagieren gewöhnlich die Leprome an Augenbrauen, Wangen und Kinn. Die Schleimhautveränderungen reagieren mit Schwellung, seltener mit Rötung. Auch kommen subcutane Blutungen vor, allerdings erst nach längerem Jodgebrauch. SIEBERT konnte mikroskopisch Erweiterung und Füllung der Blutgefäße feststellen. Fast immer treten zu den örtlichen Reaktionen noch allgemeine. 6—8 Stunden nach Verabreichung des Mittels wird der Lepröse müde und matt. Es stellen sich Kopfschmerzen ein. Die Temperatur steigt und erreicht nach 24 Stunden bis 40°. Die Allgemeinbeschwerden währen 3—4 Tage. Das Fieber fällt nach 36 Stunden, doch steigt es oft noch während 2—3 Tagen bis 38°. Nach der Jodkalidarreichung (2,0—4,0 täglich während mehrerer Tage) gelingt es auch, im Nasenschleim Bacillen zu finden in Fällen, wo dies früher nicht gelang (LEREDDE und PAUTRIER, JEANSELME u. a.).

Von größter Wichtigkeit für die Diagnose Lepra ist die eingehende klinische Untersuchung und Wertung der Symptome, ihre Differenzierung von anderen ähnlichen Erkrankungen. MARCHOUX hat darauf aufmerksam gemacht, daß bei farbigen Menschen lepröse Erytheme und Pigmentverschiebungen durch die dunkle Hautfarbe verdeckt werden können.

Besonders schwierig kann sich die Diagnose erweisen bei der Nervenlepra in Anfangsstadien. Nicht immer ist es leicht, die Verdickung der Nerven festzustellen. Bei Abtastung des Ulnaris in der Cubitalfurche gelingt es manchmal, knotige oder spindelförmige Anschwellungen zu palpieren. Gibt der Kranke dabei nicht an Schmerzen oder Parästhesien im Verbreitungsbezirk des Ulnaris zu verspüren, dann ist diese Gefühlsstörung für Lepra recht verdächtig. Es muß auch nach Veränderungen am Peronaeus, Saphenus, Radialis, Auricularis magnus und anderen Nerven geforscht werden. Neben dem Feststellen der typischen Ausfälle der Sensibilität wird noch auf besondere Klopfempfindlichkeit der Knochen, auf Parästhesien hingewiesen. In Frühstadien kann auch die Untersuchung der Schweißabsonderung gute Dienste leisten. Die kranken Stellen schwitzen nicht. Man kann dies besonders sehr gut mit der V. MINORschen Jodstärkemethode untersuchen. Ein anderes Verfahren haben BAELZ und NAKANISKI angegeben. In einen Körperteil wird Fuchsin oder Methylviolettpulver eingerieben, worauf er fest mit Watte verdeckt wird. Dann wird 0,01—0,02 g Pilocarpin subcutan eingespritzt. Die gesunden schwitzenden Stellen werden verfärbt, die kranken bleiben farblos. GOMEZ-BASA-NICOLAS haben gezeigt, daß in einigen Fällen die Umgebung der Flecken feucht wurde, während die Flecken trocken blieben. Manchmal blieben auch symmetrische Stellen auf der anderen Körperseite trocken. Doch schwitzen manchmal auch die Flecken.

Wir verweisen in bezug auf Unterscheidung der Hautveränderungen bei Lepra von anderen *Hautkrankheiten* (Psoriasis, Lichen ruber, Ekzem, Ichthyosis, Skorbut, Mycosis fungoides, Perniosis, Cutis marmorata, Pellagra, Xanthom, Sycosis, Rosacea, Syphilis, Tuberkulide, Lupus u. a. m.) auf spezielle Lehrbücher und wollen nur kurz die oft schwierige Differentialdiagnose der Nervenlepra mit *Syringomyelie* streifen. Beiden Erkrankungen sind die Störungen der Sensibilität sowie auch die trophischen Störungen der Haut, Muskeln, Nägel, Haare und Knochen gemeinsam. Dasselbe bezieht sich auch auf die Schweißanomalien und manche Hautanomalien. Ein altes japanisches Sprichwort lautet: „Hüte dich vor Frauen mit besonders schöner, blendend reiner Haut, sie sind wahrscheinlich aussätzig". Es muß in jedem Einzelfall die gesamte Entwicklung des Krankheitsbildes abgeschätzt werden, da ja sowohl bei Lepra als auch bei Syringomyelie Symptome auftreten können, die nicht typisch sind. Immerhin ist zu berücksichtigen, daß die Beteiligung des Facialis für Lepra sprechen würde wie auch das Fehlen der Patellar- oder Achillessehnenreflexe oder die Ausbreitung der Sensibilität auf die Extremitäten bei Freilassen des Rumpfes, das fleckenförmige Auftreten der Anästhesien am Körper, den Extremitäten und besonders im Gesicht. Für Lepra würde auch das Fehlen einiger Symptome sprechen, die bei Syringomyelie oft da sind wie das Fehlen der Skoliose oder der Pupillenanomalien. Auch das Fehlen der Fußsohlenreflexe ist eher für Lepra verdächtig. Die Muskelatrophien lokalisieren sich bei Syringomyelie eher proximal, hauptsächlich im Schultergürtel, bei Lepra an den distalen Teilen. Die Verdickung der Nervenstämme kommt bei Syringomyelie nicht vor, ebensowenig die trophischen Störungen der Nasenscheidewand mit einer Perforation im vorderen Teil derselben. Für Lepra sprechen diejenigen Mutilationen der Finger, bei denen die Nägel erhalten sind. Dieses Verhalten, auf welches Armauer, Hansen, Looft und Nonne aufmerksam gemacht haben, konnte auch *ich* bestätigen (Abb. 8). Für Lepra ist auch der Ausfall der Augenbrauen im lateralen Teil wie auch der Wimpern, der Haare in den Achselhöhlen bei gut erhaltenem Haupthaar charakteristisch.

Die Differentialdiagnose mit *Raynaudscher Krankheit* bereitet wohl selten Schwierigkeiten. Bei der Raynaudschen Krankheit fehlen die Sensibilitätsstörungen. Manche Fälle von *Sklerodermie* können dagegen überaus lepraähnlich sein. So hat ja Zambacco auch diese Krankheit seinerzeit mit Lepra identifiziert. Das Fehlen der Dissoziation der Sensibilität, die Lokalisation der atrophischen Hautveränderungen, der Verlauf gestattet jedoch in den meisten Fällen die richtige Diagnose der Sklerodermie. In zweifelhaften Fällen wird schließlich doch nur der Bacillennachweis ausschlaggebend sein.

Prophylaxe. Wichtigste Vorbedingung für eine planmäßige Prophylaxe der Lepra ist die Führung von genauen *Statistiken*. Die Geschichte der Lepra hat ferner gezeigt, daß die *Besserung der hygienischen Verhältnisse* zu einer Abnahme der Lepra führt. Die Lepra verliert an Boden, je besser die volkswirtschaftlichen Verhältnisse eines Landes sind. Es sind auch *Schutzimpfungen* mit Lepromin vorgeschlagen worden (Mitsuda, Bargehr). Die dritte internationale wissenschaftliche Leprakonferenz in Straßburg 1923 hatte folgende Beschlüsse gefaßt: ,,Die Konferenz hält die Organisationsmaßnahmen im Kampf gegen die Lepra aufrecht, welche durch die früheren Konferenzen angenommen worden sind, und erweitert sie durch folgende Beschlüsse:

1. Die Gesetzesvorschriften müssen je nach dem Lande verschieden sein, aber in jedem Fall ist die Einreise fremder Lepröser zu verbieten.

2. In Ländern, wo wenig Lepra herrscht, ist die Isolierung wie in Norwegen in einem Hospital oder in der Wohnung, wenn dies möglich ist, zu empfehlen.

3. In Lepraländern ist Isolierung notwendig, sie muß menschlich sein, muß den Leprösen in der Nähe seiner Familie lassen, wenn dies mit wirksamer Behandlung verträglich ist. Handelt es sich um Eingeborene, Nomaden oder Vagabunden oder überhaupt um Menschen, welche im Haus nicht isoliert werden können, so muß eine Isolierung durchgeführt werden und eine möglichst wirksame Behandlung in einem Hospital, Sanatorium oder ländlichen Kolonie; je nach Fall und Land. Es empfiehlt sich, die Kinder lepröser Eltern von der Geburt an von ihren Eltern zu trennen und in Beobachtung zu behalten.

4. Die Familienmitglieder Lepröser müssen periodisch untersucht werden.

5. Die Bevölkerung muß aufgeklärt werden, daß Lepra eine ansteckende Krankheit ist.

6. Gewisse Berufe sind den Leprösen zu verbieten. In solchem Fall hat die Gesellschaft für die Kranken und die von ihnen Unterhaltenen zu sorgen.

Ferner wurden folgende Wünsche ausgesprochen:

1. Klinische, histologische und bakteriologische Untersuchungen sollen fortgesetzt werden, um die Natur der tuberkuloiden Lepra aufzuklären.

2. Die Beziehungen zwischen Ratten- und Menschenlepra sollen untersucht werden.

3. Die Forschungen nach spezifischen Heilmitteln sollen fortgesetzt werden.

4. Der Völkerbund soll ein Lepraarchiv herausgeben.

5. Der Völkerbund soll ein internationales Büro für Unterweisungen und Belehrungen über Lepra einrichten.

6. Der Völkerbund soll eine Statistik über die Lepra in der Welt organisieren".

Wo Lepra häufiger vorkommt, und namentlich für „offene" Fälle ist eine Isolierung in speziellen *Leproserien* notwendig, die den Wünschen und Gepflogenheiten der Kranken entsprechen müssen, um nicht abschreckend wie ein Gefängnis zu wirken.

In manchen Ländern hat man *Lepradörfer* und Kolonien (Indien, Indochina, Afrika usw.) eingerichtet. Wo die Lepraländer aus Inselgruppen bestehen, ist der Versuch gemacht worden, die Leprösen auf einer *besonderen Insel* anzusiedeln, z. B. die Leprainsel *Culion* für die Philippinen, *Molokai* für die Hawaii-Inseln, *Makogai* für die Fidji-Inseln usw.

Auch *Sanatorien, Leprakliniken, Dispensaires* und *Polikliniken* dienen neben der unmittelbaren Behandlung auch prophylaktischen Zwecken.

Um die Leproserien zu entlasten, ist empfohlen worden, alle unheilbaren, verkrüppelten und nicht ansteckenden Fälle aus den Leproserien zu entfernen. In manchen Fällen wird der Kranke nur mit der Verpflichtung entlassen, sich periodisch wieder zur Untersuchung einzustellen *(Parolierung)*. Nichtbefolgen dieser Vorschrift wird bestraft, oder der Kranke wird wieder isoliert. Dies bezieht sich auf Kranke, bei denen die wiederholte Untersuchung keine Bacillen nachweisen konnte.

Behandlung. Für den Erfolg einer jeden Behandlung von Leprakranken ist die Befolgung hygienischer Maßnahmen wie körperliche Übungen, gute Luft, Ernährung, Verbesserung der Lebensbedingungen unumgänglich nötig. Wenn es auch ein spezifisches Mittel gegen Lepra nicht gibt, so kann durch aktive Behandlung wesentliche Besserung und sogar auch Heilung erreicht werden. Allerdings muß in jedem Einzelfall berücksichtigt werden, daß die Lepra nicht selten mehr oder weniger lange Remissionen aufweist.

Von Mitteln sind vorgeschlagen worden Quecksilber, Jodkalium, Carbolsäure, Salicylsäure, Arsen, Salvarsan, Ichthyol, das Serum von CARRASQUILLA, das durch Behandlung von Pferden mit Lepramaterial gewonnen wird. Es handelt sich im letzteren Falle wohl nur um die Wirkung parenteral eingeführter Eiweißkörper. Auch *Leprolin*, eine von E. K. ROST erhaltene Substanz aus vermeintlichen Leprabacillenkulturen oder andere aus Lepromen hergestellte Vaccinen wurden mit wenig Erfolg angewendet. Bessere Resultate liegen über die Behandlung mit *Nastin* (DEYCKE) vor.

Die meiste Anerkennung hat sich die Behandlung mit *Chaulmoograöl, Oleum gynocardiae* verschafft. Dasselbe wird aus dem Samen einer indischen Pflanze, der *Gynocardia odorata* gewonnen, eines alten Volksheilmittels gegen Lepra. Es wird vor oder nach den Mahlzeiten in Tropfenform genommen. Man beginnt mit 5 Tropfen in heißem Tee oder in Milch, steigert die Dosis täglich um 5 Tropfen bis 100 Tropfen täglich. Diese Dosis wird während 3 Monaten genommen. Nach einer 20tägigen Pause beginnt eine neue Serie. Infolge des unangenehmen

Geschmacks ist die Kapselform vorzuziehen. Jede Kapsel enthält 0,15 g. Man verabreicht bis 30 Kapseln pro Tag. Da es für den Magen-Darmkanal schlecht bekömmlich ist, sind subcutane und intramuskuläre Injektionen empfohlen worden, die aber wegen Bildung schmerzhafter Infiltrate nicht lange fortgesetzt werden können. Es sind auch Klysmaform und intravenöse Verabfolgung empfohlen worden. Von Engel-Bey (Kairo) ist das *Antileprol,* ein Äthylesterpräparat des Chaulmoograöls, empfohlen worden, das frei von den unangenehmen Nebenwirkungen ist und jahrelang in Dosen von 2—5 g täglich genommen werden kann. Beide Formen der Lepra bessern sich nach der Erfahrung der Forscher nach Antileprolbehandlung sehr weitgehend. Es wird noch der *Gurjumbalsam* empfohlen, der mit dem Chaulmoograöl abwechselnd genommen werden kann und in Tagesdosen von 2,0—12,0 g verordnet wird.

Auch die *örtliche Behandlung* spielt bei der Lepra eine große Rolle. Die nicht ulcerierten Knoten, die die Neigung haben, zu groß zu werden, werden am besten mit Elektrokauterisation behandelt. Trichloressigsäure, Kohlensäureschnee-Behandlung, Radium, Röntgen, Diathermie besonders bei Verdickung der Nervenstämme, Hochfrequenzströme gegen das Jucken und die prickelnden Schmerzen, Finsenlicht, Sonnenbehandlung gehören zum Arsenal der örtlichen Leprabehandlung. Warme Mineralbäder mit Schwefel (Island, Italien), Arsen (La Bourbole in Frankreich), Eisen, Silicium, Jod, Brom usw. sind empfohlen worden.

Schließlich sei noch erwähnt, daß eine Reihe von Lepraforschern (R. M. Wilson) für eine konsequente *Beschäftigungstherapie* eingetreten ist. Dieselbe wird als eines der wichtigsten Hilfsmittel in der Behandlung der Lepra betrachtet.

Literatur.

Jordan u. Kroll: Z. Neur. **73**, 437 (1921). (Literatur.)
Kedrowsky: J. trop. Med., Jan. **1928**. — Klingmüller: Die Lepra. Berlin: Julius Springer 1930. (Literatur.)
Lewandowsky, F.: Lepra. Handbuch der inneren Medizin von Bergmann u. Staehelin, Bd. 1, Teil 2, S. 1231.
Nonne: Lepra. Bibl. int. **5**, 22 (1904).
Perrin: Lèpre. Nouv. Traité Méd. **4**, 353.
Samberger: Z. Neur. **24**, 313 (1914).

Syphilitische Erkrankungen des Zentralnervensystems.
(Nervensyphilis.)

Von Arthur von Sarbó-Budapest.

Mit 41 Abbildungen.

Einleitung.

Kjelberg war der erste, der schon im Jahre 1868 behauptete, daß sich die progressive Paralyse nur in einem syphilitischen Organismus entwickelt. Dann betonten Essmarch und Jessen, daß in der Mehrzahl der Paralysen die Syphilis deren Ursache sei. Lanceraux bestritt dies auf das entschiedenste. Zu jener Zeit nimmt der große Fournier noch einen vermittelnden Standpunkt ein. Für ihn gilt es als sicher, daß gewisse Fälle echter Paralyse bei Syphilitikern vorkommen, andererseits, sagt er, gibt es eine Pseudoparalyse. Bei der echten

Paralyse finden sich die schwersten Veränderungen in der grauen Substanz; die Pia zeigt ein gewisses Maß von Infiltration, Hyperämie, aber nichts mehr. Bei der Syphilis dominieren dagegen die meningealen Alterationen, es kommt zu einer echten meningealen Sklerose, während die graue Substanz nur wenig alteriert ist und auch dann nur in circumscripter Form. Wir sehen, daß FOURNIER eigentlich der Vorläufer von NISSL und ALZHEIMER war, die in ihren Paralysestudien diesen Unterschied unterstreichen und als fundamental bezeichnen. Auch der Zusammenhang von Syphilis mit den Erkrankungen des Myelons wurde lange Zeit hindurch bestritten (HAYEM, SEGUIN). Einen großen Schritt vorwärts wurde dann durch die Feststellungen von VIRCHOW, HEUBNER, BAUMGARTEN gemacht, denen wir die gesicherte Tatsache verdanken, daß die Syphilis eine Vorliebe für die Gefäße hat.

Den entscheidenden Schritt tat dann FOURNIER. Es ist ein besonderer Hochgenuß, die diesbezüglichen Auseinandersetzungen dieses großen Syphilidologen zu lesen. Heute, wo durch die Entdeckung SCHAUDINNS das letzte Wort im Streite, ob die Tabes und die Paralyse syphilitischen Ursprunges sind oder nicht, gesprochen ist, wirken die Worte FOURNIERs wie eine prophetische Offenbarung. Der klinische Scharfblick, die unvoreingenommene Kritik der Tatsachen, die scharfe Logik der Beweisführungen und die warme Menschlichkeit, die aus seinen Werken strömen, fesseln und ergötzen. — Aus seinen Schriften erfahren wir, welch unwürdiger Beurteilung die Syphilitiker teilhaftig waren. Sie wurden als Déséquilibrés, als sich Exzessen jeder Art hingebende Alkoholiker und wegen ihrer moralischen Haltlosigkeit, als Kanditaten der Paralyse bezeichnet. Demgegenüber lesen wir, was FOURNIER sagt:

«..... la syphilis n'est qu'un malheur, qui n'implique ni alcoolisme, ni excès, ni perversion, ni déséquilibre moral ou psychique» und setzt fort: «C'est un mauvais lot tiré à une loterie ou tout le mond prend des billets et je serais véritablement tenté de parodier un mot charitable des livres saints pour dire que ceux-là qui n'ont pas merité la syphilis jettent la pierre à ceux qui en sont affligés.» Und als warmer Menschenfreund sagt er weiter: «Or, par expérience, j'ai acquis le droit d'affirmer que la pluie de pierres auxquelles seraient exposés nos malades ne serait pas bien confluente et leur ferait, en vérité, peu de mal.»

Heute noch leiden die bedauernswerten Syphilitiker unter dem ihrer Krankheit anhaftenden falschen Vorurteil; in vielen Fällen liegt hierin die Ursache ihrer Depression ob ihres Leidens. Für FOURNIER waren seine eigenen klinischen Erfahrungen maßgebend, um den syphilitischen Ursprung der Tabes und der Paralyse zu behaupten. Im Tone der Überzeugung des echt wissenschaftlichen Denkers nimmt er Stellung gegen den doktrinären Standpunkt der Pathologanatomen. Er gibt zu, daß es von Nutzen war, einst die Befunde, welche als syphilitisch angesehen wurden, zu präzisieren, aber es war ganz falsch, daraus die Folgerung abzuleiten, daß die Syphilis *nur diese*, dem Patholog-anatomen bekannten Veränderungen im Organismus erzeugen könne und *keine anderen*. Die stärkste Stütze erhielt dann die FOURNIERsche Lehre durch ERB, MÖBIUS, STRÜMPELL. Von diesen Heroen unserer Wissenschaft sind dann die Gegner Schritt auf Schritt zurückgedrängt worden, bis endlich SCHAUDINN mit seiner großen Entdeckung sie alle in die Flucht gejagt hat. Da konnte Altmeister ERB mit Genugtuung schreiben: „... die metasyphilitischen Erkrankungen sind zweifellos als aktive, echt syphilitische Prozesse anzusprechen, sie dürfen nicht mehr bloß als Folgezustand, als Nachkrankheit, sondern müssen als *besonderes Stadium der Syphilis* neben den bisher angenommenen drei Stadien bezeichnet werden. Am besten als quartäre oder Spätsyphilis."

Die Folgerungen aus der epochalen Entdeckung SCHAUDINNS, daß eine jede luische Erkrankung durch die Spirochaeta pallida hervorgerufen wird, sind aber noch immer nicht gezogen. Man spricht noch immer, fälschlicherweise, von

Meta-Paralues, wenn man die Tabes oder die progressive Paralyse meint und man vergißt, daß eigentlich die einzige *luische* Nervenerkrankung des Zentralnervensystems die Paralyse ist, weil sich die *hauptsächlichsten* Veränderungen *im nervösen Gewebe* nur bei ihr abspielen. JENDRÁSSIK zählte auch die Tabes zu den echtsyphilitischen Erkrankungen, bei ihr ist aber, so wie bei allen übrigen luischen Erkrankungen des Zentralnervensystems, das nervöse Parenchym erst sekundär am Prozeß beteiligt. Eigentlich sollten alle syphilitischen Erkrankungen des Zentralnervensystems vom Standpunkte des Erregers betrachtet und bearbeitet werden. Nun ist aber die alte Einteilung, welche echtsyphilitische Erkrankungen von den „metasyphilitischen" trennt, so ins Fleisch und Blut der Bearbeiter dieser Frage übergegangen, daß selbst die neuesten Handbücher, so auch das unserige, an dieser Einteilung festhalten. Es muß aber betont werden, daß trotz der Wiederholungen, die sich dabei ergeben, bei der Behandlung der allgemeinen Pathologie sämtliche luischen Erkrankungen von dem Gesichtspunkte der Spirochäte, als Krankheitserreger, betrachtet werden müssen.

In diesem Kapitel behandeln wir nach dem alten System die „echtsyphilitischen" Erkrankungen des Zentralnervensystems, also luische Erkrankungen der Meningen und der Gefäße, welche sekundär das Parenchym vom Gehirn und Rückenmark in Mitleidenschaft ziehen. Am Schluß behandeln wir die kongenitale Lues vom nervenärztlichen Standpunkt.

Ganz kurz wollen wir einige Worte der *Verbreitung der Syphilis* widmen. Wir berücksichtigen nur die Daten der letzten Zeit. So schreibt STONER, daß in Cleveland die Syphilis unter den Weißen aproximativ in 5% verbreitet ist, in den letzten Jahren soll die Zahl etwas gesunken sein. Nach VIETS sind in den Irrenanstalten der Vereinigten Staaten 10% der Insassen Neurosyphilitiker, während auf den Nervenabteilungen der allgemeinen Krankenhäuser dieser Prozentsatz auf 20—25% steigt. DOROS Daten lauten: Von der Gesamtmortalität entfallen in Rumpfungarn 17% auf Tuberkulose und 4,7% auf Syphilis. Auf 8 000 000 Einwohner entfallen demnach $4^0/_{00}$ Tuberkulotiker und $1^0/_{00}$ Syphilitiker. Aus dem berühmten Werke von MATTAUSCHEK und PILCZ entnehme ich folgende katamnestische Daten. Mindestens 3,19% von syphilitischen Infizierten erkranken an Lues cerebrospinalis. *Es scheint nur sehr selten vorzukommen, daß ein an Lues cerebrospinalis erkranktes Individuum später von der progressiven Paralyse befallen wird.* Die häufigste Erscheinungsform der Hirn-Rückenmarkslues sind die endarteriitisch bedingten Bilder und Formen mit gleichzeitiger Beteiligung von Hirn und Rückenmark, denen gegenüber alle anderen bekannten Krankheitsbilder an Frequenz weit in den Hintergrund treten. Über die *Sterblichkeitsverhältnisse* der Syphilitiker berichtet LEHNMANN in einer statistischen Arbeit, deren Material der größten schwedischen Versicherungsanstalt entstammt. Die Mortalität der Syphilitiker soll nach ihm eine 50%ige Erhöhung aufweisen. Die Syphilitiker sterben an Herz- und Nervenaffektionen, ihre Sterblichkeit an diesen Krankheiten ist zweimal so groß wie jene der Nichtsyphilitiker. In der vorstehenden Tabelle geben wir die Verteilung der Nervensyphilisfälle nach der Erkrankungsform und nach dem Geschlecht. Beobachtungszeit: 1915 bis 1928 (Nervenabteilung des St. Stephan-Spitals, Budapest).

Form der Erkrankung	Männer		Frauen	
	Zahl	%	Zahl	%
Lues cerebrospinalis . . .	163	19	158	40
Tabes	378	44	157	39
Progressive Paralyse . .	310	36	79	20
Gesamtzahl	851	70	394	30

I. Pathologische Anatomie der syphilitischen Veränderungen im Zentralnervensystem.

1. Einführung.

Ehe wir die makro- und mikroskopischen Veränderungen des syphilitischen Geschehens im Zentralnervensystem besprechen, müssen wir über den Entzündungsbegriff aus der allgemeinen Pathologie das uns interessierende mitteilen. Bei jedem Infektionsprozeß kommt es auf zwei Momente an, dem Erreger und dem Erregten, also Krankheitserreger und die Reaktion der Körpergewebe. LUBARSCH, neuerdings RÖSSLE, GERLACH wiesen ferner auf die Wichtigkeit des Allergiezustandes des Körpers, sowie auf die Virulenz des Erregers hin. Der Effekt hängt von diesen ab. Gegen den Eindringling wehrt sich der Körper mit eigenartigen Reaktionen, die von altersher als Entzündung bezeichnet werden. THOMA, NISSL, neuerdings P. SCHRÖDER halten den Entzündungsbegriff für entbehrlich. Letzterer fordert die pünktliche Beschreibung der histopathologischen Bilder und will den Entzündungsbegriff ganz fallen lassen. Demgegenüber sagt ASCHOFF:

„Es wird kaum einen Pathologen geben, welcher dem Wort ‚Entzündung‘, wenn es abgeschafft würde, eine Thräne nachweinte. Aber wir müssen darüber klar werden, daß wir dann für diejenigen Prozesse, welche bisher unter diesem Namen rein konventionell, wie sich LUBARSCH ausdrückt, oder rein gefühlsmäßig, wie SPIELMEYER ganz zutreffend sagt, zusammengefaßt wurden, klare, kurze, verständliche Namen haben müssen. . . . . . . Wir brauchen einen Namen für alle diejenigen Krankheitsprozesse, bei welchen auf den schädigenden Affekt eine Reaktion erfolgt. . . . . .“

ASCHOFF plädiert für eine *biologische* oder *funktionelle* Betrachtungsweise dieser Zustände. Er stellt sich also teleologisch ein. In Berücksichtigung der SCHRÖDER- und SPIELMEYERschen Unterscheidung von ekto- und mesodermaler Reaktion gruppiert ASCHOFF die Krankheiten des Zentralnervensystems in *Encephalopathien*, in denen die erwähnten Reaktionen kaum vorhanden sind (Mißbildungen, zirkulatorisch bedingte Gewebsänderungen) und *Encephalitiden*. Letztere teilt er in defensive und restituierende ein. Die defensiven zerfallen in spezifische und nichtspezifische. Zu den ersteren gehört die Syphilis. (Die weiteren Details der ASCHOFFschen Einteilung siehe Zieglers Beiträge Bd. 17, S. 19.)

ASCHOFF sieht in dem pathologischen Prozeß eine Körperverteidigung, welche sich in Defension, Reparation oder Regeneration kundgeben kann. Neben dem morphologischen Symptomenkomplex soll hierdurch auch dem physiologischen eine gerechte Würdigung zuteil werden. Die Neurohistopathologen, vor allem SPIELMEYER und A. JAKOB, halten noch an den alten morphologischen Hauptsymptomen der Entzündung fest. Sie sprechen von Alteration, Exsudation-Infiltration, Proliferation. Demgegenüber ist die Frage aufzuwerfen, ob denn die gliösen Reaktionserscheinungen, welche mit gar keinen oder nur minimalen Reaktionserscheinungen im Gefäßbindegewebsapparat einhergehen, als Entzündungserscheinungen zu betrachten sind oder nicht? ASKANAZY, MARCHAND, B. FISCHER betrachten die Glia des Zentralnervensystems gleichwertig mit dem Bindegefäßapparat in den anderen Organen. B. FISCHER zählt die gliösen Reaktionen zu den entzündlichen, zumal gerade im Zentralnervensystem ihr funktioneller Charakter der Gewebsreinigung, der Beseitigung der Zelltrümmer deutlich hervortritt (A. JAKOB). Demgegenüber verteidigt A. JAKOB den alten Standpunkt, den er damit begründet, daß der Kliniker mit der Krankheitsbezeichnung mit der Endung „itis“ eine ganz bestimmte Vorstellung verbindet, daher es ein Kunstfehler wäre, den Entzündungsbegriff im obigen Sinne auszudehnen. Wir können dem geschätzten Autor nicht folgen, sondern fordern vom Kliniker, daß er sich vor den Tatsachen beuge und wenn es, wie in diesem Fall, notwendig ist, umlernt. Auch die experimentellen Erfahrungen sprechen hierfür. So wissen wir, daß dasselbe Virus sowohl meso- als auch ektodermale Reaktionen auslösen kann. Lotmar bewertet auf Grund seiner Dysenteriestudien die gliösen Reizerscheinungen gleichfalls im Sinne einer Entzündung. Es spricht vieles dafür, daß wir neben der mesodermalen eine ektodermale Verteidigungsart des Zentralnervensystems anerkennen. Es gibt pathologische Zustände, wo beide Spielarten vorliegen. Es handelt sich nicht, wie es A. Jakob hinstellt, um theoretische Spekulation, sondern, wie ich es im nachfolgenden zu beweisen versuche, löst sich der Widerspruch, der heute noch begriffsverwirrend in der Auffassung der „streng luischen" und der „paralytischen" Veränderungen besteht. Auch wir unterschreiben das von Nissl und Alzheimer stark betonte Kardinalsymptom des paralytischen Prozesses, nach welchem unabhängig voneinander die Veränderungen infiltrativer Natur am Bindegefäßapparat (an der Pia) neben der „degenerativen" im Nervenparenchym sich abspielen. Wir glauben aber, *statt der Bezeichnung „degenerativ" die der entzündlichen parenchymatösen Veränderung setzen zu dürfen.* Schon die von den genannten großen Histologen hervorgehobenen diffusen Infiltrationen der Lymphscheiden um die Capillaren sprechen in diesem Sinne, andererseits sind die Veränderungen der Glia, wie wir dies oben angeführt haben, im entzündlichen Sinne zu deuten. *Meines Wissens ist die Differenz der Gefäßveränderungen, welche zwischen der Gefäßalteration der meningealen Lues und des paralytischen Prozesses besteht, bisher nicht gebührend hervorgehoben und gewürdigt worden.* Dabei liegt der Schlüssel des Rätsels in dieser Differenz. Bei der Lues cerebri, welche Erkrankung eigentlich eine menigovasculäre ist, handelt es sich um eine Panarteriitis oder Endarteriitis obliterans; demgegenüber ist die vasculäre Veränderung bei der Paralyse hauptsächlich eine Rundzelleninfiltration, die ganz überwiegend aus Plasmazellen besteht. Die adventitiellen Lymphscheiden der kleineren und capillaren Rindengefäße sind von ihnen wie „austapeziert". Media, Elastica, Endothel sind nur ausnahmsweise verändert. Schon Karl Krause hebt den Unterschied im Verhalten der pialen Gefäße bei Meningitis syphilitica gegenüber jenen bei der Paralyse hervor. Diese charakteristische Plasmazelleninfiltration der adventitiellen Lymphscheiden, von welcher Alzheimer erklärte: „Findet sich keine ausgesprochene Infiltration der Lymphscheiden, so läßt sich eine Paralyse ausschließen", besagt soviel, daß der, durch die Spirochäten ausgeübte Reiz diese Infiltration hervorruft und wir haben allen Grund anzunehmen, daß durch die Capillaren das Ausschwärmen der Spirochäten ins Parenchym des Gehirns stattfindet und die Parenchymveränderungen verursacht. Dabei muß auch der gestörten capillären Zirkulation irgendeine Rolle zugeschrieben werden, allerdings können wir dieselbe heute noch nicht klar übersehen. Gegen die Annahme von H. Spatz, nach welcher die eigenartige Lokalisation des paralytischen Prozesses von einer hämatogenen Aussaat des Virus abhängig ist, führt A. Jakob, nach meiner Meinung mit Recht, folgende Bedenken an. Das Blut des Paralytikers ist in keinem Stadium der Paralyse eindeutig infektiös; es handelt sich bei der Paralyse um eine betont ausgesprochene Spirochätose des Hirngewebes, im Gefäßlumen sind Spirochäten nur äußerst selten festzustellen. Jakob ist eher geneigt — auf die neuerlichen Spirochätenbefunde von Pacheco e Silva hinweisend — anzunehmen, „daß sich die Paralysespirochäten zunächst in den *Gefäßlymphscheiden des Gehirngewebes* aufhalten gemäß der allgemeinen Eigenart der Luesspirochäten als Lymphparasiten, und daß sie erst im Paralysestadium von hier aus, plötzlich und schubweise wuchernd, in das Gehirngewebe eindringen."

Ein deutliches Bild über die Lokalisation des luischen Prozesses, wie er sich bei der Meningitis syphilitica gegenüber der progressiven Paralyse kundgibt, verdanken wir Spatz[1]. Aus seinen Bildern erhellt die Tatsache, daß der interstitielle id est meningovasculäre luische Prozeß sich an der äußeren Oberfläche des Gehirns und an der, den Ventrikeln zugekehrten Oberfläche ausbreitet, demgegenüber verbreitet sich der paralytische Prozeß im Rindenparenchym sowie in den großen Ganglien.

Hier sei auf den, schon von Nissl, Alzheimer, neuerdings von Spielmeyer, Jahnel wieder betonten Unterschied hingewiesen, der darin besteht, daß bei der luischen Meningoencephalitis die Veränderungen in der Hirnrinde eine direkte Abhängigkeit von der pialen Entzündung zeigen, während bei der Paralyse die Rindengefäßerkrankung als unabhängig von der pialen sich erweist.

Zusammenfassend kommen wir zum Resultate, daß, trotzdem sowohl die meningovasculäre als auch die parenchymatöse Hirnlues die Spirochäte zur Urheberin hat, beide Prozesse qualitativ voneinander abweichen. *Für diesen Unterschied glauben wir den von der Spirochäte in verschiedener Weise befolgten Angriffsweg beschuldigen zu können.* Bei der meningovasculären Lues sind es vorzugsweise die Wände der Gefäße, in welchen die Abwehrvorgänge sich abspielen, während bei der parenchymatösen Lues die *Lymphscheiden* die Stätte des Kampfes sind. Es scheint, daß die Abwehrkraft, welche in den Lymphspalten, in den perivasculären Räumen dem Organismus zu Gebote steht, eine ungenügende ist; auch ist daran zu denken, daß das Zentralnervensystem dem doppelten Angriff, wie er sich im paralytischen Prozeß abspielt, nicht gewachsen ist; denn in den meisten Fällen von Paralyse begegnen wir auch den meningovasculären Abwehrvorgängen. Die Vasculomeningitis syphilitica bildet das eine, die Paralyse das andere Extrem der syphilitischen Erkrankung des Gehirnes; es ist selbstredend, daß es auch Mischfälle gibt. Schon ältere Autoren betonten dies. A. Jakob widmete diesen Vorgängen erhöhte Aufmerksamkeit und fand solche Mischfälle in 25% seiner Fälle! All das beweist, daß es eben keine Sprünge in der Natur gibt!

Im allgemeinen läßt sich sagen, daß die Spirochäte ein das *Mesoderm* bevorzugender Parasit ist. Dementsprechend finden wir die Gewebsreaktionen sowie im übrigen Körper, auch im Nervensystem, vorzugsweise in mesodermalen Gebilden auftreten. Eine Ausnahme bildet das embryonale Stadium, in welchem die Spirochäte ubiquitär anzutreffen ist. Ein Gegenstück hiefür bildet im ausgebildeten Organismus das Gehirn, welches unter gewissen Umständen sich dem embryonalen Zustande ähnlich verhält, d. h. die Spirochäten überfluten sowohl das mesodermale als auch das ektodermale Gebiet. Wir setzen voraus, daß in beiden Fällen die Abwehrkräfte des Organismus versagen bzw. dies anzunehmen sind wir im letzteren Fall (bei der progressiven Paralyse) berechtigt, während im ersteren Fall (beim luischen Embryo) es an Abwehrkräften überhaupt mangelt. Wie schon gesagt, ist das Bindegewebe der Nährboden der Spirochäte. Was nun speziell das Zentralnervensystem betrifft, so ist es das Gefäßsystem und sind es die Häute in deren bindegewebigem Teil die Spirochäte sich festsetzt, und dementsprechend finden wir die reaktiven Erscheinungen der Körperverteidigung hauptsächlich in diesen Gebilden. *Zumeist sind sowohl die Gefäße als auch die Häute zu gleicher Zeit erkrankt,* trotzdem ist es angezeigt, beide Erscheinungsformen isoliert zu besprechen. Zuerst behandeln wir die *Gefäßsyphilis* des Zentralnervensystems.

2. Gefäßsyphilis des Zentralnervensystems.

Einführung. Erst Virchow sonderte die Gefäßsyphilis von dem Erkranktsein der Meningen. Es war ein Fall von luischer Pachymeningitis, bei welcher er

---

[1] Spatz: Zbl. Neur. **101**, 644.

neben den gummösen käsigen Massen die Thrombose einer Arteria carotis cerebralis entdecken konnte. Zu jener Zeit galt noch als Merkmal der Gefäßsyphilis
die Neigung zum Zerfall. Eine Auffassung, die dadurch entstand, daß Virchows
Fall als Paradigma diente und in demselben eine käsig zerfallende gummöse
Arteriitis vorlag. Lange Zeit war diese gummöse Gefäßerkrankung als alleinige
Erscheinungsform der Gefäßsyphilis bekannt. Von der selbständigen Erkrankung der Gefäße wußte man bis zu Heubners grundlegenden Arbeiten gar nichts.
Ihm verdanken wir die Kenntnis, daß die Syphilis zur zelligen Infiltration der
Gefäßwände auch ohne Beteiligung der Häute führen kann. Ferner hebt schon
Heubner hervor, daß neben der zelligen Infiltration der Gefäßwände auch
eine gummöse bestehen kann. Nach Heubner beginnt der Prozeß unter dem
Endothel der großen Gefäße und geht mit einer Intimawucherung einher und
erst später werden die Media und Adventitia befallen. Gegen die Heubnerschen Annahme haben sich bald Stimmen erhoben und lange Zeit hindurch
wogte der Kampf, der meines Erachtens nach, selbst heute noch nicht beendet
ist. Bald nach Heubners Veröffentlichungen erschienen eine Reihe von Arbeiten,
die den Ausgangspunkt des pathologischen Geschehens nicht in die Intima,
sondern in die Adventitia verlegten. So vor allen lenkte Köster die Aufmerksamkeit darauf, daß es durch die Verlegung des Virchow-Robinschen Raumes
zur Ernährungsstörung der Intima kommen kann und die Abfuhr dadurch
behindert ist. Rumpf betonte, daß der Beginn des Prozesses in die Vasa vasorum
zu verlegen sei. Auch Köster wies auf die Vasa vasorum hin und hob hervor,
daß die Endarteriitis im Gehirn deshalb so häufig sei, weil daselbst die kleinsten
Arterien mit Vasa nutritia versehen sind. Der Kösterschen Auffassung schlossen
sich Baumgarten, Marschand, Friedländer von den älteren, Versé, Herxheimer, A. Jakob, Pirilä u. a. von den jüngeren Autoren an.

Auch in den Körperarterien soll, nach Annahme der meisten Forscher, der
Ausgangspunkt der luischen Gefäßerkrankung in der Gegend der Vasa vasorum
liegen. So entstehen nach Kaufmann bei der Aortitis, in der Media, in der Nachbarschaft der Vasa vasorum aus polynucleären Leukocyten bestehende Anhäufungen. Auch nach Hansemann beginnt der Aortaprozeß in ihrer Umgebung, zuerst erkranken die *perivasculären Lymphbahnen*, von dort aus werden
die Lymphbahnen der Vasa vasorum, endlich die Vasa vasorum selbst infiltriert.

Heller, Döhle, Pándy, Chiari und Benda erkannten als erste den
syphilitischen Charakter der Aortenveränderung.

Für den Neurologen ist die Erkenntnis wichtig, daß die Aortitis zur Entwicklung derber Efflorescenzen führen kann; dieselben können sich in der
Umgebung der Kranzarterienöffnungen etablieren, verengern ihr Lumen und
führen so zu angiösen Attacken und zu Ernährungsstörungen des Herzmuskels.
Das zu wissen ist deshalb von besonderer Wichtigkeit, weil, wie es die Untersuchungen an meiner Abteilung zeigten, die größte Gefahr bei der Malariabehandlung der Syphilis von Seite einer Myokarditis besteht. Die erwähnte Verengerung
der Mündungen der Kranzarterien kann die Ursache eines plötzlichen Todes
werden, wie ich das in einem Falle von malariabehandeltem Paralytiker erlebte.

Wir müssen auch dessen bewußt sein, daß nicht nur die Aorta bei der Syphilis
erkrankt sein kann, sondern auch die mittleren und kleinen Arterien des Körpers.
Uns Neurologen interessiert vor allem die syphilitische Erkrankung der Gefäße
der Extremitäten, welche subjektive Nervensymptome erzeugen kann. Unsere
diesbezüglichen Kenntnisse sind allerdings noch im Anfangsstadium, wie das
Sternberg richtig hervorhob. Ihm verdanken wir auch die Beobachtung eines
Falles von symmetrischem Spontangangrän. In den Gefäßen war keine Endarteriitis obliterans, sondern eine Mesarteriitis und Periarteriitis mit mäßiger
Verbreiterung der Intima und Thrombose des Lumens vorhanden.

a) Spezielle pathologische Anatomie und Pathohistologie der syphilitischen Gefäßveränderungen.

HEUBNER beschrieb jene luische Gefäßveränderung, die ihren Anfang in der Intima nimmt. Die Intima, an den mittleren und kleineren Arterien nur eine dünne Schicht bildend, verdickt sich und enthält fibröses Gewebe oder weist ein homogenes, hyalines Aussehen auf. Diese Intimaverdickung führt zur Einengung des Gefäßinnern, schließlich zum vollständigen Verschluß. Auch die elastische Substanz zerfällt, zerspaltet sich in dünne Fasern. Bei dieser Art der Gefäßveränderung kommt es, nach SCHMAUS deshalb nie zu starken Verfettungs- und Zerfallsprozessen, weil die Gefäßversorgung der Intima von der Adventitia aus erhalten bleibt. Diese Art der Gefäßveränderung wurde von HEUBNER als *Endarteriitis obliterans* beschrieben (s. Abb. 1).

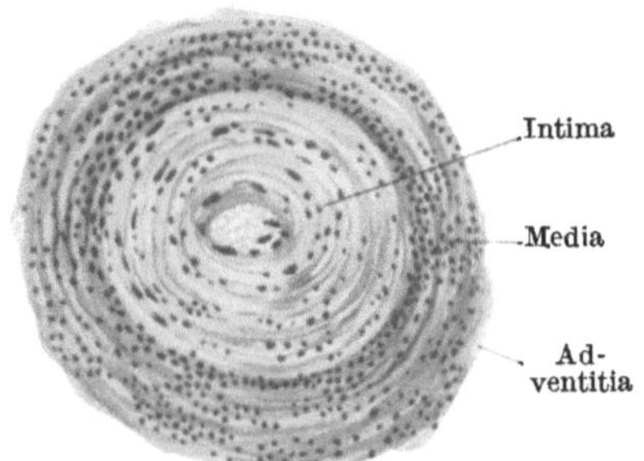

Abb. 1. HEUBNERsche Gefäßerkrankung. Infiltration der Adventitia, Media, Intima. Starke Wucherung der Intima. (Nach NONNE.)

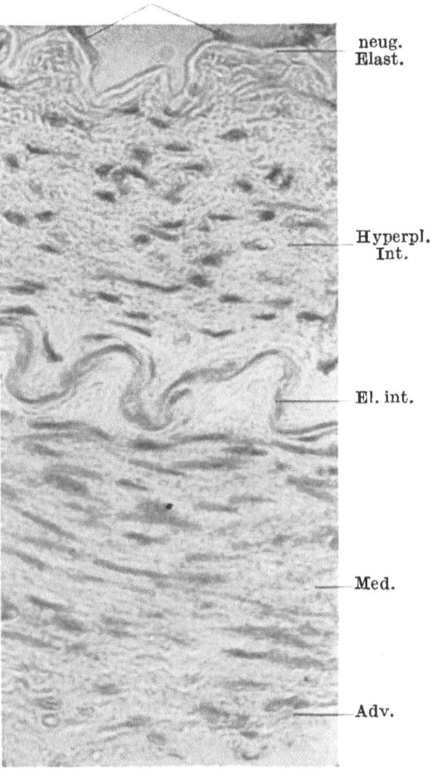

Abb. 2. Ein Sektor einer Gefäßwand von einer chronischen syphilitischen Gefäßerkrankung. (Nach A. JAKOB.)

SCHMAUS weist schon darauf hin, daß diese Gefäßveränderung nicht spezifisch ist. Die andere Form der Gefäßveränderung, die wir bei der Lues antreffen, betrifft die Erkrankung der ganzen Gefäßwand: *Panarteriitis* oder *Panphlebitis*. In diesen Fällen dringt der Prozeß von der Adventitia her, seltener von der Media aus, als zellige Infiltration ins Innere des Gefäßes. An die Erkrankung der Außenhäute schließt sich die Endarteriitis an, im Anfang zellarmes, hyalines Gewebe bildend, später, wenn die Infiltration weiter fortschreitet, wird auch die Intima von Rundzellen durchsetzt, ja es kann, im Gegensatz zur HEUBNERschen Endarteriitis zur Verkäsung kommen.

Panarteriitiden und Panphlebititiden können aber auch nicht als spezifische Veränderungen aufgefaßt werden, sie kommen auch bei eitrigen, tuberkulösen, carcinomatösen Prozessen vor.

Wichtig erscheint die Feststellung von SCHMAUS, nach welcher die Gefäßerkrankung als selbständiger Vorgang vorkommt. Sehr oft bildet die Gefäßerkrankung den Angriffspunkt des Prozesses. Schon HEUBNER erwähnt, daß die Arterien der Hirnbasis *selbständig* erkranken können.

A. JAKOB will neben der HEUBNERschen Endarteriitis obliterans eine syphilitische Gefäßerkrankung angenommen wissen, welche für einen chronischen syphilitischen Prozeß charakteristisch sein soll. Er gibt von ihr folgende Beschreibung:

„Im Toluidinblaupräparat besteht die Gefäßwand aus einer locker gebauten Adventitia, die hin und wieder regressiv veränderte Lymphocyten in ihren Maschen birgt. Dann folgt eine fast normal erscheinende Media, deren Kerne zum Teil jedoch regressiv verändert sind. Ihr schließt sich nach innen die Elastica interna in ihren Wellenzügen an; nach ihnen folgt eine, die ganze Gefäßcircumferenz häufig in gleichmäßiger Lage einnehmende hyperplastische Intima aus Zügen von Bindegewebs- und Muskelzellen bestehend, die gegen das Lumen zu von einer neugebildeten Elastica abgeschlossen wird. Unter ihr bemerkt man noch eine feine Endothellage" (s. Abb. 2).

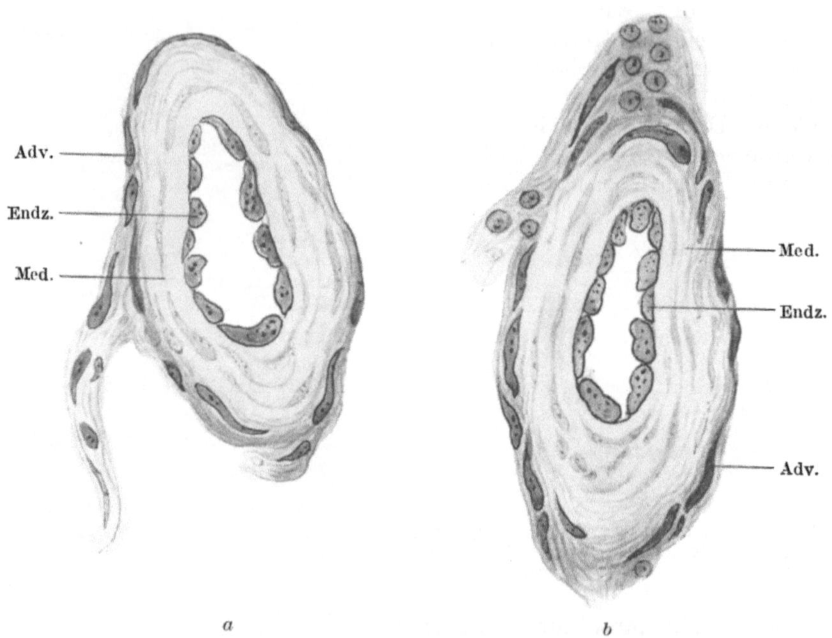

Abb. 3a und b. Zwei kleinere Pialgefäße mit proliferativ verändertem Endothel und Adventitialzellen sowie aufgequollener Media bei einem Falle von Endarteriitis syphilitica der kleinen Hirnrindengefäße. — Nissl-Bild. — Zeichnung bei stärkerer Vergrößerung. (Nach A. Jakob.)

Jakob stellt diese Art von Gefäßerkrankung der Heubnerschen gegenüber, mit der Begründung, daß dieselbe im Gegensatz zu der Heubnerschen, als nicht entzündliche Veränderung zu betrachten sei, da die infiltrativen Vorgänge fehlen, ferner führt er für die Spezifität dieser Veränderung das Fehlen regressiver Veränderungen an der hyperplastischen Intima an. Jakob fand diese Veränderung nach langem Suchen in mehreren Fällen von chronischer Lues des Zentralnervensystems. Demgegenüber berufen wir uns auf die originale Auffassung und Beschreibung von Heubner, in welcher es heißt, daß bei der von ihm beschriebenen Endarteriitis weder eine Verfettung noch eine Verkalkung vorkommt, also ähnlich keine regressiven Veränderungen, wie in den Jakobschen Fällen. Das Fehlen dieser regressiven Veränderungen betont Heubner und sieht darin ein differentialdiagnostisches Merkmal der arteriosklerotischen Gefäßerkrankung gegenüber. Nach alledem müssen wir uns der Meinung von Forster und Spielmeyer anschließen, die über diese von Jakob beschriebenen Gefäßveränderung sagen, daß sie als Residuärzustand der Heubnerschen Endarteriitis zu betrachten sei.

In neuerer Zeit mehren sich die Arbeiten, in denen die von Billroth zuerst beschriebene Gefäßveränderung erwähnt wird. Es handelte sich zumeist um

Fälle von progressiver Paralyse, dann Schwachsinn, Epilepsie, Melancholie. Die BILLROTHsche Beschreibung sprach von glasähnlicher Veränderung hauptsächlich der corticalen Gefäße. Von ALZHEIMER stammt die Bezeichnung kolloide Degeneration, welche sich hauptsächlich in den Gefäßen, aber auch in den übrigen Geweben des Zentralnervensystems fleckweise zeigen kann. ALZHEIMER meinte, daß die amyloide, hyaline, kolloide Degeneration verschiedene Formen der zugrundegehenden Eiweißsubstanz darstellen. Beliebt ist die Bezeichnung der *hyalinen* Degeneration geworden. SIOLI, SCHRÖDER, DÜRK, KUFS, LÖWENBERG, STRÄUSSLER und KOSKINAS, HASSIN und BASOË haben bestätigende Mitteilungen gebracht. SPIELMEYER betrachtet diese Form von Degeneration als eine Nekrose, welche nicht zur Verflüssigung führt. Auch A. JAKOB stimmt dem bei.

LÖWENBERG beschreibt vier hierher gehörige Fälle und erwähnt, daß die Veränderung selten sei.

Ganz kurz seien noch die charakteristischen capillären Veränderungen erwähnt, auf die NISSL und ALZHEIMER bei der progressiven Paralyse die Aufmerksamkeit gelenkt haben.

Unmittelbar um die Capillaren, innerhalb ihrer Scheiden, findet eine Ansammlung von Lymphocyten und Plasmazellen statt; so bilden sich Plasmazellenmäntel um die Capillaren, welche das charakteristische Merkmal der paralytischen Veränderung sind. Auch um die

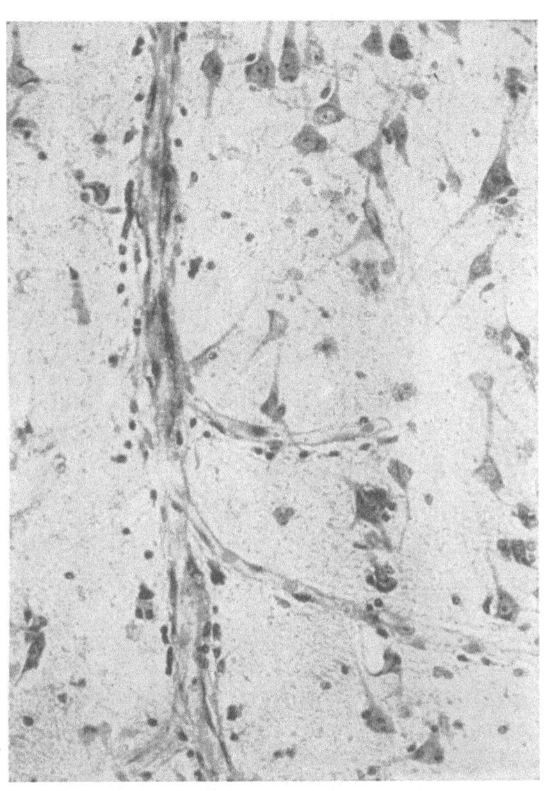

Abb. 4. Endarteriitis syphilitica einer Rindencapillare mit frischen Seitensprossen. Perivasculäre Wucherungen der Oligodendro- und Hortegaglia. NISSL-Präparat. (Nach A. JAKOB.)

größeren Gefäße bilden sich diese Zellansammlungen, dieselben kommen aber auch bei der nicht paralytischen Erkrankung des Gehirns vor. ALZHEIMER äußerte sich folgendermaßen: „Der diffusen Infiltration kommt zweifellos die ausschlaggebende Bedeutung zu. Findet sich keine ausgesprochene Infiltration der Lymphscheiden so läßt sich eine Paralyse ausschließen.“

Wir müssen noch die sehr seltene, zuerst von NISSL beschriebene Art von Gefäßsyphilis erwähnen, welche unter dem Namen: *Endarteriitis syphilitica der kleinen Hirnrindengefäße,* bekannt ist.

In neuerer Zeit hat sich A. JAKOB mit dieser Art von Gefäßsyphilis eingehend beschäftigt. „Es ist dies eine Erkrankung der kleinen Pial- und Rindengefäße, wobei die Endothel- und Adventitialzellen stark wuchern, ihre Kerne sich vergrößern und vermehren, ohne daß es zur Loslösung von Zellen oder zu entzündlichen Infiltraten kommt. Die Capillarwand selbst quillt dabei auf, ohne daß sie eine fettige oder hyaline Metamorphose eingeht. Auch die elastischen

Strukturen sind für gewöhnlich nicht stark vermehrt. Sehr häufig führt dieser Krankheitsvorgang zu Gefäßsprossenbildung und dadurch zu Gefäßneu- und Paketbildung. Der Prozeß kann sich nur in den Capillaren und Präcapillaren der Rinde abspielen, kann aber nach meinen Erfahrungen auch in den kleineren Pialgefäßen sich ausprägen" (A. Jakob) (s. Abb. 3, 4).

Zu all diesen bis jetzt genannten Veränderungen der Gefäßsyphilis gesellt sich noch die *gummöse* Erkrankung der Gefäße. Die zu den infektiösen Granulationsgeschwülsten gehörenden Syphilome oder Gummi kommen auch in den Gefäßwänden vor, manchmal machen sie den Eindruck einer selbständigen Gefäßerkrankung, aber in der überwiegenden Mehrzahl der Fälle sind sie nur Begleiterscheinungen der gummösen Meningealerkrankung. Die gummöse Arteriitis fällt schon makroskopisch auf. Die von ihr ergriffenen Arterien zeigen in ihrem

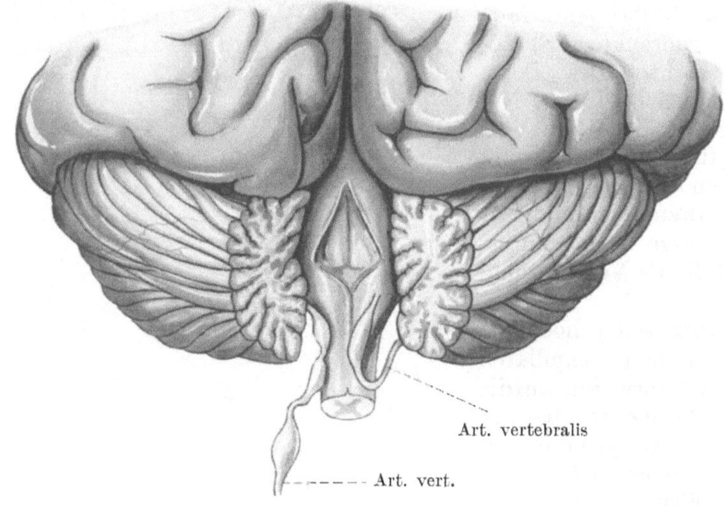

Abb. 5. Periarteriitis gummosa arteriarum cerebri et medullae oblongatae.
(Originalpräparat von Koloman Buday).

Verlauf knotenförmige Verdickungen, dieselben erscheinen dem tastenden Finger knorpelartig hart, ihre Farbe ist gräulich, im Gegensatz zum bläulich schimmernden normalen Gefäß. Ich verdanke eine, diese ganz seltene Erkrankung aufweisende Zeichnung der zuvorkommenden Liebenswürdigkeit Prof. Koloman Budays und wiedergebe die Originalzeichnung (s. Abb. 5).

Wie ersichtlich, finden sich die erwähnten gummösen Verdickungen an beiden, vornehmlich an der linken Arteria vertebralis. Mikroskopisch starke Intimawucherung mit gallertigem Bindegewebe, welches sich auch in die Media fortsetzt, die elastischen Fasern auseinander drängt und zerrissen, dabei ist die Adventitia stark gewuchert. Im klinischen Teil kommen wir noch zur Besprechung dieses Falles zurück.

Das charakteristische histologische Bild der gummösen Gefäßwandveränderung zeigt die Abbildung A. Jakobs (Abb. 6), aus der wir ersehen, wie massig die Intima durch vielgestaltige, zumeist spindelförmige, wenig chromatinenthaltende fibroblastenähnliche Zellen durchsetzt ist. Die Zellen liegen in einer kollagenhaltigen Zwischensubstanz. Die Elastica interna zeigt deutliche Auflösung, Zersplitterung. Auch die Adventitia und Media sind zumeist von Lymphocyten und seltener von Plasmazellen durchsetzt; dazwischen findet man die Langhansschen Riesenzellen. Das Endothel ist bald intakt, bald zeigt es Wucherungen seiner Zellen, welche zu Lumenverschluß führen können. Im

Innern des Markes sind es die Gefäßwände, von wo aus die Gummen sich entwickeln. Auf die näheren Details der histopathologischen Veränderungen einzugehen ist hier nicht der Ort, nur wollen wir betonen, daß auch diese Gefäßwandgranulome gerade so zentrale Nekroseerscheinungen und Verkäsung aufweisen können, wie die übrigen Gummen des Zentralnervensystems. Für nähere Einzelheiten verweisen wir auf die äußerst gründliche Bearbeitung dieses Themas von A. JAKOB (Spezielle Histopathologie des Großhirns, I. Teil).

A. JAKOB will auch eine *syphilidogene Gehirnarteriosklerose* anerkennen, die sich durch die Kombination von proliferativen und regressiven Vorgängen an der Intima, auszeichnen soll. Die Frage ist noch nicht spruchreif, wenn wir

Abb. 6. Gummöse Gefäßveränderung in einem meningealen Gummi. g¹ Gefäß mit noch erhaltenem Lumen, g² ein solches mit thrombotischem Lumenverschluß. (Nach A. JAKOB.)

auch zugeben, daß A. JAKOB darin Recht hat, daß die Rolle der Infektionskrankheiten darunter auch die der Lues, in der Pathogenese der Arteriosklerose lange unterschätzt worden ist, so müssen wir betonen, daß noch systematische diesbezügliche Untersuchungen sowohl statistischer als pathologanatomischer Natur fehlen. Wir möchten darauf aufmerksam machen, daß zur Entscheidung dieser Frage vor allem die Untersuchung jugendlicher Individuen Not tut.

Zusammenfassend können wir sagen, daß folgende Arten von syphilitischen Gefäßveränderungen im Zentralnervensystem unterschieden werden können: 1. Die HEUBNERsche Endarteriitis obliterans, 2. die Panarteriitis, 3. die hyaline Gefäßveränderung, 4. die capilläre der progressiven Paralyse, 5. die Endarteriitis syphilitica der kleinen Hirnrindengefäße nach NISSL und ALZHEIMER, 6. die gummöse. Nicht nur in den Arterien, sondern auch in den Venen kann sich der syphilitische Prozeß abspielen; ja es gibt sogar eine Form der luischen mesodermalen Erkrankung, welche vorwiegend die Venen bevorzugt.

So beschreibt KARL KRAUSE die *nicht gummöse syphilitische Meningitis* folgendermaßen: in 9 Fällen fand er eine zellige Infiltration der Meningen ohne Gummibildung. *Der Ausgangspunkt der Infiltration befindet sich in den Gefäßen* [1], und zwar mehr ausgesprochen an den *Venen,* als an den Arterien."

---

[1] Im Original nicht unterstrichen.

Schon ältere Autoren erwähnen die *Venensyphilis*. So beschrieb GREIFF, neben einer HEUBNERschen Arteriitis auch eine Periphlebitis, die stellenweise zur Obliteration führte. RUMPF teilte den Fall einer Frühsyphilis mit (11 Monate nach der Infektion eine Apoplexie, nach $1^1/_2$ Jahren spastische Lähmung), in welchem sowohl die Arterien als auch die Venen erkrankt waren. SIEMERLING beschrieb 3 Fälle von Rückenmarkssyphilis, in denen die Beteiligung der Venen stärker war als die der Arterien. Bei einem mit kongenitaler Syphilis behaftetem 12jährigen Mädchen fand er, neben gummösen Infiltrationen an der Hirnbasis und typischer Arteriitis, die *Rückenmarksvenen* stärker affiziert als die Arterien. LAMY fand dasselbe: Phlebitis syphilitica neben circumscripter Gummenbildung in der Substanz des Rückenmarks selbst.

Neuerdings hat sich VERSÉ eingehend mit der Frage der *Venensyphilis* befaßt, seine lehrreichen Abbildungen wiedergeben wir untenstehend (Abb. 7).

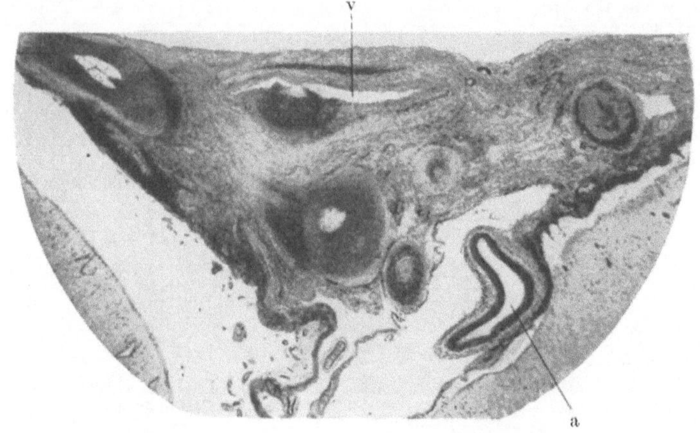

Abb. 7. Höchstgradige Phlebitis mit ausgedehnter Verkäsung der größtenteils thrombotisierten Venen (v) und anschließende Infiltration in der Pia mater eines Sulcus der Großhirnrinde. Diffuse, vorwiegend lymphocytäre Leptomeningitis. Intakte Arterien (a). Rechts Abhebung der Pia mater durch flüssiges Exsudat der Gehirnoberfläche. (Nach VERSÉ.)

Sehr wichtig ist die Feststellung von VERSÉ, nach welcher die meningitischen Infiltrate sich erst sekundär angeschlossen haben! Das Primäre ist, wie wir dies stets betonen, die Erkrankung der Gefäße: Arterien oder Venen.

RIEDER war es, der die Bedeutung der Venenerkrankung im Anfangsstadium der Syphilis betonte, da durch sie, das syphilitische Virus sich von der Peripherie in das Innere des Körpers ausbreiten könne. RIEDER konnte in einem Fall die Entstehung der syphilitischen Mastdarmstriktur auf eine direkte Fortleitung des syphilitischen Prozesses vom Primäraffekt ins Rectum durch die Venenanastomosen zurückführen.

Anhangsweise sei hier erwähnt, daß in der Sekundärperiode der Syphilis häufig periphere Venenentzündungen, besonders des Unterhautgewebes auftreten. E. HOFFMANN stellte 33 Beobachtungen aus der Literatur zusammen, zumeist handelt es sich um Gefäße der unteren Extremitäten. THIBIERGE und RAVAUT konnten in einem Fall im Abstrich die Pallida darstellen und durch Verimpfung positive Resultate erzielen (zit. nach FRIBOËS).

b) Gefäßsyphilis und Spirochaeta pallida.

Ein neues Stadium der Syphilisforschung beginnt mit dem Nachweis der Spirochäten in den einzelnen Gewebsschichten. BENDA war der Erste, der in einem frühen Fall von gummöser Arteriitis die Spirochäten nachwies. Bei der kongenitalen Syphilis haben RAVAULT und PONSELLE, RANKE, SABRAZÉE und DUPERÉE, ENTZ u. a. die Spirochäten in den Gefäßen nachgewiesen. Nach RANKE findet die Einwanderung der Pallida in das Gewebe des Zentralnervensystems hauptsächlich auf dem Wege der Lymphbahnen statt. SABRAZÉE und DUPERÉE fanden die Pallida in den Venen des Plexus chorioideus und in der Hypophyse; sie meinen das Gehirn leide bei der syphilitischen Infektion nicht direkt, sondern auf dem Wege der Gefäße und Meningen.

STRASMANN war der erste, dem es gelungen ist die Spirochäte pallida im Gehirn und Rückenmark bei erworbener Syphilis Erwachsener zu finden. — In allen

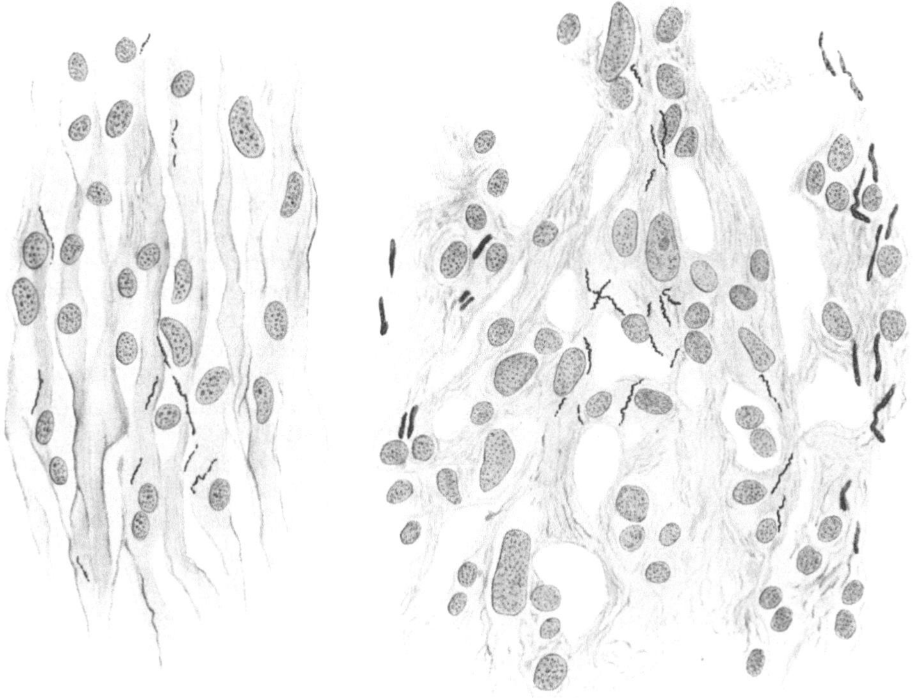

Abb. 8. Spirochäten frei in der Scheide des Hypoglossus. (Nach STRASMANN.)

Abb. 9. Hirnnerv XII. Spirochäten im endoneuritischen Bindegewebsbündel. (Nach STRASMANN.)

entzündlichen Produkten des Zentralnervensystems konnte er den Parasiten als den Krankheitserreger nachweisen: „in den großen Arterien im Umkreis der Vasa vasorum, sowie in großen Mengen in Adventitia und Muscularis, ganz spärlich in der nicht infiltrierten Intimawucherung. Konstant sind sie anzutreffen in den entzündlich gewucherten Gefäßwänden der erkrankten Partien im Gehirn und Rückenmark; ferner frei im Gewebe der diffus infiltrierten und verdickten Meningen sowie der bindegewebigen Septen, die in Rückenmark und Gehirn hineinwuchern. Ihr Hauptverbreitungsweg ist jedenfalls an den Verlauf der kleinen Gefäße geknüpft, in deren Lymphscheiden und gewucherten Wänden sie sich anscheinend stark vermehren. Von den Gefäßen aus verbreiten sie sich frei ins umliegende Gewebe und sind zwischen Ganglienzellen und in der weißen Substanz anzutreffen. Sie liegen frei in den Meningen und den infiltrierten Septen der Wurzelbündel; sehr dicht in den gummös veränderten Partien des Rückenmarks. Häufig sind Bilder, wo man die Parasiten zwischen zwei kleinen Gefäßen so enorm vermehrt sieht, daß sie förmlich eine Verbindungsstraße zwischen beiden zu bilden scheinen."

Strasmann folgert aus seinem Falle, daß die Spirochäten von außen nach innen die Arterienschichten durchwandern; ihr Angriffspunkt ist in die Vasa vasorum und in die adventitielle Lymphscheide zu verlegen. So erklärt sich nach Strasmann die Prädilektion gerade der Hirngefäße für die luische Erkrankung, weil sie bis in ihren kleinsten Äste hinein mit Vasa vasorum und Lymph-bahnen umgeben sind und die Spiro-chäten zu ihrer Vermehrung hauptsäch-lich den Lymphstrom bevorzugen.

Daß dies sich bei allen Gefäßen so verhält, will Strasmann nicht be-haupten. Auch in den Nervenscheiden lagern sich die Spirochäten in der Um-gebung der in den Septen verlaufenden kleinen Gefäße (s. Abb. 8 und 9).

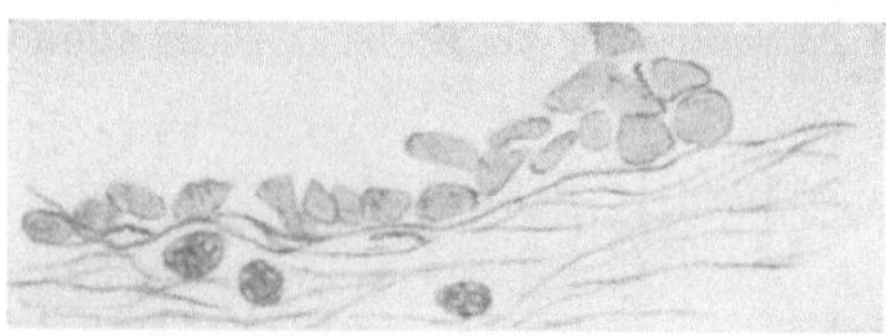

Abb. 10. Spirochäten im Lumen zwischen den roten Blutkörperchen und in der Wand einer Vene der Pia mater spinalis. (Nach Versé.)

Während Strasmann die Spiro-chäten von außen her in die Gefäße eindringen sah, beschreibt Versé das gegensätzliche Verhalten (s. Abb. 10).

Neuestens hat Pirilä in 3 Fällen von frühluischer Erkrankung des Zentral-nervensystems den Spirochätenbefund erhoben, nach welchem die Parasiten im allgemeinen nur in den äußeren Schichten der Arterienwand, am reich-lichsten in der Adventitia, nur bisweilen in der Media anzutreffen waren (Ab-bildung 11 und 12).

Auch Sézary verdanken wir inter-essante Aufschlüsse über die Verteilung der Spirochäten in den Gefäßen. Er

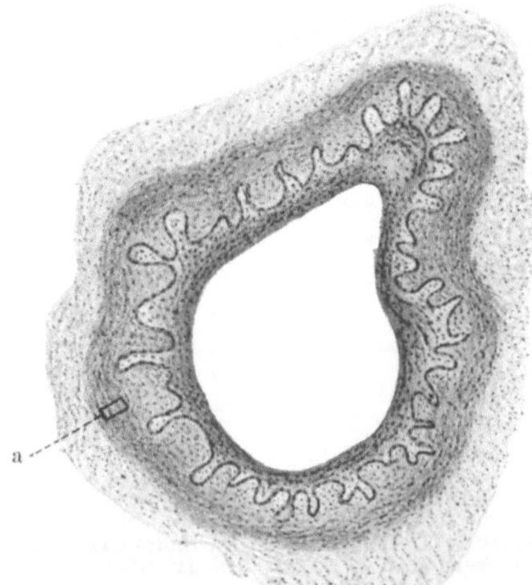

Abb. 11. Querschnitt der linken Art. fossae *Sylvii*. Alte Methode von Levaditi. Nachfär-bung mit polychromem Methylenblau. Vergr. 60.

Abb. 12. Entspricht der in Abb. 11 mit a bezeich-neten Stelle. Sp. Spirochäten. gr. Sp. wahrscheinlich Reste einer granulierten Spirochäte. Vergr. 750.

(Aus Paavo Piriläs Arbeit: „Über die frühluetische Erkrankung des Zentralnervensystems.") Die Adventitia und die Media sind reichlich infiltriert und die Intima ist stark gewuchert. Die Spirochäten liegen hauptsächlich zwischen den Zellen und Fibrillen der Adventitia und der Media.

kommt zum Schluß, daß die Spirochäte keine Affinität zu irgendeinem Teile der Gefäßwand hat, sondern bald adventitiell, bald in der Media, das andere Mal im Endothel anzutreffen sei.

Reuter fand Spirillen im gewucherten Endothel. Auch in den Körper-gefäßen sind die Spirochäten in verschiedenen Lagen zu finden. So hat sie Schmorl bei Aortitis in einem verkästen Knoten und in der Media, Wrigth, Richardson in 4 Fällen von Aortitis im nekrotischen Gewebe und nur in einem Fall in der Media, gefunden.

c) Die pathologanatomischen und pathohistologischen Folgen der Gefäßsyphilis.

Schon in der älteren Literatur finden wir Angaben über die Folgen luischer Arterienerkrankung. So lesen wir bei SEELIGMÜLLER, daß es durch Sektion bewiesene Fälle von Hirnhämorrhagie, schon im 4. Monat nach der Infektion, gibt. MAURIAC teilt mit, daß fast ein Drittel der Fälle von luischer Erkrankung des Zentralnervensystems (nämlich 53 von 154) bzw. der dadurch bedingten Todesfälle, noch in das erste Jahr post infectionem fällt.

Die syphilitische Erkrankung der Carotiden und ihrer Zweige, der Arteria fossae Sylvii und corporis callosi führen zur Thrombose dieser Gefäße und hiedurch werden die von diesen Gefäßen versorgten Gebiete außer Funktion gesetzt. Tritt nicht bald Kanalisation des thrombotisierten Gefäßes ein, so kommt es in den Gefäßen zur Obliteration, nachher zur Vernarbung und schließlich wandelt sich das ganze Gefäß in faseriges Bindegewebe um. Als Folge kommt es in den von dem betroffenen Gefäß versorgtem Hirnbezirk zur *Erweichung*. Einen hochinteressanten hierher gehörigen Fall teilte KARL SCHAFFER mit. In demselben war der rechte Frontallappen sowie der Temporallappen durch eine syphilitische obliterierende Arteriitis erweicht KAHLER verdanken wir die Mitteilung eines Falles von Ponserweichung, nach arteriitischer Basilarthrombose. DEJERINE beschrieb eine Myelitis centralis acuta als Folge einer Nekrose durch Obliteration der Arteria sulci. Die Beschreibung von Höhlenbildungen vasculären Urprungs verdanken wir v. BECHTEREW, JAPHA u. a. Wir griffen aus der unübersehbaren Literatur der hierher gehörigen Fälle einige prägnante heraus, im klinischen Teil werden wir noch weitere Fälle anführen.

Auch die Erweichungen in der Nähe von Gummata oder von gummöser Meningitis sind zumeist als Folgen der Erkrankung der kleinen Gefäße zu betrachten.

Gut studiert sind die Folgen der luischen Gefäßerkrankungen des *Rückenmarkes*. BASTIAN war der erste, der die Meinung äußerte, daß eine plötzlich einsetzende Paraplegie einer durch vasculären Verschluß entstehenden Erweichung ihr Dasein verdankt und zumeist handelt es sich um eine Gefäßerkrankung syphilitischer Natur. Jahrzehnte später hat SINGER die Auffassung BASTIANs beweisende pathologanatomische Fälle mitgeteilt. SPILLER brachte dann den Fall von einer Thrombose der cervicalen medianen spinalen Arterie, welche einen degenerativen Prozeß im anterolateralen Teil des Rückenmarks bedingte.

SCHMAUS beschrieb in klassischer Weise die keilförmigen Herde im Rückenmark und nahm für ihre Entstehung an, daß die kürzeren, die Randschichten der weißen Substanz versorgenden, Arterien erkrankt sind. Die langen Äste der Vasocorona breiten sich dagegen in den zentralen Partien aus.

Bilden die *Gefäße* den Ausgangspunkt des luischen Prozesses, so kann es auch zur Erweichung und konsekutiver Ischämie im Rückenmark kommen. Blutungen sind bei Rückenmarkslues selten zu beobachten (SCHMAUS).

In jüngster Zeit hat MON FAH CHUNG eine Studie über die spinale Gefäßlues veröffentlicht. Er zitiert die Arbeiten von COLLINS, NONNE, WILLIAMSON, SCHULTZE, CADWALDER, BUZZARD und GREEFIELD u. a. In den Fällen von MON-FAH CHUNG waren sowohl die Arterien als auch die Venen ergriffen. Namentlich war der hintere Abschnitt des Rückenmarks am Prozeß beteiligt, dies will MON-FAH CHUNG damit erklären, daß er auf den kleineren Kaliber der dorsolateralen Gefäße hinweist gegenüber den Gefäßen der vorderen Hälfte des Rückenmarks. Hiedurch soll es leichter zum Verschluß der Arterien und Venen kommen können. Auch nimmt er eine leichtere Vulnerabilität dieser Gefäße an, begründet aber seine Anschauung nicht. Wie wir schon anderen Ortes hingewiesen haben, glauben wir, daß sich die Ansiedelung von den Spirochäten je nach den Lymphräumen vollzieht und wir wissen schon von PIERRE MARIE her, daß entwicklungsgeschichtlich der hintere Teil des Rückenmarkes nicht zum Rückenmark gehört, also auch seine Lymphzirkulation von der vorderen Rückenmarkshälfte abweicht. Es kommt aber auch eine Thrombotisierung der vorderen spinalen Arterien vor.

In jüngster Zeit teilt MARGULIS 7 Fälle von akuter thrombotischer Erweichung bei spinaler Lues mit, von diesen Fällen kamen 3 zur Sektion. Makroskopisch waren ausgebreitete Erweichungen im Rückenmark in verschiedenem Grade zu sehen. Sie lokalisierten sich in der weißen und in der grauen Substanz. Die Gefäße sind teilweise obliteriert, teilweise sind sie entzündlich verändert. Die Verstopfung der Zweige des vorderen arteriellen Tractus des Rückenmarks ist multipel und ruft in diesen Fällen multiple Erweichungsherde hervor. Die Erweichungsherde herrschen im Lumbal- und unteren Brustteil des Rückenmarks vor, welches Verhalten MARGULIS durch die Vascularisationsbedingungen der angeführten Teile erklärt wissen will.

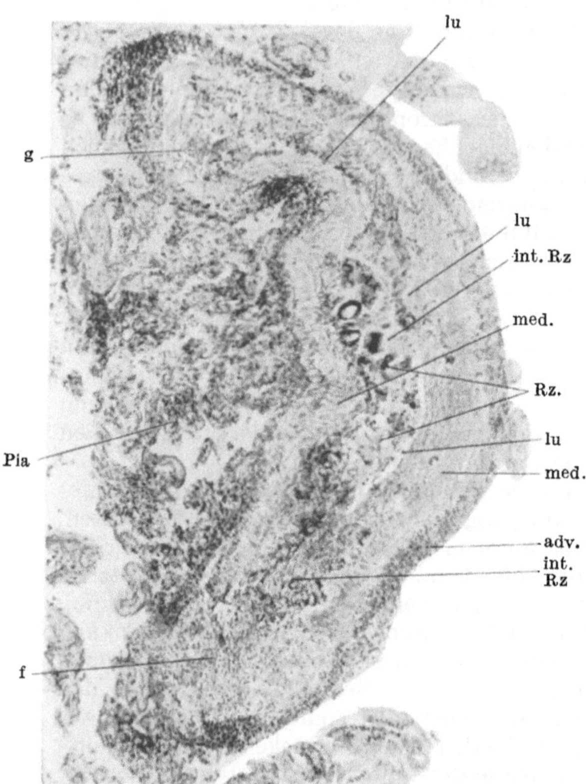

Abb. 13. Arteria der Pia. Starke Infiltration der Adventitia und der umgebenden Pia mit Lymphocyten und Plasmazellen. In der verdickten Intima (int) viele große Riesenzellen (Rz). lu spaltförmiges Lumen. adv. Adventitia. med. Muscularis. Bei g und f greift die Infiltration auf die Media über. (Nach SCHRÖDER.)

Die *fleckweisen Lichtungen,* welche wir in der Beschreibung von SCHMAUS als Folge der Gefäßlues im Rückenmark kennen gelernt haben, kommen auch im Gehirn vor. SCHRÖDER gibt von ihnen folgende Beschreibung: „In der Hirnrinde findet sich in ausgedehnten Bezirken der charakteristische Befund der fleckweisen Lichtungen; in den stärker verödeten Partien sind vielfach frische kleine Blutungen anzutreffen. Die von der Pia hereinstrahlenden Gefäße weisen zu einem Teil leichte Wucherungserscheinungen ihrer Endothelien auf, zugleich mit regressiven Erscheinungen an den gewucherten Elementen; an anderen Stellen sind die einstrahlenden Gefäßwände nekrotisch, mit Leukocyten angefüllt und von Leukocyten durchsetzt" (s. Abb. 13).

Der Prozeß der fleckweisen Lichtungen beschränkt sich fast vollständig auf die Rinde, mit Vorliebe in deren obersten Schichten. Ihre Abhängigkeit von der Erkrankung der Gefäße ist evident.

Die Kenntnis dieser fleckweisen Lichtungen ist deshalb von besonderer Wichtigkeit, weil dieselben makroskopisch nicht erkennbar und auch mikroskopisch nur bei speziell darauf gerichteter Aufmerksamkeit auffindbar sind. Der Grund dieses Tatbestandes liegt darin, daß die Glia nur in geringem Grade oder gar nicht geschädigt ist, sie reagiert nicht in der sonst bekannten Weise aktiv durch Proliferation ihres Protoplasmas; grobe Zerfallsprodukte des Gewebes fehlen, ebenso Blutaustritte oder Ansammlungen von Lymphocyten und Plasmazellen; es kommt zu keinem Einsinken oder Zusammenfallen des Gewebes. Der Prozeß stellt demnach eine einfache Rarefizierung des funktionierenden nervösen Gewebes dar, ohne sekundäre Wucherung des Stützgewebes (Schröder). Die näheren pathohistologischen Details dieser Verödungen hat Spielmeyer aufgedeckt und mit den Namen der *koagulierenden Nekrose* belegt. In diesen Lichtungen geht besonders der nervöse Anteil nekrobiotisch zugrunde und erscheint schollig und geronnen. Auch Spielmeyer betont, daß diese koagulierten Herde keine progressiven Reaktionen seitens des Mesoderms und der Neuroglia zeigen.

In enger Beziehung zu diesen fleckweisen Lichtungen stehen die *miliaren Nekrosen*. In neuerer Zeit teilte Löwenberg 5 hierhergehörige Fälle mit.

Schon Sträussler beschrieb herdförmige nekrotisierende Bildungen; Hauptmann wies nach, daß dieselben durch eine lokalisierte Ansammlung von Spirochäten verursacht werden. Neuerlich berichtet Herschmann über einen histologischen Befund in einem Fall von Paralyse, der durch herdförmige nekrotisierende Bildungen charakterisiert war. Er schließt sich auf Grund seiner Untersuchungen der Ansicht Hauptmanns an, daß es sich nicht um Gummen, sondern um primäre Nekrosen des Gewebes auf Grund des Spirochäten-prozesses handle. Die Herde gehören nicht

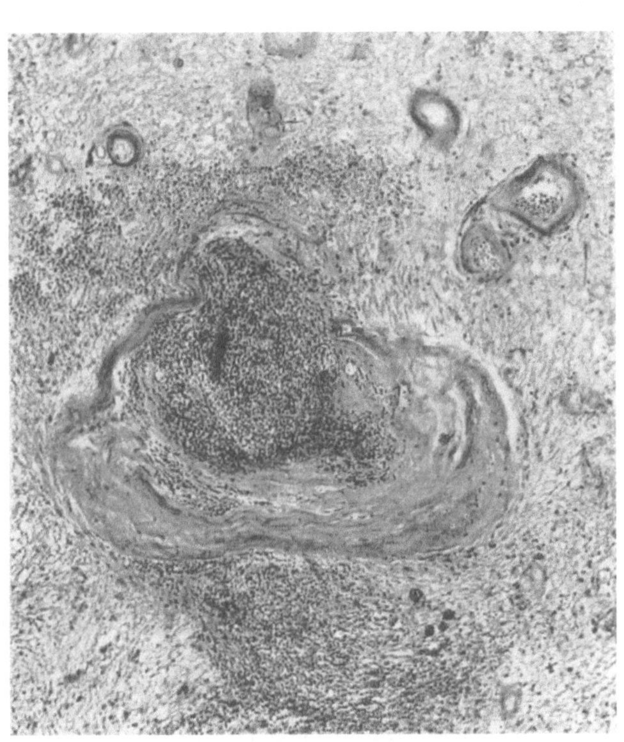

Abb. 14. Vasculäre Lues spinalis. Frische Blutung aus dem erkrankten Gefäß. (Nach Forster.)

eigentlich zum paralytischen Prozeß, sondern stellen eine neue Form der Spirochätenschädigung dar, wie man sie übrigens bei kongenital-syphilitischen Kindern auch in andern Organen gefunden hat.

Wir sehen in diesen, mit verschiedenen Namen versehenen Zustandsbildern nur dem Grade nach verschiedene Äußerungen des syphilitischen Prozesses; es unterliegt keinem Zweifel, daß auch bei den fleckhaften Lichtungen die Spirochäte die ausschlaggebende Rolle spielt.

Auch kann es zu Höhlenbildungen kommen, von denen v. Bechterew angibt, daß sie durch hochgradige Alteration der Gefäße verursacht werden. Einen hierher gehörigen Fall beschrieb Schwarz: Im Brustmarke eines Falles von Meningomyelitis war nahezu die gesamte graue Substanz nebst einem großen Teil der Hinterstränge in eine homogene Masse verwandelt, welche Spalten und Höhlen in ihrem Inneren aufwies. Nach Ansicht von Schwarz können diese homogenen Massen sich verflüssigen und so zur Bildung von

Höhlen Anlaß geben, ein Vorgang, der dem Einschmelzungsprozeß der Glia bei echter Syringomyelie nahestehe.

Anhangsweise sei jener vasculären Veränderungen gedacht, welche indirekt das Nervensystem beeinflussen bzw. Veränderungen in ihm hervorbringen können. Eine indirekte Beteiligung der Gefäße des Zentralnervensystems kann dadurch zustande kommen, daß aus einem im Körper befindlichen syphilitischen Herd Embolien in ein Gehirn- oder Rückenmarksgefäß gelangen. Das kann der Fall sein bei Endocarditis syphilitica, beim Vorhandensein von Gummen im linken Ventrikel (BREITMANN). *Auch ist die Möglichkeit gegeben, daß die Unebenheiten der luischen Aorta zur Thrombenbildung führten; von dieser können embolische Infarkte in die Hirngefäße gelangen und das Bild der progressiven Paralyse vortäuschen* (v. SARBÓ).

Es wäre noch der Aneurysmen der Hirn- und Rückenmarksgefäße zu gedenken, welche durch Berstung zu Blutaustritten führen können. Dieselben können sich durch Xanthochromie im Liquor verraten (ED. SCHWARZ).

FORSTER bringt ein sehr charakteristisches Bild einer solchen frischen Blutung ins Rückenmark (s. Abb. 14).

Indirekt kann das Rückenmark durch die Aneurysmen der Aorta descendens ergriffen sein, indem sie die Wirbel usurierend bis an die Medulla spinalis gelangend, die Symptome der Kompressionsmyelitis hervorrufen. GOLDSCHMIDT und HAAS haben die bisherigen hierher gehörigen Fälle zusammengestellt. Eine weitere Folge der Aortenaneurysmen kann die Druckatrophie des Nervus recurrens sein.

3. Die interstitielle Syphilis des Zentralnervensystems.

a) Pathologische Anatomie der Syphilis der Gehirnhäute und ihre Folgen.

Die harte Hirnhaut kann indirekt durch ein Osteoperiostitis gummosa der Schädelknochen erkranken; der gummöse Prozeß führt zur wesentlichen Verdickung der Dura, welche oft mit den weichen Häuten verwächst. Häufiger ist die gummöse Erkrankung der harten Hirnhaut selbst. Ihr häufigster Sitz ist die Basis cerebri, speziell die Gegend des Chiasmas und so kommt es zur Erkrankung der basalen Hirnnerven.

VIRCHOW unterschied 2 Arten von *Pachymeningitis gummosa*, und zwar externa und interna. Erstere kann sich auf den Schädelknochen fortsetzen, letztere wieder auf die weichen Hirnhäute, ja sogar auf die Hirnsubstanz selbst erstrecken: *Meningoencephalitis gummosa*. Greift die Pachymeningitis externa den Knochen an, so kann es zur Caries desselben kommen. Bei beiden Formen kommt es infolge der Miterkrankung der Gefäße zum Absterben des gummösen Gewebes. Als Folge kommt es zur Farbenveränderung, das graurötliche Gummengewebe wird schmutziggelb und die harte Konsistenz geht in Erweichung über. Außer der gummösen Erkrankung der harten Hirnhaut kommt es in seltenen Fällen zur einfachen Verdickung derselben, die harte Hirnhaut verwandelt sich in fibroplastisches Gewebe. Auch eine einfache Durainfiltration kommt vor. So war es in dem von SCHAFFER beschriebenen Fall. In den meisten Fällen verwächst die Dura mit den weichen Hirnhäuten, ja sie dringt in die Hirnsubstanz ein und führt zur Encephalitis. Es erkrankt also auch das Parenchym, so wie bei der progressiven Paralyse. Die Rindenveränderung weicht aber in wesentlichen Zügen von jener der progressiven Paralyse ab; es kommt zu keiner architektonischen Schichtverwerfung; die Ganglienzellen, Fasern leiden nur durch die direkte Druckwirkung.

Eine seltene Erkrankung stellt auch die *Pachymeningitis haemorrhagica interna* dar. Die Pathogenese dieser Erkrankung ist noch in Dunkel gehüllt.

Nach einigen Autoren ist die Blutung das Primäre und die Membranbildung entsteht anläßlich der Organisation des Blutaustrittes. VIRCHOW war der Ansicht, daß sich an der Innenseite der Dura ein infektiöser Entzündungsprozeß abspielt. Derselbe wird durch ein gefäßreiches Granulationsgewebe umwachsen; aus dem letzteren kommt es zu wiederholten Blutungen, welche sich organisierend zur schichtweisen Membranbildung führen. Nach FR. SCHULTZE, H. SCHLESINGER können beide Möglichkeiten bestehen. Einen hierher gehörigen Fall mit Sektionsergebnis habe ich vor 7 Jahren veröffentlicht. Im klinischen Teil kommen wir auf diesen Fall zu sprechen. In den Lehrbüchern lesen wir, daß es bei der progressiven Paralyse oft zur

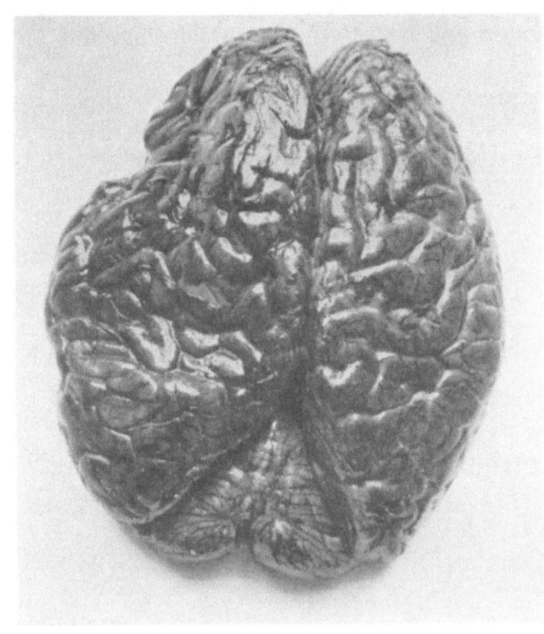

Abb. 15. Die linke frontoparietale Gegend durch die Pachymeningitis haemorrhagica interna eingedrückt. (Nach v. SARBÓ.)

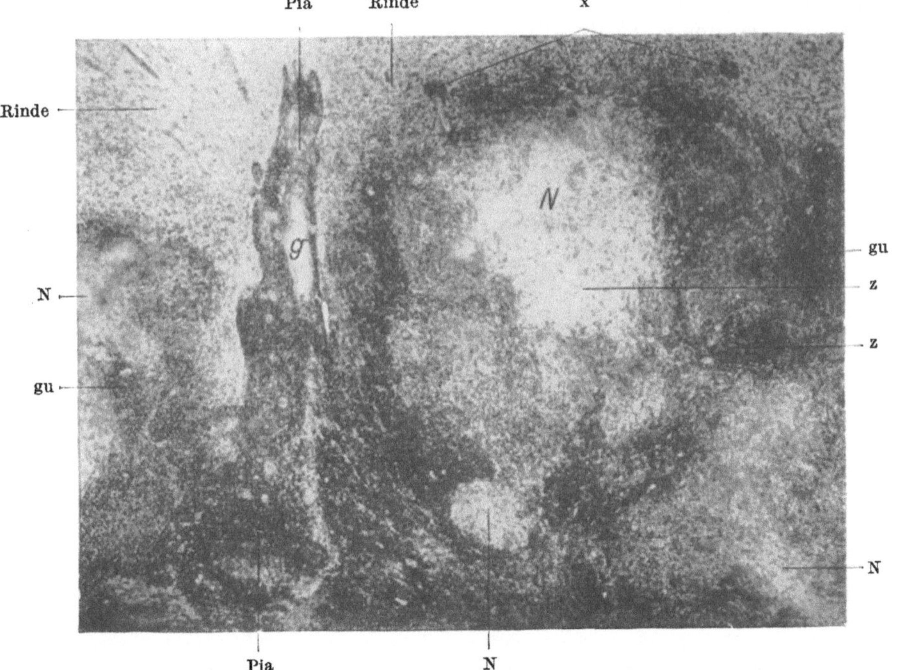

Abb. 16. Meningoencephalitis gummosa der Großhirnrinde. g Gefäß der Pia, gu Gummen der Großhirnrinde mit zentraler Nekrose (N) und peripheren Infiltrationszonen (z), x miliare Gummen. NISSL-Präparat. (Nach A. JAKOB.)

Pachymeningitis haemorrhagica interna kommt. *Meine diesbezüglichen Erfah-rungen und Untersuchungen* (allerdings nur an einem kleinen Material) *ergaben,*

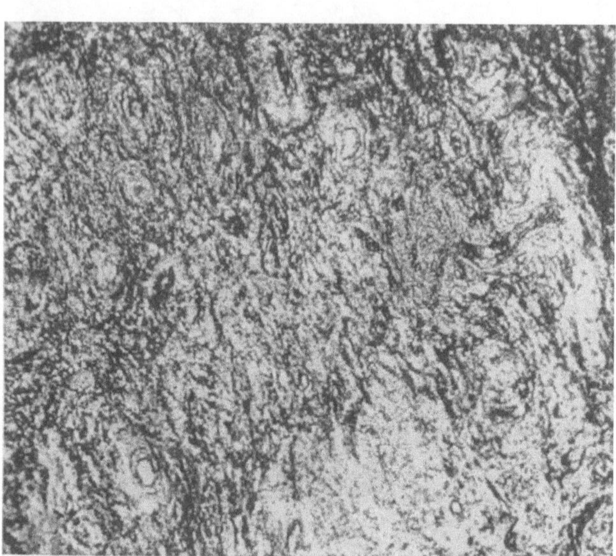

daß es sich bei der Para-lyse nicht um die echte Pachymeningitis hae-morrhagica interna han-delt, sondern um Blu-tungen zwischen den 2 Durablättern. Durch die Liebenswürdigkeit mei-nes Freundes Prof. KARL SCHAFFER konnte ich in der Sammlung seines hirnanatomischen Insti-tutes 2 Fälle von Hirn-Hämatomata sehen. Ich konnte feststellen, daß der Blutklumpen sich in beiden Fällen *zwischen* den 2 Durablättern vor-fand, während die In-nenfläche der Dura gegenüber der echten Pachymeningitis hae-morrhagica interna glatt

Abb. 17. Silberfibrilläres Netzwerk in der zentralen Nekrose der Gummenbildung. (Nach A. JAKOB.)

war. Die an der Gehirnoberfläche durch das Hämatom verursachten Eindrücke entsprachen sonst vollkommen den durch die Pachymeningitis haemorrhagica interna hervorgerufenen (Abb. 15).

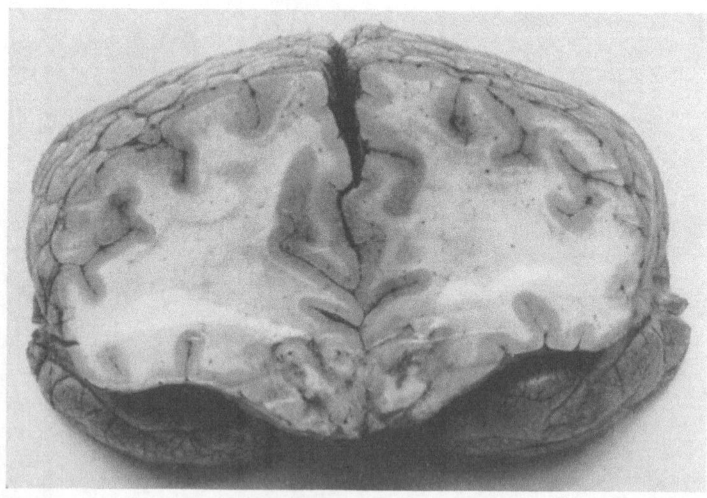

Abb. 18. Gumma im Stirnlappen, von den basalen Häuten ausgehend. (Beobachtung von BALÓ.)

Die Gummen im Gehirn entspringen meist aus den Hüllen des Zentral-nervensystems. Die Abbildungen geben ein deutliches Bild ihrer Ausbreitung und ihres Verhaltens (s. Abb. 16, 17).

Im Innern des Gehirns kommt es selten zur Gummenbildung; bei derartigen Gummen bildet das fibröse Gewebe der Gefäße den Ausgangspunkt.

Einen hierher gehörigen Fall konnte *ich* in einer rechten Kleinhirnhemisphäre beobachten.

Das folgende Bild stellt ein Gumma dar, welches an der Basis cerebri von den Häuten ausgehend ins Innere des Frontallappens drang (Abb. 18).

STRÄUSSLER war der erste, der das Vorkommen von *miliaren Gummen* in der Hirnsubstanz selbst, hervorhob (s. Abb. 19).

Neuerdings betont ihr Vorkommen bei der progressiven Paralyse besonders A. JAKOB. Er beschreibt sie in den Gefäßwänden und sagt von ihnen aus, daß sie zur echten Lues in inniger Wesensverwandtschaft stehen.

Über die Häufigkeit der gummösen cerebralen meningealen Erkrankung läßt sich sagen, daß nach allgemeiner Erfahrung dieselbe, was das Sektionsmaterial betrifft, eine Seltenheit geworden ist. Fälle, wie wir sie in der älteren Literatur beschrieben finden, wo der gummöse Prozeß von der Basis bis zum Sacralmark sich erstreckte (FRÄNKEL, BÖTTIGER, V. BECHTEREW), kommen uns jetzt nicht zu Gesicht. Schuld daran trägt vielleicht die intensivere Frühbehandlung und sicher die Abkehr der Dermatologen von dem Standpunkt, die antiluische Behandlung erst nach dem Auftreten der sekundären Erschei-

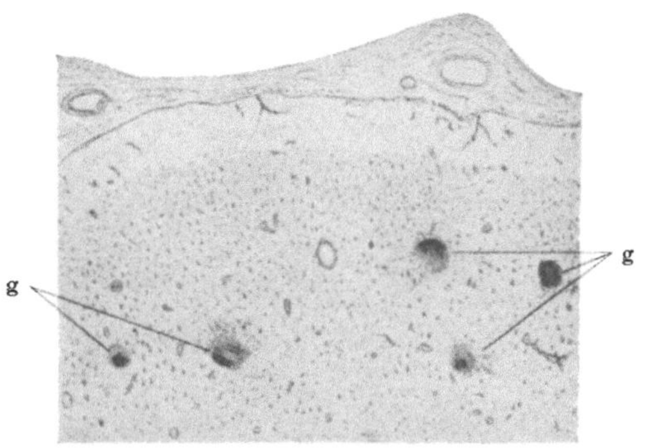

Abb. 19. Miliare luetische Herde verschiedenen Baues. (Nach STRÄUSSLER.)

nungen vorzunehmen. Ich erinnere nur an die diesbezüglichen Ansichten von LANG, LESSER, KAPOSI, ZEISSL, die seinerzeit die führenden Dermatologen waren und die Frühbehandlung energisch bekämpften.

Über das Vorkommen von Spirochäten bei den syphilitischen Meningealerkrankungen verdanken wir PIRILÄ wichtige Aufschlüsse, die wir im folgenden wiedergeben. In der gummösen Verdickung in der Umgebung eines nekrotischen Herdes fand PIRILÄ die Spirochäten in enormen Mengen. In dem nekrotischen Zentrum waren die Mikroben größtenteils granuliert oder in kürzere Fragmente oder kleine Körnchen zerfallen, in den umgebenden Gewebspartien waren sie aber wohlerhalten. Sie lagen zwischen Zellen oder Bindegewebsfasern, stellenweise auch innerhalb der Zellen. Besonders in Fibroblasten und einigen größeren Lymphoidzellen (Polyblasten), sowie in Riesenzellen wurden Spirochäten oder deren Reste angetroffen. In den weichen Hirnhäuten fanden sich die Spirochäten zwischen den hypertrophischen Bindegewebsbündeln in der Richtung der Fasern. An Stellen, wo die Infiltration dicht war und einen rein zelligen (lymphocytären) Charakter hatte, hat PIRILÄ keine Spirochäten finden können. Das spräche im Sinne BERGELS dafür, daß der Organismus mit der Produktion von Lymphocyten gegen die Spirochäten kämpft!

Die häufigste Form der *gummösen Meningitis* ist die *basale*. Ein deutliches Bild von derselben gibt die untenstehende Abbildung, welche wir aus WILBRAND-SAENGER entnehmen (s. Abb. 20).

Sieht man sich diese Abbildung an, so wird es jedem verständlich, wie verschiedenartig die klinischen Folgen dieser basalen Erkrankung sowohl lokalisatorisch als auch nach der Intensität des Ergriffenseins der einzelnen Basisnerven und der basalen Gehirnteile sein muß.

Als Folgezustand meningealer luischer Erkrankung kommt es oft zur Liquorstauung. Dieselbe kann sich in einfachem Stauungsödem oder in Cystenbildung (Meningitis cystica circumscripta), endlich in einem *Hydrocephalus* äußern. Hier wäre auch der von PÖTZL und SCHÜLLER erwähnte Fall zu zitieren, in welchem eine Kranke mit alter pachymeningitischer Schwarte luischer Natur am Scheitellappen der rechten Hemisphäre, halbseitige Hirnschwellung zeigte. Der Hydrocephalus kann aber auch als Folgezustand der Ependymwucherung der Ventrikel auftreten. Bei der Paralyse ist dies ein gewöhnlicher Befund, kommt aber auch recht häufig bei der Lues cerebrospinalis zur Beobachtung. In den letzteren sowie in den Tabesfällen kommt es häufig zur Ependymitis granulosa des 4. Ventrikels allein, namentlich in seinen unteren und seitlichen Partien (SCHRÖDER).

Meningitis cerebralis syphilitica simplex (Leptomeningitis cerebralis). VIRCHOW bestritt das Vorkommen dieser Form von syphilitischer Erkrankung, auch OPPENHEIM erklärte, keinen Fall von Lues cerebrospinalis simplex gesehen zu haben. FAHR berichtete über einen durch Sektion bestätigten Fall von akutester Meningitis cerebralis,

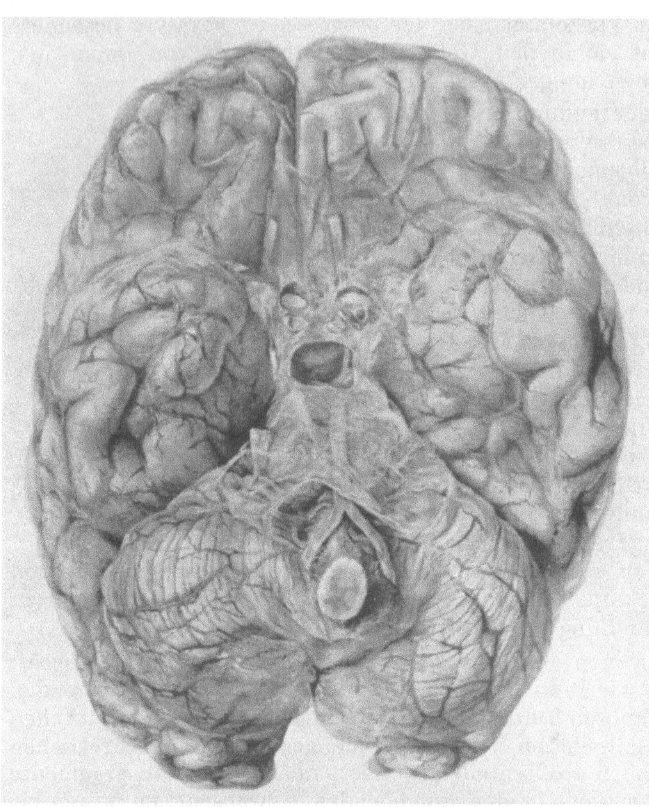

Abb. 20. Gehirnbasis bei einem Falle von geheilter gummöser Meningitis. Man sieht die zurückgebliebenen Trübungen und Verdickungen der Pia über dem Pons, in der Gegend des Chiasma und in den beiden SYLVIIschen Gruben. (Nach WILBRAND und SAENGER.)

welche in der 9. Woche nach dem Primäraffekt auftrat und in 12 Stunden zum Tode führte. NONNE verdanken wir mehrere klinische Fälle. Neuerdings stellte A. JAKOB das Vorkommen der Meningitis simplex syphilitica beweisende literarische Daten zusammen. Er beruft sich auf die Beschreibungen von STRASMANN, PIRILÄ, FAHR, KRAUSE, NONNE, A. JAKOB, STIEF, PETTE. Bei näherer Betrachtung dieser Fälle fällt es vor allem auf, daß fast kein einziger unter ihnen sich befindet, in welchem nicht auch die Gefäße in starkem Maße an dem Prozeß teilnehmen möchten. Wir verweisen diesbezüglich auf die Besprechung der hierhergehörigen Fälle im Kapitel der Gefäßsyphilis. Unseres Erachtens nach ist es richtiger von einer meningovasculärer Syphilis zu sprechen. Auch der Spirochätenbefund dieser Fälle spricht für die, von mir vertretene Anschauung. In allen mitgeteilten Fällen befanden sich die

Spirochäten in den Gefäßwandungen. PIRILÄ, PETTE fanden sie auch im Lumen der Gefäße. Endlich spricht auch das frühzeitige Auftreten, zumeist im sekundären Stadium, für die Auffassung, die ich vertrete, daß der Gefäßbeteiligung mindestens eine so wichtige Rolle im pathologischen Geschehen zugesprochen werden muß, wie der meningealen Beteiligung.

b) Die pathologische Anatomie der Rückenmarksyphilis.

Die harte Rückenmarkshaut ist viel seltener vom syphilitischen Prozeß ergriffen wie die Dura des Gehirns. Zumeist beginnt der Prozeß an den weichen Häuten, von diesen kann er auch die Dura erreichen. CHARCOT nannte den am cervicalen Teil des Rückenmarks abspielenden und von der Dura ausgehenden Prozeß: *Pachymeningitis cervicalis hypertrophica.* Dieselbe besteht in einer schwartigen Verdickung, welche sich auch auf die weichen Häute erstreckt und regelmäßig zur Kompression des Rückenmarkes führt. Interessant ist die Bemerkung CHARCOTs, nach welcher die älteren Autoren bei dieser Erkrankung eine Hypertrophie des Rückenmarkes selbst annahmen. Nach NAGEOTTE, LAMY, BABINSKI trägt diese Erkrankung ihren Namen insofern zu Unrecht, da nicht nur die Dura, sondern alle 3 Hüllen des Rückenmarkes erkrankt gefunden werden. Dies ist allerdings richtig, aber der Ausgangspunkt ist immer die harte Rückenmarkshaut, wie dieses CHARCOT richtig erkannte, daher ist die Bezeichnung beizubehalten. Nur ist das Adjektivum: „hypertrophica“ nicht am Platze, da es sich nicht um eine Hypertrophie, sondern um

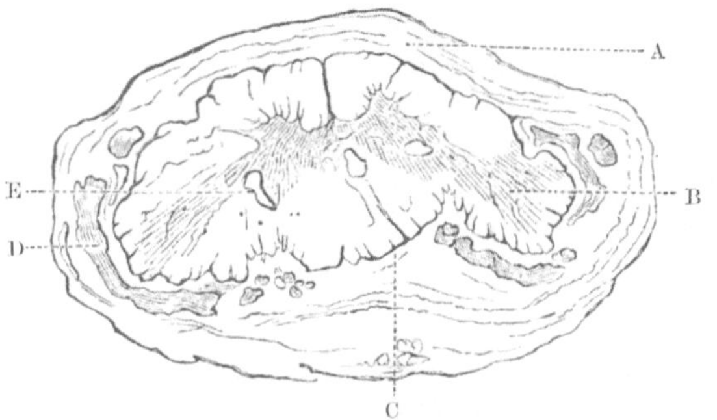

Abb. 21. A hyperplastische, harte Rückenmarkshaut, B die verdickten Rückenmarkshäute durchkreuzende Wurzelnerven, C Verwachsung der weichen und harten Rückenmarkshaut, D chronische Myelitis, E Querschnitt von neugebildeten Kanälen in der grauen Substanz.

eine entzündliche Hyperplasie handelt. Das anatomische Bild sowie die Folgen der meningealen Hyperplasie verdeutlicht die vorstehende Abbildung aus der durch CHARCOT inspirierten Arbeit M. JOFFROYs (s. Abb. 21).

Das klinische Bild wurde schon von CHARCOT in vorbildlicher Weise entworfen, worauf wir noch zurückkommen. Pathologanatomisch wichtig ist die am schärfsten von BRISSAUD betonte Möglichkeit, daß die luische Pachymeningitis cervicalis hyperplastica zu Höhlenbildungen im Innern des Rückenmarkes führen und so das Bild der Syringomyelie erzeugen kann.

Selten kommt es zur *isolierten Gummenbildung* der harten Rückenmarkshaut. Das klinische Bild deckt sich mit jenem eines Tumors. Einen schönen hierhergehörigen Fall habe *ich* beobachtet; die Abb. 22 gibt in deutlicher Weise wieder, wie das kleinnußgroße Gumma von der harten Rückenmarkshaut auswachsend das Rückenmark nach der Seite schiebt und fast zur Hälfte schmälert. Man sieht auch, daß namentlich unterhalb des Gumma, die harte Rückenmarkshaut schwartig verdickt ist.

Viel häufiger als die harte Rückenmarkshaut werden die *weichen Häute* vom syphilitischen Prozeß ergriffen. Zumeist kommt es zu einer kleinzelligen Infiltration; seltener ist die gummöse Erkrankung. Der Prozeß bleibt nicht auf die Häute beschränkt, sondern greift sowohl die pialen Gefäße, als auch die Rückenmarkssubstanz selbst an, d. h. es entsteht die *Meningomyelitis syphilitica.*

Die häufigste Erkrankungsstelle ist das Dorsalmark, aber verschont wird keine Stelle des Rückenmarkes. Durch Verwachsung der weichen Häute entsteht ein derbes fibröses Gewebe, welches stellenweise verkalken kann. Die Wucherung kann auch die Dura erreichen und die 3 Häute bilden ein unzertrennbares Ganzes.

Zumeist greift der Prozeß auch, wie schon erwähnt, auf das Rückenmark über. Sehr oft kombiniert sich die einfach entzündliche fibröse Erkrankung der Meningen, mit Bildung von Granulationsgewebe, welches dann auch ins Rückenmark hineinwächst. Das eben Gesagte veranschaulicht deutlich die Abb. 22. Wir sehen am dorsalen Teil des Dorsalmarkes die starke Verdickung aller drei Häute, rechts liegt die zerdrückte und aufgefaserte Rückenmarkssubstanz, mit nur wenig übriggebliebenen und zusammengeschrumpften Ganglienzellen. Die Dura ist an dieser Stelle nicht erkrankt, dagegen zeigen die weichen Häute eine mäßige chronische entzündliche Infiltration und haften an der Dura, die Wurzeln befinden sich zwischen diesen verwachsenen Häuten. Auf der linken Seite ist auch die Dura entzündlich infiltriert. Ein Granulationsgewebe nimmt den Raum zwischen den verwachsenen Häuten und der Rückenmarkssubstanz ein. Das Granulationsgewebe wächst auch in die Dura hinein, und ohne scharfe Grenze zu bilden breitet sie sich in das Rückenmarksgewebe aus. Nach der Mitte zu ist Fibringerinnsel mit nur noch ganz spärlichen Gefäßen zu sehen. Um dieses nekrotische Gewebe

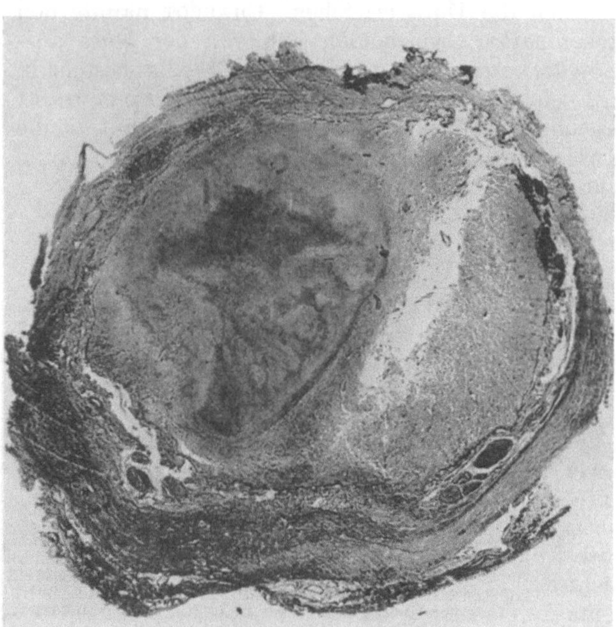

Abb. 22. Meningomyelitis syphilitica gummosa.
(Eigene Beobachtung.)

herum befinden sich Lymphocyten, Plasmazellen. Neben den Fibroblasten kommen einzelne Riesenzellen vor, auch gibt es zwei- und dreikernige Zellen.

Die Folgen dieser Häuteverwachsung drücken sich in Kompressionserscheinungen aus, erstens verschwinden die subdural- und die subarachnoidealen Räume, die Lymphräume werden verschlossen, es kommt zur Stauung der Lymphe und des Blutes, was wieder zu Ödem und Imbibation des komprimierten Rückenmarkes führt. Blutungen kommen selten vor, dagegen kommt es oft zum Austritt von roten Blutkörperchen (per diapedesim) und deshalb finden wir im Liquor dieser Fälle, oft Xanthochromie. Als weitere Folge tritt Degeneration in der weißen Substanz des Rückenmarkes auf. Am häufigsten leidet, wie schon erwähnt, der dorsale Teil des Rückenmarkes, daher kommt es von der Stelle der Läsion an zur aufsteigenden Degeneration der Hinterstränge. An Häufigkeit folgt dann der Seitenstrang ein oder doppelseitig, wobei es zur absteigenden Degeneration der Pyramidenbahn kommt. Selbstredend findet sich auch die Kombination beider Systemerkrankungen vor. Macht der Prozeß nicht Halt, so wird der ganze Querschnitt betroffen und dementsprechend entwickeln sich auf- und absteigende Degenerationen.

Die luische Meningomyelitis ist die häufigste Form der syphilitischen Rückenmarkserkrankung. Sowohl was die Lokalisation, als was die Ausdehnung des

Prozesses betrifft, ist mit einer unbegrenzten Möglichkeit zu rechnen. In der Mehrzahl der Fälle tritt die Meningomyelitis syphilitica innerhalb der ersten 5 Jahre, nach der Infektion auf. Vereinzelte Fälle können selbst nach Jahrzehnten beobachtet werden.

Von den Folgezuständen der luischen spinalen Meningealerkrankungen haben wir absichtlich das *Ergriffensein der Wurzeln* nicht erwähnt, weil sie eine gesonderte Besprechung verdienen. Die Abb. 22 veranschaulicht die eine Möglichkeit der Gefährdung der Rückenmarkswurzeln durch den meningealen Prozeß, das ist die Kompression derselben. Die Wurzeln können aber in verschiedener Weise durch einen syphilitischen Prozeß betroffen werden. Es kann sich ein luischer Prozeß von den Häuten auf die Wurzeln fortpflanzen, es kann eine isolierte Gummibildung um oder in den Wurzelnerv selbst sich etablieren. Hierher gehört auch die Granulombildung bei der Tabes im Wurzelnerv von NAGEOTTE, RICHTER. Die *Meningoradiculitis syphilitica* ist in den letzten Jahren der Gegenstand vielfacher Untersuchungen gewesen. So beschrieben GUILLAIN, LÉCHELLE und PÉRON eine spezielle Form der Rückenmarkssyphilis, welche sich im unteren Abschnitt des Rückenmarks lokalisiert. Den anatomischen Hintergrund des Prozesses bildet eine Meningomyelitis und gummöse Radiculitis. *Ich* selbst habe zwei hierhergehörige Fälle bioptisch verifizieren können. Näheres berichte ich im klinischen Teil. Im Vordergrund des Interesses stehen jene Fälle spinaler Lues, in welchen sich das klinische Bild der *amyotrophischen Lateralsklerose* zeigt. RAYMOND hat schon in den neunziger Jahren des vorigen Jahrhunderts einen Fall von progressiver syphilitischer Amyotrophie publiziert, in welchen bei der Sektion eine diffuse mit spezifischer Gefäßläsion einhergehende, Meningomyelitis zu sehen war. LÉRI, dem wir mehrere hierhergehörige Fälle verdanken, findet neuerdings (1925) die Zahl der syphilitischen Amyotrophien zunehmend und sagt, daß die progressiven Amyotrophien eine geradeso sicher spezifische Erkrankung darstellen, wie die Tabes, ihr pathologanatomischer Hintergrund wird durch eine vasculäre Meningomyelitis gebildet. MARGULIS widmet unserem Thema eine besondere Abhandlung und beschreibt 3 Typen der Erkrankung. Er stützt seine Meinung auf 13 eigene Fälle, von denen 4 durch Obduktion verifiziert wurden. Je nach der Lokalisation entstehen die verschiedensten klinischen Bilder.

„Im spastischen Symptomenkomplex der amyotrophischen Syphilis lokalisiert sich der Prozeß hauptsächlich im Gebiet der vorderen Lymphbahn, beim tabischen Symptomenkomplex konzentrieren sich die pathologischen Veränderungen hauptsächlich im Gebiet der hinteren Lymphbahn." Histopathologisch finden sich proliferative Prozesse in den mesenchymalen Gebieten und alterative im Nervenparenchym. Letztere bestehen in Schrumpfung der Vorderhornzellen, perivasculäre und lokale Nekrosen, Atrophie der Nervenfasern, Wurzeln. In chronischen Fällen findet man primäre Meningitis mit Narbenprozessen; lymphoide Infiltration und Proliferation sind schwach ausgedrückt (MARGULIS). MARGULIS führt weiter aus, daß die *tabischen Atrophien vom histopathologischen Standpunkt auch syphilitische Amyotrophien sind.* Im Beginn der Erkrankung beherrschen die meningo-radikulären Veränderungen das Bild und im weiteren Verlauf treten die parenchymatösen auf.

Wir erwähnen noch, daß KAHLER (1887) auf Grundlage eines eigenen Falles und eines solchen von BUTTERSACK von einer syphilitischen Wurzelneuritis sprach. In diesen Fällen waren die Meningen nur wenig alteriert, dagegen die Wurzeln durch den spezifischen Prozeß ansehnlich verdickt und graurot verfärbt. KAHLER sah in der Wurzelneuritis eine von den Meningen und der Vasculatur unabhängiges, selbständiges Leiden. NONNE, FOERSTER, nach ihnen G. STEINER, lehnen die syphilitische Wurzelneuritis als selbständiges Leiden ab.

In pathologanatomischer Hinsicht schließe ich mich dieser Meinung an, klinisch besteht aber das von KAHLER entworfene Bild zu Recht.

Noch eine äußerst seltene Form der Rückenmarkssyphilis wäre zu erwähnen, das ist das solitäre Gumma im Parenchym des Rückenmarkes selbst. NONNE zitiert einige Fälle, am bekanntesten ist jener von WILLIAMSON, in welchem sich das Gumma im Hinterhorn befand. Auch GOWERS bringt die Abbildung von Syphilomen im Rückenmark.

Gewöhnlich finden sich neben dem Gumma meningovasculäre luische Prozesse vor. Ein Teil der Autoren nimmt auch für die Entstehung der solitären Rückenmarksgummen an, daß sie von den Häuten oder von den Gefäßwänden ihren Ursprung nehmen. Diese Meinung vertreten OPPENHEIM und SIEMERLING, PICK, EISENLOHR, während BÖTTIGER für das primäre Entstehen dieser Gummata eintritt. NONNE, dem wir in der Mitteilung der Daten folgen, neigt eher zur Ansicht der erst erwähnten Autoren.

Die Frage ob die ERBsche *syphilitische Spinalparalyse* eine selbständige Systemerkrankung ist oder nicht, wird in der Literatur vielfach erörtert und hängt mit der prinzipiellen Frage ob die Spirochäten Systemerkrankungen hervorrufen können oder nicht, eng zusammen. Altmeister NONNE steht heute noch auf dem bejahenden Standpunkt. In einem an mich gerichteten Schreiben äußert er sich folgendermaßen: „Ich glaube jedoch, daß der Kampf gegen die Spirochätengifte zur Zeit jedenfalls aussichtslos ist. Bei der Ergotintabes kommt man auch um das Gift nicht herum, ebenso wie bei den organischen Nervenerkrankungen, wie Typhus, Tuberkulose (periphere Neuritis) usw. Stoffwechselstörungen, die von den Spirochäten ausgehen, wirken doch auch als Gifte. Nach meiner Meinung können die Gefäßveränderungen auch bei der Lues nicht alles erklären." Ich meine dagegen, daß die Biologie der Spirochäten doch schon genügend bekannt ist, um sagen zu können, daß in ihrer Lebensweise und fügen wir hinzu, in ihrer Kampfesweise im menschlichen Körper ihr Angriff via Vasculatur und via Lymphstrom, als sichergestellt, betrachtet werden kann. Ich schließe mich der Meinung G. STEINERS an, nach welcher wir bei der Pathogenese der Tabes und der progressiven Paralyse mit der Annahme einer einzig und allein toxischen Verursachung, auf einer falschen Bahn gewesen sind. Dasselbe gilt auch für alle sog. luischen Systemerkrankungen. Für die sog. kombinierte Systemerkrankung nimmt auch NONNE den Standpunkt ein, daß dieselbe nur eine *pseudo*systematische Erkrankung ist und als Folge disseminierter Herde im Rückenmark entsteht. Im Grunde handelt es sich dabei um sekundäre Faserdegeneration. Es ist nicht einzusehen, warum die Strangdegenerationen bei der ERBschen Spinalparalyse im Seiten- und Hinterstrang nicht auch als Folge solcher meningovasculärer Herde anzusehen wären? Die Kombination mit cerebralen Symptomen, wie sie in NONNEs Fällen zu beobachten waren, sprechen unseres Erachtens nach, auch gegen die toxische, elektive Genese.

Wir glauben, daß v. BECHTEREW das Richtige getroffen hat, als er ausführte, daß die, den peripheren Teilen des Rückenmarkes zur Ernährung dienenden Gefäße der Pia mater spezifisch erkrankt sind, denen zufolge in den peripheren Rückenmarksgebieten Ernährungsstörungen und als weitere Folge die Degenerationen des nervösen Gewebes, auftreten. Er zitiert die Fälle von MINKOWSKI, STRÜMPELL, WESTPHAL, NONNE u. a. und setzt hinzu, daß klinisch alle diese Fälle der ERBschen syphilitischen Spinalparalyse entsprachen. v. BECHTEREW verdanken wir auch die Kenntnis, daß auch im Gehirn solche oberflächliche Sklerosen vorkommen. Prädilektionsstellen sind: der Boden der Rautengrube, die dritte und auch die Seitenkammer.

Autoren der letzten Zeit, z. B. FOIX und NACHT bestreiten auch, daß der Hintergrund der luischen spinalen Paraplegie in einer systemisierten Sklerose oder in einer transversalen Myelitis zu suchen sei, sondern sehen in ihr die Folge einer meningovasculären luischen Erkrankung, aber auch sie nehmen daneben eine direkte Läsion der Nervensubstanz durch die Spirochäten oder deren Toxine an (zit. nach LORTAT-JACOB und POUMEAU-DELILLE). Auf welcher Weise die Spirochäten die nervöse Substanz selbst angreifen, das wissen wir in diesen Fällen ebenso wenig, wie im parenchymatösen Prozeß der progressiven Paralyse; vorläufig ist es daher ratsamer bei der Konstatierung des Tatsächlichen zu verweilen und keine unbeweisbaren Hypothesen — wie es die elektiv toxische Wirkung der Krankheitserreger eine ist — nachzuhängen. Auch dürfen wir nicht außer acht lassen, daß sowohl das makroskopische als das mikroskopische Bild ein anderes sein wird, je nach dem das zur Untersuchung gelangte Rückenmark von einem akuten oder chronischen Falle stammt. In den akuten Fällen vermissen wir oft die makroskopische Veränderung, in einigen Fällen fällt das kongestionierte Aussehen auf und beim Betasten fühlen wir eine erweichte Konsistenz.

In stürmisch verlaufenden Fällen ist eine ausgesprochene Erweichung der Rückenmarkssubstanz zu fühlen. So fand *ich* in einem Fall von akuter Myelitis dorsalis und lumbalis in den genannten Gebieten das Rückenmark total erweicht. Die Erweichung zeigte zum Teil weiße, zum Teil rote Farbe. In einem anderen Fall meiner Beobachtung, war der untere Teil des Dorsalmarkes erweicht, hellweiße und graue Territorien wechselten im Querschnitt, stellenweise waren Blutungen zu erkennen. Die Erweichung erstreckte sich etwa 8 cm weit. Mikroskopisch findet sich eine Infiltration von lymphoiden und Plasmazellen in den weichen Rückenmarkshäuten und obliterierende Arteriitis und Phlebitis. In der Rückenmarkssubstanz selbst sind die Gefäße strotzend mit Blut gefüllt, die Rückenmarkssubstanz selbst ist zum größten Teil in formloses kolloides Gewebe umgewandelt; die Myelinhüllen zerklüftet, die Axenzylinder teilweise gedunsen, teilweise schon verschwunden, Körnchenzellen in großer Anzahl. Die noch erhaltenen Ganglienzellen zeigen schwere Veränderungen.

Ganz anders ist das Bild bei den chronischen Meningomyelitiden. Die Stelle der akuten Veränderungen wird durch Narbengewebe ersetzt. Die weichen Häute verwandelten sich in ein fibröses Gewebe, von der Plasmazellen-, Lymphoidenzelleninfiltration ist kaum mehr etwas zu sehen, das Bild wird von den sekundären Degenerationen beherrscht. In der Rückenmarkssubstanz selbst befinden sich kleinere oder größere Herde von hyalinem Gewebe, das sich mit der gewucherten Neuroglia und den sklerotischen Gefäßen gleichmäßig färbt. Auch finden wir noch gut erhaltene Rückenmarkssubstanz: Zellen, Fasern, die von einem Gliawall umgeben sind.

c) **Pathologische Anatomie, Pathohistologie der syphilitischen Erkrankungen des peripheren Nervensystems.**

Die schon besprochenen Wurzelneuritiden schließen wir von der jetzigen Besprechung aus und wollen nur die Neuritiden der peripheren Teile der spinalen Nerven betrachten. Neuerlich hat sich MARGULIS eingehend mit dieser Frage befaßt. Er sagt, daß gegenwärtig das Vorhandensein von akuten und subakuten Polyneuritiden während der sekundären Syphilisperiode allgemein anerkannt, das Vorhandensein von spezifischen Polyneuritiden während der tertiären Periode jedoch bezweifelt (STEINERT, STEINER), ja selbst bestritten wird (PETRÉN). — MARGULIS selbst sieht nicht ein, warum derselbe Abschnitt des Nervensystems, welcher im Anfangsstadium der Syphilis erkranken kann, nicht auch im späteren Stadium ergriffen werden könnte. Die bisherigen anatomischen Beweise hält allerdings auch er für nicht zureichend. MARGULIS Fall wäre somit der erste, auch anatomisch sichergestellte, von syphilitischer Polyneuritis im späteren Stadium. Es fanden sich in seinem Fall gummöse Peri- und Endoneuritiden, um die Gefäße herum gummöse Infiltrationen. Vereinzelt sah er kleine nestartige Anhäufungen lymphoider Elemente mit Beimischung von plasmatischen Zellen, ähnlich den miliaren Gummen. Die Nervenfasern selbst zeigten Zerfall der Myelinscheide und der Achsenzylinder. Es bestand eine Parallelität zwischen den Entartungserscheinungen in den Nervenfasern und dem spezifischen Entzündungsprozeß. Auch im Wurzelabschnitt der Nerven fanden sich analoge, manchmal sogar intensivere Veränderungen wie in den peripheren Nerven. Das Interessante im Margulisschen Fall bestand darin, daß auch die Muskeln schwere vasculäre Entzündungserscheinungen zeigten, ja selbst die Gefäße des ganzen Zentralnervensystems Infiltrationserscheinungen aufwiesen. Spirochäten konnte Margulis allerdings nicht nachweisen. Der Fall liegt zu kompliziert, um als reine syphilitische Polyneuritis zu gelten. Margulis selbst folgert aus seinem Fall, daß die syphilitische Polyneuritis als Polyneuromyositis zu betrachten ist. Diese Auffassung können wir uns nicht zu eigen machen, da die ganze Erkrankung in ihren Hauptzügen eine vasculäre war, der Nachweis der Spirochäte nicht gelungen ist und endlich, weil die Rolle des unverleugbar vorhandenen Alkoholismus („vor einem Jahre, nach reichlichem Alkoholgenuß, erkrankte er psychisch“, „Trank immer viel Alkohol“) nicht genügend berücksichtigt wurde. Auch dieser Fall beweist die Richtigkeit der H. Oppenheimschen Auffassung, nach welcher bei den Polyneuritiden die Kombination mehrerer hervorrufender Faktoren von Bedeutung ist. Wir müssen also noch immer den Standpunkt Nonnes teilen, nach welchem „für die spinalen Nerven nicht ein einziger positiver Befund vorliegt, der anatomisch das demonstrieren könnte, was der Kliniker in solchen Fällen an oberflächlich gelegenen Nerven unter dem palpierenden Finger zuweilen wahrnimmt: da ist der Nervenstamm drehrund, strangartig verdickt usw.“ — Anhangsweise sei erwähnt, daß man sowohl bei der Tabes (Westphal, Nonne, Siemerling, Oppenheim) als auch bei der progressiven Paralyse (Bewan, Lewis, Steiner u. a.) kleinzellige Infiltrationen und auch Degenerationen im peripheren Nervensystem gefunden hat. — Steiner hebt hervor, daß kein Parallelismus zwischen dem zentralen und peripheren Prozeß besteht.

Über Spirochätenbefunde in den peripheren Nerven berichtete als erster Ehrmann, der Spirochäten in den Nerven der Vorhaut nachweisen konnte, auch E. Hoffmann, Strasmann fanden sie in den peripheren Nerven.

Nach Beendigung meines Manuskriptes erschien die Arbeit von Guillain und Périsson, in welcher die Autoren bei einem Tabiker am excidierten Ulnarnerv eine chronische hypertrophische sklerotisch gummöse Entzündung konstatieren konnten.

Anhang. Die Eisenreaktion bei Gehirnlues.

Bonfiglii, Hajashi, besonders aber Lubarsch waren es, die das Vorkommen von eisenhaltigem Pigment bei der Paralyse als von großer diagnostischer Bedeutung hinstellten (zitiert nach A. Jakob). Spatz hat sich dann eingehend mit der Frage befaßt und wir verdanken ihm hochwichtige Aufklärungen. So vor allem, daß es ihm in zwei Fällen von Lues cerebri auch gelang, das Eisenpigment nachzuweisen, aber nur in der Pia, nie in der Hirnsubstanz selbst. Sowohl Jahnel als auch A. Jakob heben die große diagnostische Bedeutung der Eisenreaktion hervor. Jakob betont die ausschließliche Eisenspeicherung der Hortegazellen und weist auf ihren hohen diagnostischen Wert hin. Wichtig ist ein Fall Lehoczkys, der klinisch ganz das Bild der progressiven Paralyse bot und sich anatomisch als eine luische Erkrankung der kleinen Hirngefäße im Sinne von NISSL und ALZHEIMER erwies, gar kein Eisen zeigte.

Ferner verdanken wir PETTE wertvolle Untersuchungen über das Vorkommen von Eisen bei Lues cerebri. Niemals fand er bei dieser Erkrankung Eisen in der Tiefe der Hirnrinde, sondern nur in den Meningen.

II. Die Pathogenese der Syphilis des Zentralnervensystems.

1. Einführung.

Wir erörtern mit Absicht die Pathogenese erst nach der Besprechung der pathologanatomischen und pathohistologischen luischen Veränderungen im Zentralnervensystem, da nur auf dieser Grundlage der richtige Einblick in das Geschehen bei den luischen Prozessen zu erwarten ist. Die Zeit ist vorüber, in welcher gegenüber den echtsyphilitischen Veränderungen des Zentralnervensystems, metaluische oder parasyphilitische Erkrankungen (Tabes, Paralyse) angenommen wurden. Wir müssen uns daran gewöhnen, die Tabes, die Paralyse, die Lues cerebrospinalis als eine einheitliche Krankheit zu betrachten, ebenso wie wir dies schon seit längerer Zeit bei der Tuberkulose tun. Die Lokalisation des luischen Prozesses ist zwar eine verschiedene, aber die, die Veränderungen verursachende Spirochäte ist stets dieselbe. Der Weg, den die Spirochäte betritt, ist aber in den erwähnten Fällen ein verschiedener. Keineswegs können wir aber den Liquorweg als die Heerstraße der Spirochäten akzeptieren, wie dies HAUPTMANN tut. Sowohl pathologanatomische als auch klinische Erfahrungen sprechen gegen diese Annahme. Um nur ein Argument anzuführen, weisen wir auf die, mit den Hautausschlägen zu gleicher Zeit sich zeigenden Hirnnervenlähmungen hin, bei vollkommen negativem Liquorbefund!

Eine Reihe von Autoren nimmt eine Immunschwäche, welche mitangeboren oder aber durch eine ungenügende antisyphilitische Behandlung bedingt sein kann, als Ursache der Paralyse und Tabes an. Siehe das Kapitel: Syphilisimmunität.

Verbreitet ist auch die Annahme von WILMANNS, nach welcher durch die Arzneibehandlung eine biologische Umwandlung der Spirochäten stattgefunden hätte, daß also die Therapie Schuld daran trüge, daß sich die mesodermale Spirochäte in eine ektodermale umwandeln könne. Auch diese Theorie befriedigt nicht, da sie eigentlich die ganz unbewiesene Voraussetzung in sich trägt, daß es durch die *Behandlung* zu einer Neurotropie der Spirochäten kommen kann. Gegen diese Lehre hat schon KRAEPELIN Einspruch erhoben, weil sie, nach ihm, bei der Bekämpfung der Syphilis äußerst unerwünschte Folgen nach sich ziehen kann, dadurch, daß gegen die Behandlung der sog. sekundären Symptome Stellung genommen wird.

BINSWANGER meint, daß der primäre Vorgang bei der Paralyse in Schädigungen des Hirngewebes in nekrobiotischen Prozessen zu suchen sei, in erster Linie sollen die feinsten Strukturelemente (das NISSLsche Grau) zugrunde gehen. Außer der Syphilis ist die Konstitution des Erkrankten, die Minderwertigkeit des Gehirns ein ausschlaggebendes Moment. Die fehlerhafte Hirnanlage könne in einer Hypoplasie der Gefäßwände oder einer abnormen Durchlässigkeit der Meningen oder Entwicklungsfehlern der Membrana limitans, bestehen. Nach BINSWANGER können auch erworbene Schädigungen dieser Giftbarrieren eine Rolle spielen. Die Existenz einer Lues nervosa d. h. besonderer neurotroper Spirochätenstämme hält er auch für wahrscheinlich, doch nicht sichergestellt. In der letzten Frage teilt JAHNEL auch diese Meinung. Konstitutionelle Faktoren hält auch MARGULIS für die Pathogenese der Neurolues für wichtig.

Er beruft sich auf die, auch noch später zu erwähnenden Beobachtungen von WAITZ, nach welcher die Haut der Eingeborenen Afrikas in ihren tiefer gelegenen Schichten bedeutend mehr vascularisiert ist. Durch diese anatomischen Bedingungen erklärt sich das schnellere Verwachsen der Hautwunden, das Austreten des Wassers und mit ihm toxischer Substanzen aus dem Organismus. Dieser Reichtum der Haut und der ihr benachbarten Gewebe an Gefäßen und Blut soll bei den Eingeborenen der tropischen Länder eine energische Abwehrreaktion des Organismus hervorbringen, welche sich oft durch ausgiebige sekundäre und tertiäre syphilitische Hauterscheinungen ausdrücken und die das Eindringen der Spirochäten in die parenchymatösen Organe, besonders des Zentralnervensystems, verhindern. Ferner sagt MARGULIS, müssen wir in der Pathogenese der Neurosyphilis einen bestimmten Zustand des Bindegewebes berücksichtigen, der temporär oder beständig, als Erscheinung einer allgemeinen oder lokalen Konstitution, im Sinne einer funktionellen Minderwertigkeit einzelner Gewebe des Organismus, des Mesenchyms und der Glia, auftreten kann.

In den früheren Jahren haben sich die Forscher viel mit der Frage beschäftigt, warum die Hirnlues heilbar und die Paralyse unheilbar ist. Allgemein verbreitet war die Ansicht, daß unsere Mittel bei der Paralyse nicht an Ort und Stelle des Syphilisgiftes gelangen. Eine Annahme, die durch die bewunderungswürdige Behandlungsart nach WAGNER-JAUREGG umgestoßen wird.

2. Die Spirochaeta pallida und das Zentralnervensystem.

Die Gewohnheiten, die Gepflogenheiten, die Bedingungen seines Fortkommens dienen bei jedem Lebewesen zur Grundlage der Erkenntnis seiner Eigenschaften. Beim Fall Syphilis ist es die Spirochaeta pallida, deren Lebensbedingungen zu erforschen sind, um das Gebäude der Pathogenese der Lues errichten zu können. Deshalb trachte ich aus der mir zugänglichen Literatur all das zusammenzutragen, was ich als Grundstein dieses Gebäudes für notwendig halte. Die Spirochaeta pallida ist ein anaerobes Individuum, von SCHAUDINN fälschlich als Protozoon aufgefaßt. Sie ist sehr beweglich, vollführt nach OELZE eigenartige Bewegungen, welche den Eindruck hervorrufen als ob sich ein elastisches Doppelpendel hin und herschwinge. MÜHLENS, MUCHA, FORSTER und TOMASCZESKI meinten, daß die Fortbewegung der Spirochäten nur mangelhaft sei. Demgegenüber besagen sowohl VERSÉS, PIRILÄS sowie die Abbildungen französischer Autoren, daß die Spirochäten die Wandungen der Gefäße durchwandern können. Sie schwärmen förmlich aus den Gefäßen ins ektodermale Gewebe. Nach E. HOFFMANN ist die Spirochäte ein dem Lymphgefäßsystem angepaßter Parasit und jedenfalls anaerob. Für letztere Annahme spricht ihre starke Vermehrung in macerierten Feten, ihre Vorliebe für die Venen und Lymphbahnen, ihre geringe Zahl im Blut und in der sauerstoffreichen Placenta, ihre reichliche Anhäufung in den interepithelialen Septen, zwischen den kollagenen Fibrillen und in der gefäßlosen Cornea. „Ihr erster Ansiedlungsort sind die Lymphspaltennetze, von dort wandern sie zu den regionären Drüsen, Capillarsprossen, Bindegewebsbündel, Capillaren und Venen". „Bei den sekundären Syphiliden, deren hauptsächlichsten anatomischen Veränderungen an die Blutgefäße gebunden sind, ist ihre Lagerung dementsprechend charakteristisch." „In Gummen und vielen Spätsyphiliden ist sie sehr spärlich und nur sehr schwer und vereinzelt in deren Randzone von SCHAUDINN, E. HOFFMANN, DOUTRELEPONT, TOMASCZEWSKI und anderen nachgewiesen worden."

Aber nicht nur in die Lymphbahnen und Drüsen, sondern auch in das strömende Blut und in die inneren Organe gelangen die Spirochäten, wie dies aus den schönen Versuchen E. ZURHELLE und STREMPEL hervorgeht, die mit

Milzbrei eines luischen Kaninchen bereits $1^{1}/_{2}$ Tage nach der Infektion einen positiven Impferfolg erhielten.

In bezug auf die ätiologische Erkenntnis der luischen Hauterscheinungen trug die Großtat des Zoologen SCHAUDINN (1905) rasch ihre Früchte. Beim Zentralnervensystem mußten wir bis zum Jahre 1913 warten, als es NOGUCHI und MOORE endlich gelang, auch bei den sog. „metaluetischen" Erkrankungen — bei Tabes und progressiver Paralyse — die Spirochaeta pallida nachzuweisen. NOGUCHIS und MOORES Befunde wurden in rascher Folge von Autoren der verschiedensten Länder bestätigt. Wir erwähnen vor allem VERSÉ, der über positive Spirochätenbefunde bei Phlebitis syphilitica des Rückenmarkes auf der Tagung der deutschen pathologischen Gesellschaft noch vor dem Erscheinen der NOGUCHISchen Mitteilung, berichtete. Während der Kriegsjahre erschienen bestätigende Angaben von MARINESCO, LEVADITI und A. MARIE, BANKOWSKI, SCHNURL, GEBER, BENEDEK, TATÁR, JULIUS SCHUSTER, JAKOB u. a. Als dann JAHNEL mit seiner Pyridin-Uran-Methode zum Nachweis der Spirochäten hervortrat, kamen immer mehr positive Befunde. FORSTER und TOMACZESKI haben im Dunkelfeld im von lebenden Paralytikern mittels Hirnpunktion entnommenen Material die Spirochäte nachgewiesen.

Im Rückenmark der Tabiker hat als erster NOGUCHI nach langem Bemühen im Hinterstrang des Dorsalmarkes die Spirochäten nachgewiesen, dann folgte HUGO RICHTER, welcher im Granulationsgewebe der Hinterwurzeln in vier Fällen von Tabes, Spirochäten gefunden hat. JAHNEL fahndete lange umsonst auf Spirochäten bei der Tabes, bis es ihm endlich gelang, dieselben im arachnoidealen Gewebe nachzuweisen, nachdem er das Rückenmark gemeinsam mit der umgebenden Duralhülle herausschnitt. Neuerdings hat PACHECO e SILVA mittels Anwendung von Längsschnitten, sowohl im Hinterstrang als im Seitenstrang des tabischen Rückenmarkes Spirochäten nachgewiesen. Die Angaben über Spirochätenbefunde bei der progressiven Paralyse gehören nicht zu unserem Thema, einige diesbezügliche Daten führen wir im I. Kapitel an.

Was nun die Spirochätenbefunde der Gefäßlues des Zentralnervensystems betrifft, so haben wir die wichtigsten Befunde schon (s. Kapitel Gefäßsyphilis und Spirochaeta pallida) erwähnt. Leider verfügen wir nur über sehr wenige brauchbare Angaben. Das liegt daran, daß die hierher gehörigen Fälle nur ganz ausnahmsweise zur Sektion gelangen; auch müssen wir bedenken, daß der Nachweis der Spirochäten noch immer auf sehr große Schwierigkeiten stößt und endlich müssen wir die Angaben MEIROVSKYS beachten, nach welchen es, wie weiter unten des näheren ausgeführt wird, von der Norm abweichende Formen der Spirochäten gibt, welche wir noch keineswegs so richtig einzuschätzen wissen.

Über die Verbreitung der Spirochäten im Gehirn äußert sich PIRILÄ folgendermaßen: „Schon v. BECHTEREW meinte, daß bei luetischen Erkrankungen der Meningen primär gewöhnlich die Leptomeningen angegriffen werden. Wahrscheinlich kann der Syphiliserreger auf diese Weise mit dem Blutstrom oder durch die Lymphwege direkt in die Hirnhäute gelangen, darauf deuten die Fälle hin, wo in den Meningen luetische Veränderungen (Gummata usw.) ohne gleichzeitige Arteriitis vorkommen; meistens aber, besonders bei meningitischen Erkrankungen scheint das Krankheitsvirus primär in den Vasa vasorum der Hirnarterien festzuhaften. Da beginnt es sich zu vermehren und wandert längst der Lymphspalten und -gefäße weiter in die Adventitia, dringt in die Media, verursacht Zelleninfiltration in diesen Schichten und reaktive Wucherung der Intima. Allmählich werden auf diese Weise kürzere oder längere Strecken der Arterien und deren Äste angegriffen. Zu derselben Zeit wachsen die Spirochäten stellenweise aus den Gefäßscheiden heraus und verbreiten sich weiter in den

Meningen. Auch hier scheinen sie mit Vorliebe dem Lauf der Gefäße zu folgen. Sie können sich durch die dünnen Wandungen der kleinsten Gefäße in das Lumen hineindrängen, Infiltration und Verdickung der Gefäßwandung und Thrombose der Gefäße verursachen."

Auch dem Franzosen Sézary verdanken wir interessante Aufschlüsse über die Verteilung der Spirochäten. Sézary kommt zum Schluß, daß die Spirochäte keine spezielle Affinität zu irgendeinem Teile der Gefäßwand besitzt, sondern bald adventitiell bald in der Media, das andere Mal im Endothel anzutreffen sei. Am öftesten befinden sie sich in dem gummösen Knoten.

Am meisten erforscht ist ihr Benehmen bei der progressiven Paralyse. Hierüber siehe Kapitel I.

In der Differenzierung der Spirochäten geht Meirovsky am weitesten, ihm ist es gelungen aus einem Primäraffekt Sprossungsvorgänge an den Spirochäten festzustellen. Seine diesbezüglichen älteren Präparate wurden von E. Hoffmann als nicht beweisend und die gefundenen Veränderungen als Fremdkörper bezeichnet. Meirovsky bringt nun neuerlich in photographischer Wiedergabe seine Präparate, welche aus dem Jahre 1914 stammen. Es erhellt aus diesen Abbildungen, daß die Spirochäte sich mittels Sprossungsvorgänge vermehrt. An der Spirochäte entwickeln sich sog. Spirochätenknötchen, dieselben stellen die Spirochätenknospe dar, diese ist, wie Meirovsky sich ausdrückte, „das Keimplasma der Spirochäte". Aus derselben entwickelt sich die Spirochäte. Wichtig ist diese Feststellung deshalb, weil sie zeigt, daß es einen Erreger der Syphilis gibt, der nicht den bekannten Spirochätencharakter trägt, das ist die Spirochätenknospe. Meirovsky meint, daß diese Spirochätenknospen den filtrierbaren Anteil der Spirochäte darstellen. Soweit ich sehe, hat bis jetzt nur Pacheco e Silva die Befunde Meirovskys bestätigt. Er faßt die argentophilen Granulationen in den Paralytikergehirnen als *granuläre* Form der Spirochäte auf.

Neuerdings ist die Frage des neurotropen Virus durch die Untersuchungen von Levaditi und A. Marie wieder aktuell geworden. Bekanntlich haben diese Forscher mit zwei Stämmen gearbeitet. Der eine stammte von einem Kaninchenhodenschanker, welcher durch die Infektion mit Schankersekret vom Menschen erzeugt wurde, der andere von einem durch Inokulation mit Blut eines Paralytikers erzeugten Kaninchenhodenschanker. Den ersten Stamm fanden sie dermotrop, den zweiten neurotrop. Die Unterschiede betrafen erstens die Inkubationszeit; wie schon Noguchi, Graves festgestellt haben, hatte das aus dem Paralytikerblut stammende Material eine lange Inkubationszeit. Das äußere Aussehen der von den Stämmen erzeugten differierte auch voneinander.

Jahnel bezweifelt die Resultate der beiden Forscher und meint, daß es sich bei diesen Untersuchungen nicht um die Spirochaeta pallida, sondern um die nicht seltene spontane Kaninchenspirochätose (Arzt, Kerl) gehandelt hat. Demgegenüber behaupten Plaut und Mulzer, daß es verschiedene Stämme gibt.

Dörr spricht sich gegen die Annahme neurotroper Stämme aus. So wie Wilmanns nimmt auch er eine besondere Virulenzschwäche der Erreger an, sowie ein unterschiedliches Verhalten des Ektoderms, welches resistenzstark, und des Mesoderms, welches resistenzschwach ist.

Jahnel hält es für wahrscheinlich, daß es von Haus aus neurotrope und nicht neurotrope Syphilisstämme gibt — aber bewiesen ist nach ihm die Existenz weder des einen noch des anderen Stammes.

Einen neuen Weg haben Georgi, Prausnitz und Fischer betreten. Sie geben an, daß es ihnen gelungen ist, Spirochäten je nach ihrem Wirtsorgan biologisch zu verändern. Von Georgi und Fischer ist die Hypothese aufgestellt worden, daß die unter Umständen jahrelang gleichsam als harmloser

Saprophyt auf den Lipoiden des Zentralnervensystems vegetierende Spirochäte diesem Nährboden angepaßt, sich in ihren physiologischen Funktionen verändert, dadurch — bei gleichzeitiger üppiger Vermehrung — eine Virulenz für das Zentralnervensystem erlangt und damit die Grundlage für die heute noch als metaluetische Erkrankungen gekennzeichneten Veränderungen bilden würde.

Neuerdings berichtet ÖDÖN FISCHER, aus der WOLLENBERGschen Klinik und dem GEORGIschen serologischen Laboratorium, über selbständige Stämme der Spirochaeta pallida. Man kann durch Anwendung verschiedener Organstücke neue Stämme erzeugen. Diese Feststellung ist vom immunbiologischen Standpunkt von ganz besonderer Bedeutung.

Schon PAUL EHRLICH berichtete über Rezidivstämme der Spirochäten. Als Rezidivstämme bezeichnete EHRLICH jene Parasiten, die sich der Abtötung durch das Serum entzogen und sich nachträglich in neue Varietäten umwandeln, also serumfest bzw. arzneifest geworden sind.

In diesem EHRLICHschen Sinne sind auch die Versuche PLAUT und MULZERS zu deuten, in denen sie durch Anbehandlung mit Salvarsan auch den TRUFFI-Stamm derart verändern konnten, daß derselbe ins Nervensystem eindringend dort Liquorveränderungen hervorbrachte, seine Virulenz sich steigerte, schwere Hodenerkrankungen, spezifische Keratitiden erzeugte.

Sie folgern aus ihren Versuchen, „daß es nicht ausgeschlossen sei, daß die Spirochäten infolge ungenügender Behandlung ihrer Träger im Laufe der Passagen durch die menschlichen Organismen biologische Eigenschaften erwerben, die ihre Pathogenität für das Nervensystem steigern oder modifizieren".

Zusammenfassend muß gesagt werden, daß wir schon vieles über die Lebensweise, Form, Aufenthaltsort der Spirochäte wissen, aber doch noch weit entfernt sind deutlich klar zu sehen. Prinzipiell wichtig ist die Frage, auf welchem Wege die Spirochäten das Nervensystem erreichen und infizieren können? Auf diese Frage suchen wir im nächsten Kapitel die Antwort zu geben.

3. Über den hämatogenen und lymphogenen Verbreitungsweg der Syphilis.

Im Laufe meines eingehenden Studiums der Syphilisfrage dachte ich viel darüber nach, worauf es wohl zurückzuführen sei, daß in den mit starken Hautsymptomen einhergehenden Syphilisfällen keine Erscheinungen seitens des Nervensystems auftreten. Als Ursache dieses Umstandes wird in immer weiteren Kreisen angenommen, daß solche Fälle gegen die spätere Syphilis des Nervensystems auf dem Wege der Hautausschläge, durch die von der Haut produzierten Immunstoffe geschützt werden (Esophylaxie, E. HOFFMANN). Das Vorhandensein dieser von der Haut reichlicher produzierten Immunstoffe ist jedoch nicht nachgewiesen. Die Ursache der Verschiedenheit ist also anderswo zu suchen. Dasselbe behauptet auch PLAUT, indem er meint, daß es gewagt sei, der HOFF-MANNschen Theorie der Esophylaxie in der Ätiologie der Paralyse eine Rolle zuzuschreiben. Die Tatsache, daß eine symptomenreiche Syphilis meistens zu keiner Paralyse führt, muß seiner Ansicht nach andere Ursachen haben. So kam mir der Gedanke, in der Eindringungs- und Verbreitungsart der Spirochäte in dem Organismus den Schlüssel zur Lösung der Frage zu suchen. *Die Syphilis, bei der sich die Spirochäten im Organismus auf dem Blutwege verbreiten, nimmt vielleicht einen anderen Verlauf als diejenige, bei der sie durch die Lymphwege an die einzelnen Stellen des Organismus gelangen.*

Bei Übersicht des syphilitischen Krankheitsverlaufes sah ich, daß sich die Fälle im allgemeinen in zwei große Gruppen einteilen lassen. Die Primärsklerose und die lokale Drüseninfiltration können bei beiden Syphilisarten gleich sein; doch während die eine Gruppe nach einer Inkubation von einigen Wochen mit ihren akut auftretenden Hauterscheinungen geradeso verläuft wie andere Infektionskrankheiten, d. h. in Begleitung von Störungen des Allgemeinbefindens, eventuell von Temperatursteigerungen, zeigen die Fälle der anderen Gruppe nach dem Abklingen der Primärsklerose jahrelang keine Symptome, bis schließlich solche, seitens des Nervensystems hervortreten. Bei letzterer Gruppe gibt es eine Reihe von Fällen, welche keine Primärsklerose zeigen und die Eintrittspforte des Virus unbekannt ist. Auf dieses Verhalten hinweisend, meint Dercum, daß es zwei Arten von Spirochäten gibt. Nach ihm ist es unmöglich, die Symptome der exsudativen mit jenen der parenchymatösen Syphilis zu vereinigen. In den Fällen der ersten Gruppe, die — wie erwähnt — auf die Art der gewöhnlichen Infektionskrankheiten verlaufen, toben sich die Spirochäten im Gefäßsystem aus, was nicht nur aus den *Embolien* der makulopapulösen Syphilide der Haut ersichtlich ist, sondern für diesen Umstand sprechen auch die zur Sektion gelangten Fälle von. Frühsyphilis des Nervensystems, in denen der syphilitische Prozeß selbst im Zentralnervensystem *hauptsächlich* in den Blutgefäßen stattfindet.

Wir können wohl mit Recht annehmen, daß bei dieser, auf die Art einer Infektionskrankheit verlaufenden Syphilis die Antitoxine geradeso gebildet werden, wie bei anderen Infektionskrankheiten, wobei eventuell eine lebenslängliche Immunität entsteht, doch können in einzelnen Fällen an umschriebenen Stellen.lokale Symptome der Spätsyphilis auftreten. In Übereinstimmung mit Hoffmann nehme ich somit an, daß Immunstoffe entstehen, doch kann ich nicht annehmen, daß die Haut die Stätte der Bildung von Immunstoffen ist, sondern schreibe dem Blutgefäßsystem (auch in der Haut), als dem am meisten befallenen Teil des Organismus, die vorwiegende Rolle zu. So wird Nonnes Ansicht verständlich, die er auf Grund von Untersuchungen an luetischen Familien gewonnen hat, wonach *die Kinder um so weniger betroffen werden, je schwerer die syphilitischen Hauterscheinungen der Eltern waren.*

Demgegenüber weiß die andere Gruppe der mit Syphilis Infizierten entweder überhaupt von keiner Luesinfektion, oder die Primärsklerose verläuft ohne weitere Folgen; erst nach Jahren entwickeln sich die Tabes und Paralyse. Bezüglich dieser zweiten Gruppe nehme ich an, daß die Spirochäten durch die Lymphwege ins Zentralnervensystem gelangen. Ich stelle also die These auf, daß im Organismus zwei Arten der syphilitischen Infektion möglich sind: *einerseits die, auf die Art der Infektionskrankheiten verlaufende Gefäßsyphilis, andererseits die auf dem Lymphwege erfolgende Spirochäteninfektion des Zentralnervensystems.*

Vor allem muß ich für meine Behauptung den Beweis erbringen, wonach die Syphilis in den Fällen der ersten Gruppe nicht nur in den Hautgefäßen, sondern auch in den Blutgefäßen des Zentralnervensystems abläuft. Klinisch sind mit den Hauterscheinungen zugleich auch Störungen des Allgemeinbefindens sehr häufig. Dies war bereits den älteren Autoren bekannt. Sie führen eine ganze Reihe von Nervenerscheinungen an, die mit Sekundärerscheinungen verbunden sind: Kopfschmerzen, Rhachialgie, Schlaflosigkeit, Charakterveränderungen, Reizbarkeit, Schwindel, Ohrensausen usw.

Hierhergehörige Fälle haben eine ganze Reihe von Autoren beobachtet und mitgeteilt. Wir nennen nur Wechselmann, Sulzer, Charpentier, Finger und Jarisch, Seeligmüller, A. Deutsch, v. Sarbó, Benario u. a.

Noch wertvollere Daten bekamen wir durch die Liquoruntersuchungen. *Es besteht kein Übereinstimmen zwischen den subjektiven Beschwerden und den in dieser Frühperiode vorhandenen Liquorveränderungen.*

Pette kam an der Hand seiner Beobachtungen neuerdings zu der Feststellung , „daß eine klinisch manifeste Meningitis luica die Metalues, wenn auch nicht ausschließlich, so doch ihr Entstehen nicht begünstigt". — Meiner Meinung nach, sind *diese frühluischen Liqorveränderungen als ein Anzeichen einer akuten Infektion zu betrachten.* Es wird von den Autoren nicht mit genügendem Nachdruck betont, daß die frühen Liquorveränderungen zum Symptomenkomplex der rezenten Syphilis gehören und keineswegs als Vorboten späterer Nervenerkrankungen gedeutet werden dürfen. In diesem Sinne kann man die Erfahrungen von SICARD, LÉVY-VALENSI, LACAPÈRE, L. FOURNIER u. a. verwerten, die auf die Häufigkeit positiver Liquorbefunde bei Arabern und bei der eingeborenen Bevölkerung Algiers hingewiesen haben, bei denen es *trotz positiver Liquorbefunde zu keiner Tabes oder Paralyse kommt.*

Schon NEUMANN sagte, daß im Hintergrunde der in den ersten zwei postinfektiösen Jahren aufgetretenen Nervenerkrankungen die HEUBNERsche Endarteriitis steht. TRÖMNER und LYDSTONE sind derselben Meinung.

Die beweisenden Tatsachen verdanken wir den Sektionsergebnissen. BRASCH, ABELEKOFF, JOLLY, ALTHAUS, PICK, FINKELNBURG, v. SARBÓ, BUDAY, SÉZARY und PAILLARD u. a. m. haben in den Hirngefäßen, RUMPF, COLLINS und TAYLOR in den Rückenmarksgefäßen die luischen Veränderungen in dieser Frühperiode nachgewiesen.

Fall 1. *Ich* selbst hatte Gelegenheit, den Fall eines 26jährigen Kranken zu beobachten, bei dem eine zur Zeit der papulösen Syphilide verabfolgte Salvarsaninjektion Hemiplegie auslöste. In diesem Falle konnten wir annehmen, daß es sich dabei um die Rhexis luetisch erkrankter Blutgefäße handelte.

Fall 2. *Ich* beobachtete ferner eine 36jährige Frau, die $^{1}/_{2}$ Jahr nach den syphilitischen Ausschlägen linksseitige Hemiplegie mit Aphasie erlitt und 4 Tage nach der Aufnahme an meiner Abteilung starb. *Autopsie:* Endarteriitis chronica fibrosa arteriarum cerebri mediarum cum thrombosis ibidem. Emollitiones magnae cerebri ad nucleos centrales dextros.

Spirochäten in den Gefäßen dieser Frühfälle haben BENDA, STRASMANN, VERSÉ und PIRILÄ nachgewiesen.

Auch die früher so häufig beobachtete Neurorezidive wird meines Erachtens nach in vielen Fällen durch die Gefäßlues hervorgerufen. Die Erkrankungen der Gefäße des Pons und Medulla oblongata sind Prädilektionsstellen für die Spirochäten; da diese Gefäße Endarterien sind, kommt es leicht zu Diaschisiswirkungen in den Nervenkernen und so zu Hirnnervenlähmungen. Die prompte und rasche Heilung durch antiluische Behandlung unterstützt auch diese meine Meinung.

Wie immer sich die Sache verhalten mag, unterliegt es keinem Zweifel, daß *in diesem Stadium die Dispersion des Virus durch die Blutbahn samt der allgemeinen syphilitischen Erkrankung der Blutgefäße vorliegt; somit ist meine Bezeichnung „vasculäres Stadium" für diese Periode zutreffend.*

Dies zu betonen, halte ich deshalb für wichtig, weil im allgemeinen von den Autoren die *meningeale* Beteiligung zu sehr in den Vordergrund geschoben und dabei die Rolle der vasculären luischen Veränderungen stiefmütterlich behandelt wird. Es wird zu großes Gewicht auf die Liquorveränderungen dieser Periode gelegt: Druckerhöhung, Pleocytose usw., all dies wird als unumstößlicher Beweis der meningealen Beteiligung hingestellt, man berücksichtigt aber nicht, daß auch eine Gefäßerkrankung diese Veränderungen hervorrufen kann, andererseits vergißt man, daß die Meningen *via Blutgefäße* infiziert werden.

Die andere, wesentlich kleinere Gruppe der mit Lues Infizierten besteht meiner Ansicht nach aus Individuen, bei denen die Spirochäte neben der Primärsklerose bloß zur Infiltration lokaler Lymphknoten führt, doch keine Allgemeinsymptome verursacht; ferner aus solchen, die von keinerlei Primärsymptomen wissen. In derartigen Fällen stellen sich nach Jahrzehnten die luischen Erkrankungen des Zentralnervensystems — Tabes und Paralyse — ein. In solchen Fällen dringt die Spirochaeta pallida meines Erachtens auf den Lymphwegen langsam vorwärts, bis sie ins Zentralnervensystem gelangt. Dieses langsame Vordringen ist nicht erwiesen und läßt sich derzeit auch nicht beweisen, doch sei es erlaubt, daran zu denken, daß die Masse der dazwischen liegenden Lymphknoten jenes Hindernis darstellt, daß die Spirochäten erst zu bekämpfen haben, um in das Zentralnervensystem gelangen zu können.

Auch verfügen wir über experimentelle Daten, welche beweisen, daß sich die Spirochäte in den Lymphspalten aufhält (z. B. in der Cornea SHIGERU INO). Daselbst können sie lange Zeit (nach SHIGERU INO 487 Tage) reaktionsfrei verbleiben. Schon früher hat FR. LESSER darauf hingewiesen, daß die Spirochäten gerade in den Lymphknoten sehr lange lebensfähig bleiben.

BUSCHKE, FISCHER und GRÜNWALD behaupten schon längst, daß die Lymphdrüsen den beliebtesten Schlupfwinkel der Spirochäten darstellen; nach BROWN und PEARCE gilt dies auch für Tiere.

BUSCHKE berichtet über den Fall einer Mutter, die an latenter Syphilis litt und später an Spätlues erkrankte, bei derselben konnte er in der inguinalen Lymphdrüse Spirochäten nachweisen.

Neuerdings gelang es W. WORMS und F. O. SCHULZE, in einem Fall (von 10) aus der Leistendrüse eines verstorbenen Paralytikers durch Verimpfung (nach dreifachen Kaninchenpassageverimpfungen) vollvirulente Spirochaetae pallidae nachzuweisen.

Den experimentellen, wichtigsten Beweis für die Richtigkeit meiner Annahme sehe ich durch die neuen Untersuchungsergebnisse von KOLLE und PRIGGE geliefert. Sie fanden nämlich, daß bei den sog. „Nuller", d. h. bei Kaninchen, die gegen die Impflues resistent waren und keine Primäraffekte bekamen, das Weiterimpfen aus ihren regionären Lymphdrüsen positive Impfresultate mit Spirochätennachweis ergab. KOLLE schreibt hierüber:

„Infiziert man 100 Kaninchen mit infektiösem Syphilismaterial unter die Hodenhaut, so haftet die Infektion mit der Bildung von Schankern und Drüsenschwellungen bei etwa 90 der geimpften Tiere. 10 Impflinge zeigen aber keinerlei Erscheinungen. . . . . . . Diese Tiere bezeichnet man als „*Nuller*". „Als wir aber die Methode der Impfung der Poplitealdrüsen bei derartigen Nullern anwandten, da zeigte sich, daß fast *sämtliche Nuller, deren Popliteatdrüsen wir verimpften, syphilitisch infiziert waren.* Die mit den Drüsenstücken geimpften Tiere erkrankten — abgesehen von einigen Nullern, die immer wieder vorkommen — mit typischen Primäraffekten und Drüsenschwellungen, reichem Spirochätenbefund. . . . . ."

Die Nuller KOLLEs entsprechen in der menschlichen Pathologie die symptomlos infizierten Tabiker und Paralytiker. Das sind die *Drüsensyphilitiker,* von denen ich voraussetze, daß sie die Kandidaten der Spätsyphilis des Zentralnervensystems sind.

Auf Grund der vorerwähnten Beobachtungen können wir es als erwiesen betrachten, daß sich die Spirochäten im Organismus auf zweierlei Arten verbreiten, namentlich auf hämatogenem und lymphogenem Wege; doch ist es auch möglich, daß sie in hämatogener Weise zerstreut werden und in demselben Individuum auch auf den Lymphwegen weiter dringen. Hierher würden die Fälle gehören, in denen trotz luischer Sekundärerscheinungen sich nach Jahren Tabes und Paralyse entwickeln. Die Ursache, weshalb die Spirochäten bald auf dem einen, bald auf dem anderen, oder auf beiden Wegen in den Organismus eindringen, ist zur Zeit noch nicht geklärt. Doch glaube ich mit Recht annehmen zu können, daß *konstitutionelle* Eigentümlichkeiten[1] dabei eine Rolle spielen. Geradeso wie es fibröse Individuen gibt, die auf die geringste Verwundung mit Keloidbildung reagieren, ist auch ein Organismus denkbar, dessen Lymphgefäßsystem so beschaffen ist, daß es die Weiterverbreitung der Spirochäten lange Zeit verhindert. Das wäre so zu verstehen: *es gibt Individuen, in denen*

---

[1] Siehe auch das Kapitel der Kongenitalsyphilis.

die regionären Drüsen derart beschaffen sind, daß sie den Durchbruch der Spirochäten in die Blutbahn verhindern können. Die Spirochäten beschreiten demzufolge die Lymphwege, in ihrem Vorwärtskommen andauernd durch die widerstandsfähigen Drüsen behindert. Während dieser Wanderung verändern sich biologisch die Spirochäten, sie nehmen an Virulenz zu und gehen dann zum Angriff auf das Zentralnervensystem über. Ich denke an eine ähnliche Möglichkeit, wie jene, die aus den dermatotropen Spirochäten des NOGUCHI-Stammes durch Passagen eine neurotrope Species schafft.

Die konstitutionelle Eigentümlichkeit kann sich aber auch auf Blutgefäßverteilung beziehen. Ist für die lymphogene Verbreitungsart der Spirochäten die Beschaffenheit der Lymphorganisation maßgebend, so kann für die hämatogene Art ihrer Verbreitung die Gefäßorganisation des Individuums bestimmend sein. Allgemein bekannt ist der Unterschied zwischen tropischer und europäischer Syphilis; bei der ersteren ist das Zentralnervensystem fast niemals angegriffen. Die eine Ursache dieses Umstandes liegt vielleicht darin, daß die tieferen Hautschichten der afrikanischen Eingeborenen — wie dies WAITZ nachgewiesen hat — viel gefäßreicher sind, ihr Gefäßnetz an diesen Stellen viel dichter ist als bei den Europäern. In Niederländisch-Ostindien sind nach Angaben von HERMANS die Hauterscheinungen bei den Eingeborenen stärker als bei den Europäern. „Metasyphilitische" und viscerale Prozesse äußerst selten. Dabei ist hervorzuheben, daß Europäer, die sich bei javanischen Weibern infizieren, nicht seltener an Metalues erkranken als in Europa. Dasselbe beobachtete auch ANDRÉ.

Bei Annahme der von mir hervorgehobenen Möglichkeit, finden in der Pathologie der Lues mehrere Fragen eine einfache Erklärung. So ist es nicht nötig, besondere *neurotrope* Spirochäten anzunehmen, da sich das späte Befallensein des Nervensystems durch den langen Prozeß der Spirochätenwanderung auf den Lymphwegen gut erklären läßt. Unsere Annahme zieht die tatsächlichen individuellen Eigentümlichkeiten in Betracht, so daß sie scheinbare Widersprüche löst. Es wird verständlich, daß auch Fälle vorkommen, wie schon erwähnt, in denen sich trotz starker Hauterscheinungen Tabes und Paralyse entwickeln, denn es gibt zweifellos auch Fälle, in denen nicht nur die hämatogene, sondern gleichzeitig auch die lymphogene Verbreitungsweise stattfindet.

Auch die Daten der Familienforschung sprechen im Sinne meiner Auffassung. Es ist bekannt, daß *sekundär infizierte Ehegatten ohne das Auftreten von Primär- und Sekundärsymptomen infiziert werden.* Nach NONNE ist es ausgeschlossen, daß in solchen Fällen die derart Infizierten die erwähnten Symptome übersehen hätten; er ließ durch RAVEN 117 syphilitische Familien untersuchen und kam zum Resultat; *die Sekundärinfektion verlief zum überwiegenden Teil latent, wenn einer der primär infizierten Ehegatten an einer syphilitischen Nervenkrankheit litt. Demgegenüber ging die Sekundärinfektion verhältnismäßig oft mit manifesten Symptomen einher, wenn der primär infizierte Ehegatte an keiner syphilitischen Nervenerkrankung litt.* Dasselbe fand auch HAUPTMANN, .. „daß in fast 100% die Syphilis ohne Bewußtwerden eines Primäraffektes und ohne Sekundärerscheinungen bei den metaluischen Ehegatten verlief, die ihre Syphilis von einem ebenfalls metaluisch erkrankten Partner bezogen hatten, während in über 50% eine Infektion bekannt war und Sekundärerscheinungen auftraten, wenn der infizierende Teil keine Metalues hatte".

Sowohl NONNE als auch HAUPTMANN meinen aus diesem Umstand darauf schließen zu können, daß die Virulenz der das Nervensystem durchwanderten Spirochäten dermaßen geschwächt ist, daß sie das Vermögen, Haut- und Schleimhauterscheinungen hervorzurufen, einbüßen. Meines Erachtens ist diese

Feststellung nicht stichhaltig, denn die Annahme, daß die Paralyse durch Spirochäten mit verminderter Virulenz verursacht wird, stimmt keinesfalls mit unseren pathologischen Kenntnissen überein, und doch müßte dies in den gegebenen Fällen angenommen werden; es ist ja gerade das Gegenteil wahrscheinlich, daß nämlich bei der parenchymatösen Form der Lues die stärksten Spirochäten zur Geltung kommen. Unserer Meinung nach läßt sich obenerwähntes Verhalten der Spirochäten viel einfacher und plausibler deuten, wenn man annimmt, daß die Verbreitung der Tabes und Paralyse auslösenden Spirochäten nicht auf hämatogenem, sondern auf lymphogenem Wege erfolgt, wodurch auch das Fehlen der Hauterscheinungen eine Erklärung findet.

Das verschiedene Verhalten der Spirochäten den Gefäßen gegenüber ist auch ein gewichtiges Argument dafür, daß wir die 2 Arten von Infektionswegen auseinanderhalten. Bei der hämatogenen Infektion werden die Gefäße des Zentralnervensystems in toto angegriffen, es kommt zur Panarteriitis oder zur Heubnerschen Endarteriitis obliterans, während es sich bei der Paralyse um eine Besetzung der perivasculären Lymphräume durch die Spirochäten handelt. In diesen Lymphräumen spielt sich auch der Kampf zwischen Spirochäte und Plasmazellen ab.

Das Neue meiner Auffassung besteht darin, daß ich die beiden Erscheinungsformen der Syphilis voneinander trenne. Die eine, die gleich den Infektionskrankheiten verläuft und eine Immunität sichert und auch im Zentralnervensystem sich hauptsächlich in den *Blutgefäßen* abspielt, die andere, bei der die Spirochäten via *Lymphweg* ins Zentralnervensystem gelangen.

Für meine Auffassung, daß die Spirochäte jahrelang durch das Lymphgefäßsystem wandern muß um ins Zentralnervensystem zu gelangen, spricht im negativen Sinne der Umstand, daß es nicht recht einzusehen ist, warum die Spirochäten nicht gleich zum Angriff greifen, wenn sie sich wirklich, wie es allgemein angenommen wird, in den Häuten des Gehirns lebensfähig erhalten? Wieso die jahrelange Latenz — fragt Blaschko — und setzt hinzu: „warum machen sie denn nicht gleich Krankheitserscheinungen?"

4. Syphilisimmunität.

Bei Buschke und Peiser lesen wir, daß v. Bärensprung schon vor Hirschl Impfversuche mit syphilitischer Materie an syphilitischen Personen angestellt hat, und zwar an solchen, die frische Schanker oder konstitutionelle Symptome aufwiesen, sämtliche mit negativem Erfolg; ebenso impfte er Personen, die früher syphilitisch waren, aber zur Zeit der Impfung keine Symptome zeigten, ebenfalls mit völlig negativem Ergebnis. Dagegen sind die Impfungen bei zwei gesunden Mädchen angegangen. Im Jahre 1896 hat Hirschl in Wien den Versuch unternommen, Paralytiker mit Lues zu infizieren, was jedoch nicht gelang. Sein Chef, Krafft-Ebing hat dies auf dem Moskauer internationalen medizinischen Kongreß mitgeteilt. Experimentell hat A. Neisser nachgewiesen, daß syphilitische Affen gegen Neuinfektion immun sind. Kolle gelang es auch nicht mit dem Nicholsschen Syphilisstamm eine Superinfektion bei Paralytikern zu erzielen. Dieser Stamm wurde aus dem Liquor eines Falles von Neurorezidiv gewonnen und erzeugte bei Kaninchen die mit anderen Syphilisstämmen, geimpft waren, dennoch Syphilome. Kolle folgerte hieraus, daß beim Menschen offenbar eine Panimmunität gegenüber alle Syphilisstämme besteht, wie dies Jahnel und Lange auch für die Frambösie nachgewiesen haben. Demgegenüber ist die Syphilisimmunität beim Kaninchen nicht so polyvalent. Dieses gegensätzliche Verhalten soll als Warnung dienen, experimentell eruierte Tatsachen einfach auch in der Pathologie des Menschen zu verwerten.

JAHNEL ist neuerdings der Frage experimentell nachgegangen und konform mit den Feststellungen anderer Autoren ist es auch ihm niemals gelungen, unbehandelte Paralytiker zu reinfizieren.

Viel umstritten ist auch die Frage der Reinfektion und Superinfektion. — Wenn ein luisch infizierter Körper gegen neue Impfung sich völlig refraktär verhält, so nennt SIEBERT diesen Vorgang *Anergie,* reagiert er aber anders als ein gesunder Organismus, so ist dies als eine *allergische Erscheinung* aufzufassen und wird als *Superinfektion* bezeichnet.

Charakteristisch für diesen Zustand ist, daß die erzeugten Krankheitsprodukte jenem Stadium entsprechen, in dem sich die Krankheit befindet. Dieses FINGER-LANDSTEINERsche Gesetz wurde von vielen Autoren (MESTSCHERSKY und BOG-DANOFF, PASINI, VEROTTI und BALBI u. a.) bestätigt.

Die Frage, ob Re- oder Superinfektion vorliegt, teilt die Forscher in zwei Lager. Auf der einen Seite wird der Reinfektion ein sehr weiter Spielraum eingeräumt und demgemäß auch die Heilung der Lues als ein gar nicht seltenes Ereignis hingestellt, auf der anderen Seite sieht man in den meisten Fällen nur Superinfektionen und läßt nur ausnahmsweise die Möglichkeit der Re-infektion gelten. BERNARD (1926) kommt in seinem Referat zu dem Ergebnis, daß die Superinfektion viel häufiger vorkommt als bisher angenommen worden ist. Es ist sehr oft schwer zu entscheiden, wo die Reinfektion beginnt, wo sie endet, wo die Superinfektion in Reinfektion übergeht. Er empfiehlt daher, Reinfektion und Superinfektion unter einem einzigen Syndrom zusammen-zufassen und als „Reinoculation" oder „Infection syphilitique seconde" zu bezeichnen.

BUSCHKE und PEISER, die in einer überaus lehrreichen, umfangreichen Arbeit die Frage der Reinfektion und Superinfektion behandeln, kommen zum selben Ergebnis.

Die Ergebnisse der experimentell arbeitenden Forscher sind einander wider-sprechend. Aus diesem Grunde verzichten wir auch auf die detaillierte Wieder-gabe der experimentellen Data und verweisen auf die vorzügliche Darstellung von BUSCHKE, JOSEPH und PREISER[1]. Einzelne Daten betreffs der Artimmunität seien kurz aus diesem Werk angeführt.

Nur der Mensch ist auf natürlichem Wege mit Lues infizierbar. Tiere sind luesresistent. Die Angaben über Lamasyphilis sind unrichtig. Von den Tieren können Affen, Nagetiere (Kaninchen, Meerschweinchen) *künstlich* infiziert werden. Neuerdings gelingt die künstliche, aber symptomlose (durch Gehirnimpfung nachweisbare) Infektion bei Ratten und Mäusen (UHLENHUTH, WORMS, SCHLOSS-BERGER, KOLLE). TRUFFI wies nach, daß die kongenitale Übertragung bei Kaninchen gelingt.

Der Begriff der *Immunität* birgt 2 Arten von Organgeschehen in sich. Auf der einen Seite steht die Resistenzsteigerung der Gewebe gegenüber einer neuen Infektion, diese Resistenzsteigerung kann sich aber im Organismus als sich wechselnd abspielende Organimmunität äußern. BROWN und PEARCE drücken letzteres Verhalten auf ihre experimentellen Ergebnisse sich berufend, so aus, daß sie annehmen, daß der Charakter der ersten Reaktion auf die Infek-tion bestimmend ist für den weiteren Verlauf der Erkrankung, ferner, daß auch das Auftreten von Reaktionen in bestimmten Gewebsgruppen diejenigen an anderen beeinflusse. Wenn ich diese Anschauungen im Lichte meiner neuen Auffassung über die hämatogene und lymphogene Entstehungsart der syphi-litischen Reaktionen überdenke, so glaube ich sagen zu können, daß die, nach

---

[1] Handbuch der Haut- und Geschlechtskrankheiten. Bd. 15/2. Berlin: Julius Springer 1929.

Art einer Infektionskrankheit sich abspielende luische Erkrankung, welche sich, wie ich annehme, zum größten Teil in den Gefäßen austobt, die übrigen Organsysteme ektodermalen Ursprunges verschont und es daher zu keiner parenchymatösen Nervenerkrankung (Paralyse) kommt. Bei lymphogener Infektion findet das Umgekehrte statt.

Die andere Art der Immunität äußert sich in einer *Überempfindlichkeit,* dieselbe zeigt sich in allergischen Reaktionen. Als solche faßte Golay schon die Bildung des geschwürigen Schankers auf. Nach Buschke und Joseph sind es erst die sekundären Krankheitserscheinungen, die als Ausdruck einer Allergie gelten. „In der entzündlichen allergischen Reaktion hat man eine gewebliche Abwehrmaßnahme mit dem Ziel der Beseitigung der Erreger zu erblicken" — sagen Buschke und Joseph.

Bei kongenitaler Lues fehlen im Mutterleibe diese Abwehrmaßnahmen — deshalb geht die Frucht an Spirochätensepticämie zugrunde. Wird die Mutter antiluisch behandelt und das Kind daher zur richtigen Zeit symptomlos geboren, so wird es sich, wenn es noch Spirochäten enthält, ganz so verhalten, wie der Organismus bei erworbener Lues. Den Allergiezustand des syphilitisch Infizierten zu bestimmen wendet man Cutanreaktionen an. Viele Autoren bezweifeln die Verwertbarkeit derselben, einzelne fassen dieselbe als reine physikalische Erscheinung auf (Kohner und Greenbaum), auch unspezifische Extrakte können positive Hautreaktion hervorrufen.

Die Frage, ob sich bei der Syphilis *Immunstoffe* bilden, ist noch strittig. Die meisten Forscher sind der Ansicht, daß der syphilitische Organismus keine Schutzstoffe bildet. Für die Autoren, welche die Bildung von Immunkörpern annehmen, gilt das hämatopoetische System als Bildungsstätte derselben (Pfeiffer und Marx, A. Deutsch, Römer, Wassermann und Citron u. a.). Neisser nahm an, daß auch im Serum sich Schutzstoffe befinden, nur ist ihre Quantität und Konzentration zu gering, um mit den heutigen Methoden nachgewiesen werden zu können. — Hauptmanns bekannte Paralysetheorie beruht auf der Voraussetzung, daß bei der Syphilis im allgemeinen Schutzstoffe gebildet werden, aber die Paralyse keine oder nur ungenügende Schutzstoffe bildet, während dieselben bei der cerebrospinalen Lues in erheblicher Menge vorhanden sind.

Nach Hauptmann sind es die Haut bzw. andere Organe, die als Quelle für Phagocyten und Opsonine im Sekundärstadium in Frage kommen. Kommt es infolge schwacher Hauterscheinungen nicht zur Bildung der Schutzstoffe, so erliegt der Organismus, da er sich nicht verteidigen kann, der Infektion, es kommt zur Paralyse. Demgegenüber betrachtet Steiner die Anergie der Haut beim Paralytiker im Sinne einer Abwehrstärke, während Hauptmann diese (die Anergie) als Ausdruck ungenügender Abwehrtüchtigkeit ansieht. Die Behauptung einer besonderen Immunschwäche des Paralytikers hat im übrigen, sagen Buschke und Joseph, wenig Stützen. Plaut beruft sich darauf, daß Paralytiker die Infektion mit Malaria und Recurrens im allgemeinen gut überstehen und Immunität gegen die Impferkrankung erlangen, die gelegentlich schnell eintreten kann. Aus eigener Erfahrung kann ich Plauts Beobachtungen durchaus bestätigen. Es gibt Paralytiker, die mit der künstlichen Malaria nach drei oder vier Fieberattaquen fertig werden, dann gibt es auch gegen die Impfmalaria vollkommen refraktäre Paralytiker. Eine allgemeine Erfahrung ist es auch, daß innerhalb eines Jahres, manchmal noch längere Zeit, keine neuerliche Impfung mit Malaria angeht. Hauptmann gibt aber selbst zu, daß auch ein abwehrstarker Organismus paralytisch werden könne, wenn nämlich die Ansteckung durch Spirochäten erfolgt, die in ihrer Virulenz abgeschwächt sind (auch durch Arzneimittel oder durch die Abwehrmaßnahmen des Organismus).

Nach letzterer Annahme also, würde ein abwehrstarker Organismus sein eigenes Grab graben!

Wir glauben, daß mit der Annahme einer Immunschwäche einfach der Tatbestand der Unbeeinflußbarkeit des paralytischen Prozesses umschrieben wird, ohne daß wir einen näheren Einblick ins Geschehen gewinnen würden. Auch die STEINERsche Theorie der Immunschwäche des Zentralnervensystems, welche auf experimentellen Erfahrungen bei Recurrens aufgebaut ist, befriedigt nicht, weil sie von der falschen Voraussetzung ausgeht, daß ein Gegensatz zwischen Haut und Gehirn in bezug auf ihre Abwehrmöglichkeiten besteht. Im Kapitel der Pathologie begründeten wir diese Behauptung des näheren.

BLOCH, UNNA, JOCHMANN, E. HOFFMANN, PONNDORF, JESIONEK u. a. hatten schon vor längerer Zeit der Haut eine besondere Schutzfunktion zugedacht. Von E. HOFFMANN stammt hierfür die Bezeichnung: *Esophylaxie*. Ein Teil der Forscher nimmt an, daß die Haut an der Antikörperbildung wesentlichen Anteil hat (GRÖPLER, MUCH, E. F. MÜLLER, MORO u. a.). THEILHABER und RIEGER meinen, es sei der bindegewebige Anteil der Haut, welcher mit seinem großen Zellreichtum eine immunisatorische Wirkung ausübt. STRASSBERG dagegen faßt den Papillarkörper mitsamt dem Capillarnetz als Immunorgan auf.

Ich sehe in den Gefäßen die Bildungsstätte der Antikörper, ähnlich wie bei den meisten Infektionskrankheiten, in denen wir mit der besonderen Beteiligung der Haut zugleich die stärkste und anhaltendste Immunität beobachten. Welche Rolle hierbei das endothel-retikuläre System spielt, ist zur Zeit nicht zu bestimmen, aber daß es eine wichtige Aufgabe hat, ist als wahrscheinlich anzunehmen. Ich teile also die Ansicht von FR. LESSER, der die Abwehrtätigkeit bei Syphilis den Gefäßwandzellen zuschreibt; als Ausdruck dieser Abwehrtätigkeit sieht er die pathohistologischen Veränderungen in den Gefäßhäuten und in den perivasculären Räumen an.

Schon FOURNIER und ERB betonten das gegensätzliche Verhalten zwischen dem Auftreten stärkerer Hauterscheinungen und der Bereitschaft zur „Metalues". FINGER, E. HOFFMANN, MATZENAUER, SALOMON u. a. stimmten dem bei. Auch in dieser Frage bekundet sich deutlich die Mangelhaftigkeit unserer Kenntnisse in bezug auf die Immunisierungsvorgänge. Neue Erfahrungen von PLAUT, GEORGI beweisen, daß auch das Zentralnervensystem Abwehrstoffe bildet.

Die Esophylaxie ist keineswegs bewiesen, aber viele Autoren bauen auf dieser Grundlage Hypothesen auf. Einige gehen sogar, meines Erachtens zu weit, wenn sie auch praktische Folgerungen ziehen. So z. B. BERGEL, der behauptet, daß die Abwehr durch die Haut nicht zu bekämpfen sei. Ihm schließt sich HAUPTMANN an; er empfiehlt zur Unterstützung der Abwehrkräfte des Körpers die Entwicklung der Hautausschläge auf jede Weise zu fördern. Hierzu seien die Höhensonnenbestrahlungen anzuwenden.

Was in der vorwassermannschen Zeit als *vererbte Immunität* galt, ist seit der Einführung der WASSERMANNschen Reaktion als latente Lues erkannt worden. Das PROFETAsche Gesetz hat seine Gültigkeit verloren. Das PROFETAsche Gesetz lautet nach der originalen Übersetzung von FISCHL wie folgt: „daß eine während der Konzeption oder in den ersten 8 Graviditätsmonaten erfolgte luische Infektion der Mutter auf den Fetus übergehen kann. Geschieht dies aber nicht und wird das Kind symptomenfrei geboren, so sind auch noch so virulente luische Produkte der Mutter oder einer anderen luischen Nährerin nicht imstande, es zu infizieren, da es eine durch längere Zeit, d. h. bis zum vollständigen Austausch seines Körperbestandes andauernde Immunität erworben hat. Aus diesem Grunde erklärte PROFETA auch die Infektion beim Passieren von mit hochinfektiösem luischen Material besetzten Geburtswegen für ausgeschlossen" (zit. nach RIETSCHEL).

Diese Immunität hat sich durch den Nachweis der positiven Wa.R. der Kinder syphilitischer Mütter als Folge der kongenitalen Lues erwiesen. Nur noch HOCHSINGER hält daran fest, daß ein Teil dieser Mütter syphilisfrei sei und die luischen Kinder spermatogen infiziert werden. Dagegen besteht das COLLES-BAUMÈS-Gesetz auch noch heute zu Recht, wie dies MATZENAUER in einer äußerst gründlichen Studie nachgewiesen hat. Ihm schließt sich neuerdings RIETSCHEL in seinem Standardwerk über kongenitale Syphilis an, und stellt fest, daß man die unvergänglichen Verdienste dieser großen Kliniker des 19. Jahrhunderts geschmälert hat, als man ihre Feststellungen bis zum heutigen Tage falsch ausgelegt hat. Nie hat COLLES behauptet, wie man es ihm zumutet, daß die Mütter von ihrem syphilitischen Kinde immunisiert werden! COLLES sagte nur soviel, daß er nie eine Mutter gesehen hat, die, selbst wenn ihr syphilitisches Kind Geschwüre im Munde gehabt hat, von demselben an der Brust Geschwüre bekommen hätte, während eine vorher gesunde fremde Amme zumeist infiziert wurde. Diese Feststellung COLLES hat dann BAUMÈS neuerdings bestätigt und ausgeführt, daß „Diese Tatsache ist durchaus nicht auffällig; denn vom Beginn der Gravidität an ist das Blut von Mutter und Kind so innig gemischt, daß sie sozusagen nur eins bilden." Das COLLESsche Gesetz besteht also auch heute zu Recht. Hier ist der Ort, um über die Vererbung der Immunität durch mehrere Generationen und von ihrer Auswirkung auf den Verlauf der Syphilis ein Wort einzuschalten. Es wird behauptet, daß die Syphilis im Laufe der Generationen ihren mesodermalen Charakter verliert und ektodermale Eigenschaften erwirbt und so das Auftreten der Paralyse begünstigt wird. Wir halten es mit JAHNEL, daß „die Annahme einer sukzessiven Umstimmung der Bevölkerung unter dem Einfluß der syphilitischen Durchseuchung als Ursache des Auftretens von Paralyse und Tabes steht auf schwachen Füßen".

5. Die Tropensyphilis. (Exotische Syphilis.)

Wenn von Immunität der Syphilis gesprochen wird, so drängen sich unwillkürlich die Ergebnisse der Erfahrung über die Tropensyphilis zur Besprechung heran. Unübersehbar ist die diesbezügliche Literatur, so daß wir uns an die vortrefflichen Zusammenfassungen von GROEN, BUSCHKE, JOSEPH und MANTEUFEL [1] anlehnend, vom Gesichtspunkte des Neurologen die Frage der Tropensyphilis erörtern werden. Allgemein bekannt ist der oft betonte Unterschied, welcher zwischen der Tropensyphilis und der einheimischen, in bezug auf das Mitbeteiligtsein des Zentralnervensystems, besteht. Ein großer Teil der Forscher, von denen ich nur die Namen von DÜRING, LACAPÉRE, HAUER, HERMANS, MENTEL, ZIMMERMANN nenne, behauptet, daß in Kleinasien, Nordafrika, Deutschostafrika überhaupt keine Neurolues vorkommt, in Java, Cochinchina nur selten zu finden ist. Auch die endemische Lues verhält sich der Tropensyphilis analog. v. ZEISSL, PERICIC, v. DÜRING, GLÜCK, BERMANN u. a. heben die große Seltenheit der Visceralsyphilis und besonders das Fehlen der Neurolues bei Endemikern hervor. Die Angabe v. DÜRINGs, nach welcher er unter 2000 Kranken 7 Fälle von Meningitis und 3 Fälle von Myelitis, dagegen Tabes und Paralyse als große Seltenheit beobachten konnte, wird uns noch weiter unten beschäftigen.

Interessante klinische Beobachtungen verdanken wir Fox und ZIMMERMANN. Die Neger haben nur geringe Neigung zu Tabes und Paralyse, während Syphilis cerebrospinalis in der Form von Endarteriitis oft vorkommt. Sehr oft trifft man bei Negern osteoarthritische Symptome, überhaupt Knochensyphilis. Ihre Haut ist für die Krankheit weniger disponiert, obwohl zu ihren Rassen-

---

[1] Handbuch der Haut- und Geschlechtskrankheiten, Bd. 15/2; Bd. 17, 2. Berlin: Julius Springer.

eigenschaften die Neigung zu Keloid und Fibrombildung gehört. Auch die
Schleimhäute bleiben meist intakt, Leukoplakie ist außerordentlich selten.
Was die viscerale Form betrifft, so soll die kardiovasculäre Syphilis bei Negern
doppelt so oft vorkommen wie bei den Weißen. Plaut hebt hervor, daß während,
die Neger in den Vereinigten Staaten bis zur Aufhebung der Sklaverei im Jahre
1864 nur selten an Syphilis, nahezu nie an Paralyse erkrankten, zeigen dieselben
gegenwärtig in einzelnen Staaten 2—3mal so viel Syphilis und Paralyse als die
Weißen. Lennox verglich die Häufigkeit der Nervensyphilis zwischen Chinesen
und Amerikanern. Syphilitische Infektion kommt bei Chinesen fast dreimal so
oft vor als bei Amerikanern, trotzdem ist die Zahl der Nervensyphilitiker bei
ihnen gering, dagegen bei den Amerikanern bedeutend hoch. Lennox fand bei
Krankenhauspatienten die verschiedenen Formen der Nervensyphilis in folgendem Verhältnis verteilt:

Allgemeines Krankenhaus	Zahl der Fälle				% der Fälle			
	Progressive Paralyse	Tabes	Cerebrospinale Lues	Vasculäre Lues	Progressive Paralyse	Tabes	Cerebrospinale Lues	Vasculäre Lues
China	5	51	55	39	3	34	37	26
Amerika . . .	481	299	233	—	48	39	22	—

Es erhellt aus dieser Zusammenstellung, daß die vasculäre und interstitielle
Form der Nervenlues bei den Chinesen vorwiegt, bei den Amerikanern die
parenchymatöse. Auffallend ist das Fehlen der vasculären Läsionen bei Amerikanern — ich glaube, da muß ein Beobachtungsfehler vorliegen. André hat
während seines dreijährigen Aufenthaltes in Paraguay äußerst selten „Metalues"
gesehen, dagegen Gummen der Haut, Knochen und des Zentralnervensystems
häufig beobachtet. Diesen nur ganz summarisch angeführten Angaben wider-
sprechend sind die Berichte der letzten Jahre. So erwähnt Hubbard, daß in
Südamerika die Meinung allgemein verbreitet ist, daß die von der farbigen
Bevölkerung gelieferten Geisteskranken zum größten Teil syphilitisch wären.
Sézary schreibt: Neuere statistische Daten aus Marokko, Indien, China und
Japan zeigen, daß entgegen den früheren Ansichten auch in den exotischen
Ländern die Neurolues, speziell progressive Paralyse und Tabes dorsalis gegenüber
der Hautsyphilis im Fortschreiten begriffen ist. A. Marie, Conos, Hanoune,
Benkhelli, Wood, Decrop u. a. sind der Meinung, daß die Nervensyphilis
auch im Orient geradeso häufig sei als im Okzident. Am weitesten in seinen
diesbezüglichen Behauptungen geht Greau-Brisioniére aus dem Service von
M. Raynaud. Er fand auf Grund von Laboratorienuntersuchungen denselben
Prozentsatz von Liquorveränderungen wie Raynaud, Lévy-Bing für die Eingeborenen von Algier und Raymond, Dreyfus für die Europäer festgestellt
haben. Zum Schluß behauptet er, daß die Nervensyphilis bei den Eingeborenen
geradeso häufig war und ist wie bei den Europäern und gibt als Ursache für die
gegenteilige Ansicht den Grund an, daß weder die Nervensyphilitiker zu den
Ärzten, noch die Ärzte zu ihnen gegangen sind". Wie kann man diesen Widerspruch erklären? Ich glaube die Erklärung des Rätsels gefunden zu haben. Die
älteren Angaben beruhen auf rein klinischen Beobachtungen, die neueren fußen
schon auf Laboratoriumsversuchen. Es ist nicht daran zu zweifeln, daß die
durch die letzteren aufgedeckten Liquorveränderungen tatsächlich vorhanden
und nachweisbar sind, fraglich ist nur ihre Bedeutung? Daß diese Liquorveränderungen auch bei der tropischen Lues gefunden werden, überrascht uns

gar nicht, *da nach unserer Auffassung die exotische Lues vor allem eine vasculo-interstitielle Syphilis ist, dieselbe spielt sich auch im Zentralnervensystem, in den Gefäßen, evtl. Meningen ab und bildet die Ursache der Liquorveränderungen. Also es besteht fraglos auch bei der Tropensyphilis eine Beteiligung des Zentralnervensystems, diese entspricht durchaus derjenigen, die wir bei sekundärer Lueserkrankung der Europäer finden. Diese Liquorveränderungen bedeuten aber keine Paralyse!* Erschüttert ist unser Glaube an der Verschiedenheit der Tropensyphilis und europäischen Syphilis durch die neueren Untersuchungsergebnisse keinesfalls. Es gibt mehrere Auffassungen über die Ursache dieser Verschiedenheit. Alle aufzählen können wir nicht — wir greifen einige der modernen heraus. André wirft die Frage auf, ob die Verschiedenheit der Krankheitsbilder auf erworbenem Neurotropismus der Spirochäte oder auf irgendeiner lokalen Disposition beruht. Gegen den erworbenen Neurotropismus der Spirochäte spricht, daß in den Tropen Einheimische sehr selten, Europäer, die sich von Eingeborenen infiziert haben, häufig „metaluische" Späterscheinungen bekommen. Den Einfluß der Zivilisation im Sinne stärkerer Beanspruchung des Gehirnes als dispositionsbefördernd lehnt er ab, ebenso die Dauer endemischer Infektion. Er hält dagegen die jahrhundertalte spezifische Behandlung für das Ausschlaggebende, die eine gewisse vererbliche Immunität bewirkt haben soll. — Ähnlich äußert sich Sézary, der die Natur des Virus ebenso wie die Konstitution des befallenen Individuums als Ursache ablehnt. Ihm erscheint einzig die Tatsache bemerkenswert, daß sämtliche Völker im Beginn der Durchseuchung mit Syphilis zu starken Hautaffektionen neigen, während dann bei späteren Generationen die syphilitische Infektion vorzugsweise das Nervensystem befällt. Bei geringen Hautaffektionen tritt die allergische Reaktion sehr zurück, so daß die auch im sekundären Stadium stets infizierte Lumbalflüssigkeit leicht Neurolues hervorrufen kann. Montpellier konstatiert auch eine Zunahme der Nervensyphilis bei den Eingeborenen und sagt, daß sie in ständigem Anwachsen begriffen ist und in Kürze den gleichen Verlauf und Charakter zeigen wird, wie in Mitteleuropa. Montpellier glaubt ebensowenig an einen neurotropen Virus, wie an einen Einfluß höherer Kultur auf die Verlaufsformen der Syphilis. Die Häufung sei lediglich eine Folge der Ausbreitung der antisyphilitischen Therapie.

Die angeführten Hypothesen betreffs des bestimmenden Einflusses der Behandlung auf die Paralysisentstehung gehen eigentlich auf Gärtner zurück, der behauptete, daß unsere therapeutischen Maßnahmen die Hautspirochäten nicht, wohl aber die in den Meningen und cerebralen Gefäßen vorhandenen Spirochäten vernichten können; zudem nimmt Gärtner eine angeborene Immunitätsschwäche des paralytischen Organismus an. Vor allem ist der Ausgangspunkt Gärtners ganz falsch, denn die klinischen Erfahrungen beweisen, daß ebenso die vasculären wie die meningealen luischen Prozesse im Gehirn in der überwiegend großen Mehrzahl der Fälle infolge unserer Behandlungsarten abheilen. In der Mehrzahl der Fälle von Tabes und Paralyse fand *überhaupt keine Behandlung* statt, da sie ja meistens ihre Entstehung einer unbemerkten Infektion verdanken. Bei meinem Material fand ich diesbezüglich dieselben Daten wie Pette im Material von Nonne. Hier meine diesbezüglichen Daten:

Gesamtzahl: 1245 Fälle	Lues cerebrospinalis		Tabes		Progressive Paralyse	
	behandelt %	un-behandelt %	behandelt %	un-behandelt %	behandelt %	un-behandelt %
1909—1913	45	55	28	72	20	80
1915—1920	40	60	40	60	34	66
1921—1925	42	58	50	50	38	62

Aus diesen Daten ist ersichtlich, daß gerade die Paralytiker die höchsten Zahlen der Nichtbehandlung aufweisen.

Sehr wichtige Mitteilungen verdanken wir L. MERZBACHER (Buenos-Aires) über die Beziehungen zwischen natürlicher Malaria und Syphilis. Er hat diese Frage in den Nordprovinzen Argentiniens — Injuy und Salta — in denen Malaria in hohen Grade endemisch ist, studiert. Aus seinen Feststellungen sei erwähnt: Trotz intensivster Nachforschung konnte er keinen Paralytiker zu Gesicht bekommen, der einzige Fall der von verschiedenen Ärzten als Paralytiker betrachtet wurde, erwies sich als eine Bulbärparalyse. Von 6 Tabesfällen, die er gesehen hat, bleiben nur 2 übrig, bei denen die Diagnose Tabes in Zusammenspiel von Malaria aufrecht erhalten werden kann. Sein Hauptergebnis lautet: „Die natürliche Malaria erweist sich als geeignet, die Entwicklung schwerer metasyphilitischer Krankheitserscheinungen des Zentralnervensystems hintanzuhalten."

Wenn demgegenüber BEJARANO und MEDINA über Fälle berichten, in denen die vorangehende Malaria tertiana keine prophylaktische Wirkung ausgeübt hat und daher zur Schlußfolgerung gelangen, daß eine Malariabehandlung der meningovasculären Formen der Neurolues überflüssig ist, so muß ich dem widersprechen. Die genannten Autoren übersehen, daß die Malaria tertiana gegenüber der tropica eine abheilende Erkrankung ist, daher von ihr auch keine prophylaktische Wirkung zu erwarten ist.

III. Die Einteilung der syphilitischen Prozesse im Zentralnervensystem.

Überblickt man eine große Reihe luischer Erkrankungen des Zentralnervensystems, so lassen sich dieselben, je nach dem Infektionsmodus, in zwei Gruppen einteilen. Bei der weit größten Gruppe treten bald nach dem primären Affekt, der syphilitische Hautausschlag und mit ihm subjektive oder auch objektive Symptome des Ergriffenseins des Zentralnervensystems ein. Da die Spirochäten in diesem Zeitraum das Zentralnervensystem via Blutweg erreichen, nennen wir dieses Stadiumdas *vasculäre* — ungeachtet dessen, ob die Meningen mitergriffen sind oder nicht. Wir glauben, daß die Beteiligung der Meningen zu dieser Zeit durch die Vasculatur erfolgt. Treten aber die Erscheinungen von Seite der Meningen sehr in den Vordergrund, so sprechen wir von *interstitieller Lues* oder *meningealer* Lues. Gewöhnlich ist das ganze Nervensystem am Prozeß beteiligt, deshalb wird die Bezeichnung *Lues cerebrospinalis* die richtige sein. Die Lues cerebrospinalis kann auf hämatogenem Wege entstehen oder aber auf lymphogenem, im letzteren Fall sprechen wir von Tabes. Auch die Tabes ist eine syphilitische Manifestation und wir dürfen in ihr nichts anderes erblicken, als eine spezielle Abart der Lues cerebrospinalis[1]. Die andere Gruppe zeigt in ähnlicher Weise wie die erste den Primäraffekt, aber es treten keine Hautsymptome auf und auch die Vasculatur des Zentralnervensystems bleibt verschont, daher fehlen in diesen Fällen im Beginn sowohl die subjektiven als auch die objektiven Nervensymptome. Im ersteren Fall brechen die Krankheitserreger aus den infiltrierten inguinalen Drüsen in die Blutbahn ein, während bei der zweiten Gruppe der Drüsenwall dem entgegensteht, die Spirochäten werden umschanzt. Nun setzen wir voraus, daß die Spirochäten eine biologische Umwandlung durchmachen. Sie passen sich dem von dem Organismus gebotenen Widerstand in der Weise an, daß sie sich ihr Fortkommen in dem Lymph-

---

[1] Die nähere Begründung gebe ich in einer diesem Thema gewidmeten Arbeit in der Dtsch. Z. Nervenheilk. 113 unter dem Titel: In welcher Richtung soll die pathogenetische Forschung der Tabes dorsalis sich bewegen?

drüsensystem sichern. Diese Spirochäten sind es, welche in langsamem Weiterkriechen dann endlich das Zentralnervensystem erreichend, die Tabes oder die Paralyse erzeugen. Wir glauben nicht, daß es neurotrope Spirochäten gibt, sondern wir sprechen von *lymphogenen* Spirochäten. Der sie empfangende Körper bestimmt den Verbreitungsweg der Spirochäten. Wir müssen konstitutionelle Eigenschaften als Bedingung dieser Verschiedenheiten annehmen. Aus den Spirochäten der zweiten Gruppe entwickeln sich die von mir in einer früheren Arbeit als *parenchymotrop* bezeichneten, welche die parenchymatöse Erkrankung der Paralyse verursachen. Wernicke war meines Wissens nach der erste, der von einer parenchymatösen Encephalitis, welche dem paralytischen Krankheitsprozeß zugrunde liege, sprach. Der Einwurf, den neuerdings Margulis geltend macht, daß bei der Paralyse nicht nur im Parenchym, sondern auch in den Meningen sich die Spirochäten durch Entzündungsprozesse bemerkbar machen, ändert an unserer Auffassung nichts, da wir in den, bei den Paralytikern so oft auffindbaren mesodermalen Erkrankungen nur eine die paralytische Erkrankung vorbereitende Erscheinung erblicken, welche aber im Sinne Nissls, Alzheimers, Spielmeyers nicht zum paralytischen Prozeß gehört. Bewiesen wird die Richtigkeit dieser Auffassung durch die neuerlichen Feststellungen von A. Jakob, der erwähnt, daß von 890 Paralysen in den letzten 7 Jahren die bekannten makroskopischen Befunde in 20% seiner Fälle nicht auffindbar waren. Die mesodermalen Begleiterscheinungen werden von jenen Spirochäten erzeugt, welche sich, nach Ansicht der meisten Autoren, in den bindegewebigen Schlupfwinkeln verborgen halten.

Im Jahre 1920 hatte ich eine Einteilung der syphilitischen Erkrankungen empfohlen, d. h. zur Diskussion gestellt. G. Steiner, der in seiner schönen Arbeit über die Klinik der Neurosyphilis meine Einteilung wiedergibt, hat dieselbe einer Kritik unterzogen und mit Recht auf die erheblichen Mängel derselben hingewiesen. Ich bin mir dessen bewußt, daß eine jede Einteilung gekünstelt und gezwungen ist, so auch die meine. Sie soll auch nicht als unfehlbar gelten, sie hat uns nur den Dienst zu erweisen, in gewissem Sinne als Wegweiser in dem Möglichkeitengewirre zu dienen. Die Grundidee meiner Einteilung bezweckt, dem Arzt die Möglichkeit zu bieten, wenn er einem luischen Patienten gegenübersteht, soweit als möglich ist, zu trachten, den Ort und die Art und Weise des Kampfes zwischen Spirochaeta pallida und dem Organismus zu bestimmen. Dies ist notwendig, um eine Lokaldiagnose zu erreichen, aber auch deshalb von Wichtigkeit, weil wir bei der Kenntnis des pathologanatomischen histologischen Prozesses die entsprechende richtige Behandlung vorzuschreiben in der Lage sind. So z. B. wird es genügen, bei einem sicher diagnostizierten circumscripten Gumma der Gehirnhaut die Schmierkur oder Jod in großen Dosen zu verordnen, während bei einer diffusen Meningitis luica unsere stärksten Waffen zu gebrauchen sind. Wir betonen neuerdings, daß es einfach undurchführbar ist, die tatsächlich vorkommenden Möglichkeiten luischer Erkrankungen in ein Schema zu drängen. Es gibt eine ganze Reihe von Fällen, welche wir überhaupt in keine Einteilung bringen können. Ein Teil der Symptome weist auf cerebrale oder cerebrospinale Lues hin, andere wieder tragen tabische Charakterzüge an sich; oft können wir nicht entscheiden, ob eine cerebrale Lues oder progressive Paralyse vorliegt usw. Je größer die Erfahrung des einzelnen ist, um so öfter wird er Fälle von sog. gemischtem Typus sehen. Auch die Art der Behandlung trägt dazu bei, daß wir veränderte Verlaufsmöglichkeiten beobachten. Ich verweise nur darauf, daß die Lues im vorigen Jahrhundert ein anderes Gepräge zur Schau trug als heute. Wo sind die schweren Veränderungen des Knochengerüstes, der eingefallenen Nasen, die Gaumendefekte usw. zu sehen, die man noch in den 70er Jahren des vorigen Jahrhunderts auch bei uns so oft beobachten konnte? Heute sind diese Erkrankungen bei uns Seltenheiten, in Japan sind dieselben jetzt noch vorherrschend. Der Unterschied kann nur darin liegen, daß die europäische Spirochäte durch die *frühzeitig* angewandten antiluischen Mittel in ihrer Biologie verändert, im Aufsuchen des für sie günstigen Nährbodens andere Wege einzuschlagen genötigt wurde, d. h. sie hat sich angepaßt, während die japanische Spirochäte unbehandelt ihrer Wege geht.

Ich behaupte keineswegs, daß wir in jedem Falle den anatomischen, bzw. histopathologischen Prozeß erkennen können, aber wir müssen trachten, dies in je größerer Anzahl der Fälle zu erreichen. Ich berufe mich auf den großen Forscher Heubner, der sich in dieser Frage in seinem schönen Werk über die Syphilis des Gehirns und des übrigen Nervensystems folgendermaßen äußert:

Neue Bezeichnung	Alte Bezeichnung	Klinisches Bild		Wa.R.		Einfluß der antiluischen Behandlung
		auf der Haut	im Nervensystem	im Blut	im Liquor	
I. Stadium infiltrationis et lymphaticum regionale	Primärsklerose, Induration	Ulcus durum, Bubo indurativum	Individuell, evtl. subjektive nervöse Beschwerden	—	— in den ersten Wochen	Zweifellos, heilt auch spontan
II. Stadium vasculare seu congestivohyperaemicum	Sekundärstadium	Roseola; papulöses, makulöses Exanthem	*Lues cerebrospinalis hämatogen entstanden:* a) Hirngefäßlues b) Rückenmarksgefäßlues	+ +	— +	Zweifellos, kann auch von selbst erlöschen
III. Stadium interstitiale (gummosum)	Tertiärstadium	Gumma	c) Meningoencephalitis gummosa d) Meningomyelitis gummosa *Lues cerebrospinalis* lymphogen entstanden: Tabes	+ + +	— + +	Zweifellos, oft nur mit Defekten Zumeist partiell
IV. Stadium parenchymatosum	Metalues, Parasyphilis	Auf der Haut? In den inneren Organen (Lunge, Leber, Hypophyseusw.) als Parenchymerkrankung nachgewiesen	Progressive Paralyse (lymphogene Entstehung)	+	+	Frühbehandlung erfolgreich

„Angesichts der großen Verschiedenheit des Sitzes, der Ausbreitung, der Art der abnormen Vorgänge, wäre es nur verwirrend, wenn man aus der Kasuistik ein allgemeines Krankheitsbild zusammenstellen wollte, wie es allerdings in den jetzigen übersichtlichen Darstellungen meist geschehen ist. ...."

Und fortsetzend fordert HEUBNER, daß die Darstellungen von *anatomischem* und physiologischem Verständnis durchdrungen seien, wenn auch dieser Versuch noch so unvollkommen sein mag.

Das zeitliche Auftreten der einzelnen Luesformen.

Wir ersehen aus dieser Zusammenstellung, daß der größte Teil der Fälle von Lues cerebrospinalis in den ersten Jahren (5) nach dem Primäraffekt auftritt, aber ausnahmsweise kann sie

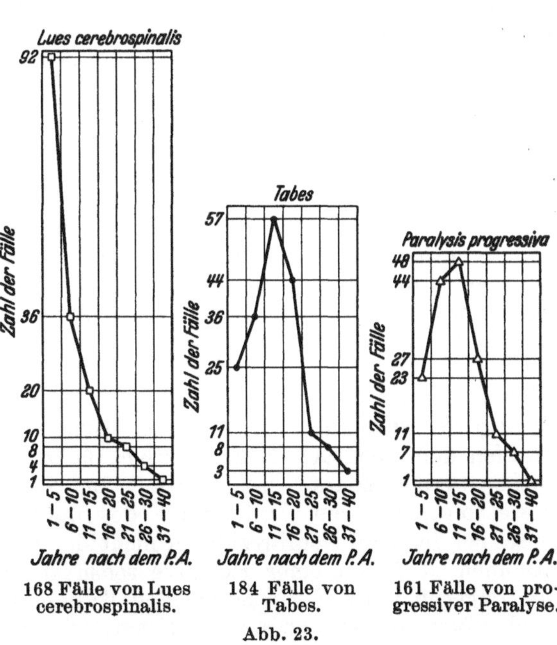

168 Fälle von Lues cerebrospinalis.   184 Fälle von Tabes.   161 Fälle von progressiver Paralyse.

Abb. 23.

auch nach Jahrzehnten erscheinen. So beobachtete *ich* einen Fall, in welchem
zwischen Primäraffekt und Nervensyphilis 40 Jahre lagen. Auch Nonne stellte
einen Fall vor, in welchem 40 Jahre vergingen, ehe eine perakut sich einsetzende
syphilitische cerebrospinale Meningitis zeigte. Die Tabes und die progressive
Paralyse treten auch in meinem Material, übereinstimmend mit sämtlichen
Literaturangaben, im dritten Quinquenium nach der Infektion auf. Das trifft
auch für die juvenile Paralyse zu, wie dies Jahnel besonders hervorhebt,
ohne eine befriedigende Erklärung hiefür zu finden. Die Erklärung von
Meggendorfer, demzufolge eine verminderte Resistenz des jugendlichen Organismus die Ursache sei, wird von Jahnel als unbewiesene Hilfsannahme abgelehnt. Bei meiner Annahme der lymphogenen Entstehung erklärt sich auch
dieses Verhalten, denn, wenn die Paralyse der angeborenen Syphilis auch auf
lymphogenem Wege entsteht, wie die der erworbenen, so ist es nicht zu verwundern, wenn die Inkubationszeiten übereinstimmen.

IV. Die Klinik der Nervensyphilis.

1. Die Klinik der Frühlues des Zentralnervensystems.

Die Frühlues galt vor der Salvarsanzeit für eine Seltenheit. Die Dermatologen hielten an dem Standpunkt fest, daß die nach dem Primäraffekt auftretenden Nervensymptome nur dann als luisch bedingt anerkannt werden
können, wenn sich die charakteristischen Hautsymptome zeigen. Aus eigener
Erfahrung kann ich mich auf einen Fall von Facialis- und Abducenslähmung
berufen. Dieselben traten noch vor den sekundären Hautsymptomen auf. Als
ich im Jahre 1906 den Fall als luisch bedingt im Ärzteverein vorstellte, wurde
mir von dermatologischer Seite entgegengehalten, daß nur das Auftreten von
sekundären Symptomen die Spezifität beweisen werde. Dies war in kürzester
Zeit der Fall, auf antiluische Behandlung schwanden die Symptome. Zur Zeit
der Einführung des Salvarsans durch P. Ehrlich (1910) kamen Fälle von
Hirnnervenlähmungen im frühen Stadium der Syphilisinfektion, nach übereinstimmender Erfahrung, in gehäufter Zahl zur Beobachtung. Ehrlich prägte
für diese Zustände den Namen der *Neurorezidive*. Eine Anzahl von Autoren,
an deren Spitze Finger stand, beschuldigten das Salvarsan und sahen in diesen
Neurorezidiven Arsenschädigungen. Demgegenüber betonte Ehrlich, daß es
sich bei den Neurorezidiven ausschließlich um das Auskeimen ganz vereinzelter,
liegengebliebener Spirochätenreste handle. In seiner Begründung hob er den
Umstand hervor, daß die Neurorezidive sich auf diejenige Periode der Syphilis
beschränkt, in der die maximalste Dispersion der Spirochäten besteht, also
auf die früh-sekundäre Syphilis, insbesondere auf das erste Exanthem. Gegen
die Arsenintoxikation spräche ferner der Umstand, daß bei Spirillosen wie
Recurrens, Frambösie trotz Salvarsanbehandlung nie Nervenstörungen beobachtet wurden. Das letzte und beste Argument Ehrlichs besagt, daß die
Neurorezidiven durch Salvarsan selbst, in der allergünstigsten Weise beeinflußt
werden.

Bevor wir das wie und was der sog. Neurorezidive besprechen, ist es nötig,
eine Begriffsbestimmung vorzunehmen. Neuere Autoren, vor allem G. Steiner,
verwerfen den Ausdruck Neurorezidive, da von einer Rezidive nur dann gesprochen werden könnte, wenn an Ort und Stelle der ersten Erkrankung eine
weitere folgt, also ein Aufflammen des pathologischen Geschehens besteht.
Das sei bei den sog. Neurorezidiven nicht der Fall. Wir müssen Steiner darin
zustimmen, daß von einer Rezidive sensu strictori nicht gesprochen werden
kann, dagegen müssen wir betonen, daß diese Bezeichnung von Ehrlich auf
Grund *seiner* Auffassung, nach welcher, wie schon erwähnt, es sich bei den

Neurorezidiven ausschließlich um das Auskeimen ganz vereinzelter liegengebliebener Spirochätenreste handelt, richtig gebraucht worden ist. Unsererseits bezweifeln wir aber die Richtigkeit der EHRLICHschen Auffassung, weil wir der Meinung sind, daß diese luische Früherkrankung des *Zentralnervensystems* durch die Dispersion des Virus, also auf *hämatogenem* Wege zustande kommt. Die sog. Neurorezidiven treten, das hat sehr richtig schon EHRLICH hervorgehoben, zur Zeit der *Hautsymptome auf, welche spirochätale Embolien darstellen.* Aller Wahrscheinlichkeit nach erfolgt in den inneren Organen so auch im Zentralnervensystem zur selben Zeit die Infizierung der Gefäße (s. das Kapitel der Pathogenese). Bei der Beurteilung dieser Frühsyphilis befolgt G. STEINER einen von mir abweichenden Weg. Er geht von den klinischen Symptomen und den Liquorbefunden aus und folgert aus ihnen — in Übereinstimmung mit den meisten Autoren —, daß es sich in den Fällen von „Neurorezidiven" stets um die Erkrankung der Meningen handelt. STEINER empfiehlt daher statt Neurorezidive die Bezeichnung: „*Meningoneuritis*" zu gebrauchen. Dagegen ist folgendes zu bemerken: Vor allem ist es unerwiesen, daß die Symptome der Frühsyphilis nur meningealen Ursprunges sind, ferner verstehen wir unter Neurorezidiv viel mehr als nur die Erkrankung der Hirnnerven, also ist die Bezeichnung „Neuritis" keineswegs geeignet die frühluischen Erkrankungen des Zentralnervensystems zu kennzeichnen. Die Hirnnervenerkrankungen sind nur das auffallendste Symptom der frühluischen Nervenerkrankung, es kann aber eine Paraplegie, eine Hemiplegie geradeso im sekundären Stadium entstehen wie eine Acusticus, Facialislähmung. Meines Erachtens nach ist weder die Bezeichnung Neurorezidiv noch Meningoneuritis zutreffend. Ohne Voreingenommenheit dürfen wir nur von einer Frühlues des Zentralnervensystems sprechen, dieselbe kann Symptome von seiten der Hirnnerven (wofür wir vielleicht die Bezeichnung luische *Neuroplegie* anwenden könnten) oder solche einer diffusen Erkrankung des Zentralnervensystems aufweisen. Unter Frühlues des Zentralnervensystems werden aber nicht nur die, in der sog. sekundären Periode auftretenden, sondern auch die in den ersten Jahren nach dem Primäraffekt sich einstellenden Nervenerkrankungen verstanden. Sowohl vom klinischen als auch vom pathologischen Standpunkt ist es erwünscht, eine Scheidung zwischen diesen beiden Möglichkeiten vorzunehmen. Nach meiner Auffassung die sich in erster Linie auf die Sektionsergebnisse von BENDA, STRASMANN' SCHRÖDER, KRAUSE, PIRILÄ, v. SARBÓ u. a. stützt, ist in den Neuroluesfällen der' Sekundärperiode in erster Linie die ganze Vasculatur (namentlich die pialen Gefäße) des Zentralnervensystems beteiligt und erst in zweiter Linie werden die weichen Hirnhäute ergriffen. Deshalb empfahl ich seinerzeit die Bezeichnung *vasculäre Lues der Frühperiode.* In den später auftretenden Neuroluesfällen ist dagegen die Betonung des pathologisch-anatomischen Geschehens auf das Bindegewebe zu setzen, daher diese Fälle als interstitielle Lues des Zentralnervensystems zu bezeichnen wären. Ich bin mir dessen bewußt, daß auch meine Einteilung viel Willkürliches in sich birgt, namentlich daß es nur seltene reine Fälle gibt, ich weiß, daß es richtiger wäre, von meningovasculärer Neurolues zu sprechen, aber ich huldige dem altbewährten Standpunkt: a potiori fit denominatio, und auch aus didaktischen Gründen ist es vorteilhafter, den Diagnostiker daran zu gewöhnen, pathologanatomisch zu denken.

Ehe wir zur Besprechung der Klinik der vasculären Lues der Frühperiode übergehen, müssen wir auf die Frage der Rolle des Salvarsans in der Hervorbringung der frühluischen Erkrankungen des Zentralnervensystems eingehen.

Wir müssen EHRLICH folgen, und zwei verschiedene Formen unterscheiden, und zwar 1. Fälle in denen kurze Zeit nach der Salvarsaninjektion die Symptome von seiten des Nervensystems auftreten; 2. solche, die später, gewöhnlich nach

$^1/_2$, 1, 2, 3, seltener nach 4 Monaten zur Beobachtung kommen. EHRLICH meinte, daß die erstere Art dadurch zu erklären wäre, daß unter der Abtötung der Spirochäten eine Schwellung der betroffenen Stelle eintritt, also eine HERX-HEIMERsche Reaktion zustande kommt, da aber dieselbe in einem engen Knochen-kanal erfolgt, kommt es zur Kompression des Nerven und so zur Nervenlähmung. Die Möglichkeit ist zuzugeben, aber durch eine Obduktion ist sie keineswegs bewiesen. Auffallend ist jedenfalls, daß der dritthäufigst betroffene Gesichts-nerv im engen FALLOPschen Kanal verläuft. Vielleicht spielen dabei konsti-tutionelle Momente mit, in dem Sinne, daß in diesen Fällen der FALLOPsche Kanal eine mitangeborene Enge besitzt. Ich verweise diesbezüglich auf meine Beobachtungen vom familiären Auftreten von Facialislähmungen, darunter zwei Fälle von Diplegien[1]. Ich selbst vertrete die Ansicht, daß diese kurze Zeit nach der Salvarsaninjektion auftretenden Nervenerscheinungen — sie können sich auf die Hirnnerven allein aber auch auf das Gehirn, auf das Rücken-mark beziehen — mit der luischen Gefäßerkrankung in Zusammenhang stehen. Ich war in der glücklichen Lage, durch EHRLICHs Zuvorkommenheit noch mit dem Mittel 606 meine Fälle zu behandeln. Da konnte ich neben verblüffenden Erfolgen auch bedauerliche Zufälle erleben. In aller Kürze seien die 3 Fälle mitgeteilt, die mich veranlaßten, eine luische Gefäßerkrankung als Ursache der deletären Wirkung des Mittels anzunehmen (Fall 1). Ein Mann von 32 Jahren hatte ein makulo-papulöses Syphilid. Er bekam 0,30 Salvarsan intravenös, die andere Hälfte der Phiole bekam ein anderer Patient. Nach 2 Stunden zeigten sich bei beiden Patienten Fieberfrost, Brechreiz, Erbrechen, Bauch-krämpfe, Durchfall. Beim ersterwähnten Patient ging die Temperatur nach 3 Stunden auf 38,6°, dann auf 40,1°. Der Patient 2 erholte sich bald, während der Patient 1 bewußtlos wurde, allgemeine tonisch-klonische Krämpfe bekam. Am nächsten Tag bemerkt man bei dem noch immer Bewußtlosen eine rechts-seitige Hemiplegie mit Facialislähmung. Am dritten Tag kommt der Patient zu sich, hat aber eine totale motorische und sensorische Aphasie. Am *Augen-hintergrund erweiterte Venen, enge Arterien.* Das makulo-papulöse Syphilid wurde 2 Stunden nach der intravenösen Injektion scharlachrot und stark pro-minierend, am dritten Tag war der luische Ausschlag verschwunden! In meinem an Geheimrat EHRLICH gerichteten Bericht schrieb ich: da dieselben Mengen von Flüssigkeit und dasselbe Präparat von Salvarsan beiden Patienten zu gleicher Zeit injiziert, in einem Fall so schwere Folgen zeitigten, in dem andern nur vorüber-gehende Intoxikationserscheinungen hervorriefen, beweist, daß außer der Lösung noch ein weiteres Moment beim Zustandekommen dieser bösartigen Wirkung mitgespielt haben muß. Dieses Moment muß im Organismus des Patienten gesucht werden. Ein Herzfehler lag nicht vor. Wir mußten daran denken, daß bei dem Patienten die Hirngefäße nicht Ordnung waren. Vor allem ist an eine Peri- oder Endarteriitis luetica zu denken. Daß dieselbe in diesem Stadium der Lues häufig auftritt, ist bekannt. Nehmen wir diese Erkrankung der Hirn-gefäße an, so erklärt sich die Wirkung des Salvarsans auf folgende Weise: in den erkrankten Gefäßen trat eine HERXHEIMERsche Reaktion auf, welche dann zum Bersten des erkrankten Gefäßes geführt hat. Diese Annahme wurde durch die an der Haut deutlich sichtbare HERXHEIMERsche Reaktion wahrscheinlich gemacht. Zwei weitere Fälle aus derselben Zeit bestärkten mich in meiner Annahme, daß die luischen Gefäßerkrankungen die Ursache solcher fatalen Ereignisse sein können. In einem Fall von luischer Rückenmarkserkrankung gaben wir eine neutrale Injektion von 0,45 EHRLICH-HATA, worauf sich eine starke Verschlimmerung, totale Paraplegie, einstellte. Auch in diesem Fall

---

[1] Siehe v SARBÓ: Dtsch. Z. Nervenheilk. **25**.

denken wir daran, daß die, durch das 606 ungünstig beeinflußten, endarteriitischen Veränderungen der spinalen Gefäße als die Ursache der Verschlimmerung anzunehmen sind. Endlich bewies der dritte von mir damals beobachtete Fall, daß meine Voraussetzung der vasculären Entstehung dieser Unfälle richtig ist. Im dritten Fall handelte es sich um einen Potator, der von L. Török eines papulösen Syphilides wegen eine Injektion von 606 bekam. 11 Wochen später zeigten sich die klinischen Zeichen einer Ponserkrankung, welcher der Patient auch erlag. Die Sektion ergab eine *Peri- und Endarteriitis luetica der basalen Hirnarterien*; *Thrombose der Arteria basilaris an der Verbindungsstelle der beiden Vertebrales*; *Erweichung im Pons.* Allen 3 Fällen ist gemeinsam die in dem letzten Fall bewiesene, in den 2 andern mit großer Wahrscheinlichkeit anzunehmende syphilitische Gefäßerkrankung. In derselben tritt infolge des Salvarsans eine Herxheimersche Reaktion auf und verursacht die Nervensymptome. Ehrlich meinte, daß in der Zubereitung der Lösungen sich irgendein Fehler eingeschlichen hat und dadurch eine Zersetzung des Salvarsans erfolgte und das giftige Arsenoxyd entstand. Demgegenüber wies ich darauf hin, daß im ersten Fall beide Patienten dasselbe Präparat bekommen haben und nur derjenige von ihnen, der auch den Hautausschlag hatte, die schweren Folgen davontrug. Also muß außer der Giftwirkung noch ein anderes Moment mitgewirkt haben. A. Neisser, der von unserer Kossespondenz Kenntnis erhielt, schrieb mir, daß er zur Anfangszeit der intravenösen Salvarsanbehandlung auch „häufig Fiebererscheinungen und dergleichen" gesehen hatte. Benario sammelte aus der Literatur (im Jahre 1911) ähnliche 9 Fälle. Wechselmann sah zwei Stunden nach der Salvarsaninjektion eine Facialisparese auftreten; das kann weder als toxische noch als meningitische Wirkung aufgefaßt werden. Neuerdings berichtet Moore über 63 Fälle von Neuroplegie, mit *plötzlichem* Einsetzen der Lähmung.

Soviel steht fest, daß zu Beginn der intravenösen Salvarsanbehandlung die Hirnnervenlähmungen in auffallend großer Zahl beobachtet werden konnten. Die folgenden Zahlen verdeutlichen dies. Auf meiner Abteilung kamen in den Jahren 1909—1913 50 Fälle von Lues cerebrospinalis zur Aufnahme, von diesen zeigten bloß 7 (14%) Fälle das Auftreten der Neurolues innerhalb der ersten 3 Jahre nach erfolgter Infektion. In dem Zyklus von 1915—1919 habe ich von 50 Fällen 22, das ist 45% Neurolues, beobachtet. Von den 7 Fällen bekamen 5, von den 22 Fällen 19 nur Salvarsan. *In sämtlichen Fällen war die Salvarsanbehandlung eine ungenügende.* Gennerich kam, auf Grund eines viel größeren Materiales, zu ähnlichen Resultaten. Überblicke ich aber mein Material von dem Zeitraume 1921—1925, in welchem eine energische Salvarsanbehandlung angewendet wurde, so finde ich von 95 Fällen von Lues cerebrospinalis nur noch 3 Fälle von Neuroplegien! In diesen 3 Fällen war die Behandlung eine ungenügende. Alle Autoren sind darin einig, daß die *Anbehandlung der Primäraffekte* die Schuld an diesen Salvarsanschädigungen trägt. Andererseits darf nicht übersehen werden, daß nicht nur die ungenügende Salvarsanbehandlung Schaden anstiften kann, sondern, wie dies schon Ehrlich und Benario betonten, auch die *ungenügende* Quecksilberbehandlung führt zu den Frühschädigungen des Nervensystems. Eine Steigerung der Häufigkeit der Neuroplegien infolge des Salvarsans ist aber nicht von der Hand zu weisen, das ist auch aus Benarios Tabellen zu ersehen. Er zitiert Mauriac (1879), der von 168 Fällen cerebraler Lues in 53 (62,7%) konstatieren konnte, daß sie nach Quecksilberbehandlung innerhalb des 1. Jahres aufgetreten sind. Benario fand in den von ihm aus der Literatur zusammengestellten salvarsanbehandelten Fällen in 83,7% Neuroplegien. Auch Naunyn fand unter 305 Fällen von cerebraler Syphilis in 20% die Nervenerscheinungen schon innerhalb des ersten Jahres auftreten (zit. nach

BENARIO). Ich verfüge über zwei Sektionsfälle, die beweisen, daß sowohl die ungenügende Quecksilber- als auch die ungenügende Salvarsanbehandlung zu fatalen Folgen führen kann:

Ungenügende Behandlung mit Quecksilber. (Fall 3). 23jährige Puella. Ausschlag 1911. 20 Einreibungen. 1917 acht intraglutaeale Injektionen. Kein Salvarsan. Im Oktober 1919 Kopfschmerzen, linksseitige Hemiparesis, Benommenheit. Wa.R. im Blut und Liquor: +++. Liquor gelb. Nach 10 Tagen Exitus.

Sektion. Aneurysma der rechtsseitigen Arteria cerebri media infolge luischer Arteriitis; Blutung ins Gehirn aus dem geplatzten Aneurysma.

Ungenügende Behandlung mit Salvarsan. (Fall 4). 36jährig, ♀. Im Januar 1918 luischer Hautausschlag, 6 Hg-Injektionen und eine intravenöse Salvarsaninjektion. Nach 6 Monaten linksseitige Hemiplegie, Aphasie. Wird im bewußtlosen Zustand eingeliefert. Blut Wa.R. positiv. Mit dem Eintritt des Sopors kommen alle vier Extremitäten in Rigiditätszustand.

Sektion. Endarteriitis chronica fibrosa arteriarum cerebri cum thrombosis ibidem. Emollitiones magnae cerebri ad nucleos centrales dextros et caps. int. d. ad nucleum lenticularem et corp. striatum sin. Sclerosis ossium calvariae capitis.

Beide Fälle von Prof. JOHAN obduziert.

Im Kapitel der Pathogenese haben wir schon auf Fälle hingewiesen, in denen bald nach dem Primäraffekt Neuroplegien beobachtet wurden und die Sektion luische Gefäßveränderungen als Ursache aufdeckte. Wir wollen im folgenden auf die klinischen Zeichen hinweisen, welche uns berechtigen eine Beteiligung der Vasculatur anzunehmen. So wissen wir aus den Untersuchungen von WILBRAND und STAELIN, daß in der Sekundärperiode ziemlich oft die Hyperämie der Papille gefunden wird. Sie selbst sahen in 38 von 200 Fällen (d. i. 19%) diese Hyperämie der Papille. Über ähnliche Befunde berichten FAHR, MEMMESHEIMER und LUNECKE, GLESMANN, siehe auch meinen Fall Nr. 1 (S. 302) u. a. INGERSHEIMER bildet eine luische Papillitis ab (s. seine Abb. 135, 136), welche als Folge einer Anbehandlung mit Salvarsan in der Frühperiode zu beobachten war. Interessante Fälle bringen auch WILBRAND und SAENGER[1] in ihrem Standardwerk. Sie beschreiben den Fall eines 24jährigen Schmiedes, der 8 Wochen nach einem Ulcus induratum eine verschleierte Papille zeigte, die gerötet, gestrichelt war und geringe Prominenz aufwies. Auf der Papille waren einzelne Blutextravasate zu sehen. Bei einem 34jährigen Arbeiter fanden sie $1/_4$ Jahr nach dem Ulcus durum, mit dem Exanthem zusammen die Papille gerötet und gestrichelt, die Grenzen waren nicht zu erkennen. „Anatomisch handelt es sich um eine Verdickung der Gefäßwandungen, bedingt durch eine *Perivasculitis* oder um eine mit einer Bindegewebswucherung einhergehende *Entzündung aller Gefäßwände.*" VERHOEFF fand Spirochäten in dem Opticus eines enucleierten Auges bei einer sekundär-luischen Frau (zit. nach BENARIO). Die zahlreichen übrigen Daten sind bei WILBRAND und SÄNGER nachzusehen. — Auch für den *Acusticus* haben wir Beweise, welche für eine gefäßbedingte Störung in den Kernen des Cochlearis bei frühluischen Erkrankungen des Zentralnervensystems sprechen. Wir zitieren, nach ALEXANDER, den Fall, welcher ihm von MARBURG aus dem Wiener Neurologischen Institute zur Verfügung gestellt wurde. „Lues cerebri recens. Sektionsbefund: Encephalitis luetica praecipue medullae obl. et thalami. Histologisch: diffuses Infiltrat im Nucleus cochlearis ventralis und im Corpus restiforme. Die Infiltrate sind vorzugsweise *perivasculär* gelegen." Besonders sei hier auf die Blutgefäße des Corpus restiforme verwiesen, mit dichtem spezifischem perivasculärem Infiltrat. Im Nucleus cochlearis ventralis dieses Falles sieht man unter starker Vergrößerung syphilitische Entzündungsherde mit Riesenzellen, an einzelnen Stellen besteht Rarefikation und Degeneration der Ganglienzellen des Nucleus cochlearis ventralis .... In demselben Falle ist auch ein luisches Infiltrat im DEITERSschen Kern nachweisbar.

---

[1] WILBRAND u. SAENGER: Die Neurologie des Auges. Artikel: Angiopathia retinalis syphilitica, Bd. 4, 1, S. 346.

ALEXANDER spricht von zwei verschiedenen Typen der luischen Gehörserkrankungen bei der Frühlues. Erstens kann es sich um die Spirochätenansammlungen in der Wand der basalen Hirnarterien und der Auditiva interna handeln, die zu akuter luischer Endarteriitis und hierdurch zu den Veränderungen im innern Ohr führen oder aber die Erkrankung geht von den Scheiden des achten Nerven aus, wohin die Spirochäten durch die Lymphgefäße oder Lymphspalten gelangen; es kommt zur Bildung lymphozytärer Knötchen und zu entzündlicher Infiltration der Nervenfaser.

HEERMANN gelangt auf Grund seiner exakten Untersuchungen dazu, zu behaupten, daß die *Innenohrhyperämie* einen regelmäßigen Befund bei den Frühformen der allgemeinen Syphilis darstellt. Er beruft sich als Analogie auf die Untersuchungen von SCHNABEL, der im Augenhintergrund von Frühsyphilitischen sehr oft (21mal von 40 Fällen) deutliche Veränderungen gefunden hat. KREIBICH konnte eine Labyrintherkrankung auf syphilitischer Grundlage in einem Jahre 4mal beobachten, und zwar in allen Fällen bereits 3—4 Monate nach der Infektion. Die Hörstörungen bestehen in einem Ausfall der hohen Töne, während die tiefen Töne als unangenehme Geräusche empfunden werden. Die Erkrankung des Vorhofes und der Bogengänge äußert sich in Schwindel, Übelkeit, Brechneigung bei gleichzeitig bestehenden subjektiven Geräuschen, wobei in beiden Fällen das Hörvermögen bedeutend herabgesetzt ist.

WILE und HASLEY untersuchten im ersten Stadium der Syphilis 221 Fälle. Sie kommen auf Grund ihrer Untersuchungen zu folgendem Schluß: Da die Liquorveränderungen unter intravenöser Behandlung prompt zurückgegangen sind, handelt es sich in diesen Fällen um eine vorübergehende *meningeale Roseola*. Hemiplegien einige Monate nach dem Primäraffekt beschrieben KUH, VIDAL, LANCEREAUX, FOURNIER, HEAD und FEARNSIDES u. v. a. (s. auch das Kapitel der Pathogenese). Aus eigener Erfahrung kann ich folgende Fälle anführen. Einen Fall, in welchem einige Wochen nach dem Primäraffekt eine Hemiplegie mit Aphasie auftrat; dann sah ich eine 21jährige Patientin, die am ganzen Körper einen zusammenfließenden papulösen Ausschlag hatte, sie wurde im bewußtlosen Zustand eingeliefert, hatte doppelseitigen BABINSKI, die tiefen Reflexe waren nicht auslösbar, Ikterus, Blutbrechen. Bei der Sektion fanden wir eine Atrophia hepatis flava, in sämtlichen Innenorganen, auch im Zentralnervensystem, Blutungen.

Auch die Gefäße des Rückenmarks können frühzeitig luisch erkranken. Lehrreiche hierhergehörige Fälle haben COLLINS und TAYLOR, MON-FAH-CHUNG u. a. mitgeteilt (s. auch Kapitel der pathologischen Anatomie).

Mit allen diesen angeführten Daten wollten wir beweisen, daß es nicht richtig ist — wie es im allgemeinen üblich ist — die frühluischen Erscheinungen des Zentralnervensystems nur als meningeal bedingte hinzustellen. Keineswegs will ich die große Wichtigkeit der frühluischen meningealen Erkrankung bestreiten, nur betone ich, daß *im sekundären Stadium der Lues die Infizierung des Zentralnervensystems auf hämatogenem Wege stattfindet und auch die Meningen auf diese Weise in Mitleidenschaft gezogen werden.* Vornehmlich sind es im letzteren Falle die pialen Gefäße in welchen sich in diesem Stadium der Syphilis der luische Prozeß abspielt. Beim Studium der bisher bestuntersuchten Fälle von Frühlues (BENDA, STRASMANN, SCHRÖDER, KRAUSE, PIRILÄ) finden wir immer wieder die Vasculatur von den Spirochäten besetzt und erst in zweiter Linie kommt es zur infiltrativen Entzündung der Meningen. Auch die von mir erhobenen Sektionsbefunde sprechen in diesem Sinne. Das ist bis jetzt nicht genügend gewürdigt worden, dabei bekommen wir nur unter Berücksichtigung dieser Tatsache die richtige Einsicht in das pathologische Geschehen bei der Frühlues. — Somit müssen wir FINGER recht geben, der schon vor

23 Jahren hervorhob, daß die „Neurorezidive" eine, durch das Salvarsan provozierte Äußerung einer Lues cerebri, auf der Basis einer Arteriitis syphilitica ist, also eine primäre Blutgefäßerkrankung mit sekundärer Mitbeteiligung der Gehirnnerven. Finger führt als Beweis für seine Auffassung die drei Todesfälle durch *Encephalitis haemorrhagica* nach Salvarsan(Fischer,Kannegiesser,Almkvist) an.

Wir geben zu, daß im gegebenen Fall sicher zu entscheiden, welche Art von Spirochätenschädigung bei Frühlues vorliegt, nicht immer leicht ist und auch nicht immer gelingt. Wir können nur soviel sagen, daß das plötzliche Einsetzen der Krankheitserscheinungen, sowie der negative Liquorbefund eher für eine Gefäßspirochätose spricht. Langsames Entstehen, Schmerzhaftigkeit eher für den vorwiegend meningitischen Hintergrund ins Feld geführt werden können. Letztere Annahme gewinnt sehr an Wahrscheinlichkeit, wenn im Liquor *starke* Eiweiß-, Zellvermehrung nachgewiesen werden kann. Drucksymptome sowohl von Seite des Gehirns, als auch von Seite des Rückenmarks sprechen ceteris paribus wieder mehr für einen gummösen Prozeß. Auch ist darauf zu achten, daß die Wa.R. im Liquor bei isolierter gummöser Erkrankung öfters negativ befunden wird. Besonders betonen müssen wir die Tatsache, daß sich auch gummöse Prozesse schon sehr früh — selbst einige Wochen nach dem Primäraffekt — einstellen können. Wir heben dieses Moment deshalb hervor, weil noch viele, hervorragende Autoren den anatomischen Charakter einer syphilitischen Erkrankung in das Prokrustesbett der Perioden zwingen will.

Wir führen einige Fälle aus der Literatur an, um die Behauptung zu beweisen, daß die Einteilung in Perioden eine gekünstelte ist und mit der Natur des luischen Prozesses im Widerspruche steht. Desneux und Ley berichten über einen Fall eines 26jährigen Luetikers, welcher trotz intensiver Neosalvarsanbehandlung unter schweren Meningealerscheinungen starb, 21 Monate nach der Infektion. Bei der Sektion fanden sich multiple Gummen vor. — Brasch teilt das Sektionsergebnis eines 47jährigen Luetikers mit, der 2 Monate nach der Infektion eine Facialislähmung, 3 Monate später Kopfschmerzen, Schwindel, Gehörstörungen, Verschwinden der Patellarreflexe zeigte. Aus dem Krankenhaus gebessert entlassen, stellten sich bald neuerliche Kopfschmerzen, Schwindel ein, das Gehör wurde schlechter und während der Behandlung (Schmierkur) entstand eine linksseitige Hemiplegie. Rasch eintretender Tod. Die Sektion ergab: Keine Meningitis, nur reine vasculäre Form der cerebralen Syphilis. Vom rechten Facialis war Kern und das Knie gesund, der Nerv außerhalb des Gehirns zeigte schwere Veränderungen, es handelt sich um eine schwere parenchymatöse Entzündung. Der Nervus acusticus zeigte Infiltrate. Der Verfasser meint, daß eine Trennung von sekundärer und tertiärer Periode auch anatomisch nicht richtig ist, da beide ineinander übergehen. Finger teilt folgenden Fall mit. Frische Lues. Zwei intravenöse Salvarsaninjektionen. 6 Wochen später Iridocyclitis und Acusticusaffektion. Auf eine neuerliche Salvarsaninjektion gehen diese Erscheinungen wohl zurück, doch kommt der Patient in einem pitoyablen Zustand: Kopfschmerzen, Schwindel, unstillbares Erbrechen. 5 Wochen nach der dritten Salvarsaninjektion apoplektischer Insult. Tod. Die Sektion ergibt mehrere kleinere und größere Erweichungsherde mit Thrombose der Gefäße an der Hirnrinde; akute hämorrhagische Meningitis sowohl der Konvexität als an der Basis; an den Arterien der Basis histologisch ausgebreitete syphilitische Gefäßerkrankung. Auch der große englische Neurologe Gowers sagte schon, daß er es nicht einsehen könne, was es für praktischen Nutzen habe, zwischen sekundärer und tertiärer Lues zu unterscheiden. Gut bekannt ist auch der Fall von Fahr. — 3 Monate nach der Infektion ging der Patient an schwerer gummöser Meningitis zugrunde, demgegenüber wies der von Wechselmann mitgeteilte Fall eines russischen Offiziers, der wenige Wochen nach der Infektion durch Selbstmord zugrunde ging, bei der mikroskopischen Untersuchung des Gehirns eine verbreitete syphilitische Endarteriitis auf (beide Fälle nach NONNE zitiert).

Zusammenfassend kann festgestellt werden, daß schon einige Wochen nach dem Primäraffekt das Zentralnervensystem vom luischen Prozeß angegriffen sein kann. Wir haben guten Grund anzunehmen, daß in all jenen Fällen in denen durch eine Dispersion des syphilitischen Virus Hauterscheinungen sichtbar werden, auch die Vasculatur des Zentralnervensystems von Spirochäten heimgesucht wird. Die zu Beginn der Salvarsanbehandlung (1910 und folgende Jahre) gemachten Erfahrungen berechtigen uns zum Ausspruch, daß die *ungenügende* Salvarsanbehandlung d. h. die Anbehandlung, Schuld an diesem Vermehren von frühzeitigem Nervenlues trägt. — Unterstützt wird diese Ansicht durch die Erfahrungstatsache, daß es bei der angeborenen Frühsyphilis zu keiner Neurorezidive kommt und die Ursache hierfür nach HOCHSINGER darin zu suchen sei, daß der kindliche Organismus das Salvarsan sehr gut verträgt und daher hohe Dosen des Mittels zur Anwendung gelangen, welche auch die Spirochäten abtöten.

Die Sektionsergebnisse dieser Frühfälle lehrten uns, daß sowohl im Gefäßsystem als auch in den Häuten des Zentralnervensystems die von den Spirochäten ausgelösten reaktiven Erscheinungen nachweisbar werden. Die meningeale Beteiligung kann sich in einfacher, kleinzelliger Infiltration, aber auch als gummöse Erkrankung bemerkbar machen, woraus gefolgert werden kann, daß es nicht richtig ist, *den anatomischen Prozeß als Grundlage für die Zeitbestimmung des luischen Geschehens anzunehmen. Es ist also nicht richtig von einem tertiären Symptom zu sprechen, wenn wir einem gummösen Prozeß gegenüberstehen.* Wir erfuhren auch, daß in allerfrühester Zeit die sog. tabischen klinischen Symptome vorhanden sein können. Der Grund für dieses Gebahren muß anderswo, wie bisher gesucht werden. Wir glauben, daß zwei Momente hierfür bestimmend sein können. Das eine ist von der Gewebsart bestimmt. Anderen Ortes haben wir schon darauf hingewiesen, daß die Tuberkulose, die RECKLINGHAUSENsche Krankheit dieselbe Granulomatose in den spinalen Wurzelnerv hervorrufen kann wie die Spirochäte, welche es im Opticus dagegen nur zu einer einfachen Meningitis bringt. Wir glauben den Unterschied der reaktiven Erscheinungen darauf zurückführen zu können, daß der Opticus im Gegensatz zu den übrigen Nerven keine SCHWANNsche Scheide besitzt und seine Stützsubstanz aus Gliagewebe besteht! Das andere Moment muß in der konstitutionellen Beschaffenheit gesucht werden (s. Kapitel V). Lesen wir bei FOURNIER, daß er eine Reihe von Fällen gesehen hat, in denen sich 30—40 Jahre nach dem Primäraffekt Sekundärerscheinungen entwickelt haben, so bekommt meine Annahme der individuellen Differenz, welche in ihrer Folge zu der verschiedenen Verbreitungsart der Spirochäte führt, eine gewichtige Stütze. Wie sonst sind die Beobachtungen FOURNIERs zu erklären, wenn nicht mit der Annahme, daß es sich in seinen angeführten Fällen um Individuen gehandelt hat, bei denen erst in so später Zeit der Durchbruch der Spirochäten aus den Lymphdrüsen in die Blutbahn erfolgte. Mit Recht setzen wir also voraus, daß in diesen Personen die Lymphdrüsenkonstitution eine von der Norm abweichende war!

Demgegenüber kann es schon zu Beginn des syphilitischen Prozesses zu klinischen Erscheinungsformen kommen, von denen wir bislang als Späterscheinungen sprachen. *Es gibt keine luische Erkrankung im Zentralnervensystem, welche sich nicht als Frühsymptom geltend machen könnte.*

Aus didaktischen Gründen ist es aber doch notwendig, daß wir der Frühlues des Zentralnervensystems eine gesonderte Besprechung widmen.

Statistische Daten über die Häufigkeit der sog. Neurorezidiven verdanken wir BENARIO und MOORE. BENARIO verarbeitete das EHRLICHsche Material und verglich dasselbe mit Fällen aus der Quecksilberzeit. Wir geben nebenstehend seine Tabelle wieder.

194 Fälle nach Salvarsan: davon	Der betroffene Hirnnerv:	131 Fälle nach Quecksilber: davon
29,1%	Opticus	25,1%
8,6%	Oculomotorius	11,5%
2,3%	Trochlearis	—
2,7%	Trigeminus	0,7%
5,9%	Abducens	2,3%
16,3%	Facialis	23,0%
35,0%	Acusticus	35,8%

Übereinstimmend in beiden Gruppen ist der VIII., II., VII. Hirnnerv der am häufigsten betroffene. Nach BENARIO ist es das sekundäre Stadium, in welchem die Neurorezidiven zumeist beobachtet werden.

Die Statistik von MOORE ist deshalb von besonderem Interesse, weil es einen Rassenvergleich gestattet.

Also neigt die weiße Rasse mehr zur Neurorezidive als die farbige; Männer überwiegen in beiden Gruppen.

	Zahl der Fälle von Frühsyphilis	Neurorezidive	%	
Weiße Rasse	600 ♂	39	0,65	0,49
	310 ♀	6	0,19	
Farbige Rasse	880 ♂	33	0,37	0,23
	885 ♀	9	0,10	

Die 63 Fälle MOORES verteilen sich auf folgende Art in bezug der einzelnen Hirnnerven: 31 Fälle von Acusticus-, 23 von Facialis-, 19 von Opticus- und Oculomotoriuserkrankungen. Je 1 Fall von I, IV und X.

In 13 Fällen war der Cochlearis allein; der Vestibularis allein war in keinem Fall geschädigt. MOORE nimmt nur für 5 Fälle eine vasculäre Läsion an: plötzliche Apoplexie, gewöhnlich Hemiplegie. Ich glaube, daß auch die Fälle, in denen der Cochlearis als allein geschädigt befunden wurde, eher als vasculär bedingt angesprochen werden müssen. Dafür spricht auch der Umstand, daß der VIII. Nerv auffallend oft (13mal von 31 Fällen) doppelseitig geschädigt war und endlich die von MOORE hervorgehobene Tatsache, daß die Lähmung des Acusticus im Gegensatze zu den übrigen Hirnnerven durch die Behandlung nur ausnahmsweise beeinflußbar ist, gewöhnlich permanent bleibt. Endlich spricht für die vasculäre Entstehung der Acusticuslähmung der Umstand, daß SICARD mehrmals bei VIII Neurorezidiven normalen Liquor fand. BENARIO fand, wie schon erwähnt, auffallend viel extragenitale Primäraffekte bei den Patienten mit Neurorezidive. *Ich* konnte dies in zwei meiner Fälle auch konstatieren.

Innerhalb des ersten Jahres nach dem Primäraffekt sehen wir aber nicht nur Hirnnervenlähmungen auftreten, sondern cerebrale und spinale Symptome mannigfaltigster Art. Die diesbezüglichen Literaturangaben haben wir teilweise im vorhergehenden, teilweise in dem Kapitel der Pathogenese angeführt. Im folgenden bespreche ich die klinischen nervösen Symptome im ersten Jahre nach dem Primäraffekt. Ich betone, daß diese Einteilung eine durchaus willkürliche ist, denn ein makulopapulöses Syphilid und mit ihm die nervösen Erscheinungen können auch im zweiten Jahre, ja sogar, wie wir hörten, selbst nach 30 bis 40 Jahren auftreten. Vielleicht wäre es besser, von den luischen Erscheinungen während der luischen Hautausschläge zu sprechen, aber da es auch Frühluesfälle des Zentralnervensystems ohne Hautsymptome gibt, dürfen wir dies nicht vernachlässigen. Keinesfalls kann ich aber der G. STEINERschen Einteilung folgen, der larvierte und manifeste Formen sowie Unterformen unterscheidet und dabei das Verhalten des Liquors zur Richtschnur nimmt. Das ist ein für den jungen Arzt gefährliches Verfahren, weil er sich zu sehr auf die Laboratoriumsergebnisse stützt und den klinischen Teil vernachlässigt.

Durchprüfe ich mein diesbezügliches Krankenmaterial, so finde ich, daß der *Kopfschmerz* das häufigste, selten fehlende Symptom darstellt. In den meisten Fällen ist er sehr intensiv, oft mit Brechreiz, seltener mit tatsächlichem Erbrechen verbunden. Der nächtliche Charakter ist fast in allen Fällen ausgeprägt. Nur selten hören wir, daß der Kopfschmerz an irgendeiner Stelle des Kopfes lokalisiert wäre. Auch die Klopfempfindlichkeit der Schädeldecke ist äußerst selten; ich sah in einem Falle die Klopfempfindlichkeit des Stirnknochens. Eine seltene Ausnahme bildet der Fall, in welchem periostale gummöse Erhebungen nicht nur schmerzhaft, sondern auch palpabel sind. Der Fall, in welchem ich dies konstatieren konnte, betraf eine 20jährige Patientin, die 6 Wochen nach dem Primäraffekt ein makulo-papulöses Syphilid, eine Polyadenitis und Plaques im Munde hatte, an nächtlichen Kopfschmerzen und an Polydipsie litt. Das bemerkenswerte an diesem Fall war, daß der Primäraffekt an der Unterlippe saß!

Der nächtliche Charakter des Kopfschmerzes bedingt, daß die Patienten in ihrem Schlaf gestört sind, weshalb die häufige Klage über *Schlaflosigkeit* zu vernehmen ist. Manche Patienten klagen über schreckhafte Träume. Das zweithäufigste Symptom ist die Klage über ein *Schwindelgefühl*. In den seltensten Fällen handelt es sich um einen Drehschwindel, eher bezeichnen die Patienten das wüste Gefühl im Kopfe mit dem Ausdrucke des Schwindels.

Dieses wüste Gefühl kann auch infolge der Blutarmut entstehen, viele der hierhergehörigen Fälle sind äußerst anämisch. Auch über *Polyurie* und *Polydipsie* wird, auf Befragen sehr oft geklagt.

Die bisher aufgezählten Symptome sind zwar mehr oder weniger subjektiver Natur, doch ist ihr organischer Hintergrund unbestritten. Eine andere Beurteilung beansprucht der konstitutionell bedingte Symptomenkomplex, den wir auch so charakterisieren könnten, wenn wir fragen: Wie stellt sich der Patient seiner Krankheit gegenüber ein? Die Nervösen, die Psychopathen usw. zeigen Erregbarkeit, weinerliche Stimmung, klagen über Herzklopfen, Zittern bei erhöhter Reflexerregbarkeit.

Von organisch bedingten objektiven Symptomen stehen diejenigen der Hirnnerven obenan. Auch meine Erfahrungen stimmen mit den schon angeführten statistischen Daten überein. Der Hörnerv ist der am häufigsten betroffene. Ohrensausen, Schwerhörigkeit sind die leichtere Art der Schädigung des Achten. Eine doppelseitige VIII. Lähmung sah ich mit beiderseitiger Stauungspapille vergesellschaftet. Die 21jährige Patientin klagte über nächtliche Kopfschmerzen und hatte Condylomata. Sowohl Blut- als auch Liquor-Wa.R. und Präcipitationsreaktion waren positiv. Dagegen war bei einer anderen 21jährigen Patientin, welche mit makulösem Syphilid behaftet (einige Wochen nach dem Primäraffekt) eine Diplegia facialis zeigte, nur der Blut-Wa. stark positiv, der Liquor in jeder Beziehung normal.

Anisokorie findet sich ziemlich häufig. Mydriasis seltener.

Auch ich verfüge über einen Fall, in welchem das ROBERTSONsche Symptom schon im ersten Jahr der Infektion aufgetreten ist. In zwei anderen Fällen war nur deutlich träge Lichtreaktion zu konstatieren.

Eine seltene Erscheinung bilden mehrfache Hirnnervenlähmungen. In einem meiner Fälle trat nach Anbehandlung mit Salvarsan innerhalb zwei Wochen in Begleitung von nächtlichen Kopfschmerzen, Erbrechen, Ohrensausen, Atemstörung, bulbäre Sprachstörung, eine rechtsseitige Lähmung der

Hirnnerven V, VII, VIII, IX, X auf. Ich nahm eine Erkrankung des bulbären Astes der Arteria basilaris an. Ab und zu war auch die Erkrankung der ganzen cerebrospinalen Achse in den Symptomen ausgeprägt. So sah ich in einem Fall eine Ptose, Trochlearislähmung, Anisokorie, träge Pupillenreaktion mit Paraparese, fehlendem Bauchreflex, BABINSKIs Zeichen und Miktionsstörungen vergesellschaftet.

Eine besondere Besprechung verdienen die Fälle von *Hemiplegie*, von *Aphasie*. Dieselben verhalten sich aber klinisch ganz so, wie die der späteren Periode der syphilitischen Infektion, so daß wir, um Wiederholungen zu vermeiden, die Besprechung dieser Zustände im Kapitel der Gefäßlues des Gehirns vornehmen. Kleinhirnsymptome fanden sich nicht in meinem Material, bis auf einen Fall von Nystagmus, welcher mit Anisokorie gepaart war und horizontalen Charakter zeigte.

Zum Schluß erhebt sich die Frage, ob sich nicht in diesem Stadium der luischen Infektion Symptome toxischen Ursprungs bemerkbar machen? Die Frage zu erörtern ist um so berechtigter, da eine Dispersion der Spirochäten zur Zeit der sekundären Symptome stattfindet. Die Störungen des Allgemeinbefindens, die Kopfschmerzen können als solche aufgefaßt werden. In einem meiner Fälle war das ständige Schlafbedürfnis des an makulopapulösen Syphiliden Leidenden entschieden so zu deuten. Auch die so häufige Polydipsie könnte toxischen Ursprunges sein. Diese Fälle gehen gewöhnlich mit leichten Fiebererscheinungen einher.

Die Diagnose der Frühsyphilis des Zentralnervensystems ist eine leichte, da der Zusammenhang mit dem Primäraffekt, mit den Hautausschlägen und endlich der überaus häufig positive Blut-Wa. uns bei der Diagnosestellung zur Hilfe eilt. Auch ist das Moment zu berücksichtigen, daß wir die Nervenbeteiligung in der überwiegenden Mehrzahl der Fälle bei jugendlichen Individuen antreffen.

Auch über die *Therapie* der Frühsyphilis ist nicht viel zu schreiben, da sie sich mit der Therapie der Syphilis im allgemeinen deckt und die Fälle eher in der Hand des Dermatologen bleiben. Die Gefahren der Anbehandlung haben wir zur Zeit der Einführung des Salvarsans kennen gelernt, daraus müssen wir die therapeutische Regel ableiten, mit der begonnenen Behandlung in verstärktem Maße vorzugehen. Wie wir im klinischen Teil hervorgehoben haben, weichen die frühluischen Nervenerscheinungen in den meisten Fällen der zielbewußten energischen Behandlung.

Die Behauptung einzelner Autoren, daß durch die Anbehandlung mit Salvarsan tabes- oder paralyseerzeugend wirken sollte, ist nicht bewiesen. Treffend sagt JADASSOHN, wenn das der Fall wäre, so müßten wir eine erschreckende Zunahme dieser Erkrankungen im Beginn der Salvarsanära erlebt haben, da im Anfang die allgemein geübte Behandlung die Anbehandlung war.

Anhang.

Eine besondere Besprechung verdient die *Phlebitis syphilitica*, welche zwar eine seltene Erkrankung im Zentralnervensystem darstellt und klinisch vorläufig nicht zu erfassen ist, da selbst im reinsten hierhergehörigen Fall VERSÉs die klinische Diagnose auf Tumor cerebri mit meningitischen Symptomen gestellt, von VERSÉ jedoch so gründlich bearbeitet wurde, daß wir seine Feststellungen für die Zukunft hier aufzeichnen wollen. Allen diesen Fällen von Phlebitiden, sagt VERSÉ, ist gemeinsam der frühe Beginn der Erkrankung im ersten oder zweiten Jahr nach der Infektion. Dieses Verhalten zeigen auch die Phlebitiden oder Periphlebitiden der Haut und des Unterhautgewebes.

Versé hält diese Form der Syphilis für malign, sie sind der Behandlung gegenüber refraktär. Besonders betont er das Übergreifen des Prozesses auf die Nervenwurzeln, namentlich auf die Hinterwurzeln. Er selbst weist darauf hin, daß bei längerer Dauer des Prozesses auch Sensibilitätsstörungen auftreten können und so das Bild der Tabes erzeugt werden könnte.

Für die Zukunft lernten wir aus dem Fall von Versé, daß beim Auftreten meningealer Symptome in der Begleitung der sekundären Hautausschläge, denen sich Symptome der starken Drucksteigerung im Gehirn („enorme Stauungspapille, erhöhter lumbaler Druck, Kopfschmerzen, die dann von Benommenheit gefolgt wird") zugesellen, der Verdacht auf eine sowohl das Gehirn als das Rückenmark betreffende diffuse Venenerkrankung berechtigt ist.

Studieren wir den Fall Versés des näheren, so müssen uns eine ganze Reihe von Symptomen auffallen, welche die syphilitische Natur der Erkrankung als unanfechtbar beweisen. Es bestanden nämlich beim 19jährigen Jüngling noch Ulcera im Sulcus coronarius indolente Bubonen, ausgebreitetes, kleinpapulöses Exanthem, Alopecia syphilitica, Psoriasis, demnach das floride Stadium der Syphilis. Es scheint, daß die hochgradige Stauungspapille den Kliniker irregeführt hat, so daß er eher an einen Tumor dachte.

2. Die Gefäßlues des Zentralnervensystems.

a) Die luischen Gefäßerkrankungen des Gehirns.

Sie treten mit Vorliebe in den ersten 5 Jahren nach der Infektion auf, können aber auch später, wann immer, erscheinen. Selbst nach Jahrzehnten. Das häufigst betroffene Gefäß ist auch bei der Lues die Art. fossae Sylvii und ihrer Verzweigungen: die Art. lenticulares. Das zweithäufigste Gebiet bilden die Gefäße in dem Raume zwischen Chiasma und Pons, weil hier, wie Trömner ausführt, ein reich-verzweigtes, lockermaschiges Gewebe, und die darin eingebetteten Blut- und Lymphbahnen einen besonders günstigen Nährboden für bakterielle Invasionen abgeben. Daher nistet sich hier, sowohl die Tuberkulose, als auch die Syphilis, gerne ein. Bekannt sind nach den Forschungen der letzten Jahre die Symptomenkomplexe, welche durch die luische Erkrankung der Art. communicans post. der Art. basilaris, sowie durch das Ergriffensein der Art. cerebelli post. inf. hervorgerufen werden. Im allgemeinen kann man sagen, daß den luischen Gefäßerkrankungen in den meisten Fällen ein Stadium vorausgeht, in welchem die Patienten über nicht näher bezeichenbaren Störungen des Allgemeinbefindens, über heftige frontale oder occipitale Kopfschmerzen, dumpfen Kopf, Schwindelgefühle klagen. Die Kenntnis dieser als funktionelle Störungen bezeichenbaren Erscheinungen ist von großer Wichtigkeit, da ein Übersehen derselben zum großen Nachteil des Patienten werden kann. Dieses Wetterleuchten der Hirngefäßlues kann selbst monatelang dauern. Plötzlich bricht dann das Gewitter los, es kommt manchmal nur zu vorübergehenden, in anderen Fällen zu stationären Ausfallssymptomen der Gehirnfunktion. Betonend müssen wir hervorheben, daß die akuten Erscheinungen der organischen Störung gewöhnlich ohne Verlust des Bewußtseins in Erscheinung treten. Dieses Merkmal hat besonders in jenen Fällen differentialdiagnostische Bedeutung, in denen es zu Erweichung oder Blutung im Gehirn gekommen ist. Allgemein bekannt ist es, daß die luischen Gefäßerkrankungen deshalb zu keinem Bewußtseinsverlust führen, weil die luische Gefäßerkrankung zur allmählichen Verengerung des Gefäßinnern führt und nur in den seltensten Fällen kommt es zur apoplektischen Berstung der erkrankten Hirngefäße. Daher kommt es, durch den behinderten Blutverkehr, zuerst noch zur reparablen

Schädigung, in der weiteren Folge sickert das Blut aus oder es erfolgt eine ischämische Erweichung. Die isolierte luische Hirngefäßerkrankung führt in keinem Stadium ihres Bestehens zur erheblichen Druckerhöhung, dadurch kommt es selbst bei eintretender Hemiplegie infolge von Blutung, zu keiner Ausschaltung der Gesamtleistung des Gehirns. Diese Art von Patienten sind Selbstbeobachter ihrer eintretenden cerebralen Störungen, weshalb wir von den intelligenten Patienten über den Beginn der Ausfallserscheinungen wichtige Aufklärungen bekommen.

Wir hören von ihnen, daß sie in dem betroffenen Abschnitt des Körpers vorangehende subjektive Empfindungsstörungen verspüren. Wir gehen nun zur Besprechung der einzelnen klinischen Bilder über.

Die luische Hemiplegie mit oder ohne Aphasie betrifft vorwiegend jugendliche Personen, im Gegensatz zur arteriosklerotischen. Die Hemiplegie tritt, wie schon erwähnt, bei erhaltenem Bewußtsein ein, hat Vorboten in Form von Parästhesien in der betreffenden Körperseite. Oft ist der Eintritt ein sukzessiver, d. h. es kommt zuerst zu vorübergehender Parese; das kann sich sogar öfters wiederholen, bis es dann zu einem dauernden Ausfall kommt. Das äußere Bild der Hemiplegie und der Aphasie unterscheidet sich in keinem Punkte von jenem, welches durch eine Apoplexie oder einen Tumor hervorgerufen wird. Über die Symptomatologie der cerebralen Gefäßverschlüsse sind wir von dem leider so früh verstorbenen Charles Foix des näheren unterrichtet worden. Wir verweisen auf seine und seiner Schüler Arbeiten. Den größten Teil dieser Arbeiten finden wir in der Revue Neurologique. Zur richtigen Diagnosenstellung sind die Blut- und Liquorbefunde von äußerster Wichtigkeit. Im Gegensatz zu Fearnsides, Head, Turnball, muß *ich* behaupten, daß bei *reiner, luischer* Gefäßerkrankung des Gehirns die Blut-Wa.R. positiv, die Liquor-Wa.R. negativ ist. Z. B.

Fall 5. Johanna B., 38 Jahre alt. Mit 33 Jahren hatte sie einen roten Körperausschlag mit Schwellung der Leistendrüsen, sie bekam eine fünfwöchentliche Schmierkur, während welcher sie eines Tages bewußtlos wurde und eine rechtsseitige Lähmung mit Aphasie davontrug. Zur Zeit ihrer Aufnahme besteht eine typische spastische Hemiplegie mit Paraphasie. Sie ist vollkommen dement, Blut-Wa.R. dreikreuzig, Liquor-Wa.R. „—". Die Patientin geht an Tuberkulose zugrunde, bei der Sektion finden sich im linken Frontal- und Parietalhirn, im rechten Frontalgebiet, in der äußeren Kapsel, Claustrum, Insula Rheili Erweichungsherde, stellenweise ist das Gehirn gräulich verfärbt, löcherig, weist kleine Hohlräume auf, die mit bräunlichem Serum gefüllt sind.

Dieser Fall ist deshalb lehrreich, weil er beweist, daß es durch die hämatogene Dispersion der Pallida zu einer Spirochätose der Hirngefäße kommen kann, ohne daß der Liquor nennenswerte Veränderungen aufweist. Im mitgeteilten Fall war die Pándy-Nonnesche Reaktion einkreuzig, also ohne Bedeutung. Wir betonen, daß die Häute intakt waren. Der folgende Fall soll als Beispiel dafür dienen, daß die Symptome der cerebralen Gefäßerkrankungen auch vorübergehender Natur sein können.

So war es im Falle (6) eines 35jährigen Patienten, der 2 Monate vor seiner Aufnahme plötzlich von einem Unwohlsein befallen wurde, er hatte starkes Schwindelgefühl, verlor aber nicht das Bewußtsein, ging auf eigenen Füßen nach Hause. Nach weiteren 2 Stunden wurde sein rechter Fuß, später die rechte Hand gelähmt und nach einer weiteren Stunde verlor er die Sprache. Konnte nur mehr stottern und einzelne Silben aussprechen. Schon vom nächsten Tage an besserte sich sein Zustand, nach 3 Tagen war die Sprache wieder in Ordnung und in 4 Wochen konnte er schon gehen. Vom ersten Moment an bekam er Jod. Bei der Aufnahme konstatieren wir eine rechtsseitige Hemiparese mit fehlenden Bauchreflexen. Aorta röntgenologisch etwas erweitert, das Herz nach links etwas vergrößert. Der zweite Aortenton stark akzentuiert, im Serum Wa.R. und Präcipitationsreaktion +++, im Liquor Wa.R. +, Pándy +, Nonne +, Sublimat ++. Zellenzahl: 4, Mastix positiv. Auf Bismoluol und Neosalvarsan erholt sich Patient und bleibt auch in den folgenden Jahren arbeitsfähig, nach mehreren Kuren wird die Blut-Wa.R. negativ.

Selbstverständlich gibt es auch Fälle, in welchen Bewußtlosigkeit vorherrscht und wir gar nicht in die Lage kommen, eine gründliche Untersuchung vorzunehmen und nur eine Hemiplegie mit positiver Blut-Wa.R. konstatieren können und die Patienten rasch zugrundegehen.

So war es in einem Falle (7) einer 42jährigen Puella, die vor 22 Jahren ihre Lues acquirierte und die letzte Kur vor 6 Jahren bekam. Sie wurde plötzlich bewußtlos, ließ den Urin unter sich, hatte eine rechtsseitige Hemiplegie mit Babinski, am nächsten Tag klärte sich ihr Bewußtsein auf, um rasch wieder einem soporösen Zustand Platz zu machen, während welchem die Augäpfel nach rechts deviierten. Da wir Symptome sahen, welche auf eine diffuse, sich auf beide Hemisphären erstreckende Erkrankung hindeuteten, nahmen wir eine luische Gefäßerkrankung und aus ihr stammende Hirnblutung an. Die Sektion bestätigte unsere Annahme. Es war eine Hämorrhagie in den linksseitigen großen Ganglien und im rechten Thalamus kleine Erweichungsherde und braunen Inhalt zeigende Stellen. Es war also eine diffuse luische Endarteritis mit Erweichungen und kleinen Blutherden. Außerdem bestand eine Endo- und Mesaortitis chronica fibrosa arc. Aortae, und was den Fall als besonders lehrreich zu bezeichnen erlaubt, ist der Sektionsbefund von mehreren Lungengummata. Auch bestand eine Splenitis acuta hyperplastica. Cicatrices renum ex Endarteriitide.

Ein anderes Bild bieten jene Fälle in denen die basalen Hirngefäße und auch die Gefäße im Innern des Gehirns fortschreitend erkranken, es entstehen Zirkulationsstörungen, namentlich Ödeme in den weichen Hirnhäuten, die Hirnsubstanz schmilzt ein und es bilden sich zerstreut im Gehirn kleine hirsen-erbsengroße Cysten, die Gefäße werden von weiten Spalten umgeben. Es ist klar, daß diesen Veränderungen entsprechend das klinische Bild das der Demenz sein wird. In aller Kürze sei ein hierhergehöriger Fall mitgeteilt.

Fall 8. 53jähriger Postoffizial, hatte als Zwanzigjähriger einen Schanker mit nachfolgenden Ausschlägen. Bekam nur innerliche Mittel. In den letzten Jahren wurde er vergeßlich, klagt über Schwindelgefühl; oft fließt der Urin von selbst ab; hat Gürtel- und Fußschmerzen. Das Denken fällt ihm schwer, verwechselt die Buchstaben, verkennt seine Situation, seine Sprache ist dysarthrisch. Er hat lichtstarre Pupillen. Die Unterextremitäten sind in maximaler Beugestellung. Wa.R. im Blut: $+++$, im Liquor negativ!. Auf Grund dieses Liquorbefundes schließen wir das Bestehen der progressiven Paralyse aus und nehmen eine diffuse Gefäßerkrankung mit sekundärer Gehirnatrophie an.

Die Sektion ergibt folgendes: Arteriitis luetica vasorum baseos et substantiae cerebri cum cystulis parvulis ex emollitione et plaques fuscis disseminatis post emollitiones. Atrophia substantiae cerebri et oedema meningum.

Der in dem letzten mitgeteilten Fall erhobene Befund ähnelt jenem, welche in der deutschen Literatur unter dem Namen der „*Endarteriitis syphilitica der kleinen Hirnrindengefäße* im Sinne von NISSL und ALZHEIMER" bekannt ist. Schon SCHÜLE hat darüber geschrieben. Klinisch ist derselbe schwer zu umschreiben. Letzthin hat MALAMUD vier Fälle von chronischer zentraler Gefäßlues mitgeteilt. Im ersten Fall war eine epileptische Verblödung auf luischer Grundlage vorhanden. Histologisch: Endarteriitis der kleinen Rinden und Pialgefäße, mit hyalinen Wandveränderungen an den letzteren, zahlreiche Herde im Gehirn. Im zweiten Fall war neben den Veränderungen der kleinen Rindengefäße meningitische und arteriosklerotische Veränderungen vorhanden. Der dritte Fall zeichnete sich durch eine rechtsseitige Parese und paralytische Symptome aus. Histologisch war eine alte Narbe im linken Großhirn mit chronischer luischer Gefäßerkrankung und ein frischer paralytischer Krankheitsprozeß. Endlich war im vierten Fall klinisch eine Lues cerebri oder atypische Paralyse vorhanden. Histologisch: lymphocytäre Meningitis mit arteriosklerotischen Veränderungen der Gefäße und Herdbildungen. Absichtlich habe ich diese Fälle so ausführlich mitgeteilt, weil sie zeigen wie gekünstelt unsere Einteilungen sind. Eines ist klinisch festzustellen, daß in der Mehrzahl der hierher zu rechnenden Fällen das Bild der Paralyse vorgetäuscht wird (NISSL, ALZHEIMER, JAKOB u. a.). Die Fälle könnten auch als Pseudoparalyse betitelt werden. JAKOB hebt hervor, daß apoplektiforme Anfälle hier eher vorkommen, als bei der echten Paralyse. In Übereinstimmung mit PLAUT, ESKUCHEN, KAFKA glaube ich im Verhalten des Liquorbefundes das wichtigste Merkmal von differentialdiagnostischem

Wert zu finden. *Eine Paralyse ist, wenn keine Behandlung stattgefunden hat, bei negativem Liquorbefund auszuschließen.* Schwieriger wird die Sache, wenn auch eine meningitische Erkrankung vorliegt, weil dann auch der Liquorbefund positiv sein wird. In diesen Fällen wird eine sofort eingeleitete energische antiluische Behandlung Aufschluß geben können, da dieselbe bei der meningovasculären Hirnlues eher von Erfolg sein wird, als bei der echten Paralyse. Wir erwähnen noch, daß es Malamud nicht gelang, Spirochäten in seinen Fällen nachzuweisen, während Sioli über positiven Spirochätenbefund berichtet. Gewöhnlich zeichnen sich diese Fälle durch langsamen Verlauf aus, um dann in einer stürmischen Anfallsserie zu enden. Der Beginn der Erkrankung weicht nicht von jenem der Paralyse ab. Die Angehörigen merken eine Wesensveränderung, die Patienten werden menschenscheu, jähzornig, verlieren deshalb ihren Posten. Plötzlich tritt ein epileptischer Anfall auf, nach welchem eine Monoparese eventuell mit Aphasie zurückbleibt. Im Augenhintergrund finden wir eine Neuroretinitis. Dem ersten epileptischen Anfall folgen dann mehrere, sie können auch den Typus der Jacksonschen Epilepsie annehmen. Im Blut und im Liquor kann im Anfang die Wa.R. positiv sein. Es können spastische Symptome doppelseitig vorhanden sein. Man glaubt einer gummösen Konvexitätsmeningitis gegenüberzustehen. Die eingeleitete antiluische Kur bringt bald Besserung, der desorientierte Patient hellt auf, die Hemiplegie und die Aphasie weichen, sowohl der Liquor als auch das Blut werden negativ. In Fällen von Jacksonschem Typ können Parästhesien in dem gelähmt gewesenen Gliedabschnitt zurückbleiben. Das Wohlbefinden dauert wochen- und monatelang und neuerlich treten dieselben Symptome auf. Jetzt aber sind es die psychotischen Symptome, welche die Szene eröffnen. Die Patienten sind psychisch gebunden, reagieren auf Fragen nicht mehr, verfallen dann in einen hypomanischen Zustand. Eine neuerliche eingreifende Kur hilft wieder. Der gebesserte Zustand hält aber nicht lange an, es kommt zu Erregungszuständen ähnlich denen, der Paralyse, der Patient lallt unverständliche Worte, dazwischen treten neuerlich epileptische Anfälle auf, es entwickelt sich eine rechtsseitige Hemiplegie. Ad finem vitae zeigen sich Muskelzuckungen. Im Status epilepticus tritt der Tod ein. Wir erwarten eine schwere gummöse Meningitis zu finden und nichts zeigt sich davon bei der Sektion. Äußerlich ist an den Hirnhäuten nichts zu sehen. Beim Durchschnitt des Gehirns nach der Karl Schafferschen vertikalen Art, fällt es vor allem auf, daß die Schnittfläche uneben ist, es ragen aus ihr wie Borsten die Gefäße heraus, die ganze Fläche ist mit Blutpunkten übersät. Die Gehirnsubstanz ist stark atrophisch, daher die Unebenheit, auffallend atrophisch ist auch die Rinde. Das eben beschriebene makroskopische Bild entspricht der diffusen Endarteriitis. Ähnliche Fälle habe *ich* mehrere beobachtet.

Das klinische Bild in seinem letzten Stadium entspricht ganz dem der fudroyanten Paralyse. Nach meiner Erfahrung ist es nur ein einziges Symptom, welches differentialdiagnostisch in Frage kommt und dies ist das Verhalten der Wa.R. In den letzten Monaten der Erkrankung war die Wa.R. im Blut stets stark positiv und im Liquor negativ. Dieses Verhalten vermissen wir sowohl bei der meningitischen als auch bei der parenchymatösen cerebralen Lues. So oft ich auf dieses Verhalten geachtet habe und in Erwägung zog, hat es mir zur richtigen anatomischen Diagnose verholfen.

Es sei als Beispiel hierfür folgender Fall (9) angeführt:

Eine 56jährige Frau wird in einem ganz verwirrten Zustand eingeliefert. Sie ist zeitlich und örtlich desorientiert. Ihre Sprache ist gedehnt, zögernd, es besteht Silbenstolpern. Sie zeigt ab und zu Echosprache. Klagt über Kopfschmerzen. Die Pupillen etwas verzogen. Es besteht Anisokorie, träge Lichtreaktion. Neuritis optica. Wa.R. sowohl im Blut wie im Liquor negativ. Geringe Globulinvermehrung, etwas vermehrter Eiweißgehalt. Die

Patientin bot ganz das klinische Bild der progressiven Paralyse, aber auf Grund der negativen Serum- und Liquorbefunde (auch durch Provokation war keine positive Wa.R. zu erzielen) ließ ich diese Diagnose fallen und ordinierte eine Bi-Neosalvarsankur, da ich an eine vorzugsweise vasculäre Lues dachte. Die Kur brachte vollen Erfolg. Das Bewußtsein hellte auf, die Sprachstörung verschwand, so auch die Kopfschmerzen. Die Neuroretinitis ging zurück und es verblieb eine leichte nasale Abblassung der Papille. Noch nach 3 Jahren bestand vollkommene Symptomenfreiheit und Wohlbefinden.

Bei luischer Erkrankung der *frontotemporalen Gefäßbezirke*, namentlich der linken Seite, kann es auch zu der progressiven Paralyse zum Verwechseln ähnlichen klinischen Bildern kommen. Ein Fall (10) von vielen sei als Beispiel angeführt:

Ein 44jähriger Ingenieur will zuerst von keiner luischen Infektion wissen, später wird dieselbe zugestanden. Er bekam im ganzen 15 Hg-Injektionen. 1 Jahr vor seiner Aufnahme begann er an Kopfschmerzen und an unangenehmen Schwindelerscheinungen zu leiden, dann trat plötzlich eine halbseitige Lähmung auf, welche aber bald verschwand, um nach 6 Monaten auf 4 Tage wiederzukehren. Nach weiteren 4 Monaten bekam er ein Gefühl des Kribbelns an der linken Körperhälfte und verlor die Sprache. Auch dieser Zustand dauerte nur kurze Zeit, aber es vollzog sich eine Wesensveränderung an ihm. Er wurde äußerst sensibel, kolossal reizbar, etwas vergeßlich. Er leidet an nächtlichen Schweißen. Beim Sprechen Lippenunruhe; Fingertremor; komplizierten psychischen Leistungen ist er nicht gewachsen. Er bot ganz das Bild der progressiven Paralyse. Zu meinem größten Erstaunen erwies sich sowohl der Blut- als auch der Liquor-Wa. negativ. Auf Grund dieses Befundes schließe ich die progressive Paralyse aus und nehme eine luische Gefäßerkrankung im Gebiet der Arteria fossae Sylvii links an. Bestärkt wurde ich in dieser Annahme durch den oben geschilderten Verlauf. Eine energische antiluische Kur brachte vollen Erfolg.

Im vorhergehenden Fall hat uns die Negativität der Wa.R. dazu geleitet, die Diagnose der progressiven Paralyse fallen zu lassen, aber uns nicht abgehalten, eine energische antiluische Behandlung sofort, und wie wir sehen mit Erfolg, einzuleiten. Hätten wir dies verabsäumt, so wäre dem Patienten dasselbe Los beschieden, wie dem nächstfolgenden Fall 11.

Ein 55jähriger Mann, der mit 18 Jahren einen weichen (?) Schanker gehabt hat, aber auch etwas im Rachen (?), bekam im ersten Kriegsjahr einen Anfall von Aphasie, der rasch vorüberging. Man untersuchte das Blut und da *die Wa.R. negativ befunden wurde,* stand man von einer Behandlung ab, da der Patient sonst keine Klagen gehabt hat, namentlich keine Kopfschmerzen hatte. In demselben Jahr wiederholte sich die motorische Aphasie zweimal, jedesmal für einige Stunden. Im Jahre 1925 trat, bei *erhaltenem Bewußtsein,* eine linksseitige Hemiplegie auf, die Wa.R. im Blut war diesmal positiv. Jetzt bekam er endlich eine Bi-Neosalvarsankur. Die Sprache kam in Ordnung, die Vergeßlichkeit verschwand, leider blieb aber die Hemiplegie bestehen, sonst keine Klagen. Ich sah Patient 2 Jahre nach dem letzten Insult; außer einer Leucoplakia buccalis und bis auf die erwähnte Hemiplegie war kein klinisches Symptom vorhanden.

Wir dürfen nicht vergessen, daß es auch Mischfälle gibt. So sah ich Fälle von stationärer Tabes, in denen Erscheinungen vasculärer Natur auftraten, welche sich ebenso rasch verloren, wie sie rasch gekommen sind: Aphasische Zustände; Unsicherheit bei der Lokomotion; Schlingbeschwerden.

Der luische vasculäre Prozeß kann in einem jeden Gefäßgebiet des Gehirns lokalisiert sein und so bekommen wir die mannigfachsten Symptomenkomplexe. Alle zu besprechen, hieße die topische Symptomatologie und Diagnostik der cerebralen Gebiete vorzutragen, was den Rahmen meiner Arbeit weit übersteigen würde.

Nur die *Pedunkulusläsion* greifen wir heraus, weil es *mir* bei dieser gelang, ein neues Symptom zu dem bekannten WEBERschen Syndrom (auf der einen Seite Hemiplegie, auf der anderen totale oder partielle Oculomotoriuslähmung) aufzudecken, und zwar handelt es sich um die, von mir beschriebene *Hyptokinesis.* Patienten, welche das WEBERsche Syndrom zeigen, *fallen bei geschlossenen Füßen und nach hinten gebeugter Kopfhaltung, nach hinten.* Die Ursache des Nachhintenfallens ist auf das Mitbeteiligtsein des Nucleus ruber zu beziehen, wie ich dies in mehreren Arbeiten zu beweisen suchte. Ein Blick auf die Abb. 24) überzeugt einen jeden, daß mit der Schädigung des Oculomotorius auch eine solche des Nucleus ruber, den der dritte Nerv durchquert, bestehen muß.

Einen Sektionsfall verdanken wir Wilbrand und Saenger. In demselben war eine Encephalitis der roten Kerngegend die Ursache der *rubralen Ataxie* (v. Sarbó), welche sich in ebenso schweren Gleichgewichtsstörungen äußert, wie die cerebellare.

Ein 51jähriger Arbeiter hatte im Mai eine frische Roseola, welche bald abheilte, aber schon nach zwei Monaten zeigte sich ein pustulöses Syphilid mit Nervensymptomen: Schwindelanfälle, rechtsseitige Hemiparese; rechtsseitige Ptosis; Sprache undeutlich; Sensorium getrübt. — *Patient konnte weder stehen, noch allein gehen.* — Pneumonie. — Exitus. — Bei der *Sektion* fand sich in der linken Ponshälfte ein kirschgroßer Erweichungsherd, derselbe nimmt den linken oberen Teil des Pons ein und erstreckt sich nach oben bis zur Höhe des Trochleariskernes, nach unten bis oberhalb der Kernregion des Facialis und Abducens. *Thrombose der Arteria vertebralis und entzündliche Veränderungen in der Kernregion des Oculomotorius und im oberen Drittel des roten Haubenkerns.*

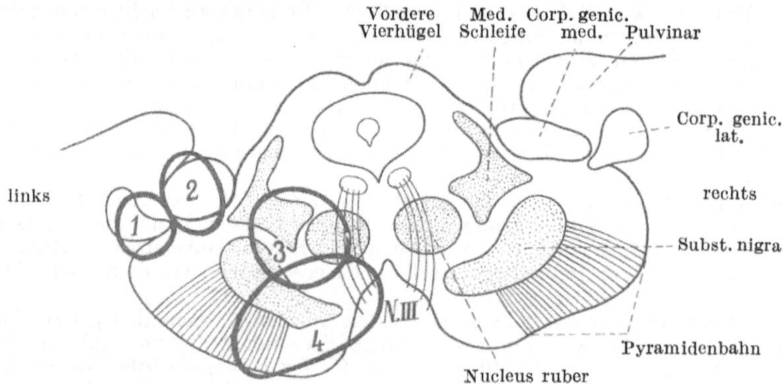

Abb. 24. Herde in der Vierhügelgegend nach H. Liepmann. 1 Hemianopsie dextra. 2 Beiderseitige Herabsetzung der Sehschärfe. 3 Sensibilitätsstörung nach rechts, Okulomotoriuslähmung links. *Hyptokinese nach* v. Sarbó[1]. 4 Motilitätsstörung der Extremitäten rechts, des Okulomotorius links. *Hyptokinese nach* v. Sarbó. (Nach Wilbrand und Saenger.)

Es bestanden Rundzelleninfiltrationen gerade *an der Stelle, wo die Oculomotoriuswurzelfasern durchtraten.* Die Ganglienzellen des Oculomotorius waren beiderseits nicht verändert. *Das Unvermögen des Stehens und die Ataxie beim Gehen werden von den Autoren nicht erklärt. Ich sehe in demselben die Äußerungen der rubralen Ataxie, hervorgerufen durch die Encephalitis der roten Kerngegend.*

Die Pedunkulusläsion kann auch durch einen basalen Prozeß und seinen vasculären Folgen bedingt sein, deshalb sagte schon Oppenheim, daß bei der gekreuzten Lähmung bei Lues Vorsicht zu walten habe, denn sie bedeutet nicht unbedingt einen Hirnschenkelherd. *Bei negativem Liquor und positivem Blut-Wa. ist eher an einen vasculären, in beiden Medien positiven Befund eher an einen meningovasculären Prozeß zu denken.*

Der mitzuteilende Fall stellt einen solchen der letzteren Möglichkeit vor. Er stammt von Ingham. Ein 42jähriger syphilitisch infizierter Patient zeigte als das hervorstechendste Symptom eine schwere Koordinationsstörung vom Charakter der cerebellaren Ataxie, und zwar in der seltenen Form, daß eine konstante Neigung, direkt *nach hinten zu fallen,* bestand. Die Diagnose wurde auf eine Neubildung im Wurm des Kleinhirns gestellt. Die Obduktion ergab statt eines Tumors eine syphilitische Meningitis cerebrospinalis, besonders stark an der Basis des Gehirns, wo Verdickungen der Arachnoidea-Pia einen vollständigen Verschluß des Foramen Magendie hervorgerufen hatten. Dilatation

---

[1] Im Original nicht vermerkt.

aller Ventrikel, hauptsächlich des vierten, wodurch eine Kompression und Verdrängung der weißen Substanz der Kleinhirnhemisphären und der Nuclei in ganz symmetrischer Form bewirkt war. Mikroskopisch fanden sich die gewöhnlichen Veränderungen syphilitischer Natur an den Meningen und den Gefäßen des Hirns und Rückenmarks. INGHAM bezieht die seltene Form der Gleichgewichtsstörung auf die ganz symmetrische Läsion der Nuclei dentati und der Vermis.

Der meningovasculäre Prozeß an der Basis führt oft zu einem Hydrocephalus, namentlich des dritten Ventrikels, durch denselben wird die Funktion der Nuclei, rubri gestört und so erklärt sich in diesen Fällen die Konstanz der Hyptokinese! Ich verfüge über eine ganze Reihe von Fällen, darunter auch viele Sektionsfälle, in denen die Erweiterung des dritten Ventrikels als die Ursache der gestörten Nucleus ruber-Funktion erkannt werden mußte und die künstlich hervorrufbare Hyptokinesis klinisch die Läsion des Mittelhirns annehmen ließ. Darunter waren Fälle, in denen eine Punktion den Druck des dritten Ventrikels sistierend, auch das Symptom des Nachhintenfallens zum Verschwinden, eine neue Ansammlung des Liquors wieder zum Vorschein brachte.

Einen klinischen Fall von bulbärer Erkrankung verdanken wir URECHIA und GROZE: Eine junge Frau zeigt plötzlich das Bild der Erkrankung des Bulbus, und zwar gekreuzte Hemianästhesie, links Facialis- und Abducenslähmung und Hyperästhesie des Trigeminus. Syringomyelische Dissoziation. Fünf Tage dauernde Hyperthermie. Rechts Hemiataxie und Tendenz zur Lateralpulsion. Die Wa.R. im Liquor positiv. Die antisyphilitische Behandlung hatte vollen Erfolg. — Auch NEUDING erwähnt einen Fall eines 38jährigen Mannes, bei dem sich plötzlich eine Sprach- und Schluckstörung zeigte. Keine Vorboten. Anisokorie mit träger Lichtreaktion ergänzten das Bild. Die Wa.R. war in beiden Flüssigkeiten positiv. Da keine Symptome einer basalen Meningitis, keine Lähmung anderer Hirnnerven, keine Kopfschmerzen vorhanden waren, der Beginn ein plötzlicher war, nahm der Verfasser eine syphilitische vasculäre Läsion in den, den Bulbus versorgenden kleinen Arterien an.

Den, durch die luisch thrombotische Verlegung der Basilaris hervorgerufene Symptomenkomplex kennen wir aus einem von NONNE beobachteten Sektionsfall. Plötzliche Lähmung beider Unterextremitäten, nach einer Stunde auch Lähmung der Arme, in Begleitung von Schwindelerscheinungen. Respirationslähmung, die Mimik stark paretisch, ebenso die Bulbomotorik, ungenügende Lichtreaktion der Pupille, Lähmung der Zunge. Babinski, Rossolimo positiv. Bauchreflexe nicht erhaltbar. Kein Meningismus. Schmerzsinn erhalten. Lymphocytose (60). Die Wa.R. sowie Eiweiß und Globulinreaktion stark positiv. Exitus nach 20 Stunden. Die Prognose dieser Fälle nach NONNE letal.

Zusammenfassend können wir sagen, daß die Gefäßlues des Gehirns sich in jedem Stadium der Syphilis bemerkbar machen kann. Bei der Frühlues ist ihre Spezifität durch den Primäraffekt oder durch den spezifischen Hautausschlag sichergestellt. *Schon bei dieser Gefäßlues zeigt die Dissoziation im Verhalten von Blut- und Liquor-Wa.R. auf die vasculäre Genese hin, wie wir dies für die späte Gefäßlues als fast pathognomisch kennen gelernt haben.* Klinisch können wir verschiedene Verlaufsformen unterscheiden. Erstens kommen Fälle vor, in denen nach kürzeren oder länger dauernden Prodromalsymptomen plötzlich der Funktionsausfall eines Hirngebietes auftritt und nach angewendeter richtiger Behandlung mit kleinerem oder größerem Defekt, zum Stillstand kommt. Dieser Stillstand kann jahrzehntelang dauern und nur beim Eintritt des arteriosklerotischen Alters zeigen sich wieder Symptome. Dann gibt es Fälle, in denen trotz intensivster Behandlung immer wieder Rezidiven auftreten, bis endlich mit schwerem Defekt der Stillstand eintritt. Eine andere Verlaufsmöglichkeit bieten die Fälle mit verzogenem, langsamem Verlauf, der Patient büßt seine geistige Regsamkeit ein, es kommt zu verschiedenen Graden der Vergeßlichkeit, langsam entsteht eine geistige Stumpfheit. Der Verlauf zieht sich in die Länge, es gibt Fälle, bei denen es zur totalen Demenz kommt, in welcher dieselben jahrzehntelang verharren. In anderen Fällen wieder entwickelt sich dieselbe rascher, es kommt plötzlich zu äußerst stürmischen Erscheinungen, die Patienten werden desorientiert, bald tritt vollkommene Bewußtlosigkeit ein und unter schweren Erregungserscheinungen tritt plötzlich der Tod ein. In diesen Fällen, welche klinisch der progressiven Paralyse sehr ähneln, finden wir eine diffuse Erkrankung der Gehirngefäße mit sekundärer Atrophie des Gehirngewebes. Wir heben hervor, daß der ganz reine Fall einer luischen Hirngefäßerkrankung wohl eine Seltenheit darstellt. Gewöhnlich ist auch eine, wenn auch nur leichte, Beteiligung der weichen Hirnhäute vorhanden. Dieselben aber machen kaum klinische Erscheinungen, so daß es gerechtfertigt ist, die Gefäßlues als eine ganz eigentümliche Form der Hirnlues zu behandeln.

b) Das syphilitische Hirnaneurysma.

Eine spezielle Betrachtung widmen wir jenen seltenen Fällen, in denen zumeist in Begleitung einer diffusen Arachnitis ein *Aneurysma* irgendeines Hirngefäßes zum Platzen und es hierdurch zu schweren Hirnerscheinungen kommt. In Anbetracht der Seltenheit dieses Vorkommnisses gebe ich die Krankengeschichte zweier hierhergehörigen Fälle, im folgenden wieder:

Fall 12. 33jährige Puella publica hatte vor 8 Jahren einen syphilitischen Ausschlag, wurde mit 20 Einreibungen von grauer Salbe behandelt. Vor 2 Jahren 8 intragluteale Injektionen. Sie wurde am 4. 10. 19 in einem wirren Zustand aufgenommen; sie behauptete, man schleppt sie „ans Eis". Anisokorie. Lichtstarre Pupillen. Augenhintergrund normal. Gedehnte Sprache. Parese der linksseitigen Extremitäten. Rechtsseitig deutliches Verstrichensein der Nasolabialfalte. Liquor entleert sich unter sehr starkem Druck, ist gelblich gefärbt, sowohl Blut- als Liquor-Wa. stark positiv. Ord.: Schmierkur und Jod. Am 10. Tage ihres Aufenthaltes plötzlicher Bewußtseinsverlust, Erbrechen. Déviation conjugée der Augen nach rechts. Bradykardie, Cheyne-Stokessche Atmung. Die Finger krampfhaft zur Faust geballt, beiderseitig Babinski. 1 Stunde später ist der linke Unterarm stark an die Brust gepreßt, während sie mit der rechten Hand ständige Reibbewegungen an der Brust und an dem Bauch vollführt. Secessus incisii. Nach einigen Stunden Exitus. Bei der Leicheneröffnung fanden wir eine diffuse Arachnitis adhaesiva und ein zerplatztes, erbsengroßes Aneurysma der rechtsseitigen Arteria cerebri media. Die Blutung nahm die Unterfläche des rechten Frontallappens ein, ergoß sich in die Seitenventrikel und legte sich auf das Crus cerebelli ad pontem.

Die klinisch beobachtbare gekreuzte Lähmung (Millard-Gublersches Symptom) ist wahrscheinlich durch den Druck des Aneurysmas auf den unteren Teil der Brücke zu beziehen.

Fall 13. Der 32 Jahre alte Epileptiker acquirierte Lues im Jahre 1916. Der Patient wurde mangelhaft behandelt. Plötzlich tritt bei ihm eine mit Bewußtlosigkeit einhergehende Hemiplegie auf und da der Liquor in jeder Beziehung normal war, dachten wir, daß die linksseitige Lähmung die Folge einer luischen Endarteriitis sei, um so mehr, als vorausgehend eine Abducenslähmung und Kopfschmerzen durch eine antiluische Kur behoben wurden. Zu unserer Überraschung konstatierten wir bei der Sektion (Prof. Baló) eine Pachymeningitis haemorrhagica interna l. d. Aus der Krankengeschichte müssen wir folgendes hervorheben: Als Zeichen des Hirndruckes bestanden: ständige Bradykardie, intensiver Kopfschmerz, häufiges Gähnen, doppelseitiger Babinski. Als Rindenreizung war der positive *Kernig*, als auch Brudzinskisches Symptom vorhanden. Die Entwicklung der Hemiplegie wich insofern von einer gewöhnlichen, durch eine kapsuläre Blutung entstehenden Lähmung ab, als vor der Bewußtlosigkeit die Zuckungen der nachher gelähmten Unterextremität zu beobachten waren.

Auf Grund meiner Studien, welche ich in Fällen von platzendem Aneurysma machen konnte, stelle ich in folgendem den Unterschied zwischen einer basalen und einer die Konvexität des Gehirns betreffenden Blutung zusammen.

<table>
<tr><td>

Basisaneurysma.
Beginn: Plötzlich, dann sich verschlimmernd.
Symptome: Starke Kopfschmerzen; starke Rigidität der Nackenmuskulatur; sehr oft Lähmung der basalen Hirnnerven, hauptsächlich jener der dritten Skala; blutiger Liquor, Xanthochromie, Pleocytose.

</td><td>

Konvexitätsaneurysma.
Beginn: Plötzlich, dann sich verschlimmernd.
Symptome: Starke Kopfschmerzen; angedeutete Rigidität der Nackenmuskulatur; gekreuzte Erscheinungen in den Extremitäten; herdentgegengesetzte Hemiplegie mit BABINSKISchen Zeichen; herdseitige Erregungssymptome: Kontraktion der Extremitäten und KERNIGsches Symptom; mögliche Lähmung der Hirnnerven an der Basis mit Ausnahme jener der dritten Hirngrube; der Liquor klar, ohne Zeichen der Entzündung, gewöhnlich Stauungspapille, welche an der Seite der Blutung stärker ausgesprochen ist.

</td></tr>
</table>

Über meningeale Blutungen finden wir schon Angaben in der älteren Literatur. So erwähnt schon BRAULT den Fall eines 29jährigen Mannes, bei dem während der Behandlung seines papulo-squammösen Syphilidis ein plötzlicher Tod eintrat und bei der Autopsie eine meningeale Hämorrhagie an der Basis nach vorne bis zur Fissura Sylvii, nach hinten ins vierte Ventrikel und in den Rückenmarkskanal reichte. Die Rupturöffnung konnte nicht nachgewiesen werden. LANCEREAUX erwähnt den Fall einer 44jährigen Frau, die in ihrem 20. Lebensjahr infiziert wurde, mehrere Frühgeburten und kongenitale luische Kinder hatte, zuerst eine rechtseitige Hemiparese, trotz Calomel- und Jodbehandlung eine linksseitige Hemiplegie erlitt. Bei der Sektion zeigte sich, daß die linksseitige Hemiplegie durch eine intermeningeale Hämorrhagie zwischen Arachnoidea und Pia rechts bedingt war, während ein alter Herd im linken Striatum die frühere rechtsseitige Hemiplegie zur Folge hatte.

Überstehen die Luetiker eine Hirnblutung, so kann sich dieselbe später durch die Xanthochromie des Liquors verraten. So fand *ich* bei einer Tabikerin bei der Sektion eine haselnußgroße, Blutkoagula enthaltende, rostbraune Wände aufweisende Höhle, ferner eine Blutung aus der Arteria cerebr. med. in die weichen Hirnhäute, in der Gegend der Gyri recti, wodurch die frontalen Lappen zusammengewachsen waren. Die Höhle war mindestens, nach den klinischen Symptomen zu urteilen, ein Jahr alt. In diesem Falle war der Liquor stark gelb, zeigte 1,25⁰/₀₀ Eiweiß, sämtliche Reaktionen waren stark positiv, die Kolloidreaktion zeigte vollkommene Ausfällung in der dritten, vierten, fünften Röhre. Blut und Liquor Wa.R. stark positiv. Neuerdings teilte LAURENTIER zwei Fälle meningealer Hämorrhagie mit. Er glaubt, daß dieselben häufiger seien, als gewöhnlich angenommen wird. Nach ihm spielt die Spirochäte auch in jenen Fällen, die seronegativ sind, eine wichtige Rolle. Interessant ist eine Diskussionsbemerkung SPILLERs, nach welcher eine, bei einem Syphilitiker sich zeigende Hemiplegie nicht absolut syphilitischen Ursprunges sein muß. Nach ihm kann die Syphilis die Blutgefäße in starkem Maße angegriffen haben und eine Ruptur oder Thrombose kann in diesem erkrankten Gefäß später aus anderer Ursache als Syphilis eintreten. Hier erwähne ich den positiven Blut-Wa. zeigenden Fall einer hemiplegisch gelähmten Frau, ohne daß wir klinische Symptome einer Herzerkrankung aufdecken konnten und bei der wir eine Gefäßlues annahmen und sie entsprechend behandelten. Die Patientin starb eines plötzlichen Todes. Bei der Sektion stellte es sich heraus, daß sie eine Endocarditis lenta hatte und dieselbe eine septische Embolie in der Arteriae fossae Sylvii im Gehirn verursachte.

c) Die Gefäßlues des Rückenmarkes.

Einleitung. Interessant ist es, festzustellen, welchen Wandel unsere Kenntnisse über die Entstehung der Rückenmarkssyphilis durchgemacht haben. Bei

Dejerine lesen wir, daß in der Zeit vor unserer vorgeschrittenen histologischen Technik die syphilitische Paraplegie den Exostosen und Periostitiden der Wirbel, welche zu jener Zeit als sekundäre Symptome bekannt waren, in die Schuhe geschoben wurde. Man hatte damals noch keine Ahnung, daß auch das Rückenmark und seine Häute luisch erkranken können. Zu jener Zeit spielte der angeführten Anschauung entsprechend, das „mal de Pott" syphilitischen Ursprunges, neben dem tuberkulösen, eine große Rolle. (Portal beschrieb den ersten Fall, dann kamen Dupuytren und Motfalcon mit ihren Fällen). Heute wissen wir, daß die syphilitischen Wirbelentzündungen zu den Seltenheiten gehören. Es entwickelte sich der Begriff der Lues cerebrospinalis oder wie Lamy ihn nannte: die syphilitische Meningitis cerebrospinalis. Lamy sah in den entzündlichen meningealen und in den Zirkulationsstörungen den pathologanatomischen Hintergrund. Dejerine und Sottas (1894) betonten, daß die Gefäßveränderungen die nekrobiotischen Vorgänge im Nervengewebe hervorbringen. Dejerine hebt schon hervor, daß die Erweichungen in den sich rasch entwickelnden Fällen auftreten. In diesen vollzieht sich schon frühzeitig der arterielle Verschluß und die Zirkulation wird plötzlich gehemmt oder aufgehoben. So war es in den Fällen von Waldemar-Steenberg (1860), de Winge (1863). Der Gefäßprozeß ist seither von zahlreichen Autoren beschrieben worden: Leyden, Eisenlohr, Lancereaux, Schultze, Westphal, Dejerine und Sottas, Lamy, Greif, Rumpf, Knapp, Jürgens, Oppenheim und Siemerling, Schmaus, Goldflam, Nonne und viele andere.

Die reine vasculäre Erkrankung des Rückenmarks ist eine seltene Art der Gefäßlues. Trotz ihrer Seltenheit ist ihr klinisches Bild ein äußerst veränderliches. Die Zweige der Kranzarterie können einzeln erkranken und so das von ihnen versorgte Gebiet außer Funktion setzen. Auf diese Weise können die mannigfaltigsten klinischen Bilder entstehen.

Spiller war einer der ersten, der einen Fall von Thrombose eines kleinen Teiles einer Spinalarterie beschrieb, welche eine Poliomyelitis acuta anterior bedingte. Nach Spiller ist die Spinalthrombose keine seltene Erkrankung und wahrscheinlich, die Ursache der meisten apoplektiformen Lähmungen im Verlauf der Myelitis. Das Bild der Syringomyelie, der kombinierten Strangsklerosen kann so entstehen.

Collins und Taylor teilen einen klinisch und pathologanatomisch eingehend beobachteten Fall eines 22jährigen Jünglings mit, der 6 Monate nach der Infektion an Parästhesien und Schwäche der Beine sowie an Harnbeschwerden erkrankte. Bald entwickelte sich totale Paraplegie mit Babinski. Es fanden sich bei der Sektion Erweichungsherde, in der Höhe vom 5.—9. Dorsalsegment, besonders im hinteren Teil des Rückenmarks. Die Blutgefäße waren verdickt und von Rundzellen infiltriert, mit Hämorrhagien. In den Hintersträngen und in den Hinterseitensträngen sklerotische Herde. Die Fälle von Mon Fah Chung haben wir schon im pathologanatomischen Teil erwähnt, hier heben wir nur seine klinische Einteilung hervor. Er unterscheidet einen akuten und einen subakuten Typus. In den akuten handelt es sich zumeist um Thrombotisierung der spinalen Gefäße mit sekundärer Beteiligung des Rückenmarks, in den subakuten Fällen kommt es auch zur Thrombose aber mit einer mehr wenig ausgebreiteten Meningomyelitis verknüpft. Heilung ist möglich aber sehr oft beim längeren Bestande der Krankheit, nur mit Defekt. Einen nur klinisch beobachteten Fall von syphilitischer Amyotrophie spinalen Ursprunges teilt Pires mit, er nahm eine syphilitische Gefäßerkrankung im Vorderhorn an. Auch Bériel und Meztrallet teilen einen klinischen Fall von Poliomyelitis acuta syphilitica mit.

Den ersten, durch die Sektion verifizierten Fall von Poliomyelitis syphilitica acuta verdanken wir P. A. PREOBRASCHENSKI (1908). Es handelte sich um eine 46jährige Taglöhnerin, die vor ihrer zum Tode führenden Erkrankung wegen alkoholischer Geistesstörung im Irrenhaus interniert war. Sie erkrankte unter stürmischer Entwicklung einer Schwäche sämtlicher Extremitäten, die Pupillen waren lichtstarr, Knie- und Achillesreflexe fehlten, Retentio urinae, keine Sensibilitätsstörung, die Sprache näselnd. Temperatur 37,5—39,3. Der Fall wurde für eine Polyneuritis gehalten. Lues hatte sie vor 15 Jahren. Rasch ging es zu Ende unter Entwicklung einer allgemeinen Kachexie. Mikroskopisch stellte es sich heraus, daß sich der Prozeß auf die Vorderhörner beschränkte. Stark infiltriert waren besonders im Halsteil die Art. sulci et sulco-commiss. In der Lendenanschwellung dringen die stark infiltrierten Gefäße der Vasocorona in die Vorderhörner. Viele Gefäße in den Vorderhörnern sind stark erweitert, andere verengt, stellenweise bis zur Obliteration. Die Nervenzellen sind nur spärlich und auch die vorhandenen degeneriert. An der weichen Rückenmarkshaut sieht man eine diffuse, auf einzelne Bezirke sich beschränkende Infiltration und Verschmelzung mit den Wurzeln und Gefäßen. PREOBRASCHENSKI nimmt auf Grund seines gründlich untersuchten Falles Stellung gegen die namentlich von französischen Autoren vertretenen Anschauung (LÉRI, OLIVIER et HALIPRE, LENNOIS et PEROT), derzufolge die Zellenveränderungen bei der syphilitischen Poliomyelitis primär *toxisch* entstünden, sein Fall beweist die interstitielle entzündliche Entstehung.

Einen analogen gründlich untersuchten Fall verdanken wir FRANZ HERZOG. Auch dieser Fall wurde in vivo für eine Polyneuritis gehalten, während die Sektion eine auf beide Vorderhörner und auf beide Vorderseitenstränge sich erstreckende Erweichung im Halsmark aufdeckte. Auch die Pia war erkrankt. Der Prozeß reichte bis zum Sacralmark. Auffallend ist es, daß auch in diesem Fall schwerer Alkoholmißbrauch stattfand, so daß an die Mitbeteiligung um so mehr gedacht werden kann, da auch HERZOGS Fall am Ende der Erkrankung psychische Störungen aufwies. Beiden Fällen gemeinsam ist die starke Beteiligung der Vasculatur am Prozesse, welche zu Erweichungen hauptsächlich in den Vorderhörnern geführt hat. Es ist nicht zu verwundern, daß auch die weichen Rückenmarkshäute am Prozeß teilnehmen, da derselbe ein diffuser war, betonen wollen wir aber, daß auch diese meningealen Veränderungen von den erkrankten pialen Gefäßen herstammen.

Neuerdings befaßte sich MARGULIS mit der vasculären Spinalsyphilis und bringt sieben neue Fälle, von denen drei anatomisch untersucht werden konnten. Das klinische Bild der akuten syphilitischen thrombotischen Erweichungen des Rückenmarks besteht in akut sich entwickelnder Paraplegie mit dissoziierten Störungen der Sensibilität, Sphincter- und trophischen Störungen. Bevorzugt werden die untere Dorsal- und Lumbalgegend. Die Verstopfung kann mehrere Zweige der vorderen Arterie des Rückenmarks betreffen und dementsprechend können multiple Erweichungsherde entstehen. Die schlaffe Lähmung kann in eine spastische übergehen. Die Prognose der Thrombose der vorderen Spinalarterien hängt von der Größe des Erweichungsherdes ab. Je früher die Behandlung beginnt, desto bessere Aussichten bestehen für den Beteiligten.

DEJERINE beschrieb unter dem Namen: *Syndrom der langen Wurzelfasern der Hinterstränge* jene Dissoziation der Sensibilität, welche darin besteht, daß die Tiefensensibilität gestört, sogar ganz aufgehoben sein kann, während die übrigen Arten der sensiblen Leitung ungestört sind. Anatomisch handelt es sich um Fasern, welche in den GOLLschen Strängen und an der Innenseite des BURDACHschen Stranges verlaufen, intakt sind die Hinterwurzeln, die LISSAUERsche

Randzone, der äußere Teil des Burdachschen Stranges und die hintere graue Substanz.

Nach Jumentié und André Thomas kann dieses Syndrom durch Gefäßerkrankung erzeugt werden. Einen klinischen Fall dieser Art beschrieben Porot und Benichou. In ihrem Fall blieb eine isolierte Störung der Tiefensensibilität als remanentes Symptom zurück, während die spastische Ataxie und die Sphincterstörungen auf antiluische Behandlung zurückgingen. In der überwiegenden Mehrzahl der Fälle sind auch die Rückenmarkshäute, wenn auch in einzelnem Fall nur in sehr geringem Grade, miterkrankt. Es gibt aber ein sehr charakteristisches klinisches Syndrom, welches der spinalen Gefäßlues eigen ist.

Vor allem müssen wir feststellen, daß sich in der überwiegenden Zahl der Fälle die spinale Gefäßlues im dorsalen Rückenmarksabschnitt festsetzt. Daraus folgt, daß die Symptome in den meisten Fällen von seiten der Unterextremitäten beobachten werden. Es können im Beginn sich zuerst subjektive Störungen bemerkbar machen: Das Gefühl von Ameisenlaufen, Kribbeln in den Füßen, dann folgt die rasche Ermüdbarkeit, welche in immer kürzerer Zeit auftritt. Endlich stellt sich *plötzlich* die Gehunfähigkeit ein. Es ist je nach dem einzelnen Fall verschieden, wieviel Zeit die Prodromalsymptome in Anspruch nehmen, es kann sich um Stunden aber auch um Monate handeln. Die Paraplegiker spinalen Gefäßursprunges sind geradeso Selbstbeobachter ihrer Lähmung, wie es die Hemiplegiker der cerebralen Gefäßlues sind. In geistreicher Weise verglich Dejerine dieses Versagen der Füße im Beginn der Erkrankung mit dem intermittierendem Hinken und benannte es „claudication de la moelle“, i. e. intermittierendes Hinken des Rückenmarkes. Geradeso wie ein mit intermittierendem Hinken Behafteter muß auch der, infolge von spinaler Gefäßlues Paraplegiebedrohte, nach kürzerem oder längerem Gehen innehalten und abwarten bis seine Gehfähigkeit wiederhergestellt ist. Dejerine beschreibt folgendes bezeichnendes Bild: In der Ruhe besteht keine Parese, auch keine Kontraktur der Fußmuskulatur; beim Gehen werden die Kniereflexe noch lebhafter als sie schon waren; es gibt Fälle, in denen der Babinskische Reflex nach dem Gehen auftritt um in der Ruhe zu verschwinden. Die Symptome können auch einseitig vorhanden sein. Gegenüber dem intermittierenden Hinken, sind die Gefäße der Unterextremitäten intakt und es fehlen auch die vasomotorischen Erscheinungen (Cyanose, Schmerzen, Kälte der Haut). — Vor allem muß betont werden, daß beim intermittierenden Hinken es die Schmerzen sind, welche den davon Betroffenen zum Stehenbleiben zwingen, während der Spinalkranke einfach nicht weiter kann, weil er die Füße nicht mehr zu innervieren imstande ist. Die Ursache dieser vorübergehenden Unfähigkeit die Füße zu bewegen, erblicken Lortat-Jacob und Poumeau-Delille in den, von ihnen vorausgesetzten Gefäßkrämpfen, welche eine Blutarmut im Rückenmark erzeugen sollen. Eine Annahme, die wir als unbegründet bezeichnen müssen. Nach meiner Meinung handelt es sich bei den medullären Synkopen (die Bezeichnung stammt von Sottas), um endarteriitisch verengte Spinalgefäße, welche der zum Gehen erforderlichen *Überleistung* nicht gewachsen sind. Sehr richtig bemerkt Dejerine, daß der Eintritt des vollkommenen Versagens der Füße dieselben Möglichkeiten bietet, wie wir sie beim Auftreten der cerebralen Hemiplegie infolge von Ischämie oder Blutung kennen gelernt haben. Es können lange Zeit hindurch die Vorboten bestehen, bis dann plötzlich die Paraplegie eintritt. Eine plötzliche Lähmung kann sich aber auch ohne Vorboten einstellen. Excessus in venere, in baccho kann die Ursache dieser plötzlichen Paraplegie sein, zu welcher sich gewöhnlich auch Störungen der Miktion gesellen. Es kann eine Retentio urinae, ein spontanes Abträufeln, ein Nachtröpfeln sich zeigen.

Für gewöhnlich fehlen Sensibilitätsstörungen. In diesem Stadium der schlaffen Lähmung sind meistens auch die unteren Stammuskeln paretisch, weshalb den Patienten auch das sich Aufsetzen versagt ist. Schreitet der Prozeß der Erweichung fort, so treten Ausfallserscheinungen auch in der Sensibilität auf, es entwickelt sich das gefürchtete Bild der Querschnittsmyelitis; die Patienten liegen sich auf, mit Frösteln einhergehende Temperaturen treten auf und es entwickelt sich das septische Bild. Rasch geht es dann zu Ende. In der Mehrzahl der Fälle aber erholt sich der Kranke nach einigen Tagen, die Beweglichkeit der Füße kehrt zurück und es entwickelt sich das Bild der spastischen Paraplegie. Sehr oft ist eine Ungleichheit in dem Zustand der beiden Unterextremitäten zu vermerken. Über das Syndrom der spastischen Paraplegie werden wir im Kapitel der meningovasculären Lues weiter berichten. Ist der Sitz der spinalen Gefäßlues im Cervicalmark, so bekommen wir das Bild der Quadriplegie mit Vorherrschen der Oberextremitätssymptome; wird das Lumbalmark angegriffen, so tritt die schlaffe Paraplegie mit Areflexie und schweren Störungen der Urin- und Stuhlentleerung auf.

Die *Prognose* der hierhergehörigen Fälle hängt zum größten Teil davon ab, ob wir die luische Natur früh genug erkannt und die antiluische Kur eingeleitet haben? Wird die letztere im Beginn der Erkrankung vorgenommen, so erlebt man verblüffende Erfolge. Um die Spezifität der Erkrankung sicher zu stellen ist je früher die Liquoruntersuchung auszuführen. Man darf sich nicht auf die Untersuchung des Blut-Wa. beschränken, denn die kann negativ sein, während der Liquor in jeder Beziehung positive Resultate ergibt. Schlechter sind jene Fälle daran, in denen arteriosklerotische Gefäßveränderungen schon bestehen; auch die Alkoholiker büßen wegen ihrer Leidenschaft.

3. Die interstitielle Syphilis des Zentralnervensystems.

Einführung. Die allgemeinere Benennung der hierhergehörigen Krankheitsbilder ist die der *Lues cerebrospinalis.* Da wir dem Prinzip der pathologanatomischen Einteilung huldigen, subsummieren wir die hierhergehörigen Fälle unter dem allgemeinen Namen der *interstitiellen* Erkrankung, worunter wir die syphilitische Meningitis, Meningoencephalitis simplex oder gummosa, und auch die Meningomyelitis simplex oder gummosa rechnen. Auch die Tabes gehört hierher, weil bei ihr eine exquisit interstitielle Erkrankung (die Granulomatose der Wurzelnerven) vorherrscht. In jeder dieser Erkrankungen sind auch die Gefäße (Arterien und Venen) angegriffen, nur herrscht im klinischen Bilde zumeist die Erkrankung der Häute vor. Das klinische Bild, welches erzeugt wird, ist äußerst verschieden. Zumeist finden wir aber klinische Symptome sowohl von der Seite des Gehirns, als auch von der Seite des Rückenmarks. Trotzdem ist es üblich und wir befolgen auch diesen Weg, von einer Lues cerebri und Lues spinalis zu sprechen. Wir müssen aber stets dessen eingedenk sein, daß in beiden Fällen, wir wiederholen es, auch Symptome von seiten des anderen Teiles des Zentralnervensystems auffindbar sind. So klagt der an Lues cerebri Leidende sehr oft auch über neuralgische Schmerzen im Rücken, während der an spastischer Paralyse infolge von meningomyelitischer Erkrankung Erkrankte Anisokorie und das ROBERTSONsche Zeichen zeigen kann.

a) Die interstitielle cerebrale Lues.

Die meningovasculäre, die meningoencephalitische und die gummöse Form der cerebralen Lues. Gewöhnlich sind Wochen und Monate, ja selbst Jahre lang Andeutungen einer cerebralen Erkrankung vorhanden, ehe es zu lokalen Symptomen kommt. Zumeist sind es Kopfschmerzen, Schwindelgefühl, welche den Patienten beunruhigen. Die Patienten klagen über Abgeschlagenheit, wüsten Kopf, namentlich die geistige Arbeit fällt ihnen schwer, es zeigt sich eine Intoleranz gegen Alkohol, leichte Ermüdbarkeit sowohl in geistiger, wie in körperlicher Beziehung, der Schlaf ist oft durch nächtlich auftretende Kopfschmerzen gestört, es kann sich Polyurie und Polydipsie zeigen. Je nach der konstitutionellen

Beschaffenheit werden diese Symptome mit Gleichmut oder mit deprimierter Stimmung beantwortet. Sehr oft finden wir nervöse Erregbarkeit, welche sich bis zum Jähzorn steigern kann. Bei öfteren ärztlichen Untersuchungen kann der aufmerksame Beobachter evtl. schon eine Anisokorie feststellen, namentlich, wenn der Arzt es sich zur Gewohnheit macht, die Pupillen nicht nur bei hellem Licht, sondern auch im Halbdunkel (hiezu führen wir den Patienten in den minder beleuchteten Teil des Sprechzimmers, und lassen ihn dort mit nach hintenübergeneigtem Kopf auf die Decke hinaufschauen) zu untersuchen. Auch eine auffallende Steigerung der Reflexerregbarkeit kann sich kundgeben in einem Zusammenfahren des Patienten bei der Untersuchung des Kniereflexes, sowie in der Lebhaftigkeit des letzteren. Ab und zu finden wir schon ein leichtes Schwanken beim Augenschluß; beim schnellen Sichemporheben aus gebeugter Stellung kann der Patient über leichten Schwindel klagen. Es gibt Patienten, die in diesem Stadium das Drücken ihrer Jugularesvenen schlecht vertragen; es kann sich hiebei um eine starke Kongestionierung des Gesichtes handeln, andererseits kann es zum Erbleichen und Unwohlsein des Patienten kommen. Klopfempfindlichkeit der Schädeldecke ist nur ganz ausnahmsweise zu vermerken. Selten finden wir auch am Augenhintergrund die Neuritis optica, welche sich in dem Mangel des normalen Glanzes der Papille kundgibt. Die Papille erscheint wie bestäubt. Beim Vorhandensein dieses erwähnten Symptomenkomplexes, namentlich beim Fehlen irgendeiner seelischen Komponente, ist es angezeigt, auch dann, wenn der Patient oder die Patientin die Lues negiert, eine Blutuntersuchung vorzunehmen. Fällt dieselbe positiv aus, so ist der Behandlungsweg vorgezeichnet. Im negativen Fall, wenn wir auch andere Anhaltspunkte, die wir bei der Diagnosenstellung des näheren bezeichnen werden, vorfinden, welche für die luische Verursachung sprechen, so ist eine provokative Salvarsaninjektion berechtigt. Ja, selbst ohne diese werden wir keinen Schaden anrichten, wenn wir eine antiluische Kur inaugurieren. Es ist als eine allgemeine Regel immer vor Augen zu halten, daß bei jeder luischen Erkrankung die frühe Behandlung am besten den Erfolg sichert. Deshalb ist es keinesfalls ein Fehler, auch einmal eine unnötige antiluische Behandlung vorzuschreiben, denn wir begehen einen größeren Fehler bei der Unterlassung derselben. Ob wir in so einem Fall die Rückgratsflüssigkeit untersuchen sollen oder nicht, hängt davon ab, wie sich der Patient zu dieser Frage stellt. Jedenfalls sind unsere Krankenhauspatienten diesbezüglich besser daran, da bei ihnen diese Untersuchung immer durchgeführt wird. Dazu ist es aber nötig, daß der Geist der Klinik- oder Krankenhausabteilung in dem Sinne geschult sei, daß diese Untersuchung im Interesse des Patienten liegt. Wir dürfen auch hoffen, daß durch die Verbreitung der Zisternenpunktion, welche absolut ohne Beschwerden vertragen wird, auch bei den ambulanten Patienten die Liquoruntersuchung ermöglicht wird.

Wartet der Patient zu lange, ehe er mit den erwähnten Beschwerden zum Arzte geht, so können sich dann schon die Störungen der Gehirnfunktion bemerkbar machen.

Vor allem werden die schon genannten Beschwerden intensiver, die Arbeit, sowohl die geistige, wie die physische kann selbst mit Anstrengung nicht mehr tadellos ausgeführt werden. Es treten Schwierigkeiten beim Sichausdrücken auf, die Patienten bemerken das Abreißen der Gedankenfolge, Störungen der Schrift zeigen sich, dieselben haben aber nur in jenen Fällen agraphischen Charakter, wo es sich um eine Lokalisation des Prozesses in den Schreibzentren handelt. Die Schriftstörungen sind durch die fehlende Aufmerksamkeit auf das mangelhafte Sichkonzentrierenkönnen zurückzuführen. Nehmen wir bei diesen Patienten eine psychische Untersuchung vor, so fällt vor allem die Störung der Merkfähigkeit auf, während die Intelligenzprüfungen immer noch gute

Resultate ergeben. Nun können sich, je nach der Lokalisation des Prozesses, Funktionsstörungen der Gehirnnerven bemerkbar machen. Wir wollen dieselben in aller Kürze vom ersten bis zum zwölften Nerven besprechen.

Der *Nervus olfactorius* kann durch einen meningitischen Prozeß in einen Reizzustand kommen, sehr oft deckt die Sektion einen gummösen Prozeß an der Basis auf. Anatomisch untersuchten Fälle verdanken wir C. WESTPHAL, bei dessen Patienten unangenehme Geruchssymptome vorherrschten und bei dem, bei der Leichenöffnung der rechte Bulbus olfactorius von einem gummösen pialen Prozeß umgeben war. NONNE, RUMPF teilten Fälle mit, die für einen Hirntumor im Frontallappen galten und die Sektion eine chronische gummöse Meningitis an der Basis des rechten Frontallappens aufdeckte. Der rechte Nervus und Tractus olfactorius war von einer gummösen Piaverdickung umstellt, daneben bestand im rechten Frontallappen ein walnußgroßer käsiger Tumor, der sich mikroskopisch als Gumma erwies. Klinisch war in diesem Fall eine rechtsseitige Anosmie vorhanden. Im Falle SCHAFFERs war neben allgemeiner Epilepsie eine JACKSONsche Epilepsie, Hemiparese und corticale Sensibilitätsstörung, auch eine rechtsseitige Herabsetzung des Riechvermögens festzustellen. Anatomisch war eine ausgedehnte Erweichung des Frontallappens und der Spitze des Temporallappens, eine Zerstörung des Bulbus olfactorius, sowie eine Verminderung des Tractus olfactorius vorhanden.

Der Nervus opticus ist einer, der häufigst luisch erkrankten Hirnnerven. Über die Frühfälle der Opticuserkrankungen haben wir schon ausführlich berichtet. Schon OPPENHEIM wies darauf hin, wie oft bei basaler gummöser Meningitis der Opticus namentlich in seinem chiasmalen Teil erkrankt war. Er hob den schwankenden Verlauf dieser Fälle als charakteristisch hervor. WILBRAND und SAENGER erwähnen den Sektionsbefund, in welchem um den basalen Sehnerv die gummösen Massen wie brauner Tischlerleim aussahen. FAHR fand unter 2636 Luetiker 217 luische Augenaffektionen. Darunter 41mal Neuritis optica; 17mal Hyperämie oder unscharfe Begrenzung der Papille; 14mal Residuen von Neuritis opt. oder neuritischer Atrophie. Nach ihm sind also 33% der luischen Augenaffektionen neuritischer Natur. NONNE meint, daß der Nervus opticus in seltenen Fällen auch *primär* erkranken kann. Unter primär versteht er, daß die nervöse Substanz selbst, ohne Vermittlung der Hirnhäute bzw. ohne deren Fortsetzung bildenden Scheiden, von den Syphilisprodukten erfaßt wird. Nach IGERSHEIMER dagegen gibt es keine beweisenden Fälle von primär entstandenen Opticuserkrankung bei Lues cerebri, sondern sie sind immer eine Teilerscheinung einer basalen luischen Meningitis.

Einen bemerkenswerten Fall, der sehr schön die von OPPENHEIM so klassisch beschriebene Beeinflußbarkeit der gummösen, basalen Erkrankungen beweist, teile ich in folgendem mit.

Fall 14. Bei einer 23jährigen Dienstbotin, welche von ihrer luischen Infektion nichts wußte, wurde dieselbe nach einer Geburt durch den stark positiven Blut-Wa. vor 2 Jahren festgestellt. Seit jener Zeit hat sie Kopfschmerzen und ist heiser geworden. Sie kam zur Aufnahme am 16. 2. 20 mit der Klage schlecht zu sehen. Beide Pupillen reagierten auf Licht nur schwach, sie hat ein Schwindelgefühl beim Sichaufrichten, hat Condylomata ad anum, die Halsdrüsen sind geschwollen, buccale Leukoplakie. Blut-Wa.: + + +. Liquor in jeder Beziehung negativ. Augenhintergrund normal. Beiderseitige konzentrische Verengerung des Gesichtsfeldes. Sie bekommt eine Inunktionskur und das Gesichtsfeld wird immer weiter und weiter, nach dreiwöchentlicher Kur zeigt sie ein normales Gesichtsfeld.

Einer, der ebenfalls am häufigsten erkrankten Hirnnerven ist der *Oculomotorius*. Die häufigste Ursache seiner Erkrankung bildet eine basale Affektion. Wir verdanken UHTHOFF den anatomischen Beweis, daß bei dieser Art der Erkrankung sowohl der ganze Stamm, als auch einzelne Äste Ausfallserscheinungen zeigen können, was soviel heißt, daß die gummöse Erkrankung den Nerven auf verschiedene Weise in Mitleidenschaft ziehen kann. Nonne erwähnt, daß es nur ganz ausnahmsweise vorkommt, daß die von dem Dritten inervierte Muskel selbst eine gummöse Erkrankung und hierdurch eine Lähmung erfahren könne. Er zitiert: Schott, v. Zimmsen, Uhthoff. Im folgenden geben wir die Möglichkeiten der luischen Erkrankung des Oculomotorius nach dem Standardwerk von Wilbrand und Saenger wieder: „1. Selten kommen *perineuritische Veränderungen einzelner intraorbitaler* Zweige des N. oculomotorius vor. Siemmerling beschrieb einen derartigen Fall. Hier war eine basale gummöse Erkrankung längs des Nervenstammes in die Orbita hinein und dort längs der einzelnen Nervenzweige weitergekrochen. Luetische Erkrankungen in der Fissura orb. sup. oder des, die Fissur abschließende periorbitalen Gewebes führt zu einem ganz charakteristischen Bild: Amaurose, Lähmung sämtlicher inneren und äußeren Augenmuskeln, Anästhesie im ersten Trigeminusast, evtl. Schmerz in der Tiefe der Orbita, Ödem des Oberlides und leichter Exophthalmus. Solche Fälle publizierten: Thomson, Arens, de Luca, Cooper, Dievigneaud, A. v. Graefe, Hitschmann. 2. Der Stamm des III. an der Basis kann geschädigt werden durch primäre Perineuritis oder Neuritis gummosa (Dixon, Clifford-Albut, Westphal, Pavy, Ormerod, Kahler). 3. Kompression des III. durch syphilitisch erkrankte Arterien, sowie durch Thrombose kleinerer Gefäße im Stamme selbst (Hughlings-Jackson, Heubner, v. Gräfe, Wilbrand-Saenger). 4. Kompression durch syphilitische Exostosen oder gummösen Neubildungen an der Basis. 5. Die häufigste Ursache der Erkrankung des III. an der Basis stellt die *gummöse Meningitis* dar; die entweder einfach den Nerv umschnürt und komprimiert, oder in Gestalt von Neuritis und Perineuritis gummosa sich auf ihn direkt fortsetzt. 6. Im Kern- und Wurzelgebiet können Gummata direkt zerstörend sich einstellen oder diese Gebilde können durch Herde in der Brücke und in den Großhirnstielen geschädigt werden (Findeisen, Dörgens, Herxheimer, F. Pick). 7. Erweichung der Kerngebiete infolge luischer Gefäßerkrankungen (Alexander, Bristowe, Hughlings-Jackson, Leyden)." Endlich wäre die Encephalitis auf luischer Basis zu erwähnen (Wilbrand-Saenger, Oppenheim). In einem dieser Fälle war eine Entzündung im zentralen Höhlengrau um den Aquaeductus Sylvii; die Gefäße waren erweitert und mit Rundzellen infiltriert, die durchtretenden Oculomotoriusfasern befanden sich im Zustande der Verfettung und Atrophie. Oft ist die Ptosis die einzige Augenmuskellähmung bei der Hirnsyphilis, Lancereaux nennt sie fast pathognomisch für Lues (Wilbrand und Saenger). Wilbrand und Saenger sagen, daß eine Kernlähmung als Ursache der Ptose anzunehmen sei, da der Kern des Musc. levator palpebrae sup. in isolierter Lage sich befindet, aber anatomisch ist diese Annahme bisher nicht bewiesen, hingegen liefern die Autoren selbst einen Fall, in welchem bei Oculomotoriusstammerkrankung, eine isolierte syphilitische Ptose vorhanden war — neben anderer Hirnnervenerkrankung.

Absichtlich verweilte ich so lange bei der Oculomotoriuserkrankung luischer Herkunft, um zu zeigen, wie vielfältig der pathologanatomische Hergang sein kann. Dasselbe zeigt der Fall von v. Gräfe:

Ein 2jähriges Kind war auf dem rechten Auge durch eine syphilitische Iritis erblindet. Es entwickelte sich bei ihm auch eine linksseitige Ptose. Es bestand eine linksseitige Mydriasis, neben einem papulösen Syphilid. Die Obduktion deckte Erweichungsherde im linken Striatum und in der rechten Hemisphäre sowie gummöse Neubildungen in der Scheide des linken III. auf (zitiert nach Nonne).

Die klinischen Erscheinungen infolge des Ergriffensein des III. können sich in der verschiedensten Form äußern. Die häufigste Art ist die Anisokorie, die Lähmung des Sphincterenastes kann sich nur auf das eine Auge beschränken, so entsteht die einseitige Mydriasis, sind beide Sphincterenäste ergriffen so sind dieselben zumeist ungleichmäßig betroffen und wir können dementsprechend eine Anisokorie mit doppelseitiger Mydriasis beobachten. Die Mydriasis kann auch mit dem Fehlen der Lichtreaktion, bei erhaltener Konvergenz- und Akkommodationsreaktion einhergehen, also das ROBERTSONsche Symptom zeigen. Häufiger aber ist bei dieser Art der interstitiellen Lues die totale interne Ophthalmoplegie. Die vom Oculomotorius versorgten äußeren Muskeln des Augapfels können in verschiedener Weise und auch in gleicher Weise an beiden Augen ergriffen sein. Im ersteren Falle begegnen wir häufig dem Strabismus divergens, im letzteren, da gewöhnlich alle Äste des III. außer Funktion gesetzt sind, überwiegen die vom Abducens versorgten Musculi externi und es entsteht das maximale Bild des Strabismus divergens. Für den Patienten ist das ein äußerst unangenehmer Zustand, da er sich nur durch Kopfwendung und Schließen des einen Auges im Raume orientieren kann. Mit der Lähmung der äußeren Augenmuskeln verbindet sich sehr oft das Herabhängen

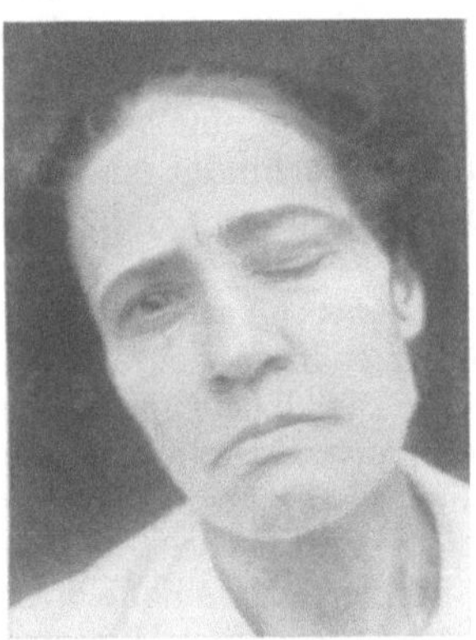

Abb. 25. Einseitige Ophthalmoplegie. (Eigene Beobachtung.)

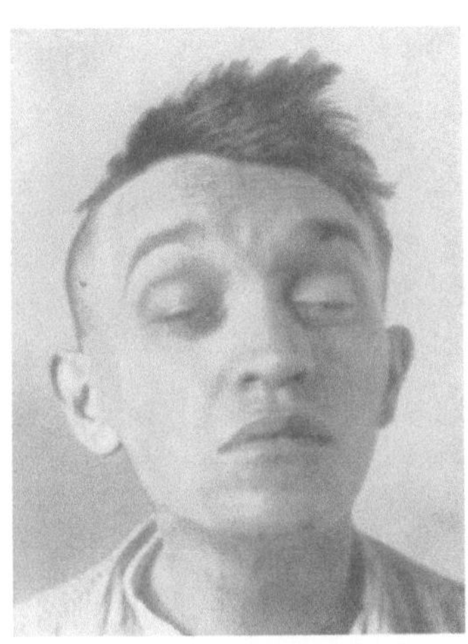

Abb. 26. Doppelseitige Ophthalmoplegie. (Eigene Beobachtung.)

des Oberlides: die Ptosis. Dieselbe kann ein- oder doppelseitig, partiell oder total sein. In den leichteren Fällen korrigiert der Patient die Schwäche des M. levator palbebrae sup. mit den Frontalmuskeln und wir sehen die Querfurchen in den letzteren und die erhobenen Augenbrauen.

Von der totalen äußeren Ophthalmoplegie geben die Abb. 25, 26 ein deutliches Bild.

Ist das *Chiasma* der Sitz der Erkrankung so kann eine temporale oder bitemporale, bei der Tractusläsion die heteronyme Hemianopsie erscheinen. Selbstverständlich kommen auch Kombinationen vor. Chiasmaerkrankung kann sich mit einer Tractusläsion, Opticuserkrankung mit einer Chiasmaläsion kombinieren und so entstehen die verschiedenartigsten Ausfallserscheinungen. In seltenen Fällen kann die basale gummöse Meningitis zu Erblindung führen. Den ältesten hierhergehörigen Fall verdanken wir VIRCHOW: ein 35jähriger Mann erkrankte unter cerebralen Erscheinungen, es folgte die plötzliche Erblindung des linken Auges mit Ptosis. Die Sektion ergab basale gummöse Meningitis. Die Neubildung saß in der linken Schädelgrube, umfaßte das Ganglion Gasseri, den linken Opticus (derselbe war komprimiert und atrophisch) und die Carotis, deren Wandung sehr verdickt war und deren Lichtung von einem ziemlich festen Blutgerinnsel verstopft gefunden wurde. Letzteres erstreckte sich bis in die Tiefe der Art. fossae Sylvii und der Art. corp. callosi.

Die *Trochleariserkrankung* ist selten, zumeist kommt sie bei der Tabes vor. Einen Fall mit Sektionsbefund verdanken wir Hutchinson. Immer vergesellschaftet sich die Trochleariserkrankung mit Ergriffensein anderer Hirnnerven. So war es auch im Falle von Hutchinson, in welchem auch der II., III., V., VI. Nerv miterkrankt war. Rossi fand in einem Fall das zentrale Höhlengrau um den Aquaeductus Sylvii erkrankt, die Ganglienzellen des II. und IV. Hirnnerven waren erkrankt. Über einen ähnlichen Fall berichten Cassirer und Schiff nur war bei dem Tabiker auch eine Ophthalmoplegie, Abducens und Mundfacialis mitgelähmt. Uhthoff fand unter 250 Augenstörungen syphilitischen Ursprunges 11mal, 9mal einseitig und 2mal doppelseitig, Trochlearislähmung.

Untenstehend reproduzieren wir die Abbildung von Wilbrand-Saenger um die Vielfältigkeit der basalen gummösen Hirnnervenlähmung vor das Auge zu führen (Abb. 27).

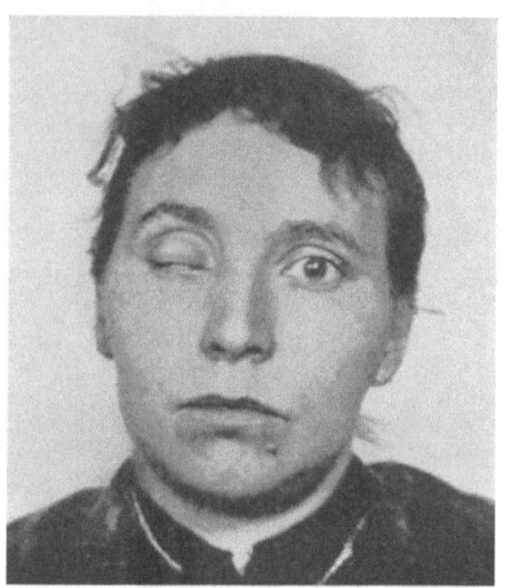

Abb. 27.   Linksseitige   Ophthalmoplegie interior, rechtsseitige totale Oculomotorius- und Trochlearislähmung. (Nach Wilbrand und Saenger.)

Klinisch äußert sich die Trochlearislähmung in der Behinderung des nach unten Schauens, die Patienten klagen darüber, daß sie beim Treppensteigen ein unsicheres Gefühl haben. Eine isolierte Trochlearislähmung ist eine große Seltenheit, gewöhnlich verbindet sie sich mit der Oculomotoriuslähmung, daher sie nicht ins Auge fällt.

Der *Trigeminus* kann auf vielerlei Weise durch die Syphilis in Mitleidenschaft gezogen werden. Die basale gummöse Erkrankung kann das Ganglion Gasseri erreichen. Einen sehr bemerkenswerten, hierhergehörigen Fall habe *ich* bioptisch kontrollieren können. Da solche Fälle bisher in der Literatur meines Wissens noch nicht mitgeteilt worden sind, will ich meinen Fall erwähnen.

Fall 15. Es handelte sich um einen jungen Buchbinder, der mit einer supra- und infraorbitalen Neuralgie in meine Behandlung kam. Ich dachte vorerst, daß es sich um die übliche Neuralgie nach einer Influenza handle, bald aber stellten sich die Symptome einer Keratitis neuroparalytica und eine motorische Quintuslähmung ein, so daß eine basale luische gummöse Meningitis anzunehmen war. Zu jener Zeit gab es noch keine Wa.R., keine Liquoruntersuchung. Die eingeleitete Schmierkur brachte die Keratitis zum Stillstand, auch die Masseter- und Temporalis- und Pterygoideuslähmung heilte ab, aber die Schmerzen dem zweiten Trigeminusast entsprechend, wollten nicht aufhören. Der Patient litt in fürchterlicher Weise, da entschloß ich mich zur Operation. Meiner Voraussetzung entsprechend mußte es sich um eine gummöse Meningitis handeln, welche als solche durch die antiluische Behandlung schon abgeheilt war, das bewies die Heilung der Keratitis sowie des motorischen Trigeminus. Ich setzte voraus, daß diese Heilung mit der Bildung eines Narbengewebes erfolgte und eine Narbe den zweiten Ast umklammere, daher die *Anaesthesia dolorosa* im Gebiet des zweiten Astes des Ganglion Gasseri. Bioptisch konnten wir uns von der richtigen Annahme meiner Voraussetzung überzeugen, *der zweite Ast wurde von einer fibrösen Narbe umklammert,* die Loslösung des Nerven (Prof. Dollinger) gelang und befreite den Patienten von seinem schon seit Jahren bestandenen qualvollen Leiden.

Gummöse Bedrängung des Quintus beschrieben Pick, Huguenin, Gergens, Cassirer, Oppenheim, Brasch, Spiller und Carup u. a.

Ponsgummen können auch Trigeminussymptome erzeugen.

Neuerdings teilten André Thomas und J. Jumentié 2 Fälle mit, in denen syphilitische Wurzelläsionen anzunehmen waren. In beiden Fällen war die außerordentliche Zellvermehrung im Liquor (230—140) im Gegensatz zu dem

Fall von DEJERINE und QUERCY (15 Lymphocyten) auffallend. Im Liquor war im ersten Fall die Wa.R. suspekt, im zweiten negativ. Der Blut-Wa. war in beiden Fällen positiv. Ähnliche Fälle beschrieb schon CAMUS.

Mit der Tabes vergesellschaftet kommen, wie bekannt, diese Trigeminusläsionen auch vor.

Der *Abducens* ist, wie aus der WILBRAND-SAENGERschen Zusammenstellung ersichtlich, ziemlich häufig erkrankt, vornehmlich bei Tabes. Als Ursache finden wir in den Sektionsfällen folgendes erwähnt. BUZZARD fand miliare Blutergüsse in der Gegend des Abducenskernes. HUTCHINSON ausgeprägte Atrophie der Abducentes. PACETTI Atrophie der Abducenskerne mit ihren Wurzeln. SIEMERLING fand dasselbe in zahlreichen Fällen von Abducenslähmung bei Taboparalyse.

UHTHOFF erwähnt, daß bei doppelseitiger Abducenslähmung immer basale Erkrankungen die Ursache sind. NONNE betont, daß die Annahme einer Kernerkrankung als Ursache der Abducenslähmung nicht bewiesen ist, die bisherigen Sektionen haben immer eine periphere Erkrankung ergeben. Die oben genannten Atrophien des Abducens müssen wahrscheinlich als Folgen, Endzustände meningitischer Erkrankungen aufgefaßt werden. Die Frage kann nur durch die Obduktion ganz frischer Fälle von Abducenslähmungen entschieden werden. Eine gummöse Neubildung im Pons kann auch zur Abducenslähmung führen. Gewöhnlich erkrankt der Abducens im Verein mit dem Oculomotorius bei basalen gummösen Meningitiden. Die häufigste Ursache der Abducenslähmung ist die Syphilis (UHTHOFF).

Die *Facialis*lähmung ist häufiger im Stadium der Dispersion des Virus, wie wir dies schon bei der Frühlues erwähnt haben. Sie kommt aber auch bei der basalen gummösen Meningitis zur Beobachtung, in der Mehrzahl der Fälle in Begleitung von den Lähmungen anderer Hirnnerven. HITSCHMANN beobachtete bei einem Syphilitiker rechts eine Lähmung des I., III., V. und VII. Nerven. Bei der Sektion fand man die Dura entsprechend dem Clivus, sowie in der inneren Hälfte der rechten mittleren Schädelgrube und über der Hinterseite der linken Schläfenbeinpyramide stark verdickt durch eine grauweiße, stellenweise sulzige Masse (zit. nach WILBRAND-SAENGER). Eine II., V., VI., VII. Lähmung infolge ausgedehnter Meningitis gummosa an der Basis cerebri, welche bis in die hintere Schädelgrube reichte, beschrieb auch UHTHOFF.

Bei corticaler gummöser Meningitis kommt es zur Lähmung des Mundastes der kontralateralen Seite, beim festen Augenschluß sieht man, daß auch der M. orbicularis oculi gegenüber der anderen Seite schwächer innerviert ist, ferner bilden sich an der Seitenwand der Nase der erkrankten Seite weniger Falten, als auf der anderen Seite.

Der *Acusticus* wird von der Syphilis stark bevorzugt. Wir haben über ihn schon bei der Frühsyphilis berichtet. Interessant ist die Feststellung VÁLIS, der über 160 Fälle von Affektion dieses Nerven berichtet und in 39,9% dieser Fälle die Wa.R. positiv fand. VÁLI nimmt eine luische Neuritis acustica an, wenn bei einem Syphilitischen bei scheinbar gesundem Mittelohr progrediente Gehörabnahme, subjektive Geräusche, Gesichtsschmerzen und Gleichgewichtsstörungen auftreten. Nach ROSENSTEIN ist die basale gummöse Meningitis die häufigste Ursache der Acusticusstörungen. KRASSNIG untersuchte 6 Fälle von Taboparalyse, je einen Fall von Paralyse und Tabes, in denen Erkrankung des Octavus vorlag. Er fand die Pia entzündlich erkrankt, die Entzündung griff auf den Nervenstamm des VIII. am Abgang des Vorhofszweiges über. Näheres über die Acusticuserkrankungen siehe GIERKEsBearbeitung in diesem Handbuche.

Auch beim Acusticus finden wir, daß mehrere Hirnnerven gleichzeitig erkranken. Bei KROLL lesen wir, daß VERA USPENSKAJA in einem Fall von

„tabischer" Taubheit eine gummöse Lues sowohl innerhalb des Hirnstammes als auch in den Meningen gefunden hat. Dieselbe führte in den Kleinhirnwinkeln zur völligen Umschnürung beider Acustici und zu deren sekundären Degeneration. Wir erwähnen diesen Fall, weil er zur Vorsicht in der pathogenetischen Beurteilung der tabischen Prozesse mahnt. Wäre dieser Fall in einem späteren Stadium untersucht worden, wenn schon der gummöse Prozeß abgelaufen war, so wäre auch dieser Fall als Beweis für die einfache tabische Nervendegeneration angeführt worden.

Isolierte Lähmungen des *Glossopharyngeus* sind noch nicht beschrieben (Nonne). Er erwähnt den Fall Oppenheims, in welchem eine Pachymeningitis der hinteren Schädelgrube durch Umschnürung und Kompression der Medulla oblongata und der aus ihr entspringenden Nerven eine akut einsetzende Aphonie, Schling- und Respirationslähmung, Tachykardie und Hemiatrophie der Zunge erzeugt hat. Frotscher und Becker berichten über einen 42jährigen Kranken bei dem sie eine Lues cerebri angenommen haben neben einer Stauungspapille und Erkrankung des V., VIII. und IX. Hirnnerven.

Das hervorstechendste Symptom bei Glossopharyngeuslähmungen ist die Schluckstörung, als Geschmacksnerv versieht der IX. den hinteren Teil der Zunge und des Gaumens.

Der *Vagus* erkrankt bei der basalen syphilitischen Meningitis auch nicht isoliert. Bei seiner Lähmung treten die Bewegungsstörungen des weichen Gaumens, der Pharynx und der Kehlkopfmuskulatur auf. Als Vaguserregungssymptom kennen wir die Bradykardie, als Lähmungssymptom die Tachykardie. Die Heiserkeit als Folge der Lähmung des vom Vagus stammenden N. laryngeus inf. ist ein weiteres Symptom. Auch für den Vagus gilt die Regel, daß immer noch andere bulbäre Nerven miterkrankt sind.

Der *Accessorius* erkrankt auch nicht isoliert, dehnt sich die gummöse Meningitis vom Bulbus nach unten und ergreift die oberen Halswurzeln, dann kann es zur Lähmung der Strenocleidomastoidei und des Trapezius kommen. Die Bulbärparalyse, die amyotrophische Lateralsklerose, die Syringobulbie verwirklichen dies.

Der *Hypoglossus* ist auch ein Hirnnerv, der sich nur in Gesellschaft erkrankt zeigt. Seine isolierte Erkrankung infolge einer gummösen Meningitis gilt als eine Seltenheit. Bei bulbärer Erkrankung kommt es zur doppelseitigen Hypoglossuserkrankung: Atrophie und Lähmung der Zunge. Nonne erwähnt den Fall von Lewin, in welchem der XII. im Foramen condyloideum durch eine gummöse Wucherung stranguliert war. Grumme betont die häufige Lokalisation der Syphilis an der Basis mit vorzugsweiser Beteiligung der Gegend des Pons, des intrapedunkulären Raumes, der Gegend des Chiasmas und der Medulla. Der Ausgangspunkt der gummösen Erkrankung bildet zumeist die Dura. Grumme sah eine linke Facialis- mit einer rechtsseitigen Hypoglossuslähmung vereint.

Eine besondere Besprechung verdient die *Hemianopsie im Verein mit Läsion der Gehirnnerven*. Wir entnehmen die nun folgenden Daten aus Wilbrand und Saengers klassischem Werk. *Hemianopsie mit Olfactoriuslähmung* beschrieben Preston, Serebrennikowa. Im ersteren Fall wiesen die Symptome auf eine, über die ganze Hirnbasis verbreitete gummöse Meningitis. Im letzteren Fall waren zwei gummöse Neubildungen an der Hirnbasis, welche die Abnahme des Geruchs bedingten.

Hemianopsie mit Oculomotoriuslähmung ist eine häufige Folge einer sich in der mittleren Schädelgrube abspielenden gummösen Meningitis. Auch kommen Erweichungen neben der basalen gummösen Meningitis vor (Fälle von Kohn, Schaffer, Wilbrand und Saenger, Rossi, Roussy, Moeli).

Hemianopsie mit einer Facialislähmung konnten WILBRAND und SAENGER nicht finden.

Hemianopsie mit Abducenslähmung in Zusammenhang mit einer basalen gummösen Syphilis beschrieben BAER, LENZ, DEMICHERI, ROSSOLIMO, PICK, KOHN.

Wir wollen in folgendem einzelne eigene Beobachtungen als Paradigma der basalen gummösen Meningealerkrankung anführen.

Fall 16. Ein 27jähriger Handelsangestellter *litt* schon *seit Jahren an Migräne.* Am 24. 1. 20 trat plötzlich eine mit Erbrechen einsetzende Bewußtlosigkeit ein, es zeigten sich tonisch-klonische Krämpfe; der Kopf nach hinten gebeugt; deutliche Nackensteifigkeit; KERNIG-Symptom positiv; links angedeuteter Babinski; starke Hyperästhesie; Gesicht äußerst fahl. Er bot ganz das Bild der Meningitis tuberculosa, um so mehr, als er zum Skelet abgemagert, eine diffuse Bronchitis und hohes Fieber hatte. Am nächsten Tage klärt sich das Bewußtsein etwas auf, die Zeichensprache wird ein wenig verstanden, aber wir bekommen auf viele Fragen keine deutliche Antwort. Während er spricht, verzieht sich oft die linke Mundhälfte zu einem Lächeln. Wir finden eine sternförmige Narbe am weichen Gaumen, den Blut-Wa. ++ positiv. Auf Grund dieser Zeichen nehmen wir eine Meningitis basilaris gummosa an, trotzdem der Liquor-Wa. negativ war. Der Liquor war trübe und zeigte mikroskopisch zahlreiche polymorphe Leukocyten, wenige Lymphocyten. Die sofort eingeleitete Schmierkur brachte vollen Erfolg, so daß der Patient auf eigenen Füßen, ohne Ausfallserscheinungen, ohne Kopfschmerzen die Abteilung verläßt. Er bekommt noch mehrmalige antiluische Kuren, so daß er vollkommen hergestellt sich zur Heirat entschließt. 8 Jahre nach dieser Erkrankung ist er noch rezidivfrei und arbeitsfähig.

Fall 17. 37jährige Frau mit negativer Luesanamnese. 3 Aborte. Im Frühling 1924 *Influenza, nach welcher* sie 4 Monate lang *Doppeltsehen* hatte. Seit einigen Wochen starke Kopfschmerzen und unsicherer Gang. Aufnahme 10. 12. 24. Die Patientin kann nur mittels Unterstützung gehen. Das rechte Auge ist nach einwärts gedreht. Bitemporale homonyme Hemianopsie. Beide Papillen stark vorwölbend, links sieht man durch Nervenfaserdegeneration entstandene weiße Flecken, was dafür spricht, daß der Prozeß schon seit längerer Zeit besteht. Linkerseits sieht man auch Blutungen. Beide Pupillen sehr weit, reagieren in jeder Beziehung prompt. Totale rechtsseitige Abducenslähmung. Rechts totale corneale Anästhesie. I., VIII., IX. in Ordnung. Rechts Dysdiadokokinesis. Rechts Vorbeizeigen. Deutlicher cerebellaler Gang; wird sie aufgestellt, so schwankt sie nach rechts vorne; bei nach hinten gewendeter Kopfhaltung verstärkt sich das Schwanken in derselben Richtung. Sie hält ihren Kopf ständig nach rechts. Beiderseits Achillesklonus. Kein Babinski. Rechts: Rossolimo. Blut-Wa. und Präcipitationsreaktion negativ, Liquor-Wa. ausgewertet +++. Pándy: ++. Nonne: ++. Zellenzahl: 4. Kolloidpositiv. Nach einer intensiven Bismoluol-Neosalvarsankur gehen sämtliche Symptome zurück, die Stauungspapille wird von einer Decoloratio n. opt. abgelöst. Nach 4 Jahren noch vollkommenes Wohlbefinden, objektiv besteht eine ganz leichte Hypästhesie der rechten Cornea, sonst o. B.

In diesem Falle war also eine linksseitige Occipitalläsion und eine rechtsseitige Kleinhirnerkrankung anzunehmen. Die Multilokalität entspricht auch dem Benehmen einer gummösen luischen Meningealerkrankung. Interessant war die Besserung der Hemianopsie unter antiluischer Behandlung zu konstatieren. Zum Schluß bleibt nur ein ganz kleiner Defekt im oberen Quadranten für die Farben zurück.

Fall 18. 51jähriger Mann ist seit einem Jahre krank, seine Erkrankung entwickelte sich langsam. Seine Sprache wurde verschwommen, nasal, es besteht rechtsseitige Hemiplegie und rechtsseitige leichte Facialislähmung. Die Pupillen reagieren auf Licht schlecht; rechtsseitige Hypästhesie; die rechtsseitigen tiefen Reflexe gesteigert; beiderseitiger Babinski; Dysphagie; die Zunge rechtsseitig atrophisch; der weiche Gaumen ist gelähmt; rechtsseitige corneale Anästhesie; Herztöne dumpf. Wir denken an eine Syringobulbie. Wa.R. konnte nicht ausgeführt werden. Die Sektion deckt eine Endo- und Mesaortitis chronica fibrosa Aortae accendentis und Gumma pontis magnitudinis ovi colombae et Gumma alter thalami optici dextri auf. Das Ponsgumma war in der Gegend der A. basilaris fest zusammengewachsen und drückte den Pons stark nach oben.

Diese einzelnen Beispiele genügen, um darzutun, wie variabel das Symptomenbild der basalen gummösen Meningitis sein kann. Wir teilten die Fälle hauptsächlich aus dem Grunde mit, um auf die einleitenden Symptome hinzuweisen. Im ersten Fall geht ein Stadium einer migränösen Erkrankung den schweren Symptomen voran; im zweiten Fall war es eine Erkrankung an Influenza, welche zuerst die Spirochäten mobilisierend zum Doppeltsehen führte.

Schon BECHTEREW, dann RUMPF haben darauf hingewiesen, daß die weichen Hirnhäute und die Gefäße den Ausgangspunkt der Gummen bilden. An der Basis wird die Gegend vom Chiasma bis zur Brücke, wie wir das des öfteren schon betont haben, bevorzugt. Alle Autoren sind darin einig, daß die in dieser Gegend reichlich vorhandenen Blut- und Lymphgefäße sowie das Bindegewebe den günstigen Boden für die syphilitischen Erkrankungen geben. NONNE und LUCE fügen dem bei, daß die Lymphe gegen die Bahnen des Opticus und Acusticus abfließen und so die bevorzugte Erkrankung dieser Nerven erklärt wird.

Seltener kommt es zur *Konvexitätsmeningitis gummosa*. Das von ihr hervorgerufene Krankheitsbild wechselt je nach der Lokalisation. Häufig ist der Parietal- und Temporallappen Sitz der syphilitischen Meningitis gummosa. Bei den corticalen Meningititiden kommt es oft zu epileptischen Krämpfen. Einzelne Typen dieser Erkrankung seien im folgenden mitgeteilt.

Fall 19. 18jähriges Mädchen, das sich vor 3 Jahren eine luische Infektion zuzog und dieselbe nur ungenügend behandeln ließ, erkrankt an Kopfschmerzen und verspürt Parästhesien in der rechten Gesichtshälfte und in der rechten Hand. Von Zeit zu Zeit ist ihre Sprache behindert. Beim Zähnezeigen bleibt die rechte Oberlippe zurück. Es bestehen also die Symptome des Ergriffenseins der linken motorischen Zone. Höchstwahrscheinlich handelt es sich um eine gummöse meningeale Erkrankung.

Fall 20. Die 22jährige Köchin bemerkt seit 6 Wochen eine Schwäche des linken Armes. Distal zunehmende Gefühlsabstumpfung in diesem Arm. In der linken Hand Astereognosie. Beide Gesichtsfelder eingeengt. Augenhintergrund normal. Anamnestisch hören wir von einer Frühgeburt mit toter Frucht, nachher noch zwei Aborte. Wahrscheinlicher Sitz der gummösen meningealen Erkrankung in der Gegend des rechten Gyrus postcentralis.

Selbstredend gibt es auch Mischfälle, in denen sowohl corticale als auch basale gummöse Erkrankung vorliegt.

Fall 21. 27jähriges Mädchen mit positiver Luesanamnese. Seit 3 Monaten Kopfschmerzen. Seit 3 Wochen Verschlimmerung ihres Zustandes. Beiderseitige Facialisparese; corneale Anästhesie; Anästhesie im Quintusgebiet beiderseits; totale Anosmie; Aneugesie. Zungenbewegungen erschwert. Rechter Arm total gelähmt, ohne Reflexerhöhungen. Die Kranke kann weder sitzen, noch stehen. An den Unterschenkeln corticale Empfindungslähmung. Psychisch in Ordnung. Nächtliche Kopfschmerzen. Polydipsie. Polyadenitis. Auf Salvarsanbehandlung Besserung: corneale Anästhesie, die linksseitige Vaguslähmung, die Anosmie, die Aneugesie hören auf, auch der Kopfschmerz bessert sich. Trotz fortgesetzter Behandlung tritt motorische Aphasie auf.

NONNE verdanken wir einen Fall mit Sektionsbefund. Auch in seinem Fall trat nach anfänglicher Besserung eine Verschlimmerung ein: epileptische Anfälle stellten sich in Begleitung von Kopfschmerzen, Polyurie, Polydipsie, nach einem Jahr schwere Lähmungserscheinungen ein (Ptosis, Abducens-Facialisparese). Plötzlicher Tod. Bei der *Sektion* war die Dura mater normal, dagegen zeigten die weichen Hirnhäute sowohl an der Konvexität wie namentlich an der Basis chronische, stellenweise bis $^1/_2$ cm starke Verdickungen, sie waren überall schwer abziehbar, an vielen Stellen ließen sie sich nur mit Verlust von Hirnsubstanz entfernen. An der Basis lag die Pia mater zum Teil sulzig, zum Teil derb sehnig verändert, über die Austrittsstellen der Hirnnerven.

Fall 22. 38jähriger Mann wird in einem psychisch stark benommenen Zustand eingeliefert. Angeblich soll er seit 3 Wochen täglich mehrere Male Nervenanfälle haben. Er verliert das Bewußtsein, zuckt im ganzen Körper, es tritt Schaum vor den Mund, der Urin fließt ihm ab. Er leidet schon seit längerer Zeit an Kopfschmerzen und seit einem halben Jahr an ständigem Schwindel und Schlaflosigkeit. Angeblich soll sein Vater ihm vor einem Jahre mit einem Bleigewicht an der linken Parietalseite einen Schlag versetzt haben. *Status:* der Patient ist äußerst benommen; zeitlich und örtlich desorientiert. Der rechte Sulcus nasolabialis ist verstrichen; die rechte Oberextremität sinkt nach Emporheben schlaff herab. Beiderseitig Babinski vorhanden. Er kann nur, von beiden Seiten gestützt, gehen, wobei er den rechten Fuß schleift. Während der Untersuchung bekommt er einen Anfall:

er dreht den Kopf nach rechts, sämtliche Extremitäten kommen in Streckkontraktur, das Gesicht wird blau, bald treten rechtsseitig im Gesicht und in der Oberextremität tonisch-klonische Zuckungen auf. Dauer des Anfalls 5 Minuten. Läßt man ihn mit geschlossenen Füßen stehen und beugt man seinen Kopf nach hinten, so fällt er nach links um. Die in die linke Hand gegebenen Gegenstände werden nicht erkannt; es besteht Apraxie in der linken Hand. Augenhintergrund normal. Am nächsten Tage wird der Kranke soporös, er hat fortwährend Anfälle. Wir konnten weder Blut- noch Liquoruntersuchung vornehmen, der Patient starb am 2. Tag seines Krankenhausaufenthaltes. Da wir im Urin $1^0/_{00}$ rote Blutkörperchen, hyaline und granulierte Zylinder fanden, dachten wir, daß es sich um eine Urämie handelt. Die *Sektion* ergab, daß an der Grenze des linken Frontal- und Temporallappens, an der Innenfläche der Dura, ein nußgroßes, in der Mitte gelblichgrüngefärbtes Gebilde und daneben zwei kleinere sitzen. Die Dura ist diesen Gebilden entsprechend verdickt und mit der Hirnsubstanz verwachsen. Selbstredend sind auch die weichen Hirn-häute an dieser Stelle stark verdickt. Also handelt es sich um corticale Gummen. Nach der Sektion bekamen wir erst das Resultat des Blut-Wa., welches stark positiv war. Sonstige luische Veränderungen fanden sich nicht, auch die Nieren waren makroskopisch gesund.

Seltener gelangen die *einfachen Meningitiden und Meningoencephalitiden* zur Sektion, daher ist die Mitteilung solcher Fälle von Interesse. Dieselben sind gewöhnlich mit schweren Gefäßveränderungen verknüpft.

Ich verfüge über drei hierhergehörige Fälle, die ich in aller Kürze mitteile.

Fall 23. 4 Wochen vor der Aufnahme der 34jährigen Frau begann sie an Schwindel zu leiden, bald wurden ihre linken Extremitäten schwach. Seit einigen Tagen hat sie intensive Schmerzen in den Extremitäten. Psychisch gebunden. Neben fehlendem Knie- und Achillesreflex zeigt sie beiderseitig positiven Babinski. Sie fiebert. Blut-Wa.: $+++$. In allen vier Extremitäten treten Flexionskrämpfe auf. Trotz sofort eingeleiteter anti-luischer Behandlung tritt der Tod ein. Die Leichenöffnung ergibt: Meningoencephalitis et Encephalitis chronica diffusa luetica, Endarteriitis luetica arteriorum baseos cerebri. Emollitiones dispersae substantiae cerebri precipue ad lobes frontales. Haemorrhagiae parvulae substantiae cerebri. Hydrocephalus chron. int. cum Ependymitis granulosa.

Die diffuse Verbreitung der luischen Veränderungen erklärt die psychische Gebundenheit, um so mehr, als die schwersten Veränderungen (Erweichungen) sich in den Frontallappen befanden. Der Hydrocephalus erklärt das Vorhanden-sein des BABINSKIschen Zeichens sowie die Extremitätenkrämpfe. Außer der Meningoencephalitis fanden wir die diffusen punktförmigen Blutungen als Folge der HEUBNERschen Endarteriitis.

Im folgenden Fall waren auch bulbäre Symptome vorhanden.

Fall 24. Die 39jährige Arbeitersfrau weiß von keiner luischen Infektion. Sie abortierte spontan zweimal. Seit einem Jahre litt sie an nächtlicherweise auftretenden frontalen und parietalen Kopfschmerzen, frühmorgens stellt sich immer Erbrechen ein. Sie klagt über Schmerzen in beiden Knien, im Gesicht, und in der Zunge verspürt sie Ameisenlaufen. Sie leidet an Schwindelgefühlen, seit einem Monat sieht sie doppelt. *Status:* Die Kranke sitzt im Bett und hält ihren Kopf mit beiden Händen. Ihre Mimik verrät Schmerz. Sie sagt, daß sie schon seit Monaten schmerzhafte Parästhesien in der rechten Gesichts- und Körperhälfte hat. Im vorigen Jahre bekam sie Hg-Injektionen und 2 Milchinjektionen. Ihr Zustand besserte sich hierauf nur vorübergehend. Objektiv: Anisokorie. Beide Bulbi bleiben bei der Seitwärtsbewegung zurück. Nach rechts einige nystagmoide Bulbus-bewegungen. Weicher Gaumen bleibt bei der Phonation zurück. In der Zunge fibrilläres Zittern, an beiden Seiten Atrophien. Das Gehen durch das Schwindelgefühl unsicher. Beim ROMBERGschen Versuch weicht sie nach rechts ab. Schluckbeschwerden. Herz in Ordnung. Wa.R. im Blut und im Liquor: $+++$; im letzteren alle Reaktionen stark positiv. Antiluische Behandlung erfolglos. Nach 3 Wochen plötzlicher Exitus unter bulbären Lähmungserscheinungen.

Die *Obduktion* ergibt: Die Gegend des Pons, der Pedunculi und der Oblongata ist von einem weißlichen, transparenten, derben Belag belegt, in demselben sind die gleichmäßig verdickten Arterien eingebettet. Am Querschnitt durch den Pons sieht man, daß der Prozeß sich an dessen Oberfläche ohne scharfe Begrenzung ausdehnt. An der unteren Fläche des Kleinhirns und um das verlängerte Mark befindet sich zwischen den weichen Hirnhautlamellen eine Liquoranhäufung. Das Chiasma ist verflacht, gräulich und um dasselbe herum eine weißliche Substanz. Starker Hydrocephalus, abgeflachte Gyrii.

Die Vergesellschaftung von syphilitischen Hauterkrankungen mit dem Er-griffensein des Zentralnervensystems ist auch beobachtet. Bei der Tabes scheint dies öfters vorzukommen. GUSZMANN und HUDOVERNIG, FRANKL,

Minniassion u. v. a. beschrieben solche Fälle. Einen Fall von luischer Ulceration am Bein, welche mit einer syphilitischen Meningitis und mehreren cerebralen Gummen vergesellschaftet war, hat uns Gansel mitgeteilt. Neuerdings hat Feldmann 75 Kranke mit Erscheinungen der tertiären Lues (Gummen der Haut und der Schleimhäute, syphilitische Narben) untersucht und will bei 17 = 22,6 % Zeichen einer Erkrankung des Zentralnervensystems gefunden haben. *Ich* selbst beobachtete einen Fall (25.) eines unbehandelten Syphilitikers, der mehrere Gummen auf der Haut und eine rechtsseitige Armlähmung hatte. Der Arm zeigte eine corticale Gefühlslähmung, so daß die Annahme einer corticalen gummösen Erkrankung gerechtfertigt erschien (s. Abb. 28).

Einen sehr lehrreichen, in mehrerer Beziehung wichtigen Fall von akutester vasculär-meningitischer syphilitischer Erkrankung verdanke ich T. v. Lehoczky. Der Fall wurde auf der Klinik Schaffer beobachtet und im histopathologischen Institut verarbeitet.

Eine 18jährige, deflorierte Schülerin erkrankt nach einem angeblichen Sonnenstich, wird unruhig, hat Schreianfälle, ist geistig gestört. Allgemeine Hyperästhesie. Sie liegt mit angezogenen Knien, zeigt Nackenstarre, hat positiven Kernig; der Schädel ist klopfempfindlich; die Pupillen reagieren in allen Beziehungen träge; Kniereflexe sowie Achilles, Bauchdeckenreflexe nicht auslösbar. Erhöhter Liquordruck; Pleocytose; stark positive Wa.R., Sachs-Georgi, Meinicke-Reaktion; Nonne $+++$; Pándy $+++$; Roß-Jones $+++$; Weichbrodt $+++$; Benzoe-Kolloidreaktion totaler Ausfall in den Röhren 2—10.

Die Unruhe wechselt mit Somnolenz, am 6. Tag tritt unter Erscheinungen des Lungenödems der Tod ein.

Die *Sektion* zeigt akutes Lungenödem, parenchymatöse Herzmuskeldegeneration, die inneren Organe o. B. Tuberkulose nirgends. Die Gyri abgeplattet. Die großen Gefäße zeigen makroskopisch keine Veränderungen. An der Basis des Gehirns schwere meningitische Veränderungen.

Die mikroskopische Untersuchung deckt eine von der Gehirnoberfläche bis zu der Cauda reichende schwere Veränderung der weichen Häute. Die Entzündung besteht überall hauptsächlich aus Lymphocyten, spärlichen Plasmazellen und vereinzelte Leukocyten. Die Gefäße der weichen Häute zeigen die typischen, schweren, luischen Veränderungen akuter Art, auf. Vereinzelt kann man in den Gefäßwänden der Häute des Groß- und Kleinhirns miliare Gummen finden. Es bestand also die „knötchenförmige, syphilitische Meningitis (Dürck)".

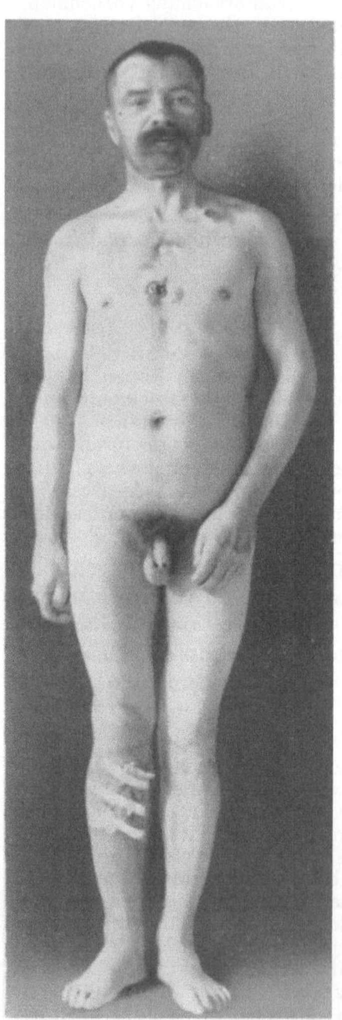

Abb. 28. Hautgummen und Armlähmung, infolge einer wahrscheinlich gummösen, corticalen Erkrankung. (Eigene Beobachtung.)

Das wichtigste Ergebnis der Untersuchung bestand darin, daß man konstatieren konnte, daß die Entzündung nur am Rande ein wenig in die Hirnsubstanz hineinragte. Die Gefäße waren nur in der unmittelbaren Nähe der Häute infiltriert und trotzdem konnte man eine *akute Ganglienzellendegeneration* konstatieren. Im Rückenmark waren nur die großen motorischen Ganglienzellen verschont. *Die Degeneration war in den Ganglienzellen des verlängerten Markes am intensivsten.* Dies fand seine Erklärung darin, daß die Entzündung auch subependymär (im Ventrikel III und IV) anzutreffen war. Auf diese Weise waren die Kerne im verlängerten Mark von zwei Seiten aus, den Effekten der Entzündung ausgesetzt. Die doppelseitige Abducenslähmung wird durch den, über den Abducenskernen sitzenden encephalitischen Herd erklärt, die Nervenfasern dieser Nerven weisen an ihrer

Peripherie Infiltration auf, aber die Fasern selbst sind nicht degeneriert. Im Angulus cerebello-medullaris war die Entzündung besonders stark, hierauf war die schwere Degeneration der Kerne des N. cochlearis zurückzuführen.

Leider wurde auf Spirochäten nicht untersucht, aber trotzdem war, da die Tuberkulose auszuschließen war, auf Grund der stark positiven Liquorreaktionen die syphilitische Natur des Prozesses anzunehmen.

Das Wichtigste der Untersuchungsergebnisse liegt in dem Befunde der Degeneration der Ganglienzellen, ohne direkte Beteiligung am luischen Prozeß.

Auf Grund dieses Falles sind wir berechtigt, anzunehmen, daß die Lues Nervenlähmungen hervorbringen kann ohne direkter syphilitischer Schädigung, sondern die Nervenkerne leiden indirekt, ob durch die Ernährungsstörung oder durch toxische

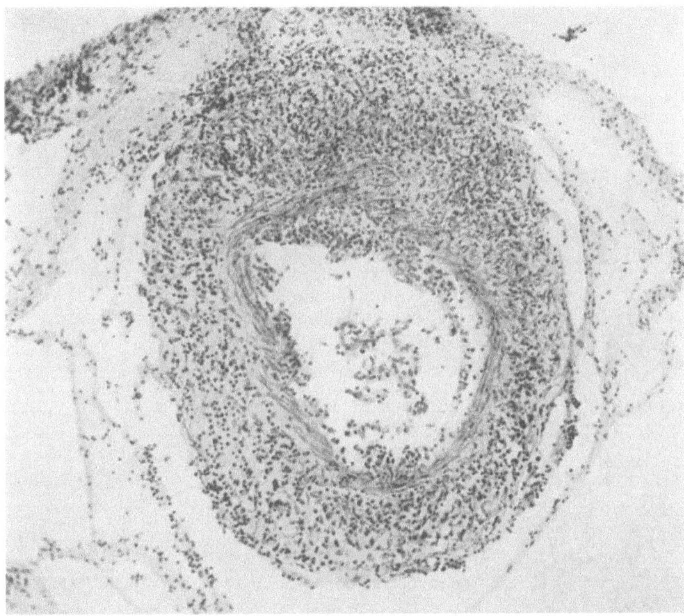

Abb. 29. Überaus starke Infiltration eines Meningealgefäßes. Die infiltrativen Elemente dringen durch die Muscularis in die Intima ein. Die lymphocytäre Infiltration der Adventitia ist an einer Stelle stark mit Fibroblasten vermengt. (Nach v. LEHOCZKY.)

Einflüsse, kann bis jetzt nicht entschieden werden. Ich neige eher der Ansicht zu, daß die schweren meningealen Gefäßveränderungen Zirkulationsstörungen bedingen, welche zur Ernährungsstörung und hiedurch zur Degeneration der Ganglienzellen führen. Wir glaubten bis jetzt, daß die syphilitischen Meningitiden durch Fortkriechen des Prozesses auf die austretenden Nerven die Funktionsstörung (Lähmungen) bedingen, aus dem mitgeteilten Fall haben wir gelernt, daß es auch möglich ist, daß die Kerne im obigen Sinne leiden, dabei die Nervenfasern erst konsekutiv erkranken. Im mitgeteilten Fall kam es noch nicht zu dieser sichtbaren konsekutiven Degeneration der Nervenfaser, weil der Prozeß noch ganz frisch war.

Die Mikrophotographien sollen das Gesagte illustrieren. Alle Mikrophotographien verdanke ich T. VON LEHOCZKY (Abb. 29, 30, 31, 32, 33).

Am Schluß dieses Kapitels wollen wir noch ein Wort über die klinischen Symptome sagen, welche bei den gummösen Erkrankungen des *knöchernen Schädels* zu beobachten sind. Das hervorstechendste Symptom ist der lokalisierte Schmerz. Nach meiner Erfahrung ist es die frontale und die mastoideale

Gegend, welche den Hauptsitz der Schädelknochengummata bildet. Der tastende
Finger fühlt in diesen Fällen eine Erhebung der auf Druck schmerzhaften

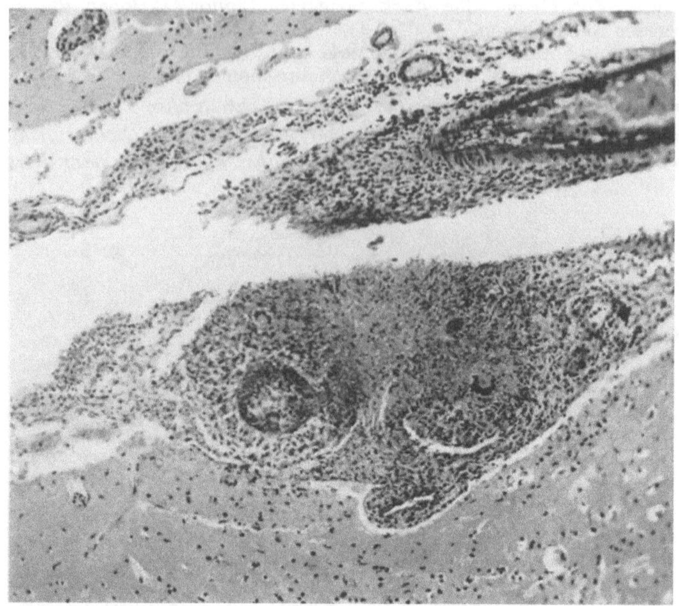

Abb. 30. Occipitalregion. Miliare Gummen in der infiltrierten Pia. (Nach v. Lehoczky.)

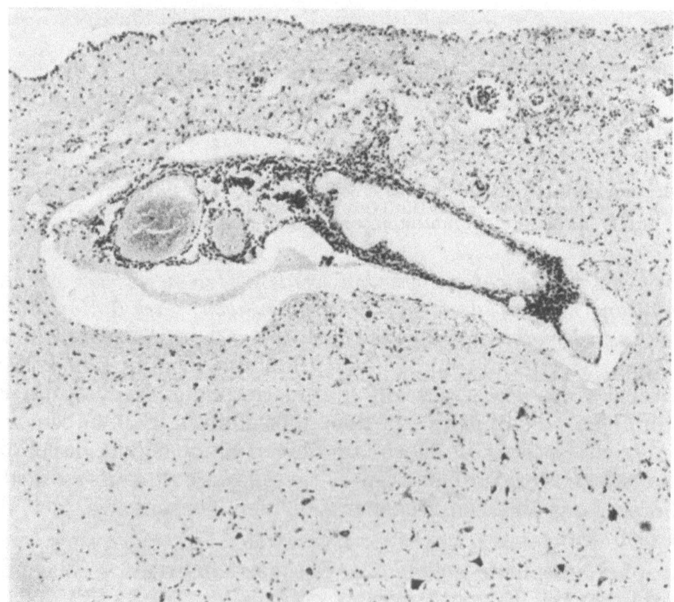

Abb. 31. Boden des IV. Ventrikels, im Niveau des Facialis und Abducens. Subependymaler
Entzündungsherd über den Abducenskern. Nissl-Färbung. (Nach v. Lehoczky.)

Stelle. Die Überempfindlichkeit der Stelle, wo das Gumma sitzt, führen Head
und Fearnsides darauf zurück, daß der in der Peripherie sich ausbreitende

Hautnerv bei dem Durchgang durch die gummöse Entzündung irritiert wird. Nach VITALI ist für die Diagnose der Lues des knöchernen Schädels die Röntgenuntersuchung von überragender Bedeutung, besonders wenn nur die

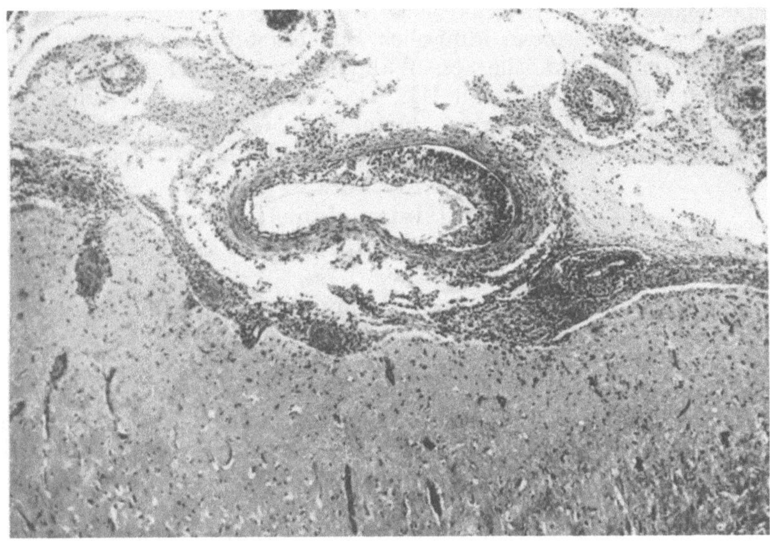

Abb. 32. Mikrophotogramm. Gyrus rectus. In der Mitte ein Gefäß mit frischer Intimawucherung, auch an der Gefäßwand der Gefäße der Nervensubstanz ist stellenweise die Infiltration zu sehen. (Nach v. LEHOCZKY.)

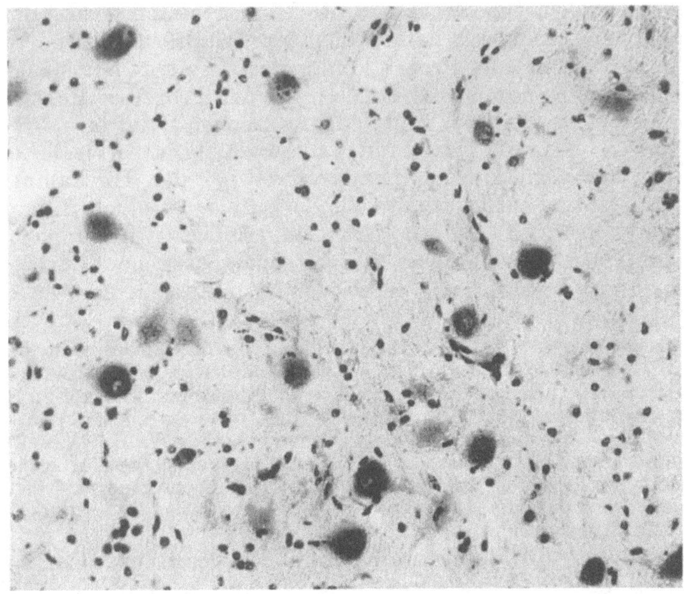

Abb. 33. Ventraler Cochleariskern. Die Ganglienzellen in der Mehrzahl im verflüssigten Zustand. NISSL-Färbung. Immersion. (Nach v. LEHOCZKY.)

Tabula interna ergriffen ist, was zwar zu Kopfschmerzen, aber oft zu keinerlei objektiv wahrnehmbaren Symptomen führt. In seltenen Fällen können Krämpfe, Paresen der Hirnnerven und der Extremitäten auftreten.

Die Schädelknochensyphilis kann auch einen fieberhaften Verlauf zeigen. Sitzt der Prozeß an der Basis, können sehr heftige Kopfschmerzen ohne Druckerhöhung und ohne Veränderungen im Liquor bestehen. Bei dieser Lokalisation kann der Prozeß die Hirnnerven (vornehmlich III., IV., VI., VII.) in Mitleidenschaft ziehen.

Ein besonders interessantes klinisches Bild entsteht dann, wenn im *Sinus cavernosus* ein von den knöchernen Wänden ausgehender gummöser Prozeß die im Sinus verlaufenden Nerven III., IV., V., VI. angreift. Einen hierhergehörigen Fall bei einem 65jährigen Mann habe *ich* letzthin beobachtet. Es kam auf energische antiluische Behandlung zur glatten Heilung.

b) Die interstitielle spinale Lues.
Die meningovasculäre, die meningomyelitische und die gummöse Form der spinalen Lues.

Die reine spinale Gefäßlues haben wir schon im Kapitel 2 c besprochen, hier sollen die klinischen Formen jener Rückenmarkssyphilis erörtert werden, welche die Rückenmarkshäute, harte und weiche Rückenmarkshaut, bevorzugen. Auch hier müssen wir betonen, daß neben den Häuten die Gefäße stets erkrankt sind. Die harte Rückenmarkshaut führt zum bekannten Symptomenkomplex der Pachymeningitis, welche ihren Hauptsitz gern im Cervicalmark aufschlägt. Der Beginn der Erkrankung ist gewöhnlich mit starken ausstrahlenden Schmerzen von der Nackengegend entlang des Schultergürtels verbunden. Gewöhnlich doppelseitig. Der Prozeß besteht in kleinzelliger Infiltration der harten Hirnhaut, welche dieselbe zu einem faserigen Bindegewebe umwandelt. Bald erreicht die Verdickung die weichen Rückenmarkshäute und führt zur Erkrankung des Rückenmarkes. Im Anfang haben wir das neuralgische Stadium vor uns, welches gewöhnlich für eine Plexusaffektion gehalten wird. Bald kommt es zur atrophischen Lähmung, namentlich der Schultermuskeln. Werden die cervicalen Vorderwurzeln vom Prozeß komprimiert, so tritt der Muskelschwund auch in den kleinen Handmuskeln ein. Greift der Prozeß weiter nach unten ($C_{7, 8}$), so kommt es zu dem bekannten Hornerschen Syndrom: Ptosis, Miosis und Enophthalmus. Häufig führt die Pachymeningitis cervicalis zum Symptomenbild der spastischen Spinalparalyse, da bei der Umklammerung des Rückenmarks zuerst und am schwersten die Seitenteile desselben, d. h. die Seitenstränge (Pyramidenbahnen) leiden. Das Gehvermögen wird immer mehr beeinträchtigt und endlich kommt es zur totalen spastischen Paraplegie. Das Leiden verbindet sich häufig mit cerebralen Symptomen, so, wie es in dem folgenden Fall zu lesen ist.

Fall 26. Eine 34jährige Witwe, die nie antiluisch behandelt worden ist, erkrankt mit Schmerzen und Parästhesien in den Füßen, sie hat ein Gürtelgefühl im Bereich der Halswirbel, sie klagt über Urinbeschwerden. Objektive Symptome: Anisokorie; Robertsonsches Zeichen; Atrophia n. opt. Hypertonie in den Unterextremitäten mit positivem Babinski. *Keine Gefühlsstörung*. Blut-Wa.R. negativ. Liquor-Wa.R. $++$. Die Kranke geht an einer interkurrenten pleuritischen Erkrankung zugrunde. Bei der Leicheneröffnung finden wir Atrophia substantiae cerebri cum hydrocephalo chronico externa et interna. Degeneratio grisea funiculorum lateralium cum *Pachymeningitide* chronica adhaesiva praecipue ad medullam spinalem cervic.

In seltenen Fällen wird durch die Kompression der Rückenmarksgefäße das Parenchym desselben in seiner Ernährung gestört, so, daß es zu Höhlenbildungen kommen kann und klinisch das Bild der Syringomyelie entsteht. So war es im folgenden Fall.

Fall 27. 72jähriger Mann, hatte in seinem 47. Lebensjahr eine Ritzwunde am Penis, welche in 2 Tagen von selbst heilte. In seinem 57. Jahre bemerkte er eine nußgroße Lymphdrüsenschwellung in der rechten Inguinalfalte, welche sich spontan nach 8 Tagen zurückbildete. Seine jetzige Erkrankung begann vor 5 Jahren mit einer linksseitigen Parese.

Vor 3 Jahren begann auch der rechte Arm schwächer zu werden. *Status:* Alle vier Extremitäten sind schwach, er verspürt in ihnen Parästhesien und Schmerzen. Seit 6 Monaten Magensymptome, Appetitlosigkeit und Magenschmerzen, Obstipation. Retentio urinae. Miotische Pupillen mit ROBERTSONschen Zeichen. Die rechte Hand in Radialislähmungsstellung. Die Schultermuskulatur sowie sämtliche Armmuskeln atrophisch, deutliche Atrophie der kleinen Handmuskeln. Lebhafte Tricepsreflexe, Unterarmreflexe nicht erhältlich. Kniereflexe lebhaft. Der rechte Achillesreflex fehlt. Hypotonie in den Unterextremitäten. Leichte Ataxie in denselben. Von den Ellbogen abwärts wird Kälte und Wärme schwächer, an den Fingern und am Handrücken wird Wärme überhaupt nicht gefühlt. *Blut-Wa.R.* $+++$; Präcipitationsreaktion $+++$. *Liquor-Wa.R.* $+++$, Pr. $+++$; 0,86⁰/₀₀ Eiweiß; 42 Zellen; P. $+++$; Nonne $+++$; Hämolysinreaktion $++$.

 Diagnose: Pachymeningitis cervicalis hyperplastica luetica (Abb. 34 und 35).

Auf Schmierkur und Jodisanbehandlung hören die Schmerzen auf und die dissoziierte Sensibilitätsstörung ändert sich auch in dem Sinne, daß das Wärmegefühl zurückgekehrt ist, allerdings besteht noch verspätetes Empfinden desselben.

Der pachymeningitische Prozeß kann sich auch nach aufwärts, selbst bis zum Kleinhirn fortsetzen, solche Fälle teilten DE-JERINE und TINEL mit. — Neue Erfahrungen, so auch die meinigen, beweisen, daß nur der Liquor die Veränderungen spezifischer Natur zeigen kann, während der Blut-Wa. und auch die Präcipitationsreaktionen negativ sein können. G. STEINER fand neben Lymphocytose positive Wa.R. „das Kompressionssyndrom": starke Eiweißvermehrung und Gelbfärbung des Liquors. Der Verlauf der Pachymeningitis cervicalis hyperplastica ist zumeist ein chronischer. Oft kommt es zu einem mit Defekt einhergehenden Stillstand.

Geschichtlich ist die Feststellung CHARCOTs interessant, nach

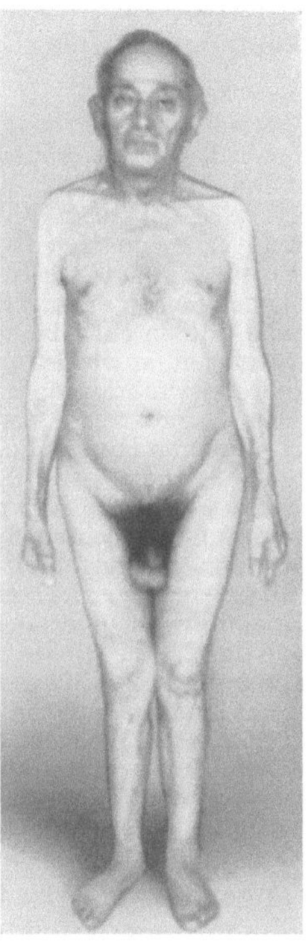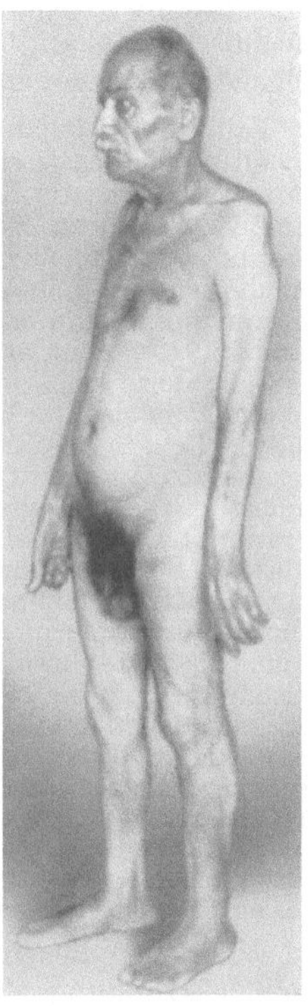

Abb. 34.   Abb. 35.

Abb. 34 und 35. Pachymeningitis cervicalis hyperplastica. (Eigene Beobachtung.)

welcher die früher von LAENNEC, ANDRÁN, HUTIN unter dem Namen Hypertrophie des Rückenmarks beschriebenen Fälle aller Wahrscheinlichkeit nach Pachymeningitiden waren. Werden die hierhergehörigen Fälle zur richtigen Zeit, also im neuralgischen Stadium, erkannt, so kann eine energische antiluische Behandlung zur Heilung führen. Das erwähnt schon CHARCOT, bei dem wir auch über einen Fall lesen können, in welchem ein chirurgischer Eingriff die Heilung vervollständigte. Der Eingriff, den CHARCOT durch den Chirurgen TERRILON ausführen ließ, bestand in der Durchschneidung jener Muskelsehnen, welche die Unterextremitäten in Flexionsstellung hielten. Auch halbseitige Symptome kann der pachymeningitische Prozeß erzeugen. So entsteht der BROWN-SÉQUARDsche Symptomenkomplex (CHARCOT, GOMBAULT, DEJERINE u. a.). Siehe Fall 37.

Bei einem tieferen Sitz der Erkrankung der harten Rückenmarkshaut kommt es geradeso zur spastischen Paraparese oder Paraplegie wie im obigen Fall, nur werden sich die Symptome der Wurzelschmerzen in tieferer Region (Dorsalmark) zeigen. Äußerst schwer wird in diesen Fällen die Differentialdiagnose gegenüber der Rückenmarksgeschwulst werden, da das Lipiodolverfahren in beiden Fällen das gleiche positive Ergebnis liefert, d. h. es kommt zum Lipiodolstop. Häufiger wie die Erkrankung, welche von der harten Rückenmarkshaut ausgeht, ist die spinale Lues durch einen *meningovasculären* Prozeß bedingt, deren häufigster Sitz die *dorsale Rückenmarksgegend* ist. Klinisch zeichnet sich der Beginn durch Parästhesien, Kribbelgefühl in den Beinen, durch rasche Ermüdbarkeit beim Gehen und sehr oft durch das Auftreten eines Gürtelgefühls aus. Eine in diesem Anfangsstadium ausgeführte energische antiluische Behandlung kann mit vollem Erfolg enden. Als Beispiel soll der folgende Fall dienen.

Fall 28. Der 32jährige Oberleutnant erwirbt im Frühjahr 1920 einen harten Schanker. Er wird einer regelrechten, mehrfachen kombinierten Kur unterzogen; im Oktober d. J. ist die Wa.R. negativ. In den Jahren 1921, 1922 Wa.R. + +; Ende des Jahres 1922 wieder negativ. Zur selben Zeit arbeitete er bei einem offenen Fenster in einem schweißgebadeten Zustand. Am Abend verspürte er Schmerzen in der linken Hüftgegend, zwischen den Schulterblättern und an der Brust, er konnte sich nicht bücken. Sein Zustand besserte sich ein wenig, um dann nach einigen Wochen einer Verschlechterung Platz zu machen. Mitte Januar 1923 begann er in beiden Füßen ein Kribbelgefühl zu fühlen, innerhalb 3—4 Tage verschlechterte sich sein Gehvermögen, er wurde unsicher. Bei der Aufnahme konstatierten wir eine Polyadenitis; Hypotonie der Unterextremitäten. Er ging mit im Knie eingebogenen Füßen. Deutliche Ataxie in den Unterextremitäten. Keine Hirnsymptome. Gürtelgefühl. Vor unseren Augen entwickelt sich eine Paraplegie. Blut-Wa.R. negativ, Sachs-Georgi +. Liquor-Wa. + +, Sachs-Georgi +, Pándy + + +. Diagnose: Meningomyelitis syphilitica verosimiliter gummosa. Sofortige antiluische Kur mit Wismut und schon nach der dritten Injektion hört das Gürtelgefühl auf der rechten Seite auf und auch der rechte Fuß wird stärker. Etwas läßt auch das linke Gürtelgefühl nach. Nach der achten Injektion auffallende Besserung in den Füßen, so daß er schon auch die Treppen auf- und absteigen kann. Nach der zwölften Injektion Wiedererlangen des Gehvermögens. Während der Wismutkur wird die Hypotonie durch eine leichte Hypertonie abgelöst und es tritt beiderseitig das BABINSKIsche Symptom auf. Das MENDEL-BECHTEREWsche Symptom ist linkerseits plantar. Während der Beobachtung zeigt er leichte, bis 38,2 reichende Temperaturerhöhung. Er verläßt das Spital mit der Weisung, Jodkali in steigenden Dosen zu nehmen und warme Bäder zu gebrauchen. Mitte Mai stellt er sich vor, er hat gar keine Klagen mehr. Sowohl die Serum- wie die Liquoruntersuchung ergibt völlig normales Verhalten. Wir sehen den Patienten im Juli 1929 wieder im vollkommenen Wohlbefinden. Auch diesmal erweist sich sowohl die Serum-, als die Liquoruntersuchung vollkommen normal.

Wir haben diesen Fall angeführt, um zu zeigen, daß beim Beginn der luischen Spinalerkrankung ein vollkommener Erfolg zu erwarten ist.

Die spinale luische Erkrankung kann sich auch tiefer im Lumbalgebiet geltend machen, namentlich ist es die lumbosacrale Gegend, welche von der Lues gerne angegriffen wird. Diese Form der spinalen Lues geht gewöhnlich mit lumbalen oder dem Ischiadicus entlang ziehenden Schmerzen einher und wir kennen mehrere Fälle, in welchen die Diagnose fälschlicherweise auf genuine Ischias gestellt wurde, dies um so mehr, weil die Erkrankung im Beginn oft einseitige Symptome erzeugt. Außer den erwähnten Schmerzen kann auch eine leichte Ermüdbarkeit einer Unterextremität im Beginn vorhanden sein. Sitzt der Prozeß in der Gegend der Lumbalanschwellung, so kommt es zum Verlust des Kniereflexes, gewöhnlich reicht aber derselbe tiefer und ergreift auch die Caudawurzeln. So bekommen wir das typische Bild der Caudaläsion.

Als Beispiel soll der Fall (29) eines 28jährigen Universitätshörers dienen, der im 3. Jahr nach dem Primäraffekt ziehende Schmerzen von dem Mastdarm abwärts bekam, keinen Reiz zur Stuhlentleerung mehr verspürte, der Urin floß von selbst ab, das Gehen wurde sehr unsicher. Eine Analgesie von D. 12 abwärts, typische Reithosen-Hypästhesie, rechter Kniereflex kaum auslösbar, Hypotonie in den Unterextremitäten, Polyadenitis. Blut-Wa.R.

und Sachs-Georgi positiv, desgleichen Liquor-Wa.R. Auf Wismutbehandlung kommt der Patient in Ordnung.

Einen ähnlichen Fall beschrieb neuerdings HUDELO und MOUSON, aber ohne Sphincterstörungen. In ihrem Fall war im Liquor das FROINsche Syndrom, Xanthochromie und Koagulierung, vorhanden. GUILLAIN, LÉCHELLE und PÉRON haben die Differentialdiagnose dieser Meningomyelitis und gummöser Radiculitis gegenüber den Caudatumoren besprochen. Nach Angabe dieser Autoren sollen bei Tumoren der Cauda im Liquor nur wenig Zellen neben Xanthochromie und Eiweißvermehrung bestehen, während dieselben bei der Syphilis stark vermehrt sind. Endlich unterstützt die Wa.R. die syphilitische Annahme. Die Xanthochromie soll durch die Pachymeningitis mit Gefäßneubildungen determiniert sein, ferner durch capilläre Hämorrhagie, seröse Exsudation. In einem ihrer Fälle wandten sie das Lipoidolverfahren an und sahen, wie das Lipoidol sofort in den Duralsack hinuntersank und nur einzelne Tropfen in der Lumbalmarkshöhe hängen geblieben sind.

Noch vor ihnen habe *ich* in einem Falle, in welchem ich nicht entscheiden konnte, ob es sich um eine gummöse Radiculitis oder Tumor der Cauda handelte, das Lipiodolverfahren angewendet.

Fall 30. Es handelte sich um den 54jährigen Schlosser, der seit dem Jahre 1923 an Blasen- und Gehstörungen litt. Im Juni 1925 bot er das typische Bild der Caudaerkrankung: Anästhesie am Anus, Testis, Scrotum an der Hinterfläche der Schenkelgegend, unterhalb des äußeren Knöchels, Achillesareflexie. Fehlen der Erektionen, Störungen der vegetativen Funktionen. Äußerst große Schmerzen in den Kniebeugen. Bei der SICARDschen Lipiodolprobe blieb ein haselnußgroßes Stück des Lipiodols in der Höhe des 4. Lumbalwirbels stecken. Hierauf ließ ich den Patienten durch Kollegen WINTERNITZ operieren. Bei der Operation konnte ich mich überzeugen, daß an der Stelle, wo sich das Lipiodol befand, die Caudawurzeln zusammengebacken und schwer voneinander loszulösen waren. Auffallend war auch im Vergleich zu den übrigen Wurzeln die graurötliche Farbe dieser Gegend. Nach der Operation wendeten wir eine antiluische Kur an. Mit unerheblichem Defekt verließ der Patient das Spital und kehrte nach 6 Jahren wieder, und wir fanden bei ihm keinen Grund, um irgendeine neuerliche Kur anzuwenden.

SICARD, HAGUENEAU und LICHTWITZ haben die pseudotumorale spinale Syphilis in bezug auf Liquorverhalten und Lipiodolprobe in mehreren Fällen untersucht und folgendes festgestellt: 1. Bei der Rückenmarkssyphilis zeigt der Liquor Xantochromie mit reicher Zellenzahl, es kann aber auch die von SICARD und FOIX beschriebene Eiweiß-Zellendissoziation vorhanden sein, ähnlich wie es bei den Rückenmarkstumoren der Fall ist. Also kann die Rückenmarkssyphilis die Tumoren nachahmen. 2. Es gibt versperrende Meningitiden, in denen das Lipiodolbild deutlich vorhanden ist. 3. Außer den von uns schon erwähnten, von GUILLAIN, LÉCHELLE und PÉRON beschriebenen tumoralen Formen der lumbosacralen Syphilis, gibt es auch eine dorsale und lumbale Form der spinalen Lues, welche diese Formel zeigen. 4. In diesen, die Tumoren des Rückenmarkes nachahmenden Fällen können differentialdiagnostisch zwei Zeichen in Betracht kommen, die positive Wa.R. und das Verhalten des Lipiodols, welches sich nicht als tumoraler Block, sondern in kappenförmiger Verteilung oder frei in den subarachnoidalen Raum nach unten sinkend kundgibt. *Ich* kann in negativem Sinne die differentialdiagnostische Bedeutung des Liquor-Wa. mit einem Falle beweisen, in welchem ich trotz positiven Blut-Wa. wegen der Negativität des Liquor-Wa. den spinalen Tumor als nicht luisch noch in vivo bezeichnen konnte und die Sektion gab mir recht, da bei derselben sich ein nichtluischer Tumor in der Höhe des VII., VIII. Dorsalwirbels vorfand. Im Gehirn keine Veränderungen, es bestand aber eine typische Endo-Mesaortitis chron. syphilitica Aortae accendentis et Arcus.

Schon bei der Besprechung der Pachymeningitis cervicalis hyperplastica wiesen wir darauf hin, daß sowohl die Seiten-, als auch die hintere Gegend des Rückenmarkes durch den meningealen Prozeß in Mitleidenschaft gezogen werden kann und daher spastische und ataktische Symptome untermischt vorhanden sein können. Auch in den vorerwähnten Fällen der dorsalen lumbosacralen spinalen Lues, sahen wir hypo- und hypertonische Symptome neben- und nacheinander auftreten. Wenn wir noch dazu nehmen, daß sowohl die Hinter-, als auch die Vorderwurzel mitbeteiligt sein können, so wird es verständlich, daß das klinische Bild der spinalen Lues ein äußerst veränderliches sein wird und daß wir oft unüberwindlichen Schwierigkeiten gegenüberstehen, wenn wir entscheiden sollen, ob es sich um eine Tabes, Polyneuritis usw. handelt.

Um das Gesagte zu verdeutlichen, wollen wir einen Fall (31) anführen, in welchem es sich um einen 33jährigen Mann handelte, der vor 10 Jahren einen Ulcus hatte, gegen welchen er nur lokal behandelt wurde. Da der Patient nur russisch spricht, ist keine Anamnese zu erhalten. Der Kranke war ein hochgewachsener Mann, der weder stehen, noch gehen konnte, er zeigte in den Unterextremitäten eine hochgradige Ataxie mit Hypertonie, es war der Patellar- und der Fußklonus beiderseits auszulösen, es bestanden spastische Kniereflexe; Priapismus. Ab und zu war das Babinskische Phänomen auslösbar, die Bauchreflexe fehlten; Fußreflexe desgleichen. Die Cremasterreflexe waren schwach und nur in geringer Ausdehnung erhältlich. 3 cm oberhalb des Nabels beginnend fühlte er die Pinselberührung nur schwach. Von den Poupartschen Bändern aufwärts auch die Nadelstiche. Wir dachten zuerst an die Möglichkeit einer perniziösen Anämie, nur war das Blutbild normal, dagegen war die Blut-Wa.R. und Präcipitationsreaktion positiv. Im Liquor war die Wa.R. allerdings negativ, aber eine Eiweißvermehrung ($75^0/_{00}$); 16 Zellen. Pándy, Nonne, Hämolysin $+++$. Kolloidreaktion nach Kiss stark positiv. In den ersten 5 Röhren vollkommene Ausfällung.

Nach einer Milch-Neosalvarsankur erholt sich der Patient soweit, daß er sich mit einem Stock fortbewegen kann.

Nun gehen wir zur Besprechung der luischen *Muskelatrophie* über. Lokalisiert sich die meningovasculäre spinale Lues an der Vorderseite des Rückenmarkes, so können die Vorderwurzeln oder selbst die Vorderhörner Sitz der Erkrankung werden und so entsteht eine mit Entartungsreaktion einhergehende spinale Muskelatrophie. Diese syphilitische Amyotrophie wurde lange Zeit hindurch bestritten, bis dann Léri und Lerouge u. a. den mikroskopischen Beweis erbracht haben. Auch die amyotrophische *Lateralsklerose* kann durch die Lues imitiert werden. André Léri hat die hierher gehörigen Fälle aus der Literatur zusammengestellt. Raymond, Cestan, Nageotte, Oppenheim, Floran, Dana haben solche Fälle publiziert. Aus der Zusammenstellung Danas erhellt, daß von 130 Fällen von Lateralsklerose nur 25 syphilitisch waren. Léri, der die Angaben Danas nachgeprüft hat, eliminiert von 130 Fällen 58, die ganz sicher reine Fälle von Lateralsklerose waren. Von den übrigbleibenden 72 Fällen diverser Amyotrophien verteilt sich die luische Infektion wie folgt: 27 Fälle von Amyotrophie des Typus Aran-Duchenne; ohne Bulbärsymptome waren 9 syphilitisch, mit Bulbärsymptome 6. In 10 Fällen von progressiver bulbärer Paralyse, welche mit Amyotrophien der Ober- oder Unterextremitäten vergesellschaftet waren, fanden sich 4 Syphilitiker.

Raymond hat schon im Jahre 1893 einen Fall von progressiver syphilitischer Amyotrophie publiziert, in welchem es sich bei der Sektion um eine diffuse, mit spezifischer Gefäßläsion einhergehende Meningomyelitis gehandelt hat. Raichline, Vizioli, Scherb brachten neue Beiträge. Léri hat 6 Fälle mitgeteilt und zusammen mit Lerouge im Jahre 1913 faßt über 80 hierhergehörige Fälle aus der Literatur berichtet. Auch neuerdings (1925) findet Léri die Zahl der syphilitischen Amyotrophien zunehmend und er sagt, daß die progressiven Amyotrophien eine ebenso sicher spezifische Erkrankung darstellen, wie die Tabes und ihr patholog-anatomischer Hintergrund eine vasculäre Meningomyelitis sei. In allerneuester Zeit entwarf Achard das klinische Bild dieser syphilitischen Amyotrophie. Wir folgen ihm in der Beschreibung des klinischen Bildes. Der Beginn ist eine Parese in den betroffenen Muskeln, welche zu einer funktionellen Behinderung gewisser Bewegungen führt.

Im Typ Aran-Duchenne kommt es zur Abflachung der Daumenballen und dadurch wird die Abduktion und die Gegenüberstellung der Daumen behindert. Atrophiert dann auch der Kleinfingerballen, so entwickelt sich die „Affenhand", mit dem Schwund der Lumbrikales und der Interossei flacht die Hand ganz ab, es entsteht die „fleischlose Hand". — Greift der Prozeß weiter auf den Vorderarm, so entsteht beim Schwund der Beuger die „Predigerhand"; atrophiert der ganze Vorderarm so führt das zur Entstehung der „Polichinellhand". — Beginnt die Atrophie an der Schultermuskulatur so wird der scapulo-humerale Typ nachgeahmt. Selbstredend können dabei die allermöglichsten Variationen vorkommen, je nach dem Fortschreiten des meningo-vasculären Prozesses. Wir haben schon als charakteristisch für die spinale Lues den Umstand hervorgehoben, daß sich die Syndrome der verschiedensten Territorien des Rückenmarksquerschnittes und der Leitungsbahnen miteinander vermengen können. So ist es auch bei der syphilitischen Amyotrophie, sie kann sich mit spastischen Symptomen usw. verbinden.

Im Beginn der Erkrankung gleicht dieselbe aufs Haar der Poliomyelitis anterior, nur die fast immer bestehenden Wurzelschmerzen weichen ab und lenken den Verdacht auf eine andere Erkrankung. Die syphilitische Amyotrophie zeigt in den meisten Fällen einen langsam, progredienten Verlauf. Achard rät die antiluische Behandlung nicht zu versäumen, da sie namentlich im Beginn der Erkrankung gute Resultate gibt. Es ist wohl überflüssig zu betonen, daß die Untersuchung der Lumbalflüssigkeit zur Diagnosenstellung unerläßlich ist.

Nonne berichtet über einen Stillstand der spinalen Muskelatrophie bei einem Syphilitiker, welche er durch eine energische antisyphilitische Behandlung erreicht hat. In deutschen Neurologenkreisen erkennt man die Lérische Auffassung nicht an, nach welcher die progressive Muskelatrophie eine ebenso spezifische Erkrankung, wie die Tabes ist. In Deutschland neigt man eher zu der, schon von Fournier geäußerten Meinung, nach welcher die spinale Muskelatrophie der „Parasyphilis" zuzuzählen ist. Diese Auffassung stützt sich darauf, daß die Erkrankung geradeso zu den Späterscheinungen der Lues gehört wie die Tabes, andererseits gesellt sich die Muskelatrophie sehr oft zur Tabes. Einen vermittelnden Standpunkt nehmen Head und Fearnsides ein, indem sie 2 Arten von syphilitischer Muskelatrophie unterscheiden. Die eine entspricht der Lérischen Beschreibung, ist also durch eine meningo-vasculäre Syphilis bedingt, durch die Behandlung beeinflußbar, demgegenüber steht die Gruppe von Muskelatrophien, welche in ihrem Gebaren sich analog der Opticusatrophie oder der sog. „parasyphilitischen" Lateral- oder kombinierten Sklerose verhält. Diese Fälle sollen durch die Behandlung unbeeinflußbar sein und auch die Wa.R. ändert sich nicht. Die Behauptung G. Steiners, daß die spinale syphilitische Muskelatrophie in das Spätstadium der Syphilis gehören soll, ist nicht mehr aufrecht zu erhalten. Er selbst bringt die Beobachtung von Erich Guttmann von nur 4 Jahre Inkubationszeit zwischen Primäraffekt und Amyotrophie. Dieselbe Inkubationszeit beobachteten auch Hudelo und Mouzzon. Auch Margulis erwähnt, daß der Intervall zwischen Primäraffekt und Krankheit $3^1/_2$—26 Jahre betragen kann. Auch darin können wir Steiner nicht beistimmen, daß er die äußerst lehrreichen Fälle von Margulis, als nicht in diese Gruppe gehörend bezeichnet. Meine über die Pathogenese der Tabes geäußerten Ansichten finden in den Margulisschen Fällen eine feste Stütze, wir erwähnen dies deshalb hier, weil am Beispiele der Tabes es am deutlichsten bewiesen werden kann, wie gekünstelt die Ansicht ist, nach welcher man auch bei der syphilitischen spinalen Amyotrophie eine gegenseitige Unabhängigkeit von den entzündlichen und parenchymatös-degenerativen Veränderungen aufrechterhalten will, wie es z. B. Pette tut. Wir unterschreiben den Satz von MARGULIS: In ätiologischer Beziehung ist die amyotrophische Syphilis eine Spirochätose. Je nach der Lokalisation des Prozesses entstehen die verschiedenen klinischen Bilder. Es gibt einen tabiformen, einen poliomyelitischen und einen spastischen Typ. MARGULIS führt weiter aus, daß die tabischen Atrophien vom histopathologischen Standpunkt auch syphilitische Amyotrophien sind. Es gibt, wie es bei dieser proteusartigen Erkrankung, als welche wir die Syphilis kennen, gar nicht anders sein kann, eine ganze Reihe von Übergangsformen. Zwischen den subakuten und chronischen Fällen der syphilitischen Amyotrophie besteht nur ein gradueller Unterschied. Im Beginn der Erkrankung tritt, nach MARGULIS die meningoradikuläre, im weiteren Verlauf die parenchymatöse Veränderung hervor.

Der klinische Beginn kann ganz der, der Tabes sein: Lanzinierende Schmerzen, eröffnen die Szene. Daran ist nichts zu verwundern, wenn wir bedenken, daß der meningoradikuläre Prozeß an den Hinterwurzeln beginnen kann; es können aber auch bulbäre Symptome den Reigen eröffnen usw.

Auch die kombinierte Systemerkrankung kann durch den meningovasculären spinalen Prozeß hervorgerufen werden, darin sind schon alle Forscher einig, daß es sich bei der Syphilis um keine primäre, sondern um eine sekundäre also pseudosystematische Erkrankung handelt. Auch die ERBsche *spastische Spinalparalyse* kann nur als solche aufgefaßt werden. Die Untersuchungsergebnisse von FOIX, CRUSEM und NACHT sprechen auch in diesem Sinne. Sie fanden eine Verwachsung aller drei Häute im Dorsalmark in einem hierhergehörigen Fall, welche zu herdförmigen Parenchymerkrankung im Rückenmark geführt hat. Klinisch gibt es Fälle, welche ganz dem von ERB beschriebenen Syndrom entsprechen, wie dies auch NONNE betont. *Ich* selbst kann mich einiger solcher Fälle erinnern, in welchen nur spastische Paraparese mit leichten Blasenstörungen jahrzehntelang die Krankheit ausmachte. Ich habe die Empfindung, daß es sich in diesen Fällen um eine durch die antiluische Behandlung zum Stillstand gebrachten, lokalisierten syphilitischen Prozeß gehandelt hat. Die Fälle, in denen auch cerebrale Störungen, vor allem das ROBERTSONsche Symptom vorliegen, gehören klinisch nicht zu den reinen Fällen. Es ist zu bedenken, ob in solchen Fällen das ROBERTSONsche Symptom nicht schon seit längerer Zeit als einziges Symptom des luischen Prozesses zurückgeblieben ist und die spinalen Symptome als Späterscheinungen der Syphilis zu betrachten wären.

Die spastische Spinalparalyse ist also nach unserer Auffassung eine lokalisierte Spinalerkrankung, wie sie die Syphilis in allen Organen hervorzurufen imstande ist. Das Symptom der spastischen Paraplegie ist bei der Syphilis ein ungemein häufiges. Gewöhnlich kommt sie in Begleitung anderer luischen Erscheinungen an der cerebrospinalen Achse vor. Aus der Fülle der Möglichkeiten wollen wir nur einige besonders bemerkenswerte Verknüpfungen der verschiedensten Symptome hervorheben. Wir glauben dadurch dem eben Gesagten am besten Verständnis zu verschaffen, wenn wir einige Beispiele im folgenden anführen.

Fall 32. 28jähriger Mann hatte im Jahre 1912 einen Schanker mit Ausschlag, bekam damals 30 Hg-Einreibungen. Im Jahre 1916 14 Hg-Injektionen und 3 Salvarsan. Im November 1919 bemerkte er, daß seine Füße schwächer werden, er knickste in den Knien ein und hatte von den Hüften nach abwärts sich erstreckende Parästhesien. Nächtliche Inkontinenz der Blase, Anisokorie, die rechte Pupille lichtstarr, die linke zeigt erschwerte Lichtreaktion. Polyadenitis. Leukoplakia buccalis. Spastische Parese mit positivem Babinski. Blut-Wa.R. negativ, Liquor-Wa.R. desgleichen. Pándy ++, Nonne +. Schmierkur, Neosalvarsan, Sublimat brachten eine wesentliche Besserung, die bis Ende 1921 anhielt, da traten Magenschmerzen, namentlich in der Nacht auf, dieselben waren unabhängig von dem Essen und waren von Erbrechen begleitet. Libido verschwunden. Spastische Parese und Pupillenreaktionen wie bei der Erstuntersuchung. Blut-Wa.R. auch diesmal negativ, dagegen Liquor-Wa.R. +++. Wieder eine leichte Besserung nach antiluischer Behandlung, so daß am Ende der Behandlung auch die Liquor-Wa.R.

negativ wurde. Der Patient fühlte sich wohl und arbeitete als Schuster, kam dann im Januar 1926 wieder zur Aufnahme, da hatte er schon typische Anfälle von Crises gastriques. Er mußte beim Urinieren pressen; die spastische Parese und auch die Pupillensymptome unverändert. Blut- und Liquor-Wa.R., als auch die Präcipitationsreaktionen negativ. Keine Eiweißvermehrung. Kolloidkurve fast normal.

Dieser Fall zeigt also tabische Symptome (ROBERTSON, Crises gastriques) mit spastischer Paraplegie vereint. Die letztere halten wir auf Grund des Liquorbefundes als mit Defekt abgeschlossen.

Fall 33. 31jährige Krankenwärterin, deren Mann luisch infiziert war. Im Jahre 1923 war die Wa.R. selbst provoziert, negativ. Im Jahre 1925 desgleichen. Im Jahre 1926 starke Druckschmerzen mit Erbrechen in der Magengegend. Starke wandernde Schmerzen in den Extremitäten, Anisokorie und abgeschwächte Lichtreaktion. Das Gehen fällt ihr schwer, sie kann nur mit Hilfe gehen. Die tiefen Reflexe in Ordnung, Tonus der Muskulatur in Ordnung. Sowohl Wa., als die Präcipitationsreaktionen im Blut jetzt $+++$, Liquor normal. Antiluische Behandlung bringt Besserung. Am Ende des Jahres treten die Magenkrisen wieder auf, Kopfschmerzen, Schlaflosigkeit; jetzt sind schon die Kniereflexe schwerer auslösbar. Blut und Liquor in Ordnung.

Fall 34. 38jähriger Eisendreher hatte im Jahre 1914 Lues. Im Dezember 1925 Kopfschmerzen, leichte Ermüdbarkeit beim Gehen, lanzinierende Schmerzen in den Unterextremitäten, Anisokorie, ROBERTSONsches Zeichen, Leukoplakie. Blut-Wa.R. $+$, Präcipitationsreaktion $+$. Liquor-Wa.R. $+++$, Pándy $+++$, Nonne $+++$, Hämolysin $++$, Zellen 67, Eiweiß $0,75^0/_{00}$. Kolloid zeigt Ausfällung in den ersten Röhren. Auf Bismoluol- und Neosalvarsananbehandlung verläßt er ohne subjektive Beschwerden die Abteilung.

Handelt es sich in den beiden letzten mitgeteilten Fällen um beginnende Tabes oder Lues cerebrospinalis?

Hier wären auch jene zahlreichen Fälle anzuführen, welche wir als oligosymptomatische Fälle kennen. Aus der älteren Literatur erwähnen wir zwei Fälle, welche uns des Rätsels Lösung geben.

Fall von OPPENHEIM. Bei einem notorisch Syphilitischen treten die charakteristischen Symptome der Tabes auf: WESTPHAL, ROMBERG, lanzinierende Schmerzen, Pupillenstarre, Lähmung des Oculomotorius, des Accessorius, Retentio urinae und Sensibilitätsstörungen. Wesentliche Besserung nach eingeleiteter spezifischer Behandlung. Nach einigen Monaten Verschlimmerung, trotz fehlender Patellarreflexe erhielt man Fußklonus, spastische Parese. Exitus nach 3 Jahren seit Beginn der Nervenkrankheit. Bei der Nekropsie fand sich hochgradige Verdickung sämtlicher Meningen und Verwachsung derselben mit der Markoberfläche vom mittleren Brustteile bis zur Mitte des Lendenteiles; Leptomeningen intensiv infiltriert, Pialfortsätze dringen als dicke infiltrierte Stränge mit spezifischen Gefäßveränderungen in das Rückenmarksgewebe ein. Auf- und absteigende sekundäre Degenerationen. Die hinteren Wurzeln der Lumbalschwellung vom Infiltrate beteiligt und merklich atrophisch.

Fall von EWALD. Typischer Fall von Tabes (fehlende Patellarreflexe, ROMBERG, ROBERTSON, Sensibilitätsstörungen, Arthropathien usw.). Bei der Autopsie fand sich eine nahezu der ganzen Ausdehnung des Rückenmarks folgende Hämorrhagie im Subarachnoidealraume, luische Verdickung insbesondere der hinteren Hälfte der Meningen in ganzer Marklänge; hochgradige Verdickung der Bindegewebssepta; kleinere Infiltrationsherde in der Hals- und Lendenanschwellung; spezifische Veränderungen an den Rückenmarksgefäßen mit Venenobliteration; eine gewisse Faserdegeneration vorwiegend im Gebiete der Hinterstränge als Folge von Beteiligung des Rückenmarksgewebes selbst an dem syphilitischen Prozeß, der wesentlich an den Meningen lokalisiert erschien. Es handelte sich also auch hier um eine spezifische Affektion, die wegen ihrer Lokalisation in den Hintersträngen das klinische Bild der Tabes erzeugte.

Die Zerstreutheit der luischen Prozesse im Zentralnervensystem gibt Anlaß dazu, daß auch das Symptomenbild der multiplen Sklerose durch die Lues nachgeahmt werden kann. Einen hierhergehörigen Fall haben wir schon im Kapitel der pathologischen Anatomie erwähnt. Differentialdiagnostisch ist der Liquor-Wa. von entscheidender Bedeutung. Neuerdings bespricht HENNEBERG die Differentialdiagnose der kombinierten Erkrankungen der Hinter- und Seitenstränge gegenüber der luischen Spinalerkrankung. Die ersteren Erkrankungen bezeichnet er als Myelose (ad normam Nephrose); anatomisch handelt es sich in denselben um kleine, später konfluierende Herde, Quellung bald Zerfall von Markscheide, Achsenzylinder, Körnchenzellen, mäßige Gliaproliferation, dagegen

höchstens nur sekundäre Gefäßveränderungen; das alles spielt sich im Hinter-
und Seitenstrang ab. In der Ätiologie dieser funikulären Myelitiden spielen
chronische Vergiftungen, dann vor allem perniziöse Anämie die Hauptrolle.
Neuerdings stellt man sich die Erkrankung als Avitaminose vor (Modes, Cassirer)
auch an abnorme Fermentwirkungen (Henneberg, Baló) ist gedacht worden.
Pathologanatomisch sind die hierhergehörigen Fälle durch das Fehlen meningitischer und vasculärer Veränderungen charakterisiert, daher leicht von solchen
luischen Ursprunges zu unterscheiden. Da ist vor allem die Differentialdiagnose
gegenüber der Tabes von Wichtigkeit. Die meisten Fälle werden namentlich
vom praktischen Arzt als Tabes aufgefaßt, da Ataxie und Areflexie zu den
beginnenden Symptomen gehören und auf Babinski und auf die übrigen
spastischen Erscheinungen nicht sehr geachtet wird. Henneberg unterstreicht
die Wichtigkeit des Fehlens des Robertsonschen Symptomes, dieses Fehlen
spricht für funikuläre Myelose, während das Vorhandensein des Symptoms für
Lues zeugt. Für die luischen Rückenmarksaffektionen spricht endlich der
positive Liquorbefund. Auch meine Erfahrungen, welche ich in Fällen von
perniziöser Anämie mit Hinterstrang und Seitenstrang-Symptomen gemacht
habe, bestätigen die Hennebergsche oben angeführte Regel.

Wir haben schon in der Einleitung dieses Kapitels erwähnt, daß sehr oft
auch cerebrale Symptome mit den spinalen verbunden sind, so, daß die Bezeichnung von Lues cerebrospinalis eigentlich die richtige ist. Wir wollen hervorheben, daß im Verlaufe einer cerebrospinalen Lues auch jene Kombination
vorhanden sein kann, daß die Gefäßlues mit der meningitischen in sukzessiver
Reihenfolge sich zeigt.

Dies wird durch den folgenden Fall deutlich illustriert.

Fall 35. Eine 25jährige Kellnerin infizierte sich in ihrem 19. Lebensjahre. Mit 22 Jahren
tritt ein luischer Hautausschlag mit Plaques im Munde auf. Im ganzen bekommt sie einige
Hg-Injektionen und zwei intravenöse Neosalvarsaninjektionen. Sie abortierte einmal und
hatte eine Frühgeburt. Als sie im Jahre 1922 zur Aufnahme gelangt, zeigte sie eine rechtsseitige *Hemiparese* mit rechtsseitigen spastischen Reflexen und aphasischen Störungen.
Nach einer antiluischen Kur vorübergehende Besserung, welche nicht lange anhielt. Bei
ihrer zweiten Aufnahme erfahren wir, daß sie vorübergehende aphasische Attacken schon
früher gehabt hat. Als Ursache ihrer Hemiplegie nehmen wir eine Endarteriitis luica cerebri
an. Sowohl der Blut- als der Liquor-Wa. stark positiv. Eine intensive Wismutkur bessert
ihren Zustand erheblich. Im Jahre 1923 ist die Wa.R. im Blut negativ, dagegen im Liquor
noch immer stark positiv. Der rechte Fuß ist in pronierter Stellung, es besteht eine Achilles-
sehnenkontraktur, und sie leidet unter unwillkürlichen Zuckungen in dieser Extremität.
Wir lassen eine Achillotomie vornehmen, nachher werden Gehübungen und warme Bäder
angewendet, so daß sie in einem leidlichen Zustand die Abteilung verläßt. Im Jahre 1924
geht sie schon ohne Stock. Da sich inzwischen die Wa.R. im Liquor wieder als positiv
erwies und eine *spastische Paraparese* sich entwickelte, dazu noch eine tibiale Periostitis
auftrat, verordneten wir neben einer endolumbalen Neosalvarsanbehandlung auch Silbersalvarsan intravenös. Daraufhin wird der Liquor negativ, aber das Gehen bleibt wegen
der doppelseitigen spastischen Parese sehr erschwert und auch die Zuckungen quälen sie.
Im Jahre 1927 wird das Blut wieder positiv, sie wird neuerlich einer energischen Kur unterzogen, worauf sowohl Blut als der Liquor saniert erscheint. Die Hypertonie nimmt aber
in den folgenden Jahren zu, so daß sie nur mit schwerer Mühe mit der Hilfe von zwei Stöcken
sich fortbewegen kann. Eine Lumbalpunktion, bei welcher sich unter starkem Druck der
Liquor entleert, bringt momentan Erleichterung, eine energische antiluische Kur bessert
dann das Gehvermögen auffallend.

Der Fall ist äußerst lehrreich, da er die Kombination und das Nacheinander
von vasculärer cerebralen und meningovasculärer spinaler Lues uns vor die
Augen führt.

c) Gummöse Neubildungen.

Die ältesten Literaturangaben stammen von Leon Gros und Lanceraux,
Wagner, Heubner. Im Rückenmark beschrieben sie dann Jürgens, Bötiger,
Greiff, Nonne. Rumpf betonte, daß ohne Beteiligung der nervösen Elemente,

sowie der Neuroglia sich das Gumma aus dem Bindegewebstroma der Meningen, sowie der Gefäße entwickeln könne. Auch OPPENHEIM, der das Hauptgewicht auf die makroskopischen Verhältnisse legt, schließt sich, in seiner klassischen Arbeit über die syphilitischen Erkrankungen des Gehirns, dieser Ansicht an. v. BECHTEREW gibt der Meinung Ausdruck, daß die syphilitische Neubildung im ganzen aus einer Anhäufung jugendlicher runder Granulationskörperchen durch Proliferation bindegewebiger Elemente hervorgegangen sei. Von den älteren Fällen, in welchen das Gumma oder die Gummata zu Fehldiagnosen Anlaß gegeben haben, erwähnen wir im folgenden einige: In MEYERS Fall bot die Kranke 3 Jahre nach ihrer sekundären Syphilis nach einem Intervall, in welchem Kopf- und Knochenschmerzen, sowie eine Melancholie vorherrschten, das Bild der progressiven Paralyse mit Größenwahn. Sie überstand mehrfache apoplektische Insulte. Bei der Sektion waren gummöse Tumoren der harten Hirnhaut, welche auch die Hirnsubstanz angegriffen und in derselben sekundäre Erweichungen verursachten, zu konstatieren. Es bestand eine Pachymeningitis interna der Basis und zentrale weiche Erweichung. Bekannt ist der Fall von ZAMBACCO. Ein Mann von 51 Jahren zeigte 24 Jahre nach seinem Schanker klinisch die Zeichen der progressiven Paralyse mit Größenwahn. Es bestand auch eine linksseitige Hemiplegie. Die Obduktion deckte einen gummösen Tumor in der rechten Parietalgegend auf. Auch im Falle FOURNIERS bestand klinisch die Erscheinung der Paralyse, bei der Autopsie fanden sich, unter dem Schädeldach Gummen und ein gummöser Tumor saß an der linken A. Sylvii, welche obliteriert war und eine Plaque jaune in der psychomotorischen Zone hervorrief. Ein Teil der hierhergehörigen Fälle wurde durch Operation geheilt. NONNE erwähnt, daß GAJKIEWICZ schon vor 2 Jahrzehnten einen derartigen Fall veröffentlicht hat. NONNE selbst berichtet über eine 29jährige Frau, die ganz das Bild des Hirntumors bietend als rechtsseitiger Frontaltumor aufgefaßt und operiert wurde. (KÜMMEL.) Es fand sich eine tumorartige Verhärtung der Hirnrinde, welche makroskopisch als Gummi oder Sarkom angesprochen wurde, die sich mikroskopisch als Meningoencephalitis gummosa entpuppte. Nach der Excision bekam sie ein Traitment mixte und die Beschwerden verschwanden. Die Kranke wurde schwanger, bekam abermals eine Schmierkur, trotzdem gebar sie ein kongenital-luisches Kind. Nach der Geburt stellten sich wieder Kopfschmerzen ein. Die Patientin klagte über Abnahme des Gedächtnisses und über Verdummung. Über den weiteren Verlauf erfahren wir nichts.

Ich selbst beobachtete folgenden Fall:

Fall 36. Ein Mann im mittleren Lebensalter zeigte die Symptome der progressiven Paralyse. Er ging an einer interkurrenten Krankheit zugrunde. Die Sektion deckte ein Gumma im rechten Frontalhirn auf.

Sowohl das einzelne Gumma, als auch die Meningitis gummosa cerebri können zur *Stauungspapille* führen. Daran ist nichts zu verwundern, da doch die Gummen Druckerhöhung verursachen können. In diesen Fällen stimmen die allgemeinen Symptome mit denjenigen des Tumors überein:

Kopfschmerzen, Erbrechen, Schwindel, Bewußtseinsstörung, Benommenheit, Sehstörung und die Erkrankungen der verschiedensten Gehirnnerven. Unübersehbar ist die Zahl der in der Literatur mitgeteilten Fälle. Für wichtig halten wir die folgenden Feststellungen: WILBRAND und SAENGER, sowie FÖRSTER berichten über doppelseitige Stauungspapille $1^1/_4$ Jahr nach der Infektion. Die luische Papillitis ist zumeist eine doppelseitige, selbstredend kommen auch Ausnahmen vor, so z. B. kann auf der einen Seite die Stauungspapille, auf der anderen Neuritis opt. bestehen. So war es z. B. im Falle RIEGELS. Es kann auch eine Differenz im Grade der Stauungspapille vorhanden sein. Auch einseitige Stauungspapille kommt vor. Wichtig und in gewisser Beziehung pathognomisch für Hirnlues ist die *rezidivierende* Stauungspapille, wie solche von UHTHOFF und MAUTHNER beschrieben worden sind.

Das Gumma kann auch mit Ependymitis granulosa einhergehen und zum Hydrocephalus führen. In einem Fall, den wir FOURNIER verdanken, komprimierte ein Gumma die Vena Galleni und erzeugte hierdurch einen Hydrocephalus.

Die Differentialdiagnose gegenüber der Stauungspapille bei Tumoren beruht auf dem positiven Wa.R.-Befund im Liquor. Die sonstigen Reaktionen, auch die Kolloidreaktion stimmen in jeder Beziehung bei beiden Erkrankungen überein. Wichtig sind die auf stattgehabte luische Infektion hinweisenden Momente; wie wir dies im Kapitel der Diagnosenstellung besprechen werden.

Abb. 36. Bohnengroßes Gumma in der Höhe der 4.—5. Dorsalwurzel. (Eigene Beobachtung.)

Sehr selten ist das Vorkommen eines *isolierten Gummas* im Rückenmark. Einen hierhergehörigen, in mehreren Beziehungen interessanten Fall hatte *ich* Gelegenheit zu beobachten.

Fall 37. Eine 43jährige Kutschersfrau erkrankte Mitte Juli 1928 an rechtsseitigen Rückenschmerzen. Bald beobachtete sie, daß ihre rechte Unterextremität von selbst zusammenzuckte und es traten Schmerzen in derselben auf. Nach $1^1/_2$ Monaten trat ein Nachträufeln beim Urinieren auf. Sie negierte die luische Infektion. Sie gebar drei, angeblich gesunde Kinder, die aber alle im Alter von 1 und $1^1/_2$ Jahr an Krämpfen zugrunde gingen. Von dem ersten Status sei nur folgendes mitgeteilt: Die Kranke zeigt das Bild der BROWN-SÉQUARDschen Lähmung: rechts motorische Lähmung der Unterextremität, links von D 4 abwärts sensible Lähmung. Es besteht Klopfempfindlichkeit der Dorsalwirbel. Wir nehmen einen extramedullären Tumor an und zur Entscheidung der Qualität machen wir die Lumbalpunktion. Der Liquor zeigt kolossal vermehrten Eiweißgehalt ($4,0^0/_{00}$); Zellenzahl 80; Pándy $+++$; Nonne $+++$; Hämolysin 9 $+++$; Kolloidreaktion nach KISS: mittelstarke Ausfällung in der ersten, totale in der 2., 3., 4., 5. Röhre. Die Wa.R. sowohl im Blut als im Liquor *negativ*; die Präcipitationsreaktion nach KISS im Blut $+$; im Liquor *negativ*. Nach diesem Befund dachten wir, daß kein spezifischer Tumor vorlag und nahmen eine exakte Lungenuntersuchung vor, da wir an einen Lungentumor, der sich durch die Wirbel ins Rückenmark fortsetzen konnte, denken konnten, um so mehr, weil die Erkrankung mit Stechen im Rücken und Husten begonnen hat. Der Lungenbefund war aber negativ. Nun machten wir eine Zisternenpunktion. Der aus diesem gewonnene Liquor war wasserklar, der Eiweißgehalt war normal, die Zellenzahl 16; Pándy $++$; Nonne $+$; *Hämolysin* negativ, desgleichen die Wa.R. und Präcipitationsreaktion. Die Kolloidreaktion nach KISS etwas nach rechts erhöht. Über der Aorta war ein systolisches Geräusch zu hören. Wir entschlossen uns zur Lipiodoluntersuchung, welche wir bis jetzt wegen der schweren Decubiti nicht ausführen wollten. Sie ergab einen Stop in der Höhe des 4. Dorsalwirbels; einzelne weizenkorngroße Teile senkten sich bis zur Cauda. Nun entschlossen wir uns zur Operation. Der konsultierende Chirurg Prof. PÓLYA bemerkte am linken Sternalrand der II.—III. Rippe eine Verdickung, welche er für eine *Periostitis gummosa* hielt. Wir verordneten hierauf eine energische Schmierkur, welche diese Verdickung zum Verschwinden und auch in den neurologischen Symptomen eine auffallende Besserung brachte. *So hörte die Kontraktur der Füße auf, die Schmerzen ließen erheblich nach, sie konnte schon spontan urinieren, die Sensibilitätsstörung ging wesentlich zurück.* Wir beginnen auch eine Neosalvarsankur anzuwenden.

Höchst interessant und meines Wissens nach noch nicht beobachtet war das Verhalten des eingespritzten Lipiodols während der antiluischen Kur. Dasselbe senkte sich in seiner größten Masse bis zur Höhe des I. Sacralwirbels und in der Höhe des IV. Dorsalwirbels waren unregelmäßige Tropfen in der ganzen Breite des Rückgratskanals zu sehen, außerdem waren einzelne Tropfen bis zum XI. Dorsalwirbel, hängengeblieben. Sowohl die Besserung im klinischen Bilde als das Senken des Lipiodols bewiesen, daß die energische Behandlung (wir gaben 90 g Ung. hydr. cin. und 5,65 Neosalvarsan) den Prozeß beeinflußte. Leider war die Besserung nur von kurzer Dauer und die Patientin ging unter septischen Erscheinungen zugrunde.

Die Sektion ergab ein bohnengroßes Gumma in der Höhe des IV.—V. Dorsalwirbels, um dasselbe herum waren alle drei Häute verdickt (s. Abb. 36). Im Rückenmark die Zeichen der sekundären Degeneration. In dem aufsteigenden Ast der Aorta war das typische Bild der Endo- und Mesaortitis syphilitica zu sehen.

Aus diesem Fall können wir folgende Folgerungen ableiten: *1. Trotz der Spezifität des spinalen Prozesses wäre die Operation auszuführen gewesen, da es nicht zu erwarten ist, daß ein Neugebilde von dieser Größe durch eine antiluische Behandlung zur vollständigen Rückbildung gebracht werden könnte. 2. Erwies sich die Präcipitationsreaktion empfindlicher als die Wa.R. 3. Bestätigt dieser Fall von neuem, daß die gummöse Form der Syphilis mit negativer Wa.R. einhergehen kann. 4. Lumbaler und zisternaler Liquor können wesentlich voneinander differierende Ergebnisse liefern.*

Glücklicher in ihren Fällen waren SICARD, HAGENAU und LICHTWITZ. Die Autoren teilen 4 Fälle mit, in denen es ihnen mittelst Lipiodoluntersuchung und in Berücksichtigung des Liquorverhaltens die richtige Diagnose einer spinalen syphilitischen Meningitis gelang und die Patienten durch die antiluische Behandlung geheilt werden konnten. In ihren Fällen war Xanthochromie, Eiweißvermehrung ohne Zellvermehrung vorhanden, in einem Teil der Fälle sank das Lipiodol glatt herunter, die Verfasser nahmen eine einfache exsudative Meningitis an, in den übrigen blieb das Lipiodol nicht in der typischen Tumorform, sondern in *perlschnurartigen* Tröpfchen hängen, dieses Verhalten sprach dafür, daß ein meningitischer Verschluß vorliege. Nach den Erfahrungen der Autoren kommen diese Formen der Lues besonders in lumbosacralen Teilen des Rückenmarkes, seltener in den lumbalen oder dorsalen Abschnitten vor.

4. Die syphilitische Neuralgie, Wurzelneuritis und Polyneuritis.

Typische Neuralgien treten namentlich im vasculären Stadium der Lues auf. Bevorzugt wird der Trigeminus. Interessante hierhergehörige Fälle verdanken wir NONNE, CAMP. Das klinische Bild weicht von der gewöhnlichen Neuralgie nicht ab. Am hartnäckigsten erweisen sich jene Neuralgien, welche ihre Entstehung der Erkrankung des Ganglion Gasseri verdanken. In diesen Fällen gesellen sich auffallende andere Symptome trophischer Natur hinzu, wie Keratitis neuroparalytica, Herpes zoster. Gegenüber der Neuralgien, welche wir als genuine zu bezeichnen pflegen, finden wir in den besprochenen Fällen anästhetische oder auch analgetische Territorien. Französische Autoren behaupten, daß ein sicherer Zusammenhang zwischen Herpes zoster und Syphilis besteht. So haben LHERMITTE und CYRIACS diesbezügliche Fälle mitgeteilt. Von 33 Fällen von Herpes zoster fanden sie in 24 die Syphilis, d. h. in 73,7% als Ursache. Von diesen 24 Fällen zeigten 11 die typischen Narben nach Gummen, außerdem bestanden Aneurysmen, Aortitis, Tabes, progressive Paralyse. Bei 5 Kranken war Tabes, Keratitis mit Leukoplakie, Aortitis mit Anisokorie und endlich bei 8 Kranken war die Wa.R. ausgesprochen positiv. Aus diesen Feststellungen folgern die Verfasser, daß das häufige Zusammentreffen von Herpes und Syphilis kein Zufall sein soll, sondern daß die kongenitale und vor allem die acquirierte Lues eine Prädisposition für das Herpesvirus schaffe. Auffallend bei diesen mitgeteilten Beobachtungen ist der Umstand, daß es sich in der Mehrzahl der Fälle um Greise gehandelt hat, so daß der arteriosklerotische Ursprung der Ganglienerkrankung doch eher anzunehmen ist. Auch LORTAT-JACOB fand, daß der Herpes bei den Syphilitikern nicht häufig ist. DUJARDIN beruft sich darauf, daß bei den Syphilitikern sehr oft eine meningeale Entzündung vorhanden ist, diese öffnet nun den Weg dem Herpesvirus, woher die Häufigkeit des Herpes bei Syphilitikern stammen soll. Wir müssen vor allem Sektionsbefunde abwarten, um in dieser Frage deutlich sehen zu können.

Mein, bei den gummösen Veränderungen mitgeteilter bioptisch verizifierter Fall (15) von einer Narbe, welche nach einer im Gebiet des zweiten austretenden

Trigeminusastes sich abgespielten gummösen Prozesses zurückblieb, beweist die Möglichkeit der Entstehung der Gesichtsneuralgie durch einen syphilitischen Prozeß. Im mitgeteilten Fall war eine Keratitis neuroparalytica durch die antiluische Behandlung zum Stillstand gebracht, während die Neuralgie erst durch die Operation der erwähnten Narbe geheilt werden konnte. Einige seltenere hierhergehörigen Fälle sollen im folgenden mitgeteilt werden:

Fall 39. Ein 52jähriger Ingenieur bekommt beim besten Wohlbefinden einen linksseitigen schweren Herpes zoster dem I. Trigeminusast entsprechend. Das Oberlid ist sehr gedunsen. Der Ausbreitung des ersten Quintusastes entsprechend besteht Anästhesie und Analgesie. Er hatte in seiner Jugend einen Schanker gehabt, wurde nur lokal behandelt. Die erste Schwangerschaft seiner Frau endete mit einer toten Frucht. Die Schleimhaut an der linken Bucca weißlich getrübt. Die Kniereflexe sind schwer auslösbar, der rechte bleibt ab und zu aus. Der rechte Achillesreflex ist nicht auslösbar. Trotz negativen Blut-Wa. nehmen wir eine wahrscheinlich gummöse meningeale Erkrankung dem ersten Trigeminusast entsprechend an und verordnen eine starke antiluische Kur, welche auch von Erfolg begleitet wird.

Fall 40. Ein 48jähriger Tierarzt, der in jungen Jahren eine unbehandelte Aufreibung am Penis hatte, bekam vor einem Monat an der linken Stirne in Begleitung von unerträglichen Schmerzen einen Herpes zoster. Es traten damit Polyurie und Polydipsie auf. Im Gebiet des N. supraorbitalis ist sowohl die Berührungs- als die Schmerzempfindung stark herabgesetzt. Achillesreflexe schwer auslösbar. Mydriatische Pupillen, welche auf Licht träge, aber auf Konvergenz und bei der Akkommodation rasch reagieren. Von seiten des Herzens und der Aorta keine Symptome. Auch in diesem Falle nehmen wir eine Meningitis basilaris gummosa an.

Selbstredend können auch Neuralgien an anderen Körperstellen auftreten, so berichtete schon Rumpf über Plexusneuralgien, Nonne über Intercostalneuralgien, Mendel über Ischias syphilitica. In einem seiner Fälle war neben der Ischias eine Gummigeschwulst auf dem einen Scheitelbein vorhanden. Head und Fearnsides machen darauf aufmerksam, daß bei der spinalen Lues Überempfindlichkeit und Schmerzen auftreten können, welche als Wurzelsymptome von Bedeutung für die Frühdiagnose dieser Fälle sein können.

Daß diese Schmerzen namentlich im Anfang ihres Auftretens für Neuralgie gehalten werden, liegt auf der Hand. Differentialdiagnostisch müssen diese Wurzelschmerzen von den Visceralschmerzen gesondert werden können, hierzu geben Head und Fearnsides folgende Merkmale an: Bei der Pleuritis ist die Überempfindlichkeit der Ausdehnung der Entzündung entsprechend und liegt auch tiefer, nicht oberflächlich. Der pleuritische Schmerz zieht nicht von hinten nach vorne, wenn dies in seltenen Fällen doch der Fall ist, so finden wir die oberflächliche Überempfindlichkeit an der Stelle, wo auskultatorisch das Reibegeräusch zu vernehmen ist. Die Differentialdiagnose kann aber auf unüberwindliche Hindernisse stoßen, so daß schon oft auch nutzlose Resektionen gemacht worden sind. Das ist eben Menschen- und Ärzteschicksal. Über die syphilitischen Wurzelneuritiden haben uns Kahlers und Buttersacks Fälle die ersten Aufklärungen geliefert. Im Kahlerschen Fall waren die Meningen verhältnismäßig nur wenig alteriert, dagegen die Wurzel, sowohl der Hirnnerven, als der Rückenmarksnerven, durch den spezifischen Prozeß ansehnlich verdickt und graurot verfärbt. Die Gefäße stark erweitert und infiltriert, die in den älteren Herden bereits obliteriert. Im Falle von Baumgarten griff der Prozeß von den Häuten auf das Perineurium über und es waren auch gummöse Verkäsungen innerhalb der Nerven zu konstatieren. Im Fall, den Mestiz mitgeteilt hat, war bei der Sektion eine primäre Neuritis des Nervus opticus, des Nervus oculomotorius und in den Wurzeln der Rückenmarksnerven vorhanden. Die klinischen Symptome waren keineswegs danach, um an eine multiple syphilitische Wurzelneuritis denken zu lassen: bei dem 23jährigen Mann traten plötzlich unter Kopfschmerzen Sehstörungen, Erbrechen, eine rechtseitige, alle Augenmuskeln betreffende Lähmung, eine linksseitige Parese der äußeren Augenmuskeln und

Neuritis optica auf. Blut-Wa. war zweifelhaft. Der Exitus trat rasch unter zunehmendem Verfall ein. Wir ersehen aus diesem Fall, daß eine multiple Wurzelneuritis auch unter dem Bilde eines Hirntumors verlaufen kann.

In den letzten Jahren mehren sich die Beobachtungen über die syphilitischen Wurzelneuritiden. So beschrieben DELBEKE und VAN BOGAERT folgenden Fall:

Ein 21jähriger Mann erkrankt unter starken Schmerzen und Fieber, es tritt eine hyperästhetische Zone im D. 12 bis L. 1 auf. In den Beinen eine leichte Parese mit Hyperästhesie und Fehlen der Sehnen- und Hautreflexe. Blut-Wa. positiv. Im Lumbalpunktat, welches sich unter hohem Druck entleert, geringe Xanthochromie, spontane Koagulation, positive Wa.R., Hyperalbuminose, polynucleäre Zellen. Bei der Lipiodoleinspritzung wird kein Abschluß sichtbar, jedoch bleiben kleine Tröpfchen pararadikulär in der Höhe von L. I bis zur Cauda hängen, wohl als Anzeichen einer Arachnitis. Rascher Rückgang der Symptome auf Salvarsan.

GUILLAIN und BARRÉ haben unter dem Titel: „Polyradiculonévrite avec dissociation albumino-cytologique" den Liquorbefund mitgeteilt, nach welchem neben einer starken Eiweißvermehrung die Zellenzahl sehr gering ist. Hierhergehörige Fälle haben dann ALOJOUANINE und PÉRISSON, O. METZGER, GOVAERTS, BREMER, HUGO RICHTER u. a. beschrieben.

Ich selbst verfüge über eine ziemlich reichliche Erfahrung über klinisch charakteristischen Wurzelneuritiden. Überblicke ich meine Fälle, so kann ich folgendes Bild entwerfen: Der häufigste Sitz der Erkrankung entspricht jener der Plexus Brachialneuritis. Das hervorstechendste Symptom sind die unerträglichen Schmerzen, welche fortdauernd zwar, aber vornehmlich in der Nacht den Patienten quälen. In den meisten Fällen strahlt der Schmerz von den Schultern, von der Claviculargegend nach dem Oberarm aus. Sehr oft erwähnen die Patienten, daß sie Parästhesien, bald in den IV.—V. Finger, bald im Daumen verspüren. Der ERBsche Punkt ist auf Druck schmerzhaft, die Hautstellen der Parästhesien weisen gewöhnlich Hyperästhesien auf. Auf antiluische Behandlung tritt immer vollkommene Heilung ein.

Von den vielen Fällen meiner Beobachtung will ich nur den eines (Fall 41) 48jährigen Mannes erwähnen, der vor 25 Jahren eine extragenitale Infektion am linken Mittelfinger hatte, nachher starke Exantheme zeigte, welche öfters rezidivierten. Der damaligen Zeit entsprechend bekam er immerfort Mercurialbehandlungen. Die Wa.R. zeigte sich bald negativ, bald positiv, so daß er bis zum Jahre 1920 fortwährende Kuren, damals schon auch Neosalvarsan, bekam. Im Jahre 1930 verspürte er das erstemal linksseitig, der III. bis IV. Rippe entsprechend Schmerzen, die er aber fälschlicherweise für anginöse hielt. Sein Arzt dachte an Arteriosklerose, oder daß ein Aneurysma die Ursache dieser Schmerzen sei. Er bekam Theobromin, Salicyl, antineuralgische Pulver, warme Bäder. Im Herbst desselben Jahres steigerten sich die Schmerzen, und da sie auch in den linken Arm ausstrahlten, war er überzeugt, daß es sich um eine Angina handelte, um so mehr, da dieselben ihn hauptsächlich in der Nacht quälten. Es entwickelte sich eine kolossale Hauthyperästhesie der Herzgegend. Der äußerst intelligente Patient gab an, daß die Schmerzen bald in der Ausbreitung der linken Intercostalnerven, bald im Verlaufe des N. medianus oder radialis oder ulnaris sich zeigten. Aus diesem Verhalten folgerte ich, daß es sich um Wurzelschmerzen handeln kann, und da die Anamnese für Syphilis positiv war, verordnete ich eine energische Wismut- und Neosalvarsankur, welche dem Patienten die vollkommene Befreiung von seinen Beschwerden brachte.

Ich glaube auf Grund dieses Falles behaupten zu können, daß sich in einer Anzahl von Fällen, welche in der Literatur als syphilitische Angina bezeichnet werden, keine rechten anginösen Erkrankungen, sondern syphilitische Wurzelneuritiden verbergen. Namentlich gilt dies für jene Fälle, welche mit halbseitigen Parästhesien, Paresen, zumal der Extremitäten einhergehen und auf eine antiluische Behandlung rasch gebessert werden. Einschlägige Beobachtungen erwähnt v. NEUSSER.

Die syphilitischen Neuritiden einzelner Nerven scheinen selten zu sein. Ich konnte im Jahre 1901 einen Fall publizieren, in welchem mehrere ätiologische

Momente, darunter aber auch die Syphilis vorherrschte. Bei einem alkoholistischen Kellner, der vor 5 Wochen wegen rezenter Lues in Behandlung gestanden hatte, entstand nach einer 2 Stunden anhaltenden Narkose — die wegen einer Herniotomie vorgenommen wurde — in welcher wegen der großen Exzitation die Hände rückwärts zusammengebunden waren — eine doppelseitige Plexuslähmung. Dieselbe blieb wochenlang stationär, es entwickelte sich eine Entartungsreaktion; die Heilung trat nach einer Schmierkur rasch ein. Nonne, der meinen Fall mitteilt, schließt sich meiner Meinung an und führt meinen Fall als Beispiel dafür an, daß die krankmachende Ursache ihre Wirkung dort entfalte, wo ein Locus minoris resistentiae besteht. Selten scheint auch die syphilitische Ulnarisneuritis zu sein. Roblin hat in der Literatur im ganzen 4 Fälle von syphilitischer Ulnarisneuritis gefunden. Gaucher betrachtet sie als Symptom der sekundären Periode. Im Falle Roblins trat 6 Monate nach einer extragenitalen Infektion an der Unterlippe, eine rechtseitige Ulnarisneuritis auf, welche durch eine Knochenexostose (wahrscheinlich Gumma) verursacht wurde. Auf antiluische Behandlung heilte die Neuritis.

Über die *Polyneuritis luetica* besteht schon eine große Literatur. Steinert gibt von ihr folgende Beschreibung: Sie tritt im Sekundärstadium der Syphilis, bei weitem am häufigsten im frühen Sekundärstadium, auf. In der Mehrzahl der Fälle bestehen gleichzeitig spezifische Erscheinungen an der Haut oder an den Schleimhäuten. Das klinische Bild entspricht in der Mehrzahl der Fälle den gewohnten der symmetrischen Polyneuritis. Vielleicht werden die Oberextremitäten häufiger befallen. Die Prognose ist nicht absolut günstig. Es gibt einzelne Fälle von malignem, tödlichen Verlauf. In der Regel aber tritt völlige Heilung ein. Steinert tritt gegen die Behauptung auf, als ob das Quecksilber die Polyneuritiden verursachen könnte. Auch Trömner, der einen hierhergehörigen sehr interessanten Fall mitteilt, nimmt Stellung gegen die Auffassung, als möchte die Hg-Behandlung die Polyneuritiden hervorrufen. Tritt die Polyneuritis an den Unterextremitäten auf, so kommt es zur schlaffen Lähmung mit Areflexie, so daß das Bild der Tabes nachgeahmt werden kann. Auch gibt es Fälle, wie ich einen beobachtet habe, in welchen die Parese die Oberextremitäten betrifft. In den hierhergehörigen Fällen klagen die Patienten im Beginn ihrer Erkrankung über Parästhesien in den Fingern, die Schrift ändert sich, sie müssen sich dabei anstrengen. In meinem Fall waren Symptome der beiderseitigen Radialislähmung und eine Hypästhesie an den Fingerkuppen vorhanden. Die beiden Erbschen Punkte waren druckschmerzhaft, namentlich links, wo wir auch das Gefühl hatten, als ob die Nerven geschwollen wären. Knapp vor seinem Tode sammelte der verdiente Forscher Karl Petrén die hierhergehörigen Fälle aus der Literatur. Die folgenden Angaben entnehmen wir seinem schönen Werk. Petrén unterscheidet 2 Gruppen. Die erste Gruppe umfaßt die Fälle, in denen sich die Polyneuritis nach mehreren Jahren nach der Infektion einstellt, während die zweite Gruppe von jenen Fällen gebildet wird, in denen sich innerhalb eines Jahres nach der Primärsklerose die Krankheit offenbart. Für die Fälle der ersten Gruppe, die Petrén minutiös analysiert, kommt er zum Schluß, daß dieselben zum größten Teil einen *meningitischen* Hintergrund haben. Hierhergehörige Fälle publizierten: Perrin, Oppenheim, Buzzard, Stiefler, Nonne, Stöcker, Fischer, Bonnet und Laurent, Plehn, Fungoni, Fry, Hoffmann, Barie, Colombe, Strasser und Krauss. Demgegenüber sind die Polyneuritisfälle, welche innerhalb des ersten Jahres auftreten, nach Petrén durch die luische *Intoxitation* verursacht, nur sind solche Fälle sehr selten. Petrén konnte aus der Literatur nur 11 solche Fälle zusammenstellen [Spiellmann und Etienne, Steiner (2), Nonne, Middleton, Zestan, Fordice, Dejerine, Gilles de la Tourette, Trömner (2)]. In 7 Fällen war die Polyneuritis während der luischen

Haupteruption zu beobachten. Die Polyneuritis kann aber auch durch eine Meningomyelitis chronica luetica vorgetäuscht werden, wie wir das, aus einem sehr interessanten Fall von Franz Herzog erfahren konnten.

5. Die Beziehungen der Syphilis zu einzelnen Symptomen, Erkrankungen, Vergiftungen usw. Die Infektiosität der luisch Infizierten.

a) Der luische Kopfschmerz.

Wir besprechen in diesem Kapitel nur jene Arten von Kopfschmerzen, die fast keine objektiven Merkmale darbieten. — Die Kopfschmerzen der sekundären Periode benötigen keine besondere Besprechung, wir haben sie schon erwähnt, der Ausschlag deckt schon die Ätiologie dieser Kopfschmerzen auf. Seit jeher ist der nächtliche Charakter der luischen Kopfschmerzen bekannt, er ist aber nicht unbedingt vorhanden. Sehr oft bestehen diese Kopfschmerzen schon seit Monaten, ja selbst schon seit Jahren, in ihrer Intensität wechselnd, manchmal unerträglich, das anderemal fortdauernd aber erträglich, dazwischen kommen Pausen vollkommenen Wohlbefindens. Die Kopfschmerzen werden größtenteils diffus im ganzen Kopf, bald werden sie frontotemporal, bald parietal oder occipital empfunden; oft nehmen sie den Charakter des hemikranischen, des migränösen Kopfschmerzes an. Sehr oft werden die Kopfschmerzen von vermehrtem Durstgefühl und Harnflut begleitet. Über Haarausfall wird auch oft geklagt, manchmal wird derselbe als Alopecia areata sichtbar. Die an diesen Kopfschmerzen leidenden Personen klagen viel über schlechtes Allgemeinbefinden. Die geistigen Arbeiter sind in ihrer Arbeit sehr gestört. Oft besteht Appetitlosigkeit, die Patienten magern ab, werden anämisch. Zu dieser Anämie tragen auch die vielfach verwendeten, zumeist nur vorübergehenden Effekt erzielenden, antineuralgischen Mittel bei. Außer den Kopfschmerzen und den angeführten Klagen beschweren sich die Patienten über nichts, namentlich können sie keine Ursache ihres Zustandes angeben. Nur bei näherem Befragen erfahren wir von dem Ehegatten (zumeist handelt es sich um Frauen), daß sie Lues gehabt haben; sehr oft ist die Ehe steril, auch wird über tote Früchte berichtet. Lassen wir das Blut untersuchen, so ergibt die Untersuchung sehr oft einen positiven Wa.

Besonders hervorgehoben zu werden verdient jene Gruppe von hierhergehörigen Fällen, in denen der konstitutionelle Faktor das Bild der einfachen Depression, die Dysthymie hervorbringt. — Zumeist handelt es sich um Frauen in deren Familie schwere Nerven- und Geisteskrankheiten vorkamen. Die hierhergehörigen Patienten sind wortkarg, selbst die Klagen über bestehende Kopfschmerzen müssen aus ihnen herausgeholt werden; es besteht eine geistige Unregsamkeit aber ohne Intelligenzdefekt. Sie leben in einer steten Verstimmung, nehmen keinen Anteil am geselligen Leben. Selbst bei intensivster Beschäftigung mit ihnen ist kein thymogener Grund ihrer Verstimmung aus ihnen herauszuholen; wir fahnden ganz umsonst nach seelischen Komplexen; sie können gar nichts für die Ursache ihrer Erkrankung angeben, es bestehen keine Selbstvorwürfe wie bei der echten Melancholie, trotzdem wird der größte Teil von ihnen für Melancholiker gehalten. Eine zufällig bewerkstelligte Blutuntersuchung deckt den Hintergrund des ganzen Zustandes auf, die nun angewandte antiluische Kur hat einen durchschlagenden Erfolg. Die Patienten erwachen wie aus einem Traum, werden gesprächig, ihr Interesse kehrt für alles zurück.

Wie schon erwähnt, sind die luischen Kopfschmerzen durch antiluische Behandlung sehr gut zu beeinflussen. Ein ganz vorzügliches Mittel besitzen wir hierfür im Jod, nur muß man eventuell sehr hohe Dosen geben. Schon seit Jahrzehnten befolge ich das Vorgehen beim Verdacht auf luische Kopfschmerzen, Jodbrom zu verordnen (Kalii jodati, Kalii bromati aa 6,0 : 180 MDS. 1—3 Eßlöffel täglich), sehr oft mit auffallendem Erfolg. Ein Fall aus allerletzter Zeit soll dies illustrieren:

Fall 42. 52jährige Witwe eines Arztes, der an progressiver Paralyse gestorben ist. Als junge Frau litt sie an *furchtbar heftigen Kopfschmerzen.* Seit Jahren wandernde Schmerzen. Heftige nächtliche Schmerzen in den Knien. Sie ist schwerhörig geworden. Stark kongestioniertes Gesicht. Livedo racemosa an der Brusthaut. Auf Druck sehr schmerzhafte Stellen am Oberarmknochen (Periostitis gummosa?). Ich nehme an, daß Patientin von ihrem Mann frühzeitig luisch infiziert worden ist, daher die intensiven Kopfschmerzen als junge Frau, auch die übrigen teils subjektiven, teils objektiven Symptome sprechen für luisches Infiziertsein. Ich verordne Jodbrom, worauf sie sich wesentlich besser fühlt, der Schlaf kehrt wieder, die nächtlichen Schmerzen hören auf, nun bekommt sie eine Schmierkur, worauf sie von allen ihren Leiden befreit wird.

Im Hintergrunde der luischen Kopfschmerzen kann sich eine Meningitis der weichen Häute verbergen. Nun gibt es Fälle, in denen trotz energischster antiluischer Behandlung die Kopfschmerzen nicht weichen. Oft handelt es sich um Fälle, deren syphilitischer Ursprung außer Zweifel steht. In diesen Fällen denken wir daran, daß die Unzulänglichkeit der Behandlung darin zu suchen ist, daß die Meningitis zu einem Zusammenwachsen des subarachnoidalen Raumes und so zur Liquorstauung geführt hat. Es entsteht so ein sekundärer Hydrocephalus. In solchen Fällen erreicht man mittels einer Lumbal- oder Zisternenpunktion ganz auffallende Erfolge. Es ist ein unvergeßlicher Eindruck, den der Arzt hierbei erlebt: Im Moment, wo der Liquor abzuträufeln beginnt, atmen die Patienten erleichtert auf und geben an, daß der monate- eventuell jahrelang bestandene Kopfdruck plötzlich aufgehört hat. Ein lehrreicher Fall dieser Art soll mitgeteilt werden:

Fall 43. 27jährige Frau, die erste Gravidität endete mit einem spontanen Abort, die zweite und dritte mit Frühgeburten, die letzte wieder mit einem Abort. Nach dreifacher antiluischer Behandlung gebar sie endlich zur richtigen Zeit ein gesundes Kind. Seit ihrer letzten Schwangerschaft hat sie ab und zu epileptische Anfälle, sie gebraucht ständig Luminal. Patientin ist ständig verstimmt, ihr Kopf ist nie rein; von Zeit zu Zeit hat sie überaus heftige Kopfschmerzen. Sie ist sehr anämisch, zeigt positiven Romberg. Die Wa.R. war in der letzten Zeit stets negativ. Ich setzte in diesem Fall voraus, daß ein geheilter luischer meningealer Prozeß zu Zusammenwachsungen der arachnoidalen Räume geführt und einen Hydrocephalus hervorgebracht hat. Ich wendete die Zisternenpunktion an, dieselbe hatte einen verblüffenden Erfolg. Der Liquordruck war stark erhöht, schon in sitzender Stellung floß die cerebrospinale Flüssigkeit in großen raschen Tropfen ab. Im Moment des Liquorabflusses, sagte die Patientin, wie wohl es ihr tut, sie fühlt sich wie von einem Alpdruck befreit. Im ganzen ließ ich 15 ccm abfließen. Der Liquor erwies sich in jeder Beziehung negativ, wie ich es vorausgesetzt habe, und da auch der Blut-Wa. sowie die Präcipitationsreaktion negativ war, nahm ich von der Verordnung einer neuerlichen antiluischen Kur Abstand und entließ die Patientin mit der Aufforderung bei neuerlich zeigenden Kopfschmerzen oder sonstigen Klagen sich sofort zu melden. Seitdem sind acht Jahre verstrichen und die Patientin meldete sich nicht.

Solche Fälle sind sehr lehrreich, da bei richtiger Einschätzung der Anamnese und des aktuellen Zustandes der Patient durch einen so einfachen Eingriff wie es die Zisternenpunktion ist, nicht nur von seinem Leiden befreit, sondern von überflüssiger Behandlung verschont wird.

Außer den erwähnten Arten von Kopfschmerzen verursacht die Syphilis jahrelang dauernde Kopfschmerzen, die als Vorboten schwerer cerebraler Erkrankungen zu betrachten sind. Gummöse Erkrankungen der Hirnhäute aber auch vasculäre Erkrankungen mit gummösen Veränderungen können jahrelange Kopfschmerzen verursachen, um dann mit einem Schlage von schweren Störungen, Hemiplegie, Jacksonsche Epilepsie, Aphasie, Neuroplegien, Meningismus usw. gefolgt zu werden.

Was nun den anatomischen Hintergrund des *luischen* Kopfschmerzes betrifft, so ist er sehr verschieden. Für den Kopfschmerz der sekundären Periode, in welcher spirochätenenthaltende Embolien der Haut das makulopapulöse Syphilid hervorrufen, denken wir daran, daß sich ein ähnlicher Prozeß an den Hirngefäßen, namentlich den meningealen abspielt und teilweise durch Erregung der Gefäßschmerznerven teilweise, durch die Druckerhöhung den Kopfschmerz bedingt. Schon die älteren Autoren dachten an diese Möglichkeiten. So lesen wir bei HEUBNER, daß gewisse Hirnsymptome bei Luischen von Veränderungen im Blut und Lymphgehalt des Hirns abhängig sind.

Allgemein wird für die sekundäre Periode die frühzeitige Beteiligung der Meningen als Ursache der Kopfschmerzen angenommen. So sagt O. FÖRSTER: Die furchtbaren Kopfschmerzen der Sekundärperiode der Syphilis beruhen wohl durchweg auf einer frühzeitigen Beteiligung der Meningen. Daß es in vielen Fällen so ist, steht außer Zweifel, nur müssen wir auf Fälle sowohl anderer als eigener Beobachtungen hinweisen, in denen der vollkommen negative Liquor gegen die Annahme der meningealen Beteiligung, angeführt werden kann. Die Endarteriitiden der Hirngefäße bei Lues führen auch zu heftigen Kopfschmerzen, welche, wie schon erwähnt, den migränösen Charakter zeigen können. Dieser Kopfschmerz ist halbseitig, geht mit vasomotorischen Störungen der Kopfhaut einher und kann lange Zeit, wie schon erwähnt, den schweren eintretenden Symptomen vorangehen. Pathophysiologisch handelt es sich wahrscheinlich um angiospastische Zustände. Der Kopfschmerz kann, wie sich FÖRSTER ausdrückt in der Tiefe gefühlt, aber auch oberflächlich empfunden werden. Für die letztere Art des irradierten Schmerzes nimmt FÖRSTER an, daß derselbe dadurch zustande kommt, daß die afferenten Nerven des Schädelinneren und Schädeläußeren in den Kernsäulen des Trigeminus, im Nucleus solitarius und den Hinterhörnern der obersten Halssegmente miteinander verknüpft sind.

In einem anderen Teil der Fälle, ist die Ursache der luischen Kopfschmerzen in einer Entzündung der weichen Hirnhäute, in einer Pacchymengitis haemorrhagica luica, in gummösen Erkrankungen des Schädelinneren, zu suchen. Die letzteren sind zumeist multipel, nehmen ihren Ursprung von den Gefäßen oder von den Häuten aus. — In seltenen Fällen liegen sie in der weißen Substanz selbst, in diesem Fall sind sie zumeist solitär. Klinisch äußern sie sich wie ein Tumor, sie können sogar Stauungspapille erzeugen. Beim Einschmelzen dieser solitären Gummi hören die Kopfschmerzen auf.

Als pathologanatomische Folge der Meningitiden können Cystenbildung, Liquoranhäufung diffuser Art, Hydrocephalus entstehen. Bei Plexusläsionen kommt es zur vermehrten Liquorbildung, beim Verschluß des Aquaeductus Sylvii zur Erweiterung der Seitenventrikel und des III. Ventrikels. In den letzteren Fällen gelingt die Luftfüllung der Hirnkammern weder auf zisternalem noch auf lumbalem Weg. Um dies erreichen zu können, muß der Seitenkammerweg beschritten werden (FÖRSTER). Endlich sind die luischen Periostitiden der Schädeldecke zu erwähnen, welche äußerst heftige Kopfschmerzen hervorrufen können. Betrifft die Periostitis die äußere Schädeldecke, so kommt es zu einer palpablen Verdickung, mit dem gleitenden Finger fühlt man die Erhebung, die Resistenz. Handelt es sich um ein Gumma, so tritt eine Erweichung ein und wir fühlen in der Mitte eine Eindellung. Die luischen Schädelknochenprozesse sind für gewöhnlich auch druck- und schmerzempfindlich.

Als Erklärung für den nächtlichen Charakter des im sekundären Stadium auftretenden Kopfschmerzes nehmen BOZOIANU und TOVARU an, daß bei den Syphilitikern eine klinisch und pharmakologisch (Atropinprobe) feststellbare vegetative Hypo- und Amphotonie, welche gegen Abend zunimmt und mit arterieller Hypotension vergesellschaftet ist, verantwortlich zu machen wäre.

b) Die Syphilis und die Basalganglien. (Syphilis und Striatum.)

Noch aus der Zeit, wo wir die striären Symptome nicht gekannt haben, stammt eine Beobachtung von Kolomann Keller: an einem sicher luischen 42jährigen Mann, bei dem die Symptome des Parkinsonismus auf antiluische Kur rapide Besserung zeigten. Der Verfasser deutete, die an Paralysis agitans erinnernde Erscheinungen als Folge von doppelseitiger luischer Erkrankung beider supranukleären Bahnen. Chauvet erwähnt in seiner zusammenfassenden Arbeit (1880), daß bis zum Erscheinen seines Artikels die Syphilis als Ursache von Paralysis agitans nirgends erwähnt wird. Tatsächlich mehren sich die mitgeteilten hierhergehörigen Beobachtungen erst seit dem Jahre 1920, seitdem wir durch die Economosche Krankheit über die striären Symptome Aufschluß erlangt haben. Fälle mit Sektionsbefund verdanken wir Urechia und Elekes. Im Falle eines 66jährigen Mannes, der an transitorischer rechtsseitiger Hemiparese und Parkinsonismus litt, zum Schluß die Symptome der pseudobulbären Paralyse zeigte, waren bei der Obduktion Läsionen im Pallidum, Putanem, inneren Kapsel und im Kopf des Caudatum neben subcorticalen Herden im Frontal- und Parietallappen zu sehen. Mikroskopisch waren milliare Gummen und Plasmazellen in den roten Kernen, Globus pallidus; Nucl. lenticulares; Corpus Luysi und Nucl. dentatus vorhanden. 2 Fälle von ihnen waren mit Dementia paralytica kombiniert und ein Fall mit syphilitischer Demenz und Arteriosklerose. Barré und Reys berichteten auf dem Straßburger Neurologentag (1925) über einen Fall von einer 47jährigen Frau, die 14 Jahre nach einer sorgsam behandelten luischen Infektion das typische Bild des Parkinsonismus zeigte. Außerdem bestanden doppelseitige Pyramidensymptome. Bei der mikroskopischen Untersuchung waren nur die beiden Putamina erkrankt, während Pallidum und Nucl. caudatus intakt befunden wurden. Sie heben den Widerspruch hervor, der zwischen ihrem Befund und der allgemein zitierten Annahme über die Rolle des großen Ganglien besteht. Sie verweisen auf ähnliche Differenzen anderer Autoren, so vor allem bei Vinzent. Auch Lhermitte verdanken wir zwei Fälle von syphilitischen Parkinsonismus, der eine mit, der andere ohne Zittern. In beiden Fällen konnte der Nachweis der syphilitischen Erkrankung histologisch erbracht werden. Pappenheim bringt die Krankengeschichte eines 41jährigen Mannes, der 2 Jahre zuvor an epidemischer Encephalitis litt und dann die Symptome des Parkinsonismus zeigte. Sowohl Blut als Liquor-Wa. waren positiv. Es zeigte sich keine Besserung nach einer antiluischen Behandlung.

Die histologische Untersuchung ergab, daß sowohl disseminierte Meningo-Myeloencephalitis, als auch syphilitische Veränderungen in den Stammganglien nachweisbar waren. Es hat sich also in diesem Fall um eine Kombination von syphilitischen und postencephalitischen Veränderungen gehandelt. Auch Brzezicki teilt 2 Fälle mit Autopsie mit. Im ersten Fall brachte die antiluische Kur eine wesentliche Besserung, der Patient starb an einer interkurrenten Krankheit, zeigte ziemlich stark ausgesprochenen Parenchymschwund des Striatums und eine komplette Degeneration der Ganglienzellen der Substantia nigra, ohne stärkere Beteiligung der Stützsubstanz. Der zweite Fall, welcher sich nach einer antiluischen Kur nicht besserte, zeigte keine merklichen Zelldegenerationen, dagegen eine luisch bedingte Arteriopathie mit Gefäßverdickung, Hyalinisierung und Verkalkung, Gefäßwandaufsplitterung, welche den Durchtritt der Blutkörperchen erleichterte und so zu multiplen Blutungen führte. In den Basalganglien fanden sich zwei solche Blutungen. Die eine in der rechten Capsula interna, die auf den Schweifenkern überging, die zweite größere im linken Putamen, die auf den Globus pallidus übergriff. Im ersten Fall erscheint der Nervenzellenschwund der Substantia nigra, im zweiten die Blutung im linken

Putamen mit Übergreifen auf das äußere Glied des Pallidums als Ursache des amyostatischen Symptomenkomplexes.

Auf dem braunschweiger Kongreß referierte PETTE über den Fall eines 51jährigen Mannes, der das Bild schwersten Parkinsonismus mit ausgesprochenem Rigor bei Erloschensein jeder Spontanität, zeigte. — Blut und Liquor waren positiv. Die Sektion bestätigte die Annahme eines luischen Prozesses. Der Prozeß war ein vasculärer mit Gummen. Am meisten betroffen war das rechte Putamen und Pallidum, in denselben war schon makroskopisch ein Einschmelzungsherd sichtbar, während sich links nur mikroskopische Ansätze zur Erweichung vorfanden. PETTE bespricht auch die Möglichkeit, ob nicht auch eine arteriosklerotische Beteiligung anzunehmen wäre, eine sichere Antwort kann er nicht geben, aber da die Arteriosklerose makroskopisch nirgends sehr hochgradig war und die Gefäßveränderungen sicher luisch bedingt waren, so ist die luische Genese, wenn auch nicht als alleinige Ätiologie, sicher anzunehmen.

Im folgenden berichten wir über einige selbst beobachteten Fälle.

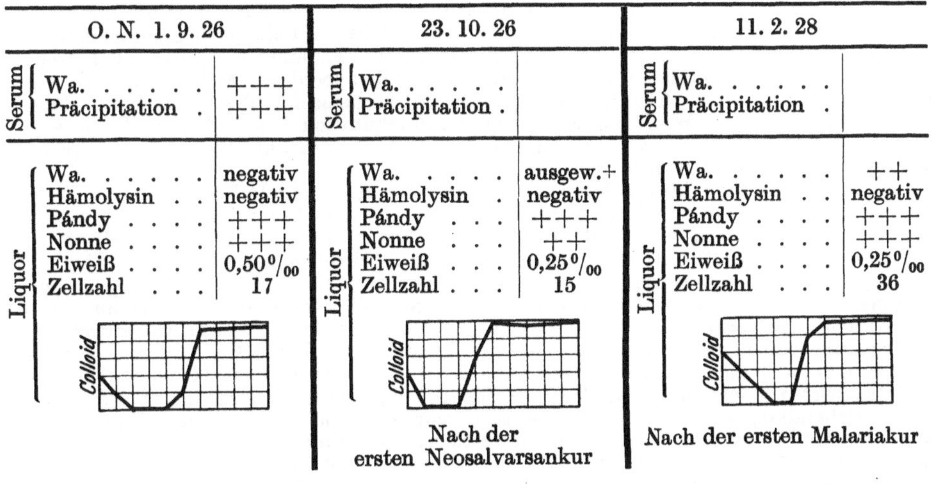

Nach der ersten Neosalvarsankur

Nach der ersten Malariakur

Nach der zweiten Malaria-Typhus-Vaccine-Kur

Fall 44. O. N, 28jähriger Kellner. Weiß von keiner luischen Infektion. Seine striäre Erkrankung begann 5 Monate vor seiner Aufnahme (August 1926) mit Kopfschmerzen, wüstem Kopf, Vergeßlichkeit. Bei der Aufnahme zeigte er difforme Pupillen, er ist psychisch sehr gebunden, mit offenen Augen starrt er vor sich hin. Seine Gesichtsmuskulatur ist unbeweglich, er ist schwer zum Sprechen zu bringen, zeigt deutliches Oberlidflackern (v. SARBÓs Zeichen), hat Salbengesicht. Hyptokinese (v. SARBÓs Zeichen) leicht hervorrufbar. Wa. im Blut +++. Im Liquor Wa. negativ. Da die bisherigen antiluischen Mittel keine Besserung brachten, wird er einer Malariakur unterworfen, während welcher sich die striären Symptome noch verschärfen. Er liegt rücklings im Bett und den Kopf im Nacken erhoben, gleich einer Statue, tagelang. Es besteht vollständiger

Mutismus; Inkontinenz, wechselnd mit Retention. Während der nachträglichen Salvarsanbehandlung wird er immer klarer, die striären Symptome verlieren sich.

Ende 1927 kehrt er zurück und klagt über Vergeßlichkeit, er fühlt sich in seinem Kopf schwer, ist reizbar geworden und da auch der Liquor -Wa. inzwischen positiv geworden ist, verordnen wir eine neue Malariakur, die aber nur einen Fieberanfall auslöst, so daß wir Typhusvaccine anwenden, worauf er wieder berufsfreudig die Abteilung verläßt und noch 1931 seinem Beruf nachgeht.

Die vorstehenden Punktionsergebnisse zeigen deutlich, in welcher Weise die fast vollkommene Liquorsanierung erreicht wurde.

Fall 45. Der 34jährige Schlosser wußte von seiner luischen Infektion nichts, ließ im Jahre 1918 sein Blut untersuchen und man stellte eine dreikreuzige Wa.R. fest. Im Jahre 1919 verlor er das Bewußtsein ohne Vorboten und war 4 Wochen lang bewußtlos. Seit dem Jahre 1918 steht er unter antiluischer Behandlung. Zeigt das typische Bild des Parkinsonismus. Bei der Aufnahme (1926) sowohl die Wa.R. als die Präcipitationsreaktion ist +++, der Liquor in jeder Beziehung normal. Wir verordnen eine Schmierkur und Neosalvarsan, worauf Blut-Wa. und Präcipitationsreaktion negativ werden und er viel frischer wird. Allerdings bleiben noch die Fixationsrigidität, die Dysdiadokokinese und das Wackeln in der rechten Hand, das Lidflackern, sowie das Ausbleiben der Mitbewegung der Arme beim Gehen bestehen.

Sehr interessant war der Verlauf der Striatumsymptome bei Fall 46, einer 32jährigen Frau, die in vollkommen desorientiertem Zustand auf die Abteilung aufgenommen wird. Von ihren Angehörigen erfährt man, daß die Patientin seit einigen Wochen an heftigen Kopfschmerzen erkrankt sei. Im Jahre 1920 hat sie das spanische Fieber durchgemacht. Sie hat viermal abortiert; hat zwei gesunde Kinder. Asthenischer Typ. Anisokorie. Polyadenitis. Lippenunruhe. Wa.R. im Serum negativ, Präcipitation +++; Liquor-Wa. +++; *Sachs-Georgi:* +++; *Pándy:* +++; *Nonne:* +++; Zellzahl: 21; Colloid: starker Ausfall in der 2., 3., 4. Röhre.

Wir verordnen eine Bismosalvarsankur. *Decursus:* Es wechseln Tage relativen Wohlbefindens, an denen sie mit ihren Nachbarinnen spricht, mit Tagen, an denen sie wortlos ist, den Urin unter sich läßt. Bald treten striäre Symptome auf: Salbengesicht, starrer Gesichtsausdruck, Lidflackern; Fingertremor. Beim Sprechen Lippenunruhe. Sie liegt tagelang mit geschlossenen Augen und ist sehr schwer zu einer Antwort zu bringen. Bald wird sie hypomanisch, spricht während der Krankenvisite drein. — Wir beginnen eine Milch-Neosilbersalvarsanbehandlung, worauf sie freier wird und adequate Antworten gibt. Bald kommen aber wieder Tage, wo sie unruhig fortwährend ihr Bett verlassen will, sie erinnert sich falsch an die im Spital verbrachte Zeit. — Es treten Zwangslachen und Weinen auf. Im dritten Monat ihres Spitalaufenthaltes beruhigt sie sich zusehends. Während der ganzen Behandlungszeit zeigt sie Temperaturen von 38⁰ ohne physikalischen Hintergrund. Am Ende der Behandlung verschwinden die striären Symptome vollkommen, die Patientin wird psychisch frei, es bleibt nur eine leichte Anisokorie bestehen. Ob in diesem Fall auch die spanische Grippe zur Erzeugung der striären Symptome mitgewirkt hat, ist schwer zu entscheiden.

Im allgemeinen läßt sich sagen, daß die striären Symptome gewöhnlich bei tabischer und paralytischer Erkrankung beobachtet werden. So berichten Wilson und Cord über 4 Fälle von Tabes, in denen auch Parkinsonismus vorlag. Für das Robertsonsche Symptom nehmen die Verfasser eine infolge von Syphilis entstandene Mittelhirnerkrankung an, gegenüber der bisherigen Auffassung, nach welcher eine einfache Koinzidenz vom Robertsonschen Zeichen und Paralysis agitans vorliegen soll. Sie meinen, daß Läsionen in der Nähe der roten Kerne, der Substantia nigra, des Corpus striatum oder Läsionen in der afferenten und efferenten Bahnen, welche durch das Mittelhirn in der subthalamischen Region sitzen, die Ursache abgeben. Auf die differenten klinischen Bilder, welche je nach der verschiedenen Beteiligung des striären Apparates durch die Lues entstehen, geht Lhermitte des näheren ein und unterscheidet: 1. Parkinsonismus mit akinetischhypertonischen Syndromen; 2. das pseudobulbäre Symptom. Dasselbe soll aber von der durch die Läsion der Pyramidenbahn bedingten Pseudobulbärparalyse klinisch verschieden sein. Endlich 3. kann das O. Förstersche Syndrom der arteriosklerotischen Rigidität erzeugt werden. Sowohl Lhermittes, wie meine Fälle beweisen, daß eine syphilitische Erkrankung der Stammganglien auch ohne tabische oder paralytische Zugabe zu beobachten ist.

WOHLFAHRT bringt eine tabellarische Zusammenstellung der syphilitischen Erkrankung der basalen Ganglien, in welcher er hervorhebt, daß im Gegensatz zur Paralysis agitans und zur Metencephalitis, die Syphilis an diesen Orten in einem sehr hohen Prozentsatz zu einem Hemisyndrom führt und diese Form sehr häufig apoplektieform auftritt. Auch geht aus seinen Tabellen hervor, daß nur in der Hälfte der syphilitischen basalen Ganglienerkrankung die WaR. positiv ist.

Chorea soll nach Angabe der älteren Ärzte, z. B. nach GRASSET, ziemlich oft auf Syphilis zurückzuführen sein und durch Jodkali geheilt werden können. Gegenüber der Chorea von SYDENHAM gehen der syphilitischen Chorea heftige Kopfschmerzen, Erbrechen, Schwindelanfälle voran und weiter soll die Halbseitigkeit der Chorea für die Syphilis sprechen (COSTILHES, LAGNEAU, GROS und LANCEREAUX, ZAMBACCO). SILBERMANN bringt zwei Fälle von halbseitiger Chorea. In beiden war die syphilitische Ätiologie nicht nur durch die Therapie, sondern besonders auch durch den Liquorbefund bewiesen.

Nach meinen Erfahrungen ist die Chorea syphilitica bei der erworbenen Syphilis eine seltene Erkrankung. Ich selbst beobachtete einen Fall von halbseitiger Chorea bei einem *kongenitale* tabische Symptome aufweisenden 9jährigen Knaben, der von einem tabischen Vater stammte. Die Malariabehandlung heilte die Chorea vollkommen. Es blieb ein von tabischen Symptomen begleiteter Defektzustand zurück, geistig entwickelte sich das Kind sehr gut und auch der Liquor wurde saniert; bis jetzt 9 Jahre Beobachtungszeit.

Wenn wir im vorhergehenden über die syphilitische Erkrankung des Striatums sprachen und vornehmlich das Krankheitsbild des Parkinsonismus und der Chorea hervorgehoben haben, so geschah dies in dem Bewußtsein, daß der pathologanatomische Hintergrund, namentlich des Parkinsonismus, noch unzureichend bekannt ist. Wir heben dies deshalb hervor, weil es durchaus möglich ist, daß in Zukunft unsere Kenntnisse ausreichend sein werden, um aus den klinischen Symptomen Lokaldiagnosen der Erkrankung der Stammganglien machen zu können. Wir müssen uns aber stets vor Augen halten, daß das Beiwort striär nicht im engen Sinne, sondern einfach für die Mitbeteiligung der Stammganglien an dem Krankheitsprozeß gebraucht wird. Über das Vorkommen von Athetose auf Syphilis beruhend, berichten NONNE, O. FÖRSTER, GOLDSTEIN, PETTE. Vorläufig müssen wir, so wie G. STEINER es tut, fordern, daß die einheitlich und eindeutig auf die syphilitische Ätiologie zu beziehenden Prozesse in den Stammganglien des näheren anatomisch und histologisch in dazu geeigneten Krankheitsfällen gründlich untersucht werden, und nur dann ist es zu erhoffen, daß in der jetzt herrschenden Unsicherheit, namentlich des lokalisatorischen Prinzips, Licht und Ordnung hineingetragen wird.

c) Syphilis und endokrines System und das vegetative Nervensystem.

Das größte Kontingent der syphilitischen Erkrankung der innersekretorischen Drüsen liefert die kongenitale Syphilis (s. Kapitel V), während die erworbene Lues im Vergleich zur allgemeinen Verbreitung der luischen Infektion nur geringen Anteil an diesen Erkrankungen hat. Noch am häufigsten begegnen wir der syphilitischen Erkrankung der *Hypophyse,* dies liegt daran, daß die Gegend des Chiasmas ein Lieblingssitz der basalen luischen Meningitis ist und dieselbe das Tuber cinereum und die Hypophyse leicht in Mitleidenschaft zieht. Einige Daten seien aus der Literatur angeführt. WOOD fand in einem Fall ein Gumma hinter der Opticuskreuzung in der Sella turcica. Klinisch bestand Ptosis des linken Oberlides, Fehlen der Patellarreflexe und Papillitis, daneben Incontinentia alvi et urinae, Aphasie, Desorientiertheit. ESSER verdanken wir eine zusammenfassende Darstellung der bis 1927 mitgeteilten *Hypophysengummen*

(19 Fälle). Wir folgen ihm bei der Besprechung der Einzelheiten. ESSER findet als gänzlich zweifelsfrei nur die Fälle von BARHACCI, SOKOLOFF, BEADLE, HUNTER, KUFS, STRÖBE, TURNER, SIMMONDS, JOSEPHY, JAPHÉ und COHN. ESSERs Fall betraf eine 66jährige Frau die klinisch für akromegalischer Erkrankung gilt. Bei der histologischen Untersuchung war die Hypophyse von luischen Veränderungen durchsetzt und enthielt zahlreiche miliare Aneurysmen. BABONNEIX und LHERMITTE erwähnen den Fall einer Frau, die zu gleicher Zeit an Nervensyphilis und Carcinom der Brust gelitten hat und lange Zeit an intensiver Polyurie litt. Bei der Autopsie fand man die Hypophyse vollkommen intakt, dagegen meningeale und Tuberveränderungen. Erstere bestanden in einer lympho- und plasmacytären Infiltration der weichen Häute in der optico-pedunkulären Gegend, die zweite in einer Chromatolyse der Zellen des Tuber cinereum. Die Verfasser verweisen auf experimentelle Ergebnisse, welche dartun, daß die Hypophyse mit der Wasserregulierung nichts zu tun hat und daß diese Funktion von den Kernen des Tuber cinereum versorgt wird. Auch der mitgeteilte Fall spricht in diesem Sinne. Ähnliche Erfahrungen hat AGOSTINI gemacht; in seinem Fall, wo die Lues zuerst die Hypophyse in ihrer Totalität angegriffen hat. Klinisch: Amaurose, Exophthalmus, Amenorrhöe, Somnolenz und psychische Depression. Zum Schluß stellte sich eine intensive Polyurie ein. Die Tuberkerne waren schwer geschädigt.

CARRERA beschreibt Fälle, in denen Störungen des sympathischen Nervensystems vorhanden waren, welche er auf luische Veränderungen des endokrinen Systems zurückzuführen für berechtigt hielt. Als Symptom der Hypoadrenalinämie fand er die Tonusverminderung des Sympathicus, die Hypotonia gastrica, die mit Hypotonie verbundene Asthenie, der sich Hypersympathicotonus, Arrhytmie und Tachykardie hinzugesellen soll. Er rät, in diesen Fällen neben der spezifischen Behandlung Adrenalin zu geben. Nach ZONDEK können syphilitische Veränderungen der Nebenniere die Symptome der ADDISONschen Krankheit hervorrufen, er empfiehlt daher, in einem jeden Fall von ADDISON die Wa.R. vorzunehmen.

Ich ließ einen durch die antisyphilitische Therapie gut beeinflußbaren Fall von syphilitischem *Addison* durch einen meiner Schüler veröffentlichen. Auch MEINERI teilt einen durch antiluischer Behandlung geheilten hierhergehörigen Fall mit.

Seltener wird die *Thyreoidea* von der Syphilis ergriffen. Ich sah nur einen einzigen Fall, es bestand das typische Bild des Morbus Basedowii. Röntgenologisch reichte die Struma einen halben Zentimeter unter das Brustbein. KOOPMANN berichtet über konjugale und luische BASEDOWsche Krankheit. Ein Jahr nach einer luischen Infektion trat bei einer jungen Frau ein Basedow auf; der Gatte, der sie infiziert hatte, litt auch an einer schweren Thyreotoxikose. KOOPMANN konnte aus der Literatur 5 Fälle von konjugalem *Basedow* zusammentragen, darunter befanden sich zwei Fälle mit luischer Ätiologie (SCHULMANN und sein eigener Fall).

Ganz selten ist die *Parathyreoidea* Sitz einer luischen Erkrankung bei der erworbenen Syphilis. LANGERON und DECHAUME, DELORE und JEAUMIN teilen einen Fall von schwerer Tetanie mit, bei welchem die Sektion eine syphilitische Sklerose der Epithelkörperchen aufdeckte, außerdem waren Gummen in den Lungen vorhanden.

d) Syphilis und Epilepsie.

Aus der älteren Literatur erwähnen wir HEUBNER, der die Befunde von JAKSCH anführt, der in 12 Fällen von Autopsien Epileptischer zweimal eine sulzige Masse im subarachnoidealen Raum, viermal verwachsen an allen Häuten an umschriebenen Stellen, einmal Gummiknoten in der Hirnhaut fand. Er selbst sammelte die Fälle aus der Literatur und konnte feststellen, daß von 25 Fällen von gummöser Erkrankung der Schädelhöhle, in welchen in der Mehrzahl die Beteiligung der Hirnoberfläche bei der Leicheneröffnung vorzufinden war, klinisch epileptische oder konvulsivische Zuckungen vorhanden waren, während in den 19 Fällen, wo die Neubildung auf die weiße Substanz der Hirnbasis und auf das Mittelhirn beschränkt war, nur zweimal epileptische Anfälle beobachtet werden konnten. Aus diesen Befunden folgert HEUBNER, daß die Epilepsie bei den Syphilitischen in der Mehrzahl der Fälle *„Folge eines Reizes an der Oberfläche der grauen Hirnrinde sei"*. Durch Autopsie kontrollierte Fälle finden sich sehr wenig in der Literatur. Einen hochinteressanten Fall lieferten SPILLER und MARTIN, in dem sie bioptisch die Grundlage einer JACKSONschen Epilepsie bei einem 22jährigen Schwarzen in leichten gummösen Adhäsionen, im Arm- und Facialiszentrum fanden. KUFS beschreibt einen Fall, in welchem die epileptischen Anfälle auf eine endarteriitische Hirnlues zu beziehen waren. Es fanden sich mächtige Proliferationen an den kleinen Gefäßen unter Beteiligung aller Gefäß- wandzellen, dabei fleck- und streifenförmige Rindenverödungen, die ein wech- selnd breites Band in der zweiten bis fünften Schicht bildeten. Es scheint, daß die epileptischen Anfälle der Paralytiker eine eigenartige pathologanatomische Grundlage haben; wenigstens kann dies für einen Teil der Fälle nach den SPIEL- MEYERschen Untersuchungen angenommen werden. SPIELMEYER fand nämlich in den Ammonshornformen starke entzündliche Veränderungen und auch grobe Ganglienzellenausfälle. Über die Pathogenese der epileptischen Anfälle ist unter den Autoren noch immer keine Einigkeit erzielt worden. Ältere Autoren nehmen zur Erklärung des Zusammenhanges zwischen Syphilis und Epilepsie zweierlei Möglichkeiten an. Erstens, luische organische Veränderungen, als Gummen, meningeale Läsionen, Gefäßveränderungen. Jede von diesen Ver- änderungen kann lokalisierte, aber auch allgemeine epileptische Anfälle erzeugen. Zweitens sei ein toxischer Einfluß des luischen Virus anzunehmen. So entstünden die späteren epileptischen Krämpfe auf Grund „postsyphilitischer diffus-degene- rativer Gehirnerkrankungen" (progressive Gewebsschädigungen durch Syphilis- toxine, BINSWANGER). Als toxisch soll auch die Keimschädigung aufgefaßt sein, welche zur epileptischen Neurose führt. Es sind namentlich französische Autoren, welche die Schädigung des Keimplasmas durch das syphilitische Gift in weitem Umfange zugeben, und sich so die Entstehung von funktionellen Nerven- und Geisteskrankheiten (Neurasthenie, Hypochondrie, Hysterie) vorstellen. Die epileptische Veränderung wäre in diesen Fällen die Folge allgemeiner Ernährungs- störung (Syphiliskachexie), welche durch die Durchseuchung mit dem Syphilis- gift hervorgerufen würde. Eine andere Möglichkeit wäre, daß die Stoffwechsel- produkte des organisierten syphilitischen Virus, die sog. Syphilistoxine, degene- rative Veränderungen der nervösen Substanz herbeiführen, also würde die Epilepsie auf ähnlicher Weise wie Tabes und Paralyse entstehen. Diese An- nahme, welche wir ausführlich bei BINSWANGER lesen können, ist seit der Ent- deckung der Spirochäta pallida und seit der Einführung der Sero-Liquorreak- tionen überholt und hat nur mehr geschichtliches Interesse. Heute stehen wir bezüglich des Einflusses der Syphilis auf die epileptischen Veränderungen auf folgendem Standpunkt. Es ist mit 3 Möglichkeiten zu rechnen. Erstens kann eine *direkte Wirkung syphilitischer Veränderung* im Gehirn die Epilepsien bedingen, und zwar a) syphilitische periostale Veränderungen des Schädel- knochens; b) meningeale (einfache oder gummöse) luische Veränderungen; c) syphilitische Gefäßerkrankungen. Die zweite Möglichkeit besteht darin, daß die *luische Erkrankung innersekretorischer Drüsen* durch hormonale Wirkung anfallsauslösend wirkt. Endlich kann die Epilepsie, oder die epileptische Ver- anlagung, schon vor der syphilitischen Infektion bestanden und die *Lues nur zur*

Steigerung der Symptome evtl. zur Auslösung derselben, beigetragen haben.
Die kongenitale Lues nimmt keine Sonderstellung ein, auch bei ihr sind es die
spezifischen Veränderungen, welche zu den epileptischen Reaktionen führen.
Redlich äußerte in seinem Hamburger Referat dieselbe Meinung, indem er auf
Rankes Befunde sich berief, laut welchen bei kongenitalluischen Kindern ausgesprochene Gefäßveränderungen, weiter solche an der Glia, den Meningen
usw. vorkommen. Nach all dem sind *sämtliche syphilitischen Epilepsien als
symptomatische Epilepsien aufzufassen.* Klinisch lassen sie sich schwer von den
sog. genuinen Epilepsien unterscheiden. Die zu epileptischen Entladungen
führende Bereitschaft des Zentralnervensystems bleibt selbst nach Abheilung
der syphilitischen Veränderungen bestehen und es kommt zu dem von mir
als *Epilepsia secundaria* bezeichneten Zustand. — Meine Auffassung teilen
Head, Fedor Krause u. a. Mit dieser Auffassung der syphilitischen Epilepsie
stimmt auch die traurige Erfahrungstatsache überein, nach welcher unsere
Behandlungsmaßnahmen versagen. Dies hat schon vor vielen Jahrzehnten
Fournier festgestellt. Der damaligen Auffassung entsprechend zählt er die
syphilitische Epilepsie zur „Parasyphilis". Die Unbeeinflußbarkeit dieser Epilepsie, welche nach damaliger Auffassung die Parasyphilis auszeichnete, war
das bestimmende Moment bei dieser Einreihung. Nun teilt die syphilitische
Epilepsie diese ihre Eigenschaft mit all jenen sekundären Epilepsien, welche aus
ganz anderen Ursachen (Trauma, Alkoholismus, Arteriosklerose usw.) entstehen. Man darf daher die Schuld für die Unheilbarkeit der Syphilisepilepsie
nicht auf die Syphilis schieben, sondern man muß dieselbe in den konstitutionellen Momenten suchen. Es ist auch daran zu denken, daß die syphilitische
Veränderung zu einem sekundären Hydrocephalus geführt hat und die epileptischen Anfälle die Folge dieses Hydrocephalus sind. Einen äußerst lehrreichen Fall erwähne ich im folgenden.

Fall 47. Eine 36jährige Frau verliert nach einigen Tagen allgemeinen, mit Schwindel
einhergehenden Unwohlseins, das Bewußtsein; da der Blut-Wa. +++ ist, verordnen wir
eine antiluische Kur und entleeren die Rückenmarksflüssigkeit, die in jeder Beziehung normal
ist. Vor der Lumbalpunktion zeigte sie in ganz ausgesprochener Weise das Symptom der
Hyptokinese, welches ich auf einen vorhandenen Hydrocephalus bezog. Auf diese Behandlung hin verlor die Patientin die Kopfschmerzen; es zeigte sich ein Jahr lang kein Anfall
und auch die Hyptokinese war nicht mehr auszulösen. Trotz energischer Kuren blieb der
Blut-Wa. stark positiv. Sie fühlte sich wohl, bis sich wieder epileptische Anfälle einstellten.
Neuerliche Punktion, Liquor vollkommen normal, aber die Wa.R. im Blut +++. Aorta
etwas dilatiert. Am Ende des vierten Beobachtungsjahres stellen sich gehäufte Anfälle ein.
Patientin ist leicht benommen, wieder ist eine deutliche Hyptokinese hervorrufbar, im
Blut ist die Wa.R. noch immer +++, im Liquor negativ, aber jetzt zeigt der Liquor auch
schon Veränderungen. *Pándy, Nonne, Hämolysin*reaktionen: +++; 0,50⁰/₀₀ Eiweiß;
36 Zellen! Goldsol nach *Kiss* rechts erhöht. Beide Kniereflexe schwer auslösbar. Es wird
eine Neoiakolkur verordnet. Ich sehe sie nach einem Jahr wieder. 6 Wochen hat sie nach
der Punktion keinen Anfall gehabt, seitdem allmonatlich, manchmal auch öfters. Sie
nimmt auch ständig Luminal. Eine neuerliche Lumbalpunktion ergibt wieder in jeder
Beziehung normalen Befund. Wa.R. im Serum ++. Ich sehe sie im 9. Jahr ihrer
Erkrankung wieder und sie berichtet, daß sie etwa halbjährig einen Anfall hat.

Interessant in diesem Fall war das Verhalten der Liquorreaktion, welche
immer normale Werte ergab, bis zu der Zeit wo sich gehäufte Anfälle einstellten
und die Patientin auch psychisch Veränderungen zeigte. Nach einer neuerlichen
Lumbalpunktion kehrte der Status quo zurück und der Liquorbefund wurde
normal. Wir folgern aus diesem Benehmen, daß es sich in solchen Fällen um
ein Stauungssymptom handelt, welches mit der Syphilis nur in indirekter
Beziehung steht; hierfür spricht auch der Umstand, daß sowohl die Wa.R. als
auch die Präcipitationsreaktion im Liquor auch während der Positivität der
übrigen Reaktionen *negativ* geblieben sind. Die weitere Folgerung bezieht sich auf
die Art der Behandlung, welche nicht nur in einer antisyphilitischen, sondern
auch in dem Depletionsverfahren mittels Punktionen bestehen muß.

Ein Gegenstück zu diesem Fall bildet der nächste, in welchem der Blut-Wa. nur vorübergehend schwach positiv, dagegen der Liquor-Wa. immer positiv war.

Fall 48. Die 27jährige Patientin leidet an ständigen Kopfschmerzen, Schwindel und täglichen Bewußtseinsverlusten. Seit $1^1/_2$ Jahren besteht Amenorrhöe, seit dieser Zeit hat sie die Anfälle. Anisokorie, die Lymphdrüsen am Nacken tastbar. Die Kopfschmerzen treten in der Nacht auf. Die Anfälle werden von Schwindelgefühl eingeleitet und bestehen darin, daß sie wirr umherschaut, die in ihrer Nähe befindliche Person anfaßt und Wasser verlangt. Blut-Wa. +, Präcipitation +, Liquor-Wa. +++, Präcipitation +++, Pándy +++, Nonne +++, Hämolysin +, $0{,}50^0/_{00}$ Eiweiß, 22 Zellen. Goldsol nach Kiss: Totale Ausfällung in der 2., 3., 4., 5. Röhre.

Wismut- und Luminalkur. Nach einem Jahr kehrt sie zurück und berichtet, daß sie 4 Monate keinen Anfall gehabt hat, dann allmonatlich einen und in der letzten Zeit wieder gehäufte Anfälle. Sie leidet an ständigen Stirn- und Hinterhauptkopfschmerzen, schläft schlecht. Die Wa.R. im Blut sowie die Präcipitation ist negativ; der Liquor zeigt ausgewertet ++, Pándy ++, Nonne ++, Hämolysin +++, $0{,}30^0/_{00}$ Eiweiß, 54 Zellen. Wir verordnen eine intensive Wismut-Neosalvarsankur. Hierauf stellt sich eine wesentliche Besserung ein.

Die Besserung dauert nur $2^1/_2$ Monate und wieder stellen sich heftige Kopfschmerzen, gehäufte Anfälle ein. Der zweite Aortenton ist akzentuiert. Im vierten Jahr ihrer Erkrankung ändert sich die Art der Anfälle, das Blut steigt ihr zu Kopfe, sie schreit auf, dann verliert sie das Bewußtsein, läßt den Urin unter sich; nach dem Anfall schläft sie. Beide Kniereflexe schwer auslösbar; Achillesreflexe kaum erhältlich. Anästhesie in der Höhe der Mammae, welche sich in Gürtelform nach rückwärts zieht. Serumreaktionen weiter negativ, im Liquor derselbe Befund wie vor einem Jahr, nur die Zellenzahl steigt auf 106! Bei der Zisternenpunktion bekommen wir als Zeichen des erhöhten Druckes einen von selbst tropfenden Liquor. Tägliche Anfälle, in welchen der Tod eintritt. Leider konnten wir die Sektion nicht ausführen.

Der Liquorbefund deutete in diesem Falle dahin, daß ein fortschreitender syphilitischer meningealer Prozeß die epileptischen Anfälle hervorrief.

Ein eigentümliches klinisches Bild geben jene Fälle syphilitischer Epilepsie, in denen motorische oder sensible Störungen den Anfall einleiten. In mehreren solchen Fällen ändert sich mit der Zeit der Jacksonsche Typus und geht in allgemeine epileptische Krämpfe über; ein anderer Typ bildet jener, der dann in einer progressiven Paralyse endet. Wir verdanken Gougerot einen interessanten diesbezüglichen Fall. Hemiplegischer Anfall, welcher auf antiluische Behandlung rasch heilt, die Wa.R. wird negativ. Bald traten Jacksonsche Anfälle auf, trotz weiterer Behandlung entwickelt sich die progressive Paralyse. Eine Malariabehandlung bringt sowohl klinischen als humoralen Erfolg. Bald treten wieder Jacksonsche Anfälle auf, die von der Behandlung unbeeinflußt blieben.

Es gibt auch Fälle, in welchen die Epilepsie das erste Symptom der luischen Erkrankung darstellt. So war es in dem Fall (48a) eines 26jährigen Schneiders, der mitten im besten Wohlbefinden einen epileptischen Anfall bekam, welcher sich zweiwöchentlich wiederholte. Wir finden Wa. und Präcipitationsreaktion +++, verordnen eine energische antiluische Kur, worauf während des Spitalaufenthaltes ($2^1/_2$ Monate) die Anfälle sistierten. Der Liquor war in jeder Beziehung negativ. Epileptische Anfälle können schon als frühsyphilitische Symptome im ersten Jahr der Infektion auftreten. Das beobachtete schon Mauriac (1878), der schon darauf hinwies, daß der anatomische Hintergrund in Cortexveränderungen und Gefäßläsionen zu suchen sei; manchmal zeigt die Autopsie gar keine Veränderungen, da meint Mauriac, daß nur die Gefäße lädiert gewesen sind und Ischämie erzeugt hätten.

In einem von Fournier mitgeteilten Fall war es, das frühsyphilitische papulo-squammöse Syphilid, welches bei einer epileptischen Frau zu einer Anhäufung der Anfälle führte. Binswanger, Gowers, Turner u. a. erwähnen, daß die Eruption syphilitischer Exantheme bei disponierten Individuen epileptische Anfälle auslösen kann (Redlich). Redlich hat einen Fall beschrieben, wo bei einem jungen Mädchen mit frischer Syphilis epileptische Anfälle mit mehr halbseitigem Charakter auftraten, daneben bestand Neuritis optica; auf eine antiluische Kur verschwand beides. Was die Epilepsie betrifft, so ist die erwähnte Beeinflussung eine seltene Ausnahme und wahrscheinlich darauf zurückzuführen, daß die antiluische Behandlung unverzüglich angewendet wurde. Einen dem Redlichschen analogen Fall haben Renault und Guénot beschrieben.

Krampfauslösend bei einem Syphilitiker kann der *Alkoholismus, das Kopftrauma* wirken.

Für die erstere Art könnte ich mehrere Fälle anführen. Schon Kraepelin weist darauf hin, daß der Alkoholismus ein veranlagendes Moment zur Erkrankung an Syphilis des Zentralnervensystems bildet. Neuerdings bespricht diesen Zusammenhang Margulis und erwähnt, daß Alkoholiker oft an schweren Formen der Syphilis erkranken, „chronischer Alkoholismus führt zu häufigen Rezidiven, zu pustulösen und ulcerösen Formen von Hautsyphilis und Syphilis des Gehirns (Lochte). Von 100 Kranken Tarnowskys mit Lues cerebri sind 48 Gewohnheitstrinker."

Jeder von uns hatte Gelegenheit, während und namentlich nach dem Kriege Fälle zu beobachten, in denen Syphilitiker, die ein Kopftrauma erlitten haben, epileptische Reaktionen zeigten. Als Beispiel sollen die Fälle von Stöcker dienen. Er berichtet über zwei Fälle von Meningitis syphilitica, welche durch einen Kopfstreifschuß ausgelöst wurden. Beide hatten folgende Merkmale gemeinsam: zwischen Infektion und Ausbruch der Cerebralerkrankung lag ein Zeitraum von 3—4 Jahren, zwischen Verwundung und Ausbruch ein solcher von 9 Tagen; erstes und alleiniges Symptom war ein epileptischer Anfall. Im ersten Fall allgemeinepileptischer Anfall mit Bewußtseinsverlust, im zweiten Fall ein sensibel-motorischer rindenepileptischer Anfall ohne Bewußtseinsverlust. Subjektive und objektive cerebrale Symptome fehlten, bis auf die Veränderungen im Liquor. Im zweiten Fall war der Blut-Wa. negativ und der Liquor-Wa. positiv.

Babonneix fand von 120 Epileptikern 19 = 16%, in denen er sich berechtigt glaubte, die kongenitale Syphilis als Ursache anzunehmen. Er meint, daß bei darauf gerichteter Aufmerksamkeit diese Ziffer sich noch erhöhen wird.

Bei Hochsinger finde ich die Angabe von Bratz und Luth erwähnt, nach welcher 50% der Epileptiker kongenital-luisch wäre! Hochsinger selbst fand genuine Epilepsie sechsmal unter 263 Fällen von Dauerbeobachtungen kongenital-syphilitischer Kinder. Auch *meine* Ermittlungen an Epileptikern mittels der Blut- und Liquoruntersuchungen stimmen eher mit den Hochsingerschen Ergebnissen überein. Von 472 Epileptikern (es handelt sich überwiegend um Erwachsene) fand ich in 39 Fällen, d. i. 8,25% luespositive. Die 472 Fälle verhielten sich wie nebenstehend angegeben.

	Zahl der Fälle
Blutpositiv	7
Blutnegativ	39
Blut- und Liquorpositiv	2
Blut- und Liquornegativ	394
Blutpositiv, Liquornegativ	25
Blutnegativ, Liquorpositiv	5

Interessant ist das Ergebnis, nach welchem die Zahl der nur blutpositiven luischen Epileptiker fünfmal so groß ist, als die der liquorpositiven. Das ist entweder so zu deuten, daß in der Mehrzahl der luischen Epileptiker die Veränderungen im Gehirn vasculäre sind oder aber was ich für das Wahrscheinlichere halte, daß die luische epileptische Veränderung im Gehirn in einem schon abgelaufenem Zustand ist und daher keine Wassermannreagine mehr an dem Liquor abgibt, während die Blutpositivität das luische Infiziertsein des Individuums verrät.

Siehe auch das Kapitel der kongenitalen Lues.

e) Die Lues und die multiple Sklerose.

Beiden Erkrankungen gemein ist die Neigung, zu mehrfachen Herdenbildungen. Die eine Krankheit kann die andere nachahmen. Fälle, in denen die Lues die multiple Sklerose vorgetäuscht hat, haben JACOBSON, BLACKLOCK, BYRNS, SÉZARY, DESSAINT und JONESCO (zitiert nach G. STEINER) beschrieben. Sicher kommt das Gegenteil auch vor. So berichten NORDMANN und BARTHELÉMY über einen Fall von multipler Sklerose bei einem 16jährigen, bei dem die Lumbalpunktion den Verdacht der kongenitalen Lues bestätigte. Am schwierigsten sind jene Fälle von luischer Myelitis von der multiplen Sklerose abzusondern, welche die paraplegische Form zeigen. DEJERINE erwähnt dies schon und beruft sich auf mehrere Sektionsbefunde, in denen sich die, für Syphilis gehaltene Rückenmarkserkrankung, als multiple Sklerose erwies. Wir können ihm aber nicht beistimmen, wenn er als differentialdiagnostisches Merkmal darauf hinweist, daß die Miktionsstörungen eher für Syphilis sprechen. Wichtig ist vom differentialdiagnostischen Standpunkt das Ergebnis der Liquoruntersuchung. Ich habe in weit über 400 Fällen von multipler Sklerose nicht ein einziges Mal einen positiven Liquor-Wa. gefunden. Die übrigen Befunde, wie Eiweißerhöhung, positive PÁNDY- und NONNEsche Reaktion, als auch die Kolloidreaktion finden wir in den meisten Fällen von multipler Sklerose in demselben Maße positiv, wie bei der Lues; die Goldsolreaktion kann die höchsten Grade, ganz so wie die progressive Paralyse, zeigen. Darauf hat schon GUILLAIN hingewiesen und ich kann dies auf Grund von mehreren hundert Fällen durchaus bestätigen. Nach meinen Untersuchungen erreicht die Zellenzahl aber nie die hohen Werte der Lues cerebrospinalis. Wir müssen darauf hinweisen, daß in der Mehrzahl der Fälle die multiple Sklerose im jugendlichen Alter beginnt und da ist die luische Infektion wohl leichter eruierbar, so, daß differentialdiagnostisch eigentlich nur die in späteren Jahren (30—45) auftretenden Fälle von multipler Sklerose Schwierigkeiten bieten können.

Unsere erweiterten Kenntnisse über die kongenitale Syphilis, sowie unsere reichen Erfahrungen betreffs der Deszendenz der Luiker und endlich die von einigen Autoren (STEINER, JULIUS SCHUSTER) betonte spirochätale Bedingtheit der multiplen Sklerose führten dazu, daß einzelne Autoren wie MARBURG und neuerdings REDLICH es auffallend finden, daß bei den Deszendenten von Syphilitikern viele Fälle von multiplen Sklerose zu finden sind. DEVIC und BERNHEIM teilen einen Fall von Rückenmarksyphilis bei einem kongenital syphilitischen Mädchen mit, dessen Vater an progressiver Paralyse gestorben ist, die Mutter dreimal abortiert und eine Frühgeburt gehabt hat. Sie selbst hatte mit 17 Jahren eine Hemiplegie gehabt, welche durch antiluische Behandlung heilte. Heute zeigt sie das typische Bild der multiplen Sklerose. Im Liquor waren 15 Lymphocyten und positive Wa.R. vorhanden. Klinisch: spastische Paraplegie, *Babinski,* an den oberen Extremitäten cerebellare Symptome, Bauchdeckenareflexie. Anisokorie, die eine Pupille reagierte nicht auf Licht. Neuerdings unterzog STENDER aus NONNEs Klinik die Argumente REDLICHs, welche er in der Frage über einen etwaigen ursächlichen Zusammenhang zwischen Lues congenita und multipler Sklerose zur Diskussion stellte, einer eingehenden Kritik. REDLICH berichtet in dieser Arbeit über sechs Fälle von multipler Sklerose, in deren Aszendenz viermal eine luische Erkrankung sichergestellt war, während bei zwei anderen Fällen die Lues nur in der Aszendenz mit einiger Wahrscheinlichkeit angenommen werden konnte. STENDER weist darauf hin, daß die kongenitalen luischen Veränderungen (RANKE, WEYL, WOHLWILL, RIETSCHEL u. a.) keineswegs denen der multiplen Sklerose entsprechen. REDLICH wirft auch die Frage auf, ob nicht durch die Lues eine Keimschädigung gesetzt werde, welche dann zur mangelhaften Anlage des

Zentralnervensystems führen könnte. Eine Hypothese, mit der wir aber nicht recht weiter kommen. Daß ganz ausnahmsweise im Blut, evtl. im Liquor bei der multiplen Sklerose die Wa.R. positiv gefunden wird, ist bei der großen Verbreitung der Lues nicht verwunderlich und viel eher dem Zufall zuzuschreiben, da jemand neben seiner multiplen Sklerose auch eine Lues haben mag. Interessant sind die Ausführungen STENDERs über die ungleichmäßige Verteilung von Lues und multipler Sklerose. Wir erfahren von ihm, daß in Island bis vor kurzem die Lues unbekannt war, die multiple Sklerose dagegen keineswegs eine seltene Erkrankung bildet. In Japan und China soll die multiple Sklerose zu den größten Seltenheiten gehören, wogegen die Lues äußerst verbreitet ist (*Miura, Ohkuma,* zitiert nach *Stender*). Für ein wichtiges differentialdiagnostisches Merkmal halten wir das ROBERTSONsche Symptom, welches für Lues spricht, das Skotom und die Decoloratio nervi optici, welche für multiple Sklerose sprechen. Einige eigene Fälle sollen das Gesagte beleuchten.

Fall 49. Bei einer Luetikerin war auch die multiple Sklerose vorhanden und durch die Sektion bewiesen. Es handelte sich um eine 39jährige Amme, die einmal im 7. Monat eine Frühgeburt und eine tote Frucht im 9. Monat hatte. Schon seit Jahren litt sie an schmerzhaften Knie- und Knöchelanschwellungen, in der letzten Zeit kamen hinzu Kribbeln in den Füßen, Harnträufeln und starke lanzinierende Schmerzen. Objektiv zeigte sie Anisokorie, Nystagmus, positiven *Babinski, Rossolimo, Oppenheim* beiderseits; Adduktorreflex beiderseits, Dysdiadokokinese, Dysmetrie, leichte Papillendekoloration. Wa.R. im Blut negativ, desgleichen die KISSsche Präcipitationsreaktion negativ. Liquor: Wa.R. ausgewertet positiv, *Pándy* $+++$, *Nonne* $+++$, Zellenzahl 12; 0,30°/$_{00}$ Eiweiß, Goldsolreaktion stark positiv. Bei der Obduktion finden wir makroskopisch keine Zeichen der Syphilis, dagegen typische Herde von multipler Sklerose.

In einem anderen äußerst seltenen Fall waren im Gehirn die syphilitische Arterienerkrankung im Rückenmark die charakteristischen sklerotischen Veränderungen zu sehen.

Fall 50. Eine 38jährige Frau erblindete plötzlich, aber nur vorübergehend, in ihrem 20. Lebensjahr. Als sie 31 Jahre alt wurde, traten Parästhesien und Paresen in den Gliedern auf. Sie wird in ihrem 38. Lebensjahr aufgenommen und wir stellen die Diagnose auf multiple Sklerose. Nach 2 Jahren kehrt sie zurück mit Kopfschmerzen, Schwindel, Doppeltsehen. Die Wa.R. im Blut war $+++$, im Liquor negativ. Wir nehmen an, daß eine Lues cerebrospinalis besteht und verordnen eine Schmierkur und intravenös Neosalvarsan, jedoch ohne Erfolg. Zur unserer größten Überraschung *tritt ein squammöses Syphilid auf!* Die Kranke geht an einer intercurrenten Influenza zugrunde und wir finden im Gehirn den état criblé. Die Schnittfläche des Gehirns ist uneben und es ragen aus ihr wie Borsten die Blutpunkte der Gefäße hervor. Im Rückenmark dagegen sehen wir die typischen Herde der multiplen Sklerose.

Anamnestisch war in *meinem* Material von 350 Fällen von multipler Sklerose die Lues 14mal vertreten. In 10 Fällen hat der Patient von seiner luischen Infektion Erwähnung getan oder er gab an, mit der Diagnose Lues spinalis in Behandlung gestanden zu haben. In allen diesen Fällen sprach sowohl der Sero-Liquorbefund als auch die klinische Untersuchung gegen die luische Ätiologie. Es blieben also im ganzen vier Fälle übrig, in denen wir auf Grund der positiven Wa.R. das luische Infiziertsein annehmen konnten. Eine zu geringe Zahl, um daß wir der Lues in der Verursachung der multiplen Sklerose eine Rolle zuschreiben könnten.

f) Lues und Alkohol.

Bekannt ist die Abiturientenlues, d. h. die syphilitische Infektion, welche im Rausch acquiriert wird. Die heitere Gemütsverfassung ob der gelungenen Matura und die Freude darüber, ein Gereifter zu sein, führen zum Mißbrauch des Alkohols, welch letzterer die vernünftige Vorsicht beim ersten Coitus ausschaltet. Aber auch beim Erwachsenen spielt der Alkohol die Gelegenheitsmacherin für die Acquirierung der Lues. Dies ist eine allen Ortes gemachte Erfahrung. Der Alkoholismus disponiert — sagt NONNE — (andererseits) bei luisch infiziert Gewesenen zum Ausbruch einer Hirnlues. Bei NONNE erfahren wir, daß TARNOWSKY feststellte, daß von 100 Patienten mit Lues cerebri nicht weniger als 43 Gewohnheitstrinker waren. Dadurch, daß der Alkohol die Funktionen der Leber in erster Reihe schädigt, wird es begreiflich, daß die Lues bei Alkoholikern einen bösartigen Charakter annehmen kann. Hierhergehörige Fälle verdanken wir MINGAZZINI. Der Alkoholismus kann klinisch dieselben cerebralen Erscheinungen auslösen wie die Syphilis. Er kann zu Gefäßalterationen führen, als deren Folge Blutungen entstehen können, wahrscheinlich führt er auch zu chronischen Meningitiden, welch letztere Kopfschmerzen erzeugend, den Alkoholisten zu neuerlichen Exzessen verleitet, denn nur im Halbrausch fühlt er sich von diesen Kopfschmerzen befreit. Inwieweit durch diese Vergiftungen die schlummernde Lues zur Aktivierung gelangt, wissen wir des näheren nicht, aber wir setzen dieselben mit Recht voraus, wenn wir auch im gegebenen Fall nicht entscheiden können, was auf die Rechnung des Alkohols und was auf die der Syphilis zu buchen ist.

So konnte ich im Falle (51) eines 42jährigen Mannes, der mit 18 Jahren seine Lues erwarb, nicht entscheiden, ob die Symptome, die er zeigte, die Folge von Alkohol oder Lues waren oder ob sie von beiden hervorgerufen wurden. Er hatte eine Atrophia nervi optici mit relativem zentralem Farbenskotom. Der Augenarzt legte Gewicht auf eine vollkommene Alkohol- und Nicotinabstinenz. Die bekannten Zeichen des Intoxikationierten wies er alle auf: gelbliche Skleren, Hand- und Zungentremor, hyperämischen Rachen. Auf Lues deutete die sehr ausgesprochene Leukoplakie, die Anisokorie, die träge Pupillenreaktion. Zuerst ließen wir ihn eine Pilocarpinkur durchmachen, nach welcher sich sein Zustand wesentlich besserte. Nach 5 Monaten sahen wir ihn in einem deplorablen Zustand wieder. — Er fiel in seinen Alkoholismus zurück, bekam linksseitige, Tag und Nacht dauernde Kopfschmerzen, plötzlich verfinsterte sich sein Sehen, er sah $^3/_4$ Stunden lang nichts. Während dieses Anfalles hatte er an der linken Schädeldecke sehr starke Schmerzen, als hätte man mit einem Messer ins Gehirn gestochen. Am nächsten Tag erwachte er mit neuerlichen heftigen Kopfschmerzen und konnte seine rechte Hand nicht gebrauchen, den rechten Arm nicht heben. Er fühlte diesen Arm als etwas Fremdes, als wäre der Arm in kaltes Wasser getaucht, und auch der rechte Fuß war schwer, als wäre ein schweres Gewicht an denselben angebracht. Seine Sprache veränderte sich auch, er konnte die Worte nur mit Mühe hervorbringen. Er wurde besonders auf Namen vergeßlich. Die Berührungsempfindung war in distalwärts zunehmendem Maße am rechten Arm herabgesetzt, die rechte Unterextremität war hypästhetisch. Die Wa.R. und die Präcipitationsreaktion waren negativ. Wir verordneten trotzdem eine Bismoluolkur, die prompt wirkte, so daß der Patient die Abteilung ohne subjektive Beschwerden verlassen konnte. Die Sensibilitätsstörung hörte auf, die Hemiparese wich einer ganz leichten Schwäche im Händedruck, auch die Intoxikationserscheinungen schwanden. Wir hörten nach einiger Zeit, daß er stockbesoffen in zerlumptem Zustand von einem seiner Spitalskollegen gesehen wurde. Wahrscheinlich handelte es sich um eine *Pachymeningitis haemorrhagica,* bei deren Zustandekommen beide ätiologische Faktoren mitgewirkt haben.

Eine andere Form stellen die Fälle dar, in denen *polyneuritische* Symptome das Bild beherrschen. Zumeist sind die Unterextremitäten ergriffen, es besteht Areflexie, Muskelschwund, Entartungsreaktion. Letztere kann nur in quantitativer Hinsicht vorhanden sein oder ganz fehlen, dann ist die Differentialdiagnose der Tabes gegenüber erschwert. Der Symptomenanfang und die Reihenfolge sichern oft die Diagnose. Psychotisches Beiwerk, namentlich in Form der KORSAKOFFschen Psychose, betont den alkoholischen Charakter des Prozesses. Noch komplizierter sind jene Fälle, in denen die Arteriosklerose mitspielt; da können wir nicht entscheiden, wieviel dem einen, wieviel dem anderen ätiologischen Moment in die Schuhe geschoben werden kann und soll. — Die erwähnten Möglichkeiten sind aber seltenere Vorkommnisse, was wir aber öfters sehen, ist ein Alkoholismus bei einem Individuum, welches von seiner Infektion nichts weiß und welches wir als latenten Luetiker entlarven. Die meisten der hierher gehörenden Fälle sind im Alter von 40—50 Jahren. Ihre Klagen beziehen sich auf Schwindel, Kopfschmerzen, Vergeßlichkeit, Erregbarkeit, unruhige, schreckhafte Träume (sehr oft Tierträume), gestörten Schlaf,

Parästhesien in den Extremitäten. Die positive Wa.R. im Serum deckt, wie gesagt, ihre luische Infektion auf. Wir pflegen in derartigen Fällen zuerst eine Pilocarpinkur durchmachen zu lassen. Der Patient bekommt täglich eine Pilocarpininjektion (im ganzen 14 Injektionen). Die erste Injektion beträgt ein halbes Zentigramm, wird dieselbe gut vertragen, so bekommt der Patient vom nächsten Tage an täglich ein Zentigramm subcutan. Sollte die Wirkung nicht ausreichend sein, d. h. der Patient schwitzt nicht genügend, so lassen wir vor der Injektion ein warmes Bad nehmen. Es gibt Individuen, die mehr salivieren als schwitzen. Bei der Pilocarpinkur muß immer Atropin bereit stehen, um bei Herzschwächesymptomen sofort eingespritzt zu werden. Wir bezwecken mit dieser Schwitzkur, den Organismus vom Alkohol zu befreien, wenigstens reden wir das dem Patienten ein, der zu dieser Prozedur, welche der Laienauffassung gut liegt, gerne seine Zustimmung gibt. Nach der Pilocarpinkur gehen wir zu der antiluischen Behandlung über, von der wir auf die cerebralen Symptome sehr guten Einfluß zu sehen gewohnt sind. Auch in diesen Fällen kann eine Arteriosklerose den vollkommenen Erfolg verhindern, namentlich wenn sie mit einer Hypertonie verbunden ist. Oft scheitert unsere Behandlung an dieser Komplikation. Da es sich zumeist um Gewohnheitstrinker handelt, d. h. die Trunksucht konstitutionell bedingt ist, so sind auch unsere Behandlungserfolge zumeist nur vorübergehende. Der konstitutionelle Faktor spielt in dieser Frage eine überaus wichtige Rolle. Verdeutlicht wird die Rolle der Konstitution durch Fall 20 in der ersten Stammtafel, welche wir im Kapitel V der kongenitalen Lues (s. S. 408) mitteilen. Es handelt sich um eine Familie, in welcher der Vater der Inkulpantin ein luisch infizierter Potator strenuus war, die väterliche Großmutter, war auch eine Potatrix, von mütterlicher Seite bestand auch eine Belastung, ein Bruder der Mutter und dessen Sohn waren auch Alkoholiker. Wie sieht nun die Progenitur des luisch infizierten Potators aus? Das erste Kind starb einige Tage alt, dann kam die Inkulpantin, jetzt 28jährige Tochter zur Welt, die eine *Quartalssäuferin* ist, nach ihr folgten fünf Totgeburten. Der Vater selbst ging mit 44 Jahren an Hirnblutung zugrunde. Mit Recht denken wir daran, daß diese Blutung sowohl der Lues als dem Alkoholismus zur Last gelegt werden muß. In der Inkulpantin wieder bricht der konstitutionelle Faktor, die gleichartige alkoholistische Belastung von der väterlichen und mütterlichen Seite, durch. Die Syphilis wieder tobt sich in den fünf Totgeburten aus. Wahrscheinlich wirkte hierbei die blastophtorische Keimzellenschädigung des Alkohols mit. Es ist daran zu denken, daß bei der kongenitalen Lues diese keimschädigende Wirkung des elterlichen Alkoholismus die Hauptrolle spielt.

Die Kombination mit Alkoholismus finden wir auch häufig bei Syphilitischen, welche nervöse Symptome aufweisen. So hatten wir (Fall 52) eine 29jährige Frau in Behandlung, die seit einem halben Jahr über Herzklopfen und heftige Kopfschmerzen klagte, wegen der letzteren schlaflos war. Ihr Mann gibt an, daß die Patientin homosexuell veranlagt, unmäßig im Rauchen und Trinken ist. Die Patientin klagt weiter über Globusgefühl, ist leicht erregbar und undiszipliniert. Wir finden einen ++igen Blut-Wa.; der Liquor ist normal. Auf Bismoluolbehandlung hört der Kopfschmerz auf, ihre nervöse Erregbarkeit, welche durch den Alkoholismus weiter bedingt wird, bleibt bestehen.

Die deletäre Wirkung des Alkoholismus auf luisch Infizierte äußert sich in dem frühen Auftreten der Nervensymptome.

So sah ich im Falle (Fall 53) eines 32jährigen Alkoholikers schon im ersten Jahre seiner luischen Infektion miotische Pupillen, das ROBERTSONsche Zeichen, Leukoplakie als luische Symptome mit positivem Blut-Wa., Rachenschleimhaut stark hyperämisch, injizierte Konjunktiven, Hand- und Zungentremor, Parästhesien in den Füßen als alkoholische Symptome auftreten.

Diese, mit Alkoholismus komplizierten Fälle von Nervensyphilis bieten der Behandlung erhebliche Schwierigkeiten, da in den meisten Fällen ein Rückfall eintritt. Bei der Komplikation mit Polyneuritis eines luischen Alkoholikers begegnen wir oft unüberwindlichen Schwierigkeiten betreffs des ätiologischen Moments der Polyneuritis. Es gibt kein klinisches Zeichen, auf welches wir uns bei der Differentialdiagnose verlassen können. Selbst die Seroliquordiagnostik läßt uns im Stich. Über die Rolle des Alkoholismus in der Hervorrufung luischer Erscheinungen verdanken wir Nonne, Lochte, Tarnowsky und Mingazzini wichtige Beiträge. Besonders bezeichnend sind die, von dem letzteren publizierten Fälle, in denen der Alkoholismus für den schweren Verlauf der cerebrospinalen Lues verantwortlich gemacht werden konnte. In bezug auf die Frage, ob das Robertsonsche Symptom auch durch Alkoholismus erzeugt werden könne, stehe ich nach meinen neueren, auf viele Hunderte von Fällen basierenden Erfahrungen im Gegensatz zu Nonne auf dem Standpunkt, daß dieses Symptom in der Überzahl der Fälle luisch bedingt ist und mit dem Alkoholismus nicht in Zusammenhang gebracht werden kann; damit teile ich vollkommen die Ansicht von Forster.

g) Syphilis und Trauma.

In der älteren Literatur wird der Zusammenhang zwischen Trauma und Syphilis als auslösendes Moment besonders hervorgehoben. Nonne, dem wir mehrere hierhergehörende Fälle verdanken, äußert sich diesbezüglich in der letzten Ausgabe seines Standardwerkes auch bejahend, nur warnt er, den Einfluß des Traumas in der Hervorbringung syphilitischer Krankheitserscheinungen zu überschätzen. Er zitiert die Ansichten von Pfeifer, K. Goldstein, Poppelreuter und Dräsecke betreffs der Kriegserfahrungen, nach denen das Kopf- oder Rückentrauma weder eine Hirnlues, noch eine Rückenmarkslues in irgendwie nennenswerter Häufigkeit ausgelöst hat. Klauder macht darauf aufmerksam, daß in einigen Fällen die unmittelbare und letzte Ursache bei latenter Syphilis ein Trauma sein kann. Traumatische Entstehung spricht er der syphilitischen Glossitis, sowie der Leukoplakie der Raucher zu. Er meint, daß aus dem Blut Spirochäten an die traumatisierte Stelle deponiert werden können. Urechia und Michalescu teilen drei Fälle von Nervensyphilis mit, in denen sie dem Trauma eine auslösende Rolle zugewiesen wissen wollen. Ihre Fälle sind nicht sehr überzeugend. In ihrem ersten Fall handelt es sich um eine cerebrospinale Lues; der Patient überstand, wie es scheint, ein ganz geringfügiges Trauma hinter dem linken Ohr, ohne Bewußtseinsverlust. Am *nächsten* Tag zeigte sich ein kleiner Tumor an dieser Stelle, derselbe entpuppt sich als ein Gumma. Daneben zeigen sich noch zwei Gummen und im weiteren Verlauf stellt sich linksseitige Hemiplegie ein. Wieso die Verfasser zu der Ansicht gelangen konnten, daß das näher gar nicht beschriebene Trauma die Lokalisation der Erkrankung begünstigt und bestimmt hätte, bleibt ein Rätsel, hat sich doch gleich am nächsten Tage ein nußgroßes Gumma gezeigt! *Ich* selbst habe einen Fall (54) bei einem 38jährigen Chauffeur beobachten können, der im Jahre 1916 im Kriege durch eine Granate verschüttet und, nach welcher er auf dem linken Ohr taub wurde und in der rechten Hand Jacksonsche Epilepsie zeigte, welche dann sistierte; nach einer im Jahre 1924 erfolgten Infektion 4 Jahre später (1928) epileptische Anfälle vom Jackson-Typ im rechten Arm bekam. Blut Wa.R. war positiv, Liquor negativ. Da der Verlauf des epileptischen Anfalls vollkommen jenem aus dem Jahre 1916 entsprach, nahm ich an, daß er sich bei der Granatverschüttung eine Verletzung der linken corticalen Armgegend entsprechend zuzog und an dieser Stelle konnten sich nach der syphilitischen Infektion die Spirochäten festsetzen. Es bestand auch Polydipsie. Wir verordneten eine Schmierkur, worauf die Kopfschmerzen aufhörten.

Nachher gaben wir ihm noch Neosalvarsan. Er verließ das Spital in vollkommenem Wohlbefinden.

Auch NONNE bringt einen Fall, in welchem sich JACKSON-Anfälle bei einem 43jährigen Mann, der vor 5 Jahren Syphilis acquiriert hatte, 3 Monate nach zwei Schlägen an der linken Kopfseite einstellten. Bei der ersten Trepanation war der Befund negativ, bei der zweiten, die 2 Monate später ausgeführt wurde, fand sich ein etwa walnußgroßes Gumma in der Rinde des Scheitellappens. Spontane, schmerzlose Frakturen kommen auch bei solchen Syphilitikern vor, die keine Symptome von Tabes zeigen. SÉZARY und JONESCO publizieren den Fall eines 47jährigen Mannes, der gar keine Zeichen von Tabes zeigte, bei dem es im Verlaufe von 4 Jahren zu drei Spontanfrakturen kam. Seit der spezifischen Behandlung sollen keine Frakturen mehr vorgekommen sein. Die Verfasser meinen, daß ein großer Teil der tabischen Frakturen syphilitische seien. G. STEINER führt aus, daß bei den Gefäßerkrankungen der Syphilis dem Trauma eine Rolle zugeschrieben werden könnte. Nur ist es fast unmöglich, mit Sicherheit zu entscheiden, ob obliterierende endarteriitische oder gummöse meningitische Prozesse vorliegen. Er empfiehlt aber, jedenfalls die Unterscheidung zu versuchen, da ihr eine praktische Bedeutung zukommen kann. Auch wir sind der Meinung von KINNIER WILSON, daß dem Trauma in der Hervorbringung von syphilitischen Prozessen nur eine ganz untergeordnete Rolle zugeschrieben werden darf. Aus meiner Sachverständigenpraxis kann ich mich eher solcher Fälle erinnern, in welchen die Ursache des Unfalls in dem syphilitischen Gehirn- oder Rückenmarksprozeß des Betreffenden zu suchen war. So begutachtete ich einen Eisenbahnschaffner, der infolge eines paralytischen Schwindelanfalls vom Zuge gefallen und in einem Zustand großer motorischer Unruhe in die Irrenanstalt gebracht wurde, von den Angehörigen aber die Sache als ein Unfall hingestellt wurde. Anderseits will ich nicht verschweigen, daß in wenigen Fällen von Tabes die Kriegsstrapazen als symptomhervorbringend betrachtet werden konnten. Wir betonen aber wieder, daß das nur seltene Ausnahmen waren.

Oft ist es schwer zu entscheiden, ob eine Überanstrengung die luischen Symptome hervorgerufen hat oder nicht. Fall 55. Der 25jährige Arbeiter gab an, vor einer Woche beim Radfahren bemerkt zu haben, daß die Beugung seiner Füße erschwert sei. Seit 3 Tagen kann er überhaupt nicht mehr auf den Füßen stehen. Aus der horizontalen Lage kann er seine Füße nicht erheben, ohne Stütze kann er nicht sitzen. Es besteht Anisokorie. Beiderseits BABINSKISCHES Zeichen angedeutet. Kniereflexe nicht auslösbar, die Achillessehnenreflexe kaum auslösbar. In den unteren Extremitäten Hypotonie. Zu unserer größten Überraschung finden wir folgenden Sero-Liquorbefund: Serum Wa. ++, Präcipitation +++, Liquor Wa. ++, Präcipitation +, Pándy +++, Nonne +++. Auf Grund dieses Befundes leiten wir sofort eine Bismutkur ein, die in kürzester Zeit die Symptome zum Verschwinden bringt, und der Patient verläßt nach 6 Wochen geheilt die Abteilung. In diesem Falle war es evident, daß die luische spinale Erkrankung das Primäre gewesen ist und der Kranke die Entwicklung der Symptome beim Radfahren bemerkte.

h) Die Lues des Zentralnervensystems im Alter.

Bevor ich zur Mitteilung meiner eigenen diesbezüglichen Erfahrungen schreite, will ich die Frage streifen, ob die im Alter erworbene Syphilis von der in jugendlichen Jahren acquirierten Lues verschieden ist. Eine ganze Reihe französischer Autoren: FOURNIER, DULAC, RENAULT, RICORD, GAILLETON (zitiert nach BENNETT), betonen die Schwere der Erkrankung an Syphilis im Alter. BUMSTEAD sagt von der im Alter acquirierten Syphilis, daß sie ein ernstes Leiden sei. Viscerale und nervöse Komplikationen sind häufig. BENNETT fand unter 2175 Fällen von verschiedenen luisch Erkrankten 19 Fälle, in denen der Beginn in den 60er oder späteren Jahren stattfand. Die 19 Fälle verteilten sich auf 14 Männer und 5 Weiber. In den meisten Fällen wurde die Primärsklerose in dem mittleren Alter erworben. Nach seiner Erfahrung reagieren diese Fälle von Lues cerebrospinalis, Tabes inbegriffen, gar nicht, oder nur sehr wenig auf antiluische Behandlung und enden gewöhnlich sehr fatal. Auch NONNE, sowie eine Reihe anderer Autoren sind der Meinung, daß bei der spät erworbenen Lues die nervösen Erscheinungen früher wie bei der in jungen Jahren acquirierten auftreten. Wir glauben, daß da die Abnützung des Gefäßsystems eine gewisse Rolle spielt. Eine andere Frage ist, *wie sich die Lues bei jenen, die in der Jugend infiziert, das sechste Dezennium erreichten, im Zentralnervensystem manifestiert?* Der überwiegende Teil der hierhergehörigen Fälle wurde nur ungenügend oder gar nicht behandelt. Oft kommt es vor, daß die Betreffenden von einer Infektion überhaupt nichts wissen. Namentlich sind es die Frauen von luisch Infizierten, die in diese Kategorie gehören. In einer großen Zahl der hierhergehörigen Fälle finden wir zerstreute Symptome, zumeist Anisokorie, das ROBERTSONsche Zeichen, das Fehlen oder Abgeschwächtsein bald der Kniereflexe, bald der Achillessehnenreflexe und in den meisten Fällen Positivität des Blut-Wa. und der Präcipitationsreaktionen. Auch kommt es vor, daß die Liquorreaktionen positiv ausfallen, ohne daß subjektive Klagen vorhanden wären. Sehr oft können wir nicht entscheiden, ob es sich um eine forme fruste der Tabes oder ob es sich um eine Lues cerebrospinalis handelt.

In einem Teil dieser Fälle finden wir eine Aortenerkrankung, in einem anderen Teil der Fälle ist dieselbe mit arteriosklerotischen Veränderungen, mit oder ohne Hypertonie, vergesellschaftet. Auch spielt der Alkoholismus eine gewisse Rolle. Auffallend oft fand ich Leukoplakia buccalis, sowie die Livedo racemosa. Ein Teil dieser Fälle spricht auf antiluische Behandlung sehr gut an. Zur Illustration des eben Gesagten wollen wir im Telegrammstil einige Fälle anführen:

Fall 56. 74jähriger Privatier, der in seinem 24. Lebensjahr einen Schanker gehabt hat und nur lokale Behandlung bekam. Seit seinem 37. Lebensjahr leidet er an lanzinierenden Schmerzen. In seinem 72. Lebensjahr begannen Urinbeschwerden, er konnte nur mit Katheter urinieren. Sein Gehör beginnt sich zu verschlechtern. Objektiv finden wir miotische Pupillen; das ROBERTSONsche Zeichen; der linke Kniereflex ist nur bei JENDRASSIKschem Handgriff zu erhalten. Leber und Milz tastbar, periphere Gefäße geschlängelt, Herz in Ordnung.

Fall 56a. 65jähriger Arzt, der von keiner luischen Infektion weiß, bekommt in der Unterschenkelmuskulatur ein Gumma, welches zuerst für Carcinom gehalten wurde, dann richtig erkannt, auf Wismut und Quecksilber heilte. Im 66. Lebensjahr mit Schwindel einhergehende cerebrale Symptome, welche sich auf Jodbehandlung verloren. Im 72. Lebensjahr vollkommenes Wohlbefinden.

Fall 57. 58jähriger Masseur hatte vor 30 Jahren einen Schanker, keine Behandlung. Der Radialpuls fühlt sich hart an, zweiter Aortenton stark akzentuiert, systolischer Blutdruck 145 mm Hg, diastolischer 90 mm Hg. Blut-Wa.R. und Präcipitationsreaktion +++, Liquor-Wa. und Präcipitation negativ. Pándy +++, Nonne +++, Hämolysin +++. 1⁰/₀₀ Eiweiß. Goldsolreaktion nach KISS: Ausfällung im 4. und 5. Glas. Subjektiv nur Klagen über Schwindelgefühl. Nach intravenöser Natrium-Jodbehandlung stellt sich vollkommenes Wohlbefinden ein und die Blut-Wa.R. wird negativ.

Fall 58. 63jähriger Eisendreher hatte vor 25 Jahren einen Schanker, bekam 20 Einreibungen. Mit 62 Jahren in beiden Schenkeln Kältegefühle, man fand eine Blut-Wa.R. +++. Er bekam 30 Wismut- und 30 Salvarsaninjektionen. Aufnahme im Jahre 1926 mit Klagen über ziehende Schmerzen und Kribbeln in den Füßen, sonst nichts. Die linke Pupille ist verzogen, beide Pupillen reagieren träge auf Licht. Achillessehnenreflexe schwer erhältlich. ROMBERG-Symptom positiv. Rauher Aortenton. Röntgenologisch die Aorta gleichmäßig erweitert. Blut-Wa. und Präcipitationsreaktion +++. Liquor-Wa. ausgewertet +. Pándy +++. Nonne +++. 0,25⁰/₀₀ Eiweiß. 22 Zellen. Goldsolreaktion nach KISS links etwas erweitert, rechts erhöht.

Fall 59. 69jährige Frau. Mit 65 Jahren Doppelsehen. Im 68. Lebensjahr Schmerzen im Ellbogengelenk und in den Füßen. Fortdauernde Kopfschmerzen. Miotische Pupillen. Kniereflexe schwer auslösbar. Achillessehnenreflex unsicher. Röntgenologisch Arthritis chronica. Blut-Wa. und Präcipitationsreaktion ++. Liquor in jeder Beziehung normal. *In der Anamnese 2 Totgeburten.* Auf Wismutbehandlung hören sämtliche Schmerzen auf.

Fall 60. 60jähriger Postoffizial. Vor 38 Jahren Lues. Eine Tour Schmierkur, nachher Plaques im Munde. Seit 22 Jahren Fußschmerzen, welche unerträglich sind. Anisokorie. ROBERTSONsches Symptom. Aortitis. Blutdruck 175. Starker Abusus spirituorum.

Fall 61. 75jähriger Arzt. Weiß vorerst von keiner Infektion. Bekommt plötzlich eine Paraplegie mit Areflexie. Gesteht dann, vor langer Zeit eine extragenitale Infektion am rechten Zeigefinger sich zugezogen zu haben. Auf Wismut- und Salvarsanbehandlung vollkommenes Verschwinden der Ataxie. Areflexie bleibt.

Fall 62. 66jähriger Arzt, weiß von keiner Primärsklerose. Ehe kinderlos. Akutes Auftreten einer schweren Ataxie. Anisokorie. ROBERTSONsches Zeichen. Areflexie. Gumma an der Zunge und ausgedehnte Leukoplakia buccalis. Auf Wismut- und Neosalvarsanbehandlung verschwindet die Ataxie, kann wieder seine Praxis versehen, es tritt aber eine rechtsseitige totale Ophthalmoplegie auf, welche auf weitere antiluische Behandlung nicht mehr reagiert. Das Gumma an der Zunge verkleinert sich auf antiluische Behandlung. Blut-Wa. stets positiv.

Fall 63. 63jähriger Mann, hatte vor 20 Jahren einen Ulcus, der gebrannt wurde, sonst keine Behandlung. Seit 3 Jahren Abnahme der Sehkraft, heute kann er nicht mehr lesen. Linke Pupille weiter, beide miotisch, unregelmäßig, lichtstarr. Beiderseits Atrophia n. opt. Subjektiv: Schwindel und ab und zu Kopfschmerzen. Sonst ohne Befund.

i) Die Infektiosität der luisch Infizierten.

Eine auch praktisch wichtige Frage, zu deren Beantwortung mehrere Wege zu befolgen sind. Erstens der klinische, dann der experimentelle. Die Infizierung der Säuglinge beim Saugakt und umgekehrt die Infizierung der Amme durch den, an kongenitaler Lues leidenden Säugling ist klinisch seit langer Zeit bekannt. — Eine ganz seltene Art der Infektion beschreibt PINKUS. Ein luischer Patient hustete seinem Arzt ins Auge. Nach einem Monat trat ein starkes Ödem in der unteren Übergangsfalte auf, am Kopfe ein Exanthem.

Praktisch kommt hauptsächlich die Infektiosität der 1. und 2. Luesfälle in Betracht, da in diesem Stadium die stets stark positive Wa.R. für die Infektiosität des Blutes spricht. In der Literatur ist vorher nur ein einziger hierhergehöriger Fall mitgeteilt. LEVY und GINSBURG beobachteten bei einem 58jährigen anämischen Mann eine luische Infektion durch Bluttransfusion, das Blut entstammte vom syphilitischen Sohne.

Wichtig ist die Frage wegen der Infektionsmöglichkeit bei der Impfmalaria. JAHNEL zit. McNAMARA, welcher in Panama notgedrungen bei schweren Anämien Blut von tertiär Syphilitischen zu Transfusionen verwenden mußte und der nie eine Syphilisübertragung sah. Dagegen berichten UHLENHUTH und MULZER, daß sie mit dem Blut eines an Zungengumma leidenden Patienten mit Erfolg Kaninchen geimpft haben. *Ich* befolge die Regel, nur dann das Paralytikerblut für Impfmalariazwecke zu verwenden, wenn der Empfänger positive Wa.R. zeigt. FRIEDLÄNDER beschäftigte sich mit der Frage, ob bei 1. und 2. Syphilis der Spirochätennachweis in der Harnröhre gelingt? In den seropositiven Fällen (32 Fälle von 1. Lues) konnte er in der Harnröhre achtmal Spirochäten nachweisen. Bei den seronegativen Fällen fanden sich niemals Spirochäten, während unter den 40 Patienten mit 2. Lues sich bei zwölf einwandfrei Spirochäten im Harnröhrensekret fanden. Als Infektionsquelle für die Frau ist daher das Spirochätenmaterial der Harnröhre von Wichtigkeit. Zwei interessante Beobachtungen dieser Art verdanken wir DORA FUCHS. Sie untersuchte 2 Ehepaare, bei beiden Männern waren Spirochäten in dem Harnröhrensekret nachweisbar; bei beiden Frauen, die keine äußeren Zeichen von Lues aufwiesen, fanden sich Spirochaetae pallidae im Cervicalkanal. Aus diesen Feststellungen folgt, daß die Infektion der Frau durch die Spirochäten der Harnröhre stattfinden kann, wenn sich auch an den äußeren Genitalien des Mannes keine Luessymptome finden. Einen diesbezüglichen Fall beobachtete JADASSOHN in seiner Privatpraxis. Es handelte sich um einen Zahnarzt, der sich in der Praxis extragenital infizierte. Am Genitale waren keine luischen

Erscheinungen zu konstatieren. Bei der äußerlich symptomlosen und seronegativen Frau wurden Spirochaetae pallidae in der Cervix festgestellt. Die
Infektion dürfte in diesem Fall wohl *nur* durch Spirochäten der Harnröhre
vermittelt worden sein. (Vorausgesetzt, daß kein extramatrioneller Verkehr
von Seiten der Frau stattgefunden hat.)

Auch ist die Möglichkeit vorhanden, daß vom Harnröhrensekret aus das
ejaculierte Sperma infiziert wird — wenn das tatsächlich vorkommen würde·
so wäre auch die paternale Entstehung der kongenitalen Lues zuzugeben,
Aus den Familienuntersuchungen (v. SARBÓ, NONNE, RAVEN, PLAUT und GÖRNIG
u. a.) wissen wir, daß die Familienangehörigen der Tabiker und Paralytiker ohne
äußerliche Erscheinungen der Lues aufzuweisen, luisch infiziert sein können.
Wichtig, aber noch nicht aufgeklärt, ist die Frage der Infektiosität der Paralytiker und Tabiker. Eine direkte Übertragung durch genitalen und extragenitalen Kontakt scheint nicht bekannt zu sein. Die Gefährdung durch den
tabischen oder paralytischen Gatten für die andere Ehehälfte in bezug auf
ähnliche Erkrankung scheint nicht allzu groß zu sein. HANNARD und GAYET
fanden unter 2429 Paralytikern nur 25 konjugale Paralysen. Auch RAVEN
sagt, daß in dem großen NONNEschen Material gleichartige Erkrankungen
selten vorkamen. Dieses Verhalten stimmt mit meiner Auffassung gut überein,
denn ich sage, der Partner erkrankt nur dann an einer gleichartigen Erkrankung,
wenn er konstitutionell ähnlich veranlagt ist, wie der Tabiker oder Paralytiker,
d. h. wenn er für den lymphogenen Infektionsmodus geeignet gebaut ist. In
bezug auf die Infizierung der Progenitur verweisen wir auf das im Kapitel der
kongenitalen Lues Vorgebrachte.

JAHNEL behandelt die Frage, ob durch den Liquor bei Zisternen- und Lumbalpunktion die Möglichkeit einer luischen Infektion besteht? Er beantwortet
sie in bejahendem Sinne, wenn auch bisher kein solcher Fall mitgeteilt wurde.
Wichtig kann die Frage in foro werden. So hatten HÜBNER sowie STERN sich
gutachtlich darüber zu äußern, ob eine Pflegerin sich bei der Wartung von
Paralytikern syphilitisch infiziert haben konnte. Beide Autoren haben die
Möglichkeit abgelehnt. Infizierung durch die Obduktion — also Leicheninfektion
soll auch vorkommen, neuerdings kommt E. HOFFMANN auf Grund aller vorliegenden Erfahrungen und neuerer Ermittlungen zum Ergebnis, daß bis jetzt
16 sichere oder doch sehr wahrscheinliche Ansteckungen von der Leiche zu
notieren sind. Demgegenüber hat JAHNEL selbst den bekannten Fall des Psychiaters v. GELLHORN nicht als einwandfrei anerkannt.

Und nun zu den experimentellen Beweisen.

DELBANCO und GRAETZ erzielten positiven Impferfolg mit Liquores, die
von primär erkrankten luischen Individuen entstammten. MULZER und UHLEN-
HUTH konnten die Infektiosität des Liquors noch im wassermannfreien Stadium
der primären Lues experimentell nachweisen. ARZT infizierte Kaninchenhoden
mit Liquor spinalis im Stadium des Primäraffektes.

Daß man mit dem Liquor von ausgesprochener Lues cerebrospinalis, Tabes,
Paralyse Kaninchenhoden infizieren kann, ist mehrfach nachgewiesen. Schon
NEISSER sprach aus, daß „jeder Träger eines tertiären Prozesses sich als
Träger vollvirulenter Spirochäten anzusehen hat . . ., ferner, daß ein jeder
tertiäre Prozeß kontagiös sein kann". Dem fügt MULZER, nach dem wir die
Aussprüche NEISSERs zitieren, folgendes hinzu: „Gestützt auf zahlreiche Impfversuche mit tertiärem Material, die völlig negativ verliefen, nahm man bisher
an, daß Syphilitiker, wenn sie in das tertiäre Stadium ihrer Erkrankung eingetreten sind, nicht mehr infektiös seien. Dies ist aber, wie wir nun *wissen*,
nicht der Fall".

Uhlenhuth und Mulzer haben mit der Milch schwangerer und stillender syphilitischer Frauen positive Impfergebnisse erzielt. Die Frauen (3) waren symptomlos und hatten positiven Blut-Wa. Positive Impfresultate mit Sperma floridsyphilitischer Personen erzielten Finger, Uhlenhuth und Mulzer, Eberson und Engemann u. a. Somit ist es bewiesen, daß das Sperma syphilitischer Männer infektiös sein kann.

Uhlenhuth und Mulzer, Mulzer und Steiner verimpften mit Erfolg die Lumbalflüssigkeit, welche von frischer sekundärer Lues stammte auf Kaninchenhoden. Äußerst interessant ist ihre Feststellung, daß in all ihren Fällen die Wa.R. *negativ* war, auch bestand keine Globulinvermehrung und nur eine sehr geringe an der normalen Grenze sich bewegende Lymphocytose war vorhanden. Wichtig ist ferner die Feststellung, daß sämtliche Patienten, von denen die positive Impfresultate ergebenden Liquors stammten, *keinerlei objektive Erscheinungen am Zentralnervensystem darboten.*

Für feststehend kann also betrachtet werden, daß Spirochäten im Liquor vorhanden sein können, ohne Liquorsymptome zu erzeugen. Eine Analogie fanden Plaut und Steiner beim Spirosoma des Recurrens, auch hier ist schon gleich nach der Infektion der Liquor befallen.

Hier sei noch Jadassohns Anschauung angeführt, nach welcher einer der wesentlichsten Vorteile der Salvarsanbehandlung darin besteht, daß sie *zur Verminderung der Ansteckungsgefährlichkeit der frühen Syphilis geführt hat.*

„Selbst eine einmalige, einigermaßen gründliche Kur bedingt nicht nur ein schnelles Verschwinden der Spirochäten an der Oberfläche, sondern macht auch das Auftreten ansteckender Früherscheinungen seltener. Dadurch wird der einzelne Syphilitiker in viel geringerem Grade zur Quelle neuer Ansteckungen.“

6. Zur Diagnose der syphilitischen Erkrankungen des Zentralnervensystems.

a) Allgemeine Merkmale der Nervensyphilis.

Schon der große Nervenarzt Hughlings Jackson tat den Ausspruch: Ungleichförmige Nervensymptome müssen den Verdacht auf Syphilis wachrufen. In Ergänzung dieser Behauptung sagte Mickle: Das anfallsweise Auftreten und die kapriziöse Verbindung und Aufeinanderfolge von verschiedenen Symptomen und ihre häufige Wandelbarkeit sind zumeist in den syphilitischen Prozessen bemerkbar. Für Oppenheim war die Fluktuation der Symptome, welche den syphilitischen Erkrankungen des Zentralnervensystems ein besonderes Merkmal verlieh. Es gab eine Zeit, in welcher diese Fluktuation direkt als pathognomonisch galt. Nach den grundlegenden Untersuchungen Nonnes ist diese Form der Nervensyphilis eher die seltenere. Die *Polymorphie* der Nervensyphilis ist von allen Forschern anerkannt. Als Beispiele hierfür führen Head und Fearnsides folgende Vergesellschaftungen syphilitischer Symptome auf. Hemianopsie begleitet von der Erkrankung des III., V., VII. Gehirnnerven, wobei die Sphincteren oft miterkrankt sind. Gehirnnervenlähmungen sind oft vom Ergriffensein der thorakalen Nerven und der Sphincteren begleitet. Luische Myelititiden zeigen oft auch Pupillenstörungen. Interessant ist der Fall, den Cassirer mitgeteilt hat, in welchem Pachymeningitis, Leptomeningitis, Gummata, Endomesoperiarteriitis vorlagen. Die Tabes als eine exquisite Rückenmarkserkrankung, ist fast stets mit Pupillenstörungen verbunden. Die Paralyse mit tabischen und auch mit anderen Rückenmarkssymptomen vergesellschaftet.

Es ist den alten erfahrenen Klinikern stets aufgefallen, wie sehr die Lues das Gefäßsystem bevorzugt. „Von den akuten Infektionskrankheiten ist die Syphilis jene, die eine spezielle Vorliebe für die Arterien hat, sagte Osler. „Auf kein Organsystem wirkt das Virus in allen Stadien der Krankheit mit größerer Intensität, als auf die Blutgefäße. Es ist sicher, daß die Syphilis durch Arterienveränderungen mehr Menschen tötet als auf eine andere Art. Die cerebrospinale Lues ist hauptsächlich eine Art von Arterienkrankheit" (OSLER und CHURCHMAN). — „Keine Krankheit bewirkt wahrscheinlich mehr Arteriendegeneration als die Syphilis — aber mag die Lues auch jede von den Arterien angreifen, so hat sie doch eine besondere Vorliebe für die Gefäße an der Hirnbasis" (MOTT). Entsprechend der Vielfältigkeit des Angriffspunktes durch den Krankheitserreger kommt es auch *nicht zu einer echten Systemerkrankung* bei der Syphilis. Das wußten und betonten schon die älteren Autoren. RUSSEL, LANCEREAUX, MAURIAC u. v. a. erklärten, daß die syphilitischen Veränderungen nicht systemisiert sind. MAURIAC zweifelte an der syphilitischen Natur des Nervenleidens wenn es systemisiert war.

HUTCHINSON hat als bezeichnend für die luische Infektion erklärt, daß sie die natürlichen Tendenzen des Individuums verstärkt und dies ist besonders im allgemeinen Ernährungszustand des Syphilitikers ausgeprägt. Dem fügt GRAVES folgendes hinzu. Der Syphilitiker erscheint während der Perioden einer relativen Toleranz, wenn er frei von interkurrenten Erkrankungen ist, auf den ersten Blick gewöhnlich als ein gut genährtes Individuum. Wenn jedoch familiäre Tendenz zur Fettsucht oder Magerkeit besteht, so sind diese Zustände bei einem Syphilitiker besonders ausgeprägt.

Je mehr wir die Nervenerscheinungen bei der Syphilis kennen gelernt haben, desto mehr sehen wir Mischfälle. Ein vorzügliches Beispiel dieser Art bildet das Syndrome de GUILLAIN-THAON. Es stellt einen Zwischenzustand von Myelitis, Tabes und progressiver Paralyse dar. Die Anfangssymptome sind sehr veränderlich: ataktische oder spastische Symptome, Schmerzen, Augenstörungen, es kann sich eine spastische Paraplegie mit BABINSKIschem Zeichen, mit Urinstörungen entwickeln; es kann eine Ataxie der Unterextremitäten auftreten, ferner Anisokorie, ROBERTSONsche Zeichen, lanzinierende Schmerzen können vorhanden sein. Leichte dysarthritische Störungen, Störungen der Aufmerksamkeit, Amnesie für das Jüngstvergangene, Depression ergänzen das Bild, dabei besteht die Selbstkritik und es fehlen die Delirien. Bei früher Behandlung gehen einzelne Symptome zurück.

Wir müssen bedenken, daß ein und dasselbe klinische Symptom verschiedenen pathologanatomischen Veränderungen sein Dasein verdanken kann. Ein Gumma im Frontallappen ahmt die Paralyse in vollkommener Weise nach. Gastrische Krisen können auch durch eine meningovasculäre Lues bedingt sein, sagen HEAD und FEARNSIDES. Selbst in Fällen, in welchen die Symptome der Hinterstrangaffektion vorhanden sind, muß es sich nicht um Tabes handeln, da auch eine meningovasculär bedingte Hinterstrangdegeneration vorliegen kann.

b) Das ROBERTSONsche Zeichen.

Das wichtigste Zeichen der Nervenlues bildet das ROBERTSONsche Zeichen. Hieraus folgt, daß die Untersuchungsart der Pupillenreaktionen von äußerster Wichtigkeit ist.

Schon OPPENHEIM beklagte sich über die, einander widersprechenden Ergebnisse, welche bei demselben Fall von ophthalmologischer und neurologischer Seite gefunden werden. Ich konnte die Erfahrung OPPENHEIMs vollauf bestätigen und fand die Erklärung hierfür darin, daß die Ophthalmologen die Untersuchung bei Tageslicht wegen ihrer Unzuverläßlichkeit ausschalten und nur mit einfallendem Lichte untersuchen. Da kann es aber leicht passieren, daß der mittels der Konvexlinse einfallende Lichtstrahl nicht die pupillomotorische Stelle (HESS) der Retina trifft und dadurch eine Lichtstarrheit vorgetäuscht wird. Die meisten Neurologen untersuchen aber bei diffuser Tagesbeleuchtung, wobei die Retina in ihrer

Ganzheit beschattet und dann beleuchtet wird. Nur hat diese Art der Untersuchung wieder den Nachteil, daß die Cornea das Bild des Fensterrahmens widerspiegelt, und so die Betrachtung des Pupillenspiels erschwert, dieselbe sehr oft unmöglich macht. Wir müssen daher trachten, die Cornea in so eine Stellung zu bringen, daß die Widerspiegelungen ausgeschaltet werden. Dies erreichen wir auf folgende Weise (v. Sarbósche Art der Pupillenuntersuchung). Der Patient sitzt gegenüber dem Fenster und wir stehen mit dem Rücken zum Fenster gewandt, gegenüber dem Patienten, den wir auffordern, *den Kopf nach rückwärts zu beugen und auf die Decke zu schauen* (s. Abb. 37). Bei dieser Kopfhaltung sind die Cornea und die Iris deutlich zu sehen, und wir nehmen die Beschattung und Belichtung in bekannter Weise vor. Finden wir, daß die Pupillen träge oder überhaupt nicht auf Licht reagieren, so wenden wir folgende Art der Untersuchung, als Kontrolle an. Wir fordern den Patienten auf, beide Augen fest zuzukneifen und beim Öffnen derselben auf die Decke zu schauen. Bei gut reagierenden Pupillen kommt es zu einer sofortigen Pupillenverengerung, bei lichtstarren Pupillen dagegen *erweitern* sich die Pupillen. Ganz fälschlich wurde und wird diese auf Licht sich einstellende Erweiterung der Pupillen als *paradoxe* Reaktion bezeichnet. Meine Untersuchungen zeigten, daß diese Pupillenerweiterung nur eine scheinbare ist, tatsächlich handelt es sich um ein Aufhören der Pupillenverengerung, welche durch die, beim Augenschluß entstehende Konvergenzreaktion entsteht. Wir können

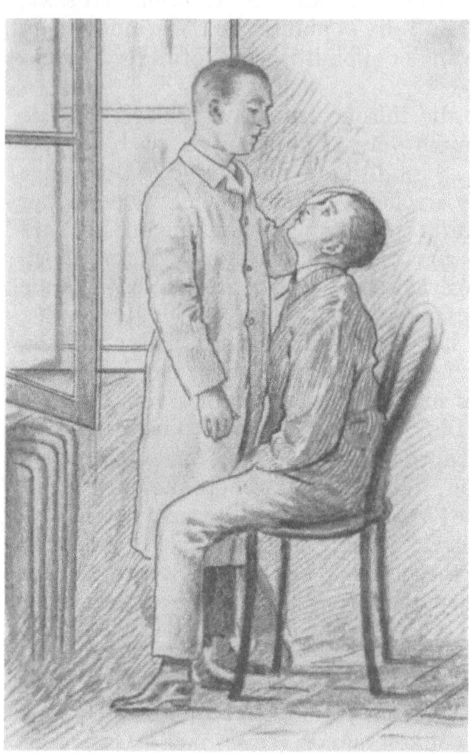

Abb. 37. v. Sarbósche Art der Pupillenuntersuchung.

dies besonders deutlich bei der tabischen Pupille beobachten, bei welcher die fehlende Lichtreaktion mit einer überaus lebhaften Konvergenzreaktion einhergeht.

Das dissoziierte Verhalten der Pupillen, in welchem sie auf Licht starr bleiben, um dann umso lebhafter bei der Konvergenz- und Akkomodation zu reagieren, nennen wir nach seinem ersten Beschreiber D'Argyll-Robertsonsches Zeichen. Dasselbe ist fast pathognostisch für Lues. Nonne nimmt auch eine alkohologene reflektorische Pupillenstarre an, ich teile die Ansicht und die Erfahrung von Bumke, der sagt: „Wir würden also feststellen können, daß die häufigste Innervationsstörung der Iris beim Alkoholismus die absolute Pupillenträgheit, seltener die absolute Pupillenstarre ist, und daß in einem Stadium der Entwicklung oder Rückbildung dieses Zustandes vorübergehend einmal die Konvergenzreaktion soviel besser von statten gehen kann als wie die Verengerung der Pupille auf Licht, daß dadurch das Bild des Robertsonschen Phänomens vorgetäuscht wird.“

Eine neue originelle Auffassung bezüglich des pathologanatomischen Hintergrundes des Robertsonschen Zeichens vertritt Sven Ingvar. Nach ihm müssen wir die phylogenetische Entwicklung in Betracht ziehen, nach dieser verlaufen im Chiasma und in den Tracti optici die phylogenetisch älteren Systeme, d. h. die Fasern von der Peripherie der Retina an der Oberfläche, während die makulären Fasern, die genetisch jünger sind, in der Innenseite der genannten Gebilde gelagert sind. Auf Grund dieser anatomischen Tatsachen nimmt SVEN INGVAR an, daß die zuführenden Pupillen bewegenden Fasern an der Oberfläche des Chiasmas und des optischen Tractus verlaufen. Er zitiert die experimentellen Untersuchungen von KARPLUS und KREIDL, nach welchen die, die Pupillen bewegenden Fasern an der Außenseite des Corpus geniculatum laterale zu dem vorderen Vierhügel gelangen. SVEN INGVAR führt des weiteren aus, daß bei den syphilitischen Erkrankungen, namentlich bei der Tabes, chronische meningitische Prozesse vornehmlich und deutlich in den basalen Teilen des Gehirns, des Diencephalons anzutreffen sind, diese Prozesse verursachen Randdegenerationen dieser Gegend. Es liegt daher nahe, die Pupillenstörungen mit diesen Randdegenerationen in Zusammenhang zu bringen. In einem frischen Fall von Tabes konnte INGVAR diese konzentrische Randdegeneration des Chiasmas und der Tracti nachweisen. Bei dieser Annahme ist das frühe Auftreten der reflektorischen Pupillenstarre sowie seine Bilateralität, die Miosis, die Anisokorie erklärlich und es erübrigt, spezielle Foci für die Erklärung des ROBERTSONschen Zeichens anzunehmen.

c) Technik der Zisternenpunktion.

Die von mir angewendete Technik der Zisternenpunktion ist in ihren Einzelheiten die folgende: Der Patient sitzt, sein Kopf wird vom Assistenten an beiden Seiten in einer etwas nach vorne gebeugten Stellung festgehalten. Die Nackengegend wird von der Protuberantia occipitalis ext. abwärts in drei Finger Breite abrasiert. Wir tasten von der Protuberantia occipitalis ext. mit dem Zeigefinger nach abwärts, der Finger gleitet in eine Delle, um weiter unten an den Dornfortsatz des zweiten Halswirbels anzukommen. *1 cm* oberhalb dieses Dornfortsatzes ritzen wir mit einer Nadel in der *Mittellinie* die Haut, das ist die Stelle des Einstiches. Mit einer 5%igen Jodlösung wird nun die Nackengegend bestrichen, wir nehmen die dünne (6 cm lange und $1/_2$ mm weite Öffnung besitzende) Nadel in die Hand und stechen mit der freigehaltenen Nadel an der bezeichneten Stelle in der Richtung der Glabella ein. Sehr oft ist die Haut derb, so daß eine gewisse Kraftanwendung zur Durchstechung entfaltet werden muß, daher ist es erforderlich, daß wir beim Einstich unseren Armmuskeln derartig innervieren, daß wir in jedem Moment die Nadel herauszuziehen imstande sind. Nach dem Durchstich der Haut fühlen wir fast gar keinen Widerstand, dringen $3^1/_2$—4 cm vor und sind schon in der Zisterne drin. Ab und zu kommt es auch bei diesem Verfahren vor, daß wir den Widerstand der Membrana atlantooccipitalis doch fühlen, da muß ganz langsam, millimeterweise vorgedrungen werden. Auf viele Hunderte von Zisternenpunktionen zurückblickend, kann ich sagen, daß in der Überzahl der Fälle bei *4 cm* Tiefe die Nadel schon in dieser Lage in der Zisterne ist. Nun wird der Mandrin herausgezogen. Bei erhöhtem Druck — wie ich dies vor Jahren schon beschrieb — fließt der Liquor von selbst heraus, ist das nicht der Fall, so saugen wir mit einer 5-ccm-Rekordspritze den Liquor heraus. Bei dem beschriebenen Verfahren liegt die Punktionsnadel in der Zisterne fast parallel zum Boden des vierten Ventrikels, daher selbst, wenn wir weiter mit der Nadel vordringen, die Verletzung des Bodens des Ventrikels ausgeschlossen ist.

d) Fiebererscheinungen bei Syphilis.

Fiebererscheinungen pflegen für gewöhnlich die Nervensyphilis nicht zu begleiten. Gegenüber der tuberkulösen basalen Meningitis weist sogar OPPENHEIM auf den Umstand hin, daß die Temperatur bei der syphilitischen basalen Meningitis fast immer normal ist und sich nur ausnahmsweise über die Norm erhebt und auch dann nicht oder nur selten über 38,5 oder 39⁰ hinaufzugehen. Quincke berichtet sogar von einem Fall von syphilitischer Meningitis mit subnormaler Temperatur. Neuere Autoren behaupten wieder, daß Fieberbewegungen bei Syphilis häufiger, wie allgemein angenommen wird, vorkommen. Bei chronischer Meningitis syphilitica soll neben dem ständigen Kopfschmerz ein mäßiges kontinuierliches Fieber zu finden sein (Rossi, Sloninsky). Strasmann teilte zwei Fälle von cerebrospinaler Meningitis mit, in denen monatelang erhöhte Temperaturen zwischen 37,5 und 38,8 zu beobachten waren. Der eine Fall kam auch zur Sektion, alle Organe wurden gründlich untersucht, ohne daß außer der Syphilis des Zentralnervensystems irgend etwas Krankhaftes zu entdecken gewesen wäre. Bekannt ist es, daß die Frühlues des Zentralnervensystems mit Temperatursteigerungen einhergehen kann. Über solche akute fieberhafte luische Cerebrospinalmeningitis im vierten Monat nach der Infektion berichten in drei Fällen Kozernikov und Chavsky.

Ich beobachtete einen Fall von spinaler Meningitis bei dem ein jedes Rezidiv mit mäßigem (37,3—38,2) Fieber einherging und durch die angewendete antiluische Kur prompt zum Verschwinden gebracht werden konnte. Subjektiv klagte der Patient über Schwächegefühle, ähnlich jenen, welche wir bei latent Tuberkulösen oder in Gefolge der chronischen Tonsillitiden zu beobachten Gelegenheit haben. Das sofortige Ansprechen dieser Temperatursteigerungen auf die eingeleitete antiluische Kur, verrät deren spezifischen Ursprung.

Auch beobachtete *ich* einen, mit schlechtem Allgemeinbefinden und Kopfschmerzen einhergehenden Fall von syphilitischer Hepatitis, welcher wegen seiner wochenlang dauernden Febris continua continens für Typhus gehalten wurde und durch Jodkali in kurzer Zeit geheilt wurde. Ich hatte Gelegenheit bei den eingetretenen Rezidiven des sehr hohen (40⁰) Fiebers mich von der prompten Wirkung des Jods zu überzeugen, eine Erfahrung, die schon die älteren Ärzte gemacht und beschrieben haben.

7. Die Behandlung der luischen Erkrankungen des Zentralnervensystems mit Ausnahme der Tabes und der progressiven Paralyse.

a) Quecksilber-Wismut-Salvarsanbehandlung.

Die Behandlung der Nervenlues läßt sich in eine spezifische und eine allgemeine Form teilen. — Es ist eine alte Erfahrung der Neurologen, daß die luischen Erkrankungen meningovasculärer Natur am besten auf die Schmierkur reagieren. Um diese Frage an einem großen Material zu prüfen, habe ich drei Jahre hindurch auf meiner Abteilung die hierhergehörigen Fälle entweder allein mit Salvarsan oder aber kombiniert mit intraglutealen Quecksilberinjektionen behandeln lassen. Ich sah während dieser Zeit kaum die prompte, gewöhnlich nach der vierten, fünften Einreibung auftretende günstige Beeinflussung, sondern sie stellte sich nur ganz allmählich, verzögert ein. Als ich nach drei Jahren dann zur Schmierkur zurückkehrte, sah ich wieder die überaus überraschende verläßliche Wirkung der Behandlung. Seit dieser Zeit habe ich die Wismutbehandlung kennen gelernt und bei derselben eine der Schmierkur ähnliche auffallende und rasche Wirkung beobachten können. Nach diesen meinen Erfahrungen glaube ich bei *Beginn* der antiluischen Behandlung zu der Schmierkur oder Wismutbehandlung raten zu dürfen. Es ist äußerst wichtig, bei den luischen Prozessen frühzeitig mit der Behandlung zu beginnen, um so die Entwicklung der sekundären degenerativen oder Narbenprozesse zu vermeiden. Dies betonte schon Dejerine, Head und Fearnsides, und auch

CHARCOTS Mahnwort: «Frapper vite et fort» besagt dies. JADASSOHN und NONNE sind auch für die Quecksilberbehandlung. JADASSOHN sagt in einem Übersichtsreferat: „Ich bin auch jetzt (1922) noch trotz des modernsten Antimercurialismus von der großen Bedeutung der Hg-Behandlung überzeugt und möchte sie vorerst nicht missen." Und da wir in der Schmier- oder Wismutkur eine Behandlungsart kennengelernt haben, welche den luischen Prozeß sofort angreift, wenden wir *zuerst* dieses Mittel an. Neuerdings wird auch von den Dermatologen, mit der Begründung die Hauttätigkeit anzuregen, die Schmierkur empfohlen. Die allgemeine Annahme lautet, daß die Schwermetalle durch die Veränderung der Tätigkeit gewisser Zellgruppen wirken und damit eine Veränderung der konstitutionellen Verhältnisse hervorrufen (PÓOR). BERGEL suchte durch experimentelle Untersuchungen den Beweis dafür zu liefern, daß der Organismus sowohl gegen den KOCHschen Bacillus, als auch gegen die SCHAUDINNsche Spirochäte mit einer Lymphocytose ankämpft. Nach BERGEL sind die syphilitischen Erscheinungen im wesentlichen entzündliche lymphocytäre Infiltrationen. Die Lymphocyten sollen nach BERGEL eine lipolitische Wirkung auf die Lipoidenspirochäten ausüben; nach ihm soll das Quecksilber die Spirochäten nicht unmittelbar abtöten, sondern es wirkt auf die lymphoide Umwallungszone derart, daß immer ein Teil der Lymphocyten zerfällt, wodurch das Infiltrat kleiner wird, anderseits wird aus den zerfallenden Lymphocyten Lipase frei, diese tötet die Lipoide der Spirochäten, bzw. baut sie ab. Eine vollständige Vernichtung der Spirochäten erfolgt durch das Quecksilber nicht, daher kommt es nur zu Scheinheilungen und zu häufigen Rezidiven. Der angeführten Auffassung über die Wirkung des Quecksilbers auf syphilitische Erscheinungen entsprechend, rät BERGEL dazu, beim Primäraffekt erst das Salvarsan, welches die Spirochäten direkt abtötet, und dann erst das Quecksilber anzuwenden. Zu entscheiden, ob beim Primäraffekt diese Art der Behandlung richtig ist oder nicht, gehört nicht zu unserer Kompetenz. Bei der Behandlung der Nervensyphilis ist der umgekehrte Weg der praktisch erprobte. Die BERGELsche Auffassung bedarf noch der weiteren sorgfältigen Nachprüfung; so sehr einfach, wie BERGEL sich das vorstellt, dürften die Verhältnisse doch nicht liegen.

Nach unseren Erfahrungen ist das Quecksilber bei der Nervenlues in Form einer Schmierkur anzuwenden. Die intragluteale Anwendung irgendeines Quecksilberpräparates hat den Nachteil, daß es zur Depotbildung führt und so nur eine langsame Wirkung entfalten kann, wir aber, wie schon erwähnt, durch eine rasche Wirkung den luischen Prozeß zu beeinflussen trachten müssen. Die Schmierkur wird bei Männern in viergrammigen, bei Frauen oder bei Männern mit zarter Konstitution in dreigrammigen täglichen Dosen angewendet. Der Patient soll, wenn eben möglich, die Einreibungen selbst vornehmen. Die tägliche Dosis muß in erbsengroßen Quantitäten bis zum völligen Eintrocknen an den haarlosen Körperstellen eingerieben werden, so daß die Einreibung von 3—4 g 30—45 Minuten dauern muß. Am besten ist es, die graue Salbe (Ung. hydrarg. cin.) zu verwenden. Die empfohlenen Ersatzmittel, wie z. B. das Ebaga, welche weniger schmutzen, sind von geringerer Wirkung. Auf Mundreinlichkeit ist stets sehr zu achten. — Am besten ist Bicarbona sodae (einen Kaffeelöffel voll auf ein Glas Wasser) oder Hyperol sec. RICHTER oder Kal. hypermanganicum als Mundwasser verwenden zu lassen. Die Zahnbürste ist unentbehrlich. — Bei dem geringsten Zeichen von Stomatitis lasse ich, ausgehend von den Erfahrungen der Skorbutbehandlung, den Patienten täglich mehrmals Citronensaft zu sich nehmen. Nimmt die Stomatitis trotzdem zu, so muß die Hg-Behandlung abgebrochen werden. Eine ständige Kontrolle des Urins ist bei jeder Quecksilberbehandlung zu fordern. Wir müssen aber stets bedenken, daß minimale Mengen von Eiweiß noch vor der Behandlung als

Mitbeteiligung der Nieren am luischen Prozeß vorhanden sein können und keine Kontraindikation für die Schmierkur bilden dürfen. Die Einreibungen sollen in fünftägigen Zyklen ausgeführt werden, am sechsten Tage wird ein Reinigungsbad genommen. Im ganzen lassen wir 90—120 g einreiben. Schon während der Schmierkur wird auch mit der Salvarsanbehandlung begonnen, da wir in derselben das stärkste spirillozide Mittel besitzen.

Ehe wir zur Besprechung der Salvarsanbehandlung schreiten, soll einiges über die *Wismutbehandlung* gesagt werden. Levaditi hat im Jahre 1920 mit Sazerac das Studium der Heilwirkung des Wismuts bei der Nagana und bei der menschlichen und experimentellen Syphilis wieder aufgenommen. Auf Grund dieser Experimente kamen sie zu dem Ergebnis, daß das Kalio-Natrio-Tartrato-Wismut (Tartrato-Bismuthate de Sodium et de Potassium, T.B.S.P.) das wirksamste Präparat ist. Das Mittel wurde klinisch zuerst von E. Fournier und Guénot ausprobiert und in den verschiedensten Stadien der Syphilis als äußerst wirksam anerkannt. Das Mittel kam unter dem Namen *Trépol* in Verkehr. Bald wurde es in den allgemeinen Gebrauch eingeführt und in aller Herren Länder kamen wirksame Wismutpräparate auf den Markt. Ich selbst habe mich in einem verzweifelten Fall von kongenitaler Lues von der ganz überraschenden Wirkung des Trépols überzeugen können und habe die verschiedensten Bi-Präparate ausprobiert und auf Grund meiner großen Erfahrung kann ich erklären, daß das Wismut neben dem Salvarsan zu unserem gesichertsten Arzneischatz gehört. Levaditi erwähnt, daß Aubry und Démelin, sowie Janselme nachwiesen, daß bei intramuskulärer Anwendung des Wismuts dasselbe im Liquor erscheint. Von den bewährten Wismutpräparaten erwähnen wir das kolloidale Wismut, die einfachen und Doppelsalze des Wismuts, das Wismutmetall.

Nach dem E. Merckschen Jahresbericht kann man die Wismutpräparate in drei große Gruppen teilen, und zwar die wasserlöslichen, die wasserunlöslichen und diejenigen Präparate, die Wismut in fein verteilter Form metallisch oder kolloidal enthalten. Es ist einfach unmöglich, alle die Präparate anzuführen, welche empfohlen und angewendet werden. Auch ich konnte nur einen Teil der Präparate versuchen und mich überzeugen, daß sie so ziemlich gleichwertig sind. Nach dem Trépol habe ich das Neotrépol, ein Chininpräparat des Wismuts, dann das Bismoluol B., das Bizol, Neobismosalvan (Jodchininbismut-lecithin), das Bismogenol, Pentabi angewendet. Es sei schon hier bemerkt, daß die chininhaltigen Präparate bei der Kombination mit der Malariabehandlung auszuschalten sind. — Nach Steegmüller soll sich auch das Nadisan als gutes Wismutpräparat bewährt haben. Es soll ein stark wirksames Antisyphiliticum sein, namentlich geeignet für spätsyphilitische Manifestationen. Zieler berichtet dagegen, über mehrere Fälle von Hirnschädigung durch Nadisan. Plaut und Mulzer haben mit dem Wismutpräparat „Embial" sowohl eine prompte und sichere Wirkung auf die Spirochäten, als auch auf die spezifisch syphilitischen Erscheinungen bei der Kaninchensyphilis erzielt.

Bei der Neueinführung der Wismuttherapie haben die Gegner derselben auf den auffallenden und die Krankheit verratenden Wismutsaum des Zahnfleisches hingewiesen. Derselbe ist aber im Laufe der Zeit als unbedeutende Komplikation betrachtet worden und kann keinesfalls als Gegenindikation der Anwendung des Mittels angesehen werden. Auch nach Wismut kommen Dermatitiden vor. Rosenthal zitiert hierhergehörige Fälle, welche Galliot, Pinard und Marassi, Lehner, Boas u. a. beschrieben haben. Es muß in diesen Fällen an eine konstitutionelle Minderwertigkeit der Haut gedacht werden, da dieselben gleichzeitig eine Idiosynkrasie auch gegenüber Salvarsan und Quecksilber zeigten. Nicolas, Gabé und Leboeuf erwähnen einen Fall, in welchem nach einem Scharlach ein Erythem und nach Anwendung des Trépols ein lichenoides Exanthem zu beobachten war.

Auch bei der Wismutbehandlung ist die Kontrolle des Urins vorzunehmen. Die anzuwendende Dosis schwankt bei einer Kur zwischen 14 und 20 Injektionen.

Nun gehen wir zur Besprechung der *Salvarsanbehandlung* über. Rührend bescheiden äußerst sich der große Entdecker des Salvarsans, PAUL EHRLICH, als er sagt: „Ich glaube sogar, daß man nicht zu optimistisch urteilt, wenn man in dem Dioxydiamidoarsenobenzol bereits einen Fortschritt gegenüber dem bisher für Syphilis in Betracht kommenden Arzneischatz erblickt!" Nach PAUL EHRLICH entstehen infolge der Behandlung mit Salvarsan spezifische Antikörper. Den Beweis hierfür liefern die Heilungen der kongenital syphilitischen Säuglinge durch die Milch ihrer mit Salvarsan behandelten Mütter (TAEGE und DUHOT, DOBROVITS und RAUBITSCHEK). Auch sahen PLAUT, MARINESCO, MEIROWSKY Beeinflussung syphilitischer Affektionen durch Injektion von Blutserum mit Salvarsan behandelter Fälle. EHRLICH meinte, daß durch die massenhaft erfolgende Abtötung der Spirochäten und die sich daran anschließende Resorption ihrer Leibessubstanzen durch das Salvarsan die Antikörper entstehen, somit ein Ictus immunisatorius zustande kommt. Aber auch eine nichtspezifische Wirkung des Präparates hat EHRLICH angenommen, indem er sich auf KROMAYER berufend, die rasche Resorption des pathologischen Gewebes und der Epithelproliferationen bei der raschen Heilung schwerer Formen auf die Rechnung des Salvarsans schrieb. HATA hat die Tatsache gefunden, daß das Salvarsan in vitro die Spirochäten direkt nicht beeinflußt, woraus gefolgert wurde, daß im Körper nicht das Salvarsan selbst, sondern die durch dasselbe angeregten bzw. erzeugten Antikörper auf die Spirochäten einwirken, mit einem Wort, das Salvarsan soll indirekt wirken. Demgegenüber hat PAUL EHRLICH in einem geistreichen Versuch zeigen können, daß trotz unveränderter Beweglichkeit der Spirochäten, das Spirochäten enthaltende Serumgemisch, welchem Salvarsan in ganz geringer Menge zugesetzt wird, im Tierversuch versagt, somit die direkte Wirkung des Salvarsans auf die Spirochäten doch bewiesen ist. Über die Wirkung des Salvarsans haben sich neuere Autoren in dem Sinne ausgesprochen, daß die Spirochäten eine lipoide Hülle hätten, welche durch die Lipase, als auch durch Alkohol und Salvarsan „abgeschmolzen" werden kann. MÜHLPFORDT bestreitet diese Angaben BERGELs und glaubt, daß die ganze Leibessubstanz des Syphiliserregers aus einem einheitlichen Lipoproteid besteht und meint, daß das Salvarsan durch die Entziehung des Sauerstoffes die Spirochaete quasi erstickt. Klar ist diese Frage noch bei weitem nicht.

Ich übergehe die geschichtliche Darstellung der Entwicklung der Salvarsanbehandlung von „606" angefangen bis zum heutigen Tage, wo allgemein das Neosalvarsan in der Behandlung sämtlicher Manifestationen der Syphilis vorherrscht. Selbstverständlich haben sich die chemischen Fabriken der verschiedenen Länder um das Erzeugen des Dioxydiamidoarsenobenzols bemüht und bekamen wir von den Italienern das Neoiakol, von den Polen das Neosalutan, von den Ungarn das Revival usw. Eines ist sicher, wir besitzen im Salvarsan das stärkste Mittel im Kampfe gegen die Syphilis, und daß seine Anwendung bei dem Primäraffekt der früher unumschränkten Verbreitung der Syphilis in wirksamer Weise entgegenarbeitet. Bei der meningovasculären Lues verwenden wir in Kombination mit der Quecksilber- oder Wismutbehandlung intravenös Neosalvarsan, beginnen mit 0,30, setzen dann mit 0,45, 0,60, in seltenen Fällen bei starker Konstitution bis zu 0,90 pro dosi, die Injektionen fort. In einer Kur geben wir bei Frauen insgesamt 5 g, bei Männern 6 g Neosalvarsan. Stellen sich bei den kleineren Dosen gewisse vasomotorische Erscheinungen ein oder zeigen sich andere schädigende Einflüsse des Salvarsan, so steigen wir nicht mit der Dosis, bleiben bei 0,30 oder 0,45 und geben zu jeder Dosis Afenil oder ein anderes Calciumpräparat oder 10%iges Strontiumbromatum intravenös.

Erfahren wir von dem Patienten, daß er eine frühere Salvarsankur schlecht vertrug, oder gar schon eine Salvarsandermatitis durchgemacht hat, so geben wir das Neosalvarsan von Anfang an mit den erwähnten Präparaten vermischt. Es gibt Autoren, die das Salvarsan in täglichen Dosen intravenös oder subcutan nach dem Vorgehen von Sicard verabfolgen. Sicard gab subcutan nicht mehr wie nur 0,15 g in 1 ccm sterilem destillierten Wasser gelöst. Als Lieblingsstelle für die Injektionen wählte er das obere Drittel des Schenkels. Die Injektionen sollen nur kleine Schmerzen verursachen. Ohne üble Folgen sollen die Patienten selbst 60 tägliche Injektionen vertragen haben. 20—30 g werden so verabfolgt. Als Folgen, oder wie sich Sicard ausdrückt, als milde Reaktionen dieser Behandlung, erwähnt er Erythem, Verlust des Achillessehnenreflexes, Ikterus und leichte, vorübergehende Nitrogenretention. Die geschilderten Unzulänglichkeiten dieser Art von Behandlung werden wohl ihrer allgemeinen Verbreitung im Wege stehen. Ich selbst konnte mich zu dieser Behandlungsart nicht entschließen. Nathan spricht sich gegen eine verzettelte Art der antiluischen Mittel aus. Nach ihm werden hierdurch resistente Fälle gezüchtet; oft genügt in solchen Fällen die energische Fortsetzung der begonnenen Kur, wenn nicht, so muß zum Wechsel der Mittel geschritten werden. Erzeugt das Neosalvarsan nicht den gewünschten Erfolg, so soll nach Nathan das Salvarsannatrium gegeben werden. Auch erwähnt Nathan, das salvarsanresistente Fälle bei der Einleitung einer Wismutkur schnell zur Heilung kommen. Über ähnliche Erfahrungen berichten E. Fournier, und Guénot, Truffi, Milian. Sollte auch Wismut versagen, so kann man zu einer Quecksilberkur greifen in Form einer Schmierkur oder auch Calomel. O. Förster tritt überhaupt bei Nervensyphilis für die Calomelbehandlung ein. Oft nützen auch sehr hohe Dosen von Jod. So sah ich bei einer von hartnäckigen, jeder Behandlung trotzenden von Kopfschmerzen geplagten Patientin durch 15 g Jodnatrium pro die vollen Erfolg. Dasselbe kann ich von der Zittmann-Kur sagen, welche manchmal verblüffende Erfolge aufweist. Darin stimmen alle Autoren überein, daß die *beste Behandlung der Syphilis die kombinierte Behandlung ist*. Von diesem Gesichtspunkte aus hatte schon Ehrlich daran gearbeitet, metallische Verbindungen des Salvarsans anzuwenden. Hochinteressant ist die Begründung dieser seiner Idee. Er schreibt über dieselbe: „Nun ist es eine Gewohnheit mancher Naturvölker, daß sie, um ihre Feinde sicherer zu töten, ihre Pfeile nicht nur mit einem Gift, sondern mit zwei oder drei ganz verschiedenartigen Giften bestreichen und so schien es auch gegenüber den Parasiten zweckmäßig, dieses Vorgehen nachzuahmen und unsere synthetischen Giftpfeile nicht einfach, sondern doppelt zu giften. In Gemeinschaft mit Dr. Karrer ist es mir gelungen, reduzierten Arsenikalien, z. B. dem Salvarsan, noch Metalle anzulagern und so zu Heilstoffen zu gelangen, die im Tierversuch eine erhöhte Heilwirkung aufweisen!" Da nicht nur die Parasiten, sondern auch die Zellen nach Ehrlich verschiedene Chemoceptoren haben, ist die Kombination der verschiedenen chemotherapeutischen Heilmittel angezeigt und wirkungsvoll. Und so entstanden das *Silbersalvarsan* und das *Neosilbersalvarsan*. Kolle und andere haben experimentell nachgewiesen, daß die spirillozide Wirkung des Salvarsans durch den Zusatz von Metallen erhöht wird. Das Neosilbersalvarsan ist ein leicht lösliches braunschwarzes Pulver, dessen As-Gehalt etwa 20%, der Gehalt an Ag etwa 6% ist (Kolle). *Ich* habe das Neosilbersalvarsan in ausgedehntem Maße mit gutem Erfolg angewendet, während sich beim Silbersalvarsan ziemlich oft schwere Dermatitiden zeigten. Die Gesamtdosis des Neosilbersalvarsan in einer Kur soll

3 g bei Frauen, 4 g bei Männern nicht übersteigen. Ich konnte in einem Fall (eine wahrscheinlich gummöse Radikulitis), welcher gegen Wismut und Neosalvarsan vollkommene Resistenz zeigte, schon durch wenige Neosilbersalvarsaninjektionen den Patienten von seinen unerträglichen Schmerzen befreien. Kann das Salvarsan intravenös nicht gegeben werden, so kommt die Anwendung der intragluteal zu injizierenden Präparate wie *Myosalvarsan, Neoiacol* in Betracht. In den meisten Fällen werden diese Mittel gut und schmerzlos vertragen; eine Ausnahme bilden Patienten weiblichen Geschlechtes, die über Schmerzhaftigkeit klagen! Die Dosierung entspricht der üblichen intravenösen Anwendung. Man beginnt mit 0,15 bei schwächlichen, mit 0,30 bei kräftigen Patienten. Man gibt wöchentlich zwei Injektionen in steigenden Dosen bis 0,60. Die Gesamtmenge in einer Kur beträgt 5—6 g. K. ULLMANN empfiehlt, das Myosalvarsan in Glucose gelöst intramuskulär zu verwenden. Glucose soll die Resorptionsfähigkeit erhöhen und die Schmerzhaftigkeit vermindern. Die Höchster Fabrik bringt zweikammerige sterile Myosalvarsanphiolen in den Verkehr, bei welchen die Glucoselösung nach öffnen der Phiole automatisch auf das pulverförmige Myosalvarsan fließt und sofort eine gebrauchsfertige sterile Lösung ergibt.

Wir wollen nun zur Besprechung der *Schädigungen der Salvarsanpräparate* übergehen, und da erwähnen wir vor allem die in der ersten Zeit der Salvarsanära beobachtete und von WECHSELMANN mit dem Ausdruck des Wasserfehlers bezeichnete Schädigung. GALEWSKY beobachtete nach Salvarsaninjektionen profuse Diarrhöen, Kopfschmerzen, Erbrechen, Fieber und nachdem er das Wasser zu den Injektionslösungen aus einer anderen Apotheke bezog, sah er keine von diesen Erscheinungen mehr auftreten. WECHSELMANN konnte nachweisen, daß der Bakteriengehalt des destillierten Wassers diese Symptome hervorruft und wenn er absolut frisch destilliertes Wasser verwendete, so vermißte er dieselben so gut wie vollkommen. McINTOSH und FILDES, HORT und PENVOL u. a. bestätigten die Angaben WECHSELMANNS. KÖNIGSTEIN sah Herpes labialis und Herpes zoster nach mit Salvarsan intravenös gespritzten Patienten, mit hohem Fieber, auftreten und machte die von ihm verwendete Kochsalzlösung hierfür verantwortlich. Sich auf experimentelle Versuche stützend, hat EHRLICH die Erklärung für diese schädigende Wirkung des destillierten Wassers darin gefunden, daß dasselbe Bakterienleichen enthält. *Ich* selbst verfüge über folgende Beobachtung. Wir sahen an einem Tage trotz sorgfältigster Technik und peinlichster Reinlichkeit eine ganze Reihe von Fällen, bei denen 10—15 Min. nach der intravenösen Injektion von Neosalvarsan Fieberfrost und Nausea auftraten. Wir konnten feststellen, daß das destillierte Wasser die Ursache dieser Fieberattacken war. Seit dieser Zeit lösen wir selbst das Neosalvarsan in bidestilliertem Wasser und haben seither nichts Ähnliches mehr erlebt. JADASSOHN bespricht die Salvarsanschädigungen und erwähnt, daß die Provokation durch Salvarsan bei der Erklärung derselben eine große Rolle spielt. Er nimmt NONNE gegenüber den, auch von uns geteilten Standpunkt ein, daß wir uns von dieser provozierenden Wirkung des Salvarsans nicht fürchten dürfen. Wir unterschreiben seinen Satz, der lautet: Die Furcht vor dem „Quieta movere" kann zu weit gehen und dann schaden. Die Schädigungen können zurückgeführt werden auf technische Fehler, Nekrosen, Thrombophlebitiden usw., zweitens kommen vasomotorische Erscheinungen, akute Magen- und Darmsymptome, rheumatische Beschwerden, hämorrhagische Affektionen (aplastische Anämie), Dermatosen, Lebererkrankungen, Encephalitis haemorrhagica vor. Es können die individuelle Disposition (Frauen sind empfindlicher, auch gibt es Individuen, welche nicht nur gegenüber Arsen, sondern auch gegenüber dem Quecksilber, dem Wismut überempfindlich sind), Fehler in der Dosierung und endlich fehlerhafte Präparate die Ursache für die schädigende Wirkung des Salvarsans bilden. Als individuelle Momente, die zu

berücksichtigen sind, erwähnt JADASSOHN die Herzaffektionen, Status thymico-
lymphaticus, Hyperthyreoidismus usw. In diesen Fällen muß bei der Dosierung
des Mittels große Vorsicht geübt werden.

Sicheres über die Entstehungsweise der Salvarsanexantheme wissen wir noch
nicht. Es kann sich um eine direkte Vergiftung handeln, als Folge einer Anhäufung von Salvarsan in den Organen, in der Haut, es ist aber auch daran zu
denken, daß die Entgiftungsmechanismen versagen oder endlich ist die Ausscheidung gestört (NATHAN). SCHREUS und HOLLÄNDER sprechen die Vermutung
aus, daß es Individuen gibt, die einen verzögerten Konzentrationsabfall zeigen
und deswegen zu Vergiftungserscheinungen (Encephalitis, Dermatitis) neigen.
Das intravenös ins Blut gebrachte Salvarsan verschwindet sehr rasch aus demselben.

Die *Salvarsandermatitis* bevorzugt die Frauen. Nach einer Statistik aus der
FINGERschen Klinik ist die Zahl der an schweren Dermatitiden erkrankten
Frauen fünfmal größer als die, der Männer. Der größte Teil der Dermatitiden
bezog sich auf Fälle, die mit Hg und Neosalvarsan behandelt wurden (KLAAR).
ZIELER meint sogar, daß sehr viele der als Salvarsanschädigung beschriebenen
Exantheme bei Salvarsan-Hg-Behandlung, Hg-Exantheme sind. Auch der
Ikterus, der ohne Exantheme nach Salvarsan auftritt, soll nicht durch das Salvarsan, sondern durch die Syphilis selbst verursacht sein. ZIELER sagt: Man hat
bei Syphilis, ganz unabhängig von jeder Behandlung, stets mit einer Ikterus-
bereitschaft der Leber zu rechnen, die eine dauernde Überwachung der Leber-
tätigkeit verlangt. Ebenso ist die gelbe Leberatrophie eher eine Folge der Syphilis,
als des Salvarsans, durch das sie sogar geheilt werden kann."

Die Dermatitis ist eine der unangenehmsten Schädigungen. Sie beginnt als
juckendes Erythem an den Ober- und Unterarmen. Sofort muß die Salvarsanbehandlung eingestellt und irgendein Thiosulfatpräparat angewendet werden.

Das Natriumthiosulfat verabfolgt ZIELER in folgender Weise. Täglich werden
aufsteigend Dosen von 0,3, 0,45—0,60 gegeben, dann in zweitägigen Pausen
0,75—1,0 g; selbst Dosen von 1,5 g werden gut vertragen, auch muß irgendein
Herzmittel verabreicht werden. Bei drohendem akuten Hirnödem genügen
Bettruhe, Narkotica, reichliche Darmentleerung und großer Aderlaß (200 bis
500 ccm). — Für Nebenerscheinungen des vasomotorischen Symptomenkomplexes kommt Suprarenin in Betracht, ferner Campher, Coffein und Digitalis.

Unübersehbar ist die Literatur, die sich mit den Befunden der Salvarsantodesfälle beschäftigt, es ist auch nicht unsere Aufgabe uns mit diesem Thema
zu befassen, nur der Zusammenhang mit syphilitischen Prozessen soll in aller
Kürze besprochen werden. Schon zu Beginn der Salvarsanbehandlung hat
B. FISCHER einen Fall mitgeteilt, welcher uns diesen Zusammenhang deutlich
vor Augen führt. Es handelte sich um einen Fall, in welchem der Primäraffekt
an der rechten Nasenscheidenwand saß, indolente Lymphdrüsenschwellungen
traten unter dem rechten Unterkiefer auf. Blut-Wa. war positiv, es bestand
ein makulöses Exanthem. Heftige Kopfschmerzen vom Anfang an. Der Patient
ging zugrunde und FISCHER fand bei der Sektion eine akute Hirnschwellung
und eine Encephalitis in den großen Ganglien. Ringförmige Blutungen, im Zentrum ein kleines Gefäß, darauf folgend eine Zone nekrotischen Hirngewebes
und dann ein Ring aus roten Blutkörperchen. Sehr richtig weist FISCHER
auf die Lokalisation des Primäraffekts hin und sagt, daß von der Nasenschleimhaut aus, auf dem Blut- und Lymphwege große Mengen von Spirochäten in das Gehirn transportiert wurden. Die Syphilis ist in diesem Fall
in gleichem Maße wie das Salvarsan an dem traurigen Ausgang schuld.
Der Tod trat in dem vasculären Stadium der Syphilis auf, dies beweist
sowohl das makulöse Exanthem als auch der Sektionsbefund. Dasselbe

Bild sehen wir in den AsmaNNschen Fall. „Das Gehirn auffallend weich und succulent, in der grauen und weißen Substanz zahlreiche meist kleine punktförmige, daneben in der grauen auch größere strichförmige Blutungen." „Mikroskopisch typische, capilläre Ringblutungen, vereinzelt auch größere mehr unregelmäßig gestaltete Erythrocytenanhäufungen; die perivasculären Lymphräume der prall gefüllten Capillaren sind vielfach mit Erythrocyten vollgepfropft. In vielen kleinen Venen gemischte Thromben und Stase, teilweise Durchtränkung der Umgebung durch homogene Transudate. An einigen Stellen nahe der Rinde dichte polynucleäre Infiltrationen um die Gefäße herum und am Rande der größeren Blutungen; teilweise greifen die Infiltrationen auf die Meningen über." MaRschalkó und Veszprémi haben beim Kaninchen experimentell durch intravenöse Salvarsaninjektionen ganz ähnliche Veränderungen hervorrufen können. Wir verweisen auf unsere Erfahrungen, welche wir mit dem Mittel von „606" gemacht haben und die in Übereinstimmung mit den angeführten Sektionsergebnissen stehen, d. h. bei der Dispersion der Spirochäten im vasculären Stadium sind es die Gefäße (Arterien und Venen), welche in erster Linie leiden, durch eine ungenügende Salvarsanbehandlung kommt es zum Aufflackern des syphilitischen Prozesses und so zu den schwerwiegenden Folgen (s. Kapitel der Neuroplegien).

Über Salvarsanhirntod berichtet ferner HenneBerg in seiner Zusammenstellung, in welcher er hervorhebt, daß bei der Salvarsanintoxikation bis jetzt weder ein lokalisatorischer noch ein histologisch pathognomonischer Befund erhoben werden konnte. Er selbst teilt drei Todesfälle infolge von Salvarsan mit, von denen zwei als Salvarsanhirnpurpura, Petechien, im ersten Fall Blutungen im Balken, in der Umgebung der Seitenventrikel und in den Bindearmen, im zweiten Fall im Thalamus, vorhanden waren. Im dritten Fall war eine ausgedehnte Brückenblutung zu sehen. Das Bezeichnende für alle diese Fälle war, daß gar keine Zeichen luischer Gefäßveränderungen histologisch nachweisbar waren. Auf experimentelle Untersuchungen von RickeR und Knape sich stützend, kommt HenneBerg zum Schlusse, daß das intravenös gegebene Salvarsan zur Erweiterung der Gefäße und Verlangsamung des Blutstromes führen kann, welch letztere gelegentlich eine Stase oder hämorrhagische Infarzierung hervorruft. Sonach soll es bei Individuen, bei denen aus irgendeinem Anlaß bereits eine Verlangsamung und Erweiterung in einem Capillargebiet des Hirns besteht, zu einer weiteren Verlangsamung kommen können. Dieselbe kann Veranlassung zur diapedösen Blutung und Venenthrombose geben. Es gibt auch Fälle, in denen es zu keiner Blutung, sondern nur zum Hirnödem kommt. Haben wir Grund dies vorauszusetzen, so möchte ich im gegebenen Fall Glucose intravenös empfehlen.

Ein überaus charakteristisches Bild, der durch Salvarsan hervorgerufenen Encephalitis haemorrhagica verdanken wir HaRdt. Die Gehirnsubstanz ist ödematös aufgelockert, die präcapillären Arterien und die Capillaren sind auffällig weit und von Blutfülle strotzend. Auffallend sind die Ringblutungen. In deren Bereich sind die Endothelien gequollen oder nekrotisch, zuweilen verfettet, das Gefäßlumen ist durch hyaline Pfröpfe verschlossen. Um das Gefäß herum ist das Gewebe nekrotisch; die nekrotische Zone ist von einer ringförmigen Blutung umgeben. Auch im Rückenmark sahen einige Autoren durch Salvarsan bedingte Erweichungen (zit. nach Kolle).

Nach den bisherigen Mitteilungen setzt die Encephalitis haemorrhagica mit hohem Fieber und Kopfschmerzen ein, so daß beim Auftritt dieser Komplikation während einer Salvarsanbehandlung das Salvarsan sofort ausgesetzt werden muß. Es soll eine Lumbalpunktion vorgenommen und die antiluische Behandlung mit Quecksilber und Jod fortgesetzt werden. JadassoHn empfiehlt bei drohenden

Symptomen Aderlaß, Infusionen von Kochsalzlösung, vor allem aber Adrénalin. Auch müssen wir der Lebererkrankungen noch einmal gedenken, die zu Ikterus führen. Dieselben erheischen energische Durchspülungen und heilen unter Quecksilberbehandlung. Da sich in der Nachkriegszeit eine Häufung von Ikterusfällen bemerkbar machte, ist es angezeigt, die *Urobilinogenprobe* anzustellen, d. h. entweder die Anwendung der Ehrlichschen Aldehydreagens oder 20% Sulfosalicylsäure. Hierbei tritt eine Rotfärbung des Urins ein. Herzfeld macht darauf aufmerksam, daß die beschriebenen Reaktionen nicht spezifisch für Urobilinogen sind, da auch Pyrrol- und Indolkörper dieselben geben. Rosenthal bemerkt hierzu, daß der praktische Wert der Probe dadurch nicht tangiert wird, und empfiehlt die Anwendung dieser Probe. Auch Thurzó tritt für das Ausführen dieser Reaktion bei den Salvarsanbehandlungen ein, er empfiehlt ferner, sich auf die Tierversuche von Janussek berufend, in denen dieser nachweisen konnte, daß das Calcium die Verträglichkeit des Salvarsans erhöht, eine calciumreiche Nahrung zu geben. Fleisch, Butter, Käse und nicht zuviel Gemüse, soll die Nahrung ausmachen.

Im Beginn der Salvarsanbehandlungsära hat Ehrlich die Anwendung des Mittels bei *Schwangeren* abgeraten. Es vergingen Jahre, bis mit der Salvarsanbehandlung der Schwangeren begonnen wurde. Holth in Oslo, Sauvage in Paris, Erwin Meyer in Deutschland, Adams, Findlay in England, Beck in Amerika, v. Szily in Ungarn u. v. a. haben mit Erfolg das Salvarsan angewendet. Neuerdings hat an einem großen Material Guszmann die kombinierte Wismuth-Salvarsanbehandlung mit ausgezeichnetem Erfolge verwendet. Aus der sehr lehrreichen Zusammenstellung von Boas und Gammeltoff geht hervor, daß die Salvarsanbehandlung in der Gravidität der mercurialen, weit überlegen ist.

Näheres hierüber sagen wir im Kapitel der Behandlung der kongenitalen Lues.

Übereinstimmend sind die Ansichten, daß bei der Behandlung der Syphilis in allen ihren Manifestationen die *kombinierte* Behandlung, wie schon erwähnt, die richtige ist. Es sollen Heilstoffe angewendet werden, sagte schon Ehrlich, die an ganz verschiedenen Chemoceptoren der Parasiten angreifen. Durch die Kombination der verschiedenen Arzneimittel wird die Arzneifestigkeit gegen das eine oder das andere Mittel verhütet (Benario). Ein interessantes Beispiel hierfür führt Ehrlich an. „So hat sich z. B. gezeigt, daß im Laufe einer prolongierten Chininbehandlung die Malariaparasiten chininfest werden können, ... injiziert man aber einen derartigen Patienten Salvarsan, so werden die Malariaparasiten abgetötet, da sie wohl chinin- aber nicht arsenfest sind. War die Salvarsandosis zu gering um einen Rückfall zu verhindern und gibt man nun bei Wiedererscheinen der Parasiten ins Blut abermals Chinin, so kann nun das Chinin Heilwirkung ausüben. Durch diese Kombination von Chinin und Salvarsan wurde also die Chininfestigkeit der Parasiten aufgehoben oder vermindert."

Bei jeder Art von antiluischer Behandlung kann es vorkommen, daß kein Fortschritt in der Beeinflussung der Symptome zu verzeichnen ist. Dies kann seine Erklärung darin finden, daß die pathologanatomischen Veränderungen zu einem Stillstand mit Defekt gekommen sind, es ist aber auch möglich, daß der Organismus refraktär gegenüber den angewandten Mitteln geworden ist. Betreffs des Salvarsans wurde dieser Umstand von Ehrlich als Arsenfestigkeit bezeichnet. Oppenheim sprach von der Gewöhnung der Spirochäten an das Quecksilber. Es können sich so quecksilberfeste, arsenfeste Spirochätenstämme bilden und gegen diese nützt das bis dahin angewandte Mittel nicht mehr. In solchen Fällen muß zur Änderung der Medikation geschritten werden, vorher aber wenden wir das Nékámsche Verfahren an. Nékám nimmt in diesen refraktären Fällen an, daß die Körperzellen durch die Metallsalze derart gesättigt sind, daß sie ihre Abwehrfähigkeit einbüßen. Er empfiehlt die Einstellung einer Thiosulfatkur. Von einer 5%igen Natriumthiosulfatlösung werden täglich oder jeden zweiten Tag aus einer Burette 50—150 ccm intravenös injiziert, hierdurch soll das Metalldepot aus den Zellen ausgeschwemmt werden. Zur Verstärkung der Wirkung wendet NÉKÁM auch fiebererzeugende Mittel an. — Zu demselben Zweck habe *ich* das *Dermosalvan*, in täglichen intravenösen Injektionen (10 Injektionen genügen) mit gutem Erfolg angewendet.

Wir müssen noch ein Wort über die, durch das Salvarsan hervorgerufene JARISCH-HERXHEIMERsche Reaktion sagen. EHRLICH meinte, daß durch das Salvarsan die Spirochäten aufgelöst und Endotoxine frei werden, diese sowie das Dioxydiamidoarsenobenzol führen dann in den entzündlichen Geweben zu weiteren entzündlichen Reaktionen, die wir an der Haut als JARISCH-HERX-HEIMERsche Reaktion bezeichnen. Dieselben können natürlich ebensogut im Innern des Organismus vorkommen. BETTMANN sagt: Unbestritten ist die Rolle der Gefäße bei der JARISCH-HERXHEIMERschen Reaktion, umstritten ist noch die Frage, ob die Zerfallsprodukte der Spirochäten oder die angewendeten Heilmittel die Gefäße angreifen. Capillarmikroskopisch läßt sich sowohl am Nagelfalz, als auch an geeigneten anderen Körperstellen beobachten, daß bei einer Salvarsaninjektion nach kurz vorübergehendem Engerwerden der Capillaren, eine Gefäßerweiterung von verschiedener Dauer eintritt. Untersuchungen über die Frage wie lange das Salvarsan im Blute nach der Injektion nachweisbar bleibt, haben ergeben, daß nach 15 Minuten nur noch 30% der eingespritzten Salvarsanmenge sich im Blute selbst befindet, 70% sind an die übrigen Körperflüssigkeiten, Organe abgegeben, teilweise durch die Niere, Darm, ausgeschieden. Im Urin läßt sich das Salvarsan noch nach 24 Stunden und noch länger nachweisen (BORNSTEIN, ABELIN, SCHREUS und HOLLÄNDER u. a.).

Amerikanische Autoren berichten in den letzten Jahren über die Verwendung eines Derivates des Atoxyls, ein fünfwertiges As, das *Tryparsamid*, in der Behandlung der Nervensyphilis. Die folgenden Daten sind aus den Arbeiten von SCHWAB und CADY, KENNEDY und DAVIS, sowie aus den Diskussionsbemerkungen von HARRY SOLOMON, B. SACHS, GEORGE ALL entnommen. Zuerst wurde das Mittel im Tierexperiment als hervorragend wirksam befunden. Das Atoxylpräparat hat einen schädlichen Einfluß auf den Opticus; die retinalen Veränderungen, die es bei Tieren hervorruft, sind irreparabel, dagegen gehen die Sehstörungen, welche es bei Menschen erzeugt, beim Aussetzen des Mittels zurück. LORENZ und LÖWENHART, KEIDEL und MOORE haben als erste das Mittel bei Menschen angewendet, BROWN und PEARCE haben seine biologische und pharmakologische Wirkung geprüft. SCHWAB und CADY äußern sich über die Wirkung des Mittels günstig, sie haben im allgemeinen 85% gute Wirkung erzielt. Die Liquorverhältnisse sollen sich viel rascher, wie bei anderer Medikation bessern. In 30% der Fälle sahen sie Sehstörungen, welche aber bald verschwanden. Auch die Fälle, mit Opticusatrophie verschlimmerten sich nicht. KENNEDY und DAVIS verabfolgten das Mittel in folgender Weise: wöchentlich wurde eine intravenöse Injektion gegeben und zugleich Quecksilber, im ganzen geben sie 3 g. Sie heben die Häufigkeit der Sehstörungen hervor, welche in den meisten Fällen allerdings nur temporär sind. Im allgemeinen sagen die Verfasser, daß die guten Wirkungen des Mittels die schlechten überragen. Sie empfehlen, sich mit 2,0 g Gesamtdosis zu bescheiden. In 9 Fällen von meningovasculärer Lues, hatten sie 7 gute Beeinflussungen gesehen. 4 Fälle vom Hemiplegie waren sehr günstig beeinflußt. Von unangenehmen Folgen sahen sie in 4 Fällen subjektive vorübergehende Verminderung des Sehvermögens an einem oder auf beiden Augen. In einem Fall waren subjektiv Flattern und Fleckensehen zu verzeichnen, bei Fortsetzung der Injektionen stellte sich konzentrische Einengung des Gesichtsfeldes und Verminderung der Sehschärfe ein. Nach der letzten Injektion war die Papille dekoloriert; die Arterien eng. Nicht so günstig äußert sich über das Tryparsamid Solomon. Auch B. Sachs findet die Gefahren der Sehstörungen so groß, daß er das Mittel nicht anwenden ließ. Er ist trotz der günstigen Berichte von der überragenden Wirkung des Mittels gegenüber den anderen Präparaten nicht überzeugt. Auch Ayer ist derselben Meinung.

Das Tryparsamid soll nach Mehrtens und seinen Mitarbeitern eine starke meningeale Reaktion hervorrufen, daher empfehlen sie die intravenöse Anwendung dieses Mittels bei Nervensyphilisfällen, die gegen die gewöhnliche Behandlung resistent sind.

Wir widmen noch einige Worte den sog. *einzeitigen Injektionen von Sublimat-Neosalvarsan-Mischungen*, welche von Linser eingeführt worden sind. Oelze hat statt des Sublimates das Cyarsal zur Mischung empfohlen, um mit einer durchsichtigen Lösung zu arbeiten. Benedek und Thurzó haben das Modenol mit Neosalvarsan gemischt. Benedek empfiehlt diese Mischung bei schwächlichen, anämischen Lueskranken, welche die radikalere Hg-Kur nicht gut vertragen. *Ich* konnte mich des unreinlichen Aussehens wegen zur Ausprobierung des Linserschen Verfahrens bei Nervensyphilis, nicht entschließen. Auch Bumke scheint dieser Meinung zu sein, da Gertrud Hammerstein aus seiner Klinik mitteilt, daß sie von dieser Art der antiluischen Behandlung Abstand genommen haben. Nach ihrem Bericht trübt sich die Mischung stark und es entsteht ein dicker Niederschlag, so daß sie das Entstehen capillärer Embolien befürchteten. Einige Autoren (Gutmann, E. Hoffmann, Bruhns und Blümener) berichten über eine Häufung der Ikterusfälle unter den mit Mischspritzen behandelten. Selbst Kolle, der in seinen Tierversuchen nachwies, saß die Beimengung von Quecksilber zum Salvarsan wirksamer ist, als das Salvarsan allein, gibt zu, daß eine erhöhte Möglichkeit von Leberschädigungen bei dem Salvarsan-Quecksilbergemisch zu beobachten ist. Bruhns und Blümener fanden bei Neosalvarsan-Novasurol und Neosalvarsan-Cyarsal eine auffallende Häufung von Ikterus.

Ganz kurz erwähnen wir auch die von Knauer und Enderlen eingeführte *intra*karotideale Injektion von Neosalvarsan und Silbersalvarsan bei der progressiven Paralyse und bei der Lues cerebri (1919). Sie hofften auf eine intensivere Wirkung. Nachahmer fanden sich nur wenige. So haben Benedek und Thurzó das Linsersche Gemisch intrakarotideal angewandt. Die Zahl der von ihnen so behandelten Fälle ist zu gering um Schlüsse ziehen zu können. Da die intrakarotideale Behandlung eine überaus sorgfältige Technik erfordert, ist sie zum allgemeinen Gebrauch unbrauchbar.

b) Die Fieberbehandlung der Syphilis.

Allen Fieberbehandlungen weit überlegen ist die Behandlung mit *Malaria tertiana*. Es ist das unvergängliche Verdienst von Wagner-Jauregg, diese Behandlungsart eingeführt zu haben. Er stieß damit die Ansicht von der Unheilbarkeit der Paralyse um, und heute gehört die Malariabehandlung der Syphilis zu den größten Wohltaten des 20. Jahrhunderts. Wir verweisen diesbezüglich auf das Kapitel „Fiebertherapie" im allgemeinen Teil dieses Handbuches. Wir besprechen nur die Ergebnisse dieser Art von Behandlung bei der cerebrospinalen Lues.

Anfangs wurde die Malariakur nur bei der progressiven Paralyse angewendet; es dehnt sich ihr Bereich immer mehr aus. Kyrle war der erste, der bei der sekundären Hautlues, dann bei der Nervenfrühlues die Malariakur anwendete. Ihm folgten eine große Reihe von Autoren: Dreyfus und Hanau, Meisner,

ZIELER, MEMMESHEIMER, G. WILSON, VONKENNEL, PAULIAN, SCHAFFER, BENE-DEK, V. SARBÓ u. v. a. Allgemein hat sich die Ansicht eingebürgert, daß in allen Fällen von älterer Syphilis mit nachweisbaren Veränderungen des Liquor cerebrospinalis die Bi-Salvarsan-Malariakur absolut indiziert ist (HUBERMANN und SERAFIS, HEUCK und VONKENNEL, MULZER und seine Schule u. a.).

G. WILSON wendete in einem Fall von Frühsyphilis, 7 Monate nach dem Primäraffekt, die Malariabehandlung ohne andere antiluische Mittel an. Rechtsseitige Abducenslähmung und rechtsseitige Schwerhörigkeit, nächtliche Kopfschmerzen verschwanden. MEISSNER wendet bei allen liquorpositiven Fällen, ob älterer Lues, ob sekundäre oder latente, die Malariabehandlung an. Er berichtet über 295 Fälle. In allen Fällen wurde der Liquor im günstigen Sinne beeinflußt, in einigen völlig saniert (57 Nachuntersuchungen). Die Liquorbeeinflussung war ausgiebiger in den Fällen frühzeitiger Behandlung. VONKENNEL sagt, die kombinierte Wismut-Salvarsan-Malariabehandlung ist bei positivem Liquor die unübertroffene Methode der Wahl. Er empfiehlt die Wismutbehandlung schon während der Fieberperiode anzuwenden. In den so behandelten Fällen konnte er schon kurz nach Coupierung eine auffallende Reduktion der serologischen und Liquorbefunde feststellen. Die Reihenfolge der Besserung betrifft nach VONKENNEL fast gesetzmäßig: die Zellzahl, die Wa.R., Globulin- und Kolloidreaktion. DREYFUS und HANAU berichten über 16 Fälle von Frühlues, 9 inveterierte Fälle von Lues cerebrospinalis. Für die letztere Form als auch für die kongenitale halten sie die Malariabehandlung in jenen Fällen für angezeigt, wo man nach energischen kombinierten spezifischen Behandlungen keinen durchschlagenden Erfolg erzielen konnte. Nachdem MEMMESHEIMER unter 73 Nachuntersuchten die Zahl der Liquorbesserungen nach Malariawismutbehandlung 63mal, Sanierungen 29mal fand, kommt er zum Schluß, daß auch bei der Frühlues des Zentralnervensystems nichts gegen eine Fieberkur einzuwenden wäre. Er hebt ihre schnelle Wirkung auf krankhafte klinische und Liquorerscheinungen hervor. ZIELER, der mit der bisher geübten Behandlung der Frühlues zufrieden ist, empfiehlt für die refraktären Fälle die Malariabehandlung, die er für das wirksamste unspezifische Mittel bei der Nervenlues aller Krankheitsabschnitte hält. Besonders hebt er die Erfolge hervor, die man bei den spätpositiven Liquorbefunden erreichen kann. Erfolge, die früher nicht möglich waren. PAULIAN behandelte 65 Fälle (57 ♂, 8 ♀) von Meningoencephalitis syphilitica mit Malaria, darunter hatte er nur 2 refraktäre Fälle. Heilungen sah er in 44,6%, Besserungen in 32%. Er sah aber auch 10 Todesfälle (10,8%), 7 starben im Ictus, 2 durch Kachexie und 1 an einer interkurrenten Krankheit. Es scheint, daß PAULIAN schon sehr heruntergekommene Individuen in Behandlung nahm, denn seine Todeszahl ist eine überaus große und spräche eigentlich gegen eine allgemeine Anwendung der Malariatherapie.

WEYGANDT hat Fälle von Lues cerebri mit Geistesstörung erfolgreich mit Impfmalaria behandelt. Seine Ansicht aber, daß bei der meningealen Syphilis die endolumbale Salvarsanbehandlung die Methode der Wahl wäre, kann ich nicht teilen. A. MARIE und CHEVALIER sind auch für die Malariabehandlung, namentlich dann, wenn die Seroreaktion positiv bleibt und auch der Liquor positiv ist.

Unter 250 Fällen, die *ich* mit Malaria[1] behandelt habe, sah ich 28, bei denen das Malariafieber spontan aufhörte, und zwar 5/4; 1/5; 3/6; 6/7; 4/8; 6/9; 2/10; 1/11. (Die vordere Zahl bezieht sich auf die Fällezahl, die hintere auf die Zahl der Fieberanfälle). Der Erfolg stellte sich in allen Fällen, welche mindestens 7 Fieberanfälle hatten, ein; aber auch in den Fällen, die nur 4—6 Fieberanfälle durchgemacht haben, konnten durch Anwendung anderer fiebererzeugender Mittel

---

[1] Ich lasse 12 Fieberattacken ablaufen.

Typhusvaccine, Milch, Pyrifer — der Besserung zugeführt werden. In allen jenen Fällen, in denen die Fieberanfälle gering waren, versuchten wir eine neuerliche Impfung mit Malaria, die gelang aber nicht, bzw. in 2 Fällen bekam der Patient neue Fieberattacken, aber auch die hörten in einem Fall nach 2, in dem anderen nach 4 Fieberanfällen auf. Woran es liegt, daß in gewissen Fällen das künstliche Malariafieber spontan aufhört, wissen wir nicht. Auffallend war es, daß dieses spontane Aufhören sich serienweise zeigte, so daß die Vermutung naheliegt, daß der Malariastamm als solcher abgeschwächt war und deshalb spontan versiegte. Es ist aber auch möglich, daß es Individuen gibt, die als starke Antitoxinbildner die Infektion bekämpfen. In wenigen Fällen konnten wir anamnestisch das Überstehen einer natürlichen Malaria feststellen, in diesen Fällen kann an eine, durch diese natürliche Malaria hervorgerufene Immunisation der betreffenden Individuen gedacht werden. In einem Fall, bei dem die künstliche Malaria nach 5 Fieberanfällen von selbst aufhörte, versuchten wir noch dreimal die intravenöse Inokulation, aber ohne Erfolg. Auch kann daran gedacht werden, daß in dieser Frage der Zugehörigkeit zu einer oder der anderen Blutgruppe von Belang ist. Diesbezüglich können wir uns noch auf keine sichere Tatsachen berufen. Blazsó bestimmte — teilweise auf meiner Abteilung — bei 350 Luikern die Blutgruppen. Im allgemeinen fand er eine prozentuale Zunahme der B-Gruppe, ausgenommen die Tabes, bei welcher die A-Gruppe dominiert. Bei der Lues cerebri (48 Fälle) fand er meistens die 0- und B-Gruppen. Paralytiker (109 Fälle) gehören meist in die A- und besonders in die 0-Gruppe. Unter den Tabikern (85 Fälle) fand er für die A-Gruppe einen dreifachen Wert des Normalen. Bei der luischen Endarteriitis (31 Fälle) dominiert die B-Gruppe, ebenso bei der tabischen Arthropathie (27 Fälle) und bei den Crises gastriques (20 Fälle). Ganz besonders interessant ist die Feststellung Blazsós, daß unter 31 Kranken mit Atrophia nervi optici 28 in die A-Gruppe gehörten.

Meine eigenen Erfahrungen mit der Malariabehandlung der Lues cerebri und cerebrospinalis sind durchaus günstige. Von 38 Fällen waren vor der Behandlung arbeitsunfähig 13; in ihrer Arbeitsfähigkeit gehemmt 24; arbeitsfähig war einer. Von diesen 38 wurden wieder vollkommen arbeitsfähig 28 = 74%. Bei 7 blieb die Arbeitsfähigkeit beschränkt, arbeitsunfähig blieb 1, in eine geschlossene Anstalt mußte 1 überführt werden und endlich endete 1 Patient durch Selbstmord. Die klinischen Besserungen betrafen: die Kopfschmerzen, Schwindelgefühle, die Erregbarkeit, die leichte Vergeßlichkeit; unverändert blieben die in einigen Fällen vorhandenen organisch bedingten Symptome, wie das Robertsonsche Symptom, die Anisokorie, spastische Erscheinungen, Aortitis. Die in 7 Fällen vorhandenen epileptischen Anfälle verringerten sich, aber hörten nicht auf. Augenmuskellähmungen besserten sich in mehreren Fällen, eine doppelseitige totale Oculomotoriuslähmung heilte vollkommen.

In 17 Fällen konnten wir bis jetzt Kontrolluntersuchungen anstellen nach 1—5 Jahren. Sowohl das Serum als auch der Liquor wurde vollkommen negativ in 5 Fällen = 27%; nur der Liquorbefund wurde negativ in 6 Fällen = 33%; nur die Seroreaktion wurde negativ, der Liquor blieb unverändert oder zeigte nur Abschwächung in 3 Fällen = 16% und in 4 Fällen blieben die Reaktionen unverändert oder schwächten sich nur ab = 22%.

Das Negativwerden der Liquorreaktionen unter der Behandlung überwiegt jenes des Serums. Memmesheimer machte dieselbe Erfahrung.

Auch die natürliche Malariaerkrankung kann den Sero-Liquorbefund negativ machen. So sah ich Anfälle von schwerer Crises gastriques bei einem Patienten, der sicher luisch infiziert und antiluisch behandelt worden war und außer der Crises nur auf Licht etwas träger reagierende Pupillen hatte. Der Betreffende war lange Zeit in ärztlicher Beobachtung, man dachte an einen Ulcus duodeni, aber die schweren gastrischen Anfälle trotzten einer jeden Behandlung. Endlich wurde der betreffende Morphinist. Sowohl Serum als Liquor waren in jeder Beziehung negativ. Es stellte sich heraus, daß der Patient während einer Indienfahrt Malaria tropica acquirierte und auch jetzt noch von Zeit zu Zeit an Fieberattacken laboriere. Ich glaube, daß es der Malaria tropica zuzuschreiben ist, daß einesteils der Wa. sowohl im Serum als im Liquor negativ geworden ist, andererseits im Liquor keine entzündlichen Erscheinungen mehr nachzuweisen sind. Auch GORCIA berichtet über 10 Fälle, die nach der Syphilisansteckung eine natürliche Malariaerkrankung durchgemacht haben. Unter diesen zeigten 4 völlig negativen Blut- und Liquorbefund, 3 positive Blutreaktion neben negativem Befund im Liquor. Einer bot das Bild der Tabes, ein anderer das der Paralyse und ein weiterer litt an Meningitis luetica tarda. ROBINSON hat darauf hingewiesen, daß die Syphilis des *Benvenuto Cellini* heilte, nachdem er an Malaria erkrankt war.

Besonderes Augenmerk muß bei jeder Fiebertherapie auf den Zirkulationsapparat gerichtet werden, besonders gilt das für die Malariafieberbehandlung. Das wichtigste ist, auf den Zustand des Herzmuskels zu achten. JULIUS SCHUSTER empfahl die Vornahme einer elektrokardiographischen Untersuchung vor der Einleitung der Malariakur, weil man durch das Elektrokardiogramm am ehesten eine Herzmuskelschwäche nachweisen kann, bevor noch klinische Merkmale auffindbar sind. Seitdem wir in unserem Spital über einen Apparat verfügen, lassen wir in jedem Fall vor der Impfung mit Impfmalaria ein Elektrokardiogramm anfertigen. Wir glauben, auf diesen Zustand die äußere Seltenheit von Todesfällen bei der Fieberbehandlung zurückführen zu können. Wir verloren seit 1925 während der Behandlung von weit über 350 Fieberbehandlungen (der weitaus überwiegende Teil bezog sich auf Malaria) nicht mehr wie 9 Patienten. Einige darunter waren weit fortgeschrittene Fälle, die wir im Anfang noch der Malariabehandlung unterwarfen, die übrigen zeigten alle bei der Sektion Myokarditis und Myodegeneratio cordis. Ich ließ unsere Erfahrungen betreffs der Zirkulationsorgane von einem meiner Schüler (ZERKOWITZ) zusammenstellen. Die Hauptergebnisse unserer Beobachtungen lauten: Bei unserem Krankenmaterial kommt die Hypertonie nur in 3—4% der Fälle vor. Hypertoniker ohne Nierenkrankheit mit gesundem Herzmuskel vertragen die Fieberbehandlung gut. Gewöhnlich senkt sich der Blutdruck während des Fiebers, wir sahen Senkungen von 220/115 mm Hg auf 155/70 mm Hg. In Fällen von Lues cerebri war die Fieberbehandlung stets beschwerdenfrei durchführbar. Selbst Fälle mit Apoplexie vertrugen die Malariakur ohne Schaden. So wendeten wir eine Malariakur bei einem 49jährigen, an Lues cerebri erkrankten Patienten an, der kurz vorher einen zur rechtsseitigen Hemiplegie führenden apoplektischen Insult erlitt. Sein Blutdruck von RR. 150/75 mm Hg senkte sich im Laufe der Malariakur auf 120/70 mm Hg. Es scheint, das die durch das Fieber hervorgerufene Blutdrucksenkung die Verträglichkeit des Verfahrens sichert. Wir behandelten 91 Fälle von Aortenlues bei Spätsyphilitikern, die Erkrankung der Aorta wurde in jedem Fall auch röntgenologisch sichergestellt. Ähnlich den Erfahrungen von SCHOTTMÜLLER fanden auch wir, daß die Malariakur bei Aortitis luetica ohne Gefahr angewendet werden kann. Aortenaneurysmen kamen in meinem Material nur sehr selten vor (2 unter 300 Fällen). Einen einzigen Patienten verloren wir von den Aortikern während eines Malariafieberanfalls. Die Sektion ergab eine schwere Wandveränderung um die Öffnung einer Kranzarterie, die überwucherte Aortenwand legte sich an die Öffnung und verschloß dieselbe und führte zur Mors subita. Dieser Todesfall ist also nicht auf die Rechnung der Malariabehandlung zu setzen.

Klappenfehler sahen wir nur wenige. Bei kompensierter luischer Aorten- und Mitralinsuffizienz machten wir die Erfahrung, daß im Laufe der Behandlung die luische Endokarditis zunahm, die Geräusche lauter wurden und trotz relativ gesundem Herzmuskel eine durch den Klappendefekt bedingte Dekompensation eintrat. Auch dieser Kranke vertrug sowohl die 12 Fieberattacken als die Salvarsankur gut und erholte sich.

Nach unseren Erfahrungen ist bei Verdacht auf eine Herzmuskelschwäche von der Fieberbehandlung abzusehen, sonst bildet die Aortitis (wenn sie nicht allzu vorgeschritten ist) keine Kontraindikation.

Die Tuberkulose wird allgemein als Kontraindikation einer jeden Fieberbehandlung, so auch der Malariabehandlung, betrachtet. Ich stimme dem zu, was die akute Tuberkulose betrifft, verfüge aber über Erfahrungen, die dafür sprechen, daß ganz ausnahmsweise die Malariabehandlung doch durchgeführt werden kann und auch soll. So war es im Falle (64) einer Lues cerebri mit schwerer psychischer Depression, es war Gefahr im Verzuge, wenn nicht energisch eingegriffen wurde. Es bestand aber eine männerfaustgroße Kaverne; der konsultierte Internist Holló war trotzdem für die Behandlung mittels Malaria, da in jedem Moment dieselbe gedrosselt werden konnte. Der Patient überstand ohne Schaden die äußerst hohen Fieberanfälle, nahm dann 22 kg zu und ist heute, nach 9 Jahren, tätig, leitet allein ein großes Geschäft.

Schlecht wird die Malariakur von den Nierenkranken vertragen, ich verlor einen solchen Patienten durch Mors subita, nachdem er 8 Fieberanfälle gut vertragen hat, bei einem andern mußte in der Mitte der Behandlung die Kur wegen der durch die Niereninsuffizienz hervorgerufenen Atembeschwerden unterbrochen werden.

Eine besondere Besprechung verdient die Frage, auf welchem Wege das künstliche Malariafieber bei der Paralyse wirkt? In der Literatur finden wir auf die aufgeworfene Frage drei Antworten. Die eine meint, daß das hohe Fieber die Spirochäten abtöte, andere wieder behaupten, daß die von den Malariaplasmodien angeregten Immunkörper auch gegen die Spirochäten wirksam werden, endlich meint ein dritter, daß durch das Fieber die Durchlässigkeit der Meningen und der Gefäße erhöht wird und unsere antiluischen Mittel dadurch leichter zu der erkrankten Stelle des Zentralnervensystems gelangen können. Das Fieber allein macht es nicht, da wir den richtigen Erfolg nur bei der Wagner-Jaureggschen Behandlung sehen.

Wie wir hörten, bildet die Plasmazelleninfiltration in den Lymphscheiden der Hirnrindengefäße den einleitenden Prozeß bei der Paralyse, ferner wissen wir, daß diese Infiltration eine reaktive Erscheinung gegenüber den in denselben Lymphscheiden sich ansiedelnden Spirochäten ist. Nun wissen wir von der echten Malaria, daß sie ihre Plasmodien in dieselben Hirncapillaren der Rinde, in welchen sich die Spirochäten befinden, sendet. Bei Jochmann lesen wir, daß diese Hirncapillaren, welche in ihren Endothelien das Malariapigment enthalten, mit parasitenhaltigem Blut vollgestopft sind. Es liegt somit auf der Hand, daran zu denken, daß die *künstliche Malariakur dadurch wirkt, daß auch bei ihr Plasmodienembolien in jenen Hirncapillaren entstehen, in welchen sich die Spirochäten bei der Paralyse befinden.* (Siehe auch die Befunde von Adelheim und Trétiakoff über Malariapigment.) Die tatsächliche Wirkung dieser örtlichen Plasmodienembolien kann darin bestehen, daß sie den Spirochäten den Nährboden entziehen, andererseits die Abwehrreaktionen des paralytischen Organismus (Plasmazellen und Lymphzelleninfiltration der Rindengefäßlymphscheiden) in ihrem Kampf tatkräftig unterstützen. In den meisten Fällen gehen nicht alle Spirochäten zugrunde, weshalb es notwendig ist, das spirillozide Salvarsan der Malariafieberbehandlung folgen zu lassen.

Ich glaube mit der gegebenen Erklärung über die Wirkungsweise des künstlichen Malariafiebers das Richtige getroffen zu haben, da diese Erklärungsweise auf dem tatsächlich nachweisbaren, pathohistologischen Geschehen beruht.

Es ist notwendig, dies alles vor Augen zu halten, denn nur so werden wir die Malariafieberbehandlung in richtiger Weise anwenden; sie kann nur dort von ausschlaggebender Bedeutung sein, d. h. zur Heilung führen, wo die oben angeführte Bedingung, die *Lymphscheidenspirochätose,* besteht. Das Hauptgebiet der Malariafieberbehandlung bildet also die progressive Paralyse; das soll *keineswegs* soviel heißen, daß wir sie bei der meningovasculären Lues nicht anwenden sollen, um so mehr, als wir klinisch sehr oft die Differentialdiagnose nicht exakt stellen können und mit der Anwendung dieser Behandlung keineswegs Schaden anrichten.

Über *Recurrenstherapie,* parenterale Eiweißbehandlung und über die unübersehbare Menge der Ersatzfieberbehandlungen (Alt-Tuberkulin, Typhusvaccine, Natrium nucleinicum, Neosaprovitan, Pyrifer, Pyrago, Sulfosin) s. Kapitel „Fiebertherapie", im allgemeinen Teil dieses Handbuches.

c) Die Jodbehandlung.

Die *Jodbehandlung* der Syphilis ist uralt. Sie wurde und wird besonders bei den tertiären Formen mit Vorliebe angewendet, allein oder mit der Schmierkur. Gegen letztere Art der Behandlung, hatten namentlich ältere Ärzte Bedenken; sie befürchteten, daß es zu einer giftigen Metalljodverbindung kommen könnte. Das sich bildende Quecksilberbijodid soll an der Cornea zur Ausscheidung gelangen können und zur Keratitis Anlaß geben. Das waren theoretische Kombinationen, welche durch die praktischen Erfahrungen umgestoßen wurden. Heute noch verwenden wir, gerade bei der Nervensyphilis gerne und mit Erfolg die Quecksilberbehandlung, welche mit Jod kombiniert wird. Das Kaliumsalz des Jod ist wegen seiner intensiveren Wirkung dem Natriumsalz vorzuziehen. Die Befürchtungen, daß das Kalium schädigend auf das Herz wirken soll, sind vollkommen unbegründet, nur das eine ist richtig, daß es Individuen gibt, die gegen Jod sehr empfindlich sind, sie bekommen gleich den Jodschnupfen, Gesichtsreißen, Magenerscheinungen, Jodacne, diese Leute vertragen dann das Jodnatrium etwas besser. Betonend heben wir hervor, daß das Kaliumsalz *nie intravenös* gegeben werden darf; ich erfuhr von einem plötzlichen Tod, welcher bei einem Aortiker auf intravenöser Einfuhr von Jodkali eintrat.

Wird das Jodkalium gut vertragen, so geben wir es in steigenden Dosen: mit einem halben Gramm pro die beginnend, können wir bis zu 4—6 g täglich ansteigen. So teilte letzthin GILPIN einen Fall von Paraplegie mit negativem Wa. mit, der auf große Dosen von Jod (6,3 g täglich) heilte.

Von Jodnatrium sind noch viel größere Dosen zu geben, in einem eigenen Fall von luischem Kopfschmerz (den ich schon im Kapitel 5a erwähnte) brachten 15 g Jodnatrium die Heilung.

In letzter Zeit findet die intravenöse Verabreichung von Jod starke Verbreitung. Wir selbst geben von einer 10%igen Lösung von Jod*natrium* 5 bis 10 ccm intravenös, jeden zweiten Tag; haben wir die Dosis von 10 ccm erreicht, so bleiben wir bei derselben und geben insgesamt 15—20 Injektionen. Als ein gutes Präparat haben wir das *Endojodin* (früher *Jodisan* benannt) kennen gelernt. Es ist ein Hexamethyl-diamino-isopropanol-dijodid-Präparat. Es wird in 2 ccm enthaltenden Phiolen in den Handel gebracht. Es kann intravenös, subcutan oder intramuskulär gegeben werden. Intravenös geben wir es nur bei normalem Herzbefund. Eine Kur besteht aus 15—20 Injektionen, jeden zweiten Tag eine Injektion. Die Dosis ist stets dieselbe.

Der Vorteil der intravenösen Jodbehandlung liegt darin, daß selbst hohe Dosen keine Vergiftungserscheinungen hervorrufen.

Schacherl verwendet eine 50%ige Jodnatriumlösung. Er gibt intravenös jeden zweiten Tag die Injektionen, beginnt mit 3 g und steigt schnell bis zur Einzeldosis von 10 g und bis zu einer Gesamtdosis von 200 g. An der Bumkeschen Klinik sah man von dieser Behandlungsart in einigen Fällen eine besonders gute Beeinflussung der gastrischen Krisen. Der Nachteil der Methode liegt aber darin, daß die Injektionen die heftigsten Schmerzen auslösen, sobald die geringste Spur in das perivasculäre Gewebe kommt. Ferner sah man bei einigen Patienten auch einen unangenehmen Angiospasmus längs des ganzen Gefäßes auftreten, der aber nur wenige Minuten anhielt (Gertrud Hammerstein).

Wir können die Befürchtung in bezug auf Verödung der Venen bei der Jodbehandlung nicht teilen, wir blicken auf viele hundert intravenöse Jodinjektionen zurück, es kam in keinem Fall zu dieser befürchteten Verödung.

Auch die Preglsche Lösung kann subcutan oder intravenös gegeben werden, die Anfangsdosis beträgt 5 ccm, man steigt bis 10 ccm; gibt jeden zweiten Tag eine Injektion, im ganzen 20 Injektionen in einer Kur.

Von Jodipin, Jothion sahen wir nie nennenswerte Erfolge, so auch von Mirion nicht.

Bei älteren Leuten ist die Jodbehandlung schon wegen der Arteriosklerose angezeigt; auch kommt sie als Schlußbehandlung nach der kombinierten Hydrargyrium- oder Wismut-Neosalvarsankur in Betracht. Wir lassen noch 6 Wochen nach Beendigung der kombinierten Behandlung, Jodkali in dreigrammigen Dosen nehmen.

d) Die endolumbale (intraspinale) Behandlung.

Kafka, dem wir die beste und umfassendste Bearbeitung dieses Themas verdanken, erwähnt, daß es Paul Jacob war, der als erster die endolumbale Behandlung experimentell begründet und am Krankenbette angewendet hatte. Der Gedanke, die Spirochäten in ihren Schlupfwinkeln aufzusuchen, stammt von Paul Ehrlich, der bei der Besprechung der Frage, welche Umstände es bedingen, daß sich einzelne Parasiten (Spirochäten) der Desinfektion entziehen können, zu der Ansicht gelangte, daß sich auch im Organismus tote Ecken befinden, wohin die Medikamente nicht hingelangen. Ehrlich führte weiter aus: „Es handelt sich hier wesentlich um den Hohlraum, der zwischen dem Rückenmark und der Dura gelegen ist und welcher von einer wasserklaren, fast zellfreien und eiweißfreien Flüssigkeit, der Cerebrospinalflüssigkeit, erfüllt ist.“ Ehrlich erwähnt auch, daß es Ayren Kopke (Lissabon) war, der als erster geeignete Deinfizientien in die Rückenmarkshöhle injizierte. Dann kamen Swift und Moore vom Rockefeller-Institut. Sie injizierten dem Patienten Salvarsan, entnahmen ihm bald darauf Blut und aus diesem gewonnenen Serum injizierten sie intralumbal. Das ist die Salvarsanserummethode. Vielfach wurde behauptet, daß nur jene Mittel auf luische Veränderungen des Zentralnervensystems Einfluß haben, welche im Liquor erscheinen; da hierzu eine besonders hohe Konzentration des Medikamentes erforderlich ist, hat Wechselmann die intralumbale Applikation des Neosalvarsans vorgeschlagen. Swift und Ellis, Gennerich haben dann die intralumbale Behandlung weiter ausgebaut, letzterer namentlich die direkte Methode. Zuerst hat Gennerich die einfache, später die Doppeltpunktionsbehandlung eingeführt. Modifikationen technischer Art stammen von Benedek, Nast, Schacherl.

Die Methode von Gennerich ist zu kompliziert um eine allgemeine Verbreitung zu finden, weshalb wir auf die Wiedergabe der technischen Einzelheiten verzichten, den Interessierten verweisen wir auf die Arbeit von GENNERICH oder auf die Zusammenstellung von KAFKA [1].

Besprechen müssen wir aber die theoretische Grundlage dieser Behandlungsart. Vor allem ist die Frage zu bereinigen ob bei der allgemein geübten kombinierten Hydrargyrium-Wismut-Salvarsanbehandlung unsere Mittel ins Zentralnervensystem gelangen oder nicht?

Für das Quecksilber ist es erwiesen, daß es nicht in den Liquor übergeht und trotzdem ist seine heilende Wirkung auf die luischen Veränderungen des Zentralnervensystems unbestritten (ZALOZIECKI). Es ist anzunehmen, daß unsere Mittel durch die Blutbahn an die kranke Stelle gelangen, dagegen vom Liquor aus viel rascher resorbiert werden. Sehr richtig weist WEICHBRODT darauf hin, daß das Salvarsan im Körper gespalten wird in As und Diazobenzol. Das As aber ist im Liquor von vielen Autoren (SICARD und BLOCH, BALZER und CONDAT, RAVAUT, MUCHA u. a.) nachgewiesen worden. WEICHBRODT ließ sechs Gehirne von Paralytikern, die salvarsanbehandelt waren, untersuchen und stellte fest, daß in sämtlichen Gehirnen As nachzuweisen war. Er fand in einem Fall selbst nach 4 Monaten nach der Kur As im Gehirn. Weiter untersuchte WEICHBRODT ob bei intravenöser Salvarsanbehandlung As in den Liquor übergeht? Aus seinen Untersuchungen geht hervor, daß in den meisten Fällen nach intravenöser Injektion von Salvarsanpräparaten (Neosalvarsan, Sulfoxylat, Silbersalvarsan) erhebliche Mengen von Arsen in den Liquor übergehen. Der Arsengehalt des Liquors kommt in vielen Fälle 1 Stunde nach der Injektion dem des Blutes gleich oder sehr nahe. Dann schreibt er: „Daraus ergibt sich, daß die intralumbale Darreichung der Salvarsanpräparate keine Vorteile bieten dürfte. Denn abgesehen davon, daß diese Methode durchaus nicht immer harmlos ist, kann auch bei intravenöser Darreichung genau so viel, ja meist mehr Arsen in den Liquor übertreten, als intralumbal überhaupt gegeben werden kann. Dabei hat die intravenöse Darreichung noch den Vorteil, daß das As noch nach vielen Tagen sich im Liquor findet, während bei der intralumbalen Darreichung schon nach 24 Stunden, wie GEORGE W. HALL gezeigt hat, kein Arsen mehr im Liquor nachzuweisen ist."

Auch KALISKI und STRAUSS sprechen sich gegen die intralumbale Behandlungsart aus. Vor allem bemängeln sie, die ganz unzulängliche Menge von Salvarsan das in den Liquor gebracht wird, dann weisen sie darauf hin, daß die Aufgabe des Liquors nicht in der Ernährung der cerebrospinalen Gewebe besteht, sondern er dient hydrostatischen Zwecken, sowie zur Abführung der Verbrauchssubstanzen. Die Lymphzirkulation bewegt sich von den nervösen Geweben der cerebrospinalen Flüssigkeit zu. Hier ist es amPlatze, auf die GENNERICHsche unhaltbare Annahme hinzuweisen, derzufolge der Liquor bei der Tabes das Rückenmarksgewebe auswaschen soll! Der Ausdruck Liquorlues, den NAST gebraucht, entspringt auch dem Grundgedanken der GENNERICHschen Auffassung, ist aber zu verwerfen, da nicht der Liquor primär erkrankt, sondern die Veränderungen der nervösen Substanz sind das Primäre. Auch NONNE und PETTE wenden sich gegen diese Bezeichnung, „da es eine isolierte Erkrankung des Liquors ohne anatomisches Substrat nicht gibt". „Theoretisch" sagen sie ferner „läßt sich gegen die Annahme einer Überlegenheit (wie NAST sie behauptet hat) der endolumbalen Behandlung einwenden, daß nach SPATZschen Untersuchungen endolumbal einverleibte Substanzen sich nur über ganz bestimmte Bezirke der Hirnrückenmarksoberfläche verteilen, keineswegs aber das ganze Nervensystem durchdringen." Selbst KAFKA, ein eifriger Anhänger der endolumbalen Behandlung, gibt zu, daß die Frage, wie weit das endolumbal

[1] In Handbuch für Haut- und Geschlechtskrankheiten, Bd. 17. 1929. Berlin: Julius Springer.

eingeführte Salvarsan ins Nervenparenchym dringen kann, noch ungelöst ist. Es ist schwer, aus den Literaturangaben ein deutliches Bild über die Erfolge dieser Behandlung zu gewinnen, da in den meisten Fällen auch intravenös behandelt worden ist. So ließ Bumke durch Gertrud Hammerstein über die therapeutischen Maßnahmen und Erfolge bei der intralumbalen Behandlung der Lues cerebrospinalis berichten, aber aus diesem Bericht ersehen wir, daß auch die intravenöse Behandlung mitangewendet wurde. Die verwendete Menge ist so minimal, die Behandlung eine so verzettelte, daß wir an eine durchschlagende Wirkung nicht recht glauben können. Weygandt, Jakob und Kafka äußern sich ausführlich über ihre Fälle und erwähnen als *unschuldige* Begleiterscheinungen *für den Patienten recht unangenehme Symptome:* Anfälle die nicht näher bezeichnet werden, Temperatursteigerungen auf 39°, 40,5°, meningeale Symptome usw. Dann erwähnen sie, daß in 3 Fällen die wiederholten Punktionen selbst mehr Schwierigkeiten machten als vorher; sie bekamen den Eindruck, als hätten sich infolge des Salvarsanreizes auf das Bindegewebe irgendwelche Verwachsungen gebildet, die bei der ersten Punktion nicht vorhanden waren. Altmeister Nonne hielt eine Umfrage über die Erfahrungen der endolumbalen Methode und er bekam zur Antwort, daß von 32 Kliniken 23 die Methode nicht angewendet hatten, weil sie sich mit der Gennerichschen theoretischen Begründung nicht befreunden konnten; nur 9 hatten die Methode angewendet, sie aber wieder verlassen, teils wegen Schädigungen, teils wegen Ausbleibens besserer Resultate. Schüttelfröste, Temperatursteigerung, Augenmuskellähmungen, Paraplegien, Blasenstörungen und Kollaps haben Jacoby, Kleist, Westphal, Hauptmann, Schuster, Foerster, Bonhöffer, v. Sarbó, L. Mayer gesehen. Wir verzichten auf die nähere Mitteilung der ernsten Zufälle, die in der Literatur beschrieben sind (Werther, Zadek, Levisohn, Nonne u. a.) und betonen, daß es an der endolumbalen Behandlungsart noch sehr viel zu feilen und zu ändern gibt, ehe sie in die allgemeine Praxis sich Eingang wird verschaffen können. Selbst begeisterte Anhänger der Methode geben zu, daß in der Malariabehandlung ein großer, siegreicher Konkurrent der endolumbalen Behandlung entstanden ist.

Als eine aparte Art des Einverleibens spirillozider Substanz erwähnen wir die Behandlungsart, welche Schaller und Mehrtens in einem Falle, wo die Venen thrombotisiert waren, befolgten: sie gaben Arsphenamin in viergrammiger Dosis *rectal!* Bisher gaben sie dieses Mittel auf der angegebenen Weise 300mal. Nur in einem Fall kam es zu einer exfoliativen Dermatitis bei einem Patienten, der auch auf Neosalvarsan, intravenös allerdings, in etwas milderer Form, ähnlich reagierte. Wichtig ist ihre Feststellung, derzufolge bei dieser Anwendung des Arsphenamins im Liquor dieselbe Menge von Arsen wie bei 0,60 Arsphenamin intravenös gegeben nachweisbar war. Die Verfasser selbst sagen, daß noch keine definitiven Folgerungen aus ihren Versuchen zu ziehen sind, aber sie finden den Versuch einer rectalen Anwendungsart in Fällen für erwünscht, in denen das Salvarsan intravenös nicht gegeben werden kann.

Sicard und Paraf, die mit der Swift-Ellis-Methode keinen so günstigen Einfluß bei Tabes und Paralyse konstatieren, nur wenn zugleich die intravenöse und intramuskuläre Therapie mitangewendet wurde, sehen den Effekt der intraspinalen Behandlung darin, daß durch dieselbe die Permeabilität der Meningen erhöht wird, wodurch die Medikamente vom Blut aus leichter in die Nervensubstanz gelangen. Zur Erreichung dieses Zweckes empfehlen sie die intraspinale Anwendung steriler Salzlösung (0,7 auf 4—10 ccm) zu gleicher Zeit mit der intravenösen und intramuskulären Behandlung.

In neuester Zeit trat Stief mit dem Vorschlag hervor, durch die Erwärmung des Liquors therapeutische Beeinflussungen zu erzielen. Die Wirkung dieses Verfahrens kann nach Stief auf dreierlei Weise zustande kommen. Unmittelbare

Wärmewirkung auf den Liquor selbst, auf das Nervensystem, in erster Linie auf die Häute und Wurzeln des Rückenmarks. Es ist ferner an eine omnicelluläre Wirkung auf die vegetativen Zentren und endlich auf die Veränderung der Permeabilität zu denken. Der Verfasser wendete das Verfahren in 45 Fällen zumeist in infausten Fällen an. Den, dem Patienten entnommenen Liquor erwärmte er auf etwa 50^0 C und reinjizierte denselben intraspinal; nach seiner Berechnung ist die tatsächliche Temperatur dieses Liquors im Rückenmarkskanal $39{,}4^0$ C. Es müssen noch weitere Erfahrungen gesammelt werden um ein endgültiges Urteil über dieses Verfahren fällen zu können.

e) Allgemeine Behandlung der Nervensyphilis.

Schon während der spezifischen Behandlung müssen gewisse allgemeine Gesichtspunkte betreffs der Lebensweise, Ernährung, vegetative Funktionen berücksichtigt werden. Während der spezifischen Behandlung ist es angezeigt, daß der Patient seiner gewöhnlichen Beschäftigung nicht nachgeht, das gilt vor allem bei der Lues cerebri. Auf jeden Fall müssen körperliche und psychische Überanstrengungen vermieden werden. Absolute Abstinenz vom Alkohol ist unbedingt zu fordern. Für tägliche Stuhlentleerung ist zu sorgen. Gut bewährt hat sich bei chronischer Opstipation folgendes Verfahren: Jeden Abend beim Schlafengehen werden drei Eßlöffel Bitterwasser (Hunyady János, Mira) mit drei Eßlöffel gewöhnlichem kalten Wasser und beim Erwachen dieselbe Quantität auf nüchternem Magen *warm* genommen.

Die Regel bei der Nahrungsaufnahme soll lauten, oft im Tage zu essen, abends ein frugales Mahl. Es soll viel Fett vertilgt werden: Speck, Butter, Knochenmark, fette Käsesorten. Diese Regel lasse ich schon seit Jahrzehnten befolgen, ich gehe dabei von der Voraussetzung aus, daß der Organismus im Sinne BERGELs mit der Lymphocytose gegen die Spirochätose ankämpft; die zu heben soll diese Diät beitragen.

Neben der Befolgung dieser Regeln ist es angezeigt, wenn der Patient dreimal wöchentlich ein Erfrischungsbad nimmt, ist dies nicht durchführbar, so soll er täglich in der Frühe den Körper mit Essigwasser abfrottieren (3 Eßlöffel Essig auf $1^1/_2$ l abgestandenem Wasser). Neben dem Körper ist auch die Seele nicht zu vernachlässigen. Übertreiben wir die Gefahren der Erkrankung nicht, nur bei leichtsinnigen und gewissenlosen Leuten müssen wir sie stärker betonen. Heben wir das Selbstvertrauen, erklären wir, daß die gute Stimmung schon einen halben Erfolg bedeutet. Selbstbeobachter, die lexikonale Aufklärung Suchende, sollen auf das Schädliche ihres Gebahrens mit Nachdruck aufmerksam gemacht werden. Wir dürfen dem fortwährenden Drängen nach neuerlichen Blutuntersuchungen kein Gehör schenken. Es ist Ärztesache zu beurteilen, wann eine Blutuntersuchung stattzufinden hat. Mit ganzer Offenheit werden wir nur mit sehr intelligenten Kraftnaturen sprechen. Am zweckentsprechendsten ist es, dem Patienten begreiflich zu machen, daß er uns Ärzten die Sorge wegen seiner Krankheit überlassen soll, er soll sich nur die pünktliche Befolgung unserer Anordnungen zur Pflicht machen.

Damit sind wir aber mit unseren ärztlichen Pflichten noch nicht fertig. Wir müssen auch an die Zukunft denken. Mit dem nötigen Taktgefühl müssen wir, besonders die Patienten, welche eine cerebrale Lues überstanden haben, darauf aufmerksam machen, daß sie in ihrer Lebensweise die bekannten Schädlichkeiten des Alltagslebens als Alkohol, Nicotin, jedwede geistige oder körperliche Überanstrengungen, Exzesse in Venere, unregelmäßige Lebensführung, zu meiden haben. Sie haben dafür zu sorgen, daß Körper und Seele durch richtig angebrachte Schonung keinen Schaden erleiden, durch hygienische Lebensweise, sportliche Betätigung müssen sie sich trachten abzuhärten.

Eine sehr wichtige Frage ist die *Eheschließung.*

Wir müssen es zur Regel machen, uns mit der Blutuntersuchung nicht zufrieden zu geben. Heute, wo uns die sehr einfache Zisternenpunktion zu Gebote steht, wird es, namentlich bei intelligenten Leuten, ein leichtes sein, sie von der absoluten Notwendigkeit dieser Untersuchungsart zu überzeugen. Auf die Frage, ob ein infiziert Gewesener heiraten darf oder nicht, können wir gewissenhaft nur auf Grund des Sero-Liquorbefundes antworten. Ist letzterer, in jeder Beziehung normal und sind schon Jahre seit den letzten offenkundigen Erscheinungen seiner Lues vergangen, so können wir die Zustimmung zur Heirat erteilen, indem wir hinzufügen, daß wir gar keine Garantie dafür übernehmen können, daß sich keine luische Nachklänge einstellen werden. Wir raten noch zu einer Salvarsanprovokation, ergibt auch die negatives Resultat, so haben wir nach dem jetzigen Stand unserer Kenntnisse alles getan, was menschlich möglich war, um die Gefahrmomente auf das denkbar mindeste zu beschränken. Wir machen es dem Ehekandidaten zur Pflicht, sich bei welchen immer sich zeigenden Symptomen sofort zu melden, beruhigen ihn aber zugleich mit der Versicherung, daß wir heute schon in der Lage sind, selbst bedrohliche Symptome (in erster Linie das Wetterleuchten der Paralyse) sofort zu erkennen und die Gefahr abzuwenden. Einem jeden der luisch infiziert war, ist es zur Gewissenspflicht zu machen, sowohl bei hartnäckigen als auch bei unklaren Erkrankungen in seiner Familie (Frau, Kinder) seinen Arzt über sein altes Leiden aufzuklären. Hat ein, sich zu Verheiratender positive Sero-Liquorreaktion, so ist erst die energischeste antiluische Kur (Malaria) einzuleiten. Die Stärke der Reaktionen ist nicht maßgebend, warnen müssen wir auf Grund einer sog. Lueszacke die Paralyse auszuschließen und sich mit einer kombinierten Kur zufrieden zu geben. Ich betone dies deshalb, weil ich Fälle kenne, wo auf der Grundlage so einer Lueszacke die günstige Gelegenheit der Malariabehandlung verpaßt wurde! Ist der Liquor normal, die Blutreaktion aber positiv (bei einem sicher Infizierten ist es gleichgültig ob die Reaktion ein- oder mehrkreuzig ist), so haben zuerst 2—3 energische kombinierte Kuren vorgenommen zu werden, auch wenn subjektiv keine Klagen bestehen. Bleibt die Blutreaktion trotz energischer Behandlung positiv, fühlt sich der Betreffende vollkommen wohl, ist weder bei der körperlichen, noch bei der psychischen Untersuchung ein Defekt zu konstatieren, so erklären wir, daß die Möglichkeit einer späteren Erkrankung wohl besteht, aber wir sind nicht in der Lage zu prophezeien, so daß die Entscheidung dem zu Vermählenden zu überlassen ist. Wird der Blut-Wa. nach den Behandlungen negativ, so müssen wir trotzdem eine offene Sprache sprechen und sagen, daß wir unbedingte Garantie für die Zukunft nicht übernehmen können, aber zu bedenken geben, daß wir seit den Kriegsjahren unsere Ansprüche in jeder Beziehung, so auch inbezug auf das Heiraten sehr niedrig gehängt haben. Eugenetischen Anforderungen zu entsprechen muß glücklicheren Zeiten als den jetzigen vorbehalten werden. Das will heißen, daß selbst die mit Defekt Geheilten Anspruch auf ein Familienleben haben dürfen, nur muß auch der Partner in jeder Beziehung von der Wahrheit verständigt werden. Das Leben pflegt auch dieses Problem zu lösen, haben doch schon des öfteren solche Paare von uns die Heiratseinwilligung erwirken wollen, welche schon das eheliche Leben antizipiert haben. In solchen Fällen ist gegen eine Heirat, nach Aufklärung des Ehepartners nichts einzuwenden. Selbstredend muß der Partner auf die Gefahr, daß er Krankenpflegerdienste evtl. zu gewärtigen hat, aufmerksam gemacht werden. Ich blicke auf solche jahrzehntelang glückliche Ehen in einer hübschen Zahl zurück. Warnen müssen wir aber vor der Eheschließung in all jenen Fällen, wo es sich bei den zu Vermählenden um hereditär belastete Individuen handelt, da die Gefahr der Schädigung der Progenitur bei diesen eine äußerst imminente ist.

In Frankreich hat sich eine Kommission der dermatologischen Gesellschaft mit der Frage der Ehebewilligung befaßt (Queyrat, Hudelo, Spillmann, Gaston und Clément Simon) und hat recht scharfe Regeln aufgestellt. Vor allem war die Frage zu erörtern, ob die eheschließenden Parteien sich gegenseitig über das Infiziertsein informieren sollen oder nicht. Finger, Spillmann und Thibierge stehen auf dem Standpunkt, daß jeder rechtlich denkende Mann (oder Frau), der Syphilis gehabt hat, immer den anderen Teil von der Sachlage unterrichten muß. Der Einwand, daß diese Praxis viele Ehen verhindern würde, wurde von Thibierge mit dem geistreichen Spruch erledigt: «Si cette pratique peut faire manquer quelques mariages, elle évite un bien plus grand nombre de divorces.»

f) Die operative Behandlung der Nervenlues.

Die depressive Wirkung entfaltende Lumbal- oder Zisternenpunktion als operativen Eingriff haben wir schon im Kapitel der luischen Kopfschmerzen erwähnt. Wir betonen auch an dieser Stelle, daß bei richtiger Indikation dieser kleine Eingriff momentane Erleichterung schafft.

Am Ende des vorigen Jahrhunderts haben Horsley und Gowers auf Grund ihrer pathologanatomischen Studien das Gumma als durch unsere Heilmittel nicht heilbar erklärt. Seitdem haben eine ganze Reihe von Autoren Gummata mit Erfolg operieren lassen oder selbst operiert. Wir erwähnen nach Nonne: Maceven, Harrison, Lampiasi, Parker, Sands und Horsley, Schlesinger und Friedländer, H. Oppenheim, Nonne. *Ich* selbst habe eine Narbe nach einem syphilitischen Gumma, welche den zweiten Ast des Ganglion Gasseri drückte, richtig diagnostiziert. Dollinger fand an der von mir angegebenen Stelle die Narbe, welche den zweiten Quintusast fest umklammerte, die Loslösung war von vollem Erfolg begleitet, die seit Jahren bestehenden unerträglichen Schmerzen hörten mit einem Schlage auf. Auch verfüge *ich* über 2 Fälle, in welchen ich eine syphilitische Narbe, als Ursache der unstillbaren Schmerzen vorausgesetzt habe und die Operation die Richtigkeit meiner Annahme bewies. Beide Fälle betrafen syphilitische Caudaerkrankungen, die Schmerzen hörten sofort nach der Operation auf.

Die Gummata der Konvexität können zu symptomatischen Epilepsieanfällen führen, die zurückbleibenden Narben müssen dann operativ angegangen werden, wie dies schon Maceven und Bramwell empfohlen haben.

Nicht sehr günstig für die Operation liegen die Verhältnisse im Rückenmark, da ein isoliertes Gumma zu den größten Seltenheiten gehört, für gewöhnlich handelt es sich um eine diffuse Erkrankung der Häute. So war es im Fall, den Wolff aus der Abteilung von Flatau publizierte. Bei einem 40jährigen luisch infizierten Mann traten 6 Jahre nach der Infektion nach zerebralen Erscheinungen spastische Parese, Miktionsstörungen usw. auf. Spezifische Therapie war erfolglos, bei der Lipoidoluntersuchung Bloc bei D5, bei ascendierendem Lipiodol Stop bei D7—9. Wa.R. in beiden Medien positiv. Bei der Laminektomie nach Spaltung der Dura wird eine milchige Masse sichtbar, welche sich dem Rückenmark entlang zieht (Arachnitis fibrosa chron.). Die verdickte Arachnoidea wird entfernt, histologisch: narbige fibröse Masse. Das Rückenmark war stark geschmälert. Zustand änderte sich nicht. Das Lipiodol war nach der Operation noch immer bei D 5, da man nach Eröffnung der Dura die arachnoidalen Zusammenhänge nicht gelöst hat.

Ein Hirngumma bei einem kongenitalluischen Mädchen ließen Neumann und Lewandowsky operieren. Dasselbe führte zur hochgradigen Stauungspapille. Wochen vorher litt das Mädchen an Kopfschmerzen, Schwindel, Doppeltsehen. Rasch einsetzende Benommenheit, linksseitige Hemiparese, Hemianästhesie. Vor einigen Jahren war beim Mädchen nach Lymphoma-colli-Operation in der Narbe ein Gumma festgestellt. Es wird ein Herd hinter der Zentralfurche angenommen und von vornherein an ein Gumma gedacht. Bei der Operation findet man die Dura verdickt und sulzig getrübt, prall gespannt, durch ihr schimmert eine gelbliche Substanz hervor, dieselbe zeigt eine homogene Struktur, hat Knorpelkonsistenz, ist apfelgroß. Mikroskopisch entpuppt sie sich als ein Gumma. Benommenheit nach der Operation völlig geschwunden, Sehvermögen anfangs gebessert, dann Atrophia nervi optici sich ausbildend.

V. Die kongenitale Syphilis.
Einführung.

Die Frage ist unentschieden, ob es außer der, auf diaplazentarem Wege erfolgten, daher direkten Infektion, noch eine andere Schädigung des keimenden Lebens gibt? Die letztere vorausgesetzt, wäre eine Keimschädigung, Blastophthorie im Sinne Forels (ob des väterlichen oder des mütterlichen Keimplasmas ist einerlei) anzunehmen.

Die Mehrzahl der deutschen Forscher hält die erste Art der Schädigung für überwiegend und spricht daher von *kongenitaler* Lues, für sie ist die Übertragung der Syphilis ex patre bei Unversehrtheit der Mutter eine kaum vorkommende Seltenheit. Einzelne Autoren, so z. B. Hochsinger glauben heute noch an die zweite Möglichkeit, welche seinerzeit von Fournier, Kassovitz, Finger als die weitaus überwiegende gehalten wurde. Den Umschwung in der deutschen Auffassung brachten die vorbildlichen Untersuchungen Matzenauers. Französische Autoren halten dagegen heute noch an dem Glauben fest, daß die Infektion durch die Schädigung des väterlichen Keimplasmas erfolgt und sie sprechen von *hereditärer* Lues *(Heredolues)*. Die französische Auffassung ist auf die Fourniersche Stellungsnahme zurückzuführen, welche neben der natürlichen Syphilis von einer durch die Syphilis hervorgerufenen dystrophischen Störung sprach. Die Folge davon ist ein überdimensionables Überwuchern der in das Gebiet der Heredolues fallenden Krankheitszustände in der französischen Literatur; nach dieser Auffassung gibt es kaum eine Aberration sowohl auf körperlichem als auch auf geistigem Gebiet, welche nicht durch eine Heredolues hervorgebracht werden könnte. Nehmen wir das jüngst erschienene Buch von Drouet und Hamel zur Hand, welches den Titel L'Hérédo-Syphilis mentale führt, so müssen wir erstaunt feststellen, daß die Begründung auf sehr schwachen Füßen steht. Die von Lombroso her bekannten Stigmata degenerationis werden der Reihe nach, als Stigmata der Syphilis angesprochen. Ganz unzureichend und nicht beweisend finden wir die Behauptung, nach welcher eine Hemiplegie mit Atrophie einfach auf Grund des erhöhten Eiweißgehaltes und der Druckerhöhung des Liquors als syphilitisch angesprochen wird. Daß die psychopathischen Zustände auf heredosyphilitischer Grundlage beruhen, ist in den französischen Ärztekreisen allgemein anerkannt. So spricht Laignel-Levastine von heredosyphilitischen Psychopathien, die sowohl bei Kindern als auch bei Jünglingen und Erwachsenen sehr häufig wären. Bei Kindern sollen die Zeichen organischer Nervenerkrankung, dann die von Hutinel her bekannten Störungen des endokrinen Systems und endlich die mentalen Aberrationen ohne morphologische oder humorale Stigmata aufzufinden sein. Alle diese Zustände sollen durch antisyphilitische Behandlung äußerst gut zu beeinflussen sein. Queyrat ist der Meinung, daß es außer der Imbezillität, Idiotie, mentaler Debilität sowohl in der ersten, als in der zweiten Generation psychische Störungen gibt, die auf die Syphilis der Erzeuger zurückgeführt werden können, so z. B. kapriziöses Verhalten, Unstetigkeit, unmotivierter Stimmungswechsel, Fehlen des cerebralen Gleichgewichtes, die Erschwerung bei der geistigen Arbeit,

Impulsionen, Wutausbrüche usw. Verfasser erwähnt ein Kind von unmöglichem Charakter, welches sich auf die Erde warf, Wutausbrüche zeigte usw., dasselbe soll sich nach fünfmonatiger Sulfarsenolbehandlung ganz verändert haben. CORNIL und KISSEL wollen ein Kind, welches die Maladie des Tics bei positiver Wa.R. zeigte, durch antiluische Behandlung wesentlich gebessert haben. LÉCHELLE, THÉVENARD und DELTHIL nahmen bei einem 54jährigen Mann, der Zeichen der Hinter- und Seitenstrangerkrankungen mit amyotrophischen Symptomen an den Unterextremitäten bot, auf Grundlage einer seit seiner Kindheit bestehenden testikulären Atrophie, eine hereditäre Lues an, welche die späte Erkrankung bedingen soll. Ist das nicht zuweit gegangen?

Bei den heranwachsenden Heredosyphilitikern kann man nach LAIGNEL-LEVASTINE folgende Gruppen unterscheiden: 1. Fälle mit organisch bedingter Nervenaffektion (progressive Paralyse, Dementia praecox). 2. Schwere Störungen des endokrinen Systems als Myxödem, aber auch leichte, pluriglanduläre Fälle, dann Dysthyreoiditiden usw. 3. Fälle ohne physikalische Zeichen: Mentale Degeneration, viele Perverse, die Zweifler, gewisse, an intermittierenden Depressionen Leidende mit Dysthyreoidismus, gewisse Paranoiker.

Das alles soll die Syphilis verschulden können und noch mehr. Die Disposition gegen Gifte, ja sogar die relative Häufigkeit der Encephalitis epidemica bei den Heredosyphilitischen, sowie gewisse neuropsychische Symptome des Alkoholismus, das alles soll auf Syphilis zurückzuführen sein.

Selbst bei den Greisen auftretende arterielle Hemiplegien werden auf die hereditäre Syphilis bezogen. So erblickt LACAPÈRE in dieser Auffassung einen großen Vorteil, da es hierdurch ermöglicht wird, die, oft von Erfolg begleitete spezifische Therapie einzuleiten. MONTPELLIER, der sich berechtigt fühlte, 3 Fälle von Neurofibromatose auf hereditäre Lues zurückzuführen, wirft die Frage auf, ob bei der RECKLINGHAUSENschen Krankheit, deren endokrine Entstehung sich zu bewahrheiten scheint, die Grundlage durch die Spirochäte nicht während der embryonalen und fetalen Periode gelegt wird? Aus diesen wenigen Zitaten ist es auch ersichtlich, wie uferlos die Grenzen der „Heredolues" sind.

Gegen diese Überschätzung der Lues, als ätiologisches Moment der Nervenkrankheiten von Seite der Franzosen, hat neuerdings JAHNEL mit Recht Einspruch erhoben. Sehr richtig fordert er, daß nur solche Krankheiten als syphilitisch betrachtet werden sollen, bei denen das ganze moderne Rüstzeug der Syphilisdiagnostik, darunter in erster Linie die von PLAUT zuerst für die kongenitale Lues des Nervensystems nutzbar gemachte Serodiagnostik, angewendet wurde. Dem fügen wir hinzu, daß selbstredend auch die Liquordiagnostik herangezogen werden muß, um so mehr als in vielen Fällen als luespositiv nur der Liquor befunden wird.

HOCHSINGER hält heute noch an der germinativen, d. h. durch die Keimdrüsen übermittelten Entstehung der angeborenen Syphilis, fest. Den Einwurf, daß die Spirochäte größer als das Spermatozoon sei, begegnet er mit dem Hinweis, daß die Erreger der Samenflüssigkeit einfach beigemengt sein können, andererseits meint er, gibt es eine granuläre Form des Erregers, welche auch im Ovulum Platz finden könne, ohne dasselbe zu zerstören. Endlich beruft sich HOCHSINGER auf die Angaben von FISCHL und ALMQUIST. FISCHL untersuchte 23 Mütter, bei denen die genaueste Untersuchung keinerlei Zeichen einer Lues nachweisen konnte. Alle Kinder zeigten floride Syphilis und von den Müttern gaben nur 82% positive Wa.R., d. h. von 23 hatten 4 negativen Wa. Auf Grund dieser Erhebungen meint nun FISCHL, daß die Möglichkeit einer väterlichen Infektion zugegeben werden muß. Ich kann mich dieser Meinung nicht anschließen, da es viele Versager bei der Serumuntersuchung geben kann, dann kann ein luisch Infizierter seronegativ und trotzdem liquorpositiv sein und endlich wissen wir, daß bei sicher Syphilitischen ein Schwanken der Wa.R. zu beobachten ist. Es wiederholt sich bei dieser Frage das falsche Vorgehen, welches wir bei der Tabes und bei der progressiven Paralyse, vor der SCHAUDINN-schen Entdeckung erlebt haben, wo die Gegner der luischen Entstehungsweise dieser Krankheiten damit argumentierten, daß statistisch der 100%ige Beweis dafür fehlte, wonach in jedem Fall die Syphilis die Ursache sein soll. Es ist bei der innigen Vermengung des kindlichen mit dem mütterlichen Blute nicht recht wahrscheinlich, daß das mütterliche Blut frei von Spirochäten ist. Aber selbst zugegeben, daß diese vier Mütter kongenitalluischer Kinder seronegativ waren, ist das immer noch kein Beweis dafür, daß sie auch spirochätenfrei sind, da sie ihre Spirochäten in ihren Lymphdrüsen verschanzt enthalten können, andererseits kann bei diesen seronegativen Müttern der Liquor positiv gewesen sein!

Wir verweisen diesbezüglich auf den von FORDYCE und ROSEN mitgeteilten Fall, in welchem die Seroreaktion bei der Mutter negativ, dagegen der Liquor-Wa. stark positiv war. Interessant in diesem Fall war ferner der Umstand, daß das Kind stark positive Wa.R. im Nabel hatte, ohne irgendwelche klinische Symptome gezeigt zu haben.

Denselben Einwand erhebe ich gegen die NONNEsche Auffassung, laut welcher es möglich wäre, daß eine Mutter von einem syphilitischen Manne geschwängert sein kann, ohne selbst infiziert zu sein. Sie soll aber vom Fetus her die Syphilis bekommen können, *choc en retour* der Franzosen. NONNE begründet diese Annahme damit, indem er sich auf Fälle beruft, in denen die Ehefrauen von Tabikern und Paralytikern, die Mütter kongenitalluischer Kinder luesfrei, Wa.-negativ befunden wurden. Da wir wissen, daß trotz sicherer Syphilis die Wa.R. negativ bleiben kann, ferner Schwankungen der Reaktion häufig vorkommen, so ist das Luesfreisein dieser Mütter keineswegs bewiesen; dazu kommt noch der Umstand, wie wir dies schon oben ausgeführt haben, daß nur der Liquor die Syphilis verraten kann, Liquorunter-suchungen wurden aber bei den NONNEschen Müttern nicht ausgeführt. Gegen die namentlich von MATZENAUER vertretene Ansicht, daß die Syphilis auf placentarem Wege auf das Kind übergreift, wurde darauf hingewiesen, daß die Placenta für Mikroorganismen nicht durchgängig ist. Nun haben UHLENHUTH und PHILIPPS an Tieren nachgewiesen, daß die in den mütterlichen Kreislauf gebrachten Spirochäten nach 5 Minuten im Fetus nachgewiesen werden können, ohne daß an der Placenta irgendeine pathologische Veränderung vorhanden wäre (MATZENAUER).

Interessant in dieser Beziehung ist eine Beobachtung von O. HEUBNER. Er sagt, daß eine, in den letzten Monaten der Schwangerschaft eingetretene Infektion dem Fetus noch gefährlich werden kann. Man hat in solchen Fällen die merkwürdige Beobachtung gemacht, daß die sekundären Erscheinungen der syphilitischen Allgemeininfektion beim Neugeborenen früher auftraten als bei der Mutter. Das beweist, daß ganz kurze Zeit nach der mütterlichen Infektion die Spirochäten schon im Blute kreisen und auf das Kind über-gehen können.

Es ist also als bewiesen anzunehmen, daß in der Überzahl der Fälle die kongenitale Syphilis auf placentarem Weg in den Fetus gelangt, da fast alle Mütter, selbst die anscheinend gesunden, die syphilitische Kindern gebären, eine positive Seroreaktion geben (KNÖPFELMACHER und LEHNDORFF, J. BAUER, THOMSEN und BOAS u. v. a.). OLUF THOMSON nimmt an, daß die Mitte der Gravi-dität der Zeitpunkt ist, wo die Spirochäten die Placenta zu durchwandern beginnen und den Fetus infizieren. Französische Autoren, vor allen HUTINEL, haben schon vor der Entdeckung der SCHAUDINNschen Spirochäte über luische

Nabelgeschwüre berichtet, welcher Befund später durch den Nachweis der Spirochäte bestätigt wurde. Vulovic hat an einem großen Material Untersuchungen angestellt und gefunden, daß selbst bei anscheinend gesunden Neugeborenen in dem der Nabelvene entnommenen Blute positiver Spirochätenbefund erhoben werden konnte. Er empfiehlt diese Methode zur Frühdiagnose der kongenitalen Syphilis.

Während also die placentare Übertragung der Syphilis auf den Fetus als bewiesen gelten kann, sind die germinative, ovuläre Infektion und die paterne germinative Vererbung nur unbewiesene theoretische Möglichkeiten — sagt Boas. Es bleibt der Zukunft vorbehalten die fehlenden Beweise zu liefern; ganz von der Hand zu weisen ist die Möglichkeit nicht, daß durch endokrine syphilitische Erkrankung der Generationsorgane eine Keimschädigung stattfindet und dieser entsprechend die degenerative Anlage entsteht, aus welchem Boden dann „Nervenschwäche", „Mißbildungen" usw. entwachsen können.

Wir können dieses Kapitel mit den Worten von Higier schließen: „Während die Disposition zu einer Erkrankung, d. h. die erblich übertragene Keimeseigentümlichkeit nach Martius vererbt werden kann, kann eine Krankheit selbst, die immer ein Vorgang und nicht eine Eigenschaft oder ein Umstand ist, nie vererbt werden. Eine Krankheit kann von der Mutter auf das Kind übertragen, aber nie von der Mutter auf das Kind vererbt werden."

1. Pathogenese und pathologische Anatomie der kongenitalen Syphilis.

Es ist äußerst schwierig, ein übersichtliches Bild über die möglichen patholog-anatomischen Vorkommnisse bei der kongenitalen Syphilis zu geben. Das liegt daran, daß je nach dem Stadium der körperlichen Entwicklung verschiedene Möglichkeiten gegeben sind. Kommt es zum Überfluten des Fetus mit Spirochäten, so gibt es kaum ein Organ, welches nicht Reaktionsveränderungen zeigen könnte. Diese sind an den inneren Organen am besten studiert. Benda, z. B. erwähnt, die nervösen Anteile an diesem Prozeß überhaupt nicht. Die größte Zahl der Feten geht in diesem Stadium zugrunde und es kommt zur Frühgeburt der macerierten Feten. Man spricht von einer Spirochätensepsis (Entz).

Aus Rietschels Feststellungen wissen wir (s. Kapitel Pathogenese), daß die Infektion zumeist via Blutstrom stattfindet, es gibt aber auch eine lymphogene Art für die Wanderung der Spirochäten vom mütterlichen Organismus in den kindlichen. Wie wir es anderen Ortes ausgeführt haben, glauben wir, daß es von dieser differenten Angriffsweise abhängt, welche Art der Beteiligung des Zentralnervensystems zustande kommt. Aus dem Studium der Familienuntersuchungen kann gefolgert werden, daß es vom Zufall abhängt, zu welcher Zeit die Infektion des Fetus stattfindet. Diese beiden Momente, das Wegmoment und das Zeitmoment, bestimmen die klinischen Erscheinungsformen. Tritt die Infektion in den letzten Wochen der Schwangerschaft via Blutweg ein, so kommt das Kind mit Erscheinungen der sekundären Syphilis zur Welt, im Nervensystem können vasculäre, interstitielle Veränderungen angetroffen werden.

Im Kapitel der Pathogenese haben wir schon darauf hingewiesen, daß auch bei der kongenitalen Syphilis in einer gewissen Anzahl der lymphogene Weg beschritten wird. Hierher gehören jene Fälle, in denen das Kind zur richtigen Zeit zur Welt gekommen ist, gesund aussieht; *keine luische Stigmata aufweist,* in seiner Entwicklung weder körperlich noch geistig zurückbleibt und zumeist zur Zeit der Pubertät, die ersten Zeichen der Tabes oder der progressiven Paralyse aufweist. *Wir glauben, daß diese Fälle von juveniler Tabes und Paralyse, auf lymphogenem Wege im Mutterleib infiziert, ihre Spirochäten im Lymphapparat beherbergen. Geradeso symptomlos, wie bei der erworbenen Syphilis, verhalten sich die Spirochäten im kindlichen Organismus, bis sie dann im Wurzelnerv oder im Parenchym des Gehirns, die reaktiven Erscheinungen hervorrufen.*

Selbstredend gibt es auch bei der kongenitalen Lues, Mischfälle, d. h. Fälle, welche zur Säuglings- oder Kleinkinderzeit sichtbare Zeichen der luischen Infektion aufweisen und erst später an juveniler Tabes oder an progressiver Paralyse erkranken.

Die kongenitale Syphilis zeigt dieselben *pathologanatomischen* Veränderungen, welche wir bei der erworbenen kennen gelernt haben.

Spezifische Gefäßveränderungen beschrieben von den älteren Autoren: Declerc und Mossou, Bullen, Zischle, Hadden, Jürgens, v. Bechterew u. a. Gummöse Neubildungen beobachteten: Virchow, Schott, Hutchinson, Siemerling, Böttiger u. a. E. Mendel fand chronische Meningitis mit Schwartenbildung, Heubner Pachymeningitis, Dowse Meningoencephalitis, gummöse Neubildungen und Endarteriitis der basalen Gefäße. Einen sehr lehrreichen Fall verdanken wir O. Heubner. Ein kongenital syphilitisches Kind von $1^1/_2$ Jahren erleidet einen Schlaganfall mit rechtsseitiger Lähmung, die nach 3 Tagen vorüberging. Danach langes Intervall, nur durch verzögerte geistige Entwicklung gekennzeichnet. $^3/_4$ Jahre später epileptische Krämpfe, gefolgt von einer nochmaligen Lähmung, die nun dauernd blieb und die rechte Körperhälfte betraf. Dieser Zustand zeigte während der zweimonatlichen Beobachtung kein progressives Verhalten, sondern eine kleine Besserung. Tod an einer interkurrenten Masernpneumonie. Die Autopsie deckte eine ganz hochgradige und fast den ganzen Circulus arteriosus umfassende Arteriitis obliterans — ohne jede sonstige herdartige oder meningitische Erkrankung — auf, die zu einer sehr ausgedehnten Atrophie mit vorwiegendem Schwund der grauen Substanz eines großen Teiles der linken Großhemisphäre geführt hatte.

Auch A. Jakob veröffentlichte einen hierhergehörigen Fall. Die kongenitale Syphilis führte zum Schwachsinn mit Gehörs- und Gesichtstäuschungen und fortschreitender Demenz. Der Tod trat im 40. Lebensjahr auf. Jakob fand bei der mikroskopischen Untersuchung eine Endarteriitis der kleinen Hirnrindengefäße mit zahlreichen Verödungen im Groß- und Kleinhirn. Er erwähnt noch einen anderen Fall, in welchem eine seit der Kindheit bestehende Athetose gleichen Gefäßerkrankungen in den basalen Ganglien ihr Dasein verdankte. Pette beschrieb striäre Symptome bei einem kongenital syphilitischen Kind, anatomisch fand sich eine pallidäre Erweichung, infolge syphilitischer Endarteriitis der basalen Gefäße.

Hadenfeld fand neben Syphilis anderer Organe, vielfach sklerotische Zustände des Gehirnes, in einem Falle gummöse Pachymeningitis, in einem anderen stark rostbraune Trübung der Dura, in einem dritten Derbheit des Ventrikelependyms.

Der *Hydrocephalus congenitus* spielt auch eine ziemlich große Rolle als Ursache pathologischer Veränderungen und klinischer Symptome. v. Bärensprung fand unter 99 Fällen von kongenitaler Syphilis, 5 Hydrocephalen. Viel später hat dann Fournier einen Zusammenhang zwischen den beiden Krankheiten behauptet. Nach Sandoz ruft die kongenitale Lues durch Entzündung des Ventrikelependyms und der Plexus choroidei den Hydrocephalus hervor. d'Astros nahm neben der von Sandoz vorausgesetzten Möglichkeit an, daß infolge des „dystrophischen" Einflusses der elterlichen Syphilis ein Zurückbleiben in der Entwicklung des Gehirns stattfindet. Hutchinson sah als Sprossen eines syphilitischen Vaters, zuerst ein syphilitisches Kind mit Hydrocephalus, dann ein Kind, das mit 10 Monaten starb, sodann eine totgeborene und macerierte Frucht, und nach der vierten Schwangerschaft wieder ein syphilitisches und zugleich hydrocephales Kind (zitiert nach Schultze).

Erweichungsherde beschrieben VIRCHOW, CHIARI, WALDEYER u. a. Neben Meningitis und Gefäßerkrankungen hat man wiederholt Atrophien der Gyri als Folge von Encephalitis oder Erweichung angetroffen. Es kann auch zu lobären Sklerosen kommen. Einen lehrreichen Fall verdanken wir v. BECHTEREW.

Eine wichtige Entdeckung machte RANKE, der durch seine Untersuchungen feststellen konnte, daß die von NISSL postulierte „biologische Grenzscheide" zwischen ektodermalem und mesodermalem Anteil des Hirngewebes erst zu einer recht späten Zeit der embryonalen Entwicklung, vermutlich sogar erst postnatal, zur völligen Ausbildung gelangt. Durch diese Feststellung wird es verständlich, daß bei der kongenitalen Syphilis des Fetus, der Paralyse ähnliche schwere Veränderungen auch im Parenchym, ein Vordringen der Spirochäten aus den Gefäßwandungen in den Rindensaum, massenhafte Spirochäten in den Lymphscheiden der Gefäße usw. vorgefunden werden. RANKE verdanken wir auch gründliche Untersuchungen syphilitischer Feten und Neugeborener. RANKE weist darauf hin, daß Blutungen der Pia und der Hirnsubstanz, besonders des Markes bei Frühgeburten, hauptsächlich in den 4.—6. Schwangerschafts-monaten, fast niemals fehlen. Die Ursache dieser Blutungen sind in den Ver-änderungen der Gefäßwände zu suchen. Schon HELLER, dann MRAČEK haben darauf hingewiesen, daß bei kongenitaler Lues Blutungen in allen Organen ungeheuer zahlreich vorzukommen pflegen, daher die Bezeichnung: „Syphilis haemorrhagica neonatorum" (BEHREND). Es kommt zu ausgebreiteten Infil-traten, zumeist aus Plasmazellen bestehend, in den adventitiellen Lymph-scheiden der Gefäße. Schon RANKE beschreibt außerdem das Auftreten von Stäbchenzellen, wie solche von NISSL und ALZHEIMER bei der Paralyse be-schrieben wurden. Auch die Pia ist am Prozeß beteiligt, es kommt zu einer Infiltration derselben mit Plasmazellen, Riesenzellenbildung und an einzelnen Stellen zu dem nekrotischen Zerfall des Gewebes. RANKE betont als besonders interessant die Infiltration der Pialmaschen mit oft mehrkernigen großen Rund-zellen, die er nie vermißte.

TOYOFUKU fand dasselbe am Rückenmark von kongenital syphilitischen Neugeborenen. Dichte lymphocytäre Infiltration der Pia im ganzen Bereich des Rückenmarkes mit der seltenen und minimalen Infiltration der Dura. Im Rückenmark befinden sich neben Plasmazellen und Lymphocyten *Stäbchen-zellen*, wie im Gehirn bei der Paralyse. BEITZKE berichtet über den Befund von Erweichungsherden, die außerhalb der motorischen Region lagen, bei einem Säugling mit kongenitaler Lues. 6 Monate nach der Geburt traten Zeichen von Meningitis mit Nackenstarre auf und 4 Wochen später Krämpfe, *Kernig*, Neuritis opt. und Chorioretinitis arcolaris. Über beide Stirnlappen fanden sich vereinzelte Verdickungen der Pia. Unter denselben lagen beiderseits Erwei-chungen, die in Vernarbung begriffen und teilweise auch in Cysten umgeändert waren. Die Herde scheinen anämischen Nekrosen ihren Ursprung zu verdanken. infolge einer Arteriitis art. cer. ant. et med.

Auch WOHLWILL bestätigt die Angaben von RANKE, nach ihm treten bei der kongenitalen Syphilis im postfetalen Leben die entzündlichen Vorgänge an den Meningen erheblich hinter den Wucherungserscheinungen der normalen zelligen Piaelemente zurück. Große Rundzellen lymphocytoiden und epitheloiden Charakters, Fibroblasten und Gefäßwandzellen spielen hier die größte Rolle. Im Nervenparenchym selbst sind die Veränderungen weit geringfügiger; nur proliferative Vorgänge an der Gefäßwand werden öfters beobachtet. Auch beobachtete er einen Fall von Syphilis congenita tarda, in welchem das Zentral-nervensystem frei von Veränderungen war.

DUPÉRIÉ berichtet über einen ähnlichen Fall. Bei einem erst wenige Wochen alten an Kachexie gestorbenen Säugling, war das Zentralnervensystem frei von

Veränderungen, dagegen war an den sympathischen Ganglien und Nervenfasern, am Plexus solaris in der Umgebung des Pankreas, eine Spirochätenüberschwemmung mit schweren histologischen Veränderungen aufzufinden.

Dupérié meint, daß die Pathogenese mancher vasomotorisch-trophischer Veränderungen bei der kongenitalen Lues hierin ihre Erklärung finden dürfte. Es ist auch daran zu denken, daß isolierte luische Erkrankungen der endokrinen Drüsen, die Ursache von endokrinen Störungen bei Kindern bilden können.

Ein Teil der Fälle mit angeborener Syphilis zeigt erst im späteren Verlauf des Lebens Nervensymptome. Es kann zu den verschiedensten Symptomen einer cerebrospinalen Lues kommen. Solche Fälle kommen selten zur Sektion. Einen hierhergehörigen Fall verdanken wir Rohde. Ein 12jähriger Junge bot das fortschreitende Bild einer meningitischen Hirnlues und ging dann an einer eitrigen Cystitis zugrunde. Die Sektion ergab makroskopisch: Chronische und frische eitrige Pachy- und Leptomeningitis syphilitica mit Hydrocephalus externus. Alter gummöser Prozeß mit fibröser Schwartenbildung zwischen Dura und Pia, zum Teil mit diesen verwachsen, hauptsächlich über den rechten Temporallappen. Wir ersehen aus dem Mitgeteilten wie überaus mannigfaltig die kongenitale Syphilis das Nervensystem befallen kann, daher auch die klinische Symptomatologie eine überaus wechselvolle sein muß.

Ob durch Keimschädigung hervorgegangene Mißbildungen bei der angeborenen Syphilis vorkommen, ist eine noch nicht spruchreife Frage. Die meisten Pathohistologen sind der Ansicht, daß die bei der kongenitalen Lues gefundenen Porencephalien, Mikrogyrien usw. die Folge von syphilitischer Gefäß- oder meningoencephalitischer Erkrankungen sind.

2. Die Klinik der kongenitalen Syphilis.

Die *Familienforschungen* haben seit der Einführung der Wa.R. unsere Kenntnisse über die Verbreitung der kongenitalen Syphilis wesentlich erweitert. Plaut, Nonne, Raven, Hochsinger, Hübner, Hauptmann, v. Sarbó und Kiss u. v. a. haben wertvolle Beiträge geliefert.

Es seien folgende statistische Daten angeführt. Kassowitz berichtete, daß von 330 Schwangerschaften bei Syphilitikern ein Drittel der Früchte vor der Geburt zugrunde ging; von den Lebendgeborenen fielen 24% der ererbten Dyskrasie zum Opfer. Noch größere Sterblichkeit fand E. Fournier: Von 239 Schwangerschaften bei Syphilitikern starben 176 = 73% der Früchte an Syphilis. Sprinz große Statistik weist 52% tote Früchte bei 4175 Schwangerschaften, welche sich auf 1234 syphilitische Frauen bezogen haben, nach. (Die Zahlen nach Boas zitiert.) Hochsinger hat katamnestisch die Schicksale von 569 Geburten, welche von 134 Ehen entstammten, verfolgt. Von diesen 569 Geburten waren 253 Totgeburten, 263 kongenitalluische und 53 nichtluische Kinder. Von den kongenitalluischen Kindern starben innerhalb der ersten 4 Jahre 55. Bei den weiterlebenden fand Hochsinger die allerverschiedensten organischen Erkrankungen des Nervensystems. Sehr oft war ein Hydrocephalus vorhanden. Interessant ist auch die Feststellung Hochsingers, laut welcher unter den 53 nichtsyphilitischen Kindern die Mehrzahl schwächlich, nervös befunden wurde. Hübner untersuchte 47 Familien, die er 2—20 Jahre hindurch verfolgen konnte. Von diesen 47 Familien entstammten 61 Kinder, 16 von diesen waren nervengesund, während die übrigen sich folgendermaßen verteilten: Je 3 Fälle von Lues cerebrospinalis und Paralyse, 4 Fälle von Imbezillität, 2 Mißgeburten, 30 Fälle von degenerativen, hysterischen und neurasthenischen Erkrankungen und endlich 3 andere Erkrankungen. Wichtig ist die Feststellung

Hübners, nach welcher bei den 30 als neurasthenisch, hysterisch oder degenerativ bezeichneten Kindern, in der Mehrzahl auch die Eltern die Zeichen endogener zumeist ähnlicher nervöser Erkrankung boten als ihre Nachkommen. Hieraus folgert Hübner, daß nicht die Syphilis, sondern irgendein endogenes Moment als Ursache der nervösen Erkrankung der Kinder zu betrachten ist. In etwa 70% der Fälle bestand gleichartige, von der Syphilis unabhängige Belastung von seiten der Eltern, in 30% aber nicht, diese sind nach ihm der Lues congenita zur Last zu legen. Nach Hübner sollen sich diese Fälle durch das Fehlen der gleichartigen Belastung, durch den Erfolg der antiluischen Behandlung von den anderen Fällen unterscheiden. Nonne verdanken wir eine Reihe von Beobachtungen über die verschiedensten luischen Zeichen bei den Familienmitgliedern der kongenitalluischen Kinder. Ich gehe nun zur Mitteilung meiner eigenen Beobachtungen über. Ich habe dieselben in 3 Gruppen eingeteilt, und zwar die erste Gruppe enthält die Familienuntersuchungen, angestellt an den Nachkommen luischer Eltern, die aber frei von Tabes oder Paralyse waren, die zweite betrifft die Kinder tabischer und endlich die dritte Gruppe die Deszendenz der paralytischen Ehen.

I. Familienstammtafeln der Nachkommen luischer, aber nicht tabischer oder paralytischer Eltern[1].

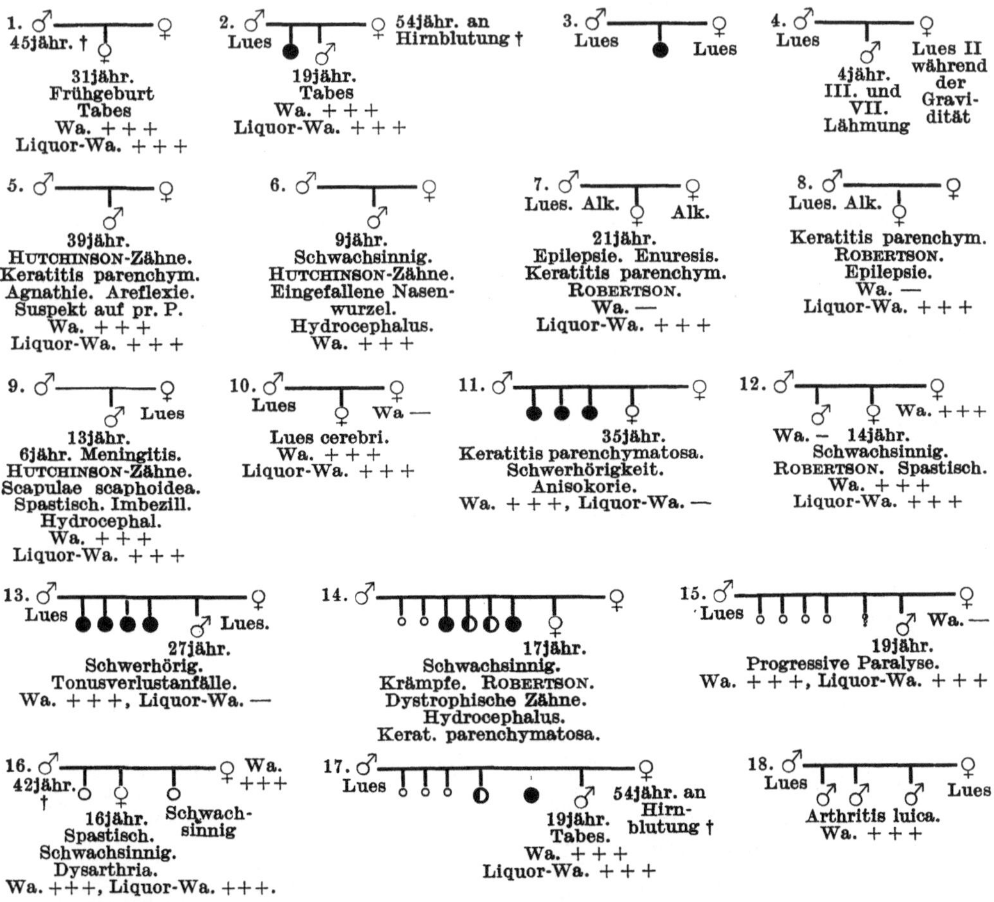

<hr>

[1] Erklärung der Zeichen: ○ = Abort, ◐ lebensunfähig, ● tote Frucht.

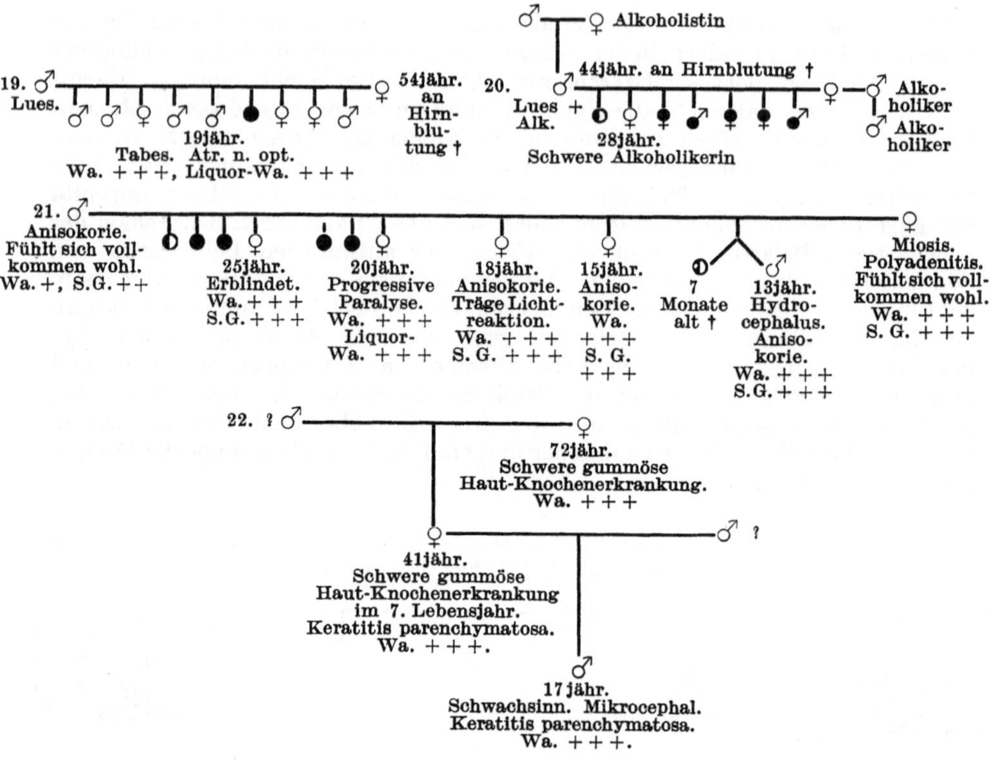

II. Familienstammtafeln der Nachkommen tabisch erkrankter Eltern.

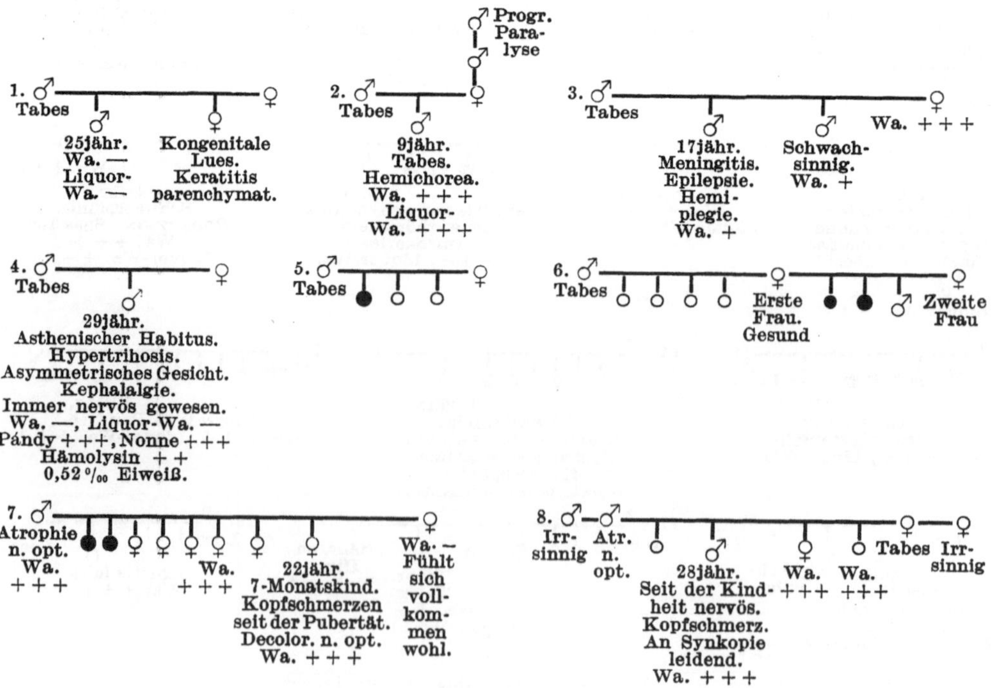

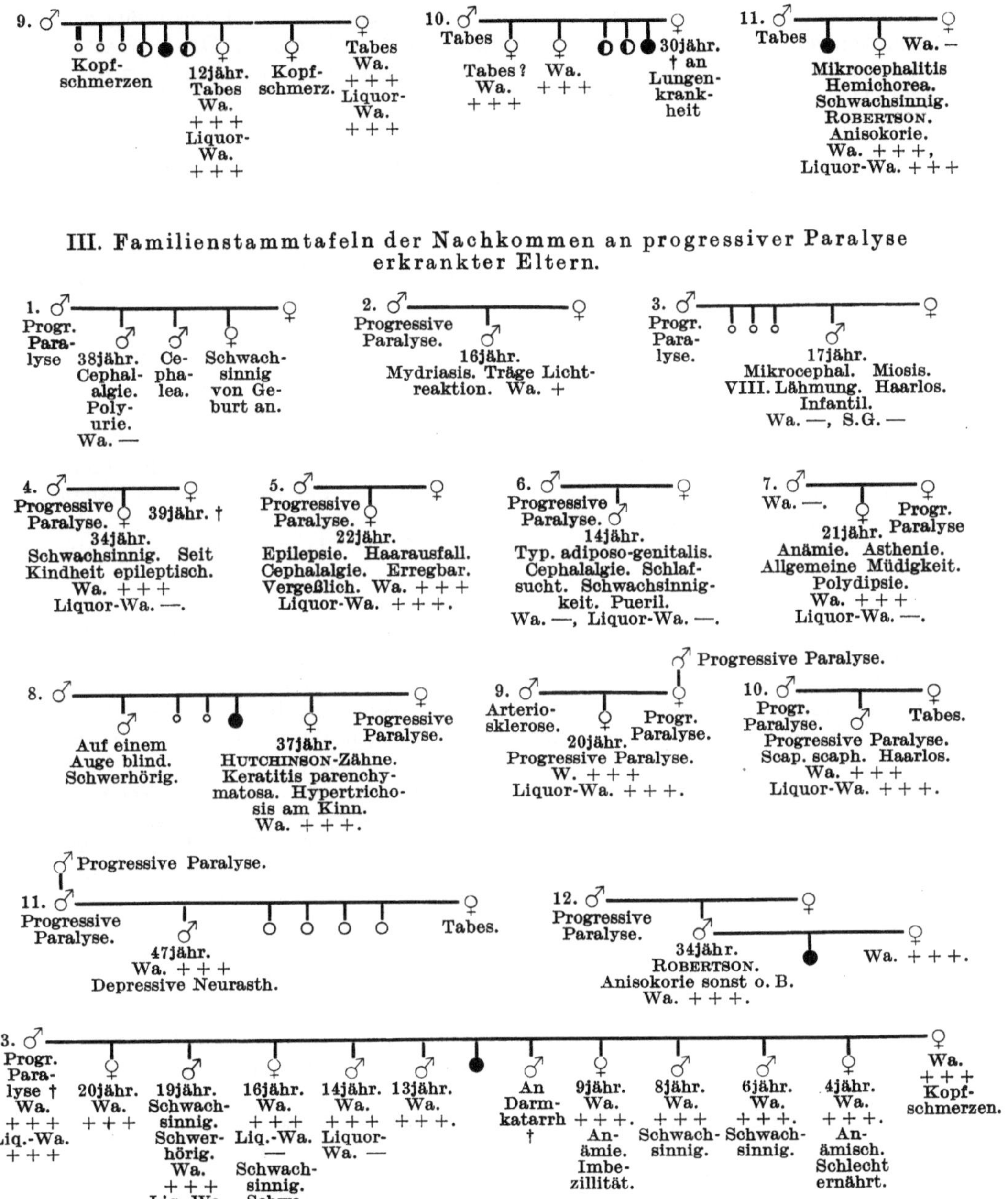

III. Familienstammtafeln der Nachkommen an progressiver Paralyse erkrankter Eltern.

Betrachten wir die, in den einzelnen Fällen beobachtbare Reihenfolge der Geburten, so müssen wir Lesser zustimmen, nach welchem die Diday-Kassovitzsche Regel von der Abschwächung der Intensität der kindlichen Lues nach ihrer Geburtsreihenfolge, nicht zutrifft. Wir verweisen auf unsere diesbezüglichen Stammtafeln und besonders auf Nr. 21 von der Tafel 1.

In der vorwassermannschen Zeit würden allerdings die Daten für die Richtigkeit einer Abschwächung in der Reihenfolge sprechen, wie wir aber sehen, sind sämtliche Kinder dieser Familie (5) luisch infiziert neben vier toten Früchten und zwei kurz nach der Geburt gestorbenen Kindern. Luisch sind also sämtliche 11 Nachkommen gewesen; in der Intensität der luischen Infektion ist allerdings eine scheinbare Abschwächung zu konstatieren, da die letzten 5 Kinder bis auf eines, gegenüber den vorangehenden toten Früchten, lebend zur Welt gekommen sind. Da aber alle Kinder luisch infiziert sind, wird die Kassovitzsche Regel umgestoßen, da nach ihr die letzten Kinder gesund zur Welt hätten kommen müssen. Auch Nr. 16, 17 sprechen gegen eine Abnahme der Intensität der Infektion. Es ist auch vom pathologischen Standpunkt aus nicht wahrscheinlich, daß sich eine luische Infektion soweit abschwächen sollte, daß hierdurch gesunde Nachkommen erzeugt werden. Das Los der Nachkommen hängt davon ab, zu welcher Zeit die Infektion des Fetus erfolgt? Virtuell am schlechtesten daran sind die Nichtkonzipierten, dann folgen die mit den Aborten abgehenden Früchte, dann die toten, macerierten, weiter die Frühgeburten und endlich die Lebendgeborenen, aber mit kongenitaler Lues behafteten Kinder. *Wann immer aber können dazwischen ein oder mehrere gesunde luesfreie Kinder zur Welt kommen!* Dieses Verhalten entspricht auch vollkommen der bekannten Eigenheit der Syphilis, daß sie in unberechenbarer Weise, plötzlich in Erscheinung tritt und dann wieder verschwindet. In diesem Sinne ist der folgende Fall zu deuten (Fall 64). Die Frau eines sicher syphilitischen Mannes bringt als erstes ein Siebenmonatkind zur Welt, welches sichere Zeichen der angeborenen Lues hatte und bald verschied. Die Frau wurde nicht behandelt, die nächsten zwei Kinder sind zur richtigen Zeit gesund zur Welt gekommen. Der Mann wurde behandelt. Für die Anhänger der paternalen Syphilis wäre dieser Fall in dem Sinne beweisend, daß die Behandlung des Mannes vollkommen genügte, um gesunde Kinder zu erzeugen. Wir, die wir an die diaplacentale Infektion glauben, erblicken in diesem Fall einen Beweis für die Auffassung, *daß der mütterliche Organismus syphilitisch infiziert sein kann, ohne daß jede Befruchtung der Syphilis zum Opfer fallen müßte.*

Welche Zufälle dabei mitspielen, um eine Infektion des Fetus zu ermöglichen, das wissen wir nicht. Als Folge der erwähnten Auffassung von Kassovitz entstand namentlich in Kreisen der Frauenärzte die Meinung, daß, je älter die Syphilis der Eltern ist, desto weniger gefährdet ist die Frucht, ja wir können sogar in den Handbüchern der Geburtshilfe die Behauptung lesen: „Ist die Syphilis beider Eltern schon der tertiären Form angehörig, so werden die Kinder gesund geboren und bleiben gesund.“ Ein Blick auf die mitgeteilten Stammtafeln der tabischen und paralytischen Ehen überzeugt jeden von der Unrichtigkeit dieser Behauptung. Bei der Befolgung der Diday-Kassovitzschen Regel werden ältere schwangere Mütter nicht behandelt. Hierauf als Gefahr hingewiesen zu haben ist das Verdienst von Boas und Gammeltoff. Sie berichten von Fällen, in denen die Infektion der Mutter 16, 17, 19 und 20 Jahre alt war und nachdem sie (ohne Behandlung) mehrmals früher gesunde Kinder geboren hatten, im späteren Alter syphilitische Kinder gebaren. Auch Marcus teilt Fälle mit, wo die Infektion der Mutter 24 und 26 Jahre alt war. Auch die Ansicht, nach welcher eine Infektion des Kindes unter der Geburt zu den allergrößten Seltenheiten gehören soll, ist durch Untersuchungen RIETSCHELs widerlegt.

Er gibt dafür folgende Erklärung. Die Ansteckung kommt so zustande, daß es beim Ablösen der Placenta zu einer Durchmischung von mütterlichem und kindlichem Blute und damit zur Übertragung von Spirochäten kommt. Die Hauptstütze für diese Anschauung bilden jene Säuglinge, die scheinbar gesund geboren, nach mehreren Wochen die Anfangszeichen der Syphilis zeigen. Stammtafeln, wie Nr. 21 (Tafel 1) sprechen dafür, daß es Eltern, namentlich Mütter gibt, deren Blut stets infektiös ist, denn nur so ist es möglich, daß alle 11 Kinder syphilitisch geworden sind. Beide Eltern haben positiven Wa. Beide fühlen sich vollkommen wohl, trotzdem beide luische Augensymptome haben (s. auch den äußerst instruktiven Fall 20!). In jenen Fällen, in denen zwischendurch gesunde Kinder geboren werden, muß vorausgesetzt werden, daß bei der Mutter das syphilitische Gift nur von Zeit zu Zeit in die Blutbahn gelangt. Es kann auch daran gedacht werden, daß der placentare Filter im Falle der gesunden Kinder besser funktioniert, vielleicht auch deshalb, weil nur wenige Spirochäten im mütterlichen Blut enthalten sind. Das Verhalten der Wa.R. unterstützt die Anschauung, daß das Blut der Mutter einmal spirochätenhaltig ist, das andere Mal nicht. Das Schwanken der Wa.R. zwischen positiv und negativ, das wir so oft bei luisch Infizierten beobachten können, spricht im obigen Sinne. Natürlich sind dies alles nur hypothetische Möglichkeiten, aber doch können diese eher angenommen werden, als eine Virulenzänderung.

Aus diesen 3 Stammtafeln ersehen wir ferner, daß die Nachkommen, ganz unabhängig von der Art der syphilitischen Erkrankung ihrer Erzeuger, die verschiedensten Zeichen und Erkrankungen syphilitischen Ursprunges zeigen können. Die elterliche Syphilis ist also nicht bestimmend für die Art der Syphilis der Kinder. Ein tabischer Vater kann luische Kinder ohne syphilogene Nervenkrankheit haben; eine luische Mutter, ohne selbst an einer syphilogenen Nervenerkrankung zu leiden, kann eine paralytische Tochter haben usw. In der nachfolgenden Zusammenstellung sehen wir die verschiedenen Möglichkeiten.

Wie verhalten sich die Erscheinungsformen der angeborenen Syphilis zu der Erkrankungsart der elterlichen Syphilis?

Luischer Vater ohne Nervensymptome	Tochter: *tabisch.* Tochter: *tabisch.* Sohn: *tabisch.* Tochter: *epileptisch.* Tochter: *epileptisch.*
Luische Mutter ohne Nervensymptome	Tochter: *schwachsinnig.* Sohn: Meningitis luica.
Beide Eltern *luisch* ohne Nervensymptome	Sohn: Lues cerebri. Tochter: *schwerhörig.*
Luischer Vater mit Anisokorie, sonst o. B. *Luische* Mutter mit Miose, sonst o. B.	1. Tochter *blind*; 2. *paralytisch*; 3. hat *Anisokorie* und *träge Lichtreaktion*; die 4. hat *Anisokorie*; das 5. Kind hat *Anisokorie* und ist *hydrocephal.* Alle haben +++ Wa.R.
Vater: *tabisch*	Sohn: *Chorea + Tabes.* Sohn: *nervös; Kopfschmerzen.*
Vater: *Atrophia nervi optici*	Tochter: *Kopfschmerzen; Decol. n. opt.*
Mutter: *tabisch.* Vater: *Atrophia nervi optici*	Sohn: seit Kindheit *nervös.* Tochter: Wa.R. +++, sonst o. B.
Vater: *tabisch.* Mutter: Wa.R. +++, sonst o. B.	1. Sohn: *epileptisch, Hemiplegie.* 2. Sohn: *schwachsinnig.*

<table>
<tr><td>Vater: paralytisch</td><td>1. Sohn: Cephalalgie, Polyurie; 2. Sohn: Kephalalgie; 3. Sohn: schwachsinnig.
Sohn: Mydriasis; träge Lichtreaktion.
Sohn: mikrocephal, Acusticuslähmung, infantil, Miosis.
Tochter: epileptisch; schwachsinnig.
Tochter: epileptisch, nervös.
Sohn: pueril; schwerhörig, Typus adiposogenitalis.</td></tr>
<tr><td>Mutter: paralytisch</td><td>Tochter: Anämie, Habitus asthenicus, Polydipsie.
Tochter: paralytisch.
1. Kind: schwerhörig, an einem Auge blind.
2. Kind: HUTCHINSON-Zähne; Keratitis parenchymatosa.</td></tr>
<tr><td>Vater: paralytisch. Mutter: tabisch</td><td>Sohn: paralytisch.
Sohn: depressive Neurasthenie.</td></tr>
</table>

Wir ersehen aus diesen Daten, daß von einer Gesetzmäßigkeit nicht gesprochen werden kann. Das wichtigste Ergebnis dieser Untersuchungen ist, daß wir *neurotrope Spirochäten anzunehmen nicht berechtigt sind*.

Aus der Literatur will ich nur einen sehr bezeichnenden Fall zitieren. Er stammt von SÉZARY und MARGERIDON. Die Mutter litt an Tabes, der Vater starb wahrscheinlich an progressiver Paralyse, die Tochter hatte bei ihrer Geburt eine syphilitische Eruption, in ihrem 11. Jahr eine Keratitis und mit 12 Jahren ein perforierendes Gumma am Gaumen, ohne irgendwelche Zeichen einer Nervenerkrankung. Diese Tatsachen sind unvereinbar mit der Annahme einer Verschiedenartigkeit des syphilitischen Virus. Für die Differenz der elterlichen und kindlichen Erscheinungsform der Syphilis in solchen Fällen kann nur der differente Weg, den die Spirochäten beschreiten, verantwortlich sein.

Übersichtstabelle der Nachkommen syphilitischer Ehen.

Eltern erkrankt an	Lues, ohne Tabes und ohne progressiver Paralyse	Tabes	Progressive Paralyse	Summa
Zahl der Ehen	51 (8)	48 (9)	133 (34)	232 (51) *
Aborte	9 = 6% ⎱	20 = 16% ⎱	46 = 19% ⎱	75 = 15% ⎱
Tote Früchte	22 = 14% ⎰ 44%	9 = 7% ⎰ 38%	15 = 6% ⎰ 29%	46 = 9% ⎰ 37%
Frühgeburten und Lebensunfähige	32 = 24% ⎰	19 = 15% ⎰	11 = 4% ⎰	62 = 13% ⎰
Kongenitalluisch	24 = 18%	15 = 12%	24 = 10%	63 = 13%
Gesund	47 = 36%	59 = 48%	139 = 59%	245 = 50%
Gesamtzahl der Geburten	134	122	235	491

* Die in Klammer befindliche Zahl bezieht sich auf *sterile* Ehen.

Aus dieser Tabelle erfahren wir, daß die Hälfte der Nachkommen von 232, bzw. mit den sterilen 283, Ehen, zur Zeit der Untersuchung, gesund war, die andere Hälfte ist entweder infolge der elterlichen Syphilis zugrunde gegangen oder sie zeigte die Zeichen der angeborenen Syphilis. Entgegen den bisherigen Daten fand sich, daß die meisten Aborte bei den paralytischen Ehen, die wenigsten bei den einfach luischen zu verzeichnen sind, demgegenüber ist die Zahl der Totgeborenen und lebensschwachen Abkömmlinge bei den letzteren überwiegend. In dieser Gruppe gehen 44% der Kinder zugrunde, während von den aus den paralytischen Ehen stammenden Nachkommen nur 29% zum Frühopfer der elterlichen Syphilis werden. Ein umgekehrtes Verhältnis sehen wir bei den gesunden Kindern. In den Ehen der Paralytiker machen die 59% der gesamten Geburten aus, während bei den luischen aber weder tabischen noch paralytischen Ehen diese Zahl nur 29% beträgt! Dieses Ergebnis frappiert im ersten Moment, es steht aber im Einklang mit der alten Erfahrung, daß die floride Syphilis der Eltern gefährlicher für die Nachkommen sei als die alte. NONNE, HAUPTMANN, RAVEN u. a. kannten schon diesen Unterschied, den sie mit der Virulenzabnahme des syphilitischen Virus, während der Passage durch das Nervensystem erklären. Ich kann dieser Anschauung nicht beipflichten, da ich es mit A. NEISSER halte, der in der Breslauer Versammlung deutscher Nervenärzte folgenden Ausspruch tat: „Was die wichtige Frage betrifft, ob die Paralysespirochäten ganz dieselben seien, wie die bei gewöhnlicher Syphilis, so läßt sich darauf nur sagen, daß wir bisher eigentlich nicht die geringsten Anhaltspunkte dafür haben, daß es Qualitäts- und Virulenzdifferenzen der verschiedenen Spirochäten gibt." Aus dem schon des öfteren hervorgehobenen Umstand, daß sich eine jede Art elterlicher Syphilis bei den Nachkommen in der verschiedensten Form zeigen kann, folgt, daß nicht die Virulenz hierbei maßgebend sein kann. Meine Annahme, nach welcher bei der erworbenen Syphilis es zwei Momente sind, welche da bestimmend eingreifen, trifft auch bei der angeborenen Syphilis zu. Das ist die *Verbreitungsart* der Spirochäten und die *Konstitution* des Infizierten. Auch bei der kongenitalen Syphilis wird von den Spirochäten in den meisten Fällen der Blutweg benützt, in der Minderzahl der Lymphweg. Hierauf als erster hingewiesen zu haben ist das Verdienst von RIETSCHEL, der nachwies, daß die Spirochäten sich auch in den perivasculären Lymphräumen der Nabelgefäße befinden und weiterkriechen können. Hierauf sich berufend gibt er den praktischen Rat die Nabelschnur sofort nach der Geburt zu unterbinden, um einer, durch die in den Lymphräumen der Nabelschnur befindlichen Spirochäten hervorgebrachten Infektion, vorzubeugen. Mit dem Fall von KLAFTEN beweist er, daß es Fälle gibt, die in der Nabelschnur die Spirochäten beherbergen und das Kind gesund geboren wird. Für solche Fälle nehme ich an, daß bei günstiger Gelegenheit die Spirochäten den lymphogenen Weg auch im kindlichen Organismus befolgen und aus den auf diese Weise Infizierten rekrutieren sich — so wie bei der erworbenen Lues — die Fälle von Tabes und Paralyse. In beiden Fällen fehlen die sog. sekundären Symptome. Bei der kongenitalen Syphilis sind es die Stigmata, die wir vermissen; das Kind entwickelt sich körperlich und geistig vorzüglich, um im Pubertätsalter oder im Jünglingsalter die beginnenden Symptome der Tabes oder progressiver Paralyse zu zeigen. Was nun die *Konstitution* betrifft, so hat man bis jetzt immer nur nach Nerven- und Geisteskrankheiten in der Familie der Inkulpanten gefragt und diese Art der Nachfrage förderte kein brauchbares Material zutage. Auch die Bemühungen verschiedene endogen bedingte Typen (bei der Tabes 50% Asthenie und 30% pyknischer Typ STERN) als konstitutionelle, die Art der Erkrankung bestimmender Faktoren zu betrachten, sind bisher fruchtlos gewesen. Ich suche den konstitutionellen Faktor bei der Syphilis in etwas ganz anderem. *Ich setze voraus, daß es Individuen gibt, deren Lymphdrüsen und Lymphgefäßsystem mitangeboren, so gebaut ist, daß sie einem Durchbruch der Spirochäten in die Blutgefäße widerstehen. In Individuen mit einem so gebauten Lymphapparat kommt es nicht zu der hämatogenen Dispersion und durch dieselbe hervorgerufenen sekundären Symptomen: zu den kongenitalen Stigmen.* Im Kapitel II habe ich die experimentellen Beweise hierfür angeführt. Für das konstitutionelle Moment sprechen dann jene Fälle, in denen Brüder aus verschiedenen Quellen sich infizierend an später Nervensyphilis erkranken. So die zwei von Nonne mitgeteilten Fälle. Im zweiten dieser Fälle handelte es sich um ein *Zwillingspaar, beide infizierten sich an einer verschiedenen Quelle und beide bekamen nach 5—6 Jahren die Paralyse.* In der Pathologie der kongenitalen Syphilis spielt noch ein Moment eine wichtige Rolle, die bisher gar nicht berücksichtigt worden ist und das ist die *Struktur der Placenta.* Schon die Tatsache, daß nicht eine jede Frucht der syphilitischen Mutter zugrunde geht, daß sogar dazwischen gesunde Kinder geboren werden, weist auf dieses Moment hin. Andererseits gibt es Mütter deren jedes Kind luisch infiziert ist (s. Fall 21 Stammtafel I), da liegt es nahe daran zu denken, daß bei diesen die Placenta derart gebaut ist, daß sie ihrer Filterfunktion überhaupt nicht entsprechen kann. *Die Placenta wirkt als ein Filter, dieser Aufgabe wird sie nach ihrem Aufbau mehr weniger entsprechen.* Selbstredend spricht da, auch die Zahl der Spirochäten mit. Das Schwanken der Wa.R. besagt auch, daß wir auch mit den quantitativen Verhältnissen der Spirochäten zu rechnen haben. Nun können wir auch die Frage beantworten, warum die Zahl der gesunden Nachkommen in den Ehen Paralytiker größer ist als in den Ehen der einfach syphilitischen Eltern? Zuerst müssen wir feststellen, daß die Zahl der Kinder in den paralytischen Ehen wesentlichen hinter den der ersten Gruppe zurückbleibt. Berechnen wir auf 100 Ehen die Nachkommenzahl, so bekommen wir bei den syphilitischen, aber an keiner Spätsyphilis des Nervensystems leidenden Ehen die Zahl: 227, während in 100 paralytischen Ehen diese Zahl nur 140 beträgt. Als Ursache dieser großen Differenz weisen wir darauf hin, daß die größte Zahl der sterilen Ehen bei den Paralytikerehen zu finden ist, dann ist zu bedenken, daß der Paralytiker im relativ jungen noch zeugungsfähigen Alter erkrankt und zugrunde geht (oft auch frühzeitig impotent wird), aber viel wichtiger als diese Momente fällt der Umstand in die Waagschale, daß *der an Paralyse leidende Ehepartner seine Spirochäten in seinen Lymphdrüsen und in den Lymphwegen beherbergt und daher seine Infektiosität eine weit geringere ist, wie in den Fällen wo der infizierende Teil hämatogen seine Infektion bekommt und es auch auf diesem Wege weitergibt.*

Wir müssen noch auf ein konstitutionelles Moment bei der kongenitalen Syphilis hinweisen und das ist der elterliche Alkoholismus. Betrachten wir Nr. 20 der Stammtafel 1, so springt die Wichtigkeit dieses Momentes in die Augen. Ist diese alkoholische Belastung da und gesellt sich die luische Infektion dazu, so kommt es betreffs der Progenitur zu einer verheerenden Wirkung.

Eine noch nicht völlig bereinigte Frage ist die, der Syphilis in der dritten Generation. Nonne tritt für die Möglichkeit ihres Vorkommens mit der Mitteilung von 3 Fällen ein. In seinem zweiten Fall (Beobachtung 610) vermissen wir den serologischen und Liquorbeweis für die Lues des Kindes. Auch Igersheimer glaubt an die Möglichkeit einer Übertragung der Syphilis auf die dritte Generation. Er bringt den Fall einer 44jährigen Frau, die die Residuen einer Keratitis parenchymatosa aufwies. Die Mutter der Patientin gab an, daß ihre ersten vier Schwangerschaften mit Totgeburten endeten und daß die Patientin das erste lebende Kind war. Der Mann der Patientin war stets gesund und hatte negative Wa.R. Von den Kindern der Patientin hatte eines mit 17 Jahren Keratitis parenchymatosa durchgemacht und die andere, sonst gesunde wies eine starke positive Wa.R. auf. Bondurant teilt 2 Fälle mit. Der erste scheint beweiskräftig zu sein. Mutter nach der syphilitischen Infektion 11mal schwanger, hatte 5 Aborte, 3 Frühgeburten, 2 Todesfälle in jungen Jahren, ein lebendes Kind dieses zeigte die Zeichen der angeborenen Syphilis. Sie heiratet einen nicht syphilitischen Mann, hat 3 Kinder, alle drei haben positiven Blut-Wa. und Zeichen von kongenitaler Syphilis. *Ich* selbst sah folgende Fälle. Der

Fall 12, Tafel III. Der Sohn eines Paralytikers hatte Anisokorie und ROBERTSONsches Zeichen mit positivem Blut-Wa., die Frau von ihm zeigte auch positiven Blut-Wa. Ihre einzige Schwangerschaft endete mit einer Totgeburt. Nehmen wir als bewiesen an, daß der Sohn des paralytischen Vaters keine erworbene, sondern ererbte Lues hatte und diese auf seine Frau übertrug, so ist die tote Frucht dieses Ehepaares auf die Syphilis des Großvaters zurückzuführen. Siehe auch Fall 9, Tafel III: Großvater, Mutter, Kind paralytisch.

Auch Fall 14 der Tafel III wäre hierher zu rechnen, wenn vom Vater des Enkelkindes sicher wäre, daß er keine Lues gehabt hat. In diesem Fall war der Großvater tabisch, die Tochter paralytisch und das Kind dieser Tochter, also das Enkelkind des tabischen Großvaters, war auch paralytisch.

Den beweisendsten Fall verdanken wir ANDREAS FEJÉR, der von der Abteilung Prof. GUSZMANNS folgenden hochinteressanten Fall in der ungarischen dermatologischen Gesellschaft vorstellte. Die Großmutter, 72 Jahre alt, zeigt diffus an der ganzen Körperoberfläche typische Narben nach Gummata, der weiche Gaumen ist das Opfer einer gummösen Entzündung geworden. Ihre Wa.R. ist $+++$ positiv. In der zweiten Generation zeigt die Tochter der vorherigen, die 37jährige Frau, Maculae corneae, Dystrophie der Zähne; in ihrem 7. Lebensjahr machte sie eine schwere Osteoperiostitis tibiae linksseitig durch, hat derzeit $++++$ Wa.R. und positive Luetinreaktion. Ihr 19jähriger Sohn ist imbezill, hat HUTCHINSON-Zähne, Cataracta polaris ant. linksseitig, asthenischen Habitus, positive Luetinreaktion und $++$ Wa.R.

Die Wa.R. im Serum und die Liquorveränderungen bei der kongenitalen Syphilis.

Die Wa-R. im Serum der kongenitalen Kinder ist in den meisten Fällen positiv. Meine Untersuchungen ergaben, daß in der überwiegenden Zahl der Fälle sowohl die Wa.R. als auch die Präcipitationsreaktion stark positiv ausfällt.

Die Erfahrungen über die Liquorveränderungen bei kongenitaler Syphilis sind nicht allzu groß. Nach STERTZ sollen die Liquorreaktionen bei kongenitaler Paralyse und kongenitaler Rückenmarksaffektion weniger konstant sein, als bei erworbenen syphilogenen Nervenkrankheiten. NONNE konnte dies auch bestätigen, er fand bei nicht wenigen Fällen von kongenitaler luischer Nervenerkrankung negative Wa.R. und Globulinreaktion im Liquor. FÖRTIG findet bei der kongenitalen Lues die gleichen Verhältnisse, wie bei frischer Allgemeinsyphilis der Erwachsenen. FÖRTIG tritt der Anschauung von KAFKA entgegen, derzufolge positive Liquorbefunde nur bei den Erkrankungen des Zentralnervensystems vorzukommen scheinen. Nach BREUER zeigen ältere Kinder in 73,2% Liquorerkrankung. Interessant ist die Bemerkung FÖRTIGs, daß auch bei der frühesten Säuglingssyphilis die Möglichkeit der „Provokation" von Liquorveränderungen, sowie die Gefahr des Neurorezidivs besteht. PETROV und ZACHARJEVSKAJA untersuchten 53 Fälle, in denen sie 22% pathologischen Liquor fanden, am häufigsten Pándy (21%) am seltensten die Wa.R. (7,5%). TEZNER dagegen berichtet über 57% pathologischen Liquor unter 72 kongenitalluischen Säuglingen. Von 71 älteren Kindern hatten die 59 nervengesunden Fälle 7 (11,9%) positive Liquores, alle nervenluischen Kinder waren liquorpositiv. TEZNER zufolge muß ein positiver Liquor im späteren Kindesalter zumindest als verdächtig auf Neurolues gelten, namentlich beim Fehlen tertiärer Organsymptome.

Meine eigenen Untersuchungsergebnisse sind in der nächsten Tabelle zusammengestellt, sie beziehen sich auf *50 Fälle* von Kongenitalluetischen.

Krankheitstyp	Zahl der Fälle	WaR.		Der Liquor nicht untersucht
		im Blut	im Liquor	
Progressive Paralyse	6	alle +	alle +	
Tabes	6	alle +	alle +	
Lues cerebrospinalis	5	alle +	4 Fälle + 1 Fall —	
Schwachsinn	14	alle +	3 Fälle + 9 Fälle —	2 Fälle
Epilepsie	4	2 Fälle + 2 Fälle —	3 Fälle + 1 Fall —	
Lues congenita, ohne Nerven- symptome	11	10 Fälle + 1 Fall —	1 Fall —	10 Fälle
Typus adiposo-genitalis . . .	1	—	—	
Infantilismus	1	—	—	
Decol. n. opt.	1	—	—	
Arthritis	1	+	—	
Summa	50	44 +, 6 —	22 + 16 —	

Wie ersichtlich fanden wir den Blut-Wa. in 88% der Fälle positiv, und zwar +++; auch die Flockungsreaktionen waren stark positiv.

In den 38 Fällen, in denen auch der Liquor untersucht werden konnte, hatte derselbe in 22 Fällen positive Resultate ergeben. Auch die Flockungsreaktion im Liquor war in diesen Fällen positiv.

Die übrigen Befunde, *Pándy, Nonne, Eiweiß, Zellzahl* und *Kolloid*, stimmen mit denjenigen bei der erworbenen Syphilis vollkommen überein, so daß von der besonderen Besprechung Abstand genommen werden kann.

Es mehren sich die Stimmen, welche bei positiven Blut- oder Liquorreaktionen der energischen und lange Zeit hindurch fortgesetzten antiluischen Behandlung das Wort reden. Leiner, Kudratitz haben sich durch die Erich Müllerschen Erfahrungen zu der Auffassung bekehrt, daß wassermannpositive Kinder so lange zu behandeln sind, bis sie die Positivität verlieren.

In den folgenden *Symptomengruppierungen* geben wir die fast unberechenbare, daher auch schwer beschreibbare Mannigfaltigkeit der Symptomenvariation wieder.

1. Anisokorie. Träge Lichtreaktion. Lymphatismus.
2. Lymphatisch. Anisokorie. Vergrößerte Thyreoidea.
3. Lymphatismus. Anisokorie. Hydrocephalus. Asymmetrisches Gesicht.
4. Schwachsinn. Mydriatische, lichtstarre Pupillen. Scapulae scaphoideae. Spastische Parese. Hydrocephalus.
5. Säuglingskrämpfe. Ungebärdig. Verspätete Sprachentwicklung. Olympische Stirn. Breite Nasenwurzel. Fehlerhaftes Gebiß. Hydrophthalmus cong. oc. d. Maculae corneae post Keratitidem parenchymatosam. Chorioretinitis specifica. Vergrößerte Thyreoidea. Anisokorie.
6. Körperlich schlecht entwickelt. Lymphatismus. Kleine Halsdrüsen. Breite Nasenwurzel. Puerile Genitalien. Vollkommen haarlos. Andeutung von Typus adiposo-genitalis. Polydipsie. Stirnkopfschmerz. Schlafsucht. Am linken Ohr beginnende Schwerhörigkeit.
7. Anämie. Zart gebaut. Entrundete Pupillen. Robertson. Spastische Parese. Geistig zurückgeblieben.
8. Mit luischem Pemphigus geboren. Bis zum 3. Lebensjahr gute Entwicklung, von da an zanksüchtig, unfolgsam, geistig versagend, ethische Begriffe nicht kennend. Asymmetrischer Schädel. Anisokorie. Robertson. — Stupider Gesichtsausdruck. Entwicklung einer Taboparalyse.

9. Asthenischer Typus. Bis zur Pubertät normale Entwicklung. Nach einem Scharlach beginnen die Veränderungen auf psychischem und körperlichem Gebiet. Progressive Paralyse. Sella auf das $1^1/_2$fache erweitert, seine Wände überall geschmälert. Processus clin. post. nach rückwärts gebeugt, Processus clin. ant. fast ganz fehlend.

10. Eingewachsene Stirnhaare. Haarlos. Scapulae scaphoidea. Gute geistige Entwicklung bis zur Pubertät, da setzt der Zerfall seiner geistigen Fähigkeiten ein. Progressive Paralyse.

11. Asthenischer Typus. Hypertrychosis am ganzen Körper. Exzentrisch liegende Pupillen. Asymmetrisches Gesicht. Prognathie. Linksseitige Hemiatrophie mit kompensatorischer Skoliose. Leichte Ermüdbarkeit bei geistiger Arbeit. Erregbar. Seit der Kleinkinderzeit Nachträufeln beim Urinieren.

12. Keratitis parenchymatosa. Maculae corneae. Anisokorie. Schwerhörigkeit.

13. Asthenischer Typus. Lymphatisches Gesicht. Asymmetrisches Gesicht. Niedrige Stirn. Rechte Lidspalte eng. Mydriasis rechts. Robertson. Im Körperwachstum zurückgeblieben. Fast haarlos. Tropfherz. Imbezill.

14. Lichtstarre Pupillen. Rechter Kniereflex nicht auslösbar, der linke aussetzend. Dement.

15. Mäßig entwickelt, dagegen starkes Fettpolster. Fast haarlos. Puerile Hoden. An Stelle des Penis ein der Klitoris ähnelnder Anhang. An der Brust, am Rücken, an den Glutäen starke Fettanhäufung. Extremitätenmuskulatur schlaff. Träge Lichtreaktion. Incontinentia urinae et alvi. Dement.

16. Schmale Stirn. Scapulae scaphoideae. Typisches Bild der Paralyse.

17. Spitz zulaufende Stirn. Auseinanderstehende Ohren. HUTCHINSONsche Zähne (siehe Abb. 38). Eingefallene Nasenwurzel. Polyadenitis. Hydrocephalus. Geistig zurückgeblieben.

18. Mit schweren luischen Ausschlägen geboren. Stark anämisch. Dreijährige Facialisparese, Ptosis; Lähmung des weichen Gaumens.

19. Meningitis. Epilepsie. Geistig etwas zurückgeblieben.

20. Polyadenitis. Nächtliche Schreianfälle. Schwachsinnig.

21. Leicht erregbar. Sensibel. 9jährig Hemichorea und die Symptome der Tabes.

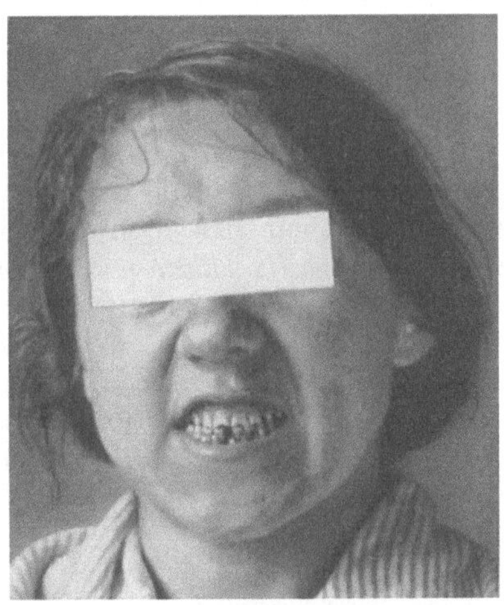

Abb. 38. HUTCHINSONsche Zähne.
(Eigene Beobachtung.)

22. Infantil. Haarlos. Schwerhörig. Mikrocephal. Geistig zurückgeblieben.

23. Ohne vorhergehende Krankheitserscheinungen, ohne luische Stigmata Entwicklung einer Tabes mit Opticusatrophie im 18. Lebensjahr.

Die Mehrzahl der kongenitalluischen Kinder zeigt eine späte Entwicklung sowohl ihrer motorischen als ihrer geistigen Fähigkeiten. Ich ließ durch TIBOR RAJKA und PAUL KISS eine größere Anzahl kongenitalluischer Kinder untersuchen und gebe summarisch die Ergebnisse dieser Untersuchungen im folgenden wieder. Zur Untersuchung gelangten auch Kinder der Universitätskinderkliniken der Prof. v. BÓKAY und HAYNISS, denen ich auch an dieser Stelle meinen wärmsten Dank ausspreche. Untersucht wurden 45 Kinder. Ihr Alter schwankte zwischen $4^1/_2$ und 18 Jahren. Die Mehrzahl stand zwischen 8—13 Jahren. Von diesen 45 waren geistig zurückgeblieben *23*, also 50%. Es wurde das BINET-SIMONsche Untersuchungsschema angewendet. Die geistige Zurückgebliebenheit schwankte zwischen 1 und 9 Jahren. Von diesen 23 geistig Zurückgebliebenen haben 7 neben den Symptomen gestörter Nervenfunktion auch auf emotivem Gebiet gröbere Ausfallserscheinungen gezeigt. An Tabes litten 2, an Epilepsie 2, an cerebrospinaler Lues 2 und an Hemiplegie 1 Fall. In ihrem Gebaren wichen alle 23 von den normalen Kindern ab. Sie waren jähzornig, impulsiv, ungehorsam, leicht erregbar, die meisten litten an nächtlichem Aufschrecken, an Enuresis nocturna. Viele von ihnen hatten Kopfschmerzen. Einige wenige waren furchtsam und hatten Angstgefühle. Sämtliche hatten positiven Blut-Wa.; von den oben erwähnten 7 Kindern hatten alle mit Ausnahme der Epileptiker, auch stark positive Reaktionen im Liquor. Die 22 geistig nicht zurückgebliebenen Kinder hatten auch stark positiven Wa. Klinisch boten sie das Bild des neuropathischen Kindes, mit vorwiegender Beteiligung der emotiven Sphäre.

Über die Beeinflussungsmöglichkeit der Serumreaktionen berichten wir im Kapitel 7 der Behandlung.

Über Untersuchungen bei Hilfsschülern berichtet Irene W. Kaufmann aus dem heilpädagogischen Laboratorium Ranschburgs. Nach diesen Untersuchungen beträgt die Häufigkeit der kongenitalluischen Kinder unter den Debilen, rein aus der Anamnese beurteilt, 21,5%. Die allgemeine Intelligenz der luischen Hilfsschüler ist gegenüber jener, der nicht luischen Debilen im Rückstand. Kaufmann konnte die Angaben von Ranschburg und Vértes bestätigen, nach denen das auditiv auffassende Gedächtnis für sinnvoll verknüpfte Wortpaare bei den luischen Debilen mangelhafter ist, als bei den nicht luischen Debilen, dagegen ist das Retentionsvermögen in beiden Kategorien gleich. Nähere Details sind in der Arbeit Irene W. Kaufmanns als auch Szondis nachzulesen.

Über die Hutchinsonsche Trias besteht schon eine fast unübersehbare Literatur. Sie umfaßt die Keratitis parenchymatosa, die Dystrophien der Zähne und die Taubheit bzw. Schwerhörigkeit. *Über ihr Fehlen bei den Spätformen der Nervensyphilis haben wir schon berichtet. Die Erklärung dafür fanden wir in dem Umstand, daß die juvenile Tabes und die juvenile Paralyse jene kongenitalen Kinder betrifft, welche ihre Spirochäten in ihrem Lymphsystem beherbergen und weder als Säuglinge noch im Kleinkinderalter eine hämatogene Dispersion der Spirochäten durchmachten. Dem letzteren Umstand ist es zuzuschreiben, daß diese Individuen die Stigmata der kongenitalen Lues vermissen lassen.*

Über die verschiedenen Möglichkeiten der kongenitalluischen Augen- und Ohrenerkrankungen bieten die Symptomengruppierungen von Sommer instruktiven Beweis.

1. Keratitis parenchymatosa und Iridocyclitis, einseitige Taubheit, hochgradige Schwerhörigkeit des anderen Ohres, Untererregbarkeit des Bogenapparates auf den Drehreiz, Unerregbarkeit auf geringeren calorischen Reiz.

2. Keratitis parenchymatosa, normaler Cochlearis neben einseitiger bedeutender Untererregbarkeit des Vestibularis auf calorischen Reiz.

3. Keratitis parenchymatosa mit peripherer Choroiditis, hochgradige Schwerhörigkeit beider Seiten mit hochgradiger Verkürzung der Knochenleitung; erloschene calorische Reaktion bei Untererregbarkeit auf Drehreiz, Fistelsymptom.

4. Argyll-Robertson, normaler Cochlearis neben Ausschaltung der Drehreaktion bei calorischer Untererregbarkeit.

5. Neuritis nervi optici utriusque peracta, einseitige bedeutende Herabsetzung der Erregbarkeit des Bogengangsapparates auf calorischen Reiz mit gleichzeitiger Steigerung der Erregbarkeit auf Drehreiz gegenüber der anderen Seite.

Taubstummheit ist eine relativ häufige Folge der kongenitalen Syphilis. Parrel behauptet sogar, daß die Mehrzahl der Fälle von Taubstummheit syphilitischen Ursprunges ist. Alexander wieder, lenkt die Aufmerksamkeit auf die, überaus häufige Kombination von Taubstummheit und Erkrankung der Augen. Interessant sind die Schlußfolgerungen zu denen O. Beck auf Grund von Liquorstudien bei den kongenitalluischen Ohrenaffektionen kommt. Bei den mit Schacherl gemeinsam ausgeführten Untersuchungen des Liquors von Patienten mit Innenohrerscheinungen und Keratitis parenchymatosa fanden sie keine wesentlichen Abweichungen. „Es ist also der Octavus nur scheinbar betroffen, in Wirklichkeit sind es die Bindegewebselemente des inneren Ohres." Auch für die Keratitis parenchymatosa trifft dies zu, so daß diese beiden Erkrankungen eine kongenitale Bindegewebssyphilis darstellen und nach Beck von der kongenitalen Syphilis des Nervensystems vollständig getrennt werden müssen. Gilt dies für die frühzeitige kongenitale luische Ohrenerkrankung, so ist bei der, als Lues congenita tarda auftretenden Ohrenaffektion nicht nur an diese Form, sondern auch an die endarteriitische zu denken. Bei der letzteren Form der Ohrenerkrankungen ist die Doppelseitigkeit und die Bevorzugung des weiblichen Geschlechtes die Regel (zit. nach ALEXANDER). Die Entstehung der Ohrenerkrankungen auf den Boden einer Bindegewebserkrankung erklärt die schlechten Heilerfolge.

Mehrfach haben wir die *Keratitis parenchymatosa* als eine der markantesten Zeichen der kongenitalen Lues erwähnt. Sie tritt weniger im Säuglingsalter, als eher im Kleinkinderalter auf. Nach IGERSHEIMER kann sie sogar selbst im 3. und 4. Jahrzehnt auftreten. Die Residuen dieser Keratitis, gräuliche feine Trübungen der Cornea, sind es, welche noch nach Jahrzehnten den Verdacht auf Lues congenita lenken können. Einen ganz eigenartigen Befund konnte *ich* im Falle (65) einer 37jährigen Frau erheben. Sie zeigte die Symptome einer Radiculitis der 5., 6. und 7. Halswurzelnerven. Ich fand einen ganz eigenartigen matten Glanz der Oberflächen beider Corneae. Beim Augenspiegeln erschien der Augenhintergrund demzufolge als wie mit feinem Sand bestreut. Es stellte sich nun heraus, daß die Patientin die Tochter eines Paralytikers war. Eine antiluische Kur brachte vollen Erfolg. Für das späte Auftreten der Keratitis parenchymatosa sei folgender Fall erwähnt (Fall 66). Ein 31jähriges Mädchen erkrankt an Keratitis parenchymatosa, zugleich tritt Ohrensausen erst am rechten, dann am linken Ohr auf. Das Hören verschlechtert sich. Die calorische Labyrintherregbarkeit ist tief herabgesetzt. Es besteht Schwindel. Die Mutter gebar 3 tote Kinder. Die Wa.R. ist stark positiv.

Vom neurologischen Standpunkt ist auch die Kenntnis der sehr charakteristischen Retinitis pigmentosa wichtig. Die Besonderheiten der verschiedenen kongenitalluischen Aderhauterkrankungen sind in Spezialwerken (WILBRAND und SAENGER, IGERSHEIMER) nachzulesen. Wichtig ist der, von IGERSHEIMER hervorgehobene Umstand, daß der Beginn dieser Chorioretinitis meistens in die sekundäre Periode der kongenitalen Lues zu verlegen ist. Wieder einmal ein Hinweis auf die hämatogene Entstehung dieser luischen Erscheinungsform.

Über die Pupillenanomalien der kongenitalen Lues ist nicht viel zu sagen. Sie sind dieselben, wie wir sie bei der erworbenen Lues antreffen. Am häufigsten findet man die Ungleichheit der Pupillen. Wir verweisen diesbezüglich auf unseren Fall 21 der Familienstammtafel I. Der Vater zeigte Anisokorie, die Mutter Miosis, das erste lebendgeborene Kind ist erblindet, alle übrigen 4 Kinder hatten neben positivem Wa. Anisokorie; ein Mädchen war juvenil paralytisch, sie hatte auch das ROBERTSONsche Zeichen; eine andere hatte träge Lichtreaktion.

Neuritis optica soll nach Angaben der Pädiater oft vorkommen, demgegenüber behauptet der erfahrene IGERSHEIMER, daß dies auf einer Täuschung beruhe. Er beruft sich auf FAHR, der, den seinen ähnliche Erfahrungen machte. IGERSHEIMER führt aus, daß die Optici in der Tat bei kongenitalluischen Kindern häufig auffallend blaß und die Grenze der Papille verschwommen sind, aber dies ist die Folge der Anämie und ist durch antiluische Behandlung rasch zu beheben. Ganz selten sind die entzündlichen Papillitiden (IGERSHEIMER).

3. Kongenitale Syphilis und Epilepsie.

Das im Kapitel 5d Gesagte über die Epilepsie bei der erworbenen Syphilis gilt auch für die Epilepsie bei der angeborenen. Einzelne Eigentümlichkeiten der letzteren sollen hier Erwähnung finden. In einem Teil der Fälle treten die epileptischen Anfälle in der frühesten Kindheit auf, dann kommt es zu einem Stillstand von mehreren Jahren; zur Zeit der Pubertät beginnen dann die Anfälle von neuem. Wir finden oft Kombinationen der Epilepsie mit Störungen der

Funktion endokriner Drüsen, vor allen finden wir die Dysfunktion der Hypophyse und der Hoden. In einem anderen Teil der Fälle hören wir, daß in der Kindheit eine meningitische Erkrankung abgelaufen ist. In diesen Fällen weist der erhöhte Liquordruck, die Erhöhung des Eiweißgehaltes des Liquors, die positive PÁNDY-NONNEsche Reaktion auf einen Hydrocephalus, welcher durch Punktionen oder durch intravenöse Glucose-Injektionen zu behandeln ist. Wir sahen Fälle, in denen der Blut-Wa. negativ und der Liquor-Wa. stark positiv befunden wurde.

Neben der syphilitischen Infektion ist es der Alkohol der Eltern, welcher in der Ätiologie dieser Epilepsien eine Rolle spielen kann.

Stets ist der Versuch einer energischen antiluischen Kur zu machen, trotzdem die Erfolge dieser Behandlung auf die Anfälle nicht sehr ermutigende sind.

Im folgenden Falle haben wir es mit einem sehr seltenen Symptomenkomplex zu tun, welcher durch seine Ähnlichkeit mit den epileptischen Anfällen hier angeführt zu werden verdient. Fall 67. Joseph H., 27jähriger Zuckerbäcker. Vater luisch, starb mit 46 Jahren an Herzschlag. Die Mutter ist gleichfalls luisch infiziert. Aus dieser Ehe entstammen 10 Kinder. Die ersten 4 sind tot zur Welt gekommen, trotzdem die Mutter gleich beim Beginn der Heirat antiluisch behandelt wurde. Vor der Geburt des Inkulpanten nahm sie 9 Monate hindurch Jod und auch während der folgenden Schwangerschaften, die alle zur richtigen Zeit mit lebenden Kindern endeten.

Patient begann schwerhörig zu werden und da man positiven Blut-Wa. fand, bekam er regelmäßig Bismut und Neosalvarsan, worauf sich das Gehör besserte. Seit Mai 1925 hat er Anfälle, in denen er zusammenklappt um nach einer Sekunde wieder in Ordnung zu sein. Nach den Anfällen hat er sehr starke Kopfschmerzen; sein Kopf ist wüst und er fühlt sich sehr matt. Wir beobachteten bei ihm diese Anfälle und sahen wie er bei erhaltenem Bewußtsein in die Knie sinkt, seine gesamte Muskulatur erschlafft. In der nächsten Sekunde steht er auf. Sein ständiges Ohrensausen wird während des Anfalles nicht stärker. Bei der Hyperventilation tritt der Chwostek nach 2 Minuten auf und es zeigt sich beginnendes TROUSSEAUsches Phänomen. Röntgenologisch: Sella normal. Neurologisch beide Pupillen entrundet, die Reaktionen sind aber prompt. Halsdrüsen. Schon mit 16 Jahren verlor er alle Zähne. Blut-Wa. +++. Präcipitation +++. Liquor in jeder Beziehung negativ.

Ich denke daran, daß wir in diesem Falle berechtigt sind einen luischen Prozeß in der Gegend der roten Kerne anzunehmen, welcher die Funktion der roten Kerne zeitweise beeinträchtigt und dadurch eine plötzliche Tonusverminderung sämtlicher quergestreifter Muskeln bedingt. Auf Grund des negativen Liquorbefundes und positiven Blut-Wa. glauben wir, daß ein endarteriitischer Prozeß im Spiele ist oder aber ein Hydrocephalus die Ursache des Tonusverlustes sein kann. Beider nunmehr vorgenommenen Encephalographie sehen wir, daß der rechte Seitenventrikel viel mehr Luft enthält, als der linke. Der Patient gab an, seit der Punktion seinen Kopf viel freier zu fühlen und nachdem er eine Bismolein-Myosalvarsankur durchgemacht hat, verläßt er die Abteilung, ohne mehr einen Anfall zu zeigen.

4. Kongenitale Lues und endokrines System.

Schon die älteren Autoren haben auf die Häufigkeit der Erkrankung der innersekretorischen Drüsen bei der angeborenen Syphilis mit Nachdruck hingewiesen. Allerdings hatten sie den Einfluß toxischer Momente hierbei betont. Erst neuere Untersuchungen wiesen nach, daß die Erkrankung der endokrinen Drüsen geradeso, wie jene der inneren Organe, von der Invasion der Spirochäten abhängig ist.

Die Erkrankung der *Hypophyse* ist eine ziemlich häufige. So berichtet SIMMONDS, daß er unter 12 untersuchten Fällen von kongenitaler Lues fünfmal eigenartige Erkrankung der Hypophyse gefunden hat. Die Veränderungen betrafen regelmäßig den vorderen Lappen, während die Neurohypophyse intakt war. Der Vorderlappen zeigt mehr oder minder verbreitete interstitielle Entzündung, bisweilen begleitet von Nekroseherden und miliaren Gummen. Schon

in den ersten Monaten nach der Infektion sah SIMMONDS Gummen des Hirn-
anhanges. Über Spirochätenbefunde berichten SIEMENS und SCHMIDT, SABA-
REANU u. a. NONNE bringt in seinem Lehrbuch eine große Anzahl von Fällen
der hypophysären luischen Erkrankung. Die meisten boten das Bild der Dystrophia adiposogenitalis. Selten sagt NONNE, sind die Fälle von Akromegalie auf
der Basis einer Lues. Er zitiert den Fall von MINGAZZINI. Alle Autoren, die sich
mit diesem Thema beschäftigen weisen darauf hin, daß eine Hypophysenerkrankung bei der angeborenen Syphilis auch dadurch zustande kommen kann,
daß ein Hydrocephalus auf die Hypophyse einen Druck
ausübt.

Öfters findet man Unentwicklung der *Hoden,* beim
weiblichen Geschlecht *Verzögerung der Menstruation,* selbst
Amenorrhöe. Für gewöhnlich ist die Beteiligung der Keimdrüsen mit der Erkrankung anderer endokriner Drüsen
vergesellschaftet. Einige solche Fälle pluriglandulärer Erkrankung seien in aller Kürze im folgenden angeführt.

Fall 68. 14jähriger Junge, Sohn eines Paralytikers. Seit einigen Monaten Stirnkopfschmerz, Schlafsucht, Polyurie, Schwindelgefühl. Seit 5 Monaten hört er schlecht am linken Ohr. Mäßig
entwickelt. *Vollkommen haarlos. Unentwickelte Genitalien. Habitus
adiposogenitalis. Oben und unten eingeengtes Gesichtsfeld.* Lymphatisches Aussehen. Breite Nasenwurzel. Sella normal. Negativer
Sero- und Liquorbefund. Auf Injektionskur Aufhören sämtlicher
Beschwerden. Sero-Liquorbefund auch späterhin negativ. In
diesem Fall ist eine hypophysäre und eine Hodenerkrankung anzunehmen. Die letztere ist als eine mitangeborene Hemmungs-
erscheinung zu deuten, während ich die Erkrankung der Hypophyse als eine subakute luische auffasse. Der Erfolg der Therapie
spricht für die Richtigkeit dieser Annahme.

Fall 69. Im zweiten Fall (siehe Abb. 39) handelt es sich um
einen 18jährigen, schwer imbezillen Jungen mit, in jeder Beziehung stark positiven Sero-Liquorbefunden. Körperlich schwach
entwickelt mit starkem Fettpolster. Gut entwickelte Brust-
drüsen mit gut fühlbarem Drüsenparenchym. An der Brust,
am Rücken und an den Glutäen starke Fettanhäufung. Im
krassen Gegensatz hierzu steht die fast vollkommene Haarlosigkeit, ferner an Stelle des Penis ein der Klitoris ähnelnder Anhang. Auffallend ist die Schlaffheit der Muskulatur. Träge Lichtreaktion. Incontinentia urinae et alvi. Ataxie der Füße.

In diesem Fall besteht eine spirochätale Erkrankung
des gesamten Zentralnervensystems und mehrerer innerer Drüsen.

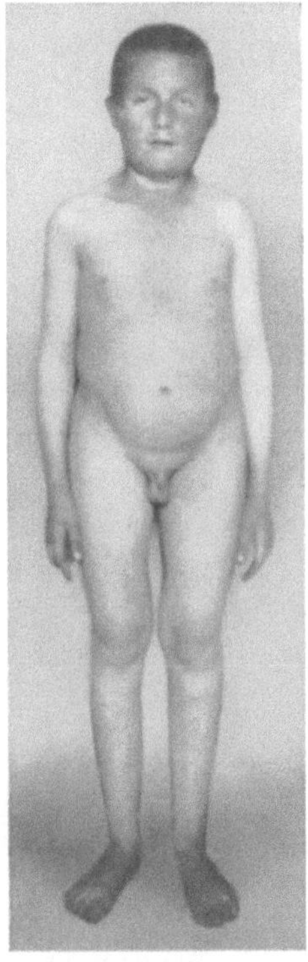

Abb. 39. Pluriglanduläre
syphilitische Erkrankung.
(Eigene Beobachtung.)

Noch komplizierter lagen die Verhältnisse im Falle 70, des 19jährigen Burschen, der
zwar zur richtigen Zeit geboren wurde, aber sehr schwächlich war; in seinem 3. Monat
hatte er Blasen an den Sohlen und an den Handflächen, gegen die er Quecksilberbehandlung
bekam. Schon als kleines Kind fiel sein ungebärdiges Wesen, das Fehlen eines jeden ethi-
schen Begriffes auf. Bei der Untersuchung finden wir eine Scapula scaphoidea, fast vollkommene *Haarlosigkeit, puerile Hoden,* HUTCHINSONsche Zähne, *Schilddrüse kaum tastbar,*
Anisokorie, Robertson, Mydriasis. Tiefe Reflexe fehlen. Stark positiver Sero-Liquorbefund.
Sella: Proc. clin. ant. abgerundet, der Proc. clin. post. fehlt ganz. Imbezill. Auch in
diesem Fall ist eine Erkrankung der *Hypophyse* neben einer *Hoden-* und *Schilddrüsen-*
beteiligung anzunehmen.

Die Hypophysenerkrankung wird durch die Sellaveränderung wahrscheinlich gemacht. — Es verdient hervorgehoben zu werden, daß Patient ein Zwillings-
kind ist, und zwar zweieiig, die Schwester kam gesund zur Welt. Die Mutter
erwähnt dies mit dem Bemerken, daß der Arzt, der den Buben wegen seiner
kongenitalen Syphilis behandelt hat, ausdrücklich erklärte, daß das Mädchen
keine Syphilis habe. Dies scheint tatsächlich der Fall gewesen zu sein, da sie
erst nach ihrer Verheiratung die Syphilis acquirierte!

Über radiologisch festgestellte Sellaveränderung berichtet auch Babonneix in einem Fall von Dystrophia adiposogenitalis. Er sah eine Vergrößerung der Sella mit Hypertrophie des Proc. clin. post.

Nonne, dem wir, wie schon erwähnt, so schöne Fällen von Dystrophia adiposogenitalis verdanken, konnte sogar autoptisch die luische Veränderung der Hypophyse in einem Fall nachweisen. Es war ein verkalktes großes Gumma, welches den ganzen Türkensattel ausfüllte; bis auf einen kleinen Rest von der Pars anterior war die Hypophyse ganz verschwunden. — Auch der Hoden war bei der mikroskopischen Untersuchung als unentwickelt gefunden worden.

Peritz spricht in der Ätiologie der *Akromegalie* der kongenitalen Lues eine Bedeutung zu. Sowohl bei der jugendlichen Akromegalie als auch bei dem allgemeinen Riesenwuchs spielt vielleicht die kongenitale Syphilis eine Rolle (Zondek). Für die Entstehung des kongenitalen Myxödems kommt auch die Syphilis in Betracht. Sainton und Rathery beschreiben einen Fall von pluriglandulärer Insuffizienz auf syphilitischer Grundlage (zit. nach Zondek).

Über die pathologanatomischen Veränderungen der *Thyreoidea* haben wir nur in den allerletzten Jahren etwas erfahren. Die ausreichendsten Data stammen von Morelli. Er teilt sein Material in 3 Gruppen ein. In der 1. Gruppe befanden sich Kinder, die bald nach der Geburt gestorben sind. Alle zeigten sowohl klinisch als auch pathologanatomisch frühzeitige kongenitale Syphilis. In diesen Fällen waren die Spirochäten in der Leber zu finden. In der 2. Gruppe befanden sich die Kinder, die eine gewisse Zeit lang sich normal entwickelten, im späteren Alter wurden sie auf Syphilis verdächtig, welche durch die Sektion auch bewiesen wurde. In der 3. Gruppe waren die Kinder mit positivem Wa., ohne klinischen und pathologanatomischen Befund. Die Veränderungen der Thyreoidea waren verschiedentlich. In den frühzeitigen Syphilisfällen war eine Hyperplasie des Bindegewebes, veränderte Struktur des Organs, schwere epitheliale Degeneration und abnormales Kolloid vorhanden. In Fällen von später kongenitaler Syphilis fehlte die Bindegewebshyperplasie und statt kolloidaler Sekretion war epitheliale Desquammation und Transudation von Plasma zu konstatieren.

Abb. 40. Links das 15jährige gesunde, rechts das 16¹/₂jährige an Infantilismus leidende Mädchen. (Beobachtung von Ranschburg.)

Menninger bringt 3 Autopsien, in denen die Thyreoidea bei kongenitaler Syphilis angegriffen war, außerdem einen Fall von Hyperthyreoidismus bei einem kongenitalluischen Mädchen. Letzteren faßt er als Folge lokaler Entzündung der Drüse auf. Hyperthyreoidismus soll bei kongenitaler Syphilis häufiger sein und nach Menninger erscheint er als Effekt einer intrauterinen Beschädigung. Die Größe der Schilddrüse bei kongenitaler Syphilis ist sehr verschieden, sie kann normal, vergrößert und auch verkleinert sein. Ihre Konsistenz ist gewöhnlich fest. Gummen kommen auch vor. Spirochäten werden manchmal vermißt, das andere Mal kommen sie in großer Zahl vor. So fanden Payenneville und Cailliou nicht nur in der Schilddrüse, sondern auch in den übrigen endokrinen Drüsen der Kongenitalluischen die Spirochäte.

HERTHOGE bringt den *Infantilismus* mit der Insuffizienz der Schilddrüse in Verbindung. Nach ihm verursacht sowohl die Lues, als auch die Tuberkulose nur dann Infantilismus, wenn vorerst die Schilddrüse in ihrer Entwicklung gestört ist. RANSCHBURG beschreibt einen Fall von LORRAINschem Infantilismus (s. Abb. 40) bei einem wahrscheinlich kongenitalluischen Kind, bei dem, der HERTHOGEschen Annahme entsprechend, ein Hypothyreoidismus bestand, dem entsprechend radiologisch eine verspätete Ossifikation der kleinen Handknochen bemerkt wurde, dieselbe stellte sich dann nach Behandlung mit Thyreoidea rasch ein.

Ich fand in 2 Fällen von kongenitaler Syphilis vergrößerte Schilddrüsen. Im ersten Fall (71) handelte es sich um ein 15jähriges Mädchen von lymphatischem Habitus, es bestand Anisokorie, das Mädchen hat auch unregelmäßige Menses. Blut-Wa. und Präcipitation +++. — Der andere Fall (72) betraf ein 17jähriges Mädchen. Außer der vergrößerten Thyreoidea hatte sie Maculae corneae nach Keratitis parenchymatosa. Anisokorie. Rechte Pupille reaktionslos. Fehlerhaftes Gebiß. Differente tiefe Reflexe.

Schwer zu beurteilen ist die abnorme Kleinheit der Schilddrüse, ich konnte dies nur in einem Fall konstatieren.

HOCHSINGER ist der Meinung, daß für die Erklärung des relativ häufig bei Kongenitalluetischen in späterer Lebenszeit zu beobachtenden Infantilismus und Schwachsinnes die besondere Affinität der Spirochaeta pallida zu den *Nebennieren* bedeutungsvoll ist. Die Franzosen sprechen sogar von einem „Infantilisme surrénal". Auch HOCHSINGER äußert sich gegen die syphilotoxischen Keimschädigungen und meint, daß die direkte spirochätale Schädigung der inkretorischen Drüsen vollkommen genüge, um die Wachstums- und Entwicklungsstörungen bei Kongenitalluischen zu erklären.

5. Familiale spastische Paralyse vom spinalen Typ.

Familiale spastische Paralyse vom spinalen Typus auf kongenitalluischen Grundlagen benennt MINGAZZINI einen Symptomenkomplex, welcher dadurch charakterisiert ist, daß er, als Gehstörung in der Kleinkinderzeit beginnend, zumeist bei mehreren Kindern einer syphilitischen Ehe auftritt und in den meisten Fällen von mentaler Insuffizienz begleitet wird. Gewöhnlich sind nur die Unterextremitäten betroffen, seltener auch die oberen. Die Muskeln der Extremitäten zeigen Rigidität, welche mit Schwäche verbunden ist. BABINSKIs Reflex ist gewöhnlich nicht vorhanden. Fußklonus in einigen Fällen auslösbar. Die tiefen Reflexe sind erhöht. Neben geistiger Schwäche kommen andere cerebrale Symptome vor, so Fehlen der Lichtreaktion, Sprachstörung (Bradyarthrie). MINGAZZINI denkt, daß dieser Symptomenkomplex corticalen Ursprunges sei, oft ist er von der LITTLEschen Krankheit nicht abzusondern. NONNE, dem wir vier hierhergehörige Fälle verdanken, benennt diesen Symptomenkomplex spinale spastische Paralyse mit oder ohne cerebralen Symptomen. Im Gegensatz zu NONNE, der eine spinale Bedingtheit der spastischen Paralyse annimmt, meint MINGAZZINI, daß eine corticale Läsion vorliegt, dieselbe bestehe aber nicht in einer Abyotrophie der Pyramiden wie im Falle der LITTLEschen Krankheit, sondern es soll eine syphilitische Toxinwirkung auf die schon entwickelten Pyramidenzellen einwirken.

Gegen die Toxinwirkung haben wir schon an mehreren Stellen unserer Arbeit Stellung genommen. Wir glauben eher, daß in diesen Fällen eine cerebrospinale Lues vorliegt, welche sowohl meningitische als auch vasculäre syphilitische Veränderungen hervorruft. Hierfür spricht der günstige Einfluß der antisyphilitischen Behandlung, wie sie in den Fällen von FRIEDMANN, von dem die erste Beschreibung dieser Fälle stammt, und auch in einem meiner Fälle zu beobachten war.

Einen sehr interessanten Fall von cerebrospinaler Meningitis bei einem kongenitalluischen 15jährigen Kind mit Sektionsbefund verdanken wir Nonne. Die mikroskopische Untersuchung hat der leider so früh im Krieg gefallene Ranke ausgeführt. Der Fall findet deshalb an diesem Ort Erwähnung, weil er zeigt, wie sich cerebrale und spinale Symptome verbinden können.

Ein mit Stigmata syphilitica behafteter, geistig zurückgebliebener 15jähriger Junge erkrankte unter cerebralen Erscheinungen und Gehstörung. Positiver Sero- und Liquorbefund. Im Beginn Besserung auf antiluische Behandlung, dann trat Parese der Unterextremitäten auf, bald auch der oberen. Babinski positiv. Sensibilitätsstörungen traten im weiteren Verlauf hinzu, der Gang wurde immer beschwerlicher, Kopfschmerzen, Erbrechen, Abducenslähmung gesellten sich dazu, plötzlicher Kollaps machte dem Leiden ein Ende. Makroskopisch Hydrocephalus externus und internus, Trübung der Pia, das Ependym granuliert, der 4. und die Seitenventrikel erweitert. Mikroskopisch fand sich eine entzündliche luische cerebrospinale Meningitis und Ventrikulitis mit Heubnerscher Endarteriitis, massige Infiltration der Basis mit gummös-nekrobiotischen Veränderungen. In der Substanz des Groß- und Kleinhirns vereinzelte Gefäßveränderungen.

Wäre dieser Fall im 1. Stadium stehengeblieben, so hätten wir das Bild der Mingazzinischen Form vor uns, deshalb glauben wir, daß es sich auch in den Mingazzinischen Fällen um pathologanatomisch Ähnliches handelt. Unter den von *mir* beobachteten Fällen von kongenitaler Syphilis war der folgende ein charakteristischer, unter diese Gruppe einzureihender Fall.

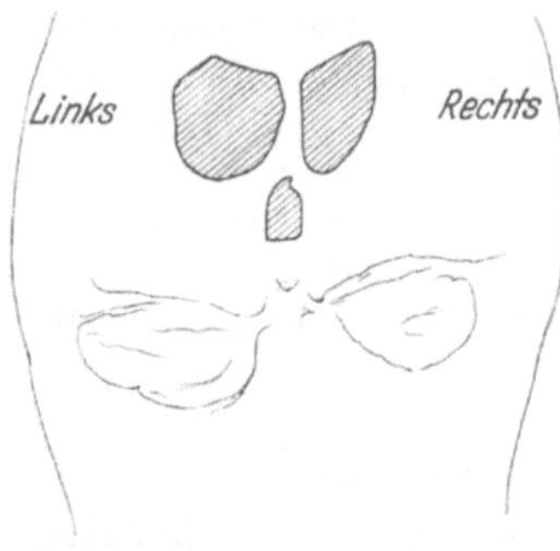

Abb. 41. Verkleinertes Encephalogramm. (Eigene Beobachtung.)

Fall 73. Ein 13jähriger Junge, der von einer sicher syphilitischen Mutter stammt, gedieh bis zu seinem 6. Lebensjahr sehr gut, überstand damals eine Meningitis, von diesem Zeitpunkt an ist er geistig zurückgeblieben und zeigt einen spastischen Gang. Während der Meningitis war die Sero-Liquorreaktion im Sinne der Lues stark positiv. Es trat eine auffallende Besserung nach einer antiluischen Kur ein. Während der ganzen Beobachtungszeit seiner Meningitis war die Temperatur nie höher als 37,4⁰. 4 Jahre hindurch war der Knabe relativ wohl. Im Januar 1931 konnten wir ihn untersuchen und stellten folgenden Status fest: Serum: Wa. +++, Präcipitation +++. Liquor: Wa. +++, Hämolysin +++, Pándy +++, Nonne +++, Eiweiß 0,60%, Zellzahl 4 Lymphocyten. Mydriatische, lichtstarre Pupillen. Sehr erhöhte Knie- und Achillesreflexe. Kein Babinski. Geistig stark zurückgeblieben. Spastischer Gang. Hutchinsonsche Zähne. Scapulae scaphoideae. Bauchreflexe nicht erzielbar. Bei der Encephalographie können wir folgendes konstatieren: Beide Seitenventrikel sind sehr stark erweitert und asymmetrisch. Der linke ist wesentlich größer als der rechte, auch der 3. Ventrikel ist erweitert. (Siehe Abb. 41.)

Wir sind der Meinung, daß durch die Encephalographie auch in den Mingazzinischen Fällen die organischen Veränderungen aufgedeckt worden wären. In Zukunft muß selbstredend diese Art der Untersuchung herangezogen werden. Wird das der Fall sein, so wird von der toxischen Ätiologie nicht viel mehr übrigbleiben.

Fall 74. Marie P., 16jährig. Die Mutter wurde nie gegen Syphilis behandelt, zeigt +++Wa.R. Der Vater litt an Kopfschmerzen als junger Ehegatte, mit 42 Jahren erlitt er einen Schlaganfall, von welchem eine rechtsseitige Hemiplegie zurückblieb. Sie hatten 3 Kinder. Das erste Kind ist gesund, das zweite ist die Inkulpantin, das dritte war schwachsinnig. Die Krankheit begann vor ³/₄ Jahren (Januar 1929), die Füße wurden immer steifer, so daß sie zum Schluß nur mit Unterstützung gehen kann. In der letzten Zeit veränderte sich auch die Sprache, sie wurde schwerfällig, stockend. Sie ist kleiner wie es ihrem Alter zukommt. Kopfumfang 58 cm, großer, breiter Schädel. Niedrige Stirn. Robertson. Mydriasis. Spastische Kniereflexe. Hypertonie in den Unterextremitäten. Wa.R. im Blut +++, Präcipitation +++, Liquor: Wa. +++, Präcipitation ++, Pándy +++, Nonne +++, 25⁰/₀₀, Alb. 18 Zellen. Kolloidreaktion: In der 3., 4., 5. Röhre totale Ausfällung. Nach Binet-Simon geistig zurückgeblieben um 9 Jahre. Nach einer Malaria-Bi-Salvarsankur wesentliche Besserung. Auch im Liquor manifestierte sich die Besserung, die Wa.R. wurde einkreuzig, desgleichen Pándy und Nonne. Die Kolloidreaktion besserte sich auch. Die Besserung manifestierte sich darin, daß die ganz verwirrte, demente Patientin nach der Malariakur sich soweit erholte, daß sie in der Hauswirtschaft beschäftigt werden konnte.

Auch HIGIER beschreibt 3 Fälle von spastischer Paraplegie bei Kindern einer Familie. Atrophia nervi optici und intellektuelle Schwäche ergänzen das Bild. Diese Fälle, sagt HIGIER, gehören nicht zur spinalen Paralyse STRÜMPELLS (es soll heißen ERB), sie sind auf kongenitalluischem Boden entstanden.

6. Kongenitale Syphilis und Chorea.

Der Zusammenhang von *Chorea* und Syphilis wird noch von vielen Autoren nicht anerkannt. Auf erworbener Basis kommt die Chorea, wie wir dies schon im Kapitel der Stammganglien betont haben, äußerst selten vor. G. STEINER ist der Meinung, daß die Syphilis weder mit der Chorea noch mit der Pseudosklerose, Paralysis agitans, etwas zu tun habe. Er sagt: „Wenn (bei diesen Krankheiten) einmal eine positive Wa.R. im Blutserum sich findet, so beweist dies nur, daß der Kranke neben der Erkrankung des Zentralnervensystems und unabhängig von ihr eine Syphilis acquiriert hat.“ Für die kongenitale Syphilis trifft dies sicher nicht zu. Auch HOCHSINGER steht auf einem ablehnenden Standpunkt, wie auch BOAS, der den Standpunkt vertritt, daß es keine echte Chorea minor auf syphilitischer Grundlage gibt, dagegen „gibt es zweifellos gewisse Formen der kongenitalen Hirnlues, die vorwiegend unter dem Bilde choreiformer Zuckungen verlaufen“. Solange wir über die näheren Beziehungen der Bewegungsstörungen, die auf die Stammganglien bezogen werden können, nichts wissen, ist es vom klinischen Standpunkt durchaus berechtigt, bei den inkoordinierten Bewegungsstörungen von Chorea zu sprechen, wie es die Franzosen tun. Ob es sich in diesen Fällen nur oder vorwiegend um Gefäßveränderungen handelt oder um luische encephalitische Prozesse oder um Gummen, das läßt sich derzeit nicht beweisen. Auch wissen wir nicht, ob bei der luischen Chorea dieselben kleinen Ganglienzellen erkrankt sind wie in den Fällen von SYDENHAMscher Chorea; oder handelt es sich um eine Bewegungsstörung, an deren Zustandekommen mehrere Gebiete der Stammganglien beteiligt sind? Meines Erachtens nach, können wir die luische Chorea diagnostizieren, wenn folgende Bedingungen erfüllt sind. Der Beginn der Bewegungsstörung ist ein schleichender, die Bewegungsstörung ist halbseitig, die Wa.R. im Blut und Liquor ist positiv, die antiluische Behandlung ist erfolgreich. Letztere Bedingung kann fehlen, wenn der Prozeß zu irreparablen (Erweichung) Veränderungen geführt hat. Ich gebe HÜBNER zu, daß bei der syphilitischen Chorea neben den inkoordinierten Bewegungen immer auch andere Krankheitssymptome bestehen, das ist aber kein Grund die Pathogenese der syphilitischen Chorea sich anders vorzustellen als die, der Chorea minor.

Die HUNTINGTONsche Chorea hat mit der Syphilis gar nichts zu tun, sie ist eine endogene familiale Erkrankung; fraglich ist es, ob in Ausnahmefällen die *Pseudosklerose* nicht durch die Syphilis erzeugt werden kann. Die Leberkrankheit der WILSONschen Pseudosklerose ist nicht luischer Natur. Zum Schluß bringe ich einige Fälle von syphilitischer Chorea.

Fall 75. Margit B., 18jährige Virgo. Der Vater negiert die luische Infektion, hat aber träge reagierende Pupillen. Auf Befragen gibt er zu, an lanzinierenden Schmerzen zu leiden. Das Kind, welches vor der Inkulpantin geboren wurde, kam tot zur Welt. Blut-Wa. der Mutter negativ. Die Patientin bemerkte im Dezember 1929, daß sie mit der rechten Hand nichts halten kann, sowohl die Hand als der rechte Fuß zeigen inkoordinierte Bewegungen. *Objektiv:* Mikrocephal. Anämisch. Linke Pupille ad maximum dilatiert, reagiert nicht auf Licht, rechte Pupille sehr träge. In den rechtsseitigen Extremitäten ständige, choreatische Bewegungen. Kniereflex nicht zu erzielen. Bei der BINET-SIMONschen Prüfung zeigt sich, daß sie auf dem Niveau eines $8^3/_4$ Jahr alten Kindes steht, somit ein Rückstand von 9 Jahren zu verzeichnen ist. Wa.R. $+++$, Präcipitation $++$, Liquor-Wa. $+++$, Präcipitation $++$, Pándy $++$, Nonne $++$, Albumen $0,51^0/_{00}$, Zellen 22. Sie wird einer Malariakur unterworfen, während welcher sie sich ungebärdig benimmt, so daß sie Packungen bekommen muß. Sie übersteht 10 Fieberattacken, jedesmal weit über 40^0. Die hemichoreatischen Bewegungen werden während der Fieberattacken etwas geringer, hören dann nach den ersten Bi- und Salvarsaninjektionen gänzlich auf. Nach 6 Monaten stellt sie sich von neuem vor. Die Hemichorea hat ganz aufgehört. Heute ist auch die linke Pupille lichtstarr. Es besteht Ulnaris- und Peroneusanalgesie. Subjektiv hat sie keine Klagen. Der Blut-Wa. ist noch immer dreikreuzig, der Liquor-Wa. ist einkreuzig geworden, das Albumen auf $35^0/_{00}$, die Zellenzahl auf 6 zurückgegangen. Die Kolloidreaktion ist auf der linken Seite normal geworden, rechts zeigte sich noch eine leichte Erhöhung. Wohin soll der Fall eingereiht werden? Die Hemichorea war sicher durch einen luischen Prozeß bedingt; die starke geistige Rückständigkeit ist als Folgekrankheit einer im Kleinkindesalter überstandener luischen Hirnerkrankung oder als juvenile Paralyse zu deuten? Dazu noch die tabischen Symptome! Der Erfolg der Malariakur beweist, daß akute luische Prozesse dagewesen sind, andererseits ist ein Fortschreiten der tabischen Symptome zu verzeichnen. Dieser Fall beweist von neuem, wie gekünstelt unsere Einteilungen sind.

Fall 76. Paul T., 19jährig. Der Vater ist ein Potator. Die Mutter hat $++$ Blut-Wa. Der Patient lernte erst mit 7 Jahren gehen. Er ist Hydrocephaliker. Es besteht Dystrophie der Zähne. Körperlich schwach entwickelt. Imbezill. Anisokorie. Mydriatische rechte Pupille. Vollkommen starre Pupillen. In der rechten Hand choreo-athetotische Bewegungen. Rechtsseitige Hemiparese. Sero-Liquorreaktionen stark positiv.

Hier wäre der Fall des 9jährigen Knaben, bei dem halbseitige Chorea mit Tabes kombiniert vorlag, anzuführen (siehe Kapitel 5 b).

Endlich (Fall 77) sah ich ein 15jähriges Mädchen, deren Mutter an Tabes litt, sie selbst hatte positiven Blut-Wa., war imbecill, zeigte Dystrophie der Zähne, Anisokorie, hatte stark gewölbten harten Gaumen. Sie litt in ihren 13. Jahr an Chorea, welche dann rezidivierte.

7. Die Behandlung der angeborenen Nervensyphilis.

Wenn es irgendein Gebiet der wirksamen Vorbeugung von Krankheit gibt, so ist es die antenatale Behandlung der syphilitischen Mutter. Das wußten schon ältere Autoren, aber die Ergebnisse blieben hinter den Erwartungen zurück. Der Grund hierfür lag in der zu milden, daher unzureichenden Behandlung. Seitdem die energische gemischte Hg- oder Bi-Salvarsanbehandlung angewendet wird, mehren sich auch die Erfolge, welche hauptsächlich dem kongenitalluischen Kind zugute kommen. Almquist, Neisser, Bang und Kjeldsen, Guszmann, Boas und Gammeltoff, Erich Müller u. v. a. haben in systematischen Untersuchungsreihen gezeigt, wie segenbringend für Mutter und Kind die antiluische Behandlung während der Schwangerschaft ist. Marcus gibt eine überzeugende Übersicht über die Wirksamkeit der antenatalen Behandlung; waren die Mütter unbehandelt, so wurde eine angeborene Syphilis in 90,2% der Fälle konstatiert; hatten sie eine merkurielle Behandlung während der Schwangerschaft bekommen, wurde nur in 45,6% eine kongenitale Syphilis gefunden. Eine energischere antiluische Behandlung als die merkurielle zeitigt noch bessere Erfolge, so konnte Guszmann durch zwei Kuren von 40—50 g Hg-Einreibung und 4—5 g Neosalvarsan bei 101 luischen Schwangeren in 87 Fällen, d. h. 86,1%, klinisch und serologisch gesunde Neugeborene erzielen! Gegen die energische Salvarsanbehandlung der schwangeren Mutter haben nur Buschke und Gumpert mit der Begründung Stellung genommen, daß diese Mütter sich zumeist im Latenzstadium der Syphilis befinden und eine intensive Salvarsanbehandlung bei ihnen zur frühzeitigen Entstehung der Nerven- und Gefäßlues führen könnte. Wir teilen diese Ansicht nicht, weil nur die verzettelte und schwache Salvarsanbehandlung von ungünstigem Einfluß sein könnte, wie wir dies im Kapitel der Neurosyphilis auseinandergesetzt haben. Auch Meyerstein von der Finkelsteinschen Klinik nimmt gegen die Buschke-Gumpertsche Anschauung Stellung und beruft sich auf eigene Feststellungen: „Unter den seit 1920 in unserem Krankenhause behandelten kongenitalluischen Kindern,

die im Alter von 2—14 Jahren zur Aufnahme kamen, befanden sich 53 mit
Zeichen von Nervenlues, progressiver Paralyse oder erheblicher geistiger Minderwertigkeit und 9 mit Keratitis interstitialis". Von diesen Kindern hatten 70%
überhaupt keine, die übrigen eine völlig unzureichende Behandlung mitgemacht.
Andererseits weist MEYERSTEIN auf die günstigen Erfolge der Frühbehandlung
kongenitalluischer Kinder hin, die wir GERTRUD MEYER verdanken, die in
ihren Nachuntersuchungen 90% berufsfähige unter den behandelten Kindern
fand. Auch *ich* verfüge über eine beweiskräftige Beobachtung (Fall 78). Eine
25jährige Frau, die schon ein kongenitalluisches Kind zur Welt brachte, kam
wegen unstillbaren Kopfschmerzen zur Behandlung; da sie stark positive Reaktionen im Serum als auch im Liquor hatte, wurde eine energische Malaria-Bi-
Neosalvarsankur eingeleitet, während derselben erfuhren wir, daß sie schwanger
war. Wir ließen die Kur weiterlaufen und sie gebar zur richtigen Zeit ein gesundes
Kind. Die Sero- und Liquorreaktionen waren beim Säugling negativ, es bestand
aber eine leichte Pleocytose und Eiweißvermehrung, auch die Hämolysinreaktion
war positiv. Wir folgerten hieraus, daß trotz negativer Wa.R. der Säugling
noch luisch sei. Das Kind verschied an einer interkurrenten Krankheit und
wir ließen nicht nur das ganze Nervensystem, sondern auch sämtliche inneren
Organe, die endokrinen Drüsen miteinbegriffen, sowohl histologisch als auch auf
Spirochäten untersuchen und die Untersuchung fiel vollkommen negativ aus
(ZALKA). Die Mutter zeigte noch schwach positive Reaktion, so daß sie, ohne
subjektive Klagen zu haben, einer neuerlichen energischen kombinierten Behandlung unterzogen wurde.

Wir sind auf diese von unserem Thema etwas abseits liegende Frage deshalb
eingegangen, weil die Erfahrungen in der Behandlung der schon ausgesprochen
vorhandenen Nervensymptome recht traurige sind, daher der Schwerpunkt
der Behandlung der angeborenen Nervensyphilis auf die energische Behandlung
der schwangeren Mutter gelegt werden muß, nur so ist zu erwarten, daß die
Zahl der traurigen Bilder der Kindernervenlues sich verringern wird. Aber
auch der Vater soll behandelt werden; diesen Standpunkt nimmt auch BOAS ein.

FINDLAY bezeichnet die antenatale Salvarsantherapie als die einzig rationelle
Behandlung der kongenitalen Syphilis. FINKELSTEIN und DAVIDSOHN sagen: „Die
Wirkung der Salvarsanprophylaxe äußert sich in einer an 100% *heranreichenden
Zunahme der Lebendgeburten, im Anwachsen der Relation dauernd gesunder
Kinder zu den Lebendgeborenen, im milderen Verlauf der trotz Prophylaxe auf-
getretenen kongenitalen syphilitischen Erkrankungen.*"

Die Mehrzahl der Autoren verwendet das *Neosalvarsan* sowohl zur prophylaktischen Behandlung als auch in der Behandlung der Säuglinge und Klein-
kinder. Das *Silbersalvarsan* konnte sich wegen starker lokaler Reaktionen bei
intramuskulärer Einverleibung und wegen seiner erhöhten Giftigkeit nicht
einbürgern. Hingegen haben wir im *Neosilbersalvarsannatrium* ein sehr gut
wirkendes Präparat kennen gelernt. Die Mehrzahl der Kinderärzte tritt für
die kombinierte Hg- oder Bi-Salvarsanbehandlung ein.

Inbezug auf die syphilitischen kongenitalen Erkrankungen des Nervensystems sind jene Erscheinungen, deren Hintergrund meningo-vasculäre Prozesse
bilden, wenn frühzeitig behandelt, gut beeinflußbar, sowohl die Endarteriitiden als
auch Gummen, auch die Meningoencephalitis und Meningomyelitis sprechen auf
die antiluische Behandlung gut an. Dagegen sind die Erfahrungen in den Fällen,
wo schon ein ausgesprochener Schwachsinn besteht, durchaus ungünstig. Es
ist eine ganz sonderbare Eigenart der kongenitalen Lues tarda, daß sie sich ganz
unbemerkt aus einem Zustand von mehr oder minder schwerer Demenz plötzlich als progressive Paralyse entpuppt. Es ist sogar oft schwer, die richtige
Differentialdiagnose zu stellen. Da auch meine Erfahrungen betreffs der

Schwachsinnsformen als auch in bezug der juvenilen Paralyse äußerst ungünstige waren, entschloß ich mich zur Malariabehandlung dieser Fälle. Ich unterzog 7 Fälle von juveniler progressiver Paralyse und 3 Fälle von juveniler Tabes sowie mehrere Fälle von cerebrospinaler Lues dieser Behandlungsart. Das Alter schwankte zwischen 9 und 20 Jahren. Nennenswerte Besserungen konnten wir in den Fällen von Paralyse nicht erzielen; im besten Fall blieb ein stationärer dementer Zustand zurück, in mehreren Fällen war eine Internierung notwendig geworden.

2 Fälle von Tabes waren mit halbseitiger Chorea verbunden. In beiden Fällen hörten die choreatischen Bewegungsstörungen auf Behandlung prompt auf. Die tabischen Ausfallserscheinungen blieben selbstredend unverändert, trotzdem bekamen wir den Eindruck, daß der luische Prozeß bei diesen Kindern zum Stillstand gebracht worden ist. Diesen Eindruck gewannen wir sowohl aus dem Negativwerden der Sero-Liquorreaktionen als auch aus dem veränderten Verhalten der Kinder. Einer von ihnen, ein 9jähriger Knabe, konnte die Schule wieder besuchen und liegt seinen Studien schon im 9. Jahr mit Eifer und Erfolg ob. Guten Erfolg sahen wir auch in einem Fall von cerebraler Lues, während der Fall von cerebrospinaler Syphilis, welcher mit Imbezillität kombiniert war, in seinem klinischen Status keine Veränderung aufwies, trotzdem sowohl das Blut als auch der Liquor saniert wurde. Gute Erfolge gibt, wie schon erwähnt, die kombinierte Hg- oder Bi-Salvarsanbehandlung bei meningovasculärer Lues. Einige Beispiele seien angeführt: Fall Nr. 13 aus der Stammtafel III. Familiäre Anamnese siehe Stammtafel III. Mathilde K., 16jährig.

Fall 79. Schon als kleines Kind war sie sehr sensibel. Zur Zeit, als ihr Vater starb, bekam sie einen Anfall, welcher darin bestand, daß sie angeblich bewußtlos zusammenbrach; solche Anfälle zeigen sich seitdem ab und zu, immer infolge von Erschrecken. Keine epileptischen Stigmata. Grazil gebautes Mädchen. Anisokorie. Rechte Pupille weiter. Kniereflexe schwerer auslösbar. Fehlende Bauchdeckenreflexe. Subjektiv: Stirnkopfschmerzen. Blut-Wa. $+++$; Präcipitation $+++$. Liquor in Ordnung. Wir unterwerfen die Patientin einer Bi-Neosalvarsankur. Während derselben ein Selbstmordversuch. Die Kopfschmerzen haben aufgehört. Nach einem halben Jahr melden sich die Kopfschmerzen neuerlich. Blut-Wa. $+$, Präcipitation negativ; Liquor negativ. Neuerliche antiluische Kur, diesmal mit Neosalutan. Nach einem weiteren halben Jahr neuerliche Untersuchung. Im Status nur die Veränderung, daß die Kniereflexe normal auslösbar geworden sind. Nach Binet-Simon zeigt sie ein Zurückbleiben in geistiger Hinsicht von $4^1/_2$ Jahren. Blut-Wa. wieder $++$. Liquor noch immer normal. Subjektiv nicht starke Stirnkopf- und Scheitelkopfschmerzen. Patientin klagt über Erbrechen. Es stellt sich heraus, daß sie schwanger ist. Sie wird einer energischen antiluischen Kur unterworfen. Die Kopfschmerzen hören auf, die Schwangerschaft nimmt ihren regelrechten Verlauf, so daß sie zur richtigen Zeit ein in jeder Beziehung normales Kind gebiert. Sowohl bei der Mutter als beim Kind sind alle Reaktionen sowohl im Blut als im Liquor, in jeder Beziehung normal und werden auch nach einem Jahr normal befunden.

Fall 80 (s. Stammtafel III). Josef K., Bruder der Mathide K. Luische Anamnese siehe bei ihr. Seit seiner frühesten Kindheit leidet er an Stirnkopfschmerzen. Diese Schmerzen haben einen klopfenden Charakter. Werden die Kopfschmerzen sehr intensiv, so bekommt er einen benommenen Kopf und muß sich niederlegen. Bis zu seinem 12. Jahr war er Bettnässer, seit dieser Zeit kommt es nur selten zur Inkontinenz. Er war ein Vorzugsschüler. Spricht im Schlaf und zeigt Zähneknirschen. Schlechternährtes, anämisches Kind, von asthenischem Habitus.
Zähne unregelmäßig, zeigen aber keine luischen Zeichen. Es sind noch keine sekundären sexuellen Merkmale vorhanden. Kopfumfang 51,2 cm. Sella: der Eingang ist breit, die Höhle klein, rund und hat glatte Wände; Pric. clin. p. kolbig. Intelligenzprüfung nach Binet-Simon ergibt einen Rückstand von 4 Jahren. Blut-Wa. $++$; Präcipitation $++$. Liquor negativ. Er wird einer Pyrifer $+$ Bismut $+$ Neosalvasankur unterworfen. Im Anschluß daran bekommt er Jodisan. Er verläßt die Abteilung, ohne mehr über Kopfschmerzen zu klagen.

Die beiden letzten Fälle sprechen eine deutliche Sprache, sie beweisen, wie wichtig die Frühbehandlung ist. Beide Kinder verdanken ihren Schwachsinn dem Umstand, daß die Mutter nicht antiluisch behandelt worden war. Ihr

Schwachsinn ist ein restierender Defektzustand einer in der frühesten Jugend durchgemachten meningovasculären Syphilis, an dem mit keiner Behandlung mehr etwas zu ändern ist.

Immermehr dringt die Überzeugung durch, daß die kongenitalluischen Kinder, wenn auch keine Zeichen einer akuten syphilitischen Erkrankung vorhanden sind, bei positiver Wa.R. energisch zu behandeln sind. Das einzige Mittel, diese Kinder vor später eintretenden Gefahren zu schützen, ist die die systematisch mehrere Jahre hindurch geübte antiluische Behandlung. EDWARD WELANDER hat für diese Zwecke sein Asyl „*Lilla Hemmet*" gegründet, in welchem kongenitalluische Kinder 3—4 Jahre bleiben und wo vorzügliche Erfolge erzielt werden: ein einziges Rezidiv auf 26 entlassene Kinder (längste Beobachtungszeit 13 Jahre) und nur 3 Rezidive auf 69 Patienten während des Aufenthaltes im Asyl. Die Überzeugung von der Notwendigkeit der energischen Behandlung führte bisher nur wenig andere zur Anwendung der Malariabehandlung. So ließ LEINER durch KUNDRATITZ über diese Art der Behandlung der kongenitalen Lues einen Bericht erscheinen. Wir entnehmen diesem Bericht die folgenden Feststellungen. Die Indikationsstellung für die Anwendung der Impfmalaria lautet: 1. Erkrankungen des Zentralnervensystems; 2. Fälle von hartnäckig positivem Liquorbefund auch ohne klinische Symptome; 3. alle Spätformen, die durch spezifische Behandlung nicht beeinflußbar sind; 4. klinisch symptomlose Fälle mit positiven Blutserumreaktionen, die durch intensive spezifische Kuren absolut nicht zu beeinflussen sind. Für die Notwendigkeit der Behandlung mittelst der Impfmalaria der Fälle der letzten Kategorie führt KUNDRATITZ eine höchst beachtenswerte eigene Erfahrung an. Es ist ihm nämlich gelungen, während der Malariakuren vom 6. bzw. 8. Fieberanfalle an bei einzelnen solchen Kindern Spirochäten im Blute nachzuweisen. Das besagt soviel, daß bei diesen symptomlosen, aber Wa.-positiven Kindern doch noch mobilisierungsfähige Spirochäten vorhanden sind. Diesen beizukommen ist entschieden die Malariakur am zweckentsprechendsten. KUNDRATITZ wendete dieselbe schon im Alter von 3 Jahren an, er zitiert HESCHELE, der bei einem 2 Jahre alten, und MATUSCHKA und ROSNER, die bei einem 6 Monate alten Kinde die Impfmalaria schadlos angewendet haben. Letztere Autoren berichten über günstige Erfolge bei Keratitis parenchymatosa, hingegen halten GRÖER und HESCHELES die Malaria bei florider Keratitis parenchymatosa, wegen Aufflackern der entzündlichen Erscheinungen und hiedurch entstehender Ausheilung mit leichten Trübungen, für kontraindiziert. Ich selbst habe die Impfmalaria bei Atrophia nervi optici mehrfach angewendet und mehrmals einen Stillstand, ab und zu eine gewisse Besserung und nur selten eine Verschlechterung gesehen.

Über das Technische der Ausführung der Impfmalaria bei der kongenitalen Lues ist nicht viel zu sagen, es deckt sich mit der, bei den Erwachsenen angewandten Art. Auch bei den Kindern oder Jugendlichen lassen wir 10 bis 12 Fieberattacken abklingen. Es ist wünschenswert, 90—100 Fieberstunden zu erreichen. Die größte Zahl in meinen Fällen waren 130 Fieberstunden, die anstandslos vertragen wurden. Aus den nächstfolgenden Zusammenstellungen der Wirkung auf Serum und Liquorreaktionen ist es ersichtlich, daß nur die konsequent und energisch durchgeführten Kuren zur Sanierung des Liquors führen. Den Blut-Wa. negativ zu machen, gelingt selten.

Einfluß der Malariafieberbehandlung auf die Serum- und Liquorreaktionen.

In der obersten Reihe bringe ich die Ergebnisse von den Sero-Liquoruntersuchungen bei Mutter und Kind. Beide litten an Tabes. Bei der 41jährigen

Fall 1. 41jährige tabische Mutter.

1923 vor der Malariakur.

Serum		
Wa.	+
Präcipitation	−

Liquor		
Wa.	+++
Hämolysin	
Pándy	+++
Nonne	
Eiweiß	
Zellzahl	

1929 nach der Malariakur.

Serum		
Wa.	+
Präcipitation	+

Liquor		
Wa.	−
Hämolysin	−
Pándy	+
Nonne	−
Eiweiß	0,15 %/°°°
Zellzahl	

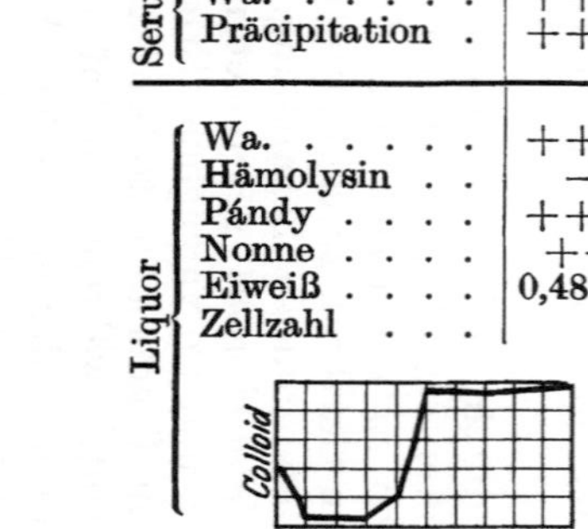

Fall 2. 12jährige tabische Tochter der Vorhergehenden.

1930 vor der Malariakur.

Serum		
Wa.	++
Präcipitation	++

Liquor		
Wa.	+++
Hämolysin	+++
Pándy	+++
Nonne	+++
Eiweiß	1,38 %/°°°
Zellzahl	42

1931 nach der Malariakur.

Serum		
Wa.	+++
Präcipitation	+++

Liquor		
Wa.	+++
Hämolysin	−
Pándy	++
Nonne	++
Eiweiß	0,45 %/°°°
Zellzahl	16

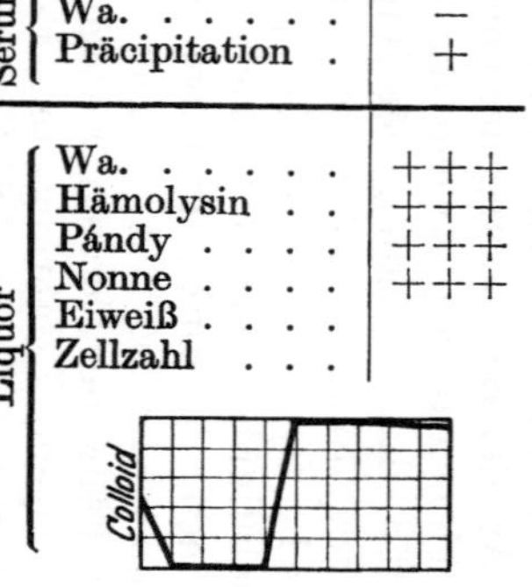

Fall 3. 19jähriger Taboparalytiker.

Vor der Malariakur.

Serum		
Wa.	−
Präcipitation	+

Liquor		
Wa.	+++
Hämolysin	+++
Pándy	+++
Nonne	+++
Eiweiß	
Zellzahl	

1½ Jahre nach der Malariakur.

Serum		
Wa.	−
Präcipitation	−

Liquor		
Wa.	−
Hämolysin	+
Pándy	+
Nonne	+
Eiweiß	0,20
Zellzahl	

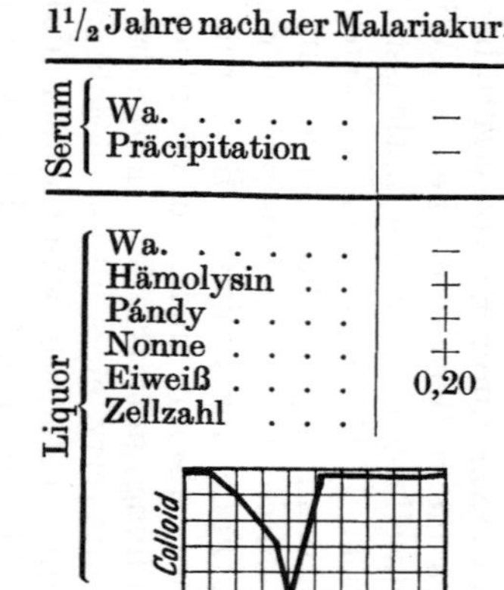

Fall 4. 20jähriger Paralytiker.

Vor der Malariakur.

Serum		
Wa.	+++
Präcipitation	+++

Liquor		
Wa.	+++
Hämolysin	−
Pándy	+++
Nonne	++
Eiweiß	0,48 %/°°°
Zellzahl	

1¼ Jahr nach der Malariakur.

Serum		
Wa.	++
Präcipitation	++

Liquor		
Wa.	+++
Hämolysin	−
Pándy	+++
Nonne	++
Eiweiß	0,75 %/°°°
Zellzahl	24

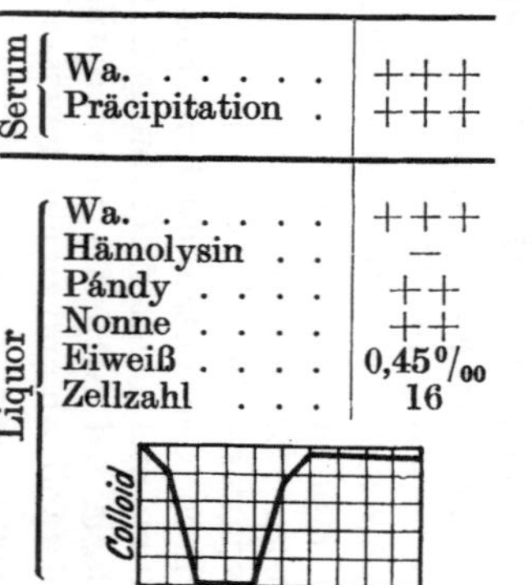

Fall 5. 16jähriges Mädchen.
Lues cerebrospinalis.

Vor der Malariakur.

Serum	Wa.	+++
	Präcipitation	+++

Liquor	Wa.	+++
	Hämolysin	—
	Pándy	+++
	Nonne	+++
	Eiweiß	0,30⁰/₀₀
	Zellzahl	18

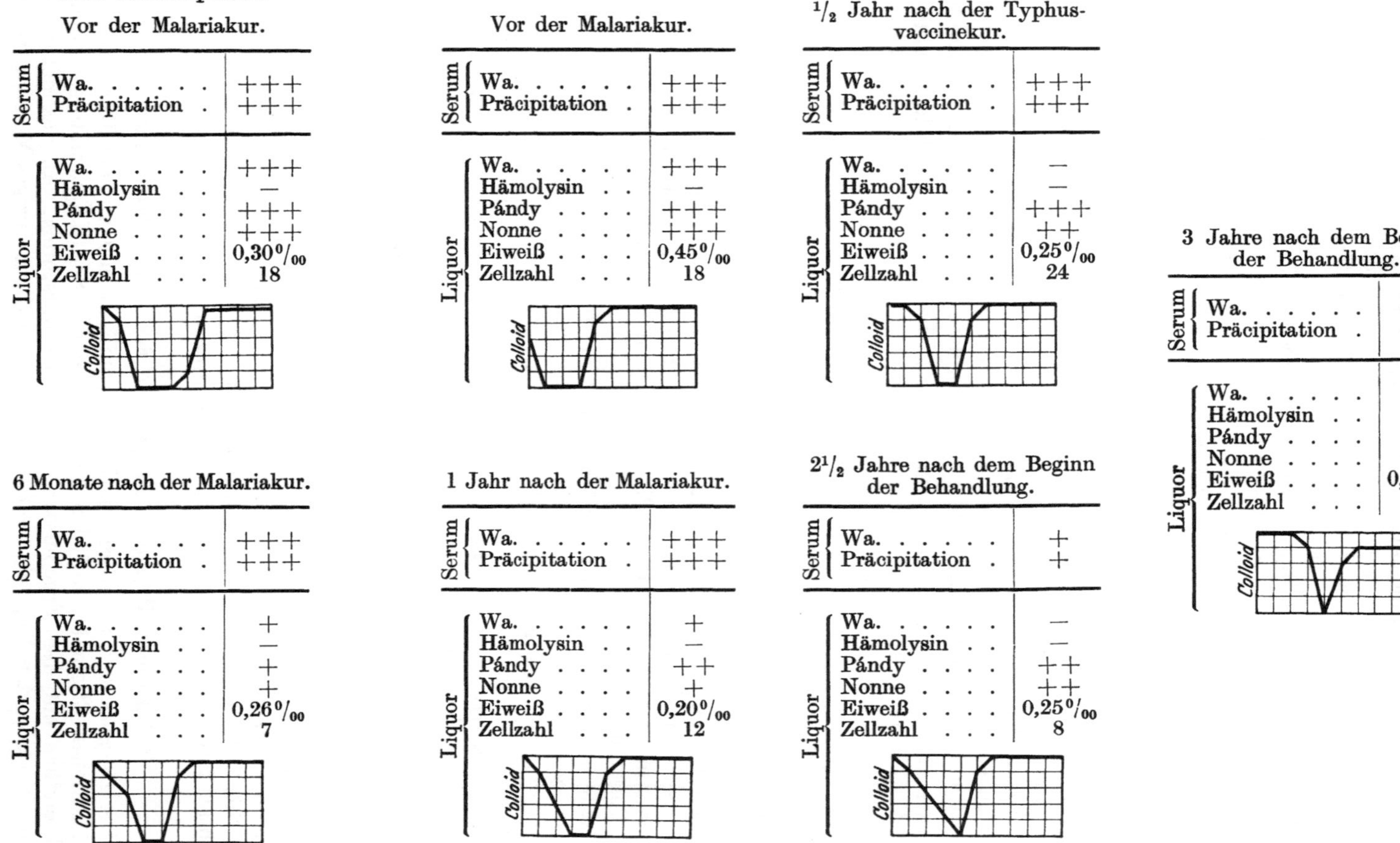

6 Monate nach der Malariakur.

Serum	Wa.	+++
	Präcipitation	+++

Liquor	Wa.	+
	Hämolysin	—
	Pándy	+
	Nonne	+
	Eiweiß	0,26⁰/₀₀
	Zellzahl	7

Fall 6. 28jähriges, an juveniler Paralyse leidendes Mädchen.

Vor der Malariakur.

Serum	Wa.	+++
	Präcipitation	+++

Liquor	Wa.	+++
	Hämolysin	—
	Pándy	+++
	Nonne	+++
	Eiweiß	0,45⁰/₀₀
	Zellzahl	18

½ Jahr nach der Typhus-vaccinekur.

Serum	Wa.	+++
	Präcipitation	+++

Liquor	Wa.	—
	Hämolysin	—
	Pándy	+++
	Nonne	++
	Eiweiß	0,25⁰/₀₀
	Zellzahl	24

1 Jahr nach der Malariakur.

Serum	Wa.	+++
	Präcipitation	+++

Liquor	Wa.	+
	Hämolysin	—
	Pándy	++
	Nonne	+
	Eiweiß	0,20⁰/₀₀
	Zellzahl	12

2½ Jahre nach dem Beginn der Behandlung.

Serum	Wa.	+
	Präcipitation	+

Liquor	Wa.	—
	Hämolysin	—
	Pándy	++
	Nonne	++
	Eiweiß	0,25⁰/₀₀
	Zellzahl	8

3 Jahre nach dem Beginn der Behandlung.

Serum	Wa.	++
	Präcipitation	++

Liquor	Wa.	—
	Hämolysin	—
	Pándy	—
	Nonne	—
	Eiweiß	0,16⁰/₀₀
	Zellzahl	—

Mutter gelingt die Sanierung des Liquors durch einfache Bismoluolbehandlung, während bei der Tochter nur ein Abflauen der Liquorreaktionen mit der Impfmalaria-Bi-Neosalvarsanbehandlung zu erzielen war. Die Blut-Wa.R. ist sogar stärker geworden. Leider entzog sich die kleine Patientin der weiteren Behandlung, so daß ich über den weiteren Verlauf, der evtl. in bezug auf Liquorsanierung auch günstig sein konnte, nicht unterrichtet bin. Bei einem 9jährigen Knaben mit Tabes konnte ich mit Malaria und Jahre hindurch fortgesetzter Bi-Salvarsanbehandlung vollständiges Negativwerden sowohl des Blutes als des Liquors erzielen. Energische und lange fortgesetzte Behandlungen führen doch zum Ziel, das sehen wir im mitgeteilten Fall 6. Das 28jährige, an juveniler Paralyse leidende Mädchen wurde im Liquor vollständig saniert, allerdings benötigte sie dazu außer der Salvarsanbehandlung noch eine Typhusvaccinekur und fortlaufende Bi- und Salvarsan-Einspritzungen. Der Blut-Wa. blieb auch in diesem Fall positiv.

Es ist zu wünschen, daß die kongenitale Lues im Kleinkindesalter viel intensiver als es bisher geschieht behandelt werden soll, denn nur so ist es zu erhoffen, daß irreparable Störungen vermieden werden. In erster Linie denken wir an überaus verbreiteten Schwachsinn, dann an die Erkrankungen des Ohres und der Augen infolge von kongenitaler Syphilis, deren Zahl erschreckend groß ist.

Den Einfluß der Malariafieberbehandlung bei der kongenitalen Paralyse sah W. D. Nicol darin, daß er nur in einem Fall von juveniler Paralyse nach Malariabehandlung Spirochäten im Gehirn nachweisen konnte; ferner fand er, daß in allen von ihm persönlich untersuchten Fällen, die 3—12 Monate nach der beendeten Malariakur ad exitum gekommen waren, das Gehirn nicht das Aussehen wie das der unbehandelten Fälle bot, sondern es fehlten die meningealen Verdickungen und die Veränderungen im 4. Ventrikel.

Die von meinem Externisten Tibor Rajka untersuchten 45 kongenitalluischen Kinder hatten alle positiven Blut-Wa. Von diesen verloren 20 Fälle ihre positive Reaktion durch die energische, mehrfache, kombinierte antiluische Behandlung, während 25 Fälle, die ungenügend behandelt worden waren, ihre Wa.-Positivität behielten.

Neuere Autoren weisen darauf hin, daß die Behandlung der syphilitischen Kinder gegenüber früheren Zeiten deutliche Erfolge aufweist. Nicht nur ist die Prozentzahl der geheilten Fälle gestiegen, sondern die Prozentzahlen von geistiger Minderwertigkeit sind gesunken. Die Ursachen sehen die Verfasser (E. Müller, Hescheles, Orel und G. Meyer, zit. nach F. Stern) in der intensiven Behandlung. Noeggerath und sein Assistent Stern befürworten auch die kräftige Ernährung durch hochcalorische Kost, zum Teil in konzentrierter Form, bei den syphilitischen Kindern. Diese ihre Ansicht stimmt mit der meinigen überein, indem ich schon seit Jahrzehnten bei der Behandlung der Syphilis neben den antiluischen Mitteln der fettreichen Ernährung das Wort rede. Wir müssen aber der Wahrheit entsprechend betonen, daß schon die alten erfahrenen Syphilidologen, Sigmund, Engel-Reimers u. a. großes Gewicht auf den allgemeinen Ernährungs- und Kräftezustand legten; sie vertraten die Ansicht, daß ein kräftiger Organismus mit der Lues auch ohne Behandlung spontan fertig werden könne (zit. nach Finger).

8. Diagnose, Prognose, Prophylaxe der kongenitalen Lues.

Die *Diagnose* der angeborenen Nervensyphilis beruht auf der Kenntnis der syphilitischen Stigmata, auf den Ergebnissen der Sero-Liquoruntersuchungen und endlich auf den Ergebnissen der Familienforschung. All das nötige ist in den betreffenden Kapiteln nachzulesen. Nur auf ein einziges Moment wollen wir die Aufmerksamkeit lenken, und dieses ist die Differentialdiagnose zwischen luischem Schwachsinn und juveniler Paralyse. Eine sorgfältige Anamnesenaufnahme wird uns vor der Verwechslung schützen. Ist dieselbe nicht erhältlich, so kann es dem erfahrensten Neurologen passieren, daß er eine demente Form der juvenilen Paralyse annimmt, wo es sich um einen Defektzustand nach einer Lues cerebri handelt. Da klärt nur der weitere Verlauf auf, ist derselbe progredient, so wird es sich wahrscheinlich um Paralyse handeln. Ich möchte die Aufmerksamkeit auf ein weiteres Moment lenken, welches vielleicht uns über die Schwierigkeiten hinweg hilft. Wir erfuhren, daß bei der juvenilen Paralyse anamnestisch keine luischen Merkmale zu eruieren, während bei der Lues cerebri die Stigmata anzutreffen sind; finden wir dieselben im gegebenen Fall, so ist eher der luische Schwachsinn anzunehmen. Die Befürchtung Nonnes, daß bei der Diagnosenstellung der kongenitalen Syphilis Vorsicht zu walten habe, da die Infektion nicht von der Mutter, sondern von der Amme herstammen könnte, teilen wir nicht. Wir wissen, daß es in der vorwassermannschen Zeit üblich war, alles in die Schuhe der Ammen zu schieben. Seitdem wir die Mütter der kongenitalluischen Kinder der Wa.-Untersuchung unterwerfen, gehören Vorkommnisse, auf die Nonne hinweist, zu den Seltenheiten. Erworbene Lues bei den Kindern kommt kaum vor, Ausnahmen bilden Erfahrungen, wie sie jüngst Eckstein in Südamerika (Montevideo) gemacht hat. In seinen „Reiseeindrücke in Südamerika" schreibt er: „Erworbene Lues ist bei Kindern nicht selten, eine der Hauptursachen ist die *Päderastie.*"

Alles in allem kann man sagen, daß der Ausspruch Marfans das Richtige trifft: Die Kinder syphilitischer Eltern sind nicht notwendigerweise syphilitisch, aber man soll daran denken, daß sie es sein können.

Auch die *Prognose* der angeborenen Syphilis wird besser werden, wenn die antiluische Behandlung der syphilitischen Säuglinge genügend lange und energisch betrieben wird.

Auch von der *Prophylaxie* der angeborenen Syphilis ist nicht viel zu schreiben, befolgt man den Rat, behandelt energisch die syphilitische Schwangere, so wird sich die Zahl der Kongenitalluischen wesentlich verringern.

Literatur.

Aboulker, Gaston: Contribution à l'étude clinique de la syphilis spinale inférieure avec xanthochromie. Revue neur. **1928** I, 165. — Alexander, G.: Erkrankungen des Ohres bei erworbener Syphilis. Handbuch der Haut- und Geschlechtskrankheiten, Bd. 17/1. Berlin: Julius Springer 1929. — Almkvist, J.: Ein Fall von Encephalitis haemorrhagica acuta nach intravenöser Salvarsaninjektion. Berl. klin. Wschr. **1911**, 1809. — Alzheimer, A.: Beiträge zur Kenntnis der pathologischen Neuroglia und ihren Beziehungen zu den Abbauvorgängen im Nervengewebe. Histol. Arb. Großhirnrinde **1910**. — Aschoff, L.: Über die Einteilung der Krankheiten des Nervensystems. Beitr. path. Anat. 71 (1923). — Asmann, H.: Über Störungen des Nervensystems nach Salvarsanbehandlung unter besonderer Berücksichtigung des Verhaltens der Cerebrospinalflüssigkeit. Münch. med. Wschr. **1912**, 2346, 2414.

Babinski, J. et A. Barré: Contribution à l'étude de la syphilis familiale. Bull. Soc. méd. Hôp. Paris **1910**. — Babonneix, L.: Rôle de la syphilis héréditaire dans le déterminisme des encéphalopathies infantiles communément attribuées aux traumatismes obstétricaux. Revue neur. **1929** I, 558. — Babonneix, L. et J. Lhermitte: Syndrome adiposogénital fruste chez un syphilitique héréditaire, avec déformation spéciale de la selle turcique. Revue neur. **1926** I, 391. — Diabéte insipide par encéphalite infundibulo-tuberienne d'origine syphilitique. C. r. Soc. Biol. Paris 93 (1925); Revue neur. **1926** I, 476. — L'hémiplegie infantile liée à l'hérédo-syphilis. Revue neur. **1927**. — Hérédo-syphilis et Epilepsie. Revue neur. **1929** I, 870. — Babonneix, L. et Pollet: De l'importance du syndrome humoral rachidien pour distinguer les névraxites accidentelles chez un syphilitique, des lésions nerveuses spécifiques. Revue neur. **1926** I, 100 — Babonneix, L. et Widiez: Sclérose latérale amyotrophique chez un syphilitique. Revue neur. **1927** I, 503. — Barré, J. A. et L. Reys: Etude anatomoclinique d'un cas de syndrome lenticulo-capsulaire à type

Parkinsonien chez une syphilitique. Revue neur. 1925 II, 650. — Barthélémy: Siehe Nordmann. — Bauer, E.: Siehe Marchand. — Bauer, J.: Vorlesungen über allgemeine Konstitutions- und Vererbungslehre. Wien 1921. — Konstitutionelle Disposition und innere Krankheiten, 1921. — Bauer, K. H.: Erbkonstitutionelle „Systemerkrankungen" und Mesenchym. Klin. Wschr. 1923 II, 624. — Bechterew, W. v.: Die Syphilis des Zentralnervensystems. Handbuch der pathologischen Anatomie des Menschen von Flatau-Jacobsohn-Minor, Bd. 1, S. 579. — Beck, O.: Salvarsan und Ohr. In Kolle u. Zieler. — Beck, Oskar: Erbsyphilis und akustischer Ohrapparat. Med. Klin. 1916, 305. — Beitzke, H.: Über knötchenförmige, syphilitische Leptomeningitis und über Arteriitis syphilitica. Virchows Arch. 204, 543 (1911). — Benario, J.: Zur Statistik und Therapie der Neurorezidive unter Salvarsanbehandlung. Münch. med. Wschr. 1911, Nr. 11. — Über die Schwankungen der Nervensyphilis, zugleich eine Erwiderung auf den Aufsatz von Prof. Finger. Berl. klin. Wschr. 1911, Nr 26. — Über die sog. Neurorezidive, deren Ätiologie, Vermeidung und therapeutische Beeinflussung. Dtsch. Z. Nervenheilk. 43, 250 (1912). — Benda, C.: Allgemeine pathologische Anatomie der Syphilis. Handbuch der Haut- und Geschlechtskrankheiten, Bd. 15/2. Berlin: Julius Springer 1929. — Benedek, L.: Über Hautreaktionen mit Noguchis Lutein bei Paralytikern. Münch. med. Wschr. 1913 II. — Benedek, L. u. H. Geber: Vorkommen von lebenden Spirochäten bei progressiver Paralyse. Wien. klin. Wschr. 1913, Nr 40. — Bériel et Mestrallet: Syphilis médullaire á forme de poliomyelite aigue. Revue neur. 1929 I, 696. — Bering, E.: Therapeutische Anwendung und Wirkung der Salvarsanpräparate bei Menschen in Kolle u. Zieler. — Bergel, S.: Die Lymphocytose. Berlin: Julius Springer 1921. — Die natürlichen Abwehrmittle des Körpers gegen die syphilitische Infektion und ihre Beeinflussung besonders durch Quecksilber. Klin. Wschr. 1922, 204. — Beiträge zu den anatomischen Hirnveränderungen syphilitischer Kaninchen und zur Frage der Neurotropie. Z. exper. Med. 53, 587 (1926). Syphilisspirochäte und Lymphocyt. Klin. Wschr. 1928, 1681. — Weitere Mitteilungen zur Biologie und Färbung der Spirochäte. Klin. Wschr. 1929, 1206. — Bernheim, M.: Siehe Devic. — Biedl, A.: Innere Sekretion. Wien 1910. — Binswanger, Otto: Die Pathologie und Pathogenese der Paralyse. Schweiz. med. Wschr. 1925, 405. — Bogaert, Ludo van: Siehe Delbeke. — Bory, Louis: Deux syndromes d'hérédo-syphilis larvée; la surdi-mutité; la sacralisation de la derniére vertébre lombaire. Revue neur. 1926 I, 296. — Braun, L.: Diagnose und Therapie der Herzkrankheiten. Wien 1913. — Syphilis des Zirkulationsapparates. Handbuch der Geschlechtskrankheiten. Wien: Alfred Hölder 1912. — Brissaud, E.: Leçons sur les maladies nerveuses. Paris: Masson et Cie. 1895. Brzezicki, E.: Der Parkinsonismus symptomaticus. I. Mitt.: Zur Frage des Parkinsonismus lueticus. Arb. neur. Inst. Wien 30, 27 (1927). — Bumke, Oswald: Lehrbuch der Geisteskrankheiten. München 1924. — Problems of paresis. Internat. Clin. 1927 I, 43. — Burns, A.: A case of bilateral eight-nerve Palsy. Syphilis. Arch. of Neur. 1921, 223. — Buschke, A.: Lues bei Mutter und Kind. Med. Welt 1929, 566, 604. — Buschke, A. u. H. Kroó: Histologischer Nachweis von Spirochäten im Gehirnparenchym bei experimenteller Recurrens. Klin. Wschr. 1922, 2470. — Zur Frage der Superinfektion bei Spirochätenkrankheiten. Klin. Wschr. 1923, 580. — Buschke, A. u. F. Jacobsohn: Die Generalisierung der Syphilis. Handbuch der Haut- und Geschlechtskrankheiten, Bd. 15, 2. Berlin: Julius Springer 1929. — Buschke, A. u. Joseph: Immunität bei Syphilis. Klin. Wschr. 1931 I. — Buschke, A. u. A. Joseph: Immunität bei Syphilis. Handbuch der Haut- und Geschlechtskrankheiten, Bd. 15, 2. Berlin: Julius Springer 1929. — Buschke, A. u. Br. Peiser: Reinfektion und Superinfektion bei Syphilis. Handbuch der Haut- und Geschlechtskrankheiten, Bd. 15, 2. Berlin: Julius Springer 1929. — Buzoiau, G. et S. Tovaru: Recherches sur la pathogenie de la céphalée vespérale syphilitique. Presse méd. 1926, 1382. — Büchler, P.: Serologische Beiträge zur Malariabehandlung der Paralyse. Schaffers Hirnpathologische Beiträge, Bd. 6. 1927. — Über Permeabilitätsschwankungen der Geistes- und Nervenkrankheiten. Schaffers Hirnpathologische Beiträge, Bd. 6. 1927.

Cedercreutz, A.: Sind innersekretorische Störungen auf kongenital-luischer Grundlage als Ursache der Hutchinsonschen Trias aufzufassen? Münch. med. Wschr. 1925, 1960. — Charcot, J. M.: Oeuvres complètes. Tome 1—9. Paris 1892. — Chung, Mon Fah: Thrombosis of the spinal vessels in sudden syphilitic paraplegia. Arch. of Neur. 16, 761 (1926).

Dattner, B.: Betrachtungen des Neurologen zur Behandlung der Syphilis. Klin. Wschr. 1928. — Liquorbefund und Luestherapie. Wien. klin. Wschr. 1931. — Davidsohn, H.: Kongenitale Syphilis in Meirowsky u. Pinkus: Syphilis. Berlin: Julius Springer 1923. — Davis: Siehe Kennedy. — Dejerine, J. et Quercy: Ophthalmoplegie et paralysie du trijumeau gauche, lésion basilaire chez un syphilitique. Revue neur. 1912. — Delbanco: Siehe Trömner. — Delbeke et L. van Bogaert: Radiculo-névrite aigue syphilitique avec syndrome de Froin. J. de Neur. 1925, 525. — Delore: Siehe Langeron. Dercum, F. X.: The clinical forms presented by nervous syphilis. N. Y. State J. Med. 98 (1913). — Devic, A. et M. Bernheim: Syphilis et sclérose en plaques. J. Méd. Lyon 1924. Ref. Revue neur. 1925, 687. — Donath, J.: Silbersalvarsan in der Behandlung der syphilitischen und metasyphilitischen Erkrankungen des Nervensystems. Dtsch. Z. Nervenheilk. **70** (1921). — Natrium nucleinicum in der Behandlung der Dementia praecox. Z. Neur. **19** (1913). — Dreyfus, G. L. u. R. Hanau: Malariabehandlung der Lues cerebrospinalis und Tabes. Klin. Wschr. **1927**, 590. — Drouet et Hamel: L'Hérédo-Syphilis mentale, 1931.

Eckstein, A.: Reiseeindrücke in Südamerika. Klin. Wschr. **1931**, 2049. — Edinger, L.: Vorlesungen über den Bau der nervösen Zentralorgane. Leipzig: F. C. W. Vogel 1921. — Einführung in die Lehre vom Bau und den Verrichtungen des Nervensystems, 3. Aufl. Leipzig: F. C. W. Vogel 1921. — Ehrlich, P.: Die Chemotherapie der Spirillosen. Z. Immun.forsch. **3**, 1123 (1911). — Über Salvarsan. Münch. med. Wschr. **1911**, 2481. — Diskussion zu Benarios Vortrag über Neurorezidive. Dtsch. Z. Neur. **43**, 270 (1912). — 17. International Congress of Medicine, London 1913. Henry Frowde Oxford University Press 1914. — Die Behandlung der Syphilis mit Salvarsan und verwandten Stoffen. Henry Frowde Oxford University Press 1914. — Ehrmann: Über Befunde von Spirochaeta pallida in den Nerven des Präputiums bei syphilitischer Initialsklerose. Dtsch. med. Wschr. **1906**. — Über Livedo racemosum syphiliticum. Kongreßber. inn. Med. **1908**. — Engel, Karl: Die Syphilis der inneren Organe. Guszmann-Engel Handbuch der Syphilis (ung.). Budapest: Franklin. — Entz, B.: Über das Vorkommen der Spirochaeta pallida bei kongenitaler Syphilis. Arch. f. Dermat. **81**, H. 1. — Erb, W.: Die syphilitische Spinalparalyse. Neur. Zbl. **1892**, Nr 6. — Bemerkungen zur pathologischen Anatomie der Syphilis des Zentralnervensystems. Dtsch. Z. Nervenheilk. **22** (1902). — Die spastische und syphilitische Spinalparalyse und ihre Existenzberechtigung. Dtsch. Z. Nervenheilk. **23** (1903). — Über die Diagnose und Frühdiagnose der syphilogenen Erkrankungen des zentralen Nervensystems. Dtsch. Z. Nervenheilk. **33**. — Eskuchen, K.: Liquoruntersuchung. Neue deutsche Klinik, Bd. 6. 1930.

Fabry, J.: Klinische Erfahrungen mit Sulfoxylsalvarsan. In Kolle u. Zieler. — Fahr, Th.: Über einen Fall von rasch tödlich verlaufener Meningitis luica 9 Wochen nach dem Primäraffekt. Dermat. Wschr. **59** (1914). — Zur Frage der Aortitis syphilitica. Virchows Arch. **1914**. — Falkiewicz, T.: Zur Kenntnis der amyotrophischen Spinallues. Dtsch. Z. Nervenheilk. **89** (1926). — Finger, E.: Diskussion zum Vortrag Benarios, Über Neurorezidiven. Dtsch. Z. Nervenheilk. **43** (1912). — Über moderne Syphilistherapie. Med. Klin. **1922**, Nr 12. — Die Diagnose der erworbenen Syphilis. Handbuch der Haut- und Geschlechtskrankheiten, Bd. 17, 3. Berlin: Julius Springer 1928. — Finkelstein, H.: Lehrbuch der Säuglingskrankheiten. Berlin: Fischer 1909. — Finkelstein, H. u. H. Davidsohn: Die Salvarsanbehandlung der kongenitalen Syphilis. In Kolle u. Zieler. — Fischer, B.: Über einen Todesfall durch Encephalitis haemorrhagica im Anschluß an eine Salvarsaninjektion. Münch. med. Wschr. **1911**, 1803. — Fischer, Ö.: Die neuen Ergebnisse der immunbiologischen Luesforschung. Orv. Hetil. (ung.) **1930**, Nr 32. — Serologischer Luesnachweis im Liquor mittels Citochol- und Kiss-Reaktion. Klin. Wschr. **1931**. — Siehe Georgi. — Fischl, V.: Siehe Steiner. — Fordyce: Syphilis of the nervous system, 1916. — Fordyce and Isadore Rosen: The treatment of antenatal and congenital syphilis. Arch. of Neur. **1922**, 695. — Forster, E.: Demonstration eines Falles von Posticuslähmung bei Lues hereditaria. Verh. Ges. dtsch. Nervenärzte. Berlin 1910. — Die Syphilis des Zentralnervensystems. Lewandowskys Handbuch, Bd. 3, S. 346. 1912. — Fournier, A.: La syphilis du cerveau. Paris 1879. — Leçons cliniques sur la syphilis. Paris 1881. — La syphilis héréditaire tardive. Paris 1886. — Les affections parasyphilitiques. Paris 1894. — Stigmates dystrophiques de l'hérédosyphilis. Paris 1898. — Förster, O.: Diskussion zum Vortrag Benarios: Über Neurorezidiven. Dtsch. Z. Nervenheilk. **43** (1912). — Zur Analyse und Pathophysiologie der striären Bewegungsstörungen. Z. Neur. **73** (1921). — Die Leitungsbahnen des Schmerzgefühls und die chirurgische Behandlung der Schmerzzustände. Wien u. Berlin: Urban & Schwarzenberg 1927. — Frei, W.: Zur experimentellen Syphilisforschung. Klin. Wschr. **1923**, 1263. — Frei, W. u. Rudolf Spitzer: Zur Coincidenz von Syphilis und Tuberkulose. Symbiose in Lymphdrüsen. Klin. Wschr. **1920** II. — Fribourg-Blanc et Jausion: Trois cas de poliomyelite anterieur syphilitique dont une forme aigue. Revue neur. **1925** II, 498.

Galewsky: Meine Erfahrungen mit Neosilbersalvarsan. Münch. med. Wschr. **1922**, 352. — Zur Anwendung des Myosalvarsans. Dtsch. med. Wschr. **1928**, 1832. — Neosilbersalvarsan. In Kolle u. Zieler. — Garvey, P. H. and A. Arbor: Syringomyelic syndrome associated with hereditary cerebrospinal syphilis. Arch. of Neur. **1928**, 837. — Gennerich: Die Syphilis des Nervensystems. Berlin: Julius Springer 1921. — Georgi, F.: Zum Metaluesproblem. Zbl. Neur. **1928** (Sonderbd.). — Georgi, F., C. Prausnitz u. Ö. Fischer: Über biologische Varianten der Spirochaeta pallida und die experimentelle Erzeugung von „Gehirnspirochäten". Klin. Wschr. **1929**, 2007. — Goldflam: Poliomyelitis acuta syphilitica. Neur. Zbl. **1910**, 1300. — Gowers, W. R.: Diagnostik der Rückenmarkskrankheiten. Wien: Wilhelm Braumüller 1885. — Handbuch der Nervenkrankheiten. Bonn: F. Cohen 1892. — Graves, W.: Über das klinische Erkennen von sog.

latenten Syphilitikern. Dtsch. Z. Nervenheilk. **49.** — Scapula scaphoidea. Med. Rec. **1910.** — GRÖN, KR.: Syphilisepidemie. Handbuch der Haut- und Geschlechtskrankheiten, Bd. 17, 3. Berlin: Julius Springer 1929. — GUILLAIN, P., H. GREGOIRE et J. CRISTOPHE: Sur un cas de syphilis spinal rappelant le tableau clinique de la sclérose latérale amyotrophique. Revue neur. **1927 I,** 671. — GUILLAIN, P., P. LÉCHELLE et N. PÉRON: La syphilis spinal inférieure avec xanthochromie du liquide céphalo-rachidien. Revue neur. **1926 I,** 707. — GUILLAIN, P. et J. PÉRISSON: Névrite hypertrophique chronique sclérogommeuse du nerf cubital chez un syphilitique tabétique. Revue neur. **1931 I,** 27. — GUSZMANN, J.: Die Syphilis der Haut. GUSZMANN u. ENGEL, Handbuch der Syphilis. Franklin 1928. — Siehe auch HUDOVERNIG. — Die Zahnstigmen der angeborenen Syphilis. Orv. Hetil. (ung.) **1931,** Nr 52.

HAMMERSTEIN, GERTRUD: Zur Therapie der Syphilis des Zentralnervensystems. Berl. klin. Wschr. **1921,** 199. — HASSIN, G. B.: Diskussion über SVEN INGVARS Vortrag über die Pathogenese des ARGYLL ROBERTSONschen Symptomes. Arch. of Neur. **19,** 747 (1928). Tabes dorsalis. Pathology and Pathogenesis; a preliminary report. Arch. of Neur. **21,** 311 (1929). — HAUPTMANN, A.: Die Diagnose der frühluischen Meningitis aus dem Liquorbefund. Dtsch. Z. Nervenheilk. **51.** — Die Bedeutung des Liquorbefundes in den verschiedenen Stadien der Syphilis. Dtsch. Z. Nervenheilk. **68—69.** — Neue Überlegungen zur Pathogenese der Metalues. Dtsch. Z. Nervenheilk. **84.** — Wie können wir der Paralyse und Tabes vorbeugen? Klin. Wschr. **1926,** 695. — Ätiologie und Pathogenese der syphilitischen Geistesstörungen. BUMKES Handbuch der Geisteskrankheiten. Berlin: Julius Springer 1930. — HAUPTMANN, A. u. A. GALLINEK: Zur Frage der Schutzstoffe bei Syphilis. Klin. Wschr. **1929,** 1485. — HEAD, H. and FEARNSIDES: The clinical aspects of syphilis of the nervous system in the light of the Wassermann reaction and treatment with neosalvarsan. Brain **37** (1914). — HELLER, A.: Die Aortensyphilis als Ursache von Aneurysmen. Münch. med. Wschr. **1899 IV.** — HENNEBERG, R.: Über Salvarsan-Hirntod. Klin. Wschr. **1922,** 219. — Atypische Formen der funikulären Myelitis. Klin. Wschr. **1924,** 970. — HERSCHMANN, H.: Über eine direkt nekrotisierende Form der Hirnsyphilis. Dtsch. med. Wschr. **1926,** 192. — HERZOG, FR.: Atypische Meningomyelitis syphilitica. Z. Neur. **5,** 485. — HERXHEIMER, G.: Die Pathologie von heute und ihr Verhältnis zu VIRCHOWS Cellularpathologie. Klin. Wschr. **1927,** 1738. — HEUBNER, O.: Die luische Erkrankung der Hirnarterien. Leipzig 1874. — Die Syphilis des Gehirns und des übrigen Nervensystems. ZIEMSSENS Handbuch der Krankheiten des Nervensystems, I, S. 254. Leipzig: F. C. W. Vogel. — Lehrbuch der Kinderheilkunde, S. 634. Leipzig: Johann Ambrosius Barth 1906. — HIGIER, H.: La syphilis héréditaire et la paralysie familiale spastique de type cérébral (diplégie cérébrale progressive). Revue neur. **1925 I,** 15. — HOCHSINGER, C.: — Über das Kongenitalitätsproblem der Syphilis. Abh. Kinderheilk. **1926,** H. 15, 1. — Die Besonderheiten der kongenital-syphilitischen Erkrankungen der inneren Organe (einschließlich des Zentralnervensystems) und des Bewegungsapparates. Handbuch der Haut- und Geschlechtskrankheiten, Bd. 19, S. 118. Berlin: Julius Springer 1927. — HOFFMANN, E. u. EDMUND HOFFMANN: Morphologie und Biologie der Spirochaeta pallida. Handbuch der Haut- und Geschlechtskrankheiten, Bd. 15, 1. Berlin: Julius Springer 1927. — HOFFMANN, E. u. A. MEMMESHEIMER: Früherkennung und Verhütung der metasyphilitischen Erkrankungen des Nervensystems. Nervenarzt H. 7. — HOFFMANN, E. u. ZURHELLE: Zum klinischen und histologischen Bilde der syphilitischen Impfkeratitis beim Kaninchen. Klin. Wschr. **1923,** 1875. — HOFFMANN, J.: Zur Kenntnis der syphilitischen, akuten und chronischen atrophischen Spinallähmung. Neur. Zbl. **1910.** — Über syphilitische Polyneuritis. Neur. Zbl. **1912,** 1075. — HUDELO et MOUZON: Méningoradiculite lombo-sacrée syphilitique avec syndrome de FROIN sans paralysie sphincterienne. Revue neur. **1926 I,** 708.

INGHAM, S. D.: Cerebrospinal syphilis causing internal hydrocephalus and symptoms of cerebellar tumor. J. amer. Med. Assoc. **53,** Nr 16 (1900). — INGVAR, SVEN: The pathogenesis of the ARGYLL ROBERTSON phenomenon and some other symptoms in tabes dorsalis. Arch. of Neur. **1928.** — INO, SHIGERO: Spirochätengehalt der Cornea nach subskrotaler Syphilisimpfung. Klin. Wschr. **1929,** 2193.

JACOBSOHN, F.: Siehe BUSCHKE. — JADASSOHN: Die heilenden und schädigenden Wirkungen des Salvarsans. Klin. Wschr. **1922.** — JAFFÉ, R.: Pathologisch-anatomische Veränderungen nach Anwendung von Salvarsanpräparaten (Salvarsantodesfälle). In KOLLE u. ZIELER. — JAHNEL, F.: — Die kongenitale Syphilis und ihre Beziehungen zu Nerven- und Geisteskrankheiten. Klin. Wschr. **1927.** — Über die Möglichkeit von Syphilisübertragung durch Paralytiker und Tabiker. Wien. klin. Wschr. **1928,** 990. — Über den heutigen Stand der ätiologischen Paralyse- und Tabesforschung. Fortschr. Neur. **1,** H. 2 (1929). — Allgemeine Pathologie und pathologische Anatomie der Syphilis des Nervensystems. Handbuch der Haut- und Geschlechtskrankheiten, Bd. 17. Berlin: Julius Springer 1929. — Neuere Untersuchungen über die Pathologie und Therapie der syphilogenen Erkrankungen des Gehirns und Rückenmarks. Fortschr. Neur. **1,** H. 7 (1929). — Neuere

Untersuchungen über die Pathologie und Therapie der syphilogenen Erkrankungen des Gehirns und Rückenmarks. Lues cerebri, Lues cerebrospinalis, Lues spinalis, Tabes. Fortschr. Neur. 2 (1930). — JAHNEL, F. u. LANGE: Zur Luesimmunität der Paralytiker. Zbl. Neur. 1926, 807. — JAKOB, A.: Normale und pathologische Anatomie und Histologie des Großhirns, Bd. 1. 1927 u. Bd. 2. 1929. Berlin u. Wien: Franz Deuticke. — Zum Problem der malariabehandelten Paralytiker. Wien. klin. Wschr. 1928, 994. — Die Syphilis des Gehirns und seiner Häute. Handbuch der Geisteskrankheiten, Bd. 11, S. 349. — JANSION: Siehe FRIBOURG-BLANC. — JENDRASSIK, E.: Allgemeines über Syphilis und speziell über Nervenlues. Dtsch. med. Wschr. 1917. — JESIONEK, A.: Sulfoxylatsalvarsane und Derivate. In KOLLE u. ZIELER. — JOCHMANN, G.: Lehrbuch der Infektionskrankheiten. Berlin: Julius Springer 1914. — JUMENTIÉ: Siehe THOMAS.

KAFKA, V.: Die Endarteriitis syphilitica der kleinen Hirnrindengefäße mit positivem Liquorbefund. Dtsch. Z. Nervenheilk. 68, 69 (1921). — Endolumbale Behandlung der Syphilis. Handbuch der Haut- und Geschlechtskrankheiten, Bd. 17, 1. Teil. Berlin: Julius Springer 1929. — KALISKI, J. D. and I. STRAUSS: The signifiance of biologic reactions in syphilis of the centralnervous system. Arch. of Neur. 1922, 98. — KAUFMANN, W. IRENE: Die leichtesten Formen des Schwachsinns auf kongenitalluischer Grundlage. Mschr. Psychiatr. 67, 320 (1928). — KAUFMANN-WOLF, MARIE: Beitrag zur Kenntnis des Schicksals Syphiliskranker und ihrer Familien. Z. klin. Med. 75, 912. — KEIDEL, A.: Siehe MOORE. — Studies in asymptomatic neurosyphilis. The apparent rôle of immunity in the genesis of neurosyphilis. Arch. of Neur. 1923, 240. — KELLER, K.: Cerebrale Syphilis. Bud. Orv. U. 1909 (ung.). — KELLERMANN: Die Ursachen der Salvarsanschäden. Med. Klin. 1926. — KENNEDY, FORSTER and TH. K. DAVIS: Resultats of administration of tryparsamide in syphilitic disease of the nervous system. Arch. of Neur. 1925, 925. — KISS: Siehe v. SARBÓ. — KISS, J.: Alexin und Antialexin. Jena: Gustav Fischer 1921. — Technik und Theorie der Serumuntersuchung auf Syphilis. Jena: Gustav Fischer 1930. — KLAAR, J.: Zur Frage der im Verlaufe antiluischer Kuren auftretenden Hg- bzw. Salvarsanschäden. Wien. klin. Wschr. 1921. — KLAUDER, J.: Syphilitic patients showing unusual features. Arch. of Neur. 1922, 210. — The workmen's compensation act. The industrial physician and the syphilitic employer. Arch of Neur. 1922, 727. — KLINKE, W.: Todesursache der Neugeborenen. Klin. Wschr. 1929, 361. — KOLLE, W.: Über Neosilbersalvarsan und die chemotherapeutische Aktivierung der Salvarsanpräparate durch Metalle. Dtsch. med. Wschr. 1922. — KOLLE, W. u. K. ZIELER: Handbuch der Salvarsantherapie, Bd. 1 u. 2. Wien u. Berlin: Urban & Schwarzenberg 1924/1925. — KOLOS, FR.: Siehe MEHRTENS. — KOOPMANN, J.: Über konjugale und Basedowsche Krankheit. Wien. klin. Wschr. 1925. — KOSKINAS: Siehe STRÄUSSLER. — KÖNIGSTEIN, H. u. L. WERTHEIM: Konstitution und Syphilis. Handbuch der Haut- und Geschlechtskrankheiten, Bd. 15, 2. Berlin: Julius Springer 1929. — KRAEPELIN, E.: Framboesie und Syphilis. Diskussion der Forschungsanstalt in München 1926. — KRANTZ, W.: Die Kultivierung der Spirochaeta pallida in flüssigen Nährböden. Klin. Wschr. 1923, 1698. — Lues congenita tarda. Berlin u. Wien: Urban & Schwarzenberg 1928. — KRAUSE, K.: Beiträge zur pathologischen Anatomie der Hirnsyphilis und zur Klinik der Geistesstörungen bei syphilitischen Hirnerkrankungen. Jena: Gustav Fischer. — KREHL, L.: Pathologische Physiologie. 3. Aufl. Leipzig: F. C. W. Vogel 1904. — KROÓ, H.: Siehe BUSCHKE. — KROÓ, H. u. F. O. SCHULTZE: Untersuchungen über die Immunitätsvorgänge bei Syphilis. Klin. Wschr. 1929, 1203. — KUFS, H.: Beiträge zur atypischen Paralyse. Z. Neur. 106 (1926). — KYRIACO: Siehe LHERMITTE. — KYRLE, J.: Neurorezidive und Frühlues des Gehirnes. In KOLLE u. ZIELER.

LACAPÈRE: Rôle de la syphilis héréditaire dans l'hémorragie cérébrale. Revue neur. 1926 I, 266. — LAIGNEL-LEVASTINE: Les psychopathies hérédo-syphilitiques. Revue neur. 1926 I, 284. — LANCERAUX: De la syphilis. 1873. — LANGE: Siehe JAHNEL. — LÉCHELLE: Siehe GUILLAIN. — LÉCHELLE, P., A. THÉVENARD et DELTHIL: Insuffisance testiculaire et sclérose combinée de la moelle de nature vraisemblablement hérédo-syphilitique. Revue neur. 1927 II, 221. — LÉCHELLE, P., J. WEILLET, P. DELTHIL: Deux cas de méningite syphilitique secondaire puriforme. Bull. Soc. méd. hôp. Paris 1926, No 24, 1160. — LEHOCZKY, T. v.: Beiträge zum anatomischen Bilde der mit Malaria behandelten Paralysis progressiva sowie zur Frage der Pigmente der Impfmalaria. In SCHAFFERS Hirnpathologische Beiträge Bd. 8, S. 442. — LEHOCZKY, T. u. E. ZALKA: Zur Frage der Eisenreaktion im Gehirn. I. Untersuchungen an normalen und nicht paralytischen Gehirnen. In SCHAFFERS Hirnpathologische Beiträge, Bd. 7. — LENMAHN, F.: Sur la signification de la syphilis pour l'apparition des maladies chroniques du système sanguin et du système nerveux. Revue neur. 1925 II, 806. — LENNOX, W. G.: Hyaline degeneration of the Blood vessels in Neurosyphilis. Arch. of Neur. 1928, 731. — LENORMAND: Paraplégie syphilitique survenue 7 mois après le chancre au cours du traitement. Revue neur. 1927 II, 306. — LEOPOLD, O.: Über Nervensymptome bei frischer Syphilis. Arch. f. Dermat. 120, 101. — LESSER, F.: Zur Ätiologie und Pathologie der Tabes, speziell ihr Verhältnis zur Syphilis. Berl. klin.

Wschr. 1904. — Levaditi, C.: Le bismuth dans la syphilis. Presse méd. 1922, No 59. — Lewy, F.: Die Lehre von der Herdinfektion. Klin. Wschr. 1927. — Lewy, F. H.: Neue Wege zur Erkennung und Bekämpfung der Lues nervosa. Dtsch. Z. Nervenheilk. 107, 230. — Leyden, v. u. Goldscheider: Die Erkrankungen des Rückenmarkes und der Medulla oblongata, S. 325. Wien: Alfred Hölder 1897. — Lhermitte, J.: Siehe Babon-neix. — La gliose extrapiemérienne bulbospinale, dans les affections syphilitique du systéme nerveux. Ann. d'Anat. path. 3, 113. — Les syndromes syphilitique de la syphilis du corps strié. La striatite primitive syphilitique. Progrès méd. 1925, 817. — La gliose extrapiemérienne dans la syphilis du névraxe. Revue neur. 1926 I, 477. — Lhermitte, J. et Kyriaco: Le rôle préparant de la syphilis dans le zona. Revue neur. 1928 I, 569. — Lichtwitz: Siehe Sicard. — Linser, P.: Über Salvarsantodesfälle. In Kolle u. Zieler. — Lortat-Jacob et Poumeau-Delille: La syphilis médullaire. Paris: Masson & Cie. 1928. — Lotmar, F.: Zur Kenntnis der Wa.R. bei Tumoren des Zentralnervensystems. Schweiz. med. Wschr. 1921. — Löhe, H.: Beitrag zur Kenntnis der Gehirnsyphilis im Sekundär-stadium. Berl. klin. Wschr. 1910. — Löwenberg: Zur Klinik und Histopathologie der chronischen Syphilis der Hirngefäße. Z. Neur. 102, 799 (1926). — Löwenberg, K.: Über miliare Nekrosen bei Hirnsyphilis. Z. Neur. 107, 699 (1927). — Luce: Siehe Nonne. — Lutz: Zur Kenntnis der gegen Salvarsan refraktären Syphilis. Schweiz. med. Wschr. 1920, 838.

Malamud: Zur Klinik und Histopathologie der chronischen Gefäßlues im Zentral-nervensystem. Z. Neur. 102, 778 (1926). — Manteufel, P.: Syphilis in den Tropen. Hand-buch der Haut- und Geschlechtskrankheiten, Bd. 17, 3. Berlin: Julius Springer 1928. — Marchand, L. et E. Bauer: Du rôle de la syphilis dans l'étiologie de l'épilepsie, dite essentielle. Revue neur. 1928 I, 338. — Margulis, M. S.: Pathologie und Pathogenese der Neurosyphilis. Dtsch. Z. Nervenheilk. 87, 79 (1925). — Amyotrophische spinale Syphilis. Dtsch. Z. Nervenheilk. 86, 1 (1925). — Akute diffuse fieberhafte syphilitische Meningo-Encephalomyelitiden. Dtsch. Z. Nervenheilk. 89 (1926). — Pathologische Ana-tomie und Klinik der akuten thrombotischen Erweichungen bei spinaler Lues. Dtsch. Z. Nervenheilk. 113, 113. — Über syphilitische Polyneuritis. Dtsch. Z. Nervenheilk. 115, 72 Margeridou: Siehe Sézary. — Marshall: Siehe Wile. — Mattauschek: Diskussion zu Benarios Vortrag: Über Neurorezidive. Dtsch. Z. Nervenheilk. 43, 327. — Mattauschek, E. u. A. Pilcz: 2. Mitteilung über 4134 katamnetisch verfolgte Fälle von luischer Infek-tion. Z. Neur. 15, H. 5. — Matzenauer, R.: Syphilis maligna. Handbuch der Haut- und Geschlechtskrankheiten. Berlin: Julius Springer 1928. — McFarland: Siehe Stokes. — McIntosh, Head and Fearnsides: Parasyphilis of the nervous system. Brain 36, 1. — Meirowsky: Über Sprossungsvorgänge an den Spirochäten des Primäraffektes. Arch. f. Dermat. 149, 1 (1925). — Meirowsky, E. u. F. Pinkus: Die Syphilis. Berlin: Julius Springer 1923. — Memmesheimer: Siehe Hoffmann. — Memmesheimer, A. M.: Zur Behandlung der Früh- und Spätlues des Zentralnervensystems mit der kombinierten Malaria-Salvarsan-Wismutkur. Arch. f. Dermat. 156, 500 (1928). — Merzbacher, L.: Die Beziehungen der natürlichen Malaria zur Syphilis. Ergebnisse einer Studienreise nach den Nordprovinzen Argentiniens. Dtsch. Z. Nervenheilk. 113, 1 (1930). — Mestitz, W.: Zur Kenntnis der Syphilis der Hirn- und Rückenmarksnerven. Kahlers multiple syphilitische Wurzel-neuritis. Med. Klin. 1926 I, 369. — Michael, M.: Syphilis und Trauma. Handbuch der Haut- und Geschlechtskrankheiten, Bd. 15, 2. Berlin: Julius Springer 1929. — Minassian: Coexistence de lésions syphilitique du système nerveux de la peau et des os. Revue neur. 1925 II, 693. — Mingazzini, G.: Family spastic paralysis of spinal type on a heredosyphilitic basis. Arch. of Neur. 1921, 637. — Mitchell, J. H.: Intraspinal treatment in Neuro-syphilis. Arch. of Neur. 1921, 463. — Molhant, M.: Les quadriplégies spinales syphilitiques. Revue neur. 1926 II, 262. — Molinié, Farnarier, Vignes: Diplégie faciale et surdité bilatérale complète au cours d'une syphilis secondaire. Revue neur. 1925 II, 244. — Mona-kow, C. v. u. R. Mourgue: Biologische Einführung in das Studium der Neurologie und Psychopathologie. Hippokrates-Verlag 1930. — Monedjikova: Siehe Katzenelbogen. — Montpellier, J.: Maladie de Recklinghausen et syphilis héréditaire. Revue neur. 1926 I, 400. — Syphilis exotique. Ann. Mal. vénér. 1926, No 11, 836. — Moore, J. E.: Studies in symptomatic neurosyphilis. III. The apparent influence of pregnancy on the in-cidence of neurosyphilis. Arch. of Neur. 1923, 649. — The relation of neurorecurrence to late syphilis. Arch. of Neur. 1929, 117. — Moore, J. E. and M. Faupel: Asymptomatic Neuro-syphilis. Arch. of Dermat. 1928, 99—108. — Moore, J. E. and A. Keidel: Studies in familial neurosyphilis. Arch. of Neur. 1923, 373. — Mouzon: Siehe Hudelo. — Mucha, V. u. K. Platzer: Echte Neurorezidive und deren Beziehung zur Metalues. Wien. klin. Wschr. 1924.

Nageotte, J.: La lésion primitive du tabes. Bull. Soc. Anat. Paris 1894, 808. — Etude sur la méningo-myelite diffuse dans le tabes, la paralysie générale et la syphilis spinale. Arch. de Neur. 30, 273 (1895). — Nast, O.: Methodik und Technik der endolum-balen Salvarsantherapie. In Kolle u. Zieler. — Nathan, E.: Silbersalvarsan. In Kolle u. Zieler. — Methodik und Technik der intravenösen Salvarsantherapie. In Kolle u. Zieler. — Über salvarsanresistente Syphilis. Klin. Wschr. 1927, 2147, 2194. —

Über experimentelle Sensibilisierungs- und Allergieerscheinungen der Haut gegenüber Myosalvarsan. Klin. Wschr. 1929, 2278. — NATHAN, E. u. H. MARTIN: Das Verhalten der Serumreaktion bei der Wismutbeandlung der Syphilis. Klin. Wschr. 1923, 1016. — NEBELTHAU, E.: Über Syphilis des Zentralnervensystems mit zentraler Gliose und Höhlenbildung im Rückenmark. Dtsch. Z. Nervenheilk. 16, 169. — NEISSER, A.: Meine Versuche zur Übertragung der Syphilis auf Affen. Internat. dermat. Kongr. Berlin 1904. — NEISSER, A., BRUCK u. SCHUCHT: Diagnostische Gewebs- und Blutuntersuchungen bei Syphilis. Dtsch. med. Wschr. 1906. — NEISSER, A. u. WASSERMANN: Der gegenwärtige Stand der Pathologie und Therapie der Syphilis und die Serodiagnostik der Syphilis und ihre Bedeutung für die ärztliche Praxis. Kongr. inn. Med. Wien 1908. — NISSL, FR.: Zur Lehre von der Hirnlues. Neur. Zbl. 1904, 42. — Zur Histopathologie der paralytischen Rindenerkrankung. Histologische und histopathologische Arbeiten von NISSL, Bd. 1. 1904. — Diskussionsbemerkungen zum Thema: Über die Differentialdiagnose der Hirnlues. Neur. Zbl. 1909, 727. — NONNE, MAX: Syphilis und Nervensystem. Berlin: S. Karger 1924. Ausführliche Literaturangaben auch für NONNES Werke bis 1924. — Kritische Überlegungen. Allg. Z. Psychiatr. 83 (1925). — Über die Behandlung der Nervenlues. Klin. Wschr. 1925, 1797. — Thrombotisierung der Arteria basilaris. Zbl. Neur. 1928, 874. NONNE, MAX u. LUCE: Die Syphilis an den Gefäßen des Nervensystems. Handbuch ·der pathologischen Anatomie des Nervensystems, Bd. 1, S. 219. 1904. — NONNE, MAX u. PETTE: Kritische Bemerkungen zum Aufsatz von Dr. OTTO NAST: Kurzgefaßte Indikationsstellung für die endolumbale Behandlung der Syphilis aller Stadien. Med. Klin. 1926, 1926. NORDMANN et BARTHÉLÉMY: Sclérose en plaques et syphilis. Revue neur. 1925 II, 504.

OPPENHEIM: Zur Kenntnis der syphilitischen Erkrankungen des Nervensystems. Berlin: S. Karger 1890. — Über die syphilitische Spinalparalyse. Berl. klin. Wschr. 1893. — Die syphilitischen Erkrankungen des Gehirns. Handbuch der speziellen Pathologie und Therapie von NOTHNAGEL. Wien 1896. — Diskussion zu BENARIOS Vortrag über Neurorezidive. Dtsch. Z. Nervenheilk. 43, 255 (1912). — Lehrbuch der Nervenkrankheiten. Berlin: S. Karger 1919. — OSTERTAG, B.: Zur Pathogenese und Pathologie der Paralyse. Mschr. Psychiatr. 68 (1928).

PACHECO et J. CANDIDO DI SILVA: Présence du tréponéme pâle dans le nerf optique. Revue neur. 1929 I, 354. — La spirochétose des centres nerveux. Revue nerv. 1929 I, 354. — PÁNDY, K.: Die Leukoplakie des Mundes als Zeichen überstandener Lues. Neur. Zbl. 1918, Nr 2. — PAPPENHEIM, M.: Syphilitischer Parkinsonismus. Z. Neur. 100, 81 (1925). — PARAF: Siehe SICARD. — PAUGOT: Mort in utero d'un enfant anencéphale; hérédosyphilis maternelle; syphilis paternelle acquise. Revue neur. 1926 I, 280. — PAULIAN, D.: Paraplégie spasmodique et syphilides circinées psoriariformes du dos et de la nuque. Revue neur. 1925 II, 89. — PEISER: Siehe BUSCHKE. — PÉRISSON: Siehe GUILLAIN. — PÉRON: Siehe GUILLAIN. — PERUTZ, A.: Über die Gesetzmäßigkeit in der Lokalisation der sekundären Frühsyphilis. Wien. klin. Wschr. 1918. — PETRÉN, K.: Sur la question de la polynévrite syphilitique ou mercurielle. Lunds Universitets Aersskrift, N. F. Ard. 14, No 14. — PETTE, H.: Klinische und anatomische Beiträge zur Frage der syphilitischen Ätiologie pallido-striärer Syndrome. Dtsch. Z. Nervenheilk. 1923. — Über den Eisengehalt der Hirnrinde und der Meningen bei syphilitischen Erkrankungen des Zentralnervensystems. Münch. med. Wschr. 1925, 894. — Über akute fieberhafte luische Cerebrospinalmeningitis. Dtsch. Z. Nervenheilk. 68, 299. — Klinisches und Experimentelles zur Frühlues. Dtsch. Z. Nervenheilk. 81, 143. — PFLÜGER, H.: Die Zahnveränderungen bei der Lues congenita. Arch. f. Dermat. 149, 493 (1925). — PIRILÄ, P. W.: (a) Zur Kenntnis des luischen Primäraffektes mit besonderer Berücksichtigung der dabei auftretenden Zellformen und der Spirochaeta pallida. Jena: G. Fischer 1914. — Ein Fall von frühzeitiger progressiver Paralyse. Arb. path. Inst. Helsingfors (Jena), N. F. 3, H. 3/4 (1925). — Über die frühluische Erkrankung des Zentralnervensystems. 3 Fälle mit positivem Spirochätenbefund. Arb. path. Inst. Helsingfors (Jena), N. F. 3, H. 3/4 (1925). — PLAUT, F.: Zur Frage der Paralyseencephalitis beim Kaninchen nach subduraler Injektion von Paralytikerliquor. Klin. Wschr. 1926, 711. — Paralysestudien bei Negern und Indianern. Ein Beitrag zur vergleichenden Psychiatrie. Berlin: Julius Springer 1926. — PLEHN, A.: Polyneuritis luetica. Berl. klin. Wschr. 1912, Nr 3. — POLLET, L.: Siehe BABONNEIX. — PRIGGE: Fortschritte in der Immunbiologie der Syphilis. Klin. Wschr. 1929, 1054. — POUMEAU-DELILLE: Siehe LORTAT-JACOB. — PÖTZL, E. u. A. SCHÜLLER: Über letale Hirnschwellung bei Syphilis. Z. Neur. 3 (1910).

QUINCKE, H.: Über Meningitis serosa und verwandte Zustände. Dtsch. Z. Nervenheilk. 9. — Zur Pathologie der Meningen. Erkrankungen der Meningen bei Syphilis. Dtsch. Z. Nervenheilk. 36, 379; 40, 78. — Über Lumbalpunktion. Dtsch. Klin. Nr 54/56.

RACH, E.: Zur Kenntnis der luischen Leptomeningitis beim Säugling. Jb. Kinderheilk. 75 (1912). — RAEDER, O. I.: Feeblemindedness in hereditary neurosyphilis. Arch. of Neur. 1921, 350. — RANKE, O.: Über Gewebsveränderungen im Gehirn luischer Neugeborener. Neur. Zbl. 1907, 112, 157. — Über Gehirnveränderungen bei der angeborenen Syphilis.

Z. jugendl. Schwachsinn 2 (1908). — RANSCHBURG, P.: Ein Fall von Infantilismus auf syphilitischer Grundlage. Budapesti Orv. Ujság. (ung.) 1906, Nr 1. — RAUBER: Lymphgefäße des Kopfes. Lehrbuch der Anatomie des Menschen, neubearbeitet von FR. KOPSCH, S. 469. Leipzig 1914. — RAVAUT, P.: Presse méd. 1919, No 57. — Syphilis, Paludisme, Amibiase. Paris: Masson & Cie. 1927. — La période préclinique de la syphilis nerveuse. Revue neur. 1928 I, 345. — Les conséquénces une réaction positive ou negative du liquide céphalo-rachidien au cours de la syphilis d'après trente années d'observation. La période biologique de la syphilis nerveuse. Monde méd. 1930, 566. — Siehe auch WIDAL. — RAVEN, W.: Serologische und klinische Untersuchungen bei Syphilitikerfamilien. Dtsch. Z. Nervenheilk. 51, 342. — RAYMOND, F.: Lecons sur les maladies du systéme nerveux. Paris: Gaston Doin 1896. — REDLICH, E.: — Die klinische Stellung der sog. genuinen Epilepsie. Berlin: S. Karger 1913. — Der gegenwärtige Stand der Metaluesfrage. Wien. klin. Wschr. 1923, Nr 10. — Schützt die Behandlung der frischen Syphilis vor dem späteren Auftreten der sog. Metalues? Wien. med. Wschr. 1923. — REYS: Siehe BARRÉ. — RICHTER, HUGO: Zur Histogenese der Tabes. Z. Neur. 67 (1921). — Bemerkungen zur Histogenese der Tabes. Arch. f. Psychiatr. 67 (1923); 70 u. 72 (1924). Weiterer Beitrag zur Pathogenese der Tabes. Hirnpathologische Beiträge aus der psych.-neurologischen Klinik und deren hirnhistologischen Abteilung zu Budapest (Prof. SCHAFFER), 1924. — Einige Bemerkungen zur Pathogenese der Tabes. Hirnpathologische Beiträge aus der psych.-neurologischen Klinik und deren hirnhistologischen Abteilung zu Budapest (Prof. SCHAFFER), 1925. — RIETSCHEL, H.: Allgemeine Pathologie der angeborenen Syphilis. Handbuch der Haut- und Geschlechtskrankheiten, Bd. 19. Berlin: Julius Springer 1927. Die angeborene Syphilis in ihrer klinischen Bewertung in Frankreich. Med. Klin. 1931 II, 1279. — ROBUSTOW: Klinische und histologische Beiträge aus dem Gebiete der chronischen Syphilis des Zentralnervensystems mit besonderer Berücksichtigung der Gefäßlues. Z. Neur. 102, 757 (1926). — ROLLET, G.: Sclérose en plaques et syphilis. Revue neur. 1926 I, 270. — ROSEN, I.: Siehe FORDYCE. — ROSENTHAL, O.: Die Prognose der erworbenen Syphilis. Handbuch der Haut- und Geschlechtskrankheiten, Bd. 17, 3. Berlin: Julius Springer 1930. — ROSSI, O.: Über die Methodik der Wassermannschen Syphilisreaktion. Z. f. Immun.forsch. 10, H. 3 (1911). — ROST: Zur Behandlung der Frühsyphilis. Klin. Wschr. 1922 I, 129. — RUGE, H.: Syphilisrückgang und Salvarsan. Klin. Wschr. 1927 II, 1237. — Die Syphilis in den Tropen. Mschr. Harnkrkh. 1928, H. 6, 174.

SACHS, B.: The prevention of nervous and mental disorders. Syphilis infection of the nervous system. Arch. of Neur. 1928, 877. — SAGEL, W.: Über einen Fall von endarteriitischer Lues der kleineren Hirngefäße. Z. Neur. 1 (1910). — SARBÓ, ARTHUR VON: Die Rolle der Lues bei der Tabes und der progressiven Paralyse. Pest. med.-chir. Presse 1894. Über einen Fall von Meningitis basilaris syphilitica gummosa. Wien. klin. Rdsch. 1895, Nr 52. — Über die Ulnaris und Peroneusanalgesie als Symptom der Tabes dorsalis. Neur. Zbl. 1896. — Neue Daten zur Ulnaris- und Peroneusanalgesie. Pest. med.-chir. Presse 1897. — Über einen in der Narkose entstandenen Fall von luischer Plexusneuritis. Pest. med.-chir. Presse 1901. — Der Achillessehnenreflex und seine klinische Bedeutung. Beitrag zur Frühdiagnose der Tabes und der progressiven Paralyse. Berlin: S. Karger 1903. — Über den Wert der Wassermannschen Reaktion bei Nervenkrankheiten. Dtsch. Z. Nervenheilk. 1911. — Einige Worte über Pupillenuntersuchung und über die sog. paradoxe Lichtreaktion der Pupille. Wien. klin. Wschr. 1916. — Über „Hyptokinesis" und „rubrale Ataxie" als Symptom der Gehirngeschwülste der mittleren Schädelgrube, speziell des Mittelhirns. Versuch, das „rote Kernsystem" als Gleichgewichtszentrum aufzufassen. Klin. Wschr. 1922. — Versuch einer Einteilung der syphilitischen Krankheitserscheinungen auf Grundlage der histopathologischen Gewebsreaktionen. Zur Biologie der Spirochaeta pallida. Dtsch. Z. Nervenheilk. 1922. — Über die Zisternenpunktion AYER-ESKUCHEN. Klin. Wschr. 1926. — Über die Pachymeningitis haemorrhagica interna. Dtsch. Z. Nervenheilk. 1926. — Über eine neue Goldsolreaktion des Liquors (JULIUS KISS) und über deren klinische Verwertbarkeit. Z. Neur. 1927. — Über die Rolle der roten Kerne. Psychiatr.-neur. Wschr. 1927. — Über einen mit Impfmalaria behandelten Fall von Lues cerebri bei einer Schwangeren. Klin. Wschr. 1928. — Aneurysms of the dura mater. Arch. of Neur. 1929. — In welcher Richtung soll die pathogenetische Forschung der Tabes dorsalis sich bewegen? Dtsch. Z. Nervenheilk. 1930. — Über den hämatogenen und lymphogenen Verbreitungsweg der Syphilis. Dtsch. Z. Nervenheilk. 1930. — Ein geheilter Fall von Fettembolie des Gehirns nach Unterschenkelbruch, im Bilde der progressiven Paralyse verlaufend. Klin. Wschr. 1925. — Über das Rätsel der Wirkung der Malariafieberbehandlung bei der progressiven Paralyse. Wien. klin. Wschr. 1931. — Über die Aortitis luica und ihre Beziehung zu den Symptomen des Zentralnervensystems. Wien. klin. Wschr. 1932. — SCHAFFER, KARL: Ein Fall von ausgedehnter Meningitis syphilitica der Hirnkonvexität und Basis. Neur. Zbl. 1904, 1026. — Beitrag zur Frage der Pseudoparalysis syphilitica. Z. Neur. 3, H. 12 (1910). — SCHALLER, W. F.: Siehe KALISKI and STRAUSS. — SCHLEYER, O. u. G. W. UNNA: Phlebosklerose im Tertiärstadium der Syphilis.

Klin. Wschr. **1931**, 2083. — Schmaus, H.: Vorlesungen über die pathologische Anatomie des Rückenmarks. Wiesbaden: J. F. Bergmann 1901. — Grundriß der pathologischen Anatomie, 5. umgearb. Aufl. Wiesbaden: J. F. Bergmann. — Schnitzer, J.: Zur Verhütung bedrohender Herzlähmung während der Malariatherapie. Arch. f. Psychiatr. **85** (1928). — Schönfeld, W.: Einzeitige Salvarsan-Hg-Therapie mit Hg-Salvarsangemischen. In Kolle u. Zieler. — Indikationen und Bedeutung der endolumbalen Salvarsantherapie. In Kolle u. Zieler. — Schröder, Kund: Die Schwefelbehandlung der Neurolues und anderer syphilitischer Erkrankungen. Ref. Zbl. Neur. **1931**, 420. — Schröder, P.: Lues cerebrospinalis sowie ihre Beziehungen zur progressiven Paralyse und Tabes. Dtsch. Z. Nervenheilk. **54** (1916). — Über Entzündung insbesondere im Nervensystem. Beitr. path. Anat. **71** (1923). — Schultze, Fr.: Zur Lehre von der spastischen Gliederstarre und der sog. spastischen spinalen Paralyse. Dtsch. Z. Nervenheilk. **92**, 161. — Schulze: Siehe Worms. — Schüller, A.: Siehe Pötzl. — Semon, H.: Raynauds syndrome and syphilis. Brit. med. J. **1913** I. — Sepp, E.: Dynamik der Blutzirkulation im Gehirn. Berlin: Julius Springer 1928. — Serebrjanik, B.: Zur Frage der syphilitischen subarachnoidealen Blutungen. Z. Neur. **1928**, 115. — Sézary, A.: Physiologie pathologique du syndrome méningé et pathogénie de la syphilis nerveuse. Progrès méd. **1925** (1907). — Syphilis exotique et pathogénie de la syphilis. Presse méd. **1926**, 4. — La syphilis nerveuse. Paris: Masson & Cie. 1926. — La syphilis nerveuse conjugale et sa pathogénie. Revue neur. **1926** I, 492. — Faut-il traiter indéfiniment les syphilitiques? Monde méd. **1931**, No 801, 961. — Sézary, A. et Margeridou: L'unicité du virus syphilitique. Kératite et gomme perforante du palais chez la fille d'une tabétique. Revue neur. **1925** II. — Sézary, A. et Paillard: Tréponème dans le liquide céphalorachidien au cours de l'hémiplégie syphilit. C. r. Soc. Biol. Paris **1919** I, 195. — Sicard, J. A.: Traitement de la syphilis nerveuse par les injections novarsenicales à petites doses repetées et prolongées. Presse méd. **1920**, 281. — Sicard, J. A. et Paraf: Concerning the intraspinous treatment of neurosyphilis. Ref. Arch. of Neur. **1921**, 584. — Sicard, Haguenan et Lichtwitz: Syphilis spinale pseudotumorale avec xanthochromie ou dissociation albumino-cytologique. Contrôle lipiodolé. Bull. Soc. méd. Hôp. Paris **1926**, 33. — Sidney Kuh, D.: Paralysis spinalis spastica (Erb). Dtsch. Z. Nervenheilk. **3**, 359 (1930). — Siebert: Trauma, funktionelle Störung und Lues cerebri. Neur. Zbl. **1917**, 1003. — Siemens, H. W.: Zur Kenntnis der salvarsanresistenten Syphilis. Münch. med. Wschr. **1921**, 1419. — Silbermann, I.: Zwei Fälle von Hemichorea auf luischer Basis. Z. Neur. **100** (1926). — Simon, Cl. et Thiollet: Un nouveau cas de coexistence chez le même malade de manifestations syphilitique cutanées et nerveuse. Revue neur. **1925**, Nr 3. — Simmonds, M.: Über die syphilitischen Erkrankungen der Hypophysis, insbesondere bei Lues congenita. Dermat. Wschr. **1914**. — Skalweit, H.: Vergleichende hämatologische und parasitologische klinische Untersuchungen über Impfmalaria bei Lues cerebri und Paralyse. Z. klin. Med. **102**, 258 (1925). — Konstitutionelle Disposition zur Paralyse. Klin. Wschr. **1931**, 548. — Solomon: Siehe Kaliski u. Strauss. — Sommer, I.: Die Lues der Sinnesorgane (Auge und Ohr). Arch. f. Dermat. **149**, 534 (1925). — Spatz, H.: Über eine einfache Methode zur anatomischen Schnelldiagnose der progressiven Paralyse. Münch. med. Wschr. **1922**, 1376. — Zur Pathologie und Pathogenese der Hirnlues und der Paralyse. Z. Neur. **101**, 644 (1926). — Spielmeyer, W.: Zur Frage vom Wesen der paralytischen Hirnerkrankung. Z. Neur. **1910**, 105. — Histopathologie des Nervensystems, Bd. 1, Allg. Teil. Berlin: Julius Springer 1928. — Spiethoff, B.: Verlauf der Syphilis unter Salvarsantherapie. In Kolle u. Zieler. Spiller, W. G.: Thrombosis of the cervical anterior. Median spinal artery. Syphilitic acute anterior poliomyelitis. J. nerv. Dis. **36** (1909). — Syphilis a possible cause of systematic degeneration of the motor tract. J. nerv. Dis. **39**, 599 (1912). — Spiller, W. G. and E. Martin: Epilepsia partialis continua occuring in a cerebral case with operation. J. amer. med. Assoc. **52** (1909). — Spitzer, R.: Siehe W. Frei. — Steiner, Gabriel: Siehe Willmanns. — Steiner, G.: Beiträge zur pathologischen Anatomie der peripheren Nerven bei den metasyphilitischen Erkrankungen. Arch. f. Psychiatr. **1912**, 667. — Klinik der Nervensyphilis. Handbuch der Haut- und Geschlechtskrankheiten, Bd. 17, Teil 1. Berlin: Julius Springer 1929. — Steiner, G. u. V. Fischl: Pathologie und Therapie der Spirochätenkrankheiten. Klin. Wschr. **1929**, 82. — Steinert, H.: Über Polyneuritis syphilitica. Münch. med. Wschr. **1909** II. — Stender, A.: Zur Frage des Zusammenhanges von multipler Sklerose und kongenitaler Syphilis. Dtsch. Z. Nervenheilk. **1929**, 246. — Sternberg, K.: Über die Syphilis der Gefäße. Wien. klin. Wschr. **1926**, 5. — Stief, A.: Über die Erwärmung des Liquors. Arch. f. Psychiatr. **89**. — Stief, A. u. Martha Dancz: Weitere Beobachtungen bei der Erwärmung des Liquor cerebrospinalis, mit besonderer Rücksicht auf die Veränderung der Permeabilität. Wien. klin. Wschr. **1930**. — Stokes, J. A. and A. R. McFarland: Comparative clinical observations on the involvement of the nervous system in various phases of syphilis. Arch. of Neur. **1928**, 188. — Stoner, W. C.: The diagnosis of syphilis from the standpoint of the internist with special reference to the incidence of neurosyphilis over a period of ten years. Amer. J. Syph. **1928**, 340; Arch.

of Neur. 1929, 1200. — STRANDBERG, J.: Die Veränderungen des Krankheitsbildes der Syphilis durch Zunahme der Gefäß- und Nervenerkrankungen und ihre Ursachen. Hygiea (Stockh.) 89, 599 (1927). — STRASMANN: Ein Beitrag zur Pathogenese der HEUBNERschen Endarteriitis durch den Nachweis der Spirochaeta pallida in den entzündlichen Gefäßen. Beitr. path. Anat. 49 (1910). — Zwei Fälle von Syphilis des Zentralnervensystems mit Fieber, der zweite mit positiven Spirochätenbefund im Gehirn und Rückenmark. Dtsch. Z. Nervenheilk. 40 (1910). — STRAUSS: Siehe KALISKI. — STRÄUSSLER, E.: Zur Lehre von der disseminierten Form der Hirnlues und ihrer Kombination mit der progressiven Paralyse. Mschr. Psychiatr. 19 (1906). — Über 2 weitere Fälle von Kombination cerebraler, gummöser Lues mit progressiver Paralyse nebst Beiträgen zur Frage der „Lues cerebri difusa" und der „luischen Encephalitis". Mschr. Psychiatr. 27. — STRÄUSSLER, E. u. KOSKINAS: Über den Einfluß der Malariabehandlung der progressiven Paralyse auf den histologischen Prozeß. Wien. med. Wschr. 1923, 783. — Weitere Untersuchungen über den Einfluß der Malariabehandlung der progressiven Paralyse auf den histologischen Prozeß. Z. Neur. 97, 176. — STURSBERG, H.: Ein Beitrag zur Kenntnis der cerebrospinalen Erkrankungen im sekundären Stadium der Syphilis. Dtsch. Z. Nervenheilk. 39, 459. — SZONDI, LIPOT: Studien zur Theorie und Klinik der endokrinen Korrelationen. Endokrinol. 9 (1931).

TEZNER, O.: Liquoruntersuchungen bei kongenitalluischen Kindern. Mschr. Kinderheilk, 35, 398 (1927). — THIOLLET: Siehe CL. SIMON. — THOMAS, A. et J. JUMENTIÉ: Deux cas de radiculite trigéminale syphilitique. Revue neur. 1927 I, 533. — TOVARU: Siehe BUZOIAU. — TOYOFUKU, TAMAKI: Die Veränderungen am Rückenmarke hereditär luischer Neugeborener. Arb. neur. Inst. Wien 18 (1909). — TRÖMNER, E.: Nervensyphilis der Frühperiode. UNNAS Festschrift, Bd. 2, S. 339. — TRÖMNER, E. u. DELBANCO: Über Neurorezidive nach Salvarsan, speziell Polyneuritis. Münch. med. Wschr. 1911.

UHLENHUTH, P. u. MULZER: Weitere Mitteilungen über Ergebnisse der experimentellen Syphilisforschung. Berl. klin. Wschr. 1929. — URBACH, E.: Zur Pathogenese der Livedo racemosa. Klin. Wschr. 1923, 2027.

VERSÉ, M.: Über Phlebitis syphilitica cerebrospinalis. Beitr. path. Anat. 1913, 580. — VIETS, H.: Neurosyphilis. Early recognation and economic importance. Boston med. J. 1925, 1098. — VIGNES: Siehe MOLINIÉ. — VOLNOVIC, L.: Frühdiagnose der kongenitalen Syphilis bei der Geburt durch Spirochätennachweis in der Nabelschnur. Klin. Wschr. 1923, 2235. — VONKENNEL, J.: Die Malariabehandlung der Frühlues. Berlin: S. Karger 1927.

WAGNER-JAUREGG: Die Malariabehandlung der progressiven Paralyse. Wien. med. Wschr. 1928, 19. — WARTHIN, A.: Verschiedenheiten der Geschlechter im syphilitischen Krankheitsbild. Amer. J. Syph. 12, Nr. 3. Ref. Fortschr. Med. — WASSERMANN, A.: Zur diagnostischen Bedeutung der spezifischen Komplementfixation. Berl. klin. Wschr. 1907 I. — Weitere Mitteilungen über Zerlegung des Wassermannaggregates und ihre Anwendungsfähigkeit zur Bestätigung der positiven Wassermannreaktion. Klin. Wschr. 1922, 1101. — WASSERMANN, A., NEISSER u. BRUCK: Eine serodiagnostische Reaktion gegenüber Syphilis. Berl. klin. Wschr. 1907. — WEBB: Diskussionsbemerkung über Benvenuto Cellinis-Krankheit. J. amer. med. Assoc. 89, 594 (1927). — WECHSELMANN, W.: (a) Die Behandlung der Syphilis mit Dioxydiamidoarsenobenzol (Ehrlich-Hata 606), Bd. 2. (b) Der gegenwärtige Stand der Salvarsantherapie in Beziehung zur Pathogenese und Heilung der Syphilis. Berlin: Oskar Coblentz 1912. — WECHSELMANN, W. u. E. DINKEL-ACKER: Über die Beziehungen der allgemeinen nervösen Symptome im Frühstadium der Syphilis zu den Befunden des Lumbalpunktates. Münch. med. Wschr. 1914, Nr 25. — WEICHBRODT: Neuere Untersuchungen über die Austauschbeziehungen zwischen Blut und Liquor. Sitzgsber. 51. Verslg südwestdtsch. Neur. u. Psychiatr. Baden-Baden 1926. — WEILLET: Siehe LECHELLE. — WERTHEIM: Siehe KÖNIGSTEIN. — WEYGANDT, W.: Experimentelle Syphilis des Zentralnervensystems. Dtsch. Z. Nervenheilk. 50 (1914). — Über Malaria-Impfbehandlung. Klin. Wschr. 1923, 2164. — WIDIEZ: Siehe BABONNEIX. — WILBRAND-SAENGER: Die Neurologie des Auges, Bd. 1—9. Wiesbaden: J. F. Bergmann 1900—1922. — WILE, J. U. and CL. K. HASLEY: Involvement of the nervous system during the primary stage of syphilis. Arch. of Neur. 1921, 331. — WILE, J. U. and C. H. MARSHALL: A study of the spinal fluid in one thousand eight hundred and sixtynine cases of syphilis in all stages. Arch. of Neur. 1921, 447. — WILMANNS, K. u. G. STEINER: Syphilis und Metasyphilis. Z. Neur. 101 (1926). — WILSON, G.: Cerebral syphilis occuring seven months after initial lesion. Therapeutic result after inoculation with Malaria. Arch. of Neur. 1926, 532. — WILSON, S. A. K. and S. CORB: Mesencephalitis syphilitica. Arch. of Neur. 1925, 635. — WOHLFART, SN.: Pallidostriäre Symptome bei Lues in den basalen Ganglien des Gehirns. Z. Neur. 1927, 115. — WOLFF, M.: Un cas de méningo-myelite syphilitique opéré. Revue neur. 1928 I, 433. — WOODS, A. H.: Types of cerebrospinal syphilis in China. Arch. of Neur. 1923, 253.

ZURHELLE, E.: Die Syphilis der Lymphgefäße und Lymphdrüsen. Handbuch der Haut- und Geschlechtskrankheiten, Bd. 17, 3. Berlin: Julius Springer 1928. — Die Syphilis der Milz. Handbuch der Haut- und Geschlechtskrankheiten, Bd. 17, 3. Berlin: Julius Springer 1928. — ZURHELLLE: Siehe E. HOFFMANN.

Tabes.

Pathologische Anatomie und Pathogenese der Tabes dorsalis.

Von HUGO RICHTER-Budapest.

Mit 30 Abbildungen.

Einleitung.

Es wird hier zum erstenmal der Versuch gemacht, die pathologische Anatomie und Pathogenese der Tabes ohne Zuhilfenahme des Metaluesbegriffes zur Darstellung zu bringen. Verfasser ist sich dabei bewußt, daß der von ihm hier vertretene Standpunkt, nach welchem die Tabes eine Erkrankung nicht nur von luischem Ursprung, sondern auch von luischer Natur sei, heute noch von nicht wenigen autoritativen Vertretern unseres Faches als verfrüht, von einigen gar als unrichtig angesehen wird, daher als Grundlage einer, für ein Handbuch vorgesehenen Übersichtsdarstellung ungeeignet sein müßte. Wenn er sich trotz dieser Bedenken dennoch zur obigen programmatischen Stellungnahme entschloß, waren hierfür folgende Erwägungen maßgebend. Jeder, der sich mit dem Tabes- und Paralyseproblem beschäftigt, muß, wenn er die auf diesem Forschungsgebiet gewonnenen Ergebnisse der letzten zwei Jahrzehnte berücksichtigt, zur Überzeugung kommen, daß der Begriff der Metalues, wie dieser seinerzeit von FOURNIER und STRÜMPELL abgefaßt wurde, seine Daseinsberechtigung eingebüßt hat. Die Gründe, die seinerzeit diesem Begriff eine Existenzgrundlage boten, waren lediglich von dreierlei Art. Der ätiologische Beweggrund lag darin, daß der Lueserreger bei Tabes und Paralyse in den entsprechenden Abschnitten des Nervensystems, wo der als wesentlich erkannte anatomische Prozeß sich abspielte, nicht nachgewiesen werden konnte. Das regelmäßige Auffinden der Spirochäte in der paralytischen Hirnrinde und die verschiedentlichen positiven Spirochätenbefunde bei Tabes hatten dieses Argument bereits hinfällig gemacht. Der klinische Beweggrund ergab sich aus der damaligen Erkenntnis, Tabes und Paralyse seien durch die allgemein als wirksam anerkannten und ausgeübten antiluischen Behandlungsmethoden unbeeinflußbar, beide Krankheiten galten als absolut unheilbar. Auch dieser Standpunkt ist heute überholt. Der praktische Arzt, der vor drei Dezennien seine Tabeskranken mit Argentum-nitricum-Pillen vertröstete, ist heute überzeugt einen Kunstfehler zu begehen, wenn er nicht die antiluische Behandlung forciert und auch bei der Paralyse, die damals als unabwendbares Todesurteil des Betroffenen angesehen wurde, hat die heute nunmehr über alle Zweifel erhobene Wirksamkeit der unspezifischen Fiebertherapie eine daran anschließende energische spezifische Kur zur Voraussetzung. Bei beiden Krankheiten also, die bisher unter dem mystischen Ephiteton der Metalues von den echtluischen abgesondert wurden, wird heute eifrig gegen die Spirochäten selbst der Kampf geführt, dessen Berechtigung durch eine bereits ansehnliche Menge günstiger Heilerfahrungen unterstützt wird. Den dritten Stützpunkt des Metaluesbegriffes bildeten einige ungelöste Probleme in der pathologischen Anatomie der Tabes und Paralyse, die die Einreihung dieser beiden Krankheiten in die große gemeinsame Gruppe der echtluischen Erkrankungen des Nervensystems nicht zuließen. Diese Probleme sind auch heute noch nicht endgültig geklärt, ihre Lösung aber im Rahmen der durch die Spirochätenentdeckung vorgewiesenen Richtung angebahnt. Inwieweit bei der Paralyse die verschiedenen Ansiedlungsformen des Lueserregers, die seit NOGUCHIS Entdeckung und JAHNELS grundlegenden Forschungen bekannt geworden sind, mit den eigenartigen Gewebsveränderungen der paralytischen Hirnrinde in ursächliche Beziehung gebracht werden können, dürfte an anderer Stelle beleuchtet werden. Bezüglich der Tabes konnte ich aber als Ergebnis jahrelang geführter Untersuchungen histologisches Beweismaterial sammeln für eine pathologische Auffassung, die das wesentliche anatomische Substrat des Tabesprozesses in einer durch unmittelbare Spirochätenwirkung bedingten Gewebsveränderung erfaßt. Diese Arbeiten, die im Hirnforschungsinstitut der Universität Budapest ausgeführt wurden, schließen sich als Fortsetzung der langjährigen Forscherarbeit meines Lehrers KARL SCHAFFER an, der als verdienstvoller Förderer des Tabesproblems, diesen Abschnitt in der ersten Auflage dieses Handbuches bearbeitete. Ich berufe mich auf meine Arbeitsstätte deshalb, weil diese durch die zahlreichen Tabesarbeiten SCHAFFERS ein fester Stützpunkt der Metalueslehre geworden ist, meine Arbeiten also von einer, mit allen histologischen Beweisen und Argumenten der Metalueslehre vertrauten Betrachtungsweise ihren Ausgang nahmen. Konnte ich aber in einem mit den Hilfsmitteln der heutigen Forschungsmethodik ausgerüsteten Laboratorium durch entsprechende Auswahl geeigneter Fälle und systematische serienweise Bearbeitung bestimmter Nervenabschnitte zu Ergebnissen gelangen, die mit dem Metaluesbegriff nicht mehr vereinbar erschienen, so ist meine Stellungnahme nicht aus einer autistischen Einstellung auf die positiven Spirochätenbefunde erfolgt, sondern ausschließlich auf histologische Beweise gestützt, die durch Vergleiche mit den Tabespräparaten SCHAFFERS ihre Kontrolle erhielten. Meine Ausführungen haben die seit einer Zeit ins Stocken geratene Tabesforschung wieder in Bewegung gesetzt, mehrere Forscher zur Nachprüfung meiner Befunde bewogen, andere wieder zu einer kritischen Stellungnahme zu meiner pathogenetischen Erklärung veranlaßt, wobei es auch an lebhaften Diskussionen nicht fehlte, die vom Standpunkt unseres gemeinsamen Endzieles aus betrachtet, nicht ganz fruchtlos blieben. Gerade diese Arbeiten und Auseinandersetzungen ließen aber erkennen, welch magische Anziehungskraft dem Metaluesbegriff auch heute noch innewohnt. Auch diejenigen Forscher, die meine histologischen Befunde größtenteils bestätigen konnten und die unmittelbare Beteiligung des Lueserregers am Zustandekommen des tabischen Prozesses anerkennen, halten an dem Begriff der Metalues fest, bekleiden ihn entsprechend ihrer Auffassung mit neuem Inhalt, als würde man einem noch nicht ganz gelösten Rätsel dadurch näherkommen können, wenn man es in ein noch größeres hüllt. NISSL sagt in seinen letzten Bemerkungen zu dieser Frage, daß, wenn heute noch das Wort Metalues gebraucht werden sollte, man sich gegenwärtig halten muß, daß damit kein Urteil mehr über die Pathogenese der so bezeichneten Krankheiten ausgesprochen werden darf, und wenn man STRÜMPELLS letzte Stellungnahme zu meinen Ergebnissen über die Pathogenese der Tabes berücksichtigt, dann ist es ein Irrtum, wenn man glaubt, daß man durch das Festhalten am Metaluesbegriff „um jeden Preis" das unantastbare Erbe dieser Klassiker der Metaluesära verteidigt. Die Metalues hat sich im Zeitalter der Spirochätenentdeckung bei Tabes und Paralyse überlebt. Der Begriff ist durch die Zerstörung seiner Grundlagen unhaltbar geworden, seine inhaltliche Bedeutung in der Vergangenheit macht es unmöglich, ihm zu einer neuen Existenz zu verhelfen. Es kann mit einer guten ärztlichen Überzeugung nicht vereinbart werden, wenn man die Tabes für eine metaluische Krankheit hält und antiluisch behandelt. Und ich glaube, daß es auch für die künftige, weitere Erforschung dieser beiden Krankheiten ersprießlicher sein wird, wenn man, anstatt in der Luft schwebenden, neuen Metalueskonstruktionen sich an die festgestellten Tatsachen hält und in der, durch diese vorgezeigten Richtung nach vorwärts strebt. Es gibt auch in der allgemeinen Luespathologie noch viele ungelöste Probleme; die Rätsel der Tabes und Paralyse sind heute nicht mehr so groß, daß sie im Rahmen des allgemeinen Luesproblems nicht ihre Lösung finden könnten.

A. Pathologische Anatomie der Tabes.

Das als „Ataxie locomotrice progressive" bezeichnete klassische Bild von DUCHENNE DE BOULOGNE, welches den ersten Krystallisationspunkt der Tabes als klinischer Einheit bildete, wurde allmählich durch die Beobachtungen von ROMBERG, ROBERTSON, WESTPHAL, CHARCOT, VULPIAN, LEYDEN, OPPENHEIM und zahlreichen späteren Autoren zu der gewaltigen Symptomengruppe ausgebaut, welche SCHAFFER so treffend den „klinischen Riesen" bezeichnete. Der intuitive Blick von ERB mußte aber schon feststellen, daß im Bilde dieses Riesen neben den klassischen Symptomen zahlreiche akzidentelle Symptome sich eingebürgert haben, welche zu einem allmählich „hyperplastischen" Symptomenkomplex führten und dieser beste Kenner der Tabes erachtete es für notwendig, daß die reine Tabes aus dem „metasyphilitischen Syndrom", mit welchem der konventionelle Begriff „Tabes" heute identisch zu sein scheint, abgegrenzt werde. Es braucht heute nicht näher begründet zu werden, daß diese akzidentellen Krankheitssymptome durch die Kombination der reinen Tabes mit Symptomen der übrigen neuroluischen Erkrankungsformen entstanden sind. Viel größer war noch die Verwirrung, die durch diese Vermischung der Tabes mit den übrigen Neuroluesformen auf dem Gebiet der pathologisch-anatomischen Forschung verursacht wurde, galt es doch hier aus der histologischen Analyse dieser Fälle das Wesen des tabischen Prozesses festzustellen. Die überwiegende Mehrzahl der in der früheren Literatur angeführten Tabesfälle, die zur anatomischen Untersuchung herangezogen wurden, waren Taboparalysen und es soll im weiteren gezeigt werden, daß vom Standpunkt der Lehre der Tabespathogenese auch diese Fälle als ungeeignet angesehen werden müssen. Nur so ist es erklärlich, daß die pathologisch-anatomischen Befunde die von den verschiedenen Forschern erhoben wurden, weitgehende Unterschiede aufwiesen, die die Klärung des wesentlichen anatomischen Prozesses erheblich erschwerten. Aus diesen Erwägungen erhob ich in meiner ersten Tabesarbeit die Forderung, daß die zur Histo- und Pathogenese der Tabes verwertbaren Leitsätze nur aus solchen Fällen abgeleitet werden dürfen, die nicht nur klinisch als reine Tabes gelten konnten, sondern auch in ihrem histologischen Bild keine Zeichen irgendwelcher Kombination mit meningealer, spinaler, cerebraler Lues oder Paralyse erkennen ließen. Durch den Vergleich solcher Fälle mit kombinierten Tabesfällen kann das Gemeinsame, Konstante und Wesentliche für die Histopathologie der Tabes vom Akzidentellen und Miteinhergehenden unterschieden werden. Sämtliche Nachuntersucher bestätigen, daß diese Forderung zu Recht besteht.

Es erscheint zweckmäßig die histopathologischen Veränderungen der Tabes topographisch in zwei Abschnitte zu gliedern, wobei aber gleich bemerkt werden soll, daß beide Gruppen von Veränderungen in gleicher Weise zum wesentlichen anatomischen Substrat der Tabes gehören. Wenn im klinischen Bilde die typische Pupillenveränderung oder die festgestellte Opticusatrophie oft schon allein die Diagnose der Tabes legimitiert, dann muß das anatomische Substrat dieser Symptome dieselbe wesentliche Bedeutung besitzen und es geht nicht an, daß man den klassischen anatomischen Prozeß der Tabes auf die Hinterstränge des Rückenmarkes beschränkt und die Veränderungen der Hirnnerven nur als Begleiterscheinungen auffaßt. Durch die gleichwertende Betrachtung der tabischen Veränderungen im Rückenmarkskanal und in der Schädelhöhle gewinnt man auch eine bessere Einsicht in die Histo- und Pathogenese der Tabes.

I. Histopathologische Veränderungen im Bereich des spinalen Nervensystems.

1. Hinterstränge des Rückenmarks.

Als klassisches anatomisches Substrat der Tabes galt schon seit den ersten Beschreibungen von HUTIN, BOURDON, TODD, LUYS, OLLIVIER und CRUVEILHIER die graue Degeneration der Hinterstränge und Atrophie der Hinterwurzeln. Diese Veränderung ist in vollentwickelten Fällen auch mit unbewaffnetem Auge am Sektionstisch festzustellen, indem die Hinterstränge unter der oft milchig getrübten, verdickten Pia abgeplattet erscheinen und am Querschnitt durch ihre gelblichgraue Farbe von der weißen Substanz der intakten Vorder- und Seitenstränge lebhaft abstechen. Die hinteren Wurzeln sind verdünnt, infolge ihrer Marklosigkeit gelblichgrau verfärbt und stehen zumeist in einem deutlichen Kontrast zu den runden weißen Vorderwurzeln.

Es gibt einige Beobachtungen über eine allgemeine Volumverminderung des tabischen Rückenmarks, die über das Maß der durch die Hinterstrangsatrophie bedingten Schrumpfung hinausgehe und einige Autoren (OPPENHEIM, STERN) versuchten, diese Kleinheit des Rückenmarks als eine für die Tabes disponierende Entwicklungsstörung aufzufassen.

Bei der näheren anatomischen Schilderung der tabischen Hinterstrangsentartung stellt sich als erste Frage auf, ob der Entartungsprozeß sich wahllos auf sämtliche Fasersysteme erstreckt, die in den Hintersträngen verlaufen. Nach der ersten richtunggebenden Arbeit von LEYDEN aus dem Jahre 1863 erschienen weitere wichtige Beiträge von PIERRET, WESTPHAL, OPPENHEIM, NONNE, MARIE, DEJERINE, NAGEOTTE und hauptsächlich von STRÜMPELL, SCHAFFER und REDLICH, welche zur endgültigen Klärung dieser Frage führten. Es ergab sich aus diesen Arbeiten, daß die Hinterstrangsentartung bei reiner, unkomplizierter Tabes ausschließlich diejenigen Fasersysteme der Hinterstränge

betrifft, die nachweislich mit den Hinterwurzeln zusammenhängen, *die Tabes
also keine Hinterstrangserkrankung, sondern eine Erkrankung des intraspinalen
Abschnittes des sensiblen Protoneurons darstellt.*

Dieses Neuron hat bekanntlich sein trophisches Zentrum in den Zellen der Spinalganglien, von wo sein peripherer Achsenzylinderfortsatz mit den gemischten peripheren
Nerven zu den Endapparaten der Haut, Knochen, Gelenke usw. verläuft, sein zentraler
Fortsatz durch die Hinterwurzeln in die Hinterstränge des Rückenmarks eintritt und nach
mehrfachen Absplitterungen an verschiedene Zellgruppen der grauen Substanz mit seinen
längsten, aufsteigenden Ausläufern in den Goll- und Burdachkernen der Oblongata endet.

Die Klärung dieser Frage wurde erst ermöglicht als unsere Kenntnisse über
den anatomischen Aufbau der Hinterstränge eine sichere Grundlage erhielten.
Es zeigte sich, daß im Hinterstrang außer den Fasern des Hinterwurzelsystems
noch Faserzüge verlaufen, die zwischen den Strangzellen der verschiedenen
Rückenmarkshöhen eine Verbindung aufrecht halten; diese Faserzüge wurden
im Gegensatz zu den aus den Hinterwurzeln einströmenden *exogenen* Fasern
als *endogen* bezeichnet. Als ihr Hauptsitz wurde das sog. ventrale Hinterstrangsfeld (cornu-commissurale Zone der Franzosen) erkannt, welches dicht
hinter der hinteren Commissur liegt und in den verschiedenen Segmenten des
Rückenmarks sich bald medialwärts, bald seitlich gegen die Hinterhörner
verschiebt. STRÜMPELL machte zuerst die Feststellung, daß das ventrale Hinterstrangsfeld bei Tabes selbst in den vorgeschrittensten Fällen erhalten bleibt
und diese Beobachtung wurde von allen späteren Autoren ausnahmslos bestätigt.
Bezüglich des sogenannten dorsomedialen Bündels und der ovalen Zone FLECH-
SIGS, die im Lumbosacralmark von den hier eintretenden Hinterwurzelfaser-
systemen gesondert verlaufen und eigene scharf begrenzte Territorien im Hinterstrang einnehmen, wurde festgestellt, daß in denselben teils endogene Fasern,
teils absteigende exogene Hinterwurzelfasern aus höheren Rückenmarksabschnitten (bis zu den höchsten Dorsalsegmenten) verlaufen. In reinen, nicht
sehr alten Tabesfällen bleiben auch diese intakt, in vorgeschrittenen Fällen,
wo nicht nur die lumbosacralen, sondern auch die dorsalen Wurzeln vom Schwundprozeß ergriffen sind, zeigen diese Felder oft eine Aufhellung, die durch den
Ausfall der absteigenden exogenen Fasern bedingt ist. Man wird also die These
uneingeschränkt gelten lassen, daß bei *reiner Tabes im Hinterstrang nur die
exogenen, aus den Hinterwurzeln stammenden Faserzüge erkranken.*
Der nähere Charakter des Entartungsprozesses im intraspinalen Abschnitt
der Hinterwurzeln besitzt auch vom pathogenetischen Standpunkt eine erhöhte
Bedeutung. Es handelt sich nämlich um die Frage, ob die Entartung der intraspinalen Wurzelfasern eine einfach sekundär-degenerative Veränderung darstellt, oder ob es sich um eine selbständige primäre Erkrankung dieses Abschnittes
handelt. Bei der Beantwortung dieser Frage ist es vor allem notwendig den
eigenartigen Verlauf des tabischen Prozesses zu kennen. Der tabische Wurzelprozeß unterscheidet sich von den Wurzelaffektionen anderer Art (traumatische
Läsion, Radikulitiden, durch Geschwulst verursachte Wurzelschädigungen)
darin, daß während bei den letzteren einige bestimmte Wurzeln vom krankhaften Prozeß befallen werden, der tabische Prozeß sich mehr minder auf sämtliche Wurzeln des Rückenmarks erstreckt, und zwar in einer bestimmten Reihenfolge, die dem Prozeß einen typischen Verlauf sichert. Der zweite Unterschied
besteht darin, daß bei den Radikulitiden der krankhafte Prozeß in einer oder
einigen Wurzeln in kurzer Zeit alle oder fast alle Fasern zerstört, bei der
Tabes die Wurzelaffektion einen ganz allmählichen, von Faser zu Faser fortschreitenden Schwund herbeiführt, so daß es Jahre und Jahrzehnte in Anspruch
nimmt, bis in einer tabisch affizierten Wurzel sämtliche Fasern zugrunde gehen.
Der Verlauf des tabischen Wurzelprozesses beginnt gewöhnlich so, daß in einigen
Lumbalwurzeln einige wenige Fasern degenerieren, der weitere Fortschritt des

Prozesses gestaltet sich so, daß einerseits die Wurzelaffektion sich auf die Sacral- und unteren Dorsalwurzeln ausbreitet, andererseits in den bereits affizierten Lumbalwurzeln der Faserschwund immer mehr zunimmt. — Im weiteren Fortschritt der Krankheit werden die höheren Dorsalwurzeln ergriffen und noch später die Wurzeln der unteren Halssegmente. Die höchsten Cervicalwurzeln werden nur in den seltensten Fällen ergriffen.

Abb. 1 zeigt das lumbale Hinterstrangsbild eines beginnenden Tabesfalles. Wir sehen eine Lichtung im mittleren Wurzelgebiet, wodurch der Hinterstrang in drei Abschnitte geteilt ist. Der intakte, ventrale Abschnitt entspricht dem ventralen Hinterstrangsfeld, in welchem, wie schon früher be-

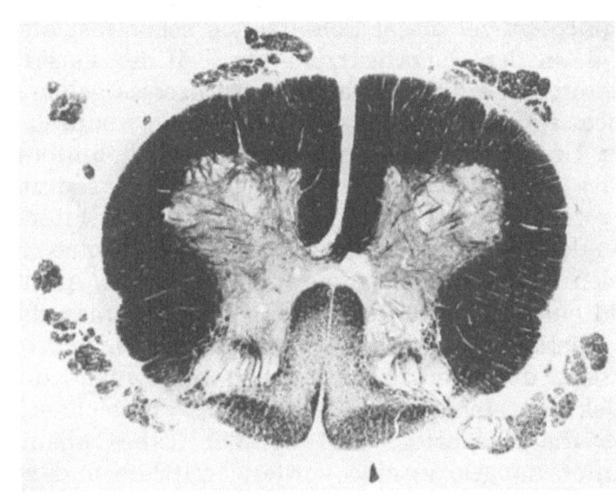

Abb. 1. Hinterstrangsbild aus dem unteren Lumbalmark eines beginnenden Tabesfalles. „Elektiv-systematische" Gliederung im Hinterstrang. (WEIGERT-PAL-Färbung.)

merkt wurde, endogene Fasern verlaufen. Das mittlere, etwas gelichtete Fasergebiet entspricht der sog. mittleren Wurzelzone FLECHSIGs und erstreckt sich seitwärts bis zum Hinterhorn, wo auch die sog. Wurzeleintrittszone WESTPHALs einen Faserausfall zeigt; medialwärts wird sie von einem sagittal verlaufenden, faserdichten, schmalen Saum von der Mittellinie getrennt, in welchem wir das dorsomediale Bündel (endogen) erkennen. Dorsalwärts wird die mittlere Wurzelzone durch eine konvexe Grenzlinie von der ebenfalls noch intakten hinteren (medialen) Wurzelzone begrenzt, in welcher die aufsteigenden Fasern der Sacralwurzeln verlaufen.

Abb. 2 stellt ein vorgeschritteneres Stadium des Prozesses im Lumbalmark vor. Man sieht, daß das ventrale Hinter-

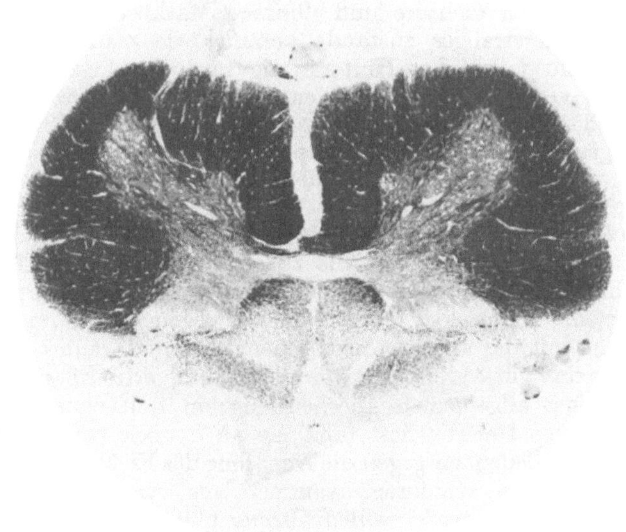

Abb. 2. Hinterstrangsbild aus dem mittleren Lumbalmark eines vorgeschrittenen Tabesfalles.

strangsfeld, welches in dieser Höhe mehr nach der Seite verschoben ist, auch hier vollkommen intakt geblieben ist. Sehr schwer ist der Faserausfall in der mittleren Wurzelzone, die fast marklos erscheint. Einen sehr deutlichen

Ausfall zeigt hier auch schon die hintere (mediale) Wurzelzone, doch ist ihre Abgrenzung gegen die mittlere Wurzelzone noch sehr deutlich. Auf Grund des Hinterstrangsbildes müssen wir annehmen, daß in diesem Stadium in der Lumbalwurzel dieser Schnitthöhe schon fast alle Markfasern zugrunde gegangen sind, in den Sacralwurzeln ein Teil der Fasern auch schon zerstört ist. Bei weiterem Fortschritt des Tabesprozesses gehen auch die in den Sacralwurzeln noch vorhandenen Fasern zugrunde, wodurch im lumbalen Hinterstrangsbild der Unterschied zwischen mittlerer und hinterer Wurzelzone verschwindet und jenes von den Caudatumoren her bekannte Hinterstrangsbild erscheint, in welchem bei intaktem, ventralem Hinterstrangsfeld und dorsomedialem Bündel das übrige Fasergebiet vollkommen marklos ist. Diese vorgeschrittenen Tabesfälle, die eine vollkommene Ähnlichkeit mit dem Hinterstrangsbild eines Caudatumors zeigen, nannte man bisher Tabesfälle von sekundärdegenerativem Charakter, zum Unterschied von den früher gekennzeichneten Fällen, die man im Sinne von Strümpell und Flechsig als Tabesfälle mit „elektiv-systematischer Gliederung" bezeichnete. Strümpell meinte nämlich, daß die eigenartige und bei der Tabes allein vorgefundene Gliederung des Hinterstranges, in eine vordere, mittlere und hintere Wurzelzone, die von der nach experimenteller Durchschneidung einzelner Wurzeln bekannten Wurzellagerung gänzlich abweicht und sich mit den Territorien einzelner Wurzelsegmente im Hinterstrang nicht deckt, dadurch entsteht, daß in diesen bei Tabes eigenartig begrenzten Faserbezirken verschiedene Fasersysteme der Hinterwurzeln verlaufen, die durch ihre topographische Absonderung und verschiedengradige Affektion auch Unterschiede bezüglich ihrer biologischen und funktionellen Dignität vermuten lassen. Dieser Gedanke fand noch eine bedeutende Unterstützung durch Flechsigs myelogenetische Untersuchungen, aus welchen hervorging, daß während des Markentwicklungsprozesses im Hinterstrang durch dichtere und dünnere Markbesetzung eine ähnliche Gliederung des Hinterstranges zustande kommt, wie man sie bei der Tabes vorfindet. Flechsig teilte den Hinterstrang nach myelogenetischen Prinzipien in eine Reihe von Elementarsystemen und da die Grenzen der bei der Tabes verschiedenartig affizierten Wurzelzonen mit den Grenzen der myelogenetisch festgestellten Faserbezirke zusammenfielen, ergab sich von selbst die Schlußfolgerung, daß bei der Tabes der Ausfall der Wurzelfasern nicht wahllos, sondern nach Fasersystemen geordnet erfolge, indem jede Wurzel mehrere, biologisch verschiedene Fasersysteme mit sich führe und bei der Tabes zuerst und elektiv solche Fasern erkranken, die zu einem bestimmten Elementarsystem gehören, während andere Fasersysteme dem krankhaften Prozeß lange standhalten können. Die elektiv-systematische Degeneration im tabischen Hinterstrang, welche mit der allgemein-toxischen Wirkungsart des völlig unbekannten Metaluestoxins gut vereinbart werden konnte, erfreute sich bis in die jüngste Zeit einer fast allgemeinen Anerkennung; in Schaffers Tabesaufsatz (erste Auflage dieses Handbuches) fand sie auch noch eine eingehende Würdigung.

Meine Bedenken gegen die Annahme des Elektivitätsprinzips bei der tabischen Hinterstrangserkrankung, stammen aus verschiedenen Erwägungen, die hier kurz angeführt werden sollen. In der blühenden Aera der Systemerkrankungen, die den myelogenetischen Untersuchungen Flechsigs folgte, nahmen diese eine gewissermaßen beherrschende Stellung in der Histopathologie ein. — Wo eine nachweisbare herdförmige Schädigung nicht aufgezeigt werden konnte, wurde eine primäre, systematische Schädigung der betreffenden Nervenbahn angenommen. Ein großer Teil der damals als systematisch aufgefaßten Nervenerkrankungen hat sich seither als histologisch klargestellte Herdprozesse erwiesen; ich verweise nur auf die funikulären Erkrankungen bei perniziöser

Anämie und anderen Intoxikationen, auf die sog. syphilitische, spastische Spinalparalyse (ERB) usw. Der Begriff der Systemerkrankung beschränkt sich heute nurmehr auf einige Formen der Heredodegeneration, wie die familiäre, spastische Spinalparalyse, die familiäre, amaurotische Idiotie (TAY-SACHS), gewisse Formen der cerebellaren Heredoataxie usw. Was diese Fälle neben den früher angedeuteten negativen Feststellungen als gemeinsames Zeichen einer Systemerkrankung irgendwie zusammenhielt, war die zuerst von FLECHSIG erkannte und von den späteren Forschern bestätigte Eigentümlichkeit, daß die systematische primäre Degeneration vornehmlich die phylogenetisch jüngeren Nervenbahnen zu befallen pflegt. Diese Bahnen, bei welchen eine relativ geringere Widerstandskraft gegenüber schädlichen Einwirkungen angenommen wurde, sind in der myelogenetischen Lehre FLECHSIGs dadurch gekennzeichnet, daß sie ihre Markumkleidung in einem späteren Stadium des fetalen Lebens erhalten als die phylogenetisch älteren, resistenteren Bahnen; von der phylogenetisch jüngsten Projektionsbahn, der Pyramidenbahn, die bei den bekannten Systemerkrankungen am häufigsten in Mitleidenschaft gezogen wird, ist bekannt, daß sie ihre Myelinisation erst gegen das Ende des ersten Lebensjahres beendet. Die elektiv-systematischen Krankheiten erhielten durch die hier erwähnte Gesetzmäßigkeit eine gewissermaßen positive Grundlage. Wenn man also die Tabes zu den Systemerkrankungen einreihen will, kann es nicht ohne Bedeutung sein, wie dieses einzige positive Erkennungszeichen einer Systemerkrankung bei der tabischen Hinterstrangsentartung zur Geltung kommt. Um das Problem nicht sehr zu komplizieren, greife ich nur auf das am meisten wichtige Verhalten der sog. mittleren und hinteren (medialen) Wurzelzone FLECHSIGs zurück. Er zeigte, daß die mittlere Wurzelzone immer und überall im Rückenmark seine Markumkleidung früher erhalte als die hintere (mediale) Wurzelzone. Diese Feststellung kann in obigem Sinne nur so gedeutet werden, daß die Faserzüge der mittleren Wurzelzone phylogenetisch älter sind als die der hinteren Wurzelzone und biologisch betrachtet, daß die relative Widerstandskraft gegen schädigende Einflüsse bei der mittleren Wurzelzone größer sein muß, als bei der hinteren Wurzelzone. Man müßte daher erwarten, daß bei der allgemein toxischen Schädigung des tabischen Giftes zuerst und am meisten diejenigen Faserzüge eine krankhafte Veränderung aufweisen, die in der phylogenetisch jüngeren hinteren Wurzelzone verlaufen und die Faserzüge der phylogenetisch älteren, mittleren Wurzelzone besser erhalten bleiben. Prüft man nun von diesem Standpunkt die Hinterstrangsbilder der sog. elektivsystematischen Tabesfälle, so zeigt sich gerade das gegenteilige Verhalten; die Fasern der mittleren Wurzelzone, die früher ihr Mark erhalten, erkranken früher und in größerer Ausdehnung als die spätmarkreifen Fasern der hinteren Wurzelzone. Hält man sich also nur an die einzige Gesetzmäßigkeit, die im Walten des Elektivitätsprinzips vorhanden zu sein scheint, so muß die Tabes schon auf dieser Grundlage aus der Gruppe der sog. Systemerkrankungen ausgeschieden werden.

Prinzipielle Bedenken gegen die elektiv-systematische Schädigung des tabischen Hinterstranges mußten auch in dem Moment auftauchen als der Lueserreger bei Paralyse und Tabes entdeckt wurde, denn es wäre eine in der Luespathologie bisher unbekannte Erscheinung, daß die Spirochaete gewisse Nervenbahnen oder Zentren elektiv-systematisch angreift. Es gibt heute gar keinen Anhaltspunkt mehr für eine elektiv-systematische Affektion des tabischen Hinterstranges; die Ursachen dieser eigenartigen Gliederung müssen anderswo gesucht werden. — Es ist zweifellos, daß zwischen der tabischen Hinterstrangsaffektion und dem fetalen Markentwicklungsprozeß in der Abgrenzung der mittleren von der hinteren Wurzelzone ein auffälliger Parallelismus besteht.

Man muß aber fragen, ob die von Flechsig festgestellte Tatsache, daß die mittlere Wurzelzone im Verlaufe der Myelinisation gegenüber der hinteren (medialen) Zone stets einen Vorsprung zeigt, auch tatsächlich eine zeitliche Verschiedenheit in der Markreifung jener Fasern bedeutet, die in den gesonderten Gebieten verlaufen, somit ob diese Fasergebiete durch ihre verschiedengradige Myelinisation ein wirkliches Kennzeichen ihrer biologischen oder funktio-nellen Eigenart bieten, oder ob die bekannten Gliederungsarten im fetalen Hinterstrang nicht einfach durch die topographischen Verhältnisse im Hinter-strang, durch die eigentümliche Ausstreuung der Hinterwurzelfasern und auch durch den eigenartigen Verlauf des Myelinisationsvorganges erklärt werden können.

Es ist aus Mayers Untersuchungen bekannt, daß in der mittleren Wurzel-zone Wurzelfasern mit verschiedenem Verlauf und Kaliber enthalten sind. Man kann auch ohne längere Untersuchungen durch die Besichtigung einiger Mark-präparate feststellen, daß ein großer Teil des Faserkontingents, welcher sich im Niveau des Wurzeleintritts in die verschiedenen Gebiete der grauen Substanz (Reflexkollateralen, Hinterhornfasern) ausstrahlt, aus der mittleren Wurzel-zone seinen Ausgang nimmt. Fälle mit totaler Zerstörung einer Wurzel lassen aber auch erkennen, daß in einem Niveau, welches etwas höher über die Wurzel-eintrittshöhe gewählt wurde, das Ausfallsareal lediglich nur die mittlere Wurzel-zone betrifft, somit die langen aufsteigenden Fasern auch hier enthalten sind, und erst in höheren Segmenten erfolgt dann eine längliche Anordnung des Aus-fallsgebietes, wobei schon die hintere (mediale) Zone auch in den Bereich des Ausfalles hineinfällt. Die langen aufsteigenden Wurzelfasern gelangen demnach auch zuerst in die mittlere Wurzelzone, wo sie mit den übrigen Fasern ihrer Stammwurzel und einigen aufsteigenden Fasern der benachbarten unteren Segmente, eine Strecke weit gemeinsam verlaufen und erst dann in die hintere (mediale) Zone eintreten. *Die mittlere Wurzelzone ist der Stapelplatz für die Gesamtheit der in das Rückenmark eintretenden Wurzelfasern; von hier erfolgt die Ausstreuung der Fasern nach ihren verschiedenen Bestimmungsorten.* Hier erfolgt die Rangierung der aus einer Wurzel in das Rückenmark gelangenden Fasern nach ihrer Bestimmung. Die mittlere Wurzelzone erhält hierdurch den Charakter einer lokalen Faseranhäufung, ihr Faserreichtum hängt lediglich vom Zustande jener Wurzel ab, deren Fasern in dieser Höhe einströmen. Nehmen wir nun einen Prozeß an, der eine diffuse Zunahme oder Abnahme der Marksubstanz in einer Hinterwurzel bewirkt, so muß diese Markzunahme oder Abnahme intraspinal am lebhaftesten an jener Stelle bemerkbar sein, wo die Fasern der-selben noch in größter Konzentration beisammen sind, also in der mittleren Wurzelzone und nachdem sich die Fasern aus dieser Zone nach ihren ver-schiedenen Bestimmungsorten ausstreuen [in das Vorderhorn, in das Hinterhorn, gegen die Clarkeschen Säulen, gegen die hintere (mediale) Wurzelzone], so wird die Zunahme oder Abnahme des Markes in letzteren Gebieten nur in ver-ringertem Maße zu erkennen sein, und zwar in um so geringerem Grade, je weniger Fasern aus der mittleren Wurzelzone in das betreffende Gebiet gelangen. Bekanntlich ist die Zahl der aufsteigenden langen Fasern keine große. Sie ist verhältnismäßig bedeutend geringer als die Zahl der Wurzelfasern in ihren Ausgangshöhen. Man muß also annehmen, daß nur ein Bruchteil der Wurzel-fasern mit langen, intraspinal aufsteigenden Fortsätzen endigt. Tritt während des Markreifungsprozesses die Markscheide in einer Anzahl von Fasern auf, die zu einer Wurzel gehören, so wird sich diese Markzunahme in der mittleren Wurzelzone deutlich kundgeben, weil hier sozusagen alle Fasern noch beisammen sind, während die hintere (mediale) Zone aus diesen Fasern nur einen Bruchteil erhält, so daß diese Zone nur eine ganz geringe Markzunahme erfahren wird.

Die mittlere Wurzelzone wird also in allen Höhen die markreichste Zone während des Myelinisationsprozesses darstellen und diese führende Rolle bis zuletzt behalten, denn die Zunahme in der mittleren und in der hinteren (medialen) Zone bleibt bei einer diffus erfolgten Markreifung der Wurzel stets in der geschilderten Proportion erhalten.

Wie stellen sich nun die Verhältnisse bei Tabes? Die überwiegende Mehrzahl der sog. elektiven Tabesfälle zeigt eine auffallend starke Markaffektion der mittleren Wurzelzone und eine geringere Markschädigung der hinteren (medialen) Zone. Zur Erklärung dieser Bilder, wie sie auf Abb. 1 und 2 sichtbar sind, genügt meiner Ansicht nach die Analogie mit dem früher besprochenen Myelinisierungsvorgang. Hier erkrankten einige Lumbalwurzeln als erste Angriffsziele des tabischen Prozesses, und zwar diffus und noch nicht sehr schwer; als Folgeerscheinung zeigt die mittlere Wurzelzone, der intraspinale Sammelplatz der erkrankten Wurzel, eine bemerkbare Lichtung, von welcher die hintere (mediale) Zone (in einem höheren Segment) nur wenig aufweisen dürfte, weil bei der diffusen Faseraffektion wohl nur ein Bruchteil der zugrunde gegangenen Fasern auf die aufsteigenden langen Fortsätze fällt. Die Intaktheit der hinteren (medialen) Zone auf Abb. 1 hängt mit dem Verschontbleiben der Sacralwurzeln zusammen, wo der tabische Prozeß noch nicht Platz gegriffen hat. Die mittlere Wurzelzone erleidet im Laufe des weiteren Prozesses einen immer mehr ausgesprochenen Schwund ihres Faserkontingents, während die hintere (mediale) Wurzelzone ihren Markinhalt in viel langsameren Tempo einbüßen wird. So wird man in vorgeschrittenen Tabesfällen an Stelle der mittleren Wurzelzone ein auffallend markarmes Gebiet auffinden können, während die hintere (mediale) Zone noch Fasern in beträchtlicher Anzahl enthält (Abb. 2). Es wird sich bei weiterem Fortschritt des tabischen Prozesses die Situation ergeben, daß nicht nur die lumbalen, sondern auch die sacralen Wurzeln gänzlich oder nahezu gänzlich, zerstört werden. Das Resultat dieses Fortschrittes im tabischen Prozeß wird sich am Bild der schwer affizierten Lumbalsegmente darin kundgeben, daß bei relativer Unverändertheit der mittleren Wurzelzone (die ohnehin schon fast marklos geworden) die hintere (mediale) Zone, welche die aufsteigenden Fasern aus den Sacralwurzeln führt, ihre Fasern ebenfalls einbüßt, so daß die Abgrenzung der hinteren Zone gegen die mittlere undeutlich wird, zuletzt gänzlich erlischt. Ein Vorgang spielt sich ab, welcher — obzwar im Effekt entgegengesetzt — doch auf analoge Weise zustande kommt, wie das Erlöschen der fetalen Gliederungszonen beim Abschluß des Markreifungsprozesses. Die eigentümliche Gliederungsart der tabischen Hinterstrangsentartung und der fetalen Markreifung findet also ihre Erklärung durch die Topographie der intraspinalen Wurzelausbreitung. Wichtig ist auch die Tatsache, daß die Ausbreitungsweise des tabischen Prozesses und der fetalen Markreifung — untereinander ziemlich übereinstimmend — von den übrigen, in den Wurzeln sich abspielenden pathologischen Vorgängen sich wesentlich unterscheiden. Es wurde schon früher erwähnt, daß der tabische Prozeß in gewissen Segmenten (zumeist in den lumbalen) durch eine schwache, diffuse Affektion der Hinterwurzeln einsetzt und der weitere Fortschritt darin besteht, daß immer mehr neue Segmente in ähnlicher Weise befallen werden und die bereits ergriffenen intensiver erkranken. Auch die Markreifungsbilder lassen erkennen, daß die Myelinisierung nicht nach Wurzeln geordnet vor sich geht, sondern daß zuerst in einigen Wurzeln eine diffuse, aber noch geringgradige Markumhüllung erfolgt, die sich allmählich auf alle Wurzeln erstreckt, wobei die Verdichtung der Markscheiden in einer Wurzel nur in langsamen Tempo vor sich geht, so daß jede einzelne Wurzel ihre totale Markumhüllung eigentlich nur am Ende des ganzen Markreifungsprozesses erhält. Wir kennen in der

Pathologie außer der Tabes keine Wurzelerkrankung, welche einen dem Geschilderten ähnlichen Verlauf zeigt; deshalb die sonderbare alleinstehende Gliederungsart im tabischen Hinterstrang. Nur die Markreifung stellt einen physiologischen Prozeß dar, welcher einen ähnlichen Verlauf zeigt. Der allmählich fortschreitende Entwicklungsgang des tabischen Prozesses und der Hinterwurzelmyelogenese dürfte meiner Ansicht nach die im übrigen ungewohnte Gliederungsart im Hinterstrang bewirken. Die Tabesfälle mit sog. sekundär degenerativen Typus betreffen die sehr vorgeschrittenen Fälle, wo die totale Zerstörung der Wurzeln eine Abgrenzung von mittlerer und hinterer Wurzelzone nicht mehr erkennen läßt.

Eine seltenere Form der tabischen Hinterwurzelaffektion beschrieben NAGEOTTE, REDLICH und SCHAFFER unter dem Namen der *monoradikulären Tabes*, bei welcher eine einzige Wurzel — zumeist handelt es sich um Dorsal- oder Cervicalwurzeln — inmitten von gesunden oder nur leicht affizierten Wurzeln einen überaus schweren Markausfall aufweist, so daß im Hinterstrangsbild anstatt der gewohnten tabischen Degenerationsfigur ein solches Ausfallsareal entsteht, wie es nach experimenteller Durchschneidung oder isolierter Zerstörung einer einzigen Wurzel zustande kommt.

Wir können also feststellen, daß bei der Entstehung der tabischen Hinterstrangsentartung ein einheitliches Prinzip zur Geltung kommt, nämlich das Prinzip der wurzelbedingten oder nach REDLICH der segmentären Anordnung des Faserausfalles. Dort, wo der tabische Prozeß noch nicht weit vorgeschritten ist und in der Reihenfolge der Wurzelaffektion nach verschiedenen Höhen den typischen Verlauf zeigt, entstehen im Hinterstrangsbild diejenigen Zonen, welche der fetalen Gliederung ähnlich sind und die man bisher elektiv-systematische Fälle bezeichnete. Diejenigen Fälle, in welchen der Prozeß schon so weit vorgeschritten ist, daß alle Wurzeln bestimmter Rückenmarkssegmente total entmarkt sind, entsprechen den sekundär-degenerativen Fällen. Hierher gehören auch die Fälle von monoradikulärer Tabes.

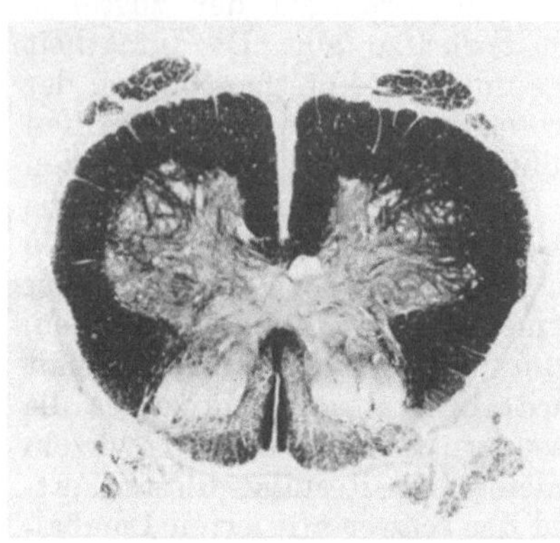

Abb. 3. Beginnende Affektion des Hinterstranges im unteren Sacralmark.

Betrachten wir nun wie sich das Hinterstrangsbild in den einzelnen Rückenmarkshöhen gestaltet.

Sacralmark. Bei beginnender Affektion ist das Sacralmark gewöhnlich intakt. Ist der Prozeß einigermaßen vorgeschritten, dann zeigt sich hier ein diffuser Faserausfall im Hinterstrang, welcher einen sagittal verlaufenden Streifen beiderseits von der Mittellinie frei läßt (Abb. 3). Es ist dies das (endogene) dorsomediale Bündel, welches in ventraler Richtung mit der cornu-commissuralen Zone zusammenhängt. In sehr alten Fällen ist das ganze laterale Hinterstranggebiet marklos und auch im dorsalmedialen Bündel kann man eine deutliche Lichtung erkennen (absteigende Wurzelfasern)[1].

Lumbalmark. In beginnenden Tabesfällen leichte Aufhellung der mittleren Zone bei intaktem Markgehalt der vorderen und hinteren Wurzelzone und der ovalen Zone FLECHSIGS (Abb. 5). In älteren Fällen schwerer Markausfall der

---

[1] In den oberen Sacralsegmenten wird die Abgrenzung der schwer affizierten mittleren Wurzelzone von der leichter affizierten hinteren Wurzelzone allmählich sichtbar (Abb. 4).

mittleren, leichterer Ausfall der hinteren Wurzelzone (aufsteigende Sacralwurzeln), ventrales Hinterstrangsfeld intakt, auch in der ovalen Zone FLECHSIGS kann ein leichter Markausfall bemerkbar sein (Abb. 2). In sehr alten Tabesfällen ist der Hinterstrang mit Ausnahme des ventralen Hinterstrangsfeldes und der durch einigen Markgehalt noch angedeuteten ovalen Zone gleichmäßig marklos.

Es gibt Tabesfälle, in welchen der Wurzelprozeß sich nur auf die lumbalen und sacralen Wurzeln erstreckt, diese auch gänzlich zerstört und die höheren Rückenmarkssegmente verschont läßt. Diese Fälle von „lumbosacraler Tabes" ähneln in ihrem Hinterstrangsbild vollkommen denjenigen Fällen, in welchen die Zerstörung sämtlicher lumbo-sacraler Wurzeln durch einen Caudatumor verursacht wurde.

Dorsalmark. Auch das untere Dorsalmark gerät ziemlich früh in den Bereich des tabischen Prozesses. Man wird hier zweierlei Ausfallsgebiete feststellen können. Einen sagittal neben der Mittellinie verlaufenden Streifen,

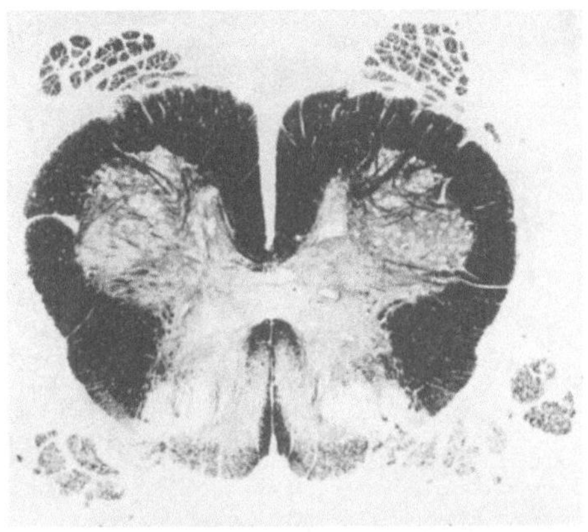

Abb. 4. Vorgeschrittenere Affektion des Hinterstranges im oberen Sacralmark. Die hintere (mediale) Wurzelzone macht sich hier schon durch ihre dichtere Markbesetzung sichtbar.

welcher von der dorsalen Peripherie zur hinteren Commissur führt, diese aber nicht erreicht: es sind dies die beginnenden beiden Gollstränge, welche die langen, aufsteigenden Fasern des Lumbosacralmarkes mit sich führen. Neben diesem medialen Ausfallsareal treten auch im lateralen Hinterstrangsgebiet Faserausfälle auf. Es kann sich hier ein diffuser Markausfall zeigen, so wie im Sacralmark. Häufiger ist es aber, daß sich in einer oder in einigen Höhen des Dorsalmarks deutliche marklose Streifen abzeichnen, die eine typische Lagerung zeigen (Abbildung 6). Diese von PIERRET zuerst beschriebenen und als „Rubans externes" (Bandelettes externes) bezeichneten Streifen, die gewöhnlich symmetrisch auftreten, ziehen von der dorsalen

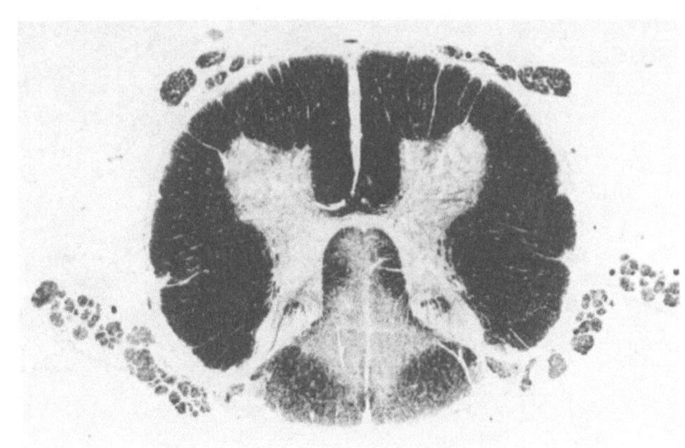

Abb. 5. Beginnende Affektion im oberen Lumbalmark.

Peripherie längs des Hinterhorns nach vorne ohne die hintere Commissur zu erreichen und sind auch vom Hinterhorn durch gesunde Markfasern geschieden. In der Höhe der Knickung des Hinterhorns werden sie breiter. In den folgenden höheren Segmenten rücken die Degenerationsstreifen medialwärts und verlieren sich dann im medialen Ausfallsgebiet. REDLICH nahm an, daß die hier genannten streifenförmigen Ausfallgebiete, die PIERRET als die klassische Veränderung der Tabes bezeichnete, lediglich dem Ausfallsareal einer einzelnen

Dorsalwurzel entsprechen. Er bezeichnete sie als „lokaltabische Veränderungen". Man wird sie nach dem früher Ausgeführten mit der „mittleren Wurzelzone" des Lumbalmarkes in Analogie setzen können.

Cervicalmark. Auch im Cervicalmark wird man zweierlei Ausfallsgebiete voneinander unterscheiden müssen. Der mediale Gollstrang führt die aufsteigenden Fasern der sacralen, lumbalen und unteren dorsalen Wurzeln, während die langen Fasern aus den mittleren und oberen Dorsalwurzeln an der Grenze zwischen Goll-und Burdachstrang verlaufen und sich durch den isolierten Ausfall dieses Grenzstreifens in manchen Tabesfällen deutlich bemerkbar machen (Abbildung 7). Der Burdachstrang selbst ist in den

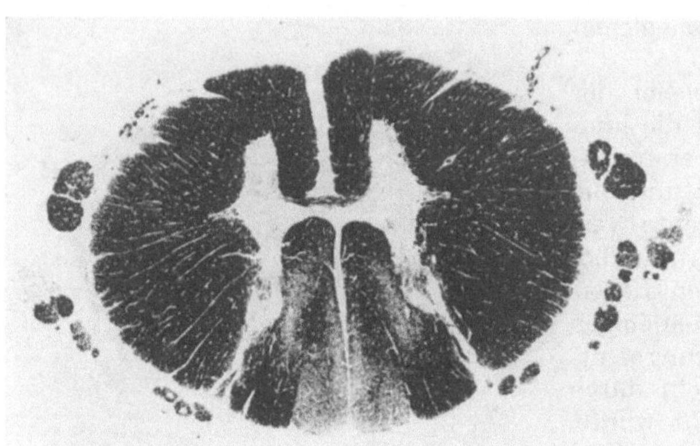

Abb. 6. Hinterstrangsbild aus dem mittleren Dorsalmark eines beginnenden Tabesfalles. Aufsteigende Degeneration im medialen Gollstrang. Als lokaltabische Veränderung die Pierretschen Bündel („Rubans externes"), beiderseits entlang der Hinterhörner.

meisten Tabesfällen intakt oder nur wenig affiziert. Isolierte intensive Schädigung einer Cervicalwurzel bedingt auch hier im Burdachstrang eine lokaltabische Veränderung. Es gibt dann Fälle, in welchen der Burdachstrang mit Ausnahme

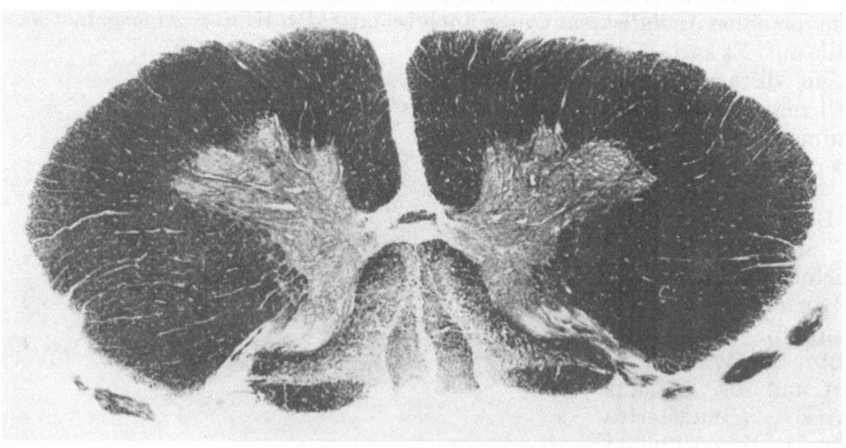

Abb. 7. Hinterstrangsbild aus dem unteren Halsmark. Deutlicher Markausfall an der Grenze zwischen Goll- und Burdachstrang.

des ventralen Hinterstrangsfeldes einen diffusen Markausfall ausweist. Endlich ist auch eine solche Gliederung des Burdachstranges bekannt, wo ein schwer affiziertes mittleres Wurzelgebiet von einer besser erhaltenen hinteren (lateralen) Wurzelzone abgegrenzt wird. Diese in den unteren Halssegmenten vorkommende „pseudoelektive" Gliederung dürfte so entstehen, daß der Tabesprozeß in diesen Fällen die höchsten Dorsalwurzeln verschonte, wodurch die aus diesen Wurzeln entstammenden, aufsteigenden Fasern, die am Beginn ihres Aufstieges in der hinteren Wurzelzone verlaufen, hier ein intaktes Markareal bilden. Die seltenen Fälle, wo bei Verschonung der übrigen Rückenmarkssegmente nur die Cervicalwurzeln ergriffen sind, bezeichnet man als „cervicale Tabes"(Abb. 8). In diesen, übrigens sehr seltenen Fällen zeigt das Hinterstrangsbild die

vollkommene Intaktheit der Gollstränge und eine diffuse Degeneration des Burdachstranges mit Aussparung des ventralen Hinterstrangsfeldes. Das Fasergebiet der höchsten 2—3 Cervicalwurzeln erscheint in den meisten untersuchten Fällen als intakt, und zeichnet sich als ein markreicher Winkel im dorsolateralen Teil des Burdachstranges ab.

Die tabische Hinterwurzelaffektion macht sich nicht nur im Hinterstrang, son-

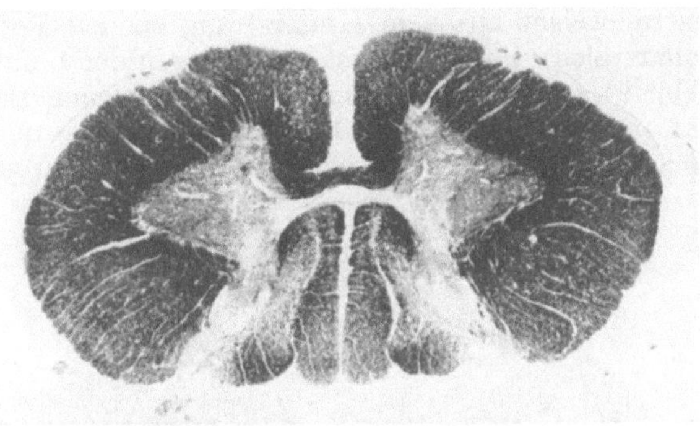

Abb. 8. „Cervicale Tabes". Gollstränge intakt; deutliche Marklichtung im Burdachstrang.

dern in allen jenen Gebieten des Rückenmarkes bemerkbar, wo Hinterwurzelfasern oder ihre Kollateralen verlaufen. Es ist aus LISSAUERs Untersuchungen bekannt, daß die von ihm benannte Zone am dorsalen Ende des Hinterhorns, die der hinteren (lateralen) Wurzelzone entspricht und überwiegend dünne Fasern enthält, bei Tabes einen Ausfall zeigt, welcher mit der Affektion der im betreffenden Segment eintretenden Wurzel im Verhältnis steht.

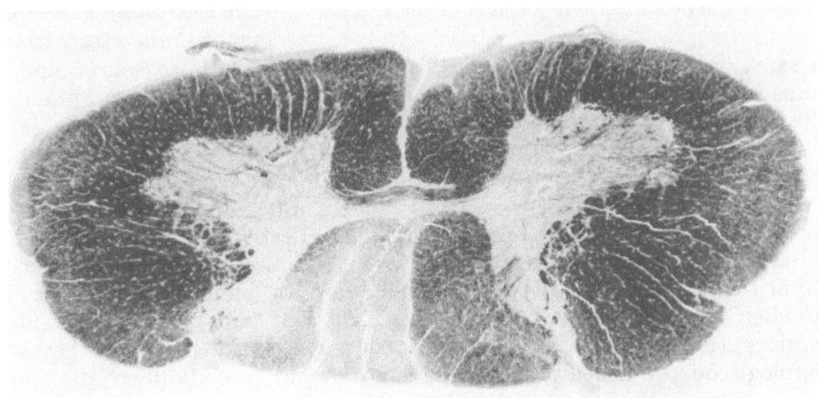

Abb. 9. Asymmetrische Tabes. Der rechte Burdachstrang intakt, der linke schwer affiziert. Reflexkollateralen links fehlend, recht gut erhalten.

Manche Befunde, welche bei gänzlichem Ausfall einer Wurzel, die sich in der Wurzeleintrittszone kundgibt, in der Lissauerzone einige erhaltene Fasern vermerken, hängen mit der normalanatomischen Tatsache zusammen, daß der Fasergehalt der letzteren auch von den benachbarten Segmenten gespeist wird.

Man wird aber nach den Untersuchungen von KEN KURÉ und seiner Mitarbeiter annehmen dürfen, daß sich unter diesen intakt gebliebenen feinen Fasern auch efferente Parasympathicusfasern befinden, die aus den Zellen der intermediären Zone durch die Lissauerzone in die Hinterwurzel eintreten und als efferente Fasern erst distal vom Wurzelnerv degenerieren.

Einen weiteren Ausfall zeigen die Fasern der Substantia gelatinosa, ferner die durch das Hinterhorn sagittal verlaufenden groben Fasern und ein Teil der feinen Fasern der spongiösen Zone. Die im Hinterhorn intakt gebliebenen Fasern gehören einem zweiten Neuron an, welcher aus den Zellen des Hinterhorns seinen Ausgang nimmt. Sehr auffällig ist der Ausfall jener groben Bogenfasern, welche aus dem Hinterstrang zu den Vorderhornzellen führen (Reflexkollateralen); ihr Ausfall ist besonders in der Lumbal- und Cervicalanschwellung (Abb. 9) auffällig. Eine deutliche Veränderung zeigen endlich die Clarkeschen Säulen. Das feine reiche Faserwerk, welches die hier liegenden Zellen umgibt, ist schon in wenig vorgeschrittenen Tabesfällen gelichtet, später gänzlich aus-

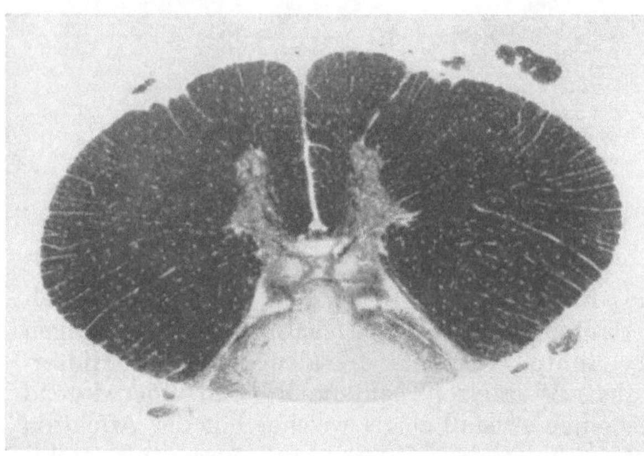

Abb. 10. Mittleres Dorsalmark. Fast totale Marklosigkeit der Hinterstränge. Auffallende Marklichtung in den Clarkeschen Säulen. (Präparat der Deutschen Forschungsanstalt in München.)

gefallen, so daß die Clarkeschen Säulen auf dem Weigert-Bild nicht selten als scharf konturierte weiße Flecke erscheinen (Abb. 10). Die Zellen selbst und die aus ihnen austretenden groben Fasern, welche zur Kleinhirnseitenstrangbahn führen, bleiben intakt.

Unter seinen Argumenten, welche Strümpell seinerzeit für die systematische Natur der Tabes anführte, spielte auch die Feststellung eine Rolle, die Tabes sei eine symmetrische Erkrankung. Redlich machte als erster darauf aufmerksam, daß die asymmetrischen Tabesfälle keinesfalls so selten sind, als es anfangs angenommen wurde. In den von mir untersuchten 12 Fällen von reiner Tabes fand ich in 5 Fällen eine gut erkennbare, in 3 Fällen sogar mit freiem Auge bemerkbare Asymmetrie der Hinterstrangsentartung (Abb. 9).

Die feineren histologischen Veränderungen im tabisch affizierten Hinterstrang wurden schon von den ersten Untersuchern mit Aufmerksamkeit verfolgt und auch hier gebührt Leyden das Verdienst als Erster darauf hingewiesen zu haben, daß der Entartungsprozeß im tabischen Hinterstrang ein im Nervenparenchym sich abspielender degenerativer Prozeß sei, ohne jedes Zeichen eines entzündlichen Vorganges. Diese Ansicht wurde von den meisten Nachuntersuchern, darunter Strümpell, Schaffer, Dejerine, Marinesco u. a. bestätigt. Das histologische Bild des Faserausfalls entspricht vollkommen denjenigen Bildern, die man nach einfach sekundärer Degeneration im zentralen Nervensystem vorfindet. Unterstützt wird diese Annahme auch dadurch, daß das histologische Bild gar keine Unterschiede aufweist zwischen den sog. lokaltabischen Veränderungen und den Veränderungen im Gollstrang, in welchem offenkundig ein sekundär degenerativer Prozeß sich abspielt. Der Faserausfall ist im Hinterstrang ein diffuser, d. h. man findet auch in den am schwersten betroffenen Gebieten einzelne, erhaltene Markfasern. Man findet bei reiner Tabes nie solche scharf begrenzte entmarkte Gebiete, wie sie aus anderen Herdprozessen des Rückenmarkes bekannt sind. Es kommt natürlich vor, daß in vorgeschrittenen Fällen auch größere markfreie Stellen erkennbar sind. Die histologische Untersuchungen von jüngeren und älteren Tabesfällen lassen eindeutig feststellen, daß der Zerfall der Nervenfasern das primäre und die reaktiven Veränderungen der Stützsubstanz, der Neuroglia das sekundäre Moment darstellen. In bezug auf das Verhalten des letzteren, gibt es manche Unterschiede zwischen den chronischen Fällen und solchen Fällen, wo der tabische Prozeß einen rascheren Verlauf genommen hat. Das Absterben der Marksubstanz gibt sich histologisch dadurch kund, daß die Markscheiden im WEIGERT-Bild eine schwächere Färbung aufweisen, ihre scharfen Konturen verlieren und später in Klumpen und Ballen geformt im Gewebe erscheinen, wo sie nurmehr durch MARCHIs Osmiummethode nachweisbar sind. Später verwandeln sich die MARCHI-Schollen in kleinere Fettkörnchen, die durch die Abräumzellen des Stützgewebes zu den Gefäßen abtransportiert werden. Zerfall, Abbau und Abräumung der Nervensubstanz erfolgt in den chronischen Fällen nur ganz allmählich, so daß z. B. im MARCHI-Bild eines typischen Tabesfalles im Hinterstrang gewöhnlich nur wenige, diffus zerstreute MARCHI-Schollen erkennbar sind. Der Achsenzylinder erleidet zumeist gleichzeitig mit der Markfaser eine Desintegration, doch kann man an geeigneten Präparaten nicht selten inmitten des zerstörten Markgebietes einige intakt erscheinende Achsenzylinder erkennen. Das Gliagewebe zeigt eine deutliche Vermehrung, und zwar weniger der zelligen Elemente, als der Gliafasern, welche an Stelle der zugrunde gegangenen Nervensubstanz ein mehr-weniger dichtes Fasernetz bilden.

In den seltenen rascher verlaufenden, subakuten Tabesfällen entstehen durch einen gleichzeitig und in größerem Ausmaß vor sich gehenden Zerfall der Nerven-fasern zahlreiche, weite Lückenfelder im Hinterstrang, welche die im Zerfall begriffenen Markklumpen, MARCHI-Schollen und mit Lipoidkörnern gefüllte gliöse Körnchenzellen enthalten. Man findet in solchen Schnitten die von JACOB bei Sekundärdegeneration beschriebenen verschiedenen Abbau- und Abräumzellen (Myeloklasten, Myelophagen), welche neben den lipoiden Abbau-produkten manchmal auch Bruchstücke von zerfallenem Achsenzylinder ent-halten. Die gliöse Ersatzwucherung ist in diesen rascher verlaufenden Tabes-fällen zumeist noch wenig ausgesprochen und zeigt sich erst in einer lebhaften Vermehrung der Gliakerne, welche oft stark aufgetrieben erscheinen.

Die Veränderungen der Gefäße im tabischen Hinterstrang verdienen deshalb eine Erwähnung, weil in chronischen Fällen, wo der Markentartungsprozeß schon ziemlich weit vorgeschritten ist, oft auch in der Wand der Gefäße krank-hafte Veränderungen beschrieben worden sind. Die Gefäßwand ist beträchtlich verdickt; an diesem Prozeß beteiligen sich hauptsächlich die Media- und die Adventitia, das Lumen der Gefäße ist zumeist verkleinert, zu einem vollkommenen Verschluß kommt es aber nicht. An die Verdickung der Adventitia schließt sich gewöhnlich eine Verdichtung des umgebenden perivasculären Gliagewebes, so daß es zum typischen Bild der perivasculären Sklerose kommt. Es muß aber betont werden, daß diese Gefäßveränderungen in zahlreichen Fällen voll-kommen fehlen, so daß es sich bei denselben um keine konstante Veränderung, sondern um eine, wenn auch nicht seltene Begleiterscheinung handelt. Voll-kommen irrig waren daher jene Erklärungsversuche, welche die perivasculäre Sklerose als den Ausgangspunkt der Markaffektion im tabischen Hinterstrang hinzustellen suchten.

2. Meningen (Rückenmarkshäute).

Von den Rückenmarkshäuten soll hier im Besonderen die weiche Hirnhaut (Pia mater) berücksichtigt werden, da diese bekanntlich am Rückenmark, von der Arachnoidea gesondert und mit dem Rückenmark verwachsen verläuft, Dura und Arachnoidea aber miteinander verwachsen den weiten Subarachnoidal-raum von außen begrenzen. Es ist eine alte Streitfrage, ob die pathologischen Veränderungen der weichen Hirnhaut zu den ständigen Veränderungen der

Tabes gehören. Eine Reihe von Autoren, darunter Nageotte und in neuerer Zeit Bresowsky und Hassin behaupten, daß die Meningitis eine ständige Begleiterscheinung der Tabes sei; es gibt dagegen einige kasuistische Mitteilungen und auch summarische Berichte (Redlich), in welchen das konstante Vorkommen von meningealen Veränderungen bei Tabes in Abrede gestellt wird. Auf Grund eigener Befunde schließe ich mich den letzteren an, da ich unter den von mir untersuchten 12 Fällen von reiner Tabes in 3 Fällen histologisch nachweisbare meningeale Veränderungen nicht nachweisen konnte. Auch hier zeigte es sich, wie wichtig es bei der Bewertung der erhaltenen Befunde ist, daß nur reine Tabesfälle zur Untersuchung herangezogen werden sollen, denn die positiven Befunde von Nageotte und Hassin stammen ausschließlich aus Fällen von Taboparalyse und es ist bekannt, daß bei der Paralyse die entzündlichen Veränderungen der Hirn- und Rückenmarkshäute sehr ausgesprochen sind. Die Veränderungen der Pia sind von ausgesprochen entzündlichem Charakter, welcher sich in exsudativ-infiltrativen und proliferativen Erscheinungen kundgibt, die in einem ziemlich stark wechselnden Verhältnis zueinander stehen. In frischeren Prozessen beherrschen mehr die perivasculären Infiltrate das Bild, in vorgeschritteneren zeigt sich mehr ein diffuses Infiltrat zwischen den Lamellen der Pia, wobei proliferative Veränderungen zumeist auch schon ausgeprägt sind; die eminent chronischen Fälle zeichnen sich durch eine bindegewebige Hyperplasie der Pia aus, während die zellige Infiltration im entzündlichen Bild mehr in den Hintergrund tritt. Die infiltrierenden Zellen sind zumeist einkernige Rundzellen mit schmalem Protoplasmaleib, seltener Plasmazellen. Manchmal findet man Reste von Blutungen. Laut meinen Befunden kann ich die von Schwarz, Redlich und Bresowsky gemachten Angaben, wonach die Veränderungen über den Hintersträngen relativ am stärksten ausgesprochen sind und außer diesen noch besonders die in der vorderen Fissur liegende Pialscheide der häufige Sitz von entzündlichen Veränderungen zu sein pflegt, bestätigen. Was die lokale Ausbreitung der Meningitis in den verschiedenen Rückenmarkshöhen anbetrifft, so fand auch ich meist den lumbodorsalen Abschnitt affiziert während Sacral- und Cervicalhöhen öfters verschont blieben; doch waren diese auch isoliert erkrankt. Hervorheben möchte ich, daß die Inkonstanz der pialen Meningitis in ihrer Beziehung zur tabischen Hinterstrangserkrankung sich auch darin kundgibt, daß die Meningitis oft solche Rückenmarkshöhen, wo eine schwere Hinterstrangserkrankung vorliegt, verschont läßt und in anderen Höhen, wo der Hinterstrangsprozeß weniger ausgesprochen ist, stark ausgeprägt sein kann. Ich untersuchte einen Fall, wo eine schwere lumbosacrodorsale Tabes bestand und die meningealen Veränderungen in der Cervicalhöhe am meisten ausgesprochen waren. In einem anderen Fall fand ich beginnende tabische Veränderungen im Lumbalmark und ausgesprochene Meningitis des Cervical- und Dorsalmarks. Schon diese Beispiele lassen die von Redlich und Schaffer betonte Inkongruenz deutlich zum Vorschein kommen. Es gibt Tabesfälle mit schwerer Hinterstrangsaffektion, die eine Meningitis in ihrer bekannten histologischen Erscheinungsform vollkommen vermissen lassen. Eine Proportion zwischen Schwere der Hinterstrangsaffektion und Intensität der meningitischen Veränderung besteht also weder im allgemeinen noch im einzelnen Fall. Die Veränderungen der Gefäße selbst bilden eine regelmäßige Begleiterscheinung der Meningitis. Die rundzellige Infiltration erstreckt sich oft in die Lamellen der Gefäßadventitia. In vorgeschritteneren Fällen, findet man eine Verdickung und hyaline Umwandlung der Gefäßwand. Gar nicht selten kommen Bilder einer echten obliterierenden Endarteriitis vor mit deutlicher Endothelwucherung in der Intima und beträchtlicher Verdickung der Media.

3. Rückenmarkswurzeln.

Es wurde schon früher bemerkt, daß die Atrophie der Hinterwurzeln eine in älteren Tabesfällen schon mit freiem Auge bemerkbare anatomische Veränderung darstellt, die schon von den ersten Untersuchern, vor allem von LEYDEN in ihrer Bedeutung erkannt wurde. Am häufigsten findet man entsprechend dem Verlauf des tabischen Prozesses die lumbalen, unteren dorsalen und sacralen Wurzeln degeneriert, während die oberen dorsalen und cervicalen Wurzeln makroskopisch intakt erscheinen. Bei der mikroskopischen Untersuchung zeigt die degenerierte Hinterwurzel in ihrem proximalen, dem Rückenmark näher liegenden Abschnitt das Bild einer einfachen sekundären Degeneration, indem die ursprüngliche Bindegewebsstruktur des Wurzelquerschnittes mehr weniger erhalten ist und die zugrunde gegangenen Nervenfasern durch sekundär entstandenes Ersatzbindegewebe ersetzt sind. In Fällen von nicht sehr alter Degeneration ist eine Vermehrung der SCHWANNschen Zellkerne festzustellen.

Zwei Stellen der Hinterwurzel erfordern eine eingehende Besprechung, weil die in denselben vorgefundenen pathologisch-anatomischen Veränderungen von namhaften Autoren in den Mittelpunkt der Histogenese der Tabes gestellt wurden. Es sind dies: 1. die Übergangsstelle der Hinterwurzel in das Rückenmark (REDLICH-OBERSTEINERsche Zone), 2. der Abschnitt des sog. Wurzelnerven (Nervus radicularis, NAGEOTTE).

a) Veränderungen an der REDLICH-OBERSTEINERschen Stelle.

In ihrer ersten Mitteilung wiesen OBERSTEINER und REDLICH auf die anatomische Eigentümlichkeit der Hinterwurzel hin, daß diese an Stelle ihres Durchtritts durch die Pia, eine deutliche Einschnürung erkennen läßt, welche durch Verschmälerung und auch oft durch das Fehlen der Markhülle an einigen Nervenfasern bedingt ist. Diese Einschnürung ist in allen Rückenmarkshöhen aufzufinden, zeigt sogar in den verschiedenen Höhen eine verschiedene Konfiguration. Es zeigte sich, daß sie sich in einigen Höhen nicht mit der Durchtrittstelle durch die Pia deckt, sondern z. B. in den Lumbalnerven außerhalb dieser, also schon in der extramedullären Wurzelpartie liegt und sich in einer nach außen konvexen Linie bemerkbar macht, welche jener histologischen Grenze entspricht, wo das gliöse Stützgewebe des Hinterstranges aufhört und die aus SCHWANNschen Elementen bestehende Stützsubstanz der Hinterwurzel beginnt. Die genannten Autoren machten darauf aufmerksam, daß die Marksubstanz an dieser Stelle (Abb. 11) schon unter normalen Verhältnissen gewisse Veränderungen aufweist. Außer der Verdünnung der Markscheiden findet man hier oft einzelne Markklumpen und MARCHI-Schollen. Diese, schon de norma bestehenden Unregelmäßigkeiten der schützenden Markhülle bilden die Grundlage für die Annahme eines Locus minoris resistentiae und führten REDLICH und OBERSTEINER dazu, den Ausgangspunkt der tabischen Hinterwurzelläsion an dieser Stelle zu suchen.

Im Anfang wurde die Schädigung dieser Stelle bei Tabes auf die entzündliche Veränderung der über diese Stelle verlaufenden Pia und der meningealen Gefäße zurückgeführt. Neben der hyperplastischen Pia wurde noch ein, unter der Wurzeleintrittsstelle liegendes sklerotisch verändertes Gefäß damit beschuldigt, daß durch dieselben die Nervenfasern an ihrer empfindlichsten Stelle komprimiert werden und zuerst in ihrem intramedullären Verlauf und erst später im extramedullären Anteil degenerieren. REDLICH zog sich später von dieser pathogenetischen Auffassung zurück, weil er die meningealen Veränderungen als nicht konstant und auch in keinem Einklang mit den Hinterstrangsveränderungen vorfand. OBERSTEINER hielt seinen Standpunkt mit einiger Modifizierung aufrecht, indem er darauf hinwies, daß die von ihm angenommenen meningealen Veränderungen keine Meningitis im echten Sinne bedeuten wollen, sondern bloß einen in der Pia ablaufenden Reizzustand, der in seinem weiteren Verlauf zur Schrumpfung, Retraktion führt; das narbig geschrumpfte Piagewebe schädigt die durchtretende Hinterwurzel. Wenn die piale Wucherung eine geringe, die Schrumpfung eine hochgradige war, dann brauchen nach OBERSTEINER auffallende meningitische Veränderungen gar nicht vorhanden zu sein.

Der von NAGEOTTE erhobene Einwand, daß die primäre Läsion der Tabes mit den meningitischen Veränderungen der Pia in keinen ursächlichen Zusammenhang gebracht werden kann, wurde von allen späteren Nachuntersuchern bestätigt. Es sei nur auf die im vorigen Abschnitt besprochene Inkonstanz und Inkongruenz der pialen Meningitis bei Tabes hingewiesen, sowie auf die Tatsache, daß es eine luische Meningitis spinalis gibt ohne tabische Veränderungen. Auch aus meinen histologischen Befunden ergaben sich keine Anhaltspunkte, welche die von OBERSTEINER angenommene Bedeutung dieser Stelle für die Histogenese der Tabes als gerechtfertigt erscheinen ließen.

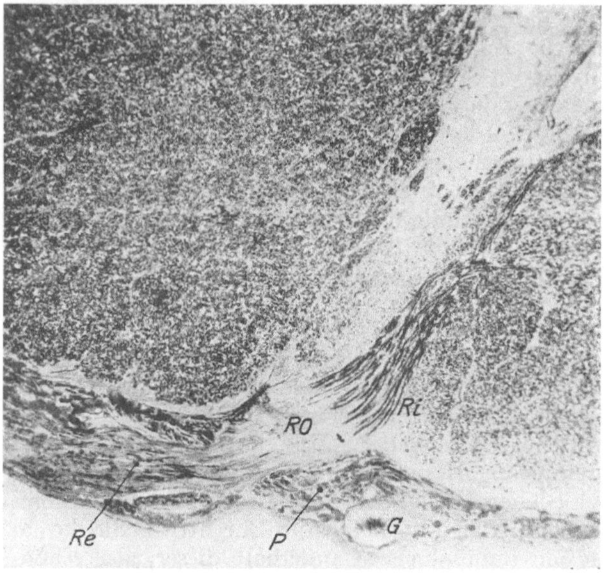

In einem meiner untersuchten Fälle konnte ich diesbezüglich instruktive Bilder sehen. Vor allem zeichnete sich der Fall durch eine auffallende Inkongruenz zwischen Hinterstrangsaffektion und Meningitis aus, indem in einem ausgesprochen lumbosacralen Tabesfall die Pia in diesen Höhen fast gänzlich von entzündlichen Erscheinungen verschont war, während im Cervicalmark eine asymmetrische Affektion in der Höhe der 5. Wurzel bestand und die Pia hier um die ganze Circumferenz des Rückenmarks, besonders aber über den Hintersträngen eine sehr ausgesprochene Hyperplasie mit mäßiger Rundzelleninfiltration aufwies. Abb. 11 zeigt das WEIGERT-Bild der gesunden Hinterwurzel aus dieser Höhe. Man sieht, daß die der Wurzel anliegende Pia eine beträchtliche Verdickung aufweist,

Abb. 11. WEIGERT-Fuchsinbild aus dem Cervicalmark eines reinen Tabesfalles. Die Eintrittszone einer Hinterwurzel. *RO* REDLICH-OBERSTEINERsche Stelle, *Re* extramedulläre Wurzel, *Ri* intramedulläre Wurzel, *P* Pia, *G* Gefäß.

deren pathologischer, entzündlicher Charakter auf VAN-GIESON-Bildern dieser Höhe deutlich hervortritt; auch das hier liegende Gefäß zeigt eine ausgesprochene Wucherung der Intima und Adventitia und ist in ein hyperplastisches Gewebe eingebettet. Ich glaube, daß, wenn überhaupt mechanische Momente im Laufe der meningitischen Veränderungen am Zustandekommen einer Wurzelläsion beteiligt wären, dies hier der Fall gewesen sein mußte. Die Wurzel ließ aber weder einen Unterschied im Markgehalt zwischen extra- und intramedullärem Abschnitt erkennen, noch überhaupt im Hinterstrangsbild eine irgendwie bemerkbare Läsion vermuten.

Die Bedeutung der REDLICH-OBERSTEINERschen Stelle für die Pathogenese der Tabes wurde aber durch die Ablehnung der ursprünglichen meningitischen Theorie nur wenig in den Hintergrund gesetzt, im Gegenteil, sie wurde mit der elektiv-systematischen Gliederungsart der tabischen Hinterstrangsaffektion in eine theoretisch gut übereinstimmende Kombination gebracht, indem die REDLICH-OBERSTEINERsche Stelle infolge ihres schon de norma bestehenden Markdefektes als Locus minoris resistentiae den Angriffspunkt für die Schädigung der Hinterwurzel durch das Metaluestoxin darstellen sollte. Diese zuerst von REDLICH geäußerte Ansicht, welche allmählich von der überwiegenden Mehrzahl der Tabesforscher als dem heutigen Standpunkt unseres Wissens am besten entsprechende Auffassung angenommen wurde, ist lediglich auf einen einzigen histologischen Beweis gestützt. REDLICH machte darauf aufmerksam, daß besonders in leichten Tabesfällen die intramedulläre Wurzelpartie eine intensivere Affektion zeigt, als die extramedulläre und daß der Unterschied seinen Wendepunkt an und um die Eintrittsstelle der Hinterwurzel nimmt, was den Schluß erlaube, daß die Degeneration der Hinterwurzel an der von ihm bezeichneten Stelle ihren Ausgang nimmt. Er holte seine diesbezüglichen Beweise aus WEIGERT- und MARCHI-Bildern. Bezüglich der WEIGERT-Bilder hob schon REDLICH mehrere Vorbehalte hervor, welche einem Vergleich zwischen intra- und extramedullärem Wurzelabschnitt im Wege stehen. Als sehr überzeugend bezeichnete er aber die Vergleichspräparate, welche nach der MARCHI-Methode behandelt wurden. Hier sieht man oft, daß erst von der Eintrittsstelle der Hinterwurzel angefangen MARCHI-Schollen in größerer Anzahl dem Verlauf der Hinterwurzelfasern entsprechend auftreten, während im extramedullären Anteil keine Schollen oder nur sehr wenige zu sehen waren. REDLICHS Angaben über die schwerere Affektion der intramedullären Wurzelpartie gegenüber der extramedullären wurden von MARIE, NAGEOTTE, später von SCHAFFER angenommen und erst unlängst von SPIELMEYER durch Befunde aus einem jüngeren Tabesfall unterstützt. Die große Wichtigkeit und grundsätzliche Bedeutung dieses histologischen Beweises veranlaßte mich gerade im Anschluß an SPIELMEYERS jüngster Stellungnahme zu einer Nachprüfung dieses histologischen Beweises.

SPIELMEYER fand in einem Fall von frühzeitiger Tabes, daß in der Höhe der affizierten Hinterwurzel die lipoidartigen Abbauprodukte im intramedullären Abschnitt der betreffenden Wurzel in dichten Massen anzutreffen sind, im extramedullären aber nur vereinzelt vorkommen, und daß die Abgrenzung des mit Lipoid dicht besetzten Wurzelabschnittes genau dort stattfindet, wo nach OBERSTEINERs Beschreibung der mit gliösem Gerüst ausgestattete zentrale Wurzelabschnitt gegen den peripher gebauten, SCHWANNschen Zellen und mesodermales Bindegewebsgerüst enthaltenden Wurzelabschnitt endet. Aus diesem Befund folgert SPIELMEYER, daß „der Degenerationsprozeß in der Wurzel selbst dort beginnt, wo diese zentralen Charakter annimmt, also an der REDLICH-OBERSTEINERschen Stelle, die schon von diesen Autoren als Locus minoris resistentiae gegenüber der tabischen Noxe bezeichnet wurde, während die periphere Wurzel davon frei ist." Diese Feststellung wird dann bei der Lösung des Tabesproblems als ein Beweis von grundsätzlicher Bedeutung eingestellt und die Tabes in ihre früheren Privilegien, die sie als selbständige Systemdegeneration und metaluische Erkrankung innehatte, wieder eingesetzt.

Ich habe schon in meiner ersten Tabesarbeit darauf hingewiesen, daß der von REDLICH festgestellte Befund nicht als eindeutiger Beweis dafür gelten kann, daß der tabische Hinterwurzelprozeß im intraspinalen Abschnitt früher einsetzt als im extramedullären, da ich auf die Möglichkeit hindeutete, daß die Abbau- und Abräumvorgänge, welche bekanntlich überall eine wesentliche Funktion der Grundsubstanz darstellen, im Hinterstrang und in den extramedullären Wurzelpartien verschiedenartig verlaufen. Im Hinterstrang ist das Gliagewebe an diesen komplizierten morphologischen und chemischen Umwandlungen aktiv beteiligt, in den extramedullären Hinterwurzeln fällt diese Aufgabe den SCHWANNschen Zellen und dem mesodermalen Stützgewebe zu. Besteht also in einem gegebenen Fall eine Differenz in den Abbauvorgängen zwischen intra- und extramedullärem Abschnitt, so muß man, bevor eine andere weiterliegende Ursache hierfür verantwortlich gemacht wird, vor allem der Frage nachgehen: Wie verhält es sich mit diesem Unterschied, wenn beide Abschnitte durch einen bekannten, beide Teile gleichmäßig schädigenden Krankheitsfaktor affiziert werden. Einen Anhaltspunkt für die Berechtigung dieser Fragestellung gab mir eine Arbeit von STROEBE, in welcher festgestellt wird, daß die Fortschaffung der groben Brocken und Schollen aus dem Gewebe bei den zentralen Fasern „sehr viel langsamer" vor sich geht als bei den peripher gebauten Nerven. Ich suchte daher auf experimentellem Weg die Entscheidung der Frage: Erfolgen die Abbau- und Abräumvorgänge im intra- und extramedullären Abschnitt der Hinterwurzel, wenn diese durch eine bekannte Schädigung in gleicherweise betroffen werden, in gleichmäßiger Weise und im selben

Tempo, oder nicht. Es wurden bei einem Hund 10 bzw. 18 Tage nach Durchschneidung je einer Lumbalwurzel in ihrem extraduralen Verlauf die Abbau- und Abräumvorgänge in den betreffendem intra- und extramedullären Wurzelpartien histologisch verfolgt, indem jedes Segment in der Mittelhöhe des Wurzeleinstrahlungsgebietes entzwei geschnitten und das eine Segment nach Marchi, das andere nach Herxheimer (Lipoid) behandelt wurde, immer im Zusammenhalt mit den angrenzenden extramedullären Wurzelabschnitten. Als Ergebnis dieser histologischen Prüfung, auf deren Einzelheiten hier nicht eingegangen werden kann, ergab sich auf die oben gestellte Frage folgende Antwort: *Die Abbauvorgänge verlaufen im intra- und extramedullären Abschnitt der Hinterwurzel auch dann nicht in gleichmäßiger Weise und im selben Tempo, wenn diese durch eine bekannte Schädigung in gleicher Weise betroffen werden.* Es konnte im Einklang mit Stroebe unzweideutig nachgewiesen werden, daß der Abbauprozeß im extramedullären Abschnitt einen viel rascheren Verlauf nimmt, als im intramedullären. Denn 18 Tage nach einer Wurzeldurchschneidung war dieser im extramedullären Abschnitt bereits fast zur Gänze bis zum Lipoidstadium gediehen, während derselbe im intramedullären Abschnitt nur das Marchi-Stadium erreichte und den Höhepunkt desselben noch gar nicht überschritt, da die Umwandlung der Marchi-Schollen in Lipoidkörner hier auch ihre ersten Anfänge noch vermissen ließ. Ich fand also bei einer experimentell gesetzten Affektion der Hinterwurzel eine Differenz im Abbauvorgang zwischen intra- und extramedullärem Wurzelabschnitt, welche eine vollkommene Analogie zeigt zu den Marchi-Bildern Redlichs und Lipoidbildern Spielmeyers bei Tabes. Es handelt sich also bei dieser Differenz nicht um ein für die Tabes charakteristisches Verhalten, sondern um eine allgemeine pathophysiologische Reaktionsweise der Hinterwurzeln. Das gliöse Stützgewebe, welches den intramedullären Abbau besorgt, vollzieht diesen Umwandlungsprozeß in einem viel langsameren Tempo als das mesodermale Grundgewebe der extramedullären Wurzel. Die Differenz zeigt sich nicht nur im zeitlichen Verlauf, sondern auch im histologischen Bild, dann beim extramedullären Markabbau beteiligen sich direkte Abbauzellen nur in ganz geringer Zahl am Vorgang, während im intramedullären Abschnitt der Abbau lediglich durch gliöse Abräumzellen besorgt wird. Bestätigt wird diese Annahme auch dadurch, daß nicht nur bei Tabes, sondern auch in meinen experimentellen Befunden die Grenze, welche den Intensitätsunterschied zwischen beiden Wurzelabschnitten markierte, immer an der Redlich-Obersteinerschen Stelle lag, also dort, wo das zentrale, gliöse Grundgewebe sein Ende findet.

Es geht aus diesen experimentellen Erfahrungen deutlich hervor, daß *der histologische Befund, laut welchem die Abbauprodukte im intramedullären Abschnitt der Hinterwurzel zahlreicher vorkommen, als im extramedullären, keineswegs als ein Beweis für den intramedullären Beginn des tabischen Prozesses gelten darf.* Durch diesen Vorbehalt ist einer dogmatischen Feststellung, die seit Jahrzehnten das Problem der Tabespathogenese beherrschte und in den meisten Hand- und Lehrbüchern Eingang fand, endgültig der Boden entzogen.

b) Veränderungen im Wurzelnerv.

Anatomische Vorbemerkungen. Nach Nageottes Beschreibung durchqueren die Rückenmarkswurzeln drei anatomisch verschiedene Gebiete: Zuerst eingeschlossen im Rückenmark, wo sie keine Schwannsche Hülle besitzen, durchqueren sie die Pia und den subarachnoidalen Raum in kleinen Bündeln; angelangt seitwärts an der Stelle, wo die Dura mit der Arachnoidea verwachsen ist, erhalten sie aus diesen eine gemeinsame Hülle, durch welche sie durchdringen und im weiteren Verlauf tritt die Hinterwurzel in das Ganglion ein, während die Vorderwurzel sich dem Ganglion anlegt; weiter unten vermischen sich die motorischen Wurzelfasern mit den, aus dem Ganglion austretenden sensiblen und bilden den peripheren Nerv. Als *Wurzelnerv* wird der Abschnitt bezeichnet, welcher vom oberen

Pol des Ganglions bis zu jenem Punkte reicht, wo beide Wurzeln den Duralsack verlassend von einer gemeinsamen Hülle umgeben werden. Die Pia mater wird von den Wurzeln am Rückenmark durchbohrt, setzt sich aber auf diese nicht fort. Der Wurzelnerv wird in seinem subarachnoidalen Verlauf von losen, dickeren und dünneren Bindegewebszügen und feinen Membranen begleitet, welche den Wurzelbündeln mehr weniger komplette Eigenhüllen verleihen. Dieses subarachnoidale Gewebe vermischt sich tieferliegend mit der Arachnoidea selbst. Letztere umgibt den Wurzelnerv zuerst als lockere, dünne Scheide, um später in eine immer dicker werdende lamellöse Hülle zu übergehen, die durch das Verwachsen mit dem seitlichen Durafortsatz verdoppelt wird. Das perifaszikuläre Bindegewebe im Wurzelnerv, welches die Eigenhülle der einzelnen Wurzelbündel bildet, stammt also aus dem lockeren subarachnoidalen Bindegewebe, die lamellöse gemeinsame Scheide aus der Dura und Arachnoidea. Die hier kurz gegebene Beschreibung, welche NAGEOTTE vom Aufbau des Wurzelnerven und seiner Hüllen gab, kann ich nach eigenen Beobachtungen in ihren Hauptzügen bestätigen, doch bedarf sie in jener Beziehung, welche die Lage der motorischen Wurzel und ihr Verhältnis zu den Hüllen anbetrifft, einer Korrektur (Abb. 12). Wenn

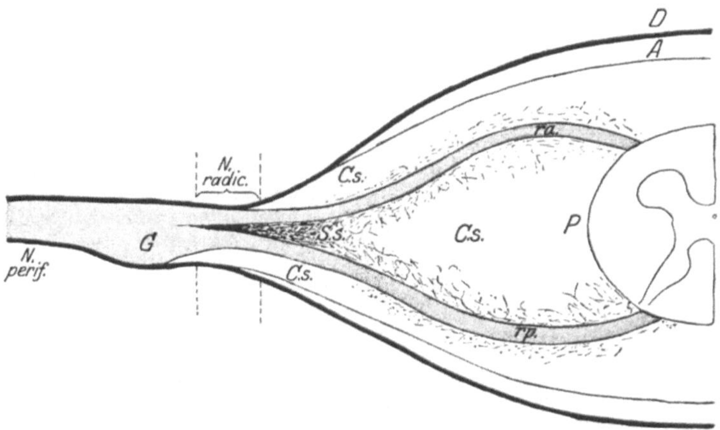

Abb. 12. Schematische Darstellung der Topographie des Wurzelnerven und seines Verhältnisses zum Subarachnoidalraum. Zu beachten ist der frühe Abschluß des subarachnoidalen Raumes auf Seite der motorischen Wurzel (ra.), im Gegensatz zur sensiblen (rp.). D Dura, A Arachnoidea, P Pia, C.s. Subarachnoidalraum, S.s. Subarachnoidalgewebe, G Ganglion. Das Gebiet des Wurzelnerven ist durch zwei Grenzlinien bezeichnet. (Plan des Schemas von NAGEOTTE.)

wir NAGEOTTES Bezeichnungen für die einzelnen Hüllen beibehalten und die gemeinsame Hülle, welche durch Verwachsung von Dura und Arachnoidea entsteht und den ganzen Wurzelnerv umscheidet als *Epineurium*, die aus dem verdichteten subarachnoidalen Bindegewebe entstandenen Eigenhüllen der einzelnen Nervenbündel als *Perineurium* und das innerhalb der Nervenbündel befindliche feine Bindegewebe als *Endoneurium* bezeichnen, ergibt sich aus obiger Beschreibung, daß der subarachnoidale Raum sich im Wurzelnerv zwischen Peri- und Epineurium gegen das Ganglion hineinschiebt (ich bezeichne im Weiteren diesen Raum als perifaszikulären Raum). Nun habe ich in der Lagerung der motorischen und sensiblen Wurzel innerhalb der gemeinsamen Hülle einen Unterschied beobachtet, welcher bei der Erklärung von gewissen Eigentümlichkeiten in der Ausbreitung des tabischen Prozesses nicht bedeutungslos sein dürfte. In seinem schematischen Bilde führt NAGEOTTE die gemeinsame Hülle über beiden Wurzeln bis in das Niveau des Ganglions, womit er andeutet, daß der innerhalb dieser Hülle liegende subarachnoidale Raum über die motorische Wurzel ebenso tief reicht. In Wirklichkeit liegen die Verhältnisse hier anders. Die motorische Wurzel liegt in der, dem Rückenmark zu gelegenen medullären Partie ihres Verlaufes in einer mit der sensiblen, gemeinsamen Scheide. Zwischen diesem gemeinsamen Epineurium und dem eigenen Perineurium liegt ein, mit dem großen Subarachnoidalraum frei verkehrender „perifaszikulärer" Raum. Dieser Raum, welcher auf seiten der sensiblen Wurzel bis zum Ganglion reicht, erfährt auf seiten der motorischen Wurzel schon nach kurzem Bestehen einen Abschluß, welcher dadurch erfolgt, daß die gemeinsame Hülle mit der Eigenhülle der motorischen Wurzel verwächst und ein dickes Perineurium um dieselbe bildet; die Verwachsung und somit der Abschluß des perifaszikulären Raumes erfolgt auf seiten der motorischen Wurzel etwa in der Mitte des Wurzelnerven, so daß die motorische Wurzel in der ganglionären Partie bereits aus dem subarachnoidalen Raum ausgeschieden ist und als ein solides Bündel mit eigener Hülle der Hinterwurzel nur mehr anliegt, von ihr aber isoliert ist. Die Bedeutung dieser anatomischen Eigentümlichkeit liegt darin, daß die motorische Wurzel des Wurzelnervabschnittes eine kürzere Strecke im subarachnoidalen Raum verläuft als die sensible und daß gerade die dem Ganglion zu liegende Partie der motorischen Wurzel schon außerhalb des Subarachnoidalraumes liegt, also diejenige Höhe, in welcher — wie wir sehen werden — der tabische Wurzelnervprozeß in der Hinterwurzel einzusetzen pflegt.

Die Gliederung der Hinterwurzel zeigt während ihres Verlaufes mehrfache Veränderungen. Sie tritt in kleinen Bündeln gesondert aus dem Rückenmark aus, welche eine kontinuierliche, vertikale Wurzelaustrittszone am Rückenmark bilden, so daß man in jeder Schnitthöhe austretende Hinterwurzelfasern antrifft. Aus diesen Bündeln sammeln sich fächerförmig die zu einer Hinterwurzel gehörigen Fasern, die nach Vereinigung mit den gleichartig gegliederten motorischen Wurzelfasern den Wurzelnerv bilden. In der medullären Hälfte des Wurzelnerven besteht sowohl die Hinter- als die Vorderwurzel aus zwei bis drei größeren Bündeln; in der ganglionären Hälfte weist aber ihre Gliederung einen deutlichen Unterschied auf. Bei der Hinterwurzel erfolgt eine neuerliche, ausgiebige Zersplitterung der größeren Bündel in lauter kleine Faszikelchen, welche aber untereinander noch zweit oder dritt durch Bindegewebssepten in besondere Bezirke geteilt werden; diese Aufsplitterung erfolgt an einer Stelle, die noch nachweislich höher, oft in erheblicher Distanz vom Eintritt in das Ganglion liegt. Die motorische Wurzel besteht in der ganglionären Hälfte der Wurzelnerven, wo sie schon außerhalb des subarachnoidalen Raumes liegt, aus einem einzigen soliden Bündel und behält diese Gliederung bis zu ihrer Aufsplitterung in den peripheren Nerven, die jenseits vom Spinalganglion erfolgt. Die gemeinsame Scheide des Wurzelnerven zeichnet sich durch ihren Reichtum an Lymph- und Gewebsspalten aus, welche teils mit eigener Wand versehen, teils ohne solche zwischen den Faserzügen der Bindegewebslamellen hindurchziehend einen sehr dichten Verkehrsapparat darstellen, der mit dem, die Wurzelbündel umgebenden perifaszikulären Raum im innigsten Zusammenhang steht. Ein ähnlicher, etwas spärlicher aufgebauter Lymphverkehrsapparat besteht in den Eigenhüllen der Bündel und kommuniziert durch die intrafaszikulären Septen mit den Lymphräumen und Gewebsspalten innerhalb der Nervenbündel. Der Reichtum an Lymphgefäßen nimmt in der gemeinsamen Hülle gegen das Ganglion zu deutlich ab, so daß in der Höhe des letzteren die gemeinsame Hülle sich bereits in eine dichtfaserige, kompakte Bindegewebsschicht ohne bemerkbare Lymphräume verwandelt.

Zur hier gegebenen, etwas schematischen Beschreibung der anatomischen Verhältnisse im Wurzelnerv muß jedoch bemerkt werden, daß sie wohl als typisch, aber keineswegs als allgemeingültig angesehen werden kann. Die Scheidenbildung, das Verhältnis des subarachnoidalen Raumes zu den Nervenbündeln, sowie die Teilung der Wurzeln in größere und kleinere Bündel zeigen in manchen Fällen erhebliche Abweichungen von der oben geschilderten Art. Es zeigt sich auch in dem von mir geschilderten Verhältnis der motorischen Wurzel zum Subarachnoidalraum eine gewisse Variabilität. Doch sprechen Einzelbefunde (SPITZER), in welchen der perifaszikuläre Raum der motorischen Wurzel bis zum Ganglion reichte, nicht gegen die Gültigkeit meiner Feststellung, welche sich auf die serienweise Bearbeitung von mehr als 100 Wurzelnerven stützt.

Histopathologische Veränderungen. Im Jahre 1903 veröffentlichte NAGEOTTE eine Arbeit über die Pathogenese der Tabes, in welcher die histopathologischen Veränderungen im Wurzelnerv als Ausgangspunkt des tabischen Hinterwurzelprozesses hingestellt wurden. Nach der hier gegebenen Definition ist die Tabes durch eine entzündliche (inflammatoire) Läsion gekennzeichnet, welche eine gewisse Anzahl von sensiblen und motorischen Wurzeln an jener Stelle trifft, wo diese den subarachnoidalen Raum verlassen; dieser Prozeß schließt sich an eine allgemeine Syphilose der Meningen an. Über den Zusammenhang zwischen Meningitis und der im Wurzelnerv sich abspielenden „nèvrite transverse" sagt NAGEOTTE, die Tabes kann nicht ohne Meningitis bestehen, die Meningitis aber ja ohne eine Tabes hervorzurufen. Der im Wurzelnerv sich abspielende entzündliche Prozeß steht im engsten Zusammenhang mit den meningealen Veränderungen, er bildet die Fortsetzung und lokale Verschärfung des an den Rückenmarkshäuten sich abspielenden entzündlichen Prozesses. Den histopathologischen Prozeß im Wurzelnerv schildert NAGEOTTE so, daß die arachnoidale Hülle ihre normale Struktur verliert und sich in ein äußerst zellreiches Gewebe verwandelt. Diese Zellen sind: fixe (Bindegewebs-) Zellen, Lymphocyten und Plasmazellen in wechselndem Verhältnis. Die Gefäße zeigen entzündliche Veränderungen und in ihrer Umgebung oft zahlreiche Amyloidkörperchen.

Die hier kurz wiedergegebene Beschreibung kennzeichnet also den Prozeß im tabischen Wurzelnerv als einen regelrechten inflammatorischen Prozeß mit perivasculären Infiltratzellen (Lymphocyten, Plasmazellen). Es dürfte vielleicht interessieren, daß NAGEOTTE in seiner ersten, aus dem Jahre 1894 stammenden diesbezüglichen Mitteilung den tabischen Prozeß ganz anders schilderte; hier sprach er von keiner Entzündung und bezeichnete die im tabischen Wurzelnerv vorgefundenen Zellen als „infiltration embryonnaire". Auch bestreitet NAGEOTTE in seinen früheren Schriften die Bedeutung der Meningitis bei Tabes und konstatiert selber, daß diese keine ständige tabische Veränderung darstellt. Ich bringe dies vor, weil meine im Folgenden niedergelegte Auffassung über die Histogenese der Tabes mit dem früheren Standpunkt Nageottes weit mehr Ähnlichkeit zeigt, in den histologischen Befunden sogar eine volle Übereinstimmung erkennen läßt. Denn es unterliegt keinem Zweifel, daß die Zellen, welche Nageotte als „infiltration embryonnaire" bezeichnet, mit den von mir als Granulationszellen geschilderten Zellen identisch sind. Um so bedeutender sind aber die Abweichungen zwischen seiner späteren, endgültigen und meiner hier vorgebrachten Auffassung. Nageottes Befunde wurden von Obersteiner und Schaffer nachgeprüft und ihre Bedeutung für die Histogenese der Tabes in erster Linie deshalb in Zweifel gezogen, weil der von Nageotte als konstante Veränderung dargestellte vasculär-infiltrative Prozeß in den Fällen der Nachuntersucher vermißt wurde. Obersteiner spricht von einer mehr-minder deutlichen Kernwucherung um die Nervenwurzeln, die in seinem vorgeschrittenen Fall zur Verdickung der Scheide führte. Schaffer beschreibt die Zellen als gewucherte, fixe Bindegewebszellen (Fibroblasten), identifiziert sie mit Nageottes „infiltration embryonnaire", vermißt aber jede histologische Spur der Entzündung im tabischen Wurzelnerv. Der auffällige Unterschied zwischen den histologischen Befunden von Nageotte einerseits, von Obersteiner und Schaffer andererseits, wurde mir erst klar, als ich bei der systematischen, serienweise durchgeführten Untersuchung des Wurzelnerven diejenigen Befunde, die ich aus meinen 12 reinen Tabesfällen erhielt, mit denjenigen verglich, die sich aus Fällen von Tabesparalyse oder mit spinaler Lues komplizierten Tabes ergaben. Es zeigte sich nämlich, daß bei reiner Tabes im Wurzelnerv vasculär-infiltrative Veränderungen und hämatogene Infiltratzellen im pathologisch veränderten Wurzelnerv fehlen, während ich in Fällen von Tabesparalyse diese Veränderung sehr oft antraf. Nageottes Fälle, aus welchen er seine endgültige histogenetische Erklärung ableitete, waren durchwegs Fälle von Tabesparalyse; nur auf diese Weise ist es erklärlich, daß die vasculär-infiltrativen Veränderungen in seinen Befunden eine solche Bedeutung erhielten.

Meine, im Jahre 1912 begonnenen, mehr als 10 Jahre lang geführten histologischen Untersuchungen waren vor allem auf die Klarstellung der Wurzelnervveränderung bei Tabes gerichtet. In den Diskussionen, welche Nageotte seinerzeit mit den Anfechtern seiner Theorie führte, wurde nämlich oft der Einwand erhoben, daß die von ihm beschriebenen Veränderungen keineswegs konstant seien, worauf Nageotte mit vollem Recht die serienweise Bearbeitung des Wurzelnervgebietes anempfahl. Deshalb entschloß ich mich, den Schwerpunkt meiner Arbeit auf die serienweise Durchforschung von möglichst vielen Wurzelnerven zu legen.

Es wurden bei 24 Tabesfällen mehr als 100 Wurzelnerven in Serien aufgearbeitet und nach verschiedenen Methoden behandelt. Als Ergebnis dieser Untersuchungen konnte ich in meiner Tabesarbeit (1921) folgende histopathologische Definition des tabischen Wurzelnervprozesses geben: *Die die Tabes kennzeichnenden Nervenveränderungen beruhen auf einer unmittelbaren Schädigung der Wurzelnervfasern an der von Nageotte angegebenen Stelle durch ein syphilitisches Granulationsgewebe, welches in den Lymphräumen der bindegewebigen Nervenhüllen entsteht und von hier im Wege der Hüllenlymphräume in die Nervenbündel eindringend, dort selbst lokale Zerstörungsherde verursacht.*

In der Zellwucherung im Wurzelnervgebiet, welche schon von Nageotte, Obersteiner und Schaffer beobachtet wurde, erkannte ich eine pathologische Gewebsneubildung, welche alle histologischen Merkmale der Granulationsgewebe an sich trägt und dessen luische Natur mir durch das Auffinden des Lueserregers in derselben sicherzustellen gelang. Der Granulationsprozeß stellt im Sinne der von Lubarsch gegebenen morphologischen Definition des Entzündungsbegriffes eine Unterart desselben vor, welche zu den vorwiegend proliferativen Entzündungen gerechnet werden muß, weil sie wesentlich aus der Wucherung von als „Fibroblasten" bekannten Zellen besteht, die im weiteren Verlauf zu einem sklerotischen Bindegewebe vernarben.

Der Granulationsprozeß spielt bei der narbigen Heilung von Wundflächen die Hauptrolle; er kann auch künstlich erzeugt werden in der Umgebung von in den Körper versetzten Fremdkörpern; in der Mehrzahl handelt es sich aber um infektiöse Granulationsprozesse, die in der Pathologie der Lues und Tuberkulose als eminent chronische Entzündungen schon seit langem bekannt sind. Das Granulationsgewebe besteht lediglich aus einer unvollkommen differenzierten Zellenart; diese als Fibroblasten bezeichneten Keimzellen lagern in einer mehr-weniger flüssigen Grundsubstanz. Krompecher unterscheidet dreierlei Formen der Granulationszellen, wobei die Struktur der Zellen nach Qualität und Quantität der flüssigen Grundsubstanz wechselt. Er spricht in diesem Sinne von Tuberkelfibroblasten, von epitheloiden Fibroblasten und von Endothelfibroblasten. Die im tabischen Wurzelnerv vorkommenden Granulationselemente gehören auf Grund ihrer morphologischen Eigenschaften zu den Endothelfibroblasten; ihre morphologische Identität konnte ich nach der Beschreibung KROMPECHERS in allen Einzelheiten feststellen.

Die im tabischen Wurzelnerv nachweisbare Granulationsmasse (Abb. 13) ist in eine reichliche, flüssige Grundsubstanz eingebettet, welche in frischem Stadium weder eine Färbung annimmt, noch irgendwelche Struktur erkennen läßt;

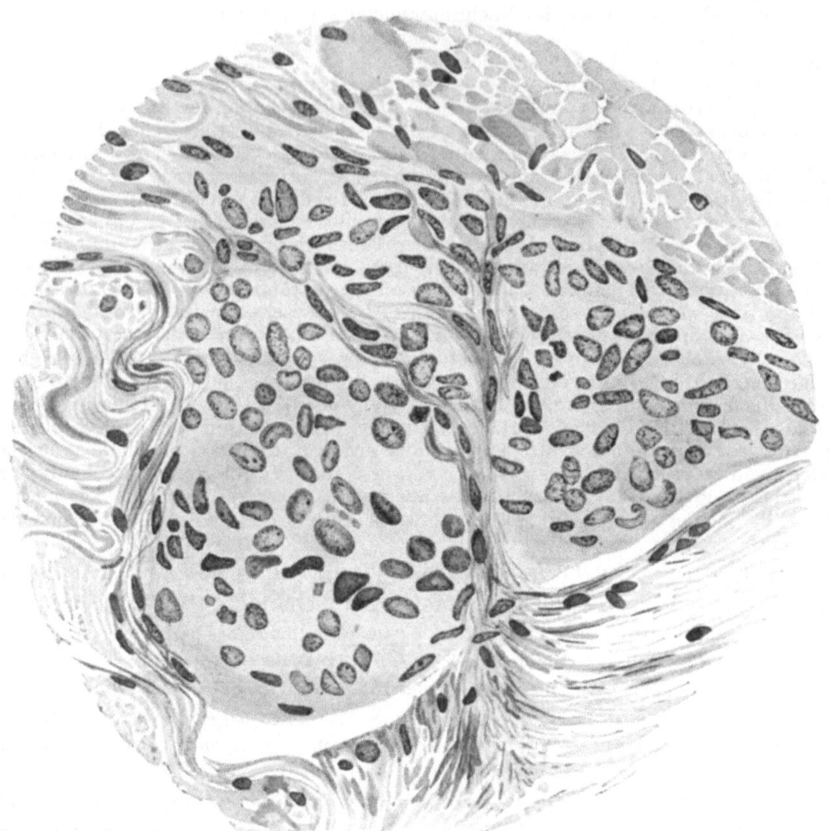

Abb. 13. Granulationsmasse in den Gewebsspalten der äußeren Hülle des Wurzelnerven. Jüngere und ältere Zellkerne, Kernzerfallsformen. (Photographie nach einer farbigen Zeichnung.)

auch ist sie vom Zellplasma der Granulationszellen nicht zu unterscheiden. Die Zellkerne verleihen der Granulation das charakteristische Aussehen. Sie ordnen sich in geschlossenen Räumen (Lymphgefäße) konzentrisch aneinander gedrängt, liegen im perifaszikulären Raum reihenförmig an die Peripherie der Bündel geklebt oder frei in größeren Massen, wobei ihre Lagerung eine ganz regellose ist. Der Kern ist an jungen Exemplaren glatt, oval, ausgesprochen bläschenförmig; eine gröbere Chromatinkörnelung fehlt, feine Chromatinkörperchen sind ziemlich dicht eingestreut; gewöhnlich sieht man 1—2 exzentrisch gelegene Kernkörperchen, der Kern zeigt eine deutliche Kernmembran. Die typische bläschenförmige Gestalt des Kernes ist aber nur dort zu sehen, wo die Granulationsmasse frei und nicht mit fremden Gewebeselementen vermischt vorkommt, also in den Lymphräumen oder im perifaszikulären Raum.

Taucht sie aber zwischen den Bindegewebsbalken der Hülle oder im Inneren der Nervenbündel auf, dann wird die Form des Kernes entstellt und man sieht länglich gezogene, bohnen- oder hantelförmig eingedrückte, unregelmäßig eckige Kernfiguren. Die Granulationszellen vermehren sich vornehmlich durch amitotische Teilung; solche Teilungsfiguren sind an manchen Stellen massenweise aufzufinden. Das tabische Granulationsgewebe enthält außer der beschriebenen Zellart in überaus spärlicher Anzahl Gewebslymphocyten und sog. Übergangsformen, die den von MAXIMOV beschriebenen Polyblasten ähnlich sind. Das Granulationsgewebe verwandelt sich im Laufe der weiteren Entwicklung zu einem fibrösen, sklerotischen Bindegewebe. Man beobachtet zuerst, daß die Grundsubstanz zusammenschrumpft, irgendeine undeutliche Färbung annimmt, die Zellkerne treten näher aneinander; dann erfolgt etwa gleichzeitig mit der Lage- und Formveränderung der Kerne das Auftreten einer gestreiften Struktur in der Grundsubstanz, welche scheinbar den feinen Fibrillenfäden des Zellplasmas entspricht. Das letzte Stadium in der Umwandlung der Grundsubstanz tritt ein, wenn in den Fibrillen die leimgebende Substanz erscheint; die kollagenen Fasern scheiden aus dem Zellbereich und wachsen selbständig weiter. Die regressiven Veränderungen der Kerne sind auffälliger als die der Grundsubstanz. Sie treten ziemlich früh auf, indem der Kern sein helles Aussehen und seine Bläschenform einbüßt, die feinen Chromatinkörnchen allmählich verliert und eine gleichmäßig dunklere Färbung annimmt, wobei sein Umfang geringer wird. Dieser Schrumpfungsprozeß geht mit einer Lage- und Formveränderung des Kernes einher. Die dunkel gefärbten chromolytischen Kerne gehen aus der rundlich ovalen in eine länglich ovale, spindelförmige Gestalt über und ordnen sich gleichzeitig in der Richtung der Längsstreifung, so daß sie in den länglichen Spalten zwischen den Bindegewebsfibrillen Platz greifen. Im Stadium, wo das Bindegewebe schon aus selbständigen Kollagenfasern besteht, ist die Zahl der Kerne bedeutend verringert, der überwiegende Teil geht während des Verfaserungsprozesses zugrunde. Die homogen gewordenen spindelförmigen Zellkerne werden allmählich dünner, länglicher und spitziger, sie büßen ihre geradlinige Form ein, indem sie sich dem Wellenlauf der Fibrillen förmlich anpassen und zuletzt durch Zerbröckelung dieser Endprodukte des Kernes zugrunde gehen. Man sieht in älteren Tabesfällen breite sklerotische Massen im perifaszikulären Raum der Wurzelnerven, welche abgesehen von den Gefäßen gar keine Kerne enthalten. Das neugebildete Bindegewebe ist an Lymph- und Blutgefäßen auffallend reich.

Der im Wurzelnervgebiet aktive Granulationsprozeß nimmt seinen Ausgang aus den Lymph- und Gewebsspalten der äußeren gemeinsamen Hülle. Hier findet man die ersten Ansammlungen von Granulationszellen in vorgebildeten Räumen, die entweder eine selbständige Endothelwand erkennen lassen, oder nur durch die vorbeiziehenden Bindegewebsfasern freigelassene Spalten darstellen, während das übrige Gewebe noch keine pathologische Veränderung, insbesondere keine Vermehrung des fixen Bindegewebszellen zeigt. Die Lymph- und Gewebsspalträume der äußeren Hülle sind aber nicht nur die anfänglichen Produktionsstätten der Granulationsgewebes, sondern scheinen überhaupt die bedeutendste Quelle derselben während des ganzen Krankheitsprozesses zu bilden; man findet im schwer affizierten, sklerotischen Wurzelnerv noch immer frische Granulationsmassen in einigen Lymphspalten der Hülle.

Die junge Granulationsmasse gelangt aus ihren Ursprungsstätten, sei es durch passive Bewegung der flüssigen Grundsubstanz, etwa durch den Druck der nachfolgenden neuen Massen, sei es durch eine geringe aktive Bewegungsfähigkeit ihrer Zellen im Wege der Lymphgefäße in den perifaszikulären Raum des Wurzelnerven. Hier liegt sie zumeist frei und füllt den Raum zwischen Epineurium und Perineurium aus (Abb. 14). Die Paraffinschnitte geben hierüber nicht ganz wahrheitsgetreue Bilder, da dort der perifaszikuläre Raum

— als Kunstprodukt — abnorm erweitert ist. Es gibt jedoch Stellen auch in dem Peri-
faszikulärraum, wo die Granulationsmassen in geschlossenen, mit eigener Wand versehenen
Räumen vorkommen. Diese auch von Nageotte beobachteten und von ihm als Gummen
aufgefaßten Gebilde stellen nichts anderes dar als mit Granulation gefüllte Lymphgefäße,
die den perifaszikulären Raum durchziehen; man kann sie in Serienschnitten verfolgen.

Die Granulation tritt im perifaszikulären Raum zu allererst in jener Höhe der Hinter-
wurzel auf, wo letztere schon in zahlreiche kleine Bündel geschieden ist, welche mit eigenen
Hüllen versehen, im etwas verbreiterten perifaszikulären Raum liegen. In den einleitenden
anatomischen Bemerkungen habe ich hervorgehoben, daß in diesem Niveau eine dreifache
Gliederung der Nervenbündel durch die verschiedenen Hüllen stattfindet. Die gemeinsame
Hülle, welche alle Faszikeln umfaßt, sendet 2—3 dickere Bindegewebssepten zwischen die

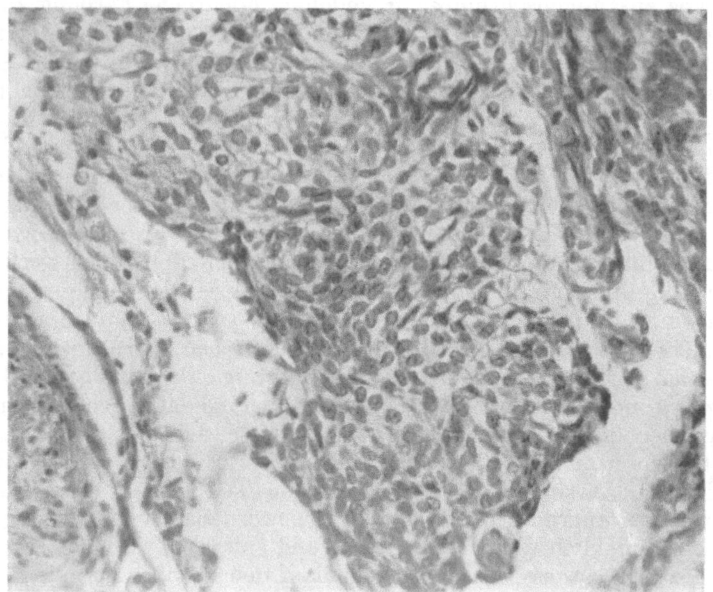

Abb. 14. Reines Granulationsgewebe als kompakte Masse im subarachnoidalen Raum, zwischen
den sensiblen Bündeln des Wurzelnervgebietes.

Bündel und teilt hierdurch den perifaszikulären Raum in mehrere Bezirke, deren jeder
einige Bündel in sich faßt; die Bündel selbst besitzen außerdem ihre eigenen Hüllen. Da
sieht man nun nicht selten, daß die auf diese Art geschiedenen Bezirke einer Hinterwurzel
in der Intensität des Granulationsprozesses und auch der Nervenaffektion recht große
Unterschiede aufweisen. Man findet in einem Bezirk gewaltige Granulationsmassen im
perifaszikulären Raum und eine schwere Affektion der hier befindlichen 2—3 Nervenbündel, während die anderen Bezirke vom Prozeß noch recht verschont sind. Auf diese
Weise ist es zu erklären, daß — wie man es häufig antrifft — die einzelnen Bündel einer
Hinterwurzel sehr verschiedene Grade der Affektion aufweisen (Abb. 27).

Die im perifaszikulären Raum angesammelte Granulation breitet sich in der Längsachse
des Wurzelnerven nach beiden Richtungen aus. Eine vollkommene Umringung der Nervenbündel wird dabei nur selten beobachtet; zumeist legt sie sich nur einer Seite der Nervenbündel an und schleicht hier weiter. Es ist daher nicht wahrscheinlich, daß eine Umschnürung oder andere, aus der Umzingelung entstandene Druckwirkungen bei der Nervenläsion
eine besondere Rolle spielen. Man sieht oft, daß die Granulationsmasse die trichterförmigen
Endigungen der perifaszikulären (subarachnoidalen) Raumes, die oft bis in den zentralen
Pol des Spinalganglions reichen, gänzlich ausfüllen; das Ganglion selbst bleibt aber vom
Granulationsvorgang immer verschont. Beim Fortschritt des Prozesses gelangt das Granulationsgewebe in den medullären (zum Rückenmark näher liegenden) Abschnitt des Wurzel-
nerven, und wenn sie hier die Höhe erreicht, wo die motorische und sensible Wurzel schon
gemeinsam im subarachnoiden Raum lagern, dann breitet sich die Granulation auf das
Gebiet der motorischen Wurzel aus. Häufig sieht man, daß zunächst 1—2 kleine motorische
Bündel vom Granulationsvorgang befallen werden, die in der Nähe der Zwischenscheide

liegen, welche sensible und motorische Wurzel voneinander trennt; der periadventitielle Raum eines hier befindlichen größeren Gefäßes ist mit Granulationszellen ausgefüllt. Ich habe dieses Bild zu oft gesehen, um nicht eine gewisse Regelmäßigkeit darin erblicken zu dürfen; auch SPITZER bestätigt diesen Befund (Abb. 15). Bei weiterem Fortschritt füllt die Granulation den perifaszikulären Raum um die motorische Wurzel aus und breitet sich längs der Wurzel in medullärer Richtung aus, während derjenige Abschnitt der vorderen Wurzel, welcher aus dem subarachnoidalen Raum bereits ausgeschieden ist und als solides Bündel der Hinterwurzel nur mehr anliegt, gewöhnlich gar keine Anzeichen einer Granulationswucherung erkennen läßt. Schon aus dieser Beschreibung geht hervor, daß die Berührungsfläche der motorischen Wurzel mit der tabischen Granulation eine kürzere ist als die der sensiblen, und daß der Granulationsprozeß in der Regel von der sensiblen Wurzel auf die motorische übergreift und daher verhältnismäßig später in der letzteren auftritt, endlich daß der Granulationsprozeß an der motorischen Wurzel in einem höheren (dem Rückenmark zu näher gelegenen) Niveau einsetzt als bei der sensiblen. Letztere Beobachtung steht in vollem Einklang mit NAGEOTTES Feststellung, laut welcher die primäre Affektion der motorischen Wurzel immer höher, dem Rückenmark näher liegt als die der sensiblen. NAGEOTTE konnte für diese Eigentümlichkeit in seiner pathogenetischen Theorie keine Erklärung geben. Bei der hier versuchten Darstellung über die Ausbreitung des Granulationsprozesses findet dieser Befund eine gute Erklärung, die auch die geringere Intensität der motorischen Wurzelaffektion dem Verständnis näher führt.

Die primäre Affektion der Nervensubstanz kommt dadurch zustande, daß die perifaszikulär einem Nervenbündel anliegende Granulation an einer Stelle durch die Eigenhülle des

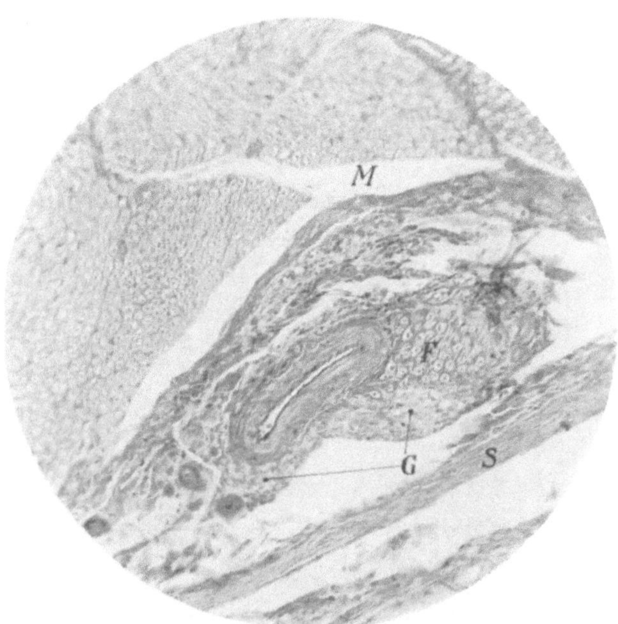

Abb. 15. Häufige Art der beginnenden Läsion an der motorischen Wurzel im medullären Abschnitt des Wurzelnerven. Das große Bündel (*M*) ist noch intakt. Ein kleines Bündelchen (*F*), welches in der Nähe der Zwischenscheide (*S*) zwischen motorischer und sensibler Wurzel liegt und mit einem größeren Gefäß verwachsen erscheint, ist ringsum von einem mehr-weniger dicken Wall frischer Granulationsmasse (*G*) umgeben, die auch den periadventitiellen Raum des Gefäßes ausfüllt. Ein leichter Markzerfall ist im kleinen Bündel schon feststellbar.

Bündels in dasselbe eindringt und durch ihre Verbreitung in einem gewissen Sektor des Bündelquerschnittes, hier eine unmittelbare Schädigung der Nervenfasern bewirkt. Von einem Durchbruch der Granulation in das Nervengewebe kann nicht gesprochen werden, da die eindringende Granulation ausschließlich durch die präformierten Lymphräume der Hülle sich in das Nervengewebe fortsetzt. Dies beweisen die zahlreichen mit Granulationsmassen gefüllten Lymphspalten, die man in der Hülle des affizierten Abschnittes vorfindet, aber auch die Art, wie sich das Granulationsgewebe im Nervenbündel ausbreitet. Es kann aus der Hülle durch Vermittlung der intrafaszikulären Septa, mit diesen und ihren feineren Abzweigungen in solche Nervenpartien eindringen, welche mit der Hülle selbst in keinem unmittelbaren Kontakt stehen und von allen Seiten durch gesundes Nervengewebe begrenzt sind. Bei dieser Verbreitungsart, wo das Vordringen der Granulation in den Lymph- und Gewebsräumen der intrafaszikulären Septen offenkundig ist (Abb. 16), gliedert sich die räumliche Ausbreitung der Nervenaffektion dem Verlauf dieser

Septa an und führt in späterem Verlauf zu abnorm starker Verdickung derselben. Diese Verbreitungsart zeigt sich besonders häufig in der motorischen Wurzel. In der Hinterwurzel ist die sog. „randförmige" Ausbreitung der Granulation die häufigste Form. Frische Granulationszellen dringen aus den Hüllenlymphgefäßen in den benachbarten Abschnitt des Nervenbündels, welcher in einem sektorförmigen Abschnitt mit diesen Zellen eingesät wird (Abb. 19), wobei die übrigen Teile des Bündelquerschnittes Granulationselemente noch gar nicht enthalten. In frischeren Fällen sieht man zuerst in 1—2 Bündeln in der charakteristischen Höhe des Wurzelnerven einen primären Affektionsherd auftreten, der sowohl im Bündelquerschnitt, wie auch in der Längsachse auf kurze Distanz begrenzt ist. Später erfolgen mit Zunahme und Ausbreitung der Granulation in anderen Höhen des Wurzelnerven neu hinzutretende primäre Affektionsherde, welche sich miteinander vermischen, ineinander übergehen können, so daß im Stadium eines gewissen Fortschrittes der ganze Querschnitt des Nervenbündels von Granulationselementen durchzogen sein kann, die aus verschiedenen Granulationsherden stammen. In solchen Fällen wird man den Herdcharakter der einzelnen Affektionsstellen nur mehr schwer erkennen. Die primäre Affektionsstelle eines Nervenbündels macht sich auch im vor

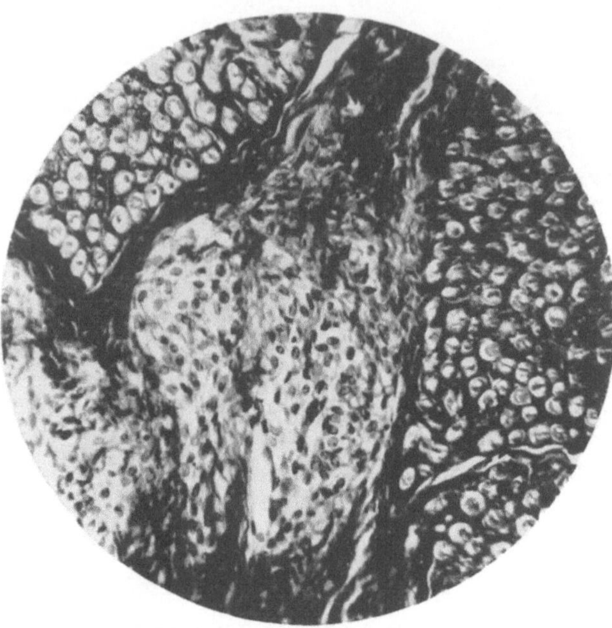

Abb. 16. Frische Granulation, zwischen den Septen in das Innere eines Nervenbündels eindringend. Das Nervengewebe des motorischen Bündels ist noch beiderseits intakt.

geschritteneren Stadium des Prozesses bemerkbar; vor allem dadurch, daß die Hülle an dieser Stelle stark verdickt ist, indem durch die Sklerosierung der zwischen den ursprünglichen Lamellen angehäuften Granulationsmassen neue sklerotische Stränge sich zwischen die normal bestehenden Bindegewebsbalken der Scheide einschieben und eine Umfangsvergrößerung derselben verursachen (Abb. 17). Solche lokale Verdickungen der Eigenhülle, die man bei serienweiser Bearbeitung durch einige Schnitte verfolgen kann, deuten darauf hin, daß an dieser Stelle Granulationsmassen innerhalb der Hülle angehäuft waren.

Eine weitere Veränderung an der primären Affektionsstelle besteht darin, daß das Hüllenbindegewebe mit dem anschließenden sklerotischen Bindegewebe des Nervenbündels, welches an Stelle der zugrunde gegangenen Nervensubstanz liegt, eng verwachsen ist, wodurch die Struktur des Bündelquerschnittes zerstört wird. Durch diese Verwachsung und den unregelmäßigen Verlauf der Bindegewebsfasern wird man das sklerotische Gewebe der primären Affektionsstelle zumeist gut unterscheiden können von denjenigen Partien des Nervenbündels, wo die zugrunde gegangenen Nervenfasern im Laufe des sekundärdegenerativen Prozesses durch Bindegewebe ersetzt werden, denn dieses sekundär-degenerative Bindegewebe verändert die Struktur des Bündels überhaupt nicht und ist auch mit der Hülle nicht verwachsen.

Die augenfälligste Erscheinung eines primären Affektionsherdes ist seine scharfe lokale Bregrenzung. In frischem Stadium zeigt sich diese Eigenschaft weniger ausgeprägt als in älteren sklerotischen Herden. Eine strukturlose,

Abb. 17. Längsschnitt durch ein Hinterwurzelbündel aus einem Fall von Tabesparalyse (van Gieson). Isolierter, nach beiden Richtungen abgegrenzter Affektionsherd, gekennzeichnet durch seinen diffusen Kernreichtum, sowie durch starke Verdickung und Sklerosierung der Eigenhülle des Bündels an einer Stelle. Unter den Zellen neben Granulationszellen auch Lymphocyten und Plasmazellen (Tapoparalyse!). Im Herdgebiet ist das Nervengewebe zum Teil schon durch hellrosa gefärbtes Bindegewebe ersetzt. (Photographie nach einer farbigen Zeichnung.)

sklerotische Bindegewebsnarbe kennzeichnet hier den Untergang des Nervenparenchyms, in einer örtlichen Kontinuität, die man nur bei Herdprozessen sieht. Tatsächlich findet man in den primären Herden zumeist keine einzige Nervenfaser, sondern nur sklerotisches Bindegewebe (Abb. 18). Seltener kommt es vor, daß im Affektionsherd zwischen den sklerotischen Bindegewebsmassen einzelne Nervenfasern, manchmal mehrere beisammen, inselförmig lagernd intakt erhalten sind.

Wie man sich das Verhältnis der beiden, im tabischen Wurzelnerv sich abspielenden Gewebsprozesse zueinander vorstellen soll, darüber gibt es theoretisch betrachtet, drei Möglichkeiten. Man könnte annehmen, daß der bei der Tabes im Wurzelnerv entstandene primäre Markausfall und der im Herd und in seiner Umgebung vor sich gehende Granulationsprozeß lediglich zwei, von einander unabhängige, aber durch ein und denselben pathogenen Faktor verursachte, koordinierte Prozesse darstellen, die nebeneinander verlaufen, ohne miteinander in ursächlichem Zusammenhang zu stehen. Eine andere Vorstellung könnte so lauten, daß die Nervenläsion den primären, unter der Mikrobeneinwirkung unmittelbar erfolgenden krankhaften Prozeß darstellt, die Granulationswucherung aber nur ein sekundärer, durch den nervösen Zerfallsprozeß bedingter reaktiver Vorgang sei. Im Prinzip hätte diese Erklärung eine gewisse Wahrscheinlichkeit für sich, weil sie das Verhältnis beider Prozesse in einer Art bestimmt, welche zu den geläufigen Reaktionsformen im Nervensystem gehört und dadurch gekennzeichnet ist, daß dem primären Nervenschwund eine bindegewebige Wucherung nachfolgt. Völlig unhaltbar sind aber beide hier vorgebrachten Erklärungsmöglichkeiten, weil sie mit dem histologischen Befund, daß der

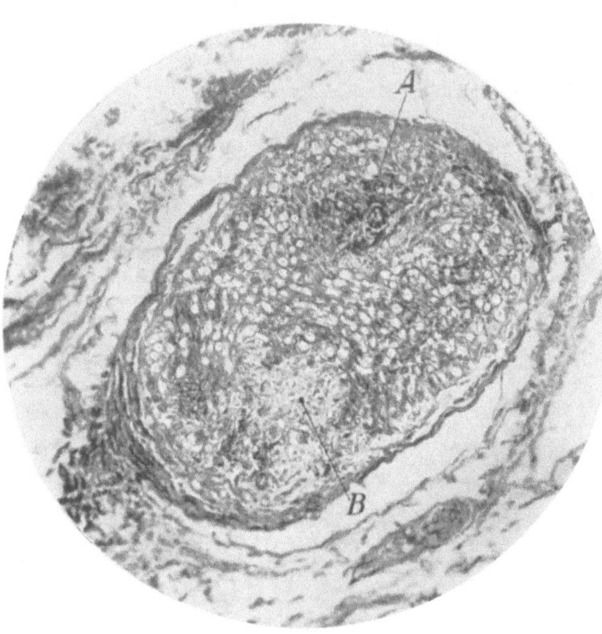

Abb. 18. Zwei Affektionsherde in einem kleinen Nervenbündel (cervicaler Wurzelnerv, van Gieson). *A* Alter, aus sklerotischem Bindegewebe bestehender, völlig markloser Herd. *B* Frischer, aus jungem Granulationsgewebe bestehender Herd, inmitten sklerotischer Stränge, die bis zum Faszikelrand reichen. Zwischen beiden Herden ist das Nervengewebe noch ziemlich gut erhalten.

Granulationsprozeß viel früher beginnt, als die Nervenläsion einsetzt und daß die Granulation zuerst in solchen Geweben und an solchen Stellen auftritt, wo Nervenparenchym überhaupt nicht vorkommt, nicht vereinbart werden können. Eine dritte Möglichkeit, welche nach meinen Befunden die größte Wahrscheinlichkeit besitzt, besteht darin, daß das Granulationsgewebe die primäre, durch unmittelbare Spirochätenwirkung entstandene Gewebsveränderung darstellt, und dieses fremde pathogene Gewebe, nachdem es in die Nervenbündel eingedrungen ist, die Nervensubstanz durch ihre eigene Anwesenheit, sei es auf mechanischem, sei es auf biochemischem Wege zerstört. Die unmittelbare Abhängigkeit der Nervenläsion vom Granulationsprozeß wird auch von SCHARAPOW betont, der dabei auf den Druck der langsam wachsenden Herdes Gewicht legt. Die Wurzelnervbilder lehren, daß die herdförmige Nervenaffektion ebenso lokal begrenzt ist, wie die Granulationsmasse sich innerhalb des Nervenbündels etabliert. Die Affektionsherde zeigen meistens eine randförmige Gestalt, welche identisch ist mit jener Art, wie die Granulationszellen aus einem Teil der Hülle in das Nervengewebe eindringen; beide betreffen einen sektorförmig abgeschlossenen Teil des Nervenbündels, also ein Partie, deren isoliertes Betroffensein durch den anatomischen Bau bedingt ist (Abb. 21). Diese Erscheinung, daß das Nervengewebe nur an solchen Stellen und in solchen Umfangsformen zugrunde geht, wie das Eindringen und die Ausbreitung der tabischen Granulationsmasse in der Nervensubstanz erfolgt, macht es sehr wahrscheinlich, daß das Nervengewebe in direktem anatomischen Zusammenhang mit der Granulation zugrunde geht. Hierfür spricht auch der Befund, daß der Lueserreger ausschließlich im Granulationsgewebe und nie im Nervenparenchym nachgewiesen werden konnte; auch SCHARAPOW bestätigt diesen Befund.

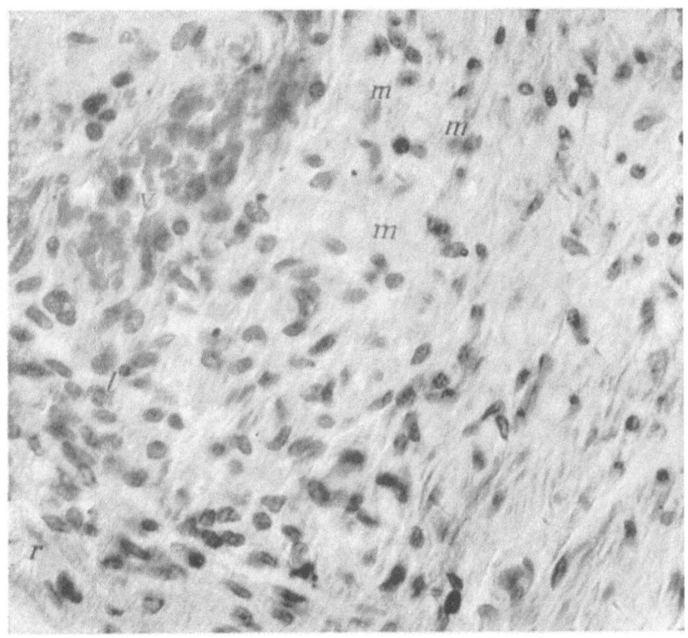

Abb. 19. Granulationszellen in einem akuten Affektionsherd im Randgebiet eines Wurzelnervbündels. *r* Rand der Bündel, *m* Markscheidenkonturen, *v* ein Gefäß. Im ganzen Bild nur ein Lymphocyt (*l*) sichtbar.

Eine weitere Bestätigung dieser Annahme ergibt sich aus dem Verhalten jener kleinen Nervenbündel, die gewissermaßen abgesprengt von den übrigen sensiblen Bündeln zwischen den Lamellen der großen gemeinsamen Hülle verlaufen. Diese „aberrierten" Bündel zeichnen sich dadurch aus, daß sie dem tabischen Schwundprozeß zeitlich zuerst und im schwersten Grade zum Opfer fallen. Auch NAGEOTTE und neuerdings HECHST betonen die frühzeitige Läsion dieser Nervenbündel. In einem meiner Fälle zeigte eine Lumbalwurzel bei auffallender Intaktheit der größeren Bündel und Fehlen von größeren Granulationsmassen im perifaszikulären Raum schon die totale Entmarkung und Sklerose der kleinen Bündelchen, welche — etwa 10 an der Zahl — zwischen den Lamellen der großen Hülle eingeschlossen lagen. Diese besondere Vulnerabilität ist wahrscheinlich durch die Lage der kleinen Bündel, in der äußeren Hülle bedingt; früher wurde bemerkt, daß die Ursprungsstätte des Granulationsvorganges gerade hier liegt. Es ist daher leicht zu verstehen, daß die kleinen Bündel der Hülle die ersten Opfer der krankhaften Vorganges darstellen (Abb. 20).

Der innige Zusammenhang, den wir auf Grund obiger Erwägungen, zwischen Granulationswucherung und Nervenläsion annehmen müssen, wäre jedoch falsch beurteilt, wenn man die beiden Prozesse auch bezüglich ihrer Intensität,

in ein unmittelbares Verhältnis stellen würde. Schon Nageotte erkannte, daß
ein quantitatives Verhältnis zwischen beiden Prozessen nicht gesetzmäßig vorzuliegen pflegt. Es kommt nicht selten vor, daß man zwischen den Bündeln
des Wurzelnerven gewaltige Granulationsmassen antrifft und die Nervenbündel
selbst intakt oder nur leicht affiziert sind; umgekehrt findet man auch oft eine
schwere Läsion der Nervenbündel im Wurzelnerv, wo der Granulationsprozeß
in den Hüllen und im perifaszikulären Raum nicht besonders stark vertreten

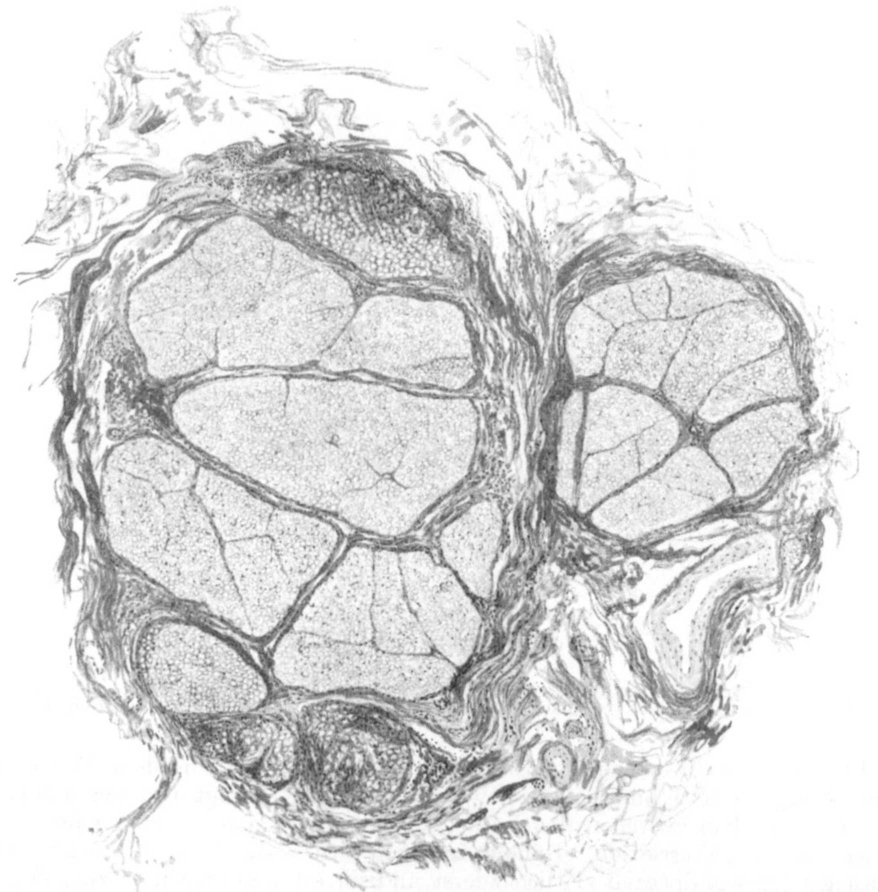

Abb. 20. Cervicaler Wurzelnerv (van Gieson). Kleine, lokale Affektionsherde (im sklerotischen
Stadium) in den Randbündeln der Hinterwurzel, welche mit der äußeren Durahülle benachbart
sind. Die übrigen Teile der Hinterwurzel, sowie auch die motorische Wurzel, sind intakt.

ist („hypertrophische" und „atrophische" Form des Wurzelnervprozesses nach
Nageotte). Diese Bilder, die seinerzeit von Obersteiner als Einwände gegen
Nageottes Theorie erhoben wurden, finden eine gute Erklärung, wenn man
annimmt, daß die Granulationsbildung im tabisch affizierten Wurzelnerv den
primären krankhaften Vorgang darstellt und in der Nervenläsion eine sekundäre
und fakultative Folgeerscheinung erblickt, die nur dann zustandekommt, wenn
die Granulationselemente in die Nervenbündel selbst eingedrungen sind.

Den wichtigsten Beweis dafür, daß die primäre Läsion der Nervensubstanz
bei Tabes im Wurzelnerv erfolgt, erblicke ich darin, daß im ganzen Verlauf

des sensiblen Protoneurons der Wurzelnerv die einzige Stelle darstellt, in welchem die Nervenläsion sich in der Form eines lokalen Affektionsherdes kundgibt (Abb. 21). *Die Tatsache, daß bei der Tabes das Nervengewebe an einem bestimmten Punkt der peripheren sensiblen Bahn herdartig, also in einer ausschließlich von der anatomischen Gliederung abhängigen Form zerstört wird, ermöglicht uns die Definition des tabischen Prozesses nach der allgemein gültigen histopathologischen Formel, nach welcher die übrigen, mit sekundär-degenerativen Veränderungen einhergehenden Herdprozesse erklärt werden. Der lokale Herd im Wurzelnerv ist das Wesen des tabischen Prozesses: Er erklärt die tabische Hinterstrangserkrankung ebenso gut wie die Veränderungen der Spinalganglien und verleiht hierdurch dem ganzen Prozeß eine einheitliche Grundlage, die auf klare, der Beobachtung zugängliche*

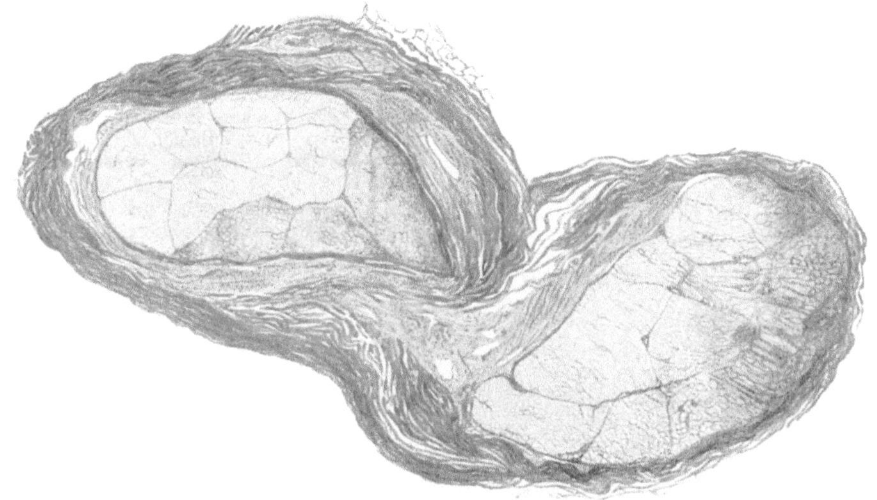

Abb. 21. Zwei sensible Bündel aus einem cervicalen Wurzelnerv. Randförmiger Markausfall im sklerotischen Stadium. Im linken Bündel ist der Markausfall auf drei kleine Faszikel beschränkt; das übrige Nervengewebe vollkommen intakt (van Gieson). (Photographie nach einer farbigen Zeichnung.)

Beweise gestützt ist und die bisher unentbehrlichen Begriffe von der „metaluischen" Natur der Tabes, von der allgemeinen toxischen Wirkungsart des krankmachenden Agens und auch von der elektiv-systematischen Gliederungsart des affizierten Fasergebietes als überflüssig erscheinen läßt.

Die feineren histopathologischen Veränderungen des Nervengewebes im tabischen Affektionsherd konnten systematisch nicht verfolgt werden, da die nach WEIGERT und VAN GIESON gefärbten Serienbilder über den Zustand der Marksubstanz nicht in allen Stadien des Zerfalles Aufklärung geben, die Abbau- und Abräumvorgänge aber im Wurzelnerv, wie schon früher hervorgehoben wurde, sehr rasch und zumeist ohne Beteiligung von zelligen Abbauelementen erfolgen. Der Lokalherd ist am besten im sklerotischen Stadium zu erkennen, wo in einem scharf umschriebenen Bezirk des Bündelquerschnittes die Nervenfasern zugrunde gegangen und durch sklerotisches Gewebe ersetzt sind. Im frischen Herd geht das Absterben der Nervensubstanz nicht gleichzeitig und massenweise vonstatten, vielmehr wird Faser nach Faser in den Prozeß einbezogen, man kann also die deutlichen Kennzeichen des akuten Zerfallsprozesses nur selten zu Gesicht bekommen. Die erste mikroskopische Erscheinung der Affektion ist die Markschwellung. Die Markscheiden, welche normalermaßen dünne, gleichmäßig geformte, mit Hämatoxylin grau oder schwarzblau gefärbte, an VAN GIESON-Bildern gelb erscheinende Ringe darstellen, zeigen lokale Anschwellungen, wobei eine gequollene Markscheide oft das 6—8fache ihres normalen Umfanges erreicht (Abb. 22); sie sind blässer, ungleich gefärbt, an den Rändern zumeist dunkler. Man findet solche Markschwellungen in kleineren Gruppen, gewöhnlich in den Randpartien oder in sektorförmigen Abschnitten eines Bündels. Eine vorgeschrittenere Form der Markläsion stellt der Zerfall des Markes in Klumpen dar; die nach Weigert schmutziggrau gefärbten Markklumpen liegen teils an ihren ursprünglichen Stellen, teils schon im Gewebe freiliegend, oft von Granulationszellen umgeben, die zumeist am Rande dieser Markklumpen oder um die gequollenen Markscheiden kranzartig geordnet liegen. Die Zellkerne der Granulation im tabischen Affektionsherd zeigen nicht mehr ihre ursprüngliche ovale Form, sie sind deformiert. Ein weiter vorgeschrittenes Bild der Markzersetzung ist, wo das Mark seine frühere Konsistenz einbüßt und als Tropfen im freien Nervengewebe erscheint. In einem Affektionsherd, wo der tabische Prozeß im Zeitpunkt des Todes in Aktivität war, sieht man fast in jedem Schnitt, einzelne, in van Gieson-Bildern hellgelb erscheinende, lichtbrechende Tropfen, die teils im freien Nervengewebe liegen, teils aber in der Nähe von Lymphgefäßen angesammelt sind und manchmal auch im Lumen dieser Gefäße sichtbar sind. Abräumzellen findet man, wie schon erwähnt, nur sehr selten.

Gleichzeitig mit dem Zerfall des Nervengewebes im primären Affektionsherd setzt eine Wucherung der Schwannschen Zellen ein. Die morphologische Unterscheidung der Schwannschen Zellkerne und der Granulationszellkerne im affizierten Nervenbündel ist oft schwer. Als charakteristisch für die Schwannschen Zellkerne wäre hervorzuheben: ihre regelmäßige Lagerung in der Längsachse der Nervenfasern, ihre gleichförmigen, länglich ovalen (nicht spindelförmigen) Kerne; im Gegenteil hierzu zeichnen sich die in das Nervengewebe eingedrungenen Granulationszellen durch die ganz regellose Lagerung und die Vielgestaltigkeit ihrer Kerne aus. Auch sind die Fibroblastenkerne zumeist etwas kleiner als die der Schwannschen Zellen; die Chromatinkörnelung der letzteren ist etwas gröber, wodurch sie eine dunklere Färbung bekommen.

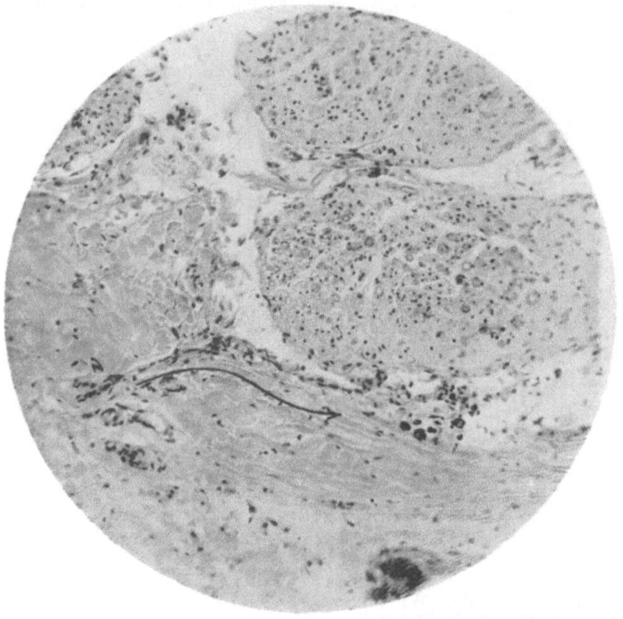

Die *Veränderungen des Achsenzylinders* im tabischen Wurzelnerv wurden zuerst von Nageotte studiert. Er fand in den Wurzeln Veränderungen von destruktivem und regenerativem Charakter; als Degenerationsmerkmale faßt er die starken Kaliberschwankungen (état moniliforme) und lokale Anschwellungen (gonflement) des Achsenzylinders auf. Er fand, daß in allen Tabesfällen in den affizierten Wurzeln nur sehr wenig dicke und mittelkalibrige Achsenzylinder, dagegen auffallend viel dünne, zumeist marklose Fibrillen nachweisbar sind. Ein Teil derselben gehört nach Nageotte zu den normalen Bestandteilen der Hinterwurzel und zeichnen sich diese durch ihre besondere Resistenz gegenüber dem tabischen Prozeß aus. Die übrigen dünnen Fasern hält er aber für neu entstandene, regenerierte Fasern; sie treten besonders zahlreich im Ganglion auf, wo sie sich als Knospentriebe der Ganglienzellen präsentieren und enden in der Höhe des Wurzelnerven mit homogenen, ovalen oder kugeligen Endanschwellungen. Er hält sie für Produkte einer unter pathologischen Verhältnissen wesentlich gesteigerten Regeneration, welche dem Ersatz der massenhaft zugrunde gegangenen Nervenfasern dienen sollte.

Bielschowsky und ich konnten Nageottes histologische Befunde bestätigen, fanden aber nicht das plötzliche Aufhören der Regenerationsbilder im Wurzelnerv, konnten vielmehr in alten Fällen zahlreiche, dünne Fibrillen durch die ganze Hinterwurzel, oft bis zum Rückenmark verfolgen. Mit Bielschowsky halte ich die dünnen Fibrillen größtenteils für persistierende Fibrillen, die dem krankhaften Prozeß am längsten widerstehen können, und

Abb. 22. Im Gang befindlicher nervöser Zerfallsprozeß in einem kleinen sensiblen Bündel. Die Randgebiete sind bereits marklos, sklerotisch. Im Inneren sieht man neben normalen zahlreiche, auf das Mehrfache des normalen Umfanges gequollene Markscheiden. Das Herdgebiet ist von Granulationszellen dicht eingesät. Der Pfeil kennzeichnet die Verlaufsrichtung eines mit Granulation gefüllten Lymphgefäßes, welches aus der Durahülle in den Subarachnoidalraum führt (van Gieson).

glaube, daß die Endanschwellungen zumeist keine „Wachstumskeulen" regenerierender, sondern Endkeulen („massue terminale") degenerierender Fibrillen darstellen.

Eine andere Erklärung für das auffallende Intaktbleiben der dünnen Fibrillen in der tabischen Hinterwurzel, welche von allen Untersuchern hervorgehoben wurde, brachte HECHST. Er hält sie für zentrifugale Parasympathicusfasern, deren Vorhandensein in den Hinterwurzeln von KEN KURÉ und seinen Mitarbeitern nachgewiesen wurde, und ihr Ursprung in die Zellen der sog. intermediären Zone des Rückenmarksgraus verlegt wird. Die Existenz efferenter Fasern in den Hinterwurzeln, die mit den Spinalganglien in keinem Zusammenhang stehen, wurde auch durch die embryologischen Studien LENHOSSÉKS, die experimentellen und histologischen Befunde von JOSEPH und GAGEL bestätigt. Sind es wirklich zentrifugale Fasern, die wir in den überlebenden dünnen Fibrillen der tabisch affizierten Hinterwurzeln zu vermuten haben, dann bestätigt auch dieser Befund meine hier gegebene Beschreibung von der primären Angriffsstelle des Tabesprozesses, denn das Erhaltenbleiben der zentrifugalen dünnen Fasern und der Schwund der zentripetalen mittleren und dicken Fasern kann nur so zustande kommen, wenn der primäre Affektionsherd die Hinterwurzel in der Nähe des Spinalganglions, also im Abschnitt des Wurzelnerven trifft.

Eine besondere Rolle spielen die dünnen Hinterwurzelfasern in der histogenetischen Erklärung der Tabes, die SVEN INGVAR zum Autor hat. Er stützt sich dabei auf ein nach ihm allgemeingültiges Aufbauprinzip des Zentralnervensystems, nach welchem die entwicklungsgeschichtlich älteren Bahnsysteme im Laufe der phylogenetischen Evolution sich immer mehr an die oberflächlichen Schichten des Zentralnervensystems drängen. Als ein solches System betrachtet er die dünnen, marklosen Hinterwurzelfasern, die aus den kleinen Zellen der Spinalganglien ihren Ausgang nehmen und vornehmlich der Schmerzleitung dienen sollen. Diese Fasern liegen nach INGVAR an der REDLICH-OBERSTEINERschen Stelle ganz oberflächlich und bilden hier eine veritable äußere Schicht um die Wurzel, während sie in distaleren Wurzelabschnitten in die Tiefe der Hinterwurzel sich begeben. Bei Tabes leiden diese dünnen Fasern infolge ihrer oberflächlichen Lagerung an der REDLICH-OBERSTEINERschen Stelle am frühesten. Die histologischen Belege, die der Autor zur Unterstützung dieser Ansicht anführt, sind sehr bescheiden und können keinesfalls die von allen Untersuchern gleichlautend festgestellte Tatsache widerlegen, daß bei Tabes in den Hinterwurzeln gerade die dünnen Fasern am längsten erhalten bleiben.

Der größte Gegensatz zwischen NAGEOTTES Befunden und meinen histologischen Feststellungen liegt, wie schon früher erwähnt, in dem Verhalten der Gefäße im Wurzelnerv. NAGEOTTE beschreibt den Wurzelnervprozeß als einen entzündlichen Prozeß mit hämatogenen Infiltrationszellen (Lymphocyten, Plasmazellen) in perivasculärer und diffuser Anordnung und leitet ihn als eine seitliche Fortsetzung und Verschärfung des meningitischen Prozesses von der Pia mater des Rückenmarkes ab. Dieser Feststellung widersprechen gänzlich meine Befunde, die ich an reinen Tabesfällen erhob. Ich habe den tabischen Prozeß als eine autonome selbständige Wurzelnervläsion beschrieben und den Prozeß schon wegen seiner histologischen Eigenart vom üblichen Entzündungsbegriff abgesondert, denn ich fand in reinen Tabesfällen weder die Beteiligung der Gefäße im Sinne perivasculärer Infiltrate, noch überhaupt das Vorhandensein hämatogener Zellformen im tabischen Wurzelnervgebiet, vielmehr gleichmäßig in allen Fällen ausschließlich das reine Granulationsgewebe im Affektionsniveau des Wurzelnerven vor. Im Granulationsgewebe kommen wohl, wie ich früher erwähnte, Lymphocyten und Übergangszellen vor, doch in verschwindend geringer Anzahl und unabhängig von den Gefäßen; es kann sich hier nur um Gewebslymphocyten handeln. Der Gegensatz zwischen NAGEOTTES Befunden und meinen Ergebnissen erhielt seine Klärung, als ich den Wurzelnervprozeß in Fällen von Taboparalyse verfolgte. In diesen Fällen fand ich nämlich auch sehr oft, wenn auch nicht immer, daß der Granulationsprozeß im Wurzelnerv durch intensive, entzündliche Beteiligung der Wurzelnervgefäße mit perivasculären Lymphocyten- und Plasmazelleninfiltraten kombiniert war (Abb. 23). Die hämatogenen Infiltratzellen zerstreuen sich oft diffus in das Nervengewebe und vermischen sich mit den Granulationselementen. Doch auch in diesen Fällen konnte ich feststellen, daß die Affektion des Nervengewebes mit dem Granulationsprozeß zusammenhängt und von den Gefäßinfiltraten unabhängig ist. Ich fand Bilder, wo perivasculäre Infiltrate in der Nachbarschaft von anatomisch intakten Nervenbündeln lagen. Andererseits konnte ich auch in Fällen von Taboparalyse wiederholt Wurzelnerven in Serien bearbeiten, wo der entzündliche vasculär-infiltrative Charakter des Prozesses gänzlich fehlte und nur der reine Granulationsprozeß in Erscheinung trat.

Meine obige Feststellung wurde von allen Forschern, die in den letzten Jahren sich mit dem Problem des Wurzelnervprozesses beschäftigten (SPITZER, HASSIN, GRODZKY, P. VERGA, HECHST, SCHARAPOW) ausnahmslos bestätigt.

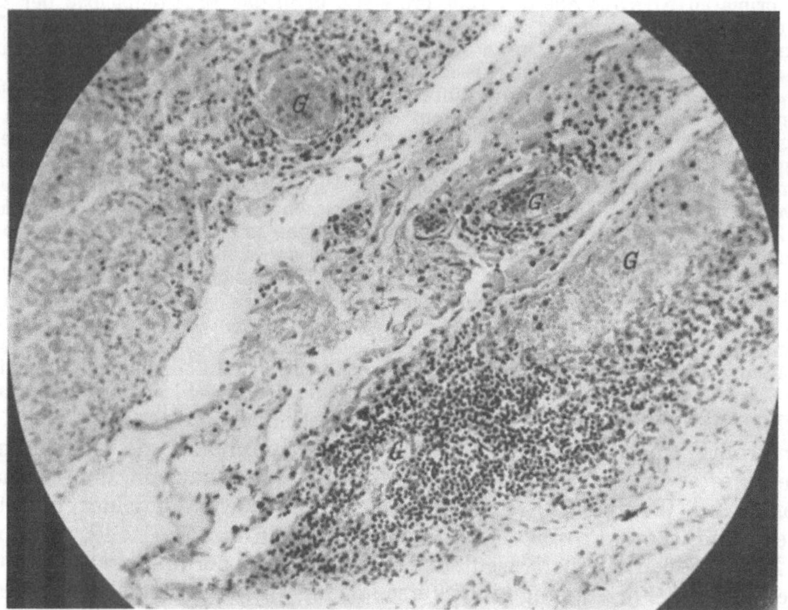

Abb. 23. Perivasculäre Lymphocyteninfiltrate um die Gefäße (*G*) der Nervenbündel und ihrer Hüllen im Wurzelnervgebiet. Aus einem Fall von Tabesparalyse (van Gieson).

JACOB erhob seinerzeit (1922). den Einwand, daß es schwer zu verstehen sei, daß der paralytische Krankheitsfaktor an einer Stelle des Nervensystems, welche mit dem paralytischen Prozeß gar nicht zusammenhängt, spezifische Veränderungen hervorrufen solle. Ich habe demgegenüber darauf hingewiesen, daß der entzündliche Komponent des Wurzelnervprozesses bei Taboparalyse von der weichen Rückenmarkshaut ausgehe, welche in diesen Fällen immer eine schwere entzündliche Veränderung aufweist und daß der Prozeß sich von der Pia längs der Wurzelgefäße in den Wurzelnerv schleicht und sich dort mit dem tabischen Granulationsprozeß vermischt. Tatsächlich konnte ich im Einklang mit NAGEOTTE die Kontinuität der Piameningitis mit dem korrespondierenden Wurzelnervprozeß in mehreren Fällen von kombinierter Tabes feststellen. Auch SCHARAPOW fand dies in zwei mit luischer Endarteriitis kombinierten Tabesfällen. In Fällen von reiner Tabes, wo eine schwere Piameningitis den tabischen Prozeß begleitet, kann also der Wurzelnervprozeß mit einem vasculär-infiltrativen Vorgang kombiniert vorkommen. Im allgemeinen muß ich aber hier auf meine frühere Feststellung hinweisen, daß die Piameningitis in einer beträchtlichen Anzahl der reinen Tabesfälle fehlt, oder nur wenig ausgesprochen ist.

Die schon von NAGEOTTE gemachte Feststellung, daß die motorische Wurzel im allgemeinen viel leichter affiziert ist, als die sensible, wurde auch durch meine Befunde vollauf bestätigt; dies kann aber nicht so gedeutet werden, als wäre die motorische Wurzel viel seltener affiziert, denn eine geringe, nur auf ein kleines Bündel oder einige Randfasern eines größeren Bündels beschränkte Affektion konnte ich auch in zahlreichen solchen Fällen nachweisen, wo die motorische Wurzel den Eindruck vollkommener Unversehrtheit erweckte. Der große Gegensatz im makroskopischen Aussehen der motorischen und sensiblen Wurzel rührt in erster Linie daher, daß während die Hinterwurzel den sekundärdegenerativen Faserausfall veranschaulicht, die motorische Wurzel infolge ihrer verkehrten Verlaufsrichtung einen solchen erst jenseits des Wurzelnerven im peripheren, gemischten Nerv erkennen läßt. Und da wir wissen, daß die motorischen Wurzelfasern der einzelnen Segmente sich in verschiedene gemischte periphere Nerven verteilen, so ist es erklärlich, daß der ohnehin geringe degenerative Effekt der motorischen Wurzelaffektion sowohl histologisch als auch

klinisch nur wenig zum Ausdruck kommt. Bei der Beschreibung der Anatomie des Wurzelnerven und der Ausbreitung des Granulationsprozesses habe ich die Momente hervorgehoben, welche das relative Verschontbleiben der motorischen Wurzel vom tabischen Affektionsprozeß verständlich machen können. Die histologisch faßbare Differenz, daß die tabische Granulation auf kürzerer Strecke und in geringerer Intensität mit der motorischen Wurzel in Berührung kommt als mit der sensiblen und daß die tabische Granulation erst in einem späteren Stadium des Wurzelnervprozesses auf die motorische Wurzel über

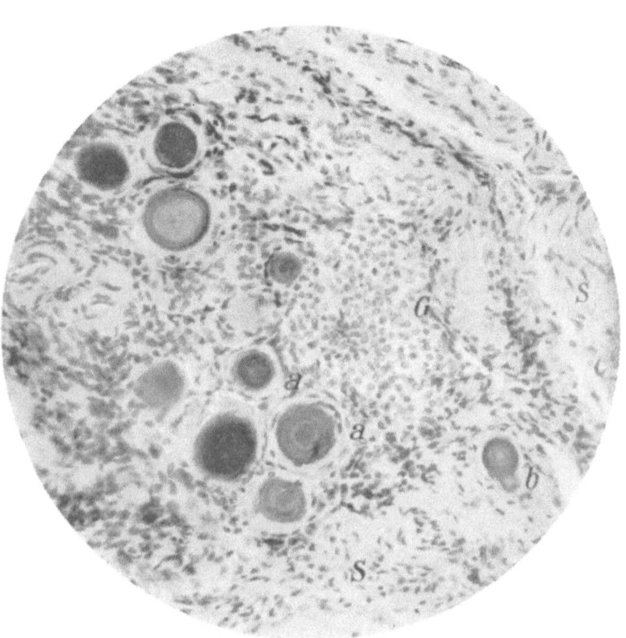

Abb. 24. Amyloidkörperchen in der perifaszikulären Granulationsmasse (Hämalaun-van Gieson). Gut erhaltene Gefäßwandkerne in den äußeren Schichten einiger Körperchen (*a*); manchmal ist bei schiefer Schnittrichtung die röhrenförmige Gestalt (*b*) zu erkennen. *G* Granulationszellen, *S* sklerotisches Bindegewebe.

greift, erklärt die geringere Affektion der motorischen Wurzel auch ohne die von NAGEOTTE nur mutmaßlich angenommenen Unterschiede in der physiologischen Widerstandsfähigkeit. Die Affektionsherde in der motorischen Wurzel zeichnen sich dadurch aus, daß sie eine geringere Ausbreitung zeigen und sich rascher lokalisieren, als die Herde in der sensiblen Wurzel. Ich fand aber einige Fälle, in welchen die motorische Wurzel eine überaus schwerwiegende Affektion aufwies, welche sich auch im sekundär-degenerativen Bild in der Höhe des Ganglions sehr deutlich verfolgen ließ.

Die Histopathologie des Wurzelnerven kann nicht früher abgeschlossen werden, bevor nicht über *die Veränderungen der Gefäße* und über die regelmäßig vorgefundenen *Amyloidkörperchen* eine kurze Beschreibung gegeben wird. Entzündliche Veränderungen weisen die Gefäße des Wurzelnerven, wie schon früher hervorgehoben wurde, an reinen Tabesfällen nicht auf. Dagegen findet man nicht selten, daß die Granulationszellen sich in den periadventitiellen Lymphräumen der Gefäße anhäufen, wodurch manchmal perivasculäre Infiltrate vorgetäuscht werden. Die Veränderung der Gefäße im Wurzelnerv ist eine häufige Erscheinung, die besonders bei vorgeschrittener Affektion deutlich in die Augen tritt. In jungen Fällen sind sie überaus selten, auch fand ich keine selbständigen, vom Wurzelnervprozeß unabhängigen Veränderungen vor, so daß es am wahrscheinlichsten erscheint, daß die

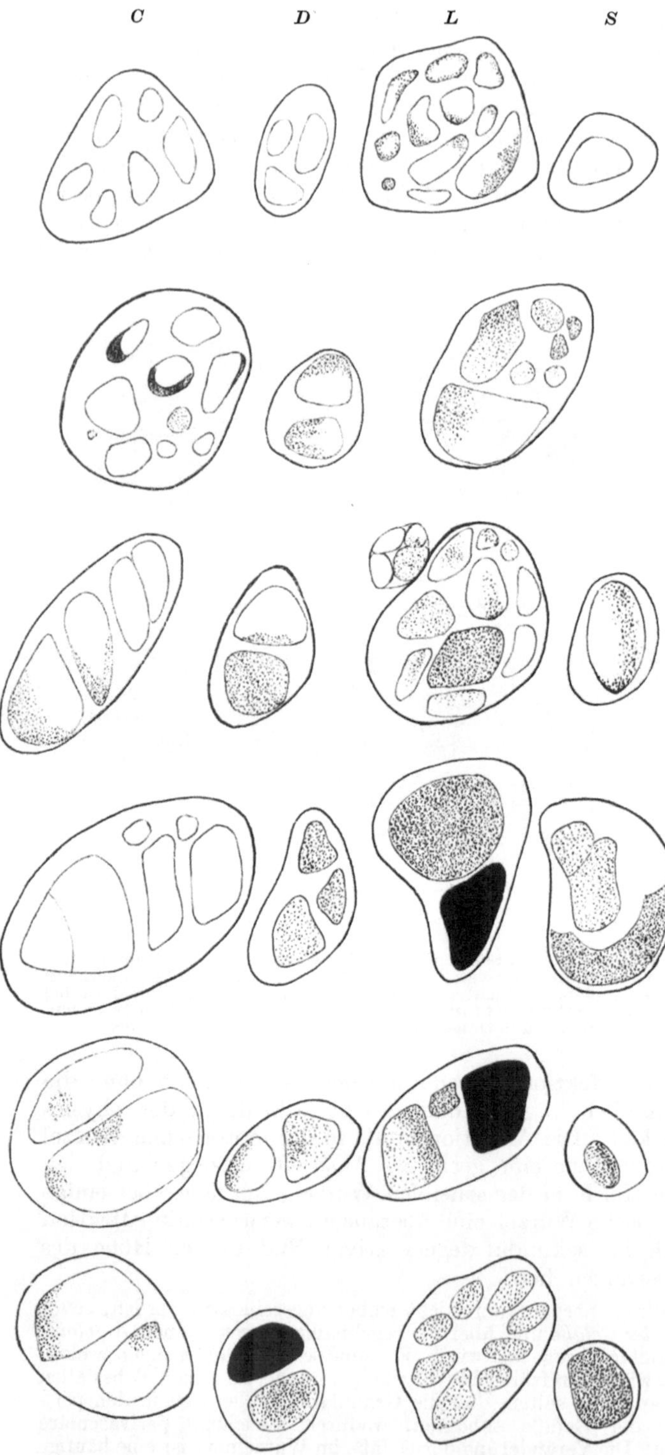

Gefäßveränderungen eine mit dem Granulationsprozeß zusammenhängende Begleiterscheinung, vielleicht Folgeerscheinung, bilden. Zunächst fällt die große Zahl der Gefäße im affizierten Wurzelnerv auf. Besonders reich ist das neugebildete sklerotische Bindegewebe an kleinen dickwandigen Capillargefäßen; oft sieht man Bilder von Gefäßsprossung schon in der jungen Granulationsmasse; in älteren sklerosierten Wurzelnerven tritt ihre große Anzahl noch dadurch hervor, daß die Venen regelmäßig mit Blut stark gefüllt sind und ihr Lumen durch die in der Umgebung vor sich gehende Schrumpfung als erweitert vorkommt. Lehrreich sind diesbezüglich Bilder aus ganz atrophischen Dorsalwurzeln, wo die sklerotischen Wurzelbündel wie kleine Anhängsel um die stark erweiterten Venen erscheinen. Diese zeigen gewöhnlich eine sehr dünne Wand, deren Endothelschicht kaum zu erkennen ist; nur eine schmale Adventitialschicht bildet die eigentliche Wand des stark gefüllten erweiterten Blutgefäßes. Die Verdünnung und Erweiterung der Gefäße führt zu Blutungen im Wurzelnerv, deren Reste ziemlich häufig anzutreffen sind. Zumeist handelt es sich um geringere Blutaustritte in die perivasculären Lymphräume, manchmal aber erfolgt die Blutung in den perifaszikulären Raum oder in die Nervensubstanz eines Bündels. Im Gegensatz zu den dünnen und erweiterten Venen gestalten sich die Veränderungen der Arterien im Bilde der Endarteriitis obliterans (HEUBNER). Das Endothel derselben ist stark gewuchert, die innere Fläche wird unregelmäßig, die Elastica

Abb. 25. Die Tabelle veranschaulicht in schematischer Darstellung die Ausbreitung des tabischen Wurzelprozesses in den vier verschiedenen Rückenmarkshöhen bei 12 Fällen von Tabes. Überall wurde je ein Wurzelnerv aus der betreffenden Höhe (möglichst aus der Mitte derselben) auf seinen Markinhalt geprüft und dieser im Schema eingezeichnet. Die mit Tusche gleichmäßig eingezogenen

tritt verdoppelt auf, zumeist stark gewunden; die Media ist am wenigsten verändert und die Adventitia ist von reichlichen, dicken Bindegewebszügen umgeben. Der Prozeß ist manchmal an der Intima, manchmal an der Adventitia ausgeprägt. Im gewucherten Intimaendothel und in den Adventitialzellen treten häufig regressive Veränderungen auf; die großen, runden, ovalen Kerne werden lang und schrumpfen zusammen, ihre Chromatinkörnelung verschwindet, sie färben sich homogen, später blaß. Die Endothelzellen sind manchmal in 5—6 Reihen übereinander gelagert, doch kommt es gewöhnlich zu keinem vollen Verschluß des Gefäßlumens. Im vorgeschrittenen Stadium des Prozesses verlieren auch die Zellkerne der Media ihre Färbung. Die Veränderungen der Gefäßwand sind nach meinen Befunden im Granulationsgewebe am deutlichsten ausgesprochen und ich glaube, daß wir es hier mit einer spezifisch luischen Gefäßerkrankung zu tun haben. SCHAFFER wies schon vor Jahren auf den luischen Charakter der im tabischen Wurzelnerv vor sich gehenden Gefäßveränderungen hin und faßte die mit diesen einhergehenden Ernährungsstörungen im Wurzelgebiet als eine Hilfsursache unter den die tabische Wurzelerkrankung bewirkenden ätiologischen Faktoren auf. Die abnorm stark erweiterten Venen und die mit Granulationsmassen gefüllten Lymphgefäße weisen auch darauf hin, daß im affizierten Wurzelnerv tiefgehende Störungen der Blutzirkulation und des Saftverkehrs bestehen müssen

Die sog. ,,Amyloidkörperchen" (corpora arenacea) liegen in der frischen

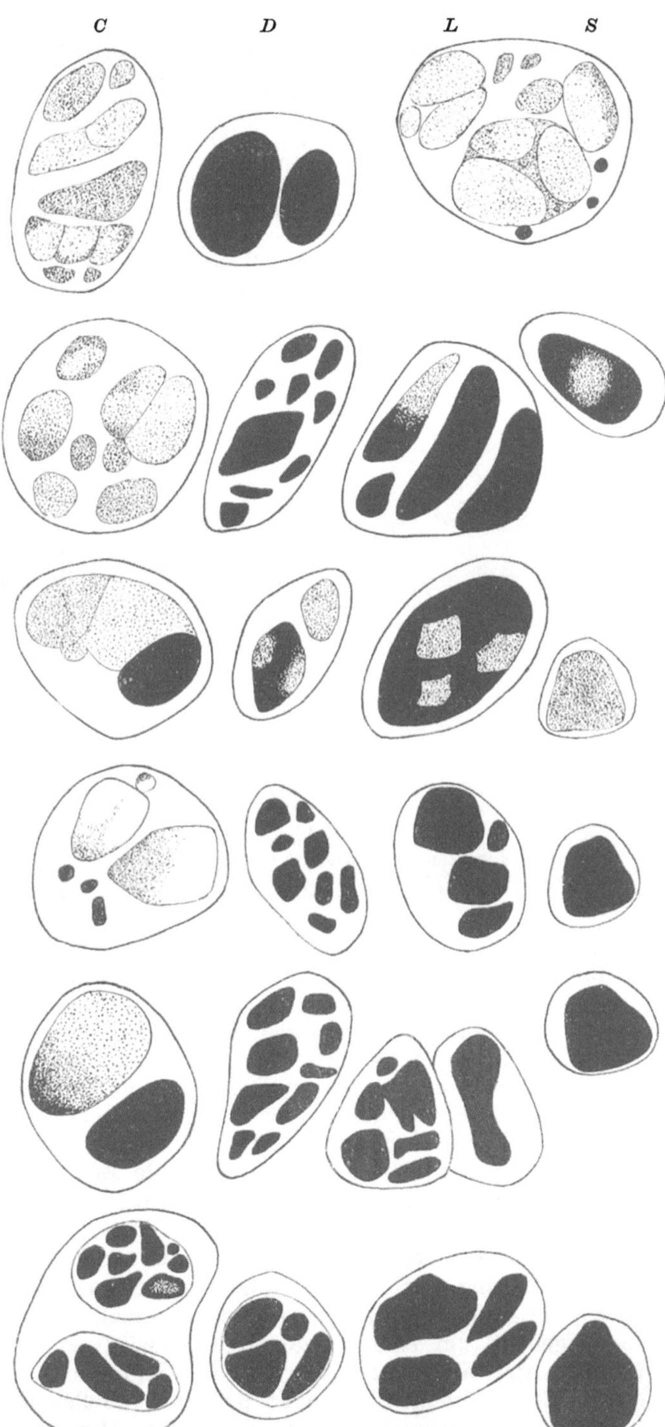

Bündel bedeuten vollkommene Marklosigkeit, durch dichtere und dünnere Schattierung soll der starke oder leichte Markausfall verdeutlicht werden, die freien Felder bedeuten intaktes Markgebiet. Die Reihenfolge ist durch den Fortschritt des Prozesses bestimmt worden.

Granulationsmasse oder im sklerotisch verwandelten Bindegewebe, also stets außerhalb des Nervenparenchyms (Abb. 24). Für einen Teil derselben konnte nachgewiesen werden, daß sie aus Lymph- und Blutgefäßen entstehen; sie stellen rohrförmige Gebilde dar, die man auf Serienschnitten lange verfolgen kann. An manchen Bildern erkennt man in der äußeren Schicht die querliegenden Zellkerne der noch erhaltenen Adventitia, während die Media und Intima verschwunden und nur mehr als konzentrische Schichtringe erkennbar sind. Den inneren Kern dieser Körperchen bildet eine solide, färbbare Masse, die wahrscheinlich dem Niederschlag der gestauten Stoffwechselflüssigkeit entspricht. Kleine, ungeschichtete Körperchen findet man in den Bindegewebsspalten und primitiv gebauten Lymphräumen.

Die Ausbreitung des tabischen Wurzelnervprozesses in den verschiedenen Höhen des Rückenmarkes erfolgt mit einer gewissen Regelmäßigkeit, durch welche die Progression des klinischen Bildes in den typischen Fällen bestimmt wird. Der Granulationsprozeß beginnt in der überwiegenden Mehrzahl der Fälle in den oberen Lumbal- und untersten Dorsalwurzeln; in ganz jungen Tabesfällen zeigen diese allein eine Wurzelnervaffektion, in den älteren Fällen zeigen sie die schwerste, am meisten vorgeschrittene Läsion. Diese Tatsache, welche schon früher aus den Hinterstrangsbildern bekannt war, ist im Wurzelnerv noch deutlicher zu erkennen. In der als Abb. 25 beigefügten schematischen Skizze versuchte ich durch die graphische Darstellung der Wurzelnervaffektion aus verschiedenen Höhen des Rückenmarkes eine vergleichende Übersicht über die Ausbreitung des tabischen Prozesses zu geben, in dem der quantitative Faserausfall in den einzelnen Wurzeln

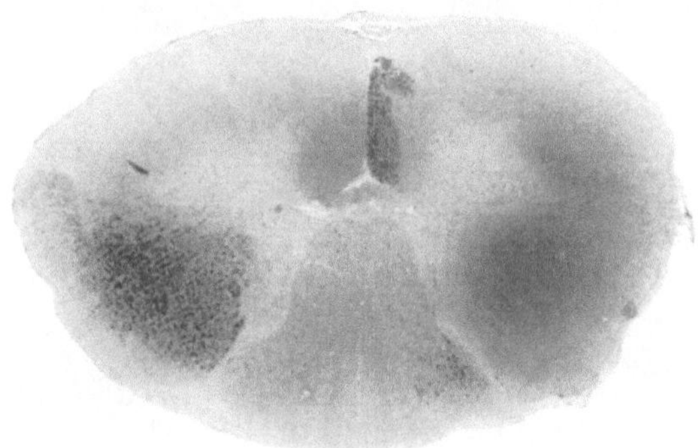

Abb. 26. Marchibild aus dem V. Cervicalsegment eines Tabesfalles, der mit einer Apoplexie endete. Frische Degeneration (im Vorder- und Seitenstrang) der linken Pyramidenbahn. Anhäufung von Marchischollen in der mittleren Wurzelzone des rechten Hinterstranges (akuter monoradikulärer Schub in der entsprechenden Cervicalwurzel). Links nur wenige, diffus verteilte Marchischollen.

nach möglichst einheitlichem Maßstab durch die verschieden starken Schattierungen wiedergegeben wurde. Die Tabelle veranschaulicht vor allem die regelmäßige Ausbreitungsart des tabischen Prozesses, also den Ausgang aus der oberen Lumbal- und unteren Dorsalgegend, deren Verbreitung nach beiden Höhenrichtungen, also nach den unteren lumbalen und sacralen Segmenten einerseits und auf die oberen Dorsalsegmente andererseits, die langdauernde Verschonung der Cervicalsegmente, unter welchen die obersten 2—3 Cervicalwurzeln in allen von mir untersuchten Fällen vom tabischen Wurzelnervprozeß verschont blieben. Als auffallende Erscheinung fand ich das starke Betroffensein der unteren Dorsalwurzeln, die in den vorgeschritteneren Fällen vollkommen marklos erschienen, während in den Lumbalwurzeln noch erhaltene Nervenfasern in beträchtlicher Anzahl vorhanden waren. Dieser Befund dürfte seine Erklärung darin finden, daß das Faserkontingent einer Dorsalwurzel bedeutend geringer ist, als einer Lumbalwurzel, so daß eine kürzere Affektionsdauer genügt um eine Dorsalwurzel gänzlich zu zerstören, während in der Lumbalwurzel auch nach einer längeren Krankheitsperiode noch einige Fasern intakt bleiben können. Es gibt jedoch zweifellos Fälle, in denen die Tabes zuerst die Dorsalwurzeln befällt oder andere Abweichungen vom typischen Verlauf zeigt. In einem Fall von inzipienter Tabes sah ich geringfügige Wurzelnervläsionen in allen Rückenmarkshöhen fast gleichmäßig verteilt, in anderen Fällen fand ich bei schwerster Affektion der dorsalen, lumbalen und sacralen

Wurzeln die Cervicalhöhen vom tabischen Prozeß kaum betroffen. In einem
Fall, wo nur in den oberen Lumbalwurzeln eine leichte Affektion bestand und
der tabische Granulationsprozeß auch hier erloschen war, blieben die übrigen

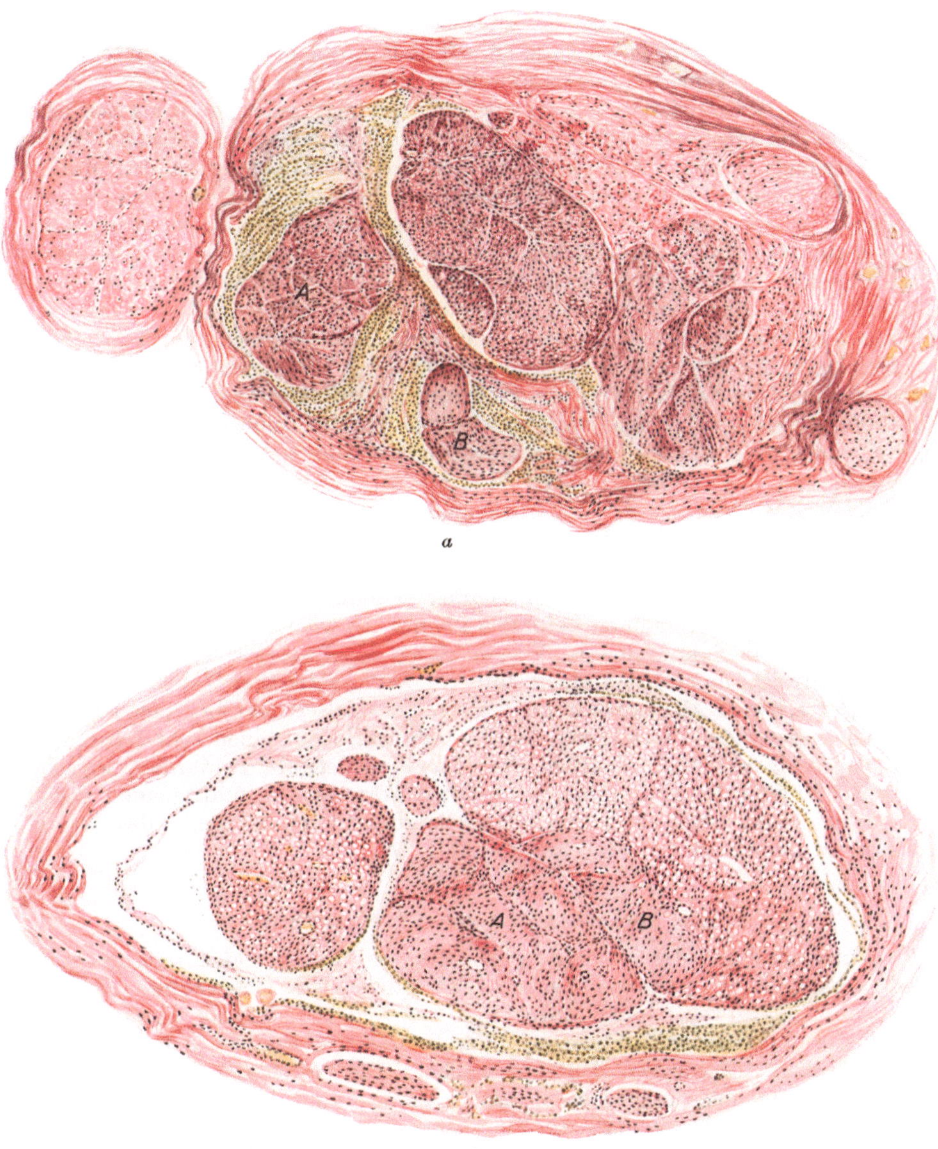

Abb. 27a und b. Monoradikuläre Verschärfung des Wurzelnervprozesses im vierten linken Cervicalsegment eines Tabesfalles. Im Hinterstrang deutliche Asymmetrie, durch schweren Markausfall im linken
mittleren Burdachstrang bedingt. Das obere Bild stammt aus dem Niveau des Wurzelnerven, wo
die motorische Wurzel schon außerhalb des Subarachnoidalraumes liegt. Zwei Bündel der Hinterwurzel (A und B), die durch ein Zwischenseptum von den übrigen sensiblen Bündeln getrennt sind,
sind vom Granulationsprozeß total zerstört, vollkommen marklos; rings um beide Bündel war
noch im Zeitpunkt des Todes ein überaus lebhafter Granulationsvorgang festzustellen (gelblich-
grün gefärbte Massen im perifaszikulären Raum). Die übrigen sensiblen Bündel sind in viel geringerem
Maße affiziert. Das untere Bild zeigt die Wurzel in einem, zum Rückenmark näherliegenden Niveau,
wo die motorische Wurzel noch innerhalb des Subarachnoidalraumes liegt. Als sekundär degenerative
Folgeerscheinung sieht man ein total entmarktes Gebiet (A und B) in der Hinterwurzel, welches
den beiden, isoliert affizierten Bündeln entspricht. (Farbige Zeichnung.)

31*

Wurzelhöhen gänzlich verschont. Es dürfte sich hier um einen frühzeitig zum Stillstand gekommenen Prozeß handeln (etwa die „forme fruste" im klinischen Bild; im objektiven Nervenbefund nur Herabsetzung der Kniereflexe verzeichnet). Die eingangs geschilderte typische Reihenfolge der Wurzelaffektion — eine für die Mehrheit der Tabesfälle feststehende Tatsache — stempelt den an zahlreichen verschiedenen Stellen sich abspielenden tabischen Prozeß zu einem einheitlichen Vorgang und verleiht ihm einen ganz spezifischen nosologischen Charakter, der die Tabes von den Wurzelnerverkrankungen anderen Ursprunges leicht unterscheiden läßt. Der Zerfall des Nervengewebes erfolgt auch in den primären Affektionsherden etappenweise, indem nur wenige Markfasern gleichzeitig Zerfallserscheinungen bieten. Man findet in diesen Herden neben gesunden Markscheiden alle Phasen des Nervenzerfalles, sogar sklerotische Narben. Langsamer Markabbau in den einzelnen Wurzeln und die allmähliche Ausbreitung des Prozesses auf die verschiedenen Höhen des Rückenmarkes sichern dem tabischen Prozeß diejenige Kontinuität, durch welche die mannigfaltigen Symptome des klinischen Bildes zusammengehalten werden. Eine seltenere Verlaufsform des tabischen Prozesses ist in den manchmal zu beobachtenden, sog. *akuten Schüben* zu verzeichnen, bei welchen die Zerstörung der Nervensubstanz in einem oder mehreren Wurzelnerven in ungewohnter Intensität erfolgt. Die sog. monoradikulären Veränderungen, welche eine vorwiegend starke Läsion einer Wurzel bezeichnen, möchte ich als sehr überzeugende Folgezustände solcher akuten Schübe betrachten, weil der überaus starke Faserausfall in denselben, welcher von der mäßigen Rarefizierung der Nachbarsegmente lebhaft abweicht, nur so erklärt werden kann, daß der tabische Prozeß, der in den übrigen Wurzeln seinen gewöhnlichen allmählich progredierenden Charakter beibehält, in einer Wurzel eine Intensität gewinnt, welche zur vollkommenen Zerstörung der Nervensubstanz führt (Abb. 26). Unter meinen Befunden konnte ich wiederholt Veränderungen finden, die auf eine akute lokale Verschärfung des Prozesses hinweisen. Als besonders lehrreich möchte ich einen Fall von asymmetrischer Tabes kurz anführen. Der schwere Markausfall im vierten Cervicalsegment der einen Seite, konnte bei serienweiser Verfolgung der Hinterwurzeln auf einen sehr schweren Affektionsprozeß im entsprechenden Wurzelnerv zurückgeführt werden, wo ich zwei starke Bündel der Hinterwurzel total entmarkt und im umliegenden perifaszikulären Raum einen ausnehmend schweren und im Zeitpunkt des Todes noch aktiven Granulationsprozeß antraf (Abb. 27).

4. Die Veränderungen der Spinalganglien.

Die Veränderungen der Spinalganglienzellen bei Tabes bilden seit der von Marie inaugurierten pathogenetischen Erklärung den Gegenstand eifriger Untersuchungen, obwohl dieser Autor sich auf rein theoretische Erwägungen stützend die Ursache der tabischen Hinterwurzelaffektion in der primären Schädigung ihres trophischen Zentrums suchte. Die einschlägige Literatur ist seit dieser Zeit mächtig angewachsen und man bekommt bei ihrer Durchsicht den sonderbaren Eindruck, daß die Gegensätze in den Feststellungen, wo es sich doch lediglich um die Beurteilung von morphologischen Verhältnissen handelt, viel größer sind, als es bei rein anatomischen Streitfragen vorzukommen pflegt. Manche Autoren (darunter auch Redlich) bemerken, daß sie selber ihre Ansicht wechseln mußten, indem sie bei wiederholten Untersuchungen voneinander abweichende und widersprechende Befunde erhielten.

Stroebe, Marinesco und Köster beschrieben schwere, in manchen Fällen ganz außerordentliche (Köster) Veränderungen in den tabischen Spinalganglien. Die Befunde von Wollenberg, Oppenheim-Siemerling, Redlich, sowie aus neuerer Zeit von RICHTER, SPITZER, HASSIN und R. O. STERN kennzeichnen die Alteration der Spinalganglienzellen als eine Veränderung leichterer Natur, die dem Charakter einer sekundären Entstehungsart entspricht. JULIUSBURGER-MEYER, SCHAFFER und MARAGLIANO berichten lediglich über negative Befunde. Es gibt zweifellos individuelle Unterschiede in der pathomorphologischen Reaktionsweise der Spinalganglienzellen, wie es KÖSTER experimentell bewiesen hat; diese sind aber keineswegs so groß, daß sie die bei der Tabes vorliegenden Gegensätze in der Bewertung der erhaltenen Befunde überbrücken könnten. Man kommt zu einem richtigen Urteil über diese Frage nur dann, wenn man vor Augen hält, daß die Affektion eines Spinalganglions ausschließlich von der Läsion seiner eigenen Hinterwurzel abhängt. Es kann in einem Tabesfall, der nach seinem klinischen Bild, oder nach den Hinterstrangsveränderungen beurteilt als ein schwerer Fall gilt, die Wurzelaffektion in einigen Cervicalwurzeln fehlen und man wird in den entsprechenden Cervicalganglien normale Verhältnisse antreffen. Dort, wo die Wurzel affiziert ist, hängt die pathologische Veränderung der Spinalganglienzellen in quantitativer Hinsicht von der Schwere der Hinterwurzelläsion ab; je größer die Zahl der zugrunde gegangenen Hinterwurzelfasern ist, um so größer ist die Zahl der veränderten Ganglienzellen. In qualitativer Hinsicht ist das Alter des Wurzelprozesses maßgebend, wobei aber berücksichtigt werden muß, daß der Faserschwund in ein und derselben Wurzel überaus langsam vor sich geht. Es steht in vollem Einklang mit dem Verlauf des Wurzelnervprozesses, wenn man in einem Spinalganglion neben einer Anzahl von morphologisch intakten Ganglienzellen veränderte Zellen findet, die von den leichtesten Merkmalen bis zu den schwersten Desintegrationsformen die ganze Skala der histopathologischen Veränderungen aufweisen. Die Tatsache, daß in einem Spinalganglion die schwersten Veränderungen der Zellen neben anatomisch intakten Exemplaren vorkommen, beweist, daß die Erkrankung der Ganglienzellen ausschließlich von dem Zustand ihres zentralen Fortsatzes, ihrer eigenen Hinterwurzelfaser abhängt und macht es im höchsten Maße unwahrscheinlich, daß bei Tabes eine primäre Schädigung der Spinalganglien durch einen krankhaften Faktor, wie immer auch dieser geartet sein mag, vorliegen könne. (HANON brachte neuerdings eine solche Erklärung.)

Die *Pigmentation* der Ganglienzellen scheint eine Initialveränderung bei Tabes zu sein; sämtliche Autoren heben das zahlenmäßig starke Hervortreten der pigmentierten Zellen als eine charakteristische Erscheinung vor. In einem Schnitt aus einem Lumbalganglion mit schwer affizierter Hinterwurzel zählte ich 52 pigmentierte und 54 nicht pigmentierte (darunter etwa 30 anders veränderte) Zellen. Die Pigmentation scheint lange Zeit die ausschließliche Alteration der Ganglienzellen bleiben zu können. Das Pigment lagert sich entweder exzentrisch in einem Segment des Zellkörpers, oder kranzartig um den Kern; diese perinukleäre Anordnung fand ich in Übereinstimmung mit REDLICH charakteristisch für die Tabes. Zu den anfänglichen Veränderungen gehört die Auflösung der chromatischen Substanz des Zellkörpers; die Tigroidschollen büßen ihre morphologische Selbständigkeit ein und werden durch ein fibrilläres Gerüst ersetzt, welches den Zellkörper ungleichmäßig ausfüllt; in anderen Fällen kommt es zu einem staubförmigen Zerfall des Tigroids, der gewöhnlich mit der Schwellung des Zellkörpers einhergeht. Ein Teil der Schwellungsformen übergeht in einen unmittelbaren Zerfall, ein anderer Teil wird zu Schrumpfzellen mit bedeutender Verringerung und dunkler Färbung des Zelleibes, in welchem Tigroidschollen fehlen. In vorgeschrittenen Fällen findet man eine auffallende Zunahme der kleinen dunklen Zellen gegenüber den hellen, großen. Die sog. Pericellulärräume sind nur dann als pathologische Veränderung aufzufassen, wenn bei nachweisbarer Schrumpfung eine gleichzeitige Vermehrung der Kapselwandzellen besteht. Die kompensierende Zellwucherung des Kapselendothels folgt dem Zellschwundprozeß, so daß die Stellen von zugrundegegangenen Ganglienzellen durch eine Anhäufung von Kapselzellen erkennbar bleiben. Die Kernveränderungen treten im allgemeinen viel später in Erscheinung als die des Zelleibes; die Pigmentation und Auflösung der Tigroidsubstanz geht zumeist ohne Alteration des Zellkernes vor sich. Die typischen Kernveränderungen zeigen sich erst in den geschrumpften Zellen, wo der Kern entrundet, eckig, gelappt, ungleich stark umrandet erscheint und auf NISSL-Bildern eine verschwommene dunkelblaue Färbung erhält. Zumeist behält er seine zentrische

Lage; Verschiebungen an den Rand des Zelleibes kommen nur selten vor. Das Kern-körperchen bewahrt am längsten sein normales Aussehen. Der Untergang der Ganglien-zellen führt stellenweise zu einer Verödung des Ganglions, bei welcher die Ersatzwucherung des interstitiellen Bindegewebes beträchtliche Grade erreichen kann. Entzündliche Ver-änderungen wurden bei reiner Tabes von allen Untersuchern vermißt; R. O. STERN fand vasculär-infiltrative Veränderungen (diffuse und perivasculäre Lymphocyten- und Plasma-zelleninfiltrate) als häufigen Befund bei Paralyse und Taboparalyse, einmal auch bei reiner Tabes.

KÖSTER verglich die Veränderungen der Spinalganglienzellen bei Tabes mit solchen, die nach Durchschneidung der Hinterwurzel im betreffenden Spinalganglion entstehen und fand eine wesentliche Übereinstimmung; als einzigen Unterschied erwähnt er, daß die Ver-änderungen bei Tabes langsamer eintreten als bei der Hinterwurzeldurchtrennung. Ich kann KÖSTERs Feststellungen noch dahin ergänzen, daß ich die Identität der tabischen Ganglienzellenveränderungen mit solchen nach Hinterwurzeldurchtrennung auch beim Menschen bestätigen konnte. In einem Fall von FÖRSTERscher Radikotomie fand ich in den radikotomierten Spinalganglien Veränderungen, die entsprechend dem Umstand, daß die Operation um 254 Tage überlebt wurde, ziemlich vorgeschritten waren und den schwer veränderten tabischen Ganglienzellen gleichzustellen waren: wenig pigmentierte Zellen, zahlreiche Zerfallsbilder mit „Restknötchen", auffallend viel kleine geschrumpfte Zellen.

Zusammenfassend kann gesagt werden, daß die histologischen Verände-rungen der Ganglienzellen im allgemeinen viel geringfügiger sind, als daß sie eine primäre Veränderung des Tabesprozesses darstellen könnten und viel zu wenig konstant, als daß sie den Ausgangspunkt der tabischen Läsion bilden könnten. Sie sind am besten als eine durch die Hinterwurzelschädigung bedingte sekundäre Folgeveränderung zu erklären.

II. Histopathologische Veränderungen im Bereich des cerebralen Nervensystems.

1. Veränderungen der Hirnnerven mit Ausnahme des Opticus.

Bis vor kurzem bildeten die histopathologischen Veränderungen der Hirn-nerven bei Tabes das am wenigsten erforschte Gebiet der Tabespathologie. Unsere Kenntnisse beruhten auf wenigen kasuistischen Mitteilungen, in welchen die neueren histologischen Untersuchungsmethoden kaum eine Anwendung fanden. Es ist festgestellt, daß im Laufe der Tabes sämtliche Hirnnerven ohne Ausnahme erkranken können; relativ am häufigsten der Opticus, Acusticus und Oculomotorius. Einen Unterschied gibt es hier zwischen sensiblen, senso-rischen und motorischen Nerven überhaupt nicht. Der primäre Sitz des histo-pathologischen Vorganges wurde anfangs in die Ursprungszellen der Hirnnerven verlegt. Einige Autoren (KOCH-MARIE, WESTPHAL-SIEMERLING, BERGER-MARBURG) konnten nämlich degenerative Veränderungen, besonders in der Form einer Lipoidentartung im Hypoglossus-, Vagus-, Acusticus-, Facialis-, Abducens- und Oculomotoriuskern nachweisen und betrachteten die Atrophie der Nerven als eine Folgeerscheinung des Kernprozesses. Inzwischen tauchten jedoch auch andere Befunde auf (OPPENHEIM, DEJERINE, NONNE, CASSIRER), welche bei ähnlichen Lähmungen den Kern intakt fanden, hingegen im Anfangsteil des betreffenden Hirnnerven neuritische oder primäre degenerative Verände-rungen feststellen konnten. Die in neuerer Zeit erschienenen Mitteilungen, die sich zumeist auf ein größeres Untersuchungsmaterial stützen, bestätigen ausnahmslos, daß *bei den tabischen Hirnnervläsionen der primäre Sitz des krank-haften Vorganges im intrakraniellen, extracerebralen Abschnitt des Hirnnerven liegt.*

STARGARDT untersuchte 24 Fälle von Taboparalyse und Paralyse und fand in 10 Fällen wo klinisch eine Ptose bestand, eine mehr oder weniger ausgedehnte Infiltration der Hülle und der Gefäße des *Oculomotorius*stammes. Bezüglich der Affektion gibt er an, daß der exsudative Prozeß in der Umgebung oder in der Hülle des Nerven einsetzt und sich von hier in das Innere des Nervenstammes ausbreitet, denn er konnte fast in allen Fällen beob-achten, daß die perineuralen Zellinfiltrate sich kontinuierlich auf die in das Innere der

Nerven eindringenden Gefäße fortsetzen. Als die Stelle, welche von der primären Läsion betroffen wird, bezeichnet STARGARDT die Durchtrittsstelle des Oculomotorius durch die Dura neben dem Proc. clinoideus post.; nur in einem Fall fand er diese Stelle frei und eine proximaler gelegene Stelle des Nerven mit Plasmazelleninfiltraten durchsetzt. Die Nervenzellen der Oculomotoriuskerne fand er in den meisten Fällen normal. Bei Fällen mit einseitiger Ptose fand er auf dieser Seite Plasmazellinfiltrate im Oculomotorius, während auf der gesunden Seite nur einzelne Plasmazellen gefunden wurden. Von den 14 Fällen, in welchen keine Ptosis bestand, fand er viermal eine geringe, dreimal eine ausgesprochene Zellinfiltration im Perineurium und einzelne Plasmazellen im Nervengewebe. STARGARDT faßt auf Grund seiner Befunde *die Schädigung der Hirnnerven als den Effekt eines vasculär-exsudativen Vorganges im extracerebralen intrakraniellen Abschnitt des Nervenstammes auf.*

Meine Untersuchungen bezogen sich auf 5 Fälle von reiner Tabes und einen Fall von Taboparalyse. In 2 Fällen ohne klinische Symptome fand ich sowohl den intrakraniellen Nerv, wie den Kern des Oculomotorius intakt. In den drei anderen Fällen von reiner Tabes mit klinischen Ausfallserscheinungen fand ich im proximalen Abschnitt des extracerebralen Nerven ausgesprochene entzündliche Veränderungen in der Hülle des Nerven, und zwar sowohl Granulationselemente als auch perivasculäre Lymphocyten- und Plasmazelleninfiltrate. Das Nervenparenchym zeigte randförmige Ausfallsherde, die mit einer lebhaften Granulationswucherung einhergehen. Granulationszellen dringen längs der Septa auch in das Innere des Nerven ein, wo sie lokale Anhäufungen bilden. Die perivasculären, hämatogenen Zellinfiltrate waren in der benachbarten Pia stark ausgesprochen, befanden sich aber auch in der Hülle der Nerven, weit seltener im Nervenparenchym. Ich unter-

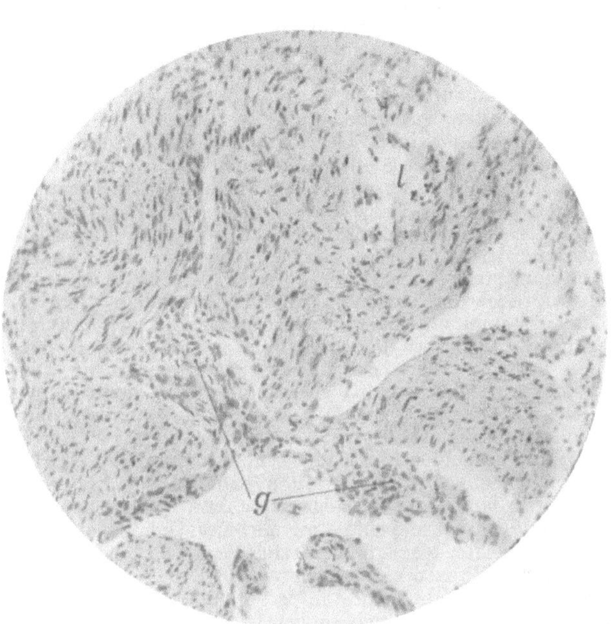

Abb. 28. Frische Granulationsmassen (*g*) zwischen den sklerosierten Bündeln des Trigeminus aus einem Fall von reiner Tabes. Wenige Lymphocyten (*l*) aus der angrenzenden Pia am Rande des Nerven. (van Gieson.)

suchte auch die beiden *Trigemini* eines reinen Tabesfalles (ohne genauere klinische Daten) und fand beiderseits im proximalen Abschnitt des extracerebralen Nerven einen überaus lebhaften entzündlichen Prozeß in den Nervenhüllen, wobei einige kleine Bündel, die an der Peripherie des Nerven lagen, völlig entmarkt waren. Auch hier war das entzündliche Gewebe ein gemischtes: Granulationsgewebe mit perivasculären Lymphocyten- und spärlichen Plasmazelleninfiltraten. Das Eindringen von Granulationselementen in das Nervenparenchym war auch hier deutlich zu beobachten (Abb. 28).

SCHARAPOW fand ausschließlich Granulationswucherungen in der sensiblen Trigeminuswurzel vor ihrem Eintritt in das Ganglion ohne perivasculäre Infiltrate; er konnte diese Herde bis in das Ganglion Gasseri verfolgen; die peripheren Bündel waren frei; in einem zweiten Fall (mit Sensibilitätsstörung) narbiges Gewebe mit schwerer Faserdegeneration der intraganglionären Bündel.

Über die Affektion des *Acusticus* bei Tabes liegen zahlreiche ältere kasuistische Mitteilungen vor. In den Fällen von OPPENHEIM und SIEMERLING, HAUG, HABERMANN, BRÜHL und STRÜMPELL wurde ein Schwund der Nervenfasern und bindegewebige Atrophie des Stammes und der Wurzeln des Octavus und rundzellige Infiltrate der Nervenscheiden beobachtet. Der Schwund der Nervenfasern war auch im Utriculus, Sacculus und in der Schnecke ausgesprochen. In HAUGS Fällen war auch das Cortiorgan verändert. Der Acusticuskern war in allen Fällen, wo er untersucht wurde, als intakt gefunden. Neuere Untersuchungen von O. MAYER und KRASSNIG bestätigten an einem größeren Untersuchungsmaterial, daß *der primäre Sitz der tabischen Acusticusaffektion im extracerebralen, intrakraniellen Abschnitt des Hörnerven liegt.* O. MAYER fand in 4 Fällen von Tabes mit Schwerhörigkeit einen hochgradigen Faserschwund des Cochlearisstammes von der Kernregion in der Oblongata bis zur nervösen Endausbreitung in der Schnecke mit deutlicher Atrophie des Ganglion spirale cochleae. Das CORTI-Organ war gut erhalten. Der vestibuläre Zweig war fast intakt. Den größten Faserausfall fand er im peripher von der Gliascheide gelegenen Teil des Cochlearisstammes, am meisten ausgesprochen in dem im inneren Gehörgang liegenden Abschnitt des Nerven; hier war an Stelle der Nervenfasern nur mehr Bindegewebe zu sehen. Die Atrophie des Gehörnerven führt er auf entzündlich-proliferative Veränderungen zurück, die er in allen Fällen in den Scheiden und im Inneren dieses Nervabschnittes nachweisen konnte. KRASSNIG untersuchte 10 Fälle von Taboparalyse mit Hörstörung. Er erblickt in der Acusticusläsion einen entzündlich-degenerativen Prozeß, der von der Pia seinen Ausgang nimmt und den Nervenstamm an einer typischen Stelle (Abgangsstelle des Vorhofzweiges, etwa 2—3 mm vom Fundus des inneren Gehörganges) am stärksten schädigt. Die entzündlichen Veränderungen sind im allgemeinen nicht bedeutend; am deutlichsten sind sie als perivasculäre Infiltrate an den Gefäßen der Pia ausgesprochen, geringer in der pialen Nervenhülle, am wenigsten im Nervenparenchym selbst; er fand oft kleine piale und subpiale Blutungen. Die zelligen Elemente sind hauptsächlich Rundzellen und Plasmazellen, spärlicher Fibroblasten. An vereinzelten Stellen der Pia findet man umschriebene entzündliche Herde, die man eine Strecke lang auch in das Nervenparenchym verfolgen kann. Diese Stellen fallen aber nicht immer mit jenen zusammen, wo später die Atrophie am meisten ausgesprochen ist, auch findet man entzündliche Veränderungen im Vestibularisstamm, wo eine Degeneration nur sehr wenig angedeutet ist. Nach KRASSNIG stimmt die geringe Intensität des entzündlichen Vorganges mit dem überaus langsamen Fortschritt des klinischen Bildes gut überein. Der ursächliche Zusammenhang zwischen Entzündung und Degeneration, obwohl er nicht strikte bewiesen werden kann, muß nach KRASSNIG doch als sehr wahrscheinlich angesehen werden, weil beide Veränderungen am Cochlearisstamm am meisten ausgesprochen sind; daß fallweise die entzündlichen Veränderungen gegenüber den degenerativen zurücktreten, mag seine Ursache in dem schubweisen Fortschritt des Entzündungsprozesses haben. Die Veränderungen im Innenohr sind konsekutive degenerative Veränderungen, denn hier fehlen die Entzündungserscheinungen gänzlich; auch der Zellschwund im Ganglion spirale ist vom Faserschwund des Acusticusstammes abhängig. KRASSNIG fand auch Amyloidkörperchen an der Hauptläsionsstelle des Acusticusstammes im Fundusgebiet. Frau USPENSKAJA untersuchte den Acusticus in einem 15 Jahre alten Tabesfall, wo die Schwerhörigkeit seit einem Jahre bestand; sie fand, daß der Acusticusstamm nach seinem Eintritt in die weichen Häute in ein entzündlich-nekrotisches und narbiges Gewebe eingebettet war und eine völlige Degeneration zeigte bis zum ventralen Acusticuskern, welcher zum Teil auch noch in den entzündlichen Prozeß einbezogen war.

SCHARAPOW untersuchte in 2 Fällen von reiner Tabes auch die übrigen Hirnnerven und fand Granulationswucherungen leichteren oder schwereren Grades am extracerebralen, intrakraniellen Stamm des Trochlearis, Abducens, Acusticus, Vagus (Magenkrisen; größere Granulome, die bis ins Ganglion jugulare und nodosum reichten), Hypoglossus. Im Gegensatz zu diesen Hirnnerven fand er im Opticus und Olfactorius einen gemischt-entzündlichen Prozeß, wo neben Granulationswucherungen auch perivasculäre Lymphocyteninfiltrate in den Scheiden der Hirnnerven vorlagen.

2. Veränderungen des Opticus.

Die erste systematische Untersuchung des histopathologischen Substrates, welches der tabischen Opticusatrophie zugrunde liegt, verdanken wir STARGARDT, welcher — nach spärlichen und auf geringes Untersuchungsmaterial beschränkten Untersuchungen früherer Autoren — 24 Fälle von Opticusatrophie bei Tabes und Paralyse an allen in Betracht kommenden Stellen der affizierten Opticusbahn untersuchte.

STARGARDT fand, daß eine Degeneration in der Opticusfaserung nur dann stattfindet, wenn irgendwo in seinem Verlauf ein exsudativer Prozeß vorausgegangen sei. Der Hauptsitz des exsudativen Vorganges liegt nach seinen Feststellungen im intrakraniellen Teil oder in dem, im Knochenkanal liegenden Abschnitt des Sehnerven und im Chiasma; der orbitale Abschnitt des Opticus, sowie der Tractus und die Corpora geniculata werden nur selten befallen. Bei der Paralyse greifen die exsudativen Prozesse im allgemeinen vom Gehirn aus auf die Sehbahn über, bei der Tabes (es wurden 3 reine Tabesfälle untersucht) entstehen die exsudativen Prozesse selbständig im Opticusgebiet und können von hier aus auf das Gehirn übergreifen. Bei beiden Prozessen ist aber das histologische Bild wesentlich gleich. Bei den exsudativen Prozessen spielen Lymphocyten und Plasmazellen die

Hauptrolle. Der Hauptsitz der Zellinfiltrate ist die Pia und die aus ihr in den Opticusstamm eindringenden Septen. Die Plasmazellen können in der Pia diffus zerstreut sein, meist liegen sie aber etwas dichter um die pialen Gefäße und bilden hier richtige Infiltrate. Bei weiter vorgeschrittenen Prozessen können diese Infiltrate zusammenfließen, so daß die Pia von einer 4—6fachen und noch dichteren Plasmazellage durchsetzt ist. In den Septen liegen die Plasmazellen, vornehmlich in den VIRCHOW-ROBINschen Räumen, können sich aber im Bindegewebe diffus zerstreuen. Im Opticusgewebe findet man Plasmazellen nur in den adventitiellen Räumen der Gefäße, und zwar nicht nur der größeren Gefäße, sondern auch um die kleinen Capillaren. Die reichsten Plasmazellinfiltrate zeigt der Abschnitt des intrakraniellen Opticus, wo eine in den Nerv hineinragende Pialleiste und die zahlreichen, aus der Pialscheide in den Nerv ziehenden Gefäße dem Vordringen dieser Infiltrate die Wege öffnen. Die degenerativen Veränderungen des Opticus betreffen sowohl die Marksubstanz, als auch die Achsenzylinder. Als solche beschreibt STARGARDT die Zerklüftung des Markmantels und Bildung von tiefen Einschnürungen, dann Fragmentation und Bildung rundlicher Klumpen oder Schollen, welche allmählich in kleinere Partikeln zerfallen, wobei das Myelin chemische Veränderungen erleidet. Unter den Veränderungen der Achsenzylinder erwähnt STARGARDT partielle Anschwellungen und stellenweise den Verlust der Imprägnierbarkeit; auch sah er an einzelnen Stellen die Aufsplitterung des Achsenzylinders. Die Abbauvorgänge spielen sich im degenerierten Opticus in ähnlicher Weise ab wie im übrigen zentralen Nervensystem. Die Abbauprodukte werden von sog. Abräumzellen zerkleinert, chemisch verändert und zu den Gefäßen abtransportiert, wo sie in der Form von Fetttropfen die periadventitialen Räume ausfüllen und von hier allmählich in die Blutbahn befördert werden. Die Abräumzellen hält STARGARDT zumeist für gliogene Zellen. Der durch Zerstörung der Nervensubstanz entstandene Defekt des Opticusgewebes wird durch Wucherung der Glia ersetzt. Die Gliawucherung beginnt nach STARGARDT durch eine Vermehrung der Gliazellen schon in einem sehr frühen Stadium des Degenerationsprozesses; später findet man nur eine reichliche Faserbildung und die gewucherten Gliafasern schrumpfen schließlich zu Faserfilzen zusammen. Die Scheiden des Opticus zeigen keine erheblichen Veränderungen, nur die Pia kann bei vorgeschrittener Atrophie etwas verdickt sein. Das Bindegewebe der Septen zeigt keinerlei Zeichen einer Proliferation; der Bau des Opticus mit seinen Maschenräumen bleibt auch im vorgeschrittensten, atrophischen Stadium erhalten, wenn auch einzelne Septen infolge des durch die geschrumpfte Glia ausgeübten Zuges verzerrt und deformiert werden. Die Veränderungen der Gefäße sind von dem pathologischen Prozeß abhängig, der sich in ihrer Umgebung abspielt. Spezifische Gefäßveränderungen konnte STARGARDT im tabischen Opticus nicht feststellen. STARGARDT hat auch die übrigen Teile der Sehbahn untersucht und festgestellt, daß im Tractus opticus die exsudativen Veränderungen nur selten vorkommen; die primären Opticusganglien zeigten im allgemeinen keine exsudativen Veränderungen, nur in einem seiner Fälle fand er einen ausgesprochen entzündlichen Herd im Corp. genic. ext. der einen Seite mit Plasmazellinfiltraten, die von der Pia in das Innere des Kerngebietes zogen und schwere Veränderungen der Ganglienzellen. — STARGARDT untersuchte auch die mit der Sehbahn benachbarten Teile der Hirnbasis, sowie das zentrale Höhlengrau, den dritten Ventrikel, die Hypophyse, die Gegend des Tuber cinereum und fand diese nicht selten genau in derselben Weise erkrankt wie den Opticus selbst.

Die wichtigste Feststellung, welche vom Standpunkt der Pathogenese der Opticusatrophie die größte Bedeutung besitzt, ist die, daß STARGARDT im Einklang mit einigen früheren Beobachtungen (v. GRÓSZ) hier zum erstenmal gesetzmäßig die Tatsache festgelegt hat, daß die Degeneration der Opticusbahn immer am Rande des Sehnerven beginnt, daß die Randfasern des Opticus der initialen Läsion zum Opfer fallen. Er demonstriert aus seinen wenig vorgeschrittenen Fällen einige eklatante Beispiele der Randaffektion bei Beginn der Atrophie.

Ich untersuchte den Opticus in 3 Fällen, unter welchen 2 reine Tabesfälle und 1 Tabesparalyse sich befand. Im ersten Fall (s. Abb. 29) bestand eine Opticusatrophie nur auf einem Auge, welches 4 Jahre vor dem Tod wegen grauen Stars operiert wurde; das andere Auge mit einer unoperiert gebliebenen Katarakta zeigt einen völlig normalen Opticus. In diesem war in der Hülle keine Spur von einer entzündlichen Zellinfiltration zu erkennen. Der andere Opticus war fast total entmarkt, zeigte nur in der Mitte einige in Zerfall begriffene Markscheiden und Markklumpen. Der Nerv war zusammengeschrumpft, seine maschenartige Struktur ziemlich verzerrt, mächtige Zellinfiltrate lagen in der Pia und in den einmündenden Septen teils diffus zerstreut, teils perivasculär geordnet. Auch die kleinsten Capillaren in den Gewebssepten zeigten periadventitielle Infiltrate. Die Infiltrate bestanden aus Lymphocyten und Plasmazellen; Granulationselemente fehlten hier gänzlich, nur in den äußeren Schichten der Opticusscheide waren wenige Granulationskerne zu sehen. Chiasma und Tractus waren von der entzündlichen Veränderung frei. In einem zweiten Fall (Tabesparalyse) waren die exsudativen Veränderungen noch mehr ausgesprochen und reichten nach rückwärts bis in den Anfangsteil der beiden Tractus. Im Chiasma fanden sich perivasculäre Plasmazelleninfiltrate auch innerhalb des Nervenparenchyms. Was die Markaffektion anbetrifft, so war in diesem Falle sehr auffällig, daß im Abschnitt des intrakraniellen Opticus diejenigen Faserbündel, welche am Rande des Nerven unmittelbar an der Pialscheide liegen, sehr schwer affiziert, zumeist gänzlich entmarkt waren, während die übrigen Bündel des Querschnittes nur eine leichte diffuse Rarefizierung des Markes feststellen ließen. Der dritte Fall ließ bei totaler Zerstörung der Nervensubstanz zwei voneinander unabhängige exsudative Herde im Gebiet der Sehbahn erkennen; der eine lag in dem dem Chiasma zunächstliegenden Drittel des Opticus, der zweite lag im Tuber cinereum und breitete sich auf die Hinterfläche des Chiasmas aus. Hier bestanden die perivasculären Infiltrate ausschließlich aus Plasmazellen.

KENZO FUJIWARA untersuchte in 19 Fällen von Paralyse und Tabes die Sehbahn und fand im Tractus, Chiasma und im proximalen Teil des Opticus (der distale stand nicht zur Verfügung) nebeneinander verschiedene Grade von Atrophie und mehr oder weniger ausgesprochene entzündliche Infiltrate in der umgebenden Pia.

BEHR kommt auf Grund seiner histologischen Untersuchungen zu der Ansicht, daß die primäre histopathologische Veränderung bei der tabischen Opticusatrophie das bindegewebige und gliöse Stützgewebe betrifft. Er beschreibt als eine frühzeitige Veränderung das Zugrundegehen der zarten blutgefäßführenden septalen Scheidewände, sowie die Verdickung und Verkürzung der dickeren Septen; auch fand er, daß die Gliafasern, die von den subseptalen, gliösen Grenzmembranen in das Innere der Bündel ziehen, schon zu Beginn der Degeneration auffallend verdickt und leicht färbbar sind. Später gehen sie, so wie die Gliakerne, zugrunde.

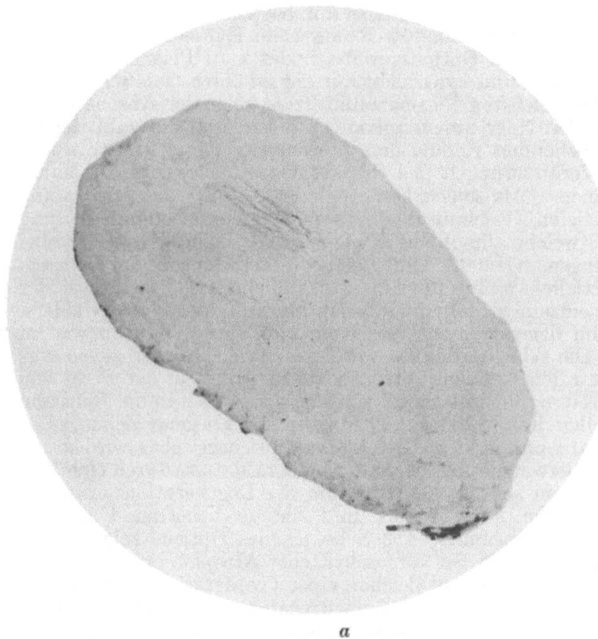

a

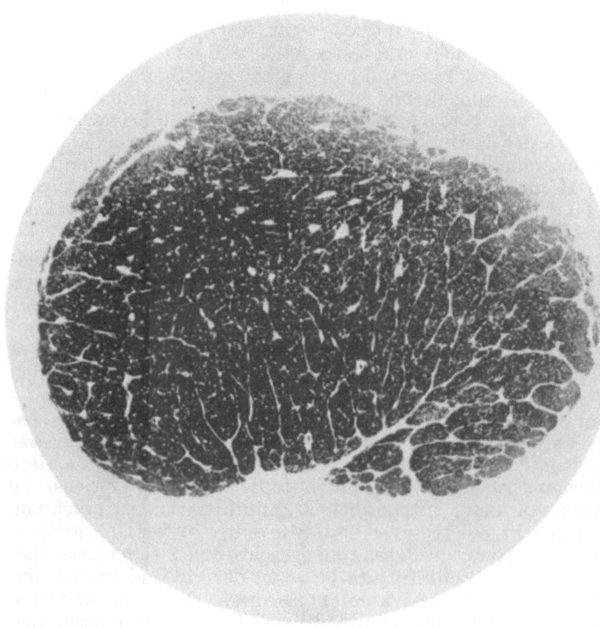

b

Abb. 29a und b. WEIGERT-Bilder der beiden Optici aus einem Fall von reiner Tabes. Unten (b) vollkommen normales Markbild, Fehlen jeglicher entzündlicher Veränderung in der Opticusscheide. Oben (a) fast totale Marklosigkeit des Sehnerven, mächtige entzündliche Infiltrate von Lymphocyten und Plasmazellen in der Opticusscheide und in den Septen.

Eine sehr eingehende und wichtige Studie über die Histopathologie und Pathogenese der tabischen Opticusatrophie verdanken wir IGERSHEIMER. Auch er betont die Identität des histopathologischen Prozesses bei Tabes und Paralyse. Er bezeichnet die entzündlichen Zellinfiltrate in den weichen Häuten des intrakraniellen und intracanaliculären Opticusabschnittes als eine häufige, aber nicht konstante Veränderung. Das Eindringen der Infiltrate in die Zwischensepta fand er nur gelegentlich. Der Höhepunkt des exsudativen Prozesses liegt auch nach seinen Beobachtungen im proximalen Abschnitt des intrakraniellen Opticus, nahe dem Chiasma. Neben der entzündlichen Veränderung der Opticusscheide kann eine Degeneration im Sehnerv vorliegen oder fehlen. Es gibt aber nach ihm eine Anzahl von Fällen, in welchen die entzündliche Veränderung eine minimale sein oder auch gänzlich fehlen kann, und zwar sowohl bei atrophischen, als bei normalen Sehnerven von Tabes- und Paralysefällen. Spezifische Gefäßveränderungen fand er keine. Als eine neue, von den bisherigen Untersuchern nicht gefundene Veränderung beschreibt IGERSHEIMER circumscripte Degenerationsprozesse im Sehnerv, sowohl bei Tabes als bei Paralyse. Während im allgemeinen die Faserdegeneration im Opticus in der ganzen Länge des untersuchten Nerven verfolgt werden kann, fand IGERSHEIMER umschriebene entmarkte Flecke, die nach kurzem Bestand sowohl in absteigender wie in aufsteigender Richtung spurlos verschwinden; er unterscheidet hier eine Gruppe, in welchen entzündliche oder reaktive Vorgänge am Bindegewebsapparat vollkommen fehlten, von einer anderen, wo eine umschriebene Verdickung der Pia bestand und sowohl in dieser, als auch in den benachbarten Randsepten eine ausgesprochene Zellvermehrung sich nachweisen ließ, welche eher aus gewucherten Bindegewebszellen als aus Rund- und Plasmazellen zusammengesetzt waren. Entsprechend diesem Scheidenabschnitt waren die Randbündel des Sehnerven gelichtet. Diese Art der umschriebenen Faserdegeneration fand er stets im Canalis opticus.

Das bedeutendste Ergebnis aus den Untersuchungen IGERSHEIMERs bleibt aber, daß es ihm nach so vielen fruchtlosen Bemühungen als Erstem gelungen ist den Lueserreger bei der Opticusatrophie an einer solchen Stelle der peripheren Sehbahn nachzuweisen, welche die Annahme eines ursächlichen Zusammenhanges zwischen Spirochäte und Opticusdegeneration ermöglicht. In 10 Fällen (7 Fälle von Paralyse, 3 von Tabes), wo weder eine Opticusatrophie, noch merkliche entzündliche Veränderungen in der Scheide vorlagen, war das Ergebnis seiner Untersuchungen negativ. Eine zweite Gruppe betrifft 9 solche Fälle, wo neben starken entzündlichen Veränderungen eine Degeneration in der Sehbahn nicht nachgewiesen werden konnte. 6 Fälle blieben negativ, in 3 Fällen fand er in der infiltrierten Pia und Arachnoidea des intrakraniellen Abschnittes Spirochäten. In einem dieser Fälle, wo die Spirochäten auch in einigen Randsepten sowie in der Randglia nachgewiesen wurden, konnte im Markscheidenbild im Opticusabschnitt, welcher dicht hinter dem Bulbus liegt, eine auffallende Marklichtung in zwei Markbündeln beobachtet werden. In der dritten Gruppe, wo stets ein atrophischer Prozeß im Sehnerv vorlag, fiel die Spirochätenuntersuchung unter 21 Fällen 8mal positiv aus. 2mal fand er Spirochäten im Meningealteil des intrakraniellen Abschnittes, 2mal dicht im Chiasma (davon einmal auch im Corpus geniculata externum), ferner einmal bei Dunkelfelduntersuchung des intrakraniellen Opticus, in einem weiteren Fall in der Adventitia eines kleinen Gefäßes im intrakraniellen Opticus und einmal in der Arachnoidea des intrakanalikulären Abschnittes. Die positiven Befunde beziehen sich auf 7 Fälle von Paralyse, 2 Fälle von Taboparalyse und 1 Fall von reiner Tabes. Der Spirochätenherd hatte bei den positiven Fällen stets eine sehr geringe Ausdehnung. IGERSHEIMER betont, daß es ihm bis jetzt bei den zahlreichen Fällen noch niemals gelungen ist, ein Spirochätenexemplar in der nervösen Substanz der Sehbahn selbst zu finden. PACHECO Y SILVA und CANDIDO DA SILVA gaben dagegen kürzlich an, Spirochäten bei Paralyse im Inneren des Opticus gefunden zu haben.

Anhang.

Analog dem sekundärdegenerativen Hinterstrangsprozeß im Rückenmark findet man auch im Gehirn sekundäre Faserausfälle, die mit der Läsion bestimmter Hirnnerven zusammenhängen. So wurde in der Oblongata ein Faserausfall der absteigenden Trigeminusbahn und der spinalen Vaguswurzel öfters gefunden. Die Marklichtung im Gebiet der Burdach- und noch mehr der Gollkerne ist ein regelmäßiger Folgezustand der Hinterstrangsdegeneration. Die Veränderungen im Ganglion Gasseri, die von einigen Autoren (OPPENHEIM) beschrieben wurden, lassen den Charakter einer sekundären Veränderung erkennen; man wird sie leicht mit den tabischen Spinalganglienveränderungen in Analogie setzen können. Die Folgezustände der tabischen Opticusatrophie *im äußeren Kniehöcker* wurden wiederholt untersucht. STARGAEDT fand im allgemeinen geringe Veränderungen und nur in Fällen mit vorgeschrittener Atrophie (hauptsächlich in den ventralen Ganglienzellen). DEUTSCH berichtet über eine beträchtliche Verkleinerung des Corpus genic. ext. in allen Dimensionen; sämtliche Zellschichten zeigten eine Aufhellung, am schwersten litten die kleinen Ganglienzellen. Im Fall von HECHST betraf der Zellschwund ebenfalls die kleinen und mittelgroßen Zellen, während die großen Ganglienzellen intakt blieben. Die basale Markleiste war völlig entmarkt, die geniculocorticale Faserung erhalten.

III. Spirochätenbefunde bei Tabes.

Im Gegensatz zu den heute schon reichhaltigen Erfahrungen über das Vorkommen des Lueserregers in der paralytischen Hirnrinde sind die bisher vorliegenden Spirochäten-befunde bei Tabes recht dürftig. Gewiß spielt dabei auch der Umstand eine Rolle, daß die Ansichten über den Hauptsitz der Nervenschädigung, wie ihn bei Paralyse die Hirnrinde darstellt, bei Tabes recht weit auseinandergingen. Hierauf ist es zurückzuführen, daß die von den verschiedenen Autoren, mitgeteilten positiven Befunde verschiedene Stellen des Nervensystems betrafen. Als erster fand NOGUCHI in einem von 12 Tabesfällen auf Längsschnitten im Hinterstrang des dorsalen Rückenmarks Spirochäten in geringer Anzahl, die tief im Organparenchym lagen. Er

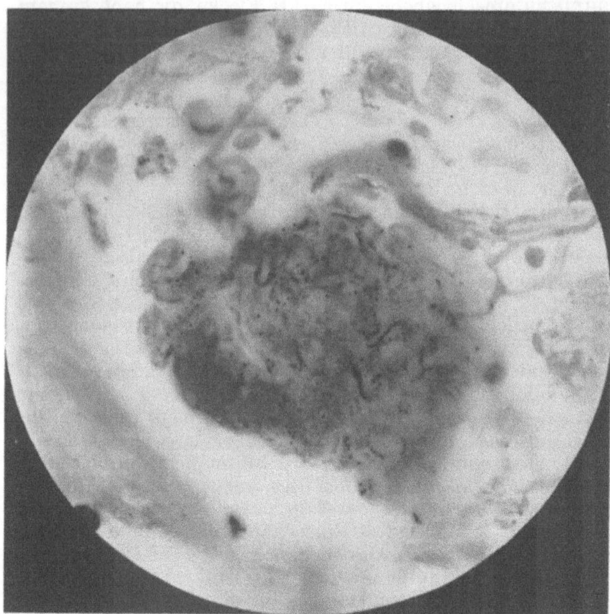

Abb. 30. Spirochätenherd im perifaszikulären Granulationsgewebe (Fall von reiner Tabes). Methodi Noguchi.

hielt durch diesen Befund nicht nur den echt luischen Charakter der Tabes erwiesen, sondern glaubte im Auffinden der Spirochäte im Hinterstrang eine Basis für die Pathogenese des tabischen Prozesses gefunden zu haben. PACHECO Y SILVA berichtet ebenfalls über positive Spirochätenbefunde, die er bei Tabes und Taboparalyse in den Hinter- und Seitensträngen des Rückenmarks erhielt. JAHNEL konnte in einem Fall von Tabes, wo er Blöcke aus dem Rückenmark mit der umgebenden Durahülle herausschnitt, im arachnoidalen Gewebe an verschiedenen Stellen Spirochäten finden, teils in kleinen Herden lagernd, teils als Einzelexemplare; er fand sie auch in den Hüllen der Hinterwurzeln. Meine positiven Befunde erhielt ich mit den Methoden von NOGUCHI und LEVADITI. Die Untersuchung richtete sich von vornherein auf das Gebiet des Wurzelnerven, und zwar nicht nur auf die Nervenbündel, sondern auch auf das im tabischen Wurzelnerv neu entstandene Granulationsgewebe, welches im perifaszikulären Raum und in den Gewebsspalten der Hüllen lag. Es wurden insgesamt 15 Fälle untersucht, darunter befanden sich 9 Fälle von reiner Tabes, 2 Fälle von mit spinaler Lues kombinierter Tabes und 4 Fälle von Taboparalyse. Positiven Befund erhielt ich in

3 Fällen von reiner Tabes und in 1 Fall von mit spinaler Lues kombinierter Tabes. *Spirochäten fanden sich nur im Granulationsgewebe, welches außerhalb des Nervenparenchyms lag* (Abb. 30). Im Nervenparenchym konnte trotz sorgfältigster Untersuchung nie ein als Spirochäte anzusehendes Gebilde entdeckt werden. Als bevorzugte Lagerstätte der Spirochäten erwiesen sich diejenigen Granulationsherde des perifaszikulären Raumes, in welchen Amyloidkörperchen lagern. In ihrer Umgebung fand ich zumeist kleine, aus 10—12 Exemplaren bestehende Spirochätenherde. Neben typischen tadellos imprägnierten Spirochäten fanden sich recht häufig schwächer imprägnierte und unregelmäßig gewundene Exemplare, Einrollungsformen, Verschlingungsformen usw. Auch die Dicke der einzelnen Spirochäten war eine verschiedene. Vereinzelte Spirochäten fand ich auch in dem Granulationsgewebe, welches in den Gewebsspalten der Hülle und in den dünnwandigen Lymphgefäßen des perifaszikulären Raumes lag. Überaus selten fand sich ein Einzelexemplar im sklerotischen Bindegewebe und im periadventitiellen Raum der Blutgefäße. Völlig negativ blieben meine Untersuchungen in den Spinalganglien. Über positive Spirochätenbefunde im Granulationsgewebe des Wurzelnerven berichtet SCHARAPOW, die er in 2 Fällen von reiner Tabes erhielt. Die positiven Befunde IGERSHEIMERs bei tabischer Opticusatrophie wurden früher erwähnt.

Von den Beobachtungen über das Vorkommen von Spirochäten in anderen Organen bei Tabes seien die Mitteilungen von GERSKOVIC erwähnt. Er konnte in 10 Tabesfällen im Punktat der Lymphdrüsen und in 2 Fällen im Punktat des arthropathischen Gelenksergusses und in 2 anderen Fällen von tabischer Arthropathie in den durch Zugpflaster hervorgerufenen Blasen Spirochäten nachweisen.

Über die Bewertung der Spirochätenbefunde bei der Histo- und Pathogenese der Tabes soll im folgenden Kapitel einiges angeführt werden. Hier möchte ich nur darauf hinweisen, daß alle Untersucher, die über positive Spirochätenbefunde bei Tabes berichteten, die geringe Zahl der gefundenen Exemplare hervorheben; es werden nur kleine Spirochätengruppen oder Einzelexemplare erwähnt. Im Vergleich mit den gewaltigen Spirochätenkolonien der paralytischen Hirnrinde wird der Unterschied besonders auffällig. Es ist aber JAHNEL beizupflichten, wenn er die bisher vorliegenden positiven Befunde als ungenügend ansieht, um aus ihnen gültige Schlüsse über das Vorkommen der Spirochäten bei Tabes zu ziehen.

IV. Atypische, histopathologische Veränderungen des Nervensystems bei Tabes.

In der bisherigen Beschreibung wurde als die wesentliche und konstante pathologisch-anatomische Veränderung der Tabes der krankhafte Prozeß an den Rückenmarkswurzeln und an den Hirnnerven, sowie die sekundär-degenerativen Folgezustände derselben geschildert. Ist auch ihre Ausbreitung im Einzelfall eine verschiedene, so wird man doch nur in diesen Veränderungen den legitimen Tabesprozeß erblicken können. Aus der Möglichkeit, daß die Tabes sich einerseits mit der Paralyse, andererseits mit anderen neuroluischen Symptomenkomplexen kombinieren kann, ergaben sich die zahlreichen, atypischen Befunde bei Tabes, von welchen die bekannteren hier angeführt werden sollen.

Die *spinale Piameningitis*, welche schon früher beschrieben wurde, gehört eigentlich auch nicht zum wesentlichen Tabesprozeß, sondern bildet nur eine häufige Begleiterscheinung der Tabes, die weder mit dem Wurzelnervprozeß, noch mit der Hinterstrangserkrankung ursächlich zusammenhängt.

Auch im *Rückenmark* selbst können entzündliche Veränderungen vor sich gehen, die das Bild einer Meningomyelitis oder Myelitis luetica zeigen. Als

eine solche Kombination ist der Befund Schröders aufzufassen, der in 5 Tabesfällen Lymphocyten- und Plasmazelleninfiltrate an den Gefäßen des Rückenmarks, und zwar in seiner ganzen Ausbreitung fand. Der spinale Prozeß kann
auch auf bestimmte Segmente der Rückenmarks lokalisiert sein. In einem
meiner Tabesfälle fand ich eine umschriebene Meningo-myelitis luetica des
Dorsalmarkes, die die Randzone der Hinterstränge zerstörte. In einem anderen
Fall zeigte das histologische Bild neben einer typischen lumbalen Tabes einen
myelitischen Prozeß mit ausgesprochenem Herdcharakter, der sich in wechselnder Ausbreitung vom unteren Dorsalmark bis zum mittleren Cervicalmark erstreckte und nur den Hinterstrang betraf.

Es ist schon seit langem bekannt, daß bei Tabes neben der Hinterstrangsaffektion in den Seitensträngen Markausfälle vorkommen, die vornehmlich das
Gebiet der Kleinhirnseitenstrangbahnen und der seitlichen Pyramidenbahn zu
befallen pflegen. Strümpell erblickte in diesem Prozeß, der sich oft recht
deutlich auf das Areal der einen oder anderen Faserbahn beschränkte, eine
Systemerkrankung, die er mit der „elektiv-systematischen" Erkrankung des
Hinterstranges in Parallele setzte und diese Fälle zu den kombinierten Systemerkrankungen einreihte. Dejerine wies aber schon darauf hin, daß die Affektion
der Kleinhirnseitenstrangbahn und der Pyramidenbahn manchmal von einer
neben der Tabes bestehenden chronischen Meningomyelitis abhänge, die sich
vom Rande des Seitenstranges mit abnehmender Intensität in die Marksubstanz
vertieft. Als Beweise für die Richtigkeit dieser Annahme wird von ihm hervorgehoben, daß in diesen Fällen die Pyramiden der Vorderstränge gewöhnlich
frei bleiben, ferner daß die Pyramidenbahn zumeist nicht in ihrem ganzen spinalen
Verlauf, sondern nur in einem kürzeren oder längeren Abschnitt betroffen ist.
In einem Fall von Kemmerer war der Faserschwund in der Seitenpyramide
nur in der Höhe vom vierten Lendensegment bis zum ersten Sacralsegment
ausgeprägt. Es erscheint daher die Annahme Dejerines, daß die kombinierten
Seitenstrangserkrankungen, die manche Tabesfälle begleiten, auf einer Meningo-
myelitis luetica beruhen, als sehr wahrscheinlich. Hierher gehören auch die
Tabesfälle, in welchen neben der typischen Hinterstrangsveränderung nur die
Randteile des Rückenmarks einen Faserausfall zeigen. Solche Fälle beschrieben
Strümpell, Allen, Forster, Spitzer u. a. Die Randsklerose wird von
Forster auf eine mechanische Läsion durch die hyperplastische Meningitis
zurückgeführt. Allen beschuldigt Ernährungsstörungen infolge Obliteration
der Randgefäße. Spitzer setzt sich für eine toxische Schädigung aus dem
subpialen Raum ein, welcher eine spinale Meningitis zur Voraussetzung hat.
Alle Autoren stimmen aber darin überein, daß es sich um eine echt luische
Rückenmarksveränderung handelt.

Über die *Rückenmarksveränderungen bei Paralyse* geben die Befunde von
Westphal, Förstner, Vorkastner, Alzheimer, Kinichi Naka u. a. Aufschluß. Die häufige Kombination von Tabes und Paralyse bringt es mit sich,
daß das Rückenmarksbild der reinen Tabes durch das Hinzutreten einer Paralyse
eine atypische Bereicherung erhalten kann. Die entzündlichen Veränderungen
der Rückenmarkspia sind bei Paralyse stärker ausgesprochen. Das Rückenmark selbst zeigt herdförmige Ausfälle in den Hinter- und Seitensträngen, die
mit vasculär-infiltrativen Gefäßveränderungen einhergehen; neben Lymphocyten überwiegen Plasmazellen in den Gefäßinfiltraten. In den Seitensträngen
betrifft der herdförmige Ausfall am häufigsten das Pyramidenareal, ein- oder
beiderseitig. Im Hinterstrang weicht das Bild des Faserausfalles von der
tabischen Degenerationsfigur hauptsächlich darin ab, daß die sog. endogenen
Faserzüge des Rückenmarks (cornucommissurale Zone usw.), welche bei Tabes
immer intakt bleiben, bei Paralyse schon frühzeitig einen Faserschwund aufweisen.

Auch die graue Substanz des Rückenmarks kann der Sitz von entzündlichen Veränderungen und herdförmigen Ganglienzellerkrankungen sein.

Über die Veränderungen der Vorderhornzellen bei Tabes soll später (S. 503) berichtet werden.

Die Veränderungen der peripheren Nerven beschäftigten zuerst WESTPHAL und DEJERINE, die in mehreren Tabesfällen einen degenerativen Prozeß, hauptsächlich in den Hautnerven nachweisen konnten. Ihre Befunde wurden durch PITRES und VAILLARD sowie OPPENHEIM und SIEMERLING bestätigt; laut diesen ist die Degeneration an der Peripherie am deutlichsten ausgesprochen, während die aus den Spinalganglien austretenden peripheren Nerven sich mehr-weniger als intakt erwiesen. NONNE u. a. zeigten, daß diese Veränderung keinesfalls konstant sei; in einigen Fällen waren die peripheren Nerven vollkommen intakt. Bei amyotrophischer Tabes fanden DEJERINE, NONNE und WESTPHAL schwere degenerative Veränderungen an den entsprechenden Muskelnerven. Ich glaube, daß die hier erwähnten Befunde keine selbständigen Prozesse des peripheren Nervensystem zu bedeuten haben, wofür auch die histologischen Merkmale in der Beschreibung fehlen, sondern durch den primären Wurzelnervprozeß bedingt sind. Die Degeneration der motorischen Muskelnerven entspricht einem unmittelbaren Folgezustand nach Schädigung der motorischen Wurzel. Was die Degeneration der sensiblen Hautäste betrifft, so möchte auf eine Analogie mit den experimentellen Befunden KÖSTERs hinweisen, die sich darin kundgibt, daß die Durchschneidung der Hinterwurzel die periphere sensible Bahn gleichen Ursprunges nicht unbehelligt läßt, sondern auch in dieser einen leichteren, von den distalen Endigungen gegen das Ganglion langsam fortschreitenden Degenerationsprozeß hervorruft, der verhältnismäßig sehr spät nach der Durchschneidung der Hinterwurzeln einsetzt und selten bis zum Ganglion hinaufreicht.

ROUX untersuchte die peripheren sympathischen Nerven und fand in einigen Tabesfällen den Schwund eines Teiles der feinen markhaltigen Fasern im Grenzstrang, während die dickeren Fasern erhalten blieben. HEITZ fand eine Degeneration der dünnen Fasern im Plexus cardiacus.

Die atypischen Befunde am *Großhirn* bei Tabes umfassen einerseits die paralytischen Veränderungen, die man bei Taboparalyse vorfindet, andererseits die gewöhnlichen neuroluischen Großhirnveränderungen, die in manchen Fällen den reinen Tabesprozeß komplizieren. Unter diesen soll die luische Erkrankung der großen Hirngefäße (HEUBNERsche Endarteriitis obliterans) hervorgehoben werden, welche nicht selten zu Erweichungsherden im Hemisphärenmark führt (Tabes mit Hemiplegie).

Eine gesonderte Besprechung verdienen die Veränderungen des Großhirns bei den sog. *Tabespsychosen*. Die klinische Sonderstellung der unter diesem Namen bekannten Psychosen gegenüber der paralytischen Geistesstörung kann wohl als gesichert angesehen werden; man wird sie am ehesten in einer Gruppe innerhalb der Halluzinosen der Syphilitiker, welche PLAUT als eine eigene Gruppe selbständig zu machen wußte, unterbringen können. Das anatomische Substrat der bisher untersuchten Fälle läßt zwar eine einheitliche Charakterisierung dieser Erkrankung noch nicht zu, doch liegen in den meisten Fällen solche Gehirnveränderungen vor, die für die Hirnlues charakteristisch sind.

SIOLI fand in seinem Falle eine ausgesprochene Meningitis an der Hirnbasis ohne gummöse Veränderungen mit starken perivasculären Infiltraten; im Gehirn leichte Plasmazelleninfiltrate und eine nur wenig ausgesprochene Degeneration des Nervenparenchyms und Gliagewebes ohne Schichtstörung und ohne Markfaserausfall, sowie starke Pigmentansammlung in den Gefäßscheiden. HALLERWORDEN fand eine ausgedehnte Sklerose der Nervenzellen, besonders in der 2.—3. Schicht mit mäßigen Ausfällen und vereinzelten Plasmazellen; er vergleicht das Bild mit demjenigen der „geheilten" Paralysen. Leichte Veränderungen luischer Natur fand SCHRÖDER. Auch JACOB, der mehrere Fälle untersuchte, kam nicht zu einheitlichen Ergebnissen. In einem Teil der Fälle war der Gehirnbefund einer Paralyse ähnlich, doch zeigten auch diese Fälle zahlreiche Atypien in Form von vasculär bedingten oder andersartigen, herdförmigen Störungen. Eine andere Gruppe bot das anatomische Bild der luischen Endarteriitis der kleinen Rindengefäße. Endlich fand er eine dritte Gruppe, die in der Rinde schwere diffuse Parenchymdegenerationen zeigte ohne herdförmigen Charakter und ohne vasculäre Beteiligung; manchmal war hier eine luische Piameningitis der Konvexität angedeutet. Einen ähnlichen Befund sah JACOB beim jugendlichem Schwachsinn auf kongenitalluischer Basis. Trotz des negativen Spirochätenbefundes, der in allen untersuchten Fällen hervorgehoben wird, kann an der luischen Natur der Gehirnveränderungen bei den Tabespsychosen nicht gezweifelt werden; sie bilden daher eine cerebrale luische Komplikation des Tabesprozesses, der vom paralytischen Rindenprozeß meist in wesentlichen Zügen abweicht.

B. Über die Beziehungen zwischen klinischen Symptomen und histopathologischem Befund bei Tabes.

Die gewaltige Ausbreitung des Tabesprozesses von der Basis des Vorderhirns bis zu den Sacralwurzeln erklärt die Reichhaltigkeit der klinischen Symptome. Bei der überwiegenden Mehrzahl der klassischen Tabessymptome wird man den ursächlichen Zusammenhang mit dem histopathologischen Prozeß an einer bestimmten primären Angriffsstelle ohne besondere Schwierigkeiten bestimmen können; solche bestehen auch heute noch hauptsächlich beim Versuch der anatomischen Lokalisation der reflektorischen Pupillenstarre und mehr umstritten als früher ist das Verhältnis der tabischen Osteoarthropathien zum nervösen Grundprozeß.

Die Abschwächung und der Ausfall *der Kniesehnenreflexe* wurde schon von WESTPHAL mit dem Faserausfall im *Hinterwurzelsystem* im Bereiche der 2. bis 4. Lumbalwurzel in ursächliche Beziehung gebracht und in einem Fall von einseitigem Ausfall dieses Reflexes auf die durch MARCHI nachweisbare intensivere Schädigung der Wurzeleintrittszone zurückgeführt. Das Erloschensein der Knie- und Achillessehnenreflexe tritt deutlich im anatomischen Bild von älteren Tabesfällen ins Auge, wo neben der Degeneration der Hinterstränge auch der Ausfall der mächtigen bogenförmigen Reflexkollateralen eine sehr auffällige Erscheinung bietet. Für den Achillessehnenreflex, welcher an diagnostischer Bedeutung dem Kniesehnenreflex langsam den Rang abzulaufen beginnt, konnten die zentripetalen Reflexbahnen im 5. Lumbal- und im 1.—2. Sacralsegment bestimmt werden. Die sensiblen Reflexbahnen des Tricepsreflexes verlaufen in den 6.—8. Cervicalsegmenten. Der Verlust der Reflexe ist ein langsam vor sich gehender Vorgang, dem eine oft jahrelang bestehende und immer deutlichere Abschwächung des Reflexphänomens vorausgeht. Die quantitative Abschwächung des Reflexvorganges steht mit dem allmählichen, faserweise vor sich gehenden Schwund in der betreffenden Hinterwurzel im Einklang. Je weniger Wurzelfasern zur Fortleitung des zentripetalen Reizes dienen, um so geringer ist der Effekt. Es kann sich ein Stadium ergeben, wo der Reflex unter normalen Bedingungen nicht mehr auslösbar ist, doch bei Steigerung der Reflexerregbarkeit durch gewisse Kunstgriffe zum Vorschein kommt. JENDRASSIK führte den Effekt seines Kunstgriffes nicht auf das psychologische Moment der geistigen Ablenkung, wie es oft angenommen wird, sondern auf eine, mit dem energischen Handgriff gleichzeitig in allen Muskeln entstehende Tonussteigerung, die den Reflexvorgang begünstigt. Die Wiederkehr des Knie- und Achillessehnenphänomens auf der Seite der Hemiplegien (BENEDEK-KULCSÁR u. a.) wird durch den Ausfall der reflexhemmenden Wirkung der Pyramidenbahn erklärt. Natürlich müssen in diesen Fällen Reflexkollateralen in einer verminderten Zahl noch funktionstüchtig erhalten sein.

Die *Sensibilitätsstörungen* stehen im klinischen Bild der Tabes an erster Stelle; sie werden allgemein als Reiz- und Ausfallserscheinungen der Rückenmarkswurzeln aufgefaßt. Doch besitzen sie ihren eigenen Charakter, der von den bei anderen Wurzelerkrankungen beobachteten Sensibilitätsstörungen deutlich abweicht. Ohne auf ihre Klinik einzugehen, möchte ich auf einiges aus dem histopathologischen Befund hinweisen, was nach meiner Ansicht diese Eigenart dem Verständnis näher bringt. Was zunächst die sog. *lanzinierenden Schmerzen* anbetrifft, so unterscheiden sich diese von den Wurzelschmerzen anderer Herkunft (Caudatumoren usw.) vor allem dadurch, daß sie nicht nur ein einleitendes Reizsymptom des Wurzelprozesses darstellen, sondern ein Dauersymptom, welches die Krankheit oft jahrzehntelang begleitet und auch im schwersten Endzustand nicht verschwindet. Eine weitere Eigentümlichkeit dieser Wurzelschmerzen ist ihre diffuse Ausbreitung am ganzen Körper, wie man es in vorgeschritteneren Fällen sieht. Auch darin gibt es eine Abweichung von den Wurzelschmerzen bei einem Tumor oder Radiculitis, daß die tabischen Wurzelschmerzen im allgemeinen nicht so intensiv und nicht so andauernd sind. Zur Erklärung dieser Unterschiede bietet sich manches aus histopathologischem Bild des Wurzelprozesses. Die allmähliche diffuse Ausbreitung des Tabesprozesses auf sämtliche Rückenmarkswurzeln erklärt das ubiquitäre Auftreten der Schmerzen. Die Nervenschädigung geht in den Wurzeln äußerst langsam vor sich; man findet noch nach jahrzehntelangem Bestehen einer Tabes intakte Nervenfasern in den Lumbalwurzeln; infolgedessen können die lanzinierenden Schmerzen als Reizsymptom in ein- und demselben Wurzelgebiet jahrzehntelang bestehen. Vielleicht hängt ihre Flüchtigkeit und verhältnismäßig geringere Intensität auch damit zusammen, daß sie nicht den Reizzustand einer ganzen Wurzel, sondern immer nur einzelner Wurzelfasern anzeigen. Die kleinen umschriebenen schmerzhaften Stellen, die man auf der Haut solcher Körpergebiete antrifft, wo lanzinierende Schmerzen längere Zeit bestanden, könnte man als hyperästhetische Zonen auf die Reizung einiger weniger Wurzelfasern zurückführen.

Die Parästhesien, Hyperästhesien und Hyperalgesien sind ebenfalls Reizzustände der Hinterwurzeln, welche oft mit sensiblen Ausfallserscheinungen verbunden sind. Die sensiblen Ausfallsgebiete zeigen manchmal einen ausgesprochenen segmentären Charakter, manchmal ist ein solcher nicht zu erkennen. Der radikulär begrenzte Sensibilitätsausfall ist am deutlichsten in den thorakalen Wurzelgebieten anzutreffen. Dieser Befund hängt ursächlich vielleicht damit zusammen, daß die thorakalen Wurzeln infolge ihres viel geringeren Fasergehaltes rascher völlig zerstört werden, als die lumbalen, in welchem der Tabesprozeß zu beginnen pflegt; bekanntlich beteiligen sich an der nervösen Leitung eines Dermatoms sämtliche zur Wurzel gehörige Fasern und ein Sensibilitätsdefekt tritt nur dann auf, wenn alle Fasern zugrunde gehen. Eine Erklärung für das verschiedentliche Verhalten der einzelnen Gefühlsqualitäten, namentlich für die eigentümliche Störung des Schmerzsinnes, kann heute, wo die physiologischen Grundlagen dieser Sinnesfunktion noch nicht endgültig geklärt sind, nicht gegeben werden. Es soll hier nur so viel bemerkt werden, daß nach der Untersuchung von FÖRSTER die Dissoziation im Ausfall der verschiedenen Gefühlsqualitäten nicht mehr ein für die Hinterhornläsion charakteristisches Verhalten zu bedeuten hat, denn man findet es auch bei diffusen Wurzelschädigungen, bei denen keine völlige Leitungsunterbrechung besteht. Die histopathologischen Befunde bei Tabes weisen daraufhin, daß eine Läsion des Hinterhorns oder des aus dem Hinterhorn entspringenden zweiten schmerzleitenden Neurons als anatomische Grundlage der dissoziierten Gefühlsstörung in höchstem Maße unwahrscheinlich ist.

Die Störungen der Tiefensensibilität, der Lage- und Bewegungsempfindung,
die wir als Störungen der Muskel- und Gelenksensibilität aufzufassen gewohnt
sind, wird man ohne weiteres auf die Läsion der in den Hintersträngen aufsteigenden langen Bahnen der Hinterwurzeln zurückführen können. Inwieweit
die *Ataxie* mit der Störung der Tiefensensibilität zusammenhängt, wie es
von Leyden annahm, ist noch nicht geklärt. Auch Störungen der Oberflächensensibilität werden verantwortlich gemacht, ebenso die Areflexie und Hypotonie der betreffenden Muskelgebiete. Dort, wo sich die Ataxie allmählich mit
der gleichzeitigen Abschwächung der erwähnten Gefühlsqualitäten parallel
verlaufend einstellt, mag der angedeutete pathophysiologische Zusammenhang
zurecht bestehen. Es gibt aber Tabesfälle, in welchen die Ataxie als ein ziemlich
isoliertes Symptom plötzlich und in voller Intensität in Erscheinung tritt, wo
bei intakter Oberflächensensibilität und kaum merklicher Störung der Lage-
und Bewegungsempfindung die koordinatorische Störung der Bewegungen allein
das Krankheitsbild beherrscht. Es liegt nahe in diesen Fällen eine vorwiegende
Schädigung jener Hinterwurzelkollateralen ins Auge zu fassen, welche das
Fasergeflecht um die Zellen der Clarkeschen Säulen bilden, aus welchen die
spinocerebellaren Fasersysteme ihren Ursprung nehmen. Der auffällige Mark-
schwund der Clarkeschen Säulen in manchen Tabesfällen, auf welche im anatomischen Teil hingewiesen wurde, verleiht dieser Erklärung eine gewisse Wahrscheinlichkeit. Stein untersuchte die Ataxie bei Friedreich-Kranken und
führt sie auf eine Grundstörung zurück, die sich im Ablauf der Empfindung
kundgibt. Die Druckempfindung klingt langsamer ab, wobei die Qualität
meist unverändert ist. Der langsame Verlauf führt zu einer Verschmelzung
der Empfindungen, wodurch Täuschungen und Scheinbewegungen entstehen,
die die Regulation der Bewegungen beeinträchtigen. Stein betrachtet diese
Veränderung im zeitlichen Ablauf der Erregung als ein charakteristisches Merkmal
der Hinterstrangsstörung.

Die *visceralen Sensibilitätsstörungen* (Magen, Blase, Hoden, Kehlkopf, Bauch-
fell, Brustdrüse usw.) haben ebenso wie die übrigen Gefühlsstörungen ihre
Ursache in der Hinterwurzelschädigung. Die sensiblen Fasern der inneren
Organe gelangen mit den Sympathicusbahnen nach Zwischenschaltung in den
sympathischen Ganglien zu ihren Mutterzellen, die in den Spinalganglien liegen
und ihre zentralen Fortsätze ziehen mit den cerebrospinalen sensiblen Fasern
durch die Hinterwurzeln zum Rückenmark. Die Harnretention, das erschwerte
Harnlassen und der fehlende Harndrang beruhen lediglich auf einer herabgesetzten Sensibilität der Blasenschleimhaut und Abschwächung der Dehnungs-
sensibilität der Blasenmuskulatur. Die Schleimhautempfindung wird beim Menschen größtenteils durch die Nn. pelvici weitergeleitet, die im Bereich des
2.—4. Sacralsegmentes ins Rückenmark eintreten; die Muskelempfindung wird
durch die Nn. hypogastrici in der Zone der 11.—12. Dorsal- und 1. Lumbalwurzel zum Rückenmark geführt (Förster). Das Gefühl des Harndranges ist
nach Förster an den Eintritt von Harn in die Pars prostatica gebunden, dessen
sensible Erregungen zumeist durch die sacralen Nn. pelvici geleitet werden.

Viscerale *Hyperästhesien* und Hyperalgesien bilden die wesentliche Grundlage der sog. *Krisen* bei Tabes. Bei den Magenkrisen kommen als afferente
Bahnen, deren sensibler Reizzustand die Krise heraufbeschwört, in erster Linie
diejenigen Sympathicusbahnen in Betracht, die durch den Plexus coeliacus,
Splanchnicus major, Rami communicantes mit den 6.—9. Dorsalwurzeln in
das Rückenmark eintreten, wobei Förster betont, daß das Irradiationsgebiet
dieser Bahnen sich auch auf die höher und niedriger liegenden Dorsalwurzeln
(D 5 und D 10) erstrecken kann. Auch betont er, daß nicht nur die Hinterwurzeln, sondern auch die Vorderwurzeln afferente Sympathicusfasern mit

sich führen. Die sympathicusbedingten Magenkrisen gehen mit hyperalge-
tischen Hautzonen der entsprechenden Rückenmarkssegmente einher. Die
Schmerzen verbinden sich mit motorischen und sekretorischen Reizerscheinungen, bei welchen efferente Vagus- und Sympathicusbahnen eine Rolle spielen.
Weit seltener sind die Magenkrisen, in welchen Schmerzen vollkommen fehlen
und eine Nausea im Vordergrund des klinischen Bildes steht. FÖRSTER führt
diese Form auf eine primären Reizzustand der afferenten visceralen Vagus-
wurzelfasern zurück, weil man in solchen Fällen nicht selten hyperalgetische
Zustände am Kehlkopf und im Gehörgang findet, bisweilen auch Larynxkrisen.
FÖRSTER nimmt auch eine dritte Entstehungsart für Magenkrisen an, die er
in die afferenten Phrenicusfasern verlegt, welche im Bereiche der 3.—5. Cervicalwurzeln ins Rückenmark eintreten. Französische Autoren (DEJERINE, ROUX)
suchen die Ursache der Magenkrisen in pathologischen Veränderungen des
peripheren Sympathicusabschnittes, wo ROUX bei Tabeskrisen solche auch
histologisch nachwies. Die operativen Erfahrungen FÖRSTERs scheinen diese
Annahme nicht zu bestätigen, deuten vielmehr darauf hin, daß der irritative
Vorgang, welcher der Magenkrise zugrunde liegt, in den Wurzeln des Rückenmarks und in den Wurzelfasern des Vagus zu suchen sei. Bei den seltener
vorkommenden übrigen Visceralkrisen wird man eine ähnliche Entstehungsweise
annehmen können; hier tritt der hyperalgetische Zustand als wesentliches
Symptom der Krise meist noch deutlicher in Erscheinung. J. PAL nimmt an,
daß die durch den Sympathicus vermittelte viscerale Sensibilität vorwiegend
eine Gefäßsensibilität ist und betrachtet einen Teil der tabischen Krisen als
sog. „Gefäßkrisen".

WAGNER-JAUREGG nimmt an, daß bei der Auslösung der gastrischen Krisen
und auch der lanzinierenden Schmerzen besondere toxische Schädigungen eine
Rolle spielen, die nicht von den Spirochäten oder ihren Stoffwechselprodukten
abhängig sind, sondern vielleicht durch auch sonst im Organismus kreisende
Substanzen verursacht werden, die erst dadurch einen pathologischen Charakter
erhalten, daß gewisse Grenzscheiden durch den pathologisch-anatomischen
Prozeß eröffnet werden und dadurch die giftige Substanzen ins Nervensystem
eindringen. Bei den lanzinierenden Schmerzen wird der Erkältung und Durchnässung eine solche Bedeutung zuerkannt und darauf hingewiesen, daß die
Kranken infolge ihrer herabgesetzten Kälteempfindung die beim gesunden
Menschen eintretenden Warnungssignale verloren haben. Für die gastrischen
Krisen werden von mehreren Seiten die alimentären Schädigungen als aus-
lösender Faktor in Erwägung gezogen. Nach FÖRSTER ist die Überempfindlichkeit der Magenschleimhaut so groß, daß es gar nicht eines Diätfehlers bedarf,
um einen Krisenanfall auszulösen, vielmehr auch die gewohnten Ingesta eine
solche Wirkung haben können. WAGNER-JAUREGG beschuldigt die an Zucker
und Süßigkeiten reiche Kost und beruft sich auf die leicht erhöhten Blutzuckerwerte, die HALPERN und KOGERER bei lanzinierenden Schmerzanfällen und
gastrischen Krisen fanden, sowie auf ihre günstigen Erfahrungen, die sie durch
Verabreichung von geringen Insulindosen erzielten. DUJARDIN, BENOIT und
LEGRAND vermuten die Ursache der gastrischen Krisen in einer Leberinsuffizienz,
die zu einer Toxämie führe (hepatogastrische Krisen). Auch spezielle Überempfindlichkeiten allergischer Natur können bei der Auslösung der Krisen eine
Rolle spielen (Beobachtungen von DATTNER, SEZARY). MARINESCO-SAGER-
FAÇON beschuldigen eine Störung des Säurebasengleichgewichtes, die durch
Diätfehler verursacht wird.

Was die *trophischen Störungen* bei Tabes anbetrifft, so wird man ihren
genetischen Zusammenhang mit dem nervösen Grundprozeß schon deshalb
schwer präzisieren können, weil es auch heute noch fraglich ist, ob es besondere,

trophische Innervationen, die an bestimmte Nervenzellen und Leitungsbahnen gebunden sind, überhaupt gibt. Bei den trophischen Störungen der Haut (Verfärbungen, Dermatosen, Verdickung und Abfall der Nägel, Haarausfall) ist der Zusammenhang mit der Schädigung der sensiblen Hinterwurzelbahnen deshalb wahrscheinlich, weil diese Hautveränderungen regelmäßig mit sensiblen Ausfallserscheinungen im betreffenden Hautgebiet einhergehen. Dies gilt auch für das *Malum perforans*, bei welchem der nervöse Ursprung auch dadurch wahrscheinlich gemacht wird, daß ähnliche Prozesse auch bei der Syringomyelie und nach traumatischer Läsion des N. ischiadicus und des N. tibialis anterior beobachtet wurden. Die Tatsache, daß das Sohlengeschwür bei Tabes am häufigsten unter dem metatarso-phalangealen Gelenk der 1. und 5. Fußzehe aufzutreten pflegt, läßt vermuten, daß neben dem nervösen Einfluß auch mechanische Momente (starke Belastung dieser Sohlenpunkte) eine Rolle spielt. KAPPIS hält das Mal perforant für einen Decubitus in einem gefühllosen Gebiet; er führt seine Entstehung auf den Ausfall der in den Hinterwurzeln verlaufenden Vasodilatatoren zurück, wodurch eine vasoconstrictorische Arterienverengerung entsteht mit der konsekutiven Ernährungsstörung. Die günstige Wirkung der periarteriellen Sympathektomie erhält durch diese Annahme eine gute Erklärung.

Über den bei Tabes nicht selten beobachteten *Herpes zoster* wäre nur soviel zu bemerken, daß seine Entstehung nicht unbedingt mit einer Läsion des betreffenden Spinalganglions zusammenhängen dürfte, da bekanntlich auch Schädigungen der Hinterwurzeln einen Herpes zoster herbeiführen können (DEJERINE spricht von einer ganglio-radiculitis posterior). Ich möchte dies hier deshalb betonen, weil die Veränderungen der Spinalganglienzellen bei Tabes einen ausgesprochen sekundären Charakter zeigen. Natürlich wird man nach unseren heutigen Kenntnissen neben diesem lokalisatorischen Moment noch eine weitere toxische Ursache für die Herpesentstehung auch bei Tabes annehmen müssen.

Die Stellung der *Osteo- und Arthropathien* in der Symptomatologie der Tabes ist heute mehr umstritten als je zuvor. Ihr erster Beschreiber CHARCOT führte ihre Entstehung auf eine trophische Störung zurück, als deren anatomische Grundlage er eine in 2 Fällen vorgefundene, recht isolierte Schädigung der großen Vorderhornzellen (laterale Gruppe) des Rückenmarks betrachtete; in anderen ähnlichen Fällen konnte er aber trotz genauester Untersuchung diese Alteration nicht nachweisen. PITRES stellte die Veränderungen der Knochen in den Vordergrund und führte sie auf eine Läsion der peripheren Knochennerven zurück, die er in einigen Fällen nachwies. Im Gegensatz zu dieser Auffassung nahmen VOLKMANN und VIRCHOW den Standpunkt ein, daß die Hauptursache der Arthropathie in den, auf das Gelenk von außen einwirkenden mechanischen und traumatischen Schädigungen zu suchen sei, welchen das vollkommen gefühllose Gelenk ausgesetzt ist. Von neueren Autoren haben sich viele der letzteren Ansicht angeschlossen, wobei noch eine Anlageschwäche des Gelenkes auch in Betracht gezogen wird (ähnlich wie bei der Arthritis chronica deformans, zu welcher — wie vielfach angenommen wird — die tabische Arthropathie in einem nahen Verhältnis zu sein scheint). ROTTER, KING, TEULON-VALIO, RISAK, STEINDLER und TUNESI sind die neuen Verfechter dieser Theorie, welche auch durch die Röntgenbilder KIENBÖCKs eine Bestätigung erhielt, indem er schon im frischen Stadium Gelenksbrüche nachweisen konnte; der rücksichtslose Weitergebrauch des analgetischen Gelenkes führe dann zu der fortschreitenden hochgradigen Verunstaltung. LAFORA verteidigt die zentralnervöse trophische Theorie CHARCOTs, indem auch er das Primäre des Gelenksprozesses in der Knochenbrüchigkeit erblickt, welche nur nervös bedingt sein kann. Auch ACHARD hält die spinale Genese für die Knochenfrakturen für die wahrscheinlichste. Berechtigtes

Aufsehen erregte die Theorie von BARRÉ, welche den Zusammenhang der Arthropathie mit der Tabes überhaupt in Zweifel zog und ein Zusammentreffen beider Erkrankungen darauf zurückführte, daß beiden der luische Ursprung zugrunde liegt. Nach seiner Ansicht liegt die primäre Läsion bei der Arthropathie in einer luischen Gefäßschädigung in den Arterien der Gelenksflächen. Er fand nämlich Arthropathien auch bei Luetikern, die kein anderes Tabessymptom boten; auch BABINSKY berichtet über solche Fälle. Die rein luische Natur der Arthropathien wurde auch von STRÜMPELL verfochten. STARGARDT fand in einem arthropathischen Kniegelenk einen nicht gummösen luischen Gefäßprozeß mit Plasmazellinfiltraten der Venen. BARRÉs Theorie erhielt auch neuerdings mehrfache Bestätigung. FAURE-BEAULIEU untersuchte histologisch 2 Fälle und fand in einem luische Gefäßläsionen mit positivem Spirochätenbefund und in einem anderen Fall von Arthropathie des Hüftgelenkes multiple Syphilome im Scarpadreieck, die er als regionäre Begleiterscheinung der Arthropathie auffaßt. Auch LEMIERRE-KINDBERG-DESCHAMPS fanden in 2 Fällen die histologischen Kennzeichen eines luischen Gefäßprozesses. ISELIN sagt, die tabische Arthropathie sei häufig eine Reinfektion des tabisch vulnerablen Gelenkes mit Lues. Hier sei auch an die Spirochätenbefunde von GERSKOVIC erinnert. Gegenüber diesen positiven Befunden ergaben die histologischen Untersuchungen von MORITZ und BOLOGNA weder für die Lues, noch für die primäre Rolle der Gefäßschädigung irgendwelche Anhaltspunkte. Bei der unkomplizierten chronischen Arthropathie dürfte nach der eingehenden Studie von MORITZ die primäre Veränderung in den Gelenkknorpeln liegen, wo proliferative und regressive Vorgänge die Einleitung bilden zu einer Wiederbelebung der enchondralen Ossifikation, die zur Entstehung der mannigfaltigen überknorpelten Knochenauswüchse innerhalb und außerhalb der Gelenkfläche führen. Hierbei entstehen komplizierte Veränderungen an den alten und neuen Verkalkungszonen. Auch spielt eine mit den Knorpelwucherungen einhergehende Bindegewebswucherung („pannus") eine Rolle. Die Verschiebungen dieser reichlichen Neubildungen in dem Gelenk führen zu den ersten mechanischen Insulten, Absplitterungen, Höhlenbildungen. Spätere äußere Traumen, die zum Gelenkbruch führen, vervollständigen dann das wüste Bild des arthropathischen Gelenkes. Andere Autoren (REGNARD, MUNK) erblicken in der Resorption und Rarifikation der Kalksubstanz im Knochengewebe die primäre Veränderung; das entkalkte Knochengewebe beginnt zu wuchern und so erfolgt eine Verknöcherung und Verkalkung der Weichteile des Gelenkes, auch des paraartikulären Gewebes, wenn infolge eines Kapselrisses die Synovia in die Umgebung des Gelenkes austritt.

Einige Autoren möchten neben der direkten Spirochätenwirkung auch anderen infektiösen Krankheitserregern bei der Entstehung der Arthropathie eine Bedeutung zuerkennen. DELBET-CARTIER machten in 15 Fällen 31 Gelenkspunktionen und erhielten 27mal einen positiven Mikrobenbefund, und zwar einigemal Tuberkelbacillen, in anderen Fällen Diplokokken, die eine Ähnlichkeit mit den Gonokokken zeigten. Sie halten diese Fälle nicht für rein trophische, sondern für infektiöse Arthritiden, denen die Tabes ein besonderes Merkmal verleiht. OBERTHUR beschuldigt die aus der bei Tabes so oft entzündlich veränderten Harnblase in die Blutbahn gelangenden Diplokokken mit der Gelenksinfektion. PAGNIER und COSTE fanden sekundäre Infektion eines arthropatischen Gelenkes mit Typhusbacillen. Auch SIEMENS-COHEN sind der Ansicht, daß außer den Spirochäten auch andere Keime aus irgendeinem kleinen Infektionsherd in das arthropathische Gelenk gelangen können, wo sie einen Locus minoris resistentiae finden. Alle diese Beobachtungen beziehen sich auf die sog. akuten phlegmonösen Formen der Arthropathie.

Endlich soll die vasomotorische Theorie erwähnt werden, welche Froment und Exaltier in die Diskussion brachten. Sie fanden als Zeichen einer vasomotorischen Störung lokale Hyperthermie, Schweißasymmetrie und Asymmetrie des pilomotorischen Reflexes (in Vergleich zum gesunden Gelenk) in der Gegend des arthropathischen Gelenkes und aus diesen Begleiterscheinungen folgern sie, daß bei der tabischen Arthropathie ebenso wie bei der syringomyelischen, eine Schädigung der die Gefäßnerven regulierenden sympathischen Zentren und Bahnen die primäre Ursache darstellt. André-Thoma und Kudelsky, sowie Klippel und Huard bestätigten diese Beobachtungen. Auch Marinesco und Sagel fanden Rötung, Schwellung, erhöhte Temperatur ($+ 4^0$ C), sowie Erhöhung des oscillometrischen Indexes und des Blutdruckes am erkrankten Gelenk. Sie halten Barrés Theorie für diskutabel, wollen aber dabei den durch die Tabes affizierten Gefäßnerven die Rolle eines prädisponierenden Faktors zuerkennen. Hildebrand betont die primäre Schädigung der sensiblen Bahnen, welche auf dem Umweg über die Gefäße durch vasomotorische Störungen die Gelenkserkrankung hervorruft. Wagner-Jauregg betont die Analogie zwischen tabischer und syringomyelischer Arthropathie und führt beide auf die Analgesie der Gelenke zurück; die Analgesie sei durch Schädigung der Hinterwurzeln bedingt, in welcher auch die Gefäßnerven verlaufen.

Prüft man die hier erörterten verschiedenen Theorien, so wird man feststellen müssen, daß einige derselben nicht als allgemeingültig für die Pathogenese der Arthropathie in Betracht kommen können. Namentlich gilt dies von Barrés Theorie über eine luetische Gefäßschädigung und auch von der infektiösen Theorie, die übrigens nur für die akuten phlegmonösen Arthropathien eine Berechtigung haben könnte. Eine gelegentliche Komplikation des arthropathischen Gelenksprozesses mit einem lokalen luischen Gefäßprozeß wird man für leicht möglich erachten. Auch eine sekundäre Infektion des arthropathischen Gelenkes, in welchem man mit gutem Recht einen Locus minoris resistentiae vermutet, erscheint als plausibel. In der überwiegenden Mehrzahl der Arthropathien können aber diese ätiologischen Faktoren nicht in Betracht kommen. Hier steht die Frage im Vordergrund, wo die Ursache für die primäre Veränderung des Knorpel- und Knochengewebes zu suchen sei. Neben dem früher erörterten zentralnervösen trophischen Einfluß wird neuerdings auch eine pathologische Blutzusammensetzung, insbesondere eine Störung des Cholesterinstoffwechsels in Erwägung gezogen. Es wäre aber bei einer allgemeinen Stoffwechselstörung schwer verständlich, daß — wie es oft der Fall ist — nur ein einziges Gelenk von der Arthropathie befallen wird. Für die zentralnervöse Störung spricht die große Ähnlichkeit zwischen den Arthropathien bei Tabes und Syringomyelie, wobei der Unterschied, das bei Syringomyelie meist die oberen, bei Tabes gewöhnlich die unteren Extremitäten befallen werden, darin eine Erklärung findet, daß der zentralnervöse Prozeß bei Syringomyelie gewöhnlich in den oberen, bei Tabes in den unteren Wurzelsegmenten einsetzt. Wichtig ist auch die Tatsache, daß bei beiden Arthropathien die Analgesie des befallenen Gelenkes eine Conditio sine qua non für das Zustandekommen bedeutet. Wenn man die große Schmerzempfindlichkeit anderer Gelenksaffektionen erwägt, so muß man annehmen, daß bei der schmerzlosen Arthropathie eine schwere Hinterwurzelschädigung im betreffenden Segment stattgefunden haben muß, bevor die anfängliche Gewebsveränderung im Gelenk eingesetzt hat. Ob nun der innervatorische Effekt, durch dessen Ausfall die ersten Knochen- und Knorpelveränderungen im arthropathischen Gelenk bedingt sind, an sensible, vasomotorische oder direkte trophische Nervenbahnen gebunden ist, muß heute noch als unentschieden gelten. Die primäre

Veränderung der Vorderhornzellen kann ursächlich kaum in Betracht kommen, schon aus dem Grunde, weil sie nicht in allen untersuchten Fällen nachweisbar war. Es kommt mir überhaupt als unwahrscheinlich vor, daß die innervatorischen Einflüsse, welche bei der Entstehung der Osteo- und Arthropathien eine Rolle spielen, durch das periphere motorische Neuron geleitet werden, wie es bei den tabischen Amyotrophien sicher der Fall ist. Die völlige Analgesie als konstante Begleiterscheinung der Arthropathie hat eine gesetzmäßige schwere Schädigung des betreffenden Hinterwurzelabschnittes zur Voraussetzung; es liegt also näher die „trophischen" Innervationsstörungen in die sensiblen Bahnen zu verlegen. Die Schädigung der in den Hinterwurzeln verlaufenden vasomotorischen Nervenbahnen könnte bei dieser Annahme in der pathogenetischen Erklärung leicht ihren Platz finden. Daß die mechanische Überlastung und die mit ihr verbundene Traumatisation des analgetischen arthropathischen Gelenkes bei den sekundär entstandenen schweren Verwüstungen eine Hauptrolle spielt, wird von allen Autoren anerkannt. Die Arthropathie selbst müssen wir aber auch weiterhin als eine von der nervösen Grunderkrankung abhängige und zu den legitimen Tabessymptomen gehörende Erscheinung betrachten.

Die bei der Tabes vorkommenden *Amyotrophien* können nur mit einer Schädigung des peripheren motorischen Neurons in Beziehung gebracht werden. Die ersten Beobachter (DEJERINE, WESTPHAL, OPPENHEIM und SIMMERLING, NONNE) führten die amyotrophischen Veränderungen auf eine Läsion der peripheren motorischen Nerven zurück. Diese Annahme trat in den Hintergrund, als CHARCOT und PIERRET später, SCHAFFER, LAPINSKY, ETIENNE und CHAMPY, MARGULIS u. a. bei entsprechenden Fällen in bestimmten Segmenten des Rückenmarks degenerative Veränderungen der Vorderhornzellen nachgewiesen haben.

Die Zellen waren hier einzeln oder in kleinen Gruppen gleichmäßig verändert. Im NISSL-Bild zeigte sich eine Blähung des Zellkörpers, perinukleäre Chromolyse und randständiger, abgeplatteter Kern; entzündliche Veränderungen waren in keinem Fall vorhanden. Auch ich fand in einem meiner Fälle von reiner Tabes, wo im klinischen Bild schwere Muskelatrophie und Ataxie der Beine bestand, bei der Untersuchung des Rückenmarks im oberen Sacralmark hauptsächlich in der medialen und weniger ausgesprochen in der lateralen Zellgruppe der Vorderhornzellen deutliche Veränderungen vom oben beschriebenem Charakter; auch in meinem Fall fehlten vasculär-infiltrative Veränderungen gänzlich. Die histologische Untersuchung des 2. sacralen Wurzelnerven ergab in diesem Fall bei beträchtlicher Affektion der Hinterwurzel eine überaus schwerwiegende Läsion der Vorderwurzel mit totaler Sklerose einzelner motorischer Nervenbündel. Im Gegensatz zu diesen Befunden steht PETTES Fall vereinzelt da, wo klinisch eine atrophische Lähmung der Arm-, Hals- und Bauchmuskulatur und teilweise der Beinmuskeln bestand; hier zeigte die mikroskopische Untersuchung neben dem typischen Bild einer weit vorgeschrittenen Tabes mit Verdickung und Infiltration der Pia einen hochgradigen Schwund und Schrumpfung der Vorderhornzellen von der Halsanschwellung bis zur Lumbalschwellung, begleitet von diffusen, über das ganze Rückenmarksgrau verbreiteten entzündlichen Gefäßinfiltraten, die vornehmlich aus Lymphocyten, spärlichen Plasmazellen und Stäbchenzellen bestanden; das Gliagewebe zeigte protoplasmatische und faserbildende Wucherung. PETTE nimmt eine Analogie zwischen diesem Vorderhornbefund und den Rindenveränderungen bei Paralyse an und stellt die amyotrophische Veränderung als eine, durch unmittelbare Spirochätenschädigung entstandene primäre Erkrankung des Vorderhorns hin. Diese Erklärung PETTES mag wohl für seinen Fall bestehen, für die übrigen Fälle wird man aber ihre Gültigkeit ablehnen müssen. Von allen Autoren, die bei tabischer Amyotrophie in den Vorderhornzellen Veränderungen beschrieben, wird der sekundäre Charakter derselben hervorgehoben, nur darüber gehen die Meinungen auseinander, wo die primäre Ursache der Vorderhornläsion zu suchen sei.

SCHAFFER meint, daß die Schädigung der Hinterwurzeln bzw. der zu den Vorderhornzellen abgehenden Reflexkollateralen in den motorischen Zellen einen pathologischen Prozeß induziert; die experimentellen Ergebnisse von LAPINSKY nach Hinterwurzeldurchschneidung verleihten dieser Ansicht eine gewisse Unterlage. Bei dieser Annahme müßte man aber die Vorderhornzellerkrankung bei Tabes viel häufiger antreffen, als es in Wirklichkeit der Fall ist. Gegen eine primäre toxische Schädigung der Vorderhornzellen, wie sie Pette annimmt, spricht auch die Tatsache, daß die erwähnten Zellveränderungen zumeist nur in bestimmten Segmenten des Rückenmarks mit deutlicher Begrenzung aufzutreten pflegen und die motorischen Zellen der übrigen Rückenmarkssegmente vollkommen intakt erscheinen. Auf Grund meines Befundes möchte ich die Aufmerksamkeit auf jenen Abschnitt des peripheren motorischen Neurons lenken, welcher bei Tabes sicher eine unmittelbare Affektion erleidet, d. h. auf den motorischen Anteil des Wurzelnerven, welcher in dem von mir untersuchten Fall in der Höhe des affizierten Rückenmarkes eine schwere Affektion zeigte; es würde sich demnach um eine retrograde Degeneration handeln. Die Läsion der Vorderwurzeln würde also ähnliche Veränderungen in den Vorderhornzellen verursachen, wie sie die Spinalganglienzellen infolge der Hinterwurzelaffektion zeigen. Das viel seltenere Vorkommen der Vorderhornaffektion im Verhältnis zu den Ganglienzellveränderungen findet eben in der verhältnismäßig selteneren und geringeren Läsion der motorischen Wurzel bei Tabes ihre Erklärung. Eine nicht zu vernachlässigende Chance dieses Erklärungsversuches liegt darin, daß hierdurch die Läsion der Vorderhornzellen bei Tabes in den Rahmen des pathologischen Wurzelnervprozesses, in welchem wir die gemeinsame Grundlage verschiedener sekundär-degenerativer Veränderungen ermitteln konnten, leicht hineinzufügen wäre und die Notwendigkeit eine anderswo lokalisierte primäre Affektion (ohne strikte histologische Beweise) anzunehmen oder zu der ohnehin recht zweifelhaften Theorie der Überleitung des pathologischen Reizes von einem Neuron auf einen anderen zu rekurrieren, aufgehoben wäre.

Ken Kure und Sawatari untersuchten das Verhalten der Parasympathicusfasern bei trophischen Störungen der Tabes. In 6 Fällen, wo solche nicht bestanden, fanden sie Degeneration und starke Verminderung der dicken Hinterwurzelfasern und das Intaktbleiben der dünnen Fasern, sowie der parasympathischen Zellen zwischen Vorderhorn und Substantia gelatinosa. In anderen 6 Fällen, welche mit trophischen Störungen einhergingen, fanden sie eine starke Degeneration und Verminderung auch der dünnen Hinterwurzelfasern und gleichzeitig waren auch die Zellen der intermediären Zone an Zahl vermindert.

Die seltene Kombination von *spinaler progressiver Muskelatrophie* (Typus Duchenne-Aran) mit Tabes (Wilson, Raymond-Huet, Raymond-Rendu) und Paralyse (Schuster, Laignel-Lavastine, Rendu) führte einige Autoren zur Wiederbelebung der zuerst von Fournier geäußerten Ansicht, die diese Form der Muskelatrophie als eine besondere Erkrankungsform der Parasyphilis bewertet. So sprechen Kino und Strauss von einer Vorderhornmetasyphilose in der Spätperiode der Neurosyphilis. Daß sich die spinale progressive Muskelatrophie auf luischer Basis entwickeln kann, beweisen die Mitteilungen von Nonne, Dana, Spiller, Wilson, McIntosh und Bolten; auf dieser Grundlage kann man sich die Kombination dieses Symptomenkomplexes mit Tabes oder Paralyse auch vorstellen. Die anatomischen Befunde, die von einigen Autoren (Oppenheimer, Vix, Preobraschensky, Hoelen) mitgeteilt wurden, erwähnen meningitische Veränderungen an der Vorderseite des Rückenmarks mit Kompression der vorderen Wurzeln und Untergang der Vorderhornzellen infolge einer Leptomeningitis, also spezifische Herdprozesse; auch der früher zitierte Fall von Pette weicht in seinem anatomischem Bilde vollkommen ab von dem rein degenerativen Vorderhornprozeß, der die anatomische Grundlage der echten Duchenne-Aranschen Amyotrophie bildet. Wenn man noch bedenkt, daß in der überwiegenden Mehrzahl der Fälle von spinaler progressiver Muskelatrophie für Lues gar kein Anhaltspunkt vorliegt, dagegen heredofamiliäre Beziehungen deutlich nachweisbar sind, dann wäre es verfehlt, den bisherigen Rahmen dieser Krankheitsform zu sprengen und — wie es z. B. Leri tut — die Gruppe in toto als eine luische Erkrankung der Tabes an die Seite zu stellen. Wir können nur soviel behaupten, daß die Lues — in vorgerücktem Stadium — ein Krankheitsbild hervorbringen kann, welches klinisch der progressiven Muskelatrophie nahesteht, in pathologischer und pathogenetischer Hinsicht aber von der letzteren abweicht.

Was nun endlich die histopathologische Grundlage der *reflektorischen Pupillenstarre* anbetrifft, so stehen wir hier einem Problem gegenüber, wo die anatomische Untersuchung bis heute nicht einmal einen Anhaltspunkt dafür bieten konnte, welcher Teil des den Lichtreflex vermittelnden Reflexbogens bei Tabes oder Paralyse geschädigt ist. Die Auffassung BUMKES, nach welcher das ROBERT-SONsche Phänomen auf einer Störung der Reflexübertragung vom sensiblen auf den motorischen Reflexbogen beruht, setzt den anatomischen Sitz der primären Läsion auf die Stelle, wo die zentripetalen Reflexfasern sich um den Sphincterkern aufsplittern. G. LENZ kommt auf Grund eingehender Studien über die anatomische Grundlage der reflektorischen Pupillenstarre zu der Feststellung, daß der Sphincterkern in der Frontalspitze des Oculomotoriuskernes liegt, wo er von einem kleinzelligen Kerngebiet (Polkern) begrenzt wird, welches keine efferenten Oculomotoriusfasern entsendet, sondern einen kontinuierlichen Faserzug aus dem Tractus opticus bzw. Corp. genic. ext. in sich aufnimmt. Nach LENZ besteht bei der reflektorischen Pupillenstarre eine Schädigung dieses Polkernes mit gleichzeitigem Untergang der afferenten Pupillarreflexfasern, wodurch der Übergang des Lichtreflexes auf den Sphincterkern ausgeschaltet wird. Pathologisch-anatomische Beweise für diese Auffassung liegen bis heute nicht vor. Nach einigen Mitteilungen aus früherer Zeit (PINELES, ZÉRIS, SCHÜTZ, SIEMERLING und BÖDEKER) untersuchte neuerdings STARGARDT 17 Fälle mit typischer reflektorischer Pupillenstarre ohne nennenswerte Opticusatrophie und fand in 9 Fällen das zentrale Höhlengrau schwer erkrankt; unter den letzteren zeigten in 7 Fällen die Oculomotoriuskerne einen vollkommen normalen Befund. Doch warnt STARGARDT selbst vor der Schlußfolgerung, daß das Höhlengrau bei der Entstehung der reflektorischen Pupillenstarre eine Rolle spiele, weil er in den übrigen 8 Fällen im Höhlengrau fast gar keine Veränderungen feststellen konnte, so daß seine Befunde eher in negativem Sinne zu verwerten sind. WARKANY stellte eine Gliawucherung an den Wänden des Aquaeductus Sylvii als die positive anatomische Grundlage der reflektorischen Pupillenstarre hin, die er in 6 Fällen von Tabes und Paralyse nachweisen konnte, während vier nichtluische Hirne negativen Befund zeigten. SPITZER konnte aber die Angaben WARKANYs nicht bestätigen, da er die von ihm beschriebenen Veränderungen unter 14 Fällen (darunter 10 Fälle mit Pupillenstörungen von verschiedener Stärke) nur viermal vorfand. Auch die von MARINA gemachte Angabe, daß in Tabes- und Paralysefällen mit reflektorischer Pupillenstarre krankhafte Veränderungen im Ciliarganglion und in den Ciliarnerven vorliegen, konnte nicht bestätigt werden (THOMAS, SUMAJA, RIZZO), obwohl neuerdings MCGRATH die reflektorische Pupillenstarre mit trophischen Veränderungen der Iris in Beziehung bringt und ihre Ursache auch in die Ciliarnerven verlegt.

So sehr es vom klinischen und physiologischen Standpunkt berechtigt, ist die isolierte reflektorische Pupillenstarre auf eine Schädigung der Synapse im Reflexbogen zurückzuführen, muß ich darauf hinweisen, daß diese Lokalisation mit den übrigen bei Tabes vorliegenden anatomischen Veränderungen schwer vereinbar ist, weil wie wir aus den bisherigen Befunden sahen, der primäre Sitz der tabischen Läsion sowohl an den Wurzeln, wie an den Hirnnerven extracerebral liegt, die hier vermutete Läsion aber auf eine Stelle hinweist, die intracerebral liegen müßte.

SVEN INGVAR führt den tabischen Prozeß — wie schon früher erwähnt wurde — auf eine, durch die Oberflächenmeningitis auf die Wurzeln und Hirnnerven übergreifende marginale, randförmig geartete Schädigung der Wurzeln und Hirnnerven zurück, wobei die oberflächlich liegenden, dünnen und marklosen Fasern am schwersten geschädigt werden. So bringt er die bei Tabes und anderen luischen Hirnprozessen häufig auftretende isolierte, initiale Ptosis mit der randständigen Degeneration im Oculomotoriusstamm in Zusammenhang. Bezüglich der reflektorischen Pupillenstarre bezieht sich der Autor auf die experimentellen Befunde von KARPLUS und KREIDL, laut welchen die pupillomotorischen

Fasern auf der Strecke vom C. genic. later. durch den vorderen Vierhügelarm
gegen die Commissura posterior und die Mittellinie — oberflächlich, subpial verlaufen und berichtet über eigene Experimente, nach welchen es wahrscheinlich
ist, daß auch im Tractus opticus und im Chiasma die pupillomotorischen Fasern
zu den oberflächlichsten Schichten des Opticus gehören. Das Erlöschen des Lichtreflexes bei Tabes wäre demnach auf die meningitischen Infiltrate und randförmigen Degenerationen zurückzuführen, die im tabischen Opticus einen
häufigen Befund bilden. INGVAR setzt also den anatomischen Sitz der reflektorischen Pupillenstarre auf den centripetalen Bogen der Lichtreflexbahn und
führt die Tatsache, daß die reflektorische Pupillenstarre nur bei Tabes und
Paralyse vorkommt, auf den eminent schleichenden Verlauf des basal-meningi-
tischen Prozesses bei diesen Erkrankungen zurück. Die Veränderungen an der
intrakraniellen, basalen Opticusbahn bei Tabes und Paralyse gewähren dieser
Erklärung eine gewisse Wahrscheinlichkeit, die noch dadurch erhöht wird,
daß sie für die reflektorische Pupillenstarre die Schädigung einer Hirnstelle
ins Auge faßt, die in topographischer Hinsicht den übrigen histopathologischen
Veränderungen der Tabes gleichgesetzt werden kann. Seine anatomischen
Feststellungen bezüglich der Oberflächenlagerung der selbständigen pupillomotorischen Bahn sind aber noch recht hypothetisch und es ist fraglich, ob
gerade bei der Opticusfaserung, deren Gliederung in der phylogenetischen Tier-
reihe eine große Veränderlichkeit zeigt, tierexperimentelle Ergebnisse ohne
weiteres auf die menschlichen Verhältnisse übertragen werden können.

C. Zusammenfassung der histopathologischen Befunde.
Histogenese der Tabes.

Überblickt man die im früheren Abschnitt beschriebenen histopathologischen
Veränderungen, die als das wesentliche anatomische Substrat des Tabesprozesses
erkannt wurden, so zeigt sich, daß der pathologische Vorgang sich aus zahlreichen, an verschiedenen und voneinander recht entfernt liegenden Stellen
verlaufenden Teilprozessen zusammensetzt. Bei näherer Prüfung der Befunde
zeigt sich aber, daß es sich nicht um einen durch Zufallsmomente bestimmten,
multilokulären Vorgang handelt, wie bei den disseminierten Formen der übrigen
neuroluischen Erkrankungen, vielmehr um einen einheitlichen Prozeß, wo die
zahlreichen primären Angriffsstellen einem bestimmten Lokalisationsprinzip
zufolge affiziert werden. Die Histopathologie der Tabes lehrt, daß der Grundprozeß an zwei Abschnitten des Nervensystems verläuft, und zwar an den
Rückenmarkswurzeln und am extracerebralen, intrakraniellen Abschnitt der
Hirnnerven.

Die für die Tabes charakteristische Läsion der Rückenmarkswurzeln erfolgt
durch die unmittelbare Schädigung des sog. Wurzelnervabschnittes. Es ist ein
luisches Granulationsgewebe, welches aus den Gewebsspalten und Lymphräumen der den Wurzelnerv umgebenden Dura-Arachnoideahülle seinen Ausgang
nimmt und sich von hier aus in die Spalträume des Subarachnoidalsackes
zwischen den einzelnen Wurzelbündeln ausbreitet, schließlich in die Wurzelbündel selbst eindringt und dort zumeist lokale, randförmige Zerstörungsherde
verursacht. Der primäre Vorgang spielt sich in der Tiefe jener trichterförmigen
Ausläufer des Subarachnoidalraumes ab, die letzteren gegen die Spinalganglien
absperren. Hier liegt die primäre Läsionsstelle der Hinterwurzeln; alles, was
davon distaler also näher zum Rückenmark liegt, erkrankt nur infolge sekundärer
Degeneration. Die Erkrankung der Rückenmarkshinterstränge ist ein durch
den Wurzelnervprozeß bedingter, sekundär-degenerativer Vorgang. Auch die

motorische Wurzel wird vom Granulationsgewebe im Wurzelnervabschnitt affiziert, wenn auch in geringerem Maße, als die sensible; auch liegt ihre primäre Angriffsstelle etwas näher zum Rückenmark. Die sekundär-degenerativen Folgeveränderungen der motorischen Wurzelläsion bleiben im gemischten peripheren Nerven verdeckt. Die Veränderungen der Spinalganglienzellen sind durch den primären Wurzelnervprozeß bedingte sekundäre Folgeerscheinungen; als solche kann man auch die viel seltener anzutreffenden Veränderungen der Vorderhornzellen auffassen, welche eine retrograde Degeneration nach Läsion der motorischen Wurzelfasern darstellen. Die entzündlichen Veränderungen der Rückenmarkspia bilden eine häufige Begleiterscheinung, gehören aber nicht zum regelmäßigen histopathologischen Befund und haben mit dem Grundprozeß nichts zu tun. Meine Befunde am Wurzelnerv, namentlich die Lage und Formgestaltung der primären nervösen Affektionsherde, ließen jene Annahme als die am meisten wahrscheinliche betrachten, daß die Schädigung der Nervenfasern im Wurzelnerv durch eine unmittelbare Einwirkung des Granulationsgewebes zustande kommt, bzw. an die Anwesenheit von Granulationszellen innerhalb des Nervenparenchyms gebunden ist.

Unter den Einwänden, welche gegen die von mir angenommene Wirkungsart des Granulationsgewebes vorgebracht wurden, bestreiten SPITZER und HASSIN die unmittelbare Beteiligung des Granulationsgewebes am Nervenprozeß, weil sie nur einen geringen Kontakt zwischen Nervengewebe und Granulationszellen antrafen und der Ansicht sind, daß bei direktem Einwirken eine viel reichlichere Ansammlung von Granulationszellen in den Nervenbündeln nachweisbar sein müßte; auch wäre zu erwarten, daß die nach Zerstörung des Nervengewebes entstandenen Zerfallsprodukte im primären Affektionsherd viel reichlicher vorkommen als es in Wirklichkeit der Fall ist. Es ist Tatsache, daß man im tabisch affizierten Wurzelnerv die histologischen Merkmale eines akuten Zerfallsprozesses nicht so deutlich zu Gesicht kommt wie bei anderen Herdprozessen. Wenn man aber berücksichtigt, daß die Zerstörung des Nervengewebes bei Tabes in einem überaus langsamen Tempo vor sich geht, daß die Nervenfasern zumeist auch in den primären Wurzelnervherden nur einzeln, Faser nach Faser zugrunde gehen, dann wird man es besser verstehen, daß massive Granulationsherde nur überaus selten anzutreffen sind und dementsprechend auch ein massiger Zerfall des Nervengewebes im histologischen Bild nicht in Erscheinung tritt. Ich möchte hier noch auf meine experimentelle Feststellung hinweisen, laut welcher die Abschaffung der Abbausubstanzen in den Wurzeln viel rascher vor sich geht als im Zentralorgan, folglich wird man bei einem allmählichen, faserweise vor sich gehenden Zerfall die Abbauprodukte nie gehäuft im Gewebe antreffen können. Endlich ist auch die Tatsache zu berücksichtigen, daß der nervöse Zerfallsprozeß, der an so vielen Wurzeln und Hirnnerven sich abspielt, im Zeitpunkt des Todes nicht an allen diesen primären Angriffstellen aktiv zu sein pflegt, so daß man leicht Wurzelnervbilder zu Gesicht bekommt, wo Granulationsgewebe nur außerhalb der Nervenbündeln sichtbar ist, in den Bündeln selbst aber kein aktiver Prozeß vorliegt, oder nur die sklerotischen Folgezustände eines abgelaufenen Herdprozesses nachweisbar sind.

Die randförmige Ausbreitung und scharfe lokale Begrenzung der Affektionsherde, die den wichtigsten Beweis der primären Nervenläsion im Wurzelnerv darstellen, wurde von JAKOB, HASSIN, GUREVITSCH, SCHARAPOW und HECHST bestätigt.

Der Haupteinwand (SPITZER, HASSIN, R. O. STERN) gegen die von mir angenommene Bedeutung der Granulation beim Zustandekommen der tabischen Wurzelläsion ist auf die Beobachtung gestützt, daß eine ähnliche Gewebsart (von STERN einfach als arachnoidale Zellwucherung bezeichnet) nicht nur bei Tabes, sondern auch bei verschiedenen anderen Rückenmarkserkrankungen (Tuberkulose der Meningen, subakute Rückenmarksdegeneration Wirbelmetastasen, RECKLINGHAUSENsche Krankheit) vorkommt. Ich habe schon in meiner ersten Tabesarbeit zwei Fälle von Tuberkulose der Rückenmarkshäute beschrieben, wo gewaltige Granulationsmassen die Bündel einiger Wurzelnerven umgaben, ohne in das Nervenparenchym selbst eingedrungen zu sein; die Nervenbündel waren intakt. Schon damals betonte ich, daß das Granulationsgewebe keinesfalls eine ausschließlich für die Tabes charakteristische Gewebsart darstellt; ich erblickte in diesem nur eine spezifische Gewebsreaktion des arachnoidalen Hüllengewebes, welche immer zustande kommt, wenn krankhafte Reize an dieser Stelle einwirken. Ebenso wie die Pia mater auf die verschiedensten krankhaften Reize mit einer vasculär-infiltrativen Gewebsreaktion antwortet, reagiert das arachnoidale Hüllengewebe des Wurzelnerven mit einer reinen Bindegewebsentzündung, als welche wir die Granulationswucherung aufzufassen haben.

Es ist aus TINELs Untersuchungen bekannt, daß die seitlichen Ausbuchtungen des Subarachnoidalraumes, die diesen — wenigstens für corpusculäre Elemente — gegen das Spinalganglion abschließen, prädilektionierte Ablagerungsstätten für verschiedene, im Liquor kreisende Formelemente sind. Blutkörperchen (bei meningealer Blutung), Leukocyten (bei Meningitis), Tuschkörnchen (nach experimenteller Einspritzung) wurden hier in großer Anzahl zusammengehäuft vorgefunden; auch Tumorzellen lagern sich mit Vorliebe hier ab. Es ist naheliegend anzunehmen, daß auch die im Liquor zirkulierenden Mikroorganismen sich leicht an diesen Stellen ansiedeln und eine Gewebsreaktion hervorrufen, die sich dem Bautypus des arachnoidealen Bindegewebes entsprechend in der bekannten Granulationswucherung kundgibt. In diesem Sinne wird man mit der Möglichkeit von Granulationswucherungen im Wurzelnervgebiet bei den verschiedensten Affektionen des Liquorraumes rechnen können. Wiederholt wies ich aber darauf hin, daß das Erscheinen des Granulationsgewebes in diesem Abschnitt noch keineswegs eine Nervenläsion bedingt, vielmehr daß eine solche nur dann stattfindet, wenn das Granulationsgewebe in die Nervenbündel selbst eindringt und dort lokale Affektionsherde verursacht. Man kann aus der histologischen Eigenart einer Gewebsveränderung keine Schlüsse ziehen auf ihre schädigende oder krankmachende Wirkung und die Pathologie lehrt an vielen Beispielen, daß histologisch vollkommen gleiche Gewebsprozesse mit ganz verschiedenen pathogenen Effekten verbunden sein können. Das im Wurzelnerv gebildete Granulationsgewebe ist ja nur eine defensive Reaktion des Arachnoidealgewebes, mit welcher dieses auf den einwirkenden krankhaften Reiz antwortet. Der pathogene Effekt dieses entzündlichen Vorganges hängt von Faktoren ab, die sich im histologischen Bild nicht erkennen lassen. Hier liegt nun ein grundlegender Unterschied zwischen den Granulationsprozessen bei Tabes und bei den übrigen erwähnten Fällen. Das bei der Tabes wirksame Granulationsgewebe besitzt die Fähigkeit in die Nervenbündel einzudringen und diese zu zerstören. Ob diese deletäre Wirkung des Wurzelnervprozesses auf einer besonderen Virulenz des krankmachenden Faktors, also der im Granulationsgewebe nachgewiesenen Spirochäte, oder auf einer verminderten Widerstandskraft des nervösen Gewebes beruht, ist eine Frage, die uns zum Hauptproblem der ganzen Tabespathogenese führt, über welche in folgendem Abschnitt gesprochen werden soll. Sowohl in meinen Fällen von Tuberkulose der Meningen, wie auch in den Fällen der anderen Autoren, die Granulationswucherungen bei nichttabischen Erkrankungen beschrieben, war das Granulationsgewebe immer nur in extraneuralen Abschnitt des Wurzelnervgebietes anzutreffen. HASSIN betont, daß der Granulationsvorgang bei Tabes gegenüber den anderen Krankheitsfällen, wo er ein solches vorfand, durch eine besondere Intensität ausgezeichnet ist; er gibt an, daß das Balkennetz zwischen Arachnoidea und den Nervenbündeln von den Granulationsmassen förmlich eingedeckt ist und dadurch der Subarachnoidealraum an dieser Stelle gegen die Peripherie gänzlich abgesperrt wird.

Hier anschließend möchte ich mich kurz mit der histogenetischen Erklärung von HASSIN beschäftigen, die von meinem Erklärungsversuch deutlich abweicht. Er leitet die im Wurzelnervgebiet liegenden mächtigen perineuralen Zellinfiltrate, in welchen auch er die Hauptveränderung erblickt, aus einem primären Infekt des epiduralen Raumes ab. Neben diesen entzündlichen Veränderungen des Wurzelnervgebietes zählt er aber auch selbständige herdförmige Degenerationen im Hinterstrang zum wesentlichen anatomischen Substrat der Tabes, die eine Ähnlichkeit mit den Herdaffektionen der multiplen Sklerose zeigen. Er bringt dann diese beiden anatomische Befunde in einen histogenetischen Zusammenhang, indem er die Degeneration in den Hintersträngen als den Effekt einer Störung im Saftverkehr des Rückenmarks hauptsächlich in den Hintersträngen hinstellt, welche dadurch entstehen soll, daß der Liquorabfluß gegen die Peripherie durch die Zellinfiltrate im Wurzelnervgebiet aufgehoben wird. Hierzu wäre zu bemerken, daß die von HASSIN beschriebenen selbständigen Hinterstrangsherde einen bei Tabes bisher völlig unbekannten Befund darstellen. Von den zahlreichen Forschern, die besonders früher ihre Hauptaugenmerk auf die Hinterstränge richteten, wurden solche herdförmige Ausfälle nie beobachtet. Wenn HASSIN den primären Charakter dieser Hinterstrangsherde darauf stützt, daß er gewisse Abbauformen (Myelophagen, Myeloklasten, Vakuolen) in denselben vorfand, so muß ich darauf hinweisen, daß alle diese Abbauformelemente, die man in rascher verlaufenden Tabesfällen in den Lückenfeldern des Hinterstranges oft antrifft, nach den exakten Studien von JAKOB auch bei der einfachen sekundären Degeneration im Zentralnervensystem vorkommen. Für die Annahme, daß die infiltrativen Veränderungen des Wurzelnervgebietes aus dem Epiduralraum ihren Ausgang nehmen, bringt HASSIN keine annehmbaren Beweise; die epiduralen Infiltrate könnten ebenso aus dem subarachnoidealen Raum hierher übertragen werden. Dagegen ist die in meiner histogenetischen Erklärung als Ausgangspunkt angenommene Spirochäteninfektion des Subarachnoidealraumes bei Tabes nicht nur durch die für Lues charakteristischen Liquorreaktionen, sondern auch durch den Nachweis der Spirochäten innerhalb dieses Raumes (JAHNEL, RICHTER) erwiesen. Es liegt also kein zwingender Grund vor, den Ausgangspunkt der infiltrativen Veränderungen im Wurzelnerv außerhalb des Liquorraumes zu suchen. Auch die von HASSIN angenommene Stauung der Gewebsflüssigkeit im Rücken-mark, die er auf eine Liquorstauung zurückführt, ist durch nichts bewiesen. Würde bei Tabes eine Liquorstauung bestehen, so müßte sich diese irgendwie in einem erhöhten Liquor-druck kundgeben und eine Druckentlastung des Liquorraumes müßte auch den Tabes-prozeß günstig beeinflussen.

Die Histogenese der Hirnnervenaffektion bei Tabes wurde durch die in den letzten Jahren durchgeführten systematischen Untersuchungen, die im Gegen-satz zu den früheren mehr kasuistischen Angaben eine größere Zahl von unter-suchten Fällen zur Grundlage haben, einer Klärung nähergebracht. Die im Anfang von einigen Autoren verfochtene Ansicht, welche die primäre Verän-derung der Hirnnervenläsion in die Zellen der betreffenden Hirnnervenkerne verlegte, oder in einer selbständigen Degeneration der Hirnnerven erblickte, ist durch die neueren histologischen Untersuchungen mit absoluter Gültigkeit widerlegt worden. Sämtliche Untersucher bestätigen gleichlautend, daß die Schädigung der Hirnnerven bei Tabes am intrakraniell liegenden, extracere-bralen Abschnitt des betreffenden Hirnnerven (Oculomotorius, Trigeminus, Acusticus opticus) einsetzt und durch einen entzündlichinfiltrativen Vorgang der Nervenhüllen eingeleitet wird. Die Degeneration des Nervenparenchyms be-ginnt in den Randpartien der Hirnnerven und schreitet gegen das Innere vor. Die histologische Erscheinungsform der entzündlichen Veränderungen ist hier nicht mehr das vom Wurzelnervbild bekannte reine Granulationsgewebe, sondern entsprechend dem Umstand, daß im Großhirn die Arachnoidea mit der Pia verwachsen ist und beide Häute am entzündlichen Prozeß der Nerven-hüllen beteiligt sind, eine Kombination von Granulationswucherung mit peri-vasculären Lymphocyten- und Plasmazelleninfiltraten. Das Eindringen der entzündlichen Zellelemente in das Parenchym konnte mit Ausnahme des Opticus auch bei den Hirnnerven festgestellt werden. Die genauere Bestimmung der primären Affektionsstelle innerhalb des angegebenen Nervenabschnittes kann heute noch nicht als erledigt betrachtet werden; hier sind die Befunde der verschiedenen Autoren nicht gleichlautend. Beim Oculomotorius bezeichnet STARGARDT die Durchtrittsstelle des Nerven durch die Dura neben dem Proc. clin. post. als den primären Sitz der Läsion. Ich konnte aus meinen Befunden diese Stelle proximaler zum Austritt des Nerven aus dem Gehirn angeben. Beim Acusticus fand O. MAYER den im inneren Gehörgang liegenden Teil des Cochlearis am schwersten affiziert, KRASSNIG bezeichnet die Abgangsstelle des Vorhofzweiges, etwa 2—3 mm vom Fundus des inneren Gehörganges als die typische Stelle der primären Läsion. Beim Opticus wird wohl der Anfangs-abschnitt des intrakraniellen Opticus von allen Untersuchern als der am häufigsten und schwersten affizierte Abschnitt des Sehnerven bezeichnet, doch glaubt IGERSHEIMER, daß auch der orbikuläre und caniculäre Abschnitt nicht selten den Ausgangspunkt der Degeneration bilden kann, während nach STAR-GARDT in selteneren Fällen auch das Chiasma und der Tractus primäre Herde aufweisen können.

Der ursächliche Zusammenhang zwischen den exsudativ-infiltrativen Ver-änderungen der Nervenhüllen und der Läsion des Nervenparenchyms wird (mit Ausnahme des Opticus) bei allen Hirnnerven als der am meisten plausible angenommen. Es ließ sich kein Fall nachweisen, wo bei bestehenden klinischen Ausfallserscheinungen oder anatomisch nachgewiesener Nervenschädigung die entzündliche Veränderung der Nervenhüllen vermißt wurde. Dagegen wies STARGARDT auf Fälle hin, wo entzündliche Infiltrate in den Hüllen des Oculo-motorius ohne gleichzeitige Degeneration des Nerven bestanden. Auch KRASSNIG fand ähnliche Verhältnisse am Acusticus.

Die Histogenese der tabischen Opticusatrophie bildet auch heute noch eine offene Streitfrage, die am deutlichsten hervortritt, wenn man die Befunde und histogenetischen Erklärungen von Stargardt und Igersheimer vergleicht. Eine volle Übereinstimmung besteht zwischen beiden Autoren und auch den anderen Forschern darin, daß der primäre Sitz der Opticusaffektion in der intrakraniellen Opticusbahn liegt und eindeutig sind die Befunde der verschiedenen Autoren auch darin, daß der Nervenfaserschwund immer am Rande des Nerven beginnt.

Die vasculär-infiltrativen Veränderungen der Opticusscheide bezeichnet Stargardt als eine konstante Veränderung. Er weist aber darauf hin, daß der infiltrative Prozeß in der Opticusscheide auch ohne Atrophie des Sehnerven bestehen könne. Es kommt nach Stargardt nur dann zu einem Nervenschwund, wenn die entzündlichen Infiltrate aus der Scheide längs der Septa in das Innere des Opticus eindringen. Igersheimer behauptet demgegenüber, daß die entzündlichen Infiltrate der Opticusscheide keine konstante Veränderung darstellen. Ihre Dysproportion mit dem Nervenschwundprozeß zeigt sich nicht nur darin, daß entzündliche Veränderungen ohne degenerative bestehen können, sondern es könne auch umgekehrt eine Degeneration ohne merkliche Infiltrate vorliegen. Die Annahme, daß das Eindringen der Infiltrate in die Septen die Degeneration der benachbarten Faszikeln zur Folge haben müsse, weist Igersheimer zurück. Er selbst gibt aber zu, daß in einer gewissen Anzahl der Fälle das histologische Bild den unmittelbaren Zusammenhang zwischen Scheidenentzündung und Randdegeneration als sehr wahrscheinlich erkennen läßt. So beschreibt er einen Fall, bei dem eine kleine, aber sichere Randatrophie sich durch die ganze Länge des Opticus verfolgen ließ, als deren primäre Läsionsstelle eine umschriebene Verdickung der Pia und Septen mit Zellvermehrung im Canalis opticus nachweisbar war (Bild der neuritischen Atrophie) und nur an dieser Stelle der Opticusscheide ließen sich Spirochäten nachweisen. Am schwerwiegendsten tritt der Gegensatz zwischen den Befunden von Igersheimer und Stargardt durch die Angabe des ersteren hervor, daß Degenerationen in der Sehbahn auch ohne entzündliche Veränderung bestehen können. Diese Feststellung Igersheimers steht auch mit den neueren Befunden anderer Autoren im Widerspruch. Als zweifellos gültig kann man diesen Befund Igersheimers nur für die zwei Fälle betrachten, wo er kleine umschriebene Markflecke ohne auf- und absteigende Degeneration fand, in welchen die Scheiden und Septen keine deutliche entzündliche Veränderung erkennen ließen; in allen anderen Fällen hätte nur eine lückenlose Serie vom Bulbus bis zum äußeren Kniehöcker den Beweis erbringen können, daß hier entzündliche Veränderungen fehlten. Die Bedeutung dieser Befunde soll keineswegs unterschätzt werden; man wird aber die Möglichkeit nicht ausschließen können, daß auch hier im Zeitpunkt, wo der Degenerationsprozeß im Gange war, entzündliche Veränderungen vorlagen, die sich später zurückbildeten. Hierfür scheint zu sprechen, daß Igersheimer ähnliche circumscripte Randherde auch im Zusammenhang mit lokalen infiltrativen Scheidenveränderungen beschrieb.

Die histogenetische Erklärung Stargardts stützt sich auf die entzündlichen Veränderungen, die er im intrakraniellen Abschnitt der Sehbahn fand. Nach ihm zeigen diese die Stelle des Sehnerven an, wo der Degenerationsprozeß einsetzt, weil beide Veränderungen durch dieselbe Krankheitsursache hervorgerufen werden. Zur Zeit, wo Stargardts Arbeit erschien, waren die Spirochätenbefunde Igersheimers noch nicht bekannt, daher sprach Stargardt nur vermutungsweise von der Anwesenheit der Spirochäten in der Opticusscheide, als deren Indicatorzellen er die Plasmazellen betrachtete. Er nimmt einen doppelten Wirkungseffekt der Spirochäten an: die direkte Zerstörung der Nervensubstanz und einen reaktiven exsudativen Prozeß, welcher den Erreger selbst unschädlich machen sollte. Degenerative und exsudative Veränderungen seien voneinander unabhängig, müssen aber auf ein und dieselbe Ursache zurückgeführt werden. Die Möglichkeit, daß der exsudative Prozeß die Degeneration herbeiführe, stellt Stargardt mit der Begründung in Abrede, daß weder Plasmazellen noch Lymphocyten in das Nervenparenchym des Opticus eindringen.

Igersheimer kann den entzündlichen Veränderungen nicht die Bedeutung beimessen, die sie bei Stargardt erhalten, erblickt aber in diesen einen wichtigen Beweis dafür, daß die den Opticusprozeß bedingende Noxe in den Scheiden oder im Scheidenraum lokalisiert sei. Diese Annahme wird durch seine Spirochätenbefunde unterstützt, welche in der überwiegenden Mehrzahl eine Lokalisation in den Scheiden und im Scheidenraum zeigten, dagegen in der Nervensubstanz selbst immer negativ ausfielen. Es kommt ihm also eine direkte Schädigung der nervösen Substanz durch dort befindliche Spirochäten als unwahrscheinlich vor und er erwägt die Möglichkeiten, die Degeneration auf andere Weise zu erklären, wobei die Beziehungen zu den Spirochäten in irgendeiner Weise aufrecht erhalten werden müssen. An dem Beispiel einer experimentell herbeigeführten luischen Hornhautinfektion sucht er eine Analogie zu finden für die Vorstellung, daß von den tatsächlich nachgewiesenen Spirochäten im Scheidenraum oder sonst in der Nähe der Sehbahn toxische Wirkungen ausgehen können, die auf die nervöse Substanz wirken können. Trotz seiner positiven Spirochätenbefunde kann also Igersheimer den tabischen Degenerationsprozeß mit den im Scheidenraum vorgefundenen Spirochäten nicht in einen ausschließlichen und unmittelbaren Zusammenhang bringen, obwohl er auch für eine solche Annahme zahlreiche histologische Belege aufweist, vielmehr nimmt er neben der direkten noch eine indirekte (toxische) Wirkungsart des Lueserregers an.

Nach BEHRs Theorie wird der Immunitätszustand der gliösen Grenzmembrane durch das Einwirken des Spirochätentoxins allmählich geschwächt und es kommt zur sklerotischen Umwandlung und Atrophie der protoplasmatischen Gliafasern. Durch Schädigung der letzteren kommt es zu einer Ernährungsstörung im Nervengewebe, die sich anfangs in einer fleckförmigen Faserdegeneration kundgibt. Durch Sklerosierung der Grenzmembranen gehen auch die von ihnen eingeschlossenen feinen Septa zugrunde und schließlich kommt es infolge der Abfuhrverbindung der Verbrauchsstoffe zur Quellung der Nervenfasern, vor allem der Markscheiden.

Beim Versuch einer eigenen Stellungnahme zum Problem des tabischen Opticusprozesses möchte ich zuvor auf den Einwand reflektieren, welchen SPIELMEYER erhob und auch JAHNEL sich zu eigen machte. Die histologische Tatsache, daß bei der Opticusatrophie auch in reinen Tabesfällen das Granulationsgewebe von allen Untersuchern vermißt wurde, wird als eine Lücke in meiner Beweisführung angesehen, weil sie mit dem einheitlichen histopathologischen Charakter des Tabesprozesses in Widerspruch steht. Hierzu möchte ich nochmals betonen, daß die histopathologische Reaktionsform nicht durch den krankmachenden Faktor, sondern ausschließlich durch die spezifische Art des Gewebes, in welchem der krankhafte Prozeß sich abspielt, bestimmt wird. Die spezifische Reaktionsform des arachnoidealen Hüllengewebes gegenüber Noxen verschiedenster Art ist die Ganulationswucherung. Die Pia des Rückenmarks beteiligt sich am Aufbau der Wurzelnervhüllen überhaupt nicht. Deshalb fehlen bei reiner Tabes die für die Pia spezifischen vasculär-infiltrativen Veränderungen im Wurzelnerv. Beim Opticus weisen aber alle vorliegenden Befunde darauf hin, daß die entzündliche Veränderung fast ausschließlich im innersten Teil der Opticusscheide, also in jener Gewebsschicht auftritt, welche bekanntermaßen aus der Pia hervorgeht. Diese innere piale Schicht der Scheide reagiert nun in der für sie ausschließlich charakteristischen Form, nämlich mit perivasculären und diffusen Lymphocyten- und Plasmazelleninfiltraten. Bei den übrigen Hirnnerven findet man beide Gewebsreaktionsformen nebeneinander, was nur so zu erklären ist, daß am entzündlichen Hüllenprozeß sowohl die Pia wie auch die Arachnoidea, die hier miteinander verwachsen sind, sich beteiligt. Ich glaube aber, daß diese Unterschiede in der histologischen Reaktionsform, die durch die Verschiedenheit der angegriffenen Gewebsschichten bedingt sind, keinesfalls ausreichen um den einheitlichen Charakter des Tabesprozesses, welcher, wie wir sehen werden, auf andere wichtige Beweise gestützt ist, zu erschüttern.

Die Ansicht STARGARDTs, nach welcher die entzündlichen und degenerativen Veränderungen im Opticus durch ein und dieselbe Noxe gleichzeitig verursacht werden, ist unhaltbar, weil alle Autoren, auch STARGARDT selbst, feststellen konnten, daß die entzündlichen Veränderungen in der Opticusscheide häufig ohne degenerative Veränderungen bestehen können; man muß also, wenn man an ihrer Bedingtheit vom Lueserreger festhält, annehmen, daß sie zeitlich die primäre Veränderung darstellen. Prüft man nun unvoreingenommen das in der überwiegenden Mehrzahl der untersuchten Fälle vorgefundene histopathologische Substrat, so wird man die wesentlichen Komponente der Histogenese in folgenden drei Befunden erklicken können: Erstens in den entzündlich-infiltrativen Veränderungen im inneren pialen Abschnitt und in den Septen der Opticusscheide, zweitens im Nachweis des Lueserregers vornehmlich an diesen Stätten und drittens in der randförmigen Degeneration des Opticusgewebes in beginnenden Fällen. Sie führen zwangsläufig zu der Annahme, daß ein durch den Lueserreger in der Opticusscheide verursachter entzündlicher Prozeß das benachbarte Nervengewebe zur Degeneration bringt. Es besteht aber ein Mißverhältnis zwischen den entzündlichen Erscheinungen der Scheide und Nervendegeneration, ebenso wie wir es beim tabischen Wurzelnervprozeß sahen. Im Wurzelnerv etabliert sich ein Granulationsgewebe in der Arachnoidalhülle, welches sich um die Nervenbündel ausbreiten kann, ohne eine Läsion derselben hervorzurufen; in der Opticusscheide etabliert sich ein entzündlicher Vorgang mit diffusen und perivasculären Plasmazellen- und Lymphocyten-infiltraten, welcher ebenfalls ohne Schädigung der Opticusfasern bestehen kann. Bei beiden Prozessen ist der randförmige Beginn der Degeneration bewiesen, welcher darauf hindeutet, daß die Degeneration des Nervengewebes lokal mit dem entzündlichen Vorgang zusammenhängt. Im Wurzelnerv konnte ich in diesen Lokalherden die Granulationselemente selbst nachweisen und somit die Nervenschädigung mit dieser neugebildeten pathologischen Gewebsart in unmittelbaren ursächlichen Zusammenhang bringen. Im tabisch affizierten Opticus vermißt man die entzündlichen Zellen im Nervenparenchym, eine Erscheinung, die vielleicht darin ihre Erklärung findet, daß das Opticusgewebe einen ektodermalen gliösen Aufbau zeigt und sich durch die ektomesodermale Barriere gegen die mesodermalen entzündlichen Zellen schützt. Diese Eigentümlichkeit des Opticusprozesses schließt aber im Prinzip eine pathogene Wirksamkeit des entzündlichen Scheidenprozesses nicht aus.

Der enge Parallelismus zwischen Opticusatrophie und Wurzelnervprozeß wird noch dadurch ergänzt, daß IGERSHEIMER in den entzündlichen Opticusscheiden und ich im Granulationsgewebe der Wurzelnervhülle den Lueserreger nachweisen konnte, wobei das Nervenparenchym sowohl im Opticus wie im Wurzelnerv von Spirochäten frei war. Diese Befunde machen es wenigstens wahrscheinlich, daß die Spirochäte das Nervenparenchym nicht unmittelbar schädigt, vielmehr, daß sie nur die entzündlichen Veränderungen verursacht und daß die Läsion der Nervensubstanz durch diese pathologischen Gewebsprozesse hervorgerufen wird. Das Bestehen von entzündlichen Veränderungen ohne Degeneration führt uns auch beim Opticusprozeß zum Hauptproblem der Tabespathogenese (s. folgendes Kapitel).

Die angeführten gemeinsamen Züge zwischen Wurzelnervaffektion und Opticusläsion werden aber erst dann ins richtige Licht geführt, wenn man die primären Läsionsstellen des Tabesprozesses bezüglich ihrer topographischen Lage miteinander in Beziehung bringt. Man erkennt dabei, daß sämtliche primären Läsionsstellen extracerebral und extraspinal, aber innerhalb des subarachnoidalen Raumes liegen: bei den Rückenmarkswurzeln in den seitlichen Ausbuchtungen des spinalen Liquorraumes, welcher diese bis zu den Spinalganglien begleitet und bei den Hirnnerven in den Einscheidungen des Subarachnoidalraumes an der Hirnbasis. *Der Liquorraum vereinigt sämtliche primären Angriffspunkte der Tabes vom Opticus bis zur letzten Sacralwurzel zu einem gemeinsamen Angriffsgebiet, vermittelt hierdurch das Übergreifen des Prozesses von einem Wurzelnerv auf die anderen und auf die Hirnnerven, verbindet die an zahlreichen und voneinander entfernt liegenden Angriffsstellen sich abspielenden Teilprozesse zu einem einheitlichen Krankheitsvorgang und sichert hierdurch den mehr-weniger typischen Verlauf und Fortschritt des Tabesprozesses.* Die Affektion eines Wurzelnerven oder eines Hirnnerven ist zwar ein in sich abgeschlossener Prozeß, der zu einer bestimmten Ausfallserscheinung führt, hat aber noch nichts für die Tabes Spezifisches an sich. Erst durch die allmähliche Ausbreitung des Prozesses auf die übrigen Wurzeln und Hirnnerven erhält die Krankheit Tabes ihre charakteristische Prägung. Diese Ausbreitung des Prozesses kann man sich aber nach den histopathologischen Befunden nicht anders, wie durch die Vermittlung der Cerebrospinalflüssigkeit vorstellen, welche die zahlreichen Angriffsstellen miteinander verbindet. Der einheitliche Charakter des Tabesprozesses erhält also durch die vorliegenden histologischen Befunde eine nachdrückliche Bestätigung. Alle Angriffspunkte liegen an solchen Stellen des Subarachnoidalraumes, wo dieser entlang der austretenden Wurzeln und Hirnnerven Ausläufer bildet. In diesen Sackgassen des Liquorstromes entfacht der Lueserreger entzündliche Gewebsreaktionen, welche die primäre Tabesveränderung darstellen. Sowohl die histologischen Befunde, als auch die bisher vorliegenden Spirochätenbefunde führen gleichlautend zu der Annahme, daß die Nervenbahnen bei Tabes erst sekundär angegriffen werden. Der tabische Grundprozeß etabliert sich also außerhalb des Nervensystems, in den Hüllen der Wurzeln und Hirnnerven; die primäre Affektionsstelle des Nervensystems liegt extracerebral und extraspinal; das Zentralnervensystem wird vom tabischen Prozeß unmittelbar nicht betroffen, sämtliche zentralnervösen Veränderungen sind sekundär-degenerative Folgeerscheinungen.

Bei der Kritik meiner histogenetischen Erklärung wurde von JAHNEL auch der Einwand erhoben, daß ich die von anderen Autoren bei Tabes erhobenen Spirochätenbefunde nicht berücksichtigt habe. Die positiven Befunde von NOGUCHI und PACHECO Y SYLVA beziehen sich auf die Hinterstränge des Rückenmarks, auf eine Stelle also, wo die initiale Läsion der Tabes unmöglich stattfinden kann. Außer den Beweisen, die schon früher auf Grund der histopathologischen Befunde gegen eine solche Annahme vorgebracht wurden, kann man eine direkte Spirochätenwirkung im tabischen Hinterstrang schon aus dem Grunde nicht annehmen, weil es nicht zu erklären wäre, warum der Lueserreger hier nur die aus den Hinterwurzeln stammenden Fasergebiete schädigt und die endogenen Rückenmarksbahnen verschont. Diese Spirochätenbefunde wären am ehesten auf eine luische Begleitaffektion zurückzuführen, die, wie wir sahen, bei Tabes gar nicht selten vorkommt. Die Spirochäten dürften in diesen Fällen aus der Pia in das Rückenmark eingedrungen sein, die bekanntlich bei Tabes oft entzündlich verändert ist. Ihre häufige Miterkrankung ist leicht zu verstehen, wenn man bedenkt, daß die Pia die innere Begrenzung des Liquorraumes darstellt, innerhalb dessen sich der eigentliche Tabesprozeß abspielt. Daß diese Piameningitis selbst durch Spirochäten verursacht wird, muß man als sehr wahrscheinlich betrachten, wenn es auch bisher noch nicht erwiesen ist. Dagegen zeigt der positive Befund JAHNELs, daß die Spirochäten des Liquorraumes sich auch in der Arachnoidea des Rückenmarks, also an der äußeren Begrenzung des subarachnoidealen Raumes niederlassen können. Es ist aber leicht einzusehen, daß auch diese Spirochätenlokalisation mit dem Tabesprozeß in keinen kausalen Zusammenhang gebracht werden kann, da doch die Arachnoidea des Wirbelkanals mit den Nervenbahnen gar keine Berührung hat.

Die für die Tabes spezifische Lokalisation der Spirochäten muß aus Gründen, die auf der histopathologischen Erkenntnis des Wurzelnervprozesses beruhen, in diesen Abschnitt des Subarachnoidalraumes verlegt werden. Es ist naheliegend anzunehmen, daß auch diese Spirochäten, die ich in der Tiefe der seitlichen Wurzeltrichter im Granulationsgewebe lagernd vorfand, aus dem Liquorraum stammen. Nachdem wir durch die Untersuchungen IGERSHEIMERs auch bei der tabischen Opticusatrophie die Anwesenheit der Spirochäten an der Stelle der primären Läsion, in der entzündlich veränderten Opticushülle auf strikte Beweise stützen können, so steht heute der Annahme nichts mehr im Wege, daß *die initale histopathologische Gewebsveränderung an allen Angriffsstellen des Tabesprozesses an die Anwesenheit der Spirochäten gebunden ist.*

Die Entstehung der Tabes muß also nach diesen Darlegungen vor allem an die Anwesenheit des Lueserregers in der cerebrospinalen Flüssigkeit gebunden sein. Bekanntlich erfolgt bei der Mehrzahl der Luiker schon im frühsekundären Stadium eine Invasion der Spirochäten in den Liquor, die sich durch die positiven Liquorreaktionen verrät. Einen solchen ohne klinische Symptome bestehenden latenten Zustand der Liquorspirochätose müssen wir als den regelmäßigen Vorläufer der Tabes betrachten und es ist wahrscheinlich, daß diesen positiven Liquorreaktionen leichtere diffuse irritative Veränderungen der Hirnhäute zugrunde liegen. Welche ursächliche Momente in der bedeutungsvollen Phase mitwirken, wo die Liquorspirochäten aus dem klinisch symptomlosen Zustand in ein aktives, die tabischen Nervenläsionen verursachendes Stadium übertreten, das bildet das eigentliche Problem der Pathogenese der Tabes.

Nach obigen Darlegungen können wir die Histogenese der Tabes also die formalen, anatomischen Bedingungen für das Zustandekommen der tabischen Nervenschädigungen als geklärt betrachten. Es verankern sich drei Vorgänge ursächlich miteinander: 1. Ansiedlung der Spirochäten in den seitlichen Ausbuchtungen des Subarachnoidalraumes, in den Hüllen der Wurzeln und Hirnnerven. 2. Entzündliche Gewebsreaktionen an den Ansiedlungsstätten. 3. Lokale herdförmige Schädigung der Nervensubstanz durch den entzündlichen Vorgang.

D. Zur Pathogenese der Tabes.

Der ursächliche Zusammenhang zwischen Tabes und einer vorausgegangenen luischen Infektion ist heute auf ein so überwältigendes Beweismaterial gestützt, welches auch der strengsten, in der naturwissenschaftlichen Forschung angewendeten Kritik standzuhalten vermag. Die gewaltige Arbeit, welche seinerzeit von ERB und FOURNIER ihre erste Inspiration erhielt, ist siegreich beendet: es gibt keine Tabes ohne Lues. Tauchen noch hie und da vereinzelte Stimmen auf, die außer der Lues noch anderen ursächlichen Faktoren eine Rolle in der Tabesätiologie zuerkennen wollen, so kann man diese Nachzügler aus dem Zeitalter der „Nähmaschinentabes" ruhig als Sonderlinge betrachten. Ihre Ansichten entbehren jeder wissenschaftlichen Grundlage und haben ihr Vorrecht zu einer ernsten Berücksichtigung eingebüßt. Seit Einführung der Wa.R. und der Liquoruntersuchung ist die Zahl der Tabesfälle, in welchen die luische Vorgeschichte nicht nachgewiesen werden kann, auf ein Minimum gesunken und betrifft vornehmlich die stationären Fälle, die man mit gutem Recht als abgeheilt betrachten kann.

In der Einleitung habe ich schon im allgemeinen auf die Gründe hingewiesen, welche die Unhaltbarkeit der Metalueslehre für die Krankheiten Tabes und Paralyse darlegen. Durch die neueren Spirochätenbefunde, durch die aussichtsvollen therapeutischen Bestrebungen der jüngsten Zeit, sowie die neugewonnenen histopathologischen Erkenntnisse sind die Grundlagen dieses, in der Pathologie überhaupt ohne Analogie stehenden Begriffes endgültig entzogen und es steht heute nichts mehr der Auffassung im Wege, daß beide Erkrankungen als echtsyphilitische, mit dem Lueserreger in unmittelbarem, ursächlichen Zusammenhang stehende Erkrankungen aufgefaßt werden. Bei einer neuerlichen Einreihung dieser beiden Erkrankungen unter den übrigen Neroluesformen erscheint es aber notwendig der Frage näher zu treten, ob Tabes und Paralyse, die bisher ihre Sonderstellung unter dem gemeinsamen Decknamen: „Metalues" bewahrten, auch weiterhin als zwei gleichgeartete und im pathogenetischer Hinsicht als identisch zu beurteilende Erkrankungsformen der Neurolues aufgefaßt werden dürfen. Es gibt zweifellos gewichtige klinische Erfahrungen und pathologische Überlegungen, die besonders nahe Beziehungen zwischen beiden Erkrankungen vermuten lassen. Schon die lange Inkubationszeit und ihre schwere therapeutische Beeinflußbarkeit durch die gewöhnlichen antiluischen Behandlungsmethoden lassen ihre gemeinsame Trennung von den übrigen neuroluischen Erkrankungen als begründet erscheinen. Aber auch die Tatsache, daß mehr als 10% der Tabiker (nach Robertson 11,7%, nach Pilcz 13,5%) später an Paralyse erkranken oder — allerdings viel seltener — bei Paralytikern sich später Tabessymptome einstellen, spricht für eine engere Zusammengehörigkeit. Dann gibt es Symptome, wie die reflektorische Pupillenstarre und Sehnervenatrophie, die bei beiden Erkrankungen gemeinsam und ausschließlich bei diesen vorkommen. Andererseits aber gibt es auch beträchtliche Unterschiede, vor allem im Verlauf und in der Lokalisation des Krankheitsprozesses, die man bei einer pathogenetischen Betrachtung nicht unberücksichtigt lassen kann. Von dem zumeist akut einsetzenden und stürmisch progredienten Verlauf des paralytischen Prozesses weicht der eminent chronische Verlauf des Tabesprozesses gänzlich ab; dementsprechend findet man auch im histopathologischen Substrat der beiden Erkrankungen Unterschiede in der Intensität der entzündlichen und degenerativen Vorgänge, die mit dem verschiedentlichen klinischen Verlauf übereinstimmen (Alzheimer). Dem Unterschied in der Lokalisation des Prozesses wird die aphoristische Formel von Moebius, laut welcher die Tabes eine Paralyse des Rückenmarks, die Paralyse einer Tabes des Großhirns sei, ganz und gar nicht gerecht. Die Paralyse ist eine intracerebrale und intraspinale Erkrankung, bei welcher die Hauptveränderungen in der Großhirnrinde von den entzündlichen meningealen Veränderungen der Konvexität völlig unabhängig sind (Nissl-Alzheimer, Saito, Spatz). Die Tabes müssen wir aber nach ihrem histopathologischen Substrat als eine ausschließlich extracerebrale und extraspinale, im äußeren Liquorraum verlaufende Erkrankung betrachten. Wie wenig stichhaltig der Moebiussche Satz ist, beweisen die histopathologischen Veränderungen, die man einerseits bei Paralyse im Rückenmark, andererseits bei den Tabespsychosen im Großhirn festgestellt hat. Diese Befunde beweisen, daß die Paralyse im Rückenmark Veränderungen hervorruft, die von der rein tabischen Hinterstrangsaffektion im wesentlichen Zügen abweichen und daß es im Laufe der Tabes zu einem Krankheitsprozeß im Großhirn kommen kann, der gegenüber der Paralyse bedeutende Unterschiede aufweist. Diese

Erwägungen lassen es als angezeigt erscheinen, daß bei der Besprechung der Pathogenese, die nach dem Verschwinden des Metaluesbegriffes einen neuen Weg zu beschreiten hat, das Problem der Tabes selbständig, also bei Außerachtlassung der Paralysefrage behandelt werden soll, immer betonend, daß die angedeuteten Berührungspunkte, die zwischen beiden Erkrankungen auf klinischem Gebiet bestehen, die Annahme einer engeren Zusammengehörigkeit derselben gegenüber den übrigen Neroluesformen auch heute noch als geboten erscheinen läßt.

Die Hauptfrage der Tabespathogenese richtet sich nun dahin, ob nach dem Sturz der Scheidemauer, welche der Begriff der Metalues verkörperte, nun auch alle Schranken gefallen sind, die die Tabes von den übrigen Neroluesformen abschieden, oder ob es — auch beim heutigen Stand unserer Kenntnisse — nicht notwendig sei, wenigstens einen Trennungsstrich zwischen Tabes und Neurolues aufrechtzuhalten. Alles was auf histopathologischem Gebiet in den letzten Jahren hervorgebracht wurde, scheint die Bestrebungen jener Autoren zu begünstigen, die von einer Abgrenzung nichts mehr wissen wollen und Tabes und Paralyse nur als Syndrom innerhalb der großen Gruppe der Neurolues auffassen möchten (MARGULIS, v. SARBÓ). So sehr auch meine Befunde ein solches Unternehmen zu fördern scheinen, kann ich mich diesem Bestreben nicht anschließen und muß an der Sonderstellung der Tabes als einer einheitlichen und selbständigen Erkrankungsform nicht nur in klinischer und therapeutischer, sondern auch in pathogenetischer Hinsicht festhalten. Das klinische Bild der Tabes weist solche typische Symptome (lanzinierende Schmerzen, Krisen, reflektorische Pupillenstarre) auf, die bei den übrigen neroluischen Erkrankungen gänzlich fehlen. Wohl gibt es Fälle, auf welche sich v. SARBO beruft, wo die Tabessymptome mit anderen Krankheitserscheinungen der Neurolues sich kombinieren, doch geben diese Fälle eine Minderzahl der Tabesfälle ab und können den einheitlichen klinischen Charakter der reinen Tabes nicht in den Hintergrund stellen. Neben den typischen Symptomen ist auch ein recht typischer Fortschritt der Krankheit für ihre Sonderstellung bezeichnend. Der Beginn und die allmähliche Bereicherung des klinischen Bildes nach einem bekannten, durch die Erfahrung gewissermaßen eingebürgerten Schema sind Grundzüge eines selbständigen, in sich abgeschlossenen Krankheitsvorganges. Bei keiner Form der neroluischen Erkrankungen begegnen wir solchen Gesetzmäßigkeiten in der scharfen Konturierung des klinischen Bildes und in der Progression des Krankheitsprozesses. Die gewöhnliche Neurolues bringt Zufallssyndrome hervor; bei der Tabes führt uns der Gedanke einer legitimen Zusammengehörigkeit, wenn wir die weit verzweigten Symptome zu einem Syndrom vereinigen. Dieser einheitliche Charakter des klinischen Bildes hat nun auch durch die histopathologische Forschung eine Bestätigung gefunden. Durch die Feststellung der primären Läsionsstelle an den Rückenmarkswurzeln und an den Hirnnerven wurde eindeutig bewiesen, daß der tabische Grundprozeß sich ausschließlich im Liquorraum abspielt; der Liquor repräsentiert das gemeinsame Medium, in welchem die zahlreichen Angriffspunkte der Nervenschädigung liegen.

Über die Gründe, welche die pathogenetische Sonderstellung der Tabes gegenüber den übrigen Neroluesformen auch heute noch als angezeigt erscheinen lassen, wird manches klar, wenn wir die Tabes als eine spezielle Form der Liquorspirochätose mit den übrigen im Liquorraum lokalisierten luischen Prozessen vergleichen. Die luische Radiculitis, die in lokalisatorischer Hinsicht dem Tabesprozeß am nächsten steht, ergreift gewöhnlich eine oder einige benachbarte Rückenmarkswurzeln ohne sich auf die übrigen auszubreiten; sie setzt akut mit stürmischen Symptomen ein und klingt nach einer gewissen Zeit spurlos oder mit residuellen Ausfallserscheinungen ab; auch ist es bekannt, daß sie sich zufallsmäßig in jeder beliebigen Wurzelhöhe etablieren kann. Der Tabesprozeß ist ein eminent chronischer Vorgang, dessen Kontinuität dadurch gewährleistet ist, daß er in ein und derselben Wurzel nur ganz allmählich verläuft und langsam vorwärtsschreitet, gleichzeitig aber sich auf die übrigen Rückenmarkswurzeln und auf gewisse Hirnnerven ausbreitet; auch in der Lokalisation des Tabesprozesses waltet eine Gesetzmäßigkeit, laut welcher die Wurzeln bestimmter Rückenmarkshöhen und bestimmte Hirnnerven am frühesten und häufigsten affiziert werden. Diese Unterschiede, welche noch durch die verschiedentliche therapeutische Beeinflußbarkeit ergänzt werden können, machen sich auch gegenüber den übrigen an den Meningen des Rückenmarks und der Hirnbasis sich abspielenden neuroluischen Prozessen bemerkbar. Die gesetzmäßige Lokalisation und Ausbreitung, der allmähliche Fortschritt und die Kontinuität des Tabesprozesses sind besondere Kennzeichen dieser Krankheit, die bei der Pathogenese nicht außer acht gelassen werden dürfen. Bei den übrigen Neuroluesformen genügt es, wenn wir die zufallsmäßige Ansiedlung der Spirochäten an einer gewissen Stelle des Zentralnervensystems oder des subarachnoidalen Raumes für das Zustandekommen irgendeines Neuroluessyndroms verantwortlich machen, bei der Tabes deutet die Prädilektion gewisser Rückenmarkswurzeln und Hirnnerven als Ausgangsstellen des krankhaften Prozesses, sowie die Tendenz zur Ausbreitung des Prozesses auf eine gesetzmäßige Eigentümlichkeit, die durch die Spirochätenansiedlung allein nicht erklärt werden kann, sondern auch eine gewisse Änderung des Milieus zur Voraussetzung hat. Ein weiteres Moment, welches aus den histopathologischen Befunden hervorgeht, führt ebenfalls zu einer solchen Erwägung. Sowohl meine Befunde im Wurzelnerv, wie die von Stargardt und Igersheimer bei dem Opticus und von Krassnig beim Acusticus weisen darauf hin, daß die durch die Spirochäten entfachten entzündlichen Veränderungen, also das Granulationsgewebe im Wurzelnerv und der vasculär-infiltrative Prozeß in den Scheiden der Hirnnerven nicht unbedingt und gleichzeitig eine Schädigung des Nervenparenchyms herbeiführen; beide können längere Zeit bestehen ohne das benachbarte Nervenparenchym zu schädigen. Der histogenetisch festgestellte Zusammenhang zwischen entzündlicher Veränderung und Degeneration des Nervenparenchyms genügt nicht, um den kausalen Zusammenhang zwischen Spirochäten und Nervenschädigung gänzlich aufzuklären. Es muß eine Erklärung dafür gesucht werden, warum die entzündlichen Veränderungen in den Hüllen der Rückenmarkswurzeln und der Hirnnerven, die, wie wir annehmen müssen, sich dort eine gewisse Zeit lang passiv verhalten, auf einmal die Randpartien der Nervenbündel angreifen und dann allmählich gegen das Innere vordringend die Nervenfasern in einem langsamen, aber unaufhaltbaren Tempo zerstören.

Es bleiben also auch nach Klärung der Histogenese des Tabesprozesses eine Reihe von Eigentümlichkeiten zurück, deren Erklärung schon außerhalb des Bereiches der histologischen Forschung liegt. Zur Lösung dieser Rätsel müssen wir uns an die pathogenetischen Theorien wenden, welche die Änderung der Wechselwirkung zwischen Spirochäte und Wirtsorganismus in den verschiedensten Kombinationen als Grundlage der Tabes ins Auge fassen. Bei einer kritischen Prüfung dieser Theorien, in welchen vielfach noch spekulative Betrachtungen vorherrschen, möchten wir die nach Klärung der Histogenese offen gebliebenen Fragen als für uns am meisten maßgebend betrachten und denjenigen Theorien den Vorrang geben, durch welche diese Fragen die plausibelste Erklärung erhalten. Die Pathogenese der Tabes hat heute nicht mehr zur Aufgabe, die elektive Schädigung bestimmter Bahnsysteme ursächlich zu klären, noch weniger unbekannte toxische Faktoren, die bei der Tabes wirksam sein sollen, zu ergründen. Die aus der Histogenese sich ergebende Fragestellung beschränkt sich vielmehr auf etwa folgende Umschreibung des Tabesproblems: *Welcher ursächliche Faktor ist dafür verantwortlich zu machen, daß aus einem latenten Zustand der Liquorspirochätose ein aktiver Prozeß innerhalb des Liquorraums einsetzt, dessen Eigenart gegenüber den anderen hier lokalisierten neuroluischen Erkrankungen sich darin kundgibt, daß er die im subarachnoidalen Raum liegenden Nervenbahnen in einer gewissen gesetzmäßigen Reihenfolge angreift, weiters, daß er eine Kontinuität zeigt, welche dadurch aufrechterhalten wird, daß der Prozeß an den einzelnen Läsionsstellen nur ganz allmählich vorwärtsschreitet, sich dabei aber auf die übrigen Angriffspunkte ausbreitet und endlich darin, daß die Schädigung des Nervenparenchyms nicht unbedingt und gleichzeitig mit dem Auftreten der entzündlichen Veränderung einhergeht, sondern nur einen fakultativen Folgezustand derselben bildet?*

Es erscheint zweckmäßig die zahlreichen pathogenetischen Theorien, die bisher zur Lösung des Rätsels der Tabesentstehung entwickelt wurden, in zwei große Gruppen einzuteilen, entsprechend ihrem Grundgedanken, welcher die Änderung der Wechselwirkung zwischen Lueserreger und Wirtsorganismus teils im ersteren, teils im letzteren sucht. Vorausschicken möchte ich, daß in den bisherigen Theorien bezüglich der Pathogenese zwischen Tabes und Paralyse kein Unterschied gemacht wird, dabei aber die meisten Theorien ihre Argumente aus solchen klinischen Beobachtungen, statistischen Erhebungen und experimentellen Ergebnissen holen, die ausschließlich das Gebiet der Paralyse berühren. In die erste Gruppe gehören die Theorien, welche die spezifische Entstehungsart der Paralyse (und Tabes) auf besondere Eigenschaften der Spirochäten zurückführen. Die Existenz solcher „neurotropen" Spirochätenstämme wird auf morphologische, biologische und klinische Beweisgründe gestützt. Noguchi konnte in Spirochätenkulturen bei den verschiedenen Spirochätenstämmen Kaliberunterschiede feststellen, die sich in der Dicke der Einzelexemplare zeigten (dicke Spirochäten mit einem Kaliber 0,3 μ, mittlere von 0,25 μ und dünne von 0,2 μ). Noguchis Vermutung, es handle sich hier um Unterschiede im biologischen Verhalten des Lueserregers, hat sich als unstichhaltig erwiesen. Pfeiffer konnte im Paralytikerhirn alle 3 Typen nachweisen. Auch Jahnel fand keine Differenz zwischen den Spirochäten im Paralytikerhirn und Spirochäten anderer Provenienz; dasselbe gilt von den Spirochäten, die bei Tabes gefunden wurden (Jahnel, Richter, Igersheimer). Großes Aufsehen erregte seinerzeit die Mitteilung von A. Marie und Levaditi, daß es ihnen gelungen sei, Spirochäten aus dem Paralytikerblut auf Kaninchen zu übertragen und daß das auf diesem Weg gewonnene und weitergezüchtete neurotrope Virus deutliche biologische Unterschiede erkennen ließ gegenüber dem sog. „dermotropen" Virus (Truffis Stamm), welches aus einem Chancre auf Kaninchen übertragen (1909) und weitergezüchtet wurde. Neben einer längeren Inkubation und langsameren Heilung des Primäraffektes beim neurotropen Stamm zeigte sich noch die bedeutungsvolle Feststellung, daß eine gekreuzte Immunität zwischen dermotropem und neurotropem Virus nicht besteht. Die mächtige Stütze, welche die Existenz einer besonderen, die Paralyse verursachenden Spirochätenart aus obigen Feststellungen der Pariser Autoren erhielt, ist bekanntlich durch die unzweideutige Feststellung Jahnels, nach welcher die dem Paralysevirus zugeschriebenen Veränderungen nichts anderes, als Erscheinungen einer durch die Spirochaeta cuniculi verursachten „Kaninchenkrankheit" darstellen, zunichte gemacht. „Alle von den Pariser Forschern dem Paralysevirus zugeschriebenen Eigenschaften und Unterschiede gegenüber dem Virus Truffi treffen vollkommen auf diese Kaninchenkrankheit zu" (Jahnel). Plaut, Mulzer und Neuburger fanden, daß der von ihnen zur Impfung verwendete

,,Frankfurter" Spirochätenstamm nur selten, während ein anderer, der sog. ,,München" Stamm ziemlich regelmäßig pathologische Liquorveränderungen nach Hodenüberimpfung hervorruft. Eine weitere Feststellung von Plaut und Mulzer war, daß sie nach intratestikulärer Überimpfung von Paralytikerhirn auf Kaninchen histologische Veränderungen im Gehirn fanden, die mit der Paralyse eine Ähnlichkeit zeigten. Hoff und Pollak fanden, daß nach subduraler Injektion von Paralytikerliquor auf Kaninchen charakteristische histopathologische und Liquorveränderungen nachweisbar waren; Tabesliquor zeigte nur im geringen Grade diese Veränderungen. Die Beweiskraft dieser und ähnlicher, schon früher erhobenen Befunde (Noguchi, Levaditi, Weygandt-Jakob) wird dadurch in hohem Maße geschwächt, daß ähnliche serologische und histologische Veränderungen bei der Überimpfung mit Gehirnmaterial von nichtsyphilitischen Menschen, sowie nach Impfversuchen mit dem Virus der Encephalitis epidemica und Herpes gefunden worden sind und vor allem deshalb, weil sie identisch zu sein scheinen mit den Veränderungen der ,,Spontanencephalitis" der Kaninchen, die wie es Pette zeigen konnte, durch ein sehr verbreitetes Virus (Encephalitozoon cuniculi) verursacht wird, wobei die Überimpfung irgendeines cerebraffinen, entzündlichen Substrates nur die Rolle des Aktivators spielen dürfte. Wir haben es also hier zumeist mit unspezifischen Gehirnveränderungen zu tun und das Kaninchen erwies sich bei dieser Fragestellung als ein völlig ungeeignetes Versuchstier.

Die klinischen Beweise, aus welchen die Lehre der Lues nervosa hervorging, sind kasuistische Berichte, in welchen mehrere Personen, die sich aus ein und derselben Quelle infizierten, später alle an Paralyse oder Tabes erkrankten.

Im Bericht von Morel-Lavallée ist von 6 Männern die Rede, die sich aus einer Quelle infizierten und 4 von ihnen an Paralyse, 1 an einer syphilitischen Geisteskrankheit und 1 an einer luischen Meningitis erkrankte. Im Fall von Brosius, wo unter 7 Glasbläsern, die sich mittels der gemeinsam benützten Glaspfeife infizierten, 12 Jahre später 5 zur Untersuchung erschienen und bei 2 Tabes und Paralyse konstatiert wurde, 2 andere als sehr verdächtig bezeichnet wurden. Nonne beobachtete 1 Tabes und 2 Paralysen bei 3 Männern, die sich in einer Nacht bei derselben Person infizierten. Junius und Arndt berichten über einen Paralytiker, dessen Tochter an derselben Krankheit und 2 Gattinnen an Tabes erkrankten; Schultz von 4 aus derselben Quelle infizierten Offizieren, von welchen 2 Paralyse, 1 Tabes und 1 Hirnlues zeigte. Erb beobachtete 5 Männer, die sich ihre Tabes bzw. Paralyse aus derselben Quelle holten. So eindrucksvoll auch diese Beobachtungen lauten, so wird man bei ihrer Bewertung zunächst daran denken müssen, daß das Zusammentreffen gleichartiger Erkrankungen bei der gewaltigen Erkrankungsziffer der luischen Infektion durch Zufallsmomente bestimmt sein kann. Auch müßte man, wenn man solche Fälle in der Pathogenese der Tabes und Paralyse verwerten will, diejenigen Beobachtungen, in welchen auch andere Formen der Hirnlues eine Rolle spielen, ab ovo ausschalten. O. Fischer suchte an einem nicht sehr großen Krankenmaterial statistische Beweise für die Lues nervosa aufzuzeigen, indem er nachwies, daß Männer von an Paralyse erkrankten Frauen in dem hohen Prozentsatz von 10,5% an Tabes oder Paralyse erkranken, während die Statistik von Pick und Bandler, die sich auf ungefähr dieselbe Zahl von Syphilitikern bezog, deren Schicksal verfolgt wurde, nur die Verhältniszahl von 3,7% ergab. Aebly bezweifelt die Richtigkeit dieser letzteren Angabe, da er den Prozentsatz der Paralysemorbidität unter den Luikern auf höher als 10% stellt (Blaschko 14%, Weygandt-Jacob 10—15%). Über Fälle von konjugaler Tabes und Paralyse berichten Raecke, Hauptmann, Raven und Schacherl, Mönkemöller, v. Rohden, Junius und Arndt, Kraepelin u. a. Die Bedenken gegen die Beweiskraft dieser Beobachtungen sind die früher erwähnten.

Auch die von zahlreichen Seiten bestätigte Erfahrung, daß die endemische Lues in gewissen Ländern (Bosnien, Türkei, Nord-Afrika) sehr verbreitet ist (nach Gärtner 73% der Bevölkerung), dagegen Tabes und Paralyse nur selten auftreten, wird von einigen Autoren dahin ausgelegt, daß es neurotrope Spirochätenstämme gibt, die in manchen Ländern sehr verbreitet sind, in anderen wieder gänzlich fehlen. Jahnel hält es für wahrscheinlich, daß es von Haus aus neurotrope, bzw. nichtneurotrope Stämme gibt. Auf Grund seiner mit LANGE ausgeführten Frambösiestudien vermutet JAHNEL, daß unsere Syphilis einerseits, die Frambösie andererseits, Pole einer Erscheinungsreihe darstellen, zwischen welchen die endemische Lues der Ostvölker stehe, welche in manchen Belangen mit der Frambösie mehr verwandt ist als mit den bei uns beobachteten Luesformen. Ebenso wie es für die Frambösie vielfach angenommen wird, daß sie vor der Syphilisansteckung stützt, wäre es denkbar, daß die Durchseuchung einer Population mit endemischer Lues der Einschleppung neurotroper Stämme einen Riegel vorschiebt. Die Tatsache, daß in gewissen Ländern bei hoher Luesmorbidität die Tabes- und Paralysefrequenz eine geringe ist, kann aber für die Existenz einer neurotropen Spirochätenart deshalb nicht als vollgültiger Beweis angesehen werden, weil diese Unterschiede mit derselben Begründung auf die spezifische Beschaffenheit des Wirtsorganismus (Rassen-unterschied) zurückgeführt werden können.

Eine Veränderung des Lueserregers im Körper liegt der EHRLICHschen Theorie von *den hohen Rezidivstämmen* zugrunde. Die im Anfang sich schrankenlos vermehrenden Spirochäten werden durch die im Körper gebildeten Schutz-stoffe teilweise zerstört, nur die widerstandsfähigeren vermehren sich weiter und bilden immer stärkere Antikörper, wobei es zur Entwicklung von überaus resistenten Stämmen kommt, in welchen EHRLICH die Krankheitserreger der Tabes und Paralyse erblickt. Bewiesene Anhaltspunkte für diese Theorie sind weder in der Existenz von hohen Rezidivstämmen bei Syphilis, noch in der Bildung von starken Antikörpern gegeben. Die Versuche von MARIE und LEVA-DITI, später von STEINER und JAHNEL zeigten eindeutig, daß die Körpersäfte von Paralytikern keinen schädigenden Einfluß auf die Virulenz der Spirochäten ausüben. GENNERICH nimmt eine Veränderung der Spirochäten durch den Wechsel des Nährbodens an; die Spirochäte soll sich bei Beginn der Paralyse aus dem Mesodermparasiten in einen Ektodermparasiten umwandeln. Bezüg-lich der Tabes genügt es nur darauf hinzuweisen, daß hier die Spirochäten fast ausschließlich im Mesodermgewebe (in den Hüllen und Scheiden) gefunden wurden. GAUDUCHEAU führt die Entstehung der Tabes und Paralyse auf eine zweite unbemerkt verlaufende luische Infektion zurück. Diese Ansicht steht mit der allgemein angenommenen Immunität des luisch infizierten Körpers gegen eine neuerliche Infektion im Widerspruch. CERLETTI glaubt, daß die Schutzkraft der kongenitalen Lues, die er als eine der häufigsten Erkrankungen ansieht, eine große Bedeutung bei der Verhütung von Tabes und Paralyse hat. Die Fälle von juveniler Tabes und Paralyse widersprechen dieser Annahme.

Wenn wir die hier erwähnten und noch zahlreiche andere pathogenetischen Theorien, in welchen die neurotrope Tendenz der Spirochäten als Grundlage der Erklärung angenommen wird, vom Standpunkt der Tabespathogenese, wie wir sie früher in der Fragestellung zu unterbringen versuchten, auf ihre Existenzberechtigung prüfen, so ergeben sich vielfach ernste Bedenken gegen diese Annahme. Vorausschicken möchte ich, daß der Begriff „neurotropes Virus" aus der Bakteriologie ganz ungerechtfertigt auf das Problem der Neuro-lues übertragen wurde. Der Vorgang der Neurotropie ist in der Bakteriologie für eine Form der Infektionsausbreitung vorbehalten, wo das Virus von der Peripherie im Wege der Nervenbahnen, die als Leitungskabel dienen, zum zentralen Nervensystem als Empfangsstation geführt wird, wo Ansiedlung und Vermehrung des Erregers stattfindet; unter diesen Virusarten ist die Lyssa schon seit langem bekannt, vom Herpesvirus und Poliomyelitisvirus wurde es erst in jüngster Zeit bewiesen. Daß dieser Vorgang mit der bei Lues vermuteten Neurotropie, die man der Pathogenese der Tabes zugrunde legen möchte, nichts zu schaffen hat, braucht näher nicht erörtert zu werden. Die Spirochaeta pallida zeigt eine gewisse Organotropie zum Nervensystem, die aber, wie erst kürzlichst

STEINER darauf hinwies, eine gemeinsame Eigenschaft fast aller bekannten Spirochätenarten bildet. Auch ist es keine isolierte Organotropie, da der Lueserreger eine solche Affinität auch zu anderen Organen (Haut, Aorta, Leber) zeigt. Mit dieser Organotropie wird man aber in der Pathogenese der Tabes und Paralyse nichts anzufangen wissen, da sie für die Tabes und Paralyse ebenso gültig ist, wie für die übrigen Neuroluesformen. Und es ist ein grundlegender Irrtum, wenn man bei der Argumentation für eine Luesneutropie in der Pathogenese der Tabes sich auf Beweise stützt, in welchem Tabes, Paralyse und die übrigen Neuroluesformen gemischt oder in nahen Beziehungen zueinander angeführt werden; der Begriff der Neurotropie hat ja nur dann eine Existenzberechtigung, wenn er Tabes und Paralyse von den übrigen Neuroluesformen zu unterscheiden vermag. Letztere gehören zu den gewöhnlichen Luesmanifestationen und bilden nur eine der zahlreichen Lokalisationsformen des Luesprozesses. Ein pathogenetischer Gesichtspunkt ergibt sich nur dann, wenn man zwischen dem Erreger der gewöhnlichen Neurolues und der Tabesspirochäte in morphologischer oder biologischer Hinsicht Unterschiede machen könnte. Wir sahen früher, daß die Bestrebungen solche Differenzen ausfindig zu machen bisher mißlungen sind. Speziell für die Tabes möchte ich bemerken, daß die histopathologischen Befunde für eine erhöhte Virulenz oder gesteigerte neuropathogene Wirkung der Tabesspirochäten gar keine Anhaltspunkte bieten. Es war im Gegenteil in meinen Befunden auffällig — und ähnlich lauten die Beobachtungen von JAHNEL und IGERSHEIMER —, daß die Zahl der Spirochäten selbst dort, wo sie herdartig auftraten, immer nur eine geringe war; diese Befunde — so wenig zahlreich sie auch sind — deuten keinesfalls auf eine erhöhte Virulenz des Erregers hin. Auch fand ich neben morphologisch intakten Spirochäten häufig solche Formen, die man nach JAHNELs Beschreibung zu den Degenerationsformen rechnen kann. Die Histopathologie der Tabes deutet im weiteren darauf hin, daß der Zerstörungsprozeß im tabisch affizierten Wurzelnerv oder Hirnnerv viel langsamer vor sich geht, als bei einer gewöhnlichen luischen Affektion dieser Nerven. Endlich spricht die Feststellung, daß die entzündlichen Veränderungen an den primären Angriffsstellen nicht unbedingt und sogleich eine Nervenläsion hervorrufen, eher gegen als für eine erhöhte pathogene Wirksamkeit der Tabesspirochäte.

Die zweite Gruppe der pathogenetischen Theorien führt die besondere Art des Tabesprozesses auf spezifische Veränderungen des Wirtsorganismus zurück. Man wird hier leicht eine weitere Zweiteilung unternehmen können, und zwar in solche Theorien, wo die vermutete Umstimmung des luisch affizierten Körpers durch äußere Einwirkungen (Behandlung, Vaccination) als Grundlage akzeptiert wird und eine andere Gruppe, bei welcher eine auf endogene Art zustande gekommene besondere Bereitschaft den Ausgangspunkt der pathogenetischen Erklärung bildet.

GÄRTNER nimmt zwar auch eine angeborene Schutzschwäche an, glaubt aber, daß eine solche sich besonders leicht unter frühzeitiger und unzureichender antiluischer Behandlung einzustellen pflegt, welche die Hauterscheinungen zwar beseitigen könne, aber die in die Meningen und Hirngefäße eingedrungenen Spirochäten nicht zu vernichten imstande ist. Auch REICHARDT hebt die Bedeutung der ungenügenden Behandlung in der Pathogenese der Paralyse hervor. Im Sinne dieser Auffassung könnten auch die Versuche von PLAUT und MULZER gedeutet werden, die eine Beeinflussung der Spirochäten durch milde Behandlung mit Neosalvarsan fanden, so daß ein bis dahin nichtneurotroper Stamm durch die Behandlung eine erhöhte Giftigkeit erlangte und auch pathologische Liquorveränderungen verursachte. Die Seltenheit der Tabes und Paralyse bei unkultivierten Völkern fände durch diese Annahme auch eine plausible Erklärung.

Ihre Unhaltbarkeit beweisen aber die vielen Tabes- und Paralysefälle, die nie behandelt wurde. Es ist eine alte Erfahrung, daß bei vielen Paralytikern und Tabikern die luische Infektion erst bei Ausbruch ihres Nervenleidens entdeckt wird. Auch die überaus wertvolle Statistik von PILCZ und MATTAUSCHEK zeigt, daß in ihrem Offizierskrankenmaterial unter den unbehandelten Luikern 25% an Paralyse und 11% an Tabes erkrankten, während unter den wiederholt und intensiv behandelten nur 3,2% paralytisch und 2,7% Tabiker wurden. Ähnlich weitgehende Unterschiede zu ungunsten der unbehandelten Fälle weist die statistische Zusammenstellung von PINCUS über 3000 Prostituierte. Hier wäre auch die Ansicht einiger Autoren zu erwähnen, daß die antiluische Behandlung die Inkubationszeit zwischen der luischen Infektion und dem Beginn der Paralyse (NONNE, LAUTER) und der Tabes (KRON, MENDEL und TOBIAS) zu verkürzen vermag; DETERMAN betrachtet aber im Gegenteil die Behandlung als ein die Inkubation verlängerndes Mittel. COLLINS leugnet jeglichen Einfluß der Behandlung auf die Inkubationszeit. Soviel kann jedenfalls mit Sicherheit gesagt werden, daß die Ansicht GÄRTNERs, nach welcher die antiluische Behandlung die Entstehung der Tabes begünstige, mit den Erfahrungen im Widerspruch steht. [In der Statistik von PINCUS zeigen auch die ungenügend behandelten Fälle eine bedeutend geringere Paralyse- und Tabesmorbidität (6,7% bzw. 5,8%) gegenüber den unbehandelten Fällen (16,7% bzw. 14%).]

Die von WILMANNS entwickelte Theorie beschuldigt die antiluische Behandlung in einer anderen Form. Nach seiner Ansicht hatte die Lues früher auch in den Abendländern einen tertiären Charakter, den sie bei den unbehandelten Ostvölkern heute noch hat. Durch die Behandlung mit den zahlreichen angewendeten chemotherapeutischen Mitteln hat sich ihr Wesen derart verändert, daß sie einerseits die Haut sehr wenig zum Abwehrkampf anregt, andererseits die Tendenz sich aneignete sich ins Nervengewebe zurückzuziehen, um dort späterhin eine vernichtende Tätigkeit zu entfalten. WILMANNS hält diese durch die Behandlung erzeugte neurotrope Tendenz für begrenzt vererbbar. Er behauptet, daß um die Wende des vorletzten Jahrhunderts durch eine wesentliche Verbesserung der Luesbehandlung eine rasche Ausbreitung der Paralyse stattgefunden hätte. Durch die konsequente Behandlung innerhalb einer Bevölkerung gewinnen die neurotropen Stämme schließlich die Oberhand. Die Theorie von WILMANNS erregte infolge ihrer kühnen Folgerungen, die selbst der Autor auf praktischem Gebiet nicht verwerten will, eine rege Diskussion und fand bei den meisten Autoren auf lebhaften Widerspruch (KRAEPELIN, JAHNEL, BRUHNS, SPIELMEYER, KOLLE und LAUBENHEIMER).

Auch die *Schutzpockenimpfung* wurde in letzter Zeit von mehreren Seiten fast gleichzeitig für die Entstehung der Paralyse und Tabes verantwortlich gemacht. SALOMON glaubt, daß durch die Schutzpockenimpfung eine Änderung im biologischen Verhalten der Haut eintritt, die nicht nur dem Pockengift, sondern auch dem Lueserreger gegenüber in der Abschwächung ihrer Abwehreinrichtungen sich kundgibt. Das zeitliche Zusammenfallen der Paralyse mit der Einführung der Schutzpockenimpfung betont DARASZKIEVICZ, der sich noch darauf beruft, daß die Seltenheit der Paralyse bei den Bosniern (gegenüber den Kroaten) mit dem Fehlen des Impfzwanges unter der türkischen Herrschaft zusammenhängen dürfte. Der vermutete, vollkommene Schutz vor der Paralyse durch das Überstehen von echten Blattern geht durch die Impfung für weite Volksschichten verloren. DARASZKIEVICZ erwähnt, daß er noch keinen Paralytiker mit Pockennarben oder ohne Impfnarben sah. Am vorsichtigsten behandelt das Thema KOLB, der bemüht ist, die Argumente für und wider die Theorie zusammenstellen. Gewichtige Einwände gegen diese Theorie erhoben PLAUT und JAHNEL. Sie zeigten, daß eine streng gegen Vaccine bzw. Variola gerichtete

Immunität nach der Impfung auf den Verlauf anderer Infektionen keinen Einfluß ausübt. Sie konnten weder durch vorherige, noch durch spätere Kuhpockenimpfung bei mit verschiedenen Spirochätenstämmen infizierten Kaninchen neurotrope Wirkungen auslösen bzw. solche steigern. Auch ließen sich in Gehirnen von menschlichen Paralysen Vaccinekeime nicht auffinden, so daß die Annahme einer Synbiose zwischen Vaccine und Syphilisspirochäten durch nichts bewiesen ist. Kraepelin sah in Cuba, wo seit Jahrzehnten ein vorzüglicher Impfschutz durchgeführt wird, der die Pocken so gut wie völlig zum Schwinden brachte, die Paralyse sowohl bei Weißen, wie bei Farbigen nur selten. Ähnliches berichtet Kolb aus Ostindien. In Mexiko dagegen, wo nach Kraepelin der Impfschutz unzulänglich zu sein scheint, ist die Paralyse auch bei den Eingeborenen gar nicht selten. Auch sahen Kraepelin und Plaut in Mexiko mehrere Paralytiker mit Pockennarben und einige ohne Impfnarben. Ameghino fand bei einer flüchtigen Durchsuchung spanischer Irrenanstalten vier pockennarbige Paralytiker. Unerklärlich bliebe nach Kraepelin die Seltenheit der Paralyse bei Kindern, die durch den Impfschutz am meisten gefährdet sein sollen und das relativ häufige Vorkommen der Paralyse bei Greisen, deren Impfschutz längst verloren gegangen ist. Endlich spricht gegen eine maßgebende Rolle des Impfschutzes, daß doch auch bei uns von den zahllosen geimpften und wiedergeimpften Syphilitikern nur ein kleiner Bruchteil späterhin an Tabes oder Paralyse erkrankt.

In einer Reihe von Theorien spielt die durch endogene Faktoren bedingte Änderung der Wechselwirkungen zwischen Lueserreger und Wirtskörper die führende Rolle. Tabes und Paralyse beruhen demnach auf einem Versagen der Schutzeinrichtungen des Organismus gegenüber den Spirochäten, wodurch diese unaufhaltsamen und der spezifischen Behandlung unzugänglichen Krankheiten entstehen. Als Beweise für eine solche Anschauung werden zunächst Unterschiede in der Häufigkeit der Paralyse und Tabes nach Rasse und Geschlecht hervorgehoben.

Die Seltenheit der Tabes bei einer von Syphilis durchseuchten Population wurde von zahlreichen Beobachtern bestätigt. In der Zusammenstellung von Nonne werden erwähnt: Neftel (Kirgisenländer Zentralasiens), Dravie Trennen (die Neger in Arkansas), Glück und Mattauschek (Bosnien), Holzinger (Abessinien), Daubler (die Neger am Sambesie), Jeanselme (Indochina), Düring (Türkei), Rüdin (Algier). Kraepelin macht darauf aufmerksam, daß die Paralysefestigkeit eines Volkes innerhalb verhältnismäßig sehr kurzer Zeiträume vollständig verloren gehen kann, wie es vergleichende Statistiken bei den Vollblutnegern Nordamerikas innerhalb 30 Jahren (1883—1913) deutlich zeigen. Daß die statistischen Daten mit Vorsicht verwertet werden müssen, beweist Nonne, indem er die Angabe Holzingers, der in Abessinien unter 107 Nervenkranken „nur" 6 Tabeskranke fand, mit den statistischen Zusammenstellungen von Pándy aus Budapest, Halban aus Wien und Collins aus New York vergleicht, welche eine bedeutend geringere Verhältniszahl für die Tabes aufweisen.

Prüft man die neuesten Literaturangaben über das Auftreten von Tabes und Paralyse in den Ost- und Südländern, so gewinnt man den Eindruck, daß der regere Verkehr mit diesen Ländern und die hierdurch ermöglichte genauere Prüfung der Verhältnisse die Lehre von der Seltenheit der Tabes und Paralyse bei diesen Völkern immer mehr in den Hintergrund zu stellen droht. Die Zahl der kasuistischen Mitteilungen über „exotische" Tabes und Paralyse nimmt deutlich zu. Stanojevic kommt auf Grund neuer Erhebungen zur Widerlegung der Ansicht, daß Tabes und Paralyse in Bosnien und Herzegowina eine seltene Krankheit sein; beide kommen hier und am ganzen Balkan sehr häufig und in allen Gesellschaftsschichten vor.

Die relative *Seltenheit der Frauentabes* ist in E. Mendels Statistik mit den Verhältniszahlen 3 : 1 (in den niederen Volksschichten) und 8 : 1 (in höheren Berufsschichten) zum Ausdruck gebracht. Weitere ähnlich lautende Angaben

finden sich in der Zusammenstellung von Hirschl und Marburg. Dagegen
fand O. Fischer bei seinen Fällen von konjugaler Erkrankung und Marburg
bei juveniler Tabes eine erhöhte Verhältniszahl für die Erkrankung des weiblichen Geschlechtes. Viel besprochen wurde früher die Seltenheit der Tabes
und Paralyse bei Prostituierten, wo man außer acht ließ, daß die Betroffenen
im Zeitpunkt ihrer nervösen Erkrankung ihren Beruf bereits aufgegeben und
natürlich auch verschwiegen haben (wie es Nonne in 4 Fällen aus seiner Privatpraxis feststellen konnte).

Früher wurde auch der individuellen, durch die Körperanlage bedingten
Disposition eine Bedeutung zuerkannt. Für die Tabes hat Benedict die These
„tabicus non fit, sed nascitur" aufgestellt. Oppenheim sah in einer angeborenen
Hypoplasie des Rückenmarks das disponierende Element der Tabesanlage.
R. Stern hat dann bestimmte Körperbautypen als zu diesen Erkrankungen
prädisponierend hervorgehoben, und zwar besonders für die Paralyse den
muskulösen Breitwuchs, für die Tabes den Hochwuchs; als ursprünglichen Ausgangspunkt der körperlichen Disposition betrachtet er eine bestimmte Korrelation
in der Funktion der Blutdrüsen. Seit dem Bekanntwerden der Kretschmer-
schen Lehre hat sich die Forschung nach determinierenden Körperbautypen
bei Tabes und Paralyse von neuem belebt (Gründler, Gozzano, Stief u. a.),
bisher ohne deutliche Ergebnisse.

Die *hereditäre Belastung* wurde speziell bei der Paralyse früher auch viel erörtert und
zahlreiche „Degenerationszeichen" sowohl am Körper als im Gehirn von Paralytikern als
Stigmen der erblichen Belastung namhaft gemacht. Heute wird mehr nur die schwächere
Gefäßanlage als ein erblich belastender Faktor bei Paralyse in Erwägung gezogen. Bei der
Tabes wurde diesen Faktoren weniger Aufmerksamkeit geschenkt.

Noch weniger deutlich als die äußerlichen Kennzeichen der für Tabes oder
Paralyse charakteristischen Anlageschwäche sind unsere Kenntnisse darüber,
wie man sich diesen Schwächezustand vorstellen soll. Kraepelin spricht im
allgemeinen von einem Versagen der Schutzeinrichtungen des Körpers und
nimmt eine solche beim einzelnen Individuum und bei ganzen Völkern als den
determinierenden Faktor der Erkrankung an. Die Änderung des Verhältnisses
zwischen Spirochäten und den Abwehrmitteln des Körpers bringe eine „Umstimmung" im Verhalten des Erkrankten, indem ihm gewisse Abwehrwaffen,
die ihm ursprünglich zu Gebote standen, verloren gehen und dadurch den
Spirochäten neue, ihnen bis dahin nicht zugängliche Angriffspunkte freigegeben
werden. Diese Abwehrschwäche oder Immunschwäche kann angeboren sein
(hereditäre Gefäßschwäche, ursprüngliche mangelhafte Anlage des Zentralnervensystems), viel wichtiger erscheinen aber die ursächlichen Faktoren,
durch welche sie erworben wird. Unter den nicht mit der Lues zusammenhängenden Schädlichkeiten, welche die Entstehung dieser Abwehrschwäche
begünstigen, erwähnt Kraepelin den Alkoholmißbrauch, während er den
geistigen und körperlichen Anstrengungen im Lichte der Weltkriegserfahrungen
keine wesentliche Bedeutung zuerkennt.

Unter den sog. „Hilfsursachen" der Tabes spielten früher *körperliche Schädigungen*
sowohl als andauernde körperliche Überanstrengung als auch in der Form einer einmaligen
traumatischen Körperschädigung eine große Rolle. Die Unhaltbarkeit der ersteren Annahme
welche an Edingers Aufbrauchstheorie Anlehnung suchte, wurde durch die Erfahrungen
des Weltkrieges klar bewiesen. Über den kausalen Zusammenhang zwischen Trauma und
Tabes wird auch noch heute viel geschrieben. Es ergibt sich aus diesen Mitteilungen, daß
die traumatische Schädigung irgendeines Körperteils oder Organs eine tabische Funktionsstörung desselben zur Manifestierung bringen kann oder daß mit dem Auftreten dieses
Symptoms eine latente, bisher keine Beschwerden verursachende Tabes entdeckt wurde;
aus einigen Beobachtungen gewinnt man auch den Eindruck, daß die Tabes nach einem
erlittenen Körpertrauma einen rascheren Fortschritt zeigt. Entschieden muß aber eine solche
Deutung zurückgewiesen werden, welche dem Trauma eine krankheitsauslösende, ätiologische Bedeutung beimessen möchte; eine solche steht mit unseren heutigen Kenntnissen

über die Pathologie der Tabes in einem unüberbrückbaren Gegensatz. Das Trauma besitzt
eine gewisse pathoplastische, aber keine pathogenetische Bedeutung; es kann als symptom-
auslösend wirksam werden, aber nur bei einer bestehenden Tabes. Es gibt vielfach Hinweise
dafür, daß die klinischen Symptome bei Tabes nicht gleichzeitig mit dem pathologisch-
anatomischen Prozeß in Erscheinung treten, vielmehr diesem erst nach einer gewissen Zeit
folgen. A. Wittgenstein verdeutlichte diesen Intervall in dem Begriff der „Prätabes".
Auch kann bei der Unvollkommenheit unserer klinischen Untersuchungsmethoden nicht
behauptet werden, daß in einem traumatisierten und im Anschluß daran tabisch erkrankten
Organ nicht schon früher leichte, unbemerkt gebliebene Funktionsstörungen bestanden
hatten.

Als wesentlichste Faktoren der erworbenen Abwehrschwäche werden aber
von den meisten Autoren diejenigen Momente in Betracht gezogen, welche
sich aus dem besonderen Verhältnis zwischen Tabes und Paralyse einerseits
und der vorausgegangenen luischen Erkrankung andererseits ergeben. Es ist
eine allgemeine Erfahrung, die durch statistische Daten von Pilcz-Mattauschek
und Kraepelin erhärtet wurde, daß die Inkubationszeit bei diesen Erkrankungen
viel länger ist, als bei der Hirnlues; sie wird durchschnittlich mit 10—15 Jahren
berechnet, während die Hirnlues schon im ersten und zweiten Jahr nach der
Infektion stark vertreten ist. Hirschler-Marburg, Meggendorfer und
Kraepelin konnten auch gesetzmäßig feststellen, daß in je höherem Alter die
Infektion erfolgt, um so kürzer die Inkubationszeit der Tabes und Paralyse
ist. Die lange Inkubationszeit wird von mehreren Forschern als jenes Zeitintervall
angesehen, in welchem die Abwehrschwäche des Körpers gegenüber den Spirochäten als Endzustand eines jahrelang geführten Kampfes entsteht. Eine
weitere Erfahrung, daß in der Vorgeschichte von Tabes- und Paralysekranken
die Hautsymptome der Lues zurücktreten, veranlaßte auch mehrere Autoren
die mangelnde Schutzwirkung mit dem Fehlen der Hauterscheinungen in Beziehung zu bringen. E. Hoffmann bezeichnete mit dem Namen Esophylaxie eine
besondere biologische Funktion der Haut, durch welche sie Schutzstoffe hervorbringt, die die inneren Organe und das Nervensystem gegen Parasiten und deren
Gifte schützen; das Fehlen der durch die Haut produzierten Schutzstoffe wird
als Ursache der Abwehrschwäche betrachtet. Endlich spielt auch eine unzureichende natürliche Immunität des Zentralnervensystems, eine angeborene
Abwehrschwäche des Gehirns (Sezary) eine gewisse Rolle in den pathogenetischen Theorien, von welchen einige hier kurz angeführt werden sollen.

Steiners Lehre betrachtet die Haut als die Hauptquelle der Abwehrkräfte
für den ganzen Körper. Die Unempfindlichkeit der Haut für die Infektion mit
dem Lueserreger, wie es bei Paralyse schon früher von Hirschl, Krafft-
Ebing, neuerdings von Steiner und Scharnke erwiesen wurde, beruhe nach
Steiner auf den in der Haut angehäuften Abwehrstoffen. „Man hat durchaus
den Eindruck, wie wenn in den Spätstadien der Syphilis nurmehr ein inneres
Kerngebiet den Syphiliserregern günstige Ernährungs- und Fortpflanzungs-
bedingungen bieten würde, während die äußere Peripherie so stark immunisiert
sei, daß weder von außen nach innen, noch von innen nach außen Krankheitserreger gelangen können." Steiner beruft sich dann auf seine bei den Recurrensspirochäten gemachten Erfahrungen, sowie auf die Befunde von Buschke und
Kroo bei der Mäuserecurrens, um auch für die menschliche Syphilis seine
„Schlupfwinkeltheorie" zu begründen. Bei den genannten Blutspirochätosen
wurde nämlich erwiesen, daß die nach klinischer Heilung zu erwartende sterili-
sierende Immunität nicht vorhanden sei, weil Recurrensspirochäten im Liquor
von geimpften Paralytikern und im Mäusegehirn lebend nachgewiesen werden
können. Er erblickte in diesem Befund einen Beweis für die Immunschwäche
des Zentralnervensystems, welche es ermöglicht, daß die Spirochäten, nachdem
sie sich ins Gehirn zurückgezogen haben, sich dort lange klinisch latent halten
können. Aus der präparalytischen fortpflanzungslosen Persistenz entsteht ein

starker Wucherungsvorgang entweder deshalb, weil die Sättigung der Immun-stoffe durch die Substanz des Zentralnervensystems stärker wird, oder weil der Immunstoffgehalt aus der Haut ungenügend wird um die Wucherung ein-zudämmen. Die moderne Infektionstherapie bewirke nach STEINER eine bessere Ausfuhr von Immunstoffen aus den extracerebralen, vielleicht in der Haut be-findlichen Syphilisimmunstoffdepots. Manche Voraussetzungen dieser Theorie werden von PLAUT, JAHNEL, KRAEPELIN u. a. als recht hypothetisch bezeichnet.

WEYGANDT und JACOB nehmen an, daß die jahrelange Einwirkung des Krankheitserregers eine allmähliche Abschwächung der Widerstandsfähigkeit herausbilde und JACOB versuchte diese Abwehrschwäche des Organismus durch histopathologische Befunde zu demonstrieren. Er betrachtet die Paralyse als eine maligne Form der Hirnlues, weil bei ihr spezifisch luische Gewebsverände-rungen, die die histologischen Zeichen einer tüchtigen Abwehrfunktion darstellen sollen, gewöhnlich fehlen und nur unspezifisch-entzündliche Veränderungen vor-liegen. Nur in gewissen Fällen (Anfallsparalysen) findet man Ansätze zu gum-mösen Veränderungen (miliare Gummen), die JACOB als Kennzeichen einer ungenügenden Abwehr auffaßt. GERSTMANN hat sich dieser Ansicht ange-schlossen und deutet die durch die Malariabehandlung erreichten Erfolge so, daß durch dieselbe eine Umwandlung des unspezifisch-malignen Prozesses in einen spezifisch benignen Krankheitsvorgang herbeigeführt wird. JACOBs Be-funde und auch seine Erklärung wurden von SPIELMEYER, STRÄUSSLER, JAHNEL u. a. angefochten. Wenn seine histologischen Beweise auch auf den Tabes-prozeß Geltung haben sollten, so muß auch ich ernste Bedenken gegen die Richtig-keit dieser Auffassung erheben. Die mesenchymale Defensivreaktion, die JAKOB als den Ausdruck eines benignen Prozesses den unspezifischen entzündlichen Re-aktionen entgegenstellt, ist das Granulationsgewebe, das ich in reinster Form als das klassische histopathologische Substrat des tabischen Wurzelnervprozesses bezeichnen konnte. Die Tabes wäre in diesem Sinne eine benigne Form der Neurolues und stünde in schärfstem Gegensatz zur Paralyse. Auch bliebe es un-erklärlich dabei, warum der pathologische Vorgang im Opticus und in den Hirn-nerven auch bei reiner Tabes ein „unspezifischer" vasculär-infiltrativer Vorgang ist, und nur in den Wurzeln einen „spezifischen" Charakter zeigt.

Nach GENNERICHs Ansicht beruhen Tabes und Paralyse auf einer Erkrankung der Hirnhäute; wenn diese ihre Funktion, das Gehirn vor dem Liquor zu schützen, nicht mehr ausüben können, so wird das Zentralnervensystem von dieser Flüssigkeit durchtränkt und dadurch seine Widerstandskraft den nachfolgenden Spirochäten gegenüber gebrochen. Vermutungen ohne irgendwelche Beweise.

Die erhöhte Permeabilität der Hirnhäute, die zuerst von WEIL bei Para-lyse in Erwägung gezogen wurde, erlangte später in der Theorie HAUPTMANNs eine besondere Bedeutung. HAUPTMANN stützt seine Theorie noch auf jene histo-pathologischen Befunde, in welchen das wesentliche anatomische Substrat der Tabes und auch der Paralyse auf die primär-elektive Schädigung gewisser Bahn-systeme zurückgeführt wurde. Er meint, daß der Untergang des nervösen Ge-webes bei diesen Erkrankungen vom Sitz der Spirochäten weitgehend unabhängig ist und auf einer Giftwirkung beruht, die mit den Spirochäten nur mittelbar zu-sammenhängt. Auch er betrachtet die Hautsymptome als die Quelle der wirksam-sten Schutzvorgänge des Körpers und glaubt, daß die Spirochäten zuerst durch abwehrtüchtige Zellen der Haut, vornehmlich Phagocyten zerstört und in un-schädliche Abbaustoffe zerlegt werden. Dort, wo Abwehrschwäche vorliegt, werden die Spirochäten nicht intracellulär durch die Phagocyten, sondern extracellulär vernichtet und bei diesem, nach Art eines parenteralen Eiweiß-abbaues erfolgenden Zerstörungsprozeß kommt es nicht zu einem vollständigen Abbau, sondern die an sich unschädlichen Leibessubstanzen der Spirochäten erleiden einen fermentativen (proteolytischen) Abbau, bei welchem giftige

Substanzen im Körper entstehen. Diese Zerfallsstoffe schädigen nun das Nervensystem und zwar — wie Hauptmann sagt — auf dem Wege über den Liquor. Die abnorme Permeabilität der Meningealgefäße, welche infolge Schädigung der Gefäßwand durch die toxischen Substanzen entsteht, gestattet den Durchtritt dieser Giftstoffe aus dem Blut in den Liquor, von wo aus die Schädigung des Zentralnervensystems erfolgt. Hauptmann versuchte die Gültigkeit dieser Erklärung auch auf die Tabes auszudehnen. Er injizierte Kaninchen paralytischen Liquor und Serum intraspinal und fand nachher histologische Veränderungen (Marchi-Schollen in der Wurzeleintrittszone, in der mittleren Wurzelzone usw.), die er mit den tabischen Hinterstrangsveränderungen als im wesentlichen übereinstimmend bezeichnete. Gegen Hauptmanns Theorie wurden vielfach Einwände erhoben. Die ursächliche Bedeutung toxischer Abbausubstanzen wird von Klarfeld, Jacob, Jahnel u. a. zurückgewiesen; Spielmeyer und Plaut betonen, daß eine phagocytäre Abwehr bie Paralyse nicht in Abrede gestellt werden kann. Auch ist es nach Jahnel nicht bewiesen, daß die Permeabilität der Meningen eine primäre Erscheinung darstellt, sie kann auch eine sekundäre Folgeerscheinung des paralytischen Krankheitsprozesses sein. Was nun die Beweisführung dieser Theorie bei Tabes anbetrifft, so habe ich schon früher darauf hingewiesen, daß die von Hauptmann gefundenen Hinterstrangsveränderungen mit großer Vorsicht gedeutet werden müssen, da Marchi-Schollen an den von ihm angegebenen Stellen auch im normalen Zustand anzutreffen sind. Die Beweiskraft seiner Versuche wird auch dadurch geschwächt, daß ähnliche Veränderungen, wie Hauptmann selbst angibt, auch nach intraspinaler Injektion von normalem Serum, Liquor oder Kochsalzlösung entstehen können. Seine Theorie ist für die Tabes auch deshalb unhaltbar, weil die Permeabilität der Meningen bei Tabes in den meisten Fällen überhaupt nicht erhöht ist.

Anschließend an die Theorie von Hauptmann soll kurz noch einmal die Frage gestreift werden, ob es noch heute bei der Pathogenese der Tabes notwendig ist, neben der Spirochätenwirkung auch eine Giftwirkung zur Erklärung des pathologischen Prozesses in Betracht zu ziehen.

Toxische Wirkungen werden nach der allgemeinen pathologischen Auffassung als Fernwirkungen angesehen, wo die im Blut kreisenden giftigen Sekrete der lebenden Erreger gewisse Organe oder Organsegmente, die zum Toxin eine Affinität besitzen, schädigen. Doflein hat die Schädigungsmöglichkeiten der Protozoen, zu welchen auch der Lueserreger gehört, eingehend studiert und kommt dabei zum Schluß, daß weder lösliche, durch die Körperwand diffundierende Ektotoxine, noch an die Körpersubstanz gebundene, erst nach dessen Zerstörung freiwerdende Endotoxine durch chemische und biologische Methoden nachgewiesen werden können. Auch Jahnel betont, daß die Existenz von Spirochätentoxinen völlig unbewiesen sei.

Wenn man die histopathologischen Befunde bei Tabes prüft, dann erscheint es gänzlich überflüssig in der Erklärung des Tabesprozesses toxische Fernwirkungen in Anspruch zu nehmen, da es bewiesen ist, daß alle Nervenschädigungen, die zum wesentlichen anatomischen Substrat der Tabes gehören, durch lokale Herdprozesse bedingt sind, bei welchen dem histologisch nachgewiesenen Lueserreger eine unmittelbare ursächliche Rolle zukommt. Eine Diskussion ist vielleicht darüber möglich, ob bei diesen lokalen Herdprozessen neben den Spirochäten gewisse einstweilen hypothetische Toxine in mikroskopischer Nachbarschaft eine pathogene Wirkung auszuüben vermögen. Namentlich am Opticus kann an eine solche Möglichkeit gedacht werden, wo die entzündlichen Infiltrate das Scheiden- und Hüllengewebe nicht überschreiten und die benachbarten Nervenfasern eine Affektion zeigen. Aber selbst in diesem Fall muß man die Giftwirkung als eine unmittelbare Spirochätenwirkung ansprechen, weil der toxische Effekt nur von den gleichzeitig anwesenden Spirochäten ausgehen kann. Es ist demnach auch gänzlich überflüssig, andere aus dem Spirochätenabbau entstandene toxische Substanzen zur Erklärung der Tabesentstehung in die

Schranken treten zu lassen; auch ihre Existenz ist völlig hypothetisch. Pathogenetische Theorien, in welchen heute noch Toxinwirkungen eine Rolle spielen, erwecken nicht mit Unrecht den Verdacht, daß sie irgendwie an die alte Metalueslehre Anknüpfungspunkte suchen und diesem Bestreben muß auf Grund unserer heutigen Kenntnisse der Weg gesperrt werden.

Die vorhin präzisierten Eigentümlichkeiten des histopathologischen Prozesses bei Tabes lassen sich am leichtesten mit einer Annahme in Einklang bringen, die *eine biologische Umstimmung des Liquors und als Effekt derselben eine Abwehrschwäche der hier befindlichen Nervenbahnen als besondere Grundlage des als Tabes bekannten neuroluischen Prozesses* in Erwägung ziehen. Ich möchte mich also mit dieser allgemeinen Formulierung der Ansicht KRAEPELINs anschließen, die er für die Paralyse zur Geltung bringt, ohne mich auch mit den Ursachen, welche KRAEPELIN für das Zustandekommen dieser Abwehrschwäche in Betracht zieht, zu identifizieren. So wird man z. B. der Ansicht KRAEPELINs, daß Alkoholmißbrauch die Abwehrschwäche begünstige, nicht ohne Bedenken beitreten, wenn man einen solchen in der Anamnese der Tabeskranken so oft vermißt und andererseits das gar nicht seltene Zusammentreffen von Alkoholismus und gewöhnlicher Neurolues vor Augen hält. Am meisten verdienen unter den ursächlich in Frage kommenden Faktoren diejenigen eine Berücksichtigung, welche mit der luischen Vorgeschichte des Einzelindividuums zusammenhängen. Die lange Inkubationszeit der Tabes kann kein reiner Zufall sein. Die Frühsymptome der Nervenlues zeigen deutlich, daß die Spirochäten schon in der Frühperiode der Infektion sich im Nervensystem ansiedeln können; die lange Vorbereitungszeit der Tabes deutet darauf hin, daß in dem Kampf, welcher zwischen Spirochäten und Nervensystem seit vielen Jahren besteht und in welchem das Nervenparenchym eine schädigende Wirkung des Lueserregers von sich fernhalten konnte, allmählich die Vorbedingungen für einen Zustand geschaffen werden, in welchem die Widerstandskraft des Nervengewebes lahmgelegt wird. Man hat den Eindruck — sagt KRAEPELIN — als wäre der Ausbildung dieser Krankheiten lange Zeit hindurch ein Damm entgegengestellt, der bald langsam unterspült, bald ziemlich plötzlich durchbrochen wird, um nunmehr dem herandringenden Unheil den Weg freizugeben. Auch die Seltenheit der Hauterscheinungen in der Vorgeschichte der Tabes und Paralyse ist eine Allgemeinerfahrung, der man in der Pathogenese mit Recht eine gewisse Bedeutung beimessen kann. Es muß aber gesagt werden, daß von den zahlreichen Erklärungsversuchen, welche über die Entstehung dieses Schwächezustandes eine Vorstellung zu geben sich bemühten, noch keine als befriedigend angesehen werden kann und daß eine Diskussion über die Ursachen der Abwehrschwäche bei Tabes und Paralyse einstweilen noch keine positiven Ergebnisse hervorzubringen vermag.

Dennoch glaube ich, daß bei dem heutigen Stand unserer Kenntnisse die Annahme einer Abwehrschwäche des Nervensystems als Grundlage der Tabespathogenese mit den vorliegenden Tatsachen am leichtesten in Einklang zu bringen sei. Es kann kein Zufall sein, daß heute ähnliche Gedankengänge die Pathologie der anderen chronisch-infektiösen Erkrankung, der menschlichen Tuberkulose beherrschen. „Die Bedeutung der immun-biologischen, allergischen Vorgänge für den klinischen Ablauf der tuberkulösen Erkrankung hat in den letzten Jahren dazu geführt, daß man sowohl den jeweiligen Zustand, sowie den weiteren Verlauf der Krankheit aus dem immun-biologischen Verhalten des Patienten abzuleiten versucht" (THANHAUSER). Es kann auch darauf hingewiesen werden, daß die heute bei Tabes und Paralyse mit so viel Erfolg angewendeten unspezifischen Behandlungsmethoden von den meisten Autoren als den Körper umstimmende, die Schutzkräfte des Organismus wiederanfachende Heilfaktoren angesehen werden; die Empirie eilte hier also der Theorie voraus.

Besondere Gründe, die sich aus der Histogenese der Tabes ergeben, führen mich nun zu der Annahme, daß die Abwehrschwäche bei Tabes sich nicht auf den ganzen Körper, auch nicht auf das ganze Nervensystem erstreckt, sondern nur innerhalb des Liquorraumes auftritt und bei reiner, unkomplizierter Tabes sich nur auf die in diesem Raum befindlichen Nervenabschnitte beschränkt. Die Histogenese der Tabes lehrt, daß das ganze pathologische Geschehen im Liquorraum verläuft und daß die Gesetzmäßigkeiten, die sich in der Lokalisation der initialen Teilprozesse sowie in der weiteren Ausbreitung des Krankheitsvorganges kundgeben, eine Eigenart besitzen, die nur an den Liquorraum gebunden sein kann. Nicht der Lueserreger siedelt sich zuerst an den Lumbalwurzeln an, sondern die Lumbalwurzeln erhalten als erste Angriffspunkte der Tabes die Spirochäten aus dem Liquorraum. Eine biologische Änderung der Rückenmarksflüssigkeit führt dazu, daß die Spirochäten sich in bestimmten Sackgassen des Liquorstromes niederlassen und diese passive Art der Spirochätenansiedlung läßt sich auch eher mit einem Sedimentierungsvorgang vergleichen, bei welchem die topographische Lage der prädisponierten Stellen eine Bedeutung haben kann. Die vorwiegende Affektion der unteren Rückenmarkswurzeln und die ausschließliche Lokalisation des Tabesprozesses an der Hirnbasis könnte hierdurch dem Verständnis näher gebracht werden. Die chemisch-biologische Zustandsänderung des Liquors müßte sich ja an allen Angriffspunkten der Tabes gleichzeitig geltend machen, wenn die topographische Lage der verschiedenen Angriffspunkte nicht eine Auswahl bedingen würde, die durch die leichtere oder schwerere Ansiedlungsmöglichkeit der Spirochäten bedingt ist. Der Tabesprozeß ist aber gerade dadurch ausgezeichnet, daß nach den anfänglichen Symptomen, die an gewisse Wurzeln und Hirnnerven gebunden sind, neue Wurzel- und Hirnnervensymptome erst ganz allmählich, nach Jahren und Jahrzehnten des Krankheitsbestehens hinzuzutreten pflegen. Wenn man aus den Symptomenbildern verschiedener Tabesfälle ein vollständiges Kataster der Tabessymptome aufstellen wollte, so würde sich zeigen, daß sämtliche Rückenmarkswurzeln und sämtliche Hirnnerven am Prozeß beteiligt sein können; man würde sagen können, daß kein Tabiker die Vollentwicklung seiner Krankheit erlebt. Prinzipiell müssen wir also die vermutete Abwehrschwäche auf alle mit dem Liquor in Beziehung stehenden Nervenbahnen ausdehnen, dabei aber annehmen, daß sie an gewissen Wurzeln und Hirnnerven häufiger und zeitlich früher in Erscheinung tritt, als an anderen, wobei die durch die Topographie bedingte leichtere oder schwerere Ansiedlungsmöglichkeit der Spirochäten eine gewisse Rolle spielt. Strikte Beweise eines solchen Sedimentierungsvorganges liegen natürlich nicht vor, ist doch der Spirochätengehalt des Liquorstromes mehr nur auf indirekte Beweise gestützt. Es ist auch eine Annahme möglich, daß die die Tabes verursachenden Spirochäten in ihren „Schlupfwinkeln" in den Lymphräumen der Wurzelhüllen, von wo der Prozeß bekanntlich seinen Ausgang nimmt, schon lange vor dem Beginn der Tabes in einem inaktiven Zustand verborgen sind und erst durch die biologische Zustandsänderung des Liquorraumes ihre krankhafte Wirkung auszuüben vermögen. Die Spirochätenbefunde Pacheco e Silvas in der paralytischen Hirnrinde machen es wahrscheinlich, daß die Paralysespirochäten sich vor dem Beginn des Hirnprozesses in den Lymphscheiden der Hirngefäße aufhalten und von hier aus in das Hirngewebe eindringen. Der latente Aufenthaltsort wäre also in beiden Fällen in den Lymphapparat zu verlegen, was mit der Eigenart des Lueserregers, als ausgesprochenen Lymphparasiten, gut vereinbart werden kann. Eine weitere Eigentümlichkeit des histopathologischen Prozesses, die durch die Annahme einer Abwehrschwäche eine befriedigende Erklärung findet, sind die Bilder im Wurzelnerv und in den Hirnnerven, wo Granulome und entzündliche Infiltrate in den Hüllen nachweisbar sind und das Nervenparenchym noch keine Spur einer Schädigung aufweist. Man findet solche Bilder viel zu oft, als daß man sie nur als Momentbilder aus einer kurzen Phase der initialen Läsion ansehen könnte. Sie versinnbildlichen anschaulich den Kampf zwischen Spirochäten und Nervengewebe, bei welchem letzteres noch eine bestimmte Zeit lang der deletären Wirkung widerstehen kann. Der Beginn des Zerstörungsprozesses am Rand der Nervenbündel und seine allmähliche Zunahme gegen das Innere zeigen die Phase an, wo der Kampf zugunsten der Spirochäten entschieden und der Widerstand des Nervengewebes gebrochen sei. Nur die Annahme einer lokalen Schutzschwäche des Nervenparenchyms kann eine befriedigende Erklärung geben für dieses eigenartige Wechselspiel zwischen Entzündung und Nervenläsion. Auch die Granulationsvorgänge, die bei anderen Rückenmarkserkrankungen im Wurzelnervgebiet gefunden wurden und welche bekanntlich ohne Nervenläsion verlaufen, erhalten hierdurch eine richtige Beleuchtung; wo eine Abwehrschwäche des Nervenparenchyms nicht vorliegt, dort verursacht der Granulationsvorgang keine Nervenläsion. Die den tabischen Grundprozeß einleitende immunbiologische Veränderung des Liquors führt zur Ansiedlung der Spirochäten an den primären Affektionsstellen des Liquorraumes und zu den bekannten entzündlichen Veränderungen in den Nervenhüllen, aber erst die lokale Schutzschwäche der im Liquorraum befindlichen Nervenabschnitte öffnet den Weg zur Schädigung des Nervenparenchyms.

Die histopathologischen Befunde weisen eindeutig darauf hin, daß die Abwehrschwäche — wenn man eine solche als Grundlage für das Entstehen des Tabesprozesses in Betracht zieht — streng auf den Liquorraum beschränkt ist und Gehirn und Rückenmark außerhalb des Bereiches dieser biologischen Zustandsveränderung liegen. Sie kann — wie uns der Verlauf der vielen unkomplizierten Tabesfälle zeigt — Jahre und jahrzehntelang bestehen, ohne sich in anderen Abschnitten des Zentralnervensystems bemerkbar zu machen. Nichts ist hierfür beweisender, als die gar nicht seltenen neroluischen Komplikationen des Gehirns und Rückenmarks bei Tabes, die in ihrem Verlauf und auch in ihrer therapeutischen Beeinflußbarkeit die Charakterzüge der gewöhnlichen luischen Erkrankung aufweisen. Der Stillstand des Tabesprozesses, der in den stationären Fällen zum Ausdruck kommt, deutet darauf hin, daß die Abwehrschwäche im Liquorraum keinen irreparablen Zustand darstellt. Die Annahme, daß eine isolierte Abwehrschwäche im Liquorraum bestehen kann, hat nichts Befremdendes an sich, wenn man bedenkt, daß man auch die isolierte Immunschwäche eines Organs in Erwägung zieht und wenn man vor Augen hält, daß die Rückenmarksflüssigkeit einen eigenen, selbständigen chemischen Aufbau zeigt. Eine deutlichere Form erhielten natürlich unsere Vorstellungen über diese vermutete Abwehrschwäche des Liquors, wenn man unter den chemischen oder biologischen Reaktionen der Rückenmarksflüssigkeit solche ausfindig machen könnte, die die Tabes und Paralyse als abwehrschwache Phasen der Neurolues von den übrigen neroluischen Prozessen zu unterscheiden ermöglichen. An gewissen Ansätzen zu einer differential-diagnostischen Auseinanderhaltung dieser beiden Erkrankungen fehlt es nicht mehr und der gewaltige Fortschritt der Liquordiagnostik, ihre Bereicherung mit immer neuen Methoden kann uns hoffen lassen, den Chemismus dieser Flüssigkeit von neuen, bisher unbekannten Seiten kennenzulernen, so daß der Gedanke, daß man die heute noch hypothetische Abwehrschwäche im Liquorraum als eine im Laboratorium nachweisbare Eigenschaft auf strikte, chemisch-biologische Beweise wird stützen können, vielleicht kein leerer Traum ist.

Für die Beziehungen zwischen Tabes und Paralyse ergeben sich aus dieser pathogenetischen Auffassung manche Gesichtspunkte, die geeignet sind, die früher erwähnten Unterschiede des klinischen Verlaufes dem Verständnis näherzubringen. Beide Erkrankungen repräsentieren abwehrschwache (anallergische)

Phasen der Spirochäteninfektion. Während aber bei der Tabes dieser Zustand der Schutzschwäche sich im Liquorraum etabliert und in reinen Fällen bis zuletzt auf die Nervenabschnitte dieses Raumes beschränkt bleibt, liegt der paralytischen Erkrankung eine Abwehrschwäche des Gehirns und Rückenmarks zugrunde. Diese Zustandsänderung des Zentralnervensystems ist aber nicht vom Liquorraum abhängig; nicht nur deshalb, weil eine Paralyse auch ohne eine vorausgehende Tabes auftreten kann, sondern, wie ich schon früher darauf hinwies, weil der paralytische Rindenprozeß vom entzündlichen Prozeß der Hirnhäute weitgehend unabhängig ist und wahrscheinlich hämatogen-vasculär zustande kommt. Nach Kraepelin ist es überhaupt fraglich, ob die Abwehrschwäche bei der Paralyse nur auf das Zentralnervensystem beschränkt sei; der paralytische Marasmus, der in vielen Fällen unaufhaltsame tödliche Verlauf der Krankheit legen den Gedanken nahe, daß neben dem Gehirnprozeß tiefgreifende Stoffwechselstörungen vor sich gehen, die durch die Hirnaffektion nicht restlos erklärt werden können und eher eine Allgemeinerkrankung vermuten lassen, die weite Gebiete des Körpers und schließlich die tiefsten Grundlagen der Lebensvorgänge in Mitleidenschaft zieht. Besteht diese Ansicht zu Recht, dann erscheint die Paralyse als ein Zustand allgemeiner Abwehrschwäche gegenüber dem Lueserreger und muß von der Tabes als einem Zustand isolierter Abwehrschwäche des Liquorraumes scharf abgegrenzt werden. Die gemeinsame pathogenetische Grundlage der beiden Krankheiten muß aber aufrecht erhalten bleiben; sie wird auch durch die Fälle von Taboparalyse bekräftigt, in welchen sich zuerst die leichtere Form, die isolierte Abwehrschwäche des Liquorraumes in der Form der Tabes etabliert und erst später die allgemeine oder auf das ganze Zentralnervensystem sich ausbreitende paralytische Abwehrschwäche auftritt.

Ich möchte meine Ausführungen nicht früher schließen, ohne noch einmal zu betonen, daß die als pathogenetische Grundlage der Tabes angenommene Abwehrschwäche, solange eine genauere Begriffsbestimmung derselben nicht gegeben werden kann und solange die Ursachen ihrer Entstehung nicht besser bekannt sind, nur eine Arbeitstheorie darstellt; ich glaube aber sagen zu dürfen, daß unter den bisher vorgebrachten pathogenetischen Erklärungsversuchen sie am besten geeignet ist, die Rätsel des Tabesproblems dem Verständnis näher zu bringen. Durch die Klärung der Histogenese hat sich das Tabesproblem in ein Luesproblem umgewandelt. Die noch offen gebliebenen Fragen finden bei der Annahme einer abwehrschwachen Phase der Lues ihre restlose Erklärung und auch die Sonderstellung der Tabes gegenüber den übrigen Neuroluesformen einerseits, gegenüber der Paralyse andererseits wird durch diese Annahme in einer Art bestimmt, die mit den offenkundigen Unterschieden nach beiden Seiten hin recht gut in Einklang gebracht werden kann.

Literatur.

Achard: Arthropathies nerveuses. J. Prat. 38 (1924). — Aebly: Kritisch-statistische Untersuchungen zur Lues-Metaluesfrage. Arch. f. Psychiatr. 61. — Alford: Studies on the pathogenesis of tabes dorsalis. Trans. amer. neur. Assoc. 1922. — Allen, R. A.: Combined pseudosystem. disease with special reference to annular degeneration. J. nerv. Dis. 1905. — Alzheimer, A.: Histologische Studien zur Differentialdiagnose der progressiven Paralyse. Hab.-Schrift Jena 1904. — Ergebnisse auf dem Gebiete der pathologischen Histologie der Geistesstörungen. Z. Neur. 5, 753. — Die syphilitischen Geistesstörungen. Z. Psychol. 66. — Über die Ausbreitung des paralytischen Degenerationsprozesses. Neur. Zbl. 1896. — Ameghino: Kultur, Vaccination und Paralyse. Rev. Assoc. méd. argent. (span.) 39 (1926). — André-Thoma et Kudelski: Les troubles sympathiques et les arthropathies tabetiques. Paris méd. 2 (1929).

Behr, C.: Die Lehre von den Pupillenbewegungen. Berlin: Julius Springer 1924. — Über die anatomischen Grundlagen und über die Behandlung der tabischen Sehnervenatrophie. Münch. med. Wschr. **1926 I.** — Benedek-Kulcsár: Einseitiges Erhaltenbleiben des halbseitigen Patellarreflexes infolge vorausgegangener und geheilter Hemiplegie. Dtsch. Z. Nervenheilk. **87** (1925). — Berger: Zur Frage der Tabes mit Hirnnervenlähmung. Wien. klin. Rdsch. **1909.** — Bielschowsky: Über den Bau der Spinalganglien unter normalen und pathologischen Verhältnissen. J. Psychol. u. Neur. **11,** 188 (1908). — Bolten: Die Rolle der Syphilis bei der Entstehung der progressiven spinalen Muskelatrophie. Nederl. Tijdschr. Geneesk. **67** (1923). — Bourdon et Luys: Arch. gén. Méd., Nov. **1861.** — Bresowsky: Über die Veränderungen der Meningen bei Tabes und ihre pathogen. Bedeutung. Arb. neur. Inst. Wien **20** (1913). — Brosius: Eine Syphilisendemie vor 12 Jahren und ihre heute nachweisbaren Folgen. Arch. f. Dermat. **71** (1904). — Brühl: Beiträge zur pathologischen Anatomie des Gehörorgans. Z. Hals- usw. Heilk. **52.** — Bumke: Die Pupillenstörungen. Jena 1911. — Buschke-Kroó: Experimentelle Analogieversuche zwischen Recurrens und Syphilis. Arch. f. Dermat. **145** (1924).

Cassirer: Tabes und Psychose. Berlin 1903. — Cerletti: La malattia piu diffusa. Dalla immunita relative (eredoluetica) alle forme gravi (paralisi generale, tabe ecc.). Quad. Psichiatr. **10** (1923). — Charcot: Sur quelques arthropathies etc. Arch. de Physiol. **1** (1878). — Oevres complètes. Paris 1892. — Charcot et Pierret: C. r. Soc. Biol. Paris **1871.** — Collins, I.: A case of progr. musc. atrophy and tabes with autopsy. J. nerv. Dis. **1902.** — Tabes dorsalis. Med. News **1903.**

Daraszkievicz: Zum Rätsel der Paralyse. Allg. Z. Psychiatr. **83.** — Dattner: Moderne Therapie der Neurosyphilis. Wien: Wilh. Maudrich 1933. — Dejerine et André-Thomas: Maladies de la moelle epiniére. Paris 1909. — Delbet-Cartier: De la nature des arthropathies tabetiques. Bull. Acad. Méd. **101** (1929). — Determann: Die Diagnose und Allgemeinbehandlung der Frühzustände der Tabes dorsalis. Freiburg i. Br. 1904. — Deutsch: Die Veränderungen des Corp. genic. ext. bei tabischer Opticusatrophie. Arb. neur. Inst. Wien **31** (1929). — Doflein: Lehrbuch der Protozoenkunde. Jena: G. Fischer 1916. — Dravie, Trennen: Syphilis as an etiological factor in the production of locomotor ataxia. (zit. bei Nonne: Syphilis und Nervensystem, 1896). — Dreyfus: Die Beschaffenheit des Liquor cerebrospinalis — das entscheidende Moment für Prognose und Therapie in den einzelnen Stadien der Syphilis des Nervensystems. Münch. med. Wschr. **1920.** — Düring: Erfahrungen in Kleinasien über endemische Syphilis. Münch. med. Wschr. **1918.** — Dujardin-Benoit-Legrand: L'insuffisance hepatique et les crises gastriques tabetiques. Rev. méd.-chir. Mal. Foie etc. **1928.**

Ehrlich: Biologische Betrachtungen über das Wesen der Paralyse. Z. Psychiatr. **71** (1914). — Erb: Über neue Wendungen und Umwertungen der Tabeslehre. Neur. Zbl. **1913.** — Tabes, rückschauende und nachdenkliche Betrachtungen. Dtsch. Z. Nervenheilk. **47/48.** — Betrachtungen über die neuesten Grundlagen des Begriffs und des Wesens der Metalues. Dtsch. Z. Nervenheilk. **50** (1919). — Etienne et Champy: Lésions cellulaires des cornes anterieurs. Revue neur. **1907.**

Faure-Beaulieu et Bernard: Tabes avec osteoarthropathie. Revue neur. **36 II** (1929). — Faure-Beaulieu et Brun: Un nouveau cas d'osteoarthropathie avec reaction ganglionnaire riche en lesion. Revue neur. **37** (1930). — Fischer, O.: Die Lues-Paralyserage. Allg. Z. Psychiatr. **66,** 373 (1909). — Gibt es eine Lues nervosa? Z. Neur. **16** (1913). — Flechsig: Ist die Tabes eine Systemerkrankung? Neur. Zbl. **1890.** — Flemming: Die Histogenese der Stützsubstanzen der Bindegewebsgruppe. O. Hertwigs Handbuch der Entwicklungsgeschichte, 1902. — Foerster: Die Leitungsbahnen des Schmerzgefühles und die chirurgische Behandlung der Schmerzzustände. Wien: Urban & Schwarzenberg 1927. — Fournier: Lecons sur la Syphilis, 1873. — La syphilis du cerveau. Paris 1879. — Froment et Exaltier: Caracteres et signification des perturbations sympathiques locales associées aux osteoarthropathies syringomyeliques et tabetiques. Bull. Soc. méd. Hôp. Paris **43** (1927). — Forster: Die Syphilis des Nervensystems. Lewandowskys Handbuch der Neurologie, Bd. 3. 1912. — Fujiwara: Ein Beitrag zur Kenntnis der pathol. Anatomie des Sehnervenschwundes bei Tabes und Paralyse. Graefes Arch. **115** (1925.)

Gärtner: Über die Häufigkeit der Paralyse bei kultivierten und unkultivierten Völkern. Z. Hyg. **92,** H. 3. — Gagel: Zur Frage der Existenz efferenter Fasern in den hinteren Wurzeln des Menschen. Z. Neur. **126** (1930). — Gauducheau: Consequences de l'hygiene sexuelle. Rev. d'Hyg. **48.** — Gennerich: Die Syphilis des Zentralnervensystems. 2. Aufl. Berlin: Julius Springer 1922. — Gerskovic: Vorkommen der Spirochaeta pallida bei Tabes. Sovrem. Psichenovr. (russ.) **3,** (1926). — Spirochaeta pallida in den Lymphdrüsen bei Tabes. Sovrem. Psichonevr. (russ.) **5** (1927). — Spirochaeta pallida im Gelenkerguß bei Tabes. Sovrem. Psichonevr. (russ.) **5** (1927). — Gerstmann: Die Malariabehandlung der progressiven Paralyse. Wien: Julius Springer 1928. — Glück: Über das Alter, den Ursprung und die Benennung der Syphilis in Bosnien und der Herzegowina. Arch. f. Dermat. **21.** — Gozzano: Sui rapporti fra constituzione morfologica e forma clinica nella paralisi progressiva. Arch. ital. Mal. nerv. e ment. **51** (1927). — Grodzsky: Über Veränderungen im Wurzelnerv bei Tabes. Vrač. Delo (russ.) **11** (1928). Ref. Zbl. Neur. **51** (1929). —

GRÓSZ, v.: Die Atrophie des Opticusnerven bei Tabes dorsalis. Z. Augenheilk. (Beil.) **2** (1900). — GUREWITSCH: Beiträge zum Hirnluesproblem. Z. Neur. **116** (1928).

HABERMANN: Über die Erkrankungen des Gehörorgans infolge von Tabes. Arch. Ohr- usw. Heilk. **33** (1891). — HALLERWORDEN: Paranoide Psychose bei Tabes mit anatomischem Befund. Z. Neur. **33** (1923). — HALPERN-KOGERER: Über den Blutzucker bei Tabes dorsalis. Wien. med. Wschr. **1923**. — HANON: Zur Histopathogenese der Tabes. Rev. otol. etc. y Cir. neur. **1**, No 2 (1927). — HASSIN, G. B.: Beitrag zur Histopathologie der Tabes. Neur. Zbl. **33**, Nr 20 (1914). — Tabes dorsalis, Pathology and Pathogenesis. Arch. of Neur. **21** (1929). — HAUG: Die Krankheiten des Ohres in ihrer Beziehung zu den Allgemeinerkrankungen, 1893. — HAUPTMANN: Klinik und Pathogenese der Paralyse im Lichte der Spirochätenforschung. Z. Neur. **70** (1921). — „Der Weg über den Liquor." Ein neuer Zugang zum Verständnis der Pathogenese toxischer Cerebrospinalerkrankungen. Klin. Wschr. **1927**. — „Der Weg über den Liquor." I. Teil. Ausbau und Verteidigung meiner Metaluestheorie. Z. Neur. **102**. — HEUBNER: Die luetischen Erkrankungen der Hirnarterien, 1874. — HILDEBRAND: Über neuropathische Gelenkserkrankungen. Arch. klin. Chir. **115**. — HIRSCHL-MARBURG: Syphilis des Nervensystems. FINGERs Handbuch der Geschlechtskrankheiten, 1916. — HOELEN: Ein Fall von Tabes, kombiniert mit Amyotrophien. Psychiatr. Bl. (holl.) **36** (1932). — HOFF u. POLLAK: Experimentelle Studien zum Metaluesproblem, progressive Paralyse. Z. Neur. **96** (1925). — HOFFMANN, E.: Über eine nach innen gerichtete Schutzfunktion der Haut (Esophylaxie) nebst Bemerkungen über die Entstehung der Paralyse. Dtsch. med. Wschr. **1919**. — HOLZINGER: Lues, Paralyse, Tabes. Bemerkungen zu der Arbeit von WILMANS, Kin. Wschr. **1925 II**.

IGERSHEIMER: Syphilis und Auge. Handbuch der Hautkrankheiten, Bd. 17, II. Teil. — Über die periphere Sehbahn bei Tabes und Paralyse. Zbl. Ophthalm. **12**, 313 — Weitere Untersuchungen über den Opticusprozeß bei Tabes und Paralyse. Ber. 45. Verslg dtsch. ophthalm. Ges. Heidelberg **1925**. — INGVAR, SVEN: Zur Morphogenese der Tabes. Acta med. scand. (Stockh.) **65** (1927). — ISELIN: Zur Genese der Arthropathia tabica. Dtsch. Z. Chir. **227** (1930).

JAHNEL: Studien über die progressive Paralyse. Arch. f. Psychiatr. **56—57**. — Über einige Beziehungen der Spirochäten zum paralytischen Krankheitsvorgang. Z. Neur. **42**. — Paralyse und Tabes im Lichte der modernen Syphilisforschung. Z. ärztl. Fortbildg **1917**, Nr 14. — Die Lehre von der Lues nervosa. Arch. f. Dermat. **135** (1921). — Das Problem der progressiven Paralyse. Z. Neur. **76**, H. 1/2. — Allgemeine Pathologie und pathologische Anatomie der Syphilis des Nervensystems. Handbuch der Hautkrankheiten, Bd. 17, I. Teil. — JAHNEL-LANGE: Zur Syphilisimmunität der Paralytiker. Münch. med. Wschr. **1926**. — Ein Beitrag zu den Beziehungen zwischen Framboesie und Syphilis. Münch. med. Wschr. **1927**. — JAKOB: Über das Wesen der progressiven Paralyse. Dtsch. med. Wschr. **1919**. — Über Entzündungsherde und miliare Gummen im Großhirn bei Paralyse. Z. Neur. **52** (1919). — Einige Bemerkungen zur Histopathologie der Paralyse und Tabes mit besonderer Berücksichtigung des Spirochätenbefundes. Arch. f. Psychiatr. **65** (1922). — Zur Klinik und pathologischen Histologie der Tabespsychosen. Z. Neur. **101** (1926). — Über den Befund von miliaren Gummen bei der Paralyse. Z. Neur. **102** (1926). — Normale und pathologische Anatomie und Histologie des Großhirns, Bd. 2, I. Teil. Leipzig: F. Deuticke 1929. — JAKOB-WEYGANDT: Mitteilungen über experimentelle Syphilis des Nervensystems. Münch. med. Wschr. **1913**. — JEANSELME: La syphilis dans la peninsule indochinoise. Ann. de Dermat. **1901**. — JULIUSBURGER-MEYER: Beitrag zur Pathologie der Spinalganglienzelle. Neur. Zbl. **1898**. — JUNIUS-ARNDT: Beitrag zur Statistik, Ätiologie, Symptomatologie und pathologischen Anatomie der progressiven Paralyse. Arch. f. Psychiatr. **44** (1908).

KAPPIS: Über Ursache und Behandlung des Malum perforans. Klin. Wschr. **1922 I**. — KEN KURÉ: Über den Spinalparasympathicus Basel: B. Schwabe 1931. — KIENBÖCK: Über Arthropathien bei Tabes. Mitt. Ges. inn. Med. Wien **1924**. — KINICHI-NAKA: Rückenmarksbefunde bei progressiver Paralyse und ihre Bedeutung für das Zustandekommen der reflektorischen Pupillenstarre. Arch. f. Psychiatr. **11** (1925). — KINO u. STRAUSS: Metaluetische Muskelatrophie. Dtsch. Z. Nervenheilk. **89** (1926). — KLARFELD: Zur Frage der Pathogenese der progressiven Paralyse. Z. Neur. **75** (1922). — KLIPPEL et HUARD: Elevation de la temperature locale dans les arthropathies tabetiques. Revue neur. **28** (1921). — KÖSTER: Zur Physiologie der Spinalganglienzellen usw. sowie zur Pathogenese der Tabes. Leipzig 1904. — KOLB: Nil nocere. Allg. Z. Psychiatr. **83**. — Eine vergleichend internationale Paralysestatistik. Z. Neur. **96** (1925). — Vorläufige Schlüsse aus der provisorischen Paralysestatistik. Z. Neur. **96** (1925). — KOLLE-LAUBENHEIMER: Zur Frage des Rückganges der Syphilis und Änderung ihres Charakters. Dtsch. med. Wschr. **53** (1927). — KRAEPELIN-LANGE: Psychiatrie, 9. Aufl., 2. Bd., I. Teil. 1927. — KRAFFT-EBING: Die Ätiologie der progressiven Paralyse. Vortrag auf dem internationalen medizinischen Kongreß in Moskau, 1897. — Die progressive allgemeine Paralyse, 2. Aufl. Wien u. Leipzig 1908. — KRASSNIG: Zur Histologie der metaluetischen Octavuserkrankungen. Z. Hals- usw.

Heilk. **1926**. — Krompecher: Vergleichende biologisch-morphologische Studien, betreffend die Fibroblasten usw. des menschlichen Granulationsgewebes. Beitr. path. Anat. **56** (1913). — Kron: Tabesfragen. Mschr. Psychiatr. **24** (1908).

Lafora: Sobre la Tabes. Arch. de Neurobiol **4** (1924) (span.). — Die tabischen Arthropathien und die intrarachideale Bismuthbehandlung. Siglo méd. **79** (1927). — Lauter: Die Beeinflussung der Inkubationszeit von Paralyse, Tabes und Lues cerebri durch die Behandlung der frischen Lues usw. Dtsch. Z. Nervenheilk. **82**. — Lemierre, Kindberg et Deschamps: Les arthropathies tabetiques aigues inflammatoires. Gaz. Hôp. **94** (1921). — Lenhossék: Über den Verlauf der Hinterwurzeln im Rückenmark. Arch. mikrosk. Anat. **34** (1889). (2) Über Nervenfasern in den hinteren Wurzeln, welche aus dem Vorderhorn entspringen. Anat. Anz. **5** (1890). — Lenz: Untersuchungen über die anatomische Grundlage von Pupillenstörungen, insbesondere der reflektorischen Pupillenstarre. Verslg ophthalm. Ges. Heidelberg 1928. — Levaditi-Marie: Etude sur la treponéme de la Paralysie generale. Ann. Inst. Pasteur **33** (1919). — Pluralités des Virus syphilitiques. Ann. Inst. Pasteur **1923**. — Leyden: Die graue Degeneration der hinteren Rückenmarksstränge, 1863. — Neuere Untersuchungen über die pathologische Anatomie und Physiologie der Tabes dorsalis. Z. klin. Med. **25** (1894). — Lissauer: Beitrag zum Faserverlauf im Hinterhorn des menschlichen Rückenmarks und zum Verhalten desselben bei Tabes. Arch. f. Psychiatr. **17** (1896).

Margulis: Amyotrophische spinale Syphilis. Dtsch. Z. Nervenheilk. **86**. Pathologie und Pathogenese der Neurosyphilis. Dtsch. Z. Nervenheilk. **87**, H. 1/3. — Marie, P.: Lecons sur les maladies de la moelle. Paris 1892. — Marie-Guillain, P.: Les lesions du systeme lymphatique poster. de la moelle sont l'origine.... Revue neur. **1903**. — Marina: Dtsch. Z. Nervenheilk. **20** (1901); **24** (1903). — Marinesco: Contributions a l'étude d'histologie et de la pathogenie du tabes. Semaine méd. **1906**. — Marinesco-Sager: Zur Pathogenese der tabischen Arthropathien. Z. Neur. **114** (1928). — Marinesco-Sager-Façon: Recherches sur la pathogenie et le traitement de la crise gastrique tabet. Presse méd. **1928**. — Mattauschek u. Pilcz: Beitrag zur Lues- und Paralysefrage. Erste Mitteilung über 4134 katamnestisch verfolgte Fälle von luetischer Infektion. Z. Neur. **8** (1911). — Zweite Mitteilung über 4134 katamnestisch verfolgte Fälle von luetischer Infektion. Z. Neur. **15** (1913). — Mayer, K.: Zur pathologischen Anatomie der Rückenmarksstränge. Jb. Psychiatr. **13**. — Mayer, O.: Vier klinisch und histologisch untersuchte Fälle von Tabes dorsalis nebst Bemerkungen über die Bedeutung des Corti-Organs für das Hören. Beitr. Anat. usw. Ohr usw. **21** (1924). — McGrath: Observations upon abnormalities of the pupils and iris in tabes. J. Med. Sci. **78** (1932). — Meggendorfer: Über den Ablauf der Paralyse. Z. Neur. **63** u. **65**. — Mendel, K. u. Tobias: DieSyphilisaetiologie der Frauentabes. Neur. Zbl. **1911**. — Moebius, O.: Über die Tabes. Berlin: S. Karger 1897. — Mönkemöller: Zur Geschichte der progressiven Paralyse. Z. Neur. **5**. — Morel-Lavallée: Les determinations organiques de la syphilis peuvent elles.... Gaz. Hôp. Paris **65** (1892). — Moritz: Tabische Arthropathie. Histologische Studie. Virchows Arch. **267** (1928).

Nageotte: Tabes et paralysie generale. Thèse de Paris **1893**. — La lesion primitive du tabes. Bull. Soc. Anat. Paris **1894**. — Étude sur un cas de tabes uniradiculaire chez un paralytique generale. Revue neur. **1895**. — Étude sur la meningomyelite diffuse dans la tabes, la paralysie generale et la syphilis spinale. Arch. de Neur. **1895**. — Note sur la presence de fibre á myeline dans la pie-mére spinale des tabetiques. C. r. Soc. Biol. Paris **1899**. — Note sur la lesion primitive du tabes. C. r. Soc. Biol. Paris **1900**. — Note sur les formations cavitaires par perinevrite dans les nerfs radiculaires. Extr. C. r. Soc. Biol. Paris **1902**. — Note sur les lesions radiculaires et ganglionnaires du tabes. C. r. Soc. Biol. Paris **1902**. — Pathogenie de Tabes dorsal. Paris: C. Naud, editeur 1903. — Contribution à l'étude anatomique des cordons posterieurs. Nouv. iconogr. Salpêtrière **1904**. — Regenerations collater. des fibres nerveuses terminées par des massues de croissance etc. Nouv. iconogr. Salpêtrière **1906**. — Neftel: Beitrag zur Ätiologie und Therapie der Tabes. Virchows Arch. **117** (1899). — Neuburger: Zentrale Veränderungen beim Kaninchen nach Überimpfung von Paralytikergehirn. Z. Neur. **84** (1923). — Nissl, F.: Histopathologie und Spirochetenbefunde. Z. Neur. **1919**. — Noguchi: Studien über den Nachweis der Spirochaeta pallida im Zentralnervensystem bei der progressiven Paralyse und Tabes dorsalis. Münch. med. Wschr. **1913**. — Dementia paralytica und Syphilis. Berl. klin. Wschr. **1913**. (3) The transmission of treponema pallidum from the brain of paretics to the rabbits. J. amer. med. Assoc. **61**. — Nonne: Anatomische Untersuchung von 10 Fällen von Tabes dorsalis. Jb. Hamb. Staatskrk.anst. **1889**. — Der heutige Stand der Lues-Paralysefrage. Dtsch. Z. Nervenheilk. **49** (1913). — Syphilis und Nervensystem, 5. Aufl. Berlin: S. Karger 1924.

Obersteiner: Bemerkungen zur tabischen Hinterwurzelerkrankung. Arb. hirnanat. Inst. Wien **1895**. — Die Pathogenese der Tabes. Berl. klin. Wschr. **1897**. — Obersteiner u. Redlich: Über Wesen und Pathogenese der tabischen Hinterstrangsdegeneration. Arb. hirnanat. Inst. Wien **1894**, H. 2. — Oberthur: De la nature des arthropathies tabetiques. Rev. de Chir. 67 (1929). — Ollivier: Traité des maladies de la moelle epiniére, Tome 2. Paris 1837. — Oppenheim: Zur pathologischen Anatomie der Tabes dorsalis. Berl. klin. Wschr. 1894. — Neue Beiträge zur Pathologie der Tabes dorsalis. Arch. f. Psychiatr. 20. — Die syphilitischen Erkrankungen des Gehirns. Wien 1903. — Lehrbuch der Nervenkrankheiten, 7. Aufl. Berlin 1923. — Oppenheim-Siemerling: Beiträge zur Pathologie der Tabes. Arch. f. Psychiatr. 18. — Oppenheimer: Klinische und anatomische Betrachtungen über die Frage der Zusammengehörigkeit von Amyotrophie und Tabes dorsalis. Z. Neur. 76 (1922).

Pacheco y Silva: Contribution a l'étude du treponema pallidum dans l'ecorce cerebrale des paralytiques generaux. Mem. Hosp. Inquery (port.) 1 (1924). — Localisation du treponema dans le cerveau des paralytiques generaux. Revue neur. 2 (1926). — Pacheco y Silva u. Candido y Silva: Nachweis des Treponema pallidum im Sehnerv. Mem. Hosp. Inquery (port.) 1926/27. — Pagniez et Coste: Arthropathie tabetique suppurée par infection secondaire. Bull. méd Hôp. Paris 39 (1923). — Pette: Klinische und anatomische Betrachtungen über die Frage der Zusammengehörigkeit von Amyotrophie und Tabes dorsalis. Z. Neur. 76. — Über das Ergebnis zisternaler Verimpfung von Paralytiker- und Tabikerliquor auf Kaninchen. Z. Neur. 108 (1927). — Experimentelle Studien zum Problem der sog. Spontanencephalitis der Kaninchen. Z. Hyg. 108 (1928). — Pfeiffer, J. A. F.: A note concerning strains of treponema pallidum obtained from the brains of paretics at autopsy. Soc. exper. Biol. a. Med. 14 (1916). — Pick u. Bandler: Rückblick auf das Schicksal von Syphiliskranken. Arch. f. Dermat. 101 (1910). — Pierret: Sur les alterations de la substance grise de la moelle epiniére dans l'ataxie locomotrice. Arch. de Physiol. 1870. — Note sur la sclerose des cordons posterieurs dans l'ataxie locomotrice progressive. Arch. de Physiol. 4 (1871). — Pincus: Beitrag zur Kenntnis des Schwachsinnes der Berliner Prostituierten. Arch. f. Dermat., Festschrift Lesser. — Pineles: Die Veränderungen in Sakral- und Lendenmark bei Tabes dorsalis. Arb. neur. Inst. Wien 4 (1896). — Pitres u. Vaillard: Neur. Zbl. 1887. — Plaut: Über die Halluzinosen der Syphilitiker. Monographien Neur. 1913, Nr 6. Paralysestudien bei Negern und Indianern. Berlin: Julius Springer 1926. — Untersuchungen über Tripanocidie, Phagocytose und aktive Immunisierung bei Paralyse nebst einigen Erwägungen. Z. Neur. 101. — Zur Frage der „Paralyseencephalitis" beim Kaninchen nach subduraler Injektion von Paralytikerliquor. Klin. Wschr. 1926 I. — Untersuchungen über die Sonderstellung des Nervensystems zur Spirochäteninfektion. Münch. med. Wschr. 1926 I. — Das Nervensystem als Bildungsstätte für Antikörper bei Recurrens. Wien. klin. Wschr. 1928 II. — Plaut-Jahnel: Die progressive Paralyse eine Folge der Schutzpockenimpfung? Münch. med. Wschr. 1921 II. — Plaut-Mulzer: Über die Wirkung verschiedener Spirochätenstämme auf Liquor und Nervengewebe von Kaninchen, insbesondere nach Überimpfung von Hirnrinde menschlicher Paralytiker. Münch. med. Wschr. 1922 II. — Über die Wirkung ungenügender Salvarsanbehandlung bei experimenteller Kaninchensyphilis. Münch. med. Wschr. 1923 I. — Plaut-Mulzer-Neuburger: Zur Ätiologie der entzündlichen Erkrankungen des Nervensystems bei syphilitischen Kaninchen. Münch. med. Wschr. 1923 I. Über die Frage der Impfencephalitis des Kaninchen und ihrer Beziehungen zur Syphilis. Münch. med. Wschr. 1924 II.

Raecke: Zum Paralyse- und Tabesproblem. Klin. Wschr. 1922 I. — Die Lehre von der Paralyse im Lichte neuerer Forschungen. Arch. f. Psychiatr. 56. — Ranson: Unmyelated Nervefibres as Conductors of Protopatic Sensation. Brain 1915. — Redlich: Die hinteren Wurzeln des Rückenmarks und die pathologische Anatomie der Tabes. Jb. Psychiatr. 11 (1892). Die Pathologie der tabischen Hinterstrangserkrankung. Jena: G. Fischer 1897. Der gegenwärtige Stand der Metaluesfrage. Wien. klin. Wschr. 1925 I. — Rhoden: Über die Pathologie der Paralytikerfamilie. Z. Neur. 37. — Richter, H.: Zur Anatomie und Physiologie der Försterschen Radikotomie. Z. Neur. 21. — Zur Histogenese der Tabes (vorläufige Mitt.). Neur. Zbl. 1914. Zur Histogenese der Tabes. Z. Neur. 67 (1921). — Sur la pathogenie du tabes. Arch. Suisse Neur. et Psychiatr. 1921. — Bemerkungen zur Histogenese der Tabes. Arch. f. Psychiatr. 67 (1921). Weiterer Beitrag zur Pathogenese der Tabes. Arch. f. Psychiatr. 70. — Einige Bemerkungen zur Pathogenese der Tabes. Arch. f. Psychiatr. 72. — Tabes und Frühsyphilis. Orv. Hetil. (ungar.) 1922. Risak: Über die Disposition zur tabischen Arthropathie. Z. Neur. 127 (1930). — Robertson: The infective foci in general paralysis and tabes dorsalis. J. ment. Sci. 56 (1910). — Roux: Ann. Soc. Biol. 1899. — Thèse de Paris 1900. — Rüdin: Zur Paralysefrage in Algier. Z. Neur. 67.

Saito: Die Hirnkarte des Paralytikers. Arb. neur. Inst. Wien 25. — Salomon: Die Ursachen der größeren Häufigkeit der Paralyse und Tabes bei den Kulturvölkern. Dtsch. med. Wschr. 1925. — Sarbó, v.: Versuch einer Einteilung der syphilitischen Krankheitserscheinungen auf Grundlage der histologischen Gewebsreaktionen. Dtsch. Z. Nervenheilk. 72 (1921). — Über den haematogenen und lymphogenen Verbreitungsweg der Syphilis. Dtsch. Z. Nervenheilk. 113. — In welcher Richtung soll die pathogenetische Forschung der Tabes sich bewegen? Dtsch. Z. Nervenheilk. 113. — SCHACHERL: Über Luetikerfamilien. Jb. Psychiatr. 36 (1914). — SCHAFFER: Das Verhalten der Spinalganglien bei Tabes auf Grund NISSLS Färbung. Neur. Zbl. 1898. — Über Nervenzellveränderungen des Vorderhornes bei Tabes. Mschr. Psychiatr. 1898. — Beiträge zur Histopathogenese der tabischen Hinterstrangdegeneration. Dtsch. Z. Nervenheilk. 13. — Über den Faserverlauf einzelner Lumbal- und Sakralwurzeln im Hinterstrang. Mschr. Psychiatr. 5 (1899). — Über Fibrillenbilder tabischer Spinalganglien. Z. Neur. 1 (1910). — Tabes dorsalis. LEWANDOWSKYS Handbuch der Neurologie, 1. Aufl. — Bemerkungen zu der Histopathologie der Tabes. Z. Neur. 67. — Anatomisch-klinische Beiträge aus dem Gebiete der Nervenpathologie. Jena 1921. — SCHARAPOW: Zur pathologischen Anatomie der Tabes dorsalis. Z. Neur. 133 (1931). — SCHARNKE: Zur Aetiologie der progressiven Paralyse. Arch. f. Psychiatr. 62 (1921). — SCHRÖDER: Ein Beitrag zur Histopathogenese der Tabes dorsalis. Zbl. Nervenheilk. 1906. — Zur Histologie der kleinzelligen Infiltrate im Nervensystem. Mschr. Psychiatr. 1918. — SCHULTZ, R.: Beitrag zur Lehre von den syphilitischen Erkrankungen des Zentralnervensystems. Neur. Zbl. 1891. — SCHUSTER, P.: Die abortiven Formen der Tabes dorsalis und der übrigen syphilogenen Nervenkrankheiten. Med. Klin. 1913. — SCHWARTZ: Über chronische Spinalmeningitis und ihre Beziehungen zum Symptomkomplex der Tabes dorsalis. Z. Heilk. 18 (1897). — SEZARY: La syphilis nerveuse. Paris: Masson & Cie. 1926. — Syphilis exotique et pathogenie de la syphilis nerveuse. Presse méd. 34 (1926). — SIOLI, F.: Histologische Befunde in einem Fall von Tabespsychose. Z. Neur. 3 (1910). — SPATZ: Zur Pathologie und Pathogenese der Hirnlues und Paralyse. Z. Neur. 101 (1926). — SPIELMEYER: Über das Verhalten der Neuroglia bei tabischer Opticusatrophie. Mbl. Augenheilk. 1906. — Ein Beitrag zur Pathologie der Tabes. Arch. f. Psychiatr. 40. — Histopathologie des Nervensystems. Berlin: Julius Springer 1922. — Zur Pathogenese der Tabes. Z. Neur. 84 (1923). — Pathogenese der Tabes und Unterschiede der Degenerationsvorgänge im peripheren und zentralen Nervensystem. Z. Neur. 91. — Über Versuche der anatomischen Paralyseforschung zur Lösung klinischer und grundsätzlicher Fragen. Z. Neur. 97. — Zur Frage der Häufigkeit und Bedeutung miliarer Gummen bei Paralyse. Z. Neur. 102. — SPILLER: Syphilitic possible cause of systematic degeneration of the motor tract. J. of Neur. 39 (1912). — SPITZER, H.: Zur Pathogenese der Tabes dorsalis. Arb. neur. Inst. Wien 28 (1926). — STANOJEVIC: Zum Problem der Paralyse und Tabes und deren Beziehung zur Syphilis auf dem Balkan. Psychiatr.-neur. Wschr. 1930 II. — STARGARDT: Über die Ätiologie der tabischen Arthropathien. Arch. f. Psychiatr. 49 (1912). — Über die Ursachen des Sehnervenschwundes bei der Tabes und der progressiven Paralyse. Berlin: A. Hirschwald 1913. — STEIN, H.: Die Hinterstrangsstörung bei FRIEDREICHscher Ataxie (und Tabes dorsalis) und ihre Bedeutung für das Zustandekommen ataktischer Erscheinungen. Dtsch. Z. Nervenheilk. 91 (1926). — STEINDLER: The tabetic arthropathies. J. amer. med. Assoc. 96 (1931). — STEINER, G.: Zur Pathogenese der progressiven Paralyse. Arch. f. Psychiatr. 74. — Zur Pathogenese der progressiven Paralyse. Versuche am Recurrensmodell. Verslg südwestdtsch. Neur. u. Psychiatr. Baden-Baden 1927. — Zur Pathogenese der progressiven Paralyse. Jkurse ärztl. Fortbildg Mai 1928. — STERN, R.: Beitrag zur Kenntnis der Form und Größe des Rückenmarksquerschnittes. Arb. neur. Inst. Wien 1908. — Über körperliche Kennzeichen der Disposition zur Tabes. Leipzig u. Wien: F. Deuticke 1912. — STERN, RUBY O.: A Study of the Histopathology of Tabes Dorsalis with Special Reference to RICHTERS Theory of its Pathogenesis. Brain 52 (1929). — STIEF: Sur la question des types constitutionnels dans la tabes dorsalis. Encéphale 26 (1931). — STRÄUSSLER: Zur Lehre von der miliaren disseminierten Form der Hirnlues und ihrer Kombination mit Paralyse. Mschr. Psychiatr. 19. — Weitere Beiträge zur Kenntnis der Kombination von tertiär-luetischer cerebraler Erkrankung mit progressiver Paralyse und über Erweichungsherde bei Paralyse. Z. Neur. 12. — „Spezifische“ Lues und progressive Paralyse. Mschr. Psychiatr. 66. — STROEBE: Über Veränderungen der Spinalganglien bei Tabes. Zbl. Path. 1894. — Beitr. path. Anat. 13 u. 15. — STRÜMPELL: Die pathologische Anatomie der Tabes. Arch. f. Psychiatr. 1882. — Beiträge zur Pathologie des Rückenmarks. Arch. f. Psychiatr. 11. — Über kombinierte Systemerkrankungen im Rückenmark. Arch. f. Psychiatr. 11. — Besprechung der Arbeit: RICHTER, Zur Histogenese der Tabes. Dtsch. Z. Nervenheilk. 1921.

TAKÁCS: Die graue Degeneration der Hinterstränge. Arch. f. Psychiatr. 9. — TEULON-VALIO: Arthropathies tabetiques. Bull. Soc. franç. Dermat. 38 (1931). — TINEL: Radiculites et Tabes. Paris: A. Leclerc 1910. — TODD: Encyclop. Anat. Physiol. 3 (1847). — TUNESI: Contributa alla conoscenza della osteo-artropatia tabetica. Riv. Radiol. e Fisica med. 3 (1931).

USPENSKAJA: Die pathologisch-anatomische Ursache der tabischen Taubheit. Z. Neur. 95. — UTHOFF: Über die bei der Syphilis des Zentralnervensystems vorkommenden Augenstörungen. Leipzig 1894.

VERGA: Per la patogenesi della tabe dorsale. Riv. Pat. nerv. 28 (1923). — VERSÉ: Über die Spirochaeta pallida bei früh- und spätsyphilitischen Erkrankungen des Nervensystems.

Münch. med. Wschr. 1913. — VIX: Klinischer und anatomischer Beitrag zur Kenntnis des spinalen progressiven Muskelatrophie. Arch. f. Psychiatr. 47 (1910). — VULPIAN: Maladies du systéme nerveux. Paris 1879. WAGNER-JAUREGG: Beziehungen zwischen Gelenks- und Nervenkrankheiten. Wien. med. Wschr. 1924. — Über die lanzinierenden Schmerzen der Tabiker. Wien. med. Wschr. 1924. — Über gastrische Krisen der Tabiker. Wien. med. Wschr. 1926. — WARKANI, J.: Studien über das Verhalten der Glia im Mittelhirn bei reflektorischer Pupillenstarre. Arb. neur. Inst. Wien 26 (1924). — WEIDENREICH: Die Leukocyten und verwandte Zellformen. Wiesbaden: J. F. Bergmann 1911. — WEIL: Über die Bedeutung der „meningealen" Permeabilität bei der Entstehung der progressiven Paralyse. Z. Neur. 24. — WESTPHAL: Über die Beziehungen der Lues zur Tabes und eine eigentümliche Form parenchymatöser Erkrankung der Hinterstränge. Arch. f. Pychiatr. 11. — Erkrankungen der Hinterstränge bei paralytischen Geisteskranken. Arch. f. Psychiatr. 12. — Über die Fortdauer des Kniephänomens bei Degeneration der Hinterstränge. Arch. f. Psychiatr. 17. — Anatomischer Befund bei einem einseitigen Kniephänomen. Arch. f. Psychiatr. 18. — Über das Verschwinden und die Lokalisation des Kniephänomens. Berl. klin. Wschr. 1881. — WEYGANDT-JAKOB: Warum werden Syphilitiker nervenkrank? Dermat. Wschr. (Erg.-H.) 58 1914. — WILBRAND u. SAENGER: Die Neurologie des Auges. Wiesbaden 1899/1920. — WILMANNS: Die Wandlung der Syphilis. Zbl. Hautkrkh. 22 (1917). — Lues, Paralyse, Tabes. Klin. Wschr. 1925 I. — WILMANNS u. STEINER: Syphilis und Metasyphilis. Z. Neur. 101 (1926). — WILSON, WINKELMANN and OSTHEIMER: Syphilis as the cause of musc. atrophy of spinal origin. Arch. of Neur. 9 (1924). — WITTGENSTEIN: Das Syndrom der Prätabes. Münch. med. Wschr. 1924 I. — WOLLENBERG: Untersuchungen über das Verhalten der Spinalganglien bei Tabes. Arch. f. Psychiatr. 24.

Klinik der Tabes.

Von L. MANN-Breslau.

Mit 22 Abbildungen.

Der nachstehende Abschnitt soll ausschließlich der „Klinik der Tabes" gewidmet sein, also den Erscheinungsweisen, in denen sich dieses vielgestaltige Krankheitsbild in seiner Entwicklung und seinem Verlaufe dem Arzte darbietet.

Es bleiben demnach in meiner Darstellung vollständig unberücksichtigt die grundlegenden Fragen, die sich an das „prämorbide Stadium" der Tabes anknüpfen, also an die Zeit, die zwischen der luischen Infektion und dem Ausbruch der tabischen Symptome liegt. Die hier sich aufrollenden pathogenetischen Fragen (Wirkungsweise des spezifischen Virus, Dauer der Inkubationszeit, Beeinflussung derselben durch vorangegangene Therapie und andere Faktoren, Mitwirkung von Hilfsursachen, individuelle Disposition u. dgl.), die sonst in der klinischen Darstellung der Tabes einen breiten Raum einnehmen, bleiben also hier vollständig unberücksichtigt. ·Sie sind in dem von RICHTER verfaßten Abschnitt über Pathogenese untergebracht.

Der vorliegende Abschnitt enthält also nur: 1. Die *Symptomatologie,* die in Anbetracht der unendlichen Mannigfaltigkeit der Symptome den breitesten Raum beansprucht.

2. Die *Verlaufsweise* und die *Prognose,* die ja bekanntlich bei der Tabes eine von Fall zu Fall total verschiedene ist, vom verhältnismäßig harmlosen, wenig belästigenden Krankheitsbilde bis zu dem schwersten deletären Leiden in allen Abstufungen und Schattierungen.

3. Die *Diagnose* und *Differentialdiagnose.*

4. Die *Therapie.* Auch hier sollen alle therapeutischen Fragen, die sich mit der Wirkungsart der Therapie beschäftigen, also in das pathogenetische Gebiet hineinfallen, unter Bezugnahme auf das RICHTERsche Kapitel beiseite gelassen und rein die tatsächlichen Erfahrungen gebracht werden.

I. Symptomatologie.

Die unendliche Mannigfaltigkeit in der Verlaufsweise der Tabes dorsalis, die im vorstehenden bereits angedeutet wurde, macht eine systematische Darstellung der Symptomatologie nach klinischen Gesichtspunkten, wie sie bei anderen Krankheiten üblich ist, geradezu unmöglich. Eine Gruppierung nach Frühsymptomen und solchen, die in einer gewissen Reihenfolge im späteren Stadium hervortreten, ist nicht angängig, da jedes einzelne Symptom einmal früh, einmal spät auftreten, ein andermal auch ganz ausbleiben kann. Ebensowenig kann man unterscheiden nach wesentlichen und nebensächlichen oder akzidentellen Symptomen; denn wenn auch gewisse Symptome im Durchschnitt an Häufigkeit und diagnostischer Wichtigkeit prädominieren, so können sie doch andererseits in einzelnen Fällen auch vollständig fehlen, und es kann irgendein anderes Symptom, welches sonst als nebensächlich angesehen wird, für die Diagnose als ausschlaggebend sich herausstellen.

Unter diesen Umständen scheint mir eine gewisse Willkür in der Aufzählung und Schilderung der Symptome unvermeidlich. Einigermaßen Ordnung kann man dadurch hineinzubringen versuchen, daß man von der pathophysiologischen Bedeutung der befallenen Systeme ausgeht. Ich werde also, entsprechend dem Umstand, daß die Tabes wesentlich eine Erkrankung des Hinterwurzelhinterstrangsystems darstellt, beginnen mit den durch diesen Prozeß unmittelbar bedingten Störungen der Sensibilität. Als weitere mittelbar bedingte Folgen der Läsion dieses afferenten Systems schließen sich dann an die Krisen, Reflexstörungen, Hypotonie, Ataxie. Darauf sollen die Störungen von seiten des seltener befallenen motorischen Systems folgen, und schließlich ist es unvermeidlich, daß die an besonderen Organen, besonders an den Sinnesorganen, ferner an den visceralen Organen, am Zirkulationssystem usw. sich abspielenden Krankheitserscheinungen in willkürlicher Aneinanderreihung dargestellt werden. Dabei wird jedesmal auch auf die durchschnittliche Häufigkeit des betreffenden Symptoms sowie auf sein Vorkommen in den verschiedenen Stadien der Krankheit einzugehen sein.

1. Sensible Symptome.

Unter den sensiblen Symptomen sind zunächst die *subjektiven Reizerscheinungen* zu erwähnen, welche in Form von *Schmerzen* und *Parästhesien* zum Ausdruck kommen.

Diese Erscheinungen sind ein sehr häufiges, fast regelmäßiges Symptom der Tabes dorsalis und beherrschen besonders die Frühperiode, während sie in den späteren Stadien häufig zurücktreten. Einzelne Fälle bleiben allerdings dauernd davon verschont, bei anderen wieder bleiben sie während des ganzen Krankheitsverlaufes, manchmal in unverminderter Intensität bestehen, in recht seltenen Fällen treten sie erst in einem späteren Stadium bei im übrigen schon vollentwickelten Symptomen zum ersten Male hervor.

Über die Häufigkeit des Auftretens der Schmerzen gibt eine Statistik von LEIMBACH, die aus 400 Fällen des ERBschen Materials gewonnen ist, Auskunft. Es bestanden lancinierende Schmerzen in den Beinen in 353 Fällen (im Rücken und in den Armen nur in 11 Fällen), und zwar traten sie auf: 277mal in der allerfrühesten Periode (ohne andere Symptome), 62mal in der mittleren Periode und 14mal in einem späteren Stadium. Ferner fanden sich auch Fälle, in denen sie nach längerem (bis 9jährigem) Verlauf überhaupt nicht vorhanden waren. Das Intervall zwischen dem Auftreten der Schmerzen und dem der anderen Symptome ist ein sehr wechselndes, in einem Extrem besteht überhaupt kein zeitlicher Abstand, in einem anderen ein solcher von 26 Jahren! Intervalle von 10—15 Jahren sind keine Seltenheit, meist sind sie natürlich geringer.

TUMPOWSKY kommt bezüglich der Häufigkeit der Schmerzen bei einer Statistik an 257 Fällen ungefähr zu demselben Prozentsatz wie LEIMBACH. Noch etwas häufiger fand sie v. MALAISÉ. Er vermißte sie unter 90 Fällen nur 7mal.

Die Fälle vom verspäteten Auftreten der Schmerzen zu einem Zeitpunkt, in welchem die Tabes schon vollentwickelt ist, insbesondere die Ataxie schon mehrere Jahre besteht, werden von SCHAFFER (2) besonders hervorgehoben und als „tabes inversa" bezeichnet. v. MALAISÉ betont, daß diese Fälle von spät auftretenden Schmerzen (in einem Fall setzten die Schmerzen erst 14 Jahre nach Beginn der Krankheit ein) eine besonders ungünstige Prognose bezüglich des weiteren Verlaufes haben. Derselbe Autor fand, daß in 37% der Fälle allmählich eine Besserung der Schmerzen eintrat, besonders in den auch sonst verhältnismäßig benigne bzw. stationär verlaufenden Fällen. Aber auch bei allgemeiner Progredienz des Leidens sieht man gelegentlich eine Besserung der Schmerzen, wie auch der genannte Autor hervorhebt.

Die tabischen Schmerzen werden von jeher als „lancinierende" oder „blitzartige" Schmerzen beschrieben und gelten in dieser Form als eines der klassischen Symptome der Tabes.

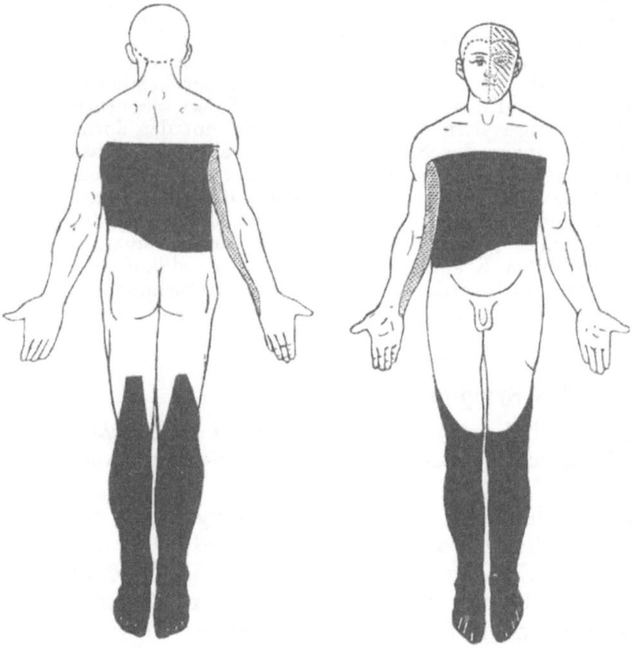

In der Tat ist diese Bezeichnung für einen Teil der Fälle äußerst zutreffend. Die Schmerzen von überwältigender Intensität, von bohrendem, schneidendem Charakter, die wie ein Blitz aus heiterm Himmel bei Tag und Nacht den Kranken unvermutet überfallen, durch ein ganzes Glied hindurchschießen, bald da, bald dort auftreten, gänzlich regellos zu manchen Zeiten aussetzen, dann plötzlich wieder auftreten, sind in den sog. klassischen Fällen ein direkt pathognomisches Symptom. Je mehr wir aber im Verlaufe der letzten Jahrzehnte die langsam verlaufenden, relativ benignen bzw. abortiven Fälle von Tabes kennen gelernt haben, um so seltener erscheint dieses Symptom in der klassischen Ausprägung. Wir sehen jetzt sehr häufig Fälle, in denen die Schmerzen nur ein ganz untergeordnetes Symptom im Krankheitsbilde

Abb. 1.

Die Abb. 1—7 sind entnommen aus FRENKEL - FOERSTER: Arch. f. Psychiatr. **33** (1901). Schwarz = Störung der Berührungs- und Schmerzempfindlichkeit; schraffiert = Störung der Schmerzempfindlichkeit; fein punktiert = Störung der Berührungsempfindlichkeit; grob punktiert = Hyperästhesie.

darstellen, und auch solche, in denen sie zwar in lästiger Intensität vorhanden sind, aber nicht den Charakter der „lancinierenden" Schmerzen haben, sondern mehr ein dauerndes Ziehen, Bohren, Nörgeln darstellen, so daß sie sehr häufig vom Patienten (und auch vom Arzte) als rheumatische Beschwerden beurteilt werden.

Andererseits kennen wir Fälle, in denen die Schmerzen während des ganzen Krankheitsverlaufes in unveränderter qualvoller Stärke über viele Jahre hindurch anhalten. Solche eindrucksvolle Fälle mit dauernden Schmerzen von unerhörter Intensität, die den Kranken entweder zum Morphinismus oder zum Selbstmord treiben, sind mir aus früheren Zeiten erinnerlich; in den letzten 10—20 Jahren sind sie mir nicht mehr zu Gesicht gekommen.

Daß die Schmerzen bisweilen in scharf abgegrenzten Anfällen sich zu sog. Krisen (Extremitätenkrisen) steigern, daß dabei auch Suggilationen und lokale Ödeme auftreten können, wird an anderer Stelle erwähnt werden.

Die zweite Form der sensiblen Reizerscheinungen, die *Parästhesien*, machen sich am häufigsten in den distalen Abschnitten der unteren Extremitäten bemerklich, in Form des Kribbelns, Eingeschlafenseins, pelzigen und tauben Gefühls, zumeist an den Fußsohlen, von dort aber auch aufsteigend am Fuß-

rücken und an den Unter-
schenkeln. Die Kranken äußern dann die Empfindung,
daß sie auf Gummi oder Filz
od. dgl. zu gehen und zu
stehen scheinen. Bisweilen,
aber seltener, werden die Parästhesien überwiegend oder
eine Zeitlang ausschließlich
an den oberen Extremitäten
empfunden und dann ganz besonders als ein Vertaubungsgefühl am 4. und 5. Finger,
also im Gebiete der 8. Cervi-
cal- und 1. Dorsalwurzel (Ul-
narisparästhesien).

Die erwähnte Statistik von
LEIMBACH fand die Parästhesien an den Füßen unter
400 Fällen 258 mal, die Ul-
narisparästhesien 66 mal.

Auch im Gesicht und in der
Perinealgegend werden nicht
selten Parästhesien empfunden. Eine sehr häufige Lokalisation derselben findet sich am
Rumpf in der Höhe der mittleren Dorsalwirbel in Form des
bekannten „Gürtelgefühles“.
Die Kranken beschreiben ein
äußerst lästiges Gefühl von
Druck und Vertaubung in
dieser Gegend, welches mit der
Empfindung eines fest herum-
gelegten Reifens oder Gürtels
verglichen wird. LEIMBACH
fand dieses Gürtelgefühl unter
seinen 400 Fällen 124 mal.

Bisweilen haben die Par-
ästhesien, besonders an den
Extremitäten, auch den Charakter einer sehr lästigen
Kälte-, seltener Hitzeempfin-
dung.

Die geschilderten sensib-
len Reizerscheinungen verbinden sich nun sehr bald oder,

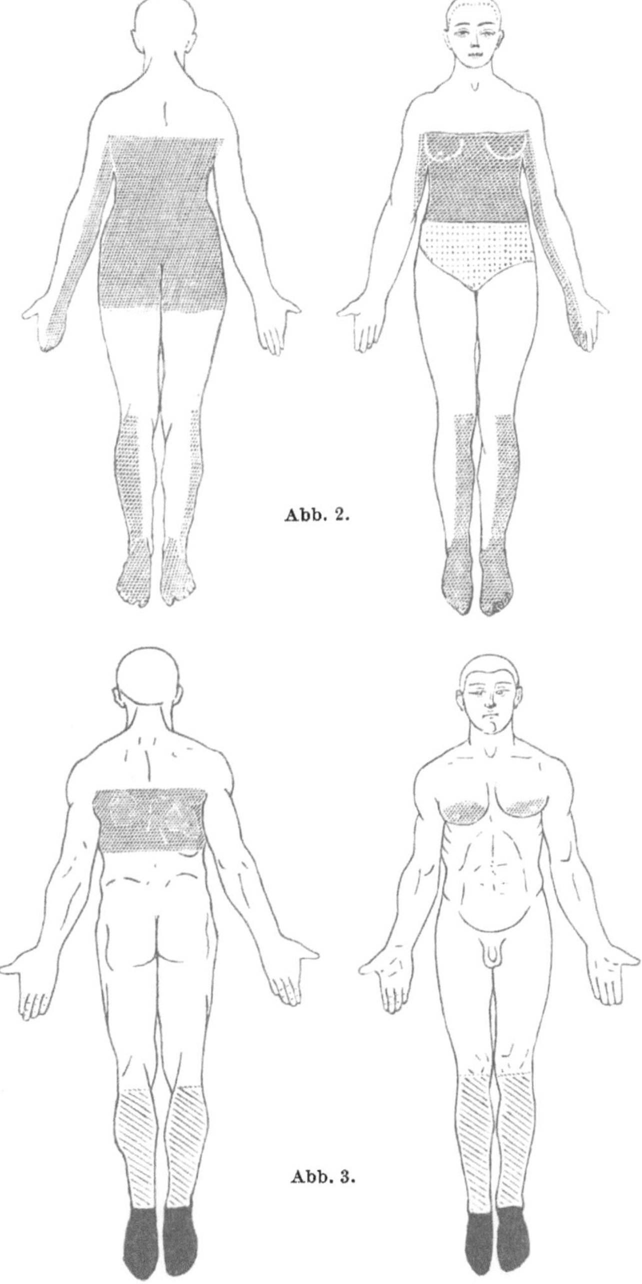

Abb. 2.

Abb. 3.

wenn genauer untersucht wird, meistens wohl von vornherein mit *objektiv* nachweisbaren *Ausfallserscheinungen* auf dem Gebiet der Sensibilität, also mit *Herabsetzung* bzw. *Ausfall* des *Empfindungsvermögens*. Was zunächst die

Lokalisation dieser Sensibilitätsstörungen an den einzelnen Körperabschnitten anbetrifft, so kann ich mich bezüglich der Häufigkeit ihres Vorkommens an die äußerst gründlichen Untersuchungen von FRENKEL und FOERSTER halten (s. Abbildungen 1—7), mit denen meine eigenen Erfahrungen durchaus übereinstimmen. Diese Autoren fanden unter 49 genauestens untersuchten Fällen Sensibilitätsstörungen am Rumpf 45mal, an den Beinen 44mal, an den Armen 37mal, im Gesicht 6mal, am Hals 2mal. Meistens sind mehrere Gebiete gleichzeitig befallen, und zwar räumlich selbständig und unabhängig voneinander, so daß die befallenen Zonen durch Gebiete intakter Sensibilität voneinander getrennt sind (s. Abbildungen 1—5). Auch innerhalb der einzelnen Gebiete finden sich oft inselförmige Unterbrechungen der Sensibilitätsstörung (s. z. B. Abbildungen 4 u. 5). Die Sensibilitätsstörung ist, wie sich RICHE und GOTTHARD ausdrücken, polymorph, dissoziiert und segmentär angeordnet. Im einzelnen ist über die Ausdehnung folgendes zu sagen: Am *Rumpf* ist die typische Form der Störung ein Gürtel, welcher zunächst etwas unter Achselhöhe (2. Rippe) beginnt und ungefähr bis zum Nabel abwärts reicht (s. Abb. 1 u. 2). Die obere und untere Grenze kann aber auch etwas höher oder tiefer liegen. Die Grenzen sind meist ziemlich regelmäßige, horizontale Linien. Bisweilen ist der Gürtel aber nicht komplett, sondern es finden sich in der entsprechenden Gegend getrennte kleine,

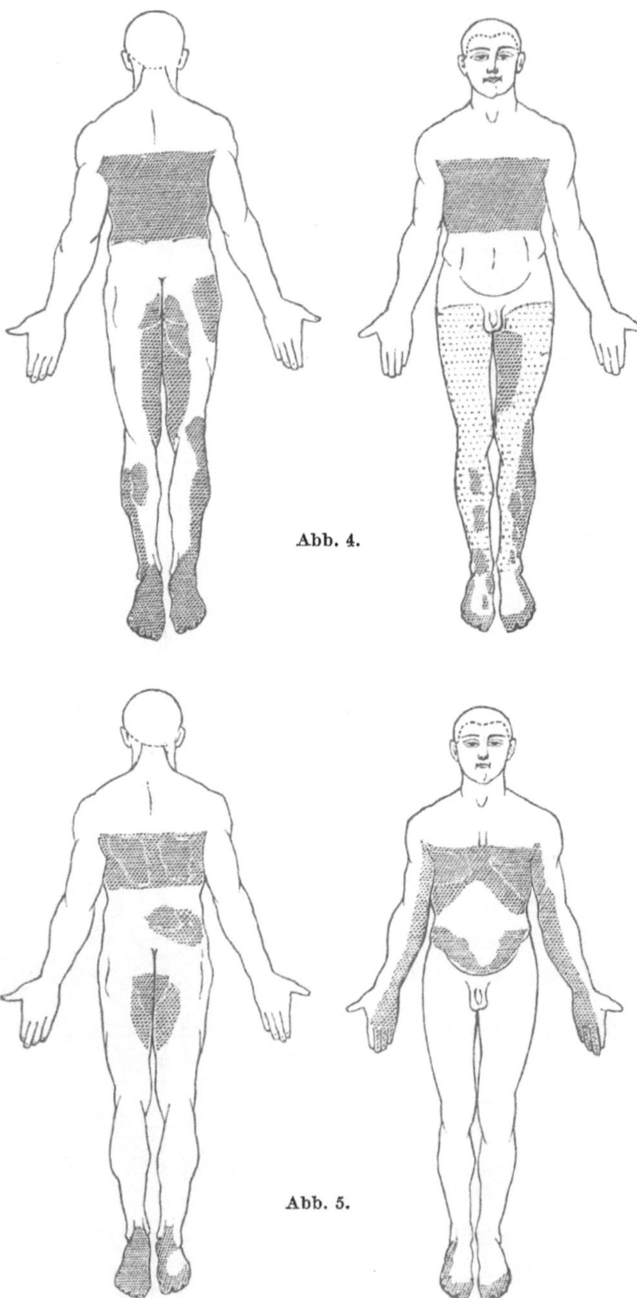

Abb. 4.

Abb. 5.

symmetrische, meist ovale Felder in der Höhe der Mamillae (s. Abb. 3) und manchmal in gleicher Höhe zwei Felder am Rücken zwischen den Schulterblättern. Genaue Untersuchungen über die Ausdehnung dieser Zone liegen auch von anderer Seite vor [LAEHR, MARINESCO (1), REDLICH]. An den *unteren Extremitäten* ist am meisten die Planta pedis befallen (s. Abb. 3, 4, 5), aber auch das Dorsum, häufig greift die Störung dann am Unterschenkel hinauf, wie mir scheint, meist an der Außenseite (s. Abb. 2, 4, 7), befällt auch oft die Beine in toto bis hinauf zur Inguinalgegend, setzt sich auch in eine Rumpfanästhesie fort, die sich mit der typischen Gürtelzone, also bis hinauf zur II. Rippe verbindet (s. Abb. 6). Bisweilen findet sich eine fleckenförmige, unregelmäßige Auslassung einzelner Gebiete. Oft ist auch die Umgebung des Anus betroffen (s. Abb. 5), worauf besonders MARINESCO aufmerksam gemacht hat. Auch DÉJERINE beschreibt diese Fälle, die eine Conusläsion nachahmen können (tabes du cône terminale).

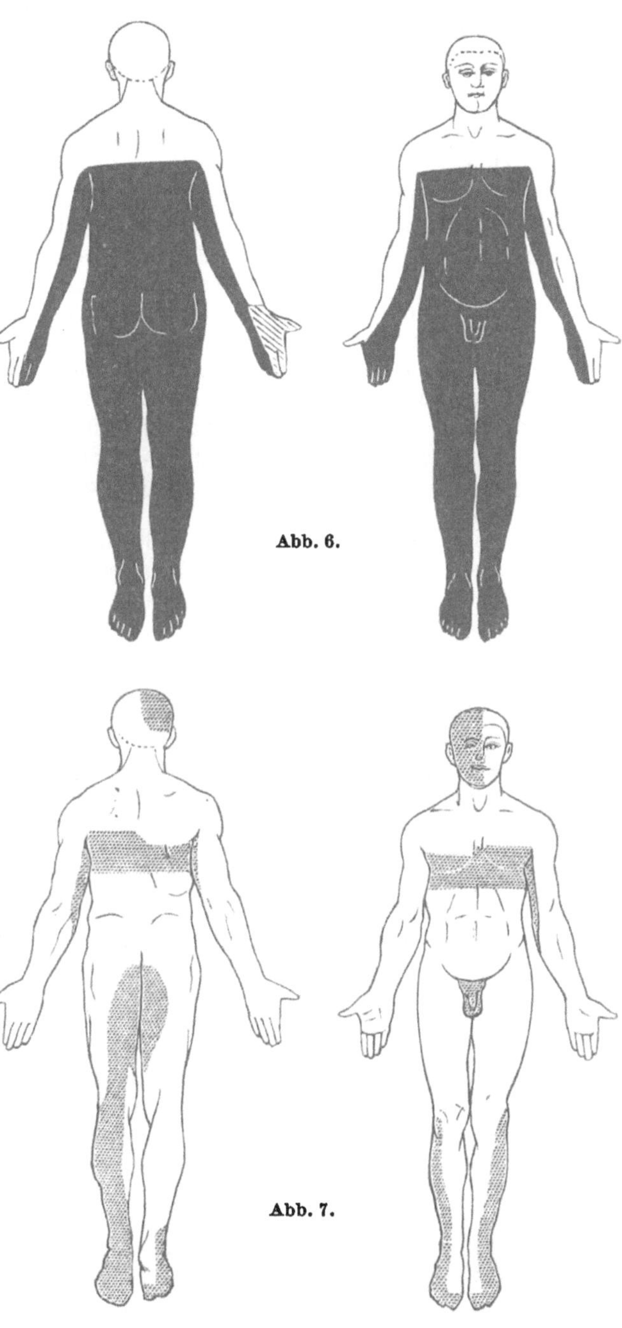

Abb. 6.

Abb. 7.

An den *oberen Extremitäten* ist der Typus der, daß an der Innenseite des Armes ein anästhetischer Streifen entlang zieht. Dieser beschränkt sich manchmal nur auf den Oberarm (s. Abb. 7), setzt sich aber gewöhnlich auch auf den Vorderarm (s. Abb. 1) und die Hand fort und schließt nicht selten auch den IV. und V. Finger in sein Bereich mit ein (s. Abb. 2, 5 u. 6). Ich habe nicht selten auch das umgekehrte Verhalten gesehen, daß nämlich der Ulnarrand der Hand und die ulnaren Finger allein betroffen waren, während die proximalen Teile des Armes noch frei waren. Daß die *gesamte* obere Extremität befallen wird, ist sehr selten. Am *Hals* finden sich fleckförmige, dreieckige anästhetische Gebiete. Im *Gesicht* fleckförmige Sensibilitätsstörungen an der Stirn, am Kinn, an der Wange. Auch halbseitige Gesichtsanästhesien (s. Abb. 7). Die Schleimhäute des Mundes, der Zunge und der Augen, auch des Kehlkopfes sind oft mit befallen.

Bezüglich der Cornea existieren Angaben von Sabbadini, der unter 60 Fällen nur 5mal Störungen der Hornhautempfindlichkeit fand und zumeist nur in eng umschriebenen Arealen. Schmerzen an der Cornea waren nur in einem Falle vorangegangen. Graeffner fand an der Kehlkopfschleimhaut in 1,7% der Fälle Hyperästhesie, in 13,2% Hypästhesie. Auch Unempfindlichkeit der Schleimhaut des Rectums, der Harnblase und Harnröhre ist beschrieben.

Im allgemeinen ist zu sagen, daß, wie besonders von Frenkel und Foerster hervorgehoben worden ist, die Sensibilitätsstörungen dem Versorgungsgebiet bestimmter hinterer Wurzeln entsprechen. So entspricht die Gürtelzone mit ihren horizontal verlaufenden Grenzlinien meistens D_2—D_9, die Sensibilitätsstörung am Bein häufig L_5 und S_1 usw. Bregmann macht darauf aufmerksam, daß diese letztgenannten Wurzeln der Übermittelung des Achillesreflexes dienen, und daß das häufige frühe Fehlen dieses Reflexes demnach mit der Ausdehnung der Sensibilitätsstörung im Zusammenhang steht.

Was nun die einzelnen Sensibilitätsqualitäten betrifft, wie wir sie bei der klinischen Untersuchung zu prüfen gewöhnt sind, so ist in bezug auf ihre Beteiligung an dem tabischen Sensibilitätsausfall folgendes zu sagen:

a) Die Berührungsempfindlichkeit oder taktile Empfindlichkeit, die wir mit einem Pinsel oder einem Wattebausch prüfen, ist nach Frenkel und Foerster die am häufigsten betroffene Qualität. Sie fand sich unter 49 Fällen nicht ein einziges Mal normal (während die Schmerzempfindlichkeit in 5 Fällen ungestört war).

Dieses Überwiegen der taktilen Störung über die Störung der Schmerzempfindlichkeit trifft man nach meiner, mit Foerster übereinstimmenden Erfahrung vor allem in der Gürtelzone am Rumpf. In dieser außerordentlich häufig (schon in der präataktischen Periode, besonders bei der Tabes superior) befallenen und darum diagnostisch besonders wichtigen Zone finden wir sehr oft rein taktile Störungen bei sonst durchaus erhaltenen Qualitäten.

An den Extremitäten, besonders an den Beinen, sehen wir dagegen dieses Überwiegen der taktilen Störung über die Schmerzempfindungsstörung im allgemeinen nicht, vielmehr sehr häufig das umgekehrte Verhalten (s. später).

Das *Lokalisationsvermögen,* also die Fähigkeit, den Ort der Berührung bei geschlossenen Augen richtig anzugeben, ist gewöhnlich erhalten, solange auch leise Berührungen deutlich wahrgenommen werden. Ist die Berührungsempfindlichkeit aber erheblich herabgesetzt, so leidet gewöhnlich auch das Lokalisationsvermögen.

Die Kranken zeigen dann bei überhaupt noch wahrnehmbaren, also bei einigermaßen stärkeren Berührungen an eine falsche Stelle, die von der gezeigten Stelle weit ab, meistens tiefer liegt oder sogar auf die andere Körperseite (Allocheirie), auch ist in diesen Fällen der mit dem Weberschen Tasterzirkel zu messende „Raumsinn" herabgesetzt, indem die Tastkreise eine ganz erhebliche Vergrößerung erfahren; es erlischt die Fähigkeit, auf die Haut geschriebene Zahlen u. dgl. zu erkennen. Dabei macht sich oft die Erscheinung geltend, daß im Laufe einer länger fortgesetzten Prüfung die Resultate sich ändern, und zwar gewöhnlich im Sinne einer Ermüdung bzw. Erhöhung der Reizschwelle, so daß z. B. auf einer bestimmten Hautstelle geschriebene Zahlen bei den ersten Malen erkannt werden, aber schon beim vierten oder fünften Male nicht mehr, eine Erscheinung, die sich auch bei der Prüfung anderer Sensibilitätsqualitäten bemerklich macht[1].

[1] Stein (gemeinsam mit v. Weizsäcker) hat dieses Verhalten kürzlich mit genaueren Methoden (Reizhaare usw.) nachgeprüft und als „Schwellenlabilität" bezeichnet. Er sieht in dieser Veränderung des Empfindungs*ablaufes,* dem „Funktionswandel", ein Charakteristikum der Hinterstrangsstörung. (Von Kroll ist allerdings dieselbe Erscheinung der Schwellenlabilität wesentlich im Sinne einer Erhöhung der Schwelle auch bei andersartiger lokalisierter Störung im afferenten System durch chronaximetrische Untersuchungen aufgedeckt

b) Die Schmerzempfindlichkeit, die wir durch Berührung mit einer Nadelspitze bzw. durch leichte Nadelstiche prüfen, ist in sehr vielen Fällen am frühesten gestört und oft für lange Dauer oder sogar dauernd die *einzige* befallene Qualität. Es ist dies besonders bei den typischen, langsam verlaufenden Fällen zu beobachten, welche an den Beinen beginnen, hier außer der Sensibilitätsstörung nur Hypotonie und Areflexie zeigen, sonst vielleicht nur Pupillenanomalien, im übrigen aber symptomenarm bleiben und insbesondere nicht oder erst sehr spät in das ataktische Stadium eintreten.

Hier finden wir oft eine sehr starke Herabsetzung der Schmerzempfindlichkeit (Hypalgesie), die oft bis zur völligen Analgesie geht, so daß Nadelstiche nur als Stoß oder Druck, aber absolut nicht schmerzhaft empfunden werden, ja sogar tiefe plötzliche Nadelstiche in die Fußsohlen kein Zurückziehen verursachen. Neben dieser völligen Analgesie finden wir oft vollständig erhaltene Berührungsempfindlichkeit, so daß selbst die leisesten Pinselberührungen wahrgenommen und richtig lokalisiert werden, auch vollkommen intakte Lage-, Vibrations- und Temperaturempfindlichkeit, wie ich in vielen Fällen gesehen habe. Es resultiert also ein Zustand von „dissociation syringomyélique". Dieser Zustand, den FRENKEL und FOERSTER als „nicht allzu häufig" bei Tabes bezeichnen, scheint mir ein durchaus nicht seltener Typus zu sein. Er ermöglicht im Verein mit den obengenannten Symptomen sehr häufig die Diagnose der Tabes in einem frühen Stadium.

Zur Abgrenzung der hypalgetischen Zonen leistet das WARTENBERGERsche Nadelrädchen oft gute Dienste, besonders an der Gürtelzone, an welcher, wenn neben der oben erwähnten taktilen Störung überhaupt eine Schmerzempfindlichkeitsstörung besteht, dieselbe meist nur einen geringen Grad von Herabsetzung zeigt.

Die Störung der Schmerzempfindlichkeit äußert sich nicht nur in einer quantitativen Herabsetzung bzw. Aufhebung der Empfindung, sondern zeigt noch manche beachtenswerte Begleiterscheinungen: einmal ein Phänomen, welches von v. STRÜMPELL als eine erschwerte bzw. verlangsamte Summation der Schmerzreize gedeutet wird: Prüft man mit ganz kurzen Nadelstichen (wie es im allgemeinen üblich und empfehlenswert ist), so tritt keine Schmerzempfindung auf. Läßt man dagegen einen länger dauernden Stich einwirken, so empfindet der Patient nach einigen Sekunden infolge der nunmehr eintretenden „Summation" einen sehr lebhaften Schmerz. Ich konnte dieses Summationsphänomen auch häufig dadurch nachweisen, daß ich mehrere rasche Stiche in kurzen Intervallen auf dieselbe Stelle applizierte. Während hierbei die ersten Stiche schmerzlos verliefen, trat etwa vom 4. oder 5. Stich ab ein lebhafter Schmerz auf. Dieses Phänomen kann auch unter die oben erwähnte „Schwellenlabilität" gerechnet werden, im Sinne einer Erniedrigung der Reizschwelle bei wiederholten Reizen.

worden.) STEIN beschreibt den „Funktionswandel" in der Weise, daß eine einmalige Berührung einer Hautstelle zwar richtig wahrgenommen wird, daß dieselbe aber, sobald sie wiederholt von dem gleichen Reiz getroffen wird, in zunehmender Weise unempfindlich wird. Auch die Qualität der Empfindung ändert sich (prickelnd, taub u. dgl.). Ferner geht die räumliche Bestimmtheit verloren, es wird falsch lokalisiert. Auch bei der Prüfung der Lageempfindung ändern sich die Schwellenwerte, es treten Scheinbewegungen auf u. dgl. STEIN (s. auch die Darstellung von VOGEL) verlangt deshalb eine Ergänzung unserer Untersuchungsmethoden durch eine „Funktionsanalyse", die durch Beanspruchung mit immer wechselnden Reizgestalten von einem Punkte her die Funktionsweise eines nervösen Systems aufzudecken vermag.

Es wurde schon oben bei der Berührungsempfindlichkeit darauf hingewiesen, daß wir von jeher mit den üblichen Untersuchungsmethoden die Erscheinungen der Schwellenlabilität oder des Funktionswandels aufdecken konnten, und es werden in der folgenden Schilderung der Sensibilitätsstörungen noch mehrfache Beispiele dafür angeführt werden.

Auf die theoretischen Folgerungen STEINs, insbesondere seine Auffassung bezüglich des Einflusses dieser Schwellenlabilität auf das Zustandekommen der ataktischen Bewegungsstörung, kann hier, im symptomatologischen Kapitel, nicht eingegangen werden.

Ferner ist zu erwähnen das Phänomen der „Verlangsamung der Schmerzleitung": Der mit der Nadelspitze gesetzte, kurze Reiz wird im Moment der Applikation nur als Druck oder als Berührung empfunden. Die Schmerzempfindung erscheint, durch ein sehr deutliches Intervall von 2—5 Sekunden von der ersten Empfindung getrennt, erst verspätet, so daß eine Doppelempfindung entsteht (zuerst beschrieben von Naunyn und Remak).

In denselben Fällen, manchmal auch in Fällen ohne Verlangsamung der Leitung, macht sich auch eine abnorme Verstärkung der Schmerzempfindung, eine übermäßig lange Nachdauer und eine Veränderung der Qualität des Schmerzes geltend, so daß die Schmerzempfindung ungewöhnlich intensiv und lange nachhaltend ist und oft als „brennend" oder „heiß" wahrgenommen wird.

Eine Hyperalgesie ist überhaupt eine nicht seltene Erscheinung der Tabes, manchmal dauernd in einzelnen Bezirken lokalisiert, während in anderen Hypalgesie besteht, manchmal auch nur zeitweise hervortretend zur Zeit heftiger Schmerzattacken und dann oft in demselben Gebiet, in dem zu anderer Zeit Hypalgesie besteht, in seltenen Fällen in Form einer allgemeinen über den ganzen Körper verbreiteten, äußerst qualvollen Hyperalgesie, wobei auch der leiseste Reiz, schon jede Berührung mit einem weichen Gegenstand, selbst der Kontakt mit dem Hemd oder der Bettwäsche, als Schmerz empfunden wird.

c) Die Temperaturempfindlichkeit. Der Störung dieser Qualität wird im allgemeinen weniger Beachtung geschenkt. Ihre Herabsetzung bzw. Aufhebung geht häufig der Störung der Schmerzempfindlichkeit parallel, so daß wir z. B. an den Beinen nicht selten ein Stadium finden, in welchem diese beiden Qualitäten aufgehoben oder stark herabgesetzt sind, bei erhaltener Berührungsempfindlichkeit, so daß die obenerwähnte „Dissociierung" dem Befunde der Syringomyelie noch ähnlicher wird.

In anderen Fällen aber bleibt die Temperaturempfindlichkeit trotz Aufhebung der Schmerzempfindlichkeit lange erhalten. Besonders in der thorakalen Gürtelzone findet man sie verhältnismäßig wenig gestört. Hier besteht sogar oft neben der Hypästhesie für Berührungen eine ausgesprochene thermische Hyperästheise, besonders für Kältereize.

Diese kommt auch in anderen Gebieten nicht selten vor, verbreitet sich sogar als höchst lästige Kälteüberempfindlichkeit bisweilen über den ganzen Körper. Es gibt auch Perversitäten der Temperaturempfindlichkeit:

Der Kältereiz wird als heiß (das Umgekehrte kommt wohl kaum vor) oder auch als schmerzhaft empfunden. Auch hier oft wechselnde Empfindungen von derselben Stelle aus im Sinne eines Funktionswandels. Eine Verlangsamung der Temperaturempfindung in dem Sinne, daß die thermische Empfindung analog der oben beschriebenen Verlangsamung der Schmerzleitung erst einige Sekunden nach der taktilen Empfindung wahrgenommen wird, ist selten, doch habe ich sie, wenigstens für Wärmereize, sicher gesehen.

d) Lageempfindlichkeit. Die wichtigste Störung ist die Beeinträchtigung der Lageempfindlichkeit oder *Bewegungsempfindlichkeit,* die wir durch Vornahme passiver Bewegungen in den verschiedenen Gelenken prüfen, wobei der Patient mit geschlossenen Augen die Richtung der Bewegungen bzw. die erreichte Lage des Gliedes angeben muß.

Die Technik der Untersuchung erfordert einige Übung, wichtig ist vor allem, den Patienten zu einer vollständigen Entspannung des untersuchten Gliedes und Vermeidung jeder willkürlichen Bewegung zu bringen (was bei ataktischen Patienten nicht immer leicht ist[1]).

---

[1] Wenn man dem Patienten aufgibt, während einer passiven Bewegung, die er nicht wahrnimmt, kompensierende aktive Bewegungen mit dem Gliede vorzunehmen, so tritt manchmal noch eine richtige Empfindung für die ausgeführte Bewegung ein. Friedländer

Ferner ist vollkommen freie Haltung der untersuchten Glieder, Vermeidung aller äußeren Berührungen notwendig, auch sind die passiven Bewegungen möglichst gleichmäßig und langsam auszuführen. Jeder normale Mensch empfindet auch die geringste, mit größter Feinheit gerade noch auszuführende Bewegung in jedem Gelenk, gibt also z. B. eine minimale Beugung oder Streckung eines Fingers oder einer Zehe richtig an.

FRENKEL und FOERSTER fanden bei ihren 49 Kranken Störungen der Lageempfindlichkeit in sämtlichen Fällen an den unteren Extremitäten; dagegen an den oberen Extremitäten (Fingerbewegungen) unter 32 geprüften Fällen nur 23mal. Bei seinen 27 präataktischen Fällen fand FOERSTER (1) Lageempfindungsstörungen überhaupt 12mal.

Macht sich eine Lageempfindungsstörung überhaupt bemerklich, so ist sie stets an den distalen, kleinen (Zehen und Finger-) Gelenken am stärksten ausgesprochen bzw. hier allein nachweisbar, während in den großen proximalen Gebieten noch vollkommen normale Empfindungsfähigkeit vorhanden ist. Sehr schön veranschaulicht das eine Zahlenreihe von FRIEDLÄNDER. Derselbe fand Störungen der Lageempfindung:

| in den Zehengelenken in 100% der Fälle, | in den Kniegelenken in 46% der Fälle, |
| „ „ Fußgelenken „ 62% „ „ , | „ „ Hüftgelenken „ 29% „ „ . |

Diese Zahlen sagen natürlich nichts über das Vorkommen der Lageempfindungsstörungen bei der Tabes überhaupt. Sie sind an einem Material von durchweg ataktischen Tabikern gewonnen und geben nur das relative Verhalten der verschiedenen Gelenke an. Je mehr wir aber die abortiv verlaufenden Formen der Tabes kennengelernt haben, desto mehr sehen wir Fälle, die dauernd frei von jeder Lageempfindungsstörung bleiben. Immerhin ist die Störung der Lageempfindlichkeit, wie schon oben gesagt, ein sehr häufiges Symptom. Sie kommt in ganz leichter Form an den Zehen und Fingern, sogar bei solchen Fällen vor, welche noch keine Spur von Ataxie zeigen, worauf FOERSTER (1) zuerst aufmerksam gemacht hat.

Die schweren Störungen der Lageempfindlichkeit sind an den unteren Extremitäten viel häufiger wie an den oberen, jedoch gibt es auch Fälle mit schwersten Störungen an den letzteren, ja sogar Fälle, in denen alle 4 Extremitäten auf das schwerste betroffen sind.

Über das Verhältnis der Lageempfindlichkeit zur Ataxie ist im Kapitel „Ataxie" nachzulesen. Hier sei nur gesagt, daß in schwer ataktischen Fällen eine Lageempfindungsstörung fast regelmäßig (mit wenigen Ausnahmen) nachzuweisen ist.

e) **Muskelsensibilität.** Verhältnismäßig selten geprüft wird die *Muskelsensibilität,* d. h. die bei künstlicher (durch den faradischen Strom hervorgerufener) Kontraktion entstehende Empfindung. In hochgradigen Fällen ist diese Qualität vollkommen aufgehoben, und zwar unabhängig von der Störung der Hautsensibilität. Auch zur Lageempfindungsstörung besteht kein vollkommener Parallelismus. So fand E. REMAK (2) die letztere bei der Tabes bisweilen vollkommen erloschen, ohne daß die elektromuskuläre Sensibilität aufgehoben war.

FRENKEL und FOERSTER fanden die Muskelsensibilität unter 5 geprüften Fällen 4mal beträchtlich herabgesetzt bei 4 schwer Ataktischen; einmal nur leicht herabgesetzt bei einem Kranken mit beginnender Ataxie. Als Maß für die Störung benützten sie nach dem Vorgange von DUCHENNE die Differenz zwischen dem faradischen Rollenabstand, der eine gerade sichtbare Muskelkontraktion, und dem, der eine gerade noch fühlbare Kontraktion auslöst.

---

führt diese auf das „Sehnengefühl", die Empfindung für die Spannung der Sehnen und den Kontraktionsgrad der Muskeln zurück. Für die klinische Prüfung scheint mir diese Methode aber nicht recht brauchbar, weil die verschiedenartigsten Faktoren dabei mitwirken. Es empfiehlt sich, die Lage- und Bewegungsempfindlichkeit (die von manchen auch als „Gelenkssensibilität" bezeichnet wird, was wohl aber zu eng gefaßt ist) stets nur bei Ausschaltung aller aktiven Bewegungen zu prüfen.

f) Tiefendruckempfindlichkeit, Muskeldruckschmerz, viscerale Sensibilität usw.
Störungen der Muskeldruckempfindlichkeit bzw. der Muskeldruckschmerz-
haftigkeit, also der schmerzhaften Empfindung, welche bei tiefem Druck in
die Muskulatur ausgelöst wird, wurde zuerst von v. Leyden, Marinesco,
v. Bechterew (2) erwähnt. Letzterer prüfte dieselbe mittels eines zirkel-
förmigen Instrumentes (Myosthesiometer), welches den ausgeübten Druck abzulesen gestattet. Er fand eine Herabsetzung bzw. Aufhebung der Druckschmerzhaftigkeit sehr häufig bei der Tabes, manchmal an Beinen und Armen,
manchmal auch nur an ersteren und dann besonders in der Wadenmuskulatur.
Diese Erscheinung fand sich häufig, auch wenn sonstige Sensibilitätsstörungen
noch wenig ausgesprochen waren. Goldstein führte diese Untersuchungen
weiter aus mit einem „Algometer" genannten Instrument (zylindrischer Stab,
welcher eingedrückt wird und an einer Skala den ausgeübten Druck in Kilogramm angibt). Bei Gesunden ruft ein Druck von durchschnittlich 4—6 kg
Schmerz hervor, bisweilen sind die Werte aber auch höher, bis 12 kg. Bei Tabikern finden sich häufig höhere Werte bis 20 kg, aber nicht in allen Fällen. Die
Herabsetzung der Druckempfindlichkeit geht bisweilen, aber nicht immer der
Ataxie und der Hautsensibilität parallel.

Bemerkenswert ist, daß die Kurven der Algometermaße bei Tabikern viel
stärkere Schwankungen und Differenzen an den verschiedenen Körperstellen,
auch an symmetrischen Stellen, zeigen, wie bei gesunden Personen.

Neuerdings hat sich Stephenson darüber geäußert, welcher die Herabsetzung
bzw. den Verlust des Druckschmerzes in der Wadenmuskulatur, wenigstens
auf einer Seite, meist als das erste Symptom der Tabes bezeichnet, denen dann
gewöhnlich bald die Herabsetzung des Achillesreflexes auf der gleichen Seite
folgt.

Im allgemeinen wird auf die Prüfung des Muskeldruckschmerzes diagnostisch
wenig Wert gelegt, und ich selbst möchte dieser Untersuchungsmethode keine
allzu große Bedeutung beilegen.

Neben dem Druckschmerz der Muskeln ist auch der der Nervenstämme geprüft worden. Biernacki beschrieb das Symptom der Ulnarisanalgesie (Fehlen
des Schmerzes und der ausstrahlenden Empfindung bei Druck in den Sulcus
ulnaris). Er fand dasselbe unter 20 Fällen 15mal. v. Sarbo fügte die Peroneusanalgesie hinzu und fand dieses Symptom häufiger wie das Biernackische
(entsprechend der häufigeren Lokalisation der Tabes an den unteren Extremitäten), nämlich in 85,5% der Fälle, während das letztere nur in 66% vorhanden
war. Die Peroneusanalgesie wurde übrigens schon von Bechterew (1) hervorgehoben. Simerka bestätigt das häufige Vorkommen dieser Erscheinungen.
Als Abadiesches Symptom wird die Druckunempfindlichekit der Achillessehne
bezeichnet.

Hier sind auch kurz die „visceralen Analgesien" zu erwähnen, also die Unempfindlichkeit der inneren Organe gegen Druck. Dieselbe ist beschrieben bei
Druck in das Epigastrium, die Ovarialgegend, die Hoden, die Mammae usw.,
jedoch ist dieses Symptom nicht konstant genug, um eine wesentliche diagnostische Bedeutung zu beanspruchen.

Die viscerale Analgesie hat auch einen Einfluß auf den Verlauf innerer Erkrankungen.
So beschrieb Gowers den schmerzlosen Verlauf einer Pleuritis bei einem Tabiker; Hauser
sowie Preuss und Jakoby die schmerzlose Perforation von Magen- und Duodenalgeschwüren
bei Tabikern und kürzlich besprach Sternberg (2) ausführlich die Pneumonie der Tabiker,
welche infolge der visceralen Analgesie bzw. des Wegfalles afferenter Reize ein von den
gewöhnlichen vollkommen abweichendes Bild zeigen kann: es fehlen nicht nur die begleitenden Schmerzen, sondern auch die Atemnot, der Hustenreiz und die Schwellung und Rötung
des Gesichtes und Halses kann vermindert sein oder fehlen. Charakteristisch ist, daß die
Patienten trotz ihrer Erkrankung Tabak rauchen.

Schließlich ist noch die Druckunempfindlichkeit des Bulbus aufzuzählen, welche von Haenel (2) als sehr häufiges Tabessymptom betont worden ist. Er fand den bei Druck auf den Bulbus normalerweise auftretenden Schmerz in rund der Hälfte aller Fälle fehlend oder herabgesetzt, einseitig oder doppelseitig. Zur genaueren Prüfung konstruierte er ein kleines Instrument, welches an einer graduierten Spirale die Stärke des Druckes abzulesen gestattet (normal: Druckschmerz bei 200—300 g, pathologisch: über 350 g).

g) Vibrationsempfindlichkeit. Diese durch Aufsetzen einer schwingenden Stimmgabel auf Knochenvorsprünge geprüfte Qualität der Sensibilität hat nach meinen Erfahrungen keine erhebliche diagnostische Bedeutung bei der Tabes. Von manchen Autoren wird allerdings angegeben, daß die Vibrationsempfindung bei Tabes besonders frühzeitig herabgesetzt sei (z. B. Oppenheim, der aber vorsichtig hinzufügt, daß sich nichts Gesetzmäßiges darüber feststellen läßt).

Auch Treitel sagt, daß die Störungen des Vibrationsgefühles früher auftreten als solche des Schmerz- und Tastgefühles. Bing bezeichnet sogar den Verlust des Vibrationsgefühles als das „feinste Reagenz auf beginnende Läsion der Hinterstränge". Von anderen Autoren (z. B. Seiffer und Rydel) wird angegeben, daß das Vibrationsgefühl nicht der Hautsensibilität parallel geht, daß es dagegen mit der Ataxie (und der Lageempfindungsstörung) kongruent ist. Egger fand das Verhalten sehr verschieden: Bisweilen Herabsetzung der Vibrationsempfindung neben, bisweilen aber auch ohne gleichzeitige Störungen der Hautsensibilität, bisweilen auch ausgedehntes Erhaltensein der ersteren bei Aufgehobensein der letzteren.

Nach meinen eigenen Untersuchungen kann ich so viel sagen, daß ich einen völlig isolierten Verlust der Vibrationsempfindlichkeit bei vollkommenem Erhaltensein der übrigen Qualitäten bei der Tabes niemals beobachtet habe (im Gegensatz zu der multiplen Sklerose, bei der dieses Verhalten charakteristisch ist), daß ich im Gegenteil sehr viele Fälle gesehen habe, in denen die Vibrationsempfindung noch vorhanden war, bei sonst schon recht erheblichen Sensibilitätsstörungen. Fand sich eine Aufhebung der Vibrationsempfindung, so waren im allgemeinen auch schon vorgeschrittene Störungen anderer Qualitäten vorhanden, besonders der Lageempfindung, oft aber auch nur der Oberflächensensibilität.

In einem lange von mir beobachteten Falle mit sehr protrahiertem, benignem Verlauf habe ich allerdings dauernd eine völlige Aufhebung der Vibrationsempfindlichkeit gesehen bei auffallend geringen Störungen der Hautempfindlichkeit (leichte Hypalgesie), in einem anderen kürzlich beobachteten Falle einen völligen Verlust der Vibrationsempfindlichkeit neben nur ganz geringen Störungen der Lageempfindlichkeit bei sonst vollkommen intakter Sensibilität.

Jedenfalls ist das Verhalten dieser Qualität bei der Tabes sehr inkonstant und wechselnd, ohne daß man sagen könnte, worauf diese Verschiedenheiten beruhen. Immerhin empfiehlt es sich, die einfache Prüfung regelmäßig anzustellen, um eine evtl. Gesetzmäßigkeit aufzudecken.

Mit einem besonderen, von Symus angegebenen Instrument hat Wood die Vibrationsempfindlichkeit geprüft. Es ist eine Stimmgabel von bekannter Schwingungszahl, deren Exkursionen man bis zu einem gewissen bestimmten Grade abnehmen lassen kann. Als Maß gilt die Sekundenzahl bis zum Verschwinden der Empfindung. Diese Zahl ist bei Tabikern über dem Sacrum und der Spina iliaca stark verändert, was der Autor als ein wichtiges Symptom betrachtet.

h) Elektrocutane Sensibilität. Der Nachweis sensibler Störungen bei der Tabes gelingt mittels des elektrischen Stromes sehr leicht und in sehr exakter Weise, jedoch wird von dieser Methode praktisch recht wenig Gebrauch gemacht. Mit dem faradischen Strom kann man unter Anwendung des Pinsels oder der Erbschen Sensibilitätselektrode durch allmähliches Verstärken des Stromes die

Minimalempfindung (Min.E.) und durch weiteres Verstärken die erste Schmerz-empfindung (Schm.E.) feststellen. Die Min.E. geht der Berührungsempfindlich-keit, die Schm.E. der Empfindlichkeit gegen Nadelstiche parallel. Es kommt also bei Tabes häufig vor, daß die Min.E. sich normal verhält, während die Schm.E. erheblich herabgesetzt oder überhaupt nicht zu erzielen ist. Es ist also das „faradische Intervall" (nach LÖWENTHAL) herabgesetzt. Beispiel: normaler Wert Min.E. = 110 R.A., Schm.E. = 85 R.A., d. i. faradisches Intervall = 25. Bei Tabes: Min.E. = 110, Schm.E. = 45, d. i. faradisches Intervall = 65. Also erhebliche Vergrößerung des Intervalles bei normaler Min.E.

In anderen Fällen von Tabes, bei denen überwiegend die Berührungsemp-findlichkeit herabgesetzt ist (also besonders auch an der Gürtelzone), findet sich dagegen eine Herabsetzung der Min.E. und keine oder nur eine geringe der Schm.E.

Der faradische Strom ist auch gut brauchbar zur Abgrenzung hypalgetischer bzw. hyperalgetischer Zonen, indem man bei mäßiger Stromstärke, die in normal empfindendem Gebiete gut wahrgenommen wird, langsam über die Haut hin-gleitet. Die Grenzen lassen sich oft dadurch sehr gut feststellen.

Auch mit Kondensatorentladungen ist die Herabsetzung der Sensibilität bei Tabes festgestellt worden. So fand ZANIETOWSKI (2) den Schwellenwert bei 10 Volt (bei 1 m. f.) statt normal 5 Volt, KRAMER (1) bei 16—33 Volt, statt im Durchschnitt an normalen Hautstellen 8—15 Volt.

Von weiteren Befunden ist zu erwähnen eine schon vor langer Zeit von E. REMAK beschriebene Erscheinung: Eine Erschöpfbarkeit der Empfindung für den faradischen Strom, so daß ein gleichmäßig bleibender Strom zunächst in schwankender Stärke, bald stärker, bald schwächer empfunden wurde, allmählich immer mehr nachließ bis zur völligen Unempfindlichkeit. Es liegt hier ein sehr charakteristisches Beispiel der „Schwellenlabilität" vor (s. oben).

Eine qualitative Veränderung der Reaktionsweise gegenüber dem galvanischen Strom wurde bereits 1882 von NEFTEL beschrieben. Derselbe fand bei Tabikern an der Anode eine größere Schmerzerregung wie bei der Kathode (bei stabiler Applikation). Das „sensible Zuckungsgesetz" wurde dann von MENDELSSOHN (1884) näher untersucht. Er fand unter 21 Fällen von Tabes mit Sensibilitätsstörung 9mal eine abnorme Reaktion in der Weise, daß die An.S.E. die K.S.E. überwog. Die K.Ö.E. und An.Ö.E. waren in einigen Fällen völlig geschwunden.

Es fanden sich auch qualitative Veränderungen: Die An.S.E. war ihrem Charakter nach von der K.S.E. verschieden, erstere wurde brennend, letztere stechend empfunden, auch wurde die Verlangsamung und Nachdauer vorwiegend bei An.S.E. bemerkt. Diese bereits vor 50 Jahren mitgeteilten Befunde sind meines Wissens später nicht mehr beachtet worden.

i) Fehlen des Ermüdungsgefühls. Schließlich ist noch eine wenig beachtete Erscheinung auf dem Gebiete der Sensibilität zu erwähnen, nämlich das *Fehlen des Ermüdungsgefühls*. FRENKEL (1) beschrieb dieses Phänomen zunächst an einem Einzelfall: Dieser Tabiker konnte die Arme 25 Minuten lang freischwebend ausgestreckt halten, ohne müde zu werden. Dabei waren die nachweisbaren Sensibilitätsstörungen an den Armen nur gering. Er nimmt eine Beeinträchtigung der Schmerzempfindlichkeit in den Muskeln an, welche sonst als Warner vor Überanstrengung dient.

FRENKEL und FOERSTER untersuchten das Ermüdungsgefühl in 9 Fällen (durch Erhobenhalten des gestreckten Beins). Sie fanden durchweg eine Herab-setzung, und zwar am ausgesprochensten bei sehr schweren Ataktikern. Ein direkter Parallelismus mit der Ataxie bestand aber nicht, wie daraus hervor-ging, daß bei beiderseits ungleicher Ataxie das stärker ataktische Bein nicht immer die größte Verspätung des Ermüdungsgefühls zeigte.

2. Die Krisen.

An die Schilderung der sensiblen Symptome schließt sich sinngemäß die der *Krisen* an, denn wir haben es auch bei den Krisen mit Störungen im Bereich des sensiblen Systems zu tun, und zwar mit anfallsweise auftretenden Reizerscheinungen.

Wie besonders FOERSTER (3) ausgeführt hat, beruht nämlich die Krise auf einem Reizzustand eines erkrankten sensiblen Neurons, welcher infolge von Summation der Reize zu paroxysmalen Entladungen führt, und zwar nicht nur in der bewußt-sensiblen, sondern auf reflektorischem Wege auch in der motorischen und sekretorischen Sphäre des betreffenden Organs. In dieser Trias der sensiblen, motorischen und sekretorischen Reizerscheinungen sieht er das Charakteristikum der tabischen Krisen.

Wir wollen die einzelnen Formen der Krisen besprechen:

a) Die gastrischen Krisen sind wohl die bekannteste und häufigste Form. Sie kündigen sich dem Patienten gewöhnlich schon einige Zeit vorher durch Übelkeit und ein unbestimmtes Unbehagen an, dann setzt der Schmerz in vehementer Form ein, in Form eines durchbohrenden Gefühls in der Magen- und Gallengegend und den entsprechenden Rückenpartien, bisweilen in „gürtelförmigem" Verlauf, oft aber auch in sehr unbestimmter Lokalisation beschrieben. Alsbald erfolgt heftiges Erbrechen, welches zunächst den gesamten Mageninhalt herausbefördert, dann aber in Entleerung von schleimigen und galligen Massen besteht.

Die Magensaftproduktion ist dabei oft enorm, trotz Vermeidung jeglicher Zufuhr von flüssiger und fester Nahrung kommen immer neue Flüssigkeitsmengen zum Vorschein, nach FOERSTER (3) bis zu 8 Liter pro Tag. Das Erbrochene reagiert meist stark sauer; selten ist Subacidität bzw. Anacidität. Der Anfall dauert mindestens einen, meistens mehrere Tage bis 1 Woche, selten ist ein monatelanges Anhalten des Zustandes (Status criticus — SCHAFFER). Die Kranken sind gezwungen, während des Anfalls vollkommene Ruhelage innezuhalten, jeder Versuch der geringsten Nahrungsaufnahme, ja, jeder Versuch, zu sprechen oder sich aufzurichten, ruft sofort neuen Brechreiz hervor. Linderung schafft nur die Injektion eines Narkoticums, welche in den meisten derartigen Fällen nicht zu umgehen ist (s. darüber später).

Die Symptome sind nicht in allen Fällen gleichmäßig und vollkommen ausgebildet. In der größten Zahl der Fälle sind allerdings die geschilderten ganz intensiven kolikartigen Schmerzen vorhanden, und daneben besteht eine hochgradige Hyperästhesie der Haut in der Magengegend und am Abdomen, sowie an den entsprechenden Rückenpartien mit lebhafter Steigerung der Abdominalreflexe. Dazu kommt das Erbrechen und die Hypersekretion.

In einer zweiten wesentlich kleineren Gruppe von Fällen bestehen die Reizerscheinungen aber nicht in Schmerzen, welche sogar ganz fehlen, sie zeigen auch keine nennenswerte Hyperästhesie am Abdomen. Statt dessen besteht aber ganz intensive, den Kranken wahnsinnig quälende Nausea, wie sie sonst wohl nur bei Seekrankheit vorkommt. Dabei kommt es ebenso wie in der ersten Gruppe zum Erbrechen und zur Hypersekretion.

FOERSTER nimmt an, daß die erste Gruppe auf einer Reizung der sensiblen Sympathicusfasern des Gastro-intestinaltractus, welche durch die hinteren Dorsalwurzeln ins Rückenmark eintreten, beruht, während er die zweite Gruppe auf eine Reizung der im *Vagus* verlaufenden zentripetalen Fasern bezieht.

Die in der ersten Gruppe von Fällen bestehende, bereits erwähnte hyperästhetische Zone erstreckt sich überwiegend auf das Wurzelgebiet D_7 bis D_9, greift aber auch darüber hinaus.

Schon das leiseste Bestreichen dieser Gebiete ruft einen heftigen Schmerz hervor und reizt zu neuem Erbrechen. Es ist wegen dieser Überempfindlichkeit oft auch jede tiefe Palpation unmöglich, bisweilen wird aber tiefer Druck weniger unangenehm, ja sogar erleichternd empfunden: gelegentlich gelingt es sogar, durch Druck auf einen Schmerzpunkt eine Krise zu coupieren (Sperling: am linken Boasschen Punkt). In manchen Fällen besteht diese Hyperästhesie der „Gürtelzone" permanent fort; in anderen Fällen erweist sich aber die Gürtelzone zwischen den Paroxysmen als hypästhetisch, und zwar in demselben Bereich, in welchem während der Anfälle Überempfindlichkeit bestand. In einzelnen Fällen sollen auch während der Krisen Anästhesien auftreten, die nach den Krisen wieder verschwinden, auch soll absolute Pupillenstarre und Fehlen der Patellarreflexe während der Krisen auftreten bei sonst nur träger Reaktion bzw. lebhaften Reflexen. Gelegentlich wird auch Ausbruch von Herpes zoster während der Krisen beschrieben (Laignal-Boquin).

Was das Auftreten und die Prognose der gastrischen Krisen anbetrifft, so läßt sich nur sagen, daß die Krisen in jedem Stadium der Krankheit auftreten können. Bisweilen bilden sie das erste hervorstehende und für längere Zeit dominierende Symptom, bisweilen treten sie aber auch erst im weiteren Verlauf der Krankheit bei voll entwickeltem Krankheitsbilde hervor.

Vielfach ist man geneigt, den Krisen eine für den weiteren Verlauf prognostisch ungünstige Bedeutung beizulegen. Dies trifft aber durchaus nicht immer zu. v. Malaisé fand z. B., was ich bestätigen kann, daß die Krisen in einer großen Zahl von Fällen im Verlauf des weiteren Leidens schwinden, ja, daß sogar durch die Krisen bedingter Morphinismus durch eine Kur wieder rückgängig gemacht werden kann. Als durchschnittliche Dauer der Krisen fand er 5—6 Jahre (Extreme 3, bzw. 14 Jahre). Die gastrischen Krisen geben also durchaus nicht immer eine infauste Prognose. Natürlich sind sie von um so schwerwiegenderer Bedeutung, je kürzer die Intervalle sind, und je weniger daher dem Organismus Zeit zur Erholung gelassen wird.

Für das Auftreten der einzelnen Krisen vermögen die Patienten häufig eine bestimmte auslösende Ursache nicht anzugeben. Alle Vermutungen über „Diätfehler", Überanstrengungen usw., erweisen sich in einzelnen Fällen als unzutreffend, die Krise überfällt den Kranken ganz plötzlich, ohne irgendeine erkennbare Ursache.

Immerhin läßt sich für den Durchschnitt der Fälle doch einiges in dieser Beziehung ermitteln. Besonders ist hier auf die Betrachtungsweise von Wagner-Jauregg (1) zu verweisen. Er geht von der Auffassung aus, daß es sich bei den Krisen und Schmerzen oft gar nicht um den tabischen Prozeß als solchen handelt (wie schon daraus hervorgeht, daß dieselben auch bei vollkommen normalem humoralen Syndrom fortbestehen können), sondern um Auswirkungen von toxischen Schädlichkeiten, die nicht einmal durch die Spirochäten hervorgerufen sein müssen, sondern vielleicht nur durch auch sonst im Organismus kreisende Substanzen, die erst dadurch pathologischen Charakter bekommen, daß gewisse Grenzscheiden durch den tabischen anatomischen Prozeß eröffnet werden und dadurch die vermuteten Toxine ins Nervensystem einzudringen imstande sind.

Von den Schädlichkeiten führt Wagner-Jauregg dreierlei auf, nämlich 1. die *meteorologischen*, 2. die *alimentären* und 3. die *infektiös-toxischen*. Die erstgenannten Schädlichkeiten kommen hauptsächlich für die Auslösung der Schmerzanfälle in Betracht. Die Empfindlichkeit der Tabiker gegen Erkältung und Durchnässung und die prompte Auslösung von Schmerzanfällen durch diese Schädlichkeiten ist bekannt. Die zweite Gruppe von Schädlichkeiten, die *alimentären*, beziehen sich hauptsächlich auf die gastrischen Krisen. Zwar liegt, wie schon oben gesagt wurde, in vielen Fällen beim Auftreten einer Krise keinerlei Diätfehler vor. Wie Foerster (3) sich ausdrückt, ist die Überempfindlichkeit oft so groß, daß häufig schon die gewohnten Ingesta den Anstoß zur Krise geben.

Daß die chemischen Vorgänge im Verdauungsapparat dabei ganz verschieden sein können, geht schon daraus hervor, daß man während der Krise sowohl Hyperacidität wie Hypacidität nachweisen kann (Radovici), nach meinen Beobachtungen meist das erstere. In einzelnen Fällen können aber doch bestimmte Ingesta als auslösendes Moment angesehen werden. WAGNER-JAUREGG macht dabei besonders auf die Wirksamkeit eines Übermaßes von Zucker und anderer Süßigkeiten aufmerksam und führt die Beobachtung von HALPERN und KOGERER an, welche bei Kranken mit besonders heftigen Krisen und Schmerzen eine Erhöhung der Blutzuckerwerte fanden (Unterdrückung der Krise durch Insulininjektionen!). Außerdem kommen auch Nahrungsmittel in Betracht, die aciditätsfördernd wirken, schließlich ist auch Stuhlverstopfung und Dyspepsie als Ursache zu erwähnen, weil hierbei toxische Verdauungsprodukte die Auslösung der Krisen bewirken können. Auf die Wirkung eines Alkoholexzesses als auslösendes Moment macht besonders HAUPTMANN (2) aufmerksam.

WAGNER-JAUREGG erwähnt ferner, daß auch spezielle Überempfindlichkeiten allergischer Natur in Wirksamkeit treten können, wofür der Umstand spricht, daß in einigen Fällen gleichzeitig mit den Krisen das Auftreten von Urticaria und QUINCKEschem Ödem beobachtet wurde.

Die dritte Gruppe der Schädlichkeiten, die *infektiös-toxischen*, sind z. B. gegeben durch latente Herde einer chronischen Infektionskrankheit wie eine Oralsepsis, Nebenhöhlen- oder Tonsilleneiterung oder dergleichen, auch durch eine akute Influenzainfektion usw. Auch hier sind es unspezifische toxische Substanzen, welche auf der Basis der durch den tabischen Prozeß gegebenen Überempfindlichkeit die Krise auslösen.

Eine theoretische Vorstellung von dem Mechanismus des Auftretens der Krisen machen sich MARINESCO, SAGER und FACON in folgender Weise: Sie fanden während der Krisen eine vagotonische Reaktion, im Intervall dagegen eine sympathicotonische Reaktion. Wenn nun durch irgendeine Ursache eine Störung des Säure- und Basengleichgewichtes im Sinne einer Alcalose und damit verbundenen Vagotonie hervorgerufen wird, so wirkt die letztere auf die die Hinterwurzeln D_5—D_{10} begleitenden parasympathischen Fasern. Es folgt eine Steigerung des Magentonus, eine Vermehrung der peristaltischen Bewegungen des Magens, Schmerzen und Erbrechen. (Durch intralumbale Einspritzung einer 25%igen Magnesiumsulfatlösung läßt sich der Zustand coupieren und schlägt dann in eine Sympathicotonie um.)

Eine andere Theorie stammt von DUJARDIN. Nach ihr beruhen die gastrischen Krisen auf einer durch die syphilitische Allgemeininfektion bedingten hepatorenalen Insuffizienz mit einer erhöhten Permeabilität der Blut-Liquorschranke. Die Leberinsuffizienz bedingt eine progressive Toxämie. Die Toxine reizen die entzündeten Wurzeln und führen so zu den gastrischen Krisen. Als Stütze für seine Theorie führt DUJARDIN an, daß es ihm gelang, durch subcutane Injektionen von Pferdeserum oder Milch Krisen auszulösen; auch daß bei manchen Tabikern toxische Prozesse irgendwelcher Art oder auch Autointoxikationen die Krisen auslösen können (Krisen bei diabetischen Schüben, nephritischen Ödemen, Malariaattacken usw.).

Über die Häufigkeit der tabischen Krisen kann ich keine bestimmten Angaben machen, jedenfalls sind die Fälle, in denen die schweren Krisen das Krankheitsbild beherrschen, relativ selten. Die Angabe eines amerikanischen Autors (BENNET), daß es in 10—20% aller Tabesfälle zu gastrischen Krisen kommt, ist für unsere Fälle als viel zu hoch anzusehen. Auch die Statistik von v. MALAISÉ, welcher 13% fand, erscheint noch recht hoch.

Diagnostisch geben die gastrischen Krisen vielfach zu Irrtümern Veranlassung; es wird bei ungenügender neurologischer Untersuchung ein Ulcus oder eine andere Magenaffektion diagnostiziert. Diese Fehler liegen um so näher, als die Tabes in diesen Fällen oft außerordentlich symptomenarm verläuft [s. z. B. LAFORA (3)].

So sah ich kürzlich einen Fall, der seit 1916 an gastrischen Krisen leidet und im übrigen nur Pupillendifferenz, reflektorische Pupillenstarre und eine hypalgetische Gürtelzone bietet (nach 16jährigem Verlauf!). Er war inzwischen dreimal laparotomiert worden!

Solche Fehldiagnosen werden in der Literatur häufig berichtet. Merkwürdigerweise wurde vereinzelt ein Sistieren der Krisen nach Operationen beobachtet [MOLLOY nach Gastroenterostomie 10 Monate lang, ferner LAPINSKY (4), in dessen Falle sich allerdings eine Ulcusnarbe am Pylorus und Magenerweiterung fand]. Wenn der oben erwähnte amerikanische Autor (BENNET) sagt, daß mehr wie 10% aller Tabesfälle irrtümlich laparotomiert werden, so trifft dies allerdings für unsere Verhältnisse keinesfalls zu!

Diese differentialdiagnostischen Irrtümer liegen dann besonders nahe, wenn die gastrischen Krisen mit Magenblutungen verbunden sind, was nicht selten vorkommt. Einen Fall veröffentlichte 1909 KOLLARITS (2) (s. daselbst auch die ältere Literatur). Hier bestanden profuse Blutungen während der Krisen, die als parenchymatöse Blutungen aufgefaßt werden mußten, da die Obduktion auch nicht die geringsten Veränderungen an der Schleimhaut ergab. Auch in letzter Zeit sind vielfach derartige Fälle veröffentlicht worden. Zur Erklärung nimmt man an eine abnorme Brüchigkeit der syphilitisch veränderten Gefäße (HUDELO und RABUT), bzw. eine Schädigung visceraler Nerven (PFITZNER u. a.).

Als charakteristisch für eine Blutung tabischen Ursprungs wird das Auftreten der Blutung erst am *Ende* der Krise und das Fehlen von Druckschmerzhaftigkeit angesehen (CANTALAMESCA).

Der umgekehrte diagnostische Irrtum kann dann entstehen, wenn tabesartige Magenkrisen bei Nichttabikern auftreten. CANTALAMESCA faßt diese als Coeliacusneuralgien auf, die bei Carcinom des Pankreaskörpers entstehen können. Ferner kommen sie auch bei Ulcus duodeni vor bei Verwachsung desselben mit dem Pankreas und dadurch bedingtem Druck auf den Plexus solaris (SANGUINETTI).

Schließlich kommen auch Kombinationen von tabischen gastrischen Krisen mit Ulcus (und auch mit Carcinom) vor.

Dabei wird das Magengeschwür, vielleicht analog dem Malum perforans pedis, als eine trophische Störung bei der Tabes aufgefaßt [SCHÜLLER (2)], bzw. es wird angenommen, daß die Schädigung der visceralen Nerven günstige Bedingungen für die Entwicklung des Ulcus schafft (PFITZNER, FLATAU, KUTTNER-KRIEGER). Naturgemäß können solche Ulcera bei Tabikern diagnostisch leicht übersehen werden, so daß letale Blutungen aus einem bis dahin nicht erkannten Magengeschwür bei Tabes auftreten können (HUNT und LISA).

Die diagnostische Klärung solcher komplizierter Fälle gelingt nur durch eingehende neurologische Untersuchung einerseits und Anwendung aller internen Methoden, besonders der Röntgendurchleuchtung, andererseits.

Differentialdiagnostisch sind ferner gelegentlich beschriebene Fälle von gastrischen Krisen zu beachten, bei welchen kein für Tabes beweisender Befund besteht, sondern die Krisen als Ausdruck einer Pseudotabes syphilitica, bzw. Gastro-radiculitis specifica aufgefaßt werden (LEWIN, BONORINO, UDACONDO). In diesen Fällen verschwanden die Krisen auf spezifische Behandlung vollständig.

Als ein seltsamer diagnostischer Irrtum ist noch zu erwähnen, daß bei tabischen Schwangeren gastrische Krisen als unstillbares Erbrechen gedeutet werden können (WILLIAMS).

Als Abart der gastrischen Krisen werden „flatulente Krisen" beschrieben, die im Aufstoßen von beträchtlichen Gasmengen bestehen (FOURNIER), ferner beschreibt STEMBO Singultuskrisen. Dieselben bestehen in einem rhythmischen Zwerchfellkrampf, der zu Schluchzbewegungen führt (80—100mal in der Minute), die stunden- und tagelang anhalten und mit heftigen Schmerzen verbunden sind. Dieselben verschlimmern sich bei Nahrungsaufnahme und sistieren bei künstlich provoziertem Erbrechen. Es handelt sich hier also nicht eigentlich um gastrische Krisen, vielmehr besteht das Gemeinsame nur in den anfallsweisen Schmerzen in der Magengegend; der motorische Reiz erstreckt sich aber nicht auf die Magenmuskulatur, sondern das Zwerchfell, und es fehlen die sekretorischen Reizerscheinungen.

Einigermaßen gehört hierher auch der Fall von LANGHANS. Bei diesem bestanden aber außer den klonischen Kontraktionen des Zwerchfells auch klonische Zuckungen der Oberschenkelmuskulatur. Er gehört also mehr unter die motorischen Reizerscheinungen allgemeiner Art (s. S. 577).

Bezüglich der anderen, selteneren Krisenformen können wir uns kurz fassen.

b) Die Intestinal- oder Darmkrisen sind kolikartige Anfälle mit heftigen Schmerzen im Leib, vermehrter Peristaltik im Leibe, Kollern und diarrhoischer Entleerung zuerst von Fäkalmassen, dann infolge starker Hypersekretion des Darms von schleimig-serösen Massen.

Eine besondere Art sind die *Rectalkrisen,* das sind Anfälle von sehr lästigem, brennenden Gefühl, stechenden Schmerzen („wie Glasscherben") im After, ein eigentümliches Gefühl von Stuhlzwang, zwangsmäßige Entleerung zuerst von Faeces, später von schleimig-serösen Massen.

PLASCHKES fand bei intestinalen Krisen sehr häufig Mastdarmpolypen. Er nimmt an, daß der vom Rückenmark ausgehende Reiz auf das Nervengebiet des Darmtraktes von der Darmschleimhaut mit den Zeichen des stärksten

Katarrhs beantwortet wird, und daß dieser Reizfaktor schließlich zur Polypenbildung führe.

c) Auch der obere Abschnitt des Verdauungstractus wird betroffen in Form von **Pharynx-** und **Oesophaguskrisen.** Erstere charakterisieren sich durch ein Gefühl von Zusammengeschnürtsein im Gaumen, heftige, sich rasch folgende Schluckbewegungen, starke Sekretion der Rachenschleimhaut und Speichelfluß, letztere durch ein Gefühl von Zusammengeschnürtsein vom Schlunde bis zum Magen, Globusgefühl, Hypersekretion der Oesophagusschleimhaut, langsames Hervorwürgen zäher, schleimiger Massen.

d) Gallenblasenkrisen sind verhältnismäßig selten, kürzlich wurden 5 Fälle von Carnot beschrieben. Sie werden häufig mit Gallensteinen, aber auch mit Magenkrisen verwechselt. Differentialdiagnostisch sollen paravertebrale Injektionen in Betracht kommen, welche bei Magenkrisen im Gebiet von D_6—D_7, bei Gallenblasenkrisen von D_9—D_{11} wirksam sind.

e) Renale Krisen. Heftige nierenkolikartige Anfälle, verbunden manchmal mit Polyurie. Ob eine Kontraktion der Ureteren dabei stattfindet, ist nicht festzustellen.

Hierher gehören wohl auch die *Splanchnicuskrisen* mit paroxysmaler Albuminurie. Es wird hier unter heftigen Schmerzen in der Lendengegend ein albuminurischer Urin abgesondert, während derselbe außerhalb der Krisen vollständig normal ist (z. B. Cassaet und Fontan).

f) Vesicalkrisen. Starkes brennendes Gefühl im Blasenhals, Zwangsharnen von meist nur wenigen Tropfen, bisweilen aber auch plötzlicher Abgang beträchtlicher Harnmengen (Schaffer), Übersekretion der Blasenschleimhaut nicht sicher festgestellt.

g) Urethralkrisen. Heftige brennende Schmerzen entlang der Urethra, Schwellung des Penis bis zur schmerzhaften Erektion, Absonderung von serös-schleimiger Flüssigkeit in der Urethra.

h) Sexuelle Krisen treten bei männlichen Patienten in Form von schmerzhaften Erektionen auf, die eine Zeitlang, besonders nachts in äußerst hartnäckiger Form erscheinen und durch die leiseste Berührung gesteigert werden. Die Ejaculatio lindert den Zustand nicht.

Beim Weibe treten Klitoris-, Vulvovaginal- und Uteruskrisen auf. Klitoriskrisen sollen bisweilen als erstes Symptom der Tabes auftreten (Dunger), sie bestehen in plötzlich auftretenden Wollustempfindungen, mit Schwellung der Klitoris und Absonderung reichlicher, gelblich-schleimiger Massen. Sie sind vielfach mit vulvovaginalen Krisen verbunden, die in einem peinvollen Krampfe der Vagina bestehen.

Für Uteruskrisen findet sich in der Literatur ein sehr charakteristisches Beispiel von Conzens. In seinem Fall traten anfallsweise wehenartige Schmerzen im Leibe auf, mit Vorwölbung und Härte der Bauchwand. Sie beginnen langsam, steigen allmählich an, und am Höhepunkt tritt das Gefühl auf, als ob ein Kindskopf sich durch die Vagina und Vulva pressen würde. Über *Mammakrisen* siehe S. 592.

i) Larynxkrisen sind relativ häufiger. Sie werden oft ausgelöst durch einen mechanischen Reiz wie aspirierte Speiseteilchen, herabfließenden Speichel, auch durch Druck auf den N. recurrens (Oppenheim), treten aber bisweilen auch ohne jedes äußere auslösende Moment auf.

Sie bestehen in Anfällen von starkem Kitzelgefühl im Kehlkopf, Kratzen, heftigem Hustenreiz, zusammenschnürendem Gefühl daselbst, starker Hyperästhesie der Schleimhaut des Larynx, Kehldeckels und Umgebung. Es kommt zu krampfhaften, keuchhustenartigen Hustenanfällen, heftigem Spasmus glottidis, hochgradiger Atemnot mit Stridor. Dabei starke Rötung und Schwellung der Larynxschleimhaut.

Manchmal endet der Anfall nach kurzer Zeit mit der Herausbeförderung schleimiger Massen. Doch kommt es auch bisweilen zu besonders schwerer Dyspnoe, woraus sich dann das Bild des Ictus laryngeus entwickelt (Marie und Déjerine): Nach einem brennenden Gefühl im Larynx und heftigen Hustenstößen kommt es zu plötzlicher Bewußtlosigkeit, der Patient fällt zu Boden, zeigt epileptiforme Zuckungen, sein Gesicht wird cyanotisch. Diese Form der Anfälle wird von französischen Autoren auch als „vertige laryngé" bezeichnet. Bisweilen verbinden sich auch Nieskrämpfe mit den Hustenattacken (Oppenheim, Klippel, Jullian; crises nasales).

In einer großen Zusammenstellung fand Graeffner, daß die Larynxkrisen mit Vorliebe im Frühstadium vorkommen; von seinen 26 Fällen waren in 20 zugleich Magenkrisen vorhanden.

Bei Fällen mit Larynxkrisen bestehen gleichzeitig oft auch dauernde Lähmungen von Kehlkopfmuskeln, besonders Posticuslähmungen (s. später). Unter Umständen machen die Larynxkrisen, wenn sie mit sehr heftigem Laryngospasmus verbunden sind, die Tracheotomie nötig. Schiff hat sich über diese Indikation ausführlich geäußert. Er hält sogar bei Tabikern, die zu schweren Larynxkrisen neigen, die prophylaktische Tracheotomie für zweckmäßig.

k) Herzkrisen. Sie bestehen in heftigen Schmerzen, in der Herzgegend bis nach der Wirbelsäule und dem linken Schulterblatt durchfahrend, oft in den linken Arm hineinstrahlend, Angst und Beklemmungsgefühl in der Herzgegend, sehr starker Pulsbeschleunigung, oft verbunden mit Arrhythmie.

l) Pal beschreibt **Gefäßkrisen** (2), d. h. eine akut auftretende Spannungszunahme im Gefäßsystem, welche zur Blutdrucksteigerung führt (in einem Falle 240 mm im Anfalle, in der Ruhe 90 mm). Diese Gefäßkrisen sollen die Ursache der gastrischen und abdominalen Krisen darstellen, indem die Anspannung der arteriellen Gefäße das solare Nervengeflecht erregt. Die Blutdrucksteigerung wäre danach also die Ursache der Krise, nicht etwa ist die erstere auf den Schmerz zurückzuführen; denn bei lanzinierenden Beinschmerzen kann sogar Blutdrucksenkung bestehen. Auch werden die Schmerzen durch alle Maßnahmen zum Schwinden gebracht, welche die Gefäßspannung herabsetzen. Pal führt auch die die Krisen bisweilen begleitenden zentralen Erscheinungen (transitorische Aphasie, Amaurose, Bewußtlosigkeit, Krämpfe usw.) auf die Blutdrucksteigerung zurück.

Diese Palsche Auffassung bezüglich der Entstehung der Krisen wird wohl im allgemeinen nicht akzeptiert; wenn auch zeitweilig auffallende Schwankungen des Blutdruckes bei Tabikern vorkommen (s. S. 593), so können sie doch nicht als Ursache der Krisen angesehen werden. Ich konnte jedenfalls das Vorkommen einer Hypertonie bei gastrischen Krisen nicht bestätigen.

m) Akkommodationskrisen. Selten spielen sich an den Augen krisenartige Erscheinungen ab. Blatt beschreibt Akkommodationskrisen. Dieselben traten bei seinem Fall regelmäßig jeden Monat auf in der Dauer von 2—4 Tagen. Es bestand dabei während des Anfalls eine dauernde Kontraktion des Ciliarmuskels mit Erschlaffung der Zonula, Einstellung auf die Nähe, Linsenmyopie. Wahrscheinlich ein Reizzustand parasympathischer Bahnen! Gleichzeitig bestanden Magenkrisen.

Pel beschreibt Augenkrisen in Form von heftigen anfallsweisen Schmerzen in beiden Augen mit Tränenfluß, Lichtscheu und Blepharospasmus.

Einen analogen Fall schildert Knauer: Anfallsweises Auftreten von heftigen brennenden Schmerzen in einem Auge, Conjunctiva gerötet und geschwollen, Tränenfluß, Lichtscheu, Hyperästhesie im oberen Trigeminusast.

n) Extremitätenkrisen. Eine besondere Stellung nehmen die von Foerster beschriebenen *Extremitätenkrisen* ein. Diese stehen pathogenetisch mit den lanzinierenden Schmerzen auf einer Stufe, unterscheiden sich aber von diesen durch ein anfallsweises Auftreten in heftigen Schmerzparoxysmen und durch das Hinzutreten von motorischen Reizerscheinungen in Form tonischer oder tonisch-klonischer Muskelkrämpfe. Sekretorische Reizerscheinungen, der dritte Faktor der oben bezeichneten, für die typischen Krisen charakteristischen Trias fehlen naturgemäß oder entziehen sich wenigstens der Beobachtung. In einem Falle traten z. B. krampfhafte Flexionen des von den Schmerzen ergriffenen Beines auf, zu anderen Zeiten, wenn der Schmerz in den oberen Extremitäten saß, machten sich mit jedem Schmerzblitz krampfhafte Flexionsbewegungen des Zeigefingers bemerklich. Die Bewegungen waren vollkommen unwillkürlich, konnten nicht unterdrückt werden.

o) Geschmackskrisen sind vereinzelt beschrieben worden. Zuerst von Umber als „sensorielle Krise": Bei einem Kranken traten regelmäßig im Anschluß an eine gastrische Krise im Halbschlaf eigentümliche Sensationen auf, bestehend in „Schwellungsgefühl im Halse und Schlund, Gefühl des Dickwerdens der submaxillaren Speicheldrüsen mit profuser Sekretion, Aufsteigen scheußlicher Geruchs- und Geschmacksempfindungen, die aber durch die Kontrolle des vollen, wachen Bewußtseins unterdrückt und in ihrer Perzeption gehemmt wurden; objektiv nachweisbare Anomalien des Geruchs- und Geschmackssinnes lagen nicht vor".

Foerster, der diesen von Umber beschriebenen Fall mehr als halluzinatorische traumhafte Reizerscheinung wie als eine wirkliche Krise deuten möchte, beschreibt einen anderen Fall, der folgendermaßen verlief: Der Kranke, der im übrigen an typischen Magen- und Vesicalkrisen litt, bekam anfallsweise Reizerscheinungen in der Sphäre des Geschmacks (widerlicher Geschmack nach Buchbinderkleister), begleitet von Speichelfluß und sehr heftigen, krampfhaften, unwillkürlichen Schluck- und Würgbewegungen. Hier fand sich also die charakteristische Trias (Verbindung des sensorischen Reizes mit motorischen und sekretorischen Reizerscheinungen) in anfallsweisem Auftreten in wachem Zustand. Außerdem bestanden objektiv nachweisbare Hypästhesien im Bereiche des Geruchs, des Geschmacks und des Trigeminus.

p) Thermische Krisen. Als eine aus dem Rahmen der übrigen Krisen einigermaßen herausfallende, aber doch hier anzureihende Erscheinung sind die *thermischen Krisen* zu erwähnen. Es ist dies ein anfallsweises Auftreten von febrilen Temperaturen, oft verbunden mit Schüttelfrost.

Unter den nicht allzu zahlreichen Mitteilungen der Literatur sind als erste die von Pal (1) und Oppler zu erwähnen, ferner die von Hoffmann und von Wagner. Die Temperatur steigt bei diesen Fällen plötzlich gegen Abend, oft unter Schüttelfrost, zu erheblicher Höhe an, meist über 40° (Bing erwähnt sogar hyperpyretische Temperaturen bis 42,7°), um nach wenigen Stunden wieder abzuklingen, bisweilen mit einigen Nachschwankungen an den folgenden Tagen. So stieg in einem von mir selbst beobachteten (in einer Dissertation von Kliebeisen beschriebenen) Falle die Temperatur gegen Abend bis auf 40,6°, bewegte sich am zweiten Tage zwischen 38 und 39°, am dritten zwischen 37 und 38° und war am vierten Tage normal.

Die Patienten mit thermischen Krisen leiden fast durchweg auch an anderen Krisen, meist an Magenkrisen, bisweilen auch an Extremitätenkrisen (z. B. Fall von Pal); in einem Falle von Langhans begleiteten sie Anfälle von motorischen Reizerscheinungen (myoklonische Zuckungen des Zwerchfells und der Oberschenkelmuskeln). Die Temperaturkrisen treten dann gleichzeitig mit den anderen Krisen auf oder alternieren mit ihnen, oder die Erscheinungen der Magenkrise z. B. sind während der thermischen Krise nur in einem

Übelbefinden und Druckgefühl angedeutet. Zeitabstände sehr verschieden, wenige Wochen bis viele Monate.

Pathogenetisch muß man wohl diesen thermischen Krisen einen Reizzustand der in der Medulla oblongata lokalisierten thermischen Zentren zugrunde liegend denken. Bing spricht direkt von „Oblongatakrisen". Daß hierbei als vermittelnd die auch den anderen Krisen zugrunde liegende Reizung sensibler Neurone anzusehen ist, geht schon aus der Verbindung mit anderen Krisenerscheinungen, besonders Magenkrisen, hervor. In der oben erwähnten Dissertation hat Klieeisen die thermischen Krisen zu erklären versucht durch eine durch die sensible Reizung bedingte Verminderung der Wärmeabgabe. Dafür sprach der Umstand, daß in dem betreffenden Falle während des Temperaturanstieges die Haut auffallend blaß und trocken war. Diese Auffassung wird noch an anderen Fällen nachzuprüfen sein.

Einen etwas abweichenden, aber wohl hierher gehörigen Fall beobachtete ich kürzlich:

Bei einer tabischen Frau traten nicht krisenartig, sondern sehr häufig, fast täglich, abendliche Temperatursteigerungen auf, die 38—38,5⁰ nicht überschritten. Genaue interne Untersuchung ergab keine Erklärung. Nach einer spezifischen Kur verschwanden diese Temperatursteigerungen vollständig; nur war bemerkenswert, daß während der Kur im Anschluß an jede. intravenöse Neosalvarsaninjektion ein energischer, kurz dauernder Temperaturanstieg mit Schüttelfrost erfolgte. Es muß also hier wohl eine durch den luischen Prozeß bedingte Labilität der thermischen Zentren angenommen werden.

Übrigens war auch in dem ersterwähnten meiner Fälle (Klieeisen) die Wirkung der spezifischen Kur ganz eklatant. Nach derselben blieben die vorher in Abständen von wenigen Wochen auftretenden Krisen vollständig aus, wie eine Nachfrage nach Verlauf von $1^1/_4$ Jahr ergab.

Im Zusammenhang mit den Krisen muß hier einer wiederholt in der Literatur erwähnten Erscheinung gedacht werden, nämlich des *„plötzlichen Atemstillstandes"* bei Tabes. Strauss konnte kürzlich 21 solche Fälle aus der Literatur zusammenstellen (die bekanntesten stammen von Krüskemeyer, Ortner, Taterka und Pineas) und einen eigenen hinzufügen. Bei fast allen diesen Fällen trat der Atemstillstand in unmittelbarem zeitlichen Zusammenhang mit einer Krise auf (gastrische Krise, Temperaturkrise, krisenhafte Schmerzanfälle). In einer großen Anzahl der Fälle, aber nicht in allen, schloß er sich unmittelbar an Verabreichung eines Alkaloides, meistens einer Morphiuminjektion an. In einigen Fällen, besonders dem von Strauss, bestand gleichzeitig eine Störung der Kehlkopfinnervation, die sich durch einen Stridor zu erkennen gab, sobald die Inspiration wieder in Gang gebracht wurde. Diese konnte aber nicht als die Ursache des Atemstillstands angesehen werden, vielmehr betrachtet sie Strauss als eine dem Atemstillstand koordinierte Erscheinung, die beide von einer krisenhaften Störung in der Oblongata ausgehen (Oblongatakrisen). Es ist in diesen Fällen eine Herabsetzung der Erregbarkeit des Atemzentrums anzunehmen, wobei dann bisweilen eine weitere schädigende Einwirkung auf die Erregbarkeit (Morphiuminjektion) genügt, um es völlig zu lähmen.

Die Fälle verliefen zum Teil letal, zum anderen Teil wurde die Atmung durch Lobelininjektionen, künstliche Atmung, auch durch Kehlkopfintubation und Tracheotomie wieder in Gang gebracht.

In einigen Fällen genügte auch andauerndes energisches Antreiben zum willkürlichen Atmen. Die Kranken machen während des Atemstillstands den Eindruck, als hätten sie „vergessen, zu atmen".

Zwei neue Fälle berichtet Doepner, beide zeigten Atemstillstand nach Morphiuminjektion bei gastrischen Krisen. Erholung nach künstlicher Atmung. Erklärung: Innervationsstörung in den Gefäßen, die zur Medulla oblongata führen, vermehrte Durchströmung, vermehrtes Sauerstoffangebot, Ausschwemmung der Kohlensäure, daher Fortfall des Hauptanreizes zur Atmung.

In einem Fall von McFADDEN bestand nicht völliger Atemstillstand, sondern eine Bradypnoe (bis zu 2 Atemzügen in der Minute), welche anfallsweise in Abständen von einigen Monaten auftrat. Exitus in einem Anfalle; hier kein Morphium, sondern wahrscheinlich Alkohol als Schädlichkeit einwirkend.

3. Störungen der Reflexe.

An die Schilderung der sensiblen Symptome und Krisen schließt sich sinngemäß die der Störungen der Reflextätigkeit an als eine weitere direkte Folgeerscheinung der Erkrankung der sensiblen bzw. afferenten Nervenfasern im Hinterwurzel- bzw. Hinterstranggebiet.

Bei weitem die größte Bedeutung kommt in der Symptomatologie der Tabes den *Sehnenreflexen* zu. Seit der Entdeckung des „WESTPHAL*schen Zeichens*" im Jahre 1875 hat man dem *Fehlen der Kniesehnenreflexe* mit Recht die allergrößte Wichtigkeit für die Diagnose der Tabes zugeschrieben, ja, man war zeitweise wohl sogar geneigt zu glauben, daß dieses Symptom für die Diagnose der Tabes unerläßlich sei.

Wenn sich diese Ansicht auch durch die nähere Kenntnis der reichhaltigen Symptomatologie und verschiedenartigen Verlaufsweise der Tabes als zu weitgehend herausgestellt hat, so steht das Symptom doch auch jetzt noch in Gesellschaft der reflektorischen Pupillenstarre, der lanzinierenden Schmerzen, der Sensibilitätsstörungen an der ersten Stelle in der Symptomatologie der Tabes.

Allerdings wissen wir jetzt, daß es auch Tabesfälle mit dauernd erhaltenem Kniephänomen gibt, besonders die Fälle von hochsitzender oder cervicaler Tabes, aber auch solche von lumbaler Tabes, in denen es erst verhältnismäßig spät verschwindet, wenn andere Symptome schon die Diagnose sicher gemacht haben.

Dem Verschwinden der Kniereflexe geht bisweilen ein länger dauerndes Stadium der Steigerung voran; oft kann man dann im weiteren Verlauf eine allmähliche Abschwächung der Reflexe beobachten, bis zum völligen Verschwinden. Im Stadium der Abschwächung der Reflexe habe ich sehr häufig eine Erschöpfbarkeit derselben beobachtet, wie gelegentlich auch STEIN erwähnt, so daß der erste und vielleicht auch noch der zweite und dritte Schlag deutlich wirksam ist, während bei Fortsetzung der Prüfung der Reflex immer schwächer wird, evtl. bis zum Verschwinden. Von F. A. HOFFMANN ist in diesem Stadium der Abschwächung der Reflexe bei Tabikern eine Verlängerung der Überleitungszeit des Reflexes festgestellt worden.

Sehr häufig schwinden die Reflexe beiderseits gleichmäßig, nicht selten trifft man aber beim Vergleich beider Seiten eine Ungleichheit des Reflexes, die an sich schon einen diagnostischen Wert beanspruchen kann. Bisweilen fehlt der Reflex auch einseitig, während der andere in normaler Stärke vorhanden ist (von mir in einem Falle länger wie 2 Jahre beobachtet).

Das Verhältnis des WESTPHALschen Zeichens zu den übrigen Symptomen ist ein durchaus wechselndes. Es gibt Fälle mit fehlenden Kniereflexen ohne jede Ataxie, ohne nachweisbare Sensibilitätsstörungen, andererseits wieder auch Fälle, wo die Ataxie schon deutlich ist, die Kniereflexe aber noch in normaler Weise vorhanden sind. Besonders wichtig ist zu betonen, daß auch die später zu erwähnende Herabsetzung des Muskeltonus (Steigerung der passiven Beweglichkeit) keineswegs mit der Reflexaufhebung parallel zu gehen braucht. Wir sehen Fälle von ausgesprochener Hypotonie mit erhaltenen Reflexen, ein Beweis, daß die Sehnenreflexe nicht, wie WESTPHAL ursprünglich angenommen hat, von dem Muskeltonus abhängig sind. Darauf ist schon vor längerer Zeit von mehreren Seiten, unter anderen von v. STRÜMPELL aufmerksam gemacht worden, und es haben ja bekanntlich auch die experimentellen Untersuchungen von STERNBERG die Auffassung von dem Zusammenhang der Sehnenreflexe mit dem Muskeltonus widerlegt.

Bezüglich der Technik der Untersuchung ist auf den allgemeinen Teil zu verweisen. Ich möchte hier nur folgendes, gerade für die Untersuchung bei der Tabes wichtiges erwähnen. Untersuchung in Bettlage mit vollständig entblößten Beinen ist selbstverständliches Erfordernis (Untersuchung im Sitzen ist niemals genügend, um ein Fehlen der Reflexe mit Sicherheit zu diagnostizieren!). Ferner Ausschaltung jeder aktiven Muskelspannung durch bequeme Lagerung der Beine übereinander oder durch Auflegen des untersuchten Beines in stumpfwinkelig gebeugter Stellung auf die in die Kniekehle untergelegte Hand des Untersuchers. Schließlich Anwendung des Jendrassikschen Handgriffes.

Derselbe besteht bekanntlich darin, daß man den Patienten die fest ineinandergefalteten Hände auf Kommando (im Moment des Schlages auf die Sehne) kräftig auseinanderziehen läßt oder sich auch von dem Patienten kräftig die Hand drücken läßt.

Ich modifiziere den Handgriff auch noch in der Weise, daß ich dem Patienten das Dynamometer in die Hand gebe und auf Kommando zusammendrücken lasse mit der Aufgabe, den erreichten Bewegungseffekt an dem Zeiger des Instrumentes zu beobachten. Man fügt dadurch der beim Jendrassikschen Handgriff wirksamen Ablenkung der Innervation auf die oberen Extremitäten noch ein weiteres Moment hinzu, nämlich eine Ablenkung der Aufmerksamkeit von der Reflexuntersuchung auf die Beobachtung des Dynamometereffektes. Weitere komplizierte Maßnahmen wie z. B. die von Böttiger angegebene Anwendung des Wechselstromes scheinen mir überflüssig.

Daß ein mit allen Kautelen untersuchter und wiederholt als fehlend festgestellter Kniereflex im Verlaufe der Besserung einer Tabes noch einmal wiederkehrt, ist ein außerordentlich seltenes Ereignis. Einige diesbezügliche Mitteilungen finden sich in der Literatur, so von Donath, Schaffer, Burdack (Wiederkehr nach Durchführung einer spezifischen Kur). Déjérine hat in einem Falle die Patellarreflexe gleichzeitig mit dem Eintritt der Opticusatrophie wiederkehren gesehen (erwähnt in einer These von Ingelrans). Ich selbst habe kürzlich bei einem über 20 Jahre von mir beobachteten Tabiker ein einseitiges Wiederauftreten des Patellarreflexes im Anschluß an eine Kur in einem radioaktiven Bade gesehen. Sonst ist mir dieses Ereignis unter sehr großem, lange beobachtetem Material meiner Erinnerung nach niemals zu Gesicht gekommen.

Gesetzmäßig wird die Wiederkehr des verschwundenen Kniereflexes beobachtet, wenn im Verlaufe einer Tabes interkurrent durch einen apoplektischen Insult eine Hemiplegie auftritt.

Derartige Fälle sind zunächst beschrieben worden von Jackson, Pick, Dercum, Goldflam, Westpahl (1 u. 2) u. a. Für gewöhnlich tritt in diesen Fällen die Wiederkehr des Kniereflexes nur auf der hemiplegisch affizierten Seite auf, es kann aber in geringerem Maße auch auf der anderen Körperseite der Kniereflex wiederkehren (s. z. B. die Beobachtung von Westphal) in Analogie zu der Tatsache, daß bei einer gewöhnlichen Hemiplegie auch auf der anderen Körperseite eine leichte Reflexsteigerung aufzutreten pflegt. In einer interessanten Beobachtung von Benedek und Kulczar war das Zeitverhältnis ein umgekehrtes: Ein Luetiker hatte eine leichte Hemiplegie erlitten, bei der nur geringe halbseitige spastische Erscheinungen übriggeblieben waren. Erst 15 Jahre später erkrankte er an Tabes, und hierbei trat nur auf der nicht hemiplegischen Seite der Verlust des Reflexes auf.

Ein Ausbleiben der Reflexwiederkehr bei einem sehr schweren apoplektischen Insult ist von Uchida beschrieben worden. Es handelte sich offenbar um einen jener schweren Fälle, bei denen auch bei der gewöhnlichen Hemiplegie alle spastischen Erscheinungen fehlen und keine Reflexsteigerung auftritt. Hier vermißte man auch die Wiederkehr des durch die Tabes geschwundenen Reflexes.

Den Mechanismus dieser Wiederkehr des Reflexes erklärt man sich durch den Wegfall der cerebralen Hemmung. Schaffer äußert sich darüber, meiner Ansicht nach zutreffend, folgendermaßen: Das Großhirn übt eine mäßigende Wirkung auf die spinale Reflextätigkeit aus, die um so größer ausfallen muß, je schwächer der spinale Reflex ist. Befällt nun eine

Degeneration den spinalen Reflexbogen in unvollständiger Weise, so genügt bei einer solchen Schwäche des Reflexbogens allein die hemmende Großhirnwirkung, um den spinalen Reflex aufzuheben. Entfällt aber diese dämpfende Großhirnwirkung infolge einer Apoplexie, so kann bei geschwächtem, jedoch nicht ganz unterbrochenem Reflexbogen das Kniephänomen wieder ausgelöst werden. Man könnte sagen, daß das Kniephänomen bei mäßiger Affektion des spinalen Reflexbogens in latenter Weise vorhanden ist. Der Schwund des Kniephänomens wäre also durch eine in verhältnismäßig höherem Grade zur Geltung kommende cerebrale Hemmungswirkung zu erklären.

Für diese Auffassung haben neuere Untersuchungen eine interessante Bestätigung gegeben. Die durch EISMEYER und KURELLA vorgenommene Untersuchung der Aktionsströme bei Auslösung des Kniereflexes hat gezeigt, daß selbst bei vollkommen fehlendem Reflex immer noch Aktionsströme nachzuweisen sind, die nur einen etwas abgeänderten Verlauf haben, und die sich auch dadurch charakterisieren, daß sie in den verschiedenen Bäuchen der Muskeln nicht synchronisch ablaufen. Auch DALMA und TUCHTAN fanden trotz fehlender Reflexe noch zweiphasige Aktionsströme. Dies beweist also, daß eine gewisse Fähigkeit der Erregung des Muskels auf reflektorischem Wege selbst bei klinisch vollständig fehlenden Sehnenreflexen noch möglich ist, so daß es also verständlich ist, daß der Reflex bei Wegfall der cerebralen Hemmung wieder erscheint.

Neben dem Verlust des Kniereflexes hat auch das Schwinden des *Achillessehnenreflexes* allmählich eine immer steigende diagnostische Bedeutung gewonnen. Nachdem schon von BABINSKI, GOLDFLAM, ZIEHEN u. a. darauf aufmerksam gemacht worden war, hat besonders SARBÓ die Frage gründlich an einem Material von 190 Fällen untersucht. Er fand ein Fehlen des Kniereflexes in 89% der Fälle, ein Fehlen des Achillesreflexes dagegen in 91%, so daß der letztere den ersteren an diagnostischer Wirkung etwas übertreffen würde. Tatsächlich sieht man nicht selten Fälle, bei denen der Achillesreflex schon fehlt, wenn der Kniereflex noch vorhanden ist. Gewöhnlich kann man dann aber bei weiterer Beobachtung des Verlaufs auch das Schwinden des Kniereflexes hinzutreten sehen. Auch KOLLARITS (1) schätzt nach seiner Zusammenstellung den Mangel des Achillesreflexes höher ein wie den des Kniereflexes. Der erstere fehlte unter seinen 100 Fällen 70mal, der letztere nur 60mal. Dabei ist zu bemerken, daß, wie besonders aus der Arbeit von SARBÓ hervorgeht, das Verhalten der beiden Reflexe ein außerordentlich verschiedenes sein kann, bald schwindet der Kniereflex, während der Achillesreflex noch vorhanden ist, bald erlischt der letztere früher. Es gibt auch geschwächte Achillesreflexe bei mangeldem Kniereflex und umgekehrt. Alle Kombinationen sind hier möglich je nach der Lokalisation des Prozesses. Ganz besonders häufig habe ich ein *einseitiges* Fehlen des Achillesreflexes lange Zeit hindurch beobachten können, während die unteren Extremitäten im übrigen keine weiteren Störungen, insbesondere keinen Verlust der Patellarreflexe zeigten und die Tabes nur aus cervicalen und Pupillensymptomen diagnostizierbar war.

Auch für den Achillesreflex ist sorgsamste Untersuchungstechnik anzuwenden. Mir scheint folgende Methode die sicherste: Bei dem in Bauchlage liegenden Patienten wird der Unterschenkel passiv in annähernd rechtwinkelige Beugestellung gebracht und der Fuß passiv leicht dorsal flektiert. Nun erfolgt Beklopfen der direkt vor dem Untersucher liegenden Achillessehne. Mir scheint diese auch von GOLDFLAM erwähnte Methode sicherer und bequemer als die zumeist angewandte BABINSKISche Methode, bei welcher der Patient auf einem Stuhl kniet und die Füße herabhängen läßt.

DALMA hat kürzlich darauf aufmerksam gemacht, daß das Gastrocnemiusphänomen (Kontraktion bei Beklopfen des Wadenmuskels) bei der Tabes trotz fehlenden Achillesreflexes oft vorhanden ist. Es handele sich dabei aber nicht um eine direkte Muskelreizung, sondern um einen kurzen segmental verlaufenden Reflex. Als Beweis hierfür führt er an, daß auch der Reflexus medio-pubicus (Kontraktion der Bauchmuskeln und der Adduktoren bei Beklopfen der Symphyse) und der Glutäalreflex, die zweifellos echte Reflexe darstellen, erhalten bleiben. Er schließt daraus, daß das Fehlen der Patellar- und Achillesreflexe bei der Tabes durch eine Störung in einem langen spinalen Reflexbogen verursacht ist.

Die Bedeutung der Sehnenreflexe an den *oberen Extremitäten* (Biceps- und Triceps-Reflex) wurde besonders von FRENKEL (4) hervorgehoben. Derselbe fand in schweren und mittleren Fällen von Tabes ein konstantes Fehlen dieser

Reflexe. Im Frühstadium fehlten sie in 70%, während der Kniereflex nur in etwa 50% fehlte. Auch bei den 27 Präataktikern von FOERSTER (1) fehlte der Tricepsreflex 18mal, der Knie- bzw. Achillesreflex dagegen 16- bzw. 15mal. Als besonders bemerkenswert fand FRENKEL das Fehlen der Armreflexe in solchen Fällen, in welchen keinerlei Bewegungs- oder Sensibilitätsstörungen auf ein Ergriffensein der oberen Extremitäten hinweisen. Daß von anderer Seite (z. B. LEIMBACH) das Fehlen der Armreflexe nicht in der gleichen Häufigkeit beobachtet worden ist, erklärt FRENKEL aus einem Fehler der Untersuchungstechnik. Wenn das Beklopfen nicht direkt an der Sehne stattfindet, sondern etwas oberhalb an dem Muskelbauch, so tritt eine idiomuskuläre Kontraktion ein, die einen Reflex vortäuscht. (Die mechanische Muskelerregbarkeit ist bei der Tabes nach FRENKEL gerade im Gegensatz zu der Reflexerregbarkeit gesteigert.) In der Tat hat KOLLARITS (1) in seiner schon erwähnten Zusammenstellung das Fehlen des Tricepsreflexes bei weitem nicht so häufig beobachtet wie FRENKEL: unter 100 Fällen fand er ihn 47mal vorhanden, den Kniereflex 40mal vorhanden, den Achillesreflex nur 30mal vorhanden. Er mißt also dem Achillesreflex die größte, dem Tricepsreflex die geringste diagnostische Bedeutung unter den 3 Reflexen bei. Der gleichzeitig von ihm als vierter geprüfte Scapula-Periostreflex war 63mal vorhanden, kann also eine besondere diagnostische Bedeutung nicht beanspruchen.

In bezug auf die diagnostische Bedeutung des Verlustes der Sehnenreflexe im allgemeinen muß hier die (im physiologischen Teil näher zu behandelnde) Frage gestreift werden, ob die Sehnenreflexe ein bei Normalen konstantes Phänomen darstellen, oder ob sie gelegentlich auch bei Nervengesunden ohne bekannte Ursache fehlen können. Die Angaben der Literatur lauten in dieser Beziehung sehr verschieden; daß das Fehlen der Sehnenreflexe bei allen möglichen anderen Nervenkrankheiten außerhalb der Tabes vorkommt, auch als eine angeborene Anomalie, als Degenerationszeichen vorkommen kann, braucht hier nicht erwähnt zu werden. Das Vorkommen dieser Erscheinung bei *wirklich Gesunden* ist aber ein außerordentlich seltenes, wenn überhaupt anzuerkennendes Vorkommnis. KOLLARITS (1) konnte bei 1000 gesunden Personen sowohl den Patellar- wie den Achilles-, den Triceps- und Schulterblatt-Periostreflex ohne Ausnahme auslösen. SCHÖNBORN fand bei 100 Nervengesunden den Patellarreflex stets positiv, den Achillesreflex dreimal fehlend bzw. zweifelhaft.

ROEMHELD (welcher in einem Falle von Meningitis serosa nach Kopfschuß eine Abschwächung der Patellarreflexe und Fehlen der Achillesreflexe fand) zitiert zwei Statistiken, die sich auf das Fehlen der Reflexe bei Gesunden beziehen; nach der einen (DUPUY) fand sich unter 2304 Soldaten 59mal Fehlen der Achillesreflexe und 11mal der Patellarreflexe. Nach der zweiten (GOLDFLAM) unter „sehr großem Material" 6 Fälle, in denen die Sehnenreflexe bei längerer Beobachtung konstant fehlend gefunden wurden, ohne anderweitige Erkrankung. (Die Originale konnte ich nicht auffinden, sie sind bei ROEMHELD falsch zitiert.)

Mir scheinen diese Zahlen viel zu hoch und nur durch Fehlerquellen zu erklären. Nach meinen eigenen, recht großen Erfahrungen kann ich mich nicht entsinnen, jemals bei einem einwandfrei Gesunden das Fehlen der Patellarreflexe beobachtet zu haben (für den Achillesreflex möchte ich das nicht so ganz sicher behaupten). Bei einigen Patienten, welche behaupteten, daß sie nach jahrelanger, immer wiederholter ärztlicher Feststellung keine Patellarreflexe hätten, konnte ich zu ihrem Erstaunen das Vorhandensein durch geeignete Technik mühelos feststellen! Solche Untersuchungsfehler sind sicher sehr häufig. Ferner erklärt sich ein Fehlen der Sehnenreflexe bei scheinbar Gesunden bisweilen aus dem lange zurückliegenden Überstehen einer Neuritis bzw. Polyneuritis, welche dem Patienten oft bereits völlig aus dem Gedächtnis geschwunden ist. Insbesondere kann nach einer Neuritis ischiadica der Achillesreflex jahrelang oder dauernd fehlen, obgleich den Patienten nichts an die überstandene Krankheit erinnert, ebenso die Kniereflexe, besonders nach einer Polyneuritis postdiphtherica. — Wenn aber alle derartigen Momente ausgeschlossen sind, ist ein Fehlen der Sehnenreflexe, besonders der Patellarreflexe, besonders bei positiver Luesanamnese, als im allerhöchsten Grade verdächtig auf eine Tabes incipiens anzusehen. So beobachtete WESTPHAL (3) einen Fall, bei dem sämtliche Sehnenreflexe fehlten, 27 Jahre lang, ohne daß sonstige Erscheinungen hinzugetreten wären. Die Obduktion ergab eine typische tabische Degeneration der Hinterwurzeln und Hinterstränge mittlerer Stärke!

Im Gegensatz zu den Sehnenreflexen ist das Verhalten der *Hautreflexe* von keiner wesentlichen Bedeutung für die Diagnose der Tabes.

Die neuere Literatur beschäftigt sich wenig damit, während in der älteren einige ausführliche Arbeiten vorliegen. Als feststehend kann angesehen werden, daß die Hautreflexe, insbesondere die Bauchreflexe, bei der Tabes sehr häufig eine abnorme Steigerung erfahren.

Diese zunächst von ROSENBACH (1879) bemerkte, u. a. auch von OPPENHEIM betonte Tatsache, hat sich immer wieder bestätigt. Ich selbst habe eine hochgradige Steigerung der Bauchreflexe und auch der Fußsohlenreflexe sehr häufig gesehen, auch in solchen Fällen, in welchen eine ausgesprochene Hypalgesie bestand. Dabei fand sich auch eine Verbreiterung der reflexogenen Zone, so daß die Bauchreflexe z. B. auch von der Oberschenkelhaut auslösbar waren (ein Verhalten, auf welches kürzlich auch DUJARDIN (1) aufmerksam gemacht hat). Es findet sich also häufig ein Antagonismus zwischen Haut- und Sehnenreflexen in dem Sinne, daß die ersteren gesteigert, die letzteren aufgehoben sind. Als konstant oder gar pathognomisch kann dieses Verhältnis aber keineswegs bezeichnet werden.

Man kann auch nicht sagen, daß die Steigerung der Hautreflexe für ein bestimmtes Stadium der Tabes charakteristisch wäre. Während OSTANKOW die Steigerung in der frühen präataktischen Periode der Tabes häufiger fand wie in den späteren Stadien und sie somit als ein frühes diagnostisches Zeichen der Tabes ansprach, fand SCHÖNBORN, ferner CATTOLA keine Regelmäßigkeit in dieser Beziehung. Letzterer fand teils Steigerung, teils Aufhebung in den verschiedenen Stadien, diese sogar in den frühen Stadien etwas häufiger wie in den späteren. In der Tat habe auch ich bisweilen Verschwinden der Bauchreflexe in Fällen von Tabes gesehen, die sich nicht in einem besonders vorgeschrittenen Stadium befanden.

Man kann also nur im allgemeinen sagen, daß die Bauchreflexe in einem Teil der Tabesfälle normal bleiben, in einem anderen Teil eine Veränderung im Sinne einer Steigerung oder einer Abschwächung bis zur Aufhebung zeigen, daß aber bestimmte diagnostische Schlüsse hieraus nicht gezogen werden können.

Dasselbe gilt auch von den Cremaster- und den Fußsohlenreflexen. Bezüglich letzterer ist zu sagen, daß dieselben stets die normale Form (Plantarflexion) beibehalten, wenn auch im Fall der Steigerung bisweilen unregelmäßige, übermäßige Zehenbewegungen auftreten, die gelegentlich einen BABINSKIschen Reflex vortäuschen können.

Anhangsweise seien hier die *Lage-* und *Stellreflexe* erwähnt, die allerdings vielleicht auch passend beim Kapitel „Ataxie" hätten angebracht werden können. Mit diesen Reflexen beschäftigt sich eine Arbeit von HOFF und SCHILDER. Diese Autoren fanden, daß bei Tabeskranken beim Vorstrecken der Hände immer wieder bestimmte Haltungen eingenommen wurden. So stieg in einem Falle die rechte Hand, während die linke in eine extreme Pronationsstellung kam; in anderen Fällen bestand Abweichen der Arme oder eines bestimmten einzelnen Armes in bestimmter Richtung. Bei etwa 30% der Tabiker wichen bei passiver Kopfdrehung nach rechts die Arme (nicht wie bei Normalen nach rechts, sondern) nach links ab und umgekehrt: „paradoxe Abweichereaktion". Die Höhenreaktion war dabei normal. Die Autoren schreiben der Reaktion diagnostischen Wert zu, da sie dem Auftreten von Sensibilitätsstörungen vorangehen kann.

LEVINGER und EICKHOFF untersuchten diese Verhältnisse näher. Sie fanden bei ihren Untersuchungen an 25 Tabeskranken vielfache Reaktionsformen, die von dem Verhalten gesunder Personen mehr oder weniger abwichen. Die paradoxe Abweichereaktion sahen sie ebenfalls in einer Anzahl von Fällen, jedoch erschien dieselbe nur als eine besonders markante Ausdrucksform im Rahmen sehr mannigfacher, vom Verhalten Gesunder abweichender Phänomene. Es erübrigt sich, die zahlreichen Varianten der Abweichungen hier aufzuführen, zumal es den Autoren nicht gelang, die Ursache der spezifischen Form und Richtung der Abweichungen im einzelnen Falle zu klären bzw. gesetzmäßige Beziehungen zwischen dem Ausfall bestimmter nervöser Symptome und dem Verhalten der Lage- und Stellreflexe zu finden (ein gewisser Zusammenhang ergab sich mit Störungen der Lageempfindlichkeit, wobei abweichende Reaktionsformen selten fehlten). Die Störungen werden aufgefaßt als ein Ausdruck dafür, daß eine Verschiebung im Gleichgewichtshaushalt des Körpers durch Änderung innerhalb der nervösen Zusammenhänge eingetreten ist, wie sie auch durch andere Affektionen (multiple Sklerose, Kleinhirnatrophie usw.) zustande kommen kann. Eine besondere diagnostische Bedeutung kann diesen Erscheinungen aber vorläufig nicht zugeschrieben werden.

4. Die Verminderung des Muskeltonus (Hypotonie).

An die Besprechung der Sehnen- und Hautreflexe schließen sich zwanglos die Veränderungen des Muskeltonus an, da es sich pathogenetisch auch hierbei um eine Folgeerscheinung der Erkrankung des afferenten Systems handelt, um die Störung einer durch die afferenten Bahnen vermittelten Reflextätigkeit.

Der Verlust bzw. die Aufhebung des Muskeltonus, die Atonie, bzw. Hypotonie oder Muskelschlaffheit wurde erst von LEYDEN (1863) erwähnt und später besonders von FRENKEL (2) und JENDRASSIK gewürdigt. Das Symptom besteht in einer Verminderung des Widerstandes, der sich dem Untersucher fühlbar macht, wenn er eine Extremität, insbesondere ein Bein des Patienten, passiv hin- und herbewegt, während dem Patienten aufgegeben wird, jede aktive Bewegung zu vermeiden. Während man bei fast jedem normalen Menschen bei dieser Prozedur einen gewissen, elastisch federnden Widerstand bemerkt (Ausnahmen bilden nur vereinzelte gesunde Leute, anscheinend besonders Sportsleute mit sehr guter Beherrschung der Muskelinnervation!), kann man bei einiger Übung ohne alle weiteren Hilfsmittel leicht feststellen, daß bei einer sehr großen Zahl von Tabikern dieser Widerstand sehr vermindert ist oder vollständig fehlt: Das Glied läßt sich vollkommen schlaff, etwa wie ein durch atrophische Spinallähmung vollkommen gelähmtes Glied oder wie in tiefster Narkose hin- und herbewegen, es besteht also, wie sich WERNICKE auszudrücken pflegte, eine „Steigerung der passiven Beweglichkeit".

Auch in der Ruhelage läßt sich die Verminderung des Tonus erkennen, indem die Muskeln bei der Palpation sich weich und schlaff anfühlen, jedoch ist diese Erscheinung durchaus nicht so überzeugend festzustellen wie die vorgeschilderte bei passiven Bewegungen. Mit exakt messenden Methoden ist es allerdings LEVY und KINDERMANN, die mittels eines besonderen Apparates die Eindringungselastizität maßen, gelungen, die größere „Weichheit" der Muskulatur bei Tabikern nachzuweisen, ebenso JAKOBI, welcher das ballistische Elastometer benützte.

In der Praxis wenden wir aber stets die Vornahme passiver Bewegungen an und können dabei nicht nur die oben beschriebene Verminderung des Widerstandes beobachten, sondern können in extremen Fällen auch feststellen, daß die tabischen Glieder die Möglichkeit ganz ungewöhnlicher Bewegungsexkursionen bieten. So läßt sich z. B. die im Knie gestreckte Unterextremität im Hüftgelenk so abnorm weit beugen, daß der Fuß dem Gesicht sehr nahe kommt, man kann die Beine abnorm weit auseinanderspreizen, so weit nach außen rotieren, daß das Bein mit voller Fläche auf die Unterlage zu liegen kommt, das Kniegelenk so weit beugen, daß der Unterschenkel mit der hinteren Oberschenkelfläche in Berührung kommt, und besonders auch das Kniegelenk überstrecken: Fixiert man den Oberschenkel des horizontal liegenden Patienten fest auf der Unterlage und führt dann eine Streckung im Kniegelenk aus, so kann man den Unterschenkel in einem spitzen Winkel zur Unterlage abheben, der bis 20° erreichen kann (ORSCHANSKY: Kniewinkelphänomen). Diese Erscheinung macht sich auch beim Gehen und Stehen als „genu recurvatum" bemerklich, wobei jedenfalls auch eine Erschlaffung des Bandapparates des Kniegelenkes mitspielt.

Der veränderte Muskeltonus gibt sich auch darin zu erkennen, daß die sicht- und fühlbare Anspannung der Sehnen der Antagonisten, welche sich normalerweise bemerklich macht (z. B. Sehnen der Adduktoren in der Schambeingegend bei Abduktion und Außenrotation, Sehnen in der Kniekehle bei Hebung des gestreckten Beines), bei diesen Tabesfällen vollkommen fortfällt, wie schon FRENKEL beschrieben hat. Es ist ferner zu bemerken, wie derselbe Autor bereits hervorgehoben hat, daß auch bei aktiven Bewegungen der Tabiker dieselben übermäßigen Bewegungen ausführen kann, wie sie passiv der Untersucher hervorbringt. Die abnorme Beweglichkeit der Glieder läßt sich auch zahlenmäßig ausdrücken, wie dies JENDRASSIK zuerst durch Anwendung eines Winkelmeßapparates unter Zuhilfenahme photographischer Aufnahmen getan hat. Nach diesen Messungen beträgt der maximale Beugungswinkel des Oberschenkels gegen das Becken bei Gesunden durchschnittlich 64° bei Tabikern 80°. In einzelnen Fällen von Tabes ist er aber noch erheblich größer, 100° und darüber.

Eine recht brauchbare Meßmethode der Hypotonie gab VON CSIKY an: Er mißt einmal den Abstand des höchsten Punktes des Trochanter maior vom Fußboden bei aufrechtem Stehen und dann den Abstand der Vertebra prominens vom Fußboden bei größtmöglichem Bücken mit gestreckten Knien. Bei Hypotonie liegt der Niveaupunkt der Vertebra prominens weit tiefer als der des Trochanter major. Man bekommt somit den in Zahlen ausgedrückten Wert der Hypotonie, indem man die Zahl der Vertebrahöhe von jener der Trochanterhöhe abzieht. Bei Tabes resultieren Werte von + 15 bis + 45 cm. Diese Werte zeigen die Hypotonie sicher an, die Breite von 10—15 cm macht die Hypotonie sehr wahrscheinlich, während Werte unter 10 als normal anzusehen sind.

Was das Wesen und die Genese des Symptoms der Hypotonie betrifft, so unterliegt es heutzutage keinem Zweifel mehr, daß es sich um den Wegfall bzw. die Störung eines reflektorischen Vorganges handelt. Die Anspannung der einer passiven Bewegung antagonistisch entgegenwirkenden Muskeln (z. B. des Quadriceps bei der passiven Kniebeugung) ist ein vitaler Vorgang, eine durch den Dehnungsreiz ausgelöste, echte tetanische Muskelkontraktion, welche der passiven Bewegung entgegenwirkt, offenbar mit dem teleologisch präformierten Zweck, eine übermäßige, schädliche Bewegung der Glieder zu verhindern. Diese Reflexnatur geht schon daraus hervor, daß bei normalen Fällen und besonders in Fällen von *Hypertonie*, der Widerstand sich um so stärker bemerklich macht, je brüsker und rascher die Bewegung ausgeführt wird: je stärker der Reiz, um so größer auch der Reflexerfolg. Aber auch durch feinere Methoden läßt sich nachweisen, daß der Widerstand durch eine tetanische Innervation bedingt ist. MANN und SCHLEIER konnten mit der saitengalvanometrischen Methode das Auftreten von Aktionsströmen im Moment einer passiven Bewegung im antagonistischen Muskel an normalen Personen nachweisen; bei Tabikern dagegen blieb diese Erscheinung vollkommen aus. Auch v. WEIZSÄCKER zeigte mittels eines Apparates, welcher gestattet, die Kraft zu messen, welche nötig ist, um ein Glied zu bewegen, und gleichzeitig die Zeit der Bewegung registriert, daß es sich nicht um eine physikalische Elastizität handelt (denn diese hängt nicht von der Zeit ab), sondern um eine reflektorische Innervation. Er spricht von einem kompensierenden und einem adaptierenden Reflex; ersterer bietet in Form einer antagonistischen Innervation eine Gegenwirkung gegen die allzu ausgiebige passive Bewegung, letztere läßt in Form einer allmählich eintretenden, abgestuften Denervation die Bewegung in einem zweckmäßigen Grade zu.

Es handelt sich also bei der tabischen Hypotonie um einen Reflexverlust, also ein Symptom, welches in Analogie zu setzen ist mit der Aufhebung der Sehnenreflexe und auch mit der Ataxie, jedoch stehen diese Symptome durchaus nicht in einer inneren Abhängigkeit voneinander, wie daraus hervorgeht, daß sie sich nicht selten direkt gegensätzlich verhalten.

Schon JENDRASSIK hob bei seinen Winkelmessungen hervor, daß die Ataxie zu der Hypotonie in gar keinem Verhältnis steht, daß die Sehnenreflexe und die letztere zwar im Durchschnitt in einem gewissen Verhältnis stehen, in einzelnen Fällen sich aber auch gegensätzlich verhalten.

Foerster (1) stellte bei seinen Untersuchungen von Tabikern in frühen Stadien fest, daß eine Hypotonie in der Mehrzahl der Fälle vorhanden ist, bevor auch nur eine Spur von Ataxie nachweisbar ist, daß bisweilen sogar die abnorm große Exkursionsfähigkeit der Glieder bei Präataktikern vorhanden ist. So konnte eine seiner (nicht ataktischen) Kranken in stehender Stellung ihr im Knie gestrecktes Bein ohne Schwierigkeiten bis an die Schulter emporheben. Es kann sich also maximale Hypotonie bei vollkommen fehlender Ataxie finden.

Auch meine Erfahrung geht, ohne daß ich bestimmte Zahlenangaben machen kann, dahin, daß in fortgeschrittenen Fällen von Tabes, bei voll ausgebildeter Ataxie und Fehlen der Sehnenreflexe, das Symptom der Hypotonie allerdings so gut wie regelmäßig vorhanden ist, daß man andererseits aber in initialen bzw. lange stationär bleibenden Fällen eine Hypotonie (bisweilen sogar in maximaler Form beobachten kann) bei erhaltenen oder sogar gesteigerten Sehnenreflexen und ohne eine Spur von Ataxie. Diese Fälle, welche auch v. Strümpell (1) erwähnt, scheinen mir erheblich häufiger zu sein, als Muskens angibt, welcher bei 90,1% der Hypotoniker hyponormale oder fehlende Sehnenreflexe fand. Die Reflexwege für den reflektorisch ausgelösten Muskeltonus einerseits und die Sehnenreflexe andererseits müssen also bis zu einem gewissen Grade voneinander unabhängig verlaufen.

Diagnostisch kann das Symptom der Hypotonie nicht genug betont werden: In nicht wenigen Fällen reicht es allein aus, vielleicht in Verbindung mit lanzierenden Schmerzen oder der Andeutung einer Hypalgesie an den Beinen, besonders mit Pupillenanomalien, um eine beginnende Tabes zu diagnostizieren, eine Diagnose, die sich mir dann oft durch den weiteren Verlauf bestätigt hat.

Natürlich ist nicht zu vergessen, daß das Symptom der Hypotonie bzw. Atonie nicht ausschließlich der Tabes eigen ist, sondern auch bei anderen Affektionen vorhanden sein kann, da die betreffenden Reflexwege naturgemäß auch an anderen Stellen ihres Verlaufes unterbrochen werden können. Insbesondere ist an das Vorkommen von Hypotonie bei Cerebellarkranken zu erinnern, worauf Frenkel und Foerster zuerst aufmerksam gemacht haben.

Daß die Hypotonie auch eine Begleiterscheinung gewisser Lähmungen darstellt (poliomyelitische, periphere Lähmungen), braucht nicht besonders erwähnt zu werden. Die differentialdiagnostischen Gesichtspunkte ergeben sich hier von selbst.

5. Die Ataxie.

Schließlich ist als die wichtigste Folgeerscheinung der Erkrankung des Hinterwurzel-Hinterstrangsystems die Ataxie zu besprechen. Dieses Symptom, welches auf einen Wegfall bzw. eine Verminderung der durch die Hinterstränge den Apparaten der willkürlichen Motilität zuströmenden afferenten Einflüsse zu beziehen ist, wurde im vorangehenden schon mehrfach erwähnt als ein den Reflexstörungen zwar nicht immer parallel gehendes, aber doch sehr häufig mit ihnen vergesellschaftetes Symptom.

In den Anfangszeiten unserer Kenntnisse von der Tabes dorsalis stand die Ataxie unter den Symptomen an erster Stelle, wie schon daraus hervorgeht, daß in der französischen Nomenklatur der Krankheitsname mit diesem Symptom zusammenfällt (ataxie locomotrice). Aber auch jetzt, wo wir wissen, daß in sehr vielen Fällen von Tabes die Ataxie erst sehr spät und nur in geringem Grade oder überhaupt nicht auftritt, legen wir ihr so viel Bedeutung bei, daß wir durch ihr Eintreten ein besonderes Stadium der Tabes als gekennzeichnet ansehen, das „Stadium atacticum" im Gegensatz zu dem „Stadium praeatacticum"[1]. Es erscheint übrigens zweckmäßig, nach dem Vorgange von FOERSTER (1) das Stadium praeatacticum durch das Fehlen nicht nur der Bewegungsataxie, sondern auch jeder Spur von ROMBERGschem Phänomen zu definieren.

Über das Wesen der als „Ataxie" bezeichneten Störung der Bewegungskoordination soll hier nicht gesprochen werden. Es ist in dieser Beziehung auf den pathophysiologischen Teil zu verweisen. Hier soll nur die diagnostische Bedeutung der Ataxie und ihre klinische Verhaltungsweise besprochen werden.

Die beginnende Ataxie wird von dem Kranken subjektiv zunächst gewöhnlich als eine „Ermüdung" der Beine empfunden. Es scheint mir nicht zweifelhaft, daß dieses Gefühl der Ermüdung im Wesen mit der Ataxie zusammenhängt. Denn die beginnende Störung der Koordination erfordert zu ihrer Überwindung eine vergrößerte Präzision der Innervation, eine gesteigerte auf die Bewegung gerichtete Aufmerksamkeit. Je mehr aber eine Bewegung zum bewußten Willensvorgang wird, je weniger sie also einen rein automatischen Vorgang vorstellt, desto stärker wirkt sie ermüdend.

Bald aber empfindet der Tabiker seine Ataxie nicht nur als eine Ermüdung, sondern auch als eine „Unsicherheit" beim Gehen. Zunächst allerdings nicht beim Gang auf der Erde, sondern nur in etwas erschwerten Situationen, besonders beim Treppenabwärtsgehen, bei raschen Körperwendungen, beim plötzlichen Aufstehen von einem Stuhl mit sofort sich anschließender Gehbewegung u. dgl.

In diesem Stadium läßt sich die Ataxie schon objektiv nachweisen, am einfachsten in Form der „statischen Ataxie", durch das ROMBERGsche Phänomen, das Schwanken beim Stehen mit geschlossenen Augen und geschlossenen Füßen, besonders wenn man diesen Versuch auch auf das Stehen auf *einem* Bein mit Augenschluß ausdehnt. FOERSTER bezeichnet das ROMBERGsche Phänomen durchaus mit Recht als eines der feinsten Kriterien für das Vorhandensein von Ataxie in den unteren Extremitäten. Wenn dasselbe fehlt, kann man nach meiner Erfahrung auch mit anderen Proben eine Ataxie noch nicht nachweisen.

Die im übrigen angewandten Proben werden teils in der Bettlage, teils bei der Lokomotion angewandt. In Bettlage sind es die bekannten Präzisionsbewegungen: Erheben eines Beines in gerader Richtung, Stillhalten des erhobenen Beines, Horizontalbewegung des erhobenen Beines, Treffen eines bestimmten Punktes, z. B. der in bestimmter Höhe gehaltenen Hand des Arztes oder Berühren der Kniescheibe des einen Beines mit der Ferse des anderen (Kniehackenversuch), Kreisbewegungen des erhobenen Beines u. dgl. mehr.

Bei leichten Graden von Ataxie wird bei diesen Bewegungen die Unsicherheit und der Mangel an Präzision der Bewegungen nur dann deutlich, wenn die Bewegungen bei geschlossenen Augen vorgenommen werden, während bei offenen Augen der Gesichtssinn die Störung noch zu kompensieren imstande ist. In schwereren Fällen ist aber die ataktische Bewegungsstörung auch bei geöffneten Augen deutlich und nimmt dann bei Augenschluß ein höchst eindruckvolles, ja groteskes Ausmaß an. Das Bein, welches in gerader Richtung erhoben werden soll, fährt unter lebhaftem Schwanken und Schleudern, welches direkt manchmal an Chorea erinnert, schräg-seitlich in die Höhe, die Ferse, welche die Kniescheibe berühren soll, gerät unter lebhaftem Hin- und Herschleudern auf den oberen Teil des Oberschenkels u. dgl. mehr.

Bisweilen werden die fehlerhaften Impulse, die diesen abnormen Bewegungen zugrunde liegen, auch in Glieder geschickt, auf deren Lokomotion der Willensimpuls gar nicht gerichtet ist. Es treten also z. B. bei Hebung eines Beines

---

[1] Besser wäre vielleicht zu sagen: „Stadium non atacticum", da wir ja gar nicht wissen, ob im gegebenen Falle die Ataxie überhaupt eintreten wird.

Muskelbewegungen in dem anderen Bein oder in den Armen und dem Oberkörper auf (Oppenheim, Stintzing).

Die Erscheinungen der Ataxie sind schon bei einfacher Beobachtung so charakteristisch, daß sich feinere Untersuchungsmethoden erübrigen. Die von manchen Autoren angegebenen Apparate zur Messung der Ataxie sind zwar für das Studium der ataktischen Bewegungsstörung wertvoll, für die klinische Untersuchung aber entbehrlich. So haben Menschel und du Mesnil kürzlich einen Apparat beschrieben, welcher die Bewegung kurvenmäßig aufzuschreiben gestattet und deutlich das Ausfahrende und Überschießende der tabischen Bewegung zeigt.

Im Anfang der ataktischen Bewegungsstörung können die Prüfungen auch beim Gehen vorgenommen werden; auch hier verstärkt der Augenschluß die Störung, ferner lassen plötzliche Wendungen, Änderung der Gangrichtung, plötzliches Stehenbleiben, rasches Aufstehen aus sitzender Stellung u. dgl. die Ataxie deutlicher hervortreten. Eine besonders schwierige Aufgabe für den Kranken ist das Gehen mit halbflektierten Knieen (Brissaud); selbst bei leichter Ataxie sind die Kranken hierzu nicht imstande, sondern knicken sofort zusammen. Es ist verständlich, daß die ungewöhnliche Gangart ein besonders hohes Maß von Präzision der Koordination zwischen Beugern und Streckern der Beine erfordert, um den Rumpf unterstützt zu halten. Darauf beruht wohl auch das plötzliche Zusammenknicken der Beine (dérobement des jambes — Buzzard), welches Tabiker gelegentlich beim Gehen zu Falle bringt. Man kann sich denken, daß die Beine durch eine zufällige Bewegung momentan in eine Beugestellung geraten, in der eben die Koordination versagt.

In hochgradigen Fällen von Ataxie der Beine tritt dann die unverkennbare, schon dem Laien bekannte schwere Gangstörung auf, welche den Kranken zur Benutzung von zwei Stöcken zwingt und schließlich das Gehen ganz unmöglich macht. Das Wesen dieser Gangstörung, die sich durch übermäßiges Heben der Beine, Seitwärtsschleudern, Aufstampfen unter gleichzeitigem Schwanken des Rumpfes charakterisiert, zu schildern ist hier nicht der Ort. Es sei auf die Analyse dieser Bewegungsstörung im allgemeinen Teil verwiesen.

An den oberen Extremitäten tritt die Ataxie seltener auf, zeigt aber auch hier sehr charakteristische Formen. Die einfachste Prüfung ist hier die Aufgabe, die horizontal ausgestreckten Arme bei geschlossenen Augen vollständig ruhig zu halten (Hirschberg), eine Aufgabe, die jedem Gesunden gelingt, während bei Ataktikern feine Schwankungen nach oben und unten, Seitenabweichungen, Beugungen, Streckungen einzelner Finger usw. sich zeigen (statische Ataxie). In schweren Fällen zeigt sich dieses Phänomen, selbst wenn die Arme unterstützt sind, und es treten dann auch Hebungen der Hand und des ganzen Armes, an Athetose erinnernde Bewegungen der Finger u. dgl. auf.

Oppenheim beschrieb diese Bewegungen als „Spontanbewegungen", betonte aber ausdrücklich, daß sie von der statischen Ataxie nicht scharf zu trennen seien. (Über die eigentlichen Hyperkinesen oder motorischen Reizerscheinungen wird besonders gesprochen werden).

Außer der statischen Ataxie prüft man an den oberen Extremitäten auch die kinetische oder dynamische Ataxie durch Zielbewegungen, Berühren des vorgehaltenen Fingers des Untersuchers, Treffen der eigenen Nasenspitze mit dem Zeigefinger, Gegeneinanderführen der beiden Zeigefingerspitzen, Ausführung einfacher Verrichtungen wie Knöpfe zuknöpfen, Ergreifen eines kleinen Gegenstandes usw. Bei allen diesen Versuchen verstärkt wiederum der Augenschluß, also der Mangel der optischen Kontrolle, den Grad der Störung.

Was das Auftreten und die Verteilung der Ataxie anbetrifft, so werden die unteren Extremitäten viel häufiger betroffen wie die oberen. In vielen Fällen bleiben die letzteren dauernd verschont, jedoch ist bei der schweren Ataxie der unteren Extremitäten in der Regel auch zum mindesten eine leichte Ataxie der oberen Extremitäten nachweisbar. Seltener sind die Fälle, in denen die Ataxie in den oberen Extremitäten beginnt oder dauernd auf diese beschränkt bleibt (Tabes cervicalis oder superior). In sehr schweren Fällen sind alle 4 Extremitäten hochgradig ataktisch, und es tritt dann auch eine Ataxie des Rumpfes (Schwanken beim Sitzen bis zur Unfähigkeit zu Sitzen) auf, ferner in sehr seltenen Fällen eine Ataxie der Gesichts-Zungenmuskulatur, die zu einer eigentümlichen, auf der exzessiven Bewegung der Lippen-, Zungen- und Kiefermuskeln beruhenden Sprachstörung führt. Auch die Schlingmuskeln kann sie ausnahmsweise ergreifen (OPPENHEIM). Ataxie der Stimmbänder (perverse Aktion, Tremor usw.) fand GRAEFFNER 28mal unter 221 Fällen.

Die Extremitätenpaare werden gewöhnlich symmetrisch befallen, wenn auch häufig die eine Seite stärker wie die andere, jedoch kommt auch einseitige Ataxie vor, wofür besonders EDINGER Beispiele anführt.

Was das Verhältnis der Ataxie zu den anderen Symptomen betrifft, so ist zunächst kaum erforderlich zu sagen, daß eine Parese bzw. Lähmung der willkürlichen Bewegungen keineswegs mitspricht. Im Gegenteil ist die grobe Muskelkraft trotz hochgradiger Ataxie durchaus gut erhalten, ja oft sogar auffallend gut, die Bewegungsexkursionen sind in allen Gelenken ausgiebig möglich, ja sogar über das normale Maß hinausgehend (s. unter Hypotonie), nur in ganz seltenen, vorgeschrittenen Fällen tritt allmählich als Zeichen des Verfalles eine allgemeine Abschwächung der Muskelkraft ein (paralytisches Stadium).

Mit dem Verlust der Sehnenreflexe geht die Ataxie meistens, aber durchaus nicht immer parallel. Es gibt relativ seltene Fälle von tabischer Ataxie, allerdings nicht sehr hochgradiger, mit erhaltenen Sehnenreflexen, viel häufiger aber Fälle von fehlenden Sehnenreflexen ohne eine Spur von Ataxie (s. oben S. 557).

Ebenso ist das Verhalten zum Muskeltonus: Bei schwerer Ataxie meistens Hypotonie, selten erhaltener Tonus (s. oben S. 563), dagegen sehr häufig Fälle von ausgesprochener Hypotonie ohne eine Spur von Ataxie. KOLLARITS (1) fand unter 100 Tabesfällen 31, in denen Ataxie ohne Hypotonie und Areflexie oder Hypotonie und Areflexie ohne Ataxie vorhanden war.

Am wichtigsten, insbesondere für die Theorie der Ataxie am bedeutsamsten, ist das Verhalten zur Sensibilität.

Es ist unbestritten, daß in den allermeisten Fällen von Ataxie gleichzeitig auch Störungen der Hautsensibilität an den befallenen Gliedern vorhanden sind, jedoch gehen die ersteren den letzteren keineswegs durchweg parallel.

Wir finden bei Tabesfällen ohne jede Spur von Ataxie, also im präataktischen Stadium, oft recht ausgedehnte und schwere Störungen der Sensibilität, besonders Störungen der Schmerz- und Berührungsempfindlichkiet, umgekehrt gibt es Fälle von schon recht fortgeschrittener Ataxie, in denen diese Qualitäten so gut wie intakt sind.

Enger sind die Beziehungen zur Lage- oder Bewegungsempfindung, also der Wahrnehmungsfähigkeit für passive Stellungs- bzw. Lageveränderung der Glieder. In dieser Beziehung können wir sagen, daß schwere Veränderungen der Lageempfindlichkeit stets zur Ataxie führen. Das ist eine zwingende Notwendigkeit; denn ein Mensch, welcher die jeweilige Stellung seiner Glieder nicht richtig wahrnimmt, kann unmöglich, wenigstens nicht bei geschlossenen Augen, eine Bewegung präzise ausführen. Dementsprechend sehen wir auch bei anderen Krankheiten, z. B. bei peripheren Neuritiden, gleichzeitig mit Störungen der Lageempfindlichkeit auch eine Ataxie auftreten.

Im allgemeinen also geht die Ataxie der Schwere der Lageempfindlichkeitsstörung parallel. Dies betonen schon FRENKEL und FOERSTER, welche bei demselben Individuum stets die schwerste Ataxie an dem Gliede fanden, welches

auch die schwerste Störung der Lageempfindlichkeit aufwies. Auch Friedländer fand bei seiner bereits erwähnten Statistik, daß überwiegend (wenn
auch nicht ganz regelmäßig) die schweren Fälle von Ataxie Empfindungsstörungen in *allen* Gelenken aufwiesen, die leichteren überwiegend nur an den
Zehengelenken, während die mittelschweren auch in bezug auf die Ausdehnung
der Empfindungsstörung in der Mitte standen.

Ein durchgehender Parallelismus ist jedoch keineswegs zu konstatieren,
wie Frenkel und Foerster beim Vergleich verschiedener Individuen fanden.
Hierbei zeigten die stärker ataktischen durchaus nicht immer die schwerste
Störung der Lageempfindlichkeit. Sie erklären dies daraus, daß die Art und
Weise, wie das Großhirn auf fehlerhafte sensible Eindrücke reagiert, individuell
verschieden ist. Foerster (1) hat sogar unter seinen 27 präataktischen Fällen
12mal Störungen der Lageempfindlichkeit, allerdings leichterer Form, beobachtet
ohne eine Spur von Ataxie (kompensatorische Fähigkeit des Organismus, einen
gewissen Verlust an Sensibilität zu ersetzen!).

Andererseits gibt es, allerdings selten, Fälle von Tabes mit ausgesprochener
Ataxie, in denen *jede* Sensibilitätsstörung, insbesondere jede Störung der Lageempfindlichkeit fehlt. Solche Fälle habe ich sicher beobachtet, und sie sind auch
mehrfach in der Literatur beschrieben (unter anderem kürzlich 2 Fälle von
Grigorescu). Diese Fälle beweisen mit Bestimmtheit, daß die tabische Ataxie
nicht eine direkte Folge des Verlustes der Gelenkempfindlichkeit und aller
damit zusammenhängenden Tiefenwahrnehmungen wie Dehnungen der Fascien
und Bänder u. dgl. sein kann, sondern daß hier andere zentripetal verlaufende
Eindrücke bzw. Nachrichten im Spiel sein müssen, die unter der Schwelle des
Bewußtseins verlaufen und daher mit unseren Sensibilitätsprüfungen, die an
die bewußten Wahrnehmungen des Patienten appellieren, nicht erfaßt werden
können.

Zu dieser Auffassung führt uns besonders das Studium der Kleinhirnerkrankungen, bei
welchen wir ganz regelmäßig eine Ataxie ohne alle Störungen der bewußten Sensibilität,
insbesondere der Lageempfindlichkeit, beobachten. Die Analyse dieser Kleinhirnataxie
lehrt uns (wie *ich selbst* (3) ausgeführt habe), daß sie in ihrem Wesen zurückzuführen ist
auf einen Ausfall der Nachrichten über den jeweiligen Kontraktionsgrad der Muskulatur, die
normalerweise dem Kleinhirn zugeführt und dort gewissermaßen zur Herstellung präziser
Bewegungsformen umgebildet werden. Diese Nachrichten oder „Innervationsmerkmale"
kommen uns aber nicht zum Bewußtsein. Ihr Wegfall bzw. eine Störung in ihrer Übertragung an die Kleinhirnzentren muß also zwangsläufig zu Störungen der Bewegungskoordination, somit zur Ataxie führen, ohne daß die bewußte, mit unseren Prüfungsmethoden
festgestellte Sensibilität gleichzeitig zu leiden braucht.

Es ist durch den Verlauf der betreffenden Bahnen bedingt, worauf hier nicht eingegangen
werden kann, daß bei gewissen Erkrankungen (Cerebellarerkrankungen, Friedreichsche
Krankheit), die den Innervationsmerkmalen dienenden Bahnen in der Regel isoliert betroffen
werden, so daß eine Ataxie ohne Störungen der bewußten Sensibilität resultiert, während
bei der Tabes in den meisten (wenn auch nicht in allen) Fällen gleichzeitig auch die Bahnen
der bewußten Sensibilität ergriffen sind, so daß also die Ataxie meistens von Sensibilitätsstörungen begleitet ist. Erstere ist aber nicht durch die letzteren verursacht, wenn auch
zuzugeben ist, daß sie durch dieselben beeinflußt bzw. verstärkt werden kann (besonders
durch Störungen der Lageempfindlichkeit, aber auch der oberflächlichen Hautempfindlichkeit, z. B. an den Fußsohlen, welche die Unsicherheit des Stehens verstärken können).
Diese klinische Auffassung ist kürzlich durch physiologische Versuche von Menschel und
du Mesnil de Rochemont gestützt worden. Diese fanden durch Vertaubung der Haut
durch perineurale Anästhesie und anderweitige Versuche, die hier nicht näher geschildert
werden können, daß der Kraftsinn und der Drucksinn der Haut für die Wahrnehmung der
Bewegungen nicht allein verantwortlich gemacht werden könne, sondern daß noch eine
dritte Sinneseinrichtung zur Verfügung stehen müsse, deren Receptoren nicht in der Haut,
sondern im Perimysium und Peritendineum der Muskeln liegen müßten.

Die dadurch vermittelte Sinnesqualität dürfte den oben angenommenen „Innervationsmerkmalen der Muskeln" entsprechen.

Näheres über das Wesen der Ataxie ist im allgemeinen Teil nachzulesen; hier sollte in
bezug auf die tabische Ataxie nur so viel gesagt werden, daß an der sensorischen Theorie

der Ataxie, d. h. an der Auffassung ihrer Entstehung durch Wegfall der centripetal verlaufenden Eindrücke bzw. Nachrichten unbedingt festzuhalten ist, daß diese Anschauung
aber nur dann den Tatsachen in vollem Umfange gerecht wird, wenn wir dabei nicht ausschließlich an bewußte Eindrücke bezüglich der Lage und der Stellung der Glieder u. dgl.
denken, sondern in der Hauptsache an unbewußt verlaufende Merkmale, die dem Zentralorgan den jeweiligen Kontraktionszustand der Muskulatur widerspiegeln.

Über die Häufigkeit des Vorkommens der Ataxie bei der Tabes bestimmte
Angaben zu machen, ist unmöglich, jedenfalls wissen wir jetzt, daß es eine
große Anzahl von Fällen gibt, bei denen niemals eine Ataxie eintritt. Eine Zu-
sammenzählung und Gegenüberstellung der Fälle mit und ohne Ataxie würde
immer den Fehler in sich bergen, daß die nicht ataktischen Fälle ja jederzeit
ataktisch werden können. Außerdem würden auch die Statistiken ganz verschieden ausfallen, je nach Provenienz des Materials (Krankenhausmaterial, ambu-
lantes Material usw.). Jede Zahlenangabe wäre also müßig.

Ebenso unmöglich ist es, brauchbare Zahlenangaben darüber zu machen,
nach welchen Zeiträumen etwa (vom Beginn der ersten Symptome ab gerechnet)
die Ataxie einzutreten pflegt. Es sind hier alle Möglichkeiten gegeben: von der
seltenen, ganz akut im ersten Stadium bei noch kurz vorher völlig gesund
erscheinenden Personen einsetzende Ataxie bis zu den Fällen, in denen trotz
jahrzehntelangen Verlaufes jede Ataxie ausbleibt, sind alle Übergänge möglich:
Eintritt einer leichten Ataxie relativ kurze Zeit nach den Initialsymptomen
oder auch noch Jahre oder jahrzehntelang später mehr oder minder rasche
Verschlimmerung dieser Ataxie oder auch dauerndes Verharren auf einem mäßigen Grade usw. Auch ein Rückgang der Ataxie wird in sehr vielen Fällen beobachtet, nicht nur bei den akut einsetzenden Fällen, sondern auch bei den
chronischen, und zwar teils spontan, teils auch unter dem Einfluß einer geeigneten Therapie (besonders Übungstherapie).

Gelegentlich wird auch eine „Spontankorrektur" der Ataxie beschrieben, und zwar
nach Hinzutreten einer Seitenstrangsaffektion: SCHACHERL beschrieb zwei solche Fälle,
in denen nach Auftreten von Seitenstrangsherden (doppelseitiger Babinski, Fehlen der
Bauchdeckenreflexe usw.) die Ataxie ganz wesentlich zurückging. Er schloß daraus, daß
nicht die Schädigung der Muskel- und Gelenkssensibilität, sondern der Muskel*tonus* die
wesentliche Grundlage der Ataxie bildet. LOEWENSTEIN weist im Anschluß daran darauf hin,
daß bereits WERNICKE auf die Möglichkeit einer solchen Korrektur hingewiesen habe (Besserung der Ataxie und Wiederkehr der Patellarreflexe beim Hinzutreten von Paralyse-
symptomen).

6. Störungen von seiten des motorischen Systems.

Den bisher besprochenen, vom Hinterwurzelhinterstrangsystem, also dem
wesentlichen Sitz der Erkrankung ausgehenden Symptome, sind nunmehr die
im *motorischen* System sich abspielenden Erscheinungen anzureihen. Wenn
dieselben auch nicht eigentlich zum Wesen des tabischen Prozesses gehören,
wie er in dem vorangehenden Abschnitt dargestellt wurde, so sind sie immerhin
eine relativ häufige Begleiterscheinung desselben.

Im wesentlichen wird, wenn der tabische Prozeß überhaupt auf das motorische
System übergreift, das *periphere motorische Neuron* befallen und der klinische
Ausdruck hierfür ist die *Muskelatrophie.*

Muskelatrophie. Das Vorkommen von *Muskelatrophie* bei Tabes dorsalis
wurde zuerst von CHARCOT 1871 und etwas später von LEYDEN 1877 erwähnt.
Der nächste bekannte Fall stammt von CONDOLÉON 1887. Kurz darauf erschien
die grundlegende Arbeit von DÉJÉRINE 1889. Nach den Beobachtungen dieses
Autors ist die tabische Muskelatrophie ein häufigeres Ereignis, wie man bis
dahin gedacht hatte. DÉJÉRNE fand sie in 20% seiner Tabesfälle und konnte
19 Beobachtungen eingehend beschreiben. Die Atrophie begann in seinen
Fällen meistens an den Händen oder an den Füßen, in letzteren etwas häufiger.
An den Händen zeigte die Atrophie meistens den DUCHENNE-ARANschen Typus,

selten den scapulo-humeralen Typus. Die Atrophie nahm in seinen Fällen eine langsame Entwicklung, trat meist in einer vorgeschrittenen Periode der Tabes auf und war gewöhnlich symmetrisch, fibrilläre Zuckungen fehlten durchweg, die mechanische Erregbarkeit war herabgesetzt, die elektrische Erregbarkeit zeigte ein paralleles Absinken der faradischen und galvanischen Erregbarkeit entsprechend dem Fortschreiten der Atrophie, nur selten fand sich partielle Entartungsreaktion.

Bezüglich der Pathogenese des vorliegenden Symptoms kam Déjérine auf Grund seiner anatomischen Untersuchungen zu einer anderen Auffassung wie seine Vorgänger. Während diese eine Alteration der grauen Substanz des Rückenmarks als Grundlage annahmen, führt Déjérine die Muskelatrophie auf eine Neuritis der motorischen Nerven zurück, die sich von der Peripherie nach dem Zentrum hin in abnehmendem Grade nachweisen ließe. Er stellt sie in Parallele zu der Neuritis der sensiblen Nerven bei der Tabes und betrachtet sie als ein zwar weniger häufiges, aber doch zum Wesen der Krankheit gehöriges Symptom. Fast zur gleichen Zeit publizierte Nonne (1889) (1) einen Fall von hochgradiger Atrophie der Muskeln der rechten Hand, in welchem die vorderen Wurzeln und die intramuskulären Nerven ausgesprochene Degeneration zeigten. Etwa 10 Jahre später (1898) wurde die Frage wiederum bearbeitet von Schaffer (1), welcher 7 Fälle veröffentlichen konnte. Bezüglich der Lokalisation und Ausbreitung der Atrophie stimmten seine Beobachtungen im wesentlichen mit denen Déjérines überein. Die Atrophie fand sich überwiegend an den unteren Extremitäten, und zwar am häufigsten zunächst an der Wade. Fibrilläre Zuckungen waren in seinen Fällen häufig zu sehen. Die elektrische Erregbarkeit zeigte ebenfalls nur eine quantitative Herabsetzung und vereinzelt partielle Entartungs-reaktion. Schaffer betrachtete nach seinen Beobachtungen, besonders in Rücksicht auf ihr relativ seltenes Vorkommen, die Muskelatrophie als nicht zur spezifisch tabischen Symptomatologie gehörig, sondern als eine durch den tabischen Prozeß als ätiologisches Moment verursachte Systemerkrankung, somit als eine assoziierte Affektion. Er nahm an, daß bei der Entstehung der Atrophie einmal eine abnorme Veranlagung des motorischen Systems, dann auch der Wegfall bedeutender Reizmengen infolge der Hinterstrangssklerose, schließlich auch die postsyphilitischen Toxine eine Rolle spielten. Seine anatomischen Untersuchungen führten im Gegensatz zu Déjérine zu dem Resultat, daß es sich um eine Erkrankung der Vorderhornzellen handele, er fand mit der Nissl-schen Methode eine sukzessive ablaufende Auflösung der grauen Substanz verschiedenen Grades und betrachtete die von Déjérine nachgewiesene aufsteigende Degeneration der peripheren Nerven als eine durch die Zellenerkrankung bedingte sekundäre Erscheinung.

Ausführliche Untersuchungen brachte dann Lapinsky (1 u. 2). Er unterschied 2 Formen der tabischen Muskelatrophie, die durch Vorderhornaffektion bedingte einerseits und die durch chronische Neuritis bedingte andererseits. Als differentialdiagnostische Momente führte er an: bei der *spinalen Form* Asymmetrie der Lähmung, fibrilläres Zittern, Vorangehen der Atrophie gegenüber der Lähmung, quantitative Herabsetzung der Erregbarkeit. Bei der *neuritischen Form:* symmetrische, auf bestimmte Nervengebiete verteilte Lähmung, Fehlen von fibrillären Zuckungen, Überwiegen der Lähmung über die Atrophie, Entartungsreaktion.

Neuerdings ist das gesamte Material gesichtet worden in einer Arbeit von Kino und Strauss.

Nach dieser Zusammenstellung liegt der Prozentsatz des Vorkommens der Muskelatrophie nur zwischen 4—8% (die wesentlich höhere Zahl von Déjérine wird dadurch erklärt, daß dieser nur die schweren, fortgeschrittenen Fälle in seiner Statistik berücksichtigt hat, während damals die leichteren Fälle noch wenig beachtet wurden). Von 134 Fällen der erwähnten Zusammenstellung begannen 80 an den oberen, 54 an den unteren Extremitäten. In vielen Fällen blieb die Muskelatrophie jedoch nicht auf ihren anfänglichen Sitz beschränkt, sondern erstreckte sich auch auf das andere Extremitätenpaar. Sehr häufig zeigt der Muskelschwund die Form der ARAN-DUCHENNEschen Atrophie, also an den kleinen Handmuskeln beginnend, nach oben fortschreitend, es kann aber auch der Oberarm bzw. die Schulter ergriffen sein bei Verschonung des Unterarmes. Ferner gibt es auch eine Reihe von Erkrankungen, die teils unregelmäßig in willkürlicher Verbreitung irgendeine Muskelgruppe befallen, teils auch diffuse über den ganzen Körper verbreitet sind, z. B. lokalisiert sich die Atrophie in der Rücken- oder der Bauchmuskulatur, auch dem Pectoralis; an den unteren Extremitäten leidet hauptsächlich die Wadenmuskulatur.

Die Atrophie der kleinen Handmuskeln führt naturgemäß ebenso wie bei der reinen progressiven Muskelatrophie zu der Krallenstellung der Finger, und auch am Fuß erzeugt die Atrophie der Fußmuskeln in Verbindung mit dem häufigen Schwunde des Wadenmuskels, eine der Krallenhaltung der Hand analoge Stellung der Zehen, die außerdem verbunden ist mit einer starken Wölbung des Fußrückens, einer stark ausgehöhlten Fußsohle und einer Aufwärtshebung des medialen Fußrandes (tabischer Klumpfuß, pied bot tabétique nach JOFFROY).

In den atrophischen Muskeln sieht man häufig fibrilläre Zuckungen, die elektrische Erregbarkeit zeigt im allgemeinen nur eine quantitative Herabsetzung, nur in vorgeschrittenen Fällen Andeutung von Entartungsreaktion (bereits von SCHAFFER erwähnt), in manchen Fällen wird auch ausgesprochene Entartungsreaktion angegeben.

Differentialdiagnostisch sind von dieser tabischen Muskelatrophie gelegentlich bei Tabikern vorkommende periphere Lähmungen mit Muskelschwund zu unterscheiden. Dieselben treten bei Tabikern nicht selten als traumatische Lähmungen infolge der ungeschickten, brüsken Bewegungen auf, so erwähnt OPPENHEIM Peroneus- und Radialislähmungen, auch Lähmungen infolge von Arthropathie. Auch kann gelegentlich eine Muskelatrophie durch einen nebenherlaufenden, mit der Tabes in keinem wesentlichen Zusammenhang stehenden Prozeß (Syringomyelie, Poliomyelitis) bedingt sein.

Die tabische Atrophie kann jahrelang in dem Stadium des lokalisierten Schwundes beharren, wird aber in manchen Fällen schließlich doch diffus, wodurch dann der ganze Körper das Bild eines allgemeinen und hochgradigen Muskelschwundes darbietet. In seltenen Fällen kann die Entwicklung des Muskelschwundes auch eine rapide sein, so daß in recht kurzer Zeit sämtliche Muskeln atrophisch gelähmt werden, eine frühzeitige Kachexie hereinbricht, die in wenigen Monaten zum Tode führen kann (DÉJÉRINE). Durch diese Verlaufsweise kann das Bild der Tabes förmlich verdeckt werden; allein die reflektorische Pupillenstarre lenkt die Aufmerksamkeit auf die Grunderkrankung.

(Die von OPPENHEIM und SCHWEIGER beschriebene „marantische" Form der Tabes gehört wohl nicht hierher. Bei ihr ist der allgemeine Muskelschwund nur eine Teilerscheinung einer allgemeinen, rapide verlaufenden Abmagerung und Entkräftung, beruhend auf einer Atrophie der Magen- und Darmdrüsen.)

Abgesehen von diesen sehr seltenen, rapide verlaufenden Fällen scheint das Hinzutreten der Muskelatrophie keine besonders ungünstige Prognose bezüglich der Tabes zu ergeben. Ich erinnere mich jedenfalls Fälle gesehen zu haben, in denen eine Atrophie der kleinen Handmuskeln jahrelang bestand bei sonst relativ günstigem Verlauf der Tabes.

Folgenden Fall möchte ich erwähnen: *1903* sichere Tabes incipiens, reflektorische Pupillenstarre, Hypalgesie usw. (Infektion 1895). 1905 beginnender Schwund des rechten Daumenballens, in den nächsten Jahren allmählich fortschreitend. *1932* totale Atrophie des rechten Daumenballens und I. Interosseus, ferner Atrophie des linken Tibialis (angeblich in den letzten Jahren hinzugetreten). Dabei (nach fast 30jährigen Verlauf der Tabes!) nur *Andeutung* von Ataxie und Romberg, häufige Schmerzanfälle und Magenkrisen, Achilles- und Armsehnenreflexe fehlend, Patellarreflexe schwach, erschöpfbar, aber vorhanden.

Bezüglich des anatomischen Ausgangspunktes der Muskelatrophie wurde bereits erwähnt, daß die Ansichten lange Zeit zwischen der Annahme einer Vorderhornaffektion und einer chronischen Neuritis geschwankt haben.

Neuerdings überwiegt wohl die Auffassung, daß es sich um einen der Tabes koordinierten, durch die Lues veranlaßten Prozeß in den Vorderhörnern handelt. Kino und Strauss bezeichnen die Muskelatrophie in Analogiesetzung zur Tabes und Paralyse direkt als die dritte metaluische Reaktionsweise des Zentralnervensystems, die durch eine spezifische lokale Reaktion der Vorderhörner bedingt ist, oder als „Metasyphilose". Sie stützen sich dabei besonders auf einen anatomischen Befund von Pette, der in den Vorderhornzellen einen der Poliomyelitis chronica syphilitica analogen Befund feststellte, eine degenerative Veränderung der Ganglienzellen im Vorderhorn mit entzündlichen Erscheinungen im Mesenchym. Sie erinnern daran, daß auch bei der reinen spinalen Muskelatrophie durch neuere Untersuchungen für viele Fälle eine luische Ätiologie wahrscheinlich gemacht sei (s. darüber besonders bei Léri).

Die früher wiederholt ausgesprochene Auffassung, daß die Entstehung der Muskelatrophie durch den tabischen Prozeß als solchen lokal begünstigt werde, in dem Sinne, daß der Krankheitsprozeß an den hinteren Wurzeln und Hintersträngen einen abnormen Reizzustand der Vorderhornzellen auslöse, der dieselben im schädigenden Sinne beeinflusse, kann bei dieser Auffassung, welche die Muskelatrophie als den Ausdruck eines den übrigen tabischen Erscheinungen koordinierten Prozesses ansieht, fallen gelassen werden. Gegen dieselbe spricht ja von vornherein der Umstand, daß die Muskelatrophie häufiger an den oberen wie an den unteren Extremitäten auftritt, während bei einem direkten Einfluß des Hinterwurzelprozesses auf die Muskelatrophie gerade das umgekehrte der Fall sein müßte, entsprechend der häufigeren Lokalisation des ersteren an den unteren Rückenmarksabschnitten. Auch der Umstand, daß es, wenn auch selten, Fälle gibt (kürzlich wurde noch ein solcher von Köhler beschrieben), in welchen die Muskelatrophie früher besteht wie die tabischen Symptome und letztere erst allmählich hinzutreten, spricht gegen die Gebundenheit der Atrophie an den tabischen Prozeß. Warum allerdings die metaluische Erkrankung der Vorderhörner die der Hinterstränge und Hinterwurzeln relativ selten begleitet, läßt sich nicht sagen. Die gelegentlich ausgesprochene Vermutung (Oppenheim), daß Komplikation mit anderen Intoxikationen, zum Beispiel Blei, das Auftreten der Atrophie begünstigt, hat sich in der erwähnten Statistik von Kino und Strauss nicht bestätigt. Dieselben fanden unter 170 Fällen nur 8mal Intoxikationen durch Alkohol, Nikotin und Quecksilber und berichten über einen eigenen Fall von mit atrophischer Bleilähmung kombinierter Tabes. Diese Fälle boten aber kein wesentlich anderes Bild wie die chronische Intoxikation ohne Tabes.

Eine diagnostisch schwer zu differenzierende Kombination stellt die hereditäre progressive neurale Muskelatrophie mit tabischen Symptomen dar. Diese Form der Muskelatrophie zählt gewisse tabesähnliche Symptome (Fehlen der Sehnenreflexe, Sensibilitätsstörungen, Schmerzen) zu ihren regelmäßigen Erscheinungen. Landa beschreibt einen Fall, der sich durch hereditäre Ätiologie, erstes Auftreten in der Unterschenkelmuskulatur der einen Seite in früher Kindheit und erst viel späterem Fortschreiten deutlich als zum neuralen Typus gehörig charakterisierte und bei dem vollentwickelte tabische Symptome, einschließlich reflektorischer Pupillenstarre hinzutraten. Er läßt es offen, ob es sich hier um eine reine Form der progressiven neuralen Muskelatrophie mit tabischen Symptomen handelt oder um eine Muskelatrophie mit gleichzeitig bestehender komplizierender Tabes. Mir will scheinen, daß dieser Fall als eine Kombination zweier auf der gleichen Basis (der hereditären Lues) erwachsenen Krankheitsmanifestationen aufzufassen ist, daß er somit die von einigen Autoren (Cassirer usw.) wahrscheinlich gemachte Annahme einer luischen Ätiologie der progressiven neuralen Muskelatrophie zu stützen geeignet ist.

Ich selbst verfüge über einen Fall, der eine ähnliche Kombination von Symptomen aufweist: sehr suspekte Anamnese, verdächtiger Wassermann im Blut (im Liquor negativ), reflektorische Pupillenstarre, im übrigen die typischen Symptome der progressiven neuralen Muskelatrophie, wobei eine Atrophie der Zwerchfellmuskulatur noch besonders bemerkenswert ist (veröffentlicht von BEYERMANN), später trat noch eine vollständige Vertaubung hinzu.

Von Einzelheiten ist aus der Literatur ferner noch zu erwähnen ein Fall von BENEDEK, bei dem sich im Anschluß an ein Trauma bei einem Luiker eine Tabes kombiniert mit einer Muskelatrophie entwickelte. Die letztere war am Schultergürtel lokalisiert, zeigte nur quantitative Herabsetzung der Erregbarkeit, keine Entartungsreaktion. Der Autor deutet die Atrophie als eine „Reflextrophoneurose".

Schließlich ein Fall von MASLOW, in dem sich neben der Amyotrophie eine symmetrische Lipomatose fand. Neben Atrophie der distalen Muskeln mit Schwund des subcutanen Fettgewebes traten im Bereich von C_5 und C_6 lokalisierte Fettansammlungen in Form großer Lipome auf. Es wird hier ein Übergreifen des syphilitischen Prozesses der Vorderhörner auf die vegetativen Zentren der Seitenhörner angenommen.

Außer den soeben geschilderten, mehr oder weniger ausgedehnten atrophischen Lähmungen der von spinalen Nerven versorgten Muskeln, kommen bei der Tabes auch

Lähmungen im Gebiete der Hirnnerven bzw. der bulbären Nerven vor, und zwar teils isolierte Lähmungen, teils auch Kombinationen mehrfacher Lähmungen.

Am häufigsten sind die *Augenmuskellähmungen,* denen unter dem Abschnitt „Augensymptome" eine besondere Besprechung gewidmet ist.

So gut wie gar nichts ist bekannt über isolierte *Facialislähmung* bei Tabes; in manchen Lehrbüchern wird sie überhaupt nicht erwähnt. BOAS schildert einen Fall, in dem

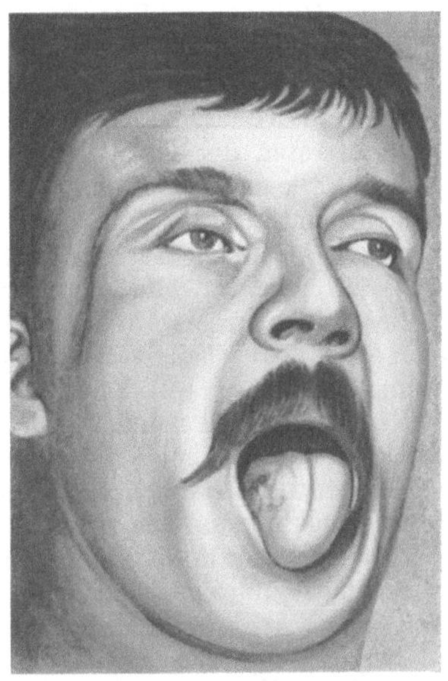

Abb. 8. Hemiatrophia linguae bei Tabes. (Nach OPPENHEIM, Lehrbuch der Nervenkrankheiten, 6. Aufl. 1913.)

bei voll ausgebildeten tabischen Symptomen plötzlich eine einseitige Facialislähmung von peripherem Charakter mit Entartungsreaktion auftrat. Der Autor läßt es mit Recht offen, ob hier eine zufällige Kombination mit einer rheumatischen Facialislähmung oder ein luischer Prozeß (gummöser Prozeß, toxische Neuritis) zugrunde lag.

Recht selten wird auch der motorische Trigeminus in Form einer atrophischen *Kaumuskellähmung* befallen (SCHULTZE).

Relativ häufiger ist die Lähmung des *Hypoglossus,* die sich als halbseitige atrophische Zungenlähmung darstellt. Zuerst von CHARCOT gewürdigt, wurde diese Erscheinung später durch andere Autoren (RAYMOND und ARTAND, KOCH und P. MARIE, CASSIERER und SCHIFF) geschildert. Sie ist immerhin ein seltenes Ereignis bei der Tabes und entwickelt sich langsam und schleichend. Die eine Zungenhälfte vermindert sich, indem sie dünner und durch zahlreiche Einkerbungen gefeldert wird (s. Abb. 8). Die Zungenspitze lenkt auffallend nach der Seite der Lähmung ab, die Sprache leidet nicht. Es bestehen fibrilläre Zuckungen und Entartungsreaktion. Ob es sich dabei um eine periphere oder eine nukleäre Schädigung handelt, ist nicht entschieden. Zwei neue Fälle wurden kürzlich von ROGER veröffentlicht. Derselbe hebt hervor, daß sich in den meisten dieser Fälle der IX., X. und XI. Hirnnerv an der Lähmung beteiligt, seltener der V., VI. und VII.

Überhaupt kommt ein multiples Befallensein von Bulbärnerven bei der Tabes häufiger vor wie eine isolierte Lähmung, so eine Lähmung von Zunge, Gaumensegel, Pharynx, Stimmbänder, Facialis, Kaumuskeln, so daß von einem „bulbärparalytischen Symptomenkomplex der Tabes" gesprochen werden kann (OPPENHEIM). Es gesellen sich dann auch sensibel-sensorische Störungen hinzu, Anästhesien im Trigeminusgebiet, Opticus- und Acusticus- und Geschmackstörungen.

Die Literatur enthält zahlreiche Einzelmitteilungen über solche multiple Hirnnervenlähmungen. Aus der älteren Literatur sind besonders die Fälle von PFEIFER (1907) und BERGER (1909 mit anatomischer Untersuchung) zu erwähnen, in denen auch ausgiebige Literaturnachweise vorhanden sind. Besonders der Fall von PFEIFER ist dadurch bemerkenswert, daß die Entwicklung des fast sämtliche Hirnnerven befallenden bulbärparalytischen Symptomenkomplexes dem Auftreten der eigentlichen tabischen Symptome um 3 Jahre voranging. Auch 2 Fälle von v. MALAISÉ zeigen, daß diese bulbärparalytischen Fälle sehr langsam verlaufen können, ohne Tendenz zur Ausbreitung der tabischen Symptome (Beobachtung über 5 bzw. 10 Jahre). Auch in der neueren Literatur finden sich zahlreiche Einzelfälle publiziert (TARTURRI, BROOKFIELD, DARGUIN usw).

Besonders zu erwähnen sind auch die Lähmungen der *Kehlkopfmuskeln*, welche teils als Teilerscheinungen des erwähnten bulbärparalytischen Symptomenkomplexes, teils auch isoliert auftreten können.

Nach DÉJÉRINE finden sich Lähmungen der Kehlkopfmuskeln (oder auch Stimmbandataxie) bei fast 45% der Tabiker. Eine ausführliche Zusammenstellung hat GRÄFFNER gemacht. Er sah in 221 Tabesfällen 54mal Stimmbandlähmungen (Ataxie und Tremor 28mal). Am häufigsten ist der Posticus befallen, und zwar überwiegend der linke. Seltener sind Lähmungen der Glottisschließer.

Posticuslähmungen geringen Grades brauchen, namentlich, wenn sie einseitig sind, keine klinische Symptome zu machen; sie werden oft erst durch die laryngoskopische Untersuchung aufgedeckt; in schweren Fällen wird die Atemluft pfeifend eingezogen und geringe körperliche Anstrengung führt zu starker Dyspnoe.

Das überwiegende Befallensein des Posticus erklärt LEIRI daraus, daß derselbe sich normalerweise nicht willkürlich, sondern reflektorisch kontrahiert, er wird daher durch den Fortfall der bei der Tabes erkrankten zentripetalen Fasern außer Kurs gesetzt, während die durch Willkürimpulse innervierten Glottisverengerer bei der Tabes weniger geschädigt sind, weil ja diese bei dem Tabiker nicht aufgehoben sind.

Im Anschluß an die Muskelatrophie sind einige weniger bedeutende symptomatologische Erscheinungen zu erwähnen, die sich ebenfalls im Gebiet des peripheren motorischen Neurons bzw. der Muskeln abspielen, nämlich Veränderungen der *mechanischen und elektrischen Erregbarkeit*. Solche wurden bereits im vorangehenden, bei den atrophischen Lähmungen erwähnt, bei denen sie eine regelmäßige Begleiterscheinung darstellen. Aber auch an normalen, nicht atrophischen Muskeln werden diese Veränderungen bei Tabikern gelegentlich beobachtet.

Die mechanische Muskelerregbarkeit zeigt bei der Tabes sehr häufig eine Steigerung, die (gelegentlich schon von STERNBERG erwähnt) besonders von FRENKEL (4) beschrieben wurde. Wie schon auf S. 560 erwähnt, kann diese Erscheinung, welche in einem auffälligen Gegensatz zum Verhalten der Sehnenphänomene steht, gelegentlich zu einem falschen Urteil bezüglich der letzteren führen, indem, besonders am Triceps, ein auf dem Muskelbauch in der Nähe der Sehne ausgeführter Schlag einen Sehnenreflex vortäuschen kann, während derselbe tatsächlich fehlt. Die mechanische Erregbarkeit ist oft so lebhaft, daß z. B. die

Hand bei Schlag auf die Extensoren kräftig emporschnellt, besonders wenn man denjenigen Punkt beklopft, welcher auch bei der elektrischen Untersuchung als „motorischer Punkt" benützt wird. Auch am Wadenmuskel ist das Phänomen oft sehr deutlich, im Gegensatz zum Fehlen des Achillessehnenreflexes.

FOERSTER (1) fand das Phänomen unter seinen 27 präataktischen Fällen 18mal. Er führt es zurück auf eine Zunahme der Elastizität der Muskeln. Diese erklärt er aus der Schlaffheit des Muskels infolge des Fehlens der von den Vorderhornzellen sonst regelmäßig zuströmenden tonischen Erregungen. Je weniger kontrahiert aber ein Muskel ist, desto mehr nimmt seine Elastizität zu. Infolge der großen Elastizität breitet sich der Reiz rasch weit über die gesamten Muskelpartien aus, so daß man oft direkt eine wellenförmige Ausbreitung verfolgen kann.

Bezüglich der **elektrischen Erregbarkeit** der Muskeln bzw. motorischen Nerven bei der Tabes finden sich nur wenige Angaben in der älteren elektrodiagnostischen Literatur. ERB (1) beobachtete häufig in frischen Fällen von Tabes eine quantitative Steigerung, in älteren eine Herabsetzung der Erregbarkeit, ohne jede qualitative Veränderung, besonders in den Nn. peronei. Er benützte, da es ihm damals noch an einem absolut geeichten Meßinstrument fehlte, die Methode der relativen Vergleichung verschiedener Nervenstämme. STINTZING bestätigte diese Angaben unter Anwendung seiner absoluten Normalwerte.

Mit der Kondensatormethode konnte ZANIETOWSKI (2) eine Herabsetzung der Erregbarkeit am N. peroneus nachweisen (40—50 Volt bei 1 m. f. statt normal 23 Volt). Aus der Berechnung der Quotienten ergab sich eine Vergrößerung der Reizlatenz.

Von qualitativen Veränderungen ist eine Angabe von FLORA zu erwähnen, welcher eine myasthenische Reaktionsform beobachtet haben will.

Neuerdings hat die Chronaxiemethode Anlaß gegeben, diese Untersuchungen wieder aufzunehmen. BOURGUIGNON selbst hat allerdings bei der kürzlich gegebenen Aufstellung seiner „syndromes chronaxiques" die Tabes nicht berücksichtigt. Dagegen haben BLUMENFELDT und KÖHLER eine deutliche Chronaxieabnahme im M. gastrocnemius gefunden, während die Chronaxie in den antagonistischen Extensoren normal war. Sie sehen diesen Befund in dem für die aufrechte Körperhaltung wichtigen Muskel als einen Hinweis darauf an, daß die Ataxie auf einer Störung des Gleichgewichtes zwischen Agonisten und Antagonisten beruht.

In Übereinstimmung damit haben MARINESCO, SAGER und KREINDLER eine Verringerung der Chronaxiewerte der Muskeln an der Rückseite des Beines und damit eine Störung ihrer Relation zu dem Wert der Antagonisten festgestellt. Sie fanden auch, daß die synergisch wirkenden Muskeln nicht die gleichen Chronaxiewerte zeigten, wie es bei Normalen der Fall ist. Es wurde auch bei einigen Fällen bei Reizung der Nerven ein größerer Chronaxiewert festgestellt, wie bei Reizung des entsprechenden Muskels.

Die im vorstehenden geschilderten Erscheinungen, insbesondere die Muskelatrophie, ferner die Veränderungen der mechanischen und elektrischen Erregbarkeit, sind der Ausdruck einer Beteiligung des *peripheren motorischen Neurons* am tabischen Prons.

Dagegen ist ein Ergriffensein des *zentralen motorischen Neurons*, also das Auftreten von Lähmungen ohne Muskelatrophie und ohne wesentliche Veränderungen der elektrischen Erregbarkeit ein relativ sehr seltenes und nicht ganz unbestrittenes Ereignis.

Zustände von Lähmung oder Adynamie, besonders in Form einer schlaffen Paraplegie der Beine ohne Veränderungen der elektrischen Erregbarkeit kommen als eine meist vorübergehende Erscheinung vor in den Fällen von „Tabes acutissima", ferner gelegentlich in seltenen Fällen mit weniger akutem Verlauf und schließlich in dem nur von wenigen Fällen erreichten Endstadium, dem sog. „Stadium paralyticum".

Diese Erscheinungen werden in dem Schlußkapitel dieses Abschnittes unter „besondere Verlaufsweisen" näher besprochen werden. Es sei daher hier, um Wiederholungen zu vermeiden, nur darauf hingedeutet, mit dem Bemerken, daß es als fraglich bezeichnet werden muß, ob es sich hier um eine tatsächliche Beteiligung der zentralen motorischen Bahnen am Krankheitsprozeß oder um eine Auswirkung des Fortfalles der zentripetalen Impulse auf die willkürliche Motilität handelt.

Außer den eigentlichen motorischen Lähmungen und Atrophien kommen bei der Tabes als seltene Komplikation auch *Motilitätsstörungen* von *extrapyramidalem Charakter* vor. Insbesondere wird gelegentlich eine Kombination von tabischen mit Parkinson-Symptomen beobachtet. Als erster hat sich hierüber Wertheim-Salomonson (1900) ausführlich geäußert (hier auch die ältere Literatur). Er lehnt es ab, eine zufällige Koincidenz zweier Krankheiten anzunehmen und weist darauf hin, daß die Lues zweifellos auch in der Ätiologie der Paralysis agitans eine Rolle spielt, ferner, daß bei der Paralysis agitans wiederholt Hinterstrangaffektionen gefunden worden sind, und zwar in Form einer multiplen, perivasculären, insulären Sklerose.

Symptomatisch hebt er hervor, daß in diesen Fällen sowohl die tabischen Symptome wie die der Paralysis agitans nicht sehr ausgesprochen sind, und daß sie häufig von einer leichten Demenz und Gedächtnisschwäche begleitet sind. Er will sie deshalb als „Tromoparalysis tabioformis cum dementia" bezeichnen.

Neuerdings beschäftigt sich Pires (2) ausführlich mit dieser Frage. Er fand unter 300 Tabikern 4mal striopallidäre Symptome. Er nimmt an, daß es sich bei diesen Fällen in der Regel um eine syphilitische Erkrankung der Stammganglien handelt, daß aber auch eine Kombination einer Tabes mit einem Parkinsonismus *nicht* syphilitischen Ursprungs vorkommen könne.

In seinen 4 Fällen ging durchweg die Tabes den extrapyramidalen Erscheinungen voraus. In 2 Fällen fanden sich neben dem Parkinsonismus auch andere extrapyramidale Bewegungsstörungen. Daß die Symptome in diesen Fällen wenig ausgeprägt und oft atypisch sind, erklärt sich daraus, daß es sich bei den beiden Krankheiten bezüglich des Muskeltonus usw. um gegensätzliche Phänomene handelt. Ein Fall einer Kombination von Tabes mit *encephalitischem* Parkinsonismus veröffentlichte Krebs. Auch er hebt hervor, daß die parkinsonistischen Symptome mit der Entwicklung der Tabes geringer geworden sind.

Eine Kombination eines *infundibularen* Syndromes mit Tabes erwähnt Dereux. Bei einem Tabiker traten im Verlauf einer spezifisch bedingten (unter der Behandlung verschwindenden) Meningitis Infundibulärsymptome auf: Adipositas, Narkolepsie, Haarausfall, psychische und sexuelle Störungen, die auf eine syphilitische Affektion der Infundibulärgegend zurückgeführt werden mußten.

Es sei dieser Fall, wenn auch nicht eigentlich in unser Kapitel gehörig, nur als ein Beleg für die gelegentliche Beteiligung des Hirnstammes erwähnt.

Schließlich ist zu erwähnen, daß sich die Motilität nicht nur mit Lähmungserscheinungen, sondern gelegentlich auch bei Reizerscheinungen an dem tabischen Bilde beteiligt.

Solche *motorischen Reizerscheinungen* oder Hyperkinesen sind allerdings eine verhältnismäßig seltene Begleiterscheinung der Tabes.

Sie sind nicht zu verwechseln mit der chorea- oder athetoseähnlichen Unruhe, die zum Wesen hochgradiger Ataxie gehört. Wenn ein ataktisches Glied bei geschlossenen Augen ruhig gehalten werden soll, so schwankt es infolge Fehlens einer festen statischen Koordination in unregelmäßiger, oft ausfahrender Weise hin und her, um so mehr, je stärker die Koordinationsstörung ausgesprochen ist. Diese Bewegungen sind natürlich nicht als Hyperkinesen zu deuten, wenn sie auch daran erinnern.

Es gibt aber auch wirkliche, spontan auftretende motorische Reizerscheinungen, die unabhängig von der Ataxie auftreten, teils in Form kurzer klonischer Zuckungen (s. u. a. HIRSCHBERG), teils in Form echter athetotischer Bewegungen mit typisch wurmförmig kriechenden, gliederverrenkenden Bewegungen. Für letztere hat ARNSPERGER zwei charakteristische Beispiele beigebracht (s. daselbst auch die ältere Literatur).

In letzter Zeit hat TATERKA (2) „Pseudospontanbewegungen" bei Tabes beschrieben. Er charakterisiert sie als einfache Gliederbewegungen, Ausdrucksbewegungen und kurzschlüssige Zweckbewegungen, auch verbunden mit tickartigen Gesichtszuckungen und Tremor. Auch GUILLAIN (1) gibt eine ähnliche Schilderung, er unterscheidet: athetoseartige Bewegungen, rhythmisches Zittern und tick- und klonusartige Bewegungen (letztere häufig auf die Gesichtsmuskulatur und das Gaumensegel beschränkt).

SCHILDER und STENGEL beschreiben einen schwer ataktischen Tabiker (mit gleichzeitigen Veränderungen der Stellfunktion, aber ohne Sensibilitätsstörungen an den Armen), bei dem langsam einsetzende athetotische Bewegungen der Beine sich allmählich bis zu brüsken, extremen Ausmaßen steigerten, sub finem vitae aufhörten, nachdem sie eine Zeitlang durch ein anfallsweise einsetzendes Zittern aller Extremitäten unterbrochen worden waren.

HAUER schildert einen lokalisierten Muskelkrampf in Form eines andauernden Blepharospasmus, der nur im Schlafe sistierte und so stark war, daß der Kranke wie ein Blinder geführt werden mußte, STRASSMANN einen klonischen krampfhaften Lidschluß, der nur durch Alkoholinjektionen in den Orbicularis beseitigt werden konnte. LANGHANS beschreibt einen Fall von rhythmischen Zuckungen des Zwerchfells, verbunden mit klonischen Zuckungen der Oberschenkelmuskulatur (Quadriceps), Sartorius, Adductoren), der aber wegen seines anfallsweisen Auftretens in der Dauer von einem Tage und dem gleichzeitigen Vorhandensein von Magen- und thermischen Krisen mehr zu den Krisen zu rechnen ist (s. das betreffende Kapitel).

Die Grundlage der tabischen Hyperkinesen ist in Läsion der Stammganglien zu sehen (Putamenherde), was schon ARNSPERGER angenommen hat und wofür TATERKA und SCHILDER-STENGEL anatomische Belege beibringen, HAUER nimmt in seinem Falle eine Schädigung des Facialiskernes an, ebenso STRASSMANN.

Nach der Darstellung der Symptome, die sich an den großen zentripetalen und zentrifugalen Leitungssystemen des Rückenmarks abspielen, bleiben nur noch einige, zum Teil diagnostisch außerordentlich wichtige Symptome zu schildern übrig, die sich in charakteristischer Weise an einzelnen Organen manifestieren. Sie sind ihrem Wesen nach so vielseitig, teils motorischer, teils sensibler, teils reflektorischer Art, daß eine Darstellung vom pathophysiologischen Gesichtspunkte aus nicht angängig erscheint. Es bleibt daher nichts übrig, als in willkürlicher Aneinanderreihung die einzelnen Organe durchzusprechen.

In erster Linie sind hier anzuführen die

7. Augensymptome,

unter denen wir die Pupillenstörungen, die Lähmungen der Augenmuskeln und die Erkrankung des Opticus getrennt zu behandeln haben.

a) Pupillensymptome. Unter den Pupillensymptomen ist als das wichtigste zu nennen die *reflektorische Pupillenstarre* oder das ARGYLL-ROBERTSONsche Phänomen (genannt nach dem Edinburger Ophthalmologen, der 1869 als erster die diagnostische Bedeutung dieses Symptomes erkannte), also das Fehlen der Reaktion auf Lichteinfall bei Erhaltensein der Verengung auf Konvergenz. Über die Häufigkeit dieses für die Tabes besonders wichtigen Symptoms liegen zahlreiche ausgedehnte Statistiken vor, die im einzelnen anzuführen sich erübrigt (es muß hier besonders auf die Darstellung von Uhthoff (1) verwiesen werden). Es dürfte die Angabe genügen, daß im wesentlichen alle Statistiken auf ein Vorkommen der reflektorischen Pupillenstarre in 70—80% der Tabesfälle hinauslaufen. Meine eigene (1) Statistik über 165 Fälle ergab 79%, wodurch das Fehlen der Patellarreflexe (mit 77%) an Häufigkeit übertroffen ist.

Dabei ist von Wichtigkeit, daß die Pupillenstarre mit ganz besonderer Häufigkeit im Frühstadium der Tabes auftritt: unter Foersters (1) 27 Präataktikern fand sie sich 24mal; die in meiner eigenen, oben erwähnten Statistik enthaltenen Fälle von Pupillenstarre gehörten zu 78% dem Frühstadium an. Daraus ergibt sich ohne weiteres die eminente Bedeutung des Symptoms für die Frühdiagnose der Tabes, um so mehr, als ein Vorkommen der typischen reflektorischen Pupillenstarre außerhalb der Tabes (und progressiven Paralyse) eine außerordentlich seltene, früher direkt bestrittene, aber in manchen Fällen doch sicher beobachtete Erscheinung darstellt. Sie wurde beobachtet bei Encephalitis, Vierhügeltumoren, Alkoholismus, Diabetes, Hirntrauma. Inmann und Lawson wollen eine einseitige reflektorische Starre bei Nichtluetikern im Anschluß an eine seelische Erregung festgestellt haben (Sympathicusstörung!).

Auf die umfangreiche Literatur über dieses Thema kann hier nicht eingegangen werden. Einiges darüber wird noch im differentialdiagnostischen Teil gesagt werden.

Jedenfalls ist das Symptom bei der Tabes so häufig und bei anderen Fällen relativ so selten (Bumke berechnet, daß es sich nur in 1,4% aller Fälle von reflektorischer Pupillenstarre *nicht* um Tabes oder progressive Paralyse handelt), daß seine Feststellung in Verbindung mit luischer Anamnese und einem einzelnen Symptom, wie etwa lanzierenden Schmerzen oder Hypästhesie am Thorax, die Diagnose im allerhöchsten Grade wahrscheinlich macht [1]. (Weiteres darüber s. im diagnostischen Abschnitt.)

Außer der *typischen reflektorischen Pupillenstarre,* also dem Fehlen des Lichtreflexes bei erhaltener oder sogar gesteigerter (s. Weissz, Behr) Konvergenzverengerung kommt bei der Tabes auch die *totale* Pupillenstarre vor, bei der auch die Konvergenzreaktion ausfällt.

Die erste Form aber ist die typische Erscheinungsweise der Tabes; sie verhält sich (nach Uhthoff) zu letzterer an Häufigkeit wie 3,5 : 1.

In den meisten Fällen bleibt die reine reflektorische Starre bis in die spätesten Stadien der Tabes erhalten; in einem kleinen Teil der Fälle läßt sich verfolgen, wie sich allmählich aus der ursprünglichen reinen reflektorischen Lichtstarre die totale Starre entwickelt, schließlich kann auch die Starre auf Licht und Konvergenz gleichzeitig auftreten, so daß sogar schon in den frühesten Stadien totale Starre vorhanden sein kann.

Das umgekehrte Verhalten (fehlende Konvergenzreaktion bei erhaltener Lichtreaktion) wird zwar von einzelnen Autoren, z. B. Déjérine und Sollier als ganz gelegentliches Vorkommnis erwähnt, von den meisten aber für die Tabes überhaupt in Abrede gestellt. Ich selbst habe es niemals gesehen. In den meisten Fällen tritt die reflektorische Pupillenstarre doppelseitig auf, selten bleibt sie dauernd einseitig, häufiger ist sie auf beiden Seiten ungleich ausgeprägt, so daß man auf dem einen Auge nur von einer herabgesetzten Reaktion reden

---

[1] Fuchs macht differentialdiagnostisch auf einen *Pseudo-Argyll-Robertson* aufmerksam, der bei der Rückbildung einer Oculomotoriuslähmung vorkommt, indem die Pupille bereits auf Akkommodation und Konvergenz, aber noch nicht auf Lichteinfall reagiert.

kann, während auf dem anderen die reflektorische Starre voll ausgeprägt ist.
Das einseitige Phänomen hat aber zweifellos diagnostisch eine ebenso hohe
Bedeutung wie das doppelseitige.

Bei einseitiger reflektorischer Pupillenstarre fällt natürlich auch die kon-
sensuelle Reaktion des befallenen Auges von dem anderen Auge aus fort
(Unterschied gegenüber einseitiger Leitungsstörung der peripheren optischen
Bahn).

Sehr häufig, aber nicht immer ist die reflektorische Pupillenstarre von
Miosis begleitet (selten mit Mydriasis verbunden). Die Häufigkeit der Erscheinung hängt natürlich von der Definition der Miosis ab. UHTHOFF, der eine
Miosis erst bei Verengerung des Pupillendurchmessers unter 1,5 mm gelten
lassen will, fand nur in 24% der Fälle eine Miosis, andere Statistiken, die offenbar
den Begriff etwas weiter faßten, bis zu 52% (ERB, MÜLLER, BERNHARDT u. a.).

Die Miosis kann oft sehr hohe Grade erreichen; als besonders eindrucks-
volles Bild präsentieren sich die Fälle mit stecknadelkopfgroßer Pupille und
aufgehobener Lichtreaktion, bei denen aber bei der Konvergenz noch eine
deutliche weitere Verengerung bis zum Durchmesser einer Stecknadelspitze
eintritt.

Die in typischer Ausprägung vorhandene tabische reflektorische Pupillenstarre ist als ein irreparables Dauersymptom anzusehen. Eine Wiederkehr der
Lichtreaktion habe ich selbst in Fällen sehr günstigen Verlaufes der Tabes
niemals gesehen, und auch UHTHOFF stellt dieses Vorkommen in Abrede, obgleich
einzelne derartige Fälle in der Literatur angegeben sind.

Einzelne Autoren, z. B. ARNSPERGER, berichten über eine „intermittierende
reflektorische Pupillenstarre" derart, daß zeitweise die Lichtreaktion wieder-
kehrte, und daß dieser Wechsel sich mehrmals wiederholte!

Von weiteren Anomalien wird eine „Erholungsreaktion" der Pupillen erwähnt,
d. h. eine Verbesserung der trägen Lichtreaktion nach Aufenthalt im Dunkel-
zimmer [SAENGER (1)]. Doch kommt dieses Symptom bei der Tabes verhältnismäßig selten, häufiger bei der Lues cerebri vor und nicht bei typischer reflektorischer Starre, sondern nur bei herabgesetzter Reaktion.

Ferner wird eine „myotonische Pupillenreaktion" beschrieben [SAENGER (2)],
die darin besteht, daß bei Lichtstarre der Pupillen, die bei Konvergenz erhaltene
Reaktion längere Zeit ($1^1/_2$—5 Minuten) bestehen bleibt, bevor sie einer Erweiterung Platz macht.

Ähnliche Phänomene wurden von PILTZ (3) beschrieben (allerdings bei progressive Paralyse), und zwar fand er die Trägheit der Beweguug teils bei Lichteinfall, teils bei Konvergenz, teils auch bei Orbicularisschluß. Er zieht für diese
Reaktion die Bezeichnung „neurotische Reaktion" vor, während er den Namen
„myotonische Reaktion" für diejenigen Fälle reserviert wissen will, wo die
verlangsamte Bewegungsform bei *allen* Pupillenreflexen vorhanden ist, wo man
also eine krankhafte Veränderung im Irisgewebe selbst annehmen kann [1].

Die *Reaktion* der *Pupillen* auf *sensible, sensorische* und *psychische* Reize, die
bekanntlich in einer Erweiterung der Pupillen besteht, fehlt regelmäßig bei der
tabischen reflektorischen Pupillenstarre (ganz vereinzelte Ausnahmen werden
mitgeteilt), wie schon ERB durch Anwendung faradischer Reize am Nacken,
Warzenfortsatz, Wange usw. nachgewiesen hat. Auch die starken Schmerzanfälle der Tabiker rufen bei bestehender reflektorischer Pupillenstarre eine

---

[1] ADIC beschreibt tonische Pupillen, die nichts mit Lues zu tun haben, als „gutartige
Erkrankung". Sehr langsame anhaltende Kontraktionen bei Lichteinfall und Konvergenz
mit vergrößerter Reaktionszeit. Dabei fehlende Sehnenreflexe! Ursache unbekannt. Das
Phänomen, welches der Autor bei 15 Frauen und 4 Männern fand, ist einseitig, die Pupille
ist fast immer erweitert, nie miotisch.

Erweiterung nicht hervor. Bei Tabikern mit erhaltener Lichtreaktion der Pupillen dagegen ist auch der sensible Reflex wohl erhalten. Wenn also auch dem Fehlen der sensiblen Pupillenerweiterung auf dem Gebiete der Tabes eine gewisse diagnostische Bedeutung zukommt, so ist es doch (wie Uhthoff mit Recht hervorhebt), nicht erforderlich, jeden Tabesfall dieser etwas unangenehmen Prüfung zu unterziehen, da in der Regel der Ausfall der sensiblen Pupillenreaktion mit dem der Lichtreaktion sich deckt.

Die *Lidschlußreaktion* (zu Unrecht Westphal-Piltzscher oder Galassischer Reflex genannt, da ihre erste Beschreibung auf von Graefe 1854 zurückgeht), besteht in einer Verengerung der Pupille bei energischem Lidschluß durch Orbiculariskontraktion, also in einer Mitbewegung. Sie wird nach Piltz (1 u. 2) in zweierlei Weise geprüft:

1. Nach einem energischen Augenschließen erscheint die Pupille im Moment des Wiederöffnens enger als vorher und erweitert sich dann allmählich.

2. Bei Behinderung des Augenschlusses durch Auseinanderhalten der Lider und Aufforderung der Versuchsphasen zu starker Intention des Augenschlusses beobachtet man eine Verengerung der Pupille.

Diese Reaktion ist bei der Tabes mit reflektorischer Pupillenstarre mit gut erhaltener Konvergenzreaktion in der Regel erhalten, ja gelegentlich noch lebhafter wie die Konvergenzreaktion. Auf der anderen Seite aber sind Lidschluß- und Konvergenzreaktion bei der Tabes nicht immer aneinander gebunden, indem Fälle vorkommen, wo bei vorhandener Konvergenzreaktion die Lidschlußreaktion fehlt und umgekehrt (Uhthoff). Eingehende Beobachtungen stellt Piltz an. Er fand unter 9 Fällen von Tabes die Reaktion 2mal vorhanden und auch hierbei zeigte sich, daß durchaus kein regelmäßiger Parallelismus mit der Konvergenzreaktion besteht. (Weitere Literatur s. bei Uhthoff.)

Ein relativ seltenes, aber in einer ganzen Anzahl von Publikationen [Löwenstein (3), Panico usw.] behandeltes Phänomen ist die „paradoxe Pupillenreaktion". Das Phänomen, welches in einer Erweiterung der meist miotischen Pupille bei Lichteinfall besteht, wird etwas verschieden beschrieben; in manchen Fällen geht der Erweiterung eine kurz dauernde, wenig ausgiebige Verengerung voraus, in anderen Fällen tritt sie sofort nach dem Lichtreiz ein, in wieder anderen erst nach mehrmaliger Wiederholung desselben. Löwenstein (s. hier auch die neue Literatur, die ältere bei Uhthoff) erklärt die Erscheinung durch eine abnorme Erschöpfbarkeit des Sphincterkernes. Ferner wird eine perverse Pupillenreaktion beschrieben, worunter im Gegensatz zu der paradoxen Reaktion eine Pupillenerweiterung bei Konvergenz verstanden wird. Weill und Nordmann fanden sie in einem Fall, bei welchem die Diagnose Tabes nicht ganz sicher, aber sehr wahrscheinlich war. Beide Pupillen waren lichtstarr, die rechte verengerte sich auch kaum bei Konvergenz, die linke erweiterte sich hierbei. (Die Autoren beobachteten die Reaktion übrigens auch bei Neuropathen, die bei der Ausführung der Konvergenz Unbehagen oder sogar Schmerzen empfanden.)

Noch einige Worte sind über die *Pupillenweite* zu sagen. Daß die reflektorische Pupillenstarre in den meisten Fällen von Miosis begleitet ist, wurde schon oben erwähnt. Es muß aber noch betont werden, daß Miosis auch bei erhaltener Lichtreaktion vorkommen kann, und zwar bisweilen schon in frühen Stadien der Krankheit. Mydriasis ist erheblich seltener wie Miosis, kommt aber mit und ohne reflektorische Pupillenstarre vor.

Eine Differenz in der Pupillenweite (Anisokorie) ist keine seltene Erscheinung, sie kommt etwa in $^1/_3$—$^1/_4$ der Tabesfälle vor, wenn man nicht minimalste, sondern nur wirklich deutliche Differenzen einrechnet (Uhthoff). Santanastaso fand sie in 50% der Fälle.

Eine mäßige Pupillendifferenz mit gut erhaltener Lichtreaktion kommt bei ganz Gesunden vor, und hat also keine diagnostische Bedeutung. SCHAUMANN fand bei Durchprüfung eines größeren poliklinischen und klinischen Materials in 28 bzw. 38% Pupillendifferenzen und führt sie (soweit nicht organische Nervenkrankheiten vorliegen) auf eine neuropathische Disposition zurück.

Auch die sog. ,,springende Mydriasis“, eine alternierende Erweiterung bald der einen, bald der anderen Pupille, die gelegentlich bei Tabes beschrieben ist (z. B. OPPENHEIM und SIEMERLING), ist ein überwiegend neuropathisches Symptom.

Hippus der Pupillen, also oszillatorische Schwankungen bei gleichbleibender Beleuchtung, ist ganz vereinzelt im präataktischen Stadium der Tabes beschrieben worden. Eher kommt es vor, daß bei der Tabes die normalen oszillatorischen Schwankungen der Pupillenweite schon vor dem Erlöschen der Lichtreaktion sich vermindern oder ganz aufhören.

Schließlich sind noch Unregelmäßigkeiten des Pupillarrandes zu erwähnen, die besonders PILTZ (4) eingehend beschreibt. Sie fanden sich bei Tabes (und Paralyse) teils in Form konstanter, teils in Form temporärer oder wechselnder Unregelmäßigkeiten, welche durch eine wechselnde ungleichmäßige Beweglichkeit einzelner Abschnitte der Iris bedingt sind, teils in einer Veränderung der Lage der ganzen Pupille. Die ungleichmäßige Beweglichkeit hängt ab von einer Parese des entsprechenden Fadens des Ciliarnerven (Paresis iridis partialis) und bildet oft das Anfangsstadium der reflektorischen Pupillenstarre. Allerdings kommen sie auch (seltener) bei anderen Nerven- und Geisteskrankheiten vor, bei Gesunden aber nur ausnahmsweise. Auch BUMKE (2) betont, daß eine verzogene Pupille oft später lichtstarr wird, und daß somit den ,,Unregelmäßigkeiten des Irisrandes“ eine diagnostische und prognostische Bedeutung zuzuschreiben ist.

Als TIERISches Symptom wird eine Trias beschrieben, bestehend aus Atrophie der Iris, unregelmäßigen verzogenen Pupillenkonturen und Anisokorie. Es soll sich dabei um eine Irisatrophie handeln, die sich durch diffuse oder sektorenförmige Verwaschung der Struktur charakterisiert (VANCEA), durch eine Verkleinerung der Trabekel, Umwandlung derselben in dünne weiße Fäden, Atrophie der hinteren Pigmentschicht, hauptsächlich am Irissaume. Diese Irisatrophie, die schon früher von LODATO beschrieben wurde, soll zu den trophischen Störungen der Tabes gehören und ebenso häufig vorkommen wie die reflektorische Pupillenstarre (KAMINSKAJA), geht aber mit der letzteren durchaus nicht immer parallel. McGRATH bezeichnet sie allerdings als untrennbar von der tabischen reflektorischen Pupillenstarre. Zum Nachweis dieser Veränderungen gehören natürlich besondere ophthalmologische Methoden (Spaltlampe usw.).

b) Augenmuskellähmungen. Über die Häufigkeit des Vorkommens von Augenmuskelstörungen bei der Tabes existieren zahlreiche Statistiken, die etwa zwischen 16—50% schwanken, je nachdem das Material aus einer Augenklinik oder aus anderen Quellen stammt. Es sei an erster Stelle wieder die von UHTHOFF aus einem großen, sorgsam gesichteten Material gewonnene Durchschnittszahl erwähnt. Dieselbe lautet auf 20—22%, so daß also etwa jeder 5. Tabiker von einer Augenmuskellähmung befallen wird. Die Augenmuskellähmungen sind demnach bei der Tabes erheblich häufiger wie die Opticusatrophie, stehen aber weit hinter der reflektorischen Pupillenstarre zurück. Auch v. MALAISÈ gibt 18%, FUCHS 20% an, SANTANANESCO dagegen 50% und für Tabes superior sogar 70% (Material aus Augenklinik).

Die Reihenfolge der Häufigkeit des Befallenseins der einzelnen Augenmuskeln ist: Oculomotorius, Abducens, Trochlearis, Ophthalmoplegia externa totalis (21 : 13 : 3 : 2).

Die tabische Augenmuskellähmung ist oft eine partielle, unvollständige, wechselnde und flüchtig vorübergehende, so daß gerade die Flüchtigkeit der Lähmung als ein auf Tabes verdächtiges Symptom angesehen wird. Interessant ist in dieser Beziehung eine Statistik von Leimbach, welcher unter 400 Tabikern 16% Augenmuskellähmungen, aber überdies noch 26,5% *vorübergehendes* Doppeltsehen fand.

Was die Oculomotoriuslähmung betrifft, so ist dieselbe bei der Tabes selten eine vollständige, alle Zweige betreffende; besonders wenn eine solche totale Lähmung doppelseitig auftritt, ist sie im allgemeinen nicht als eine tabische anzusehen, sondern ist basal bedingt (Hirnsyphilis usw.).

Relativ selten ist auch, daß nur ein einzelner Muskel ergriffen ist, meist sind es mehrere. Am häufigsten wird noch isoliert befallen der Levator palpebrae (meist aber auch in Kombination mit dem einen oder anderen der vom Oculomotorius versorgten Muskeln, auch gelegentlich in Kombination mit Abducenslähmung). Die einseitige oder doppelseitige Ptosis kommt besonders häufig im Anfangsstadium der Tabes als vorübergehendes Symptom vor.

Lähmung aller äußeren Oculomotoriusäste bei intakter innerer Augenmuskulatur ist nicht ganz selten; das umgekehrte, also *Ophthalmoplegia interna* mit ganz intakten äußeren Oculomotoriusästen noch etwas häufiger. Nach Uhthoff nur in 5%, und zwar durchweg einseitig.

Der Abducens ist ebenfalls meist nur unvollkommen und sehr selten doppelseitig gelähmt, der sehr selten befallene Trochlearis stets nur einseitig.

Nicht allzu selten besteht Ophthalmoplegia *externa*, also Lähmung *aller* äußeren Augenmuskeln, bisweilen auch verbunden mit *interna*, also Ophthalmoplegia totalis. Die sehr umfangreiche Literatur darüber ist bei Uhthoff sowie bei Wilbrand und Saenger zu finden.

Assoziierte Augenmuskellähmungen, also seitliche Blicklähmungen, sind nur ganz vereinzelt bei Tabes beschrieben, ebenso dissoziierte Blicklähmungen (Konvergenz- und Divergenzlähmungen).

Die Zeit des Auftretens der Augenmuskellähmungen wird schon von älteren Autoren (Duchenne, Gowers) überwiegend, etwa zu vier Fünfteln, in die Frühperiode der Tabes verlegt, auch spätere Statistiken, darunter auch meine eigene, sprechen in diesem Sinne. Gerade für die frühauftretenden Lähmungen ist der flüchtige passagere Charakter hervorzuheben, während die erst relativ spät auftretenden schon mehr die Neigung haben, stationär zu bleiben.

Die Dauer der vorübergehenden tabischen Augenmuskellähmungen ist außerordentlich verschieden, schwankt von mehreren Stunden bis zu Jahren. Die Möglichkeit einer Restitution ist also auch nach langer Zeit noch zu berücksichtigen. Eine Neigung zum Rezidivieren besteht in einem erheblichen Prozentsatz der Fälle. Dasselbe wiederholt sich gelegentlich auch mehrmals. So berichtet Pel (1) über einen Fall, in dem eine Oculomotoriuslähmung 7mal rezidivierte.

Nystagmus gehört nicht zu den eigentlichen tabischen Augensymptomen, wenn er auch bisweilen beschrieben wird, und zwar in Form eines teils horizontalen, teils rotatorischen Nystagmus bei extremen seitlichen Blickbewegungen. Erb, Dillmann, Uhthoff (s. daselbst Literatur) fanden ihn in 1%, Berger in etwa 4% der Fälle, andere Autoren, z. B. Leimbach, Fr. Müller unter zum Teil sehr großem Material überhaupt nicht.

Ein Einzelfall von horizontal-rotatorischem Nystagmus beim Blick nach links ist kürzlich von Stanojovic beschrieben worden.

Häufiger sind die sogenannten nystagmusartigen Zuckungen, also eine ruckweise Einstellung, die mit paretischen Zuständen der Augenmuskeln zusammenhängt.

Auch eine Ataxie der Augenmuskeln wird schon in älteren Publikationen erwähnt (CHARCOT, SAMELSOHN). Von neueren Publikationen ist die von KYRIELEIS zu erwähnen, der eine Koordinationsstörung beim Blick nach aufwärts beschreibt. GAUDISSART schildert eine Tonusstörung des M. abducens.

CURSCHMANN beschreibt Konvergenzkrämpfe, die in seinem Falle bei Blickbewegungen nach rechts, links und nach aufwärts eintraten, mehrere Sekunden bis Bruchteile von Minuten andauerten und mit einer leichten Abducensparese und Nystagmus verbunden waren. Als Unterschied gegen den hysterischen Konvergenzkrampf gibt CURSCHMANN an, daß dieser mit Blepharospasmus, grobem Nystagmus, eventuell Ptosis verbunden ist, während der tabische Konvergenzkrampf isoliert auftritt.

Schließlich sei als seltenes Augensymptom noch ein andauernder Tränenfluß (Dacryorrhoe) erwähnt, den OPPENHEIM zu den Anomalien des Quintusgebietes rechnet.

c) Die Opticusatrophie. Die *Opticusatrophie* ist ein recht häufiges Symptom der Tabes, aber doch nicht so häufig, wie es nach manchen Statistiken erscheint. Die höchsten Zahlen ergeben naturgemäß die aus Augenkliniken (z. B. RABINOVIC 58%), auch die aus Pflege- und Siechenhäusern stammenden Statistiken. So konnte *ich selbst* (1) an der Breslauer Universitäts-Augenklinik (unter UHTHOFF) unter 165 Tabesfällen 55 Fälle, also 33%, mit Opticusatrophie finden. Diese Zahl ist naturgemäß für die Gesamtheit der Tabiker viel zu hoch. Auffallend aber ist, wie groß die Differenzen auch in den verschiedenen, aus einem allgemeinen Material gewonnenen Zusammenstellungen sind. Ich erwähne nur LEIMBACH 6,75%, BONAR 8%, TUMPOWSKY 11,6%, v. MALAISÉ 17%, SARBÓ 33%. UHTHOFF (1), dessen Darstellung aus dem Jahre 1901 (im Handbuch von GRAEFE-SAEMISCH) auch heute noch allererste Beachtung verdient, und auf welche ich mich besonders deswegen beziehen kann, weil ich einen großen Teil seiner Fälle neurologisch untersucht und mitbeobachtet habe, kommt nach eingehender Würdigung der vorliegenden Statistiken zu einem Prozentsatz von 10—15%. Aber auch diese Zahl dürften wir jetzt, wo uns viel häufiger wie früher die abortiven bzw. benignen Fälle zu Gesicht kommen, vielleicht noch als zu hoch ansehen können. JOHN fand allerdings am Material der Wiener Augenklinik bei einem Vergleich der Fälle aus den Jahren 1905 bis 1925 keine wesentliche Abnahme der Atrophien.

Die klinischen Symptome und diagnostischen Merkmale der tabischen Opticusatrophie und ihre Untersuchungsmethoden (Ophthalmoskopie, Sehschärfe-, Gesichtsfeld-, Farbensinnprüfung usw.) können hier nicht geschildert werden, sie gehören in das ophthalmologische Gebiet.

Hier sei nur hervorgehoben, daß die typische weiße Opticusatrophie, also die kreide- oder porzellanweiße, anfangs auch grau- oder bläulichweiße Verfärbung der Papille mit scharfen Grenzen, ganz für sich allein das Vorliegen einer Tabes dorsalis mit fast völliger Sicherheit beweist. Die „einfache" genuine progressive Atrophie, die früher bei den Ophthalmologen eine große Rolle spielte, ist fast ganz verschwunden. Schon UHTHOFF konnte nur 5% aller Atrophien als *nicht tabische* ansehen und meinte, daß auch bei diesen der Verdacht auf Tabes nicht ganz auszuschießen sei, so daß die Diagnose „einfache Atrophie" fast ganz aus dem Diagnosenregister zu streichen sei.

Daß von älteren Autoren (v. GROSZ, SARBÓ usw.) Augenhintergrundveränderungen viel häufiger wie in den oben angegebenen 10—15% bei der Tabes gefunden wurden, sei hier nur nebenher erwähnt. v. GROSZ fand sie in 88%, SARBÓ in 61%, und zwar in Form von grauer Verfärbung, Dekolorierung, Atrophie und venöser Hyperämie. Die Bewertung dieser Angaben ist dem ophthalmologischen Urteil zu überlassen (s. darüber UHTHOFF).

Bezüglich des Vorkommens der Atrophie ist zu sagen, daß die männlichen Tabiker die weiblichen wesentlich überwiegen (2 : 1). Die weiblichen Fälle zeigen meistens eine günstigere Verlaufsform (JOHN). Das am häufigsten befallene Lebensalter ist naturgemäß das mittlere zwischen 30 und 50 Lebenjahren. Relativ häufiger kommt die Atrophie bei der jugendlichen Tabes vor, nach manchen Angaben bis 50% (so z. B. WALDMANN, ROSNOBLET usw.).

Was den Zeitraum des Auftretens nach der syphilitischen Infektion anbetrifft, so lauten die Angaben, analog wie für das Auftreten der Tabes im allgemeinen, durchschnittlich 10 Jahre. 2—3 Jahre nach der Infektion sind die mindeste Zeit für das Auftreten der Atrophie. Vereinzelte Angaben in der Literatur über erheblich geringere oder längere Zeit (bis zu 50 Jahren) werden von UHTHOFF wohl mit Recht angezweifelt.

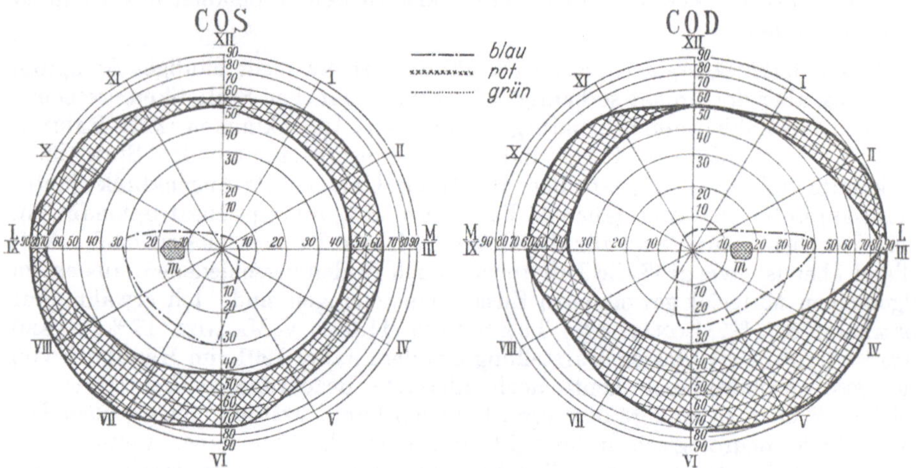

Abb. 9. Tabisches Gesichtsfeld. Gleichmäßiger peripherer Verfall des Gesichtsfeldes mit Absinken der zentralen Sehschärfe usw. (Nach UHTHOFF aus GRAEFE-SAEMISCH, Handbuch der Augenheilkunde.)

Was den Verlauf der Opticusatrophie anbetrifft, so macht sich dieselbe im ersten Beginn subjektiv für den Patienten durch ein „Verblassen", ein „Undeutlichwerden", ein Verwaschensein der Farben der Objekte bemerklich, selten durch optische Reizerscheinungen u. dgl. Solche Erscheinungen kommen aber vor, sie können sich sogar bis zu Gesichtshalluzinationen steigern. Bei einseitig einsetzendem Prozeß dauert es oft recht lange, bis der Patient die Sehstörung bemerkt.

Die Zeitdauer des Ablaufes der Sehstörung vom Beginn des Prozesses bis zur Erblindung ist eine außerordentlich verschiedene. Für gewöhnlich rechnet man eine Durchschnittsdauer von 2—3 Jahren (v. MALAISÉ errechnet $5^1/_2$ Jahre als Durchschnitt), die kürzeste Frist beträgt 2—3 Monate und die längste 12 Jahre und darüber.

Ein Stationärwerden des Prozesses, also ein Stillstand mit Erhaltenbleiben eines Teiles des Sehvermögens, etwa Ausheilung mit einem quadrantenförmigen Gesichtsfeld, ist ein relativ seltenes Ereignis ebenso wie eine Beschränkung des Prozesses auf *ein Auge*.

In der Regel erkranken beide Augen fast gleichzeitig, höchstens mit einem geringen Zwischenraum von einigen Monaten, selten von einigen Jahren. Der Prozeß schreitet dann im allgemeinen in dem gleichen Tempo beiderseits fort. Daß derselbe dauernd auf das eine Auge beschränkt bleibt, hat UHTHOFF unter

300 tabischen Opticusatrophien nur in 2 Fällen beobachtet. In dem einen der beiden, den ich mitbeobachtet habe, führte der Prozeß in der durchschnittlichen Zeit zur totalen einseitigen Erblindung, während das andere Auge bei jahrelanger Kontrolle sich als völlig intakt erwies.

In einem kürzlich von mir beobachteten Fall setzte der Prozeß auf dem zweiten Auge erst etwa 10 Jahre nach der Erkrankung des ersten ein. In diesen Fällen mit relativ großen Zeitzwischenräumen scheint dann der Verlauf ein verhältnismäßig langsamer zu sein.

Bezüglich der Diagnostik der Opticusatrophie sei hier nur noch auf einige Punkte aufmerksam gemacht: vor allem die Wichtigkeit der Untersuchung des Farbensinns. Eine Alteration der Grün-Rotempfindung gehört zu den frühesten Erscheinungen, während die Blau-Gelbempfindung relativ lange

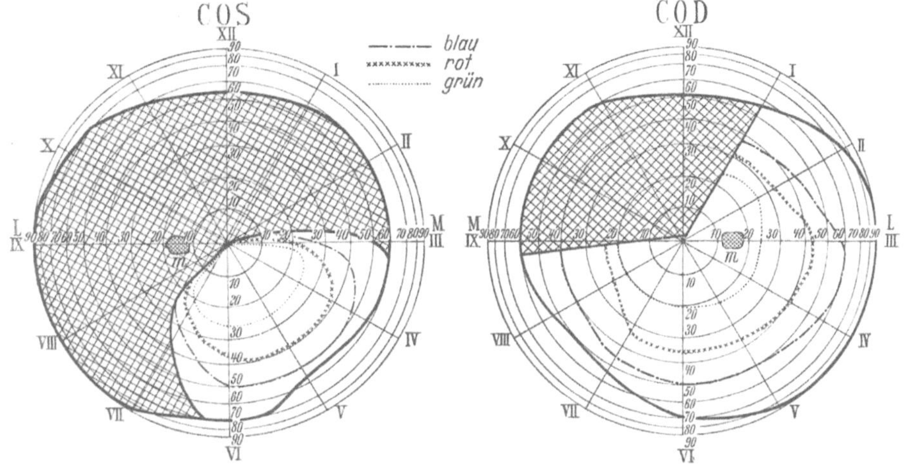

Abb. 10. Tabisches Gesichtsfeld mit sektorenförmigen Defekten mit erhaltener zentraler Sehschärfe. (Nach Uhthoff.)

erhalten bleibt. Besonders die Empfindung für Blau bleibt lange bestehen, während das Gesichtsfeld für rot und besonders für grün schon stark eingeengt ist, bzw. die entsprechende Farbenwahrnehmung auch schon ganz geschwunden ist.

Bezüglich des Gesichtsfelds für weiß (welches oft erst später wie die Farbenfelder eingeengt ist) unterscheidet Uhthoff drei Verlaufstypen. 1. Solche Gesichtsfeldbeschränkungen, bei denen frühzeitig zum Ausdruck kommt, daß der ganze Sehnerv vom Krankheitsprozeß ergriffen ist, wo also ein mehr oder weniger gleichmäßiges Sinken des Farbensinns und des Raumsinns, somit ein kontinuierlicher gleichzeitiger Verfall der zentralen Sehschärfe und des peripheren Gesichtsfelds stattfindet (s. Abb. 9).

2. Solche Gesichtsfeldbeschränkungen, die auf ein partielles Ergriffensein des Sehnerven hinweisen, wo also einzelne periphere, oft sektorenförmige Gesichtsfeldpartien vollständig defekt werden und sich scharf gegen die gesunden, normal funktionierenden absetzen. Besonders bleibt in diesen Fällen die zentrale Sehschärfe oft lange Zeit vollkommen erhalten, während das Gesichtsfeld in den peripheren Partien ausgedehnte totale Defekte zeigt (s. Abb. 10). Gelegentlich geht dies sogar bis zu einem Verfall des ganzen peripheren Gesichtsfeldes, so daß ein sog. „röhrenförmiges" zentrales Gesichtsfeld zurückbleibt. Ich sah erst kürzlich wieder einen solchen Fall mit einem beiderseitigen zentralen

Gesichtsfeld von 10° Ausdehnung. In diesem zentralen Gesichtsfeld bestand volle
Sehschärfe und normaler Farbensinn. (Im übrigen war die Tabes nur aus dem
gleichzeitigen Fehlen der Achillesreflexe und charakteristischen Liquorbefund
zu diagnostizieren.)

Der Verlauf der ersten Gruppe ist im allgemeinen deletär fortschreitend trotz
jeglicher Therapie, der der zweiten etwas günstiger, wie Arlt an dem Uhthoffschen Material nachgewiesen hat (s. darüber das Kapitel Therapie).

3. Ein Beginn der Gesichtsfeldstörung unter der Form eines zentralen
Skotoms ist ein außerordentlich seltener Vorfall; er kam bei Uhthoff nur in 2%
der Fälle zur Beobachtung (s. Abb. 11). Hemianopische Gesichtsfelddefekte gehören nicht zum Wesen der tabischen Prozesse. Homonyme oder auch bitemporale oder auch binasale Hemianopsien können durch eine zufällige Lokalisation

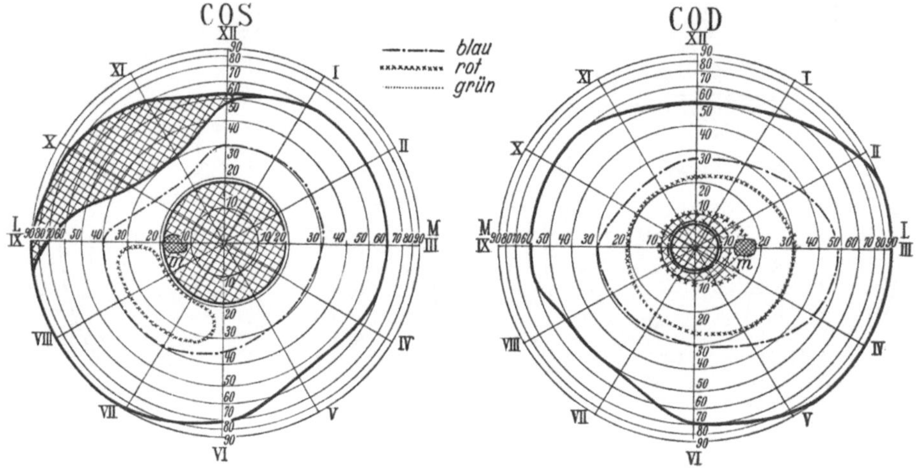

Abb. 11. Tabisches Gesichtsfeld mit zentralem Skotom. (Nach Uhthoff.)

des Zerfallsprozesses des Gesichtsfeldes vorgetäuscht werden oder weisen auf
eine Komplikation hin (basale Lues).

Was die atrophische Verfärbung der Papille betrifft, so hebt Uhthoff hervor, daß dieselbe sich durchweg bei der Augenspiegeluntersuchung bemerklich
macht, sobald eine Funktionsstörung im Bereich des Sehnerven bereits eingetreten ist, ja, es kann eine atrophische Verfärbung schon erheblich früher
nachweisbar sein wie eine Störung des Sehvermögens.

Mit diesen kurzen diagnostischen Bemerkungen müssen wir uns hier begnügen.

Eine vielfach erörterte Frage ist hier noch zu besprechen, nämlich die nach
den Beziehungen der Opticusatrophie zu den anderen tabischen Symptomen
bzw. nach dem Einfluß der ersteren auf den Gesamtverlauf der Tabes.

Die vielzitierte, bereits in den 80er Jahren des vorigen Jahrhunderts ausgesprochene Ansicht (Benedict, Gowers, Déjérine), daß der Eintritt der
Opticusatrophie den weiteren Verlauf der Tabes günstig gestaltet, daß dieselbe den Verlauf der Tabes aufhält bzw. das Eintreten weiterer Symptome,
insbesondere der Ataxie, verhindert, ja sogar schon vorhandene Symptome
zum Rückgang bringt, hat in der letzten Zeit auf Grund umfangreicher Beobachtungen eine weitgehende Einschränkung erfahren.

Richtig ist allerdings, daß die Opticusatrophie verhältnismäßig häufig im frühen, präataktischen Stadium der Tabes auftritt. Aus der umfangreichen Literatur (s. darüber auch bei UHTHOFF) sei hier als Beispiel nur BERGER angeführt, welcher unter seinem Material 29 Atrophien im präataktischen und nur 15 im ataktischen Stadium auftreten sah. FOERSTER fand sogar unter 58 ataktischen Tabikern nur 6 Opticusatrophien, also etwa 10%, während unter 27 Präataktikern fast die Hälfte blind waren. (Die Fälle mit Opticusatrophie wiesen auch weniger ausgeprägte anderweitige Symptome auf wie die ohne Atrophie.) FOERSTER gibt jedoch selbst zu, daß es sich bei dieser hohen Zahl wohl um Zufälligkeiten des Materials handelte.

Andere Zusammenstellungen ergaben in der Tat auch ein erheblich anderes Resultat. So fand ich selbst unter den erwähnten 55 Opticusatrophien der UHTHOFFschen Klinik 15 Fälle, also 27,2%, ataktisch, während unter der Gesamtzahl der 165 Tabesfälle nur 21,2% ataktisch war. Die Fälle mit Opticusatrophie boten also sogar in einem etwas höheren Prozentsatz der Symptome die Ataxie dar wie die übrigen Fälle.

PIERRE MARIE und LÉRI fanden unter 13 blinden Tabikern 7mal Ataxie nach der Erblindung auftreten, 4mal gleichzeitig mit dieser und 2mal schon vor der Erblindung. Sie kamen also zu dem Schluß, daß die Amaurose keineswegs das Auftreten der Ataxie verhindert.

Von weiteren Zusammenstellungen sei die von v. MALAISÉ erwähnt; derselbe fand unter seinen Opticusatrophien in etwa $^3/_4$ der Fälle einen relativ günstigen Verlauf der Tabes, in $^1/_4$ aber trotz der frühzeitig einsetzenden Opticusatrophie einen stark progredienten Verlauf. Ja, er sah sogar Fälle, in denen nach jahrelangem relativ gutartigen Verlauf gleichzeitig mit einer Verschlimmerung der übrigen Symptome eine Opticusatrophie einsetzte, die in wenigen Jahren zur Blindheit führte, gleichzeitig mit der Entwicklung einer schweren Ataxie bis zur Unfähigkeit, ohne Unterstützung zu stehen. Ähnliche Fälle hat wohl jeder beobachtet, der über ein größeres Tabesmaterial verfügt. Die These von der Hemmung des tabischen Prozesses durch die Blindheit kann also in dieser Allgemeinheit nicht mehr aufrecht erhalten werden.

Man kann nur so viel sagen, daß die Opticusatrophie relativ häufig im präataktischen Stadium der Tabes auftritt und verhältnismäßig seltener im späteren ataktischen Stadium, so daß die Gefahr blind zu werden sich für den Tabiker mit der Dauer des Gesamtprozesses vermindert. Ferner, daß die Fälle mit frühzeitig auftretender Atrophie oft lange Zeit auf einem gleichbleibenden Stadium verharren, ohne ein wesentliches Fortschreiten zu zeigen.

Die Erklärung für dieses Verhalten ist aber nicht in einem hemmenden Einfluß des Opticusprozesses zu suchen, sondern auf eine allgemeine Eigenschaft des tabischen Prozesses zurückzuführen. FOERSTER (4), der anfangs geneigt war, den hemmenden Einfluß anzunehmen, hat später diese Auffassung in einer meines Erachtens zutreffenden Weise modifiziert. Er hebt hervor, daß der Tabes eine multilokuläre, disseminierte Lokalisation eigen ist, d. h. daß sie in einem Teil der Fälle vom Lumbosacralmark, in einem anderen vom Dorsalmark, in einem weiteren vom Cervicalmark und der Medulla oblongata ihren Ausgang nehmen kann, und daß sie sich dann oft lange auf diesen *einen* Abschnitt des Zentralnervensystems beschränkt, wenn andererseits auch Kombinationen von Erkrankungen in zwei oder drei „Etagen" des Zentralnervensystems vorkommen, bzw. eine Ausbreitung des Prozesses auf ein zweites Gebiet noch nach einem Zeitraum von vielen Jahren zu der ursprünglichen Lokalisation hinzutreten kann. So ist ein sehr häufiger Typus der Tabes der, den *ich selbst* (2) als „Tabes superior" bezeichnet habe, und der sich dadurch charakterisiert, daß zunächst nur Augensymptome, besonders Opticusatrophie, in

Kombination mit Erscheinungen von seiten des Cervical- und oberen Dorsalmarks (gürtelförmige Anästhesie und Anästhesie am Innenrande der oberen Extremität) bestehen. Auf diesem Stadium verharrt dann die Tabes oft jahrelang oder dauernd, ohne daß wesentliche andere Symptome hinzutreten. Allerdings finden sich gelegentlich auch leichte Andeutungen (z. B. das Fehlen eines Achillesreflexes) dafür, daß auch die anderen Abschnitte nicht ganz verschont sind. In manchen Fällen tritt dann erst nach Jahren eine weitere Ausbreitung auf, so daß zu der Blindheit dann das vollentwickelte Bild der Tabes hinzutritt (weiteres siehe darüber S. 604 und 612).

Die Fälle von lange bestehender tabischer Blindheit ohne wesentliche andere Symptome besagen also nicht, daß der Opticusprozeß den Verlauf der Tabes *aufhält*, sondern sie sind zu deuten als oligosymptomatische bzw. auf einen einzelnen Rückenmarksabschnitt beschränkte Fälle, wie sie sich auch bei anderer Lokalisation des tabischen Prozesses finden. Statt der Opticusatrophie kann z. B. auch eine reflektorische Pupillenstarre lange Zeit als isoliertes Symptom, nur verbunden mit Gürtelanästhesie, bestehen bleiben, und es gibt andererseits auch Fälle mit circumscripter Lokalisation im Lumbosacralmark, die man als „Tabes inferior" bezeichnen könnte, bei der Symptome von seiten der unteren Extremitäten jahrelang isoliert bestehen ohne ein weiteres Fortschreiten.

Ein *Aufhalten* des Verlaufs durch die Opticusatrophie ist also nicht bewiesen, selbst wenn, wie manchmal angegeben wird, einzelne Symptome, z. B. lanzinierende Schmerzen bei der Tabes nach Eintreten der Opticusatrophie zurücktreten, so ist das, wie auch Foerster hervorhebt, kein Beweis für eine bessernde Wirkung des Opticusprozesses, wir müssen vielmehr daran denken, daß solche Schwankungen im Verlauf der Tabes auch sonst vorkommen.

Anhangsweise sei hier die Beobachtung von Bailliart und Fil erwähnt, welche eine plötzliche, nach 14 Tagen wieder verschwindende Blindheit bei einem Tabiker sahen. Sie führen dieselbe auf einen doppelseitigen Spasmus der Art. centralis retinae zurück. Gleichzeitig bestand Gehörstörung, Schwindel, Parästhesien der linken Gesichtsseite.

Sehr viel seltener wie die Störungen von seiten des nervösen Augenapparats und in diagnostischer Hinsicht weit hinter diesen zurücktretend sind die Störungen von seiten der anderen Sinnesorgane.

8. Störungen von seiten des Gehörorgans

treten verhältnismäßig selten bei der Tabes hervor. Nach einigen Statistiken (Tumpowski, Bonar, Sarbó) kommen sie in 0,5—0,9% der Fälle vor. Sie bestehen teils in Reizerscheinungen in Form von Ohrgeräuschen, teils in einer progressiven Schwerhörigkeit bis zur Ertaubung. Hinzutretende Schwindelerscheinungen zeigen in manchen Fällen, daß neben dem Cochlearisanteil des Acusticus auch der vestibulare Anteil ergriffen ist. Es kann dann auch bis zum Ausfall der Vestibularisreaktion kommen, der sich in einem Mangel an Perzeption von Drehbewegungen zu erkennen gibt.

Eine größere Anzahl derartiger Fälle untersuchte Rabattu. Er fand bei der Untersuchung von 30 Tabikern 28mal Vestibularisstörungen von wechselndem Charakter, bald als Über-, bald als Untererregbarkeit; in einem Falle Menièresche Anfälle, bei drei anderen Spontannystagmus. Der Autor bezieht die Gleichgewichtsstörungen, insbesondere das Rombergsche Phänomen auf die Vestibularstörungen und sieht daher in der Häufigkeit der letzteren eine Erklärung für die ersteren. Störungen des Gehörvermögens fehlten in seinen Fällen meist, weswegen der Autor eine isolierte Erkrankung der Vestibulariskerne annimmt. Die Vestibularisstörungen sind meist Frühsymptome (in einigen Fällen noch erhaltene Pupillenreaktion), können daher diagnostisch von Wichtigkeit werden.

Andere Autoren (TORINI, MORIN) stellten dagegen überwiegend normales Verhalten der Labyrinthfunktion fest. Die bei einigen Patienten beobachtete Untererregbarkeit gegen calorische und galvanische Reize wurde auf Veränderungen im Mittelohr zurückgeführt, denen keine spezifische Bedeutung zukommt.

9. Geruchs- und Geschmacksstörungen.

Geruchsstörungen sind selten, in einer Statistik von BONAR unter 286 Fällen in 0,6% gefunden; unter den Statistiken von TUMPOWSKI und SARBÓ gar nicht beobachtet (225 bzw. 195 Fälle), von KLIPPEL und JULIAN als etwas häufiger erwähnt. OPPENHEIM sah den Fall eines Apothekers, bei welchem die Anosmie zuerst auf die beginnende Tabes aufmerksam machte.

Geschmacksstörungen kommen unter den erwähnten drei Statistiken überhaupt nicht vor. DÉJÉRINE berichtet darüber und besonders PFEIFFER publiziert sehr ausführlich einen Fall, der mit bulbärparalytischen Symptomen begann und zu einer Affektion fast aller Hirnnerven führte, bei dem die Geschmacksempfindung herabgesetzt bzw. aufgehoben war und dabei eine ausgesprochene Verlangsamung ihres Eintritts zeigte. (Über Geschmackskrisen s. S. 555.)

In unserer Besprechung der im Bereich einzelner Organe sich abspielenden tabischen Symptome müssen wir nunmehr in einer, wie gesagt, durchaus willkürlichen Aneinanderreihung auf ein ganz anderes Gebiet übergehen, nämlich auf die oft in einem erheblichen Maße hervortretenden Blasen- und Mastdarmstörungen. Was zunächst

10. die Blasenstörungen

anbetrifft, so sind diese bekanntlich ein so häufiges Frühsymptom, daß man ganz allgemein bei der Exploration eines auf Tabes incipiens verdächtigen Patienten gewöhnt ist, ihn nach etwaigen Störungen der Urinentleerung zu fragen. Solche Störungen machen sich schon in der Frühperiode bei noch wenig entwickelten sonstigen Symptomen bemerklich. Sie brauchen aber keineswegs während des ganzen Krankheitsverlaufs konstant zu bleiben oder fortzuschreiten, vielmehr sind häufige Intermissionen bis zur völligen Rückkehr zur Norm sowie große Schwankungen in der Intensität der Anomalien recht häufig zu beobachten. Selbst schwere Erscheinungen wie z. B. eine völlige Retention, die Katheterismus erforderlich macht, können nach monatelangem Bestehen wieder zurückgehen.

Die Blasenstörungen äußern sich zunächst entweder so, daß der Kranke zwar einen Drang verspürt, diesem aber nur mit großer Anstrengung unter starker Zuhilfenahme der Bauchpresse nachkommen kann, oder so, daß der Patient gar keinen Urindrang verspürt, den Urin aber in willkürlich bestimmten Intervallen unter Konzentrierung der Aufmerksamkeit auf den Akt des Harnlassens entleeren kann. Der Urin entleert sich aber nicht in bogenförmigem Strahl, sondern stockt, bricht am Orificium in kraftloser Weise ab, der Patient hat dabei oft gar nicht das Gefühl, daß das Wasser abgeht. Dabei benützen die Patienten die verschiedensten Kniffe, um die Tätigkeit der Blase zu ermöglichen: sitzende Stellung, Niederhocken, Vorwärtsbeugen u. dgl. mehr (SCHAFFER).

Bei diesem Zustand, genannt Dysuria tabica, bleibt die Urinentleerung immer eine unvollständige, so daß nicht unbeträchtliche Mengen von Residualharn, etwa 100—200 g, zurückbleiben. Manchmal gelingt auch trotz größter Anstrengung nur ein tropfenweises Entleeren von Urin (Ischuria paradoxa), so daß Katheterismus notwendig wird.

Der geschilderte Zustand ist als eine Detrusorschwäche zu bezeichnen; diese ist jedenfalls durch den Fortfall sensibler Erregungen bedingt, wie daraus hervorgeht, daß nach den Ermittlungen v. FRANKL-HOCHWART und ZUCKERKANDL die faradische Sensibilität des Blasenkörpers und der Pars prostatica erloschen ist.

Eine andere Form der Blasenstörung ist die Inkontinenz, also eine Schwäche des Blasensphincters. In diesen Fällen entleeren sich zunächst auf kleine körperliche Anstrengungen, wie Niesen, Husten, Bücken, Aufheben eines schweren Gegenstandes unwillkürlich einige Tropfen Urin; in schweren Fällen kommt es dann, meist in den Spätstadien, zu einem dauernden Abtropfen von Urin, bisweilen nur Nachts, häufig aber auch während des ganzen Tages.

Eingehende Beobachtungen über die tabischen Blasenstörungen haben in der letzten Zeit Lewin und Taterka gemacht. Taterka fand unter 43 Tabikern nur in 4 Fällen *keinerlei* Befund am Harnsystem, allerdings äußerte nur ein kleiner Teil, nämlich 11 Patienten, subjektiv Klagen über Störungen der Harnentleerung. Objektiv fand sich 15mal Inkontinenz oder Retention und 8mal Restharn von geringen Mengen bis 650 ccm. Der Harnbefund zeigte in 24 Fällen deutliche Zeichen der Entzündung. Die Empfindung der vollen Blase schwankte beim Tabiker zwischen Füllungsgraden von 120—930 ccm; in einem Drittel trat erst bei einer Füllung von mehr als 400 ccm ein leichtes Druckgefühl auf. Die Kystoskopie, die in keinem einzigen Falle Schwierigkeiten machte oder Beschwerden verursachte, ließ in 16 Fällen eine ausgesprochene Cystitis erkennen, ohne daß der Kranke die geringsten Beschwerden davon hatte. In 27 Fällen fanden sich Trabekel und Divertikel von leichten bis zu den schwersten Formen. Das Orificium internum war dreimal verändert. In 11 Fällen fanden sich klaffende Ureteren, d. h. also eine muskuläre Insuffizienz im unteren Ureterabschnitt. Das Schrammsche Colliculusphänomen (Sichtbarwerden des Colliculus seminalis bei abwärts gedrehtem Kystoskopschnabel) war bei 14 Fällen positiv. Eine Tendenz zu Blasenblutungen fand sich in einer Anzahl von Fällen entsprechend der sonstigen Neigung der Tabiker zu Spontanblutungen (über die anatomischen Verhältnisse ist auf die anschließende Mitteilung von Lewin zu verweisen).

Die Beteiligung des Harnsystems ist um so stärker, je weiter auch sonst der tabische Prozeß fortgeschritten ist. Nur in einem kleinen Teil der Fälle fanden sich schon im Frühstadium ausgesprochene Blasenveränderungen. In diesen Fällen ist die Kystoskopie von frühdiagnostischer Bedeutung.

Taterka sieht die Ursachen der Blasenstörungen in einer Unterbrechung sensibler Bahnen des autonomen Systems und erklärt daraus das häufige Fehlen bzw. die Geringgradigkeit der subjektiven Beschwerden trotz des häufigen Vorkommens objektiver Störungen. In gleicher Weise, durch Störung sensibler Bahnen, erklärt er die Atonie, die sich nicht nur auf die Blase erstreckt, sondern in einem großen Teil der Fälle auch an den Ureteren sich findet. (Analogie zu der Hypotonie der Extremitätenmuskulatur.)

Fessler und Fuchs fanden die Blasenstörungen ebenfalls sehr häufig, nämlich bei 121 Fällen in 76 Fällen (62,8%). Bei der überwiegenden Mehrzahl traten die Störungen bereits im 1. Dezennium des tabischen Prozesses auf, in einer geringen Zahl im 2. oder gar 3. Dezennium. Bei 9 Patienten schienen sie das Initialsymptom der Krankheit zu sein. Unter 70 Fällen hatten 20 stationären Charakter für die Dauer von 1—18 Jahren. Eine gesetzmäßige Verknüpfung mit dem Auftreten anderer Symptome wurde nicht gefunden, nur ein häufiges Zusammenfallen mit Potenzstörungen. Durch schwere entzündliche und Rückstauungsveränderungen gaben die Blasenstörungen nicht selten die Todesursache bei den Tabikern ab.

Fessler sucht dann die Blasenstörungen näher zu definieren als Folge von Tonusschwankungen und Erregbarkeitsschwankungen im Sphincter und Detrusor. Das erste, meist nur kurz anhaltende Stadium der Pollakisurie erklärt er als eine Tonus- und Erregbarkeitssteigerung des Sphincters und des Detrusors. Daraus resultiert eine gehäufte, aber ziemlich ungestörte Blasenentleerung. Im zweiten Stadium findet sich eine Erschwerung der Miktion mit Restharn bis zur kompletten Harnverhaltung. Dies erklärt sich

aus einer Verschiebung des Tonus zugunsten des Sphinkters. Im dritten Stadium sind
Tonus und Erregbarkeit sowohl des Sphinkters wie des Detrusors herabgesetzt. Falls hierbei
der Tonusverlust des Sphincter geringer ist, bleibt die Retention bestehen, aber die Blase
ist ausdrückbar. Geht der Tonus in beiden Muskeln verloren, resultiert Inkontinenz.

In einer etwas anderen Weise versucht McCrea eine Einteilung der Blasenstörungen
nach pathogenetischen Gesichtspunkten. Er unterscheidet zwei Hauptsymptome tabischer
Blasenstörung: 1. das der Inkontinenz infolge vorwiegend zentraler Sensibilitätsstörung,
2. das der Blasenschwäche infolge überwiegender Störung der visceralen Reflexe. Ein
dritter, aus 1. und 2. gemischter Typus ist selten. Bei Typ I entsprechen die Symptome
im wesentlichen denen nach Zerstörung der spinalen sensiblen Bahn; der Sensibilitätsausfall
ist hauptsächlich durch Verlust der urethralen Schleimhaut- und der urethralen Muskelsensibilität (Nn. pudici) gekennzeichnet. Bei Typ II ist vor allem die Reflexfunktion der
Blase gestört, was auf Läsion der afferenten, im N. pelvicus verlaufenden Fasern beruht;
der Autor nimmt an, daß die Tabes selten viscerale und sensible Nerven gleichzeitig, zum
mindesten aber nicht gleich schwer affiziert.

Bezüglich der Prognose der Blasenstörungen äußerst sich v. Malaisé, der
in 85% seiner Fälle Blasenstörungen fand, dahin, daß die Entwicklung der
Blasenstörungen zur völligen Inkontinenz im allgemeinen um so rascher vor
sich geht, je rascher sich das Leiden im übrigen entwickelt. Andererseits finden
sich auch Fälle, wo bei sehr protrahiertem Verlauf die Harnbeschwerden unverändert in leichtester Form viele Jahre bestehen können. Frühzeitige Blasenstörung gibt also durchaus nicht immer eine Aussicht auf einen ungünstigen
Verlauf, vielmehr kann bisweilen gerade die Blasenfunktion lange Zeit als einzige
eine schwere Störung aufweisen. Ja, es kann sogar die initiale Inkontinenz im
Verlauf des Leidens vollständig schwinden. Es sind hier wie bei vielen tabischen
Symptomen alle Verlaufsmöglichkeiten und Variationen gegeben.

Über Blasenkrisen vgl. Kap. 2, S. 553.

11. Störungen der Geschlechtsfunktionen.

Schwäche der Geschlechtsfunktion bis zur völligen Impotentia coeundi ist ein
recht häufiges Symptom der Tabes. Angaben über Nachlassen der Geschlechts-
kraft findet man sehr häufig in der Anamnese bei inzipienter Tabes.

v. Malaisé fand allerdings unter 40 Tabikern nur 16 impotent, was verhältnismäßig wenig erscheint. Als Frühsymptom fand er Impotenz relativ selten,
dann aber von schlechter Vorbedeutung für den weiteren Verlauf. Bei frühzeitiger Incontinentia urinae traten bald auch Potenzstörungen hinzu. Bei im
allgemeinen ungünstig verlaufenden Fällen schwindet auch die Potenz früher
als in protrahierten Fällen, in welchen sie längere Zeit erhalten bleiben kann,
ja, es können im Verlaufe der Krankheit sogar Kinder erzeugt werden. Anästhesie der Glans penis ist oft bei der Impotenz zu konstatieren.

Auch Reizerscheinungen, Satyriasis, wochenlang anhaltender Priapismus ohne
Wollustempfindungen mit sehr schmerzhaften Urinentleerungen kommen im
Anfang vor (Oppenheim). Die Impotenz folgt dann bald nach. Auch Steigerung
der Libido bei Abnahme oder Schwinden der Potenz kommt vor.

Fessler und Fuchs beschreiben eine besondere Potenzstörung der Tabiker,
die darin besteht, daß die Kranken zwar Erektionen und auch Orgasmus haben,
nicht aber eine nach außen hin bemerkbare Ejaculation. Das Ejaculat wird vielmehr in die Blase entleert. Sie erklären dieses Symptom durch eine Schwäche
des Sphincter internus des Blasenhalses. (Der innere Sphincter hemmt die Urinentleerung während des Geschlechtsaktes und wirkt richtunggebend für die
Geschlechtsprodukte).

Doppelseitige, gummöse Epididymitis als tertiäres Symptom bei Tabikern wird von
v. Fischer beschrieben.

Beim *weiblichen Geschlecht* findet sich Anaphrodisie bis zur völligen Anästhesie
der Geschlechtsorgane, Kindsbewegungen werden nicht gespürt, Geburten bei
Tabikerinnen verlaufen oft völlig schmerzlos. Williams schilderte kürzlich

den Fall einer Tabikerin, welche dreimal schwanger war und alle dreimal ausgetragene Kinder zur Welt brachte. Er macht darauf aufmerksam, daß gastrische Krisen bei einer Schwangeren fälschlich als unstillbares Erbrechen oder vorzeitige Wehen gedeutet werden können, ferner daß die Wehentätigkeit schmerzlos ist und die zur Unterstützung der Uteruskontraktionen erforderliche Mitwirkung der Bauchpresse fehlt.

Als ein seltenes Symptom aus der weiblichen Geschlechtssphäre wird Galaktorrhoe beschrieben. Siding sah es bei einer 61jährigen Tabica. Aus beiden Brüsten ließ sich Milch in 5—6 Strahlen ausdrücken. Gleichzeitig bestanden Magendarmblutungen mit wässerig-schleimigen Stuhlentleerungen, Erbrechen, Herpeseruptionen, Ovarienatrophie. Der Autor deutet die Erscheinung deswegen als eine Reflexneurose infolge tabischer Störungen im abdominalen sympathischen Geflecht. de la Camp schildert derartige Zustände als „Mammakrisen", neuerdings wird ein weiterer Fall von André-Thomas und Kudelski (2) mitgeteilt.

Bezüglich der Krisen der Sexualorgane vgl. im übrigen S. 553.

12. Darmsymptome.

Sehr häufig besteht bei der Tabes eine hartnäckige Stuhlverstopfung, selten kommt es zu Incontinentia alvi und das meist nur in sehr fortgeschrittenem terminalen Stadium und mit Blaseninkontinenz verknüpft (3mal unter 150 Fällen, von Malaisé). Hess und Feltitschek schildern die Obstipation so, daß trotz reichlicher Füllung der untersten Darmabschnitte nur spärliche Bröckel verspätet aus der Ampulle ausgestoßen werden, während die Hauptmasse im Descendens fast unverändert liegenbleibt. Es handelt sich also um eine Störung des Mechanismus der Kotentleerung, während die Fortbewegung des Darminhaltes durch die oberen Darmabschnitte keinerlei Störung erkennen läßt, wahrscheinlich um Störungen im Innervationsbereich des N. pelvicus, dessen Wurzelgebiet im Sacralmark gelegen ist.

Die dieser Störung zugrunde liegende Erschlaffung des Rectums konnte Alvarez direkt nachweisen. Er fand, daß sich in allen Fällen vorgeschrittener Tabes, bisweilen auch schon im Frühstadium das Rektoskop ohne jeden Widerstand in den Darm einführen ließ.

Von anderen Darmsymptomen wird gelegentlich auch ein quälender Tenesmus erwähnt (Oppenheim).

Bei den Darmsymptomen dürfte auch die häufige viscerale Analgesie zu erwähnen sein, welche bewirkt, daß Druckempfindlichkeit des Abdomens und Bauchdeckenspannung im Falle einer komplizierenden Peritonitis vollständig fehlen. Dieser Umstand gibt nach Lagemann häufig zu Fehldiagnosen Veranlassung (s. auch S. 546).

13. Störungen auf dem Gebiete des Zirkulationssystems.

Auf das häufige Vorkommen von Aortenerkrankungen (Insuffizienz, Sklerose mit Aneurysma) bei der Tabes dorsalis soll hier nur kurz hingewiesen werden, da es sich hierbei nicht eigentlich um ein tabisches Symptom handelt, sondern nur um eine auf dem gleichen ätiologischen Boden (der Lues) erwachsene Begleiterscheinung. Die Häufigkeit dieses Zusammenvorkommens hat bekanntlich besonders v. Strümpell (3) erkannt. Eine genaue Untersuchung seiner Fälle von Aortenfehlern und arteriosklerotischen Beschwerden auf tabische Symptome ergab eine erstaunliche Häufigkeit der letzteren, und zwar handelte es sich meistens um rudimentäre Fälle von Tabes, die den Betroffenen nur wenig Beschwerden machten.

Rogge und Müller bearbeiteten das Material der Strümpellschen Klinik ausführlicher. Sie veranschlagten das Zusammentreffen tabischer Symptome mit organischen Herzfehlern bzw. Aortenerkrankungen auf mindestens 10%. Unter 24 Fällen fanden sie 15mal Aortenklappenfehler (Insuffizienz bzw. Stenose) und 9mal Aneurysmen, bisweilen gleichzeitig Myokarditis, erhebliche Arteriosklerose schon im Alter von 27—35 Jahren. In der Hälfte der Fälle machte die Herzaffektion keine Beschwerden, sondern verlief latent. Auch die Tabes machte in diesen Fällen oft wenig Beschwerden und wurde daher erst erkannt, als dauernde zentrale Erscheinungen von seiten des Gefäßsystems hinzutraten. Die Kreislaufstörungen traten durchschnittlich $4^1/_2$ Jahre nach den tabischen Symptomen auf, beim weiblichen Geschlecht ebenso häufig wie beim männlichen.

Eine neuere anatomische Statistik stammt von Ostmann. Derselbe fand bei 15 Tabikern, die nicht mit Salvarsan behandelt waren, die Mesaortitis luica in 26,6% (bei 350 Paralytikern in 31,5%). Bemerkenswert ist hierbei, daß er aus dem Vergleich mit anderen Statistiken den Schluß ziehen zu können glaubte, daß die Mesaortitis bei den mit Salvarsan behandelten Tabikern häufiger ist wie bei den nicht behandelten. Er führt Kessler an, welcher unter 59 Fällen der Salvarsanära 66,1% syphilitische Aortenveränderungen fand.

Als eigentliches, durch Störungen der zentralen Innervation hervorgerufenes Tabessymptom ist zu erwähnen, einmal eine habituelle Beschleunigung der Pulsfrequenz (Oppenheim), ferner Veränderungen des *Blutdruckes*, welche nicht selten beobachtet werden. Steigerung des Blutdruckes finden wir bei Tabes in der Tat sehr häufig, es wird aber von verschiedenen Autoren darauf aufmerksam gemacht, daß diese Blutdrucksteigerung sehr schwankend und wechselnd ist, daß der Blutdruck häufig auf Adrenalininjektionen unregelmäßig reagiert, selten mit beträchtlicher Steigerung, meist mit Senkung (Kerpolla, Dumas et Mercier). Diese Erscheinungen werden zurückgeführt auf Erkrankungsprozesse in den vegetativen Kernen und dadurch bedingte Erregbarkeitsveränderungen derselben. Strisower fand auch bei Arbeit und Lageveränderung bei mehreren Tabikern eine beträchtliche Blutdrucksenkung (an Stelle der normalen Steigerung) und erklärt dieselbe als eine Störung der Blutregulation infolge Versagens normaler Gefäßreflexe bzw. herabgesetzter Ansprechbarkeit der Vasomotorenzentren im Rückenmark. Es erklären sich daraus die häufigen Schwindelanfälle der Tabiker, die bisweilen einen apoplektiformen Charakter haben.

Auch die plethysmographischen Kurvenbilder bei Anwendung von psychischen und Sinnesreizen ergeben bei Tabikern in der überwiegenden Zahl der Fälle eine Veränderung der Reaktionsweise im Sinne des Auftretens von spastischen und semi-spastischen Kurven, woraus auf eine Veränderung des autonomen Tonus zu schließen ist (Jong und Prakken).

Als ein weiters Symptom von seiten des Gefäßsystems sind ferner die häufig zu beobachtenden Hautblutungen der Tabiker zu erwähnen, die besonders im Zusammenhang mit heftigen Schmerzkrisen auftreten, worauf besonders Strauss und Oppenheim aufmerksam gemacht haben. Über dieses Thema der Spontanblutungen hat sich ferner Taterka (3) geäußert. Er fand Spontanblutungen in 25% der Tabesfälle, und zwar teils als Sugillationen teils auch in Form von Hämaturie, Darmblutungen, Gelenkergüssen. (Er nimmt dabei an, daß häufig leichte, für den Gesunden noch unterschwellige Traumen bei der Entstehung der Blutungen mitwirken).

Diese Blutungen auf syphilitische Gefäßprozesse zurückzuführen, scheint ihm nicht angängig, weil sie bei Lues cerebri und progressiver Paralyse nur ganz ausnahmsweise beobachtet werden. Er hält es deshalb für wahrscheinlich, daß die Blutungen auf eine Veränderung der Blutbeschaffenheit zurückzuführen seien, und untersucht in erster Linie die Gerinnungszeit. Dieselbe fand sich bei Tabikern in 72,7%, bei Krisen und Schmerzattacken sogar in 80% verlängert, bei Lues cerebri nur in 60%, und zwar in geringerem Maße. Auch fand sich die Zahl der Blutplättchen ziemlich regelmäßig vermindert. Unter Bezugnahme auf Untersuchungen von FLEISCHHACKER weist TATERKA ferner darauf hin, daß das Blutbild der Tabiker zur Zeit der Krisen und lanzinierenden Schmerzen eine Veränderung der Eosinophilen und Erhöhung der Stabkernigen zeigt. Er glaubt diese Blutveränderungen im Sinne von HAUPTMANN auf einen toxischen Prozeß, entstanden durch die parenterale Verdauung von Eiweißabbauprodukten zurückführen zu sollen und will auf diesem Wege die Entstehung der Krisen erklären, eine Auffassung, der von FOERSTER (in der Diskussion) widersprochen wird, weil eine erhöhte Blutgerinnungsfähigkeit kein Beweis für das Vorhandensein eines im Blut kreisenden Giftes sei.

BASCOURRET (1) weist darauf hin, daß diese Hautblutungen (in seinem Fall flächenförmige Blutungen an mehreren Stellen des Beines bis Handtellergröße, verbunden mit heftigen Schmerzen) besonders bei der arthropathischen Form der Tabes auftreten und daß es sich hierbei zunächst um Reizungs-, dann um Lähmungszustände im Gebiet des Sympathicus handelt.

Einen ganz ähnlichen Fall berichtet ESCARTEFIQUE, der gleichzeitig mit dem Auftreten lanzinierender Schmerzen frische Arthropathien beider Kniegelenke und Spontanblutungen am rechten Bein beobachtete.

Als eine nicht ganz hierher gehörige Veränderung der Blutbeschaffenheit ist ferner vielleicht die Beobachtung von HALPERN und KOGERER zu erwähnen, welche bei Tabikern mit Schmerzen den Blutzucker vermehrt fanden. Nach einer Insulinkur trat bei 12 von 14 Fällen eine beträchtliche Besserung auf.

14. Trophische Störungen.

Als eine seltenere, aber doch nicht ungewöhnliche Erscheinungsweise der Tabes dorsalis sind schließlich die trophischen Störungen aufzuführen. Sie spielen sich teils an der Epidermis und den epidermoidalen Gebilden, teils am Knochen- und Gelenkapparat ab, treten meist im vorgerückten, bisweilen aber auch im Frühstadium der Tabes auf.

Die häufigste trophische Affektion der Haut ist das *Malum perforans pedis,* das mit einer umschriebenen Verhärtung an der Haut der Fußsohle beginnt, entweder in der Mitte oder auf dem lateralen Rande oder auch auf dem Groß- zehenballen. Die Schwiele exulceriert allmählich, es entsteht ein immer tiefer greifendes, rundliches, scharf umgrenztes Geschwür; dasselbe kann den Knochen erreichen, welcher cariös, morsch und stückweise ausgestoßen wird (s. Abb. 12). Charakteristisch ist die absolute Schmerzlosigkeit des ganzen Vorganges, welche auch gestattet, ganze Knochenstücke ohne jede Schmerzempfindung zu entfernen. Die Heilungstendenz ist in den meisten Fällen sehr schlecht, es kommen aber auch gutartige, zur Heilung neigende Formen vor. Das Malum perforans kommt auch nach einigen Beschreibungen (sehr selten) an der Hand, der Wangenschleim- haut, am Nasenflügel, am Gaumenbogen, am Oberkiefer usw. vor.

Es kommen ferner an der Haut noch verschiedene andersartige trophische Störungen vor, so Herpes (bisweilen in Begleitung von gastrischen Krisen und Schmerzattacken), Ecchymosen, Erythem, auch Suggilationen (bei Schmerz- attacken oder auch ohne solche), ferner Hemihyperhidrosis, Pruritus. Letzterer tritt nach MILIAN entweder als *einfacher* Pruritus auf, meistens in der Anal- gegend, aber auch im Bereiche der Augenlider und Lumbalgegend oder ver- gesellschaftet mit Lichenaffektion und urticarieller Knötchenbildung. BRILL beschreibt „Juckkrisen" als Äquivalent von lanzinierenden Schmerzen.

LORTAT-JAKOB beobachtete eine Arsenpigmentation der Haut bei einem (mit Salvarsan behandelten) Tabiker, welche sich symmetrisch in umschriebenen Wurzelgebieten zeigte und an eine Abhängigkeit vom Sympathicus denken ließ.

Eine weitere trophische Störung ist das schmerzlose Ausfallen der Nägel und Zähne. Letzteres beginnt mit einer Lockerung der Zähne, die später spontan ausfallen, infolge einer alveolar-dentalen Osteoarthropathie. Dem Vorgang liegt nach DUCHANGE eine Atrophie des Oberkiefers zugrunde, die außerdem zu einer Abflachung des Gaumengewölbes und Prognathie des Unterkiefers führt.

Damit kommen wir schon auf die wichtigsten trophischen Störungen, die *Osteo-* und *Arthropathien,* oder, wie man auch sagen kann, die Osteoarthropathien, da sie sich vielfach vergesellschaftet finden.

Sie sind ein nicht allzu häufiges, aber doch schon in den ältesten Beschreibungen der Tabes erwähntes Symptom. Man kann ihr Vorkommen etwa auf 5—10% der Tabesfälle schätzen (z. B. RISAK).

Auf die Genese dieser Erscheinung, deren Erörterung in der Literatur einen breiten Raum einnimmt, kann hier im symptomatologischen Teil nur kurz hingedeutet werden.

Die ursprüngliche Ansicht von CHARCOT, welcher die Arthropathien als die Folge einer Erkrankung der trophischen Zentren im Rückenmark betrachtete, wurde späterhin verdrängt durch eine „mechanische Theorie" (VOLKMANN, ROTTER, KIENBÖCK usw.). Danach ist die Arthropathie die Folge mechanischer Insulte, die infolge der brüsken ataktischen Bewegungen und des mangelhaften Muskeltonus die Gelenke treffen und infolge der Analgesie nicht bemerkt und nicht korrigiert werden, häufig auch zu Frakturen führen. Diese „Spontanfrakturen", die aus ganz geringfügigen Anlässen auftreten können, werden als „Initialstadium" oder „Frakturstadium" der Arthropathie bezeichnet. Sie beruhen also auf der Analgesie und Inkoordination, wobei als dritter Faktor eine durch den allgemeinen tabischen Prozeß bedingte Ernährungsstörung der Knochen (Osteoporose) mitspricht (KIENBÖCK). An diese Frakturen, die sich durch Schmerzlosigkeit und verhältnismäßig gute Gebrauchsfähigkeit des Gliedes von anderen Frakturen unterscheiden, schließen sich dann die weiteren trophischen Erscheinungen an.

Gegen diese Theorie ist eingewendet worden, daß die Osteoarthropathien, auch die Frakturen, bisweilen, wenn auch selten, in einem relativ frühen Stadium der Tabes auftreten, in welchem weder Ataxie noch Analgesie vorliegt (z. B. Fall von SCHWEDE), ferner auch, daß vorangegangene Traumen in den allermeisten Fällen nicht nachweisbar sind. Manche Autoren (BÜDINGER, LEVY, LUDLOFF usw.) halten daher daran fest, daß die trophischen Veränderungen das Primäre sind und die Fraktur nur eine sekundäre Erscheinung darstellt.

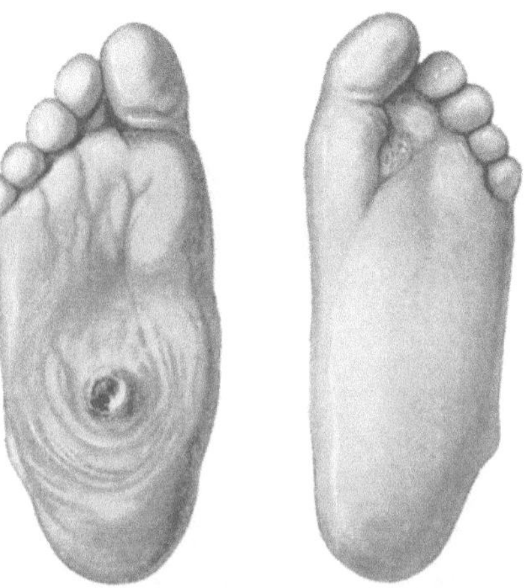

Abb. 12. Mal perforant in der Planta pedis rechts. Vernarbtes Geschwür zwischen 1. und 2. Zehe links. (Nach OPPENHEIM, Lehrbuch.)

Als eine Modifikation der CHARCOTschen trophischen Theorie kann eine von MARINESCO (2) schon vor längerer Zeit aufgestellte und noch kürzlich von ihm experimentell begründete, „vasomotorische Theorie" angesehen werden. MARINESCO nimmt an, daß die sensitiv-vasomotorischen Reflexe, welche für die Aufrechterhaltung der normalen Trophizität der Gelenke erforderlich sind, sich bei der Tabes nicht in normaler Weise abspielen, da sowohl der zentripetale Schenkel (sensibler Nerv) wie der zentrifugale (vasomotorischer Nerv) geschädigt ist. Den Beweis für diese Theorie sieht er in dem Nachweis einer Erhöhung der lokalen Temperatur und des Blutdruckes in der Umgebung des erkrankten Gelenkes sowie einer Abänderung der vasomotorischen Reaktionsweise. Auch ANDRÉ-THOMAS und KUDELSKI (1) betonen das Vorhandensein von thermischen und zirkulatorischen Störungen an den von der Arthropathie befallenen Extremitäten und sehen in diesen sympathischen Störungen die Ursache der Arthropathie.

Dieser reflektorisch-sympathischen Anschauung, die zweifellos gut begründet ist, steht aber eine andere Auffassung gegenüber, die neben anderen Autoren hauptsächlich von BARRÉ vertreten ist, welche die Ursache in einer luischen Erkrankung des Gelenkes selbst sieht, nämlich in gefäßluischen Prozessen [syphilitische Arteriitis und Phlebitis (IDELSOHN)] oder auch in Knochenveränderungen syphilitisch-entzündlicher, nicht gummöser Art (STARGARDT) oder in gummösen Neubildungen im Knochengewebe (OBERMEYER) oder auch in Stoffwechselstörungen im Knochen im Zusammenhang mit einer Erkrankung endokriner Drüsen (GRASSHEIM).

RISAK sieht die Ursache der Arthropathie in einer Disposition zur Arthritis deformans, also in einer angeborenen oder erworbenen Minderwertigkeit der Gelenke. Er will nämlich in allen Fällen von tabischer Arthropathie auch in den anderen, nicht betroffenen Gelenken das Bestehen einer meist schon vorgeschrittenen Arthritis deformans nachgewiesen haben und sieht hierin den Boden für die tabische Arthropathie. Das Wesentliche sei die

Beschaffenheit der Erfolgsorgane, die abnorme Veranlagung der Gelenke, auf deren Boden die zentralnervösen Einflüsse zur Auswirkung kommen können.

Die Verhältnisse dürften wohl in den verschiedenen Fällen etwas verschieden liegen, so daß die Auffassung mancher Autoren, daß es sich um ein Gemisch von Ursachen handelt, nicht von der Hand zu weisen ist (z. B. Cornil und Paillas, Iserlin).

Die Arthropathie befällt die verschiedenen Gelenke in verschiedener Häufigkeit, unstreitig am häufigsten das Kniegelenk. Es folgen dann: Hüft-, Schulter- und Sprunggelenk, verhältnismäßig seltener die Wirbelgelenke (hier erst relativ spät erkannt) und am seltensten Ellbogen-, Kiefer- und Fingergelenke.

Die Arthropathien treten am häufigsten im vorgeschrittenen, ataktischen Stadium der Tabes auf, seltener (aber doch nicht ganz ungewöhnlich) im frühen, nicht ataktischen Stadium, ja bisweilen so frühzeitig, daß sie überhaupt erst zur Erkennung des tabischen Prozesses Anlaß geben, z. B. die Fälle von Treu, Urechia u. a.). Sie befallen am häufigsten das Alter von 35—50 Jahren, Männer etwa dreimal so häufig wie Frauen, wie Wile und Butler aus einer Zusammenstellung von 88 Fällen errechnet haben. Sie kommen aber, wenn auch selten, auch bei juveniler bzw. infantiler Tabes vor (z. B. Fall von Léri und Lièvre).

Die Entstehung der Arthropathie ist im allgemeinen schleichend, in manchen Fällen entwickelt sich dieselbe aber auch in einer ganz kolossalen, überraschenden Schnelligkeit. In diesen Fällen ist oft ein Trauma vorangegangen, bisweilen nur ein verhältnismäßig leichtes, von dem man aber zum mindesten annehmen kann, daß es den Prozeß manifest gemacht hat. Oft liegt das angegebene Trauma allerdings so weit zurück, daß man an der ursäch-

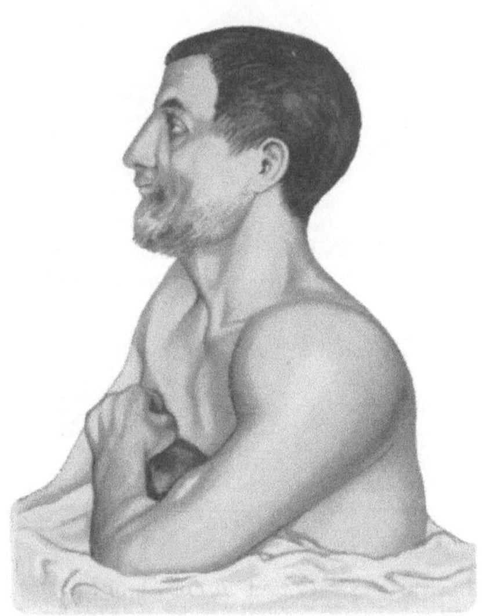

Abb. 13. Arthropathie des Schultergelenkes. (Nach Oppenheim, Lehrbuch.)

lichen Beziehung zweifeln kann, z. B. in dem Falle von Treu, in welchem sich $1^3/_4$ Jahre nach einem Trauma eine monströse Arthropathie des Kniegelenkes entwickelt hatte (kurze Zeit nach dem Trauma waren allerdings leichte Zeichen einer Arthritis deformans nachweisbar). Die akute Entstehung kommt aber auch ohne jedes nachweisbare Trauma vor.

Die Anschwellung nimmt oft einen ganz grotesken Umfang an, die Haut über derselben ist prall gespannt, fühlt sich hart an, die Schwellung erstreckt sich oft bis weit in die Umgebung hinein. Die überraschende Vergrößerung des Gelenkes ist bedingt durch eine serös-fibrinöse Ansammlung in der Gelenkhöhle, bisweilen wurde auch ein hämorrhagisches Exsudat gefunden. Sehr selten ist ein Verlauf unter akut-entzündlichen Erscheinungen mit septischem Fieber [Taterka (1)]. Diese Fälle werden auch als „pseudophlegmonös" bezeichnet. Das Punktat wurde in der Regel keimfrei befunden. Delbet und Cartier fanden jedoch unter 31 Punktionen 27mal ein positives Resultat, und zwar teils Tuberkelbacillen, teils Diplokokken (sie betrachten deshalb die tabische Arthropathie als eine infektiöse Arthritis, der die Tabes besondere Merkmale verleiht). Meist wird nur ein einzelnes Gelenk befallen, bisweilen mehrere gleichzeitig; ein doppelseitiges symmetrisches Befallensein ist sehr selten, aber für die Schultergelenke [von Taterka (1)] beschrieben.

Die Anschwellung kann wochen- und monatelang bestehen, geht dann allmählich zurück, und es bleibt dann eine definitive Deformation des Gelenkes bestehen, die durch die teils atrophischen, teils hypertrophischen Veränderungen

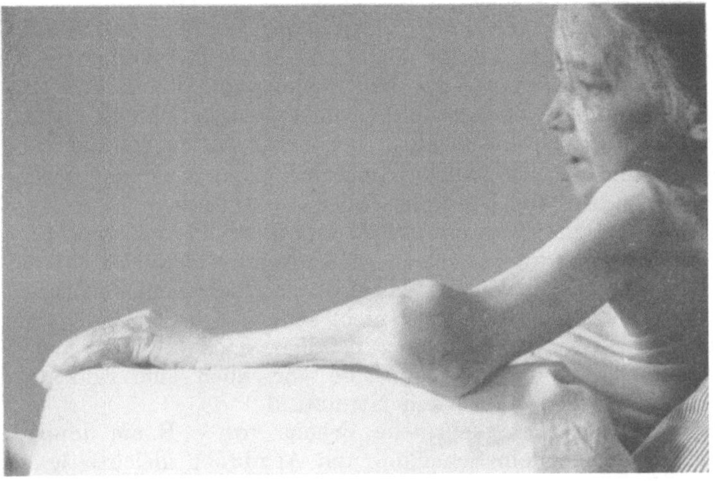

Abb. 14. Osteoarthropathie des linken Ellbogens. (Nach SCHAFFER.)

an den artikulierenden Knochenenden bedingt ist. Durch Schlottergelenkbildung resultiert oft eine abnorme Beweglichkeit des Gelenkes, die zu ganz grotesken Deformationen der Glieder führt (Hampelmanngelenke), insbesondere

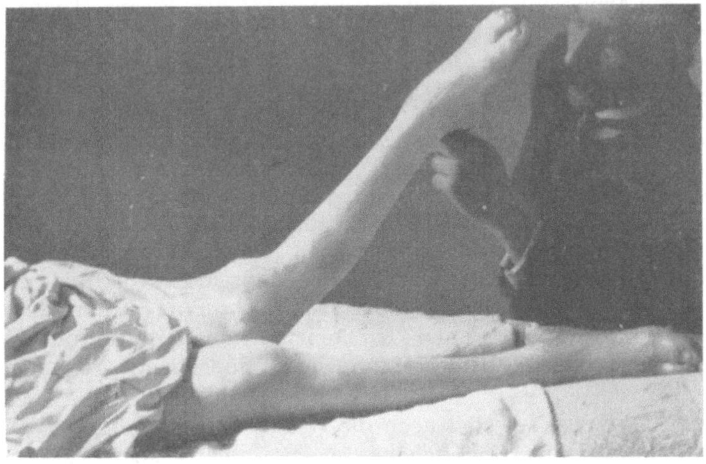

Abb. 15. Osteoarthropathie des linken Kniegelenkes: Genu eversum. (Nach SCHAFFER.)

am Knie zu Genu valgum und varum, besonders auch zu einem Genu recurvatum, an anderen Gelenken zu analogen Verbildungen (s. Abb. 13, 14, 15).

In seltenen Fällen schwellen auch die benachbarten Lymphdrüsen an. FAURE-BEAULIEU sah bei einer Arthropathie der Hüftgelenke mächtige Lymphdrüsengeschwülste in den SCARPA-Dreiecken (vasculäre luische Veränderungen in der Geschwulst).

Von den tabischen *Arthro*pathien sind, wie schon aus dem Vorstehenden hervorgeht, die *Osteo*pathien nicht zu trennen. Es bestehen gleichzeitig mit den

Veränderungen am Gelenk auch Veränderungen der Substanz der intra- und auch extraartikulären Knochenteile, die häufig zu Frakturen oder Infraktionen führen. Diese bilden, wie bereits oben gesagt, sehr häufig den ersten Anfang der Osteoarthropathie; Kienböck will sogar in *allen* Fällen von Arthropathie die Zeichen eines Gelenkbruches finden, meist an typischer Stelle, und sieht die Fraktur als das primäre Stadium (Fraktur- oder präarthropathisches Stadium) an, an welches sich dann infolge des rücksichtslosen Weitergebrauches des Gliedes trotz der Verschiebung der Bruchstücke und Lockerung der Gelenke eine rasch fortschreitende, hochgradige Verunstaltung anschließt. (Auch Lafora findet in fast allen Fällen eine Fraktur der Arthropathie vorausgehend.)

Diese Frakturen, sog. „Spontanfrakturen", können bei den geringsten Anlässen entstehen, z. B. beim Umdrehen oder Aufstützen im Bett, Herabsteigen von einer Stufe u. dgl. Charakteristisch ist dabei die vollständige Schmerzlosigkeit. Der Kranke wird nur durch ein kackendes Geräusch auf die Fraktur aufmerksam gemacht. Am häufigsten wird der Oberschenkel von der Fraktur betroffen, dann die Tibia und Fibula, nicht selten auch die Vorderarmknochen. Die anderen Knochen werden seltener befallen, doch kommen auch Rippen-, Schlüsselbein-, Becken- und Wirbelbrüche vor, auch eine Fraktur des Epistropheus ist beschrieben (Löhe und Nitschke).

Bisweilen kommen auch mehrfache Brüche vor, z. B. ein doppelter Oberschenkelbruch oder auch ein Schenkel- und Armbruch gleichzeitig, auch multiple Brüche desselben Knochens, z. B. des Beckenknochens (Harvier und Worms). Die Heilung erfolgt meist unter Bildung eines großen Callus, oft mit erheblicher Deformität. Die Bruchenden können sich aber auch einfach ligamentös durch fibröse Neubildung verbinden, wodurch es zur Bildung einer Pseudoarthrose kommen kann. Es kommen gelegentlich auch spontane Sehnenzerreißungen vor, so eine spontane Abreißung der Quadricepssehne (Oppenheim), eine Ruptur der Armaponeurose mit Muskelhernie des Biceps (Laignal-Lavastine) usw.

Differentialdiagnostisch ist zu erwähnen, daß auch bei Luikern ohne Tabes Spontanfrakturen vorkommen, infolge gummöser Erkrankung der Knochen. Das Fehlen der starken Callusbildung soll sie nach Sezary von der tabischen unterscheiden.

Bezüglich der Lokalisation der Arthropathie wurde bereits erwähnt, daß sie am häufigsten in den Knie-, Hüft- und Schultergelenken vorkommt. Die seltenen Lokalisationen im Ellbogen-, Hand- und den Fingergelenken werden gelegentlich bei solchen Formen der Tabes beschrieben, die auch sonst eine Lokalisation in den oberen Rückenmarkabschnitten zeigen (Tabes superior). Hier scheinen bisweilen Anstrengungen der betreffenden Gliedabschnitte für die Lokalisation der Arthropathie bestimmend zu sein; so beschreibt Pollak eine doppelseitige Arthropathie der Ellbogengelenke bei einem Lokomotivführer, Worster-Drought eine Arthropathie beider Handgelenke und einiger Fingergelenke bei einem Maler.

Besonders zu besprechen sind noch die Osteoarthropathien der Wirbelsäule. Sie sind, obgleich offenbar ziemlich häufig, erst relativ spät erkannt worden, so daß sie sich in den Darstellungen der ersten Jahrzehnte unserer Kenntnisse überhaupt nicht erwähnt finden. Ihre erste Beschreibung geht auf Abadie (1) (1900), Frank (1904), Fürnrohr (1908), Hänel (1) (1909) zurück. In der nächsten Zeit haben sich dann die Mitteilungen in der Literatur sehr gemehrt, so daß Lyon bereits 1927 in der Literatur 45 Fälle auffinden konnte. Eine besonders eingehende Darstellung der Literatur findet sich bei Mankowsky und Czerny (1928), welche 5 eigene Fälle beibringen konnten.

Die ganz überwiegende Prädilektionsstellen der Wirbelsäulen-Osteo-Arthropathie sind die Lendenwirbel, wobei in manchen Fällen vielleicht durch eine

präexistierende Skoliose ein Locus minoris resistentiae geschaffen ist (BREIT-
LÄNDER). Erkrankungen in anderen Teilen der Wirbelsäule z. B. der Hals-
wirbelsäule sind recht selten.

Nach Untersuchungen von STOKOLNIKOW und FRIDOROWITSCH scheint es sogar, als
ob leichte Veränderungen an den Lendenwirbeln ein außerordentlich häufiges Symptom
bei der Tabes seien, ohne daß es zu ausgesprochen osteoarthropathischen Veränderungen
kommen müßte. Sie fanden bei 34% aller Tabesfälle im Röntgenbilde rein entzündliche
Veränderungen des Periostes in der Art einer Spondylarthritis deformans ohne destruktive
Prozesse am oberen, selten am unteren Rande des IV. Lendenwirbels. Klinisch macht sich
diese Veränderung in Schmerzen
leichten Grades bemerklich, die in
der Gegend des V. Lendenwirbels
lokalisiert sind, einen dumpfen,
gleichartigen Charakter haben,
aber auch von der Statik, bzw.
den Bewegungen der Wirbelsäule
abhängen. Ob diese Erscheinung
tatsächlich, wie die Autoren annehmen, ein beständiges Symptom der Tabes darstellt und ob
darin vielleicht in manchen Fällen
eine Vorstufe der Wirbelosteo-
arthropathie zu sehen ist, wird
wohl weiteren Nachuntersuchungen vorbehalten bleiben müssen.

In den typischen Fällen
bleibt der Beginn der Osteoarthropathia vertebrarum
völlig unbemerkt, der Verlauf ist schleichend und im
wesentlichen schmerzlos. Es
bildet sich meist ganz plötzlich ohne ersichtliche Ursache
(in der Mehrzahl der Fälle
bei schwer arbeitenden Personen, aber ohne nennens-
wertes Trauma — GARVEY)
eine Kyphoskoliose der Len-
denwirbelsäule, seltener der
Brustwirbelsäule (s. Abb. 16)
aus, oft mit deutlicher Gibbus
bildung, die manchmal eine ge-

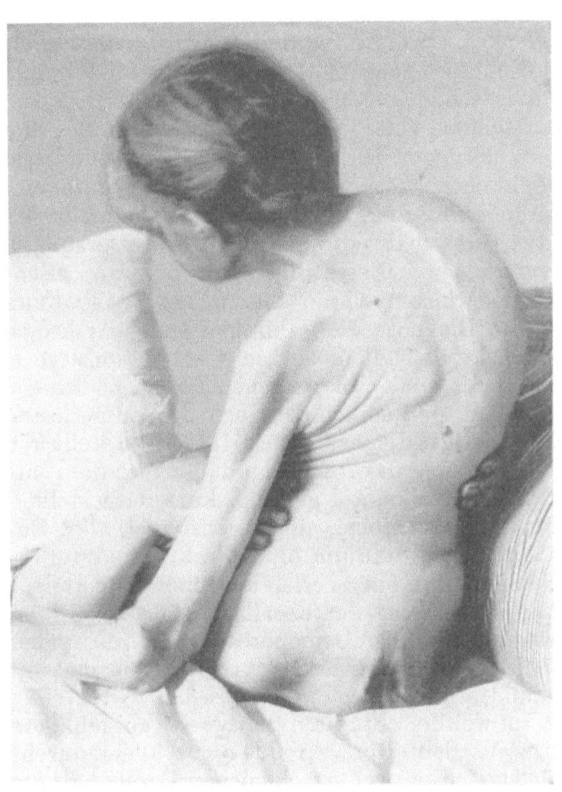

Abb. 16. Osteoarthropathia vertebrarum (Kyphoskoliose der
Dorsalwirbel.) (Nach SCHAFFER.)

radezu voluminöse Destruktion darstellt (LACHS). Charak-
teristisch ist dabei die völlige Schmerzlosigkeit bei Druck und Beklopfen der
erkrankten Wirbel. Auch durch Einstechen von Nadeln (SCHNYDER) läßt sich
die völlige Unempfindlichkeit des Knochens und Periosts nachweisen. Infolge
der Kyphose nimmt der Rumpf eine nach vorn gebeugte Haltung ein, der
Rumpf erscheint auf Kosten der Bauchregion verkürzt, es bilden sich Querfalten
an der Haut des Abdomens aus. Der Brustkorb nähert sich den Cristae ilei.
Die Arme erscheinen infolgedessen verhältnismäßig lang. In einem Falle von
MANKOWSKI reichten die Fingerspitzen bis zum Knie. Naturgemäß wird auch
die ganze Figur kleiner. Der ungewöhnlich große Patient von HAENEL (1)
erfuhr eine Reduktion seines Militärmaßes von 190 auf 184 cm. Die Osteoarthropathie der Wirbelsäule entwickelt sich meist im vorgeschrittenen ataktischen Stadium der Tabes, jedoch werden auch einzelne Fälle im präataktischen
Stadium beschrieben (z. B. BALASEVA und JERUSALIMCIK).

In manchen Fällen kommt es, im Gegensatz zu der oben betonten Schmerzlosigkeit, zu heftigen Schmerzattacken, in Form typischer Wurzelschmerzen,
wenn die Wurzeln in den proliferierenden Prozeß einbezogen sind. Die Schmerzen
werden dann durch jeden Bewegungsversuch verschlimmert, durch Ruhelage
und Stützvorrichtungen gebessert. Im Gegensatz zu diesen Bewegungsschmerzen
ist Druck und Perkussion der erkrankten Partien vollkommen schmerzlos
(Diez und Herndon).

Schließlich noch einige Worte über den tabischen Fuß, der durch Osteo-
arthropathie im Bereiche des Fußwurzel- und Mittelfußknochens zustande
kommt. Der Fuß schwillt, besonders in der Gegend des tarso-metatarsalen
Gelenkes, stark an, es findet sich daselbst eine starke Knochenverdickung, die
Fußsohle ist ganz platt, das Fußgewölbe völlig verschwunden. Dieser tabische
Fuß ist schon von Charcot und Féré beschrieben, eine genaue (auch anatomische)
Darstellung eines charakteristischen Falles findet sich bei Idelsohn. Diese
Veränderungen des Knochengerüstes verbinden sich bisweilen mit vasomotorisch-
trophischen Störungen von seiten des cutanen und subcutanen Gewebes. Die
Veränderung am Knochengerüst ist dann begleitet von Mal perforant, lokalem
Ödem, übermäßigem Schwitzen am Dorsum der großen Zehe, Pigmentation,
Cyanose usw. Dieses Bild wird von französischen Autoren als „pied tabétique
pseudosyringomyelique" bezeichnet (Bascourret und Gopcevitch).

Die Diagnose der tabischen Osteo-Arthropathien läßt sich in den meisten
Fällen leicht stellen, da meist schon sonstige ausgeprägte tabische Symptome
vorhanden sind. In manchen Fällen allerdings treten dieselben als Frühsymptome auf und lenken dann erst die Aufmerksamkeit auf die Diagnose der Tabes.
Ein wichtiges diagnostisches Hilfsmittel stellt in neuerer Zeit die röntgenologische
Untersuchung dar. Es seien daher hier die röntgenologischen Befunde, obgleich
in ein Spezialkapitel gehörig, kurz dargestellt, wobei ich besonders der Arbeit
von Kienböck folge, auf die bezüglich aller Einzelheiten hiermit verwiesen sei.

Im ersten Stadium (dem Frakturstadium) ist aus dem Röntgenbilde nur zu
erkennen, daß eine Verletzung, meist ein Gelenkbruch, oft auch nur eine Stau-
chungsverletzung der oberflächlichen Gelenkflächen vorliegt. Eine gleichzeitig
bestehende diffuse Osteoporose ist oft nur undeutlich, so daß in diesem Stadium
die Diagnose auf tabische Arthropathie nur unter Zuhilfenahme des klinischen
Befundes möglich ist.

Im weiteren Stadium der bereits ausgebildeten Arthropathie ist die Diagnose
aber aus dem Röntgenbilde ganz allein durchführbar. Die Veränderung entwickelt sich in zwei verschiedenen Formen als *hypertrophische* oder als *atrophische*
Form.

Die erstere charakterisiert sich durch Neubildung von Gewebsmassen innerhalb des Gelenkes und in seiner Umgebung: Man sieht hier im Röntgenbilde
zwischen den abgesprengten, oft nur wenig verschobenen Knochenstücken
keine feste knöcherne Vereinigung, sondern nur eine helle Zone (bindegewebige
Pseudarthrose). Dagegen eine stark kalkhaltige Knochenmasse an der Außenseite des Gelenkes, auch im Gebiete des extraartikulären Teiles der Bruchfläche
(periostaler, paraartikulärer Callus). Der Knochen erscheint infolgedessen unregelmäßig verunstaltet: neben intraartikulärer Verkleinerung der verletzten
Teile, neben abgesprengten und verschobenen Knochenteilen sieht man außen den
Knochen aufliegende, wuchernde, vorgequollene Massen, die wolkig-porotisch verschwommen, fleckig aufgehellt erscheinen, während die Hauptteile der Knochen
im Inneren stark verdunkelt, verdichtet (sklerotisch, eburniert) erscheinen.

Bei der zweiten selteneren atrophischen Form sieht man im Röntgenbilde
einfach eine sehr starke Defektbildung, oft eine direktes Fehlen der Knochenenden, ein Schwund nicht nur des Gelenkkopfes und Halses, sondern sogar

des Schaftteiles, so daß der Knochen um ein Drittel seiner Länge verkürzt sein kann. Auch der Pfannenteil erscheint deformiert, manchmal total aufgesaugt.

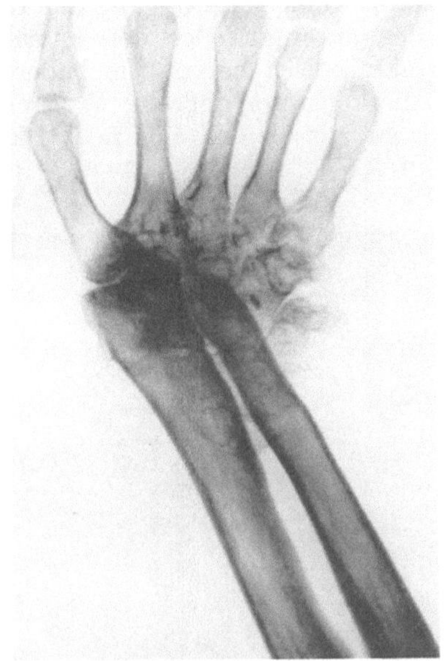

Abb. 17. Osteoarthropathie des Handgelenkes.   Abb. 18. Osteoarthropathie des Ellenbogens.
(Erklärung im Text.)

Die übriggebliebenen Knochen zeigen abgerundete, glatte Oberfläche, atrophische Struktur ohne akut-entzündliche Verschwommenheit und ohne andere reaktive Erscheinungen. Die Kapsel bleibt erhalten, man sieht darin oft verknöcherte Schwielen.

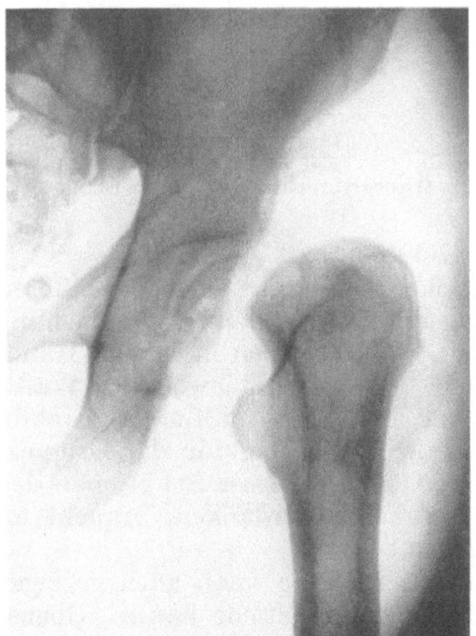

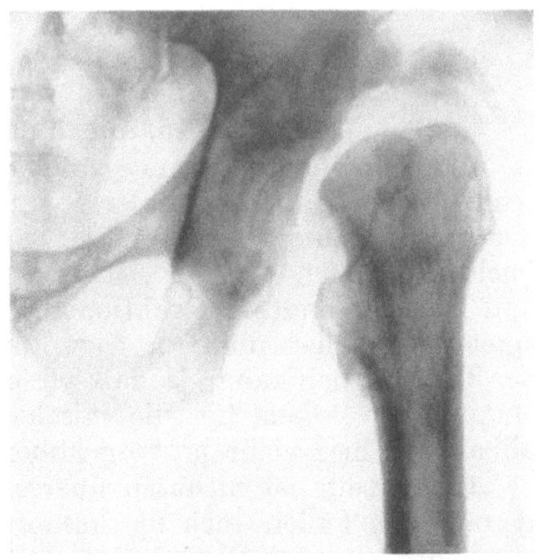

Abb. 19. Osteoarthropathie des Hüftgelenkes.   Abb. 20. Osteoarthropathie des Hüftgelenkes.
(Erklärung im Text.)

Als sehr selten erwähnt KIENBÖCK noch eine dritte Form des Verlaufes, eine vollständige Fixation durch Anchylose (Deformationsanchylose).

Die nebenstehenden Röntgenogramme von Osteoarthropathien (Abb. 17—22)
hat mir Herr Prof. Foerster aus seinem großen Material freundlichst zur Verfügung gestellt. Sie zeigen ganz besonders schön das Verschwinden ganzer
Knochen- und Gelenkteile, so Abb. 19 und 20 die völlige Aufsaugung der Hüft-
gelenkpfanne, Abb. 18 das Verschwinden des unteren Teiles des Humerus.
Auch die Knochenwucherungen treten charakteristisch hervor, sie bilden oft
eigentümliche Formen, so ist auf Abb. 20 bemerkenswert, daß eine Wucherung
den Oberschenkelkopf gewissermaßen überdacht, als ob sich eine neue Pfanne
an Stelle der geschwundenen ausbilden wollte.

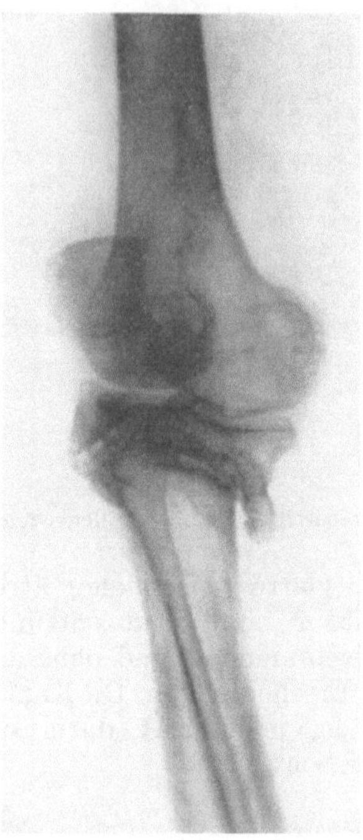

Abb. 21. Osteoarthropathie
des Kniegelenks.

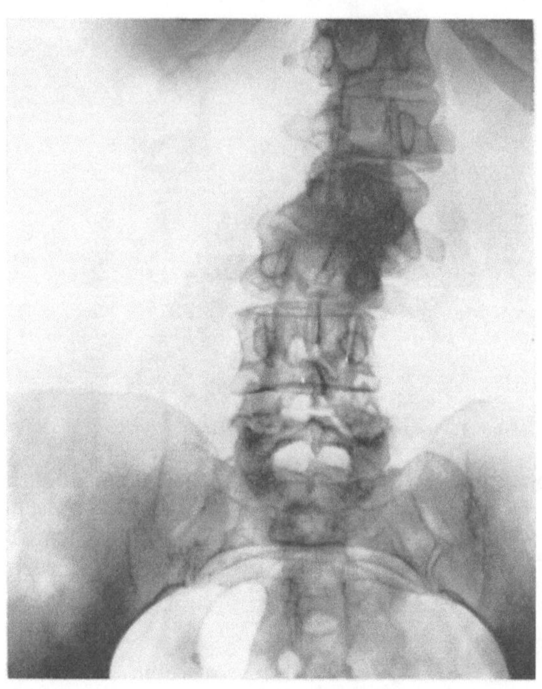

Abb. 22. Osteoarthropathie der Wirbelsäule.

15. Die humoralen Symptome.

An die im vorstehenden geschilderten klinischen Symptome der Tabes müßten
schließlich noch die humoralen Symptome angereiht werden. Eine Besprechung
dieser Symptome kann aber hier unterbleiben, weil dieselben in diesem Handbuch ausführlich von Georgi geschildert sind. Daß der Nachweis der Wa.R.
und gewisser anderer Reaktionen im Blut und besonders im Liquor cerebrospinalis in Fällen unklarer Symptomatologie den Ausschlag für die Diagnose
der Tabes geben kann, ja daß wir sogar dem Nachweis dieser Reaktionen den
endgültigen Beweis für die luische Natur der Tabes verdanken, braucht als
allbekannt hier nicht hervorgehoben zu werden.

Andererseits ist nicht zu übersehen, daß uns in einer wenn auch geringen
Anzahl von Fällen auch die humoralen Reaktionen im Stiche lassen. Ebenso
wie jedes einzelne der klinischen Symptome fehlen kann, können auch die
Blut- und Liquorreaktionen trotz sonst klaren klinischen Befundes in einzelnen
Fällen fehlen und es geht die Besserung oder Verschlechterung der klinischen
Symptome keineswegs immer gleichsinnigen humoralen Veränderungen parallel.
Bezüglich aller dieser Dinge muß auf den Georgischen Beitrag verwiesen werden.

II. Verlaufsformen und Prognose der Tabes.

Der Versuch, die im vorstehenden geschilderten Einzelsymptome zu einem einheitlichen Krankheitsbilde zusammenzufassen, stößt, wie bereits angedeutet wurde, auf die allergrößten Schwierigkeiten. Die Erscheinungsweise und der Verlauf der Tabes läßt eine solche Mannigfaltigkeit und Regellosigkeit erkennen, daß es eine vollständige Unmöglichkeit ist, ein bestimmtes Verlaufsschema aufzustellen. Höchstens lassen sich einzelne Typen herausschälen, die aber ihrerseits wiederum so große Varietäten in der Verlaufsweise und der Symptomatologie aufweisen, daß wir überall auf fließende Übergänge stoßen.

Daß die alten Kliniker den Verlauf der Tabes in drei Stadien einteilten (Stadium praeatacticum, atacticum und paralyticum) ist bekannt; ebenso bekannt ist, daß dieses Schema heutzutage, wo wir in die Symptomatologie der Tabes näher eingedrungen sind, auf die allermeisten Fälle nicht paßt. Insbesondere wird das dritte Stadium, das Stadium paralyticum, nur in den seltensten Fällen erreicht und selbst in diesen wenigen Fällen handelt es sich meist nicht um eine wirkliche Lähmung, sondern nur um eine hochgradige Ataxie, die zur völligen Bewegungsunfähigkeit und damit praktisch zu einem der Lähmung gleichenden Zustand führt (s. S. 576 und 609.)

Aber auch das ataktische Stadium, charakterisiert durch Auftreten von Bewegungsataxie und statischer Ataxie in Form von ROMBERGschem Phänomen (letzteres als das feinste Reagens, bzw. erste Symptom der Ataxie anzusehen), wird in sehr vielen Fällen nicht erreicht. Es gibt zahlreiche Fälle, die dauernd im präataktischen oder richtiger: nicht ataktischen Stadium stehenbleiben; sie werden als „stationäre" oder „abortive" oder auch „rudimentäre" Fälle bezeichnet, jedoch ist die Diagnose und Abgrenzung auch dieser Verlaufsform keineswegs eine ganz sichere, denn es ist durchaus nicht ausgeschlossen, daß ein Fall, der jahre- und jahrzehntelang stationär zu bleiben schien, ja sogar während der ganzen Zeit nur eine äußerst geringe Ausprägung der Symptome zeigte (sog. oligosymptomatische Form), schließlich doch noch in das ataktische Stadium übertritt. Wir können also von einer wirklich „stationären" Form eigentlich erst beim Tode des Patienten reden.

Immerhin sind die dauernd stationär bzw. nichtataktisch bleibenden Formen keine Seltenheit. Ich verfüge in meinem Material über eine ganze Anzahl von derartigen Fällen, die ich schon gegen 30 Jahre beobachte.

So kenne ich einen Fall seit 1902, der schon damals, besonders aus den Augensymptomen und geringen Reflexstörungen sicher zu erkennen war und noch jetzt nach 32 Jahren, allerdings nach mannigfaltigen Schwankungen im Allgemeinbefinden, keine Ataxie zeigt; einen zweiten seit 1910, der schon damals voll ausgeprägte Symptomatologie (Pupillenstarre, Hypalgesie, Areflexie, Hypotonie aber ohne Ataxie) darbot und auch jetzt nicht ataktisch ist, vielmehr während der ganzen 24 Jahre seine recht umfangreiche Tätigkeit als Kaufmann ohne wesentliche Behinderung ausüben konnte.

Es sind dies nur zwei Beispiele, die mir gerade in der letzten Zeit wieder zu Gesicht gekommen sind; ich könnte aus meinen Aufzeichnungen noch eine ganze Anzahl hinzufügen.

Wie häufig ein solcher relativ günstiger Verlauf vorkommt, prozentual ausrechnen zu wollen, ist ein müßiges Unternehmen. Eine solche Statistik wird je nach der Art des zur Verfügung sthenden Materials ganz verschieden ausfallen. Wichtiger wäre es zu wissen, ob bestimmte initiale Symptomengruppierungen einen einigermaßen sicheren prognostischen Schluß auf ein Ausbleiben des Fortschreitens zulassen. Dies ist leider nicht der Fall. Die Gruppierung der Symptome läßt auch in dieser Beziehung die mannigfachsten Variationen zu. Wohl kann man sagen, daß bei gewissen tabischen Syndromen in einer größeren Zahl der Fälle eine Progression ausbleibt, wie bei anderen. Ganz eindrucksmäßig, ohne bestimmte Zahlen anführen zu können, möchte ich sagen, daß hier in erster Linie die „Tabes superior" (s. später) anzuführen ist. Die

Fälle, in denen die Tabes wesentlich aus einer Opticusatrophie oder auch nur aus einer reflektorischen Pupillenstarre in Verbindung mit Rumpfanästhesie und Ulnarisanästhesie, vielleicht auch noch einem einzelnen Symptom an den unteren Extremitäten, etwa dem Fehlen eines Achillesreflexes, zu erkennen ist, bleiben mit Vorliebe stationär, worauf die Ansicht zurückzuführen ist (siehe auch S. 586 und S. 612), daß die Blindheit das Fortschreiten der Tabes aufhält. Von den Fällen mit lumbosacralem Beginn scheinen es mir besonders die Fälle mit geringen oder fehlenden Reizerscheinungen, also nur geringfügigen Schmerzen und höchstens andeutungsweise auftretenden Krisen zu sein, welche zum Stationärbleiben neigen. Es sind dies Fälle, welche sich nicht stürmisch bemerklich machen, welche manchmal sogar nur zufällig entdeckt werden, bei denen nur leichte Parästhesien und Schmerzen in den Beinen, ein auffallendes Ermüdungsgefühl beim Gehen die Aufmerksamkeit auf das beginnende Krankheitsbild lenken. Die Untersuchung ergibt dann eine Areflexie, Hypotonie, leichte Hypalgesie, vielleicht auch schon Pupillenanomalien. Diese Fälle bleiben oft sehr lange stationär, ohne irgendwie grob in die Erscheinung zu treten und die Leistungsfähigkeit des Patienten zu behindern. Dahingegen neigen diejenigen Fälle, die von vornherein mit stürmischen Reizerscheinungen, heftigen Schmerzattacken, Krisen, ferner auch mit Blasen- und Potenzstörungen beginnen, im allgemeinen zu einer raschen Progression, bzw. frühzeitigem Eintritt der Ataxie. Aber auch hier läßt sich keine bestimmte Regel aufstellen. Man erlebt auch bisweilen bei den stürmisch beginnenden Fällen einen Rückgang der Symptome und ein langes Stationärbleiben, während umgekehrt auch die anfangs benignen Erscheinungen sich rasch verschlimmern können.

Zur Beurteilung der Prognose sind natürlich auch die Liquorreaktionen heranzuziehen. Zweifellos geben die Fälle mit negativen bzw. schwachen Liquorreaktionen durchschnittlich eine bessere Verlaufsprognose als diejenigen mit ausgeprägten positiven Reaktionen. Eine völlige Sicherheit ist aber auch hierdurch nicht gegeben; ich habe fortschreitende Fälle mit negativem Liquor gesehen und umgekehrt. Näheres soll hierüber nicht gesagt werden, es ist nochmals auf den humoralpathologischen Teil (Georgi) zu verweisen (s. auch S. 602 und 617).

Aus dem Vorstehenden geht schon hervor, daß das Auftreten der Ataxie, also desjenigen Symptoms, welchem dem Krankheitsbild der Tabes das charakteristische Gepräge gibt und in erster Linie als ein schweres Leiden in die Erscheinung treten läßt, zu ganz verschiedenen Zeitpunkten im Verlauf der Krankheit stattfindet oder auch ganz ausbleibt. Wenn als Durchschnittszeit für das Auftreten der Ataxie, vom Beginn der ersten tabischen Symptome ab gerechnet, gewisse Zeiträume angegeben werden, etwa 2—3 Jahre oder auch mehr, so haben diese Zahlen meines Erachtens gar keinen Wert, da wir ja die zahlreichen, im nichtataktischen Stadium uns zu Gesicht kommenden Fälle gar nicht in die Statistik einbeziehen können, weil wir ja nie wissen, ob im gegebenen Falle überhaupt eine Ataxie eintreten wird.

Besonders aber ist eine Berechnung der Zeitdauer deswegen völlig unmöglich, weil wir den Beginn des Leidens in den meisten Fällen nur ganz ungenau bestimmen können. Die Tabes beginnt ja mit den verschiedensten Symptomen, die dem Patienten selbst vollständig entgehen und ihn deshalb auch nicht zum Arzt führen, z. B. einer Pupillenträgheit, dem Fehlen des einen oder anderen Sehnenreflexes u. dgl., oder auch mit wenig auffälligen, nicht sicher zu deutenden subjektiven Symptomen, wie leichten Schmerzen in den Beinen u. dgl. Jedes beliebige Symptom kann den Reigen eröffnen und es können völlig unbestimmbare Zeiträume vergehen, bis das Auftreten weiterer Symptome zur Erkennung des Leidens führt.

Man hat auch versucht festzustellen, ob das frühe Auftreten dieses oder jenes Symptoms einen ungünstigen Schluß auf die weitere Verlaufsprognose gestattet. Mancherlei Erhebungen in dieser Beziehung hat z. B. v. MALAISÉ in seiner mehrerwähnten Arbeit an dem OPPENHEIMschen Material angestellt, jedoch sind alle diese Schlüsse so unsicher und lassen durchweg so viele Ausnahmen zu, daß es sich nicht lohnt, sie hier im einzelnen wiederzugeben.

Eine besondere, sehr seltene, von dem üblichen chronischen Verlauf ganz abweichende, aber doch wohl charakteristische Verlaufsweise muß jedoch hier erwähnt werden, nämlich die *akut einsetzende* Tabes. Die Beschreibung dieser Fälle in der Literatur kommt trotz mancher Abweichungen im einzelnen immerhin auf ein ziemlich einheitliches Bild heraus: Nach kurz dauerndem Bestehen von verhältnismäßig geringen, für den Patienten nur wenig bemerkbaren Initialsymptomen (geringe lanzinierende Schmerzen, leichte Blasenstörungen, Augenmuskel- und Pupillenstörungen u. dgl.) tritt ganz plötzlich im Anschluß an eine größere körperliche Anstrengung oder auch ohne erkennbare Ursache eine rapide zunehmende Schwäche und Unsicherheit der Beine ein, die in wenigen Tagen bis zum vollständigen Versagen, bis zur absoluten Unfähigkeit zu stehen und zu gehen, führt.

Es handelt sich bei diesen, von FRENKEL (3), SCHÜLLER (1), SCHAFFER (2), LAPINSKY (3) u. a. zuerst beschriebenen, als Tabes acutissima (SCHAFFER), tabische Attacken (SCHÜLLER) und von französischen Autoren auch als „dérobement des jambes" beschriebenen Fällen, nicht eigentlich um eine akute Entstehung einer Tabes, sondern um eine rasche, katastrophale Verschlimmerung, um einen akuten Übergang aus dem präataktischen in das schwerste ataktische bzw. paralytische Stadium.

Unter mehreren derartigen Fällen meines Materials sei ein vor wenigen Jahren beobachteter erwähnt:

Der Patient, der sich bis dahin völlig wohl fühlte, nur eine leichte Erschwerung der Urinentleerung, keine wesentlichen Schmerzen bemerkt hatte (über das vorherige Verhalten der Pupillen, Sehnenreflexe usw. war nichts zu eruieren) bemerkte etwa 3 Wochen vor der Aufnahme eine zunächst leichte Unsicherheit beim Gange, die sich allmählich steigerte. Bis zum Tage vor der Aufnahme konnte er noch in seinem Betriebe (Apotheke), wenn auch mühsam, herumgehen. Dann plötzliches Versagen der Beine.

Bei der Aufnahme bestand völlige Unfähigkeit zu Stehen und zu Gehen. Selbst bei starker Unterstützung auf beiden Seiten sank er völlig in sich zusammen.

In Bettlage völlige Unmöglichkeit die Beine zu heben, nur leichtes Seitwärtsschieben möglich, auch Beugung in den Knien aufgehoben, Fußbewegungen ganz schwach. Dabei durchweg normale elektrische Erregbarkeit der Beinmuskulatur. Im übrigen typisch tabischer Befund: Hypotonie, Areflexie, Hypalgesie, reflektorische Pupillenstarre, positiver Liquorbefund.

Unter Bettruhe und spezifischer Behandlung trat bald eine Besserung der Beweglichkeit ein in der Weise, daß zunächst die völlige Lähmung zurückging, so daß Heben und sonstige Bewegungen der Beine möglich waren, aber zunächst in einer ataktischen schleudernden Bewegungsform allerhöchsten Grades. Weiterhin ging die Ataxie und gleichzeitig die Parese zurück, so daß nach etwa 6 Wochen der Patient an einem Stock in der typischen Weise eines Ataktikers gehen konnte.

Dieser Verlauf einer akut auftretenden Ataxie mit hochgradiger motorischer Schwäche bzw. Adynamie der Beine im Verlaufe einer bis dahin benigne sich abspielenden Tabes scheint mir der typische zu sein. Außer bei den bereits oben erwähnten älteren Autoren findet sich diese Verlaufsweise in zahlreichen neueren Einzelpublikationen wiedergegeben. Dabei wird überall auch die Rückbildungsfähigkeit unter dem Einfluß von Ruhe und spezifischer Behandlung bestätigt. Ich erwähne hier: BARAQUER, DÉCOURT, GUILLAIN, MIGNOT, PIRES (1), VIRES und MAS. GUILLAIN bezeichnet diese Verlaufsform als „la forme ataxique suraigue transitoire et curable du tabes evolutif", was die wesentlichen Merkmale recht gut wiedergibt.

Die pathophysiologische Erklärung dieser Fälle drängt sich ohne weiteres auf: die Lähmung oder Adyämie ist hier aufzufassen als das direkte Produkt der maximalen Ataxie, bzw. stellt ebenso wie diese eine Folge des Wegfalles der die Hinterwurzeln bzw. das Hinterstrangsystem passierenden zentripetalen Impulse dar. Wir brauchen nur an die experimentellen Befunde von CLAUDE BERNARD, MOTT-SHERRINGTON, HERING, KORNILOFF u. a. zu denken, welche nach Hinterwurzeldurchschneidung paretische und paralytische Erscheinungen bis zur völligen Lähmung auftreten sahen. Der Wegfall der stimulierenden zentripetalen Reize greift so tief in den gesamten Bewegungsmechanismus ein, daß das betreffende Individuum, die zur Ausführung der Willensbewegungen notwendigen Innervationen gewissermaßen nicht mehr findet, somit ein lähmungsartiger Zustand entsteht.

Es erscheint wohl verständlich, daß bei *sehr raschem* Verlauf des Hinterwurzel-Hinterstrangprozesses ein der Hinterwurzeldurchschneidung analoger Effekt eintritt, während derselbe ausbleibt bei dem üblichen langsamen, eine allmähliche Anpassung ermöglichendem Verlauf der tabischen Degeneration.

Diese Erklärung, die *ich* (3) bereits 1902 in analoger Weise für die „cerebellare Hemiplegie" gegeben habe, findet sich mehrfach in der Literatur vertreten (FRENKEL, LAPINSKY usw.), stößt aber bei einigen Fällen auf Schwierigkeit, nämlich bei solchen, in welchen die Lähmung nicht mit den Erscheinungen der schwersten Ataxie vergesellschaftet ist, sondern isoliert auftritt, jedenfalls über die Ataxie überwiegt. Solche Fälle finden sich besonders bei LAPINSKY, ferner scheint auch der Fall von FRENKEL hierher zu gehören, ferner zwei Fälle von GRASSET, der sie direkt als „motorische Tabes" bezeichnet und hervorhebt, daß im Gegensatz zu der gewöhnlichen Tabes, bei der es sich um eine Inkoordination handelt, hier eine „wirkliche Lähmung" vorliege.

Die Fälle von LAPINSKY, unter denen mir allerdings bei einigen die Diagnose „Tabes" nicht ganz sichergestellt erscheint, stellen teils mono-, teils paraplegische Lähmungen ohne Veränderung der elektrischen Erregbarkeit dar, welche im Beginn der Krankheit auftreten, bei nur andeutungsweise vorhandenen sonstigen tabischen Symptomen, insbesondere ohne ein Hervortreten von Ataxie im Krankheitsbilde. Sie zeigten zum Teil ebenfalls eine Tendenz zur Rückbildung.

Für diese Fälle muß also eine andere Erklärung gesucht werden: LAPINSKY will sie in der Tatsache sehen, daß bei der Durchschneidung von Hinterwurzeln Zellveränderungen leichten Grades (Chromatolyse) und reversibler Natur in den Vorderhörnern gefunden worden sind und nimmt an, daß derartige Zellveränderungen diesen Lähmungen zugrunde liegen könnten. Diese Deutung der LAPINSKYschen Fälle erscheint aber keineswegs gesichert.

Im Gegensatz zu den oben erwähnten, durchweg günstig verlaufenden Fällen von akuter ataktischer Lähmung, beschreibt BOGAERT einen ganz ungewöhnlichen, foudroyanten Verlauf: In zwei zunächst ausgesprochen günstigen Fällen von Tabes dorsalis kam es innerhalb weniger Tage zu schwerster Ataxie und Lähmung aller Extremitäten, sowie zu Blasen- und Sensibilitätsstörungen. Dazu traten kardio-respiratorische und Schluckstörungen, denen die Kranken innerhalb von 5—10 Tagen erlagen. (Autopsie: Schwere entzündliche Veränderungen am ganzen Zentralnervensystem, besonders im Bereich der bulbären Kerne.)

Die vorstehend geschilderte (sehr seltene) akute, sozusagen galoppierende Verlaufsweise der Tabes bildet gewissermaßen das äußerste Ende der Formenreihe, an deren Anfang die vorher erwähnten, ganz schleichend sich entwickelnden, für lange Zeit stationär bleibenden Fälle stehen. Dort sehen wir einen Menschen, der aus scheinbar völliger Gesundheit in wenigen Tagen von einem lähmungsartigen Zustand bis zur völligen Hilflosigkeit befallen wird, hier einen anderen, dessen Tabes schon vor 30 Jahren oder länger sicher diagnostiziert wurde und der dann den wesentlichsten Teil seines Lebens zwar als Tabiker, aber doch als ein durchaus berufsfähiger und in seinem Lebensgenuß nur durch geringe Beschwerden beeinträchtigter Mensch zugebracht hat.

Innerhalb dieser langen Reihe liegen Übergangsformen, deren Verlaufsdauer und Erscheinungsweise von Fall zu Fall in der mannigfaltigsten Weise wechselt.

Eine Schilderung dieser Formen würde immer nur ein Herausgreifen einzelner Fälle bedeuten. Gewisse häufiger wiederkehrende Typen lassen sich allerdings aufstellen, aber auch innerhalb dieser ist die Variabilität des Verlaufes eine außerordentlich große. Einiges wird darüber noch im diagnostischen Teil gesagt werden, worauf hier, um Wiederholungen zu vermeiden, nur verwiesen werden soll.

Zunächst sollen an dieser Stelle nur noch einige allgemeine Gesichtspunkte erwähnt werden, die auf das Auftreten und die Prognose der Tabes bestimmend einzuwirken, bzw. ihren Verlauf zu beeinflussen imstande sind.

Was zunächst das Lebensalter anbetrifft, so kann man von einer Disposition eines bestimmten Lebensalters nur insofern reden, als das Auftreten der Tabes in einem gewissen durchschnittlichen Zeitabstand von der luischen Infektion erfolgt. Da dieser Zeitabstand ganz approximativ auf 10 Jahre[1] zu veranschlagen ist und da die meisten Infektionen im Alter von 20—30 Jahren erfolgen, kann das 30.—40. Lebensjahr als das am meisten für das Auftreten der Tabes disponierte bezeichnet werden. (Die durch Lues congenita bedingte Tabes juvenilis beginnt dementsprechend in den meisten Fällen etwa im 10.—15. Lebensjahr.) Von diesen Durchschnittszahlen finden sich allerdings vielfach Abweichungen: es soll Fälle geben, in denen die Tabes erst 40—50 Jahre nach der Infektion zum Ausbruch kommt (DÉJÉRINE, RAYMOND, LONG et CRAMER). Ich selbst habe das niemals gesehen. Dagegen habe ich das Gegenstück, nämlich das auch in der Literatur erwähnte Auftreten einer Tabes bereits $1^1/_2$—2 Jahre nach der Infektion wiederholt selbst beobachtet. Auf diese Fragen, betreffend den der Tabes vorangehenden Zeitraum, soll aber hier nicht eingegangen werden, weil diese Dinge in das pathogenetische Kapitel gehören.

Hier bei unserer Besprechung der „Verlaufsweisen" interessiert uns nur die Frage, ob das Lebensalter, in welchem die Tabes auftritt, einen Einfluß auf ihren weiteren Verlauf hat. In dieser Beziehung ist die Regel aufgestellt worden, daß die Tabes im allgemeinen um so milder verläuft, je größer das zeitliche Intervall zwischen Infektion und Auftreten der ersten tabischen Symptome ist. Diese Regel bewährt sich in der Tat in einem großen Teil der Fälle, wenn auch zahlreiche Ausnahmen beobachtet werden. Auch nach meinen Eindrücken kann ich sagen, daß die günstig verlaufenden Fälle häufig ein Intervall von 15 und mehr Jahren aufweisen, während man bei einem Intervall von 6 Jahren und darunter oft einen sehr rapiden Verlauf beobachtet. Ich erinnere mich eines sehr eindrucksvollen Falles, in dem bei einem ganz jungen Menschen die ersten Symptome bereits 1—2 Jahre nach der Infektion auftraten und dann in raschem Verlauf ein äußerst symptomenreiches, schweres Bild sich entwickelte.

Ferner läßt sich konstatieren, daß die im späteren Lebensalter auftretenden Tabesfälle im allgemeinen günstiger verlaufen wie die der jüngeren Jahre. Für das Lebensalter über 45 Jahre ist ein akuter Verlauf jedenfalls eine große Ausnahme (v. MALAISÉ). Es fällt dieses Moment wohl vielfach mit dem vorigen zusammen, indem die später an Tabes Erkrankten im allgemeinen ein größeres Intervall von der Infektion ab haben, da die überwiegende Zahl der Infektionen naturgemäß im jugendlichen Alter stattfindet.

Die Regel von der ungünstigen Verlaufsweise der auf frühzeitig erworbener Infektion beruhenden Tabesfälle wird übrigens *nicht* bestätigt durch die Fälle von *infantiler,* bzw. *juveniler* Tabes, die auf einer kongenitalen Lues beruhen. Diese müßten ja eigentlich die am ungünstigsten verlaufenden sein, was der Erfahrung aber nicht entspricht. Im Gegenteil nehmen sie oft einen sehr langsamen, relativ benignen Verlauf, was auch NONNE (2) hervorhebt. Allerdings weisen sie einige Eigentümlichkeiten des Verlaufes auf, insbesondere ein häufiges und frühzeitiges Auftreten der Opticusatrophie, welches von den meisten Autoren auf 50% und darüber berechnet wird. Im übrigen ist der Verlauf aber in den meisten Fällen kein besonders progredienter, insbesondere tritt die Ataxie

---

[1] SÉZARY und BONDINESCO berechnen aus 104 Fällen die durchschnittliche Inkubationszeit auf 16 Jahre, bemerken aber, daß der Zeitraum von 10 Jahren besonders häufig vorkommt. Als Extreme geben sie 2 bzw. 56 Jahre an.

verhältnismäßig wenig hervor und auch andere Symptome zeigen eine relativ geringe Ausprägung und milde Verlaufsweise, auch sind diese Fälle verhältnismäßig gut durch spezifische Therapie zu beeinflussen.

Von anderen Momenten, die den Verlauf der Tabes in ungünstigem Sinne zu beeinflussen imstande sind, werden häufig angeführt: erbliche Belastung, schwächliche Konstitution, Alkoholmißbrauch.

In der Tat scheinen diese Momente bisweilen die Verlaufsprognose zu beschleunigen; ein sicherer Nachweis läßt sich jedoch in Anbetracht des auch sonst so wechselvollen Verlaufes nicht führen. Ferner ist zweifellos die soziale Lage von Bedeutung, indem die Patienten der besseren Stände, die sich schonen, Anstrengungen vermeiden, zweckmäßig ernähren können u. dgl. im allgemeinen mildere Verlaufsformen zeigen wie die ungünstiger situierten Patienten, bei denen das Gegenteil der Fall ist. (Auf die Wichtigkeit des Fernhaltens aller den Organismus schwächenden Schädlichkeiten wird noch bei der Therapie hinzuweisen sein.) Aber auch diese Regel ist nicht ohne Ausnahme. Ich erinnere mich an einzelne Fälle, die auch unter den denkbar günstigsten äußeren Verhältnissen einen unheilvollen Verlauf nahmen. Daß die Tabes beim weiblichen Geschlecht in der Regel milder verläuft wie beim männlichen, wie manchmal behauptet wird, halte ich nicht für bewiesen. Ich habe auch bei Frauen sehr maligne verlaufende Fälle beobachtet, besonders solche mit schweren, zu raschem Verfall des Allgemeinzustandes führenden gastrischen Krisen.

Einen Einfluß klimatischer Faktoren auf das Auftreten der Tabes will Peterson durch statische Erhebungen in Amerika gefunden haben. Die Tatsache, daß in den verschiedenen Teilen Amerikas die Tabesfrequenz durchaus nicht der Syphilisfrequenz parallel geht, will er auf barometrische Schwankungen zurückführen, die ihrerseits Schwankungen des Blutdruckes, Gefäßspasmen hervorrufen und entzündliche Reaktionen und Gewebsdegenerationen auslösen.

Bezüglich des Einflusses der der Tabes *vorangegangenen* Therapie, also der primären Behandlung der luischen Infektion, auf den Verlauf der Krankheit ist das Richtersche Kapitel (Pathogenese) zu verweisen. Bezüglich des Einflusses der Therapie auf den Verlauf der ausgebrochenen Krankheit auf das therapeutische Kapitel.

Schließlich sei noch erwähnt, daß die Erscheinungsformen der Tabes keineswegs sich immer progressiv entwickeln oder stationär bleiben, sondern in vielen Fällen einer weitgehenden Rückbildung fähig sind. Es gilt dies besonders für die Reizerscheinungen, die Schmerzen und die Krisen, die bekanntlich im weiteren Verlauf der Krankheit völlig schwinden können (nach v. Malaisè lassen die Schmerzen in 37% allmählich erheblich nach, in seltenen Fällen treten sie allerdings später stärker hervor), ferner besonders für die Augenmuskellähmungen die oft einen direkt flüchtigen Charakter haben, sowie für die Blasenstörungen und besonders für die Ataxie. Letztere geht in der Regel ganz erheblich zurück, wenn sie sich in der akuten Form entwickelt (s. oben), aber auch in den chronisch auftretenden Formen kommt, ganz besonders unter dem Einfluß der Übungstherapie, eine weitgehende Rückbildung vor. Daß in seltenen Fällen unter bestimmten Bedingungen die verschwundenen Patellarreflexe wiederkehren können, daß dagegen die reflektorische Pupillenstarre und die Opticusatrophie so gut wie niemals einer Rückbildung fähig ist, wurde bereits im symptomatischen Teil erwähnt.

Noch eine wichtige Tatsache, die wohl keinem älteren Neurologen entgangen sein wird, darf hier nicht unerwähnt bleiben, nämlich die, daß die Tabes in den letzten Jahrzehnten einen im Durchschnitt erheblich viel milderen und gutartigeren Verlauf zeigt wie in früheren Jahren. Das erste Mal wurde diese Tatsache bereits 1902 von Brissaud erwähnt. Etwa von dieser Zeit ab mag der

Beginn der benignen Verlaufsweise datieren. Sie ist aber nach meiner Schätzung in den letzten zwei Jahrzehnten viel sinnfälliger hervorgetreten.

Es ist unmöglich, wie gelegentlich geäußert wird, diese Erfahrung nur aus unserer verfeinerten Diagnostik zu erklären, die uns die Tabes auch in Erscheinungsweisen erkennen läßt, in denen sie früher unmöglich diagnostiziert werden konnte. (DUCHENNE z. B. kannte ja außer der Ataxie nur die Opticusatrophie, die Augenmuskellähmungen und die blitzartigen Schmerzen als Tabessymptome.) Dies ist schon deswegen nicht angängig, weil wir ja die Zeichen, aus denen wir die Frühstadien bzw gutartig verlaufenden Fälle diagnostizieren, schon viel länger kennen, bevor die günstigere Gestaltung des Verlaufes in die Erscheinung trat: das WESTPHALsche Zeichen z. B. seit 1875, das ARGYLL-ROBERTSONsche Zeichen seit 1869. Ferner müßten wir ja, wenn nur die Verfeinerung der Diagnostik das Ausschlaggebende wäre, auch jetzt noch die schwerataktischen, deletär verlaufenden Fälle, neben den benignen, ebenso häufig sehen wie früher. Dies ist aber keineswegs der Fall; das eindrucksvolle Bild des an zwei Stöcken oder unter Führung einer zweiten Person in den Straßen herumstampfenden Tabikers, welches mir in meiner neurologischen Jugendzeit ein ganz geläufiges war, ist jetzt so gut wie verschwunden. Auch in meiner Krankenhaustätigkeit der letzten 20 Jahre, in welcher doch gerade überwiegend schwere Fälle zur Aufnahme kamen, ist es recht selten geworden.

Die relative Seltenheit des schweren Verlaufes, die im Vergleich zu früher (man denke an das bekannte Wort von ROMBERG: ,,über jeden dieser Kranken ist der Stab gebrochen") günstige Prognose kann also nicht durch Verfeinerung der Diagnostik vorgetäuscht sein, sondern muß auf einer tatsächlichen Abwandelung des Verlaufes, auf einer abgemilderten Wirkungsweise der krankmachenden Noxe beruhen.

Es liegt nahe, anzunehmen, daß diese Wandlung durch die Einführung der Salvarsantherapie herbeigeführt worden ist, jedoch geht schon aus den vorstehenden Betrachtungen hervor, daß dies nach dem zeitlichen Einsetzen der Verlaufsänderung keine genügende Erklärung ist. Es wird sich also wohl um eine spontane, sich aus unbekannten Ursachen allmählich vollziehende Änderung im Charakter des wirksamen Virus handeln. Näheres darüber ist aus dem Abschnitt über Pathogenese zu entnehmen.

Was schließlich die Lebensdauer der Tabiker anbetrifft, so gilt im allgemeinen der Satz, daß die Tabes die Lebensdauer nicht wesentlich verkürzt. Die Dauer des Krankheitsverlaufes ist also sozusagen unbegrenzt. Nach einer Statistik von PIERRE MARIE haben 83% seiner Kranken das 50., und 51,5% das 60. Lebensjahr überschritten. v. MALAISÉ errechnete ganz ähnliche Zahlen. Die sozialen Verhältnisse, Möglichkeit guter Pflege usw. spielen hierbei zweifellos in erheblichem Maße mit. Die meisten Tabiker sterben an den durch die begleitende luische Gefäßerkrankung sich ergebenden Komplikationen, viele an interkurrenten Krankheiten; die Krankheit selbst ergibt letale Komplikationen häufig durch die Blasenstörungen, durch Frakturen bei trophischen Störungen, durch die lanzinierenden Schmerzen und Krisen auf dem Wege der Entkräftung und des Morphinismus usw. Daß auch ein plötzlicher tödlicher Ausgang durch den tabischen Prozeß als solchen vorkommt, wurde unter ,,Oblongatakrisen" erwähnt.

Der Tod im sog. ,,dritten" oder ,,paralytischen" Stadium ist, wie gesagt, verhältnismäßig selten, weil dieses Stadium nur in wenigen Fällen erreicht wird. Besonders in der letzten Zeit bekommen wir es immer seltener zu sehen.

Dieses Stadium ist gekennzeichnet durch eine Zunahme der Ataxie bis zum völligen Verlust der selbständigen Bewegungsfähigkeit. Wenn der Kranke dadurch dauernd an das Bett gefesselt ist, wenn durch den zunehmenden

Fortfall der Hinterstrangseinflüsse der Impuls zu spontanen Bewegungen immer geringer wird und der Muskeltonus immer mehr sinkt, so tritt ein Zustand von Adynamie ein, der praktisch einer Lähmung gleichkommt.

Die Pathogenese dieser Lähmungszustände dürfte dieselbe sein, wie oben für die akuten Ataxien geschildert; ebenso wie der *plötzliche* Fortfall der Hinterwurzeleinflüsse, wirkt auch der allmähliche bis *zum Maximum* getriebene; er läßt keine Kompensationsmöglichkeiten mehr zu und es entsteht daher ein Bild, welches der experimentellen Hinterwurzeldurchschneidung ähnelt.

Daß dieses Stadium unmittelbar zum letalen Exitus drängt, ist ohne weiteres verständlich. Der allgemeine Marasmus, der sich infolge der trophischen Hautveränderungen leicht ausbildende Decubitus, Infektionen von der Blase aus u. dgl. oder irgendwelche interkurrente Erkrankungen, demgegenüber der marantische Organismus keine Widerstandskraft aufbringen kann, geben hier die Todesursachen ab.

Als eine weitere, besonders seltene, zum letalen Ausgang führende Verlaufsform, die vielfache Ähnlichkeiten mit dem paralytischen Stadium aufweist, ist hier noch die von Oppenheim und Schweiger beschriebene „Tabes marantica" zu erwähnen. Hier steht nicht die Lähmung im Vordergrunde, sondern weitgreifende allgemeine trophische Störungen, die in verhältnismäßig kurzer Zeit zu einer ganz erheblichen Abmagerung führen (in einem Falle von Schweiger von 67 auf 37 kg), wobei sich natürlich auch eine erhebliche Muskelschwäche bemerklich macht. Ich selbst habe erst kürzlich einen ähnlichen Fall beobachtet.

Als anatomisches Substrat nimmt Schweiger eine Atrophie der Magen- und Darmdrüsen an. (Achylia gastrica und verminderte Fettresorption in seinen Fällen nachgewiesen.)

Auch ein Einzelfall von Good und Newmann ist hier zu erwähnen, in welchem sich drei Monate vor dem Tode einer Tabikerin rapide eine Kachexie entwickelte, die nach dem Obduktionsbefund als hypophysäre Kachexie zu deuten war (fibröse Atrophie des Hypophysenvorderlappens).

Im Anschluß an die Besprechung der Verlaufsweisen der Tabes sind hier noch einige Worte einer besonderen Symptomenkombination zu widmen, nämlich der Kombination der Tabes mit Hirnsymptomen in Form der progressiven Paralyse. Über die ätiologische und anatomische Verwandtschaft dieser Krankheit mit der Tabes braucht hier nichts gesagt zu werden. Es sei nur hervorgehoben, daß die Kombination der Paralyse mit Tabessymptomen, die Taboparalyse, ein außerordentlich häufiges Vorkommnis ist; in jedem Fall von beginnender Paralyse (Sprachstörungen, Gedächtnisstörungen, Charakterveränderungen usw.) ist also auf tabische Symptome zu untersuchen. Nach Nageotte bestehen in $^2/_3$, nach Schaffer in $^3/_4$ der Paralysefälle gleichzeitig Tabessymptome, wobei die reflektorische Pupillenstarre wieder an erster Stelle steht. Wollte man die Häufigkeit der Kombination von den Tabesfällen aus berechnen, so ist der Prozentsatz natürlich sehr viel geringer. Bestimmte Zahlen sind mir darüber nicht bekannt. Die Paralyse kann in allen Stadien der Tabes hinzutreten, sowohl in früheren, wie in späteren Fällen, manchmal sogar erst nach sehr langem Verlauf. Im ganzen ist diese Komplikation aber doch, berechnet auf die große Zahl der Tabesfälle, ein relativ seltenes Ereignis.

Es sind ferner in der Literatur auch „Tabespsychosen" beschrieben, also psychische Erkrankungen von nicht paralytischem Charakter, die im Verlaufe einer Tabes hervortreten. Man hat jetzt wohl allgemein den Standpunkt, den besonders Bostroem, ferner auch Pires (3) u. a. vertreten haben, daß es eine eigentliche Tabespsychose nicht gibt. Es handelt sich entweder um reaktive psychische Erscheinungen, wie sie auch im Verlaufe anderer chronischer Erkrankungen vorkommen und die daher nicht in eine besondere Beziehung zum tabischen Prozeß gebracht werden können, meistens aber um paranoid-halluzinatorische Zustände. Für diese geben wohl die cerebral-luischen Veränderungen die Grundlage ab in Verbindung mit endogenen (paranoid-schizophrene Persönlichkeit) und exogenen Faktoren (besonders Alkoholismus).

Da es sich also hier nur um eine zufällige Komplikation der Tabes, aber nicht um eine wesentliche Beziehung zu dieser handelt, soll auf diese Erscheinungen nicht weiter eingegangen werden.

III. Diagnose und Differentialdiagnose.

Die Diagnose der Tabes macht in den vollentwickelten Fällen keinerlei Schwierigkeiten und wird von jedem halbwegs· Sachkundigen mühelos gestellt. Schwierigkeiten bieten nur die unentwickelten, initialen, bzw. die dauernd symptomenarm bleibenden, abortiven oder rudimentären Fälle von Tabes.

In der vorstehenden Schilderung der Symptomatologie wurde schon an verschiedenen Stellen auf die diagnostische Bedeutung der einzelnen Symptome eingegangen; es ging aus der Darstellung auch hervor, daß es irgendwelche einzelnen, absolut für die Diagnose entscheidenden, also pathognomonischen Symptome nicht gibt, daß vielmehr jedes einzelne Symptom, so häufig es auch bei der Tabes vorkommt, doch gelegentlich bei dieser einmal fehlen kann und daß andererseits das gleiche Symptom auch bei ganz anderen Erkrankungen vorkommen kann.

Wenn wir das einzelne Symptom nicht von dem Standpunkt aus betrachten, in wieviel Prozent der Tabesfälle es vorhanden ist oder fehlt, sondern mit welchem Prozentsatz von Wahrscheinlichkeit das Vorhandensein des Symptoms im gegebenen Falle für eine Tabes spricht, so muß man die reflektorische Pupillenstarre an erste Stelle setzen. Dieses Symptom findet sich zwar nur in 70 bis 80% der Tabesfälle, fehlt also immerhin noch in 20—30% ; ist es aber vorhanden, so spricht es mit einer erheblich höheren Wahrscheinlichkeit wie 80% für eine Tabes. Denn das Vorkommen in anderen Fällen, z. B. bei Kopftrauma [AXENFELD, RÖMHELD[1] (1 u. 2) u. a.], bei Alkoholismus [NONNE (2)], bei Diabetes (BIERMANN), bei Encephalitis ist ein außerordentlich seltenes, gegenüber dem ungeheuer häufigen Vorkommen bei der Tabes. So berechnet BUMKE (2), daß es sich nur in 1,4% aller Fälle von reflektorischer Pupillenstarre *nicht* um Tabes oder progressive Paralyse handelt. Man wird sich also sehr selten irren, wenn man aus dem Vorliegen einer reflektorischen Pupillenstarre, ohne Berücksichtigung irgendwelcher anderen Symptome auf eine Tabes schließt.

Sicherlich erheblich anders liegen die Verhältnisse bei dem WESTPHALschen *Symptom*, dem Fehlen der Patellarreflexe, welches in den ersten Zeiten unserer Kenntnis von der Tabes von vielen Seiten als pathognomonisch angesehen wurde. Auch dieses kommt in ungefähr dem gleichen Prozentsatz der Fälle bei der Tabes vor, wie die reflektorische Pupillenstarre, nämlich in 70—80%. Die Fälle aber, in denen es durch eine andere Krankheit bedingt ist (Polyneuritis, periphere Lähmung, Poliomyelitis u. dgl.) sind erheblich häufiger wie bei der reflektorischen Pupillenstarre, so daß die auf dieses Einzelsymptom gegründete Vermutung einer Tabes sehr viel unsicherer ist wie bei der letzteren (s. darüber auch unter Symptomatologie).

Ähnliches gilt, und zwar in noch höherem Maße, für die anderen Symptome.

---

[1] Neuerdings gibt RÖMHELD (3) folgende Unterschiede zwischen der tabischen und der traumatischen Pupillenstarre an. Bei der ersten ist die Konvergenzreaktion prompt, oft sogar gesteigert, bei der letzten langsam, unter Umständen direkt myotonisch. Bei der ersteren besteht gewöhnlich Miosis, bei der letzteren ist der Pupillendurchmesser ganz variabel. Die erstere tritt einseitig oder doppelseitig, die letztere gewöhnlich einseitig auf.

Wir können also niemals die Diagnose aus Einzelsymptomen stellen, sondern immer nur aus einer Gruppierung mehrerer Symptome zu einem Syndrom, einem Ensemble, wie es uns die Tabes erfahrungsgemäß häufig bietet und welches natürlich einer bestimmten anatomischen Lokalisation entspricht.

Es wurde schon im Kapitel „Opticusatrophie" erwähnt, daß die Tabes durchaus nicht in allen Fällen eine diffuse, die gesamten Hinterwurzeln und Hinterstränge befallende Systemerkrankung darstellt (wobei die Diagnose naturgemäß wegen der Vielzahl der Symptome sehr leicht ist), sondern daß sie häufig eine disseminierte Lokalisation zeigt, indem sie ausschließlich oder überwiegend eine „Etage" des Zentralnervensystems befällt. Man kann also auch sagen, daß sie an verschiedenen umschriebenen Orten des Rückenmarks also „multilokulär" auftreten kann.

Bei diesem lokalisierten Auftreten lassen sich 4 Typen unterscheiden, entsprechend der Gliederung des Rückenmarks, nämlich der cervicale, der dorsale, der lumbosacrale und der des Conus terminalis.

1. Die *Tabes cervicalis*. Sie wird richtiger „*Tabes superior*" genannt, denn sie erstreckt sich nicht ausschließlich auf Symptome des Halsmarks, sondern gleichzeitig auf die darüberliegende „Etage", den Hirnstamm, bietet also Symptome von seiten der Hirnnerven. Der häufigste Typus ist der, daß *Augensymptome* im Vordergrund stehen, insbesondere Opticusatrophie, reflektorische Pupillenstarre, Augenmuskellähmungen. Es kommen in seltenen Fällen auch Störungen von seiten anderer Gehirnnerven hinzu, z. B. Geruchs-, Geschmacks-, Gehörstörungen [Rebattu (1): Kopftabes]. — Untersucht man aber näher, so findet man die Hirnnervensymptome mit cervicalen Symptomen vergesellschaftet, Ulnarisanästhesie, Fehlen der Armreflexe, ganz besonders aber mit einem Symptom, welches ein Übergreifen auf das dorsale Bereich anzeigt, nämlich gürtelförmige Anästhesie am Thorax (s. auch S. 540 und 613).

Die Kombination: Opticusatrophie oder reflektorische Pupillenstarre mit Ulnaris- oder Gürtelanästhesie möchte ich als die typische Form der „Tabes superior" bezeichnen. Es ist ein sehr häufiges „oligosymptomatisches" Krankheitsbild, welches sich trotz der Geringfügigkeit der Symptome ganz sicher diagnostizieren läßt (Unterstützung durch den Liquorbefund), und welches ich, besonders bei meinen Studien in der Breslauer Augenklinik, in vielen Fällen jahrelang in reiner Form ohne jedes Fortschreiten beobachten konnte.

Daß diese Fälle Veranlassung zu der Auffassung gegeben haben, daß die Opticusatrophie den weiteren Fortschritt der Tabes „aufhält", wurde bereits auf S. 586 und 604 erwähnt. Diese Fälle haben ferner, besonders in früherer Zeit, vielfach zu der falschen Diagnose „genuine Opticusatrophie" geführt, weil man neben dem dominierenden Symptom der Opticusatrophie die geringfügigen Sensibilitätsstörungen übersah.

In sehr vielen Fällen allerdings bleibt die Lokalisation der Symptome nicht ganz rein auf die oberen Abschnitte beschränkt, es finden sich vielmehr auch einzelne Erscheinungen von seiten anderer Abschnitte des Nervensystems hinzu. So habe ich häufig das einseitige Fehlen des Achillesreflexes neben den Symptomen der Tabes superior beobachtet, ferner leichte Blasenstörungen, lanzinierende Schmerzen in den Beinen u. dgl. m.

Daß in einer anderen Gruppe von Fällen das Syndrom der „Tabes superior" nicht isoliert auftritt, sondern sich als eine Teilerscheinung des allgemeinen generalisierten Krankheitsbildes darstellt, braucht nicht besonders gesagt zu werden. Zeitlich können die Erscheinungen von seiten des oberen Abschnitts denen des unteren Abschnitts, insbesondere der Ataxie, vorangehen oder nachfolgen. Es sind auch hier alle Variationen möglich.

2. Die rein *dorsale* Form, bei der Gürtelanästhesie und gastrische Krisen die wesentlichen Symptome bilden, ist verhältnismäßig selten. Allerdings stellen die gastrischen Krisen mit ihrem schweren Krankheitsbilde in manchen Fällen das prädominierende Symptom dar, jedoch sind in den meisten Fällen nebenher noch einzelne andere Symptome vorhanden. So sah ich in diesen Fällen eine reflektorische Pupillenstarre als einziges Symptom neben den gastrischen Krisen und der Gürtelanästhesie dauernd bestehen (in einem Fall bis zu 16 Jahren beobachtet). In anderen Fällen findet sich eine einzelne Reflexstörung, z. B. Fehlen eines Achillesreflexes od. dgl. hinzu. In der Mehrzahl der Fälle bildet aber das dorsale Syndrom nur eine Teilerscheinung des generalisierten tabischen Bildes.

3. Die *lumbosacrale* Form bildet die häufigste und am längsten bekannte Form der Tabes. Die lanzinierenden Schmerzen in den Beinen, die Hypotonie und Areflexie sowie Hypalgesie, sowie die Blasenstörungen, zu denen sich später evtl. die Ataxie der Beine hinzugesellt, sind hier die wesentlichen Symptome. Die Erscheinungen bleiben aber oft lange Zeit in einem wenig ausgebildeten Umfange stehen.

Es gibt nicht selten Fälle, bei denen viele Jahre hindurch nur eine auffallende Hypotonie der Beine mit leichten Sensibilitätsstörungen und zeitweiligen lanzinierenden Schmerzen besteht, bei im übrigen vollständig normalen Verhältnissen. Schon diese geringfügigen Symptome sind außerordentlich verdächtig. Kommen dann noch leichte Reflexstörungen, sei es auch nur in Form einer Ungleichheit der Sehnenreflexe oder einer Erschöpfbarkeit derselben, oder was sehr häufig der Fall ist, Pupillenstörungen hinzu, so kann die Diagnose schon als gesichert angesehen werden, zumal wenn der Nachweis der Lues positiv ausfällt. In diesem verhältnismäßig symptomenarmen Zustande verharrt die Tabes oft sehr lange, andererseits bilden aber auch gerade diese Fälle vielfach den klassischen altbekannten Typus der mehr oder weniger rasch fortschreitenden Tabes, in welchem das Hinzutreten der Ataxie allmählich den Kranken immer mehr der Bewegungsfähigkeit beraubt und auch die weiteren Symptome das Bild vervollständigen (s. auch unter „Verlaufsweise").

4. Die *Tabes sacralis* ist eine verhältnismäßig seltene Form. Hier ist ausschließlich bzw. überwiegend das Sacralmark ergriffen. Im Vordergrund stehen danach Blasenbeschwerden, meist Inkontinenz, daneben nur vereinzelte Symptome, wie Fehlen eines Achillesreflexes, träge Pupillenreaktion u. dgl. Solche Fälle sind schon vor längerer Zeit beschrieben (ACHARD-LERI, LEOPOLD, DÉJÉRINE). Kürzlich wurde wieder von URECHIA und TEPOSA darauf aufmerksam gemacht. Ich selbst habe in den wenigen Fällen dieser Art, die ich gesehen habe, stets eine Hypästhesie in einigen Sacralsegmenten nachweisen können. Diese tiefsitzende Tabes kann auch so lokalisiert sein, daß sie das Bild einer isolierten Conusläsion bietet. Einen solchen Fall von „Tabes coni terminalis" beschreibt BING (mit ANDRÉ-THOMAS): perianogenitale Anaesthesia incontinentia urinae et alvi, Rectalkrisen. Dazu Miosis, reflektorische Pupillenstarre, lanzinierende Schmerzen.

Die vorstehenden Symptomengruppierungen sind häufige typische Krankheitsbilder, die aber die verschiedensten Variationen zeigen können. Daß zur Sicherung der Diagnose in jedem einzelnen Falle auf sämtliche möglichen Symptome der Tabes zu fahnden ist, daß dieselbe um so sicherer ist, je mehr man neben den prädominierenden auch sonstige Einzelsymptome aus den verschiedenen Etagen des Rückenmarks auffindet, daß schließlich der Luesnachweis aus Blut und Liquor ausschlaggebend sein kann, braucht hier nicht besonders gesagt zu werden.

In Anbetracht der unendlichen Variations- und Kombinationsmöglichkeiten der tabischen Symptome scheint es mir überflüssig, außer den vorgenannten, den großen Abschnitten des Nervensystems entsprechenden typischen Bildern, alle Kombinationen von Symptomen aufzuführen, aus denen sich die Tabes diagnostizieren läßt, wie es z. B. Oppenheim tut. Bestimmte Schemata lassen sich hier nicht aufstellen. Es läßt sich auch nicht allgemein sagen, wieviele Symptome zur Diagnose nötig sind. Die bisweilen angeführte Regel, daß sich aus vier Symptomen die Tabes sicher, aus drei Symptomen so gut wie sicher, aus zwei Symptomen mit Wahrscheinlichkeit und bisweilen sogar aus einem Symptom mit Zuhilfenahme der Liquoruntersuchung diagnostizieren läßt, trifft zwar im allgemeinen zu, erleidet aber doch manche individuelle Ausnahme. Es bleiben auch bei großer Erfahrung immerhin noch manche Fälle übrig, bei denen man bei der ersten Untersuchung zunächst über den „Verdacht auf beginnende Tabes" nicht hinauskommt.

Die *Differentialdiagnose* der Tabes hat mancherlei Gesichtspunkte zu berücksichtigen. Nur kurz erwähnt sollen die immer noch vorkommenden Fehldiagnosen werden, bei denen aus den lanzinierenden Schmerzen der beginnenden Tabes auf eine „Ischias" oder einen „Rheumatismus" geschlossen wird. Diese diagnostischen Irrtümer sind wohl immer durch genaue Untersuchung vermeidbar. Allerdings gibt es Fälle, in denen die lanzinierenden Schmerzen dem Auftreten der anderen Symptome weit vorausgehen; es finden sich aber doch wohl immer mindestens Andeutungen von objektiven Erscheinungen wie Hypotonie, Hypästhesien, Pupillenanomalien, welche eine beginnende Tabes zum mindesten wahrscheinlich machen. Auch die besondere Art der Schmerzen spricht in diesem Sinne.

Von anderen differentialdiagnostischen Unterscheidungen ist zunächst ein mehr vom anatomischen, wie vom klinischen Gesichtspunkt wichtiges Krankheitsbild zu erwähnen, die *Pseudotabes syphilitica*. Dieses auf der gleichen ätiologischen, aber andersartigen anatomischen Grundlage (Meningitis gummosa) beruhende Krankheitsbild wurde bereits 1888 von Oppenheim und Eisenlohr beschrieben. Die betreffenden Fälle können sämtliche Symptome der Tabes zeigen und sind rein symptomatologisch oft nicht von dieser zu unterscheiden. Bisweilen treten allerdings Symptome hinzu, die nicht zur Tabes gehören, z. B. ein Babinskisches Phänomen [z. B. Fälle von Kramer (2)], auch in bezug auf den Liquorbefund finden sich Unterschiedsmerkmale. Hauptsächlich aber wird die Diagnose „ex juvantibus" aus der ausgezeichneten Wirksamkeit der antisyphilitischen Therapie gestellt.

Da das Krankheitsbild eine besondere Bearbeitung in diesem Handbuch erfährt, soll hier nicht näher darauf eingegangen werden. Von älteren Darstellungen sei besonders auf Nonne (6) verwiesen.

Häufiger kommt die Differentialdiagnose der Neuritis bzw. Polyneuritis gegenüber in Betracht.

Daß nach einer alten, längst vergessenen Ischias der Achillesreflex dauernd fehlen kann und daß dieses Symptom in Verbindung mit einigen anderen Verdachtsmomenten mitunter an eine Tabes denken läßt, ist bekannt. Wichtiger noch ist die postinfektiöse, besonders postdiphtherische Polyneuritis. Dieses Krankheitsbild der „Pseudotabes postdiphtherica" kann der echten Tabes außerordentlich ähneln: Ataxie, Hypotonie, Areflexie, leichte Sensibilitätsstörungen, evtl. auch Augenmuskel- und Gaumensegellähmung. Als Unterschied gegen die echte Tabes wird gewöhnlich das Fehlen der reflektorischen Pupillenstarre angegeben, jedoch kommt auch diese in einzelnen Fällen vor (Kellner, Werner).

Wenn man dieses Krankheitsbild kurze Zeit nach Überstehen einer Diphtherie trifft, wird die Differentialdiagnose im allgemeinen nicht schwer sein. Ich habe aber auch Fälle gesehen, in denen die Diphtherieerkrankung jahre- oder jahrzehntelang zurücklag (oder wo überhaupt von einer solchen nichts bekannt war) und in denen eine Areflexie, Hypotonie und leichte Sensibilitätsstörung bestand bei völliger Beschwerdefreiheit und ungestörtem Bewegungsvermögen.

Differentialdiagnostisch kommt hier in erster Linie die meist vorhandene Pupillenreaktion und das Fehlen von Blasenstörungen, ferner die negativen humoralen luischen Reaktionen einerseits, evtl. ein positiver Diphtherie-Rachenabstrich in Betracht.

Zu beachten ist ferner die sensible, bzw. ataktische Form der Polyneuritis, wie sie bei Blei-, Alkohol- und anderen Intoxikationen vorkommt. Hier finden sich ausgedehnte Sensibilitätsstörungen, oft an sämtlichen Extremitäten, die besonders die Lageempfindlichkeit betreffen und dadurch zu einer erheblichen Ataxie führen. Ich habe dabei gelegentlich auch eine gürtelförmige Hypästhesie am Thorax gesehen, was allerdings selten vorkommt, wodurch aber die Verwechslung mit einer Tabes noch leichter möglich wird. Entscheidend ist auch hier in erster Linie das Fehlen der Pupillenstarre [allerdings kommt bei Alkoholismus eine Pupillenstarre, sogar reflektorische — NONNE (2) — gelegentlich vor], ferner die sehr akute Entwicklung der Ataxie, die allerdings in sehr seltenen Fällen auch bei Tabes vorkommt, und die Anamnese, bzw. der Nachweis der Lues auf der einen und der Metallintoxikation auf der anderen Seite. Ferner ist diagnostisch wichtig die Druckempfindlichkeit der peripheren Nerven bei der Polyneuritis, während dieselben bei der Tabes gerade druckunempfindlich sind, außerdem hat die Ausbreitung der Sensibilitätsstörung bei der Neuritis einen peripheren, bei der Tabes einen segmentalen Charakter. Wichtig ist auch die bisweilen begleitende Opticuserkrankung: bei der Polyneuritis temporale Abblassung und zentrales Skotom, bei der Tabes diffuse Verfärbung und (in den allermeisten Fällen) peripherer Gesichtsfeldverfall.

Auch die Poliomyelitis kann gelegentlich ein Fehlen des Patellarreflexes (ein- oder doppelseitig), verbunden mit Hypotonie der Beine hinterlassen, während die anfänglichen Lähmungserscheinungen völlig geschwunden sind, so daß keine Spur von Bewegungsstörung mehr vorhanden ist. Hier ist neben dem Fehlen anderer tabischer Symptome besonders die völlig intakte Sensibilität von diagnostischer Wichtigkeit.

Eine Seltenheit ist die Pseudotabes bei Denguefieber (GHIAMOLATOS).

Über die Differentialdiagnose gegenüber der FRIEDRICHschen Ataxie braucht nicht viel gesagt zu werden. Bei dieser ist das Auftreten im frühen Alter, das hereditäre Moment, das Fehlen der Pupillenstörungen, das Fehlen oder wenigstens die Geringfügigkeit der Sensibilitätsstörungen von ausschlaggebender Bedeutung, schließlich auch die charakteristischen Kontrakturen an den Füßen.

Mannigfache Berührungspunkte hat die Tabes dorsalis mit dem *Diabetes*. Einerseits kann die Glykosurie gelegentlich eine Komplikation der Tabes bilden, andererseits kommen bei Diabetes zahlreiche an Tabes erinnernde Symptome vor, weshalb man auch von einer „Pseudotabes diabetica" spricht: Fehlen der Patellarreflexe, Schmerzattacken, Sensibilitätsstörungen, Augenmuskellähmungen, Impotenz, trophische Störungen. Im allgemeinen wird auch hier das Fehlen der reflektorischen Pupillenstarre als ausschlaggebend angesehen, jedoch kommt auch diese gelegentlich bei Diabetes vor (z. B. Fall von BIERMANN). Die Differentialdiagnose kann also bisweilen recht schwierig sein, zumal es auch vorkommen kann, daß sich beide Krankheiten miteinander kombinieren:

In einem typischen Fall, den ich kürzlich beobachtete, bestand neben Areflexie, Hypotonie, Hypalgesie und leichter Ataxie eine Herabsetzung der Lichtreaktion der Pupillen. Es fand sich ein Zuckergehalt des Urins von 7%, der unter entsprechender Behandlung zurückging. Darauf Wiederkehr der Patellarreflexe, prompte Pupillenreaktion usw.

Schließlich sei noch die *Ergotintabes,* auch „Kribbelkrankheit" genannt, erwähnt. Es ist bekannt, daß Ergotinintoxikation Hinterstrangsymptome hervorrufen kann, welche dem Bilde der echten Tabes durchaus ähnlich sind. Ein solcher Fall findet sich z. B. bei Müller und Bruns[1] beschrieben. Es fand sich hier Ataxie aller Extremitäten, Romberg, Sensibilitätsstörungen, auch in der Mamillargegend, Areflexie, keine Pupillenstörungen. Dieses Symptomenbild war von einer vor 30 Jahren überstandenen Ergotinvergiftung zurückgeblieben. Es gibt aber bei akuten Intoxikationen auch Fälle mit rasch rückgängigem Verlauf, wodurch sich dann die echte Tabes sicher ausschließen läßt. So beschreibt Panter einen Fall, in dem nach Injektion von 9 Ampullen Gynergen (zur Vorbereitung der Strumaresektion bei Basedow) eine Miosis und reflektorische Pupillenstarre, Fehlen sämtlicher Sehnenreflexe bei normaler Sensibilität auftrat. Nach 14 Tagen wieder normale Verhältnisse.

Einen ähnlichen Fall beobachtete ich selbst: Eine 23jährige Frau erhielt von anderer ärztlicher Seite *Gynergen* (3mal täglich 1 Tablette). Nach etwa 8—14 Tagen — die Dauer des Gebrauches ist nicht ganz sicher zu ermitteln — traten in beiden Füßen Parästhesien auf, die sich allmählich bis zu den Knien ausbreiteten. Der Gang wurde unsicher. Es fand sich Abschwächung der Patellar- und Fehlen der Achillesreflexe, leichte Ataxie, Hypotonie, Herabsetzung der Vibrationsempfindlichkeit und der Lageempfindlichkeit an den Zehen. Pupillenreaktion war erhalten.

Dieser Zustand wurde dann 2 Monate lang beobachtet, während dieser Zeit schwanden die Patellarreflexe noch vollständig, die Ataxie ging zurück.

Eine Nachuntersuchung konnte erst nach etwa weiteren 4 Monaten vorgenommen werden. Jetzt waren sämtliche Symptome geschwunden, Reflexe durchaus normal usw.

Schließlich sei noch darauf hingewiesen, daß in differentialdiagnostisch schwierigen Fällen die Blut- und besonders die Liquoruntersuchung oft ausschlaggebend für die Diagnose sein kann. Andererseits kann uns aber auch diese Methode gelegentlich im Stiche lassen, d. h. es kann in einzelnen Fällen die charakteristische Liquorveränderung ausbleiben (liquornegative Tabes), wie bereits auf S. 602 angegeben wurde.

IV. Therapie der Tabes.

Die ideale Therapie der Tabes würde, wie bei allen Krankheiten, die prophylaktische sein. Bei der Tabes scheint dieses Ziel besonders nahezuliegen, da wir ja wissen, daß das betreffende Individuum zu einem bestimmten Zeitpunkt durch die luische Infektion die Disposition zur tabischen Erkrankung erwirbt, und uns der zwischen der primären Infektion und dem Ausbruch der Tabes liegende mehrjährige Zwischenraum noch genügend Zeit lassen sollte, um die primäre Erkrankung zur Heilung zu bringen und so das Auftreten der Tabes überhaupt zu verhüten.

Daß wir trotz aller Fortschritte der Luestherapie dieses ideale Ziel noch nicht erreicht haben, braucht hier nicht ausgeführt zu werden. Die sich hier aufwerfenden wichtigen, an die primäre Behandlung der Lues anknüpfenden pathogenetischen und therapeutischen Fragen sollen aber, wie ich bereits in der Einleitung gesagt habe, hier nicht zur Erörterung kommen, da dieses Kapitel ausschließlich der *Klinik* der Tabes, also der bereits ausgebrochenen nachweisbaren Krankheit gewidmet ist.

---

[1] Müller und Bruns: Handbuch der inneren Medizin, Bd. 5, S. 653.

Daß aber auch bei letzterer die spezifische antiluische Therapie an erster Stelle stehen muß, ist bei unserer jetzigen Auffassung vom Wesen der Tabes als einer luischen Manifestation am Nervensystem selbstverständlich.

Dabei dürfen wir uns nicht von der experimentell festgestellten Tatsache abschrecken lassen, daß der Übertritt der Pharmaca in die Nervensubstanz durch gewisse anatomische Einrichtungen sehr erschwert ist, so daß dieselben nur in geringen Mengen zur Wirksamkeit kommen und die Vernichtung der Erreger im Zentralnervensystem daher schwieriger ist wie anderswo (JAHNEL). An einer ganz erheblichen Wirksamkeit der spezifischen Behandlung ist nach den klinischen Erfahrungen trotzdem nicht zu zweifeln und wir können die Hoffnung haben, daß es in künftiger Zeit gelingen wird, noch bessere als die gegenwärtig zur Verfügung stehenden Präparate herzustellen, die auch in den geringen, das Nervensystem erreichenden Bruchteilen genügend wirksam sind, ohne daß die einverleibte Gesamtdosis auf den Organismus schädigend wirkt.

Jedenfalls ist die antiluische Therapie der Tabes als die eigentlich ätiologische Therapie an erster Stelle zu besprechen.

1. Spezifische, antiluische Therapie.

Soll man jeden Tabiker antiluisch behandeln?

Die alte, schon von ERB (2) aufgestellte Regel, daß die spezifische Therapie der Tabes besonders dann indiziert ist, wenn die luische Infektion noch nicht allzulange zurückliegt und wenn die primäre Behandlung der Infektion unzureichend oder wenigstens nicht sehr ausgiebig gewesen ist, gilt auch heute noch, wenn auch mit einigen Einschränkungen und Erweiterungen. Eine volle Sicherheit in der therapeutischen Indikationsstellung besitzen wir auch jetzt noch nicht, vielmehr stehen wir auch jetzt noch manchem einzelnen Fall unsicher gegenüber. Auch die naheliegende Anschauung, daß die in den letzten Jahrzehnten ausgearbeiteten humoralpathologischen Methoden uns einen sicheren Indikator für die Therapie gebracht hätten, ist nicht ganz zutreffend.

Auf diesen Punkt muß hier (unter Hinweis auf das GEORGische Kapitel in diesem Handbuch) kurz eingegangen werden. Daß das Verhalten des Blutwassermanns bei der Tabes nur in positivem Sinne als therapeutischer Indikator verwendet werden kann, niemals aber in negativem Sinne, ist zu bekannt, als daß es hier ausgeführt werden müßte. Anders die Liquorreaktionen. Hier gehen manche so weit, daß sie bei negativem Liquor jede spezifische Behandlung für zwecklos, unter Umständen sogar für riskant wegen der Gefahr der Mobilisierung erklären. In diesem Sinne äußern sich z. B. neuerdings WEIGEL, HAUPTMANN u. a. Auch WAGNER-JAUREGG ist der Ansicht, daß es sich bei liquornegativer Tabes nicht mehr um Wirkungen des spezifischen Prozesses handelt und daß daher eine spezifische Behandlung in diesen Fällen nicht angebracht sei (s. später).

Nach meinen Erfahrungen, die mit denen von DREYFUSS, DATTNER u. a. übereinstimmen, möchte ich aber die therapeutische Indikation nicht ganz so streng nach dem Verhalten des Liquors richten, möchte vielmehr den liquornegativen Befund nicht als absolut identisch mit abgeheilter bzw. stationär gewordener Tabes einschätzen. Allerdings verlaufen die liquornegativen Fälle *meistens* oligosymptomatisch und höchstens langsam progredient. Ich habe aber auch sicher Fälle gesehen, in denen trotz negativen Liquors ein erhebliches Fortschreiten zu konstatieren war und in denen eine spezifische Behandlung zweifellos noch Nutzen brachte; umgekehrt auch Fälle, in denen trotz hochpositiven Liquors die Erscheinungen der Progredienz lange ausblieben.

Wenn also auch der Liquorbefund einen sehr wichtigen Anhaltspunkt für die Wirksamkeit der Behandlung und einen Maßstab für die mehr oder weniger intensiv auszuführende weitere spezifische Therapie abgeben kann, so glaube ich doch einer völligen Ablehnung derselben auf Grund negativer Liquorreaktionen nicht beitreten zu können.

Die wichtigste Richtlinie für die therapeutische Indikation bleibt also nach wie vor die *klinische* Verlaufsweise.

Ich möchte behaupten, daß es verhältnismäßig wenige Zustandsbilder einer Tabes gibt, in denen die spezifische Behandlung vollkommen kontraindiziert ist. Daß allerdings nach der alten ERBschen Regel die bisher gar nicht oder ungenügend behandelten Fälle in erster Linie in Betracht kommen, ist nicht zu bestreiten. Andererseits gibt es aber auch vielbehandelte Tabiker, bei denen von Zeit zu Zeit immer wieder neue Kuren indiziert sind, wenn sich nämlich immer wieder neue Nachschübe des Krankheitsbildes geltend machen, in Form des Neuauftretens von Schmerzen und Krisen, Zunahme der Ataxie, der Blasenstörungen usw. Derartige Kranke haben von immer wiederholten, selbst über Jahrzehnte hinaus ausgeführte Kuren oft unbestrittenen Nutzen.

Eine völlige Ablehnung einer weiteren spezifischen Behandlung möchte ich nur dann für berechtigt halten, wenn der betreffende Fall sich *längere* Zeit in klinischer Hinsicht als ein völlig stationärer, oligosymptomatischer erwiesen hat, also keinerlei Tendenz zum Fortschreiten und kein Auftreten von Reizerscheinungen zeigt. Wenn dieser Verlauf, besonders nach vorangegangener genügender Behandlung, in jahrelanger Beobachtung sich gezeigt hat, wird man von weiterer spezifischer Behandlung abraten können, von dem Standpunkt aus, ,,quieta non movere''.

Der Allgemeinzustand des Patienten gibt nur in seltenen Fällen eine Kontraindikation gegen die spezifische Therapie, abgesehen von den seltenen Fällen einer Idiosynkrasie gegen alle spezifischen Mittel. Die spezifischen Methoden sind so variierbar und modifizierbar, daß sich selbst bei sehr geschwächten Kranken eine geeignete Methode vorsichtig probierend auffinden und durchführen läßt. Manche sehr schwache Kranke reagieren sogar auf eine derartige Behandlung außerordentlich günstig, blühen z. B. unter einer vorsichtigen Neosalvarsanbehandlung direkt auf.

Bezüglich der Durchführung der spezifischen Behandlung, ihrer Intensität, Häufigkeit usw. hier spezielle Angaben zu machen, scheint nicht erforderlich. Es seien als Paradigma hier nur die Vorschriften von Dreyfuss erwähnt, der wohl der konsequenteste Vertreter einer sehr energischen spezifischen Therapie ist. Er empfiehlt die Neosalvarsankuren in der Dauer von 6—8 Wochen in den ersten 2 Jahren je 3mal (Pausen von 8—12 Wochen nach Abschluß der vorangegangenen Kur) auszuführen, in den folgenden Jahren je 2mal und dann noch jedes Jahr eine Kur. Gesamtdosis während einer Kur 5—7 g Neosalvarsan (oder entsprechende Dosen Neosilbersalvarsan), Injektionen 2mal wöchentlich, Höchstdosis 0,45, selten 3—4mal wöchentlich. Als wichtig betont Dreyfuss das langsame Einschleichen mit der Dosis (Beginn mit 0,1) und vorsichtige Steigerung, da manche Tabiker überempfindlich gegen Neosalvarsan sind.

Ich möchte nach meinen Erfahrungen mich diesem Behandlungsschema ungefähr anschließen, wenn ich auch in vielen Fällen kleinere Dosen für ausreichend halte (Kuren von 3—4 g Neosalvarsan), besonders wenn die Kur mit Bismut kombiniert wird (s. darüber später). Jedenfalls sind, sobald die Tabes erkannt ist, zunächst mehrere Kuren in kurzen Abständen, möglichst drei im Jahr, durchzuführen und dann seltener. Die Erfahrung, die Dreyfuss gemacht hat, daß manche Tabiker, nachdem sie durch die anfänglichen Intensivkuren gebessert sind, von späteren, in Intervallen von 1—2 Jahren vorgenommenen Kuren immer wieder Nutzen haben, ja daß sie von selbst bei irgendwelcher Verschlechterung ihres Befindens diese Kuren von neuem verlangen, habe auch ich gemacht.

Diese Kuren können natürlich in mannigfachen Modifikationen durchgeführt werden, je nach der Konstitution des Kranken und dem Verlauf des Falles, z. B. Einschiebung milder Kuren mit Bismut, Jod, Hg-Schmierkuren u. dgl. Jedenfalls ist eine intensive Wirkung anzustreben, aber jede Schwächung des allgemeinen Kräftezustandes sorgsam zu vermeiden.

Manche Autoren schließen sich dem Dreyfussschen Schema ausdrücklich an, z. B. Sioli. Es finden sich aber auch manche andere Vorschriften in der Literatur, von denen nur einige genannt seien.

Französische Autoren (LEREDDE, SIMON) z. B. empfehlen Kuren in 3 Serien mit je 4 Wochen Pausen, und zwar I. Serie: 0,3—0,6—0,9 Neosalvarsan (einwöchentlich); II. Serie: 0,6—0,9—0,9 Neosalvarsan; III. Serie: 0,9—0,9—0,9 Neosalvarsan.

WEICHBRODT dagegen empfiehlt bei Männern mit progredienter Tabes (nach vorangehender Prüfung auf Überempfindlichkeit durch 0,15 Neosalvarsan) *tägliche* Dosen von 0,45, 10—12 Tage hintereinander. Nach einer 10tägigen Pause eine Nachkur mit Spirocid oder dgl. Er ist der Ansicht, daß wenn diese Kur erfolglos geblieben ist, auch von weiteren Salvarsankuren nichts zu erwarten ist.

Neuerdings empfiehlt SCHREUS (mit BERNSTEIN) die „Salvarsansättigungsmethode". Nach vorangehender Prüfung auf etwaige Überempfindlichkeit gibt er eine Dosis von 0,6 Neosalvarsan, der er dann nach je 20 Minuten zwei weitere Injektionen von 0,45 folgen läßt, also im ganzen 1,5 an einem Tage. Bei Frauen niedrigere Dosierung 0,6 + 0,15 + 0,3 = 1,05. Im ganzen 6 solche „Schläge" in einwöchentlichen Abständen, also 6—9 g. Dazwischen Bismut, auch Kombination mit Malaria- oder Pyrifer-Kur. Bei 12 Tabesfällen sah er günstige Beeinflussung von Schmerzen und Krisen, einmal Zunahme der Ataxie trotz Besserung des Liquors.

In der ausländischen Literatur findet sich eine Empfehlung besonders heroischer Dosen von CARRERA. Er geht bis zu Einzeldosen von 0,9 und sogar 1,05 und erreicht in einer Serie eine Gesamtmenge von 10 g Neosalvarsan. Wiederholung der Kur in kurzen Abständen. Einige Kranke erhielten in einer Zeit von 3—5 Jahren 50—98 g Neosalvarsan. Der Autor will davon ausgezeichnete Erfolge gesehen haben, u. a. auch Verschwinden der reflektorischen Pupillenstarre.

Ich glaube kaum, daß diese Dosierung bei uns Nachahmer findet. Die Notwendigkeit des vorsichtigen Ausprobierens und Ansteigens mit der Dosis sei hier nochmals erwähnt. Als eine besondere Warnung veröffentlichte kürzlich SCHUBERT einen Fall von stürmischer Provokation einer Tabes dorsalis durch Salvarsanbehandlung. Es handelte sich um eine Lues latens ohne erkennbare neurologische Symptome. Nach einer Neosalvarsan-Bismut-Kur schwere akute Erscheinungen mit Fieber, Leberschwellung usw. und anschließend die Entwicklung einer typischen Tabes.

Daß das Salvarsan gelegentlich auch intramuskulär appliziert wird in Form des *Myosalvarsans* und ähnlicher Präparate, sei hier nur nebenbei erwähnt. Die Indikation zu dieser Modifikation ist wohl nur durch das seltene Ereignis einer völligen Unzugänglichkeit der Venen gegeben.

Auch auf die Anwendung peroraler Medikationen wie Spirocid und Stovanol, die gelegentlich als Zwischenkur verwendet werden können, sei hier nur hingedeutet. DATTNER empfiehlt Spirocid in vorsichtiger Dosierung (1. Tag 2 Tabletten, 2. und 3. Tag je 3 Tabletten, dann 3 Tage Pause, Gesamtdosis 80—90 Tabletten) und sah dabei eine besonders günstige Beeinflussung des Liquors bei gleichzeitiger Anwendung von Jodkalium. Höhere Dosen sollen die Gefahr der Opticusschädigung mit sich bringen.

Von weiteren antiluischen Mitteln stehen uns *Quecksilber* und *Bismut* zur Verfügung. Daß die spirochätozide Wirkung dieser Mittel der des Salvarsans nachsteht, ist allbekannt, MILIAN (zit. bei DREYFUSS) drückt dieses Verhältnis Neosalvarsan: Bi: Hg aus = 10: 7: 4.

Ältere Ärzte werden sich noch aus der Vorsalvarsanära erinnern, daß das Quecksilber von manchen Neurologen bei der Tabes vollständig abgelehnt wurde (auch mein Lehrer WERNICKE gehörte dazu).

Andere aber wendeten damals ausgiebig Hg an, z.B. ERB, v. STRÜMPELL. So sah besonders *Erb* von energisch durchgeführten Schmierkuren (4—6 g) Ungt. ciner. täglich, 30—60 Einreibungen, nach 4—12 Monaten wiederholt!) gute Erfolge. Den Hg-Injektionen, von denen damals besonders Sublimat zur Verfügung stand, schreibt ERB eine viel geringere Wirksamkeit zu.

Später fanden dann die Hg-Injektionen sehr ausgiebige Anwendung, sowohl in Form der löslichen, wie besonders der unlöslichen Präparate, letztere zum Teil von sehr intensiver Wirksamkeit. So wendete NEISSER, wie ich mich erinnern kann, auch bei Tabikern das „graue Öl" an, sehr viel wurde das Hg. salicyl. angewendet, FOERSTER (9) sah besonders von Calomel ausgezeichnete Erfolge (aber nicht bei gastrischen Krisen).

In der letzten Zeit ist man von diesen intensiv wirkenden Präparaten vollkommen abgekommen. Es scheint, als ob die Resistenz der Menschen gegen diese Mittel sich verringert hätte. Auch die Schmierkuren können keinesfalls in dieser Intensität verabfolgt werden, wie oben von Erb angegeben.

Besser vertragen werden die leichten, löslichen Hg-Präparate, wie z. B. das Embarin u. a.

Ich habe dieses Mittel lange Zeit (alternierend mit Neosalvarsanspritzen) angewendet, jedenfalls ohne nachteilige Wirkungen. Im allgemeinen ist man jetzt von der Hg-Behandlung zurückgekommen. Manche lassen sie nur noch als „milde Behandlung" in Form einer leichten Schmierkur zu, z. B. Wittgenstein. Nonne betrachtet diese allerdings als die „Methode der Wahl", Dreyfuss dagegen als Notbehelf, wenn andere Kuren nicht vertragen werden.

Im allgemeinen zieht man jetzt die *Bismutpräparate* dem Quecksilber vor (Bismogenol, Bismophanol, Casbis, Bisuspen, Mesurol) in Dosen von $\frac{1}{2}$—2 ccm, 2—3mal wöchentlich. Hiervon sah ich, ebenso wie Dreyfuss niemals Provokationen oder Verschlimmerungen.

Die Bismutkuren können allein angewendet werden und sind als ein mildes Mittel anzusehen, welches besonders bei leichteren Fällen ohne Reizerscheinungen angezeigt ist. Manche halten sie auch für ganz gleichwertig den Salvarsankuren (z. B. Foster und Smith). Am geeignetsten ist wohl eine Kombination mit einer Neosalvarsanspritzkur, und zwar 1—2 Spritzen jeder Art pro Woche. Diese Methode habe ich in den letzten Jahren überwiegend angewendet.

Es wird im Auslande auch ein Kombinationspräparat von Bismut mit Salvarsan empfohlen, das *Bismarsan*, ein wasserlösliches, intramuskulär zu injizierendes Präparat (Tobias, Hadden u. a.). Es werden 30—40 Injektionen in wöchentlichen Intervallen gegeben. Es soll frei von toxischen Nebenwirkungen sein und nicht nur Krisen und Schmerzen, sondern auch Ataxie, Blasenstörungen usw. günstig beeinflussen.

Schließlich muß eines unserer ältesten antisyphilitischen Mittel, das Jod, erwähnt werden. Es spielte früher eine große Rolle in der Behandlung der Tabes. Diejenigen Ärzte, die das Hg vollständig ablehnten, wendeten es sogar ausschließlich an. Wir waren in meiner Assistentenzeit unter Wernicke gewöhnt, große Dosen Jodkalium innerlich (3—6 g und darüber pro die) zu geben. Diese großen Dosen werden jetzt im allgemeinen nicht vertragen (ebenso wie die Hg-Präparate, s. oben). In kleineren Dosen, etwa 1—3 g pro die, verwende ich es jedoch auch jetzt noch, besonders als Nachkur nach Neosalvarsankuren, und glaube eine gewisse Wirksamkeit anerkennen zu müssen. In manchen Fällen sind auch intramuskulär injizierte Jodpräparate wie Jodipin, Mirion recht zweckmäßig.

In neuerer Zeit sind auch intravenöse Injektionen von Natr. jodatum empfohlen worden, besonders von Schacherl. Derselbe verwendet eine 50%ige Lösung, injiziert 3,3—10 g steigend, jeden 2.—3. Tag bis zu einer Gesamtdosis von 200 g.

Dreyfuss warnt vor diesen großen Dosen, die manchmal einen unangenehmen Angiospasmus, bisweilen auch Venenthrombosen hervorrufen, und gibt nur $\frac{1}{2}$—4 (selten 8) ccm der 50%igen Stammlösung, die er auf eine 10—20%ige Lösung in der Spritze verdünnt. Gesamtdosis 50—80 g Jod. Er hat davon gute Erfolge, besonders in bezug auf die Ataxie gesehen. Manche weiteren Empfehlungen der Methode finden sich noch in der Literatur, z. B. Vercellino. Derselbe verwendet eine 10%ige Lösung und injiziert Dosen von 1—15 g, Jodnatrium bis zu einer Gesamtmenge von 300 g. Er will sehr gute Besserung der klinischen Erscheinungen, aber keine Veränderung der serologischen Reaktionen gesehen haben.

Schließlich müssen noch einige selten angewendete Präparate erwähnt werden. So das *Tryparsamid*, eine fünfwertige Arsenverbindung, die sich besonders bei der Trypanosomenkrankheit, aber auch bei der Syphilis bewährt hat. Von einigen Autoren, PEARCE, WULFFTEN, CLAUDE und TARGOWLA, werden einige günstige Erfahrungen berichtet, die jedoch die Wirksamkeit des Salvarsans nicht übertreffen. Als Nebenwirkungen werden Sehstörungen infolge von Opticusschädigung beobachtet, ähnlich wie bei Atoxyl (nach MOORE in 17%), die allerdings meist vorübergehender Natur sind. LICHTENSTEIN und SPITZ sahen daher beginnende Opticusatrophie als Kontraindikation an, bei sonst guten Erfolgen. In der Tat dürfte diese Gefahr der Verwendung des Mittels entgegenstehen.

Ferner ist das *Antimon*, besonders in Form des *Antimosan*, angewendet worden. KAUF-MANN und SCHAAF sahen bei 13 Tabesfällen 8 beträchtliche und 4 mäßige Besserungen, besonders in bezug auf Krisen und Ataxie. Da das Mittel aber die serologischen Reaktionen nicht beeinflußt und auch bei tertiärer Syphilis vollkommen unwirksam ist, glauben die Verfasser die klinische Wirksamkeit bei der Tabes nicht durch eine parasitotrope Wirkung (jedenfalls nicht allein) erklären zu müssen, sondern nehmen an, daß es sich um eine Bahnung von Reflexen ähnlich wie beim Tetrophan handelt.

Auch ein Strontiumpräparat ist empfohlen worden, die organische Strontiumverbindung „*Biostron*". Es soll in intramuskulären und intravenösen Injektionen von 10 ccm und darüber ausgesprochen schmerzlindernd bei der Tabes wirken, auch die Motilität bessern. Es wird nach den Beobachtungen der Liquorreaktionen und der Wirkung auf luische Hauterscheinungen angenommen, daß es sich nicht nur um ein symptomatisch wirkendes Mittel handelt, sondern daß es auch eine spezifisch-antisyphilitische Aktion ausübt. Es wird empfohlen, das Biostron mit anderen antiluischen Mitteln zu kombinieren, wobei dem leicht löslichen und eliminierbaren Biostron das andere Mittel nachfolgen kann (CIAMBLOTTI, LEIGHEB).

Wie sind nun die Erfolge einer konsequent durchgeführten spezifischen, also ätiologischen Therapie bei der Tabes zu bewerten? Es ist ohne weiteres klar, daß eine Heilung, also Wiederherstellung im anatomischen Sinne bei der Tabes nicht erwartet werden kann; denn wir haben keine Anhaltspunkte dafür, daß sich zugrunde gegangenes funktionstragendes Gewebe im Zentralnervensystem wieder regeneriert. Dementsprechend können auch diejenigen Symptome, die als anatomisch bedingte Ausfallserscheinungen zu bewerten sind, nicht beseitigt werden.

Wir können vielmehr nur darauf rechnen, daß geschädigtes, aber nicht völlig zerstörtes Nervengewebe sich wieder erholen kann, dadurch daß das schädigende Agens fortfällt. Dabei kann auch eine Reorganisation im Sinne FOERSTERs mitsprechen, indem die geschädigten Funktionen von anderen Nervenelementen übernommen werden [vgl. besonders HAUPTMANN (4)]. Besonders aber werden wir zu erwarten haben, daß die *Reizerscheinungen*, also die Schmerzen und Krisen durch Wegschaffung der erregenden krankhaften Produkte einer therapeutischen Beeinflussung zugänglich sein werden, und schließlich, was das wichtigste ist, daß ein progredienter Verlauf durch Beseitigung der ätiologischen Noxe aufgehalten bzw. zum Stillstand gebracht werden kann.

Die empirisch-klinischen Erfahrungen bestätigen im allgemeinen diese Erwägungen. Wir dürfen aber nicht vergessen, daß die Beurteilung der therapeutischen Erfolge gerade bei der Tabes infolge des wechselvollen Verlaufes, den die Krankheit auch ohne jede Therapie nimmt, außerordentlich schwierig und trügerisch ist, weshalb alle Statistiken über erreichte Erfolge mit größter Vorsicht aufzunehmen sind. Immerhin kann wohl jeder, der Tabiker in größerer Anzahl antiluisch behandelt hat, aus dem allgemeinen Eindruck bzw. großen Durchschnittszahlen einen erheblichen Nutzen der Therapie anerkennen. Um nur einige Zahlen aus der Literatur zu erwähnen, so führt DREYFUSS 75% Besserungen, davon 50% ganz erheblicher Art an, und nur 25% Versager. HAUPT-MANN sah unter 58 Fällen nur 15 ganz unbeeinflußte (also ungefähr die gleiche Prozentzahl).

Nach meinen Erfahrungen möchte ich diese Zahlen ungefähr für zutreffend halten. Über die Besserung der einzelnen Symptome finden sich zahlreiche Angaben in der Literatur, die im einzelnen wiederzugeben, sich erübrigt. Von den Besserungen des Liquorbefundes, die hier nicht besprochen werden sollen, abgesehen, sei hier nur hervorgehoben, daß zweifellos am günstigsten die

Reizerscheinungen, also die Schmerzen und Parästhesien und die Krisen beeinflußt werden. Hier sehen wir oft nach spezifischen Kuren ganz überzeugende Beserungen. Ferner bessern sich oft ganz erheblich die Sensibilitätsstörungen und die Ataxie, auch die Blasenstörungen. Auf das Verhalten der Opticusatrophie wird noch besonders eingegangen werden. Über die sehr seltene Wiederherstellung der Pupillenreaktionen und der Patellarreflexe existieren einzelne Angaben in der Literatur. Ich möchte glauben, daß es sich hierbei meist wohl nur um ein Lebhafterwerden sehr herabgesetzter Reflexe handelt. Jedenfalls habe ich bei totaler reflektorischer Pupillenstarre niemals eine Wiederkehr des Reflexes gesehen (ebenso wie Dreyfuss), das Wiederauftreten der fehlenden Patellarreflexe nur als ganz extreme Seltenheit.

Aber diese Einwirkung auf einzelne objektive Symptome ist ja für den Patienten selbst verhältnismäßig gleichgültig, die Hauptsache ist, daß durch Beseitigung der Reizsymptome und anderer störender Erscheinungen das Allgemeinbefinden der Kranken gebessert und daß das Fortschreiten des Leidens aufgehalten wird. Das ist zweifellos bei einer nicht unerheblichen Anzahl von Kranken der Fall.

Vielfach ist nun versucht worden, die spezifische Behandlung durch intraspinale bzw. endolumbale Einführung wirksamer zu machen. Aus der umfangreichen Literatur über diese Methoden können hier nur die Hauptpunkte hervorgehoben werden.

Die direkte Einführung von Neosalvarsan in den Lumbalkanal ist hauptsächlich von Gennrich empfohlen und ausgebaut worden. Bezüglich der Technik, der Erfolge usw. ist auf sein ausführliches Buch zu verweisen. Es sei hier nur so viel gesagt, daß die Methode in einer Entnahme von etwa 80 ccm Liquor besteht. Davon werden etwa $^2/_3$ wieder infundiert, nachdem ihm 0,5—0,75 mg Neosalvarsan zugesetzt sind. Die Behandlung erfolgt mehrmals in Intervallen von etwa 4 Wochen. Höhere Dosierung ist durchaus zu widerraten.

Außer von Gennrich selbst, der über sehr gute Erfolge berichtet, empfehlen verschiedene Autoren die Methode, besonders Brunner (1—3), welcher in 11 Fällen von Tabes 6 Heilungen und 5 Besserungen sah: rasches Verschwinden von Schmerzen und Krisen, Besserung von Blasen- und Darmstörungen, dabei Sanierung des Liquors. Wirksamkeit auch in älteren Fällen, die sich bisher trotz jeder Therapie verschlechterten. Er empfiehlt daher die Methode in jedem Falle als Erstbehandlung.

Schacherl (3 u. 4) empfiehlt folgende Modifikation: Er entnimmt nur 9 ccm Liquor, mischt diesen mit 1 ccm einer $1^0/_{00}$igen Neosalvarsanlösung und spritzt dann 1 ccm, später 2—3 ccm dieser Mischung ein. Er hält dabei schädliche Wirkungen für ausgeschlossen.

Von anderer Seite wird aber die Gennrichsche Methode verworfen, z. B. von Nonne, welcher über 4 Todesfälle (von anderer Seite behandelt) berichtet und selbst bei 60 behandelten Fällen keine besseren Erfolge gesehen hat wie bei der üblichen Behandlung, dagegen häufig unangenehme Begleiterscheinungen, wie Kollaps, Schüttelfrost, tagelanges Erbrechen usw. (Brunner führt diese Erscheinungen auf Überdosierung zurück). Auch Kogerer lehnt die Methode „wegen Unzuverlässigkeit und Gefährlichkeit" ab.

Eine größere Anhängerzahl hat wohl die indirekte Methode der Salvarsaneinführung in den Lumbalkanal, die von Swift-Ellis angegebene, weiterhin von Marinesco, Fordyce und Lafora u. a. empfohlene Verwendung von salvarsanisiertem Antoserum.

Methode. Nach einer intravenösen Neosalvarsaninjektion wird 1 Stunde später ein Aderlaß vorgenommen, das Blut zentrifugiert, das Serum 1 Stunde lang auf 56⁰ erhitzt und so über Nacht in den Eiskasten gesetzt. Am nächsten Tag

Lumbalpunktion von 15—30 ccm Liquor, der sofort ersetzt wird durch Einspritzung einer entsprechenden Menge einer 40%igen Verdünnung des vorbehandelten Serums.

Unter den zahlreichen Berichten über diese Methode ist der von FOERSTER (8) hervorzuheben, welcher bereits im Jahre 1918 über 130 auf diesem Wege behandelte Fälle berichten konnte. Er sah in der Mehrzahl der Fälle den positiven Wassermann und die Pleocytose im Liquor verschwinden, die NONNE-APELTsche Reaktion war am schwersten zu beeinflussen. Nach der Einspritzung kommt es vorübergehend zur Steigerung von Schmerzen und gastrischen Krisen, nachher bessern sich dieselben, ferner bessern sich Ataxie und Blasenstörungen, auch die Patellar- und Achillesreflexe werden beeinflußt, ebenso die Pupillenreaktion und die Anästhesien.

Neben manchen anderen empfehlenden Mitteilungen werden auch gegen diese Methode Bedenken erhoben. So erklärt DREYFUSS die intralumbale Methode für eine „schwere körperliche, seelische und finanzielle Belastung des Patienten", die man ihm nur in ganz verzweifelten oder ganz besonders gelagerten Fällen, wenn alle anderen Methoden tatsächlich versagen, zumuten sollte, z. B. bei progredienter Opticusatrophie. Er hat sich von der Überlegenheit dieser Methode gegenüber der von ihm durchgeführten intravenösen Behandlung nicht überzeugen können. v. WAGNER-JAUREG hat nach DATTNERS Mitteilung die Anwendung der Methode in seiner Klinik verboten. GADRAT bezeichnet die endolumbalen Methoden als (in Frankreich) „fast völlig aufgegeben". Er hat zwar in einigen Fällen Besserung der Schmerzen und Krisen gesehen, aber auch schwere Schädigungen, darunter eine hämorrhagische Myelitis mit letalem Exitus.

Auf einem anderen Wege sucht die DERCUMsche Methode den Übertritt von Salvarsan in den Liquor zu befördern, und zwar dadurch, daß im Moment oder kurze Zeit nach der intravenösen Salvarsaneinverleibung eine ausgiebige Lumbalpunktion vorgenommen wird. Dadurch wird eine gesteigerte Sekretion von Liquor aus dem salvanisierten Blut der Plexus chorioidei angeregt. WEIGELDT, der die Methode ebenfalls empfiehlt, sieht das wirksame Moment in der Erzeugung einer venösen Hyperämie. Zwar konnte HOEFER im Tierexperiment und beim Menschen einen vermehrten Salvarsanübertritt in den Liquor nicht nachweisen, die Methode scheint ihm aber beachtenswert. In größerem Maßstabe (164 Fälle) wurde sie von REID angewendet. Derselbe gibt Silbersalvarsan intravenös, nach 10 Minuten eine möglichst ausgiebige Lumbalpunktion von etwa 50 ccm. Die Punktionen werden in 20tägigen Intervallen 5mal wiederholt. Inzwischen eine ausgiebige Silbersalvarsan- und Bi- bzw. Hg-Kur. Wiederholung der Kur nach 2—3 Monaten. 2—3 Kuren erforderlich. Verf. will ausgiebige Besserungen, sowohl in bezug auf den Liquor wie das klinische Bild gesehen haben mit Ausnahme der Opticusatrophie und der Arthropathie.

KISSOCZY und WOLDRICH suchen den Übertritt des Neosalvarsans noch weiter dadurch zu fördern, daß sie etwa eine Stunde vor der intravenösen Injektion eine Lufteinblasung nach Abnahme von 20—30 ccm Liquor vornehmen. Dadurch soll eine sterile Meningitis erzeugt werden, die dem Übertritt förderlich ist. Unter 15 Fällen 10mal günstige Beeinflussung von Krisen, Schmerzen und Ataxie.

Epidurale Injektionen von Neosalvarsan (0,3 : 10,0) empfiehlt HASSIN, 2mal wöchentlich bis 4 Wochen lang. Er sah bei 40 Fällen eine günstige Beeinflussung des Allgemeinbefindens und der Ataxie. In einem Fall letaler Ausgang durch Conusschädigung, in 2 weiteren Fällen passagere Störungen.

Außer dem Salvarsan werden auch andere Mittel intralumbal injiziert. So wurde kolloidales Quecksilber von QUERO angewandt. BARRAQUER erzielte einen guten Erfolg mit intralumbaler Hg-Einspritzung, kombiniert mit der üblichen Neosalvarsan-Bismutkur, allerdings bei einem Falle akuter Ataxie, welche bekanntlich auch bei anderweitiger Behandlung eine günstige Prognose hat.

Lafora (1) will besonders Erfolge mit endolumbaler Einspritzung von mercurialisiertem Eigenserum gesehen haben, empfiehlt diese Behandlung als Dauerbehandlung in lebenslänglich, in gewissen Zeitabständen wiederholten Kuren.

Derselbe Autor (2) wendet auch Bismut intralumbal an (2 Tropfen des Rocheschen Präparates), kombiniert diese Behandlung mit intramuskulären Bismut- und intravenösen Neosalvarsaninjektionen, schließt dann noch eine Fiebertherapie an. Er nimmt an, daß durch die intralumbale Injektion nicht Keime getötet werden, sondern eine nichtspezifische meningitische Reaktion hervorgerufen wird, welche den torpiden Entzündungsprozeß in einen akuten verwandelt. Dadurch werden die trophischen Zentren erregt und regenerative Vorgänge angebahnt, und es wird die Durchlässigkeit der Meningen für die intravenös beigebrachten Medikamente befördert. Nach 2 endolumbalen Injektionen sah der Autor z. B. eine wesentliche Besserung und nach 4 Injektionen ein völliges Verschwinden einer Arthropathie des Kniegelenkes.

Marinesco verwendet intralumbale Injektionen von Magnesium sulfuricum, Lawson intraspinale Injektion von Natr. jodat. (0,4—5%), 6—22 ccm in Zwischenräumen von 4—7 Tagen.

Bei der Methode von Marinesco hat Trellicova einen Exitus erlebt, dadurch daß eine alte, eiterige Appendicitis durch die Einspritzung mobilisiert wurde und zu multiplen metastatischen Gehirnabscessen führte.

2. Die fiebererzeugenden Methoden.

Im Kampf gegen den Krankheitserreger der Tabes hat sich in der letzten Zeit der spezifisch-chemischen Therapie die Fieber-, insbesondere die Malariatherapie, an die Seite gestellt.

Da die Malariatherapie von ihrem Schöpfer selbst, v. Wagner-Jauregg in diesem Handbuch zur Darstellung gebracht worden ist, soll hier nur eine kurze Zusammenfassung bezüglich ihrer Anwendung bei der Tabes gegeben werden.

Man ist wohl jetzt allgemein auf den Standpunkt gekommen, daß das Anwendungsgebiet der Fieber-, insbesondere der Malariatherapie, bei der Tabes kleiner ist wie bei der Paralyse, daß diese Therapie also bei der Tabes nicht eigentlich die „Methode der Wahl" ist. Schon der gutartige Verlauf vieler Tabesfälle, die häufigen Stillstände, die bei der Tabes bei jeder und auch ohne jede Therapie beobachtet werden, die lange Lebensdauer, deren sich viele Tabiker bei leidlichem Wohlbefinden erfreuen, führen naturgemäß bei der Anwendung einer heroischen Methode zu einer größeren Zurückhaltung wie bei der an und für sich deletär verlaufenden progressiven Paralyse. Dazu kommt die häufige Kombination mit Mesaortitis, die zwar keine absolute Kontraindikation gibt, aber doch nach übereinstimmender Ansicht aller Autoren zu großer Vorsicht mahnt, ferner der bei der Tabes nicht seltene Kräfteverfall und die verringerte Widerstandsfähigkeit, die eine so eingreifende Behandlung nicht zuläßt.

Immerhin sind die Erfahrungen mit der Malariabehandlung der Tabes bereits recht groß und beachtenswert.

Wohl allgemein gilt der Standpunkt, daß die Behandlung, wenn überhaupt, am besten und wirksamsten im Frühstadium anzuwenden ist. Aber auch in späteren Stadien wird sie vielfach angewendet, wenn nicht die oben angeführten Kontraindikationen vorliegen.

Bezüglich der Erfolge der Malariatherapie wird übereinstimmend in erster Linie die günstige Beeinflussung der Schmerzen und Krisen gerühmt, die oft meist nach vorübergehender Exacerbation vollständig verschwinden. Ferner wird von manchen Besserung der Ataxie (aber nur der leichten Grade), der Blasenschwäche, der Sensibilitätsstörungen, gelegentlich auch Wiederkehr eines aufgehobenen Patellarreflexes und Verschwinden von Anisocorie erwähnt. Es wird auch erwähnt (z. B. Hoff und Kauders), daß die Erfolge meist anhaltend sind und auch nach der Kur noch fortschreiten, und daß das Allgemeinbefinden sich nach der Kur oft außerordentlich bessert.

Die Indikationsstellung für die Malariatherapie ist im ganzen noch recht wenig scharf. Während sie von manchen Seiten, wenn irgend angängig, in jedem Falle in *erster* Linie angewendet wird, sehen andere sie nur als ein ,,letztes Hilfsmittel" an, wenn alle anderen Methoden versagen. DREYFUSS und HANAU z. B. empfehlen, sie erst nach etwa einjähriger erfolgloser spezifischer Behandlung in Betracht zu ziehen.

Bezüglich aller weiteren Einzelheiten muß nochmals auf das von WAGNER-JAUREGG verfaßte Kapitel in diesem Handbuch verwiesen werden. Aus der umfangreichen Spezialliteratur seien nur die Arbeiten von DREYFUSS und HANAU, BERING, HESSE, HOFF und KAUDERS, KOGERER, NONNE, WAGNER-JAUREGG, WÜLLENWEBER, PAULIAN, PLEHN, SCHULTZE, UHLENBRUCK und LUPFER, WEICHBRODT, WEIGEL erwähnt.

Die Malariakur wird für gewöhnlich mit einer nachfolgenden oder auch vorangehenden Neosalvarsankur kombiniert. Manche empfehlen aber auch eine mehrfache Kombination. So empfehlen HOFFMANN und MEMMESHEIMER zunächst 2 Neosalvarsan- und 2 Bismutinjektionen, dann die Malariakur und im Anschluß 10—12 Neosalvarsan- und Bismutinjektionen. JAKOBS und VOHWINKEL lassen Bismut-Malaria- und *Neosalvarsankur* aufeinanderfolgen. Ähnlich PAULIAN, WÜLLENWEBER u. a.

Andererseits hat man sich auch bemüht, die Wirkung der Malariakur abzumildern durch Chinindosen von 0,1—0,3 (KAUDERS) oder kleine Dosen von 0,05 während des Anfalles (KOGERER). v. WAGNER-JAUREGG hat auch eine Zweiteilung der Malariakur empfohlen mit dazwischengeschalteter Neosalvarsankur.

Über die der Malariakur analoge Recurrenstherapie finde ich in der Literatur nur wenige Mitteilungen, nämlich von STEINFELD (15 Fälle, 14 gebessert) und von PLAUT (6 Fälle).

Wegen der oben angedeuteten Bedenken, die einer ausgedehnten Anwendung der Malaria- und der Recurrenstherapie bei der Tabes entgegenstehen (auch wegen des äußeren Grundes, daß diese Therapie Krankenhausaufnahme erforderlich macht, die bei den sonst ambulanten chronischen Tabeskranken nicht immer angängig ist), ist man naturgemäß zu harmloseren, fiebererzeugenden Mitteln übergegangen, und zwar zunächst zur Anwendung avirulenter Keime. Als solche Mittel seien hier unter Nennung nur weniger Autoren folgende Mittel aufgeführt:

Das früher viel gebrauchte *Tuberkulin* [s. z. B. SCHACHERL (1)]. (DATTNER empfiehlt hier neuerdings die ,,Mikrodosen", beginnend mit $^{1}/_{1000}$ mg, in 2mal wöchentlichen Injektionen stets auf das Doppelte steigend 3—4 Monate lang. 56% der Fälle stabil geworden.)

Die *Typhusvaccine* (HENSZELMANN).

Die *Staphylokokkenvaccine* (ISACSON).

Das *Saprovitan,* eine Aufschwemmung lebender Saprophyten (DREYFUSS und HANAU, besonders in Form des ungefährlichen Neosaprovitans).

Das *Pyrifer* aus einem Colistamm gewonnen (MANDL und SPERLING, SIEMERLING, BLUM, JOHN und MEIER, ESKUCHEN, WESTPHAL und WEGSCHEIDER, PICK und KUTZINSKI).

Das *Vaccineurin* (polyvalente Staphylokokken).

Die DMELCOS-*Vaccine* (ARTOM, 1929).

Impfung mit lebenden Spirochäten (BENEDEK, SAGEL, ROGGENBAU).

Schließlich ist man auch zu *unspezifischen chemischen* Substanzen übergegangen, die teils durch Erzeugung eines leichten Fiebers, teils durch Auslösung allgemein-biologischer Reaktionen auf dem Wege der ,,Umstimmung" wirken sollen. Als ein Übergang von der vorigen Gruppe ist das *Neuro-Yatren* zu nennen, da es ein neurotropes Bakteriendialysat in Yatren gelöst enthält. Es ruft Fieber- und Schüttelfröste hervor. Ferner sind *Kochsalzinfusionen* zur Fiebererzeugung verwendet worden (500—1000 ccm subcutan, Fieber bis 40°) und längere Zeit das *Natr. nucleinicum* (Dephagin), welches ebenfalls starkes Fieber und Hyperleucocytose erzeugt (Schmidt, C.). Ferner sind zahlreiche Milch- und Eiweißpräparate hergestellt worden, unter denen nur das vielgebrauchte *Phlogetan*, ein tief abgebautes pflanzliches Eiweißprodukt, welches aber von Dattner als unwirksam bezeichnet wird, ferner das *Aolan, Hypertherman, Caseosan, Yatrencasein, Novoprotin* u. a.

Ferner sind in größerem Umfange Schwefelpräparate zur Fiebererzeugung verwendet worden. Die gebräuchlichsten Präparate sind *Sulfosine, Sufrogel, Schwefeldiasporal, Anästhesulf*. Von Autoren nenne ich Schroeder, Pollak, Dreyfuss, Kollmann, Winkler. Es erübrigt sich hier, weitere Einzelmitteilungen anzuführen.

Die Behandlung mit diesen leichten fiebererzeugenden Mitteln, die man auch als „kleine Fieberkur" bezeichnet im Gegensatz zu der großen Malariakur, hat vor der letzteren den Vorzug, daß sie ambulant durchgeführt werden kann, daß die Höhe des Fiebers durch Dosierung in gewissen Grenzen gehalten werden kann, und daß sie auch sehr gut mit irgendeiner spezifischen Kur kombiniert werden kann.

Ich persönlich habe am häufigsten *Pyrifer* angewendet in der Weise, daß ich je einer Pyriferinjektion am nächsten Tage eine intravenöse Neosalvarsaneinspritzung nachfolgen ließ. Die Erfolge waren zufriedenstellend in bezug auf die Beseitigung von Schmerzen und sonstigen Reizerscheinungen. Das Allgemeinbefinden wurde sogar sehr günstig beeinflußt. Über einen etwaigen Dauererfolg bezüglich des weiteren Verlaufes vermag ich naturgemäß nichts Sicheres zu sagen.

Schließlich hat man auch versucht, eine Fiebertherapie auf physikalischem Wege, ohne Einverleibung von Bakterienprodukten usw. durchzuführen. Walinski benützte dazu heiße Bäder (bis 41°) mit oder ohne nachfolgende Packung, sowie mit Kombination von hypertonischer Kochsalzlösung (zur Verminderung der Wärmeabgabe). Er erzielte damit dem Infektionsfieber ähnliche, erhebliche Temperatursteigerungen. Die Überhitzung wurde gut vertragen, hinterließ eine Besserung des Allgemeinbefindens. Dabei erhöhter Eiweißzerfall und Kochsalzretention. Bei Tabes soll die Behandlung in einigen Fällen Besserung der Ataxie zur Folge gehabt haben.

Kahler und Knollmeyer prüften die Methode nach. Sie nehmen an, daß es sich dabei nicht nur um eine Wärmestauung, sondern auch um eine Hyperthermie durch vermehrte Wärmebildung handle, welche den echten Fieberzuständen ähnelt. Sie sehen die Methode ebenfalls als ungefährlich an und fanden einen bessernden Einfluß bei der Tabes. Eine weitere Mitteilung über diese Methode stammt von Gibson, der in einem Falle von Taboparalyse eine wesentliche Besserung der körperlichen und psychischen Symptome (unter leichter Verschlechterung des Liquorbefundes) erzielte, ferner von Mehrtens und Pouppirt, die bei 20 Fällen von Tabes erhebliche Besserungen erzielten, besonders in bezug auf die gastrischen Krisen, aber auch häufig Rückfälle sahen.

Die ausgiebigsten Versuche zur physikalischen Fiebererzeugung sind aber mit der *Diathermie* gemacht worden. Dieses Verfahren eignet sich naturgemäß besonders, weil es ermöglicht, die Temperatur beliebig lange auf einer bestimmten Höhe zu halten und, sobald es notwendig erscheint, sofort wieder zu senken oder abzubrechen. Es werden im allgemeinen Temperaturen bis 40° und darüber verwendet in der Dauer von 8—10 Stunden. Die ersten eingehenden Versuche stammen von amerikanischen Autoren Neymann und Osborne, Hinsie u. a.

Sie haben inzwischen zahlreiche Nachfolger gefunden. Die betreffenden Literaturangaben finden sich in dem Kapitel „Elektrotherapie" dieses Handbuches, worauf hiermit hingewiesen sei. Allgemein betont wird von den Autoren die Ungefährlichkeit der Methode, die es gestattet, das Behandlungsalter heraufzurücken. Der Einfluß der Therapie auf die serologischen Reaktionen scheint geringer zu sein wie bei der Malariatherapie. WAGNER-JAUREGG (3) spricht das Bedenken aus, daß es fraglich sei, ob bei der Malariatherapie die Temperatursteigerung als solche das Wesentliche sei, ob nicht vielmehr die Infektion an sich wirksam sei, und daß es daher als zweifelhaft bezeichnet werden müßte, ob man die physikalische Fieberbehandlung der Malariatherapie gleichsetzen könnte.

Daß neuerdings statt der üblichen Diathermie die *Kurzwellentherapie* zur Fiebererzeugung benützt worden ist, und daß diese Methode manche Vorteile zu haben scheint, wurde ebenfalls im allgemeinen Teil erwähnt. Manche Autoren sind der Ansicht, daß bei der Kurzwellentherapie nicht die temperatursteigernde Wirkung allein (KAUDERS u. a.), sondern auch eine spezifisch elektrische Wirkung im Spiele sei.

Die bei der Tabes berichteten Erfolge sind jedoch noch zu unbestimmt und zu wenig faßbar, als daß sie hier im einzelnen angeführt werden sollten.

3. Allgemeinbehandlung (hygienisch-diätetische, roborierende Behandlung).

Es wurde schon im vorangehenden gelegentlich betont, daß der Verlauf der Tabes in einer gewissen Abhängigkeit steht von den äußeren Bedingungen, unter denen der Kranke lebt, und die seinen allgemeinen Kräftezustand in günstigem oder ungünstigem Sinne beeinflussen. Es wurde auch schon darauf aufmerksam gemacht, daß bei jeder spezifischen Therapie sorgsam darauf zu achten ist, daß der allgemeine Kräftezustand und die Widerstandsfähigkeit des Patienten durch die Therapie nicht etwa beeinträchtigt wird.

Dieser Gesichtspunkt ist in der Tat bei *jeglicher* Tabestherapie von fundamentaler Bedeutung. Man kann ganz allgemein sagen, daß jeder therapeutische Eingriff, mag er nun spezifischer oder unspezifischer Art sein, dem Tabiker mehr Schaden wie Nutzen bringt, wenn er seinen allgemeinen Kräftezustand ungünstig beeinflußt. Bei Patienten mit mangelhaftem Ernährungs- und Kräftezustand muß man also besonders vorsichtig vorgehen und neben der speziellen Therapie ein allgemeines Regime einführen, welches roborierend zu wirken geeignet ist.

Es ist daher auch bezüglich der Lebensweise der Tabiker eine eindringliche Beratung in bezug auf Fernhalten jedes übermäßigen Kräfteverbrauches von außerordentlicher Wichtigkeit. ERB (2) faßte diesen Rat in die Worte zusammen: „Leben Sie einfach wie ein alter Mann! Still, ruhig, geregelt, fern von allen Strapazen und Anstrengungen jeder Art, von allen Exzessen und Aufregungen, einfach und nüchtern — das ist das Beste für Sie.“

In vollem Umfange läßt sich dieser sehr treffend präzisierte Ratschlag in den meisten Fällen allerdings nicht durchführen, da die meisten Tabiker Männer in jungen und mittleren Jahren sind, die voll im Berufsleben stehen.

Man wird daher mit den gegebenen Möglichkeiten rechnen müssen: vor allem ist der Kranke vor jeder größeren körperlichen Anstrengung zu warnen. Es kommt vor, daß eine einmalige größere Strapaze, eine Bergtour oder dgl. bei einem vorher nicht-ataktischen Kranken plötzlich eine Ataxie hervorruft.

In diätetischer Hinsicht ist eine regelmäßige Aufnahme gemischter, reizloser Kost anzustreben, so daß der Kranke nicht von seinem normalen Gewicht herunterkommt, andererseits aber auch nicht einen übermäßigen Fettansatz erzielt. Daß jede Hast und Unregelmäßigkeit der Lebensweise, jede übermäßige geistige Inanspruchnahme, alle Exzesse, die den Ernährungs- und Kräftezustand herunterzubringen geeignet sind, nach Möglichkeit vermieden werden müssen, ist selbstverständlich; ebenso daß man dem Tabiker, wenn irgend möglich, in jedem Jahre eine oder besser zwei mehrwöchentliche Erholungskuren im Gebirge, einem Badeort oder dgl. unter vollständiger Loslösung vom Beruf empfiehlt.

Bei Tabikern in reduziertem Ernährungszustande empfiehlt es sich, oft eine regelrechte Ruhe- und Mastkur (evtl. gleichzeitig mit der ersten spezifischen Kur) durchzuführen.

Nach dem Vorgange von WERNICKE habe ich in früheren Jahren häufig typische Mastkuren in 4—6wöchentlicher Bettruhe unter gleichzeitiger Anwendung der (auf S. 620 erwähnten) energischen Jodbehandlung und in Verbindung mit Massage und Elektrotherapie mit gutem Erfolge durchführen lassen.

Daß man zur Besserung bzw. Erhaltung des allgemeinen Kräfte- und Ernährungszustandes und zur Resistenzsteigerung des Organismus auch die *tonisierenden Medikamente* heranziehen kann, ist selbstverständlich. In erster Linie kommt hier das *Arsen* und *Strychnin* in Betracht. Diese Mittel kann man entweder subcutan, in steigenden Dosen injizieren oder in Form von Pillen, Tropfen od. dgl. innerlich anwenden. ERB empfahl besonders das Strychnin in Form seiner „tonisierenden Pillen" (Verbindung mit Ferrum lacticum und Extr. Chinae aquosum).

Die unzähligen, komplizierter zusammengesetzten „tonisierenden Präparate", die die chemische Industrie auf den Markt gebracht hat, und die alle gelegentlich bei der Tabes verwendet werden können, lassen sich hier unmöglich anführen. Der Gehalt an Arsen und Strychnin ist wohl bei allen das Wesentliche.

Neben diesen Stoffen stehen als zweite Gruppe von tonisierenden Medikamenten noch die Abkömmlinge der *Phosphorsäure*, Lecithin, Calciumglycerinphosphat, nucleinsaures Natron usw. zur Verfügung, die ebenfalls in den mannigfaltigsten Kombinationen dargestellt werden; auch hier sollen einzelne Präparate nicht genannt werden, sie sind als bekannt vorauszusetzen.

In früherer Zeit wurde besonders das jetzt wohl fast völlig verlassene *Argentum nitricum* (Pillen zu 0,01) angewendet. Ich erinnere mich, in früheren Jahrzehnten Fälle gesehen zu haben, die bis zum Auftreten von Argyrosis mit diesem Mittel behandelt worden waren, und bei denen die Tabes einen relativ günstigen Verlauf nahm.

Die zeitweise ebenfalls sehr gepriesene Behandlung mit *organotherapeutischen Mitteln*, besonders mit Spermin und Cerebrin, hat sich nicht bewährt und ist wohl ziemlich außer Gebrauch gekommen.

Daß man mit diesen Medikamenten eine Kräftesteigerung, eine „Umstimmung" des Organismus in günstigem Sinne erzielen bzw. befördern kann, ist wohl nicht zu bezweifeln. Das Wichtigste wird aber immer das allgemein diätetisch-hygienische Regime bleiben. Eine weitere Unterstützung kann dasselbe neben der medikamentösen auch durch die physikalische Therapie erfahren.

4. Die physikalische Therapie.

Die Anschauung, daß ein großer Teil unserer Therapie auf einer „Umstimmung" beruht, auf einer Steigerung der Abwehrkräfte des Organismus und dadurch einer Erhöhung der Reizschwelle irgendwelchen Noxen gegenüber, ist ja gerade in der letzten Zeit sehr in den Vordergrund gerückt, besonders in Hinblick auf die jetzt so beliebte Proteinkörpertherapie oder parenterale Eiweißtherapie.

Gerade für die Tabes ist dieser Gesichtspunkt in letzter Zeit wiederholt und besonders klar von WAGNER-JAUREGG (1) hervorgehoben worden. Derselbe führt aus, daß wir es bei vielen Manifestationen der Tabes (Schmerzen, Krisen usw.), insbesondere bei der stationär gewordenen Tabes mit negativen humoralen Reaktionen, gar nicht mehr mit direkten Auswirkungen des spezifischen Erregers, ja nicht einmal mit den Toxinen desselben zu tun haben, sondern mit

der Wirkung irgendwelcher anderer irritativer Noxen, die nur dadurch pathogene
Bedeutung gewinnen, daß sie ein in seiner Struktur verändertes Nervengewebe
treffen, indem gewisse Grenzscheiden durch den pathologischen Prozeß eröffnet
werden, wodurch den vermuteten Noxen das Eindringen in das Nervensystem
ermöglicht ist.

Hier sind also nicht spezifische, sondern unspezifische, „resistenzsteigernde"
Methoden am Platze. Man vergißt aber häufig, daß hier neben den chemischen
Mitteln (parenterale Eiweißpräparate u. dgl.) auch die physikalischen Methoden
einen Platz beanspruchen können. Man hat die physikalischen Heilmethoden,
meines Erachtens mit Unrecht, in den letzten Jahren bei der Tabes in den
Hintergrund gestellt, indem man nicht bedacht hat, daß jedenfalls reichlich
so viel „umstimmende Reize" wie durch eine Novoprotin- oder Phlogetan-
injektion auch durch eine sachgemäße hydriatische oder elektrische Applikation
dem Organismus zugeführt werden können.

Wenn auch heutzutage niemand glauben wird, daß eine Tabes durch physikalische Maßnahmen im anatomischen Sinne geheilt werden kann, so kann doch
nicht bestritten werden, daß der Verlauf des Leidens und besonders manche
Einzelsymptome durch eine sachgemäße physikalische Therapie eine günstige
Beeinflussung erfährt.

Die energische, gut abstufbare Hautreizung, die durch diese Methoden ausgeübt wird, mit ihren weitreichenden vegetativen, insbesondere vasomotorischen
Reflexen, stellt sicherlich ein „umstimmendes" Verfahren dar, dessen Wirksamkeit nicht unterschätzt werden darf.

Bei der Tabes speziell können wir diesen umstimmenden Reiz auch als einen
direkt stimulierenden oder tonisierenden auffassen, indem wir uns vorstellen,
daß der Wegfall zahlreicher afferenter Impulse, der durch die Hinterwurzelerkrankung bedingt ist, und der gewissermaßen zu einem erniedrigten Tonus
des Nervensystems führt, durch die künstlich von der Peripherie zugeführten
Reize zeitweilig ersetzt wird mit dem Erfolge einer Tonuserhöhung.

Dies scheint mir der wesentliche Gesichtspunkt, von dem aus die physikalische Therapie der Tabes theoretisch zu betrachten und praktisch anzuwenden ist.

a) Elektrotherapie. Eine der ältesten elektrischen Behandlungsmethoden
der Tabes stellt die direkte Galvanisation des Rückenmarkes dar. Sie wurde
schon von den alten Elektrotherapeuten, insbesondere Erb (1), sehr gerühmt,
der schon 1882 einige kasuistische Mitteilungen von erstaunlicher Wirksamkeit
beibringt und in einem kleinen Teil der Fälle „an Heilung grenzende Besserungen",
in der größeren Hälfte aller Fälle mehr oder weniger weitgehende Besserungen
und nur in der kleineren Hälfte ein unaufhaltsames Fortschreiten trotz aller
Therapie beobachtet haben will. Wenn wir auch jetzt nach unserer genaueren
Kenntnis der Verlaufsweise der Tabes etwas skeptischer diesen Erfolgen gegenüberstehen, so können wir doch die Erfahrungen eines so guten Beobachters
wie Erb nicht ganz in Abrede stellen. Die alte Methode der Rückenmarks-
galvanisation (Längsgalvanisation mit mäßigen Strömen, wobei Erb auf die
Einbeziehung des Sympathicus besonderen Wert legte, also eine Elektrode labil
am Rückenmark, die andere stabil am Kieferwinkel) kann nach meinen Beobachtungen auch heute noch nicht ganz verworfen werden. Sie hat zweifellos
häufig einen symptomatisch günstigen Einfluß, indem die Kranken unmittelbar
nachher eine Verminderung der Parästhesien und Schmerzen und eine Erleichterung des Ganges angeben.

Ich habe im Abschnitt „Elektrotherapie" ausgeführt, daß ich diese Erfolge nicht auf
eine direkte Beeinflussung der Rückenmarksstrukturen, sondern auf eine indirekt, auf
vasomotorischem Wege erzeugte Anregung der Durchblutung des Rückenmarks zurückführe.
Ob neuere verbesserte Methoden der Galvanisation (starke Ströme mit großen Platten und

Querdurchleitung) möglicherweise auf dem Wege der Ionenverschiebung auf die Ernährungsverhältnisse des Rückenmarks direkt einwirken und Heilungsvorgänge anbahnen können, wage ich nicht zu entscheiden. (Einzelheiten über die Methoden im allgemeinen elektrotherapeutischen Teil dieses Handbuches.)

Die zweite in früheren Jahren vielgeübte Methode ist die *faradische Pinselung* (nach Rumpf). Hier bei dieser peripheren Applikation tritt es noch mehr zutage, daß wir es nicht mit einer direkten Beeinflussung des kranken Organes, sondern mit reflektorischen, umstimmenden Wirkungen zu tun haben. Die allgemeine Faradisation, also die labile Anwendung des Pinsels oder der Rolle auf die gesamte Hautoberfläche kann auf dem Wege der „Ableitung" oder „Revulsion" Schmerzen günstig beeinflussen, kann durch direkte Anregung der sensiblen Receptoren der Haut die Sensibilität bessern und Parästhesien beseitigen, kann vor allem durch eine Anregung der Vasomotoren die trophischen Verhältnisse der Gewebe, auch des Rückenmarkes selbst bessern und dadurch eine allgemein anregende, erfrischende und kräftigende Wirkung ausüben.

In der Tat empfinden die Patienten nach dieser Prozedur oft eine erhebliche Erleichterung, besonders in bezug auf die Parästhesien. Nach kräftiger Faradisation der Fußsohlen wird von den Patienten oft angegeben, daß sie beim Auftreten jetzt wieder das richtige Gefühl haben und eine größere Sicherheit des Ganges empfinden.

Für die Indikation der faradischen Pinselung ist das Verhalten der Sensibilität von Wichtigkeit. Nach meinen Erfahrungen ist sie im allgemeinen nur angezeigt beim Bestehen von Hypästhesie. Hier sind die Ströme so kräftig zu wählen, daß sie eine deutliche Empfindung auslösen. Dadurch wird nicht nur die Sensibilität verbessert, sondern es werden auch lanzinierende Schmerzen (auf dem Wege der Ableitung) gemildert. Beim Bestehen von Hyperästhesie, die in seltenen Fällen dauernd vorhanden ist, in anderen in Begleitung von Krisenzuständen zeitweilig auftritt, wird die faradische Pinselung schlecht vertragen. Sie ist geeignet, die Überempfindlichkeit zu steigern. Höchstens können allerschwächste, an der Grenze der Wahrnehmbarkeit liegende Reize angewendet werden. Diese wirken manchmal mildernd, in manchen Fällen wird aber selbst die bloße Berührung mit der Elektrode nicht vertragen.

Statt des faradischen Pinsels kann (in gleichem Sinne als Hautreiz) auch der Hochfrequenzstrom in Form von Bestreichen mit der Kondensatorelektrode verwendet werden. Auch hier ist eine gute quantitative Abstufbarkeit des Hautreizes möglich, und es muß der Funkenübergang so kräftig gewählt werden, daß eine deutliche, leicht schmerzhafte Empfindung auftritt. Als schwächster Hautreiz (besonders bei Hyperästhesie gut zu verwenden) sind die Effluvien anzusehen, sowohl als Hochfrequenzeffluvien wie auch als Büschelausstrahlungen der statischen Elektrizität.

Der faradische Hautreiz kann zweckmäßig auch in Form faradischer Bäder (Vollbäder oder Vierzellenbäder) angewendet werden. Auch das Stangerbad ist als ein wirksamer allgemeiner Hautreiz anzusehen. Hier kommen außer der Hautreizung auf elektrischem und chemischem Wege vielleicht auch noch Tiefenwirkungen durch die durch den Gleichstrom erzeugte Ionenwanderung in Betracht.

Außer diesen *allgemeinen* Methoden kommt die Elektrizität vielfach in *lokaler* Anwendungsweise bei der Tabes zur Verwendung.

Gute Erfolge werden oft von der stabilen Anodengalvanisation erzielt in solchen Fällen, in welchen sich circumscripte Druckpunkte an oder neben der Wirbelsäule finden, von denen Schmerzen in periphere Gebiete ausstrahlen. Schon R. Remak und Erb haben auf diese Druckpunkte und ihre Beeinflußbarkeit durch den galvanischen Strom aufmerksam gemacht. Ich fand sie besonders am unteren Teil der Brustwirbelsäule bei Fällen mit Gürtelgefühl und gastrischen

Krisen. Stabile Anodenapplikation an dieser Stelle (Kathode in der Magengegend 5—10 M.A., 15 Min.) wirkte dann oft sehr günstig. Allerdings nicht während der Krise, sondern im Intervall auszuführen! Auch ohne das Vorhandensein von Druckpunkten kann diese stabile Galvanisation vom Rücken (Höhe der beteiligten Wurzeln) zur Magengegend bei Krisen und Gürtelgefühl oft mit Erfolg angewandt werden. Ebenso die stabile Galvanisation der Extremitäten bei lanzinierenden Schmerzen.

Allgemein anerkannt ist neben dieser beruhigenden auch die kräftigende Wirkung der Elektrizität bei Schwäche und Lähmungszuständen. Rhythmische Faradisation der Körpermuskulatur (Unterbrecherelektrode oder labile Faradisation) ist geeignet, den Muskeltonus zu erhöhen und eine anderweitige Therapie, z. B. die Übungstherapie, zu unterstützen.

Schwächezustände innerer Organe, der Blase, des Mastdarmes usw. können nach den im allgemeinen Teil gegebenen Grundsätzen durch örtliche Faradisation bzw. Galvanisation bekämpft werden. Ebenso die Lähmungen der Gehirnnerven, wobei zu bemerken ist, daß die Augenmuskeln wegen ihrer tiefen Lage der elektrischen Reizung nicht zugänglich, also elektrotherapeutisch nicht beeinflußbar sind. Nur der Levator palpebrae ist in einzelnen Fällen (bei sehr gesteigerter Erregbarkeit) galvanisch reizbar.

Über die Versuche, den Opticusprozeß durch Galvanisation zu beeinflussen, s. S. 642.

Die Diathermie kann in milder Form als Beruhigungsmittel bei Hyperästhesien und Schmerzen angewendet werden. Eine leichte Durchwärmung des betreffenden Gliedes oder noch besser eine Allgemeindiathermie (auf dem Kondensatorbett oder mit der Dreiplattenmethode) mit nur leichter Temperatursteigerung wirkt oft beruhigend. Auch die diathermische Durchströmung der Magengegend bewährt sich bisweilen bei gastrischen Krisen.

Ob die diathermische Durchwärmung des Rückenmarks einen direkten Einfluß auf Heilungs- bzw. Regenerationsvorgänge im Rückenmark ausüben kann, möchte ich für noch nicht bewiesen, aber immerhin diskutabel ansehen. Ebenso wird es einer weiteren Prüfung vorbehalten bleiben, ob die moderne Kurzwellentherapie in dieser Hinsicht den älteren Diathermiemethoden überlegen ist.

Eine besondere Bedeutung hat die Diathermie gewonnen als „physikalische Fiebertherapie", also als Ersatz der Malaria- und anderweitigen Fiebertherapie. Über diese Methode ist bereits im vorausgehenden gesprochen worden (S. 626).

Anschließend an die Elektrotherapie sei hier erwähnt, daß als eine „umstimmende" Therapie von REJKA und RADNAI (1, 2 und 3) eine kombinierte *Ultraviolettlicht-* und *Eigenblutbehandlung* empfohlen wird:

30 Bestrahlungen in 10 Wochen; etwa $^1/_2$ Stunde nach der Bestrahlung Injektion von 2—15 ccm Eigenblut. Fieberreaktionen von 38—39°. Die Methode geht von dem Bestreben aus, die Haut als Bildungsstätte von Reaktionskörpern maximal auszunutzen und damit eine Umstimmung herbeizuführen, welche zu einer Vernichtung der Spirochäten bzw. ihrer entzündlichen Produkte führt, zum mindesten das Terrain für andere Methoden vorbereitet. Diese Wirksamkeit zeigt sich auch darin, daß das Verfahren provozierend auf abklingende luische Exantheme wirkt. Die Verfasser wollen in fast allen Fällen mit ihrer Methode eine objektive Besserung und Hebung des Allgemeinbefindens, in etwa 70% auch eine deutliche Besserung in bezug auf objektive Symptome, auch Negativwerden des Blutwassermannes beobachtet haben. Letzterer war am schwersten zu beeinflussen bei den mit Aortitis komplizierten Fällen. Bei Rezidiven meist Besserung durch eine wiederholte Kur.

Vom ähnlichen Gedankengang ausgehend empfiehlt HAUPTMANN intensive Quarzlichtbestrahlung mit nachfolgenden Salvarsaninjektionen. Er will davon ebenso gute Erfolge gesehen haben wie von der Malariatherapie. AHRINGSMANN und ILLIG (s. daselbst auch frühere Literatur) verwendeten *Röntgenbestrahlung* zur Bekämpfung tabischer Reizzustände, und zwar Bestrahlung des gesamten

Rückenmarkes in drei Feldern. Sie sahen in der Mehrzahl ihrer 55 Fälle eine so prompte und lang anhaltende Besserung der Schmerzen und Krisen wie bei keiner anderen Therapie. In einigen Fällen trat der Erfolg schon nach *einer*, in den meisten Fällen erst nach mehreren Bestrahlungen auf. Am besten reagierten die Fälle mit erst kurze Zeit zurückliegendem Krankheitsbeginn. Die Fälle mit stark verändertem Liquor schienen besonders gut anzusprechen. Kremser erzielte unter 45 Fällen der Nonneschen Klinik nur in einem Fünftel der Fälle Besserung der Schmerzen und Krisen. Er verwendete allerdings nur Bestrahlung der erkrankten Rückenmarkssegmente, während die obengenannten Autoren Bestrahlung des gesamten Rückenmarkes für notwendig halten.

b) Die Balneo- und Hydrotherapie nimmt schon seit den ältesten Zeiten eine hervorragende Stelle in der Tabestherapie ein, ist jedoch in der letzten Zeit etwas zurückgetreten.

Allgemein gilt auch jetzt noch der schon vor langer Zeit ausgesprochene Grundsatz, daß heiße Bäder von den Tabikern schlecht vertragen werden, kühlere, etwas unter der Körpertemperatur liegende dagegen günstig wirken. Der häufige Irrtum, daß ein Tabiker wegen seiner Schmerzen für einen Rheumatiker oder Ischiadiker gehalten und mit heißen Bädern behandelt wird, führt stets zu einer Verschlimmerung der Schmerzen und häufig auch der übrigen Symptome [1]. Dagegen leistet die Hydrotherapie gutes, besonders mit mäßig temperierten Halbbädern (32—26° C), lauen Abreibungen und Übergießungen. Hier kommt (besonders bei den Halbbädern) zu dem leichten thermischen Reiz ein mechanischer Reiz hinzu, und diese von der gesamten Körperoberfläche den Zentralorganen zuströmende Reizsumme, ist geeignet, „umstimmend" in dem Sinne zu wirken, wie es bereits bei der Elektrotherapie gesagt wurde. Daß auch hier eine bestehende Hyperästhesie der Haut eine Kontraindikation bildet, zum mindesten zu größter Vorsicht mahnt, ist selbstverständlich. Als beruhigende hydriatische Prozeduren sind die Priessnitzschen Umschläge sehr verwendbar, z. B. in der Magengegend bei gastrischen Krisen, als lokale Einpackung einzelner Glieder bei lanzinierenden Schmerzen u. dgl. Auch werden unter Umständen Ganzpackungen mit allgemeiner Erwärmung bis zur leichten Schweißentwicklung angenehm empfunden (im Gegensatz zu heißen Bädern). Auch erwärmende Prozeduren durch heiße trockene Luft (Glühlichtbäder, irisch-römische Bäder) hinterlassen oft eine angenehme, beruhigende und kräftigende Wirkung.

Von *balneotherapeutischen Kuren* wird mit Recht von jeher den kohlensäurehaltigen Bädern, besonders den kohlensauren Thermalbädern, der beste Erfolg zugeschrieben. Auch hierbei können niedrigere Temperaturen angewendet werden wie im einfachen Wasserbade, weil die Kohlensäure durch Hautreizung eine natürliche Erwärmung herbeiführt. In dem Sinne eines allgemeinen Hautreizes dürften also auch die günstigen Wirkungen auf die tabischen Symptome, besonders Schmerzen, Hypotonie, Ataxie zu erklären sein. Ich habe in früheren Zeiten manchen Tabiker gesehen, der jedes Jahr eine Kur in Oeynhausen, Nauheim, Kudowa od. dgl. durchmachte und dabei einen sehr günstigen Verlauf seines Leidens zeigte (als Ersatz können die künstlichen Kohlensäurebäder gebraucht werden, die jedoch keineswegs gleichwertig in der Wirkung sind).

Neben den kohlensäurehaltigen Bädern ist auch noch einer zweiten Gruppe von Bädern ein günstiger Erfolg zuzuschreiben, nämlich den *Thermal-* oder *Wildbädern*. Diese Bäder dürfen nur nicht, wie bei den Rheumatikern, in heißer, sondern nur in abgemilderter, lauwarmer Temperatur gegeben werden. Unter dieser Voraussetzung haben Kuren in *Gastein, Johannisbad, Landeck* u. dgl.

---

[1] Die Verwendung heißer Bäder zur künstlichen Fiebererzeugung wurde auf S. 626 erwähnt.

oft einen zweifellos günstigen Einfluß, besonders auf die lanzinierenden Schmerzen und die Krisen. Ob hierbei die Radioaktivität oder andere Momente das ausschlaggebende ist, ist eine Frage, die der allgemeinen Balneologie angehört. Jedenfalls scheint es, daß in manchen Fällen die besonders stark radioaktiven Bäder, wie Gastein, Oberschlema u. dgl. eine ausgezeichnete Wirkung haben.

Eine sehr gute Wirkung haben in manchen Fällen auch die jodhaltigen Thermen, wie *Tölz, Wiessee* usw., bei denen allerdings gewöhnlich die Badewirkung mit einer internen Jodwirkung (Trinken von jodhaltigem Brunnen) kombiniert wird.

Daß bei allen diesen Kuren, ebenso wie bei den Kuren in einer gut geleiteten hydrotherapeutischen Anstalt, die allgemein-hygienischen Faktoren, die Regelung der Lebensweise, die Ruhe, die psychische Ausspannung usw. mitspricht, braucht wohl nicht besonders betont zu werden.

c) **Mechanische und Übungstherapie.** Über diese Methoden sei hier unter Hinweis auf die allgemein-therapeutischen Kapitel dieses Handbuches nur kurz folgendes erwähnt:

Die *Massage* ist ein bei der symptomatischen Behandlung der Tabes vielfach zu verwendendes Mittel. Sie ist imstande, bei hypotonischen Tabikern den Muskeltonus zu steigern, die Zirkulation in der Haut und in den Muskeln anzuregen, dadurch die Muskelleistungen zu kräftigen, auch den Stoffwechsel und die allgemeine Ernährung zu heben, durch Zuführung sensibler Reize auf Hyp- und Parästhesien, auch auf Schmerzen günstig zu wirken, im ähnlichen Sinne wie die Elektrotherapie. Auch Einzelsymptome, wie Arthropathien, Blasen- und Potenzstörungen usw. werden der Massagebehandlung unterzogen. (Eine ausführliche Darstellung der Massagebehandlung der Tabes findet sich bei KONINDJY).

Natürlich ist die angewendete Technik und die damit gegebene Dosierung des Reizes von größter Wichtigkeit, worüber der allgemeine Teil Aufschluß geben wird.

Von weiteren mechanischen Methoden wurde in früher Zeit die blutige und unblutige Dehnung der Ischiadici, ganz besonders von BENEDIKT begeistert gepriesen. Sie wurde schon 1896 von ERB (2) in seinem bekannten Vortrage als „von der Bildfläche verschwunden" bezeichnet.

Etwas länger gehalten (auch von ERB als erfolgreich anerkannt) hat sich die *Dehnung des Rückenmarkes.* Sie wurde zuerst von CHARCOT eingeführt und von vielen außerordentlich empfohlen, ist wohl aber jetzt ziemlich allgemein verlassen worden. Sie wird ausgeführt durch Aufhängen des Kranken in der GLISSONschen oder SAYRÉschen Schwebe, für die zahlreiche Modifikationen angegeben sind (SPRIMON, SCHREIBER usw.) entweder in senkrechter Haltung oder auf dem Planum inclinatum. Oder es wird eine Dehnung dadurch erzielt, daß der Oberkörper des auf einem festen Tisch sitzenden Patienten bei gestreckten Beinen forciert nach vorn gebeugt wird, oder umgekehrt die gestreckten Beine des liegenden Patienten gegen den Oberkörper so stark gebeugt werden, daß die Füße neben den Kopf kommen, in welcher Haltung sie eine Weile erhalten werden (dabei natürlich gleichzeitige unblutige Dehnung der Ischiadici). Die Wirksamkeit der Methode sieht man in einer Verbesserung der Zirkulation innerhalb des Rückenmarkkanals, Dehnung der Meningen, Lösung von Adhäsionen u. dgl.

Auch orthopädische Maßnahmen wurden früher lebhaft empfohlen, werden jetzt aber wenig verwendet. Die Anlegung eines HESSINGschen Stützkorsettes wurde von manchen ataktischen Kranken als ein wirksames Mittel zur Erleichterung und Sicherung des Ganges gerühmt, aber selbst von einem Orthopäden wie HOFFA als „wesentlich suggestiv wirkend" bezeichnet.

In der neuen Literatur finden sich wieder lebhafte Empfehlungen der Baeyer-schen *Tabesbandage*, eine das Bein umschließende federnde Bandage, welche teils durch einen Ersatz der verlorengegangenen sensiblen Merkmale, teils durch einen Einfluß auf den Muskeltonus wirken soll (s. darüber Knorr, Goldscheider, Brinkmann). Ähnliche Vorrichtungen wurden schon früher von Foerster als „Hüftindicator" und Knieindicator konstruiert.

Die wichtigste Rolle spielt noch immer die *kompensatorische Übungstherapie*, obgleich ihre praktische Bedeutung jetzt nicht mehr so weitgehend ist, wie vor 30—40 Jahren entsprechend der Abnahme der Zahl der schwer ataktischen Tabesfälle (s. Symptomatologie). Die Methode ist in diesem Handbuch von Foerster, dem wir die Ausarbeitung und theoretische Begründung dieser Me-thode in erster Linie verdanken, dargestellt, es braucht daher hier nur darauf verwiesen zu werden.

4. Die operative Therapie.

Auch bezüglich der operativen Therapie der Tabes dorsalis muß auf das allgemeine Kapitel über operative Therapie in diesem Handbuch verwiesen werden.

Abgesehen von kleinen chirurgischen Eingriffen in Form von paraverte-bralen Novocaininjektionen bei gastrischen Krisen, ferner epiduralen Injektionen und Splanchnicusanästhesie, kommen folgende Operationsmethoden in Be-tracht.

a) Die Förstersche Operation, also die intradurale Durchschneidung hinterer Wurzeln (7.—10. Dorsalwurzel oder auch noch mehrere höher und tiefer ge-legene, evtl. auch vordere Wurzeln) zur Beseitigung schwerer *gastrischer Krisen*.

Modifikationen dieser Methode nach Franke: Exhairese der Nn. intercostales, nach Guleke: Extradurale Durchschneidung der hinteren Wurzeln und nach v. Gaza: Durchschneidung der Rami communicantes D_6—D_9 [über diese Me-thode s. u. a. Foerster (10)].

b) Vagotomie: Die subdiaphragmatische Durchschneidung des Vagus nach Exner bei denjenigen Formen der gastrischen Krisen, bei denen der Reiz-zustand nicht als durch die Hinterwurzeln, sondern als durch den Vagus ver-mittelt angesehen werden muß (s. Symptomatologie).

c) Die Chordotomie, die doppelseitige Vorderseitenstrangdurchschneidung zur Beseitigung von gastrischen Krisen und unerträglichen Schmerzen.

d) Knochen- und Gelenkoperationen bei Osteoarthropathien. Bezüglich aller dieser Verfahren muß auf die Darstellung von chirurgischer Seite verwiesen werden.

5. Einiges über symptomatische Therapie.

Über die Behandlung einzelner Symptome der Tabes wurde schon im vor-stehenden einiges erwähnt; es erfordern jedoch die Maßnahmen zur Beeinflussung einiger hervorstechender Symptome eine besondere Betrachtung. In erster Linie stehen hier die anfallsweise auftretenden *Schmerzen* und die *Krisen*.

Es ist wohl überflüssig, zu sagen, daß sich jede gegen die Tabes im allgemeinen gerichtete Therapie auch gegen diese Anfallserscheinungen richtet, ja daß wir an dem Ausbleiben bzw. der Linderung dieser Erscheinungen oft den erzielten therapeutischen Effekt am besten bemessen können.

In den sehr quälenden Anfällen von Schmerzen und Krisen hat der Patient aber auch ein Anrecht auf symptomatische Augenblicksmaßnahmen zur Linderung seiner Beschwerden. Über diese soll hier gesprochen werden; es muß aber vorher einiges über die *Prophylaxe* der Anfälle erwähnt werden. Hier ist besonders an die schon oben (S. 550 und 628) erwähnte Betrachtungsweise von Wagner-Jauregg zu erinnern, nach welcher diese Erscheinungen nicht den Ausdruck des tabischen Prozesses als solchen bilden, sondern durch verschiedenartige irritative Noxen hervorgerufen werden, welche nur dadurch wirksam werden, daß sie auf eine erniedrigte Reizschwelle treffen. Als solche Noxen sind zu betrachten meteorologische, alimentäre und infektiös-toxische Schädlichkeiten.

Die ersteren Schädlichkeiten kommen hauptsächlich für die Auslösung der Schmerzen in Betracht. Die Empfindlichkeit der Tabiker gegen Erkältung und Durchnässung und die prompte Auslösung von Schmerzanfällen durch diese Einwirkungen ist bekannt. Sorgsamer Schutz vor Einwirkungen von Kälte- und Feuchtigkeitsreizen während der ganzen kalten Jahreszeit ist daher erforderlich, um so mehr, als sich der Tabiker infolge des Verlustes der Kälteempfindlichkeit nicht auf die bei gesunden Menschen sonst wirksamen Warnungssignale verlassen kann. Zeitweiliger Aufenthalt in einem möglichst warmen trockenen Klima wirkt oft außerordentlich günstig.

Die zweite und dritte Gruppe der Schädlichkeiten, die *alimentären* und die *chemisch-toxischen* betreffen wesentlich die gastrischen Krisen, letztere aber auch die Schmerzanfälle. Hierüber wurde bereits einiges bei Gelegenheit der Ätiologie der Krisen gesagt (S. 550) und auch auf einige therapeutische Punkte hingewiesen.

Im prophylaktischen Sinne sind also zu vermeiden: aciditätsfördernde Nahrungsmittel, übermäßige Zuckeraufnahme; es ist Regelung des Stuhlganges anzustreben zur Fortschaffung von toxisch wirkenden Verdauungsprodukten. Zur Bekämpfung der erstgenannten Schädlichkeit sind alkalisierende Maßnahmen anzuwenden (nach WAGNER-JAUREGG auch Dextrose-Injektionen), der zweitgenannten Insulin-Injektionen nach HALPERN-KOGERER (5—8 Einheiten). Nach der Theorie von MARINESCO (3) kommen ferner auch endolumbale Einspritzungen von Magnesium sulfur. in Betracht (25% Lösung, 1—2 ccm). Schließlich wird von HAUPTMANN (2) zur Beseitigung evtl., im Liquor angehäufter schädlicher Agenzien ein Ablassen von 90 ccm Liquor mit nachfolgender Lufteinblasung empfohlen. CHRISTENSEN verabfolgt Chloride intravenös, weil er bei heftigem Erbrechen den Chlorverlust als wesentlich ansieht.

In vielen Fällen gelingt es aber nicht, durch diese ätiologisch wirkenden bzw. prophylaktischen Maßnahmen das Auftreten der Krise oder des Schmerzanfalles zu verhindern oder den ausgebrochenen Anfall zu coupieren. Auch die physikalischen Methoden, die sonst bei der Allgemeinbehandlung Gutes leisten, versagen beim Anfall selbst. Elektrische Prozeduren, wie Galvanisation der schmerzenden Glieder, der Magengegend, Diathermie usw., welche sonst beruhigend wirken, werden während der Anfälle von den überempfindlichen Kranken nicht vertragen und abgelehnt. Höchstens kommen vorsichtige Wärmeapplikationen, trockene oder feuchtwarme Umschläge u. dgl. in Betracht.

In diesen Fällen bleibt also nichts übrig, als zu den symptomatischen schmerzstillenden chemischen Mitteln zu greifen. Daß das souveräne schmerzstillende Mittel, die Morphiumspritze, beim Tabiker nur mit größter Zurückhaltung verwendet werden darf, braucht wohl nicht besonders gesagt zu werden. Abgesehen von der Gefahr der Gewöhnung bei diesen chronischen von Schmerzen geplagten Kranken, warnen auch die gelegentlichen Todesfälle, die besonders bei gastrischen Krisen im Anschluß an Morphiuminjektionen beobachtet worden sind (S. 556), davor.

Man muß sich also, wenn man auch in einzelnen Fällen zum Morphium greifen wird, doch meistens nach Ersatzmitteln umsehen. Als ein vorzügliches und unschädliches Mittel bei tabischen Krisen rühmt HOROWITZ das Atropin. Er gibt beim Anfall $^1/_2$—1 mg intravenös, evtl. einige Stunden später $1^1/_2$—2 mg evtl. sogar 1—2 Spritzen zu 3 mg am Tage. Das Mittel soll auch bei Rückfällen immer wieder wirksam sein. Im übrigen können natürlich alle die bekannten

Ersatzpräparate versucht werden, wie Pantopon, Dicodid, Dilaudid, Eukodal u. a., teils subcutan, teils per os, teils auch in Suppositorien.

Bei den Schmerzanfällen kommt man aber in den meisten Fällen ohne Morphiumderivate, mit den eigentlichen antineuralgischen Medikamenten durch. Die zahlreichen Mittel dieser Gruppe und ihre mannigfaltigen Kombinationen hier aufzuführen, scheint mir überflüssig [eine gute Übersicht über die bei der Tabes brauchbaren Mittel gibt Pal (3)]. Ich möchte hier nur erwähnen, daß mir trotz der vielen neuen Mittel immer noch das *Pyramidon* eines der wirksamsten zu sein scheint. Ich kenne Tabiker, welche trotz aller gelegentlichen Versuche mit anderen Mitteln, seit Jahrzehnten immer wieder auf das Pyramidon zurückgreifen.

Ich möchte mit diesen kurzen Bemerkungen das Kapitel der symptomatischen Schmerz- und Krisenbehandlung schließen, möchte nur nochmals hinzufügen, daß bei diesen Anfallserscheinungen das wichtigste die Prophylaxe des Anfalles ist. Diese besteht einmal in einer sehr gründlichen spezifischen oder auch unspezifischen Allgemeinbehandlung, zweitens aber in Vermeiden der oben angedeuteten, anfallauslösenden Schädlichkeiten.

Beim Anfall selbst wird die symptomatische Therapie sich nach allgemeinen ärztlichen Erfahrungen und individuellen Gesichtspunkten zu richten haben. Es gibt aber immer wieder Fälle, in denen die Anfälle trotz aller Therapie immer häufiger werden, sich gewissermaßen in Permanenz erklären, was besonders bei den lanzinierenden Schmerzen vorkommt. Hier versagen schließlich alle symptomatischen Medikamente, selbst das Morphium, wenn man eine Gewöhnung und immer höhere Dosierung vermeiden will, und man muß als letztes Mittel zu den operativen Maßnahmen greifen, der Foersterschen Operation bzw. in neuer Zeit besonders zu der Vorderseitenstrangdurchschneidung (Chordotomie).

Nach der symptomatischen Behandlung der Schmerzen und Krisen ist auch noch einer symptomatischen Therapie der *motorischen Störungen* zu gedenken, insbesondere der Hypotonie und Ataxie.

Von diesbezüglichen Medikamenten wurde bereits unter den allgemein „tonisierenden Medikamenten" das Strychnin erwähnt. Es besitzt bekanntlich neben seinen leistungssteigernden Eigenschaften im allgemeinen einen besonderen Einfluß auf die Motilität im Sinne einer Steigerung der Reflexerregbarkeit und Tonuserhöhung. In der Tat hat man bisweilen bei Anwendung von Strychnin in steigenden Dosen den Eindruck einer Besserung der Motilität.

Als ein elektiv auf den Muskeltonus wirkendes Mittel ist aber das *Tetrophan* zu erwähnen. Dieses Mittel wurde bei der Tabes am ausgiebigsten von Foerster (7) erprobt. Er sah von dem lang dauernden Gebrauch dieses Mittels in kleinen Dosen (2mal täglich 0,1) eine deutlich durch Palpation festzustellende Zunahme der Muskelhärte und ein sichtbares Hervortreten des Muskelreliefs der erschlafften tabischen Muskeln, gleichzeitig eine Verminderung der vorher stark gesteigerten mechanischen Muskelerregbarkeit. Der ataktische Gang besserte sich, allerdings nur so lange, wie die Medikation durchgeführt wurde, ganz erheblich und Foerster konnte dabei auch die Wiederkehr gewisser, bei der Ataxie verlorengegangener statischer Reflexe nachweisen.

Die Wirkung wird zurückgeführt auf die Besserung der Leistungsfähigkeit afferenter Bahnen, die die für die richtige Abstufung der motorischen Impulse notwendigen Erregungen der Großhirnrinde zuleiten, bzw. eine bessere Ausnützung dieser Reize von seiten der Großhirnrinde. Parallel damit ging auch eine Besserung der gesunkenen Sensibilität für alle Qualitäten, besonders auch für den Raumsinn. Die Wirkung des Tetrophans bei Tabikern wurde ferner experimentell von Menschel und du Mesnil de Rochemont geprüft. Sie sahen ebenfalls Zunahme der Muskelhärte und Zurückgehen von Sensibilitätsstörungen, ferner konnten sie mit einem besonderen Verfahren zur Darstellung der Bewegungskurven feststellen, daß die tabische Bewegungskurve (bei Anwendung von großen Dosen Tetrophan) der Kurve des Spastikers ähnlich wurde.

Das Tetrophan stellt also, wie ich aus eigener Erfahrung bestätigen kann, ein symptomatisch sehr brauchbares Mittel dar, welches man nicht aus den Augen lassen sollte.

Daß die eigentlich ätiologisch angreifende Behandlung der Motilitätsstörung der Tabiker, speziell der Ataxie, die *Übungstherapie* darstellt, darauf sei hier nur unter Bezugnahme auf S. 634 hingewiesen.

Einige Worte seien noch über die Behandlung der *Blasenstörungen* gesagt. Auf die sachgemäße Behandlung dieser Störungen ist größter Wert zu legen, da die Komplikation von seiten der Blase, besonders infolge von Mitbeteiligung der oberen Harnwege, sehr schwerwiegend sind und in nicht seltenen Fällen die Todesursache abgeben (FESSLER berechnet das durchschnittliche Lebensalter der Tabiker mit Veränderungen der Harnorgane um 4 Jahre kürzer wie das der übrigen), die Harnstauung und die Harninfektion ist also sorgsam zu bekämpfen. Der Allgemeinzustand und besonders das Auftreten der lanzinierenden Schmerzen bessert sich oft mit dem Wirksamwerden der Behandlung der Harnorgane und umgekehrt, was im Sinne von WAGNER-JAUREGG für die Bedeutung toxischer Faktoren spricht. Es ist also von vornherein bei beginnender Blasenschwäche für möglichst vollständige Entleerung zu sorgen, zunächst durch Ausdrücken der Blase, erst wenn unerläßlich durch Katheter. Bei beginnender Cystitis sofort innerliche Harndesinfizientien, wie Urotropin (STEINER empfiehlt intravenöse Injektion von 10 ccm einer 40%igen Urotropinlösung, BEHRMANN subcutane Injektion von 25 Jodipin-MERK). Auf die sonstigen Maßnahmen, Anlegen der Gummiflasche bei Inkontinenz usw., braucht hier nicht eingegangen zu werden. Es sei nur nochmals darauf hingewiesen, daß die Blasenstörungen oft recht gut auf elektrotherapeutische Maßnahmen reagieren (S. 631).

Bezüglich der Behandlung der *trophischen Störungen* nur einige Worte: Daß das von der Arthropathie befallene Gelenk zunächst völliger Schonung und Entlastung bedarf, ist selbstverständlich, also zunächst Ruhigstellung durch Bettlage, Kompressionsverbände, evtl. später Stützapparate. Bei sehr starker Schwellung Gelenkspunktion (nach *Sicard* mit nachfolgenden intraartikulären Lipojod-Injektionen). Jedenfalls gleichzeitig energische spezifische Kuren beim Auftreten von Arthropathien. LAFORA: Intralumbale Bismutinjektion zur Anregung der trophischen Zentren. FOERSTER (5) meint allerdings, daß die echten tabischen Arthropathien der spezifischen Behandlung trotzen, während nur die luischen Gelenkschwellungen bei Tabikern günstig beeinflußt werden. Im späteren Verlauf ist das erkrankte Gelenk nach chirurgischen Grundsätzen zu behandeln, evtl. operative Anchylosierung u. dgl.

Die Behandlung des Malum perforans macht oft sehr große Schwierigkeiten; bisweilen besteht aber auch gute Heilungstendenz, die durch Aufstreichen von grauer Salbe gefördert werden kann (DATTNER).

In hartnäckigen Fällen kommt periarterielle Sympathektomie in Betracht. MARINESCO, BRUCH und COHEN wollen durch Insulin-Injektionen ein jahrelang bestehendes Malum perforans in 21 Tagen zur Heilung gebracht haben.

Eine besondere eingehende Betrachtung erfordert zum Schlusse die *Opticusatrophie*.

Das bedrohliche Symptom des zunehmenden Verfalles des Sehvermögens mit der Gefahr vollständiger Erblindung macht hier ein therapeutisches Handeln zur dringenden Pflicht, wobei aber der Standpunkt des nil nocere ganz besondere Berücksichtigung erfordert. Der in den meisten Fällen ohne und mit Behandlung unaufhaltsam fortschreitende Prozeß erweckt häufig nicht nur in dem Patienten den Verdacht, daß eine durchgeführte aktive Therapie an der Verschlimmerung schuld sei, sondern auch der Arzt selbst muß sich manchmal diese verantwortungsvolle Frage vorlegen.

Wenn UHTHOFF in seiner mehrerwähnten Monographie im Jahre 1907 darauf hinwies, daß die Verschiedenheit des Verlaufes, die die Atrophie auch ohne Behandlung zeigt, die Beurteilung der Therapie ganz außerordentlich erschwert, und daß die Sicherheit, mit der manche bestimmte Behandlungsmethoden anpreisen, ebenso unbegründet sei, wie die Warnungen vor gewissen Behandlungsmethoden, so gilt dieser Satz im wesentlichen auch heute noch. Es sind allerdings im Laufe der Jahre manche therapeutische Erfahrungen hinzugekommen, aber von einer Sicherheit der therapeutischen Indikationsstellung sind wir noch weit entfernt.

Selbst die am nächsten liegende Frage, ob man bei beginnender Opticusatrophie überhaupt spezifisch antiluisch behandeln soll oder nicht, wird noch keineswegs übereinstimmend beantwortet.

Inwieweit der der Opticusatrophie zugrunde liegende anatomische Prozeß die therapeutische Wirksamkeit der spezifischen Mittel gerade diesem Symptom gegenüber erschwert, soll hier nicht erörtert werden. Zugunsten der spezifischen Therapie muß jedoch *eine Tatsache* erwähnt werden, obgleich sie nicht eigentlich in das Gebiet der Therapie, sondern in das der Prophylaxe gehört, nämlich die unzweifelhaft vorbeugende Wirkung, die die primäre Behandlung der Lues gerade gegenüber dem Auftreten der Opticusatrophie ausübt.

Ich selbst konnte mich in meinen gemeinschaftlichen Beobachtungen mit Uhthoff davon überzeugen, daß die Mehrzahl der Atrophien im Primär- bzw. Sekundärstadium gar nicht bzw. nicht genügend behandelt waren. Auch eine spätere Bearbeitung des Uhthoffschen Materials durch Arlt (1922) zeigte, daß in allen Fällen von Opticusatrophie eine ungenügende Behandlung der Syphilis vorangegangen war.

Von weiteren Statistiken sind folgende zu erwähnen: Elschnig fand 1911 unter 44 Fällen tabischer Opticusatrophie nur 3 Fälle, die wiederholt Hg-Kuren durchgemacht hatten, während alle übrigen gar nicht oder ungenügend behandelt waren. Im Verfolg dieser Untersuchung stellt Fischer-Ascher 177 Fälle aus den Jahren 1912—1925 zusammen mit demselben Resultat: Nur ein einziger war nach modernen Anschauungen als genügend behandelt anzusehen, ein sehr großer Teil gar nicht, der andere ungenügend behandelt. In der Zusammenstellung von Isa John aus den Jahren 1905—1925 fand sich auch in den letzten Jahrgängen 1920—1925 kein einziger nach moderner Art gründlich vorbehandelter Fall, obgleich solche Fälle damals schon hätten zur Beobachtung kommen müssen. Auch die 34 Fälle von Jaensch waren sämtlich ungenügend behandelt.

Diese ausgesprochene prophylaktische Wirkung läßt natürlich immer wieder an die Möglichkeit der therapeutischen Einwirkung auch bei bereits ausgebrochener Atrophie denken, zum mindesten im Sinne der Erzielung eines Stillstandes, und es sind daher naturgemäß alle erdenklichen spezifischen Behandlungsmethoden auch bei der Atrophie versucht worden.

Leider sind die Erfolge keineswegs glänzend. Der im symptomatologischen Teil geschilderte deletäre Verlauf bis zur Blindheit kann in der großen Mehrzahl der Fälle durch keine Therapie, welcher Art sie auch sei, rückgängig gemacht werden. Immerhin läßt sich aber doch wohl nicht leugnen, daß in manchen Fällen der Verlauf verlangsamt, in einzelnen Fällen sogar zum Stillstand gebracht werden kann mit einem Sehrest, der für die Patienten schon außerordentlich viel bedeutet. Man kann sich aber bei der Beurteilung der therapeutischen Erfolge eigentlich stets nur an allgemeine Eindrücke halten, da der verschiedenartige Verlauf der Atrophie mit und ohne Therapie eine sichere statistische Erfassung der Erfolge unmöglich macht.

Trotz dieser Unsicherheit kann man als den allgemeinen Standpunkt wohl den kennzeichnen, daß nach der alten Erbschen Regel besonders diejenigen Fälle von beginnender Atrophie (ebenso wie die anderen tabischen Manifestationen), spezifisch zu behandeln sind, bei denen die Infektion relativ kurze Zeit zurückliegt, und bei denen eine ganz unzureichende Behandlung der Syphilis vorangegangen ist. Dieses positive Vorgehen erscheint um so mehr angebracht, als, wie bereits Uhthoff hervorhebt, bei initialen Fällen gelegentlich eine Verwechslung bzw. eine Kombination mit Lues cerebri wohl möglich ist, bei der das Unterlassen der Kur ein großer Fehler gewesen wäre.

Im Gegensatz zu den mangelhaft oder gar nicht behandelten Fällen wird man allerdings in den sehr seltenen Fällen, in denen die Opticusatrophie trotz vorangegangener gründlicher Behandlung auftritt, wohl kaum einen Erfolg von einer weiteren spezifischen Therapie erwarten können.

Als ein weiterer Fingerzeig für die Behandlung ist noch die UHTHOFFsche Feststellung zu erwähnen, daß diejenigen Fälle einen relativ günstigen Verlauf nehmen, bei denen nicht der ganze Sehnervenquerschnitt befallen ist, also das Gesichtsfeld nur partiell in peripheren Partien geschädigt ist und die zentrale Sehschärfe erhalten bleibt; ebenso die sehr seltenen Fälle mit zentralem Skotom und schließlich diejenigen, in welchen das eine Auge erst erheblich später befallen wird als das andere. In diesen Fällen scheint die spezifische Therapie den an sich relativ günstigen Verlauf zu unterstützen.

Auch BEHR betont den ungünstigen Verlauf derjenigen Fälle, in denen die zentrale Sehschärfe von vornherein sinkt, und bezeichnet ferner diejenigen Fälle als besonders gefährdet, in welchen die Gesichtsfeldgrenzen für Rot und Grün stärker eingeschränkt sind bei zunächst noch erhaltenen Weißgrenzen und guter zentraler Sehschärfe. In diesen Fällen will er von einer aktiven Therapie vollkommen absehen, empfiehlt jedenfalls weitgehendste Zurückhaltung.

Ich selbst habe von jeher, zum größten Teil in Zusammenarbeit mit UHTHOFF, bei beginnenden Atrophien vorsichtig spezifische Kuren, oft häufig wiederholt, angewendet, ohne daß wir uns von dem von manchen Autoren (besonders früher von der Hg-Behandlung) befürchteten Schäden hätten überzeugen können. Voraussetzung für jede Kur ist allerdings der bereits früher betonte Gesichtspunkt, daß die Kur den Patienten keinesfalls in seinem Kräftezustand herunterbringen, also seine Widerstandskräfte nicht verringern darf, eine Gefahr, die besonders bei den früher üblichen starken Hg-Kuren nahelag. Unter diesen Kautelen haben wir zwar bei vielen der von Anfang an deletär verlaufenden Fälle ein unaufhaltsames Fortschreiten des Prozesses trotz der Therapie erleben müssen, in anderen Fällen aber doch den bestimmten Eindruck gewonnen, daß der Prozeß aufgehalten bzw. verlangsamt wurde, ja in manchen Fällen zum Stillstand kam.

Auch nach Einführung des Salvarsans verhielt sich die UHTHOFFsche Klinik zwar sehr zurückhaltend und kritisch, aber doch nicht ablehnend. UHTHOFF sagte schon 1911 kurz nach Einführung des Salvarsans selbst, daß er nicht die Überzeugung einer sicher günstigen Beeinflussung der Opticusatrophie, aber auch nichts von einer schädigenden Wirkung gesehen habe; in einem Falle mit rapidem Verfall des Sehens habe sogar eine gewisse Verlangsamung im Fortschreiten der Sehstörung mit der Behandlung eingesetzt. Sein Schüler, JENDRALSKI, hat dann 1912 bei 5 Fällen keine Besserung, aber auch keine Verschlechterung gesehen. Die bereits erwähnte spätere Zusammenstellung von ARLT ergab in 53 Fällen niemals eine Schädigung durch Hg; bei Salvarsanbehandlung in einzelnen Fällen allerdings eine plötzliche Verschlechterung, die aber nicht mit Sicherheit auf die Therapie zurückgeführt werden konnte.

Die weitere Durchsicht der Literatur ergibt eine sehr verschiedene Stellungnahme der Autoren. Manche sind gegen jede spezifische Therapie, so z. B. BEHR, dessen zurückhaltender Standpunkt schon oben erwähnt wurde. Er geht von der Auffassung aus, daß durch die spezifischen Mittel nur eine teilweise Abtötung der Erreger möglich sei, dadurch aber Gewebsgifte frei werden, die den Sehnervenprozeß verschlimmern. Diese Gefahr sei am größten beim Salvarsan, aber auch Bismut sei keineswegs harmlos.

Auch RIEKERT fand (Material der Tübinger Klinik) schlechte Resultate. ISA JOHN fand diejenigen Fälle am günstigsten verlaufend, die nur mit JK behandelt wurden ohne weitere spezifische Kur. Manche sind nur gegen ganz bestimmte Arten der Therapie, z. B. gegen Salvarsan NONNE, WALDMANN. Letzterer sah bei 13 Tabikern in sämtlichen Fällen eine rapide Verschlechterung 3—5 Monate nach der Kur auftreten bis zur Erblindung. Er nimmt an, daß die Spirochätenherde um so stärker auf das Salvarsan reagieren, je verdünnter es an den Herd herankommt. Es wirkt daher nicht spirochätentötend, sondern mobilisierend. Es entsteht ein entzündliches Ödem, welches die Ernährung des

Opticus unterbindet. Auch Stokes will von Arsphenamin (identisch mit Neosalvarsan) häufig eine unheilvolle Beschleunigung des Verlaufes gesehen haben. Tobias fand bei Anwendung von Bismarsan (Kombination von Bismut und Arsphenamin) keine Beeinflussung der Atrophie.

Im Gegensatz zu den vorgenannten Autoren findet sich eine Anzahl von Angaben in der Literatur, die von Salvarsan- und kombinierten Kuren, bisweilen in intensiver, mehrfach wiederholter Form, sehr gute Resultate berichten, so Weinberg, Feldmann, Balina, Colerat u. a.

Andere Autoren dagegen schreiben nur dem Wismut gute Wirkungen zu und empfehlen es ausschließlich, z. B. Orlow, Foster und Smith. Ersterer fand unter 28 Fällen 13 gebessert, 14 unverändert, 1 verschlechtert; letztere wenigstens Stillstände.

Aus diesen Angaben, die natürlich nur einige Proben aus der Literatur darstellen, kann man ersehen, daß die Frage der spezifischen Behandlung der Opticusatrophie noch immer ebenso ungeklärt ist wie vor 30—40 Jahren. Naturgemäß sind bei diesen trostlosen Ergebnissen auch zahlreiche Versuche gemacht worden die Salvarsaneinwirkung durch die modernen Methoden der Einverleibung zu verbessern.

Die direkte Einführung von 0,001 in den Endolumbalraum nach Gennerich, kombiniert mit intravenöser Salvarsan- und intramuskulärer Bi-Behandlung wurde von Schacherl, ferner von Meesmann und Roggenbau empfohlen. Letztere sahen in 19 von 21 bis dahin rasch fortschreitenden Fällen eine Verzögerung des Verlaufes, wenn auch nicht eine Stationärbleiben (auch einige zustimmende, wenn auch zurückhaltende Angaben in der Diskussion).

Auch Zimmermann empfiehlt in jedem Falle, in welchem die intravenöse Behandlung nicht wirkt, einen Versuch mit endolumbaler Salvarsanbehandlung zu machen, berichtet aber auch über Fälle, die dabei ständig fortschritten, ja sogar sich blitzartig verschlimmerten. Hassin fand bei seinen epiduralen Neosalvarsaninjektionen neben sonstigen günstigen Resultaten die Wirkung bei Opticusatrophie unsicher.

Mehr geübt wird gerade bei Opticusatrophie die endolumbale Einführung von salvarsanisiertem Antoserum nach Swift-Ellis. Vranesic sah dabei unter 16 Atrophien 10 Besserungen, 4 Stationärbleiben, 2 unbeeinflußt progredient. Er legt besonders Wert auf eine 10—15 Stunden dauernde Kopftieflagerung nach der Injektion, da er nachweisen konnte, daß bei diesem Verfahren injizierte Substanzen rascher in den Ventrikelliquor übertreten. Neuerdings berichtet Dragomir über günstige Wirkung bei 5 Fällen.

Sehr viel weniger ermutigend sind die sehr genauen Beobachtungen von Jaensch. Unter 21 nach Swift-Ellis behandelten Fällen sah er niemals eine praktisch bedeutungsvolle Besserung des Sehvermögens, wiederholt rapiden Verfall, aber auch öfter Stillstände, so daß der durchschnittliche bis zur Erblindung vergehende Zeitraum sich verlängerte. Immerhin stehen die Erfolge in keinem Verhältnis zu den Mißerfolgen und der nicht völligen Ungefährlichkeit der Methode, so daß der Autor die einfachsten Methoden (Bi und JK) in Zukunft vorzuziehen beabsichtigt, welche häufig noch die besten Resultate ergeben.

Schwab indizierte in einem Falle 0,15—0,3 Neo-Salvarsan in die Carotis und injizierte das eine Stunde später entnommene Blutserum suboccipital. Der Erfolg war auffallend. Das vorher blinde linke Auge erkannte Handbewegungen, das rechte Auge, welches vorher nur Handbewegungen erkannte, gewann eine Sehschärfe von 6/36. Der Fall hatte außer der Opticusatrophie sonst keine neurologischen Ausfallserscheinungen. In der Diskussion wurde deshalb (von Bielschowsky) mit Recht hervorgehoben, daß gerade diese Fälle eine relativ günstige Prognose gäben, weil es sich bei ihnen oft um Lues cerebri handle.

Gelegentlich wurde auch Natrium jodatum intraspinal injiziert. Lawson sah jedoch dabei in einem Falle ein weiteres Fortschreiten der Opticusatrophie.

GIFFORD und KEEGAN injizierten Sublimat intracisternal, und zwar 1 ccm einer 0,5%igen Lösung mit Cisternenliquor gemischt. Tags darauf eine Neosalvarsaninjektion, anschließend Schmierkur und J K. Von 10 Fällen wurden 9 gebessert oder stationär, einer verschlechtert.

Eine andere Methode wenden LÖWENSTEIN, ferner FELZAKAS sowie HORN und KOGERER an, nämlich endolumbale oder besser endocisternale Lufteinblasungen nach Entnahme von 30—40 ccm Liquor. Die Behandlung wird wöchentlich einmal, etwa 5—7mal, ausgeführt, dazwischen zweimal wöchentlich intravenöse Neosalvarsan-Novasurol-Mischspritzen bis zu hoher Gesamtdosis (6—7 g Neosalvarsan).

FELZAKAS sah in seinen Fällen eine Besserung der Sehschärfe um durchschnittlich 10—15%, ferner eine Erweiterung des Gesichtsfeldes und Besserung des Farbensehens.

Auch HORN und KOGERER sahen in 3 Fällen beträchtliche Besserung, die über längere Zeit beobachtet wurde, in einem Falle aber einen raschen, nicht aufzuhaltenden Verfall.

Die Wirksamkeit der Methode wird in einer reichlichen Entleerung des mit toxischen Substanzen überladenen Liquors gesehen, ferner in der Erregung einer aseptischen Meningitis, einer unspezifischen lokalen Reaktion an der Stelle, an der der primäre Sitz der Opticusatrophie liegt, und dadurch erleichterten Durchtritt des Neosalvarsans.

In großem Umfange ist natürlich auch die *Malaria-* bzw. *Fiebertherapie* bei der Opticusatrophie versucht worden. Bezüglich der Wirksamkeit dieser Therapie herrscht noch dieselbe Unsicherheit wie für die spezifische Therapie. Der einzige Punkt, über den sich alle Autoren einig sind, ist der, daß eine Heilung der Opticusatrophie auch mit diesen Methoden in Anbetracht der Art des anatomischen Prozesses unmöglich ist. Über die Aussichten aber, einen Stillstand des Prozesses bzw. eine Verlangsamung des Verlaufes durch die Fiebertherapie zu erzielen, sind die Meinungen noch durchaus geteilt, ja von manchen Seiten wird derselben sogar eine unheilvolle, den Verlauf verschlimmernde Wirkung zugeschrieben.

Unter Verweisung auf das WAGNER-JAUREGGsche Kapitel dieses Handbuches seien hier nur einige Vertreter der verschiedenen Anschauungen genannt. Auf einem durchaus ablehnenden Standpunkt stehen besonders BEHR, GOLA, GRAGE (hier ausführliche Literaturangaben), neuerdings auch GASTEIGER, welcher an 25 Fällen der Innsbrucker Klinik keine Besserung sah. Einige Fälle blieben stationär; in nicht weniger als 15 Fällen aber trat unmittelbar nach der Malariabehandlung (schon vor der Salvarsankur) eine rapide Verschlimmerung ein, die zum mindesten in 5 Fällen nach Ansicht des Verfassers der Fieberkur zur Last gelegt werden mußte. STÖWER sah bei juveniler Tabes fast völlige Erblindung nach der ersten Zacke.

Sehr zurückhaltend äußern sich NONNE, FELDMANN u. a. Gute Erfolge in bezug auf Stillstände bzw. Verlangsamungen bringen HESSBERG (von 8 Fällen 3, bis 5 Jahre lang, stationär). FISCHER-ASCHER, FLEISCHER, SCHULTZE (von 6 Fällen 2 jahrelange Stillstände, niemals Schädigung), FUCHS, WOLFF u. a.

Von Interesse ist eine (bei DATTNER zitierte) Mitteilung von O'LEARY. Derselbe fand bei 9 Fällen von tabischer Opticusatrophie ein Fortschreiten des atrophischen Prozesses während der Malariakur und sah sich deswegen veranlaßt, die Behandlung aufzugeben. Als er aber 3 Jahre später 7 von diesen Fällen nachuntersuchen konnte, fand er, daß in 4 Fällen ein Stillstand eingetreten war.

Wegen der Bedenken gegenüber stark eingreifenden Kuren bei Opticusatrophie hat v. WAGNER-JAUREGG selbst eine durch Chinin abgeschwächte Malariakur empfohlen.

Andere Autoren ziehen die leichteren Fiebermethoden vor, so das *Pyrifer:* FRIED (von 12 Fällen 6 wesentliche, 4 mäßige Besserungen), PICK und KUTZINSKI, WEINBERG, (während MANDL und SPERLING das Pyrifer gerade bei der Opticusatrophie für kontraindiziert erklären). Schwefel: SCHROEDER, WINKLER, VINCLER, TIRELLI, WEINBERG u. a. Phlogetan: LEDERER usw.

Meistens wurden dabei Kombinationen mit der spezifischen Kur angewendet.

Bezüglich der Anwendung innerer Medikamente ist nichts Spezielles für die Opticusatrophie zu sagen. Alle „tonisierenden" Medikamente, die sonst bei Tabes angewendet werden, kommen natürlich auch hier in Betracht.

Hinzuweisen ist nur auf den langdauernden internen Gebrauch von *Jod-kalium* (und anderen Jodpräparaten), welches trotz aller neuen Methoden immer noch seinen Platz behauptet, ja sogar von Manchen (s. oben) jenen vorgezogen wird. In früherer Zeit wurde besonders das *Strychnin* gerühmt, in Form von Einspritzungen in die Schläfengegend. Ich habe diese Therapie in vielen Fällen (natürlich evtl. neben einer spezifischen Therapie) durchgeführt, ohne jedoch mit Sicherheit über eine Beeinflussung des wechselvollen Verlaufes berichten zu können.

ABADIE empfiehlt die Anwendung des *Atropins,* ausgehend von der Ansicht, daß der Opticusatrophie ein Spasmus der Art. centralis retinae zugrunde liegt. Er gibt täglich 2 mg Atropin intravenös, dazwischen intravenöse Hg-Injektionen. Die Erfolge, die sich oft erst nach 1—2 Monaten bemerklich machen, sollen sehr günstig sein. Auch SPRINGOWICZ sah in 3 Fällen günstigen Verlauf. GAPEEF betont jedoch, daß die gute Wirkung sich nicht länger zu halten pflegt wie ein Jahr und dann rapide Verschlechterung eintritt.

Neuerdings spricht HAMBURG den Gedanken aus, daß es sich bei der tabischen Opticus-atrophie (in Analogie mit der Atrophie bei Methylalkoholvergiftung um eine Verringerung der Oxydation in den Geweben durch Hemmung der katalytischen Wirkung der Schwermetalle handle. Er sucht deshalb die vitale Oxydation durch Schilddrüsenhormone (intravenöse Thyroxineinspritzungen) anzuregen. Gleichzeitig wird als Schwermetallkatalysator Mangan intramuskulär gegeben. Auf diese bisher nur an 7 Fällen (mit gutem Erfolg) erprobte Methode soll hier nur hingewiesen werden.

Die *physikalischen Heilmethoden* sind naturgemäß bei der Opticusatrophie, ebenso wie bei allen anderen Erscheinungen der Tabes im Sinne einer Umstimmung und Erhöhung der Widerstandsfähigkeit des Organismus zu verwenden. Von speziellen, direkt gegen den Opticusprozeß gerichteten Methoden ist die galvanische Behandlung zu erwähnen, die in früheren Zeiten vielfach geübt worden ist. *Ich selbst* (4) habe mich eingehend damit beschäftigt. Aus der von mir beobachteten Tatsache, daß die stabile Galvanisation des Opticus (längs vom Bulbus zum Nacken oder quer von Schläfe zu Schläfe) unmittelbar nach der Applikation eine die Anspruchsfähigkeit der Sehnerven steigernde (durch Sehschärfe- und Gesichtsfeldprüfung sowie durch elektrische Reize, nachweisbare) Wirkung ausübt, schöpfte ich anfangs die Hoffnung, daß eine regelmäßige Anwendung des Verfahrens den Verlauf der Atrophie günstig beeinflussen würde. In der Tat machte sich bei einigen Fällen während der Behandlung eine leichte Besserung des Sehvermögens geltend, jedoch hat sich die Hoffnung auf eine dauernde günstige Beeinflussung leider nicht bewährt.

Schließlich ist eine *operative* rhinologische Therapie zu erwähnen, die von MAUKSCH bei der Opticusatrophie in 5 Fällen angewendet worden ist, von denen 4 eine erhebliche Verbesserung der Sehschärfe und des Gesichtsfeldes ergeben haben sollen. Die Methode besteht in einer operativen Eröffnung der Siebbeinzellen und Keilbeinhöhlen. Die durch den operativen Eingriff erzeugte Hyperämie greift dann auf die benachbarte Sehnervenscheide und den Opticus selbst über, und die durch die Hyperämisierung herbeigeführte Reizung wird noch unterstützt durch Einführung eines Adrenalintampons in die Siebbeingegend, welcher nach anfänglicher Abblassung eine Blutüberfüllung der Gefäße bewirkt.

Aus der vorstehenden Darstellung dürfte die Unsicherheit, in der wir uns noch immer bei der Therapie der Tabes befinden, zur Genüge hervorgehen. Die Ursache dieser Unsicherheit liegt hauptsächlich in dem in meiner Darstellung wiederholt hervorgehobenen wechselvollen Verlauf, den die Tabes in unberechenbarer und nicht vorhersehbarer Weise auch ohne jede Therapie nimmt. Was können wir also aus den üblichen 10—12 günstig beeinflußten Fällen einer therapeutischen Publikation schließen, wenn ebensoviel Fälle auch ohne jede Behandlung denselben Verlauf nehmen? Die Äußerung, die v. STRÜMPELL (4) einmal im Jahre 1918 tat, daß bei Weiterbeobachtung der Tabiker über längere Jahre der therapeutische Enthusiasmus immer geringer würde, und daß neue Methoden immer nur im Anfang große Begeisterung erweckten, kann ich im wesentlichen auch heute noch bestätigen. Fest scheint mir nur eines zu stehen, daß wir mit geeigneter spezifischer, also ätiologischer Therapie, Reizzustände, also Schmerzen und Krisen, beseitigen bzw. mildern können. Ob der Verfall gewisser anatomischer Systeme, insbesondere die schwerste Erscheinung der Opticusatrophie, dadurch aufgehalten bzw. zum Stillstand gebracht werden kann, darüber kann man auch heute noch verschiedener Meinung sein. Speziell für die Opticusatrophie scheint mir nach meiner Erfahrung, die mir die verschiedenste Verlaufsweise bei jeglicher und ohne jede Therapie gezeigt hat, noch keinerlei sicheres Urteil in dieser Beziehung möglich zu sein. Trotzdem ist es unsere Pflicht, nach immer neuen Methoden zu suchen und insbesondere uns zu bemühen, die spezifische Behandlung immer wirksamer zu gestalten.

Aus diesem Grunde hielt ich es auch für geboten, in dem vorstehenden Handbuch-Kapitel die therapeutische Literatur ausführlich zu behandeln, um auf alle etwaigen Ansätze zu neuem Vorgehen aufmerksam zu machen.

Literatur.

ABADIE: (1) Nouv. iconogr. Salpêtrière 12 (1900). (2) Ref. Zbl. Neur. 45, 598 (1925); 46, 581 (1927); 47, 427 (1927). — ADIE: Ref. Zbl. Neur. 65, 217 (1933). — AHRINGSMANN u. ILLIG: Nervenarzt 3, 257 (1930). — ALVAREZ, W.: Ref. Zbl. Neur. 46, 581 (1927). — ANDRÉ-THOMAS u. KUDELSKI: (1) Ref. Zbl. Neur. 57, 101 (1930). (2) Ref. Zbl. Neur. 68, 398 (1933). — ARLT, E.: Z. ärztl. Fortbildg 19, 367 (1922). — ARNSPERGER, Dtsch. Z. Nervenheilk. 18 (1901). — AXENFELD: Dtsch. med. Wschr. 1906 I.

BAILLIART et FIL: Bull. Soc. Ophthalm. Paris 7, 430 (1930). — BALASEWA u. JERUSALIMCIK: Ref. Zbl. Neur. 52, 246 (1929). — BALINA: Ref. Zbl. Neur. 30, 90 (1922); 49, 159 (1928). — BARRAQUER: Ref. Zbl. Neur. 57, 103 (1930); 63, 661 (1932). — BARRÉ: J. de Psychiatr. 22, 257 (1913). — BASCOURRET: (1) Ref. Zbl. Neur. 48, 205 (1928). (2) Ref. Zbl. Neur. 52, 102 (1929). — BASCOURRET u. GOPCEVITCH: Ref. Z. Neur. 56, 319 (1930). — BECHTEREW, v.: (1) Neur. Zbl. 17, 141 (1898). (2) Neur. Zbl. 24, 978 (1905). — BEHR, C.: (1) Z. Augenheilk. 58, 27 (1925). (2) Münch. med. Wschr. 1926 I, 311. (3) Z. Augenheilk. 78, 1 (1932). — BEHRMANN: Mschr. Harnkrkh. 2, 7 (1928). — BENEDEK: (1) Dtsch. Z. Nervenheilk. 63, 326 (1919). (2) Mschr. Psychiatr. 79, 33 (1931). — BENEDEK, L. u. F. KULCSAR: Dtsch. Z. Nervenheilk. 87, 282 (1925). — BENNET: Ref. Zbl. Neur. 43, 553 (1926). — BERGER, A.: Wien. klin. Rdsch. 1909, 143. — BERGER, E.: Arch. prakt. Augenheilk. 19 (1888). — BERING: Dtsch. med. Wschr. 1926 II, 1611. — BEYERMANN: Dtsch. med. Wschr. 1933 I, 1046. — BIERMANN: Neur. Zbl. 31, 1203 (1912). — BIERNACKI, E.: Neur. Zbl. 13, 242 (1894). — BLATT, N.: Graefes Arch. 125, 236 (1930). — BLUM: Ther. Gegenw. 69, 535 (1928). — BLUMENFELDT, E. u. H. KÖHLER: Z. klin. Med. 108, 231 (1928). — BOAS, K.: Dtsch. Z. Nervenheilk. 67, 251 (1921). — BOETTIGER, A.: Neur. Zbl. 29, 122 (1910). — BOGARET, L.: J. de Neur. 29, 81 (1929). — BONAR: J. nerv. Dis., Mai 1901. — BONORINO, UDAONDO: Ref. Zbl. Neur. 52, 101 (1929). — BOSTROEM: Klin. Wschr. 1928 II, 1915. — BREGMANN: Neur. Zbl. 24, 2 (1905). — BREITLÄNDER: Arch. klin. Chir. 139, 616 (1926). — BRILL: Arch. f. Dermat. 158, 393 (1929). — BRINKMANN, E.: Klin. Wschr. 1927 II, 1950. — BRISSAUD, E.: Leçons sur les maladies nerveuses. Paris 1895. — BROOKFIELD, R.: Ref. Zbl. Neur. 57, 803 (1930). — BRUNNER: (1) Nervenarzt 3, 528 (1930). (2) Schweiz. med. Wschr. 1926 II, 1147. (3) Schweiz. med. Wschr. 1931 I, 58. — BUMKE, O.: (1) Klin. Mbl. Augenheilk. 1907. (2) Die Pupillenstörungen bei Geistes- und Nervenkrankheiten, 2. Aufl. 1911.

CAMP, DE LA: Münch. med. Wschr. 1909 II, 994. — CANTALAMESCA: Ref. Zbl. Neur. 54, 268 (1930); 57, 803 (1930). — CARNOT, P.: Paris méd. 1931 I, 97. — CARRERA: (Spanisch.) Ref. Zbl. Neur. 55, 500 (1930). — CASSAET u. FONTAN: Ref. Zbl. Neur. 57, 328 (1930). — CATTOLA: Neur. Zbl. 24, 7 (1905). — CHRISTENSON: Acta psychiatr. (Københ.) 6, 5 (1931). — CIAMBLOTTI: Ref. Zbl. Neur. 60, 832 (1931). — CLAUDE et TARGOWLA: Ref. Zbl. Neur. 41, 664 (1925). — COLRAT: Ref. Zbl. Neur. 47, 427 (1927). — CONZENS, F.: Neur. Zbl. 28, 18 (1909). — CORNIL u. PAILLAS: Ref. Zbl. Neur. 69, 387 (1934). — CREA, MC: Ref. Zbl. Neur. 49, 782 (1928). — CSIKY, J. v.: Dtsch. med. Wschr. 1908 II. — CURSCHMANN, H.: Neur. Zbl. 24, 10 (1905).

DALMA, G.: Ref. Zbl. Neur. 68, 400 (1933). — DALMA u. TUCHTAN: Ref. Zbl. Neur. 68, 38 (1933). — DARGEIN u. PLAZY: Ref. Zbl. Neur. 57, 803 (1930). — DATTNER: Moderne Therapie der Neurosyphilis. Wien 1933. — DECOURT, J.: Bull. méd. 1928 II, 1292. Ref. Z. Neur. 47, 73 (1927); 52, 483 (1929). — DÉJÉRINE: (1) Sur l'atrophie musculaire des ataxiques. Paris 1889. (2) Rev. Méd. 1889. — DÉJÉRINE et SOLLIER: Arch. Méd. expér. et Anat. path. 2, 1189. — DELBET u. CARTIER: Ref. Zbl. Neur. 54, 61 (1930). — DEREUX, J.: Ref. Zbl. Neur. 64, 404 (1932). — DIEZ u. JUAN MICHANS: Ref. Zbl. Neur. 57, 804 (1930). — DILLMANN: Über tabische Augensymptome. Inaug.-Diss. Leipzig 1889. — DINKLER: Dtsch. Z. Nervenheilk. 2, 325 (1892). — DOEPNER, THEA: Apnoische Zustände bei Tabes dorsalis. Diss. Tübingen 1932. — DONATH, J.: Neur. Zbl. 24, 546 (1905). — DRAGOMIR: Ref. Zbl.

Neur. 71, 111 (1934). — DREYFUSS: Dtsch. Z. Nervenheilk. 84, 14 (1925). — DREYFUSS u. HANAU: (1) Dtsch. Z. Nervenheilk. 94, 218 (1926). (2) Dtsch. med. Wschr. 1927 II, 1506. — DUCHANGE: Ref. Zbl. Neur. 45, 227 (1927). — DUJARDIN: (1) Ref. Zbl. Neur. 45, 229 (1927). (2) Ref. Zbl. Neur. 49, 781 (1928). — DUJARDIN u. LEGRAND: Ref. Zbl. Neur. 51, 83 (1929). — DUMAS, A.: Ref. Zbl. Neur. 51, 82 (1929); 54, 59 (1930). — DUMAS u. MERCIER: Ref. Zbl. Neur. 52, 102 (1929). — DUNGER, R.: Med. Klin. 1907 II.

EDINGER: (1) Dtsch. med. Wschr. 1904 II, 1800. (2) Der Anteil der Funktion an der Entstehung von Nervenkrankheiten. Wiesbaden 1908. — EGGER: Neur. Zbl. 18, 622 (1899). — EISMAYER, G. u. G. V. KURELLA: Dtsch. Z. Nervenheilk. 114, 192 (1930). — ELSCHNIG: Med. Klin. 1911 I. — ERB, W.: (1) Handbuch der Elektrotherapie, S. 379. Leipzig 1882. (2) Therapie der Tabes. Slg klin. Vortr. 1896, Nr 150. — ESCARTEFIQUE: Ref. Zbl. Neur. 62, 654 (1932).

FADDEN, MC: Ref. Zbl. Neur. 48, 675 (1928). — FAURE-BEAULIEU: Ref. Zbl. Neur. 55, 91 (1930). — FAZAKAS u. THURZO: (1) Klin. Mbl. Augenheilk. 78, 664 (1927). (2) Klin. Mbl. Augenheilk. 83, 297 (1928). — FELDMANN u. VERNKE: (Russisch.) Ref. Zbl. Neur. 55, 500 (1930). — FESSLER, L.: Wien. med. Wschr. 1932 I, 357. — FESSLER u. FUCHS: (1) Z. urol. Chir. 28, 175 (1929). (2) Z. Urol. 26, 305 (1932). — FISCHER, H. v.: Schweiz. med. Wschr. 1931 II, 943. — FISCHER-ASCHER: (1) Med. Klin. 1926 II, 1991. (2) Klin. Mbl. Augenheilk. 76, 102 (1926). — FLATAU, G.: Arch. Verdgskrkh. 42, 480 (1928). — FLEISCHER: Klin. Mbl. Augenheilk. 90, 335 (1933). — FLEISCHHACKER: Dtsch. med. Wschr. 1926 I. 708. — FLORA: Ref. Jber. Neur. 1900, 781. — FOERSTER, O.: (1) Mschr. Psychiatr. 8, 1 (1900). (2) Mschr. Psychiatr. 9, 31 (1901). (3) Mschr. Psychiatr. 11, 259 (1902). (4) Allg. med. Z.ztg 1902, Nr 60. (5) Allg. med. Z.ztg 1909, Nr 7. (6) Berl. klin. Wschr. 1912 I, (7) Klin. Wschr. 1925 I. (8) Neur. Zbl. 1918, 816. (9) Berl. klin. Wschr. 1911 I. (10) Ther. Gegenw., Aug. 1911. — FOSTER u. SMITH: Ref. Zbl. Neur. 41, 840 (1925). — FRANK: Zbl. Grenzgeb. Med. u. Chir. 1904. — FRANKL, v.-HOCHWART: Die nervösen Erkrankungen der Harnröhre und der Blase. Handbuch der Urologie, I. Wien 1905. — FRENKEL: (1) Neur. Zbl. 1893, 434. (2) Neur. Zbl. 1896, 355. (3) Neur. Zbl. 1897, 924. (4) Dtsch. Z. Nervenheilk. 17, 277 (1900). (5) Die Behandlung der tabischen Ataxie mit Hilfe der Übung. Leipzig 1900. — FRENKEL u. FOERSTER: Arch. f. Psychiatr. 33 (1901). — FRIED: Ref. Zbl. Neur. 61, 366 (1932). — FRIEDLÄNDER: Neur. Zbl. 1905, 601. — FUCHS, ERNESTO: Ref. Zbl. Neur. 50, 89 (1928). — FÜRNROHR: Die Röntgenstrahlen im Dienste der Neurologie. Berlin 1908.

GADRAT: Ref. Zbl. Neur. 68, 401 (1933). — GALA: (Tschechisch.) Ref. Zbl. Neur. 47, 328 (1927). — GAPEEF: Klin. Mbl. Augenheilk. 85, 203 (1930). — GARVEY: Ref. Zbl. Neur. 47, 74 (1927); 50, 713 (1928). — GASTEIGER: Arch. Augenheilk. 108, 471 (1934). — GAUDIS-SARD: Ref. Zbl. Neur. 45, 598 (1929). — GENNRICH: Die Syphilis des Zentralnervensystems. Berlin 1922. — GHIAMOLATOS: Revue neur. 38, 599 (1931). — GIBSON: Ref. Zbl. Neur. 61, 623 (1932). — GIFFORD u. KEEGEN: Ref. Zbl. Neur. 47, 651 (1927). — GOLDFLAM, S.: Neur. Zbl. 1902, 786. — GOLDSCHEIDER: Klin. Wschr. 1928 I, 70. — GOLDSTEIN, M.: Dtsch. Z. Nervenheilk. 44, 1 (1912). — GOOD u. NEWMANN: Ref. Zbl. Neur. 54, 60 (1930). — GRAEFFNER: Münch. med. Wschr. 1907 II. — GRAGE: Dtsch. Z. Nervenheilk. 127, 74 (1932). — GRASSET: Leçons clinique médicale, II. s, p. 319, 1896. — GRÄTH, IRIS MC: Ref. Zbl. Neur. 65, 563 (1933). — GRIGORESCU: Ref. Zbl. Neur. 52, 102 (1929). — GROSZ, v.: Orv. Hetil. (ung.) 1896/97. — GUILLAIN, G.: (1) Ref. Zbl. Neur. 47, 74 (1927). (2) Bull. méd. 35, 557 (1921).

HADDEN: Ref. Zbl. Neur. 62, 655 (1932). — HAENEL, H.: (1) Neur. Zbl. 1909, 20. (2) Münch. med. Wschr. 1927 I, 847. — HALPERN u. KOGERER: Wien. med. Wschr. 1928 II, 910. — HAMBURG, J.: Z. Augenheilk. 79, 331 (1933). — HANSER: Dtsch. med. Wschr. 1919 I. — HARVIER u. WORMS: Ref. Zbl. Neur. 57, 102 (1930). — HASSIN: Ref. Zbl. Neur. 50, 174 (1928). — HAUER, K.: Klin. Mbl. Augenheilk. 87, 361 (1931). — HAUPTMANN: (1) Klin. Wschr. 1922 II, 2121. (2) Z. Neur. 95, 665 (1925). (3) Z. Neur. 1928, 107. (4) Dtsch. Z. Nervenheilk. 116, 171 (1930). — HENSZELMANN: Ref Zbl. Neur. 46, 247 (1927). — HERNDORN: Ref. Zbl. Neur. 49, 158 (1928). — HESS, L. u. FELTISCHEK: Med. Klin. 1929 II, 1200. — HESSBERG: (1) Z. Augenheilk. 62, 155 (1927). (2) Klin. Mbl. Augenheilk. 84, 261 (1930). — HESSE: Med. Klin. 1926 II, 920. — HIGIER: Neur. Zbl. 29, 285 (1910). — HINSIE: Wien. klin. Wschr. 1931 I, 696. — HIRSCHBERG: Arch. de Neur. 1898. — HOEFER, P. A.: (1) Berl. klin. Wschr. 1921 II, 1029. (2) Berl. klin. Wschr. 1921 II, 1252. — HOFF u. KAUDERS: Z. Neur. 104, 306 (1926). — HOFF u. SCHILDER: Wien. klin. Wschr. 1925 II. — HOFFMANN: Arch. f. Psychiatr. 19 (1888). — HOFFMANN, F. A.: Dtsch. Arch. klin. Med. 120, 173 (1916). — HORN u. KOGERER: (1) Z. Augenheilk. 64, 377 (1928). (2) Z. Augenheilk. 67, 207 (1929). — HOROWITZ: Crises gastriques des tabes. Paris 1932. — HUDELO et RABUT: Ref. Zbl. Neur. 51, 83 (1929). — HUNT u. LISA: J. amer. med. Assoc. 96, 95 (1931).

IDELSOHN: Dtsch. Z. Nervenheilk. 27, 121 (1904). — INGELRANS: Neur. Zbl. 24, 688 (1905). — INMANN u. LAWSON: Ref. Zbl. Neur. 43, 281 (1926). — ISACSON: Ref. Zbl. Neur. 48, 332 (1928). — ISERLIN: Dtsch. Z. Chir. 227, 414 (1930).

JACOBI: Dtsch. Arch. klin. Med. 142, 340 (1923). — JAENSCH: Z. Augenheilk. 71, 12 (1930). — JAHNEL: Z. Neur. 101, 210 (1926). — JAKOBS u. VOHWINKEL: Dermat. Z. 5, 321 (1930). — JENDRALSKI: Salvarsan und Auge. Inaug.-Diss. Breslau 1912. — JENDRASSIK, E.: Neur. Zbl. 1896, 781. — JOFFROY, A.: Gaz. hebd. 32. — Bull. Soc. méd. Hôp. Paris 1885, 345. — JOHN, ISA: Z. Augenheilk. 69, 283 (1929). JONG u. PRAKKEN: Ref. Zbl. Neur. 53, 508 (1929). — JULLIAN: (1) Thèse de Paris 1900. (2) Rev. Méd., Juli 1900.

KAHLER u. KNOLLMEYER: Wien. klin. Wschr. 1929 II, 1342. — KAMINSKAJA, PAWLOWA: Ref. Zbl. Neur. 54, 59 (1930). — KAUDERS: Jb. Psychiatr. 49, 218 (1933). — KAUFMANN u. SCHAAF: Dtsch. med. Wschr. 1927 I, 612. — KELLNER: Dtsch. Z. Nervenheilk. 74, 366 (1922). — KERPOLLA, W.: Mschr. Psychiatr. 61, 93 (1926). — KESSLER, S.: Klin. Wschr. 1924 II, 2146. — KIENBÖCK: (1) Wien. med. Wschr. 1926 II, 1035. (2) Fortschr. Röntgenstr. 47, 379 (1933). — KINO, F. u. A. STRAUSS: Dtsch. Z. Nervenheilk. 89, 211 (1926). — KISSOCZY u. WOLDRICH: Med. Klin. 1927 II, 1608. — KLIEEISEN, E.: Thermische Krisen bei Tabes dorsalis. Inaug.-Diss. Breslau 1928. — KLIPPEL: Arch. de Neur. 1897. — KNORR: Nervenarzt 1, 533, 589 (1928). — KNAUER: Münch. med. Wsch. 1908 II. — KOEHLER, G. D.: Zbl. inn. Med. 49, 458 (1928). — KOGERER: Wien. med. Wschr. 1927 I, 796. — KOLLARITS, J.: (1) Dtsch. Z. Nervenheilk. 23, 89 (1903). (2) Neur. Zbl. 1909, 11. — KONINDJY: Z. physik. u. diät. Ther. 7, 536 (1904). — KRAMER: (1) Z. med. Elektrol. 10, 89 (1908). (2) Berl. klin. Wschr. 1911 I. — KREBS, E.: Ref. Zbl. Neur. 64, 68 (1932). — KREMSER, C.: Strahlenther. 38, 719 (1930). — KROLL, FR. W.: Z. Neur. 120, 751 (1930). — KRÜSKEMEYER: Med. Klin. 1927 I, 436. — KUTTNER-ISAAC-KRIEGER: Abh. Verdgskrkh. 1, 1 (1926). — KYRIELEIS: Klin. Mbl. Augenheilk. 86, 253 (1931).

LACHS, F.: Dtsch. Z. Nervenheilk. 127, 116 (1932). — LAEHR: Arch. f. Psychiatr. 27, 688 (1895). — LAFORA: (1) Ref. Zbl. Neur. 44, 92 (1926). (2) Ref. Zbl. Neur. 46, 314 (1927). (3) Ref. Zbl. Neur. 54, 602 (1930). (4) Ref. Zbl. Neur. 56, 694 (1930). — LAGEMANN, CL.: Zbl. Chir. 54, 3278 (1927). — LAIGNEL-LAVASTINE et BOQUIN: Ref. Zbl. Neur. 63, 661 (1932). — LAIGNEL-LAVASTINE et VALENCE: Ref. Zbl. Neur. 44, 462 (1926). — LANDA, ERNST: Dtsch. Z. Nervenheilk. 75, 267 (1922). — LANGHANS, J.: Dtsch. Z. Nervenheilk. 98, 169 (1927). — LAPINSKY, M.: (1) Arch. f. Psychiatr. 40 (1905). (2) Arch. f. Psychiatr. 42. (3) Dtsch. Z. Nervenheilk. 30, 178 (1906). (4) Psychiatr.-neur. Wschr. 1926 I, 90. — LAWSON: Ref. Zbl. Neur. 48, 206 (1928). — LEDERER: Z. Augenheilk. 64, 50 (1928). — LEIGHEB: Ref. Zbl. Neur. 62, 655 (1932). — LEIMBACH: Dtsch. Z. Nervenheilk. 7, 493 (1895). — LEIRI, F.: Ref. Zbl. Neur. 58, 228 (1913). — LÉRI, A.: Questions neurologiques. Paris: Masson & Cie 1922. — LÉRI u. LIÈVRE: Ref. Zbl. Neur. 52, 841 (1929). — LERREDDE: Bull. méd. 42, 1175. — LEVIN: Ref. Zbl. Neur. 52, 101 (1929). — LEVINGER u. EICKHOFF: Mschr. Psychiatr. 61, 297 (1926). — LEWIN u. H. TATERKA: Zbl. Neur. 53, 126 (1929). — LEWY, F. H. u. K. KINDERMANN: Z. Neur. 80, 390 (1922). — LODATO: Ref. Zbl. Neur. 42, 563 (1926). — LÖHE u. NITSCHKE: Dermat. Z. 58, 150 (1930). — LÖWENSTEIN: (1) Med. Klin. 1922 II, 1902. (2) Klin. Mbl. Augenheilk. 83, 548 (1929). (3) Mschr. Psychiatr. 66, 148 (1927). (4) Wien. klin. Wschr. 1927 II, 1579. — LÖWENTHAL: Münch. med. Wschr. 1908 II. LONG et CRAMER: Revue neur. 1906, No 3. — LORTAT-JACOB u. HAYE: Ref. Zbl. Neur. 43, 81 (1926). — LYON: Med. Klin. 1927 II, 1574.

v. MALAISÉ: Mschr. Psychiatr. 18, Erg.-Bd., 233 (1905). — MANDL u. SPERLING: (1) Wien. klin. Wschr. 1929 I. (2) Med. Klin. 1932 I, 18. — MANKOWSKI u. CZERNY: Arch. f. Psychiatr. 83, 382 (1928). — MANN, L.: (1) Allg. med. Z.ztg 1902, Nr 54/55. (2) Allg. med. Z.ztg 1904, Nr 29. (3) Mschr. Psychiatr. 12, 280 (1902). (4) Z. physik. u. diät. Ther. 8, 416 (1905). (5) Z. Neur. 104, H. 3 (1926). — MANN, L. u. J. SCHLEIER: Z. Neur. 91, 551 (1924). — MARIE, PIERRE: Semaine méd. 1903, No 4. — MARINESCO, DE: (1) Semaine méd. 1897, No 47. (2) Z. Neur. 114, 795 (1928). — MARINESCO, BRUYCK u. COHEN: (Rumänisch.) Ref. Zbl. Neur. 57, 103 (1930). — MARINESCO, SAGER et FACON: (1) Presse méd. 10, 150 (1928). Ref. Zbl. Neur. 46, 92 (1927); 47, 75 (1927); 50, 714 (1928). — MARINESCO, SAGER u. KREINDLER: Ref. Zbl. Neur. 60, 470 (1931). — MASSLOW: Ref. Zbl. Neur. 45, 228 (1927). — MAUKSCH, H.: Z. Augenheilk. 65, 336 (1928). — MEESMANN u. ROGGENBAU: Ref. Zbl. Neur. 54, 639 (1930). — MEHRTENS u. PONPPIRT: Arch. Med. Chicago 22, 700 (1929). Zit. bei DATTNER. — MENDELSSOHN, M.: Petersburg. med. Wschr. 1884 I. — MENSCHEL u. DU MESNIL DE ROCHEMONT: Z. Neur. 105, 237, 247 (1926). — MIGNOT, R.: Presse méd. 1929 I, 659. — MILIAN: Ref. Zbl. Neur. 69, 387 (1934); auch MILIAN u. TERNOSE 71, 710. — MOLLOY: Ref. Zbl. Neur. 56, 318 (1930). — MÜLLER, FR.: Zbl. Augenheilk. 1880. — MUSKENS: Arch. f. Psychiatr. 36 (1903).

NEFTEL: Arch. f. Psychiatr. 12, 620 (1882). — NEYMANN u. OSBORNE: Ref. Z. physik. Ther. 40, 210 (1931). — NONNE: (1) Arch. f. Psychiatr. 19. (2) Neur. Zbl. 1912. 6. (3) Münch. med. Wschr. 1931 I, 632. (4) Z. Augenheilk. 60 (1926). (5) Dtsch. Z. Nervenheilk. 94, 237 (1926). (6) Syphilis und Nervensystem. Berlin 1921.

OPPENHEIM: Dtsch. Z. Nervenheilk. 24, 325 (1903). — OPPENHEIM u. SIEMERLING: Arch. f. Psychiatr. 18, 98 (1887). — OPPLER, B.: Berl. klin. Wschr. 1902 I. — ORLOW: (Russisch.) Ref. Zbl. Neur. 42, 414 (1926). — ORSCHANSKY, J. G.: Neur. Zbl. 1906. 401. —

Ortner: Med. Klin. **1927 I,** 595. — Ostankow: Neur. Zbl. **17,** 140 (1898). — Ostmann: Dtsch. med. Wschr. **1926 II,** 1554.
Pal: (1) Berl. klin. Wschr. **1899 I.** (2) Münch. med. Wschr. **1903 II.** (3) Ther. Gegenw. **67,** 393 (1926). — Panico, E.: Ref. Zbl. Neur. **67,** 407 (1933). — Paulian: Ref. Zbl. Neur. **55,** 257 (1930). — Pearcee u. Brown: Ref. Zbl. Neur. **41,** 105 (1925). — Pel, P. K.: (1) Berl. klin. Wschr. **1890 I.** (2) Berl. klin. Wschr. **1898 I.** — Petersen: Ref. Zbl. Neur. **71,** 384 (1934). — Pette: Z. Neur. **76** (1922). — Pfeifer: Dtsch. Z. Nervenheilk. **33,** 246 (1907). — Pfitzner, H.: Dtsch. med. Wschr. **1926 II,** 1547. — Pick u. Kutzinski: Ther. Gegenw. **73,** 234 (1932). — Piltz: (1) Neur. Zbl. **1899,** 248. (2) Neur. Zbl. **1900,** 837. (3) Neur. Zbl. **1903,** 253. (4) Neur. Zbl. **1903,** 662, 714. — Pires, W.: (1) Ref. Zbl. Neur. **57,** 328 (1930); **59,** 636 (1931). (2) Ref. Zbl. Neur. **65,** 269 (1932). (3) Ref. Zbl. Neur. **71,** 285 (1934). — Plaschkes, S.: Arch. Verdgskrkh. **44,** 367 (1928). — Plaut: Z. Neur. **94,** H. 1 (1924). — Plehn: Dtsch. med. Wschr. **1927 I,** 7. — Pollak: (1) Med. Klin. **1929 I,** 653. (2) Mschr. Psychiatr. **76,** 246 (1930). — Preuss u. Jacoby: Dtsch. med. Wschr. **1924 II,** 1273.
Quero, R.: Ref. Zbl. Neur. **55,** 400 (1930).
Rabinovic: Ref. Zbl. Neur. **52,** 841 (1929). — Rajka u. Radnai: (1) Z. Neur. **131,** 674 (1931). (2) Dermat. Wschr. **1932 II,** 1829. (3) Internat. Lichtkongr. Ref. Zbl. Neur. **67,** 626 (1933). — Rebattu: (1) Ref. Zbl. Neur. **41,** 300 (1925). (2) Ref. Zbl. Neur. **43,** 553 (1926). — Redlich: Ref. Zbl. Neur. **55,** 91 (1930). — Reid: Ref. Zbl. Neur. **54,** 62 (1930). — Remak, E.: (1) Arch. f. Psychiatr. **7,** 496 (1877). (2) Grundriß der Elektrodiagnostik und Elektrotherapie **1909,** 90. — Riche u. Gotthardt: Ref. Neur. Zbl. **1901,** 30. — Rieckert: Opticusatrophie bei Tab. dors. Inaug.-Diss. Tübingen 1931. — Risak: Z. Neur. **127,** 255 (1930). — Römheld, L.: (1) Neur. Zbl. **1916,** 663. (2) Dtsch. Z. Nervenheilk. **56,** 282 (1917). (3) Dtsch. med. Wschr. **1934 II,** 1541. — Roger, H.: Ref. Zbl. Neur. **60,** 469 (1931). — Rogge u. Müller: Dtsch. Arch. klin. Med. **89,** 514 (1907). — Roggenbau (bei Bonhoeffer u. Jossmann, Ergebnisse der Reiztherapie bei progressiver Paralyse) 1932. — Rosenbach: Zbl. Nervenheilk. **1879,** — Rosnoblet: Ref. Zbl. Neur. **50,** 174 (1928).
Sabbadini: Ref. Zbl. Neur. **52,** 100 (1929). — Saenger: (1) Neur. Zbl. **1896,** 1007. (2) Neur. Zbl. **18,** 837, 1137 (1902). — Sagel: Dtsch. med. Wschr. **1926 I,** 778. — Salis: Ref. Zbl. Neur. **44,** 463 (1926). — Samelsohn: Dtsch. med. Wschr. **1885 I.** — Sanguinetti (Spanisch). Ref. Fortschr. Neur. **1931,** 241. — Santanastaso: Ref. Zbl. Neur. **49,** 356 (1928). — Sarbó, A. v.: Dtsch. Z. Nervenheilk. **23,** 163 (1903). — Schacherl: (1) Jb. Psychiatr. **35,** 207 (1915). (2) Wien. klin. Wschr. **1922 II,** 1018. (3) Wien. med. Wschr. **1916 II,** 1407. (4) Dtsch. Z. Nervenheilk. **77,** 234 (1923). (5) Wien. klin. Wschr. **1927 II,** 1146, 1580. — Schaffer, K.: (1) Mschr. Psychiatr. **3** (1898). (2) Handbuch der Neurologie, 1. Aufl., Bd. 2, S. 1039. — Schaumann: Z. klin. Med. **49,** 61 (1903). — Schiff, Leo: Dtsch. Z. Chir. **226,** 66 (1930). — Schilder, P. u. R. Stengel: Z. Neur. **113,** 613 (1928). — Schmidt, Curt: Zbl. Neur. **44,** 795 (1926). — Schnyder, D.: Schweiz. med. Wschr. **1929 I,** 624. — Schönborn: Dtsch. Z. Nervenheilk. **21,** 237 (1902). — Schroeder: (Dänisch.) Ref. Zbl. Neur. **67,** 460 (1933). — Schubert: Dermat. Z. **60,** 169 (1931). — Schüller: (1) Wien. med. Wschr. **1906 I.** (2) Neur. Zbl. **1909,** 386. — Schulze, H.: Malariatherapie der Tabes dors. Inaug.-Diss. Hamburg 1932. — Schwab: Arch. f. Psychiatr. **88,** 487 (1929). — Schwede: Röntgenprax. **4,** 100 (1932). — Schweiger: Wien. klin. Rdsch. **1909,** 797. — Seiffer u. Rydel: Neur. Zbl. **1903,** 329. — Sezary: Ref. Zbl. Neur. **53,** 778 (1929). — Sezary et Bordinesco: Bull. Soc. méd. Hôp. Paris **47,** 968 (1931). — Siding: Wien. klin. Wschr. **1909 I,** 269. — Siemerling: Dtsch. med. Wschr. **1927 II,** 2119. — Sioli: Z. Neur. **101,** 630. — Sperling, O.: Wien. klin. Wschr. **1926 I,** 990. — Springowicz: Klin. Mbl. Augenheilk. **89,** 407 (1932). — Stanojewic: Klin. Mbl. Augenheilk. **88,** 793 (1932). — Stein, H.: Dtsch. Z. Nervenheilk. **91,** 76 (1926). — Steinfeld: Kongr. inn. Med. Wiesbaden 1925, S. 236. — Stembo: Neur. Zbl. **1905,** 985. — Stephenson: Ref. Zbl. Neur. **48,** 205 (1928). — Sternberg: (1) Die Sehnenreflexe und ihre Bedeutung für die Pathologie des Nervensystems, 1893. (2) Dtsch. Z. Nervenheilk. **107,** 97 (1929). — Stintzig: Dtsch. Arch. klin. Med. **39,** (1886). — Stöwer: Ref. Fortschr. Neur. **1933,** 256. — Stokes: Ref. Zbl. Neur. **43,** 438 (1926). — Stokolnikow u. Freidowitsch: Mschr. Psychiatr. **72,** 61 (1929). — Strauss, H.: Dtsch. med. Wschr. **1933 I,** 406. — Strisower: (1) Z. klin. Med. **117,** 384 (1931). (2) Wien. med. Wschr. **1933 I,** 122. — Strümpell, v.: (1) Dtsch. Z. Nervenheilk. **15,** 254 (1899). (2) Münch. med. Wschr. **1890.** (3) Dtsch. med. Wschr. **1907 II.** (4) Neur. Zbl. **1918,** 816 (Diskussionsbemerkung).
Tantucci: (Spanisch.) Ref. Zbl. Neur. **44,** 94 (1926; **49,** 781 (1928). — Taterka, H.: (1) Zbl. Neur. **40,** 378 (1925). (2) Z. Neur. **110,** 265 (1927). (3) Mschr. Psychiatr. **62,** 347 (1927). — Dtsch. Z. Nervenheilk. **94,** 185 (1926). — Taterka u. Pineas: Nervenarzt **1,** 543 (1928). — Tieri: Ref. Zbl. Neur. **51,** 739 (1929); **52,** 741 (1929). — Tirelli: (Italienisch.) Ref. Zbl. Neur. **66,** 496 (1933). — Tobias: Ref. Zbl. Neur. **52,** 484 (1929). — Torrini: Ref. Zbl. Neur. **53,** 507 (1929). — Trdlicova: Ref. Zbl. Neur. **59,** 245 (1931). — Treitel: Arch. f. Psychiatr. **40** (1905). — Treu, R.: Med. Klin. **1933 I,** 56. — Tumpowsky: Dtsch. Z. Nervenheilk. **10,** 467 (1897).

UCHIDA, R.: Arb. neur. Inst. Wien **30**, 276 (1928). — UHLENBRUCK u. LUPFER: Ther. Gegenw. **72**, 105 (1931). — UHTHOFF, W.: (1) Die Augenveränderungen bei Erkrankungen des Nervensystems. Graefe-Saemisch' Handbuch der Augenheilkunde, 2. Aufl., Bd. 11, XXII. Kap., Teil II. 1901. (2) Klin Mbl. Augenheilk. **49**, 733 (1911). — UMBER: Z. klin. Med. **39**. — URECHIA: Revue neur. **40** II, 684 (1933). — URECHIA et TEPOSA: Revue neur. **40** II, 683 (1933).

VALLEBONA: Ref. Zbl. Neur. **54**, 60 (1930). — VANCEA: Ref. Zbl. Neur. **61**, 96 (1932). — VERCELLINO: Ref. Zbl. Neur. **64**, 800 (1932). — VINCLER: Ref. Zbl. Neur. **57**, 805 (1930). — VIRES u. MAS: Ref. Zbl. Neur. **68**, 398 (1933). — VOGEL: Klin. Wschr. **1933** II, 1593. — VRANESI: Arch. f. Psychiatr. **90**, 1 (1930).

WAGNER: Charité-Ann. **32**, 61 (1908). — WAGNER-JAUREGG: (1) Wien. klin. Wschr. **1926** II, 1093. (2) Z. Augenheilk. **61**, 127 (1927). (3) Wien. med. Wschr. **1932** I, 328. — WALDMANN: (Ungarisch.) Ref. Zbl. Neur. **43**, 82 (1926). — WALINSKY, F.: Med. Klin. **1928** II, 488. — WEICHBRODT: Ther. Gegenw. **68**, 442 (1927). — WEIGEL, M.: Mschr. Psychiatr. **89**, 46 (1934). — WEIGELDT: Berl. klin. Wschr. **1921** II, 1165. — WEILL u. NORDMANN: Ref. Zbl. Neur. **67**, 408 (1933). — WEINBERG: Dtsch. med. Wschr. **1932** I, 173. — WEISS, M.: (Ungarisch.) Ref. Zbl. Neur. **44**, 568 (1926). — WEIZSÄCKER, V.: 47. Wanderverslg südwestdtsch. Neurol. u. Irrenärzte 1922. Zbl. Neur. **29**, 421 (1922). — WERNER, A.: Dtsch. med. Wschr. **1934** II, 1543. — WERTHEIM-SALOMONSON: Neur. Zbl. **1900**, 737. — WESTPHAL, A.: (1) Charité-Ann. **24** (1899). (2) Dtsch. med. Wschr. **1904** I. (3) Dtsch. Z. Nervenheilk. **60**, 80 (1918). — WESTPHAL, C.: Arch. f. Psychiatr. **9**. — WESTPHAL u. WEGSCHEIDER: Dtsch. med. Wschr. **1930** II, 1731. — WILE u. BUTLER: Ref. Zbl. Neur. **57**, 101 (1930). — WILLIAMS: Ref. Zbl. Nervenheilk. **60**, 470 (1931). — WINKLER: Wien. klin. Wschr. **1928** I, 374. — WITTGENSTEIN: Dtsch. Z. Nervenheilk. **116**, 175 (1930). — WOLFF, J.: Ref. Zbl. Neur. **60**, 471 (1931). — WOOD: Ref. Zbl. Neur. **31**, 170 (1923). — WORSTER-DROUGHT: Ref. Zbl. Neur. **46**, 581 (1927). — WÜLLENWEBER: Münch. med. Wschr. **1927** II, 2056. — WULFTEN: Ref. Zbl. Neur. **43**, 117 (1926).

ZANIETOWSKI: (1) Wien. med. Presse **1902**, Nr 25 u. 28. (2) Zit. bei BORUTTAU-MANN S. 289. — ZIMMERMANN: Ref. Zbl. Neur. **43**, 438 (1926).

Die progressive Paralyse[1]

mit einem Anhang:

Die afrikanische und amerikanische Trypanosomiasis des Menschen.

Von F. JAHNEL-München.

Mit 18 Abbildungen.

1. Begriffsbestimmung.

An die Spitze der folgenden Darstellung sei die Definition der Paralyse gesetzt, die KRAEPELIN gegeben hat: „Das allgemeine klinische Bild der Dementia paralytica oder progressiven Paralyse der Irren („Gehirnerweichung") ist eine verhältnismäßig schnell bis zur vollständigen Vernichtung der geistigen und körperlichen Persönlichkeit fortschreitende Verblödung mit Reizungs- und Lähmungserscheinungen von seiten des Gehirns und Rückenmarkes."

---

[1] Weil die progressive Paralyse mehr den Psychiater angeht als den Neurologen und im BUMKESCHEN Handbuch der Psychiatrie durch BOSTROEM eine eingehende Würdigung erfahren hat, habe ich dem Wunsche der Herren Herausgeber entsprechend mich vorwiegend auf die Darstellung der pathologischen Anatomie, der Pathogenese, der neurologischen Symptome, der Diagnose und Therapie beschränkt. Da die Fieber- und Infektionstherapie im allgemeinen Teil dieses Handbuches von ihrem Begründer v. WAGNER-JAUREGG ausführlich abgehandelt wird, habe ich nur die anderen Therapieformen berücksichtigt. Um zur Niedrighaltung der Kosten bei der Herstellung des Handbuches tunlichst beizutragen, habe ich mir auch bei den Abbildungen äußerste Beschränkung auferlegt und solche verwendet, von denen bereits ein Druckstock vorhanden war.

2. Geschichte der Paralyse.

Im Gegensatz zu anderen Krankheiten, welche schon das Altertum kannte, ist die progressive Paralyse ein Leiden, dessen Vergangenheit nicht viel weiter als 100 Jahre zurückreicht. Diese Krankheit wurde *im Jahre 1822* von Bayle *beschrieben* und von diesem als Leiden sui generis erkannt. Freilich existieren auch aus früherer Zeit vereinzelte Krankengeschichten (so in dem Lehrbuch der Psychiatrie von Chiarugi 1793) und Biographien (der Fall des Erzbischofs von Lyon, François Paul de Neuville, gestorben 1751, auf welchen Cullère die Aufmerksamkeit gelenkt hat), aus denen man auf Paralyse schließen kann. Aber wie gesagt, es handelt sich hier nur um vereinzelte Beobachtungen, und weiter zurück lassen sich paralytische Erkrankungen nicht verfolgen. Diese Tatsache beansprucht nicht nur historisches Interesse, denn der Annahme, die Paralyse habe früher zwar auch existiert, sei aber infolge der Unkenntnis ihrer Eigenart nicht als etwas Besonderes aufgefallen, wurde die Behauptung gegenübergestellt, die Krankheit der Paralyse habe es früher überhaupt nicht gegeben, sie sei ein Kind des 19. Jahrhunderts. Die Anhänger der letzteren Anschauung haben zur Erklärung dieses auffälligen Verhaltens die Annahme geäußert, daß die Paralyse zur Entstehung außer der Lues noch eines anderen Faktors bedürfe, der erst zu Beginn des 19. Jahrhunderts wirksam geworden wäre. Mit der Frage nach dem geschichtlichen Ursprung der Paralyse hängt ein anderes *Problem* innig zusammen, das *des ersten Auftretens der Syphilis in Europa*. Bekanntlich wurde von einzelnen Medizinhistorikern behauptet, daß die Syphilis schon seit Menschengedenken in Europa existiert habe, während andere die Meinung vertreten, diese Krankheit sei ein Geschenk der neuen Welt und von den heimkehrenden Matrosen des Columbus in die alte Welt verpflanzt worden. Die Fragen des Ursprungs der Syphilis in Europa und auch das Problem des ersten Auftauchens der Paralyse lassen sich heute nicht mehr mit Gewißheit beantworten, weil es sich um eine historische Angelegenheit handelt und die auf uns überkommenen Dokumente zur sicheren Entscheidung nicht ausreichen. Ich habe die Meinung ausgesprochen und vertrete sie noch heute, es lasse sich eingedenk des Umstandes, daß ein documentum e silentio niemals den Wert positiver Aussagen beanspruchen dürfe, heute nicht mehr feststellen, ob die Paralyse in früheren Jahrhunderten (natürlich im Verhältnis zur Syphilis) seltener gewesen ist oder gar fehlte. Man muß bedenken, daß es besondere Anstalten für Geisteskranke noch nicht lange gibt und die Paralyse wohl unter anderen Krankheiten aufgegangen sein kann, bis sich dem scharfen Blick von Bayle die Eigenart der Krankheit enthüllt und bis uns die Doktorarbeit des 23jährigen Mediziners die Augen für die Existenz dieser wichtigen Krankheit geöffnet hat.

Während heute die Tatsache, daß die Paralyse mit der Lues in kausalem Zusammenhang steht, Allgemeingut der Ärzte, ja sogar der gebildeten Laien geworden ist, hat man früher die Anschauung vertreten, daß die Paralyse auf andere Momente zurückzuführen sei, zum Teil auch in verschiedenen Fällen verschiedene Ursachen haben könnte. Esmarch und Jessen gebührt das Verdienst, im Jahre 1857 zum ersten Male die Aufmerksamkeit auf *die syphilitische Ätiologie der Paralyse* gelenkt zu haben. Interessanterweise handelt es sich bei den Fällen von Esmarch und Jessen um Fälle, bei denen tertiäre Syphilissymptome einen Zusammenhang zwischen Geistesstörung und Lues nahegelegt hatten. Die Ähnlichkeit der psychischen Symptome mit denen der Paralyse veranlaßte diese beiden Autoren, auch für die progressive Paralyse die syphilitische Ätiologie zu fordern. Zahlreiche statistische Erhebungen haben uns dann in der Folgezeit darüber aufgeklärt, daß Paralytiker in einem viel größeren

Prozentsatz Lues in ihrer Anamnese darbieten, als an anderen Krankheiten leidende Menschen. Einen weiteren Fortschritt hat die Entdeckung der Wa.R. gebracht. Diese ermöglichte es, das Vorhandensein einer syphilitischen Infektion auch da aufzudecken, wo durch Befragen der Kranken oder deren Angehörigen eine vorausgegangene Syphilisansteckung nicht ermittelt werden konnte. Abermals einen Schritt weiter kam man durch die Liquorforschung, und heute können bei jedem (noch nicht behandelten) Paralysefalle in den Körperflüssigkeiten sichere Zeichen von Lues nachgewiesen werden, und diejenigen Fälle von Paralyse, bei denen eine Syphilisinfektion ausgeschlossen werden konnte, haben sich mit der Vertiefung unserer Kenntnisse als ganz andere Leiden oder anders zu deutende Krankheitsfälle entpuppt. Es hat sich dann ferner herausgestellt daß alle die Faktoren, die man früher als Ursache der paralytischen Erkrankungen angesehen hat, wie körperliche und geistige Überanstrengungen, sexuelle Ausschweifungen, Alkohol- und Tabakmißbrauch, nicht nur nicht den kausalen Hauptfaktor des Leidens bilden, sondern auch als sog. Hilfsursachen keine Rolle spielen.

Lange Zeit erblickte man die Rolle der Syphilis bei der Paralyse darin, daß die Erreger der Krankheit Gifte produzieren, welche einen deletären Einfluß auf das nervöse Gewebe ausüben. Es war eine Zeitlang sehr beliebt, diese Vorstellung mit dem Vergleich der postdiphterischen Lähmungen zu unterstützen. Man rechnete daher die Paralyse mit der Tabes und der Aortenerkrankung zu den sog. meta-, para- oder postsyphilitischen Leiden. Als im Jahre 1913 NOGUCHI durch den *Nachweis der Spirochaeta pallida in der Hirnrinde* dargetan hatte, daß auch im Stadium der Paralyse die Syphiliserreger, und zwar sogar am Orte der Erkrankung, noch wirksam seien, wurde dieser Anschauung der Boden entzogen. Mithin müssen wir auch in der progressiven Paralyse eine Form von echter Syphilis des Zentralnervensystems erblicken, die allerdings in vielen Beziehungen eine Sonderstellung gegenüber den anderen syphilitischen Erkrankungen dieses Organs einnimmt. Ich habe an Stelle der Metasyphilis die Bezeichnung „Etisyphilis" vorgeschlagen ($\check{\varepsilon}\tau\iota$ = griechisch: noch).

3. Pathologische Anatomie.

Schon den ersten Beschreibern der Paralyse war es aufgefallen, daß sich beim Anblick eines Paralytikergehirns mit freiem Auge eine Reihe von Veränderungen darbieten. Eine sichere Diagnose läßt sich aus diesem sog. *makroskopischen Paralysezeichen* nicht stellen, höchstens das Vorliegen dieser Erkrankung mit einer mehr oder weniger großen Wahrscheinlichkeit vermuten. Hingegen sind wir heute dank der Arbeiten von NISSL und ALZHEIMER in der Lage, durch eine mikroskopische Untersuchung des Zentralnervensystems das Vorliegen einer paralytischen Erkrankung regelmäßig zu erkennen oder auszuschließen. Die makroskopischen Veränderungen bei der Paralyse, die trotz ihrer untergeordneten diagnostischen Bedeutung hier kurz aufgeführt werden sollen, bestehen in einer Verdickung des Schädeldaches, in einem Schwund der Diploe, sowie in einer weiteren, gleichfalls uncharakteristischen Erscheinung: Verwachsungen der Dura mit dem knöchernen Schädeldach. Subdurale Blutungen oder pachymeningitische Membranen sind meist auf traumatische Einwirkungen zurückzuführende Komplikationen, die heutzutage dank der verbesserten Irrenpflege recht selten geworden sind. Die Pia ist in der Regel getrübt und verdickt, und zwar am ausgesprochensten über dem Stirnlappen; an der Grenze gegen den Hinterhauptslappen pflegt diese Trübung meist ziemlich plötzlich aufzuhören. Beim Abziehen der Pia mater geht oft ein Teil der Hirnrinde mit (sog. Dekortikation). Diese Erscheinung ist aber meist ein postmortales

Phänomen, welchem man in früherer Zeit zu Unrecht diagnostischen Wert
zugeschrieben hatte. Das Gehirn selbst erscheint bei typischen und vorgeschrittenen Paralysefällen atrophisch, namentlich in den vorderen Hirnpartien.
Die Windungen sind verschmälert, die Furchen klaffen. Bei der sog. LISSAUER-
schen Paralyse ist die Atrophie in den Zentralwindungen, dem Schläfelappen
oder im Hinterhauptlappen lokalisiert und hier auch meist viel hochgradiger
als im Stirnhirn bei der typischen Paralyse. Je nach dem Grad und dem
Sitz dieser meist nur eine Hemisphäre betreffenden atrophischen Veränderungen
(SPATZ) stehen eines oder mehrere Herdsym-
ptome im Vordergrund des klinischen Bildes.
Auch das Kleinhirn, der Thalamus opticus bieten
zuweilen stärkere Atrophien dar, die bei letzterem zum Teil sekundärer Natur sein können.
Auch corticale Gruben mit darüber sitzenden
cystösen Flüssigkeitsansammlungen kommen vor.
Nicht nur beim Aufschneiden der Dura, sondern auch beim Eröffnen der erweiterten Ventrikel trifft man eine Liquorvermehrung an
(Hydrocephalus externus und internus). Die
Oberfläche der Ventrikel, namentlich des vierten,
erscheint nicht glatt, sondern mit feinen Körnern
besetzt, den sog. Ependymgranulationen. Das
Gehirngewicht pflegt bei der Paralyse je nach
der Art, Dauer und Intensität der Erkrankung
eine mehr oder weniger starke Abnahme zu
erfahren.

Unsere heutigen Kenntnisse von den histologischen Veränderungen bei der Paralyse, die
uns hauptsächlich NISSL und ALZHEIMER geschaffen haben, lehren, daß der paralytischen
Erkrankung ein *diffuser entzündlicher Prozeß* zugrunde liegt, bei welchem außerdem von der
Entzündung unabhängige Veränderungen des
nervösen Parenchyms vorkommen. Zunächst
sollen die verschiedenen entzündlichen Veränderungen, die sich am mesodermalen Gewebe abspielen — sowohl die Hirnhäute als auch die
Gefäße leiten sich entwicklungsgeschichtlich
vom mittleren Keimblatt her — besprochen
werden. Die Pia zeigt Infiltrate aus Plasma-

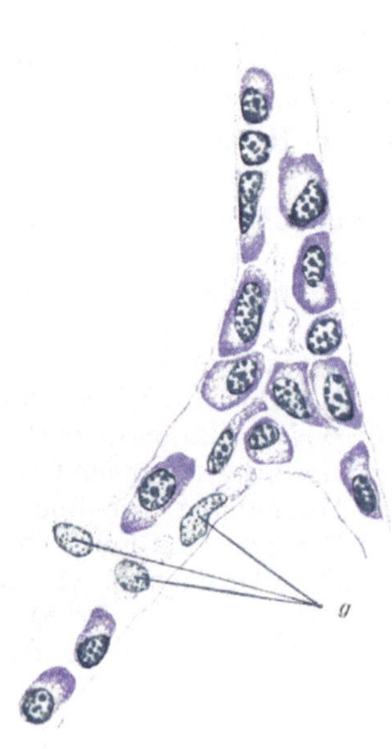

Abb. 1.

Plasmazellen im Adventitialraum
einer längsgetroffenen Präcapillare,
stellenweise in epitheloider Anordnung. Im oberen Gefäßschlauch
2 Lymphocyten zwischen den Plasmazellen. *g* Gefäßwandzellen. Paralyse.
Nisslfärbung (Toluidinblau). (Aus
W. SPIELMEYER: Histopathologie
des Nervensystems I. 1922.)

zellen, Lymphocyten und vereinzelte Mastzellen. Diese zelligen Infiltrate
in der zudem meist durch Bindegewebsvermehrung in schwächerem oder
stärkerem Grade verdickten Pia pflegen über den vorderen Hirnpartien am
ausgesprochensten zu sein. Auch in den Gefäßwänden findet man die gleichen Zellinfiltrate, und zwar hauptsächlich epithelartig angeordnet in den
adventitiellen Lymphscheiden der Capillaren, welche von diesen Zellen sozusagen austapeziert erscheinen. Viel geringer als im Stirnhirn pflegt die
Ausprägung der Infiltrate über dem Hinterhauptslappen zu sein; hier können
sie sogar gänzlich vermißt werden. Diese Gefäßinfiltrate sind hauptsächlich
in der grauen Substanz des Zentralnervensystems, also in der Hirnrinde und
den ihr homologen grauen Massen nachweisbar, z. B. im Streifenhügel. Bemerkenswert erscheint die von SPATZ hervorgehobene Tatsache, daß das äußere
Glied des Linsenkernes, das Putamen, regelmäßig Zellinfiltrate an den Gefäßen

aufweist, das innere Glied, das sog. Pallidum hingegen nur ausnahmsweise. Ebenso findet man häufiger, allerdings auch nicht ausnahmslos, Zellinfiltrate

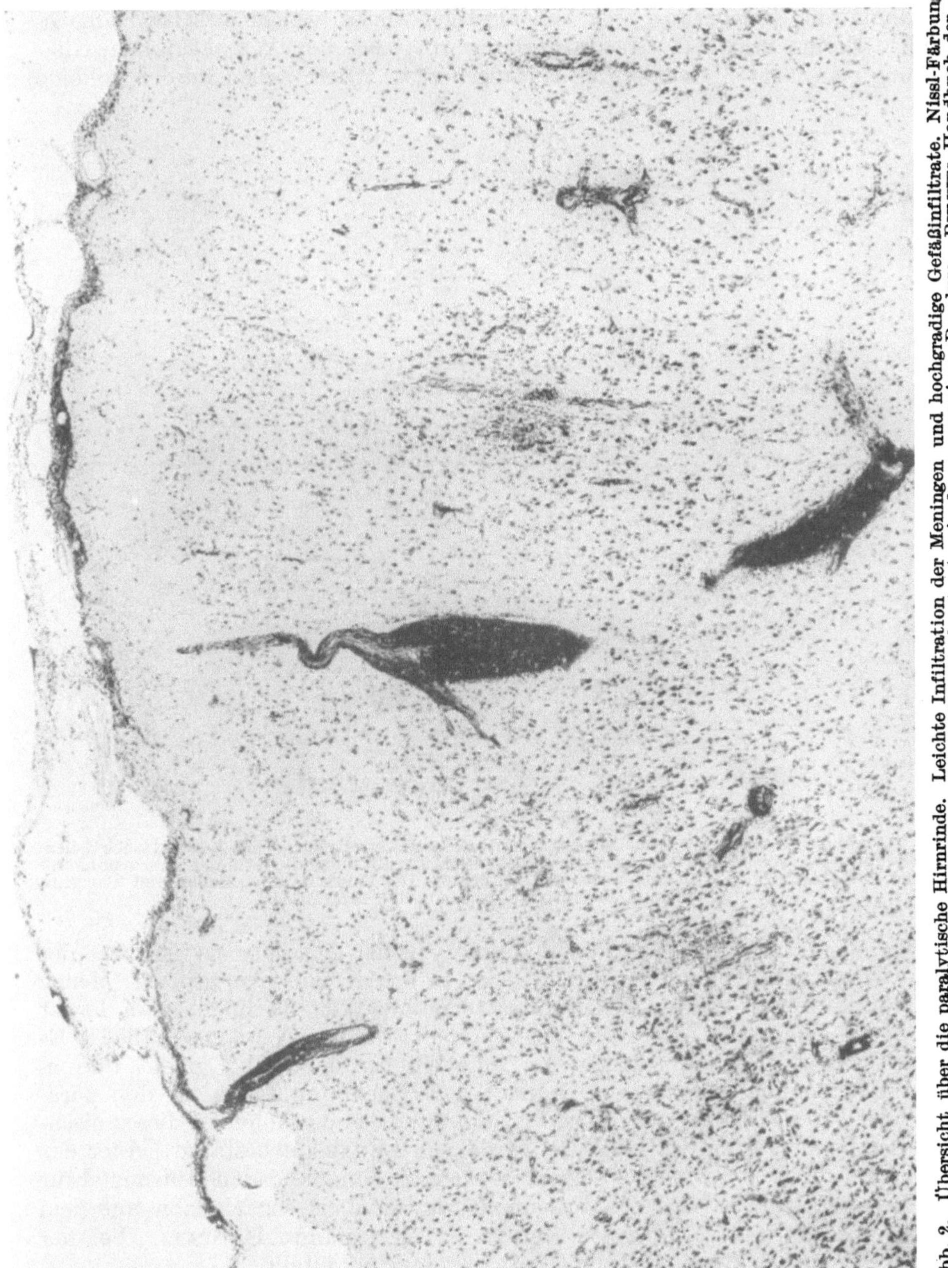

Abb. 2. Übersicht über die paralytische Hirnrinde. Leichte Infiltration der Meningen und hochgradige Gefäßinfiltrate. Nissl-Färbung. (Aus der Sammlung ALZHEIMERS — Aus F. JAHNEL: Pathologische Anatomie der progressiven Paralyse. BUMKES Handbuch der Geisteskrankheiten, Bd. 11, S. 428.)

im Thalamus opticus, seltener wieder im Corpus Luysii, im Nucleus ruber, der Substantia nigra. Der Grad der paralytischen Zelleinscheidungen an den Gefäßen steht in keinerlei Abhängigkeitsverhältnis zu den pialen Infiltraten; es

kommt vor, daß die weiche Hirnhaut stark, die Gefäße der darunter liegenden
Rinde nur schwach infiltriert sind (SPIELMEYER). Die in der Pia mehr rundlich,
in den Gefäßscheiden mehr pflastersteinartig gestalteten Plasmazellen können
mannigfache Degenerationserscheinungen zeigen, unter denen die cystische Umwandlung mit Einlagerung einer kolloidartigen Masse (welche sich bei Hämato-
xylin-, Eosin- und VAN GIESON-Färbung rot, bei der WEIGERTschen Glia-
färbung blau färbt), besondere Bedeutung besitzt. Diese Zellen werden kolloide

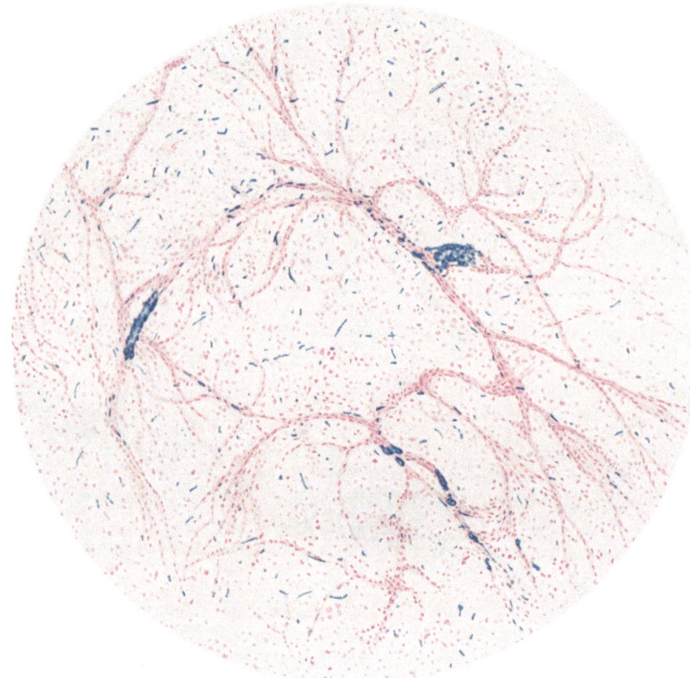

Abb. 3. Paralyse. Intraadventitielle Eisenansammlungen und eisenspeichernde HORTEGAsche Zellen.
Ausstrichpräparat von in HSNH₄ verbrachtem Material, Turnbullblau-Reaktion, Alauncarminkern-
färbung. Zeiß AA. Ok. 4. [Aus A. METZ und H. SPATZ: Die HORTEGAschen Zellen und über ihre
funktionelle Bedeutung. Z. Neur. 89, 157 (1924).]

Plasmazellen, auch Maulbeerzellen (mulberry cells) genannt; sie sind bei der
Paralyse seltener, treten aber in den Gehirnen Schlafkranker in größerer Menge
auf (SPIELMEYER). Unter den Infiltratzellen der Gefäße findet man ferner
vereinzelte Elemente, die neuerdings große Bedeutung erlangt haben. Es
handelt sich um Zellen (Phagocyten), die ein eisenhaltiges Pigment führen.
Die Bedeutung dieser zuerst von BONFIGLIO beobachteten Zellen für den paralytischen Prozeß wurde von HAYASHI erkannt. Das Vorkommen dieses eisen-
haltigen Pigments bei der Paralyse wurde von LUBARSCH bestätigt. Aber das
Verdienst, die *Eisenreaktion* zu einem bequem zu handhabenden Hilfsmittel für
die Paralysediagnose, das die Erkennung des Leidens sogar schon auf dem
Sektionstisch gestattet, ausgearbeitet zu haben, gebührt H. SPATZ. Bei der
großen Bedeutung dieser Methodik sei diese hier mitgeteilt.

   Man schneidet aus dem frisch sezierten Hirn flache Scheiben aus dem Stirnlappen heraus
und übergießt diese mit Schwefelammonium. Es treten dann bereits nach einer Viertel-
stunde, später noch deutlicher, durch die Entstehung von *Schwefeleisen* geschwärzte, kaum
stecknadelkopfgroße Stellen im Rindengrau hervor, welche Abschnitten von Hirngefäßen
entsprechen. Man kann von solchen Stellen mittels Objektträgern kleine Partikel entnehmen

und einen Ausstrich herstellen; unter dem Mikroskop erkennt man dann, daß diese Partikel sich aus Ansammlungen von eisenhaltigem Pigment zusammensetzten. Um einen besseren Kontrast zu erzielen, kann das schwarze Schwefeleisen mittels Ferricyankalium und Salzsäure in sog. Turnbullblau übergeführt und eine Gegenfärbung der Kerne mit Alauncarmin vorgenommen werden. Das eisenhaltige Pigment erscheint dann blau. Durch das Studium solcher Scheiben mit makroskopisch erkennbaren Ablagerungen von Eisen kann man bei typischen Fällen auch die verschiedenartige Ausbreitung des Entzündungsprozesses über einzelne Hirnlappen ganz gut verfolgen. Natürlich läßt sich die Eisenreaktion auch an Schnitten von gehärtetem und eingebettetem Hirnmaterial ausführen.

Die Bedeutung und Herkunft des Paralyseeisens, wie dies SPATZ neuerdings in unvorgreiflicher Weise bezeichnet, ist noch nicht aufgeklärt. Nach der Ansicht von SPATZ ist es sowohl vom Blutzerfallseisen (Hämosiderin) als auch vom physiologischen Gehirneisen zu trennen. Die früher für das paralytische Eisenpigment gebräuchliche Benennung Hämosiderin ist daher besser zu vermeiden. Die große diagnostische Bedeutung der Eisenbefunde bei der Paralyse ist allseitig anerkannt worden, denn bei anderen entzündlichen Prozessen (Lues cerebri, epidemische Encephalitis) fehlen Eisenablagerungen. Nur bei einer eigenartigen Encephalitis wurden *Eisenbefunde* beobachtet, die denen bei der menschlichen Paralyse täuschend ähnlich sahen, nämlich bei *Hühnern,* die zu Lebzeiten keine Krankheitserscheinungen gezeigt hatten (WERTHAM). Die Gehirne dieser Tiere zeigten auch sonst histopathologische Veränderungen, welche mit denen der menschlichen Paralyse weitgehend übereinstimmten. Bei Menschen können die Eisenbefunde auch forensische Bedeutung erlangen, indem das Paralyseeisen nicht so bald durch kadaveröse Veränderungen angegriffen wird, mithin auch in den Gehirnen Exhumierter nachweisbar sein kann.

Die Plasmazellinfiltrate pflegen nur selten die Grenzscheiden der Gefäße zu überschreiten, ein gegenüber der afrikanischen Schlafkrankheit wichtiges diagnostisches Unterscheidungsmerkmal (SPIELMEYER). Ausnahmsweise finden sich auch bei der Paralyse starke Ansammlungen von Infiltratzellen frei im Gewebe, oft in Nachbarschaft der Gefäße. Einige Autoren haben solche Gebilde zu Unrecht als miliare Gummen angesprochen; derartige Granulome weisen auch öfters eine starke Eisenspeicherung auf (WEIMANN). Leukocyten trifft man im Paralytikergehirn nur ausnahmsweise an, meist als Folge komplizierender septischer Prozesse. In einem Falle konnte SCHOB den Nachweis führen, daß die miliaren Abscesse mit Spirochätenherden im Zusammenhang standen. Die paralytische Rinde erscheint in ausgeprägten Krankheitsfällen sehr *gefäßreich.* Die argentophilen Fasern des adventitiellen Maschenwerkes bilden oft eigenartige Netze. Zuweilen begegnet man auch derjenigen Veränderung, welche NISSL als Endarteriitis der kleinen Hirngefäße beschrieben hat.

Unter den Veränderungen des nervösen Parenchyms haben in früherer Zeit die *Ganglienzellveränderungen* eine große Rolle gespielt. Man begegnet bei der Paralyse allen möglichen Formen von Ganglienzellveränderungen, am häufigsten der sog. chronischen Zellerkrankung (NISSL) oder der Zellschrumpfung (SPIELMEYER). Wenn auch nach einem Ausspruch ALZHEIMERS unveränderte Ganglienzellen bei der Paralyse nicht die Regel, sondern die Ausnahme bilden, so ist doch keine derselben für die Paralyse irgendwie charakteristisch. Das gleiche gilt auch für die Neurofibrillen der Ganglienzellen, welche im Paralytikergehirn auch vielfältige Veränderungen darbieten (BIELSCHOWSKY und BRODMANN). Doch führt die Erkrankung der Ganglienzellen vielfach dazu, daß diese von ihrem Platze verschwinden, „ausfallen", wie man auch zu sagen pflegt. Solche Ganglienzellausfälle können eine diffuse oder unregelmäßige Verteilung zeigen. Manchmal sind Zellgruppen, zuweilen sogar Hirnrindenschichten besonders betroffen (LISSAUER, ALZHEIMER). Durch die Ganglienzellausfälle im Verein mit den noch zu schildernden Gliawucherungen kommt es zu einer Störung der Rindenarchitektonik, zu einer Schichtenverwerfung.

Eine weitere Reihe von Parenchymveränderungen im paralytischen Zentralnervensystem betrifft die Markscheiden. Der Markfaserschwund pflegt in 2 Typen aufzutreten: der *diffuse Markfaserschwund* (Lichtung der Tangential-

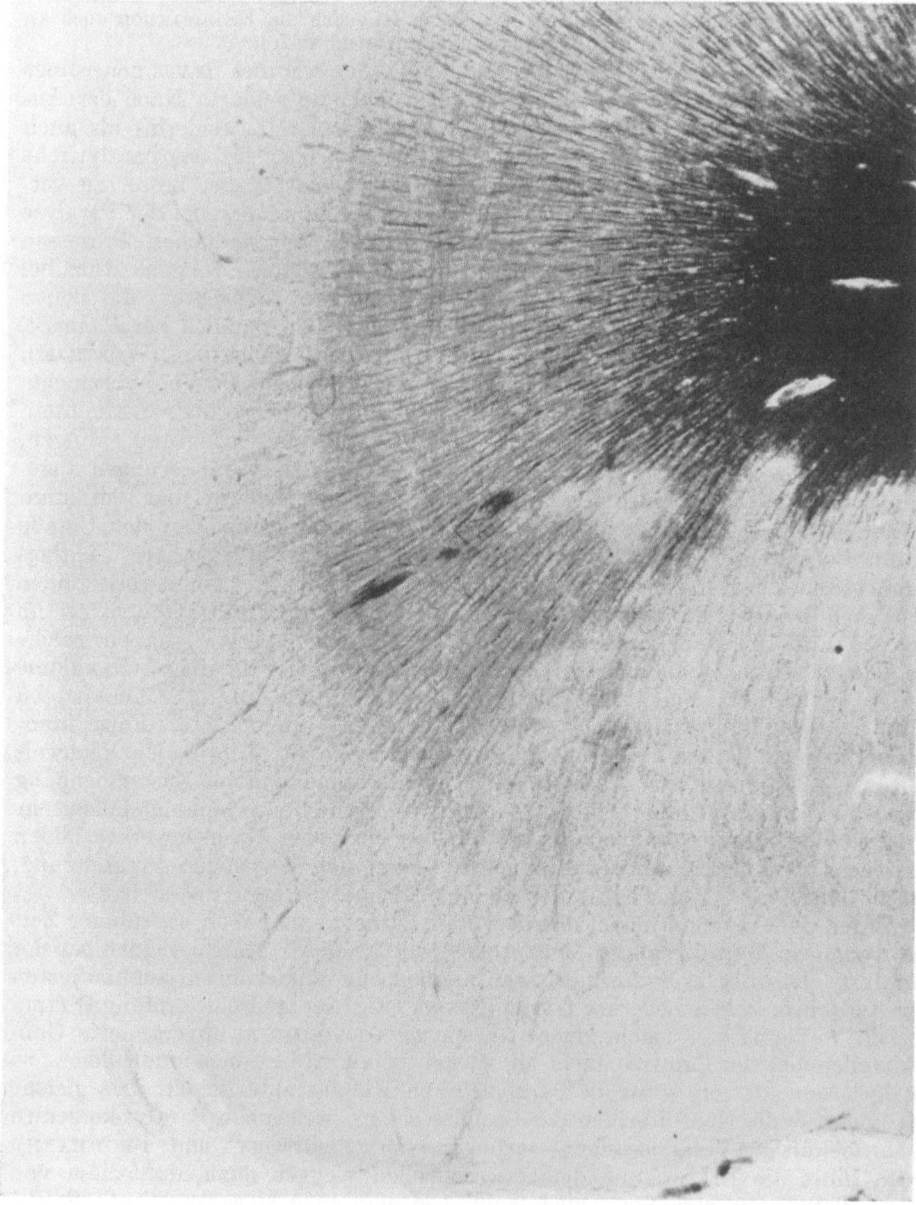

Abb. 4. Herdförmige Markfaserausfälle in der paralytischen Rinde. (Aus der Sammlung Alzheimers. — Aus F. Jahnel: Pathologische Anatomie der progressiven Paralyse. Bumkes Handbuch der Geisteskrankheiten, Bd. 11, S. 445.)

fasern, des supraradiären Flechtwerkes und schließlich Entmarkung ganzer Rindenbezirke, hauptsächlich von Tuczek studiert) und der herdförmige bzw. *fleckförmige Markfaserschwund,* welcher in etwa 50% der Fälle beobachtet wird, und dessen Kenntnis wir vor allem Siemerling, Borda, O. Fischer sowie

SPIELMEYER verdanken. Diese Entmarkungsherde zeigen oft große Ähnlichkeit mit den bekannten Markausfällen bei der multiplen Sklerose. Bei beiden Erkrankungen pflegen auch die Achsenzylinder in den entmarkten Herden erhalten zu bleiben oder nur leicht reduziert zu sein (SPIELMEYER). Um die Histopathologie dieser Entmarkungsherde im Zusammenhang darstellen zu können, sei das Verhalten der Glia den folgenden Ausführungen vorweggenommen. Dichtfasrige Gliawucherungen treten in den entmarkten Zellen nur in den auf die Marksubstanz übergreifenden Herdpartien auf, worin sich die Bedeutung des lokalen Faktors für den herdförmigen Markfaserschwund kundgibt (SPIELMEYER). Zuweilen erscheinen Markbündel an ihren Wurzeln angefressen („Mottenfraß" SPIELMEYERs). Die paralytischen Entmarkungsherde haben eine besondere Vorliebe für die graue Substanz; in der weißen Substanz des Gehirns und ebenso im Rückenmark stellen sie eine seltene Erscheinung dar (SPIELMEYER). Das Vorkommen herdförmiger Spirochätenansammlungen ließ mich daran denken, daß diese mit der fleckförmigen Zerstörung der Markscheiden in einem Zusammenhang stehen könnten, eine Vermutung, mit der sich später auch andere Autoren beschäftigt haben. Da aber die Spirochätenherde offenbar nur kurzlebige Gebilde darstellen, herdförmige, im Markscheidenbild erkennbare markfreie Flecken dagegen bleibende Ausfälle bedeuten und längere Zeit zu ihrer Ausbildung bedürfen, kann man nicht erwarten, beide Prozesse gleichzeitig zu Gesicht zu bekommen. Unterwirft man daher aufeinanderfolgende Schnitte hierzu geeigneter Fälle einerseits einer Spirochätenimprägnation, andererseits einer Markfaserfärbung, so wird man niemals auf mit den Spirochätenherden korrespondierende Markausfälle stoßen, umgekehrt in Entmarkungsherden keine in Form und Größe übereinstimmenden Spirochätenherde antreffen. Mithin ließen sich für eine solche Annahme bisher nur Argumente allgemeinerer Natur wie die Tatsache, daß sowohl Spirochätenherde als auch Markausfälle gleicher Größe und Form vorkommen, ins Treffen führen.

Auch die *Neuroglia,* das ektodermale Stützgewebe des Zentralnervensystems, pflegt im Verlaufe des paralytischen Krankheitsprozesses Umwandlungen zu erfahren. Es kommt zu einer Vermehrung der zelligen Glia, es treten zahlreiche große Gliazellen auf, in denen man zuweilen als Ausdruck des aktiven Vermehrungsvorganges Mitosen wahrnehmen kann. Schließlich können die Gliazellen auch wieder regressive Veränderungen eingehen. Durch zahlreiche Fortsätze auffallende Zellen sind schon von den älteren Autoren als Spinnenzellen beschrieben worden. Außerdem kommt es zu einer Neubildung zahlreicher Gliafasern, welche man durch besondere Methoden sichtbar machen kann. Die bei der Paralyse meist grobkalibrigen Gliafasern haben bei dieser Krankheit nach einem Ausspruch ALZHEIMERs in erster Linie die Bestimmung, die Oberflächenschichten zu verstärken, sowohl an der Rindenoberfläche als auch an den Grenzscheiden der Gefäße. Manchmal werden mehr Gliafasern gebildet, als zur Ausfüllung von Defekten erforderlich sind, zuweilen aber auch weniger. Eigenartige Bilder werden dadurch hervorgerufen, daß die Gliafasern von der Oberfläche des Kleinhirns pinselförmig in die Pia hineinwuchern. Auch die Ependymgranulationen des vierten Ventrikels, von denen bereits die Rede war, sind durch eine Wucherung der subependymären Glia bedingt. In Übersichtsbildern (Schnitte von Alkoholmaterial, die nach der NISSL-Methode oder einer ihrer Varianten gefärbt worden sind) kann man noch eigenartige Gebilde sehen, die zuerst die Aufmerksamkeit NISSLs auf sich gelenkt hatten. Es sind dies Zellen mit einem stab- oder wurstförmigen Kern und einem dünnen Plasmabesatz an beiden Polen. Diese Zellen pflegen mit ihrer Längsachse meist senkrecht zur Rindenoberfläche gelagert zu sein. Die in Rede stehenden Gebilde repräsentieren — NISSL hat sie *Stäbchenzellen* genannt — einen wichtigen

Bestandteil im paralytischen Rindenbild. Sie kommen zwar auch bei anderen Erkrankungen vor, trotzdem sind sie, wenn sie diffus in der Hirnrinde auftreten,

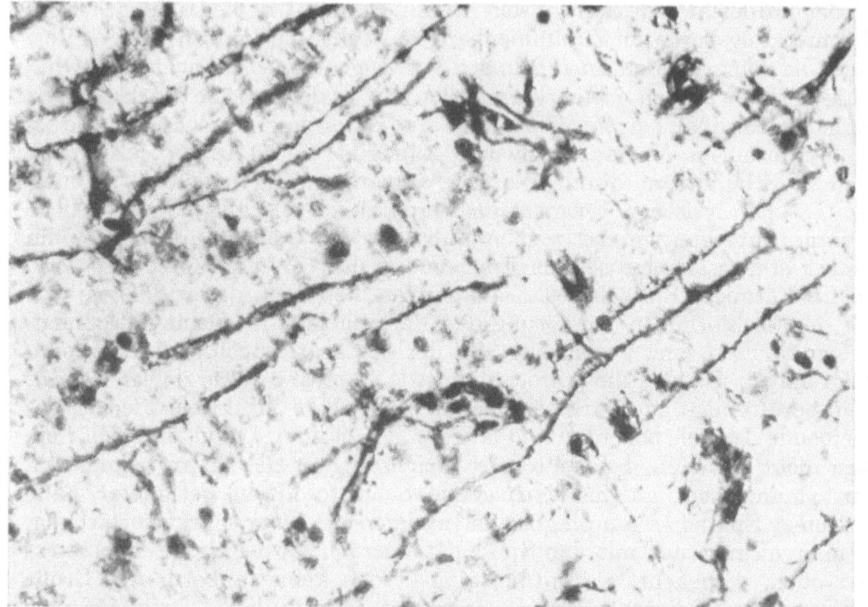

Abb. 6. Hortega-Zellen. (Nach einem Präparat der psychiatrischen Klinik in München. — Aus Jahnel: Allgemeine Pathologie und pathologische Anatomie der Syphilis des Nervensystems. Jadassohns Handbuch der Haut- und Geschlechtskrankheiten, Bd. 17, I, S. 126, Abb. 41.)

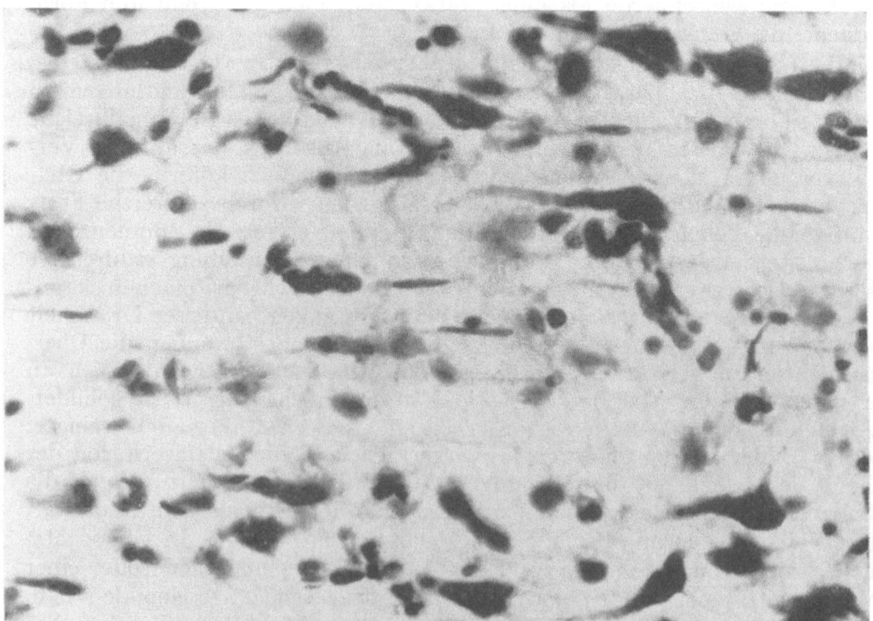

Abb. 5. Stäbchenzellen in der paralytischen Rinde. Nissl-Färbung. (Aus der Sammlung Alzheimers. — Aus F. Jahnel: Pathologische Anatomie der progressiven Paralyse. Bumkes Handbuch der Geisteskrankheiten, Bd. 11, S. 452.)

bis zu einem gewissen Grade für die Paralyse charakteristisch. Neuerdings ist es dem spanischen Neurohistologen del Rio Hortega gelungen, diese Zellen mit Hilfe einer bestimmten Silbermethode elektiv zur Darstellung zu bringen. Die HORTEGAsche Methode hat sich daher in der Neurohistologie rasch eingebürgert und pflegt im Paralytikergehirn recht prägnante Bilder zu liefern. Während man früher sehr viel darüber debattiert hatte, ob die Stäbchenzellen NISSLS aus der Neuroglia (dem ektodermalen Gewebe) oder den Gefäßwandzellen (den mesodermalen Bestandteilen des Zentralnervensystems) sich herschreiben, haben METZ und SPATZ die Ansicht vertreten, daß die bei Paralyse hypertrophierenden HORTEGA-*Zellen* — dadurch erhalten ihre Kerne die stäbchenförmige Gestalt — aus dem ektodermalen Stützgewebe aus einer Abart der Gliazellen gebildet werden. Außerdem besitzen die HORTEGA-Zellen die *Fähigkeit, Eisen zu speichern,* eine ebenfalls auf die paralytische Erkrankung beschränkte Eigentümlichkeit (SPATZ).

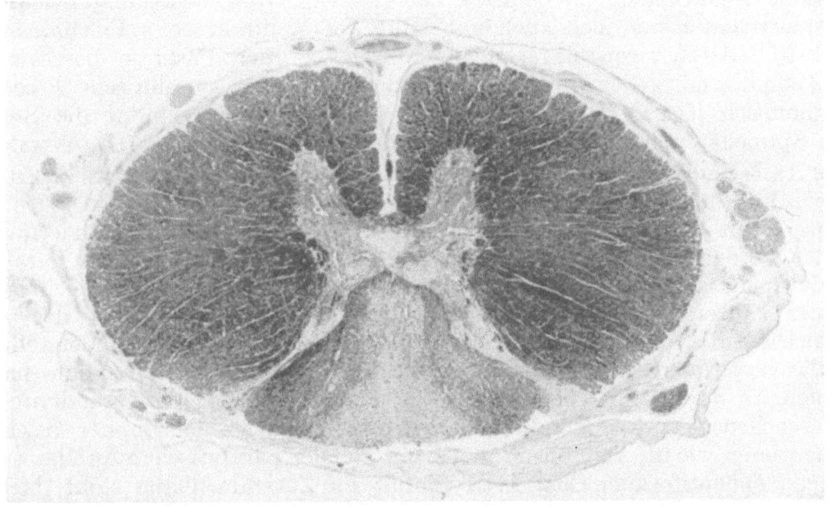

Abb. 7. Hinterstrangsdegeneration bei Paralyse. Markscheidenfärbung. (Aus der Sammlung SPIEL-MEYERS. — Aus F. JAHNEL: Pathologische Anatomie der progressiven Paralyse. BUMKES Handbuch der Geisteskrankheiten, Bd. 11, S. 472.)

Was über die Beteiligung des *Kleinhirns* an dem paralytischen Prozeß zu sagen ist, enthält ein Ausspruch ALZHEIMERs in seiner klassischen Arbeit: „Auch das Kleinhirn erkrankt bei der Paralyse ebenso wie das Großhirn, allerdings meist in schwächerem Grade." Zahlreiche Details über die paralytische Kleinhirnerkrankung bringt die Arbeit von STRÄUSSLER, auf die hier verwiesen sei. Häufig begegnet man bei der Paralyse einer fleckweisen Verdichtung der BERGMANNschen Fasern, welche gliösen Ursprungs sind (WEIGERT, RAECKE, ALZHEIMER). Ausnahmsweise kann jedoch der Prozeß im Kleinhirn hohe Grade erreichen, und zwar nicht nur bei der juvenilen Paralyse, wovon später die Rede sein wird, sondern auch bei der Paralyse der Erwachsenen. Dann kann auch das klinische Bild sich von cerebellaren Symptomen beherrscht erweisen (OSTERTAG, sowie BIELSCHOWSKY und R. HIRSCHFELD).

Daß auch das *Rückenmark* im Verlauf der Paralyse Veränderungen erfährt, weiß man schon lange, ja man begegnet sogar einem ungeschädigten Rückenmark bei dieser Krankheit nur ausnahmsweise (FÜRSTNER, ALZHEIMER). Außer pialen und Gefäßinfiltraten kommen Ganglienzellveränderungen vor, vor allem aber Faserdegenerationen; diese gelangen namentlich in den Hintersträngen zur Beobachtung. Oft sieht man auch kombinierte Systemerkrankungen. Solche Degenerationen können primärer oder sekundärer Natur sein. Auch hier zeigt es sich wiederum, daß die Ausfälle des nervösen Parenchyms von den entzündlichen Erscheinungen unabhängig sind, daß beide Komponenten des Prozesses, wie Nissl, Alzheimer und Spielmeyer dies zum Ausdruck gebracht haben, nebeneinander hergehen. Die peripheren Nerven können bei der Paralyse sowohl entzündliche wie degenerative Veränderungen aufweisen, die aber keine Abhängigkeit von dem zentralen Prozeß zeigen (Steiner).

Unter den selteneren anatomischen Befunden bei der Paralyse verdient die sog. *Kolloiddegeneration* eine kurze Besprechung. Dieser Prozeß bevorzugt die graue Substanz und zeigt oft eine inselförmige Ausbreitung. Durch Ablagerung eigenartiger Stoffe an den Gefäßen kann deren Dicke um das 10—20fache zunehmen (Schröder, Dürck, Kufs). Schollen der gleichen Substanz sind in der Nachbarschaft der Gefäße zu sehen. Diese Massen geben bestimmte färberische Reaktionen: sie werden bei der van Gieson-Färbung leuchtend rot tingiert und lassen sich auch mit Hilfe der Weigertschen Fibrinfärbung darstellen. — Glykogenablagerungen, welche bei der Paralyse beschrieben worden sind, sind weder für diese Krankheit noch für syphilitische Prozesse pathognomisch (Casamajor, F. Münzer). Ausnahmsweise nimmt die Stelle, wo ein Spirochätenherd sitzt, im Nissl-Bilde eine Anfärbung an (Hauptmann).

Die *Ausbreitung der paralytischen Veränderungen*, von denen bereits mehrfach die Rede war, unterliegt von Fall zu Fall großen Variationen. In der Tiefenrichtung pflegt der Prozeß an der Markleiste — in der noch Veränderungen gefunden werden — aufzuhören. Auch das Ammonshorn weist bei der Paralyse Veränderungen auf, und zwar, wie Spielmeyer gezeigt hat, nicht gleichmäßig in seiner ganzen Ausdehnung, sondern hauptsächlich im Gebiet des sog. Sommerschen Sektors, dessen besondere Gefäßversorgung diese Sonderstellung zu erklären vermag. Die Feststellung Spielmeyers legt die Annahme nahe, daß auch an anderen Hirnteilen bei der Paralyse Parenchymveränderungen vasculärer Genese vorkommen können, wenn sie sich auch nicht immer so scharf dokumentieren wie im Ammonshorn. Ob ein Teil der paralytischen Anfälle, etwa diejenigen epileptiformen Charakters, damit im Zusammenhang steht, bedarf noch weiterer Studiums, wie überhaupt die Genese der paralytischen Anfälle, welche anatomisch von einer Akzentuierung des Krankheitsprozesses begleitet zu werden pflegen, noch nicht völlig aufgeklärt ist.

Sehr oft wird die Frage aufgeworfen, ob *die klinischen Symptome der Paralyse sich* auf die Erkrankung bestimmter Hirnstellen zurückführen, also *lokalisieren lassen*. Dazu sei gleich bemerkt, daß die Paralyse zu denjenigen Erkrankungen gehört, welche uns Aufschlüsse über die Hirnlokalisation nicht zu vermitteln imstande sind; das liegt in ihrem diffusen Charakter begründet. Selbst diejenigen Paralysefälle, die infolge herdförmiger Betonung des Krankheitsprozesses auch klinisch mit Fokalsymptomen einherzugehen pflegen, sind deshalb zu lokalisatorischen Forschungen nicht geeignet, weil daneben stets diffuse Veränderungen an anderen Stellen des Zentralnervensystems bestehen; das hatte schon Wernicke betont. Auch ein weiterer Gesichtspunkt verdient in diesem Zusammenhang Berücksichtigung. Findet man irgendwo starke entzündliche Veränderungen, so könnte man geneigt sein, aus diesen auf das Vorliegen ausgesprochener klinischer Symptome zu schließen. Diese Folgerung erscheint aber nicht zulässig. Spielmeyer hat drei initiale Paralysefälle beschrieben, welche zu Lebzeiten gar keine paralytischen Symptome dargeboten hatten und trotzdem anatomisch deutliche paralytische Veränderungen zeigten. Für Ausfallserscheinungen sind offenbar Parenchymveränderungen in erster Linie maßgebend. Trotz allem wird man vermuten können, daß die paralytische Demenz hauptsächlich auf die Atrophie des Stirnhirns zurückzuführen ist. Die artikulatorische Sprachstörung der Paralytiker ist sowohl in die motorische

Sprachregion als auch in das Corpus striatum bezüglich ihrer Lokalisation verwiesen worden. Bei Paralysefällen, die durch das Auftreten choreatischer Symptome kompliziert waren, haben C. und O. Vogt eine Schrumpfung des Corpus striatum (état fibreux) nachgewiesen, während Alzheimer gewisse halbseitige, zwischen Tremor und Chorea bzw. Atethose stehende Bewegungen bei Paralytikern auf Thalamusveränderungen zurückführen zu können geglaubt hatte. Auch Fünfgeld hat einen Fall mit anfallsweisen myoklonischen und ticartigen Zuckungen beschrieben, bei dem der Prozeß an 4 Herden im Thalamus und Hypothalamus akzentuiert war. Die bei der Paralyse auffallenden vegetativen

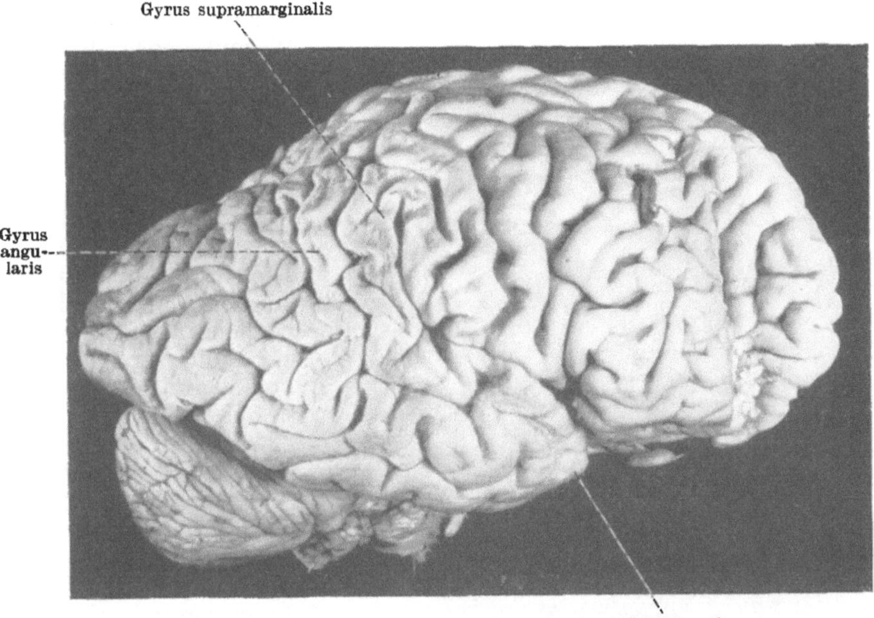

Abb. 8. Hochgradige Rindenatrophie im Parietallappen bei der Lissauerschen Form der Paralyse. (Nach H. Spatz aus O. Bumke: „Lehrbuch der Geisteskrankheiten", 3. Aufl., S. 567.)

Störungen sind auf das Zwischenhirn bzw. den Hypothalamus zurückgeführt worden. Komplizierende Augenmuskellähmungen, Hypoglossus- oder periphere Facialislähmungen beruhen meist auf einer Atrophie der Ganglienzellen in den betreffenden Kernen. Leider aber sind wir bezüglich der Entstehung der reflektorischen Pupillenstarre, deren Lokalisation man auch im zentralen Höhlengrau gesucht hat, über Vermutungen noch nicht hinausgekommen.

Während, wie bereits erwähnt, beim Tod im oder kurz nach dem *paralytischen Anfall* häufig (aber nicht immer) eine Steigerung des Krankheitsprozesses vorgefunden wird, begegnet man bei Fällen, die während eines Stillstandes, einer sog. *Remission,* gestorben sind, meist nur sehr geringfügigen entzündlichen Veränderungen. Während es früher zu den größten Seltenheiten gehörte, daß Paralytiker während einer längeren Remission zur Obduktion gelangten, so hat neuerdings dank der von Wagner-Jauregg eingeführten Infektionsbehandlung die Zahl der Remissionen eine solche Höhe erreicht, daß auch des öfteren Paralytiker in diesem Zustande einem interkurrenten Leiden erliegen und dann anatomisch untersucht werden können. Vielfach spricht man auch in solchen Fällen von geheilten Paralytikern, wenn die Remission bereits seit längerer Zeit besteht. Fälle, die bestimmte Ausfälle darbieten, aber keine Neigung zum

Fortschreiten zeigen, bezeichnet man auch als stationäre Paralysen; hier sind die Veränderungen ähnlich den während der Remission beobachteten. Bei einem hierher gehörigen Fall von Plaut und Spielmeyer wurden geringfügige Zellinfiltrate und leichte Parenchymveränderungen vorgefunden. Wenn der Tod noch während der Malariakur eingetreten war, hat man öfters sehr starke entzündliche Veränderungen angetroffen, doch weiß man nie, wie es in dem betreffenden Gehirn ausgesehen hätte, wenn der Kranke ohne jegliche Behandlung im gleichen Zeitpunkt verstorben wäre. Bei recurrensbehandelten Paralytikern begegnet man öfters Makrophagen in der Pia als Ausdruck einer komplizierenden Recurrensmeningitis (Spielmeyer). Ein deutlicher Einfluß der üblichen Salvarsan-, Quecksilber-, Wismut- oder Jodbehandlung auf den paralytischen Prozeß ist ebenfalls nicht festgestellt worden, doch ist zu erwarten, wenn ein Paralytiker während einer nach einer intensiven Salvarsanbehandlung eingetretenen Remission stirbt, daß auch hier nur geringfügige Veränderungen angetroffen werden.

Bei der Lissauerschen oder *Herdparalyse* herrschen bekanntlich lokalisierte Atrophien vor. Zuweilen sind die Herdsymptome auch durch eine andere Komplikation des paralytischen Prozesses als seine herdförmige Verstärkung hervorgerufen, etwa durch Erweichungen infolge syphilitischer Ge-

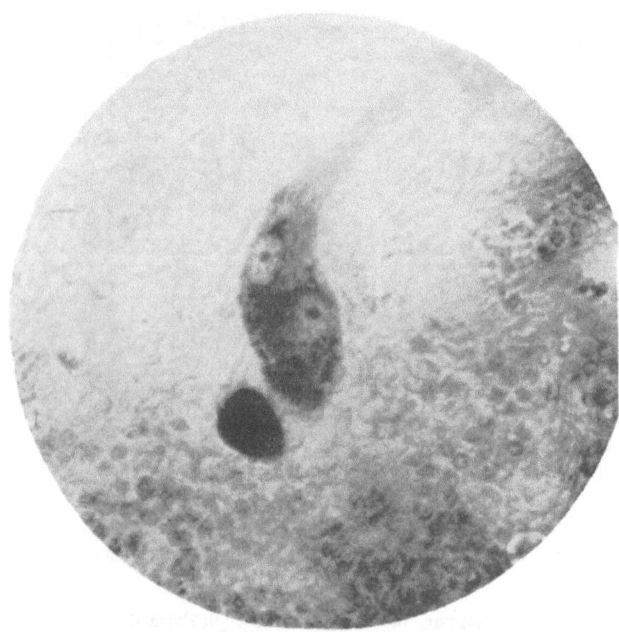

Abb. 9. Zweikernige Purkinje-Zelle bei juveniler Paralyse. Nissl-Färbung. (Nach einem Präparat der Psychiatrischen Klinik, Frankfurt a. M. — Aus F. Jahnel: Pathologische Anatomie der progressiven Paralyse. Bumkes Handbuch der Geisteskrankheiten, Bd. 11, S. 487.)

fäßerkrankungen (Sträussler) oder durch Kombination mit wesensverschiedenen Erkrankungen (z. B. einem Gliom). Der schwere Parenchymprozeß der Lissauerschen Paralyse ist von O. Fischer dem spongiösen Rindenschwund zugezählt worden, Bielschowsky sprach von einem spongiösen Schichtenschwund. Doch dürfte für diesen Destruktionsprozeß, der nicht nur der Paralyse, sondern auch anderen Hirnerkrankungen eigen ist, die Spielmeyersche Bezeichnung Status spongiosus vorzuziehen sein.

Die im höheren Lebensalter auftretende sog. *senile Paralyse* pflegt sich anatomisch von der Paralyse des mittleren Lebensalters nicht zu unterscheiden, trotzdem sie klinisch in der Regel unter dem Bild der senilen Demenz erscheint. Daß zuweilen — im allgemeinen sogar recht selten — senile Veränderungen (Drusen) neben den paralytischen angetroffen werden, liegt in der Natur der Sache.

Hingegen zeigt die im Kindes- oder Jünglingsalter auftretende Paralyse nicht nur klinische, sondern auch anatomische Besonderheiten. So wird bei dieser in der Regel das Kleinhirn und der Hirnstamm stärker erkrankt befunden. Eine besondere Eigentümlichkeit der *juvenilen Paralyse* stellen die zwei- oder mehrkernigen PURKINJE-Zellen dar, die zwar auch bei der Paralyse der Erwachsenen unter anderen Bedingungen gelegentlich vorkommen, bei der juvenilen Paralyse aber besonders häufig und regelmäßig vorgefunden werden. Bekanntlich gibt es Paralysefälle, die zwischen 20 und 30 Jahren ausbrechen, wo der Ursprung der Lues, ob kongenital oder auf dem gewöhnlichen Wege erworben, zweifelhaft ist. Manche Autoren haben nun geglaubt, bei solchen Fällen auf Grund des anatomischen Befundes (mehrkernige PURKINJE-Zellen) die Entscheidung zugunsten einer kongenitalen Syphilis fällen zu können. Daß dieses Unterscheidungsmerkmal jedoch nicht gültig ist, geht aus einer Beobachtung ALZHEIMERS hervor, einen jungen Arzt betreffend, über dessen erworbene Lues nicht nur von ihm, sondern auch von seiten der behandelnden Ärzte einwandfreie Angaben zu erhalten waren. Trotzdem fanden sich in seinem Kleinhirn zahlreiche doppelkernige PURKINJE-Zellen. Die Genese der doppelkernigen Ganglienzellen (Entwicklungsstörung oder postfetale Entstehung) wurde lange Zeit lebhaft diskutiert. Neuerdings hat GAUPP zweikernige Ganglienzellen auch in der Nähe von traumatischen Hirndefekten angetroffen, welche Beobachtung dafür spricht, daß zwei Zellkerne auch im späteren Leben sich bilden können.

Von den *syphilitischen Prozessen anderer Art unterscheidet sich der paralytische* vor allem durch seine diffuse Ausbreitung. Bekanntlich lokalisiert sich die Hirnsyphilis im engeren Sinne, deren Ausbreitung in jüngster Zeit besonders von SPATZ studiert worden ist, in erster Linie an der äußeren und inneren (Ventrikel) Oberfläche des Zentralnervensystems. Ferner pflegen diese Prozesse in der Regel an der Hirnbasis eine besondere Verstärkung zu erfahren, was bei der Paralyse nicht der Fall ist. Die anatomischen Verschiedenheiten der Prozesse bei der Paralyse und der eigentlichen Syphilis des Gehirns schließen nicht aus, daß Kombinationen vorkommen, doch sind diese selten. Gelegentlich kommt eine Endarteriitis der großen Hirngefäße vor; echte miliare Gummen stellen eine Rarität dar, und ihr häufigeres Vorkommen ist nur auf Grund irriger Interpretation stärkerer herdförmiger Infiltrate von einigen Autoren zu Unrecht behauptet worden. In der Literatur liegen ferner vereinzelte Beobachtungen vor, wo sich eine Paralyse auf dem Boden einer syphilitischen Meningitis oder Gefäßerkrankung entwickelt hat (KUFS, MALAMUD, OSTERTAG). Doch handelt es sich hier um Ausnahmefälle; in der weit übergroßen Mehrzahl der Fälle lassen sich derartige Zusammenhänge weder vom klinischen noch anatomischen Standpunkt aus nachweisen.

Von Veränderungen *an anderen Organen des Körpers* verdient die syphilitische Aortenerkrankung besondere Erwähnung, die in etwa 80% der Fälle anatomisch nachweisbar ist, ohne daß sie vielfach klinisch in Erscheinung getreten war. Sonst findet man bei Paralytikern spezifische Organveränderungen, etwa Gummen in der Leber, nur selten, wie dies ja auch bezüglich spezifischer Erscheinungen am Integument der Fall ist. Andere Organveränderungen werden durch Komplikationen (Pneumonie, Urosepsis u. dgl.) bedingt, die meist die Todesursache bilden.

4. Spirochätenbefunde bei Paralyse.

Wenn es auch heute außer Zweifel steht, daß die Krankheit der progressiven Paralyse auf der Anwesenheit von Syphiliserregern im Zentralnervensystem beruht, so ist es doch nicht gelungen, diese Parasiten in jedem Fall von Paralyse zu demonstrieren. In Schnittpräparaten hat man sie in 25% der Fälle, unter Heranziehung der Dunkelfelduntersuchung des frischen Gehirns in etwa 50%

aufdecken können. Um die Spirochäten in Gewebsschnitten sichtbar zu machen, müssen bestimmte Versilberungsmethoden an dem in Formol oder Alkohol fixierten Hirnmaterial angewandt werden. Wenn man aber winzige Partikelchen aus der Rinde des frischen Gehirns entnimmt, mit Kochsalzlösung zu einem feinen Brei zerkleinert und schließlich unter das Dunkelfeldmikroskop bringt, dann kann man unter Umständen die Spirochäten lebend beobachten. Jedem, der dieses Bild einmal gesehen hat, wird es unvergeßlich geblieben sein, und er wird die Vorstellung davongetragen haben, wie es im Gehirn der Paralytiker zu deren Lebzeiten aussehen mag, wo die Parasiten bald in größeren Scharen, bald vereinzelt, bald an dieser, bald an jener Stelle oder an vielen Orten zugleich auftreten und ihre verderbliche Wirkung entfalten. Allerdings ist dieses Schauspiel heute, wo alle als solche erkannten Paralytiker alsbald einer Behandlung zugeführt werden, nur recht selten, und die erwähnten Angaben über die Häufigkeit positiver Spirochätenbefunde gelten nur für unbehandelte Fälle. Die Tatsache, daß der Spirochätennachweis bei allen (unbehandelten) Paralysefällen noch niemandem gelungen ist, erhält ein anderes Gesicht, wenn man sich vor Augen hält, daß die Parasitenzahl im Paralytikerhirn nichts Konstantes darstellt, weder für ein und denselben Fall in verschiedenen Stadien der Krankheit, noch für die einzelnen Fälle, die wir einer vergleichenden Betrachtung unterwerfen. Es sind nämlich Fälle mit zahlreichen Parasiten in jedem Schnitt der Hirnrinde beobachtet worden und andere wieder, wo nach vieler Mühe und stundenlangem Suchen nur eine vereinzelte Spirochäte zutage gefördert wurde. Da es der menschlichen Arbeitskraft unmöglich ist, das ganze Zentralnervensystem einer erschöpfenden Untersuchung zu unterwerfen und wir nur auf Stichproben angewiesen sind, besagt ein negativer Parasitenbefund nicht viel, so gut wie gar nichts. Man kann auch einem Paralytikergehirn bei der Betrachtung mit freiem Auge nicht ansehen, ob Spirochäten darin zu finden sind. Wenn dieselben auch in den vorderen Hirnpartien, z. B. im Stirnpol, häufiger anzutreffen sind, so stimmt doch kein Fall mit dem anderen bezüglich der Spirochätenverteilung überein. Die *Spirochäten kommen fast nur in der Hirnrinde* und anderen grauen Massen (Corpus striatum) des Zentralorgans vor. In der weißen Hirnsubstanz lassen sich die Spirochäten in der Regel nicht nachweisen. Worauf die Vorliebe der Spirochäten für die graue Hirnsubstanz beruht, wissen wir nicht. In manchen Paralysefällen treten die Spirochäten innerhalb der Hirnrinde in einer mehr herdförmigen Lokalisation auf. Die Lage dieser Herde, die sowohl in der Einzahl als auch in der Vielzahl auftreten können, ist sehr variabel. Es kommt deshalb oft vor, daß man, nachdem man schon viele Stellen der Hirnsubstanz vergeblich untersucht hat, plötzlich auf eine Stelle mit zahlreichen Spirochäten stößt. Man kann daher sehr wohl auf dem Standpunkt stehen, daß auch bei *denjenigen Fällen, wo Spirochäten nicht nachweisbar sind, solche doch vorhanden sind,* entweder in geringerer Zahl oder an Örtlichkeiten, die zufällig nicht in die Untersuchung einbezogen worden sind. Auch ein anderer Gesichtspunkt muß in diesem Zusammenhange erörtert werden. Spirochäten gehören zu den Lebewesen, deren Vermehrung nicht in einem kontinuierlichen Tempo erfolgt, sondern periodisch vor sich geht. Die Parasitenzahl nimmt zunächst ständig zu, dann macht sie bei einer bestimmten Grenze halt und die Keime verschwinden wieder. Eigentlich verschwinden sie aber nicht ganz, ihre Zahl wird nur so klein, daß wir sie mit den uns zur Verfügung stehenden, bereits erörterten mikroskopischen Methoden nicht mehr nachweisen können. Die wenigen Parasiten, die nicht zugrunde gegangen sind, können nach einem entsprechenden Intervall sich erneut vermehren, und es kann eine neue Generation derselben auftreten. Dieser Vorgang kann sich einige Male wiederholen. Man wird also in einem Gehirn, dessen Träger auf der Höhe der Vermehrung der

Spirochäten gestorben ist, äußerst zahlreiche Parasiten mühelos nachweisen können, und andererseits, wenn der Tod in einem parasitenarmen Intervall erfolgt ist, wird unser Suchen nach den Spirochäten meist erfolglos sein, weil ihre Zahl zu klein ist. Bekanntlich können Mikroorganismen in einem Gewebe oder in einer Flüssigkeit nur dann nachgewiesen werden, wenn ihre Zahl eine bestimmte Höhe erreicht hat. Wenn man nach stundenlangem Suchen in einem Paralytikergehirn eine einzige Spirochäte gefunden hat, so repräsentiert diese nicht den wahren Parasitengehalt des ganzen Gehirns, ja, es ist sogar anzunehmen, daß auch hier die Gesamtzahl der Spirochäten eine ziemlich große ist, und wir würden wahrscheinlich über ihre Höhe sehr erstaunt sein, wenn uns diese bekannt wäre. Auch in den Gehirnen, in welchen wir trotz eifrigsten Suchens keine Spirochäte gefunden haben, kann sehr wohl eine nicht ganz kleine Zahl von Spirochäten vorhanden sein. Theoretisch würde freilich ein einziger, in einem spirochätenarmen Intervall zurückgebliebener Parasit genügen, um den Infektionsprozeß aufrecht zu erhalten und zu einer günstigen Stunde durch stetige Vermehrung wieder zahlreiche Nachkommen entstehen zu lassen. Nicht so wunderbar und rätselhaft bei der Vermehrung der Spirochäten ist die Erscheinung, daß schließlich die Hauptmasse der Parasiten zugrunde geht, vielmehr, daß immer einzelne Individuen der Vernichtung entrinnen. Es liegt die Annahme nahe, daß das Verschwinden der Parasiten auch im Paralytikergehirn unter dem Einfluß von *Antikörpern* vor sich geht. Merkwürdig ist allerdings, daß dabei einzelne Spirochäten verschont werden oder, richtiger gesagt, der Antikörperwirkung zu widerstehen vermögen. Denn würden unter der Einwirkung solcher Antikörper alle Mikroben zugrunde gehen, dann müßten spontane Heilungen oder Stillstände der Paralyse viel häufiger sein. Schon einige Male ist die Hypothese aufgestellt worden, daß es außer den Spiralgestalten des Syphiliserregers auch *andere Formen bzw. Entwicklungsstadien* gebe; solche *sind aber beim Syphiliserreger noch niemals einwandfrei nachgewiesen worden.* Würden bei der Paralyse andere Formen des Syphiliserregers eine Rolle spielen, dann müßte man diese in erster Linie in spirochätenfreien Gehirnen und Gehirnstellen vorfinden, was nicht der Fall ist. Wohl begegnet man im Paralytikergehirn außer den Spiralformen Gebilden, die sich mehr oder weniger weit von der Spirochätenform entfernen: Einrollungsformen, Verkürzungsformen und manchmal eigentümlichen Schollen, die ich Spirochätenabbauschollen genannt habe, weil ich in ihnen Untergangserscheinungen, nicht aber Dauerformen des Syphiliserregers erblicke. Steiner hat im Innern mancher cellulärer Elemente (Lymphocyten und kleiner, rundkerniger Gliazellen) mit Hilfe seiner Methode der Spirochätendarstellung sich schwärzende Einschlüsse gefunden, denen er eine Beziehung zum Spirochätenuntergang zuschreibt. Steiner nennt diese Zellen *Silberzellen.* Ich vermag ihm darin nicht zu folgen, daß der bei seiner Methode argentophil erscheinende Inhalt gewisser Zellen mit dem Spirochätenzerfall in direktem Zusammenhang steht. *Ich habe nämlich solche Silberzellen auch unter anderen Bedingungen,* besonders zahlreich *bei der Bornaschen Krankheit der Pferde* angetroffen. Jeder, der mit Silbermethoden viel gearbeitet hat, weiß, daß geringe Modifikationen einer bestimmten Technik schon genügen, um andere Gewebs- oder Zellbestandteile zur Darstellung zu bringen; das lehren vor allem die Erfahrungen von Ramon y Cajal sowie von del Rio Hortega und deren Schülern.

Beim *Tode im paralytischen Anfall* sind von einigen Untersuchern besonders regelmäßig Spirochäten im Gehirn nachgewiesen worden. Dies ist wohl darauf zurückzuführen, daß die Patienten in der Zeit der Spirochätenvermehrung gestorben sind. Meist handelt es sich um paralytische Anfälle apoplektiformer Art, die sehr rasch tödlich endigen. Doch soll hier nicht verschwiegen werden, daß es auch paralytische Anfälle gibt, denen andere Ursachen und Hirnveränderungen zugrunde liegen; das gilt namentlich für Anfälle epileptiformen Charakters. Bei diesen Fällen findet man nicht so häufig Spirochäten. Spirochäten werden ferner in der Regel vermißt, wenn der Tod erst in längerem Abstand nach einem paralytischen Anfall apoplektiformer Art eingetreten ist, denn dann sind die Spirochäten größtenteils schon wieder zugrunde gegangen. Daß die Spirochäten während eines paralytischen Anfalls rasch wieder verschwinden, geht auch daraus hervor, daß ich bei manchen Fällen in besonderer Häufigkeit Untergangserscheinungen (Verkürzungsformen) angetroffen habe. Die vorstehend mitgeteilten Erfahrungen sind an Paralytikergehirnen gewonnen, deren Träger keiner spezifischen oder unspezifischen Behandlung unterworfen worden waren, in einer Zeit, wo man eine Behandlung der Paralyse für nutzlos gehalten und daher unterlassen hatte. *Bei Paralytikern, die während ihrer Erkrankung einer Arzneibehandlung (Salvarsan) oder einer sog. unspezifischen Therapie unterworfen worden waren, findet man nur selten und nur wenige Spirochäten.* In vereinzelten Fällen sind jedoch auch Spirochäten gefunden worden, wenn die Kranken kurz vorher eine gründliche Salvarsanbehandlung durchgemacht hatten. Selten und in geringer Zahl pflegen auch Spirochäten im Gehirn derjenigen Paralytiker nachweisbar zu sein, die an einer fieberhaften Erkrankung (Pneumonie, Erysipel) verstorben waren. Es fragt sich nun, auf welcher Komponente einer Infektion die Wirkung auf die Spirochäten beruhen könnte. Man hat dabei an das Fieber, an Bakteriengifte oder auch an die Wirksamkeit der Leukocyten gedacht. So einfach liegen die Dinge nicht. Was die etwaige Wirkung einer mit einer Infektion einhergehenden Leukocytose anbetrifft, so steht einer solchen Annahme die Erfahrung entgegen, daß zwei Infektionskrankheiten, welche die Paralyse besonders gut zu beeinflussen vermögen, nicht mit einer Vermehrung, sondern mit einer Verminderung der weißen Blutkörperchen einhergehen, nämlich der Typhus abdominalis und die Malaria. Auch habe ich einen Paralysefall beobachtet, der durch eine eitrige Meningitis kompliziert war. Hier konnten zahlreiche Leukocyten in den Meningen nachgewiesen werden. Auffallenderweise waren die Spirochäten in nicht geringer Zahl vertreten und zeichneten sich durch eine besonders gute Beweglichkeit aus. Dieser Fall spricht gegen einen schädigenden Einfluß der Leukocyten auf die Spirochäten; denn wenn selbst eine Eiterung am Gehirn diese nicht zu beeinflussen vermag, so dürfte eine von einem anderen Organ ausgehende Leukocytose noch viel weniger dazu imstande sein. Doch war der in Rede stehende Krankheitsfall ohne nennenswerte Temperatursteigerungen verlaufen, wie dies bei marantischen Individuen gelegentlich vorkommt; er spricht also nicht gegen den Einfluß der Temperaturerhöhungen auf die Spirochäten. Aber trotzdem ist es recht schwer, die Wirksamkeit einer heilsamen Infektion in einzelne Komponenten zu zerlegen. Es kann nämlich sein, daß noch andere Faktoren dabei eine Rolle spielen, die nicht so aufdringlich in Erscheinung treten wie z. B. Temperatursteigerungen, und die wir vielleicht noch gar nicht kennen. Bei Fällen, die während oder kurz nach einer Malaria- oder Recurrenstherapie gestorben sind, sind meistens keine Spirochäten gefunden worden. Bei während der akuten Phase der Recurrensinfektion verstorbenen Kranken sind zuweilen *Recurrensspirochäten in den Hirnhäuten und in der Hirnrinde* angetroffen worden als Ausdruck einer akuten und anscheinend auch ganz gutartigen Recurrens-Meningitis (Jahnel, bestätigt von Steiner). Wenn nach einer Malariakur ein Rückfall eintritt, dann können auch wieder Spirochäten im Gehirn nachweisbar sein. Es muß jedoch hervorgehoben werden, daß ein Vergleich zwischen einem größeren Material, das einer Infektionstherapie unterworfen wurde, und einem solchen, bei dem man jegliche Behandlung unterließ, ein fast völliges Fehlen der Syphilisspirochäten auf Seite der mit Malaria und Recurrens behandelten Paralytiker ergibt. Das gleiche gilt von den Ersatz· methoden der Infektionsbehandlung (*Pyrifer* usw.); vereinzelt hat man aber auch nach Pyriferanwendung Spirochäten vorgefunden.

Was die *Lokalisation der Spirochäten* in der paralytischen Hirnrinde anbetrifft, so pflegt diese im allgemeinen mit der Ausbreitung der paralytischen Hirnveränderungen übereinzustimmen. Die Intensität der paralytischen Erkrankung ist im Stirnhirn am stärksten, deshalb pflegen dort Spirochäten am häufigsten und zahlreichsten nachweisbar zu sein. Nach meinen Erfahrungen stellt der Stirnpol eine besondere Prädilektionsstelle dar. Man findet aber auch Spirochäten an der Hirnbasis, im Gyrus orbitalis und rectus sowie in der Spitze des Schläfelappens und an anderen Stellen. Im Hinterhauptslappen pflegt die Zahl der Spirochäten entsprechend dem geringen Grade des paralytischen Prozesses eine geringe zu sein, sehr oft fehlen die Parasiten hier auch gänzlich. Außer im Corpus striatum sind Spirochäten zuweilen im Thalamus opticus, in den Augenmuskelkernen, in der Substantia nigra vorgefunden worden. Entsprechend der regelmäßigen Teilnahme des Kleinhirns am paralytischen Prozesse hat man sich auch von der Anwesenheit der Spirochäten im Kleinhirn überzeugen können (JAHNEL u. a.). Sie liegen hier meistens in der Molekularschicht. Als die ersten Mitteilungen von der Entdeckung der Spirochäten im Paralytikergehirn bekannt wurden, erregte es etwas Erstaunen, daß die Spirochäten fast nur in der Hirnrinde, nicht aber in der Pia, in welcher sich regelmäßig intensive Entzündungsvorgänge abspielen, gefunden wurden. Wohl hat man, namentlich später, vereinzelte positive Spirochätenbefunde in der Pia des Großhirns erhoben, doch müssen diese Befunde im Verhältnis zur großen Menge parasitologisch durchgearbeiteter Paralytikergehirne als große Seltenheiten angesprochen werden. In der Pia des Kleinhirns und der Brücke sind Spirochäten von mir in größerer Zahl vorgefunden worden. Ich habe das Spirochätenvorkommen in diesen Gegenden als *Meningealspirochätose* bezeichnet. Ob dieser Meningealspirochätose eine Bedeutung für die Entstehung der bei der Paralyse konstant vorkommenden Liquorveränderungen zukommt, ist noch nicht aufgeklärt. Bei den Fällen von Lues cerebri, wo positive Spirochätenbefunde erhoben wurden, sind die Parasiten meist in den Hirnhäuten angetroffen worden, in manchen Fällen in einer Lokalisation wie bei der Meningealspirochätose der Paralyse. Demnach läßt sich ein *prinzipieller Unterschied* hinsichtlich *der Spirochätenbefunde zwischen Paralyse und Lues cerebri nicht begründen*. Allerdings sind wir über die Spirochätenverteilung bei der Hirnlues im engeren Sinne noch wenig unterrichtet, weil die Zahl der Fälle mit positivem Spirochätenbefund eine relativ kleine ist, zudem manche derselben aus älterer Zeit stammen und mit modernen Methoden nicht untersucht werden konnten.

Was die Verteilung der Spirochäten im paralytischen Gehirn anbelangt, so hat man hauptsächlich drei Typen beschrieben: die *diffuse Verteilung*, wo die Spirochäten unregelmäßig in der Hirnrinde verstreut sind, die *herdförmige Verteilung*, wo die Spirochäten an umgrenzten Stellen dicht aneinander liegen, und schließlich die *vasculäre Spirochätenanordnung*, wo die Spirochäten besonders an den Gefäßen lokalisiert sind. Die herdförmige Spirochätenanordnung habe ich auch als ,,bienenschwarmähnlich‘‘ bezeichnet. Im silberimprägnierten Schnitt können die Spirochätenherde manchmal schon mit freiem Auge als schwarze Flecken wahrgenommen werden. Manchmal erscheinen die Spirochäten im Zentrum der Herde gelb gefärbt, eine Erscheinung, die BENDA zuerst bei der kongenitalen Syphilis der Leber, HAUPTMANN bei der Paralyse beschrieben hat. Ob die Spirochäten im Zentrum solcher Herde abgestorben sind, oder ob nur ihre Färbbarkeit etwa durch ein als Schutzkolloid wirkendes Stoffwechselprodukt

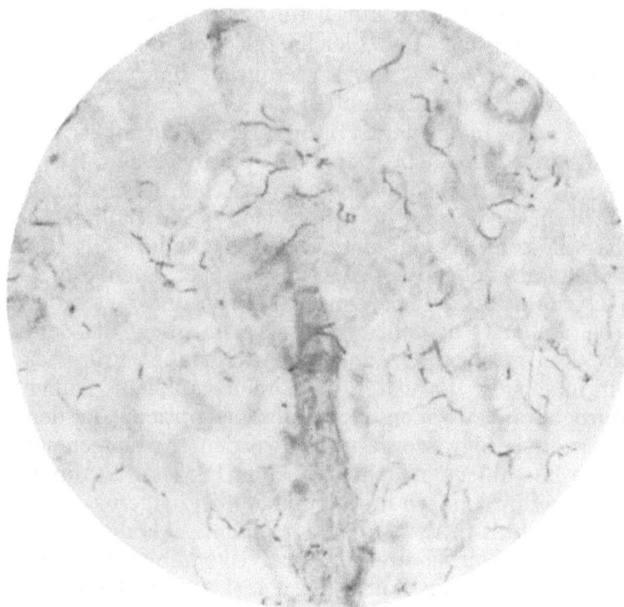

Abb. 10. Diffuse Spirochätenverteilung im Paralytikerhirn. (Pyridin-Uranmethode nach Jahnel. — Aus F. Jahnel: Allgemeine Pathologie und pathologische Anatomie der Syphilis des Nervensystems. Jadassohns Handbuch der Haut- und Geschlechtskrankheiten, Bd. 17, I, S. 21.)

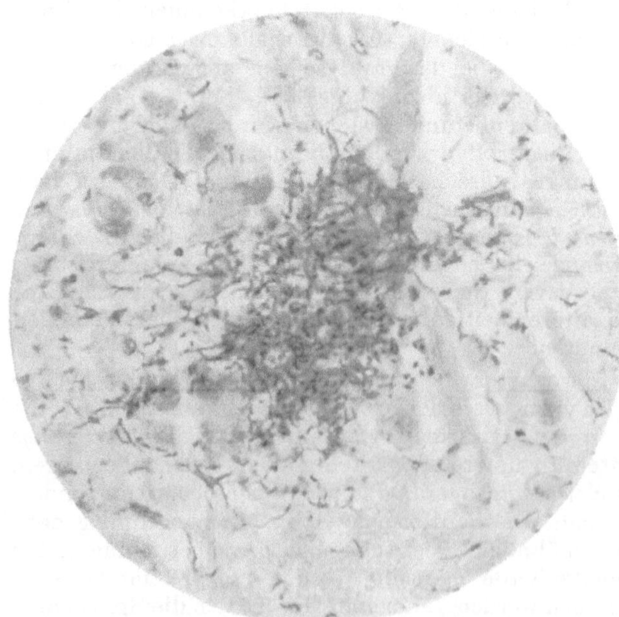

Abb. 11. Herdförmige Spirochätenverteilung im Paralytikerhirn. (Pyridin-Uranmethode nach Jahnel. — Aus F. Jahnel: Allgemeine Pathologie und pathologische Anatomie der Syphilis des Nervensystems. Jadassohns Handbuch der Haut- und Geschlechtskrankheiten, Bd. 17, I, S. 22.)

der Spirochäten oder einen durch das Gewebe gebildeten Stoff behindert ist, ist noch nicht aufgeklärt. Beim vasculären Typus der Spirochätenverteilung sind keineswegs alle Gefäße von den Spirochäten befallen. Ich habe zeigen können, daß die vasculäre Spirochätenanordnung sich auf kugelige Bezirke zurückführen läßt, innerhalb welcher die Gefäßwände von den Spirochäten besetzt oder von ihnen umwallt sind. Demnach habe ich den vasculären Typus der Spirochätenanordnung als eine Unterform der herdförmigen Spirochätenlokalisation angesprochen. Regelmäßige Beziehungen der Spirochäten zu einzelnen Gewebsbestandteilen des Paralytikergehirns lassen sich nicht nachweisen. Wohl liegen in der Literatur einige Mitteilungen vor, daß Spirochäten in den Leib der Ganglienzellen eingedrungen seien. Doch läßt sich eine intracelluläre Lagerung von Spirochäten nur schwer feststellen; daher ist diese Frage heute noch nicht entschieden. Zum mindesten würde das Eindringen von Spirochäten in Ganglienzellen ein seltenes Ereignis darstellen. Die Hypothese, daß die in die Ganglienzellen eingedrungenen Spirochäten hier einen Schutz vor Antikörpern finden und dadurch gewissermaßen Dauerformen darstellen, erscheint demnach nicht hinreichend fundiert. Auch liegen Angaben in der Literatur vor, daß Spirochäten in Gliazellen eindringen sollen. Auch bei diesen Angaben ist eine gewisse Skepsis am Platze, ebenso wie gegenüber dem Einwandern von Spirochäten in HORTEGA-Zellen. Zum mindesten handelt es sich um seltenere Befunde, aus denen sich keinerlei Schlüsse hinsichtlich der pathogenetischen Beziehungen zwischen Spirochäten und paralytischem Prozeß ableiten lassen. Das gleiche gilt auch von Angaben über das Eindringen der Spirochäten in Plasmazellen. Sichergestellt ist es jedoch, daß Spirochäten im Innern von Makrophagen vorkommen können, doch handelt es sich auch hier — ein Fall dieser Art ist von SCHOB beschrieben — um seltenere Befunde. Auf die Frage, ob Paralysefälle mit zahlreichen Spirochäten sich nicht auch durch stärkere entzündliche Erscheinungen auszeichnen, muß die Antwort erteilt werden, daß wohl manchmal hochgradige infiltrative Erscheinungen mit der Anwesenheit von Spirochäten zusammenfallen, daß aber ebenso oft Spirochäten in hochgradig entzündlich veränderten Gehirnen und Gehirnbezirken völlig fehlen, und daß andererseits Fälle beobachtet worden sind, wo trotz zahlreicher Spirochäten die entzündlichen Erscheinungen auffallend

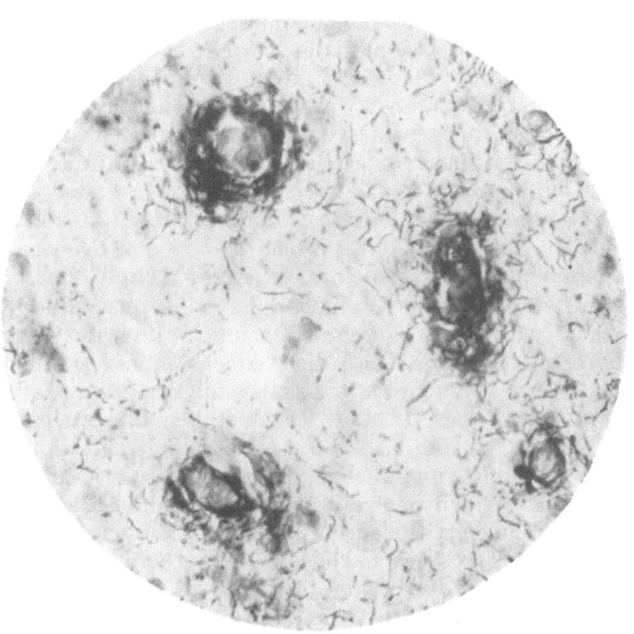

Abb. 12. Vasculäre Spirochätenverteilung in der paralytischen Hirnrinde. (Pyridin-Uranmethode nach JAHNEL. — Aus F. JAHNEL: Allgemeine Pathologie und pathologische Anatomie der Syphilis des Nervensystems. JADASSOHNS Handbuch der Haut- und Geschlechtskrankheiten, Bd. 17, I, S. 31.)

geringfügig sind. Im übrigen müssen wir uns hüten, die histologischen Veränderungen in einem Hirnschnitt mit den gleichzeitig vorhandenen Spirochäten in Verbindung zu setzen, denn das, was wir im histologischen Präparat sehen, stellt die Summe aller Schädigungen dar, die während der langen Dauer des paralytischen Prozesses eingewirkt haben, während das Spirochätenbild nur ein Momentbild bedeutet im Augenblick des Todes des Patienten oder, noch genauer ausgedrückt, im Augenblick des Absterbens der Spirochäten, da die Spirochäten sich wohl bis zu einem gewissen Grade auch postmortal noch vermehren und auch ihre Lage im Gewebe verändern können. In welcher Weise die Spirochäten an der Entstehung der einzelnen Komponenten des paralytischen Prozesses beteiligt sind, ist noch nicht geklärt. Verschiedene Möglichkeiten sind erörtert worden: Mechanische Schädigungen, Giftwirkungen mit einem kleineren oder größeren Aktionsradius, Entziehung von Nährstoffen u. dgl. Doch besitzen wir über alle diese Dinge keine zuverlässigen Kenntnisse, wie wir überhaupt auch über die Biologie des Syphiliserregers leider noch recht wenig wissen.

Wie bereits erwähnt, hat man bei Fällen, die während eines *paralytischen Anfalls* verstorben waren, Spirochäten häufiger vorgefunden. Ebenso sind bei raschem Paralyseverlauf, der sog. *galoppierenden Paralyse*, Spirochäten öfters nachweisbar, auch dann, wenn kein paralytischer Anfall das Leben beendet hatte. Bei *stationärer Paralyse* und Paralysefällen, die sich durch eine sehr langsame Progression auszeichnen, pflegen Spirochäten im Gehirn nicht gefunden zu werden. Ebenso vermißt man Spirochäten, wenn ein Paralytiker während einer *Remission* infolge einer anderen Erkrankung zum Exitus gelangt. Bei Lissauer*scher Paralyse* sind ebenfalls Spirochäten nachgewiesen worden (F. Sioli u. a.), doch beschränken sich hier die Spirochäten nicht streng auf die stärker erkrankten Gebiete, auch pflegt ihre Zahl selbst in den intensiv erkrankten Windungen nicht besonders hoch zu sein. Bei der *juvenilen* und bei der *senilen Paralyse* hat man ebenfalls öfters Spirochätenbefunde erhoben, die mit denen bei der Krankheit der Erwachsenen ziemlich übereinstimmen. Auch in anderen Organen als im Zentralnervensystem sind bei Paralytikern Spirochäten gefunden worden; allerdings sind diese Spirochätenbefunde im Verhältnis zu den im Zentralorgan erhobenen äußerst dürftig. In erster Linie sind *Spirochäten noch in der syphilitisch erkrankten Aorta zu finden* (Jahnel). Grant und Kirkland haben in einem Falle Spirochäten in den Nebennieren eines Paralytikers beschrieben, Bieletzky in der Niere. Durch Verimpfung einer Paralytiker-lymphdrüse auf das Kaninchen haben Worms und Schultze den Nachweis erbracht, daß auch Lymphdrüsen im Stadium der Paralyse den Syphiliserreger beherbergen können. Daß dies jedoch keineswegs die Regel ist, lehren andere gleichartige Versuche mit negativem Resultat (Jahnel, ferner Bessemans, van Hée und van Haelst). Eine früher aufgestellte Hypothese der Paralyse-entstehung ging dahin, daß diese Krankheit erst dann ausbrechen könne, wenn die Syphilisinfektion in den anderen Organen erloschen sei. Dieser Annahme ist durch den Nachweis von Spirochäten beim Paralytiker außerhalb des Zentral-nervensystems der Boden entzogen. Im Blut des Paralytikers sind Spirochäten niemals mikroskopisch nachgewiesen worden. Angaben über positive Resultate der Verimpfung von *Paralytikerblut* auf das Kaninchen, wie sie vereinzelt in der Literatur vorliegen (Graves, A. Marie und Levaditi) haben keine Beweis-kraft, weil diese Autoren offenbar durch die damals noch nicht hinlänglich bekannte *Kaninchenspirochätose* getäuscht worden sind (Jahnel), eine spontane, bei Kaninchen vorkommende Erkrankung, deren Erreger der Spirochaeta pallida morphologisch vollkommen gleichen. Im *Paralytikerliquor* (im Zisternen-punktat) sind Spirochäten von Riddel und Stewart bei einem Falle gefunden worden. Auch verschiedene andere Autoren wollen Spirochäten im Sediment des Paralytikerliquors in geringer Zahl gesehen haben. Es kann sich hierbei nur um seltene Ausnahmen handeln; in der Regel werden Spirochäten im Paralytikerliquor nicht angetroffen. Das gilt auch bezüglich der positiven Befunde nach Verimpfung von Paralytikerliquor auf das Kaninchen, die meist aus früherer Zeit stammen und bei denen infolgedessen der Einwand nicht berücksichtigt werden konnte, ob nicht die erwähnte Spontanspirochätose der Kaninchen vorgelegen hat.

Die Kaninchenspirochätose äußert sich in Erosionen und entzündlicher Schwellung des Präputiums, der Vulva und der Analgegend, zuweilen auch in oberflächlichen Ge-schwüren am Hoden. Für den Kenner ist die spontane Kaninchenspirochätose in den meisten Fällen von den Impfprodukten der experimentellen Syphilis leicht zu unterscheiden; die Spirochäten der Kaninchenkrankheit sind zudem nicht auf Menschen und Affen über-tragbar. Die Merkmale dieser Geschlechtskrankheit der Kaninchen wurden deswegen hier mitgeteilt, weil von Marie und Levaditi einmal behauptet worden ist, es sei ihnen gelungen, Paralysestämme mit gleichen Eigenschaften zu isolieren. Wie ich zeigen konnte, handelt es sich bei dem sog. Virus neurotrope, das sich von den bekannten Syphilisstämmen deut-lich unterschied, um nichts anderes als um diese Kaninchenkrankheit.

Außer den Methoden des mikroskopischen und färberischen Nachweises der Mikroorganismen gibt es noch ein Verfahren, das vielfach noch bessere Ergebnisse liefert und selbst ganz vereinzelte Erreger nachzuweisen gestattet, indem man die zu prüfenden Substrate auf empfängliche Tiere verimpft, wo sich die wenigen darin enthaltenen Erreger so stark vermehren können, daß sie schließlich nachweisbar werden (Nachweis der Tuberkulose durch Verimpfung auf Meerschweinchen, positive Resultate durch Verimpfung von Sekundärsyphilitikerblut auf den Kaninchenhoden). Demnach müßte man auch durch Verimpfung von Paralytikergehirn Spirochäten bei den Fällen und ebenso an manchen Stellen nachweisen können, wo die Parasiten bei mikroskopischer Untersuchung fehlten. Leider haben sich die Hoffnungen, die man auf die *Verimpfung von Paralytikerhirn auf Kaninchen* gesetzt hat, nicht erfüllt. Man hat weder mit diesem Verfahren den mikroskopisch nicht auffindbaren Syphiliserreger in spirochätenfreiem Paralytikergehirn nachweisen können, noch verfügen wir über sog. Paralysestämme in Tierpassagen, an denen wir etwaige biologische Eigenschaften der Paralysespirochäte studieren könnten. Die Schwierigkeiten, die Spirochäten der Paralytiker auf Tiere zu übertragen, sind mehrfacher Art. Einmal sind die Spirochäten außerordentlich hinfällig und wenn ein Paralytiker gestorben ist, so kann man nicht immer gleich die Autopsie ausführen. Auch muß man damit rechnen, daß die Spirochäten durch den Tod des Wirtsorganismus, voraufgegangene fieberhafte Erkrankungen geschädigt sind. Freilich kann man auch vom lebenden Paralytikerhirn Stücke mit Hilfe einer Hirnpunktion entnehmen; bekanntlich haben auf diesem Wege Forster und Tomasczewski u. a. Spirochäten beim lebenden Paralytiker nachgewiesen. Doch ist das auf diese Weise zu erlangende Gewebsquantum nur sehr klein, und Spirochäten sind gerade darin leicht Schädigungen ausgesetzt, wenn etwa der Hirnzylinder zu rasch austrocknet oder zur Herstellung der Impfemulsion eine Kochsalzlösung verwendet wird, die den Spirochäten nicht bekommt. Immerhin liegen in der Literatur einige Angaben von gelungenen Verimpfungen aus Paralytikergehirnen auf das Kaninchen vor, und zwar von Noguchi (Leichenhirn), von Berger (Hirnpunktionsmaterial), von Uhlenhuth und Mulzer (Leichenhirn), von Wile (Hirnpunktionsmaterial), Jahnel, ferner I. A. F. Pfeiffer sowie Plaut, Mulzer und Neubürger, dann von Peracchia (Leichenhirn). In den meisten Fällen war die Inkubationszeit nach Paralytikermaterialverimpfung eine sehr lange, in der Beobachtung von Wile allerdings wieder sehr kurz. Immerhin ist auffallend, daß zahlreiche Verimpfungsversuche von Forster und Tomasczewski, Valente, Plaut und neuerdings von Bessemans und anderen Autoren negativ verlaufen sind. Insbesondere die resultatlosen Verimpfungen von Bessemans geben zu denken, weil dieser in der experimentellen Syphilisforschung besonders erfahrene Autor unter den günstigsten Bedingungen gearbeitet hatte (Entnahme des Materials durch Trepanation beim Lebenden und sofortige Verimpfung). Es besteht daher sehr wohl die Möglichkeit, daß die *Paralysespirochäten* durch ihren Aufenthalt im Gehirn biologisch derart verändert worden sind, daß sie *ihre Infektiosität für Versuchstiere verloren haben.* In diesem Zusammenhange beruft man sich öfters auf das Verhalten von Spirochätenkulturen, in denen die Parasiten infolge des Aufenthaltes auf künstlichen Nährböden avirulent geworden sind. Dies ist jedoch für den Syphiliserreger noch nicht nachgewiesen, denn die *sog. Pallidakulturen* enthalten, wie ich gezeigt habe, keine Syphiliserreger, sondern andere, saprophytische Spirochätenarten. Doch darf man aus der schweren Übertragbarkeit der Paralysespirochäten auf das Versuchstier keineswegs den Schluß ziehen, es handle sich bei den Spirochäten im Paralytikergehirn nicht um Syphilisspirochäten. Abgesehen davon, daß man Spirochäten ausschließlich beim

Paralytiker nach dem Tode oder im Leben festgestellt hat, ist das Eindringen saprophytischer Spirochäten von der Mundhöhle aus in das Gehirn, welche Möglichkeit zuerst Moore erwogen hat, niemals festgestellt worden.

Die schwere Übertragbarkeit der Paralysespirochäten auf Versuchstiere führt zu der Frage, *ob diese auch für den Menschen ihre Infektionskraft eingebüßt haben.* Weil dieses Problem auch für den praktischen Arzt und Gutachter Interesse besitzt, so sei es hier ausführlicher erörtert. Bis zum Jahre 1913, in welchem die Spirochäte im Gehirn der Paralytiker entdeckt wurde, hat man im Banne der Anschauung von der toxischen Bedingtheit dieser Krankheit Paralytiker für unfähig gehalten, Syphilisansteckungen zu vermitteln. Man kann auch umgekehrt behaupten: wären früher häufiger Syphilisübertragungen durch Paralytiker vorgekommen, dann wären diese Kranken schon längst als Spirochätenträger entlarvt worden. In der Literatur existiert kein einwandfreier Fall, wo durch die gewöhnlichen Wege der Syphilisübertragung durch genitalen und extragenitalen Kontakt eine Ansteckung seitens eines Paralytikers eingetreten wäre. Wohl ist gelegentlich, so in einem von Hübner beobachteten Falle, von einer Krankenpflegerin behauptet worden, sich von einem Paralytiker infiziert zu haben; Nachforschungen ergaben jedoch, daß die Ansteckung von einem frühsyphilitischen Offizier herrührte. Die mangelnde Infektiosität der Paralytiker kann zum Teil dadurch erklärt werden, daß die Syphilis überhaupt in längerem Abstande nach der Infektion ihre Übertragungsfähigkeit immer mehr einbüßt. Auch pflegen bei Paralytikern Papeln oder andere spirochätenhaltige syphilitische Eruptionen nicht vorzukommen. Bei den in der Literatur niedergelegten vereinzelten Beobachtungen dieser Art sind Zweifel an der Paralyse oder an der Diagnose der Syphilis bzw. der Pallidaebefunde nicht von der Hand zu weisen. Das gilt natürlich nur für das Stadium der manifesten Paralyse; daß spätere Paralytiker in der Sekundärperiode Lues übertragen können, ist ja selbstverständlich. Es wäre denkbar, daß bei der *Sektion eines Paralytikers* ein Obduzent sich infizieren könnte. Dies ist von dem Psychiater v. Gellhorn behauptet worden, doch ist weder dieser Übertragungsmodus noch das syphilitische Leiden dieses Arztes über jeden Zweifel erhaben. Theoretisch wäre es denkbar, daß durch *Paralyseblut* Syphilis übermittelt werden könnte, wenn dieses zu Transfusionen oder als Vehikel von Malariaplasmodien zur Impfung von luesfreien Patiententen (Gonorrhöe, multiple Sklerose) benützt würde. Doch ist keine Syphilisübertragung durch Paralytikerblut bekannt geworden. Trotzdem erscheint es wünschenswert, wie dies auch vielfach geschehen ist, zur Malariatherapie nichtsyphilitischer Erkrankungen besondere Plasmodienstämme von luesfreien Patienten weiterzuführen. Auch könnte sich ein Arzt infizieren, wenn er sich bei einer Lumbalpunktion mit der liquorbenetzten Nadel sticht, oder wenn er beim Pipettieren etwas *Liquor* in den Mund saugt. Eine Luesübertragung auf diese Weise ist jedenfalls noch nicht vorgekommen. Doch gibt es noch einen anderen Weg der Syphilisübertragung, von der Mutter auf den Fetus. Schwangerschaft bei paralytischen Frauen kommt nicht selten vor. In der Regel treten keine Frühgeburten auf, und die zur Welt kommenden Kinder erscheinen gesund. Indes liegen Beobachtungen in der Literatur vor (Pilcz), wo *bei Kindern paralytischer Mütter zuweilen die einwandfreien Erscheinungen einer kongenitalen Lues festgestellt worden sind.* Hieraus folgt, daß schwangere Paralytikerinnen einer entsprechenden Behandlung unterworfen werden müssen. Auch erscheint es dringend notwendig, solche Kinder längere Zeit zu beobachten und auch die Wa.R. im Blut und Liquor noch öfters anzustellen, da die Symptome einer kongenitalen Lues nicht immer bei der Geburt deutlich sind, sondern sich erst nach Wochen oder Monaten einstellen können. Eine Indikation zur *Schwangerschaftsunterbrechung* erscheint bei der Paralyse nicht gegeben; andererseits ist es natürlich nicht wünschenswert, daß Paralytiker noch Kinder zeugen. Da Paralytikerkinder nicht minderwertig zu sein brauchen, erscheint eine generelle Indikation zur *Unfruchtbarmachung* von Paralytikern nicht gegeben. Bekanntlich sind ungeheilte Syphilitiker in der Regel *gegen Neuansteckungen gefeit.* Das gleiche gilt auch für Paralytiker, wie dies auf experimentellem Wege zuerst durch HIRSCHL (mitgeteilt durch KRAFFT-EBING) festgestellt wurde. Die Hautimmunität der Paralytiker wurde durch neuere Untersuchungen, welche zum Teil auch in therapeutischer Absicht vorgenommen worden sind, bestätigt. Merkwürdigerweise erstreckt sich die Hautimmunität der Paralytiker nicht nur auf Syphilisstämme, sondern auch auf die Framboesia tropica. Die in der älteren Literatur beschriebenen Reinfektionen mit Syphilis bei Paralytikern halten der Kritik nicht stand. Nur in einem Falle von JAHNEL, der durch WEICHBRODT sehr intensiv behandelt worden war, haftete eine Reinfektion mit Syphilis; zu Sekundärerscheinungen kam es nicht, auch wurden die auf die Salvarsankur negativ gewordenen biologischen Reaktionen nicht positiv. Neuerdings hat LISI einen Fall berichtet, in dem ein mit Malaria, Salvarsan und Wismut behandelter Paralytiker auf Einimpfung von Syphilisspirochäten nicht nur mit einem Primäraffekt, sondern auch mit Sekundärerscheinungen reagierte. Hier war zur Zeit der Impfung die Wa.R. im Blut und Liquor noch positiv. Solche Fälle stellen indes große Seltenheiten dar.

5. Pathogenese der Paralyse.

Eines der Haupträtsel, die uns das Paralyseproblem aufgibt, ist die Tatsache, daß nicht alle Syphilitiker später paralytisch werden, sondern glücklicherweise nur ein kleinerer Teil, der auf ungefähr 10% beziffert wird, oder, wie es HOCHE ausgedrückt hat, bei der Paralyse ist das Wunderbare darin gelegen, daß 90% der Syphilitiker dieser entgehen. Um diese rätselhafte Erscheinung zu erklären, hat man schon seit längerer Zeit außer der Syphilis noch eine andere Ursache oder Bedingung der Paralyseentstehung angenommen. Eine Zeitlang erblickte man diese in den Einflüssen der Zivilisation. Auch körperlichen und geistigen Überanstrengungen, heftigen Gemütsbewegungen, sexuellen Ausschweifungen, Alkohol- und Tabakmißbrauch wurde früher von einzelnen Autoren eine mehr oder weniger große — heute nicht mehr anerkannte — Bedeutung bei der Paralyseentstehung zugeschrieben.

Auch *Traumen, die den Schädel oder periphere Körperteile trafen,* hat man für die Paralyseentstehung in einzelnen Fällen mitverantwortlich gemacht. Da diese Frage öfters an den Arzt als Gutachter gerichtet wird, sei dieser Punkt etwas ausführlicher besprochen. Einzelfälle, in denen nach einem Trauma eine Paralyse ausbrach oder sich verschlimmerte, beweisen für einen kausalen Zusammenhang nichts; es kann sich hier auch um zufälliges Zusammentreffen handeln. Klarheit über die Beziehungen zwischen Verletzungen und der Paralyse haben vor allem Kriegserfahrungen gebracht. Es hat sich nämlich gezeigt, daß während des Weltkrieges, wo die im Feld stehenden Soldaten nicht nur übermäßigen Strapazen, Kälteeinflüssen, sondern auch zahlreichen Verletzungen ausgesetzt waren, eine Zunahme der Paralyse bei den syphilitischen Kriegsteilnehmern nicht eingetreten ist, die nach der Argumentation von R. HAHN einen zahlenmäßigen und exakten Ausdruck in einer Zunahme der Paralysemorbidität hätte finden müssen, falls diesen Faktoren irgendein Einfluß auf Entstehung und Verlauf der Paralyse zukommen würde. Daß Paralytiker ebenso wie andere Geisteskranke unter dem Einfluß der Hungerblockade rascher ihrer Krankheit erlegen sind, steht auf einem anderen Blatt. Die Annahme WEYGANDTS, daß es eine Kriegsparalyse gebe, hat keine allgemeine Anerkennung gefunden. Auffallend ist sogar, daß Kopfverletzungen bei Syphilitikern so selten von einer Paralyse gefolgt waren (Poppelreuter). Auch bei der Beurteilung eines Zusammenhanges von paralytischen Anfällen mit einem Unfalle muß man sehr vorsichtig sein. Zuweilen ist auch der Anfall die Ursache des Unfalls, indem der bis dahin als solcher noch nicht erkannte Paralytiker hinstürzt und sich eine Verletzung zuzieht.

Unter äußeren Ursachen, die weniger die Paralyseentstehung begünstigen sollen (auch dahin lautende Angaben liegen in der älteren Literatur vor) als vielmehr deren *Entstehung verhüten können,* seien *Infektionskrankheiten* genannt, die zufällig nach Akquisition der Syphilis die betreffenden Menschen befallen haben. Es ist behauptet worden, daß Menschen, die nach der Syphilisansteckung eine Malaria, eine Grippe oder eine Eiterung überstanden haben, bis zu einem gewissen Grade vor einer späteren Paralyse geschützt seien. Neuerdings hat auch O. Naegeli mitgeteilt, daß spontane oder durch Impfungen erzeugte Ausbrüche von *Herpes febrilis* bei Syphilitikern und Paralytikern einen günstigen Einfluß auf den Liquorbefund ausüben sollen. Umfangreichere Nachprüfungen der Naegelischen Angaben liegen meines Wissens noch nicht vor. Sicher ist, daß eine von der Natur geübte Fiebertherapie nicht in allen Fällen einer späteren Paralyse vorzubeugen vermag; in welchem Umfange sie dazu überhaupt imstande ist, bedarf noch eines genaueren Studiums.

Die anderen Theorien, welche zur Erklärung der Paralyseentstehung aufgestellt worden sind, teilt man zweckmäßigerweise in zwei Gruppen ein. Zur ersten Gruppe gehören diejenigen Erklärungsversuche, die das Maßgebende in gewissen Eigenschaften der Spirochäten erblicken, zur zweiten diejenigen, welche eine besondere Disposition des erkrankenden Individuums voraussetzen. Auf Grund von Beobachtungen, daß mehrere aus einer einzigen Quelle infizierte Personen später sämtlich paralytisch oder tabisch wurden, hat man die Folgerung abgeleitet, daß es bestimmte, von Haus aus *neurotrope Syphilisstämme* gebe (Syphilis à virus nerveux). Gegen diese Argumentation ist der Einwand erhoben worden, daß bei so häufigen Leiden, wie sie Paralyse und Tabes darstellen, auch rein zufällig nach den Wahrscheinlichkeitsregeln einmal mehrere aus einer Quelle infizierte Personen erkranken müssen. Schon öfters ist behauptet worden, daß die Syphilis der Kulturländer häufiger Paralyse und Tabes im Gefolge habe als die Lues in unzivilisierten Gegenden; doch liegen diese Verhältnisse keineswegs so einfach. Daß die in Ungarn erworbene Lues besonders gefährlich hinsichtlich späterer Paralyse sei, ist nur ein Eindruck einzelner Beobachter, dessen Gültigkeit keineswegs über allen Zweifel erhaben ist. Über eigenartige Erfahrungen haben Hoverson und Morrow berichtet. Diese Autoren haben in einer amerikanischen Anstalt (Kankakee State Hospital) die Zahl der Paralytiker nach den einzelnen Aufnahmebezirken gruppiert und dabei gefunden, daß in einem Bezirk (Cook County) die Zahl der Paralytiker von 2 im Jahre 1910 auf 85 im Jahre 1925 und auf 93 im Jahre 1927 angestiegen ist. Dann ist eine Abnahme eingetreten, so daß im Jahre 1932 nur 25 Paralytiker aufgenommen wurden. Bei den aus anderen Aufnahmebezirken der Anstalt stammenden Paralytikern waren derartige Schwankungen nicht zu konstatieren. Die Autoren glauben äußere Ursachen zur Erklärung dieser merkwürdigen Erscheinung ausschließen zu können und nehmen an, daß in Cook County eine Zeitlang ein besonders neurotroper Syphilisstamm vorhanden gewesen sein dürfte. Diese einzig dastehenden Erfahrungen der amerikanischen Autoren vermögen nicht völlig überzeugend zu wirken, da schließlich doch äußere Ursachen diese Verschiebung bewirkt haben könnten. Im übrigen hat man auch in Europa in verschiedenen Städten zeitliche Schwankungen in der Paralysehäufigkeit beobachtet, die man als *Paralysebewegung* bezeichnet hat (Bumke, Jahreiss). Bumke hat an wirkliche, anscheinend von der Syphilishäufigkeit unabhängige Schwankungen der Paralysemorbidität gedacht, ohne dafür das Walten besonderer neurotroper Syphilisstämme in Anspruch zu nehmen. Im übrigen sind in Deutschland an keinem Orte so starke Schwankungen der Paralysehäufigkeit beobachtet worden wie bei der ganz ungewöhnlichen Feststellung der amerikanischen Autoren.

Neuerdings ist auch behauptet worden (WILMANNS), daß die Syphilisspirochäten durch den *Kontakt mit Arzneimitteln neurotrop würden*. Als Stützen dieser Behauptung wurden namentlich historische und geographische Erfahrungen herangezogen. Es wurde bereits eingangs erwähnt, daß sich die Existenz der Paralyse nicht viel weiter als ein, höchstens zwei Jahrhunderte zurückverfolgen läßt. Daraus schließen die Anhänger dieser Theorie, daß früher, als die Syphilis noch nicht entsprechend behandelt wurde, keine oder nur selten Erkrankungen an Paralyse vorgekommen sind. Leider sind wir über das Vorkommen von Geistesstörungen in früheren Jahrhunderten nur recht unvollkommen unterrichtet. Im übrigen hat WEICHBRODT darauf hingewiesen, daß zu jener Zeit, in die man die Geburtsstunde der progressiven Paralyse zu verlegen beliebt, sich in ärztlichen Kreisen eine Reaktion gegen die Quecksilberbehandlung geltend gemacht habe, und daß diese damals vielfach verlassen worden sei. Die Syphilis unkultivierter Völker und in den Tropen führe — darauf berief sich WILMANNS auch — massenhaft zu tertiären Erscheinungen, aber nur selten zur Paralyse; aber diese Argumentation ist unzutreffend, weil sie eindrucksmäßige und im Banne der herrschenden Meinung stehende Aussagen übermäßig bewertete. So hat sich WILMANNS selbst auf Grund der Erfahrungen der von ihm angeregten deutsch-russischen Expedition in die Burjäto-Mongolei davon überzeugen müssen, daß dort, wo die Luesbehandlung erst seit kurzem und nicht allgemein (BERINGER) geübt wird, Paralyse und Tabes keineswegs selten sind. Und VAN DER SCHAAR stellte neuerdings fest, daß in Java paralytische Erkrankungen gar nicht selten vorkommen, und zwar auch unter den Dorfbewohnern, bei welchen eine antiluische Behandlung unbekannt ist und auch zivilisatorische Einflüsse keine Rolle spielen. Mit Recht betont VAN DER SCHAAR, daß die Angaben von einer früheren Seltenheit der Paralyse in Java recht zweifelhaft seien, und daß man wohl auch nicht von einer in den letzten Jahren erfolgten Zunahme des Leidens in Niederländisch-Indien zu sprechen berechtigt sei. Früher gab es eben weniger Anstalten, nicht genügend spezialistisch ausgebildete und mit den Verhältnissen eines fremden Landes vertraute Ärzte. Die Behauptung, daß bei einem *Einzelindividuum die Behandlung der Frühsyphilis die zur Entstehung der Paralyse notwendige Bedingung abgebe* (GÄRTNER), läßt sich leicht entkräften, denn jedem Psychiater ist eine größere Anzahl von Fällen bekannt, wo eine Paralyse ausgebrochen war, obzwar die syphilitische Infektion nicht behandelt wurde, auch nicht behandelt werden konnte, weil sie ihrem Träger unbemerkt geblieben war. Und neuerdings hat SPIETHOFF über seine in Thüringen gesammelten Erfahrungen berichtet, daß sogar 74% der Paralytiker ohne Behandlung ihrer Lues geblieben waren. Wenn behauptet wird, daß die zur Paralyse führende Lues in der Regel keine oder nur sehr geringfügige Hauterscheinungen verursacht, so muß dem entgegnet werden, daß ein sog. leichter Luesverlauf häufig ist und keineswegs immer Paralyse oder Tabes zur Folge hat. Daß aber die Lues der Paralytiker nicht immer leicht ist, darauf hat jüngst CARRIÈRE hingewiesen. Das einzige, was an den Beziehungen zwischen Luesverlauf und Paralyse sehr eigenartig ist, ist die Tatsache, daß bei unseren Paralytikern so gut wie nie Tertiärerscheinungen beobachtet werden, weder bei manifester Erkrankung noch vor Ausbruch derselben. Dieses Faktum hat seinerzeit SALOMON zu dem Ausspruch veranlaßt, er wünsche jedem Syphilitiker, daß er Tertiärerscheinungen bekomme, denn dann bleibe er geschützt vor Paralyse und Tabes. Auch die endemische Lues unzivilisierter Völker, von der, wie bereits erwähnt, behauptet wird, daß sie nur äußerst selten Paralyse und Tabes im Gefolge habe, führt sehr häufig zum Tertiarismus. Daß aber das Ausschließungsverhältnis zwischen tertiärer Syphilis und Paralyse kein absolutes, im Wesen der beiden Erkrankungsformen begründetes sein kann, lehren neuere Feststellungen der deutsch-russischen Syphilisexpedition in die Burjäto-Mongolei, wo nach dem Bericht Beringers gar nicht selten paralytische bzw. tabische Erscheinungen neben Gummen beobachtet wurden. Durch Erfahrungen, die man an malariabehandelten Paralytikern gemacht hat (Auftreten von Gummen der Haut, Schleimhaut und entsprechender spezifischer Knochen- und Gelenkserkrankungen oder parenchymatöser Keratitis im Gefolge der Infektionstherapie) hat man sich zu der Annahme veranlaßt gesehen, daß die *Wirkung der Malaria in einer Umstimmung des Körpers im Sinne des Tertiarismus* bestehe, und einen analogen Mechanismus auch für die Heilwirkung im Gehirn angenommen. Doch sind Tertiärerscheinungen im Gefolge der Malaria- und Recurrensbehandlung ziemlich selten (worin ich mit Bostroem übereinstimme), und man kann sich auf Grund der vorliegenden kasuistischen Mitteilungen kein rechtes Bild von ihrer prozentualen Häufigkeit machen. Würde das Prinzip der Malariawirkung wirklich in einer Änderung der Reaktionsweise des kranken Organismus im Sinne des Tertiarismus bestehen, dann müßten Tertiärerscheinungen unter diesen Bedingungen doch häufiger sein. Es erhebt sich die Frage, ob die jetzt so viel diskutierten Tertiärsymptome bei Paralytikern (selbstverständlich darf ein Decubitus nicht mit einem Gumma verwechselt werden) nicht schon früher gelegentlich zur Beobachtung gelangten, daß man sich aber mit diesen Beobachtungen als Raritäten abgefunden hat oder auch manche Fälle auf Grund dieser Symptome nicht der Paralyse, sondern einer tertiärsyphilitischen Hirnerkrankung diagnostisch zugeteilt hat.

Es haben also Expeditionen in Länder, wo die endemische Lues zuhause ist, und Erfahrungen in tropischen Gegenden, also an Orten, wohin die Syphilisbehandlung in dem von uns geübten Umfange noch nicht vorgedrungen war, gelehrt, daß dort Paralyse und Tabes nicht ganz fehlen. Auch Rassenunterschiede scheinen keine wesentliche Rolle zu spielen. Die bereits erwähnte, von Wilmanns zur Diskussion gestellte Annahme, die Spirochäten würden durch die Syphilisbehandlung neurotrop und würden diese Eigenschaft in späteren Passagen bei Übertragung auf andere Individuen auch beibehalten, kann sich nur auf das erwähnte historische und geographische Beweismaterial stützen, das, wie dargelegt, zum Teil nicht zutreffend, zum Teil auch nicht eindeutig ist.

Behauptungen, daß eine Syphilisbehandlung Paralyse und Tabes erzeugen könne, müssen ganz entschieden zurückgewiesen werden. Würden wir die Luesbehandlung aufgeben, dann würden nicht nur die infektiösen Erscheinungen und damit die Verbreitung der Lues zunehmen, sondern es würden viel mehr Menschen später an Paralyse erkranken, während bei einer rechtzeitigen Behandlung wenigstens ein Teil geheilt und vor einer späteren Erkrankung des Zentralnervensystems bewahrt werden kann. Freilich sind wir heute noch nicht zu der Aussage berechtigt, daß die Behandlung der Frühsyphilis stets in der Lage sei, Paralyse und Tabes zu verhüten. Je früher und je intensiver aber die Lues behandelt wird, um so mehr besteht die Hoffnung, daß im Einzelfall die Infektion ausheilt, und es steht zu erwarten, daß die moderne Frühbehandlung der Lues sich in einiger Zeit in einer starken Abnahme von Paralyse und Tabes, natürlich im Verhältnis zur Zahl der im Abstand der Inkubationszeit vorhanden gewesenen Syphilisinfektionen, auswirken wird. Vorübergehend wurde auch die Meinung geäußert, daß die Schutzpockenimpfung einen Anteil an der

Paralyseentstehung habe, und mit den gleichen historischen und geographischen Argumenten verfochten wie die WILMANNsche Theorie. Diese Hypothese wurde aber bald widerlegt und zählt heute keine Anhänger mehr.

Die zweite Gruppe von Theorien sieht die Bedingungen der Paralyseentstehung in einer *besonderen Beschaffenheit des erkrankenden Individuums.* Schon öfters ist die Behauptung aufgestellt worden, daß beim Paralytiker im Gegensatz zum Tertiärsyphilitiker eine Abwehrschwäche gegenüber dem Syphiliserreger vorliege. In dieser allgemeinen Form bedeutet dieser Ausspruch aber nicht viel mehr als eine Umschreibung der Tatsachen. Denn wenn jemand durch 30 Jahre nach der Ansteckung sich wohl befunden hat und dann Gummen auftreten oder aber ein Gumma dem anderen folgt und diese nicht heilen wollen, dann muß man doch eigentlich auch annehmen, daß die Abwehrkräfte im Organismus versagt haben. Verschiedene Autoren haben auch versucht, die von ihnen vorausgesetzte *Abwehrschwäche des Paralytikerorganismus* näher zu präzisieren, doch ist es bisher niemandem gelungen, die Disposition zur Paralyse irgendwie zu fassen, weder durch das Studium der Körperformen, der Blutgruppen noch der Heredität. Daß eine besondere Disposition bei der Paralyseentstehung möglicherweise eine Rolle spielt, darauf deuten vielleicht Erfahrungen hin, die man über die *verschiedene Paralysehäufigkeit bei Mann und Weib* gemacht hat. Schon älteren Autoren war es aufgefallen, daß Männer häufiger der Paralyse verfallen als Frauen, eine Erscheinung, die in dem öfteren Vorkommen von Syphilisansteckungen bei Männern eine einleuchtende Erklärung zu finden schien. PLAUT und EHRISMANN haben jedoch an dieser Deutung Zweifel geäußert, da nach ihren Erfahrungen und denen von HUBERT der Unterschied der Syphilishäufigkeit bei Mann und Weib nur geringfügig sei. In der Tat hat auch die Reichszählung der Geschlechtskranken vom Jahre 1934 (veröffentlicht von DORNEDDEN und BALAND) völlig übereinstimmende Zahlen der Syphilisansteckungen für Frauen und Männer ergeben. Amerikanische Autoren (MOORE, SOLOMON u. a.) haben die größere Widerstandsfähigkeit der Frau gegenüber der Paralyse auf den Einfluß der Schwangerschaften zurückzuführen versucht. Bei der juvenilen Paralyse wurde von den meisten Untersuchern gleiche Krankheitshäufigkeit bei Knaben und Mädchen festgestellt; nur T. SCHMIDT-KRAEPELIN gelangt zu einem abweichenden Ergebnis, daß nämlich das männliche Geschlecht doppelt so oft befallen werde als das weibliche. In der gleichen (Münchener) Klinik betrug dieses Verhältnis bei erwachsenen Paralytikern zwischen männlichem und weiblichem Geschlecht 2,41 : 1. Bei der juvenilen Paralyse machte man die stillschweigende Voraussetzung, daß die kongenitale Lues beide Geschlechter in gleicher Häufigkeit befalle. Die Reichszählung der Geschlechtskrankheiten hat merkwürdigerweise ergeben, daß die Lues congenita beim weiblichen Geschlecht überwiegt (Verhältnis etwa 4 : 3). Diese Erscheinung wird auf die größere Sterblichkeit der Knaben zurückgeführt. Mit Rücksicht auf die nicht ganz übereinstimmenden Angaben der Autoren über das Zahlenverhältnis von Knaben und Mädchen bei der juvenilen Paralyse scheint es wünschenswert, daß auf diesem Gebiet noch umfassendere statistische Erhebungen vorgenommen werden.

MEGGENDORFER vertritt die Ansicht, daß eine etwa vorhandene *Disposition zur Paralyse* sich nicht mit der Veranlagung zu anderen geistigen Erkrankungen decke, sondern etwas Besonderes sei, analog der *Empfänglichkeit für bestimmte Infektionskrankheiten.* Es ist sehr wohl möglich, daß diese Anschauung zutrifft, doch scheinen noch weitere Untersuchungen in dieser Richtung wünschenswert, die allerdings gegenüber anderen erbbiologischen Studien mit einer weiteren Schwierigkeit zu kämpfen haben, daß nämlich Disposition und Infektion nur in bestimmten wenigen Fällen zusammentreffen; denn glücklicherweise erwirbt nicht jeder Mensch eine syphilitische Infektion. Die Erscheinung, daß manche Paralysefälle auf eine Malariakur nicht mit hohem Fieber reagieren und auch bei solchen Fällen der therapeutische Erfolg hinter den Erwartungen zurückbleibt, ist auf eine Abwehrschwäche zurückgeführt worden. Es fragt sich aber sehr, ob das Verhalten des Organismus gegenüber der Malaria auch für die Syphilis Geltung hat. Zudem wissen wir gar nicht, ob ungenügendes Fieber Abwehrschwäche oder Abwehrstärke gegenüber der Malaria bedeutet. Auch die eine Zeitlang viel diskutierte Behauptung, beim Paralytiker sei die phagocytäre Abwehr ungenügend, ist unbewiesen. Man hat auch angenommen, daß das Zentralnervensystem im Gegensatz zu den übrigen Organen nicht oder nur in geringem Grade befähigt sei, Abwehrstoffe gegenüber den Syphilisspirochäten zu produzieren, oder daß es infolge besonderer Einrichtungen (Blut-Liquorschranke) den im Blut kreisenden Schutzstoffen den Eintritt in das Hirngewebe verwehrt. Alle diese Theorien und noch manche andere, welche hier nicht zu Worte gekommen sind [1], sind unbefriedigend, zum Teil stehen sie auch im Widerspruch zu gesicherten Tatsachen. *Wir müssen daher zugeben, daß wir über die Bedingungen, die das einzelne syphilitische Individuum zum Paralytiker oder Tabiker bestimmen oder es von diesen Folgen frei ausgehen lassen, noch nichts Sicheres wissen.*

6. Körperliche Symptome.

Unter den körperlichen Erscheinungen der Paralyse seien zunächst die *subjektiven Symptome* kurz erwähnt, weil ihnen meist wenig Gewicht beigelegt wird und sie in vielen Darstellungen etwas vernachlässigt werden; allerdings sind sie auch recht vieldeutig. Dahin gehören Kopfschmerzen, die nach Kraepelin sehr häufig geklagt, meist als heftiger Druck empfunden werden. Manche Kranke klagen über Blutwallungen und deren Begleiterscheinungen (Ohrensausen, Schwindelgefühle), auch recht vieldeutige Symptome. Andere Kranke haben zu Beginn des Leidens eigentümliche Mißempfindungen, die als Jucken, Brennen geschildert werden, zuweilen auch den Charakter rheumatischer Schmerzen besitzen. Es ist klar, daß solche namentlich dann beobachtet werden, wenn leichte tabische Erscheinungen dem Beginn der Paralyse vorausgehen oder mit ihm zusammenfallen. Dann kann man auch oft bei der Sensibilitätsprüfung allerlei Empfindungsstörungen nachweisen. Daß Paralytiker sehr wenig schmerzempfindlich sind, ist jedem, der mit solchen Kranken zu tun hatte, geläufig. Lumbalpunktionen und etwa notwendige chirurgische Eingriffe lassen sie meist ohne Klagen über sich ergehen; auch schmerzloser Ausfall von Zähnen gelangt ebenso wie bei der Tabes gelegentlich bei der Paralyse zur Beobachtung. Die *objektiven körperlichen Symptome* bei der Paralyse sind von großer Wichtigkeit. Unter diesen sind in erster Linie die *Pupillenstörungen* zu nennen. Am häufigsten trifft man eine reflektorische Pupillenstarre an, die auch den Namen Argyll-Robertsonsches Phänomen führt. Bekanntlich ist diese dadurch gekennzeichnet, daß die Verengerung der Pupille auf Licht ausbleibt, während die Konvergenzreaktion erhalten ist. Nur bei ungestörter Konvergenzreaktion darf man nach Bumke von einer Lichtstarre der Pupillen sprechen. Davon zu unterscheiden ist die absolute Pupillenstarre, wo sowohl Licht- als auch Konvergenzreaktion fehlen. Besteht neben erloschener Licht- und Konvergenzreaktion auch eine Akkommodationslähmung, dann spricht man von einer Ophthalmoplegia interna. Selbstverständlich darf

---

[1] Eine eingehende Darstellung und Diskussion aller über die Entstehung der Paralyse und Tabes aufgestellten Theorien findet sich in meinem Beitrag „Allgemeine Pathologie und pathologische Anatomie der Syphilis des Nervensystems" im Handbuch der Haut- und Geschlechtskrankheiten, herausgegeben von Jadassohn, Bd. 17, I. Teil.

man sich nicht dadurch täuschen lassen, daß der Kranke zwecks einer Augenspiegeluntersuchung kurz vorher eine Atropineinträufelung erhalten hat oder, was noch häufiger in Betracht kommt, einem Kranken wegen eines Erregungszustandes oder aus einem anderen Grunde (Encephalitis) Scopolamin eingespritzt bzw. eingegeben wurde. Diagnostisch ebenso wertvoll wie die Lichtstarre der Pupillen ist eine Verminderung der Reaktion (Trägheit). Außer träge auf Licht reagierenden Pupillen begegnet man reflektorischen Pupillenbewegungen, die zu wenig ausgiebig sind; für letztere Fälle hat Bostroem die Bezeichnung „unvollständige Pupillenstarre" vorgeschlagen.

Ungleichen und entrundeten Pupillen begegnet man auch öfters bei Paralytikern. Die Pupillen können nicht bloß sehr weit, sondern auch sehr eng sein (Miosis), eine Erscheinung, die bei der Tabes besonders häufig ist und namentlich bei den tabischen Formen der Paralyse öfters vorkommt. Zuweilen trifft man auch Pupillen an, die in ihrer Weite häufig wechseln, mitunter auch bald auf dem einen, bald auf dem anderen Auge (springende Pupille, Hippus). Die Häufigkeit der Pupillenstörungen bei der Paralyse wird am besten durch die Tatsache illustriert, daß Bostroem und Czermak bei 100 ohne Auswahl untersuchten Paralytikern nur in 10% normale Pupillen angetroffen haben, während reflektorische Starre in 36% vorhanden war (bei 15% in vollständiger Form, bei 21% in unvollständiger Form). Absolute Pupillenstarre zeigten 42% der Fälle, aber nur bei 3% fehlten die Reaktionen völlig, während bei den

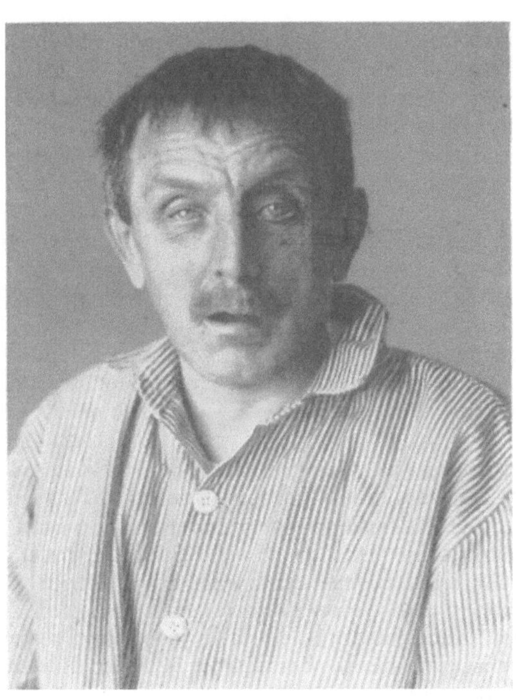

Abb. 13. Verblödeter Paralytiker; charakteristische Mimik; schlaffes Untergesicht, krampfhaft innervierte Stirn. (Aus Bostroem: Die progressive Paralyse. Bumkes Handbuch der Geisteskrankheiten, Bd. 8, S. 188.)

übrigen die Reaktionen nur hochgradig (28%) oder mäßig (11%) gestört waren. In 12% stand die Pupillenstörung der absoluten Starre nahe; sie schien offenbar einem Übergangsstadium zwischen reflektorischer und absoluter Starre anzugehören. Mit Recht schließt Bostroem aus Beobachtungen, bei denen früher einmal eine reflektorische Pupillenstarre bestanden hatte, bei späteren Untersuchungen eine absolute gefunden worden war, daß es auch Übergangsstadien zwischen beiden Typen geben müsse.

Augenmuskellähmungen gelangen bei der Paralyse gelegentlich zur Beobachtung, diagnostischen Wert besitzen sie aber nicht. Häufiger sind nystaktische Zuckungen. Ausgesprochene Ptosis ist selten. Öfters bemerkt man ein Herabhängen der oberen Lider, was aber, wie Bostroem mit Recht unterstreicht, auf mimische Schwäche zurückzuführen ist und nicht als eigentliche Ptosis gedeutet werden darf, weil diese Kranken sehr wohl imstande sind, aktiv die Augen weit zu öffnen. Atrophien des Sehnerven sind relativ selten, sie kommen am ehesten bei mit Tabes komplizierten Fällen und der juvenilen

Paralyse vor. *Im Mundfacialis* sieht man öfters Differenzen und leichte Paresen, auch tritt beim Sprechen im Facialisgebiet nicht selten ein eigenartiges Beben auf, das ebenso wie die schlaffen, ausdruckslosen Gesichtszüge dem Antlitz des Paralytikers etwas Charakteristisches verleiht. Die *Zunge* zittert oft beim Vorstrecken, weicht zuweilen nach einer Seite ab. Einseitige Zungenatrophie (bei gleichzeitiger Tabes) ist selten. Der Kau- und Schluckakt pflegt nur ausnahmsweise und in späteren Stadien Störungen zu erleiden; es kommt aber manchmal vor, daß die Kranken infolge ihrer psychischen Verfassung die Speisen nicht schlucken, sondern sich den Mund andauernd vollstopfen. Die *Bewegungen der Paralytiker* sind unsicher, schwerfällig, die motorische Kraft ist vielfach herabgesetzt. Daher stammt auch die Benennung des Leidens als progressive Paralyse oder Lähmungsblödsinn. Es kommt ferner bei der Paralyse Zittern sowie Ataxie vor. Der Gang ist häufig schwankend, unsicher, zuweilen spastisch; auch das Rombergsche Zeichen wird bei der Paralyse angetroffen. In Endstadien treten öfters Muskelkontrakturen ein. Nicht zum Bild der typischen Paralyse gehören *choreatische Bewegungsstörungen,* die in seltenen Fällen doppelseitig oder auch einseitig auftreten können (Förster, O. Fischer, C. und O. Vogt). Dann enthält die Literatur vereinzelte kasuistische Mitteilungen über Paralysefälle, bei denen Erscheinungen von Paralysis agitans (Muskelstarre), zum Teil auch der charakteristische Tremor bestanden haben. Im anatomischen Teil dieses Kapitels wurde bereits des Falles von Fünfgeld gedacht, bei dem anfallsweise myoklonische und ticartige Zuckungen sowie tonische Krampfzustände vorhanden waren. *Störungen der Sensibilität* äußern sich bei Paralytikern meist in einer Herabsetzung der Schmerzempfindung, welche aber wenigstens zum Teil auch auf die psychischen Ausfälle zurückzuführen ist. Segmentäre Sensibilitätsausfälle, etwa von spinalem Typus, weisen auf eine Kombination mit Tabes hin. Zuweilen fehlen die *Patellar-* und *Achillessehnenreflexe,* namentlich dann, wenn auch andere tabische Zeichen vorhanden sind. Auch eine Steigerung der Patellarreflexe ist bei der Paralyse schon oft beschrieben worden; Bostroem hält es jedoch nicht für gerechtfertigt, bei jeder Lebhaftigkeit von Reflexsteigerung zu reden und möchte letzteren Ausdruck nur für jene Fälle reserviert wissen, bei denen die Reflexerhöhung spastischer Natur ist, also Klonus, Babinski nachweisbar sind. Die Sehnenreflexe an den oberen Extremitäten sind nach Bostroem in gleicher Weise zu beurteilen. Die Bauchdeckenreflexe sind öfters herabgesetzt, fehlen auch zuweilen; die Cremasterreflexe sind manchmal sehr schwach. Halbseitiges Fehlen der Bauchdeckenreflexe und Cremasterreflexe sieht man zuweilen nach paralytischen Anfällen. Dem Babinskischen Phänomen begegnet man namentlich dann, wenn Herdsymptome vorübergehender Natur (paralytische Anfälle) oder dauernder Art (Lissauersche Paralyse) bestehen.

Auch *Blasen- und Mastdarmstörungen* sind bei der Paralyse häufig, namentlich in vorgerückten Krankheitsstadien. Diese lassen sich meist aus der psychischen Verfassung erklären; zum Teil sind sie auch vegetativen Ursprungs. Auch darf nicht vergessen werden, daß die Paralytiker öfters unmäßig und gierig essen und sogar, wenn sie unbeobachtet sind, ungenießbare Gegenstände verschlingen.

Das *Körpergewicht* von Paralytikern erfährt im Verlaufe der Krankheit bestimmte Veränderungen, um deren Studium sich besonders Reichardt verdient gemacht hat. Es kommt vor, daß Paralytiker über guten Appetit verfügen und trotzdem abmagern; andere wieder nehmen an Körpergewicht ständig zu, obzwar sich ihre Nahrungsaufnahme in normalen Grenzen hält. Dann gibt es wieder Fälle, welche auf überreichliche Nahrungsaufnahme mit Mästung reagieren, so daß das bekannte Bild der paralytischen Feistigkeit entsteht. Welche ungeheuren Schwankungen das Körpergewicht bei Paralytikern aufweisen kann, dafür gibt KRAEPELIN ein sehr instruktives Beispiel. Ein Kranker verlor während eines Erregungszustandes sehr rasch 37 Kilo, erholte sich dann und nahm wieder um 52 Kilo zu, büßte während eines neuen Erregungszustandes wieder 37 Kilo ein; dann stieg das Körpergewicht wieder sehr stark an, um schließlich kurz vor dem Tode um 45 Kilo zu sinken.

Im Verlauf der Paralyse werden sowohl erhöhte als auch erniedrigte *Körpertemperaturen* beobachtet. Letztere sind von untergeordneter klinischer Bedeutung und kommen namentlich im Terminalstadium vor. Die an sich zu starken Schwankungen neigende Eigenwärme kann auf 34 und 35⁰ sinken; in einer Beobachtung von KRAEPELIN wurden sogar einmal 30,8⁰ gemessen. Größere Bedeutung haben die Temperatursteigerungen, die zum Teil flüchtiger Natur sind, zum Teil auch länger anhalten können. In manchen Fällen könnte man daran denken, daß diese Temperaturerhöhungen zentral bedingt sind, doch läßt sich bei den stumpfen und einer genaueren Untersuchung häufig widerstrebenden Kranken eine periphere Ursache manchmal nicht aufdecken. Vielleicht sind die häufigen Temperatursteigerungen im Gefolge paralytischer Anfälle zentralen Ursprungs. Andererseits werden aber paralytische Anfälle bekanntlich sehr häufig von Schluckpneumonien, Blasenstörungen gefolgt, welche die Erhöhungen der Eigenwärme erklärlich machen. Überhaupt muß man bei Paralytikern, die erhöhte Körpertemperatur zeigen, stets den Füllungsgrad von Blase und Mastdarm kontrollieren, da durch Kotstauungen und Harnretentionen öfters Fieber ausgelöst wird. Wenn die Kranken dies zulassen, muß man selbstverständlich beim Auftreten von Fieber diese gründlichst untersuchen und sich vergegenwärtigen, daß Paralytiker infolge ihrer Stumpfheit und Empfindungslosigkeit nicht wie andere Menschen Schmerzen äußern. Man entdeckt dann öfters Eiterungen, Pleuritiden u. dgl.; letztere sind auch zuweilen durch Rippenbrüche bedingt. Rippenbrüche und auch andere Knochenbrüche treten bei Paralytikern nicht selten ein, da die Kranken infolge ihrer Ungeschicklichkeit und Unsicherheit öfters hinstürzen. In früheren Jahren, wo es noch keine moderne Irrenpflege gab, waren derartige Verletzungen zuweilen der Ausdruck der Behandlung durch das Pflegepersonal; das gilt namentlich für das Othämatom, die Ohrblutgeschwulst, welche entsprechend der rechten Hand des Wärters meist am linken Ohre angetroffen wurde. Zuweilen kommt es bei Paralytikern auch zu trophischen Störungen, namentlich bei mit Tabes komplizierten Erkrankungen (Mal perforant). Besonders häufig tritt bei mangelhafter Pflege *Decubitus* ein, der nach den Angaben VAN DER SCHAARS auffallenderweise bei javanischen Paralytikern sehr selten ist. Der Decubitus kommt dadurch zustande, daß die Kranken nicht wie Gesunde ihre Lage im Bett öfters wechseln, weil Druckgefühle ihnen nicht zum Bewußtsein kommen oder weil sie sich nicht rühren können. Ein solcher Druckbrand kann sich unter Umständen sehr schnell ausbilden und, wenn er nicht beachtet wird, zu tiefen und schwer heilenden Geschwüren führen.

Auch *vasomotorische Störungen* kommen bei Paralytikern öfters vor. Es treten mitunter Blutwallungen zum Kopfe ein, die nicht immer Ausdruck einer psychischen Erregung sind. Ebenso beobachtet man öfters Erytheme, manchmal wieder stärkere Schweißausbrüche. Der Blutdruck zeigt bei der Paralyse keine charakteristischen Veränderungen, er kann sowohl normal, erhöht als auch erniedrigt sein.

Der *Schlaf* weist sehr häufig Störungen auf. Der Beginn der Erkrankung ist öfters durch hartnäckige Schlaflosigkeit gekennzeichnet. Daß Erregungszustände die Kranken öfters und längere Zeit hindurch nicht zum Schlafe kommen lassen, ist selbstverständlich. In anderen Fällen zeigen die Kranken wieder eine mehr oder weniger starke Schlafsucht, so daß sie eigentlich stets schlafen oder vor sich hindämmern, wenn sie nicht, wie etwa zu den Mahlzeiten, geweckt werden.

Reichardt hat folgende Einteilung der Paralysen nach ihren vegetativen Symptomen gegeben: 1. Paralysen, bei denen die vegetativen Funktionen keine stärkeren Störungen aufweisen und die Körpergewichtskurve die Tendenz zur Geradlinigkeit aufweist; 2.Mästungsparalysen, die entweder auf der Höhe der Mästung im paralytischen Anfall zugrunde gehen, oder bei denen auf die Mästung eine sekundäre Abmagerung mit Marasmus folgt, in dem schließlich der Tod eintritt; 3. gibt es Paralysen mit früh eintretendem Marasmus ohne Mästung; 4. manche Paralysen gehen mit primärer Abmagerung einher; 5. einige Paralytiker sind durch besondere Anomalien der Körpertemperatur gekennzeichnet; 6. in anderen Fällen wieder stehen starke vasomotorische und trophische Störungen im Vordergrunde und können schließlich den Tod herbeiführen.

Der *Urin* pflegt bei der Paralyse keine charakteristischen Veränderungen zu erfahren, es sei denn, daß sich Nierenstörungen hinzugesellen. Auch Cystitis kommt nicht selten vor, namentlich im Gefolge von Harnverhaltung; eine Cystopyelitis gibt öfters auch die Todesursache ab. Was die *genitalen Funktionen* anbetrifft, so pflegen diese durch eine paralytische Erkrankung an sich wenig in Mitleidenschaft gezogen zu werden. Potenzstörungen beobachtet man namentlich dann, wenn tabische Erscheinungen bestehen. Oft erscheint die Libido gesteigert, namentlich im Beginn der Erkrankung. Durch den Wegfall psychischer Hemmungen werden diese Veränderungen besonders deutlich. Bei Frauen, die vor dem Klimakterium an Paralyse erkranken, pflegt der Menstruationsvorgang ungestört zu verlaufen. Das ist, wie Bostroem betont, besonders auffallend, weil bei anderen Psychosen, z. B. manisch-depressivem Irresein, die Menses oft längere Zeit hindurch cessieren.

Neuerdings haben bei der Paralyse *Röntgenuntersuchungen* des Schädels oder besser des Gehirns einige Bedeutung erlangt, nämlich seit Einführung der Encephalographie. Selbstverständlich kann die Encephalographie ebenso wie die Hirnpunktion und die histologische Untersuchung von Punktionszylindern zur Diagnosenstellung entbehrt werden. Sie vermag außerdem keinerlei charakteristische Befunde zu liefern; nur die Erweiterung der Ventrikel kann man gelegentlich auf diese Weise schon beim Lebenden konstatieren. Poenitz hat versucht, diesen Befund in den Dienst der Prognose zu stellen, indem eine starke Ventrikelerweiterung schwerere und kaum mehr ausgleichbare Defekte anzeigen und das Fehlen der Erweiterung ein günstiges Zeichen bedeuten soll. Diese Angaben sind von Guttmann und Kirschbaum bestätigt worden. Diese Autoren weisen zudem darauf hin, daß bei Fällen, die gute Remissionen darboten, Ventrikelerweiterungen ständig vermißt wurden. Schwieriger sind Atrophien an der Hirnoberfläche zu beurteilen. Bei vorgeschrittenen Fällen hat man auch Luftansammlungen in der Stirn- und Scheitelgegend angetroffen.

Ein außerordentlich häufiges und für die Erkennung der Krankheit wichtiges körperliches Symptom der Paralyse stellt die *Sprachstörung* dar. Unter der eigentlichen paralytischen Sprachstörung versteht man nicht aphasische Störungen, sondern eine eigenartige Artikulationsstörung, das sog. Silbenstolpern. Aber auch aphasische Störungen kommen bei Paralyse vor, sei es, daß eine ausgeprägte motorische oder sensorische Aphasie in Erscheinung tritt, meist im Anschluß an paralytische Anfälle, oder sei es, daß einzelne aphasische Symptome der artikulatorischen Störung sich beigesellen. In selteneren Fällen entwickelt sich eine aphasische Störung allmählich, ohne daß Anfälle beobachtet werden; dann bleiben die Herdsymptome oft dauernd bestehen. Es handelt sich dann meist um Lissauersche Paralysen. Nicht selten begegnet man bei der Paralyse paraphasischen Störungen, auch Agrammatismus wird zuweilen beobachtet. Häufig perseverieren die Kranken auch. Eine eigenartige Form der Sprachstörung stellt die sog. Logoklonie dar, welche von KRAEPELIN beschrieben wurde; hier wird die Endsilbe eines Wortes noch einige Male schnell wiederholt (Anton-ton-ton-ton). Logoklonie kommt bekanntlich außer bei der Paralyse namentlich bei der ALZHEIMERschen Krankheit vor. Die artikulatorischen Sprachstörungen pflegen in Spätstadien nahezu regelmäßig nachweisbar zu sein, zuweilen treten sie auch im Beginn des Leidens auf. Die paralytische Sprache zeigt einen Verlust der Klangfarbe, Unsicherheit in der Stimmstärke, klingt manchmal dröhnend hohl (BOSTROEM). Sie ist verlangsamt, stockend, hesitierend, tremolierend, verwaschen, schmierend und schließlich lallend. Als besonders verdächtig für die Paralyse gilt, wenn die Kranken bei schwierigen Worten stolpern (Silbenstolpern). Doch sei an dieser Stelle betont, daß man auf die Sprachstörungen allein nicht die Diagnose der Paralyse gründen darf. Zur Prüfung des Silbenstolperns bedient man sich verschiedener Testworte (dritte reitende Artilleriebrigade; Elbedampfschiffschleppschiffahrtsgesellschaft; Elektrizität; Schildkrötensuppenfabrikantensgattin; liebe Lilli; Flanellappen; schleimige Schellfischflosse; zwitschernder Schwalbenzwilling u. dgl.). Wenn auch diese Testworte die typische artikulatorische Sprachstörung in der Regel sehr schön hervortreten lassen, so darf man nicht vergessen, daß auch Neurastheniker oder erregte Menschen das tadellose Nachsprechen dieser Prüfworte nicht fertig bringen. Andererseits haben manche Paralytiker schon eine gewisse Übung in diesen Worten erlangt; schließlich ist die Kenntnis dieser Prüfworte in weite Kreise gedrungen und hypochondrische Charaktere können an eine solche Untersuchung unter Umständen Befürchtungen, paralysekrank zu sein, knüpfen. Im übrigen tritt die Sprachstörung der Paralytiker oft genügend deutlich in Erscheinung, wenn man sich mit den Kranken unterhält. Sehr vorteilhaft zum Nachweis von Sprachdefekten bei Paralytikern ist es, wenn man den Kranken nach dem Vorschlag RIEGERs etwas vorlesen läßt. Dabei macht man auch nicht selten die Erfahrung, daß der Kranke den Sinn des Gelesenen gar nicht versteht und zuweilen sogar, wenn der Text beendet ist, weitere sinnlose Sätze vorbringt. In Endstadien sind die Paralytiker oft gar nicht zu verstehen, ihre sprachlichen Äußerungen sind auf ein sinnloses Lallen reduziert. Manchmal ist die Sprache auch skandierend und erinnert an die Sprachstörung der Polysklerotiker. Man spricht von striären, bulbären oder pseudobulbären sowie von cerebellaren Komponenten oder Störungen. Man darf jedoch nicht vergessen, daß der paralytische Prozeß seiner Natur nach ein diffuser ist und daß bei Störungen der Sprachfunktion häufig die Erkrankung verschiedener Hirnterritorien sich geltend macht, ohne daß es wie bei Herderkrankungen immer möglich wäre, die Störung auf Erkrankung bestimmter Hirngebiete einwandfrei zurückzuführen.

Auch die *Schrift* pflegt bei Paralytikern im Verlauf der Erkrankung durchgreifende Veränderungen zu erfahren. Nur ganz ausnahmsweise, etwa bei langsam verlaufenden Paralysen, wie bei einem Falle KRAEPELINs, kann der Kranke sich durch eine besonders schöne Schrift auszeichnen. Ich selbst kannte einen Patienten, der noch in seiner Krankheit sehr gut zeichnen konnte. Wie bei der Sprache, so kann auch die Schreibstörung als Agraphie in Erscheinung treten. Doch begegnet man einer ausgesprochenen Agraphie bei der Paralyse nur recht selten; häufiger sind paragraphische Störungen. Die paralytische Schrift ist dadurch charakterisiert, daß Buchstaben, Silben und Wörter ausgelassen werden oder Buchstaben verstellt und wiederholt werden. Außerdem sind die Schriftzüge mehr oder weniger zittrig, fahrig, die Zeilen unregelmäßig; die Kranken schreiben oft quer und schief durcheinander. Der zittrige und ausfahrende Charakter der Schriftzüge ist eine Teilerscheinung der Ataxie.

Auch der psychische Zustand (Demenz) spiegelt sich natürlich in den schrift-
lichen Äußerungen der Kranken wider. Mit Recht weist aber Bumke darauf

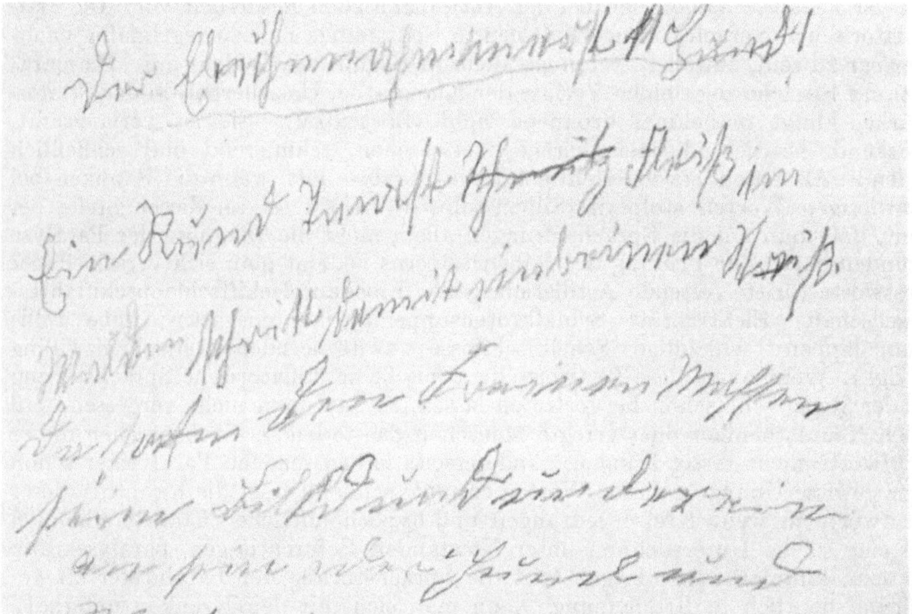

Abb. 14. Schriftprobe. Divergenz der Zeilen, Auslassungen, unregelmäßiger Druck, Unsicherheit;
außerdem agraphische Störungen. (Aus Bostroem: Die progressive Paralyse. Bumkes Handbuch
der Geisteskrankheiten, Bd. 8, S. 205.)

hin, daß auch bei nervösen, hastigen und auch bei gesunden Personen gelegentlich Auslassungen von Buchstaben und Wörtern und auch vereinzelte andere
Buchstabenfehler vorkommen können. Wesentlich ist, ob eine Veränderung

gegen früher eingetreten ist, und in Zweifelsfällen wird man gut tun, Schriftstücke aus früherer Zeit zum Vergleich heranzuziehen. Feinere Untersuchungen über die Eigenschaften der paralytischen Schrift hat MEGGENDORFER mit Hilfe der Schriftwaage angestellt. Er stellte fest, daß die Schrift im allgemeinen verlangsamt ist; im Beginn ist der Druck vermindert, die Schrift verkleinert, später können Druck und Größe der Schriftzüge wieder zunehmen.

Eine außerordentlich wichtige Erscheinung, der wir im Verlaufe der paralytischen Erkrankung öfters begegnen, stellen die sog. *paralytischen Anfälle* dar. Auch haben sie, wovon später noch die Rede sein wird, große diagnostische Bedeutung, weil die Gefahr einer Verwechslung mit Schlaganfällen sehr nahe liegt. Sehr häufig offenbart sich der Beginn der Paralyse durch einen paralytischen Anfall; das verdeutlicht am ehesten eine Angabe KRAEPELINs, daß 37,5% seiner Paralytiker schon vor der Aufnahme in die Klinik Anfälle gehabt hatten. Andererseits bedeutet es keine schlechtere Prognose, wenn der Beginn der Paralyse mit einem Anfall einsetzt, wenn auch der Anfall an sich ein alarmierendes Symptom darstellt und die Prognose quoad vitam während des einzelnen Anfalls nicht als unbedingt günstig gestellt werden darf. Aber von den Kranken KRAEPELINs mit einleitenden Anfällen blieben 53,1% späterhin davon frei und nur 22,2% von ihnen gingen im Anfall zugrunde, während der Anfallstod auf alle Paralysen mit Anfällen bezogen in 32,9% eintrat. Herkömmlicherweise pflegt man die paralytischen Anfälle in solche apoplektiformer Art und solche epileptiformer Natur einzuteilen, doch wird diese Einteilung, welche die Haupttypen der Anfälle recht gut charakterisiert, der Vielgestaltigkeit der in Wirklichkeit vorkommenden Anfälle keineswegs gerecht. Nicht nur, daß keine scharfe Trennung zwischen beiden Typen existiert und Kombinationen häufig sind, so gibt es auch anfallsartige Zustände, die sich weder in die erste noch in die zweite Gruppe ohne Zwang einreihen lassen. Die paralytischen Anfälle sind dadurch charakterisiert, daß sie meistens sehr schnell einsetzen, aber auch verhältnismäßig bald aufhören. Wenn schwere Hirnsymptome nach wenigen Stunden oder nach 1, 2 Tagen zurückgehen, so ist dies immer sehr für Paralyse verdächtig. Andererseits pflegen paralytische Anfälle sehr häufig eine Verschlimmerung der Krankheit anzuzeigen; es pflegt nach ihrem Ablauf, wie dies HOCHE ausgedrückt hat, das geistige Niveau treppenförmig gesunken zu sein. Manchmal gehen apoplektiformen Anfällen gewisse Vorboten voraus: Zuckungen in einzelnen Muskelgruppen, Erschwerung der Bewegungen, zuweilen Übelkeit und Erbrechen; doch zeigt dieses Erbrechen, wie BOSTROEM mit Recht bemerkt, meist nicht den typisch cerebralen Charakter. Häufig treten apoplektiforme Anfälle ohne jedes Vorläufersymptom ein. Die Kranken stürzen plötzlich zusammen, sind tief bewußtlos, das Gesicht ist blaß oder cyanotisch, die Glieder sind schlaff. Untersucht man Kranke bald darnach, so kann man manchmal den BABINSKIschen und OPPENHEIMschen Reflex nachweisen. Zuweilen zeigt ein halbseitiges Fehlen der Bauch- und Cremasterreflexe eine dem Anfall folgende Hemiparese an. Nicht selten erfolgt der Tod während eines solchen apoplektiformen Anfalls. Nach dem Anfall kann man öfters Aphasie, Facialisschwäche und andere cerebrale Symptome entdecken. Es gibt aber auch Anfälle, wo die Kranken einfach umsinken und das Bewußtsein verlieren, ohne daß außer einem stärkeren Schwächegefühl Folgen nachweisbar sind. Andere Anfälle gehen ohne Bewußtseinsverlust einher; der Kranke merkt plötzlich, daß er den Arm nicht mehr bewegen kann, oder es kommt vor, daß er plötzlich nicht mehr sprechen kann. Solche Anfälle von vorübergehendem Sprachverlust sind nicht selten im Beginne der Erkrankung und sie werden bei Erhebung der Anamnese häufig von den Angehörigen mitgeteilt. Manchmal treten anfallsweise Parästhesien, Taubheitsgefühle, Ameisenlaufen an manchen Körperstellen auf. Es handelt sich wohl zum Teil hier um sog. sensible JACKSON-Anfälle, die in den noch später zu erörternden rindenepileptischen Anfällen ein Äquivalent haben.

Auch epileptiforme Anfälle sind bei Paralytikern häufig. Sie können entweder unter dem Bilde eines typischen epileptiformen Anfalls (mit tonisch-klonischen Krämpfen, Zungenbiß, Einnässen) in Erscheinung treten oder aber, was häufiger ist, rindenepileptischen Charakter zeigen. Dann erstrecken sich die Anfälle nur auf einzelne Gliedmaßen, oder sie beginnen im Facialis oder Arm der einen Seite und greifen dann allmählich auf andere Körperteile über. Ein einzelner Anfall dauert in der Regel nur einige Minuten, er kann sich aber auch über mehrere Stunden hinziehen. Es kann auch vorkommen, daß die Anfälle sich in kurzen Abständen wiederholen, ähnlich wie im Status epilepticus; man spricht in solchen Fällen daher auch von einem Status paralyticus. Ein solcher Status paralyticus ist oft von Temperatursteigerungen und Harnverhaltung begleitet. Manchmal zeigen die Anfälle einen mehr tonischen Charakter. Auch Zähneknirschen während der Anfälle wird beobachtet, doch kommt dieses bei manchen Paralytikern auch in der anfallsfreien Zeit vor. Wenn eine Paralyse bei einem früher epileptischen Individuum auftritt, dann kann es vorkommen, daß dann die epileptischen Anfälle gänzlich aufhören (REICHARDT). In manchen Fällen kleidet sich ein paralytischer Anfall in ein meningitisches Bild, es können Nackenstarre, KERNIGsches Symptom nachweisbar sein, auch pflegen die Kranken dann über starke Kopfschmerzen zu klagen. Nimmt man während eines solchen Symptomenbildes eine Liquoruntersuchung vor, so pflegt eine hochgradige Zellvermehrung nachweisbar zu sein. Zuweilen (allerdings selten) trifft man an Stelle der Lymphocyten polymorphkernige Zellen an (Polynucleose; PAPPENHEIM u. a.). Diese offenbar akuten meningealen Schübe scheinen mit jenem Prozeß verwandt zu sein, der auch gelegentlich bei der Tabes eintritt und hier als akute Ataxie bezeichnet wird. A. JAKOB hat Paralysen mit Anfällen und den Tod im paralytischen Anfall unter der Benennung „Anfallsparalysen" zusammengefaßt, welche Aufstellung von den meisten Autoren aber abgelehnt worden ist. Schließlich gibt es anfallsweise Störungen bei Paralytikern, die weder die Erscheinungen der apoplektiformen noch der epileptiformen Anfälle zeigen, sondern sich nur in psychischen Symptomen (anfallsweise auftretende Benommenheit, Verwirrtheit, deliranten und Erregungszuständen) äußern (Psychische Anfälle NEISSERS).

7. Blut- und Liquorbefunde.

Die Untersuchung des Blutes und der Cerebrospinalflüssigkeit hat bekanntlich für die Diagnose der Paralyse große Bedeutung erlangt, vor allem deswegen, weil manche Methoden einen einwandfreien Nachweis der syphilitischen Infektion auch bei denjenigen Fällen gestatten, wo anamnestische Erhebungen versagen. Da die Methodik und die Resultate der Blut- und Liquoruntersuchungen im Kapitel von GEORGI und FISCHER eine sehr ausführliche Darstellung erfahren haben, so möchte ich, um Wiederholungen zu vermeiden, hier nur einen ganz kurzen Überblick über die allerwichtigsten Befunde im Blut und der Cerebrospinalflüssigkeit geben und bezüglich aller Einzelheiten auf das erwähnte Kapitel dieses Handbuchs verweisen. Bei der Paralyse begegnet man fast stets der syphilitischen Blutveränderung, die sich in einem positiven Ausfall der WASSERMANNschen Reaktion und der Flockungsreaktionen (SACHS-GEORGI u. a.) kundgibt. Doch darf auf Grund eines positiven Ausfalls der serologischen Blutbefunde noch keine Paralyse angenommen werden;

es ist damit erst festgestellt, daß es sich um ein syphilitisch infiziertes Individuum handelt, aus deren Zahl sich ja auch die Paralytiker rekrutieren. Andererseits bedeutet auch ein negativer Ausfall dieser Reaktionen noch nicht, daß eine paralytische Erkrankung ausgeschlossen ist. Ist allerdings der betreffende Fall niemals antisyphilitisch behandelt worden, erscheint eine negative Serumreaktion auffällig, denn negative Serumreaktionen bei der Paralyse werden vor allem bei behandelten Fällen angetroffen; manchmal auch bei atypischen Verlaufsformen. Bezüglich des Blutbildes, der Blutgruppenzugehörigkeit usw. sind bisher bei der Paralyse keine Befunde erhoben worden, welche bei unseren heutigen Kenntnissen diagnostische oder pathogenetische Bedeutung haben.

Wichtig sind vor allem die Veränderungen der Cerebrospinalflüssigkeit, und es sollte bei keinem Paralytiker oder dieser Krankheit Verdächtigen die Liquoruntersuchung unterlassen werden. Vor allem findet man auch im Liquor eine positive Wa.R., die sich durch ihre Stärke auszeichnet. Schon bei Verwendung geringer Liquormengen (0,2 oder noch weniger) fällt die Wa.R. oft positiv aus. Verwendet man nach HAUPTMANN und HÖSSLI noch größere Liquormengen, dann erzielt man positive Reaktionen bei den allermeisten, auch den atypischen Fällen. Eine gänzlich negative Wa.R. im Liquor bei unbehandelten Paralysefällen stellt ein so seltenes Ereignis dar, daß Zweifel an der Diagnose ernstlich in Betracht gezogen werden müssen. Die Flockungsreaktionen ergeben nach übereinstimmenden Bekundungen aller Serologen im Liquor nicht so häufige positive Befunde wie die Wa.R.

Man findet ferner bei unbehandelten Paralysefällen im Liquor in der Regel eine Zellvermehrung, die meist nicht sehr hohe Grade erreicht; meist handelt es sich um Lymphocyten und Plasmazellen. Die Zellvermehrung im Liquor pflegt indes durch therapeutische Maßnahmen relativ leicht beeinflußt zu werden. Das Gesamteiweiß ist bei der Paralyse gewöhnlich etwas, allerdings nicht in sehr hohem Maße, vermehrt. Diagnostische Bedeutung hat die Globulinvermehrung im Liquor erlangt (NONNEsche Phase I). Vielfach werden außerdem die WEICHBRODTsche Sublimatreaktion und die PANDYsche Reaktion angewandt. Auch Kolloidreaktionen ergeben mehr oder weniger charakteristische Bilder, sowohl die Goldreaktionen als auch die Mastixreaktionen und andere, auf ähnlichen Prinzipien fußende Methoden. Über die Art der bei Paralyse vorkommenden Kurven sei auf das GEORGI-FISCHERsche Kapitel verwiesen, wo sich auch Abbildungen vorfinden. Auch über den Einfluß der Infektionsbehandlung auf den Liquor — alle Veränderungen können durch sie eine teilweise oder völlige Rückbildung erfahren — findet sich das Nötige in den Kapiteln von GEORGI und FISCHER sowie von WAGNER-JAUREGG. Es sei nur noch erwähnt, daß der paralytische Liquor in der Regel farblos und klar ist, daß er meist unter erhöhtem Druck entleert wird, daß sich aber die Druckerhöhung diagnostisch kaum verwerten läßt.

Die serologischen Befunde der Paralyse kommen zuweilen auch bei Fällen zur Beobachtung, die keine paralytischen Erscheinungen darbieten. Solche Fälle werden vielfach als Präparalysen oder als serologische Paralysen bezeichnet. Diese Fälle sind natürlich in hohem Maße gefährdet, manifeste Erscheinungen der Paralyse zu bekommen, doch muß dies nicht unbedingt sein. Wann bei einer Paralyse sich die Liquorveränderungen einstellen, wissen wir nicht. Nach den Untersuchungen von MEYERBACH können auch Luesfälle, die ursprünglich nur positive Blutbefunde hatten, später an Paralyse erkranken. PLAUT schreibt den Liquorveränderungen in den frühen Stadien der Lues eine andere Bedeutung zu als denen bei der Paralyse.

8. Psychische Symptome.

Bei der Schilderung der psychischen Symptome muß ich mich sehr kurz fassen[1]. Die *Initialerscheinungen* der Paralyse — diese sind übrigens auch im Kapitel der Diagnose eingehend berücksichtigt — sind meist unbestimmter Natur. Die Kranken werden vergeßlich und zerstreut; Arbeiten, die sie früher mit Leichtigkeit ausgeführt haben, bereiten ihnen mit einem Male Schwierigkeiten. Oft tritt auf der einen Seite eine unbegründete Reizbarkeit, auf der anderen Seite Gleichgültigkeit gegenüber wichtigen persönlichen Belangen auf. Beginnende Paralytiker können einerseits leicht beeinflußbar, andererseits hochgradig eigensinnig werden. Auch eine Affektlabilität macht sich zuweilen geltend: der Kranke kann rührselig werden, so daß er bei jeder Kleinigkeit zu weinen anfängt, oder aber sein Verhalten kann rücksichtslos und brutal werden. Eine auf Paralyse in hohem Grade verdächtige Erscheinung stellt es dar, wenn gebildete Kranke in einer Gesellschaft oder bei einem feierlichen Anlasse einschlafen. Häufig bringen Paralytiker auch körperliche Klagen vor, sie empfinden eine allgemeine Müdigkeit, Kopfschmerzen u. dgl. Zuweilen treten auch vereinzelt Sinnestäuschungen auf, doch sind diese bei der Paralyse verhältnismäßig selten und spielen eine untergeordnete Rolle.

Was die psychischen Symptome der ausgeprägten Paralyse anbetrifft, so ist der Grundzug der Erkrankung die fortschreitende Verblödung. Gewissermaßen als Zutat treten verschiedene andere Erscheinungen auf, die sich mit der Geistesschwäche verschmelzen können. Die Unterscheidung zwischen der paralytischen Demenz und den anderen Symptomen der Erkrankung ist theoretisch und praktisch von großer Wichtigkeit. Vielfach ist die Anschauung von Hoche akzeptiert worden, der die Demenzerscheinungen als *Achsensymptome* und die übrigen Begleiterscheinungen als *Randsymptome* aufgefaßt hat. Die fortschreitende Demenz der Paralytiker beruht auf einer irreparablen Zerstörung funktionstragenden Nervengewebes und ist infolgedessen einer Rückbildung nicht fähig. Die Randsymptome (Bewußtseinstrübungen, Erregungszustände) stellen episodische Erscheinungen dar. Wenn diese zurücktreten, dann bleibt nur die Demenz übrig; ist diese noch nicht sehr weit vorgeschritten oder überhaupt noch nicht offenkundig, dann entsteht der Eindruck einer weitgehenden Besserung oder Heilung der Paralyse. Diese Tatsache tritt uns bekanntlich als Folge der Malariabehandlung häufig entgegen, und sie wird uns am besten, sowohl was die guten Remissionen als auch die Defektheilungen anbelangt, verständlich, wenn wir uns die Hocheschen Gedankengänge klarmachen. Ein Paralytiker kann tief verblödet erscheinen, er ist es aber in Wirklichkeit nicht, weil während einer akuten Krankheitsphase etwa eine so hochgradige Bewußtseinstrübung besteht, daß alle geistigen Funktionen in ihrem Ablauf erheblich behindert sind. Bostroem trifft hier mit Recht eine Unterscheidung zwischen Urteilslosigkeit und Urteilsschwäche. Ein Paralytiker kann zu gewissen Zeiten stärker urteilslos sein als zu anderen. Die aber auf Hirnzerstörungen beruhende Urteilsschwäche bleibt immer gleich, wenn sie auch manchmal durch Hinzutreten von anderweitig bedingter Urteilslosigkeit eine Verstärkung erfahren kann. Die psychischen Störungen, die man bei Paralytikern beobachtet, bestehen in Störungen der Auffassung, in Beeinträchtigung der Konzentration und in Störungen der Merkfähigkeit. Vor allem pflegen diejenigen Eigenschaften Not zu leiden, die charakterologischer Art sind: Zartgefühl und Takt, Zielbewußtsein und Energie pflegen nachzulassen. Dadurch kommt es zu mehr oder weniger schweren und auffallenden Entgleisungen. Auf eine andere Erscheinung hat Bostroem hingewiesen, auf die Beeinträchtigung

---

[1] Siehe Fußnote auf S. 647.

der motorischen Auffassung: Kranke erweisen sich unfähig, eine ihnen aufgetragene, kurz beschriebene Bewegung auszuführen, z. B. bereitet ihnen der Kniehackenversuch große Schwierigkeiten.

Auf die einzelnen Formen der Paralyse kann hier ebenfalls nur ganz kurz eingegangen werden. Am häufigsten begegnet man der *dementen Verlaufsform* (stillen Verblödung), die sich durch einen allmählichen Nachlaß der Intelligenz kundgibt. Zuweilen tritt auch hier eine Euphorie oder Reizbarkeit zutage. Das Gedächtnis wird immer schwächer, insbesondere leidet die Merkfähigkeit. In seltenen Fällen ist die Störung der Merkfähigkeit eine so hochgradige, daß ein KORSSAKOWscher Symptomenkomplex besteht. Die Kranken vergessen von Minute zu Minute alles, sind über Ort und Zeit völlig im unklaren und füllen die Lücken ihres Gedächtnisses durch freie Erfindungen (Konfabulationen) aus. Eine Erscheinung, die auch sonst bei Paralytikern vorkommt und Ausfluß der Geistesschwäche ist, äußert sich darin, daß sich die Kranken sehr leicht allerlei einreden lassen.

Auch dem Laien bekannt ist die *expansive Form* mit gehobener Stimmung, starker Erregung und den unsinnigen, maßlosen Größenideen. Häufig schlägt aber die glückselige Stimmung in heftige Wut um. Eine andere Paralyseform äußert sich in einem *depressiven Zustandsbild*, das wiederum einen paralytischen Stempel trägt. Die melancholischen Ideen zeichnen sich durch exzessive Steigerungen aus; vor allem werden ganz unsinnige hypochondrische Ideen geäußert: die Kranken haben keinen Magen mehr, haben 100 Jahre lang nicht gegessen u. dgl. Manchmal beobachtet man einen Wechsel zwischen manischen und depressiven Zuständen, für welche Verlaufsform KRAEPELIN die Bezeichnung *zirkuläre Form* gewählt hat. Damit ist aber die Vielgestaltigkeit der Zustandsbilder, die bei der Paralyse auftreten können, nicht erschöpft. Es können katatone, delirante, paranoide, schizophrene u. a. Erscheinungen auftreten, kurzum die paralytische Erkrankung kann sich in das Gewand fast einer jeden Psychose kleiden, wenn auch der paralytische Charakter an gewissen Färbungen des Zustandsbildes vielfach erkennbar ist. Besonderes Interesse haben neuerdings die *paranoid-halluzinatorischen Zustände* erlangt, welche *im Gefolge der Malaria- und Recurrensbehandlung* gelegentlich auftreten und auf die GERSTMANN zuerst die Aufmerksamkeit gelenkt hat. Diese äußern sich in Gehörshalluzinationen, Gedankenlautwerden, Beeinflussungsideen, mitunter sogar in physikalischem Verfolgungswahn. So kann das Bild einer Schizophrenie entstehen. Diese Erscheinungen, welche meist noch lange nach der Entfieberung nachweisbar sind, können allmählich abklingen, sie können aber auch dauernd bestehen bleiben. Glücklicherweise sind diese unerwünschten Folgen der Malariabehandlung nicht allzu häufig.

In den *Endstadien* der Krankheit sind die Kranken so tief verblödet, daß jedes geistige Leben erloschen ist. Sie sind auf die Stufe eines Tieres herabgesunken, wie man zu sagen pflegt, zuweilen sogar noch tiefer.

9. Häufigkeit der Paralyse.

Was die Häufigkeit der Paralyse betrifft, so beträgt ihr Anteil an *allen Anstaltsaufnahmen nach* KRAEPELIN *durchschnittlich 10—20%*. Die zwischen den einzelnen Anstalten bestehenden Differenzen erklären sich dadurch, daß dort, wo auch Betrunkene, Epileptiker in großer Zahl zur Aufnahme gelangen (Universitätskliniken, Stadtasyle) die Zahl der Paralytiker naturgemäß relativ zurücktreten muß. Andererseits machen sich auch Unterschiede geltend, je nachdem die Anstalt einen großstädtischen oder ländlichen Aufnahmebezirk besitzt. Die höheren Paralyseziffern unter den Städtern dürften, wie KRAEPELIN mit Recht bemerkt, wohl in erster Linie auf ihre stärkere Syphilisdurchseuchung zurückzuführen sein. Die älteren Statistiken dürfen in diesem Zusammenhang nicht uneingeschränkt verwertet werden, weil damals, in der vorserologischen Aera, häufiger zu Unrecht Paralysen diagnostiziert worden sind.

Auch in älteren Arbeiten wurde öfters schon die Behauptung aufgestellt, die Paralyse sei in der Zunahme begriffen. Neuerdings wird bald von einer Abnahme, bald von einer Zunahme der paralytischen Erkrankungen berichtet. Selbstverständlich gibt es Schwankungen der Paralysehäufigkeit, die der jeweiligen Syphilisdurchseuchung entsprechen. Leider verfügen wir in Deutschland noch über keine regelmäßigen Statistiken der Geschlechtskrankheiten, so daß wir die Schwankungen der Paralysehäufigkeit nicht ganz einwandfrei beurteilen können. In Berlin setzte im Jahre 1913 eine Abnahme der Paralyse ein (BONHOEFFER), in Leipzig eine Zunahme (BUMKE), während in München und Freiburg die Ziffern der Paralyseaufnahmen gleichgeblieben waren. Wenn man sich über Schwankungen der Paralysehäufigkeit ein Urteil bilden will, dann müssten Mängel der statistischen Erfassung ausgeschlossen sein, eine Bedingung, die heute noch nicht leicht zu erfüllen ist. Es können natürlich in den Schwankungen der Paralysehäufigkeit sich auch Einflüsse der Syphilisbehandlung kundgeben, etwa gelungene Abortivkuren durch Salvarsan[1] oder eine gründliche Syphilisbehandlung eine Abnahme der Paralyse bedingen. Schließlich wäre noch daran zu denken, daß das Verhältnis zwischen Syphilis und Paralyse unabhängig von äußeren Einflüssen keine Konstante darstellt. Es ist ferner behauptet worden, daß der Verlauf der Paralyse eine Änderung erfahren habe, daß die sog. klassische Paralyse mit den unsinnigen Größenideen seltener geworden sei und die demente Form zugenommen habe (BEHR u. a.). Auch einzelne Symptome sollen seltener geworden sein, wie das Zähneknirschen (KRAFFT-EBING). Es kann sich hierbei aber auch um Eindrücke handeln, denen ein überzeugender Wert nicht beigemessen werden darf. Genauere Angaben über die Häufigkeit der Paralyse finden sich in den Lehrbüchern von KRAEPELIN (9. Auflage) und BUMKE (2. Auflage) und in Veröffentlichungen von BUMKE sowie JAHREISS. KRAEPELIN sowie KOLB bringen ferner ausführliche Daten über die Paralysehäufigkeit in verschiedenen Ländern und bei verschiedenen Rassen, auf die hier nicht näher eingegangen werden kann, zumal die Frage über die angebliche Seltenheit der Paralyse in unkultivierten und tropischen Ländern schon früher erörtert wurde.

Wie bereits erwähnt, ist die *Paralyse bei Frauen* im allgemeinen seltener, trotzdem beide Geschlechter in gleicher Häufigkeit von der Syphilis heimgesucht werden. Doch bestehen Unterschiede in den einzelnen Ständen. In der Budapester Klinik soll das Verhältnis der paralytischen Frauen zu den Männern 1 : 5,6 betragen, in einer ungarischen Privatanstalt 1 : 30. Nach GÄRTNER soll das Verhältnis zwischen paralytischen Frauen und Männern bei höheren Beamten 1 : 46,2 ausmachen. Auch paralytische Arztehefrauen beobachtet man nur ganz vereinzelt. Gar nicht selten findet man auch die sog. konjugale Paralyse, Paralyse bei beiden Ehegatten. O. FISCHER hat einmal ausgerechnet, wie oft Männer paralytischer Frauen an Paralyse erkranken, und auf diese Weise 10,5% *konjugale Paralysen* gefunden, ein Wert, der der AEBLYSCHEN Schätzung der Paralyschäufigkeit bei Syphilitikern durchaus entspricht. Nach den Feststellungen von WIRZ ist die konjugale Paralyse nicht häufiger, als sie den Syphilisansteckungen entspricht. Aus dem Vorkommen konjugaler Paralysefälle

---

[1] Mit Recht macht aber BUMKE darauf aufmerksam, daß man auch die Inkubationszeit der Paralyse berücksichtigen müsse, daß man also in den ersten Jahren nach der Einführung des Salvarsans in die Syphilisbehandlung noch keinen Einfluß auf die Paralysemorbidität annehmen dürfe.

lassen sich also keine Beweise für die Existenz besonderer neurotroper Spirochätenstämme erbringen (WIRZ).

Die Paralyse kommt *in allen Lebensaltern* vor, vielleicht mit Ausnahme der ersten Lebensjahre. Am häufigsten ist sie bei Männern zwischen dem 35. und 50., genauer zwischen dem 40. und 45. Jahre, bei Frauen zwischen dem 35. und 50., besonders zwischen dem 35. und 40. Jahre (KRAEPELIN).

10. Inkubationszeit.

Eine auffallende Erscheinung stellt die Tatsache dar, daß die Paralyse der Syphilisansteckung nicht gleich folgt, sondern von ihr durch eine einige Jahre während Inkubations- oder Vorbereitungszeit getrennt ist, welche im Durchschnitt *10—15 Jahre* beträgt. Es kommt nur selten vor, daß die paralytische Erkrankung in einem wesentlich kürzeren Zwischenraum ausbricht. Allerdings bereitet die genaue Feststellung der Inkubationszeit meist große Schwierigkeiten, die darin liegen, daß die Kranken Paralytiker sind und ihre Angaben völlig unzuverlässig sind. Mit Recht hat KRAEPELIN darauf aufmerksam gemacht, daß die besonders häufig von den Kranken genannten Inkubationszeiten von 10, 15 oder 20 Jahren mit der Vorliebe für runde Zahlen zusammenhängen dürften. Ferner darf nicht außer acht gelassen werden, daß namentlich von ungebildeten Patienten nicht immer das primäre Geschwür und lokale Rezidivbildungen auseinandergehalten werden, und daß schließlich der syphilitische Primäraffekt übersehen worden sein oder gefehlt haben kann. Strengeren Ansprüchen vermögen daher nur Angaben über Inkubationszeiten zu genügen, die nicht von den Kranken selbst herstammen; sei es, daß man in der Lage ist, durch Rückfragen beim behandelnden Dermatologen sich über den genauen Zeitpunkt der Infektion zu vergewissern, oder sei es, daß statistische Erhebungen nicht von den Paralytikern, sondern von den Syphilitikern ihren Ausgang nehmen. Glücklicherweise besitzen wir derartige Unterlagen, die uns MATTAUSCHEK und PILCZ durch katamnestische Verfolgung von 4134 syphilitischen Offizieren der österreichischen Armee geliefert haben, über deren Ansteckung und spätere Erkrankung genaue aktenmäßige Unterlagen beigeschafft werden konnten. Auch in der von MATTAUSCHEK und PILCZ gegebenen Tabelle zeigen die meisten Fälle eine Inkubationszeit von 12 Jahren. *Kurze Vorbereitungszeiten sind sehr selten, ebenso längere,* wenn auch MATTAUSCHEK und PILCZ einen Fall erwähnen, bei dem die Paralyse erst 39 Jahre nach der Ansteckung ausgebrochen ist. Und OLIVIER berichtet von einem Paralysefall, der eine Inkubationszeit von 44 Jahren aufzuweisen hat. Und was die später noch zu erörternde juvenile Paralyse anbetrifft, so hat CHRISTIAN MÜLLER einen Fall von congenitaler Lues mitgeteilt, bei dem die Paralyse erst im 42. Lebensjahre ausgebrochen ist. Über kurze Inkubationszeiten haben JAKOB ($1\frac{1}{2}$ Jahre) und OSTERTAG (9 Monate) berichtet. Im Falle OSTERTAGS war die Paralyse aus einer luischen Meningitis hervorgegangen, ein ungewöhnliches Ereignis. Auch bei der juvenilen Paralyse sind 2 Fälle mit sehr kurzen Vorbereitungszeiten beschrieben, und zwar von TAKÉOUCHI (3 Jahre 11 Monate) sowie von PIRILAE (im Verlaufe des ersten Lebensjahres); bei letzterem Falle beruht allerdings die Paralysediagnose nur auf dem Ergebnis der histologischen Untersuchung des Zentralnervensystems bei dem 1 Jahr 3 Monate alten Kinde. Bei der juvenilen Paralyse wissen wir nahezu regelmäßig über die Inkubationszeit Bescheid, abgesehen von den seltenen Fällen, wo eine extragenitale Syphilisinfektion innerhalb der ersten Lebensjahre erfolgt. Auch bei der *juvenilen Paralyse* beträgt die *durchschnittliche Inkubationszeit* nach MEGGENDORFER *14,2 Jahre,* nach SCHMIDT-KRAEPELIN 11—12 Jahre für Knaben und 14 Jahre für Mädchen. Die Inkubationszeiten bei der juvenilen Paralyse stimmen daher ganz genau mit den bei Erwachsenen erhobenen Durchschnittsziffern überein. Meggendorfer hat die Regel aufgestellt, daß Paralyse bei einem Syphilitiker um so rascher auftritt, je älter derselbe zur Zeit der syphilitischen Ansteckung gewesen ist. Freilich ist auch der von Meggendorfer erörterte Einwand zu berücksichtigen, daß bei später infizierten Paralytikern kurze Inkubationsfristen überwiegen müssen, weil die im höheren Alter angesteckten Menschen längere Inkubationszeiten in der Regel nicht erleben. Meggendorfer meint allerdings, die Abnahme der Latenzzeiten sei verhältnismäßig größer als die Abnahme der Lebenserwartung. Auch der antisyphilitischen Behandlung wurde ein Einfluß auf die Inkubationszeit zugeschrieben; manche Autoren behaupten, daß sie die Inkubationszeit verlängere, andere, daß sie sie verkürze. Alle diese Angaben sind unsicher. Mattauschek und Pilcz konnten keinen Einfluß der Syphilisbehandlung auf die Länge des Intervalls zwischen Infektion und Ausbruch der Paralyse erkennen, und Meggendorfer hält die etwa zutage tretende inkubationsverkürzende Wirkung der Therapie nur für scheinbar.

11. Dauer der paralytischen Erkrankung.

Die durchschnittliche Dauer der Paralyse, von ihrem ersten Beginn bis zum tödlichen Ausgang berechnet, wird im allgemeinen *mit $2^1/_2$ Jahren* angegeben. Unter Kraepelins großem Material war der Tod bei mehr als der Hälfte seiner Fälle innerhalb der ersten Krankheitsjahre eingetreten. Paralytische Frauen scheinen meist etwas länger zu leben als Männer, und bei der juvenilen Paralyse kann sich bekanntlich die Erkrankung nicht so selten über viele Jahre erstrecken. Wenn die Paralyse in einem höheren Lebensalter ausbricht, ist die durchschnittliche Lebenserwartung in der Regel nur sehr gering. Auch *für die einzelnen Formen*, in denen sich die paralytische Erkrankung äußert, *wurde eine verschiedene Lebensdauer errechnet.* Kraepelin sah bei agitierten und depressiven Paralytikern oft schon nach kurzer Krankheitsdauer den Tod eintreten, und Meggendorfer hat als durchschnittliche Krankheitsdauer für die demente Paralyse 28, die expansive 23, die agitierte 15 und die depressive 25 Monate angegeben. Auffallend ist, daß Paralytiker, bei denen die Krankheit allmählich nach mannigfachen Vorläufersymptomen eingesetzt hat, ein längeres Leben zu erwarten haben als diejenigen Individuen, bei denen die Paralyse plötzlich zum Ausbruch gelangt ist. Was den Einfluß der Inkubationszeit auf den Paralyseverlauf anbetrifft, so ist Kraepelin auf Grund seines Materials zu dem Schluß gelangt, daß die Krankheit um so schneller verläuft, je länger die Vorbereitungszeit gedauert hat. Die oben erwähnte durchschnittliche Krankheitsdauer der Paralyse kann sowohl erheblich unterschritten als auch überschritten werden. Von den Paralysen mit raschem Verlauf (sog. galoppierende Paralysen) und den durch ein langsames Verlaufstempo gekennzeichneten Krankheitsfällen (sog. stationäre Paralyse) wird später noch die Rede sein. Wenn die kürzeste Krankheitsdauer der Paralyse etwa mit 1 Monat bezeichnet wird, so stützen sich derartige Erfahrungen wohl auf Anstaltsmaterial. Es kommt offenbar gar nicht so selten vor, daß die Paralyse noch rascher verläuft, indem sie *aus scheinbarer Gesundheit apoplektiform zum Tode führt.* Solche Fälle kommen vielfach gar nicht oder nur ausnahmsweise zur Kenntnis des Psychiaters, sie werden wohl meist als Tod im Schlaganfall vermerkt. Ich erinnere mich eines solchen Falles, der mit den Erscheinungen eines apoplektischen Insults in die Klinik eingeliefert wurde und in diesem zugrunde ging, und bei welchem die histologische Untersuchung das ausgesprochene Bild einer paralytischen Gehirnerkrankung ergab; trotzdem hatten die Angehörigen bei dem Kranken vorher keine paralyseverdächtige Erscheinung bemerkt. Hierher gehören wohl auch die von SPIELMEYER beschriebenen Beobachtungen, wo die Untersuchung von an anderen Krankheiten verstorbenen Patienten, die aus dem Obduktionsmaterial des Krankenhauses München-Schwabing stammten, erstaunlicherweise zuweilen das anatomische Bild der Paralyse ergab, obwohl genaue Nachforschungen keinerlei klinische Erscheinungen der Paralyse aufdecken konnten. Gelegentlich kommt es aber auch vor, daß *die unbehandelte Paralyse 3, 4, 5, ja selbst 6 Jahre und länger dauert,* ehe sie den tödlichen Ausgang nimmt. Solche Fälle führen allmählich in das Gebiet der stationären Paralyse hinüber.

12. Remissionen.

Eine auffallende Erscheinung im sonst im allgemeinen allmählich fortschreitenden Verlauf der Paralyse stellen mehr oder weniger tiefgreifende Besserungen dar, die man auch als Remissionen bezeichnet. Die Häufigkeit der Remissionen wird meist auf ungefähr 10% beziffert (GAUPP, SCHRÖDER, KRAEPELIN). Es sei jedoch ausdrücklich vermerkt, daß diese für die Häufigkeit *spontaner Remissionen* einzig verwertbaren Angaben aus einer Zeit stammen, in der eine spezifische oder Infektionsbehandlung der Paralyse nicht geübt wurde. Heute, wo fast alle Paralytiker einer Heilbehandlung unterworfen werden, ist die Zahl der Remissionen natürlich bedeutend größer geworden. Aber auch bei den spontanen Remissionen erhebt sich die Frage, ob sie alle wirklich spontan entstanden sind, denn wir wissen, daß auch schon in der Vormalariazeit gelegentlich fieberhafte Erkrankungen und Eiterungen ein derartiges Ereignis herbeigeführt haben, und es kann sehr wohl sein, daß gelegentlich eine Angina übersehen oder auch die Bedeutung einer Infektion nicht richtig eingeschätzt worden ist, wie man denn auch Besserungen der Paralyse nach Entstehung eines „Mal perforant" beobachtet haben will. Die Dauer spontaner Remissionen pflegt durchschnittlich nicht mehr als 6—12 Monate zu betragen, und KRAEPELIN betont mit Recht, daß unbehandelte Paralysefälle, welche in einer Remission länger als 2—3 Jahre annähernd gesund blieben, als vereinzelte Ausnahmen anzusprechen sind. Hierher würde z. B. der oft zitierte Fall HALBANs gehören, bei dem eine schwere Phlegmone, die ein 4 Monate langes Fieber verursacht hatte, schließlich eine 8 Jahre anhaltende Remission zur Folge hatte. Häufig tritt eine solche Besserung sehr rasch ein, indem Erregungszustände nachlassen, der Kranke besonnen wird und Krankheitseinsicht sich einstellt. Immerhin pflegen die Kranken in der Remission vielfach nicht die richtige Einstellung zur Schwere ihres Leidens zu besitzen, über das sie sich sorglos hinwegtäuschen. Auch Sprach- und Schriftstörungen können zurücktreten, wenngleich GAUPP in einer schweren Sprachstörung ein prognostisch ungünstiges Zeichen erblickt. Doch habe ich einen Paralytiker gekannt, der in der Remission als Zuschneider in einem großen Geschäft arbeitete, und der eine sehr schwere Sprachstörung in der Remission aufwies. Ob eine reflektorische Pupillenstarre auch während einer Remission schwinden kann, möchte ich mit BUMKE bezweifeln und in allen derartigen Fällen eher Untersuchungsfehler bei der Feststellung der Pupillenstarre vermuten.

Das Auftreten derartiger Remissionen hat schon früher, als es noch keine Malariabehandlung gab, vielfach zu Diskussionen geführt, ob wenigstens im Prinzip eine *Heilung der Paralyse* möglich ist, doch war man nicht in der Lage, mit genügend einwandfreien Beobachtungen aufzuwarten, da es sich meist herausstellte, daß derartige geheilte Paralytiker nach längerem Wohlbefinden erneut erkrankten oder daß es sich um Fehldiagnosen handelte. Auch ist die Grenze zwischen sog. Heilung und der stationären Form der Paralyse nicht immer leicht zu ziehen. Heute beobachtet man natürlich dank der Malaria-behandlung weitgehende Remissionen der Paralyse sehr häufig (siehe das Kapitel von Wagner-Jauregg). Was die *Frage der Heilbarkeit der progressiven Paralyse* anbetrifft, *so muß diese heute grundsätzlich bejaht werden,* denn durch die Infektionsbehandlung gelingt es vielfach, den Syphiliserreger gänzlich niederzuzwingen oder ihn in eine Latenzstufe zurückzuführen, in der er sich während der Vorbereitungszeit der Paralyse befunden hat. Wie bereits im Kapitel der psychischen Symptome auseinandergesetzt wurde, kommt es praktisch hauptsächlich darauf an, wieviel funktionstragendes Nervengewebe zerstört ist und welche Ausfallerscheinungen dementsprechend irreparabel sind. Da viele Erscheinungen der Paralyse nicht der Demenz entspringen, sondern den sog. Randsymptomen zugehören, ist es verständlich, daß heute vielfach weitgehende, von Heilung nicht zu unterscheidende Besserungen, die man früher nie zu hoffen gewagt hatte, zur Beobachtung gelangen.

Die Häufigkeit der Paralyseremissionen hat neuerdings auch zur Erörterung *sozialer und forensischer Gesichtspunkte* bei fieberbehandelten Paralytikern geführt. Die letzteren gehören in das Gebiet des Psychiaters, müssen also hier unerörtert bleiben. Eine Frage tritt jedoch wohl an den Nervenarzt recht häufig heran: ob der Paralytiker in einer therapeutischen Remission wieder seinen früheren Beruf ausüben kann. Bei Berufen mit geringer Verantwortung läßt sich eine solche Frage natürlich unbedenklich bejahen, während ich mit Kurt Schneider Paralytiker auch in der weitgehendsten Remission als Lokomotivführer, Flugzeugführer u. dgl. für gänzlich ungeeignet halte, ebenso Bedenken gegen ihre Tätigkeit als Chauffeur, Arzt oder Apotheker habe. Bostroem hält außerdem Bergarbeiten unter Tag für zu anstrengend, als daß sie einem remittierten Paralytiker zugemutet werden könnten. Ich meine, man muß angesichts der Frage der Berufsfähigkeit sich immer der Tatsache bewußt sein, daß jederzeit Rückfälle eintreten können und daß gerade eine schwerwiegende berufliche Entgleisung das erste Anzeichen eines solchen bilden kann. Mit Recht hebt Bostroem auch hervor, daß irgendein besonderes Ereignis, dem der Kranke nicht gewachsen war, einen Defekt zum Vorschein bringt, während man ohne einen solchen Vorfall kaum Anlaß gehabt hätte, an völliger Heilung zu zweifeln. Der Standpunkt, bei der Beurteilung der Berufsfähigkeit von Paralytikern in therapeutischen Remissionen große Vorsicht walten zu lassen, soll natürlich keine Herabwürdigung der Erfolge der Malariabehandlung bedeuten. Jeder, der den Verlauf der Paralyse aus eigener Anschauung aus der Vormalariazeit kennt, wird Wagner-Jaureggs Verdienst nicht hoch genug einschätzen können.

Der tödliche Ausgang der Paralyse, der früher die Regel war, wird auch heute noch beobachtet, wenn es auch Fälle gibt, die während einer therapeutischen Remission aus anderer Ursache sterben und wenn auch die Lebenserwartung der Paralytiker durch die Einführung der Malariabehandlung eine gewaltige Verbesserung erfahren hat. *Der Tod* kann durch paralytische Anfälle, Schluckpneumonien, Erysipel, Dysenterie, Sepsis, Pyelonephritis erfolgen, wie denn überhaupt Paralytiker eine herabgesetzte Widerstandsfähigkeit gegenüber Infektionen zeigen, diesen nicht nur leichter zum Opfer fallen, sondern ihnen auch rascher erliegen.

13. Atypische Paralyseformen.

Hier sollen einzelne, vom Bild der gewöhnlichen Paralyse abweichende Formen eine kurze Besprechung finden. Die Atypien lassen sich nicht unter einen Gesichtspunkt bringen. Es handelt sich entweder um Eigentümlichkeiten des Verlaufs der Paralyse oder um Besonderheiten, die durch die Kombination mit der Tabes, durch das Lebensalter oder besondere Lokalisationen des Prozesses bedingt sind.

a) Die galoppierende Paralyse. Auch für den Neurologen, der sich öfters über die Prognose der paralytischen Erkrankung äußern muß, erscheint es wichtig zu wissen, daß es, wenn auch nicht besonders häufig, rasch verlaufende und binnen kurzem tödlich endigende, sog. galoppierende Paralysen gibt. Freilich werden ihre Erscheinungen (hochgradige Erregung und Verwirrtheit) solche Kranke meist gleich der Behandlung des Psychiaters zuführen und die Aufnahme in eine geschlossene Anstalt notwendig machen. Es handelt sich hier um Zustände schwerster Erregung, in welchen die Kranken unartikuliert schreien, umherrennen, nicht schlafen usw. Nach einigen Wochen pflegt bei den aufs äußerste abgemagerten Kranken der Tod einzutreten. Die schweren Erregungszustände, das Umsichschlagen und die unvermeidlichen Verletzungen begünstigen natürlich auch die Entstehung von Eiterungen und anderen Komplikationen.

b) Die stationäre Paralyse. Unter stationärer Paralyse wären eigentlich Fälle zu verstehen, bei denen die klinischen Symptome der Paralyse einwandfrei nachweisbar sind, bei denen aber in vieljähriger Beobachtung kein deutliches Fortschreiten konstatiert werden kann. Natürlich trifft diese Definition nicht die wirklichen Verhältnisse. Es werden auch Fälle zur stationären Paralyse gerechnet, bei denen das Verlaufstempo der Erkrankung nur verlangsamt ist, bei denen also diese im Laufe vieler Jahre doch, wenn auch langsam und allmählich, fortschreitet. Mit Recht hat BUMKE *darauf aufmerksam gemacht, daß der paralytische Prozeß* wohl ausheilen, aber *eigentlich nicht stillstehen kann.* Auch ist es nach BUMKE zweckmäßiger, bei manchen solchen Fällen, wo die Krankheit anscheinend wirklich haltgemacht hat, eine Heilung mit Defekt anzunehmen. Schon GAUPP hatte betont, daß unter den als stationäre Paralysen deklarierten Fällen viele Fehldiagnosen laufen. Bei einigen Fällen ist jedoch von autoritativer Seite die Paralysediagnose histologisch bestätigt worden, so bei einem Fall von ALZHEIMER, dann von SPIELMEYER bei einem von PLAUT beobachteten Falle, von SPATZ bei den Fällen von SCHMIDT-KRAEPELIN. Der ältere Fall von TUCZEK, bei dem von NISSL anatomisch die Paralyse festgestellt wurde, wird wohl eher als eine 20jährige Remission statt als stationäre Paralyse aufzufassen sein. Wir stehen eben hier wieder vor der mehrfach betonten Schwierigkeit, die stationäre Paralyse von den Fällen sog. geheilter oder defektgeheilter Paralyse bzw. von länger dauernden Remissionen mit Sicherheit abzugrenzen. Auch die klinischen Erscheinungen der stationären Paralyse sind oft atypisch; man beobachtet hier häufiger halluzinatorische und paranoide Zustandsbilder. Trotzdem entspricht der anatomische Befund öfters dem einer, wenn auch wenig ausgeprägten, einwandfreien Paralyse; ist anatomisch statt dessen eine Endarteriitis der kleinen Hirngefäße nachzuweisen, dann wird man den Fall auch den *syphilitischen Halluzinosen,* wie sie von PLAUT eingehend beschrieben worden sind, zurechnen müssen.

c) Die Tabesparalyse. Eine Paralyse, welche sich zu einer Tabes hinzugesellt, pflegt sich ebenfalls durch langsameren Verlauf auszuzeichnen, und manche einschlägige Fälle gehören eigentlich auch in das Gebiet der stationären Paralyse. Die tabischen Symptome bei der Tabesparalyse gehen dem Ausbruch der Paralyse in der Regel viele Jahre voraus. Bei den Tabesparalysen pflegt die Gedächtnisstörung und die Urteilsschwäche nicht so ausgeprägt zu sein, hingegen findet man oft katatone und paranoide Zustandsbilder, auch manchmal Halluzinosen. Wie GAUPP betont, ist auch die Sprachstörung meist weniger ausgeprägt als bei der typischen Paralyse. Häufig gelangt Opticusatrophie zur Beobachtung, aber die Kranken bemerken ihre Sehstörung nicht (sog. Antonsches Symptom, Fehlen der Selbstwahrnehmung körperlicher Defekte). Im übrigen sei hier bemerkt, daß es auch bei Tabes Psychosen gibt, die nicht der Paralyse zugehören; freilich ist die Unterscheidung zu Lebzeiten des Kranken oft schwierig, da, wie bereits bemerkt, die halluzinatorischen Bilder nicht bloß bei Tabespsychosen, sondern auch bei Taboparalysen angetroffen werden. Von der Taboparalyse zu unterscheiden sind Paralysen mit Tabessymptomen oder *Hinterstrangsparalysen*. Es sind dies Paralysen, bei denen einzelne tabische Zeichen vorhanden sind, z. B. fehlende Patellar- und Achillessehnenreflexe. Schwere tabische Symptome bleiben in der Regel aus.

d) Die juvenile Paralyse. Bei anderen Paralyseformen wird die Eigenart durch das Lebensalter bedingt. Hierher gehören die juvenile und die senile Paralyse. Die infantile bzw. juvenile Paralyse ist die paralytische Erkrankung bei Kindern oder im Entwicklungsalter stehenden Personen. Sie beruht in den allermeisten Fällen auf angeborener Syphilis. Allerdings kann sie gelegentlich auch dadurch zustande kommen, daß ein Kind durch eine syphilitische Amme angesteckt wurde; solche Fälle sind namentlich durch Nonne mitgeteilt worden. Manche Autoren haben versucht, die durch kongenitale Lues verursachte Paralyse von denjenigen Krankheitsfällen zu trennen, welchen eine in früher Kindheit erworbene Syphilis zugrunde liegt. Man hat nur der ersteren Kategorie die Benennung juvenile Paralyse zuerkennen wollen, während man Fälle der zweiten Art als Frühform der Paralyse bezeichnete. Praktisch läßt sich diese theoretisch wohl berechtigte Trennung vielfach nicht durchführen, weil sich der kongenitale oder postnatale Ursprung der Infektion nicht immer sicherstellen läßt, und andererseits werden die obengenannten, zur Unterscheidung bestimmten Benennungen von den Autoren doch promiscue gebraucht. Auch gegenüber der Paralyse der Erwachsenen bereitet die Abgrenzung oft Schwierigkeiten, wenn z. B. die Inkubationszeit etwas verlängert ist, also der Krankheitsbeginn beispielsweise im 25. Lebensjahre einsetzt. Mit 25 Jahren kann aber auch jemand paralytisch werden, der sich seine Lues mit 17 Jahren erworben hat. Häufig findet man bei der Paralyse des Kindes- und Entwicklungsalters Stigmata der kongenitalen Lues (Hutchinson-Zähne, Sattelnase, mancherlei Entwicklungsstörungen, z. B. Infantilismus, diesen in $^1/_4$ der Fälle), es können aber trotz einwandfrei kongenitalen Ursprungs der Syphilis diese Zeichen völlig fehlen. Die juvenile Paralyse pflegt sich in mannigfacher Hinsicht von der Krankheit der Erwachsenen zu unterscheiden. So kommen die so auffallenden psychischen Störungen der Paralyse im Kindesalter kaum vor; das liegt an der Unreife des jugendlichen Zentralnervensystems. Die *psychischen Erscheinungen der juvenilen Paralyse* ähneln daher mehr denen des angeborenen Schwachsinns. Solche Kinder sind entweder von Geburt an in ihrer Entwicklung zurückgeblieben, oder sie haben zunächst normale Fortschritte gemacht, bis ein Nachlassen ihrer Fähigkeiten deutlich wurde. Größenideen werden daher bei der juvenilen Paralyse kaum beobachtet, und die paralytische Demenz zeigt einen anderen Charakter, weil die erworbenen Kenntnisse in dieser Lebensperiode noch nicht so gefestigt sind wie beim Erwachsenen (Bostroem). Doch zeigen oft paralytische Kinder Unruhe, weinerlich gereizte Stimmung. Was die körperlichen Erscheinungen der juvenilen Paralyse anbetrifft, so zeigt diese außerordentlich häufig Herdsymptome. Sehr oft beobachtet man auch epileptiforme Anfälle, weshalb manche Fälle dieser Art als Idiotie mit Epilepsie verkannt worden sind; einen derartigen Fall hat A. Jakob durch die histologische Untersuchung aufklären können. Dagegen sind apoplektiforme Anfälle bei der juvenilen Paralyse seltener. Zuweilen äußern sich auch Anfälle in Ohnmachts- und Schwächeanwandlungen, und selbst migräneartige Zustände, auf die v. Halban bei juveniler Tabes die Aufmerksamkeit gelenkt hat, kommen als Äquivalente paralytischer Anfälle vor (SCHMIDT-KRAEPELIN). Häufig beobachtet man bei der juvenilen Paralyse Spasmen und Kontrakturen, auch kann das Bild der spastischen Cerebrallähmung auftreten. Ferner zeigen solche Kinder häufig eine choreiforme Bewegungsunruhe oder Tremor. Hochgradige Ataxie, die auf die Erkrankung des Kleinhirns zurückzuführen ist, kommt oft vor. Es ist klar, daß solche Kranke meist hochgradige Gangstörungen aufweisen. Auch die Sprache zeigt paralytischen Charakter: im Beginn ist sie bisweilen eigentümlich hastend, tonlos, hauchend (SCHMIDT-KRAEPELIN). Besonders wichtig sind die *Augensymptome:* einmal ist eine Sehnervenatrophie häufiger als bei der Paralyse der Erwachsenen, dann findet man an Stelle der reflektorischen Pupillenstarre, die bei Erwachsenen prävaliert, eine *absolute Pupillenstarre* bei weiten Pupillen (STÖCKER). Auffallenderweise pflegen Lähmungen der äußeren Augenmuskeln kaum beobachtet zu werden. Die biologischen Reaktionen im Blut und Liquor entsprechen im großen und ganzen den bei Erwachsenen zu erhebenden Befunden; manchmal sind die Liquorbefunde nicht sehr stark. Die Krankheit zeigt durchschnittlich einen längeren Verlauf (4—5 Jahre) als bei Erwachsenen. Die juvenile Paralyse wird häufig nicht als solche erkannt, sie wird, wie bereits erwähnt, als Idiotie, Epilepsie oder bestensfalls als Lues cerebri diagnostiziert. Wenn man sich aber das Krankheitsbild vor Augen hält, dann kann die Erkennung des Leidens im Einzelfalle eigentlich keine Schwierigkeiten bereiten.

e) Die senile Paralyse. Auch die senile Paralyse wird häufig nicht erkannt, weil bei ihr die psychischen Störungen sich ganz in das Gewand der senilen Demenz kleiden und paralytische Zutaten meist, aber nicht immer vermißt werden. Einen Hinweis auf die paralytische Natur einer im Rückbildungsalter auftretenden Demenz geben vor allem körperliche Symptome (z. B. reflektorische Pupillenstarre). Nimmt man dann eine Blut- und Liquoruntersuchung vor, so pflegt diese positiv auszufallen, und hat man Gelegenheit, den Fall auch anatomisch zu untersuchen, dann ergibt sich das typische Bild der Paralyse, wovon bereits früher die Rede war. Wenn man also auch bei anscheinend Senil-Dementen die körperliche Untersuchung nicht versäumt und zunächst wenigstens das Serum auf die Wa.R. prüfen läßt, wird man eine senile Paralyse, über deren klinische Besonderheiten sonst nicht viel zu sagen ist, nicht so leicht übersehen.

f) Die LISSAUERsche Paralyse. Eine weitere atypische Paralyseform ist die sog. LISSAUERsche Paralyse. Es handelt sich um Fälle, bei denen stationäre Herderscheinungen vorhanden sind: Hemiplegie, sensorische Aphasie u. dgl. Die stationären Ausfälle hängen, wie bereits im anatomischen Teil auseinandergesetzt wurde, mit stärkeren Atrophien zusammen, welche meist den *Schläfe-* oder *Scheitellappen* oder die *motorische Region* befallen. Seltener ist, wie auch BOSTROEM hervorhebt, ein Befallensein der Occipitalregion, deren Erkrankung von LISSAUER beschrieben wurde, sowie des Thalamus opticus. Eine weitere Eigenart des LISSAUERschen Prozesses beruht darin, daß er nur in *einer Hemisphäre* einzutreten pflegt (SPATZ); dies kommt auch in den klinischen Symptomen zum Ausdruck. Da neben den herdförmig akzentuierten auch diffuse Hirnveränderungen schwächeren Grades bestehen, tragen die Herdsymptome nicht den gleichen Charakter wie bei anderen fokalen Erkrankungen, sondern sind oft durch andere paralytische Symptome kompliziert. Auch bei juvenilen Paralysefällen beobachtet man zuweilen den LISSAUERschen Prozeß. Davon, daß Herdsymptome bei Paralyse auch anderer Genese sein können, wird im Kapitel der Diagnose noch die Rede sein.

14. Die Diagnose und Differentialdiagnose der paralytischen Erkrankung.

Die Diagnose der progressiven Paralyse ergibt sich in der Regel aus der Kenntnis der vorstehend geschilderten Krankheitserscheinungen. Trotzdem dürfte es nützlich sein, über die Erkennung dieses Leidens und Unterscheidung von anderen Krankheiten einiges zu sagen. Die *Diagnose einer ausgesprochenen und vorgeschrittenen Paralyse* ist bekanntlich leicht und kann oft auf den ersten Blick gestellt werden. Die Sprachstörung, der Gesichtsausdruck verraten dem Kundigen schon sehr oft die Krankheit, auch wenn aufdringliche psychische Symptome, z. B. unsinnige Größenideen, nicht geäußert werden. Vielfach ergeben sich für das Vorliegen einer Paralyse wichtige Hinweise aus der Anamnese, die im Gegensatz zu anderen neurologischen Erkrankungen wie bei Psychosen von den Angehörigen zu erheben ist. Besondere Bedeutung hat die *rechtzeitige Erkennung der Paralyse im Initialstadium,* wo die Krankheitserscheinungen noch wenig ausgeprägt und vieldeutig sein können. Hier kann die frühzeitige Erkennung der paralytischen Erkrankung den Patienten und seine Angehörigen vor vielem Unheil bewahren, und neuerdings hat die Frühdiagnose der progressiven Paralyse auch aus einem anderen Grunde eine viel größere Bedeutung als noch vor 20 Jahren: eine Kur vermag nämlich in den Initialstadien des Leidens am ehesten einen Erfolg zu versprechen. Zur Diagnose der progressiven Paralyse gehören drei Reihen von Veränderungen: die Symptome auf psychischem Gebiet, die körperlichen Erscheinungen und endlich die humoralen Befunde. Wenngleich die psychischen Veränderungen der Paralyse in diesem für den Neurologen bestimmten Beitrag mit Absicht recht kurz behandelt wurden, so muß doch auch der Neurologe mit den Initialerscheinungen der Paralyse vertraut sein. Zur rechtzeitigen Erkennung der Paralyse ist es notwendig, daß der Arzt jederzeit an die Möglichkeit einer derartigen Erkrankung denkt. Ist dieser Verdacht etwa auf Grund unklarer Beschwerden und psychischer Symptome aufgetaucht, dann wird durch die körperliche Untersuchung und namentlich die Ausführung der Blut- und Liquorreaktionen die Diagnose fast stets sichergestellt werden können. Der Beginn der Paralyse ist oft ein schleichender, wodurch viele Fälle erst relativ spät erkannt werden. Auch können die Symptome im Beginn der Paralyse sehr vielgestaltig und vieldeutig sein. Oft sind es *neurasthenische Beschwerden,* die den Kranken zum Arzte führen und ihn dem Kundigen als der Paralyse verdächtig erscheinen lassen, namentlich wenn es sich um ein bis dahin nervengesundes Individuum in den besten Jahren handelt. Freilich darf dabei nicht übersehen werden, daß auch ein Neurastheniker oder Psychopath an Paralyse erkranken kann. Für Paralyse ist nicht nur Entwicklung einer fortschreitenden Demenz, namentlich einer Urteilsschwäche, die zudem oft erst in späteren Stadien deutlich wird, kennzeichnend, vor allem sind es *Veränderungen des Charakters,* die die Vermutung des Vorliegens einer Paralyse aufkommen lassen sollten. Wenn ein bis dahin korrekter Mensch Taktlosigkeiten begeht, deren er früher nicht fähig gewesen wäre, dann liegt sehr oft eine Paralyse vor. Manche Kranke ergeben sich im Beginn ihres Leidens dem Trunke, welcher Zusammenhang früher vielfach umgekehrt gedeutet worden ist, daß die Trunksucht an der Entstehung der Paralyse mitgewirkt habe. Auch ist es sehr auf Paralyse verdächtig, wenn Kranke im Gegensatz zu ihrem früheren Lebenswandel sich in sexueller Hinsicht ausschweifend verhalten und sich ungeniert schamlos benehmen. Der Beginn des Leidens äußert sich vielfach auch dadurch, daß der Kranke im Berufsleben versagt, namentlich wenn höhere Anforderungen und schwierigere Entscheidungen an ihn herantreten, während die gewohnte Tätigkeit „in den ausgefahrenen Geleisen" noch lange Zeit relativ gut ausgeübt wird. Die Hemmungslosigkeit des Paralytikers ist zuweilen gepaart mit einer manischen Stimmungslage, die ihn zu neuen Plänen und Unternehmungen, zu größeren, unbegründeten Geldausgaben treibt. Es ist nicht immer leicht, angesichts dieses Sachverhaltes das Vorliegen der Paralyse zu erkennen, denn die gehobene Stimmung muß sich nicht immer gleich in unsinnigen Ideen und Projekten äußern, sie kann sich auch in bescheidenen Grenzen halten. Wesentlich ist dabei immer, festzustellen, ob eine Veränderung gegen früher vorliegt. Sogar ein glänzender Geschäftscoup schließt eine paralytische Grundlage niemals aus. Mir hat sich besonders folgende Beobachtung tief eingeprägt. Ein Direktor einer Gummifabrik hatte kurz vor Ausbruch des Krieges im Beginn einer expansiven Paralyse ungeheure Gummikäufe getätigt, die seinen Mitarbeitern völlig unverständlich erschienen und welche seine Firma zum Ruin hätten führen müssen, wenn nicht, was damals noch niemand ahnen konnte, bald darauf der Weltkrieg mit seinem Rohstoffmangel ausgebrochen wäre. Jetzt war die Firma glücklich, so gut eingedeckt zu sein, und die Mitarbeiter des paralytischen Direktors konnten nur schwer davon überzeugt werden, daß diese ihnen unfaßbare glänzende geschäftliche Leistung schon der Ausfluß einer schweren Gehirnerkrankung gewesen sein sollte. Aber leider ist bei den paralytischen Unternehmungen fast stets das Umgekehrte der Fall, daß sie den Kranken und seine Angehörigen an den Bettelstab bringen und sein Geschäft zugrunde richten. Auch hier dürfen Wirkung und Ursache nicht verwechselt werden, was von den Angehörigen der Kranken oft geschieht, indem nämlich geschäftliche Verluste und die damit verbundenen Aufregungen für den nervösen Zusammenbruch verantwortlich gemacht werden. Denn die der Umgebung noch nicht klar gewordene Insuffizienz des Kranken hatte zur Folge, daß größere Anforderungen stellende Unternehmungen mißglücken mußten. Nicht immer muß die paralytische Charakterveränderung sich als Verschlechterung äußern; es kommt auch vor, daß brutale und rücksichtslose Charaktere „sich bessern", d. h. als Ausdruck der beginnenden paralytischen Erkrankung weicher und beeinflußbar werden. Auch diese Erscheinung ist daher der Paralyse verdächtig. Die Gedächtnisstörung darf nicht mit Zerstreutheit verwechselt werden. Vor allem ist danach zu forschen, ob das betreffende Individuum seit jeher vergeßlich bzw. zerstreut war, oder ob diese Erscheinungen als Veränderung erst in letzter Zeit eingetreten sind. Auch versuchte und geglückte Selbstmorde kommen im Beginn der Paralyse vor, denn diese Erkrankung kann sich auch in ihrem Anfang in ein depressives Gewand kleiden. Zuweilen werden auch hypochondrische Klagen geäußert, die im Beginn des Leidens auch nicht einen so unsinnigen Inhalt zu haben brauchen wie im späteren Stadium der Krankheit. Tritt im mittleren Lebensalter wider Erwarten eine ausgesprochene Psychose auf, muß der Arzt stets an Paralyse denken. Aber auch in einer jüngeren oder älteren Lebensperiode soll man eine Paralyse nie als ausgeschlossen ansehen. Außer manischen, melancholischen Zuständen verschiedenen Grades kommen delirante, halluzinatorische, katatone Symptomenkomplexe vor. Das nicht gar so seltene Vorkommen einer katatonen Form der progressiven Paralyse wurde früher öfters übersehen, und mit Recht hebt BUMKE hervor, daß die Unterscheidung zwischen beiden Krankheiten zunächst nicht immer leicht ist.

Wenn daher bei dem Arzte auf Grund der Vorgeschichte oder der Klagen und des Verhalten des Kranken ein Verdacht auf Paralyse entstanden ist, ist es nötig, bei der *körperlichen Untersuchung* besonders auf jene somatischen Erscheinungen zu achten, die bei der Paralyse vorzukommen pflegen. Andererseits wird der Arzt auch dann das Vorliegen einer Paralyse in Erwägung ziehen müssen, wenn ihm zunächst eine ganz andere Erkrankung des Zentralnervensystems vorzuliegen schien und bei der körperlichen Untersuchung ein paralyseverdächtiges Zeichen, wie z. B. eine *reflektorische Pupillenstarre*, gefunden wird. Die reflektorische Pupillenstarre ist bei der Paralyse häufig, und zwar kommt sie bei allen Formen derselben vor, nicht nur bei den mit Tabes kombinierten Fällen. Bei der Hirnlues kommt zwar auch Pupillenstarre vor, doch nicht immer so regelmäßig unter dem Bild der isolierten Störung des Lichtreflexes. Umgekehrt spricht aber das Vorliegen einer absoluten Pupillenstarre, bei der nicht nur die Licht-, sondern auch die Akkommodations- und Konvergenzreaktion aufgehoben ist, nicht gegen das Vorliegen einer Paralyse. Ja sogar bei der juvenilen Paralyse kommt absolute Pupillenstarre häufiger vor. Außer an Tabes muß man bei reflektorischer Lichtstarre auch daran denken, daß es sich um die sog. isolierte reflektorische Pupillenstarre handeln könne. In solchen Fällen kann die Pupillenstörung das erste Zeichen einer beginnenden Paralyse oder Tabes sein, sie muß es aber nicht, denn in manchen Fällen bleiben weitere Symptome einer dieser beiden Erkrankungen aus. Zur Beurteilung dieser Fälle sind die Liquorbefunde von großem Wert; sind diese und das Blut negativ, dann kann die Pupillenstarre ein Restsymptom darstellen, fallen sie aber positiv aus, besteht viel eher die Möglichkeit, daß der der reflektorischen Starre zugrundeliegende syphilitische Prozeß weiter fortschreitet. Es kommt auch vor, daß ein Manischer oder Imbeziller gleichzeitig an einer Tabes leidet oder eine reflektorische Pupillenstarre als Folge einer früheren Luesinfektion aufweist. Solche Fälle können große Schwierigkeiten bereiten, namentlich dann, wenn nicht schon vorher manische Attacken aufgetreten waren. Als absolut charakteristisch für eine syphilitische Erkrankung des Zentralnervensystems kann die reflektorische Pupillenstarre nicht angesehen werden, denn es sind seltene Fälle beschrieben, in denen dieses Symptom bei einer traumatischen oder toxischen Schädigung des Zentralnervensystems vorgefunden wurde. Selbstverständlich muß dann, wenn die Pupillen nicht zu reagieren scheinen, die Untersuchung mit größter Sorgfalt wiederholt werden. Manche in der Literatur niedergelegten Angaben über die Rückbildung einer reflektorischen Starre nach einem therapeutischen Eingriff oder aus einem anderen Grund sind auf Täuschungen infolge flüchtiger Untersuchungen zurückzuführen. Das Fehlen einer Pupillenstarre und auch der anderen körperlichen Symptome der Paralyse spricht durchaus nicht gegen das Vorliegen dieses Hirnleidens; bei 10% der Paralytiker pflegen die Pupillenreaktionen bis zum Tode erhalten zu bleiben. Von diagnostischer Wichtigkeit ist auch die dysarthrische *Sprachstörung*, das Silbenstolpern. Ferner können Innervationsdifferenzen zwischen beiden Gesichtsfeldhälften, Flattern im Mundfacialis, die Ausdruckslosigkeit des Antlitzes die Diagnose auf die Fährte der Paralyse weisen. Auch eine Änderung der Schrift kann eine Paralyse anzeigen. Ob die *Schrift* unregelmäßig und zittrig geworden ist, kann man am besten beurteilen, wenn man Schriftproben aus gesunden Tagen erhalten kann. Das Auslassen von Worten und Buchstaben, das ebenfalls für Paralyse spricht, kann ausnahmsweise auch bei gesunden bzw. neurasthenischen oder konfusen, fahrigen Menschen, besonders in Zuständen von Ermüdung und Erregung vorkommen. Der Hauptunterschied gegenüber der Paralyse ist aber darin gegeben, daß der hastige Neurastheniker seine Fehler hinterher merkt, während sie dem Paralytiker gar nicht auffallen. Das Verhalten der Sehnenreflexe kann nur dann für die Diagnose der Paralyse verwertet werden, wenn die Sehnenreflexe fehlen (Taboparalysen) oder, was auch der Fall sein kann, erheblich gesteigert sind. Normale Sehnenreflexe sprechen aber keinesfalls gegen Paralyse. Von großer diagnostischer Bedeutung sind die *paralytischen Anfälle*. Tritt im mittleren Lebensalter zum erstenmal ein epileptischer Krampfanfall oder ein Schlaganfall auf, dessen Erscheinungen sich relativ rasch zurückbilden, so ist dies auf Paralyse in hohem Maße verdächtig, ebenso ein vorübergehendes Versagen der Sprache oder andere Herderscheinungen transitorischen Charakters. Die Feststellung der syphilitischen Infektion darf sich nicht nur auf anamnestische Nachfragen beschränken. Bei allen Fällen, wo irgendein Verdacht auf Paralyse besteht, müssen *Blut* und *Liquor* untersucht werden. Fallen im Blut die WASSERMANN- und die Flockungsreaktionen positiv aus, so besagt dies, wenn an der einwandfreien Ausführung dieser Proben keine Zweifel bestehen, zunächst nicht mehr als das Vorliegen einer syphilitischen Infektion. Fällt aber die Blutuntersuchung negativ aus, dann ist die Diagnose Paralyse zwar weniger wahrscheinlich, aber bei ausgesprochenem Paralyseverdacht darf man sich nicht mit der Blutuntersuchung beruhigen, denn trotz negativer Blutreaktion kann der Liquor schwere Veränderungen aufweisen. Fallen Blut- und Liquoruntersuchung positiv aus, so ist das Vorliegen einer Paralyse zwar wahrscheinlich geworden, doch ist es nicht erlaubt, ausschließlich auf Grund der serologischen Befunde eine Paralyse zu diagnostizieren. Die nämlichen Veränderungen beider Körperflüssigkeiten können auch bei Latentsyphilitikern vorkommen. Sind diese Individuen sonst gesund, so ist die Diagnose der latenten Lues des Zentralnervensystems leicht zu stellen. Große diagnostische Schwierigkeiten können aber entstehen, wenn bei einem Latentsyphilitiker eine organische Erkrankung des Zentralnervensystems anderer Ätiologie hinzutritt, etwa eine tuberkulöse Meningitis, ein Hirntumor. Solche Fälle, wie z. B. eine bakterielle Hirnhautentzündung mit positivem Wassermann im Liquor, oder Hirngewächs mit positivem Liquorbefund, werden oft erst bei der Autopsie als solche erkannt. Wenn man es sich zur Regel macht, eine Paralyse erst dann zu diagnostizieren, wenn außer typischen humoralen Befunden auch kennzeichnende Symptome auf psychischem und neurologischem Gebiet vorhanden sind, und andererseits bei ungewöhnlichen Erscheinungen (z. B. einer Stauungspapille, die bei der Paralyse nicht vorkommt) an die Möglichkeit einer Komplikation zu denken, dann wird man auch manche derartige Fälle von anderweitiger organischer Erkrankung des Zentralnervensystems bei Latentsyphilitikern aufklären können. Um aller diagnostischen Schwierigkeiten zu gedenken, sei noch erwähnt, daß in allerdings äußerst seltenen Fällen ein Hirntumor neben einer paralytischen Erkrankung vorliegen kann. Es kann übrigens auch bei positiven humoralen Befunden eine andersartige Psychose vorhanden sein, z. B. echtes manischdepressives Irresein oder hysterische Erscheinungen. In diagnostischer Hinsicht ist ferner zu berücksichtigen, daß unter dem Einfluß therapeutischer Prozeduren die Wa.R. nicht nur im Blut negativ geworden sein kann, sondern auch die Liquorbefunde eine Rückbildung erfahren haben können. Ferner darf nicht vergessen werden, daß es atypische Fälle von Paralyse gibt, bei denen humorale Befunde von vornherein schwach ausgeprägt sind oder auch zum Teil spontan verschwinden können.

Ohne auf Einzelheiten der Differentialdiagnose der Paralyse und Hirnsyphilis hier eingehen zu können, sei nur erwähnt, daß die meisten Formen der *Hirnlues* früher (oft schon in den ersten Ansteckungsjahren) aufzutreten pflegen als die Paralyse. Vor allem muß man bei ausgeprägten meningitischen Erscheinungen, beim Auftreten und Bestehenbleiben von Herdsymptomen daran denken, daß ein syphilitischer Prozeß eines anderen Stadiums vorliegen könne.

Gummata können differentialdiagnostische Schwierigkeiten gegenüber der LISSAUERschen Paralyse bereiten; zuweilen können Erscheinungen von Hirndruck im Verein mit einem von dem paralytischen etwas abweichenden Liquorbefund eine Entscheidung zugunsten eines Gummas herbeiführen. Kommt übrigens ein Hirngumma ernstlich in Frage, so wird man gut tun, zunächst eine energische antisyphilitische Arzneitherapie (Salvarsan in Verbindung mit

Wismut, unter Umständen auch Jod) einzuleiten und eine für die Paralyse die Methode der Wahl darstellende Malariabehandlung eventuell auf einen späteren Zeitpunkt zu verschieben. Syphilitische Gefäßprozesse mit konsekutiven Erweichungsherden geben sich meistens durch plötzliche, mehr oder weniger rasch einsetzende und dauernd bestehenbleibende Herdsymptome zu erkennen. Sind aber nicht die größeren, sondern die kleineren Hirngefäße syphilitisch erkrankt, wie dies bei einer von Nissl beschriebenen seltenen Form von Lues des Zentralnervensystems der Fall ist, dann kommen wohl auch öfters Anfälle apoplektiformer oder epileptiformer Art vor, dauernde Herdsymptome aber in der Regel nur dann, wenn gleichzeitig, was bei diesem Prozeß nicht selten der Fall ist, auch größere Gefäße im Sinne der Heubnerschen Endarteriitis erkrankt sind. Zuweilen besteht einfache Demenz, zuweilen wieder halluzinatorische Zustandsbilder, wie sie von Plaut beschrieben worden sind. Doch sei an dieser Stelle ausdrücklich hervorgehoben, daß es *so manchen Fall gibt, wo erfahrene Diagnostiker es vorziehen, klinisch und zum Teil auch anatomisch die Frage der Zugehörigkeit zur Hirnlues oder Paralyse offen zu lassen* (Spielmeyer). Dieses offene Eingeständnis der Grenzen unserer diagnostischen Fähigkeiten ist meines Erachtens jedenfalls viel besser als das Vorgehen, diese Lücke mit dem Namen einer syphilitischen Pseudoparalyse oder anderen derartigen Benennungen zu überbrücken. Bereits Nissl hatte sich mit Entschiedenheit gegen die Konstruktion einer *syphilitischen Pseudoparalyse* verwahrt, und auch auf klinischem Gebiet teile ich die Meinung von Bumke, daß es unmöglich sei, das Bild einer syphilitischen Pseudoparalyse von den verschiedenen echten Paralyseformen abzugrenzen, und heiße den Standpunkt Bumkes gut, *den Begriff einer syphilitischen Pseudoparalyse fallen zu lassen.* Daß anatomisch der eigentlichen Hirnlues zugehörige Veränderungen zuweilen paralytische Bilder hervorrufen können, ergibt sich jedenfalls aus dem Vorstehenden. Wenn man in Einzelfällen davon absieht, eine sichere Entscheidung, ob eine Hirnlues oder Paralyse vorliegt, zu treffen, so muß man sich auch vor Augen halten, daß man sich in jüngster Zeit vom Dogma der Unheilbarkeit der progressiven Paralyse emanzipiert hat, und daß zwangsläufig damit der Verzicht auf jegliches therapeutische Vorgehen bei der Paralyse gefallen ist. Bei allen Fällen, in denen man die Frage, ob Paralyse oder Hirnlues, in der Schwebe lassen muß, wird man sofort eine Behandlung einleiten, am zweckmäßigsten eine Infektionstherapie, und nur, wie bereits erwähnt, beim Gumma und der basalen Meningitis einer kräftigen Arzneibehandlung vorerst den Vorzug geben. Wie schwierig bzw. unmöglich derartige Unterscheidungen werden können, geht auch daraus hervor, daß man auf dem Sektionstisch auch bei echter Paralyse manchmal auf Erweichungsherde stößt, die auf einer syphilitischen Gefäßerkrankung beruhen. Zuweilen kann sich auch daraus das Vorhandensein von Herdsymptomen erklären (Pseudo-Lissauer-Fälle). Die Herdsymptome können bei der Paralyse übrigens auch durch die seltene Kolloidentartung auf den Plan gerufen werden. Vielleicht kann die langsame Progression und die mangelnde Rückbildungstendenz der Herdsymptome ein Unterscheidungsmerkmal gegenüber der Lissauerschen Paralyse abgeben (Stengel).

Schwierigkeiten kann übrigens auch die Entscheidung bereiten, ob eine *Taboparalyse* vorliegt oder eine Tabes mit psychischen Störungen, welche als *Tabespsychose* aufzufassen wären. Diese zeigen meist das Bild einer syphilitischen Halluzinose, es kommt aber auch vor, daß eine den Lehrbuchdarstellungen entsprechende Tabespsychose sich anatomisch doch als eine Paralyse entpuppt.

Diejenige Erkrankung, welche am ehesten noch ein paralyseähnliches Bild zu erzeugen vermag, ist die afrikanische *Schlafkrankheit* oder Trypanosomiasis.

Die Erscheinungen dieser Krankheit sind anhangweise kurz dargestellt, worauf verwiesen sei. Es genügt hier, zu sagen, daß diese differentialdiagnostische Erwägung nur bei Personen in Frage kommt, die Gelegenheit hatten, sich mit Trypanosomen zu infizieren, Menschen, welche eine Zeitlang in einem Schlafkrankheitsgebiet gelebt haben. Ergibt sich diese Tatsache aus dem Bericht des Kranken oder seiner Angehörigen, so wird man gut tun, an Schlafkrankheit zu denken, namentlich wenn die Wa.R. negativ ausfällt oder sonstige Erscheinungen bestehen, die dem Bild der Paralyse fremd sind (Drüsenschwellungen). Liegt die Möglichkeit einer Schlafkrankheit vor, dann erscheint es geboten, alle einschlägigen Untersuchungen ausführen zu lassen, um das Vorliegen dieser Krankheit sicherzustellen oder auszuschließen. Das gleiche gilt auch für die *amerikanische Trypanosomiasis* oder CHAGAS-*Krankheit*. Den Kenner der *epidemischen Encephalitis* wird ihre Unterscheidung von der Paralyse kaum in Verlegenheit setzen, es müßte denn sein, daß ihre Symptome wenig ausgesprochen sind und gleichzeitig etwa eine Lues besteht. Es sei hier nur daran erinnert, daß in Zweifelsfällen das Bestehen von Fieber nicht die Entscheidung zuungunsten der Paralyse beeinflussen darf, denn Paralytiker fiebern nicht selten kürzere oder längere Zeit, sei es auf Grund von Komplikationen, sei es als Ausdruck einer cerebralen Störung der Temperaturregulierung. Am ehesten könnte ein Paralysefall Schwierigkeiten bereiten, bei dem ausgesprochene choreiforme Bewegungsstörungen vorhanden sind. Eine Fehldiagnose läßt sich aber dann vermeiden, wenn man sich an die Regel hält, bei allen organischen Erkrankungen des Zentralnervensystems Blut- und Liquoruntersuchungen vorzunehmen. Auch die HUNTINGTONsche *Chorea* kann kaum mit der Paralyse verwechselt werden. BOSTROEM erwähnt einen allerdings einzig dastehenden Fall, wo das Zusammentreffen von HUNTINGTONscher Chorea (anatomisch verifiziert) mit Tabes längere Zeit ein paralyseähnliches Zustandsbild vorgetäuscht hatte[1]. Und die *multiple Sklerose* wird kaum die Unterscheidung von einer Paralyse schwierig gestalten, vor allem, wenn man den negativen Wassermann im Blut und Liquor berücksichtigt. In seltenen Fällen von Paralyse kann allerdings ein Intentionstremor und eine mehr skandierende Sprachstörung bei oberflächlicher Betrachtung an das Bild der multiplen Sklerose erinnern, bei genauerer Untersuchung werden beide Erkrankungen wohl stets zu unterscheiden sein; ebenso wird ein polysklerotischer Schub mit einem paralytischen Anfall kaum zu verwechseln sein. Von anderen organischen Erkrankungen des Zentralnervensystems kommen vor allem die Rückbildungsprozesse *(Arteriosklerose)* in Frage, auch eigentümliche, dem Rückbildungsalter angehörige seltene Erkrankungen, wie die ALZHEIMER*sche Krankheit* und die PICK*sche Atrophie*. An diese Erkrankungen wird man in erster Linie denken müssen, wenn bei im späteren Lebensalter auftretenden, mit Demenz einhergehenden Leiden die serologischen Befunde negativ ausfallen. Man sollte glauben, daß Erörterungen über die Differentialdiagnose zwischen Paralyse und seniler Demenz überflüssig seien; dem ist aber nicht so, denn wie bereits erwähnt, kleidet sich die im Greisenalter auftretende Paralyse meist in das Bild der senilen Demenz, so daß nur durch abweichende körperliche Befunde und die humoralen Erscheinungen die paralytische Natur des Leidens sich offenbart. Zuweilen kommen allerdings auch bei der senilen Paralyse Größenideen vor, wie bei einer von BOSTROEM beobachteten 84jährigen Frau. Um gleich auf ihr Gegenstück überzugehen, die *infantile* und *juvenile Paralyse,* so wird diese sehr oft

---

[1] In einer Beobachtung von BÜRGER und STRAUSS waren bei einer Paralyse choreatische Symptome aufgetreten. Nach der Ansicht der Autoren war eine HUNTINGTONsche Chorea durch den paralytischen Prozeß ausgelöst worden, denn der Patient war mit erblichem Veitstanz belastet. Doch liegt bei diesem Falle keine Autopsie vor.

verkannt. Diese Fälle werden meist als *Idiotie, Epilepsie* oder allenfalls noch kongenitale Hirnlues diagnostiziert. Wenn man sich die ausgesprochenen körperlichen Symptome der juvenilen Paralyse vor Augen hält, wird ihre Verwechslung mit Hirnlues verständlich. Andererseits ist auch für den Kundigen die juvenile Paralyse unschwer von der Hirnlues zu unterscheiden. In den meisten Fällen, wo auf dem Boden der kongenitalen Lues sich in einem der Inkubationsfrist der Paralyse entsprechenden Abstand cerebrale Symptome entwickeln, handelt es sich übrigens um juvenile Paralyse.

Zuweilen kann die Unterscheidung eines *Hirntumors* von einer Paralyse nicht so leicht sein. Dabei ist zu berücksichtigen, daß Stauungspapille gegen Paralyse spricht. Wenn aber der Sehnerv das Bild der Atrophie zeigt, so kann man, falls sich ihr postneuritischer Ursprung nicht erkennen läßt, diese für eine tabische halten, wie dies der konsultierte Ophthalmologe bei der Gattin eines Paralytikers auch getan hatte. Bei diesem Fall bestanden außerdem psychische Störungen, rindenepileptische Krämpfe sowie positive Blut- und Liquorbefunde, so daß wir geneigt waren, an eine Paralyse oder zum mindesten an eine spätsyphilitische Erkrankung des Zentralnervensystems zu denken. Wider Erwarten ergab aber hier die nach dem anscheinend im Status paralyticus erfolgten Tod vorgenommene Autopsie ein Meningiom der vorderen Schädelgrube. Einen ähnlichen Fall erwähnt auch Bostroem. Man muß nur stets daran denken, daß Euphorie und Akinese auch Herdsymptome des Stirnhirns sein können. Vielfach wird auch durch multiple Tumoren ein paralyseähnliches Bild hervorgerufen. Ich selbst habe auch den von Markus beschriebenen Fall miterlebt, wo sich bei einem paralyseähnlichen Bild mit negativen serologischen Befunden eine Sarkomatose der Pia mater vorfand. An dieser Stelle sei jedoch kurz noch daran erinnert, daß bei Tumorverdacht Vorsicht in der Vornahme von Lumbalpunktionen geboten ist. Besonders schwierig gestaltet sich jedoch die Sachlage, wenn neben einer Paralyse ein Tumor vorliegt. Solche Fälle sind allerdings äußerst selten und dürften zu Lebzeiten des Kranken meist nicht zu klären sein. *Traumatische Hirnschädigungen* dürften allerdings kaum zur Verwechslung mit Paralyse Anlaß geben. Paralyseähnliche Bilder kommen, wie auch Bostroem unterstreicht, nach Traumen kaum vor; viel eher wird ein paralytischer Anfall oder ein durch die paralytische Ungeschicklichkeit bedingter Unfall ursächlich mit der paralytischen Erkrankung in Zusammenhang gebracht. Daß es übrigens gelegentlich durch einen paralytischen Anfall auch zu einer Schädelbasisfraktur oder einer anderen schweren traumatischen Hirnschädigung kommen kann, versteht sich von selbst. Ausnahmsweise kann eine Fettembolie nach Knochenbrüchen ein paralyseähnliches Bild hervorrufen (v. Sarbó). Bostroem rät, bei derartigen Fällen vor allem nach voraufgegangenen Fettembolien an den Lungen bzw. nach darauf zu beziehenden Lungensymptomen zu fahnden. Paralyseähnliche Bilder kommen zuweilen bei *Erschöpfungszuständen nach Infektionskrankheiten* vor, wie etwa nach Typhus abdominalis. Auch hier dürfte die Anamnese und eine genaue Untersuchung meist den Sachverhalt rasch aufklären. Außer chronischen *Intoxikationen* mit Blei, Schwefelkohlenstoff kann Morphinismus, aber auch der Mißbrauch von verschiedenen anderen Schlaf- und Beruhigungsmitteln das Bild der Paralyse mehr oder weniger nachahmen. Nach akuter Veronalvergiftung beobachtet man nicht selten eine der paralytischen ähnelnde Sprachstörung, und die Bromintoxikation kann auch zuweilen nach einer Paralyse aussehen. Trotzdem dürften diese Zustände ernste diagnostische Schwierigkeiten gegenüber der Paralyse kaum bieten. Obwohl ein Betrunkener manchmal an einen Paralytiker erinnern kann und zuweilen auch Paralytiker den Eindruck von Betrunkenen erwecken, so dürfte wegen des vorübergehenden Charakters eines Rausches die Unterscheidung beider Zustände leicht sein. Und von den auf dem Boden des chronischen Alkoholismus vorkommenden psychischen Störungen sind typische Alkoholdelirien mit der Paralyse nicht zu verwechseln. Eher könnte die KORSSAKOW*sche Psychose* mit ihrer schweren Merkfähigkeitsstörung und den Konfabulationen den wenig Erfahrenen täuschen, zumal wenn nicht daran gedacht wird, daß fehlende Sehnenreflexe nicht nur Ausdruck einer tabischen Rückenmarkserkrankung, sondern auch durch eine periphere Neuritis bedingt sein können. Im übrigen kommt der KORSSAKOWsche Symptomenkomplex beim Paralytiker zuweilen als Zustandsbild vor; hier werden aber die humoralen Befunde meist auf die richtige Fährte weisen.

15. Die Prophylaxe der Paralyse.

Ehe wir uns der Behandlung der progressiven Paralyse zuwenden, seien einige Worte über deren Verhütung gesagt. Nach dem heutigen Stand unserer Kenntnisse besteht nur dann ein absoluter Schutz vor der Paralyse, wenn eine syphilitische Infektion nicht stattgefunden hat. In Zukunft muß daher der *Prophylaxe der Syphilis* viel mehr Beachtung geschenkt werden, als es bisher der Fall war. Diesbezügliche Maßnahmen befinden sich in Deutschland in Vorbereitung. Es wird in Zukunft sicher gelingen, die Zahl der syphilitischen Ansteckungen noch weiter einzudämmen und damit das Auftreten paralytischer Erkrankungen immer mehr zu verringern. Wenn aber eine Luesinfektion eingetreten ist, dann dürfte eine *möglichst frühzeitige und energische Behandlung* derselben am ehesten noch einen Schutz vor einem späteren Erkranken an Paralyse gewähren. Und auch in den Fällen, wo eine syphilitische Ansteckung erst später einmal zufällig aufgedeckt wird, erscheinen antisyphilitische Kuren zur Verhütung einer späteren Paralyse angezeigt. Daher dürfte es sich auch empfehlen, die Familienangehörigen von Paralytikern auf Lues zu untersuchen bzw. die Wa.-Probe im Blute ausführen zu lassen. Sehr oft werden bei dieser Gelegenheit die Ehegatten latent infiziert befunden, zuweilen auch die Kinder. Bei der durchschnittlichen Inkubationszeit der Paralyse von 15 Jahren können wir heute noch keine Aussage darüber machen, welche der stetig verbesserten Methoden der Syphilisbehandlung am ehesten Garantien vor einer späteren Paralyse zu geben vermag. A priori dürfen wir wohl denjenigen Fällen ein günstiges Horoskop stellen, bei denen die serologischen Befunde, namentlich der Liquor, dauernd negativ geblieben sind. Aber absolute Gewißheit vermögen auch diese Kriterien nicht zu geben. Menschen mit positiven Blut- und Liquorbefunden können zeitlebens von der Paralyse verschont bleiben, und andererseits können vorher negative Befunde auch wieder ins Positive umschlagen und ein Rezidiv der Infektion anzeigen, das schließlich in eine Paralyse mündet. Seit der Einführung der Malariabehandlung auch bei der Frühsyphilis hat man vielfach der Erwartung Ausdruck verliehen, daß Syphilisfälle, die während der ersten Krankheitsstadien eine Malariakur durchgemacht haben, von der Paralyse verschont bleiben würden. Die Zeit, seitdem die *Malaria* unter die bei der *Frühsyphilis* geübten Methoden Aufnahme gefunden hat, ist zu kurz, um diese Frage an der Hand eines ausreichenden und allen Ansprüchen genügenden Materials erörtern zu können. Man wird aber gut tun, in Luesfällen, die hinsichtlich einer späteren Paralyse am ehesten gefährdet erscheinen (therapeutisch schwer beeinflußbare serologische Befunde), die Malariabehandlung zur Ergänzung der spezifischen Kuren heranzuziehen. Von mancher Seite ist die *prophylaktische Wirkung der Malaria* bestritten worden; man berief sich auf Fälle, die nach der Luesinfektion eine natürliche Malaria durchgemacht hatten und trotzdem der Paralyse verfallen waren. Es könnte sein, daß die Impfmalaria in dieser Hinsicht sich anders verhält, und ich habe schon früher darauf hingewiesen, daß die vermutete paralyseverhütende Wirkung der Malaria keine absolute 100%ige zu sein brauche und daß wir allen Anlaß hätten, zufrieden zu sein, wenn es vorerst nur gelänge, durch die Malariabehandlung in der Frühperiode der Lues die Erkrankungsziffer an Paralyse herabzudrücken. Gegen die Malariabehandlung der Frühsyphilis ist ein weiteres Bedenken geltend gemacht worden, nämlich, daß man gewissermaßen sein therapeutisches Pulver zu früh verschieße, und wenn trotz allem später eine Paralyse ausgebrochen sei, man auf den Segen einer Malariakur verzichten müsse. Diese Einwände sind aber rein theoretischer Natur. Zunächst erzeugt die Impfmalaria nicht immer eine Jahre während Immunität, und wenn trotz früher vorgenommener Malariabehandlung einmal eine Paralyse zum Ausbruch kommen sollte, bei der eine Impftertiana nicht mehr angeht, dann stehen uns noch andere Infektionen zur Verfügung, vor allem die ebenfalls gutartige Malaria quartana. Die therapeutische Anwendung der Malaria tropica kommt, weil sie nicht so gefahrlos ist und besondere Kautelen erfordert, weniger in Frage, aber wir verfügen über eine Reihe anderer infektionstherapeutischer Methoden, wie die Anwendung des Rückfallfiebers, von dem wiederum verschiedene Stämme zur Verfügung stehen. Und schließlich haben wir dann noch andere fiebererzeugende Mittel, so daß man bei ausbrechender Paralyse nicht die Hände in den Schoß zu legen gezwungen ist.

16. Die Therapie der Paralyse.

Die *Behandlung der ausgebrochenen Paralyse* lag lange Zeit im argen. Zwar hat man auch hier im Laufe der Zeit alle möglichen Mittel probiert, ohne rechte Erfolge zu sehen. Seitdem man die Beziehungen dieses Leidens zur Syphilis erkannt hatte, hat man immer und immer wieder versucht, ob nicht mit antisyphilitischen Heilmethoden auch bei der Paralyse etwas zu erreichen sei. Die Erfolge des Quecksilbers und des Jods sprangen jedoch so wenig in die Augen, daß bis zur Entdeckung der Spirochäten im Paralytikergehirn die meisten Psychiater und Neurologen sich gegen diese Mittel ebenso wie gegen das Salvarsan ablehnend verhielten. Ja, man war von der Wirkungslosigkeit dieser Arzneistoffe bei der Paralyse so sehr überzeugt, daß man daraus ein Argument gegen die Verursachung der Krankheit durch lebende Syphiliserreger hergeleitet hatte. Man war sogar eine Zeitlang so weit gegangen, gewissermaßen ex juvantibus die Differentialdiagnose zwischen Hirnsyphilis und Paralyse zu stellen. Schlugen Quecksilber und Jod an, dann diagnostizierte man eine Hirnsyphilis, während man beim Ausbleiben einer Wirkung den Krankheitsfall als Paralyse ansah. Dieses Unterscheidungsmerkmal besitzt jedoch heute nicht mehr volle Gültigkeit, und man wird in den Fällen von Spätsyphilis des Zentralnervensystems, wo eine sichere Entscheidung, ob Hirnsyphilis oder Paralyse, nicht zu treffen ist, in erster Linie eine Infektionsbehandlung (Malariakur) einleiten. Im übrigen ist die Quecksilberbehandlung in der früher allgemein üblichen, an sich sehr zweckmäßigen Form der Schmierkur Paralytikern oft schlecht bekommen. Was die Arsentherapie der Syphilis anbelangt, so hat Spielmeyer Versuche mit Atoxyl gemacht, die er aber abgebrochen hat, weil dieses Mittel außer einer gewissen roborierenden Wirkung keinen deutlichen Erfolg erkennen ließ und weil Schädigungen des Sehnerven bekannt wurden. Auch das Arsenophenylglycin von Ehrlich, welches von Alt klinisch geprüft wurde, hat sich in der Paralysetherapie nicht einzubürgern vermocht. Ähnlich erging es dem Altsalvarsan in seiner ursprünglichen Anwendungsform (intramuskulär), nach dessen Anwendung Alt ebenso wie beim Arsenophenylglycin zuweilen die Wa.R.

des Blutes negativ werden sah. *Salvarsanpräparate* wurden Paralytikern erst dann häufiger verabreicht, als man zur intravenösen Einverleibung übergegangen war. Besonders Neosalvarsan und Salvarsan-Natrium wurden in größerem Umfange in der Paralysetherapie verwendet. Es hat sich gezeigt, daß dem Salvarsan bei der Paralyse ein durchschlagender Erfolg nicht beschieden war; immerhin schien die Behandlung doch in manchen Fällen Nutzen zu stiften. Besonders RAECKE hat sich um die konsequente Anwendung des Salvarsans bei der Paralyse verdient gemacht zu einer Zeit, wo es bei dieser Krankheit entschiedene Gegner hatte. Weitere Fortschritte in der Salvarsanbehandlung der Paralyse haben wir einerseits WEICHBRODT und andererseits F. SIOLI zu verdanken, welche beide eine möglichste Steigerung der Einzeldosen und der Gesamtdosen erstrebt haben. WEICHBRODT, der zuerst Erfahrungen über Silbersalvarsan und Sulfoxylatsalvarsan sammeln konnte, beobachtete einige Male Stillstände des Leidens und Rückbildung der serologischen Befunde. F. SIOLI hat das Verdienst, für die Beurteilung der Erfolge der Salvarsantherapie einen objektiveren Maßstab an Stelle der früheren eindrucksmäßigen Feststellungen gesetzt zu haben. SIOLI fand, *daß salvarsanbehandelte Paralytiker länger lebten,* und wies auf die Verschiebungen hin, die bei der *Absterbeordnung und der Überlebensordnung* bei ausreichend behandelten Paralytikern eingetreten waren. Denn Änderungen des klinischen Bildes im Sinne einer Besserung sind nicht immer leicht zu erfassen, und das gleiche gilt auch von der Beeinflussung der serologischen Reaktionen. Wohl geht die Zellzahl im Liquor schon nach relativ geringen Salvarsandosen zurück (SPIETHOFF, PLAUT u. a.), aber die Wa.R. im Blut und Liquor pflegt hartnäckig der Behandlung zu widerstehen. Nur nach intensiven Kuren macht sich zuweilen auch ein Einfluß auf die Wa.R. geltend, die allmählich abnehmen und sogar völlig negativ werden kann. SIOLI hat sich ungefähr an folgenden Behandlungsplan gehalten: Er gab zunächst 3—4 mal 0,1 g Silbersalvarsan, und schließlich stieg er auf 0,3 g, in vereinzelten Fällen sogar bis Einzeldosen von 0,5 und setzte die Behandlung so lange fort, bis eine Gesamtdosis von 7 g Silbersalvarsan erreicht war. Er führte aber noch die Behandlung weiter, indem er alle 8 Tage 0,3—0,4 Sulfoxylat verabreichte, so daß eine Art Dauerkur resultierte. Einige Fälle zeigten ausgezeichnete klinische Besserungen und gleichzeitig ein Verschwinden aller humoralen Reaktionen. Eine sehr intensive Form der Salvarsandarreichung hat SCHREUS ausgearbeitet. Das SCHREUSsche Prinzip der *Salvarsansättigungsbehandlung* besteht darin, daß zunächst einmal Neosalvarsan in der üblichen Dosis (0,6 g) intravenös verabreicht wird und dann der Salvarsanspiegel durch eine zweite und dritte, in Pausen von je 20 Minuten gegebene Einspritzung (à 0,45 g) wieder aufgefüllt wird. Auf diese Weise ist es möglich, einem Patienten innerhalb von 40 Minuten 1,5 Neosalvarsan zu verabreichen. Der Gefahr, die in der Anwendung so großer Salvarsandosen besteht, falls man etwa zufällig auf einen Fall von Salvarsanintoleranz stößt, hat SCHREUS dadurch zu begegnen gewußt, daß er erst 3 sog. Vorinjektionen von Neosalvarsan in der üblichen Form à 0,45—0,6 g verabreichte, wie denn auch SIOLI zu einem langsamen Einschleichen vor Verabreichung höherer Dosen rät. Wurden die Vorinjektionen gut vertragen, dann kommen die einzelnen Sättigungsschläge an die Reihe, die in wöchentlichen Abständen gegeben werden. Die Tagesdosis beträgt 1,5 g Neosalvarsan bei Männern und 1,05 g bei Frauen. Die Gesamtmenge von Neosalvarsan, die während einer solchen Kur in den Körper engeführt wird, ist nicht größer als 6—9 g Salvarsan, mithin eine Gesamtdosis, wie sie auch bei gewöhnlichen Kuren üblich ist. SCHREUS gibt außer Salvarsan noch Wismut (Bismogenol oder Mesurol), ferner kombiniert er sein Heilverfahren noch mit der Fieberbehandlung (anschließende Malariabehandlung oder gleichzeitige Pyrifereinspritzungen, welch letztere den

Vorteil haben, daß zwischen den einzelnen Sättigungsschlägen Fieber hervorgerufen werden kann). Schreus und Bernstein haben folgendes Schema für die Sättigungskur angegeben:

Vorkur: 1. Tag Bi. 0,5, 2. Tag Neosalvarsan 0,45, 5. Tag Bi. 1,0 und Neosalvarsan 0,6. *Eigentliche Sättigungskur:* 8. Tag Pyrifer St. I, 9. Tag Bi. 1,0, Neosalvarsan 0,45 + 0,15 + 0,15, 12. Tag Bi. 1,0, Pyrifer St. II., 15. Tag Pyrifer St. III., 16. Tag Bi. 1,0 Neosalvarsan 0,45 + 0,3 + 0,3, 19. Tag Bi. 1,0, Pyrifer St. IV., 22. Tag Pyrifer St. V., 23. Tag Bi. 1,0, Neosalvarsan 0,6 + 0,45 + 0,3, 26. Tag Bi. 1,0, Pyrifer St. VI., 29. Tag Pyrifer St. VII., 30. Tag Bi. 1,0, Neosalvarsan 0,6 + 0,45 + 0,45, 33. Tag Bi. 1,0, Pyrifer St. VII., 36. Tag Pyrifer St. VII., 37. Tag Bi. 1,0, Neosalvarsan 0,6 + 0,45 + 0,45, 40. Tag Bi. 1,0, Pyrifer St. VII, 44. Tag Neosalvarsan 0,6 + 0,45 + 0,45. Bei Frauen ist die dritte bis sechste Sättigung meist in der Stärke der zweiten durchgeführt worden.

Die Sättigungskur, die in erster Linie für die Behandlung der frischen Lues bestimmt ist, aber auch bei Tabes zu günstigen Ergebnissen geführt hat, dürfte wohl auch in geeigneten Fällen von Paralyse Nutzen stiften können. Doch dürfte es sich empfehlen, diese einer Malariakur nicht unmittelbar folgen zu lassen, sondern zu warten, bis der Patient sich von dieser Infektion wieder erholt hat. Um die Salvarsanwirkung zu verbessern, hat man Methoden ersonnen, das Heilmittel besser an das Zentralnervensystem heranzubringen *(lokale Methoden)*. Das geschah dadurch, daß man Salvarsan *endolumbal* oder *intrazisternal* zur Anwendung brachte und auch nicht davor zurückscheute, Salvarsan oder Salvarsanserum unter die Dura ins Gehirn oder in die Hirnventrikel zu spritzen, Versuche, die begreiflicherweise nur vereinzelt ausgeführt worden sind. Eine größere Anhängerschaft hat sich die endolumbale oder intrazisternale Behandlung erworben. Dabei gelangt entweder Neosalvarsan, das in Blutserum, Liquor oder Kochsalz aufgelöst wurde, zur Anwendung, oder man bedient sich des Salvarsanserums. Dieses wird in der Weise hergestellt, daß zuerst eine intravenöse Salvarsaninjektion gegeben und hierauf dem Patienten Blut entnommen wird; das daraus gewonnene Serum dient dann zur lokalen Applikation. Die endolumbale Methode, welche Wechselmann sowie Marinesco zuerst versucht haben, ist namentlich von Gennerich ausgebaut und in großem Maßstabe verwendet worden. Gennerich löste das Salvarsan in einer großen Liquormenge, die er dann wieder in den Lumbalsack einlaufen ließ. Die Methode von Swift und Ellis besteht darin, daß *salvarsanisiertes Serum* intralumbal zur Anwendung gelangt; neuerdings wurde es auch intrazisternal gegeben. Die intralumbalen und intrazisternalen Methoden werden im Auslande, selten nur im Inlande, mehrfach noch geübt; sie haben der Infektionstherapie das Feld räumen müssen. Zu ihrer Anwendung gehört vollkommene Beherrschung der Technik, um die Gefahren der Methode zu vermeiden. Diese bestehen in erster Linie in der Möglichkeit einer Infektion (Meningitis), während Beschwerden, wie wir sie in ähnlicher Form auch nach Lumbalpunktionen zu sehen gewohnt sind, untergeordnete Bedeutung besitzen. Einen Versuch, auf andere Weise das Salvarsan in größerer Menge ins Zentralnervensystem hineinzubringen, hat Knauer unternommen, indem er Salvarsan *in die Carotis* eingespritzt hat. Auch diese Methode hat, obzwar üble Zufälle bei ihrer Anwendung nicht berichtet worden sind, keine große Anhängerschaft gefunden, und sie wird heute kaum mehr geübt. Sie hat sich nämlich der intravenösen Anwendungsform des Salvarsans nicht als überlegen erwiesen. Ein anderes Verfahren, um die Salvarsanzufuhr zum Zentralnervensystem zu steigern, hat Dercum ersonnen: er ließ nämlich kurz nach einer intravenösen Salvarsaneinspritzung reichlich Liquor ab. Ähnliche Gedankengänge hatten schon früher Zalociecki zu dem gleichen Vorgehen veranlaßt; eine Veröffentlichung seiner Ergebnisse ist aber unterblieben, weil er davon keine besseren Resultate gesehen hatte als nach ausschließlich intravenöser Salvarsanbehandlung, worüber WEIGELDT berichtet hat. Amerikanische Autoren (O'CONOR, CORBUS, LINCOLN, GARDNER) haben auf andere Weise den Übertritt von Salvarsan ins Zentralnervensystem zu erleichtern versucht, indem sie 6 Stunden vor einer größeren Neosalvarsangabe (0,9) 100 ccm hypertonischer (15%iger) Kochsalzlösung intravenös verabreichten. Auch diese Methode ist wieder verlassen worden. Schließlich hat man auch noch versucht, durch Farbstoffe als Gleitschiene Salvarsan in größerer Menge ins Zentralnervensystem zu bringen; auch diesem Gedankengang war kein praktischer Erfolg beschieden. Das Ziel, von dem wirksamen Arsenikal mehr, als es beim Salvarsan möglich ist, dem Zentralnervensystem einzuverleiben, hat man auch auf andere Weise zu erreichen versucht und zum Teil auch erreicht. Es handelt sich um das amerikanische Präparat *Tryparsamid*, das im Tierexperiment sehr stark gegenüber Trypanosomen, hingegen nur schwach gegenüber Spirochäten sich als wirksam erwiesen hat. Trotzdem haben amerikanische Autoren über recht zufriedenstellende Erfolge mit diesem Mittel berichtet. Dies ist darauf zurückzuführen, daß das Tryparsamid als fünfwertige Arsenverbindung viel reichlicher in die Hirnsubstanz übertritt und dort gespeichert wird. Daraus erklären sich aber auch die unangenehmen Nebenwirkungen dieses Präparates: größere Dosen vermögen, wie dies ja auch zuerst beim Atoxyl beobachtet wurde, eine toxische Wirkung auf Bestandteile des Zentralnervensystems auszuüben, die sich namentlich in einer Schädigung des Sehnerven in unerwünschter Weise kundgeben kann. Auch das Tryparsamid wird intravenös, 2—3 g einmal in der Woche gegeben (6—7 Wochen hindurch). Andere Therapeuten haben den Heilplan etwas modifiziert. Wichtig ist es auf alle Fälle, während einer Tryparsamidkur den Augenhintergrund, das Gesichtsfeld und das Sehvermögen dauernd zu kontrollieren und bei der geringsten Störung am Sehapparat sofort mit dem Mittel auszusetzen. Wenn diese Vorsicht befolgt wird, sollen ernste Schädigungen während der Tryparsamidkuren vermieden werden können. Dem Tryparsamid werden in Amerika sehr gute Resultate nachgerühmt; in Europa und speziell in Deutschland hat es kaum Eingang gefunden, obzwar von einigen Autoren schon öfters angeregt worden ist, auch bei uns an unter klinischer Beobachtung stehenden Kranken therapeutische Versuche mit diesem Mittel zu machen. Ähnlich wie das Tryparsamid wirkt auch das zur oralen Darreichung bestimmte *Stovarsol* bzw. *Spirocid*, welches von französischen Autoren öfters angewandt wurde, und zwar meist in Form der intravenös oder subcutan indizierbaren Natriumverbindung[1]. Auch beim Spirocid ist auf *kumulierende Wirkungen* zu achten. SAGEL hat über einen Fall berichtet, wo ein Paralytiker, der nicht unter ständiger ärztlicher Aufsicht stand, täglich 4 Tabletten Spirocid bis zu einer Gesamtdosis von 1000 Stück genommen hatte, bis er schließlich erblindet war. In neuerer Zeit tauchen immer wieder neue Mittel im Handel auf, welchen eine besonders gute Wirkung auf die Syphilis sowie die Paralyse und Tabes zugeschrieben wird. Soweit es sich um Arsenikalien handelt, ist dem Praktiker größte Vorsicht anzuraten, wenn er nicht darüber Gewißheit hat, daß das betreffende Mittel einer ausreichenden klinischen Prüfung unterzogen worden ist. Es hat sich schon ereignet, daß solche nicht genügend erprobte Präparate unerwartete und schwere Schädigungen, z. B. Lähmungen durch Arsenneuritiden, hervorgerufen haben. Im allgemeinen dürfte für die Sprechstunden- und Sanatoriumspraxis Salvarsan in Form von Neosalvarsan und Natriumsalvarsan sowie Silber- und Neosilbersalvarsan allen Bedürfnissen genügen. Während die beiden erstgenannten Präparate in der Regel keine

---

[1] Vielleicht ist das Solvarsin, das sich zur Zeit in klinischer Prüfung befindet (DATTNER), auch einmal berufen, in der Paralysetherapie eine Rolle zu spielen.

Nebenwirkungen verursachen, werden die Silbersalvarsane nicht von allen Patienten gut vertragen. Es empfiehlt sich daher, langsam zu injizieren und vor allem erst durch niedrige Dosen die Empfindlichkeit des Patienten festzustellen.

Die *Quecksilbertherapie* bei der Paralyse wird heute nur mehr selten geübt, weil sie, wie bereits erwähnt, überzeugende Erfolge nicht aufzuweisen hatte und bei manchen Fällen der Eindruck entstanden war, als habe das Quecksilber den Ernährungszustand ungünstig beeinflußt. Zudem ist das Quecksilber in neuester Zeit durch das Wismut vielfach verdrängt worden. *Wismut* wird bekanntlich häufig intramuskulär in Kombination mit der Salvarsantherapie gegeben und kann auch bei Paralytikern nutzbringend in Verbindung mit Arsen Anwendung finden. Am meisten haben sich unlösliche Wismutpräparate (Bismogenol usw.) eingebürgert, welche intramuskulär verabreicht werden. Alleinige Wismutbehandlung vermag keinen ausreichenden Einfluß auf die paralytische Erkrankung auszuüben. Wismut wurde auch in der Hirnsubstanz mit diesem Mittel behandelter verstorbener Paralytiker nachgewiesen (Lemay und Jaloustre). Auffallend ist, daß nach den Feststellungen von Levaditi und seinen Mitarbeitern Wismut in den Kaninchenschankern schon in äußerst geringer Konzentration wirksam ist. Warum es im Paralytikerhirn nicht den gleichen Effekt auszuüben vermag, ist noch in Dunkel gehüllt. Silber (das in Form von Collargol vereinzelt in der Luesbehandlung versucht wurde) hat sich in der Paralysebehandlung nicht eingebürgert, höchstens in der Verbindung mit Arsen in den Silbersalvarsanen. Vanadium hat eine zu geringe Wirksamkeit gegenüber Spirochäten und ist meines Wissens in der Paralysetherapie noch nicht in nennenswertem Umfange versucht worden. *Jod*, das man sowohl innerlich als auch intravenös nach der Methode von Klemperer verabreichen kann (natürlich nur *Jodnatrium* und nicht das im Blute als Herzgift wirkende Jodkalium), wird heute bei der Paralyse nur mehr selten verordnet. Antisyphilitische Wirkungen kommen auch einem anderen Element, dem *Tellur* (Levaditi und Nicolau), zu. Nach Feststellungen, die ich gemeinsam mit Page und Müller gemacht habe, wird das Tellur *im Zentralnervensystem* sehr stark *gespeichert*, und zwar interessanterweise *ausschließlich in der grauen Substanz, so in der Hirnrinde.* Das Tellur müßte daher in erster Linie geeignet sein, die Spirochäten, welche bei der Paralyse ja auch nur in den grauen Hirnmassen gelagert sind, zu vernichten. Leider aber sind dem Tellur äußerst *unangenehme Nebenwirkungen* eigen (höchst widerlicher, monatelang bestehen bleibender Geruch der Atemluft, Verfärbung der Haare usw.). Auch würde es sich fragen, ob die hohen Tellurdosen, die zur Abtötung der Spirochäten im Gehirn notwendig wären, nicht auch beim Menschen eine schädigende Wirkung auf das Gewebe des Zentralnervensystems entfalten, die sich im Kaninchenexperiment nicht erkennen läßt. Es ist bisher nicht gelungen, Tellurverbindungen herzustellen, denen diese Nachteile nicht anhaften, und mithin besitzt die Tellurtherapie der Paralyse einstweilen nur theoretisches Interesse.

In der Praxis ist mit Recht die Arzneibehandlung der Paralyse etwas in den Hintergrund getreten, weil andere Heilverfahren die uns zur Verfügung stehenden antisyphilitischen Chemikalien in ihrer Wirksamkeit übertreffen, nämlich die *Methoden der Infektionstherapie,* zu denen Wagner-Jauregg in unermüdlicher Lebensarbeit den Grund gelegt hat. Die Methodik der Behandlung und ihre Ergebnisse sind in einem aus der Feder Wagner-Jaureggs selbst stammenden Beitrage eingehend dargelegt, auf den hier verwiesen sei. Es sei nur betont, daß heutzutage die *Infektionsbehandlung (Malaria) bei der Paralyse die Methode der Wahl darstellt und daher in jedem Fall zuerst vorgenommen werden muß.* Auch die Nachbehandlung mit Salvarsan und dgl. ist in dem Wagner-Jaureggschen Kapitel zu Worte gekommen. Auch bezüglich der anderen

Formen der unspezifischen Therapie (Pyrifer und anderer Fiebermittel) sei auf den WAGNER-JAUREGGschen Beitrag verwiesen.

Nachdem mir der Nachweis gelungen ist, daß bei manchen Tieren (Siebenschläfer) durch den *Winterschlaf*, welcher mit einer starken Herabsetzung des Stoffwechsels und einer gewaltigen Erniedrigung der Körpertemperatur einhergeht (auf + 4⁰, oder weniger), die *Syphilisinfektion in den inneren Organen* und auch *im Zentralnervensystem erlischt,* könnte man auf den Gedanken kommen, auch bei der menschlichen Syphilis und der Paralyse therapeutische Versuche mit einer Herabsetzung der Körpertemperatur zu machen. Indes läßt sich eine so starke Erniedrigung der Körperwärme wie bei den Winterschläfern bei anderen Lebewesen nicht ohne Gefährdung des Lebens durchführen. *Kalte Bäder* und ähnliche Prozeduren *greifen die Kranken zu sehr an und dürften kaum imstande sein, einen Einfluß auf die Spirochäten im Gehirn auszuüben.* Wenn aber der spirochätenschädigende Faktor des Winterschlafes nicht in der Erniedrigung der Körpertemperatur oder der Herabsetzung des Stoffwechsels gelegen sein sollte, sondern auf einem anderen, etwa innersekretorischen Faktor beruhen sollte, wäre es eher möglich, später auf Grund der genannten experimentellen Erfahrungen zu neuen Wegen in der Therapie der Lues zu gelangen. Doch muß die Art der Spirochätenschädigung durch den Winterschlaf erst noch aufgeklärt werden.

Immer wieder wird von Zeit zu Zeit eine Therapie der Lues und namentlich der Paralyse durch Anregung der *Schutzkörperbildung* propagiert. Man hat Paralytikern sowohl Spirochätenkulturen als auch *abgetötete* oder *lebende echte Syphilisspirochäten aus Kaninchensyphilomen* einverleibt. Vereinzelte Untersucher wollen dadurch Besserungen der Paralyse gesehen haben, von denen sich wieder andere Therapeuten nicht überzeugen konnten. Was speziell die *sog. Pallidakulturen* anbelangt, die ja ein sehr reiches Spirochätenmaterial liefern, ist jedoch zu bemerken, daß solche Kulturen die Benennung „Pallida" zu Unrecht tragen. Es handelt sich um saprophytische Spirochäten; *die Kultur der Spirochaeta pallida ist nach unseren eigenen Feststellungen noch niemals geglückt.* Falls also den Spirochätenkulturen bzw. aus solchen bereiteten Vaccinen irgendein Einfluß auf die Paralyse zukommen sollte, so könnte dieser nur als *unspezifische Therapie* gedeutet werden, analog der Einverleibung von Tuberkulin, Typhusvaccine u. dgl. Auch nach der Einführung einwandfreier Spirochäten aus Kaninchensyphilomen in abgetötetem oder lebendem Zustande hat man sinnfällige Erfolge auf die paralytische Erkrankung nicht beobachtet. Das gleiche gilt von lebenden *Framboesiespirochäten* (JAHNEL und LANGE, VAN DER SCHAAR), welche beim Paralytiker in der Regel nicht zu haften vermögen und dadurch die erhoffte Infektionstherapie durch die dem Syphiliserreger am nächsten verwandte Spirochäte illusorisch machen.

Abgesehen von den erwähnten Behandlungsverfahren, welche der Ursache der Paralyse beizukommen suchen, *verlangen manche Symptome* des Leidens *ein ärztliches Eingreifen.* Ist eine beginnende Paralyse diagnostiziert, so ist der Kranke aus dem Berufe zu entfernen und körperliche und geistige Ruhe geboten. Aufregungszustände, Selbstmordneigungen erfordern Anstaltsunterbringung. Der Genuß von alkoholischen Getränken sowie von Kaffee und Tee und das Rauchen sind zu verbieten. Bei Aufregungszuständen ist Bettruhe angebracht, auch prolongierte warme Bäder wirken oft günstig. Es ist ferner darauf zu achten, daß die Kranken nicht zu wenig Nahrung zu sich nehmen, wodurch der Ernährungszustand leidet. Bei ausgesprochener Nahrungsverweigerung ist die Schlundsondenfütterung indiziert, die wohl Anstaltsaufnahme notwendig macht. *Schwere Erregungszustände* erfordern oft Beruhigungsmittel (Scopolamininjektionen), von denen man auch dann mit Vorteil Gebrauch machen kann, wenn der Transport des Kranken in eine Anstalt Schwierigkeiten bereitet. Die Kranken sind vor Verletzungen, die nicht selten zu septischen Prozessen führen, zu bewahren. Bei bettlägerigen Kranken besteht die Gefahr des Aufliegens (des *Decubitus*), dem man am besten dadurch begegnet, daß die Lage des Kranken häufig gewechselt wird. Ferner ist auf regelmäßige Urin- und Stuhlentleerung zu achten. Bei vorgeschritteneren Paralytikern begegnet man einer *Harnverhaltung* nicht selten. Es ist daher notwendig, sich von der Füllung der Blase durch Palpation und Perkussion zu überzeugen. Harnverhaltung bekämpft man zunächst durch warme Sitzbäder. Nötigenfalls muß die Blase durch einen Katheter entleert werden. Im *paralytischen Anfall* vermeide man es, dem bewußtlosen Kranken Nahrung in den Mund einzugießen, da die Speisen in die Lunge gelangen können und zu Erstickung oder Lungenentzündung führen können. Der Mund ist am besten mit mit Wasserstoffsuperoxyd angefeuchteter Watte auszuwaschen und die Hornhaut durch häufiges Bewegen der Augenlider vor Austrocknung zu schützen. Bei epileptiformen Anfällen werden Klysmen von Amylenhydrat (6 g) empfohlen. Im allgemeinen erscheint es ratsam, Patienten, die einen paralytischen Anfall erlitten haben, der Krankenhausbehandlung zuzuführen.

Anhang.

Die afrikanische und amerikanische Trypanosomiasis des Menschen.
1. Die Schlafkrankheit (afrikanische Trypanosomiasis).

Die afrikanische Schlafkrankheit, nicht zu verwechseln mit der epidemischen Encephalitis, welche zuweilen fälschlich auch als Schlafkrankheit deklariert wird, zeigt in ihrem klinischen und anatomischen Bilde große Ähnlichkeit mit der progressiven Paralyse. Bekanntlich wird sie durch das Trypanosoma gambiense hervorgerufen, das durch den Stich einer bestimmten Fliege, Glossina palpalis, übertragen wird. *Histologisch* dokumentiert sich die Schlafkrankheit als eine Infiltration der Meningen und der Hirngefäße mit Plasmazellen und Lymphocyten (França und Athias, sowie Mott, Spielmeyer u. a.). Wie bei der Paralyse sind auch die Wände der feineren Rindenkapillaren von Infiltratzellen ausgefüllt. Die Zellinfiltrate sind diffus über das ganze Zentralnervensystem verbreitet, aber sie halten sich nicht streng an die adventitiellen Lymphscheiden, sondern gehen diffus auf das nervöse Gewebe über. Ähnliche, wenn auch nicht so hochgradige Zellinfiltrationen findet man auch in anderen Körperorganen. Unter den Infiltratzellen sind Degenerationsformen der Plasmazellen, wie sie auch von der Paralyse her bekannt sind, besonders häufig, die sog. Maulbeerzellen. Es kommt ferner bei der Schlafkrankheit zu Degenerationen der nervösen Elemente, doch sind diese nach Spielmeyer von den entzündlichen Gefäßvorgängen abhängig und niemals selbständiger Natur, was einen gewissen Unterschied gegenüber der Paralyse bedeutet. Auch kommt es zu Wucherungen der Neuroglia, Hortegazellen treten auf, worin sich wiederum Übereinstimmung mit der Paralyse kundgibt (Bertrand, Bablet und Sicé). Spatz hat wohl an altem Material geringe Eisenablagerungen vorgefunden, größere und systematische Untersuchungen über Eisenbefunde bei der Schlafkrankheit liegen jedoch nicht vor. Der *Krankheitserreger* ist von Stevenson bei einem Falle auch *im Parenchym des Zentralnervensystems nachgewiesen worden*[1]. Am häufigsten sind die Trypanosomen im Stirnlappen, aber sie wurden auch in der Brücke und im verlängerten Mark angetroffen. Spielmeyer, dem wir eine wertvolle Monographie über die anatomischen Veränderungen bei

---

[1] Peruzzi hat das Trypanosoma gambiense bei experimentell infizierten Affen namentlich in den Plexus angetroffen.

verschiedenen Trypanosomenkrankheiten verdanken, hebt besonders die Parallelen, die zwischen syphilitischen Nervenkrankheiten und Trypanosomenkrankheiten bestehen, hervor.

Die *Inkubationszeit* der Krankheit beträgt 10—14 Tage oder länger. Im ersten Stadium bestehen noch keine nervösen Symptome; man spricht dann auch zunächst nur von menschlicher Trypanosomiasis. An der Stelle, wo der Fliegenstich stattgefunden hat, tritt nicht nur häufig eine Rötung ein, sondern es entwickelt sich bei Weißen ein furunkelartiges Gebilde, der sog. Trypanosomenschanker. Bei Negern wird diese Initialläsion vermißt. Der weitere Krankheitsverlauf äußert sich in unregelmäßigem Fieber, das durch Chinin nicht beeinflußbar ist. Man hat aber auch bei Negern, die sich eines vollkommenen Wohlbefindens erfreuten, Trypanosomen im Blute vorgefunden. Während der Fieberperiode ist ein erythematöser, aus Flecken

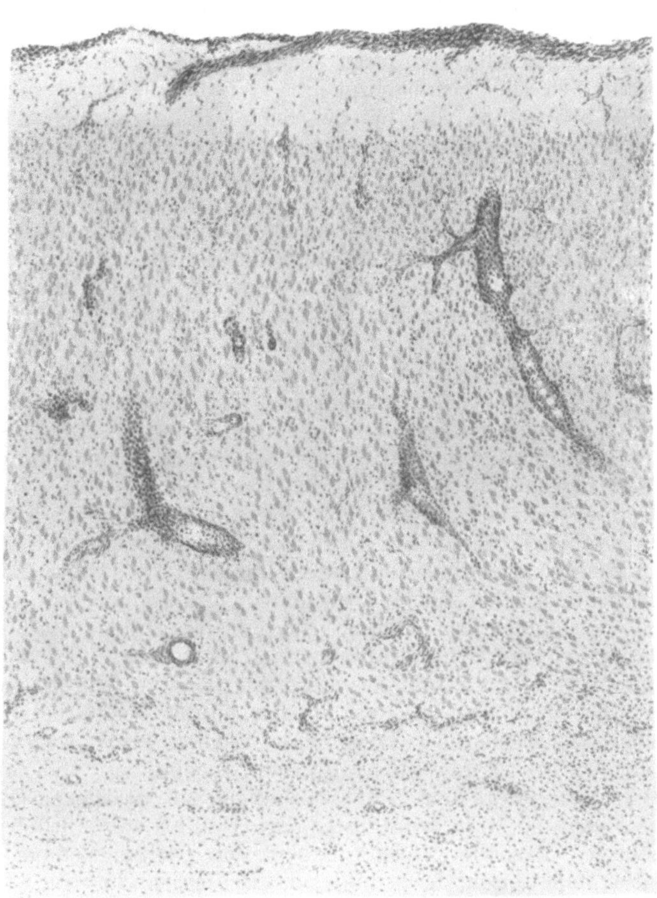

Abb. 15. Schnitt durch die Hirnrinde bei Schlafkrankheit. Nissl-Färbung. (Aus SPIELMEYER: Histopathologie des Nervensystems, Bd. 1, S. 443. Berlin: Julius Springer 1922.)

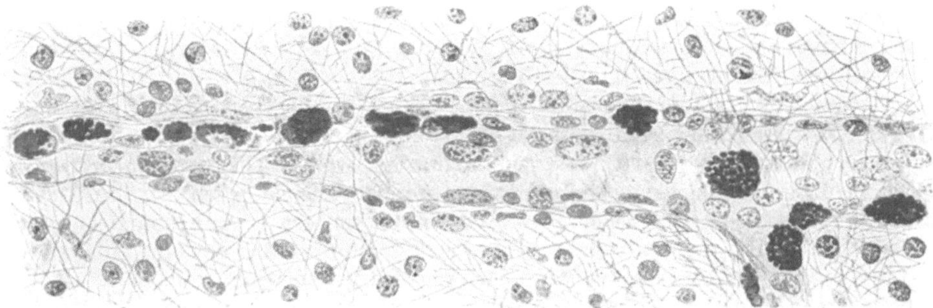

Abb. 16. Zahlreiche maulbeerförmige „kolloide" Plasmazellen im Adventitialraum eines kleinen Hirngefäßes bei Schlafkrankheit. WEIGERTsche Glia- (Methylviolett-) Färbung. (Aus SPIELMEYER: Histopathologie des Nervensystems, Bd. 1, S. 413. Berlin: Julius Springer 1922.)

mit blassem Zentrum bestehender Ausschlag vorhanden. Erst viel später treten cerebrale Erscheinungen auf. Ein wichtiges Merkmal sind Schwellungen der Drüsen (Winterbottomsches Symptom[1]), die erbsen- bis bohnengroß sind. Besonders charakteristisch ist die *Schwellung der Nackendrüsen.* Ein wichtiges Zeichen, das häufig auch als Frühsymptom vorkommt, die *Hyperästhesie,* bezeichnet man als Kérandelsches Symptom zu Ehren des Forschers, der diese Erscheinung zuerst an sich selbst beobachtet hat. Wie bei der Paralyse wird auch ein *Zungentremor* beobachtet, der bei der Schlafkrankheit auch die Benennung „Loew-Castellanisches Phänomen führt. Das letzte Stadium ist vor allem durch die *Schlafsucht* gekennzeichnet; es treten aber auch bei der Trypanosomiasis depressive Verstimmungen, heitere Erregungen, hypochondrische Wahnideen und Größenideen auf. Auch eine der paralytischen ähnliche Euphorie kommt vor. Es bestehen ferner Störungen des Urteils, der Merkfähigkeit, kurzum auch hier entwickelt sich eine Demenz. Die Sprache zeigt oft bulbäre Erscheinungen. Es besteht ferner Ataxie, allgemeines Zittern; Pupillenstarre scheint bei der nicht mit Syphilis komplizierten Schlafkrankheit zu fehlen. Die Sehnenreflexe können sowohl abgeschwächt oder fehlend als auch gesteigert sein. Auch Sensibilitätsstörungen sind beobachtet worden. Die Krankheit kann binnen einem Jahre tödlich endigen, sie kann aber auch einige Jahre, selbst 7—8 Jahre dauern. Das Blut zeigt häufig positive Wa.R., nach den Feststellungen von Zschucke in Westafrika in etwa 50%. Dieser Autor betont, daß in seinem Material Lues nur selten gewesen sei, während andere Autoren die Möglichkeit erörtern, ob die positive Wa.R. nicht der Ausdruck einer Infektion mit Lues oder Framboesie sein könnte. Auch im Liquor kann die Wa.R. positiv ausfallen. Besonders kennzeichnend ist aber die Zellvermehrung im Liquor, die jedoch nicht bei jedem Falle vorhanden ist. Außer Lymphocyten findet man in der Cerebrospinalflüssigkeit von Schlafkranken auch Maulbeerzellen, auch Mottsche Zellen genannt. Auch Eiweißvermehrung (positive Nonnesche Reaktion) kommt vor. Die Kolloidreaktionen pflegen häufig denen bei der Paralyse ähnliche Kurven zu ergeben. *Trypanosomen* können *sowohl im Blut als auch im Liquor* nachgewiesen werden, allerdings nicht regelmäßig. Die Zahl der Trypanosomen des Liquors pflegt keinen Schwankungen zu unterliegen (Reichenow), während ihre Menge im Blut, wohl unter dem Einfluß von Antikörpern, außerordentlich wechselt. Besonders leicht lassen sich Trypanosomen in den vergrößerten Drüsen nachweisen, daher bildet die *Drüsenpunktion* ein wichtiges diagnostisches Hilfsmittel. Bezüglich der Methodik des Trypanosomennachweises muß auf die Lehr- und Handbücher der Tropenmedizin verwiesen werden, ebenso bezüglich der biologischen Diagnose durch Verimpfung auf geeignete Tiere (Affen, Meerschweinchen). Im übrigen wird man gut tun, falls bei einem aus einem Schlafkrankheitsgebiet heimgekehrten Menschen verdächtige Erscheinungen auftreten, Rat und Hilfe eines Tropenmediziners oder Tropeninstituts in Anspruch zu nehmen. Es scheint jedoch wichtig, *daß man bei paralyseähnlichen und unklaren Erkrankungen bei Menschen, die in Schlafkrankheitsgegenden gelebt haben, stets an Schlafkrankheit denkt.* Einen sehr interessanten Fall hat van Bogaert mitgeteilt, bei dem extrapyramidale Symptome bestanden und der sich schließlich als Schlafkrankheit entpuppte, welche Diagnose auch histologisch in unserem Institut erhärtet werden konnte. Es sei noch erwähnt, daß manche Autoren *vor Liquorentnahmen im Initialstadium* der Trypanosomiasis *warnen,* weil sie befürchten, es könne von verletzten Blutgefäßen aus eine Infektion des Liquors eintreten. Bei Spätfällen, wo das Zentralnervensystem bereits von Trypanosomen ergriffen ist, ist natürlich eine derartige Sorge gegenstandslos.

---

[1] Die Benennung der Symptome nach Autoren ist hier wiedergegeben, um das Verständnis mancher Veröffentlichungen zu erleichtern.

Zur *Behandlung der Schlafkrankheit* verwendet man zum Teil noch *Atoxyl*, zum Teil *Tryparsamid*. Beide Arsenpräparate, besonders das erstere, haben jedoch den Nachteil, in stärkeren Dosen das Sehvermögen zu schädigen. Die Salvarsananwendung kommt kaum in Frage, weil dessen Wirkung bei der Trypanosomiasis nicht ausreichend ist[1]. Ausgezeichnete Erfolge hat man vor allem mit *Bayer 205 oder Germanin* erzielt. Heilungen sind namentlich im Frühstadium zu erwarten, wenn die Trypanosomen noch nicht in den Liquor und in das Zentralnervensystem eingedrungen sind; ältere Fälle sind viel schwerer zu beeinflussen, doch kommen auch Spontanheilungen vor.

In Gegenden, wo die Glossina palpalis nicht vorkommt, hat man neuerdings auch menschliche Trypanosomenerkrankungen entdeckt (in Rhodesia). Das Trypanosoma rhodesiense wird durch die Glossina morsitans, welche sonst als Vermittler der nicht menschenpathogenen Nagana, einer Tierkrankheit, fungiert, übertragen. *Das Rhodesiafieber* verläuft viel rascher, pflegt binnen wenigen Wochen tödlich zu endigen. Es unterscheidet sich von der Schlafkrankheit durch das Fehlen von Drüsenschwellungen und schwererer Erkrankungen des Zentralnervensystems, auch reagiert es gar nicht auf Atoxyl und Tryparsamid, sondern nur auf Germanin.

2. Die amerikanische Trypanosomiasis oder Chagas-Krankheit.

Auch in Amerika kommt eine Trypanosomenkrankheit des Menschen vor. Eigentlich ist es eine Krankheit des Gürteltieres (Tatu), Tatusia novemcinctum. *Der Erreger, das Schizotrypanum Cruzi*, welcher von dem der afrikanischen Schlafkrankheit und auch anderen Trypanosomen verschieden ist, wurde zuerst in einer blutsaugenden Wanze („barbeiro", Triatoma megista oder Conorinus megistus) entdeckt. Es ergab sich, daß das Schizotrypanum auch für Versuchstiere pathogen war, und schließlich entdeckte man dasselbe Trypanosoma bei

<table>
<tr><td>

Abb. 17. Zeichnung der parasitierten Zelle (Astrocyt) der Abb. 1. (Zeißobj. op. 4 man. Okular 40. Camera lucida auf Platinhöhe.) (Aus E. u. E. VILLELA: Von Trypanosoma Cruzi befallene Bestandteile des Zentralnervensystems. Z. Neur. 144, 157, Abb. 2.)

</td><td>

Abb. 18a u. b. Parasitierte Mikrogliazellen in der Nachbarschaft eines Granuloms. (Zeichnung Camera lucida auf Platinhöhe. Zeißobjektiv HI 90, Okular 4—5 ×.) (Aus E. u. E. VILLELA: Von Trypanosoma Cruzi befallene Bestandteile des Zentralnervensystems. Z. Neur. 144, 157, Abb. 4 u. 5.)

</td></tr>
</table>

kranken Menschen. Der Überträger hält sich meist. in Lehmhütten auf; außer Gürteltieren können auch Haustiere (Hunde) Parasitenträger sein, von denen aus die Wanzen auch für den Menschen infektiös werden können. *Histopathologisch* äußert sich die Krankheit nicht in diffusen Entzündungsprozessen wie die afrikanische Schlafkrankheit, sondern *in einer mehr herdförmigen Encephalitis*, die sich in umschriebenen Entzündungsprozessen kundgibt, wie sie zuerst von VIANNA festgestellt worden sind. Auch die Hirnhäute können verdickt und infiltriert sein; auch Gliaknötchen sind beschrieben (DÜRCK). Im Zentralnervensystem ist der *Parasitennachweis* schon öfters geführt worden, zuerst von VIANNA *in Gliazellen*. EURICO und EUDORO VILLELA haben den Nachweis erbracht, daß *die Parasiten* in der Leishmania-Form auch *in Hortegazellen* vorkommen, ferner trifft man sie im Innern von Makrophagen an. Bei experimentell infizierten Tieren wurden die Parasiten auch im Innern von Ganglienzellen vorgefunden (SOUZA CAMPOS, sowie EURICO und EUDORO VILLELA). Beim Menschen treten

---

[1] Auch Antimonpräparate haben bei der Schlafkrankheit Anwendung gefunden.

Trypanosomen nur in der akuten Phase im Blute auf. Die Krankheit beginnt nach einer Inkubation von 10—30 Tagen mit Fieber vom Continuatypus. Sie befällt meist Kinder und pflegt schon während des akuten Stadiums in 50% tödlich zu endigen. In der chronischen Krankheitsphase treten oft hochgradige Rhythmusstörungen der Herztätigkeit auf, die zu plötzlichem Tode führen können; sie sind durch Ansiedlung der Parasiten (in der Leishmaniaform) in der Herzmuskulatur bedingt. Dunkelfärbungen der Haut werden als Ausdruck chronischer Entzündungen in den Nebennieren angesehen. Häufig sind *nervöse Störungen*, cerebrale Diplegie, Aphasie und Idiotie. Der häufige Kropf wird als Schädigung der Schilddrüse durch die Parasiten gedeutet. Einzelne Autoren sind jedoch der Ansicht, daß die Struma nicht mit der Chagas-Krankheit in Zusammenhang steht, sondern als selbständiges Leiden vorkommt. Demgegenüber hat Chagas darauf hingewiesen, daß Kretinismus und myxödematöse Idiotie in Brasilien selten sind. Eurico Villela ist es gelungen, aus einem Gürteltier einen hochgradig für Versuchstiere (Hund) neurotropen Stamm zu gewinnen. Die Diagnose und Differentialdiagnose der Krankheit ergibt sich aus vorstehenden Darlegungen. Vor allem ist der Parasitennachweis zu erstreben. Die *Therapie* ist leider gegen die Krankheit vollkommen *machtlos*, da das Schizotrypanum Cruzi durch keines der Trypanosomenmittel noch durch andere Präparate beeinflußbar ist.

Literatur[1].

Acuña, M. u. A. Puglisi: Amerikanische Trypanosomiasis. (Chagassche Krankheit.) Arch. argent. Pediatr. 4, 646—652 (1933). — Adler, Alexandra u. Heinz Hartmann: Malariabehandlung einer schwangeren Paralytikerin. Dtsch. med. Wschr. 1931 II, 2018, 2019. — Aebly, J.: Wie viele luetisch Infizierte erkranken an progressiver Paralyse? Z. Neur. 136, 322—328 (1931). — Amabilino, Rosario: Terapia della paralisi progressiva. Vol. 12, p. 201. Palermo: Tipogr. assistenziario per i liberati dal carcere 1934. — Angelini, Romolo: Ricerche sul liquido cefalo-rachidiano nella paralisi progressiva. Studio statistico sugli esitti delle ricerche sopra 300 sogetti affeti da paralisi progressiva. Studio statistica nei riguardi dei raffronti comparativi fra gli esiti delle varie ricerche. Arch. ital. Anat. e Istol. pat. 3, 1195—1300 (1932). — Angyal, Lajos: Die Rolle der Konstitution bei dem Hervorbringen der symptomatischen Bilder bei der progressiven Paralyse. Orv. Hetil. (ung.) 1933, 605—608. — Angyal, L. v. u. G. Schultz: Zur Bedeutung der Konstitution für die Erscheinungsform und die Prognostik der progressiven Paralyse. Arch. f. Psychiatr. 96, 521—544 (1932). — Antonoff, I.: Statistik der syphilitischen Geisteskrankheiten für die Zeit von 1911—1930 nach dem Material der psychiatrischen Universitätsklinik zu Sofia. Conf. Syphilis en Bulgarie 1932, p. 77—88. — Arredondo Bermejo, J.: Ergebnisse der Malariabehandlung der Neurosyphilis außerhalb großer Krankenhäuser. Actas dermosifiliogr. 26, 862—872 (1934). — d'Arrigo, Mario: Manifestazioni di sifilide terziaria risvegliate in seguito alla malarioterapia in una demente paralitica. Osp. psichiatr. 1, 68—73 (1933). — Manifestazione di sifilide terziaria risvegliatesi a seguito della malarioterapia in soggetto paralitico progressivo. Riv. Pat. nerv. 43, 496, 497 (1934). — Artwinski, E. u. A. Gradzinski: Zur Therapie der progressiven Paralyse. Roczn. psychjatr. (poln.) 1932, H. 17, 157—217.

Balaban, N. u. A. Molotschek: Progressive Paralyse bei den Bevölkerungen der Krim. Allg. Z. Psychiatr. 94, 373—383 (1931). — Ballif, L. et I. Lunevsky: Sur deux cas de paralysie générale, infantile et juvénile. Bull. Soc. Pédiatr. Jasi 3, 105—114 (1932). — Baonville, Henri, Jacques Ley et Jean Titeoa: Le grand âge et les maladies organiques sont-ils une contre-indication à la malariathérapie chez les paralytiques généraux? J. de Neur. 32, 92—96 (1932). — Psychose hallucinatoire chez un trypanosomié. J. belge Neur.

---

[1] Mit Rücksicht auf den knappen mir zur Verfügung stehenden Raum habe ich mich hier hauptsächlich auf die Wiedergabe der Arbeiten aus den letzten Jahren beschränkt. Bezüglich früherer Veröffentlichungen sei auf die Handbuchbeiträge von Bostroem (Klinik der Paralyse, Handbuch der Psychiatrie von Bumke, Bd. 8), Wagner-Jauregg (Infektions- und Fieberbehandlung. Dieses Handbuch), Jahnel (Pathologische Anatomie der Paralyse, Bumkes Handbuch der Psychiatrie, Bd. 11 und Allgemeine Pathologie und pathologische Anatomie der Syphilis des Nervensystems, Jadassohns Handbuch der Haut- und Geschlechtskrankheiten, Bd. 17 I) verwiesen.

34, 129—138 (1934). — BARBÉ, A. et A. SÉZARY: L'état mental, physique et humoral des paralytiques généraux rebelles au stovarsol. Bull. Soc. méd. Hôp. Paris, III. s. **49**, 1001—1004 (1933). — BARBEAU, ANTONIO: Transformations psychosiques du syndrome mental chez des paralytiques généraux malarisés. Univ. méd. Canada **61**, 266—275 (1932). — Nouvelles réflexions et statistique sur la malariathérapie. Univ. méd. Canada **62**, 413—421 (1933). — Bilan de six ans et demi de malariathérapie à l'hôpital de Bordeaux. Univ. méd. Canada **63**, 1083—1098 (1934). — BARLOVATZ, A.: Course, prognosis and classification of human trypanosomiasis. Ann. trop. Med. **28**, 1—20 (1934). — BARONE, VITTORIO GIUSEPPE: Paralisi generale e tabe dorsale giovanili. Clin. med. ital. **63**, 689—702 (1932). — BARRETT, R. E.: On the question of immunity in infants to human trypanosomiasis. Trans. roy. Soc. trop. Med. Lond. **25**, 191—195 (1931). — BAUDOUIN, A., R. LARGEAU et A. BUSSON: Sur quelques accidents au cours du traitement de la paralysie générale par le stovarsol sodique. Paris méd. **1932** II, 126—128. — BECKMAN, HARRY: A brief review of fever therapy in neurosyphilis. Arch. of Dermat. **28**, 309—319 (1933). — BELETZKIJ, V.: Zur Pathogenese der miliaren Nekrosen und Granulome bei progressiver Paralyse. Ž. Nevropat. (russ.) **1931**, Nr. 1, 68—73. — Die progressive Paralyse als Spirochätose. Ž. Nevropat. (russ.) **1931**, Nr 6, 25—35. — Morphologische Funktionsanalyse der reticulo-endothelialen Zellen des zentralen Nervensystems bei progressiver Paralyse. Sovet. Psichonevr. (russ.) **9**, Nr 4, 47—52 (1933). — Zur Frage der Pathogenese von Miliarnekrosen und Miliargranulomen bei progressiver Paralyse. Z. Neur. **137**, 233—243 (1931). — Progressive Paralyse als Spirochätose. (Spirochätenbefunde und morphologische Untersuchung über die Rolle der Mesoglia bei progressiver Paralyse.) Virchows Arch. **288**, 346—369 (1933). — Morphologische Analyse der Mesenchymreaktion bei der mit Sulfosin behandelten progressiven Paralyse. Acta med. scand. (Stockh.) **83**, 53—78 (1934). — BELLONI, G. B.: La rete diffusa-pericellulare nell'uomo e il suo comportamento nella demenza paralitica. Atti Soc. med.-chir. Padova **9**, 34 (1931). — BENDA, C.: Allgemeine pathologische Anatomie der Syphilis. Handbuch der Haut- und Geschlechtskrankheiten, Bd. 15, Teil 2, S. 225—284. 1929. — BENDER, W.: Zur Pathologie der malariabehandelten Paralyse. Abh. Neur. usw. **1932**, H. 65, 128—134. — BENDIXEN, KARL: Malariabehandlung der progressiven Paralyse. Norsk. Mag. Laegevidensk. **93**, 539—561 (1932) u. deutsche Zusammenfassung S. 560—561. — BENEDEK, LÁSZLÓ: Die Behandlung der Paralyse mit japanischem Rattenbißfieber: Sodoku, zugleich über neuere Behandlungsprobleme. Gyógyászat (ung.) **1931** I, 369—373. — Terapia moderna della paralisi progressiva. Riforma med. **1933**, 743—750. — BENIGNI, F.: Contributo alla terapia febbrile della paralisi progressiva e di altre psicosi ad eziologia non luetica. Osp. Bergamo **2**, 213—226 (1933) und Note Psichiatr. **63**, 13—24 (1934). — BENVENUTI, MARINO: L'influenza della malarioterapia sulle lesione della paralisi progressiva. Reperti istologici sul encefalo di un paralitico malarizzato. Rass. Studi psichiatr. **20**, 885—937 (1931). — BERINGER, K.: Die Paralysebehandlung mit endolumbaler Hirnlipoidinjektion. Mschr. Psychiatr. **79**, 177—194 (1931). — Behandlung und Metalues. KDB.-Frage. Nervenarzt **7**, 566—568 (1934). — Die deutsch-russische Syphilisexpedition in der Burjato-Mongolei und ihre Bedeutung für die Frage der Metaluespathogenese. Nervenarzt **7**, H. 5 (1934). — BERNARDI, RAFFAELE: Febbre e treponema. Rass. Studi psichiatr. **21**, 297—311 (1932). — BERNY, P.: Deux cas de récidive dans la maladie du sommeil. Bull. Soc. Path. exot. Paris **27**, 251—253 (1934). — BERTRAND, IVAN, J. BABLET et A. SICÉ: Lésions histologiques des centres nerveux dans la trypanosomiase humaine. (A propos de deux cas mortels non traités.) Ann. Inst. Pasteur **54**, 91—147 (1935). — BERTRAND, IVAN, NOEL PÉRON et OLIVA ELO: Sclérose en plaques syphilitique chez un paralytique général impaludé. Revue neur. **39** I, 441—448 (1932). — BERTRAND, YVES: Résultats de 601 ponctions lombaires effectuées dans une région à maladie du sommeil (Nord-Togo). Bull. Soc. Path. exot. Paris **27**, 522—526 (1934). — BESSEMANS, A.: Résultats des inoculations au lapin et au cobaye d'un fragment d'encéphale riche en tréponèmes mobiles, prélevé durant la vie, par trépanation, à un paralytique général. Bull. Acad. Méd. Paris III. s. **112**, 255—259 (1934). — BESSEMANS, A. et U. THIRY: Le pH du liquide céphalo-rachidien des paralytiques généraux et son influence sur la vitalité du tréponème pâle. Rev. belge Sci. méd. **5**, 208—215 (1933). — Vitalité du tréponème pâle et pH céphalorachidien des paralytiques généraux. C. r. Soc. Biol. Paris **112**, 1252—1254 (1933). — BESSEMANS, A., J. VAN HÉE et J. VAN HAELST: Recherches expérimentales sur l'infectiosité spécifique des ganglions de l'aine chez les paralytiques généraux avant et après des tentatives d'activation locale ou de surinfection. Ann. Inst. Pasteur **54**, 282—298 (1935). — BIELSCHOWSKY, MAX u. ROBERT HIRSCHFELD: Cerebellare progressive Paralyse. J. Psychol. u. Neur. **45**, 185—213 (1933). — BINSWANGER-SIEMERLING, O.: Lehrbuch der Psychiatrie, 5. Aufl., 1920. — BLEULER, E.: Lehrbuch der Psychiatrie, 4. Aufl., 1923. — BLUM, E. u. F. POLSTORFF: Vergleichende klinische, serologische und pathologisch-anatomische Untersuchungsergebnisse an fieberbehandelten Paralytikern. Arch. f. Psychiatr. **99**, 70—85 (1933). — BOCK, HANS ERHARD: Über Atemkrisen bei Taboparalyse. Beitrag zum Mechanismus angiospastischer Insulte und des paralytischen Anfalls. Zbl. inn. Med. **1934**, 961—971, 977—984. — BOEFF, N.: Biologische Reaktionen,

Syphilis und Parasyphilis des Nervensystems, nach dem Material der Universitäts-Nervenklinik aus den Jahren 1924—1930. Conf. Syphilis en Bulgarie 1932, p. 115—124. — Bogaert, Ludo van: Troubles extrapyramidaux, anneau cornéen et cirrhose pigmentaire au cours de la trypanosomiase africaine. Acta psychiatr. (Københ.) 9, 495—509 (1934). — Bolsi, Dino e Mario Piolti: Frequenza e significato dello spostamento a destra della formula di Arneth nei paralitici progressivi. Riv. Pat. nerv. 43, 115—118 (1934). — Bonhoeffer, K.: Ursächliche Bedeutung von Stößen gegen den Kopf 4 und 7 Monate vor dem Tod an progressiver Paralyse (Obergutachten). Entsch. des RVA. Bd. 13, S. 404. — Die Dienstbeschädigung in der Psychopathologie. Die militärärztliche Sachverständigentätigkeit, Teil I, S. 86. Jena 1917. — Einige Schlußfolgerungen aus der psychiatrischen Krankenbewegung während des Krieges. Arch. f. Psychiatr. 60, 721 (1919). — Bonhoeffer, K. u. P. Jossmann: Ergebnisse der Reiztherapie bei progressiver Paralyse. Berlin 1932. Abh. Neur. usw. 65. — Bornstein, B.: Das katatonische Syndrom im Verlaufe der progressiven Paralyse. Roczn. psychiatr. (poln.) 1932. H. 17, 104—120. — Untersuchungen über die Paralyse bei Juden. Roczn. psychiatr. (poln.) 1932, H. 18/19, 271 u. französische Zusammenfassung, S. 332. — Borreguero, A. D.: Über einen Fall von atypischer Paralyse mit miliaren Gummen. Z. Neur. 147, 184—194 (1933) und Archivos Neurobiol. 13, 709—721 (1933). — Borremans, Pierre et Ludo van Bogaert: Les manifestations extra-pyramidales de la trypanosomiase chez l'Européen. (Syndrome d'inhibition avec stéréotypies, pigmentations cutanées symétriques et anneau cornéen.) J. belge Neur. 33, 561—588 (1933). — Bosch, Gonzalo u. Arturo Mó: Diathermiebehandlung der Paralyse. Semana méd. 1931 II, 1462—1467. — Bosch, Gonzalo, E. del Ponte u. J. A. Zuccarini: Die Behandlung der Paralyse. Rev. Especial. méd. 6, 82—103 (1931). — Bostroem, A.: Die progressive Paralyse (Klinik). Handbuch der Geisteskrankheiten, herausgeg. von Bumke, Bd. 8. Berlin: Julius Springer 1930. — Die Begutachtung der behandelten Paralytiker. Dtsch. Z. gerichtl. Med. 24, 75—97 (1935). — Botelho, Adauto: Statistische Daten über die progressive Paralyse. Arqu. brasil. Neur. 16, 7—13 (1933). — Allgemeine senile Paralyse. Arqu. brasil. Neur. 17, 219—240 (1934). — Bouman, L.: Dementia paralytica und multiple Sklerose. Nederl. Tijdschr. Geneesk. 1933, 3228—3233. — Bourguel, A.: La ponction lombaire en brousse, dans les secteurs de prophylaxie de la maladie du sommeil, en A.E.F. Bull. Soc. Path. exot. Paris 24, 826—828 (1931). — Branden, F. van den: Contribution à l'étude de la transmission héréditaire du trypanosoma gambiense chez l'homme. Ann. Soc. belge Méd. trop. 14, 199—201 (1934). — Branden, F. van den, et M. Appelmans: Les troubles visuels dans la trypanosomiase humaine. Ann. Soc. belge Méd. trop. 14, 91—107 (1934). — Braunmühl, A. v.: Kolloidchemische Betrachtungsweise seniler und präseniler Gewebsveränderungen. Das hysteretische Syndrom als cerebrale Reaktionsform. Z. Neur. 142, 1 (1932). — Synäresis und Entzündung. Über Versuche einer kolloidchemischen Pathologie zur Klärung grundsätzlicher Fragen einer Paralyseanatomie; dargestellt am Beispiel der Lissauerschen Paralyse. Z. Neur. 148, 1—27 (1933). — Bravetta, Eugenio: Paralisi progressiva senile. Contributo clinico e anatomo-patologico. Note Psichiatr. 62, 171—224, 309—368 (1933). — Bravetta, Giovanni: Reazione di Landsteiner e paralisi progressiva (note di malarioterapia). Note Psichiatr. 60, 357—372 (1931). — Brissot, M. et J. Devallet: La paralysie générale de l'enfant (essai de classification). Forme évolutive et forme massive. Ann. méd.-psychol. 92 II, 241—251 (1934). — Bruetsch, Walter L.: Activation of the mesenchyme with therapeutic malaria. J. nerv. Dis. 76, 209—219 (1932). — The histopathology of therapeutic (tertian) malaria. Amer. J. Psychiatry 12, 19—65 (1932). — Buduls, H.: Schutzpockenimpfung und progressive Paralyse. Allg. Z. Psychiatr. 100, 75—84 (1933). — Bürger, Hans u. Alfred Strauss: Motorische Untersuchungen bei progressiver Paralyse. (Beitrag zur Frage der striären Störungen bei frischen Paralysen.) Arch. f. Psychiatr. 85, 404—424 (1928). — Bürger-Prinz, Hans: Die beginnende Paralyse. Monographien Neur. 1931, H. 60. — Bumke, O.: Zur Pathogenese der paralytischen Anfälle. Neur. Zbl. 1904. — Die Pupillenstörungen bei Geistes- und Nervenkrankheiten, 2. Aufl. Jena: Gustav Fischer 1911. — Lehrbuch der Geisteskrankheiten, 3. Aufl. München: J. F. Bergmann 1929. — Buscaino, V. M.: Profilassi e cura della paralisi progressiva. (Esiti lontani della malarioterapia.) Boll. Soc. med.-chir. Catania 1, 49—58 (1933). — Nuovi dati sulla profilassi es la cura della paralisi progressiva. Boll. Soc. med.-chir. Catania 2, 278—289 (1934).

Cabitto, Luigi: Stati allergici e solfoterapia nella paralisi progressiva. Riv. sper. Freniatr. 55, 588—599 (1931). — Su una nuova reazione di precipitazione delle globuline nel liquor per la diagnosi di paralisi progressiva. Riv. Pat. nerv. 40, 537—544 (1932). — Cabitto, Luigi ed Angelo Vanelli: La costituzione morfologica nei paralitici progressivi. Endocrinologia 7, 178—182 (1932). — Caldwell, W. A.: A survey of probable prognostic factors in the treatment of general paralysis. Brit. med. J. 1931, Nr 3702, 1129, 1130. — Canziani, Gastone: Studi sulla nevroglia patologica nell'uomo. I. Paralisi progressiva. Riv. Pat. nerv. 41, 637—660 (1933). — Capgras, J. et G. Fail: Statistique d'une année de malariathérapie. Ann. méd.-psychol. 89 I, 375—382 (1931). — Carle: Trente ans après — ou la vie des syphilitiques. Ann. Mal. vénér. 26, 407—418 (1931). — Carpenter, C. M. and R. A. Boak: The effect of heat produced by an ultra-high frequency oscillator on experimental syphilis in rabbits. Amer. J. Syph. 14, 346 (1930). — Carrière, R.: Progressive Paralyse und antiluische Behandlung. Zusammenstellung der Paralysefälle in Oslo von 1848—1900. Allg. Z. Psychiatr. 97, 1—60 (1932). — Cava, Giuseppe la: Rachianestesia e paralisi progressiva. Policlinico, sez. prat. 1934, 1206—1211. — Cazanove et Bacqué: Deux cas de paralysie générale chez les indigènes de l'Afrique occidentale française. Rev. Méd. trop. 24, 57—66 (1932). — Un nouveau cas de paralysie générale indigène. Rev. méd. trop. 25, 86—94 (1933). — Centini, D.: Risultati a distanza sui paralitici progressivi trattati con cure piretogene in confronto a non trattati. Rass. Studi psichiatr. 23, 1103—1137 (1934). — Chambon: Trypanosomiase humaine observée chez un enfant âgé de cinq jours. Bull. Soc. Path. exot. Paris 26, 607, 608 (1933). — Présence de microfilaires dans le liquide céphalo-rachidien d'un trypanosomé avancé. Bull. Soc. Path. exot. Paris 26, 613, 614 (1933). — Chesterman, Clement C.: Some results of tryparsamide and combined treatment of Gambian sleeping sickness. Trans. roy. Soc. trop. Med. Lond. 25, 415—444 (1932). — Choroško, V., V. Galenko, Z. Petrova u. L. Povolockaja: Über die therapeutische Wirkung der Hirnlipoide (des Lipocerebrins) bei der progressiven Paralyse. Sovet. Klin. 15, 254—270 (1931) u. deutsche Zusammenfassung, S. 270—271. — Über die Heilwirkung von Hirnlipoiden (Lipocerebrin) bei progressiver Paralyse. Trudy naučno-izsled. Labor. éksper. Ter. (russ.) 1, 37—54 (1932) u. deutsche Zusammenfassung, S. 55—56. Ciampi, L. u. I. B. Ansaldi: Versuche einer Serumtherapie bei Paralyse. Bol. Inst. psiquiátr. Fac. méd. Rosario 4, 132—137 (1933). — Cid, José M.: Über eine eigenartige, doppelseitige Degenerationserscheinung an Capillaren des Gyrus dentatus des Riechhirns. Bol. Inst. psiquiátr. Fac. méd. Rosario 2, 264—271 (1930). — Claude, Henri: La paralysie générale sans syndrome humoral. Revue neur. 28, 136—140 (1931). — Claude, H. et F. Coste: Récurrentothérapie dans les syphilis nerveuses et les psychoses. Bull. Acad. Méd. Paris 106, 266 (1931). — Claude, H. et P. Masquin: L'examen du fond mental des paralytiques généraux par la méthode des tests. Ann. méd.-psychol. 91 II, 173—184 (1933). — Les accidents épileptiques tardifs chez les paralytiques généraux malarisés. (Remarques à propos d'un cas.) Ann. méd.-psychol. 91 II, 677—686 (1933). — Le devenir des paralytiques généraux malarisés. Expérience de neuf ans de malariathérapie. Presse méd. 1933 II, 2005—2010. — L'évolution du dessin chez un paralytique général avant et après malariathérapie. Contribution à l'étude de l'action des traitements actuels de la paralysie générale. Ann. méd.-psychol. 92 I, 356—374 (1934). — Colucci, Generoso: L'autoliquorarseno-benzolojodoterapia nella metalues nervosa, dopo il trattamento malarico. Rass. Studi psichiatr. 21, 547—571 (1932). — Corman, Louis: La constitution physique des paralytiques généraux. Contenant un essai sur les Tempéraments. Tome 7, 340 p. Paris: G. Doin & Cie. 1933. — Corson, J. F.: Observations on the cerebro-spinal fluid in nine cases of rhodesian sleeping sickness during treatment with Bayer 205 and tryparsamide. Ann. trop. Med. 25, 189—193 (1931). — Cortesi, Tancredi: Sei anni di malario-terapia nei paralitici. Osservazioni malariologiche. Modificazioni cliniche ed umorali. Esiti. Rass. Studi psichiatr. 20, 770—809 (1931). — Iperpiressia diatermica (metodo Neymann) nella cura della paralisi progressiva. Primi risultati. Ann. di Neur. 45, 1—32 (1931). — La piroterapia diatermica della paralisi progressiva. Risultati di un biennio di esperienze. Rass. Studi psichiatr. 22, 503—527 (1933). — Nuovo contributo alla piretoterapia diatermica della paralisi progressiva. Riv. Pat. nerv. 43, 382—397 (1934). — Cortesi, T. e G. Fattovich: Sull'azione fisiologica della piressia diatermica nei paralitici. Ricerche sull'urina e sul sangue. Esplorazione sul sistema R. E. Note Psichiatr. 62, 379—397 (1933) und Riv. Pat. nerv. 43, 397—411 (1934). — Costa Pimentel, Edmur da: Beitrag zum Studium der Prognostikd er allgemeinen progressiven Paralyse durch Pneumoencephalographie. Diss. Sao Paulo 1933. — Courbon, Paul et J. Tusques: Régression tardive d'une paralysie générale impaludée. Ann. méd.-psychol. 89 II, 405—407 (1931). — Courtois, A. et J. Borel: Délire de négation chez un tabétique amaurotique. Syndrome humoral paralytique. Ann. méd.-psychol. 89 II, 553—557 (1931). — Courtois, A. et Elizabeth Jacob: Syndrome paralytique d'origine indéterminée. Ann. méd.-psychol. 92 I, 417—422 (1934). — Courtois, A., Misset et A. Beley: Paralysie générale d'évolution rapide chez un sujet atteint d'anévrysme aortique. Ann. méd.-psychol. 92 II, 257—259 (1934). — Crouzon, O., Mollaret et A. Macé de Lépinay: Un cas de paralysie générale juvénile et héréditaire. Bull. Soc. méd. Hôp. Paris III. s. 50, 626—632 (1934). — Cruveilhier, L.: A. Sézary et A. Barbé: Essai de traitement de la paralysie générale par le vaccin antirabique. Bull. Soc. méd. Hôp. Paris III. s. 49, 299—302 (1933).

Dancz, Martha: Über histopathologische Veränderungen des Rhombencephalon bei progressiver Paralyse. Z. Neur. 142, 264—285 (1932). — Daneo, Luigi: Terapia bismutica endorachidea. Rass. Studi psichiatr. 23, 823—825 (1934). — Dattner, Bernhard: Über Hautreaktionen bei Neurosyphilis. Med. Klin. 1931 I, 843—846. — Moderne Therapie der Neurosyphilis mit Einschluß der Punktionstechnik und Liquoruntersuchung. Wien: Maudrich 1933. — Neuere Ergebnisse der Paralysebehandlung und Paralyseforschung. Fortschr.

Neur. 6, 243—260 (1934). — Delbreil, Jean: Sur un cas de maladie du sommeil avec formol-leucogelréaction positive, négativée par la tryparsamide. Bull. Soc. méd. Hôp. Paris III. s. 48, 760—763 (1932). — Delfini, Corrado: Modificazioni abnormi della sindrome psichica della paralise progressiva durante e dopo il trattamento malarico. Riv. sper. Freniatr. 56, 338—391 (1932). — Demanche, R.: Sur la présence de réagines anticerveau dans le liquide céphalorachidien des paralytiques généraux et des tabétiques. Ann. de Dermat. 5, 649—666 (1934). — Demme, Hans: Die Anfangsstadien der progressiven Paralyse und der Tabes dorsalis und ihre Behandlung. Z. ärztl. Fortbildg 31, 338—341 (1934). — Dimitrj, V.: Amyotrophie der Arme bei Paralyse. Rev. Asoc. méd. argent. 47, 3050—3052 (1933). — Dornedden u. Baland: Reichszählung der Geschlechtskranken 1934. Reichsgesdh.bl. 1935, 1. Beih. (Beilage zu Nr 3 vom 16. Jan. 1935). — Dost, M.: Kurzer Abriß der Psychologie, Psychiatrie und gerichtlichen Psychiatrie, 1908. — Dreszer, R.: Zur Histopathologie der progressiven Paralyse. Roczn. psychiatr. (poln.) 1932, H. 17, 26—52. — Dretler, Juljan: Einfluß der Malariatherapie auf die Durchlässigkeit der cerebrospinalen Meningen bei progressiver Paralyse. Roczn. psychjatr. (poln.) 1932, H. 17, 121—156. — Ducosté, Maurice: L'impaludation cérébrale. Bull. Acad. Méd. Paris III. s. 107, 519—524 (1932). — Dujardin, B. et R. Targowla: La thérapeutique de la paralysie générale. Paris: Masson et Cie 1928. — Duke, H. Lyndhurst: The trypanosomes of man. Their resistance to arsenical drugs. Lancet 1933 II, 553—557. — On the protective action of „Bayer 205" against the trypanosomes of man. Lancet 1934 I, 1336—1338.

Ebaugh, Franklin G., Henry H. Dixon, Hugh E. Kiene and Kenneth D. Allen: Encephalographic studies in general paresis. Amer. J. Psychiatr. 10, 737—760 (1931). — Eguchi, H.: Einige Bemerkungen über die Malariabehandlung der Paralyse. Fukuoka-Ikwadaigaku-Zasshi (jap.) 24, 1143—1151 (1931). — Ellis, M.: A report on the effect of tryparsamide on sleeping sickness cases. Trans. roy. Soc. trop. Med. Lond. 28, 207—208 (1934). — Engerth, Gottfried: Delirante Bilder mit Körperhalluzinationen als klinische Gruppe der mit Malaria behandelten Paralyse. Jb. Psychiatr. 48, 125—134 (1932). — Esteves Balado, Luis: Resultate mit der Vaccine Dmelcos bei der Behandlung der Paralyse. Rev. Especial. méd. 6, 1257—1266 (1931).

Fairbairn, H.: Lange's colloidal gold reaction and the estimation of total proteins in the cerebrospinal fluid of Rhodesian sleeping sickness, and their significance in prognosis. Trans roy. Soc. trop. Med. Lond. 27, 471—490 (1934). — Fariello, Vito: Osservazioni cliniche sul trattamento malarico nella paralisi generale progressiva e in altre forme mentale. Cervello 11, 110—120 (1932). — Farjot, A. et H. Spriet: Les groupes sanguins chez les paralytiques généraux. Ann. Méd. lég. etc. 14, 574, 575 (1934). — Fascioli, A. u. R. Agorio: Sekundäre Delirien bei malariabehandelten Paralytikern. Rev. Criminologia etc. 21, 549 bis 563 (1934). — Ferdière, G.: A propos d'un cas atypique de paralysie générale dite traumatique. Ann. Méd. lég. etc. 13, 588—591 (1933). — Fernandez de la Portilla, J.: Malariabehandlung und Liquor. Actas dermo-sifiliogr. 25, 718—722 (1933). — Einfluß der Malariabehandlung der Lues. Actas dermo-sifiliogr. 26, 852—862 (1934). — Ferrio, Carlo: La malarioterapia nella metalue. (Rivista sintetica limitata alla letteraturoa degli anni 1927—1931.) Pt. III. Giorn. Batter. 9, 162—177 (1932). — Fiamberti, Mario: La bismutoterapia endo-lombare associata al trattamento malarico nella neurolue. Riv. sper. Freniatr. 54, 995—1004 (1931). — Fischer, Irmgard: Normale Pupillenreaktion bei progressiver Paralyse. Diss. Hamburg 1931 und Med. Klin. 1932 I, 13—15. — Fittipaldi, Antonio: Paralisi progressiva in nano acondroplasico. Osp. psichiatr. 2, 402—412 (1934). Fracassi, Teodoro: Serum-Malariatherapie der Paralyse. (Vorl. Mitt.) Semana méd. 1932 I, 288, 289. — Franke, Otto: Über den Einfluß der endemischen Malaria auf die progressive Paralyse. Allg. Z. Psychiatr. 99, 297—315 (1933). — Freeman, Walter: Malaria treatment of general paralysis. J. amer. med. Assoc. 88, 1064—1068 (1927). — Freeman, Walter, Theodore C. Fong and S. J. Rosenberg: The diathermy treatment of Dementia paralytica. Microscopic changes in treated cases. J. amer. med. Assoc. 100, 1749—1753 (1933). — Fünfgeld: Diskussionsbemerkung zum Vortrag Reichardt, 50. Jahresversammlung der südwestdeutschen Psychiater in Würzburg. Arch. f. Psychiatr. 83, 113 (1928).

Galant, Johann Susmann: Status paralyticus. Psychiatr.-neur. Wschr. 1931 I, 253, 254. — Galeazzi, Cesare: Il campo visivo nella paralisi progressiva. Riv. otol. ecc. 10, 538—560 (1933). — Gallinek, Alfred: Experimentelle Studien zur Frage der Immunitätsverhältnisse bei Paralyse. Mschr. Psychiatr. 79, 292—301 (1931). — Ganfini, Giuseppe: Spirochaeta pallida nei gangli inguinali di paralitici progressivi. Riv. sper. Freniatr. 57, 104—112 (1933). — Ganter, M. R. u. P. J. van der Schaar: Encephalographie bei einheimischen und chinesischen Dementia paralytica-Kranken. Geneesk. Tijdschr. Nederl.-Indië 71, 969—989 (1931). — Ganzer, Gerhard: Zur Frage der Mesaortitis luica, besonders in Beziehung zur progressiven Paralyse, untersucht am Göttinger Sektionsgut. Z. Kreislaufforsch. 26, 8—17 (1934). — Gaupp, R.: Die progressive Paralyse der Irren. Lehrbuch der Nervenkrankheiten, herausgeg. von Curschmann, 2. Aufl., S. 574.—

GAULP, ROBERT jun.: Zweikernige Ganglienzellen in traumatischen Hirndefekten. Z. Neur. **149**, 122—128 (1933). — GEBERT: Kasuistische Mitteilung über Gummenbildung bei Fieberbehandlung der progressiven Paralyse. Arch. f. Psychiatr. **95**, 101, 102 (1931). — GERBAUX, LÉON: Sur un cas de paralysie générale traité par la tryparsamide. Arch. Inst. prophyl. **4**, 389—393 (1932). — GERSTMANN, JOSEF: Zur Frage der Umwandlung des klinischen Bildes der Paralyse in eine halluzinatorisch-paranoide Erscheinungsform im Gefolge der Malariaimpfbehandlung. Z. Neur. **93**, 200—218 (1924). — GERZANITS, PÁL: Werden die verschiedenen klinischen Formen der progressiven Paralyse in ihrer Entwicklung und ihren Remissionen durch die Blutgruppe beeinflußt? Gyógyászat (ung.) **1931 II**, 779—781. — GIACOMO, UMBERTO DE: Sulla paralisi progressiva senile. Contributo clinico ed anatomo-patologico. Riv. Pat. nerv. **40**, 308—325 (1933). — GIBSON, C. R. and R. G. GORDON: A case of taboparesis treated by hyperpyrexia induced by hot baths. Brit. med. J. **1931**, Nr 3675, 1015—1018. — GOLANT-RATNER, R. u. IRAKLIUS MENTESCHASCHWILI: Zur Frage der Störungen des Behaltens (Gedächtnisstörungen) bei progressiver Paralyse. Zugleich ein Beitrag zur Pathologie des Gedächtnisses. Mschr. Psychiatr. **85**, 222—242 (1933). — GOLDENBERG, M.: Zur vergleichenden Bewertung der Behandlungsmethoden der progressiven Paralyse. Sovet. Psichonevr. **9**, Nr 2, 57—63 (1933). — GOLDSTEIN, M.: Adenocarcinom der Hypophyse und progressive Paralyse. Arch. f. Psychiatr. **54**, 211 (1914). GONZALEZ MEDINA: Zwei Fälle von Erfolg der Malariatherapie bei Paralyse. Actas dermo-sifiliogr. **26**, 149—152 (1933). — GONZÁLEZ PINTO, JOSÉ: Katamnestische Resultate bei malariabehandelten Paralytikern. Med. ibera **1931 I**, 644—648 und An. Acad. méd.-quir. españ. **19**, 360—374 (1932). — GORDON, ALFRED: Coexistence of Psychoses of a different type in the same individual. Psychiatr. Quart. **8**, 300—305 (1934). — Coexistence of psychoses of a different nature and their relation to the personality of the patient. Arch. of Neur. **32**, 1355—1357 (1934). — GORIA, CARLO: Sulle variazioni della sindrome psichica nei paralitici generali successive al trattamento piretogeno. Studio comparativo colle analoghe sindromi ad eziologia ignota. Rass. Studi psichiatr. **20**, 431—481 (1931). — GORRIZ u. RAGUZ: Encephalogramme und Paralyse. An. Acad. méd.-quir. españ. **19**, 409—413 (1932). — GRAHAM, NORMAN B.: Treatment of general paresis by hyperpyrexia produced by diathermy. Brit. J. physic. Med. **8**, 157—160 (1934). — GRUBER, GEORG B.: Zur Frage der Mesaortitis luica, besonders in Beziehung zur progressiven Paralyse. Z. Kreislaufforsch. **25**, 22—34 (1933). — GRUHLE, H. W.: Psychiatrie für Ärzte, 2. Aufl., 1922. — GUILLAIN, GEORGES et ST. DE SÈZE: La réaction du benjoin colloidal dans la trypanosomiase humaine. Sa valeur au point de vue du diagnostic et du pronostic. Ann. Méd. **36**, 395—408 (1934). — GUIRAUD, P. et J. AJURIAGUERRA: Lésions à prédominance régionale réalisant un syndrome d'apparence focale chez un paralytique malarisé. Ann. méd.-psychol. **92 II**, 259—265 (1934). — Considérations critiques sur l'action de la malaria dans la paralysie générale. Paris méd. **1934 II**, 222—228. — GUIRAUD, P.: et M. CARON: Les méningites bactériennes aigues dans la paralysie générale. Ann. méd.-psychol. **89 I**, 500—506 (1931). — GUYOMARC'H: Amaurose au cours d'une trypanosomiase à forme méningée, amélioration considérable par le traitement arsénical (tryparsamide). Rev. d'Otol. etc. **11**, 48—52 (1933). — GYÁRFÁS, KÁLMÁN: Das Pyrifer in der Therapie der Paralyse. Orv. Hetil. (ung.) **1931 I**, 614, 615.

HAAS, JOSEF: Ergebnisse der Malariabehandlung der progressiven Paralyse. Z. Neur. **137**, 64—81 (1931). — HAHN, R.: Die Dienstbeschädigung bei Paralyse. Münch. med. Wschr. **1917 II**, 1156, F.B. — HALPERN, L.: Beitrag zur Nosobiologie der progressiven Paralyse. (Unter Zugrundelegung des Krankenmaterials der Universitätsklinik zu Königsberg i. Pr. (1904—1929). Arch. f. Psychiatr. **94**, 71—81 (1931). — HAMEL, J., G. COURTRIER et PASSEBOIS: Psychose hallucinatoire chronique et syphilis nerveuse. J. belge Neur. **33**, 73—78 (1933). — HARRIS, NOEL G. and J. A. BRAXTON HICKS: The treatment of general paralysis of the insane by malaria and sulphur. Lancet **1932 II**, 384—387. — HASKINS, JOHN L.: Review of 100 malarial-treated cases of general paralysis. Psychiatr. Quart. **5**, 733—739 (1931). — HAUPTMANN, A.: Ätiologie und Pathogenese der syphilitischen Geistesstörungen. Handbuch der Geisteskrankheiten, Bd. 8. Berlin: Julius Springer 1930. — HAYASAKA, CHÓICHIRÓ u. TOSHIHIKO OSHIRO: Malariakur und Vaccin des Bacillus enteritidis Gärtner. (Im Verlauf einer Malariakur durch Bacillus enteritidis Gärtner entstandene Komplikationen, III. Mitt.) Tohoku J. exper. Med. **22**, 399—411 (1934). — HECHST, BÉLA: Histopathologische Untersuchungen bei der sog. schizophrenen Form der progressiven Paralyse. Arch. f. Psychiatr. **102**, 25—44 (1934). — HECHT, RUDOLPH: Effect of menstruation on the incidence of Dementia paralytica. Arch. of Dermat. **27**, 568—578 (1933). — HECKER, RUDOLF: Erhöhte Risiken in der Lebensversicherung; neuere ärztliche Gesichtspunkte. Münch. med. Wschr. **1932 I**, 107—110, 143—146. — HEIBERG, POUL: Variations in the number of reported cases of syphilis and in the number of deaths from general paresis. Acta psychiatr. (København) **7**, 189—199 (1932). — HEINRICH, R.: Erfolge der Malariatherapie bei progressiver Paralyse in der Nervenklinik Wiesengrund der Wittenauer Heilstätten. Abh. Neur. usw. **1932**, H. 65, 115, 116. — HEINZE, E.: Über den Verlauf der juvenilen

Paralyse nach Malariabehandlung. Abh. Neur. usw. 1932, H. 65, 84—101. — HENDRIKSEN, V.: Die Behandlung der Dementia paralytica mit Infektionskrankheiten. Hosp.tid. (dän.) 1931 I, 228—236, 249—258, 282—289. — Über Sulfosinbehandlung bei Dementia paralytica. Acta psychiatr. (Københ.) 7, 217—231 (1932). — HINSIE, LELAND E.: Radiothermische Behandlung der progressiven Paralyse. Wien. klin. Wschr. 1931 I, 696—699. — HINSIE, LELAND E. and JOSEPH R. BLALOCK: Leucocytes in general paralysis treated by radiothermy. Psychiatr. Quart. 5, 432—440 (1931). — Treatment of general paralysis. Results in 197 cases treated from 1923—1926. Amer. J. Psychiatry 11, 541—557 (1931). — Treatment of general paralysis by radiothermy. Psychiatr. Quart. 6, 191—212 (1932). — HINSIE, LELAND E. and CHARLES M. CARPENTER: Radiothermic treatment of general paralysis. Psychiatr. Quart. 5, 215—224 (1931). — HISETTE, J.: Considérations pratiques sur des accidents oculaires de la trypanosomiase ou de son traitement. Ann. Soc. belge Méd. trop. 12, 531—538 (1932). — HOCHE: Dementia paralytica. ASCHAFFENBURGs Handbuch der Psychiatrie. Leipzig u. Wien: Franz Deuticke 1912. — Die Entstehung der Symptome bei der progressiven Paralyse. Dtsch. Z. Nervenheilk. 68—69, 99 (1921). — HOLTHAUS, B.: Progressive Paralyse und Dienstfähigkeit des Eisenbahnbeamten. Z. Bahnärzte 29, 121—127 (1934). — HOPPE: Befunde von Tumoren oder Cysticerken im Gehirne Geisteskranker. Mschr. Psychiatr. 25, Erg.-H. 32 (1909). — HORANYI-HECHST, BÉLA: Über die pathologisch-histologischen Grundlagen der schizophrenen Form der progressiven Paralyse. Orv. Hetil. (ung.) 1934, 471—473. — HORN, L. u. O. KAUDERS: Der Heilungsverlauf der progressiven Paralyse mit besonderer Berücksichtigung der Frage der Rezidivverhütung. Psychiatr.-neur. Wschr. 1931 II, 565—567. — Über die klinischen Typen der malariabehandelten Paralyse, die therapeutischen Maßnahmen zur Erhaltung der Remission und über Rezidivprophylaxe. Jb. Psychiatr. 48, 263—282 (1932). — HORTEGA, P. DEL RIO: La microglia y su transformación en células en bastoncito y cuerpos gránulo-adiposos. Archivos Neurobiol. 1, 171 (1920). — Elementare Läsionen der Nervenzentren. Archivos Neurobiol. 7, 193 u. 239. — Elementare Veränderungen der Nervenzentren. Semana méd. 1928, 727. — HOVERSON, EMIL T.: General paralysis. Nonfever treatment by cerebral lipoids and tryparsamide. Amer. J. Syph. 18, 221—231 (1934). — The effect of cerebral lipoids on the basal metabolism in general paresis. Oxidation-reduction in general paresis. Amer. J. Syph. 18, 373—382 (1934). — HOVERSON, EMIL T. and G. W. MORROW: The age incidence and distribution of general paresis in Eastern Illinois. Amer. J. Psychiatry 13, 1317—1330 (1934). — HUSSELS: Beiträge zur Kenntnis der juvenilen Paralyse mit besonderer Berücksichtigung der Augensymptome. Allg. Z. Psychiatr. 73, 555 (1917). — HUTTER, A.: Sodoku, febris recurrens, Morbus Bang und Trypanosomiasis in der Differentialdiagnose bei einem mit Malaria geimpften Dementia-paralytica-Kranken. Psychiatr. Bl. 36, 483—493 (1932).

ILIEFF: Die progressive Paralyse in Bulgarien; Statistik und Probleme. Conf. sur la Syphilis en Bulgarie 1932, p. 91—112 u. deutsche Zusammenfassung, S. 113—114.

JÄRPE, ERIC: Zur Pathologie der tabo-paralytischen Hinterstrangserkrankungen. Arb. neur. Inst. Wien 33, 227—232 (1931). — JAHNEL, FRANZ: Über das Vorkommen der Spirochaeta Duttoni im Hirngewebe des Menschen (Paralytikers) während der Rekurrensinfektion. Münch. med. Wschr. 1926 II, 2015, 2016. — Die kongenitale Syphilis und ihre Beziehungen zu Nerven- und Geisteskrankheiten. Klin. Wschr. 1927 I. — Über die Möglichkeit von Syphilisübertragung durch Paralytiker und Tabiker. Wien. klin. Wschr. 1928 II, 992—996. — Allgemeine Pathologie und pathologische Anatomie der Syphilis des Nervensystems. Handbuch der Haut- und Geschlechtskrankheiten, herausgeg. von JADASSOHN, Bd. 17 I, S. 1—170. Berlin 1929. — Über den heutigen Stand der ätiologischen Paralyse- und Tabesforschung. Fortschr. Neur. 1, H. 2, 65—81 (1929). — Pathologische Anatomie der progressiven Paralyse. Handbuch der Geisteskrankheiten, herausgeg. von O. BUMKE, Bd. 11. Berlin: Julius Springer 1930. — Die Infektionen des Nervensystems. Handbuch der ärztlichen Begutachtung, herausgeg. von LINIGER-WEICHBRODT-FISCHER, Bd. 2. Leipzig: Johann Ambrosius Barth 1931. — Läßt sich die Spirochaeta pallida auf künstlichen Nährböden kultivieren? Klin. Wschr. 1934 I, 550—553. — Trauma und progressive Paralyse. Med. Welt 1934, 686. — Über den Einfluß des Winterschlafes auf die Syphilisspirochäten im Gehirn und den inneren Organen des Siebenschläfers. Arch. f. Dermat. 171, 187 (1935). — JAHNEL, FRANZ u. J. LANGE: Ein Beitrag zu den Beziehungen zwischen Franboesie und Syphilis: Die Framboesieimmunität von Paralytikern. Münch. med. Wschr. 1925 II, 1452, 1453. — Framboesie, Syphilis, Paralyse. Z. Neur. 106, 416—437 (1926). — Zur Syphilisimmunität der Paralytiker. Münch. med. Wschr. 1926 II, 1875—1877. — Zur Kenntnis der Framboesieimmunität der Paralytiker. Klin. Wschr. 1926 II. — Ein weiterer Beitrag zur Frage der Immunitätsbeziehungen zwischen Framboesie und Syphilis: Eine gelungene Übertragung von Framboesie aus Sumatra auf einen Fall von progressiver Paralyse. Münch. med. Wschr. 1927 II, 1487. — Syphilis und Framboesie im Lichte neuerer experimenteller Untersuchungen. Klin. Wschr. 1928 II, 2133—2140. — JAHNEL, F., I. H. PAGE u. EUGEN MÜLLER: Über die Beziehungen des Tellurs zum Nervensystem. Z. Neur. 142, 214—222 (1932). — JAHNEL, F., R. PRIGGE u. M. ROTHERMUNDT: Gibt es außer den Spirochäten noch andere Erscheinungsformen oder Stadien des Syphiliserregers? Dermat. Z. **64**, 7—29 (1932). — Über das Problem eines Entwicklungszyklus bei der Spirochaeta pallida, besonders bei Paralyse und Tabes. Archivos Neurobiol. **13**, 393—404 (1933). — JAMES, S. P.: Sur le traitement de la paralysie générale par la malaria en Angleterre et dans le pays de Galles. Bull. Office internat. d'hyg. publ. **23**, 1423 (1931). — JAMES, S. P., W. D. NICOL and P. G. SHUTE: Experimentally produced malaria. Lancet **1932** I, 1061. — JASCHKE, OTTO: Über den Nachweis der Spirochaeta pallida im Cantharidenexsudat. Psychiatr.-neur. Wschr. **1934** I, 103, 104. — JASIENSKI: Le syndrome paralytique au cours du tabes. (Démence tabétique de certains auteurs.) Ann. Mal. vénér. **26**, 321—347 (1931). — JESSNER u. ROSSIANSKY: Ergebnisse der deutsch-russischen Syphilisexpedition im Jahre 1928. Arch. f. Dermat. **160**, 224, 225 (1930). — JOÓ, B.: u. S. HUSZÁK: Labyrinthreizungsuntersuchungen bei progressiver Paralyse und Tabes dorsalis. Psychiatr.-neur. Wschr. **1934** I, 425—428. — JØRGENSEN, C. GEERT, AXEL V. NEEL et GEORGES E. SCHRÖDER: Altérations cliniques et sérologiques à la première hospitalisation dans environ 900 cas de paralysie générale. Acta psychiatr. (Københ.) **8**, 627—636 (1933). — JOSSMANN, P.: Erfolge der Reiztherapie bei progressiver Paralyse. Klinische Ergebnisse. Allg. Z. Psychiatr. **95**, 321—349 (1931). — Spezifische Syphilisbehandlung und Inkubationszeit (Latenzzeit) der progressiven Paralyse und der Tabes. Mschr. Psychiatr. **84**, 245—256 (1932). — JUBA, ADOLF: Beiträge zur Histopathologie der juvenilen Paralyse mit besonderer Berücksichtigung der STEINERschen Myelopholiden und der kolloiden Degeneration des Gehirns. Z. Neur. **141**, 702—717 (1932).

KAFKA, FRANTIŠEK: Familiäre Disposition zu Metalues des Zentralnervensystems. Rev. Neur. (tschech.) **28**, 244—250 (1931) u. französische Zusammenfassung, S. 250. — KAFKA, V.: Taschenbuch der praktischen Untersuchungsmethoden der Körperflüssigkeiten bei Nerven- und Geisteskrankheiten. Berlin: Julius Springer 1927. — Theorie und Technik der Liquoruntersuchung mit besonderer Berücksichtigung der Syphilis. Handbuch der Haut- und Geschlechtskrankheiten, herausgeg. von JADASSOHN, Bd. 17 I, S. 456—519. Berlin 1929. — Endolumbale Behandlung der Syphilis. Handbuch der Haut- und Geschlechtskrankheiten, herausgeg. von JADASSOHN, Bd. 17 I, S. 598—636. Berlin 1929. — Funktionell-genetische Liquoranalysen. I. Mitt.: Der Liquorbefund der progressiven Paralyse in funktionell-genetischer Betrachtung. Z. Neur. **135**, 210—224 (1931). — KAHLMETER: Drei Fälle von Tabes bzw. progressive Paralyse vortäuschendem Hypophysentumor. Dtsch. Z. Nervenheilk. **54**, 173 (1916). — KAIRIUKSTIS, JONAS: Schwefel- und Benzinbehandlung als Reiztherapie der Paralyse. Psychiatr.-neur. Wschr. **1931** II, 481—483. — KALLMANN, FRANZ: Die Ergebnisse der Reizfieberbehandlung der Paralyse in der Anstalt Herzberge (mit besonderer Berücksichtigung der Sulfosinbehandlung). Abh. Neur. usw. **1932**, H. 65, 22—64. — KAUDERS, O.: Prophylaktische Malariabehandlung und progressive Paralyse. Psychiatr.-neur. Wschr. **1931** II, 525—528. — Progressive Paralyse und Grippe. Wien. med. Wschr. **1932** I, 375—378. — KAUDERS, O., P. LIEBESNY u. F. FINALY: Kurzwellenbestrahlung des Gehirns bei progressiver Paralyse. Wien. klin. Wschr. **1932** II, 935—938. — KAUFMANN, IRENE W.: Die Schrift der Paralytiker vom psychiatrischen Standpunkte. Psychiatr.-neur. Wschr. **1933**, 517—520. — KERIM, FAHRETTIN: Zwei Beobachtungen, die Ätiologie der progressiven Paralyse betreffend. Psychiatr.-neur. Wschr. **1934**, 342—346. — KIEWE, PAUL: Spirochäten und Silberzellen bei progressiver Paralyse. Z. Neur. **134**, 596—604 (1931). — KIHN, BERTHOLD: Die Behandlung der quartären Syphilis mit akuten Infektionen. München: J. F. Bergmann 1927. — Einige Bemerkungen zum Paralyseproblem. Z. Psychiatr. **94**, 79—129 (1931). — Die Behandlung der Paralyse nach Abschluß der Infektionstherapie. Nervenarzt **6**, 281—289 (1933). — KIRSCHBAUM, WALTER: Psychiatrisch-neurologische Beobachtungen bei einem Fall von afrikanischer Schlafkrankheit. Z. Neur. **132**, 269—280 (1931). — Über Frühparalysen. Untersuchungen an nach der Geschlechtsreife infizierten unter 30 Jahre alten Paralytikern. Z. Neur. **137**, 552—559 (1931). — Über Verlaufsform und Rezidivbildung der Paralyse nach Infektionsbehandlung. Dtsch. med. Wschr. **1933** I, 887—890. — KIRSCHNER, JOSEF: Körperbautypen bei Paralytikern. Roczn. psychjatr. (poln.) **1932**, H. 17, 100—103. — KLÄR, CHARLOTTE: Untersuchung über das Verhalten der Blutgruppen bei Impfmalaria und Recurrens bei Paralyse. Diss. Erlangen 1931. — KLIENEBERGER, OTTO LUDWIG: Über die juvenile Paralyse. Allg. Z. Psychiatr. **65**, 936—971 (1908). — KLIMES, KARL: Über den Zusammenhang zwischen Dysgraphie und Dysarthrie bei progressiver Paralyse. Psychiatr.-neur. Wschr. **1933** I, 270—273. KÖHLER, EGON V.: La paralysie générale et le changement de son syndrome typique en d'autres formes de psychoses atypiques à la suite de la leucopyrétothérapie. Rev. méd. Suisse rom. **51**, 528—556 (1931). — KOESTER, FRITZ: Über die nach sozialen Gesichtspunkten erfolgten Nachuntersuchungen der unter Fürsorge stehenden behandelten Paralytiker. Arch. f. Psychiatr. **98**, 223—230 (1932). — KORNEEV, V.: Zur Pathogenese der progressiven Paralyse. Ž. Nevropat. (russ.) **1931**, Nr 1, 73—78. — KRAEPELIN, EMIL: Klinische Psychiatrie, 9. Aufl., Teil 1. Leipzig: Johann Ambrosius Barth 1927. — KREY, J.: Über den Ablauf gleichzeitig gesetzter Infektionen mit Malaria und Rattenbiß bei Paralytikern. Z. Neur. **146**, 626—640 (1933). — KŘIVÝ, MIROSLAV u. KAREL MATULAY:

Wandlungen der progressiven Paralyse bei und nach Malariabehandlung. Rev. Neur. (tschech.) **30**, 241—253 (1933) u. französische Zusammenfassung, S. 254, 255. — Kryspin-Exner, Wichart: Über die Aufgaben der Heil- und Pflegeanstalt im Krankheitsverlauf infektionsbehandelter Paralytiker. Psychiatr.-neur. Wschr. **1933** I, 291—295. — Einige Bemerkungen über den Ablauf gleichzeitig gesetzter Infektionen mit Malaria und Recurrens bei Paralytikern. Z. Neur. **148**, 280—284 (1633). — Kubo, K. u. R. Hattori: Die progressive Paralyse in Korea. Fol. psychiatr. (jap.) **1**, 10—14 (1933). — Kufs, H.: Keratitis parenchymatosa 7 Jahre nach der Malariabehandlung einer juvenilen Paralyse. Arch. f. Psychiatr. **93**, 552—563 (1931). — Schizophrenes Krankheitsbild bei chronischer (stationärer) Paralyse mit einer Verlaufsdauer von mehr als drei Jahrzehnten (38 Jahren?). Arch. f. Psychiatr. **96**, 197—214 (1932). — Kusiak, Marjan: Spontane Milzruptur im Verlaufe der Malariabehandlung der progressiven Paralyse. Polska Gaz. lek. **1931** I, 334, 335.

Lacroix, A.: Atrophie optique, après traitement par le stovarsol sodique, dans la paralysie générale progressive. Bull. Soc. franç. Ophthalm. **45**, 388—395 (1932). — Ladame, Charles, Ferdinand Morel et Robert de Montmollin: Traitement de la paralysie générale par l'électropyrexie. Rev. méd. Suisse rom. **54**, 429—438 (1934). — Lafora, G. R.: Zur Frage der hereditären Paralyse des Erwachsenen. Z. Neur. Orig. **9**, 443 (1912). — Zur Histopathologie der juvenilen Paralyse mit Mitteilung zweier Fälle. Z. Neur. Orig. **15**, 281 (1913). — Über die moderne Diagnostik und Behandlung der Nervensyphilis. Madrid: Calpe 1920. — Die Halluzinosis der malariabehandelten Paralytiker und ihre Pathogenese. An. Acad. méd.-quir. españ. **17**, 701—706 (1930). — Lagrange, E.: Études sur la phase nerveuse de la fièvre récurrente expérimentale à Spirochaete Duttoni. Bull. Soc. Path. exot. Paris **24**, 804—809 (1931). — Laignel-Lavastine, Boquien et Puymartin: Apparition de gommes de la langue chez un paralytique général impaludé. Ann. méd.-psychol. **90** I, 74—76 (1932). — Éruption de zona au cours d'une paralysie générale impaludée. Ann. méd.-psychol. **90** I, 77—80 (1932). — Laignel-Lavastine, Georges d'Heucqueville et Michel Gautier: Tentative de suicide par la hache, d'un alcoolique, au début d'une paralysie générale. Ann. méd.-psychol. **92** I, 741, 742 (1934). — Landis, Carney and Joseph Rechetnick: Changes in psychological functions in paresis. I. Psychiatr. Quart. **8**, 693—698 (1934). — Lange, Joh.: Psychiatrie des praktischen Arztes. Klinische Lehrkurse der Münch. med. Wschr. **1929**. — Kurzgefaßtes Lehrbuch der Psychiatrie. Leipzig: Georg Thieme 1935. — Lapyschew, D. A.: Zur Charakteristik der Syphilis unter den Buriaten. Dermat. Wschr. **97**, 1500—1506 (1933). — Larrivé, E.: Deux cas de paralysie générale juvénile. Considérations cliniques et thérapeutiques. Lyon méd. **1931** II, 2155, 2156. — Lasarev, I.: Über die Behandlung der Paralysis progressiva mit Ammonium chloratum. Sovet. Psichonevr. **9**, Nr 2, 68, 69 (1933). — Ledentu, G.: La lutte contre la maladie du sommeil au Cameroun. Ann. Inst. Pasteur **53**, 174—220 (1934). — Lees, Robert: Treatment of general paralysis of the insane by induced malaria. Note on fifty cases. Brit. med. J. **1931**, Nr 3685, 336—339. — Leger, M.: La classification classique de 1. période sanguine et de 2. période méningée, das la trypanosomiase est-elle justifiée? Bull. Soc. Path. exot. Paris **24**, 833 (1931). — Leroy et Médakovitch: Malaria larvée chez les paralytiques généraux impaludés et attaques épileptiformes. Ann. méd.-psychol. **89** II, 291—300 (1931). — Femmes enceintes paralytiques générales ou syphilitiques traitées par la malaria. (Présentation d'une mère et de son enfant.) Ann. méd.-psychol. **90** I, 38—44 (1932). — Leroy, Médakovitch et Boyer: Éruption papulo-squameuse et alopécie en clairière secondaires survenues chez une paralytique générale impaludée. Ann. méd.-psychol. **89** II, 431, 432 (1931). — Leroy, Médakovitch et Masquin: Les variations de la courbe du poids dans la paralysie générale. Ann. méd.-psychol. **89** I, 358—374 (1931). — Leroy, Médakovitch et Monier: Recherches sur l'étiologie des délires secondaires chez les paralytiques généraux après impaludation. Ann. méd.-psychol. **89** II, 170, 171 (1931). — Paralysies générales malarisées avec délires ou psychoses secondaires. Ann. méd.-psychol. **89** II, 171—174 (1931). — Paralysies générales malarisées sans délire ni psychose secondaire. Ann. méd.-psychol. **89** II, 174—176 (1931). — Levaditi, C., M. Pinard et R. Even: Essai de traitement de la paralysie générale par le soufre liposoluble. Bull. Soc. méd. Hôp. Paris, III. s. **47**, 1134 bis 1138 (1931). — Liebers, Max: Senile Paralyse mit tödlicher, arteriosklerotischer Kleinhirnblutung. Mschr. Psychiatr. **88**, 30—38 (1934). — Lima, Almeida u. Diogo Furtado: Trauma und progressive Paralyse. Archivos Med. leg. **6**, 22—30 (1934). — Lippi, Francesconi, Guglielmo: Contributo alla conoscenza istopatologica dell'ipofisi cerebrale nella paralisi progressiva. Riv. Pat. nerv. **41**, 661—681 (1933). — Lisi, F.: Allergia cutanea e superinfezione sifilitica nella paralisi generale progressiva. Boll. sez. region. Soc. ital. Dermat. **1933**, No 3, 273, 274. — Ancora sulla superinfettibilità dei paralitici progressivi. Boll. sez. region. Soc. ital. Dermat. **1934**, No 1, 82, 83. — Positive Ergebnisse bei Superinfektionsversuchen an Paralytikern. Arch. of Dermat. **170**, 181—193 (1934). — Lisi, Francesco e Fabio Pennacchi: Allergia cutanea e superinfezione sifilitica nella paralisi generale progressiva. (Demenza paralitica.) Ann. Osp. psichiatr. prov. Perugia **27**, 113—159 (1933). — Loignon, Gaston: Manifestations de la syphilis héréditaire. Un cas de paralysie générale juvénile. Univ. méd. Canada 63, 898—910 (1934). — LOMHOLT, ESBERN: Zur Beleuchtung der Inkubationszeit der Paralyse. Hosp.tid. (dän.) 1931 II, 1175—1182. — Lôo, P. et A. DONNADIEU: Sur un cas de paralysie générale à évolution continue et prolongée (22 ans). Ann. méd.-psychol 89 II, 523—529 (1931). — LOPS CUNEO, ALBERTO C.: Über halluzinatorisch delirierende Reaktionen von mit Malaria behandelten Paralytikern. Bol. Inst. psiquiatr. Fac. méd. Rosario 3, 172—179 (1931). — LORANT, EUGENIO: Il liquor dei paralitici progressivi malarizzatti non ha azione spirocheticida. Atti Soc. med.-chir. Padova ecc. 8, 113—116 (1931). — LOUDEN, MARY V.: Some behavior changes in a juvenile paretic. Psychol. Clin. 22, 257—262 (1934). — LUNSFORD, C. J. and P. W. DAY: Transference of inguinal glands in human syphilis. J. amer. med. Assoc. 102, 448—451 (1934). — LUTRARIO, A.: Paralysie générale et paludisme. Bull. mens. Off. internat. Hyg. publ. 25, 1769—1771 (1933).

MACLEAN, GEORGE and H. FAIRBAIRN: Treatment of Rhodesian sleeping sickness with Bayer 205 and tryparsamide: Observations on 719 cases. Ann. trop. Med. 26, 157—189 (1932). — MADSEN, JORGEN: Über die Bedeutung der frühzeitigen Fieberbehandlung der Dementia paralytica. Hosp.tid. (dän.) 1934 I, 481—491 — MAGALHAES, LEMOS: Paralysie générale à son début et psychose intermittente à forme circulaire. Diagnostic différentiel; nature organique probable de cette psychose. Revue neur. 39 I, 356—374 (1932). — MAGNAN et SERIEUX: La paralysie générale. Paris 1894. — MAKAROV, V.: Die progressive Paralyse als syphilitische Erkrankung mit Vorwiegen der cerebro-plurivisceralen Lokalisation. Sovet. Psichonevr. 9, Nr 4, 12—27 (1933). — Über die klinische Lungensyphilis bei der progressiven Paralyse. Z. Neur. 133, 438—446 (1931). — Die progressive Paralyse, eine syphilitische Erkrankung mit vorzugsweise cerebro-plurivisceraler Lokalisation. Mschr. Psychiatr. 90, 75—93 (1934). — MANDL, A. u. F. PUNTIGAM: Spontanmalaria und syphilitische Erkrankungen des Zentralnervensystems. Z. Neur. 133, 196—222 (1931). — Ein weiterer Beitrag zu dem Kapitel Spontanmalaria und syphilitische Erkrankungen des Zentralnervensystems. Z. Neur. 133, 223—230 (1931). — MANSON-BAHR, P.: The epidemiology of human trypanosomiasis at the present time. Proc. roy. Soc. Med. 24, 837—845 (1931). — The results of treatment of African trypanosomiasis in Europeans with tryparsamide and Bayer 205. Trans. roy .Soc. trop. Med. Lond. 25, 479—486 (1932). — MARCHAND, L.: Présentation de paralytiques généraux traités avec succès par le stovarsol. Ann. méd.-psychol. 91 I, 357—362 (1933). — MARCHAND, L., CAPGRAS et A. COURTOIS: Deux nouveaux cas de paralysie générale à évolution aiguë. Ann. méd.-psychol. 90 I, 406—412 (1932). — MARCHAND, L. et A. COURTOIS: Paralysie générale à évolution aiguë. Bull. Soc. méd. Hôp. Paris, III. s. 47, 1113—1118 (1931). — MARCHAND, L., R. MICOUD et J. TUSQUES: Paralysie générale avec réactions humorales négatives. Ann. méd.-psychol. 92 II, 252—256 (1934). — MARGULIES, M.: Unspezifische Behandlung paralytischer Zustände. Dtsch. med. Wschr. 1931 II, 1407—1409. — MARI, ANDREA: Sulle variazioni del quadro istopathologico della paralisi progressiva in seguito alla inoculazione della malaria. Riv. Pat. nerv. 37, 740—776 (1931). — Dei rapporti delle spirochete con gli elementi del tessuto nervoso e del processo infiammatorio nei cervelli di paralitici progressivi. Riv. Pat. nerv. 38, 597—609 (1931). — MARIE: Sur quelques applications de la recurrente intracranienne par la méthode dite de Gennerich. Arch. internat. Neur. 50 I, 425—432 (1931). — MARIE, A. et MEDAKOVITCH: La fièvre récurrente dans le traitement de la paralysie générale et du tabès. Préface de WAGNER-JAUREGG. Paris: J. Peyronnet & Cie 1932. — Le traitement de la paralysie générale par la haute fréquence à ondes courtes. Arch. internat. Neur. 52 I, 57—65 (1933). — MARIOTTI, E.: La cura della paralisi progressiva con le iniezioni endovenose di autoliquor medicato. Riv. Pat. nerv. 43, 372—379 (1934). — MARIOTTI, E. e M. SCIUTI: La malariaterapia nella paralisi progressiva e nella demenza precoce mediante iniezioni seriali endovenose di liquor e intrarachidee di liquor e di sangue di malarizzati. Tentativi di selezione di un virus malarico neurotropo. Osp. psichiatr. 1, 1—54 (1933). — MARQUEISSAC, H. DE: Note sur les modifications que peuvent subir le sang et le liquide céphalo-rachidien des malades atteints de trypanosomiase à virus gambiense lorsqu' ils son laissés sans traitement. Bull. Soc. Path. exot. Paris 25, 317—319 (1932). — Prospections de maladie du sommeil effectuées au Togo de 1931 à 1933. (Résultats de laboratoire.) Bull. Soc. Path. exot. Paris 27, 247—251 (1934). — MARSELLA, FABIO: Nuovi concetti medicolegali sulla demenza paralitica specialmente in rapporto all'assicurazione vita. Arch. di Antrop. crimin. 53, 1198—1210 (1933). — MARTIN, R. et H. M. MONIER: Sur un cas de trypanosomiase humaine. Bull. Soc. Path. exot. Paris 24, 657—660 (1931). — MARTINENGO, V.: Neurosifilide e schizofrenia. Le sindromi dissociative della paralisi progressiva. Contributo casistico. Schizofrenie 4, No 1, 41—49 (1934). — MARTINEZ, ANTONIO A.: Halluzinatorische und paranoide Störungen in der Entwicklung gewisser mit Malaria behandelter Paralytiker. Rev. argent. Neur. etc. 4, 544—555 (1930). — MASQUIN, PIERRE et JACQUES BOREL: Onirisme malarique et paraphrénies paralytiques. A. propos des „délires secondaires". Encéphale 29, 73—99 (1934). — MASSAUT, CH.: Psychose syphilitique et paralysie générale. J. de Neur. 31, 575—580 (1931). — MATERNA, A.: Leberschädigung durch Impfmalaria. Wien. klin. Wschr. 1931 II, 1331—1335. — Entgegnung auf die vorstehenden

Bemerkungen Wagner-Jaureggs. Wien. klin. Wschr. **1931 II**, 1372, 1373. — Mauss, Wilhelm: Zur Frage der Infektiosität der progressiven Paralyse. Ärztl. Sachverst.ztg **37**, 129—134 (1931). — Meco, Osvaldo: Il tono vegetativo nella paralisi progressiva. (Contributo allo studio del meccanismo terapeutico pireto-specifico.) III. Riv. Pat. nerv. **42**, 533—551 (1933). — La formula leucocitaria nella paralisi progressiva. (Contributo allo studio del meccanismo terapeutico pireto-specifico.) I. Rass. Studi psichiatr. **23**, 74—95 (1934). — Le variazioni della r. Wassermann nel trattamento della paralisi progressiva. (Contributo allo studio del meccanismo terapeutico pireto-specifico.) II. Rass. Studi psichiatr. **23**, 97—114 (1934). — Sul meccanismo della piretoterapia nella paralisi progressiva. Riv. Pat. nerv. **43**, 488—495 (1934). — Mendel, E.: Die progressive Paralyse der Irren. Berlin 1880. — Menninger, William C.: Juvenile paretic neurosyphilis studies. I. The incidence, sex, and age at onset. Amer. J. Syph. **18**, 486—504 (1934). — Merritt, H. Houston: Über Ammonshornsklerose bei der progressiven Paralyse und ihren Zusammenhang mit den sog. paralytischen Anfällen. Z. Neur. **136**, 436—442 (1931). — The epileptie convulsions of dementia paralytica. Their relation to sclerosis of the cornu ammonis. Arch. of Neur. **27**, 138—153 (1932). — Merritt H. Houston and Moore, Merrill: The Argyll Robertson Pupil. An anatomic-physiologic Explanation of the phenomenon, with a survey of its occurrence in neurosyphilis. Arch. of Neur. **30**, 357—373 (1933). — Merritt, H. Houston and M. Špringlova: Lissauer's dementia paralytica. A clinical and pathologic study. Arch. of Neur. **27**, 987—1030 (1932). — Merritt, Houston, Merrill Moore and H. C. Solomon: The iron reaction in paretic neurosyphilis. Amer. J. Syph. **17**, 387—391 (1933). — Metz, A.: Über eine morphologische und funktionelle Differenzierung des nervösen Stützgewebes. Ver. norddtsch. Psychiater u. Ges. Neur. Groß-Hamburg, Hamburg-Friedrichsberg, Sitzg 9. Juni 1923. Zbl. Neur. **33**, 445 (1923). — Über die Bewegungsfähigkeit der Hortegazellen (Mikroglia). (Vortragsber.) 21. Jverslg Ver. nordtsch. Psychiater Rostock-Gehlsheim, 24. u. 25. Okt. 1925. Allg. Z. Psychiatr· **83**, 532 (1926). — Die drei Gliazellarten und der Eisenstoffwechsel. Z. Neur. **100**, 428 (1926). — Metz, A. u. H. Spatz: Die Hortega-schen Zellen (= das sog. „dritte Element") und über ihre funktionelle Bedeutung. Z. Neur. **89**, 138 (1924). — Micheli, Lucio: Paralisi progressiva e tabe dorsale infanto-giovanili. Cervello **12**, 81—102 (1933). — Mikulski, K. u. A. Liszka: Nicht ausgenutzte Quellen der Malariatherapie. Roczn. psychjatr. (poln.) **1932**, H. 18/19, 28—53 u. französische Zusammenfassung, S. 333—334. — Milian, G. et Delamare: Paralysie générale en évolution régressive à Wassermann irréductible réduit par l'or. Bull. Soc. franç. Dermat. **41**, No 5, 753—758 (1934). — Misch-Frankl, Käthe: Die soziale Einordnung der malariabehandelten Paralytiker. Abh. Neur. usw. **1932**, H. 65, 135—146. — Mó Gatti, Enrique: Über zum Stillstand gekommene Paralyse und Psychosen nach Malariabehandlung. Rev. Asoc. méd. argent. **46**, 834—838 (1932). — Möllenhoff, Fritz: Malariatherapie und soziales Niveau. Abh. Neur. usw. **1932**, H. 65. 147—154. — Mollaret, Pierre: Le traitement actuel de la paralysie générale. Ce qu'il nous apprend. (Les thérapeut. nouvelles. Publiées par F. Rathery.) Paris: J. B. Baillière et fils 1932. — Molotschek, A. u. T. Russin: Zu den Besonderheiten des klinischen Verlaufs bei paralytischen Männern und Frauen unter dem Einflusse der Malariatherapie. Allg. Z. Psychiatr. **101**, 375—380 (1934). — Moore, Merrill and H. C. Solomon: Contributions of Haslam, Bayle and Esmarch and Jessen to the History of neurosyphilis. Haslam's „Observations on insanity", Bayle's „recherches sur l'arachnitis chronique" and Esmarch and Jessen's „Syphilis und Geistesstörung". Arch. of Neur. **32**, 804—839 (1934). — Mora, Damas: L'emploi de la voie intracarotidienne dans le traitement des périodes avancées de la maladie du sommeil. L'action de la tryparsamide, injectée dans la carotide sur les troubles visuels des trypanosomés. Ann. Soc. belge Méd. trop. **14**, 25—48 (1934). — Moreau, M.: Syndrome transitoire de dépression chez un tabo-paralytique après traitement par le Dmelcos. J. de Neur. **31**, 664—667 (1931). — Mossa, Giacomo: Un caso di paralisi generale progressiva con reperto umorale completamente negativo. Giorn. Accad. Med. Torino **97 I**, 113—117 (1934). — Müller, Christian: Kongenitale Lues und progressive Paralyse. Münch. med. Wschr. **1908 II**, 1986, 1987. — Müller, G.: Beiträge zur Frage nach den Beziehungen zwischen klinischem Verlauf und anatomischem Befund bei Nerven- und Geisteskrankheiten. (Nissls Beiträge.) II. Progressive Paralyse mit starker Marksklerose. Z. Neur. **133**, 620—630 (1931). — Müller, Walter: Die Rolle der Kleinhirnerkrankungen bei der angeborenen Paralyse (juvenile Paralyse mit enorm protrahiertem Verlauf). (Zur Pathologie und Pathogenese der Paralyse. Von B. Ostertag. III.) Mschr. Psychiatr. **86**, 364—376 (1933). — Muraz, G.: Le traitement standard de la maladie du sommeil. Bull. Soc. Path. exot. Paris **24**, 530—535 (1931). — Quelques dernier mots au sujet de la „cure-standard" de la maladie du sommeil. Bull. Soc. Path. exot. Paris **25**, 39—44 (1932). — Etat actuel des traitements chimio-thérapiques de la maladie du sommeil. Bull. méd. **1932**, 585—590.

Naegeli, O.: Le virus de l'herpès simplex joue-t-il un rôle dans l'effect curatif du traitement de la paralysie générale selon la méthode de Wagner-v. Jauregg? Paris méd. **1932**, 559—561. — Die Beziehungen des Herpesvirus zu den Erfolgen der Fiebertherapie der

Paralyse. Schweiz. med. Wschr. **1933** I, 253—257. — NEUBURG, A.: Ein Fall einer atypischen progressiven Paralyse. Ž. Nevropat. (russ.) **1931**, Nr 4, 34—39. — NEYMANN, CLARENCE A. and Michael T. KOENIG: Treatment of dementia paralytica. Comparative therapeutic results with malaria, rat-bite fever and diathermy. J. amer. med. Assoc. **96**, 1858 bis 1860 (1931). — NICOL, W. D.: A review of seven years' malarial therapy in general paralysis. J. ment. Sci. **78**, 843—866 (1932). — NICOLE, J. ERNEST and E. J. FITZGERALD: Serologic results in malarially treated general paralysis. Amer. J. Syph. **15**, 496—516 (1931). — NIETO, D.: Über ein einfaches Verfahren zur Darstellung von Spirochäten in einzelnen Schnitten. Klin. Wschr. **1933** II, 1775. — Eine einfache Technik der Spirochätenfärbung in isolierten Schnitten, besonders im Nervensystem. Archivos Neurobiol. **13**, 899—902 (1933). — NOBBE u. KNAB: Untersuchungen über die sozialen Auswirkungen der Malariabehandlung bei Paralytikern. Arch. f. Psychiatr. **94**, 237—245 (1931). — NONNE, MAX: Syphilis und Nervensystem. Berlin: S. Karger 1924. — NOTO, GAETANO GIOVANNI: Il metabolismo basale nella paralisi progressiva. Riv. Pat. nerv. **39**, 623—638 (1932). — NOWICKI, W.: Progressive Paralyse und Lues visceralis. Roczn. psychjatr. (poln.) **1932**, H. 17, 14—25.

OBARRIO, JUAN M. u. ALEJANDRO J. PETRE: Paralyse, Diabetes und Malariatherapie. Semana méd. **1931** II, 1989—1993. — OBERSTEINER-KRAFFT-EBING: Die progressive allgemeine Paralyse, 2. Aufl. Wien 1908. — ODOBESCU, GR. I. u. H. VASILESCU: Beitrag zur Behandlung der Syphilis des Zentralnervensystems. Rev. Stiint. med. (rum.) **20**, 1523—1533 (1931). — OHKUMA, T. u. Y. NAMBA: Zur pathologischen Anatomie malariabehandelter Paralyse. Arb. med. Univ. Okayama **3**, 37—49 (1932). — OHYAMA, K.: Über die Beeinflußbarkeit der Pupillenstörung der progressiven Paralyse durch die Malariabehandlung. Fol. psychiatr. (jap.) **1**, 1—9 (1933). — OLIVIER, MAURICE: De la paralysie générale sénile (Méningo-encéphalite diffuse subaiguë des vieillards). Rev. de Psychiatr. **1906**, 316. — OMARU, L.: Histologische Untersuchung von Paralytikergehirnen lange Zeit nach der Malariakur. Fukuoka-Ikwadaigaku Zasshi (jap.) **25**, Nr 10 (1932), deutsche Zusammenfassung, S. 133—134. — OMARU, L. u. H. EGUCHI: Statistische Betrachtungen über den Erfolg der Malariabehandlung bei 260 Paralytikern. Fukuoka-Ikwadaigaku-Zasshi (jap.) **25**, Nr 12 (1932), deutsche Zusammenfassung, S. 168—169. — ORLANDO, ROGUE: LISSAUERsche Form der Paralyse. Arch. argent. Neur. **7**, 289—301 (1933). — D'ORMEA, A. e E. BROGGI: Piretoterapia mediante trattamento proteinico e malarico nella paralisi progressiva. Risultati e considerazioni. Riv. sper. Freniatr. **54**, 835—837 (1931). — OSTERTAG, B.: Zur Pathologie und Pathogenese der Paralyse. 3. Mitteilung: Die Rolle der Kleinhirnerkrankungen bei der angeborenen Paralyse (juvenile Paralyse mit enorm protahiertem Verlauf) von W. MÜLLER. Mschr. Psychiatr. **86**, 364 (1933). — Die Rolle der Kleinhirnerkrankungen bei alt gewordenen juvenilen Paralysen. Zbl. Neur. **61**, 141—143 (1933).

PACHECO e SILVA, A. C.: Contribution à l'étude du treponema pallidum dans l'écorce cérébrale des paralytiques généraux. Mem. Hosp. Iuquery (port.) **1** (1924) und Arch. internat. Neur. **44** II, 81. — Localisation du treponema pallidum dans le cerveau des paralytiques généraux. Revue neur. **1926** II, 558. — Spirochätose der Nervenzentren. Mem. Hosp. Iuquery (port.) **3/4**, 171 (1927). — Über die granulären Formen der Spirochaeta pallida in den Hirnzentren. Mem. Hosp. Iuquery (port.) **7/8**, 213—216 (1930—31). — PAJAKOFF, G.: Kurze Mitteilung über die progressive Paralyse in Bulgarien. Conf. Syphilis en Bulgarie **1932**, 73—75. — PALES, LÉON: Les surprises de l'autopsie chez quelques trypanosomés. Bull. Soc. Path. exot. Paris **27**, 162—167 (1934). — PAOLI, MARIO DE: Modificazioni del contegno ed adattabilità al lavoro di ammalati di mente trattati colla malaria. Riv. sper. Freniatr. **54**, 1173—1176 (1931). — PAOLI, NINO DE: Considerazioni epicritiche su casi di paralisi progressiva trattati con la malaria. Riv. sper. Freniatr. **54**, 1097—1113 (1931). — Un demente paralitico di 78 anni. Riv. sper. Freniatr. **56**, 939—942 (1932). — PAP, ZÓLTAN V. Choreatische und athetotische Bewegungsstörung bei progressiver Paralyse. Mschr. Psychiatr. **79**, 67—79 (1931). — Die Neosaprovitan-Behandlung der progressiven Paralyse und der Schizophrenie. Arch. f. Psychiatr. **97**, 450—460 (1932). — Infolge von Impfrecurrens entstandene SCHÖNLEIN-HENNOCHsche Purpura simplex bei einem Paralytiker. Mschr. Psychiatr. **88**, 363—369 (1934). — Statistische und klinische Untersuchungen der Sinnestäuschungen bei Paralytikern. Arch. f. Psychiatr. **102**, 57—73 (1934). — PASQUALINI, RUGGERO: Esiti a distanza della piretoterapia nella paralisi progressiva. Osp. psichiatr. **2**, 49—96 (1934). — PAULIAN, D.: Le traitement malariathérapique dans la syphilis nerveuse. Revue neur. **40** I, 742, 743 (1933). — Les résultats de la malariathérapie dans le service neurologique de l'institut des maladies mentales, nerveuses et d'endocrinologie de Bucarest. Festschrift Marinesco, 1933, S. 537—743. — PAULIAN, EM. et I. BISTRICEANU: La malariathérapie et les lésions cérébrales dans la paralysie générale progressive. Action de la malaria sur le treponema pallidum. Revue neur. **38** II, 293—305 (1931). — PAULIAN, EM., I. STANESCO et C. FORTUNESCO: La paralysie générale et la sénilité précoce. Bull. Soc. roum. Neur. etc. **14**, 183—186 (1933). — PAULIAN, DEM. EM. u. M. TUDOR: Ein Fall progressiver allgemeiner Lähmung mit Urämie. Spital (rum.) **54**, 253, 254 (1934) und französische

Zusammenfassung, S. 278. — Péres, Heitor: Progressive Paralyse und Halluzinationen. Arch. brasil. Neuriatr. **14**, 66—72 (1931). — Perkins, Clifton T.: Hyperthermia in dementia paralytica. I. Blood chemistry studies. New England J. Med. **205**, 374—380 (1931). — Hyperthermia in dementia paralytica. II. Studies on the blood count. Arch. physic. Ther. **14**, 461—468 (1933). — Peruzzi, M.: Observations anatomo-pathologiques et sérologiques sur les trypanosomiases. Rapport final de la Commission internationale de la Société des Nations pour l'étude de la trypanosomiase humaine. Genève 1928. — Petersen, William F.: The significance of the American distribution of tabes and paresis. Amer. J. Syph. **18**, 75—91 (1934). — Petrazzani, Pietro: A proposito di un caso eccezionale di paralisi progressiva. Considerazioni e commenti. Riv. sper. Freniatr. **55**, 229—249 (1931). — Pette, H.: Syphilis des Nervensystems. L. Arzt und K. Zieler: Die Haut und Geschlechtskrankheiten, Lief. 8, Bd. 4. Berlin u. Wien: Urban & Schwarzenberg 1934. — Pherson, A. Mac: The critical diagnosis of infection by Trypanosoma gambiense. J. trop. Med. **37**, 17—22, 37—43 (1934). — Pijper, Adrianus u. Helene Dau: Südafrikanisches Zeckenbißfieber und Behandlung allgemeiner Paralyse. Nederl. Tijdschr. Geneesk. **1933**, 2030—2037 u. deutsche Zusammenfassung, S. 2037. — Pilcz, A.: Zur Ätiologie und Behandlung der progressiven Paralyse nebst einigen kriegspsychiatrischen Beobachtungen. Wien. klin. Wschr. **1915** I, Beibl. Mil.san.wes. — Krieg und progressive Paralyse. Wien. med. Wschr. **1917** II. — Noch einmal Krieg und progressive Paralyse. Wien. med. Wschr. **1917** II. — Frühdiagnose der häufigsten Geisteskrankheiten unter besonderer Berücksichtigung der progressiven Paralyse. Wien. med. Wschr. **1932** II. — Piñero, Hector M.: Akuter Verlauf der Paralyse. Rev. Asoc. méd. argent. **46**, 1641—1648 (1932). — Piolti, Mario: Permeabilità delle meningi nella paralisi progressiva a vari ambocettori emolitici normali ed al complemento del siero di sangue. Riv. Pat. nerv. **44**, 296—317 (1934). — Pires, Waldemiro: Juvenile Paralyse und Malariatherapie. Brazil méd. **1929**, Nr 36. — Pirosky, Ignacio: Das ultraviolette Absorptionsspektrum im Liquor bei Paralyse. Rev. Especial. méd. **6**, 1250—1256 (1931). — Placzek: Gefahrmöglichkeit und Gefahrverhütung bei progressiver Paralyse. Z. Bahnärzte **18**, Nr 6, 57—60. — Positiver Wassermann und Dienstfähigkeit. Z. Bahnärzte **28**, 3—7 (1933). — Plaut, Felix: Paralysestudien bei Negern und Indianern. Berlin: Julius Springer 1926. — Klinische Verwertung der Liquoruntersuchung vom Standpunkt des Neurologen. Handbuch der Haut- und Geschlechtskrankheiten, herausgeg. von Jadassohn, Bd. 17, I, S. 568—597. Berlin: Julius Springer 1929. — Plaut, F. u. B. Kihn: Die Behandlung der syphilogenen Geistesstörungen. Handbuch der Geisteskrankheiten, herausgeg. von Bumke, Bd. 8. Berlin: Julius Springer 1930. — Pönitz, Karl: Zur klinischen und sozialen Bedeutung des defektgeheilten Paralytikers. Münch. med. Wschr. **1929** II, 953. — Die Frühdiagnose der Paralyse in ihrer Beziehung zur Malariabehandlung. Dtsch. Z. Nervenheilk. **111**, 66, 67 (1929). — Die Diagnose der abgelaufenen paralytischen Erkrankung, zugleich ein Beitrag zur Bedeutung der Normomastixreaktion. Dtsch. Z. Nervenheilk. **114**, 104—113 (1930). — Der defektgeheilte Paralytiker. Erg. Med. **14**, 613—632 (1930). — Die Encephalographie in ihrer Bedeutung für die Prognose des Paralyseverlaufes. Dtsch. Z. Nervenheilk. **117**, **118**, **119**, 491—509 (1931). — Die paralytische Sprachstörung, ihre klinische Differenzierung und Beeinflussung durch Behandlung. Mschr. Psychiatr. **80**, 1—14 (1931). — Pollak, Eugen: Bemerkungen zur Pathologie der infektionsbehandelten Paralyse. Jb. Psychiatr. **48**, 339—348 (1932). — Popoff, N.: Zur Malariabehandlung der progressiven Paralyse in Bulgarien. Jb. Univ. Sofia, Med. Fak. **9**, 1—18 (1930) u. französische Zusammenfassung, S. 19—20. — Potter, Howard W.: The treatment of juvenile general paralysis. Psychiatr. Quart. **7**, 593—612 (1933). — Prados y Such, M.: Die Azotämie im Verlauf der Behandlung mit Malaria. Archivos Neurobiol. **13**, 1137—1143 (1933). — Preiser, R. A.: Über senile Paralyse. Arch. f. Psychiatr. **100**, 253—274 (1933). — Prunell, A. et J. Galmès: Modifications des protéines du sérum dans la paralysie générale. C. r. Soc. Biol. Paris **116**, 1201—1202 (1934).

Quinan, Clarence: The time and lineage factors of handwriting. An experimental study based on specimens secured from two hundred normal persons and from one hundred forty-eight persons with dementia paralytica. Arch. of Neur. **26**, 333—345 (1931).

Rabboni, G.: Autoemolisine a frigore nei paralitici generali. Policlinico, sez. med. **41**, 470—489 (1934). — Rabinovich, Paulina H. de: Bedingte Reflexe bei Paralytikern. Rev. Asoc. méd. argent. **46**, 867—873 (1932). — Radovici, A.: La neurosyphilis. Paris: Masson & Cie. 1929. — Raecke: Zur Salvarsanbehandlung der progressiven Paralyse. Dtsch. med. Wschr. **1913** II. — Ranschburg, Pál: Der therapeutische Wert der Fieberbehandlung der progressiven Paralyse. Orv. Hetil. (ung.) **1931** I, 673—680, 697—701. — Reichardt, M.: Allgemeine und spezielle Psychiatrie. Jena 1923. (3. Aufl. des Leitfadens zur psychiatrischen Klinik, 1907.) — Untersuchungen über das Gehirn. II. Teil: Hirn und Körper. Arb. psychiatr. Klin. Würzburg **1912**, H. 7. — Hirnstamm und Psychiatrie. Mschr. Psychiatr. **68**, 470—506. — Reid, B.: General paralysis: Results of eight years of malarial therapy. J. ment. Sci. **78**, 867—877 (1932). — Revello, Mario: Malarioterapia e paralisi progressiva. Contributo anatomo-patologico. Pathologica (Genova) **23**, 328—332 (1931). —

RICHARD, RODOLPHE: Délires secondaires à la malaria-thérapie. Univ. méd. Canada 63, 890—892 (1934). — RIETI, ETTORE: Sulla paralisi del Lissauer.. Note Psichiatr. 60, 281—296 (1931). — RINCK, E.: Auslösung eines paralytischen Anfalls im Anschluß an eine kombinierte Neosalvarsan-Bismogenolkur. Psychiatr.-neur. Wschr. 1931 I, 214, 215. — RIOU et MOYNE: Un cas de trypanosomiase à évolution latente anormalement prolongée. Bull. Soc. Path. exot. Paris 26, 1090, 1091 (1933). — RIQUIER, G. C. e G. QUARTI: Terapia endorachidea della neurosifilide. Riv. Pat. nerv. 43, 174—177 (1934). — RITTERSHAUS: Fehldiagnose bei atypischer Paralyse. Ges. Neur. u. Psychiater Groß-Hamburg, Sitzg 8. Dez. 1934. — RIZZATI, EMILIO: Progressive paralysis, cerebral syphilis, Parkinson's disease. Urologic Rev. 37, 847—849 (1933). — Esiti della paralisi progressiva prima e dopo l'era malarioterapica. Giorn. Accad. Med. Torino 97 II, 73—77 (1934). — RIZZO, CRISTOFORO: Ricerche sulle spirochete nel cervello dei paralitici. Riv. Pat. nerv. 37, 797—814 (1931). — Paralisi progressiva senile o paralisi progressiva tardiva? Riv. Pat. nerv. 43, 177, 178 (1934).—ROASENDA, GIUSEPPE: Tabe dorsale e paralisi generale progressiva. Nuovi metodi di cura. Giorn. Med. mil. 81, 329—336 (1933). — ROBERTI, CARLO EMANUELE: Sulla diagnosi clinica di paralisi progressiva in malati mentali con liquido cefalo-rachidiano „positivo". Riv. Pat. nerv. 41, 302—329 (1933). — Sulla diagnosi di paralisi progressiva in malati di mente con liquido „positivo". Riv. Pat. nerv. 43, 530—533 (1934). — RODRÍGUEZ ARIAS: Ergebnisse der Malariabehandlung der Neurosyphilis. Actas dermo-sifiliogr. 26, 827—851 (1934). — RODRÍGUEZ ARIAS, B., J. M. CATASÚS, J. PONS Y BALMES u. J. JUNCOSA: Vergleichende Studien der Zisternen und der lumbalen Flüssigkeit bei Paralyse. Rev. méd. Barcelona 20, 244—251 (1933). — ROGGENBAU, CHR.: Kombinierte spezifisch-unspezifische Behandlung der progressiven Paralyse. Abh. Neur. usw. 1932, H. 65, 102—106. — Erfahrungen mit der aktiven Immunisierung der progressiven Paralyse. Abh. Neur. usw. 1932, H. 65, 107—114. — ROHDEN, FRIEDRICH V., LOTHAR ZIEGELROTH und HILDEGARD WOLTER: Der Einfluß der Malariabehandlung auf das humorale Paralysesyndrom und auf die Permeabilität der Blutliquorschranke. Arch. f. Psychiatr. 95, 127—162 (1931). — RONCATI, CESARE: Ricerche chimiche, sierologiche e biochimiche nel liquor di paralitici progressivi prima e dopo la malarioterapia. Osp. psichiatr. 2, 259—289 (1934). — RONCORONI, LUIGI ed ENNIO RIZZATTI: Influenza della terapia malarica sulla sindrome psichica della paralisi progressiva. Giorn. Psichiatr. clin. 59, 3—21 (1931). — ROXO, ENRIQUE: Behandlung der Paralyse. Rev. Criminología etc. 18, 649—659 (1931). — RUPRECHT, EBERHARD: Zur Pyriferbehandlung der progressiven Paralyse. Psychiatr.-neur. Wschr. 1932 I, 268—270.

SACCHETTI, NICOLA: La guaribilità della paralisi progressiva e la situazione medico legale del paralitico malarizzato. Riv. Pat. nerv. 39, 381—406 (1932). — SACHAROV, G.: Das Lipocerebrin bei Neurolues. Sovet. Klin. 15, 241—253 (1931) u. deutsche Zusammenfassung, S. 253. — Lipocerebrin bei Neurolues. (Zur Frage nach dem Mechanismus seiner Wirkung.) Trudy naucno-izsled. Labor. éksper. Ter. (russ.) 1, 93—103 (1932) u. deutsche Zusammenfassung, S. 104. — SAETHRE, HAAKON: Über atypische Formen von Paralyse. Dtsch. Z. Nervenheilk. 130, 217—226 (1933) und Acta psychiatr. (København.) 8, 23—28 (1933). — Atypischer Verlauf bei allgemeiner Paralyse. Norsk. Mag. Laegevidensk. 94, 612—620 (1933) u. englische Zusammenfassung, S. 620. — SAGEL, W.: Eigene Beobachtungen über den ungestörten und den durch chemotherapeutische Maßnahmen beeinflußten Infektionsverlauf, über das Verhalten der Immunität, das leukocytäre Blutbild und klinische Erfolge bei mit verschiedenen Recurrensstämmen künstlich infizierten Paralytikern. Beih. Arch. Schiffs- u. Tropenhyg. 32, Nr 6, 283 (1928). — Neunjährige Erfahrung mit Recurrensbehandlung der fortschreitender Hirnlähmung in der Staatlichen Heil- und Pflegeanstalt Arnsdorf i. S. Z. Neur. 137, 11—63 (1931). — Beitrag zur Kenntnis der von typischen klinischen Verlaufsbildern der progressiven Paralyse bei und nach Recurrensbehandlungen vorkommenden Abweichungen. Allg. Z. Psychiatr. 97, 189—231 (1932). — SALAS, JOSÉ u. JOSÉ SOLIS: Die serologischen Veränderungen bei der Paralyse durch Fieberbehandlung. Archivos Neurobiol. 13, 849—870 (1933). — SALOMON, W.: Zur Frühdiagnose der progressiven Paralyse. Med. Klin. 1932 I, 218, 219. — SARBÓ, ARTHUR V.: Über das Rätsel der Wirkung der Malariafieberbehandlung bei der progressiven Paralyse. Wien. klin. Wschr. 1931 II, 1048—1051. — SARDONE, ANTONIO: Sul valore medico-legale delle remissioni della paralisi progressiva. Cervello 11, 189—196 (1932). — SATO, K.: Ein Beitrag zur pathologischen Anatomie der sog. galoppierenden Paralyse. Fukuoka-Ikwadaigaku-Zasshi (jap.) 23, 1739—1750 (1930) u. deutsche Zusammenfassung, S. 76—78. — SAVVAITOV, A.: Veränderung der Pupillenreaktion bei Neuroluetikern unter Lipocerebrinbehandlung. Trudy naucno-izsled. Labor. éksper. Ter. (russ.) 1, 76—81 (1932) u. deutsche Zusammenfassung, S. 82. — SCHAAR, P. J. VAN DER: Impfungen mit Framboesia bei Dementia paralytica-Kranken. Geneesk. Tijdschr. Nederl.-Indië 73, 1138—1145 (1933). — Die Paralyse bei der Bevölkerung von Java. Z. Neur. 151, 497—558 (1934). — SCHÄFFELER, HANS: Über liquornegative und liquorsanierte Paralysefälle der psychiatrischen Universitätsklinik Burghölzli-Zürich. Allg. Z. Psychiatr. 98, 41—70 (1932). — SCHARANKOFF, EMANUEL: Über die Klinik und pathologische Anatomie der Taboparalysis. (Zugleich Mitteilung eines seltenen Falles von Taboparalyse mit tabetischen Arthropathien, Muskelatrophien und luischer Leptomeningitis.) Clin. bulgar. **6**, 213—221 (1934) u. deutsche Zusammenfassung, S. 221. — Scherer, Hans-Joachim: Die Sonderstellung der Aortenlues bei der progressiven Paralyse. Virchows Arch. **286**, 183—248 (1932). — Schiff, P., A. Misset et J. O. Trelles: Sur trois cas de paralysie générale traités par la diathermie. Ann. méd.-psychol. **90** I, 412—417 (1932). — Schimrigk, Robert: Über progressive Paralyse nach überstandener Malaria. Diss. Münster i. W. 1933. — Schmelz, W.: Ein Beitrag zur Straferstehungsfähigkeit von Paralytikern nach Malariabehandlung. Allg. Z. Psychiatr. **99**, 481—485 (1933). — Schmidt-Kraepelin, Toni: Über die juvenile Paralyse. Berlin: Julius Springer 1920. — Beitrag zur Kenntnis der serologischen und anatomischen Befunde bei Paralysen mit langsamem Verlauf. Z. Neur. **103**, 144 (1926). — Beitrag zur Klinik der Paralysen mit langsamem Verlauf. Z. Neur. **101**, 564 (1926). — Schneider, Kurt: Soziale und forensische Gesichtspunkte zur Fieberbehandlung Paralytischer. Allg. Z. Psychiatr. **95**, 350—359 (1931). — Schnitker, Max T.: Treatment of Dementia paralytica with typhoid H antigen vaccine. Report of twenty-five cases in which fever therapy combined with the administration of tryparsamide was used. Arch. of Neur. **31**, 579—589 (1934). — Schroeder, Knud: Weitere Erfahrungen mit Sulfosin- (Schwefelöl-) Behandlung. IV. Dynamik, Wirkungsweise; Mechanismus der Fiebererzeugung. Hosp.tid. (dän.) **1932**, 551—562. — Weitere Erfahrungen mit Schwefelöl- (Sulfosin-) Behandlung. V. Dementia paralytica. Hosp.tid. (dän.) **1932**, 605—620. — Schröder, P.: Über Remissionen bei progressiver Paralyse. Mschr. f. Psychiatr. **32**, 429 (1912). — Katatone Zustände bei progressiver Paralyse. Mschr. Psychiatr. **40**, 30 (1916). — Schultz, Géza: Die Prognostik der progressiven Paralyse mit besonderer Berücksichtigung der Konstitution und des Zustandsbildes. Orv. Hetil. (ung.) **1932**, 644—648. — Schuster, Julius: Über Erfahrungen mit der Malariatherapie Wagner v. Jaureggs. Jb. Psychiatr. **46**, 31—42 (1928). — Über Erfolge der Malariabehandlung bei Fällen mit besonderem Verlauf. Arch. f. Psychiatr. **93**, 212—221 (1931). — Schwarz, Hanns: Ergebnisse mehrfacher Fieberbehandlung bei progressiver Paralyse. Abh. Neur. usw. **1932**, H. 65, 65—84. — Schwetz, J.: Sur un cas de trypanosomiase (humaine) arsénico-résistante. Ann. Soc. belge Méd. trop. **13**, 211—213 (1933). — Serefettin, Osman: Behandlung der Paralyse mit Malaria quartana und tropica. Arch. Schiffs- u. Tropenhyg. **39**, 20—23 (1935). — Serejski, M. u. R. Topstein: Pathochemie des Gehirns. I. Mitt.: Progressive Paralyse. Z. Neur. **141**, 57—64 (1932). — Sézary, A. et A. Barbé: La posologie et le mode d'emploi du stovarsol sodique dans la paralysie générale. Bull. Soc. méd. Hôp. Paris, III. s. **48**, 388—393 (1932). — L'action des sels d'or sur la paralysie générale. Bull. Soc. franç. Dermat. **41**, No 6, 866—870 (1934). — Sézary, A. et Roudinesco: L'incubation du tabes et de la paralysie générale. Bull. Soc. méd. Hôp. Paris, III. s. **47**, 968—977 (1931). — Shaw, B. H.: Surface tension of serum in general paralysis. An aid to diagnosis. Brit. med. J. **1931**, Nr 3666, 623—624. — Sicco, Antonio: Das Verhältnis Albumen-Zellenzahl in der Prognose der Paralyse (100 Fälle). Rev. Criminologia etc. **20**, 468—485 (1933). — Sicé, A., E. Cousin et Dantec: Recherche de l'arsenic dans le liquide céphalo-rachidien des trypanosomés traité par la tryparsamide. Bull. Soc. Path. exot. Paris **26**, 1263—1265 (1933). — Sicé, A. et Marcel Leger: Note complémentaire sur le début de l'évolution nerveuse de la trypanosomiase humaine. Bull. Soc. Path. exot. Paris **24**, 828—832 (1931). — Silva, R. B. u. R. Orlando: Sprachstörungen bei einem Schizophrenie vortäuschenden Paralytiker. Arch. argent. Neur. **7**, 128—139 (1932). — Sprachstörungen bei einem Paralytiker, Schizophrenie vortäuschend. Rev. Asoc. méd. argent. **46**, 1615—1621 (1932). — Simon, Th. et J. Rouart: Entrées pour paralysie générale après première hospitalisation en 1913 et 1932. Contribution à l'étude de l'influence des nouveaux traitements. Ann. méd.-psychol. **91** I, 208—211 (1933). — Simpson, Walter M., Fred K. Kislig and Edwin C. Sittler: Ultrahigh frequency pyretotherapy of neurosyphilis. A preliminary report. Ann. int. Med. **7**, 64—75 (1933). — Sioli, F.: Histologische Befunde in einem Fall von Tabespsychose. Z. Neur. **3**, 330 (1910). — Über amyloidähnliche Degeneration im Gehirn. Z. Neur. **12**, H. 4, 447. — Spirochätenbefunde bei Lissauerscher Paralyse. Z. Neur. Ref. **19**, 192. — Spirochäten bei Paralyse. (Sitzgsber.) Neur. Zbl. **33**, 140 (1914). — Die pathologische Histologie der Paralyse und die Spirochätenbefunde. Dtsch. med. Wschr. **1918** I. — Über die Spirochaeta pallida bei Paralyse. Arch. f. Psychiatr. **59**, 6 (1918). — Die Spirochaeta pallida bei der progressiven Paralyse. Arch. f. Psychiatr. **60**, 401 (1919). — Über Spirochäten bei Endarteriitis syphilitica des Gehirns. Arch. f. Psychiatr. **66** (1922). — Salvarsantherapie der progressiven Paralyse. Handbuch der Salvarsantherapie, herausgeg. von Kolle u. Zieler. Berlin u. Wien: Urban & Schwarzenberg 1925. — Über die Behandlung von Paralyse und Tabes vom klinischen Standpunkt aus. Z. Neur. **101**, 630 (1926). — Zur Weiterentwicklung synthetisch dargestellter Malariamittel. II. Über die Wirkung des Atebrin bei der Impfmalaria der Paralytiker. Dtsch. med. Wschr. **1932** I, 531—533. — Sliosberg, Jules: La malariathérapie des paralytiques généraux. (Étude clinique.) Rev. méd. Suisse rom. **52**, 84—101 (1932). — Somogyi, I.: Extrapyramidale Bewegungsstörungen bei progressiver Paralyse während der Malariafieberanfälle. Arch. f. Psychiatr. **102**, 120—126 (1934). —

Extrapyramidale Bewegungsstörungen bei Paralysis progressiva während malarischer Fieberanfälle. Orv. Hetil. (ung.) **1934**, 824—827. — SOMOGYI, I. u. L. v. ANGYAL: Das Vorkommen von schizophrenen Bildern bei der progressiven Paralyse und deren Bedeutung. Z. Neur. **146**, 145—166 (1933). — Blutgruppenkonstellation und Malariabehandlung. Orv. Hetil. (ung.) **1933**, 683—685. — Die schizophrenen Formen der progressiven Paralyse. Orv. Hetil. (ung.) **1933**, 1037—1040. — SOSSET, M.: Les variations du niveau mental des paralytiques généraux malarisés. J. belge Neur. **34**, 659—675 (1934). — SOSTAKOVIČ, V.: Konstitution und progressive Paralyse. Sovet. Psichonevr. **8**, 62—70 (1932) u. deutsche Zusammenfassung, S. 70—71. — SOUZA CAMPOS, E. DE: Studies upon a neutrotropic strain of Trypanosoma Cruzi. J. techn. Methods a. Bull. internat. Assoc. med. Mus. **12**, 146, 147 (1929). — SPADOLINI, NIEVO: Tentativi di piretosolfoterapia nella paralisi progressiva e taboparalisi. Riv. sper. Freniatr. **54**, 831—835 (1931). — SPATZ, HUGO: Pathologische Anatomie der syphilogenen Geistesstörungen. BUMKES Lehrbuch der Geisteskrankheiten, 3. Aufl., S. 539. — SPIELMEYER, W.: Die progressive Paralyse. (Anhang: Die Schlafkrankheit.) Handbuch der Neurologie, 1. Aufl., Bd. 3, Spezielle Neur. II. S. 488—546. 1912. — SPIETHOFF, B.: Die Ergebnisse der Syphilisbehandlung in den Jahren 1910—1930. Arch. f. Dermat. **169**, 299 (1933). — SSERAFINOV, B. N.: Komplikationen bei Malariatherapie. Z. Neur. **143**, 539 (1933). — STANLEY, ALFRED M.: The present status of 181 cases of general paralysis four or more years after treatment with malaria. Psychiatr. Quart. **6**, 310—313 (1932). — STEINER, G.: Klinik der Neurosyphilis. Handbuch der Haut- und Geschlechtskrankheiten, herausgeg. von JADASSOHN, Bd. 17, I, S. 171—455. Berlin: Julius Springer 1929. — Krankheitserreger und Gewebsbefund bei multipler Sklerose. Berlin: Julius Springer 1931. — Über Wanderung und Untergang der Spirochaeta pallida im Zentralnervensystem bei progressiver Paralyse. Z. Neur. **134**, 556—595 (1931). — Über den Beginn der Paralyse und Tabes und ihre Behandlung. Dtsch. med. Wschr. **1931 II**, 2007—2011. — STENGEL, ERWIN: Zur Klinik der progressiven Paralyse mit kolloidaler Degeneration. Vorl. Mitt. Wien. med. Wschr. **1932 I**, 393—395. — STERN, RUBY O.: Certain pathological aspects of neurosyphilis. Brain **55**, 145—180 (1932). — STEUDEL, EMIL: Wie bewährt sich Bayer 205 als Heilmittel gegen die Schlafkrankheit? Münch. med. Wschr. **1933 II**, 2009 bis 2011. — Wie bewährt sich Bayer 205 als Heilmittel gegen die Schlafkrankheit? (Nachtrag zu dem gleichnamigen Artikel in Nr. 51, S. 2009, Jahrg. 1933 ds. Wschr.) Münch. med. Wschr. **1934 II**, 1235—1236. — STEWART, R. M.: Juvenile types of general paralysis. J. ment. Sci. **79**, 602—613 (1933). — STÖCKER, W.: Über eigenartige Unterschiede im Pupillenbefund bei progressiver Paralyse der Erwachsenen und der juvenilen Form. Z. Neur. **26**, 564 (1914). — STÖRRING, ERNST: Zur Frage des Vorkommens der Spirochaeta pallida in dem durch Cantharidenpflaster gewonnenen Exsudat. Psychiatr.-neur. Wschr. **1932 I**, 439—440. — STRÄUSSLER, E.: Die histopathologischen Veränderungen des Kleinhirns bei der progressiven Paralyse mit Berücksichtigung des klinischen Verlaufes und der Differentialdiagnose. Jb. Psychiatr. **27**, 7 (1906). — Zur Lehre von der miliaren disseminierten Form der Hirnlues und ihrer Kombination mit der progressiven Paralyse. Mschr. Psychiatr. **19**, 244 (1906). — Über Entwicklungsstörungen im Zentralnervensystem bei der juvenilen Paralyse und die Beziehungen dieser Erkrankung zu den hereditären Erkrankungen des Zentralnervensystems. Z. Neur. **2**, 30 (1910). — Über zwei weitere Fälle von Kombination cerebraler, gummöser Lues mit progressiver Paralyse nebst Beiträgen zur Frage der „Lues cerebri diffusa" und der „luetischen Encephalitis". Mschr. Psychiatr. **27**, 20 (1912). — Weitere Beiträge zur Kenntnis der Kombination von tertiär-luetischer, cerebraler Erkrankung mit progressiver Paralyse und über Erweichungsherde bei Paralyse. Z. Neur. Orig. **12**, 365 (1912). — Über histopathologische und parasitologische Analogien zwischen der kongenitalen Frühlues und der Metalues. (Ein Beitrag zur Lehre von der Pathogenese der progressiven Paralyse.) Jb. Psychiatr. **48**, 376—400 (1932). — SUDÔ, GOITIRÔ: Über die Hirnveränderung der malariabehandelten Paralyse. Okayama-Igakkai-Zasshi (jap.) **43**, 2412—2431 (1931) u. deutsche Zusammenfassung, S. 2432. — Erfahrung der Malariatherapie während der letzten 7 Jahre. Okayama-Igakkai-Zasshi (jap.) **43**, 3009—3026 (1931) u. deutsche. Zusammenfassung, S. 3026—3027. — SUOMINEN, Y. K.: Dementia paralytica und Trauma. Duodecim (Helsingfors) **47**, 226—267 (1931) u. deutsche Zusammenfassung, S. 268, 269. — SWIERCZEK, STANISLAW u. STEFANJA KAISER-SWIERCZEK: Blutkörperchensenkung bei der progressiven Paralyse. Now. psychjatr. (poln.) **11**, 76—89 u. französische Zusammenfassung, S. 89—90. — SYRING, PAUL: Zum Vorkommen der Spirochaeta pallida in den Leistendrüsen von Paralytikern. Dtsch. med. Wschr. **1931 II**, 2155, 2156. — SZECSÖDY, EMERICH: Therapeutische Versuche mit Bluttransfusionen bei progressiver Paralyse. Psychiatr.-neur. Wschr. **1933 I**, 267—270, 283—284. — Therapeutische Versuche mit Bluttransfusion bei Kranken mit progressiver Paralyse. Orv. Hetil. (ung.) **1933**, 673—676.

TAKEDA, KATSUO u. KÔKICHI KATÔ: Beitrag zur pathologisch-histologischen Veränderung der Hypophyse bei der Dementia paralytica. Trans. jap. path. Soc. **22**, 243—245 (1932). — TAKENO, KAZUO: Beiträge zur Kenntnis des Liquor von Paralyse. Arb. med.

Univ. Okayama **3**, 31—36 (1932). — Targowla, R.: Considérations sur le mécanisme d. l'action thérapeutique dans la malariathérapie de la paralysie générale. Ann. Mal. vénér. **26**, 401—406 (1931). — Sur le syndrome humoral de la paralysie générale. Ann. Mal. vénér. **27**, 175—183 (1932). — Tennent, Thomas: Investigations into the prolonged treatment of general paralysis with tryparsamide. J. ment. Sci. **77**, 86—118 (1931). — Terbrüggen, A.: Trauma und progressive Paralyse. Med. Welt **1934**, 399, 400. — Thurzó, Eugen v., Béla Balla u. Alexander Koppándy: Über die therapeutischen Resultate der Infektionsbehandlung der progressiven Paralyse vom allgemeinen Gesichtspunkte und in statistischer Beleuchtung. Dtsch. Z. Nervenheilk. **123**, 1—17 (1931). — Tomasino, Antonio: Rapporto tra valore complementare del siero e velocità di sedimentazione dei globuli rossi in ammalati affeti da paralisi generale, demenza precoce, frenastenia. Cervello **13**, 1—8 (1934). — Tommasi, L.: Essais thérapeutiques de la paralysie générale et du tabes par le virus antirabique Pasteur. Acta dermato-vener. (Stockh.) **13**, 366—368 (1932). — Sulla patogenesi della paralisi progressiva e della tabe, e tentastivi di cura il vaccino antirabico Pasteur. Rev. argent. dermo-sifiliogr. **16**, 290—294 (1933). — Toulouse, E., A. Courtois et P. Maréschal: Paralysie générale infantile simulant l'imbécillité avec syndrome de Little. Ann. méd.-psychol. **90**,1, 417—420 (1932). — Tripodi, M.: Contributo clinico ed isto-patologico alla quistione della „paralisi progressiva a lungo decorso" o „paralisi stationaria". Policlinico, sez. med. **41**, 25—37 (1934). — Tristaino, Leonardo: Il riflesso oculo-cardiaco in ammalati di paralisi progressiva e di tabe dorsale. Lett. oftalm. **11**, 501—519. — Trombetti, E.: Paralisi generale progressiva e malarioterapia. Considerazioni di medicina legale militare. Ann. Med. nav. e colon. **38**, 425—469 (1932). — Truelle, V. et B. Casalis: Contribution à l'étude des délires chez les paralytiques généraux après impaludation. Ann. méd.-psychol. **90** I, 207—213 (1932).

Unterberger, Siegfried: Otogene Meningitis und progressive Paralyse mit Wechselwirkung aufeinander im Liquorbefund und günstigem Ausgang. Z. Hals- usw. Heilk. **30**, 371—374 (1932). — Urechia, C. I.: Paralysie générale chez le père et la fille. Bull. Soc. méd. Hôp. Paris, III. s. **50**, 1045—1047 (1934). — Sur quelques cas de paralysie générale avec la ponction rachidienne négative. Arch. internat. Neur. **53** I, 289—296 (1934). — Uyematsu, S., Y. Fujii u. H. Kamano: Fiebertherapie der progressiven Paralyse durch intravenöse Injektion von Gono-Vaccin. Fol. psychiatr. jap. **1**, 15—17 (1933).

Vancea, P.: Existiert ein Symptomenkomplex der Iris bei Tabes und Paralysis progressiva? Z. Augenheilk. **73**, 254—261 (1931). — Vanelli, Angelo: Il metodo Mariotti e la piretoterapia sulfurea nella cura della paralisi progressiva. Rass. Studi psichiatr. **23**, 329—346 (1934). — Vaucel, M. et G. Salaün: Thérapeutique et prophylaxie de la trypanosomiase en A.E.F. (A propos du «traitement standard» de la maladie du sommeil.) Bull. Soc. Path. exot. Paris **24**, 834—839 (1931). — Vercellino, Luigi: Sull'impiego del NaI nella tabe e paralisi progressiva. Il Dermosifilogr. **7**, 195—207 (1932). — Vermeylen, G.: Délire systématisé au cours d'une rémission prolongée chez une ancienne paralytique générale malarisée. J. de Neur. **32**, 30—33 (1932). — Vermeylen, G. et Heernu: Le liquide cephalorachidien chez les paralytiques généraux malarisés. J. belge Neur. **33**, 82—88 (1933). — Villacian, José M.: Unsere Behandlungsresultate bei progressiver Paralyse. Archivos Neurobiol. **12**, 175—184 (1932). — Villela, Eurico u. Eudoro Villela: Elemente des zentralen Nervensystems verseucht mit Trypanosoma Cruzi. Mem. Inst. Cruz. (port.) **26**, 77—79 (1932). — Von Trypanosoma Cruzi befallene Bestandteile des Zentralnervensystems. Z. Neur. **144**, 155—160 (1933). — Vizioli, Francesco: Le spirochete nel liquor dei paraliti progressivi in seguito a reazioni meningee acute artificialmente provocate. Riv. Neur. **7**, 65—101 (1934). — Vos, L. de: Syndrome paranoiaque survenu chez un paralytique général à la suite d'érysipèle au cours d'une rémission postmalarique. J. de Neur. **31**, 602—607 (1931). — Vos, Léon de et Ludo van Bogaert: Étude d'un cas de paralysie générale juvénile. J. belge Neur. **34**, 386—390 (1934). — Voss, Heinrich: Über die Häufigkeit normaler Pupillenreaktionen bei progressiver Paralyse. Allg. Z. Psychiatr. **99**, 445—463 (1933). — Vuillemin, Paul: Mode d'action de la malariathérapie. C. r. Acad. Sci. Paris **192**, 712—714 (1931).

Wagner-Jauregg, Julius: Die Malariatherapie der progressiven Paralyse. Wien. med. Wschr. **1931** II, 1115—1117. — Bemerkungen zu den Leberschädigungen und Todesfällen nach Impfmalaria. Wien. klin. Wschr. **1931** II, 1371, 1372. — Verhütung und Behandlung der progressiven Paralyse. Ther. Gegenw. **73**, 1—5 (1932). — Die Dosierung der Impfmalaria. Wien. klin. Wschr. **1932** I, 65, 66. — Die Behandlung der progressiven Paralyse mit Kurzwellen-Hochfrequenzströmen. Wien. med. Wschr. **1932** I, 328—332. — La prophylaxie de la paralysie progressive. Ann. Mal. vénér. **27**, 286—293 (1932). — Bemerkungen zur Behandlung der progressiven Paralyse. Wien. med. Wschr. **1933** I, 16, 17. — Über die Behandlung der progressiven Paralyse mit kurzwelligen Hochfrequenzströmen. Wien. med. Wschr. **1934** I, 11—14. — Über maximale Malariabehandlung der progressiven Paralyse. Klin. Wschr. **1934** II, 1028—1031. — Walther, F.: Die Malariabehandlung der progressiven Paralyse und unsere Resultate in der Waldau. Schweiz. med. Wschr. **1931** II, 680—686. —

WARSTADT, ARNO: Die paranoid-halluzinatorischen Zustandsbilder der Paralytiker nach Fieberbehandlung. Abh. Neur. usw. **1932**, H. 65, 117—127. — WEBER, MATTHÄUS: Ein Dezennium Malariabehandlung der progressiven Paralyse. Psychiatr.-neur. Wschr. **1934** I, 391—394, 398—400. — WEICHBRODT, R.: Silbersalvarsannatrium und Sulfoxylatpräparat in der Paralysetherapie. Dtsch. med. Wschr. **1918** II. — Die Therapie der Paralyse. Arch. f. Psychiatr. **61**, 132 (1920). — Weitere experimentelle Untersuchungen zur Therapie der Paralyse. Dtsch. med. Wschr. **1923** II. — Die progressive Paralyse und ihre Therapie. Z. Neur. **105**, 599 (1926). — WEISSFELD, M.: Progressive Paralytiker vor und nach der Malariabehandlung. Eine experimentell-psychologische Arbeit. Z. Neur. **146**, 661—691 (1933). — WEISSMANN: Tabes und Paralyse bei den Eisenbahnbeamten. Z. Bahnärzte **19**, Nr 10, 162—164. — WERTHAM, FREDERIC: Zur Frage des Eisenbefundes bei der Dementia paralytica auf Grund vergleichend-histopathologischer Untersuchungen. Z. Neur. **136**, 62—75 (1931). — The nonspecificity of the histologic lesions of dementia paralytica. Arch. of Neur. **28**, 1117—1138 (1932). — Are the histological lesions of dementia paralytica specific? Amer. J. Psychiatry **12**, 811—814 (1933). — WERTHAM, FREDERIC and FLORENCE: The brain as an organ, its postmortem study and interpretation. New York: The Macmillan Company 1934. — WEYGANDT, W.: Die Kriegsparalyse und die Frage der Dienstbeschädigung Münch. med. Wschr. **1916** II, 1186—1188. — Die Geisteskrankheiten im Kriege. Die Kriegsbeschädigungen des Nervensystems, herausgeg. von HEZEL, VOGT, MARBURG u. WEYGANDT. Wiesbaden 1917. — Begutachtung der Paralyse und Syphilis des Zentralnervensystems. Vjschr. gerichtl. Med., III. F. **47**, Suppl. — WHITE, WILLIAM A.: The malarial therapy of paresis. Internat. Clin. XLI. s. 3, 298—316; 4, 41—67 (1931). — WILGUS, SIDNEY D. and RALPH H. KUHNS: A study of fever producing agents for treatment of general paresis. Arch. physic. Ther. **14**, 455—461 (1933). — WILSON, S. A. KINNIER: Role of trauma in the etiology of organic functional nervous disease. J. amer. med. Assoc. **81**, 2172 (1923). — WOLFF, OTTO: Klinische Untersuchungen über die Möglichkeit einer Voraussage des Erfolges der Malariabehandlung bei Paralyse. Diss. Würzburg 1932. — WORMS, W. u. F. O. SCHULZE: Zum Vorkommen der Spirochaeta pallida in den Leistendrüsen von Paralytikern. Dtsch. med. Wschr. **1931** II, 1856—1858. — WORTHING, HARRY J.: Diathermy in the treatment of general paralysis. Psychiatr. Quart. **7**, 245—253 (1933). — WYRSCH, R. u. O. BRUNS: Über die Wirkung des durch Antipyretika beeinflußten Pyriferfiebers. Münch. med. Wschr. **1934** II, 1999—2002.

YAHN, MARIO: Die Fieberbehandlung der progressiven Paralyse mit Schwefelöleinspritzungen. Mem. Hosp. Iuquery (port.) **9/10**, No 9—10, 329—331 (1932/33). — Die Sulphopiretotherapie bei der allgemeinen progressiven Paralyse: Beitrag zu ihrem Studium. Diss. São Paulo 1933.

ZARA, EUSTACHIO: Ricerche sulla formula leucocitometrica e leucocitaria dei paralitici progressivi. Osp. psichiatr. **2**, 380—401 (1934). — ZIEGELROTH, LOTHAR: Die unspezifische Fieberbehandlung der Metalues mit Pyrifer in der Landesheilanstalt Nietleben. Mschr. Psychiatr. **80**, 120—138 (1931). — ZIEHEN, TH.: Psychiatrie, 3. Aufl., 1908. — ZILLIG, GEORG: Untersuchungen über seelische Dauerstörungen bei defektgeheilten Paralytikern nach Malariabehandlung. Arch. f. Psychiatr. **101**, 479—545 (1933). — ZSCHOCKE, OTTO ERICH: 10 Jahre Fieberbehandlung der progressiven Paralyse an der Psychiatrischen Klinik Freiburg. Allg. Z. Psychiatr. **100**, 97—114 (1933). — ZSCHUCKE, JOHANNES: Beitrag zur Kenntnis der Schlafkrankheit in den westafrikanischen Küstengebieten. Z. Hyg. **114**, 464—500 (1932).

Namenverzeichnis.

Die *kursiv* gedruckten Ziffern weisen auf die Literaturverzeichnisse hin.

Sachverzeichnis.

Syphilis, kongenitale, Placenta und Spirochäten 411.
— — — Struktur der 414.
— — Plexus solaris, Spirochäten am 406.
— — Prophylaxe der kongenitalen 432.
— — Psychopathische Zustände 400.
— — Pupillenanomalien 419.
— — Reihenfolge der Nachkommen luischer Eltern 410.
— — rote Kerne, luischer Prozeß in den 420.
— — Schlaganfall 404.
— — Schwachsinn, luischer 433.
— — Sellaveränderung 422.
— — Sero-Liquorreaktion 402.
— — Serum, Wa.R. im 415.
— — Spirochäten, neurotrope 412.
— — — Verbreitungsart der 413.
— — Spirochätensepsis 403.
— — Stigmen, kongenitale 413.
— — Symptomgruppierungen 416 f.
— — Thyreoidea, patholog-anatomische Veränderungen der 422.
— — Virus, syphilitischen — Virulenzabnahme des 413.
— Konstitution 288.
— — und Alkohol 368.
— konstitutionelle Beschaffenheit bei interstitieller cerebraler Lues 324.
— Konvexitätsaneurysma 319.
— Konvexitätsmeningitis gummosa, Lokalisation der 332.
— Kopfschmerz 308, 353 f.
— — halbseitiger, luischer 355.
— Kopftrauma und Epilepsie 364.
— Labyrintherkrankung 305.
— Lähmung, gekreuzte 318.
— Lateralsklerose, amyotrophische 277, 342, 343.
— Leptomeningitis cerebralis 274.
— Leukoplakie, traumatische 369.
— Lipiodolverfahren bei isoliertem Gumma 349.
— Liquor, Differentialdiagnostische Bedeutung 313 f.

Syphilis, Liquor bei Epilepsie, syphilitische 362 f., 420.
— — Froinsches Syndrom 341.
— — funikuläre Myelitiden 346.
— — frühluischer 287.
— — bei interstitieller spinaler Lues 339.
— — bei isolierter gummöser Erkrankung 306, 349.
— — multiple Sklerose 365.
— — bei spinaler pseudotumoraler 341.
— — Spirochäten im 372.
— Liquorlues 395.
— Liquorstauung 274.
— — Kopfschmerz bei 354.
— Lues cerebrospinalis 297, 323 f.
— — — und progressive Paralyse 254.
— — — nervosa 281.
— lumbosacrale Gegend bei interstitieller spinaler Lues 340.
— Lymphbahnen 277.
— — perivasculäre 258.
— — und Spirochäten 256, 282.
— Lymphdrüse und Spirochäte 288.
— Lymphdrüsenkonstitution 307.
— Lymphräume, perivasculäre und Spirochäten 290.
— — bei Rückenmarkskompression 276.
— Lymphscheiden, adventitielle 256.
— — bei parenchymatöser Lues 257.
— Lymphspalten, Spirochäten in 288.
— meningeale Alterationen 253.
— — Lues 297.
— — — Folgezustände 274.
— — — Gefäßveränderung bei 256.
— — Roseola 305.
— Meningealerkrankungen, basale gummöse 331.
— Meningitiden und Kopfschmerz 355.
— Meningitis, akute hämorrhagische 306.
— — cerebralis syphilitica simplex 274.
— — cystica circumscripta 274.
— — gummöse basale 273.
— — — und Erweichung 267.

Syphilis, Meningitis, nicht gummöse syphilitische 263.
— — spinale — Fiebererscheinungen 378.
— — syphilitica, Lokalisation des luischen Prozesses 256.
— — — piale Gefäße bei 256.
— — der weichen Häute 354.
— Meningoencephalitis gummosa 270.
— Meningomyelitiden, chronische 279.
— Meningomyelitis und Caudatumoren 341.
— Meningomyelitis und Caudatumoren 341.
— — syphilitica 275, 277 f.
— — vasculäre 277.
— Meningoneuritis 301.
— Meningoradiculitis syphilitica 277.
— meningovasculäre Erkrankung 256.
— — Syphilis 274.
— Menstruation, Verzögerung der 421.
— Meta-Paralues u. Tabes 254.
— metasyphilitische Erkrankungen 253.
— Millard-Gublersches Gesetz 318.
— Mischfälle 375.
— Muskelatrophie, luische 342.
— Myelitiden, funikuläre — Differentialdiagnose 346.
— Myokarditis und Malariabehandlung 258.
— Nachhintenfallen, Symptom des 317.
— Nekrose, koagulierende 269.
— — miliare 269.
— Nervensymptome, ungleichförmige 374.
— Nervus abducens, Hemianopsie mit Abducenslähmung 331.
— — — Lähmung des 329.
— — accessorius 330.
— — acusticus, Bevorzugung des — von der Syphilis 329.
— — — Lähmung bei basaler gummöser Meningitis 329.
— — — — doppelseitige 308.
— — facialis, Lähmung des bei basaler Meningitis gummosa 329.